Wir halten das Geschäft unserer Kunden in Bewegung.

Erfolg hat, wer seine Fertigungsprozesse schnell und effizient gestaltet. Ein entscheidender Erfolgsfaktor sind Krane und fördertechnische Komponenten von Demag Cranes & Components. Mit Tempo und Effizienz, kompromissloser Qualität und intensivem Monitoring optimieren wir Wertschöpfungsketten, stellen die Lieferfähigkeit sicher und bieten durch lückenlosen Service ein Höchstmaß an Investitionssicherheit und Wirtschaftlichkeit.

ERFOLGSFAKTOR

Demag Cranes & Components GmbH · Telefon 02335 92-2922 · info@demagcranes.com · www.demagcranes.de

D. Arnold · H. Isermann · A. Kuhn · H. Tempelmeier · K. Furmans (Hrsg.)

Handbuch Logistik

D. Arnold · H. Isermann · A. Kuhn · H. Tempelmeier · K. Furmans
(Hrsg.)

Handbuch Logistik

3., neu bearbeitete Auflage

Prof. Dr.-Ing. Dr. h.c. Dieter Arnold
Institut für Fördertechnik und Logistiksysteme
Universität Karlsruhe (TH)
Gotthard-Franz-Str. 8, Geb. 50.38
76128 Karlsruhe
dieter.arnold@ifl.uni-karlsruhe.de

Prof. Dr.-Ing. Axel Kuhn
Fraunhofer Institut Materialfluss
und Logistik (IML)
Lehrstuhl Fabrikorganisation
Universität Dortmund
Joseph-von-Fraunhofer-Straße 2–4
44227 Dortmund
axel.kuhn@iml.fraunhofer.de

Prof. Dr.-Ing. Kai Furmans
Institut für Fördertechnik und Logistiksysteme
Stiftungslehrstuhl Logistik
Universität Karlsruhe (TH)
Gotthard-Franz-Str. 8, Geb. 50.38
76128 Karlsruhe
kai.furmans@ifl.uni-karlsruhe.de

Prof. Dr. Heinz Isermann
Seminar für Logistik und Verkehr
FB Wirtschaftswissenschaften
Johann Wolfgang Goethe-Universität
Frankfurt/Main
Mertonstraße 17
60054 Frankfurt/Main
isermann@wiwi.uni-frankfurt.de

Prof. Dr. Horst Tempelmeier
Seminar für Supply Chain Management
und Produktion
Universität zu Köln
Albertus-Magnus-Platz 1
50923 Köln
tempelmeier@wiso.uni-koeln.de

ISBN 978-3-540-72928-0   e-ISBN 978-3-540-72929-7

DOI 10.1007/978-3-540-72929-7

Bibliografische Information der Deutschen Nationalbibliothek
Die Deutsche Nationalbibliothek verzeichnet diese Publikation in der Deutschen Nationalbibliografie;
detaillierte bibliografische Daten sind im Internet über http://dnb.d-nb.de abrufbar.

© 2008, 2004 und 2002 Springer-Verlag Berlin Heidelberg

Dieses Werk ist urheberrechtlich geschützt. Die dadurch begründeten Rechte, insbesondere die der Übersetzung, des Nachdrucks, des Vortrags, der Entnahme von Abbildungen und Tabellen, der Funksendung, der Mikroverfilmung oder der Vervielfältigung auf anderen Wegen und der Speicherung in Datenverarbeitungsanlagen, bleiben, auch bei nur auszugsweiser Verwertung, vorbehalten. Eine Vervielfältigung dieses Werkes oder von Teilen dieses Werkes ist auch im Einzelfall nur in den Grenzen der gesetzlichen Bestimmungen des Urheberrechtsgesetzes der Bundesrepublik Deutschland vom 9. September 1965 in der jeweils geltenden Fassung zulässig. Sie ist grundsätzlich vergütungspflichtig. Zuwiderhandlungen unterliegen den Strafbestimmungen des Urheberrechtsgesetzes.

Die Wiedergabe von Gebrauchsnamen, Handelsnamen, Warenbezeichnungen usw. in diesem Werk berechtigt auch ohne besondere Kennzeichnung nicht zu der Annahme, dass solche Namen im Sinne der Warenzeichen- und Markenschutz-Gesetzgebung als frei zu betrachten waren und daher von jedermann benutzt werden dürften. Sollte in diesem Werk direkt oder indirekt auf Gesetze, Vorschriften oder Richtlinien (z. B. DIN, VDI, VDE) Bezug genommen oder aus ihnen zitiert worden sein, so kann der Verlag keine Gewähr für die Richtigkeit, Vollständigkeit oder Aktualität übernehmen. Es empfiehlt sich, gegebenenfalls für die eigenen Arbeiten die vollständigen Vorschriften oder Richtlinien in der jeweils gültigen Fassung hinzuzuziehen.

Einbandgestaltung: WMX Design, Heidelberg

Gedruckt auf säurefreiem Papier

9 8 7 6 5 4 3 2 1

springer.com

Geleitwort

Die Potenziale der Logistik sind heute für die verschiedensten Branchen in Industrie und Handel ein Schlüsselfaktor für den Unternehmenserfolg. Die konkrete Entwicklung oder Umsetzung logistischer Konzepte wirft dabei fast immer viele Fragen sehr unterschiedlicher Art auf. Darum sieht man sich sehr schnell mit einem interdisziplinären Arbeitsprogramm konfrontiert. Schon eine geringe Eindringtiefe in die Arbeit des „Logistikers", den es mit universellem Anspruch in einer einzigen Person wohl kaum geben wird, führt daher unweigerlich zu einem mit Fachliteratur hoch beladenen Schreibtisch. Die Fülle der verfügbaren Bücher unter dem Oberbegriff *Logistik*, jedoch mit stark differenziertem Inhalt, belegen dies.

Springer hat sich aus dieser Situation heraus das Ziel gesetzt, ein interdisziplinäres *Handbuch Logistik* herauszugeben, in dem das Thema breit und dennoch mit fachlichem Tiefgang dargestellt wird. Das ehrgeizige Vorhaben war nur mit einer großen Zahl fachkundiger Autoren verschiedener Disziplinen und mit Herausgebern zu realisieren, welche die technischen und die wirtschaftlichen Fachinhalte sinnvoll zu verbinden und zu koordinieren wussten.

Dazu konnte die in der VDI-Gesellschaft Fördertechnik Materialfluss Logistik (FML) vereinte Kompetenz einen wichtigen Beitrag leisten. Professor D. Arnold als langjähriges Mitglied des Beirats und ehemaliger Vorsitzender der VDI-FML sowie Professor A. Kuhn als Vorstandsmitglied haben die Herausgeberschaft der auf die Technik fokussierten Teile des Buches übernommen. Zahlreiche Autoren der Fachkapitel sind als FML-Mitglieder engagiert. Man könnte das vorliegende *Handbuch Logistik* daher in großen Teilen ein „Hausbuch" der VDI-FML nennen.

Um stets aktuell und für den Praktiker interessant zu bleiben, wird es über die jetzt vorgelegte dritte Auflage des Buches hinaus erforderlich sein, die fachlichen Inhalte den jeweiligen Entwicklungen der Logistik anzupassen. Die enge Zusammenarbeit mit der VDI-Gesellschaft Fördertechnik Materialfluss Logistik (FML) wird demnach auch künftig bestehen bleiben. Dazu und zur weiteren Verbreitung des Werkes wünsche ich den gebührenden Erfolg.

Düsseldorf, im Mai 2007

Dr.-Ing. Joachim Miebach
Vorsitzender der VDI-Gesellschaft
Fördertechnik Materialfluss Logistik

GEMEINSAM MIT UNSEREN KUNDEN...

**erfolgreich!
Wir gehen mit Ihnen bewährte Wege und beschreiten gemeinsam neue Pfade.**

PROTEMA steht für die PROzessorientierte Verbindung von TEchnik und MitArbeitern in einer leistungsfähigen Organisation.

Wir bieten unseren international ausgerichteten Kunden aus der Automobil- und Luftfahrtindustrie sowie der Gebrauchs- und Konsumgüterindustrie Dienstleistungen in den Bereichen Geschäftsprozessmanagement, Standort- und Werksplanung, Produktions- und Logistiksysteme und Supply Chain Management.

Bausteine für den Erfolg sind die Talente und Leistungspotentiale beim Kunden sowie die Individualität und Profile unserer Berater. Neben erfahrenen Fachleuten aus Industrie und Wissenschaft bauen wir auch auf engagierte und motivierte Hochschulabsolventen mit neuen Ideen und Horizonten.

Ihre Zufriedenheit ist das Kapital unserer Dienstleistung. Wenn Sie nach neuen Wegen suchen - sprechen Sie mit uns. Gerne nennen wir Ihnen unsere Referenzen.

Ansprechpartner: Dipl.-Ing. Michael Mezger

PROTEMA Unternehmensberatung GmbH
Julius-Hölder-Strasse 40 . 70597 Stuttgart
Fon +49/0711/90015-70 . Fax +49/0711/90015-90
info@protema.de . www.protema.de

Vorwort zur 3. Auflage

Das Wort *Logistik* ist zum Sammelbegriff für den Transfer von Gütern und Waren in allen Bereichen der Industrie und des Handels geworden. Die Durchführung der Logistikprozesse setzt neben Investitionen in technische Einrichtungen des Material- und Informationsflusses stets geeignete organisatorische und planerische Maßnahmen voraus.

Nachdem über lange Zeit einzelne Abschnitte der Produktions- und Distributionsprozesse nach der Bottom-up-Vorgehensweise weitgehend unabhängig voneinander konzipiert und separat optimiert worden sind, hat man zunehmend die wirtschaftlichen Potenziale einer ganzheitlichen Behandlung von Logistiknetzwerken erkannt. Das für die Logistik typische Denken in funktions- und unternehmensübergreifenden Prozessketten sowie Systemzusammenhängen induziert eine neue Sichtweise bei der Analyse und Lösung von Problemen in Unternehmen. Daraus leitet sich der hohe Stellenwert der Logistik für eine zeitgemäße Unternehmensstrategie her: Die Logistik hat sich zu einem strategischen Gestaltungselement und Erfolgsfaktor entwickelt.

Mit Fragestellungen zur Logistik müssen sich heute Fachleute aus den verschiedensten Führungs- und Funktionsbereichen in vielen Unternehmen beschäftigen. Zur Generierung und Beurteilung von Lösungen sind die komplementären technischen und wirtschaftlichen Sichtweisen der Logistik in Betracht zu ziehen. Daher erscheint es als sinnvoll, neben der großen Menge an Fachliteratur, die jeweils besondere Aspekte der Logistik behandelt, ein Handbuch Logistik anzubieten, in dem der Leser das Basiswissen über die gesamte Breite der Logistik sowie Hinweise auf spezielle Schriften findet. Dazu ist das vorliegende Nachschlagewerk in vier Hauptteile gegliedert, welche durch Querverweise in einer engen Verbindung zueinander stehen.

Teil A: Grundkonzepte, Grundlagen führt in die Begriffswelt der inner- und zwischenbetrieblichen Logistik ein und zeigt die verschiedenen Möglichkeiten der Modellierung und Optimierung logistischer Systeme.

Teil B: Logistikprozesse in Industrie, Handel und Dienstleistung behandelt alle Glieder der Logistikkette von der Beschaffung über die Produktion und die Distribution bis zur Entsorgung mit Strategie- und Strukturmerkmalen einschließlich wichtiger Kennzahlen.

Teil C: Technische Logistiksysteme enthält das Basiswissen für die materialflusstechnischen und informationstechnischen Mittel zur operativen Durchführung logistischer Prozesse.

Teil D: Logistikmanagement beschreibt die volks- und betriebswirtschaftlichen Rahmenbedingungen der Logistik und stellt die Methoden zur Gestaltung von Logistiksystemen sowie der Planung, Koordination, Steuerung und Kontrolle der Leistungserstellung in Logistiksystemen vor.

Mit dieser Gliederung bietet das Handbuch Lesern aus den unterschiedlichsten Fachdisziplinen einen umfassenden Überblick sowie die Möglichkeit, Fragestellungen der Logistik auch ohne spezielle Vorkenntnisse selbständig zu bearbeiten.

Eine erfreulich hohe Akzeptanz des Buches in der Fachwelt und die Weiterentwicklungen auf dem Gebiet der Logistik führten zur Veröffentlichung dieser dritten, aktualisierten und erweiterten Auflage. Darin wird die enge Verbindung zwischen Ingenieurs- und Wirtschaftswissenschaften bei der Lösung der strategischen und gleichermaßen der operativen Aufgaben der Logistik noch deutlicher als in den beiden früheren Auflagen.

In der Mitwirkung von Herrn Professor Furmans als Mitherausgeber und mehreren neuen Autoren zeigt sich das Bestreben, dem Werk u. a. auch durch die Beteiligung jüngerer Experten die notwendige Aktualität zu erhalten.

Allen Autoren und den engagierten Mitarbeitern des Springer-Verlags sei an dieser Stelle ganz herzlich gedankt.

Karlsruhe, Frankfurt/Main, Dortmund, Köln,
im Mai 2007

Dieter Arnold, Heinz Isermann
Axel Kuhn, Horst Tempelmeier
Kai Furmans

SSI SCHÄFER

KURZE WEGE FÜR SCHNELLEN ZUGRIFF

Kurze Wegezeiten für Mensch und Material sind ein entscheidender Faktor für effektives Arbeiten. Die am häufigsten benötigten Artikel sollten den kürzesten Weg erfordern. Aber Lagerraum ist teuer. Gefragt sind Systeme, die neben schnellem Zugriff auch kompakten Stauraum bieten.

Nutzen Sie unsere Erfahrung. Wir lösen Ihre Logistikaufgaben und zeigen Ihnen, wo Sie effizienter werden.

Sprechen Sie uns an. Wir beraten Sie gerne.

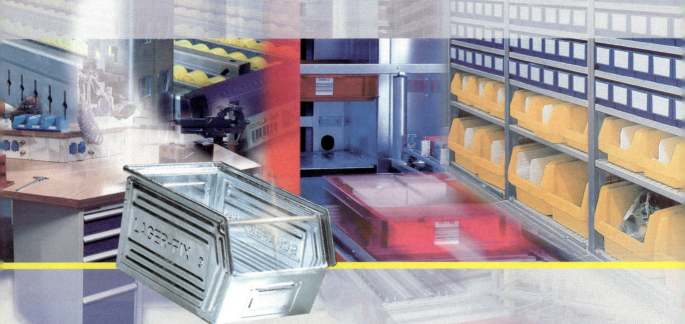

SSI SCHÄFER

FRITZ SCHÄFER GMBH
Fritz-Schäfer-Straße 20
D-57290 Neunkirchen/Siegerland
Tel. 0 27 35 / 70-1
Fax 0 27 35 / 70-3 96
info@ssi-schaefer.de
www.ssi-schaefer.de

SSI SCHÄFER NOELL GMBH
i_Park Klingholz 18/19
D-97232 Giebelstadt
Tel. 0 93 34 / 9 79-0
Fax 0 93 34 / 9 79-100
info@ssi-schaefer-noell.com
www.ssi-schaefer-noell.de

SSI SCHÄFER PEEM GMBH
Fischeraustraße 27
A-8051 Graz/Austria
Tel. +43/316/6096
Fax +43/316/6096-457
sales@ssi-schaefer-peem.com
www.ssi-schaefer-peem.com

Autoren

ARNOLD, Dieter, Prof. Dr.-Ing. Dr. h. c., Institut für Fördertechnik und Logistiksysteme, Universität Karlsruhe (TH); dieter.arnold@ifl.uni-karlsruhe.de (A 1.3, C 1, C 3.1)

AßMANN, Roland, Dr.-Ing., Siemens Dematic AG, Offenbach; roland.assmann@siemens.com (C 2.1)

AUFFERMANN, Christiane, Dipl.-Betr.wirtin, Fraunhofer-Institut Materialfluss und Logistik (IML), Verpackungs- und Handelslogistik, Dortmund; christiane.auffermann@iml.fraunhofer.de (B 8.1)

BACHMANN, Harald, M. Sc., Lehrstuhl für Logistikmanagement, Universität St. Gallen, Schweiz; harald.bachmann@unisg.ch (D. 2.4)

BAGINSKI, Ralf, Dipl.-Ing., Jungheinrich AG, Norderstedt; ralf.baginski@jungheinrich.de (C 2.3.7)

BANDOW, Gerhard, Dr.-Ing., Fraunhofer-Institut Materialfluss und Logistik (IML), Instandhaltungslogistik, Dortmund; gerhard.bandow@iml.fraunhofer.de (B 8.2)

BÄR, Norbert, Dipl.-Ing., Vitronic GmbH, Wiesbaden; sales@vitronic.de (C 4.6.5)

BECKMANN, Holger, Prof. Dr.-Ing., Fachhochschule Niederrhein, Mönchengladbach; holger.beckmann@fh-niederrhein.de (B 2.1–B 2.7)

BEUMER, Christoph, Dr., Bernhard Beumer Maschinenfabrik KG, Beckum; beumer@beumer.com (C 2.4)

BIENIEK, Andreas, Dr.-Ing., Vitronic GmbH, Wiesbaden; sales@vitronic.de (C 4.6.5)

BÖLSCHE, Dorit, Prof. Dr. rer. pol., Lehrstuhl für Allgemeine Betriebswirtschaft, insbes. Logistik, Hochschule Fulda, University of Applied Sciences; dorit.boelsche@w.hs-fulda.de (D 4.1)

CARDENEO, Andreas, Dr.-Ing., Institut für Fördertechnik und Logistiksysteme, Universität Karlsruhe (TH); andreas.cardeneo@ifl.uni-karlsruhe.de (C 3.2, C 3.7)

CLAUSEN, Uwe, Prof. Dr.-Ing., Fraunhofer-Institut Materialfluss und Logistik (IML), Lehrstuhl für Verkehrssysteme und -logistik, Universität Dortmund; uwe.clausen@iml.fraunhofer.de (B 7)

DELFMANN, Werner, Prof. Dr. Dr. h. c., Seminar für Allg. Betriebswirtschaftslehre, Unternehmensführung und Logistik, Wirtschafts- und Sozialwissenschaftliche Fakultät, Universität zu Köln; delfmann@wiso.uni-koeln.de (D 2.1–D 2.2, D 2.5, D 4.2)

DOMSCHKE, Wolfgang, Prof. Dr., Institut für Betriebswirtschaftslehre, Fachgebiet Operations Research, Technische Universität Darmstadt; domschke@bwl.tu-darmstadt.de (A 3.1)

DREXL, Andreas, Prof. Dr., Institut für Betriebswirtschaftslehre, Lehrstuhl für Produktion und Logistik, Christian-Albrechts-Universität Kiel; Andreas.drexl@bwl.uni-kiel.de (A 3.1)

EISENKOPF, Alexander, Prof. Dr. rer. pol., Lehrstuhl für Allgemeine Betriebswirtschaftslehre und Mobility Management, Zeppelin University, Friedrichshafen; aeisenkopf@zeppelin-university.de (D 5)

Eßig, Michael, Prof. Dr., Lehrstuhl für Materialwirtschaft und Distribution, Universität der Bundeswehr München, Neubiberg; michael.essig@unibw.de (D 4.3–D 4.4, D 4.7)

Fennemann, Verena, Dipl.-Ing. (FH), MBA, Fraunhofer-Institut Materialfluss und Logistik (IML), Entsorgungslogistik, Dortmund; verena.fennemann@iml.fraunhofer.de (B 8.3)

Ferstl, Otto, Prof. Dr., Lehrstuhl für Wirtschaftsinformatik, insb. industrielle Anwendungssysteme, Universität Bamberg; otto.ferstl@wiai.uni-bamberg.de (A 4.1)

Fleischmann, Bernhard, Prof. Dr., Lehrstuhl für Produktion und Logistik, Universität Augsburg; bernhard.fleischmann@wiwi.uni-augsburg.de (A 1.1–A 1.2, A 3.3)

Föller, Jörg, Dr.-Ing., Dr.-Ing. Jörg Föller & Partner, Straubenhardt, joerg.foeller@dr-fup.de (C 4.6.6–C 4.7)

Forstner, Michael Freiherr v., Dipl.-Ing., Jungheinrich AG, Norderstedt; michael.forstner@jungheinrich.de (C 2.3.7)

Frindik, Roland, Dipl.-Ing., Studiengesellschaft für den kombinierten Verkehr, Frankfurt; rfrindik@sgkv.de (C 3.3)

Frye, Heinrich, Dr.-Ing., Fraunhofer IML, Projektzentrum Flughafen, Frankfurt; heinrich.frye@iml.fraunhofer.de (C 3.5)

Furmans, Kai, Prof. Dr.-Ing., Institut für Fördertechnik und Logistiksysteme, Universität Karlsruhe (TH); kai.furmans@ifl.uni-karlsruhe.de (A 2.3)

Gerst, Detlef, Dr. disc. pol., Institut für Fabrikanlagen und Logistik, Leibniz Universität Hannover; gerst@ifa.uni-hannover.de (B 3.4)

Gietz, Martin, Dr., PROLOGOS Planung und Beratung, Hamburg; martin.gietz@prologos.de (A 3.3)

Göpfert, Ingrid, Univ.-Prof. Dr., Lehrstuhl für Allgemeine Betriebswirtschaftslehre und Logistik, Phillipps-Universität Marburg; goepfert@wiwi.uni-marburg.de (D 6.4)

Gudehus, Timm, Dr., Hamburg; tgudehus@aol.com (C 2.3.1–C 2.3.6)

Hasselmann, Gerrit, Dipl.-Ing., Fraunhofer-Institut Materialfluss und Logistik (IML), Verpackungs- und Handelslogistik, Dortmund; gerrit.hasselmann@iml.fraunhofer.de (B 8.5)

Hauser, Henrik, Dipl.-Ing., Fraunhofer-Institut Materialfluss und Logistik (IML), Verkehrslogistik, Dortmund; henrik.hauser@iml.fraunhofer.de (B 8.3)

Hegmanns, Tobias, MSIE, Fraunhofer-Institut Materialfluss und Logistik (IML), Unternehmensmodellierung, Dortmund; tobias.hegmanns@iml.fraunhofer.de (B 6)

Heidmeier, Sven, Dipl.-Ing., Institut für Land- und Seeverkehr, Fachgebiet Schienenfahrwege und Bahnbetrieb, Technische Universität Berlin; sheidmeier@railways.tu-berlin.de (C 3.4)

Heinen, Tobias, Dipl.-Ing., Institut für Fabrikanlagen und Logistik, Leibniz Universität Hannover; heinen@ifa.uni-hannover.de (B 3.2)

Helber, Stefan, Prof. Dr., Institut für Produktionswirtschaft, Leibniz Universität Hannover; stefan.helber@prod.uni-hannover.de (A 3.2.2)

Hellingrath, Bernd, Prof. Dr.-Ing., Fraunhofer-Institut Materialfluss und Logistik (IML), Unternehmensmodellierung, Dortmund; bernd.hellingrath@iml.fraunhofer.de (B 5.7–B 5.9, B 6)

Hesse, Kathrin, Dr. rer. nat., Fraunhofer-Institut Materialfluss und Logistik (IML), Entsorgungslogistik, Dortmund; kathrin.hesse@iml.fraunhofer.de (B 7)

Inderfurth, Karl, Prof. Dr., Lehrstuhl für Betriebswirtschaftslehre, insb. Produktion und Logistik, Otto-von-Guericke-Universität Magdeburg; inderfurth@ww.uni-magdeburg.de (A 3.4)

Isermann, Heinz, Prof. Dr., Seminar für Logistik und Verkehr, Johann Wolfgang Goethe-Universität Frankfurt; isermann@wiwi.uni-frankfurt.de (D 1.1)

JANKER, Christian G., Dr. rer. pol., Betriebswirtschaftslehre, insb. Logistik, Technische Universität Dresden; christian.janker@tu-dresden.de (D 4.6)

JENSEN, Thomas, Prof. Dr., Betriebswirtschaftslehre, Finanzwirtschaft, Fachhochschule der Wirtschaft (FHDW) Paderborn; thomas.jensen@fhdw.de (A 3.4)

KILLE, Christian, Dipl.-Ing., Fraunhofer-Arbeitsgruppe für Technologien der Logistik-Dienstleistungswirtschaft (ATL), Nürnberg; christian.kille@atl.fraunhofer.de (D 1.2, D 3)

KINDERMANN, Thomas, Dr.-Ing., Vitronic GmbH, Wiesbaden; sales@vitronic.de (C 4.6.5)

KLAAS-WISSING, Thorsten, Dr., Lehrstuhl für Logistikmanagement (LOG-HSG), Universität St. Gallen, Schweiz; thorsten.klaas@unisg.ch (D 2.2, D 6.5)

KLAUS, Peter, Prof., Lehrstuhl für Betriebswirtschaftslehre, insbesondere Logistik, Friedrich-Alexander-Universität Erlangen/Nürnberg und Fraunhofer-Arbeitsgruppe für Technologien der Logistik-Dienstleistungswirtschaft (ATL); peter.klaus@atl.fraunhofer.de (D 1.2, D 3)

KUHN, Axel, Prof. Dr.-Ing., Fraunhofer-Institut Materialfluss und Logistik (IML), Lehrstuhl für Fabrikorganisation, Universität Dortmund; axel.kuhn@iml.fraunhofer.de (A 2.4, B 1.1–B 1.3, B 1.5)

KUHN, Heinrich, Prof. Dr., Lehrstuhl für ABWL, Produktionswirtschaft und Industriebetriebslehre, Katholische Universität Eichstätt, Ingolstadt; heinrich.kuhn@ku-eichstaett.de (A 3.2.3)

KUMMER, Sebastian, Prof. Dr. rer. pol. habil, Institut für Transportwirtschaft und Logistik, Wirtschaftsuniversität Wien, Österreich; sebastian.kummer@wu-wien.ac.at (D 6.2–D 6.3)

LANGE, Volker, Dr.-Ing., Fraunhofer-Institut Materialfluss und Logistik (IML), Verpackungs- und Handelslogistik, Dortmund; volker.lange@iml.fraunhofer.de (B 8.1, B 8.5, C 2.5)

LASCH, Rainer, Prof. Dr. rer. pol., Lehrstuhl für Betriebswirtschaftslehre, insbes. Logistik, Technische Universität Dresden; rainer.lasch@tu-dresden.de (D 4.6)

LENK, Bernhard, Dipl.-Ing., Datalogic Optik Elektronik GmbH, Erkenbrechtsweiler; bernhard.lenk@de.datalogic.com (C 4.6.1–C 4.6.3)

MAAß, Jan-Christoph, Dipl.-Wirt.-Ing., Fraunhofer-Institut Materialfluss und Logistik (IML), Unternehmensmodellierung, Dortmund; jan-christoph.maass@iml.fraunhofer.de (B 6)

MAYER, Gabriela, Dipl.-Math. Dr., Institut für Betriebswirtschaftslehre, Fachgebiet Operations Research, Technische Universität Darmstadt; mayer@bwl.tu-darmstadt.de (A 3.1)

MITTWOLLEN, Martin, Dipl.-Ing., Institut für Fördertechnik und Logistiksysteme, Universität Karlsruhe (TH); martin.mittwollen@ifl.uka.de (C 6)

MÜLLER, Torsten, Dipl.-Ing., Fraunhofer-Institut Umwelt-, Sicherheits-, Energietechnik (UMSICHT), Oberhausen; torsten.mueller@umsicht.fraunhofer.de (B 8.3)

NYHUIS, Peter, Prof. Dr.-Ing., Institut für Fabrikanlagen und Logistik, Leibniz Universität Hannover; nyhuis@ifa.uni-hannover.de (B 3)

OSER, Jörg, Prof. Dr. techn., Institut für Allgemeine Maschinenlehre und Fördertechnik, TU Graz, Österreich; oser@mhi.tu-graz.ac.at (C 2.2.7)

PACHOW-FRAUENHOFER, Julia, Dipl.-Ing., Institut für Fabrikanlagen und Logistik, Leibniz Universität Hannover; pachow@ifa.uni-hannover.de (B 3.1)

PAPIER, Felix, Dipl. Wirt.-Inform., Seminar für Supply Chain Management und Management Science, Universität zu Köln; felix.papier@uni-koeln.de (A 1.4)

RALL, Bernd, Dr.-Ing., Robert Bosch GmbH, z. Z. Tokio; bernd.rall1@bosch.com (C 3.6)

RECK, Martin, Dr.-Ing., Bayer AG, Werk Leverkusen; martin.reck@bayermatrialscience.com (B 2.8)

REIHLEN, Markus, PD Dr., Lehrstuhl für internationales Management, RWTH Aachen; markus.reihlen@im.rwth-aachen.de (D 2.1)

RESCH, Bettina, MMag., Lehrstuhl für Logistikmanagement (LOG-HSG), Universität St. Gallen, Schweiz; bettina.resch@unisg.ch (D 6.5)

SCHMEL, Sascha, Dipl.-Ing., VDMA, Abt. Technik und Umwelt, Frankfurt; sascha.schmel@vdma.org (C 5)

SCHMIDT, Achim, Dipl.-Ing., Fraunhofer-Institut Materialfluss und Logistik (IML), Unternehmensplanung, Dortmund; achim.schmidt@iml.fraunhofer.de (B 4)

SCHMIDT, Matthias, Dipl.-Ing., Institut für Fabrikanlagen und Logistik, Leibniz Universität Hannover; schmidt@ifa.uni-hannover.de (B 3.3)

SCHMITZ, Michael, Dr.-Ing., Continental AG, Hannover; michael.schmitz@conti.de (B 2.1–B 2.7)

SCHNEIDER, Marc, Dr.-Ing., Fraunhofer-Institut Materialfluss und Logistik (IML), Unternehmensplanung, Dortmund; marc.schneider@iml.fraunhofer.de (B 4)

SCHOLL, Armin, Dr., Lehrstuhl für Allg. Betriebswirtschaftslehre – Betriebswirtschaftliche Entscheidungsanalyse, Universität Jena; a.scholl@wiwi.uni-jena.de (A 2.1, A 2.2)

SCHOLZ-REITER, Bernd, Prof. Dr.-Ing., BIBA, Universität Bremen; bsr@biba.uni-bremen.de (B 9)

SCHULZE, Wolf-Axel, Dr.-Ing., McKinsey & Company, Düsseldorf; wolf-axel_schulze@mckinsey.com (B 8.3)

SIEGMANN, Jürgen, Prof. Dr.-Ing. habil., Institut für Land- und Seeverkehr, Fachgebiet Schienenfahrwege und Bahnbetrieb, Technische Universität Berlin; jsiegmann@railways.tu-berlin.de (C 3.4)

SOTRIFFER, Ingomar, Dr.-Ing., Sick AG, Waldkirch; ingomar.sotriffer@sick.de (C 4.6.4)

SPENGLER, Thomas, Prof. Dr., Lehrstuhl für Betriebswirtschaftslehre, insbes. Unternehmensführung und Organisation, Otto-von-Guericke-Universität Magdeburg; thomas.spengler@ww.uni-magdeburg.de (D 2.3)

STADTLER, Hartmut, Prof. Dr., Fakultät Wirtschafts- und Sozialwissenschaften, Institut für Logistik und Transport, Universität Hamburg; hartmut.stadtler@uni-hamburg.de (A 4.2)

STEIN, Norbert, Dr.-Ing., Vitronic GmbH, Wiesbaden; sales@vitronic.de (C 4.6.5)

STÖLZLE, Wolfgang, Prof. Dr. rer. pol., Lehrstuhl für Logistikmanagement, Universität St. Gallen, Schweiz; wolfgang.stoelzle@unisg.ch (D 2.4, D 6.6)

SUCKY, Eric, Prof. Dr., Lehrstuhl für Betriebswirtschaftslehre, insbes. Produktion und Logistik, Otto-Friedrich-Universität Bamberg; eric.sucky@sowi.uni-bamberg.de (D 2.6)

TEMPELMEIER, Horst, Prof. Dr., Seminar für Supply Chain Management und Produktion, Universität zu Köln; tempelmeier@wiso.uni-koeln.de (A 3.2.1)

THOMAS, Frank, Prof. Dr.-Ing., Dr. Thomas & Partner GmbH, Karlsruhe; f.thomas@tup.com (C 2.2.1–C 2.2.6, C 4.1–C 4.5, C 4.8)

THONEMANN, Ulrich, Prof. Dr., Seminar für Supply Chain Management und Management Science, Universität zu Köln; ulrich.thonemann@uni-koeln.de (A 1.4)

TOONEN, Christian, Dipl.-Wirtsch.-Ing., BIBA, Universität Bremen; too@biba.uni-bremen.de (B 9)

TOTH, Michael, Dipl.-Ing., Fraunhofer-Institut Materialfluss und Logistik (IML), Unternehmensmodellierung, Dortmund; michael.toth@iml.fraunhofer.de (B 6)

TRUSZKIEWITZ, Günter, Dr.-Ing., XMC Management Consultants, Münster; guenter.truszkiewitz@xmc.eu (B 8.4)

VASTAG, Alex, Prof. Dr. rer. nat., Fraunhofer-Institut Materialfluss und Logistik (IML), Verkehrslogistik, Dortmund; alex.vastag@iml.fraunhofer.de (B 5.1–B 5.6)

Wäscher, Gerhard, Prof. Dr., Fakultät für Wirtschaftswissenschaft – Management Science, Otto-von-Guericke-Universität Magdeburg; gerhard.waescher@uni-magdeburg.de (A 3.5)

Weber, Jürgen, Prof. Dr. Dr. h. c., Lehrstuhl für Controlling und Telekommunikation, Stiftungslehrstuhl der Deutschen Telekom AG, WHU Otto Beisheim School of Management, Vallendar; jweber@whu.edu (D 6.1)

Wenzel, Sigrid, Prof. Dr.-Ing., Institut für Produktionstechnik und Logistik, Fachgebiet Produktionsorganisation und Fabrikplanung, Universität Kassel; s.wenzel@uni-kassel.de (A 2.4)

Westphal, Jan R., Dr., Institut für Transportwirtschaft und Logistik, Wirtschaftsuniversität Wien, Österreich; jan.westphal@wu-wien.ac.at (D 6.2–D 6.3)

Wiendahl, Hans-Peter, Univ.-Prof. a. D. Dr.-Ing. Dr. mult. h. c., Institut für Fabrikanlagen und Logistik, Leibniz Universität Hannover, hanspeterwiendahl@t-online.de (B 1.4, B 3)

Windt, Katja, Dr.-Ing., BIBA, Universität Bremen; wnd@biba.uni-bremen.de (B 9)

Wriggers, Felix, Dipl.-Ing., Institut für Fabrikanlagen und Logistik, Leibniz Universität Hannover; wriggers@ifa.uni-hannover.de (B 3.5)

Zentes, Joachim, Univ.-Prof. Dr., H.I.M.A. Institut für Handel & Internationales Marketing, Universität des Saarlandes, Saarbrücken; hima@mx.uni-saarland.de (D 4.5)

Jungheinrich plant, projektiert und implementiert Ihre Intralogistik. Vom Wareneingang bis zum Warenausgang. In der Vorzone, im Lager und beim Kommissionieren. Unabhängig vom Automationsgrad. Mit dem klaren Ziel, Potenziale zu entdecken und zu nutzen.

Flurförderzeuge in über 600 Varianten, vielfältige Regalsysteme, Regalbediengeräte für Paletten, Behälter, Kartons, verschiedene Fördertechniken, Lagerverwaltungs- sowie Datenfunksysteme – am Ende entsteht „Ihr" individuelles Logistiksystem, in dem Material- und Informationsfluss Hand in Hand arbeiten.

Als Generalunternehmer koordinieren wir während der Implementierung alle beteiligten Gewerke. Bei Logistikprojekten auf der „grünen Wiese". Bei der Erweiterung bestehender Lager. Bei der Automatisierung mit Regalbediengeräten und Fördertechnik.

Entspannen Sie sich. Wir erledigen das für Sie. Komplett. Ein Anruf **(0180 5235468*)** oder ein paar Mausklicks **(www.jungheinrich.de)** genügen.

*Bundesweit nur € 0,14 pro Minute

„Logistikaufgaben lösen wir ganz entspannt. Mit Jungheinrich. *Von Anfang an.*"

JUNGHEINRICH
Das lohnt sich.

Inhalt

Der Verfasser eines bestimmten Abschnitts geht aus dem Vorschaltblatt des betreffenden Teils hervor, während sämtliche Beiträge eines Verfassers im Autorenverzeichnis angegeben sind.

Teil A Grundkonzepte, Grundlagen

A 1	**Grundlagen: Begriff der Logistik, logistische Systeme und Prozesse**	3
A 1.1	**Begriffliche Grundlagen**	3
A 1.1.1	Logistikbegriff	3
A 1.1.2	Logistische Systeme	4
A 1.1.2.1	Überblick	4
A 1.1.2.2	Logistikkette	4
A 1.1.2.3	Netzwerkmodelle	5
A 1.1.3	Logistische Prozesse	6
A 1.1.4	Ziele	7
A 1.1.4.1	Logistikleistung	8
A 1.1.4.2	Logistikkosten	8
A 1.1.4.3	Ökologische Ziele	8
A 1.1.5	Planungsaufgaben der Logistik	9
A 1.1.5.1	Planungsebenen	9
A 1.1.5.2	Just-in-time-Steuerung	10
A 1.1.5.3	Bestandsmanagement	11
	Literatur	12
A 1.2	**Systeme der Transportlogistik**	12
A 1.2.1	Überblick	12
A 1.2.2	Zuliefernetze	13
A 1.2.3	Distributionsnetze	14
A 1.2.4	Speditionsnetze	16
A 1.2.5	Kooperative Strukturen	17
	Literatur	18
A 1.3	**Innerbetriebliche Logistiksysteme**	18
A 1.3.1	Überblick	18
A 1.3.2	Aufgaben innerbetrieblicher Logistiksysteme	19
A 1.3.3	Strukturen innerbetrieblicher Logistiksysteme	20
A 1.3.3.1	Produktion	20
A 1.3.3.2	Distribution	20
A 1.3.3.3	Informationsfluss	21
A 1.4	**Supply Chain Management**	21
A 1.4.1	Überblick	21
A 1.4.2	Unternehmensweites Supply Chain Management	23
A 1.4.2.1	Organisatorische Ausrichtung am Wertschöpfungsprozess	23
A 1.4.2.2	Späte Variantenbildung	24
A 1.4.2.3	Gleichteileverwendung	26
A 1.4.3	Unternehmensübergreifendes Supply Chain Management	27
A 1.4.3.1	Supply Chain Contracting	27
A 1.4.3.2	Bullwhip-Effekt	29
A 1.4.3.3	Supply Chain Engineering	31
	Literatur	33
A 2	**Modellierung logistischer Systeme**	35
A 2.1	**Grundlagen der modellgestützten Planung**	35
A 2.1.1	Begriff der Planung	35
A 2.1.2	Modelle	36
A 2.1.2.1	Zum Modellbegriff	36
A 2.1.2.2	Einteilung von Modellen	36
A 2.1.3	Quantitative Entscheidungsmodelle	37
A 2.1.3.1	Deterministische einkriterielle Optimierungsmodelle	37
A 2.1.3.2	Multikriterielle Optimierungsmodelle	38
A 2.1.3.3	Stochastische Optimierungsmodelle	39

A 2.1.4	Modellgestützte Planung	39
A 2.1.4.1	Struktureigenschaften von Entscheidungsproblemen	39
A 2.1.4.2	Planung als modellgestützter Strukturierungsprozess	41
	Literatur	42
A 2.2	**Optimierungsansätze zur Planung logistischer Systeme und Prozesse**	**43**
A 2.2.1	Lineare Optimierung	43
A 2.2.1.1	Allgemeines Modell und Simplex-Algorithmus	43
A 2.2.1.2	Spezielle lineare Optimierungsmodelle in der Logistik	44
A 2.2.2	Ganzzahlige und kombinatorische Optimierung	47
A 2.2.2.1	Problemkomplexität und Einteilung von Verfahren	48
A 2.2.2.2	Formulierung logistischer Problemstellungen als MIP-Modelle	49
A 2.2.2.3	Branch & Bound-Verfahren	50
A 2.2.2.4	Eröffnungsverfahren	53
A 2.2.2.5	Verbesserungsverfahren und Meta-Heuristiken	53
A 2.2.3	Bemerkungen zur nichtlinearen Optimierung	56
	Literatur	56
A 2.3	**Bedientheoretische Modellierung logistischer Systeme**	**57**
A 2.3.1	Modellierung von Einzelelementen als Bediensystem	58
A 2.3.1.1	Bestandteile und Beschreibung eines Bediensystems	58
A 2.3.1.2	Modellierung von logistischen Ressourcen als Bediensystem	59
A 2.3.1.3	Exakte Berechnungsverfahren zur Kennwertermittlung für zeitkontinuierliche Systeme	60
A 2.3.1.4	Näherungsverfahren zur Kennwertermittlung für zeitkontinuierliche Systeme	63
A 2.3.2	Modellierung von vernetzten Systemen als Bediensystemnetzwerk	64
A 2.3.2.1	Bestandteile und Beschreibung eines Bediensystemnetzwerkes	64
A 2.3.2.2	Modellbildung für Materialflusssysteme	65
A 2.3.2.3	Exakte Berechnung von Kennwerten für zeitkontinuierliche vernetzte Systeme	65
A 2.3.2.4	Approximative Berechnung von Kennwerten für zeitkontinuierliche vernetzte Systeme	68
A 2.3.2.5	Verfahren der Antwortzeiterhaltung	71
A 2.3.2.6	Anwendungsgebiete und Grenzen bedientheoretischer Modelle	72
	Literatur	72
A 2.4	**Simulation logistischer Systeme**	**73**
A 2.4.1	Übersicht und Begriffsbestimmungen	73
A 2.4.1.1	Begriffsbestimmungen	73
A 2.4.1.2	Leitsätze zur Anwendung der Simulation	74
A 2.4.1.3	Abgrenzung zu analytischen Verfahren	74
A 2.4.1.4	Anwendungsbereiche, Anwendungsfelder, Fragestellungen	74
A 2.4.1.5	Nutzenaspekte	76
A 2.4.2	Grundlagen	76
A 2.4.2.1	Systemtheoretische Grundlagen	76
A 2.4.2.2	Modellklassifikation	77
A 2.4.2.3	Simulationsmethoden	78
A 2.4.2.4	Modellierungskonzepte	80
A 2.4.2.5	Grundlagen der Statistik und Wahrscheinlichkeitstheorie	81
A 2.4.3	Simulationswerkzeuge	82
A 2.4.3.1	Werkzeugklassen	82
A 2.4.3.2	Aufbau der Simulationswerkzeuge	84
A 2.4.3.3	Schnittstellen	84
A 2.4.3.4	Auswahlkriterien für Simulationswerkzeuge	85
A 2.4.4	Vorgehensweise bei der Simulation	85
A 2.4.4.1	Einsatzdefinition, Datenerfassung und -aufbereitung	87
A 2.4.4.2	Modellbildung	87
A 2.4.4.3	Verifikation und Validierung	87
A 2.4.4.4	Simulationsexperimente	88
A 2.4.4.5	Ergebnisaufbereitung und -bewertung	88
A 2.4.5	Anwendungspotenziale	91
A 2.4.5.1	Modellierung unternehmensübergreifender Prozesse	91
A 2.4.5.2	Anwendung im betrieblichen Umfeld	91
A 2.4.5.3	Integrationsaspekte	91
	Literatur	92
A 3	**Planung logistischer Systeme**	**95**
A 3.1	**Betriebliche Standortplanung**	**95**
A 3.1.1	Grundlagen der betrieblichen Standortplanung	95

A 3.1.2	Warehouse- und Hub-Location-Probleme	97
A 3.1.3	Zentren von Graphen und Zentrenprobleme	101
A 3.1.4	Standortplanung in der Ebene	103
A 3.1.5	Competitive Location	106
A 3.1.6	Planung unerwünschter Standorte	107
	Literatur	107
A 3.2	**Konfigurationsplanung**	**109**
A 3.2.1	Konfigurationsplanung bei Werkstattproduktion	109
A 3.2.1.1	Begriff der Werkstattproduktion	109
A 3.2.1.2	Einflussgrößen der Leistung eines Werkstattproduktionssystems	109
A 3.2.1.3	Leistungsanalyse und Optimierung	110
	Literatur	113
A 3.2.2	Konfigurationsplanung bei Fließproduktion	114
A 3.2.2.1	Kennzeichnung, Anwendungsgebiete und Formen von Fließproduktionssystemen	114
A 3.2.2.2	Einfluss zufälliger Bearbeitungszeiten und Störungen auf Produktionsraten, Bestände und monetäre Zielgrößen	115
A 3.2.2.3	Entscheidungsprobleme bei der Konfiguration von Fließproduktionssystemen	118
A 3.2.2.4	Verfahren zur Leistungsbewertung gegebener Fließproduktionssysteme	120
A 3.2.2.5	Verfahren zur Optimierung von Fließproduktionssystemen	122
	Literatur	122
A 3.2.3	Konfigurationsplanung bei Zentrenproduktion	123
A 3.2.3.1	Begriff der Zentrenproduktion	123
A 3.2.3.2	Konfigurationsplanung von Produktionsinseln	124
A 3.2.3.3	Konfigurationsplanung von Flexiblen Fertigungssystemen	131
	Literatur	135
A 3.3	**Transport- und Tourenplanung**	**137**
A 3.3.1	Überblick	137
A 3.3.2	Transportplanung	138
A 3.3.2.1	Planung der Transportwege und -mittel	138
A 3.3.2.2	Gestaltung von Transportnetzen	140
A 3.3.2.3	Fahrzeugeinsatz im Fernverkehr	141
A 3.3.2.4	Transportplanung und Bestände	142
A 3.3.2.5	Software	143
A 3.3.3	Tourenplanung	144

A 3.3.3.1	Aufgabenstellung	144
A 3.3.3.2	Planungsprobleme	144
A 3.3.3.3	Lösungsverfahren	147
A 3.3.3.4	Software	150
	Literatur	152
A 3.4	**Lagerbestandsmanagement**	**153**
A 3.4.1	Grundlagen	154
A 3.4.2	Bestandsmanagement in einstufigen Systemen	155
A 3.4.2.1	Grundmodelle der Lagerhaltung	155
A 3.4.2.2	Überblick über Dispositionsregeln	157
A 3.4.2.3	Bestimmung von Dispositionsparametern	158
A 3.4.3	Bestandsmanagement in mehrstufigen Systemen	160
A 3.4.3.1	Überblick über Dispositionskonzepte und -regeln	161
A 3.4.3.2	Bestimmung von Dispositionsparametern	163
A 3.4.4	Bestandsdisposition bei rollierender Planung	165
	Literatur	166
A 3.5	**Paletten- und Containerbeladung**	**167**
A 3.5.1	Einführung	167
A 3.5.2	Grundlagen	167
A 3.5.3	Palettenbeladung	169
A 3.5.3.1	Homogenes, zweidimensionales Packproblem (Standardproblem)	169
A 3.5.3.2	Sensitivitätsanalysen	174
A 3.5.3.3	Stabilität und Höhennutzung	174
A 3.5.3.4	Varianten des Standardproblems	174
A 3.5.4	Containerbeladung	175
A 3.5.4.1	Dreidimensionales Packproblem mit schwach heterogenem Packstückvorrat (Standardproblem)	175
A 3.5.4.2	Randbedingungen und Anforderungen der Praxis	177
A 3.5.4.3	Varianten des Standardproblems	178
A 3.5.5	Kommerzielle Software zur Paletten- und Containerbeladung	178
	Literatur	178
A 4	**Informations- und Planungssysteme in der Logistik**	**181**
A 4.1	**Informationssysteme in der Logistik**	**181**
A 4.1.1	Informationssysteme als Teil logistischer Systeme	181

A 4.1.2	Architektur eines Informationssystems	181	**Teil B**	**Logistikprozesse in Industrie und Handel**		
A 4.1.2.1	Architekturbegriff	181				
A 4.1.2.2	Fluss- und Zustandsmodelle	182				
A 4.1.2.3	Lenkungssysteme	183				
A 4.1.2.4	Modellierungsziele und Abstraktionsebenen	184	**B 1**	**Prozessorientierte Sichtweise in Produktion und Logistik**		215
A 4.1.2.5	Integration und Interoperabilität von Informationssystemen	185	**B 1.1**	**Grundlagen des Prozesskettenmanagements**		216
A 4.1.2.6	Sensoren und Aktoren eines Informationssystems	186	**B 1.2**	**Das Modellierungsparadigma**		219
A 4.1.3	Aufgabenebene eines Informationssystems	186	B 1.2.1	Terminologie		220
A 4.1.3.1	Modellierungsmethoden und -werkzeuge	186	B 1.2.2	Methodische Grundlagen		221
A 4.1.3.2	Funktions- und datenorientierte Modellierungsansätze	187	**B 1.3**	**Prozessmodelle, -ketten und -netze**		224
A 4.1.3.3	Objektorientierte Modellierungsansätze	188	B 1.3.1	Architektur integrierter Informationssysteme – ARIS		226
A 4.1.3.4	Geschäftsprozessorientierte Modellierungsansätze	188	B 1.3.2	Supply Chain Operation Reference Model – SCOR		227
A 4.1.3.5	Integrationskonzepte	188				
A 4.1.4	Aufgabenträgerebene eines Informationssystems	189	**B 1.4**	**Logistikorientierte Kennzahlensysteme und -kennlinien**		228
A 4.1.4.1	Automatisierungsgrad und Aufgabenträgerzuordnung	189	B 1.4.1	Einführung		228
A 4.1.4.2	Architekturen von Anwendungssystemen	190	B 1.4.2	Zielsystem der Logistik		229
A 4.1.4.3	Architekturen von Kommunikationssystemen	192	B 1.4.3	Logistisches Erklärungsmodell Produktion		234
	Literatur	193	B 1.4.3.1	Modellierung Produktionsaufträge		234
			B 1.4.3.2	Modellierung der Produktion		235
A 4.2	**Hierarchische Systeme der Produktionsplanung und -steuerung**	194	B 1.4.3.3	Modellierung Fertigungsprozess		235
A 4.2.1	Aufgabenstellung der operativen Produktionsplanung und -steuerung	194	B 1.4.3.4	Modellierung Lagerprozesse		242
A 4.2.2	Begriffe und grundlegende Probleme	194	B 1.4.4	Kennzahlensysteme		247
A 4.2.3	Sukzessivplanungskonzept herkömmlicher PPS-Systeme	196	**B 1.5**	**Ressourcenorientierte Prozesskosten**		248
A 4.2.4	Hierarchisches, kapazitätsorientiertes PPS-System	198		Literatur		252
A 4.2.4.1	Konzeptionelle Leitlinien	198	**B 2**	**Beschaffung**		255
A 4.2.4.2	Aufbau der Planungspyramide	198	**B 2.1**	**Einleitung**		255
A 4.2.4.3	Modelle und Lösungsverfahren für ausgewählte Produktionssegmente	200	B 2.1.1	Definitionen		255
			B 2.1.2	Beschaffungsobjekte		255
A 4.2.4.4	Modelle und Lösungsverfahren für die zentrale, unternehmensweite Koordination	207	B 2.1.3	Rollen in der Beschaffung		256
			B 2.2	**Einkaufsstrategie – Integriertes Beschaffungsmanagement**		256
A 4.2.5	Ausblick	209	**B 2.3**	**IT-Systeme im Einkauf**		264
	Literatur	210	B 2.3.1	Materialmanagement-Systeme		264
			B 2.3.2	Elektronisches Katalog-System		265

B 2.4	Prozesse	265
B 2.4.1	Anfrage	266
B 2.4.2	Angebotsbearbeitung	267
B 2.4.3	Direktvergabe und Vergabeverhandlung	267
B 2.4.4	Bestellentscheidung, Bestellung und Auftragsbestätigung	267
B 2.4.5	Lieferung und Kontrolle	269
B 2.4.6	Trends in der Beschaffung	270
B 2.5	Lenkung und Planung	270
B 2.5.1	Strategische Ziele	270
B 2.5.2	Beschaffungsarten	271
B 2.5.3	Vendor Managed Inventory	271
B 2.5.4	Bedarfsanalyse	277
B 2.5.5	Auswahl der Fertigungsart (Administration)	278
B 2.5.6	Sourcing (Administration)	280
B 2.5.7	Lieferantenauswahl (Administration)	281
B 2.5.8	Liefermengen und -zeitpunkte	281
B 2.6	Ressourcen der Beschaffung	282
B 2.6.1	Lager	282
B 2.6.2	Identifikationstechnik	282
B 2.6.3	Elektronischer Datenaustausch	283
B 2.6.4	Internet	283
B 2.7	Strukturen	284
B 2.7.1	Strukturen	284
B 2.7.2	Logistikdienstleister	286
B 2.7.3	Aufbauorganisation	286
B 2.8	C-Teile-Management	289
B 2.8.1	Hintergrund	289
B 2.8.2	Identifikation von C-Teilen	289
B 2.8.3	Prozesse der C-Teilebeschaffung	289
B 2.8.4	Serviceerwartungen für C-Teile	290
B 2.8.5	Strukturen der Prozessketten zur Bereitstellung von C-Teilen	290
B 2.8.6	Lenkungsregeln zur Bereitstellung von C-Artikeln	290
B 2.8.7	Material mit vergebener Materialnummer	292
B 2.8.8	Material ohne Materialnummern	292
B 2.8.9	Dezentrale Beschaffung	292
B 2.8.10	Der Materialfluss bei der lagerlosen Beschaffung	292
B 2.8.11	Standardisieren	293
B 3	Grundlagen der Produktionslogistik	295
B 3.1	Grundlagen	295
B 3.1.1	Einführung	295
B 3.1.2	Begriffsystem „Produktionslogistik"	295
B 3.1.3	Logistische Einflussfaktoren und Wettbewerbsstrategien	297
B 3.1.4	Gestaltungsfelder der Produktionslogistik	301
B 3.1.5	Integration logistischer Gestaltungsfelder	303
B 3.2	Struktur- und Layoutplanung	307
B 3.2.1	Grundlagen	307
B 3.2.2	Zielplanung	310
B 3.2.3	Analyse	311
B 3.2.4	Struktur-Design	312
B 3.2.4.1	Grundlagen	312
B 3.2.4.2	Struktur-Entwicklung	313
B 3.2.4.3	Struktur-Dimensionierung	315
B 3.2.5	Layout-Gestaltung	317
B 3.2.5.1	Grundlagen	317
B 3.2.5.2	Ideallayout	317
B 3.2.5.3	Reallayout	319
B 3.3	Produktionsplanung und -steuerung	323
B 3.3.1	Zielsetzung	324
B 3.3.1.1	Zielsystem	324
B 3.3.1.2	Aufgaben und Funktionen der PPS	324
B 3.3.2	Planung	326
B 3.3.2.1	Programmplanung	326
B 3.3.2.2	Mengenplanung	329
B 3.3.2.3	Termin- und Kapazitätsplanung	329
B 3.3.2.4	Belegungsplanung	332
B 3.3.3	Steuerung	333
B 3.3.3.1	Modell der Fertigungssteuerung	333
B 3.3.3.2	Verfahren der Fertigungssteuerung	334
B 3.3.3.3	Manufacturing Resource Planning (MRP II)	335
B 3.3.3.4	Fertigungssteuerung mit Leitständen	335
B 3.3.3.5	Optimized Production Technology (OPT)	335
B 3.3.3.6	Belastungsorientierte Auftragsfreigabe	337
B 3.3.3.7	Planung und Steuerung mit Fortschrittszahlen	338
B 3.3.3.8	Kanban-Steuerung	338
B 3.3.3.9	Conwip-Steuerung	339
B 3.3.4	Konfiguration der Fertigungssteuerung	339
B 3.3.5	Organisationsmittel	339
B 3.3.5.1	Datenmanagement	340
B 3.3.5.2	Informationssysteme	341

B 3.4	**Humanressourcen**	343	B 4.3	Durchführung der Prozesskettenanalyse	388
B 3.4.1	Begriff der Humanressource	344	B 4.3.1	Software zur Unterstützung der Prozesskettenanalyse	391
B 3.4.2	Humanressourcen und Logistikleistung	344	B 4.3.2	Entwicklung eines Standardmoduls	393
B 3.4.3	Kompetenz- und Personalentwicklung	344			
B 3.4.3.1	Berufliche Handlungskompetenz	345	B 4.4	**Innerbetrieblicher Transport**	393
B 3.4.3.2	Strategien der Kompetenzentwicklung	346	B 4.5	**Kennzahlen und Kennlinien als Steuerungsinstrumente des Materialflusses**	397
B 3.4.3.3	Personalentwicklung	347	B 4.5.1	Kennzahlensysteme	398
B 3.4.4	Arbeitsstrukturierung	348	B 4.5.2	Kostenkennzahlen	400
B 3.4.4.1	Ansätze der Arbeitsstrukturierung	348	B 4.5.3	Leistungskennzahlen	401
B 3.4.4.2	Das Sozio-technische Arbeitssystem	349	B 4.5.4	Servicekennzahlen	401
B 3.4.5	Motivation	350	B 4.5.5	Kennlinien	402
B 3.4.5.1	Inhaltstheorien	350			
B 3.4.5.2	Prozesstheorien	351			
B 3.4.6	Entgeltgestaltung	352	**B 5**	**Distribution**	**405**
B 3.4.6.1	Arbeitsbewertung	353	B 5.1	**Beschreibung und Abgrenzung der Distribution**	405
B 3.4.6.2	Entgeltformen	354	B 5.1.1	Entwicklung und Bedeutung	405
B 3.4.6.3	Leistungsbegriff im Wandel	355	B 5.1.2	Einordnung und Aufgaben	405
B 3.4.7	Arbeitszeitgestaltung	356	B 5.1.3	Anforderungen an die Distribution	410
B 3.4.7.1	Arbeitszeitmodelle	356	B 5.1.4	Schnittstellen der Distribution	411
B 3.4.7.2	Schichtarbeit	357			
B 3.4.7.3	Flexible Arbeitszeit	358	B 5.2	**Strategieparameter der Distribution**	412
			B 5.2.1	Zentralisierung	412
B 3.5	**Produktionscontrolling**	361	B 5.2.2	Externalisierung	413
B 3.5.1	Sicherstellung der Logistikqualität	361	B 5.2.3	Internationalisierung	414
B 3.5.2	Überprüfung des Logistikprozesses	363	B 5.2.4	Informationstechnisierung	414
B 3.5.2.1	Kennzahlen und Modelle als Basis des Controllings	363	B 5.2.5	Ökologisierung	416
B 3.5.2.2	Controllingsysteme im Regelkreis der PPS	363	B 5.3	**Ressourcen und Leistungsobjekte der Distribution**	416
B 3.5.2.3	Gliederungsaspekte eines Controllingsystems	364			
B 3.5.3	Engpassorientierte Logistikanalyse als Controllingansatz für die Produktion	365	B 5.4	**Strukturparameter der Distribution**	419
			B 5.4.1	Prozessstruktur	419
B 3.5.4	Einführung eines Produktionscontrollings	369	B 5.4.2	Aufbaustruktur	420
			B 5.4.2.1	Vertikale Distributionsstruktur	421
B 4	**Lager- und Materialflussprozesse**	**371**	B 5.4.2.2	Horizontale Distributionsstruktur	422
			B 5.4.3	Organisations- und Kommunikationsstruktur	423
B 4.1	**Begriffsbestimmung Materialfluss**	371			
B 4.2	**Begriffsbestimmung Lager**	373	B 5.5	**Planung der Distribution**	423
B 4.2.1	Lageraufgaben und Lagerarten	374	B 5.5.1	Planungsgrundsätze	423
B 4.2.2	Lagerorganisation	376	B 5.5.1.1	Ganzheitlicher Planungsansatz	423
B 4.2.2.1	Lageraufbauorganisation	377	B 5.5.1.2	Hierarchischer Planungsansatz	425
B 4.2.2.2	Lagerablauforganisation	378	B 5.5.1.3	Simultanplanung versus Sukzessivplanung	427
B 4.2.2.3	Aufbaustruktur von Lagersystemen	381			
B 4.2.3	Permanente Lagerplanung	381			
B 4.2.3.1	Klassische Lagerplanung	381			
B 4.2.3.2	Bedeutung der Prozesskette als ganzheitlicher Planungsansatz	384			

B 5.5.2	Planungsmethoden	428	B 6.1.3.2	Analyse und Optimierung der Supply Chain	462
B 5.5.3	Methodenspektrum in der Distributionsplanung	429	B 6.1.3.3	Einsatz von IT-Systemen zum Supply Chain Management	462
B 5.5.3.1	Optimierungsmethoden	429			
B 5.5.3.2	Diskursive Methoden	430	**B 6.2**	**Aufgaben des Supply Chain Managements**	**462**
B 5.5.3.3	Intuitive Methoden	432			
B 5.5.3.4	Experten- und Assistenzsysteme	433	**B 6.3**	**Kollaborative Planungs- und Steuerungskonzepte im Supply Chain Management**	**463**
B 5.5.3.5	Simulationstechnik	434			
B 5.5.4	Kunden- und Lieferscheinanalyse	435	B 6.3.1	Supply Chain Monitoring (SCMo)	463
			B 6.3.1.1	Ziele und Grundidee des SCMo	463
B 5.6	**Planung und Optimierung von Distributionsstrukturen**	**438**	B 6.3.1.2	Gegenstand der Zusammenarbeit im Supply Chain Monitoring	464
B 5.7	**Lenkungsebenen in der Distribution**	**440**	B 6.3.1.3	Prozesse des Supply Chain Monitoring	464
B 5.7.1	Einordnung der Lenkung der Distribution	441	B 6.3.1.4	Informationstechnische Umsetzung des SCMo	467
B 5.7.2	Normative Lenkungsebene	441	B 6.3.2	Vendor Managed Inventory (VMI)	468
B 5.7.3	Administrative Lenkungsebene	441	B 6.3.2.1	Ziele und Grundidee des Vendor Managed Inventory	468
B 5.7.4	Dispositive Lenkungsebene	442			
B 5.7.5	Netzwerkebene	446	B 6.3.2.2	Prozesse des Vendor Managed Inventory	469
B 5.7.6	Lokale Steuerungsebene	447			
			B 6.3.2.3	Informationstechnische Umsetzung	471
B 5.8	**Planung und Bewertung von Distributionsprozessen**	**449**	B 6.3.3	Demand Capacity Planning (DCP)	472
B 5.8.1	Bewertung von Distributionsprozessen	449	B 6.3.3.1	Grundidee und Ziele des Demand Capacity Planning	472
B 5.8.1.1	Leistungskennzahlen	449	B 6.3.3.2	Gegenstand der Zusammenarbeit im Demand Capacity Planning	472
B 5.8.1.2	Kosten- und Strukturkennzahlen	450			
B 5.8.1.3	Servicekennzahlen	450	B 6.3.3.3	Prozesse des Demand Capacity Planning	473
B 5.8.1.4	Kennlinien	451			
B 5.8.2	Modellgestützte Planung und Optimierung	453	B 6.3.3.4	Informationstechnische Umsetzung des Demand Capacity Planning	476
B 5.8.2.1	Optimierungsmodelle	454			
B 5.8.2.2	Simulationsmodelle	454	B 6.3.4	Collaborative Planning Forecasting & Replenishment (CPFR)	477
B 5.9	**Zusammenfassung**	**456**	B 6.3.4.1	Grundidee und Ziele des Collaborative Planning Forecasting and Replenishment	477
B 6	**Prozesse in Logistiknetzwerken – Supply Chain Management**	**459**	B 6.3.4.2	Prozesse des Collaborative Planning Forecasting and Replenishment	479
B 6.1	**Ziele und Grundprinzipien des Supply Chain Managements**	**459**	B 6.3.4.3	Informationstechnische Umsetzung des Collaborative Planning Forecasting and Replenishment	480
B 6.1.1	Netzwerke als Betrachtungsgegenstand des Supply Chain Management	459			
B 6.1.2	Ziele des Supply Chain Management	460	**B 6.4**	**Supply Chain Event Management – Entscheidungsunterstützung bei der Steuerung von Logistiknetzwerken**	**480**
B 6.1.3	Grundprinzipien des Supply Chain Management	460			
B 6.1.3.1	Kollaborationsmanagement der Unternehmen einer Supply Chain	461	B 6.4.1	Grundidee und Ziele des Supply Chain Event Managements	480

B 6.4.1.1	Gegenstand der Zusammenarbeit im Supply Chain Event Management.......	481	B 7.4	**Planungssysteme in der Kreislaufwirtschaft**...................... 518
B 6.4.1.2	Konzepte des Supply Chain Event Management..................	482	B 7.4.1	Planungsverfahren in der Kreislaufwirtschaft............ 518
B 6.4.2	Informationstechnische Umsetzung des Supply Chain Event Managements	484	B 7.4.2	Standortplanung in der Kreislaufwirtschaft............ 519
			B 7.4.3	Tourenplanung in der Kreislaufwirtschaft............ 519
B 7	**Entsorgung und Kreislaufwirtschaft**.......	**487**		
			B 7.5	**Prozessoptimierung**.................... 520
B 7.1	**Abgrenzung der Entsorgung und Kreislaufwirtschaft**	487	B 7.5.1	Softwaregestützte Planung und Optimierung.................. 520
B 7.1.1	Definition der Entsorgungslogistik..........	487	B 7.5.2	Optimierung von Prozessen und Abläufen....................... 521
B 7.1.2	Entwicklung von Organisations- und Logistikstrukturen	490	B 7.5.3	Einsatz von Technik................ 521
B 7.1.3	Gesetzliche Regelungen	490	B 7.5.4	Zusammenschlüsse von Unternehmen...... 521
B 7.1.3.1	Rechtsakte der Europäischen Union.........	490		
B 7.1.3.2	Rechtsnormen in Deutschland	495	**B 8**	**Spezielle Logistikprozesse** **525**
B 7.2	**Prozesse der Entsorgung und Kreislaufwirtschaft**	499	B 8.1	**Handelslogistik** 525
B 7.2.1	Sammlung.................	499	B 8.1.1	Einführung................. 525
B 7.2.1.1	Abfallarten und Anfallorte	499	B 8.1.2	Liefer- und Lagerstrategien 525
B 7.2.1.2	Abfallbereitstellung	500	B 8.1.2.1	Handel oder Hersteller – Wer steuert die Supply Chain?......... 525
B 7.2.1.3	Sammelverfahren	500		
B 7.2.1.4	Behältersysteme................	501	B 8.1.2.2	Lagerstrategien: Zentral vs. Dezentral....... 526
B 7.2.1.5	Fahrzeugvarianten................	501	B 8.1.2.3	Distributions-/Lieferstrategien: Crossdocking, Transshipment, Direktbelieferung........... 527
B 7.2.1.6	Personal...................	503		
B 7.2.2	Transport	504		
B 7.2.2.1	Transportketten und -wege..........	504	B 8.1.2.4	Fazit.............. 528
B 7.2.2.2	Ladehilfsmittel................	504	B 8.1.3	Eine besondere Form der Kooperation: ECR................ 528
B 7.2.2.3	Tranportmittelvarianten............	505		
B 7.2.3	Umschlag	508	B 8.1.3.1	Kernbereiche des ECR 528
B 7.2.3.1	Bereich...................	508	B 8.1.3.2	Category Management – Optimierung der Demand Side 529
B 7.2.3.2	Arbeits- und Ladehilfsmittel	508		
B 7.2.3.3	Umschlagmittelvarianten................	508	B 8.1.3.3	Supply Chain Management – Optimierung der Supply Side 530
B 7.2.4	Lagerung................	509		
B 7.2.5	Verwertung, Behandlung und Beseitigung von Abfällen	509	B 8.1.3.4	Das CPFR-Geschäftsmodell (Collaborative Planning Forecasting and Replenishment) 530
B 7.2.5.1	Aufbereitungsverfahren	509		
B 7.2.5.2	Biologische Verfahren	511	B 8.1.4	E-commerce: Herausforderung an die Logistik 531
B 7.2.5.3	Chemisch-physikalische Verfahren	511		
B 7.2.5.4	Thermische Verfahren	511	B 8.1.4.1	Pick-Up-Konzepte als Antwort auf das Problem der letzten Meile............ 531
B 7.2.5.5	Deponierung................	513		
			B 8.1.4.2	Lösungsansätze für die Logistik im E-Commerce................ 532
B 7.3	**Stoffstrommanagement**............	514		
B 7.3.1	Redistribution................	514	B 8.1.4.3	Internetverpackung (ePackaging) 532
B 7.3.1.1	Strategien in Produktrückführungs- systemen................	515	B 8.1.5	Trends in der Handelslogistik................ 533
B 7.3.2	Netzwerke	516		

B 8.2	Instandhaltungslogistik	534		B 8.4	Temperaturgeführte Lager	561
B 8.2.1	Einleitung	534		B 8.4.1	Beschreibung und Abgrenzung	561
B 8.2.1.1	Definitionen	534		B 8.4.1.1	Prozesse und Schnittstellen	562
B 8.2.1.2	Objekte der Instandhaltungslogistik	535		B 8.4.2	Anforderungsmerkmale	562
B 8.2.1.3	Rollen in der Instandhaltungslogistik	535		B 8.4.2.1	Temperaturen	562
B 8.2.2	Hauptprozesse der Instandhaltungslogistik	536		B 8.4.2.2	Klimazonen	562
				B 8.4.3	Strukturmerkmale	563
B 8.2.2.1	Auftragsabwicklung	536		B 8.4.3.1	Aufbau- und Ablauforganisation	563
B 8.2.2.2	Personalmanagement	538		B 8.4.3.2	Kommunikationsstruktur (Lagerverwaltung)	564
B 8.2.2.3	Betriebsmittellogistik	538				
B 8.2.2.4	Material- und Ersatzteillogistik	539		B 8.4.4	Ressourcen	564
B 8.2.2.5	Bestandsmanagement	540		B 8.4.4.1	Bautechnik	564
B 8.2.3	Lenkung und Planung	541		B 8.4.4.2	Lager- und Fördertechnik	567
B 8.2.3.1	Strategische Ziele	541		B 8.4.4.3	Personal	568
B 8.2.3.2	Outsourcing	541		B 8.4.5	Praxisbeispiel: Multitemperatur-Distribution	568
B 8.2.3.3	Strategien und Konzepte	542				
B 8.2.3.4	Vertragsarten	542		B 8.4.5.1	Kurzprofil	568
B 8.2.4	Ressourcen der Instandhaltungslogistik	543		B 8.4.5.2	Planungs-/Auslegungsdaten	569
B 8.2.4.1	Personal	543		B 8.4.5.3	Bewertungskriterien	569
B 8.2.4.2	Informationen	543		B 8.4.5.4	Systemauswahl	569
B 8.2.4.3	Ersatzteile	543		B 8.4.5.5	Systembeschreibung	570
B 8.2.4.4	Material	544		B 8.4.5.6	Perspektive	570
B 8.2.4.5	Betriebsmittel und Betriebsstätten	544		B 8.4.6	Ausblick	570
B 8.2.5	Strukturen der Instandhaltungslogistik	545		B 8.5	Temperaturgeführte Transporte	570
B 8.2.5.1	Grundstrukturen der Aufbauorganisation	545		B 8.5.1	Einleitung	570
				B 8.5.2	Anforderungen an temperaturgeführte Transporte	571
B 8.2.5.2	Strukturen der Fremdinstandhaltung	547				
B 8.2.5.3	Instandhaltungscontrolling	547		B 8.5.3	Aktive und passive Kühlkette	571
				B 8.5.4	Verpackungssysteme zur Erfüllung der Funktionalität	572
B 8.3	Gefahrgut- und Gefahrstofflogistik	548				
B 8.3.1	Einführung	548		B 8.5.5	Messverfahren	573
B 8.3.2	Gefahrgut vs. Gefahrstoff	548		B 8.5.6	Prüfungen von Verpackungen mit isolierenden Eigenschaften	574
B 8.3.2.1	Definition des Begriffs „Gefahrgut"	548				
B 8.3.2.2	Definition des Begriffs „Gefahrstoff"	548		B 8.5.7	Temperaturkontrolle entlang der Supply Chain	575
B 8.3.2.3	Abgrenzung der Termini Gefahrstoff und Gefahrgut	548				
				B 8.5.8	RFID-Technologie für die Frischedistribution	577
B 8.3.3	Gefahrgutlogistik	549				
B 8.3.3.1	Kernziel der Gefahrgutlogistik	550		8.5.9	Zusammenfassung	579
B 8.3.3.2	Besonderheiten der Gefahrgutlogistik	550				
B 8.3.3.3	Klassifizierung von Gefahrgütern	551		B 9	Logistikdienstleistungen	581
B 8.3.3.4	Verantwortlichkeiten	552				
B 8.3.3.5	Abwicklung des Gefahrguttransportes (rechtliche Grundlagen)	554		B 9.1	Stellenwert heutiger Logistikdienstleistungen	581
				B 9.1.1	Logistik als Wettbewerbsfaktor	581
B 8.3.3.6	Telematik für die Gefahrgutlogistik	555		B 9.1.2	Chancen und Risiken der Auslagerung logistischer Leistungen	582
B 8.3.3.7	Übergang von der Gefahrgut- zur Gefahrstofflogistik	555				
B 8.3.4	Gefahrstofflogistik	556		B 9.2	Bedarfsspektrum der Unternehmen	582
B 8.3.4.1	Grundlagen gefahrstoffspezifischer Gesetze	556		B 9.2.1	Einzelleistungen	582
B 8.3.4.2	Zusammenlagerung gefährlicher Stoffe in Vielstofflagern	559				

B 9.2.2	Verbundleistungen	583
B 9.2.3	Systemleistungen	583
B 9.3	**Leistungsspektrum verschiedener Logistikdienstleisterkonzepte**	**584**
B 9.3.1	Einzeldienstleister	584
B 9.3.2	Verbunddienstleister	585
B 9.3.3	Systemdienstleister	586
B 9.3.4	4PL	587
B 9.3.4.1	Definition und Konzept	587
B 9.3.4.2	4PL-Anwärter	588
B 9.3.4.3	Kritische Würdigung	588
B 9.3.4.4	Synchronisationsansatz	589
B 9.4	**Spezielle Aspekte innerhalb der Logistikdienstleistung**	**590**
B 9.4.1	Wissensmanagement	590
B 9.4.1.1	Konzept und Stellenwert	590
B 9.4.1.2	Umsetzung	591
B 9.4.1.3	Umsetzungsprobleme	592
B 9.4.2	Ausgewählte Informations- und Kommunikationstechnologien und ihre Anwendung	592
B 9.4.2.1	Internet und Ubiquitous Computing	593
B 9.4.2.2	Transportbörsen	594
B 9.4.2.3	Tracking and Tracing	596
B 9.4.2.4	Application Service Providing (ASP)	597
B 9.4.2.5	Radiofrequenzidentifikation (RFID) und drahtloser Datenaustausch	598
B 9.4.2.6	Ausblick „Selbststeuerung"	599
B 9.5	**Vorgehen zur Fremdvergabe, Marktpotenzial und aktuelle Trends**	**601**
B 9.5.1	Vorgehen zur Vergabe logistischer Leistungen	601
B 9.5.2	Marktpotenzial für Logistikdienstleistungen	603
B 9.5.3	Aktuelle Trends	604

Teil C Technische Logistiksysteme

C 1	Einleitung	611
C 2	Innerbetriebliche Logistik	613
C 2.1	Stückgutförderer in Logistiksystemen	613
C 2.1.1	Aufgaben für Stückgutförderer	614
C 2.1.2	Durchsatz von Stückgutförderern	615
C 2.1.3	Tragförderer für leichte Stückgüter	617
C 2.1.3.1	Rollen- und Röllchenförderer	617
C 2.1.3.2	Bandförderer	618
C 2.1.3.3	Tragkettenförderer	619
C 2.1.3.4	Elektrotragbahn	619
C 2.1.3.5	Verteil- und Zusammenführungselemente für leichte Stückgutförderer	620
C 2.1.3.6	Einrichtungen zum Stauen und Vereinzeln	623
C 2.1.4	Tragförderer für schwere Stückgüter	624
C 2.1.4.1	Rollenförderer	625
C 2.1.4.2	Tragkettenförderer	625
C 2.1.4.3	Plattenbandförderer	626
C 2.1.4.4	Unterflur-Schleppkettenförderer	626
C 2.1.4.5	Elektropalettenbahn	627
C 2.1.4.6	Verzweigungs- und Zusammenführungselemente für schwere Stückgüter	627
C 2.1.4.7	Stauförderer für schwere Stückgüter	629
C 2.1.5	Hängeförderer	629
C 2.1.5.1	Handhängebahn	629
C 2.1.5.2	Kreisförderer	629
C 2.1.5.3	Power-and-Free	630
C 2.1.5.4	Elektrohängebahn (EHB)	630
C 2.1.5.5	Verzweigungs- und Zusammenführungselemente für Hängeförderer	632
C 2.1.5.6	Pufferstrecken und Speicher	633
C 2.1.6	Vertikalförderer	633
C 2.1.6.1	Etagenförderer	633
C 2.1.6.2	Umlaufförderer	634
C 2.1.6.3	Hubtische und Hebebühnen	635
C 2.1.7	Unstetige Stückgutförderer	635
C 2.1.7.1	Flurförderzeuge	636
C 2.1.7.2	Nichflurgebundene Unstetigförderer – Krane	639
	Weiterführende Literatur	643
C 2.2	**Lagersysteme**	**645**
C 2.2.1	Einleitung	645
C 2.2.2	Systematisierung der Lagertypen	646
C 2.2.3	Lagerbauarten	648
C 2.2.3.1	Bodenlagerung	648
C 2.2.3.2	Statische Regallagerung	649
C 2.2.3.3	Dynamische Regallagerung	652
C 2.2.3.4	Lagerung auf Fördermitteln	656
C 2.2.4	Auswahlgesichtspunkte bei der Lagerplanung	657
C 2.2.5	Lagerdimensionierung	657
C 2.2.6	Leistungsberechnung von Regalbediengeräten	659
	Literatur	660
C 2.2.7	Kleinteilelager	660

C 2.2.7.1	Verwendung	660
C 2.2.7.2	Berechnung	662
C 2.2.7.3	Konstruktion	663
C 2.2.7.4	Lastaufnahmemittel	666
	Literatur	668
C 2.3	**Kommissioniersysteme**	**668**
C 2.3.1	Einleitung	668
C 2.3.2	Kommissionieranforderungen	669
C 2.3.2.1	Sortimentsanforderungen	669
C 2.3.2.2	Auftragsanforderungen	670
C 2.3.2.3	Durchsatzanforderungen	670
C 2.3.2.4	Bestandsanforderungen	671
C 2.3.3	Kommissionierverfahren	671
C 2.3.3.1	Konventionelles Kommissionieren mit statischer Bereitstellung	671
C 2.3.3.2	Dezentrales Kommissionieren mit statischer Bereitstellung	673
C 2.3.3.3	Stationäres Kommissionieren mit dynamischer Bereitstellung	674
C 2.3.3.4	Inverses Kommissionieren mit dynamischer Bereitstellung	675
C 2.3.3.5	Mobiles Kommissionieren mit statischer Bereitstellung	676
C 2.3.4	Kommissioniertechnik	676
C 2.3.4.1	Bereitstellung	676
C 2.3.4.2	Fortbewegung	676
C 2.3.4.3	Entnahme	677
C 2.3.4.4	Ablage	677
C 2.3.4.5	Packerei und Auftragszusammenführung	677
C 2.3.4.6	Kommissioniersteuerung	678
C 2.3.5	Kombinierte Kommissioniersysteme	678
C 2.3.5.1	Parallele Kommissioniersysteme	678
C 2.3.5.2	Zweistufige Kommissioniersysteme	678
C 2.3.5.3	Stollenkommissionierlager	679
C 2.3.6	Planung von Kommissioniersystemen	681
	Literatur	681
C 2.3.7	Geräte zur Kommissionierung und zum Nachschub	681
C 2.3.7.1	Geräte für manuelle Entnahme und statische Bereitstellung (Mann zur Ware)	682
C 2.3.7.2	Geräte für manuelle Entnahme und dynamische Bereitstellung (Ware zum Mann)	683
C 2.3.7.3	Geräte bei automatischer Entnahme	684
C 2.3.7.4	Trends in der Kommissioniergeräte-Technik	685
C 2.4	**Sortier- und Verteilsysteme**	**685**
C 2.4.1	Einleitung	685
C 2.4.2	Funktionen und mechanische Ausführungen	685
C 2.4.2.1	Zentrale Systeme	686
C 2.4.2.2	Dezentrale Sortiersysteme	689
C 2.4.3	Grundlagen der Projektierung	690
	Literatur	695
C 2.5	**Verpackungs- und Verladetechnik**	**695**
C 2.5.1	Verpackungsaufgaben, -funktionen und -anforderungen	696
C 2.5.1.1	Begriffsbestimmungen	696
C 2.5.1.2	Aufgaben der Verpackung in der logistischen Kette	699
C 2.5.1.3	Funktionen und Anforderungen in Verpackungs- und Logistikprozessen	701
C 2.5.2	Bildung und Sicherung von logistischen Einheiten	702
C 2.5.2.1	Bildung von logistischen Einheiten	702
C 2.5.2.2	Sicherung von logistischen Einheiten	706
C 2.5.2.3	Ladungsbildung und Verladung	711
C 2.5.2.4	Ladungssicherung	712
C 2.5.3	Optimierung von logistischen Einheiten	715
C 2.5.3.1	Verpackungsmodularisierung/ Standardisierung	715
C 2.5.3.2	Maßoptimierung	717
C 2.5.3.3	Software-Unterstützung	719
C 2.5.3.4	RFID-Technologie	720
C 2.5.4	Bewertung von Verpackungs- und Verladesystemen	721
C 2.5.4.1	Kennzahlensystem	722
C 2.5.4.2	Wirtschaftlichkeitsvergleich	722
	Literatur	725
C 3	**Außerbetriebliche Logistik**	**727**
C 3.1	**Außerbetriebliche Logistikketten**	**727**
	Literatur	727
C 3.2	**Straßengüterverkehr, Speditionen, Logistik-Dienstleistungen**	**727**
C 3.2.1	Gegenstand des Straßengüterverkehrs	727
C 3.2.2	Infrastruktur und Technik	727
C 3.2.2.1	Straßennetz	727
C 3.2.2.2	Fahrzeuge	728
C 3.2.2.3	Dispositions- und Leittechnik	729
C 3.2.2.4	Mautsystem	730
C 3.2.3	Verkehrsformen	730

C 3.2.3.1	Nah- und Fernverkehr	730
C 3.2.3.2	Werkverkehr	730
C 3.2.4	Abwicklung der Güterbeförderung	731
C 3.2.4.1	Preisbildung und Kosten	732
C 3.2.4.2	Kooperative Logistikkonzepte	732
C 3.2.5	Rechtliche Grundlagen	734
C 3.2.5.1	Gesetzliche Definitionen	734
C 3.2.5.2	Ablauforganisation	734
C 3.2.5.3	Akquisition und Durchführung von Aufträgen	735
C 3.2.5.4	Transportdurchführung	735
	Literatur	735
C 3.3	**Kombinierter Verkehr**	**736**
C 3.3.1	Definition des Kombinierten Verkehrs	736
C 3.3.2	Ladeeinheiten des Kombinierten Verkehrs	736
C 3.3.3	Umschlaggeräte des Kombinierten Verkehrs	739
C 3.3.4	Fahrzeuge für den Kombinierten Verkehr	739
C 3.3.5	Transportketten im Kombinierten Verkehr und ihre Wirtschaftlichkeit	741
C 3.3.6	Organisation von Transportketten des Kombinierten Verkehrs	742
C 3.3.7	Kombinierter Verkehr in der Verkehrspolitik	743
	Literatur	743
C 3.4	**Eisenbahngüterverkehr**	**743**
C 3.4.1	Systembeschreibung und Entwicklungstendenz	743
C 3.4.2	Systemangebote	744
C 3.4.3	Fahrzeuge	745
C 3.4.4	Zugangsstellen	748
C 3.4.5	Produktionsverfahren	751
C 3.4.6	Informationssysteme	752
C 3.4.7	Innovative Entwicklung	753
	Literatur	756
C 3.5	**Luftfrachtverkehr**	**757**
C 3.5.1	Luftfracht	757
C 3.5.1.1	Definition Luftfracht	757
C 3.5.1.2	Bedeutung und Entwicklung	757
C 3.5.1.3	Güter der Luftfracht	758
C 3.5.2	Lufttransportnetz	760
C 3.5.2.1	Netzstruktur	760
C 3.5.2.2	Hubs and Spokes	761
C 3.5.3	Luftfracht in der Transportkette	761
C 3.5.3.1	Glieder der Transportkette	761
C 3.5.3.2	Lufttransport	762
C 3.5.3.3	Bodentransport	762
C 3.5.4	Flugzeug als Transportmittel	763
C 3.5.4.1	Fluggeräte	763
C 3.5.4.2	Laderaum und Lademittel	764
C 3.5.4.3	Flugzeugeinsatz	766
C 3.5.5	Luftfracht am Flughafen	766
C 3.5.5.1	Luftfrachtzentren	766
C 3.5.5.2	Vorfeldtransport	767
C 3.5.5.3	Flugzeugabfertigung	767
C 3.5.6	Luftfrachtumschlag	769
C 3.5.6.1	Luftfrachtanlagen	769
C 3.5.6.2	Umschlagprozesse	770
C 3.5.6.3	Luftfrachtabfertigung	771
C 3.5.7	Informationssysteme in der Luftfracht	776
C 3.5.7.1	Globale Informationssysteme	776
C 3.5.7.2	Lokale Informationssysteme	776
C 3.5.7.3	Schnittstellen und Subsysteme	777
	Weiterführende Literatur	778
C 3.6	**Güterverkehrszentren**	**778**
C 3.6.1	Einleitung, Definition, Abgrenzungen	778
C 3.6.2	GVZ als Schnittstelle der Verkehrsträger	778
C 3.6.3	Funktionen eines GVZ	779
C 3.6.4	Organisation eines GVZ	779
C 3.6.5	Struktureller Aufbau eines GVZ	780
C 3.6.6	Entwicklungsformen des GVZ	780
	Literatur	781
C 3.7	**Kurier-, Express- und Paketdienste**	**782**
C 3.7.1	Definition der Kurier-, Express- und Paketdienste (KEP)	782
C 3.7.2	Transportnetz	783
C 3.7.3	Depot	785
C 3.7.4	Sendungsverfolgung	787
	Literatur	788
C 4	**Informationstechnik für Logistiksysteme**	**789**
C 4.1	**Einleitung**	**789**
C 4.2	**Parametrierung der Materialflusssteuerung**	**789**
C 4.2.1	Elektrische Antriebe	789
C 4.2.1.1	Gleichstrommotor	789
C 4.2.1.2	Drehstromasynchronmotor	789
C 4.2.1.3	EC-Motor	791
C 4.2.1.4	Linearmotor	792
	Literatur	792
C 4.2.2	Sensoren	793

C 4.2.2.1	Einführung	793		C 4.5	**Adaptive Informationstechnik für Intralogistiksysteme**	812
C 4.2.2.2	Näherungsschalter mit Feldbeeinflussung	793		C 4.5.1	Adaptive IT am Praxisbeispiel eines Distributionszentrums	812
C 4.2.2.3	Näherungsschalter mit Energieübertragung	794		C 4.5.1.1	Materialflusssteuerung als Dienstleistung für ein Distributionszentrum	812
	Literatur	796		C 4.5.1.2	Transportdurchführung	814
C 4.2.3	Installations- und Steuerungsphilosophie	796		C 4.5.1.3	Transportverwaltung	814
C 4.2.3.1	Zentrale und dezentrale Installationen	796		C 4.5.1.4	Prozesse: Lagerverwaltung und Bestandsverwaltung	814
C 4.2.3.2	Kontaktlose Energieübertragung	798		C 4.5.1.5	Adaptive IT für Zukunftssicherheit und Flexibilität	815
C 4.2.3.3	Dezentrale Steuerungstechnik	800			Literatur	815
C 4.3	**SAIL – System-Architektur für Intralogistik-Lösungen am Praxisbeispiel adidas**	801		**C 4.6**	**Identifikationssysteme**	815
				C 4.6.1	Identifizieren	815
C 4.3.1	Zielsetzung der Systemarchitektur-Entwicklung	801		C 4.6.2	Klassifikation der Identifikationssysteme	816
C 4.3.2	Innovation durch Funktionsstandardisierung	801		C 4.6.3	Identifikationssysteme mit optischen Datenträgern	816
C 4.3.3	Funktionen	802		C 4.6.3.1	Codearten	816
C 4.3.4	Typische Konfigurationen	803		C 4.6.3.2	Codeerstellung	821
				C 4.6.3.3	Lesegeräte	822
C 4.4	**Materialflussverwaltungssysteme**	804			Literatur	824
C 4.4.1	Die ersten Lagerverwaltungssysteme	804		C 4.6.4	Identifikationssysteme mit elektronischen Datenträgern	825
C 4.4.2	Moderne Materialflusssysteme	805		C 4.6.4.1	Komponenten eines RFID-Systems	825
C 4.4.2.1	Blockschaubild eines kompletten Logistiksystems	805		C 4.6.4.2	Gliederung der RFID-Systeme nach Frequenzen	826
C 4.4.2.2	Bestandsführung	806		C 4.6.4.3	Protokolle der RFID-Systeme	828
C 4.4.3	Eingangsseitige Funktionen	806		C 4.6.4.4	Charakteristiken Datenträger	828
C 4.4.4	Statusbearbeitung	806		C 4.6.4.5	Anwendungsbeispiele in der Logistik	829
C 4.4.5	Einlagerung	807			Literatur	830
C 4.4.6	Auftragsdurchlauf	807		C 4.6.5	Identifikationssysteme mit Bildverarbeitung (BV)	830
C 4.4.6.1	Einlasten	807		C 4.6.5.1	Aufbau eines Bildverarbeitungssystems	830
C 4.4.6.2	Kommissionieren	808		C 4.6.5.2	Codesuche und Lesung	833
C 4.4.6.3	Fehlerbearbeitung in der Kommissionierung	809		C 4.6.5.3	Suche und Lesung von Klarschrift	835
C 4.4.6.4	Pick-and-Pack-System	809		C 4.6.5.4	Kamerabasierte Ident-Technologien in der Praxis	836
C 4.4.6.5	Zweistufiges Kommissionieren	809		C 4.6.6	Identifikation mittels Sprachverarbeitung	836
C 4.4.7	Nachschub	809				
C 4.4.8	Warenausgang	810		C 4.6.6.1	Spracherkennung	837
C 4.4.8.1	Warenausgangsbelege	810		C 4.6.6.2	Nebengespräche und Nebengeräusche	837
C 4.4.8.2	Erstellung von Lieferscheinen und Rechnungen	810		C 4.6.6.3	Anwendungen in der Logistik	837
C 4.4.8.3	Sendungsverfolgung	810			Literatur	838
C 4.4.9	Intralogistische Prozesse	810		**C 4.7**	**Informationsbereitstellung in der Kommissionierung**	838
C 4.4.9.1	Abhängigkeit von der Zuverlässigkeit aller beteiligten Komponenten	810		C 4.7.1	Kommissionierung mittels Beleg	838
C 4.4.9.2	Steigerung der Produktivität	811		C 4.7.2	„Beleglose" Kommissionierung	838
C 4.4.9.3	Lagerleitstand	811		C 4.7.2.1	Offline-Kommissionierung	839
C 4.4.9.4	Permanente Inventur	812				
	Literatur	812				

C 4.7.2.2	Online-Kommissionierung	839	C 5.2.2	Aufbau	853
C 4.7.3	Informationsbereitstellung/ Kommissioniertechniken	839	C 5.2.3	Herstellererklärung	854
			C 5.2.4	Konformitätserklärung und CE-Kennzeichnung	854
C 4.7.3.1	Mobiles Datenerfassungsgerät (MDE)	840			
C 4.7.3.2	Pick by light (PBL)	840	C 5.2.4.1	Technische Dokumentation	855
C 4.7.3.3	Pick to voice	840	C 5.2.4.2	Betriebsanleitung	855
C 4.7.4	Unterscheidungsmerkmale von Pick-to-Voice-Systemen	840	C 5.2.5	Gefährliche Maschinen (Anhang IV)	855
			C 5.2.6	EG-Baumusterprüfung und gemeldete Stelle	856
C 4.7.4.1	Thick (Fat) Client/Thin Client	840			
C 4.7.4.2	Paketbasierte vs. streambasierte Übertragung	841	C 5.2.7	Gebrauchte Maschinen	857
			C 5.2.7.1	An- und Verkauf von gebrauchten Maschinen in Deutschland	857
C 4.7.4.3	Proprietäre Hardware vs. offene Plattform	842			
				Literatur	857
C 4.7.5	Zusammenfassung	842			
	Literatur	842	C 5.3	Wichtige EG-Richtlinien im Umfeld der Maschinenrichtlinie	858
C 4.8	Data-Warehouse-Konzepte	842	C 5.3.1	Niederspannungsrichtlinie	858
C 4.8.1	Neue Marktanforderungen	842	C 5.3.2	EMV-Richtlinie	859
C 4.8.2	Aufbau eines Data-Warehouse-Konzepts	842		Literatur	859
C 4.8.3	Data Warehouse	843	C 5.4	Sicherheitsphilosophie der Maschinenrichtlinie	859
C 4.8.3.1	Prinzip	843			
C 4.8.3.2	Architektur	843	C 5.4.1	Sicherheitsgrundsatz	859
C 4.8.4	Oline Analytical Processing (OLAP)	845	C 5.4.1.1	Unmittelbare Sicherheitstechnik	859
C 4.8.5	Business Intelligence Tools (BIT)	846	C 5.4.1.2	Mittelbare Sicherheitstechnik	860
C 4.8.6	Data Mining	846	C 5.4.1.3	Hinweisende Sicherheitstechnik	860
C 4.8.6.1	Assoziierung (Warenkorbanalyse)	846	C 5.4.2	Risiko und Gefährdung	860
C 4.8.6.2	Segmentierung (Clusteranalyse)	846	C 5.4.3	Gefahrenanalyse und Risikobeurteilung	861
C 4.8.6.3	Regelbasierte Werkzeuge (Entscheidungsbäume)	847		Literatur	861
C 4.8.6.4	Neuronale Netze	847	C 5.5	Europäische Normung	862
			C 5.5.1	Harmonisierte Normen	862
			C 5.5.2	CEN und CENELEC	862
C 5	Europäische Richtlinien und Sicherheitsnormung	849	C 5.5.3	Normenhierarchie und Europäische Sicherheitsnormen	863
C 5.1	EG-Richtlinien	849	C 5.5.3.1	Anwendungsbereich	863
C 5.1.1	Richtlinienpolitik der EU	849	C 5.5.3.2	Liste der Gefährdungen	864
C 5.1.2	Arbeitsschutz-Richtlinien	849	C 5.5.3.3	Sicherheitsanforderungen und/oder Maßnahmen	864
C 5.1.3	Binnenmarkt-Richtlinien	850			
C 5.1.4	„Neue Konzeption"	850	C 5.5.3.4	Verifikation	864
C 5.1.5	Schutzklausel-Verfahren	851	C 5.5.3.5	Benutzerinformation	864
	Literatur	851		Literatur	864
C 5.2	Maschinenrichtlinie	851	C 6	Technische Zuverlässigkeit und Verfügbarkeit	865
C 5.2.1	Geltungsbereich	852			
C 5.2.1.1	Definition Maschine	852			
C 5.2.1.2	Definition Gesamtmaschine	852	C 6.1	Einleitung	865
C 5.2.1.3	Definition auswechselbare Ausrüstung	853			
C 5.2.1.4	Definition Sicherheitsbauteil	853	C 6.2	Zuverlässigkeit	865
C 5.2.1.5	Definition Teilmaschine	853		Literatur	866

C 6.3	Verfügbarkeit	867	D 1.2.4.2	Von der „TUL"-Logistik zur „Koordinationslogistik" und zum „Supply Chain Management"	886
C 6.3.1	Verbesserung der Verfügbarkeit von Einrichtungen	869	D 1.2.4.3	Die „Dritte Bedeutung der Logistik": Flow Management	887
C 6.3.2	Verbesserung der Verfügbarkeit von Einrichtungen durch die Anordnung ihrer Elemente	869	D 1.2.5	Die Frage nach den Zukunftsperspektiven: Transfer in neue Anwendungsfelder, Transformation in ein Management-„Weltbild" oder ein Ende in Stagnation?	887
C 6.3.3	Nachweis der Verfügbarkeit	871		Literatur	889
	Literatur	872			

Teil D Logistikmanagement

D 1	Logistikmanagement	875	D 2	Strategien in der Logistik	891
D 1.1	Logistik als Managementfunktion	875	D 2.1	Strategisches Logistikmanagement	891
D 1.1.1	Kunden- und Wettbewerbsorientierung des Logistikmanagements	875	D 2.1.1	Einführung	891
			D 2.1.2	Strategische Analyse	891
D 1.1.2	Rentabilitätsorientierung des Logistikmanagements	876	D 2.1.3	Formulierung von Logistikstrategien und ihre Anforderungen an die Gestaltung von Logistiksystemen	894
D 1.1.3	Grundprinzipien des Logistikmanagements	877	D 2.1.4	Strategische Kontrolle	896
	Literatur	881		Literatur	897
D 1.2	Stand und Entwicklungsperspektiven des Logistikmanagements	882	D 2.2	Logistikorganisation	897
			D 2.2.1	Von der Organisation der Logistik zur Logistikorganisation	897
D 1.2.1	Zu den US-amerikanischen Anfängen des „Physical Distribution" und „Business Logistics" Managements	882	D 2.2.2	Zur Verknüpfung von Organisations- und Logistikforschung: Das logistische Organisationsproblem	898
D 1.2.2	Diffusion und Evolution der Logistik in Deutschland: „Marketing Logistik", Ersetzung der „Verkehrsbetriebslehre", „Betriebswirtschaftliche Logistik" und die Entwicklung der „TUL"-Technologien	883	D 2.2.3	Gestaltung der logistischen Aufbauorganisation	899
			D 2.2.4	Gestaltung der logistischen Infrastruktur	899
			D 2.2.5	Gestaltung der logistischen Prozesse	901
			D 2.2.6	Logistikkonfigurationen	902
D 1.2.3	Nachtrag zu den frühen Wurzeln des Logistikmanagement-Verständnisses: Etymologie, Militärwissenschaft und Volkswirtschaftslehre	885	D 2.2.7	Typen von Logistikkonfigurationen als Grundlage der ganzheitlichen Logistikorganisation	903
			D 2.2.8	Fazit	906
D 1.2.4	„Logistikmanagement heute": Beste Logistikpraktiken, Funktionenkoordination und „Flow Management" in komplexen Netzwerkstrukturen	886		Literatur	906
			D 2.3	Personalmanagement in der Logistik	907
			D 2.3.1	Einführung	907
			D 2.3.1.1	Vorbemerkung	907
D 1.2.4.1	„Beste Praktiken" modernen Logistikmanagements: Der Beitrag der japanischen Gurus des Industriemanagements	886	D 2.3.1.2	Problem- und Maßnahmenbereiche des Personalmanagement	907
			D 2.3.2	Dispositionen über Logistikpersonal	910
			D 2.3.2.1	Grundmodelle	910
			D 2.3.2.2	Exemplarische Verdeutlichung	911

D 2.3.3	Beeinflussung des Verhaltens von Logistikpersonal	914	D 3	Märkte für logistische Leistungen	947
D 2.3.3.1	Überblick	914	D 3.1	Erste Herausforderung: Eingrenzung der Logistikmärkte für die Zwecke der Messung und Trendverfolgung	947
D 2.3.3.2	Exemplarische Verdeutlichung: Anreizsysteme für Logistikpersonal	915			
	Literatur	916	D 3.1.1	Praxisgerechter Logistikbegriff als Grundlage einer Marktvermessung: „TUL"-Logistik	947
D 2.4	**Performance Management in der Logistik**	**917**			
D 2.4.1	Strategieorientierte Steuerung der Logistik als Herausforderung	917	D 3.1.2	Aktuelle Vermessung des Logistik-Marktvolumens	948
D 2.4.2	Konzeptionelle Grundlagen des Performance Managements in der Logistik	917	D 3.1.3	Optionen der Segmentierung des Logistikmarktes	949
			D 3.2	**Zweite Herausforderung: Entwicklungsdynamik der Logistik-Dienstleistungsmärkte erfassen**	**951**
D 2.4.3	Ausgewählte Konzepte des Performance Managements in Logistik und Supply Chain Management	919	D 3.2.1	Was die Logistik-Nachfrage der Zukunft treibt: neue Rahmenbedingungen für die Weltwirtschaft	952
D 2.4.3.1	Supply Chain Balanced Scorecard	919			
D 2.4.3.2	Integrales Modell zur partnerschaftlichen Leistungsbeurteilung nach Hieber	920	D 3.2.2	Wie die Logistikwirtschaft reagiert: Strategien und Aktivitäten der Anbieter logistischer Dienstleistungen und deren Wirkungen im Wettbewerb	953
D 2.4.3.3	Supply Chain Performance Management-Konzeption nach Karrer	924			
D 2.4.4	Stand und Entwicklungstendenzen des Performance Managements in der Logistik	926	D 3.2.3	Logistik-Boom oder nicht? Die Frage nach den Wachstumsperspektiven vor dem Hintergrund uneinheitlicher Trendprognosen	957
	Literatur	926			
D 2.5	**Prozessmanagement**	**927**	**D 3.3**	**Mengengerüst und Kennzahlen des Logistikmarktes Deutschland im Detail**	**957**
D 2.5.1	Prozessorientierung der Logistik	927			
D 2.5.2	Der Prozessbegriff	929			
D 2.5.3	Der Prozessmanagementzyklus	929	D 3.3.1	Die physischen Volumen der Transportmärkte: Tonnagen, Tonnenkilometer etc.	958
D 2.5.4	Die Prozessanalyse	930			
D 2.5.5	Schnittstellenübergreifende Logistikprozesse	932	D 3.3.2	Logistikbeschäftigung	958
	Literatur	932	D 3.3.3	Logistiknachfrage in den Branchen	958
D 2.6	**Netzwerkmanagement**	**934**	**D 3.4**	**Zu ausgewählten Teilmärkten und Segmenten der Logistikwirtschaft**	**958**
D 2.6.1	Logistiknetzwerke	934			
D 2.6.1.1	Prozess- und Ressourcenebene des Logistiknetzwerks	934	D 3.4.1	Die Ladungstransporte und „Bulk"-Logistikmärkte	958
D 2.6.1.2	Informatorische Ebene des Logistiknetzwerks	937	D 3.4.2	Logistikmärkte für Stückgut und sonstige handlingsbedürftige Güter	962
D 2.6.1.3	Institutionelle Ebene des Logistiknetzwerks	937	D 3.4.3	Die Märkte der grenzüberschreitende Transporte	963
D 2.6.1.4	Beziehungen zwischen den Ebenen des Logistiknetzwerks	937			
D 2.6.2	Management von Logistiknetzwerken	938	**D 3.5**	**Marktführer – Die Top-Logistikdienstleister in Deutschland, Europa und weltweit**	**964**
D 2.6.2.1	Ziele des Netzwerkmanagements	938			
D 2.6.2.2	Aufgaben des Netzwerkmanagements	939			
D 2.6.2.3	Koordination in Logistiknetzwerken	941			

D 3.6	**Vom Markt zur Vermarktung logistischer Dienstleistungen**..................	965	D 4.3.2	Transaktionkostentheoretischer Erklärungsansatz: Vertikale Logistikkooperationen als hybride Institutionen... 984
D 3.6.1	Die Spezifika logistischer Dienstleistungen aus dienstleistungstheoretischer Sicht	965	D 4.3.3	Überbetriebliche Logistikkooperationen 986
D 3.6.2	Ein weites Spektrum unterschiedlicher Vermarktungsbedingungen in der Logistikwirtschaft	966	D 4.3.4	Zwischenbetriebliche Logistikkooperationen 986
D 3.6.3	Prinzipielle Aufgaben, Strategien und Stellhebel des Logistik-Dienstleistungsmarketings	966	D 4.3.4.1	Logistikkooperationen zwischen Industrieunternehmen............................ 986
D 3.6.4	Die Politiken des operativen Logistikmarketings: Produkt, Preis, Kommunikation, Distribution.............	967	D 4.3.4.2	Logistikkooperationen zwischen Industrie und Handel............................ 988
	Literatur...	968	D 4.3.4.3	Logistikkooperationen mit Dienstleistern 988
				Literatur 988

D 4	**Koordination und Organisation der logistischen Leistungserstellung**	971
D 4.1	**Gestaltung der Logistiktiefe**	971
D 4.1.1	Einleitung und Begriffsabgrenzung	971
D 4.1.2	Entscheidungskriterien	971
D 4.1.2.1	Kostenbezogene Kriterien	972
D 4.1.2.2	Servicebezogene Kriterien	973
D 4.1.2.3	Integrationsbezogene Kriterien	973
D 4.1.2.4	Marktorientierte Kriterien	974
D 4.1.3	Gestaltung der Koordination in Logistikketten	975
	Literatur...	976
D 4.2	**Strategische Positionierung von Logistik-Dienstleistern**......................	977
D 4.2.1	Strategische Herausforderungen an Logistik-Dienstleister	977
D 4.2.2	Dimensionen der strategischen Positionierung von Logistikunternehmen	978
D 4.2.3	Evolution vom Standardanbieter zum Wertketten-Integrator........................	978
D 4.2.4	Logistische Marktsegmente und strategische Konfigurationen	980
D 4.2.5	Logistik-Dienstleister im Spannungsfeld externer und interner Integration	980
	Literatur...	981
D 4.3	**Vertikale Kooperationen in der Logistik**...	981
D 4.3.1	Begriff, Konzept und Abgrenzung der vertikalen Logistikkooperation	981

D 4.4	**Kooperationen in der Beschaffungslogistik**...	990
D 4.4.1	Zentrale Wirkungsmechanismen von Kooperationen in der Beschaffungslogistik	990
D 4.4.2	Vertikale Kooperationen in der Beschaffungslogistik	992
D 4.4.3	Horizontale Kooperationen in der Beschaffungslogistik	993
	Literatur...	996
D 4.5	**Kooperationen in der Distributionslogistik**...	997
D 4.5.1	Tendenzen in der Entwicklung der Distributionslogistik.............................	997
D 4.5.1.1	Supply-Chain-Management als vertikal-kooperativer Lösungsansatz.........	997
D 4.5.1.2	Rückwärtsintegration des Handels als wettbewerbsstrategische Orientierung	998
D 4.5.1.3	Horizontal-kooperative Lösungsansätze zur Ausschöpfung von Effizienzsteigerungspotenzialen	998
D 4.5.2	Formen horizontaler Kooperation in der Distributionslogistik	998
D 4.5.2.1	Kooperative Distributionslogistik der Hersteller..	998
D 4.5.2.2	Kooperative Distributionslogistik des Handels...	999
D 4.5.2.3	Kooperative Distributionslogistik der Dienstleister...	999
D 4.5.3	Einschaltung von Logistikdienstleistern als Ansatz zur Verknüpfung von Effizienz, Qualität und Ökologie................	1000
	Literatur	1000

D 4.6	Lieferantenmanagement	1001	D 5.4	Externe Kosten des Verkehrs	1030
D 4.6.1	Abgrenzung des Lieferantenmanagements	1001	D 5.4.1	Relevante Kostenarten	1030
			D 5.4.1.1	Verkehrsunfall- und -unfallfolgekosten	1030
D 4.6.2	Determinanten des Lieferantenmanagements	1001	D 5.4.1.2	Kosten der Lärmemissionen	1031
			D 5.4.1.3	Kosten der Luftverschmutzung durch Schadstoffemissionen	1031
D 4.6.3	Prozessschritte des Lieferantenmanagements	1003	D 5.4.1.4	Kosten des Klimawandels infolge von CO_2-Emissionen	1032
D 4.6.3.1	Lieferantenvorauswahl	1003			
D 4.6.3.2	Lieferantenanalyse und -bewertung	1005	D 5.4.1.5	Stauungskosten	1032
D 4.6.3.3	Lieferantenauswahl	1007	D 5.4.2	Mengengerüste	1033
D 4.6.3.4	Lieferantencontrolling und Steuerung der Lieferantenbeziehung	1007	D 5.4.3	Bewertungsverfahren	1033
			D 5.4.3.1	Schadenskostenansatz	1034
	Literatur	1008	D 5.4.3.2	Vermeidungskostenansatz	1034
			D 5.4.3.3	Zahlungsbereitschaftsansatz	1034
D 4.7	Public Private Partnerships	1009	D 5.4.3.4	Analyse der Marktdatendivergenz	1035
D 4.7.1	Zur Begründung von PPP aus Sicht des New Public Management	1009	D 5.4.4	Kostenschätzungen: Empirische Ergebnisse und kritische Würdigung	1035
D 4.7.2	Einordnung von PPP als Lösungsansatz	1011			
D 4.7.3	PPP in der Logistik	1012	D 5.4.5	Folgerungen für die Verkehrspolitik	1039
D 4.7.3.1	Makro-Logistik-PPP: Aspekte der (Verkehrs-) Infrastruktur	1012	D 5.5	Umweltwirkungen logistischer Systeme und Prozesse	1041
D 4.7.3.2	Mikro-Logistik-PPP	1013	D 5.5.1	Auswahl relevanter Fragenkomplexe	1041
	Literatur	1013	D 5.5.2	(Verkehrs-) Ökologische Aspekte von Logistikstrategien	1041
D 5	Logistik und Umwelt	1017	D 5.5.3	Umweltwirkungen operativer Steuerungsprinzipien der Logistikkette	1043
D 5.1	Logistik, Transport und Verkehr im Spannungsfeld von Ökologie und Ökonomie	1017	D 5.5.4	Förderung der Nachhaltigkeit durch SCM?	1044
			D 5.5.5	Umweltrestriktionen als Bremse für die Ausschöpfung logistischer Optimierungspotenziale?	1046
D 5.2	Umweltökonomische Grundlagen	1019			
D 5.2.1	Marktgleichgewicht im ökonomischen Standardmodell	1019	D 5.6	Fazit	1047
D 5.2.2	Definition und Arten externer Effekte	1019		Literatur	1048
D 5.2.3	Technologische externe Effekte und Allokation	1020	D 6	Logistik-Controlling	1051
D 5.3	Möglichkeiten der Internalisierung externer Effekte	1022	D 6.1	Stand und Entwicklungsperspektiven des Logistik-Controllings	1051
D 5.3.1	Überblick und Beurteilungskriterien	1022	D 6.1.1	Grundlagen	1051
D 5.3.2	Moralische Appelle	1023	D 6.1.1.1	Begriff und Entwicklung der Logistik	1051
D 5.3.3	Auflagen, Ge- und Verbote	1023	D 6.1.1.2	Begriff und Entwicklung des Controllings	1052
D 5.3.4	Umweltsteuern	1025			
D 5.3.5	Zertifikate	1027	D 6.1.1.3	Konsequenzen für das Logistik-Controlling	1053
D 5.3.6	Verhandlungen (Coase-Theorem)	1028			
D 5.3.7	Bedeutung des Haftungsrechts	1029	D 6.1.2	Controlling für unterschiedliche Entwicklungsphasen der Logistik	1054
D 5.3.8	Zusammenfassende Bewertung der wirtschaftspolitischen Eingriffsmöglichkeiten	1029	D 6.1.2.1	Material- und warenflussbezogene Logistik	1054

D 6.1.2.2	Logistik als flussbezogene Koordination innerhalb gegebener unternehmensinterner Strukturen	1055	D 6.3.4.1	Das Spannungsfeld zwischen Kundennähe, Komplexität und Effizienz	1079

D 6.1.2.2 Logistik als flussbezogene Koordination innerhalb gegebener unternehmensinterner Strukturen 1055
D 6.1.2.3 Logistik als flussbezogene Gestaltung unternehmensinterner Strukturen 1057
D 6.1.2.4 Logistik als flussbezogene Gestaltung unternehmensübergreifender Strukturen 1060
D 6.1.3 Zusammenfassung 1061
Literatur 1062

D 6.2 Strategisches Logistik-Controlling 1063
D 6.2.1 Bedeutung des strategischen Logistik-Controllings 1063
D 6.2.2 Aufgaben des strategischen Logistik-Controllings 1063
D 6.2.3 Einbindung der Logistik in die strategische Unternehmensplanung 1064
D 6.2.3.1 Berücksichtigung der Logistik im Wertesystem 1064
D 6.2.3.2 Berücksichtigung der Logistik im Planungssystem 1065
D 6.2.4 Unterstützung der Logistikstrategieformulierung 1066
D 6.2.4.1 Formulierung eines Logistikleitbilds 1066
D 6.2.4.2 Formulierung strategischer Logistikziele 1066
D 6.2.4.3 Strategieformulierung 1067
D 6.2.5 Umsetzung von Logistikstrategien 1069
D 6.2.5.1 Strategische Maßnahmen und Projekte ... 1069
D 6.2.5.2 Aufbau und Durchführung der strategischen Kontrolle 1070
D 6.2.6 Supply Chain Controlling 1071
D 6.2.6.1 Analyse der Wertschöpfungskette 1073
D 6.2.6.2 Vom Target Costing zum Supply Chain Costing 1073
D 6.2.6.3 Kennzahlen und Supply Chain Benchmarking 1074
Literatur 1075

D 6.3 Erlösplanung in der Logistik 1076
D 6.3.1 Die Bedeutung der Erlösplanung für das Logistik-Controlling 1076
D 6.3.2 Aufgaben der Erlösplanung in der Logistik 1076
D 6.3.3 Marktwirkungen logistischer Leistungen 1077
D 6.3.3.1 Ökonometrische Marktanalysen 1078
D 6.3.3.2 Präferenzanalysen 1079
D 6.3.4 Kundenneutrale Erlösplanung 1079

D 6.3.4.1 Das Spannungsfeld zwischen Kundennähe, Komplexität und Effizienz 1079
D 6.3.4.2 Ziele und Vorgehensweise bei einer kundenneutralen Erlösplanung 1081
D 6.3.4.3 Vorteile der Verwendung kundenneutraler Aufträge 1082
Literatur 1083

D 6.4 Kosten- und Leistungsrechnung in der Logistik 1083
D 6.4.1 Vom Informations- zum Führungsinstrument 1083
D 6.4.1.1 Neue Qualität der Kosten- und Leistungsrechnung 1084
D 6.4.1.2 Anforderungen an die logistische Leistungs- und Kostenrechnung 1085
D 6.4.2 Definition der Grundbegriffe 1086
D 6.4.2.1 Logistikleistungen 1086
D 6.4.2.2 Logistikkosten 1087
D 6.4.2.3 Logistische Leistungs- und Kostenrechnung 1087
D 6.4.3 Logistische Leistungsrechnung 1088
D 6.4.3.1 Erfassung der Logistikleistungen 1088
D 6.4.3.2 Auswahl repräsentativer Leistungsmessgrößen 1091
D 6.4.4 Logistische Kostenrechnung 1091
D 6.4.4.1 Erfassung der Logistikkosten 1091
D 6.4.4.2 Ermittlung logistischer Prozesskostensätze 1092
D 6.4.4.3 Kalkulation der Logistikkosten für Absatzleistungen 1092
D 6.4.5 Zusammenfassung 1093
Literatur 1093

D 6.5 Logistik-Benchmarking 1094
D 6.5.1 Die Idee des Benchmarking 1094
D 6.5.1.1 Ursprung und Bedeutung des Benchmarking 1094
D 6.5.1.2 Benchmarking-Definitionen 1095
D 6.5.2 Arten des Benchmarking 1096
D 6.5.2.1 Erfolgsgrößen 1096
D 6.5.2.2 Vergleichsobjekte 1098
D 6.5.2.3 Vergleichspartner 1098
D 6.5.3 Der Benchmarking-Prozess 1101
D 6.5.4 Erfolgsfaktoren des Benchmarking 1102
D 6.5.5 Anwendungsfeld Logistik 1103
D 6.5.5.1 Felder des Logistik-Benchmarking 1104
D 6.5.5.2 Fallbeispiel: Logistik-Benchmarking im Einzelhandel 1105

D 6.5.6	Ausblick	1106	D 6.6.4	Ausgewählte Einsatzbereiche von Logistik-Audits ... 1113
	Literatur	1107	D 6.6.5	Problemfelder und Herausforderungen der Auditierung in der Logistik ... 1114
D 6.6	**Logistik-Audits**	**1108**		Literatur ... 1115
D 6.6.1	Begriffsspektrum und Einordnung der Auditierung im Logistikbereich	1108		
D 6.6.2	Konzeptionelle Grundlagen der Auditierung	1109		
D 6.6.3	Methodisch-instrumentelle Unterstützung der Auditierung in der Logistik	1110		

Sachverzeichnis ... 1117

Teil A Grundkonzepte, Grundlagen

Koordinator
Horst Tempelmeier

Autoren
Bernhard Fleischmann (A 1.1, A 1.2, A 3.3)
Dieter Arnold (A 1.3)
Felix Papier (A 1.4)
Ulrich Thonemann (A 1.4)
Armin Scholl (A 2.1, A 2.2)
Kai Furmans (A 2.3)
Axel Kuhn (A 2.4)
Sigrid Wenzel (A 2.4)
Wolfgang Domschke (A 3.1)
Andreas Drexl (A 3.1)
Gabriela Mayer (A 3.1)
Horst Tempelmeier (A 3.2.1)
Stefan Helber (A 3.2.2)
Heinrich Kuhn (A 3.2.3)
Martin Gietz (A 3.3)
Karl Inderfurth (A 3.4)
Thomas Jensen (A 3.4)
Gerhard Wäscher (A 3.5)
Otto K. Ferstl (A 4.1)
Hartmut Stadtler (A 4.2)

Grundlagen: Begriff der Logistik, logistische Systeme und Prozesse
A1

A 1.1 Begriffliche Grundlagen

A 1.1.1 Logistikbegriff

Der Begriff der Logistik ist im Bereich der Wirtschaft noch relativ jung. Er wird in den USA seit etwa 1950, in Deutschland seit etwa 1970 gebraucht und hat seitdem eine große Verbreitung und schnell wachsende Bedeutung gefunden. Fast jedes Industrieunternehmen hat Abteilungen oder ein Geschäftsleitungsressort für Logistik, eine wachsende Zahl an Unternehmen bietet Logistikdienstleistungen an. Allein in Deutschland gibt es mehrere Logistik-Fachverbände mit einigen tausend Mitgliedern aus Wirtschaft und Wissenschaft. An den meisten Hochschulen wird Logistik als Fach gelehrt, und die Logistikforschung hat eine Fülle von Publikationen hervorgebracht.

Im militärischen Bereich tritt der Begriff „Logistik" schon im 19. Jahrhundert auf und bezeichnet die Planung des Nachschubs, der Truppenbewegungen und -versorgung. Das französische Wort „Logis" für die Truppenunterkunft gilt als Wurzel des Wortes „Logistik". Ein Zusammenhang mit dem griechischen „Logos", von dem sich die „Logik" ableitet, ist fraglich.

Für den modernen Logistikbegriff gibt es eine Vielzahl von Definitionen, die folgende weitgehend gemeinsame Elemente enthalten: *Logistische Prozesse* sind alle Transport- und Lagerungsprozesse sowie das zugehörige Be- und Entladen, Ein- und Auslagern (Umschlag) und das Kommissionieren. Sie lassen sich zusammenfassend dadurch charakterisieren, dass sie auf eine „bedarfsgerechte Verfügbarkeit von Objekten ausgerichtet sind" [Ise98: 21] oder abstrakter als Raumüberbrückung (Transport), Zeitüberbrückung (Lagerung) und Veränderung der Anordnung (Kommissionierung) der Objekte. *Logistische Objekte* sind entweder Sachgüter, insbesondere Material und Produkte im Industriebetrieb, Personen oder Informationen. Dieses Handbuch beschränkt sich auf die Sachgüterlogistik; zum besseren Verständnis des allgemeinen Logistikbegriffs wird aber diese Abgrenzung erst im folgenden Abschnitt vorgenommen. Ein *logistisches System* dient der Durchführung meist einer Vielzahl von logistischen Prozessen. Es hat die Struktur eines *Netzwerks*, das aus Knoten, z. B. den Lagerorten, und Verbindungslinien zwischen den Knoten, z. B. den Transportwegen, besteht. Die Prozesse im logistischen System bilden einen *Fluss* im Netzwerk. Die Abgrenzung eines logistischen Systems ist wie bei jedem offenen System eine Frage der Sichtweise: Jedes logistische System enthält engere Subsysteme und ist Teil umfassender Supersysteme.

Damit kann eine sehr allgemeine *Definition der Logistik* gegeben werden: Logistik bedeutet die Gestaltung logistischer Systeme sowie die Steuerung der darin ablaufenden logistischen Prozesse. Diese Definition bedarf aber noch der Ergänzung um die folgenden drei charakteristischen Merkmale der Logistik.

- Erstens spielen Informationen in der Logistik nicht nur als mögliche logistische Objekte eine Rolle, sondern sind eine wesentliche Voraussetzung für die Steuerung der Prozesse. Jedes logistische System benötigt ein *Informations- und Kommunikationssystem* (IK-System), das der Tatsache Rechnung trägt, dass sich die zu steuernden Objekte bewegen und räumlich weit entfernt von der steuernden Stelle sein können. Dieses IK-System ist Bestandteil des logistischen Systems, seine Gestaltung und Steuerung gehört zur Logistik.
- Ein zweites wesentliches Merkmal der Logistik ist die *ganzheitliche Sicht* aller Prozesse in einem System. Die Steuerung einzelner Transport- oder Lagerprozesse gab es schon immer als Aufgabe im Industriebetrieb. Das Besondere am „logistischen Denken" ist die gleichzeitige Betrachtung vieler Prozesse als Gesamtfluss in einem Netzwerk und ihre Abstimmung im Hinblick auf Gesamtziele des Systems (Abschn. A 1.1.4), das nicht zu eng abgegrenzt sein darf.
- Drittens befasst sich die Logistik mit *physischen Systemen und Prozessen*, deren Gestaltung und Steuerung

sowohl technische als auch ökonomische Aufgaben umfasst, sowie mit den oben erwähnten IK-Systemen. Die Logistik ist daher ihrem Wesen nach *interdisziplinär* und ist Gegenstand der Wirtschaftswissenschaften, der Ingenieurwissenschaften und der Informatik. Im vorliegenden Buch konzentrieren sich die Teile C bzw. D auf die technischen bzw. betriebswirtschaftlichen Aspekte der Logistik, den IK-Systemen für die Logistik sind die Abschn. A 4.1 und Kap. C4 gewidmet.

Andere Logistikdefinitionen unterscheiden sich vor allem durch eine Beschränkung auf bestimmte Arten von logistischen Systemen und Objekten. Eine Erweiterung des Logistik-Begriffs durch Einbeziehung der Produktion, wie er auch für dieses Buch gilt, wird in Abschn. A 1.1.2.3 vorgenommen. Häufig wird als Aufgabe der Logistik außer den planerischen Aufgaben der Gestaltung und Steuerung auch die *Durchführung* der logistischen Prozesse genannt. Diese wurde hier bewusst ausgenommen. Ein Logistikfachmann kann i. d. R. nicht Gabelstapler oder Lkw fahren. Die Logistik ist ihrem Wesen nach Planung.

Erweiterte Begriffe der Logistik, die ihre Bedeutung als Führungskonzept hervorheben, finden sich in [Web98: Kap. A II] und [Kla99].

A 1.1.2 Logistische Systeme

A 1.1.2.1 Überblick

Die zuvor gegebene allgemeine Definition erfasst sehr unterschiedliche logistische Systeme, die für eine nähere Betrachtung der Logistikaufgabe differenziert werden müssen. Man unterscheidet zunächst nach der gesamtwirtschaftlichen und der einzelwirtschaftlichen Sicht makro- und mikrologistische Systeme.

Als *makrologistisches* System bezeichnet man das Verkehrssystem einer Region, einer Volkswirtschaft oder der Weltwirtschaft. Dazu gehören das Verkehrsnetz aus Straßen-, Schienen-, Luft- und Wasserwegen sowie als Prozesse der öffentliche und der individuelle Güter- und Personenverkehr. Mit der entsprechenden Makrologistik befasst sich die Verkehrswissenschaft als Teil der Volkswirtschaftslehre.

Ein *mikrologistisches* System ist das logistische System eines Unternehmens oder ein Subsystem davon. Dazu gehören als Prozesse alle Transporte zu, in und von dem Unternehmen sowie die Lager- und Umschlagprozesse im Unternehmen. Diese Prozesse erbringen Dienstleistungen für die primären Leistungsprozesse Beschaffung, Produktion und Absatz. Eine besondere Rolle spielen die *logistischen Dienstleistungunternehmen* (LDL), z. B. eine Spedition, eine Lagerei, die Deutsche Bahn oder ein ÖPNV-Betrieb: Ein solches Unternehmen stellt als Ganzes ein logistisches System dar.

Große Bedeutung für die Kooperation von Unternehmen hat die Betrachtung unternehmensübergreifender Logistiksysteme, z. B. eines Industrieunternehmens, seiner Lieferanten, Kunden und der beauftragten LDL. Pfohl [Pfo04: 15] nennt sie *metalogistische Systeme*.

Eine andere Klassifizierung logistischer Systeme richtet sich nach den Objekten: Man unterscheidet dann die (Sach-)*Güterlogistik*, die *Personenverkehrslogistik* und die *IK-Logistik*. Dieses Buch beschränkt sich, in Übereinstimmung mit einer weit verbreiteten engeren Logistikdefinition, auf die Güterlogistik. IK-Systeme werden nur insoweit betrachtet, als sie der Steuerung der jeweiligen güterlogistischen Prozesse dienen. Außerdem wird überwiegend die mikro- oder die metalogistische Sichtweise angenommen. Die so abgegrenzte *Unternehmenslogistik* bezieht sich im Wesentlichen auf die Material- und Produktströme in und zwischen Industrieunternehmen, Handelsunternehmen und LDL.

A 1.1.2.2 Logistikkette

Die *Logistikkette* ist das logistische System eines Industrieunternehmens. Sie umfasst den gesamten Güterfluss von den Lieferanten zum Unternehmen, innerhalb des Unternehmens und von dort zu den Kunden. Sie kann als eine Folge von Transport-, Lager- und Produktionsprozessen dargestellt werden (Bild A 1.1-1). Die Umschlagprozesse, die an den Schnittstellen dieser Prozesse auftreten, sind nicht gesondert gezeigt. Während der Güterfluss von und zum Unternehmen von Transportprozessen bestimmt wird, wird er im Unternehmen wesentlich durch die Produktionsprozesse beeinflusst. Bei mehrstufiger Produktion sind die einzelnen Produktionsstufen durch Transportprozesse verbunden. Zwar wird die Produktion üblicherweise nicht zu den logistischen Prozessen gezählt; wegen ihrer zentralen Stellung im Güterfluss und der engen Verzahnung mit den logistischen Prozessen ist es aber zweckmäßig, auch die Gestaltung der Produktionssysteme und die Steuerung der Produktionsprozesse in die Logistik einzubeziehen, um den Anspruch der ganzheitlichen Sicht zu erfüllen. Der so erweiterte Logistik-Begriff ist vor allem in der Praxis verbreitet und gilt auch für dieses Buch. Danach ist insbesondere die Produktionsplanung und -steuerung (PPS) Teil der Logistik.

Man beachte, dass auch die üblicherweise linear dargestellte logistische „Kette" in der Realität eine Netzwerk-Struktur hat. Die Abstraktion der Kette zeigt aber die wesentlichen logistischen Subsysteme als Abschnitte der Kette:

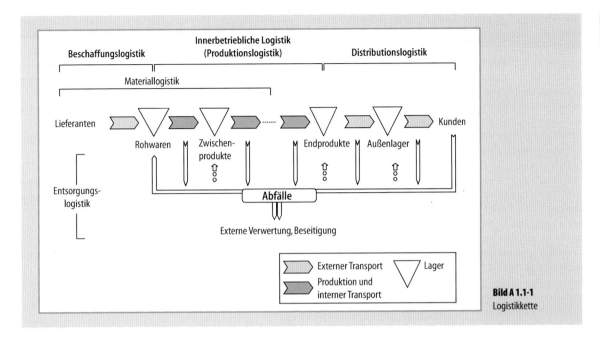

Bild A 1.1-1 Logistikkette

Die *Beschaffungslogistik* betrifft den Fluss von den Lieferanten bis ins Rohwarenlager, die *Produktionslogistik* den Abschnitt von dort bis ins Endproduktlager. Der Begriff „innerbetriebliche Logistik" wird meist enger gebraucht nur in Bezug auf die mit der Produktion verbundenen Lager- und Transportprozesse. Tempelmeier [Tem05] fasst die Beschaffungslogistik und die Produktionslogistik für Vorprodukte zur *Materiallogistik* zusammen, die damit die Bereitstellung von fremd bezogenem sowie eigengefertigtem Material für den Einsatz in die Produktion betrifft. Die *Distributionslogistik* befasst sich mit der Lieferung der Endprodukte an die Kunden.

Zusätzlich zum vorwärtsgerichteten Güterfluss entlang der Logistikkette ist die Entsorgung ein wesentlicher Gegenstand der Unternehmenslogistik. Auf allen Stufen der Logistikkette können Abfälle anfallen, z. B. Produktionsrückstände, Verpackungen oder Altgeräte, die beseitigt oder der Verwertung in einem anderen Unternehmen oder in der eigenen Produktion zugeführt werden müssen. Im letzten Fall ergibt sich ein rückwärtsgerichteter Fluss. Die Gestaltung und Steuerung dieser Abfallflüsse sind Aufgabe der *Entsorgungslogistik*. Die Rückführung von Altgeräten von den Kunden, die Demontage und der Wiedereinsatz von Teilen ist Gegenstand der sog. *Reverse Logistics* [Fle97].

Die Unterteilung der Unternehmenslogistik in einzelne Abschnitte widerspricht zwar der angestrebten ganzheitlichen Sicht der Logistik, ist aber nützlich sowohl für die theoretische Analyse, da sich die Strukturen der entsprechenden logistischen Subsysteme erheblich unterscheiden, als auch für die Logistikpraxis im Rahmen einer hierarchischen Planung, die zusätzlich für eine übergreifende Koordination der Subsysteme sorgt (Abschn. A 1.1.5).

In der deutschsprachigen Logistikliteratur wurde die Bezeichnung „Logistikkette" durch den von der „Value Chain" [Por85] abgeleiteten Begriff der „Wertschöpfungskette" weitgehend verdrängt. In der englischen Literatur wird die Logistikkette als „Supply Chain" bezeichnet. Dieser Begriff hat im Rahmen der neueren Ansätze des *Supply Chain Management* (SCM) eine Erweiterung zu unternehmensübergreifenden Ketten (und Netzen) erfahren.

A 1.1.2.3 Netzwerkmodelle

Der Fluss-Begriff, der eine zentrale Bedeutung in der Logistik hat, kommt aus der Strömungsmechanik. Bei einer Flüssigkeit, die in einem Leitungsrohr von einem Querschnitt A, der Quelle, zu einem Querschnitt B, der Senke, fließt, wird die Flussstärke oder kurz der *Fluss* in Mengeneinheiten pro Zeiteinheit (ME/ZE) ausgedrückt. Ein *stationärer* Fluss ist im Zeitablauf konstant; für ihn gilt, dass der Zufluss in A gleich dem Abfluss in B und gleich dem Fluss an jedem Querschnitt im Rohr ist. Für einen *dynamischen*, d. h. zeitlich sich ändernden Fluss, gilt diese Beziehung im zeitlichen Mittel.

Durch Verbindung mehrerer solcher Leitungsstücke an *Knoten* erhält man ein Leitungsnetz, das als Schnittstellen zur Außenwelt mehrere Quellen und Senken besitzen kann, die ebenfalls als Knoten gelten. Für den *Fluss im Netzwerk*, der sich aus den Flüssen in den einzelnen Leitungsstücken zusammensetzt, gilt das Prinzip der *Flusserhaltung*: In jedem Knoten ist (im Mittel) die Summe aller (systeminternen und -externen) Zuflüsse gleich der Summe aller Abflüsse. Das Leitungsnetz wird nun abstrahiert zu einem Netz aus *Knoten* und *Pfeilen*. Der Fluss in einem Pfeil kann Kosten und Erlöse verursachen. Er wird in seiner Stärke durch die *Kapazität* des Pfeils begrenzt.

Diese Struktur lässt sich unmittelbar auf ein Logistiksystem übertragen: Die Flüsse stellen Transport-, Produktions- oder Umschlagprozesse für bestimmte Güter dar, die Knoten Lager, Puffer oder Umschlagpunkte. In den Quellen besteht ein Güter*angebot*, in den Senken ein *Bedarf*. Man beachte, dass ein stationäres Flussmodell keine Lagerbestände erfassen kann. Denn wegen der Flusserhaltung bleibt der Bestand in jedem Lagerknoten konstant. Nur ein dynamischer Fluss kann durch temporäre Ungleichheit von Zu- und Abfluss dort Bestände auf- und abbauen.

Im Netzwerkflussmodell kann man nicht nur die fließenden Mengen, z. B. Transport- und Produktionsmengen, betrachten, sondern auch die *Durchlaufzeiten* (DLZ), die eine ME von einem Punkt im Netzwerk zu einem anderen benötigt. Zwischen den DLZ und dem Fluss besteht ein wichtiger Zusammenhang, der den Bestand im betrachteten Netzabschnitt, auch „Pipeline-Bestand" oder *Work in Process* (WIP) genannt, einbezieht. Er lässt sich am oben betrachteten Beispiel des Leitungsrohrs verdeutlichen: Bei stationärem Fluss hat während einer DLZ von A nach B genau die dem WIP zwischen A und B entsprechende Menge den Querschnitt B passiert. Daher gilt (im Mittel)

Fluss = *WIP/DLZ* oder *WIP* = *Fluss* × *DLZ*.

Bei gegebenem Fluss sind somit WIP und DLZ proportional. Dies entspricht der physikalischen Tatsache, dass die Fließgeschwindigkeit in einem dünneren Rohr höher ist als in einem dickeren.

Das Flussmodell wird auch in neueren Softwaresystemen für das SCM zur graphischen Beschreibung der Supply Chain benutzt. Es stellt eine aggregierte Betrachtungsweise dar, die die einzelnen fließenden Objekte, z. B. Fahrzeuge oder Produktionsaufträge, zum Fluss zusammenfasst. Für eine Einzelerfassung der Bewegung dieser Objekte, etwa zum Zweck einer kurzfristigen Steuerung, gibt es andere Netzwerkmodelle. So betrachtet man für die Tourenplanung (Abschn. A 3.3) ein Straßennetz mit Fahrzeiten für jeden Pfeil und den genauen zeitlichen Ablauf der Fahrten einzelner Fahrzeuge, in der Werkstattsteuerung ein Netz von Arbeitsstationen, an denen jeweils einzelne Aufträge bearbeitet werden. In einem *Netzplan* werden die einzelnen Aktivitäten eines Projekts, ihre Dauer und ihre Vorgänger-Beziehungen dargestellt. Er dient nicht zur Planung fließender Mengen im Logistiksystem, sondern zur zeitlichen Abstimmung einzelner Aktivitäten.

Die genannten Modelle erlauben eine Optimierung (Abschn. A 2.3) der logistischen Aufgaben. Die Bestimmung optimaler Flüsse in beliebigen, auch sehr großen Netzen, bei linearen Kosten und Erlösen ist mit Standardsoftware auf Basis der linearen Programmierung oder spezieller Netzwerkflussverfahren [Dom07: Kap. 6 u. 7] relativ einfach und schnell durchführbar. Netzwerkflussmodelle sind auch einsetzbar für die Gestaltung des Netzes selbst, also des logistischen Systems, indem man den Fluss durch bestimmte Knoten und Pfeile mit fixen Kosten für die Schaffung der entsprechenden Einrichtungen belegt. Dies führt allerdings zu erheblich schwierigeren Problemen, die i. Allg. nur heuristisch lösbar sind. Das Gleiche gilt für die meisten Probleme der Detail-Steuerung.

A 1.1.3 Logistische Prozesse

Als logistische Prozesse wurden bereits Transport, Lagerung, Umschlag und Kommissionierung abgegrenzt. Eine wichtige Hilfsfunktion dafür hat die Verpackung. Hinzu kommen die zur Steuerung notwendigen IK-Prozesse.

Transportprozesse

Außerbetriebliche Transporte treten auf der Beschaffungsseite von den Lieferanten zum Unternehmen und auf der Distributionsseite von dort zu den Kunden auf, außerdem ggf. zwischen den unterschiedlichen Betriebsstandorten eines Unternehmens sowie in der Entsorgung. Als Transportmittel kommen Kfz, Bahn, Flugzeug, Binnen- und Seeschifffahrt in Frage. Dabei ist der Anteil des Straßengüterverkehrs seit 30 Jahren ständig gewachsen und überwiegt heute in Deutschland mit 85% des Transportaufkommens (Tonnage) und 72% der Transportleistung (Tonnenkilometer) [BMV03]. Oft werden Transporte ein- oder mehrmals an Umschlagpunkten (UP) *gebrochen*. Dadurch können zum einen mehrere Transportaufträge (*Sendungen*) mit unterschiedlichen Versand- oder Empfangsorten über große Entfernungen gebündelt und so die Transportkosten gesenkt werden (Abschn. A 1.2). Zum anderen ist am UP ein Wechsel des Transportmittels im *kombinierten Verkehr* möglich.

Innerbetrieblicher Transport oder *Fördern* findet zwischen Produktionsstellen, Lagern und dem Wareneingang und -ausgang statt. Einen Überblick über die Fördertechniken und ihren Einsatzbereich geben Abschn. C 2.1 und [Jün00].

Umschlag

Umschlagprozesse sind das Be- und Entladen von Transportmitteln, das Sortieren sowie das Ein- und Auslagern. Sie verbinden die einzelnen Transportabschnitte bei gebrochenem Verkehr sowie den außerbetrieblichen Transport mit dem innerbetrieblichen Materialfluss. Die Umschlagprozesse an einem UP müssen so gestaltet sein, dass sie die unerwünschten Effekte des gebrochenen Transports, zusätzliche Kosten und Durchlaufzeiten durch den Umschlag, in akzeptablen Grenzen halten. Dazu dienen einheitliche Ladegefäße wie Wechselbrücken und Container, die sich im Güterverkehr auf allen Transportmitteln weitgehend durchgesetzt haben. Im Wareneingang und -ausgang lassen sich die Umschlagprozesse durch Abstimmung einheitlicher Ladungsträger, z. B. Paletten oder Behälter, mit den Lieferanten bzw. Kunden vereinfachen. Umschlagtechniken behandeln Abschn. A 1.2.4, C 2.4 und C 3.3.

Kommissionieren

Kommissionieren bedeutet das Zusammenstellen von Lagerartikeln zu Aufträgen, die jeweils bestimmte Mengen verschiedener Artikel verlangen. Da diese Mengen i. Allg. kleiner sind als die artikelreinen Lagereinheiten (z. B. ganze Paletten), müssen sie aus Anbruch-Einheiten entnommen werden. Die Aufträge betreffen entweder Material für eine Produktionsstelle oder es sind Kundenaufträge, die in den Versand gehen. Es existiert eine große Vielfalt von Kommissioniertechniken (Abschn. C 2.3).

Lagerprozesse

Lagerprozesse sind das Einlagern, die Lagerung und das Auslagern. Die Techniken dazu (Abschn. C 2.2) müssen aufeinander abgestimmt sein. Durch die Wahl des Lagerplatzes beim Einlagern wird die Fahrzeit für das Ein- und Auslagern beeinflusst. Als Einlagerungsstrategien werden außer der *chaotischen Lagerung* auch Einteilungen des Lagers in Artikelzonen benutzt, die darauf abzielen, den häufig umgeschlagenen Artikeln Plätze mit kürzeren Anfahrzeiten zuzuweisen. Die Lagerung selbst stellt keine eigene Aktivität dar. Die Lagerdauer und die Höhe des Bestandes der einzelnen Artikel werden durch die Steuerung der vor- und nachgelagerten Transport- und Produktionsprozesse bestimmt.

Verpackung

Die Verpackung (Abschn. C 2.5) hat neben der Schutzfunktion für das verpackte Gut wichtige logistische Funktionen: Sie soll eine einfache Handhabung bei Umschlag und Kommissionierung und eine gute Raumausnutzung für Transport und Lagerung, z. B. durch geeignete Abmessungen und Stapelfähigkeit, ermöglichen. Außerdem kann die Verpackung Informationen über das verpackte Gut, den Empfangsort und den Transportweg tragen, insbesondere in elektronisch lesbarer Form, z. B. als Barcode oder RFID-Etikett. Der Verpackungsprozess ist i. d. R. in den Produktions- oder in den Kommissionierungsprozess integriert. Die Verpackung verursacht ihrerseits logistische Aufgaben im Rahmen der Entsorgung, insbesondere das Recycling von Packstoffen und von Mehrwegverpackungen.

IK-Prozesse

Informationen werden für die Planung und Steuerung aller Prozesse in der Logistikkette benötigt (Abschn. B 8.4). Ausgangsinformationen sind die Kundenaufträge und Absatzprognosen, aus denen in verschiedenen Planungsschritten interne Aufträge für Produktion, Transport und Beschaffung abgeleitet werden. Die *Auftragsabwicklung* muss für die termingerechte Durchführung der freigegebenen Aufträge sorgen. Dazu benötigen alle beteiligten Stellen entsprechende Informationen. *Vorauseilende Informationen* dienen der Vorbereitung der Auftragsbearbeitung, z. B. des Empfangs und Umschlags eines Transports; *begleitende Informationen* geben Anweisungen für die Ausführung, eine typische *nacheilende Information* ist die Fakturierung. Schließlich sind *Rückmeldungen* über den Auftragsfortschritt von Bedeutung. Planung, Steuerung und Auftragsabwicklung erfordern Informationen über den aktuellen Zustand der Logistikkette, insbesondere Bestände, Auftragsfortschritt und verfügbare Kapazitäten. Eine elektronische Erfassung dieser Informationen am Ort der Entstehung erfolgt durch die *betriebliche Datenerfassung* (BDE), bei logistischen Prozessen oft in Form einer mobilen Datenerfassung, für die laufende unternehmensweite Verfügbarkeit sorgen die Systeme des *Enterprise Resource Planning* (ERP).

A 1.1.4 Ziele

Das allgemeine ökonomische Ziel der *Effizienz* bedeutet für die Logistik, dass die Kosten der logistischen Prozesse für die jeweilige Leistung minimal und ihre Leistung bei den jeweiligen Kosten maximal sein sollen. Die ganzheitliche und kundenorientierte Sicht der Logistik erfordert, dass dabei die *gesamten Kosten* des betrachteten Logistiksystems, z. B. der Logistikkette, und die *gesamte Leistung für die Kunden* beachtet werden. Außerdem haben ökologische Ziele für die Logistik eine wachsende Bedeutung.

A 1.1.4.1 Logistikleistung

Output der logistischen Prozesse ist die bedarfsgerechte Bereitstellung von Gütern für Kunden. Dies betrifft bei Betrachtung der gesamten logistischen Kette eines Unternehmens dessen Kunden. Ein Denken in Lieferanten-Kunden-Beziehungen wird aber in der Logistik für alle Prozesse gefordert, so dass auch beliebige logistische Subsysteme an (ggf. internen) Kunden auszurichten sind. Eine monetäre Bewertung der logistischen Leistung fällt schwer, da sie den Wert aus Sicht des Kunden ausdrücken müsste. Eine andere Bewertung erfolgt über den *Lieferservice*, der üblicherweise durch die vier Kriterien Lieferzeit, -zuverlässigkeit, -qualität und -flexibilität definiert wird [Pfo04: Kap. 2.4; Sch95: Kap. 1.3].

Die *Lieferzeit* ist die Zeit von der Auftragserteilung bis zur Bereitstellung der Ware beim Kunden. Sie wird durch die DLZ der zur Kunden-Auftragsabwicklung notwendigen Prozesse und somit durch die Bevorratungsstrategie (Festlegung der auftragsorientierten und der anonymen Prozesse, vgl. Abschn. A 1.1.5.3) bestimmt.

Die *Lieferzuverlässigkeit* ist ein Maß für die Einhaltung der mit dem Kunden vereinbarten Lieferzeit, z. B. ausgedrückt als Anteil verspäteter Lieferungen oder durchschnittliche Verspätung. Bei Lagerfertigung wird sie im Wesentlichen von der *Lieferbereitschaft* (in der Lagerhaltungstheorie auch *Servicegrad* genannt) bestimmt. Diese ist ein Maß für die Fähigkeit, Kundenaufträge sofort aus dem Lagerbestand zu erfüllen, wofür es unterschiedliche Definitionen gibt (Abschn. A 3.4).

Die *Lieferqualität* beschreibt zum einen die Übereinstimmung der Lieferung mit dem Auftrag bzgl. Art und Menge, zum anderen den Zustand der Ware im Hinblick auf Beschädigungen, Verschmutzung u. ä. Die *Lieferflexibilität* ist die Fähigkeit, auf Kundenwünsche hinsichtlich der Art der Auftragserteilung, der Liefermodalitäten (z. B. Verpackung, Ladungsträger, Transportmittel, Tageszeit) und der Information über laufende Aufträge einzugehen.

Der Lieferservice als Bewertungskriterium der Logisikleistung ist mehr-dimensional und nur teilweise quantifizierbar. Er kann eine große Wirkung auf das Nachfrageverhalten der Kunden haben, die sich aber kaum formalisieren lässt. Deshalb ist eine gemeinsame *Optimierung* von Logistikleistung und -kosten i. Allg. nicht möglich. Sinnvoll sind eine Festlegung des angestrebten Lieferservice im Rahmen der strategischen Zielplanung und eine Minimierung der Kosten zur Erreichung dieses Ziels.

A 1.1.4.2 Logistikkosten

Die Logistikkosten können nach den verschiedenen Logistikprozessen unterteilt werden in
– Transportkosten für externe Transporte,
– Kosten des Umschlags und des internen Materialflusses,
– Kommissionierkosten,
– Verpackungskosten,
– Kosten der Lagerung,
– Kosten der Steuerung und der IK-Systeme.

Dabei können in jedem Prozess Kosten für die Faktoren Material, Personal und Betriebsmittel sowie Kapitalbindungskosten entstehen. So gibt es z. B. *Material- und Energiekosten* für externe und interne Transporte und für Verpackungen, *Personalkosten* für Fahrer, für manuelle Tätigkeiten (Handling) in Umschlag und Kommissionierung sowie für die Disponenten. Für alle Transportmittel, für Lagereinrichtung, für Anlagen des Umschlags und Kommissionierens und für die IK-Systeme entstehen *Abschreibungen* und *Kapitalbindungskosten*. Die Kosten für Lagerbestände sind im Wesentlichen Kapitalbindungskosten und hängen im Gegensatz zu den Ein- und Auslagerungskosten nicht vom Materialfluss, sondern von der Bestandshöhe und der Lagerdauer ab. Dasselbe kann für die Kosten für Versicherungen und Schwund gelten.

Die Logistik als Planungsaufgabe benötigt selbst Kosteninformationen, die die Wirkung der logistischen Entscheidungen aufzeigen. Herkömmliche Kostenrechnungssysteme sind dazu wenig geeignet, da sie die Logistikkosten größtenteils als Gemeinkosten ausweisen und auf wertmäßige Bezugsgrößen schlüsseln. Der Wert z. B. eines transportierten Gutes hat aber wenig Einfluss auf die Transportkosten. Der Logistik besser angemessen ist die neuere Prozesskostenrechnung, die eine verursachungsgerechte Schlüsselung der Logistikkosten auf relevante „Kostentreiber" vornimmt (Abschn. D 5.4).

A 1.1.4.3 Ökologische Ziele

Zwischen der Logistik und der natürlichen Umwelt bestehen zweierlei Beziehungen: Einerseits übernimmt die Logistik Aufgaben der Entsorgung, insbesondere des Recycling, und dient damit dem Umweltschutz. Andererseits haben die logistischen Prozesse mehr oder weniger negative Wirkungen auf die Umwelt: Energieverbrauch, Flächenbedarf (alle Prozesse), Schadstoffemissionen, Lärm (Transport) und Abfallerzeugung (Verpackung). Die ökologischen Ziele der Minimierung dieser Wirkungen stehen i. Allg. im Konflikt zu den ökonomischen Zielen. Besonders offensichtlich sind die Umwelt-Wirkungen des Straßengüterverkehrs. Hier besteht allerdings bei vorgegebenen Transportanforderungen weitgehende Übereinstimmung zwischen ökologischen Zielen und der Kostenminimierung [Kra97]. Denn der wesentliche Kostentreiber, die *Fahrleistung* (gefahrene km), bestimmt zugleich Kraftstoffverbrauch und Emissionen. Dagegen führen die geographische Konzentration der Produktionsstätten, der wachsende Anteil des Straßengüterverkehrs im Vergleich zur Bahn, die abnehmende Fertigungstiefe und die Globalisierung der Lieferbeziehungen zu stark erhöhten Transportanforderungen und stehen damit im Konflikt zu ökologischen Zielen.

A 1.1.5 Planungsaufgaben der Logistik

A 1.1.5.1 Planungsebenen

Die Aufgaben der Logistik, Gestaltung und Steuerung der logistischen Systeme und Prozesse, sind Planungsaufgaben. Der in der BWL übliche weit gefasste Begriff der Planung bedeutet die Ermittlung und Festlegung zukünftiger Aktivitäten, die der Zielsetzung des Unternehmens dienen. Da i. d. R. mehrere voneinander abhängige Aktivitäten gemeinsam geplant werden, hat Planung eine Koordinationsfunktion. Planungsaufgaben werden nach der Länge des Planungszeitraums, in dem die zu planenden Aktivitäten erfolgen sollen, unterschieden in lang-, mittel- und kurzfristig, außerdem in strategisch und operativ. Die strategische Planung entwickelt Strategien zum Aufbau und zur Sicherung der Erfolgspotentiale des Unternehmens und ist ihrem Wesen nach langfristig, die operative Planung betrifft die regelmäßig ablaufenden Prozesse und umfasst mittel- und kurzfristige Aufgaben. Der Begriff *Steuerung* wird meist auf die kurzfristige operative Planung beschränkt, der Ausdruck „Planung und Steuerung" auch für die operative Planung gebraucht. Der Begriff der *taktischen Planung* wird uneinheitlich verwendet, z. T. für die genauere Ausgestaltung der Strategien, z. T. für die mittelfristige operative Planung. Er wird deshalb im Weiteren nicht benutzt.

Unterteilt man die Planungsaufgaben der Logistik zusätzlich nach den Abschnitten der Logistikkette, so erhält man die *Planungsmatrix*. Bild A 1.1-2 zeigt wichtige Entscheidungen der einzelnen Planungsaufgaben auf drei Planungsebenen. *Die strategische Planung* legt das Leistungsprogramm und die Gestaltung des gesamten dafür notwendigen Logistiksystems fest. Dazu gehören insbesondere Entscheidungen über

– die Produktionstiefe und Fremdleistungen,
– Standorte von Werken und Lagern,
– Investitionen in Produktions- und Lageranlagen,
– das Layout von Produktions- und Lagerhallen,
– die IK- und Steuerungssysteme, insbesondere das PPS-System.

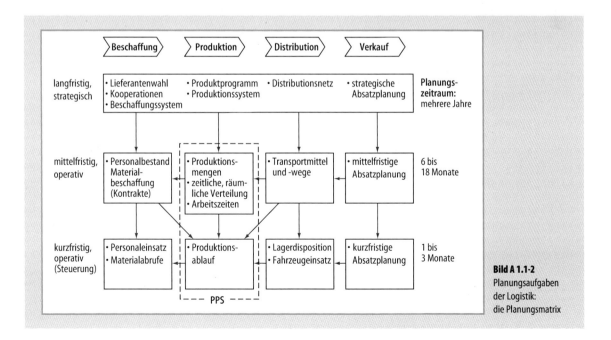

Bild A 1.1-2
Planungsaufgaben der Logistik: die Planungsmatrix

Die *mittelfristige operative Planung* legt Rahmenbedingungen und Kapazitäten für die Produktions- und Logistikprozesse fest, insbesondere
- Personalbestand und Arbeitszeiten,
- grobe Mengenflüsse mit zeitlicher Unterteilung,
- Transportmittel und -wege.

Die *kurzfristige operative Planung* muss schließlich zeit- und mengengenaue unmittelbar umsetzbare Vorgaben für die Ausführung der Prozesse ergeben.

Die Pfeile in Bild A 1.1-2 zeigen den Informationsfluss zwischen den Planungsaufgaben: Planungsergebnisse gehen als Vorgaben in andere Planungen ein, vor allem vertikal von höheren zu niedrigeren Planungsebenen und horizontal entgegen dem Güterfluss in der Logistikkette. Doch es gibt auch zahlreiche Abhängigkeiten in umgekehrter Richtung, so muss die Absatzplanung die Produktionskapazitäten beachten und die lang- und mittelfristigen Planungen benötigen Kosteninformationen, die vom Detailablauf abhängen. Eine Simultanplanung für die gesamte Planungsmatrix ist jedoch nicht realisierbar und wäre auch wegen der unterschiedlichen Anforderungen an Daten- und Ergebnisgenauigkeit der Planungsebenen wenig sinnvoll. Die beste Möglichkeit, der ganzheitlichen Sicht der Logistik trotz Planung von Teilproblemen zu genügen, bietet das Prinzip der hierarchischen Planung, das für beliebig viele Planungsebenen anwendbar ist:

Die Detailplanungen für eng begrenzte Subsysteme auf der untersten Ebene werden auf der nächsthöheren Ebene durch gröbere Planungen für größere Unternehmensbereiche koordiniert, auf der obersten Ebene schließlich durch die unternehmensweite strategische Planung. Dazu werden genau definierte Vorgabe- und Rückkoppelungsinformationen zwischen den Teilplanungen ausgetauscht. Diesem Prinzip folgen die neueren *Advanced-Planning-(AP)-Systeme*, auch als SCM-Systeme bezeichnet. Sie enthalten Module, die die ganze Planungsmatrix abdecken und durch Informationsaustausch verbunden sind.

A 1.1.5.2 Just-in-time-Steuerung

Die *Just-in-time (JIT)-Steuerung* [Wil00] ist ein spezielles Konzept zur Steuerung des Material- und Produktflusses in der Logistikkette, das in der japanischen Automobilindustrie entwickelt wurde und ab 1980 in den USA und in Europa Verbreitung fand. Die Grundidee besteht darin, die aufeinander folgenden Produktions- und Transportprozesse so zu synchronisieren, dass jeder Prozess das Material genau dann bereitstellt, wenn der jeweilige Nachfolgeprozess es benötigt, also „just in time". Im Idealfall ist dann kein Lagerbestand zwischen den Prozessen notwendig, man hat eine „bestandslose" Logistikkette oder nur sehr geringe Pufferbestände. Das WIP besteht dann (fast) nur aus dem Material in Bearbeitung oder im Transport, die DLZ reduzieren sich auf die reinen Bearbeitungs- und Transportzeiten. Diese Effekte – geringe Bestände, kurze DLZ und entsprechend kurze Lieferzeiten – sind die wesentlichen Vorzüge des JIT-Konzepts.

Realisiert wird es durch eine Steuerung nach dem Holprinzip (Pull-Steuerung). Dabei darf ein Prozess nur auf Anforderung des Nachfolgeprozesses aktiv werden („auf Abruf") und dann jeweils nur eine geringe Menge produzieren bzw. transportieren, maximal für einen Tagesbedarf. Dies bedeutet z. B. für eine JIT-gesteuerte Produktionslinie mit mehreren Produkten, dass jedes Produkt jeden Tag zu produzieren ist und somit häufige Produktwechsel anfallen. Die JIT-Steuerung ist sowohl für die Produktion als auch für die Beschaffung anwendbar, ebenso für unternehmensübergreifende Prozessketten. Eine mögliche Form der Realisierung für mehrstufige Produktion ist das japanische Kanban-System [Gün04: 318 f.]. Die JIT-Zulieferung von Material ist in der Automobilindustrie verbreitet.

Die JIT-Steuerung ist nicht universell einsetzbar, sondern an eine Reihe von Voraussetzungen gebunden:
- Standardmaterial oder -produkte mit gleichmäßigem Bedarf,
- Fließorganisation der Produktion mit abgestimmten Kapazitäten,
- keine nennenswerten Rüstkosten und -zeiten bei Produktwechsel,
- Kapazitätsreserven und hohe Zuverlässigkeit,
- Fehlerquote nahe null,
- kurze Lieferfristen in der Beschaffung.

Die Voraussetzungen an das Produktionssystem lassen sich durch strategische Gestaltungsmaßnahmen herstellen, die aber erhebliche Investitionen erfordern können, z. B. durch Segmentierung der Produktion nach verwandten Produkten, Automatisierung von Rüstvorgängen und qualitätssichernde Maßnahmen. Die Voraussetzungen an die Beschaffung können durch strategische Kooperation mit den Lieferanten erreicht werden. Wegen der ersten Voraussetzung ist die JIT-Steuerung immer nur für einen kleinen Teil der Artikel (A-Artikel) anwendbar, die aber einen großen Anteil am gesamten Materialfluss haben können.

Das JIT-Konzept ist somit in erster Linie ein strategisches Konzept: Die Logistikkette ist so zu gestalten, dass eine bestandsarme Steuerung des Güterflusses möglich ist.

Tabelle A 1.1-1 Einflussgrößen und Nutzen verschiedener Bestandskomponenten

Bestandskomponenten	Einflussgrößen	Nutzen
Produktionslosgrößenbestand	Losgröße, Auflagehäufigkeit	Reduktion von Rüstkosten und Rüstzeiten
Transportlosgrößenbestand	Transportmenge, Fahrhäufigkeit	Reduktion von Transportkosten und Fahrleistung
Sicherheitsbestand	Prognosefehler, Produktionszuverlässigkeit, DLZ, Lieferfrist der Lieferanten, Ziel-Lieferbereitschaft	Lieferbereitschaft, Verkürzung der Lieferzeit zum Kunden, Vermeidung von Eillieferungen
Saisonbestand	Bedarfsspitzen, verfügbare Kapazität	Produktionsglättung, Vermeidung von Überstunden
WIP	DLZ, verfügbare Kapazität, Steuerungskonzept	Vermeidung von Kapazitätsverlust
Bestand im Transport	Transportdauer	Reduktion von Transportkosten

A 1.1.5.3 Bestandsmanagement

Bestandsmanagement ist keine eigenständige Planungsaufgabe, da die Höhe der Bestände in den verschiedenen Lagern längs der Logistikkette bereits durch die Planung der Produktions- und Transportprozesse bestimmt wird. Aufgabe eines Bestandsmanagements ist vielmehr, die Auswirkungen dieser Prozesse auf die Bestände zu analysieren und die Planung der Prozesse auf die Optimierung der Bestände auszurichten. Dazu ist eine Differenzierung der Bestände nach Ursache bzw. Zweck in folgende Bedandsarten sinnvoll:
- *Losgrößenbestand* entsteht, wenn der Zufluss losweise, z. B. in Produktionslosen oder in ganzen Fahrzeugladungen, erfolgt, die den Bedarf für einen bestimmten Zeitraum im Voraus abdecken.
- *Sicherheitsbestand* deckt Unsicherheiten im Abfluss und/oder Zufluss ab, vor allem unbekannten Bedarf, Produktionsstörungen bei Zufluss durch Produktion und schwankende Lieferfristen in der Beschaffung.
- *Saisonbestand* ist notwendig, wenn der Bedarf zeitweise höher als die Zuflusskapazität ist, und deckt dann zukünftige Engpässe ab.
- *Work in Process* (WIP) ist der Bestand, der sich gerade in Bearbeitung oder im Transport befindet oder als Puffer zwischen den Produktionsstufen auf die Bearbeitung wartet.

Losgrößen-, Sicherheits- und Saisonbestand können gleichzeitig als Komponenten *eines* Bestandes auftreten. Für eine sinnvolle Planung der Bestände ist eine Zerlegung in diese Komponenten notwendig, da sie durch unterschiedliche Einflussgrößen bestimmt werden und unterschiedlichen Nutzen bringen (Tabelle A 1.1-1).

Eine wichtige Entscheidung des Bestandsmanagements betrifft die Frage, ob auftragsorientiert oder auf Lager produziert werden soll, oder allgemeiner die Festlegung des Entkopplungspunktes in der Logistikkette für jedes Produkt [Mey03]. Vor diesem Punkt werden alle Prozesse *anonym*, d. h. ohne Bezug zu vorhandenen Kundenaufträgen, gesteuert und Sicherheitsbestand für erwartete Kundenaufträge gehalten. Dadurch gehen die Durchlaufzeiten dieser Prozesse nicht in die Lieferzeit zum Kunden ein. Je später der Punkt der Auftragsorientierung liegt, desto höher ist der Wert der zu haltenden Sicherheitsbestände und desto kürzer ist die Lieferzeit bis zum Kunden.

Der Zusammenhang zwischen Beständen und Lieferzeit ist somit nicht eindeutig. Einerseits können Sicherheitsbestände die Lieferzeiten erheblich reduzieren, andererseits steigt die DLZ proportional zum WIP (Abschn. A 1.1.2.3), was bei auftragsorientierten Prozessen die Lieferzeit verlängert und bei anonymen Prozessen eine Erhöhung der nachfolgenden Sicherheitsbestände erfordert.

Auffallend ist die unterschiedliche Ausrichtung des Bestandsmanagements in der Entwicklung der Planungs- und Steuerungskonzepte und -software: Etwa 1975 entstand das Konzept des Material Requirements Planning (MRP) [Gün04: Kap. 13], das sich als Grundlage von PPS-Software und später der PPS-Module in ERP-Systemen bis heute weit verbreitet hat. Es beruht auf einer Push-Steuerung mit unzulänglicher zeitlicher Genauigkeit, die i. Allg. zu hohen Beständen zwischen den einzelnen Prozessen führt. Demgegenüber bietet das ab 1980 aufkommende JIT-Konzept, das mit einer einfach durchführbaren dezentralen Pull-Steuerung eine Prozesskette bestandslos synchronisiert, deutliche Vorzüge. Gleichzeitig interpretiert Porter [Por85] die Logistikkette als Wertschöpfungskette, in der die reine Lagerung als nicht wertschöpfender Prozess und damit jegliche Bestände unerwünscht sind. „Bestände verdecken Fehler" [Wil00], ist die allgemeine Einstellung zu Beständen. Schließlich entstehen im Rahmen der Geschäftsprozessorganisation formale Prozesskettenmodelle, in denen Bestände zwischen den Prozessen gar nicht vorgesehen sind. Eine Neuorientierung des Bestandsmanagements in Richtung auf eine gemeinsame Optimierung von Prozessen und Beständen ist erst seit wenigen Jahren zu beobachten. Sie wird durch die neuen Softwaresysteme des Advanced-Planning unterstützt.

Literatur

[BMV03] Bundesministerium für Verkehr (Hrsg.): Verkehr in Zahlen 2003/2004. Hamburg: Deutscher Verkehrs-Verlag 2003

[Dom07] Domschke, W.: Logistik: Transport. 5. Aufl. München: Oldenbourg 2007

[Fle97] Fleischmann, M.; Bloemhof-Ruwaard, J.M. et al.: Quantitative models for reverse logistics: a review. EJOR 103 (1997) 1–17

[Gün04] Günther, H.; Tempelmeier, H.: Produktion und Logistik. 6. Aufl. Berlin: Springer 2004

[Ise98] Isermann, H.: Grundlagen eines systemorientierten Logistikmanagements. In: Isermann, H. (Hrsg.): Logistik. 2. Aufl. Landsberg: Moderne Industrie 1998, S. 21–60

[Jün00] Jünemann, R.: Materialflußsysteme. 2. Aufl. Berlin: Springer 2000

[Kla99] Klaus, P.: Logistik als Weltsicht. In: Weber, J.; Baumgarten, H. (Hrsg.): Handbuch Logistik. Stuttgart: Schäffer-Poeschel 1999, S. 15–32

[Kra97] Kraus, S.: Distributionslogistik im Spannungsfeld zwischen Ökologie und Ökonomie. Nürnberg: GVB, Schriftenreihe Band 35, 1997

[Mey03] Meyr, H.: Die Bedeutung von Entkopplungspunkten für die operative Planung von Supply Chains. Z. für Betriebswirtschaft 73 (2003) 941–962

[Pfo04] Pfohl, H.-Ch.: Logistiksysteme. 7. Aufl. Berlin: Springer 2004

[Por85] Porter, M.: Competitive Advantage. New York: McMillan 1985

[Sch05] Schulte, C.: Logistik. 3. Aufl. München: Vahlen 2005

[Tem05] Tempelmeier, H.: Materiallogistik. 6. Aufl. Berlin: Springer 2005

[Web98] Weber, J.; Kummer, S.: Logistikmanagement. 2. Aufl. Stuttgart: Schäffer-Poeschel 1998

[Wil00] Wildemann, H.: Das Just-in-Time Konzept. 5. Aufl. München: gfmt 2000

A 1.2 Systeme der Transportlogistik

A 1.2.1 Überblick

Ein wesentlicher Gegenstand der Unternehmenslogistik sind die externen Transportprozesse, die das Unternehmen mit seinen Lieferanten und seinen Kunden verbinden. Die entsprechenden Abschnitte der Logistikkette sind die Beschaffungslogistik und die Distributionslogistik. Diese Unterscheidung ist aber subjektiv auf ein bestimmtes Unternehmen bezogen und kennzeichnet nicht die unterschiedlichen Strukturen von Gütertransportsystemen. Denn jeder Transportprozess gehört aus Sicht des Versenders zur Distribution, aus Sicht des Empfängers zur Beschaffung. Geeigneter für eine Analyse von Transportsystemen ist die Unterscheidung von Produktionsgüter-Transporten von einem Industriebetrieb zu einem anderen und Konsumgüter-Transporten von der Industrie zum Handel oder vom (Groß-) Handel zum (Einzel-) Handel oder von Industrie bzw. Handel direkt zum Endverbraucher. Der letzte Fall ist am wenigsten verbreitet, dürfte aber im Zuge des elektronischen Handels in Zukunft stark an Bedeutung gewinnen und völlig neue Bedingungen an die Transportlogistik stellen [Dad03]. Bei den Produktionsgütern ist weiter zu unterscheiden zwischen dem Transport von Betriebsmitteln und von Verbrauchsmaterial. Erstere, z. B. Produktionsanlagen oder Lagereinrichtungen, sind auf einer bestimmten Relation nur einmalig oder selten zu transportieren, können aber wegen extremer Volumina und Gewichte spezielle Anforderungen an die Fahrzeuge und die Durchführung der Transporte stellen. Material wird dagegen regelmäßig oder häufig auf der gleichen Relation transportiert. Weitere wichtige Fälle von externen Transporten treten in der Entsorgungslogistik auf.

In diesem Kapitel werden die Fälle der Zulieferung von Material von der Industrie zur Industrie (Zulieferlogistik, Abschn. A 1.2.2) und der Distribution von Konsumgütern von der Industrie zum Handel (Konsumgüterdistribution, Abschn. A 1.2.3) betrachtet. Zur Zulieferlogistik gehören auch die Zwischenwerktransporte zwischen verschiedenen Werken eines Unternehmens. Akteure in Transportsystemen sind außer Industrie- und Handelsbetrieben als Versender und Empfänger auch logistische Dienstleister (LDL), sofern nicht ein Industrie- oder Handelsunternehmen die Transporte im Werkverkehr, d. h. mit eigenen Fahrzeugen für die eigene Ware durchführt. Die LDL können nicht nur die Transporte, sondern auch alle zugehörigen Umschlag-, Lager- und Informationsprozesse übernehmen. Logistiksysteme von LDL werden in Abschn. A 1.2.4 behandelt.

Eine wesentliche Determinante für die Struktur eines Transportsystems ist die Größenverteilung der zu transportierenden Sendungen. Während große Sendungen in vollen Transporteinheiten, z. B. Lkw-Zügen oder Bahn-Containern, direkt vom Versender zum Empfänger transportiert werden können, werden kleine Sendungen in einem *Transportnetz* gebündelt, wobei eine einzelne Sendung ein- oder mehrmals umgeschlagen wird. Letzteres gilt vor allem für die Konsumgüterdistribution, die im Mittel deutlich kleinere Sendungen zu transportieren hat als die Zulieferlogistik, aber evtl. auch für die JIT-Zulieferung von Material (Abschn. A 1.2.2). Eine besonders starke Bündelung erreicht ein LDL, der die Sendungen einer Vielzahl von Auftraggebern in seinem Netz zusammenfassen kann (Abschn. A 1.2.4).

Zweck der Bündelung von Transportströmen ist die Senkung der Transportkosten. Denn da die Kosten einer Fahrt auf einer bestimmten Strecke für ein bestimmtes Fahrzeug nur unwesentlich von der transportierten Menge abhängen, bringt eine hohe Auslastung der Ladekapazität erhebliche Kostenvorteile. Außerdem sinken die Kosten im Verhältnis zur Ladekapazität mit zunehmender Fahrzeuggröße. Allerdings steigen auch bei Bündelung vieler Sendungen zu gemeinsamem Transport, etwa durch einen LDL, die Kosten pro Mengeneinheit mit abnehmender Sendungsgröße. Denn im Vergleich zum Direkttransport können die gebündelten Sendungen Umwege zu unterschiedlichen Versand- und Empfangsorten, zusätzliche Standzeiten und Umschlag verursachen [Fle98: 65ff.].

Im Güterverkehr hat sich in den letzten 15 Jahren ein grundlegender Strukturwandel vollzogen, der sowohl durch politische als auch durch wirtschaftliche Entwicklungen bedingt ist. In Deutschland wurde im Zuge des EU-Binnenmarktes der Transportmarkt durch Freigabe der Tarife 1994 und der Kabotage (d. h. inländischer Transporte durch ausländische Transportunternehmen) und der Zulassungskontingente 1998 dereguliert. Seitens der Industrie haben verschiedene Faktoren zu einem starken Anwachsen des Transportbedarfs geführt, vor allem die Konzentration der Produktionsstätten, die abnehmende Fertigungstiefe und die Globalisierung der Lieferbeziehungen in Verbindung mit der Osterweiterung der EU. Gleichzeitig sind die Anforderungen an Schnelligkeit und Flexibilität der Transportleistungen sowie der Kostendruck gestiegen. Das Outsourcing der Transportlogistik an LDL hat stark zugenommen; so ist von 1991 bis 2002 der Anteil des Werkverkehrs am Straßengüterverkehr von 37% auf 27% zurückgegangen [BMV03]. Kooperationen zwischen Industrie und LDL werden dabei durch neue Möglichkeiten der IK-Technologie, insbesondere EDI, begünstigt.

Der starke Zuwachs an Transportbedarf wird seit 20 Jahren fast ausschließlich durch den Straßengüterverkehr gedeckt, während die Güterverkehrsleistung durch Bahn und Binnenschifffahrt stagniert, was vor allem auf die höhere Flexibilität des Straßengüterverkehrs zurückzuführen ist. Als Folge sind die Auslastung der Straßen und die Belastung der Umwelt dramatisch angestiegen. Dieser Entwicklung versuchen einerseits verkehrspolitische Maßnahmen wie die Erhöhung der Mineralölsteuer und die Einführung der entfernungsbezogenen Autobahn-Maut, andererseits neuere Strukturkonzepte wie Güterverkehrszentren und City-Logistik (Abschn. A 1.2.5) entgegenzuwirken.

A 1.2.2 Zuliefernetze

Die laufende Versorgung eines Produktionsbetriebs mit dem benötigten Material ist eine komplexe Aufgabe, deren oberstes Ziel die rechtzeitige Bereitstellung zur Gewährleistung eines reibungslosen Produktionsablaufs ist. Im Maschinenbau kann die Anzahl der fremd bezogenen Teile in die Zehntausende gehen, die Anzahl der Lieferanten einige Tausend betragen. Während bei herkömmlicher Organisation der Lieferant aus seinem Warenausgangslager direkt in das Materiallager des Abnehmers liefert, sind in den letzten 20 Jahren eine Reihe neuer Konzepte entstanden, die zumindest eine Lagerebene einsparen oder sogar Bestände ganz vermeiden. Vorreiter in dieser Entwicklung war die Automobilindustrie, die auch das Prinzip des *Modular Sourcing* vorangetrieben hat, bei dem einzelne *Systemlieferanten* schon fertig montierte größere Module anliefern, z. B. Frontmodule, Sitze oder Kabelbäume. Dadurch wird die Anzahl der Teile und der Lieferanten reduziert.

Die unterschiedlichen Formen der Zulieferlogistik [Sch05: Kap. 5.4] bestehen für ein Werk meist nebeneinander für unterschiedliche Klassen von Material. Sie unterscheiden sich in den Transportkonzepten und in der Häufigkeit der Lieferung des gleichen Materials: *Zyklische Zulieferung* im Abstand von einigen Tagen oder Wochen erlaubt die Bildung größerer Transporteinheiten, erfordert aber Lagerung beim Abnehmer. Hier ist es die Aufgabe der Transportplanung (Abschn. A 3.3), die gegenläufigen Kosten für Transport und Bestände durch eine optimale Liefergröße oder Zykluslänge zu beachten. Bei *tagesgenauer Zulieferung* braucht das Material beim Abnehmer nicht ein- und ausgelagert werden, sondern kann auf einem Umschlagplatz oder in der angelieferten Wechselbrücke kurzzeitig gepuffert werden. Bei *stundengenauer Zulieferung* (JIT-Zulieferung im engeren Sinn) wird das Material unmittelbar an den Verbrauchsort im Werk verbracht, in der Automobilindustrie schon sequenziert entsprechend der vorgesehenen Reihenfolge der Fahrzeugvarianten auf dem Montageband *(Just in sequence,* JIS)

Folgende Transportkonzepte sind zu unterscheiden:
- *Direkter Transport.* Ein direkter Transport vom Lieferanten zum Abnehmer kann auf Bestellung entweder vom Lieferanten durchgeführt werden oder durch Abholung durch den Abnehmer erfolgen. Je nach Umfang des Materialbedarfs eignet sich diese Form für zyklische oder tägliche Lieferungen, für stundengenaue Lieferungen nur bei kurzen Entfernungen, wie weiter unten erläutert. Eine besondere Form ist die Lieferung in ein *Konsignationslager* beim Abnehmer: Hier ist der Lieferant dafür verantwortlich, den Bestand innerhalb vereinbarter Ober- und Untergrenzen zu halten, kann aber Liefertermine und -mengen selbst bestimmen und braucht daher kein eigenes Ausgangslager. Der Abnehmer zieht das Material nach Bedarf aus dem Lager, erst dann geht es in sein Eigentum über. Dieses Konzept findet als *Vendor managed inventory* (VMI) zurzeit große Verbreitung [Gün04: 335].
- *Gebietsspediteur-Konzept.* Das in der Automobilindustrie verbreitete Konzept erlaubt Lieferungen auch von entfernten Lieferanten mit geringerem Volumen in kurzen Zyklen oder sogar täglich. Ein LDL sammelt die Lieferungen von allen Lieferanten in seinem Gebiet in Touren ein, bringt sie zu einem Umschlagpunkt (UP) und transportiert sie von dort gemeinsam in vollen Ladungen zum Werk des Abnehmers. Für diesen Ferntransport wird bei geeigneten Relationen auch die Bahn eingesetzt, wobei sogar ganze Züge für eine Relation zustande kommen können. Für Deutschland und angrenzende Regionen werden typischerweise 5 bis 10 LDL mit insgesamt 20 bis 30 UP eingesetzt, so dass der Radius für die Sammeltouren etwa 100 km beträgt. Falls die Sammeltouren täglich die gleichen Lieferanten anfahren, spricht man von *Milk Runs*.
- *Speditionslager.* Bei diesem Konzept betreibt ein LDL ein Lager in Werksnähe und ist für die stundengenaue JIT-Zulieferung auf Abruf des Abnehmers verantwortlich. Die Lieferanten liefern, ähnlich wie beim VMI-Konzept, in das Lager, halten den Bestand in vereinbarten Grenzen und bleiben bis zum Abruf Eigentümer der Ware. Eine Realisierung dieses Konzepts ist das Lager der Firma Schenker für die BMW-Werke in München, Regensburg und Dingolfing.
- *Ansiedlung von Lieferanten in Werknähe.* Eine direkte JIT-Lieferung von der Produktion des Lieferanten zum Verbrauchsort beim Abnehmer ohne Zwischenlagerung ist nur über kurze Entfernungen möglich. Deshalb siedeln sich vor allem Systemlieferanten in Werksnähe an, zumindest für die Modul-Montage. Damit wird auch der aufwendige Transport von sperrigen Modulen über große Entfernungen vermieden. Ein besonderes Beispiel dafür ist das Güterverkehrszentrum von AUDI vor den Werkstoren in Ingolstadt, in dem AUDI Lager- und Montageflächen für Systemlieferanten bereitstellt.

Für das Funktionieren der genannten Transportkonzepte ist ein entsprechend gestaltetes Planungs-, Steuerungs- und IK-System wesentlich, das Abnehmer, Lieferant und LDL verbindet [Sch05: Kap. 5.4].

An der JIT-Zulieferung wird häufig kritisiert, dass sie negative ökologische Auswirkungen habe, insbesondere eine erhöhte Fahrleistung durch häufigere Transporte kleinerer Mengen und eine Bevorzugung der Straße. Dem ist entgegenzuhalten, dass die obigen Transportkonzepte gerade auf eine Bündelung der Transportströme und auf eine Verkürzung der Entfernungen für die JIT-Transporte abzielen. Außerdem wird bis zur tagesgenauen Zulieferung auch die Bahn eingesetzt.

A 1.2.3   Distributionsnetze

Das Distributionssystem eines Konsumgüterherstellers hat die Aufgabe, die in einem oder wenigen Werken hergestellten Produkte an eine große Zahl von Ablieferpunkten des Handels, in Deutschland je nach Branche 500 bis 5000, zu verteilen. Auch in der Distribution hat in den achtziger Jahren eine Entwicklung zur JIT-Belieferung des Handels stattgefunden, der häufige Lieferungen kleiner Mengen (Durchschnittsgröße je nach Branche 100 bis 1000 kg) in kurzen Lieferfristen (24 bis 72 Stunden) durchsetzen konnte. Die Konsumgüterindustrie liefert Fertigwaren überwiegend aus dem Bestand. Während früher eine dezentrale Bestandshaltung in vielen kundennahen Außenlagern üblich war, ging, ebenfalls seit den achtziger Jahren, der Trend hin zur Konzentration von Beständen in einem oder wenigen *Zentrallagern* (ZL) für ein Land oder ganz Europa, so dass kleinere Mengen über große Distanzen zu transportieren sind. Diese Entwicklung, obwohl in der Öffentlichkeit weniger registriert als die JIT-Zulieferung an die Automobilindustrie, hat zur Zunahme des Straßengüterverkehrs eher stärker beigetragen. Kraus (Kra97: 58ff.)

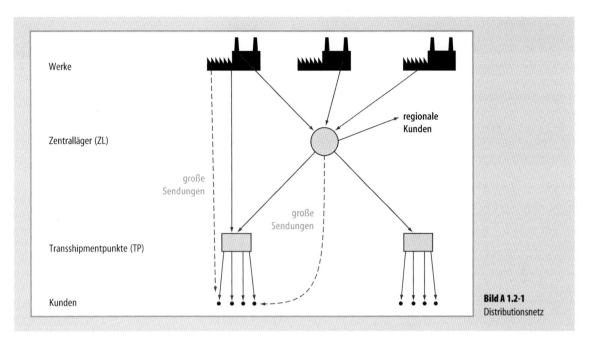

Bild A 1.2-1 Distributionsnetz

schätzt den Anteil der Konsumgüterdistribution an der Fahrleistung des gesamten Straßengüterverkehrs auf 44%.

Ein typisches Distributionsnetz eines Herstellers für die Deutschland-weite Verteilung von Konsumgütern enthält drei Transportstufen (Bild 1.2-1):

- Der Transport von den Werken zu den ZL (1 bis 5) dient der Konsolidierung unterschiedlicher Produkte aus den einzelnen Werken und zugelieferter Handelsware, so dass alle Produkte ab dem voll sortimentierten ZL gemeinsam distribuiert werden können. Diese Transporte erfolgen in der Regel in vollen Ladungen. Sofern der Hersteller nur ein Werk hat, entfällt diese Stufe; das Werkslager hat dann die Funktion des ZL.
- Durch den Transport vom ZL zum UP wird der Fernverkehr gebündelt. Am UP, der meist von einem LDL betrieben wird, wird die Ware von den ankommenden Fernverkehrsfahrzeugen unmittelbar auf kleinere Fahrzeuge für die Auslieferung umgeladen. Wegen des fehlenden Bestandes muss ein UP täglich angefahren werden, so dass bei etwa 10 bis 30 UP im Netz i. d. R. nicht jede der Relationen ein Fahrzeug voll auslastet, es sei denn, dass der LDL eine Bündelung mit Ware anderer Hersteller vornehmen kann.
- Die Feinverteilung erfolgt schließlich ab UP in einem Radius von etwa 100 km in Touren, in denen jeweils eine größere Anzahl von Kunden (bis zu 30) angefahren wird. Ein ZL hat zugleich eine UP-Funktion, d. h. die Kunden im Nahbereich werden von dort aus beliefert.

Neben dieser dreistufigen Distribution ist meist auch eine *Direktbelieferung* (DB) von Kunden ab ZL (vollsortimentiert) oder ab Werk (mit dem Werksortiment) von großer Bedeutung. Sie ist vorteilhaft für größere Sendungen, da dann in der dreistufigen Distribution die schwächeren Bündelungseffekte von den Nachteilen des mehrfachen Umschlags und der Umwege überkompensiert würden. In der Regel wird eine DB ab einer bestimmten Sendungsgröße (1 bis 2 t oder 3 bis 5 Paletten) durchgeführt. Auch die DB kann in Touren erfolgen, wobei aber die Anzahl der Kunden pro Tour (1 bis 5) wesentlich geringer ist als bei den Nahverkehrstouren. Die DB kann je nach Branche bis zu 90% der Tonnage ausmachen, der größere Anteil der Sendungen und der Kosten liegt jedoch in der Feinverteilung.

Die *optimalen Standorte* der ZL und UP lassen sich durch Methoden der Standortplanung (Abschn. A 3.1.1); [Fle98] bestimmen. Für die Lage der ZL lassen sich gewisse Grundmuster auch generell angeben: So ist z. B. bei mehreren Werken der optimale Standort für ein einziges ZL fast immer unmittelbar bei dem Werk mit dem größten Ausstoß. Denn bei anderer Lage, etwa in der geographischen Mitte, würde anstatt eines kleineren Teils der gesamte Warenstrom oder ein größerer Teil davon gebrochen und über einen Umweg geleitet. Auch im Fall mehrerer ZL liegen die optimalen Standorte fast immer bei den größten Werken.

Die Variation der *Anzahl der Lager* hat verschiedene Auswirkungen: Mit sinkender Anzahl der Lager sinkt die mittlere Entfernung Werk–Lager geringfügig, die Entfernungen der ohnehin teureren Auslieferung Lager–Kunde steigen stärker, so dass die Transportkosten insgesamt steigen. Bei Bündelung über UP wachsen auch die über UP zu verteilenden Mengen und damit die Umschlagkosten. Gegenläufig verhalten sich die Kosten für die Bestände, da vor allem die erforderlichen Sicherheitsbestände sinken, und die Lagerfixkosten.

A 1.2.4 Speditionsnetze

In den zuvor betrachteten Distributions- und Zuliefernetzen haben LDL wesentliche Funktionen. Aus der Sicht eines LDL kommt man zu einer anderen Abgrenzung des Logistiksystems: Es umfasst alle Transport-, Umschlag- und Lagerprozesse, die der LDL für alle seine Auftraggeber ausführt. Die Struktur eines solchen Systems hängt von der Größe der zu transportierenden Sendungen ab: *Komplettladungen* können direkt vom Versand- zum Empfangsort transportiert werden, wofür es eine große Zahl von regionalen Anbietern gibt. Das gleiche gilt für *Teilladungen* oberhalb von etwa 1 bis 3 t Gewicht, die zu Touren zusammengefasst unabhängig von einem Netz transportiert werden können. *Stückgut* (etwa 30 kg bis 2 t) und *Pakete* (bis etwa 30 kg) müssen dagegen in einem Netz gebündelt werden, das eine große Zahl von potentiellen Versand- und Empfangsorten in beiden Richtungen miteinander verbindet. Flächendeckende Netze für Deutschland und teilweise für Europa wurden in den letzten 10 Jahren von einigen großen Speditionen und durch Verbünde regionaler Speditionen entwickelt (Kap. D2). Hierzu gehören auch die neueren Netze für Fracht und Briefe der Deutschen Post (Abschn. C 3.8).

Ein typisches nationales Netz mit 24-Stunden-Service für Stückgut oder Pakete weist folgende allgemeine Struktur und Prozesse auf [Wlc98: 27ff.]: Etwa 20 bis 40 *Depots* sind in jeweils einem fest abgegrenzten Gebiet für das Ausliefern der Sendungen zu den Empfängern und das Sammeln von den Versendern zuständig. Beides geschieht mit denselben Fahrzeugen, die in Touren am Vormittag ausliefern, anschließend bis zum Abend sammeln und die Ware zum Depot bringen. Der Ferntransport erfolgt über Nacht gebündelt zwischen den Depots. Jede Sendung, soweit sie nicht in der Region verbleibt, durchläuft somit eine dreigliedrige *Transportkette* mit *Vorlauf* (Einsammeln), *Hauptlauf* (Depot–Depot) und *Nachlauf* (Ausliefern).

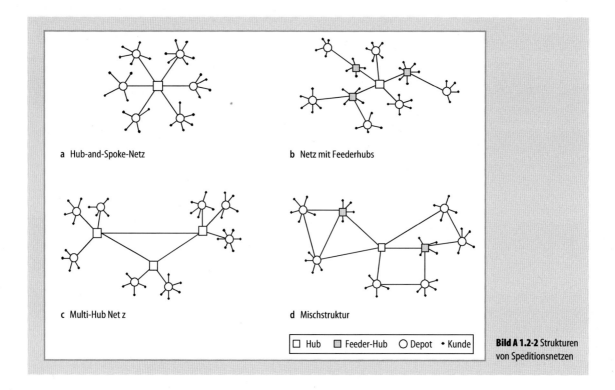

Bild A 1.2-2 Strukturen von Speditionsnetzen

a Hub-and-Spoke-Netz
b Netz mit Feederhubs
c Multi-Hub Netz
d Mischstruktur

□ Hub   ▪ Feeder-Hub   ○ Depot   • Kunde

Das Netz muss nun die Depots so verbinden, dass Transporte von jedem zu jedem Depot möglich sind. Dies ergibt bei n Depots n(n-1), hier also etwa 1000 Relationen, von denen die meisten ein Fernfahrzeug bei weitem nicht auslasten. Eine besonders starke Bündelung wird durch ein *Hub-and-Spoke-Netz* (Bild 1.2-2a) erreicht, das jedes Depot speichenförmig mit einem *Hub* verbindet. Das ist ein zentraler UP, in dem die Ferntransporte synchronisiert ankommen, die Sendungen nach Zielregionen sortiert und umgeladen werden, so dass die Fahrzeuge zu ihren Ausgangsdepots zurückfahren können. Diese Struktur mit nur 2n Relationen kann durch Feeder-Hubs noch verdichtet werden (Bild 1.2-2b). Sofern in dieser Struktur einige Relationen mehr als ein Fahrzeug auslasten, kann eine Variante mit mehreren Hubs (Bild 1.2-2c) oder mit einzelnen direkten Depot-Depot-Relationen sinnvoll sein (Bild 1.2-2d).

Für einen 24-Stunden-Service in einem solchen Netz müssen die Hauptläufe als *Linienverkehre* nach einem festen Fahrplan ablaufen, der für die Synchronisation der einzelnen Fahrten am Hub und mit dem Sammel- und Verteilverkehr am Depot sorgt. Dabei sind die zeitlichen Toleranzen sehr gering und erlauben in der Regel höchstens einen vollen Umschlag pro Hauptlauf. Zusätzlich können evtl. schnellere Formen des Umschlags, der Tausch von ganzen Ladegefäßen (Container, Wechselbrücken) oder das Beiladen einzelner Sendungen, vorgesehen werden. In Stückgutsystemen werden meist auch Teilladungen transportiert, was die Flexibilität für die tägliche Disposition erhöht: Mittelgroße Sendungen können je nach Auslastung des Linienverkehrs wahlweise als Stückgut oder als Teilladung behandelt werden [Stu98]. Paketdienste haben dagegen eine homogene Sendungsstruktur und arbeiten mit reinem Linienverkehr und einer hohen Automatisierung des Umschlags.

A 1.2.5 Kooperative Strukturen

Eine bestmögliche Bündelung der Gütertransporte liegt sowohl im Interesse der beteiligten Unternehmen wegen der damit verbundenen Kostensenkung, als auch im gesamtwirtschaftlichen Interesse wegen der verkehrsreduzierenden Wirkung. Besonders groß ist der Anreiz für Verbesserungen in der Feinverteilung ab UP bei der Konsumgüterdistribution (Abschn. A 1.2.3). Denn hier liegen die Empfänger, der Einzelhandel, überwiegend in Ballungsgebieten und erhalten Waren verschiedener Hersteller in vielen getrennten kleinen Sendungen. Dies ist einer der Gründe, warum zurzeit der Handel versucht, die Industrie aus der Kontrolle über die Distribution zu verdrängen [Bre99]. Besonders die großen Handelsfilialisten richten eigene ZL ein, von denen aus die Verteilung auf die Filialen in eigener Regie erfolgt. Darüber hinaus streben sie nach vollständiger Übernahme der Distribution, beginnend mit der Selbstabholung bei den Herstellern. Letztere würde allerdings das Problem nur verlagern, da dann an der Rampe eines Herstellers viele getrennte Sendungen zu den verschiedenen Handelsunternehmen abzufertigen wären. Andere Bündelungsversuche sind Kooperationen von Herstellern [Fle99] sowie von LDL im Rahmen der *City-Logistik*. Gesamtwirtschaftlich am sinnvollsten ist ein einmal gebrochener Transportweg, bei dem die Transporte zunächst nach Herstellern gebündelt sind, dann umgeschlagen und nach Empfängern gebündelt werden. Diesen Umschlag kann am ehesten das ZL eines großen Handelsunternehmens oder ein *Güterverkehrszentrum* (GVZ) leisten.

City-Logistik

Die ursprüngliche Idee der City-Logistik ist die Kooperation von Speditionen bei der Belieferung von Empfängern in der Innenstadt (Wit95). Die Bündelung der Lieferungen führt durch höhere Auslastung der Fahrzeuge, Sendungsverdichtung und Tourenverdichtung zu einer Reduktion des Güterverkehrs in der Innenstadt. Weitere Ziele sind die Reduktion von Schadstoff- und Lärmbelastung und die Erhöhung der Attraktivität der Innenstadt. Die Zusammenführung der Lieferströme erfordert jedoch Querfrachten zwischen den kooperierenden Speditionen und Umschlagvorgänge, die die Kosten erhöhen. Ideal ist daher ein GVZ, in dem alle beteiligten Dienstleister angesiedelt sind.

Die City-Logistik war in den neunziger Jahren ein Schwerpunkt der Logistikforschung und -praxis in Deutschland. Das Land Nordrhein-Westfalen förderte 20 Modellprojekte, die aber fast alle nach Auslaufen der Förderung eingestellt wurden [NRW00]. Dagegen haben die Ziele der City-Logistik seitdem noch an Bedeutung gewonnen. Der *Deutsche Städtetag* (Deu03) hat in einem Leitfaden die Erfahrungen zusammengefasst und ermutigt zu neuen Versuchen. Auch international ist die City-Logistik ein aktuelles Thema und Gegenstand einer Reihe von EU-Projekten, die allerdings über den städtischen Lieferverkehr hinausgehen und z. B. Heimbelieferung, Personenverkehr und Straßenbenutzungsgebühren einschließen. Einen guten Überblick geben die Homepage des Projekts BESTUFS (Best Urban Freight Solution) [BES07] und der Sammelband [Tan06].

Güterverkehrszentren (GVZ)

Ein GVZ ist ein großer Umschlagpunkt in der Peripherie eines Ballungsgebietes, der mehrere Schnittstellenfunktionen vereint, nämlich zwischen Fern- und Nahverkehr, zwischen verschiedenen Verkehrsträgern, zumindest Straße und Schiene, sowie zwischen Hersteller- und Empfänger-orientierter Bündelung. Es muss die für diese Umschlagaufgaben nötigen Anlagen sowie Flächen für die Ansiedlung von LDL und zugehörigen Servicebetrieben bieten. GVZ-fähige Güter sind vor allem Stückgut, Pakete und Kleingut, soweit sie nicht in bereits optimierten Systemen von großen Handelsunternehmen oder von Paketdiensten fließen.

GVZ werden zurzeit an einer Reihe von Standorten von Kommunen, Industrie, Handel und LDL gemeinsam geplant. Ziele sind neben der allgemeinen Verbesserung der regionalen Wirtschaftsstruktur die Entlastung des Stadtgebietes vom Schwerlastverkehr und die Reduktion des städtischen Güterverkehrs durch stärkere Bündelung. Eine ebenfalls erwartete Reduktion des Straßengüterfernverkehrs durch Verlagerung auf die Bahn und durch Bündelung kann erst in einem überregionalen Netz mehrerer GVZ zum Tragen kommen.

Eine Erweiterung des GVZ-Konzepts für sehr große Ballungsgebiete kann, wie es z. B. in Berlin der Fall ist, mehrere GVZ an verschiedenen Seiten der Peripherie umfassen, außerdem zusätzliche *City-Terminals*, das sind UP, über die der Verkehr zwischen GVZ und einzelnen Stadtteilen gebündelt wird [Fle98: 77ff.].

Literatur

[BES07] www.bestufs.net/project.html vom 22.02.2007
[BMV03] Bundesministerium für Verkehr (Hrsg.): Verkehr in Zahlen 2003/2004. Hamburg: Deutscher Verkehrs-Verlag 2003
[Bre99] Bretzke, W.-R.: Industrie- versus Handelslogistik: Der Kampf um die Systemführerschaft in der Konsumgüterdistribution. Logistik Management 2 (1999) 81–95
[Dad03] Daduna J.R.: Distributionsstrukturen und Verkehrsabläufe im Handel unter dem Einfluss des Online-Shoppings. Logistik Management 5 (2003) 12–24
[Deu03] Deutscher Städtetag (Hrsg.): Leitfaden City-Logistik. Berlin 2003
[Fle98] Fleischmann, B.: Design of Freight Traffic Networks. In: Fleischmann, B.; van Nunen, J.A.E.E. et al. (Hrsg.): Advances in Distribution Logistics. Berlin: Springer 1998, S. 55–81
[Fle99] Fleischmann, B.: Kooperation von Herstellern in der Konsumgüterdistribution. In: Engelhard, J.; Sinz, E. (Hrsg.): Kooperation im Wettbewerb. Wiesbaden: Gabler 1999, S. 169–186
[Gün04] Günther, H.; Tempelmeier, H.: Produktion und Logistik. 6. Aufl. Berlin: Springer 2004
[Kra97] Kraus, S.: Distributionslogistik im Spannungsfeld zwischen Ökologie und Ökonomie. Nürnberg: GVB, Schriftenreihe Band 35, 1997
[NRW00] NRW, Ministerium für Wirtschaft und Mittelstand, Energie und Verkehr des Landes Nordrhein-Westfalen: Abschlussdokumentation, Modellvorhaben Stadtlogistik NRW 1995–2000
[Sch05] Schulte, C.: Logistik. 3. Aufl. München: Vahlen 2005
[Stu98] Stumpf, P.: Tourenplanung in speditionellen Güterverkehrsnetzen. Nürnberg: GVB, Schriftenreihe Band 39, 1998
[Tan06] Taniguchi, E.; Thompson, R.G. (eds.): Recent Advances in City Logistics. Amsterdam: Elsevier 2006
[Wit95] Wittenbrink, P.: Bündelungsstrategien der Speditionen im Bereich der City-Logistik. Göttingen: Vandenhoeck & Ruprecht 1995
[Wlc98] Wlcek, H.: Gestaltung der Güterverkehrsnetze von Sammelgutspeditionen. Nürnberg: GVB, Schriftenreihe Band 37, 1998

A 1.3 Innerbetriebliche Logistiksysteme

A 1.3.1 Überblick

In den *Logistikketten* der Industrie und des Handels sind innerbetriebliche Logistiksysteme gemäß den in diesem Handbuch benutzten Begriffen (s. Abschn. A 1.1.2) als sog. „Mikrologistische Subsysteme" enthalten. Ihre Aufgabe besteht darin, die Materialflüsse und Materialbereitstellungen in den innerbetrieblichen Logistikprozessen zu sichern. Entsprechend große Bedeutung haben die innerbetrieblichen Informations- und Kommunikationssysteme (s. Kap. C4).

Das Modell eines innerbetrieblichen Logistiksystems kann als *Netzwerk* (Bild A 1.3 1) dargestellt werden, dessen *Knoten* die elementaren materialflusstechnischen Funktionen wie das Be- und Entladen, Sammeln, Verteilen, Puffern oder Lagern symbolisieren. Häufig bilden die Knoten auch produktionstechnische Funktionen ab (s. Abschn. A 1.1.2.2). Die Verbindungslinien (*Kanten* bzw. *Pfeile*) zwischen den Knoten kennzeichnen innerbetriebliche Transportprozesse. Dazu geeignete technische Mittel (*Fördermittel*) werden passend zum *Fördergut*, den Materialfluss- und Umgebungsbedingungen nach wirtschaftlichen Gesichtspunkten gewählt.

Die Konzepte und die technische Gestaltung der innerbetrieblichen Logistiksysteme für Produktionsbetriebe (z. B. Maschinenbau, Nahrungsmittelherstellung) sind je nach Branche sehr unterschiedlich; sie unterscheiden sich signi-

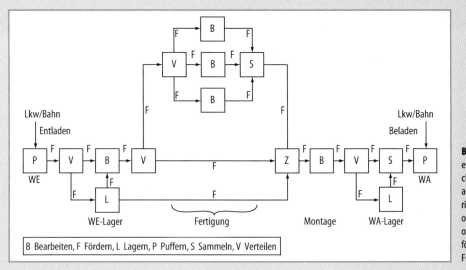

Bild A 1.3-1 Modell eines innerbetrieblichen Logistiksystems als Netzwerk mit materialfluss- und produktionstechnischen Funktionen der Knoten und fördertechnischen Funktionen der Pfeile

fikant von denjenigen für Betriebe der Distribution (z. B. Güterverkehrszentren (GVZ), Frachtzentrum der Kurier-Express-Paket-(KEP-) Dienste oder Handelshaus). Die Unterschiede beziehen sich aber nicht allein auf den *physischen Materialfluss* und auf die *Materialbereitstellung*, sondern auch auf den *Datenfluss* und die Datenbereitstellung, also auf die Anforderungen an die spezifischen Informations- und Kommunikations-(IK-)techniken.

Während man in der Produktion das Lager völlig zu eliminieren sucht und bestenfalls „Synchronisationspuffer" mit minimaler Kapazität akzeptiert, ist die Bedeutung des Lagers im Distributionszentrum unbestritten. Bei Betrachtung der gesamten Logistikkette führt die Diskussion um die Existenz des Lagers aber häufig nur zu einer Verschiebung an einen anderen Ort (z. B. weg von der Produktion) oder in eine andere Zuständigkeit (z. B. zu einem Logistikdienstleister).

Die wenigsten der z. Z. etablierten Logistiktrends dienen einer Optimierung der gesamten Logistikkette, die meisten zielen erkennbar nur auf einzelne Glieder. Dagegen wird die Verbreitung des *Supply-Chain-Management*-(SCM-) Ansatzes, der die vollständige Integration aller Partner einer Wertschöpfungskette und die Optimierung über alle Glieder propagiert, auch Konsequenzen für die innerbetrieblichen Logistiksysteme zur Folge haben. Die Optimierung der gesamten Logistikkette kann u. a. die Anpassung von Produktions-, Transport- und Lagermengen, die durchgehende Verwendung von Transporthilfsmitteln sowie einheitliche Identifikations- und Informationssysteme bewirken, was z. Z. wegen der verteilten Zuständigkeiten noch nicht im möglichen Umfang gefordert wird.

A 1.3.2 Aufgaben innerbetrieblicher Logistiksysteme

Primäre Aufgabe innerbetrieblicher Logistiksysteme in Produktion und Distribution ist die Versorgung und Entsorgung der Maschinen- und Handarbeitsplätze zwischen Wareneingang und Warenausgang. Dies ist zunächst eine fördertechnische Aufgabe, die mit den üblichen Fördermitteln (Kran, Flurförderzeug, Stetigförderer) gelöst wird (s. Abschn. C 2.1). Die Arbeitsweise – kontinuierlich, takt- oder chargenweise – an den Arbeitsplätzen in Verbindung mit den im Wareneingang ankommenden und den im Warenausgang bereitzustellenden Mengen führt zum Auf- und Abbau innerbetrieblicher Bestände mit anlagentypischer Größe und Zeitcharakteristik. Aufgabe der innerbetrieblichen Logistiksysteme ist es, diese Bestände aufzunehmen, zu verwalten und den Zugriff in der gewünschten Zeit sicherzustellen. Speicher, Puffer und Lager lösen diese Aufgabe nach verschiedenen Konzepten (s. Abschn. C 2.2).

Die Größe, die örtliche Verteilung und der Zeitverlauf der Bestände sind im operativen innerbetrieblichen Logistikprozess einerseits vorgegebene Werte, auf die in der Systemauslegung Bezug zu nehmen ist, andererseits können diese Werte aber häufig auf Basis einer neuen Strategie der Logistik gravierend verändert werden. Ansatzpunkte sind z. B. Änderungen der Losgrößen (Produktionslogistik),

Änderung der Auftragsabwicklung (Distributionslogistik) oder Änderung der Zulieferbedingungen (Beschaffungslogistik). Damit nehmen auch externe Veränderungen Einfluss auf die internen Vorgaben innerbetrieblicher Logistiksysteme. Die Schnittstellen zwischen den einzelnen Gliedern der unternehmensübergreifenden Logistikketten verlieren immer mehr den trennenden Charakter der Unternehmensgrenze. In der Produktion ist das eine Folge der stark zurückgegangenen Fertigungstiefe des einzelnen Untenehmens. In der Distribution liegt eine der wesentlichen Ursachen in der immer stärkeren Wechselwirkung mit den verschärften Bedingungen der Transportlogistik in Verkehrssystemen (s. Kap. C 3).

Zu den Standardaufgaben der innerbetrieblichen Logistik zählen die *Sortier- und Kommissionierprozesse* (s. Abschnitte C 2.3 u. C 2.4). Allerdings sind die dazu benötigten kostenintensiven Anlagen nur bei hohem Durchsatz und/oder langer Einsatzzeit wirtschaftlich. Die gestiegene Variantenvielfalt bei geringer Fertigungstiefe hat die Notwendigkeit des Sortierens und Kommissionierens verstärkt. Dies gilt im Prinzip ebenso bei zurückgehenden Bestellungen und höherer Bestellfrequenz (z. B. ausgelöst durch E-Commerce). Fraglich ist jedoch, ob die Wirtschaftlichkeit der Anlagen dann noch gegeben ist. Wahrscheinlich werden auf diesem Gebiet der innerbetrieblichen Logistik neue technische Lösungen entstehen.

Die z. Z. erkennbaren Trends wirken sich natürlich nicht in allen Bereichen der Industrie und des Handels gleichartig und mit gleicher Geschwindigkeit aus. So wird es noch lange Zeit im Investitionsgüterbereich (z. B. Anlagenbau) innerbetriebliche Logistiksysteme der „konservativen" Art geben. Dagegen verlangen die hochflexiblen Bereiche der Konsumgüter in Produktion und Handel erkennbar nach neuartigen innerbetrieblichen Logistiksystemen. Deren wesentliche Merkmale sind z. B. höhere Flexibilität bei Produkt- und Produktionsänderungen, stärkere Einbindung in Informationssysteme und niedrigere Fixkosten.

A 1.3.3 Strukturen innerbetrieblicher Logistiksysteme

Zwischen den Strukturen der Logistiksysteme für Betriebe der Produktion und der Distribution gibt es prinzipielle Unterschiede:

A 1.3.3.1 Produktion

In der Regel stehen viele Betriebsmittel verschiedener Technologien (Bearbeiten, Handhaben, Speichern, Fördern, Verpacken usw.) im innerbetrieblichen Materialflussnetzwerk miteinander in Verbindung. Die Quelle-Senken-Beziehungen, die Materialflussstärken und die möglichen Wege werden in Matrizen erfasst (s. Kap. A 2). Produkt und Produktionstechnik geben typische Grade der Vernetzung vor. Angestrebt werden stets *kurze Durchlaufzeiten* und somit *minimale WIP* (s. Abschn. A 1.1.2.3). Das Erreichen dieses Zieles setzt u. a. Modellbetrachtungen als Bediensystemnetzwerke (s. Abschn. A 2.4) voraus. Mit dem Grad der Vernetzung nimmt meist die stochastische Variabilität der Materialflussstärken zu. Dies führt mit zunehmender Auslastung des Systems zu vorhersehbaren Warteprozessen, für die geeignete Pufferplätze einzuplanen sind.

Ein hoher Grad der Vernetzung verlangt die technische Beherrschung vieler Sammel- und Verteilelemente in den Materialflusssystemen. Dabei ist besonders der Verbrauch an Durchlaufzeit in den Sammelelementen in Abhängigkeit von der operativen Art der Zusammenführung zu beachten. Stark vernetzte Systeme umfassen üblicherweise verschiedene Fördermittel und Ladungsträger zur Erzeugung des Materialflusses (s. Abschn. C 2.1). Beispielsweise werden Rohteile auf Paletten im Wareneingang angeliefert, mittels Gabelstaplers in den Fertigungsbereich gebracht, dort einzeln auf Stetigförderer verschiedener Art zwischen den Betriebsmitteln transportiert, um schließlich im Montagebereich als Bauteil einer Maschine in ein völlig anders gestaltetes Materialflusssystem mit anderen Fördermitteln und Ladungsträgern überzuwechseln.

Die Gestaltung der Fördermittel und der Ladungsträger für innerbetriebliche Logistiksysteme orientiert sich im Wesentlichen am Produkt und erst dann an den Standards der Förder- und Lagertechnik. An den Schnittstellen zum außerbetrieblichen Transport sollten allerdings die Maß- und Gewichtsstandards der Transportlogistik (Paletten, Boxen, Container, Laderäume usw.) streng beachtet werden, um Kompatibilität innerhalb der gesamten Logistikkette sicherzustellen (s. Abschn. C 2.5).

A 1.3.3.2 Distribution

Im Allgemeinen ist hier der Vernetzungsgrad des Materialflusses wesentlich geringer als in der Produktion. Sehr oft werden im Warenein- und -ausgang die gleichen Ladungsträger benutzt, die auch in den Lagerbereichen verwendet werden. Der logistische Prozess in einem Distributionssystem umfasst typischerweise die Stufen Warenannahme, Sortierung, Lagerung, Kommissionierung, Bereitstellung zur Auslieferung in einer seriellen Anordnung der Prozessstufen. Die Betriebsmitteltechnologien betreffen das Fördern, Lagern, Sortieren, Kommissionieren, Verpacken, Etikettieren und evtl. das Handhaben.

Im Gegensatz zur Produktion sind die Bestände in einem klassischen Distributionszentrum, dessen logistische Funktion den *Umschlag* und die *Speicherung* von Gütern umfasst, in optimierter Größe geplant, wobei der Lagerbereich den größten Raum einnimmt. Betrifft die logistische Funktion eines Distributionszentrums dagegen nur den *Güterumschlag* wie in den Logistikprozessen der KEP-Dienste (s. Abschn. C 3.8), so gibt es keine Lagereinrichtungen, sondern nur Einrichtungen zum Sortieren und Kommissionieren. In diesem Fall ist der Materialfluss noch klarer seriell strukturiert und typisiert.

A 1.3.3.3 Informationsfluss

Ähnlich signifikante Strukturunterschiede, wie sie vorstehend für die Materialflussbeziehungen in der Produktion und Distribution beschrieben wurden, gibt es auch für den Informationsfluss (s. Kap. C 4). In der Produktion sind unternehmensspezifische IK-Systeme noch immer am häufigsten und logisch erklärbar aus den gewachsenen Hard- und Softwarelösungen für die speziellen Datensätze des Unternehmens. Das erschwert natürlich den Aufbau von schnell reagierenden unternehmensübergreifenden Logistikketten. Diese Forderung ist in der Distribution schon in größerem Umfang erreicht. Zu dem standardisierten Ladungsträger haben sich hier schon weitgehend der standardisierte Datenträger und Datensatz gesellt (s. Abschn. C 4.6).

A 1.4 Supply Chain Management

A 1.4.1 Überblick

Auf der einen Seite schafft eine weltweit zunehmende Verflechtung der Leistungserstellung neue Komplexität in der Herstellung von Produkten und Dienstleistungen. Auf der anderen Seite erhöhen steigende Kundenansprüche an Qualität und Kosten den Druck auf Hersteller und Händler. Aus diesem Zusammenspiel heraus entstand der Begriff des *Supply Chain Managements (SCM)*. Supply Chain Management bezeichnet die Koordination von Aktivitäten entlang der Wertschöpfungskette – von der Produktentwicklung des Lieferanten bis zum Beziehungsmanagement des Händlers. Der Begriff des Supply Chain Managements entstand in den 1980er Jahren in den USA. Er umfasst ein breites Spektrum an Ansätzen und Erkenntnissen. Nicht immer müssen diese jedoch die gesamte Wertschöpfungskette umfassen. Viele Ansätze des Supply Chain Managements richten sich nur auf einen ausgewählten Teil dieser Kette. Die einzelnen Ansätze können daher anhand ihrer Reichweite einer von drei Kategorien des Supply Chain Managements zugeordnet werden (vgl. Bild A 1.4-1):
(a) dem funktionsinternen SCM,
(b) dem unternehmensweiten SCM oder
(c) dem unternehmensübergreifenden SCM.

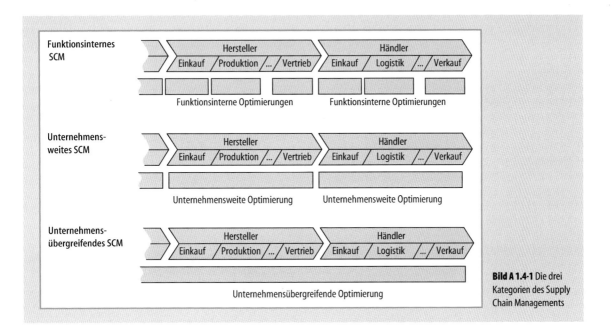

Bild A 1.4-1 Die drei Kategorien des Supply Chain Managements

Zum *funktionsinternen* SCM gehören Ansätze, die innerhalb einer Unternehmensfunktion stattfinden. Beispiele für solche Ansätze sind Verbesserungsmaßnahmen innerhalb des Produktionsbereichs oder Methoden der Nachfrageprognose im Vertriebsbereich. Da Ansätze dieser Kategorie an vielen anderen Stellen in diesem Buch aufgegriffen werden, wird in diesem Kapitel nicht weiter auf das funktionsinterne SCM eingegangen.

In der zweiten Kategorie, dem *unternehmensweiten SCM*, steht die Koordination innerhalb eines Unternehmens über mehrere Funktionen hinweg im Vordergrund. Dies ist zum Beispiel der Fall, wenn Marketing und Entwicklung gemeinsam an der Produktentwicklung beteiligt sind, um neue Produkte von Anfang an so zu entwickeln, dass eine für die gesamte Unternehmung optimale Lösung gefunden wird. In vielen Fällen hat das unternehmensweite SCM den Zweck, Ineffizienzen durch Zielkonflikte zwischen Bereichen zu beseitigen und die Leistungserstellung auf ein aus gesamter Unternehmenssicht optimales Ergebnis auszurichten. Auf das unternehmensweite SCM wird in Abschn. A 1.4.2 eingegangen. Dort werden die Ansätze der organisatorischen Ausrichtung am Wertschöpfungsprozess, der späten Variantenbildung und der Gleichteileverwendung vorgestellt.

Die dritte Kategorie des Supply Chain Managements ist das *unternehmensübergreifende SCM*. Hier steht die Koordination zwischen mehreren Unternehmen im Vordergrund. Viele Ansätze beschäftigen sich mit der Koordination zwischen Hersteller und Händler. Ein Beispiel für eine solche Koordination ist das Supply Chain Contracting. Hier werden die Vertragskonditionen zwischen Hersteller und Händler so entworfen, dass der gemeinsame Gewinn maximiert wird. Neben der Koordination von Hersteller und Händler gibt es auch Ansätze, die sich auf mehr als zwei Partner der Wertschöpfungskette konzentrieren. Ein Beispiel ist das Supply Chain Engineering, in dem für ein Produkt die gesamte Lieferkette vom Rohstofflieferanten bis zum Endabnehmer betrachtet wird, um Engpässen frühzeitig entgegensteuern zu können. Auf das unternehmensübergreifende SCM wird in Abschn. A 1.4.3 eingegangen und in diesem Zusammenhang das Supply Chain Contracting, der Bullwhip-Effekt und das Supply Chain Engineering vorgestellt.

Viele Ansätze des Supply Chain Managements lassen sich mit Hilfe einfacher Modelle gut erklären. Das Modell, das dabei am häufigsten verwendet wird, ist das Newsvendor-Modell. Dieses Modell wägt die Kosten zu hoher Bestände auf der einen Seite und Umsatzverluste durch zu geringe Bestände auf der anderen Seite ab. Es wird im Folgenden kurz erläutert, da es als Erklärungsbasis für viele andere Modelle in diesem Kapitel herangezogen wird.

Das *Newsvendor-Modell* stammt aus dem Bereich des Bestandsmanagements und ist ein einperiodisches Modell unter unsicherer Nachfrage. Zu Beginn einer Periode muss der Händler über die Bestellmenge entscheiden. Die bestellte Menge erhält er umgehend. Anschließend verkauft er das Produkt. Am Ende der Periode steht der Händler vor einer von zwei Situationen: Entweder war die Bestellmenge größer als die Nachfrage oder die Bestellmenge war kleiner oder gleich der Nachfrage. Im ersten Fall kann er die verbleibenden Einheiten nur noch zu einem geringen Verwertungspreis verkaufen. Im zweiten Fall sind ihm eventuell Kunden entgangen, die gerne etwas gekauft hätten, aber kein Produkt mehr erhalten haben.

Im Fall des Überbestands muss der Händler jede nicht verkaufte Einheit zum Verwertungspreis absetzen, wodurch ihm *Überbestandskosten* von c_o je Einheit Überbestand entstehen. Die Überbestandskosten setzen sich aus der Differenz von Beschaffungspreis p und Verwertungspreis v zusammen ($c_o = p - v$). Im Fall des Unterbestands entgeht dem Händler bei jeder nicht erfüllten Nachfrage die Gewinnmarge c_u je Einheit Unterbestand. Diese so genannten *Unterbestandskosten* entsprechen der Differenz aus Verkaufspreis r und Beschaffungspreis p ($c_u = r - p$).

Die Gewinnfunktion $G(S,D)$ des Händlers in Abhängigkeit von der Bestellmenge S und der Nachfragemenge D sieht daher wie folgt aus:

$$G(S,D) = (r-p)D - c_u[D-S]^+ \\ - c_o[S-D]^+ \quad \text{(A 1.4-1)}$$

Die Nachfrage D ist zum Zeitpunkt der Bestellung nicht bekannt. Der Händler kann lediglich die Wahrscheinlichkeitsverteilung mithilfe einer Nachfrageprognose schätzen. Wurde die Verteilungsfunktion der Nachfrage $F(D)$ geschätzt, kann der Erwartungswert der Nachfrage maximiert werden. Die optimale Bestellmenge S^* ist gegeben durch

$$S^* = F^{-1}\left(\frac{c_u}{c_u + c_o}\right) \quad \text{(A 1.4-2)}$$

Das Verhältnis

$$CR = \frac{c_u}{c_u + c_o} \quad \text{(A 1.4-3)}$$

wird als das *kritische Verhältnis* bezeichnet, da es das optimale Verhältnis zwischen Unter- und Überbestandskosten angibt.

In vielen Fällen wird eine Normalverteilung mit dem Mittelwert μ und der Standardabweichung σ für die Nachfrage unterstellt, da sie häufig die tatsächliche Nachfrage gut wiedergibt und außerdem leicht zu handhaben ist. Im Fall einer normalverteilten Nachfrage vereinfacht sich die Formel für die optimale Bestellmenge. Durch Skalierung zu einer Standardnormalverteilung (mit dem Mittelwert $\mu = 0$, der Standardabweichung $\sigma = 1$ und der Verteilungsfunktion $F_{01}(x)$) ergibt sich

$$S^* = \mu + z_{CR}\sigma \quad \text{(A 1.4-4)}$$

$$\text{wobei } z_{CR} = F_{01}^{-1}\left(\frac{c_u}{c_u + c_o}\right).$$

Der Wert z_{CR} hängt nur von den Kostensätzen ab und ist unabhängig von der prognostizierten Nachfrage. Der erwartete Gewinn bei normalverteilter Nachfrage und optimaler Bestellmenge ist gegeben durch

$$G(S^*) = (r-p)\mu - (c_u + c_o)f_{01}(z_{CR})\sigma. \quad \text{(A 1.4-5)}$$

Die Anwendung des Newsvendor-Modells wird im Folgenden anhand eines Beispiels kurz erläutert:

Ein Textilhändler muss Winterjacken (eines Typs) für die Wintersaison kaufen. Nachbestellungen während der Wintersaison sind aufgrund der langen Beschaffungszeiten nicht möglich. Der Händler schätzt die Nachfrage nach den Jacken anhand von Vergangenheitswerten. Alle nicht verkauften Jacken müssen am Ende der Saison im Schlussverkauf zum Verwertungspreis abgesetzt werden. In unserem Beispiel betragen die Werte der Nachfrageprognose $\mu = 245$ Stück und $\sigma = 39$ Stück, der Verkaufspreis $r = €\,69{,}99$, der Beschaffungspreis $p = €\,35$ und der Verwertungspreis $v = €\,15$. Das kritische Verhältnis ist in diesem Beispiel

$$CR = \frac{c_u}{c_u + c_o} = \frac{r-p}{r-v} = \frac{34{,}99}{54{,}99} = 0{,}6363 \quad \text{(A 1.4-6)}$$

und der entsprechende Wert $z_{CR} = 0{,}3486$ (der z-Wert kann aus der Tabelle einer Standardnormalverteilung abgelesen werden). Die optimale Bestellmenge beträgt daher

$$S^* = 245 + 0{,}3486 \cdot 39 \approx 259 \text{ Stück.} \quad \text{(A 1.4-7)}$$

Daraus ergibt sich ein erwarteter Gewinn von

$$G(S^*) = (r-p)\mu - (c_u + c_o)f_{01}(z_{CR})\sigma \approx €\,7767 \quad \text{(A 1.4-8)}$$

für die Winterjacken in dieser Saison.

A 1.4.2 Unternehmensweites Supply Chain Management

Das unternehmensweite Supply Chain Management findet innerhalb eines Unternehmens statt. Seine Aufgabe ist die Koordination von Aktivitäten mehrerer Funktionalbereiche eines Unternehmens. Funktionalbereiche sind z. B. Produktion, Vertrieb und Forschung und Entwicklung (FuE). Die Funktionalbereiche versuchen, ihre Aktivitäten aus ihrer Sicht optimal zu gestalten. Wenn die einzelnen Bereiche jedoch unterschiedliche Zielsetzungen haben, muss nicht zwangsläufig eine optimale Situation für die gesamte Unternehmung entstehen. Das Ziel des unternehmensweiten SCM ist eine Verbesserung der Wertschöpfung aus Sicht der gesamten Unternehmung.

Die Voraussetzung für eine koordinierte Wertschöpfung in einem Unternehmen ist die Ausrichtung der Ziele, Anreize und Aufgaben der beteiligten Funktionen am gemeinsamen Wertschöpfungsprozess. Auf diesen Aspekt wird in Abschn. A 1.4.2.1 eingegangen. Wenn die Aktivitäten am Wertschöpfungsprozess ausgerichtet sind, kann es trotzdem zu Ineffizienzen im Prozess kommen. Dies ist zum Beispiel dann der Fall, wenn die Anzahl der herzustellenden Produktvarianten groß ist und dadurch der Herstellungsprozess komplex wird. Eine Möglichkeit, diese Ineffizienzen zu reduzieren, ist die späte Variantenbildung. Die späte Variantenbildung wird in Abschn. A 1.4.2.2 beschrieben. Weiterhin kann Komplexität vorgebeugt werden, indem Gleichteile in den Produktvarianten verwendet werden. Ein Ansatz zur Optimierung des Anteils an Gleichteilen in Produktvarianten wird in Abschn. A 1.4.2.3 vorgestellt.

A 1.4.2.1 Organisatorische Ausrichtung am Wertschöpfungsprozess

In der traditionellen funktionalen Organisationstheorie ist ein Unternehmen entsprechend seinen Funktionen unterteilt. Jeder Funktionalbereich wird dabei von einem Bereichsleiter geführt. Für den Funktionalbereich werden Kennzahlen festgelegt, anhand derer die Leistung des Bereichs gemessen werden kann. Das Problem dieser Vorgehensweise soll an einem kurzen Beispiel verdeutlicht werden. Angenommen ein typisches Industrieunternehmen bewertet die Produktion anhand der Produktionskosten, die Logistik anhand der Logistikkosten und den Vertrieb mit Hilfe des Servicelevels anhand der Warenverfügbarkeit. In diesem Unternehmen kommt es häufig zu Konflikten zwischen Produktion, Logistik und Vertrieb. Dem Vertriebsleiter wird vorgeworfen, zu niedrige Servicelevel anzubieten. Der Vertriebsleiter argumentiert damit, dass die Logistik zu niedrige Bestände vorhält. Der Logistikleiter wiederum wirft seinem Kollegen vom Vertrieb falsche Absatzplanungen vor. Die Produktion möchte die Losgrößen erhöhen, um Produktionskosten zu senken. Der Logistikleiter ist verärgert, weil dadurch die Bestandskosten in seinem Bereich steigen.

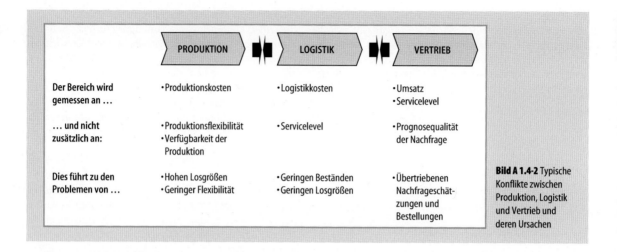

Bild A 1.4-2 Typische Konflikte zwischen Produktion, Logistik und Vertrieb und deren Ursachen

An diesem Beispiel lassen sich die Schwachstellen in der Zielausrichtung gut erklären. Der Vertrieb wird über den Servicelevel bewertet. Der Servicelevel ergibt sich einerseits aus einer möglichst genauen Nachfrageprognose und andererseits aus dem Bestandsmanagement der Logistik. Damit wird die Leistung des Vertriebs an einer Kennzahl gemessen, die der Vertrieb nur zum Teil selbst beeinflussen kann. Die Logistik dagegen wird anhand der Logistikkosten bewertet. Sie ist damit nur für einen Teil der Konsequenzen ihrer Entscheidungen verantwortlich. Senkt sie die Bestände, ist das zwar gut für die Logistikkosten, allerdings schlecht für den Servicelevel.

Ähnlich sieht es zwischen Produktion und Logistik aus. Die Produktion möchte hohe Losgrößen produzieren. Dadurch verursacht sie in der Logistik hohe Bestände, für die sie jedoch nicht verantwortlich ist. Die einzelnen Konflikte und ihre Ursachen sind in Bild A 1.4-2 schematisch dargestellt.

Das Problem in diesem Beispielunternehmen liegt in der schlechten Ausrichtung der Aufgaben, Ziele und Verantwortlichkeiten. Diese sollten am gesamten Leistungserstellungsprozess orientiert und einheitlich ausgerichtet sein [THO03]. Die zugeteilten Verantwortlichkeiten sollten den Aufgaben der Beteiligten entsprechen. Und die übertragenen Aufgaben müssen die Erreichung der vereinbarten Ziele ermöglichen. Dabei sind zwei Bedingungen relevant:
1. Jeder Funktionalbereich darf nur für die Ziele verantwortlich sein, die er im Rahmen seiner Aufgaben direkt beeinflussen kann.
2. Jeder Funktionalbereich muss Verantwortung für alle seine Aufgaben tragen.

Die Ausrichtung der Organisation am Wertschöpfungsprozess ist häufig der erste Schritt zu einer ganzheitlichen Verbesserung des Unternehmens. Im Folgenden werden zwei weiterführende Ansätze des unternehmensweiten SCM vorgestellt.

A 1.4.2.2 Späte Variantenbildung

Zunehmende Erwartungen von Kundenseite an individuelle Produkte bringen viele Unternehmen dazu, die Variantenzahl ihrer Produkte zu erhöhen. Das steigert auf der einen Seite den Umsatz und die Kundenzufriedenheit. Auf der anderen Seite sind jedoch höhere Sicherheitsbestände an unfertigen und fertigen Erzeugnissen im Leistungserstellungsprozess notwendig, da der Bedarf nach den einzelnen Varianten schlechter vorhergesagt werden kann.

Hewlett Packard stand in den 1990er Jahren mit der Produktion und der Logistik von Druckern vor dem Problem einer großen Variantenzahl [SIM00]. Die Tintenstrahldrucker von Hewlett Packard waren von den technischen Eigenschaften her identisch, unterschieden sich jedoch in der länderspezifischen Ausfertigung. Je nach Verkaufsland mussten die Bedienungsanleitung, die Displaybeschriftung, der Netzteiladapter und andere Spezifika angepasst werden. Dies wurde traditionell im Produktionswerk in den USA durchgeführt. Die fertigen Produktvarianten wurden an die Zentrallager in den USA, Europa und Asien geschickt und dort bis zum Verkauf gelagert. Während die Herstellzeit mit circa einer Woche relativ gering war, nahm der Überseetransport per Schiff ca. vier Wochen in Anspruch.

Die Nachfrageprognose nach Druckern in den USA verlief aufgrund der Marktgröße unproblematisch. Auch war die Anlieferzeit durch die Nähe zum Produktionswerk vergleichsweise gering und damit nur ein niedriger Sicher-

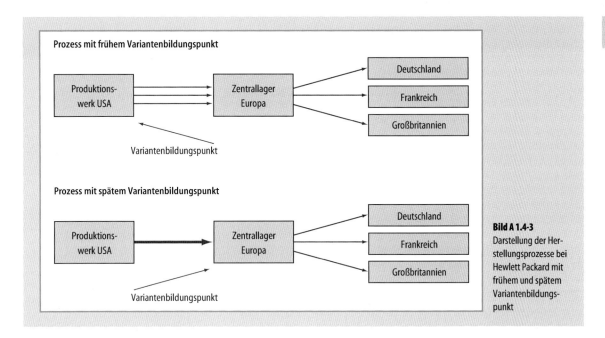

Bild A 1.4-3 Darstellung der Herstellungsprozesse bei Hewlett Packard mit frühem und spätem Variantenbildungspunkt

heitsbestand im Zentrallager notwendig. In Europa und Asien war das anders. Da jedes Land ein eigenes, angepasstes Druckermodell benötigte, konnten die Bedarfe nach den einzelnen Varianten nur ungenau vorhergesagt werden. Durch die mehrwöchige Transportzeit waren zusätzlich hohe Sicherheitsbestände notwendig und trotz hoher Bestände hatten die Zentrallager in Europa und Asien nur geringe Servicelevel.

Das Problem bei Hewlett Packard entstand vor allem durch die hohe Variantenzahl und den damit verbundenen logistischen Problemen. Die Produktion der Drucker war für alle Varianten identisch. Die Bildung der einzelnen Varianten fand zwischen der Produktion und dem Transport statt. Aufgrund der langen Transportzeit wurde die Variantenbildung innerhalb der ersten 20% der Lieferzeit durchgeführt. Das Unternehmen stellte nach einiger Zeit den Produktionsprozess so um, dass die lokale Anpassung der Produkte erst später in den Zentrallagern erfolgte. Dadurch wurde die Bildung der Varianten an das Ende des Leistungserstellungsprozesses verlagert. Das Produktionswerk schickt identische, noch nicht angepasste Drucker nach Europa und Asien. Dort werden erst zu einem späteren Zeitpunkt, wenn gute Nachfrageinformationen für jedes Land verfügbar sind, die Drucker an die Bedürfnisse des jeweiligen Landes angepasst. Die Änderung im Leistungserstellungsprozess ist in Bild A 1.4-3 dargestellt.

Eine Verlagerung der Variantenbildung auf einen späteren Zeitpunkt in der Leistungserstellung wird als *späte Variantenbildung* oder *Postponement* bezeichnet. Das Ziel dieses Ansatzes ist es, die Sicherheitsbestände im Wertschöpfungsprozess zu reduzieren. Voraussetzung ist, dass die Herstellung zunächst für alle Varianten gleich ist und die unterschiedliche Behandlung der Varianten erst ab einem bestimmten Schritt im Produktionsprozess beginnt. Dieser Punkt wird als *Variantenbildungspunkt* oder *freeze point* bezeichnet. Die zusätzlichen Sicherheitsbestände sind erst ab diesem Schritt notwendig, denn in allen vorhergehenden Schritten werden alle Varianten gleich behandelt. Je später somit der freeze point liegt, desto weniger Sicherheitsbestände fallen an. Bei der späten Variantenbildung wird versucht, durch neues Produktdesign oder Umstellung der Prozessschritte den freeze point weiter nach hinten zu verlagern.

Den Einsparungen im Bestand sind die Mehrkosten für das neue Produktdesign oder die Umstellung der Prozessschritte gegenüberzustellen. Die Höhe der Einsparung in den Beständen kann mit Hilfe des Newsvendor-Modells bestimmt werden. Im Fall von Hewlett Packard wurden in Europa sechs Produktvarianten voneinander unterschieden. Das Unternehmen wollte einen Servicelevel von 98% erreichen. Daraus ergibt sich ein Wert von $z_{98\%} = 2{,}0537$. Die benötigten Bestände ergeben sich weiterhin aus $S^* = \mu + z_{98\%}\sigma 2$. Die Nachfrage war annähernd normalverteilt. Die Mittelwerte und Standardabweichungen der Nachfrage über die Lieferzeit und die optimalen Bestände je Produktvariante sind in Tabelle A 1.4-1 dargestellt.

Tabelle A 1.4-1 Geschätzte Nachfragen und optimale Bestellmengen je Druckervariante bei Hewlett Packard

Variante	µ	σ	S*
1	49,0	34,9	121
2	488,5	219,8	940
3	18407,0	6065,1	30863
4	2675,5	1260,0	5263
5	4893,0	2377,4	9775
6	356,5	111,1	585
Summe			47547

Es müssen insgesamt 47547 Einheiten im Zentrallager gelagert werden.

Durch die Verlagerung der Variantenbildung in das Zentrallager müssen nur noch länderunspezifische Einheiten gelagert werden. Die gesamte Nachfrage nach diesen Einheiten ergibt sich aus den einzelnen Nachfragewerten der Produktvarianten. Es kann davon ausgegangen werden, dass die Nachfragen der einzelnen Varianten unabhängig voneinander sind. Der Mittelwert der gesamten Nachfrage beträgt

$$\mu_{gesamt} = \sum_i \mu_i = 26869,5 \qquad (A\ 1.4\text{-}9)$$

Stück je Woche. Die Standardabweichung liegt bei

$$\sigma_{gesamt} = \sqrt{\sum_i \sigma_i^2} = 6639,8 \qquad (A\ 1.4\text{-}10)$$

Stück. Die neue Bestandshöhe beträgt

$$S^* = \mu_{gesamt} + z_{98\%}\sigma_{gesamt} = 40506 \qquad (A\ 1.4\text{-}11)$$

Stück. Durch die spätere Variantenbildung konnten daher die Bestände um ca. 15% gesenkt werden.

A 1.4.2.3 Gleichteileverwendung

Eine hohe Variantenzahl verursacht hohe Komplexitätskosten in Logistik, Produktion und anderen Bereichen. Der Einkauf muss mit vielen Lieferanten verhandeln und hat geringe Bestellmengen je Artikel. Die Logistik benötigt hohe Sicherheitsbestände. Die Produktion muss die Herstellung einer großen Variantenzahl beherrschen. Durch die *Verwendung von Gleichteilen* im Produktdesign kann ein Teil dieser Komplexitätskosten vermieden werden. Gleichteile sind Komponenten, die in mehreren Varianten eingesetzt werden können. Durch die Verwendung von Gleichteilen können jedoch zusätzliche Kosten, wie höhere Stückpreise, entstehen, denn speziell auf jede Variante angepasste Materialien sind häufig günstiger als Gleichteile. Gleichteile müssen ein breiteres Spektrum an Funktionen erfüllen und vielfältigeren Anforderungen genügen. Es gilt daher, das optimale Maß an Gleichteilen zu bestimmen, das in einer Familie von Produktvarianten eingesetzt werden sollte. Dabei sind alle Änderungen in den Stückkosten, Lagerhaltungskosten, Rüstkosten und indirekten Komplexitätskosten ganzheitlich zu berücksichtigen. Thonemann und Brandeau [THO00] haben das Gleichteileproblem am Beispiel von Kabelbäumen in der Automobilindustrie untersucht. Das Ziel ist die Bestimmung einer optimalen Gleichteilverwendung in den Kabelbäumen (Varianten), die in einer Vielzahl von Motortypen (Produkten) zum Einsatz kommen. Das Problem kann als mathematisches Programm formuliert werden. Die Anforderungen der Produkte an die Varianten werden in einer Matrix v abgebildet. Der Wert $v_{lj} = 1$ bedeutet, dass Produkt l die Eigenschaft j benötigt. Die Entscheidungsvariablen sind x, die Zuordnung von Eigenschaften zu Varianten ($x_{ij} \in \{0,1\}$. $x_{ij} = 1$ bedeutet, dass Variante i die Eigenschaft j hat), und y, die Zuordnung von Varianten zu Produkten ($y_{il} \in \{0,1\}$. $y_{il} = 1$ bedeutet, dass Variante i in Produkt l verbaut werden kann). In der Zielfunktion werden für jede Variante i die Produktionskosten P_i, die Lagerhaltungskosten H_i und die Rüstkosten G_i angesetzt. Zusätzlich werden indirekte Komplexitätskosten $F(I)$ betrachtet, die von der Variantenzahl I abhängen. Die Problemstellung sieht damit wie folgt aus

$$\min_{I,x,y}\left[F(I) + \sum_{i=1}^{I}\left(P_i(x,y) + H_i(x,y) + G_i(x,y)\right)\right]. \qquad (A\ 1.4\text{-}12)$$

Die Stückkosten der Varianten ergeben sich aus den Kosten b_j für den Einbau der Eigenschaft j und der erwarteten Nachfrage μ_l nach Produkt l als

$$P_i(x,y) = \sum_{j=1}^{J} b_j x_{ij} \sum_{l=1}^{L} \mu_l y_{li}. \qquad (A\ 1.4\text{-}13)$$

Für die Lagerhaltung wird eine (R,Q)-Politik mit fixen Bestellkosten K, Servicelevelanforderung β, Lieferzeit τ und Lagerkostensatz q unterstellt (zur (R,Q)-Politik vgl. [GUE05]). Die Parameter R und Q werden mit

$$Q_i(x,y) = \sqrt{\frac{2K\sum_{l=1}^{L}\mu_l y_{li}}{q\sum_{j=1}^{J}b_j x_{ij}}} \qquad (A\ 1.4\text{-}14)$$

und

$$R_i(x,y) = \tau \sum_{l=1}^{L} \mu_l y_{li}$$
$$+ \sqrt{\sum_{l=1}^{L} \sigma_l^2 y_{li}} \Psi^{-1}\left(\frac{(1-\beta)Q_i(x,y)}{\sqrt{\sum_{l=1}^{L} \sigma_l^2 y_{li}}}\right) \quad \text{(A 1.4-15)}$$

geschätzt. $\Psi(z)$ bezeichnet dabei die Standardverlustfunktion

$$\Psi(z) = \int_{t=z}^{\infty} (t-z) dF_{01}(t) . \quad \text{(A 1.4-16)}$$

Daraus können die Lagerhaltungskosten und die Rüstkosten berechnet werden:

$$H_i(x,y) = q \sum_{j=1}^{J} b_j x_{ij}$$
$$\left(\sqrt{\sum_{l=1}^{L} \sigma_l^2 y_{li}} \Psi^{-1}\left(\frac{(1-\beta)Q_i(x,y)}{\sqrt{\sum_{l=1}^{L} \sigma_l^2 y_{li}}}\right) + \frac{Q_i(x,y)}{2}\right),$$
$$\text{(A 1.4-17)}$$

$$G_i(x,y) = \frac{K \sum_{l=1}^{L} \mu_l y_{li}}{Q_i(x,y)} . \quad \text{(A 1.4-18)}$$

Eine Nebenbedingung stellt die Anforderungsmatrix v dar. Eine weitere Restriktion ergibt sich aus der Bedingung, dass jede Eigenschaft nur von maximal einer Variante erbracht werden soll. Die Nebenbedingungen lassen sich als

$$v_{lj} \leq \sum_{i=1}^{I} x_{ij} y_{li}, \quad \forall 1 = 1..L, j = 1..J$$
$$\sum_{i=1}^{I} y_{li} = 1, \quad \forall 1 = 1..L$$
$$0 < I \leq L \quad \text{(A 1.4-19)}$$

formulieren. Das mathematische Programm kann mit Hilfe des Branch-and-Bound-Verfahrens (vgl. Abschn. A 2.2) oder mit Hilfe des Simulated Annealing (vgl. Abschn. A 2.2) gelöst werden.

In dem konkreten Anwendungsfall der Automobilindustrie konnte durch Gleichteileverwendung die Anzahl der Varianten an Kabelbäumen von 200 auf 75 gesenkt werden. Dadurch ergaben sich jährliche Einsparungen in Höhe von ca. 2,5 Mio. Euro.

A 1.4.3 Unternehmensübergreifendes Supply Chain Management

Das unternehmensübergreifende SCM koordiniert Aktivitäten zwischen mehreren Unternehmen. Es wird i. Allg. in Supply Chains angewendet, deren Partner ihre internen Supply Chains bereits gut im Griff haben. Ein großer Teil der Ansätze des unternehmensübergreifenden SCM beschäftigt sich mit der Koordination von zwei benachbarten Stufen einer Supply Chain. Diese Stufen sind in vielen Fällen der Hersteller und der Händler eines Produktes. Im folgenden Kapitel wird die Koordination von Hersteller und Händler am Beispiel des Supply Chain Contracting erläutert. Andere Ansätze beschränken sich nicht nur auf zwei Stufen, sondern umfassen einen größeren Teil der Supply Chain. In Abschn. A 1.4.3.2 wird der Bullwhip-Effekt dargestellt, der das Aufschaukeln von Nachfrageprognosen über verschiedene Stufen einer Supply Chain beschreibt. In Abschn. A 1.4.3.3 wird das Supply Chain Engineering vorgestellt. Das Supply Chain Engineering ist eine Methode zur Prognose und Vermeidung von Engpässen in einer Supply Chain.

A 1.4.3.1 Supply Chain Contracting

Wenn Hersteller und Händler unabhängige Unternehmen sind, treffen sie auch Entscheidungen über ihre Bestellmengen, Verkaufspreise und andere Parameter unabhängig voneinander. Dies kann zu nicht optimalen Entscheidungen aus Sicht der gesamten Supply Chain führen. In manchen Fällen liegt der gemeinsame Gewinn deutlich unter dem Gewinn, den die Supply Chain erzielen könnte, wenn Hersteller und Händler zusammenarbeiten würden. Dieser Effekt wird im Folgenden an einem kurzen Beispiel (vgl. [THO05]) erläutert.

Ein Hersteller fertigt Designertaschen zu $p = €\,100$ je Stück. Der Händler kann die Taschen für $r = €\,300$ während der Saison verkaufen. Am Ende der Saison können die Taschen nur noch zu einem Preis von $v = €\,10$ verwertet werden. Die Nachfrage nach Taschen kann als normalverteilt mit $\mu = 100$ Stück und Standardabweichung $\sigma = 30$ Stück angenommen werden.

Im traditionellen Fall berechnet der Hersteller dem Händler einen Großhandelspreis w. Für diesen Preis kann der Händler eine beliebige Menge an Einheiten vom Hersteller beziehen. Der Händler wird versuchen, seinen eigenen Gewinn zu maximieren. Dazu verwendet er das Newsvendor-Modell. Da der Hersteller über den Großhandelspreis frei entscheiden kann, wird er versuchen, ihn so zu wählen, dass der Händler eine für den Hersteller gewinnmaximale Menge bestellt. In dem Beispiel der Designertaschen erhält man durch numerische Optimierung einen für den Hersteller optimalen Großhandelspreis von $w = €\,256$ je Tasche. Für den Händler ergibt sich ein kritisches Verhältnis von

$$CR = \frac{c_u}{c_u + c_o} = \frac{r-w}{r-v} = 0{,}1517 \quad \text{(A 1.4-20)}$$

und daraus eine optimale Bestellmenge von

$$S^* = \mu + z_{CR}\sigma = 100 - 1{,}0292 \cdot 30 \approx 69 \text{ Stück.} \quad \text{(A 1.4-21)}$$

Das bedeutet für ihn einen erwarteten Gewinn von

$$G_{\text{Händler}}(S^*) = (r-w)\mu - (c_u + c_o)f_{01}(z_{CR})\sigma \approx \text{€ }2356.$$
$$\text{(A 1.4-22)}$$

Der gesamte Gewinn der Supply Chain, als Summe der Gewinne von Hersteller und Händler, beträgt

$$\begin{aligned} G_{SC}(69) &= G_{\text{Hersteller}}(69) + G_{\text{Händler}}(69) \\ &= (256-100)69 + 2356 \approx \text{€}13120. \end{aligned} \quad \text{(A 1.4-23)}$$

Würden nun Hersteller und Händler zusammenarbeiten, würde sich ein anderes kritisches Verhältnis ergeben

$$CR_{\text{koord}} = \frac{c_u}{c_u + c_o} = \frac{r-p}{r-v} = 0{,}6897. \quad \text{(A 1.4-24)}$$

Die optimale Produktionsmenge steigt auf

$$S^* = \mu + z_{CR}\sigma = 100 + 0{,}4950 \cdot 30 \approx 115 \text{ Stück} \quad \text{(A 1.4-25)}$$

und der erwartete Gewinn der Supply Chain auf

$$G_{SC}(115) = (r-p)\mu - (c_u + c_o)f_{01}(z_{CR})\sigma \approx \text{€ }16929.$$
$$\text{(A 1.4-26)}$$

Die Vorgabe von Großhandelspreisen durch den Hersteller wird als *Großhandelspreisvertrag* bezeichnet. In dem vorgestellten Beispiel liegt der erwartete Gewinn der Supply Chain im Fall eines Großhandelspreisvertrags ca. 22% unter dem optimalen Gewinn. Diese Ineffizienz entsteht durch die mangelnde Koordination zwischen beiden Partnern. Der Händler trägt das gesamte Verlustrisiko für Unter- und Überbestände. Im Gegenzug erhält er jedoch nur einen Teil des Gewinns. Aufgrund dieser ungleichen Verteilung des Verlustrisikos und Erfolgs scheut der Händler, das aus Sicht der Supply Chain optimale Maß an Risiko einzugehen. Das Ergebnis ist eine für keine Partei optimale Situation. Diesem Problem widmen sich die Ansätze des *Supply Chain Contracting*. Das Supply Chain Contracting besteht aus neuen Vertragsformen, die aufgrund ihrer Beschaffenheit zwei Eigenschaften erfüllen:
1. Sie führen zum maximalen Gewinn der gesamten Supply Chain.
2. Sie stellen keine Partei schlechter als bei dem herkömmlichen Großhandelspreisvertrag.

Im Folgenden werden zwei grundlegende Typen solcher optimaler Verträge vorgestellt: der Rücknahmegarantievertrag und der Umsatzteilungsvertrag.

Im *Rücknahmegarantievertrag* verpflichtet sich der Hersteller, nicht abgesetzte Einheiten des Produkts am Ende der Verkaufsperiode vom Händler zurückzukaufen. Dadurch teilen sich Hersteller und Händler das Risiko, und der Händler hat einen Anreiz, eine größere Menge zu bestellen. Um den Rücknahmegarantievertrag zu implementieren, muss der Hersteller dem Händler neben dem Großhandelspreis w einen Rücknahmepreis b vorgeben. Der Händler wird daraufhin den Rücknahmepreis b anstelle des Verwertungspreises v ansetzen, da er alle nicht verkauften Einheiten zu diesem Preis abgeben kann. Soll der maximale Gewinn der Supply Chain erreicht werden, muss der Rücknahmepreis b so gewählt werden, dass das kritische Verhältnis des Händlers dem kritischen Verhältnis der Supply Chain entspricht:

$$\begin{aligned} CR_{\text{Händler}} &\stackrel{!}{=} CR_{SC} \\ \Rightarrow \frac{r-w}{r-b} &= \frac{r-p}{r-v} \\ \Rightarrow b &= r - \frac{(r-w)(r-v)}{r-p}. \end{aligned} \quad \text{(A 1.4-27)}$$

Für einen gegebenen Großhandelspreis existiert ein Rücknahmepreis, mit dem der Gewinn der Supply Chain maximiert wird. Je nach Höhe des Großhandelspreises verteilt sich jedoch der Gewinn unterschiedlich auf Hersteller und Händler. Um auch die zweite Bedingung zu erfüllen und keine Partei schlechter zu stellen als vor einer Vertragsänderung, sollte der Hersteller den Großhandelspreis so wählen, dass der Händler zumindest den gleichen Gewinn erhält wie bei einem Großhandelspreisvertrag. Ansonsten kann der neue Vertragstyp beim Händler auf Ablehnung stoßen. Wie der Gewinn aufgeteilt wird, hängt vor allem von der Machtposition der einzelnen Parteien ab. Ein starker Hersteller kann eventuell eine Parameterkonstellation durchsetzen, mit der er den gesamten Vorteil der Vertragsänderung einbehält. Es kann gezeigt werden, dass der Gewinn des Händlers (und damit auch der des Herstellers) linear vom Großhandelspreis abhängt. Die Bestimmung eines geeigneten Großhandelspreises vereinfacht sich dadurch.

Im Beispiel der Supply Chain für Designertaschen ergibt sich bei einem Großhandelspreis von $w = \text{€ }256$ ein Rücknahmepreis von $b = \text{€ }236{,}20$. Mit dieser Parameterkonstellation wird der maximale Gewinn der Supply Chain von $G_{SC} = \text{€ }16929$ erreicht. Möchte der Hersteller den gesamten zusätzlichen Gewinn einbehalten, so müsste er dem Händler einen Großhandelspreis von $w = \text{€ }272$ und einen Rücknahmepreis von $b = \text{€ }259{,}40$ vorgeben. Der Händler würde dann einen Gewinn von

$$\begin{aligned} G_{\text{Händler}}(115) &= (r-w)\mu - (r-b)f_{01}(z_{CR})\sigma \\ &= (300-272)\cdot 100 - (300-259{,}40)\cdot 0{,}3529 \cdot 30 \approx \text{€ }2370 \end{aligned}$$
$$\text{(A 1.4-28)}$$

erwirtschaften. Dieser Gewinn liegt knapp über dem Gewinn des Händlers vor der Vertragsänderung. Der Hersteller erhält einen Gewinn von $G_{Hersteller} = G_{SC} - G_{Händler} =$ 16929 − 2370 = € 14559. Durch die Vertragsänderung würde er seinen Gewinn um 35% steigern.

Eine weitere beliebte Vertragsform ist der *Umsatzteilungsvertrag*. Beim Umsatzteilungsvertrag erhält der Hersteller zusätzlich zum Großhandelspreis einen prozentualen Anteil (1-u) vom Umsatz des Händlers. Damit wird der Hersteller am Risiko der Supply Chain beteiligt, wodurch sich das Risiko des Händlers verringert. Der neue Großhandelspreis wird geringer sein als der alte Preis, um den Händler für seine Umsatzabgabe zu entschädigen. Ähnlich wie bei einem Rücknahmegarantievertrag muss der Umsatzanteil u so gewählt werden, dass das kritische Verhältnis des Händlers dem der Supply Chain entspricht. Nur so wird sich der Händler aus Sicht der Supply Chain optimal verhalten. Der Umsatzanteil u muss daher

$$CR_{Händler} \stackrel{!}{=} CR_{SC}$$
$$\Rightarrow \frac{ur - w}{ur - v} = \frac{r - p}{r - v} \quad \text{(A 1.4-29)}$$
$$\Rightarrow u = \frac{w(r - v) - v(r - p)}{r(p - v)}$$

betragen. Der Hersteller kann w und u so wählen, dass er einen beliebigen Anteil des zusätzlichen Gewinns erhält. Hat er eine ausreichend starke Machtposition, kann er den gesamten zusätzlichen Gewinn einbehalten. Dann würde er w = € 23 wählen. Daraus ergibt sich ein Umsatzanteil von

$$\Rightarrow u = \frac{w(r - v) - v(r - p)}{r(p - v)} = 0{,}1730 \, , \quad \text{(A 1.4-30)}$$

wobei der maximale Gewinn der Supply Chain erreicht wird. Der Händler erhält von diesem Gewinn

$$G_{Händler} = (ur - w)\mu - (ur - v) f_{01}(z_{CR})\sigma \approx € 2446 \, , \quad \text{(A 1.4-31)}$$

was knapp über dem Gewinn des Händlers vor Vertragsänderung liegt. Den restlichen Gewinn erhält der Hersteller.

Jeder Rücknahmegarantievertrag kann in Bezug auf die Zahlungsströme zwischen Hersteller und Händler durch einen Umsatzteilungsvertrag ersetzt werden. Die Wirkung der beiden Vertragsformen ist daher identisch. Ein Nachteil des Umsatzteilungsvertrages ist, dass der Händler den erzielten Umsatz dem Hersteller melden muss. Dafür muss der Hersteller dem Händler entweder vertrauen oder in geeignete Kontrollinstrumente investieren. Ein ähnliches Problem tritt im Rücknahmegarantievertrag auf, wenn der Händler die nicht verkauften Einheiten nicht an den Hersteller zurückschickt, sondern nur die Menge meldet.

Supply Chain Contracting wurde im Fall der Videoverleihkette Blockbuster erfolgreich angewendet [CAC05]. Filmstudios verkaufen ihre Filme auf Videokassetten an Blockbuster. Blockbuster verleiht die Filme in seinen Filialen an seine Kunden. Um die hohen Fixkosten der Filmproduktion wieder einzuspielen, verlangten die Filmstudios hohe Einkaufspreise je Kassette. Die Produktionskosten für die Vervielfältigung einer Kassette waren dagegen sehr gering. Durch die hohen Einkaufspreise der Videofilme sah sich Blockbuster gezwungen, eine geringere als optimale Menge an Videokassetten bei den Filmstudios zu kaufen. Blockbuster bot daraufhin den Filmstudios von sich aus an, sie durch einen Umsatzteilungsvertrag an den Verkaufserlösen zu beteiligen. Im Gegenzug verlangte Blockbuster eine starke Senkung der Einkaufspreise. Die Rechnung ging in diesem bekannten Anwendungsfall für alle Beteiligten auf. Obwohl die genauen Verkaufs- und Umsatzzahlen nicht veröffentlicht wurden, wird geschätzt, dass die Profitabilität der gesamten Videoverleih-Branche durch Umsatzteilungsverträge um ca. 7% gestiegen ist [CAC05].

In den vorhergehenden Kapiteln standen Ansätze im Vordergrund, die Aktivitäten innerhalb eines Unternehmens oder zwischen zwei benachbarten Partnern einer Supply Chain koordinieren. Im Weiteren wird die Sicht auf Ansätze erweitert, die mehr als zwei Partner in einer Supply Chain umfassen. Zunächst wird der Bullwhip-Effekt vorgestellt und Maßnahmen gegen diesen Effekt diskutiert.

A 1.4.3.2 Bullwhip-Effekt

In einer klassischen Supply Chain liefert ein Hersteller seine Produkte zunächst an den Großhandel. Dieser verteilt die Waren gegebenenfalls an Zwischenhändler weiter, bis sie schließlich im Einzelhandel an den Konsumenten verkauft werden. Jede Stufe in dieser Supply Chain bestellt Ware bei der vorgelagerten Stufe, wie zum Beispiel der Einzelhandel bei seinem Zwischenhändler. Während die Ware vom Hersteller entlang der Supply Chain zum Kunden transportiert wird, fließen Bestellinformationen rückwärts vom Kunden zum Hersteller. Die Nachfrageinformationen, die dem Hersteller zur Planung von Produktion und Logistik zur Verfügung stehen, können dabei durch das Verhalten der vielen Akteure in der Supply Chain verzerrt werden. Die Bestellungen des Großhandels, die der Hersteller erhält, können um ein Vielfaches unregelmäßiger und schwerer zu prognostizieren sein als die Endnachfrage des Kunden. Bild A 1.4-4 zeigt die Nachfrage je Stufe für eine drei-stufige Supply Chain aus dem Bereich des

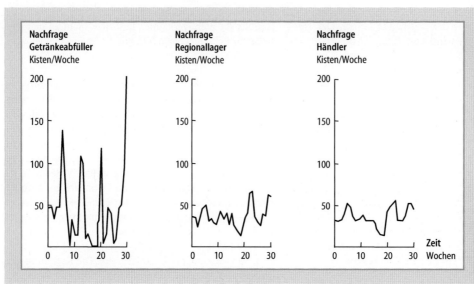

Bild A 1.4-4 Nachfrageentwicklung je Stufe einer Supply Chain aus dem Getränkehandel

Getränkehandels [THO05]. Obwohl die Nachfrage im Einzelhandel relativ stabil ist, schwankt sie aus Sicht des Herstellers stark. Wochen mit Nachfrage von über 100 Kisten wechseln sich mit Wochen ohne Nachfrage ab.

Dieses Aufschaukeln der Nachfrage entlang der Supply Chain ist unter dem Begriff *Bullwhip-Effekt* bekannt. Der Bullwhip-Effekt wurde in den 1960er Jahren von Forrester erstmals ausführlich untersucht [FOR61] und in den 1990er Jahren von Lee et al. populär gemacht [LEE97]. Der Bullwhip-Effekt hat einen negativen Einfluss auf die Verfügbarkeit und die Kosten einer Supply Chain. Durch das Aufschaukeln der Nachfrage entlang der Supply Chain sind hohe Sicherheitsbestände beim Hersteller und anderen frühen Stufen der Supply Chain notwendig. Trotzdem ist die Verfügbarkeit geringer, als es aufgrund der relativ stabilen Nachfrage des Endkunden möglich wäre.

Lee et al. haben die Gründe für das Aufschaukeln der Nachfrage analysiert und vier Hauptursachen identifiziert [LEE97]:

1. *Nachfrageprognosen entlang der Supply Chain.* Jede Stufe der Supply Chain prognostiziert ihre eigene Nachfrage mit Hilfe von gängigen Prognosemodellen und bestellt daraufhin so, dass ihr eigener Gewinn maximiert wird. Durch die Aneinanderreihung unkoordinierter Bestellungen erhöhen sich die Schwankungen in der Nachfrageprognose auf jeder Stufe. Das Ausmaß der Schwankungsänderung kann für bestimmte Nachfrageverteilungen und Prognoseverfahren geschätzt werden. Als Maß für die Erhöhung der Schwankung wird das Verhältnis der Nachfragevarianzen vor ($V[Y]$) und nach einer Stufe ($V[X]$) verwendet. Im Fall einer normalverteilten Nachfrage und dem Einsatz der exponentiellen Glättung zur Nachfrageprognose beträgt die Varianzerhöhung annähernd

$$\frac{V[X]}{V[Y]} \approx 1 + \frac{2(LT+1)}{T} + \frac{2(LT+1)^2}{T^2}, \quad \text{(A 1.4-32)}$$

wobei LT die Lieferzeit und T die Anzahl an Perioden darstellt, die in der exponentiellen Glättung verwendet werden [CHE00].

Um den Einfluss der Nachfrageprognosen auf den Bullwhip-Effekt zu mindern, müssen Informationsverzögerungen vermieden, Nachfrageinformationen ausgetauscht und Nachfrageprognosen über mehrere Stufen hinweg gemeinsam betrieben werden. Durch die Vermeidung von Informationsverzögerungen reduziert sich die Zeitverschiebung zwischen dem Bedarf des Endkunden und dem Eintreffen des Bedarfes beim Hersteller. Häufig verfügen der Einzelhändler oder andere späte Stufen der Supply Chain über besondere Nachfrageinformationen wie z. B. geplante Promotions. Diese sollten den anderen Partnern in der Supply Chain möglichst frühzeitig mitgeteilt werden. Das Aufschaukeln der Prognosevarianz entlang der Supply Chain kann außerdem reduziert werden, indem mehrere Partner die Nachfrage gemeinsam prognostizieren. Dafür existieren verschiedene Ansätze wie zum Beispiel das Vendor Managed Inventory (vgl. Abschn. A 1.2).

2. *Losgrößenbildung.* Der Handel versucht fixe Kosten von Bestellungen und Lieferungen durch die Zusammenfassung von Lieferungen zu reduzieren. So ist es zum Beispiel günstiger, wenn nur einmal pro Monat ein vollständig beladener LKW die Lieferung durchführt, als alle zwei Wochen ein halbvoll beladener LKW. Durch diesen als Losgrößenbildung bekannten Effekt verstärkt sich jedoch die Nachfrageschwankung bei der vorgelagerten Stufe der Supply Chain. Die Losgrößenbildung kann reduziert werden, indem fixe Bestellkosten gesenkt, Transporte gebündelt und Bestellzeitpunkte koordiniert werden. Die fixen Bestellkosten können zum Beispiel durch automatisierte Bestellprozesse gesenkt werden. Dadurch verlieren die Abnehmer den Anreiz zur Losgrößenbildung. Ebenso können Transporte gebündelt werden, um Fixkosten in den Transporten zu reduzieren und die Auslastung der Transporte zu erhöhen. Eine Bündelung kann über verschiedene Produkte (mehrere Produkte eines Lieferanten werden in einem gemeinsamen Transport angeliefert) oder über verschiedene Abnehmer (mehrere Abnehmer in regionaler Nähe werden gemeinsam bedient) erfolgen. Sollte eine Reduktion der Fixkosten nicht möglich sein, kann versucht werden, die Zeitpunkte verschiedener Bestellungen zu koordinieren. Die negativen Effekte der Losgrößenbildung treten insbesondere dadurch auf, dass Bestellungen unregelmäßig stattfinden und sich zeitlich überlagern. Werden die Bestellzeitpunkte gleichmäßig über die Zeit verteilt, reduziert sich die Schwankung der Nachfrage.
3. *Rationierung.* Wenn mehr Bestellungen beim Hersteller eingehen, als er Ware zur Verfügung hat, muss er sein Angebot rationieren. Die Abnehmer erhalten dann nur einen Teil ihrer Bestellung. Häufig wird die vorhandene Warenmenge prozentual zu den Bestellungen an die Abnehmer vergeben. Liegt z. B. die verfügbare Menge 20% unter der nachgefragten Menge, erhält jeder Abnehmer nur 80% der bestellten Menge. Bei wiederholten Lieferengpässen passen sich die Abnehmer an diese Situation an. Sie bestellen höhere Mengen als sie eigentlich benötigen. Dadurch erhalten sie bei einer prozentualen Zuteilung einen größeren Anteil im Vergleich zu vorher. Im obigen Beispiel müsste ein Händler seine Bestellmenge künstlich um 25% erhöhen, um bei einer Zuteilung von 80% die gewünschte Menge zu erreichen. Diese Bestellungen werden als *Phantombestellungen* bezeichnet. Phantombestellungen verstärken den Lieferengpass zusätzlich und erhöhen die Nachfrageschwankung für den Hersteller. Um den Einfluss der Rationierung auf den Bullwhip-Effekt zu reduzieren, kann der Hersteller Informationen über die wahre Kundennachfrage erhalten, die Rationierungsregeln anpassen und die Vertragsgestaltung ändern. Hat der Hersteller Informationen über die Endkundennachfrage, kann er Phantombestellungen erkennen und entsprechend reagieren. Zusätzlich können die Rationierungsregeln angepasst werden. Anstelle einer Zuteilung anhand der Bestellmenge kann zum Beispiel eine Zuteilung anhand des Marktanteils des Abnehmers oder anderer Kriterien erfolgen. Auch eine Änderung der Vertragsregeln kann helfen. Wird zum Beispiel eine Rückgabe der bestellten Einheiten an den Hersteller vertraglich ausgeschlossen, muss der Abnehmer das Überbestandsrisiko von Phantombestellungen vollständig selbst tragen. Tritt kein Engpass ein, hat er eine zu große Menge bestellt.
4. *Preisschwankungen.* In vielen Fällen ist der Hersteller selbst der Verursacher von Nachfrageschwankungen. Durch kurzfristige Rabattaktionen gibt er seinen Abnehmern einen Anreiz, unregelmäßig und in großen Mengen zu bestellen. Je kürzer die Aktion und je höher der Rabatt ist, desto unregelmäßiger werden die Bestellungen beim Hersteller. Der Abnehmer bestellt Ware, die er erst zu einem späteren Zeitpunkt benötigt. Der zusätzliche Lagerbestand, der durch Rabattkäufe entsteht, wird alleine in der US-Nahrungsmittelindustrie auf US$ 75 bis 100 Mrd. geschätzt [LEE97]. Der Effekt von Preisschwankungen kann durch Anpassung des Anreizsystems, Trennung von Bestellung und Lieferung oder durch Verlängerung des Aktionszeitraums gemindert werden. Rabattaktionen haben den Zweck, den Umsatz zu erhöhen. Dieser Effekt kann aber auch durch andere Anreize erreicht werden, ohne zusätzliche Nachfrageschwankungen zu erzeugen. Zum Beispiel können Preisnachlässe auf Verkäufe des Abnehmers anstatt auf Bestellungen gewährt werden. Eine andere Möglichkeit ist die Trennung von Bestellung und Lieferung. Die negativen Effekte von Preisschwankungen treten nur auf, wenn die Ware sofort geliefert wird. Eine Verteilung der Lieferung über einen größeren Zeitraum glättet nicht nur die Nachfrage am Hersteller, sondern senkt auch die Bestände des Abnehmers.

A 1.4.3.3 Supply Chain Engineering

Das *Supply Chain Engineering* ist eine Methode zur Prognose und Vermeidung von Engpässen innerhalb einer Supply Chain. Dabei wird die gesamte Supply Chain vom Rohstofflieferanten bis zum Endabnehmer betrachtet, da Engpässe häufig in frühen Stufen einer Supply Chain auftauchen, die Ursachen in späten Stufen der Supply Chain haben. Das Supply Chain Engineering ist besonders in Situationen geeignet, in denen Unternehmen ihre Nachfrage nur schwer steuern können und von einer langen

Kette von Vorlieferanten abhängen, die die eigene Verfügbarkeit beeinflussen. Best und Thonemann [BES03] haben das Supply Chain Engineering in der europäischen Leiterplattenindustrie eingesetzt, um Maßnahmen zur Vermeidung von Engpässen im wichtigsten Rohstoff dieser Branche, dem Glasgarn, zu identifizieren. Durch den Einsatz konnte die Verfügbarkeit und die Effizienz der Supply Chain nachhaltig gesteigert werden. Das Supply Chain Engineering besteht aus vier Phasen, die im Folgenden kurz vorgestellt werden.

1. Die erste Phase ist die *Supply Chain Analyse*. In der Analysephase werden auf der Nachfrageseite die wichtigsten Endabnehmerbranchen identifiziert, die einen relevanten Einfluss auf die Nachfrage haben können. Auf der Versorgungsseite werden die Kapazitäten und möglichen Engpässe auf den einzelnen Stufen einer Supply Chain analysiert. Besonderes Augenmerk wird auf die so genannte indirekte Nachfrage gelegt. *Indirekte Nachfrage* ist die Nachfrage nach Materialien oder Rohstoffen durch andere Produkte als das eigene. So benötigt ein Leiterplattenhersteller zum Beispiel Glasgarn für die Produktion der Leiterplatten. Die Nachfrage nach Leiterplatten wäre in diesem Beispiel die direkte Nachfrage. Für die Verfügbarkeit des Glasgarns sind jedoch auch andere Bedarfe relevant, wie zum Beispiel der Bedarf an Glasgarn für die Tapetenindustrie. Der Bedarf an Glasgarn für die Tapetenindustrie wäre in diesem Beispiel die indirekte Nachfrage. Die indirekte Nachfrage spielt bei der Engpassanalyse einer Supply Chain eine wichtige Rolle, da sie häufig einen Großteil der Rohstoffnachfrage ausmacht, schwerer als der eigene Bedarf zu prognostizieren ist und in vielen Fällen vernachlässigt wird.

2. Sind die Bedarfe und Kapazitäten auf jeder Stufe der Supply Chain bekannt, kann mit der zweiten Phase, der *Supply Chain Prognose*, begonnen werden. In der Prognosephase werden auf jeder Stufe die Bedarfe den Kapazitäten gegenübergestellt. Für die Bedarfssituation kann mit verschiedenen Szenarien gerechnet werden, die die unterschiedliche Bedarfsentwicklung reflektieren. Best und Thonemann [BES03] unterscheiden zwischen einer statischen und einer dynamischen Prognose. Mit der statischen Prognose werden Bedarfe und Kapazitäten im Gleichgewichtszustand gegenübergestellt. Die statische Analyse ist leicht durchführbar und zeigt die grundlegenden Engpässe in den einzelnen Szenarien auf. Das mögliche Ergebnis einer statischen Analyse ist in Bild A 1.4-5 dargestellt. Die dynamische Analyse untersucht dagegen, inwieweit Kapazität im Zeitverlauf aufgebaut und zur Bedarfsdeckung eingesetzt werden kann. Dynamische Prognosen können mit Hilfe von Simulationswerkzeugen (vgl. Abschn. A 2.4) erstellt werden. In der dynamischen Analyse spielen auch antizipierte Kapazitätserweiterungen und Investitionsentscheidungen auf einzelnen Stufen der Supply Chain eine Rolle, soweit

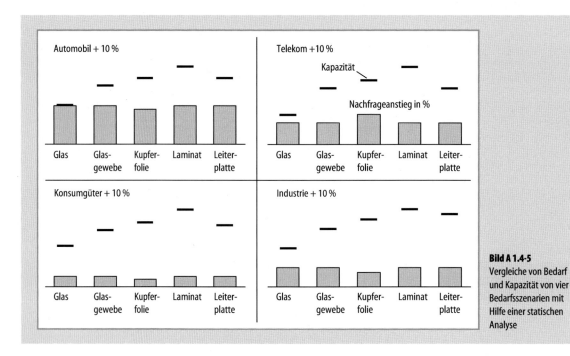

Bild A 1.4-5
Vergleiche von Bedarf und Kapazität von vier Bedarfsszenarien mit Hilfe einer statischen Analyse

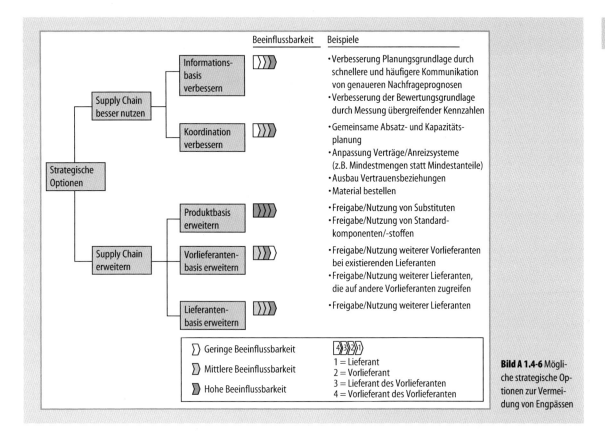

Bild A 1.4-6 Mögliche strategische Optionen zur Vermeidung von Engpässen

diese dem analysierenden Unternehmen bekannt sind. Die dynamische Prognose ist komplexer in der Erstellung. Dafür ist eine detaillierte Analyse der Engpassentwicklung im Zeitverlauf möglich.

3. Aufbauend auf der Analyse und der Prognose können durch die *strategische Positionierung* des analysierenden Unternehmens Maßnahmen zur Vermeidung von Engpässen getroffen werden. Bild A 1.4-6 zeigt Möglichkeiten der strategischen Positionierung zur Abwehr potenzieller Engpasssituationen [BES03].

4. In vielen Fällen lassen sich Engpasssituationen zwar reduzieren jedoch nicht völlig vermeiden. Für solche Fälle sieht das Supply Chain Engineering den *Aufbau von Frühindikatoren* vor. Für den Aufbau dieser Indikatoren müssen relevante Kennzahlen gefunden werden, die die Entwicklung wichtiger Treiber der direkten und indirekten Nachfrage widerspiegeln. In dem obigen Beispiel der indirekten Nachfrage nach Glasgarn durch die Tapetenindustrie könnte ein möglicher Frühindikator die Absatzentwicklung in dieser Industrie sein. Für diese Frühindikatoren müssen Grenzwerte vorgegeben werden. Über- oder unterschreitet eine Kennzahl einen Grenzwert, wird eine Warnung vor einem möglichen Engpass ausgelöst. Best und Thonemann [BES03] empfehlen die Entwicklung einer Normtaktik für jeden möglichen Frühindikator. Eine Normtaktik besteht aus einem Katalog von Maßnahmen, die die Engpassgefahr mindern. Normtaktiken können im Vorfeld entwickelt und mit allen Beteiligten abgestimmt werden. So lassen sie sich im Bedarfsfall zügig umsetzen.

Wenn die Anzahl der Rohstoffe eines Produktes groß ist, kann das Supply Chain Engineering aufgrund der hohen Anzahl an Zulieferern schnell unübersichtlich werden. Daher sollte man sich auf die wichtigsten und am ehesten gefährdeten Rohstoffe konzentrieren.

Literatur

[BES03] Best, F.; Thonemann, U.: Supply Chain Engineering. Supply Chain Management II (2003) 7–15

[CAC05] Cachon, G.; Lariviere, A.: Supply Chain Coordination with Revenue-Sharing Contracts: Strengths and Limitations. Management Sci. 51 (2005) 1, 30–44

[CHE00] Chen, F.; Drezner, Z.; Ryan, J. K.; Simchi-Levi, D.: Quantifying the Bullwhip Effect in a Simple Supply Chain: The Impact of Forecasting, Lead Times and Information. Management Sci. 46 (2000) 3, 436–443

[FOR61] Forrester, J.: Industrial Dynamics. New York: John Wiley & Sons 1961

[GUE05] Günther, H.O.; Tempelmeier, H.: Produktion und Logistik, 6. Aufl. Berlin: Springer 2005

[LEE97] Lee, H.L.; Padmanabhan, V.; Whang, S.: The Bullwhip Effect in Supply Chains. Sloan Management Rev. 38 (1997) 3, 93–102

[SIM00] Simchi-Levi, D.; Kaminsky, P.; Simchi-Levi, E.: Designing and Managing the Supply Chain. Boston: McGrawHill 2000

[THO05] Thonemann, U.: Operations Management: Konzepte, Methoden und Anwendungen. München: Pearson Studium 2005

[THO03] Thonemann, U.; Behrenbeck, K.; Diederichs, R.; Großpietsch, J.; Küpper, J.; Leopoldseder, M.: Supply Chain Champions – Was sie tun und wie Sie einer werden. Wiesbaden: Gabler 2003

[THO00] Thonemann, U.; Brandeau, M.: Optimal Commonality in Component Design. Operations Res. 48 (2000) 1, 1–19

Modellierung logistischer Systeme · A2

A 2.1 Grundlagen der modellgestützten Planung

A 2.1.1 Begriff der Planung

Anlass und Ausgangspunkt der Planung ist stets das Vorliegen oder erwartete Eintreten von Zuständen, die vom Betroffenen (Planer) im Vergleich mit anderen Zuständen als nicht befriedigend empfunden werden. Allgemein spricht man von einem *(Entscheidungs-) Problem*, das demnach als Abweichung eines derzeitigen oder erwarteten Zustands von einem angestrebten Zustand angesehen werden kann. Entscheidungsprobleme sind mit folgenden Größen und Zusammenhängen beschreibbar, unter deren Beachtung sich Planung vollzieht:

- *Ausgangssituation und Entwicklung des zu planenden Systems*. Dabei handelt es sich um Sachverhalte, die vom Planenden nicht beeinflusst werden können und als *Daten* in die Planung eingehen. Über zukünftige Sachverhalte besteht i. d. R. Unsicherheit.
- *Handlungsalternativen*. Darunter versteht man die verschiedenen verfügbaren Gestaltungsmöglichkeiten zum Erreichen des angestrebten Zustands. Handlungsalternativen wirken auf beeinflussbare Tatbestände *(Variablen)* des Systems ein. Variablen und Daten stehen in bestimmten *Wirkungszusammenhängen*.
- *Zielsetzungen*. Der angestrebte Zustand wird durch verschiedene Ziele bzw. Zielvorgaben beschrieben, die von der subjektiven Einschätzung des Planungsträgers abhängen. Derartige Ziele können miteinander in Konkurrenz stehen.
- *Handlungsergebnisse*. Die Handlungsalternativen werden danach beurteilt, inwieweit sie unter Beachtung der Wirkungszusammenhänge zur Zielerreichung beitragen.

Die Aufgabe der Planung besteht darin, geeignete Maßnahmen zur (möglichst weit gehenden) Erreichung des angestrebten Zustands zu ermitteln. Dies bedeutet, dass unter Beachtung subjektiver Ziele auf der Grundlage teilweise unvollkommener Informationen eine *Lösung des Problems* zu bestimmen ist.

Den *Planungsprozess* teilt man in verschiedene Phasen ein, die sich jedoch nicht strikt voneinander trennen oder in eine feste Reihenfolge bringen lassen. Dennoch ist die Phaseneinteilung der Planung ein wichtiges Hilfsmittel zur Darstellung der prinzipiellen Struktur des Planungsprozesses. Im Einzelnen lassen sich folgende *Phasen* unterscheiden [Pfo77: Abschn. 4.1.1; Fan83]:

- Erkennen von (Entscheidungs-) Problemen;
- Problemanalyse, d. h. Beschreibung und Strukturierung des Problems, ggf. Zerlegen komplexer Probleme in handhabbare Teilprobleme;
- Zielbildung, also das Festlegen konkreter Planungsziele gemäß übergeordneter Unternehmensziele;
- Prognose zukünftiger Entwicklungen und sich daraus ergebender Daten;
- Alternativensuche, d. h. Erkennen möglicher Handlungsalternativen unter Berücksichtigung bestehender Restriktionen;
- Bewertung der Alternativen im Hinblick auf die prognostizierten Daten und die zugrunde liegenden Ziele;
- Entscheidung, also Auswahl der zu realisierenden Alternative(n).

Da Planung meist unter der Bedingung unvollkommener Information stattfindet, ist die *zeitliche Reichweite* des zu erstellenden Plans ein wesentliches Merkmal für die Art der Planung und die an sie zu stellenden Anforderungen. Je größer die zeitliche Reichweite ist, desto geringer ist i. Allg. die Verlässlichkeit der Informationen. Daher werden bei langfristiger Betrachtung eher grobe, aggregierte Pläne und bei kurzfristiger Betrachtung genaue Detailpläne erstellt. Zumeist unterscheidet man 3 Hauptebenen der Planung, die im Sinne einer sukzessiven Verfeinerung in einem hierarchischen Zusammenhang stehen:

- strategische (langfristige) Planung,
- taktische (mittelfristige) Planung,
- operative (kurzfristige) Planung.

A 2.1.2 Modelle

Entscheidungsprobleme beziehen sich i. d. R. auf die Gestaltung *komplexer realer Systeme* (z. B. logistische Systeme), die aus vielen miteinander in Beziehung stehenden Elementen bestehen. Bei der Planung ist es daher kaum möglich, sämtliche Sachverhalte und Zusammenhänge zu erfassen und zu berücksichtigen. Stattdessen ist es sinnvoll, die Planung anhand eines Modells vorzunehmen.

A 2.1.2.1 Zum Modellbegriff

Ein Modell ist ein (vereinfachtes) Abbild eines realen Systems oder Problems (Urbild). Erfolgt die Abbildung derart, dass jedem Element bzw. jeder Beziehung zwischen Elementen des Urbilds ein Element bzw. eine Beziehung im Modell gegenübersteht und umgekehrt, so spricht man von einem *isomorphen* oder *strukturgleichen Modell*.

Bei der Planung verwendet man i. Allg. jedoch *homomorphe (strukturähnliche) Modelle*, die Vereinfachungen gegenüber dem realen System beinhalten, die sich im Wege der *Abstraktion* durch Zusammenfassen oder Vernachlässigen von Elementen ergeben. In der Vereinfachung besteht gleichsam der Vorteil und der Nachteil der Modellbildung. Gelingt es, die für die Planung entscheidenden Merkmale in das Modell zu übertragen und die irrelevanten zu vernachlässigen, so ist es sehr viel leichter, die planungsrelevanten Aspekte und Zusammenhänge zu durchschauen als in einem isomorphen Modell. Vernachlässigt man jedoch wesentliche Systemkomponenten, so kann dies zu ungünstigen Planungsergebnissen führen. Daher ist es stets erforderlich, die mit Hilfe eines (homomorphen) Modells gewonnenen Ergebnisse anhand des realen Systems oder eines weniger abstrahierenden Modells zu evaluieren.

A 2.1.2.2 Einteilung von Modellen

In Abhängigkeit von der zugrunde liegenden Entscheidungssituation, vom Einsatzzweck eines Modells sowie von den verfügbaren Informationen lassen sich Modelle z. B. wie folgt einteilen [Ada76; Ada96: Abschn. 1.4; Pfo97: 52ff.]:
– Nach Einsatzzweck
  • *Beschreibungsmodelle* dienen lediglich zur Darstellung der Elemente und deren Beziehungen in realen Systemen.
  • *Erklärungs-* oder *Kausalmodelle* untersuchen Ursache-Wirkungs-Zusammenhänge zwischen unabhängigen exogenen Parametern und davon abhängigen Variablen, um das Systemverhalten zu erklären bzw. Hypothesen über dieses Verhalten zu formulieren.
  • *Prognosemodelle* dienen der Vorhersage zukünftiger Daten (Entwicklungsprognose) und zur Abschätzung der Konsequenzen von Handlungsalternativen (Wirkungsprognose).
  • *Simulationsmodelle* sind spezielle Prognosemodelle für komplexe Systeme, deren Ursache-Wirkungs-Beziehungen nicht ohne Weiteres analytisch handhabbar sind und die häufig zufälligen Einflüssen unterliegen. Anhand des Simulationsmodells wird das Systemverhalten „durchgespielt", um auf diese Weise die Konsequenzen einzelner Handlungsmöglichkeiten (Konfigurationen) zu untersuchen, ohne diese tatsächlich realisieren zu müssen. Zu Simulationsmodellen für logistische Probleme vgl. Abschn. A 2.4.
  • *Bedientheoretische Modelle* sind ebenfalls spezielle Prognosemodelle, die prinzipiell den gleichen Zweck wie Simulationsmodelle haben und zur quantitativen Beschreibung und Auswertung von Wartesystemen (z. B. Supermarktkassen, Fließlinien) verwendet werden können. Zur bedientheoretischen Modellierung logistischer Systeme vgl. Abschn. A 2.3.
  • *Entscheidungs-* bzw. *Optimierungsmodelle* enthalten zusätzlich zu den zu erklärenden Ursache-Wirkungs-Beziehungen Zielfunktionen zur Bewertung und Auswahl von Handlungsmöglichkeiten. Ein Entscheidungsmodell ist folglich eine formale Darstellung eines Entscheidungsproblems, bei dem die im Hinblick auf die zu verfolgenden Ziele günstigste realisierbare (optimale) Lösung auszuwählen ist.
– Nach Art der Information
  • In *quantitativen (mathematischen) Modellen* werden sämtliche im Modell abgebildeten Aspekte eines realen Entscheidungsproblems durch kardinal messbare (metrische) Informationen beschrieben. Elemente des realen Systems werden durch Daten(parameter) und Variablen dargestellt und in Form von Gleichungen oder Ungleichungen auf strukturerhaltende Weise miteinander verknüpft. Quantitative Modelle können mit mathematischen Methoden ausgewertet bzw. gelöst werden. Mit derartigen Methoden beschäftigt sich das *Operations Research* (zu einer Einführung s. [Dom07]).
  • *Qualitative Modelle* beinhalten – neben quantitativen Zusammenhängen – verbale Problembeschreibungen anhand qualitativer (d. h. ordinal oder nominal messbarer) Informationen. Diese basieren häufig auf subjektiven Einschätzungen und beschränken sich meist auf die Darstellung grundlegender Zusammenhänge und Tendenzen. Zur formalen Auswertung solcher Modelle ist i. d. R. eine *Quantifizierung* der qualitativen Informationen erforderlich. Dabei müssen ggf.

unvergleichbare Merkmalsausprägungen künstlich in eine Rangfolge mit fest definiertem Abstand gebracht werden, so dass die mit Hilfe des quantifizierten Modells erzielten Aussagen stets kritisch zu hinterfragen sind.
- Nach Art der Abstraktion
  - Bei einem deterministischen Modell geht man davon aus, dass alle dem Modell zugrunde liegenden Informationen mit Sicherheit bekannt (deterministisch) sind. Demgegenüber handelt es sich um ein stochastisches Modell, wenn die Ausprägungen relevanter Daten unsicher sind und sich lediglich durch Zufallsvariablen abbilden lassen.
  - Nahezu jedes reale System existiert im Zeitablauf und unterliegt entsprechenden dynamischen Veränderungen seiner Daten. Abstrahiert man davon, so erhält man ein *statisches Modell*. Bezieht man den Zeitaspekt jedoch in die Modellierung ein, so liegt ein *dynamisches Modell* vor. Insbesondere wenn von unsicheren oder unvollständig bekannten zukünftigen Informationen ausgegangen werden muss, sollte die Planung von Zeit zu Zeit mit sich verschiebendem Planungszeitraum und aktualisierten Informationen im Rahmen einer *rollierenden Planung* wiederholt bzw. modifiziert werden.
  - Von einem *Totalmodell* spricht man, wenn ein abzubildendes reales System in seiner Gesamtheit vollständig modelliert wird. Die Aufstellung eines Totalmodells ist i. Allg. jedoch nicht möglich und sinnvoll, so dass meist im Rahmen einer *Sukzessivplanung* verschiedene *Partialmodelle* betrachtet werden, die sich jeweils auf einen bestimmten Ausschnitt des realen Systems und/oder auf eine gewisse zeitliche Reichweite der Planung beschränken. Ein wichtiges Sukzessivplanungskonzept, bei dem die Partialmodelle in einem hierarchischen Zusammenhang stehen und durch Vor- und Rückkopplung verknüpft werden, ist die *hierarchische Planung* [Sch92; Ste94; Abschn. A 4.2].

A 2.1.3 Quantitative Entscheidungsmodelle

Im Rahmen der Planung verwendet man v. a. Entscheidungsmodelle, da sich Planung meist nicht auf die Beschreibung bzw. Analyse realer Systeme beschränkt, sondern Entscheidungen über die Erreichung des angestrebten Zustands zu treffen sind. Um konkrete Pläne ermitteln zu können, ist zumindest für Teilaspekte der Entscheidungssituation ein *quantitatives Entscheidungsmodell* (Optimierungsmodell) zu formulieren und zu lösen, da eine bestmögliche Zielerreichung nur mit Hilfe eines solchen Modells realisierbar ist.

Optimierungsmodelle bestehen aus einer Menge von Lösungen und einer oder mehreren zu maximierenden oder minimierenden Zielfunktionen. In Abhängigkeit von der Art der verfügbaren Daten, den Eigenschaften und der Anzahl der Zielfunktionen sowie der Struktur der Lösungsmenge lassen sich Optimierungsmodelle in verschiedene Klassen unterteilen.

Die folgende Darstellung verschiedener grundsätzlicher Modellklassen gibt nur einen vereinfachenden, auf die wesentlichen Aspekte reduzierten Einblick. Vertiefte Darstellungen finden sich z. B. in [Din82: Kap. 1; Rie92: Kap. B; Dom07: Kap. 1; Hom00: Kap. IV]).

A 2.1.3.1 Deterministische einkriterielle Optimierungsmodelle

Im einfachsten Fall handelt es sich um ein *deterministisches einkriterielles* Modell, das eine einzige zu maximierende (bzw. minimierende) Zielfunktion aufweist. Die Daten und Wirkungszusammenhänge sind bekannt, so dass die Lösungsmenge eindeutig definiert ist. Die gesuchte optimale Lösung (bzw. eine von mehreren) lässt sich auf Grund der Zielfunktion zweifelsfrei identifizieren. Eine allgemeine Formulierung eines solchen Modells lautet

$$\text{Maximiere (oder Minimiere) } F(\boldsymbol{x}) \quad \text{(A 2.1-1)}$$

unter den Nebenbedingungen

$$g_i(\boldsymbol{x}) \begin{Bmatrix} \geq \\ = \\ \leq \end{Bmatrix} 0 \text{ für } i=1,\ldots,m \text{ sowie } \boldsymbol{x} \in W \quad \text{(A 2.1-2)}$$

(Minimierungsziele lassen sich durch Vorzeichenumkehrung in Maximierungsziele überführen [Dom07: Kap. 1.2.2]. Hier werden Maximierungsziele verfolgt.).

Die Zielfunktion wird durch Gl. (A 2.1-1) repräsentiert, während Gl. (A 2.1-2) die *Lösungsmenge* (Menge *zulässiger* Lösungen) definiert. Dabei bedeuten

$\boldsymbol{x}$ \quad Variablenvektor mit n Komponenten (Lösung), $\boldsymbol{x}=(x_1, x_2, \ldots, x_n)$,
$F(\boldsymbol{x})$ \quad Zielfunktion,
$g_i(\boldsymbol{x})$ \quad Funktionen zur Beschreibung von Restriktionen,
W \quad Wertebereiche der Variablen, $W = W_1 \times W_2 \times \ldots \times W_n$.

In Abhängigkeit von der Art der angegebenen Größen lässt sich eine weitere Einteilung deterministischer Optimierungsmodelle vornehmen:
- Ein *lineares Optimierungsmodell* (LP-Modell) liegt vor, wenn $F(\boldsymbol{x})$ und sämtliche $g_i(\boldsymbol{x})$ lineare Funktionen sind

und die Variablen $x_1, x_2, \ldots, x_n$ nur nichtnegative reelle Zahlenwerte annehmen dürfen (d. h. $W = \Re_+^n$).
- Ein *ganzzahliges lineares Optimierungsmodell* ergibt sich, falls auch nur lineare Funktionen zu betrachten und die Variablen auf ganzzahlige Werte zu beschränken sind (d. h. $W = Z_+^n$). Falls nur für einige Variablen Ganzzahligkeit gefordert wird, spricht man von einem *gemischt-ganzzahligen Modell*. Besteht die Ganzzahligkeitsforderung darin, dass alle bzw. einige Variablen nur die binären Werte 0 oder 1 annehmen dürfen, so handelt es sich um ein *binäres* bzw. *gemischt-binäres Modell*.
- Ist die Zielfunktion und/oder mindestens eine der Restriktionsfunktionen nichtlinear, so spricht man von einem *nichtlinearen Optimierungsmodell*. Ebenso wie bei linearen Modellen kann es sich um reellwertige, ganzzahlige und/oder binäre Variablen handeln, so dass wiederum verschiedene Modelltypen unterscheidbar sind.

Beispiel: Instanz (Ausprägung) eines LP-Modells
Maximiere

$$DB(x_1, x_2) = 6x_1 + 3x_2 \quad (1)$$

unter den Nebenbedingungen

$$x_1 + x_2 \leq 100, \quad (2)$$
$$x_1 + 2x_2 \leq 160, \quad (3)$$
$$3x_1 + x_2 \leq 240, \quad (4)$$
$$x_1 \leq 80; x_2 \leq 70; x_1, x_2 \geq 0. \quad (5)$$

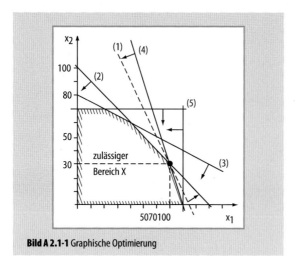

Bild A 2.1-1 Graphische Optimierung

Der Modellinstanz liegt folgender Sachverhalt zugrunde: Ein Unternehmen fertigt zwei Produkte 1 und 2, von denen gemäß den Bedingungen (5) in der betrachteten Planperiode höchstens 80 bzw. 70 Mengeneinheiten (ME) absetzbar sind. Die Nebenbedingungen (2) bis (4) drücken aus, dass zur Herstellung jeder ME der Produkte bestimmte Maschinenkapazitäten benötigt werden, die in beschränktem Umfang zur Verfügung stehen. Die Zielfunktion (1) maximiert den Gesamtdeckungsbeitrag, der sich bei Stück-Deckungsbeiträgen von 6 Geldeinheiten (GE) für Produkt 1 und 3 GE für Produkt 2 ergibt. Bild A 2.1-1 zeigt die Menge X der zulässigen Lösungen und eine Höhenlinie der Zielfunktion. Die gesuchte optimale Lösung ist $x^* = (70, 30)$ mit dem maximalen Deckungsbeitrag $DB^* = 510$ GE. Es sind also 70 ME von Produkt 1 und 30 ME von Produkt 2 herzustellen.

Viele logistische Entscheidungsprobleme lassen sich als LP-Modelle und gemischt-ganzzahlige LP-Modelle formulieren und lösen (s. Abschn. A 2.2).

A 2.1.3.2 Multikriterielle Optimierungsmodelle

Sind mehrere Zielfunktionen bzw. -kriterien simultan zu betrachten, so handelt es sich um ein (deterministisches) multikriterielles Optimierungsmodell. Anstelle einer einzelnen Zielfunktion ist ein Vektor $F(x) = (F_1(x), F_2(x), \ldots, F_K(x))$ von Zielfunktionen zu maximieren, weswegen man auch von *Vektoroptimierungsmodell* spricht [Din82: Abschn. 3.1.2].

Im Fall mehrerer zu maximierender Ziele ist eine optimale Lösung nur dann ohne Weiteres zu identifizieren, wenn die Ziele nicht miteinander konkurrieren oder nach ihrer Wichtigkeit in eine eindeutige Rangfolge (lexikographische Ordnung) zu bringen sind [Dom07, Abschn. 2.7.1]. Ist jedoch der übliche Fall von annähernd gleich wichtigen, zumindest teilweise miteinander konkurrierenden Zielen gegeben, so lässt sich zwar für jedes Ziel (d. h. mit jeder Zielfunktion) eine *individuelle optimale Lösung* bestimmen, aber es ist nicht klar, welche Lösung für das Gesamtproblem optimal ist, da eine verbesserte Erfüllung eines der Ziele zu einer Reduzierung der Zielerfüllung bei mindestens einem der anderen Ziele führt. Daher kann zunächst lediglich eine Teilmenge von sog. effizienten Lösungen identifiziert werden, unter denen sich die gesuchte „optimale" Lösung befinden muss [Din96: Abschn. 2.2]: Eine zulässige Lösung x ist *effizient*, wenn es keine andere zulässige Lösung y gibt, die für keines der Ziele schlechter und für mindestens ein Ziel günstiger beurteilt wird als x. Nichteffiziente Lösungen werden von mindestens einer effizienten *dominiert*.

Unter den effizienten Lösungen muss der Planende anhand weiterer Kriterien die für ihn günstigste bzw. am günstigsten erscheinende (Kompromiss-) Lösung auswählen. Dazu ist eine *Meta-Zielfunktion* einzuführen, welche die einzelnen Zielfunktionen gemäß der Präferenzen des Entscheidungsträgers verknüpft, so dass das multikriterielle Modell in ein einkriterielles *Kompromissmodell* überführt wird. Es handelt sich daher um eine *Präferenzfunktion*, die einen Vektor von Zielfunktionswerten auf einen einzigen Präferenzwert abbildet. Dabei bieten sich v. a. folgende Möglichkeiten an [Din82: Kap. 3; Dom07: Abschn. 2.7]:

- *Zielgewichtung*: Es wird eine Meta-Zielfunktion durch gewichtete Summation der einzelnen Zielfunktionen gebildet. Mit Gewichtungsfaktoren $\lambda_1, \lambda_2, ..., \lambda_K$ für die K Ziele (mit $\Sigma_k \lambda_k = 1$) ergibt sich die Meta-Zielfunktion Gl. (A 2.1-3), die bei linearen $F_i(x)$ ebenfalls linear ist.

Maximiere $M(x) = \lambda_1 F_1(x) + \lambda_2 F_2(x) + ... + \lambda_k F_K(x)$

(A 2.1-3)

- *Goal Programming*: Für jedes der Ziele $k = 1, 2, ..., K$ werden angestrebte Ergebnisse $\overline{F}_k$ (z. B. individuelle Optimalwerte) vorgegeben. Gesucht ist diejenige Lösung, bei der die Abweichung von den angestrebten Werten insgesamt möglichst gering ist. Dazu wird eine Meta-Zielfunktion gebildet, die zur Minimierung einer Abstandsfunktion $\Psi_p(x)$ mit $p \geq 1$ führt:

Minimiere $\Psi_p(x) = \sqrt[p]{\sum_{k=1}^{K} \lambda_k |\overline{F}_k - F_k(x)|^p}$ (A 2.1-4)

Auch bei Vektoroptimierungsmodellen lässt sich eine Unterteilung in lineare, (gemischt-) ganzzahlige oder (gemischt-) binäre lineare, nichtlineare Modelle usw. vornehmen.

A 2.1.3.3 Stochastische Optimierungsmodelle

Wenn nicht davon ausgegangen werden kann, dass die dem Modell zugrunde liegenden Daten vollständig bekannt und sicher sind, ergibt sich ein *stochastisches Optimierungsmodell* [Din96: Kap. 3]. Anstelle eines einzigen deterministischen Wertes treten bei unsicheren Modellparametern mehrwertige Informationen. Allgemein kann man davon ausgehen, dass mehrere zukünftige Umweltlagen *(Szenarien)* für möglich gehalten werden, d. h., dem stochastischen Optimierungsmodell liegen mehrere mögliche Modellinstanzen zugrunde, für deren Eintreten bestimmte Wahrscheinlichkeiten bekannt sein können.

Ebenso wie bei multikriteriellen Modellen lässt sich nicht ohne Weiteres ein lösbares Optimierungsmodell aufstellen, da auf Grund der Datenunsicherheit weder die Optimalität noch die Zulässigkeit einer Lösung eindeutig feststellbar ist.

Treten lediglich in der Zielfunktion unsichere Parameter auf, d. h. unterscheiden sich die Szenarien nur in den Zielfunktionskoeffizienten, so ergibt sich dieselbe Problematik wie bei Vektoroptimierungsmodellen (vgl. Abschn. A 2.1.3.2). Dabei spricht man auf Grund der Ersetzung einer stochastischen durch eine deterministische Meta-Zielfunktion auch von *Ersatzzielfunktion*. Dem Ansatz der Zielgewichtung entsprechend lässt sich z. B. die Maximierung des Erwartungswertes des zufallsabhängigen Zielfunktionswertes als Ersatzzielfunktion verwenden, wobei die Eintrittswahrscheinlichkeiten der Szenarien als Gewichte dienen (Erwartungswert-Kriterium). Weitere Kriterien zur Bildung von Ersatzzielfunktionen sind z. B. das Savage-Niehans-, das Maxi-Min- oder das Erwartungswert-Varianz-Kriterium [Bit81: Kap. 2; Din96: Abschn. 3.2.4].

Sind auch die Nebenbedingungen des stochastischen Modells von Unsicherheit betroffen, so ergibt sich die Schwierigkeit, dass Lösungen für einzelne Szenarien zulässig, für andere jedoch unzulässig sind. Es ist daher für den stochastischen Lösungsbereich ebenso eine geeignete deterministische Ersatzformulierung zu bestimmen. Die einfachste Möglichkeit, bezeichnet als *Fat-Solution-Modell*, besteht darin, Zulässigkeit für alle Szenarien zu fordern. Bei einem *Chance-Constrained-Modell* lässt man Unzulässigkeiten mit bestimmten Wahrscheinlichkeiten zu, während man bei einem *Kompensationsmodell* szenarioabhängige Kompensationsmaßnahmen zum Ausgleich evtl. entstehender Unzulässigkeiten im Modell auf antizipative Weise einbezieht. Zu ausführlichen Behandlungen der Konzepte vgl. [Din82: Abschn. 2.1; Böt89: Kap. 2; Din96: Kap. 3; Sch01: Abschn. 3.2.3.2].

Durch die genannten Ersetzungen erhält man ein *deterministisches einkriterielles Ersatzmodell*, das sich im Gegensatz zum stochastischen Optimierungsmodell numerisch lösen lässt.

Ebenso wie deterministische lassen sich stochastische Modelle z. B. in ein- und multikriterielle, lineare, (gemischt-) ganzzahlige, (gemischt-) binäre und nichtlineare Modelle unterteilen.

A 2.1.4 Modellgestützte Planung

A 2.1.4.1 Struktureigenschaften von Entscheidungsproblemen

In Abhängigkeit von der Struktur der Entscheidungssituation lassen sich verschiedene Typen von Problemen unterscheiden, die verschiedene Anforderungen an die Planung stellen. Bild A 2.1-2 zeigt eine entsprechende Klassifikation von Entscheidungsproblemen, bei der von oben nach

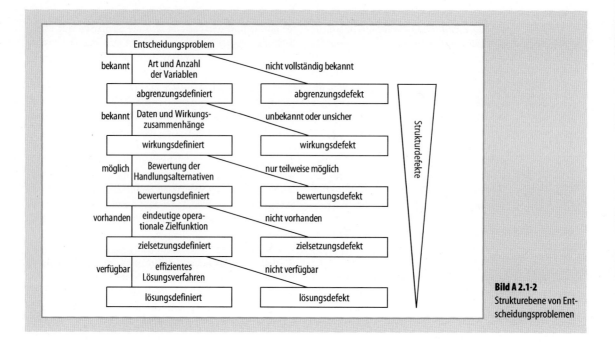

Bild A 2.1-2
Strukturebene von Entscheidungsproblemen

unten der *Grad der Strukturiertheit* des Problems zunimmt bzw. die Anzahl und das Ausmaß von *Strukturdefekten* abnehmen. Grundsätzlich gilt, dass eine Planung umso leichter fällt, je besser strukturiert ein Entscheidungsproblem ist (zum Begriff der Strukturdefekte sowie zu ähnlichen Einteilungen vgl. [Ada79; Ber02: Abschn. 2.3.2; Ada96: Abschn. 1.1.3 u. 1.1.4/; Kle04: Abschn. 2.4].)

Von einem *abgrenzungsdefekten Problem* spricht man, wenn dem Planungsträger die Problemvariablen und damit die möglichen Handlungsalternativen nicht (vollständig) bekannt sind. Sonst handelt es sich um ein *abgrenzungsdefiniertes Problem*.

Sind die einem Problem zugrunde liegenden Daten und/oder Wirkungszusammenhänge nicht bekannt oder unsicher, so liegt ein *wirkungsdefektes*, sonst ein *wirkungsdefiniertes* oder *scharf definiertes Problem* vor.

Ein *Bewertungsdefekt* besteht, wenn es bei der Bewertung der Handlungsalternativen nicht ohne Weiteres möglich ist, ihre Beiträge zur Erreichung der verschiedenen Ziele zu quantifizieren. Derartige Defekte spielen in fast allen realen Entscheidungssituationen eine Rolle, so z. B. bei der Bewertung von Lagerbeständen bzw. Fehlmengen, der Erfassung qualitativer Maße wie Kundenzufriedenheit und bei der Bewertung von Engpasskapazitäten mit Hilfe von Opportunitätskosten. Liegen Bewertungsdefekte nicht vor oder sind sie überwunden, so ist das Problem *bewertungsdefiniert*.

Liegen dem Entscheidungsproblem mehrere konfliktäre Ziele zugrunde oder steht das anzustrebende Niveau der Zielgröße(n) nicht fest, kann trotz der Bewertungsdefiniertheit des Problems i. d. R. keine der Handlungsalternativen als optimal identifiziert werden. In diesem Fall spricht man von einem *zielsetzungsdefekten Problem*. Ist nur eine operationale Zielsetzung zu beachten, sind mehrere operationale Zielsetzungen zueinander komplementär oder lässt sich der Zielkonflikt auflösen, so handelt es sich um ein *zielsetzungsdefiniertes* oder *wohldefiniertes Problem*. Das Problem lässt sich als einkriterielles deterministisches Optimierungsmodell formulieren (vgl. Abschn. A 2.1.3.1).

Existiert zur Lösung eines solchen Modells ein effizientes Lösungsverfahren, so spricht man von einem wohlstrukturierten bzw. effizient lösbaren Problem, sonst davon, dass es lösungsdefekt ist. Ein Lösungsverfahren wird als effizient bezeichnet, wenn es unabhängig von der konkreten Modellinstanz (Ausprägung der Daten) eine optimale Lösung des Modells in akzeptabler Rechenzeit auf einem Computer ermittelt [Bac80; Dom97b: Abschn. 2.3].

Wohlstrukturiert sind z. B. sämtliche Probleme, die sich als LP-Modell (vgl. Abschn. A 2.1.3.1) formulieren lassen. In dieser Klasse sind u. a. Kürzeste-Wege-Probleme sowie einfache Transportprobleme enthalten (s. Abschn. A 2.2). Ebenfalls wohlstrukturiert sind einzelne Probleme, die nur durch ganzzahlige und/oder nichtlineare Modelle abgebildet werden können, jedoch eine besondere Modellstruktur aufweisen (z. B. lineares Zuordnungsproblem, Wagner-Whitin-Problem [Dom95: Abschn. 3.1.5; Dom97b: Abschn. 3.3.1]). Demgegenüber sind z. B. viele kombinatorische Problemstellungen, deren Lösungen aus Kombinationen oder Reihenfolgen bestimmter Problemelemente bestehen und die als ganzzahlige lineare oder nichtlineare Optimierungsmodelle formulierbar sind, lösungsdefekt. Beispiele sind das Knapsack- und das Traveling-Salesman-Problem [Dom97a: Kap. 3; s. Abschn. A.2.2.2.2].

A 2.1.4.2 Planung als modellgestützter Strukturierungsprozess

Entscheidungsträger sind nur selten in der Lage, ein *reales Entscheidungsproblem* unmittelbar und ohne große Verluste an Abbildungsgenauigkeit in ein (quantitatives) Modell zu übertragen und dieses mit Hilfe geeigneter Methoden in einem Schritt (optimal) zu lösen. Dies liegt daran, dass komplexe reale Entscheidungsprobleme häufig mehrere oder alle der in Abschn. A 2.1.4.1 dargestellten Typen von Strukturdefekten aufweisen und somit weit von der wünschenswerten Wohlstrukturiertheit entfernt sind.

Daher ist es eine vordringliche Aufgabe jeder systematischen Planung, diese Strukturdefekte in einem *fortgesetzten Modellierungs- bzw. Abstraktionsprozess* möglichst weitgehend zu überwinden. Dabei ist darauf zu achten, dass derartige Strukturierungsbemühungen nicht zu gravierenden Abbildungsfehlern und Informationsverlusten führen. Somit ist der *Rückübertragung bzw. -übertragbarkeit* von (Modell-) Lösungen auf das reale Problem besondere Beachtung zu schenken. Im Prozess der Problemstrukturierung sind sowohl subjektive (qualitative) Einschätzungen als auch objektivierbare (quantitative) Zusammenhänge von Bedeutung.

Die Problemstrukturierung ist v. a. deshalb eine schwierige Aufgabe, weil sich die Defekte gegenseitig beeinflussen und daher möglichst gleichzeitig zu überwinden sind, um zu einer die reale Entscheidungssituation adäquat widerspiegelnden Definition eines lösbaren Problems bzw. Modells zu gelangen. Aus Komplexitätsgründen wird dies i. d. R. dennoch in einem iterativen Prozess geschehen müssen, bei dem sukzessive Veränderungen und Verfeinerungen von Problembeschreibung, Handlungsalternativen, Bewertungsgrundlagen und erkannten Wirkungszusammenhängen meist unter Berücksichtigung unsicherer Daten vorzunehmen sind. Grundsätzlich erfolgt die Strukturierung daher entlang der in Bild A 2.1-2 dargestellten Hierarchie von Problemdefekten, jedoch sind unter Beachtung von Interdependenzen beliebige Rückschritte (engl.: feed back) zur Überprüfung und eventuellen Modifikation der getroffenen Entscheidungen und Vorkopplungen (engl.: feed forward) zur Antizipation späterer Strukturierungsschritte erforderlich.

Bild A 2.1-3 stellt den prinzipiellen Ablauf des Planungsprozesses in komplexen Entscheidungssituationen dar. Im Idealfall gelingt es, von einem schlechtstrukturierten zu einem wohlstrukturierten Entscheidungsproblem zu gelangen, für das mit Hilfe eines einkriteriellen deterministischen Optimierungsmodells eine optimale Lösung ermittelt werden kann.

Durch Auswahl geeigneter Handlungsalternativen werden die Problemvariablen definiert, so dass man zu einem abgrenzungsdefinierten Problem gelangt, für das eine Analyse der verfügbaren Daten und der relevanten Wirkungszusammenhänge erfolgen kann. Dies geschieht unter besonderer Berücksichtigung der Unvollkommenheit und Unsicherheit der Informationen. Dadurch ergibt sich ein System von Restriktionen zur Beschreibung der Entscheidungssituation, d. h. ein Erklärungsmodell, das in Form eines Prognose- bzw. Simulationsmodells zur Analyse der Wirkung von Handlungsalternativen eingesetzt werden kann.

In Abhängigkeit von den ermittelten bzw. prognostizierten Daten und Wirkungszusammenhängen erfolgt eine weitergehende Strukturierung durch die Konkretisierung von Zielen und eine Ermittlung subjektiver Nutzengrößen im Hinblick auf die Überwindung von Bewertungsdefekten. Daraus ergibt sich i. Allg. ein multikriterielles Entscheidungsmodell mit Zielkonflikten und nur teilweise operationalisierten Zielen. Durch eine Verdichtung von Nutzengrößen bzw. Auflösung von Zielkonflikten und die Operationalisierung der Ziele gelangt man zu einem einkriteriellen (deterministischen) Optimierungsmodell, anhand dessen eine optimale (oder nahezu optimale) Lösung ermittelt werden kann.

In bestimmten Entscheidungssituationen ist eine mathematische Modellformulierung nicht sinnvoll, möglich oder notwendig. Dies gilt z. B. dann, wenn von vornherein nur wenige Handlungsalternativen zur Auswahl stehen, die sich nach bestimmten qualitativen Kriterien in eine eindeutige Rangfolge bringen lassen. Ebenso sollte man auf eine mathematische Modellierung eher verzichten, wenn keine sinnvollen quantitativen Daten beschaffbar sind bzw. deren Ermittlung unverhältnismäßig teuer ist. Jedoch besteht auch dann die Notwendigkeit, die Problemstellung soweit zu strukturieren und damit geistig zu durchdringen, dass die rationale Auswahl einer Lösung möglich ist.

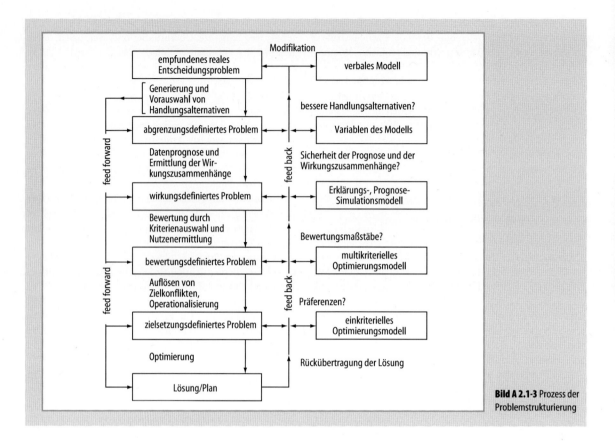

Bild A 2.1-3 Prozess der Problemstrukturierung

Literatur

[Ada76] Adam, D.; Witte, T.: Typen betriebswirtschaftlicher Modelle. WISU – Das Wirtschaftsstudium 5 (1976) 1–5

[Ada79] Adam, D.; Witte, T.: Merkmale der Planung in gut und schlecht strukturierten Planungssituationen. WISU – Das Wirtschaftsstudium 8 (1979) 128–134

[Ada96] Adam, D.: Planung und Entscheidung: Modelle – Ziele – Methoden. 4. Aufl. Wiesbaden: Gabler 1996

[Bac80] Bachem, A.: Komplexitätstheorie im Operations Research. Z. für Betriebswirtschaft 50 (1980) 812–844

[Ber02] Berens, W.; Delfmann, W.: Quantitative Planung. 3. Aufl. Stuttgart: Schäffer-Poeschel 2002

[Bit81] Bitz, M.: Entscheidungstheorie. München: Vahlen 1981

[Böt89] Böttcher, J.: Stochastische lineare Programme mit Kompensation. Frankfurt/Main: Athenäum 1989

[Din82] Dinkelbach, W.: Entscheidungsmodelle. Berlin: de Gruyter 1982

[Din96] Dinkelbach, W.; Kleine, A.: Elemente einer betriebswirtschaftlichen Entscheidungslehre. Berlin: Springer 1996

[Dom95] Domschke, W.: Logistik: Transport. 4. Aufl. Berlin: Springer 1995

[Dom97a] Domschke, W.: Logistik: Rundreisen und Touren. 4. Aufl. München: Oldenbourg 1997

[Dom97b] Domschke, W.; Scholl, A.; Voß, S.: Produktionsplanung – Ablauforganisatorische Aspekte. 2. Aufl. Berlin: Springer 1997

[Dom07] Domschke, W.; Drexl, A.: Einführung in Operations Research. 7. Aufl. Berlin: Springer 2007

[Fan83] Fandel, G.: Begriff, Ausgestaltung und Instrumentarium der Unternehmensplanung. Z. für Betriebswirtschaft 53 (1983) 479–508

[Hom00] Homburg, C.: Quantitative Betriebswirtschaftslehre. 3. Aufl. Wiesbaden: Gabler 2000

[Kle04] Klein, R.; Scholl, A.: Planung und Entscheidung. München: Vahlen 2004

[Pfo77] Pfohl, H.-Chr.: Problemorientierte Entscheidungsfindung in Organisationen. Berlin: de Gruyter 1977

[Pfo97] Pfohl, H.-Chr.; Stölzle, W.: Planung und Kontrolle. 2. Aufl. München: Vahlen 1997
[Rie92] Rieper, B.: Betriebswirtschaftliche Entscheidungsmodelle: Grundlagen. Herne: Neue Wirtschaftsbriefe 1992
[Sch92] Schneeweiß, C.: Planung 2. Konzepte der Prozess- und Modellgestaltung. Berlin: Springer 1992
[Sch01] Scholl, A.: Robuste Planung und Optimierung: Grundlagen – Konzepte und Modelle – Experimentelle Untersuchungen. Berlin: Springer 2001
[Ste94] Steven, M.: Hierarchische Produktionsplanung. 2. Aufl. Heidelberg: Physica 1994

A 2.2 Optimierungsansätze zur Planung logistischer Systeme und Prozesse

Bei der Planung logistischer Systeme und Prozesse entstehen vielfältige komplexe Entscheidungsprobleme, zu deren Lösung die Anwendung modellgestützter Optimierungsmethoden erforderlich ist, wie sie vom *Operations Research* bereitgestellt und ständig weiterentwickelt werden (Einführungen s. [Hil97; Dom07a; Dom07b]).

Grundlage der Optimierung ist die Formulierung eines *Entscheidungs-* bzw. *Optimierungsmodells*, das die reale Entscheidungssituation möglichst genau widerspiegelt (s. Abschn. A 2.1.3). Für ein solches Modell, das – mit konkreten Daten versehen – als *Modellinstanz* bezeichnet wird, ist mit Hilfe mathematischer Optimierungsmethoden bzw. -verfahren eine optimale, nahezu optimale oder zumindest zulässige Lösung zu ermitteln. Falls das Modell den realen Sachverhalt hinreichend genau abbildet, kann diese Lösung unmittelbar als Entscheidungsgrundlage dienen, sonst ist die Lösung auf ihre Eignung zur Behebung des Problemzustands zu untersuchen und ggf. die Lösung bzw. das Modell zu modifizieren (s. Abschn. A 2.1.4.2).

(Deterministische) Optimierungsmodelle bestehen aus einer Menge von Lösungen und einer oder mehreren zu maximierenden oder minimierenden Zielfunktionen. Wie in Abschn. A 2.1.3 dargestellt, lassen sich Optimierungsmodelle in Abhängigkeit von der Art der verfügbaren Daten, den Eigenschaften und der Anzahl der Zielfunktionen sowie der Struktur der Lösungsmenge in verschiedene Klassen unterteilen. Die folgenden Aussagen orientieren sich an der gängigen Einteilung in lineare, ganzzahlig lineare und nichtlineare Optimierungsmodelle.

A 2.2.1 Lineare Optimierung

Die *lineare Optimierung* bzw. *lineare Programmierung* (LP) ist der am weitesten entwickelte und wichtigste Teilbereich des Operations Research. Zunächst wird im Folgenden kurz auf das allgemeine lineare Optimierungsmodell und den Simplex-Algorithmus als exaktes Lösungsverfahren eingegangen, bevor spezielle lineare Optimierungsmodelle zur Abbildung elementarer logistischer Planungsaufgaben und zugehörige Lösungsverfahren diskutiert werden.

A 2.2.1.1 Allgemeines Modell und Simplex-Algorithmus

Ein *lineares Optimierungsmodell* (LP-Modell) besteht im einfachsten Fall aus einer zu maximierenden linearen Zielfunktion und einer Menge linearer Nebenbedingungen. (Zur Lösung multikriterieller Modelle ist die Einführung einer Meta-Zielfunktion erforderlich, so dass ebenfalls ein einkriterielles Modell entsteht (s. Abschn. A 2.1.3.2). Eine zu minimierende Zielfunktion kann durch Multiplikation mit −1 in eine zu maximierende umgeformt werden.)

Ausgehend von der allgemeinen Modellformulierung (s. Abschn. A 2.1.3.1) mit n Variablen und m Nebenbedingungen, lässt sich ein LP-Modell mit Hilfe des *Lösungsvektors* $x=(x_1,\ldots,x_n)$, des Vektors der *Zielfunktionskoeffizienten* $c=(c_1,\ldots,c_n)$, der $(m\times n)$-*Koeffizientenmatrix* A und dem Vektor der *rechten Seiten* $b=(b_1,\ldots,b_m)$ formulieren:

$$\text{Maximiere } F(x)=c^T x \text{ unter den Nebenbedingungen } Ax=b, x\geq 0 \qquad \text{(A 2.2-1)}$$

Hierbei handelt es sich um die sog. *Normalform* eines LP-Modells.

Liegt ein Modell ursprünglich nicht in dieser Form vor, so kann es im Fall von Ungleichungen in den Nebenbedingungen durch Einführen von Schlupfvariablen in die Normalform überführt werden [Dom07a: Abschn. 2.3.2]. Ebenso können vorzeichenunbeschränkte Variablen durch 2 nichtnegative ersetzt werden, um zur Normalform zu gelangen. Gelten in Gl. (A 2.2-1) die Eigenschaften $n>m$, $b\geq 0$, $c_{n-m+1}=\ldots=c_n=0$ und $A=[A'|I]$ mit einer $(m\times n-m)$-Matrix A' und einer $(m\times m)$-Einheitsmatrix I, so liegt das Modell in *kanonischer Form* vor.

Ausgehend von der kanonischen Form, lässt sich das LP-Modell bzw. die sich durch Einsetzen konkreter Daten in A, b und c ergebende Modellinstanz mit Hilfe des von Dantzig entwickelten (primalen) *Simplex-Algorithmus* optimal lösen. Dabei wird die Tatsache ausgenutzt, dass die durch die linearen Nebenbedingungen definierte Lösungsmenge ein konvexes Polyeder ist und mindestens eine optimale Lösung des LP-Modells in einem Eckpunkt dieses Polyeders liegt. Der Simplex-Algorithmus startet in einem solchen Eckpunkt und geht in jeder Iteration zu einem benachbarten Eckpunkt über, falls dieser einen höheren Zielfunktionswert aufweist. Gibt es einen solchen benachbarten Eckpunkt nicht, so ist eine optimale Lösung erreicht.

In jedem Eckpunkt hat das Modell kanonische Form, d. h. $Ax = b$ ist nach m (Basis-) Variablen aufgelöst und man spricht von *zulässiger Basislösung*. Lediglich Basisvariablen können einen positiven Wert aufweisen, während Nichtbasisvariablen den Wert 0 haben. Der Übergang von einem Eckpunkt (zulässige Basislösung) zu einem (einer) benachbarten erfolgt durch Austausch einer Basisvariablen gegen eine Nichtbasisvariable, d. h. durch eine entsprechende Transformation des Gleichungssystems, so dass der Zielfunktionswert möglichst stark steigt (zur genauen Vorgehensweise s. [Dom07a: Abschn. 2.4]).

Liegt das Modell zu Beginn nicht in kanonischer Form vor, d. h., es ist keine zulässige Basislösung bekannt, so sind vor Anwendung des primalen Simplex-Algorithmus geeignete Transformationsschritte auszuführen [Dom07a: Abschn. 2.4.2].

Bei Handrechnungen wird der Simplex-Algorithmus mit Hilfe eines Tableaus durchgeführt, das neben dem Gleichungssystem $Ax = b$ auch eine Gleichung für die Zielfunktion und eine Variable für den Zielfunktionswert enthält. In Computerprogrammen wird der sog. *revidierte Simplex-Algorithmus* eingesetzt, bei dem lediglich ein Teil des Tableaus gespeichert und transformiert werden muss [Hil97: Abschn. 5.2]. Beispiele für moderne Softwarepakete zur (ganzzahligen) linearen Optimierung sind CPLEX, Xpress-MP und LINDO (Softwarevergleich s. [Fou97]).

A 2.2.1.2 Spezielle lineare Optimierungsmodelle in der Logistik

Einige logistische Problemstellungen lassen sich (vereinfachend) als lineare Optimierungsmodelle formulieren und mit dem Simplex-Algorithmus sowie spezielleren Verfahren exakt lösen. Im Folgenden wird kurz und exemplarisch auf Probleme der Bestimmung minimaler spannender Bäume und kürzester Wege sowie Transport- und Umladeprobleme eingegangen. Diese *elementaren Problemstellungen* sind Ausgangspunkt für allgemeinere und praxisnähere Netzwerkfluss- und Netzwerkkonstruktionsprobleme, die sich teilweise ebenfalls als LP-Modelle formulieren und lösen lassen. Größtenteils ergeben sich jedoch ganzzahlige lineare oder nichtlineare Modelle (s. Abschn. A 2.2.2).

Einige graphentheoretische Grundlagen

Zur Erläuterung der genannten Problemstellungen benötigt man einige Begriffe aus der Graphentheorie (umfassendere Definitionen s. [Dom95: Kap. 1]):

- Ein *Graph G* besteht aus einer Menge V von *Knoten* (z. B. Orten) und einer Menge E von die Knoten verbindenden *Kanten* oder *Pfeilen* (gerichtete Kanten). Eine Kante zwischen den Knoten i und j wird als $[i,j]$ und ein Pfeil von i nach j als (i,j) geschrieben. Ein *ungerichteter Graph* enthält nur Kanten, ein *gerichteter* nur Pfeile. Abkürzend schreibt man für einen ungerichteten Graphen $G = [V, E]$ und für einen gerichteten $G = (V, E)$. Sowohl die Knoten als auch die Kanten können *Bewertungen* aufweisen (z. B. Angebotsmengen bei Knoten und Entfernungen oder Kapazitätsbeschränkungen bei Kanten).
- Ein Graph wird als *bipartiter Graph* bezeichnet, wenn seine Knotenmenge in 2 Teilmengen zerfällt und Kanten nur zwischen Knoten unterschiedlicher Teilmengen bestehen.
- Ein Knoten i wird als *Vorgänger* eines anderen Knotens j bezeichnet, wenn ein Pfeil (i,j) in der Pfeilmenge E enthalten ist. Umgekehrt heißt j *Nachfolger* von i. In ungerichteten Graphen spricht man bei einer Kante $[i,j]$ davon, dass i und j *Nachbarn* sind.
- Ein Graph heißt *vollständig*, wenn *jedes* Knotenpaar durch eine Kante bzw. 2 entgegengesetzt gerichtete Pfeile verbunden ist.
- Eine Folge von Knoten $[j_0, j_1, ..., j_t]$ heißt *Kette*, wenn Kanten $[j_{i-1}, j_i]$ für $i = 1, ..., t$ existieren. Im Fall $j_0 = j_t$ ist die Kette geschlossen und man spricht von einem *Kreis*. Im gerichteten Graphen bezeichnet man eine Folge von Knoten $(j_0, j_1, ..., j_t)$ als *Weg*, wenn Pfeile (j_{i-1}, j_i) für $i = 1, ..., t$ existieren. Ein geschlossener Weg $(j_0 = j_t)$ heißt *Zyklus*. Die *Länge* einer Kette bzw. eines Weges ergibt sich durch die Summe der Bewertungen ihrer Kanten bzw. seiner Pfeile. Eine *kürzeste Kette* bzw. ein *kürzester Weg* zwischen zwei Knoten i und j weist unter allen möglichen Ketten bzw. Wegen die geringste Länge auf.
- Ein Graph ist *zusammenhängend*, wenn jedes Knotenpaar durch eine Kette verbunden ist.
- Ein *Teilgraph* eines Graphen besteht aus einer Teilmenge der Knoten und einer Teilmenge der Kanten bzw. Pfeile.
- Ein zusammenhängender, kreisloser Graph heißt *Baum*. Jeder Teilgraph T eines Graphen G, der dieselbe Knotenmenge besitzt und ein Baum ist, heißt *spannender Baum* von G. Unter allen spannenden Bäumen eines Graphen wird derjenige als *minimaler spannender Baum* bezeichnet, dessen Summe der Kanten- bzw. Pfeilbewertungen minimal ist.

Bestimmung kürzester Wege und minimaler spannender Bäume

Eine der Grundvoraussetzungen für eine effiziente Gestaltung logistischer Systeme ist die Kenntnis kürzester bzw.

schnellster oder günstigster Wege. Insofern handelt es sich bei der Aufgabe der Bestimmung kürzester Wege um eines der Grundprobleme der Logistik.

Ausgehend von einem (gerichteten) Graphen, der z. B. ein reales Straßennetz mit Orten als Knoten und Straßenverbindungen als Pfeilen repräsentiert, besteht das *Kürzeste-Wege-Problem* darin, kürzeste Wege zwischen einigen oder allen Knotenpaaren zu bestimmen. Kürzeste-Wege-Probleme lassen sich als LP-Modelle formulieren und mit den in Abschn. A 2.2.1.1 genannten Verfahren lösen. Es existieren jedoch spezialisierte Verfahren, welche die kürzesten Wege effizienter ermitteln (Verfahrensübersicht s. [Dom95: Abschn. 5.2]).

Im Folgenden wird die Vorgehensweise des *Dijkstra-Algorithmus* zur Bestimmung der kürzesten Wege von einem Knoten a zu allen anderen Knoten (Zielknoten) $j \in V - \{a\}$ skizziert. Das Verfahren führt $|V|-1$ Iterationen durch, an deren Ende jeweils für mindestens einen Knoten die kürzeste Entfernung sowie der kürzeste Weg von Knoten a aus feststeht. Handelt es sich nicht um einen vollständigen Graphen, so werden die Pfeilbewertungen c_{ij} nicht vorhandener Pfeile (i, j) auf einen hinreichend großen Wert M gesetzt. Der Dijkstra-Algorithmus benötigt für jeden Knoten j die Variablen $D(j)$ und $R(j)$ zur Speicherung der (derzeit) kürzesten Entfernung und des Vorgängers im (derzeit) kürzesten Weg von a nach j. Außerdem wird eine Menge MK markierter Knoten verwendet.

In Iteration 1 besitzt jeder Zielknoten j die bisherige kürzeste Entfernung $D(j) = c_{aj}$. Alle Knoten mit $D(j) < M$ enthalten die Eintragung $R(j) = a$ und werden in die anfänglich leere Menge MK aufgenommen. MK wird in jeder weiteren Iteration derjenige Knoten h entnommen, der den kleinsten Wert von $D(j)$ aufweist. Für Knoten h gibt $D(h)$ die kürzeste Entfernung von Knoten a endgültig an. Nun überprüft man für jeden Nachfolger j von h, ob $D(j) > D(h) + c_{hj}$ gilt und sich somit über h eine Verkürzung der bisherigen Entfernung $D(j)$ ergibt. Ist dies der Fall, so werden $D(j) = D(h) + c_{hj}$ und $R(j) = h$ gesetzt und der Knoten j der Menge MK hinzugefügt. Das Verfahren endet, sobald MK leer ist.

Tabelle A 2.2-1 Ablauf des Dijkstra-Algorithmus

It.	j	2	3	4	5	6	7	8	MK
1	D(j)	5	10	5	M	M	M	M	{2, 3, 4}
	R(j)	1	1	1	–	–	–	–	
2	D(j)		10	5	11	15	M	M	{3, 4, 5, 6}
	R(j)		1	1	2	2	–	–	
3	D(j)		8		8	15	M	M	{3, 5, 6}
	R(j)		4		4	2	–	–	
4	D(j)				8	15	20	M	{5, 6, 7}
	R(j)				4	2	3	–	
5	D(j)					15	14	M	{6, 7}
	R(j)					2	5	–	
6	D(j)						15	21	{6, 8}
	R(j)						2	7	
7	D(j)							21	{8}
	R(j)							7	

Beispiel: Bild A 2.2-1 zeigt einen Graphen mit 8 Knoten und den Pfeilbewertungen c_{ij}. Tabelle A 2.2-1 gibt den Verfahrensablauf für $a = 1$ wieder; der jeweils ausgewählte Knoten h ist durch Fettdruck hervorgehoben. Es ergibt sich z. B., dass der kürzeste Weg von $a = 1$ zu Knoten 8 eine Länge von 21 aufweist und (in umgekehrter Reihenfolge) über die Knoten $R(8) = 7$, $R(7) = 5$, $R(5) = 4$ und $R(4) = 1$ verläuft.

Eine dem Kürzeste-Wege-Problem verwandte Aufgabenstellung besteht darin, den *minimalen spannenden Baum* eines (ungerichteten) Graphen $G = [V, E]$ zu bestimmen. Minimale spannende Bäume sind z. B. bei der Einrichtung von Rohrleitungssystemen oder Computernetzen von Interesse, wo jeder Knoten (Wasserverbraucher, Arbeitsstation) mit jedem anderen verknüpft werden muss. Die Bestimmung des minimalen spannenden Baumes $T = [V, E^-]$ erfolgt auf einfache Weise z. B. mit Hilfe des *Kruskal-Algorithmus*, der mit leerer Kantenmenge $E^- = \{\}$ startet und zunächst die Kanten in der Reihenfolge monoton wachsender Kantenbewertungen c_{ij} sortiert. Anschließend werden die Kanten in dieser Reihenfolge in den Graphen T eingefügt. Dies geschieht jedoch nur dann, wenn durch

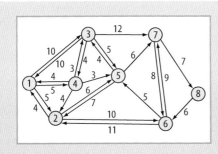

Bild A 2.2-1 Gerichteter Graph

das Einfügen kein Kreis entsteht. Sind $|V|-1$ Kanten eingefügt (Graph ist zusammenhängend), endet das Verfahren.

Beispiel: Werden die Pfeile in Bild A 2.2-1 durch Kanten ersetzt und bei parallelen Kanten jeweils die kleinere der Bewertungen verwendet, so erhält man folgende Sortierung der Kanten: [3,4], [4,5], [1,2], [1,4], [2,4], [3,5], [6,5], [2,5], [5,7], [6,8], [7,8], [6,7], [1,3], [2,6] und [4,7]. Eingefügt werden die Kanten [3,4], [4,5], [1,2], [1,4], [6,5], [5,7], [6,8] mit Gesamtkosten von $2 \cdot 3 + 2 \cdot 4 + 5 + 2 \cdot 6 = 31$ Geldeinheiten (GE).

Transport- und Umladeprobleme

Eine der grundlegenden logistischen Planungsaufgaben besteht darin, Güter von Anbietern zu Nachfragern so zu befördern, dass (bei Erfüllung bestimmter Anforderungen an die Servicequalität) die gesamten Transportkosten minimal sind. Handelt es sich um die Distribution eines homogenen Gutes, so lässt sich diese Aufgabenstellung als *Umladeproblem* in einem gerichteten oder ungerichteten Graphen $G=(V,E)$ bzw. $G=[V,E]$ wie folgt formulieren:

Die Knotenmenge V besteht aus den Teilmengen V_a der Anbieter, V_n der Nachfrager und V_u der Umladeknoten. Die Anbieter $i \in V_a$ können a_i ME des Produkts liefern, während die Nachfrager $j \in V_n$ die Mengen b_j nachfragen. In Umladeknoten besteht weder Angebot noch Nachfrage. Zur Vereinfachung wird angenommen, dass $\sum_i a_i = \sum_j b_j$ gilt.

Die (mengenproportionalen) Kosten für den Transport einer Mengeneinheit (ME) über eine Kante $[i,j]$ bzw. einen Pfeil (i,j) sind als Kanten- bzw. Pfeilbewertungen c_{ij} gegeben. Die Entscheidungsaufgabe besteht darin, einen Transportplan zu bestimmen, der zu minimalen Transportkosten führt. Im Transportplan sind alle Lieferwege und mengen von Anbietern zu Nachfragern festzulegen.

Beispiel: Ausgehend vom Graphen in Bild A 2.3-1, wird angenommen, dass $V_a=\{1,3,4\}$, $V_n=\{2,6,7,8\}$ und $V_u=\{5\}$ gilt. Die Angebotsmengen seien $a_1=6$, $a_3=7$ und $a_4=5$, als Nachfragemengen seien $b_2=2$, $b_6=5$, $b_7=6$ und $b_8=5$ zu berücksichtigen. Ein möglicher Transportplan besteht darin, dass Anbieter 1 sein gesamtes Angebot an Nachfrager 7, Anbieter 4 sein gesamtes Angebot an Nachfrager 8 und Anbieter 3 an die Nachfrager 2 und 6 liefert. Dazu werden jeweils die kürzesten bzw. kostenminimalen Transportwege benutzt, die sich mit Hilfe von Kürzeste-Wege-Verfahren bestimmen lassen (vgl. Abschn. A 2.2.1.2) und deren Längen in Tabelle A 2.2-2 als Kostenbewertungen c_{ij} angegeben sind.

Der angegebene Transportplan verursacht Kosten in Höhe von $6 \cdot 14 + 5 \cdot 16 + 5 \cdot 18 + 2 \cdot 8 = 270$ GE. Im Ver-

Tabelle A 2.2-2 Kürzeste Entfernung

c_{ij}	2	6	7	8
1	5	15	14	21
3	8	18	11	18
4	4	14	9	16

gleich zum optimalen Transportplan ist diese Lösung nicht akzeptabel (s. unten).

Ist G bipartit, so liegt ein *klassisches Transportproblem* (TPP) vor, das sich wie folgt als LP-Modell formulieren lässt. Dazu benötigt man nichtnegative Variablen x_{ij} zur Beschreibung der von einem Anbieter $i=1, ..., m$ zu einem Nachfrager $j=1, ..., n$ transportierten Menge:

$$\text{Maximiere } F(x) = \sum_{i=1}^{m} \sum_{j=1}^{n} = c_{ij} x_{ij} \quad (A\ 2.2\text{-}2)$$

unter den Nebenbedingungen

$$\sum_{j=1}^{n} = x_{ij} = a_i \text{ für } i=1, ..., m \quad (A\ 2.2\text{-}3)$$

$$\sum_{i=1}^{m} = x_{ij} = b_j \text{ für } j=1, ..., n \quad (A\ 2.2\text{-}4)$$

$$x_{ij} \geq 0 \text{ für } i=1, ..., m \text{ und } j=1, ..., n \quad (A\ 2.2\text{-}5)$$

Zur Lösung des TPP gibt es eine Reihe von Verfahren, die sich in Eröffnungsheuristiken (Ermittlung einer zulässigen Anfangslösung) und exakte Verbesserungsverfahren (Ermittlung der optimalen Lösung) unterteilen lassen. Zur ersten Gruppe gehören u.a. die *Nordwesteckenregel* und die *Vogelsche Approximationsmethode*. Als Verbesserungsverfahren wird die *MODI-Methode* in verschiedenen Varianten angewandt. Eine detaillierte Beschreibung dieser Verfahren ist aus Platzgründen hier nicht möglich, stattdessen wird die Grundidee der Nordwesteckenregel und der MODI-Methode am Beispiel erörtert und für weitergehende Darstellungen auf [Dom95: Kap. 6; Dom07a: Kap. 4] verwiesen.

Beispiel: Das angegebene unkapazitierte Umladeproblem lässt sich als TPP formulieren und lösen, indem ein bipartiter Graph mit Knotenmenge V_a einerseits und Knotenmenge V_n andererseits sowie den in Tabelle A 2.2-2 angegebenen Bewertungen c_{ij} gebildet wird. Nummeriert man die Anbieter von 1 bis $m=3$ und die Nachfrager von 1 bis $n=4$, so ergibt sich das in Tabelle A 2.2-3 dargestellte Transporttableau.

Tabelle A 2.2-3 Transporttableau

c_{ij}	1(2)	2(6)	3(7)	4(8)	a_i
1(1)	2^5	4^{15}	14	21	6
2(3)	8	1^{18}	6^{11}	18	7
3(4)	$*^4$	14	0^9	5^{16}	5
b_j	2	5	6	5	

Hier sind die Bewertungen c_{ij} hochgestellt und die durch die *Nordwesteckenregel* gebildeten Transportmengen in den schattierten Feldern eingetragen. Wie der Name besagt, beginnt das Verfahren in der oberen linken (Nordwest-) Ecke. Dort wird die größtmögliche Transportmenge $x_{11} = \min\{a_1, b_1\} = 2$ realisiert, und die verbleibenden Angebots- bzw. Nachfragemengen werden entsprechend verringert ($a_1 = 4$, $b_1 = 0$). Wegen Befriedigung der Nachfrage von Nachfrager 1 schreitet das Verfahren nach Osten zur zweiten Spalte fort. Nun werden die Transportmenge $x_{12} = \min\{a_1, b_2\} = 4$ sowie die Restmengen $a_1 = 0$ und $b_2 = 5 - 4 = 1$ gesetzt, und es wird nach Süden zur zweiten Zeile übergegangen. Diese Vorgehensweise wird fortgesetzt, bis das südöstlichste Feld erreicht ist. Als Gesamtkosten des Transportplans ergeben sich $2 \cdot 5 + 4 \cdot 15 + 1 \cdot 18 + 6 \cdot 11 + 0 \cdot 9 + 5 \cdot 16 = 234$ GE.

Die *MODI-Methode* ist ebenso wie der Simplex-Algorithmus ein iteratives exaktes Verbesserungsverfahren, das in jeder Iteration eine Basisvariable (BV) x_{hk} gegen eine bisherige Nichtbasisvariable x_{ij} austauscht. Dies geschieht solange, wie dadurch eine Minderung der Gesamttransportkosten erzielt werden kann. Um die von einem Tausch betroffenen BV zu identifizieren, nutzt die MODI-Methode einige theoretische Zusammenhänge der linearen Optimierung, insbesondere aus der *Dualitätstheorie*, die aus Platzgründen hier nicht beschrieben werden können. Stattdessen wird hier exemplarisch dargestellt, wie bei bekannten Tauschvariablen die Lösungsmodifikation (Tableautransformation) erfolgt.

Der in Tabelle A 2.2-3 wiedergegebene Transportplan stellt eine Basislösung mit 6 BV dar. (Obwohl das LP-Modell (Abschn. A 2.2-2) bis (Abschn. A 2.2-5) $m + n = 7$ Nebenbedingungen enthält, besteht eine zulässige Basislösung nur aus $m + n - 1 = 6$ BV, da auf Grund von $\sum_i a_i = \sum_j b_j$ eine der Nebenbedingungen redundant ist.)

Soll nun die Variable x_{31} (markiert in Tabelle A 2.2-3) als neue BV aufgenommen werden, so ergibt sich bei der Erhöhung von x_{31} um Δ ME die Notwendigkeit, x_{11} um Δ ME zu reduzieren, damit der Nachfrager 1 nicht überversorgt wird. Dadurch muss jedoch x_{12} um Δ ME erhöht werden, um die Liefermenge von Anbieter 1 einzuhalten. Weitere Veränderungen bestehen in der Verringerung von x_{22}, der Erhöhung von x_{23} und der Verringerung von x_{33} jeweils um Δ ME. Dadurch sind alle Nebenbedingungen des Modells (Gln. (A 2.2-2) bis (A 2.2-5)) wieder erfüllt.

Betrachtet man die kostenseitigen Auswirkungen dieser Veränderungen, so ergibt sich, dass die Erhöhungen zu zusätzlichen Kosten in Höhe von $(4 + 15 + 11) \Delta = 30 \cdot \Delta$ und die Verringerungen zu Kosteneinsparungen in Höhe von $(5 + 18 + 9) \Delta = 32 \cdot \Delta$ führen. Somit verringern sich die Gesamtkosten pro ME um 2 GE und es wird die größtmögliche zulässige Menge Δ getauscht. Diese ergibt sich auf Grund der Nichtnegativitätsbedingungen (Gl. (A 2.2-5)) als kleinster Wert der zu senkenden Variablen. Es gilt $\Delta = \min\{2, 1, 0\} = 0$, so dass sich in dieser Iteration zwar keine Verringerung der Gesamtkosten, jedoch eine neue Basislösung ergibt. Anstelle der neu aufgenommenen BV x_{31} wird x_{33} aus der Basis entfernt, da ihr Wert Null beträgt. Die neue Basislösung ist in Tabelle A 2.2-4 dargestellt.

In der nächsten Iteration wird $x_{24} = \Delta$ als neue BV aufgenommen. Dies führt zur Verringerung der Transportmengen von x_{22}, x_{11} und x_{34} sowie zur Erhöhung der Mengen von x_{12} und x_{31} um jeweils Δ ME (s. gestrichelte Tauschkette). Es lässt sich $\Delta = \min\{2, 1, 5\} = 1$ ME tauschen, ohne die Bedingungen (Gl. (A 2.2-5)) zu verletzen. Die Betrachtung der Kosten c_{ij} in der Tauschkette ergibt, dass sich eine Kostenersparnis von $2 \Delta = 2$ GE erzielen lässt. Anstelle der neuen BV x_{24} verlässt x_{22}, das durch Senken um $\Delta = 1$ zu Null wird, die Basis und man erhält das optimale Transporttableau in Tabelle A 2.2-5 mit Gesamtkosten von 232 GE.

A 2.2.2 Ganzzahlige und kombinatorische Optimierung

Viele Entscheidungsprobleme der Logistik sind kombinatorischer Natur, d. h., Lösungen entstehen durch Kombi-

Tabelle A 2.2-4 Modifiziertes Transporttableau

c_{ij}	1(2)	2(6)	3(7)	4(8)	a_i
1(1)	$-D\;2^5$	4^{15}_{+D}	14	21	6
2(3)	8	1^{18}_{-D}	6^{11}	$*^{18}_{+D}$	7
3(4)	$+D\;0^4$	14	9	5^{16}_{-D}	5
b_j	2	5	6	5	

Tabelle A 2.2-5 Optimaltableau

c_{ij}	1(2)	2(6)	3(7)	4(8)	a_i
1(1)	1^5	5^{15}	14	21	6
2(3)	8	18	6^{11}	1^{18}	7
3(4)	1^4	14	9	4^{16}	5
b_j	2	5	6	5	

nieren und Reihen von Lösungselementen. Die Anzahl zu prüfender Lösungen steigt mit der Problemgröße exponentiell. *Kombinatorische Optimierungsprobleme* kann man grob in Reihenfolge-, Gruppierungs-, Zuordnungs- und Auswahlprobleme unterteilen [Dom07a: Kap. 6.1]. Viele dieser Probleme lassen sich als (gemischt-) *ganzzahlige lineare Optimierungs-* oder *MIP-Modelle* (MIP Mixed Integer Programs) formulieren, bei denen für einige oder alle Variablen nur ganzzahlige Werte zulässig sind (s. Abschn. A 2.1.3.1). Bei Beschränkung ganzzahliger Variablen auf die Werte 0 und 1 spricht man von *Binärvariablen* und von (gemischt-) binären LP-Modellen.

A 2.2.2.1 Problemkomplexität und Einteilung von Verfahren

Auf Grund der exponentiell mit der Problemgröße wachsenden Anzahl von Lösungen gibt es für kombinatorische Optimierungsprobleme bzw. MIP-Modelle i. d. R. keine effizienten Lösungsverfahren. Lediglich einige einfache Probleme können auf effiziente Weise gelöst werden (z. B. das in Abschn. A 2.2.2.2 beschriebene Problem WWP).

Im Sinne der *Komplexitätstheorie* ist ein Verfahren *effizient*, wenn seine Rechenzeit bzw. sein Rechenaufwand durch ein von der Problemgröße (z. B. Anzahl der Kunden oder Produkte) abhängiges Polynom nach oben beschränkt wird. Bei *nichteffizienten* Verfahren steigt die Rechenzeit ebenso wie der Lösungsraum mit zunehmender Problemgröße exponentiell. Probleme, für die ein effizientes Lösungsverfahren bekannt ist, werden als *polynomial lösbar*, und solche, für die dies nicht der Fall ist, als *NP-schwer* bezeichnet. Für weitere Erkenntnisse und Zusammenhänge der Komplexitätstheorie, auf die hier nicht weiter eingegangen wird, s. [Gar79; Bac80; Dom97a: Abschn. 2.3].

Für NP-schwere Optimierungsprobleme ist es sinnvoll, Lösungsverfahren wie folgt in exakte und heuristische zu unterteilen, während bei polynomial lösbaren Problemen letztlich nur exakte Verfahren in Frage kommen:

– *Exakte Verfahren* zielen darauf ab, in endlich vielen Schritten eine optimale Lösung eines Problems bzw. einer Probleminstanz zu ermitteln. Dabei muss auf Grund der Problemkomplexität darauf geachtet werden, dass ein derartiges Verfahren möglichst geschickt vorgeht. Die meisten exakten Verfahren basieren daher auf dem Prinzip des *Branch & Bound* (B & B), bei dem die Aufgabenstellung durch *Verzweigung* (engl.: branching) sukzessive in kleinere Aufgaben zerlegt wird. Dies geschieht so lange, bis sich ein solches Teilproblem leicht lösen oder durch *Berechnung von Schranken* (engl.: bounding) zur Abschätzung des erzielbaren Zielfunktionswertes von der Betrachtung ausschließen *(ausloten)* lässt, so dass nicht sämtliche zulässigen Lösungen aufgezählt (enumeriert) werden müssen. Für eine ausführlichere Darstellung der Vorgehensweise von B & B-Verfahren s. Abschn. A 2.2.2.3.

Neben vielfältigen Varianten von B & B-Verfahren lassen sich zur exakten Lösung kombinatorischer Optimierungsprobleme *Schnittebenenverfahren*, die unter der Bezeichnung *Branch & Cut* auch mit dem B & B-Prinzip kombiniert werden, sowie Verfahren der *dynamischen Optimierung* anwenden [Dom07a: Abschn. 6.4 u. Kap. 7].

– *Heuristische Verfahren (Heuristiken)* gehen nach Regeln zur Lösungsfindung oder -verbesserung vor, die hinsichtlich der Zielsetzung und der Nebenbedingungen eines Problems als zweckmäßig, sinnvoll und erfolgversprechend erscheinen. Sie garantieren zwar nicht, dass für jede Probleminstanz eine optimale Lösung gefunden wird, haben jedoch meist polynomialen Rechenaufwand. Heuristiken lassen sich allgemein v. a. in Eröffnungs- und Verbesserungsverfahren unterteilen [Mül81; Dom97b: Abschn. 1.3].

Eröffnungsverfahren ermitteln eine (oder mehrere) zulässige Lösung(en) des Problems, indem sie Lösungselemente (z. B. zu beliefernde Kunden) sukzessive in eine bisher vorliegende Teillösung (z. B. aus unvollständigen Liefertouren bestehend) aufnehmen. Eine Einteilung dieser Verfahren in Gruppen sowie Beispiele werden in Abschn. A 2.2.2.4 angegeben.

Bei *Verbesserungsverfahren* geht man von einer zulässigen Lösung aus und versucht, diese sukzessive durch kleine Veränderungen zu verbessern. Dabei entsteht jedoch die Problematik, dass (reine) Verbesserungsverfahren häufig sehr schnell in einem lokalen Optimum stecken bleiben. Möglichkeiten zur Überwindung dieser Problematik werden in Abschn. A 2.2.2.5 angegeben.

Neben der (kombinierten) Anwendung von Eröffnungs- und Verbesserungsverfahren lassen sich heuristische Lösungen auch dadurch gewinnen, dass man ein *exaktes Verfahren* vor seiner vollständigen Ausführung nach einer bestimmten Rechenzeit abbricht und die beste zum Abbruchzeitpunkt bekannte Lösung verwendet. Eine andere Möglichkeit *(relaxationsbasierte Verfahren)* besteht darin, ein vereinfachtes (relaxiertes) Problem zu lösen und die gewonnene Lösung auf das Ausgangsproblem zulässig zu übertragen.

A 2.2.2.2 Formulierung logistischer Problemstellungen als MIP-Modelle

Aus der Fülle möglicher Planungsaufgaben der Logistik werden einige grundlegende herausgegriffen, die zur Darstellung von Modellen und Verfahren der ganzzahligen linearen Optimierung geeignet sind und als Ausgangspunkt zur Lösung komplexerer und realitätsnäherer Entscheidungsprobleme dienen können, wie sie in Kap. A 3 behandelt werden.

Traveling-Salesman-Problem

Das Traveling-Salesman-Problem (TSP) ist eines der klassischen Optimierungsprobleme. Es lässt sich wie folgt beschreiben: Ein Handelsvertreter möchte, beginnend in seinem Heimatort, insgesamt n Orte (Kunden) in einer zu ermittelnden Reihenfolge besuchen und anschließend zum Ausgangspunkt zurückkehren. Dabei soll die insgesamt zurückgelegte Entfernung minimal sein. Aus Sicht der Graphentheorie wird in einem Graphen mit n Knoten (Knoten 1 als Heimatort, Knoten 2, ..., n als Kundenorte) ein Zyklus (als „Rundreise" bezeichnet) mit minimaler Länge gesucht, der alle Knoten genau einmal enthält.

Das TSP (in gerichteten Graphen) lässt sich mit Hilfe von Binärvariablen x_{ij}, die den Wert 1 annehmen, wenn Knoten i unmittelbar vor Knoten j besucht wird und ansonsten Null sind, z. B. wie folgt formulieren:

$$\text{Minimiere } F(x) = \sum_{i=1}^{n} \sum_{j=1}^{n} c_{ij} x_{ij} \quad \text{(A 2.2-6)}$$

unter den Nebenbedingungen

$$\sum_{j=1}^{n} x_{ij} = 1 \text{ für } i = 1, ..., n \quad \text{(A 2.2-7)}$$

$$\sum_{i=1}^{n} x_{ij} = 1 \text{ für } j = 1, ..., n \quad \text{(A 2.2-8)}$$

Kurzzyklusbedingungen (A 2.2-9)

$$x_{ij} \in \{0,1\} \text{ für } i = 1, ..., n \text{ und } j = 1, ..., n \quad \text{(A 2.2-10)}$$

Für nicht existierende Pfeile (i, j) sowie im Fall $i = j$ werden große Bewertungen $c_{ij} = M$ verwendet.

Die Zielfunktion Gl. (A 2.2-6) sorgt für die Minimierung der Gesamtlänge der in der Rundreise enthaltenen Pfeile (nur für diese gilt $x_{ij} = 1$). Die Nebenbedingungen (Gln. (A 2.2-7) und (A 2.2-8)) garantieren, dass jeder Ort genau einmal erreicht und genau einmal verlassen wird. Die als Kurzzyklusbedingungen angegebenen und nicht ausformulierten Nebenbedingungen gewährleisten, dass die zu bestimmende Rundreise alle Knoten des Graphen enthält. Insbesondere ist zu verhindern, dass Zyklen mit weniger als n Knoten (Kurzzyklen) entstehen. Der Kurzzyklus mit den Knoten 1, 2 und 3 wird z. B. durch die Bedingung $x_{12} + x_{23} + x_{31} \leq 2$ ausgeschlossen. Insgesamt ist eine große Anzahl solcher Bedingungen zu formulieren, um alle denkbaren Kurzzyklen zu vermeiden (vgl. dazu sowie zu alternativen Möglichkeiten z. B. [Dom97b: Abschn. 3.1.2]). Zur Lösung des TSP existieren vielfältige exakte und heuristische Verfahren [Dom97b: Abschn. 3.2 bis 3.4].

Ein Grundproblem der knotenorientierten Tourenplanung

Die Aufgabe der Tourenplanung besteht darin, gegebene *Lieferaufträge* mit einem *Fuhrpark* so auszuführen, dass eine bestimmte *Zielsetzung* (z. B. Minimierung der gesamten Fahrstrecke) erfüllt wird. Für jedes einzusetzende Fahrzeug ist eine *Tour* festzulegen, die durch die Menge der auszuführenden Aufträge und deren Reihenfolge definiert ist. Die Aufträge bestehen in der Belieferung einzelner Kunden (Knoten eines Graphen; z. B. Möbelauslieferung) und/oder in der Bedienung von ganzen Straßen (Kanten des Graphen; z. B. Müllentsorgung, Winterdienst). Man spricht von knoten- und/oder kantenorientierter Tourenplanung (Übersichten s. [Dom97b: Abschn. 5.1.2; Sch98; Abschn. A 3.3]).

Das bekannteste knotenorientierte Grundproblem der Tourenplanung, das ebenso wie das TSP nicht effizient lösbar ist, wird als *Capacitated-Vehicle-Routing-Problem* (CVRP) bezeichnet. Es tritt z. B. bei der Auslieferung von Möbeln auf. Alle Kunden sind genau einmal durch eines von H Fahrzeugen zu bedienen, d. h., jeder Kunde muss in genau einer von höchstens H Touren enthalten sein. Die Kapazität der Fahrzeuge darf durch die Kapazitätsbedarfe der innerhalb einer Tour zusammengefassten Lieferaufträge nicht überschritten werden. Jede Tour startet und endet im Depot. Die Gesamtlänge aller Touren ist zu minimieren. Für eine Formulierung von CVRP als MIP-Modell sei auf [Dom97b: Abschn. 5.2.1.1] verwiesen.

Weitere logistische Grundprobleme

Auch in anderen Bereichen logistischer Planung entstehen vielfältige kombinatorische Optimierungsprobleme, die als MIP-Modelle formulierbar sind. Um den Rahmen des Beitrags nicht zu sprengen und entsprechenden Ausführungen in Kap. A 3 nicht vorzugreifen, werden hier lediglich einige dieser Grundprobleme skizziert:

- Bei der *betrieblichen Standortplanung* in Netzen (Graphen) spielt das *Warehouse-Location-Problem* (WLP) eine wichtige Rolle. Es unterscheidet sich vom TPP dadurch, dass die Menge der Anbieter bzw. Auslieferungslager nicht festgelegt ist und dass für deren Errichtung und Betrieb Fixkosten zu berücksichtigen sind. Somit sind simultan die einzurichtenden Auslieferungslager (aus einer Menge potentieller Standorte) auszuwählen und ein Transportplan zur Belieferung der Nachfrager in der Weise zu bestimmen, dass die Summe aus Fix- und Transportkosten minimiert wird. Zur Formulierung der Standortentscheidungen werden Binärvariablen benötigt. Daher lässt sich das WLP nur bei gewissen Datenkonstellationen effizient lösen (Lösungsverfahren s. [Dom96c: Abschn. 3.2]).
- Das *quadratische Zuordnungsproblem* (QZOP) dient im Rahmen der *innerbetrieblichen Standortplanung* zur Anordnung von Maschinen in einer Werkhalle. Dabei sind Entfernungen zwischen den Stellplätzen sowie Transportmengen von Werkstücken zwischen den Maschinen zu berücksichtigen, so dass sich im Modell neben Binärvariablen und linearen Nebenbedingungen eine quadratische Zielfunktion ergibt. Das QZOP lässt sich zwar ebenfalls mit einer linearen Zielfunktion modellieren, jedoch nicht effizient lösen [Dom96c: Kap. 6].
- Ein Grundproblem der *Losgrößenplanung* (WWP, Wagner-Whitin-Problem) lautet: In jeder Periode $t=1, \ldots, T$ sind die Lagermengen eines Produkts festzulegen, wobei Bedarfe (Lagerabgänge) in Höhe von b_t zu befriedigen sind. Für jede während einer Periode t gelagerte ME entstehen Lagerkosten c_t. Jede Bestellung (Lagerauffüllung) verursacht mengenunabhängig fixe Bestellkosten f_t. Nun ist zu entscheiden, in welchen Perioden welche Mengen zu bestellen sind, so dass die Summe der Bestell- und der Lagerkosten minimal ist. Bei einer Formulierung des WWP als MIP-Modell werden binäre Variablen zur Abbildung der Bestellentscheidungen benötigt. Dennoch lässt sich das WWP auf effiziente Weise exakt lösen [Dom97a: Abschn. 3.3.1].
- Bei der Verpackung und Verladung von Waren zum Zwecke des Transports und der Lagerung entstehen vielfältige kombinatorische Optimierungsprobleme. Eine Grundform ist das Bin-Packing-Problem, bei dem n Gegenstände, die Gewichte bzw. Volumina g_j (mit $j = 1, \ldots, n$) aufweisen, in eine möglichst kleine Anzahl gleichartiger Behälter mit maximalem Gesamtgewicht bzw. Volumen G zu verpacken sind [Sch97a].

Eine verwandte elementare Problemstellung ist das *Knapsack-Problem*, bei dem nur ein Behälter (Rucksack) zur Verfügung steht [Mar90]. Jedem Gegenstand kann ein Nutzenwert u_j zugeordnet werden, und die Problemstellung besteht darin, eine Teilmenge der Gegenstände auszuwählen, so dass die Kapazität G des Rucksacks nicht überschritten wird und der Gesamtnutzen der mitgenommenen Gegenstände maximal ist. Mit Hilfe von Binärvariablen x_j, die den Wert 1 haben, falls Gegenstand j mitgenommen wird, lässt sich das Knapsack-Problem formulieren:

$$\text{Maximiere } F(x) = \sum_{j=1}^{n} u_j x_j \qquad \text{(A 2.2-11)}$$

unter den Nebenbedingungen

$$\sum_{j=1}^{n} g_j x_j \leq G \text{ sowie } x_j \in \{0,1\} \text{ für } j=1, \ldots, n \qquad \text{(A 2.2-12)}$$

A 2.2.2.3 Branch & Bound-Verfahren

Wie in Abschn. A 2.2.2.1 dargestellt, ist Branch & Bound (B & B) ein allgemeines Prinzip zur Bestimmung optimaler Lösungen für kombinatorische Optimierungsprobleme bzw. MIP-Modelle. Im Folgenden wird auf die einzelnen Verfahrenskomponenten genauer eingegangen. Weitergehende Darstellungen von B & B findet man in [Neu02: Kap. 3; Dom07b: Kap. 6; Dom07a: Kap. 6; Sch97b].

Schrankenberechnung (Bounding)

Bei der Lösung von *Maximierungsproblemen* erhält man durch jede zulässige Lösung, die z. B. mit Hilfe einer Heuristik ermittelt werden kann oder sich im Verlauf des B & B-Verfahrens ergibt, eine *untere Schranke* für den optimalen Zielfunktionswert. Die größte bekannte untere Schranke (LB Lower Bound) wird *globale untere Schranke* genannt.

Eine *obere Schranke* (UB Upper Bound) erhält man durch exaktes Lösen einer Relaxation des Problems, die durch Lockerung oder Weglassen von Nebenbedingungen des zugehörigen Modells entsteht. Eine naheliegende Relaxation für MIP-Modelle besteht darin, die Forderung nach Ganzzahligkeit der Variablenwerte aufzugeben *(LP-Relaxation)*. Eine Relaxation ergibt sich auch, wenn man andere Bedingungen weglässt. Im Fall des TSP ist es z. B. naheliegend, die Kurzzyklusbedingungen zu eliminieren, wodurch ein effizient lösbares lineares Zuordnungsproblem entsteht (s. Abschn. A 2.2.2.2).

Die sog. *Lagrange-Relaxation* entsteht dadurch, dass Nebenbedingungen des Modells zwar weggelassen, ihre Verletzungen jedoch mit geeigneten Strafkostenfaktoren (Lagrange-Multiplikatoren) gewichtet in der Zielfunktion berücksichtigt (bestraft) werden. Eine alternative Methode der Berechnung oberer Schranken, die auf dem Prinzip des Widerlegens potentieller optimaler Zielfunktionswerte beruht, wird als *Destructive Improvement* bezeichnet [Kle99].

Offensichtlich ist das Problem optimal gelöst, wenn LB = UB gilt, da in diesem Fall eine Lösung mit Zielfunktionswert LB bekannt ist und auf Grund der gleich großen Schranke UB keine Lösung mit einem höheren Zielfunktionswert existieren kann.

Verzweigen (Branching)

Meist stimmen LB und UB des zu lösenden Problems (Ausgangsproblem P_0) nicht überein. Dann wird P_0 im Rahmen der *Verzweigung* in eine Anzahl von Teilproblemen $P_1, ..., P_k$ zerlegt, so dass jedes Teilproblem lediglich eine Teilmenge der zulässigen Lösungen von P_0 repräsentiert und somit vermutlich leichter zu lösen ist. Dabei ist darauf zu achten, dass jede zulässige Lösung von P_0 in der Lösungsmenge mindestens eines der Teilprobleme enthalten ist. Durch fortgesetzte Verzweigung jedes Teilproblems ergibt sich ein *Enumerationsbaum* bzw. *B & B-Baum* mit Problem P_0 als Wurzelknoten. Teilprobleme (*Knoten des Baumes*), deren Lösung leicht ermittelbar ist oder die keine zulässige Lösung besitzen, werden nicht verzweigt und heißen *Blätter* (Bild A 2.2-2).

Die Struktur und die Größe des B & B-Baumes (und damit der Rechenaufwand zu seiner Auswertung) hängen wesentlich von der Ausgestaltung der *Verzweigungsoperation* ab, die festlegt, wie die Zerlegung in Teilprobleme erfolgt. Bei der Lösung binärer LP-Modelle besteht eine intuitive Verzweigungsoperation darin, für jeden Knoten P_i zwei Teilprobleme zu bilden. In einem der Teilprobleme wird der Wert einer Binärvariablen x_h auf 0 und im anderen auf 1 gesetzt. Dadurch zerfällt die Lösungsmenge von P_i in 2 disjunkte Teilmengen. Die Anzahl der tatsächlich zu verzweigenden Knoten wird – im Zusammenklang mit den anderen B & B-Komponenten – von den beiden folgenden Vorgehensregeln beeinflusst

– Traversierungsregel: In welcher Reihenfolge werden die Knoten des B & B-Baumes erzeugt und weiter verzweigt?
– Auswahlregel: Welche Variable x_h wird zum Verzweigen gewählt?

Als *Traversierungsregeln* kommen v. a. in Betracht [Dom97a: Abschn. 2.3.1]
– Bei der *reinen Tiefensuche (LIFO-Regel)* wird zunächst nur das erste Teilproblem eines Knotens gebildet und dorthin weitergegangen. Dies wird solange wiederholt, bis man einen Knoten ausloten kann. Danach geht man zurück und folgt dem nächstmöglichen Teilproblem wieder „in die Tiefe" usw. Anschaulich gesprochen wird der Baum streng von links nach rechts gebildet und abgearbeitet.
– Bei der *Maximum Upper Bound-(MUB-) Regel* bildet man alle Teilprobleme des aktuellen Knotens, berechnet dafür obere Schranken und speichert sie – sortiert in monoton fallender Ordnung der Schranken – in einer sog. *Kandidatenliste*. Aus dieser Liste wird jeweils der erste Knoten (mit größter oberer Schranke) gewählt und weiterverzweigt.
– Häufig sind kombinierte Strategien (*Tiefensuche mit vollständiger Knotenverzweigung, Local-Lower-Bound-Methode*) empfehlenswerter [Sch99: Abschn. 4.1.4.1].

Auswahlregeln basieren meist auf der Berechnung von Prioritätswerten. Zum Beispiel kann man stets eine Binärvariable x_h auswählen, die in der Lösung der LP-Relaxation den größten (oder kleinsten) nichtganzzahligen Anteil oder den größten Zielfunktionskoeffizienten aufweist.

Ausloten und logische Tests

Ein Teilproblem P_i ist *ausgelotet* und wird nicht weiterverzweigt, wenn es aus einem der folgenden Gründe von der weiteren Betrachtung ausgeschlossen werden kann:
– Die Relaxation besitzt keine zulässige Lösung; damit gilt dasselbe auch für P_i.
– Die (lokale) obere Schranke UB_i des Teilproblems P_i ist nicht größer als die globale untere Schranke LB. P_i kann daher keine bessere als die beste bekannte Lösung haben.
– Die erhaltene optimale Lösung der Relaxation ist auch für P_i zulässig. Ist ihr Zielfunktionswert höher als die

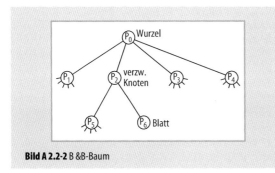

Bild A 2.2-2 B &B-Baum

globale untere Schranke LB, so ist diese zu aktualisieren und die Lösung als aktuell beste zu speichern.

Neben der Anwendung dieser Auslotregeln können auch *logische Tests* zum Ausloten von Teilproblemen dienen. Sie lassen sich unterteilen in
- *Dominanzregeln*: Ein Teilproblem P_i kann ausgelotet werden, wenn es ein anderes Teilproblem P_h im Baum gibt, das schon untersucht wurde oder später noch untersucht wird, von dem bekannt ist, dass es eine mindestens so gute Lösung liefert wie P_i. In diesem Fall sagt man, dass P_i von P_h dominiert wird.
- *Reduktionsregeln*: Mit ihrer Hilfe wird versucht, die Lösungsmenge eines Teilproblems bzw. seiner Relaxation einzuschränken, um so ggf. zu einer optimalen Lösung zu gelangen oder deren Nichtexistenz zu beweisen bzw. um schärfere obere Schranken zu berechnen. Dies kann z. B. dadurch geschehen, dass zusätzliche Nebenbedingungen *(Schnittebenen)* eingeführt werden, die einen Teil der Lösungsmenge, aber nicht alle optimalen Lösungen wegschneiden.

Beispiel: Wir stellen den Ablauf eines B & B-Verfahrens anhand des Knapsack-Problems dar, da es auf Grund seiner einfachen Struktur dafür bestens geeignet ist. Hinweise auf B & B-Verfahren für andere logistische Problemstellungen werden im Anschluss gegeben.

Es wird eine Instanz des Modells (Gln. (A 2.2-11) bis (A 2.2-12)) mit n Gegenständen, einer Rucksackkapazität von 20 kg und den in Tabelle A 2.2–6 angegebenen Nutzenwerten u_j und Gewichten g_j betrachtet.

Die Berechnung *oberer Schranken* erfolgt durch Bilden der LP-Relaxation, d. h. die Binärbedingungen $x_j \in \{0,1\}$

Tabelle A 2.2-6 Daten des Knapsack-Problems

j	1	2	3	4	5	6
u_j	14	8	8	9	10	11
g_j	5	3	5	6	7	8
u_j'	2,8	2,67	1,6	1,5	1,43	1,38

werden zu $x_j \in [0,1]$ abgeschwächt. Die optimale Lösung der LP-Relaxation lässt sich mit Hilfe des Simplex-Algorithmus, jedoch viel leichter durch Berechnen relativer Nutzenwerte $u_j' = u_j/g_j$ bestimmen. Bei u_j' handelt es sich um den Nutzen von Gegenstand j pro in Anspruch genommener Gewichtseinheit des Rucksacks. Somit ergibt sich die optimale Lösung der LP-Relaxation, wenn die Gegenstände in der Reihenfolge monoton fallender relativer Nutzen in den Rucksack aufgenommen werden. Dabei wird der letzte Gegenstand, falls er nicht vollständig passt, mit dem größtmöglichen Anteil gewählt.

In P_0 ergibt sich $x = (1,1,1,1,1/7,0)$ als Relaxationslösung mit der oberen Schranke $UB_0 = 13 + 8 + 8 + 9 + 10/7 = 40,43$, da die Gegenstände bereits nach fallenden relativen Nutzen sortiert sind (vgl. Tabelle A 2.2-6). Als anfängliche globale untere Schranke sei $LB = 35$ bekannt.

Die *Verzweigung* erfolgt dadurch, dass jeweils der Gegenstand h (bzw. die Variable x_h) ausgewählt wird, der nur unvollständig in den Rucksack passt (Auswahlregel). Die Verzweigungsoperation besteht darin, dass zuerst ein Teilproblem durch Setzen von $x_h = 0$ und dann eines mit $x_h = 1$ gebildet wird. Als Traversierungsregel wird LIFO eingesetzt. Bild A 2.2-3 zeigt den entstehenden B & B-Baum,

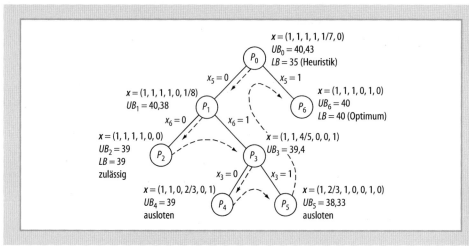

Bild A 2.2-3
B & B-Baum für das Beispielproblem

wenn in jedem Knoten P_i die obere Schranke UB_i durch LP-Relaxation berechnet wird und die normalen *Auslotregeln* (ohne logische Tests) angewendet werden. Die Nummerierung der Knoten entspricht der Reihenfolge, in der sie abgearbeitet werden. In P_2 wird eine zulässige Lösung mit $LB = 39$ gefunden, die besser als die anfängliche heuristische Lösung ist. Die Knoten P_4 und P_5 werden ausgelotet, da ihre oberen Schranken nicht größer als $LB = 39$ sind. Schließlich findet sich in P_6 die optimale Lösung mit Zielfunktionswert $LB = 40$.

Literaturhinweise auf B & B-Verfahren für verschiedene logistische Grundprobleme bzw. Planungsbereiche (vgl. Abschn. A 2.2.2.2):
- TSP: [Dom97b: Kap. 3; Law85; Lap92],
- Tourenplanungsprobleme: [Fis95; Dom97b: Kap. 5],
- Probleme der Standortplanung: [Dom96c],
- Losgrößen- und Lagerhaltungsprobleme: [Dom97a: Kap. 3],
- Bin-Packing-Problem: [Mar90: Kap. 8; Sch97a].

A 2.2.2.4 Eröffnungsverfahren

Eröffnungsverfahren dienen der Ermittlung einer zulässigen (Anfangs-) Lösung eines Problems bzw. der zugehörigen Modellinstanz. Dabei wird eine Lösung durch sukzessive Aufnahme von Lösungselementen konstruiert. Derartige Ansätze lassen sich grob in uninformierte Verfahren, Greedy-Verfahren und vorausschauende Verfahren einteilen.
- *Uninformierte Verfahren* weisen einen starren Ablauf auf, der nicht von den konkreten Problemdaten abhängt. Ein Beispiel wurde mit der Nordwesteckenregel für das TPP bereits in Abschn. A 2.2.1.2 beschrieben. Bei diesem Verfahren wird ohne Berücksichtigung der Transportkosten eine Lösung auf starre, vorher festgelegte Weise erzeugt. Daher erzielt die Nordwesteckenregel, wie andere uninformierte Verfahren auch, häufig keine guten Lösungen.
- *Greedy-Verfahren* oder *myopische Verfahren* streben in jedem Konstruktionsschritt nach dem bestmöglichen Zielfunktionswert (der bisherigen Teillösung) und/oder bestmöglicher Erfüllung von Nebenbedingungen (z. B. Ausschöpfung von Kapazitäten), ohne auf künftige Schritte Rücksicht zu nehmen. Ein Beispiel für Greedy-Verfahren ist die *Methode des nächsten Nachfolgers* für das TSP [Dom97b: Abschn. 3.2.1.1]. Beginnend bei Knoten 1 wird stets ein Knoten neu in die Rundreise aufgenommen, der vom zuletzt eingefügten die geringste Entfernung aufweist. Auf Grund dieses „gierigen" Vorgehens sind die letzten in die Rundreise aufzunehmenden Kunden oft sehr weit voneinander entfernt, so dass sich eine unnötig lange Rundreise ergibt.

Zur Klasse der Greedy-Verfahren zählen auch (die meisten) *Prioritätsregelverfahren*, bei denen die Reihenfolge, in der die Lösungselemente in eine Lösung aufgenommen werden, durch Prioritäts- oder Rangwerte festgelegt wird. Solche Verfahren werden praktisch für jede komplexe Problemstellung vorgeschlagen; besondere Verbreitung haben sie bei Maschinenbelegungs- und Projektplanungen [Dom 97a: Abschn. 5.1.4; Kle00: Kap. 5].

- *Vorausschauende Verfahren* schätzen in jedem Schritt ab, welche Auswirkungen die Zuordnung eines Lösungselements zur aktuellen Teillösung auf die in folgenden Schritten noch möglichen Zuordnungen anderer Lösungselemente und damit auf die erzielbare Lösungsgüte hat. Dies kann z. B. durch Berechnen von *Regretwerten* geschehen, die ein Maß für das „Bedauern" darstellen, eine bestimmte Zuordnung in späteren Lösungsschritten evtl. nicht mehr treffen zu können. Nun werden in jedem Schritt Zuordnungen so vorgenommen, dass das größtmögliche Bedauern vermieden wird. Ein Beispiel eines regretbasierten vorausschauenden Verfahrens ist die *Vogelsche Approximationsmethode* für das TPP [Dom07a: Abschn. 4.1.2]. Ebenfalls vorausschauend ist die *Methode der sukzessiven Einbeziehung* für das TSP sowie andere Tourenprobleme [Dom97b: Abschn. 3.2.1.1].

A 2.2.2.5 Verbesserungsverfahren und Meta-Heuristiken

(Reine) Verbesserungsverfahren gehen von einer zulässigen Lösung x aus und versuchen, diese sukzessive durch kleine Veränderungen zu *verbessern*. Zum Beispiel kann eine solche Veränderung *(Zug)* bei CVRP darin bestehen, einen Kunden aus einer Tour in eine andere zu verschieben. Dabei bezeichnet man eine Lösung x', die sich durch einen solchen Zug aus der aktuellen Lösung x ergibt, als *Nachbarlösung* von x. Die Menge aller Nachbarlösungen wird *Nachbarschaft $NB(x)$* genannt. Von allen möglichen Zügen wird in jeder Iteration ein solcher ausgeführt, der zur größten Verbesserung des Zielfunktionswertes führt, d. h., es wird zur besten Nachbarlösung aus $NB(x)$ übergegangen.

Im Fall des Knapsack-Problems besteht eine mögliche Zugdefinition darin, einen einzelnen Gegenstand in den Rucksack zu packen oder, falls dies nicht möglich ist, einen Gegenstand zu entfernen. Dies entspricht der Veränderung genau einer Binärvariablen im binären Lösungsvektor x von 0 zu 1 oder umgekehrt („Kippen eines Bits"). Eine Alternative ist das Herausnehmen eines Gegenstands, der durch einen oder mehrere andere ersetzt wird. Beim TSP sind Züge z. B. derart definiert, dass r Kanten innerhalb der aktuellen Rundreise gegen r andere so ausgetauscht werden, dass wieder eine Rundreise entsteht. Man spricht von *r-optimalen Verfahren*, wobei v. a. die Werte $r=2$ und $r=3$ in Betracht kommen [Dom97b: Abschn. 3.2.2.1]. Allgemein bestehen Züge häufig im Verschieben oder Vertauschen von Lösungselementen.

Reine Verbesserungsverfahren führen häufig sehr schnell dazu, dass die Suche in einem *lokalen Optimum* endet, wo keine Verbesserungen mehr möglich sind. Bild A 2.2-4 macht diesen Sachverhalt für eine zu maximierende eindimensionale Funktion $f(y)$ deutlich.

Daher hat man verschiedene Strategien (*Meta-Heuristiken*) entwickelt, die heuristische Verbesserungsverfahren so steuern, dass sie nicht in lokalen Optima stecken bleiben. Eine Gruppe von Meta-Heuristiken erlaubt neben verbessernden Zügen temporär auch *verschlechternde Züge*. Dabei muss jedoch darauf geachtet werden, dass die Suche nicht ins *Kreisen* gerät, also immer wieder dieselben Lösungen erzeugt. Bei *Tabu Search* wird dies durch zeitweiliges Verbieten (tabu setzen) von Zügen verhindert, während bei *Simulated Annealing* Züge zufällig (in Abhängigkeit von der Güte sich ergebender Lösungen) ausgewählt werden. Eine andere Gruppe von Meta-Heuristiken wird unter dem Begriff *evolutionäre Verfahren* zusammengefasst [Nis94]. Hauptvertreter dieser Klasse sind *genetische Algorithmen*, bei denen eine Menge (Population) von Lösungen durch analoges Anwenden von Vererbungsregeln der Biologie (Kreuzung, Selektion, Mutation) sukzessive verändert wird.

Im Folgenden wird auf die genannten Meta-Strategien etwas näher eingegangen (zu weiteren Meta-Strategien s. [Ree93; Pes95; Osm96]).

Simulated Annealing (SA)

Bei SA werden die Nachbarlösungen der aktuellen Lösung x sukzessive (d. h. in einer vorgegebenen Reihenfolge) untersucht. Sobald sich ein verbessernder Zug findet, wird er ausgeführt. Verschlechternde Züge können mit einer bestimmten *Wahrscheinlichkeit* ebenfalls ausgeführt werden (falls kein verbessernder Zug existiert oder noch keiner untersucht wurde). Die Wahrscheinlichkeit der Auswahl verschlechternder Züge sinkt mit zunehmendem Ausmaß der Lösungsverschlechterung und einem im Verfahrensablauf abnehmenden *Temperaturparameter*. Zu Beginn des Verfahrens werden große und gegen Ende nur noch kleine bzw. überhaupt keine Verschlechterungen mehr in Kauf genommen. Zu ausführlichen Beschreibungen von SA s. [Aar89; Kuh92; Osm93].

Eine vereinfachte Variante von SA wird als *Threshold Accepting* bezeichnet. Hierbei wird zu einer Nachbarlösung übergegangen, falls sie den aktuellen Zielfunktionswert höchstens um einen vorzugebenden Wert D verschlechtert (engl.: threshold – Schranke). Im Laufe des Verfahrens wird D sukzessive auf Null reduziert [Due90].

Tabu Search (TS)

Im Folgenden wird nur eine kurze Darstellung des Grundprinzips von TS gegeben; umfassendere Beschreibungen findet man z. B. in [Wer89; Dom96a, b; Aar97; Dom97b: Abschn. 1.3; Glo97].

Im Gegensatz zu SA ist TS eine deterministische Meta-Strategie, die grundsätzlich in jeder Iteration zu einer Nachbarlösung mit dem besten Zielfunktionswert übergeht, d. h., es wird im Sinne eines Greedy-Verfahrens jeweils ein Zug ausgeführt, der die größtmögliche Verbesserung oder – falls dies nicht möglich ist – die kleinstmögliche Verschlechterung des Zielfunktionswertes erzielt. Um nach einer Verschlechterung nicht zu bereits aufgesuchten Lösungen zurückzukehren, müssen diese verboten *(tabu gesetzt)* werden. Die ggf. aufwendige Speicherung solcher Lösungen lässt sich vermeiden, indem man bestimmte Lösungseigenschaften *(Attribute)* tabu setzt und Züge verbietet, die solche früher bestehenden Attribute wiederherstellen. Tabu gesetzte Attribute (oder tabu gesetzte Züge) werden in einer Tabuliste gespeichert.

Bild A 2.2-5 stellt den Ablauf der Suche mit TS schematisch dar, wobei Lösungen auf Rasterpunkten liegen und Züge darin bestehen, zu einem benachbarten Rasterpunkt vertikal, horizontal oder diagonal überzugehen. Einige verbotene Züge sind markiert. Es zeigt sich die zusätzliche Schwierigkeit, dass alle Züge zu zulässigen Nachbarlösungen verboten sein können. In einem solchen Fall mag es sinnvoll sein, den zulässigen Lösungsbereich zeitweilig zu verlassen (helle Knoten). Durch Bestrafen unzulässiger Lösungen (in Bezug auf den Zielfunktionswert) gelingt es, an anderer Stelle wieder in den zulässigen Bereich zu ge-

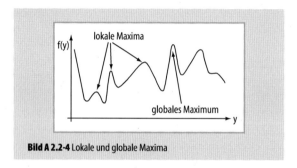

Bild A 2.2-4 Lokale und globale Maxima

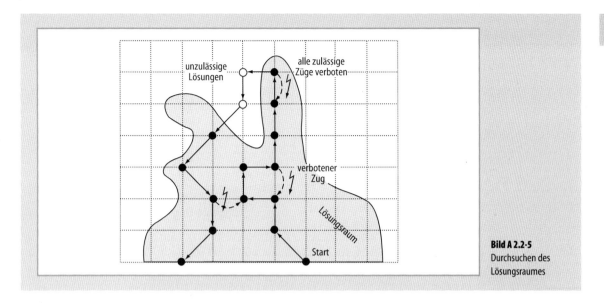

Bild A 2.2-5
Durchsuchen des Lösungsraumes

langen [Sch98]. Gegebenenfalls ist es erforderlich, zu bereits besuchten Lösungen zurückzukehren, wenn man Vorkehrungen trifft, von dort aus in andere Lösungsbereiche vorzudringen.

Der Ablauf von TS lässt sich (für Maximierungsprobleme) wie folgt zusammenfassen:
– *Start*: TS geht von einer zulässigen Lösung x aus, die mit einem Eröffnungsverfahren oder zufällig ermittelt und als derzeit beste Lösung x^* gespeichert wird.
In jeder *Iteration* wird unter allen Nachbarn aus $NB(x)$, die keine tabu gesetzten Lösungsattribute aufweisen, ein Nachbar x' mit dem größten Zielfunktionswert ausgewählt und als neues x verwendet. Falls $F(x) \geq F(x^*)$ gilt, ist x als neue beste Lösung x^* zu speichern. Anschließend wird ein Tabulisten-Management durchgeführt, d. h., es sind die tabu zu setzenden Attribute zu ermitteln und in der Tabuliste zu speichern.
– *Abbruch und Ergebnis*: Das Verfahren endet, sobald ein Abbruchkriterium erfüllt ist, z. B. bei Erreichen einer vorgegebenen Iterationsanzahl oder nach Ablauf einer maximalen Rechenzeit.

Das *Tabulisten-Management* betrifft Entscheidungen hinsichtlich der Auswahl der tabu zu setzenden Attribute bzw. Züge und der Dauer ihres Tabustatus (Tabudauer TD). Grundsätzlich kann man hierbei statische und dynamische Methoden unterscheiden [Dom96a; Dom97b: Abschn. A 1.3.2.2]. Bei ersteren ist TD unveränderlich, bei letzteren wird TD dem Lösungsverlauf angepasst. Die gewählte Tabudauer TD beeinflusst die mit einem Tabu-Search-Verfahren erzielbare Lösungsgüte erheblich. Wird TD zu klein gewählt, kann sich schnell ein Kreisen des Verfahrens ergeben. Ist TD zu groß, werden ggf. gute Lösungen in der Nähe bereits besuchter Lösungen nicht erreicht.

Die geschilderte Grundversion von Tabu Search kann um verschiedene Komponenten erweitert werden: Unter *Intensivierung* versteht man die genaue Durchsuchung eines abgegrenzten, vielversprechenden Lösungsbereichs durch zeitweiliges Festhalten vorteilhafter Lösungsattribute. Eine *Diversifizierung* dient dazu, den Lösungsraum weiträumig abzusuchen, um in andere, bislang nicht untersuchte Bereiche vorzustoßen. Zu diesem Zweck kann man z. B. seit längerer Zeit unveränderte Lösungsattribute gezielt manipulieren. Vielfach werden Züge unnötigerweise verboten. Daher ist es u. U. nützlich, auch verbotene Züge zu überprüfen. Falls z. B. durch einen verbotenen Zug eine bessere als die derzeit beste Lösung x^* erreicht wird, ist ein Kreisen ausgeschlossen und der Zug kann ausgeführt werden. Derartige Regeln zur Überwindung des Tabu-Status nennt man *Aspirationskriterien*.

Genetische Algorithmen (GA)

Genetische Algorithmen sind stochastische „Verbesserungsverfahren", die den Lösungsraum simultan an mehreren Stellen untersuchen. Ein GA arbeitet analog der biologischen Evolution auf Populationen von Individuen (Mengen zulässiger Lösungen), die sich im Zeitablauf, d. h. in mehreren Iterationen (Generationszyklen), ändern. Im

Folgenden wird eine knappe Einführung in die grundlegenden Ideen gegeben; für weitergehende Darstellungen s. [Gol89; Nis94; Pes94].

Analog zur *Kodierung* der biologischen Erbanlagen in Chromosomen, die aus einer Kette von Genen bestehen, müssen Lösungen in geeigneter Form kodiert werden, so dass Operationen, wie sie bei der Fortpflanzung oder der Mutation an Chromosomen geschehen, auch an Lösungen vorgenommen werden können. Daher wird jede Lösung durch einen *Vektor (String)* repräsentiert, in dem die Werte der Entscheidungsvariablen direkt oder indirekt kodiert sind. Die Art der Kodierung ist stark problemabhängig und entscheidend für die Güte der erzielbaren Lösungen. Für das Knapsack-Problem kann z. B. unmittelbar der binäre Lösungsvektor als Kodierung verwendet werden. Für andere Probleme sind häufig weniger nahe liegende Kodierungen nötig. Die *Vitalität* (Lebensfähigkeit) eines Individuums in einer bestimmten Umwelt wird als Fitness (-wert) bezeichnet. Sie ist ein Maß für die Qualität einer durch einen String kodierten Lösung. In der Regel entspricht die Fitness dem Zielfunktionswert.

Die prinzipielle Vorgehensweise eines GA besteht in der Erzeugung und Betrachtung aufeinander folgender Generationen von Populationen. Die Ausgangspopulation kann mit (vorzugsweise stochastischen) Eröffnungsverfahren erzeugt werden. Ein *Generationszyklus* beginnt stets mit der Bewertung aller Individuen der aktuellen Population. Anschließend wird eine neue Population (Nachfolgegeneration) durch Anwendung der folgenden *genetischen Operatoren* aus der aktuellen Population abgeleitet:

– *Selektion:* Aus den Individuen der aktuellen Population wird ein „Genpool" erzeugt, in den einzelne Individuen mit einer Wahrscheinlichkeit, die proportional zu ihrer Fitness ist, eingehen. Von Individuen mit hoher Fitness enthält der Genpool u. U. mehrere „Kopien", während Individuen mit geringer Fitness evtl. nicht enthalten sind (Intensivierung).

– *Rekombination:* Aus dem Genpool werden sukzessive jeweils 2 Strings (Individuen) entnommen. Mit einer vorzugebenden Crossover-Wahrscheinlichkeit p wird das Paar z. B. durch einfache Kreuzung (1-Punkt-Crossover) rekombiniert, d. h., es werden 2 neue Strings (Nachkommen) erzeugt. Mit Wahrscheinlichkeit $1-p$ wird das Paar unverändert in die neue Population aufgenommen, d. h., beide Individuen überleben unverändert. Bei einem 1-Punkt-Crossover werden beide Strings an einer zufälligen Position geteilt und die Teilstrings kreuzweise vertauscht. Derart erzeugte Nachkommen können unzulässig sein, so dass ggf. andere Rekombinationsoperatoren (z. B. Order-Crossover) erforderlich sind.

– *Mutation:* Bei der Rekombination neu entstandene Individuen werden mit einer (kleinen) Mutationswahrscheinlichkeit zufällig verändert (z. B. zufälliges Kippen eines Bits im Binärvektor). Die ggf. mutierten Strings werden als neue Individuen neben den die Rekombination überlebenden der neuen Population hinzugefügt. Der Prozess der Rekombination und Mutation von Strings aus dem Genpool wird so lange fortgesetzt, bis der Genpool leer und damit die neue Population vollständig ist. Der Generationszyklus beginnt von Neuem, bis ein vorzugebendes Abbruchkriterium erfüllt ist.

A 2.2.3 Bemerkungen zur nichtlinearen Optimierung

Viele logistische Problemstellungen weisen nichtlineare Zusammenhänge auf (z. B. Transporttarife, degressive Kostenfunktionen), so dass sie eigentlich als nichtlineare (ganzzahlige) Optimierungsmodelle formuliert und gelöst werden müssten. Jedoch ist in vielen Fällen eine Approximation nichtlinearer durch stückweise lineare Funktionen ohne erhebliche Einbußen an Planungsqualität möglich. Aus diesem Grund verzichtet man häufig auf die explizite Betrachtung nichtlinearer Optimierungsmodelle.

Zur Lösung nichtlinearer Optimierungsmodelle werden prinzipiell ähnliche Vorgehensweisen wie für lineare Modelle verwendet (modifizierter Simplex-Algorithmus, Branch & Bound, exakte und heuristische Suchverfahren); sie sind i. d. R. jedoch aufwendiger und weniger elegant. Für Einführungen in die nichtlineare Optimierung s. [Neu93; Hil97: Kap. 14; Dom07a: Kap. 8].

Literatur

[Aar89] Aarts, E.; Korst, J.: Simulated annealing and Boltzmann machines. Chichester (England): Wiley 1989

[Aar97] Aarts, E.; Lenstra, J.K. (eds.): Local search in combinatorial optimization. Chichester (England): Wiley 1997

[Bac80] Bachem, A.: Komplexitätstheorie im Operations Research. Z. für Betriebswirtschaft 50 (1980) 812–844

[Dom95] Domschke, W.: Logistik: Transport. 4. Aufl. Berlin: Springer 1995

[Dom96a] Domschke, W.; Klein, R.; Scholl, A.: Tabu Search – eine intelligente Lösungsstrategie für komplexe Optimierungsprobleme. WiSt – Wirtschaftswiss. Studium 25 (1996) 606–610

[Dom96b] Domschke, W.; Klein, R.; Scholl, A.: Tabu Search – durch Verbote zum schnellen Erfolg. c't – Magazin für Computer Technik (1996) 12, 326–332

[Dom96c] Domschke, W.; Drexl, A.: Logistik: Standorte. 4. Aufl. München: Oldenbourg 1996

[Dom97a] Domschke, W.; Scholl, A.; Voß, S.: Produktionsplanung – Ablauforganisatorische Aspekte. 2. Aufl. Berlin: Springer 1997

[Dom97b] Domschke, W.: Logistik: Rundreisen und Touren. 4. Aufl. München: Oldenbourg 1997

[Dom07a] Domschke, W.; Drexl, A.: Einführung ins Operations Research. 7. Aufl. Berlin: Springer 2007

[Dom07b] Domschke, W.etal.: Übungen und Fallbeispiele zum Operations Research. 6. Aufl. Berlin: Springer 2007

[Due90] Dueck, G.; Scheuer, T.: Threshold accepting: A general purpose optimization algorithm appearing superior to simulated annealing. J. of Computational Physics 90 (1990) 161–175

[Fis95] Fisher, M.L.: Vehicle routing. In: Ball, M.O.; Magnanti, T.L. et al. (eds.): Network routing. Handbooks in Operations Res. and Management Sci. 8. Amsterdam (Niederlande): Elsevier 1995, 1–33

[Fou97] Fourer, R.: Software survey: Linear programming. OR/MS Today 24 (1997) 2, 54–63

[Gar79] Garey, M.R.; Johnson, D.S.: Computers and intractability: A guide to the theory of NP-completeness. San Francisco, Cal. (USA): Freeman 1979

[Glo97] Glover, F.; Laguna, M.: Tabu search. Boston, Ma. (USA): Kluwer 1997

[Gol89] Goldberg, D.E.: Genetic algorithms in search, optimization and machine learning. Reading, Ma. (USA): Addison-Wesley 1989

[Hil97] Hillier, F.S.; Lieberman, G.J.: Operations Research. 5. Aufl. München: Oldenbourg 1997

[Kle99] Klein, R.; Scholl, A.: Computing lower bounds by destructive improvement – An application to resource-constrained project scheduling. Europ. J. of Operational Res. 112 (1999) 322–346

[Kle00] Klein, R.: Scheduling of resource-constrained projects. Boston, Ma. (USA): Kluwer 2000

[Kuh92] Kuhn, H.: Heuristische Suchverfahren mit simulierter Abkühlung. WiSt – Wirtschaftswiss. Studium 21 (1992) 387–391

[Lap92] Laporte, G.: The traveling salesman problem: An overview of exact and approximate algorithms. Europ. J. of Operational Res. 59 (1992) 231–247

[Law85] Lawler, E.L.; Lenstra, J.K.; Rinnooykan, A.H.G.; Shmoys, D.B. (eds.): The traveling- sales-man problem – A guided tour of combinatorial optimization. Chichester, (England): Wiley 1985

[Mar90] Martello, S.; Toth, P.: Knapsack problems – Algorithms and computer implementations. Chichester, (England): Wiley 1990

[Mül81] Müller-Merbach, H.: Heuristics and their design: A survey. Europ. J. of Operational Res. 8 (1981) 1–23

[Neu02] Neumann, K.; Morlock, M.: Operations Research. 2. Aufl. München: Hanser 2002

[Nis94] Nissen, V.: Evolutionäre Algorithmen: Darstellung, Beispiele, betriebswirtschaftliche Anwendungsmöglichkeiten. Wiesbaden: Dt. Univ. Verlag 1994

[Osm93] Osman, I.H.: Metastrategy simulated annealing and tabu search algorithms for the vehicle routing problem. Annals of Operations Res. 41 (1993) 421–451

[Osm96] Osman, I.H.; Kelly, J.P.: Meta-heuristics: Theory and applications. Boston, Ma. (USA): Kluwer 1996

[Pes94] Pesch, E.: Learning in automated manufacturing – A local search approach. Heidelberg: Physica 1994

[Pes95] Pesch, E.; Voß, S. (eds.): Applied local search. OR Spektrum 17 (1995) Sonderheft 2/3

[Ree93] Reeves, C.R. (eds.): Modern heuristic techniques for combinatorial problems. Oxford (England): Blackwell 1993

[Sch97a] Scholl, A.; Klein, R.; Jürgens, C.: BISON: A fast hybrid procedure for exactly solving the one-dimensional bin packing problem. Computers & Operations Res. 24 (1997) 627–645

[Sch97b] Scholl, A.; Krispin, G.; Klein, R.; Domschke, W.: Branch and Bound – Optimieren auf Bäumen: je beschränkter, desto besser. c't – Magazin für Computer Technik (1997) 10, 336–345

[Sch98] Scholl, A.; Klein, R.; Domschke, W.: Logistik: Aufgaben der Tourenplanung. WISU – das Wirtschaftsstudium 27 (1998) 62–67

[Sch99] Scholl, A.: Balancing and sequencing of assembly lines. 2. Aufl. Heidelberg: Physica 1999

[Sch00] Scholl, A.; Weber, M.: Distributions-Logistik: Entscheidungsunterstützung bei der periodischen Belieferung von Regionalvertretungen. Z. für Betriebswirtschaft 70 (2000) 1109–1132

[Wer89] de Werra, D.; Hertz, A.: Tabu search techniques: A tutorial and an application to neural networks. OR Spektrum 11 (1989) 131–141

A 2.3 Bedientheoretische Modellierung logistischer Systeme

Die *Bedientheorie* beschäftigt sich mit den Auswirkungen von stochastischen Anforderungen auf den Warte-, Abfertigungs- und Abgangsprozess an einer Ressource. Infolge der auftretenden Wartezeiten entstehen Warteschlangen, weshalb dieses Gebiet des Operations Research auch als *Warteschlangentheorie* bezeichnet wird.

Im Folgenden werden die wichtigsten Zusammenhänge und Formeln vorgestellt, mit denen ein Einstieg in die *Abbildung logistischer Systeme* mit Hilfe bedientheoretischer

Modelle gegeben ist. Die Möglichkeiten bedientheoretischer Methoden gehen allerdings weit über die hier angeführten Modelle hinaus. Einen weiterführenden Überblick über Modelle in der Produktion enthält [Buz93], einige praktische Anwendungen sind in [Fur00] angeführt; in [Tra96] ist u. a. die Erweiterung hin zu zeitdiskreten Modellen dargestellt.

Zur Vereinfachung der Berechnung von Kennwerten gibt es Spreadsheet-Vorlagen (z. B. unter http://www.geocities.com/qtsplus/), welche die meisten der hier vorgestellten Modelle abdecken.

A 2.3.1 Modellierung von Einzelelementen als Bediensystem

A 2.3.1.1 Bestandteile und Beschreibung eines Bediensystems

Grundelement der Bedientheorie sind die *Bediensysteme*, die aus einer – Einkanalsystem – oder mehreren Bedienstationen – Mehrkanalsystem – und einem Warteraum bestehen (Bild A 2.3-1). Ressourcenanforderungen (z. B. ein zu fertigendes Los, ein zu transportierender Behälter) werden in der Bedientheorie als *Kunden* bezeichnet. Die Ankünfte der Kunden erfolgen nach einem Zufallsprozess, der durch die statistische Verteilung der Zeit zwischen 2 aufeinander folgenden Ankünften, der sog. *Zwischenankunftszeit* t_{an}, charakterisiert ist. Mit Hilfe des Erwartungswertes der Zwischenankunftszeit $E(t_{an})$ kann auch die *Ankunftsrate*, also die mittlere Zahl der Ankünfte pro Zeiteinheit, als $\lambda = 1/E(t_{an})$ ausgedrückt werden.

Ist mindestens eine Bedienstation frei, so wird der ankommende Kunde sofort bedient. Die Dauer der Bedienung sei ebenfalls zufällig und durch t_{ab} beschrieben. Beträgt der Erwartungswert der *Bedienzeit* $E(t_{ab})$, so können im Mittel pro Zeiteinheit $\mu = 1/E(t_{ab})$ Kunden bedient werden. Dies ist die sog. *Bedienrate*; sie gibt an, wieviele Kunden bei gegebener statistischer Verteilung der Bedienzeiten und voller Auslastung des Bediensystems an einer Bedienstation maximal pro Zeiteinheit bedient werden können.

Ist keine Bedienstation frei, so bleibt der Kunde zunächst im *Warteraum*, sofern ein solcher vorhanden ist und noch über freie Kapazität verfügt. Aus dem Warteraum werden die Kunden in der sog. *Bediendisziplin* abgerufen. Diese beschreibt die Auswahlkriterien, nach denen die Kunden aus der Warteschlange ausgewählt werden.

Zur *Klassifizierung* verschiedener Bediensystemmodelle wurde von Kendall eine Notation eingeführt, die im Kern den Ankunftsprozess, den Bedienprozess, die Zahl paralleler Bedienstationen sowie die Bediendisziplin beinhaltet. Mit Hilfe dieser Klassifikation können die Modelle

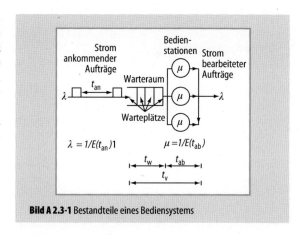

Bild A 2.3-1 Bestandteile eines Bediensystems

in einem Schema der Form A|B|m-XXXX beschrieben werden:
– A   Ankunftsprozess,
– B   Bedienprozess,
– m   Anzahl paralleler Bedienstationen (sie kann auch unendlich sein),
– XXXX Bediendisziplin, nach der Kunden aus der Warteschlange der nächsten frei werdenden Bedienstation zugeordnet werden.

In der Logistik sind folgende Bediendisziplinen von Bedeutung:
– Bei *First-Come-First-Served* (FCFS) oder synonym First-In-First-Out (FIFO) werden die Kunden nach der Reihenfolge ihres Eintreffens der nächsten freien Bedienstation zugewiesen. Ist im Folgenden keine Bediendisziplin angegeben, so ist FCFS unterstellt.
– Außerdem können für Kundenklassen Prioritäten vergeben werden. In diesem Fall kann zwischen *unterbrechenden* (PRE für Preemptive) und *nichtunterbrechenden* (NONPRE) Prioritäten unterschieden werden.

Die wichtigsten Leistungskennwerte eines Bediensystems im Zusammenhang mit Modellen logistischer Systeme sind:
– *Auslastungsgrad* ρ, also das Verhältnis von genutzter zu verfügbarer Kapazität,
– *Wartezeit* im Warteraum t_w,
– gesamte *Verweilzeit* im Bediensystem t_v,
– Zahl der im Mittel im Warteraum befindlichen Kunden N_w,
– insgesamt im Mittel im Bediensystem befindliche Zahl von Kunden N.

Alle diese Werte haben den Charakter eines Erwartungswertes.

A 2.3.1.2 Modellierung von logistischen Ressourcen als Bediensystem

Ankunft und Bedienung von Ressourcenbeanspruchung

In logistischen Netzen werden die von den Kunden beanspruchten Ressourcen miteinander verknüpft, um eine Gesamtleistung zu erbringen. Die Bedienzeit eines Kunden bildet die gesamte Zeit ab, während der ein Auftrag eine Ressource belegt. Hierzu gehören neben der eigentlichen Bearbeitungszeit auch die Zeiten, in denen die Ressource zur Vor- oder Nachbereitung der Auftragsbearbeitung nicht zur Verfügung steht (z. B. Rüstzeit, Einmesszeit, Qualitätsprüfungszeit, Reinigungszeit). Die Wartezeiten dürfen dagegen keinesfalls als Teil der Bedienzeit modelliert werden, da sie aus dem Ankunfts- und Bedienprozess resultieren.

Im einfachsten Fall wandelt die logistische Ressource einen Eingangsstrom von Aufträgen nach Erbringen einer Dienstleistung – meist mit Hilfe einer maschinellen Einrichtung – in einen Abgangsstrom um. Die Ein- und Ausgänge der Ressourcen sind untereinander oder mit der Systemumgebung verbunden. Die wichtigsten in der Bedientheorie zur Beschreibung von Ankunfts- und Bedienprozessen genutzen Verteilungen werden im Folgenden mit den Symbolen der Bedienzeitverteilung dargestellt:

- Bei der *Exponentialverteilung* beschreibt der Parameter μ gleichzeitig den Mittelwert der Bedienzeit $E(t_{ab}) = 1/\mu$ und deren Varianz $Var(t_{ab}) = 1/\mu^2$. Die Dichtefunktion wird durch $f(t) = \mu e^{-\mu t}$ beschrieben. Exponentialverteilte Zeiten sind Voraussetzung für einen Markov-Prozess, weshalb diese Verteilungen in der Kendalschen Notation durch ein „M" gekennzeichnet sind. Bei Kombination mehrerer Exponentialverteilungen zu Phasenverteilungen entstehen weitere Verteilungen, auf die hier jedoch nicht eingegangen wird.
- Bei *Generellen Verteilungen* wird der stochastische Prozess allein über die Verteilungsparameter Mittelwert und Varianz oder die ersten beiden Momente beschrieben. In der Kendalschen Notation werden diese Verteilungen mit „G" gekennzeichnet.

Ersetzt man den Parameter μ durch λ und t_{ab} durch t_{an}, so werden die Beschreibungen vom Bedien- auf den Ankunftsprozess übertragen.

Warteprozess und Littles Gesetz

Grundsätzlich wird unterschieden, ob bei einem Bediensystem ankommende Kunden bei belegter Bedienstation warten (Wartesystem) oder sofort das Bediensystem verlassen (Verlustsystem). Für Modelle logistischer Systeme werden vorwiegend *Wartesysteme* genutzt.

Bei einer FCFS-Bediendisziplin ist die mittlere Wartezeit bis zum Beginn der Bedienung mit der mittleren Zahl von Kunden im Warteraum und der mittleren Ankunftsrate durch *Littles Gesetz* miteinander verknüpft:

$$N_w = \lambda\, t_w \qquad (A\,2.3\text{-}1)$$

Wird die Betrachtung auf den Zeitraum vom Betreten des Bediensystems bis zum Verlassen des Bediensystems ausgedehnt, so ergibt sich für Einkanalbediensysteme

$$N = \lambda\, t_v \qquad (A\,2.3\text{-}2)$$

Littles Gesetz zählt zu den zentralen Zusammenhängen der Bedientheorie [Lit60].

Wird Littles Gesetz auf logistische Zusammenhänge angewendet, folgt, dass Bestände (abgebildet in N_w bzw. N) bei konstantem Durchsatz λ nur dann gesenkt werden können, wenn auch die mittlere Durchlaufzeit im gleichen Maß reduziert wird.

Abbildung von Störungen

Störungen der Ressourcen können auf verschiedene Arten abgebildet werden. Eine direkte Modellierung unzuverlässiger Bedienstationen ist auf Bediensysteme beschränkt, deren stochastische Prozesse ausschließlich mit Exponentialverteilungen beschrieben werden.

Eine andere Möglichkeit besteht darin, Störungen als *Kunden mit höchster Priorität* zu modellieren. In diesem Fall ist der Abstand zwischen dem Eintreffen zweier Störungen als Zwischenankunftszeit und die Dauer der Störungsbehebung als Bedienzeit abzubilden. Da sich bei diesem Modell eine Warteschlange von Störungen aufbauen kann, ist zu prüfen, ob dies in dem zu modellierenden Fall möglich ist oder ob die Wahrscheinlichkeit für das Auftreten dieses Falles vernachlässigbar gering ist. Weiterhin kann die Ressource bei dieser Modellierungsart auch dann gestört werden, wenn sie nicht produktiv genutzt wird. Auch hier ist zu prüfen, ob diese Modellierung den tatsächlichen Gegebenheiten gut genug entspricht.

Die Auswirkungen von Störungen lassen sich abschätzen, indem Störzeiten bei der Modellierung der Bedienzeiten berücksichtigt werden. In diesem Fall ergibt sich die Bedienzeit eines Auftrags als Summe der Auftragsbearbeitungszeit und der mit Wahrscheinlichkeit ihres Auftretens gewichteten Störungsdauer [Con96].

A 2.3.1.3 Exakte Berechnungsverfahren zur Kennwertermittlung für zeitkontinuierliche Systeme

Die exakte Berechnung von Kennwerten ist sehr eng mit der Markov-Eigenschaft verbunden. Die besondere Form der Exponentialverteilung ermöglicht einfache Analysen, da die Wahrscheinlichkeit eines zukünftigen Ereignisses (z. B. einer Ankunft) unabhängig von der Zeit ist, die seit dem letzten Ereignis verstrichen ist. Diese Eigenschaft wird häufig als *Gedächtnislosigkeit* bezeichnet.

System M|M|1-FCFS

Sind Zwischenankunfts- und Bedienzeiten exponentialverteilt, so kann der Zustand eines solchen Bediensystems vollständig mit Hilfe der Zahl der Kunden $N(t)$ ausgedrückt werden, die sich im Bediensystem befinden, denn der stochastische Prozess besitzt die sog. *Markov-Eigenschaft*. Das M|M|1-Bediensystem hat diese Eigenschaft, weshalb der Zustandsraum eines solchen Systems mit einer einfachen Markov-Kette, der Zahl der Kunden im Bediensystem, beschrieben werden kann (Bild A 2.3-2). Hiermit ist eine einfache Bestimmung der Zustandswahrscheinlichkeiten $P(N(t)=k)=p(k)$ möglich.

Befindet sich das Bediensystem im Gleichgewicht (Auslastungsgrad $\rho=\lambda/\mu<1$), dann muss die Wahrscheinlichkeit, in einen Zustand k zu gelangen, genau so groß sein, wie die Wahrscheinlichkeit, diesen Zustand wieder zu verlassen. Dies bezeichnet man als *statistisches Gleichgewicht*. Für den Zustand k ergibt sich eine Zustandswahrscheinlichkeit

$$p(k)=(1-\rho)\rho^k = p(0)\rho^k.$$

Diese Wahrscheinlichkeiten können genutzt werden, um logistische Elemente (z. B. Bereitstellflächen vor Bearbeitungsmaschinen) zu dimensionieren.

Bildet man die mit den Zuständen k gewichtete Reihensumme, um den Erwartungswert der Zahl von Kunden im System zu bestimmen, so ergibt sich

$$N=\frac{\rho}{(1-\rho)}.$$

System M|M|m-FCFS

Der Auslastungsgrad ρ eines Mehrkanalsystems sei wie folgt festgelegt: $\rho=\lambda/(m\mu)$. Damit gibt ρ die durchschnittliche Auslastung einer Bedienstation und $m\rho$ die Zahl der im Mittel aktiven Bedienstationen an.

Beim M|M|m-Bediensystem kann die Übergangsrate von einem Zustand zu seinen Nachbarzuständen mit der

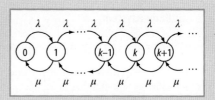

Bild A 2.3-2 Markov-Kette für die Zustände eines M|M|1-Bediensystems

Zahl der im System befindlichen Kunden variieren. In Bild A 2.3-3 ist zu sehen, dass für Zustände $k<m$ nicht alle Bedienstationen benutzt werden können, die Übergangsrate für Abfertigungen ist in diesem Bereich durch $k\mu$ gegeben, da bei $k<m$ Kunden im Bediensystem genau k Bedienstationen aktiv sind. Für Zustände $k\geq m$ ist die Übergangsrate für Abfertigungen dann konstant gleich $m\mu$.

Als Lösung der Gleichgewichtsgleichungen ergibt sich

$$p(k)=\begin{cases}\dfrac{(m\rho)^k}{k!}p(0) & k=0,1,\ldots,m\\[6pt]\dfrac{m^m\rho^k}{m!}p(0) & k>m.\end{cases}$$

Da die Summe aller Zustandswahrscheinlichkeiten 1 betragen muss, kann anschließend der Wert von $p(0)$ bestimmt werden.

$$p(0)=\frac{1}{\dfrac{(m\rho)^m}{(1-\rho)m!}+\sum_{i=0}^{m-1}\dfrac{(m\rho)^i}{i!}}.$$

Durch Addition der gewichteten Zustandswahrscheinlichkeiten wird die mittlere Zahl von Kunden im Bediensystem N bestimmt. Es resultiert

$$N=m\cdot\rho+p(m)\frac{\rho}{(1-\rho)^2}.$$

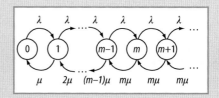

Bild A 2.3-3 Markov-Kette für die Zustände eines M|M|m-Bediensystems

Damit beträgt

$$N_w = N - m \cdot \rho = p(m)\frac{\rho}{(1-\rho)^2}. \qquad (A\ 2.3\text{-}3)$$

M|G|1-Bediensystem ohne Prioritäten

Da Bedienzeiten in der Praxis selten einer Exponentialverteilung gehorchen, kommt man zu praktisch verwertbaren Abschätzungen für Wartezeit und Warteschlangenlänge durch Nutzung eines M|G|1-Bediensystems. Hier wird die Bedienzeitverteilung nur durch *Mittelwert* und *Varianz* beschrieben.

Zur Herleitung der Wartezeit an einem M|G|1-Bediensystem wird ein Kunde betrachtet, der das System in seinem Durchschnittszustand antrifft. Dies ist zulässig, da der Ankunftsprozess ein Markov-Prozess ist und deshalb die Kunden in ihrer Gesamtheit das System in einem „Durchschnittszustand" erleben. Damit ist die mittlere Wartezeit bestimmbar.

$$t_w = \frac{\rho E(t_{ab}^2)}{2 E(t_{ab})(1-\rho)}$$

Wird die Varianz des Bedienprozesses mit Hilfe der Variabilität

$$c_{ab}^2 = Var(t_{ab})/E(t_{ab})^2$$

beschrieben, resultieren folgende Formeln für die wichtigsten Leistungskennwerte des M|G|1-Bediensystems:

$$t_w = \frac{\rho E(t_{ab})(1 + c_{ab}^2)}{2(1-\rho)}$$

$$N_w = \frac{\rho^2 (1 + c_{ab}^2)}{2(1-\rho)}$$

$$N = \rho + \frac{\rho^2 (1 + c_{ab}^2)}{2(1-\rho)}.$$

Die letzte Formel ist als *Pollazek-Khintchine-Formel* für die mittlere Zahl der Kunden in einem Bediensystem bekannt.

Durch den Vergleich der Variabilität mit den bekannten Variabilitäten $c_{ab}^2 = 0$ eines deterministischen Prozesses und $c_{ab}^2 = 1$ einer exponentialverteilten Größe ist eine überschlägige Einordnung eines stochastischen Prozesses möglich. In Bild A 2.3-4 ist die mittlere Zahl der Kunden im Bediensystem für verschiedene Werte c_{ab}^2 dargestellt.

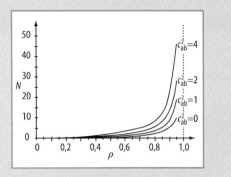

Bild A 2.3-4 Verlauf der mittleren Zahl von Kunden im Bediensystem für ein M|G|1-Bediensystem mit Variablitäten $c_{ab}^2 = \{0, 1, 2, 4\}$

Mit zunehmender Variabilität kommt es zu einer überproportionalen Zunahme der Kundenzahl im Bediensystem. Dies wirkt sich besonders bei hohen Auslastungsgraden ($\rho > 0{,}5$) aus. Der enge Abstand der Kurven darf nicht darüber hinwegtäuschen, dass sich die mittlere Zahl der Kunden im System überproportional mit der Variabilität erhöht.

M|G|1-Bediensystem mit Prioritäten

Mit Hilfe einfacher, auf dem M|G|1-Bediensystem basierenden Überlegungen, lässt sich zeigen, dass die Auswirkungen von Prioritätsregeln einigen Grundregeln genügen müssen. Die folgenden Ausführungen beschränken sich auf *arbeitserhaltende* Prioritätsregeln, für die gilt: Wenn ein Kunde mit Bedienzeitbedarf t_{ab} zum Zeitpunkt t im Umfang αt_{ab} bedient wurde, beträgt seine Restbedienzeit t_r nach Unterbrechung noch $t_r = t_{ab}(1-\alpha)$.

Betrachtet werden die in Abschn. A 2.3.1.1 vorgestellten Prioritätsregeln PRE und NONPRE. Die Kunden werden in nummerierte Klassen $j = 1, 2, \ldots$ eingeteilt, wobei die Klasse 1 die höchste Priorität besitzt. Es sei p_j die Wahrscheinlichkeit, dass ein eintreffender Kunde der Klasse j angehört und die erwartete Bedienzeit $E(t_{ab,j})$ fordert. Der Erwartungswert der Bedienzeit $E(t_{ab,\text{ges}})$ über alle Klassen kann mit $E(t_{ab,\text{ges}}) = \sum_j p_j E(t_{ab,j})$ berechnet werden. Die partielle Auslastung des Bediensystems durch Kunden der Klasse j ist als $\rho_j = \lambda\ p_j\ E(t_{ab,j})$ definiert. Hieraus resultiert eine Gesamtauslastung $\rho = \lambda\ E(t_{ab,\text{ges}}) = \sum_j \rho_j$. Die mittlere Anzahl von wartenden Kunden einer Klasse j, die sich im System befindet, sei mit $N_{w,j}$ bezeichnet und $N_w = \sum_j N_{w,j}$ sei die Gesamtzahl wartender Kunden. $E(t_{w,j})$ ist die mittlere Wartezeit der Kunden der Klasse j und $E(t_w) = \sum_j p_j\ t_{w,j}$ die mittlere Wartezeit aller Kunden im System.

Kleinrock hat gezeigt, dass durch Priorisierungen, die nicht auf der Dauer der Bedienzeit beruhen, keine Verkürzung der mittleren Wartezeit möglich ist [Kle76]. Die Wartezeit wird lediglich zwischen den Klassen verschoben. Der Erwartungswert für die mittlere Wartezeit über alle Klassen entspricht dabei derjenigen eines M|G|1-Bediensystems.

System M|G|1-NONPRE. Die Betrachtung beschränkt sich zuerst auf 2 Klassen, da sich die Ergebnisse für mehrere Kundenklassen durch Subsummieren aller Klassen mit höherer Priorität in eine einzige Klasse ermitteln lassen. Zur Vereinfachung der Notation werden im Folgenden die Erwartungswerte (z. B. $E(t_w)$) verkürzt notiert (in diesem Fall durch t_w). Ausnahme sind die 2. Momente der Bedienzeit (z. B. $E(t_{ab,\text{ges}}^2)$).

Bei nichtunterbrechenden Prioritäten wird, falls gerade ein Kunde einer niedereren Prioritätsklasse in der Bedienstation ist, der soeben eintreffende, höher priorisierte Kunde erst dann bedient, wenn die Bedienung des in der Bedienstation befindlichen Kunden abgeschlossen ist.

Die Wartezeit $t_{w,1}$ von Kunden der Klasse 1 besteht aus der Bedienzeit aller bereits eingetroffenen Kunden der Klasse 1 sowie aus der Restbedienzeit des gerade in Bedienung befindlichen Kunden und unterscheidet sich von der Pollazek-Khintchine-Formel dadurch, dass ein Kunde der Klasse 1 lediglich auf Kunden seiner eigenen Klasse warten muss, weshalb in vorstehendem Ausdruck im Nenner nur $1-\rho_1$ auftritt. Wird dieser Ausdruck für $t_{w,1}$ aufgestellt, so ergibt sich

$$t_{w,1} = \frac{\lambda E(t_{ab}^2)}{2(1-\rho_1)} = \frac{\rho E(t_{ab}^2)}{2E(t_{ab})(1-\rho_1)}.$$

Für einen soeben eingetroffenen Kunden der Klasse 2 besteht die Wartezeit aus den Summanden
- Restbearbeitungszeit des gerade bedienten Kunden,
- Bearbeitungszeit aller bereits eingetroffenen Kunden der Klasse 1,
- Bearbeitungszeit aller bereits wartenden Kunden der Klasse 2,
- Bearbeitungszeit aller während der Wartezeit eintreffenden Kunden der Klasse 1.

$$t_{w,2} = \underbrace{\frac{\lambda E(t_{ab}^2)}{2(1-\rho_1-\rho_2)}}_{A} \cdot \overbrace{\frac{1}{1-\rho_1}}^{B}.$$

Die Wartezeit auf Grund der Gesamtauslastung wird durch den Faktor A repräsentiert und entspricht mit $\rho = \rho_1 + \rho_2$ der erwarteten Wartezeit für ein M|G|1-FCFS-System mit der Auslastung ρ. Die durch die Priorisierung von Klasse 1 entstehende Wartezeit wird durch den Faktor $B = 1/(1-\rho_1)$ erfasst; er wird deshalb auch als *Expansionsterm* bezeichnet.

In der allgemeinen Form für beliebig viele Klassen lautet die Formel für die Berechnung der mittleren Wartezeit für die k-te Klasse [Wol89: 441]

$$t_{w,k} = \frac{\lambda E(t_{ab}^2)}{2\left(1-\sum_{i<k}\rho_i\right)\left(1-\sum_{i\leq k}\rho_i\right)}.$$

Grundsätzlich ist die Wartezeit der priorisierten Kunden geringer als die der nichtpriorisierten Kunden. Jedoch wird dieser Effekt immer geringer, wenn mehr Kunden in die priorisierte Klasse aufgenommen werden. Gleichzeitig kommt es bei steigender Zahl der priorisierten Kunden zu einer überproportionalen Zunahme der Wartezeit von Kunden der Klasse 2, die dadurch zu erklären ist, dass ein immer kleiner werdender Teil der Kunden die Wartezeitverkürzung von immer mehr priorisierten Kunden kompensiert, da die mittlere Gesamtwartezeit konstant bleibt.

System M|G|1-PRE. Im Fall unterbrechender Prioritäten wird die Bearbeitung von Kunden geringerer Priorität sofort unterbrochen und die Bedienung des Kunden der höheren Priorität beginnt. Da Kunden der niederen Prioritätsstufen Kunden der höchsten Priorität nie behindern, wird die Warte- und Verweilzeit der Kunden der höchsten Prioritätsstufe nur durch Aufträge der gleichen Klasse beeinflusst und ist deshalb identisch mit der eines durch Klasse 1 exklusiv belegten M|G|1-Systems. Die Wartezeit $t_{w,1}$ beträgt

$$t_{w,1} = \frac{\lambda_1 E(t_{ab,1}^2)}{2(1-\rho_1)}.$$

Für Kunden der Klasse 2 bleibt die Wartezeit die gleiche wie im Fall der nichtunterbrechenden Prioritäten, denn bis zum Beginn der Bedienung eintreffende Kunden der Klasse 1 werden auf jeden Fall vor Beginn der Bedienung eines Kunden der Klasse 2 abgefertigt. Ein Unterschied ergibt sich jedoch für die Verweilzeit $t_{v,2}$, da sie durch mögliche Unterbrechungen während der Bedienung verlängert werden kann.

Sei $t_{k,2}$ die Zeit, die vom Beginn der Bedienung eines Kunden der Klasse 2 bis zur Beendigung der Bedienung vergeht, dann gilt

$$t_{v,2} = t_{w,2} + t_{k,2} = \frac{\lambda E(t_{ab}^2)}{2(1-\rho_1)(1-\rho_1-\rho_2)} + \frac{E(t_{ab,2})}{(1-\rho_1)}.$$

Die Zeit ab Beginn der Bedienung verlängert sich für Kunden der Klasse 2 im Vergleich zu nichtunterbrechenden Prioritäten um den Faktor $1/(1-\rho_1)$.

Der Vergleich der Warte- und Verweilzeiten bei unterbrechenden und bei nicht unterbrechenden Prioritäten zeigt, dass sich die Warte- und Verweilzeiten für Klasse 1 nur dann ändern, wenn sich der Erwartungswert der Bedienzeit von Klasse 1 vom Mittelwert der Gesamtheit aller Kunden unterscheidet. Eine Verkürzung der mittleren Verweilzeit ist also nur möglich, wenn der Erwartungswert der Bedienzeit der Klasse 1 kleiner als derjenige der Gesamtheit aller Kunden ist.

Approximationen für M|G|m-Bediensysteme

Insbesondere für die *Abbildung von Werkstattfertigungen*, in denen Gruppen gleichartiger Maschinen vorhanden sind, ist es notwendig, Bediensysteme mit mehreren parallelen Bedienstationen abbilden zu können. Es ist jedoch heute mit den für das M|G|1-Bediensystem angewendeten Methoden nicht möglich, Formeln für exakte Kennwerte des M|G|m-Bediensystems zu entwickeln, da die Belegung der Bedienstationen von der Ankunftsreihenfolge abhängig ist.

Deshalb werden zur Abbildung von Bediensystemen mit mehreren Bedienstationen *Näherungsverfahren* verwendet. Eine einfache Approximation beruht auf einem Analogieschluss, bei dem zunächst die Unterschiede zwischen einem M|M|1- und einem M|M|m-Bediensystem analysiert werden. Diese Unterschiede werden genutzt, um einen Analogieschluss von einem M|G|1-System auf ein M|G|m-System durchzuführen. Es gilt

$$t_w^{M|G|1} = t_w^{M|M|1} \cdot \frac{1 + c_{ab}^2}{2}.$$

In dem Faktor $(1 + c_{ab}^2)/2$ wird der Einfluss der Variabilität abgebildet und auf das M|G|m-Bediensysteme übertragen.

$$t_w^{M|G|m} \approx t_w^{M|M|m} \cdot \frac{1 + c_{ab}^2}{2}.$$

Für die Ermittlung von $t_w^{M|G|m}$ kann das Ergebnis für N_w für M|M|m-Bediensysteme (Gl. (A 2.3-3)) zusammen mit Littles Gesetz genutzt werden.

A 2.3.1.4 Näherungsverfahren zur Kennwertermittlung für zeitkontinuierliche Systeme

Einkanalsysteme

Die bisher betrachteten Modelle werden um *Ankunftsprozesse* erweitert, die ebenfalls nur durch Mittelwert und Varianz bzw. die ersten beiden Momente beschrieben werden. Diese Modelle sind als G|G|1-FCFS-Bediensysteme klassifiziert. Die Berechnung exakter Kennwerte ist nicht möglich [Wol89]. Auf der Basis der ersten beiden Momente können lediglich Obergrenzen und Schätzwerte angegeben werden.

Eine gute obere Schranke wurde in [Wol89: 477] hergeleitet; sie lautet

$$E(t_w) \leq \frac{\lambda \left(Var(T_{an}) + Var(T_{an}) - (1-p)^2 Var(T_{an}) \right)}{2(1-\rho)}$$

Neben den Obergrenzen wurden zahlreiche Näherungsformeln entwickelt, bei deren Anwendungen jedoch keine maximale Abweichung garantiert werden kann. Der Grund hierfür liegt in der Tatsache, dass die mittlere Wartezeit nicht nur von den ersten beiden Momenten, sondern auch von den anderen Momenten beeinflusst wird, die in diesen Formeln keine Berücksichtigung finden. Unter den bekannten Näherungsformeln gibt z. B. Marchal an:

$$E(t_w) \approx \frac{1 + c_{ab}^2}{\frac{1}{\rho^2} + c_{ab}^2} \cdot \frac{\lambda \left(Var(T_{an}) + Var(T_{an}) \right)}{2(1-\rho)}.$$

Sehr häufig wird in Verfahren, die auf G|G|1-Bediensystemen aufbauen, die Formel von Krämer- und Langenbach-Belz angewendet. Mit einem Korrekturterm B wird der asymmetrische Einfluss der Variabilität der Bedienzeiten c_{an}^2 berücksichtigt:

$$B = \begin{cases} e^{\left[-\frac{2(1-\rho)}{3\rho} \cdot \frac{(1-c_{an}^2)^2}{c_{an}^2 + c_{ab}^2} \right]} & \text{für } c_{an}^2 \leq 1 \\ e^{\left[-(t-\rho) \cdot \frac{(c_{an}^2 - 1)}{c_{an}^2 + 4c_{ab}^2} \right]} & \text{für } c_{an}^2 > 1 \end{cases}$$

Mit Hilfe des geeigneten B wird t_w durch

$$E(t_w) \approx \frac{\rho \left(c_{an}^2 + c_{ab}^2 \right)}{2\mu(1-\rho)} \cdot B \qquad (A\ 2.3\text{-}4)$$

angenähert.

Die Verwendung von G|G|1-Bediensystemen zur Modellierung von *Komponenten von Materialflusssystemen* setzt auch voraus, dass Mittelwert und Variabilität der Verteilung der Zwischenabgangszeiten bestimmt werden können. Für die mittlere Zwischenabgangszeit $E(T_d)$ gilt $E(T_d) = 1/\lambda$. Die Bestimmung des Variationskoeffizienten c_d^2 muss mit Hilfe von Näherungsformeln vorgenommen werden. Whitt schlägt z. B. eine einfache Linearkombination zwischen den Variabilitäten der Zwischenankunfts- und der Bedienzeit vor, die mit der Auslastung des Bediensystems gewichtet ist:

$$c_d^2 = 1 + \rho^2 \left(c_{ab}^2 + 1 \right).$$

Mehrkanalsysteme

Wie für M|G|m-Bediensysteme ist es auch für G|G|m-Bediensysteme nicht möglich, exakte Formeln anzugeben, weshalb ebenfalls im Analogieschluss eine Übertragung des Unterschieds zwischen M|M|1- und M|M|m-Bediensystemen auf Approximationen für G|G|1- und G|G|m-Systeme genutzt wird.

$$E(t_w)^{\text{G}|\text{G}|\text{m}} = \frac{E(t_w)^{\text{M}|\text{M}|\text{m}}}{E(t_w)^{\text{M}|\text{M}|1}} E(t_w)^{\text{G}|\text{G}|1}$$

$$= \frac{E(t_w)^{\text{G}|\text{G}|1}}{E(t_w)^{\text{M}|\text{M}|1}} E(t_w)^{\text{M}|\text{M}|\text{m}}.$$

Aus Gl. (A 2.3-3) wird mit Hilfe von Littles Gesetz (Gl. (A 2.3-1))

$$E(t_w)^{\text{M}|\text{M}|\text{m}} = \frac{N_w}{\lambda} = \rho(m) E(t_{ab}) \frac{1}{1-\rho^2}$$

Unter Verwendung der Näherung (Gl. (A 2.3-4)) für $t_w^{\text{G}|\text{G}|1}$ resultiert ein Quotient

$$\frac{E(t_w)^{\text{G}|\text{G}|1}}{E(t_w)^{\text{M}|\text{M}|1}} \approx \frac{c_{an}^2 + c_{ab}^2}{2} \cdot B.$$

Damit ist die aus der Formel von Krämer/Langenbach-Belz abgeleitete *Näherung für die mittlere Wartezeit* am Mehrkanalbediensystem als

$$E(t_w)^{\text{G}|\text{G}|\text{m}} \approx \frac{c_{an}^2 + c_{ab}^2}{2} \cdot B \cdot E(t_w)^{\text{M}|\text{M}|\text{m}}. \quad \text{(A 2.3-5)}$$

auszudrücken, wobei B entsprechend Gl. (A 2.3-4) zu bestimmen ist.

Whitt schlägt eine Formel zur Bestimmung der Variabilität der Zwischenabgangszeit vor, die auf Ergebnissen für G|G|1-Bediensysteme beruht:

$$c_d^2 = 1 + \left(1 - \rho^2\right)\left(c_{an}^2 - 1\right) + \frac{\rho^2}{\sqrt{m}}\left(c_{ab}^2 - 1\right).$$

Der Ausdruck stimmt in den exakt überprüfbaren Fällen M|M|m- und M|G|∞-Bediensystem mit den bekannten, genauen Ergebnissen überein.

A 2.3.2 Modellierung von vernetzten Systemen als Bediensystemnetzwerk

Bediensystemnetzwerke können auf Grund verschiedener Merkmale klassifiziert werden, wobei im Folgenden unterschieden wird nach

– offenen und geschlossenen Systemen sowie nachgeordnet nach der
– Art der Zwischenankunfts- und Bedienzeitverteilungen.

Wie bei Einzelbediensystemen ist die Art der Verteilungen entscheidend dafür, ob die Berechnung von Kennzahlen exakt oder nur approximativ möglich ist.

A 2.3.2.1 Bestandteile und Beschreibung eines Bediensystemnetzwerkes

Da insgesamt M Bediensysteme miteinander vernetzt sind, werden die für isolierte Bediensysteme bereits eingeführten Beschreibungsparameter mit einem Index (z. B. $i = 1, \ldots, M$) wie bei $t_{ab,i}$ versehen, welche die Zuordnung des Parameters zu einem bestimmten Bediensystem i ausdrücken. Bei offenen Bediensystemnetzwerken wird die Netzwerkumgebung durch den Index 0 repräsentiert.

Der Zustand eines Bediensystemnetzwerkes wird im einfachsten Fall mit Hilfe eines Vektors k mit M Elementen beschrieben, in dem die Elemente k_i die Zahl der Kunden im Bediensystem i bezeichnen.

Die Flüsse $\lambda_{i,j}$ zwischen je 2 Bediensystemen werden durch Indexierung mit i und j bezeichnet, wobei der erste die Quelle und der zweite die Senke des Flusses angibt. Die Gesamtheit λ_j aller an einem Bediensystem j eintreffenden Flüsse entsteht durch Summierung aller eintreffenden Flüsse als

$$\lambda_j = \lambda_{0,j} + \sum_{i=1}^{M} \lambda_{i,j} \quad \forall j = 1, \ldots, M. \quad \text{(A 2.3-7)}$$

Die Gesamtheit dieser Gleichungen wird als *Flussgleichungen* bezeichnet. Bei geschlossenen Bediensystemen ist $\lambda_{0,j}$ stets 0.

Um die Struktur der Flüsse unabhängig von konkreten Ankunftsraten darstellen zu können, wird die Matrix der Übergangswahrscheinlichkeiten Q eingeführt. Ihre Elemente $q_{i,j}$ geben an, mit welcher Wahrscheinlichkeit im Mittel die Kunden vom Bediensystem i zum Bediensystem j übergehen.

$$q_{i,j} = \frac{\lambda_{i,j}}{\sum_{i=1}^{M} \lambda_{i,j}} \quad \forall i, j = 0, \ldots, M.$$

Die Variabilität eines Stromes von Knoten i nach j wird durch $c_{i,j}^2$ beschrieben, die Variabilität eines ankommenden Stromes mit $c_{an,i}^2$ und die des abgehenden Stromes mit $c_{ab,i}^2$.

Die Bestimmung von Kennwerten für Bediensystemnetzwerke ist für offene und geschlossene Netzwerke verschieden, da in offenen Netzwerken der Fluss im Netz von außen vorgegeben wird, woraus ein mittlerer Bestand von

Kunden im Netz resultiert, während in einem geschlossenen Netz der Fluss durch die Zahl der im Netzwerk befindlichen Kunden bestimmt wird.

A 2.3.2.2 Modellbildung für Materialflusssysteme

Logistiksysteme lassen sich als offene, geschlossene oder auch gemischte Bediensystemnetzwerke abbilden. Dabei können für eine gegebene Problemstellung durchaus 2 verschiedene Modellierungsmöglichkeiten bestehen:
- *Offene* Bediensystemnetzwerke modellieren Logistiksysteme, bei denen die Kunden an einem oder mehreren Knoten in das Netzwerk eintreten und nach Abschluss aller Bedienschritte das Netzwerk wieder verlassen. Die Anzahl von Kunden im Gesamtsystem unterliegt deshalb einem stochastischen Prozess und wird durch die Abläufe innerhalb des Netzwerkes bestimmt. Mit solchen Modellen können beispielsweise Werkstattfertigungen abgebildet werden.
- *Geschlossene* Bediensystemnetzwerke eignen sich zur Abbildung von Logistiksystemen, in denen eine feste Zahl von Kunden im Netz umläuft. Die Kunden verlassen das Netz nie, die Gesamtzahl der Kunden ist konstant. Betrachtet man fahrerlose Transportsysteme, so könnten die Fahrzeuge, die ja stets im System bleiben, durch die Kunden und die Blockstrecken durch die Bediensysteme abgebildet werden.

Weiterhin gibt es *gemischte* Bediensystemnetzwerke, auf die hier nicht weiter eingegangen wird.

A 2.3.2.3 Exakte Berechnung von Kennwerten für zeitkontinuierliche vernetzte Systeme

Kennwerte für offene Bediensystemnetzwerke

Netzwerke, die eine exakte Berechnung von Kennwerten erlauben, werden *BCMP-Netzwerke* genannt. BCMP steht dabei für Baskett, Chandy, Muntz, Palacios [Bas75], die Autoren des wegweisenden Aufsatzes, in dem diese Netzwerke charakterisiert werden.
- An den Bediensystemen wird nach den Disziplinen FCFS, PS (Processor Sharing) bzw. LCFS (Last Come, First Served) abgefertigt oder das Bediensystem verfügt über eine unendliche Zahl von Bedienstationen (sog. Infinite Server (IS)).
- Ist die Bediendisziplin FCFS, so sind als Bedienzeitverteilungen nur Exponentialverteilungen zugelassen. Für LCFS, PS oder eine unendliche Zahl von Bediensystemen können Bedienzeitverteilungen eingesetzt werden, die eine ganzrationale Laplace-Transformierte besitzen.

Die Zwischenankunftszeiten sind
- entweder exponentialverteilt und alle Kunden stammen aus einer Quelle, von der aus sie mit gegebenen Wahrscheinlichkeiten $p_{0,i}$ auf die Bediensysteme verteilt werden,
- oder stammen aus mehreren unabhängigen Quellen, die jeweils Kunden mit exponentialverteilten Zwischenankunftszeiten erzeugen.

Unter der Voraussetzung, dass an einem Bediensystem keine neuen Kunden entstehen bzw. keine Kunden vernichtet werden, gilt für jedes Bediensystem, dass der Fluss in das Bediensystem hinein genau so groß ist wie der Fluss aus dem Bediensystem hinaus. Es müssen die im vorherigen Abschnitt eingeführten Flussgleichungen gelten. Nach Lösung des linearen Gleichungssystems, das durch diese Gleichungen definiert ist, können die Flüsse λ_i bestimmt werden. Sind die Auslastungsgrade ρ_i an jedem Bediensystem kleiner als 1, kann ein eingeschwungener Zustand erreicht werden. Ist dies der Fall, ist die Berechnung weiterer Kennwerte möglich.

Mit Hilfe der *Produktformlösung* erfolgt die Berechnung der Zustandswahrscheinlichkeiten des Gesamtsystems durch Multiplikation der Einzelwahrscheinlichkeiten:

$$p(k = \begin{pmatrix} k_1 \\ k_2 \\ \cdot \\ \cdot \\ \cdot \\ k_M \end{pmatrix}) = (1-\rho_1)\rho_1^{k_1} \cdot (1-\rho_2)\rho_2^{k_2} \cdot \ldots \cdot (1-\rho_M)\rho_M^{k_M}.$$

Dieses Ergebnis besagt, dass die Zustandswahrscheinlichkeiten für ein Bediensystemnetzwerk berechnet werden können, *als ob* die einzelnen Knoten eines Bediensystemnetzwerkes unabhängig voneinander als M|M|1-Bediensysteme betrachtet werden könnten und das Ergebnis als Produkt der einzelnen Zustandswahrscheinlichkeiten der Bediensysteme

$$p(k = \begin{pmatrix} k_1 \\ k_2 \\ \cdot \\ \cdot \\ \cdot \\ k_M \end{pmatrix}) = p(k_1) \cdot p(k_2) \cdot \ldots \cdot p(k_M)$$

bestimmt werden könnte.

Daraus lässt sich jedoch nicht ableiten, dass die Zwischenankunftszeiten an den einzelnen Bediensystemen tatsächlich exponentialverteilt sind. Dies ist nur dann der Fall, wenn der Fluss im Netzwerk keine Schleifen aufweist [Gro85: 230ff.]

Diese Eigenschaft der *Dekomponierbarkeit* ist Grundlage vieler Näherungsverfahren, die im Analogieschluss die Berechnung von Kennwerten für ein Netzwerk auf die Kennwerte eines einzelnen freigeschnittenen Bediensystems zurückführen.

Geschlossene Bediensystemnetzwerke

Gordon und Newell gelang es zu zeigen, dass auch für geschlossene Bediensystemnetzwerke Produktformlösungen existieren. Ihre Form ist derjenigen für offene Bediensystemnetzwerke ähnlich.

$$p(k = \begin{pmatrix} k_1 \\ k_2 \\ \cdot \\ \cdot \\ \cdot \\ k_M \end{pmatrix}) = \frac{1}{G(K)} \prod_{i=1}^{M} F_i(k_i) \qquad (A\ 2.3\text{-}8)$$

Darin gibt K die Anzahl der Kunden im Bediensystemnetzwerk an.

Für den Fall, dass mit Hilfe der Funktion $F_i(k_i)$ die Zustandswahrscheinlichkeiten eines Bediensystems i bestimmt werden, ist keine Normalisierungskonstante $G(K)$ notwendig. Die Einführung der Normalisierungskonstanten $G(K)$ erlaubt es jedoch, bei der Durchführung der Berechnung alle in die Gleichung als konstantes Produkt eingehenden Faktoren zu eliminieren und in der Normalisierungskonstante so zu berücksichtigen, dass sich die Summe der Zustandswahrscheinlichkeiten des begrenzten Zustandsraums zu 1 ergänzt. Sie bestimmt sich aus

$$G(K) = \sum_{\sum_{i=1}^{M} k_i = K} \prod_{i=1}^{M} F_i(k_i) \qquad (A\ 2.3\text{-}9)$$

Die Terme $F_i(k_i)$ spielen die gleiche Rolle wie die Zustandswahrscheinlichkeiten der Bediensysteme in offenen Bediensystemnetzwerken. Im Unterschied zu offenen Bediensystemnetzwerken können jedoch für geschlossene Netze nicht ohne weiteres Ankunftsraten angegeben werden, da die Ankunftsraten an den Bediensystemen eines geschlossenen Bediensystemnetzwerkes von den noch zu berechnenden Zustandswahrscheinlichkeiten des Netzes abhängen, die ihrerseits durch die Zahl der Kunden und die Übergangswahrscheinlichkeiten bestimmt werden.

Aus diesem Grund wird die sog. *Besuchshäufigkeit* e_j eingeführt, die den relativen Anteil des Gesamtflusses angibt, der durch das Bediensystem j fließt. Die e_j sind mit Hilfe der Übergangsmatrix $\mathbf{Q}$ zu berechnen.

$$e_j = \sum_{i=1}^{M} e_i q_{i,j} \qquad j = 1,\ldots,M \ . \qquad (A\ 2.3\text{-}10)$$

Das mit diesem Ausdruck gegebene Gleichungssystem enthält nur M-1 unabhängige Gleichungen, da ein geschlossenes Bediensystemnetzwerk vorliegt. Da sie nur in ihren Relationen zueinander relevant sind, kann eine der Variablen frei bestimmt werden. Nimmt man an, dass das Bediensystem 1 eine besondere Funktion hat, z. B. als „Zählknoten" dient, an dem der Gesamtdurchsatz des Netzes gemessen werden soll (es soll also $\lambda = \lambda_1$ gelten), so bietet sich an, $e_1 \equiv 1$ zu setzen. In diesem Fall geben die e_j dann das Verhältnis des Durchsatzes λ_j am Bediensystem j im Verhältnis zum Durchsatz λ_1 am Bediensystem 1 an. Es gilt also

$$e_j = \frac{\lambda_j}{\lambda_1} \ .$$

Die Produktformlösung für offene Bediensystemnetzwerke beruht auf der Berechnung von Zustandswahrscheinlichkeiten für die einzelnen Bediensysteme, die mit Hilfe der Ausdrücke für M|M|1-Einkanalsysteme und M|M|m-Mehrkanalsysteme zu bestimmen sind.

Der Zustand des Bediensystems j wird durch

$$F_j(k_j) = \left(\frac{e_j}{\mu_j}\right)^{k_j}$$

beschrieben.

Für Mehrkanalbediensysteme lautet der entsprechende Ausdruck

$$F_j(k_j) = \left(\frac{e_j}{\mu_j}\right)^{k_j} \frac{1}{b_j(k_j)} \ .$$

Der Faktor $b_j(k_j)$ dient der Berücksichtigung der Zahl paralleler Bedienstationen und ist deshalb wie folgt zu bestimmen

$$b_j(k_j) = \begin{cases} k_j! & \text{für } k_j \leq m_j, \\ m_j! m_j^{k_j - m_j} & \text{für } k_j \geq m_j, \\ 1 & \text{für } m_j = 1. \end{cases}$$

Mit Hilfe der Zustandswahrscheinlichkeiten des Netzwerkes können die Zustandswahrscheinlichkeiten $p_j(k_j = n)$

für einen bestimmten Zustand n eines Bediensystems bestimmt werden. Hierzu werden alle Wahrscheinlichkeiten von Netzwerkzuständen addiert, die den gleichen Zustand n des Bediensystems j beinhalten.

$$p_j(k_j = n) = \sum p(k) = \sum_{i=1}^{M} k_1 = K \qquad \text{(A 2.3-11)}$$

Die notwendigen Schritte zur Berechnung der Zustandswahrscheinlichkeiten in einem geschlossenen Bediensystemnetzwerk mit Hilfe der Produktformlösung sind
– Bestimme die Besuchshäufigkeiten e_j mit Hilfe von Gl. (A 2.3-10).
– Bestimme für jedes Bediensystem $j = 1, ..., M$ und mögliche Kundenzahl $k_j = 0, ..., K$ den Faktor $F_j(k_j)$.
– Berechne die Normalisierungskonstante $G(K)$ mit Gl. (A 2.3-9).
– Berechne die Zustandswahrscheinlichkeiten der Netzwerkzustände mit Hilfe von Gl. (A 2.3-8).
– Berechne die Zustandswahrscheinlichkeiten einzelner Bediensysteme mit Hilfe von Gl. (A 2.3-11).

Auf Grund der großen Zahl möglicher Zustände eines geschlossenen Bediensystemnetzwerkes ist die praktische Durchführung der Berechnung nur für kleine Modelle möglich. Dennoch sind die hier dargestellten Ergebnisse von Bedeutung, da aufbauend auf der Produktformlösung effiziente Berechnungsverfahren entwickelt wurden. Eine gute Übersicht über diese Verfahren geben die Monographien [Bol89] und [Kin90].

Die *Mittelwertanalyse* ist ein effizientes Verfahren und ermittelt Kennwerte unter Verwendung von Littles Gesetz sowie einer Betrachtung der Kundenzahl, die ein Kunde im Moment seiner Ankunft an einem Bediensystem vorfindet (*Ankunftstheorem*): „Die Wahrscheinlichkeit, dass ein am Bediensystem i eintreffender Kunde das Bediensystemnetzwerk mit K Kunden im Zustand $(k_1, k_2, ..., k_{i-1}, ..., k_M)^T$ vorfindet, ist gleich der Gleichgewichtswahrscheinlichkeit des Zustands $(k_1, k_2, ..., k_{i-1}, ..., k_M)^T$ im gleichen Bediensystemnetzwerk mit $K-1$ Kunden im Umlauf."

Die *Verweilzeit* eines Kunden an einem Bediensystem setzt sich zusammen aus der Bearbeitungszeit des gerade in Bearbeitung befindlichen Kunden und der Summe der Bearbeitungszeiten aller bereits wartenden Kunden. Hinzu kommt die erwartete Bedienzeit des eingetroffenen Kunden $t_{ab,i}$. Da die Bedienzeit exponentialverteilt ist, besteht kein Unterschied zwischen der Verteilung der Restbedienzeit des gerade bedienten Kunden und der Verteilung der Bedienzeit. Die erwartete Verweilzeit an einem Bediensystem hängt von der Zahl der im Netzwerk umlaufenden Kunden K ab; deshalb ist ein von K abhängiger Wert der erwarteten Verweilzeit $t_{v,i}(K)$ zu bestimmen. Für den Mittelwert der Verweilzeit $t_{v,i}(K)$ an einem Bediensystem i mit einer Bedienstation gilt (s. Ankunftstheorem und Gl. (A 2.3-2)):

$$t_{v,i}(K) = \frac{1}{\mu_i}\left[1 + N_i(k-1)\right].$$

Der von der Zahl der Kunden abhängende *Gesamtdurchsatz des Netzes* $\lambda(K)$ wird mit Hilfe der Verweilzeit der Kunden K an den einzelnen Bediensystemen ermittelt. Hierzu verwendet man die Besuchshäufigkeiten und gewichtet mit ihnen die an den Bediensystemen anfallenden Verweilzeiten. Dividiert man nun die Gesamtzahl der Kunden K durch die im Mittel für den Umlauf eines Kunden durch das Bediensystemnetzwerk benötigte Zeit

$$\sum_{i=1}^{M} e_i t_{v,i}(K),$$

so kann der Gesamtdurchsatz berechnet werden.

$$\lambda(K) = \frac{K}{\sum_{i=1}^{M} e_i t_{v,i}(K)}.$$

Mit Hilfe von Littles Gesetz kann außerdem ein Zusammenhang zwischen der mittleren Zahl von Kunden $N_i(K)$ am Bediensystem i mit der Ankunftsrate $\lambda_i(K)$ sowie der Verweilzeit $t_{v,i}(K)$ an diesem Bediensystem hergestellt werden. Die ermittelten Werte gelten immer für eine feste Zahl K von Kunden im System.

$$N_i(K) = \lambda(K) t_{v,i}(K)$$

mit $\lambda_i(K) = \lambda(K)\, e_i$.

Offensichtlich ist $N_i(0) = 0$. Damit ist die Voraussetzung geschaffen, iterativ Kennwerte für das Bediensystemnetzwerk zu berechnen, die ausschließlich aus *Einkanalbediensystemen* bestehen.

Bei *Mehrkanalsystemen* ist die Bestimmung der Verweilzeit $t_{v,i}(K)$ aufwendiger. Zur Berechnung wird die bedingte Wahrscheinlichkeit $p_i(j|l)$ herangezogen, die angibt, mit welcher Wahrscheinlichkeit j Kunden am Bediensystem i gleichzeitig bedient werden, wenn sich im Gesamtnetzwerk l Kunden befinden. Es gilt

$$p_i(j|l) = \frac{\lambda_i(l)}{\mu_i j} p_i(j-l|l-1) \quad j = 0, ..., m_i - 1$$

Für ein leeres Netzwerk ist offensichtlich

$$p_i(0|0) = 1$$

Die Wahrscheinlichkeit eines leeren Systems kann als Residuum aller Zustandswahrscheinlichkeiten $p_i(j|l)$ berechnet werden.

$$p_i(0|l) = 1 - \sum_{k=1}^{l} p_i(k|l)$$

Die Verweilzeit lässt sich damit für Mehrkanalsysteme wie folgt berechnen:

$$t_{v,i}(K) = \frac{1}{\mu_i m_i}\left[1 + N_i(k-1) + \sum_{j=0}^{m_i-2}(m_l - j - 1)p_i(j\mid K-1)\right].$$

Damit sind alle notwendigen Ausdrücke für die Berechnung von Mittelwerten für Leistungskenngrößen von geschlossenen Bediensystemen mit exponentialverteilten Bedienzeiten zusammengestellt und es resultiert folgende Vorgehensweise für die Berechnungsschritte der Mittelwertanalyse:
– Bestimme die Besuchshäufigkeiten e_i.
– Initialisiere die Kennwerte

$N_j(0) = 0 \quad j = 1,\ldots,M;$
$p_i(0\mid 0) = 1 \quad j = 1,\ldots,M;$
$p_i(j\mid 0) = 0 \quad j = 1,\ldots,m_i - 1.$

– Iteriere über der Zahl der Kunden $l = 1\ldots K$:
 Bestimme $t_{v,i}$ für alle Bediensysteme $i = 1, \ldots, M$.
 Berechne den Durchsatz des Netzwerkes für l Kunden.
 Berechne den Durchsatz an den Bediensystemen aus $\lambda_i = \lambda e_i$.
 Bestimme die Zahl der Kunden an jedem Bediensystem.
– Abschließend können für die Bediensysteme die aktuellen Werte anderer Kenngrößen wie Auslastungsgrade ρ_i und Wartezeiten $t_{w,i}$ bestimmt werden.

Ein Vorzug der Mittelwertanalyse besteht darin, dass nicht nur der Durchsatz für K Kunden, sondern auch für alle kleineren Werte bestimmt wird. Da der Durchsatz geschlossener Bediensystemnetzwerke mit unbeschränkten Warteräumen wächst, wenn Kunden hinzugefügt werden, können mit Hilfe der Mittelwertanalyse solange Kunden dem System hinzugefügt werden, bis der erforderliche Durchsatz erbracht wird oder der Sättigungsdurchsatz λ_{max} erreicht ist (Bild A 2.3-5).

A 2.3.2.4 Approximative Berechnung von Kennwerten für zeitkontinuierliche vernetzte Systeme

Offene Bediensystemnetzwerke

Falls die Voraussetzungen für eine exakte Lösung nicht gegeben sind, müssen Näherungsansätze verwendet werden, die ebenfalls auf dem Freischneiden der einzelnen Bediensysteme basieren. Die Ansätze gehen davon aus, dass die Bediensysteme sich nur über die Flüsse mit Rate $\lambda_{i,j}$ und Variationskoeffizient $c_{i,j}$ gegenseitig beeinflussen.

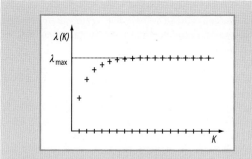

Bild A 2.3-5 Durchsatz $\lambda(K)$ und Maximaldurchsatz λ_{max} eines geschlossenen Bediensystemnetzwerkes

Im Fall generell verteilter Zeiten ist neben der Ankunftsrate, die aus der Lösung der Flussgleichungen resultiert, auch die Bestimmung der Varianz (oder der Variationskoeffizienten) der Zeitlücken zwischen eintreffenden bzw. abgehenden Kunden notwendig. Die Flussgleichungen können wie für exakt berechenbare Netzwerke gelöst werden. Hinzu kommen bei der Kennwertberechnung von Netzwerken mit generell verteilten Zeiten die Teilaufgaben
– Aufteilung eines Abgangsstromes in mehrere Teilströme, die verschiedene Ziele haben;
– Berechnung der Abgangsprozesse an einem G|G|m-Bediensystem;
– Überlagerung mehrerer Ströme zu einem gemeinsamen Ankunftsstrom.

Die Berechnung der Charakteristika des Abgangsstromes (oder -flusses) eines G|G|m-Bediensystems in Abhängigkeit von Zwischenankunfts- und Bedienzeitverteilung kann mit Hilfe der bereits in Abschn. A 2.3.1.4 vorgestellten Formeln erfolgen. Das Hauptaugenmerk liegt bei den folgenden Ausführungen deshalb auf der Bestimmung der *Variabilitäten*.

Der hier dargestellte Ansatz von Whitt nähert die Ströme zwischen den Bediensystemen mit Hilfe von Erneuerungsprozessen an und nutzt deren bekannte Eigenschaften, um die ersten beiden Momente und damit die Kennwerte *Variabilität* und *Mittelwert* der resultierenden Ströme zu bestimmen.

Aufteilung von Strömen. Ein Bediensystem i besitzt mehrere Nachfolger j, zu denen die Kunden nach Beendigung ihrer Bedienung bei i mit Wahrscheinlichkeit $q_{i,j} < 1$ übergehen. Die aus dem Aufteilungsprozess entstehende Verteilung ist die Verteilung einer Summe aus einer zufälligen

Zahl (Anzahl von Abgängen) von Zufallsvariablen (Zeit der Zwischenabgangszeiten).

Die Bestimmung der Variabilität im Fluss von i nach j basiert auf der Variabilität der Zwischenabgangszeiten bei i und der Verteilung der Zahl der Abgänge bei i, die zwischen 2 Kunden liegen, die aufeinanderfolgend in Richtung j verzweigt werden. Die mittlere Zahl der Abgänge bei i, die zwischen 2 Kunden stattfinden und in Richtung j verzweigt werden, ist mit $N_{i,j}$ bezeichnet. Sie kann aus

$$E(N_{i,j}) = \sum_{n=1}^{\infty} n q_{i,j} (1-q_{i,j})^{n-1} = \frac{1}{(1-q_{i,j})}$$

bestimmt werden. Zur Bestimmung der Varianz wird das leichter zu berechnende 2. Moment der Zeitlücken im Strom von i nach j verwendet.

$$E(N_{i,j}^2) = \sum_{n=1}^{\infty} n^2 q_{i,j} (1-q_{i,j})^{n-1} = \frac{2-(1-q_{i,j})}{(1-q_{i,j})^2},$$

$$Var(N_{i,j}) = E(N_{i,j}^2) - E(N_{i,j})^2 = \frac{1-q_{i,j}}{q_{i,j}^2}.$$

Der Mittelwert der Zwischenabgangszeit an Bediensystem i sei $E(t_{d,i})$. Die Varianz der Zeitlücken des Abgangsstromes kann dann aus der näherungsweise berechneten Variabilität des Abgangsstromes $c_{d,i}$ von Bediensystem i und dem Mittelwert der Zwischenabgangszeit $E(t_{d,i})^2$ zu

$$Var(t_{d,i}) = c_{d,i}^2 \cdot E(t_{d,i})^2$$

bestimmt werden.

Für Mittelwert und Varianz einer derart zusammengesetzten Verteilung gelten nach [Fel68: 301]

$$E(t_{i,j}) = E(N_{i,j}) \cdot E(t_{d,i}) = \frac{E(t_{d,i})}{q_{i,j}};$$

$$Var(t_{i,j}) = E(N_{i,j}) \cdot Var(t_{d,i}) + Var(N_{i,j}) \cdot E(t_{d,i})^2$$
$$= \frac{E(t_{d,i})^2 \cdot (c_{d,i}^2 \cdot q_{i,j} + 1 - q_{i,j})}{q_{i,j}^2}.$$

Die gesuchte Variabilität $c_{i,j}^2$ der Zeitlückenverteilung im Strom von i nach j entsteht durch folgende Normierung mit Hilfe des quadrierten Erwartungswertes.

$$c_{i,j}^2 = \frac{Var(t_{i,j})}{E(t_{i,j})^2} = c_{d,i}^2 \cdot q_{i,j} + 1 - q_{i,j}.$$

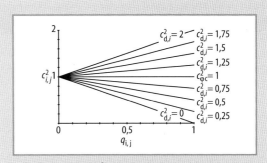

Bild A 2.3-6 Variabilität c^2 des Stromes von i nach j in Abhängigkeiten von der Verzweigungswahrscheinlichkeit $q_{i,j}$ für verschiedene Werte der Abgangsvariabilität

Für kleine Verzweigungswahrscheinlichkeiten $q_{i,j}$ strebt die Variabilität des abgehenden Stromes gegen 1, unabhängig davon, welchen Wert $c_{d,i}^2$ besitzt (Bild A 2.3-6). Es kann gezeigt werden, dass der Abgangsprozess nicht nur die Variabilität 1 besitzt, sondern tatsächlich für kleine Werte von $q_{i,j}$ und für zustandsunabhängige Verzweigungswahrscheinlichkeiten gegen einen Markov-Prozess strebt. Strebt die Verzweigungswahrscheinlichkeit $q_{i,j}$ gegen den Wert 1, geht die Variabilität im Strom von i nach j gegen die Variabilität des beim Bediensystem i abgehenden Stromes $c_{d,i}^2$.

Überlagerung von Strömen. Ausgangspunkt sind Kundenströme von mehreren Quellen $i=1, \ldots, M$ zu einem gemeinsamen Ziel j. Gesucht ist die Rate des zusammengeführten Ankunftsstromes λ_j sowie die Variabilität der Zwischenankunftszeiten an Bediensystem j, $c_{an,j}^2$.

Die Bestimmung der Variabilität für überlagerte Ankunftsströme ist nur näherungsweise möglich, da aus der Überlagerung von Erneuerungsprozessen nur im Sonderfall der Überlagerung von Markov-Prozessen ein Erneuerungsprozess resultiert. Im Allgemeinen wird jedoch ein Punktprozess erzeugt, dessen Parameter approximativ geschätzt werden.

Grundsätzlich wird auf der *asymptotischen Approximationsmethode* aufgebaut, welche die Variabilität des überlagerten Stromes als gewichtete Variabilität der Einzelströme bestimmt.

$$c_{an,j}^2 = \sum_{i=}^{M} \frac{\lambda_{i,j} \cdot c_{i,j}^2}{\lambda_i}.$$

Durch Einführung zusätzlicher Gewichtungsfaktoren w_j und v_j werden weitere Korrekturen vorgenommen.

$$c_{an,j}^2 = w_j c_a^2 + (1-w_j) = w_j \sum_{i=1}^{M}\left[\frac{\lambda_{i,j} \cdot c_{i,j}^2}{\lambda_i}\right] + 1 - w_j\ .$$

$$v_j = \frac{1}{\sum_{i=1}^{M}\left[\frac{\lambda_{i,j}}{\lambda_i}\right]^2}$$

$$w_j = \frac{1}{1+4(1-\rho_j)^2(v_j-1)}$$

festgelegt.

Der Hilfsparameter v_j ist ein Maß, welches angibt, wie sehr der Ankunftsstrom auf einzelne Ströme aufgeteilt ist. Er führt dann zu einem genauen Ergebnis, wenn alle ankommenden Ströme gleich groß sind. Die Hilfsparameter w_j und v_j sind Bestandteil des Näherungsverfahrens und könnten durch geeignetere Funktionen ersetzt werden, sobald bessere Funktionen bekannt sind.

Approximation der Abgangsprozesse. Der Kennwert $c_{d,i}$ des Abgangsprozesses kann mit Hilfe von Näherungsverfahren für G|G|m-Bediensysteme approximiert werden, wobei die Kennwertberechnung von der Bestimmung der Eingangsparameter abkoppelt sein sollte.

Der Vergleich der *Näherungsformeln* mit Simulationsergebnissen zeigt, dass die Reduktion der Variabilität, die durch einen getakteten Bedienprozess zu erzielen ist, nicht so stark ausfällt wie Gl. (A 2.3-6) dies prognostiziert. Deshalb wird der Einfluss getakteter Bedienzeiten reduziert, so dass sich für die Variabilität des Abgangsprozesses

$$c_{d,i}^2 = 1 + (1-\rho_i^2)(c_{an,i}^2 - 1) + \frac{\rho_i^2}{\sqrt{m}}\left(\max\{c_{ab,i}^2; 0{,}2\} - 1\right)$$

ergibt.

Bei hohen Auslastungen $\rho_i \to 1$ (sog. „heavy traffic") nimmt der Einfluss des Bedienungsprozesses vorgelagerter Bediensysteme ab, der Einfluss der Ankunftsprozesse nimmt dagegen zu. Deshalb soll der Abgangsprozess nach Bestimmung der durch die Verzweigung erzeugten Variabilitäten noch einmal mit Hilfe der Auslastungsinformation abgestimmt werden, um die Ergebnisse der stationären Intervallbetrachtung durch die bei hohen Auslastungen bessere asymptotische Methode zu ergänzen. Es resultiert

$$c_{i,j}^2 = v_{i,j}\left(q_{i,j} c_{an,i}^2 + 1 - q_{i,j}\right) + (1-v_{i,j})$$
$$\cdot \left[q_{i,j}\left(1+(1-\rho_i^2)(c_{an,i}^2-1) + \frac{\rho_i^2}{\sqrt{m_i}}\left(\max\{c_{ab,i}^2; 0{,}2\}-1\right)\right) + 1 - q_{i,j}\right].$$

Variabilitätsgleichungen. Wie für die Flüsse $l_{i,j}$, kann für die Variabilitäten ein Gleichungssystem aufgestellt werden, dessen Lösungen die Variabilitäten $c_{an,i}^2$ im Ankunftsstrom der Bediensysteme sind. Die Abhängigkeiten lassen sich in einfacher Form darstellen, denn die einzelnen Gleichungen sind lineare Zusammenhänge der Form

$$c_{an,j}^2 = a_j + \sum_{i=1}^{M} c_{an,i}^2 b_{i,j} \quad \forall\ j = 1,\ldots,M \qquad \text{(A 2.3-12)}$$

Der Vektor $\boldsymbol{a}$ und die Matrix $\boldsymbol{B}$ der $b_{i,j}$ sind anhand der bereits angeführten Formeln vor der Lösung des Gleichungssystems zu bestimmen. Die Komponenten a_j werden mit Hilfe der bereits bekannten Hilfsvariablen v_j und w_j bestimmt, die zur Parametrierung der Überlagerung von Flüssen dienen.

Die Komponenten des Vektors $\boldsymbol{a}$ bilden im Wesentlichen den Einfluss der Variabilität der externen Ankünfte und den Einfluss der Bedienzeit ab.

$$\begin{aligned}
a_j = 1 + w_j &\Bigg\{\left(\frac{\lambda_{0,j}}{\lambda_j} c_{0,j}^2 - 1\right) \\
&+ \sum_{i=1}^{M} \frac{\lambda_{i,j}}{\lambda_j}\Big[(1-q_{i,j}) + (1-v_{i,j}) \\
&\quad q_{i,j}\rho_i^2\left(1 + \frac{1}{\sqrt{m_i}}\left(\max\{c_{ab,i}^2; 0{,}2\}-1\right)\right)\Big]\Bigg\}.
\end{aligned} \qquad \text{(A 2.3-13)}$$

Die Matrix $\boldsymbol{B}$ der $b_{i,j}$ beschreibt die Transformation der Variabilitäten der Eingangsströme an den Bediensystemen i in die Variabilitäten der Ausgangsströme einschließlich ihrer Überlagerung.

$$b_{i,j} = w_j \frac{\lambda_{i,j}}{\lambda_j} q_{i,j}\left(v_{i,j} + (1-v_{i,j}) \cdot (1-\rho_i^2)\right)$$

Berechnungsschritte. Folgende Schritte sind bei der Berechnung auszuführen:
– Löse die Flussgleichungen für ein offenes Bediensystemnetzwerk mit Hilfe von Gl. (A 2.3-7).
– Bestimme die Auslastungsgrade ρ_i der Bediensysteme.
– Löse das Gleichungssystem der Variabilitätsgleichungen mit Hilfe der Gln. (A 2.3-12) und (A 2.3-13).
– Berechne Kennwerte für die Bediensysteme mit Hilfe der Ausdrücke aus den Abschnitten A 2.3.1.4 bzw. A 2.3.1.5.

Geschlossene Bediensystemnetzwerke

Für geschlossene Bediensystemnetzwerke mit generell verteilten Bedienzeiten sind keine exakten Kennwerte berechenbar, weshalb einige Näherungsverfahren entwickelt wurden. Am Beispiel der Antwortzeiterhaltung lässt sich gut darstellen, wie Näherungsverfahren auf Verfahren zur Ermittlung exakter Ergebnisse aufgebaut werden können. Mit dem Verfahren von Marie (s. [Bol89]) wird ein Verfahren vorgestellt, das eine bessere Näherungsqualität als die Antwortzeiterhaltung ermöglicht.

A 2.3.2.5 Verfahren der Antwortzeiterhaltung

Ziel des Verfahrens der Antwortzeiterhaltung (von Agrawal et al., [Agr84]) ist v. a. die *Approximation des Gesamtdurchsatzes*. Bei konstanter Kundenzahl K hängt der Gesamtdurchsatz davon ab, wie groß die Verweilzeit der Kunden an den Bediensystemen jeweils ist. Deshalb steht die Abschätzung der mittleren Verweilzeiten $t_{v,i}$ im Mittelpunkt dieses Verfahrens. Das Verfahren basiert auf einer Aufteilung des Gesamtproblems in eine „Mikrosicht", in der die einzelnen Bediensysteme betrachtet werden, und eine „Makrosicht", in der das gesamte Netzwerk abgebildet ist. In der Mikrosicht wird ausgenutzt, dass die exakte Berechnung von Kennwerten für M|G|1-Bediensysteme möglich ist, wobei vereinfacht angenommen wird, dass sich die Ankunftsprozesse an einem Knoten zu exponentialverteilten Zwischenankunftszeiten überlagern.

Hierfür ist jedoch zumindest die Kenntnis der Ankunftsraten λ_i notwendig, wenn sich K Kunden im Bediensystemnetzwerk befinden. Die Ankunftsraten werden in der Makrosicht mit Hilfe eines geschlossenen Bediensystemnetzwerkes mit exponentialverteilten Bedienzeiten ermittelt.

Im 1. Schritt werden Kennwerte, insbesondere die Ankunftsraten λ_i, für alle Bediensysteme z. B. mit Hilfe der Mittelwertanalyse bestimmt. Dabei werden die Bedienraten μ_i der Bediensysteme wie vorgegeben verwendet. Mit Hilfe der bekannten Ankunftsraten λ_i können nun Kennwerte der freigeschnittene M|G|1-Bediensystem-Modelle berechnet werden. Von besonderem Interesse sind die Verweilzeiten $t_{v,i}$, die mit

$$t_{v,i}^{M|G|1} = \frac{\rho_i E(t_{ab,i})^2}{2E(t_{ab,i})(1-\rho_i)} \quad (A\ 2.3\text{-}14)$$

berechnet werden. Die so ermittelten Verweilzeiten werden i. Allg. nicht mit denjenigen übereinstimmen, die für ein M|M|1-Bediensystem mit den gleichen Bedien- und Ankunftsraten ermittelt worden wären. Deshalb werden im nächsten Schritt äquivalente Bedienraten μ_i' bestimmt, die bei einem M|M|1-Bediensystem zur gleichen Verweilzeit $t_{v,i}^{M|G|1}$ wie für das isolierte M|G|1-Bediensystem führen.

$$t_{v,i}^{M|M|1} \stackrel{!}{=} t_{v,i}^{M|G|1}$$

$$\Leftrightarrow t_{v,i}^{M|G|1} = \frac{\frac{1}{\mu_i'}}{\frac{1-\lambda_i}{\mu_i'}} \quad (A\ 2.3\text{-}15)$$

$$\Rightarrow \mu_i' = \frac{1 + \lambda_i t_{v,i}^{M|G|1}}{t_{v,i}^{M|G|1}}$$

Mit Hilfe dieser angepassten Bedienraten wird wieder eine Berechnung für das Bediensystemnetzwerk vorgenommen und neue Ankunftsraten λ_i werden bestimmt. Das Verfahren bricht ab, sobald sich der neu berechnete Durchsatz des Netzes nur noch marginal von dem im vorigen Schritt berechneten unterscheidet. Die *Berechnungsschritte der Antwortzeiterhaltung* sind:

(1) Schätze den Gesamtdurchsatz des Netzwerkes λ und die Ankunftsraten λ_i mit Hilfe eines geschlossenen Bediensystemnetzwerkes mit gleichen, jedoch exponentialverteilten Bedienzeiten und ansonsten identischer Struktur. Merke den ermittelten Gesamtdurchsatz $\lambda^{vor} = \lambda$.

(2) Analysiere die Knoten unter der Annahme exponentialverteilter, zustandsunabhängiger Ankunftsraten λ_i und vorgegebener Werte für $E(t_{ab,i})$ und $E(t_{ab,i}^2)$. Bestimme die Verweilzeiten $t_{v,i}^{M|G|1}$ für alle Knoten nach Gl. (A 2.3-14).

(3) Bestimme die äquivalenten Bedienraten, die für M|M|1-Bediensysteme zu gleichen Verweilzeiten führen würden mit Hilfe von Gl. (A 2.3-15).

(4) Analysiere das Netz als geschlossenes Bediensystemnetzwerk mit exponentialverteilten Bedienzeiten $1/\mu_i'$. Bestimme den neuen Wert für den Gesamtdurchsatz λ^{neu}.

(5) Vergleiche den neu berechneten Netzdurchsatz λ^{neu} mit dem im vorigen Durchlauf ermittelten λ^{vor}. Falls sich die Veränderung des Durchsatzes $|\lambda^{vor} - \lambda^{neu}| >$ noch über einer vorgegebenen Schwelle ε befindet, dann ist eine erneute Iteration ab Schritt 2 durchzuführen.

Eine Erweiterung des Verfahrens der Antwortzeiterhaltung auf Netzwerke mit M|G|m-Bediensystemen ist möglich, indem die Approximationen aus Abschn. A 2.3.1.3 zu Hilfe genommen werden.

Das Verfahren der Antwortzeiterhaltung kann zu schlechten Approximationsergebnissen führen, die insbesondere dann auftreten, wenn sich wenige Kunden im Bediensystemnetzwerk befinden. Der Grund hierfür liegt in der Behandlung der Ankunftsprozesse als zustandsunabhängige Markov-Prozesse. In Netzen mit kleiner Kundenzahl K besteht eine starke Zustandsabhängigkeit bei den

Ankunftsraten. Diese Zustandsabhängigkeit der Ankunftsraten ist in dem Verfahren von Marie (s. [Bol89]) wesentlich besser abgebildet.

A 2.3.2.6 Anwendungsgebiete und Grenzen bedientheoretischer Modelle

Mit Hilfe bedientheoretischer Methoden lassen sich zahlreiche Phänomene in logistischen Netzwerken erklären. So besteht das Erfolgsgeheimnis schlanker Produktionssysteme in logistischer Hinsicht aus der konsequenten Anwendung bedientheoretischer Erkenntnisse. Viele Massnahmen zielen auf die Reduzierung der Variabilität der Bedienprozesse (standardisierte Arbeit, Fehlervermeidung durch Poka-yoke, nachhaltige Reduzierung von Ausfallzeiten, Rüstzeitreduzierung) oder der Ankunftsprozesse (Nivellierung durch Heijunka, Organisation des Materialflusses in Linien, um Zusammenführungen und Verzweigungen zu vermeiden). Weiterhin werden keine hohe Auslastungen der Ressourcen angestrebt, die zu einer stark überproportionalen Zunahme der Wartezeiten führen können.

Mit Hilfe der Beobachtung der Bestände sind mit Hilfe von Littles Gesetz einfach Rückschlüsse auf die Durchlaufzeit möglich, dies macht sich zum Beispiel die Methode der Wertstromanalyse zu Nutze.

Außer als Erklärungsmodell können bedientheoretische Methoden auch als Hilfsmittel zur Optimierung bei Planung und Betrieb von Logistiksystemen genutzt werden.

In frühen Planungsstadien sind viele Planungsvarianten zu erzeugen und zu bewerten. Die Bewertung der Leistungsfähigkeit von Logistiksystemen insbesondere im Hinblick auf Durchsatz und Bestände ist mit Hilfe von bedientheoretischen Modellen schnell und mit ausreichender Genauigkeit durchführbar. Dies ist zum einen in der auch theoretisch zu zeigenden Robustheit von bedientheoretischen Modellen und den daraus errechneten Kennwörtern in Bezug auf die Verteilungsannahmen begründet, zum anderen kann anhand praktischer Beispiele gezeigt werden, dass die Genauigkeit bedientheoretischer Modelle, sofern es sich um Aussagen bezüglich der Leistungsfähigkeit des Gesamtsystems handelt, so hoch ist, wie es die Datenqualität in einem frühen Planungsstadium erlaubt.

Die *Optimierung von Planungsvarianten* insbesondere bei der Anpassung von Ressourcenkapazitäten und Puffern ist mit Hilfe bedientheoretischer Modelle gut möglich. In der Halbleiterindustrie und bei der Planung von flexiblen Fertigungssystemen wurden bedientheoretische Modelle erfolgreich genutzt. Entsprechend vielfältig ist die zugehörige Literatur (s. [Tem93]).

Auch der *Betrieb eines Logistiksystems* lässt sich mit Hilfe von bedientheoretischen Modellen optimieren. Die schon genannte Robustheit der Modelle in Bezug auf Gesamtbestand und Gesamtdurchlaufzeiten erlaubt es, bedientheoretische Modelle zur Controllingzwecken zu verwenden, um hierbei realistische Planungsvorgaben zu erstellen.

Da bedientheoretische Modelle eine sehr schnelle Kennwertberechnung ermöglichen, ist es weiterhin erfolgversprechend, bedientheoretische Modelle innerhalb von optimierenden Suchverfahren – z. B. der Losgrößenoptimierung – einzusetzen (siehe z. B. [Fur00]). Auch diese Verfahren fanden in der Praxis bereits erfolgreich Anwendung.

Bedientheoretische Modelle haben ihre *Grenzen*, sobald Aussagen auf einem detaillierteren Niveau getroffen werden müssen oder wenn Steuerungsstrategien abgebildet werden sollen. Einfache Steuerungsstrategien wie Kanban lassen sich abbilden. Darüber hinausgehende, vom aktuellen Zustand des Logistiksystems abhängige Steuerungsstrategien übersteigen jedoch den gegenwärtigen Stand bedientheoretischer Modelle. Hier sind Simulationsmodelle wesentlich besser geeignet. Dennoch sollten auch Simulationsergebnisse mit Hilfe bedientheoretischer Ergebnisse plausibilisiert werden. Häufig können dabei elementare Fehler in den Simulationsexperimenten frühzeitig erkannt werden. So gilt Littles Gesetz beispielsweise auch für die überwiegende Zahl von Simulationsexperimenten.

Literatur

[Agr84] Agrawal, S.C.; Buzen, J.P.; Shum A.W.: Response Time Preservation: A General Technique for Developing Approximate Algorithms for Queueing Networks. In: ACM Sigmetrics Performance Evaluation Review 12 (1984), August, Nr. 3

[Bas75] Baskett, F.; Chandy, K. et al.: Open, closed and mixed networks of queues with different classes of customers. J. of the ACM

[Bol89] Bolch, G.: Leistungsbewertung von Rechensystemen mittels analytischer Warteschlangenmodelle. Stuttgart: Teubner 1989

[Buz93] Buzacott, J.A.; Shantikumar, J.G.: Stochastic Models of Manufacturing Systems. Englewood Cliffs: Prentice Hall 1993

[Con96] Connors, D.P.; Feigin, G.D.; Yao, D.D.: A queueing network model for semiconductor manufacturing. IEEE Trans. on Semiconductor Manufacturing 9 (1996), 412–427

[Fel68] Feller, W.: An introduction to probability theory and its applications. Vol. 1, 3rd edn. New York: Wiley 1968

[Fel71] Feller, W.: An introduction to probability theory and its applications. Vol. 2, 2nd edn. New York: Wiley 1971

[Fur00] Furmans, K.: Bedientheoretische Methoden als Hilfsmittel der Materialflussplanung. Wiss. Ber. Inst. f. Fördertechnik und Logistiksysteme, Univ. Karlsruhe, Bd. 52, zugl. Habil.-schrift 2000

[Gro85] Gross, D.; Harris, C.: Fundamentals of queueing theory. 2nd edn. New York: Wiley 1985

[Kin90] King, P.J.B.: Computer and communication systems performance modelling. Englewood Cliffs: Prentice Hall 1990

[Kle75] Kleinrock, L.: Queueing systems. Vol. 1: Theory. New York: Wiley 1975

[Kle76] Kleinrock, L.: Queueing systems. Vo. 2: Computer applications. New York: Wiley 1976

[Lit60] Little, J.D.: A proof for the queueing formula: $L = \lambda \cdot W$. Case Inst. of Technol., Cleveland, Ohio (USA), 11/1960

[Tem93] Tempelmeier, H.; Kuhn, H.: Flexible manufacturing systems.: New York: Wiley 1993

[Tra96] Tran-Gia, Ph.: Analytische Leistungsbewertung verteilter Systeme. Berlin: Springer 1996

[Whi83] Whitt, W.: The queueing network analyzer. Bell Systems Tech. J. 62 (1983) 2779–2815

[Wol89] Wolff, R.W.: Stochastic modeling and the theory of queues. Englewood Cliffs, N.J. (USA): Prentice Hall 1989

A 2.4 Simulation logistischer Systeme

Die Untersuchung dynamischer bzw. – genauer formuliert – *zeitvarianter* (d. h. sich über die Zeit verändernder) Sachverhalte wird in vielen Bereichen der Ingenieur-, Natur- und Wirtschaftswissenschaften über die Methodik der Simulation unterstützt. Auch in der Logistik hat die Simulation zur methodischen Absicherung der Planung, Steuerung und Überwachung der Material-, Personen-, Energie- und Informationsflüsse inzwischen ihren berechtigten Stellenwert eingenommen. Bereits 1993 wurde die Bandbreite unterschiedlicher Anwendungen für Produktion und Logistik ausführlich in [Kuh93] dargestellt. Somit wird auch die Notwendigkeit der Simulation zur Planung, Realisierung und Betriebsführung logistischer Systeme heute nicht mehr in Frage gestellt. Universitäten, Forschungsinstitute und Industrieunternehmen, insbesondere aber auch Gremien wie der Fachbereich A5 „Modellierung und Simulation" der VDI-Gesellschaft Fördertechnik, Materialfluss und Logistik sowie die Fachgruppe „Simulation in Produktion und Logistik" der ASIM Arbeitsgemeinschaft Simulation der Gesellschaft für Informatik e. V., haben mit ihrer Arbeit in den vergangenen Jahren den Verbreitungsgrad der Simulation in der Industrie erhöht.

Die folgenden Ausführungen stützen sich in ihren Aussagen auf die im Rahmen der Richtlinienarbeit abgestimmten Inhalte (vgl. hierzu z. B. VDI 3633, Bl. 1), die als Orientierungshilfe den Einstieg in die *Simulationstechnik* erleichtern und dem Anwender ein besseres Verständnis für die Vorbereitung, Durchführung und Auswertung von Simulationsstudien zur Untersuchung von Logistik, Materialfluss- und Produktionssystemen vermitteln soll.

Weitere Arbeiten zur Simulation sind [Mat89; Ban98; Law00, Rob04] zu entnehmen. Neuere Methoden und Anwendungen der Simulation in Produktion und Logistik sind in den Statusbänden zu den ASIM-Jahrestagungen [Noc02; Mer04; Wen06] sowie in den Fallbeispielsammlungen und Anwenderberichten [Kuh98; Rab00, Bay03] beschrieben. Vorgehensweisen zur ordnungsgemäßen Durchführung von Simulationsstudien lassen sich in [Wen08; Rab08] nachlesen.

A 2.4.1 Übersicht und Begriffsbestimmungen

A 2.4.1.1 Begriffsbestimmungen

Nach [Cla06] bezeichnet *Simulation* in der Informatik ganz allgemein die „Nachbildung von Vorgängen auf einer Rechenanlage auf der Basis von Modellen". Im Rahmen der Richtlinie VDI 3633 wird diese sehr allgemeine Definition für den Bereich Materialfluss, Logistik und Produktion wie folgt konkretisiert: „Simulation ist das Nachbilden eines Systems mit seinen dynamischen Prozessen in einem experimentierbaren Modell, um zu Erkenntnissen zu gelangen, die auf die Wirklichkeit übertragbar sind. Insbesondere werden die Prozesse *über die Zeit* entwickelt." (VDI 3633, Bl. 1). Als wesentliche Kriterien der Simulation sind die Modellierung der Zeit, die Umsetzung der Prozesse in eine zeitliche Abarbeitungsreihenfolge und der automatische Ablauf der Simulation in einem vorgegebenen Zeithorizont zu sehen. Die Abbildung stochastischer Einflüsse und die Darstellung von Synchronisationen und Nebenläufigkeiten gehören ebenso zur Simulation wie die Bildung von Kennzahlen zur Bewertung des zeitvarianten Modellverhaltens.

Ein *Modell* kann in diesem Zusammenhang als „eine vereinfachte Nachbildung eines geplanten oder existierenden Systems mit seinen Prozessen in einem anderen begrifflichen oder gegenständlichen System" bezeichnet werden. Es „unterscheidet sich hinsichtlich der untersuchungsrelevanten Eigenschaften nur innerhalb eines vom Untersuchungsziel abhängigen Toleranzrahmens vom Vorbild" (VDI 3633, Bl. 1). In Erweiterung hier zu ist ein Simulationsmodell ein zu Simulationszwecken erstelltes

Modell; ein charakteristisches Merkmal des Simulationsmodells ist seine *Experimentierbarkeit*.

Ein *Simulationsexperiment* bezeichnet die zielgerichtete Untersuchung des Modellverhaltens. Hierzu wird das Simulationsexperiment selbst in *Simulationsläufe* mit systematischer Parameter- oder Strukturvariation unterteilt. Ein Simulationslauf beschreibt das Verhalten eines Systems in einem Modell über einen bestimmten Zeitraum. Die Werte der untersuchungsrelevanten Zustandsgrößen werden in diesem Zeitraum erfasst und statistisch ausgewertet.

A 2.4.1.2 Leitsätze zur Anwendung der Simulation

Der Vorteil eines Simulationsmodells liegt darin begründet, dass es die Durchführung von Experimenten, die am realen System zu gefährlich, zu aufwendig (zu kostspielig) oder erst gar nicht möglich wären, erlaubt. Die *Notwendigkeit einer Simulation* ist damit v. a. dann zu sehen, wenn real (noch) nicht existierende Fabrikanlagen oder real nicht existente logistische Sachzusammenhänge vorliegen, die Wirkzusammenhänge eine sehr hohe – mit analytischen Methoden nicht mehr abbildbare – Komplexität besitzen, Zukunftsszenarien betrachtet werden sollen, mehrere Gestaltungsvarianten analysiert werden müssen oder das Systemverhalten über lange Zeiträume hinweg untersucht werden soll. Die zu beantwortenden Fragen lassen sich dabei in zwei Kategorien unterteilen:
- Analyse des Systemverhaltens im Sinne eines „What-if?",
- Ermittlung empfehlenswerter Maßnahmen im Sinne eines „What-to-do-to-achieve?"

Beispielsweise fallen unter What-if-Analysen Fragen nach dem Systemverhalten bei veränderter Systemlast (Wie verhält sich das Modell, wenn die Anzahl der zu bearbeitenden Aufträge um x Prozent erhöht wird?) und unter What-to-do-to-achieve-Untersuchungen Fragen der richtigen Anlagendimensionierung oder Steuerungsverbesserung.

Die Simulation ist grundsätzlich kein Selbstzweck, vielmehr wird mit ihr stets ein bestimmtes Untersuchungsziel für ein vorgegebenes System verfolgt. Die Erfahrungen der Simulationsexperten, der Untersuchungsgegenstand, das Ziel der Untersuchung sowie die daraus resultierenden Fragestellungen und Untersuchungsaspekte bilden gemeinsam den *Rahmen der Simulation* und legen die Notwendigkeit der Simulation (Simulationswürdigkeit) und damit auch die Abbildungsgenauigkeit des zu erstellenden Simulationsmodells fest (vgl. auch Abschn. A 2.4.4).

Um die Simulation möglichst effektiv und effizient durchzuführen, ist eine Reihe von *Leitsätzen* erarbeitet worden, die sich mit dem Stellenwert der Simulation in der Anwendung, der Modellbildung und den Simulationsergebnissen befassen. An dieser Stelle seien nur einige auszugsweise genannt. Die folgende Aufstellung orientiert sich an den in der Richtlinie VDI 3633, Bl. 1 sowie in dem ASIM-Leitfaden [ASI97] formulierten Leitsätzen:
- Simulation setzt die vorherige Zieldefinition und Aufwandsabschätzung voraus.
- Vor der Simulation ist zu prüfen, ob mittels analytischer Methoden das Ziel erreicht werden kann.
- Simulation ist grundsätzlich kein Ersatz für die Planung.
- Simulationsexperimente liefern keine Optimierung.
- Das Simulationsmodell ist nur ein vereinfachtes Abbild der Realität oder des geplanten Ablaufes. Es muss so abstrakt wie möglich und so detailliert wie nötig sein (Aufwand-Nutzen-Diskussion).
- Der Zeitpunkt der Integration der Simulation in ein Projekt bestimmt die Güte und den Erfolg der Planungsergebnisse sowie den Nutzen der Simulation.
- Die Ergebnisqualität eines Simulationsexperimentes hängt entscheidend von der dem Simulationsmodell zugrundeliegenden Datenbasis ab. Die Simulationsergebnisse sind wertlos, wenn die Datenbasis fehlerhaft ist.
- Für ein zielgerichtetes Experimentieren ist ein Versuchsplan (Experimentplan) unerlässlich.

Abschließend ist festzuhalten, dass die Simulation stets vor der Umsetzung der Planungsergebnisse und damit vor der Investition in Anlagen und Systeme durchzuführen ist.

A 2.4.1.3 Abgrenzung zu analytischen Verfahren

Ein wesentliches Unterscheidungsmerkmal zu analytischen Methoden ist, dass die Simulation „Prozesse (Zustandsfolgen in der Zeit) endogen aufgrund der im Modell dargestellten Wirkzusammenhänge und Zeitmechanismen entwickelt" [Nie90: 437]. In diesem Begriffsverständnis handelt es sich z. B. auch bei Tabellenkalkulationsprogrammen, die auf mathematisch-analytischen Methoden basieren, nicht um Simulationswerkzeuge. Die Entwicklung der *Zustandsfolgen in der Zeit* stellt den methodischen Vorteil der Simulation im Vergleich zu mathematisch-analytischen Verfahren dar, weil auf diese Weise komplexe Sachzusammenhänge abgebildet werden können, bei denen mathematisch-analytische Methoden an ihre Grenzen stoßen.

A 2.4.1.4 Anwendungsbereiche, Anwendungsfelder, Fragestellungen

Die *Anwendungsbereiche* der Simulation in logistischen Systemen reichen von der Betrachtung innerbetrieblicher Logistikabläufe im Sinne des klassischen Materialflusses

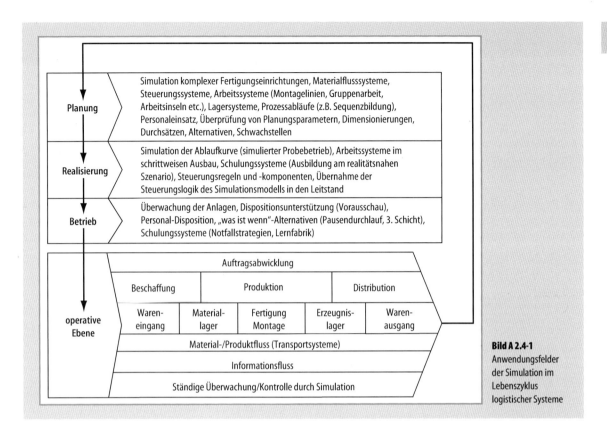

Bild A 2.4-1 Anwendungsfelder der Simulation im Lebenszyklus logistischer Systeme

über die Produktionslogistik mit der gesamten Auftragsabwicklung bis hin zur Beschaffungs- und Distributionslogistik. Dabei gewinnen unternehmensübergreifende Informationsflüsse (Kommunikation) zunehmend an Bedeutung (Geschäftsprozesse). Innerhalb des Lebenszyklus eines logistischen Systems können wiederum je nach Lebenszyklusphase unterschiedliche Anwendungsfelder der Simulation – wie in Bild A 2.4-1 dargestellt (in Anlehnung an VDI 3633, Bl. 1, Bild 2) – detailliert werden.

Während in der *Anlagenplanung* die Simulation als Strukturierungshilfsmittel und zur Unterstützung des Funktions- und Leistungsnachweises, aber auch zum Anlagentuning und -redesign eingesetzt wird, stehen in der *Realisierungsphase* einer Anlage Leistungstests, die Funktionsabsicherung für Ausbaustufen oder auch die Mitarbeiterschulung im Vordergrund. In der *Betriebsphase* erlaubt die Simulation ergänzend hierzu die Betrachtung von Parameterstudien zur Abwägung von Dispositionsalternativen, zur Überprüfung von Störfall- und Notfallstrategien sowie die Analyse des Anlagenverhaltens auf der Basis des realen Anlagenzustandes sowie prognostizierter Auftragsdaten. Die Simulation zur Gestaltung logistischer Systeme unterstützt i. d. R. langfristige (strategische) und mittelfristige (taktische) Entscheidungen, während die Simulation in der Betriebsphase logistischer Systeme zu kurzfristigen (operativen) Entscheidungen führt.

Allgemeine Ziele der simulationsgestützten Untersuchungen sind die Verbesserung des Systemverhaltens im Hinblick auf (kosten-)günstigere Lösungen, die Entscheidungshilfe bei der Systemgestaltung und bei der Auswahl von Alternativen, die Überprüfung von Theorien, die Planungsabsicherung und die Veranschaulichung komplexer Sachverhalte bezüglich eines besseren Systemverständnisses. Betrachtungsgegenstand sind dabei sowohl vorhandene Anlagen als auch neu geplante Anlagenkonzepte.

Typische Fragestellungen orientieren sich an dem klassischen Zielsystem der Logistik: Durchlaufzeitminimierung, Servicegradmaximierung, Auslastungsmaximierung und Bestandsminimierung. Dabei umfasst die Wirtschaftlichkeitsbetrachtung eines logistischen Systems die Kosten der Anlage, die Lagerhaltungskosten und die Kapitalbindung, den Terminverzug, die Lieferzeiten und die Lieferbereitschaft sowie Aufwände für Rüsten, Wartung und sonstige zu berücksichtigende Verfügbarkeitsfaktoren.

Verbunden mit den verschiedenen Anwendungsfeldern der Simulation innerhalb des Lebenszyklus einer Anlage kristallisieren sich auch unterschiedliche *Nutzungsformen* und *Anwendergruppen* der Simulation heraus. Sie reichen von der Unterstützung reiner Marketing- oder Akquisitionsaktivitäten ohne Bezug zu einem konkreten System (Kompetenzvermittlung) und der Simulation als Schulungswerkzeug (Kenntnisvermittlung) über die Integration der Simulation in den Planungsprozess (Erkenntnisgewinnung) bis zur Nutzung der Simulation als integraler Bestandteil von sog. Assistenzsystemen zur Unterstützung der Disponenten in der operativen Anlagenüberwachung und -steuerung (Entscheidungsunterstützung).

A 2.4.1.5 Nutzenaspekte

Der erzielbare Nutzen der Simulation lässt sich qualitativ und quantitativ bewerten. Die *qualitativen* Nutzenaspekte umfassen
- den erzielten *Sicherheitsgewinn* durch die Vermeidung von Fehlplanungen, die Bestätigung des Planungsvorhabens, die Absicherung der Funktionalität von System und Steuerung und damit letztlich durch die Minimierung des unternehmerischen Risikos,
- die erreichte *Lösungsverbesserung* über die Vereinfachung von Systemstrukturen oder die Verbesserung von Puffergrößen und Lagerbeständen,
- das erzielte *Systemverständnis* über eine Begründbarkeit und Überprüfbarkeit der gewählten Lösung oder z. B. die Schulung des Betriebspersonals,
- den insgesamt günstigeren *Anlagenbetrieb* (z. B. Verkürzung der Anlaufzeiten und Minimierung von Ausfallzeiten im Störfall).

Weitere Nutzenaspekte liegen in der Schaffung *quantifizierbarer* Ergebnisse für die betrachteten Lösungsvarianten als objektive Argumentations- und Entscheidungsbasis. Ein tatsächliches Quantifizieren des Nutzens ist jedoch nur projekt- und systemabhängig möglich.

A 2.4.2 Grundlagen

Zu den Grundlagen der Simulation zählt neben system- und modelltheoretischen Aspekten die Betrachtung methodischer, konzeptueller und stochastischer Sachzusammenhänge in Bezug auf die Modellbildung in der Simulation.

A 2.4.2.1 Systemtheoretische Grundlagen

Ein (logistisches) *System* stellt eine Anordnung von ggf. weiter zerlegbaren *Komponenten* oder auch Elementen dar, die miteinander über Relationen in Beziehung stehen (*Aufbaustruktur* des Systems). Die *Ablaufstruktur* innerhalb der Komponenten wird durch spezifische Regeln und konstante oder variable Attribute beschrieben.

Die *Systemgrenzen* (auch als „Quellen" und „Senken" bezeichnet) legen für ein System die Schnittstellen zur Umwelt und damit auch die Ein- und Ausgangsgrößen, die über diese Schnittstellen ausgetauscht werden, fest. Als Eingangsgrößen (Input) werden die Einwirkungen durch die Umwelt bzw. andere Systeme auf das zu betrachtende System bezeichnet. Ausgangsgrößen (Output) umfassen die Einwirkung des Systems auf die Umwelt bzw. auf andere Systeme. Ergänzend hierzu beschreiben die inneren Größen die Kopplung der Komponenten innerhalb des Systems.

Ein *dynamisches* System ist des Weiteren durch seinen *Zustand* charakterisiert, der die Gesamtheit aller Zustandsgrößen umfasst, die notwendig sind, um es zu jeder Zeit vollständig zu beschreiben. Der Zustand einer Komponente kann die Zustände anderer Komponenten oder seine eigenen Folgezustände beeinflussen.

Formal lässt sich ein dynamisches System wie folgt beschreiben: Ein 9-Tupel $\Sigma = (T, X, Y, Z, \boldsymbol{X}, \boldsymbol{Y}, F, g, \leq)$ ist ein dynamisches System, wenn gilt:
- Die Zeitmenge T ist eine Teilmenge der reellen Zahlen.
- Das Input-Alphabet X und das Output-Alphabet Y sind beliebige Mengen mit den Elementen x bzw. y.
- Z bezeichnet das Zustandsalphabet als eine beliebige Menge mit den Elementen z als Zustände des dynamischen Systems.
- Der Signalraum $\boldsymbol{X}$ ist eine Teilmenge von X^T, wobei X^T die Menge aller möglichen Zeitfunktionen (Signale) mit $x: T \to X$, $x(t) = x$ mit $t \in T$ und $x \in X$ bezeichnet. Der Signalraum $\boldsymbol{Y}$ ist Teilmenge von Y^T, wobei Y^T entsprechend die Menge aller möglichen Zeitfunktionen (Signale) $y: T \to Y$, $y(t) = y$ mit $t \in T$ und $y \in Y$ umfasst.
- Die Überführungsfunktion $F: (T \times T \times Z \times \boldsymbol{X})' \to Z$ und $F(t', t, z, \boldsymbol{x}) = z'$, mit z, z' als die Systemzustände zur Zeit t bzw. t'. Der zum Zeitpunkt t bei Zustand z auftretende Input $\boldsymbol{x}$ bewirkt eine Überführung in den Zustand z' zur Zeit t'. $(T \times T \times Z \times \boldsymbol{X})'$ bezeichnet eine gewisse Teilmenge von $(T \times T \times Z \times \boldsymbol{X})$, da F nicht auf der gesamten Menge definiert sein muss.
- Die Ausgabefunktion oder auch Ergebnisfunktion g mit $g: (T \times Z \times \boldsymbol{X}) \to Y$ und $g(t, z, x) = y$.
- $\leq$ bezeichnet die lineare Ordnungsrelation auf der Zeitmenge T.

Detaillierte Beschreibungen zu den systemtheoretischen Grundlagen und zu weiteren Systemdefinitionen sind beispielsweise [Wun86] zu entnehmen.

Entscheidend ist, dass Systeme durch eine essentielle Wirkungsstruktur gekennzeichnet sind, die ihnen die Erfüllung bestimmter Funktionen gestattet, die Systemzweck und Systemidentität definieren [Bos04]. Bei der Modellbildung und Simulation geht es um das Herausarbeiten dieser essentiellen Wirkungsstruktur. Bestandteil der Systemanalyse, bei der die Komplexität des Systems entsprechend den Untersuchungszielen durch sinnfällige Gliederung in Komponenten aufgelöst wird, ist daher die systematische Untersuchung eines Systems hinsichtlich seiner Daten, Komponenten und deren Wechselwirkung zueinander. Als Vorgehensweise werden insbesondere der Top-down- und der Bottom-up-Ansatz unterschieden. Während der *Top-down-Ansatz* das System in seiner Gesamtheit betrachtet und von diesem ausgehend detailliert, geht der *Bottom-up-Ansatz* vom Systemdetail aus und synthetisiert die Details schrittweise zu einem Ganzen.

Die Abstraktion auf ein auf das Wesentliche beschränktes Abbild des Systems wird von den Verfahren der *Reduktion* – Verzicht auf nicht relevante Einzelheiten – und der *Idealisierung* – Vereinfachung relevanter Einzelheiten – unterstützt.

A 2.4.2.2 Modellklassifikation

Nach [Wüs63] ist unter einem *Modell* ein spezifisches System zu verstehen, das als Repräsentant eines komplizierten Originals aufgrund der mit dem Original gemeinsamen, für eine bestimmte Aufgabe wesentlichen Eigenschaften von einem dritten System benutzt, ausgewählt oder geschaffen wird, um letzterem die Erfassung oder Beherrschung des Originals zu ermöglichen oder zu erleichtern bzw. es zu ersetzen. Damit stellt ein Modell aus der Sicht des Modellbildungsprozesses stets eine Beziehung zwischen drei Größen dar:
- dem Original (Modell-Objekt),
- dem Modellbildner (Modell-Subjekt) und
- dem Bild des Originals (Modell-Bild).

Bei der Erstellung des Modells spielt der Zweck, zu dem das Modell erstellt werden soll, die aktuelle Interessenlage (das Untersuchungsziel) und das Vorwissen des Modellbildners eine außerordentliche Rolle (vgl. hierzu auch [Cra85; Sta73]):
- Modelle sind stets Modelle von etwas, nämlich Abbildungen, Repräsentationen natürlicher oder künstlicher Originale, die selbst wieder Modelle sein können (Abbildungsmerkmal).
- Modelle erfassen i. Allg. nicht alle Attribute des durch sie repräsentierten Originals, sondern nur solche, die den jeweiligen Modellerschaffern und/oder Modellbenutzern relevant erscheinen (Verkürzungsmerkmal).
- Modelle sind ihren Originalen nicht per se eindeutig zugeordnet. Sie erfüllen ihre Ersetzungsfunktion für bestimmte erkennende und/oder handelnde modellbenutzende Subjekte, innerhalb bestimmter Zeitintervalle und unter Einschränkung auf bestimmte gedankliche oder tatsächliche Operationen (pragmatisches Merkmal). Insbesondere besagt das pragmatische Merkmal, dass Modelle nicht nur Modelle von etwas sind, sondern auch Modelle für jemanden, innerhalb eines Zeitintervalls und zu einem bestimmten Zweck.

Modelltypen und -klassen werden i. Allg. über gegensätzliche Begriffspaare charakterisiert und abgegrenzt; die Begriffspaare beschreiben jeweils Ausprägungen unterschiedlicher charakteristischer Kriterien:
- *Experimentierbarkeit*: experimentierbar versus nicht experimentierbar,
- *Beschreibungsmittel*: physisch versus gedanklich versus abstrakt/formal versus symbolisch/graphisch versus textuell,
- *Beschreibungsart*: analog versus digital,
- *Zufallsverhalten*: stochastisch versus deterministisch (vgl. auch Abschn. A 2.4.2.5),
- *Zeitverhalten*: statisch versus dynamisch,
- *Stabilität*: linear versus nicht linear,
- *Modellierung des Zeitablaufes*: diskret versus kontinuierlich.

Simulationsmodelle stellen vereinfachte Abbilder einer Realität dar und verhalten sich bezüglich der untersuchungsrelevanten Aspekte weitgehend analog dem realen oder geplanten System. Sie sind experimentierbar, symbolisch, digital, dynamisch und i. Allg. nicht linear; sie können je nach Zufalls- und Zeitverhalten deterministisch oder stochastisch sowie kontinuierlich oder diskret sein.

Die *Modellelemente* – auch Objekte (engl.: entities) und Bausteine (engl.: resources) genannt – repräsentieren reale Systemkomponenten mit ihrem Verhalten. Sie sind physisch und/oder logisch, statisch oder dynamisch (hier im Sinne von mobil), modellpermanent oder -temporär und stehen zu den anderen Modellelementen in Wechselwirkung. Die einzelnen Modellelemente werden über Parameter (deterministisch oder stochastisch) und ggf. durch eine bestimmte Funktionalität (interne Ablauflogik, Verhalten) charakterisiert. Je nach „Weltsicht" kann es jedoch auch Modellelemente geben, die keine interne Ablauflogik besitzen, sondern deren Verhalten durch die interne Ablauflogik anderer Modellelemente beschrieben wird (z. B. Paletten in der Fördertechnik, vgl. VDI 3633, Bl. 1).

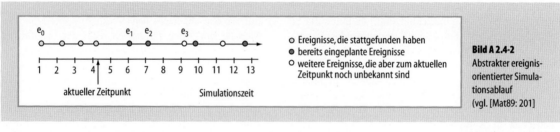

Bild A 2.4-2 Abstrakter ereignisorientierter Simulationsablauf (vgl. [Mat89: 201])

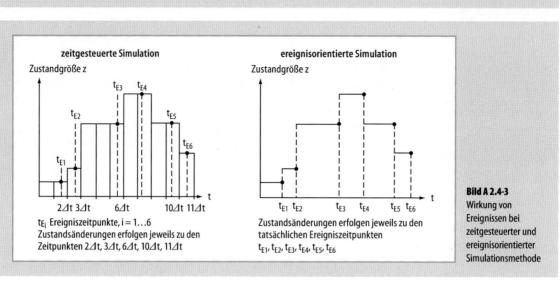

Bild A 2.4-3 Wirkung von Ereignissen bei zeitgesteuerter und ereignisorientierter Simulationsmethode

Simulationswerkzeuge (vgl. Abschn. A 2.4.3) unterstützen sowohl den Aufbau und die Verwaltung des Simulationsmodells als auch die Abbildung der Simulationszeit einschließlich der Durchführung von Zustandsänderungen im Modell. Die mit ihnen erstellten Simulationsmodelle werden über eine *Simulationsmethode* (vgl. Abschn. A 2.4.2.3), die das zu berücksichtigende Zeitverhalten definiert, und über ein *Modellierungs-* oder auch *Strukturkonzept* (vgl. Abschn. A 2.4.2.4), über welches das zu modellierende System in einem Modell formuliert wird, charakterisiert.

A 2.4.2.3 Simulationsmethoden

Eine Simulationsmethode definiert für die Simulation die Art und Weise, in der das Zeitverhalten berücksichtigt wird. Die *Simulationszeit* bildet die im realen System voranschreitende Zeit im Simulationsmodell ab (Simulationsuhr). Bei der Durchführung eines Simulationslaufes wird das Modell rechnergestützt ausgeführt; der Zustand des Modells, der aus den Zuständen der Modellelemente (Zustandsvektor) beschrieben wird, verändert sich mit dem Voranschreiten der Simulationszeit.

Für die Fortschreibung der Zeit innerhalb eines Modells sind die *kontinuierliche* (engl.: continuous) und die *diskrete* (engl.: discrete event) Simulationsmethode anwendbar. Bei der kontinuierlichen Simulation werden die Zustandsvariablen zur Beschreibung des Modells in einem stetigen Verlauf über die Zeit abgebildet; das Systemverhalten wird durch eine Menge gekoppelter Differentialgleichungen beschrieben. Bei der diskreten Simulation werden die Zustandsänderungen zu diskreten Zeitpunkten betrachtet. Das Fortschreiten der Zeit kann dabei grundsätzlich nach zwei Methoden erfolgen: über die *ereignisorientierte* (engl.: next event time advance mechanism) oder auch asynchrone diskrete Simulation sowie über die *zeitgesteuerte* (engl.: fixed-increment time advance) oder auch synchrone diskrete Simulation.

Während bei der ereignisorientierten Simulation (Bild A 2.4-2) die Zustandsänderungen innerhalb des Simulationsmodells über das Eintreten von Ereignissen verursacht werden, schreitet die Simulationszeit bei der diskreten zeitgesteuerten Methode, die häufig auch als quasi-kontinuierliche Simulationsmethode bezeichnet wird, um ein vorher festgelegtes konstantes Zeitinkrement Δt voran. Die innerhalb der letzten Epoche Δt aufgetretenen Zustands-

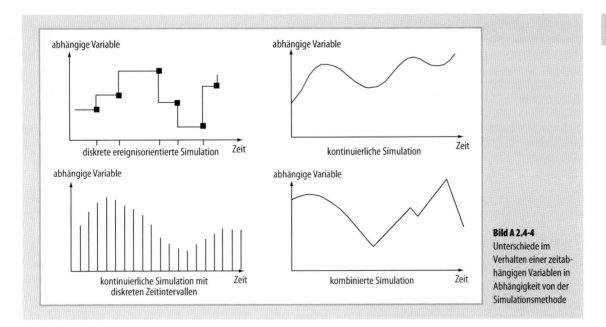

Bild A 2.4-4
Unterschiede im Verhalten einer zeitabhängigen Variablen in Abhängigkeit von der Simulationsmethode

änderungen werden erst nach Erhöhung der Zeit durchgeführt (Bild A 2.4-3).

Bei Wahl eines sehr kleinen Δt erzielt man unter Inkaufnahme einer hohen Rechenzeit eine Annäherung an eine kontinuierliche Simulation. Für die Abbildung von logistischen Prozessen spielte die zeitgesteuerte Methode in der Vergangenheit eine untergeordnete Rolle; mit der Notwendigkeit der Abbildung von Stoffströmen (z. B. zur Modellierung von umweltgerechten Produktionsprozessen) werden diese Methoden auch für logistische Prozesse interessant.

Im Folgenden wird lediglich auf die Ansätze der *diskreten ereignisorientierten Simulationsmethode* eingegangen (zum Zeitverhalten vgl. Bild A 2.4-4); die zeitgesteuerten und kontinuierlichen Ansätze werden in der Betrachtung ausgeklammert, da sie für die Simulation logistischer Systeme weniger relevant sind.

Bei der diskreten ereignisorientierten Modellierung wird das zu betrachtende System über Ereignisse (engl.: events), Prozesse (engl.: processes) und Aktivitäten (engl.: activities) abgebildet:
– Ein *Ereignis* ist grundsätzlich atomar und damit nicht weiter zerlegbar; es verbraucht keine Simulationszeit. Der Eintritt eines Ereignisses erfolgt zu i. d. R. nicht äquidistanten Zeitpunkten. Der über das Ereignis entstandene Zustand behält im Simulationsmodell bis zum nächsten Ereignis seine Gültigkeit. Die Generierung eines Ereignisses kann außerhalb des Modells (*exogen*) oder innerhalb des Modells aufgrund eines vorherigen Zustands oder Ereignisses (*endogen*) begründet sein.
– Eine *Aktivität* umfasst eine zeitbehaftete Operation, die den Zustand eines einzigen Objekts transformiert. Sie ist durch ein Anfangs- und Endereignis charakterisiert.
– Ein *Prozess* beschreibt eine zeitlich geordnete und inhaltlich zusammengehörige Folge von Ereignissen, die meist einem bestimmten Simulationsobjekt zugeordnet ist.

Unter Verwendung dieser Terminologie und der mit ihr verbundenen Sichtweise lassen sich verschiedene Wege zur Umsetzung der Modellbildung und damit der verwendeten Scheduling-Strategien in der ereignisorientierten Simulation beschreiben (vgl. [Fis73; Mat89; Nie90 und Zei91] sowie Bild A 2.4-5): Der *ereignisgesteuerte* Ansatz (engl.: event scheduling approach) unterteilt das zu beschreibende System in eine Menge von Ereignissen, die zu bestimmten Zeitpunkten eintreten und Zustandsübergänge hervorrufen. Dieser Ansatz setzt voraus, dass die Zukunft in genügend weiten Abständen über die Festlegung von einzutretenden Ereignissen vorausgeplant ist. Die *aktivitätsorientierte* Simulationsmethode (engl.: activity scanning) beschreibt ein Modell über eine Menge von Aktivitäten, die zyklisch daraufhin untersucht werden, welche von ihnen ausgelöst werden können. Die Zeitsteuerung basiert auf der Vorstellung, dass es eine Menge von Uhren gibt. Der *prozessorientierte* Ansatz (engl.: process interaction) organisiert das Modell in interagierende parallele Prozesse, die

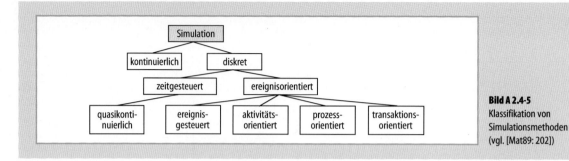

Bild A 2.4-5
Klassifikation von Simulationsmethoden (vgl. [Mat89: 202])

einerseits Zustandsvariablen verändern, andererseits warten. Programmiersprachen wie SIMULA bauen auf diesem Konzept auf. Des Weiteren wird die *transaktions-(fluss)orientierte* Simulationsmethode (engl.: transaction flow) differenziert, die sich von der prozessorientierten Methode dahingehend unterscheidet, dass es mobile dynamische Objekte (Transaktionen) und permanente stationäre Objekte (Stationen) gibt. Dieser Ansatz wird auch als Unterklasse der prozessorientierten Methode angesehen; sein Anwendungsfeld liegt beispielsweise bei der Modellierung und Simulation von Warteschlangensystemen.

A 2.4.2.4 Modellierungskonzepte

Ein Modellierungskonzept zerlegt und gliedert das zu untersuchende System, indem es ein Begriffsnetz aufspannt. Es bestimmt das Regelwerk zur Strukturierung und Modellierung des betrachteten Systems und damit die Modellbestandteile sowie deren Abhängigkeiten und Wechselwirkungen. Das *Modellierungskonzept* steht i. d. R. in Interdependenz zur verwendeten Simulationsmethode und ergänzt sie um zusätzliche deskriptive Vorgaben für Modellstruktur und -design. Es prägt Methodik und Vorgehensweise des Systementwurfs mit und hat dadurch einen nicht zu unterschätzenden Einfluss auf die Modellstruktur des abzubildenden Systems.

Den heutigen Simulationswerkzeugen liegen verschiedene Modellierungskonzepte zugrunde, die auf theoretischen Ansätzen (z. B. auf der Basis mathematischer Modelle) oder auf eher applikationsorientierten Konzepten beruhen (vgl. [Wen98]), die in den Simulationswerkzeugen häufig auch in Kombination angewandt werden. Im Folgenden werden die in der ereignisdiskreten Simulation häufig verwendeten Modellierungskonzepte kurz skizziert:

- *Sprachkonzepte* basieren entweder nur auf einer bestimmten Simulationsmethode und bieten die zugehörigen Methoden zur Ereignisverwaltung (z. B. SIMULA) an oder haben zusätzlich umfangreiche Sprachkonstrukte und Modellbildungsmechanismen auf der Basis eines block- bzw. funktionsorientierten Konzepts (vgl. beispielsweise GPSS (General Purpose Simulation System), SIMAN (SIMulation ANalysis program), SLAM (Simulation Language for Alternative Modeling)). Kennzeichnend für das Sprachkonzept ist die Umsetzung des Modells in Form einer Sprache und damit die hohe Flexibilität bei der Modellbildung. Typische Vertreter der Sprachkonzepte sind Programmiersprachen oder aber Simulationssprachen, die Erweiterungen von Programmiersprachen um simulationsspezifische Konzepte beinhalten.
- *Generische Konzepte* sind gekennzeichnet durch allgemeine (wiederverwendbare) und hinsichtlich ihrer Beschreibungsmethodik anwendungsneutrale Modellkonstrukte, denen gewisse Fähigkeiten zugeordnet sind und die über Attribute näher charakterisiert werden. Zu den generischen Konzepten zählen objektorientierte Modellierungskonzepte, bei denen in Anlehnung an das objektorientierte Paradigma in der Programmierung die Welt nur aus gleichberechtigten, miteinander kommunizierenden Objekten besteht, oder auch Entity-Relationship-Modelle, in denen die zu modellierende Welt als ein semantisches Netz mit Konstruktionsregeln und den generellen Knotentypen Entity (genau abgrenzbare individuelle Exemplare von Dingen, Personen, Begriffen usw.) und Relationship (Beziehungen) definiert wird.
- *Theoretische* (mathematische) *Konzepte* werden über die ihnen zugrundeliegenden mathematischen Modelle formal beschrieben. Ihnen zugeordnet sind die automatentheoretischen Konzepte, Petri-Netz-Konzepte und Warteschlangennetze. Während ein Automat über eine endliche Menge von Zuständen, einem Eingabealphabet, einer Zustandsübergangsfunktion, einem Anfangszustand und einer Menge von möglichen Endzuständen definiert wird, legen die nach C.A. Petri (1962) benannten Petri-Netze eine statische Struktur als Graph aus gerichteten Kanten und zwei unterschiedlichen Klassen von

Knoten, den Stellen und den Transitionen, fest und beschreiben dynamische Abläufe über Marken, die über die Transitionen weitergegeben werden. Warteschlangennetze (engl.: queueing models) bzw. auch Verkehrsnetze beschreiben ein System über ein Netz von Stationen, die ihrerseits aus einem Warteraum mit einer endlichen oder unendlichen Anzahl von Warteplätzen, einer ihm zugeordneten Abarbeitungsstrategie für die sich im Warteraum befindlichen Aufträge (z. B. „first in first out", „last in first out") und einem oder mehreren Bedienern bestehen. Die zu bedienenden Prozesse werden über ihr Ankunftsverhalten, über die Anzahl der zu bearbeitenden Aufgaben, die für die Bearbeitung notwendigen Ressourcen sowie die Bedienzeit charakterisiert.

Im Gegensatz zu den bisher genannten Modellierungskonzepten beinhalten *anwendungsorientierte Modellierungskonzepte* anwendungsnahe Beschreibungsmittel und orientieren sich in ihrer Begrifflichkeit an den abzubildenden Systemen der Anwendung. Typische Vertreter sind sog. „Bausteinkonzepte", die für ein bestimmtes Anwendungsfeld topologische, organisatorische und/oder informatorische Elemente – zweckmäßig aggregiert und vordefiniert sowie aus Anwendungssicht parametrisierbar – zur Verfügung stellen. Bausteinkonzepte können sowohl die ablauforientierte bzw. funktions- oder prozessorientierte Sichtweise (Fertigen, Montieren, Prüfen usw.) als auch die aufbau-/strukturorientierte bzw. topologieorientierte Sichtweise (Weiche, Förderstrecke, Lager usw.) berücksichtigen.

Die Applikationsnähe der anwendungsorientierten Modellierungskonzepte impliziert i. d. R. im Gegensatz zu den übrigen Modellierungskonzepten eine eingeschränkte Welt- bzw. Modellsicht und ggf. nur eine aufbau- oder ablauforientierte Sichtweise. Automaten oder Petri-Netze als Modellierungskonzepte hingegen erlauben von der Grundidee her zunächst beide Sichtweisen.

Neben den genannten Modellierungskonzepten zur Erstellung der Simulationsmodelle unterstützen ergänzende Beschreibungsmethoden häufig zusätzlich die Modellierung der dynamischen Sachzusammenhänge und Strategien. Hier sind z. B. Zustandsübergangsdiagramme, Blockdiagramme, Programmablaufpläne oder auch Entscheidungstabellen für Strategien und Regelwerke zu nennen.

In Ergänzung zu den klassischen Modellierungskonzepten werden heute für die Simulation sog. *Referenzmodelle* (vgl. hierzu auch [Wen00b]) entwickelt, um Erfahrungswissen zu dokumentieren und den Aufwand für die Erstellung von Simulationsmodellen zu reduzieren. Mittels der Referenzmodelle werden Anwendungen systematisch beschrieben und damit für die Simulation einfacher zugänglich und effektiver umsetzbar gemacht. Durch die Schaffung einer einheitlichen Begriffsbildung und die Einbeziehung von Expertenwissen über das jeweilige Anwendungsgebiet können Standardlösungen vorbereitet werden. „Ein Referenzmodell umfasst eine systematische und allgemeingültige Beschreibung eines definierten Bereichs der Realität mit den für eine vorgegebene Aufgabenstellung relevanten charakteristischen Eigenschaften und legt das zugehörige Modellierungskonzept fest. Im Bereich der Simulation dienen Referenzmodelle als Konstruktionsschemata für den Entwurf von aufgabenbezogenen Simulationsmodellen." [Kli00: 13]. Merkmale für Referenzmodelle werden ausführlich in [Kli00] diskutiert. Eine mögliche Kategorisierung von Referenzmodellen kann nach *Branchen*, *Unternehmensfunktionen*, *Einzelprozesse* und *übergeordnete Strukturen oder Prozesse* erfolgen. In [Wen00b] sind für die verschiedenen Kategorien einzelne Anwendungsbeispiele beschrieben.

A 2.4.2.5 Grundlagen der Statistik und Wahrscheinlichkeitstheorie

In der Modellbildung und Simulation spielen über die Wahrscheinlichkeitstheorie begründete Annahmen und Aussagen eine große Rolle, da mit ihrer Hilfe zufällige Einflüsse mathematisch beschrieben und Aussagen über ihre Gesetzmäßigkeiten hergeleitet werden können.

Ereignisse, die unter bestimmten Umständen eintreten können, aber nicht notwendigerweise eintreten müssen, heißen in diesem Zusammenhang auch *zufällige Ereignisse*. Von einem *zufälligen Versuch* oder auch *Zufallsexperiment* spricht man, wenn Aktionen abgearbeitet werden, bei denen zufällige Ereignisse entstehen. Das Ziel eines zufälligen Versuchs ist es, als Versuchsergebnis einen zahlenmäßigen Wert einer sog. *Zufallsgröße* zu ermitteln.

Den Wert, den eine Zufallsgröße X annehmen kann, nennt man die *Realisierung der Zufallsgröße X*. Die Funktion $F(x)$ der reellen Variablen x mit $F(x) = P(X < x)$ bezeichnet die *Verteilungsfunktion* der Zufallsgröße X; sie gibt an, wie hoch die Wahrscheinlichkeit ist, dass die Zufallsgröße X einen Wert kleiner x annimmt. Hat die Zufallsgröße einen nur endlichen (oder höchsten abzählbar unendlichen) Wertebereich, spricht man von einer *diskreten*, sonst von einer *kontinuierlichen* bzw. *stetigen Zufallsgröße*. Im diskreten Fall wird die Verteilung der Zufallsgröße X über eine *diskrete Wahrscheinlichkeitsfunktion* mit Einzelwahrscheinlichkeiten bestimmt: $F(x) = P(X < x) = \sum P(X = x_i) = \sum p_i$ mit $i = 1, 2, \ldots$ und $x_i < x$. Im stetigen Fall wird die Verteilung einer Zufallsgröße durch die *Verteilungsfunktion* $F(t) = P(X < t)$ für alle reellen Größen t in der Form

$F(t) = \int f(x)dx$ mit $x = -\infty \ldots t$ beschrieben, wobei die *Dichtefunktion* $f(x) \geq 0$, $-\infty < x < +\infty$ eine integrierbare Funktion mit $\int f(x)dx = 1$ und $-\infty < x < +\infty$ ist.

Die Verteilungsfunktion bestimmt vollständig die Verteilung einer Zufallsgröße; zusätzliche, i. d. R. jedoch nicht vollständige Informationen liefern Kennwerte (Parameter) der Verteilungsfunktion wie den *Erwartungswert*, der ausgehend von der klassischen Vorstellung eines Mittelwertes als ein Wert, um den sich die Werte der Zufallsgröße ansiedeln, verstanden werden kann, und das Streuungsmaß *Varianz*, das über die mittlere quadratische Abweichung angibt, wie stark die Werte der Zufallsgröße um den Erwartungswert streuen. Die Streuung selbst wird auch als *Standardabweichung* bezeichnet.

Zur Beschreibung verschiedener Wahrscheinlichkeiten ist eine Reihe von Wahrscheinlichkeitsverteilungen diskreter und stetiger Zufallsgrößen von Bedeutung. Für diskrete Zufallsgrößen sind zu nennen:

- Die *gleichmäßig diskrete Verteilung* ist gekennzeichnet durch endlich viele Werte mit gleicher Wahrscheinlichkeit.
- Die *Poisson-Verteilung* findet insbesondere für Ankunftsprozesse Verwendung (z. B. zur Beschreibung einer zufälligen Anzahl von Kunden oder Aufträgen, die in einem System zur Bearbeitung eintreffen).
- Die *Binomialverteilung* wird bei einer Menge voneinander unabhängiger, sich identisch verhaltender Sachverhalte mit gleicher zufallsbedingter Ausprägung verwendet, beispielsweise zur Beschreibung einer zufälligen Anzahl der in einem bestimmten Zeitraum ausfallenden Maschinen k von insgesamt n unabhängig voneinander arbeitenden Maschinen gleicher Bauart und mit gleichen Betriebsbedingungen.

Stetige oder kontinuierliche Wahrscheinlichkeitsverteilungen lassen sich wie folgt unterscheiden:

- Die *gleichmäßig stetige Verteilung* (*Gleichverteilung*) nimmt an, dass eine Zufallsgröße in gleich lange Teilintervalle ihres Wertebereichs mit gleicher Wahrscheinlichkeit fällt. Ihr Anwendungsgebiet ist überall dort zu finden, wo nur Minimal- und Maximalwerte bekannt sind (z. B. bei Zwischenankunftszeiten in Warteschlangen liegt häufig nur der kürzeste und längste Zeitabschnitt zwischen zwei Ankünften vor).
- Die *Normalverteilung* lässt die Beschreibung einer Zufallsgröße zu, die sich als Ergebnis der Überlagerung vieler unabhängiger und in ihrer Wirkung etwa gleich starker Einflüsse interpretieren lässt. Hierzu zählen beispielsweise zufällige Beobachtungs- und Messfehler oder über Verteilungen beschriebene Arbeits- und Rüstzeiten in der Produktion.
- Die *Exponentialverteilung* wird zur Modellierung von Zeitdifferenzen zwischen zufälligen Ereignissen wie Zwischenankunftszeiten (von Kunden an einem Schalter, Lkw an einer Rampe, Telefonanrufen in einer Telefonzentrale), Bedienungsfunktionen oder dem Eintritt von Störungen verwendet.

Eine Ausführung der mathematischen Details der einzelnen Verteilungsfunktionen führt an dieser Stelle zu weit. Hierzu sei u. a. auf [Web92]; [Law00]; [Ban98] und [Rob04] verwiesen.

A 2.4.3 Simulationswerkzeuge

A 2.4.3.1 Werkzeugklassen

Die Werkzeuge oder auch Instrumente zur Simulation zeichnen sich dadurch aus, dass sie eine softwaretechnische Nachbildung eines Systems in einem Modell erlauben. Da das Verhalten eines dynamischen Systems in der Zeit untersucht wird, sind die Abbildung der zeitlichen Abläufe der Systemkomponenten und die Zeit selbst entscheidende Aspekte der Modellierung.

Als Werkzeuge können einfache *Programmiersprachen* oder komfortablere *Simulationssprachen* – i. d. R. Programmiersprache mit simulationsspezifischen Zusatzfunktionalitäten (z. B. zur Ereignisverwaltung) – ebenso zum Einsatz kommen wie die als *Simulatoren* bezeichneten Programmpakete. Häufig findet man den Begriff „Simulator" auch als Synonym für Simulationswerkzeug und/oder Simulationsinstrument. Um jedoch auch die Simulationssprachen einordnen zu können, wird hier eine begriffliche Trennung vorgenommen. Neben den Simulationssprachen und den Simulatoren ist eine weitere Differenzierung in *Simulatorentwicklungsumgebungen* zweckmäßig. Diese Werkzeuge stellen in erster Linie eine Entwicklungsumgebung bzw. -basis für die Simulatorentwickler dar und werden i. Allg. nicht dem Endanwender zur Verfügung gestellt. Die auf ihrer Basis entstehenden oder bereits entwickelten Instrumente sind wiederum Simulatoren für den Endanwender. Bild A 2.4-6 zeigt aus der instrumentellen funktionalen Sicht eine Einordnung der unterschiedlichen Simulationswerkzeuge mit ihren charakteristischen Merkmalen.

Eine Unterteilung der Simulationswerkzeuge nach *Anwendungsbezug* führt in Anlehnung an [Sch88] und [Noc91] zu einem Ebenenmodell (vgl. Bild A 2.4-7), das über die

- Ebene 0: reine Programmiersprachen (Implementierungssprachen),
- Ebene 1: Programmiersprachen mit simulationsrelevanten Basiskomponenten,

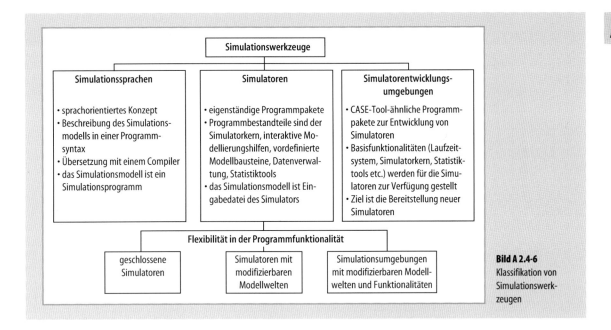

Bild A 2.4-6 Klassifikation von Simulationswerkzeugen

- Ebene 2: erweitert um für Modellklassen spezifische Komponenten,
- Ebene 3: spezialisiert über für einzelne Anwendungsbereiche konzipierte Komponenten,
- Ebene 4: spezialisiert über für Teilgebiete eines Anwendungsbereiches konzipierte Komponenten

beschrieben ist. Die heutige Angebotspalette an Simulationswerkzeugen für logistische Anwendungen (s. [Wen00a]) kann in Analogie zu den obigen Ebenen differenziert werden nach anwendungsübergreifender, allgemein verwendbarer Simulationssoftware, nach Instrumenten, die primär den Anwendungsbereich Produktion und Logistik bedienen, und nach Werkzeugen, die nur spezielle Aufgabengebiete innerhalb des Anwendungsbereiches Produktion und Logistik abdecken.

Allgemeine Instrumente unterstützen nicht speziell einen Anwendungsbereich, sondern sind von ihrer Konzeption und ihrer Funktionalität her grundsätzlich beliebig einsetzbar. Sie erlauben über ihre Funktionalitäten und Freiheitsgrade in der Modellierung die Anwendung bei unterschiedlichsten Problemen und Fragestellungen. Der in ihrer Bedienung begründete Komplexitätsgrad bedingt jedoch i. d. R. lange Einarbeitungszeiten und häufig die Einbeziehung eines Spezialisten; außerdem geht bei Nutzung dieser sehr allgemeinen Werkzeuge der Bezug zur eigentlichen Anwendung verloren. Zur Minderung dieses Mankos werden heute die bereits erwähnten *Simulator-*

entwicklungsumgebungen sowie sogenannte *Simulationsumgebungen* angeboten. Simulationsumgebungen (vgl. Bild A 2.4-6) kennzeichnen *offene* Simulatoren, die es ermöglichen, neue Bausteine und (in eingeschränkter Form) auch Funktionen anwendungsbezogen zu beschreiben und innerhalb des Werkzeuges zu ergänzen.

Simulationswerkzeuge, die auf Anwendungen in Produktion und Logistik ausgerichtet sind, zielen verstärkt auf die Fragestellungen dieses Anwendungsbereiches ab und weisen in ihren Funktionen und Modellelementen entsprechend typische Charakteristika auf. Als Schwerpunkte werden v. a. Fragen aus Produktion, Materialfluss, Distribution und Werkstattsteuerung thematisiert. Im Vergleich hierzu konzentriert sich die dritte Klasse der Simulatoren auf Spezialgebiete wie fahrerlose Transportsysteme, Robotersysteme, Geschäftsprozesse oder auch Stoffflüsse. Diese *Spezialsimulatoren* beschränken sich sowohl aus der Sicht des Entwicklers als auch aus der des späteren Anwenders nur auf einen begrenzten Einsatz des Instrumentariums. Die Nutzung dieser Werkzeuge für weiterreichende, über die eigentliche Zielanwendung hinausgehende Fragestellungen führt aufgrund der fehlenden Flexibilität und Erweiterbarkeit der Werkzeuge i. d. R. zu aufwendigen und kostenintensiven Anpassungsaufgaben.

„Stellt ein Simulator hochaggregierte Bausteine zur Verfügung, so ist hiermit ein benutzerfreundlicher und schneller Modellaufbau möglich. Gleichzeitig verliert man jedoch an Flexibilität und Abbildungstreue. Wenn nur die Bau-

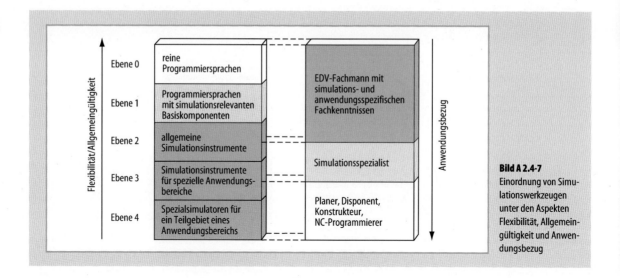

Bild A 2.4-7
Einordnung von Simulationswerkzeugen unter den Aspekten Flexibilität, Allgemeingültigkeit und Anwendungsbezug

steine zur Verfügung stehen, gerät man in Schwierigkeiten, falls das reale System Eigenschaften aufweist, die sich nicht direkt mit den Bausteinen eines Simulators abbilden lassen." [Sch88: 18–19]. Bild A 2.4-7 verdeutlicht den Zusammenhang zwischen dem Anwendungsbezug und damit verbunden der Qualifikation des Anwenders einerseits und dem Flexibilitätsgrad der Simulationswerkzeuge und damit verbunden ihrer Allgemeingültigkeit andererseits.

A 2.4.3.2 Aufbau der Simulationswerkzeuge

Simulatoren lassen sich durch einen *Simulatorkern* (u. a. Zufallszahlengeneratoren zur Erzeugung von stochastischen Verteilungen sowie Funktionen zur automatischen chronologischen Erzeugung und Abarbeitung von Ereignissen), eine bereits vordefinierte *Modellwelt*, bestehend aus den Modellelementen zur Systemmodellierung, eine *interne Datenverwaltung*, eine *Bedienoberfläche* zur Modelleingabe und Ergebnisdarstellung sowie *Schnittstellen zu externen Datenbeständen* (vgl. Abschn. A 2.4.3.3) beschreiben. Die Modellwelt mit ihren Modellelementen wird durch das Modellierungskonzept des Simulators bestimmt. Beispielsweise existieren Simulatoren, die bereits Modellelemente zur Abbildung tatsächlicher Anlagenelemente wie Förderstrecke, Weiche oder Maschine zur Verfügung stellen, während sich andere Simulatoren theoretischer Modellierungskonzepte bedienen (vgl. Abschn. A 2.4.2.4).

Die interne Datenverwaltung umfasst die Verwaltung aller zur Modellerstellung, Simulationsdurchführung und Ergebnisinterpretation notwendigen Daten. Diese beziehen sich damit nicht nur auf die seitens des Anwenders bei der Modellierung einzugebenden Parameterdaten, sondern auch auf interne, das Modell repräsentierende Zustände, die während des Simulationslaufes über die Zeit ermittelt werden, sowie auf Ergebnisdaten, die während und zum Ende eines Simulationslaufes bestimmt werden. Die Bedienoberfläche dient zum (heute i. d. R. graphisch interaktiven) Modellaufbau auf der Basis parametrisierbarer Modellelemente, zur Daten- und Parametereingabe sowie zur Darstellung der ermittelten Simulationsergebnisse. Die Ergebnisdarstellung erfolgt über Listen, Statistiken oder über eine entsprechende graphische Aufbereitung der Statistikdaten; darüber hinaus ermöglichen Monitoringverfahren sowie 2D-und/oder 3D-Animationen die Visualisierung der dynamischen Prozessabläufe über die Zeit.

A 2.4.3.3 Schnittstellen

Die Notwendigkeit zur Integration der Simulationswerkzeuge in das betriebliche Umfeld erfordert *offene* Simulationswerkzeuge. Um einerseits aktuelle Datenbestände für die Simulation ohne erneuten Dateneingabeaufwand zu nutzen, andererseits die Simulationsergebnisse möglichst direkt weiter verwenden zu können, bieten daher die einzelnen Simulationswerkzeuge unterschiedliche Datenim- und -exportschnittstellen an. Die *Importschnittstellen* sind i. Allg. spezifische Individuallösungen für bestimmte Werkzeuge (z. B. aus dem Bereich CAD oder PPS) und müssen darüber hinaus an das konkrete Simulationsmodell angepasst werden. Der Aufwand zur Übernahme externer Datenbestände darf dabei nicht unterschätzt werden, da es zwar einige mehr oder weniger standardisierte Datenaustauschformate gibt (z. B. DXF im CAD-Bereich), letztendlich die Normung der Datenschnittstellen noch nicht abgeschlossen ist. Mit der erweiterten Nutzung der Simulation im operativen Betrieb zur kurzfristigen Überprüfung von Handlungsalternativen sowie der Integration realer Anlagen- und Systemkomponenten in das Modell, im Sinne einer System-In-The-Loop Simulation, werden Online-Schnittstellen zu operativen Planungs- und Steuerungssystemen wie z. B. ERP, MES, PPS, Leitstandsrechner und SPS immer wichtiger.

Zum *Datenexport* bieten die Simulationswerkzeuge häufig Schnittstellen zur Nutzung der Ergebnisse z. B. in Office-Programmpaketen, Graphikformate zur Darstellung der Modelle oder simulatorspezifische Datenaustauschformate (z. B. Trace-Dateien mit den protokollierten Ereignissen eines Simulationslaufes) an. Der zunehmende Einsatz von 3D-Animation und Virtual Reality (VR) führt heute zu Lösungen, die über Dateischnittstellen oder Interprozesskommunikation die Kopplung mit einem professionellen Visualisierungswerkzeug unterstützen (vgl. auch VDI 3633 Bl. 11).

A 2.4.3.4 Auswahlkriterien für Simulationswerkzeuge

Je nach Anwendungsfeld, Aufgabenstellung und Anwendergruppe kann das Ergebnis der Auswahl eines Simulationswerkzeugs unterschiedlich ausfallen. Als wesentliche Auswahlkriterien sind Aspekte der *Werkzeugentwicklung*, des *Produkteinsatzes* und der *Softwarefunktionalität* sowie *Service- und Marketingaspekte* zu nennen. Zur *Werkzeugentwicklung* zählen die Entwicklungsgeschichte des Produkts, der Produkthersteller und die aktuellen Vertriebspartner, aber auch Marktpräsenz und Referenzen. Die Aspekte zum *Produkteinsatz* umfassen die typischen Anwendungsbereiche des Produkts, aber auch Hard- und Softwarerestriktionen sowie Qualifikationsanforderungen an die Anwender.

In Bezug auf die *Softwarefunktionalität* sind besondere Charakteristika und Leistungsmerkmale des Produkts selbst, die zur Verfügung stehende Modellwelt, die Im- und Exportschnittstellen, die Bedienbarkeit, die funktionalen Möglichkeiten der Modellerstellung und Strategiedefinition, der Validierung, der Experimentplanung und der Ergebnisaufbereitung sowie restriktive Kriterien wie die Begrenzung in der Modellgröße abzufragen. Unter *Service- und Marketingaspekten* werden Anwendungsunterstützung und Wartung, Preispolitik und Verbreitungsgrad des Produktes, Marktbedienung, Schulung und Serviceleistungen wie Hotline, User Groups, Internetpräsenz u. ä. zusammengefasst.

Der Stellenwert der einzelnen Auswahlkriterien orientiert sich an dem gewünschten Anforderungsprofil der Endanwender. Daher ist jeder Anwender gefordert, hier entsprechend seinen Präferenzen eigene Bewertungskriterien festzulegen und zu gewichten. Für die abschließende Produktauswahl müssen Erfüllungsgrad und Anforderungsprofil in Bezug auf die Auswahlkriterien in einem ausgewogenen Verhältnis stehen. Eine mögliche Checkliste ist der Richtlinie VDI 3633, Bl. 4 zu entnehmen.

A 2.4.4 Vorgehensweise bei der Simulation

Eine *Simulationsstudie* kennzeichnet ein Projekt zur Durchführung einer Simulation. Hierbei ist zunächst zu entscheiden, ob die Simulationsstudie im eigenen Haus oder über externe Dienstleister abzuwickeln ist. Voraussetzungen für die eigenständige Durchführung einer Studie sind
– das Vorhandensein von ausreichender Simulationskompetenz für den geplanten Zeitraum,
– eine eigene Lizenz über eine für die Aufgaben geeignete Simulationssoftware.

Die Entscheidung über den Aufbau eigener *Simulationskompetenz* ist abhängig von der Häufigkeit der Durchführung von Studien und der Einbeziehung der Simulation in das operative Tagesgeschäft. Der Aufwand für die Ausbildung geeigneter Mitarbeiter, die permanente Kompetenzbereitstellung sowie die Kosten für die notwendige Soft- und Hardware müssen in diesem Zusammenhang mit ins Kalkül gezogen werden. Bei einmaligen oder sehr seltenen Anwendungen der Simulation ist auf die Leistung externer Dienstleistungsunternehmen auszuweichen. In jedem Fall muss eine Simulationsstudie in enger Kooperation zwischen Anwender bzw. Planer und Simulationsexperten durchgeführt werden. Umfassende Hinweise und Checklisten zur Durchführung von Simulationsstudien für Produktion und Logistik sind in [Wen08] und [Rab08] zu finden.

Die *Vorgehensweise* während einer Simulationsstudie gliedert sich grob in die Phasen *Vorbereitung*, *Durchführung* und *Auswertung* (Bild A 2.4-8, angelehnt an VDI 3633, Bl. 1, Bild 7).

Die einzelnen Schritte innerhalb der Phasen sind in ihrer prinzipiellen Abfolge sukzessiv nacheinander zu bearbeiten; grundsätzlich sind jedoch zwischen allen Schritten Iterationsschleifen möglich und sinnvoll, wenn das Ergebnis des vorangegangenen Schrittes nicht den Erwartungen in Bezug auf das erreichte Ergebnis entspricht. Im Folgenden werden die wesentlichen Detailschritte einer Simulationsstudie näher erläutert.

86 A 2 Modellierung logistischer Systeme

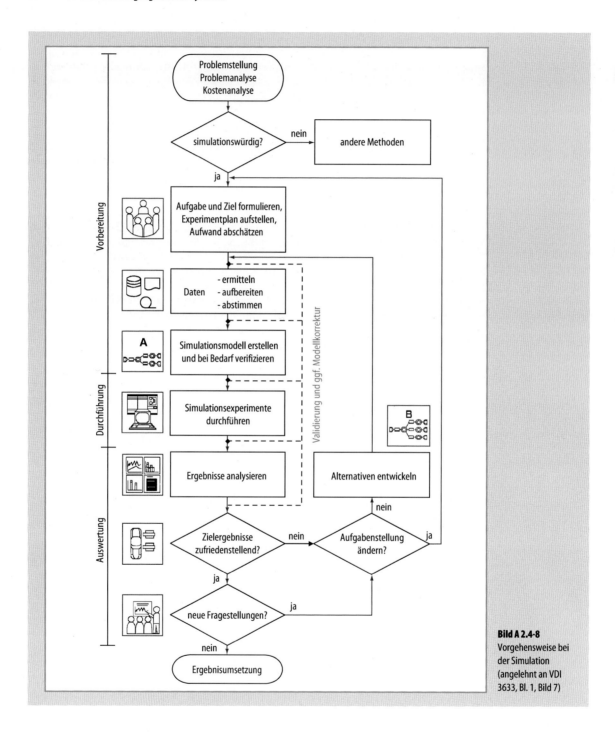

Bild A 2.4-8
Vorgehensweise bei der Simulation (angelehnt an VDI 3633, Bl. 1, Bild 7)

A 2.4.4.1 Einsatzdefinition, Datenerfassung und -aufbereitung

Zu Beginn einer Simulationsstudie ist über eine Einsatzdefinition die eigentliche Aufgaben- und Problemstellung festzulegen und mittels einer Situations- und Kostenanalyse zu prüfen, ob die Simulation gerechtfertigt ist und die zu untersuchenden Fragestellungen mittels Simulation zu beantworten sind. Bei der Formulierung der Ziele muss der Aufwand für Datenbeschaffung und Simulation gegenüber dem Nutzen der erzielbaren Ergebnisse abgewogen werden.

Konnte die Simulationswürdigkeit für die zu untersuchenden Fragestellungen ermittelt werden, sind in einem nächsten Schritt der Vorbereitungsphase Aufgabe und Ziele einschließlich der geplanten Experimente (Versuchsplan aufstellen) näher zu formulieren und gegen andere Fragestellungen, die nicht zum Untersuchungsgegenstand gehören, abzugrenzen. Ein wichtiger Aspekt hier ist ebenfalls die detaillierte Aufwandsabschätzung.

Auf der Basis der Ergebnisse dieser Schritte wird das umzusetzende Simulationsmodell grob im Sinne der notwendigen Daten konzipiert (Konzeptmodell). Die Ermittlung, Aufbereitung und Abstimmung der Daten schließt sich unmittelbar an und umfasst im Rahmen einer Simulationsstudie einen aufwandsmäßig nicht zu unterschätzenden Anteil. Dies liegt zum einen in dem hohen Stellenwert der Eingangsdaten und der damit verbundenen Sorgfalt bei der Datenbeschaffung begründet, da die Simulationsergebnisse nur so gut sein können wie die Eingangsdaten der Simulation. Zum anderen bedarf bei existierenden Anlagen gerade die Datenbasis einer abschließenden Diskussion über verschiedene Planungsabteilungen hinweg; bei geplanten Anlagen ist häufig nur eine sehr vorsichtige Abschätzung charakteristischer Daten möglich. Der Prozess der Datenerhebung wird mit der Aufbereitung der Daten für die Simulation über Plausibilitätstests, Klassifikation und Verdichtung abgeschlossen.

Zu den ein System beschreibenden Daten zählen (nach [Mey93] und VDI 3633, Bl. 1)
- *technische Daten* zur Beschreibung der Anlagentopologie sowie der einzelnen Systemkomponenten,
- *Organisationsdaten* zur Definition der Arbeitszeit- und Ablauforganisation sowie der Ressourcenzuordnung,
- *Systemlastdaten*, bestehend aus Daten für die Auftragseinlastung und Produktdaten.

Die Komplexität und der Detaillierungsgrad der benötigten Daten unterscheiden sich entsprechend des vorliegenden Aufgabenschwerpunktes und des geplanten Untersuchungszieles (vgl. Abschn. A 2.4.2.1). Insbesondere ist je nach Zielsetzung im Vorfeld der softwaretechnischen Modellierung eine gezielte Strukturierung des vorliegenden Originalsystems und eine Abstraktion auf die spezifischen Systemkennzeichen vorzunehmen, so dass ein auf das Wesentliche beschränktes Abbild des Originalsystems entsteht. Vor allem die ein System charakterisierenden Ablaufregeln wie Bearbeitungsreihenfolgen, Dispositionsregeln oder auch Störfallmanagementregeln müssen für eine Simulationsstudie häufig erstmalig abgeleitet und formuliert werden; dies stellt einen nicht zu unterschätzenden Aufwand für den Planer und Modellersteller (evtl. sogar Programmierer) dar.

A 2.4.4.2 Modellbildung

Die Umsetzung des im ersten Schritt unter Daten- und Prozesssicht vorbereiteten Konzeptmodells in ein softwaretechnisches Abbild erfolgt unter Verwendung eines Simulationsinstruments und unter den für dieses Werkzeug vorliegenden Rahmenbedingungen zur Modellierung der Aufbau- und Ablaufstruktur des zu betrachtenden Systems. Dabei ist zu beachten, dass systemindividuelle Ablaufregeln und Strategien i. d. R. zusätzlich programmiert werden müssen. In einigen Werkzeugen stehen hierfür separate Eingabelogiken (z. B. Entscheidungstabellen) zur Verfügung.

Ebenfalls festgelegt und modelliert wird das Verhalten an den Systemgrenzen über die Abbildung von Quellen und Senken. Häufig kommen hier stochastische Verteilungen zum Tragen, die das Ankunftszeitverhalten aus dem vorgelagerten System und das Bedienverhalten des nachgelagerten Systems in Annäherung beschreiben.

Aufgrund der Tatsache, dass heute weniger Simulationssprachen, sondern eher Simulatoren mit vordefinierten Modellwelten zur Anwendung kommen, wird die Modellkonzeption oftmals über das dem Simulator vorgegebene Modellierungskonzept bestimmt, so dass die Schritte der Modellformalisierung, sowie der tatsächlichen EDV-technischen Umsetzung parallelisiert werden können.

Der Aufwand für die Modellierung eines Systems ist abhängig vom tatsächlichen Systemumfang (*Systemgröße, Komplexität der Strukturen und Abläufe*) sowie vom aufgrund der Zielsetzung und der Untersuchungsschwerpunkte notwendigen Detaillierungsgrad des Modells (zu betrachtende *Systemdetails*). Detailaspekte zum Vorgehen bei der Modellbildung sind [Fur05] und [Wen08] zu entnehmen.

A 2.4.4.3 Verifikation und Validierung

Alle Zwischenergebnisse einer Simulationsstudie von der ersten Aufgabenformulierung, über die beschafften Daten bis zu den Simulationsergebnissen unterliegen einer *permanenten Prüfung* im Hinblick auf *Korrektheit* und *Angemessenheit*. Wesentliche Voraussetzung ist dabei eine umfassende *Dokumentation* aller Zwischenergebnisse einer Simulationsstudie, um sowohl das Zwischenergebnis selbst als auch die Transformation des Ergebnisses aus dem vorherigen Zwischenergebnis zu überprüfen (vgl. u. a. [Bal98; Rab08]).

Die *Verifikation* umfasst den *Nachweis der Korrektheit* eines Zwischenergebnisses (*Ist das Modell richtig?*) und bezieht sich beispielsweise auf die Vollständigkeit und Konsistenz der Aufgabenbeschreibung aufgrund der vorgegebenen Problemstellung oder auf die korrekte Umsetzung des Modells aus der vorgegebenen Systemstruktur. Je nach Simulationswerkzeug können unterschiedliche Verifikationsschritte erforderlich sein. Bei der Nutzung eines Simulators sind z. B. während und nach Abschluss der Implementierungsarbeiten für ein Simulationsmodell insbesondere die zusätzlich programmierten Steuerungsregeln auf Korrektheit zu überprüfen. Bei der Nutzung von Simulationssprachen ist hingegen das gesamte Simulationsprogramm zu verifizieren.

Neben der Verifikation dient die *Validierung* zur Prüfung der hinreichenden Übereinstimmung von Modell und Original (*Ist es das richtige Modell?*). Hier muss sichergestellt werden, dass das Modell das Verhalten des zu betrachtenden Systems im Sinne der Aufgabenstellung hinreichend genau und fehlerfrei widerspiegelt (Angemessenheit des Modells) und damit für die anschließenden Experimente Gültigkeit besitzt. Die Gültigkeit eines Modells bezieht sich auf die *strukturellen* Beziehungen, das *funktionale Verhalten*, die verwendeten *Datenbeschreibungen* (Daten und auch stochastische Verteilungen) und die *Anwendbarkeit des Modells* zur Analyse des zu betrachtenden Untersuchungsgegenstandes.

Zur Unterstützung von Verifikation und Validierung können unterschiedliche subjektive und objektive Verfahren zum Einsatz kommen. Als eher subjektive Verfahren lassen sich die Sensitivitätsanalyse (Empfindlichkeitsanalyse), die Animation oder auch die gezielte Analyse des Modellverhaltens anhand Extrembedingungen und Ausnahmesituationen bezeichnen. Objektive Verfahren umfassen die statistischen Prüfverfahren (z. B. Varianzanalyse, Kolmogorow-Smirnow-Anpassungstest, Chiquadrattest); sie lassen eine mehr oder weniger objektive Bewertung des Modellverhaltens zu. Mit der Modellabnahme durch den Auftraggeber wird i. d. R. die Modellverifikation und -validierung für einen Projektschritt (beispielsweise die Simulationsmodellerstellung) abgeschlossen.

Umfassende Ausführungen zur Verifikation und Validierung in Produktion und Logistik sind [Rab08] zu entnehmen. Bezüglich einer Auflistung von Verifikations- und Validierungsverfahren sei auf [Bal98], bezüglich statistischer Prüfverfahren auf [Web92] verwiesen.

A 2.4.4.4 Simulationsexperimente

Die durchzuführenden Experimente (vgl. Abschn. A 2.4.1.1) sollen dem Anwender der Simulation Entscheidungshilfen für seine Aufgaben liefern. Eine Interpretation der Ergebnisse und die Ableitung von Maßnahmen für das zu untersuchende System sind allerdings nur möglich, wenn das erstellte Modell validiert (vgl. Abschn. A 2.4.4.3) und in seinem Ablauf verständlich ist und wenn die Parametervariationen gezielt und systematisch erfolgen. Letzteres hängt entscheidend von den individuellen Erfahrungen des Planers ab und wird heutzutage meist manuell vorbereitet. Mittels der statistischen Experimentplanung (vgl. hierzu auch VDI 3633, Bl. 3) kann die systematische Variation der Eingangsparameter unterstützt werden.

Die Planung der Simulationsexperimente und der zugehörigen Simulationsläufe ist bedingt durch die abgebildeten zufälligen Einflüsse auch unter Beachtung der statistischen Signifikanz der Simulationsergebnisse durchzuführen. Dies beinhaltet die Festlegung einer hinreichenden Anzahl an Replikationen eines Simulationslaufes bei veränderten Startwerten der Zufallsverteilung sowie die Bestimmung der geeigneten Dauer der jeweiligen Simulationsläufe.

Die Verwendung mathematischer *Optimierungsverfahren* (vgl. [Han05]) erlaubt die teilweise automatische Bestimmung und Variation der Parameterwerte. In diesem Zusammenhang ist die Definition einer Zielfunktion notwendig, die sich aus gewichteten, einheitlich bewerteten Simulationszielen ergibt und auf ihre Extremwerte hin untersucht wird.

Die Qualität der erzielten Ergebnisse hängt entscheidend von der Qualität der verwendeten Daten und der Präzision der im Vorfeld durchgeführten Arbeiten ab. Je nach Anzahl der bekannten und unbekannten Größen für das System und für die Systemlast lassen sich allerdings im Rahmen der Simulationsexperimente nur bestimmte Aussagequalitäten erzielen. Tabelle A 2.4-1 gibt einen Überblick über den Zusammenhang zwischen System bzw. Systemlast einerseits und den erzielbaren Qualitäten der Simulationsergebnisse andererseits.

A 2.4.4.5 Ergebnisaufbereitung und -bewertung

Die Ergebnisinterpretation erfolgt stets in Zusammenarbeit zwischen Planer bzw. Auftraggeber und Simulationsexperten, da nur im gemeinsamen Gespräch auf der Basis des Si-

A 2.4 Simulation logistischer Systeme

Tabelle A 2.4-1 Experimente und Ergebnisaussagen

Fall	System	Systemlast	Simulationsergebnis
1	bekannt	bekannt	Funktionalität der Technik und der Systemorganisation
2	unbekannt (Variation der technischen Möglichkeiten)	bekannt	Ermittlung technischer und organisatorischer Alternativen (Fördertechnik, Lagertechnik, Streckenführung)
3	bekannt	unbekannt (Variation der Rahmenbedingungen)	Leistungsgrenzen
4	unbekannt	unbekannt	allgemeingültige Aussagen über typische Systemstrukturen (Grundlagenforschung)

(Parametervariation)

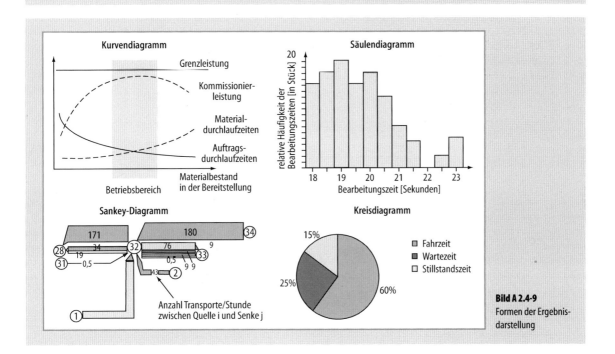

Bild A 2.4-9 Formen der Ergebnisdarstellung

mulationsmodells als Kommunikationswerkzeug ein gemeinsames Systemverständnis erzielt und Ansätze für Verbesserungsmaßnahmen gefunden werden können.

Die Aufbereitung der Ergebnisse zur Interpretation findet bereits während oder unmittelbar nach der Durchführung der Experimente statt. Man unterscheidet zwischen der tabellarischen und graphischen Darstellung kumulierter Ergebnisse sowie der Visualisierung zeitvarianter Sachverhalte (vgl. VDI 3633 Bl. 11). Im erstgenannten Fall werden die Daten nach aussagekräftigen Kennzahlen wie Füllgrad, Durchsatz oder Störanteile aufbereitet. Allerdings reicht zur Interpretation der Ergebnisse die Betrachtung von Mittelwerten nicht aus; Minimal- und Maximalwerte sowie die Varianz sind in die Interpretation einzubeziehen. Typische statische Visualisierungen sind in Bild A 2.4-9 dargestellt.

Ergänzend hierzu werden zur Darstellung von Sachverhalten über die Zeit auch das *Monitoring* sowie die 2D- und/oder 3D-*Animation* auf der Basis eines Modells genutzt. Das Monitoring verdeutlicht (Prozess-)Abläufe

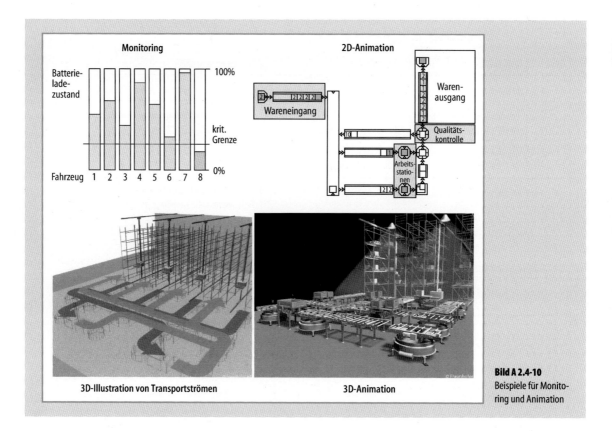

Bild A 2.4-10 Beispiele für Monitoring und Animation

in Form von zeitabhängigen Diagrammen wie Zeitreihen, visualisierten Analoganzeigen (z. B. Füllstandsanzeige, Thermometer) oder einfachen Symbolen und Texten; es bezieht sich auf die graphische Repräsentation ausgewählter charakteristischer Parameter und Kennzahlen während eines Simulationslaufes (d. h. *online* zum Simulationslauf).

Die Animation als Visualisierung der Abläufe auf der Basis eines Modells (vgl.[Wen98]) kann ebenfalls online (d. h. während eines Simulationslaufes), aber auch offline als Playback-Animation durchgeführt werden. Die dabei verwendeten Repräsentationen unterscheiden sich hinsichtlich des Grades der visuellen Deskription (vgl. VDI 3633 Bl. 11). Symbolische Repräsentationen verdeutlichen ein Modell über „einfache", von der Realität sehr stark abstrahierte 2D- oder auch 3D-Symbole. Die verwendeten Symbolwelten richten sich entweder nach der über das Modellierungskonzept implizierten Symbolik (Petri-Netze, Automatentheorie) oder nutzen abstrakte Beschreibungsformen für Funktionen oder Topologien, die beispielsweise angelehnt an Ablaufpläne für Fertigungssysteme Funktionen wie Montieren und Transportieren oder auf der Basis von Topologien Anlagenelemente wie Weichen und Strecken repräsentieren.

Ikonische (stilisierte oder realitätsnahe) Abbildungen stellen über die Art ihrer Ausgestaltung bezüglich typischer visueller Merkmale einen gewissen Realitätsbezug her. Über eine zusätzliche *maßstabsgerechte* Nachbildung des Modells kann eine bessere Wiedergabe der tatsächlichen Dimensionen erreicht werden.

Fotorealistische Repräsentationsformen geben dem Betrachter ein der Realität angelehntes Abbild wieder. Über die Erweiterung der darzustellenden Informationsinhalte um Reflexion, Schatten sowie räumliche Sachverhalte in der 3. Dimension wird die stärkste Beziehung zur Realität erzielt (Bild A 2.4-10).

Vor allem die *3D-Animation* hat aus reinen Marketinggesichtspunkten einen sehr hohen Stellenwert für die Simulation logistischer Systeme erreicht. Gerade deshalb ist darauf hinzuweisen, dass sich nicht alle Sachverhalte über eine 3D-Animation sinnvoll und zweckmäßig beschreiben lassen. Hierzu zählen insbesondere die Visualisierung abstrakter funktionaler Sachzusammenhänge, die nicht des direkten Realitätsbezugs bedürfen, sowie die Präsentation von

Kenngrößen wie Durchsatz, Durchlaufzeit oder Bestand. Des Weiteren ist zu bedenken, dass die Qualität einer Animation nichts über die Validität des Simulationsmodells und die Qualität der Simulationsergebnisse aussagt.

A 2.4.5 Anwendungspotenziale

A 2.4.5.1 Modellierung unternehmensübergreifender Prozesse

Mit der Erhöhung des Stellenwertes unternehmensübergreifender logistischer Aspekte wird die Nutzung von modellgestützten Werkzeugen auch zur Analyse von Unternehmensnetzwerken oder zur Simulation von Fragen des Supply Chain Managements relevant [Kuh01]. Für die simulationsgestützte Analyse derartiger Modelle bedarf es neuerer Methoden und Werkzeuge, die zum einen der Interoperabilität der logistischen Systeme, zum anderen der Daten,- Struktur-, Ablauf- und Entscheidungskomplexität dieser Systeme Rechnung tragen. Komplexitätsvermeidung und -reduktion und damit die Bestimmung der geeigneten Granularität der Eingangsdaten sowie die Wahl des angemessenen Detaillierungsgrades zur Beschreibung der jeweiligen Untersuchungsgegenstände sind in diesem Anwendungsfeld von erheblicher Bedeutung. Die Entwicklung entsprechender Methoden und Werkzeuge ist zurzeit noch Forschungsthema [Kuh05].

A 2.4.5.2 Anwendung im betrieblichen Umfeld

Mit der Etablierung der Simulation in den Unternehmen setzt sich auch ihre Anwendung im betrieblichen Umfeld immer stärker durch. Sie reicht von der Nutzung der Simulation als Projektmanagementinstrument, der Integration der Simulation in PPS- oder Warenwirtschaftssysteme über die Schulung und das Training im Rahmen der Mitarbeiterqualifizierung bis hin zu simulationsgestützten Assistenzsystemen.

Die Anwendung der Simulation als *Projektmanagementinstrument* und die Verwendung der Simulationsmodelle als *Kommunikationswerkzeuge* in Planungsteams erlaubt über die Einführung eines Modellmanagements die Unterstützung einer durchgängigen am Planungsziel orientierten Fortschrittskontrolle. Mit dieser Vorgehensweise wird der Planung als gedankliche Vorwegnahme der Zukunft Rechnung getragen und auch ihre dynamischen Aspekte und Ergebnisse als Simulationsmodelle in fortschrittlicher Weise vollständig und standardisiert dokumentiert.

Bei der Unterstützung von *PPS-Systemen* stehen die primär betriebswirtschaftlichen Aufgaben im Vordergrund; hierzu zählen die Produktionsprogrammplanung, die Mengenplanung, die Termin- und Kapazitätsplanung, die Auftragsfreigabe und die Auftragsüberwachung. Ein hohes Potenzial der Simulation in diesem Anwendungsbereich liegt in der Tatsache begründet, dass im operativen Einsatz kurzfristig Planungsergebnisse mittels Simulation bestätigt bzw. verbessert werden können, so dass eine abgesicherte und ggf. sogar verbesserte aktuelle Produktion erzielt werden kann.

Im Rahmen der Schulung und des Trainings von Mitarbeitern und Anlagenbedienern stellt die Simulation durch ihre anschauliche Darstellung von dynamischen Abläufen und Steuerungseffekten ein hervorragendes Qualifizierungsinstrument dar. Simulationsmodelle ermöglichen dem Lernenden system- und anlagenspezifische Abläufe und Wirkzusammenhänge virtuell zu explorieren und zu erfahren.

Ein weiteres Anwendungsfeld sind *simulationsgestützte Assistenzsysteme*, die dem Disponenten vor Ort eine Entscheidungsunterstützung bei der aktuellen Auftrags-, Personal- oder Ressourcendisposition ermöglichen. Hierbei spielen Fragen des kurzfristigen Störfallmanagements ebenso eine Rolle wie Fragen des Einsatzes individueller Arbeitszeitmodelle. Um den Experten vor Ort bei der Bearbeitung der anfallenden logistischen Aufgaben eine angemessene Unterstützung zu bieten, müssen die Assistenzsysteme zusätzliche, auf die konkrete Aufgabe zugeschnittene Funktionen und Bedienungsabläufe beinhalten bzw. abbilden. Einen wichtigen Stellenwert haben die Einbettung der Software in das Arbeitsumfeld und die Organisation, in der der Bediener des Systems seine Aufgaben bearbeitet. Die Simulation selbst besitzt eine ideale Position zwischen Technik und Bediener im Problemlösungsprozess, da die Fähigkeiten des Menschen wie Kreativität, Erfahrung und Intuition mit den Notwendigkeiten der Technik (Berechnung, Bewertung und Informationsbereitstellung) bei der Problemlösung verbunden werden können.

A 2.4.5.3 Integrationsaspekte

Die Simulation hat sich als modernes modellgestütztes Analysewerkzeug etabliert und unterstützt in Planungsprojekten Entscheidungen und Vorgehensweisen. Allerdings führen der Trend zur Produktindividualisierung, die kurzen Produktlebenszyklen (neue Produktgenerationen in immer kürzeren Zyklen) und die Notwendigkeit der Unternehmen, schnell am Markt zu agieren, dazu, dass die Simulationsmodelle als Basis eines kontinuierlichen Verbesserungsprozesses permanent Verwendung finden müssen. Die *Wiederverwendung* der entstandenen Modelle für zukünftige Planungsaufgaben mit analogen Fragestellungen sowie die *Weiterverwendung* der Modelle für die im

Anlagenlebenszyklus zu einem späteren Zeitpunkt anfallenden Aufgaben (z. B. während der Inbetriebnahmephase oder des Anlagenbetriebes) sind Forderungen an Modellentwickler und Simulationsexperten. Die Reduktion des zeitlichen Planungshorizontes verlangt darüber hinaus die Parallelisierung von vormals sequentiell ablaufenden Planungsschritten im Sinne eines Simultaneous Engineering.

Ein wesentlicher Forschungsansatz ist die Schaffung *interoperabler Modelle* zur verbesserten Modellierung des zu betrachtenden Gesamtzusammenhangs einerseits und zur Aufwandsreduzierung bei der Modellierung durch verteiltes Arbeiten andererseits. Mit der Existenz von Standardisierungsbestrebungen zur Realisierung der Modellkopplung auch unter Synchronisationsaspekten (beispielsweise über die High Level Architecture, vgl. [Kuh99; Fuj00]) kann der Umsetzung dieser Forschungsideen Rechnung getragen werden (vgl. hierzu u. a. auch [Ber06; Str06]).

Die Ansätze zur Modellinteroperabilität beziehen sich jedoch nicht nur auf die Kopplung verschiedener Simulationsmodelle (z. B. ereignisdiskret und kontinuierlich) wie sie beispielsweise zum Aufbau hybrider Simulationsmodelle in der verfahrenstechnischen Industrie benötigt werden, sondern auch auf die Verknüpfung von Modellen unterschiedlicher Klassen (beispielsweise Konstruktions-, Ergonomie- und Ablaufsimulationsmodelle) im Rahmen der Digitalen Fabrik (vgl. [VDI 4499, Bl. 1; Wen04]). Die Digitale Fabrik bezeichnet den „Oberbegriff für ein umfassendes Netzwerk von digitalen Modellen, Methoden und Werkzeugen – u. a. der Simulation und 3D-Visualisierung –, die durch ein durchgängiges Datenmanagement integriert werden. Ihr Ziel ist die ganzheitliche Planung, Evaluierung und laufende Verbesserung aller wesentlichen Strukturen, Prozesse und Ressourcen der realen Fabrik in Verbindung mit dem Produkt." [VDI 4499, Bl. 1]. Digitale Fabriken stellen somit die für die durchgängige Planung und Bewirtschaftung von Logistik- und Produktionssystemen notwendige I+K-Infrastruktur einer interdisziplinären Zusammenarbeit im Unternehmen dar. Sie zeichnen sich heute als die Basis des integrierten, verteilten Arbeitens im gesamten Anlagenlebenszyklus ab, da sie ein durchgängiges modellbasiertes Bearbeiten zulassen sollen. Ihre Nutzung ist allerdings – genau wie die Entscheidung zur Simulation – eine strategische Entscheidung, die gelebt werden muss [Bay03].

Literatur

[ASI97] ASIM-Fachgruppe Simulation in Produktion und Logistik: Leitfaden für Simulationsbenutzer in Produktion und Logistik. Mitt. aus den Fachgruppen, H. 58, 1997

[Bal98] Balci, O.: Verification, Validation, and Testing. In: Banks, J. (Hrsg): Handbook of simulation. New York: John Wiley 1998, S. 335–393

[Ban98] Banks, J. (Hrsg): Handbook of simulation. New York: John Wiley 1998

[Bay03] Bayer, J.; Collisi, T.; Wenzel, S. (Hrsg): Simulation in der Automobilproduktion. Berlin: Springer 2003

[Ber06] Bernhard, J.; Wenzel, S.: Verteilte Simulationsmodelle für produktionslogistische Anwendungen – Anleitung zur effizienten Umsetzung. In: Schulze, T.; Horton, G.; Preim, B.; Schlechtweger, S. (Hrsg.): Simulation und Visualisierung 2006. Proceedings, Erlangen: SCS-European Publishing House 2006, 169–177

[Bos04] Bossel, H.: Systeme, Dynamik, Simulation. Modellbildung, Analyse und Simulation komplexer Systeme. Norderstedt: Books on Demand 2004

[Cla06] Claus, V.; Schwill, A.: Duden Informatik. Mannheim: Dudenverl. 2006

[Cra85] Craemer, D.: Mathematisches Modellieren dynamischer Vorgänge. Leitfäden der angewandten Informatik. Stuttgart: Teubner 1985

[Fis73] Fishman, G. S.: Concepts and methods in discrete event digital simulation. New York: Wiley & Sons 1973

[Fuj00] Fujimoto, R. M.: Parallel and Distributed Simulation Systems. New York: Wiley & Sons 2000

[Fur05] Furmans, K.; Wisser, J.: VDI-Richtlinie 4465 „Modellbildungsprozess": Vorgehensweise und Status. In: Hülsemann, F.; Kowarschik, M.; Rüde, U. (Hrsg.): Frontiers in Simulation, Simulationstechnique, 18. Symposium in Erlangen, September 2005, Erlangen: SCS 2005, 24–29

[Han05] Hanschke, T.: Simulation und Optimierung. In: Hülsemann, F.; Kowarschik, M.; Rüde, U. (Hrsg.): Frontiers in Simulation, Simulationstechnique, 18. Symposium in Erlangen, September 2005, Erlangen: SCS 2005, 30–35

[Kli00] Klinger, A.; Wenzel, S.: Referenzmodelle – Begriffsbestimmung und Klassifikation. In: Wenzel, S. (Hrsg.): Referenzmodelle für die Simulation in Produktion und Logistik. Reihe Fortschritte in der Simulationstechnik. Ghent: SCS 2000, 13–29

[Kuh93] Kuhn, A.; Reinhardt, A.; Wiendahl, H.-P. (Hrsg.): Handbuch Simulationsanwendungen in Produktion und Logistik. Reihe Fortschritte in der Simulationstechnik. Bd. 7. Braunschweig: Vieweg 1993

[Kuh98] Kuhn, A.; Rabe, M. (Hrsg.): Simulation in Produktion und Logistik. Fallbeispielsammlung. Berlin: Springer 1998

[Kuh99] Kuhl, F.; Dahmann, J.; Weatherly, R.: Creating computer simulation systems: An introduction to the high-level architecture. Englewood Cliffs, N.J. (USA): Prentice Hall 1999

[Kuh01] Kuhn, A.; Laakmann, F.: Beherrschung großer Logistiknetze – Fragestellungen und Lösungskonzepte. Industrie Management. Schwerpunktausgabe Unternehmensnetzwerke 17 (2001) 5, 37–40

[Kuh05] Kuhn, A.: Forschungsziele und -ergebnisse zur Modellierung großer Netze in der Logistik. In: Initiative für Beschäftigung OWL e.V.; Bertelsmann Stiftung (Hrsg.): net'swork – Netzwerke und strategische Kooperationen in der Wirtschaft. Bielefeld: Kleine Verlag 2005, 23–30

[Law00]: Law, A. M.; Kelton, W. D.: Simulation modeling and analysis. 3rd edn. Boston: McGraw-Hill 2000

[Mat89] Mattern, F.; Mehl, H.: Diskrete Simulation – Prinzipien und Probleme der Effizienzsteigerung durch Parallelisierung. Informatik-Spektrum (1989) 12, 198–210

[Mer04] Mertins, K.; Rabe, M. (Hrsg): Experiences from the Future. Tagungsband zur 11. ASIM-Fachtagung Simulation in Produktion und Logistik. Stuttgart: Fraunhofer IRB Verlag 2004

[Mey93] Meyer, R.; Wenzel, S.: Kopplung der Simulation mit Methoden des Datenmanagements. In: Kuhn, A.; Reinhardt, A.; Wiendahl, H.-P. (Hrsg.): Handbuch Simulationsanwendungen in Produktion und Logistik. ASIM-Reihe Fortschritte der Simulationstechnik. Bd. 7. Braunschweig: Vieweg 1993, 347–368

[Nie90] Niemeyer, G.: Simulation. In: Kurbel, K.; Strunz, H.: Handbuch Wirtschaftsinformatik. Stuttgart: Schäffer-Poeschel 1990, 435–456

[Noc91] Noche, B.; Wenzel, S.: Marktspiegel Simulationstechnik in Produktion und Logistik. Köln: TÜV Verl. Rheinland 1991

[Noc02] Noche, B.; Witt, G. (Hrsg): Anwendungen der Simulationstechnik in Produktion und Logistik. Tagungsband zur 10. ASIM-Fachtagung Frontiers in Simulation FS 11. Ghent: SCS 2002

[Rab00] Rabe, M.; Hellingrath, B. (Hrsg): Handlungsanleitung Simulation in Produktion und Logistik. San Diego: SCS International 2000

[Rab08] Rabe, M.;. Spieckermann, S.; Wenzel, S.: Verifikation und Validierung für die Simulation in Produktion und Logistik – Vorgehensmodelle und Techniken. Berlin: Springer 2008 (im Druck).

[Rob04] Robinson, S.: Simulation: The Practice of Model Development and Use. Chichester: John Wiley & Sons 2004

[Sch88] Schmidt, B.: Simulation von Produktionssystemen. In: Feldmann, K.; Schmidt, B.: Simulation in der Fertigungstechnik. Fachber. Simulation. Bd. 10. Berlin: Springer 1988, 1–45

[Sta73] Stachowiak, H.: Allgemeine Modelltheorie. Wien: Springer 1973

[Str06] Straßburger, S.: Overview about the High Level Architecture for Modelling and Simulation and Recent Developments. SNE Simulation News Europe 16 (2006) 2, 5–14

[Web92] Weber, H.: Einführung in die Wahrscheinlichkeitsrechnung und Statistik für Ingenieure. 3. Aufl. Stuttgart: Teubner 1992

[Wen98] Wenzel, S.: Verbesserung der Informationsgestaltung in der Simulationstechnik unter Nutzung autonomer Visualisierungswerkzeuge. Diss., Reihe Unternehmenslogistik. Dortmund: Praxiswissen 1998

[Wen00a] Wenzel, S.; Noche B.: Simulationsinstrumente in Produktion und Logistik – eine Marktübersicht. In: Mertins, K.; Rabe, M. (Hrsg.): The new simulation in production and logistics: Prospects, views and altitudes. Berlin: IPK Eigenverlag 2000, 423–432

[Wen00b] Wenzel, S. (Hrsg.): Referenzmodelle für die Simulation in Produktion und Logistik. Reihe Fortschritte in der Simulationstechnik. Ghent: SCS 2000

[Wen04] Wenzel, S.: Die Digitale Fabrik – Ein Konzept für interoperable Modellnutzung. Industrie Management 20 (2004) 3, 54–58

[Wen06] Wenzel, S. (Hrsg): Simulation in Produktion und Logistik. Tagungsband zur 12. ASIM-Fachtagung Simulation in Produktion und Logistik. San Diego und Erlangen: SCS Publishing House 2006

[Wen08] Wenzel, S.; Weiß, M.; Collisi-Böhmer, S.; Pitsch, H.; Rose, O.: Qualitätskriterien für die Simulation in Produktion und Logistik. Berlin: Springer 2008 (im Druck)

[Wun86] Wunsch, G.: Handbuch der Systemtheorie. Berlin: Akademie Verl. 1986

[Wüs63] Wüsteneck, K.D.: Zur philosophischen Verallgemeinerung und Bestimmung des Modellbegriffes. Dt. Z. f. Philosophie, Berlin, H. 12, 1963

[Zei91] Zeigler, B.P.: Object-oriented modeling and discrete-event simulation. In: Yovits, M.C.: Advanced in computers. Vol. 33. Boston: Academic Press 1991, 67–114

Richtlinien

VDI 3633, Bl. 1: Simulation von Logistik-, Materialfluss- und Produktionssystemen, Grundlagen. VDI-Handbuch Materialfluss und Fördertechnik. Bd. 8. Berlin: Beuth 2007

VDI 3633, Bl. 3: Simulation von Logistik-, Materialfluss- und Produktionssystemen; Experimentplanung und -auswertung. VDI-Handbuch Materialfluss und Fördertechnik. Bd. 8. Berlin: Beuth 1997

VDI 3633, Bl. 4: Auswahl von Simulationswerkzeugen; Leistungsumfang und Unterscheidungskriterien. VDI-Handbuch Materialfluss und Fördertechnik. Bd. 8. Berlin: Beuth 1997

VDI 3633, Bl. 5: Integration der Simulation in die betrieblichen Abläufe. VDI-Handbuch Materialfluss und Fördertechnik. Bd. 8. Berlin: Beuth 2000

VDI 3633, Bl. 11: Simulation von Logistik-, Materialfluss- und Produktionssystemen – Simulation und Visualisierung. VDI-Handbuch Materialfluss und Fördertechnik. Bd. 8. Berlin: Beuth 2007

VDI 4499: Digitale Fabrik. VDI-Handbuch Materialfluss und Fördertechnik. Bd. 8. Berlin: Beuth 2007

Planung logistischer Systeme A3

A 3.1 Betriebliche Standortplanung

A 3.1.1 Grundlagen der betrieblichen Standortplanung

Die Ansätze zur Standortplanung lassen sich in drei Gruppen einteilen, nämlich in solche, in denen überwiegend volkswirtschaftliche, betriebliche oder innerbetriebliche *Standortplanungsprobleme* betrachtet werden. Für die innerbetriebliche Standortplanung wird auch der Begriff „Layoutplanung" verwendet.

Schriften zur *betrieblichen Standortplanung* behandeln Fragen der Standortwahl für einzelne Betriebe, Zentral-, Beschaffungs- oder Auslieferungslager, Umladestationen für Güter, Verkaufsstätten usw. Auch die Standortwahl für öffentliche Einrichtungen wie Schulen, Krankenhäuser und Feuerwehrstationen zählt dazu.

Eine der ersten Arbeiten zur betrieblichen Standortplanung stammt von Launhardt 1882 [Lau82]. Er behandelte insbesondere den modelltheoretischen Fall der *Standortbestimmung im Dreieck*, indem er den transportkostenminimalen Standort zwischen zwei Rohstoffvorkommen und einem Absatzort untersuchte. Sein quantitativer Ansatz wurde in dem klassischen Werk „Über den Standort der Industrien" von Weber 1909 verallgemeinert [Web09].

Bedeutung, Anlässe und Interdependenzen der Standortplanung

Die *Konkurrenzfähigkeit* eines Unternehmens hängt ganz entscheidend von einer Reihe von Einflüssen ab, die in unmittelbarem Zusammenhang mit den Standorten seiner Betriebe stehen. So zeichnen sich manche Standorte gegenüber anderen durch günstige *Beschaffungs-* und/oder *Produktions-* und/oder *Absatzbedingungen* aus. Ein in diesem Sinne günstiger Standort sichert unter sonst gleichen Bedingungen eine „Bequemlichkeitsrente", die wirtschaftlichen Erfolg erleichtert. Im Gegensatz dazu verlangen die Nachteile eines ungünstigen Standortes besondere Anstrengungen zur Kompensation standortbedingter Wettbewerbsvorteile der Konkurrenz.

Aus der Bedeutung des Standortes eines Unternehmens für dessen Überlebensfähigkeit und aus der geringen kurzfristigen Flexibilität hinsichtlich Möglichkeiten zur Veränderung der Standorte folgt zwangsläufig die Notwendigkeit einer in die Zukunft gerichteten Standortplanung und damit einer Einbeziehung von Standortüberlegungen in die *strategische Unternehmensplanung*. Ziel einer derartigen Planung muss es sein, durch Errichtung von Betriebsstätten eine *Standortstruktur* so zu entwickeln, dass betriebsinterne (produktionsbedingte) und externe (marktbedingte) Anforderungen langfristig zur Sicherung des wirtschaftlichen Erfolgs des Unternehmens miteinander im Einklang stehen.

Wichtige *Anlässe für Standortentscheidungen* können sein:

- *Kapazitätsbedarf*: Bestehen Erweiterungsmöglichkeiten innerhalb des Betriebsstandortes, so ist eine Layoutplanung, sonst auch eine betriebliche Standortplanung, erforderlich. In der Praxis werden Kapazitätserweiterungen häufiger durch Erwerb von Betriebsstätten als durch Neuerrichtungen erzielt.
- *Kapazitätsüberschüsse*: In der betrieblichen Praxis werden Betriebe eher kapazitätsmäßig verkleinert als ganze Betriebe und Betriebsteile stillgelegt (Umorganisation im innerbetrieblichen Bereich).
- *Unternehmensinterne oder -externe Standortunzulänglichkeiten*: Interne Unzulänglichkeiten können z. B. nach Änderung des Produktionsprogramms vorliegen; daher ist simultan zur Änderung des Produktionsprogramms z. B. eine neue Layoutplanung zu erwägen. Externe Unzulänglichkeiten können u. a. durch Gefährdung der Versorgungssicherheit (Rohstoffe, Energie) oder Auflagen seitens der Behörden entstehen, aber z. B. auch von Absatzmärkten (Handelshemmnisse) ausgehen.

Deskriptive und normative Ansätze zur betrieblichen Standortplanung

Aufgabe der *deskriptiven Standorttheorie* ist es u. a., ein begriffliches Instrumentarium zur allgemeingültigen Beschreibung der Prämissen und Abläufe von Standortentscheidungsprozessen zu entwickeln. Gegenstand der *normativen oder präskriptiven Standorttheorien* ist die Entwicklung intersubjektiv nachprüfbarer Kriterien (Modelle, Lösungsverfahren), mit deren Hilfe in einer konkreten Planungssituation eine Standortentscheidung getroffen werden kann.

- *Deskriptive Ansätze.* Jede Unternehmung stellt einerseits an einen potenziellen Standort gewisse Anforderungen und findet andererseits gewisse Bedingungen vor. Aufgabe der Standortplanung ist es, aus einer Menge potenzieller Standorte einen bzw. mehrere so auszuwählen, dass eine weitestgehende Übereinstimmung zwischen Standortanforderungen und Standortbedingungen mit dem Ziel der Maximierung des wirtschaftlichen Erfolgs gewährleistet wird. In der Literatur existieren zahlreiche Arbeiten, deren Gegenstand die Entwicklung einer allgemeinen Systematik von Standortfaktoren ist (z. B. [Dom96: Kap. 1]).
- *Normative Ansätze.* Die Entwicklung normativer Ansätze begann mit den Arbeiten von Launhardt 1882 [Lau82] und Weber 1909 [Web09]. Sie beschäftigten sich mit der Standortbestimmung für Industriebetriebe. Von besonderer Bedeutung sind dabei die Standortfaktoren Transport-, Arbeits- und Materialkosten. Weber modifizierte gedanklich die regional unterschiedlichen Materialkosten zu unterschiedlichen Transportkosten. Er bestimmte transportkostenminimale Standorte und Isokostenlinien, wobei jede Isokostenlinie (bei Weber als „Isodapane" bezeichnet) Standorte mit denselben (nichtminimalen) Transportkosten enthielt. Die Isokostenlinien waren (und sind) erforderlich für die Suche des gesamtkostenminimalen Standortes unter Einbeziehung der Transportkosten (sowie der Materialkosten) und der Arbeitskosten.

Die von Launhardt und von Weber betrachteten Modelle sind Spezialfälle (Standortbestimmung im Dreieck, im Viereck usw.) der in Abschn. A 3.1.4 behandelten Modelle zur *Standortbestimmung in der Ebene*. Ausgegangen wird bei diesen Modellen von n Kunden und/oder Lieferanten auf einer homogenen Fläche. Jeder Punkt der Fläche ist potenzieller Standort für einen oder mehrere Betriebe (für ein oder mehrere Lager). Bei Lösung der Modelle werden *transportkostenminimale Standorte* (evtl. auch Isokostenlinien um diese Standorte) ermittelt. Dabei wird unterstellt, dass die Transportkosten jeweils proportional zur zurückzulegenden (Luftlinien- oder rechtwinkligen) Entfernung und zur zu transportierenden Menge sind.

Weniger restriktiv als die Modelle der Standortbestimmung in der Ebene sind die Modelle der *Standortbestimmung in Netzen*, die in Abschn. A 3.1.2 behandelt werden. Erste Arbeiten hierzu stammen von Baumol und Wolfe [Bau58] sowie von Kuehn und Hamburger [Kue63].

Zur Gruppe der normativen Ansätze für die betriebliche Standortplanung werden auch die Modelle zur Bestimmung von *Zentren in Netzen* gezählt (s. Abschn. A 3.1.3). Eine zentrale Lage wünscht man sich z. B. bei der Standortbestimmung für öffentliche Einrichtungen wie Schulen und Hallenbäder. Zielsetzung der Modelle ist es, die auftretende längste zurückzulegende Entfernung, gemessen im Netzwerk, zu minimieren. Weitere Standortfaktoren werden hier bei den überwiegend behandelten Modellen nicht berücksichtigt. Erste Arbeiten stammen von Hakimi [Hak64; Hak65].

Wie man erkennt, berücksichtigen die hier behandelten Modelle zur betrieblichen Standortplanung längst nicht alle denkbaren Standortfaktoren. Für diese Vorgehensweise gibt es 2 Gründe:

- In vielen Fällen stellen diese einfachen Modelle durchaus gute Abbildungen der Realität dar. Manche zunächst nicht enthaltenen Aspekte lassen sich durch Berücksichtigung von Faktoren mit einbeziehen (vgl. die Erfassung von unterschiedlichen Materialkosten durch unterschiedliche Transportkosten in [Web09]). Die für die Modelle erhaltenen Lösungen stellen dann gute Näherungen für die realen Optima dar.
- Umfangreichere Modelle, die explizit eine größere Zahl an Standortfaktoren enthalten, sind entwickelt worden [Dom96].

Sämtliche vorstehend skizzierten und in den Abschnitten A 3.1.2 bis A 3.1.4 näher behandelten Modelle gehen von einer dem Unternehmen bekannten Nachfrage aus und haben die Kostenminimierung zum Ziel. Eine evtl. vorhandene Konkurrenzsituation und der dadurch bedingte Einfluss der Standortwahl auf die Erlösseite werden außer Acht gelassen. Literatur, die die räumliche Konkurrenz berücksichtigt (bedeutsam v. a. für Handelsbetriebe), zählt zum Bereich der Competitive Location Theory (s. Abschn. A 3.1.5).

Die bislang angesprochenen Probleme beschäftigen sich mit der Standortplanung von Einrichtungen, bei denen die Nähe zu Kunden, Lieferanten und dergleichen bedeutsam ist. Im Gegensatz dazu sind Standorte für Einrichtungen wie Mülldeponien oder Chemiefabriken in der Nähe bewohnter Gebiete unerwünscht. Auf Modelle und Lösungs-

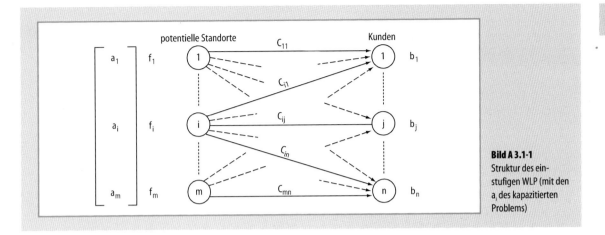

Bild A 3.1-1
Struktur des einstufigen WLP (mit den a_i des kapazitierten Problems)

möglichkeiten zur Standortplanung für unerwünschte Einrichtungen wird in Abschn. A 3.1.6 eingegangen.

A 3.1.2 Warehouse- und Hub-Location-Probleme

Zahlreiche betriebliche Standortplanungsprobleme sind dadurch gekennzeichnet, dass durch Transportaktivitäten verursachte Kosten berücksichtigt werden müssen. Darüber hinaus spielen (v. a. bei mittel- und langfristiger Planung) die Kosten der Errichtung von z. B. Produktionsstätten oder Auslieferungslagern eine entscheidende Rolle. Beide Einflussfaktoren werden bei den im Folgenden behandelten Problemstellungen berücksichtigt.

Einstufige Warehouse-Location-Probleme

Ein *unkapazitiertes einstufiges Warehouse-Location-Problem* (WLP) lässt sich wie folgt beschreiben (und anhand des in Bild A 3.1-1 dargestellten bipartiten Graphen veranschaulichen): Ein Unternehmen beliefert n Kunden, die pro Periode $b_1, ..., b_n$ ME (Mengeneinheiten) der von ihm angebotenen Güter nachfragen. Das Unternehmen möchte seine Vertriebskosten senken, indem es Auslieferungslager einrichtet und betreibt. Hierfür stehen m potenzielle (für die Aufnahme eines Lagers geeignete) Standorte zur Verfügung. Wird am potenziellen Standort $i = 1, ..., m$ ein Lager errichtet, so entstehen fixe Kosten der Lagerhaltung in Höhe von f_i GE (Geldeinheiten) pro Periode. Die Transportkosten betragen c_{ij} GE, falls der Kunde j voll (d. h. mit b_j ME) durch ein am Standort i eingerichtetes Lager beliefert wird. Wieviele Lager sind vorzusehen und an welchen der potenziellen Standorte sind sie einzurichten, wenn bei voller Befriedigung der Kundennachfrage die Summe aus (fixen) Lagerhaltungskosten und Transportkosten (Lager → Kunde) minimiert werden soll?

Das unkapazitierte, einstufige WLP kann mathematisch wie folgt formuliert werden:

$$\text{Minimiere } F(x,y) = \sum_{i=1}^{m}\sum_{j=1}^{n} c_{ij} x_{ij} + \sum_{i=1}^{m} f_i y_i \quad \text{(A 3.1-1)}$$

unter den Nebenbedingungen

$$x_{ij} \leq y_i \quad \text{für } i = 1...m \text{ und } j = 1...n; \quad \text{(A 3.1-2)}$$

$$\sum_{i=1}^{m} x_{ij} = 1 \quad \text{für } j = 1...n; \quad \text{(A 3.1-3)}$$

$$y_i = \in \{0,1\} \quad \text{für } i = 1...m; \quad \text{(A 3.1-4)}$$

$$x_{ij} \geq 0 \quad \text{für alle } i \text{ und } j. \quad \text{(A 3.1-5)}$$

Die verwendeten Variablen haben folgende Bedeutung:

$0 \leq x_{ij} \leq 1$, falls j von i genau $b_j \cdot x_{ij}$ ME erhält

$$y_i = \begin{cases} 1 & \text{am potenziellen Standort } i \text{ ist ein Lager einzurichten} \\ 0 & \text{sonst} \end{cases}$$

Die Bedingungen (Gl. (A 3.1-2)) stellen sicher, dass ein Nachfrager j nur von einem potenziellen Standort i aus beliefert wird, für den die Einrichtung eines Lagers vorgesehen ist. Bei dieser sog. disaggregierten Formulierung des unkapazitierten, einstufigen WLPs sind $m \times n$ Bedingungen des Typs Gl. (A 3.1-2) zu berücksichtigen. Sie können ersetzt werden durch genau m Bedingungen:

$$\sum_{j=1}^{n} x_{ij} \leq n_i y_i \quad \text{für } i = 1...m. \quad \text{(A 3.1-2a)}$$

Dabei ist n_i die maximale Anzahl der Kunden, die von einem Lager am potenziellen Standort i (ökonomisch sinnvoll) beliefert werden kann.

Da es sich bei WLP um NP-schwere Optimierungsprobleme handelt, wurden zu ihrer Lösung neben exakten Branch-and-Bound- (B & B-)Verfahren eine Vielzahl von Heuristiken entwickelt.

Die für WLP verfügbaren *Heuristiken* lassen sich in Eröffnungs- und Verbesserungsverfahren sowie heuristische Metastrategien (v. a. Tabu Search und Simulated Annealing) unterteilen (s. Abschn. A 2.2). Zwei sehr einfache Eröffnungsheuristiken zur Bestimmung einer zulässigen Lösung sind die Verfahren Add und Drop.

Beim *Add-Algorithmus* geht man davon aus, dass zunächst kein Standort ausgewählt ist und für den Zielfunktionswert $F(x,y) = \infty$ gilt. In jeder Iteration wird derjenige Standort gesucht, bei dem sich $F(x,y)$ durch Einrichtung eines Lagers am stärksten reduzieren lässt. Dieser wird einer Menge geöffneter Standorte, d. h. Standorte, in denen ein Lager eingerichtet wird, hinzugefügt. Das Verfahren endet, wenn keine weitere Kostenreduktion erzielbar ist.

Der *Drop-Algorithmus* startet damit, dass in jedem potenziellen Standort ein Lager vorgesehen ist. Der Zielfunktionswert $F(x,y)$ ergibt sich aus der Summe der Fixkosten und den Transportkosten für die jeweils günstigste Belieferung jedes Kunden. In jeder Iteration wird derjenige Standort gesucht, bei dem sich $F(x,y)$ durch Schließung des Lagers am stärksten reduzieren lässt. Das Verfahren endet, wenn keine weitere Kostenreduktion erzielbar ist.

Verbesserungsverfahren gehen von einer zulässigen Lösung aus und prüfen meist, ob durch aufeinanderfolgendes oder gleichzeitiges Schließen und Öffnen von Standorten (Standortaustausch), d. h. eine Kombination von Add- und Drop-Schritten, eine bessere Lösung gefunden werden kann. Die geschilderten Eröffnungs- und Verbesserungsverfahren gehören zur Klasse der *Greedy-Verfahren*, d. h., sie streben in jeder Iteration eine größtmögliche Verbesserung des Zielfunktionswertes an und brechen ab, wenn keine Verbesserung mehr möglich ist. *Heuristische Metastrategien* gehen prinzipiell ebenso vor, lassen jedoch vorübergehend auch Verschlechterungen der Lösung zu. Ausführlichere Beschreibungen sind in [Dom96: Kap. 3] zu finden, weitere Literaturhinweise in [Lab97].

Exakte Verfahren für WLP sind besonders B & B-Verfahren (s. Abschn. A 2.2). Eine sehr effiziente Vorgehensweise für das unkapazitierte WLP stammt von Erlenkotter [Erl78]. Das Verfahren geht von der disaggregierten Formulierung (Gln. (A 3.1-1) bis (A 3.1-5)) aus. Untere Schranken werden dadurch ermittelt, dass die LP-Relaxation dualisiert und das entstehende Problem heuristisch gelöst wird. Primal zulässige Lösungen und somit obere Schranken werden durch Ausnutzung von aus der Dualitätstheorie bekannten Optimalitätsbedingungen bestimmt. Beide Vorgehensweisen führen dazu, dass die Lücke zwischen den Schranken meist gering ist, so dass wenige Verzweigungen des Ausgangsproblems erforderlich sind. Eine ausführliche Darstellung des Verfahrens ist in [Dom96: Kap. 3] enthalten, Weiterentwicklungen stammen von Körkel [Kör89].

Einen Spezialfall des unkapazitierten WLP stellt das *p-Median-Problem* dar. Dabei wird die Anzahl p der einzurichtenden Standorte fest vorgegeben und die mit der Standorteinrichtung verbundenen Fixkosten entfallen.

Kapazitierte einstufige WLP unterscheiden sich von unkapazitierten dadurch, dass für die potenziellen Standorte $i = 1, \ldots, m$ Kapazitätsbeschränkungen a_i für die dort einrichtbaren Lager (oder Betriebe) vorzusehen sind. Dabei handelt es sich meist um Maximalkapazitäten. Der Rechenaufwand zur Lösung kapazitierter Probleme ist größer als derjenige für unkapazitierte. Zur exakten Lösung eignen sich B & B- sowie Dekompositionsverfahren (s. [Wen94]). Gute untere Schranken erhält man dabei mit Hilfe von Lagrange-Relaxationen (s. Abschn. A 2.2).

Neben den vorstehend erwähnten Heuristiken werden zur Lösung des kapazitierten WLP auch sog. *Lagrange-Heuristiken* erfolgreich genutzt. Dabei wird – ausgehend von der Lösung des Lagrange-relaxierten Problems – versucht, durch geeignete heuristische Vorgehensweisen eine für das Ausgangsproblem zulässige Lösung zu konstruieren (s. [Bea93] und [Aga98]).

Auch die Berücksichtigung von *Mindestkapazitäten* für einbezogene Standorte bereitet im Rahmen der verfügbaren Lösungsverfahren grundsätzlich keine Schwierigkeiten. Mindestkapazitäten werden z. B. in den Modellformulierungen von Hummeltenberg [Hum81: 78ff.] sowie Christofides und Beasley [Chr83] eingeführt. Sehr einfach ist i. d. R. auch die Berücksichtigung einer Nebenbedingung, welche die Anzahl der einbezogenen Standorte nach oben und/oder unten beschränkt (s. hierzu z. B. [Chr83] und [Klo93]).

Mehrstufige Warehouse-Location-Probleme

Mehrstufige WLP unterscheiden sich von einstufigen dadurch, dass bei ihnen mindestens zwei Transportstufen zu berücksichtigen und die Standorte für ein oder mehrere Typen von Einrichtungen gesucht sind. Ein *kapazitiertes zweistufiges WLP* wird hier mit einem Typ von potenziellen Standorten beschrieben, indem das vorstehende kapazitierte einstufige Problem um eine der Stufe Lager → Kunden vorgelagerte Transportstufe erweitert wird.

Ein Unternehmen beliefert n Kunden, die pro Periode $b_1, ..., b_n$ ME der von ihm angebotenen Produkte nachfragen. Zur Fertigung der Produkte stehen k Werke mit einer Kapazität von $a_1^w, ..., a_k^w$ ME pro Periode zur Verfügung. Das Unternehmen möchte die Vertriebskosten minimieren, indem es Auslieferungslager einrichtet. Hierfür stehen m potenzielle Standorte zur Verfügung. Die Kapazität eines am Standort i ($= 1, ..., m$) errichteten und betriebenen Lagers beträgt maximal a_i^l ME; die fixen Lagerhaltungskosten sind f_i GE. Unter der Kapazität *eines Lagers* soll diejenige Gütermenge verstanden werden, die das Lager pro Periode maximal passieren (die über das Lager maximal ausgeliefert werden) kann. Es wird angenommen, dass sich Lagerzu- und -abgang im Laufe einer Periode ausgleichen (s. Bedingungen Gl. (A 3.1-8)). Die Transportkosten bei Belieferung des Nachfragers j vom potenziellen Standort i aus betragen c_{ij} GE/ME.

Für die Belieferung eines am Standort i befindlichen Lagers durch das Werk h sind außerdem $\tilde{x}_{hi}$ GE/ME zu berücksichtigen. Schließlich wird bei diesem Beispiel für ein zweistufiges WLP der Einfachheit halber angenommen, dass Direkttransporte Werk → Kunde ausgeschlossen sind und dass die Gesamtnachfrage gleich der Gesamtkapazität der Werke ist. Wieviele Lager sind einzurichten, wo sind sie zu betreiben und welche Transporte sind auszuführen, damit die *Distributionskosten* bei voller Befriedigung der Kundennachfrage minimiert werden?

Auch dieses Problem lässt sich als gemischt-binäres LP-Problem formulieren. Dazu verwendet man die reellwertigen Variablen $\tilde{x}_{hi}$ und x_{ij} (für alle $h = 1, ..., k$; $i = 1, ..., m$; $j = 1, ..., n$) sowie die Binärvariablen y_i ($i = 1, ..., m$). In einer zulässigen Lösung des Problems sollen sie folgende Bedeutung haben:

$\tilde{x}_{hi}$ vom Werk h zum Lager am pot. Standort i zu transportierende Menge,

x_{ij} vom Lager am pot. Standort i zum Kunden j zu transportierende Menge,

$y_i = \begin{cases} 1 & \text{am potenziellen Standort } i \text{ ist ein Lager einzurichten} \\ 0 & \text{sonst} \end{cases}$

Damit lässt sich das zweistufige WLP beispielsweise wie folgt formulieren:

Minimiere

$$F(\tilde{x}, x, \tilde{y}) = \sum_{h=1}^{k} \sum_{i=1}^{m} \tilde{c}_{hj} \tilde{x}_{hj} + \sum_{i=1}^{m} \sum_{j=1}^{n} c_{ij} x_{ij} + \sum_{i=1}^{m} f_i y_i$$

(A 3.1-6)

unter den Nebenbedingungen

$$\sum_{i=1}^{m} \tilde{x}_{hj} \leq a_h^w \quad \text{für } h = 1, ..., k; \quad \text{(A 3.1-7)}$$

$$\sum_{h=1}^{k} \tilde{x}_{hj} - \sum_{j=1}^{n} x_{ij} = 0 \quad \text{(A 3.1-8)}$$

$$\sum_{j=1}^{n} x_{ij} \leq a_i^l y_i \quad \text{für } i = 1, ..., m; \quad \text{(A 3.1-9)}$$

$$\sum_{i=1}^{m} x_{ij} = b_j \quad \text{für } j = 1, ..., n; \quad \text{(A 3.1-10)}$$

$y_i \in \{0,1\}$ für $i = 1, ..., m$; (A 3.1-11)

$\tilde{x}_{hi} \geq 0$ und $x_{ij} \geq 0$ für alle h, i und j. (A 3.1-12)

Literaturhinweise zu den Verfahren findet man z. B. in [Dom96: Kap. 3.2.4] oder [Klo98].

Weitere Warehouse-Location-Probleme

Über die bisher behandelten Probleme hinaus werden in der Literatur weitere interessante WLP betrachtet. Hierzu einige Hinweise:
- stochastische WLP s. [Lou92],
- dynamische (Mehrperioden-)WLP s. [Shu91],
- Mehrgüter-Standortprobleme s. [Kli87] und [Cra93], mehrstufige Mehrgüterprobleme s. [Sch97],
- kapazitierte WLP, bei denen jeder Nachfrager nur von einem Anbieter beliefert werden darf (Single-Source-WLP), s. [Bar90],
- WLP mit nichtlinearer Zielfunktion s. [Fle93] und [Sch94],
- Probleme, bei denen Standorte gesucht werden, die auf besonders frequentierten Verkehrswegen liegen, s. [Ber92],
- Probleme, bei denen neben der Standortwahl auch die Tourenplanung eine Rolle spielt (Location-Routing-Probleme), s. [Han94] und [Ber95].

Der Artikel [Klo05] bietet einen umfassenden Überblick über Modelle und Algorithmen zur Formulierung und Lösung zahlreicher Warehouse-Location-Probleme.

Hub-Location-Probleme

Als *Hub & Spoke-(H & S-)Netz*, übersetzt Nabe & Speiche-Netz, wird ein spezielles Netz bezeichnet, das sich als ungerichteter Graph mit der Knotenmenge V und folgenden Eigenschaften darstellen lässt:

- Zwischen allen Knotenpaaren $i, j \in V$ existiert ein Güterfluss.
- Eine Teilmenge „zentral" gelegener Knoten dient als Umschlagpunkt (Hub) für den Güterfluss; die restlichen Knoten (Endknoten) sind durch eine Kante (Spoke) sternförmig mit i. d. R. genau einem Hub verbunden.
- Der Güterfluss zwischen zwei Knoten erfolgt direkt, wenn beide Knoten Hubs sind oder einer der beiden ein Hub ist und beide durch eine Speiche verbunden sind. Ansonsten wird der Fluss über mindestens einen weiteren Knoten (Hub) geführt.

In Bild A 3.1-2 ist ein H & S-Netz beispielhaft dargestellt. Die Knoten A, B und C stellen Hubs dar, die übrigen sind Endknoten des Netzes. Der Fluss zwischen den Knoten 1 und 3 muss über die Hubs A und C geführt werden. Im Gegensatz zu vollständigen Netzen (Bild A 3.1-3), bei denen jeder Knoten mit jedem anderen verbunden ist, also jeweils Direkttransporte stattfinden, enthält ein H & S-Netz deutlich weniger Verbindungen. Das Transportaufkommen pro Verbindung ist größer, somit können größere Transporteinheiten gewählt und dadurch Transportkosten gespart werden. Die Transportzeiten zwischen den Endknoten eines solchen Netzes sind jedoch i. d. R. länger als in vollständigen Netzen.

H & S-Netze findet man im Flugverkehr, bei großen Speditionen, Paketdiensten und der Post sowie als Computer- und Kommunikationsnetze. Mit der Gestaltung derartiger Netze beschäftigt man sich seit Ende der 70er Jahre. Erste Arbeiten im *Operations Research* stammen aus dem Jahr 1986. Seither ist eine große Zahl verschiedener Ausprägungen dieser Problemklasse entstanden.

In Analogie zu WLP und p-Median-Problemen werden auch hier Probleme betrachtet, bei denen die Anzahl der einzurichtenden Hubs entweder über Fixkosten gesteuert

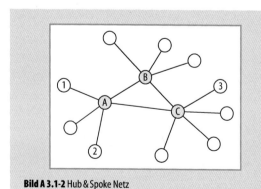

Bild A 3.1-2 Hub & Spoke Netz

Bild A 3.1-3 Vollständiges Netz

(Hub-Location-Problem) oder von vornherein fest vorgegeben wird (p-Hub-Median-Problem). Weitere Unterscheidungsmerkmale ergeben sich durch die Gestaltungsanforderungen an das H & S-Netz. Wird dieses in ein Hubnetz (bestehend aus den Hubs und den sie verbindenden Kanten) und ein Zugangsnetz (bestehend aus den Endknoten und den mit ihnen inzidenten Kanten) unterteilt, so können diese wie folgt konfiguriert sein:
- Das *Hubnetz* kann ein vollständiger Graph, ein Kreis, ein Baum oder ein allgemeiner Graph ohne spezielle Struktureigenschaften sein.
- Im *Zugangsnetz* sind Endknoten nur mit Hubs verbunden; ist dies genau ein Hub, spricht man von einfachem Zugang (engl.: single allocation), sonst von mehrfachem Zugang (engl.: multiple allocation). Alternativ können (beliebige) Direktverbindungen zwischen Endknoten erlaubt sein.

Im Folgenden wird ein *Hub-Location-Problem* mit mehrfachem Zugang betrachtet, das von folgenden Annahmen ausgeht:
- Gegeben ist ein vollständiger, bewerteter, ungerichteter Graph $G = [V, E, c]$ mit n-elementiger Knotenmenge V, der Kantenmenge E und Kantenbewertungen c.
- Für jedes Knotenpaar i und j gibt es ein Transportaufkommen in Höhe von t_{ij} ME pro Periode.
- Jeder Knoten $k \in H$ einer Teilmenge H der Knotenmenge V kommt als potenzieller Standort für die Einrichtung eines Hubs in Frage. Ein Hub in Knoten i verursacht Fixkosten in Höhe von f_i GE pro Periode.
- Das Hubnetz stellt einen vollständigen Teilgraphen von G dar. Jeder Endknoten kann mit einem oder mehreren Hubs verbunden sein. Jeder Transport zwischen zwei Endknoten erfolgt über maximal zwei Hubs. Direkttransporte zwischen Endknoten sind nicht möglich.

- Die Kanten $[i,j] \in E$ werden mit Einheitstransportkosten c_{ij} (i. Allg. proportional zur Entfernung zwischen i und j) bewertet.
- Auf Verbindungen zwischen zwei Hubs k und m werden auf Grund des erhöhten Transportaufkommens die Kosten mit einem vorgegebenen Faktor α, $0 < \alpha \leq 1$, skaliert. Die Kosten für den Transport einer ME von Endknoten i über Hubs k und m zu Endknoten j sind damit $c_{ikmj} = c_{ik} + \alpha\, c_{km} + c_{mj}$.

Unter diesen Annahmen ist das Netz (Anzahl und Lage der Hubs, Verbindungen der Endknoten mit den Hubs) so zu gestalten, dass die Summe aus Fixkosten und Transportkosten pro Periode minimal wird.

Unter Verwendung der Binärvariablen $y_k \in H$ mit der Bedeutung

$$y_k = \begin{cases} 1 & \text{falls in Knoten } k \in H \text{ ein Hub} \\ & \text{eingerichtet wird} \\ 0 & \text{sonst} \end{cases}$$

und kontinuierlichen Variablen x_{ikmj} für den Anteil des Transportaufkommens t_{ij}, der von Knoten i über die Hubs k und m zu Knoten j erfolgt, erhält man für dieses Modell die mathematische Formulierung

Minimiere

$$K(x,y) = \sum_{k \in H} f_k y_k + \sum_{i \in V} \sum_{k \in H} \sum_{m \in H} \sum_{j \in V} t_{ij}\, c_{ikmj}\, x_{ikmj}$$

(A 3.1-13)

unter den Nebenbedingungen

$$\sum_{k \in H} \sum_{m \in H} x_{ikmj} = 1 \quad \text{für alle } i,j \in V,$$

(A 3.1-14)

$$x_{ikmj} \leq y_k \quad \text{für alle } i,j \in V \text{ und } k,m \in H,$$

(A 3.1-15)

$$x_{ikmj} \leq y_m \quad \text{für alle } i,j \in V \text{ und } k,m \in H,$$

(A 3.1-16)

$$y_k \in \{0,1\} \text{ und } x_{ikmj} \geq 0 \quad \text{für alle } i,j \in V \text{ und } k,m \in H.$$

(A 3.1-17)

Sind die Standorte für die Einrichtung von Hubs bekannt, so ist ein sehr einfaches spezielles *Kürzeste-Wege-Problem* zu lösen, sonst handelt es sich um ein NP-schweres Problem. Ein erstes exaktes Verfahren wurde von Klincewicz entwickelt [Kli96]. Es basiert auf einer alternativen Formulierung des Modells (Gln. (A 3.1-13) bis (A 3.1-17)), in der die Knoten i, j und die Hubs k, m zu Paaren zusammengefasst werden. Dies ermöglicht eine dem WLP sehr ähnliche Modellierung. Das Verfahren an sich stellt eine Anpassung des B & B-Verfahrens von Erlenkotter dar [Erl78]. Die hohe Effizienz (Lösungsmöglichkeit großer Probleme) hat sich beim Hub-Location-Problem jedoch nicht bestätigt. Eine deutliche Verbesserung ist Krispin und Wagner durch Einbeziehung einer aggregierten Modellformulierung gelungen [Kri98].

Zur näherungsweisen Lösung des Problems wurden in Anlehnung an entsprechende Vorgehensweisen für WLP heuristische Eröffnungs- und Verbesserungsverfahren sowie Metastrategien entwickelt [O'K92]. Eine umfassende Übersicht über Hub-Location-Probleme und Modellierungsmöglichkeiten findet sich in [Cam94]; [May01] sowie [Wag06].

A 3.1.3 Zentren von Graphen und Zentrenprobleme

In der Literatur zur betrieblichen Standortplanung werden häufig Modelle untersucht, deren Gegenstand weniger die Planung des Standortes von Industriebetrieben als vielmehr die Bestimmung von Standorten für *zentrale Einrichtungen* wie Schulen, Feuerwachen oder Depots für Rettungsfahrzeuge ist. In solchen Fällen muss die bislang betrachtete Zielsetzung der Minimierung der Summe entstehender Kosten ersetzt oder ergänzt werden durch eine *Minimax-Zielsetzung*: Ein Standort ist (oder mehrere Standorte sind) so zu bestimmen, dass der längste Weg, den ein „Benutzer" zurückzulegen hat oder den man zum Erreichen eines „Benutzers" zurücklegen muss, möglichst kurz ist. Vereinfachte Abbilder der hierbei zu lösenden Standortprobleme sind die Probleme (Modelle) der Bestimmung von Zentren sowie p-Zentren von Graphen.

Geht man davon aus, dass eine endliche Anzahl potenzieller Standorte für kapazitätsbeschränkte Zentren vorgegeben ist, so besteht zwischen dem zu lösenden Problem und den in A 3.1.2 behandelten Warehouse-Location-Problemen große Ähnlichkeit. Mit derartigen Problemstellungen haben sich bisher jedoch nur wenige Autoren beschäftigt. Dearing und Newruck betrachteten kapazitierte Zentrenprobleme mit der zusätzlichen Restriktion, dass die Fixkosten für die in die Lösung einbezogenen Zentren eine obere Schranke nicht überschreiten, und beschreiben ein B & B-Verfahren [Dea79]. Jaeger und Goldberg behandelten kapazitierte Zentrenprobleme auf Bäumen [Jae94].

Die Mehrzahl der Arbeiten zu Zentrenproblemen geht davon aus, dass grundsätzlich jeder Punkt eines Graphen als potenzielles Zentrum in Betracht kommt und keine Kapazitätsbeschränkungen zu beachten sind. Im Folgenden wird auf diese Fragestellungen eingegangen.

1-Zentren

Die folgenden Definitionen werden insofern allgemein gehalten, als Knotenbewertungen b_j einbezogen werden. Diese können z. B. den Wahrscheinlichkeiten für das Auftreten von Unfällen an Verkehrsknotenpunkten entsprechen.

Bei sämtlichen Betrachtungen wird ein ungerichteter, zusammenhängender Graph $G = [V, E, c; b]$ mit positiven Kanten- und Knotenbewertungen c und b unterstellt.

Die Vereinigung der Punkte aller Kanten mit der Knotenmenge wird als Punktmenge Q des Graphen bezeichnet.

Mit d_{ij} wird die kürzeste Entfernung zwischen zwei Knoten $i, j \in V$ bezeichnet. Analog sei $d(q, j)$ die kürzeste Entfernung zwischen einem Punkt q und einem Knoten j. Befindet sich der Punkt q auf der Kante $[h, k]$, so gilt $d(q, j) := \min \{d(q, h) + d_{hj}, d(q, k) + d_{kj}\}$.

Auf der Suche nach einem „am zentralsten" gelegenen Punkt eines Graphen kann man sich auf die Knotenmenge beschränken oder die gesamte Punktmenge als potenzielle Standorte in Betracht ziehen. Im ersten Fall handelt es sich um das (Knoten-)Zentrum i_z, im zweiten Fall um das absolute Zentrum q_z des Graphen. i_z bzw. q_z ist derjenige Knoten bzw. Punkt, dessen größte (mit b_j gewichtete) kürzeste Entfernung zu den (übrigen) Knoten j am kleinsten ist.

Definition:

a) Sei $r(i) := \max\{d_{ij} | j \in V\}$ für alle Knoten $i \in V$

(A 3.1-18)

Einen Knoten i_z mit

$$r(i_z) = \min\{r(i) | i \in V\}$$

bezeichnet man als *1-Zentrum* (kürzer: Zentrum) des Graphen G. Die Entfernung $r(i_z)$ nennt man *Knoten-Radius* von G.

b) Sei $r(q) := \max\{d(q,j) b_j | j \in V\}$ für alle $q \in Q$.

(A 3.1-19)

Einen Punkt $q_z \in Q$ mit der Eigenschaft

$$r(q_z) = \min\{r(q) | q \in Q\}$$

nennt man *absolutes 1-Zentrum* (kürzer: absolutes Zentrum) und die Entfernung $r(q_z)$ *absoluten Radius* des Graphen G.

In der Regel stellt das (Knoten-)Zentrum kein absolutes Zentrum dar.

Ausgehend von dieser Definition, lassen sich 1-Zentren sehr einfach ermitteln. Etwas aufwendiger, aber polynomial beschränkt, ist die Bestimmung absoluter 1-Zentren von allgemeinen Graphen. Eine Möglichkeit besteht darin, sukzessive für sämtliche Kanten sog. *lokale Zentren* (nur die Punkte der Kante sind potenzielle Standorte) zu bestimmen und das beste davon zu wählen. Um den erforderlichen Rechenaufwand zu reduzieren, werden obere Schranken (durch Betrachtung von Teilgraphen mit Baumstruktur) und untere Schranken für die Radien lokaler Zentren ermittelt. Durch Schrankenvergleich kann ein Teil der Kanten von weiteren Untersuchungen ausgeschlossen werden [Dom96: Kap. 4].

p-Zentren

Wiederum ausgehend von einem ungerichteten Graphen $G = [V, E, c; b]$, werden weitere Bezeichnungen eingeführt: Die kürzeste Entfernung (dV^p, j) zwischen einer p-elementigen Knotenmenge $V^p \subseteq Q$ und einem Knoten j entspricht der kürzesten Entfernung zwischen j und dem nächstgelegenen Knoten aus V^p. Analog wird die kürzeste Entfernung (dQ^p, j) zwischen einer p-elementigen Punktmenge $Q^p \subseteq Q$ und einem Knoten j definiert.

Definition: Für alle p-elementigen Teilmengen V^p der Knotenmenge und Q^p der Punktmenge seien

$$r(V^p) := \max\{b_j d(V^p, j) | j \in V\}$$
$$\text{und } r(Q^p) := \max\{b_j d(Q^p, j) | j \in V\}.$$

(A 3.1-20)

a) Eine p-elementige Teilmenge V_z^p von V bezeichnet man als *Knoten-p-Zentrum* von G, wenn für jede andere p-elementige Teilmenge V^p von V die Beziehung $r(V_z^p) \leq r(V^p)$ gilt.

b) Eine p-elementige Punktmenge Q_z^p von G nennt man *absolutes p-Zentrum* von G, wenn für jede andere p-elementige Punktmenge Q^p die Beziehung $r(Q_z^p) \leq r(Q^p)$ gilt.

$r(V_z^p)$ wird als *Knoten-p-Radius* und $r(Q_z^p)$ als *absoluter p-Radius* von G bezeichnet.

Bei beliebigen p-elementigen Knoten- bzw. Punktmengen V^p bzw. Q^p wird die Größe $r(V^p)$ bzw. $r(Q^p)$ *Radius* genannt.

Analog zu der Aussage für absolute 1-Zentren gilt hier: In der Regel gibt es keine p-elementige Teilmenge der Knotenmenge eines Graphen G, die absolutes p-Zentrum von G ist.

Für $p = 2, 3, \ldots$ gilt natürlich $r(Q_z^p) \leq r(Q_z^{p-1})$. Eine Erhöhung von p führt also nicht notwendig zu einer Reduzierung des absoluten Radius. Gilt für ein p-Zentrum (Q_z^p) und für ein (p–1)-Zentrum (Q_z^{p-1}) eines Graphen G die Gleichheit $r(Q_z^p) = r(Q_z^{p-1})$, so ist mindestens ein Standort des p-Zentrums überflüssig. In diesem Fall wird Q_z^p als *degeneriert* bezeichnet.

Unmittelbar einsichtig ist diese Aussage für $p > n$, da in diesem Fall $r(Q_z^p) = r(Q_z^{p-1}) = 0$ gilt.

Eine prinzipielle Vorgehensweise zur Bestimmung von p-Zentren besteht darin, zunächst ein Intervall $I = [r_u, r_o]$ vorzugeben, in dem sich der gesuchte p-Radius befindet. Danach kann für einen (geeignet gewählten) Wert $r \in I$ durch Lösen eines r-Überdeckungsproblems geprüft werden, ob es eine p-elementige Punktmenge Q^p gibt, so dass die kürzeste gewichtete Entfernung keines Knotens größer als r ist.

Das r-Überdeckungsproblem besteht darin, bei gegebenem r eine Punktmenge $\overline{Q}$ minimaler Mächtigkeit zu bestimmen, so dass alle Knoten überdeckt sind, d. h. maximal r Längeneinheiten von $\overline{Q}$ entfernt sind. Eine mathematische Formulierung des Problems lautet

Minimiere $\lambda = |\overline{Q}|$

unter den Nebenbedingungen

Minimiere $\lambda = |\overline{Q}|$
unter den Nebenbedingungen (A 3.1-21)
$d(\overline{Q}, j) b_j \leq r$ für alle $j \in V$

Ist $\lambda = p$, so lässt sich I auf das Teilintervall $[r, r_o]$, ansonsten auf $[r_u, r]$ reduzieren. Wählt man für r jeweils einen mittleren Wert des aktuellen Intervalls, so nennt man diese Vorgehensweise der Intervallreduktion *binäre Suche*.

Als Schranken r_u und r_o können z. B. der kleinste bzw. der größte potenzielle Radius verwendet werden.

r-Überdeckungsprobleme sind auf Bäumen sehr leicht zu lösen (s. [Dom96: Abschn. 4.2.4]). Für allgemeine Graphen sind jeweils *Set-Covering-Probleme* zu lösen. Dazu ist es jedoch erforderlich, zunächst die Menge Q auf die Menge PZ potenzieller Zentren zu beschränken. PZ muss sämtliche Knoten enthalten sowie alle Punkte q, die „Mittelpunkt" einer kürzesten Kette zwischen zwei Knoten i und j sind. Bei Graphen ohne Knotenbewertung ist dies der tatsächliche Mittelpunkt; sonst ist es derjenige Punkt, für den $b_i d(q, i) = b_j d(q, j)$ gilt.

Dem Set-Covering-Problem liegt eine Matrix $F = (f_{\tau j})$ zugrunde, die für $\tau = 1, 2, \ldots, |PZ|$ und $j = 1, 2, \ldots, n$ wie folgt definiert ist:

$$f_{\tau j} = \begin{cases} 1 & \text{falls } b_j d(q_\tau, j) \leq r \\ 0 & \text{sonst} \end{cases} \quad \text{(A 3.1-22)}$$

Der Koeffizient $f_{\tau j}$ besitzt genau dann den Wert 1, wenn die gewichtete kürzeste Entfernung von q_τ zum Knoten j kleiner oder gleich dem aktuellen r ist. Das Set-Covering-Problem lässt sich unter Verwendung von Binärvariablen $y_\tau \in \{0, 1\}$ für $\tau = 1, 2, \ldots, |PZ|$ wie folgt formulieren:

$$\text{Minimiere } \lambda = \sum_{\tau=1}^{|PZ|} y_\tau \quad \text{(A 3.1-23)}$$

unter den Nebenbedingungen

$$\sum_{\tau=1}^{|PZ|} f_{\tau j} y_\tau \geq 1 \quad \text{für } j = 1, 2, \ldots, n; \quad \text{(A 3.1-24)}$$

$$y_\tau \in \{0, 1\} \quad \text{für } \tau = 1, 2, \ldots, |PZ|. \quad \text{(A 3.1-25)}$$

Set-Covering-Probleme sind vergleichsweise gut lösbare, binäre Optimierungsprobleme (vgl. [Har94]). Ein Verfahren, das nach obigem Prinzip vorgeht, wurde bereits 1970 von Minieka entwickelt [Min70].

Zentrenprobleme, die zusätzlichen Restriktionen unterliegen, sind z. B. solche mit Zonenbeschränkungen [Ber91]. Zentren dürfen hierbei nur innerhalb vorgegebener Kantenabschnitte liegen.

A 3.1.4 Standortplanung in der Ebene

Bisher wurden hier Modelle zur Standortbestimmung in Graphen behandelt. In diesen Modellen repräsentieren Knoten des Graphen die Kundenorte. Die Menge der potenziellen Standorte (für Lager, Fabriken usw.) ist auf die Knoten- oder die Punktmenge des Graphen beschränkt. Die Entfernungen zwischen je zwei Punkten sind durch die Längen von Wegen und/oder Ketten des Graphen determiniert. Bei Verwendung derartiger Modelle spricht man häufig von *diskreter Standortplanung*.

Demgegenüber gehen die Modelle der *Standortbestimmung in der Ebene* von folgenden Annahmen aus:
– Die Kundenorte sind auf einer homogenen Fläche (Ebene) verteilt.
– Jeder Punkt der Ebene ist ein potenzieller Standort.
– Die Entfernung zwischen je zwei Punkten wird gemäß einer bestimmten Metrik gemessen.

Bei Verwendung derartiger Modelle spricht man häufig von *kontinuierlicher Standortplanung*.

Während Modelle der Standortbestimmung in Graphen nur zur Behandlung von Problemen der betrieblichen

Standortplanung dienen, gilt für die hier betrachteten Modelle in Abhängigkeit von der berücksichtigten Metrik folgendes: Modelle mit rechtwinkliger Entfernungsmessung (L_1-Metrik) sind eher bei der innerbetrieblichen Standortplanung verwendbar. Modelle mit euklidischer (L_2-)Metrik eignen sich dagegen eher zur Behandlung betrieblicher Standortprobleme.

Messung der Entfernung

Zunächst wird ein allgemeines Entfernungs- oder Distanzmaß definiert. Mit der Konkretisierung der darin enthaltenen Parameter leitet man anschließend drei der im Rahmen der Standortplanung relevante Maße ab.

Definition: Gegeben seien zwei Punkte i und j mit den Koordinaten $(x_i, y_i, ..., z_i)$ und $(x_j, y_j, ..., z_j)$ im n-dimensionalen Raum $\mathbb{R}^n$. Die Größe

$$d_{ij}^q := \left[|x_i - x_j|^q + |y_i - y_j|^q + ... + |z_i - z_j|^q \right]^{\frac{1}{q}} \quad \text{(A 3.1-26)}$$

bezeichnet man als L_q-Metrik oder L_q-Distanz zwischen i und j.

In der Literatur werden i. d. R. für q die Werte $q=1$ oder $q=2$ eingesetzt. Beschränkt man sich auf den im Rahmen der Standortplanung in der Ebene relevanten $\mathbb{R}^2$, so erhält man die

Definition: Gegeben seien zwei Punkte i und j mit den Koordinaten (x_i, y_i) und (x_j, y_j) im $\mathbb{R}^2$. Man bezeichnet

$$d_{ij}^1 := |x_i - x_j| + |y_i - y_j| \quad \text{(A 3.1-27)}$$

als *rechtwinklige Entfernung* (L_1-Metrik),

$$d_{ij}^2 := \sqrt{(x_i - x_j)^2 + (y_i - y_j)^2} \quad \text{(A 3.1-28)}$$

als *euklidische Entfernung* (L_2-Metrik) und

$$\left(d_{ij}^2\right)^2 := (x_i - x_j)^2 + (y_i - y_j)^2 \quad \text{(A 3.1-29)}$$

als *quadrierte euklidische Entfernung* zwischen i und j.

Love und Morris untersuchten 7 verschiedene Distanzmaße auf ihre Eignung im Rahmen der Standortplanung [Lov72]. Dabei war z. B. zur Darstellung der Straßenverbindungen zwischen nordamerikanischen Städten die 1,15-fache $L_{1,78}$-Distanz besonders geeignet. Entsprechende Untersuchungen für die Bundesrepublik Deutschland stammen von Berens und Körling [Ber83]. Mit der Wahl geeigneter Distanzmaße bzw. ihrer Verallgemeinerung beschäftigten sich Love und Walker [Lov94] bzw. Brimberg et al. [Bri94a].

Verwendet man die quadrierte euklidische Entfernung nach Gl. (A 3.1-29), so erreicht man neben einer „Minisum-" auch eine „Minimax-Wirkung".

Bestimmung eines neuen Standortes

Das Problem der Bestimmung eines neuen (betrieblichen) Standortes kann z. B. wie folgt beschrieben werden: Auf einer unbegrenzten, homogenen Fläche (Ebene) existieren n Kunden an Orten mit den Koordinaten (u_j, v_j) für $j=1, ..., n$. Die Nachfrage des Kunden j beträgt b_j ME pro Periode. Die Transportkosten zwischen allen Punkten der Ebene sind proportional zur transportierten Menge und zur zurückgelegten Entfernung. Die (Einheits-)Transportkosten betragen c GE pro ME und LE. Das Unternehmen möchte ein Auslieferungslager an einem zu bestimmenden Punkt mit den Koordinaten (x, y) so lokalisieren, dass die Gesamtkosten für den Transport der Produkte vom Lager zu den Kunden minimiert werden.

Dieses verbal skizzierte Problem kann bei rechtwinkliger Entfernungsmessung wie folgt mathematisch formuliert werden:

Minimiere

$$F(x, y) = c \sum_{j=1}^{n} b_j \left(|x - u_j| + |y - v_j| \right) \quad \text{(A 3.1-30)}$$

Die Einheitstransportkosten c beeinflussen die Lage des Auslieferungslagers nicht. Man kann sie daher ohne Beschränkung der Allgemeinheit gleich 1 setzen. Das Minimum von Gl. (A 3.1-30) lässt sich dadurch ermitteln, dass man unabhängig voneinander das Minimum der Ausdrücke $F_1(x)$ und $F_2(y)$ bestimmt:

$$F_1(x) = \sum_{j=1}^{n} b_j |x - u_j|, \quad F_2(y) = \sum_{j=1}^{n} b_j |y - v_j|.$$

Die x- und die y-Koordinate eines optimalen Standortes (x^*, y^*) können also unabhängig voneinander berechnet werden. Ein sehr einfaches Verfahren geht wie folgt vor: Die Kundenorte werden in Abhängigkeit ihrer x-Koordinate in monoton steigender Reihenfolge $j_1, ..., j_n$ sortiert und es wird der Gesamtbedarf b_{ges} bestimmt. Beginnend bei j_1 wird derjenige Kunde j_h ermittelt, für den und

$$\sum_{i=1}^{h-1} b_{ij} < 0,5 \cdot b_{ges}$$

und

$$\sum_{i=1}^{h} b_{ij} < 0,5 \cdot b_{ges}$$

gilt. Seine x-Koordinate stellt die x-Koordinate eines optimalen Kundenortes dar. Analog wird die y-Koordinate bestimmt.

Verwendet man zur Messung der Entfernung das euklidische Entfernungsmaß nach Gl. (A 3.1-28), so lässt sich das Problem der Bestimmung eines Standortes (unter Vernachlässigung der Einheitstransportkosten c) wie folgt formulieren:

Minimiere

$$F(x,y) = \sum_{j=1}^{n} b_j \sqrt{(x-u_j)^2 + (y-v_j)^2} \;. \qquad \text{(A 3.1-31)}$$

Das Problem (Gl. (A 3.1-31)) wird als *verallgemeinertes Weber-Problem*, als *Steiner-Weber-Problem* oder als *allgemeines Fermat-Problem* bezeichnet. Es kann iterativ gelöst werden, indem die partiellen Ableitungen von Gl. (A 3.1-31) gebildet und gleich null gesetzt werden. Es entstehen Ausdrücke, aus denen sich x bzw. y nicht vollständig isolieren lassen. Durch Vorgabe eines Startwertes (z. B. die Koordinaten des Schwerpunkts) nähert man sich i. d. R. nach wenigen Iterationen der optimalen Lösung hinreichend gut an (vgl. auch das modifizierte Miehle-Verfahren in [Dom96: Abschn. 5.2]).

Hamacher und Nickel behandelten Steiner-Weber-Probleme u. a. bei L_1-Metrik und quadrierter euklidischer Entfernungsmessung unter Berücksichtigung verbotener Regionen [Ham94].

Bestimmung mehrerer neuer Standorte

Erneut seien n Kunden an Orten mit den Koordinaten (u_j, v_j) ($j = 1, ..., n$) gegeben. Das Unternehmen möchte p *Auslieferungslager* an zu bestimmenden Punkten mit den Koordinaten (x_i, y_i) ($i = 1, ..., p$) so lokalisieren, dass die Gesamtkosten für den Transport von Produkten von den Lagern zu den Kunden und zwischen den Lagern minimiert werden. Pro Periode sind vom zu planenden Lager ($i = 1, ..., p$) zum Kunden ($j = 1, ..., n$) t_{ij} ME zu transportieren. Der zwischen je zwei zu planenden Lagern i und k (mit $1 \leq i < k \leq p$) pro Periode anfallende Güteraustausch wird in der Größe s_{ik} (in ME) zusammengefasst, d. h., s_{ik} enthält die Summe der von i nach k und der von k nach i zu transportierenden ME. Die (Einheits-)Transportkosten, die aus denselben Gründen wie in den vorhergehenden Betrachtungen vernachlässigt werden können, betragen c GE pro ME und LE.

Dieses Problem kann bei rechtwinkliger Entfernungsmessung unter Verwendung der Vektoren $x = (x_1, ..., x_p)$ und $y = (y_1, ..., y_p)$ wie folgt mathematisch formuliert werden:

Minimiere

$$F(x,y) = \sum_{i=1}^{p-1} \sum_{k=i+1}^{p} s_{ik} \left(|x_i + x_k| + |y_i - y_k| \right)$$
$$+ \sum_{i=1}^{p} \sum_{j=1}^{n} t_{ij} \left(|x_i + u_j| + |y_i - y_j| \right) \qquad \text{(A 3.1-32)}$$

Auch für dieses Problem können die x- und y-Koordinaten getrennt voneinander bestimmt werden. Dafür wird die Zielfunktion in zwei nur x bzw. y enthaltende Terme gegliedert. Für jeden dieser Ausdrücke erfolgt dann eine Transformation in ein äquivalentes lineares Optimierungsproblem, das mit dem Simplex-Algorithmus effizient gelöst werden kann. Bei euklidischer Entfernungsmessung entsteht ein Problem, das analog zum Steiner-Weber-Problem iterativ gelöst werden kann (Lösungsmöglichkeiten für beide Modelle s. [Dom96: Abschn. 5.3].

Standort-Einzugsbereich-Probleme

Gegenüber den vorstehenden betreffen die folgenden Ausführungen *verallgemeinerte Problemstellungen*. Die Verallgemeinerung besteht darin, dass nicht von gegebenen Transportmengen t_{ij} ausgegangen wird, sondern neben p Standorten simultan optimale Werte für Transportvariable w_{ij} gesucht werden. Mit der Bestimmung der Transportvariablen werden Einzugsbereiche der zu bestimmenden Standorte festgelegt. Daher ist im Folgenden von Standort-Einzugsbereich-Problemen die Rede, die wie folgt beschrieben werden können: Auf einer unbegrenzten, homogenen Fläche (Ebene) existieren n Kunden an Orten mit den Koordinaten (u_j, v_j) für $j = 1, ..., n$. Die *Nachfrage* des Kunden j beträgt b_j ME. Die Unternehmung möchte p *Auslieferungslager* an zu bestimmenden Punkten mit den Koordinaten (x_i, y_i) ($i = 1, ..., p$) zur Belieferung der Kunden lokalisieren. Lager i hat eine maximale Kapazität von a_i ME pro Periode.

Bezeichnet man für Lager i und jeden Kunden j die Transportkosten pro ME und LE mit c und die zu transportierenden ME pro Periode mit w_{ij}, so lässt sich bei euklidischer Entfernungsmessung nach Gl. (A 3.1-28) das Standort-Einzugsbereich-Problem mathematisch wie folgt formulieren:

Minimiere

$$F(x,y,w) = c \sum_{i=1}^{p} \sum_{j=1}^{n} w_{ij} \sqrt{(x_i - u_j)^2 + (y_i - v_j)^2}$$

$$\text{(A 3.1-33)}$$

unter den Nebenbedingungen

$$\sum_{i=1}^{p} w_{ij} = b_j \quad \text{für } j = 1, \ldots, n; \qquad (A\ 3.1\text{-}34)$$

$$\sum_{j=1}^{n} w_{ij} \leq a_i \quad \text{für } i = 1, \ldots, n; \qquad (A\ 3.1\text{-}35)$$

$$w_{ij} \geq 0 \quad \text{für alle } i \text{ und } j. \qquad (A\ 3.1\text{-}36)$$

Das Problem (Gln. (A 3.1-33) bis (A 3.1-36)) wurde von Cooper als *Transportation-Location-Problem* bezeichnet [Coo72], was auf die folgenden beiden Eigenschaften zurückzuführen ist:
- Sind die Standorte (x_i, y_i), $i = 1, \ldots, p$, fixiert, so reduzieren sich die Gln. (A 3.1-33) bis (A 3.1-36) mit $\beta_{ij} := c d_{ij}^2$ und d_{ij}^2 als euklidischer Entfernung, Gl. (A 3.1-28), auf das klassische Transportproblem (vgl. hierzu auch A 2.2):

$$\text{Minimiere } F(x) = \sum_{i=1}^{p} \sum_{j=1}^{n} \beta_{ij} w_{ij} \qquad (A\ 3.1\text{-}37)$$

unter den Nebenbedingungen (A 3.1-34) bis (A 3.1-36).

Sind alle w_{ij} vorgegeben, so vereinfachen sich die Gln. (A 3.1-33) bis (A 3.1-36) mit $\gamma_{ij} := c w_{ij}$ zu

Minimiere

$$F(x, y,) = \sum_{i=1}^{p} \sum_{j=1}^{n} \gamma_{ij} \sqrt{(x_i - u_j)^2 + (y_i - v_j)^2}. \qquad (A\ 3.1\text{-}38)$$

Es sind dann also p voneinander unabhängige Steiner-Weber-Probleme (Gl. (A 3.1-31)) zu lösen.

Von Cooper stammt auch eine Heuristik, welche die vorstehenden Eigenschaften verwendet. Sie startet mit p zufällig gewählten Lagerstandorten und löst zuerst ein klassisches Transportproblem. Ausgehend von den nun bekannten Transportmengen, werden anschließend p voneinander unabhängige Steiner-Weber-Probleme gelöst (s. [Coo72]).

A 3.1.5 Competitive Location

Während alle bislang betrachteten Modelle der Standortplanung von gegebenen Bedarfen ausgehen und die Minimierung von Kosten zum Ziel haben, stehen bei den Ansätzen der *Standortplanung unter Wettbewerb* die vom eigenen Unternehmen erzielbaren Erlöse oder der maximal erreichbare Marktanteil im Vordergrund. Dabei werden die Kosten als bekannt vorausgesetzt.

Die erste Arbeit dieser Art stammt von Hotelling [Hot29]. Seit den 80er Jahren sind zahlreiche weitere Beiträge erschienen. Eine gute Übersicht sowie eine Klassifikation findet man in [Eis93], eine neuere Monographie ist [Mil95]. Fischer entwickelte ein Ordnungsschema, in das die Ansätze der Standortplanung mit und ohne Wettbewerb eingeordnet werden [Fis97].

Zwei grundlegende Modelle der Standortplanung unter Wettbewerb lassen sich, ausgehend von einem ungerichteten, bewerteten Graphen $G = [V, E, c; b]$, wie folgt skizzieren: In den Knoten des Graphen sind Nachfrager mit bekanntem Bedarf b_j nach einem bestimmten Gut angesiedelt. Zwei Unternehmen A und B, die dieses Gut anbieten, konkurrieren um die Kunden und möchten r bzw. p Standorte für Einrichtungen ermitteln, in denen die Kunden das Gut erwerben können. Es wird angenommen, dass anfangs keines der beiden Unternehmen in dem betrachteten Markt präsent ist. Zuerst bestimmt A Standorte für seine r Einrichtungen. Anschließend folgt B mit der Ermittlung von p Standorten. Die Kunden befriedigen ihren Bedarf beim nächstgelegenen Unternehmen; bei gleicher Entfernung wird der Bedarf gleichmäßig auf beide Konkurrenten aufgeteilt.

Bezeichnet man mit A_r die Menge der Standorte von A, mit B_p diejenige von B und mit $z(B_p|A_r)$ den Marktanteil, den B mit der Standortmenge B_p bei gegebener Standortmenge A_r erzielen kann, so stellen sich für beide Unternehmen unterschiedliche Fragen (vgl. [Hak83]):

Unternehmen B: Bestimme bei gegebenem A_r eine Menge von Standorten B_p^*, so dass

$$z(B_p^*|A_r) = \max_{B_p} \{z(B_p|A_r)\} \text{ gilt.}$$

Stehen für die Wahl von B_p alle Punkte des Graphen zur Verfügung, so spricht man von einem *$(p|A_r)$-Medianoid-Problem*. Kommen nur Knoten in Frage, so wird das Problem als *Maximum-Capture-Problem* bezeichnet; Modellformulierungen und Lösungsverfahren hierfür sind in [ReV86] enthalten.

Unternehmen A: Bestimme A_r^* so, dass

$$z(B_p^*|A_r^*) = \min_{A_r} \{z(B_p^*|A_r)\} \text{ gilt.}$$

Für die Wahl von A_r kann die gesamte Punktmenge des Graphen oder nur die Knotenmenge zur Verfügung stehen. Das Problem wird als *$(p|r)$-Centroid-Problem* bezeichnet und lässt sich wie folgt näher erläutern: Wenn A seine Standorte wählt, gibt es noch keine Einrichtungen. Die eigenen sind so zu positionieren, dass B durch seine anschließende Wahl einen möglichst geringen Marktanteil erzielen kann. Das heißt, A muss die Reaktion seines Konkurrenten antizipieren. Es handelt sich um ein *Minimax-Problem*, wobei der maximale Marktanteil, den B erzielen könnte, zu minimieren ist.

Solche Problemsituationen können z. B. im Bankensektor, bei Tankstellen oder bei der Planung von Lebensmittelgeschäften oder Restaurants auftreten. Allgemeinere Probleme entstehen, wenn mehr als zwei Unternehmen miteinander konkurrieren.

$(p|A_r)$-Medianoid- und $(p|r)$-Centroid-Probleme sind bei variablem r bzw. p NP-schwer. Für gegebenes p kann das $(p|A_r)$-Medianoid-Problem in polynominaler Zeit gelöst werden, falls nur Knoten als potenzielle Standorte in Betracht kommen; vgl. hierzu sowie zu heuristischen Eröffnungs- und Verbesserungsverfahren [Ben94].

Ein wesentlicher Unterschied zwischen den Standardmodellen der Standortplanung und den Ansätzen des Competitive Location besteht darin, dass im letztgenannten Gebiet Ansätze der Spieltheorie eine wichtige Rolle spielen. Das ist immer dann der Fall, wenn man annimmt, dass die Standortwahl nicht eine einmalige Entscheidung (wie in den vorstehend beschriebenen Grundmodellen) darstellt. Wenn es möglich ist, dass Unternehmen von Zeit zu Zeit ihre Wahl überdenken und korrigieren können, dann stellt sich die Frage nach einem *gleichgewichtigen Zustand*, in dem es sich für kein beteiligtes Unternehmen rentiert, von den bisherigen Standorten abzuweichen.

A 3.1.6 Planung unerwünschter Standorte

Als „unerwünschte Einrichtungen" gelten solche, die zwar eine gewisse Dienstleistung für die Bevölkerung liefern, deren Nähe jedoch unerwünscht ist, weil sie mit einer mehr oder minder großen Gefahr bzw. mit einer Beeinträchtigung der Lebensqualität verbunden ist. Beispiele hierfür sind Kernkraftwerke, Müllverbrennungs- und Kompostierungsanlagen sowie Chemiefabriken.

Erste Ansätze der Standortplanung für unerwünschte Einrichtungen stammen aus den 70er Jahren. Gesucht wird jeweils der Standort für eine unerwünschte Einrichtung, so dass der minimale Abstand zu Wohngebieten maximiert wird. Dabei wird von den grundlegenden Annahmen der Standortplanung in der Ebene (s. Abschn. A 3.1.4) ausgegangen (vgl. den Überblick in [Erk89]). Spätere Ansätze gehen von gegebenen (Verkehrs-)Netzen aus. Als weiteres Ziel wird die Minimierung der Transportkosten einbezogen. Mittlerweile wurden auch Modelle und Lösungsmöglichkeiten entwickelt, welche die gleichzeitige Standortwahl mehrerer unerwünschter Einrichtungen vorsehen. Zwei Beispiele für neuere Arbeiten sind [Bri94b] und [Pop96].

Literatur

[Aga98] Agar, M.C.; Salhi, S.: Lagrangean heuristics applied to a variety of large capacitated plant location problems. J. of the Opl. Res. Soc. 49 (1998) 1072–1084

[Bar90] Barcelo, J.; Hallefjord, A. et al.: Lagrangean relaxation and constraint generation procedures for capacitated plant location problems with single sourcing. OR Spektr. 12 (1990) 79–88

[Bau58] Baumol, W.J.; Wolfe, P.: A warehouse-location problem. Oprns. Res. 6 (1958) 181–211

[Bea93] Beasley, J.E.: Lagrangean heuristics for location problems. Europ. J. of OR 65 (1993) 383–399

[Ben94] Benati, S.; Laporte, G.: Tabu search algorithms for the $(r|X_P)$-medianoid and $(r|p)$-centroid problems. Location Sci. 2 (1994) 193–204

[Ber83] Berens, W.; Körling, F.-J.: Das Schätzen von realen Entfernungen bei der Warenverteilungsplanung mit gebietsparspezifischen Umwegfaktoren. OR Spektr. 5 (1983) 67–75

[Ber91] Berman, O.; Einav, D. et al.: The zoneconstrained location problem on a network. Europ. J. of OR 53 (1991) 14–24

[Ber92] Berman, O.; Larson, R.C. et al.: Optimal location of discretionary service facilities. Transportation Sci. 26 (1992) 201–211

[Ber95] Berman, O.; Jaillet, P. et al.: Locationrouting problems with uncertainty. In: Drezner, Z. (ed.): Facility location: A survey of applications and methods. New York: Springer 1995, 427–452

[Bri94a] Brimberg, J.; Dowling, P.D. et al.: The weighted one-two norm distance model: Empirical validation and confidence interval estimation. Location Sci. 2 (1994) 91–100

[Bri94b] Brimberg, J.; Mehrez, A.: Multi-facility location using a maximin criterion and rectangular distances. Location Sci. 2 (1994) 11–19

[Cam94] Campbell, J.F.: A survey of network hub location. Studies in Locational Analysis 6 (1994) 31–47

[Chr83] Christofides, N.; Beasley, J.E.: Extensions to a Lagrangean relaxation approach for the capacitated warehouse location problem. Europ. J. of OR 12 (1983) 19–28

[Coo72] Cooper, L.: The transportation-location problem. Oprns. Res. 20 (1972) 94–108

[Cra93] Crainic, T.G.; Delorme, L. et al.: A branch-and-bound method for multicommodity location with balancing requirements. Europ. J. of OR 65 (1993) 368–382

[Dea79] Dearing, P.M.; Newruck, F.C.: A capacitated bottleneck facility location problem. Management Sci. 25 (1979) 1093–1104

[Dom96] Domschke, W.; Drexl, A.: Logistik: Standorte. 4. Aufl. München: Oldenbourg 1996

[Dom97] Domschke, W.; Krispin, G.: Location and layout planning – A survey. OR Spektr. 19 (1997) 181–194

[Dre95] Drezner, Z. (ed.): Facility location – A survey of applications and methods. New York: Springer 1995

[Eis93] Eiselt H.A.; Laporte, G. et al.: Competitive location models: A framework and bibliography. Transportation Sci. 27 (1993) 44–54

[Erk89] Erkut, E.; Neuman, S.: Analytical models for locating undesirable facilities. Europ. J. of OR 40 (1989) 275–291

[Erl78] Erlenkotter, D.: A dual-based procedure for uncapacitated facility location. Oprns. Res. 26 (1978) 992–1009

[Fis97] Fischer, K.: Standortplanung unter Berücksichtigung verschiedener Marktbedingungen. Heidelberg: Physica 1997

[Fle93] Fleischmann, B.: Designing distribution systems with transport economies of scale. Europ. J. of OR 70 (1993) 31–42

[Hak64] Hakimi, S.L.: Optimum locations of switching centers and the absolute centers and medians of a graph. Oprns. Res. 12 (1964) 450–459

[Hak65] Hakimi, S.L.: Optimum distribution of switching centers in a communication network and some related graph theoretic problems. Oprns. Res. 13 (1965) 462–475

[Hak83] Hakimi, S.L.: On locating new facilities in a competitive environment. Europ. J. of Opl. Res. 12 (1983) 29–35

[Ham94] Hamacher, H.W.; Nickel, S.: Combinatorial algorithms for some 1-facility median problems in the plane. Europ. J. of OR 79 (1994) 340–351

[Han94] Hansen, P.H.; Hegedahl, B. et al.: A heuristic solution to the warehouse location routing problem. Europ. J. of Opl. Res. 76 (1994) 111–127

[Har94] Harche, F.; Thompson, G.L.: The column subtraction algorithm: An exact method for solving weighted set covering, packing and partitioning problems. Comput. & Oprns. Res. 21 (1994) 689–705

[Hot29] Hotelling, H.: Stability in competition. Economic J. 39 (1929) 41–57

[Hum81] Hummeltenberg, W.: Optimierungsmethoden zur betrieblichen Standortwahl. Würzburg: Physica 1981

[Jae94] Jaeger, M.; Goldberg, J.: A polynomial algorithm for the equal capacity p-center problem on trees. Transportation Sci. 28 (1994) 167–175

[Kli87] Klincewicz, J.G.; Luss, H.: A dual-based algorithm for multiproduct uncapacitated facility location. Transportation Sci. 21 (1987) 198–206

[Kli96] Klincewicz, J.G.: A dual algorithm for the uncapacitated hub location problem. Location Sci. 4 (1996) 173–184

[Klo93] Klose, A.: Das kombinatorische P-Median-Modell und Erweiterungen zur Bestimmung optimaler Standorte. Diss. Universität St. Gallen, (Schweiz) 1993

[Klo98] Klose, A.: Obtaining sharp lower and upper bounds for two-stage capacitated facility location problems. In: Fleischmann, B. et al. (eds.): Advances in distribution logistics. Berlin: Springer 1998, 185–213

[Klo05] Klose, A.; Drexl, A.: Facility location models for distribution system design. Europ. J. of OR 162 (2005), 4–29

[Kör89] Körkel, M.: On the exact solution of large-scale simple plant location problems. Europ. J. of OR 39 (1989) 157–173

[Kri98] Krispin, G.; Wagner, B.: HubLocater: An exact solution method for the multiple allocation hub location problem. Schriften zur Quantitativen Betriebswirtschaftslehre 12/98. Institut für Betriebswirtschaftslehre, TU Darmstadt 1998

[Kue63] Kuehn, A.A.; Hamburger, M.J.: A heuristic program for locating warehouses. Management Sci. 9 (1963) 643–666

[Lab97] Labbé, M.; Louveaux, F.V.: Location problems. In: Dell' Amico, M. et al. (eds.): Annotated bibliographies in combinatorial optimization. Chichester: Wiley & Sons 1997, 261–281

[Lau82] Launhardt, W.: Der zweckmäßigste Standort einer gewerblichen Anlage. Z. VDI 26 (1882) 105–116

[Lou92] Louveaux, F.V.; Peeters, D.: A dualbased procedure for stochastic facility location. Oprns. Res. 40 (1992) 564–573

[Lov72] Love, R.F.; Morris, J.G.: Modelling intercity road distance by mathematical functions. OR Quarterly 23 (1972) 61–71

[Lov94] Love, R.F.; Walker, J.H.: An empirical comparison of block and round norms for modelling actual distances. Location Sci. 2 (1994) 21–43

[May01] Mayer, G.: Strategische Logistikplanung von Hub & Spoke-Systemen. Wiesbaden: Dt. Univ. Verl. 2001

[Mil95] Miller T.C.; Friesz, T.L. et al.: Equilibrium facility location on networks. Berlin: Springer 1995

[Min70] Minieka, E.: The m–center problem. SIAM Rev. 12 (1970) 138–139

[O'K92] O'Kelly, M.E.: Hub facility location with fixed costs. Papers in Regional Sci.: The J. of the RSAI 71 (1992) 293–306

[Pop96] Poppenborg, C.: Standortplanung für Locally Unwanted Land Uses. Wiesbaden: Dt. Univ.-Verl. 1996

[ReV86] ReVelle, C.: The maximum capture or „sphere of influence" location problem: Hotelling revisited on a network. J. of Regional Sci. 26 (1986) 343–358

[Sch94] Schildt, B.: Strategische Produktions- und Distributionsplanung – Betriebliche Standortoptimierung bei degressiv verlaufenden Produktionskosten. Wiesbaden: Dt. Univ.-Verl. 1994

[Sch97] Schütz, G.: Verteilt-parallele Ansätze zur Distributionsplanung. Wiesbaden: Dt. Univ.-Verl. 1997

[Shu91] Shulman, A.: An algorithm for solving dynamic capacitated plant location problems with discrete expansion sizes. Oprns. Res. 39 (1991) 423–436

[Wag06] Wagner, B.: Hub & Spoke-Netzwerke in der Logistik – Modellbasierte Lösungsansätze für ihr Design. Wiesbaden: Deutscher Universitäts-Verlag 2006

[Web09] Weber, A.: Über den Standort der Industrien. 1. Teil: Reine Theorie des Standortes. Tübingen 1909

[Wen94] Wentges, P.: Standortprobleme mit Berücksichtigung von Kapazitätsrestriktionen: Modellierung und Lösungsverfahren. Bamberg: Difo-Druck 1994

A 3.2 Konfigurationsplanung

A 3.2.1 Konfigurationsplanung bei Werkstattproduktion

A 3.2.1.1 Begriff der Werkstattproduktion

Bei *Werkstattproduktion* werden Arbeitssysteme, die gleichartige Funktionen (Operationen, Arbeitsgänge) durchführen können, räumlich in einer Werkstatt zusammengefasst. Die Arbeitsobjekte (Aufträge, Werkstücke) werden entsprechend den in ihren Arbeitsplänen definierten technologischen Reihenfolgen zu den einzelnen Werkstätten transportiert und dort – evtl. nach einer ablaufbedingten Wartezeit – bearbeitet.

Werkstattproduktion wählt man, wenn eine große Anzahl verschiedener Produktarten mit unterschiedlichen Arbeitsplänen und daraus resultierenden Bearbeitungsprozessen und Materialbewegungen in *relativ kleinen Losgrößen* produziert werden soll, wobei sich das Produktionsprogramm auf Grund von Nachfrageänderungen und auch die Struktur der Produktionsprozesse als Folge von Verfahrensinnovationen i. d. R. im Zeitablauf dynamisch ändern können. In diesen Fällen ist eine *hohe Flexibilität* aller Ressourcen erforderlich. Lose müssen flexibel zwischen den Arbeitssystemen transportiert werden können. Die Arbeitssysteme müssen in der Lage sein, ein breites Spektrum von Operationen durchzuführen. Da dies oft mit zeitaufwendigen Umrüstvorgängen verbunden ist, entstehen *dynamische Losgrößenprobleme*.

Werkstattproduktionssysteme gelten im Vergleich zu anderen Organisationsformen der Produktion als *ineffizient*, da sie oft mit langen Wartezeiten der Aufträge vor den Ressourcen und folglich langen Durchlaufzeiten bzw. hohen Lagerbeständen bei gleichzeitig schlechter Termineinhaltung verbunden sind. Diese Schwächen resultieren v. a. aus dem rüstzeitbedingten Zwang zur Losbildung (Losgrößenbestand s. Abschn. A 1.1.5.3) und aus dem Einsatz ungeeigneter, kapazitätsignoranter Planungsverfahren, wie sie z. B. im klassischen MRP-Sukzessivplanungskonzept implementiert sind (s. Abschn. A 4.2.3).

A 3.2.1.2 Einflussgrößen der Leistung eines Werkstattproduktionssystems

Das Leistungsverhalten eines Werkstattproduktionssystems wird v. a. durch die Art und Anzahl der eingesetzten Arbeitssysteme, die Art und Kapazität des Transportsystems und die räumliche Dimensionierung der Lagerflächen in den Werkstätten beeinflusst. Diese Objekte sind Gegenstand von *Konfigurationsentscheidungen*. In einigen Planungssituationen – z. B. bei der Reorganisation des gesamten Produktionsbereichs infolge Einführung von Produktionsinseln oder eines flexiblen Fertigungssystems – ist auch die Menge der Produktarten, die weiterhin in dem Werkstattproduktionssystem bearbeitet werden sollen, eine Entscheidungsvariable.

Daneben haben aber auch operative Entscheidungen im Bereich der *Losgrößenplanung* Auswirkungen auf den Produktionsablauf und damit auf das Leistungsverhalten eines Werkstattproduktionssystems. Da ein Werkstattproduktionssystem durch dynamische Bedingungen geprägt ist, werden die Losgrößen i. d. R. in Abhängigkeit von den Rüstzeiten (Rüstkosten) erst kurzfristig festgelegt [Tem06]. Im Rahmen der Systemplanung, wenn auf Grund der technischen Auswahl der Ressourcen längerfristig wirksame Entscheidungen über die Rüstzeiten getroffen werden, interessiert die Frage, wie sich das Werkstattproduktionssystem bei unterschiedlichen Rüstzeiten und daraus resultierenden Losgrößen verhalten wird. Die Wirkungskette Ressource – Rüstzeit – Losgröße – Durchlaufzeit ist somit bereits in der Konfigurationsplanung für die Ressourcenauswahl und die Dimensionierung des Produktionssystems von Bedeutung.

Entscheidungen der *Reihenfolgeplanung* können das Leistungsverhalten eines Werkstattproduktionssystems ebenfalls beeinflussen. Auf die Diskussion dieser Fragen soll an dieser Stelle aber verzichtet werden.

Entscheidungen über die Struktur eines Werkstattproduktionssystems haben *Investitionscharakter*, da die Festlegung und Implementierung einer Systemkonfiguration mittelfristig wirksam ist und mit beträchtlicher finanzieller Mittelbindung verbunden sein kann. Unter ökonomischen

Gesichtspunkten ist zu fordern, dass vor der Einrichtung oder Veränderung eines Werkstattproduktionssystems (evtl. durch Installation weiterer Maschinen) eine Prognose des Leistungsverhaltens der neu konfigurierten Werkstätten unter verschiedenen für die Zukunft als wahrscheinlich angesehenen Szenarien vorgenommen wird.

Im Gegensatz zur Konfigurationsplanung bei Fließproduktion (s. Abschn. A 3.2.2) oder bei Zentrenproduktion (s. Abschn. A 3.2.3) werden bei der erstmaligen *Installation eines Werkstattproduktionssystems* wohl nur in geringem Umfang formalisierte Planungsverfahren genutzt. Das Hauptaugenmerk in den frühen Phasen der Existenz eines solchen Produktionssystems liegt in eher technischen Fragen der Erreichung eines akzeptablen und stabilen Qualitätsniveaus der Produkte. Erst im Zeitablauf treten Aspekte der Dimensionierung der Ressourcen einschl. der damit verbundenen Engpassbetrachtungen in den Vordergrund des Interesses. Die Praxis zeigt auch, dass Werkstattproduktionssysteme nicht in einem einmaligen Konfigurationsvorgang entstehen, sondern sich oft inkrementell durch schrittweise Ergänzung einzelner Maschinen entwickeln.

Dies geschieht v. a. dann, wenn auf Grund der Dynamik der Produktionsanforderungen Engpässe während des laufenden Betriebs sichtbar werden.

Erweiterungs- und Umstrukturierungsentscheidungen werden oft ohne ein formelles Rahmenkonzept, das auf einer umfassenden Betrachtung aller am Wertschöpfungsprozess beteiligten Produktionsbereiche basiert, getroffen. Daher können im konkreten Fall Zweifel daran entstehen, ob eine in dieser Weise entstandene Werkstattproduktion wirtschaftlich ist. Da auch bei Werkstattproduktion teure Ressourcen (NC-Maschinen) zum Einsatz kommen und unterschiedliche Systemkonfigurationen sich erheblich im Hinblick auf relevante Zielgrößen wie Lagerbestände unterscheiden können, sind eine fundierte Leistungsanalyse und eine Kapazitätsoptimierung angebracht.

A 3.2.1.3 Leistungsanalyse und Optimierung

Leistungsanalyse

Die Bestimmung der in einer gegebenen Planungssituation optimalen Konfiguration eines Werkstattproduktionssystems setzt die Fähigkeit des Systemplaners voraus, jede betrachtete Konfigurationsalternative hinsichtlich der interessierenden Zielwirkungen zu beurteilen. Während die (zusätzlichen) Investitionsauszahlungen für eine betrachtete Konfigurationsalternative i. Allg. relativ genau vorhergesagt werden können, ist die Quantifizierung des dynamischen Leistungsverhaltens (Produktionsrate, Durchlaufzeiten, Bestände, Auslastungen) des Werkstattproduktionssystems und des resultierenden Einzahlungsstromes eine anspruchsvolle Aufgabe.

Wegen der zu erwartenden *Heterogenität der Arbeitsbelastung*, die im Zeitablauf starken Schwankungen unterworfen ist und damit erhebliche Varianz beinhaltet, führen Verfahren, die lediglich mit Durchschnittswerten arbeiten, i. d. R. zu unbrauchbaren Leistungsprognosen. Ursachen der Varianz liegen sowohl im Auftragszugangsprozess (dynamische Auftragszugänge, Schwankungen der Arbeitsinhalte, Planungsfehler des PPS-Systems durch Fehleinschätzung der Durchlaufzeiten, Eilaufträge, häufige Planänderungen) als auch im Prozess der Auftragsabfertigung (zufällige Schwankungen der Bearbeitungszeiten, technische Störungen im Produktionsablauf auf Grund von Maschinenausfällen usw.).

Bei Werkstattproduktion ist es daher in besonderem Maße erforderlich, den dynamischen und stochastischen Ablauf der Wertschöpfungsprozesse einschließlich der für den Systemoutput wichtigen Wartezeiten zu erfassen. Für Prognoseaufgaben dieser Art eignen sich sowohl *Simulationsmodelle* (s. Abschn. A 2.5) als auch analytische *Warteschlangenmodelle*. Derartige Modelle können verwendet werden, wenn es darum geht, für eine aus einem erwarteten dynamisch eintreffenden Auftragsprogramm resultierende Arbeitsbelastung den Systemdurchsatz und den Engpass sowie weitere interessierende Leistungskenngrößen zu ermitteln. Auch die Auswirkungen der Veränderung der räumlichen Anordnung der Werkstätten (Layout) lassen sich mit Hilfe formaler Analysemethoden vorhersagen.

Beobachtet man den Produktionsablauf an einer Maschinengruppe aus der Vogelperspektive, so ist festzustellen, dass dort in unregelmäßigen Abständen Produktionsaufträge (z. B. Behälter mit Werkstücken) eintreffen, die als Ergebnis der Losgrößenplanung vielfach sehr stark schwankende Arbeitsinhalte haben. Diese Arbeitsinhalte, verbunden mit zufälligen Schwankungen der Stückbearbeitungszeiten und mit Maschinenstörungen, führen zu schwankenden auftragsspezifischen „Belegungsdauern" der Ressourcen. Die Konkurrenz der Aufträge um die Ressourcen führt zu *Warteprozessen*, die in der Praxis ein beträchtliches Ausmaß annehmen können.

Es bietet sich daher an, eine einzelne Werkstatt als ein *einstufiges Warteschlangensystem* mit mehreren parallelen Bedienungseinrichtungen, die durch eine gemeinsame Warteschlange versorgt werden, zu beschreiben (Bild A 3.2-1). An diesem Warteschlangensystem treffen Aufträge mit einer durchschnittlichen Ankunftsrate λ ein und verlassen es nach einer Aufenthaltsdauer, die sich aus der Warte- und der Bedienzeit zusammensetzt.

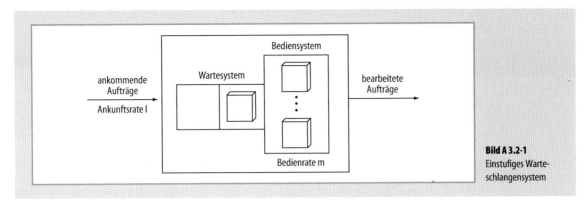

Bild A 3.2-1 Einstufiges Warteschlangensystem

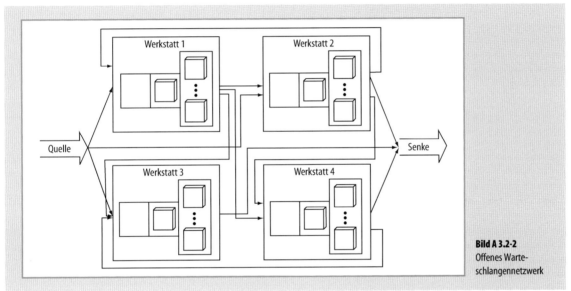

Bild A 3.2-2 Offenes Warteschlangennetzwerk

Bildet man jede Werkstatt in dieser Weise ab, dann erhält man das in Bild A 3.2-2 dargestellte offene *Warteschlangennetzwerk* als Modell arbeitsteilig verbundener Werkstätten, wobei der Materialfluss durch die Pfeile zwischen den Knoten dargestellt wird.

Jackson [Jac57] hat ein solches Warteschlangennetzwerk unter folgenden Annahmen analysiert:
- Aufträge treffen von außerhalb des Systems (Quelle) an der Werkstatt m ($m=1, 2, ..., M$) mit einer Ankunftsrate λ_{0m} ein, wobei die Zwischenankunftszeiten exponential verteilt sind.
- Die Bedienzeiten in der Werkstatt m sind mit dem Mittelwert $1/\mu_m$ exponential verteilt.
- Die Wahrscheinlichkeit r_{im} dafür, dass ein Auftrag nach Verlassen der Werkstatt i zur Werkstatt m transportiert wird oder das System verlässt, ist unabhängig vom aktuellen Systemzustand, d. h. unabhängig von der aktuellen Verteilung der Aufträge auf die Werkstätten. Diese Wahrscheinlichkeiten lassen sich aus den Arbeitsplänen der Aufträge ableiten.
- In jeder Werkstatt werden die Aufträge nach der First-come-first-served-Regel abgefertigt.
- Der in Werkstatt m zur Lagerung der Aufträge bzw. Werkstücke verfügbare Warteraum ist nicht beschränkt.

Unter diesen Annahmen verhält sich jede Werkstatt wie ein *einstufiges M/M/c-Warteschlangensystem*, d. h. wie ein einstufiges Warteschlangensystem mit c parallelen Bedienungseinrichtungen bei exponential verteilten Zwischenankunfts- und Bearbeitungszeiten. Hervorzuheben ist, dass auch die Zwischenabgangszeiten in einem solchen System exponential verteilt sind. Da die eine Werkstatt verlassenden Aufträge zu Zugängen in anderen Werkstätten werden, lassen sich die Zugangsraten an den Werkstätten aus den Abgangsraten und der Struktur des Materialflusses ableiten.

Zur Berechnung der stationären Leistungskenngrößen des Gesamtsystems benötigt man die stationären Wahrscheinlichkeiten aller möglichen Systemzustände. Ein *Systemzustand* wird durch einen Vektor $\mathbf{n}^T = (n_1, n_2, ..., n_M)$ beschrieben, wobei das Element n_m die Anzahl von Aufträgen bezeichnet, die sich in Werkstatt m (wartend oder in Bearbeitung) befinden. So bedeutet beispielsweise $\mathbf{n}^T = (2, 0, 4, 1)$, dass sich zwei Aufträge in Werkstatt 1, vier Aufträge in Werkstatt 3 sowie ein Auftrag in Werkstatt 4 befinden und dass Werkstatt 2 unbeschäftigt (leer) ist. Die Wahrscheinlichkeiten aller Systemzustände können – dem sog. *Jackson-Theorem* zufolge – durch Multiplikation der werkstattbezogenen Wahrscheinlichkeiten wie folgt ermittelt werden:

$$p(n_1, n_2, ..., n_M) = \prod_{m=1}^{M} p_m(n_m) . \qquad (A\ 3.2\text{-}1)$$

Dabei ist $p_m(n_m)$ die Wahrscheinlichkeit dafür, dass sich in der isoliert betrachteten Werkstatt m genau n_m Aufträge (wartend oder in Bearbeitung) befinden. Warteschlangennetzwerke, für die diese „Produktform" gilt, werden auch *Jackson- oder Produktformnetzwerke* genannt. Die Wahrscheinlichkeit $p_m(n_m)$ kann unter diesen Annahmen mit Hilfe eines M/M/c-Warteschlangmodells in geschlossener Form exakt berechnet werden. Dazu benötigt man die mittlere Bedienrate der Werkstatt m (m_m), die Anzahl identischer Maschinen in der Werkstatt (c_m) sowie die mittlere Ankunftsrate (λ_m) von Aufträgen in der Werkstatt m. Die Ankunftsrate ergibt sich aus dem erwarteten Materialfluss zwischen den Werkstätten und wird durch folgendes Gleichungssystem bestimmt:

$$\lambda_m = \lambda_{0m} + \sum_{j=1}^{M} \lambda_j r_{jm} \quad m = 1, 2, ..., M \qquad (A\ 3.2\text{-}2)$$

Gilt die Stabilitätsbedingung $\rho_m = \lambda_m/\mu_m < 1$, kann für den Fall einer Maschine ($c_m = 1$) der mittlere Bestand in der Werkstatt m beispielsweise als $L_m = \rho_m/(1-\rho_m)$, $m = 1, 2, ..., M$, ermittelt werden.

Die für die Gültigkeit des *Jackson-Theorems* erforderliche Annahme exponentialverteilter Zwischenankunfts- und Bearbeitungszeiten an den einzelnen Werkstätten ist für die betriebliche Praxis in vielen Fällen zu restriktiv. Die in der Praxis übliche Bündelung von Periodenbedarfen zu Losen führt in Abhängigkeit vom Ausmaß der Schwankungen der Periodenbedarfe und vom angewandten Losgrößenverfahren dazu, dass die Exponentialverteilung zur Beschreibung der Arbeitsinhalte vielfach nicht mehr geeignet ist. Dies hat zur Folge, dass auch die Zwischenabgangszeiten von Aufträgen und damit die Zwischenankunftszeiten nicht mehr als exponentialverteilt angenommen werden können. Daher liefert das Konzept oft nur eine erste grobe Approximation des tatsächlichen Leistungsverhaltens eines Werkstattproduktionssystems.

Allerdings kann auch bei nicht exponential verteilten Bedienzeiten auf die grundsätzlich bestehende Analogie zwischen dem Werkstattproduktionssystem und einem offenen Warteschlangennetzwerk zurückgegriffen werden. Man bildet in diesem Fall jede Werkstatt (d. h. jeden Knoten des Netzwerks) als ein einstufiges Warteschlangensystem mit *allgemein verteilten Zwischenankunftszeiten und Bearbeitungszeiten* ab. Sowohl die Bearbeitungszeiten als auch die Zwischenankunftszeiten von Aufträgen in einer Werkstatt werden dabei nicht mehr durch eine Wahrscheinlichkeitsverteilung, sondern nur noch durch ihren Mittelwert und ihren Variationskoeffizienten (= Standardabweichung/Mittelwert) beschrieben. Der Variationskoeffizient der *Zwischenankunftszeit* in der Werkstatt m hängt von der Struktur des Materialflusses (r_{jm}-Werte) und den Variationskoeffizienten der *Zwischenabgangszeiten* an den Werkstätten ab, von denen Aufträge zur Station m transferiert werden. Der Variationskoeffizient der Zwischenabgangszeiten in einer Werkstatt wiederum wird durch die Variationskoeffizienten der Zwischenankunftszeiten und der Bedienzeiten in dieser Werkstatt bestimmt. Für alle diese Größen sind verschiedene Approximationsformeln entwickelt worden [Buz93: Kap. 3].

Liegen die genannten Größen vor, kann man jede Werkstatt mit dem einstufigen *GI/G/c-Warteschlangenmodell* abbilden und die relevanten Leistungskenngrößen ebenfalls mit Hilfe von Approximationsformeln bestimmen. Hat man z. B. die mittlere Durchlaufzeit eines Auftrags in der Werkstatt m bestimmt, lässt sich unter Berücksichtigung der Struktur des Materialflusses die mittlere Durchlaufzeit eines Auftrags durch das gesamte Werkstattproduktionssystem ermitteln. In den letzten Jahren sind zahlreiche auf dem dargestellten Dekompositionskonzept basierende – auch softwaregestützte – Ansätze zur Leistungsanalyse von Werkstattproduktionssystemen entwickelt worden. Sie sind inzwischen vielfach in der betrieblichen Praxis erprobt und zur Unterstützung von Konfigurationsentscheidungen eingesetzt worden [Sur95; Rao98].

Obwohl in den bisherigen Ausführungen das Materialflusssystem nicht explizit berücksichtigt wurde, lässt sich dieses problemlos in die Betrachtung einbeziehen, indem man es mit speziellen Knoten im Warteschlangennetzwerk modelliert, deren Ressourcen (Fahrzeuge) nach jedem „normalen" Arbeitsgang in einer Werkstatt in Anspruch genommen werden.

Optimierung

Die Bestimmung der optimalen Konfiguration eines Werkstattproduktionssystems verlangt die Fähigkeit des Planers, für jede gegebene Konfigurationsalternative (Kombination von Entscheidungsvariablen) die relevanten Kenngrößen (Ausprägungen der Zielwerte Bestand, Produktionsrate usw.) zu bestimmen. Greift man auf die diskutierten Ansätze zur Leistungsanalyse zurück, kann man nach einer *ökonomisch günstigen Ressourcenkombination* suchen, die eine gewünschte durchschnittliche Produktionsleistung, gemessen in der Anzahl von Aufträgen pro Zeiteinheit, sicherstellt. Dabei sind die infolge des Materialflusses bedingten Interdependenzen zwischen den einzelnen Werkstätten sowie dem Transportsystem zu berücksichtigen.

Entscheidungen über die Bereitstellung *zusätzlicher Kapazität für einen bestimmten Ressourcentyp* werden durch die Erkenntnis ausgelöst, dass bei der aktuellen oder künftig erwarteten Arbeitslast ein zu hoher Bestand vor einem Engpass zu erwarten ist. In dieser Entscheidungssituation stellt sich die Frage, ob die Engpassleistung durch eine „teure" Ressource mit hoher Produktionsrate oder alternativ durch mehrere „billige" Ressourcen mit jeweils geringerer Produktionsrate bereitgestellt werden soll. Die beiden Entscheidungsalternativen sind mit unterschiedlichen fixen und variablen Kosten für die Ressourcen und den resultierenden Bestand verbunden [Kar87].

Technische Ressourcen sind häufig mit unterschiedlichen *Rüstzeiten* verbunden. Die Rüstzeiten beeinflussen – soweit die Ressource ein Engpass ist – die durchschnittlichen Losgrößen. Die Beziehung zwischen der Losgröße und der Durchlaufzeit ist Gegenstand zahlreicher Untersuchungen. Auf die größte Resonanz sind die Arbeiten von Karmarkar gestoßen, der, aufbauend auf unterschiedlichen Annahmen, mit Hilfe der Warteschlangentheorie analytische Aussagen über den Zusammenhang zwischen Losgröße und Durchlaufzeit abgeleitet hat [Gün95]. Einen zusammenfassenden Überblick vermittelt [Kar93].

Entscheidungen über die Veränderung des Produktmix (d. h. der Menge der im Werkstattproduktionssystem zu produzierenden Produktarten) treten auf, wenn eine Reorganisation der Produktion durchgeführt wird und alternativ zur Werkstattproduktion Produktionsinseln oder ein flexibles Fertigungssystem eingesetzt werden können. Auch bei der Entscheidung über Eigenfertigung oder Fremdbezug (Outsourcing) ist zu fragen, welche Leistungskenngrößen das Werkstattproduktionssystem mit und ohne ein für den Fremdbezug betrachtetes Produkt aufweist.

Besteht die Möglichkeit, einzelne Produkte nach *verschiedenen Arbeitsplänen* mit unterschiedlichen Belastungen der Ressourcen zu produzieren, kann es günstig sein, die Arbeitspläne, nach denen ein Produkt produziert wird, im Zeitablauf zu variieren. Eine derartige *Arbeitsplanoptimierung* kann im Hinblick auf die Belastung der Ressourcen günstig sein. Für Flexible Fertigungssysteme ist diese Fragestellung bereits intensiv betrachtet worden [Tem93]. Es zeigt sich, dass die Behandlung des Mischungsverhältnisses der Arbeitspläne eines Produkts im Zeitablauf als Entscheidungsvariable positive Auswirkungen auf die Nutzung der Ressourcen und damit auf die Produktionsrate des Werkstattproduktionssystems haben kann. Calabrese und Hausman verknüpften die Entscheidungen zur Arbeitsplanoptimierung mit den Losgrößenentscheidungen und zeigten anhand von Beispielen das Verbesserungspotenzial [Cal91].

Entscheidungen über die *Kapazität des Transportsystems* stehen in engem Zusammenhang mit Transportlosgrößenentscheidungen. Zur Reduzierung der Durchlaufzeiten bietet es sich an, mit der Bearbeitung eines Loses in einer stromabwärts gelegenen Werkstatt bereits zu beginnen, bevor das Los vollständig an dem davorliegenden Arbeitsgang abgeschlossen ist. Diese überlappte Fertigung beeinflusst in Abhängigkeit von der *Transportlosgröße* die benötigte Kapazität des Transportsystems. Da Transportressourcen hierdurch in unterschiedlicher Weise in Anspruch genommen werden, stellt sich die Frage nach der optimalen Anzahl von Transportmitteln. Auch bei Beantwortung dieser Frage sind die komplexen dynamischen Interaktionen zwischen Transportmitteln und Werkstätten zu beachten, die sich im Auf- und Abbau von Beständen äußern.

Zur Behandlung aller genannten Entscheidungsprobleme werden in der Literatur *Optimierungsmodelle* formuliert, deren Bewertungskomponenten auf analytische Warteschlangennetzwerke zurückgreifen.

Literatur

[Ask93] Askin, R.G.; Standridge, C.R.: Modeling and analysis of manufacturing systems. New York: Wiley & Sons 1993

[Bit89] Bitran, G.R.; Tirupati, D.: Tradeoff curves, targeting and balancing in manufacturing queueing networks. Operations Res. 37 (1989) 4, 547–564

[Buz93] Buzacott, J.A.; Shanthikumar, J.G.: Stochastic models of manufacturing systems. Englewood Cliffs, N.J. (USA): Prentice Hall

[Cal91] Calabrese, J.M.; Hausman, W.H.: Simultaneous determination of lot sizes and routing mix in job shops. Management Sci. 37 (1991) 1043–1057

[Gün95] Günther, H.-O.; Tempelmeier, H.: Produktionsmanagement – Einführung mit Übungsaufgaben. Berlin: Springer 1995

[Jac57] Networks of waiting lines. Operations Research 5 (1957), 518–521

[Kar87] Karmarkar, U.; Kekre, S.: Manufacturing configuration, capacity and mix decisions considering operational costs. J. of Manufacturing Systems 6 (1987) 4, 315–324

[Kar93] Karmarkar, U.: Manufacturing lead times, order release and capacity loading. In: Graves, S.C.; Rinnooy Kan, A.H.G.; Zipkin, P.H. (eds.): Logistics of production and inventory. Amsterdam: North Holland 1993

[Rao98] Rao, S.S.; Gunasekaran, A. et al.: Waiting line model applications in manufacturing. Int. J. of Production Res. 54 (1998) 1–28

[Sur95] Suri, R.; Diehl. G.W.W. et al.: From CAN-Q to MPSX: Evolution of queuing software for manufacturing. Interfaces 25 (1995) 5, 128–150

[Tem93] Tempelmeier, H.; Kuhn, H.: Flexible Fertigungssysteme – Entscheidungsunterstützung für Konfiguration und Betrieb. Berlin: Springer 1993

[Tem06] Tempelmeier, H.: Material-Logistik – Modelle und Algorithmen für die Produktionsplanung und -steuerung in Advanced Planning-Systemen. Berlin: Springer 2006

[Vis92] Visvanadham, N.; Narahari, Y.: Performance modeling of automated manufacturing systems. Englewood Cliffs, N.J. (USA): Prentice Hall 1992

A 3.2.2 Konfigurationsplanung bei Fließproduktion

A 3.2.2.1 Kennzeichnung, Anwendungsgebiete und Formen von Fließproduktionssystemen

Fließproduktionssysteme dienen zur Herstellung großer Mengen eines Produkts oder eines engen Produktspektrums. Dabei lohnt es sich häufig, den Prozess stark arbeitsteilig zu organisieren. Die einzelnen Arbeitselemente werden dazu derart auf mehrere Bearbeitungsstationen verteilt, dass jedes Werkstück an jeder Station i. d. R. nur einmal bearbeitet wird. Ordnet man nun die Stationen gemäß dem Produktionsprozess sequentiell an, so ergibt sich ein System mit einheitlichem und gleichgerichtetem Materialfluss.

Ein solches Fließproduktionssystem (FPS) kann i. Allg. nur ein enges Produktspektrum mit identischem oder sehr ähnlichem Produktionsprozess herstellen. Dieser geringen Flexibilität steht jedoch i. d. R. eine hohe Produktivität durch intensive Lerneffekte und den Einsatz spezialisierter Anlagen gegenüber. Dies führt meist zu niedrigen Durchlaufzeiten, Beständen und Stückkosten.

Die hintereinander angeordneten Stationen des FPS sind über ein *Materialflusssystem* verkettet (s. Abschn. A 1.3 u. C 2). Im Fall einer *starren Verkettung* müssen die Werkstücke an allen Stationen jeweils gleichzeitig weitergegeben werden (z. B. wenn alle mit einem einzigen Förderband fest verbunden sind). Eine Störung an einer der Stationen führt dann dazu, dass alle anderen Stationen mit der Weitergabe warten müssen, bis die Störung behoben ist.

Ist es dagegen wie in Bild A 3.2-3 bereits dann möglich, ein Werkstück von einer Station zur nächsten weiterzugeben, wenn es fertig bearbeitet und stromabwärts ein freier Platz verfügbar ist, spricht man von *elastischer Verkettung*. Sie ist z. B. erreichbar, wenn Rollbahnen statt durchgehender Förderbänder vorgesehen werden. Zwischen den Maschinen befindet sich dann i. d. R. eine beschränkte Anzahl von Puffern, in denen die Werkstücke Aufnahme finden können, wenn sie gerade nicht bearbeitet werden. Die Puffer sorgen für eine partielle Entkopplung der Stationen, so dass schwankende Bearbeitungszeiten oder kurze Störungen an einer Station nicht zwangsläufig zum Stillstand der anderen Stationen führen. Aus diesem Grund führt eine elastische Verkettung der Anlagen tendenziell zu höheren Produktionsraten als eine starre Verkettung, gemessen an der Anzahl der je Zeiteinheit fertiggestellten Werkstücke.

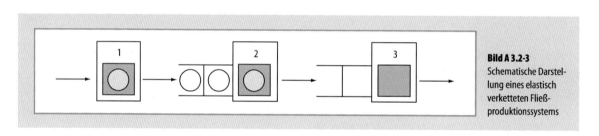

Bild A 3.2-3 Schematische Darstellung eines elastisch verketteten Fließproduktionssystems

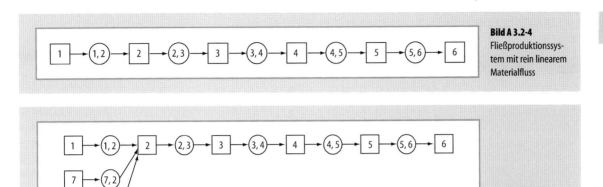

Bild A 3.2-4
Fließproduktionssystem mit rein linearem Materialfluss

Bild A 3.2-5
Montagesystem mit 8 Stationen

Neben der Art, wie die Stationen verkettet sind, können FPS auch noch nach dem Materialfluss gekennzeichnet werden. In Bild A 3.2-4 ist zunächst der Fall eines *rein linearen Materialflusses* skizziert. Die Quadrate stellen Arbeitsstationen dar und die Kreise symbolisieren Puffer zwischen benachbarten Stationen. Der Materialfluss folgt den Pfeilen.

Bild A 3.2-5 zeigt beispielhaft einen *nichtlinearen Materialfluss*. Die Operation an Station 2 kann nur stattfinden, wenn von den drei Stationen 1, 7 und 8 z. B. je ein Werkstück zur Montage an Station 2 bereitgestellt wird. Ein weiteres Beispiel eines nichtlinearen Materialflusses zeigt Bild A 3.2-6. Hier findet an Station 5 eine Qualitätskontrolle statt, die zu einer Aufspaltung im Materialfluss führt. Werkstücke ohne Qualitätsmängel werden zu Station 6 weitergeleitet, während solche mit Mängeln an den Stationen 7 und 8 nachbearbeitet werden, bevor man sie an Station 2 wieder in das FPS einschleust, um die Schritte an den Stationen 2, 3, 4 und die Kontrolle an Station 5 zu wiederholen. Derartige Nacharbeitsschleifen können dazu führen, dass die Stationen 2 bis 5 eine höhere Arbeitslast zu tragen haben als die Stationen 1 und 6. Aus diesem Grund hat die Produktqualität einen erheblichen Einfluss auf das Verhalten eines FPS [Hel99a: 160ff.].

A 3.2.2.2 Einfluss zufälliger Bearbeitungszeiten und Störungen auf Produktionsraten, Bestände und monetäre Zielgrößen

Wenn die Bearbeitungszeiten je Werkstück an einer Station zufälligen Schwankungen unterliegen, kann es auch bei elastischer Verkettung der Stationen zu den Effekten „Hungern" und/oder „Blockieren" kommen. So kann eine außergewöhnlich lange Bearbeitungszeit an einem Werkstück der Station 2 in Bild A 3.2-3 dazu führen, dass Station 3 wegen Materialmangels hungert und Station 1 auf Grund des vollen Puffers vor Station 2 blockiert ist. Dadurch geht zum einen Kapazität an den Stationen 1 und 3 verloren und zum anderen bauen sich Bestände im blockierten Teil des Systems auf. Diese Effekte sind tendenziell desto stärker, je mehr die Bearbeitungszeiten schwanken. In ähnlicher Weise wirken auch zufällige Störungen an den Maschinen, die in die *effektiven Bearbeitungszeiten* der Werkstücke je Station hineingerechnet werden können [Gav62; Kuh97].

Bezeichnet x_i die zufällig schwankende effektive Bearbeitungszeit und sind $m(x_i)$ bzw. $s(x_i)$ der Mittelwert bzw. die Standardabweichung dieser zufälligen Größe, so ist der Variationskoeffizient $VC = s(x_i)/m(x_i)$ ein relatives Maß für die Stärke der Schwankungen der Aufenthaltszeit an Station i. Einen ersten Eindruck von den Auswirkungen zufällig schwankender Bearbeitungszeiten vermittelt die folgende Näherungsformel für die *erreichbare relative Auslastung ρ eines FPS* [Blu90]:

$$\rho = \cfrac{1}{1 + \cfrac{1,67(N-1)VC}{1+N+0,31VC+\cfrac{1,67NP}{2VC}}} \quad \text{(A 3.2-3)}$$

Die Formel beruht auf der Annahme, dass die Mittelwerte und die Schwankungen der Bearbeitungszeiten (ausgedrückt durch den Variationskoeffizienten VC) an allen N Stationen identisch sind und dass an allen Stationen jeweils P Pufferplätze vorliegen.

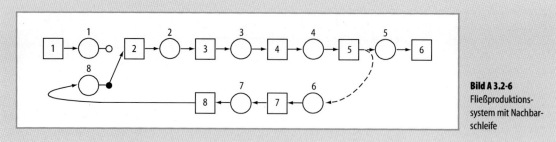

Bild A 3.2-6
Fließproduktionssystem mit Nachbarschleife

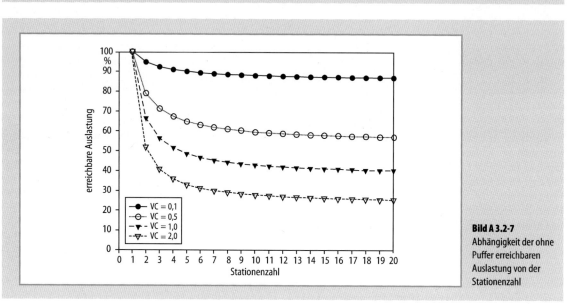

Bild A 3.2-7
Abhängigkeit der ohne Puffer erreichbaren Auslastung von der Stationenzahl

Bild A 3.2-7 zeigt, dass gemäß Gl. (A 3.2-3) die *erreichbare Auslastung* eines FPS ohne Puffer ($P=0$) erheblich von der Variabilität der Bearbeitungszeiten abhängt. Kann man bei geringer Variabilität ($VC=0,1$) auch bei 20 Maschinen noch eine Auslastung von etwa 90% an jeder Station erreichen, so wird bei sehr hoher Variabilität ($VC=2$) bereits bei 3 ohne Puffer verketteten Maschinen nur noch eine Auslastung von rund 40% erreicht, so dass jede der Stationen ca. 60% der Zeit blockiert ist und/oder hungert.

Installiert man nun vor jeder Station P Pufferplätze, so wird ein Teil der zunächst verlorenen *Produktionsrate* zurückgewonnen. Dies wird in den Bildern A 3.2-8 und A 3.2-9 deutlich. Während bei geringen Schwankungen der Bearbeitungszeiten ($VC=0,1$ in Bild A 3.2-8) bereits ein einzelner Pufferplatz vor jeder Maschine zu einem erheblichen Anstieg der Produktionsrate führt, sind bei stark schwankenden Bearbeitungszeiten ($VC=2$ in Bild A 3.2-9) wesentlich mehr Pufferplätze erforderlich. Der Anstieg der Produktionsrate je installiertem Pufferplatz nimmt mit zunehmender Pufferanzahl ab.

In der Praxis ist es häufig nicht möglich, eine hinreichend präzise Abschätzung der Produktionsrate mit Hilfe der Gl. (A 3.2-3) zu erhalten, weil nicht alle Stationen gleich stark ausgelastet sind, die Bearbeitungszeiten an den Stationen unterschiedlich stark schwanken und die Anzahl der Puffer nicht an allen Stationen gleich groß ist. In diesen Fällen sind zur *Leistungsbewertung* flexiblere Verfahren anzuwenden, auf die im Folgenden noch eingegangen wird.

Wenn Bearbeitungszeiten in einem FPS schwanken, so führt dies zu Verlusten an *Produktionskapazität*, die durch Puffer partiell ausgeglichen werden können. Dieser Anstieg an Produktionsrate kann u. U. zu zusätzlichen Erlösen und Deckungsbeiträgen führen, welche die Kosten der Puffer überschreiten. In Bild A 3.2-10 wird für ein konkretes Zahlenbeispiel mit 6 gelegentlich ausfallenden Maschi-

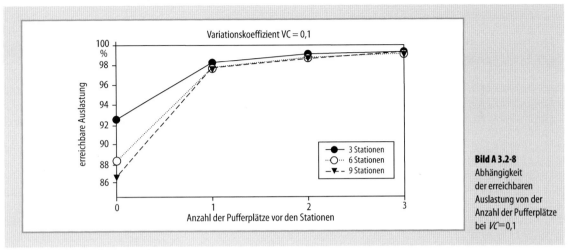

Bild A 3.2-8 Abhängigkeit der erreichbaren Auslastung von der Anzahl der Pufferplätze bei $VC=0{,}1$

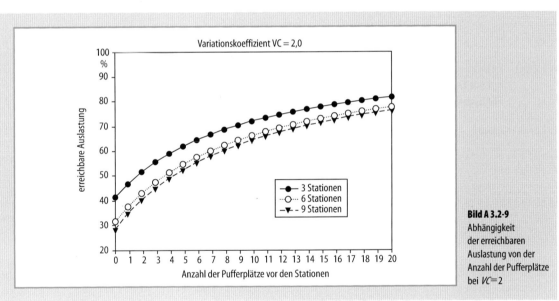

Bild A 3.2-9 Abhängigkeit der erreichbaren Auslastung von der Anzahl der Pufferplätze bei $VC=2$

nen gemäß Bild A 3.2-4 die Beziehung zwischen dem Kapitalwert als Gewinngröße und der Produktionsrate angegeben [Hel99: 22; Hel00]. Zu jeder dieser Kombinationen von *Produktionsrate* und *Kapitalwert* gehört eine bestimmte (hier nicht angegebene) Pufferverteilung. Wenn die Bearbeitungszeiten an allen Stationen gleich lang sind und gleich stark schwanken, erhalten die mittleren Stationen des Systems typischerweise die meisten Puffer, da sie am häufigsten hungern und blockiert sind.

Bild A 3.2-10 zeigt, dass bei zu wenig Pufferplätzen im System ein negativer Kapitalwert erreicht wird, die Investition führt also unter Berücksichtigung der Zinsen zu einem Verlust. Am wirtschaftlichsten arbeitet das System bei einer mittleren Produktionsrate von etwa 0,81 Stück je Zeiteinheit und einem Kapitalwert von ca. 150 000 GE. Installiert man nun weitere Puffer, so erzielt man nur noch einen relativ kleinen Anstieg der Produktionsrate, der die Kosten der zusätzlichen Puffer nicht mehr kompensieren kann. Der Kapitalwert geht nun desto stärker zurück, je weiter man durch immer mehr Puffer die Kapazität des Gesamtsystems derjenigen der Engpassstation annähert. Die *Pufferverteilung* stellt damit ein ökonomisches Opti-

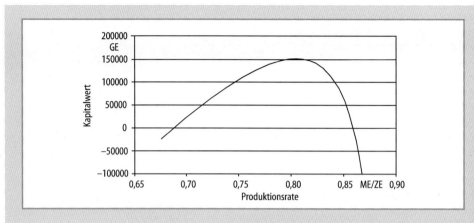

Bild A 3.2-10 Beispielhafte Beziehung zwischen Kapitalwert und Produktionsrate

mierungsproblem dar: Zu viele Puffer sind unwirtschaftlich, zu wenige aber auch, und es kann sinnvoll sein, einen Engpaß *nicht* permanent zu beschäftigen.

A 3.2.2.3 Entscheidungsprobleme bei der Konfiguration von Fließproduktionssystemen

Arbeitsverteilung

Ein FPS kann nur dann installiert werden, wenn sich der Produktionsprozess arbeitsteilig organisieren lässt, die pro Produkteinheit zu leistende Arbeit also in einzelne Arbeitselemente zerlegbar ist. In Bild A 3.2-11 ist ein *Vorranggraph* dargestellt, in dem die Kreise die einzelnen Arbeitselemente für die Herstellung des Produkts und die Pfeile die Vorrangbeziehungen zwischen diesen angeben. Unter jedem der 10 Arbeitselemente ist die jeweilige Bearbeitungszeit für das Element angegeben [Küp04: 148ff.].

Derartige Vorranggraphen erhält man aus dem *Arbeitsplan* für das in einem FPS herzustellende Produkt. Man geht davon aus, dass die einzelnen Arbeitselemente nicht weiter unterteilt werden können und als Ganzes einer der Stationen des FPS zugewiesen werden müssen. Gesucht ist nun häufig eine möglichst effiziente Aufteilung der Arbeitselemente auf die Stationen eines FPS, die einerseits technologisch zulässig ist und andererseits eine gewisse Mindestproduktionsrate ergibt. Man kann z. B. danach fragen, wie sich mit möglichst wenigen Stationen eine Taktzeit von 11 Zeiteinheiten (ZE) realisieren lässt, so dass alle 11 ZE ein fertiggestelltes Werkstück das System verlässt. Eine Lösung dieses Problems ist in Bild A 3.2-12 dargestellt. Die einzelnen Arbeitselemente sind so auf 4 Stationen aufgeteilt, dass keiner der 4 Stationen ein Arbeitsinhalt von mehr als 11 ZE zugewiesen ist. Damit kann eine Taktzeit von 11 ZE realisiert werden.

Da die einzelnen *Arbeitselemente* im Rahmen der Arbeitsverteilung vollständig einer Station zugewiesen werden müssen, kann es zu unvermeidbaren Leerzeiten an einzelnen Stationen kommen. Teilt man die Summe der Arbeitszeiten aller Arbeitselemente durch die Taktzeit, so erhält man eine *untere Schranke* der benötigten Stationenzahl. Dies ist für den Fall eines Gesamtarbeitsvolumens je Produkteinheit von 160 ZE in Bild A 3.2-13 für Taktzeiten im Bereich von 20 bis 40 ZE dargestellt. Das Arbeitsvolumen von 160 ZE lässt sich auf mindestens 8 Stationen bei einer Taktzeit von 20 ZE oder auch auf mindestens 4 Stationen bei einer Taktzeit von 40 ZE aufteilen. Auf Grund der *Unteilbarkeitsbedingungen* für einzelne Arbeitselemente ist dagegen die tatsächlich benötigte Stationenzahl häufig höher. In diesem Fall sind nicht alle Stationen des FPS zu 100% ausgelastet.

Zur Lösung des Problems der *Arbeitsverteilung* oder *Fließbandabstimmung* stehen zahlreiche leistungsfähige Verfahren zur Verfügung [Dom97; Küp04; Sch95a]. Auf PC lassen sich damit optimierte Zuordnungen der Arbeitselemente zu den Stationen in vernachlässigbar kurzer

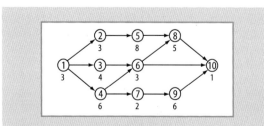

Bild A 3.2-11 Beispiel eines Vorranggraphen

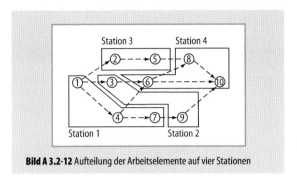

Bild A 3.2-12 Aufteilung der Arbeitselemente auf vier Stationen

Rechenzeit ermitteln. Kommerziell verfügbare Software zur Fließbandabstimmung enthält jedoch nicht notwendigerweise systematische Planungsverfahren. So unterstützt der *Maynard Assembly Manager* lediglich eine manuelle Zuordnung von Arbeitselementen zu Stationen über eine graphische Benutzeroberfläche [Fin98].

In praktischen Fällen sind i. d. R. weitere *Nebenbedingungen* zu berücksichtigen. So kann es zwingend erforderlich sein, bestimmte Arbeitselemente unmittelbar nacheinander durchzuführen oder es kann im entgegengesetzten Fall technisch unmöglich sein, bestimmte Arbeitselemente an einer Station zusammenzufassen.

Fließproduktionssysteme werden häufig auch verwendet, um ein Spektrum oder eine Familie eng verwandter Produkte (Varianten) in großen Stückzahlen herzustellen. In diesem Fall kann die Arbeitsverteilung zunächst für eine *fiktive Mischvariante* erfolgen, über welche die *mittleren* Belastungen der Arbeitsstationen erfasst werden. In Bild A 3.2-14 sind die Vorranggraphen dreier Varianten eines Produkts gegeben, die jeweils 25%, 25% und 50% Anteil am Produktionsvolumen haben mögen. Fasst man die 3 Graphen durch Überlagerung zusammen, so erhält man für die Mischvariante den Graphen in Bild A 3.2-11.

Die *Bearbeitungszeiten* der Arbeitselemente in der Mischvariante ergeben sich als die gewichtete Summe der Bearbeitungszeiten für die einzelnen Varianten. Benötigt z. B. das Arbeitselement 1 bei den Varianten 2 und 3 jeweils 2 ZE bzw. 5 ZE, so ist die mittlere Bearbeitungsdauer (in ZE) von Arbeitselement 1 der Mischvariante $0{,}25 \cdot 0 + 0{,}25 \cdot 2 + 0{,}5 \cdot 5 = 3$. Man kann nun zunächst eine Arbeitsverteilung für diese fiktive Mischvariante vornehmen. Im realen System sind jedoch die realen Varianten zu fertigen, die die einzelnen Stationen unterschiedlich stark belasten. Aus diesem Grund ist es nun noch erforderlich, eine sich wiederholende Reihenfolge der Varianten zu ermitteln, so dass die erforderlichen Produktmengenanteile erreicht werden und sich die unterschiedlichen Belastungen der Stationen durch die Varianten über einen Zyklus hin ausgleichen können.

Pufferverteilung

Wenn während des Produktionsprozesses durch zufällige Schwankungen der Bearbeitungszeiten Unterbrechungen im Materialfluss auftreten, so können sich diese in Systemen ohne Puffer schnell über das gesamte System ausbreiten. Die so entstehenden Produktivitätsverluste lassen sich

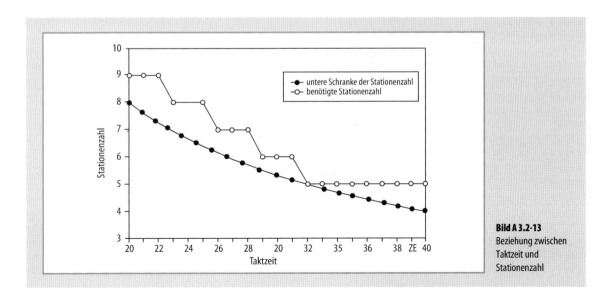

Bild A 3.2-13 Beziehung zwischen Taktzeit und Stationenzahl

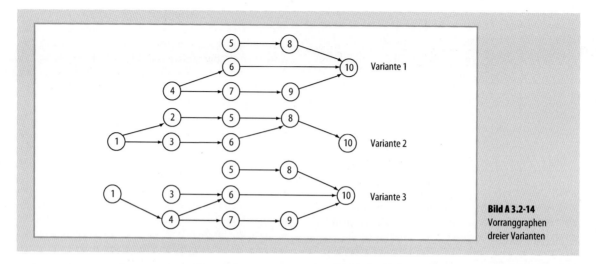

Bild A 3.2-14
Vorranggraphen dreier Varianten

jedoch durch den gezielten Einsatz von *Puffern* eindämmen (s. Abschn. A 3.2.2.2). Daher stellt die Frage der Verteilung und Dimensionierung von Puffern in einem FPS ein eigenständiges Entscheidungsproblem dar. Praktisch anwendbare Verfahren der Pufferverteilung in konkreten Fällen werden in Abschn. A 3.2.2.5 angesprochen; hier steht zunächst die allgemeine Struktur optimierter Pufferverteilungen im Vordergrund.

Dazu wird zunächst ein idealisiertes FPS mit 6 Stationen und 5 Puffern betrachtet (vgl. Bild A 3.2-4). Die Mittelwerte und die Schwankungen der zufälligen Bearbeitungszeiten sind an allen Stationen identisch. Unter diesen Bedingungen führt die *gewinnmaximale Pufferverteilung* typischerweise zu einem Muster, das an eine umgedrehte Schüssel erinnert. Eine derartige Pufferverteilung z. B. gemäß dem Muster (9, 17, 19, 17, 9) sieht also 19 Pufferplätze zwischen den Stationen 3 und 4, aber nur 9 zwischen den Stationen 1 und 2 vor. Die erste Station kann zwar blockiert werden, sie kann aber nicht hungern. Die dritte Station dagegen kann sowohl hungern als auch blockiert werden und braucht damit mehr Puffer als die erste oder letzte Station.

Wenn alle Stationen hinsichtlich der effektiven Bearbeitungszeiten sehr ähnlich sind, dann werden die Puffer tendenziell über das gesamte System verteilt. Anders ist es, wenn eine der Stationen einen *Engpass* darstellt. In diesem Fall wirken die vor- und nachgelagerten schnelleren Stationen selbst wie Puffer. In der Regel werden hier lediglich in der unmittelbaren Nähe der Engpassstation einige Puffer benötigt. Wenn der Engpass stets arbeitet, so können zusätzliche Puffer keine Steigerung der Produktionsrate bewirken. Als Faustregel kann gelten, dass Puffer dort benötigt werden, wo Engpässe vorliegen und Stockungen im Materialfluss auftreten oder verstärkt werden. Dies kann z. B. auch durch Montageprozesse hervorgerufen werden, bei denen bereits das Fehlen einer Materialart zum Stillstand der Station führt.

Mit der Pufferverteilung werden i. Allg. Zahlungsströme beeinflusst, weil einerseits Auszahlungen für die Puffer notwendig sind, deren Einsatz aber andererseits über einen Anstieg der Produktionsrate zu erhöhten Einzahlungen führen kann. Aus diesem Grund stellt die Pufferverteilung grundsätzlich ein *Investitionsproblem* dar, das mit der Kapitalwertmethode oder äquivalenten Methoden zu lösen ist. In einfachen Modellen und Verfahren der Pufferverteilung wird dagegen lediglich gefragt, wie eine gegebene Gesamtzahl von Puffern so zu verteilen ist, dass die maximale Produktionsrate erzielt wird, oder wie eine gegebene Mindestproduktionsrate mit minimaler Gesamtpufferzahl erreicht werden kann. Dabei bleibt jedoch die Frage unberücksichtigt, ob das System bei der einen oder anderen Lösung überhaupt mit Gewinn oder Verlust arbeitet.

A 3.2.2.4 Verfahren zur Leistungsbewertung gegebener Fließproduktionssysteme

Simulationsverfahren

Vor der Installation oder Modifikation eines FPS muss man eine begründete Vorstellung von dessen Leistung entwickeln, wenn die ökonomischen Konsequenzen dieser Entscheidung bewertet werden sollen. In einer *Simulation* (s. Abschn. A 2.5) wird dazu das dynamische Verhalten des Systems mit Hilfe eines Computermodells gewissermaßen „im Zeitraffer" durchgespielt; Simulation ist also „computergestütztes Probieren". Dazu steht eine Reihe von sehr flexiblen Simulationssystemen zur Verfügung [Swa99].

Diese Systeme haben i. d. R. graphische Benutzeroberflächen, so dass der Anwender während des Modellierungsprozesses für ein FPS lediglich graphische Symbole für Stationen und Puffer miteinander verknüpfen muss. Für die Modellierung der Bearbeitungszeiten wird eine Vielfalt von Verteilungen angeboten, deren sinnvolle Anwendung jedoch gewisse Grundkenntnisse in Statistik und Wahrscheinlichkeitsrechnung voraussetzt.

Simuliert man ein FPS über einen beliebigen Zeitraum, so ergibt sich u. a. ein Wert für die Gesamtzahl der in diesem Zeitraum hergestellten Produkteinheiten. Dieser Wert ist jedoch das Ergebnis eines *Zufallsexperiments*, wenn irgendeine Zufallskomponente im Modell existiert. Ein weiterer Simulationslauf liefert dann ein anderes Ergebnis. Will man nun aus den Modellexperimenten zuverlässige Schlüsse auf das Verhalten des realen Systems ziehen, so müssen die Modellexperimente mit Methoden der schließenden Statistik analysiert werden. Auf diesem Weg erhält man z. B. *Konfidenzintervalle* [Ble02: 85ff.] für Produktionsraten, die eine begründete Aussage erlauben, welche von zwei alternativen Systemkonfigurationen besser in Bezug auf eine Zielgröße ist.

Man muss also für die Leistungsbewertung stochastischer dynamischer (Fließproduktions-) Systeme i. d. R. mehrere *Simulationsläufe* durchführen, um eine einzelne Systemkonfiguration zuverlässig beurteilen zu können. Das kann Rechenzeiten im Bereich von Minuten bis Stunden auf den gegenwärtig verfügbaren PC verursachen. Will man nun eine möglichst günstige Pufferverteilung in einem FPS finden, so müssen zahlreiche fast identische *Systemkonfigurationen* verglichen werden. Das führt bei einer Leistungsbewertung durch Simulation i. Allg. zu einem so hohen Rechenaufwand, dass eine systematische Optimierung unterbleibt.

Analytische Verfahren

In analytischen Verfahren zur Leistungsbewertung berechnet man Produktionsraten und Bestände eines stochastischen FPS durch *logische Schlüsse aus den Modellannahmen*, anstatt das dynamische Verhalten des Systems in Simulationsexperimenten zu beobachten. Gleichung (A 3.2-3) ist ein einfaches Beispiel für diese analytische Vorgehensweise. Wenn für ein dynamisches stochastisches System wie ein FPS derartige Formeln existieren, so kann man mit diesen die Leistungsgrößen des Systems i. d. R. innerhalb von Sekundenbruchteilen exakt berechnen oder zumindest näherungsweise abschätzen, während eine hinreichend präzise Simulation mit dem gleichen Computer Minuten oder Stunden an Rechenzeit benötigt. Liegt ein geeignetes analytisches Verfahren zur Leistungsbewertung vor, so ist es daher den Simulationsverfahren vorzuziehen.

Die Entwicklung *analytischer Verfahren* ist dagegen typischerweise anspruchsvoller als die Entwicklung eines Simulationsmodells und erfordert u. a. gute Kenntnisse in Wahrscheinlichkeitsrechnung und Warteschlangen- bzw. Bedientheorie (s. Abschn. A 2.4). Die Modellannahmen analytischer Verfahren sind tendenziell enger als in Simulationsmodellen. Simulationsmodelle haben also den Vorteil größerer Flexibilität. In ihnen können auch Sachverhalte berücksichtigt werden, die in analytischen Verfahren zumindest bislang noch nicht berücksichtigt werden konnten. In dieser Flexibilität liegt jedoch auch die Gefahr, dass unerfahrene Anwender von Simulationssoftware unnötig detaillierte und komplexe Simulationsmodelle erstellen. Dadurch verlängern sich die Modellentwicklungszeiten ebenso wie die reine Rechenzeit der Simulationsexperimente.

Analytische Verfahren zur Leistungsbewertung von FPS liefern oft nur Näherungswerte für die interessierenden Kenngrößen des FPS. In den zugrunde liegenden *Näherungsverfahren* zerlegt man häufig ein Gesamtsystem in mehrere kleinere Teilsysteme, weil für derartige Teilsysteme eine Leistungsbewertung oft problemlos möglich ist, dies für das Gesamtsystem i. d. R. jedoch nicht gelingt. So kann z. B. das FPS in der oberen Hälfte von Bild A 3.2-15 in die 3 künstlichen Teilsysteme in der unteren Hälfte der Abbildung zerlegt werden. Das künstliche 2-Maschinen-System mit den Maschinen $M_u(2,3)$ und $M_d(2,3)$ bildet den Materialfluss durch den Puffer zwischen den Maschinen 2 und 3 des realen Systems ab. In einem *Dekompositionsansatz* versucht man dann die Eigenschaften der fiktiven Maschine $M_u(2,3)$ so zu bestimmen, dass ein fiktiver Beobachter den Materialfluss durch den Puffer zwischen den Maschinen 2 und 3 des realen Systems nicht unterscheiden kann von dem Fluss durch den fiktiven Puffer $P(2,3)$ zwischen den Maschinen $M_u(2,3)$ und $M_d(2,3)$. Gelingt dies für alle Puffer des realen FPS, so kann man aus den Leistungsgrößen der künstlichen 2-Maschinen-Systeme auf das Verhalten des zugrunde liegenden mehrstufigen Systems schließen. Einen Überblick zu diesen Verfahren geben [Dal92] und [Kuh97]; Details findet man in [Buz93; Pap93; Ger94; Kuh98 und Hel99].

Einige wichtige und leistungsfähige Verfahren zur analytischen Leistungsbewertung sind in dem PC-Programm *FlowEval* enthalten [Tem01]. Eines der Verfahren beruht auf einer Zerlegung von FPS in GI/G/1-Warteschlangensysteme und erlaubt damit die Modellierung allgemein verteilter Bearbeitungszeiten [Buz93; Buz95], was v. a. für die

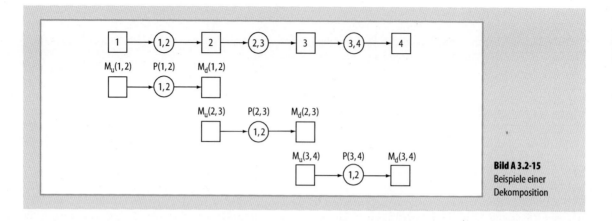

Bild A 3.2-15
Beispiele einer Dekomposition

Analyse von Systemen mit einem hohen Anteil von Handarbeitsplätzen zweckmäßig ist. Ein anderes in FlowEval implementiertes Verfahren ist speziell für die Analyse automatisierter FPS geeignet, in denen die Bearbeitungszeiten zwar weitgehend konstant sind, jedoch zufällige Maschinenausfälle und Reparaturen stattfinden [Dal88; Bur95]. Fließproduktionssysteme mit nichtlinearem Materialfluss entstehen, wenn Montageprozesse wie in Bild A 3.2-5 erforderlich sind oder im Zuge von Qualitätskontrollen fehlerhafte Werkstücke an spezialisierten Stationen nachbearbeitet oder verschrottet werden [Hel99; Hel00].

A 3.2.2.5 Verfahren zur Optimierung von Fließproduktionssystemen

Die Arbeitsverteilung und die Pufferverteilung sind die zentralen Entscheidungsprobleme bei der Gestaltung von *stochastischen FPS*. Im Fall fehlerhafter Produktion muss zusätzlich noch entschieden werden, an welchen Stellen im System Qualitätskontrollen durchgeführt werden und wie mit den fehlerhaften Werkstücken verfahren wird.

Zur isolierten Arbeitsverteilung unter der Annahme konstanter Bearbeitungszeiten steht eine Vielfalt von Verfahren zur Verfügung (vgl. Abschn. A 3.2.2.3). Leistungsfähige Ansätze zur Pufferverteilung bei gegebener Arbeitsverteilung existieren ebenfalls (siehe z. B. [Bür97] sowie die dort angegebene Literatur). Von zentraler Bedeutung für eine systematische Optimierung der Pufferverteilung sind Verfahren zur Bewertung *einzelner* gegebener Systemkonfigurationen, da eine große Zahl von möglichen Pufferverteilungen verglichen werden muss. Im Allgemeinen gelingt dies nur, wenn man mit analytischen Bewertungsverfahren arbeitet.

Aus den Bildern A 3.2-9 und A 3.2-10 wurde bereits deutlich, dass die Beziehungen zwischen Pufferanzahl und Produktionsrate einerseits sowie zwischen Produktionsrate und Kapitalwert der Investition andererseits stetig erscheinen. Damit ist es vergleichsweise einfach, durch numerische Gradientenverfahren diejenige Pufferverteilung zu ermitteln, bei welcher der Kapitalwert der Investition maximiert wird [Hel99a; Hel99b] oder bei der eine gegebene Puffergesamtzahl so verteilt wird, dass die maximale Produktionsrate erreicht wird [Sch95b; Ger00].

Die Problembereiche der Arbeitsverteilung und der Pufferverteilung können auch gemeinsam betrachtet werden [Bür97: 209ff.]. Auf diese Weise lässt sich die Beziehung zwischen der Anzahl an Puffern und der Anzahl an Bearbeitungsstationen berücksichtigen. Wenn man bei einer gegebenen Taktzeit die Anzahl der Bearbeitungsstationen erhöht, wird dadurch zunächst die Auslastung des Systems reduziert. In der Konsequenz kann man dann auf Puffer im System verzichten. Besonders günstig ist es dann, den mittleren Stationen des Systems geringere Arbeitsinhalte zuzuweisen, weil diese ja tendenziell am stärksten durch Hungern und Blockieren auf Grund zufälliger Unterbrechungen im Materialfluss behindert werden. Man kann also entweder bei gleicher Arbeitslast je Station die mittleren Puffer größer dimensionieren als die äußeren oder bei gleichen Puffergrößen den mittleren Stationen geringere Arbeitsinhalte zuweisen.

Literatur

[Ble02] Bleymüller, J.; Gehlert, G.; Gülicher H.: Statistik für Wirtschaftswissenschaftler. 13. Aufl. München: Vahlen 2002

[Blu90] Blumenfeld, D.: A simple formula for estimating throughput of serial production lines with variable processing times and limited buffer capacity. Int. J. Prod. Res. 28 (1990) 1163–1182

[Bür97] Bürger, M.: Konfigurationsplanung flexibler Fließproduktionssysteme. Glienicke: Galda + Wilch 1997

[Bur95] Burman, M.H.: New results in flow line analysis. Ph.D. Thesis, Mass. Inst. of Technol. (MIT). Also available as Report LMP-95-007, MIT Laboratory for Manufacturing and Productivity. Cambridge, MA. (USA) 1995

[Buz93] Buzacott, J.A.; Shanthikumar, J.G.: Stochastic models of manufacturing systems. Englewood Cliffs, N.J. (USA): Prentice Hall 1993

[Buz95] Buzacott, J.; Liu, X.-G.; Shanthikumar, J.: Multistage flow line analysis with the stopped arrival queue model. IIE Trans. 27 (1995) 4, 444–455

[Dal88] Dallery, Y.; David, R.; Xie, X.-L.: An efficient algorithm for analysis of transfer lines with unreliable machines and finite buffers. IIE Trans. 20 (19–88) 3, 280–283

[Dal92] Dallery, Y.; Gershwin, S.B.: Manufacturing flow line systems: A review of models and analytical results. Queuing Systems Theory and Applications 12 (1992) 1+2, 3–94

[Dom97] Domschke, W.; Scholl, A; Voß, S.: Produktionsplanung. 2. Aufl. Berlin: Springer 1997

[Fin98] Fink, A.; Voß, S.: Maynard assembly manager. OR Spektrum 20 (1998) 3, 143–145

[Gav62] Gaver, D.: A waiting line with interrupted service, including priorities. J. Roy. Stat. Soc. 24 (1962) 73–90

[Ger94] Gershwin, S.B.: Manufacturing systems engineering. Englewood Cliffs, N.J. (USA): Prentice Hall 1994

[Ger00] Gershwin, S.B.; Schor, J.E.: Efficient algorithms for buffer space allocation. Annals of Operations Res., 93 (2000) 117–144

[Hel99] Helber, S.: Performance analysis of flow lines with non-linear flow of material. Vol. 473 of Lecture Notes in Economics and Mathematical Systems. Berlin: Springer 1999

[Hel00] Helber, S.: Kapitalorientierte Pufferallokation in stochastischen Fließproduktionssystemen. Z.f. betriebswirtschaftl. Forsch. 52 (2000) 211–233

[Kuh97] Kuhn, H.; Tempelmeier, H.: Analyse von Fließproduktionssystemen. Z. f. Betriebswirtsch. 67(1997) 561–586

[Kuh98] Kuhn, H.: Fließproduktionssysteme: Konfigurations- und Instandhaltungsplanung. Heidelberg: Physica 1998

[Küp04] Küpper, H.-U.; Helber, S.: Ablauforganisation in Produktion und Logistik. 3. Aufl. Stuttgart: Schäffer-Poeschel 2004

[Pap93] Papadopoulus, H.; Heavey, C.; Browne, J.: Queueing theory in manufacturing systems analysis and design. London: Chapman & Hall 1993

[Sch95a] Scholl, A.: Balancing and sequencing of assembly lines. Heidelberg: Physica 1995

[Sch95b] Schor, J.E.: Efficient algorithms for buffer allocation. Master's Thesis, Mass. Inst. of Technol. (MIT). Also available as Report LMP-95-006, MIT Laboratory for Manufacturing and Productivity. Cambridge, MA. (USA) 1995

[Swa99] Swain, J.J.: 1999 Simulation software survey. OR/MS Today 26 (1999) 1, 42–51

[Tem01] Tempelmeier, H.: FlowEval. Handbuch der Version 3.0. Univ. zu Köln, Seminar für Allg. Betriebswirtschaftslehre und Produktionswirtschaft, Köln 2001

A 3.2.3 Konfigurationsplanung bei Zentrenproduktion

A 3.2.3.1 Begriff der Zentrenproduktion

Organisationsformen der Produktion werden häufig anhand der Merkmale *Flexibilität* und *Produktivität* charakterisiert. Bild A 3.2-16 zeigt eine Einordnung verschiedener Organisationsprinzipien der Produktion im Hinblick auf diese beiden Merkmale, und zwar anhand der Anzahl unterschiedlicher Erzeugnisse, die in einem System gefertigt werden und der jährlichen Produktionsmenge, die jeweils je Erzeugnis hergestellt wird.

Die größten positiven Effekte bezüglich der Produktivität lassen sich mit Hilfe von *Fließproduktionssystemen* wie Transferstraßen oder flexiblen Produktionslinien erzielen (s. Abschn. A 3.2.2). Auf Grund der hohen Spezialisierung und des hohen Automatisierungsgrads der Systeme ist die Flexibilität dieser Produktionssysteme jedoch relativ gering. Die Systeme eignen sich daher v. a. zur Herstellung von Großserien- und Massenprodukten.

Die *Werkstattproduktion* weist demgegenüber eine erheblich höhere Flexibilität auf, jedoch ist die Produktivität bei Werkstattproduktion relativ gering, so dass sich diese Organisationsform besonders bei Einzel- oder Kleinserienproduktion anbietet (s. Abschn. A 3.2.1).

Zwischen den beiden „extremen" Organisationsformen der Fließ- und Werkstattproduktion findet man die Organisationsform der *Zentrenproduktion*, die sich durch zwei Merkmale auszeichnet: Zum einen wird eine bestimmte, eng umgrenzte Menge von Erzeugnisvarianten zu einer Erzeugnisfamilie zusammengefasst. Zum anderen werden unterschiedliche Typen von Arbeitssystemen, die zur Produktion der Erzeugnisfamilien benötigt werden, räumlich nah und organisatorisch günstig gruppiert. Damit wird versucht, die Vorteile der Fließproduktion mit den Vorteilen der Werkstattproduktion zu verbinden, ohne sich dabei die jeweiligen Nachteile einzuhandeln [Gün05: Kap. 5].

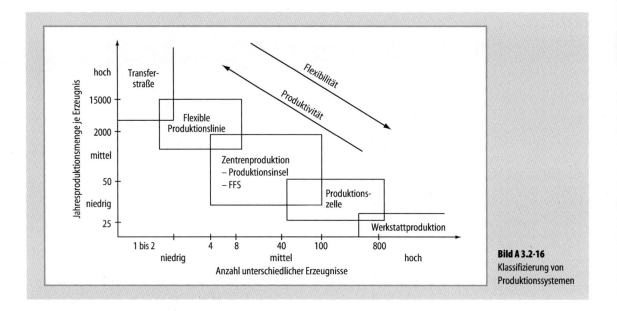

Bild A 3.2-16
Klassifizierung von Produktionssystemen

Im Hinblick auf den Automatisierungsgrad werden zwei grundsätzliche Formen der Zentrenproduktion unterschieden: Nicht automatisierte Produktionszentren werden als *Produktionsinseln*, automatisierte als *Flexible Fertigungssysteme* (FFS) bezeichnet. In Produktionsinseln werden vorwiegend konventionelle Maschinen und Ressourcen in räumlicher Nähe zueinander aufgestellt und der Werkstückfluss wird manuell realisiert. In Flexiblen Fertigungssystemen findet demgegenüber eine automatisierte Komplettbearbeitung unterschiedlicher Erzeugnisse statt. Dazu werden die für die Bearbeitung der Erzeugnisse notwendigen CNC-Maschinen (CNC Computerized Numerical Control) mit einem automatisierten Transportsystem verbunden und der gesamte Produktionsablauf mit Hilfe eines dezentralen EDV-Systems gesteuert.

A 3.2.3.2 Konfigurationsplanung von Produktionsinseln

Begriff und Idee der Inselproduktion

Die Organisationsform der Inselproduktion entsteht durch eine *objektorientierte Segmentierung* der zur Herstellung des Erzeugnisprogramms notwendigen Arbeitssysteme. Als Objekte werden dabei im Gegensatz zur Fließproduktion nicht einzelne Erzeugnisse, sondern Gruppen verwandter Erzeugnisse – sog. „Erzeugnisfamilien" – betrachtet. Eine *Erzeugnisfamilie* umfasst Teile oder Produkte, die einen ähnlichen Produktionsablauf aufweisen. Zur Umsetzung der Idee der Inselproduktion werden die Maschinen und Ressourcen, die zur Herstellung einer Erzeugnisfamilie benötigt werden, räumlich und organisatorisch zusammengeführt, so dass innerhalb der Maschinengruppe eine vollständige Herstellung der Erzeugnisse ermöglicht wird. Eine derartige Maschinengruppe, die sich vorwiegend aus konventionellen Maschinen und Anlagen zusammensetzt, wird als „Produktionsinsel" bezeichnet. Der Materialfluss innerhalb einer Produktionsinsel wird i. d. R. manuell realisiert. Planende, ausführende und überwachende Tätigkeiten werden von den Mitarbeitern einer Insel eigenverantwortlich durchgeführt, wobei die *Integration dispositiver Aufgaben* in den Tätigkeitsbereich der Arbeitsgruppe ein wesentliches Kennzeichen einer autonom agierenden Produktionsinsel ist.

Das Thema *Produktionsinseln* gewinnt z. Z. auf Grund der aktuell propagierten Konzepte der „Schlanken Produktion", der „Fertigungssegmentierung" oder der „Modularen Fabrik" und der hiermit verbundenen organisatorischen Veränderungen im Produktionsbereich erheblich an Bedeutung. In allen diesen Konzepten bilden Produktionsinseln ein wesentliches Element der organisatorischen und produktionslogistischen Neugestaltung der betrieblichen Leistungserstellung.

Ausgangspunkt der Einführung von Produktionsinseln ist häufig ein ineffizient arbeitendes Werkstattproduktionssystem. Bild A 3.2-17 zeigt ein Werkstattproduktionssystem mit den Werkstätten Schleiferei (S), Dreherei (D), Bohrerei (B), Fräserei (F), Galvanik (G) und Wäscherei

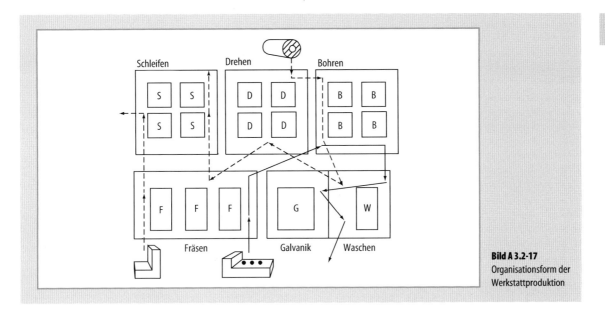

Bild A 3.2-17
Organisationsform der Werkstattproduktion

(W) sowie den Materialfluss für drei exemplarische Erzeugnistypen.

In einem ersten Planungsschritt werden die Erzeugnisse, die ähnliche Bearbeitungsanforderungen stellen, zu einer Erzeugnisfamilie zusammengeführt. Auf Grund der Bearbeitungsähnlichkeit der Erzeugnisse einer Erzeugnisfamilie ist zu vermuten, dass zwischen den einzelnen Erzeugnissen einer Familie lediglich *kleinere Umrüstungen* erforderlich werden als zwischen den Erzeugnissen unterschiedlicher Familien. Die gemeinsame Herstellung von Produktionsaufträgen einer Erzeugnisfamilie führt somit zu kürzeren Rüstzeiten und zur Reduzierung des Bedarfs an Rüstkapazitäten.

In einem Folgeschritt werden die Maschinen, die zur Herstellung einer Erzeugnisfamilie benötigt werden, räumlich nahe beieinander angeordnet, so dass neben den Einsparungen im Rüstprozess die notwendigen Transportwege verringert werden. Bild A 3.2-18 zeigt für das Beispiel aus Bild A 3.2-17 eine mögliche *Aufteilung des Werkstattproduktionssystems* in 3 Produktionsinseln, wobei nicht alle Erzeugnisfamilien innerhalb einer Insel komplett bearbeitet werden können.

Vorteile und Voraussetzungen der Inselproduktion

Die Beschreibung der grundsätzlichen Idee der Inselproduktion zeigt, dass die Umstellung einer verrichtungsorientierten Werkstattproduktion zu einer *objektorientierten Inselproduktion* die Rüst- und Transportzeiten verkürzt.

Kürzere Rüst- und Transportzeiten ermöglichen kleinere Produktions- bzw. Transportlosgrößen, die sich wiederum positiv auf die Zwischenlagerbestände und die Auftragsdurchlaufzeiten auswirken. Darüber hinaus verringert sich der Bedarf an Transportmitteln, da die meisten Transporte innerhalb einer Insel stattfinden. Entsprechend werden sich die mit diesen Größen verbundenen Kosten reduzieren.

Neben diesen vorwiegend produktionswirtschaftlich motivierten Vorteilen der Inselproduktion ergeben sich durch die Einführung der Inselproduktion auch aus *arbeitsorganisatorischer Sicht* mehrere Verbesserungen [Pic97]. Zum einen werden Einsparungen im Planungsaufwand erreicht, da ein Großteil der Planungs- und Steuerungsaufgaben dezentral den einzelnen Produktionsinseln zugeordnet wird und sich somit die Komplexität dieser Aufgaben im übergeordneten zentralen PPS-System verringert. Zum anderen vergrößert die Verlagerung der dispositiven Tätigkeiten in die Arbeitsgruppe den Entscheidungs- und Handlungsspielraum der beteiligten Mitarbeiter, so dass innerhalb der Arbeitsgruppe mit positiven Motivations- und Flexibilitätseffekten zu rechnen ist.

Entsprechende positive Effekte ergeben sich durch die *Qualifizierung der Mitarbeiter* für unterschiedliche Arbeitsplätze und für bislang zentral durchgeführte Tätigkeiten wie Instandhaltung und Qualitätssicherung. In der Regel werden einer Produktionsinsel mehr Maschinen als Arbeitskräfte zugeordnet. Zum Vollzug der anstehenden Arbeitsaufgaben und zur gleichmäßigen Auslastung der Arbeitskräfte ist es daher erforderlich, dass die Mitarbeiter

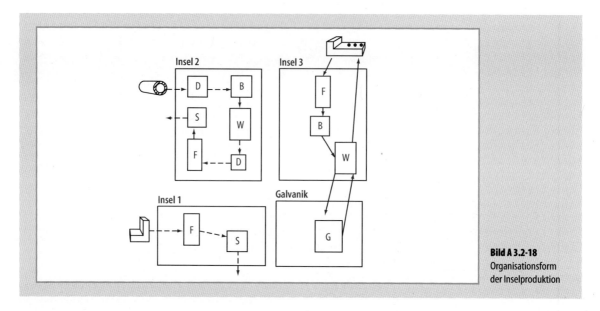

Bild A 3.2-18
Organisationsform der Inselproduktion

unterschiedliche Maschine bedienen können. Die Übertragung von Instandhaltungstätigkeiten an die Mitarbeiter der Arbeitsgruppe bietet demgegenüber den Vorteil, dass Maschinenausfälle schneller behoben werden und die Mitarbeiter in Zeiten geringer Arbeitslast Wartungsarbeiten ausführen können. Die organisatorischen Veränderungen im Rahmen der Inselproduktion führen insgesamt dazu, dass sich die Mitarbeiter mit ihrer Arbeitsaufgabe stärker identifizieren und so zusätzlich mit einer höheren Produktqualität zu rechnen ist.

Ein Nachteil der Inselproduktion besteht jedoch darin, dass im Gegensatz zur Werkstattfertigung kein kurzfristiger Ausgleich der Arbeitsbelastungen zwischen identischen Maschinen stattfinden kann, da diese i. Allg. unterschiedlichen Produktionsinseln zugeordnet wurden. Beispielsweise kann die Situation eintreten, dass ein bestimmter Maschinentyp in einer Produktionsinsel unbeschäftigt ist, während sich vor demselben Maschinentyp einer anderen Produktionsinsel die Aufträge stauen. Die Möglichkeit eines *Kapazitätsausgleichs* zwischen den ersetzenden Maschinen in unterschiedlichen Inseln besteht daher nicht [Hel03]. In zahlreichen theoretischen Studien wurde auf der Basis eines Simulations- oder analytischen Modells der Einfluss dieses Effekts auf die Leistung eines Produktionssystems untersucht [Sur94; Kuh04]. Bei der Organisationsform der Inselproduktion ergaben sich dabei längere Auftragswartezeiten, höhere Bestände sowie längere Auftragsdurchlaufzeiten, obwohl mit der Einführung der Inselproduktion kürzere Rüst- und Transportzeiten verbunden waren als bei der vorhergehenden Werkstattproduktion.

Empirische Studien hingegen zeichnen ein äußerst positives Bild der Inselproduktion. In den meisten Untersuchungen wurden die mit der Einführung der Inselproduktion erwarteten Verbesserungen entweder erreicht oder sogar übertroffen [Wem97]. Der vermeintliche Widerspruch zwischen theoretischen und empirischen Studien hat mehrere Ursachen: In empirischen Studien werden i. d. R. die Leistungen einer neu implementierten Inselproduktion mit den Ergebnissen eines zuvor ineffizient betriebenen klassischen Systems verglichen. Darüber hinaus fehlen in empirischen Studien häufig negative Erfahrungsberichte, da Unternehmen mit unbefriedigenden Ergebnissen an empirischen Umfragen ungern teilnehmen oder nicht mehr am Markt vertreten sind. Demgegenüber lassen sich nicht oder nur schwer quantifizierbare Einflussfaktoren, wie Unterstützung des Top-Managements, Qualifizierung und Selbstbestimmung der Mitarbeiter sowie Veränderungen in der Zusammensetzung der Arbeitsgruppe, nur schwer in eine Simulationsstudie integrieren.

Planungsschritte zur Realisierung der Inselproduktion

Ein mit der Bildung von Produktionsinseln häufig verbundener Begriff ist der der *Gruppentechnologie* (Group Technology), der durch die Arbeiten von Sokolowskij und Mitrofanow um 1930 in der ehemaligen UdSSR geprägt wurde [Mit60]. Unter Gruppentechnologie wird dabei eine Methodik verstanden, die unter Ausnutzung bestimmter Ähnlichkeiten der herzustellenden Erzeugnisse versucht, im Bereich der Serienproduktion Rationalisierungspotenziale in der Produktion aufzudecken und entsprechend umzusetzen. In Abhängigkeit von der Ausrichtung der konkreten Rationalisierungsmaßnahme wird diese Definition in der Literatur jedoch ganz unterschiedlich interpretiert [Ebe89: 77].

Prinzipiell lassen sich 4 Phasen der Anwendung gruppentechnologischer Prinzipien unterscheiden [Hel03; Gün05]:
- *Bildung der Erzeugnisfamilien.* In einer 1. Phase wird die im Produktionsprogramm enthaltene Gesamtheit der Teile und Erzeugnisse mit Hilfe von bestimmten Ähnlichkeitskriterien, v. a. Form- und Fertigungsähnlichkeiten, strukturiert und geordnet. Ergebnis der Planung ist eine Gruppierung der Erzeugnisse in Erzeugnisfamilien.
- *Maschinengruppierung.* Im Mittelpunkt der 2. Phase steht die Gestaltung des Produktionsapparats, d. h. die Auswahl der Arbeitssysteme, die zu einer Produktionsinsel zusammengefasst werden sollen.
- *Strukturplanung.* Gegenstand der 3. Phase ist die Anordnung der Arbeitssysteme innerhalb der Inseln (Layoutplanung), die Auswahl der Materialhandhabungsstrategie sowie die Anordnung der Inseln zueinander.
- *Arbeitsorganisatorische Gestaltung.* Die 4. Phase betrifft die arbeitsorganisatorische Gestaltung des Produktionssystems. In dieser Phase ist ein dezentrales Planungs- und Steuerungssystem zu entwerfen, die Schnittstelle zum zentralen PPS-System festzulegen sowie die Auswahl und Schulung der Mitarbeiter im Hinblick auf die Arbeitsaufgaben in den jeweiligen Produktionsinseln vorzunehmen [Maß93].

Der spezifische Schwerpunkt dieses Abschnitts liegt bei dem Planungsproblem der *Identifizierung der Erzeugnisfamilien und Maschinengruppen.* Im Hinblick auf die Planungsschritte der Layoutplanung, der Auswahl des Materialhandhabungssystems sowie der Entwicklung eines Planungs- und Steuerungssystems sei auf die Abschnitte A 3.1.2, A 1.3 bzw. A 4.2 verwiesen.

Modelle und Lösungsansätze zur Bildung von Produktionsinseln

In der Literatur wird eine fast unübersehbare Anzahl von Verfahren und Lösungsansätzen zur Gruppierung von Erzeugnissen zu Erzeugnisfamilien sowie zur Zusammenfassung der hierfür notwendigen Maschinen und Ressourcen zu Produktionsinseln vorgeschlagen [Sin96; Rei97; Sur98]. Diese Verfahren und Lösungsansätze können im Wesentlichen den folgenden 5 Verfahrensgruppen zugeordnet werden: Klassifizierungs- und Codierungssysteme, Analyse der Maschinen-Erzeugnis-Matrix, clusteranalytische Verfahren, lineare und nichtlineare Programmierung sowie spezialisierte Ansätze.

Klassifizierungs- und Codierungssysteme. Zur Systematisierung und Ordnung der Teile- und Erzeugnisvielfalt in einem Unternehmen wurden in der Vergangenheit Klassifizierungs- und Codierungssysteme entwickelt, die z. T. die besonderen Bedürfnisse spezifischer Unternehmensbereiche wie Konstruktion, Arbeitsplanung und Produktion berücksichtigen. Wesentliches Element eines Klassifizierungs- und Codierungssystems ist der *Teileschlüssel* (mehrstelliger Code aus Zahlen oder alphanumerischen Zeichen, Nummerungssystem), mit dessen Hilfe die Ähnlichkeit zwischen unterschiedlichen Teilen abgebildet wird. Die dabei betrachtete Art der Ähnlichkeit hängt von den Merkmalen ab, die den jeweiligen Stellen des Schlüssels zugeordnet werden, und den einzelnen Merkmalsausprägungen der Schlüsselwerte. Ein bereits in den 60er Jahren entwickelter und auf der Formähnlichkeit basierender neunstelliger Teileschlüssel ist das Klassifizierungssystem von Opitz [Opi71].

Da aus der Formähnlichkeit von Teilen nur bedingt auf deren Fertigungsähnlichkeit geschlossen werden kann, sind zur Bildung von Produktionsinseln spezielle fertigungsorientierte Schlüsselsysteme entwickelt worden [Bus78]. Darüber hinaus existieren weltweit ca. 75 weitere Klassifizierungs- und Codierungssysteme [Her97: Kap. 8].

Der hauptsächliche Zweck der Klassifizierungs- und Codierungssysteme besteht in der *effektiven datenbanktechnischen Erfassung und Verwaltung* der in einem Unternehmen verwendeten und hergestellten Teile, um die Erzeugnisdatenbank für spezifische Auswertungen und Anwendungen nutzbar zu machen. Beispielsweise lassen sich mit Hilfe der Teilecodierung gezielte Analysen zur Reduzierung der Teilevielfalt durchführen oder es können die Erzeugnisse herausgefiltert werden, die sich für eine Typung oder Normung eignen. Weitere Anwendungsfelder liegen im Bereich der Konstruktion. Die Codierung ermöglicht es z. B., bei neu zu konstruierenden Erzeugnissen effizient auf bereits im Unternehmen bestehende Teile und Maschinenelemente zurückzugreifen. Entsprechende Vorteile existieren im Zuge der Erstellung technischer Arbeitspläne.

Zahlreiche Unternehmen in der fertigungstechnischen Industrie verfügen über ein Klassifizierungs- und Codierungssystem. Die Systeme wurden v. a. in den 80er Jahren auf Grund ihrer damaligen großen Popularität eingeführt. Problematisch an den Systemen ist jedoch der erhebliche Aufwand zur Codierung der Erzeugnisse (5 bis 15 Minuten pro Teil), so dass mittlerweile neue Systeme nur sehr zögerlich eingeführt und bestehende Systeme nicht mehr sachgerecht gepflegt werden. Darüber hinaus besteht das Problem, dass sich das Unternehmen langfristig an den einmal festgelegten Schlüssel bindet. Werden Anpassungen auf Grund eines veränderten Werkstückspektrums erforderlich, führt dies zu Korrekturen an allen bisher erfassten Teilen. Klassifizierungs- und Codierungssysteme konnten sich daher im Rahmen der Konfiguration von Produktionsinseln nicht durchsetzen.

Analyse der Maschinen-Erzeugnis-Matrix. Die Analyse der Maschinen-Erzeugnis-Matrix basiert auf der Produktionsflussanalyse (PFA Production Flow Analysis), die von Burbidge in den 60er Jahren vorgeschlagen wurde [Bur75; Bur96]. Die PFA ist das erste systematische Verfahren zur Anwendung gruppentechnologischer Prinzipien im Rahmen der Gestaltung von Produktionssystemen. In diesem Ansatz empfiehlt Burbidge ein zunächst 3-stufiges, später auf 5 Stufen erweitertes Vorgehen. Ein wesentliches Element seines mehrstufigen Vorgehens ist dabei die Bildung der Erzeugnisfamilien und die Abgrenzung einzelner Produktionsbereiche mit Hilfe einer Maschinen-Erzeugnis-Matrix.

In einer Maschinen-Erzeugnis-Matrix, auch Inzidenz-Matrix genannt, werden in den Spalten die Maschinen und in den Zeilen die Erzeugnisse (Teile) des zu analysierenden Produktionsbereichs dargestellt. Das Matrixelement a_{ki} wird „1" gesetzt, wenn Teil k an Maschine i bearbeitet wird (Bild A 3.2-19), sonst bleibt das Matrixelement leer oder erhält den Wert „0".

Die Informationen zur Generierung der Inzidenz-Matrix lassen sich aus den Arbeitsplänen der Erzeugnisse gewinnen. Mehrfach vorhandene funktionsgleiche Maschinen werden dabei nur einmal angeführt und somit wird die Anzahl vorhandener Maschinen eines Typs vernachlässigt. Der Anteil der Arbeitslast, den eine Erzeugnisart an der Gesamtbelastung eines Maschinentyps verursacht, sowie die Bearbeitungsreihenfolge bleiben unberücksichtigt.

Zur Auswertung der in einer Maschinen-Erzeugnis-Matrix enthaltenen Informationen wurden zahlreiche *Algorithmen* vorgeschlagen [Sin96; Sur98], die sich auch zur Auswertung von sehr großen Matrizen eignen. Die Algorithmen versuchen über eine Umsortierung der Zeilen und Spalten eine blockdiagonale Matrixform zu erzeugen. Die entstehenden Blöcke auf der Hauptdiagonalen sollen dabei zum überwiegenden Teil aus Elementen mit der Ausprägung „1" bestehen, alle anderen Elemente der Matrix dagegen den Wert „0" aufweisen.

Anhand der räumlichen Konzentration von Matrixelementen mit der Ausprägung „1" lassen sich anschließend Maschinengruppen und darin zu bearbeitende

Teil	\multicolumn{6}{c}{Maschine}
	A	B	C	D	E	F
1	1		1			1
2	1		1			1
3		1	1		1	
4		1		1	1	
5	1		1			
6		1	1			1
7		1		1	1	
8	1		1	1		

Bild A 3.2-19 Maschinen-Erzeugnis-Matrix

Erzeugnisfamilien identifizieren (Bild A 3.2-20). Als Zielkriterium der Blockbildung wird dabei versucht, sowohl die Anzahl der „Ausreißerelemente" (Einträge mit einer „1" außerhalb eines Blockes) als auch die Anzahl der „Leerstellen" (keine Einträge innerhalb eines Blocks) zu minimieren.

Die Minimierung der Anzahl „Ausreißer" resultiert aus der Motivation, die Teile in einer Produktionsinsel möglichst vollständig zu bearbeiten und damit gleichzeitig die Anzahl der Transporte zwischen den zu bildenden Inseln (interzellulare Kontakte) so gering wie möglich zu halten. Mit dem Zielkriterium „minimale Anzahl Leerstellen" sollen demgegenüber bei der Bearbeitung der Erzeugnisfamilie möglichst viele Maschinen der Insel zum Einsatz kommen. Würde man lediglich das zuerst beschriebene Zielkriterium verfolgen, könnte sich als optimale Lösung die Zusammenfassung aller betrachteter Maschinen zu einer einzigen Produktionsinsel einstellen.

Problematisch an den Algorithmen zur Umsortierung der Maschinen-Erzeugnis-Matrix ist die Notwendigkeit, die Teilefamilien und Maschinengruppen *manuell* festzulegen. Die erzeugte block-diagonale Matrixstruktur liefert dafür lediglich erste Anhaltspunkte. Beispielsweise führt die in Bild A 3.2-21 dargestellte Blockstruktur zu einer identischen Gesamtanzahl von „Ausreißerelementen" und „Leerstellen" wie die in Bild A 3.2-20 gezeigte Aufteilung, nämlich genau zu 7 Elementen. Auf Grund der Problematik, alternative Gruppierungen im Hinblick auf gruppentechnologische Zielvorstellungen zu beurteilen, werden in der Literatur zahlreiche Bewertungskriterien zur Beurteilung der Güte einer Gruppierung vorgeschlagen [Sar99].

Darüber hinaus bleibt es dem Planer überlassen, ob er einen Maschinentyp, der für mehrere Erzeugnisfamilien

Bild A 3.2-20 Umsortierte Maschinen-Erzeugnis-Matrix mit blockdiagonaler Struktur

Bild A 3.2-21 Umsortierte Maschinen-Erzeugnis-Matrix mit alternativer Blockstruktur

Clusteranalyse. Sie zählt zu den multivariaten statistischen Analyseverfahren, mit der viele Verfahren bezeichnet werden [Kau96]. Das Ziel aller Verfahren besteht darin, eine Menge zu analysierender Objekte derart in Klassen (Cluster) zu gruppieren, dass zum einen in jedem Cluster Objekte zusammengefasst werden, die hinsichtlich der jeweils betrachteten Merkmale eine hohe Ähnlichkeit aufweisen, und zum anderen die Elemente verschiedener Cluster sich möglichst stark unterscheiden.

Die Clusteranalyse bietet sich damit unmittelbar an, potenzielle Produktionsinseln (Cluster) aus der Menge der vorhandenen Maschinentypen (Objekte) auf Basis der von den einzelnen Maschinentypen bearbeiteten Erzeugnisse zu bilden. Entsprechend können auch die einzelnen Erzeugnisse als zu gruppierende Objekte betrachtet werden.

Gruppierungsobjekte können somit sowohl die Maschinentypen als auch die Erzeugnisse sein, wobei im Anschluss an die durchgeführte Clusterung die Erzeugnisse bzw. die Maschinen den jeweiligen Gruppen noch zugeordnet werden müssen. Dieses sequentielle Vorgehen kann zu Problemen führen, wenn beispielsweise die Zuordnung der Erzeugnisse zu den zuvor gebildeten Maschinengruppen nicht gelingt und somit die Maschinengruppierung erneut durchgeführt werden muss. Dennoch bieten clusteranalytische Verfahren erhebliche Vorteile, da auf Grund ihrer allgemeinen Verwendbarkeit ein großes Angebot an Standardsoftware zur Durchführung derartiger Analysen zur Verfügung steht.

In der Regel werden die Maschinentypen als Gruppierungsobjekt gewählt, wobei zur Beschreibung der Ähnlichkeit (oder auch Unähnlichkeit) zwischen einem Paar von Maschinen ganz unterschiedliche Ähnlichkeitsmaße definiert werden [Her97: Kap.8; Sha93; Yin06].

Im 1. Schritt der Clusteranalyse werden alle Maschinen einem eigenen Cluster zugeordnet und dann das Paar von Maschinen (Cluster) mit dem größten Ähnlichkeitswert einem gemeinsamen Cluster zugeordnet. Anschließend werden neue Ähnlichkeitskoeffizienten ermittelt, wobei das gerade gebildete Cluster als „neue Maschine" interpretiert wird. Entsprechend dem vorhergehenden Verfahrensschritt werden wieder die beiden Objekte mit dem größten Ähnlichkeitswert ausgesucht und einem gemeinsamen Cluster zugeführt. Dies kann entweder bedeuten, dass ein Cluster aus 2 einzelnen Maschinen gebildet wird oder dass der bereits bestehenden Maschinengruppe eine weitere Maschine zugeordnet wird. Anschließend werden erneut Koeffizienten berechnet und das Verfahren wird solange fortgesetzt, bis ein Grenzwert für die geforderte Ähnlichkeit der Maschinen in einem Cluster erreicht wurde oder die Anzahl der gebildeten Cluster der gewünschten Gruppenanzahl entspricht. Auf Grund der sukzessiven Zu-

benötigt wird, auch in mehreren Produktionsinseln bereitstellt oder nicht. Neben technischen Einflussgrößen sind für diese Entscheidung v. a. ökonomische Kriterien ausschlaggebend, die jedoch in den Ansätzen der Matrixsortierung grundsätzlich unberücksichtigt bleiben.

In der Realität kann es schwierig sein, mit Hilfe einer sortierten Maschinen-Erzeugnis-Matrix überhaupt eine systematische Struktur zu erkennen. Günther und Tempelmeier [Gün05] beschreiben einen Praxisfall aus der Teilefertigung eines Herstellers von Druckmaschinen mit einer Größenordnung von 750 Maschinen und 20 000 unterschiedlichen Teilen, bei dem sich anhand der umsortierten Matrix keinerlei Struktur erkennen ließ.

sammenfassung der Maschinen bzw. Cluster wird das Verfahren auch als *hierarchische* Clusteranalyse bezeichnet.

Die Ergebnisse eines Verfahrens der Clusteranalyse können entsprechend den Ergebnissen der Algorithmen zur Sortierung der Maschinen-Erzeugnis-Matrix nur erste, meist grobe Hinweise für die endgültige Entscheidung über die zu bildenden Produktionsinseln geben. Viele relevante Faktoren, wie die Kapazitätsbelastung der Maschinen in einer Insel, die Verfügbarkeit mehrerer Maschinen eines Typs und ökonomische Zielgrößen, bleiben bei beiden Ansätzen unberücksichtigt [Maß99].

Lineare und nichtlineare Optimierung. Eine weitere Gruppe von Ansätzen lässt sich der Verfahrensgruppe der linearen und nichtlinearen Optimierung zurechnen [Chu95; Mah07]. Ausgangspunkt dieser Ansätze ist nicht, wie bei den bisher dargestellten Lösungsansätzen, eine intuitive Formulierung der Aufgabenstellung, sondern eine formale Beschreibung der Problemstellung mit Hilfe eines mathematischen Modells, das aus einer Zielfunktion und mehreren Nebenbedingungen besteht.

Dieses Vorgehen offenbart zum einen, welches konkrete Ziel und welche Restriktionen im Zuge der formalen Bildung der Maschinengruppen und Erzeugnisfamilien verfolgt bzw. berücksichtigt werden. Zum anderen erlauben diese Ansätze die Abbildung spezieller praxisrelevanter Bedingungen, wie maximale Anzahl zu bildender Inseln, obere und untere Grenzwerte für die Anzahl Maschinen und/oder Arbeitskräfte in einer Insel, Verfügbarkeit mehrerer Maschinen eines Typs, alternative Arbeitspläne usw.

Darüber hinaus besteht die Möglichkeit, eine ökonomisch fundierte, eventuell sogar auf Kapitalwerten basierende Zielfunktion zu formulieren. Eine derartige Zielfunktion würde dem strategischen Charakter des zu Grunde liegenden, teilweise mit Investitionsentscheidungen verbundenen und für die langfristige Wettbewerbsfähigkeit des Unternehmens entscheidenden Planungsproblems entsprechen.

Beispiele für eine umfassende Modellformulierung sind in [Sel98; Def06] zu finden. Der Zweck einer umfassenden Formulierung liegt jedoch nicht darin, das Modell anschließend mit Standardmethoden möglichst exakt zu lösen, sondern in der Möglichkeit, das betrachtete Entscheidungsproblem zu formalisieren und damit zu strukturieren. Zur Lösung der formulierten Problemstellung sind dann i. d. R. heuristische Verfahren zu entwickeln (s. Abschn. A 2.3).

Spezialisierte Verfahren. Ausgehend von einer dem realen Problem möglichst nahe kommenden Problem- und/oder Modellformulierung werden in der Literatur zahlreiche *heuristische Verfahren* zur Bildung von Erzeugnisfamilien und Maschinengruppen vorgeschlagen. Diese Ansätze berücksichtigen besondere, auf eine praktische Anwendung bezogene Bedingungen, wie Bearbeitungszeiten der Erzeugnisse, Erzeugnismengen, Rüstzeiten, Kapazitätsbeschränkungen, Verfügbarkeit mehrerer Maschinen eines Typs, Raumbedarf, Werkzeugbedarf, Personalbedarf usw. Neuere Ansätze versuchen sogar die dynamische Entwicklung der Produktnachfrage und die damit verbundene dynamische Zusammensetzung des Produktionsprogramms zu erfassen [Wic99; Jeo06; Bal07].

Die vorgeschlagenen Verfahren lassen sich in Eröffnungs- und Verbesserungsverfahren unterscheiden. *Eröffnungsverfahren*, die anhand der gegebenen Problemsituation eine erste zulässige Gruppierung erzeugen, werden u. a. in [Bal87; Ask93: Kap. 6; Her97: Kap. 9] vorgeschlagen.

Verbesserungsverfahren versuchen, eine bestehende Lösung im Hinblick auf das angestrebte Zielkriterium günstiger zu gestalten. Dazu werden v. a. Metastrategien, wie Simulated Annealing, genetische Algorithmen, Neuronale Netze oder Tabu Search, gewählt [Sin96: Kap. 6; Ven99; Sol04; Saf07; Wu07].

Problematisch an der überwiegenden Anzahl der vorgeschlagenen Verfahren ist jedoch, dass diese von einer rein deterministischen Entscheidungssituation ausgehen und die *stochastisch-dynamische Situation* im Produktionssystem vollständig vernachlässigen. Vor allem auf Grund der langfristigen Entscheidungssituation sollten stochastische Aspekte bei der Bewertung unterschiedlicher Konfigurationsalternativen Beachtung finden. In der Regel variieren die Bearbeitungszeiten zwischen aufeinander folgenden Produktionsaufträgen. Darüber hinaus treffen die Produktionsaufträge zu wechselnden Zeitpunkten in den Produktionsinseln ein. Die Vernachlässigung dieser Sachverhalte bei der Konfigurationsentscheidung kann dazu führen, dass Maschinen und Ressourcen zu Inseln gruppiert werden, die sich später als unwirtschaftlich erweisen oder mit denen die angestrebte Verkürzung der Auftragsdurchlaufzeiten und die erwartete Reduzierung der Zwischenlagerbestände nicht realisiert werden kann.

Es wurde bereits erwähnt, dass die Organisationsform der Inselproduktion im Gegensatz zur Werkstattproduktion keinen kurzfristigen Kapazitätsausgleich zwischen identischen Maschinen unterschiedlicher Inseln erlaubt. Diese für die Inselproduktion nachteilige Situation lässt sich jedoch ausschließlich mit einem stochastisch-dynamischen Modell abbilden. Zur Berücksichtigung stochastisch-dynamischer Gegebenheiten im Zuge der Konfigurationsplanung von Produktionsinseln eignen sich *Simulationsmodelle* (s. Abschn. A 2.5) oder auf mathematischen Beziehungen basierende *Warteschlangen-Netzwerkmodelle* (s. Abschn. A 2.4).

A 3.2.3.3 Konfigurationsplanung von Flexiblen Fertigungssystemen

Begriff und Aufbau Flexibler Fertigungssysteme

Ein Flexibles Fertigungssystem (FFS) ist ein Produktionssystem, das aus einer Menge von ersetzenden und/oder ergänzenden numerisch gesteuerten Maschinen (NC-Maschinen) besteht, die durch ein automatisiertes Transportsystem miteinander verbunden werden. Sämtliche Vorgänge in einem FFS werden von einem systemeigenen Rechner zentral gesteuert. Das FFS ist in der Lage, ein begrenztes Spektrum fertigungsähnlicher Werkstücke in fast wahlfreier Reihenfolge ohne nennenswerte Verzögerungen durch Umrüstvorgänge zu bearbeiten. Dies wird möglich, da die erforderlichen NC-Programme (Arbeitspläne) und die jeweils benötigten Werkzeuge unmittelbar an den Maschinen zur Verfügung stehen und die Werkstücke im Bearbeitungsraum der Maschinen relativ schnell justiert werden können. Die kurzfristige Bereitstellung der NC-Programme an den Bearbeitungseinrichtungen wird über die informationstechnische Verknüpfung aller Systemkomponenten mit dem zentralen FFS-Rechner erreicht.

Werkzeuge werden dagegen in lokalen Werkzeugmagazinen direkt an den Maschinen bereitgestellt. Die Verwendung standardisierter Werkstückträger (Paletten) ermöglicht es, die Werkstücke im Bearbeitungsraum der Maschinen schnell und automatisiert zu justieren, wobei die Fixierung der zu bearbeitenden Werkstücke auf die Werkstückträger an speziell dafür vorgesehenen Spannplätzen mit Hilfe werkstückspezifischer Spannelemente erfolgt [Tem93: Kap. 1; Tem96a].

In einem FFS werden üblicherweise Werkstücke mehrerer unterschiedlicher Produkttypen und Produktionsaufträge gleichzeitig bearbeitet. Jedes Werkstück ist durch seinen spezifischen Bearbeitungsfortschritt gekennzeichnet, der von der FFS-Steuerung individuell gespeichert und fortgeschrieben wird. Zwischenlagerungen der teilweise bearbeiteten Werkstücke erfolgen in lokalen Pufferplätzen an den Maschinen oder in einem zentralen Palettenspeicher (Zentralpuffern) des Systems.

Wesentlicher Vorteil eines FFS gegenüber einem konventionellen Produktionssystem ist, dass die zeitaufwendige Werkstückjustierung im Bearbeitungsraum einer Maschine, die Werkzeugvorbereitung und der Werkzeugwechsel hauptzeitparallel durchgeführt werden. Wertvolle Maschinenzeit wird somit gewonnen. Darüber hinaus können FFS eine längere Zeit, beispielsweise während der Nachtschicht, bedienerlos arbeiten. Um dies zu erreichen, muss das System über ausreichend viele Palettenstellplätze verfügen und die notwendige Anzahl unbearbeiteter Werkstücke muss sich im System befinden.

Bild A 3.2-22 zeigt beispielhaft ein FFS mit 2 funktionsgleichen, ersetzenden Bearbeitungszentren, einer ergänzenden Spezialmaschine und einem Spannplatz. Die Werkzeugversorgung der Bearbeitungsmaschinen erfolgt über sog. Werkzeugkassetten. Vor dem Bearbeitungsraum der einzelnen Maschinen befinden sich jeweils zwei lokale Werkstückpuffer. Darüber hinaus sind mehrere Abstellplätze für Paletten (zentrale Pufferplätze) vorgesehen. Ein schienengebundenes Fahrerloses Transportsystem (FTS) verbindet den Spannplatz und die einzelnen Bearbeitungsstationen des Systems.

Flexible automatisierte Produktionssysteme treten in der betrieblichen Praxis in zahlreichen Erscheinungsformen auf:

– *Bearbeitungszentrum* (BAZ). Der zentrale Baustein eines Flexiblen Fertigungssystems besteht aus einer CNC-Maschine, die mit einem Werkzeugmagazin zur Aufnahme einer größeren Anzahl von Werkzeugen sowie automatischen Werkstück- und Werkzeugwechseleinrichtungen ausgestattet ist. Um ihre durchgängige Auslastung zu gewährleisten, werden BAZ häufig mit einem maschinennahen Input/Output-Puffer versehen, der zur kurzfristigen Speicherung von Werkstücken unmittelbar vor und nach der Bearbeitung dient.
– *Flexible* Fertigungszelle (FFZ). Eine FFZ entsteht durch die räumliche Zusammenfassung eines BAZ mit einer Spannstation sowie maschinenunabhängigen Werkstückspeichereinrichtungen und einem automatisierten Werkstücktransportsystem. Infolge des größeren Werkstückvorrats kann eine FFZ über einen längeren Zeitraum bedienerlos arbeiten.
– *Flexibles* Fertigungssystem *(FFS)*. Ein FFS besteht aus mehreren sich ersetzenden und/oder ergänzenden BAZ einer Spannstation sowie maschinenunabhängigen Werkstück- und Werkzeugspeichereinrichtungen. Die Systemelemente sind über automatische Werkstück-, Werkzeug- und Informationsflüsse miteinander gekoppelt.
– *Flexibles Fertigungsverbundsystem*. Es entsteht durch die Zusammenfassung mehrerer FFS, wobei häufig eine gemeinsame Aufsicht durch Bediener und evtl. eine gemeinsame Steuerung durch einen zentralen Rechner sowie eine zentrale Werkzeugversorgung vorgesehen sind.

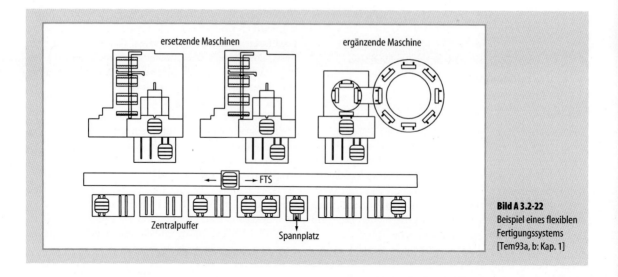

Bild A 3.2-22
Beispiel eines flexiblen Fertigungssystems
[Tem93a, b: Kap. 1]

Ziele und Betriebsbedingungen Flexibler Fertigungssysteme

Ein Großteil der Firmen in der Automobil-, Flugzeug-, Elektro- und Maschinenbauindustrie in Westeuropa, den USA und Japan verfügt z. Z. über mindestens ein Produktionssystem, das als FFS bezeichnet werden kann [Slo97]. Die Systeme wurden besonders in den 70er und 80er Jahren in einer großen FFS-Euphorie installiert. Mit der Einführung dieser Systeme war v. a. das Ziel verbunden, die bisher konventionell betriebene mechanische Kleinserienproduktion zu automatisieren, ohne deren Flexibiliätspotenziale zu opfern, um variantenreiche Produkte kurzfristig, in Abhängigkeit von der jeweiligen Kundennachfrage effizient herstellen zu können. Obwohl diese Zielvorstellung in der Unternehmenspraxis nach wie vor eine hohe Relevanz hat, werden in den letzten Jahren neue FFS nur sehr zögerlich eingeführt.

Die Ursachen hierfür sind vielfältig. Zum einen hat sich auf Grund der in den 90er Jahren entstandenen Idee der *Lean Production* der Interessenschwerpunkt der Produktion hin zu arbeitsorganisatorischen Fragen verlagert. Zum anderen stehen infolge der aktuellen Entwicklungen im *Supply Chain Management* z. Z. produktionslogistische Fragen im Vordergrund.

Wesentlicher Grund für das mangelnde Interesse an FFS ist jedoch, dass die mit der Entwicklung von FFS verbundenen Erwartungen nicht oder nur teilweise erfüllt wurden. Zahlreiche FFS arbeiten z. Z. unterhalb der Wirtschaftlichkeitsgrenze. Die Ursache hierfür sind technische Probleme beim Systembetrieb und v. a. Planungsfehler, die im Zuge der Systemeinführung begangen wurden. Auf Grund zu groß dimensionierter Systeme (teilweise wurden mehr als 20 CNC-Maschinen und Bearbeitungszentren in ein geschlossenes System integriert) ergaben sich beim Systembetrieb erhebliche steuerungstechnische Probleme, so dass die ursprünglich anvisierten Auslastungsgrade nicht erreicht wurden. Die geplante Wirtschaftlichkeit der Systeme war damit nicht gegeben. Darüber hinaus wurden bei der Planung der Systeme z. T. sträfliche Fehler begangen. Planungsmethoden, wie analytische Ansätze zur Leistungsanalyse oder die Simulation, wurden nicht oder erst nach der Installation der Systeme angewandt. Im Hinblick auf die Kapazitätsbelegung der Systemkomponenten wurden dadurch ungenügend abgestimmte Systeme installiert.

Zukünftig werden v. a. kleinere Systeme (bis zu 3 Maschinentypen) unabhängig von anderen Anlagen des Produktionsapparats oder im losen Verbund mit anderen Systemen installiert. Zur Verbindung einzelner kleinerer FFS werden insbesondere induktiv geführte Fahrerlose Transportsysteme (FTS) eingesetzt. Diese Konzeption erlaubt technisch einfachere Lösungen und gewährleistet eine erheblich höhere Systemänderungsflexibilität. Der Produktionsapparat kann damit bei neuen produktionstechnischen und logistischen Anforderungen erheblich leichter umgestellt werden.

Planungsschritte zur Einführung Flexibler Fertigungssysteme

Im Rahmen der Einführung eines FFS lassen sich grundsätzlich 4 Teilplanungsschritte unterscheiden: Produktauswahl, Komponentenauswahl, Strukturplanung sowie arbeitsorganisatorische Gestaltung. Alle Planungsschritte sind im Zuge der Konfigurierung eines FFS zu lösen. Die bestehenden Abhängigkeiten zwischen den jeweiligen Entscheidungsvariablen der einzelnen Planungsschritte erfordert dabei eine gegenseitige Abstimmung der einzelnen Teilplanungen, so dass ggf. mehrfache Planungsläufe oder Rückkopplungsschritte vorzusehen sind. Die Planungsschritte ähneln in ihrer Grundstruktur den Planungsphasen der Konfiguration von Produktionsinseln (s. Abschn. A 3.2.3.2), jedoch müssen im Zuge der Planung eines FFS explizit neue Maschinen und Anlagen ausgewählt sowie komplexe Gestaltungsfragen gelöst werden, so dass sich in den jeweiligen Phasen grundsätzlich unterschiedliche Planungsprobleme ergeben:

- *Produktauswahl.* In der 1. Planungsphase wird das im FFS zu fertigende Produktspektrum sowohl qualitativ als auch quantitativ definiert. Im Mittelpunkt der Planung steht v. a. die Festlegung der Art und Anzahl der Produktarten, die angestrebten Produktionsmengen pro Periode, der Arbeitsgänge eines Produkts, die in dem FFS ausgeführt werden sollen, die anzuwendenden Arbeitspläne und die Mischung der Arbeitspläne, falls für eine Produktart mehrere alternative Arbeitspläne gewählt werden können. Neben der Auswahl der Produkte, die überhaupt im FFS gefertigt werden sollen, ist das Hauptproblem dieser Planungsphase, darüber zu befinden, ob ein Produkt zusätzlich in einem konventionellen Produktionssystem produziert werden soll und welche Teilprozesse der Produkterstellung in das FFS integriert werden. Mit diesen Entscheidungen wird die Größe des zu konfigurierenden FFS und dessen produktionslogistische Einbindung in die bestehende Produktionsstruktur erheblich vorbestimmt.
- *Komponentenauswahl.* Gegenstand der 2. Planungsphase ist die Auswahl der Komponenten, die in das FFS integriert werden sollen. Auf der Grundlage der in der 1. Phase ausgewählten Produkte und Arbeitspläne werden die Art und die Anzahl der Maschinen und Ressourcen bestimmt. In dieser Planungsphase wird über die produktionstechnische Kapazität des FFS entschieden und somit die spätere Wirtschaftlichkeit des FFS erheblich beeinflusst.
- *Strukturplanung.* Die 3. Planungsphase betrifft Entscheidungen über die Anordnung der Ressourcen innerhalb des FFS (Layoutplanung), die organisatorische Gestaltung des Transportsystems und die Einbindung des FFS in die bestehende oder veränderte Produktionsstruktur des Unternehmens. Werden mehrere separate FFS geplant, dann ist auch die gegenseitige Anordnung und Verbindung der einzelnen Systeme festzulegen.
- *Arbeitsorganisatorische Gestaltung.* Im Zuge der 4. Planungsphase sind arbeitsorganisatorische Fragen zu klären. Im Einzelnen geht es um die Konzeption und die EDV-technische Implementierung eines dezentralen Planungs- und Steuerungssystems, um die Definition der Schnittstellen zum zentralen PPS-System sowie um die Auswahl und Schulung des Bedienungspersonals.

Die Entwicklung eines geeigneten Planungs- und Steuerungssystems hat dabei für den wirtschaftlichen Betrieb des später installierten FFS eine entscheidende Bedeutung. Die kurzfristige Planungssituation in einem FFS unterscheidet sich auf Grund der technischen Rahmenbedingungen vollständig von der Situation in klassischen Produktionssystemen. FFS verfügen prinzipiell über die Fähigkeit, unterschiedliche Werkstücke in nahezu wahlfreier Reihenfolge zu bearbeiten, jedoch wird diese Freiheit während des Systembetriebs erheblich durch die verfügbaren Werkzeuge, die technische Gestaltung des Werkzeugversorgungssystems und die vorhandenen Werkstückträger eingeschränkt.

Ein kurzfristiges Planungssystem muss daher die Werkzeuge den maschinennahen Werkzeugmagazinen, die ein Fassungsvermögen von 20 bis 200 Werkzeugen haben, derart zuordnen, dass unnötige Werkzeugwechselvorgänge zwischen lokalem und zentralem Werkzeugmagazin sowie die daraus resultierende Gefahr der Werkzeugblockierung vermieden werden. Gleichzeitig ist dabei für eine ausreichend hohe Flexibilität beim Werkstückdurchlauf zu sorgen und auf die Termineinhaltung der Produktionsaufträge zu achten. Die enorme Komplexität dieser Planungsaufgaben erfordert ausgefeilte Lösungsansätze, damit während des Systembetriebs planungsbedingte Warte- und Verspätungszeiten der Aufträge sowie lange Rüst- und Leerzeiten der Ressourcen vermieden werden [Tem93a, b: Kap. 5].

Da die in einem FFS verwendeten Werkzeuge ein hohes Investitionsvolumen (bis zu 2000 Euro pro Stück) darstellen, können v. a. von teuren Werkzeugen oft nur wenige Exemplare angeschafft werden. Zur Vermeidung von Werkzeugwartezeiten ist daher der Gestaltung des Werkzeugversorgungssystems sowie der Steuerung des Werkzeugflusses eine besondere Aufmerksamkeit zu schenken [Kuh96; Moh97].

Die im Rahmen der dargestellten 4 Planungsphasen zu treffenden Entscheidungen sind von ausschlaggebender Bedeutung für die spätere Wirtschaftlichkeit des gesamten Systems, da hierbei die grundsätzliche Relation zwischen dem notwendigen Investitionsvolumen und der zu erwartenden Leistung des zukünftigen FFS festgelegt wird. Zur Bewältigung der anstehenden Planungsaufgaben stehen dem Systemplaner verschiedene quantitative Planungsmodelle und Lösungsansätze zur Verfügung, wobei zwischen Ansätzen zur Bewertung einer gegebenen FFS-Konfiguration (Leistungsanalyse) und Optimierungsansätzen unterschieden werden kann.

Bewertungs- und Optimierungsmodelle

Im Zuge der Planung eines neuen, aber auch bei der Umstrukturierung eines bestehenden FFS benötigt der Systemplaner verschiedene Leistungskennwerte einer potenziellen Konfigurationsalternative, z. B. produktabhängige Produktionsraten des Systems, Durchlaufzeiten der Aufträge, Zwischenlagerbestände der angearbeiteten Werkstücke und Auslastungen der Ressourcen. Erst nach der Ermittlung dieser Kennwerte kann der Planer potenzielle Konfigurationen im Hinblick auf ihre Wirtschaftlichkeit beurteilen.

Zur Abschätzung dieser quantitativen Leistungskennwerte eines FFS eignen sich statische Überschlagsrechnungen, Simulationsmodelle (s. Abschn. A 2.5) oder auf der Theorie der geschlossenen Warteschlangen-Netzwerke basierende analytische Ansätze (s. Abschn. A 2.4) [Tem93a, b: Kap. 3; Pap93]:

– *Statische Überschlagsrechnung.* Statische Überschlagsrechnungen bestimmen anhand der Daten aus den Arbeitsplänen der herzustellenden Produkte die Engpassressource des geplanten FFS. Diese Information wird anschließend verwandt, um die jeweiligen Auslastungsgrade der übrigen Ressourcen, wie Bearbeitungsmaschinen und Transporteinrichtungen, zu bestimmen [Gün05: Kap. 5]. Statische Überschlagsrechnungen werden in der Praxis regelmäßig angewandt und dabei meist mit Hilfe von Tabellenkalkulationsprogrammen realisiert. Das relativ einfache Berechnungsschema ermöglicht jedoch nur äußerst grobe Leistungsabschätzungen des geplanten FFS, v. a. werden stochastische und ablauforganisatorische Effekte, wie Stationsstörungen, schwankende Bearbeitungszeiten und die variierende Fertigung unterschiedlicher Produktvarianten, vernachlässigt. Die Ergebnisse der Berechnungen überschätzen daher die tatsächliche Leistungsfähigkeit der betrachteten Systemalternative merklich.
– *Simulation.* Der Einsatz eines Simulationsmodells hat gegenüber der statischen Überschlagsrechnung den Vorteil, dass sich die besondere Situation eines FFS, insbesondere das dynamisch-stochastische Systemverhalten, beliebig genau abbilden lässt und somit alle relevanten Kennwerte einer FFS-Alternative bestimmt werden können (s. Abschn. A 2.5). Problematisch ist jedoch, dass die Entwicklung und Nutzung stochastischer Simulationsmodelle mit relativ viel Aufwand verbunden ist, so dass ein Systemplaner lediglich eine kleine Menge von Systemvarianten hinsichtlich ihrer Leistungsfähigkeit untersuchen kann [Kuh07].
– *Analytische Ansätze.* Mit Hilfe analytischer Ansätze werden die Ressourcen des FFS als eine Menge miteinander verbundener einstufiger Warteschlangensysteme dargestellt, zwischen denen eine konstante Anzahl von Kunden, d. h. Paletten mit Werkstücken, zirkuliert. Eine zentrale Funktion übernimmt dabei das automatisierte Transportsystem, da jeder Werkstückwechsel an einer Bearbeitungsstation mit einem Transportvorgang verbunden ist. Bild A 3.2-23 zeigt für das betrachtete Beispiel eines FFS (Bild A 3.2-22) das zugehörige geschlossene Warteschlangen-Netzwerkmodell, in dem sich insgesamt 7 Paletten befinden.

Das von Gordon und Newell Ende der 60er Jahren entwickelte klassische Grundmodell eines geschlossenen Warteschlangenmodells wurde in den letzten Jahren schrittweise im Hinblick auf die besonderen Gegebenheiten in einem FFS erweitert. So können die auf Grund begrenzter maschinennaher Pufferplätze auftretenden Phänomene der Service- und Transportblockierung [Tem93: Kap. 3] sowie die im Fall einer zentralen Werkzeugversorgung möglichen leistungsmindernden Effekte der Werkzeugblockierung [Tet95] in die Betrachtung einbezogen werden. Auch lassen sich Maschinenausfälle, begrenzt verfügbare Bedien- und Instandhaltungskräfte, speziell gestaltete Fahrerlose Transportsysteme sowie Inspektions- und Nachbearbeitungsstationen berücksichtigen [Sur97; Kuh98]. In zahlreichen Untersuchungen mit Praxisdaten wurde gezeigt, dass die mit diesen Ansätzen erzielbaren Abschätzungen eine hohe Genauigkeit aufweisen [Tem93a, b: Kap. 3; Kuh97].

Zur Erleichterung der Auswahl und Anwendung eines für den Untersuchungsfall geeigneten analytischen Ansatzes existieren benutzerfreundliche Softwaresysteme, wie *FFS-Eval* und *Flow-Eval* [Tem96b]. Diese Systeme ermöglichen es dem Systemplaner, an einem Personal Computer (PC) auf sehr einfache Weise eine große Anzahl unterschiedlicher Systemkonfigurationen relativ schnell (eine Sekunde je Alternative) zu analysieren. Neben der Möglichkeit, zielgerichtet günstige Alternativen auszuwählen, erhält der Planer dadurch einen quantitativ fundierten Einblick in die komplexen Beziehungen zwischen den verschiedenen Entscheidungsvariablen.

Die analytischen Ansätze ersetzen die Simulation als Bewertungsmodell jedoch nicht. Es bietet sich vielmehr an, die beiden Bewertungskonzepte sukzessive zu nutzen, d. h. zunächst analytische Ansätze, um mit relativ geringem

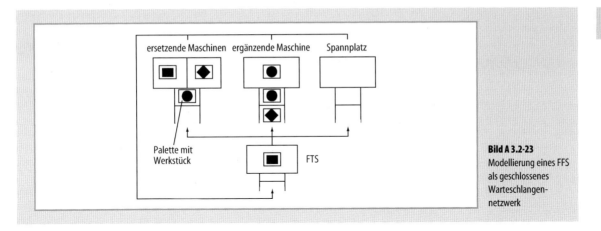

Bild A 3.2-23
Modellierung eines FFS als geschlossenes Warteschlangennetzwerk

Rechenaufwand bereits eine große Anzahl ungünstiger Konfigurationsalternativen aus der weiteren Betrachtung auszuschließen. Die in diesem Prozess positiv eingeschätzten Kandidaten sollten anschließend im Zuge einer detaillierten Simulationsstudie nochmals untersucht werden.

Die quantitative Leistungsanalyse bildet die Grundlage, um aus einer Menge alternativer Konfigurationen eines geplanten FFS eine *ökonomisch fundierte Auswahl* zu treffen. Prinzipiell lassen sich jedoch viele unterschiedliche Konfigurationen bilden, die mit Hilfe eines manuellen Auswahlverfahrens nicht mehr überschaut werden können.

Zur Erleichterung des Auswahl- und Entscheidungsprozesses wurden daher zahlreiche *Optimierungsmodelle* entwickelt, die selbständig Konfigurationsalternativen generieren und im Hinblick auf die gewählte Zielfunktion auswählen. Beispielsweise existieren Ansätze zur Auswahl und Zusammenstellung geeigneter Arbeitspläne (Arbeitsplanoptimierung), zur Bestimmung der Anzahl ersetzender Ressourcen und Paletten (Kapazitätsoptimierung) und zur Festlegung geeigneter Maschinentypen (Ressourcenoptimierung) [Tem93a, b, Kap. 4; Tet90].

Literatur

[Ask93] Askin, R.G.; Standridge, C.R.: Modeling and analysis of manufacturing systems. New York: Wiley 1993

[Bal87] Ballakur, A.; Steudel, H.J.: A within-cell utilization based heuristic for designing cellular manufacturing systems. Int. J. of Prod. Res. 25 (1987) 639–665

[Bal07] Balakrisham, J.; Cheng C.H.: Multi-period planning and uncertainty issues in cellular manufacturing: A review and future directions. Europ. J. of Operational Res. 177, (2007) 1, 281–309

[Bur75] Burbidge J.L.: The introduction of group technology. London: Heinemann 1975

[Bur96] Burbidge J.L.: The first step in planning group technology. Int. J. of Prod. Econom. 43 (1996) 2+3, 261–266

[Bus78] Busch, R.: Arbeitsgruppierung und Fertigungsfamilienbildung. Z. f. wirtsch. Fertig. (1978) 531–535

[Chu95] Chu, C.-H.: Recent advances in mathematical programming for cell formation. In: Kamrani, A.K.; Parsaei, H.R.; Donald, H.L. (eds.): Planning, design, and analysis of cellular manufacturing systems. Amsterdam (Niederlande): Elsevier 1995

[Def06] Defersha, F. M.; Chen, M.: A comprehensive mathematical model for the design of cellular manufacturing systems. Int. J. of Prod. Econom. 103 (2006) 2, 767–783

[Ebe89] Eberwein, R.-D.: Organisation flexibel automatisierter Produktionssysteme. Heidelberg: Physica 1989

[Gün05] Günther, H.-O.; Tempelmeier, H.: Produktion und Logistik. 6. Aufl. Berlin: Springer 2005

[Hel03] Helber, St.; Kuhn, H.: Planung von Produktionsinseln. Wirtschaftswiss. Studium 32 (2003) 2, 76–82

[Her97] Heragu, S.: Facilities design. Boston: PWS Publ. Comp. 1997

[Jeo06] Jeon, G.; Leep, H.R.: Forming part families by using genetic algorithm and designing machine cells under demand changes. Computers & Operations Res. 33 (2006) 1, 263–283

[Kau96] Kaufmann, H.; Pape, H.: Clusteranalyse. In: Fahrmeir, L.; Brachinger, W.; Tutz, G. (Hrsg.): Multivariate statistische Verfahren. 2. Aufl. Berlin: de Gruyter 1996, 437–536

[Kuh96] Kuhn, H.: Fertigungs- und Montagehilfsmittel: Bewirtschaftung. In: Kern, W.; Schröder, H.-H.; Weber

J. (Hrsg.): Handwörterbuch der Produktion. 2. Aufl. Stuttgart: Schäffer-Poeschel 1996, Sp. 451-461

[Kuh97] Kuhn, H.; Tempelmeier, H.: Analyse von Fließproduktionssystemen. Z. f. Betriebswirtsch. 67 (1997) 5+6, 561-586

[Kuh98] Kuhn, H.: Fließproduktionssysteme: Leistungsbewertung, Konfigurations- und Instandhaltungsplanung. Heidelberg: Physica 1998

[Kuh04] Kuhn, H.; Helber, St.: Produktionssegmentierung unter Beachtung stochastisch-dynamischer Einflussgrößen. Wirtschaftswiss. Studium 33 (2004) 8, 463-469

[Kuh07] Kuhn, H.: Simulation. In: Köhler, R.; Küpper, H.-U.; Pfingsten, A. (Hrsg.): Handwörterbuch der Betriebswirtschaft. 6. Aufl. Stuttgart: Schäffer-Poeschel 2007, 1624-1632

[Mah07] Mahdavi, I.; Babak Javadi, B.; Fallah-Alipour, K.; Slomp, J.: Designing a new mathematical model for cellular manufacturing system based on cell utilization. Applied Mathematics and Computation. erscheint 2007

[Maß93] Maßberg, W. (Hrsg.): Fertigungsinseln in CIM-Strukturen. Berlin: Springer 1993

[Maß99] Maßberg, W.; Sossna, F: Reorganisierung gruppentechnologischer Fertigungsstrukturen. Z. f. wirtsch. Fertig. 94 (1999) 409-413

[Mit60] Mitrofanow, S.P.: Wissenschaftliche Grundlagen der Gruppentechnologie. Berlin: VEB Verlag Technik 1960

[Moh97] Mohamed, Z.M.; Bernardo, J.J.: Tool planning models for flexible manufacturing systems. Europ. J. of Operational Res. 103 (1997) 497-514

[Opi71] Opitz, H.: Verschlüsselungsrichtlinien und Definitionen zum werkstückbeschreibenden Klassifizierungssystem. Essen: Girardet 1971

[Pap93] Papadopoulos, H.T.; Heavey, C.; Browne, J.: Queueing theory in manufacturing systems analysis and design. London: Chapman & Hall 1993

[Pic97] Picot, A.; Dietl, H.; Franck, E.: Organisation: Eine ökonomische Perspektive. Stuttgart: Schäffer-Poeschel 1997

[Rei97] Reisman, A.; Kumar, A. et al.: Cellular manufacturing: A statistical review of the literature (1965–1995). Operations Res. 45 (1997) 4, 508-520

[Saf07] Safaei, N.; Saidi-Mehrabad, M.; Jabal-Ameli, M.S.: A hybrid simulated annealing for solving an extended model of dynamic cellular manufacturing system. Europ. J. of Operational Res. erscheint 2007

[Sar99] Sarker, B.R.; Mondal, S.: Grouping efficiency measures in cellular manufacturing: A survey and critical review. Int. J. of Prod. Res. 37 (1999) 2, 285-314

[Sel98] Selim, H.M.; Askin, R.G.; Vakharia, A.J.: Cell formation in group technology: Review, evaluation and directions for future research. Computers Industrial Engg. 34 (1998) 1, 3-20

[Sha93] Shafer, S.M.; Rogers, D.F.: Similarity and distance measures for cellular manufacturing. Int. J. of Prod. Res. 31 (1993) 1133-1142 u. 1315-1326

[Sin96] Singh, N.; Rajamani, D.: Cellular manufacturing systems: Design, planning and control. London: Chapman & Hall 1996

[Slo97] Slomp, J.: The design and operation of flexible manufacturing shops. In: Artiba, A.; Elmaghraby, S.E. (eds.): The planning and scheduling of production systems. London: Chapman & Hall 1997, 199-226

[Sol04] Solimanpur, M.; Vrat, P.; Shankar, R.: Ant colony optimization algorithm to the inter-cell layout problem in cellular manufacturing. Europ. J. of Operational Res. 157 (2004) 3, 592-606

[Sur94] Suresh, N.C.; Meredith, J.R.: Coping with the loss of pooling synergy in cellular manufacturing systems. Management Sci. 40 (1994) 4, 466-483

[Sur97] Suri, R.; Desiraju, R.: Performance analysis of flexible manufacturing systems with a single discrete martial-handling device. Int. J. of Manufacturing Systems 9 (1997) 223-249

[Sur98] Suresh, N.C.; Kay, J.U.: Group technology and cellular manufacturing: Updated perspectives. In: Suresh, N.C.; Kay, J.U. (eds.): Group technology and cellular manufacturing. Boston, MA. (USA): Kluwer 1998, 1 14

[Tem93a] Tempelmeier, H.; Kuhn H.: Flexible Fertigungssysteme: Entscheidungsunterstützung für Konfiguration und Betrieb. Berlin: Springer 1993

[Tem93b] Tempelmeier, H; Kuhn H.: Flexible manufacturing systems: Decision support for design and operation. New York: Wiley 1993

[Tem96a] Tempelmeier, H.: Flexible Fertigungstechniken. In: Kern, W.; Schröder, H.-H.; Weber J. (Hrsg.): Handwörterbuch der Produktion. 2. Aufl. Stuttgart: Schäffer-Poeschel 1996, 501-512

[Tem96b] Tempelmeier, H.; Kuhn, H.: Softwaretools zur Kapazitätsplanung flexibler Produktionssysteme. Industrie Management 12 (1996) 3, 29-33

[Tet90] Tetzlaff, U.A.W.: Optimal design of flexible manufacturing systems. Heidelberg: Physica 1990

[Tet95] Tetzlaff, U.A.W.: Evaluating the effect of tool management on flexible manufacturing system performance. Int. J. of Prod. Res. 33 (1995) 4, 877-892

[Ven99] Venugopal, V: Soft computing-based approaches to the group technology problem: A state-of-the-art review. Int. J. of Prod. Res. 37 (1999) 14, 3335-3357

[Wem97] Wemmerlöv, U.; Johnson D.J.: Cellular manufacturing at 46 user plants: implementation experiences

and performance improvements. Int. J. of Prod. Res. 35 (1997) 4, 29–49
[Wic99] Wicks, E.M.; Reasor, R.J.: Designing cellular manufacturing systems with dynamic part populations. IIE Trans. 31 (1999) 11–20
[Wu07] Wu X.; Chu, C.H.; Wang, Y.; Yan, W.: A genetic algorithm for cellular manufacturing design and layout. Europ. J. of Operational Res. erscheint 2007
[Yin06] Yin Y.; Yasuda, K.: Simillarity coefficient methods applied to the cell formation problem: A taxonomy and review. Int. J. of Prod. Econom. 101 (2006) 2, 329–352

A 3.3 Transport- und Tourenplanung

A 3.3.1 Überblick

Aufgaben der *Transportplanung* sind die Gestaltung von Transportnetzen und die Steuerung der darin ablaufenden Transportprozesse. Die *Tourenplanung* ist ein wichtiger Spezialfall der Transportsteuerung, für den eine weit entwickelte theoretische Fundierung, Planungsverfahren und Software verfügbar sind.

Die verschiedenen Strukturen von Transportnetzen sind in Abschn. A 1.2 ausführlich dargestellt: In einem *Zuliefernetz* wird Material von vielen Lieferanten zu einem oder wenigen Werken eines Abnehmers transportiert, in einem *Distributionsnetz* werden Konsumgüter von den Werken eines Herstellers zu einer großen Zahl von Handelsbetrieben transportiert. Ein *Speditionsnetz* eines Logistikdienstleisters (LDL) verbindet viele Orte, die zugleich Versand- und Empfangsorte sein können, in beiden Richtungen miteinander.

Die Transportplanung muss die Anforderungen der unterschiedlichen Sendungsgrößen (Abschn. A 1.2.4) berücksichtigen: (Komplett)-*Ladungen* gehen direkt, d. h. unabhängig vom Netz, vom Sender zum Empfänger. *Teilladungen* werden zu *Fernverkehrstouren* zusammengefasst und können direkt oder in Verbindung mit dem Netz transportiert werden. *Stückgut* und *Pakete* durchlaufen i. a. eine dreigliedrige Transportkette aus Vorlauf, Hauptlauf und Nachlauf. Vorlauf und Nachlauf erfolgen in *Nahverkehrstouren*, die jeweils mehrere Sendungen einsammeln und zu einem Umschlagpunkt (UP) bringen bzw. ab einem UP verteilen. Der Hauptlauf führt als Ladung oder Teilladung von UP zu UP und kann in einem Speditionsnetz noch einmal über ein Hub gebrochen werden. In einem Zuliefernetz entfällt der Nachlauf, falls nur ein Werk zu beliefern ist, in einem Distributionsnetz der Vorlauf, da der Hauptlauf bei einem Zentrallager (ZL) beginnt; dafür ist hier im Fall mehrerer Werke zusätzlich die Transportstufe Werk–ZL, i. a. im Ladungsverkehr, zu planen.

Die Transportplanung umfasst die folgenden Aufgaben, die sich in der Fristigkeit unterscheiden. Sie werden in den nachfolgenden Abschnitten wie angegeben näher erläutert. Einen ausführlichen Überblick gibt [Cra97].

1. *Gestaltung des Transportnetzes* (langfristig, Abschn. A 3.3.2.2): Die Anzahl und die Standorte der Lager und UP sowie die Transportrelationen sind festzulegen.
2. *Planung der Transportwege und -mittel* (mittelfristig, Abschn. A 3.3.2.1): Für die verschiedenen Sendungsgrößen sind aufgrund der erwarteten Mengen die Transportwege zu planen, insbesondere die Einzugsgebiete der UP für die Vor- und Nachläufe und die Führung der Hauptläufe und der Teilladungen. Es ist die Wahl zwischen eigenen und fremden Transportmitteln zu treffen, was im ersten Fall die Zusammensetzung des Fuhrparks, im zweiten Fall die Auswahl der LDL einschließt. Für die Hauptläufe und den Ladungsverkehr ist auch der Verkehrsträger festzulegen, während Vor- und Nachläufe an die Straße gebunden sind.
3. *Planung des Fahrzeugeinsatzes* (mittel- und kurzfristig): Um eine ausreichende Flexibilität des Transportsystems zu gewährleisten, ist die Zuweisung anstehender Transportaufträge zu einzelnen Fahrzeugen in aller Regel *täglich* vorzunehmen. Für den Sammel- und/oder Verteilverkehr im Einzugsbereich eines UP ist das gerade die Aufgabe der *Tourenplanung* (Abschn. A 3.3.3); sie legt für jedes Fahrzeug eines Fuhrparks fest, welche Kunden in welcher Reihenfolge am Planungstag anzufahren sind. Auch für die Fernverkehre sind Fahrzeuge bereitzustellen, für die Teilladungen müssen ebenfalls Touren gebildet werden (Abschn. A 3.3.2.3). Eine zusätzliche *mittelfristige Rahmenplanung* ist vor allem in Speditionsnetzen üblich: Für die Nahverkehrstouren werden vorab *Tourengebiete* festgelegt, die täglich von je einem Fahrzeug zu bedienen sind. Für die Hauptläufe zwischen den UP werden mittelfristige *Linien-Fahrpläne* aufgestellt (Abschn. A 3.3.2.3), die die einzelnen Transportabschnitte synchronisieren und für sinnvolle *Fahrzeug-Umläufe* sorgen.

Die Zielsetzung besteht bei allen Planungen meistens in der Minimierung der Kosten für Transporte und Umschlag bei vorgegebener Leistung (Abschn. A 1.1.4), insbesondere unter Einhaltung einer bestimmten Lieferzeit. Hinzu kommen für die Eigentümer des Transportguts die Kosten für die Bestände (Abschn. A 3.3.2.4), soweit sie durch die Transportplanung beeinflusst werden.

A 3.3.2 Transportplanung

A 3.3.2.1 Planung der Transportwege und -mittel

Die Optimierung der Transportwege und -mittel in einem vorhandenen Netz ist eine mittelfristige Aufgabe, wird aber auch zur Bewertung unterschiedlicher Netzkonfigurationen im Rahmen der langfristigen Gestaltung von Transportnetzen (Abschn. A 3.3.2.2) benötigt. Sie wird daher zuerst betrachtet.

Zur Planung von Transportströmen ist das mathematische Modell des *Netzwerkflussproblems (NFP)* (Abschn. A 1.1.2.3) besonders gut geeignet. Das Transportnetz wird dabei durch folgende Komponenten abgebildet:
- die Versandorte durch *Angebotsknoten* i (mit dem Angebot A_i),
- die Empfangsorte durch *Bedarfsknoten* i mit Bedarf B_i,
- die Läger und UP durch *Zwischenknoten*,
- die Transportverbindungen durch *Pfeile* (i, j) von Knoten i zu Knoten j mit Transportkosten c_{ij} pro ME und ggf. Ober- und Untergrenzen k_{ij} und l_{ij},
- die Transportmengen durch die *Entscheidungsvariablen* x_{ij} in jedem Pfeil (i, j), die insgesamt den *Fluss* im Netz darstellen.

Alle Mengengrößen $(A_i, B_i, k_{ij}, l_{ij}, x_{ij})$ beziehen sich auf einen bestimmten Planungszeitraum. Man kann $\Sigma_i A_i = \Sigma_i B_i$ annehmen, ggf. nach Einführung eines zusätzlichen Bedarfsknotens, der den Angebotsüberschuss aufnimmt. A_i und B_i stellen dann den externen Zufluss und Abfluss dar.

Gesucht ist ein Fluss mit minimalen Kosten $\Sigma_{ij} c_{ij} x_{ij}$, der die Bedingungen der *Flusserhaltung*
- für jeden Angebotsknoten i: Abfluss − Zufluss = Angebot, d. h. $\Sigma_j x_{ij} - \Sigma_h x_{hi} = A_i$,
- für jeden Bedarfsknoten i: Zufluss − Abfluss = Bedarf, d. h. $\Sigma_h x_{hi} - \Sigma_j x_{ij} = B_i$,
- für jeden Zwischenknoten i: Abfluss = Zufluss, d. h. $\Sigma_j x_{ij} - \Sigma_h x_{hi} = 0$,
und ggf. die Kapazitätsbedingungen
- für jeden Pfeil (i, j): $l_{ij} \leq x_{ij} \leq k_{ij}$

erfüllt.

Man beachte, dass im NFP Kosten und Kapazitäten nur den Pfeilen, nicht den Knoten zugeordnet sind. Umschlagprozesse in einem Lager oder UP, deren Kosten ja für den Vergleich verschiedener Transportwege bedeutsam sind, müssen deshalb explizit durch Pfeile abgebildet werden. Dazu sind für das entsprechende Lager oder den UP *zwei Knoten* (Eingangs- und Ausgangsknoten) erforderlich. Bild A 3.3-1 veranschaulicht diese Modellierung für ein Distributionsnetz. Die Wahl verschiedener Transportmittel kann durch parallele Pfeile mit entsprechenden Kosten und Kapazitäten modelliert werden.

Das NFP ist ein Spezialfall der linearen Programmierung (LP), für den sehr effiziente Lösungsverfahren existieren [Dom07: Kap. 6 u. 7]. Die exakte Optimierung des Flusses ist auch in Netzen mit einigen tausend Knoten und einigen zehntausend Pfeilen in Rechenzeiten unter einer Minute möglich.

In der Grundform des NFP wird nur *ein* Transportgut betrachtet. Eine Differenzierung von Produkten ist über-

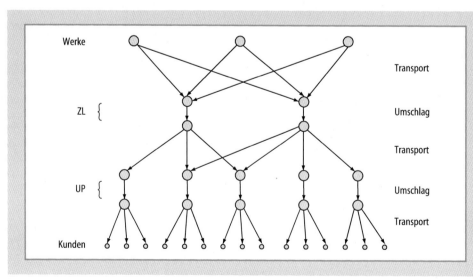

Bild A 3.3-1 Netzwerkmodell eines Distributionssystems

flüssig, sofern der Fluss in einheitlichen ME (z. B. kg oder Paletten) gemessen werden kann und die zwischen den Versand- und Empfangsorten zu transportierenden Mengen durch A_i und B_i eindeutig festgelegt sind. Dies trifft zu für ein Zuliefernetz mit nur einem Abnehmer-Werk sowie für Distributionsnetze mit nur einem Hersteller-Werk oder mit mehreren Werken mit unterschiedlichen Produkten, aber einheitlichem Produktmix in allen Bedarfsorten. In allen anderen Fällen, insbesondere für Speditionsnetze, muss das Modell zu einem *Mehrgüter-NFP* (MNFP) erweitert werden, in dem Angebote, Bedarfe, der Fluss und die Flusserhaltung für jedes Produkt getrennt betrachtet werden, die Kapazitätsbedingungen aber für den Gesamtfluss gelten. Bei einem Speditionsnetz wird dann jedem Versandort genau ein Produkt zugewiesen, so dass die Bedarfe in den Empfangsorten den Versandort erkennen lassen. Ein Knoten kann dann zugleich Angebotsknoten für ein Produkt und Bedarfsknoten für andere Produkte sein. Ein MNFP ist immer noch ein spezielles LP-Problem, für das besondere Optimierungsverfahren entwickelt wurden [Ahu93: Kap. 17].

Zur eindeutigen Abgrenzung der Einzugsgebiete der UP ist die Bedingung einzuhalten, dass jeder Kundenort (Versand- oder Empfangsort) von genau einem UP bedient wird. Eine solche *Single-Source-Bedingung* kann auch für andere Knoten bestehen, z. B. wenn ein UP in einem Distributionsnetz von genau einem ZL beliefert werden soll oder in einem Speditionsnetz an genau ein Hub angeschlossen sein soll. Durch Single-Source-Bedingungen geht die reine LP-Struktur des NFP oder MNFP verloren, im MNFP bewirken sie eine zusätzliche Koppelung der Produkte, die die Lösung erschwert. Im Fall eines Speditionsnetzes entsteht sogar ein besonders schwieriges *quadratisches Zuordnungsproblem* [Dom96; Kap. 6], da die Zuordnungen des Versand- und des Empfangsortes einer Sendung zu je einem UP nicht unabhängig sind, sondern gemeinsam die Transportkosten zwischen den Depots bestimmen.

Eine gravierende Einschränkung für die Anwendung des NFP und des MNFP ist die Unterstellung fester Kostensätze c_{ij} pro ME auf jedem Pfeil (i,j). Damit können die kostensenkenden Bündelungseffekte, auf die die Struktur eines Transportnetzes gerade ausgerichtet ist (Abschn. A 1.2), gar nicht erfasst werden. Dazu müssen die Modelle um *nichtlineare (degressive) Transportkosten-Funktionen* $C_{ij}(x_{ij})$ auf dem Pfeil (i,j) erweitert werden, wobei im MNFP x_{ij} den *Gesamtfluss* im Pfeil (i,j) (summiert über alle Produkte) darstellt. Dies wirft zweierlei Probleme auf: die Modellierung solcher Kostenfunktionen und die Lösung des damit erheblich schwierigeren Optimierungsproblems.

Modellierung von Transportkosten

Da die Transportkosten für die einzelnen Sendungen entstehen, müssen diese für die externen Zu- und Abflüsse A_i und B_i bekannt sein und der Fluss x_{ij} in jedem Pfeil muss in die Mengen der einzelnen Transporte zerlegt werden. Durch Summation über deren Kosten ergeben sich dann die Kosten je Pfeil. Bei der Aufstellung der Kostenfunktionen je Transport sind drei Arten von Pfeilen zu unterscheiden [Fle98: 64ff]:

- Bei e*xklusivem Fernverkehr* werden die einzelnen Mengen im Pfeil (i,j) allein transportiert, ohne Bündelung mit anderen nicht im Fluss x_{ij} enthaltenen Mengen. Dies trifft zu für ein Speditionsnetz sowie für Distributions- und Zuliefernetze, wenn die Transporte exklusiv für den betrachteten Hersteller oder Abnehmer erfolgen. Dann haben die Kosten die Form einer Treppenfunktion, die bei steigender Menge jeweils um die Kosten einer zusätzlichen Fahrt springt, sobald die bisherigen Fahrzeuge voll ausgelastet sind. Ein wesentlicher Parameter ist dabei die Fahrzeugkapazität.
- Bei *nicht exklusivem Transport im Fernverkehr* und bei Teilladungs-Transport ist jeder Sendung nur ein Anteil der Kosten einer Fahrt zuzurechnen. Dieser ist größer als der Anteil der Sendungsgröße an der Fahrzeugkapazität, da die Bündelung mehrerer Sendungen zu Umwegen, zusätzlichen Stopps und nicht voller Auslastung des Fahrzeugs führen kann.
- Bei *Nahverkehrstouren* besteht die zusätzliche Schwierigkeit, dass die in Touren zurückgelegten Entfernungen und die Dauer der Touren erst nach einer vollständigen Tourenplanung bekannt sind, die aber im Rahmen einer mittelfristigen Planung wegen des Aufwands und fehlender Detail-Daten nicht praktikabel ist. Das in [Fle98: 67ff.) vorgeschlagene und in zahlreichen Anwendungen erprobte *Ringmodell* liefert zugleich eine Schätzung der Kosten der Tour und eine Zurechnung auf die Sendungen in Abhängigkeit von der Sendungsgröße und der Entfernung. Wesentliche Parameter in dieser Funktion sind die Fahrzeug-Kapazität, die maximale Dauer einer Tour und der mittlere Abstand zwischen zwei aufeinanderfolgenden Kundenorten in der Tour. Durch geeignete Einstellung dieses letzten Parameters ist die Anwendung sowohl für exklusive Touren möglich als auch für solche, die fremde Sendungen mitführen.

Lösungsverfahren für MNFP mit nichtlinearen Kosten

Degressive Kostenfunktionen erschweren die Lösung des MNFP ganz erheblich aus zwei Gründen: Zum einen lassen sich die Kosten nicht mehr einfach nach den verschiedenen Produkten trennen, zum anderen besitzt ein solches nicht konvexes Optimierungsproblem *lokale Optima*, die sehr verschieden strukturiert sein können. Hat man eine solche Lösung gefunden, ist es sehr schwer festzustellen, ob es noch bessere Lösungen gibt und wie diese aussehen.

Man kann die nichtlinearen Kostenfunktionen mit beliebiger Genauigkeit durch stückweise lineare Funktionen ersetzen und dann das Problem als Mixed-Integer Programming (MIP)-Aufgabe formulieren. Ebenso kann das Problem auf ein Fixkosten-MNFP zurückgeführt werden, bei dem jeder Pfeil lineare und fixe Kosten trägt: Dazu ersetzt man jeden Pfeil mit stückweise linearen Kosten durch mehrere parallele Pfeile entsprechend den Abschnitten der Kostenfunktion. Wichtig ist dabei, dass die Fixkosten-Pfeile eine begrenzte Kapazität haben. Im Spezialfall einer Treppenfunktion stellt jeder solche Pfeil eine Fahrt mit einem Fahrzeug bestimmter Kapazität dar. Allerdings führen diese Formulierungen zu einer sehr großen Anzahl von Binärvariablen in der MIP-Aufgabe bzw. von Fixkosten-Pfeilen im MNFP, die bei realistischen Netzen in die Tausende geht.

Zwar sind *exakte* Verfahren in der Lage, unkapazitierte Fixkosten-MNFP mit bis zu 70 Knoten und 1000 Pfeilen zu lösen [Hol98]; in dem für die Transportplanung relevanten Fall degressiver Kosten oder Fixkosten und Kapazitäten kommt aber eine exakte Lösung des MNFP für den praktischen Einsatz derzeit nicht in Frage. Im Folgenden werden kurz einige *heuristische Lösungstechniken* erläutert. Die Literaturangaben beschränken sich auf wenige neuere Arbeiten; für eine Übersicht wird auf [Grü05a] verwiesen.

Die *lokale Linearisierung* besteht darin, abwechselnd das Problem mit festen Kostensätzen als lineares MNFP zu lösen und dann aus der Lösung für jeden Pfeil wieder neue Kostensätze abzuleiten, z.B. entsprechend den Grenzkosten oder den Durchschnittskosten [Par89; Fle93]. Dieses Vorgehen ist besonders schnell; es führt i. d. R. nach wenigen Iterationen zu einem lokalen Optimum. Die Lösungsqualität hängt aber sehr stark von den Startwerten der Kostensätze ab, die sehr sorgfältig zu wählen sind. Das Verfahren kann mit einem anschließenden Verbesserungsverfahren (z. B. Local Search) kombiniert werden.

Die *Lagrange-Relaxation* dient primär der Berechnung unterer Schranken für die unbekannten Kosten der optimalen Lösung. Durch Relaxierung von Nebenbedingungen entstehen einfachere exakt lösbare Probleme. Von deren (unzulässigen) Lösungen können durch zusätzliche Heuristiken zulässige Lösungen abgeleitet werden. Ein bedeutender Vorteil dieser Verfahren ist, dass sie auf diese Weise auch eine Abschätzung der Lösungsgüte der gefundenen heuristischen Lösungen liefern. In der Regel werden einige oder alle Flusserhaltungsgleichungen relaxiert. Dadurch zerfällt das Problem in einfachere Teilprobleme, im Extremfall in Probleme mit nur einem Pfeil [Ami97; Hol00].

Verfahren der *Spaltenerzeugung* gehen in zwei Schritten vor: Zunächst werden eine große Zahl von Teillösungen, z. B. Transportwege zwischen bestimmten Empfangs- und Versandorten oder Fahrzeugumläufe, konstruiert, wobei auch komplizierte Restriktionen beachtet werden können, vor allem die zeitliche Abstimmung der Abschnitte einer Transportkette. Die optimale Kombination der Teillösungen zu einer zulässigen Gesamtlösung stellt dann ein *Set-Covering-Problem* mit den Teillösungen als Spalten dar. Kuby und Gray untersuchen in dieser Weise das Ein-Hub-System von Federal Express [Kub93].

Local-Search-Verfahren dienen der schrittweisen Verbesserung einer Lösung durch Überprüfung von jeweils *benachbarten* Lösungen. In Frage kommen alle bekannten Such-Strategien – *Simulated Annealing, Tabu Search, Sintflutverfahren* u. a. –, in Verbindung mit einer geeigneten Definition der Veränderungsoperationen, die zu benachbarten Lösungen führen. Da im Fall konkaver Kosten die optimalen Lösungen des MNFP Basislösungen sind, bietet sich dafür der *Basistausch* an [Yan99], wie er in Verfahren des linearen MNFP praktiziert wird. Außerdem werden Genetische Algorithmen eingesetzt [Yan05]. Eine neuartige Variante kombiniert Tabu Search mit der Branch-and-Bound-Enumeration, wobei die beiden Strategien auf getrennte Teilmengen der Entscheidungsvariablen angewandt werden. Büdenbender et al. [Büd00] setzen diese Technik sehr erfolgreich für die Planung der Luftfracht im Briefpostnetz der Deutschen Post ein.

A 3.3.2.2 Gestaltung von Transportnetzen

Die langfristige Gestaltung von Transportnetzen betrifft in erster Linie die Festlegung der Anzahl und der Standorte der Knoten des Netzes, soweit sie nicht als Versand- oder Empfangsorte feststehen, und ihrer jeweiligen Funktionen (Lager, UP mit oder ohne Hub-Funktion). Diese Aufgabe schließt aber die zuvor betrachtete Planung der Transportwege, die die geplanten Knoten verbinden sollen, untrennbar mit ein. Zu den dort berücksichtigten Kosten für Transporte und Umschlag kommen jetzt fixe oder sprungfixe Kosten für den Betrieb und ggf. für die Errichtung der geplanten Knoten hinzu.

Die Gestaltung von Distributionsnetzen ist seit etwa 1970 Gegenstand intensiver Forschung, die eine Fülle von Modellen und Methoden hervorgebracht hat [Geo95; Klo05]. Die Planung der Anzahl und der Standorte der UP von Gebietsspediteuren in einem Zuliefernetz kann, bei Umkehrung der Transportrichtung, als Spezialfall davon angesehen werden. Die Gestaltung von Speditionsnetzen hat sich erst ab den neunziger Jahren zu einem vielbeachteten Forschungsthema entwickelt. Dies gilt vor allem für das „*Hub-Location-Problem*", bei dem Anzahl und Standorte von Hubs und die Anbindung gegebener UP („Depots") bei gegebenem Transportbedarf gesucht sind [Wlc98: 69ff.; Klo05].

Als *Modell* der Netzgestaltung eignet sich allgemein das MNFP mit „potentiellen" Knoten, die Fixkosten tragen und über deren „Öffnung" oder „Schließung" zu entscheiden ist. Ein Spezialfall ist das *Warehouse-Location-Problem* (WLP) (Abschn. A 3.1.2). Ersetzt man jeden potentiellen Knoten durch einen Eingangsknoten, einen Ausgangsknoten und dazwischen einen Pfeil mit den Fixkosten, so liegt wieder ein Fixkosten-MNFP vor. Allerdings ist zu beachten, dass für die Gestaltung von Transportnetzen nichtlineare Transportkosten besonders wichtig sind, da die optimale Anzahl von Lagern und UP ja gerade durch die Effekte der Bündelung von Transportströmen bestimmt werden. Deshalb ist das Standard-WLP mit linearen Transportkosten für die Transportnetzgestaltung wenig geeignet. Das gleiche gilt leider auch für viele Hub-Location-Modelle, die entweder lineare Transportkosten oder Fixkosten ohne Beachtung der Fahrzeugkapazitäten unterstellen.

Für die *Lösungsverfahren* kommen alle im vorigen Abschnitt angeführten Techniken in Frage, da wie gesagt die Netzgestaltung wieder ein MNFP mit nichtlinearen Kosten ist. Für die Local-Search-Verfahren wird aber noch auf eine Besonderheit hingewiesen: Als Änderungsoperation bietet sich jetzt das Öffnen oder Schließen eines einzelnen potentiellen Standortes an. Die Suche erstreckt sich dann über verschiedene Standortkonfigurationen, deren Kosten verglichen werden müssen. Dazu wäre aber zu jeder Standortkonfiguration das Transportproblem, immer noch ein MNFP mit nichtlinearen Kosten, zu lösen. Da im Laufe eines Local-Search-Verfahrens meist Tausende von Lösungen zu prüfen sind, wäre dies ein zu hoher Aufwand. Deshalb empfiehlt es sich, zur Bewertung der Standortkonfigurationen einfacher zu berechnende Kostenschätzungen zu verwenden [Wlc98: 99ff.].

A 3.3.2.3 Fahrzeugeinsatz im Fernverkehr

Die Planung des Fahrzeugeinsatzes im Gütertransport ist Aufgabe des LDL, sofern nicht ein Industrie- oder Handelsunternehmen eigene Fahrzeuge im Werkverkehr einsetzt. Der LDL betrachtet diese Aufgabe übergreifend für alle seine Auftraggeber im Rahmen eines Speditionsnetzes.

Diese Situation wird im Folgenden zugrunde gelegt. Mit der kurzfristigen, meist täglichen, Disposition des Fahrzeugeinsatzes für den Sammel- und Verteilverkehr im *Nahbereich eines UP* befasst sich die *Tourenplanung* (Abschn. A 3.3.3). Die Planung des *Fernverkehrs* geschieht in der Regel auf zwei Ebenen: Mittelfristig sind die regelmäßigen *Linienverkehre* für Stückgut und Pakete zwischen dem UP und der Umlauf der dafür einzusetzenden Transportmittel (LKW, Bahn-Waggons, Flugzeuge) und Ladungsträger festzulegen, was als *Service Network Design* bezeichnet wird [Cra00; Wie07]. Die kurzfristige Disposition nimmt die Zuordnung der Aufträge zu Stückgut und Teilladungen vor und stellt die Teilladungen zu Fernverkehrstouren zusammen.

Linienplanung

In einem nationalen Stückgut- und/oder Paketnetz laufen die Transporte nach einem täglich gleichen Linienfahrplan ab, der in der Regel eine Laufzeit der Sendungen vom Versand- zum Empfangsort, also inkl. Nahverkehr, von max. 24 Stunden vorsieht. Da die tägliche Transportmenge für die meisten UP-UP-Relationen zu gering für einen wirtschaftlichen Direktverkehr ist, muss der Linienfahrplan Konsolidierungsmaßnahmen einschließen. Dabei sind die Transportwege für die Sendungen zwischen je zwei UP unter Beachtung von Mengen- und Zeitrestriktionen zu bestimmen.

Die einzelnen Fahrzeuge müssen in *Umläufen* eingesetzt werden, die innerhalb eines oder weniger Tage zum Ausgangspunkt zurückführen. Formen von Umläufen sind, in der Reihenfolge zunehmender Kosten, die zusätzlich zu den eigentlichen Transporten entstehen:

– Hin- und Rückfahrt an einem Tag, etwa zu einem Hub, oder im *Begegnungsverkehr*: Dabei tauschen zwei Fahrzeuge ihre Ladungen, die auf der gleichen Relation in entgegengesetzter Richtung zu transportieren sind, etwa in der Mitte des Weges aus;
– Eintages-Umlauf, durch Kombination mehrerer kürzerer Transportabschnitte ggf. mit Leerfahrten dazwischen;
– Mehrtages-Umlauf, durch Kombination längerer Transportabschnitte; dies erfordert eine auswärtige Übernachtung des Fahrers (oder der Fahrer);
– One-Way-Fahrt; dabei muss die Rückfahrt leer oder mit Aufträgen außerhalb des Linienverkehrs erfolgen.

Diese äußerst komplexe Planung wird in Speditionen derzeit manuell vorgenommen. Noch schwieriger ist die Aufgabe in internationalen Speditionsnetzen, in denen weder ein täglich getakteter Fahrplan noch eine Begrenzung der

Laufzeiten auf 24 Stunden möglich ist. Hier sind zusätzlich Entscheidungen über
- die Häufigkeit, mit der bestimmte Relationen bedient werden,
- den Einsatz verschiedener Verkehrsträger im intermodalen Verkehr mit Einfluss auf die Laufzeiten

zu treffen.

Tägliche Fahrzeugdisposition

Aufgabe der Fernverkehrsdisposition ist es [Stu98: 66–78], für die vorliegenden Transportaufträge eines Tages
- die Abgrenzung zwischen Teilladungs- und Linienverkehr vorzunehmen,
- die Teilladungen zu Touren für einzelne Fahrzeuge zusammenzustellen.

Dabei sind die Zeitfenster für Abholung und Zustellung der einzelnen Sendungen sowie die verfügbaren Fahrzeuge und ihre Kapazitäten zu beachten. Ziel ist die Minimierung der Transportkosten.

Die erste Aufgabe lässt sich zwar einfach durch Vorgabe eines Grenzgewichts ausführen, jedoch bringt eine differenzierte Festlegung, die gemeinsam mit der Tourenbildung optimiert wird, erhebliche Kostenvorteile. Der Stückguttransport auf einer Linienverbindung von UP zu UP kann auch als Ganzes wie eine Teilladung angesehen werden und so mit einer Teilladungstour kombiniert werden. Für jede Teilladung ist zu entscheiden, ob sie innerhalb einer Tour direkt am Versandort oder nach „Vorholung" im Nahverkehr an einem UP abgeholt wird; analog ist eine direkte oder indirekte Zustellung möglich. Die Ferntourenplanung unterscheidet sich von der üblichen Tourenplanung (Abschn. A 3.3.3) zum einen in der dargestellten Abstimmung mit dem Linienverkehr, zum anderen darin, dass je Auftrag zwei Ladeorte (Versand und Empfang) anzufahren sind. Dabei werden zuerst alle Versandorte in einer Region, dann alle Empfangsorte in einer anderen Region angefahren.

Stumpf [Stu98] hat verschiedene Local-Search-Verfahren für die Ferntourenplanung entwickelt und in Praxisfällen mit Erfolg erprobt. Als Veränderungsoperation dient dabei das Verschieben einer oder mehrerer Sendungen innerhalb einer Tour oder zwischen den Touren.

A 3.3.2.4 Transportplanung und Bestände

Die Transportplanung hat erheblichen Einfluss auf die Bestände in einer Supply Chain. Dabei sind die verschiedenen Komponenten des Bestandes (Abschn. A 1.1.5.3) zu unterscheiden: Der *Bestand im Transport* hängt im Mittel lediglich von der Transportdauer und somit ggf. vom Transportweg ab. Der *Transportlosgrößen-Bestand* hängt von der Häufigkeit der Transporte ab, der *Sicherheitsbestand* in erster Linie von der Anzahl der Lager, in denen Bestand für das betrachtete Produkt gehalten wird. Da die Höhe der Bestände und die Transportkosten meist gegenläufig sind, ist eine gemeinsame Optimierung wichtig, vor allem aus Sicht des Eigentümers der Bestände, der die Kapitalbindungskosten trägt. Dieser Zusammenhang wird aber sowohl in der Literatur zur Transportlogistik als auch in der Praxis noch zu wenig beachtet. Einen Überblick über Problemstellungen und Methoden geben Bertazzi und Speranza [Ber00]. Im Folgenden werden zwei wichtige Fälle behandelt.

In einem Distributionsnetz werden Bestände in den ZL, ggf. auch in Werkslagern gehalten. Sie gehören dem Hersteller, der auch über die Anzahl der ZL entscheidet. Mit wachsender Anzahl ZL fallen die Transportkosten, während die Sicherheitsbestände steigen (Abschn. A 1.2.3). Für letzteren Zusammenhang gibt es analytische Darstellungen leider nur unter sehr einschränkenden Annahmen (Abschn. A 3.4.3). Problematisch ist, dass der Zufluss zum Distributionssystem meist durch Produktion mehrerer Produkte nacheinander auf gemeinsamen Maschinen erfolgt. Daher sind Einprodukt-Lagerhaltungsmodelle schone eine Vereinfachung; solche Modelle sollten nur mit *periodischer Kontrolle* (entsprechend dem Auflagezyklus eines Produkts) verwendet werden. Eine numerische Bestimmung der Sicherheitsbestände im konkreten Fall ist approximativ möglich, wobei auch Quertransporte zwischen den Lagern zur Senkung der Sicherheitsbestände einbezogen werden können [Dik98].

Für einen Lieferanten stellt sich im Rahmen des VMI-Konzepts (Abschn. A 1.2.2) das Problem, die Transportfrequenzen zu optimieren. Denn höhere Frequenzen senken den Bestand, erhöhen aber wegen der degressiven Kostenfunktionen (Abschn. A 3.3.2.1) die Transportkosten. Auf eine einzelne Lieferanten-Abnehmer-Relation bezogen ist dies ein relativ einfaches Losgrößenproblem, das aber ggf. durch zusätzliche Nebenbedingungen erschwert wird [Fle99b]. Berücksichtigt man aber, dass mehrere Kunden in Touren angefahren werden, so liegt ein sehr komplexes *Inventory-Routing-Problem* vor. Dabei sind für jeden Kunden die Transporthäufigkeit innerhalb eines Zyklus und zugleich für die an den einzelnen Tagen anzufahrenden Kunden die Touren zu bestimmen, so dass die Kosten für die Bestände und die Touren minimal sind. Dieses Problem stellt sich analog für einen Abnehmer, der Material von mehreren Lieferanten abholen lässt. Einen Überblick über Methoden und Anwendungen geben [Tot02: Kap. 12] und [Cor06: Kap. 4].

A 3.3.2.5 Software

An kommerzieller Software werden, außer für die Tourenplanung (Abschn. A 3.3.3.4), vor allem interaktive Decision-Support-Systeme für die strategische Gestaltung von Distributionssystemen angeboten [Geo95]. Als wesentliche Daten werden dazu benötigt:
- Sendungsdaten für einen charakteristischen Zeitraum (i. Allg. ein Jahr), die je Sendung den Liefertag, Empfangsort (PLZ) und je Auftragsposition Produkt und Menge angeben;
- Kostenfunktionen für den Transport je Relation oder Transportstufe und für den Umschlag je Knoten.

Vom Distributionssystem werden die Werke mit Standort und Produktionsprogramm vorgegeben, außerdem wahlweise andere Komponenten, z. B. einzelne ZL- und UP-Standorte und Transportwege; die übrigen Komponenten werden bzgl. der Kosten optimiert. Als Ergebnisse erhält man alle Flüsse der Transport- und Umschlagsprozesse mit Mengen und Kosten.

Eine Distributionsplanungssoftware umfasst folgende Funktionen:

- die *Auswertung der Sendungsdaten* nach Sendungsgrößen und geographischer Verteilung. Daraus kann auch ein Vorschlag für die Menge der potentiellen Standorte für die gesuchten UP und ZL abgeleitet werden;
- die *Verwaltung geographischer Daten* für das Distributionsgebiet (national, international, weltweit): Dazu gehört die Entfernungsberechnung für alle potentiellen Transportrelationen, insbesondere zu den Empfangsorten der Sendungsdaten;
- einen *Solver*, der die Standorte und Transportflüsse (heuristisch) optimiert;
- eine *graphische Benutzeroberfläche*, die eine einfache Verbindung zwischen der Netzstruktur und den zugehörigen Daten und Ergebnissen erlaubt. Bild A 3.3-2 zeigt als Beispiel das System PRODISI SCO [Pro07].

Typische Fragestellungen, die mithilfe derartiger Systeme bearbeitet werden können, sind z. B. die Auswirkung von Veränderungen der Standorte und Produktprogramme der Werke, der Übergang von eigenen Fahrzeugen zu einem LDL sowie die Bewertung von Kooperationen zwischen Herstellern und die Optimierung des zugehörigen kooperativen Distributionssystems [Fle99a].

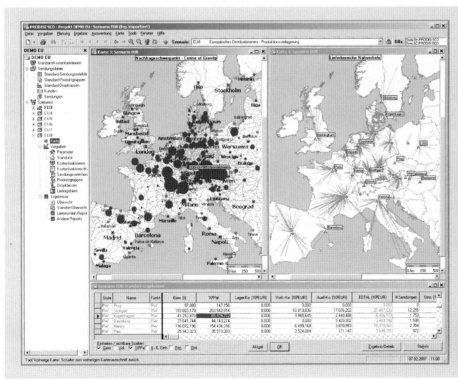

Bild A 3.3-2 Oberfläche der Distributionsplanungssoftware PRODISI SCO

Dabei geht man in folgenden Schritten vor [Fle98]:
- Simulation der Ist-Struktur mit Ist-Kostenabrechnung durch feste Vorgabe aller Standorte und Transportwege zum Zweck der Modellvalidierung;
- Aufstellung verursachungsgerechter Kostenfunktionen, die die Wirkung struktureller Änderungen erfassen können;
- Optimierung der Einzugsbereiche der Lager und UP für die Ist-Standorte, um diesen Effekt von der Auswirkung der Standortveränderungen trennen zu können;
- Optimierung des Netzes unter verschiedenen Vorgaben.

Für die Transportplanung in Zuliefernetzen und Speditionsnetzen wird dagegen noch wenig Standard-Software angeboten. Die strategische und taktische Planung von Paketdienstleisternetzen unterstützt das System PRODISI CEP [Pro07].

A 3.3.3 Tourenplanung

A 3.3.3.1 Aufgabenstellung

Die Tourenplanung hat ganz allgemein die Aufgabe, kleinere Transportaufträge, die einzeln ein Fahrzeug nicht auslasten, zu Touren zusammenzufassen. In den zuvor betrachteten Transportnetzen betrifft die Tourenplanung den Sammelverkehr (Zuliefernetz), Verteilverkehr (Distributionsnetz) oder beides (Speditionsnetz) im Nahbereich eines UP, hier *Depot* genannt. Die folgende Darstellung beschränkt sich auf die getrennte Planung für jeweils *ein Depot*, an dem alle Touren beginnen und enden, im Gegensatz zum *Mehrdepotproblem*, das eine Zuordnung der Touren zu verschiedenen Depots und Fahrten zwischen den Depots vorsieht.

Tourenplanungsprobleme treten nicht nur im Gütertransport, sondern auch im Personentransport, für die Straßenreinigung oder im Rahmen der Vertriebssteuerung von Außendienstmitarbeitern auf. Diese Fälle, die hier nicht betrachtet werden, können z. T. mit ähnlichen Modellen und Methoden behandelt werden.

Die räumliche Struktur, auf die sich die Tourenplanung bezieht, wird als Netzwerk aus Knoten und Kanten abgebildet. Können die Kunden als Knoten dargestellt werden (z. B. als Adresspunkte), spricht man von *knotenorientierter* Tourenplanung. Dieser Fall überwiegt in der praktischen Anwendung bei weitem. Demgegenüber sind in *kantenorientierten* Problemen ganze Kanten als „Kunden" zu bedienen, z. B. bei der Straßenreinigung. Diese auch *Briefträgerprobleme* genannten Fälle [Dom97: Kap. 4] werden hier nicht betrachtet.

Trotz der Vielfalt und Vielzahl der Anwendungsbereiche hat sich in der Literatur des Operations Research das folgende Standardproblem der Tourenplanung etabliert, das als Ausgangspunkt für erweiterte Problemstellungen und als Referenzmodell für die Untersuchung von Lösungsverfahren dient.

Standardproblem der Tourenplanung: Eine gegebene Anzahl Kunden muss von einem Depot aus beliefert werden. Die Entfernungen zwischen den Kunden und zwischen dem Depot und den Kunden sind bekannt und symmetrisch, d. h. richtungsunabhängig. Zur Auslieferung stehen beliebig viele gleichartige Fahrzeuge zur Verfügung, die alle über die gleiche Kapazität verfügen, ihre Fahrten am Depot beginnen und dort auch wieder beenden und jeweils höchstens eine Tour übernehmen. Die Nachfragemengen der Kunden sind bekannt und müssen jeweils vollständig von einem Fahrzeug geliefert werden.

Die Zielsetzung besteht nun in der Planung von Touren, die die insgesamt zu fahrende Strecke minimieren. Dabei muss die gesamte Nachfrage befriedigt und die Fahrzeugkapazität auf jeder Tour eingehalten werden.

Unter einer *Tour* versteht man die geordnete Menge der Kunden, die gemeinsam auf einer am Depot beginnenden und endenden Fahrt bedient werden. Die Anordnung der Kunden ergibt sich aus der Belieferungsfolge. Die Menge aller Touren, die zur Deckung der gesamten Nachfrage benötigt werden, stellt das Ergebnis der Tourenplanung dar, den *Tourenplan*.

A 3.3.3.2 Planungsprobleme

Das Standardproblem der Tourenplanung stellt nur einen äußerst vereinfachten Kern der meisten praktischen Problemstellungen dar, der je nach Anwendung eine Reihe von Veränderungen und Erweiterungen erfordert. In Tabelle A 3.3-1 sind die wichtigsten Erweiterungen mit neueren Literaturhinweisen zusammengestellt.

Sehr viele unterschiedliche Tourenplanungsprobleme ergeben sich allein aus den Merkmalen der *Kunden*. Wenn – wie im Standardproblem – die Kunden und ihr jeweiliger Bedarf zum Zeitpunkt der Planung vollständig bekannt sind, spricht man von *deterministischer* Tourenplanung (z. B. Ende der Bestellannahme am Nachmittag vor dem Ausliefertag). Ein *stochastisches* Problem liegt dann vor, wenn die Liefermengen eine Zufallsverteilung aufweisen (z. B. Heizölhandel). Wenn zusätzlich auch noch die Kunden selbst erst im Laufe des Planungshorizontes bekannt werden, handelt es sich um ein *dynamisches* Problem (z.B. Taxieinsatz, telefonisch übermittelte Eilaufträge).

Die mit dem Besuch eines Kunden verbundene Aktivität – der *Auftrag* – kann im *Ausliefern* (synonym: Zustellen)

Tabelle A 3.3-1 Kennzeichen von Tourenplanungsproblemen (und neuere Literatur)

	Merkmal	Ausprägung	Literatur
Kunden	Standort Datenverfügbarkeit Auftragsart Servicebeginn Verträglichkeit	Knoten oder Kante Deterministisch, stochastisch, dynamisch Ausliefern, Einsammeln, beides Mit oder ohne Zeitfenster Kunde-Fahrzeug oder Auftrag-Auftrag	[Fle04b], [Pot06] (dynamisch, tageszeitabh. Fzt.) [Lus06] (Pickup und Delivery) [Cor01] (Kunden-Fahrzeug)
Fuhrpark	Zusammensetzung Einsatzhäufigkeit Fahrzeugtypen Größe	Homogen oder heterogen Einfach oder mehrfach Motorwagen oder Hängerzüge Vorgegeben oder beliebig	[Li07] (heterogen) [Sch06] (heterogen)
Touren	Art Beschränkungen Vorgaben	Offen oder geschlossen Max. Tourdauer etc. Frei oder Tourgebiete oder Rahmentouren	[Li06] (offen) [Hau05] (Tourgebiete)
Netzwerk	Orientierung Art Fahrzeiten	Symmetrisch oder asymmetrisch Koordinaten- oder Straßennetz Konstant oder variabel	 [Fle04a] (tageszeitabh. Fzt.)
Planungshorizont	Länge Besuchsfrequenz	Eine oder mehrere Perioden Einmal oder mehrmals	
Ziele	Kosten Ersatzkriterien	Fixe und variable Fahrzeugkosten Fahrzeugzahl, Fahrstrecke, Einsatzzeit, Lieferservice, Auslastung etc.	

oder *Abholen* (Einsammeln) einer Ware bestehen. Geschieht beides auf derselben Tour, unterscheidet man nach Problemstellungen mit *Rücktransporten* (Rückladungen, backhauls), bei denen die eingesammelte Ware am Depot abzuliefern ist, und nach *Sammel- und Verteilproblemen* (Pickup & Delivery), bei denen die Ware auf der Tour abgeholt und zugestellt wird. Beispiele für Rücktransporte sind Retouren, Rücknahme von Pfandprodukten und Abholungen durch Paketdienste. Sammel- und Verteilprobleme finden sich z. B. im Bedarfsfernverkehr von LKWs oder bei Kurierdiensten.

Eine sehr wichtige Erweiterung des Standardproblems stellen zeitliche Eingrenzungen für die Auftragsdurchführung dar. Sogenannte *Zeitfenster* geben zulässige Zeitintervalle für den Auftragsbeginn vor. Sie resultieren z. B. aus den Arbeitszeiten und Mittagspausen der Kunden, zeitlich befristeten Halte- und Durchfahrverboten in innerstädtischen Einkaufszonen und besonderen Kundenwünschen. Ihrer praktischen Bedeutung entsprechend, existiert eine umfangreiche Literatur zur Tourenplanung mit Zeitfenstern („Vehicle routing and scheduling problem"), in der

– analog zum Umgang mit dem Standardproblem – Referenzprobleme definiert werden, die zum Testen unterschiedlicher Lösungsansätze dienen.

Das Standardproblem geht von einem *homogenen Fuhrpark* aus, der sich aus gleichartigen Fahrzeugen zusammensetzt. In realen Problemstellungen unterscheiden sich die Fahrzeuge aber häufig hinsichtlich Kapazität, Größe, Ausstattung oder Einsatzzeiten, so dass ein *heterogener* Fuhrpark vorliegt.

Wenn es die zeitliche Auslastung der Fahrzeuge erlaubt, ist es meistens sinnvoll, sie nach Beendigung einer Tour am Depot neu zu beladen und eine Folgetour fahren zu lassen. Die Voraussetzungen für diesen *Mehrfacheinsatz der Fahrzeuge* – gegenüber dem *Einfacheinsatz* im Standardproblem – bilden kurze Fahrzeiten zwischen den Kunden (z. B. innerstädtischer Bereich), kurze Standzeiten bei den Kunden (stark branchenabhängig, z. B. Möbelauslieferung mit langen Standzeiten) und relativ wenige Kunden je Tour (nicht mehr als 10 bis 15).

Ein Mittel, um Schwankungen der erforderlichen Fuhrparkkapazität an unterschiedlichen Tagen zu begegnen, ist die Verwendung von *Anhängern*. Ein Anhänger vergrößert einerseits die verfügbare Kapazität eines Fahrzeugs, andererseits setzt er aber u. U. die Geschwindigkeit herab und schränkt die Menge der belieferbaren Kunden aus Platzgründen ein. Häufig werden Anhänger auch zu Beginn einer Tour bei einem Kunden oder an einem günstigen Ort abgestellt, zeitgleich mit der weiteren Abarbeitung der Tour von einem oder mehreren Kunden mit Rücktransporten beladen und am Ende der Tour wieder abgeholt und zum Depot zurückgebracht.

Die tägliche Tourenplanung geht i. d. R. von einem vorhandenen Fuhrpark aus, auf den die Aufträge zu verteilen sind. In diesem Zusammenhang stellt sich die Frage nach der *Zulässigkeit* eines Tourenplans: Ein Tourenplan ist nur dann zulässig, falls er nicht mehr als die vorgegebenen Fahrzeuge erfordert und auch alle anderen Restriktionen einhält. Im Rahmen einer strategischen *Fuhrparkoptimierung* wird die geeignetste Größe und Zusammensetzung des Fuhrparks gesucht. Hierbei geht die Tourenplanung nicht mehr von einem fest vorgegebenen Fuhrpark aus, sondern liefert mit dem Ergebnis die Anzahl und die Eigenschaften der benötigten Fahrzeuge.

Touren nach Art des Standardproblems stellen *geschlossene Touren* dar, sogenannte Rundreisen, mit identischen Start- und Zielpunkten der Fahrzeuge. Sie bilden die Regel für den Warentransport mit eigenem Fuhrpark von einem Depot aus und für alle Problemstellungen, in denen Zustellungen und Rückladungen gemeinsam auftreten. In der Praxis gibt es aber auch viele Beispiele für *offene* Touren: Falls die Fahrzeuge Transportdienstleistern gehören, die nach dem letzten Kunden auf der Tour nicht zum Depot, sondern zum eigenen Stützpunkt fahren; oder falls die Fahrzeuge nach dem letzten Auftrag das nächstgelegene Depot ansteuern, das nicht notwendigerweise ihrem Abfahrtsdepot entsprechen muss.

Die meisten Touren unterliegen zeitlichen Beschränkungen. Neben einer *maximalen Tourdauer* sind dies *Pausen* und *Ruhezeiten* der Fahrer.

Aus organisatorischen und ablauftechnischen Gründen ist es in vielen Unternehmen nicht möglich, die Tourenplanung zeitlich zwischen Auftragsannahme und fahrzeugweiser Kommissionierung der Ware zu positionieren. Teilweise gehen noch Aufträge ein, wenn die Kommissionierung bereits begonnen hat. In diesen Fällen wird häufig mit Rahmentouren oder Tourgebieten gearbeitet. Eine *Rahmentour* beschreibt eine Tour, die alle in einem mittelfristigen Planungszeitraum (ca. ein bis sechs Monate) von einem Fahrzeug zu bedienenden Kunden in der bestmöglichen Anfahrreihenfolge enthält. An jedem Tag wird nach den festgelegten Rahmentouren gefahren, wobei Kunden, die keinen Auftrag erteilt haben, in der Fahrfolge übersprungen werden. *Tourgebiete* erlauben gegenüber Rahmentouren einen größeren täglichen Optimierungsspielraum. Sie legen die Zuordnung der täglichen Aufträge zu den Fahrzeugen bzw. zu bestimmten Fahrzeuggruppen fest. Wird je Fahrzeug ein Tourgebiet eingerichtet, beschränkt sich die Tourenplanung auf die Festlegung der besten Fahrreihenfolge je Tour. Wird ein Tourgebiet hingegen mit einer Fahrzeuggruppe assoziiert – beispielsweise Transportunternehmer mit 5 bis 10 Fahrzeugen –, zerfällt das Gesamtproblem in mehrere kleinere Tourenplanungsprobleme je Gebiet. Die Organisationsform der Tourgebiete (fahrzeug- und fahrzeuggruppenweise) findet man überwiegend bei großen Stückgutspediteuren und Paketdiensten. Weitere Argumente der Praxis gegen eine tägliche *freie Optimierung* der Touren sind besondere Ortskenntnisse der Fahrer in bestimmten Regionen oder Stadtteilen und persönliche Vertrauensverhältnisse zwischen Fahrern und Kunden, die einem wechselnden Fahrereinsatz entgegenstehen.

Das Standardproblem unterstellt *symmetrische Entfernungen* auf dem *Netzwerk*, das der Tourenplanung zugrunde liegt. In der Realität kann die Fahrstrecke von Kunde A zu Kunde B aber von derjenigen abweichen, die in der Gegenrichtung von B zu A benötigt wird. Einbahnstraßen und Abbiegevorschriften erzwingen hier häufig *asymmetrische* Entfernungen.

Generell unterscheidet man zwischen *Koordinaten- und Straßennetzen*. Im ersten Fall wird der Luftlinienabstand zwischen zwei Kunden über die Standortkoordinaten berechnet. Die derart erzielten Entfernungen sind allerdings zu ungenau, um sie auf reale Problemstellungen anzuwenden. Stattdessen werden digitale Straßenkarten verwendet; das sind Netzwerke aus Knoten und gerichteten und bewerteten Kanten, die auf der gleichen Datenbasis wie Fahrzeugnavigationssysteme beruhen. Der Abstand zwischen zwei Kunden in einem Straßennetz entspricht der Länge des *kürzesten Weges* zwischen den Kundenstandorten. Für einen Überblick über Verfahren zur Berechnung von kürzesten Wegen sei auf [Dom07: Kap. 4] verwiesen.

Der Abstand zwischen zwei Kunden muss nicht notwendigerweise der Fahr*strecke* entsprechen. Häufig ist es sinnvoller, Distanzen mit der Fahr*zeit* zu bewerten (z. B. in der Planung mit Zeitfenstern). Die Fahrzeit wird gewöhnlich über die Entfernung und eine Durchschnittsgeschwindigkeit der Fahrzeuge geschätzt und als im Zeitablauf konstant angesehen. Tatsächlich aber sind die Fahrzeiten *tageszeitabhängig* (Berufsverkehr) und unterliegen stochastischen Einflüssen (Unfälle, Staus).

Die tägliche Tourenplanung umfasst einen *Planungshorizont* von einem Tag. Strategische Planungen (z. B. Fuhrparkoptimierung, Planung von Rahmentouren und Tourgebieten) setzen einen Horizont von mehreren Wochen und Monaten voraus und basieren oft auf entsprechenden Vergangenheitsdaten. Die Planung von mehreren Tagen und Wochen, die gleichzeitig mit der Zuordnung der Kunden zu den Touren auch die Zuordnung der Kunden zu den Tagen des Planungshorizonts festlegt, heißt *mehrperiodische Tourenplanung* (auch: Wochen-, Monatsplanung). In der mehrperiodischen Planung sind die *Besuchsfrequenzen* der Kunden zu beachten, also Angaben darüber, ob Kunden z. B. täglich, dreimal je Woche oder nur alle zwei Wochen bedient werden. Dieses Planungsproblem liegt beispielsweise in der Besuchsplanung eines Außendienstmitarbeiters vor.

So unterschiedlich wie die dargestellten Restriktionen können auch die *Ziele* einer Tourenplanung sein. Ein naheliegendes Ziel ist die *Minimierung der Transportkosten*. Wegen der manchmal schwierigen Quantifizierung der fixen und variablen Fahrzeugkosten greift die Tourenplanung üblicherweise auf die Ersatzkriterien *Fahrzeugzahl* und *Fahrstrecke* bzw. *Einsatzzeit* zurück. Aber auch ganz andere, teilweise in Konkurrenz zueinander stehende Zielkriterien sind möglich: Maximierung des *Lieferservice* (genaue Einhaltung aller Zeitvorgaben), möglichst *gleichmäßige zeitliche Auslastung* der eingesetzten Fahrzeuge. Der augenscheinlichste Zielkonflikt besteht zwischen den minimalen Transportkosten und dem maximalen Lieferservice: Hier Pläne mit wenigen, kurzen und klar voneinander abgegrenzten Touren und dort Pläne mit vielen, einander überlagernden Touren. Generell neigen Disponenten und Logistikleiter dazu, optisch ansprechende Tourenpläne zu bevorzugen, was die Bedeutung des Zieles der Streckenminimierung unterstreicht.

A 3.3.3.3 Lösungsverfahren

Das in Abschn. A 3.3.3.1 beschriebene Standardproblem der Tourenplanung setzt sich aus zwei kombinatorischen Optimierungsproblemen zusammen: dem *Zuordnungsproblem* der Kunden zu Touren und dem *Reihenfolgeproblem* innerhalb jeder Tour. Die Festlegung der optimalen Reihenfolge innerhalb einer Tour wird üblicherweise als *Rundreiseproblem* bzw. *Traveling Salesman Problem* (TSP) bezeichnet und gehört zu den in der Operations-Research-Literatur am ausführlichsten behandelten Problemstellungen [Grü05b: Kap. 5].

Sowohl das TSP als auch seine Verallgemeinerung, das VRP (Vehicle Routing Problem, Tourenplanungsproblem), gehören zur Klasse der NP-vollständigen Probleme [Grü05a: Kap. 2.7]. Damit muss für diese beiden Probleme (und für alle zuvor genannten Erweiterungen) davon ausgegangen werden, dass die Rechenzeit von Optimierungsalgorithmen im ungünstigsten Fall exponentiell mit der Problemgröße, das ist die Kundenzahl, ansteigt.

Aus diesem Grund haben exakte Verfahren zur Tourenplanung bisher keine Bedeutung für praktische Problemstellungen mit oft mehreren hundert Kunden und schwierigen Nebenbedingungen erlangen können. Exakte Lösungsansätze bauen i. d. R. auf gemischt-ganzzahligen Optimierungsmodellen auf und setzen u. a. Methoden des Branch & Bound, des Branch & Cut und des Set Partitioning ein [Cor06; Tot02: Kap. 2–4].

Für den praktischen Einsatz kommen nur heuristische Lösungsverfahren in Betracht. Diese lassen sich einteilen in (klassische) Eröffnungs- und Verbesserungsverfahren sowie in (moderne) Metaheuristiken [Tot02: Kap. 5–6]. Im Folgenden werden die wichtigsten Vertreter dieser Verfahrensklassen für die Tourenplanung kurz beschrieben.

Dabei gelten die Bezeichnungen

d_{ij} (symmetrische) Entfernung zwischen den Kunden $(i, j = 1, ..., n)$ und zwischen Depot $(i = 0)$ und Kunden.

Eröffnungsverfahren

Die bedeutendsten Eröffnungsverfahren zur Tourenplanung wurden in den 60er und 70er Jahren entwickelt.

- *Savings*. Die Idee, Touren anhand von Ersparnissen („savings") zu bilden, geht auf [Cla64] zurück. Das Savingsverfahren setzt sich aus den folgenden Schritten zusammen (Bild A 3.3-3a).
(1) Start: Initialisiere den Tourenplan mit allen Pendeltouren, d. h. jeder Kunde liegt auf einer separaten Tour, die Anzahl der Touren ist n. Berechne für jedes Kundenpaar (i, j) den *Savingswert* s_{ij}, das ist die Ersparnis, die aus der Zusammenlegung der beiden Pendeltouren zu einer Tour resultiert, gemäß

$$s_{ij} = d_{0i} + d_{j0} - d_{ij} \quad i, j = 1, ..., n \text{ und } i \neq j. \quad (A\ 3.3\text{-}1)$$

Sortiere alle Savingswerte in absteigender Folge.
(2) Iteration:
(2.1) Suche in Reihenfolge der sortierten s_{ij} das nächste Kundenpaar mit i und j als Randkunden (d. h. an erster oder letzter Position) der Touren T_i und T_j, $T_i \neq T_j$. Falls kein solches Paar gefunden wird, gehe zu (3).
(2.2) Falls die durch Zusammenlegung der Touren T_i und T_j an der Stelle (i, j) entstehende Tour T^* unzulässig ist, gehe zu (2.1).
(2.3) Aktualisiere den Tourenplan durch Entfernen von T_i und T_j und Hinzufügen von T^*.
(3) Stopp: Alle möglichen Paare (i, j) sind untersucht worden.

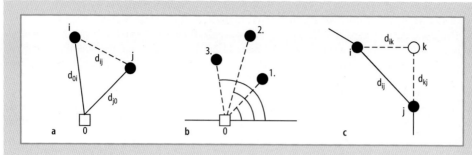

Bild A 3.3-3
Grundprinzipien von Eröffnungsverfahren.
a Savings; **b** Sweep; **c** Insertion

Der dargestellte Algorithmus gehört zur Gruppe der parallelen Eröffnungsverfahren, d. h. alle Touren werden gleichzeitig gebildet. Ein alternativer sequentieller Savingsansatz erweitert in jeder Iteration nur die jeweils betrachtete Tour am Anfang oder Ende. Ist eine Erweiterung nicht mehr möglich, wird eine neue Tour begonnen.

In der Literatur zur Tourenplanung werden eine Vielzahl von Varianten, Erweiterungen und Implementierungsaspekten des Savingsverfahrens diskutiert [Tot02: Kap. 5.2].

- *Sweep.* Das Verfahren von Gillett und Miller [Gil74] orientiert sich sehr stark an der räumlichen Anordnung der Kunden und setzt ein zentral gelegenes Depot voraus (Bild A 3.3-3b).
  (1) Start: Wähle einen Startkunden aus und sortiere alle Kunden nach aufsteigendem Polarwinkel mit Bezug auf den Startkunden. Initialisiere die erste Tour mit dem Startkunden.
  (2) Iteration: Falls zulässig, erweitere die aktuell betrachtete Tour mit dem nächsten unverplanten Kunden entsprechend der anfänglichen Sortierung (entgegen dem Uhrzeigersinn). Falls dies nicht zulässig ist, beginne eine neue Tour mit dem Kunden.
  (3) Stop: Alle Kunden sind verplant.

  Eine einfache Möglichkeit zur Erzeugung mehrerer alternativer Tourenpläne ist die wiederholte Ausführung des Verfahrens mit wechselnden Startkunden und einer Umkehrung der Sortierfolge.

  Die Sweep-Methode fällt in die Klasse der sequentiellen Route-first-Cluster-second-Verfahren („Route": Sortierung aller Kunden anhand Polarkoordinaten; „Cluster": Aufsplittung in die einzelnen Touren).

- *Einfügung.* Die sukzessive Einfügung einzelner unverplanter Kunden in die aktuelle Lösung ist ursprünglich als TSP-Methode entstanden und lässt sich auf Tourenplanungsprobleme übertragen (Bild A 3.3-3c) [Tot02: Kap. 5].
  (1) Start: Initialisiere die erste Tour mit dem Kunden, der am weitesten vom Depot entfernt ist.
  (2) Iteration:
  (2.1) Suche für jeden unverplanten Kunden k die beste zulässige Einfügeposition zwischen die Kunden i und j in der aktuell betrachteten Tour. Die beste Position bestimmt sich über die minimalen Einfügungskosten $c_{ij} = d_{ik} + d_{kj} - d_{ij}$. Ist eine zulässige Erweiterung der Tour nicht möglich, gehe zu (2.3).
  (2.2) Füge den Kunden, der von allen in Schritt (2.1) gefundenen Kunden die minimalen Einfügungskosten verursacht, an der entsprechenden Position in die Tour ein. Gehe zu (2.1).
  (2.3) Falls alle Kunden verplant sind, gehe zu (3). Andernfalls initialisiere eine neue Tour mit dem am weitesten vom Depot entfernten unverplanten Kunden und gehe zu (2.1).
  (3) Stop: Alle Kunden sind verplant.

  Die skizzierte Einfügungsmethode konstruiert die Touren sequentiell. Durch andere Initialisierungen neuer Touren (Schritte (1) und (2.3)) und unterschiedliche Definitionen der Einfügungskosten können eine Vielzahl unterschiedlicher Varianten dieser Vorgehensweise erzeugt werden. Parallele Einfügungsverfahren wurden u. a. von Liu und Shen [Liu99] vorgestellt.

- *Fisher/Jaikumar.* Das Cluster-first-Route-second-Verfahren von Fisher und Jaikumar [Fis81] zerlegt das Tourenplanungsproblem explizit in ein Zuordnungs- und ein Reihenfolgeproblem.
  (1) Start: Lege die Anzahl der zu planenden Touren entsprechend der Fahrzeugzahl fest. Initialisiere jede Tour mit einem bestimmten Koordinatenpunkt (Seed Point).
  (2) Iteration: Löse ein verallgemeinertes Zuordnungsproblem (Generalized Assignment Problem, GAP), um die Aufträge den Touren unter Einhaltung der Kapazitätsvorgaben zuzuordnen. Bestimme anschließend die Reihenfolge innerhalb jeder Tour

durch ein TSP-Verfahren. Passe die Kosten für das GAP der nächsten Iteration anhand der aktuellen Lösung an.
(3) Stop: Ein vorgegebenes Abbruchkriterium wird erreicht (z. B. maximale Anzahl Iterationen).

Der Ansatz von Fisher und Jaikumar zeichnet sich durch die Dekomposition des Gesamtproblems in einfachere Teilprobleme aus. Das Verfahren an sich stellt einen exakten Optimierungsansatz dar, wird aber aus Rechenzeitgründen i. d. R. vorzeitig abgebrochen.

Die vier vorgestellten Eröffnungsverfahren wurden ausgiebig anhand von Testdaten für das Standardproblem und für die wichtigste Erweiterung, die Kundenzeitfenster, untersucht und verglichen. Zusammenfassend lässt sich feststellen, dass das Verfahren von Fisher und Jaikumar die besten Ergebnisse für das Standardproblem erzielt, sich aber nur schwer an Probleme mit Zeitfenstern anpassen lässt. Savings- und Insertionmethode liefern für beide Problemklassen akzeptable Ergebnisse (bei Verwendung von Parametervariationen), während die Güte der Sweepmethode sehr stark von der geografischen Verteilung der Kunden und der relativen Lage des Depots abhängt. Das Sweepverfahren spielt heute in Theorie und Praxis keine Rolle mehr; der Ansatz von Fisher/Jaikumar, insbesondere die Verwendung von Seed Points zur Initialisierung der Touren, wird gelegentlich noch erwähnt [Bak99]; die Elemente des Savings- und Einfügungsalgorithmus finden sich hingegen in den meisten Softwaresystemen zur Tourenplanung wieder. Ausschlaggebend dafür ist die große Flexibilität dieser Verfahren, die die meisten der im vorangehenden Kapitel beschriebenen Restriktionen berücksichtigen können, und die im Vergleich zu anderen Ansätzen kurze Rechenzeit.

Das Ergebnis eines Eröffnungsverfahrens stellt i. d. R. nicht die endgültige und beste Lösung eines Tourenplanungsproblems dar. Einerseits kann es durch den Einsatz von Verbesserungsheuristiken weiter verfeinert werden; andererseits dient es häufig als Anfangslösung für eine aufwendigere Metaheuristik.

Verbesserungsverfahren

Verbesserungen an einem gegebenen Tourenplan können in zwei Gruppen eingeteilt werden: Änderungen der Reihenfolge innerhalb einzelner Touren und Änderungen der Zuordnung der Kunden zu Touren.

Alle Verbesserungsverfahren versuchen, die derzeitige Lösung durch Anwendung von *Tauschoperationen* zu verbessern. Eine Tauschoperation ersetzt Kanten der Ausgangslösung durch neue Kanten, die bisher nicht in der Lösung enthalten sind. Eine Kante $\{i,j\}$ stellt dabei die Verbindung zwischen den Kunden i und j dar (nicht zu verwechseln mit den Kanten zwischen den Knoten des zugrundeliegenden Netzes). Üblicherweise wird eine Tour mit n Kunden als $(0, 1, ..., n, n+1)$ geschrieben, d. h. das Depot wird zweimal aufgeführt, an Position 0 und an Position $n+1$, und jeder Kunde wird anhand seiner Position innerhalb der Tour identifiziert.

Das *2-opt-Verfahren* für das Rundreiseproblem [Grü05b: Kap. 5.7.2] versucht solange, zwei Kanten $\{j, j+1\}$ und $\{k, k+1\}$ aus der aktuellen Tour gegen die Kanten $\{j, k\}$ und $\{j+1, k+1\}$ zu ersetzen, bis keine weitere Verbesserung mehr erzielt werden kann. Eine Verbesserung, d. h. ein *profitabler Kantentausch*, liegt dann vor, wenn die Tour durch den Tausch verkürzt wird, also wenn $d_{jk} + d_{j+1,k+1} < d_{j,j+1} + d_{k,k+1}$. Neben der Profitabilität entscheidet die *Zulässigkeit* über die Durchführung eines Austausches. Die Tour muss nicht nur kürzer werden, sondern auch zulässig hinsichtlich aller betrachteten Restriktionen wie z. B. Zeitfenster bleiben. In der Literatur werden TSP-Verfahren wie das 2-opt i. Allg. derart beschrieben, dass sie den ersten als profitabel und zulässig erkannten Austausch sofort durchführen und anschließend von vorne starten. Alternativ können z. B. zunächst alle möglichen Tauschoperationen untersucht und anschließend die profitabelste (und zulässige) ausgeführt werden.

Deutlich rechenintensiver, aber auch mit besseren Ergebnissen als 2-opt stellt sich das *3-opt-Verfahren* dar. Diese Methode entfernt in jeder Iteration drei Kanten aus der Tour und testet jede der sieben Möglichkeiten, sie durch drei neue Kanten zu ersetzen. Wird 2-opt vor 3-opt ausgeführt, kann 3-opt sich auf vier der sieben Tauschalternativen beschränken und rechnet spürbar schneller.

Verfahren, die Austausche zwischen verschiedenen Touren vornehmen, betrachten häufig nur zwei unterschiedliche Touren. Mögliche Tauschoperationen sind dann beispielsweise das Verschieben eines Kunden von einer Tour in eine andere, das Vertauschen von zwei Kunden aus zwei verschiedenen Touren oder der Wechsel von Teilstücken mit mehreren Kunden zwischen zwei Touren [Tot02: Kap. 5].

Beim Einsatz von TSP-Verfahren im Rahmen der Tourenplanung ist insbesondere die Überprüfung der Zulässigkeit eines Tausches zu beachten. Ein 2-opt-Tausch bewirkt beispielsweise die Umkehrung der Fahrtrichtung auf einem Teilstück der Tour. Dadurch können Zeitfenster oder Vorgängerbeziehungen zwischen Kunden verletzt werden. Um die Zulässigkeitstests in jedem Verfahrensschritt schnell durchführen zu können, werden in der Literatur verschiedene Vorgehensweisen vorgeschlagen, die vor allem eine systematische Reihenfolge bei der Abarbeitung der Austauschmöglichkeiten voraussetzen [Irn06a].

Metaheuristiken

Seit den 90er Jahren hat sich die Forschung auf dem Gebiet der Tourenplanung zunehmend mit der Entwicklung von Metaheuristiken beschäftigt, die auch in anderen Gebieten des Operations Research erfolgreich eingesetzt werden. Metaheuristiken wenden bei der Erforschung des Lösungsraums übergeordnete Suchstrategien an, um lokale Minima und zyklische Wiederholungen zu vermeiden. Im Vergleich zu den klassischen Eröffnungs- und Verbesserungsverfahren erfolgt eine sehr viel aufwändigere und gründlichere heuristische Lösungssuche. Sie ist erst durch die Fortschritte in der Computertechnik möglich geworden. Metaheuristiken lassen sich in drei Klassen einteilen [Cor06]: Local-Search-Verfahren, Evolutionsstrategien und Lernmechanismen.

Local-Search-Verfahren versuchen solange, eine gegebene zulässige Lösung weiter zu verbessern, bis ein Abbruchkriterium erfüllt ist. In jeder Iteration wird die aktuelle Lösung in eine „ähnliche", nicht notwendigerweise bessere Lösung überführt. Dabei werden häufig Tauschoperationen wie in den beschriebenen Einfügungs- und Verbesserungsverfahren eingesetzt. Aus den verschiedenen Local-Search-Ansätzen zur Tourenplanung [Cor04] ragten bis zur Jahrtausendwende zunächst die *Tabu-Search-Methoden* heraus, die für eine Reihe von Testdatensätzen für das Standardproblem mit 50 bis 200 Kunden (ohne und mit Zeitfenstern) die optimalen bzw. besten bis dahin bekannten Lösungen fanden, z. B. [Gen94]. Auch *Simulated Annealing* lieferte gute Resultate, verhielt sich aber nicht besonders robust bei unterschiedlichen Problemstellungen. Ein neuerer, viel beachteter Algorithmus auf der Grundlage des *Deterministic Annealing* stammt von [Li05].

Evolutionsstrategien basieren auf dem Prinzip, bekannte Lösungen (oder Teile davon) zu neuen Lösungen zu kombinieren. Während die in diese Klasse gehörenden *Genetischen Algorithmen* sich im Bereich der Tourenplanung noch nicht durchsetzen konnten, ist die Idee der „lernfähigen Speicher" (*Adaptive Memory*) Bestandteil der z. Z. besten Tourenplanungsverfahren. Der adaptive Speicher merkt sich gute Lösungen (Touren) und wird im Laufe der Verfahren ständig aktualisiert. Dieses Prinzip lässt sich gut mit Local-Search-Ansätzen kombinieren, wie das hinsichtlich Lösungsqualität und Rechengeschwindigkeit gleichermaßen herausragende Verfahren von Mester und Bräysy beweist [Mes05].

Lernmechanismen wenden allgemeine Prinzipien zur Erfassung und zum Verständnis komplexer Sachverhalte an, um Probleme aus dem Bereich des Operations Research zu lösen. Die bekanntesten Vertreter dieser Klasse sind die *Neuronalen Netze*, die jedoch bisher wenig geeignet für Tourenplanungsprobleme erscheinen. Einzig *Ameisenkolonie*-Algorithmen können vereinzelt mit Local-Search-Verfahren und Evolutionsstrategien mithalten [Rei04].

Für die meisten Metaheuristiken gilt, dass sie einen relativ großen Anpassungsaufwand an das konkrete Problem und eine genaue Justierung der Verfahrensparameter erfordern. Dadurch wird die Anwendung ein und desselben Algorithmus auf mehrere Problemstellungen erschwert. Ein weiterer Nachteil, der einem praktischen Einsatz dieser Verfahren entgegensteht, sind die größtenteils immer noch langen Rechenzeiten (mehrere Minuten für ein 100-Kunden-Problem). Die Forschung ist sich dieser Tatsachen jedoch bewusst und beschäftigt sich in letzter Zeit vermehrt mit der Entwicklung problemunabhängiger und gleichzeitig schneller Lösungsansätze [Irn06b, Pis07, Kyt07].

A 3.3.3.4 Software

Kommerzielle Systeme zur Tourenplanung sind i. d. R. als Stand-alone-Lösungen konzipiert, die über Schnittstellen Daten mit anderen Systemen der Unternehmens-EDV (Auftragsverwaltung, Fakturierung etc.) austauschen. Die meisten Tourenplanungsprogramme laufen auf Personal Computern unter einem graphischen (Windows-) Betriebssystem. Ein laufend aktualisiertes Verzeichnis deutscher und internationaler Software zur Tourenplanung findet sich auf der Internet-Seite der Universität Karlsruhe [Wio07].

Moderne Tourenplanungssysteme setzen sich (mindestens) aus den folgenden *Komponenten* zusammen:
- Schnittstellen: Automatischer Import und Export aller benötigten Daten;
- Grafische Benutzeroberfläche: Digitalisierte Straßenkarte und tabellarische Darstellungen;
- Planungsfunktionen: Automatisch, interaktiv und manuell;
- Restriktionen: Berücksichtigung aller wichtigen praktischen Nebenbedingungen (Abschn. A 3.3.3.2);
- Ergebnisaufbereitung: Statistiken und Drucklisten.

Operativ arbeitende Systeme unterstützen zusätzlich häufig Techniken zur Fahrzeugortung und zur Kommunikation mit den Fahrern. Ebenso ist ein Abgleich der Soll- mit den Istdaten nützlich.

Die *Datengrundlage* der computergestützten Tourenplanung bilden Informationen über Kunden, Fahrzeuge, das Straßennetz und Restriktionen. Aus der Lieferadresse eines Kunden wird die Position innerhalb des Straßennet-

A 3.3 Transport- und Tourenplanung

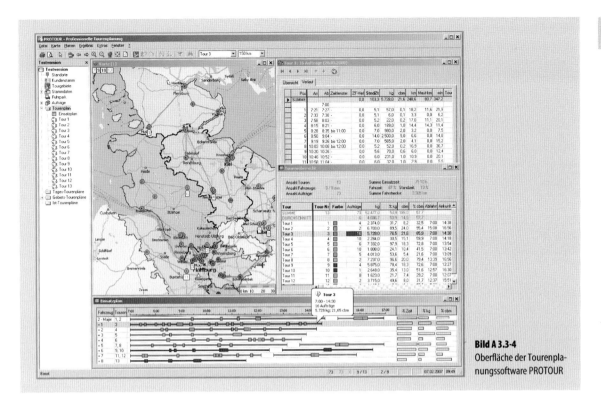

Bild A 3.3-4
Oberfläche der Tourenplanungssoftware PROTOUR

zes bestimmt. Dieser automatisch oder per Anwendervorgabe ablaufende Prozess wird häufig *Verortung* oder *Geocodierung* genannt. In diesem Zusammenhang ist auch ein Abgleich der möglicherweise unvollständigen oder unkorrekt geschriebenen Adressen mit den im System enthaltenen Orts- und Straßendatenbanken erforderlich. Weiterhin müssen Daten über die Auftragsmenge, die Dauer der Auftragsdurchführung und eventuelle Restriktionen wie Zeitfenster oder Zusammenladungsverbote vorliegen. Die *Mengenangaben* müssen Rückschlüsse über die beanspruchte *Fahrzeugkapazität* zulassen. Neben Gewichten sind insbesondere Volumenkennzahlen (Paletten, Stellplätze, cbm etc.) sehr hilfreich, aber auch manchmal nur mit großem Aufwand verfügbar (z. B. Sammelgutspeditionen mit heterogenen Waren).

Alle *Zeitangaben* im Rahmen der Planung sind Schätzwerte. Ihre Genauigkeit hat großen Einfluss auf die Umsetzbarkeit des Planungsergebnisses in die Praxis. Bei der Vorgabe von Zeitfenstern für die Auftragsdurchführung ist beispielsweise zu unterscheiden zwischen den Zeiten, die der Vertrieb mit den Kunden abgesprochen hat, und denen, die die Kunden tatsächlich akzeptieren. Während Fahrzeiten auf der Basis digitalisierter Straßenkarten relativ genau vorhergesagt werden können (von zufälligen Einflüssen wie Staus und Unfällen abgesehen), ist die Unsicherheit bei den Standzeiten (Auftragsdauer) i. d. R. branchenabhängig (gleichartige/unterschiedliche, kleine/große, schwere/leichte Güter).

Die *Benutzeroberfläche* eines Tourenplanungssystems soll die Komplexität der zu lösenden Optimierungsprobleme vor dem Anwender weitestgehend verbergen. Dazu gehören eine intuitive Bedienbarkeit der Software und die individuell anpassbare Hervorhebung der wichtigsten Kennzahlen und Bearbeitungsschritte. Die Datendarstellung in Karten- und Listenform hat sich als eine Art Standard etabliert (s. als Beispiel die Oberfläche der Software PROTOUR [Pro07] in Bild A 3.3-4).

Die meisten kommerziellen Planungssysteme planen mit Varianten oder Kombinationen der klassischen Lösungsmethoden (Savings, Einfügung, Verbesserung). Metaheuristiken werden bisher noch selten angewendet [Cor02].

Der Einsatzschwerpunkt von Tourenplanungs-Software liegt derzeit in Deutschland bei der verladenden Industrie und im Außendienst. Mit dem zunehmenden Einsatz von durchgängigen Unternehmens-EDV-Lösungen (und der damit verbundenen besseren Datenverfügbarkeit) ist jedoch mit einem deutlichen Zuwachs von Planungssoftware auch im Transportgewerbe zu rechnen.

Literatur

[Ahu93] Ahuja, R.K.; Magnanti, T.L.; Orlin J.B.: Network Flows. New Jersey: Prentice-Hall 1993

[Ami97] Amiri, A.; Pirkul, H.: New formulation and relaxation to solve a concave cost network flow problem. JORS 48 (1997) 278–287

[Bak99] Baker, B.M.; Sheasby, J.: Extensions to the generalised assignment heuristic for vehicle routing. EJOR 119 (1999) 147–157

[Ber00] Bertazzi, L.; Speranza, M.G.:Models and Algorithms for the Minimization of Inventory and Transportation Costs: A Survey. In: Speranza, M.G.; Stähly, P. (Eds.): New Trends in Distribution Logistics. Berlin: Springer 2000, S. 137–157

[Büd00] Büdenbender K.; Grünert T.; Sebastian H.-J.: A Hybrid Tabu Search Branch-and-Bound Algorithm for the Direct Flight Network Design Problem. Transp. Science 34 (2000) 364–380

[Cla64] Clarke, G.; Wright, J.W.: Scheduling vehicles from a central delivery depot to a number of delivery points. ORQ 12 (1964) 568–581

[Cor01] Cordeau, J.-F.; Laporte, G.: A tabu search algorithm for the site dependent vehicle routing problem with time windows. Information Systems and Operations Research 39 (2001) 292–298

[Cor02] Cordeau, J.-F.; Gendreau, M.; Laporte, G.; Potvin, J.-Y.; Semet, F.: A guide to vehicle routing heuristics. JORS 53 (2002) 512–522

[Cor04] Cordeau, J.-F.; Gendreau, M.; Hertz, A.; Laporte, G.; Sormany, J.S.: New heuristics for the vehicle routing problem. Les Cahiers du GERAD, G-2004-33, HEC Montréal, 2004

[Cor06] Cordeau, J.-F.; Laporte, G.; Savelsbergh, M.W.P.; Vigo, D.; Vehicle Routing. In: Barnhart, C.; Laporte, G. (Eds.): Handbooks in Operations Research & Management Science (Vol. 14): Transportation. Amsterdam (Niederlande): North-Holland 2006, S. 367–428

[Cra97] Crainic, T.G.; Laporte, G.: Planning models for freight transportation. EJOR 97 (1997) 409–438

[Cra00] Crainic, T.G.: Service network design in freight transportation. EJOR 122 (2000) 272–288

[Dik98] Diks, E.B.; de Kok, A.G.: Transshipments in a divergent 2-echelon distribution system. In: Fleischmann, B.; van Nunen, J.A.E.E. et al. (Eds.): Advances in Distribution Logistics. Berlin: Springer 1998, S. 423–448

[Dom96] Domschke, W.; Drexl, A.: Logistik: Standorte. 4. Aufl. München: Oldenbourg 1996

[Dom97] Domschke, W.: Logistik: Rundreisen und Touren. 4. Aufl. München: Oldenbourg 1997

[Dom07] Domschke, W.: Logistik: Transport. 5. Aufl. München: Oldenbourg 2007

[Fis81] Fisher, M.L.; Jaikumar, R.: A generalized assignment heuristic for vehicle routing. Networks 11 (1981) 109–124

[Fle93] Fleischmann, B.: Designing distribution systems with transport economies of scale. EJOR 70 (1993) 31–42

[Fle98] Fleischmann, B.: Design of Freight Traffic Networks. In: Fleischmann, B.; van Nunen, J.A.E.E. et al. (Eds.): Advances in Distribution Logistics. Berlin: Springer 1998, S. 55–81

[Fle99a] Fleischmann, B.: Kooperation von Herstellern in der Konsumgüterdistribution. In: Engelhard, J., Sinz, E. (Hrsg.): Kooperation im Wettbewerb. Wiesbaden: Gabler 1999, S. 169–186

[Fle99b] Fleischmann, B.: Transport and Inventory Planning with discrete Shipment Times. In: Speranza, M.G.; Stähly, P. (Eds.): New Trends in Distribution Logistics. Berlin: Springer 1999, S. 159–178

[Fle04a] Fleischmann, B.; Gietz, M.; Gnutzmann, S.: Time varying travel times in vehicle routing. Transportation Science 38 (2004) 160–173

[Fle04b] Fleischmann, B.; Gnutzmann, S.; Sandvoß, E.: Dynamic vehicle routing based on online traffic information. Transportation Science 38 (2004) 420–433

[Gen94] Gendreau, M.; Hertz, A.; Laporte, G.: A tabu search heuristic for the vehicle routing problem. Man. Sc. 40 (1994) 1276–1290

[Geo95] Geoffrion, A.M.; Powers, R.F.: Twenty years of strategic distribution systems design: an evolutionary perspective. Interfaces 25 (1995) 105–127

[Gil74] Gillett, B.; Miller, L.: A heuristic algorithm for the vehicle dispatching problem. ORQ 22 (1974) 340–349

[Grü05a] Grünert, T.; Irnich, S.: Optimierung im Transport. Bd. I: Grundlagen. Shaker: Aachen 2005

[Grü05b] Grünert, T.; Irnich, S.: Optimierung im Transport. Bd. II: Wege und Touren. Shaker: Aachen 2005

[Hau05] Haugland, D.; Ho, S.C.; Laporte, G.: Designing delivery districts for the vehicle routing problem with stochastic demands. Working paper, erscheint in EJOR 2005

[Hol98] Holmberg, K; Hellstrand, J.: Solving the Uncapacitated Network Design Problem by a Lagrangean Heuristic and Branch-and-Bound. Operations Res. 46 (1998) 247–259

[Hol00] Holmberg, K; Yuan, D.: A Lagrangian Heuristic based Branch-and-Bound Approach for the capacitated network design problem. Operations Res. 48 (2000) 461–481

[Irn06a] Irnich, S.; Funke, B.; Grünert, T.: Sequential search and its application to vehicle-routing problems. C & OR 33 (2006) 2405–2429

[Irn06b] Irnich, S.: A unified modeling and solution framework for vehicle routing and local search-based metaheuristics. Working paper, Deutsche Post, Lehrstuhl für Optimierung von Distributionsnetzwerken, RWTH Aachen 2006

[Klo05] Klose, A.; Drexl, A.: Facility location models for distribution system design. EJOR 162 (2005) 4–29

[Kub93] Kuby, M.J.; Gray, R.G.: The hub network design problem with stopover feeders: The case of Federal Express. Transp. Research A 27 (1993) 1–12

[Kyt07] Kytöjoki, J.; Nuortio, T.; Bräysy, O.; Gendreau, M.: An efficient variable neighborhood search heuristic for very large scale vehicle routing problems. C & OR 34 (2007) 2743–2757

[Li05] Li, F.; Golden, B.; Wasil, E.: Very large-scale vehicle routing: new test problems, algorithms, and results. C & OR 32 (2005) 1165–1179

[Li06] Li, F.; Golden, B.; Wasil, E.: The open vehicle routing problem: Algorithms, large-scale test problems, and computational results. C & OR 33 (2006) im Druck

[Li07] Li, F.; Golden, B.; Wasil, E.: A record-to-record travel algorithm for solving the heterogeneous fleet vehicle routing problem. C & OR 34 (2007) 2734–2742

[Liu99] Liu, F.-H.F.; Shen, S.Y.: A route-neighborhood-based metaheuristic for vehicle routing problem with time windows. EJOR 118 (1999) 485–504

[Lus06] Lu, Q.; Dessouky, M.M.: A new insertion-based construction heuristic for solving the pickup and delivery problem with time windows. EJOR 175 (2006) 672–687

[Mes05] Mester, D.; Bräysy, O.: Active guided evolution strategies for large-scale vehicle routing problems with time windows. C & OR 32 (2005) 1593–1614

[Par89] Paraschis I.: Optimale Gestaltung von Mehrprodukt-Distributionssystemen: Modelle – Methode – Anwendungen. Heidelberg: Physica 1989

[Pis07] Pisinger, D.; Ropke, S.: A general heuristic for vehicle routing problems. C & OR 34 (2007) 2403–2435

[Pot06] Potvin, J.-Y.; Xu, Y.; Benyahia, I.: Vehicle routing and scheduling with dynamic travel times. C & OR 33 (2006) 1129–1137

[Pro07] http://www.prologos.de vom 22.02.2007

[Rei04] Reimann, M.; Doerner, K.; Hartl, R.F.: D-ants: savings based ants divide and conquer for the vehicle routing problem. C & OR 31 (2004) 563–591

[Sch06] Scheuerer, S.: A tabu search heuristic for the truck and trailer routing problem. C & OR 33 (2006) 894–909

[Stu98] Stumpf, P.: Tourenplanung in speditionellen Güterverkehrsnetzen. Nürnberg: GVB, Schriftenreihe Band 39, 1998

[Tot02] Toth, P.; Vigo, D. (Hrsg.): The Vehicle Routing Problem. SIAM: Philadelphia 2002

[Wie07] Wieberneit, N.: Service Network Design for Freight Transportation – A Review. erscheint in OR Spectrum 2007

[Wio07] http://www.wior.uni-karlsruhe.de/bibliothek/Vehicle/com vom 22.02.2007

[Wlc98] Wlcek, H.: Gestaltung der Güterverkehrsnetze von Sammelgutspeditionen. Nürnberg: GVB, Schriftenreihe Band 37, 1998

[Yan99] Yan, S.; Luo, S.-C.: Probabilistic local search algorithms for concave cost transportation network problems. EJOR 117 (1999) 511–521

[Yan05] Yan, S.; Juang, D.-S.; Chen, C.-R.; Lai, W.-S.: Global and Local Search Algorithms for Concave Cost Transhipment Problems. J. of Global Optimization 33 (2005) 123–156

A 3.4 Lagerbestandsmanagement

Aufgabe des Lagerbestandsmanagements ist die Festlegung von Bestellmengen und -zeitpunkten für definierte Bedarfspunkte logistischer Systeme, um deren mengen- und termingerechte Versorgung mit Materialien und Erzeugnissen sicherzustellen. In Produktionssystemen beinhaltet diese Aufgabe die Disposition von Fertigungsaufträgen, um Ersatzteil- und Endproduktbedarfe sowie die Bedarfe übergeordneter Produktionsstufen an eigenerstellten Bauteilen erfüllen zu können. Im Verhältnis zu Lieferanten sind die Bedarfe an Rohmaterialien und Zukaufteilen zu spezifizieren und im Distributionsbereich sind die an verschiedene Lagerstufen gerichteten individuellen Kundenaufträge und/oder die durch das Bestellverhalten vorgeschalteter Distributionsstufen bereits aggregierten Kundenbedarfe durch die Anwendung geeigneter Bestellregeln zu befriedigen. Eine *Bestell- oder Dispositionsregel* bezeichne in diesem Zusammenhang eine Regel, mittels der sowohl die Bestellzeitpunkte als auch die mit jeder Bestellung georderten Mengen festgelegt werden.

Im Folgenden wird zunächst auf die Funktionen von Beständen sowie die Zielsetzungen, Rahmenbedingungen und Informationsbedarfe des Lagerbestandsmanagements eingegangen. Im Anschluss an die Beschreibung unterschiedlicher *Dispositionskonzepte* wird ein Überblick über die für die Steuerung einstufiger Lager- und Produktionssysteme verfügbaren *Dispositionsverfahren* gegeben. Diese Betrachtungen werden auf die Disposition mehrstufiger logistischer Systeme erweitert, bevor abschließend auf die Einbettung dieser Konzepte in rollierende Planungsumgebungen eingegangen wird.

A 3.4.1 Grundlagen

Eine wesentliche Funktion von Beständen besteht in der *mengenmäßigen und/oder zeitlichen Entkoppelung* der miteinander vernetzten Materialströme in logistischen Ketten [Sch81: 3–6]. Dabei kann die Notwendigkeit zur Entkoppelung unmittelbar durch ablaufbedingte Abhängigkeiten oder Restriktionen erzwungen werden, die z. B. bei beschränkten Produktionskapazitäten zur Vorproduktion von Bedarfsspitzen und anschließender Lagerung von Erzeugnissen führen. In vielen Fällen erfolgt die Entzerrung von Materialinput- und -outputströmen durch Lagerungsvorgänge jedoch nicht aus organisatorischen oder technischen Gründen, sondern ist das Ergebnis der Ausrichtung an ökonomischen Kriterien, die einen Ausgleich der mit der Lagerung von Erzeugnissen verbundenen Kosten mit denjenigen Kosten anstreben, die unabhängig von der konkreten Höhe einer Bestellung oder eines Fertigungsauftrags immer dann anfallen, wenn ein Bestell- oder Fertigungslos aufgegeben wird. Diese bestellfixen Kosten bilden damit einen Anreiz, von einem bedarfssynchronen Bestellverhalten abzuweichen und *Bestellregeln* anzuwenden, die auch eine Zusammenfassung von jeweils mehreren (Teil-) Periodenbedarfen zu größeren Bestell- oder Fertigungslosen ermöglichen.

Da viele der im Folgenden näher zu beschreibenden Einflussgrößen wie das Bedarfsverhalten von Kunden oder die Zuverlässigkeit von Lieferanten und Teilprozessen des eigenen Produktionssystems von den Entscheidungsträgern nicht vollständig zu kontrollieren sind, ist eine weitere wichtige Aufgabe von Beständen in ihrer *Absicherungsfunktion* gegen die unerwünschten Auswirkungen unsicherer Einflussfaktoren zu sehen. In dieser Funktion ermöglichen Bestände eine mengen- und zeitgerechte Belieferung von Bedarfspunkten auch dann, wenn bei der Disposition berücksichtigte Einflüsse sich anders als erwartet bzw. geplant realisieren. Die Steuerung des zur Absicherung gegen solche Störeinflüsse vorgehaltenen zusätzlichen Bestands (Sicherheitsbestand) erfolgt dabei z. B. durch die Spezifikation von Fehlmengenkosten, welche die monetären Auswirkungen von Lieferausfällen bewerten. Auf Grund der Problematik der korrekten Ermittlung dieser Kosten wird alternativ dazu häufig die *Minimierung von Lagerungs- und Bestellkosten* unter der Einhaltung eines vorgegebenen *Mindest-Lieferserviceniveaus* angestrebt. Der Lieferservice wird dabei durch die Lieferzeit bzw. Verzugszeit und/oder einen Lieferbereitschaftsgrad gemessen.

Das Ziel des dem operativen Management zuzuordnenden Lagerbestandsmanagements ist es, Bestellmengen und -zeitpunkte so aufeinander abzustimmen, dass die mit der Anwendung einer konkreten Bestellregel verbundenen Kosten unter Einhaltung der zu berücksichtigenden *Rahmenbedingungen* minimiert werden. Die den verfügbaren Aktionenraum begrenzenden Rahmenbedingungen leiten sich zum Einen ab aus den Ausprägungen externer produkt- und marktbezogener Einflussfaktoren [Sil98: 36–44], zum Anderen sind sie die Folge strategisch-taktischer Entscheidungen längerer Fristigkeit. Hierzu zählen z. B. die Vorauswahl von Lieferanten mit jeweils spezifischen Liefercharakteristika (Lieferzeiten, Lieferzuverlässigkeit und Lieferflexibilät) oder Entscheidungen über die Struktur von mehrstufigen Distributionssystemen wie die Festlegung von Bevorratungsebenen für einzelne Erzeugnisse, von Produkt-Lagerort-Zuordnungen oder von zulässigen Lieferbeziehungen zu Kunden und zwischen einzelnen Lagerstandorten. Zusätzlich zu diesen Beschränkungen wird die Komplexität des Bestandsmanagements dadurch erhöht, dass einige der relevanten Einflussgrößen wie Nachfragemengen oder Lieferzeiten möglicherweise zum Zeitpunkt der Planung noch nicht mit Sicherheit bekannt sind.

Ein weiterer wesentlicher Grund für die hohe Komplexität des Bestandsmanagements ist darin zu sehen, dass einzelne Bedarfsquellen und die auf dieser Ebene anzuwendenden Dispositionsregeln i. d. R. nicht isoliert voneinander betrachtet werden können, da die Bedarfspunkte untereinander durch gegenseitige Lieferbeziehungen, produktionstechnische Interdependenzen, die gemeinsame Inanspruchnahme knapper Ressourcen oder durch ökonomische Verflechtungen wie die Möglichkeit zur Bestellung unterschiedlicher Artikel mit der Inanspruchnahme von Sortimentsrabatten verflochten sind. Eine aus diesem Grund gebotene Simultanplanung des gesamten Systembestands unter Einbeziehung aller Bedarfsquellen scheitert regelmäßig an der *Komplexität der vorzufindenden Interdependenzen* (zur Simultan- vs. Sukzessivplanung vgl. [Küp04: 49ff.]). Auf Simultanplanungsansätze zum Bestandsmanagement in mehrstufigen Systemen und die im Rahmen von Supply-Chain-Ansätzen angestrebte Koordination von Lieferketten über Unternehmensgrenzen hinweg wird in Abschn. A 3.4.3 noch näher eingegangen.

Als Grundlage für die *Modellierung von Lagerhaltungssystemen* kann die Lagerung von Teilen oder Materialien als ein Prozess interpretiert werden, der die Transformation eines Material-Inputstroms in einen Material-Outputstrom bewirkt. Klassifizierungen lagerhaltungstheoretischer Modellierungen orientieren sich daher zum einen an den Charakteristika dieses Transformationsprozesses und zum anderen an den Merkmalen des Input- bzw. Outputstroms. In dieser Sichtweise kommt dem Lagerprozess die Aufgabe zu, die an das Lager gerichteten Bedarfe mengen- und termingerecht zu befriedigen. Die durch die Beachtung von Nebenbedingungen und den Ausgleich gegenläufiger Kosteneffekte notwendige Lagerung verursacht Lagerkosten, die sich aus direkt zurechenbaren Einzelkosten und verschiedenen Gemeinkosten wie Lagermiete und Energiekosten zusammensetzen. Auf die Problematik der in diesem Zusammenhang ebenfalls zu berücksichtigenden Kapitalbindungskosten als Bewertung der besten alternativen Verwendungsmöglichkeit des im Lagerbestand gebundenen Kapitals wird im Folgenden näher eingegangen.

Der Outputstrom beschreibt den Abgang der nachgefragten Erzeugnismengen vom Lager, die zu einer oder mehreren voneinander unabhängigen oder miteinander gekoppelten Bedarfsquellen abfließen. Der Inputstrom entspricht den durch eigenes Bestellverhalten initiierten Liefermengen, die jedoch auf Grund von Fehllieferungen oder Lieferausfällen sowohl zeitlich als auch mengenmäßig von den Bestelldaten abweichen können. Mit jeder Bestellung fallen Bestellkosten an, die von der bestellten Menge abhängen können (z. B. Einstandspreis oder variable Produktionskosten) oder als Bestandteil der Bestell-Fixkosten unabhängig vom Umfang der Bestellung sind.

Die Zeitspanne zwischen der Aufgabe einer Bestellung und deren Eingang im Lager wird als *Lieferzeit* bezeichnet und setzt sich im Fall einer externen Zulieferung aus den anfallenden Bearbeitungszeiten für den Beschaffungsauftrag, den Versand- und Transportzeiten sowie der Bereitstellungszeit des Lieferanten zusammen. Für den Fall der Auslösung eines an das Produktionssystem gerichteten Produktionsauftrags besteht die Lieferzeit (Produktionsdurchlaufzeit) aus den Bearbeitungszeiten sowie den im Produktionsablauf anfallenden Warte-, Zwischenlagerungs- und Transportzeiten.

Input- und Outputstrom sowie auch der Lagerprozess selber können jeweils durch verschiedene *Nebenbedingungen* beschränkt werden, die bei der Steuerung des Lagers zu beachten sind. So sind Bestellungen u. U. nur zu bestimmten Mindestmengen möglich und Produktionslose können vielfach nur in technologisch vorgegebenen Mengeneinheiten hergestellt werden. Die Kapazität des Lagerprozesses ist häufig durch finanzielle, raumbezogene oder organisatorische Engpässe beschränkt und die bedarfsseitig vorhandenen Beschränkungen können insbesondere bei externen Abnehmern sehr individueller Ausprägung sein.

Die Zielsetzungen des Bestandsmanagements basieren i. Allg. auf reinen *Kostenkriterien*, da die relevanten Erfolgskomponenten bereits im Rahmen übergeordneter Planungen determiniert sind. Durch das Bestandsmanagement zu beeinflussende Erfolgswirkungen wie die Ausweitung von Marktanteilen durch eine hohe Lieferbereitschaft sind darüber hinaus in vielen Fällen nur langfristig wirksam und schwer zu quantifizieren und zuzuordnen. Auch bei rein kostenorientierten Zielsetzungen stellt sich jedoch das Problem einer adäquaten Ermittlung und Abgrenzung der relevanten Kosteneinflussgrößen. Diese ist so vorzunehmen, dass die Kostenparameter die Auswirkungen der zu bestimmenden Bestellentscheidungen auf das Erfolgsziel der Unternehmung hinreichend genau beschreiben (vgl. dazu z. B. [Sil98: 44–48] oder [Sch81: 53ff.]). Ist dieses Problem für die variablen Bestellkosten i. Allg. zu lösen, so ergeben sich bereits bei der Ermittlung von Rüstkostensätzen und insbesondere bei der Festlegung der den Lagerkosten zurechenbaren Kapitalbindungs- und Lagergemeinkosten erhebliche praktische und konzeptionelle Probleme [Sil98: 53–58]. Als eine Alternative zu der traditionell üblichen Betrachtung von Kostenmodellen wird daher auch vorgeschlagen, diese durch eine an objektivierbaren Zahlungsströmen orientierte Sichtweise zu ersetzen (z. B. bei [Gur83] oder [Gru86]). Die im Rahmen dieser Ansätze verfolgte Zielsetzung besteht in der *Optimierung des Kapitalwertes aller Zahlungsströme*, die durch die vom Bestandsmanagement getroffenen Entscheidungen ausgelöst werden.

A 3.4.2 Bestandsmanagement in einstufigen Systemen

Im einfachsten Fall besteht ein Lagerhaltungssystem nur aus einem einzigen zu disponierenden Lager. Werden in einem solchen einstufigen System alle Produkte isoliert disponiert, so lässt sich die Lagerdispositionsaufgabe im Rahmen von Einprodukt-Einlager-Modellen beschreiben, von denen im Folgenden 2 Grundmodelle betrachtet werden.

A 3.4.2.1 Grundmodelle der Lagerhaltung

Einprodukt-Einlager-Modelle (zu Klassifizierungen vgl. [Sch81: 45–48] und [Por90: 605–608]) haben eine besonders einfache Struktur, wenn die Modellparameter deterministisch und im Zeitablauf konstant sind. Ist zu jedem beliebigen Zeitpunkt die Aufgabe einer Bestellung möglich, so sind wesentliche Annahmen für die Anwendung des *statischen Modells der klassischen Losgröße* erfüllt. Im Rahmen dieser Modellierung wird ferner davon ausgegangen, dass keine Kapazitätsbeschränkungen vorliegen und jede aufgegebene Bestellung ohne Zeitverzug unmittelbar zu einem entsprechenden Lagerzugang führt. Der Lagerabgang erfolgt kontinuierlich mit einer konstanten Rate von r Mengeneinheiten (ME) je Zeiteinheit (ZE) und muss ohne zeitliche Verzögerung befriedigt werden. Jeder Bestell- oder Rüstvorgang verursacht unabhängig von der bestellten Menge Q (fixe) Rüstkosten von K Geldeinheiten (GE). Die Lagerkosten h je GE und ZE werden proportional auf den mittleren Bestandswert berechnet, der bei einem Produktwert k GE je ME und konstanter Lagerabgangsrate durch $k \cdot Q/2$ gegeben ist. Gesucht ist die Losgröße Q, durch die bei einer Lagerergänzung (jeweils nach vollständigem Bestandsabbau) die Gesamtkosten je ZE, bestehend aus Lager- und Rüstkosten, minimiert werden:

$$\underset{Q \geq 0}{\text{Mimimiere}} \quad C = K\frac{r}{Q} + hk\frac{Q}{2} \quad \text{(A 3.4-1)}$$

Differentiation der Zielfunktion nach Q und Nullsetzen der Ableitung liefert eine Bestimmungsgleichung, aus der sich als Optimum die sog. *klassische Losgröße*

$$Q^* = \sqrt{\frac{2Kr}{hk}} \quad \text{(A 3.4-2)}$$

ergibt, die auch als *Economic Order Quantity* (EOQ) bezeichnet wird. Die Verwendung einer statischen Losgröße Q führt zu einem konstanten Zeitabstand zwischen je 2 aufeinander folgenden Bestellungen, einem sog. Bestellzyklus $T = Q/r$, für den im Optimum gilt:

$$T^* = \sqrt{\frac{2K}{hkr}} \quad \text{(A 3.4-3)}$$

Dieses Grundmodell vermittelt trotz der einschränkenden Annahmen einen recht guten Einblick in die grundsätzlichen Effekte, die von Lager- und Rüstkosten auf die Losgröße ausgehen. Durch verschiedene Erweiterungen und Modifizierungen lassen sich darüber hinaus zusätzliche Aspekte wie endliche Produktionsgeschwindigkeiten, Mengenrabatte, Bestellmengenrestriktionen oder die abgestimmte Disposition in verschiedenen Mehrprodukt-Situationen (vgl. [Sil98: 149ff.]) berücksichtigen. Eine feste Lieferzeit von λ ZE lässt sich ebenfalls in das Grundmodell einbeziehen. Zur Berücksichtigung der Lieferzeit muss der Bestellzeitpunkt um λ ZE vor den Lieferzeitpunkt vorgezogen werden, an dem das Lager wieder aufgefüllt werden muss, um keine Fehlmengen aufzuweisen. Somit muss eine Bestellung jeweils dann ausgelöst werden, wenn der Lagerbestand auf den Bestand von $\lambda \cdot r$ ME gesunken ist, weil dieser gerade ausreicht, um den Bedarf während der Lieferzeit zu befriedigen. Diesen kritischen Bestellbestand nennt man auch den *Bestellpunkt s*:

$$s = \lambda r \quad \text{(A 3.4-4)}$$

Den Bestandsverlauf bei einer derartigen statischen Losgrößenpolitik gibt Bild A 3.4-1 wieder.

Das einfachste Lagerhaltungsmodell mit Berücksichtigung stochastischer Einflussgrößen ist das sog. *Newsboy-Modell*, bei dem eine einmalige Entscheidung zur Auffüllung eines Lagerbestands zu treffen ist, die dazu führen soll, während einer vorgegebenen Zeitperiode der Bedarfsbefriedigung bei einer unsicheren Nachfrage möglichst niedrige erwartete Kosten zu erzeugen. Die stochastische Nachfrage sei durch eine Wahrscheinlichkeitsverteilung $\Phi(r)$ mit Erwartungswert $\bar{r}$ und Standardabweichung σ_r beschrieben. Die Beschaffungskosten seien rein proportional mit einem Kostensatz von k GE je ME. Für die Lagerkosten gelte wie im klassischen Losgrößenmodell der Kostensatz h. Da eine Befriedigung aller Nachfragemengen bei expliziter Berücksichtigung stochastischer Einflussfaktoren nicht mehr unbedingt sichergestellt werden kann, ist das Optimierungskalkül zu erweitern, um den durch die Bestellentscheidungen beeinflussbaren Umfang der Lieferausfälle berücksichtigen zu können. In der Modellierung des Newsboy-Problems werden dazu alle am Ende der Betrachtungsperiode nicht befriedigten Nachfragemengen mit mengenproportionalen Fehlmengenkosten von v GE je ME bewertet. Die Zielsetzung dieses Modells besteht in der *Minimierung* des Erwartungswertes der Summe aus *Bestell-, Lagerhaltungs- und Fehlmengenkosten* und ist in Abhängigkeit von einem angestrebten Ziellagerbestand S zu Beginn des Dispositionszeitraums wie folgt gegeben:

$$\underset{S \geq 0}{\text{Mimimiere}} \quad C = kS + hk\int_0^S (S-r)\,d\Phi(r) \\ + v\int_S^\infty (r-S)\,d\Phi(r) \quad \text{(A 3.4-5)}$$

Durch Differentiation erhält man in diesem Fall eine Optimalitätsbedingung, die den optimalen Lagerbestand S^* als Quantil der Nachfrageverteilung darstellt, das von den verschiedenen Kostenparametern abhängt (vgl. [Por90: 614ff.]):

$$\Phi(S^*) = \frac{v-k}{v+hk} \quad \text{(A 3.4-6)}$$

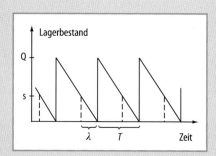

Bild A 3.4-1 Bestandsverlauf bei statischer Losgrößenpolitik

Der Ziellagerbestand S^*, der auch als *Bestellgrenze* bezeichnet wird, setzt sich bei Annahme normalverteilter Nachfrage aus dem Erwartungswert des Bedarfs r und einem Vielfachen der Nachfragestreuung σ_r zusammen:

$$S^* = \bar{r} + w^* \sigma_r \qquad (A\ 3.4\text{-}7)$$

w^* ist ein Sicherheitsfaktor, der sich bei normalverteilter Nachfrage im Optimum als das Quantil der Standardnormalverteilung entsprechend Gl. (A 3.4-6) ergibt. Das Ausmaß, in dem die Bestellgrenze über die erwartete Nachfrage hinaus angehoben wird, nämlich der Betrag $SB = w^* \cdot \sigma_r$, bezeichnet den *Sicherheitsbestand*, der zur Absicherung gegen das Risiko zu hoher Fehlmengen eingeplant wird.

Die sich bei den beiden einfachen Lagerhaltungsmodellen ergebenden Bestellregeln können als Spezialfälle allgemeiner Dispositionsregeln betrachtet werden, die beim Bestandsmanagement in einstufigen Systemen anwendbar sind.

A 3.4.2.2 Überblick über Dispositionsregeln

Eine Dispositionsregel legt fest, wann und in welchem Umfang in einem Lager Beschaffungsvorgänge zur Bestandsauffüllung ausgelöst werden. Auslöser kann dabei der Ablauf eines bestimmten Zeitintervalls oder das Unterschreiten eines kritischen Lagerbestands sein. Die Beschaffungsmenge kann fest fixiert oder vom aktuellen Lagerbestand bei Bestellung abhängig gemacht werden. Dementsprechend lassen sich im Hinblick auf die Flexibilität von Bestellzeitpunkt und Bestellmenge folgende Grundtypen von Dispositionsregeln mit jeweils 2 Dispositionsparametern unterscheiden, wie sie in Tabelle A 3.4-1 dargestellt sind.

Von *Bestellzyklusregeln* spricht man allgemein, wenn Bestellungen immer zu festen Zeitpunkten (zu Beginn jeweils gleichlanger Zeitzyklen der Länge T) vorgenommen werden. Innerhalb eines jeden Bestellzyklus wird der Lagerbestand nicht weiter beobachtet. Bei einer Anwendung der sog. *(T,S)-Regel* erfolgt die Anpassung des Bestands an die Entwicklung der Bedarfe durch die variable Festlegung der Bestellmenge, indem der Bestand zu jedem Bestellzeitpunkt durch die Anforderung einer entsprechend dimensionierten Nachbestellung bis zur Höhe der Bestellgrenze S ergänzt wird. Oft gibt es in einem System zum Bestandsmanagement eine vorgegebene Standardperiode (Tag oder Woche), nach der jeweils der Bestand inspiziert und eine Bestellung vorgenommen wird. In diesem Fall gilt grundsätzlich $T = 1$ und die Dispositionsregel vereinfacht sich zu einer einparametrigen *(S)-Regel*.

Anders als bei Bestellzyklusregeln werden bei *Bestellpunktregeln* Beschaffungsentscheidungen nur initiiert, wenn ein vorgegebener Lagerbestand in Höhe eines Bestellpunkts s unterschritten wird. Somit können die Beschaffungszyklen bei zeitlich schwankendem Bedarf eine unterschiedliche Länge haben. Während die bei einer Bestellauslösung zu bestellende Menge bei Anwendung einer *(s,Q)-Regel* durch den zweiten Dispositionsparameter, die Bestellmenge Q, fest vorgegeben ist, ergibt sich die Bestellmenge bei Anwendung einer kombinierten Bestellpunkt-/Bestellgrenzenregel (einer sog. *(s,S)-Regel*) als Differenz zwischen dem aktuellen Bestand und dem Dispositionsparameter S. Hier erfolgt also mit jeder Bestellung eine Auffüllung des Bestands bis zur Bestellgrenze S, so dass die Bestellmenge je nach Ausmaß des Unterschreitens des Bestellpunkts unterschiedlich hoch sein kann. Da der Bestand bei Anwendung einer *(s,Q)-Regel* mit kleiner Losgröße Q im Fall hoher Periodennachfragen nach Bestellung eines Loses u. U. nicht auf das Niveau des Bestellpunkts ansteigt, wird bei der modifizierten sog. *(s, n Q)-Regel* jeweils ein solches Vielfaches n der festen Losgröße Q bestellt, dass der Bestellpunkt s mindestens wieder erreicht wird.

Die Aufgabe der beschriebenen Dispositionsregeln ist es, den Lagerbestand auch bei (unvorhersehbar) schwankenden Bedarfsvorläufen flexibel anzupassen. Aus diesem Grund kommt eine theoretisch mögliche *(T,Q)-Regel*, die keinerlei Flexibilität besitzt, für das praktische Bestandsmanagement nicht in Betracht und ist auch in Tabelle A 3.4-1 nicht vorgesehen.

Bei der Anwendung der Bestellpunktregeln ist zu unterscheiden, ob sie im Rahmen eine kontinuierlichen oder periodischen Bestandskontrolle angewandt werden. *Kontinuierliche Kontrolle* setzt eine aufwendige (mit modernen Informationssystemen aber durchaus realisierbare) laufende Inspektion der Lagerbestandshöhe voraus und hat den Vorteil, dass bei Erreichen des Bestellpunkts unmittelbar mit einer Bestellentscheidung reagiert werden kann. Dagegen kann bei *periodischer Kontrolle* nur bei Ablauf einer Standardperiode in die Bestandsentwicklung eingegriffen werden, so dass sich das Versorgungsrisiko tendenziell erhöht. Bei einem Abgehen von der kontinuierlichen Kon-

Tabelle A 3.4-1 Strukturierung von Dispositionskonzepten

		Bestellzeitpunkte	
		fix	variabel
Bestellmenge	fix		(s, Q)-Regel
	variabel	(T, S)-Regel	(s, S)-Regel

trolle lassen sich auch die Bestellpunktverfahren mit einer gezielten Festlegung eines gewünschten Überwachungszyklus T verbinden, so dass sich hierdurch 3-parametrige Dispositionsregeln vom (T,s,Q)- bzw. (T,s,S)-Typ ergeben.

Allgemein ist zu beachten, dass die bei den Dispositionsregeln verwendete Bestandsgröße i. Allg. nicht dem physischen Bestand entspricht. Bei einer positiven Lieferzeit von λ Perioden zwischen dem Zeitpunkt einer Bestellung und deren Eintreffen im Lager ist zu berücksichtigen, dass durch jede Bestellung im Zeitpunkt t der Lagerbestand erst zur Zeit $t+\lambda$ beeinflusst werden kann. Gleichzeitig ist bei einer positiven Lieferzeit in jedem Bestellzeitpunkt der Umfang bereits bestellter jedoch noch nicht eingetroffener Lieferungen zu berücksichtigen, die dem Bestand bis zum Zeitpunkt $t+\lambda$ zugehen. Somit ist nicht mehr allein die Höhe des zum Bestellzeitpunkt physisch verfügbaren Bestands, sondern die Höhe des *disponiblen Lagerbestands* (=physischer Lagerbestand + ausstehende Bestellungen − zur Nachlieferung vor gemerkte Fehlmengen) ausschlaggebend für die Auslösung und/oder die Höhe einer Bestellung.

Vergleicht man diese unterschiedlichen Bestellregeln, so ist festzustellen, dass bei einer nur an Kostenkriterien orientierten Beurteilung die (s,S)-*Regel* unter recht allgemeinen Bedingungen der Struktur nach die *optimale Bestellregel* darstellt [Sil98: 238ff.]. Ihre Anwendung erweist sich jedoch u. U. dann als problematisch, wenn aus organisatorischen oder ablaufbedingten Gründen feste Bestellzyklen oder stabile Losgrößen sinnvoll erscheinen. Beispiele für solche Situationen sind die Abstimmung gemeinsamer Dispositions- und Bestellzeitpunkte für Sortimentsartikel, der gemeinsame Versand und Transport unterschiedlicher Artikel oder die Bestellmengenplanung bei Berücksichtigung technisch vorgegebener Standardlosgrößen. Solche Beschränkungen oder nicht monetär zu bewertende Kriterien können daher bereits vorab die Auswahl eines Typs von Dispositionsregeln beeinflussen, im Rahmen dessen dann die konkreten Werte der verwendeten Dispositionsparameter zu bestimmen sind. Da ein relativ flacher Verlauf der Gesamtkosten im Bereich des Optimums für viele lagerhaltungstheoretische Problemstellungen charakteristisch ist, ist der in Kauf genommene Kostennachteil bei Anwendung einer Bestellpunkt-Bestellmengenregel an Stelle einer kostenoptimalen Bestellpunkt-Bestellgrenzenregel i. Allg. sehr gering.

A 3.4.2.3 Bestimmung von Dispositionsparametern

Ein wirksames Bestandsmanagement unter Nutzung der beschriebenen Dispositionsregeln benötigt einfache, robuste Verfahren zur Vorgabe der in diesen Regeln benutzten Parameter. Basis hierfür bieten *Lagerhaltungsmodelle* unterschiedlicher Komplexität [Ind96], deren einfachste Varianten in Abschn. A 3.4.2.1 beschrieben wurden. Zur Vereinfachung wird häufig die Ermittlung von bestellmengenorientierten Parametern (Q bzw. S–s und T) und von absicherungsbezogenen Parametern (s und S) voneinander getrennt, um bei der Bestellmengenberechnung auf die Berücksichtigung der Unsicherheit verzichten zu können. Stochastische Modelle werden dann nur zur isolierten Bestimmung von Bestellpunkt bzw. Bestellgrenze verwendet, wobei die Bestellmengen aus den deterministischen Modellen als vorgegeben betrachtet werden (zu simultanen Ansätzen der Parameterbestimmung vgl. [Tem05: 8ff.]). In diesem Sinne bietet es sich an, als Zykluslänge T bei der (T,S)-Regel auf den Bestellzyklus T^* aus dem klassischen Losgrößenkalkül in Gl. (A 3.4-3) zurückzugreifen und bei Bedarf noch entsprechend zu runden, wenn nur ein Vielfaches einer Standardperiodenlänge in Betracht kommt. Als Losgröße Q bei Anwendung der (s,Q)-Regel lässt sich entsprechend die EOQ-Lösung mit Q^* aus Gl. (A 3.4-2) einsetzen. Dieselbe EOQ-Größe eignet sich auch zur Vorgabe der Mindestbestellmenge S–s bei einer Disposition nach der (s,S)-Regel.

Schwieriger gestaltet sich die Vorgabe der zur *Risikoabsicherung* dienenden Parameter s und S. Die Bestellpunktrechnung aus Gl. (A 3.4-4) ist ungeeignet, weil sie keinerlei Berücksichtigung von Unsicherheit enthält. Die Bestellgrenzenrechnung aus Gl. (A 3.4-6) bzw. (A 3.4-7) berücksichtigt nicht die i. d. R. vorliegende Mehrperiodigkeit der Dispositionsaufgabe und basiert auf einem reinen Kostenkalkül unter Einbeziehung präziser kostenmäßiger Einschätzung der Auswirkung von Fehlbeständen. Da die Spezifizierung der zu diesem Zweck vorzugebenden Fehlmengenkostensätze jedoch erhebliche praktische und konzeptionelle Probleme aufwirft, hat sich insbesondere im Hinblick auf die praktische Anwendung *stochastischer Dispositionsregeln* eine zweite Vorgehensweise etabliert.

Im Rahmen dieser Modellierungen erfolgt die Einbeziehung von Fehlmengensituationen über die Festlegung eines angestrebten Mindest-Lieferserviceniveaus. Dieses wird als *Servicegradrestriktion* formuliert, unter deren Berücksichtigung die Summe der erwarteten Lager- und Bestellkosten je Periode zu minimieren ist. Um entsprechend dieser Vorgehensweise unterschiedliche Aspekte von Fehlmengensituationen bewerten zu können, wurden verschiedene technische Servicegraddefinitionen entwickelt. Während der zeitnormierte α-Servicegrad die Wahrscheinlichkeit dafür angibt, dass alle eintreffenden Bedarfe während eines vorgegebenen Zeitraums unmittelbar aus dem Lagerbestand heraus beliefert werden können, und damit lediglich das Auftreten von Fehlmengensituationen erfasst, werden Fehlmengensituationen bei der Berechnung des β-Servicegrades auch danach bewertet, wie hoch die jeweils aufgetretene Fehlmenge ist. Dieser Servicegrad ist definiert als das Verhältnis der erwarteten unmittelbar befriedigten Nachfrage zur erwarteten Gesamtnachfrage über den Planungszeitraum und kann damit auch interpretiert werden als die Wahrscheinlichkeit, dass eine Mengeneinheit ohne zusätzliche lagerbedingte Lieferzeitverzögerung ausgeliefert wird. Der γ-Servicegrad berücksichtigt darüber hinaus auch noch die Dauer einer Fehlmengensituation. Bei entsprechend hohen Servicegradvorgaben entspricht er damit dem β-Servicegrad (dazu und zu weiteren zeitbezogenen Leistungskriterien vgl. [Tem05: 27ff]).

Im Folgenden soll beispielhaft die Berechnung für eine (s,Q)-Politik bei vorgegebenem β-Servicegrad beschrieben werden. Die Parameterermittlung bei anderen Servicegradtypen kann in analoger Weise erfolgen. Im Unterschied zum einperiodigen Newsboy-Problem besteht im Rahmen einer *mehrperiodigen Betrachtung* die Möglichkeit, die in einer Periode aufgetretenen Fehlmengen in späteren Perioden nachzuliefern. Diese Annahme wird auch den folgenden Ausführungen zugrunde gelegt. Im Unterschied zum Verlustfall, bei dem die aufgetretene Nachfrage bei mangelnder Lieferfähigkeit verloren geht, wird diese Situation als *Vormerkfall* bezeichnet. Ausgehend von der β-Servicegraddefinition für den Vormerkfall und basierend darauf, dass bei einer (s,Q)-Politik die gesamte Nachfragemenge eines Bestellzyklus gerade der Bestellmenge Q entspricht, erhält man die folgende Servicegradrestriktion für die Beschränkung der erwarteten Fehlmenge eines Bestellzyklus $E\{F\}$:

$$E\{F\} \leq (1-\beta)Q.$$

Damit lässt sich die β-Servicegradrestriktion für eine gegebene Wahrscheinlichkeitsverteilung $\Phi^\lambda(.)$ der Nachfrage in einer Wiederbeschaffungszeit von λ ZE in Abhängigkeit von Bestellmenge Q und Bestellpunkt s wie folgt angeben:

$$\beta(s,Q) \geq 1 - \frac{\int_s^\infty (r-s)\,d\Phi^\lambda(r)}{Q} \qquad (A\,3.4\text{-}8)$$

Dabei entspricht der Ausdruck im Zähler des Bruches auf der rechten Seite dem erwarteten Fehlbestand am Ende eines Bestellzyklus. Der optimale Bestellpunkt s^* ist mittels dieses Zusammenhangs für eine gegebene Bestellmenge Q durch den kleinsten Wert gegeben, für den die Servicegradrestriktion, Gl. (A 3.4-8), gerade noch erfüllt wird. Andere Servicegradtypen führen zu ähnlichen funktionalen Zusammenhängen (s. hierzu [Rob91: 103–105]).

Setzt man weiter voraus, dass die stochastischen Nachfragemengen r zu einzelnen Zeiteinheiten voneinander unabhängig und (zumindest angenähert) normalverteilt sind, so erhält man bei deterministischer Lieferzeit λ eine einfache Bestimmungsgleichung für den Bestellpunkt s. Dieser setzt sich anders als im deterministischen Fall aus Gl. (A 3.4-4) nicht nur aus der (erwarteten) Nachfrage während der Lieferzeit, sondern zusätzlich aus einem Sicherheitsbestand zusammen, wie er auch bei der Parameterbestimmung aus Gl. (A 3.4-7) im Newsboy-Problem aufgetreten ist:

$$s = \lambda \overline{r} + w(\beta,Q)\sqrt{\lambda}\sigma_r \qquad (A\,3.4\text{-}9)$$

Der Sicherheitsfaktor $w(\beta,Q)$ ergibt sich bei vorgegebenen Werten für das Serviceniveau und für die Bestellmenge aus der Beziehung Gl. (A 3.4-8) unter Verwendung der Standardnormalverteilung [Küp04: 201ff.]. Die in Gl. (A 3.4-9) beschriebene Vorgehensweise zur Bestimmung des Bestellpunkts geht von einer kontinuierlichen Bestandskontrolle aus. Bei periodischer Kontrolle lässt sich dieses Verfahren ebenfalls sinnvoll anwenden, wenn die Dauer der Kontrollperiode im Verhältnis zur Lieferzeit relativ kurz ist. Anderenfalls muss berücksichtigt werden, dass der Lagerbestand im Laufe einer Kontrollperiode signifikant unter den Bestellpunkt sinken kann, so dass ein zusätzliches Fehlmengenrisiko auftritt, das durch einen höheren Sicherheitsbestand ausgeglichen werden muss. Einfache Verfahren der Bestellpunktermittlung unter Berücksichtigung dieses Sachverhalts finden sich in [Tem99: 383ff.].

Die Berechnung der Bestellgrenze S bei Anwendung einer (T,S)-Regel kann analog zur Bestellpunktermittlung bei (s,Q)-Regel erfolgen, indem man berücksichtigt, dass bei einem Inspektionsintervall von T Perioden Fehlmengensituationen nicht nur während der Wiederbeschaffungszeit λ, sondern zusätzlich während der Dauer des Inspektionsintervalls auftreten können (vgl. [Küp04: 208ff.]). Der Parameterwert für S ergibt sich dabei als

$$S = (\lambda + T)\overline{r} + w(\beta, T\overline{r})\sqrt{\lambda + T}\sigma_r. \qquad (A\,3.4\text{-}10)$$

Auch hier kennzeichnet der zweite Term die Höhe des Sicherheitsbestands, der notwendig ist, um die β-Servicegradvorgabe einzuhalten. In die dargestellte Ermittlung von Bestellpunkt und Bestellgrenze lässt sich in einfacher Form auch der Einfluss von Unsicherheit bezüglich der Lieferzeit integrieren, sofern Lieferzeiten und Nachfragen voneinander unabhängig sind [Küp04: 207ff.]. Kann man (angenähert) von einer normalverteilten Lieferzeit mit Erwartungswert $\overline{\lambda}$ und Varianz σ_λ^2 ausgehen, so ändert sich

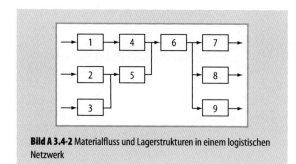

Bild A 3.4-2 Materialfluss und Lagerstrukturen in einem logistischen Netzwerk

die Höhe des Sicherheitsbestands in Gl. (A 3.4-10) und es gilt

$$S = (\bar{\lambda} + T)\bar{r} + w(\beta, T\bar{r})\sqrt{\bar{\lambda} + T\sigma_r^2 + \bar{r}^2 \sigma_\lambda^2} \quad (A\ 3.4\text{-}11)$$

Es wird deutlich, dass sich der Sicherheitsbestand zum Schutz gegen das Lieferzeitrisiko um den zweiten Term im Wurzelausdruck erhöht. Bei fehlendem Lieferrisiko $\sigma_\lambda = 0$ ergibt sich wieder der entsprechende Ausdruck aus Gl. (A 3.4-10). Analog zu Gl. (A 3.4-11) lässt sich eine stochastische Lieferzeit auch in die Bestellpunktermittlung aus Gl. (A 3.4-9) integrieren.

Die hier vorgestellten grundlegenden Verfahren zur Bestimmung von Dispositionsparametern gehen i. d. R. von unterschiedlichen Vereinfachungen aus und führen insofern nur zu approximativen Lösungen. Diese Vereinfachungen sind aber für viele praktische Anwendungsfälle durchaus zu rechtfertigen, zumal die Verfahren i. Allg. relativ robuste Ergebnisse liefern. Außerdem haben sie den Vorteil, dass sie eine schnell durchzuführende und einfach zu interpretierende Parameterbestimmung erlauben. Dies trifft auch für den Fall zu, dass Wahrscheinlichkeitsangaben nicht in Form von stetigen, sondern von diskreten (empirischen) Wahrscheinlichkeitsverteilungen vorliegen, z. B. [Tho05: 215ff]. Für die Schätzungen der entsprechenden Wahrscheinlichkeitsverteilungen bzw. ihrer Parameter aus den empirischen Dispositionsdaten stehen unterschiedliche Verfahren zur Verfügung (s. hierzu [Tho05: 250ff]). Eine gravierende Einschränkung der Realitätsnähe der dargestellten Parameterermittlung ist allerdings in der fehlenden Berücksichtigung der *Dynamik wichtiger Einflussgrößen* wie der Nachfrageentwicklung (im Sinne einer Veränderlichkeit in der Zeit) zu sehen. Für die Festlegung von Losgrößen im Hinblick auf prognostizierbare zeitliche Nachfrageschwankungen existieren verschiedene optimierende und heuristische Verfahren der dynamischen Losgrößenplanung (vgl. hierzu [Tem03: 135ff]). Ansätze zu einer dynamischen Sicherheitsbestandsplanung liegen dagegen kaum vor. In Abschn. A 3.4.4 über die Bestandsdisposition bei rollierender Planung wird auf die Integration des Gesichtspunkts der Dynamik noch näher eingegangen.

A 3.4.3 Bestandsmanagement in mehrstufigen Systemen

In der Praxis des Bestandsmanagements bilden nicht einstufige, sondern mehrstufige logistische Systeme die Regel. Eine besondere Herausforderung für das Logistikmanagement besteht – entsprechend der ganzheitlichen Betrachtungsweise der querschnittsorientierten Logistikaufgabe – in der abgestimmten Planung und Steuerung der Materialbewegungen und damit auch in einem koordinierten Bestandsmanagement über alle Stufen einer logistischen Kette hinweg.

In betrieblichen Logistikketten spiegeln sich die Zusammenhänge des Material- und Güterflusses im Beschaffungs-, Produktions- und Vertriebsbereich von Unternehmen wider. Logistiknetze können auch unternehmensübergreifend größere Wertschöpfungsketten beinhalten, wenn Partner auf der Zulieferer- und Kundenseite mit den zugehörigen Materialbewegungen und Informationsflüssen in die Logistikkette einbezogen werden. Diese übergreifende Sichtweise spielt v. a. in den neuen Entwicklungen des sog. *Supply-Chain-Managements* eine wichtige Rolle (vgl. [Tho05: 441ff.; Pfo04: 325ff.]).

Unterbrechungen des Materialflusses sind an verschiedenen Stellen eines Logistiknetzes möglich und führen dort zur Bildung von Lagerbeständen. Die Materialflussbeziehungen und Verknüpfungen zwischen einzelnen Lagerpunkten in logistischen Netzwerken können sehr komplex sein und sich auf viele aufeinander folgende Stufen erstrecken. Bild A 3.4-2 zeigt ein (einfaches) 4-stufiges System, in dem beispielhaft Materialflüsse und Lagerstrukturen dargestellt sind.

Die Kanten in Bild A 3.4-2 stellen Transport- oder Fertigungsprozesse zur Versorgung der einzelnen Knoten dar, in denen Lagervorgänge ablaufen. Die Prozesse der ersten Stufe in Bild A 3.4-2 können z. B. den Materialzugang im Beschaffungsbereich eines Unternehmens repräsentieren, während die beiden folgenden Stufen die Fertigungs- und Lagerprozesse der Produktionslogistik umfassen. Die letzte Stufe stellt z. B. im Rahmen der Vertriebsseite die Verteilung der Fertigware von einem Zentrallager über mehrere Regionallager bis zu den Kunden dar. Es könnte sich hierbei aber auch schon um eine übergreifende Einbeziehung von Kundenlagern (auf Handels- oder Abnehmerseite) handeln.

Tabelle A 3.4-2 Strukturierung von Dispositionskonzepten

	Zentrale Information	Dezentrale Information
Zentrale Disposition	MRP/DRP	–
Dezentrale Disposition	Base-Stock-Konzept	Konzept lokaler Kontrolle

Die Komplexität eines logistischen Gesamtnetzwerkes lässt sich häufig dadurch reduzieren, dass es sich in *Subsysteme* mit elementaren Struktureigenschaften der Materialflussbeziehungen (z. B. seriellen und konvergierenden Strukturen in der Produktionslogistik und divergierenden Strukturen in der Vertriebslogistik) zerlegen lässt. Derartige Subsysteme mit entsprechend vereinfachter Struktur bilden in Produktion und Vertrieb vielfach auch aus organisatorischen Gründen den Rahmen für eine separate Planung und Steuerung des Materialflusses. Eine Logistikkette mit konvergierender Struktur, wie sie bei reinen Montageprozessen auftritt, wäre z. B. durch die Knoten der ersten 3 Stufen (bis einschl. Lagerknoten 6) in Bild A 3.4-2 gegeben. Eine Kette mit rein serieller Struktur (z. B. in der Teilefertigung) lässt sich in Bild A 3.4-2 durch die Aufeinanderfolge der Knoten 1 und 4 charakterisieren. Die Teilkette der beiden letzten Stufen in Bild A 3.4-2 (ab Lagerknoten 6) kennzeichnet eine divergierende Struktur, die entsprechend ihrem hauptsächlichen Auftreten im Absatzbereich auch *Distributionsstruktur* genannt wird.

Der inhaltliche Unterschied zwischen den Netzwerken in Produktion und Vertrieb liegt insbesondere darin, dass in *Vertriebsnetzen* die Knoten unterschiedliche Lagerorte bzw. Distributionsstellen für identische Erzeugnisse repräsentieren, wobei die Kanten Transportvorgänge abbilden. Dagegen stellen die Knoten in *Produktionsnetzen* unterschiedliche Produkte bzw. Produktionsstellen (oft ohne räumlichen Bezug) dar, die über die durch Kanten symbolisierten Fertigungsprozesse miteinander verbunden sind. Die Strukturidentität der jeweiligen Logistiksysteme erlaubt aber in weiten Bereichen im Grundsatz die Anwendung gleicher Planungs- und Steuerungskonzepte. Zu berücksichtigen ist hierbei, dass Produktionsnetze i. d. R. wesentlich umfangreicher und komplexer sind als Vertriebsnetze. Zuweilen treten in praktischen Anwendungsfällen auch kompliziertere Verknüpfungen zwischen logistischen Grundstrukturen (als in Bild A 3.4-2) sowie Strukturen mit Materialrückflüssen (wie bei Recyclingprozessen) auf. Derartige komplexere logistische Netzwerke werden im vorliegenden Beitrag nicht behandelt (zum Bestandsmanagement in logistischen Systemen mit Materialkreisläufen s. [Dek04: Kap. 7–11]).

Beim Bestandsmanagement in mehrstufigen logistischen Systemen geht es, unabhängig vom Anwendungsbereich in Beschaffungs-, Produktions- oder Vertriebslogistik, um die Aufgabe der aufeinander abgestimmten Disposition von Lagerzu- und -abgängen in solchen Netzen. Neben der Disposition in den einzelnen Lagerknoten (wie in einstufigen Systemen) besteht die Managementaufgabe hier zusätzlich darin, für eine sachgerechte Koordination der Einzeldispositionen durch Anwendung eines entsprechenden *Dispositionskonzepts* zu sorgen.

A 3.4.3.1 Überblick über Dispositionskonzepte und -regeln

Die Koordinationsaufgabe beim Management einer Logistikkette besteht darin, die einzelnen Transport- bzw. Fertigungsvorgänge zeitlich und mengenmäßig so zu veranlassen, dass externer Lieferservice und interne Logistikkosten möglichst günstig beeinflusst werden. Diese Vorgänge führen zu entsprechenden Materialflüssen und lösen an den einzelnen Knoten des Netzwerks Lager- oder Umverteilungsprozesse aus. Aus Sicht der Knotenpunkte im Netz lassen sich die genannten Aktivitäten als *Lagerdispositionen* verstehen, bei denen jeweils über Güternachschub aus Vorgängerknoten sowie die Verteilung von Gütern auf Nachfolgeknoten zu entscheiden ist. Im Wesentlichen ergeben sich die Koordinationsnotwendigkeiten auf Grund der Materialflussbeziehungen und der Zeitverbräuche der einzelnen Prozesse. Hinzu kommt die Notwendigkeit der Beherrschung von Unsicherheiten, die sich auf die Zuverlässigkeit einzelner Prozesse sowie auf Umfang und Zeitpunkt des Auftretens externer Nachfrage nach Gütern bezieht.

Zur Bewältigung der sich daraus ergebenden Dispositionsprobleme stehen grundsätzlich verschiedene Konzepte zur Verfügung, die man hinsichtlich des Zentralisationsgrades und der Vorgehensweise der Disposition sowie des Umfangs der zur Verfügung stehenden Planungsinformationen bei der Disposition wie in Tabelle A 3.4-2 unterscheiden kann [Sil98: 486ff.].

In Konzepten *programmorientierter Disposition* werden die zur Herstellung externer Bedarfe benötigten Mengen an Vorprodukten und Kaufteilen mit den zugehörigen Liefer- und Bestellterminen auf der Basis statischer Strukturinformationen aus Stücklisten und Arbeitsplänen ermittelt, die jeweils mit dynamischen Bestandsinformationen abgeglichen werden. Ohne dass diesem deterministischen

Planungskonzept ein explizit formuliertes Entscheidungsmodell zugrunde liegt, wird im Prinzip angestrebt, den Bedarf auf jeder Produktionsstufe zum jeweils spätest möglichen Zeitpunkt zu befriedigen. Dazu werden von den Endprodukten ausgehend auf jeder Produktionsstufe sukzessive die geplanten Brutto-Bedarfe für einen vorgegebenen Planungshorizont mit den Informationen über auf den einzelnen Stufen verfügbare Lagerbestände und aktuell ausstehende Bestellungen abgeglichen.

Diese Brutto-Bedarfe ergeben sich entweder direkt als bereits terminierte oder prognostizierte Kundennachfragen oder sie werden aus den Netto-Nachfragemengen unmittelbar übergeordneter Stufen abgeleitet. Die als Ergebnis dieses Abgleichs auf jeder Stufe ausgewiesenen Netto-Bedarfe werden – u. U. nach Zusammenfassung zu größeren Produktions- bzw. Beschaffungslosen – anschließend unter Berücksichtigung der geplanten Durchlaufzeiten für die jeweilige Stufe und unter Einbeziehung der Bedarfsmengenverhältnisse zwischen vor- und nachgeordneten Stufen als Brutto-Bedarfe an alle Vorgängerstufen weitergeleitet und bilden dann den Input für die Netto-Bedarfsrechnung auf diesen Stufen.

Diese Vorgehensweise ist unter der Bezeichnung *Material Requirements Planning* (MRP) zentraler Bestandteil praxisorientierter Produktionsplanungs- und -steuerungssysteme (PPS-Systeme) und findet im Bereich des Managements mehrstufiger Distributionssysteme in der Logik des *Distribution Requirements Planning* (DRP) eine konzeptionelle Entsprechung [Sil98: 597ff.].

Datenunsicherheit wird im Rahmen programmgesteuerter Dispositionskonzepte nicht explizit in die Bestandsdisposition einbezogen, sondern findet in Form von Absicherungsmechanismen Berücksichtigung, die in Sicherheitsvorlaufzeiten auf der Terminebene sowie in Sicherheitsbeständen auf der Mengenebene bestehen können und unmittelbar in den Ablauf der MRP-Schritte integriert werden. Ausgehend von dem Sachverhalt, dass *Unsicherheiten* i. d. R. von den Beschaffungs- und Absatzmärkten herrühren, wird bei der Anwendung von MRP-Konzepten empfohlen, Sicherheitsbestände nur für Rohmaterialien und Kaufteile bzw. für Endprodukte zu halten. Aus dem Ablauf programmgesteuerter Disposition wird deutlich, dass ein solches Konzept eine zentrale Erfassung und Auswertung aller Strukturinformationen eines Produktions- und Distributionssystems sowie der laufenden Bestands- und Auftragsdaten aus allen Logistikknoten notwendig macht. Dispositionsparameter, mit denen die Effizienz dieses Dispositionskonzepts beeinflusst werden kann, sind die Losgrößen sowie die Sicherheitsbestände und Plandurchlaufzeiten auf den einzelnen Systemstufen.

In Konzepten *verbrauchsorientierter Disposition* wird der Bedarf an den einzelnen Logistikknoten nicht aus einem zentralen Fertigungs- oder Lieferprogramm abgeleitet, sondern mitsamt seiner Unsicherheitscharakteristik aus Vergangenheitsverbräuchen ermittelt und auf dieser Basis für die Anwendung einfacher Dispositionsregeln genutzt, wie sie für einstufige Systeme beschrieben wurden. Die auf jeder Lagerstufe zu befriedigenden Bedarfe werden nicht in ihrer Abhängigkeit von der Disposition übergeordneter Erzeugnisse gesehen, sondern als stochastische Größen interpretiert, deren Wahrscheinlichkeitsverteilungen aus den Verbrauchswerten vergangener Perioden geschätzt werden. Analoges gilt für die Wiederbeschaffungszeiten, mit denen in den einzelnen Knoten bei der Aufgabe von Bestellungen gerechnet wird. Agiert bei diesem Konzept jeder Logistikknoten isoliert auf der Basis rein lokaler Bestandsinformationen und Verbrauchsdaten, die sich aus den Bedarfen der unmittelbaren Nachfolgerknoten ergeben, so soll von einem *Dispositionskonzept auf Basis lokaler Kontrollregeln* gesprochen werden.

Im Gegensatz hierzu werden beim Konzept der sog. *Base-Stock-Kontrolle* globalere Informationen über den Zustand des gesamten Logistiksystems in die Disposition mit aufgenommen, indem insbesondere jeder Logistikknoten seine Disposition auf Basis der Kenntnis des systemweiten Materialbestands unter Einbeziehung von Beständen in allen Folgeknoten bis zur Endstufe (des sog. Echelon-Bestands) trifft [Sil98: 477ff.; Tem05: 206ff.]. Auslöser für Versorgungsprozesse bilden in diesem Fall nur die Primärbedarfe. Dementsprechend richtet sich bei diesem Konzept die verbrauchsorientierte Disposition an den externen Bedarfen und am Gesamtbestand in der Versorgungspipeline bis zu den Endkunden aus. Sie setzt allerdings voraus, dass ein Informationssystem verfügbar ist, das alle Dispositionsstellen im logistischen Netzwerk mit den entsprechenden Bedarfs- und Bestandsinformationen versorgt. Diese Dispositionsvariante hat den Vorteil, dass sich das Bestandsmanagement auf jeder Stufe unmittelbar an den aktuellen Bedarfen auf der Kundenseite orientieren kann und diese nicht erst mit Zeitverzögerung und durch Losgrößenbildung verzerrt über die Bestellungen der folgenden Lieferkette zur Kenntnis bekommt. Mit dieser Vorgehensweise lässt sich das Aufschaukeln von Auftragsschwankungen in der logistischen Kette (der sog. Bullwhip-Effekt) vermindern und das Halten von Sicherheitsbeständen zur Einhaltung eines vorgegebenen Kundenservice reduzieren [Sil98: 472ff.].

Verbrauchsorientierte Dispositionskonzepte lassen ein dezentrales Bestandsmanagement zu. Die notwendige Informationsbasis kann daher komplett aus rein lokalen Daten der einzelnen Logistikknoten bestehen oder, wie beim

Base-Stock-Konzept, auch eine umfassendere Informationsversorgung in Form von externen Bedarfsdaten und aggregierten Daten über Bestände in der Logistikkette notwendig machen. Auf jeden Fall ist der Informationsverarbeitungs- und Planungsaufwand wesentlich niedriger als bei programmorientierter Disposition, zumal die einfachen Dispositionsregeln aus den einstufigen Systemen zur Anwendung kommen können. Insofern wird häufig vorgeschlagen, das aufwendige programmorientierte Konzept nur für die stärker werthaltigen A- und B-Produkte zu wählen, es sei denn, dass eine zu starke Unsicherheit die Anwendung der deterministischen MRP/DRP-Vorgehensweise zu problematisch werden lässt.

Der Nachteil der mangelnden Programmbezogenheit der verbrauchsorientierten Konzepte lässt sich allerdings dadurch verringern, dass die verwendeten Dispositionsparameter aus den einzelnen einstufigen Dispositionsregeln so gewählt werden, dass die mengenmäßigen und terminlichen Abhängigkeiten im Logistiknetzwerk Berücksichtigung finden. Dies gilt sowohl für den Fall von lokaler als auch für den Fall der Base-Stock-Kontrolle, bei der die Dispositionsparameter Bestellpunkt und Bestellgrenze ohnehin im Hinblick auf systemweite Bestände festzulegen sind. Eine derartige abgestimmte Fixierung von Dispositionsparametern macht zwar (einmalig) deren zentrale Planung notwendig, erlaubt aber für das laufende Bestandsmanagement deren dezentralen Einsatz in den entsprechenden Dispositionsregeln.

A 3.4.3.2 Bestimmung von Dispositionsparametern

Am einfachsten gestaltet sich die Bestimmung der Dispositionsparameter sowohl bei programmgesteuerter als auch bei verbrauchsgesteuerter Disposition, wenn auf eine koordinierte Festlegung verzichtet wird und die Parameterbestimmung für jeden Logistikknoten isoliert nach den für einstufige Systeme entwickelten Regeln erfolgt. Diese Vorgehensweise trifft man häufig in Verbindung mit dem Konzept lokaler Kontrolle bei verbrauchsorientierter sowie in Verbindung mit dem MRP-Konzept bei programmorientierter Disposition an. Im MRP-Fall werden alle Dispositionsparameter i. d. R. isoliert voneinander festgelegt, so dass weder die Losgrößenermittlung mit der Dimensionierung von Absicherungsparametern wie Sicherheitsbeständen und Sicherheitsverlaufzeiten abgestimmt, noch die Absicherungsgrößen untereinander koordiniert werden. Dieser Abstimmungsmangel ist insofern nicht verwunderlich, als es kaum praktikable, wissenschaftlich fundierte Ansätze gibt, die eine simultane Bestimmung all dieser Parameter im Rahmen eines logistischen Optimierungskalküls ermöglichen. Dies gilt erst recht, wenn zu der horizontalen Abstimmung der Dispositionsparameter auf einer einzelnen Stufe die Aufgabe der vertikalen Abstimmung über alle Stufen einer Logistikkette hinzukommt. Für eine derartige vertikale Parameterkoordination bietet sich eine Komplexitätsreduktion durch Trennung der Losgrößenermittlung im Rahmen eines deterministischen Lösungsansatzes von der Bestimmung sicherheitsbestandsbezogener Parameter unter Rückgriff auf eine stochastische Problemformulierung an.

Mehrstufige Losgrößenfestlegung

Die koordinierte Festlegung der Losgrößen über alle Stufen eines logistischen Systems hinweg hat den Vorteil, dass Kostenersparnisse aus einer stufenübergreifenden Losauflagenpolitik realisiert werden können. Dies gilt für die Losgrößenbestimmung bei programm- wie bei verbrauchsorientierter Disposition. Wenn auf jeder Stufe des Logistiksystems die Bedingungen des statischen EOQ-Losgrößenmodells aus dem einstufigen Fall gelten, lässt sich im Rahmen eines erweiterten Optimierungskalküls eine Simultanplanung aller Losgrößen durchführen. Für logistische Systeme mit konvergierendem Materialfluss, wie sie insbesondere in der Teilefertigung und Montage auftreten, lässt sich die Aufgabe der Losgrößenbildung auf allen Stufen mit dem Ziel der Minimierung der Gesamtheit aller *Beschaffungs- und Lagerungskosten* in einfacher Form formulieren. Da in konvergierenden Prozessen jeder Lagerknoten nur einen einzigen Nachfolger beliefert, ist es unter Kostengesichtspunkten vernünftig, dass die Lose zweier aufeinander folgender Knoten so miteinander verbunden sind, dass die Losgröße des Vorgängerknotens ein (ganzzahliges) Vielfaches des Nachfolgeloses umfasst. Bei dieser als *gekoppelter Losauflage* bezeichneten Koordinationsregel ergibt sich bei zeitkontinuierlicher Betrachtung unter der Annahme konstanter Bedarfsrate ein Bestandsverlauf auf zwei Nachbarstufen, wie er in Bild A 3.4-3 zu sehen ist.

Zur Modellierung ist es zweckmäßig, in jedem Knoten eines mehrstufigen Lagersystems an Stelle des lokalen den systemweiten Lagerbestand zur Beschreibung heranzuziehen. Wie Bild A 3.4-3 zu entnehmen ist, sinkt der systemweite Lagerbestand auf einer Vorstufe (anders als der lokale Bestand) genauso gleichmäßig wie der Bestand auf der Endstufe, so dass sich auf allen Stufen der aus dem einstufigen Modell bekannte sägezahnförmige Verlauf ergibt. Um die Lagerungskosten richtig zu beschreiben, müssen die systemweiten Bestände in jedem Knoten j statt mit den Kostenwerten k_j der Produkte mit Wertzuwächsen k_j^Δ bewertet werden, die beschreiben, welchen Wertzuwachs die Produkte gegenüber der Vorstufe erreicht haben.

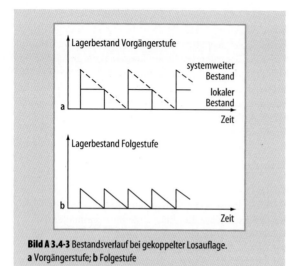

Bild A 3.4-3 Bestandsverlauf bei gekoppelter Losauflage.
a Vorgängerstufe; **b** Folgestufe

Zur einfacheren Darstellung eines Standardlosgrößenproblems für mehrstufige konvergierende Systeme wird im Weiteren angenommen, dass alle Materialbedarfskoeffizienten zwischen 2 aufeinander folgenden Logistikknoten gleich Eins sind. Wenn sonst die Bedingungen des klassischen statischen Losgrößenmodells gelten, lässt sich als Modell der mehrstufigen Losgrößenplanung unter Verwendung folgender zusätzlicher Notation

k_j^Δ marginaler Produktionswert je ME im Knoten j mit

$$k_j^\Delta = k_j - \sum_{i \in v(j)} k_i \text{ und } v(j) \text{ als Menge aller direkten}$$

Vorgängerknoten von j

m_j Losgrößenverhältnis von Knoten j und direkten Folgeknoten $n(j)$

J Index des Endstufenknotens (= Anzahl aller Lagerknoten)

für eine konvergierende Systemstruktur als Grundmodell formulieren:

Minimiere
$Q_1, Q_2, \ldots, Q_J \geq 0$

$$C = \sum_{j=1}^{J} \left[K_j \frac{r}{Q_j} + h k_j^\Delta \frac{Q_j}{2} \right]$$

unter den Nebenbedingungen

$$Q_j = m_j Q_{n(j)} \quad \text{für } j = 1, 2, \ldots, J$$

mit $m_J = 1$ und $m_j \geq 1$ und ganzzahlig
für $j = 1, 2, \ldots, J-1$.   (A 3.4-12)

Eine einfache approximative Lösung unter Verwendung der EOQ-Formel aus Gl. (A 3.4-2) erhält man, wenn man die partiellen Ableitungen der Kostenfunktion nach Q_j bildet und für jeweils 2 aufeinander folgende Knoten zueinander in Beziehung setzt, so dass sich folgende Bedingungen für die Losgrößenrelationen ergeben:

$$m_j^0 = \sqrt{\frac{K_j k_{n(j)}^\Delta}{K_{n(j)} k_j^\Delta}} \quad \text{für } j = 1, 2, \ldots, J-1. \quad (A\ 3.4\text{-}13)$$

Wenn alle m_j^0 ganzzahlig sind, sind damit die optimalen Werte m_j^* gefunden, sonst muss zunächst durch entsprechendes Auf- und Abrunden nichtganzzahliger m_j^0-Werte die kostenminimale m_j^*-Kombination ermittelt werden. Mit diesen Werten lassen sich über die Losgrößenbeziehungen (A 3.4-12) alle Lose Q_j ($j = 1, 2, \ldots, J-1$) als Funktion der Endstufenlosgröße Q_J darstellen. Setzt man diesen Zusammenhang in die Kostenfunktion ein, so kann man diese Kosten als Funktion dieser Losgröße Q_J beschreiben. Durch Ableitung nach Q_J kommt man auf folgende EOQ-Form der optimalen Losgröße für den Endstufenknoten J:

$$Q_J^* = \sqrt{\frac{2\hat{K}r}{h\hat{k}}}$$

mit $\hat{K} = \sum_{j=1}^{J} \frac{K_j}{\hat{m}_j}, \ \hat{k} = \sum_{j=1}^{J} k_j^\Delta \hat{m}_j$ und $\hat{m}_j = \prod_{i \in N(j)} m_j^*,$

wobei $N(j)$ die Menge aller Nachfolgeknoten von j unter Einschluss von j wiedergibt. Die optimalen Losgrößen auf den Vorstufen erhält man sukzessive durch Einsetzen der Werte Q_J^* und m_j^* ($J, J-1, \ldots, 1$) in die Losgrößenbeziehung (A 3.4-12). Sofern die Nachfrage im Zeitablauf schwankt, ist eine Modellierung des Lagerhaltungsproblems im mehrstufigen Fall analog der Vorgehensweise beim einstufigen deterministischen dynamischen Lagerhaltungsmodell möglich. Eine einfache heuristische Vorgehensweise zur Lösung dieses mehrstufigen Modells erhält man, indem man – wie beim MRP Konzept – sukzessiv, mit der Endstufe beginnend, einstufige dynamische Losgrößenprobleme löst. Wenn man bei dieser Vorgehensweise zur Berücksichtigung der Kosteninterdependenzen zwischen den einzelnen Stufen Anpassungen der Kostenparameter K_j und k_j vornimmt, indem man auf Basis gekoppelter Losauflagen Losgrößenrelationen gemäß (A 3.4-13) zugrunde legt, kommt man bei konvergierendem Materialfluss zu guten Näherungslösungen für die optimale dynamische mehrstufige Losgrößenpolitik (vgl. [Tem03: 239ff.]).

Eine Kopplung von Losauflagen ist in Systemen mit divergierendem Materialfluss, d.h. insbesondere im Bereich der Distributionslogistik, nur noch in einer abgeschwächten Form sinnvoll, die besagt, dass der Losumfang in einem Logistikknoten das Vielfache eines Loses zumindest eines der Nachfolgeknoten betragen soll. Da eine strenge Loskoppelung (bzgl. aller Nachfolgerknoten) i. d. R. nur zu einer groben Approximation optimaler Losgrößenabstimmung führt, ist in dieser Situation eine Modellformulierung wie im konvergierenden Fall nicht zweckmäßig. Heuristiken und optimierende Lösungsverfahren sind damit im Fall divergierender oder genereller Strukturen etwas komplexerer Natur. Ähnliches gilt auch für die Aufgabenstellung bei dynamischer Losgrößenplanung (vgl. [Tem05: 253ff.]).

Mehrstufige Sicherheitsbestandsfestlegung

Die Koordination der Sicherheitsbestände bzw. der mit Sicherheitsbeständen verknüpften Dispositionsparameter (d. h. des Bestellpunkts s bei einer (s,Q)-Regel bzw. der Bestellgrenze S bei einer (T,S)-Regel in einem logistischen Netzwerk ist eine komplexere Aufgabe als die Abstimmung der Losgrößen. Der Grund: Die Verteilung von Sicherheitsbeständen in einer Logistikkette und die Festlegung ihrer Höhe haben nicht nur Auswirkungen auf die Lagerbestandskosten auf jeder Stufe, sondern beeinflussen die Lieferfähigkeit gegenüber externen Kunden in sehr komplizierter Weise. Das Zusammenwirken von Sicherheits- und Losgrößenparametern steuert die Beschaffungsentscheidungen in einer logistischen Kette, die ihrerseits die Materialverfügbarkeit und damit die (interne) Wiederbeschaffungszeit für die jeweils folgenden Kettenglieder beeinflussen, so dass sich über die gesamte Kette bis hin zu den Endknoten *komplexe stochastische Interdependenzen* ergeben, die es bei einer Koordination zu berücksichtigen gilt.

Es existieren wegen dieser komplizierten Zusammenhänge nur wenige praxistaugliche Verfahren zur koordinierten Bestimmung der Bestellpunkte oder Bestellgrenzen in einem mehrstufigen logistischen System. Hierbei konzentrieren sich die Verfahren auf die Parameterbestimmung bei Anwendung einer Base-Stock-Kontrolle, bei der ohnehin stufenübergreifend agiert wird. Verwendbare Methoden zur abgestimmten Ermittlung von Bestellpunkten s_i in allen Logistikknoten liegen nur für den Fall *serieller Logistikstrukturen* vor [Che94]. Dagegen gibt es für die systemweite Ermittlung von Bestellgrenzen S_j sowohl für konvergierende [Hou96] als auch für divergierende logistische Systeme [Dik96] praktikable Ansätze, die auf eine Ermittlung der Bestellgrenzen nach einem erweiterten Schema wie beim Newsboy-Problem in Gl. (A 3.4-6) hinauslaufen. Bei der Parameterermittlung für Distributionssysteme kommt als Schwierigkeit hinzu, dass in die Bestandsdisposition zusätzlich eine Allokationsregel integriert werden muss, die angibt, wie bei einem den Lagerbestand überschreitenden Bedarf der knappe Bestand auf die verschiedenen Bedarfsknoten aufgeteilt werden soll.

Einen besonders bedeutsamen Anwendungsfall bilden in diesem Rahmen *2-stufige Distributionssysteme* mit einem Distributionszentrum ($j=0$) und mehreren dezentralen Lagern ($j=1, 2, ..., J$). Für diesen Fall wurde eine große Zahl von Modellen zur Bestimmung von Dispositionsparametern bei vorgegebenen Regeln – mit schwerpunktmäßiger Anwendung der (T,S)-Regel – entwickelt [Ind94]. Im reinen Distributionsfall kann i. d. R. von identischen Produktwerten in allen Lagerknoten ausgegangen werden, so dass es sich (zumindest) unter Gesichtspunkten der Lagerkostenersparnis nicht lohnt, Bestände auf einer anderen als der Endstufe des Systems zu halten.

Ausgehend von einer solchen Situation, in der das Distributionszentrum nur als *Umschlagspunkt* dient und die von Lieferanten bezogene Ware unmittelbar an die Außenlager weiterverteilt, lassen sich bei Anwendung von (T,S)-Regeln einfache Verfahren zur Bestimmung von (approximativ) optimalen Dispositionsparametern auf allen Systemstufen angeben. Bei identischen Lieferzeiten λ für alle dezentralen Lager sowie bei identischen Kostensätzen v bzw. $h \cdot k$ für Fehlmengen bzw. Lagerungskosten lassen sich die Dispositionsgrößen analytisch ermitteln [Epp81]. Steht λ_0 für die Lieferzeit des Distributionszentrums und bezeichnet man mit $\bar{r}_j$ bzw. σ_j^2 den Erwartungswert bzw. die Varianz der exogenen (normalverteilten) Nachfrage in jedem der Außenlager j ($j=1, 2, ..., J$), so gilt in Analogie zur Beziehung (A 3.4-10) im einstufigen Modell für die systemweite Bestellgrenze S_0 im Distributionszentrum

$$S_0^* = (\lambda_0 + \lambda + T)\sum_{j=1}^{J} \bar{r}_j + w\sqrt{\lambda_0 \sum_{j=1}^{J} \sigma_j^2 + (\lambda + T)\left(\sum_{j=1}^{J} \sigma_j\right)^2}$$

mit w als Sicherheitsfaktor wie in Gl. (A 3.4-7). Die Allokation des zentralen Bestands hat derart zu erfolgen, dass nach entsprechender Verteilung die Zielbestände S_i in den dezentralen Lagern zu einer identischen Wahrscheinlichkeit für das Auftreten von Lieferunfähigkeit führen, d. h.

$$\Phi_j^{\lambda+T}\left(S_j^*\right) = \Phi_l^{\lambda+T}\left(S_l^*\right) \quad \text{für } j,l = 1,2,...,J \,.$$

A 3.4.4 Bestandsdisposition bei rollierender Planung

Bestandsmanagement findet in der Praxis immer in einer von Dynamik und Unsicherheit geprägten Umwelt statt. Als Reaktion hierauf bieten die Dispositionskonzepte und

-regeln, wie sie bisher vorgestellt wurden, nur eine beschränkte Antwort. Diese besteht in der Zerlegung der Gesamtplanungsaufgabe in eine *deterministische Losgrößenplanung* und eine *stochastische Planung der Absicherungsparameter*. Die Losgrößenplanung vermag die Dynamik aus der im Zeitablauf auftretenden Veränderung von Planungsdaten zu integrieren, indem für alle Daten entsprechende zeitabhängige Prognosewerte berücksichtigt und in Lösungsverfahren der dynamischen Losgrößenplanung (vgl. [Tem99: 144ff.] für einstufige und [Tem99: 187ff.] für mehrstufige Systeme) einbezogen werden. Sie vernachlässigt allerdings die Unsicherheit, die durch mangelnde Prognosegenauigkeit verursacht wird. Diese Prognosefehler werden bei der Planung der Absicherungsgrößen explizit einbezogen, indem sie als Ergebnis der Realisation von stationären zufallsabhängigen Prozessen gesehen werden, wobei vom Ausmaß der Zufallsschwankungen angenommen wird, dass es sich im Zeitablauf nicht ändert. Die Sicherheitsbestände insbesondere werden somit als zeitinvariante Größen betrachtet.

Um nun zusätzlich eine schnelle Anpassung der Bestandsdisposition an geänderte Prognosedaten (einschließlich geänderter Einschätzung der Prognosesicherheit) sowie an zusätzliche Prognosedaten jenseits des aktuellen Planungshorizonts vornehmen zu können, wird die Anwendung der geschilderten Dispositionsverfahren i. d. R. mit einer Einbettung in eine *rollierende Planung* verbunden. Dabei wird die Planung im Zeitablauf nach einem vorgegebenen Zeitabschnitt jeweils wiederholt, wobei die neuesten Informationen zu unsicheren Einflussgrößen in Form aktueller Schätzungen entsprechender Wahrscheinlichkeitsverteilungen bzw. Verteilungsparameter (hierzu auch [Tho05: 250ff.]) einbezogen werden und der Planungshorizont um die seit der letzten Planrevision abgelaufene Zeitspanne hinausgeschoben wird. Im Zuge der Neuplanung werden entsprechend dem aktuellen Informationsstand die beim Bestandsmanagement verwendeten Dispositionsparameter neu berechnet, so dass auf diese adaptive Weise sowohl der Dynamik als auch der Unsicherheit laufend Rechnung getragen werden kann.

Die rollierende Planung ist besonders ausgeprägt anzutreffen bei Anwendung von *programmorientierten Verfahren* des Bestandsmanagements in mehrstufigen Systemen. Die deterministisch orientierte Planung nach dem MRP/DRP-Konzept lässt hierdurch im Rahmen laufender Plananpassungen eine Berücksichtigung der Unsicherheit von Planungsdaten zu. Führen die regelmäßig vorgenommenen Planrevisionen allerdings zu laufenden Planänderungen, so wird diese Flexibilität bei der Berücksichtigung von Informationszuwächsen über unsichere Planungsdaten durch eine hohe Planungsnervosität erkauft, welche die Performance einer MRP-Planung sehr stark reduzieren kann [Jen96].

Bei einem Bestandsmanagement unter Verwendung der Dispositionsregeln *verbrauchsorientierter Verfahren* lässt sich die rollierende Planung in der Form einsetzen, dass die Inputgrößen für die Bestimmung der Dispositionsparameter auf Basis laufender Beobachtung der tatsächlichen Datenentwicklung in regelmäßigen Abständen neu geschätzt werden. Dies betrifft insbesondere die Neuschätzung der Prognosewerte für Bedarfsgrößen und Wiederbeschaffungszeiten, umfasst aber auch eine laufende Anpassung der Schätzung der jeweiligen Prognosefehler und damit der Streuung der unsicheren Planungsdaten [Sch81: 83ff.]. Damit erweisen sich auch die Stationaritätsannahmen bei der Ermittlung der sicherheitsbestandsorientierten Dispositionsparameter nach den stochastischen Standardansätzen als weniger gravierend, da über die rollierende Planung eine dynamische Anpassung dieser Parameter möglich wird. Die Einbettung des Bestandsmanagements in ein System rollierender Planung ermöglicht es somit, die Vorteile einfacher Verfahren zur Festlegung von Dispositionsparametern mit den Anforderungen zur Berücksichtigung komplexer Bedingungen einer dynamischen und unsicheren Umwelt bei praktischer Anwendung zu verbinden.

Literatur

[Che94] Chen, F.; Zheng, Y.S.: Evaluating echelon stock (R,nQ) policies in serial production/inventory systems with stochastic demand. Management Sci. 40 (1994) 1262–1275

[Dek04] Dekker, R.; Fleischmann, M.; Inderfurth, K.; van Wassenhove, L.N.: Reverse Logistics – Quantitative Models for Closed-Loop Supply Chains. Berlin/Heidelberg/New York: Springer 2004

[Dik96] Diks, E.B.; de Kok, A.G.; Lagodimos, A.G.: Multi-echelon systems: A service measure perspective. Europ. J. of Operational Res. 95 (1996) 241–263

[Epp81] Eppen, G.; Schrage, L.: Centralized ordering policies in a multi-warehouse system with lead times and random demand. In: Schwartz, L.B. (ed.): Multi-level production/inventory control systems: Theory and practice. Amsterdam: North-Holland 1981, 51–67

[Gru86] Grubbström, R.W.; Thorstenson, A.: Evaluation of capital costs in a multi-level inventory system by means of the annuity stream principle. Europ. J. of Operational Res. 24 (1986) 136–145

[Gur83] Gurnani, C.: Economic analysis of inventory systems. Int. J. of Production Res. 21 (1983) 261–277

[Hou96] van Houtum, G.J.; Inderfurth, K.; Zijm, W.H.M.: Materials coordination in stochastic multi-echelon systems. Europ. J. of Operational Res. 95 (1996) 1–23

[Ind94] Inderfurth, K.: Safety stocks in multi-stage divergent inventory systems: A survey. Int. J. of Production Econom. 35 (1994) 321–329

[Ind96] Inderfurth, K.: Lagerhaltungsmodelle. In: Kern, W. et al. (Hrsg.): Handwörterbuch der Produktionswirtschaft. 2. Aufl. Stuttgart: Schäffer-Poeschel 1996, 1024–1037

[Jen96] Jensen, T.: Planungsstabilität in der Material-Logistik. Heidelberg: Physica 1996

[Küp04] Küpper, H.-U.; Helber, St.: Ablauforganisation in Produktion und Logistik. 3. Aufl. Stuttgart: Schäffer-Poeschel 2004

[Pfo04] Pfohl, H.-Ch.: Logistiksysteme. 7. Aufl. Berlin: de Gruyter 2004

[Por90] Porteus, E.L.: Stochastic inventory theory. In: Heyman, D.P.; Sobel, M.J. (eds.): Handbooks in operations research and management science. Vol. 2. Amsterdam: Elsevier 1990, 605–652

[Rob91] Robrade, A.D.: Dynamische Einprodukt-Lagerhaltungsmodelle bei periodischer Bestandsüberwachung. Heidelberg: Physica 1991

[Sch81] Schneeweiß, Ch.: Modellierung industrieller Lagerhaltungssysteme. Berlin: Springer 1981

[Sil98] Silver, E.A.; Pyke, D.F.; Peterson, R.: Inventory management and production planning and scheduling. 3. Aufl. New York: Wiley & Sons 1998

[Tem03] Tempelmeier, H.: Material-Logistik – Modelle und Algorithmen für die Produktionsplanung und steuerung und das Supply Chain Management. 5. Aufl. Berlin: Springer 2003

[Tem05] Tempelmeier, H.: Bestandsmanagement in Supply Chains. Norderstedt: Books on Demand 2005

[Tho05] Thonemann, U.: Operations Management. München: Pearson 2005

A 3.5 Paletten- und Containerbeladung

A 3.5.1 Einführung

Ladungsträger wie Paletten und Container dienen der Zusammenfassung von Transport- und Lagergütern (Logistikgütern) zu größeren logistischen Einheiten. Sie ermöglichen nicht nur die gemeinsame Behandlung mehrerer Güter in logistischen Prozessen, sondern bereiten auch – bei der Verwendung einheitlicher Ladungsträger und modulartig aufgebauter Ladungsträgersysteme – den Weg für eine Standardisierung und Automatisierung logistischer Prozesse. Damit tragen sie in erheblichem Maße zu einer Reduktion der Logistikkosten und zu einer Verbesserung des Logistikservice bei. Allerdings lassen sich die Kostensenkungs- und Leistungsentwicklungspotenziale nur dann vollständig erschließen, wenn auch die Bildung der einzelnen logistischen Einheiten mit der größtmöglichen Sorgfalt geschieht.

Von den vielfältigen Problemen der Paletten- und Containerbeladung können hier nur einige wenige besprochen werden. Abschnitt A 3.5.2 ist ihrer gemeinsamen, allgemeinen Grundstruktur gewidmet. Außerdem werden die wichtigsten Problemtypen vorgestellt. Abschnitt A 3.5.3 befasst sich zunächst mit dem Grundproblem der Palettenbeladung, bei dem es im Wesentlichen darum geht, auf der durch die Palettenabmessungen definierten Packfläche möglichst viele quaderförmige Packstücke mit identischen Abmessungen unterzubringen. Ergänzende Ausführungen beziehen sich auf die Nutzung des über der Palette aufgespannten Stauraums. Den zentralen Gegenstand von Abschn. A 3.5.4 bildet das entsprechende Grundproblem der Containerbeladung. Dieses beinhaltet die Beladung eines Containers mit einem schwach heterogenen Packstückvorrat. Die Arbeit schließt in Abschn. A 3.5.5 mit Bemerkungen über kommerzielle Software zur Paletten- und Containerbeladung und ihrem Einsatz in der Praxis.

A 3.5.2 Grundlagen

Paletten- und Containerbeladungsprobleme (P & C-Beladungsprobleme) besitzen eine einheitliche Grundstruktur, die sich wie folgt zusammenfassen lässt:

– Es existiert eine Menge von Paletten bzw. Containern (allgemein auch als *Ladungsträger* bezeichnet), die jeweils einen quaderförmigen, nach Breite, Länge und Höhe definierten *Stauraum* bereitstellen (Stauraumangebot).

– Es existiert eine Menge von Stückgütern (im Folgenden auch *Packstücke* genannt) gegebener, unveränderbarer Formen und Abmessungen, mit denen die Paletten bzw. Container beladen werden sollen (Stauraumbedarf).

– Die Beladung soll so erfolgen, dass das Stauraum angebot möglichst gut genutzt wird.

– Gesucht ist ein Plan (Stauplan), der angibt, wie die Packstücke den Ladungsträgern zuzuordnen und innerhalb der Stauräume anzuordnen sind.

Aufbauend auf dieser allgemeinen Grundstruktur können verschiedene Merkmale zur Bildung von speziellen Problemtypen herangezogen werden [Dyc90; Wäs07]. Nach der Anzahl der Paletten bzw. Container, die das Stauraumangebot ausmachen, lassen sich P & C-Beladungsprobleme

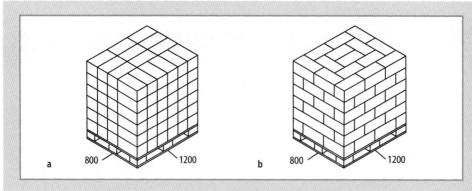

Bild A 3.5-1
Lagenweise Anordnung von Packstücken auf einer Palette.
a Turmstapelung;
b Verbundstapelung

mit *einem* Ladungsträger (engl.: single pallet/container problems) und solche mit *mehreren* – i. d. R. als identisch unterstellten – Ladungsträgern (engl.: multiple pallet/container problems) unterscheiden. Bei Beladungsproblemen mit einem Ladungsträger reicht die Stauraumkapazität typischerweise nicht aus, den gesamten Packstückvorrat unterzubringen, so dass eine Auswahl hinsichtlich der zu ladenden Packstücke getroffen werden muss. Die Nutzung des Stauraumangebots ist dann optimal, wenn Auswahl und Anordnung der Packstücke so erfolgen, dass möglichst wenig Stauraum des Ladungsträgers ungenutzt bleibt. Stehen dagegen mehrere Ladungsträger zur Verfügung, wird üblicherweise unterstellt, das Stauraumangebot sei ausreichend für die Aufnahme des gesamten Packstückvorrats. Eine optimale Stauraumnutzung liegt dann vor, wenn die Anzahl der zur Unterbringung aller Packstücke benötigten Ladungsträger minimal ist.

Im Hinblick auf die Packstücke kann man Probleme identifizieren, bei denen die Packstücke entweder ausschließlich regelmäßige Formen besitzen (Beladung einer Palette mit Paketen oder mit zylinderförmigen Gebilden wie Farb- oder Konservendosen), oder auch unregelmäßige Packformen haben (Beladung eines Containers mit Bruchsteinen). Bei den meisten Problemen der Paletten- und Containerbeladung weisen die Packstücke eine einheitliche regelmäßige Form (Quader, Zylinder) auf bzw. die Probleme lassen sich so abgrenzen, dass diese Eigenschaft erfüllt ist. Sind sämtliche Packstückabmessungen identisch, so nennt man das betreffende Beladungsproblem *homogen*, anderenfalls *heterogen*. Speziell von einem *Beladungsproblem mit schwach heterogenem Packstückvorrat* spricht man, wenn bei einem heterogenen Problem die Packstücke in einige wenige Klassen eingeteilt werden können, innerhalb derer die Abmessungen übereinstimmen. Ist eine solche Einteilung nicht möglich, so liegt ein *Beladungsproblem mit stark heterogenem Packstückvorrat* vor.

Wenn Paletten- und Containerbeladungsprobleme – trotz der gemeinsamen Grundstruktur – in der Literatur voneinander unterschieden und getrennt behandelt werden, so liegt dies daran, dass sich Palettenbeladungsprobleme oft unter Vernachlässigung einer räumlichen Dimension auf zweidimensionale Anordnungsprobleme in der Ebene reduzieren lassen, während bei Containerbeladungsproblemen die vertikale Ausdehnung von Stauraum und Packstücken explizit zu berücksichtigen ist. Die Abstraktion von der dritten räumlichen Dimension ist bei Palettenbeladungsproblemen der Praxis möglich, wenn es sich um einen homogenen oder schwach heterogenen Packstückvorrat handelt. In diesem Fall erfolgt die Beladung der Paletten regelmäßig in Lagen (Bild A 3.5-1). Jede Lage deckt die Stauraumgrundfläche möglichst vollständig ab und wird durch einen einzigen Packstücktyp gebildet. Sämtliche Packstücke einer Lage weisen die gleiche vertikale Orientierung auf, d. h., alle Packstücke ruhen auf der gleichen Packstückfläche (Bodenfläche, Seitenfläche oder Endfläche). Die Lage erhält damit eine einheitliche Höhe, so dass sich auf ihrer Oberseite eine weitere Lage anordnen lässt. Beim Übereinanderstapeln mehrerer Lagen entsteht ein *Lagenstapel*, der die Packraumhöhe ggf. maximal ausschöpft. Die einzelnen Lagen eines solchen Stapels können dabei identisch sein, sie können aber auch voneinander abweichen, beispielsweise weil sie auf unterschiedlichen Packstückorientierungen beruhen oder weil sie unterschiedliche Packstücktypen enthalten.

Auf Containerbeladungsprobleme der Praxis ist diese Vorgehensweise nicht ohne weiteres übertragbar, da auch bei Beladungsproblemen mit schwach heterogenem Packstückvorrat kaum Lagen gebildet werden können, die den Stauraumboden vollständig abdecken. Verbleibende Flächen sind mit anderen Packstücken zu belegen, so dass die ursprüngliche Anordnungsfläche fortgesetzt in Teilflächen unterschiedlicher Abmessungen fragmentiert wird, die sich zudem noch auf unterschiedlichen Ebenen des Stauraums befinden.

Die geschilderten Problemeigenschaften prägen die *Lösungsverfahren*, die für Paletten- und Containerbeladungsprobleme zur Verfügung stehen, auf unterschiedliche Weise. Im Folgenden werden die Grundzüge der Verfahren vor dem Hintergrund des jeweiligen Standardproblems dargestellt.

A 3.5.3 Palettenbeladung

A 3.5.3.1 Homogenes, zweidimensionales Packproblem (Standardproblem)

Problemformulierung

Die formale Struktur des Standardproblems der Palettenbeladung lässt sich wie folgt charakterisieren: Auf einem „großen" Rechteck der Breite B und der Länge L ($B \leq L$) sind möglichst viele „kleine" Rechtecke der Breite b und der Länge l ($b \leq l$) anzuordnen, und zwar so, dass
(a) alle kleinen Rechtecke innerhalb des großen Rechtecks liegen und
(b) sich die kleinen Rechtecke nicht (auch nicht teilweise) überdecken.

Gesucht ist die Anzahl der kleinen Rechtecke, die unter Beachtung dieser Bedingungen maximal auf dem großen Rechteck untergebracht werden können, sowie eine Vorschrift, die angibt, wie die kleinen Rechtecke zu positionieren sind. Dieses Problem bezeichnet man als *homogenes, zweidimensionales Packproblem* (H2DPP). Jede konkrete Ausprägungen des H2DPP lässt sich vollständig durch das Tupel $P = (B, L, b, l)$ beschreiben.

Für das große Rechteck, das die Palettenfläche bzw. die Stauraumgrundfläche repräsentiert, wird im Folgenden der Begriff *Packfläche* verwendet. Die kleinen Rechtecke werden zur Vereinfachung des Sprachgebrauchs kurz *Packstücke* genannt, obwohl sie strenggenommen den Grundflächen der Packstücke entsprechen. Jede Positionierungsvorschrift, die über die Lage der Packstücke auf der Packfläche Auskunft gibt und den Bedingungen (a) und (b) genügt, repräsentiert eine (zulässige) Lösung des Problems. Sie wird im Folgenden auch als (zulässiges) *Packmuster* bezeichnet. Ist die Anzahl der darin angeordneten Packstücke maximal, so heiße das Packmuster *optimal*. Ohne Einschränkung der Allgemeingültigkeit sei in Bezug auf die Abmessungen der Packfläche und der Packstücke $b \leq B$ und $l \leq L$ unterstellt. Damit ist die Existenz sowohl einer zulässigen als auch einer optimalen Lösung gesichert.

Die folgende Darstellung beschränkt sich auf Packmuster, bei denen sämtliche Packstücke so angeordnet sind, dass ihre Kanten parallel zu den Packflächenkanten verlaufen. Derartige Packmuster bezeichnet man als *orthogonal*. Wenn ein Packstück mit der längeren Seite parallel zur längeren Seite der Packfläche platziert wird, sei die Anordnung *längsorientiert* genannt. Wird die Seite der geringeren Ausdehnung parallel zur längeren Seite der Packfläche ausgelegt, liege eine *querorientierte* Anordnung vor.

Zwar besteht grundsätzlich die Möglichkeit, dass bei gewissen Ausprägungen des H2DPP nichtorthogonale Packmuster eine bessere Nutzung der Packfläche erlauben (für ein Beispiel s. [Ise87: 239]). Nichtorthogonale Packmuster werden trotzdem nicht weiter berücksichtigt, zum einen, weil Problemausprägungen, bei denen das vorkommen kann, selten sind, zum anderen, weil nichtorthogonale Packmuster für die Praxis der Palettenbeladung kaum Bedeutung haben. Sie sind vergleichsweise schlecht zu packen und beinhalten ein erhöhtes Risiko zur Beschädigung der Packstücke beim Transport und beim Umschlag.

Basisanordnungen und effiziente Packflächenabmessungen

Es sei zunächst angemerkt, dass es zur vollständigen Beschreibung der Lage eines Packstücks auf der Packfläche ausreicht, die Lage einer Ecke des Packstücks sowie dessen Orientierung anzugeben. Im Folgenden wird in diesem Zusammenhang stets auf den Punkt (i, j) Bezug genommen, der – bei einer gegebenen Orientierung – von der linken unteren Ecke der Packfläche eingenommen wird. Dieser Punkt sei durch seine Breitenkoordinate i und seine Längenkoordinate j (i, j ganzzahlig) charakterisiert, wobei der Koordinatenursprung $(0,0)$ in der linken unteren Ecke der Packfläche liege. Man sagt auch, ein Packstück sei im Punkt (i, j) (längsorientiert oder querorientiert) angeordnet. Aus dieser Information lassen sich die Koordinaten der Punkte, die von den übrigen Ecken der Packstückgrundfläche belegt werden, unmittelbar ableiten.

Zur Bestimmung eines optimalen (orthogonalen) Packmusters für ein H2DPP kann man sich auf die Betrachtung der sog. *Basisanordnungen* [Dow84; Ise98] beschränken. Bei ihnen ist zunächst ein Packstück im Koordinatenursprung $(0,0)$ angeordnet. Alle übrigen Packstücke befinden sich in solchen Positionen, aus denen sich kein Packstück weiter nach links oder weiter nach unten verschieben lässt. Die Punkte (i, j), die bei Zugrundelegung derartiger Basisanordnungen überhaupt für eine Anordnung der Packstücke in Betracht kommen, seien als *Anordnungspunkte* bezeichnet. Für ein H2DPP der Ausprägung (B, L, b, l) sind die Menge K_B der Breitenkoordinaten und die Menge K_L

A 3 Planung logistischer Systeme

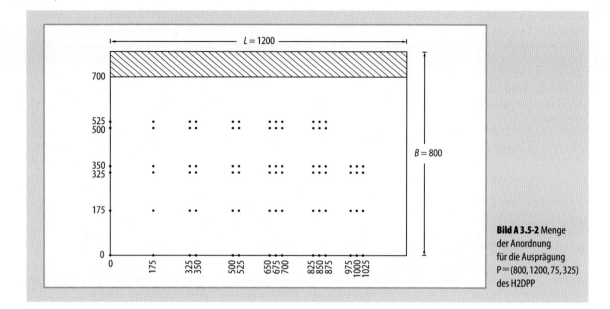

Bild A 3.5-2 Menge der Anordnung für die Ausprägung $P=(800, 1200, 75, 325)$ des H2DPP

der Längenkoordinaten der Anordnungspunkte durch alle innerhalb der Breite B bzw. Länge L der Packfläche zulässigen Summen von ganzzahligen Vielfachen der Packstückbreite b und der Packstücklänge l gegeben, d. h.

$$K_B = \{k_B \mid k_B = pb + ql; k_B \leq B - b; p, q \in N_0\} \quad \text{(A 3.5-1)}$$

bzw.

$$K_L = \{k_L \mid k_L = mb + nl; k_L \leq L - b; m, n \in N_0\} \quad \text{(A 3.5-2)}$$

(N_0 ist die Menge der natürlichen Zahlen einschließlich 0). Daraus bestimmt sich die Menge K der Anordnungspunkte als

$$K = \{(k_B, k_L) \mid (k_B, k_L) \in K_B \times K_L; k_B \leq B - l \wedge k_L \leq L - 1\}.$$
$$\text{(A 3.5-3)}$$

Für die Ausprägung $P = (B = 800, L = 1200, b = 175, l = 325)$ des H2DPP ergeben sich

$K_B = \{175, 325, 350, 500, 525\}$,

$K_L = \{175, 325, 350, 500, 525, 650, 675, 700, 825, 850, 875, 975, 1000, 1025\}$.

Die Menge der Anordnungspunkte ist in Bild A 3.5-2 graphisch dargestellt. Die Punkte (500, 975), (500, 1000), (500, 1025), (525, 975), (525, 1000), (525, 1025) gehören nicht dazu, da sie weder die längsorientierte noch die querorientierte Anordnung einer Packfläche erlauben.

Bild A 3.5-2 macht auch deutlich, dass die Breite B (bzw. die Länge L) der Packfläche nicht immer vollständig durch Kombinationen der Packstückbreite b und der Packstücklänge l ausgeschöpft werden kann. Die größte Ausnutzung der Breite ergäbe sich, wenn in Punkten mit der Breitenkoordinate $i = 525$ noch eine Längsanordnung von Packstückgrundflächen erfolgte. Dann würde die Breite der Packfläche bis zur Breitenkoordinaten $B' = 525 + 175 = 700$ beansprucht. In Bezug auf die Packflächenlänge L ist dagegen grundsätzlich noch eine volle Nutzung möglich, da die Queranordnung einer Packfläche in einem Punkt mit der Längenkoordinate $j = 1025$ eine Beanspruchung der Packflächenlänge bis zur Längenkoordinaten $L' = 1025 + 175 = 1200$ bewirkt. Allgemein lassen sich die – in dem dargestellten Sinn – maximal nutzbare Packflächenbreite B' und die maximal nutzbare Packflächenlänge L' wie folgt aus den Daten (B, L, b, l) des H2DPP ermitteln:

$$B' = \max(k_B \mid k_B = pb + ql; k_B \leq B; p, q \in N_0) \quad \text{(A 3.5-4)}$$

$$L' = \max(k_L \mid k_L = mb + nl; k_L \leq L; m, n \in N_0). \quad \text{(A 3.5-5)}$$

$B' \times L'$ bezeichnet man auch als die in Bezug auf (B, L, b, l) *effizienten Packflächenabmessungen*. Sie betragen bei dem betrachteten Beispiel 700 mm × 1200 mm. In Bild A 3.5-2 ist der Bereich schraffiert dargestellt, der – bei Verwendung von Basisanordnungen – nicht von Packstücken belegt werden kann. Die beiden Ausprägungen (B, L, b, l) und (B', L', b, l) eines H2DPP sind äquivalent, d. h., die Anzahl der Packstückgrundflächen $b \times l$, die man maximal auf einer Packfläche mit den Abmessungen $B \times L$ unterbringen kann, ist identisch mit derjenigen, die man maximal auf einer Packfläche mit den zugehörigen effizienten Abmessungen $B' \times L'$ anordnen kann. Jedes für (B', L', b, l) optimale Packmuster ist auch für (B, L, b, l) optimal, so dass man bei der Lösung eines H2DPP anstelle der ursprünglichen Daten (B, L, b, l) auch die Daten des äquivalenten Ersatzproblems (B', L', b, l) mit den zugehörigen effizienten Packflächenabmessungen $B' \times L'$ zugrunde legen kann.

Mit ähnlichen Überlegungen lassen sich Anordnungspunkte als *redundant* identifizieren und damit aus der Menge K eliminieren. Für jeden Anordnungspunkt der betrachteten Ausprägung (800, 1200, 175, 325) des H2DPP (Bild A 3.5-2) mit der Längenkoordinaten $j = 650$ gilt etwa, dass von den verbleibenden $(1200 - 650 =)$ 550 Längeneinheiten der (effizienten) Packflächenlänge maximal noch 525 Längeneinheiten genutzt werden können (dies entspricht dem größten Element aus K_L, das kleiner oder gleich 550 ist). Zu jeder Anordnung in einem Punkt $(i, j = 650)$ lässt sich deshalb eine Anordnung im Punkt $(i, j = 675)$ angeben, der die Anordnung einer gleich großen Anzahl von Packstücken auf der Packfläche erlaubt. Alle Anordnungspunkte $(i, j = 650)$ sind dementsprechend redundant und können aus K_L eliminiert werden. Entsprechendes gilt (bei der betrachteten Problemausprägung) für Anordnungspunkte mit $i = 325, 500$ und $j = 825, 975, 1000$. Von den ursprünglich 84 Anordnungspunkten erweisen sich damit lediglich 43 als nicht redundant. Allgemein bezeichnen wir die Menge der nicht redundanten Anordnungspunkte im Folgenden mit $K^{NR} (K^{NR} \subseteq K)$. (Eine systematische Darstellung der Vorgehensweise zur Identifizierung redundanter Anordnungspunkte findet sich in [Dow84]).

Modellierung

Zur Erstellung eines Modells für das H2DPP ordnet man nun jedem (nicht redundanten) Anordnungspunkt (i,j) (maximal) 2 Binärvariablen $x(i,j)$ und $y(i,j)$ zu, die zum Ausdruck bringen sollen, ob in dem betreffenden Punkt ein Packstück längsorientiert oder querorientiert angeordnet werden soll. Insbesondere gelte

$$x(i,j) = \begin{cases} 1, & \text{wenn auf dem Anordnungspunkt}(i,j) \text{ ein} \\ & \text{Packstück längsorientiert angeordnet wird,} \\ 0, & \text{sonst} \end{cases}$$

(A 3.5-6)

für alle $(i,j) \in K^{NR}$ mit $j \leq L - 1$.

und

$$y(i,j) = \begin{cases} 1, & \text{wenn auf dem Anordnungspunkt}(i,j) \text{ ein} \\ & \text{Packstück querorientiert angeordnet wird,} \\ 0, & \text{sonst} \end{cases}$$

(A 3.5-7)

für alle $(i,j) \in K^{NR}$ mit $j \leq B - 1$.

Da in jedem Anordnungspunkt (i,j) höchstens eine Packstückgrundfläche – unabhängig von ihrer Orientierung – angeordnet werden kann, muss offensichtlich dafür gesorgt werden, dass

$$x(i,j) + y(i,j) \leq 1 \quad \text{für alle } (i,j) \in K^{NR} \quad \text{(A 3.5-8)}$$

erfüllt ist. Außerdem ist zu gewährleisten, dass die durch das in (i,j) angeordnete Packstück „überdeckten" Anordnungspunkte nicht zur Anordnung weiterer Packstücke gewählt werden. Wird das Packstück in (i,j) längsorientiert angeordnet, so ist die zugehörige Menge der $\overline{K}_x(i,j)$ – neben (i,j) – unzulässigen Anordnungspunkte durch

$$\overline{K}_x(i,j) = \left\{ (k_B, k_L) \middle| \begin{array}{l} (k_B, k_L) \in K^{NR}, \\ i \leq k_B < i+b, j \leq k_L < j+l \end{array} \right\}$$

(A 3.5-9)

festgelegt. Bei einer querorientierten Anordnung ist die Menge $\overline{K}_y(i,j)$ der unzulässigen Anordnungspunkte entsprechend

$$\overline{K}_y(i,j) = \left\{ (k_B, k_L) \middle| \begin{array}{l} (k_B, k_L) \in K^{NR}, \\ i \leq k_B < i+l, j \leq k_L < j+b \end{array} \right\}.$$

(A 3.5-10)

Damit lässt sich das binär-lineare Optimierungssystem (A 3.5-11) bis (A 3.5-15) für das H2DPP formulieren [Ise98: 254–256; Nau95: 124–126]. Im System (A 3.5-11) bis (A 3.5-15) steht M für eine hinreichend große, positive (ganze) Zahl ($M \geq |K|$). Wird in einer Restriktion von (A 3.5-12) der Wert der Variablen $x(i,j)$ auf Eins gesetzt, also auf dem Anordnungspunkt (i,j) ein Packstück längsorientiert angeordnet, kann diese Restriktion nur noch erfüllt sein, wenn sämtliche anderen Variablen $x(r,s)$ und $y(r,s)$, $(r,s) \in \overline{K}_x(i,j)$ sowie $y(i,j)$ jeweils den Wert Null annehmen. Restriktionen des Typs (A 3.5-12) sorgen also dafür, dass bei einer längsorientierten Packstückanordnung in (i,j) keiner der dadurch überdeckten unzulässigen Anordnungspunkte $(r,s) \in \overline{K}_x(i,j)$ mehr für eine weitere Anordnung gewählt werden kann. Durch die Addition der

Maximiere

$$PZ = \sum_{\substack{(i,j) \in K^{NR} \\ j \leq L-l}} x(i,j) + \sum_{\substack{(i,j) \in K^{NR} \\ i \leq B-l}} y(i,j).$$ (A 3.5-11)

u.B.d.R.

$$M \cdot x(i,j) + \sum_{(r,s) \in \overline{K}_x(i,j)} x(r,s) + \sum_{(r,s) \in \overline{K}_x(i,j)} y(r,s) + y(i,j) \leq M \quad \text{für } (i,j) \in K^{NR} \text{ mit } j \leq L-l;$$ (A 3.5-12)

$$x(i,j) + \sum_{(r,s) \in \overline{K}_y(i,j)} x(r,s) + \sum_{(r,s) \in \overline{K}_y(i,j)} y(r,s) + M \cdot y(i,j) \leq M \quad \text{für } (i,j) \in K^{NR} \text{ mit } i \leq B-l;$$ (A 3.5-13)

$$x(i,j) \in \{0,1\} \quad \text{für } (i,j) \in K^{NR} \text{ mit } j \leq L-l;$$ (A 3.5-14)

$$y(i,j) \in \{0,1\} \quad \text{für } (i,j) \in K^{NR} \text{ mit } i \leq B-l;$$ (A 3.5-15)

Variablen $y(i,j)$ wird außerdem eine querorientierte Anordnung eines Packstücks in (i,j) ausgeschlossen. Damit ist automatisch gewährleistet, dass auch die zugehörige Bedingung (A 3.5-8) erfüllt ist, die dementsprechend nicht mehr explizit aufgeführt wird. Die Restriktionen des Typs (A 3.5-13) werden in analoger Weise bei einer querorientierten Packstückanordnung in (i,j) wirksam. Die Zielfunktion (A 3.5-11) ermittelt die Anzahl (PZ) der angeordneten Packstücke aus der Summe der für eine Anordnung ausgewählten Anordnungspunkte.

Zur Bestimmung einer optimalen Lösung für das Optimierungssystem (A 3.5-11) bis (A 3.5-15) kann man grundsätzlich auf die allgemeinen Methoden der Ganzzahligen bzw. der Binären Optimierung [Sch94], wie sie z. T. auch in kommerzieller Software verfügbar sind, zurückgreifen. Mit abnehmenden Packstückabmessungen steigt allerdings die Anzahl der Variablen und Restriktionen des Optimierungssystems und mit ihnen auch der Rechenaufwand sehr schnell auf ein prohibitives Niveau, so dass dieser Ansatz nur in Ausnahmefällen und bei vergleichsweise großen Packstückabmessungen erfolgversprechend erscheint. Spezielle exakte Lösungsverfahren, welche die spezielle Struktur des H2DPP berücksichtigen, werden in [Dow85; Dow87; Exe88; Ise87] vorgeschlagen.

Heuristische Lösungsverfahren

Für die Praxis der Palettenbeladung kommt den exakten Lösungsansätzen nur eine geringe Bedeutung zu, da mittlerweile heuristische Verfahren existieren, die in den meisten Fällen unmittelbar eine optimale Lösung liefern, und diese – in Verbindung mit geeigneten Verfahren zur Bestimmung oberer Schranken für den Zielwert – auch als optimal identifizieren können. Viele der zur Lösung des H2DPP vorgeschlagenen Heuristiken lassen sich als sog. *Blockheuristiken* charakterisieren. Ein Block entsteht dadurch, dass Packstücke in gleicher Orientierung nebeneinander und/oder übereinander zu einem größeren Rechteck zusammengefügt werden. Durch eine (zumindest partielle) Enumeration der auf einer Packfläche möglichen Kombinationen von Blöcken unterschiedlicher Größen versucht man, ein Packmuster, das eine möglichst gute Nutzung der Packfläche erlaubt, zu finden.

Bei der auf Smith/De Cani zurückgehenden *4-Block-Heuristik* [Smi80], anhand derer im Folgenden – stellvertretend für alle Methoden dieser Klasse – die Vorgehensweise der Blockheuristiken dargestellt wird, beginnt man mit der Bildung eines ersten Blocks in der linken unteren Ecke der Packfläche. Die Anordnung der Packstücke erfolge längsorientiert. Der Block bestehe aus m übereinander und n nebeneinander angeordneten Packstücken; er bildet damit eine rechteckige Grundfläche mit den Abmessungen $(m \cdot b) \times (n \cdot l)$. Ein 2. Block wird dann – beginnend in der rechten unteren Packflächenecke – auf der verbleibenden Packflächenlänge $L - n \cdot l$ aufgebaut, wobei die Packstücke nun quer ausgerichtet sind. Die Längenausdehnung des Blocks bestimmt sich aus den maximal in dieser Ausrichtung unterzubringenden Packstücken. Diese beträgt $\lfloor (L-n \cdot l)/b \rfloor$. (Dabei ist $\lfloor z \rfloor$ die größte ganze Zahl kleiner oder gleich z.) Die Breitenausdehnung des 2. Blocks wird durch die Anzahl p der querorientiert übereinander angeordneten Packstücke festgelegt. Auf der verbleibenden

Breite $B - p \cdot l$ der Packfläche wird dann – ausgehend von der rechten oberen Packflächenecke – nach dem gleichen Prinzip wieder ein aus längsorientiert angeordneten Packstücken bestehender 3. Block konstruiert. Dessen Breitenausdehnung wird durch $\lfloor (B - p \cdot l)/b \rfloor$ Packstücke festgelegt, seine Längenausdehnung sei durch q Packstücke bestimmt. Der ausgehend von der linken oberen Packflächenecke zu bildende 4. Block enthält wiederum Packstücke in Queranordnung. Seine Längenausdehnung wird durch $\lfloor (L - q \cdot l)/b \rfloor$ und seine Breitenausdehnung durch $\lfloor (B - m \cdot b)/l \rfloor$ Packstücke gebildet. Insgesamt umfasst eine derartig konstruierte Anordnung damit

$$PZ = m \cdot n + \left\lfloor \frac{(L - n \cdot l)}{b} \right\rfloor \cdot p + \left\lfloor \frac{(B - p \cdot l)}{b} \right\rfloor \cdot q + \left\lfloor \frac{(L - q \cdot l)}{b} \right\rfloor \cdot \left\lfloor \frac{(B - m \cdot b)}{l} \right\rfloor$$

(A 3.5-16)

Packstücke. Bei gegebenen Packstück- und Packflächenabmessungen hängt die Packstückanzahl PZ damit nur noch von den (ganzzahligen) Parametern m, n, p und q ab. Im Rahmen der 4-Block-Heuristik werden alle zulässigen (d. h. die Packflächenabmessungen einhaltenden und nicht zu überlappenden Anordnungen von Packstücken führenden) Parameterkombinationen enumeriert und die Anordnung mit der größten Packstückanzahl als Lösungsvorschlag ausgegeben. Bild A 3.5-3 zeigt ein Packmuster, das mit Hilfe der 4-Block-Heuristik für die Ausprägung $P = (800, 1200, 175, 325)$ des H2DPP generiert wurde. Es enthält 14 angeordnete Packstücke. Die Lösung ist optimal, wie ein Vergleich mit der – auf die effizienten Packflächenabmessungen bezogenen – *Flächenschranke* für den Zielwert zeigt und die sich hier wie folgt bestimmt:

$$\lfloor (B' \cdot L')/(b \cdot l) \rfloor = \lfloor (700 \cdot 1200)/(175 \cdot 25) \rfloor = \lfloor 14{,}76\ldots \rfloor = 14$$

Die Parameter m, n, p und q nehmen im Verfahrensablauf u. a. den Wert Null an, so dass auch Packmuster mit degenerierten, lediglich aus 3 Blöcken, 2 Blöcken oder sogar nur aus 1 Block bestehenden Blockstrukturen erzeugt werden. Die Anwendung der 4-Block-Heuristik schließt folglich die Anwendung der entsprechenden 3-, 2- und 1-Block-Heuristiken mit ein.

Bei Anwendung der 4-Block-Heuristik kann man beobachten, dass gelegentlich Packmuster generiert werden, die jeweils in der Mitte zwischen den Blöcken eine große unbelegte Freifläche haben. Auf Bischoff/Dowsland geht die Idee zurück, diese Freifläche durch einen weiteren, möglichst großen Block (mit längsorientiert oder querorientiert angeordneten Packstücken) zu belegen [Bis82]. Damit wird die 4-Block-Heuristik zu einer 5-Block-Heuristik erweitert. Offensichtlich lässt sich die Belegung der Freifläche auch wieder mit Hilfe der 4-Block-Heuristik ermitteln, die man auf das größte, innerhalb der Freifläche konstruierbare Rechteck als Packfläche anwendet. Das so modifizierte Verfahren wäre als 8-Block-Heuristik zu charakterisieren.

Keine dieser Vorgehensweisen garantiert, dass tatsächlich auch eine optimale Lösung gefunden wird. Tendenziell lässt sich aber sagen, dass Heuristiken, die mit einer größeren Anzahl von Blöcken operieren, auch eine höhere Lösungsqualität aufweisen. (Für eine detaillierte Darstellung und eine eingehende Analyse dieser und anderer heuristischer Verfahren s. [Exe88; Nau95; Nel95]). Besonders bemerkenswert ist in diesem Zusammenhang ein Verfahren von Morabito/Morales, das eine Verfeinerung der 5-Block-Heuristik von Bischoff/Dowsland darstellt [Mor98]. Mit diesem Verfahren gelingt es den Autoren, mit vergleichsweise geringem zeitlichen Rechenaufwand von 20000 realitätsnahen Testproblemen bis auf 18 alle optimal zu lösen.

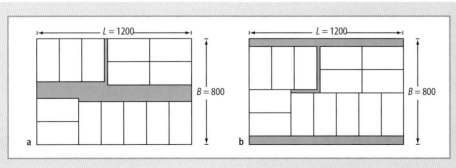

Bild A 3.5-3
Mit einer 4-Block-Heuristik für die Ausprägung $P = (800, 1200, 175, 325)$ des H2DPP erzeugte Packstückanordnung.
a Ausgabe durch den Algorithmus;
b Stauplan nach Aufbereitung

A 3.5.3.2 Sensitivitätsanalysen

Als Daten des H2DPP werden die Packflächen- (Paletten-) Abmessungen und Packstückabmessungen als gegeben unterstellt. Die Palettenabmessungen dürften in der Praxis durchaus als weitestgehend unveränderlich anzusehen sein. Verwendet werden hier v. a. Paletten mit standardisierten Abmessungen wie die Europäische Pool-Palette (Euro-Palette) mit den Abmessungen 1200 mm × 800 mm oder die UK-Palette mit den Abmessungen 1200 mm × 1000 mm. Unter gewissen Bedingungen mag ein Überhang der Packstücke über die Palettenränder hinaus erlaubt sein, der dann im Wege von Alternativrechnungen auf der Grundlage des maximalen Überhangs leicht berücksichtigt werden kann.

Einen größeren Entscheidungsspielraum besitzt die Unternehmung dagegen bei der Gestaltung der Packstückformen und -abmessungen. Geringe Veränderungen können hier große Einsparungen bei den Logistikkosten bedeuten. So gilt allgemein, dass quaderförmige Packstücke eine bessere Nutzung von Packflächen erlauben als zylinderförmige. Bei quaderförmigen Packstücken lassen sich durch geringfügige Variationen der Packstückabmessungen oft erheblich mehr Packstücke auf der Packfläche unterbringen. Ob und ggf. bei welchen Packstückabmessungen derartige Wirkungen eintreten, lässt sich grundsätzlich analytisch bestimmen (vgl. [Dow84; Dow91]; weitergehende Überlegungen zur Sensitivitätsanalyse finden sich in [Bis97]). Zur Beurteilung von Variationen der Packstückabmessungen sind in der Praxis – z. T. fehlerbehaftete – *Palettierkataloge* gebräuchlich, die unter Zugrundelegung einer bestimmten Palettenabmessung für unterschiedliche Abmessungskombinationen der Packstücke die jeweils maximale Anzahl der auf der Packfläche unterzubringenden Packstücke ausweist.

A 3.5.3.3 Stabilität und Höhennutzung

Wenn das Packstück tatsächlich nur auf einer bestimmten Packstückfläche ruhen bzw. wenn es lediglich mit einer bestimmten vertikalen Orientierung auf der Palette angeordnet werden darf, erreicht man eine maximale Nutzung des über der Palette aufgespannten Stauraums, indem man Lagen mit jeweils einer maximalen Anzahl von Packstücken bis zur maximalen Packhöhe/ Stauraumhöhe H übereinander anordnet. Wird dabei für jede Lage dasselbe Packmuster verwendet, so spricht man von einer *Turmstapelung* (Bild A 3.5-1a). Derartige Stapelpläne erweisen sich als nicht sehr stabil und es besteht die Gefahr, dass die Palettenladung beim Transport oder Umschlag auseinanderfällt. Dem kann man grundsätzlich durch geeignete Ladungssicherungsmaßnahmen (Umhüllung mit Schrumpffolie, Umreifung usw.) vorbeugen. Allerdings strebt man in der Praxis normalerweise von vornherein möglichst stabile Ladungen an, durch die sich aufwendige Sicherungsmaßnahmen vermeiden oder zumindest reduzieren lassen. Insofern werden üblicherweise sog. *Verbundstapelungen* (Bild A 3.5-1b) bevorzugt, die auf Grund des „mauerwerkartigen Verbunds der Packstücke" [Ise98: 249] einen stärkeren Zusammenhalt der Palettenladung gewährleisten.

Ausgehend von einem vorliegenden Packmuster (Basismuster), lassen sich weitere im Hinblick auf eine Verbundstapelung verwendbare Packmustervarianten mit einer gleich großen Anzahl von Packstücken erzeugen, indem man eine Drehung des Packmusters um 180 Grad, eine Spiegelung an der L-Seite oder eine Spiegelung an der B-Seite vornimmt [Car85: 491]. Zur Herstellung einer Verbundstapelung bildet man dann abwechselnd Lagen gemäß dem originalen Packmuster und dieser Packmustervarianten (*alternierende Lagenstapelung*).

Sofern sich das Packstück dagegen mit mehr als einer vertikalen Orientierung auf der Packfläche anordnen lässt, muss zunächst für jede erlaubte vertikale Orientierung ein H2DPP gelöst werden. Kann das Packstück mit den Abmessungen $b \times l \times h$ etwa auf allen 3 Packstückflächen ruhen, sind das die Problemausprägungen $P_1 = (B, L, b, l)$, $P_2 = (B, L, h, l)$ und $P_3 = (B, L, b, h)$. Die Lösung der Probleme liefert eine Lage mit der Höhe h, eine mit der Höhe b und eine mit der Höhe l. Im Hinblick auf eine möglichst gute Nutzung der Stauraumhöhe sind diese unterschiedlich hohen und unterschiedliche Packstückmengen enthaltenden Lagen (*Lagentypen*) in geeigneter Weise miteinander zu kombinieren. Diese Aufgabe lässt sich grundsätzlich als ein sog. *Knapsack-* (Rucksack-) *Problem* formulieren (vgl. [Liu97; zum Knapsack-Problem allgemein s. [Mar90]), allerdings wird es normalerweise möglich sein, sämtliche, die maximale Stauraumhöhe H möglichst gut ausschöpfenden Kombinationen von Lagentypen einfach zu enumerieren. In [Liu97] zeigen die Autoren, wie sich – in Erweiterung dieses Ansatzes – ein Lagenstapel mit maximaler Stabilität generieren lässt.

A 3.5.3.4 Varianten des Standardproblems

Grundsätzlich kann es auch bei Problemen der Palettenbeladung mit einem schwach heterogenen Packstückvorrat sinnvoll sein, zunächst Lagen zu bilden, die jeweils nur aus einem Packstücktyp mit einheitlicher vertikaler Orientierung bestehen, und diese dann lagenweise – je nach Bedarf – bis zur maximalen Stauraumhöhe übereinander zu stapeln. Schwierigkeiten treten aber dann auf, wenn der Vorrat eines Packstücktyps begrenzt ist (etwa weil der Kunde nur eine bestimmte Menge des betreffenden Gutes abnehmen will), so dass keine vollständigen Lagen gebildet werden können. Für diesen Fall haben Bischoff/Janetz/Ratcliff einen Algorithmus entwickelt, bei dem sukzessiv Blöcke von Packstücken auf der ursprünglichen Packfläche oder auf den Oberflächen bereits angeordneter Blöcke angeordnet werden [Bis95c]. Bischoff/Ratcliff erweiterten das Verfahren für den Fall, dass mehrere Paletten zu beladen sind (engl.: multiple pallet problem) [Bis95b]. Sommerweiß stellt eine Methode vor, die Ladungen mit einer möglichst gleichmäßigen Gewichtsverteilung und einer möglichst großen Stabilität erzeugt [Som96].

Isermann [Ise91] und Correira et al. [Cor00] befassen sich mit dem Problem der Beladung von Paletten mit zylinderförmigen Packstücken. Dabei sind alle Packstücke gleich groß. In [Geo95] und [Hif04] werden auch unterschiedlich große Packstücke betrachtet.

A 3.5.4 Containerbeladung

A 3.5.4.1 Dreidimensionales Packproblem mit schwach heterogenem Packstückvorrat (Standardproblem)

Problemformulierung

Das hier betrachtete Standardproblem der *Containerbeladung* sei wie folgt charakterisiert: In einem „großen" quaderförmigen Objekt (Container) der Breite B, der Länge L und der Höhe H seien „kleine" Objekte (Packstücke) anzuordnen. Die kleinen Objekte lassen sich in n Klassen einteilen, innerhalb derer die Objekte identische Abmessungen aufweisen. Die Anzahl der Packstücke in der Klasse i, $i = 1, ..., n$, betrage m_i (dabei sei m_i signifikant größer als 1), die betreffenden Abmessungen seien mit b_i (Breite), l_i (Länge) und h_i (Höhe) vorgegeben. Es wird angestrebt, den Container mit einem möglichst großen Packstückgesamtvolumen zu beladen (was einer Minimierung des ungenutzten, durch die Containerabmessungen definierten Stauraums entspricht). Die Anordnung der Packstücke soll dabei so erfolgen, dass

(a) sich alle ausgewählten Packstücke innerhalb des Containers befinden,
(b) sich die Packstücke nicht überlappen und
(c) jedes Packstück vollständig auf dem Containerboden oder auf der Oberfläche anderer Packstücke ruht.

Außerdem seien wieder nur orthogonale Anordnungen zugelassen, d.h.

(d) sämtliche Packstückflächen liegen parallel zu den Containerwänden.

Dieses Optimierungsproblem wird auch als *dreidimensionales Packproblem mit schwach heterogenem Packstückvorrat* bezeichnet.

Jede Vorschrift, die über eine geeignete Auswahl der Packstücke und ihre Anordnung im Container Auskunft gibt sowie den Bedingungen (a) bis (d) genügt, sei (zulässiger) *Stauplan* genannt. Ist das Volumen der ausgewählten Packstücke maximal, so heiße der Stauplan *optimal*.

Lösungsverfahren

Zwar existiert ein gemischt-ganzzahliges Optimierungssystem zur Modellierung des Containerbeladungsproblems [Che95], die Anwendung exakter Lösungsverfahren der gemischt-ganzzahligen Optimierung hat aber keinerlei praktische Bedeutung. Zur Lösung realer Containerbeladungsprobleme dienen vielmehr ausschließlich heuristische Verfahren. Ihnen ist gemeinsam, dass sie Stauplänen sukzessive aufbauen, wobei sie entweder nach dem *Wall-Building Approach*, dem *Column-Building Approach* oder dem *Layer Approach* vorgehen bzw. diese Prinzipien miteinander kombinieren [Dav99: 510f.].

Beim Wall-Building Approach, nach dem sich u.a. die Verfahren von Bischoff/Marriott [Bis90], George/Robinson [Geo80], Gehring/Menschner/Meyer [Geh90] und Pisinger [Pis02] richten, wird vor der hinteren Seitenwand des Containers, d.h. vor der Wand mit den Abmessungen $B \times H$, eine Wand von Pack stücken aufgebaut. Diese Wand entspricht einer vertikal angeordneten Lage im Sinne der Palettenbeladung, wobei allerdings unterschiedlich „tiefe" Packstücke ausgewählt werden können. Die Länge des Containers wird gefüllt, indem sukzessive weitere Wände vor den bestehenden errichtet werden. Die Wände sind grundsätzlich nicht miteinander verbunden und können deshalb – etwa zur Erzielung einer gleichmäßigeren Gewichtsverteilung – nachträglich an anderen Stellen des Containers positioniert werden.

Der Column-Building Approach unterscheidet sich vom Wall-Building Approach dadurch, dass man weniger vollständige Wände, sondern vielmehr einzelne, aus übereinandergestapelten Packstücken bestehende Säulen bildet, die dann anschließend auf der Containergrundfläche angeordnet werden [Bis95a: 385].

Heuristische Verfahren, die auf dem Wall-Building Approach und dem Column-Building Approach beruhen, haben sich v.a. bei Containerbeladungsproblemen mit stark heterogenem Packstückvorrat bewährt. Verfahren, die dem Layer Approach folgen, scheinen dagegen für die Lösung von Problemen mit schwach heterogenem Packstückvorrat besser geeignet zu sein. Hierzu gehört etwa das Verfahren von Bischoff/Janetz/Ratcliff [Bis95c], das ur-

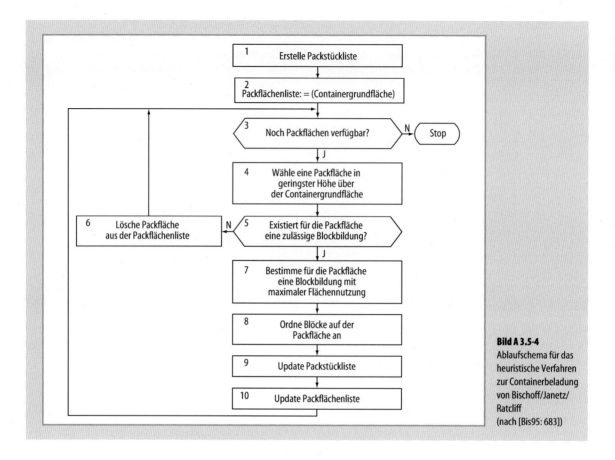

Bild A 3.5-4
Ablaufschema für das heuristische Verfahren zur Containerbeladung von Bischoff/Janetz/ Ratcliff (nach [Bis95: 683])

sprünglich für die Beladung von Paletten mit heterogenen Packstücken entwickelt worden war, das aber unmittelbar zur Lösung des hier betrachteten Standardproblems der Containerbeladung anwendbar ist. Bild A 3.5-4 gibt eine Übersicht über den Ablauf des Verfahrens.

Bei diesem Verfahren wird der Container quasi vom Boden her sukzessive in (einschichtigen) Lagen beladen. Jede Lage wird dabei im Hinblick auf eine bestimmte Packfläche und unter Beachtung des noch vorhandenen Packstückvorrats gebildet. Die Packflächen sind immer rechteckig, die erste Packfläche ist mit der Containergrundfläche identisch (Schritt 2 in Bild A 3.5-4), neue Packflächen entstehen auf und neben den bereits angeordneten Packstücken. Für eine ausgewählte Packfläche wird eine Lage bestimmt, mit der die Packstückfläche möglichst gut ausgenutzt wird (Schritt 7). Eine solche Lage wird stets nur von einem Packstücktyp oder von 2 Packstücktypen gebildet. Die Anordnung der Packstücke erfolgt in Blockform (im Sinne der Palettenbeladung), und zwar als 1-Block-Anordnung bei Verwendung eines Packstücktyps und als 2-Block-Anordnung bei Verwendung zweier Packstücktypen, wobei jeder Block nur einen Packstücktyp umfasst. Von allen möglichen 1-Block- und 2-Block-Lösungen wird die beste ausgewählt.

Mit der Anordnung der generierten Lage auf der Packfläche sind die darin enthaltenen Packstücke aus der Packstückliste zu entfernen (Schritt 9), die neuen Packflächen in die Packflächenliste aufzunehmen und die aktuelle Packfläche daraus zu streichen (Schritt 10). Bild A 3.5-5 zeigt, welche neue Packflächen bei einer 1-Block- und einer 2-Block-Lösung entstehen. Bei einer 1-Block-Lösung (Bild A 3.5-5a) sind das die Fläche (A, B, E, D) auf der Ebene der Packstückoberflächen sowie die Fläche (B, C, F, E) und die Fläche (D, F, I, G) auf der Ebene der Packstückgrundfläche. Bei der 2-Block-Lösung (Bild A 3.5-5b) ergeben sich als neue Anordnungsflächen (A, B, F, E) und (E, G, K, I) auf der Ebene der Packstückoberflächen und (B, D, H, F), (G, H, L, K) und (I, L, O, M) auf der Ebene

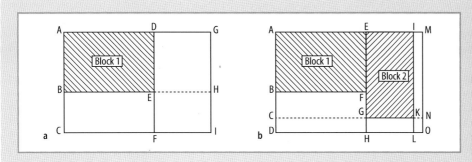

Bild A 3.5-5 Festlegung der neuen Packfläche nach Anordnung einer
a 1-Block-Lösung
b 2-Block-Lösung

der Packstückgrundfläche. Offensichtlich hätten die neuen Anordnungsflächen auch anders festgelegt werden können (z. B. als (B, C, I, H) und (D, E, H, G) im Fall der 1-Block-Lösung). Dabei wären jedoch eher lange, schmale Streifen zustande gekommen, die sich erfahrungsgemäß nur noch schlecht belegen lassen. Derartige Flächen werden deshalb nach Möglichkeit vermieden.

Von den verfügbaren Packflächen wird eine ausgewählt, die sich in der geringsten Höhe über der Containergrundfläche befindet (Schritt 4). Dabei ist zu gewährleisten, dass auf dieser Fläche überhaupt noch ein Packstück angeordnet werden kann (Schritt 6). Neben den Abmessungen der Fläche ist in diesem Zusammenhang auch noch die über der Fläche bis zur Containerdecke verbleibende Entfernung zu berücksichtigen. Das Verfahren endet, wenn keine Packfläche mehr zur Verfügung steht (Schritt 3). Bild A 3.5-6 zeigt einen mit Hilfe des Verfahrens von Bischoff/Janetz/Ratcliff erzeugten Stauplan.

A 3.5.4.2 Randbedingungen und Anforderungen der Praxis

Bei der Generierung von Stauplänen für reale Containerbeladungsprobleme ist üblicherweise eine Reihe von Randbedingungen und Anforderungen der Praxis zu beachten. Als besonders wichtige Aspekte gelten [Bis95a: 378f.]:

- *Stabilität der Ladung.* Die Ladung sollte möglichst geringe Möglichkeiten zum Verrutschen bieten, da sonst die Gefahr besteht, dass die Packstücke beim Transport und Umschlag beschädigt werden bzw. das Personal beim Entladen verletzt wird.
- *Gewicht der Ladung.* Das Gesamtgewicht der Ladung darf ggf. eine gewisse Höchstgrenze nicht überschreiten, die sich etwa aus dem zulässigen Gesamtgewicht eines Lkw ergibt.
- *Verteilung des Ladungsgewichts.* Zur Sicherstellung eines reibungslosen Transports und Umschlags sollte das Gewicht im Container möglichst gleichmäßig verteilt sein und der Schwerpunkt möglichst nahe am geometrischen Mittelpunkt des Containerbodens liegen.
- *Packstückorientierung.* Packstücke dürfen z. T. nur in einer bestimmten vertikalen Orientierung angeordnet werden, die im Stauplan unbedingt eingehalten werden muss.
- *Packstückabmessungen und -gewicht.* Im Hinblick auf eine leichte Handhabung kann die Anordnung von großen und schweren Artikeln auf den Containerboden oder auf Packebenen in einer gewissen (geringen) Höhe über dem Containerboden beschränkt sein.
- *Packstückbelastbarkeit.* Packstücke können darüber gestapelte Packstücke nur bis zu einem gewissen, von der Stärke der Verpackung abhängigen Höchstgewicht aufnehmen. Möglicherweise ist eine Überstapelung nicht zulässig.
- *Gruppierung und Vorsortierung von Packstücken.* Artikel, die an dieselben Kunden ausgeliefert werden, sollten im Stauplan bereits entsprechend gruppiert sein. Zur Vermeidung von Umladeprozessen sind die einzelnen Gruppen möglichst in der Reihenfolge des Entladens im Container anzuordnen.

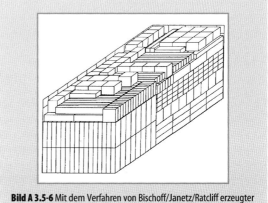

Bild A 3.5-6 Mit dem Verfahren von Bischoff/Janetz/Ratcliff erzeugter Stauplan [Bis95b: 1325]

– *Prioritäten.* Packstücke können zu unterschiedlichen Lieferungen gehören, einige mögen eine sehr hohe Priorität haben und müssen deshalb unbedingt gepackt werden, andere lassen sich ggf. noch zurückstellen.

Einige dieser Aspekte werden in den Verfahren zur Containerbeladung unmittelbar berücksichtigt. So sorgt beim Layer Approach der Aufbau des Stauplans vom Containerboden her bereits für eine sehr hohe Ladungsstabilität [Bis95a]. Im Zusammenhang mit dem Wall-Building Approach lässt sich durch Vertauschen der Wandreihenfolgen sowie ggf. durch „Spiegelung" von Wänden eine gleichmäßigere Verteilung des Ladungsgewichts erreichen [Geh97; Dav99]. Im Column-Building Approach lassen sich durch eine entsprechende Anordnung der Säulen auf naheliegende Weise Entladungsreihenfolgen berücksichtigen [Bis95a]. Anderen Aspekten wie der Beschränkung der Packstückbelastbarkeit [Rat98; Bis06] kann man durch einfache Verfahrensmodifikationen gerecht werden.

Trotz dieser Möglichkeiten ist aber hinsichtlich der Berücksichtigung der genannten Anforderungen in den Methoden der Containerbeladung noch ein erheblicher Forschungsbedarf festzustellen.

A 3.5.4.3 Varianten des Standardproblems

Einen Spezialfall des Standardproblems, das Beladen eines Containers mit einem einzigen Packstücktyp, analysiert George [Geo92]. Den Fall des Containerbeladungsproblems mit stark heterogenem Packstückvorrat untersuchen Gehring/Bortfeld [Geh97; Bor01]. Das Problem der Onlinebeladung eines Containers behandeln Hemminki/Leipälä/Nevalainen [Hem98].

Eine Reihe weiterer Arbeiten liegt für das *Multiple-Container-Loading-Problem* vor. Liu/Chen [Liu81], Bortfeld [Bor98] und Eley [Ele02] beschreiben spezielle Heuristiken. Scheithauer [Sch99] zeigt, wie sich Schranken für die Anzahl der benötigten Container bestimmen lassen.

A 3.5.5 Kommerzielle Software zur Paletten- und Containerbeladung

Das Angebot an kommerzieller Software zur Lösung von Problemen der Paletten- und Containerbeladung stellt sich für den deutschen Markt recht unübersichtlich dar. Immerhin konnten bei einer Recherche, die im Zusammenhang mit einer Diplomarbeit an der Fern-Universität Hagen [Kli98] durchgeführt wurde, 20 Softwarepakete von 11 Anbietern identifiziert werden. Die Preise für diese Produkte lagen damals zwischen DM 4 000,– und DM 500 000,–; durchaus leistungsfähige Pakete, die vielfältigen Anforderungen der Praxis gerecht werden, sollten heute bereits ab etwa € 7 000,– erhältlich sein.

Anwender derartiger Systeme sind in erster Linie Unternehmen des produzierenden Gewerbes, v. a. Produzenten von Lebensmitteln, Kosmetika, Reinigungsmitteln, Haushaltsartikeln und Pharmazeutika. Kennzeichnend für deren P & C-Beladungsprobleme dürften homogene oder schwach heterogene Packstückvorräte sein. Eine vergleichsweise geringe Verbreitung haben Programme zur Paletten- und Containerbeladung bei Logistikunternehmen (Transporteure, Spediteure, Paketdienste usw.) gefunden. Der Verzicht auf die Nutzung entsprechender Software wird v. a. damit begründet, dass sie den realen Gegebenheiten nicht gerecht würde. Insbesondere wird auf die mangelnde Rentabilität der Software sowie auf Probleme bei Anwendungen in Onlineprozessen und bei der Berücksichtigung unregelmäßiger Packstückformen verwiesen [Kli98: 98–102]. Faktisch scheint in diesen Branchen die geringe Unterstützung der Beladungsplanung durch geeignete Planungssoftware allerdings eher auf eine weitgehende Uninformiertheit der potenziellen Anwender über die Leistungsfähigkeit moderner Programmsysteme zurückzuführen zu sein.

Literatur

[Bis82] Bischoff, E.E.; Dowsland, W.B.: An application of the micro to product design and distribution. J. of the Operational Res. Soc. 33 (1982) 271–280

[Bis90] Bischoff, E.E.; Marriott, M.D.: A comparative evaluation of heuristics for container loading. Europ. J. of Operational Res. 44 (1990) 267–276

[Bis95a] Bischoff, E.E.; Ratcliff, M.S.W.: Issues in the development of approaches to container loading. Omega 23 (1995) 377–390

[Bis95b] Bischoff, E.E.; Ratcliff, M.S.W.: Loading multiple pallets. J. of the Operational Res. Soc. 46 (1995) 1322–1336

[Bis95c] Bischoff, E.E.; Janetz, F.; Ratcliff, M.S.W.: Loading pallets with non-identical items. Europ. J. of Operational Res. 84 (1995) 681–692

[Bis97] Bischoff, E.E.: Palletisation efficiency as a criterion for product design. OR Spektrum 19 (1997) 139–145

[Bis06] Bischoff, E.E.: Three-dimensional packing of items with limited load bearing strength. Europ. J. of Operational Res. 168 (2006) 952–966

[Bor98] Bortfeldt, A.: Eine Heuristik für Multiple Containerbeladungsprobleme. Diskussionsbeitrag Nr. 257 (10/1998), FB Wirtschaftswissenschaft, Fern-Univ. Hagen 1998

[Bor01] Bortfeld, A.; Gehring, H.: A hybrid genetic algorithm for the container loading problem. Europ. J. of Operational Res. 131 (2001) 143–161

[Car85] Carpenter, H.; Dowsland, W.B.: Practical considerations of the pallet loading problem. J. of the Operational Res. Soc. 36 (1985) 489–497

[Che95] Chen, C.S.; Lee, S.M.; Shen, Q.S.: An analytical model for the container loading problem. Europ. J. of Operational Res. 80 (1995) 68–76

[Cor00] Correia, M.H.; Oliviera, J.F.; Ferreira, J.S.: Cylinder packing by simulated annealing. Pesquisa Operacional 20 (2000) 269–286

[Dav99] Davies, A.P.; Bischoff, E.E.: Weight distribution considerations in container loading. Europ. J. of Operational Res. 114 (1999) 509–527

[Dow84] Dowsland, K.A.: The three-dimensional pallet chart: An analysis of the factors affecting the set of feasible layouts for a class of two-dimensional packing problems. J. of the Operational Res. Soc. 35 (1984) 895–905

[Dow85] Dowsland, K.A.: A graph-theoretic approach to a pallet loading problem. New Zealand Operational Res. 13 (1985) 77–86

[Dow87] Dowsland, K.A.: An exact algorithm for the pallet loading problem. Europ. J. of Operational Res. 31 (1987) 78–84

[Dow91] Dowsland, W.B.: Sensitivity analysis for pallet loading. OR Spektrum 13 (1991) 198–203

[Dyc90] Dyckhoff, H.: A typology of cutting and packing problems. Europ. J. of Operational Res. 44 (1990) 145–159

[Ele02] Eley, M.: Solving container loading problems by block arrangement. Europ. J. of Operational Res. 141 (2002) 393–409

[Exe88] Exeler, H.: Das homogene Packproblem in der betriebswirtschaftlichen Logistik. Heidelberg: Physica 1988

[Geh90] Gehring, H.; Menschner, K.; Meyer, M.: A computer-based heuristic for packing pooled shipment containers. Europ. J. of Operational Res. 44 (1990) 277–288

[Geh97] Gehring, H.; Bortfeld, A.: A genetic algorithm for solving the container loading problem. Int. Trans. in Operational Res. 4 (1997) 401–418

[Geo80] George, J.A.; Robinson, D.F.: A heuristic for packing boxes into a container. Computers and Operations Res. 7 (1980) 147–156

[Geo92] George, J.A.: A method for solving container packing for a single size of box. J. of the Operational Res. Soc. 43 (1992) 307–312

[Geo95] George, J.A.; George, J.M.; Lamar, B.W.: Packing different-sized circles into a rectangular container. Europ. J. of Operational Res. 84 (1995) 693–712

[Hem98] Hemminki, J.; Leipälä, T.; Nevalainen, O.: On-line packing with boxes of different sizes. Int. J. of Production Res. 36 (1998) 2225–2245

[Hif04] Hifi, M.; M'Hallah, R.: Approximate algorithms for constrained circular cutting problems. Computers & Operational Res. 31 (2004) 675–694

[Ise87] Isermann, H.: Ein Planungssystem zur Optimierung der Palettenbeladung mit kongruent rechteckigen Versandgebinden. OR Spektrum 9 (1987) 235–249

[Ise91] Isermann, H.: Heuristiken zur Lösung des zweidimensionalen Packproblems für Rundgefäße. OR Spektrum 13 (1991) 213–223

[Ise98] Isermann, H.: Stauraumplanung. In: Logistik (Hrsg.: H. Isermann). 2. Aufl. Landsberg a. Lech: moderne industrie 1998, 245–286

[Kli98] Kling, K.: Computergestützte dreidimensionale Stauraumoptimierung in Theorie und Praxis. Dipl.-arb., Lehrgebiet Wirtschaftsinformatik, FB Wirtschaftswissenschaft, Fern-Univ. Hagen 1998

[Liu81] Liu, N.-C.; Chen, L.-C.: A new algorithm for container loading. 5th Int. Computer Software and Application Conf. of the IEEE: New York, 1981, 292–299

[Liu97] Liu, F.-H.F.; Hsiao, C.-J.: A three-dimensional pallet loading method for single-size boxes. J. of the Operational Res. Soc. 48 (1997) 726–735

[Mar90] Martello, S.; Toth, P.: Knapsack problems – Algorithms and computer implementations. Chichester (UK), Wiley 1990

[Mor98] Morabito, R.; Morales, S.: A simple and effective recursive procedure for the manufacturer's pallet loading problem. J. of the Operational Res. Soc. 49 (1998) 819–828

[Nau95] Naujoks, G.: Optimale Stauraumnutzung. Wiesbaden: Dt. Univ.-Verl. 1995

[Nel95] Nelißen, J.: Neue Ansätze zur Lösung des Palettenbeladungsproblems. Aachen: Shaker 1995

[Pis02] Pisinger, D.: Heuristics for the container loading problem. Europ. J. of Operational Res. 141 (2002) 382–392

[Rat98] Ratcliff, M.S.W.; Bischoff, E.E.: Allowing for weight considerations in container loading. OR Spektrum 20 (1998) 65–71

[Sch94] Schrijver, A.: Theory of linear and integer programming. Nachdruck der Auflage von 1987. Chichester (UK): Wiley 1994

[Sch99] Scheithauer, G.: LP-based bounds for the container and multi-container loading problem. Int. Trans. in Operational Res. 6 (1999) 199–213

[Smi80] Smith, A.; De Cani, P. (1980): An algorithm to optimize the layout of boxes in pallets. J. of the Operational Res. Soc. 31 (1980) 573–578

[Som96] Sommerweiß, U.: Modeling of practical requirements of the distributer's packing problem. Operations Res. Proc. 1995 (eds: P. Kleinschmidt et al.). Berlin: Springer 1996, 427–432

[Wäs07] Wäscher, G.; Haußner, H.; Schumann, H.: An improved typology of cutting and packing problems. Europ. J. of Operational Res. In Press, Corrected Proof available online 19 June 2006 at http://www.sciencedirect.com

Informations- und Planungssysteme in der Logistik A4

A 4.1 Informationssysteme in der Logistik

A 4.1.1 Informationssysteme als Teil logistischer Systeme

Aufgabe der Querschnittsfunktion Logistik ist die ganzheitliche, funktionsübergreifende Betreuung des Material- und Erzeugnisflusses innerhalb eines Unternehmens. Zur Durchführung dieser Aufgabe bestehen logistische Systeme aus leistungserstellenden Teilsystemen zum Fördern, Handhaben und Lagern von Gütern sowie aus Informationssystemen zur Lenkung der Leistungserstellung, im Weiteren als *Lenkungssysteme* bezeichnet.

Bild A 4.1-1a zeigt die Beziehung zwischen Lenkungs- und Leistungssystem als Regelkreis. Die beiden Systeme sind über Sensoren und Aktoren verknüpft. Der die Lenkungsaufgaben ausführende Regler nutzt i. Allg. eine *Hilfsregelstrecke*, um den Zustand des Leistungssystems zu verfolgen und zu beeinflussen. Ein Beispiel einer Hilfsregelstrecke ist die Materialbuchführung eines Lagersystems, die den aktuellen Zustand des Materiallagers permanent mitschreibt.

Zum Verständnis des Aufbaus und der Gestaltung logistischer Informationssysteme werden im Folgenden zunächst *Architekturmerkmale* von Informationssystemen unter Verwendung von Architekturmodellen erläutert. Entsprechend der dabei eingeführten Differenzierung zwischen der Aufgabenebene und der Aufgabenträgerebene eines Systems werden dann Vorgehensweisen zur Gestaltung der beiden Ebenen beschrieben. Der Begriff *Modell* bezeichnet dabei zusammenfassend das zu modellierende System, das Modellsystem und die Abbildung zwischen diesem (Bild A 4.1-1b). Ein Modellsystem wird in Kurzform ebenfalls „Modell" genannt.

A 4.1.2 Architektur eines Informationssystems

A 4.1.2.1 Architekturbegriff

Die Architektur eines Systems beschreibt dessen charakteristische und essentielle Struktur- und Verhaltensmerkma-

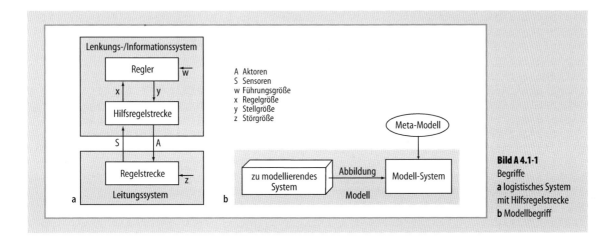

Bild A 4.1-1 Begriffe
a logistisches System mit Hilfsregelstrecke
b Modellbegriff

le in Form eines Modells [Fer06: 121]. *Charakteristische Merkmale* zielen auf die Unterscheidbarkeit zu anderen Systemen, *essentielle Merkmale* bestimmen den Systemkern, der Grundlage aller weiteren Merkmalsfestlegungen ist. Ein Architekturmodell bildet ein System ganzheitlich ab und expliziert dessen Schnittstellen zur Umwelt. Die dabei verwendeten Arten von Modellbausteinen und deren Beziehungen werden in einem *Meta-Modell* definiert, dessen Gestaltung sich an der fachspezifischen Vorstellungswelt der Modellierer orientiert. Diese Vorstellungswelt kommt in *Metaphern* zum Ausdruck. Im Fall der Modellierung von Informationssystemen werden die im Folgenden beschriebenen Metaphern verwendet, um syntaktische und semantische Konzepte von Modellbausteinen deutlich zu machen. *Syntaktische Konzepte* beschreiben allgemein Art und Verwendung der Modellbausteine sowie deren Beziehungen untereinander, *semantische Konzepte* nehmen auf die fachliche Bedeutung der Modellbausteine im Kontext einer spezifischen Modellierung Bezug.

A 4.1.2.2 Fluss- und Zustandsmodelle

Syntaktische Konzepte für die Darstellung der Architektur eines Informationssystems beruhen meist auf den Metaphern Flusssystem und Zustandsübergangssystem. Gemäß der Metapher *Flusssystem* besteht ein Informationssystem aus Objekten, die Informationen verarbeiten und speichern, sowie aus Informationsflüssen zwischen den Objekten (Bild A 4.1-2a). Ein Flussmodell beschreibt vorzugsweise die Struktur des Informationssystems anhand von Objekten und Flüssen, erfasst jedoch keine Systemzustände. Es eignet sich für die Modellierung eines Informationssystems auf der Makroebene und hilft insbesondere bei umfangreichen Systemen, das Gesamtsystem einschließlich der Interaktion der Teilsysteme zu verstehen.

Gemäß der Metapher *Zustandsübergangssystem* besteht ein Informationssystem aus einem Datenspeicher, der Zustände des Systems und der System umgebung (z. B. die Zustände eines zu lenken den Leistungssystems) erfasst, sowie aus Operatoren, die im Datenspeicher Zustandsänderungen durchführen (Bild A 4.1-2b). Dieses Modell eines Informationssystems beschreibt vorzugsweise dessen Verhalten anhand ausgewählter Zustände und Zustandsänderungen. Es eignet sich für die Modellierung auf der Mikroebene und hilft, den schrittweisen Ablauf eines Informationssystems zu verstehen. Seine Erstellung und Handhabung stoßen jedoch schnell an Komplexitätsgrenzen. Auf Grund der extrem hohen Anzahl möglicher Zustände eines umfangreichen Informationssystems ist diese Metapher nicht für ein Gesamtmodell, sondern nur für die Modellierung ausgewählter Teilsysteme geeignet; i. d. R. dienen Zustandsgangmodelle zur Detaillierung von Flussmodellen. Trotz dieser Einschränkung bevorzugen viele Modellierer diese Metapher, da sie ihnen von den imperativen Programmiersprachen her vertraut ist.

Von besonderer Bedeutung für die Architektur eines Informationssystems sind die *Interaktionsmechanismen* zwischen den Systemkomponenten. In einem Flusssystem kommunizieren Objekte über Informationsflüsse und realisieren eine 1:1-Kommunikation zwischen Sender- und Empfängerobjekt (Bild A 4.1-2c). Die beiden Objekte sind lose gekoppelt. Dagegen kommunizieren die Operatoren eines Zustandsübergangssystems durch Schreib- und Lesevorgänge in gemeinsamen Datenspeicherbereichen (engl.:

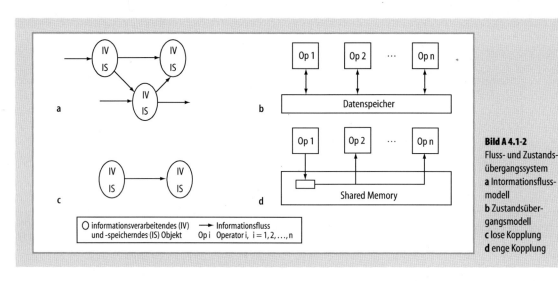

Bild A 4.1-2
Fluss- und Zustandsübergangssystem
a Intormationsflussmodell
b Zustandsübergangsmodell
c lose Kopplung
d enge Kopplung

shared memory) (Bild A 4.1-2d). Auf ein bestimmtes Speicherelement, das als Kommunikationskanal fungiert, kann von mehreren Objekten schreibend oder lesend zugegriffen werden. Es dient der Realisierung einer 1:1-, 1:n- oder m:n-Kommunikation. Sender- und Empfängeroperatoren sind über den gemeinsamen Datenspeicher eng gekoppelt.

A 4.1.2.3 Lenkungssysteme

Semantische Konzepte für die Modellierung eines Informationssystems sind in erster Linie auf dessen Funktion als Lenkungssystem ausgerichtet. Sie beziehen dazu das Leistungssystem in die Beschreibung ein. Grundlage der Konzepte ist der in Bild A 4.1-1a in Form eines Flusssystems dargestellte Regelkreis mit hierarchischer Koordination der Regelstrecke durch den Regler. Dieser Regelkreis wird um folgende Aspekte erweitert (Bild A 4.1-3; vgl. [Fer95a]):

- *Mehrstufige Regelung mit hierarchischer Koordination*: Die Lenkungsaufgabe des Reglers wird in mehrere Teilaufgaben zerlegt. Die hierarchische Koordination der Teilaufgaben übernimmt ein weiterer übergeordneter Regler. Dieses Verfahren kann mehrfach angewendet werden und generiert jeweils eine neue Regelungsstufe. Bild A 4.1-3a zeigt als Beispiel den klassischen Ansatz eines MRPII-Lenkungssystems in Verbindung mit mehreren Leitständen (die Abkürzung MRPII steht für Manufacturing Resource Planning). Die Lenkungsaufgabe wird dabei gemäß der Folge Output-, Input-, Throughput-Planung in die Planungsschritte Produktionspro-

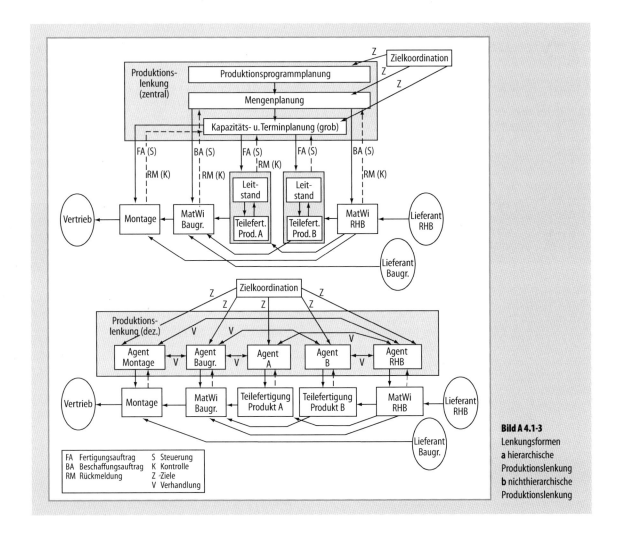

Bild A 4.1-3
Lenkungsformen
a hierarchische Produktionslenkung
b nichthierarchische Produktionslenkung

grammplanung, Mengenplanung, Kapazitäts- und Terminplanung zerlegt [Gün04: 277]. Der aus der Zerlegung in die 3 Planungsschritte folgende Koordinationsbedarf wird von einem übergeordneten Regler (Zielkoordination) behandelt. Die Ergebnisse der 3 Planungsschritte sind Vorgaben für die Feinplanung in den Leitständen der nächstniedrigeren Regelungsstufe.

- *Nichthierarchische Koordination*: Die Aufgaben eines Produktionssystems werden hier alternativ nichthierarchisch durch Verhandlung zwischen den beteiligten Systemkomponenten koordiniert. In Bild A 4.1-3b verhandeln als Agenten bezeichnete Lenkungskomponenten mit dem Ziel, die Aufgaben des Leistungssystems zu koordinieren. Sie lenken die ihnen zugeordneten Komponenten des Leistungssystems unter Beachtung der Verhandlungsergebnisse. Ein zusätzlicher übergeordneter Regler koordiniert die Agenten durch Zielvorgaben. In vielen Unternehmen werden hierarchische und nichthierarchische Koordinationsverfahren kombiniert angewendet.

A 4.1.2.4 Modellierungsziele und Abstraktionsebenen

Das Modell eines realen Systems erfasst nur Systemmerkmale, die „wesentlich" bezüglich der Modellierungsziele sind, von den übrigen Merkmalen sowie von der Umgebung des Systems wird abstrahiert. Die *Modellierungsziele* bestimmen den Abstraktionsgrad des Modells. Vorbereitende Schritte einer Modellierung sind daher die Abgrenzung des zu modellierenden Systems und die Wahl der Modellierungsziele.

Ein Informationssystem wird von seiner Umgebung anhand der Eigenschaft „informationsverarbeitend" abgegrenzt. Es kann vom angrenzenden Leistungssystem nicht physisch getrennt werden, da dessen Komponenten i. d. R. leistungserstellende und informationsverarbeitende Aktionen kombinieren (z. B. beinhaltet ein Transportsystem die Tätigkeiten Transportieren als Leistungserstellung und die Steuerung als Informationsverarbeitung). Die Sprechweise vom *Informationssystem* eines Logistiksystems ist daher bereits das Ergebnis einer Abstraktion.

Bei der Wahl der *Modellierungsziele* eines Architekturmodells ist darauf zu achten, dass das zu modellierende System ganzheitlich erfasst wird, d. h., es dürfen keine wesentlichen Teilsysteme vernachlässigt werden. Überschaubare Modelle großer Systeme können somit nur entstehen, indem die Modellierungsziele bestimmte Eigenschaften hervorheben und andere niedriger gewichten. Die Modellierungsziele definieren so die Perspektive, aus der das System betrachtet wird. Modelle, die aus unterschiedlichen Modellierungszielen hervorgehen, müssen allerdings zueinander konsistent sein.

Aus der Vielzahl möglicher Blickwinkel auf ein Logistiksystem werden im Folgenden 3 grundlegende Perspektiven ausgewählt, die sich in einer Reihe konkreter Modellierungsansätze wiederfinden. Ausgangspunkt hierfür ist das Verständnis eines Unternehmens als zielgerichtetes, offenes und sozio-technisches System. Die Modellierungsziele heben jeweils eines der 3 Merkmale hervor und führen zu den 3 *Architekturmodellen* (Bild A 4.1-4)

(1) Unternehmensplan (U-Plan) mit Betonung der Unternehmensziele und der Sicht *auf* das System,
(2) Geschäftsprozessmodell mit Betonung der Offenheit und der Sicht *in* das System, d. h. Modellierung der Güter- und Informationsflüsse innerhalb des Systems sowie zwischen System und Umwelt, sowie
(3) Spezifikation von Mensch-Maschine-Systemen als sozio-technische Aufgabenträger des Systems.

Die Modellierung eines Logistiksystems als Teilsystem eines Unternehmens folgt dieser Vorgehensweise. Die Ziele des Logistiksystems sind von den *Unternehmenszielen* abzuleiten. Die Systemgrenzen bei der Erstellung des Geschäftsprozessmodells sowie der Spezifikation der Mensch-Maschine-Systeme werden auf die Aufgabenstellung der Logistik eingeschränkt.

Für die Umsetzung der *Modellierungsziele* in konkrete Modellierungsschritte werden Abstraktionstechniken benötigt, welche die Verwendung der Modellbausteine regeln. Entsprechend der genannten Differenzierung in syntaktische und semantische Konzepte von Modellbausteinen werden syntaktische Regeln für die Konfiguration von Modellbausteinen und deren Zusammenbau zu größeren Teilmodellen sowie semantische Regeln für die Ge-

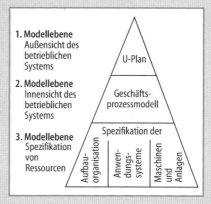

Bild A 4.1-4 Unternehmensarchitektur (vgl. [Ferstl/Sinz 2006,186])

staltung der Abbildungsbeziehungen zwischen Modell und Originalsystem benötigt.

Die *syntaktischen Regeln* nutzen als Basistechnik die Typ- und Klassenbildung. Eine Typbildung klassifiziert konkrete Eigenschaften realer Systeme als Ausprägungen eines Typs (z. B. hat der Typ Farbe den Wertebereich bzw. die Ausprägungen blau, ...) und ermöglicht so, bei der Modellierung durch Verwendung des Typs von einzelnen Ausprägungen zu abstrahieren. Klassen erweitern die Typbildung auf die Klassifikation von Systemkomponenten. Eine Klasse fasst Systemkomponenten zusammen, die durch eine gemeinsamen Modellbaustein beschrieben werden können. Der Modellbaustein wird als *Typ der Klasse*, die Komponenten werden als *Instanzen der Klasse* bezeichnet.

Weitere syntaktische Regeln, die *Generalisierung* (bzw. umgekehrt Spezialisierung) und die *Aggregation* (bzw. umgekehrt Zerlegung), bauen auf der Basistechnik der Typ- und Klassenbildung auf. Generalisierende Modellbausteine fassen mehrere unterschiedliche Modellbausteine durch Abstraktion von Merkmalen zusammen, stimmen aber bezüglich der verbleibenden Merkmalsmenge mit den Ausgangsbausteinen überein (z. B. ist Geschäftspartner eine Generalisierung von Kunde und Lieferant). Eine mehrstufige Generalisierung erzeugt eine Hierarchie von Modellbausteinen und unterstützt auf diese Weise Modellierungsziele wie Qualität und Zeitdauer des Modellierungsvorgangs durch Wiederverwendung von Modellbausteinen. Die große Bedeutung der Wiederverwendung zeigen Branchenmodelle als Generalisierung von Modellen der Unternehmen einer Branche oder Referenzmodelle als Mustervorlagen beim Entwurf neuer Modelle.

Die Abstraktionstechnik *Aggregation* fasst Modellbausteine durch Montage von Einzelbausteinen oder durch Verdichtung von Merkmalsausprägungen zusammen. Beispiele für Verdichtungen sind Summen- oder Durchschnittsbildung (z. B. Monatsumsatz als Aggregation von Tagesumsätzen). Bei der Montage entstehen Bausteinkomplexe, die wiederum in die Bestandteile zerlegt werden können (z. B. aggregiert das Merkmal Adresse die Merkmale Name, Straße, Ort).

Semantische Regeln gestalten die Abbildungsbeziehungen zwischen Modell und Originalsystem durch Vorgabe von Interpretationsvorschriften. Beispiele hierfür sind die bereits genannte Unterscheidung zwischen Lenkungs- und Leistungssystem oder die Interpretation einer betrieblichen Organisation als ein System von Aufgaben und Aufgabenträgern. Das Modell der betrieblichen Aufgaben kann von den Unternehmenszielen abgeleitet werden und abstrahiert von den Aufgabenträgern. Das Modell der Aufgabenträger erfasst die qualitative und quantitative Kapazität der Organisation. Die Trennung in diese beiden Modelle ermöglicht darüber hinaus eine Untersuchung der Zuordnung zwischen Aufgaben und Aufgabenträgern.

A 4.1.2.5 Integration und Interoperabilität von Informationssystemen

Die Aufgaben eines Informationssystems werden meist durch Kooperation interagierender Systemkomponenten ausgeführt. Bei der Gestaltung der Systemarchitektur ist daher zu klären, welche Komponenten an einer Aufgabendurchführung beteiligt sind und in welcher Weise sie miteinander oder mit der Systemumwelt interagieren. Wesentlich ist dabei die Frage nach dem *Integrationsgrad* des Systems. Der Integrationsgrad wird anhand folgender Struktur- und Verhaltensmerkmale des Systems bestimmt [Fer92; Fer06: 226], erwünschte Ausprägungen dieser Merkmale werden als *Integrationsziele* bezeichnet.

- Strukturmerkmal *Redundanz der Systemkomponenten*: Integrationsziel ist die Vermeidung ungeplanter Redundanz von Komponenten. Eine geplante Redundanz kann aus Gründen der Verfügbarkeit und des Leistungsgrades sinnvoll sein. Die Prüfung auf Redundanz bezieht sich in einem Informationssystem v. a. auf die Komponenten Datenobjekttypen und Datenobjekte, Funktionen, Objekttypen und Objekte. Entsprechend wird zwischen Daten-, Funktions- und Objektredundanz unterschieden.
- Strukturmerkmal *Interaktionskanäle zwischen den Systemkomponenten*: Der Bedarf an Interaktion zwischen den Systemkomponenten ist aus der Aufgabenstellung eines Informationssystems abzuleiten. Integrationsziel ist die Verfügbarkeit ausreichend schneller, robuster und kontrollierbarer Interaktionskanäle.
- Verhaltensmerkmal *Konsistenz der Systemzustände*: Zwischen den Zuständen der Komponenten eines Informationssystems sind semantische und operationale Integritätsbedingungen zu beachten. Integrationsziel ist die permanente Einhaltung dieser Bedingungen.
- Verhaltensmerkmal *Zielausrichtung der Systemkomponenten*: Die Komponenten tragen zu den Systemzielen eines Informationssystems bei. Integrationsziel sind hohe, kontrollierbare Beiträge zu diesen Zielen.

Die Integration ist Teil der Innensicht eines Systems, die Außensicht führt zur Frage der Interoperabilität mit anderen Systemen. Die Ziele der Interoperabilität stimmen mit den beiden Integrationsteilzielen Interaktion der Systemkomponenten und Konsistenz der Systemzustände, angewendet auf die beteiligten interoperierenden Systeme, überein.

A 4.1.2.6 Sensoren und Aktoren eines Informationssystems

Ein Informationssystem steht mit dem Leistungssystem über Sensoren und Aktoren in Verbindung. Für beide Systeme und damit auch für Sensoren und Aktoren gelten die Ziele der Integration und der Interoperabilität. Weitere Forderungen an Sensoren und Aktoren folgen aus ihrer speziellen Aufgabenstellung.

Sensoren melden Zustände des Leistungssystems an das Lenkungssystem bzw. an die Hilfsregelstrecke. *Aktoren* generieren Systemzustände entsprechend den Vorgaben. Anforderungen an Sensoren und Aktoren werden in die Kategorien Zeit, Qualität und Kosten gegliedert. Die Kategorie *Zeit* betrifft Zeitpunkt und Dauer der Erfassung und Übertragung von Zuständen, die Kategorie *Qualität* die erforderliche bzw. erreichbare Genauigkeit bei der Ermittlung bzw. Generierung von Systemzuständen. Die *Kosten* der Sensoren und Aktoren, die aus den Anforderungen bezüglich der Zeit- und Qualitätsmerkmale resultieren, bilden die dritte Kategorie. In einem logistischen System mit stationären und mobilen Komponenten im Leistungs- und im Lenkungssystem sind akzeptable Kombinationen der 3 Kategorien oft schwierig zu finden.

Die *Identifikation* von Material oder Erzeugnissen bildet oft ein spezielles Problem für die Sensoren. Während Bearbeitungs- und Transportsysteme i. Allg. ihre Identifikation mit sich führen und diese an Kommunikationspartner übermitteln können, gilt diese Regel für Material häufig nicht. Es werden Identifikationshilfen wie z. B. in Form von Etiketten benötigt, die auf Grund von Bearbeitungsvorgängen (z. B. Lackierung) in vielen Fällen nicht ausreichend und nicht dauerhaft befestigt bzw. gelesen werden können. Die Zuordnung von Material zu Identifikationshilfen bildet eine weitere Fehlerquelle.

A 4.1.3 Aufgabenebene eines Informationssystems

A 4.1.3.1 Modellierungsmethoden und -werkzeuge

Vorbereitende Schritte bei der Modellierung eines Informationssystems sind neben der Abgrenzung des Untersuchungsbereichs und der Festlegung der Modellierungsziele auch die Wahl der Modellierungsmethode und des Meta-Modells. Diese Wahl hängt von der Präferenz des Modellierers für die syntaktischen und semantischen Konzepte des jeweiligen Meta-Modells ab. Die gegenwärtig bekannten Modellierungsmethoden und ihre Meta-Modelle, die im Folgenden erläutert werden, stellen weitgehend nur syntaktische Konzepte zur Verfügung und berücksichtigen semantische Konzepte noch wenig. Gemeinsam ist allen Modellierungsmethoden die Differenzierung zwischen der Aufgaben- und der Aufgabenträgerebene eines Informationssystems. Im Vordergrund steht die *Modellierung der Aufgabenebene* aus der Innensicht eines Informationssystems. Die explizite Modellierung von Zielen und Aufgabenträgern eines Informationssystems beziehen nur wenige Modellierungsmethoden mit ein.

Der Begriff „Aufgabe" bezeichnet eine Zielsetzung für zweckbezogenes Handeln. Bestandteile einer Aufgabe sind
– ein Aufgabenobjekt, an dem sich das Handeln vollzieht,
– Aufgabenziele in Form von Sach- und Formalzielen, die in den Sachzielen Zielzustände des Aufgabenobjekts und in den Formalzielen darauf Bezug nehmende Gütekriterien festlegen,
– eine Verrichtung bzw. ein Verfahren für die Umsetzung der Aufgabenziele und
– Ereignisse, die eine Aufgabendurchführung auslösen bzw. bei der Durchführung erzeugt werden [Fer06: 91].

Nicht in die Aufgabenspezifikation einbezogen werden Merkmale personeller oder maschineller Aufgabenträger, um flexible Zuordnungen von Aufgaben zu Aufgabenträgern nutzen zu können.

Die Modellierung der Aufgaben eines Informationssystems mit nur einem Modellbausteintyp ist auf Grund der Komplexität und der Vielfalt der Aufgaben schwierig, v. a. aber bedingt durch die historische Entwicklung der Modellierungsmethoden nicht üblich. Die historische Entwicklung der Modellierungsmethoden wurde nicht von dem komplexen semantischen Konzept des Aufgabenbegriffs, sondern von den vergleichsweise einfachen syntaktischen *Konzepten des Fluss- und Zustands übergangssystems* geprägt, die nur Teilaspekte einer Aufgabe erfassen. Das Gesamtmodell einer Aufgabe muss daher aus mehreren Sichten, die jeweils Teilaspekte einer Aufgabe erfassen, zusammengesetzt werden. Man unterscheidet die in Tabelle A 4.1-1 angegebenen 4 Sichten.

Die *Funktionssicht* beschreibt die Aufgabenverrichtung in Form einer oder mehrerer Funktionen, die ihrerseits aus weiteren Funktionen bestehen können. Die *Datensicht* ermittelt Datenstrukturen zur Beschreibung von Aufgabenobjekten. Die *Interaktionssicht* behandelt die Kommunikation zwischen Funktionen bzw. Aufgabenverrichtungen in Form einer engen oder losen Kopplung. Jede Zerlegung von Funktionen bedingt eine entsprechende Ergänzung der Kommunikationsbeziehungen. Die 3 genannten Sichten erfassen Aufgaben statisch. Die *Vorgangssicht* fügt eine Betrachtung der Dynamik, d. h. Zeit- und Reihenfolgebeziehungen zwischen Funktionen bzw. zwischen den Aufgaben, hinzu.

A 4.1 Informationssysteme in der Logistik

Tabelle A 4.1-1 Modellierungssichten der Aufgaben eines Informationssystems

Sicht	Abkürzung	Aufgabenaspekt	Metapherbezug	Zeitbezug
Funktionssicht	F	Verrichtung	Operator	statisch
Datensicht	D	Aufgabenobjekt	Datenspeicher	statisch
Interaktionssicht	I	Ereignis	Interaktion	statisch
Vorgangssicht	V	Gesamtaufgabe		dynamisch

Für die Modellierung der Aufgaben und ihrer Sichten stehen die in Tabelle A 4.1-2 aufgeführten *Modellierungsansätze* zur Verfügung. Sie werden im Folgenden erläutert. Die Ansätze umfassen teils einzelne, teils mehrere Sichten auf ein Aufgabensystem. Die Beschränkung auf einzelne Sichten kann die Modellierung der Aufgaben vereinfachen, setzt allerdings voraus, dass die Strukturierung und Abgrenzung der Aufgaben festgelegt ist und diese Abgrenzung allen Sichten gemeinsam zugrunde liegt. Andernfalls können die aus der Modellierung der Sichten gewonnenen Ergebnisse nicht eindeutig zu vollständigen Aufgabenmodellen zusammengesetzt werden. Diese grundlegende Bedingung wird allerdings nur von wenigen zur Zeit verfügbaren Modellierungsansätzen erfüllt.

A 4.1.3.2 Funktions- und datenorientierte Modellierungsansätze

Die *Funktionale Zerlegung* ermittelt eine Funktionssicht durch mehrstufige Zerlegung von Aufgabenverrichtungen bzw. Funktionen. Jede Funktion wird durch Angabe von Funktionszweck und -inhalt sowie ihrer Schnittstellen zu anderen Funktionen oder lokalen Datenspeichern beschrieben. Ein Beispiel hierfür ist HIPO (Hierarchy of Input-Process Output) [Bal82]. Dieser historisch älteste Modellierungsansatz hat jedoch kaum noch praktische Bedeutung, da er mit anderen Modellierungsansätzen nicht geeignet integriert werden kann.

Der *Datenflussansatz* erweitert die Funktionale Zerlegung um die Interaktionssicht. Neben den Funktionen, hier als „Aktivitäten" bezeichnet, werden auch Datenflüsse zwischen den Funktionen sowie lokale Datenspeicher erfasst. Beispiele hierfür sind SA (Structured Analysis) und SADT (Structured Analysis and Design Technique) [Bal01: 397ff.; DeM79; McM88]. In einer erweiterten Form werden die Interaktionsbeziehungen in Daten- und Kontrollflüsse, letztere für die Beschreibung der Reihenfolge von Funktionsdurchführungen, differenziert. Damit wird eine einfache Vorgangssicht in die Modellierung einbezogen. Der Datenflussansatz schließt die Datensicht nicht mit ein und ist daher für eine vollständige Modellierung von Aufgaben mit Datenmodellierungsansätzen zu koppeln. Diese Koppelung unterstützt allerdings nicht das genannte Konzept einer einheitlichen Aufgabenstrukturierung und bildet in der Praxis eine stete Quelle für Modellierungsfehler.

Die *Datenmodellierung* beschreibt die Aufgabenobjekte eines Informationssystems zusammenhängend in Form eines konzeptuellen Datenschemas. Das Schema besteht aus Datenobjekttypen mit zugeordneten Attributen sowie Beziehungen zwischen den Datenobjekttypen. Die Attribute beruhen auf einer Typbildung und haben einen Wertebereich (Domäne). Mit Hilfe der Abstraktionstechnik Generalisierung werden verallgemeinerte Datenobjekttypen gebildet. Datenobjekttypen erfassen i. Allg. nicht vollständige Aufgabenobjekte, sondern Teilbereiche hieraus. Die Abgrenzung eines vollständigen Aufgabenobjekts ist aus dem konzeptuellen Datenschema nicht ersichtlich, sondern muss in Form eines externen Datenschemas als Teilausschnitt des konzeptuellen Datenschemas definiert werden.

Vielfach verwendete Datenmodellierungsansätze sind das ERM (Entity Relationship Model) [Che76] und das SERM (Strukturiertes Entity-Relationship-Modell) [Sin88]. Das ERM verwendet 2 Arten von Modellbausteinen, den Gegenstandsobjekttyp (Entity-Typ) und den Beziehungs-

Tabelle A 4.1-2 Modellierungsansätze und Sichten auf Aufgaben (vgl. [Fer98: 125])

Modellierungsansatz	Verwendete Sichten
Funktionale Zerlegung	F
Datenflussansatz	F, I, (V)
Datenmodellierung	D
Objektorientierter Ansatz	F, D, I, (V)
Geschäftsprozessorientierter Ansatz	F, D, I, V

typ (Relationship-Typ). Ein *Gegenstandsobjekttyp* erfasst einen Teilbereich eines Aufgabenobjekts. Ein *Beziehungstyp* beschreibt Zuordnungsbeziehungen zwischen Gegenstandsobjekttypen. In der Praxis weisen Entity-Relationship-Diagramme eine hohe Komplexität auf, deren Beherrschung mit Hilfe des SERM-Ansatzes erleichtert wird. SERM unterstützt die Modellierung, indem Existenzabhängigkeiten zwischen den Datenobjekten als Ordnungsschema herangezogen werden und damit das Diagramm in Form eines quasi-hierarchischen Graphen dargestellt werden kann.

A 4.1.3.3 Objektorientierte Modellierungsansätze

Objektorientierte Modellierungsansätze beschreiben die Aufgaben eines Informationssystems als einen *Verbund von Objekttypen*. Jeder Objekttyp wird durch Attribute, Operatoren (Methoden) und Nachrichtendefinitionen spezifiziert. Die Generalisierung von Objekttypen ermöglicht Hierarchien von Super- und Sub-Objekttypen. Dabei vererbt ein Super-Objekttyp seine Attribute, Operatoren und Nachrichtendefinitionen an seine Sub-Objekttypen.

Objekttypen integrieren die Daten-, Funktions- und Interaktionssicht anhand der Merkmale Attribute, Operatoren und Nachrichtendefinitionen. Zusätzlich wird eine eingeschränkte Vorgangssicht durch die Festlegung von Nachrichtenprotokollen ermöglicht. Die Metaphern Flusssystem und Zustandsübergangssystem finden gemeinsam Anwendung. Letztere beschreibt einzelne Objekttypen, die erste Metapher erfasst einen Verbund von Objekttypen.

Objektorientierte Modellierungsansätze vermeiden die Probleme der Kopplung inkompatibler Sichten wie im Fall der Daten- und Funktionsmodellierung; sie bilden daher einen wichtigen Meilenstein in der Entwicklung von Modellierungsmethoden. Für die Modellierung ihrer Attribute, Operatoren und Nachrichtendefinitionen werden geeignete Methoden der funktions- und datenorientierten Modellierungsansätze übernommen. Beispiele für objektorientierte Ansätze sind OMT (Object Modeling Technique) [Rum91], OOSE (Object-Oriented Software Engineering) [Jac92; Boo04]. Sie sind Grundlage der Modellierungssprache UML (Unified Modeling Language), die durch die OMG (Object Management Group) standardisiert wurde und gegenwärtig in Version 2.0 vorliegt (s. z. B. [Fow00] und www.uml.org).

A 4.1.3.4 Geschäftsprozessorientierte Modellierungsansätze

Funktions-, daten- und objektorientierte Modellierungsansätze erfassen die Aufgabenmerkmale Aufgabenobjekt, Verrichtung und Ereignis se mit Hilfe der Daten-, Funktions- und Interaktionssicht. Nicht berücksichtigt werden in diesen Ansätzen die Modellierung von Aufgabenzielen und das dynamische Zusammenwirken innerhalb eines Verbunds von Aufgaben. Geschäftsprozessorientierte Modellierungsansätze erweitern die bisherigen Ansätze um die Modellierung dieser beiden Aspekte. Für eine Einbeziehung der Aufgabenziele sind die syntaktischen Konzepte der Modellbausteine um semantische Konzepte zu erweitern.

Klassische Formen geschäftsprozessorientierter Modellierungsansätze verwenden die genannten funktions- und datenorientierten Modellierungsmethoden für die Funktions-, Daten- und Interaktionssicht und ergänzen diese um eine Vorgangssicht in Form einer Beschreibung des ereignisgesteuerten Ablaufs von Aufgaben bzw. Funktionen. Beispiele hierfür sind das Konzept der Ereignisgesteuerten Prozesskette (EPK) als Teil des ARIS-Architekturkonzepts [Sch98; Sch95] oder die Methode PROMET [Öst95].

Im Modellierungsansatz des Semantischen Objektmodells (SOM) [Fer90; Fer91; Fer95b; Fer06: 184ff.] werden neben der Vorgangssicht auch die Aufgabenziele in die geschäftsprozessspezifischen Erweiterungen einbezogen. Das in den Ansatz integrierte Vorgangsereignisschema dient dem ereignisgesteuerten Ablauf von Aufgaben. Das Merkmal Aufgabenziel wird in einem Modellbaustein *betriebliches Objekt* berücksichtigt. Ein betriebliches Objekt modelliert einen Verbund eng gekoppelter Aufgaben. Die Aufgaben des Verbunds beinhalten ein gemeinsames Aufgabenobjekt, aber spezifische Ziele und Verrichtungen je Aufgabe. Im Gegensatz zu den genannten objektorientierten Modellierungsansätzen, in denen ein Verbund von Objekten eine Aufgabe abbildet, erfasst im SOM-Ansatz umgekehrt ein betriebliches Objekt einen Verbund von Aufgaben. Betriebliche Objekte interagieren in Form von *Transaktionen*, die eine lose Kopplung zwischen den Aufgaben der beteiligten Objekte realisieren. Der Modellbaustein Transaktion unterstützt als semantisches Konzept unterschiedliche Form der Koordination von Aufgaben bzw. betrieblichen Objekten. Es stehen Kommunikationsprotokolle für hierarchische und nichthierarchische Formen der Koordination zur Verfügung.

A 4.1.3.5 Integrationskonzepte

Die Aufgaben eines Informationssystems wirken zusammen mit dem Ziel, die Gesamtaufgabe des Informationssystems integriert auszuführen. Diesem Zusammenwirken liegen *Integrationsziele* bezüglich Redundanz, Interaktion, Konsistenz und Zielausrichtung zugrunde. Zur Umsetzung der Integrationsziele stehen folgende Integrationskonzepte zur Verfügung [Fer92; Fer06: 229]:

- *Funktionsintegration.* Bei der Funktionsintegration interagieren Funktionen über Kommunikationskanäle in Form einer losen Kopplung. Es wird ausschließlich das Integrationsziel bezüglich der Interaktionskanäle zwischen den Systemkomponenten verfolgt. Die Funktionsintegration korrespondiert inhaltlich und zeitlich mit den funktionsorientierten Modellierungsansätzen, wird aber weiterhin verwendet.
- *Datenintegration.* Sie korrespondiert mit dem Konzept der Datenmodellierung. Die lokalen Datenspeicher der Aufgabenobjekte des Aufgabensystems und alle Kommunikationskanäle werden im konzeptuellen Datenschema zu einem globalen Datenspeicher zusammengefasst. Die Aufgaben werden über die Kommunikationskanäle eng gekoppelt. Die Datenintegration unterstützt die Integrationsziele Vermeidung ungeplanter Datenredundanz und Erhaltung der Konsistenz der Systemzustände. Ein hoher Anteil der in der Praxis verwendeten Informationssysteme nutzt dieses Integrationskonzept.
- *Objektintegration.* Sie ist auf das Konzept der objektorientierten und geschäftsprozessorientierten Modellierungsansätze ausgerichtet. Ein Informationssystem besteht hier aus 2 Arten von Objekten. Konzeptuelle Objekte repräsentieren Aufgabenobjekte und Basisoperatoren für deren Manipulation. Aufgabenziele werden von Vorgangsobjekten verfolgt, die dazu konzeptuelle Objekte mit der Durchführung von Operationen beauftragen. Alle Objekte sind lose gekoppelt. Die Objektintegration unterstützt alle genannten Integrationsziele.

A 4.1.4 Aufgabenträgerebene eines Informationssystems

A 4.1.4.1 Automatisierungsgrad und Aufgabenträgerzuordnung

Die Gestaltung der Aufgaben logistischer Informationssysteme ist zunächst nicht an Art und Kapazität der dafür verfügbaren *Aufgabenträger* gebunden. Deren Gestaltung ist erst Gegenstand eines sich anschließenden zweiten Modellierungsschritts. Abhängigkeiten zwischen Aufgaben und Aufgabenträgern, wie sie in realen Systemen auftreten, werden bei der Modellierung durch wiederholte rückgekoppelte Modellierungsschritte berücksichtigt. Aufgabenträger für die Durchführung der Aufgaben logistischer Informationssysteme sind
- Anwendungssysteme, bestehend aus Software- sowie Rechner- und Kommunikationssystemen einschließlich Sensoren und Aktoren, sowie
- Personen, die nichtautomatisierbare Aufgaben oder Aufgabenteile übernehmen. Von Personen durchzuführende Aufgaben sind z. B. Entscheidungsaufgaben, deren Entscheidungsverfahren nicht spezifiziert ist, oder Datenerfassungsaufgaben für die Überbrückung von Medienbrüchen. Abhängig von der Aufgabenteilung wird von voll-, nicht- oder teilautomatisierten Aufgaben gesprochen.

Die Kooperation zwischen Mensch und Anwendungssystem bei der Aufgabendurchführung wird abhängig von den Rollen der Beteiligten als Partner-Partner-Beziehung oder Mensch-Werkzeug-Beziehung interpretiert. In *Partner-Partner-Beziehungen* lösen beide Partner je eine ihnen zugeordnete Aufgabe und tauschen die Aufgabenergebnisse über Kommunikationseinrichtungen aus (Bild A 4.1-5a). Die Aufgabenträger benötigen dabei nur das Verständnis ihrer lokalen Aufgabe. Datenerfassungsaufgaben oder einfache Sachbearbeiteraufgaben folgen diesem Rollenbild.

Dagegen kooperieren Mensch und Anwendungssystem bei der Durchführung einer gemeinsamen Aufgabe häufig in Form einer Arbeitsteilung, die als *Mensch-Werkzeug-Beziehung* bezeichnet wird (Bild A 4.1-5b). Das Aufgabenlösungsverfahren wird hierzu aufgetrennt in eine Menge von Operationen (Werkzeuge), die auf das Aufgabenobjekt einwirken, und eine Operationensteuerung, welche die Auswahl und Reihenfolge der Operationen bestimmt. Bei einer Mensch-Werkzeug-Beziehung übernimmt eine Person die Operationensteuerung, das zugehörige Anwen-

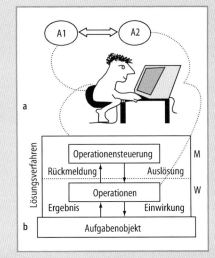

Bild A 4.1-5 Rollen von Mensch und Anwendungssystem bei der Aufgabenbeziehung.
a Partner-Partner-Beziehung; **b** Mensch-Werkzeug-Beziehung

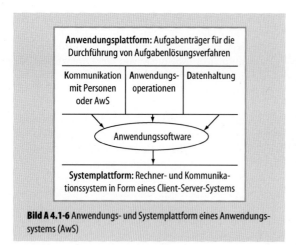

Bild A 4.1-6 Anwendungs- und Systemplattform eines Anwendungssystems (AwS)

dungssystem die Durchführung der Operationen. Die steuernde Person kann bei ihrer Steuerungsaufgabe zusätzlich durch – als Assistenten bezeichnete – Anwendungssystemkomponenten unterstützt werden.

A 4.1.4.2 Architekturen von Anwendungssystemen

Client-Server-Systeme

Ein Anwendungssystem stellt den Operationenvorrat für die Durchführung des vollständigen oder anteiligen Lösungsverfahrens einer Aufgabe zur Verfügung (Bild A 4.1-6). Die Operationen werden von der Anwendungssoftware unter Nutzung der zu Grunde liegenden Systemplattform realisiert. Die Differenzierung zwischen den beiden Ebenen erlaubt, ein Anwendungssystem auf der Grundlage unterschiedlicher Systemplattformen zu realisieren.

Die Zuordnung zwischen Anwendungssystemen und Systemplattformen werden abhängig von Anzahl und Rolle der beteiligten Rechner in mehrere Grundkonfigurationen gegliedert (Bild A 4.1-7). Grundlage der Gliederung ist die Aufteilung eines Anwendungssystems in 3 Funktionsbereiche für

– die Kommunikation mit Personen oder weiteren Anwendungssystemen (K),
– die Durchführung der Anwendungsoperationen (A) und
– die zugehörige Datenhaltung (D) [Fer06: 305].

In Stand-alone-Anwendungssystemen (Bild A 4.1-7a) führt ein Rechnersystem alle 3 Funktionsbereiche aus. Seit Einführung von Personalcomputern (PCs) in den 80er Jahren werden Client-Server-Systeme bevorzugt, welche die genannten Funktionsbereiche auf mehrere Rechner verlagern. Die verwendeten Rechner werden nach ihrer Rolle innerhalb des Rechnerverbunds als Client oder Server bezeichnet. Client-Rechner beauftragen Server mit der Durchführung von Operationen. Ein bestimmter Rechner kann sowohl Client- als auch Serveraufgaben übernehmen.

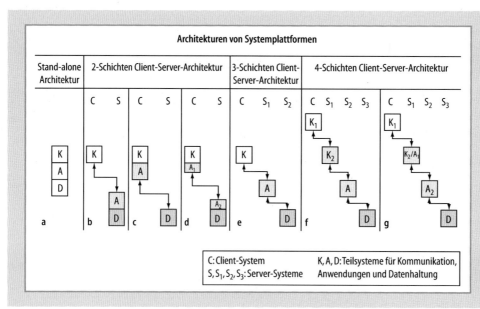

Bild A 4.1-7 Architekturen von Systemplattformen

Die in Bild A 4.1-7 dargestellte Reihenfolge von Client-Server-Systemen beschreibt von links nach rechts auch die historische Entwicklung. Die zu Beginn eingeführten PC-Hostsysteme (Bild A 4.1-7b) dienten vorzugsweise dazu, bestehende Anwendungssysteme durch grafische Mensch-Rechner-Kommunikation zu modernisieren.

Die Einführung lokaler Netzwerke und die rasche Leistungssteigerung der PCs ermöglichen den Übergang zu Clients in Form von Arbeitsplatzrechnern und Serversystemen für Datei- oder Datenbankmanagement (Bild A 4.1-7c). Diese Variante wird im Bereich kleinerer Anwendungssysteme weiterhin häufig verwendet. Hier werden am Arbeitsplatzrechner Anwendungsoperationen und die Kommunikation mit Personen oder weiteren Anwendungssystemen durchgeführt.

Eine unter Last- und Kommunikationsaspekten verbesserte Aufgabenteilung zwischen Client und Server bietet die Variante in Bild A 4.1-7d, in der die Anwendungsoperationen (A1, A2) auf Client und Server verteilt sind.

Allerdings bewirken Komplexitätsprobleme bei Entwicklung und Betrieb dieser Systeme einen Übergang zu 3-schichtigen Client-Server-Systemen (Bild A 4.1-7e), in denen jedem Funktionsbereich ein eigener Client- bzw. Server zugeordnet ist. Einer Vielzahl von Clients steht eine begrenzte Anzahl von Servern gegenüber. Die Verteilung der Anwendungsoperationen und der Datenhaltung auf wenige Serversysteme ermöglicht eine gegenüber den Varianten in Bild A 4.1-7c und -7d geringere funktionale Redundanz und weniger Organisations- und Wartungsaufwand sowie eine angepasste Kommunikationsinfrastruktur. Die Kommunikationsanforderungen zwischen den Server-Systemen S1 für Anwendungsoperationen und S2 für Datenhaltung sind i. d. R. weit höher als die Anforderungen zwischen Client und S1. Die Nutzung Webbasierter Systeme erfordert die Zerlegung der Kommunikation in Web-Clients und Web-Server und damit den Übergang zu den Varianten (f) und (g). In der Variante (g) führen z. B. Servlets Anwendungsfunktionen durch.

Integrierte, verteilte Anwendungssysteme

Mit Beginn der Rechnernutzung in den 60er Jahren wurden Anwendungssysteme als Insellösungen für die Durchführung einzelner Aufgaben konstruiert. Bereits in den 70er Jahren übernahmen integrierte Anwendungssysteme umfangreiche Aufgabennetze und automatisierten die einzelnen Aufgaben einschließlich ihrer Interaktionen. Inzwischen bilden Anwendungssysteme für logistische Aufgaben Teilsysteme in integrierten Anwendungssystemen, die den gesamten operativen Bereich eines Unternehmens für die Auftragsabwicklung umfassen und zunehmend Managementunterstützungsfunktionen für strategische Führungsaufgaben mit einbeziehen. Für die Interaktion der Aufgaben innerhalb eines solchen Aufgabennetzes werden die in Abschn. A 4.1.3.5 beschriebenen Integrationskonzepte verwendet.

Aktuell werden v. a. die Daten- und die Objektintegration genutzt. Die beiden Integrationskonzepte korrespondieren zeitlich und inhaltlich mit entsprechenden informationstechnologischen Entwicklungen. Anwendungssysteme mit *Datenintegration* nutzen Datenbanksysteme nicht nur für die Datenhaltung, sondern auch für die Interaktion der Aufgaben. Interagierende Aufgaben kommunizieren hier durch Schreib- und Leseoperationen auf gemeinsamen Datenobjekten. Die *Objektintegration* beruht auf der flexiblen Interaktion von konzeptuellen Objekten und Vorgangsobjekten mit Hilfe von Nachrichten. Anwendungssysteme nutzen hierbei Middleware-Plattformen, in denen durch Standardisierung der Objektverwaltung und der Kommunikation zwischen den Objekten unternehmensweite, rechnerübergreifende Anwendungssystemarchitekturen möglich werden [Fer06: 409]. Mit Einführung von Client-Server-Systemen werden integrierte Anwendungssysteme durchweg als *verteilte Systeme* gestaltet, d. h., die Operationen einer Anwendungsplattform werden auf mehrere Rechner verteilt.

Integrierte Anwendungssysteme entstanden mit dem Ziel, komplexe Aufgabennetze einschließlich der Interaktion der Aufgaben zu automatisieren. Nichtautomatisierte Aufgaben oder Aufgabenteile werden mit einem integrierten Anwendungssystem über Partner-Partner-oder Mensch-Werkzeug-Beziehungen verknüpft. Bild A 4.1-8 zeigt ein integriertes Anwendungssystem für die beiden Aufgaben *Auftragsplanung* und *Tourenplanung* mit folgenden Annahmen: die Tourenplanung ist vollautomatisiert; die Auftragsplanung wird teilautomatisiert in Kooperation mit einem *Disponenten* durchgeführt. Das Anwendungssystem ist gemäß der Objektintegration strukturiert, d. h., die den Aufgaben zugeordneten Vorgangsobjekte steuern die Operationen der Konzeptuellen Objekte. Die Beziehung zwischen Disponent und Auftragsplanung kann als Partner-Partner- oder als Mensch-Werkzeug-Beziehung gestaltet werden. Im letztgenannten Fall werden die Operationen des Vorgangsobjekts *Auftragsplanung* vom Disponenten gesteuert.

Workflow-Systeme

Im Konzept der Workflow-Systeme wird der Ansatz der integrierten Anwendungssysteme erweitert, um bisher nicht automatisierte Aufgaben in die Aufgabensteuerung und -überwachung einbeziehen zu können. Analog zur

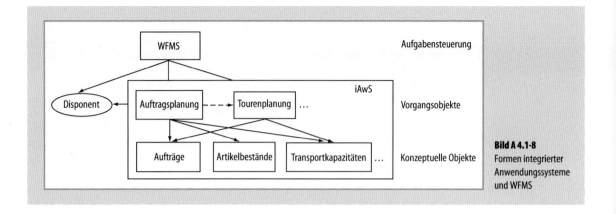

Bild A 4.1-8 Formen integrierter Anwendungssysteme und WFMS

aufgabeninternen Differenzierung eines Aufgabenlösungsverfahrens in die Ebenen Operationen und Operationensteuerung werden die Ebenen Ablaufsteuerung und Durchführung eines Aufgabennetzes aufgetrennt und die Ablaufsteuerung des Netzwerkes automatisiert. Die einzelnen Aufgaben des Netzwerkes können beliebige Automatisierungsgrade annehmen. Metapher und Ausgangspunkt für dieses Konzept sind Büroabläufe mit Sachbearbeitern, die Aufgaben durchführen. Die Ablaufsteuerung erfolgt hier durch eine entsprechende *Ablauforganisation*. In Workflow-Systemen werden einzelnen die Aufgaben von Anwendungssystemen oder Personen erledigt, die Ablaufsteuerung sowie die Auswahl und Zuordnung der Aufgabenträger erfolgt durch ein Workflow-Management-System (WFMS). In Bild A 4.1-8 steuert das WFMS die Aufgaben des Disponenten und die des Anwendungssystems. Synchron zur Ablaufsteuerung versorgt das WFMS die Bearbeiter mit den erforderlichen Dokumenten.

Ein höherer Automatisierungsgrad der Ablaufsteuerung eines Aufgabennetzwerkes erweitert auch dessen Integrationsbereich. Die Einbeziehung nichtautomatisierter Aufgaben und der zugehörigen personellen Aufgabenträger in den Kontrollbereich eines WFMS bietet eine Reihe von Vorteilen. Dazu zählen [Sch00: 27]
- eine Qualitätsverbesserung sowie eine Reduzierung von Dauer und Kosten der Durchführung nichtautomatisierter Aufgaben durch höhere Unabhängigkeit vom Leistungsstand einzelner Personen,
- die Möglichkeit der Aufzeichnung der Bearbeitungsfolgen für Kontroll- und Auskunftszwecke,
- die Möglichkeit der Einsicht in den Bearbeitungsstatus von Vorgängen und in die Auslastung der Aufgabenträger,
- die Möglichkeit einer verbesserten Aufgabenabgrenzung und -zuordnung, die Leistungs- und Job-Enrichment-Aspekte berücksichtigt.

A 4.1.4.3 Architekturen von Kommunikationssystemen

Kommunikationsinfrastruktur

Kommunikationssysteme spielen in logistischen Informationssystemen eine besondere Rolle, da viele Aufgabenträger auf Grund ihrer Aufgabenstellung mobil sind und damit besondere Anforderungen an die Kommunikation auftreten. Es besteht Bedarf an Sprach- und Datenkommunikation sowie an Übertragung von Fest- und Bewegtbildern. Die Situation hat sich seit den 90er Jahren enorm verbessert. Die Leistungsfähigkeit von lokalen Netzen und Weitverkehrsnetzen wurde, soweit sie als Festnetz betrieben werden, deutlich gesteigert und zugleich angeglichen. Gegenwärtig verfügbare Netze bieten Übertragungsraten von etwa 10^4 bis 10^8 bit/s bei Weitverkehrsnetzen und ca. 10^{10} bit/s bei lokalen Netzen. Aktuelle Beispiele allgemein verfügbarer Netze sind ISDN-Weitverkehrsnetze mit 64 Kbit/s, DSL-Verbindungen mit bis zu 16 Mbit/s sowie lokale Netze mit 100 Mbit/s. Weitgehend auf Ballungsgebiete beschränkt ist der Zugang zu Breitband-ISDN-Netzen mit bis zu 622 Mbit/s. Lokale Netzwerke erreichen Übertragungsraten bis 100 Gbit/s (vgl. z. B. [Tan02]).

Von größter Bedeutung für logistische Informationssysteme sind die Entwicklungen im Bereich *Mobilfunk*. Nach Einführung des Universal Mobile Telecommunication System (UMTS) erhält nun neben der Sprachkommunikation auch die Bild- und Datenkommunikation eine international standardisierte, stabile und leistungsfähige Plattform. Damit sind die Steuerung und Kontrolle mobiler Komponenten oder die Kooperation mit mobilen Systemen technisch und wirtschaftlich vertretbar durchzuführen.

Kommunikationsprotokolle

Die beschriebene Kommunikationsinfrastruktur dient der Kommunikation zwischen Anwendungssystemen wie auch der Kommunikation innerhalb von verteilten Anwendungssystemen. Kommunikationsdienste sind auf die Nutzung durch möglichst viele Partner auszurichten und benötigen daher einen möglichst hohen Standardisierungsgrad der verwendeten Kommunikationsprotokolle. Ein hoher Anteil der z. Z. verfügbaren Kommunikationsinfrastruktur unterstützt *Protokollstandards* des OSI-Referenzmodells oder der TCP/IP-Protokollfamilie [Tan02]. In den anwendungsnahen Schichten der Protokollfamilien liegen unter der Bezeichnung EDIFACT (Electronic Data Interchange for Adminstration, Commerce and Transport) Vereinbarungen für den Nachrichtenaustausch zwischen Unternehmen vor. Allerdings wird dieser weltweite Standardisierungsanspruch durch einen sehr langsamen und wenig flexiblen Standardisierungsprozess erkauft. Der umfassende Standardisierungsbedarf und die erforderliche Flexibilität der Regelungen begünstigen alternative Standardisierungsprozesse.

Großen Erfolg versprechen Standardisierungsansätze, die nur die Meta-Ebene von Kommunikationsprotokollen festlegen und flexible Formen der *Kommunikationsprotokolle* in der Weise ermöglichen, indem Protokollvereinbarungen vor Beginn des Kommunikationsprozesses ausgetauscht und interpretiert werden. Als Standard für die Festlegung der Meta-Ebene hat sich inzwischen die Sprache Extensible Markup Language (XML) weitgehend durchgesetzt [Gol99]). XML wurde aus dem komplexeren und weitaus umfangreicheren Standard SGML (Standard Generalized Markup Language) abgeleitet. Die Bedeutung des Standards XML resultiert v. a. aus seiner Verbreitung im Internet und der dafür verfügbaren Werkzeuge für Entwicklung und Betrieb darauf basierender Anwendungssysteme.

Literatur

[Bal82] Balzert, H.: Die Entwicklung von Software-Systemen. Mannheim: B.I.-Wiss.-verl. 1982

[Bal01] Balzert, H.: Lehrbuch der Softwaretechnik. Softwareentwicklung. 2. Aufl., Heidelberg: Spektrum Akad. Verl. 2001

[Boo04] Booch, G.: Object-oriented analysis and design with applications. 3rdedn. Redwood City (USA): Benjamin/Cummings Publ. Co.2004

[Che76] Chen, P.P.-S.: The entity-relationship model – Toward a unified view of data. ACM Trans. on Database Systems 1 (1976) 1, 9–36

[DeM79] DeMarco, T.: Structured analysis and system specification. Englewood Cliffs, N.J. (USA): Yourdon Press 1979

[Fer90] Ferstl, O.K.; Sinz, E.J.: Objektmodellierung betrieblicher Informationssysteme im Semantischen Objektmodell (SOM). Wirtschaftsinformatik 32 (1990) 6, 566–581

[Fer91] Ferstl, O.K.; Sinz, E.J.: Ein Vorgehensmodell zur Objektmodellierung betrieblicher Informationssysteme im Semantischen Objektmodell (SOM). Wirtschaftsinformatik 33 (1991) 6, 477–491

[Fer92] Ferstl, O.K.: Integrationskonzepte betrieblicher Anwendungssysteme. Fachber. Informatik 1/92, Univ. Koblenz-Landau

[Fer95a] Ferstl, O.K.; Mannmeusel, Th.: Dezentrale Produktionslenkung. CIM-Management 11 (1995) 3, 26–32

[Fer95b] Ferstl, O.K.; Sinz, E.J.: Der Ansatz des Semantischen Objektmodells (SOM) zur Modellierung von Geschäftsprozessen. Wirtschaftsinformatik 37 (1995) 3, 209–220

[Fer06] Ferstl, O.K.; Sinz, E.J.: Grundlagen der Wirtschaftsinformatik. 5. Aufl. München: Oldenbourg 2006

[Fow00] Fowler, M.; Scott, K.: UML destilled – Applying the standard object modeling language. 2ndedn. Reading, Mass. (USA): Addison-Wesley 2000

[Gol99] Goldfarb, Ch.F.; Prescot, P.: XML-Handbuch. München: Prentice Hall 1999

[Gün04] Günther, H.-O.; Tempelmeier, H.: Produktion und Logistik. 6. Aufl. Berlin: Springer 2004

[Jac92] Jacobson, I.; Christerson, M. et al.: Object-oriented software engineering. A use-case driven approach. Workingham (England): Addison-Wesley 1992

[McM88] McMenamin, S.M.; Palmer, J.J.: Strukturierte Systemanalyse. München: Hanser 1988

[Öst95] Österle, H.: Business engineering. Prozeß- und Systementwicklung. Bd. 1: Entwurfstechniken. Berlin: Springer 1995

[Rum91] Rumbaugh, J.; Blaha, M. et al.: Object-oriented modeling and design. Englewood Cliffs, N.J. (USA): Prentice Hall 1991

[Sch95] Scheer, A.-W.: Wirtschaftsinformatik – Referenzmodelle für industrielle Geschäftsprozesse. Studienausgabe. Berlin: Springer 1995

[Sch98] Scheer, A.-W.: ARIS-Modellierungsmethoden, Metamodelle, Anwendungen. 3. Aufl. Berlin: Springer 1998

[Sch00] Schulze, W.: Workflow-Management für CORBA-basierte Anwendungen. Berlin: Springer 2000

[Sin88] Sinz, E.J.: Das Strukturierte Entity-Relationship-Modell (SER-Modell). Angewandte Informatik 30 (1988) 5, 191–202

[Tan02] Tanenbaum, A.S.: Computer Networks. 4thedn. Upper Saddle River (USA): Prentice Hall 2000

A 4.2 Hierarchische Systeme der Produktionsplanung und -steuerung

A 4.2.1 Aufgabenstellung der operativen Produktionsplanung und -steuerung

Die Produktionsplanung und -steuerung umfasst die räumliche, zeitliche und mengenmäßige Planung, Steuerung und Kontrolle des gesamten Geschehens im Produktionsbereich. Die zugehörigen Aufgaben lassen sich gemäß der zeitlichen Reichweite und der Tragweite der Entscheidungen für ein Unternehmen in die strategische, taktische und operative Planungsebene zerlegen.

Im Rahmen der *strategischen Produktionsplanung* werden die Geschäftsfelder und die angestrebte Produktionsstrategie langfristig festgelegt. Hierzu gehören u. a. die Wahl der Produktionsstandorte, der Produktionsorganisation und der Konzepte zur operativen Produktionsplanung und -steuerung. In der nachgelagerten *taktischen Produktionsplanung* wird über die Breite und Tiefe des Produktionsprogramms sowie über die Ausstattung mit Personal und Betriebsmitteln entschieden [Gün05: 27ff.].

Aufbauend auf den Entscheidungen der strategischen und taktischen Produktionsplanung legt die *operative Produktionsplanungund -steuerung* das kurzfristige Absatz- und Produktionsprogramm mit den dazu benötigten Mengen an Baugruppen, Einzelteilen und Rohstoffen sowie den zeitlichen und räumlichen Vollzug des Produktionsprozesses fest. Eng damit verbunden ist die Ableitung der erforderlichen Beschaffungsmengen von den Zulieferern. Die operative Produktionsplanung und -steuerung (PPS) ist Gegenstand der weiteren Ausführungen.

Nach einer kurzen Einführung in die einzelnen Teilaufgaben der operativen PPS und der Prinzipien der hierarchischen Planung (Abschn. A 4.2.2) werden die Schwächen und die Ursachen der derzeitigen, in der betrieblichen Praxis weit verbreiteten PPS-Systeme gezeigt (Abschn. A 4.2.3). Im Mittelpunkt der Ausführungen (Abschn. A 4.2.4) steht das von Drexl u. a. 1994 vorgestellte Konzept eines *kapazitätsorientierten PPS-Systems*, das aufbauend auf den Grundprinzipien der hierarchischen Planung eine verbesserte Planungsgüte gegenüber herkömmlichen PPS-Systemen verspricht [Dre94]. Insbesondere wird auf die Forschungsarbeiten zur Weiterentwicklung dieses Konzepts eingegangen. Eine Zusammenfassung der Erkenntnisse und einen Ausblick auf zukünftige Entwicklungen enthält Abschn. A 4.2.5.

A 4.2.2 Begriffe und grundlegende Probleme

Ausgehend von einem gegebenen Produktprogramm, den verfügbaren Betriebsmitteln und Arbeitskräften sowie den bestehenden Rahmenvereinbarungen mit Zulieferern, bleiben für die operative PPS folgende Teilaufgaben:
- Festlegung der Absatzmengen der Produkte,
- Kapazitätsabgleich bei saisonal schwankenden Absatzmengen,
- Ableitung der benötigten Mengen an Baugruppen, Einzelteilen und Rohstoffen mit den zugehörigen Produktions- und Beschaffungsaufträgen,
- Angabe der Reihenfolge und der zeitlichen Lage der Produktionsaufträge auf den einzelnen Ressourcen.

Die Festlegung der Absatzmengen der (End-)Produkte über einen mittelfristigen Zeitraum (z. B. ein Jahr) erfolgt in enger Abstimmung mit den Absatzmöglichkeiten auf den Absatzmärkten, den Produktionskapazitäten in den Produktionsstandorten und den möglichen (gegebenen) Rahmenvereinbarungen mit Zulieferern.

Bei saisonal schwankendem Bedarf wird es i. d. R. nicht möglich sein, die Bedarfsspitzen mit den gegebenen Betriebsmitteln bedarfssynchron zu produzieren. Bei lagerfähigen Produkten ist daher ein Kapazitätsabgleich durch Vorverlagerung der Produktion in bedarfsschwache Perioden vorzunehmen. Weiterhin erlauben Jahresarbeitszeitkonzepte des Personals eine Anpassung des Kapazitätsangebots an den Kapazitätsbedarf. Ferner können alternative Produktionswege (-segmente) zu einem Kapazitätsabgleich genutzt werden.

Aus den geplanten Produktionsmengen der (End-)Produkte lassen sich mit Hilfe von Stücklisten die benötigten Mengen an Baugruppen, Einzelteilen und Rohstoffen ableiten. Im Weiteren wird ein Endprodukt, Baugruppe, Einzelteil oder Rohstoff mit dem Oberbegriff *Produkt* bezeichnet. Üblicherweise werden mehrere zeitlich aufeinander folgende Bedarfe eines Teiles zu einer *Losgröße* (kurz: Los) zusammengefasst, um – unter Inkaufnahme von Lagerkosten – die mit einer Losauflage verbundenen fixen Rüstzeitverluste auf den Ressourcen und die direkten Rüstkosten (z. B. Anlaufverluste) im Planungszeitraum zu reduzieren.

Schließlich ist noch die Reihenfolge und zeitliche Lage der Lose – nunmehr als *Produktionsaufträge* bezeichnet – auf den einzelnen Ressourcen detailliert zu planen.

Die Interdependenzen zwischen den genannten 4 Planungsaufgaben sind vielfältig. So ist z. B. die Kenntnis der Kosten der Produktion eines (End-)Produkts – d. h. die verwendeten Losgrößen und die eingesetzten Ressourcen – für eine deckungsbeitragsmaximale Absatz- und

Produktionsprogrammplanung notwendig. Die Kosten der Produktion sind jedoch erst mit der tatsächlichen Belegung der Ressourcen mit den Produktionsaufträgen bekannt. Ähnliches gilt für die Durchlaufzeit eines (End-)Produkts. Sie ist erst ermittelbar, nachdem die Losgrößenbildung abgeschlossen ist und deren zeitliche Lage auf den benötigten Ressourcen feststeht. Eine isolierte Durchlaufzeitbestimmung für einen Kundenauftrag ist i. Allg. nicht möglich, da häufig mehrere Produktionsaufträge zeitgleich um die Belegung einer Ressource konkurrieren (*Ressourcenkonkurrenz*). Ferner ist zu beachten, dass größere Lose tendenziell zu längeren Wartezeiten vor den Ressourcen führen und mithin längere Durchlaufzeiten nach sich ziehen [Kar87].

Auf Grund der vielfältigen Interdependenzen der geschilderten Planungsaufgaben könnte man versucht sein, die Planungsaufgaben simultan zu lösen (*Simultanplanung*). Derartige Bestrebungen [Din63] blieben jedoch erfolglos. So haben sich das hohe Datenerhebungs und -verarbeitungsvolumen, die Unsicherheit der verwendeten Daten (z. B. Absatzprognosen, Ausschuss, Maschinenstörungen), die unzureichende Verankerung in der Aufbauorganisation eines Unternehmens und das Unvermögen, das dezentral vorhandene (Experten-)Wissen einzubeziehen, als hinderlich erwiesen.

Als Ausweg bietet sich eine Zerlegung der operativen PPS an. Die Grundidee der *hierarchischen Planung* besteht in der hierarchischen Zerlegung der gesamten Planungsaufgabe in leichter lösbare Teilaufgaben, die über Koordinationsmechanismen miteinander verknüpft eine zulässige und möglichst gute Lösung der gesamten Planungsaufgaben ermöglichen [Sta88: 2]. Eine *hierarchische Zerlegung* liegt dann vor, wenn zwischen den einzelnen Planungsebenen eine eindeutige Beziehung der Unter- und Überordnung existiert [Rie79]. Eine Planungsebene A ist einer Planungsebene B übergeordnet, wenn die Planungsebene B *Vorgaben* von der Planungsebene A erhält (Bild A 4.2-1). Es werden primale Vorgaben (z. B. Produktionsmengen mit Bereitstellungsterminen) und duale Vorgaben (z. B. Preise für die Inanspruchnahme einer Ressourceneinheit) unterschieden. Primale Vorgaben engen den Entscheidungsspielraum der untergeordneten Planungsebene ein, während duale Vorgaben lediglich auf die Bewertung der Entscheidungsalternativen Einfluss nehmen.

Zu jeder Planungsebene gehört ein Entscheidungsmodell, das neben den Entscheidungsvariablen auch eine *Antizipationsfunktion* [Sch94] für jede direkt untergeordnete Planungsebene enthält. Mit dieser wird die Reaktion einer untergeordneten Planungsebene auf mögliche Vorgaben abgeschätzt. So möchte man z. B. vorab prüfen, ob

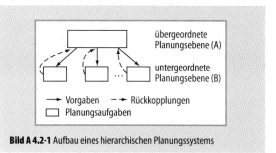

Bild A 4.2-1 Aufbau eines hierarchischen Planungssystems

eine untergeordnete Planungsebene mit den (Produktionsmengen-)Vorgaben einen zulässigen Plan erstellen kann.

Übergeordnete Planungsebenen zeichnen sich durch einen höheren Aggregationsgrad, einen längeren Planungszeitraum und eine größere Tragweite der zu treffenden Entscheidungen für das Unternehmen aus. Die *Aggregation von Daten* (z. B. zu einer Bedarfsprognose für einen Produkttyp) führt i. d. R. auch zu einer Reduktion der Unsicherheit. Allerdings ist mit der Aggregation auch ein Informationsverlust verbunden, so dass eine gute oder zumindest zulässige Lösung der gesamten Planungsaufgabe nicht immer sichergestellt werden kann.

Zur Verringerung des Planungsumfangs und des Datenvolumens kommen 3 Arten der *Aggregation* in Betracht:

– eine Aggregation der Zeit zu Perioden (z. B. Tag, Woche),
– eine Aggregation gleichartiger Ressourcen zu Ressourcengruppen und
– eine Aggregation von gleichartigen Produkten mit einem gemeinsamen Rüstvorgang zu einer Produktfamilie und solchen mit gleichem saisonalen Absatzverlauf zu einem Produkttyp.

Die Umsetzung der Vorgaben in einen detaillierten Plan durch eine untergeordnete Planungsebene wird als *Disaggregation* bezeichnet. Die Rückmeldung der geplanten Entscheidungen an die übergeordnete Planungsebene wird *Rückkopplung* genannt. Rückkopplungen dienen der besseren Abstimmung der Pläne und sind insbesondere dann wichtig, wenn Vorgaben nicht eingehalten werden können. Aus Zeit- und Aufwandsgründen können nur wenige Abstimmungsrunden (Vorgaben – Rückkopplung) in einem Planungszeitpunkt durchgeführt werden.

Die Grundprinzipien der hierarchischen Planung gehen auf Hax und Meal zurück [Hax75] und wurden seither vielfach verfeinert und in die betriebliche Praxis umgesetzt (vgl. [Ste94; Sta96] und die dort angegebene Literatur). Während das kapazitätsorientierte PPS-System (Abschn. A 4.2.4) auf den beschriebenen Elementen eines hierarchischen Planungssystems aufbaut, basieren herkömmliche PPS-Systeme auf dem Sukzessivplanungskonzept.

A 4.2.3 Sukzessivplanungskonzept herkömmlicher PPS-Systeme

Produktionsplanungs- und -steuerungssysteme (*PPS-Systeme*) sind computergestützte Systeme zur operativen Planung, Steuerung und Kontrolle des Produktionsgeschehens bei vorgegebenen Produktionskapazitäten [Dre94].

Die Aufgaben der operativen PPS werden in den derzeit in der betrieblichen Praxis eingesetzten *herkömmlichen PPS-Systemen* (engl.: Manufacturing Resources Planning (MRP II)) in 4 Planungsebenen (Module) zerlegt und sukzessiv abgearbeitet (Sukzessivplanungskonzept (Bild A 4.2-2).

An oberster Stelle steht die *Hauptproduktionsprogramm-Planung* (engl.: Master Production Scheduling (MPS)). Hier werden auf der Grundlage vorliegender Kundenaufträge und kurzfristiger Absatzprognosen die Produktionsmengen der Produkttypen periodengenau festgelegt. Die Länge des Planungszeitraums richtet sich nach der Verfügbarkeit verlässlicher Bedarfsprognosen und der beobachteten Dauer eines Saisonzyklus (häufig ein Jahr), eingeteilt in Wochen- oder Monatsperioden.

Einzelne PPS-Systeme bieten zur Planungsunterstützung das *Rough Cut Capacity Planning* an [Gün05: 164ff.]. Hierbei wird der Kapazitätsbedarf des Absatzprogramms in den einzelnen Perioden auf der Grundlage von *Grobplanungsprofilen* durch Multiplikation mit den angestrebten Absatzmengen unter Verwendung starrer Vorlaufzeiten berechnet. Das Grobplanungsprofil eines Produkttyps (auch „globaler Belastungsfaktor" genannt) enthält die aggregierten Produktionskoeffizienten für eine Einheit eines Produkttyps. Die Aggregation der Produktionskoeffizienten kann z. B. als gewichtete Summe der Produktionskoeffizienten der zugehörigen Endprodukte berechnet werden. Als Gewichtungsfaktor eines Endprodukts bietet sich z. B. der Absatzanteil an dem Gesamtabsatz des Produkttyps an. Der so berechnete Kapazitätsbedarf wird den Kapazitätsverfügbarkeiten der potenziellen Engpassressourcen gegenübergestellt und ein manueller Kapazitätsabgleich vorgenommen. Das Rough Cut Capacity Planning wird in der betrieblichen Praxis selten eingesetzt, da eine Entscheidungsunterstützung zur Durchführung eines Kapazitätsabgleichs (z. B. die Behebung von Kapazitätsengpässen) fehlt. Dies führt dazu, dass der Produktionsplan meist dem Absatzplan gleichgesetzt wird. Aus den geplanten Produktionsmengen der Produkttypen werden anschließend durch Disaggregation – mit Hilfe der Absatzanteile – die Produktionsmengen (*Primärbedarfe*) der Endprodukte periodengenau berechnet.

Die Primärbedarfe bilden den Ausgangspunkt für das 2. Modul, die *Mengenplanung* (engl.: Material Requirements Planning (MRP)). Mit Hilfe von Stücklisten und gegebenen Vorlaufzeiten werden die Bedarfe (*Sekundärbedarfe*) der abhängigen Baugruppen, Teile und Rohstoffe periodengenau – z. T. auch schon zeitgenau – ermittelt. Lagerbestände und die bereits erteilten, noch offenen Produktions- und Beschaffungsaufträge werden in die Nettobedarfsrechnung einbezogen. Die Bedarfsauflösung

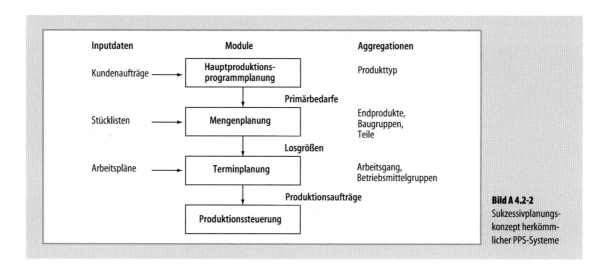

Bild A 4.2-2 Sukzessivplanungskonzept herkömmlicher PPS-Systeme

erfolgt meist mit Hilfe des Dispositionsstufenverfahrens [Tem06: 118ff]. Innerhalb dieses Verfahrens kommen einfache, einstufige Losgrößenheuristiken (z. B. Lot-for-Lot, Richtlosgröße, gleitende wirtschaftliche Losgröße, Silver-Meal-Heuristik) zur Anwendung. Nach Abschluss der Mengenplanung stehen alle Produktions- und Beschaffungsaufträge sowie ihre Bereitstellungszeitpunkte fest.

Das 3. Modul, die *Terminplanung* (engl.: Capacity Requirements Planning (CRP)), dient dem Kapazitätsabgleich. Mit Hilfe der Arbeitspläne werden die zu den Produktionsaufträgen gehörenden Arbeitsgänge und die sich daraus ergebenden Kapazitätsbedarfe einschließlich der frühesten und spätesten Start- und Endtermine ermittelt (*Durchlaufterminierung*) und den Kapazitätsverfügbarkeiten gegenübergestellt. Bei der Durchlaufterminierung wird von unbeschränkten Kapazitäten der Ressourcengruppen ausgegangen. Auch hier ist keine Entscheidungsunterstützung für den Kapazitätsabgleich vorgesehen. In der betrieblichen Praxis wird daher – wenn überhaupt – nur eine Anpassung der Kapazitätsverfügbarkeit an die berechnete Kapazitätsbelastung vorgenommen (z. B. durch Überstunden), da bei einer Anpassung der Kapazitätsbelastung (z. B. durch zeitliche Verschiebungen von Produktionsaufträgen) an die Kapazitätsverfügbarkeit häufig komplexe Interdependenzen zu anderen Produktionsaufträgen zu beachten sind.

Das 4. Modul, die *Produktionssteuerung*, hat die Aufgabe, die Produktionsaufträge auf den dazu benötigten Ressourcen zeitgenau einzulasten. Der Planungszeitraum ist relativ kurz und umfasst z. B. nur die Produktionsaufträge, die innerhalb der nächsten 1 bis 2 Wochen begonnen werden müssen. Vor einer Einlastung eines Produktionsauftrags ist die Verfügbarkeit der Vormaterialen durch Reservierung von Lagerbeständen oder durch Lieferzusagen sicherzustellen (*Freigabe*). Für die freigegebenen Produktionsaufträge werden dann die jeweiligen Start- und Endtermine und damit die Belegung der Ressourcen (Auftragsfolge) festgelegt. Sofern die Produktionssteuerung computergestützt erfolgt, geschieht dies heute i. d. R. dezentral mit Hilfe von Fertigungsleitständen, wobei überwiegend einfache Prioritätsregeln zur Anwendung kommen [Sta99].

Die Kritik an den herkömmlichen PPS-Systemen ist nicht neu [Max82; Sch83; Fle88]. In der betrieblichen Praxis werden die zu langen Durchlaufzeiten der Aufträge, häufige Terminüberschreitungen und hohe Lagerbestände beklagt. Die Ursachen lassen sich auf die folgenden konzeptionellen Mängel zurückführen:

– *Kapazitätsaspekte* werden – wenn überhaupt – zu spät berücksichtigt. Wird eine Ressourcenkonkurrenz aber erst im Rahmen der Produktionssteuerung erkannt, ist es für geeignete Maßnahmen des Kapazitätsabgleichs meist zu spät, so dass nur noch Terminverschiebungen und -überschreitungen in Betracht kommen. Die in der Mengenplanung berechneten (groben) Starttermine der Produktionsaufträge werden unter Verwendung von gegebenen Vorlaufzeiten bestimmt. Diese beinhalten neben den reinen Bearbeitungs- und Transportzeiten auch Schätzungen der Wartezeiten vor den benötigten Ressourcen. Zusätzlich werden oft noch Sicherheitszeiten vorgesehen, um Terminüberschreitungen zu vermeiden. Dies führt zu einer verfrühten Freigabe der Produktionsaufträge und damit zu unangemessen langen Plan-Durchlaufzeiten sowie entsprechend hohen Zwischenlagerbeständen (Durchlaufzeitsyndrom [Gla92: 144]). Das Dilemma besteht darin, dass sich die tatsächlichen Wartezeiten erst aus dem Ergebnis der (Termin-)Planung ergeben, diese aber auf Grund der gewählten Zerlegung der operativen PPS zum Zeitpunkt der Mengenplanung noch nicht bekannt sind.

– *Kosten* werden in keinem Modul hinreichend berücksichtigt. Lediglich in der Mengenplanung kommen einfache Losgrößenheuristiken zum Einsatz, die einen Ausgleich zwischen den bei einer Losauflage anfallenden fixen Rüstkosten und den Lagerkosten anstreben. Neben der Bewertung der Lagerbestände mit einem Lagerkostensatz [Flo01: 147ff.] bereitet insbesondere auch die Bewertung der Rüstzeitverluste Probleme [Hel98: 147ff.]. Maschinenstundensätze, die üblicherweise auch Abschreibungen auf die ursprüngliche Investitionsausgabe der Ressource beinhalten, sind für eine zielgerichtete Ressourceneinsatzplanung ungeeignet. Andererseits bereitet die Bestimmung von Opportunitätskosten – als Preis für eine alternative Verwendung einer Kapazitätseinheit – Probleme, da diese nicht vorab angebbar sind, sondern erst mit dem Ergebnis der Planung zur Verfügung stehen.

– Eine *Entscheidungsunterstützung* durch problemadäquate, leistungsfähige Planungsverfahren fehlt völlig. Einfache Prioritätsregeln (wie die im Rahmen der Produktionssteuerung verwendete kürzeste Operationszeit-, Kunden- oder Liefertermingregel [Gla92: 369ff.) können die Wartezeiten und damit die Durchlaufzeiten nicht drastisch reduzieren, da sie nur dann wirken, wenn eine Auswahl aus mehreren wartenden Aufträgen vorzunehmen ist.

Auf Grund der großen Verbreitung herkömmlicher PPS-Systeme erscheint es sinnvoll zu überlegen, wie die Ergebnisse der Planung durch Modifikationen innerhalb der Module und eine problemadäquate Entscheidungsunterstützung verbessert werden können (s. [Dre94] und die dort angegebene Literatur). Bleibt man jedoch bei der Zerlegung der gesamten Planungsaufgabe in die beschriebenen 4 Module, sind lediglich marginale Verbesserungen der Planungsgüte denkbar. Auch erscheint es nicht sinnvoll, eine einheitliche Planungsphilosophie für alle denkbaren Produktionstypen anzubieten. Daher wird hier das von Drexl u. a. (1994) vorgeschlagene kapazitätsorientierte PPS-System weiter behandelt.

A 4.2.4 Hierarchisches, kapazitätsorientiertes PPS-System

A 4.2.4.1 Konzeptionelle Leitlinien

Zusätzlich zu den genannten Grundprinzipien der hierarchischen Planung sehen Drexl u. a. (1994) die folgenden Leitlinien für die Systemarchitektur eines *kapazitätsorientierten PPS-Systems* (KPPS) vor:
- Es wird von einem Produktionssystem ausgegangen, das aus vernetzten Produktionssegmenten besteht. Jedes Produktionssegment stellt einen eigenständigen (dezentralen) Steuerbereich dar.
- Die in einem Werk vorhandenen Produktionssegmente lassen sich unterschiedlichen Organisationstypen zuordnen (z. B. Werkstatt-, Fließ- oder Zentrenproduktion). Für jeden Organisationstyp werden segmentspezifische Planungs- und Steuerungsinstrumente zur Verfügung gestellt.
- Eine zentrale, übergeordnete Gesamtplanungsebene koordiniert die Planungen der dezentralen Produktionssegmente eines Werkes oder Unternehmens.
- Auf jeder Planungsebene werden die Produktionskapazitäten problemadäquat berücksichtigt.
- Der Aggregationsgrad nimmt von der übergeordneten Gesamtplanungsebene bis hin zur segmentspezifischen Produktionssteuerung immer mehr ab, während sich der betrachtete Produktionsausschnitt einengt und der Planungszeitraum kürzer wird.
- Die computergestützt erzeugten Pläne stellen lediglich Grundvorschläge dar, die der „Planer" auf Grund seines Expertenwissens interaktiv modifizieren kann.
- Der Unsicherheit der Daten wird durch angemessene Sicherheitsbestände und eine rollende Planung begegnet.
- Die Systemarchitektur muss offen sein für verschiedenste weitere Organisationstypen von Produktionssegmenten und der jeweils benötigten Entscheidungsunterstützung. Auch bereits integrierte Planungs- und Steuerungskonzepte müssen an neuere Entwicklungen anpassbar sein.

Mit diesen Leitlinien unterscheidet sich das KPPS-System erheblich von den herkömmlichen starren PPS-Systemen und deren segmentunabhängigen Planungs- und Steuerungsfunktionen. Die detaillierte Ausgestaltung des KPPS-Systems ist Gegenstand der weiteren Ausführungen.

A 4.2.4.2 Aufbau der Planungspyramide

Das Konzept eines KPPS-Systems sieht vor, die Aufgaben der operativen PPS in mindestens 2 Planungsebenen zu zerlegen (Bild A 4.2-3):
- eine zentrale, unternehmensweite Koordinationsebene und
- eine dezentrale, segmentspezifische Planungsebene.

Für die zentrale, unternehmensweite Koordinationsebene wird eine weitere Zerlegung in
- die aggregierte Gesamtplanung und
- die Hauptproduktionsprogramm-Planung vorgeschlagen [Dre94].

Die *aggregierte Gesamtplanung* (engl.: Aggregate Production Planning (APP)) ist üblicherweise in die Unternehmensgesamtplanung eingebettet und muss in enger Abstimmung mit dem Absatz-, Beschaffungs- und Personalbereich erfolgen. Sie umfasst das gesamte Produktionsprogramm und die jeweiligen Werke eines Unternehmens sowie deren logistische Verflechtungen. Ziel ist es, die erlös- und kostenwirksamen Entscheidungen eines Unternehmens aufeinander abzustimmen. Der Planung liegen mittelfristige Trendprognosen und erwartete langfristige Marktprognosen zugrunde. Zum Ausgleich von saisonalen Bedarfsschwankungen ist ein Planungszeitraum erforderlich, der mindestens der Länge eines Saisonzyklus entspricht (i. d. R. ein Jahr). Der Planungszeitraum wird z. B. in Monatsperioden oder Quartale eingeteilt.

Neben dem Absatz- und Produktionsprogramm ist auch über die Entwicklung der Personalkapazität, über die zur Verfügung zu stellende Anlagenkapazität sowie über Rahmenvereinbarungen mit Zulieferern zu entscheiden. Die Kapazitäten werden nur grob (z. B. globale Werkkapazitäten) berücksichtigt. Die in den einzelnen Perioden zu produzierenden Mengen beziehen sich auf Produkttypen, ggf. auch auf Hauptvorprodukte, sofern diese eindeutig einem Werk zugeordnet werden können.

Das Ergebnis der aggregierten Gesamtplanung sind werkbezogene Produktionsvorgaben für Produkttypen sowie die zu erwartenden Transportmengen zwischen den Werken.

Die *Hauptproduktionsprogramm-Planung* dient als weitere zentrale Planungsebene der Koordination der segmentspezifischen Produktionsprogramme. Hier werden

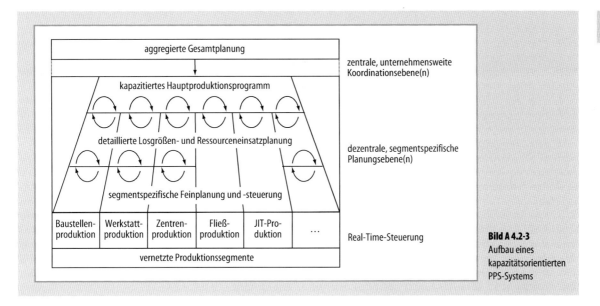

Bild A 4.2-3
Aufbau eines kapazitätsorientierten PPS-Systems

die werkbezogenen Produktionsvorgaben für Produkttypen in Produktionsvorgaben für die einzelnen Produktionssegmente eines Werkes unter Berücksichtigung der kurzfristigen Absatzprognosen und der vorhandenen Kundenaufträge disaggregiert und segmentspezifisch weiter detailliert. Es werden Hauptprodukte und ggf. die in den Produktionssegmenten herzustellenden Vorprodukte betrachtet. Hier interessieren nur die Arbeitsgänge von Vorprodukten, die auf potenziellen Engpassressourcengruppen durchzuführen sind. Der Planungszeitraum orientiert sich an der längsten Durchlaufzeit eines Kundenauftrags und wird z. B. in Wochenperioden unterteilt.

Nach Abschluss der Hauptproduktionsprogramm-Planung sind die von den einzelnen Produktionssegmenten herzustellenden Produktionsmengen periodengenau bekannt. Aus ihnen lassen sich die kurzfristigen Beschaffungsmengen und damit die erforderlichen Rahmenverträge mit Zulieferern ableiten. Mit diesen Vorgaben wird eine mengen- und termintreue Erfüllung der Kundenaufträge und der angestrebten Absatzmengen sichergestellt.

Eine Zerlegung der zentralen, unternehmensweiten Koordinationsebene in 2 Planungsebenen ist vorzusehen, sofern sehr viele Werke mit vielen potenziellen Engpassressourcen zu koordinieren sind und ein sehr umfangreiches Produktprogramm vorliegt. Anderenfalls ist eine simultane Planung der Koordinationsebene empfehlenswert, wobei jedoch zu beachten ist, dass nunmehr die detaillierten Produktionsprogramme der Produktionssegmente über alle Werke hinweg für die Dauer eines Saisonzyklus zu entwerfen und zu koordinieren sind.

Die dezentrale, segmentspezifische Planungsebene enthält für jedes Produktionssegment die zur Entscheidungsunterstützung bestgeeigneten Modelle und Lösungsverfahren. Während für einige Organisationstypen eine weitere Zerlegung der segmentspezifischen Planung in die Ebenen
– detaillierte Losgrößen- und Ressourceneinsatzplanung sowie
– segmentspezifische Feinplanung

sinnvoll erscheint (z. B. für die Werkstattproduktion), erfordern andere Organisationstypen (z. B. die Fließproduktion) auf Grund der notwendigen hohen Auslastung der Ressourcen und einer starken Ressourcenkonkurrenz eine simultane Planung der Losgrößen und eine zeitgenaue Ressourcenbelegung.

Die *detaillierte Losgrößen- und Ressourceneinsatzplanung* hat die Aufgabe, die Losgrößen unter Beachtung der in den einzelnen Perioden verfügbaren Kapazitäten festzulegen. Ziel ist es, die vorgegebenen Produktionsaufträge rechtzeitig und mit möglichst geringen variablen Produktionskosten herzustellen. Sind die benötigten Ressourcen eindeutig festgelegt, reduziert sich die Zielsetzung meist auf die Minimierung der Rüst- und Lagerkosten. Im Gegensatz zu herkömmlichen PPS-Systemen werden hier jedoch gleichzeitig die Interdependenzen der Losgrößen bei einer mehrstufigen Produktion und die begrenzten Kapazitätsverfügbarkeiten beachtet.

Als Periode wird z. B. ein Tag oder eine Woche gewählt. Der Planungszeitraum beträgt etwa 4 bis 12 Wochen und orientiert sich an der erwarteten Durchlaufzeit der vorgegebenen Produktionsaufträge. Die Planung erfolgt arbeitsganggenau, wobei lediglich die Arbeitsgänge auf potenziellen Engpassressourcengruppen explizit zu beachten sind. Der Zeitbedarf für die anderen Arbeitsgänge lässt sich durch entsprechende Vorlaufzeiten hinreichend genau abbilden. Diese Vorlaufzeiten enthalten – im Gegensatz zu den Vorlaufzeiten in herkömmlichen PPS-Systemen – aber keine Wartezeiten, da diese auf Nicht-Engpassressourcen nicht ins Gewicht fallen.

Als potenzielle Engpassressourcen kommen sowohl das Personal als auch technische Kapazitäten einzelner Arbeitsplätze oder Arbeitsplatzgruppen in Betracht sowie anderweitige Ressourcen wie Werkzeuge, Transportmittel und Handlingeinrichtungen.

Die *segmentspezifische Feinplanung* ist die unterste Planungsebene eines KPPS-Systems. Sie dient der unmittelbaren Vorbereitung und Veranlassung der Arbeitsgänge, die zur Erledigung eines Produktionsauftrags erforderlich sind. Da bereits alle kostenwirksamen Entscheidungen auf den vorgelagerten Planungsebenen getroffen wurden, werden als Zielsetzungen hauptsächlich Zeitziele wie die Minimierung der Zykluszeit eines Auftragsbündels oder die Minimierung der Summe der (Eck-)Terminüberschreitungen verfolgt. Geplant wird mit dem höchsten Detaillierungsgrad, d. h. für jeden Arbeitsgang und jede Ressource auf einer kontinuierlichen Zeitachse. Mitunter umfasst die Feinplanung nur einzelne Teilbereiche des Produktionssegments.

Die Feinplanung knüpft unmittelbar an die Systemsteuerung des Produktionsprozesses an. Ob die Arbeitsanweisungen und der Produktionsfortschritt über eine Schnittstelle zu den jeweiligen Prozessrechnern, über Bildschirmterminals oder in gedruckter Form übermittelt werden, hängt vom Automatisierungsgrad der Produktion im betrachteten Produktionssegment ab.

Die detaillierte Ausgestaltung der geschilderten Planungsebenen sowie die zur Verfügung stehenden Modelle und Lösungsverfahren sind Gegenstand der folgenden Ausführungen. Sie beschränken sich im Weiteren auf die Produktionssegmente Werkstattproduktion, Fließproduktion und Baustellenproduktion, für deren operative PPS in den letzten Jahren erhebliche Fortschritte erzielt wurden (für die Produktionssegmente Zentrenproduktion und JIT-Produktion s. [Dre94]).

A 4.2.4.3 Modelle und Lösungsverfahren für ausgewählte Produktionssegmente

Werkstattproduktion

Die Werkstattproduktion zeichnet sich durch eine räumliche Konzentration der Betriebsmittel nach dem Verrichtungsprinzip (in sog. *Werkstätten*) aus. Dieser Organisationstyp ist häufig bei Kleinserienproduktion anzutreffen. Kennzeichnend sind eine mehrteilige Erzeugnisstruktur, die Notwendigkeit der Beachtung von Rüstaufwendungen bei einem Wechsel der Serien auf einem Betriebsmittel und eine „Produktion auf Lager". Dabei ist es unerheblich, ob das Produktionssegment Werkstattproduktion direkt mit der Absatzseite verbunden ist oder ob es die aus der Auftragsmontage resultierenden Sekundärbedarfe erfüllen muss.

Um den engen Interdependenzen zwischen der Sekundärbedarfsplanung, der Bestimmung der Produktionsaufträge, der Beschaffungslose und der Terminierung der Arbeitsgänge Rechnung zu tragen, wird hierfür eine simultane Losgrößen- und Ressourceneinsatzplanung vorgeschlagen. Da die Ressourcen in dieser Planungsebene noch zu Ressourcengruppen zusammengefasst sind und lediglich periodengenau geplant wird, ist als letzte Planungsebene noch eine segmentspezifische Feinplanung erforderlich.

Losgrößen- und Ressourceneinsatzplanung. Für die Losgrößen- und Ressourceneinsatzplanung gelten folgende Prämissen (vgl. [Tem98: 201ff.]):

– Die von der Hauptproduktionsprogramm-Planung vorgegebenen Produktionsmengen schwanken im Zeitablauf (dynamischer, deterministischer Bedarf).
– Es gibt mehrere potenzielle Kapazitätsengpässe.
– Funktionsgleiche Ressourcen werden zu Ressourcengruppen zusammengefasst.
– Die Planung wird arbeitsganggenau vorgenommen.
– Die Einplanung von Fehlmengen ist nicht erlaubt.
– Rüstzeiten, direkte Rüstkosten und variable Produktionskosten werden explizit erfasst.
– Die Losgrößen sind beliebig teilbar.
– Die Zeitachse wird in (z. B. Tages- oder Wochen-)Perioden eingeteilt.

Unter diesen Prämissen lässt sich die Losgrößen- und Ressourceneinsatzplanung als Standardmodell der mehrstufigen, mehrperiodigen Losgrößenplanung angeben (engl.: Multi-Level Capacitated Lot-Sizing Problem (MLCLSP)):

Modell

$$\text{Min} \sum_j \sum_t \left(c_j I_{jt} + s_j Y_{jt} \right) \quad \text{(A 4.2-1)}$$

u. d. N.

$$I_{jt-i} + X_{jt} = \sum_{k \in N_j} x_{jk} X_{kt} + d_{jt} I_{jt} \quad \text{(A 4.2-2)}$$

$$\sum_j a_{ij} X_{jt} \leq R_{it} \qquad \forall\, j,t \qquad (A\,4.2\text{-}3)$$

$$X_{jt} \leq M_{jt} Y_{jt} \qquad \forall\, j,t \qquad (A\,4.2\text{-}4)$$

$$I_{jt} \geq 0, X_{jt} \geq 0, Y_{jt} \in \{0,1\} \qquad \forall\, j,t \qquad (A\,4.2\text{-}5)$$

mit den Indizes

j, k Produkt im Bearbeitungszustand „Arbeitsgang j", $j = 1,\ldots,\overline{j}$
i Ressourcengruppe $i = 1,\ldots,\overline{i}$
t Periode im Planungszeitraum $t = 1,\ldots,\overline{t}$

der Indexmenge

N_j Menge der direkten Nachfolger des Teiles j (Baukasten-Teileverwendungsnachweis)

den Variablen

I_{jt} Lagerendbestand von Produkten im Bearbeitungszustand „Arbeitsgang j" am Ende der Periode t
X_{jt} Losgröße von Arbeitsgang j in Periode t
Y_{jt} 1, wenn in Periode t ein Los des Arbeitsgangs j produziert wird, 0 sonst

und den Daten

r_{jk} Direktbedarfskoeffizient (Bedarf an Mengeneinheiten j je Mengeneinheit k)
c_j Lagerkostensatz für Arbeitsgang j während einer Periode
d_{jt} Primärbedarf eines Produkts im Bearbeitungszustand „Arbeitsgang j" am Ende der Periode t
I_{j0} Lageranfangsbestand von Produkten im Bearbeitungszustand „Arbeitsgang j"
M_{jt} große Zahl (obere Schranke für eine Losgröße von j in Periode t)
a_{ij} Produktionskoeffizient des Arbeitsgangs j auf Ressourcengruppe i
R_{it} Kapazitätsverfügbarkeit der Ressourcengruppe i in Periode t
S_j Rüstkostensatz bei Auflage eines Loses des Arbeitsgangs j

Das Ziel des Modells (A 4.2-1) besteht in der Minimierung der Rüst- und Lagerkosten im Planungszeitraum. Die Lagerbilanzgleichungen (A 4.2-2) stellen die Bedarfsdeckung im Planungszeitraum sicher und verknüpfen die Lagerendbestände. Neben den Primärbedarfen gehen auch die von den direkt folgenden Arbeitsgängen verursachten Sekundärbedarfe ein. Verletzungen der Kapazitätsverfügbarkeiten im Planungszeitraum werden verhindert; Gl. (A 4.2-3). Die Rüstbedingungen (A 4.2-4) bewirken, dass bei Losproduktion eines Arbeitsganges in einer Periode auch der Rüstvorgang erfasst wird. Zu Erweiterungen des Modells (z. B. hinsichtlich Rüst- und Vorlaufzeiten s. [Tem06: 205ff].

Bezüglich der Lösbarkeit derartiger Modelle wurden in den letzten Jahren erhebliche Fortschritte erzielt. Hervorzuheben sind 2 heuristische Lösungsverfahren. Die Heuristik von Tempelmeier und Derstroff basiert auf einer (internen) Zerlegung des Planungsproblems in einstufige, dynamische Losgrößenprobleme für jeden Arbeitsgang [Tem96]. Mit Hilfe von Lagrange-Multiplikatoren, welche die Opportunitätskosten der benötigten Ressourcengruppen und die Interdependenzen zu den vorgelagerten Arbeitsgängen widerspiegeln, werden diese Einzellösungen in einem sich anschließenden iterativen Verfahren modifiziert und zu einer zulässigen Gesamtlösung zusammengefügt.

Die Heuristik von Simpson und Erenguc verzichtet auf eine Zerlegung des Planungsproblems [Sim98]. Ausgehend von einer Lot-for-Lot-Lösung wird schrittweise die Vorteilhaftigkeit und Zulässigkeit der Zusammenfassung von Losen überprüft. Auf Grund des verwendeten Kriteriums zur Losbildung wird das Verfahren als mehrstufiges, globales Stück-Periodenausgleichsverfahren bezeichnet [Tem06: 269ff.].

Beschränkt man die Losgrößen- und Ressourceneinsatzplanung auf die auf potenziellen Engpassressourcen auszuführenden Arbeitsgänge, wird das Lösungsvermögen der genannten Heuristiken für eine simultane Losgrößen- und Ressourceneinsatzplanung bereits heute in vielen Fällen ausreichen (einen Anwendungsfall beschreiben Simpson und Erenguc [Sim05], vgl. auch die Argumentation in [Tem98: 215ff.]).

Bei der Implementation der Losgrößen- und Ressourceneinsatzplanung sind die zeitbezogenen Parameter – der Planungszeitraum, die Periodenlänge, die Vorlaufzeiten und das Planungsintervall für eine rollende Planung – problemadäquat festzulegen [Ges97: 98ff.].

Zu beachten ist einerseits, dass die Produktionsdauern der zu planenden Produktionsaufträge üblicherweise (sehr viel) kleiner sein sollten als die Periodenlänge. Anderenfalls würden im Modell zu viele Rüstvorgänge unterstellt, da nicht davon ausgegangen wird, dass Rüstzustände über Periodengrenzen hinweg beibehalten werden (eine entsprechende Erweiterung beschrieben Suerie und Stadtler [Su03]). Andererseits sollte die Periodenlänge auch nicht zu groß gewählt werden, damit die Plandurchlaufzeiten im Produktionssegment bei Vorgabe positiver Vorlaufzeiten gering bleiben. Um eine möglichst einfache Disaggregation des periodengenauen Losgrößen- und Ressourceneinsatzplans in einen zulässigen Ressourcenbelegungsplan zu erhalten, empfiehlt sich eine Vorlaufzeit von einer Periode. Die Disaggregation ist Gegenstand der segmentspezifischen Feinplanung.

Segmentspezifische Feinplanung. In der segmentspezifischen Feinplanung werden die periodengenau terminierten, arbeitsgangbezogenen Produktionsaufträge den einzelnen Ressourcen zugeordnet. In herkömmlichen PPS-Systemen muss bei der zeitgenauen Einlastung der Aufträge auf die zeitlichen Beziehungen zu den Vorgänger- und Nachfolgerarbeitsgängen in der Erzeugnisstruktur geachtet werden. Hierauf kann an dieser Stelle verzichtet werden, da diese bereits in der übergeordneten Losgrößen- und Ressourceneinsatzplanung berücksichtigt wurden – sofern eine Mindestvorlaufzeit von einer Periode vorgesehen wurde. Für die Feinplanung bedeutet dies eine wesentliche Vereinfachung, da lediglich darauf zu achten ist, dass die Start- und Endzeitpunkte der Produktionsaufträge innerhalb der hierfür vorgesehenen Periodengrenzen liegen [Ges97: 114ff.]. Bei der Disaggregation von Ressourcengruppen in Ressourcen kann es jedoch erforderlich sein, Produktionsaufträge zu splitten, wodurch bisher nicht geplante, zusätzliche Rüstaufwendungen entstehen.

Ob eine Implementation der Feinplanung auf einem computergestützten Fertigungsleitstand notwendig ist, hängt sicherlich vom Umfang der Feinplanung und sonstiger Aufgaben (z. B. Auskunft und Überwachung) ab. Da die Produktionsaufträge bereits grob terminiert und kapazitätsseitig abgestimmt sind, kann die Zuordnung von Produktionsaufträgen zu Betriebsmitteln auch ggf. direkt in den einzelnen Werkstätten manuell vorgenommen werden.

Die Einfachheit der Feinplanung wird allerdings mit dem einzuräumenden Zeitpuffer (Schlupf) erkauft, der mit einem beliebigen Verschieben eines Produktionsauftrags innerhalb einer Periode verbunden ist. Simulationsexperimente haben allerdings gezeigt, dass sich die arbeitsgangbezogenen Durchlaufzeiten gegenüber herkömmlichen PPS-Systemen drastisch reduzieren lassen [Tem98: 214ff.].

Fließproduktion

Zu einem Produktionssegment Fließproduktion können mehrere Fließlinien gehören. In einer *Fließlinie* sind die Betriebsmittel – meist direkt hintereinander – nach dem Objektprinzip angeordnet. Mögliche Pufferplätze zwischen den Betriebsmitteln dienen nur dem Ausgleich geringfügiger Schwankungen der Bearbeitungszeiten. Für die operative PPS kann eine Fließlinie daher wie eine einzelne Maschine verplant werden.

Zu unterscheiden sind Fließlinien, bei denen bei einem Wechsel von einem Produkt auf ein anderes Rüstaufwendungen entstehen, und solche, die keine nennenswerten Rüstaufwendungen verlangen. Als Station wird ein örtlich abgegrenzter Bereich an der Fließlinie bezeichnet, ausgestattet mit entsprechend qualifizierten Mitarbeitern und den erforderlichen Betriebsmitteln. In einer getakteten Fließlinie erhält jede Station für die Bearbeitung eines Produkts eine fest vorgegebene Zeitspanne, die *Taktzeit*. Die Durchlaufzeiten sind relativ gering (meist nur wenige Stunden). Das Produktprogramm besteht i. d. R. aus vielen Varianten einiger weniger Grundprodukte.

Fließlinien ohne Rüstaufwendungen. Bei Fließlinien *ohne Rüstaufwendungen* werden die Produktionsraten (über die Taktzeit) meist mittelfristig festgelegt und sind im Zeitablauf weitgehend konstant. Geringfügige Anpassungen an den Absatzverlauf sind im Rahmen der Hauptproduktionsprogramm-Planung möglich. Auch lassen sich die Anteile der auf einer Fließlinie herzustellen Varianten eines Grundprodukts in Grenzen den Absatzmöglichkeiten anpassen. Derartige Fließlinien findet man häufig in der Endmontage (z. B. im Automobilbau). Die von den vorgelagerten Produktionssegmenten benötigten Bedarfe an Teilen und Baugruppen werden gemeinsam mit den Produktionsraten im Rahmen der Hauptproduktionsprogramm-Planung festgelegt.

Als segmentspezifische Planungsaufgabe bleibt nur noch die Festlegung der Reihenfolge einer Einlastung der einzelnen Varianten am Anfang der Fließlinie (*Sequenzbildung*). Der Planungshorizont beträgt höchstens einen Tag oder eine Schicht. Als Zielsetzung wird u. a. die gleichmäßige Auslastung der Stationen an der Fließlinie angestrebt. Insbesondere sind Überschreitungen der Taktzeit an den Stationen zu vermeiden [Dom97: 189ff.]. Hierzu existieren leistungsfähige heuristische und exakte Lösungsverfahren [Sch99: 201ff.]. Die Steuerung der für die Fließproduktion benötigten Teile und Baugruppen erfolgt sehr kurzfristig (z. B. stündlich) durch Lieferabrufe von den internen oder externen Zulieferern.

Fließlinien mit Rüstaufwendungen. Bei Fließlinien *mit Rüstaufwendungen* sind die Losgrößen und deren zeitliche Belegung auf der Fließlinie auf Grund der meist hohen Kapazitätsauslastung simultan zu bestimmen. Üblich ist eine „Produktion auf Lager". Die Anzahl der Produktionsstufen ist gering (bis zu 3). Der Planungszeitraum für das Produktionssegment umfasst für jedes Produkt mindestens einen Auflagezyklus zuzüglich der Wiederbeschaffungszeiten für die benötigten Baugruppen und Teile. Meist genügt eine schicht- oder tagesgenaue Periodeneinteilung.

Zur Reduktion des Planungsumfangs bietet es sich häufig an, die Varianten eines Grundprodukts zu einer Produktfamilie zusammenzufassen. Kennzeichnend für eine Produktfamilie ist es, dass bei einem Wechsel der Produktion auf eine andere Produktfamilie erhebliche Rüstaufwendungen entstehen, während diese bei einem Wechsel zwischen Varianten einer Produktfamilie vernachlässigbar gering sind. Es ist daher bei Auflage einer Produktfamilie zweckmäßig, mehrere Lose ihrer Varianten unmittelbar nacheinander zu fertigen.

Im Folgenden seien weitere Prämissen einer segmentspezifischen Planung von Fließlinien mit Rüstaufwendungen genannt:
- Vorgegebene Bedarfe schwanken im Zeitablauf.
- Fehlmengen sind nicht erlaubt.
- Stücklisten sind nur zur Bedarfsermittlung der an die Fließlinie zu liefernden Rohstoffe und Teile relevant.
- Die Kapazität einer Fließlinie ist beschränkt.
- Rüstzeiten und direkte Rüstkosten werden, sofern erforderlich, in der Planung berücksichtigt, variable Produktionskosten nur bei parallelen Fließlinien.

Die Aufgabenstellung wurde in seiner Grundform als DLSP (Discrete Lot-Sizing and Scheduling Problem) bekannt [Fle90]. Hierbei wird unterstellt, dass Rüstvorgänge jeweils am Anfang einer Periode stattfinden und die Produktionsdauer eines Loses einer Produktfamilie immer ein ganzzahliges Vielfaches einer Periodenlänge beträgt:

$$\text{Min} \sum_j \sum_t \left(c_j I_{jt} + s_j \max\left(X_{jt} - X_{j,t-1}, 0 \right) \right) \qquad \text{(A4.2-6)}$$

u. d. N.

$$I_{jt-1} + p_j X_{jt} = d_{jt} + I_{jt} \qquad \forall\ j, t \qquad \text{(A4.2-7)}$$

$$\sum_j X_{jt} \leq 1 \qquad \forall\ t \qquad \text{(A4.2-8)}$$

$$I_{jt} \geq 0,\ X_{jt} \in \{0,1\} \qquad \forall\ j, t \qquad \text{(A4.2-9)}$$

mit den Indizes
j Produktfamilie $j = 1, ..., \bar{j}$
t Periode im Planungszeitraum $t = 1, ..., \bar{t}$

den Variablen
I_{jt} Lagerendbestand der Produktfamilie j in Periode t ($I_{j0} := 0$)
X_{jt} 1, wenn in Periode t Produktfamilie j produziert wird, 0 sonst

und den Daten

c_j Lagerkostensatz für Produktfamilie j während einer Periode
p_j Produktionsmenge, wenn Produktfamilie j während einer Periode produziert wird
d_{jt} Nettobedarf der Produktfamilie j am Ende der Periode t
s_j Rüstkostensatz zu Beginn der Losproduktion der Produktfamilie j

Für die Abbildung der Werkstatt-, Fließ- und Baustellenproduktion werden möglichst die gleichen Symbole benutzt – auch wenn sie eine etwas andere Bedeutung erhalten –, um die Gemeinsamkeiten und Unterschiede der 3 Modellstrukturen besser zeigen zu können.

Als Zielsetzung (A 4.2-6) wird die Minimierung der Rüst- und Lagerkosten im Planungszeitraum verfolgt (vgl. [Fle96: Sp. 1366]). Rüstkosten entstehen nur zu Beginn einer Losauflage. Der Rüstzustand wird bei einem Stillstand der Fließlinie nicht aufrecht erhalten. Die Lagerbilanzgleichungen (A 4.2-7) schreiben die Lagerbestände der einzelnen Produktfamilien im Planungszeitraum fort. Innerhalb einer Periode darf höchstens eine Produktfamilie hergestellt werden (A 4.2-8); die Produktion wird über die gesamte Periode hinweg aufrecht erhalten („Alles-oder-nichts"-Annahme).

In den letzten Jahren wurde die Modellformulierung des DLSP weiterentwickelt. Dies betrifft u. a. die Abbildung
- eines Produktionsendes einer Losgröße vor dem Periodenende,
- eines Produktionsstarts einer Losgröße auch innerhalb einer Periode, sofern höchstens ein Rüstvorgang in eine Periode fällt,
- von extern vorgegebenen Makroperioden mit zugehörigen Kapazitätsverfügbarkeiten und Periodenbedarfen sowie kontinuierlich variierbaren Produktionsdauern der Produktfamilien (Mikroperioden) als Entscheidungsvariablen,
- von reihenfolgeabhängigen Rüstkosten und -zeiten,
- mehrerer paralleler Linien mit unterschiedlichen variablen Produktionskosten.

Für das DLSP können nahezu optimale Lösungen für 12 Produktfamilien und 300 Perioden in wenigen Minuten erzeugt werden [Fle98: 231]. Zur Lösung der erweiterten Modelle stehen ebenfalls leistungsfähige Heuristiken zur Verfügung (s. [Dre97; Mey99: 113ff.]). Diese basieren z. B. auf einem lokalen Suchverfahren nach einem Rüstmuster mit minimalen Rüst- und Lagerkosten im Planungszeitraum. Für ein gegebenes Rüstmuster – gleichbedeutend mit einer aufzulegenden Produktfamiliensequenz – sind die Rüstkosten bekannt. Für dieses Rüstmuster ist lediglich ein einfaches Netzwerkflussmodell zu lösen, um die zugehörigen optimalen Produktionsmengen für alle Sorten und damit die Lagerkosten im Planungszeitraum zu erhalten. Häufig genügt sogar die Berechnung einer unteren Schranke, um ein betrachtetes Rüstmuster angesichts einer bereits vorhandenen guten Lösung zu verwerfen [Mey99: 116ff.].

Meist ist die Zuordnung von Produktfamilien zu Fließlinien auf Grund technischer Anforderungen mittelfristig festgelegt. Liegen jedoch identische, parallele Fließlinien vor, kann eine simultane Maschinenbelegungsplanung gegenüber einer vorgeschalteten manuellen Linienzuweisung Kostenvorteile bringen [Mey99: 164]. Statt einer manuellen Linienzuweisung könnte es aber auch Aufgabe der Hauptproduktionsprogramm-Planung sein, die Linienzuweisung vorzunehmen.

Unmittelbar vor Produktionsbeginn müssen die Produktionsmengen einer Produktfamilie in die der zugehörigen Varianten disaggregiert werden. Um die nächste Auflage eines Loses der Produktfamilie möglichst weit hinauszuschieben, wird bei der Disaggregation eine gleiche Reichweite der Lagerbestände aller Varianten einer Produktfamilie angestrebt (das zugehörige Modell ist als *Equalization of Runout Times* (EROT) bekannt [Bit81]).

Alternativ zu der beschriebenen segmentspezifischen Planung werden in der betrieblichen Praxis häufig *zyklische Auflagemuster* verwendet. Diese beschreiben die zeitliche Struktur der Auflage der Produktfamilien und ihre Zuordnung zu Fließlinien innerhalb eines sich regelmäßig wiederholenden Gesamtzyklus [Fle98: 235]. Auflagemuster haben den Vorteil einer geringeren Plannervosität und einer einfacheren Abbildung in der Hauptproduktionsprogramm-Planung. Die Auflagemuster der Produktfamilien werden z. B. jährlich unter Beachtung der erwarteten Absatzmengen und Kapazitätsverfügbarkeiten neu festgelegt. Diese Planungsebene wird der Hauptproduktionsprogramm-Planung vorgeschaltet [May96]. In der Hauptproduktionsprogramm-Planung erfolgen dann eine Kapazitätsglättung und eine Abstimmung mit den anderen Produktionssegmenten. Dabei darf dann nur in den Perioden produziert werden, die mit dem Auflagemuster der Produktfamilie zusammenfallen (z. B. wird bei einem Auflagemuster von 2 Wochen die Produktion einer Produktfamilie F1 nur in den Perioden 2, 4, 6, ... vorgesehen und für eine Produktfamilie F2 in den Perioden 1, 3, 5, ...).

Für die segmentspezifische Planung bleibt dann nur noch die Disaggregation der in der anstehenden Periode (z. B. Woche) herzustellenden Produktionsmengen der Produktfamilien in die zugehörigen Varianten. Eine einfache Disaggregationsvorschrift nennt Fleischmann [Fle98: 237ff.].

Baustellenproduktion

Das hier betrachtete Produktionssegment *Baustellenproduktion* wird durch 2 Merkmale charakterisiert. Die herzustellenden Objekte sind i. d. R. ortsfest, so dass die benötigten Arbeitskräfte und Betriebsmittel während der Einsatzdauer an den Produktionsort gebunden sind. Als Objekte kommen z. B. großvolumige Objekte wie Werkzeugmaschinen, Turbinen oder Schiffe in Betracht. Das 2. Merkmal des hier betrachteten Segments besteht in der Herstellung individueller Objekte, die aus vielen (mitunter Hunderten von) nacheinander auszuführenden Arbeitsgängen bestehen und folglich eine relativ lange – mitunter Wochen oder Monate betragende – Durchlaufzeit besitzen. Innerhalb eines Jahres werden oft nur einige wenige Objekte kundenbezogen aufgelegt (Einzelproduktion). Hierzu werden entweder die Teile und Baugruppen gemäß Kundenwunsch montiert (eng.: assemble-to-order), auftragsbezogen hergestellt (engl.: manufacture-to-order) oder kundenspezifisch entwickelt (engl.: engineer-to-order).

Bei der Ausführung der Arbeitsgänge sind häufig zeitliche Abhängigkeiten (sog. Vorgänger-/Nachfolgerbeziehungen) zu beachten, die sich aus technischen oder organisatorischen Anforderungen an den Produktionsprozess ergeben (z. B. Trocknungszeiten, Montagereihenfolge). Die Arbeiten an einem Objekt werden erst nach Eingang eines Kundenauftrags begonnen. Ein besonderes Problem der Baustellenproduktion liegt in der Unsicherheit der zu erwartenden Kundenaufträge. Zwar kann i. Allg. zu Planbeginn von einer Menge vorliegender Kundenaufträge ausgegangen werden, jedoch ist mit weiteren Kundenaufträgen im Zeitablauf zu rechnen. Bei nur sehr wenigen, gleichzeitig zu bearbeitenden Aufträgen im Produktionssegment Baustellenproduktion kann jedoch das Hinzufügen eines weiteren Kundenauftrags die Kapazitätsauslastung einzelner Ressourcen drastisch verändern und damit die zugesagten Liefertermine in Frage stellen. Bei diesem Planungsproblem wird versucht, mit möglichst kurzen Durchlaufzeiten zu arbeiten. Kurze Durchlaufzeiten führen tendenziell dazu, dass Ressourcen frühzeitig wieder für „neue" Kundenaufträge frei werden. Die damit möglicherweise verbundene verfrühte Fertigstellung von Kundenaufträgen wird dabei in Kauf genommen.

An dieser Stelle sei auf die meist engen Interdependenzen zwischen dem Produktionssegment Baustellenproduktion und den vorgelagerten Produktionssegmenten hingewiesen, die für eine termingerechte Bereitstellung der benötigten Baugruppen und Teile zu sorgen haben.

Die von Drexl u. a. [Dre94] entworfene operative PPS zur Einzelproduktion (aus der Sicht der Planung mit der Baustellenproduktion gleichzusetzen) wurde von Kolisch

[Kol01] weiterentwickelt und ist Gegenstand der weiteren Ausführungen (eine Alternative beschreiben Franck u. a. [Fra97]).

Aufgabe der zentralen Koordinationsebene ist die Produktionsprogrammplanung. Hierbei wird von „sicheren" Kundenaufträgen, d. h. Kundenanfragen, die zu gegebenen Konditionen (Preis, Lieferterminzeitfenster) vom Unternehmen angenommen werden können, ausgegangen. In der Hauptproduktionsprogramm-Planung werden nun diejenigen Aufträge ausgewählt, die mit den gegebenen Kapazitäten termingerecht innerhalb des Lieferterminzeitfensters an die Kunden ausgeliefert werden können und die den Deckungsbeitrag im Planungszeitraum (ca. 1 bis 2 Jahre) maximieren. Die „sicheren" Kundenaufträge werden in grobe Auftragsabschnitte zerlegt und deren Ecktermine unter Beachtung der Kapazitätsverfügbarkeiten bestimmt. Mit einem *Auftragsabschnitt* werden gleichzeitig alle zugehörigen Tätigkeiten in der Konstruktion, Fertigung und Montage mit ihren Kapazitätsbedarfen erfasst. Ferner werden die zeitlichen Anordnungsbeziehungen zwischen den Auftragsabschnitten abgebildet.

Mehrere Einzelprojekte lassen sich auf einfache Weise zu einem Gesamtnetzplan verknüpfen. Mit Hilfe einer Super-Quelle (S-Q) und einer Super-Senke (S-S) wird die Gesamtbearbeitungsdauer über alle Projekte abgebildet und diese mit den Start- und Ende-Knoten der Einzelprojekte verbunden (Bild A 4.2-4, Aufträge A und B). Anschließend können für jeden Auftragsabschnitt die früheste (FFj) und die späteste (SFj) Fertigstellungsperiode – sog. Zeitfenster – berechnet werden, die zur Wahrung der vorgegebenen Liefertermine der Kundenaufträge eingehalten werden müssen. Mit der Einplanung eines Montageabschnitts ist auch eine Verfügbarkeitsprüfung der benötigten Ressourcen verbunden, diese lässt sich sogar (grob) über mehrere Produktionssegmente hinweg durchführen. Innerhalb eines Montageabschnitts wird von einem zeitinvarianten Ressourcenbedarf ausgegangen.

Für das Produktionssegment Baustellenproduktion lassen sich die Prämissen der Modellbildung wie folgt zusammenfassen:
– Innerhalb des Planungszeitraums werden nur einige wenige Objekte kundenauftragsbezogen fertiggestellt (Einzelproduktion).
– Bei der Planung der Reihenfolge der an einem Objekt auszuführenden Aufgaben (Arbeitsgänge) sind Vorgänger-/Nachfolgerbeziehungen zu beachten.
– Es gibt mehrere potenzielle Kapazitätsengpässe.
– Es werden mehrere Aggregationsstufen betrachtet (für Ressourcen, Arbeitsgänge und die Zeit).
– Eine einmal begonnene Aufgabe (Arbeitsgang) wird ohne Unterbrechung zu Ende geführt.

– Die vereinbarten Liefertermine für die einzelnen Objekte sind einzuhalten.

Hauptproduktionsprogramm-Planung. Die Hauptproduktionsprogramm-Planung entspricht hier einer simultanen Projektauswahl- und groben Projektablaufplanung. Hierzu wird vorgeschlagen, das Standardmodell der ressourcenbeschränkten Multi-Projektplanung [Pri69; Dre00; Kle99: 79ff.] als Untermodell zu verwenden:

$$\text{Min} \sum_{t \in F_{\bar{j}+1}} t \, X_{\bar{j}+1,t} \qquad \text{(A 4.2-10)}$$

u. d. N.

$$\sum_{t \in F_j} X_{jt} = 1 \quad \forall \, j \qquad \text{(A 4.2-11)}$$

$$\text{Min} \sum_{t \in F_h} t X_{ht} \leq F_n \sum_{t \in F_j} (t - \delta_j) X_{jt} \quad \forall \, j, h \in V_j \; \text{(A 4.2-12)}$$

$$\sum_{j \in E_t} r_{ij} = \sum_{q = \max\{t, FF_j\}}^{\min\{t+\delta_j-1, SF_j\}} X_{jq} \leq R_{it} \quad \forall \, i, t \qquad \text{(A 4.2-13)}$$

$$X_{jt} \in \{0,1\} \quad \forall \, j, t \in F_j \qquad \text{(A 4.2-14)}$$

mit den Indizes
j, h Auftragsabschnitt $j = 0, ..., \bar{j}+1$ (Montageabschnitt, Arbeitsgang) mit Super-Quelle ($j = 0$) und Super-Senke ($j = \bar{j}+1$)
i Ressourcengruppe $i = 1, ..., \bar{i}$
t Periode im Planungszeitraum $t = 1, ..., \bar{t}$

der Indexmenge
E_t Menge der Aufträge j, die auf Grund des Fertigstellungszeitpunktes q die Ressource(n) in Periode t belasten, d. h. für die die Menge

$$\{q \mid \max\{t, FF_j\} \leq q \leq \min\{t + \delta_j - 1, SF_j\}\}$$

nicht leer ist
F_j Menge der Perioden, in denen Auftragsabschnitt j beendet werden kann, ohne den Liefertermin zu gefährden
V_j Menge der direkten (technologischen) Vorgänger von Auftragsabschnitt j

den Variablen
X_{jt} 1, wenn Auftragsabschnitt j in Periode t *beendet* wird, 0 sonst

und den Daten

FF_j früheste (späteste) Periode der Fertigstellung
(SF_j) des Auftragsabschnitts j
d_j Produktionsdauer des Auftragsabschnitts j
r_{ij} Kapazitätsbedarf des Auftragsabschnitts j pro Periode bzgl. Ressourcengruppe i
R_{it} Kapazitätsverfügbarkeit der Ressourcengruppe i in Periode t

Ziel des Modells Gl. (A 4.2-10) ist ein möglichst frühes Projektende, also die Minimierung der Durchlaufzeit des Gesamtprojekts. Jeder Auftrags ab schnitt muss innerhalb des berechneten Zeitfensters beendet werden; s. Gl. (A 4.2-11). Der 2. Nebenbedingungstyp Gl. (A 4.2-12) bildet die Vorgänger-/Nachfolgerbeziehungen zwischen den Auftragsabschnitten ab. In jeder Periode des Planungszeitraums dürfen die Kapazitätsbedarfe die Kapazitätsverfügbarkeiten nicht überschreiten; s. Gl. (A 4.2-13).

Für dieses Modell existieren leistungsfähige exakte und heuristische Lösungsverfahren (Modelle mit 60 bis 100 Auftragsabschnitten lassen sich in wenigen Sekunden optimal lösen (s. [Weg99; Kle99: 278ff.; Dre00] und die dort angegebene Literatur). Allerdings sind die Lösungsverfahren oft sehr problemspezifisch, d. h., sie lassen eine Modifikation des Nebenbedingungssystems oder der Zielfunktion nicht zu.

Für die hier zu lösende Aufgabe der Hauptproduktionsprogramm-Planung von Projekten ließe sich das beschriebene Modell und deren Lösungsverfahren z. B. als Untermodell in eine vollständigen Enumeration einbetten. Dabei wird davon ausgegangen, dass im Planungszeitpunkt bereits eine feste Menge an angenommenen Aufträgen existiert und lediglich eine kleine Menge an „sicheren" Kundenaufträgen (z. B. weniger als 6) disponibel ist. Jede im Rahmen der Enumeration zu überprüfende Entscheidungsalternative enthält die bereits angenommenen Kundenaufträge sowie eine Teilmenge der noch nicht angenommenen „sicheren" Kundenaufträge. Es ist dann die Entscheidungsalternative mit dem höchsten Deckungsbeitrag zu wählen, bei der die Liefertermine der angenommenen und anzunehmenden Kundenaufträge sowie die Ressourcenverfügbarkeiten nicht überschritten werden. Bei einem Planungszeitraum von mehr als einem Jahr ist das Zielkriterium Kapitalwert dem Deckungsbeitrag vorzuziehen (s. [Kle99: 106] und die dort angegebene Literatur).

Alternativ zu der skizzierten vollständigen Enumeration entwickelte Kolisch eine LP-basierte Heuristik, die auf einer verzögerten Spaltengenerierung aufbaut [Kol98]. Dabei stellt jede Spalte der LP-Matrix eine mögliche zeitliche Realisierung eines Kundenauftrags dar.

Montageablauf- und Losgrößenplanung. Die 1. Planungsebene liefert neben der Annahmeentscheidung von „sicheren" Kundenaufträgen auch die Meilensteine für die einzelnen Auftragsabschnitte. Die 2. Planungsebene, die Montageablauf- und Losgrößenplanung, verfeinert die Montageabschnitte in die jeweiligen Auftragsabschnitte und stimmt diese mit den vorgelagerten Produktionssegmenten, welche die benötigten Teile und Baugruppen termingerecht bereitstellen müssen, ab. Es ist darauf hinzuweisen, dass diese sinnvolle Abstimmung zwischen den dezentralen Planungsaufgaben verschiedener Produktionssegmente den „reinen" hierarchischen Planungsansatz verlässt, damit aber die übergeordnete zentrale Planungsebene entlasten kann.

Die zu dieser Planungsebene gehörende ressourcenbeschränkte Multi-Projektplanung umfasst hier einen Planungszeitraum von 2 bis 6 Monaten, unterteilt in Tages- oder Wochenperioden. Die Auftragsabschnitte und deren Ecktermine können nunmehr als einzelne Projekte mit Liefertermin aufgefasst und in Montageabschnitte zerlegt werden (s. Bild A 4.2-4). Die für die Montage eingesetzten Ressourcen werden zu Ressourcengruppen zusammengefasst (z. B. die Monteure einer Qualifikationsstufe). Die Verfügbarkeit der Ressourcengruppen kann periodisch schwanken, der Kapazitätsbedarf eines Montageabschnitts ist zeitinvariant. Ziel dieser ressourcenbeschränkten Multi-Projektplanung ist die Minimierung der Lagerkosten im Planungszeitraum unter Einhaltung der vorgegebenen Ecktermine der Montageabschnitte. Die Lagerkosten eines Montageabschnitts ergeben sich im Wesentlichen aus der mit der Montage von Vorprodukten verbundenen Kapitalbindung.

Formal entspricht das Nebenbedingungssystem dieses Entscheidungsproblems dem angegebenen Standardproblem der Multi-Projektplanung, allerdings mit einem höheren Detaillierungsgrad. Es wird lediglich eine andere, kostenorientierte Zielfunktion vorgeschlagen. Mögliche praxisrelevante Erweiterungen (z. B. alternative Bearbeitungsmodi) werden in [Dre00] diskutiert.

Zur Planung der vorgelagerten Produktionssegmente und der dort anzusiedelnden kapazitätsorientierten Losgrößenplanung sei auf die vorangegangenen Ausführungen zur Werkstattproduktion verwiesen. Kolisch schlägt vor, die Planungen der vorgelagerten Produktionssegmente über die *Vorgabe* der Teile- und Baugruppenbedarfe der ressourcenbeschränkten Multi-Projektplanung unterzuordnen [Kol98]. Als Ergebnis der 2. Planungsebene liegen die Ecktermine für die Montageabschnitte sowie die Losgrößen für die Teile und Baugruppen fest.

Montagefeinplanung. In der 3. Planungsebene, der Montagefeinplanung, werden die Montageabschnitte in einzelne

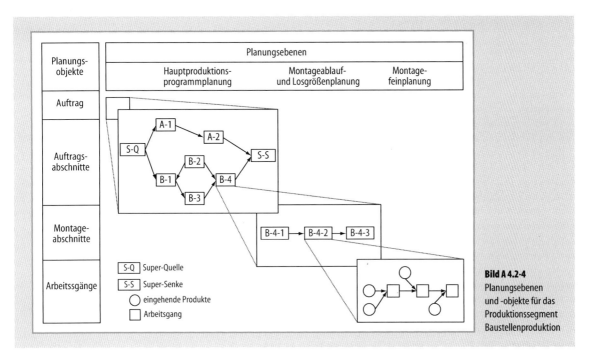

Bild A 4.2-4
Planungsebenen und -objekte für das Produktionssegment Baustellenproduktion

Arbeitsgänge zerlegt und hierfür eine detaillierte Ablaufplanung durchgeführt. Analog zur 2. Planungsebene bildet jeder Montageabschnitt nunmehr ein Projekt. Jede zur Ausführung eines Arbeitsganges benötigte Ressource in der Montage (z. B. Monteure, Montagefläche und Verfügbarkeit eines Teiles) wird einzeln erfasst und geplant. Der Planungszeitraum umfasst bis zu 4 Wochen mit der Periodenlänge Schicht oder Tag. Ziel der 3. Planungsebene ist die Erstellung eines Ablaufplanes mit möglichst geringen Überschreitungen der Ecktermine der Montageabschnitte.

Zur Lösung der Montagefeinplanung beschreibt Kolisch [Kol98] leistungsfähige prioritätsregelbasierte Konstruktionsverfahren und tabu-search-basierte Verbesserungsverfahren.

A 4.2.4.4 Modelle und Lösungsverfahren für die zentrale, unternehmensweite Koordination

Aus den vorstehenden Ausführungen ist erkennbar, dass die 3 Produktionssegmente Werkstatt-, Fließ- und Baustellenproduktion sehr unterschiedliche Planungsprobleme aufwerfen. So sind in der Fließproduktion nur 1 bis 3 Produktionsstufen zu planen, wobei die Durchlaufzeit eines Produktionsauftrags mitunter nur wenige Stunden beträgt. Bei der Werkstatt- und insbesondere der Baustellenproduktion sind hingegen sehr viele Arbeitsgänge und verschiedene potenzielle Engpassressourcengruppen in der Planung zu berücksichtigen. Dabei liegen die Durchlaufzeiten eines Produktionsauftrags bei Werkstattproduktion bei einigen wenigen Wochen und bei der Baustellenproduktion im Bereich von Monaten. Eine Kapazitätsglättung mit Hilfe von Saisonlagerbeständen – wie in der Fließ- und Werkstattproduktion üblich – kommt für die mit der Baustellenproduktion verbundene Einzelproduktion nicht in Betracht. Schließlich ist die Losbildung für eine effiziente Fließproduktion von großer Bedeutung und auch bei Werkstattproduktion nicht vernachlässigbar. Bei der Einzelproduktion gibt es jedoch – per Definition – keine Gleichteile, für die eine Losbildung erfolgen könnte.

Ob alle 3 Organisationstypen in einem Unternehmen existieren *und* über einen interdependenten Wertschöpfungsprozess miteinander verknüpft sind, ist fraglich. Sinnvoll erscheint z. B. die Koordination einer Baustellenproduktion in der Endmontage und einer vorgelagerten Teileproduktion vom Organisationstyp Werkstattproduktion. Hierfür entwickelte Kolisch (1998) ein vollständiges hierarchisches Planungssystem [Kol98]. Wie bereits ausgeführt, entspricht die zentrale, unternehmensweite Koordinationsebene der simultanen Projektauswahl- und groben Projektablaufplanung. Die dabei vorgesehenen Ecktermine sind mit dem Produktionssegment Werkstattproduktion abzustimmen, das die benötigten Teile und Baugruppen rechtzeitig bereitzustellen hat.

Als weitere praxisrelevante Kombination von Organisationstypen soll im Weiteren die Fließ-, Werkstatt- und die Zentrenproduktion betrachtet werden. Zum Beispiel kann die Endmontage in Fließlinien- oder in (Produktions-)Zentren erfolgen, während die dazu benötigten Teile und Komponenten in Produktionssegmenten vom Organisationstyp Werkstatt- oder Zentrenproduktion hergestellt werden. Es sei unterstellt, dass es sich (überwiegend) um eine Produktion auf Lager handelt.

Zur Koordination dieser 3 Organisationstypen bietet sich ein Modell der Linearen Programmierung (LP-Modell) an (vgl. [Kil73; Hax75; Gün97: 158ff.]). Die Zeitachse ist z. B. in Wochenperioden unterteilt, je Produktionssegment werden nur die potenziellen Engpassressourcengruppen erfasst und die zu diesen gehörenden Arbeitsgangfolgen. Eine *Arbeitsgangfolge* besteht aus der Menge aller Arbeitsgänge, die in der Arbeitsgangstruktur entweder direkt aufeinander folgen oder parallel zueinander ausgeführt werden können, ohne dass das betrachtete Produktionssegment verlassen werden muss [Sta98: 179]. Der Vorteil dieser Aggregation liegt zum einen in einer erheblichen Modellreduktion (gegenüber der Verwendung von Arbeitsgängen) und der Vermeidung von Aggregationsfehlern.

Die Arbeitsgangstruktur ähnelt einem Gozintographen, enthält jedoch statt der Endprodukte, Baugruppen und Teile die einzelnen Arbeitsgänge. *Hauptprodukte* und *Hauptvorprodukte* sind demnach Arbeitsgangfolgen, die mindestens auf einer potenziellen Engpassressource hergestellt werden.

Es wird unterstellt, dass die gegebenen Kundenaufträge und die Absatzprognosen erfüllt werden müssen, so dass als Ziel die Minimierung der Lagerkosten, der variablen Produktionskosten in den Produktionssegmenten und der Überstundenkosten innerhalb des Planungszeitraums vorzusehen ist; s. Gl. (A 4.2-15):

$$\text{Min} \sum_f \sum_t \left(c_f I_{ft} + \sum_{m \in M_f} v_{fm} X_{fmt} \right) + \sum_i \sum_t o_{it} O_{it}$$

(A 4.2-15)

$$I_{ft-1} + \sum_{m \in M_f} X_{fmt} = \sum_{g \in N_f} \sum_{m \in M_f} r_{fg} X_{gmt} + d_{ft} + I_{ft} \quad \forall f, t$$

(A 4.2-16)

$$\sum_f \sum_{m \in M_f} a_{ifm} X_{fmt} \leq R_{it} O_{it} \quad \forall i, t$$

(A 4.2-17)

$$O_{it} \leq K_{it}$$

(A 4.2-18)

$$I_{ft} \geq 0, \quad \forall f, t; \quad X_{fmt} \geq 0, \quad \forall f, t, m \in M_f$$
$$O_{it} \geq 0 \quad \forall i, t$$

(A 4.2-19)

mit den Indizes und Indexmengen

f, g Hauptprodukt oder Hauptvorprodukt im Bearbeitungszustand „Arbeitsgangfolge f" $f = 1, ..., \overline{f}$
i potenzielle Enpassressourcengruppe $i = 1, ..., \overline{i}$
m Modus, Alternative zur Durchführung einer Arbeitsgangfolge
t Periode im Planungszeitraum $t = 1, ..., \overline{t}$
M_f Menge der Modi, mit denen Arbeitsgangfolge f ausgeführt werden kann
N_f Menge der direkten Nachfolger der Arbeitsgangfolge f

den Variablen

I_{ft} Lagerendbestand im Bearbeitungszustand „Arbeitsgangfolge f" der Periode t
X_{fmt} Produktionsmenge der Arbeitsgangfolge f ausgeführt im Modus m in Periode t
O_{it} Überstunden auf Ressourcengruppe i in Periode t

und den Daten

a_{ifm} Produktionskoeffizient der Arbeitsgangfolge f Modus m auf Ressourcengruppe i
r_{fg} Direktbedarfskoeffizient (Bedarf an Mengeneinheiten f je Mengeneinheit g)
c_f Lagerkostensatz für eine Arbeitsgangfolge f während einer Periode
d_{ft} Primärbedarf eines Hauptprodukts oder Hauptvorprodukts f in Periode t
I_{f0} Lageranfangsbestand von Produkten im Bearbeitungszustand „Arbeitsgangfolge f"
R_{it} Kapazitätsverfügbarkeit der Ressourcengruppe i in Periode t
o_{it} Kostensatz für eine Überstundeneinheit auf Ressourcengruppe i in Periode t
K_{it} obere Schranke für die Anzahl Überstunden auf Ressourcengruppe i in Periode t
v_{fm} variable Kosten zur Herstellung einer Mengeneinheit Arbeitsgangsfolge f im Modus m

Mit Modus m wird eine Alternative zur Durchführung einer Arbeitsgangfolge f bezeichnet. Die Wahl des Modus erfolgt modellintern anhand der variablen Produktionskosten und den zur Verfügung stehenden Ressourcen. Hiermit lassen sich prinzipiell Entscheidungen hinsichtlich der Zuordnung von Produkten zu alternativen Fließlinien oder die Frage der Aufteilung von Produktionsmengen auf die Produktionssegmente Werkstattproduktion und Zentrenproduktion modellieren. Lagerbilanzgleichungen (Gl. (A 4.2-16)) und Kapazitätsbedingungen (Gl. (A 4.2-17)) entsprechen in ihrer Struktur denen des MLCLSP (s. Werkstattproduktion), allerdings auf einer höheren Aggregationsstufe. Ferner existieren obere Schranken für Überstunden oder Zusatzschichten; s. Gl. (A 4.2-18).

Als Vorgaben für die dezentrale, segmentspezifische Planung dienen zum einen die Saisonlagerbestände (I_{jt}), die am Ende des segmentspezifischen Planungszeitraums t von den einzelnen Produktionssegmenten bereitzustellen sind, und zum anderen die Produktionsmengen von Hauptvorprodukten, die an das darauf folgende Produktionssegment zu bestimmten Eckterminen zu liefern sind. Gleichzeitig bilden diese Produktionsmengenvorgaben auch Restriktionen hinsichtlich der Teileverfügbarkeit in den nachgelagerten Produktionssegmenten. Die von der zentralen Planungsebene vorgegebene Teileverfügbarkeit schränkt also die Möglichkeit der zeitlichen Verschiebung von Arbeitsgängen in einem anderen, nachgelagerten Produktionssegment ein.

Sind die Reichweiten der Lose des Produktionssegments Fließproduktion kürzer als eine Periode (Woche), so kann auf die explizite Modellierung der Losbildung verzichtet werden. Liegen reihenfolgeunabhängige Rüstkosten und -zeiten vor, so lässt sich die Modellformulierung – analog dem Modell MLCLSP – erweitern. Bei stark reihenfolgeabhängigen Rüstkosten und -zeiten versagt jedoch der Ansatz, da Reihenfolgen auf einer Ressource innerhalb einer Periode nicht abgebildet werden können (sog. *Big-Bucket-Modelle*). Stattdessen bietet sich die Verwendung von vorgegebenen Auflagemustern innerhalb eines LP-Modells an, bei dem die Reihenfolge der Produktfamilien auf einer Ressource bereits vorab bestimmt wird und damit auch die Rüstkosten nicht mehr Gegenstand dieser Planungsebene sind [Fle98; May96; Sta98].

Das vorgenannte Grundmodell muss i. d. R. bei betrieblichen Anwendungen erweitert werden. So lassen sich z. B. die zu erwartenden Durchlaufzeiten von Arbeitsgangfolgen als feste Mindestvorlaufzeiten in den Lagerbilanzgleichungen eines LP-Modells abbilden. Diese Mindestvorlaufzeiten führen zu Mindestplandurchlaufzeiten, die bei Kapazitätsengpässen durch Vorverlagerungen von Produktionsmengen noch verlängert werden können. Zur Reduktion der Mindestplandurchlaufzeiten erscheint eine in jüngster Zeit entwickelte lineare Modellierung auslastungsabhängiger Vorlaufzeiten interessant [Zäp93; Lau99; As06]. Oft ist auch die mit den LP-Modellen verbundene Prämisse beliebig teilbarer Produktionsmengen nicht erfüllt. Hier bieten sich Rundungsheuristiken (z. B. zur Einhaltung von Mindestlosgrößen) an, die auf den Ergebnissen eines LP-Modells aufsetzen.

Die Lösung rein linearer Modelle zur zentralen, unternehmensweiten Koordination ist heute i. Allg. innerhalb weniger Minuten auf einem PC möglich. Schwierigkeiten bereiten jedoch weiterhin Ganzzahligkeitsforderungen von Variablen, die z. B. bei der Abbildung von Losgrößenentscheidungen auftreten. Hierfür lassen sich derzeit – bei etwa 100 Arbeitsgangfolgen – gute, wochengenaue Produktionspläne für ein Kalenderjahr mit Hilfe von Standardsoftware erzeugen.

A 4.2.5 Ausblick

Zur Unterstützung der Produktion mit praxistauglichen, segmentspezifischen Planungs- und Steuerungsinstrumenten wurden in den letzen Jahren sog. Advanced Planning Systeme entwickelt (s. [St05]). Ferner wurden die Modelle und Lösungsverfahren weiter verfeinert. So ist es z. B. in der Fließproduktion nunmehr möglich, auch Modelle zu formulieren und zu lösen, die reihenfolgeabhängige Rüstzeiten und -kosten beinhalten und auf eine feste Periodeneinteilung verzichten. Die Fließproduktion ist aber auch ein Beispiel dafür, dass selbst innerhalb eines Produktionssegments die Planungsaufgaben noch weiter differenziert werden können, um den speziellen Anforderungen besser gerecht zu werden (vgl. Produktionsprozesse mit und ohne Rüstaufwendungen).

Für alle 3 der hier betrachteten Produktionssegmente sind künftig noch weitere Verbesserungen der Modelle und Lösungsverfahren denkbar. Für die Werkstattproduktion ließe sich z. B. die enge Prämisse, dass ein Produktionsauftrag innerhalb einer Periode abgeschlossen werden muss, aufheben [Su03]. In der Fließproduktion ist eine Verbesserung der Lösbarkeit bei parallelen Fließlinien wünschenswert. Für die Baustellenproduktion sollten die sehr engen, modellspezifischen Lösungsverfahren durch allgemeinere Lösungsverfahren abgelöst werden, die für verschiedenste Zielfunktionen und zeitliche Anordnungsbeziehungen gute Lösungen erzeugen.

Die hierarchische Koordination der Produktionssegmente ist über eine zentrale, unternehmensweite Koordinationsebene vorgesehen. Die hierfür vorgeschlagenen LP-Modelle wurden hinsichtlich der Abbildungsmöglichkeiten (z. B. der Vorlaufzeiten) weiter entwickelt. LP-Modelle eignen sich besonders für die Massen- und Sortenproduktion, bei denen die Produktionsmengen kontinuierlich variierbar und lagerfähig sind. Eine Aufgabe besteht in dem frühzeitigen Erkennen von Bedarfsspitzen und einem ggf. notwendigen mittelfristigen Kapazitätsabgleich (z. B. durch den Aufbau von saisonalen Lagerbeständen).

Die kurzfristige Koordination der Materialflüsse zwischen den verschiedenen Produktionssegmenten eines Werkes oder Unternehmens erfordert einerseits eine präzise Abbildung der Gegebenheiten und des Entscheidungsverhaltens in den einzelnen Produktionssegmenten. Sonst besteht die Gefahr, dass die Vorgaben, mit denen die dezentralen Produktionssegmente koordiniert werden, nicht in zulässige, zieladäquate Pläne umgesetzt werden können und eine große Zahl an Abstimmungsrunden benötigt wird. Andererseits darf das Modell der zentralen, unternehmensweiten Koordinationsebene nicht zu stark durch Details aufgebläht werden, um den Datenerhebungs- und Lösungsaufwand in vertretbaren Grenzen zu halten.

Als Ausweg aus diesem Dilemma sollte das (streng) hierarchische Planungskonzept durch die Möglichkeit der kurzfristigen, bilateralen Koordination zwischen den dezentralen Produktionssegmenten erweitert werden. Hierfür bieten sich neben den persönlichen Vereinbarungen zwischen den Entscheidungsträgern in den dezentralen Produktionssegmenten auch die in jüngster Zeit diskutierten Agentensysteme an [Kje98]. Sie haben den Vorteil, dass ein Austausch von knappen Ressourcen oder von herzustellenden Produktionsmengen zwischen den Produktionssegmenten über einen Preismechanismus (z. B. eine Auktion, vgl. [Zel98; Kot99]) computergestützt koordiniert werden kann. Dabei werden keine Kenntnisse über die aktuelle Situation außerhalb des „eigenen" Produktionssegments benötigt (im Gegensatz zur Koordination in der zentralen Koordinationsebene). Kleinere Unzulässigkeiten (z. B. geringfügige Abweichungen von vor gegebenen Eckterminen) könnten so schnell beseitigt und die zentrale Koordinationsebene entlastet werden.

Abschließend sei noch darauf verwiesen, dass sich die Nutzung eines rechnergestützten KPPS insbesondere bei hoch automatisierten, kapitalintensiven, komplexen Produktionsprozessen lohnen wird. Für einfach strukturierte Produktionsprozesse kann hingegen auf eine computergestützte Produktionsplanung und -steuerung mit unter ganz verzichtet werden (z. B. KANBAN-Steuerung).

Literatur

[As06] Asmundsson, J.; Rardin, R. L.; Uzsoy, R.: Tractable nonlinear production planning models for semiconductor wafer fabrication facilities. IEEE Transactions on Semiconductor Manufacturing 19 (2006) 95–111

[Bit81] Bitran, G.R.; Hax, A.C.: Disaggregation and resource allocation using convex knapsack problems. Management Sci. 27 (1981) 431–441

[Din63] Dinkelbach, W.: Zum Problem der Produktionsplanung in Ein- und Mehrproduktunternehmen. Würzburg: Physica 1963

[Dom97] Domschke, W.; Scholl, A.; Voß, S.: Produktionsplanung – Ablauforganisatorische Aspekte. 2. Aufl. Berlin: Springer 1997

[Dre94] Drexl, A.; Günther, H.-O. u. a.: Konzeptionelle Grundlagen kapazitätsorientierter PPS-Systeme. ZfbF 46 (1994) 1022–1045

[Dre97] Drexl, A.; Kimms, A.: Lot sizing and scheduling – Survey and extensions. EJOR 99 (1997) 221–235

[Dre00] Drexl, A.; Kolisch, R.: Produktionsplanung bei Auftragsfertigung. ZfB 70. Jg. (2000) 433–452

[Fle88] Fleischmann, B.: Operations-Research-Modelle und -Verfahren in der Produktionsplanung. ZfB 58 (1988) 347–372

[Fle90] Fleischmann, B.: The discrete lot sizing and scheduling problem. EJOR 44 (1990) 337– 348

[Fle96] Fleischmann, B.: Operations Research für die Produktion. In: Kern, W.; Schröder, H.-H. u. a. (Hrsg.): Handwörterbuch der Produktionswirtschaft. 2. Aufl. Stuttgart: Schäffer-Poeschel 1996, 1357–1370

[Fle98] Fleischmann, B.: Produktionsplanung bei kontinuierlicher Fließfertigung. In: Wildemann, H. (Hrsg.): Innovationen in der Produktionswirtschaft – Produkte, Prozesse, Planung und Steuerung. München: TCW 1998, 217–246

[Fle01] Fleischmann, B.: On the use and misuse of holding cost models. In: Kischka, P.; Leopold-Wildburger, U.; Möhring, R.H.; Radermacher, F.-J. (Hrsg.): Models, methods and decision support for management. Heidelberg: Physica 2001, S. 147–164

[Fra97] Franck, B.; Neumann, K.; Schwindt, C.: A capacity-oriented hierarchical approach to single-item and small-batch production planning using project scheduling methods. OR Spektr. 19 (1997) 77–85

[Ges97] Geselle, M.: Hierarchische Produktionsplanung bei Werkstattproduktion. Glienicke: Gilda + Wich 1997

[Gla92] Glaser, H.; Geiger, W.; Rohde, V.: Produktionsplanung und -steuerung – Grundlagen, Konzepte, Anwendungen. 2. Aufl. Wiesbaden: Gabler 1992

[Gün05] Günther, H.-O.; Tempelmeier, H.: Produktion und Logistik. 6. Aufl. Berlin: Springer 2005

[Hax75] Hax, A.C.; Meal, H.C.: Hierarchical integration of production planning and scheduling. In: Geisler, M.A. (ed.): Studies in management sciences. Vol. 1: Logistics. Amsterdam: North Holland 1975, 53–69

[Hel98] Helber, S.: Cash-flow oriented lot sizing in MRP II systems. In: Drexl, A.; Kimms, A. (eds.): Beyond manufacturing ressource planning (MRP II). Berlin: Springer 1998, 147–183

[Kar87] Karmarkar, U.S.: Lot sizes, lead times and in-process inventories. Management Sci. 35 (1987) 409–418

[Kil73] Kilger, W.: Optimale Produktions- und Absatzplanung. Opladen: Westdt. Verl. 1973

[Kje98] Kjenstad, D.: Coordinated supply chain scheduling. Ph.D. thesis, Norwegian Univ. of Sci. and Technol., Trondheim 1998

[Kle00] Klein, R.: Scheduling of resource constrained projects. Boston: Kluwer Academic 2000

[Kol01] Kolisch, R.: Make-to-order assembly management. Berlin: Springer 2001

[Kot99] Kotanoglu, E.; Wu, S.D.: On combinatorial auction and lagrangean relaxation for distributed resource scheduling. IIE Trans. 31 (1999) 813–826

[Lau99] Lautenschläger, M.: Mittelfristige Produktionsprogrammplanung mit auslastungsabhängigen Vorlaufzeiten. Frankfurt a.M.: Peter Lang 1999

[Max82] Maxwell, W.; Muckstadt, J.A. et al.: A modeling framework for planning and control of production in discrete parts manufacturing and assembly systems. Tijdschrift voor Economie en Management 27 (1982) 165–196

[May96] Mayr, M.: Hierarchische Produktionsplanung mit zyklischen Auflagemustern. Regensburg: Roderer 1996

[Mey99] Meyr, H.: Simultane Losgrößen- und Reihenfolgeplanung für kontinuierliche Produktionslinien – Modelle und Methoden im Rahmen des Supply Chain Management. Wiesbaden: DUV 1999

[Pri69] Pritsker, A.A.B.; Watters, L.J.; Wolfe, P.M.: Multiproject scheduling with limited resources: A zero-one programming approach. Management Sci. 16 (1969) 93–107

[Rie79] Rieper, B.: Hierarchische betriebliche Systeme. Beiträge zur industriellen Unternehmensforschung. Bd. 8. Wiesbaden: Gabler 1979

[Sch83] Scheer, A.W.: Stand und Trends in der computergestützten Produktionsplanung und -steuerung (PPS) in der Bundesrepublik Deutschland. ZfB 53 (1983) 138–155

[Sch94] Schneeweiß, C.: Elemente einer Theorie hierarchischer Planung. OR Spektr. 16 (1994) 161–168

[Sch99] Scholl, A.: Balancing and sequencing of assembly lines. 2. Aufl. Heidelberg: Physica 1999

[Sim98] Simpson, N.C.; Erenguc, S.S: Improved heuristic methods for multiple stage production planning. Computers & Operations Res. 25 (1998) 611–623

[Sim05] Simpson, N.C.; Erenguc, S.S.: Modeling multiple stage manufacturing systems with generalized costs and capacity issues. Naval Research Logistics 52 (2005) 560–570

[Sta88] Stadtler, H.: Hierarchische Produktionsplanung bei losweiser Fertigung. Heidelberg: Physica 1988

[Sta96] Stadtler, H.: Hierarchische Produktionsplanung. In: Kern, W.; Schröder, H.-H. u. a. (Hrsg.): Handwörterbuch der Produktionswirtschaft. 2. Aufl. Stuttgart: Schäffer-Poeschel 1996, 631–641

[Sta98] Stadtler, H.: Hauptproduktionsprogrammplanung in einem kapazitätsorientierten PPS-System. In: Wildemann, H. (Hrsg.): Innovationen in der Produktionswirtschaft – Produkte, Prozesse, Planung und Steuerung. München: TCW 1998, 169–192

[Sta99] Stadtler, H.; Stockrahm, V.; Engelke, H.: Einsatz von Fertigungsleitständen in der Industrie. PPS Management 4 (1999) 4, 33–38

[Ste94] Steven, M.: Hierarchische Produktionsplanung. 2. Aufl. Heidelberg: Physica 1994

[Sta05] Stadtler H.; Kilger, C.: Supply chain management and advanced planning: concepts, models, software and case studies. 3. Aufl. Berlin/Heidelberg/New York: Springer 2005

[Sue03] Suerie, C.; Stadtler, H.: The capacitated lot-sizing problem with linked lot-sizes. Management Sci. 49 (2003) 1039–1054

[Tem96] Tempelmeier, H.; Derstroff, M.: A lagrangean based heuristic for dynamic multi-level multi-item constrained lot sizing with setup times. Management Sci. 42 (1996) 738–757

[Tem98] Tempelmeier, H.: MRP-rc – Auftragsgrößenplanung bei Werkstattproduktion. In: Wildemann, H. (Hrsg.): Innovationen in der Produktionswirtschaft – Produkte, Prozesse, Planung und Steuerung. München: TCW 1998, 193–216

[Tem06] Tempelmeier, H.: Material-Logistik. 6. Aufl. Berlin: Springer 2006

[Weg99] Weglarz, J. (Hrsg.): Project scheduling. Recent models, algorithms and applications. Boston, Mass. (USA): Kluwer 1999

[Zäp93] Zäpfel, G.; Missbauer, H.: Production planning and control (PPC) systems including load oriented order release – problems and research perspectives. Int. J. of Production Econom. 30/31 (1993) 107–122

[Zel98] Zelewski, S.: Multi-Agenten-Systeme – ein innovativer Ansatz zur Realisierung dezentraler PPS-Systeme. In: Wildemann, H. (Hrsg.): Innovationen in der Produktionswirtschaft – Produkte, Prozesse, Planung und Steuerung. München: TCW 1998, 133–166

Teil B Logistikprozesse in Industrie und Handel

Koordinator
Axel Kuhn

Autoren
Axel Kuhn (B 1.1–1.3, B 1.5)
Hans-Peter Wiendahl (B 1.4, Koord. B 3)
Holger Beckmann (B 2.1–2.7)
Michael Schmitz (B 2.1–2.7)
Martin Reck (B 2.8)
Peter Nyhuis (B 3)
Julia Pachow-Frauenhofer (B 3.1)
Tobias Heinen (B 3.2)
Matthias Schmidt (B 3.3)
Detlef Gerst (B 3.4)
Felix Wriggers (B 3.5)
Achim Schmidt (B 4)
Marc Schneider (B 4)
Alex Vastag (B 5.1–5.6)
Bernd Hellingrath (B 5.7–5.9, B 6)
Tobias Hegmanns (B 6)
Jan-Christoph Maaß (B 6)
Michael Toth (B 6)
Uwe Clausen (B 7)
Kathrin Hesse (B 7)
Christiane Auffermann (B 8.1)
Volker Lange (B 8.1, B 8.5)
Gerhard Bandow (B 8.2)
Verena Fennemann (B 8.3)
Henrik Hauser (B 8.3)
Torsten Müller (B 8.3)
Wolf-Axel Schulze (B 8.3)
Günter Truszkiewitz (B 8.4)
Gerrit Hasselmann (B 8.5)
Bernd Scholz-Reiter (B 9)
Christian Toonen (B 9)
Katja Windt (B 9)

Prozessorientierte Sichtweise in Produktion und Logistik

B1

Unternehmerische Prozesse und besonders die Prozesse der Logistik müssen ständig angepasst, verändert und verbessert werden: Kunden, Lieferanten, Logistikdienstleister, Wettbewerber und Märkte wandeln sich immer schneller. Die Dynamik dieser Veränderungen wird durch eine rapide Verkürzung der Innovations- und Technologielebenszyklen von Produkten und Prozessen sowie eine fortschreitende Verbreitung moderner Informations- und Kommunikationstechnologien noch weiter beschleunigt. Insbesondere die Auswirkungen des E-Business – oder die einer weitgehend digitalisierten Logistik – haben in letzter Zeit deutlich gemacht, dass die bestehenden Strukturen und Prozesse den Anforderungen hinsichtlich Flexibilität, Zeit, Geschwindigkeit, Kosten und Vernetzungsfähigkeit meist nicht genügen und den technologischen Entwicklungen nicht folgen können. Die zukünftigen Erfolge der Unternehmen stehen und fallen mit der Leistungs- und Anpassungsfähigkeit der logistischen Prozesse. Es nützt nichts, wenn eine Bestellung „nur einen Mausklick entfernt ist", die Lieferung aber Tage und Wochen in Anspruch nimmt.

Die Vorstellungen über die Zukunft der Logistik haben noch eine weitere Dimension: Mit den wachsenden Möglichkeiten, jedes zu transferierende Objekt der Logistik (Leistungsobjekt), Lieferteil, Fertigungsteil oder Sendungsposition über RFID-Tags (Radio Frequency Identification Tags, Transponder) identifizierbar zu machen, besondere Eigenschaften „herauslesen" und beliebige Informationen objektspezifisch ergänzen zu können, entwickeln sich realistische Vorstellungen über radikale Umgestaltungen der Logistikprozesse. Es werden selbststeuernde Systeme konzipiert und Lenkungssysteme propagiert, in denen z. B. ein Leistungsobjekt, das sich auf einem Transportmittel befindet, bestimmt, welcher Zielort einer Liefertour der wichtigste ist. Dieses „intelligente" Objekt fordert gleichermaßen die Serviceleistungen am Zielort mit entsprechender Vorlaufzeit an, welche es in den Anschlussprozessen benötigt. Ein entsprechender Richtungswechsel in der Prozessgestaltung der Logistik hat eine Orientierungshilfe: das Internet. In Analogie dazu hat sich auch ein Forschungs- und Entwicklungstrend etabliert, der heute mit „Internet der Dinge" umschrieben wird.

Das Zukunftsproblem besteht aber nicht nur darin, die Informationstechnologie als Veränderungstreiber für Logistik-Prozesse zu bewältigen. Die weiteren Treiber Globalisierung, Kundenorientierung, neue Arbeitsteiligkeiten und Ressourcenverfügbarkeit, die vergleichbar bedeutsam sind, wirken gleichzeitig auf die Prozesse und damit auf die Strukturen, in denen die Prozesse ablaufen. Die Herausforderung besteht unter anderem darin, dass Strukturfestlegungen oder -anpassungen nicht mehr eine lang- oder mittelfristige Planungsaufgabe sind, sondern buchstäblich parallel zu den kurzfristigen oder manchmal realzeitnahen Prozessplanungen zu leisten sind.

Für alle Unternehmen besteht daher die Notwendigkeit, ihre Strukturen und Prozesse entsprechend neu zu gestalten, sie an den Lebenszyklen der Leistungsobjekte (Produkte, Arbeitsmittel, Anlagen) zu orientieren und sie damit wettbewerbsfähig zu halten. „Permanente Planungsbereitschaft" und „Vorausschauende Veränderungsplanung" sind Schlagworte für entsprechende Aufgaben der Logistik.

Der Dynamik kann nur durch Dynamik begegnet werden. Dies haben die Unternehmen erkannt und die Bedeutung und Vorteile einer prozessorientierten, unternehmensübergreifenden Geschäftsprozessorganisation in das Zentrum ihrer Veränderungsbestrebungen gerückt. Im Rahmen der Prozessgestaltung wird dabei das Ziel verfolgt, alle Aktivitäten und Ressourcen auf die kundennutzenorientierte Optimierung von Wertschöpfungsketten zu konzentrieren. Diese konsequente Prozessorientierung schafft Transparenz über die bisher weitgehend im Verborgenen ablaufenden Prozesse, deren Ressourcenverzehr und ihren Beitrag zur Wertschöpfung.

Detaillierte Prozessbetrachtungen ermöglichen die Analyse vielfältigster Einflüsse auf deren reibungslosen und wirtschaftlichen Betrieb. Dazu gehören beispielsweise das Aufzeigen von Beiträgen durch technologische Neuerungen, die Untersuchung von Puffer- und Lagerbeständen und deren Ursachen, die den Auftragsdurchlauf in die Länge ziehen, die Optimierung des Ressourceneinsatzes in Materialflusssystemen, das Entschärfen von Engpässen, die Vermeidung von zu hohem Abstimmungsaufwand und die Schaffung geeigneter Bewertungsverfahren für eine vollständige Transparenz durch ein effizienteres Schnittstellenmanagement. Wesentliches Gestaltungsprinzip sind der Aufbau und die kontinuierliche Verbesserung der internen und externen Kunden-Lieferanten-Beziehungen.

Die Herausforderung für die Logistik in Industrie, Handel und Dienstleistung besteht demnach hauptsächlich in der Realisierung von Prozessen, die sich schnell, flexibel und wirtschaftlich an Veränderungen anpassen lassen. Zur Entwicklung, Gestaltung und Optimierung solcher Prozesse haben sich in der Wissenschaft und praktischen Anwendung diverse Vorgehensweisen und Modelle etabliert, die ihren Nutzen bewiesen haben. Diese Instrumente zur Gestaltung von Prozessen unterscheiden sich aber in ihrer Syntax und Semantik. In diesem Handbuch werden Logistikprozesse nach Möglichkeit mit dem „Instrumentarium des Prozesskettenmanagements" beschrieben, das nachfolgend erläutert wird. Dieses Konzept verknüpft den radikalen induktiven Ansatz des Business Reengineering mit der deduktiven schrittweisen Verbesserung des Kaizen. Beide Prozessgestaltungsansätze (induktiv, deduktiv) werden in der Logistik benötigt.

Mit dieser „terminologischen Vereinheitlichung" soll dem Leser das Studium des Prozessteils dieses Logistik-Handbuchs erleichtert werden. Eine ganzheitliche Auseinandersetzung mit dem dazugehörenden Wissen ist schwierig genug! Bild B 1.1-1 fasst die Herausforderung mit den vier zentralen Veränderungstreibern zusammen.

B 1.1 Grundlagen des Prozesskettenmanagements

Das Prozesskettenmanagement ist ein beschreibendes Instrumentarium zur ziel- und ergebnisorientierten Gestal-

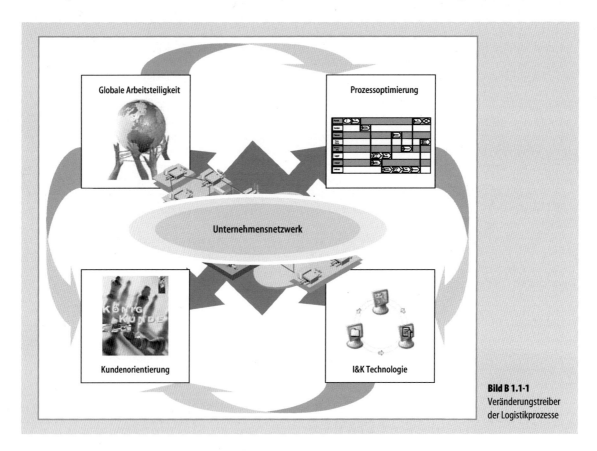

Bild B 1.1-1
Veränderungstreiber der Logistikprozesse

tung, Verbesserung und Erneuerung von Unternehmensprozessen. Dabei werden Kompetenzen, Verantwortungen und Aufgaben in einem Unternehmen derart zugeordnet, dass Kundennutzenorientierung, Eigenverantwortung, Teamarbeit und Beteiligung aller Mitarbeiter in einem hohen Maße erreichbar sind.

In der Logistik gibt es eine Fülle von Prozessen, die zwar eine typische Transformationsaufgabe leisten, aber aufgrund unterschiedlichster Anforderungen durch Input- oder Output-Größen sowie prozessinternen Ablaufalternativen (vgl. Potenzialklassen) eine große Lösungsvarianz besitzen. Die damit verbundene Gestaltungskomplexität ist mit dem Prozessketteninstrumentarium beherrschbar gemacht worden. Dazu werden Prozesse in Teilprozessen detailliert, um die Varianten der Gestaltungsmöglichkeiten erfassen zu können.

Es hat sich bewährt, die Logistik-Prozesse anhand der Leistungsobjekte zu typisieren. Danach wird in Auftragsbearbeitungs-, Materialfluss-, Informations- und Lenkungsprozesse unterschieden.

Auftragsbearbeitungsprozesse

Bei der Betrachtung eines Auftragsdurchlaufes durch ein Unternehmen mittels des Prozessketteninstrumentariums „setzt sich der Modellierer", bildlich gesprochen, „auf den Auftrag" und durchläuft mit ihm entlang der Auftragsabwicklung den gesamten Geschäftsprozess. Das Ziel ist, alle Aktivitäten (Prozesse), die zur Erfüllung des Kundenauftrags durchlaufen werden, zu erkennen und gemeinsam mit allen Abhängigkeiten abzubilden, die Einfluss auf den Transformationsprozess nehmen und deshalb beachtet werden müssen.

Das Leistungsobjekt Auftrag löst dabei Teilprozesse unterschiedlicher Art aus, deren Erfüllung bzw. Ergebnisse wieder mit dem Leistungsobjekt verbunden werden müssen. Auftragsdurchlaufprozessketten sind die umfassendsten Beschreibungen der Unternehmenslogistik und praktisch Auslöser aller weiteren Prozesse. Ein Auftragsdurchlauf beginnt beim Kunden und wird dort auch beendet. Die Menge aller Auftragsdurchlaufprozesse bestimmt die Leistungsanforderungen an eine Unternehmenslogistik (s. Kap. B 6).

Materialflussprozesse

In den Materialflussprozessen sind die betrachteten Leistungsobjekte physischer Natur. Bild B 1.1-2 gibt eine Übersicht über die Vielfalt dieser Leistungsobjekt-Entstehung und ihre Wiederauflösung. Jeder Wechsel der

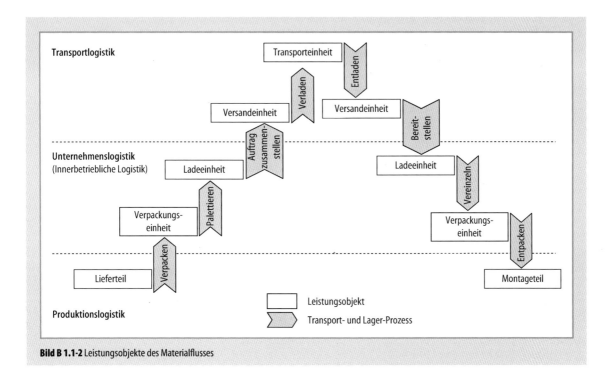

Bild B 1.1-2 Leistungsobjekte des Materialflusses

Leistungsobjektart definiert jeweils unterscheidbare Materialflussprozessketten: Immer dann, wenn neue Leistungsobjekte entstehen, betrachtet der Logistiker neue Prozessketten, deren Anforderungen an der Stelle bestimmt werden, an der der Wechsel des Leistungsobjektes erfolgt. Hier beschreibt er die Quellen und Senken der Teilprozessketten, weil nur hier ihre dynamische Beanspruchung erfasst und damit sicher interpretiert werden kann. Materialflussprozesse unterteilt man dementsprechend in Transport- (Ortsveränderung physischer Objekte), Lager- (Zeitüberbrückung), Umschlag- (Arbeitsmittelwechsel, Wechsel der Ressourcenart) und Sortierprozesse (Objektklassen definierter Eigenschaften herstellen oder auflösen). Bei allen Materialflussprozessen sind heute noch funktionale Klassifizierungen üblich, z. B. Einkaufs-, Vertriebs- oder Wareneingangsprozesse, die hauptsächlich unternehmensspezifische Unterschiede behandeln; zum Thema Lager- und Materialflussprozesse s. Kap. B 4.

Informationsprozesse

Informationsprozesse werden in allen Prozessketten benötigt und entwickelt. Das Leistungsobjekt ist hier immer ein definierter Daten- oder Zeichensatz. Solche Leistungsobjekte von Informationsflüssen sind entweder mit Aufträgen oder physischen Objekten verbunden; sie laufen deren Prozessen voraus, begleiten sie oder sind ihnen nachgeschaltet. Informationsprozesse erfassen und verteilen Zustandsinformationen über die Leistungsobjektdurchläufe oder Entscheidungsinformation aus Planungs-, besser: Dispositionsprozessen. Daten oder Datensätze müssen geeignet gewonnen, zu den erforderlichen Informationen verdichtet und schließlich wieder aufgelöst oder ergänzt werden, um die Bedarfe anderer Informationsteilprozesse zu erfüllen.

In Logistik-Prozessketten sind Informationsprozesse fast ausschließlich im Zusammenhang mit spezifizierten Auftragsbearbeitungs-, Material- und Planungsprozessen defi-

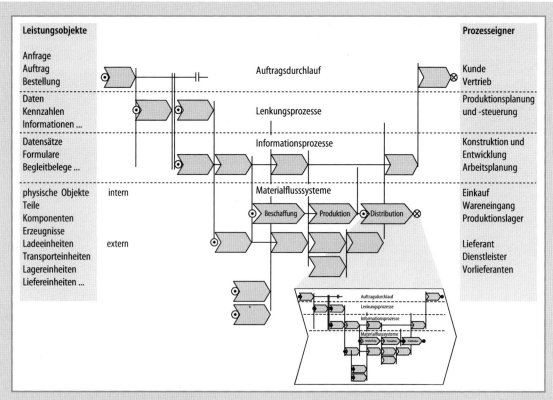

Bild B 1.1-3 Prozessketten der Unternehmenslogistik

niert. In Standard-Softwaresystemen sind sie weitgehend allgemeingültig strukturiert und können anforderungsgerecht aufwandsarm angepasst werden. Für die Logistik befindet sich dieser Standardisierungsprozess erst am Anfang.

Lenkungsprozesse

Unter Lenkungsprozessen sollen alle Prozesse verstanden werden, die heute unter den Begriffen Planung (Horizont im kurzfristigen Bereich etwa 1 Tag), Disposition (Verteilung von Aufträgen an Arbeitsmittel) oder Steuerung (Entscheidungen für alternative Abläufe des Leistungsobjekttransfers aufgrund von Zustandsinformationen im System) verstanden werden (siehe hierzu auch Lenkungsebenen).

Unter diesen Prozessen sind nicht die Planungsprozesse zu verstehen, welche die Umgestaltung von Prozessen, Systemen oder Logistiknetzen zum Ziel haben. Vielmehr betreffen Planungen dieser Art vor allem die Strukturen, in denen alle bisher genannten Prozessketten definiert sind – diese werden gesondert behandelt.

Lenkungsprozesse wirken oft auf alle Leistungsobjekttypen gleichzeitig. Mit Rücksicht auf die Leistungen des Auftragsdurchlaufs werden z. B. Informationsflussobjekte genutzt, um alternative Wege von physikalischen Objekten im Materialfluss zu finden und entsprechende Entscheidungen zu kommunizieren. In Lenkungsprozessen sind die Optimierungsalgorithmen verankert, welche die Ablaufdynamik von Leistungsobjektdurchläufen durch die Prozesse beeinflussen. Dazu werden auch die vorbereitenden Aufgaben der Vorsortierung von Aufträgen (Administration, Vorplanung) verstanden, die weit vor der eigentlichen Durchführung geleistet werden und keinen zeitnahen Bezug zur jeweiligen Belastung, Beanspruchung oder Zustandsinformation der betroffenen Prozesse herstellen bzw. herstellen können.

Bild B 1.1-3 deutet die vielfältigen Vernetzungen der vier Prozesskettentypen an. Hier ist eine Unternehmensprozesskette grob skizziert. Gleichartige Strukturen der Abläufe gibt es in den detaillierenden Ebenen eines Standortes (Beschaffungslager, Teilefertigungsstandort, Montagewerk oder Distributionszentrum) und auch in den Systemen der Logistikketten (Hochregallager, Staplertransportsystem, Kommissionierung). An dieser Hierarchisierung von Prozessen ist deren Selbstähnlichkeit in den unterschiedlichsten Ausprägungen zu erkennen. Die mit der Selbstähnlichkeit verbundene Wiederverwendbarkeit von Lösungen und die Standardisierung von Teilprozessen ist zugleich eine große Chance und Herausforderung für die Logistik.

Alle Unternehmensprozessketten werden in der Praxis überwiegend isoliert betrachtet und über mühsam zu installierende Schnittstellen miteinander vernetzt. Gesamtheitliche Betrachtungen, Gestaltungen und Verantwortlichkeiten für Logistik-Prozesse sind selten eingeführt, in der Zukunft aber dringend erforderlich. Die Prozessorientierung in der Logistik hat diese Herausforderung erkannt (s. Bild B 1.2-1 Aufgabenmodell Supply Chain Management).

B 1.2 Das Modellierungsparadigma

Die funktionsorientierte Denkweise ist derzeit nicht vollständig aus der Logistik verschwunden. Aufbau- und Ablauforganisationen orientieren sich weiterhin an Funktionsträgern und entsprechenden Verantwortungen. Hierdurch entstehen oft Konflikte bei der Umsetzung und Erreichbarkeit definierter Ziele oder ebenso aufwendige Abstimmungsbedarfe an den Schnittstellen dieser Verantwortungsbereiche. Trotzdem macht es Sinn, zunächst Funktionsstrukturen (besser: Aufgabenstrukturen) zu entwickeln, um daraus Übersichten zu gewinnen, Vollständigkeiten zu prüfen und Infrastrukturbedarfe (hauptsächlich des Informationstechnik-Einsatzes) zu erklären.

Dementsprechend ist das in Bild B 1.2-1 dargestellte Aufgabenmodell des Supply Chain Management geeignet, die existierenden und zukünftigen Aufgaben der Unternehmenslogistik aufzuzeigen (vgl. Kap. B 6). Die Aufgabenhierarchie in diesem Modell zeigt die Analogie zu dem beschriebenen Prozesskettenmanagement: Planungsaufgaben im Sinne der langfristigen Veränderung von Strukturen (Design), die Beplanung bestehender Abläufe (Auftragsbearbeitungs-, Materialfluss-, Informationsfluss- und Lenkungsprozesse) auf der Ebene der Netzwerke, der Standorte und der Systeme. Die Vernetzung der Aufgabenerfüllung geschieht über Prozessketten, die in diversen Ausprägungen modelliert und betrieben werden:
– Beschaffungsprozesse (Versorgung),
– Produktionsprozesse (Herstellung),
– Distributionsprozesse (Verteilung).

Diverse Rückführungsprozesse, die für die Logistik von großer Bedeutung sind, werden aus dem Aufgabenmodell nicht ersichtlich, z. B.
– Reklamations-,
– Retouren-,
– Leerbehälterrückführungs- und
– Recyclingprozesse.

Diesen Ausprägungen und Aufgaben können Kernprozesse der Logistik zugeordnet werden:
– Auftragsabwicklung,
– Einkauf,

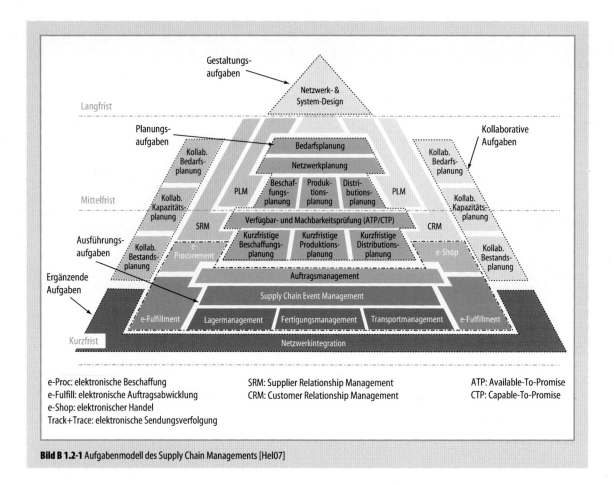

Bild B 1.2-1 Aufgabenmodell des Supply Chain Managements [Hel07]

- Lager,
- Umschlag,
- Kommissionierung,
- Ladungsbildung,
- Gütertransport,
- Entsorgung,
- Dienstleistung.

Teil B dieses Handbuchs behandelt solche Kernprozesse in allen genannten Ausprägungen und beschreibt die wesentlichen Gestaltungsmöglichkeiten. Es ist sinnvoll, dafür ein allgemeingültiges Beschreibungsmodell für Logistikprozesse voranzustellen.

B 1.2.1 Terminologie

Die Terminologie des Prozessketteninstrumentariums lässt sich in seiner Gesamtheit wie folgt beschreiben:

Prozesse

Prozesse überführen Leistungsobjekte mit ihren Eingangseigenschaften in neue, von Empfängern (Kunden) gewünschte Ausgangseigenschaften. Ein Prozess leistet eine definierte Objekttransformation.

Prozesskettenelement

Unter einem Prozesskettenelement wird die modellhafte Beschreibung eines (logistischen) Systems mit der vollständigen Erfassung aller Gestaltungselemente verstanden. Die Prozesskettenelemente werden je nach Detaillierungsgrad bzw. Analyseziel festgelegt. Jedes Prozesskettenelement kann wiederum über Prozessketten einer höheren Detaillierung beschrieben werden.

Aus jedem definierten Prozesskettenelement lassen sich Antworten auf die folgenden Fragestellungen ableiten:

- Woher kommen die Leistungsobjekte (Input) und wohin gehen die transformierten Leistungsobjekte (Output)? → Quellen und Senken
- Wie häufig und wie verteilt nutzen Leistungsobjekte welcher Art die Prozesse? → Systemlast
- Was geschieht in dem definierten Prozess (System)? → Prozessablaufstrukturen (s. Prozesskette)
- Wie sind die Prozesse mit anderen des Gesamtsystems verbunden? → Lenkungsebenen, Vernetzung, Strukturen
- Wie hoch ist der Kapazitätsbedarf, um den Prozess zu realisieren? → Ressourcen
- Warum existieren bestimmte Beziehungssetzungen? → Strukturen, Aufbau-, Ablauf- und Anordnungsstrukturen.

Man erkennt, dass die Terminologie des Prozessketteninstrumentariums der der Systemtechnik so weit wie möglich entspricht. Das ist deswegen sinnvoll, weil sich viele existierende Denk- und Beschreibungsstrukturen an der Systemtheorie orientieren.

Prozesskette

Eine Prozesskette stellt eine geordnete Abfolge von Aktivitäten dar, die einen definierten Input (z. B. Leistungsobjekte von einem Lieferanten) in einen definierten Output (z. B. transformierte Leistungsobjekte an einen Kunden) überführen (Kunden-Lieferanten-Prozesse). Die Prozesskette besteht aus einzelnen Prozesskettenelementen, die entlang der Zeitachse miteinander verknüpft dargestellt werden.

Prozesskettenplan

In einem Prozesskettenplan wird die Prozessablaufstruktur für alle zu erfassenden Leistungsobjekte abgebildet. Dabei macht die Prozesskette die Schnittstellen zu den Abteilungen, Bereichen, Funktionen (Prozesseigner) im Unternehmen deutlich und zeigt dadurch auf, wo ein Auftrag bzw. ein Leistungsobjekt zwischen diesen wechseln muss. Mit jedem Wechsel sind längere Durchlaufzeiten und Kosten verbunden, die im Prozesskettenmanagement mit erhöhter Aufmerksamkeit verfolgt werden.

Der Prozesskettenplan ist eine grafische Darstellungsform für Prozesse, die sich durch ihre Orientierung an der Zeit von anderen Darstellungstechniken, z. B. der Ereignisorientierten Prozesskette (EPK), unterscheidet. Der Prozesskettenplan dient hauptsächlich der Visualisierung der zeitlichen Anordnung von Prozesskettenelementen (Prozessablaufstruktur), wobei die Gestaltungs- und Prozessparameter direkt zugeordnet werden können.

Prozesskettenmanagement/-instrumentarium

Hierunter wird die Gesamtheit aller Methoden zur Modellierung, Bewertung und Analyse sowie zur Entwicklung von Gestaltungs- und Vorgehensempfehlungen einer prozessorientierten Reorganisation verstanden.

Die Anwendung des Prozessketteninstrumentariums führt zur ganzheitlichen Visualisierung und schafft die Voraussetzung zur Analyse entsprechender Leistungsobjektdurchläufe. Darüber hinaus bewirkt sie die notwendige Transparenz externer und interner Kunden-Lieferanten-Beziehungen, Verantwortungsbereiche und Zielerreichung (Durchlaufzeiten, Bestand, Kapazitätsauslastung, Termintreue). Die Inanspruchnahme der Ressourcen durch Leistungsobjekte wird messbar und dient der Prozesskostenrechnung.

Prozesskettenmodell

Das Prozesskettenmodel bildet (logistische) Prozesse mit den Gestaltungselementen Systemlast, Prozessablauf, Lenkung, Strukturen und Ressourcen (Potenzialklassen) ab.

B 1.2.2 Methodische Grundlagen

Die Grundlage für die Entwicklung des Prozessketteninstrumentariums ist die Wertkette nach Porter [Por86]. Darauf aufbauend hat Klöpper die logistische Wertkette entwickelt [Klö91]. Hieraus entstanden die Prozessketten und das Prozesskettenmanagement nach Kuhn [Kuh92, Pie94, Kuh94, Kuh95, Win96].

Das Ziel der Prozesskettensystematik ist es, alle Aktivitäten (Elementarprozesse), die zur Erfüllung des Objekttransformationsauftrags durchgeführt werden müssen, zu identifizieren und gemeinsam mit allen relevanten Abhängigkeiten abzubilden. Die Prozesse zur Abwicklung des Transformationsauftrags sind dann vollständig abgebildet, wenn der Prozesskettenplan, unter Einschluss sämtlicher Kunden und Lieferanten, erfasst wurde. Hieran wird deutlich, welch umfassende und ganzheitliche Betrachtungsweise dem Prozesskettenmanagement zugrunde liegt. Die Prozesskette zeigt die Stellen auf, an denen der Auftrag (das Leistungsobjekt) den Prozesseigner wechseln muss. Diese Wechsel stellen in der Prozesskette beeinflussbare Schnittstellen dar, weil sie mit erhöhten Durchlaufzeiten und erhöhten Kosten verbunden sind. Solche Schnittstellen im Auftragsfluss sind zu analysieren, möglichst zu eliminieren oder neu zu gestalten. Dies geschieht, indem das

Prinzip der prozessketteninternen Kunden-Lieferanten-Beziehung beachtet wird.

Die Anwendung des Prozessketteninstrumentariums führt zu der ganzheitlichen Visualisierung und Analyse von Auftragsdurchläufen. Bereiche im Auftragsdurchfluss, in denen Ursachen für Defizite, Konflikte oder Fehler identifiziert oder vermutet werden, können über mehrere Hierarchieebenen hinweg verdeutlicht werden. Auf diese Weise bleibt bei allen Analysen und Lösungsvorschlägen der Bezug zum Ganzen erhalten.

Es ist wichtig, bei der Umgestaltung der Prozessketten die betroffenen Mitarbeiter zu beteiligen. Ihre Erfahrung muss genutzt und ihre Wünsche müssen berücksichtigt werden. Die Prozesskettendarstellung erweist sich hierbei als besonders wertvoll, weil sie ein Kommunikationsmedium darstellt, das unabhängig von der Aufbauorganisation eine für alle verständliche Form nutzt. Bestehende und geänderte Abläufe können im Team mit Hilfe des neuen Kommunikationsmediums einer einfachen und schnellen Überprüfung unterzogen werden. Es dient als gemeinsame Basis für weitere Diskussionen, Detaillierungen und Planungen. Dadurch wird bei der Ideenfindung die Kreativität vieler eingebunden und die Akzeptanz der Änderungen in hohem Maße abgesichert. Gemeinsam im Team werden Strukturdefekte in den Prozessketten analysiert. Wo wird Arbeit redundant durchgeführt, wo sind Prozessfolgen unsinnig, wo können Prozesse parallelisiert werden? Durch die Hinterlegung der Prozessketten mit Daten und die Analyse der Prozessketten können diese Potenziale in Form von Durchlaufzeitverkürzungen, Kostenreduzierungen, Durchsatzsteigerungen, Bestandsminderungen und Kapazitätsauslastungsänderungen ausgewiesen werden.

Diese als Potenzialklassen bezeichneten Gestaltungsbereiche werden im Folgenden (vgl. Bild B 1.2-2) näher erläutert. Sie sind ein zentrales Element des Prozesskettenmanagements und stellen die „Stellschrauben" zur Prozessverbesserung bereit. Über sie kann der Auftragsdurchlauf entsprechend den Zielsetzungen beeinflusst und geändert werden.

Quellen/Senken

Quellen und Senken beschreiben die Schnittstellen des Systems bzw. der Prozesskette zu seiner Umwelt. Leistungsobjekte treten an der Quelle in das System hinein und verlassen das System transformiert über die Senke (Temporärobjekte). Weitere Objekte durchlaufen lediglich das System und werden nicht transformiert (Permanentobjekte).

Quellen beschreiben die Leistungsobjektarten, deren Verteilung und Wiederankunftszeiten an definierten Stellen, die das Prozesselement in Art und Menge durchlaufen. Auf die Leistungsobjekte beziehen sich alle Zielvereinbarungen der Kunden-Lieferanten-Beziehungen.

Senken sind die Ausgänge des Prozesskettenelements. Sie beschreiben den Bedarf oder die Übernahmefähigkeit der nachfolgenden Prozesse. Die Gesamtheit aller Leistungsob-

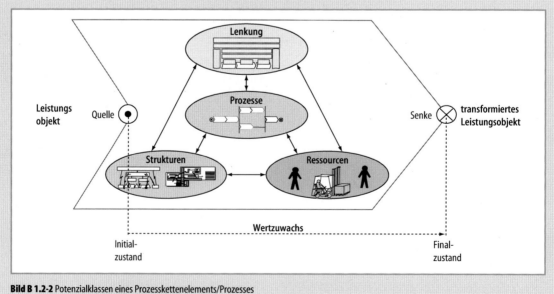

Bild B 1.2-2 Potenzialklassen eines Prozesskettenelements/Prozesses

jekte (Input und Output), die einen Prozess in irgendeiner Weise beanspruchen, wird als Systemlast bezeichnet

Es gibt aktive und passive Quellen. Aktive Quellen steuern Leistungsobjekte nach den Systemlastparametern in die Prozesse ein, passive Quellen reagieren nur auf Anforderungen aus dem betrachteten Prozess heraus (Anforderungen, Ereignisse). Ähnlich werden auch die Senken und deren Beschreibung unterschieden.

Die Unterscheidung der Leistungsobjekte nach Permanent- und Temporärobjekten erfolgt deshalb, weil hierüber unterschiedliche Statistiken geführt werden müssen, also unterschiedliche Transformationsparameter verwaltet werden. Bei den Temporärobjekten interessieren Durchlaufzeiten, deren Steuerung und die erzielte Termintreue der geplanten Austrittszeitpunkte. Die Permanentobjekte werden bezüglich ihrer Auslastung oder ihrer Nutzungszeiten bewertet. Sie bewegen sich durch die Prozesse, stellen aber auch Elemente der Potenzialklasse Ressourcen dar (Arbeitsmittel, z. B. Gabelstapler, LKW; Arbeitshilfsmittel, z. B. Behälter, Paletten; oder auch Organisationsmittel, z. B. Warenbegleitbelege, Transponder). Permanentobjekte entstehen meist in passiven Quellen aufgrund von Bedarfs- oder Bestandsmeldungen in den Prozessen.

Prozesse

Jedes Prozesskettenelement kann bei detaillierter Betrachtung in untergeordnete Prozesse zerlegt werden, und auch diese können weitere Prozessketten in sich bergen, die gemeinsam mit ihren Schnittstellen (Quellen und Senken) die Prozessstrukturen bilden. Unabhängig davon, auf welcher Detaillierungsebene ein Prozesskettenelement betrachtet wird, ist es wie die übergeordneten und die untergeordneten Prozesskettenelemente immer gleich aufgebaut, nämlich aus den vier Potenzialklassen Ressourcen, Strukturen, Lenkung und Prozesse. Dieses Gestaltungsprinzip wird als Selbstähnlichkeit bezeichnet.

Lenkungsebenen

Jedes Prozesskettenelement verfügt über Regeln und Steuerungsvorschriften, die den Entscheidungsspielraum bezüglich untergeordneter Systeme, benachbarter Prozesse und übergeordneter Kompetenzen bestimmen. Dies wird als Lenkung bezeichnet. Insgesamt werden fünf Lenkungsebenen definiert (s. Bild B 1.2-3).

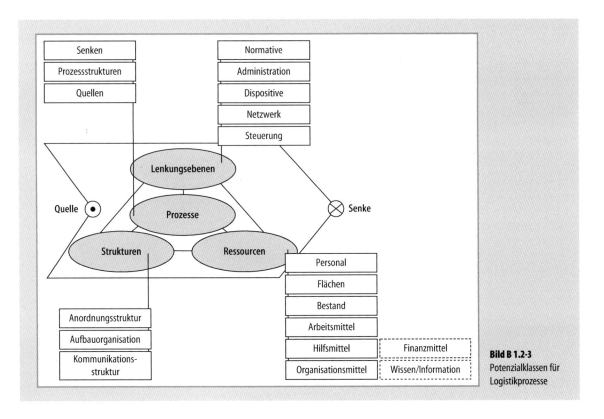

Bild B 1.2-3 Potenzialklassen für Logistikprozesse

In der untersten Ebene, der Prozesssteuerung, sind die Ablaufregeln abgelegt, nach denen die einzelnen Leistungsobjekte Prozesse durchlaufen.

In der nächst höheren Ebene, der Netzwerkebene, werden einzelne Transferaufträge im Durchlauf durch die Prozesse koordiniert sowie über redundante Prozesse entschieden oder alternative Durchläufe vorgegeben. Treten Engpässe in der Prozesskette beim Ressourcenangebot auf, dann müssen auf der Netzwerkebene Maßnahmen abgelegt sein, die eine kurzfristige Änderung der Durchlaufpläne erlauben. Hier geht es auch um den flexiblen Einsatz und Austausch von Ressourcen.

In der dritten Lenkungsebene, der Disposition, werden die von der administrativen Ebene ungeordnet übergebenen Kundenaufträge verwaltet, unter Beachtung von Randbedingungen und Optimierungskriterien in eine Reihenfolge gebracht und in die Netzwerkebene eingelastet.

Die vierte Lenkungsebene, Administration, nimmt alle Aufträge an, prüft die Durchführbarkeit und informiert die Kunden und Lieferanten über die erreichbaren Transferleistungen. Im Konfliktfall, wenn die vereinbarten Leistungen nicht eingehalten werden können, „verhandelt" die Administration mit vor- und nachgeschalteten Prozessen. Alle angenommenen Aufträge bilden die bereits erwähnte Systemlast.

Die fünfte und höchste Lenkungsebene ist die Normative. Hier werden übergeordnete Normen, Werte und Ziele vorgeschrieben. Ihr kommt im Prozesskettenmanagement die herausragende Aufgabe zu, die unternehmenspolitischen Ziele in Teilziele (Prozessziele) zu übertragen und zu überwachen.

Ressourcen

Das Prozesskettenelement wandelt die Leistungsobjekte entsprechend seines Auftrags um. Dabei müssen Ressourcen in Anspruch genommen werden. Im Einzelnen sind dies Personal, Flächen, Bestand, Arbeitsmittel, Arbeitshilfsmittel und Organisationsmittel. Die Inanspruchnahme von Ressourcen verursacht Kosten. Die Lenkung muss dafür sorgen, dass sie sparsam eingesetzt werden. Die Lenkungsebene Steuerung misst die Zeit der Ressourcennutzung. Hieraus werden Prozesskosten abgeleitet, welche einem einzelnen Leistungsobjekttransfer zugeordnet werden.

Strukturen

Jedes Prozesskettenelement und jede Prozesskette ist in die Strukturen des Unternehmens eingebettet. Die Anordnungsstruktur, das Layout, erfasst die Anordnung der Ressourcen, z. B. Flächen und Arbeitsmittel; die Aufbaustruktur legt die Verantwortungsspannen von Prozessen fest (Prozesseigner). Die technische Kommunikationsstruktur beschreibt die Infrastruktur für die Informationsflüsse und ihre Teilprozesse. Prozessablaufstrukturen und Unternehmensstrukturen bedingen sich gegenseitig. Prozesse sind nur in den genannten Strukturen definiert.

Potenzialklassen

Zur Anpassung an veränderte Umfeldbedingungen und zur Erfüllung der Unternehmensziele werden für einen Prozess die Systemlast, Prozessablaufstruktur, Lenkung sowie Strukturen und Ressourcen – die Potenzialklassen des Prozesskettenmanagements abgeleitet, s. Bild B 1.2-3; zu den Potenzialklassen siehe auch [Kuh95; Pie95 und Kuh96].

Die Gesamtheit aller Potenzialklassen bildet einen wirkungsvollen Rahmen von Handlungsalternativen zur Erschließung von Verbesserungspotenzialen. Damit liegt eine Art Checkliste vor, mit der es möglich wird, jede denkbare Einflussnahme auf ein Prozesskettenelement entsprechend seiner Wirkung zu hinterfragen.

Die beispielhafte Auflistung von Aufgaben und deren Zuordnung zu den Potenzialklassen im Bild B 1.2-4 soll als Orientierungshilfe für mit dem Prozessketteninstrumentarium behandelte Fragestellungen dienen.

B 1.3 Prozessmodelle, -ketten und -netze

Es gibt viele brauchbare Modelle für die Logistik. Oft bedienen sie den gleichen Anspruch wie das Prozessketteninstrumentarium, meistens sind sie für spezifische Anwendungen entworfen oder entwickelt worden, manchmal sind sie die Basis für Strukturoptimierungen oder für Modellexperimente (Modellrechnungen, Simulatoren). Immer sind diese Modelle aus bestimmten Bedarfen oder Kompetenzen heraus entwickelt worden – ein Generalmodell, welches alle Bedarfe einer vernetzten Logistik-Planung und -Steuerung unterstützt, gibt es nicht. Möglicherweise ist dieses „Generalmodell" auch nicht sinnvoll nutzbar, weil die Abbildung der Komplexität einer Logistik-Realität in einem Modell keinen Beitrag zur Komplexitätsreduktion und damit zur Beherrschbarkeit von Prozessketten und deren Vernetzung liefert. Natürlich besteht der Wunsch, alle Modelle sukzessive in ihrer Nutzung zu erweitern. Das gelingt aber nur dann, wenn die Nutzung vorgeplant und entsprechend in den Modellstrukturen vorbereitet wurde. Der Konflikt besteht immer dort, wo Allgemeingültigkeit und spezifische Anwendung eines Modells nur mit großen Aufwendungen überbrückt werden kann.

#	Potenzialklasse	Logistische Planungsebene →		
		Unternehmen	Standort	Systeme
1	Senken (Kundenbeziehungen)	Integration des Kunden in die Entwicklung innovativer Dienstleistungen	Definition und Aufbau interner Kundenbeziehungen	JIS-Anlieferung (JIS: Just-In-Sequence)
2	Prozessstrukturen (Prozessgestaltung)	Pullprozesse dominieren lassen	Kanban-Belieferungen	eKanban-Prozesse standardisieren
3	Quellen (Lieferantenbeziehungen)	Aufbau von Lieferantenbeziehungen; Entwicklung neuer Formen zwischenbetrieblicher Kooperation	Lieferantenlager von Logistikdienstleister betreiben lassen	Beschaffungs- und Versorgungskonzepte zur bedarfsorientierten Belieferung (Vendor Managed Inventory)
4	Normative (Führungsstil)	Förderung der Dienstleistungsmentalität und Kooperationsbereitschaft	Partizipative Unternehmenskultur	Teamorganisation, Kaizen, KVP
5	Administrative (Kooperationsmanagement)	Kollaborative Planung in Liefernetzen	Flexible Zeitfensterorganisation für Liefertransporte	Vorausschauende Information der Bereitstellungstermine für Transportladungen an Transporteur
6	Dispositive	Flexible Anpassung von Ressourcen bei schwankenden Systemlasten	Reihenfolgeoptimierung der Aufträge	Optimierte Staplertouren
7	Netzwerke	Optimierter Bestands-/Bedarfsabgleich in der Lieferkette	Engpasssteuerung	Redundante Wege nutzen
8	Steuerung	Kooperationscontrolling	Dezentrale Verantwortung für die Prozessdurchführung	Leitsysteme für mobile Betriebsmittel
9	Personal	Wissensmanagement in der Personalqualifizierung	Flexibilisierung der Arbeits- und Pausenzeit	Poolorganisation der Personaleinsatzstrategie
10	Flächen (Flächennutzung und -bewertung)	Einheitliche Bewertung der Flächen unter ökonomischen und ökologischen Gesichtspunkten	Flächensparend Produzieren und Lagern	Wegeminimale Anordnung von Arbeitsmitteln
11	Bestand	Unterstützung von Abstimmungsprozessen zur Harmonisierung des Bestandes über die Prozesskette	Reichweitenbegrenzung für Material; Senkung von Sicherheitsbeständen	Logistik-Losgröße
12	Arbeitsmittel	Technologieführerschaft	Flexible Betriebsmittel	Einfache Mensch-Maschine-Schnittstellen
13	Arbeitshilfsmittel (Arbeitsmittelgestaltung)	Organisation von Mehrwegladungsträger-Kreisläufen und Pool-Konzepten	Reduzierung der Hilfsmittelvielfalt	Kapazitätsauslastung überwachen
14	Organisationsmittel (Organisationsmittelgestaltung)	Altsysteme eliminieren – Industriestandards nutzen	Vermeidung von Medienbrüchen – Beleglose Logistik	Soft- und Hardware Ergonomie
15	Layout (Anordungsstrukturen)	Standort-Benchmarks – Flächenminimale Standort-Logistik	Logistikgerechte Flächennutzung	Gestaltung einer humanen Arbeitsumgebung
16	Aufbauorganisation (Organisationsentwicklung)	Ausrichtung der Aufbauorganisation an den Auftragsfluss	Hierarchieabbau – Selbststeuerungsstrukturen – Schnittstellen reduzieren	Prozesseigner reduzieren
17	Technische Kommunikationsstruktur (Informationsanbindung)	Standardisierung	Outsourcing, ASP-Lösungen (ASP: Application Service Provider)	Open-Source-Lösungen suchen

Bild B 1.2-4 Beispielhafte Auflistung von Aufgaben und deren Zuordnung zu den Potenzialklassen

B 1 Prozessorientierte Sichtweise in Produktion und Logistik

In der Logistik scheinen zwei Modellvorschläge einen vernünftigen Kompromiss zwischen breiter Nutzung und angemessenem Aufwand gefunden zu haben. Ein Beweis dafür ist in ihrer Verbreitung zu sehen: das ARIS-Modell, das sich aus den Informationssystemen der Unternehmenssteuerung entwickelt hat (Bottom-Up-Entwicklung) und das SCOR-Modell, welches aus einem sehr allgemeinen und einfachen, also abstrakten Ansatz bekannt wurde und mittlerweile über 3 Ebenen in detaillierter Beschreibungen von Logistikprozessketten überführt wurde. Beide Modelle werden nachfolgend kurz beschrieben, weil viele Lösungsansätze im Prozessteil dieses Handbuches darauf basieren. Mit Bild B 1.3-1 wird noch einmal der Hinweis geliefert, dass die durchgängige vollständige Modellierung von Logistikprozessen noch nicht erreicht wird.

B 1.3.1 Architektur integrierter Informationssysteme – ARIS

Das ARIS-Konzept (Architektur integrierter Informationssysteme) hat seit seiner Vorstellung 1991 im Anwendungsfeld betriebswirtschaftlicher Modelle zur Dokumentation und Entwicklung von Standardsoftware eine weite Verbreitung gefunden. ARIS stellt mit dem integrativen Ansatz des Phasenmodells (ARIS-Life-Cycle-Konzept) eine Unterteilung von Entwicklungsschritten in das strategische Anwendungskonzept, Fachkonzept, DV-Konzept und die technische Implementierung vor (vgl. dazu [Sch00, Sch01, Sch02]). Dies hat die Konzeption, Auswahl, Einführung und Dokumentation integrierter Softwaresysteme, die der Erfüllung betriebswirtschaftlicher Aufgaben dienen, vereinfacht. Der Organisationsaufwand verringert sich in jeder Phase des Life-Cycle durch die Bereitstellung von Rahmenkonzepten, Tools und Methoden. Weiterhin stehen Referenzmodelle allgemeiner Geschäftsprozesse (Logistik, Leistungsentwicklung, Information und Koordination) sowie Referenzmodelle für spezielle Fragestellungen (z.B. Branchenkonzepte) zur Verfügung.

Nach dem ARIS-Konzept werden die Geschäftsprozesse mit ihren organisatorischen und betriebswirtschaftlichen Aspekten mit dem ARIS-Geschäftsprozessmodell als zent-

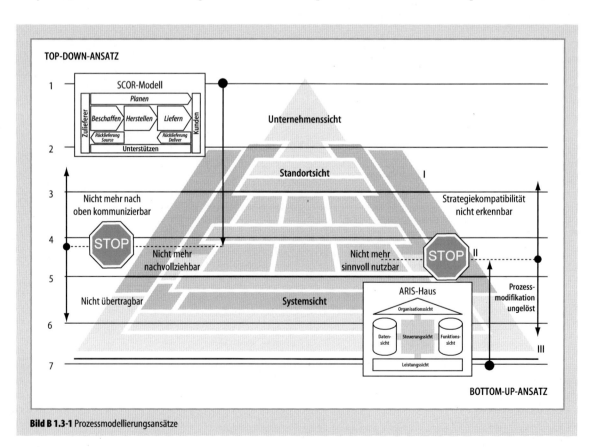

Bild B 1.3-1 Prozessmodellierungsansätze

ralem Element abgebildet. Durch die fünf Sichten des ARIS-Hauses (Funktionssicht, Organisationssicht, Datensicht, Leistungssicht und Steuerungssicht) ist es möglich, statische und dynamische Strukturen in spezifischen Ausschnitten zu modellieren.

In der Funktionssicht werden alle Funktionen, die Input-Leistungen zu Output-Leistungen transformieren, zusammengefasst (Ablauforganisation). In einer Organisationssicht werden Aufgabenträger, Organisationseinheiten und Organisationsstrukturen als Aufbauorganisation abgebildet. Informationstechnische Aspekte werden in der Datensicht durch Erfassung von Daten zur Vorgangsbearbeitung sowie von Nachrichten, welche Funktionen auslösen bzw. von Funktionen erzeugt werden, modelliert. Die Leistungssicht enthält alle materiellen und immateriellen Input- und Output-Leistungen einschließlich der Geldflüsse. Die Beziehungen zwischen den Sichten und der gesamte Geschäftsprozess werden in der Steuerungssicht oder Prozesssicht behandelt. Sie bildet den Rahmen für die systematische Betrachtung aller bilateralen Beziehungen der Sichten sowie der vollständigen Prozessbeschreibung und stellt somit diejenige Sicht dar, welche die übrigen Sichten zu einem Gesamtmodell verbindet.

Das ARIS-Modell verfügt über einen engen Bezug zu einem Phasenmodell zur Entwicklung von Informationssystemen (Bild B 1.3-2) und verfügt damit entgegen dem Prozesskettenmodell über ein Phasenkonzept für einen Gestaltungsprozess. Diese Sicht ist in dem ARIS Life-Cycle manifestiert. Dadurch wird es möglich, die Modelle aller Sichten des ARIS-Konzeptes in die Phasen eines Entwicklungsprozesses einzuordnen. Der Vorteil ist, dass der Anwender Handlungsanleitungen über den Modelleinsatz erhält und dass Entwicklungsmethoden dem Phasenkonzept zugeordnet werden können.

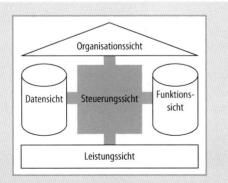

Bild B 1.3-2 Vereinfachtes ARIS-Haus zur Beschreibung von Geschäftsprozessen [Sch00, Sch01, Sch02]

Im Gegensatz zu Gestaltungsfeldern der Logistik sind in der Informatik detaillierte und standardisierte Referenzmodelle für Entwicklungsprojekte verfügbar, so dass sich der ARIS-Life-Cycle auf eine grobe Phaseneinteilung des Gestaltungsprozesses beschränken kann.

Die ARIS-Methode wird weiterhin durch eine funktionsreiche Modellierungssoftware – das ARIS-Toolset – unterstützt. Dieses Instrument dient zunächst zur Erstellung der Teilmodelle und unterstützt im Folgenden die Vernetzung modellierter Elemente zwischen einzelnen Modellen. So ermöglicht das Toolset zunächst die Modellierung von Funktionen und Organisationen, um sie dann in einem Prozessdiagramm zu vernetzen. Dieses bedingt einen hohen Grad an Formalisierung der Modellierungselemente. Die Vielfalt der in dem ARIS-Toolset zusammengefassten Modellierungstechniken hat dazu geführt, dass inzwischen ein großer Fundus an Referenzbausteinen mit diesem Tool modelliert wurde. Diese Referenzbausteine sind wichtige Hilfsmittel bei der Gestaltung logistischer Prozesse, für den Entwurf von Organisationen und die Spezifizierung von Softwaresystemen.

B 1.3.2 Supply Chain Operation Reference Model – SCOR

Das Supply Chain Council (SCC) ist eine unabhängige, gemeinnützige Vereinigung, die seit ihrer Gründung durch Pittiglio Rabin Todd & Mc Grath (PRTM) und AMR Research im Jahre 1996 auf mittlerweile mehr als 1000 Mitgliedsunternehmen gewachsen ist. Ein wesentlicher Gegenstand der Arbeiten des SCC ist die Entwicklung des Supply Chain Operations Reference Model (SCOR) als standardisiertes Prozess-Referenzmodell der Supply Chain. SCOR strebt eine einheitliche Beschreibung, Bewertung und Analyse von Geschäftsbeziehungen und Wertschöpfungsnetzwerken an. Das Modell wird laufend weiter entwickelt und ist in reduzierter Form kostenlos verfügbar [SCO07].

Grundidee der SCOR-Modellierung (Bild B 1.3-3) ist die Zerlegung der logistischen Prozesse eines Wertschöpfungsnetzwerks in die sechs Kernprozesse „plan", „source", „make", „deliver", „return" und „enable". Durch die spezifische Verbindung dieser Prozesse können die grundlegenden Kunden-Lieferanten-Beziehungen in der Ebene 1 des Modells erfasst werden. Diese Ebene kann in drei weiteren Ebenen ausdetailliert werden. Die Konfigurationsebene 2 bietet dazu die Detaillierung der sechs Prozesstypen in weitere Prozesskategorien. So ist zum Beispiel der Prozesstyp „make" in die Typen „M1 Make-to-Stock", „M2 Make-to-Order" oder „M3 Engineer-to-Order" detaillierbar. Auf der Ebene 3 wird eine weitere Detaillierung mit Hilfe von Ele-

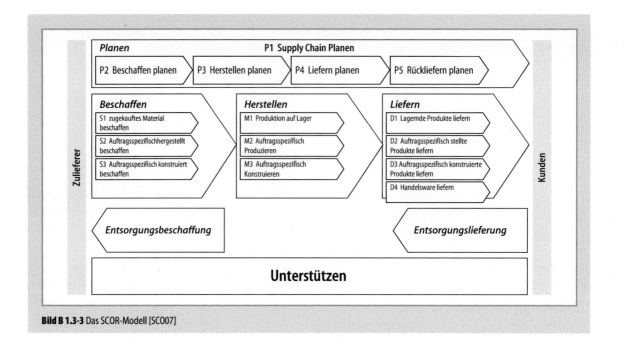

Bild B 1.3-3 Das SCOR-Modell [SCO07]

mentar-Prozessen vorgenommen. Zu jedem Prozess der Ebene 2 werden hier die Prozessschritte einschließlich Prozesseingangsinformation, Prozessausgangsinformation, Bewertungsgrößen und Best-Practice-Beispielen bereitgestellt.

SCOR stellt darüber hinaus als Prozessreferenzmodell ein generisches Vorgehensmodell bereit, das Konzepte des Business Process Reengineering, Benchmarking und der Prozessbewertung (vgl. hierzu Abschn. B 1.4.4) in ein cross-funktionales Rahmenwerk integriert. Ein Alleinstellungsmerkmal von SCOR stellt die Verknüpfung von Kennzahlen und Best-Practice mit den Prozesstypen dar. Des Weiteren ist die Prozesstypdefinition Grundlage eines gemeinsamen Verständnisses von Logistikprozessen.

B 1.4 Logistikorientierte Kennzahlensysteme und -kennlinien

B 1.4.1 Einführung

Die vorhergehenden Abschnitte haben deutlich gemacht, dass die Aufgabe logistischer Systeme darin besteht, die Verfügbarkeit von Material nach Art und Menge in der geforderten Qualität zum vereinbarten Zeitpunkt am vereinbarten Ort sicher zu stellen. Sie stellen damit die Verbindung zwischen Veränderungsprozessen her. Da eine überlegene Logistik für viele Unternehmen zu einem wichtigen Differenzierungsmerkmal gegenüber dem Wettbewerb geworden ist, sind ständige Bemühungen zur Verbesserung logistischer Prozesse erforderlich. Diese können sich einerseits auf die vom Kunden wahrgenommene Logistikleistung und andererseits auf die vom Unternehmen aufgewandten Logistikkosten beziehen. Während die Logistikleistung sich noch vergleichsweise einfach messen lässt, kennen Unternehmen vielfach ihre Logistikkosten gar nicht, weil sie sich in Material- und Fertigungsgemeinkosten verbergen. Bild B 1.4-1 zeigt die Ergebnisse einer Untersuchung der Unternehmensberatung McKinsey, welche die Logistikkostenanteile am Verkaufspreis verschiedener Warengruppen gegenüberstellt [Kin06].

Mittlerweile hat sich die Erkenntnis durchgesetzt, dass jede Leistung – und damit auch eine Logistikleistung – nur zu verbessern ist, wenn diese ständig gemessen wird. Üblicherweise geschieht dies durch Kennzahlen, deren Sollwerte periodisch mit den Istwerten verglichen werden.

Kennzahlen werden in Absolutzahlen und Relativzahlen unterschieden. Absolutzahlen stellen Werte einer Reihe von Einzelzahlen, Summenzahlen oder Differenzzahlen dar, meist in ihrem Zeitverlauf, z. B. Lieferzeiten in Tagen, Bestände in Stunden usw. Relativzahlen treten auf als Gliederungszahlen (Anteil einer Größe an einer Gesamtmenge: z. B. Anteil terminreuer Aufträge an allen Auftra-

	Jeans	Bluse	Auto	elektrische Zahnbürste	Mobiltelefon
Verkaufspreis ohne MwSt [Euro]	12,92	129,30	12.931,07	112,07	120,69
Transport incl. Zölle	1,38	0,81	483,00	5,73	3,48
Lagerung	0,30	0,50	292,00	1,00	1,00
Bestandskosten	0,11	0,43	256,00	0,56	0,50
EDV und Verwaltung	0,10	1,03	144,00	0,90	0,97
Summe direkte Logistikkosten	1,89	2,77	1.175,00	8,19	5,95
Lagerabwertungen und Schwund	0,65	11,64	106,00	2,60	3,00
Margenverlust für entgangene Umsätze	0,65	5,17	n.a.	4,48	6,03
Summe indirekte Logistikkosten	1,30	16,81	106,00	7,08	9,03
Summe Logistikkosten gesamt	3,19	19,58	1.281,00	15,27	14,98
Logistikkosten in Prozent	24,7%	15,1%	9,9%	13,6%	12,4%

Bild B 1.4-1 Logistikkostenanteile verschiedener Warengruppen [Kin06]

gen einer Periode), Beziehungszahlen (Verhältnis von zwei verschiedenen, aber sachlich zusammenhängen Größen: z. B. Kosten des Wareneingangs zur Gesamtzahl aller Wareneingänge einer Periode) oder Indexzahlen (Verhältnis gleichartiger, aber zeitlich oder örtlich verschiedener Größen: z. B. Preisindex als Verhältnis von aktuellem Preis zu einem Basispreis).

Logistiksysteme mit ihren Teilsystemen Beschaffungs-, Produktions- und Distributionslogistik lassen sich nicht mit einer einzigen Kennzahl sinnvoll beschreiben, weil es zu ihrer Beurteilung mehrerer Sichten bedarf, die in den Kennzahlen ihren Niederschlag finden müssen. Um die entsprechenden Kennzahlen aber nicht beziehungslos nebeneinander zu stellen, ordnet man sie in sog. Kennzahlensysteme ein, die auf ein übergeordnetes Ziel hin ausgerichtet sind (z. B. hohe Effizienz) und zueinander in einer sinnvollen Beziehung stehen. Ein solches System von Zielen wird als Zielsystem bezeichnet. Weiterhin ist zu beachten, dass ein Kennzahlensystem einen klar definierten Geltungsbereich besitzen muss. Zweckmäßig ist dabei eine hierarchische Gliederung des betrachteten Systems von Elementen, die nicht weiter unterteilt werden, bis hin zum Gesamtsystem. So kann man z. B. eine Produktion in fünf Ebenen vom einzelnen Arbeitsplatz über Zelle, Segment, Bereich bis hin zur ganzen Produktion aufbauen. Auch die Aufteilung des Artikelspektrums in Auftragsklassen, z. B.

Kundenaufträge, Lageraufträge, Ersatzteilaufträge, kann sinnvoll sein.

Nach der Zieldefinition und Systemabgrenzung sind die Kennzahlen zu definieren. Dazu gehört eine Definition des Zwecks, eine Berechnungsvorschrift, eine Beschreibung der Bestandteile der Berechnungsvorschrift und die Datenquellen.

B 1.4.2 Zielsystem der Logistik

Zielsysteme und damit verknüpfte Kennzahlen setzen Modelle voraus, anhand derer Messpunkte und Erfassungsgrößen zur Berechnung der Kennzahlen definiert sind. Beschreibungsmodelle eines Logistiksystems basieren häufig auf einem systemtheoretischen Ansatz, bei dem der Logistikprozess zum einen mit Inputgrößen (als Produktionsfaktoren bezeichnet), und den Outputgrößen, (als Versorgungs- und Lieferservice) beschrieben wird. Zum anderen führt das Logistiksystem einen Logistikprozess durch, der seinerseits aus einer Abfolge von Prozessschritten wie Lagern, Transportieren, Handhaben, Verteilen, Kommissionieren, Verpacken und Verteilen besteht. Diese Funktionen sind entlang der Lieferkette von der Beschaffung über die Produktion bis zum Absatz mit minimalem Einsatz der Produktionsfaktoren auf den Kundennutzen auszurichten [Pfo90].

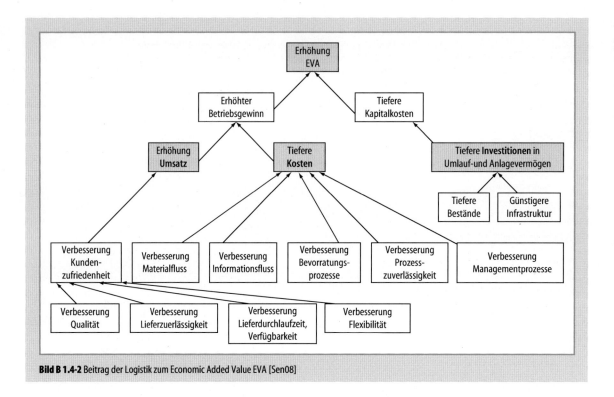

Bild B 1.4-2 Beitrag der Logistik zum Economic Added Value EVA [Sen08]

In Abschn. B 1.3 wurden als weitergehende Ansätze das Prozesskettenmodell, das SCOR-Modell und das ARIS-Modell zur Beschreibung von Logistikprozessen vorgestellt. Aus deren Ausgangsgrößen lassen sich systematisch Kennzahlen ableiten, die ihrerseits Basis von Zielsystemen sein können. Diese Kennzahlen entspringen einer Funktionssicht, bauen sich also gewissermaßen von unten nach oben auf.

Eine andere Möglichkeit besteht in der Ableitung der Teilziele aus einem übergeordneten Gesamtziel. Sennheiser und Schnetzler stellen hierzu einen am SCOR-Modell orientierten Kennzahlenansatz vor, der sich am Beitrag des Supply Chain Management zum Unternehmenswert orientiert, Bild B 1.4-2 [Sen08].

Als Messgröße wird hier der Economic Value Added (EVA) als Differenz zwischen Betriebsgewinn (netto nach Steuern vor Zinsen) und den Kapitalkosten für Fremd- und Eigenkapital benutzt. Der Beitrag der Logistik zu einem höheren EVA besteht demnach zum ersten in der Erhöhung des Umsatzes durch größere Kundenzufriedenheit, die ihrerseits durch höhere Qualität (nicht direkt von der Logistik beeinflussbar), Lieferzuverlässigkeit, Lieferzeit und Flexibilität verbessert werden kann. Zum zweiten verbessern tiefere Kosten den Wert von EVA durch besseren Material- und Informationsfluss, bessere Bevorratung, höhere Prozesszuverlässigkeit und bessere Managementprozesse. Die zugehörigen externen wie internen Kosten müssen allerdings erfasst und mit entsprechenden Kennzahlen überwacht werden. Schließlich können tiefere Investitionen in das Umlaufvermögen (Rohstoffe, Halbfabrikate, Fertigwaren) sowie in Betriebseinrichtungen und Infrastruktur die Kapitalkosten senken.

Eine weitere Möglichkeit besteht in der Auffassung der Logistik als Faktor zur Stärkung der Wettbewerbs- und Ergebnisposition. Dieser Ansatz soll im Folgenden näher betrachtet werden.

Die Wettbewerbsposition eines Unternehmens ist im Wesentlichen durch die Produktfunktion, die Qualität, den Preis und eben die Logistikleistung beschreibbar. Dem stehen die Kosten gegenüber, welche die Ergebnisposition beeinflussen und sich im Wesentlichen aus den Entwicklungskosten, den Fertigungskosten, den Verwaltungskosten und den Logistikkosten zusammensetzen.

Vielfach wird die Logistik als reiner Kostenfaktor gesehen und demzufolge unternehmensintern primär unter dem Gesichtspunkt der Kosteneinsparung gesehen. Demgegenüber wird der Beitrag der Logistik zu einem vom Kunden wahrgenommenen eigenständigen Mehrwert häu-

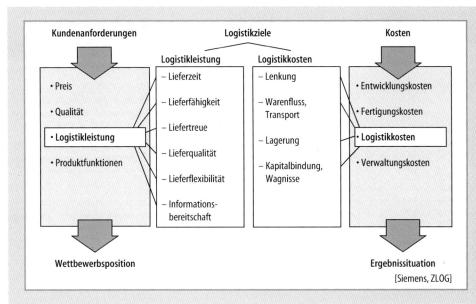

Bild B 1.4-3 Ableitung der Logistikziele aus Kunden- und Geschäftszielen (Siemens)

Logistikleistung

Lieferzeit — Zeitspanne vom Datum des Auftragseingangs bis zum Auftragserfüllungstermin

Liefertreue — Grad der Übereinstimmung zwischen zugesagtem und bestätigten und tatsächlichem Auftragerfüllungstermin

Lieferfähigkeit — Grad der Übereinstimmung zwischen Kundenwunschtermin und zugesagtem/ bestätigtem Auftragserfüllungstermin

Lieferqualität — Anteil der ausgeführten Aufträge ohne qualitative Mängel (Nicht Produktqualität)

Lieferflexibilität — Fähigkeit, auf Kundenwunsch-Änderungen hinsichtlich Spezifikationen, Menge und Terminen einzugehen

Informationsbereitschaft — Fähigkeit, in allen Stadien der Geschäftsabwicklung vorgangs- und produktbezogen auskunftsbereit zu sein

Logistikkosten

Lenkungs- und Abwicklungskosten
• Kosten für das Steuern und Abwickeln der Aufträge und Bestellungen
• Kosten für die Planung und Bereitstellung der Einsatzfaktoren

Kosten für Wareneingang, Warenausgang und Transport
• Kosten für die Durchführung des Material- und Warenflusses

Kosten für die Lagerung
• Kosten für die Einlagerung, Lagerung und Auslagerung von Materialen und Waren

Kapitalbindungs- und Wagniskosten
• Kosten für die in der gesamten Logistikkette gebundenen Materialien und Waren

Bild B 1.4-4 Definitionen der Kenngrößen für Logistikleistung und -kosten (Siemens)

fig zu wenig beachtet. Das drückt sich auch häufig im Erscheinungsbild der Logistikfunktionen aus. Graue, schlecht beleuchtete, zugige und unfreundliche Hallen und Einrichtungen sowie nachlässig gekleidete Mitarbeiter kontrastieren mit dem logistischen Anspruch, den die Unternehmen gegenüber ihren Kunden geltend machen.

Demgegenüber steht die Logistikleistung, die der Kunde wahrnimmt. Sie betont immer stärker die Lieferzeit und die Pünktlichkeit. Bild B 1.4-3 leitet aus beiden Sichten die Logistikziele ab und Bild B 1.4-4 definiert diese.

Aus den Beschreibungen wird deutlich, dass sich die meisten Größen der Logistikleistung vergleichsweise einfach definieren und messen lassen. Lediglich die Lieferflexibilität und Informationsbereitschaft sind schwieriger zu handhaben, weil sie aus mehreren Komponenten bestehen und nicht allgemeinverbindlich definierbar sind. Hier wird es individueller Vereinbarungen zwischen Lieferant und Kunde bedürfen, was z. B. unter zulässigen Änderungen der Spezifikation zu verstehen ist.

Generell soll die Aufzählung den Blick für die Notwendigkeit schärfen, mit Marketing und Vertrieb zu klären, welche Logistikleistungsmerkmale für den Kunden wichtig sind, welche marktüblich sind und welche Werte der Wettbewerb anbietet. Auf der Kostenseite bieten sich demgegenüber Benchmark-Studien an. Durch Gegenüberstellung des eigenen Leistungsprofils mit dem Wettbewerb kann durch eine gezielte logistische Positionierung möglicherweise ein Alleinstellungsmerkmal gefunden werden. Wenn es gelingt, diese Merkmale auch noch in einen aussagekräftigen Begriff zu fassen, ist damit ein wichtiges Verkaufsargument gewonnen. Der Werbespruch eines bekannten Logistikdienstleisters „Definitely over Night" drückt einen solchen Leistungsanspruch anschaulich aus.

Die Logistikkosten werden im Wesentlichen durch die Kapitalbindungskosten und die Kosten für die informationstechnische und physische Lagerung und Handhabung der Lagergüter (Rohmaterial, Zukaufteile, Halbfertigmaterial, Fertigware) bestimmt. Rechnet man einmal mit einem Zinssatz von 10% p. a. für das gebundene Kapital (berechnet auf der Basis von Herstellkosten) und mit 15% p. a. für die Lagerung (ebenfalls auf Basis der Herstellkosten), wird die Bedeutung der Logistikkosten deutlich. In vielen Unternehmen werden diese Kosten aber nicht direkt den Produkten zugeordnet, sondern in Material- und Fertigungsgemeinkosten „versteckt". Das hat zur Folge, dass vermeintliche Kostenvorteile einer maximierten Betriebsmittelauslastung mit hohen Beständen und langen Durchlaufzeiten erkauft werden. Ähnliches gilt für die Bevorratung von Teilen. Weil keine klaren Vorstellungen über den tatsächlichen und angemessenen Servicegrad bestehen, werden unnötig große Bestände geführt, teilweise aber auch zu geringe.

Es wird deutlich, dass ein Zielsystem die Kundensicht und die Unternehmenssicht zusammenführen muss. Da-

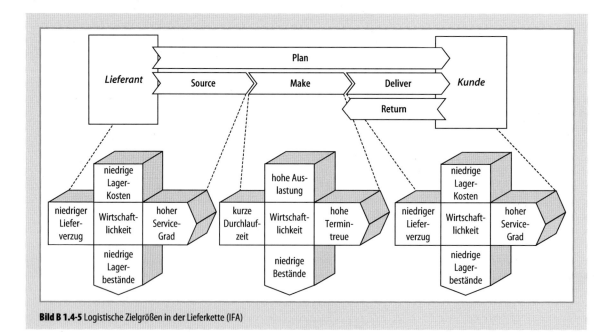

Bild B 1.4-5 Logistische Zielgrößen in der Lieferkette (IFA)

mit wird auch das darin verborgene Dilemma offensichtlich: Betrachtet man eine Prozesskette, so soll auf der einen Seite der Durchlauf so kurz wie möglich sein und möglichst alle Objekte zum zugesagten Termin geliefert werden. Auf der anderen Seite möchte das Lieferunternehmen möglichst wenig Bestand vorhalten und die Ressourcen auslasten. Bild B 1.4-5 zeigt die Situation für die Hauptprozesse der Logistik am Beispiel des SCOR-Modells.

Beim Produzieren (Make) stehen marktseitig die bereits erwähnte interne Durchlaufzeit und die Termintreue im Vordergrund, unternehmensseitig die Bestände und die Auslastung. Insgesamt muss der Prozess auch wirtschaftlich sein. Beschaffung (Source) und Distribution (Deliver) betrachten marktseitig Servicegrad und Lieferverzug und intern Lagerbestände und -kosten. Auch diese Prozesse unterliegen dem Gebot der Wirtschaftlichkeit. Aufgabe des Supply Chain Management ist es, die Einzelprozesse der Lieferkette so aufeinander abzustimmen, dass eine zuverlässige Lieferung mit dem gewünschten Leistungsprofil z. B. hinsichtlich Lieferzeit und Liefertreue erreicht wird.

Offensichtlich ist es nicht möglich, für alle Ziele einen maximal hohen bzw. niedrigen Wert zu erreichen, weil sich manche Ziele unterstützen (z. B. bedingen niedrige Bestände auch kurze Durchlaufzeiten) und manche sich widersprechen (z. B. erfordert eine hohe Auslastung hohe Bestände). Wenn es gelingt, diese Zusammenhänge nicht nur qualitativ, sonder auch quantitativ zu beschreiben, kann das Dilemma aufgelöst werden. Dies geschieht üblicherweise mit sog. Erklärungsmodellen.

In Teil A dieses Handbuchs wurden solche Modelle vorgestellt. Sie basieren im Wesentlichen auf der Warteschlangentheorie, für die genau definierte Voraussetzungen gelten. Diese sind in vielen technischen Logistiksystemen durchaus gegeben, weshalb sie dort auch Anwendung finden. In der industriellen Produktion von variantenreichen Produkten, die in einem Produktmix hergestellt werden,

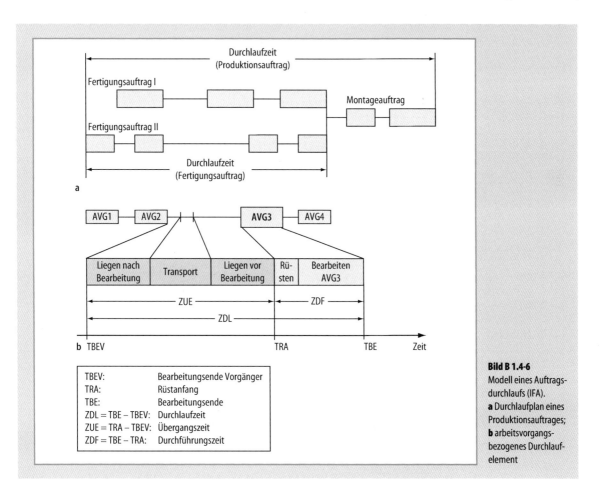

Bild B 1.4-6 Modell eines Auftragsdurchlaufs (IFA). **a** Durchlaufplan eines Produktionsauftrages; **b** arbeitsvorgangsbezogenes Durchlaufelement

liegen diese Voraussetzungen aber nicht vor, weshalb Warteschlangenmodelle dort nicht eingesetzt werden.

Im Folgenden soll ein Modell für die Produktion und ein Modell für die Lagerung vorgestellt werden, welche speziell für die Bedingungen der Produktion entwickelt wurden.

B 1.4.3 Logistisches Erklärungsmodell Produktion

B 1.4.3.1 Modellierung Produktionsaufträge

Die Modellierung von Produktionsprozessen hat immer zwei Sichten zu berücksichtigen, nämlich die Auftragssicht und die Ressourcensicht. Die erstere beschreibt die Struktur eines Auftrags und seinen Durchlauf durch die Wertschöpfungskette. Die zweite die Ressourcenstruktur und den Materialfluss. Bild B 1.4-6 zeigt ein einfaches Beispiel für die Auftragssicht [Wie97].

Dargestellt ist ein Produktionsauftrag, der aus zwei Fertigungsaufträgen und einem Montageauftrag zum Fügen der beiden Einzelteile besteht. Die Fertigungsaufträge bestehen aus Arbeitsvorgängen, die sich aus je fünf Teilvorgängen zusammensetzen. Definitionsgemäß beginnt der Arbeitsgang ab Fertigstellung Vorgängerarbeitsgang und endet mit der Fertigstellung des Arbeitsganges am betrachteten Arbeitsplatz. Innerhalb dieser Zeitspanne wird die Übergangszeit ZUE (bestehend aus Liegen nach Bearbeitung, Transport und Liegen vor Bearbeitung) und die Durchführungszeit ZDF (bestehend aus Rüstzeit und Bearbeitungszeit) unterschieden. Wenn man unterstellt, dass der Auftrag in Losen gefertigt wird, hängt die Durchführungszeit offensichtlich von der eingesetzten Fertigungstechnik (sie bestimmt die Bearbeitungszeit je Stück und die Rüstzeit) und der Losgröße ab (sie bestimmt die Bearbeitungszeit des Loses). Demgegenüber sind das Liegen nach Bearbeitung und der Transport im Wesentlichen durch die Transportorganisation bestimmt, während das Liegen vor Bearbeiten durch die Länge der Warteschlange vor dem Arbeitssystem, also von der Organisationsform der Fertigung und der Produktionssteuerung, abhängt. Die Darstellung eines Arbeitsvorganges in der beschriebenen Form wird als Durch-

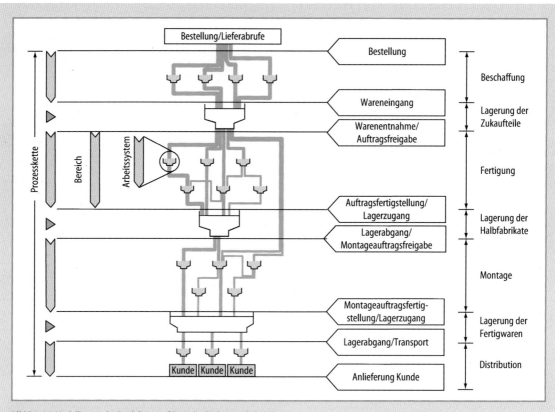

Bild B 1.4-7 Modellierung der Produktion auf Basis des Trichtermodells (IFA)

laufelement bezeichnet. Dieser Auftrag bildet zusammen mit den anderen Aufträgen, die durch die Produktion fließen, einen Auftragsstrom, was zur Ressourcensicht führt.

B 1.4.3.2 Modellierung der Produktion

Die Ressourcensicht bildet den Materialfluss durch die Produktion ab, der ausgehend von den Zukaufteilen über die Fertigung und Montage zu Fertigwaren führt, die an Kunden verteilt werden. Bild B 1.4-7 stellt diesen Fluss in Form vernetzter Trichter dar, die entweder mit Zukaufteilen, mit Ware in Arbeit, Halbfabrikaten oder Fertigwaren gefüllt sind.

Im Gegensatz zum Auftragsmodell wird hier nicht ein einzelnes Produkt oder eine Gruppe ähnlicher Produkte betrachtet, sondern der Durchlauf sämtlicher Aufträge durch das Produktionssystem. Die zwischen den Trichtern stattfindenden Transportfunktionen lassen sich – soweit notwendig und sinnvoll – ebenfalls durch Trichter darstellen. Da i. Allg. die im Transportsystem gebundenen Bestände und die daraus resultierenden Durchlaufzeiten klein sind im Vergleich zu den entsprechenden Werten der Produktions- und Lagerfunktionen, werden sie im Folgenden vernachlässigt.

Der Zugang bzw. Abgang an einem Trichter betrifft entweder einen Wertschöpfungsprozess oder eine Pufferfunktion. Diese unterscheiden sich grundlegend und erfordern eine unterschiedliche Modellierung. Zunächst sei der Wertschöpfungsprozess einer Fertigung betrachtet.

B 1.4.3.3 Modellierung Fertigungsprozess

Die Modellierung geht nach Bild B 1.4-7 von einer hierarchischen Gliederung einer Fertigung in Einzelsysteme und Bereiche aus. Ein einzelnes Arbeitssystem lässt sich nach Bild B 1.4-8 als ein Trichter mit Zu- und Abgang sowie einem Bestand an Ware in Arbeit darstellen. Die Trichteröffnung entspricht der Kapazität, die einen bestimmten Maximalwert nicht überschreiten kann, z. B. 16 Std./Tag.

Um das Modell mathematisch handhabbar zu machen, werden die Vorgänge am Trichter in ein sog. Durchlaufdiagramm übertragen. Es beschreibt den Durchlauf der Aufträge durch das System im Zeitablauf in Form einer Zugangs- und Abgangskurve. Die Aufträge werden dabei in der y-Achse durch ihren Arbeitsinhalt, gemessen in Vorgabestunden, beschrieben. Die Steigung der Zugangskurve entspricht der mittleren Belastung, die Steigung der Abgangskurve der mittleren Leistung, auch Durchsatz oder Ausbringung genannt.

Im Durchlaufdiagramm finden sich die zuvor diskutierten wesentlichen Zielgrößen wieder, nämlich die Kunden-

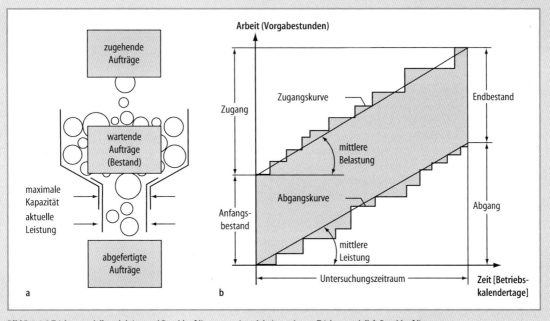

Bild B 1.4-8 Trichtermodellproduktion und Durchlaufdiagramm einer Arbeitsstation. **a** Trichtermodell; **b** Durchlaufdiagramm

sicht mit Durchlaufzeit und Terminabweichung, und die Unternehmenssicht mit Bestand und Auslastung, Bild B 1.4-9.

Der Bestand stellt sich als Fläche zwischen Zugangs- und Abgangskurve dar, während die Auslastung durch die Gegenüberstellung der Abgangskurve mit der eingeblendeten Kapazitätskurve sichtbar wird. Die Durchlaufzeit wird durch das im Auftragsmodell vorgestellte Durchlaufelement sichtbar, welches für jeden Auftrag der Abgangskurve den Zugangs- und Abgangstermin sowie den Arbeitsinhalt enthält. Schließlich wird die Terminabweichung aus der Gegenüberstellung von Soll- und Ist-Termin für jeden abgefertigten Auftrag erkennbar.

Eine wichtige Größe stellt noch die Reichweite des Arbeitsplatzes dar. Sie sagt aus, wie lange ein Arbeitsplatz arbeiten kann, wenn keine Aufträge mehr zufließen. Die Reichweite ist analog zu einer Lagerreichweite definiert als das Verhältnis des mittleren Bestandes zur mittleren Abgangsrate, also der Leistung. Diese Beziehung wird auch als Trichterformel bezeichnet. Der Zusammenhang zwischen Reichweite und Durchlaufzeit kann mathematisch abgeleitet werden und hängt vom Mittelwert und der Streuung der Durchführungszeit ab.

Als Beispiel für ein Durchlaufdiagramm zeigt Bild B 1.4-10 die Auswertung eines Arbeitsplatzes über 60 Betriebskalendertage.

Man erkennt die Zugangs- und Abgangskurve, die aus dem senkrechten Abstand der beiden Kurven gewonnene Bestandsverlaufskurve und die dünne, gestrichelt gezeichnete Kapazitätslinie. Ferner sind die Mittelwerte der wesentlichen Kennzahlen eingetragen. Der Ablauf ist durch eine starke Streuung der Arbeitsinhalte und einen ungleichmäßigen Zugang gekennzeichnet, was u. a. zu starken Bestandsschwankungen führt.

Erfasst man die Werte für die vier Zielgrößen periodisch und bildet daraus Mittelwerte, lassen sich die Kennzahlen berechnen, welche die Basis für ein Produktionscontrolling bilden (s. Abschn. B 3.5).

Aus dem Durchlaufdiagramm ist zwar bereits eine erste Aussage über das Verhältnis von Reichweite und Bestand

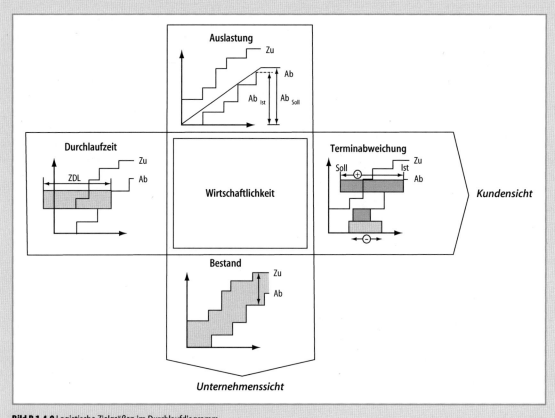

Bild B 1.4-9 Logistische Zielgrößen im Durchlaufdiagramm

erkennbar, aber nicht über einen größeren Bestandsbereich. Diese erschließt sich erst durch Variation des wesentlichsten Parameters, nämlich des Bestandes, und führt zu den sog. logistischen Kennlinien.

Bild B 1.4-11 zeigt zunächst das Prinzip der Entstehung dieser Kennlinien [Nyh03]. Im rechten oberen Bildteil ist das Durchlaufdiagramm eines fiktiven Arbeitssystems mit einem hohen Bestandsniveau dargestellt. Durch Absenken des Bestandes (z. B. durch Drosselung des Zuganges) entsteht zunächst die mittlere Situation, bei der einmal kurzfristig kein Bestand am System vorhanden ist. Senkt man den Bestand weiter ab, entsteht die links gezeigte Situation, bei der es mehrfach zum Abriss des Materialflusses kommt.

Trägt man nun die jeweiligen Werte für die Reichweite und die Leistung in Abhängigkeit des Bestandes auf, entsteht durch Verbinden der Messwertpunkte eine logistische Kennlinie für die Leistung und die Reichweite.

Die Kennlinien geben ein anschauliches Bild von dem nichtlinearen Zusammenhang zwischen Bestand, Leistung und Reichweite eines Arbeitssystems und lassen sich in vielfältiger Weise einsetzen, z. B. zur Bestimmung von Zielwerten, zum Controlling, als Ausgangspunkt für Verbesserungen usw. Das setzt voraus, dass der Erstellungsaufwand durch den Nutzen gerechtfertigt ist.

Die ersten Kennlinien wurden am Institut für Fabrikanlagen der Universität Hannover von Bechte durch Simulationen gewonnen [Bec84]. Dann gelang es Nyhuis, basierend auf einem Ansatz, den v. Wedemeyer entwickelt hat [Wed89], eine vergleichsweise einfache Berechnung der Leistungs- und Reichweitenkennlinie. Durch weitere Arbeiten konnten dann auch die Kennlinien für die Durchlaufzeit und die Übergangszeit berechnet werden. Die genauen Ableitungen finden sich in [Nyh03].

Bild B 1.4-12 fasst die Ergebnisse zusammen. Dargestellt sind der ideale und reale Leistungsverlauf sowie die Kennlinien für die Reichweite, die Übergangs- und die Durchlaufzeit jeweils in Abhängigkeit vom Bestand. Als Bestand ist hier der vor der Arbeitsstation wartende sowie der in Bearbeitung befindliche Bestand gemessen in Vorgabestunden definiert.

Zunächst seien die Leistungskennlinien betrachtet. Ausgangspunkt der Ableitung ist der ideale Abfertigungsprozess. Er ist dadurch charakterisiert, dass weder ein Auftrag auf seine Abfertigung warten muss (keine Liegezeit), noch der Arbeitsplatz keine Arbeit hat (keine Leerzeit). Für diesen Fall lässt sich eine ideale Leistungskennlinie berechnen, die der aus einem mit dem Bestand proportional ansteigenden Teil und einem waagrecht verlaufenden zweiten Teil besteht. Der Knickpunkt ist bestimmt durch den

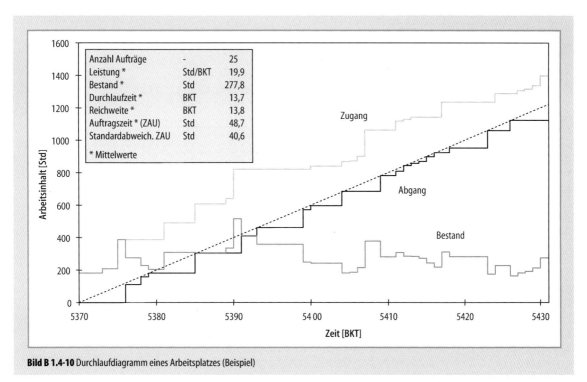

Bild B 1.4-10 Durchlaufdiagramm eines Arbeitsplatzes (Beispiel)

sog. idealen Mindestbestand, der sich aus dem Mittelwert und der Streuung der Auftragsdaten leicht berechnen lässt.

Da ein idealer Verlauf in der Praxis nicht darstellbar ist, ist ein zusätzlicher Bestand erforderlich, mit dem die unvermeidlichen Störungen abgepuffert werden. Dies führt zu der realen Leistungskennlinie. Hierfür wurde von Nyhuis eine Approximationsgleichung entwickelt, die mit einer Abweichung von ca. 3% den realen Verlauf beschreibt. Das ist für praktische Anwendungen vollkommen ausreichend.

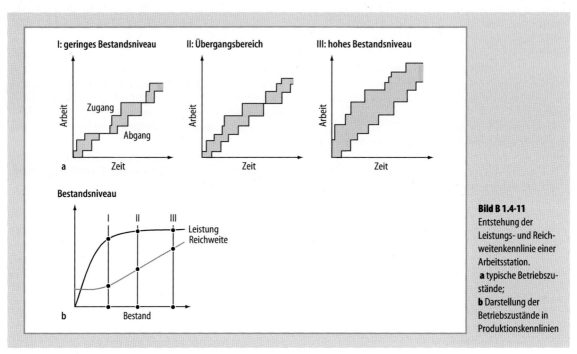

Bild B 1.4-11
Entstehung der Leistungs- und Reichweitenkennlinie einer Arbeitsstation.
a typische Betriebszustände;
b Darstellung der Betriebszustände in Produktionskennlinien

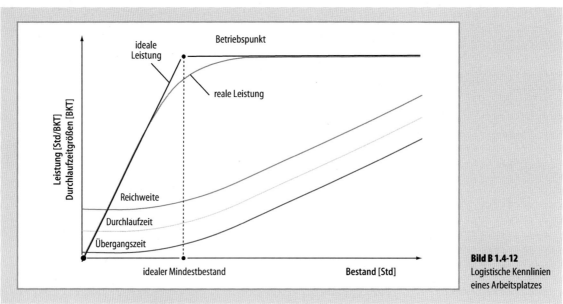

Bild B 1.4-12
Logistische Kennlinien eines Arbeitsplatzes

Mit Hilfe der Trichterformel (Reichweite = Bestand/Leistung) ergibt sich aus der Leistungskennlinie unmittelbar die Reichweitenkennlinie und durch weitere Überlegungen die Durchlaufzeitkennlinie. Der Abstand zwischen der Reichweitenkennlinie und der Durchlaufzeitkennlinie wird durch die Streuung der Auftragszeiten bestimmt. Ist die Streuung Null, d. h. sind die Auftragszeiten gleich, fallen beide Kurven aufeinander.

Die Übergangszeitkennlinie ergibt sich dadurch, dass von der Durchlaufzeitkennlinie die mittlere Durchführungszeit der Aufträge subtrahiert wird.

Alle zeitbezogenen Kennlinien streben mit immer geringerem Bestand einem Mindestwert zu, der nicht unterschritten werden kann. Er wird logischerweise durch die Auftragszeit der Aufträge bestimmt. Soll auch dieser Wert weiter abgesenkt werden, müssen die Prozesszeiten, d. h. die Rüst- und Stückzeiten sowie ggf. die Losgröße reduziert werden.

Bild B 1.4-13 fasst die Parameter der Leistungskennlinien zusammen. Man erkennt die Unterscheidung in die ideale und approximierte Kennlinienberechnung. Bisher nicht erwähnt wurde die Bestimmung der maximalen Kapazität. Sie ergibt sich aus der theoretischen Tageskapazität (z. B. 24 h/Tag), vermindert um kapazitätsmindernde Störungen und Unterbrechungen sowie durch die Korrektur der tatsächlich benötigten Auftragszeit gegenüber der geplanten Auftragszeit in Form des Leistungsgrades. Bei den Mindestübergangszeiten sind neben der Transportzeit noch eventuelle Nachliegezeiten nach Bearbeitungsende zu berücksichtigen, z. B. Trocknungs- oder Abkühlzeiten oder Zeiten für die Qualitätsprüfung. Der Überlappungsgrad berücksichtigt, inwieweit Teile eines Loses nach der Bearbeitung schon weiter gegeben werden, was im Grenzfall zum One-Piece-Flow-Prinzip führt. In der Kennlinie wird dadurch der ideale Mindestbestand verringert.

Die approximierte Leistungskennlinie wird mit Hilfe einer Näherungsgleichung (hier die sog. C-Normfunktion) und einem Streckfaktor berechnet. Er berücksichtigt über die Streuung der Auftragszeiten hinaus auch die Streuung im Auftragszugang (also die Ankunftsrate), die Kapazitätsflexibilität (die Anpassung der Abgangskurve an die Zugangskurve) sowie die Flexibilität der Bestandszuordnung.

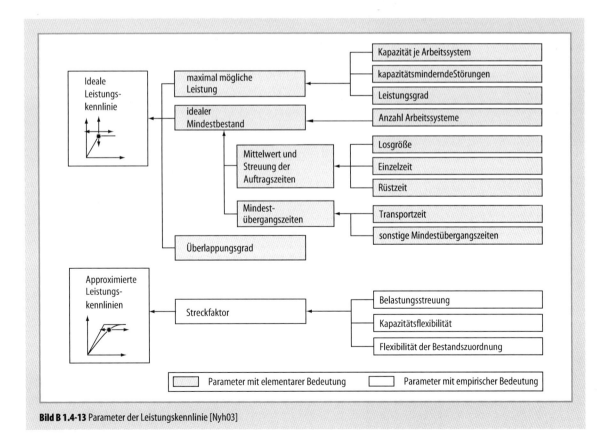

Bild B 1.4-13 Parameter der Leistungskennlinie [Nyh03]

Letztere liegt dann vor, wenn mehrere Arbeitsplätze auf einen gemeinsamen Pufferbestand zugreifen können.

Die Leistungskennlinien können nach einem Vorschlag von Schneider auch für verknüpfte Fertigungen, also ganze Fertigungsbereiche, berechnet werden. Die Koppelung der unterschiedlichen Kennlinien der Arbeitsplätze erfolgt durch die Umrechnung des Bestandes in Anzahl Aufträge [Sch04].

Als fünfte Arbeitsplatzkennlinie soll noch auf die Kennlinie zur Beschreibung der Termintreue eingegangen werden. In Bild B 1.4-9 war bereits die Terminabweichung angesprochen worden. Sie sagt aus, wie welcher Zeitspanne die abgefertigten Aufträge eines Arbeitsplatzes im Mittel zu früh oder zu spät gegenüber dem Solltermin fertig werden. Der Wert ist für sich genommen aber noch nicht aussagefähig, weil er einer zulässigen Abweichung, also der Termintoleranz, gegenübergestellt werden muss. Der Anteil der Aufträge, der innerhalb dieses Toleranzfensters liegt, gilt als termintreu, und der zughörige Wert heißt Termintreue. Einen auf dieser Überlegung basierenden Vorschlag von Yu [Yu01] zur Entwicklung einer Kennlinie für die Termintreue eines Arbeitssystems zeigt Bild B 1.4-14.

Ausgangspunkt der Überlegung ist die Durchlaufzeitkennlinie. Auf dieser Kennlinie wird zunächst die zulässige Abweichung der Ist-Durchlaufzeit von der Plandurchlaufzeit als Termintoleranz eingetragen. Daraus ergibt sich eine zulässige Abweichung des Ist-Bestands vom Planbestand. Für den Fall, dass die Durchlaufzeit durch das Arbeitssystem keine Streuung aufweist, würden innerhalb

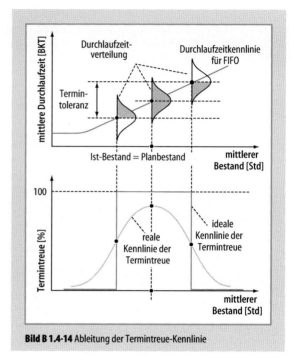

Bild B 1.4-14 Ableitung der Termintreue-Kennlinie

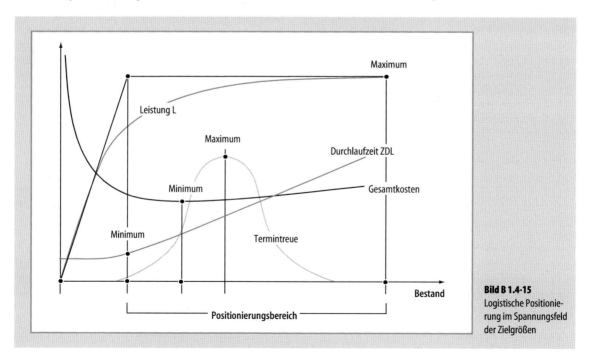

Bild B 1.4-15
Logistische Positionierung im Spannungsfeld der Zielgrößen

dieses Bestandsfensters alle Aufträge termintreu sein, die Termintreue wäre also 100%. Das ergibt dann die ideale Kennlinie der Termintreue.

In der Realität streuen die Durchlaufzeiten aber, so dass sich eine im oberen Bildteil angedeutete Durchlaufzeitverteilung ergibt. Als nächstes wird angenommen, dass es sich dabei um eine Normalverteilung handelt, was – wie durch zahlreiche Untersuchungen gezeigt wurde – mit einer für diese Zwecke genügenden Annäherung zutrifft. Weiterhin wird angenommen, dass die Aufträge in der Reihenfolge ihrer Ankunft abgearbeitet werden. Dann lässt sich für jeden Bestandswert innerhalb des zuvor festgelegten Bestandsfensters errechnen, wie viel Prozent der Aufträge bei Veränderung innerhalb der vorgegebenen Termintoleranz liegen. Die Verbindung der so gewonnenen Punkte führt zu Termintreue-Kennlinie. Die Darstellung zeigt auch, warum die Termintreue auch dann nicht 100% betragen muss, wenn der Ist-Durchlaufzeitwert gleich dem Plandurchlaufzeitwert ist. Dies ist nämlich immer dann der Fall, wenn die Spannweite der Durchlaufzeiten größer ist als die Termintoleranz.

Nun fehlt nur noch die bisher nicht näher erläuterte Zielgröße Wirtschaftlichkeit. Sie strebt die Minimierung der in Bild B 1.4-3 zusammengefassten Logistikkosten an. Offensichtlich steigen einige dieser Kosten proportional mit dem Bestand an, nämlich die Lagerungs- und Kapitalbindungskosten, während andere Kostenanteile quasi Fixkosten sind, die einen degressiven Kostenverlauf zur Folge haben. Addiert man beide Kostenverläufe, ergibt sich ein Kostenverlauf mit einem schwach ausgeprägten Minimum ähnlich dem der Stückkosten in Abhängigkeit von der Losgröße. Kerner hat hierzu unter Berücksichtigung weiterer Annahmen eine Kostenkennlinie entwickelt [Ker02]. Bild B 1.4-15 führt alle diskutierten Kennlinien in einer Darstellung zusammen.

Es wird deutlich, dass zwar jede Kennlinie ein Minimum bzw. Maximum besitzt. Es ist aber offensichtlich unmöglich, einen Betriebspunkt für den Bestand zu bestimmen, in dem sämtliche Zielgrößen ihren Minimalbzw. Maximalwert besitzen, der also so etwas wie ein Gesamtoptimum darstellt. Vielmehr gilt es in einer konkreten Situation eine so genannte logistische Positionierung

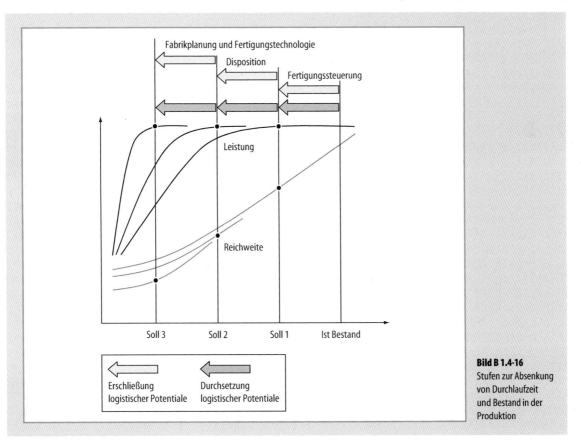

Bild B 1.4-16
Stufen zur Absenkung von Durchlaufzeit und Bestand in der Produktion

innerhalb des in Bild B 1.4-15 angedeuteten Positionierungsbereichs vorzunehmen. Ausgehend von marktstrategisch bestimmten logistischen Zielen sind die Konsequenzen für die anderen Ziele zu ermitteln. Soll z. B. eine maximale Termintreue angestrebt werden, ist zu fragen, ob der damit verbundene Kapazitätsverlust und die Abweichung vom Kostenminimum durch die Zuverlässigkeit der Ablieferung kompensiert werden. Dies könnte sich in Form geringerer Verzugsstrafen und Sonderaktionen und eine stärkere Kundenbindung auswirken.

Wie die Parameterdiskussion der einzelnen Kennlinien gezeigt hat, sind damit aber nicht alle Möglichkeiten erschöpft. Vielmehr ist es möglich, durch gezielte Maßnahmen, wie sie heute im Rahmen der schlanken Produktion diskutiert werden, eine gezielte Veränderung der Kennlinien vorzunehmen. Bild B 1.4-16 vermittelt die Grundidee.

Zunächst gilt es, die Bestände und damit die Durchlaufzeit an die im Rahmen der logistischen Positionierung festgelegten Werte heranzuführen. Dies geschieht durch Anpassung der entsprechenden Planungsparameter der Fertigungssteuerung. Im zweiten Schritt sind die Arbeitsinhalte der Lose anzupassen. Das bedingt i. d. R. eine Verkürzung der Rüstzeiten an den Engpassarbeitsplätzen. Im dritten Schritt ist die Produktionstechnologie und ggf. das Fabriklayout zu verbessern. Die erste Maßnahme zielt auf die Verkürzung der Prozesszeiten und auf die Verkürzung von Prozessketten durch Komplettbearbeitung in einer Maschine. Im zweten Fall ist die Produktion nach den Prinzipien der schlanken Produktion umzugestalten, z. B. in Segmente nach dem One-Piece-Flow-Prinzip.

Die Kennliniendiskussion hat aber deutlich gemacht, dass die wesentlichen logistischen Parameter in einem inneren logischen Zusammenhang stehen, der durch das Trichtermodell vollständig erklärbar ist. Das Modell vermittelt weiterhin die Einsicht, dass es einen idealen Prozess mit einfach berechenbaren Idealwerten gibt und dass die Gründe für Abweichungen von diesen Werten einen unmittelbaren Ansatz für Verbesserungen bieten.

B 1.4.3.4 Modellierung Lagerprozesse

Die Modellierung eines Lagerprozesses folgt dem gleichen Grundgedanken wie bei einem Arbeitsplatz, allerdings mit einem wesentlichen Unterschied. Es wird nicht ein Lager mit verschiedenen Artikeln betrachtet, sondern der Prozess für einen einzelnen Artikel, Bild B 1.4-17.

Zu- und Abgänge bilden die Zugangs- bzw. Abgangskurve mit der Zugangsrate bzw. Bedarfsrate. Im Gegensatz zum Arbeitsplatz-Durchlaufdiagramm besteht zwischen

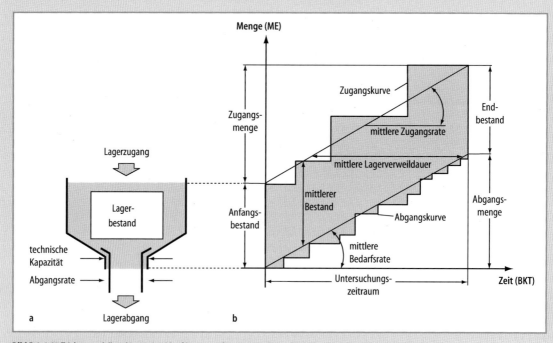

Bild B 1.4-17 Trichtermodell und Lagerdurchlaufdiagramm für einen Artikel. **a** Trichtermodell; **b** Lagerdurchlaufdiagramm

den zugehenden und abgehenden Losen keine Beziehung, da es sich im Zugang um die in optimalen Bestellmengen eingehenden Lose handelt, während die abgehenden Lose durch die Entnahmemengen bestimmt sind. Sie sind i. d. R. deutlich kleiner als die Zugangsmengen.

Bild B 1.4-18 zeigt ein Lagerdurchlaufdiagramm aus einer Untersuchung, in das zusätzlich auch noch die Bestellkurve sowie der Lagerbestand eingetragen sind. Zusätzlich sind einige Kennzahlen als Mittelwerte des Untersuchungszeitraums eingetragen.

Zwar konnten in diesem Fall die geforderte Lagerabgangsmenge ausgeliefert werden, weil zu keinem Zeitpunkt ein Fehlbestand vorlag und der geringe Lieferverzug beim Zugang durch den vorhandenen Bestand jederzeit ausgeglichen werden konnte.

Aufbauend auf den Arbeiten von Gläßner [Glä95] und Lutz [Lut02] konnten auch für den Lagerprozess Kennlinien für den Lieferverzug und den Servicegrad entwickelt werden, Bild B 1.4-19.

Analog zur Produktionskennlinie wird beobachtet, wie sich der Lieferverzug und der Servicegrad entwickeln, wenn der Lagerbestand variiert wird. Für beide Kennzahlen ist die Definition im Bild enthalten. Wenn der Bestand Null ist, entspricht der Lieferverzug einem Wert, der noch diskutiert wird. Der Lieferverzug nähert sich mit zunehmendem Bestand dem Wert Null. Dementsprechend besitzt der Servicegrad beim Nullbestand den Wert Null und erreicht dann den Wert 100%, wenn der Lieferverzug Null Zeiteinheiten beträgt.

Auch diese Kennlinien lassen sich simulieren, was jedoch in der Praxis zu aufwendig wäre. Gläßner hat daher ausgehend von einem idealen Lagerprozess die Lagerverzugskennlinie entwickelt, die dann von Lutz um die Servicegradkennlinie ergänzt wurde, Bild B 1.4-20.

Ausgangspunkt ist der ideale Lagerprozess. Er bedeutet in diesem Zusammenhang, dass die Zulieferung nach Menge und Termin planmäßig und dass der Abgang linear und stückweise erfolgt. Bild B 1.4-20a zeigt den entsprechenden Bestandsverlauf. Der eingezeichnete Sicherheitsbestand wird zu keinem Zeitpunkt in Anspruch genommen. Für diesen Idealfall lässt sich die rechts gezeichnete Lagerverzugskennlinie berechnen. Sie besitzt die beiden ausgezeichneten Punkte Null-Bestand und Null-Lieferverzug. Beim Bestand Null beträgt der Lieferverzug die halbe Reichweite der Zugangsmenge, während der ideale Mindestbestand (hier Losbestand genannt) der halben Zugangsmenge entspricht.

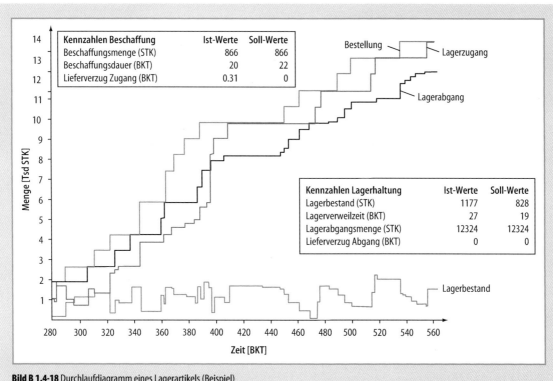

Bild B 1.4-18 Durchlaufdiagramm eines Lagerartikels (Beispiel)

Zu Berechnung der realen Lieferverzugskurve sind die Abweichungen vom Idealzustand zu berücksichtigen. Diese bestehen auf der Zugangsseite aus Liefertermin- und Mengenabweichungen mit sowohl positivem als auch negativem Vorzeichen.

Unter Berücksichtigung von Mittelwert und Streuung der realen Zugangs- und Abgangsverläufe konnte eine Näherungsgleichung zur Berechnung einer approximierten Kennlinie entwickelt werden, die in Bild B 1.4-21 der idealen Kennlinie gegenübergestellt wird. Je nach Zuver-

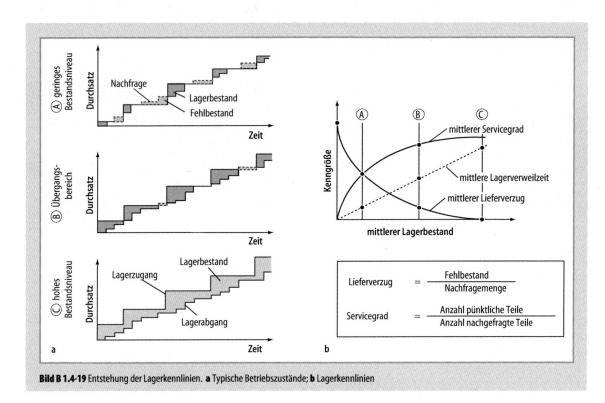

Bild B 1.4-19 Entstehung der Lagerkennlinien. **a** Typische Betriebszustände; **b** Lagerkennlinien

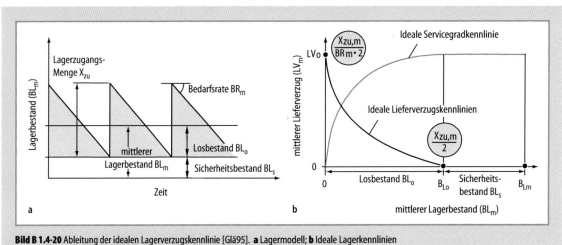

Bild B 1.4-20 Ableitung der idealen Lagerverzugskennlinie [Glä95]. **a** Lagermodell; **b** Ideale Lagerkennlinien

lässigkeit der Zulieferungen und des Verbrauchsverhaltens kann die Differenz zwischen dem idealen Bestandswert und dem für einen Servicegrad von 100% erforderlichen Wert – also der Sicherheitsbestand – das 3- bis 10-fache des Idealwertes betragen.

Die Erfahrungen beim Einsatz dieser Kennlinien haben gezeigt, dass auf der Zulieferseite oft erstaunliche Unterschiede zwischen den verschiedenen Lieferanten für denselben Artikel bestehen. Die Gründe für starke Streuungen auf der Abgangsseite liegen entweder ein einer ungenauen Verbrauchsprognose oder falschen Parametereinstellung für die Bedarfszeitpunktermittlung. Häufig ist aber gerade der unsichere Servicegrad der Grund für zu frühe oder zu große Bestellungen, die dann kurz vor dem Bedarfstermin nicht benötigt werden.

Ähnlich wie der Verbesserung der Produktionslogistik lässt sich auch für Lagerprozesse eine logische Folge von Maßnahmen zur Verbesserung ableiten. Bild B 1.4-22 zeigt 3 Servicegradkennlinien und neben dem Ist-Wert des Bestandes 5 Zielwerte.

Die Maßnahmen sind diesen fünf Zielwerten zugeordnet. Maßnahme 1 besteht darin, unter Berücksichtigung der Ausgangskennlinie den Ist-Bestand dem in der aktuellen Situation nötigen Sicherheitsbestand anzupassen, wobei zunächst von einem Servicegrad von 100% ausgegangen wird (Ziel 1). Im zweiten Schritt (Ziel 2) geht es darum, die maximalen Ausreißer auf der Zugangs- und Abgangsseite hinsichtlich Menge und Termin zu beseitigen. Oft handelt sich um Übertragungsfehler oder übertriebenes Sicherheitsdenken. Ein wichtiger Schritt ist die Maßnahme zur Erreichung von Ziel 3. Hier wird die Frage gestellt, welcher Servicegrad für den untersuchten Artikel eigentlich erforderlich ist. Häufig erweist es sich als zweckmäßig, hierfür Artikelklassen mit hohem Servicegrad (100%), mittlerem Servicegrad (z. B. 98%) und niedrigem Servicegrad (z. B. 95%) zu bilden und alle Artikel diesen Klassen zuzuordnen. Da die Servicegradkennlinie in diesem ereich sehr flach verläuft, sind mit einer Servicegradabsenkung von 2 bis 3% Bestandreduktionen im Bereich von 20 bis 30% möglich. Natürlich ist es erforderlich, sich Maßnahmen für den sicher eintretenden Fall zu überlegen, dass der Artikel nicht am Lager vorhanden ist. Maßnahme 4 zielt auf die Streuung der Planabweichungen auf der Lieferanten- und Abnehmerseite (Ziel 4) und Maßnahme 5 schließlich auf die Re-

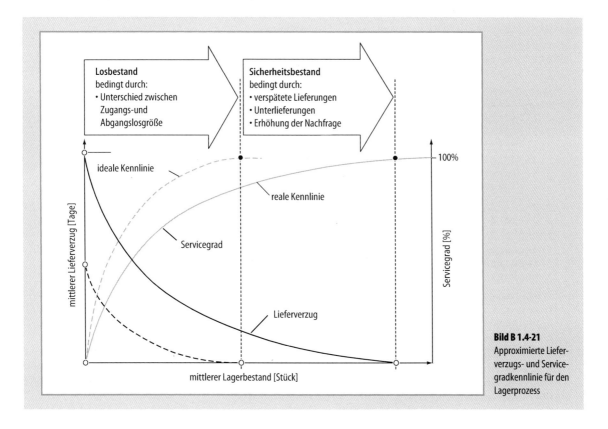

Bild B 1.4-21
Approximierte Lieferverzugs- und Servicegradkennlinie für den Lagerprozess

duktion der Bestell-Losgrößen durch entsprechende Gespräche mit Lieferanten oder die Einführung neuer Belieferungskonzepte, z. B. ein Konsignationslager.

Insgesamt zeigen auch das Lagermodell und die daraus abgeleiteten Kennzahlen, dass ausgehend von einem Idealprozess die Offenlegung der inneren Zusammenhänge der Zielgrößen eines realen Prozesses möglich ist. Das Modell erlaubt aber vor allem die Ableitung logisch aufeinander folgender Verbesserungsmaßnahmen, deren Erfolg wiederum in den Kennzahlen sichtbar wird.

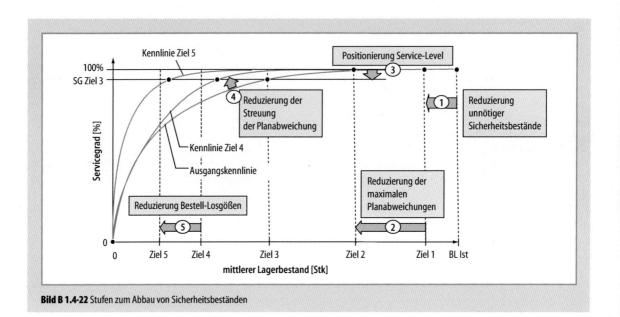

Bild B 1.4-22 Stufen zum Abbau von Sicherheitsbeständen

Bild B 1.4-23 Spitzenkennzahlen entsprechend dem SCOR-Modell (Siemens)

Die Anwendung der beschriebenen Modelle für die Zwecke der Produktgestaltung, sowie der Produktionssteuerung und des -controlling erfolgt in Kap. B 3.

B 1.4.4 Kennzahlensysteme

In der Literatur findet sich eine Fülle von Vorschlägen für Kennzahlsysteme der Logistik. Sie stellen entweder eine Ausweitung des Controlling-Ansatzes auf das Gebiet der Logistik dar, z. B. [Web95, Del03], oder gehen von einem Verbesserungsansatz der Logistik aus, z. B. [Gai04, Büs05, Luc03]. Wegen der wachsenden Bedeutung der Logistik für den Unternehmenserfolg treten schließlich Betrachtungen zur Unternehmenswertsteigerung in den Vordergrund [Sen08]. Zunehmend erfolgt dabei eine Orientierung an den Prozesskategorien des SCOR-Modells source, make und deliver.

Ein Beispiel für ein Kennzahlensystem zeigt Bild B 1.4-23, das in dieser Form von der Fa. Siemens für ihre Geschäftsprozesse entwickelt wurde. Man erkennt die Orientierung der sog. Spitzenkennzahlen (engl. Key Performance Figures) am SCOR-Modell mit den Kernprozessen ‚plan', ‚source', ‚make' und ‚deliver', wobei in Erweiterung des SCOR-Modells ‚deliver' noch einmal in ‚order management' und ‚distribute' untergliedert wurde.

Jeder Kernprozess ist in seine Unterprozesse gegliedert, für die ebenfalls Kenngrößen definiert wurden, die als ‚metrics' bezeichnet werden. Sie beziehen sich in allen Bereichen auf allgemeingültige Prozesskriterien wie Leistung (z. B. Lieferzeit, Flussgrad, Bestandsreichweite), Qualität (Liefertreue, Bestellqualität, Perfect Order Fullfillment) und Kosten (z. B. Prozesskosten, Bestandskosten, Forderungsbestände). Ein Beispiel dieser Kennzahlen zeigt Bild B 1.4-24 für den Kernprozess ‚make'.

Die sieben Teilprozesse dienen der einheitlichen Gestaltung von Geschäftsprozessen, wobei nicht jeder Prozessschritt mit Kennzahlen überwacht wird.

Ein weiteres Beispiel für ein Kennzahlenmodell stellt die VDI-Richtlinie 4400 dar, in der die Kennzahlen für die Beschaffung, Produktion und Distribution definiert sind. Den Ausschnitt für die Produktionslogistik zeigt Bild B 1.4-25, die sich auf der obersten Ebene am Begriff der Logistikeffizienz orientiert und in die Unterbegriffe Logistikleistung und Logistikkosten unterteilt ist [Luc03, VDI04].

Zu beiden Begriffen werden Ziele und die zugehörigen Kennzahlen definiert. Für bestimmte Größen wie ‚Durchführungszeitanteil' (das ist der Anteil der Durchführungszeit an der Durchlaufzeit) und ‚Lieferterminabweichung' werden nicht nur die Mittelwerte, sondern darüber hinaus

MAKE						
• Versorgungsqualität • Termintreue Produktion • Bestandskosten (WIP, UE) • Prozess-Kosten • Prozess-Durchlaufzeit						
0. Fertigungs- vorbereitung	.1 Fertigungsein- planung, -vorgabe & -steuerung	.2 Fertigungs- versorgung	.3 Fertigung & Prüfung	.4 Produkt- verpackung	.5 Zwischen- lagerung	.6 Liefer- freigabe
	• Planungsqualität • WIP (Arbeits- vorrat) • Bestands- reichweite		• Flussgrad • First Pass Yield • Produktqualität • Auslastung • Produktions- flexibilität • Produktivität • Bestands- umschlag			

Bild B 1.4-24 Metrics für den Kernprozess make (Siemens)

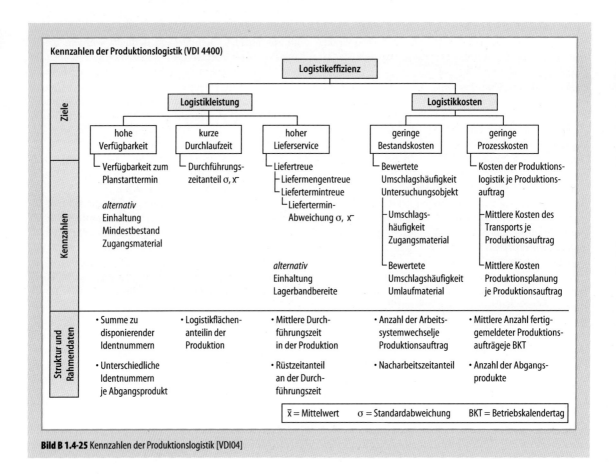

Bild B 1.4-25 Kennzahlen der Produktionslogistik [VDI04]

die Standardabweichung σ erfasst, um auch Veränderung der Prozessstreuung erkennen zu können.

Jede Kennzahl ist mit ihrer Berechnungsvorschrift, ihrem Zweck und der Beschreibung der Kennzahl und ihrer Bestandteile festegelegt. Als Beispiel ist in Bild B 1.4-26 die Kennzahl „Verfügbarkeit zum Planstarttermin" ausgewählt worden.

Zusammenfassend zeigt sich, dass Logistikprozesse nicht nur einer systematischen Gestaltung auf Basis eines Prozessmodells, sondern auch einer permanentenmodellbasierten Messung ihrer Leistungskennzahlen bedürfen, um einen für die Kunden wahrnehmbaren Effekt zu erzielen, ohne dass dabei die zugehörigen Kosten aus dem Blick geraten. Aber erst die Einbindung des entsprechenden Kennzahlensystems nicht nur in das Unternehmens-Controlling, sondern auch in die Zielvereinbarungen und Entgeltsysteme der am Logistikprozess beteiligten Akteure sichert den nachhaltigen Erfolg der Logistik.

B 1.5 Ressourcenorientierte Prozesskosten

Die Prozesskostenrechnung, die bereits in zahlreichen Unternehmen erfolgreich eingesetzt wird, hat sich nicht nur in der industriellen Fertigung, sondern auch in indirekt produktiven Bereichen zur Planung und Steuerung von Kosten sowie zur Bestimmung von Produkt- und Dienstleistungskosten etabliert. In beiden Bereichen hat die Prozesskostenrechnung traditionelle Kalkulationsverfahren wie die klassische Kostenstellenrechnung als Controllinginstrument weitestgehend abgelöst. Vor dem Hintergrund, dass herkömmliche Kostenrechnungsverfahren nicht zufrieden stellend in der Lage sind logistische Prozesse bzw. Leistungen ausreichend differenziert zu verrechnen, ist der Nutzen der Methode auch im Bereich des Logistik-Controllings weit reichend erkannt.

Kerngedanke des Verfahrens der Prozesskostenrechnung ist die verursachungsgerechte Verrechnung von Gemeinkosten in den indirekten Bereichen. Logistikdienst-

> **Verfügbarkeit zum Planstarttermin**
>
> Berechnungsvorschrift:
>
> $$\frac{\text{Anzahl startbarer Produktionsaufträge}}{\text{Anzahl Produktionsaufträge}} \cdot 100\ [\%]$$
>
> Zweck:
>
> Die Verfügbarkeit der Zugangsmaterialien zum Planstarttermin eines Produktionsauftrages ist eine wichtige Voraussetzung, um die termin- und mengentreue Produktion im Untersuchungsobjekt sicher zu stellen. Diese Kennzahl ist eine mögliche Alternative zur Messung der Verfügbarkeit von Zugangsmaterial und für eine durch Produktionsaufträge veranlasste Produktion mit vorgegebenem Starttermin. Für Kanbanfertigungen ist diese Kennzahl ungeeignet. Voraussetzung ist die Möglichkeit, feste Planstarttermine der Produktionsaufträge vorzugebe n. Ein fester Planstartterm in ist ein einmalig fest gelegter und nicht mehr veränderbarer Termin.
>
> Beschreibung:
>
> Die *Verfügbarkeit zum Planstarttermin* ist der Prozentsatz der Produktionsaufträge, die zum geplanten Termin startbar waren.
> *Anzahl startbarer Aufträge* sind alle Produktionsaufträge mit Planstarttermin im Betrachtungszeitraum, zu deren Planstarttermin alle benötigten Zugangsmaterialien verfügbar waren.
> *Anzahl Produktionsaufträge* ist die Anzahl aller Produktionsaufträge mit Planstarttermin im Betrachtungszeitraum

Bild B 1.4-26 Beispiel einer Kennzahldefinition [VDI04]

leister nutzen das Verfahren über die monetäre Bewertung logistischer Abläufe hinaus im Rahmen von Angebotskalkulationen. Dabei setzen sie die Methode zur Ermittlung von Verrechnungspreisen in Abhängigkeit von Prozessinanspruchnahmen unterschiedlicher Mandanten ein. Wesentlicher Schwerpunkt des Verfahrens ist es, neben der Erstellung von Prozesstransparenz insbesondere der Anforderung der „verursachungsgerechten" Verrechnung von logistischen Kosten Rechnung zu tragen. Die Bestimmung möglichst realitätsnaher Kosten steht hierbei im Vordergrund.

Während die klassische Kostenrechnung Gemeinkosten auf Kalkulationsobjekte mittels subjektiver, teilweise willkürlicher Zuschlagssätze verrechnet, verteilt die Prozesskostenrechnung die Kosten entsprechend der tatsächlichen Inanspruchnahme betrieblicher Aktivitäten oder Tätigkeiten auf die Kalkulationsobjekte. Sie ist ihrem Wesen nach eine Vollkostenrechnung, da sie neben den Einzelkosten, die direkt zurechenbar sind, auch die Gemeinkosten auf die Kostenträger verrechnet.

Die ressourcenorientierte Prozesskostenrechnung (RPKR), die eine konsequente Weiterentwicklung der Prozesskostenrechnung ist, verfolgt die folgenden Ziele:
- Erhöhung der Transparenz in den indirekten Leistungsbereichen,
- Sicherung eines effizienten Ressourcenverbrauchs,
- Abbildung der Kapazitätsauslastung in allen Unternehmensbereichen,
- Verbesserung der Produkt- bzw. Dienstleistungskalkulation und
- stärkere Ausrichtung der Kostenrechnung auf strategische Entscheidungsprobleme.

Bild B 1.5-1 zeigt die Unterteilung der RPKR in vier Hauptarbeitsphasen:
1. Prozesskettenmodellentwicklung,
2. Prozesskettenmodulation (Parametrierung),
3. Ressourcenorientierte Kostenkalkulation,
4. Analyse.

Kalkulationsbasis der RPKR ist ein Prozesskettenmodell, welches in der ersten Phase mit Hilfe des Prozesskettenmanagements erstellt wird. Dabei werden neben den betrieblichen Geschäftsprozessen auch die Ressourcen visualisiert, die an den Abläufen beteiligt sind. Die Phase der Prozesskettenmodulation beinhaltet die Parametrierung der Modellelemente, d. h. der Prozesse und Ressourcen. Diese Phase umfasst u. a. die Festlegung von Basisgrößen, Prozesszeiten, Systemlasten, Ressourcenkapazitäten und Ressourcenkosten. Damit wird in den ersten beiden Phasen der Ressourcenverzehr je Prozess und Leistungsobjekt unabhängig von den Kosten definiert und zugeordnet. Die

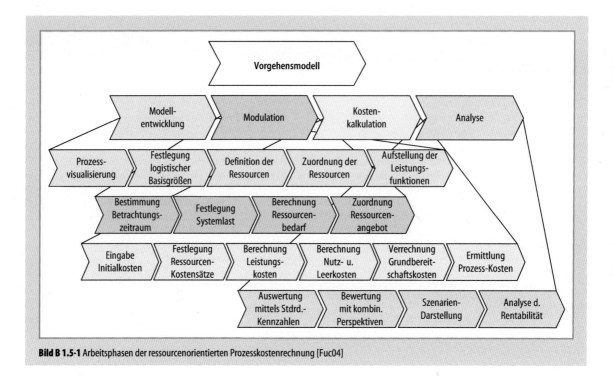

Bild B 1.5-1 Arbeitsphasen der ressourcenorientierten Prozesskostenrechnung [Fuc04]

eigentliche Bewertung des Ressourcenverbrauchs mit Kosten erfolgt in der dritten Phase, der ressourcenorientierten Kostenkalkulation.

Kernmerkmal der ressourcenorientierten Kostenkalkulation ist die Unterscheidung der Kosten in Bereitschaftskosten und Leistungskosten. Leistungskosten sind unmittelbar von der Leistungserstellung und demnach vom Umfang, der Art oder Anzahl der erbrachten Leistungen abhängig. Bereitschaftskosten sind dagegen unabhängig von der Leistungserstellung und fallen über einen bestimmten Zeitraum für die Bereitstellung von Ressourcen an. Die Bereitschaftskosten lassen sich weiter in Leer- und Nutzkosten unterteilen. Nutzkosten entsprechen den Bereitschaftskosten der genutzten Ressourcenkapazität, Leerkosten denen der ungenutzten Ressourcenkapazität. Die Anteile von Leer- und Nutzkosten hängen unmittelbar von der Auslastung der Ressource ab.

Die Berechnung der Prozesskosten in der ressourcenorientierten PKR basiert auf der Systemlast bzw. Auftragslast sowie auf der Kapazitätsauslastung der eingesetzten Ressourcen, die in den Prozessen beansprucht werden. Prozess- und Ressourcenkosten werden entsprechend den oben beschriebenen Kostenarten berechnet und ausgewiesen. Die Prozesskosten können differenziert in Leistungs-, Nutz- und Leerkosten – sowohl pro Zeiteinheit als auch pro Objekteinheit – für jeden Prozess(-Pfad) ermittelt werden.

Bild B 1.5-2 liefert eine Übersicht über die wesentlichen Unterschiede zwischen der klassischen und der ressourcenorientierten Prozesskostenrechnung, die im Folgenden beschrieben werden:

Beide Kostenrechnungsverfahren nutzen Prozesse als Modellierungsgrundlage. Während in der klassischen Prozesskostenrechnung Tätigkeitsanalysen innerhalb der einzelnen Kostenstellen durchgeführt werden und Teilprozesse zu kostenstellenübergreifenden Hauptprozessen im Rahmen einer Aggregation verdichtet werden, wird im Rahmen der RPKR ein Prozesskettenmodell aufgestellt, welches mit einem Ressourcenmodell verknüpft wird. Die Grundlage der RPKR stellt das in Abschn. B 1.3 erläuterte Prozesskettenmanagement dar. Das Prozesskettenmodell bildet Unternehmensprozesse in beliebigem Detaillierungsgrad, mit Hilfe der selbstähnlichen Prozesskettenelemente auf disaggregierten Stufen ab.

„Ort" der Kostenplanung bei der klassischen Prozesskostenrechnung ist die Kostenstelle, da die Teilprozesse innerhalb der abgegrenzten Kostenstellen definiert werden. Die Kostenzuordnung erfolgt dabei direkt zu den Prozessen. Demgegenüber ist die RPKR nicht an die Kostenstelle als den „Ort" der Kostenplanung gebunden. Die

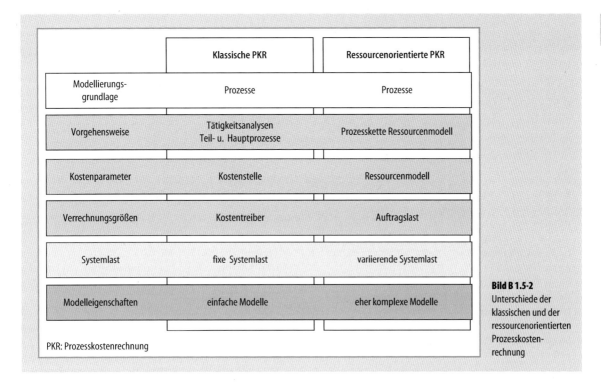

Bild B 1.5-2 Unterschiede der klassischen und der ressourcenorientierten Prozesskostenrechnung

Kostenrechnung auf Basis von Kostenstellen wird durch ein Ressourcenmodell substituiert, in dem zunächst die Kosten unabhängig von der Leistung in einer Grundrechnung aufbereitet werden.

In der klassischen Prozesskostenrechnung dienen Messgrößen zur Verrechnung von Gemeinkosten. Diese beschreiben für jeden leistungsmengeninduzierten Teilprozess die Abhängigkeit vom Leistungsvolumen der Kostenstelle. Die zentrale Messgröße zur Verrechnung von Kosten ist in der RPKR die Systemlast. Hierbei wird die von den Ressourcen zu erbringende Prozessleistung in Abhängigkeit von der Systemlast in sog. Leistungsfunktionen abgebildet. Entsprechend der Systemlast werden anschließend die Ressourcen und deren Bereitschaftskosten auf die Prozesse verteilt. Damit erfolgt eine indirekte Zuordnung von Kosten auf Prozesse über die Ressourcen. Die RPKR vermeidet damit eine Fixkostenproportionalisierung, die im Rahmen der klassischen Prozesskostenrechnung aufgrund der Kalkulation über Prozesskostensätze erfolgt. Da die Prozesskostensätze für eine fest stehende (meist Jahres-)Systemlast geplant werden, kann der Kalkulationsansatz der klassischen Prozesskostenrechnung sowohl bei Über- als auch bei Unterschreitung der geplanten und fixen Systemlast zu falschen Ergebnissen führen. Mit der RPKR können hingegen die Kosten individuell für jede Systemlast bestimmt werden, wodurch Kostenverzerrungen ausgeschlossen werden können. Aufgrund der Komplexität der RPKR ist eine Rechnerunterstützung zwingend notwendig. Im Allgemeinen sind Modelle der RPKR aufgrund der höheren Genauigkeit dem Prinzip der Verursachungsgerechtigkeit folgend komplexer als die eher einfachen Modelle der klassischen Prozesskostenrechnung.

Letztlich kann auch die RPKR die vollständige, verursachungsgerechte Verrechnung der Kosten nicht immer garantieren. Die Grundbereitschaftskosten bzw. die Bereitschaftskosten, die verursacht werden durch Ressourcen, die nicht unmittelbar an der Prozessleistung beteiligt sind, können nur bedingt auf einer Aggregationsstufe für bestimmte Prozessgruppen verrechnet werden. Infolgedessen werden die Grundbereitschaftskosten mit Hilfe eines Verhältnisschlüssels zugeordnet. Anderseits werden die Leerkostenanteile in der Prozesskostenträgerrechnung gesondert ausgewiesen, so dass die Transparenz über die primären Prozesskosten und mit Verteilungsschlüsseln verrechnete Prozesskosten in jedem Fall erhalten bleibt.

Des Weiteren ist zu beachten, dass das Prozesskettenmodell in der RPKR ohne eine rechnergestützte Verwaltung nicht zu handhaben ist. Erst durch entsprechende Systemunterstützung wird die Voraussetzung geschaffen, um die Vorteile des Verfahrens effektiv nutzen zu können. Infolge der Rechnerunterstützung wird der Arbeitsaufwand für die Darstellung der unterschiedlichen Szenarien beträchtlich vermindert, da nur die Systemlast bzw. der Durchsatz zu verifizieren ist.

Zusammenfassend stellt Fuchs [Fuc04] die Vorteile der RPKR wie folgt dar:
- differenzierte und transparente Ausweisung aller Kosteninformationen,
- Anwendung eines differenzierten (nichtlinearen) Bezugsgrößensystems,
- Minimierung von mit Verteilschlüsseln verrechneten Kosten,
- Verwendung von optimalen, transparenten Verteilalgorithmen bei Ressourcen, die nicht unmittelbar leistungsabhängig tätig sind (z. B. Lagerleiter) bzw. eine direkte Verrechnung dieser Kosten auf einer bestimmten Aggregationsstufe,
- durch die Organisation des Prozesskettenmodells wird sichergestellt, dass Kostenverursachungen durch Losgrößenunterschiede, Variantenvielfalt und Komplexität berücksichtigt werden,
- Möglichkeit des Ausweisens von Teilkosteninformationen.

Primärer Anspruch der ressourcenorientierten Prozesskostenrechnung ist, die Kosten realitätsnäher auf die Prozesse zu verteilen als es die klassische Prozesskostenrechnung vermag. Dies ist im Rahmen von Prozessplanungen und -bewertungen, insbesondere im Bereich der Geschäftsprozessoptimierung, ein Managementinstrument von hohem Mehrwert.

Literatur

[Bec84] Bechte, W.: Steuerung der Durchlaufzeit durch belastungsorientierte Auftragsfreigabe bei Werkstättenfertigung. Diss. Univ. Hannover 1983. Fortschritt-Berichte VDI, Reihe 2, Nr. 70. Düsseldorf 1984

[Büs05] Büssow, C.: Prozessbewertung in der Logistik. Kennzahlenbasierte Analysemethodik zur Steigerung der Logistikkompetenz. Diss. TU Berlin 2003. Wiesbaden: Veröff. Deutscher Universitätsverlag/GVV Fachverlage 2005

[Del03] Delfmann, W.; Reihlen, W.: Controlling von Logistikprozessen. Analyse und Bewertung logistischer Kosten und Leistungen. Stuttgart: Schäffer-Poeschel 2003

[Fuc04] Fuchs, F.: Entwicklung eines Werkzeugs zur ressourcenorientierten Prozesskostenrechnung für die Logistik. Diss. Univ. Dortmund: Verlag Praxiswissen 2004

[Gai04] v. Gaismayer, J.: Performance Measurement für Logistik Dienstleister. Instrumente, Erfolgsfaktoren, Zukunft. Saarbrücken: VDM Verlag 2004

[Glä95] Gläßner, J.: Modellgestütztes Controlling der beschaffungslogistischen Prozesskette. Diss. Univ. Hannover. Fortschritt-Berichte VDI, Reihe 2, Nr. 337, Düsseldorf 1995

[Hel07] Hellingrath, B.; ten Hompel, M.: It & Forecasting in der Supply Chain. In: Wimmer, Th.; Bobel, T.: Kongressband 24. Deutscher Logistikkongress. Bundesvereinigung Logistik e. V., Berlin 2007, S. 281–310

[Ker01] Kerner, A: Modellbasierte Beurteilung der Logistikleistung von Prozessketten. Diss. Univ. Hannover 2001

[Kin06] NN: Scheibchenweise. Wie teuer ist bei einem Produkt eigentlich der Transport? McKinsey MCK Wissen 16 (2006) 5, S. 86–87

[Klö91] Klöpper, H.-J.: Logistikorientiertes strategisches Management: Erfolgspotentiale im Wettbewerb. Köln: Verlag TÜV Rheinland 1991

[Kuh92] Kuhn, A.: Modellgestützte Logistik – Methodik einer permanenten, ganzheitlichen Systemgestaltung. VDI-Berichte Nr. 949, 1992

[Kuh94] Kuhn, A.; Pielok, T.: Produktivitätsmanagement mit Hilfe von Prozessketten. In: Qualität und Produktivität. Blickbuch Wirtschaft 1994

[Kuh95] Kuhn, A.: Prozessketten in der Logistik. Entwicklungstrends und Umsetzungsstrategien. Dortmund: Verlag Praxiswissen 1995

[Kuh96] Kuhn, A.; Winz, G.: Veränderungspotentiale in den Planungs- und Betriebsprozessen der Logistik. In: Gesellschaft für Arbeitswissenschaft – GfA: Jahresdokumentation 1996 der Gesellschaft für Arbeitswissenschaft: Berichte zum 42. Arbeitswissenschaftlichen Kongress, Köln 1996, S. 77–79

[Luc03] Luczak, H.; Wiendahl, H.-P.; Weber, J.: Logistik-Benchmarking. Praxisleitfaden mit LogiBEST. 2. Aufl. Berlin/Heidelberg/New York: Springer 2003

[Lut02] Lutz, S.: Kennliniengestütztes Lagermanagement. Diss. Univ. Hannover 2002. Fortschritt-Berichte VDI, Reihe 2, Düsseldorf 2002

[Nyh03] Nyhuis, P.; Wiendahl, H.-P.: Logistische Kennlinien. Grundlagen, Werkzeuge und Anwendungen. 2. Aufl. Berlin/Heidelberg/New York: Springer 2003, S. 37

[Pfo90] Pfohl, Ch.: Logistiksysteme. Betriebswirtschaftliche Grundlagen. 4. Aufl. Berlin/Heidelberg/New York: Springer 1990, S. 31

[Pie95] Pielok, T.: Prozesskettenmodulation, Management von Prozessketten mittels Logistic Function Deployment. Dortmund: Verlag Praxiswissen 1995

[Por86] Porter, M.E.: Competitive Advantage: Creating and Sustaining Superior. New York: Performance 1985

[Sch00] Scheer, A.-W.: ARIS – Business Process Modeling. Berlin/Heidelberg/New York: Springer 2000

[Sch01] Scheer, A.-W.: ARIS – Modellierungs-Methoden, Metamodelle, Anwendungen. Berlin/Heidelberg/New York: Springer 2001

[Sch02] Scheer, A.-W.; Jost, W.: ARIS in der Praxis. Berlin/Heidelberg/New York: Springer 2002

[Sch04] Schneider, M.: Logistische Fertigungsbereichskennlinien. Diss. Univ. Hannover 2003. Fortschritt-Berichte VDI, Düsseldorf 2004

[SCO07] Supply Chain Council, http://www.supply-chain.org, 2007

[Sen08] Sennheiser, A.; Schnetzler, M.: Wertorientiertes Supply Chain Management. Berlin/Heidelberg/New York: Springer, erscheint 2008

[Web95] Weber, J.: Logistik – Controlling. Leistungen, Prozesskosten, Kennzahlen. 4. Aufl. Stuttgart: Schäffer-Poeschel 1995

[VDI04] VDI-Gesellschaft Fördertechnik Materialfluss Logistik: Richtlinie VDI 4400 Blatt 1 bis 3: Logistikkennzahlen für die Beschaffung, Produktion und Distribution. Düsseldorf: 2004

[Wed89] v. Wedemeyer, H.-G.: Entscheidungsunterstützung in der Fertigungssteuerung mit Hilfe der Simulation. Diss. Univ. Hannover 1989. Fortschritt-Berichte VDI, Reihe 2, Nr. 176. Düsseldorf 1989

[Wie97] Wiendahl, H.-P.: Fertigungsregelung. Logistische Beherrschung von Fertigungsabläufen auf Basis des Trichtermodells. München: Hanser 1997, S. 36

[Win96] Winz, G.; Quint, M.: Prozesskettenmanagement – Leitfaden für die Praxis. Dortmund: Verlag Praxiswissen 1997

[Yu01] Yu, K.-W.: Terminkennlinie – Eine Beschreibungsmethodik für die Terminabweichung im Produktionsprozess. Diss. Univ. Hannover 2001. Fortschritt-Berichte VDI, Düsseldorf 2001

Beschaffung

B2

Bei den Rationalisierungsbestrebungen der Unternehmen ist die Einbeziehung der Material- und Informationsflussbeziehungen zwischen Lieferanten und Produzenten unabdingbar. Ziel ist es, die Beschaffungskette in Bezug auf die Erfolgsfaktoren Zeit, Qualität und Kosten zu optimieren. Um die unternehmensübergreifende Beschaffungslogistik erfolgreich zu gestalten, ist eine enge Zusammenarbeit zwischen Zulieferunternehmen (Lieferanten) und Herstellern erforderlich. Dazu müssen die Beschaffungsstrukturen (s. Abschn. B 2.7), die Prozesse (s. Abschn. 2.4), die Steuerung bzw. Lenkung (s. Abschn. B 2.5) und die Ressourcen (s. Abschn. B 2.6) überprüft und ggf. Änderungen vorgenommen werden.

Als Treiber für die Suche nach Verbesserungspotentialen in der Beschaffungslogistik lässt sich an erster Stelle die sinkende Fertigungstiefe in produzierenden Unternehmen nennen. Im Zuge des dadurch gestiegenen Einkaufsvolumens sind Modul- und Systemlieferanten entstanden, die ihre Produkte auf dem Weltmarkt anbieten.

Unternehmen sind in der Lage ihre Beschaffungsgüter weltweit zu beziehen. Wesentliche Gründe sind:
– Wegfall von Handelsbarrieren,
– technologische Möglichkeiten: standardisierte Technologien lassen sich heute in relativ kurzer Zeit weltweit aufbauen,
– Qualifikation der Arbeiter in Zweit-/Drittländern ist gestiegen,
– früher hohe Währungsrisiken sind heute stark zurückgegangen,
– niedrige Transportkosten.

B 2.1   Einleitung

B 2.1.1   Definitionen

– *Beschaffung* umfasst sämtliche unternehmens- und/oder marktbezogene Tätigkeiten, die darauf gerichtet sind, einem Unternehmen die benötigten, aber nicht selbst hergestellten Objekte verfügbar zu machen.
– *Logistik* kennzeichnet alle Managementaktivitäten in und zwischen Unternehmen, die sich auf die Gestaltung des gesamten Material- und Informationsflusses von den Lieferanten in ein Unternehmen hinein, innerhalb sowie vom Unternehmen zu den Abnehmern beziehen. Im Hinblick auf real existierende Unternehmen lassen sich damit folgende Teilbereiche der Logistik unterscheiden: Beschaffungslogistik für Transaktionen zwischen Lieferanten und Unternehmen, innerbetriebliche Logistik für Transaktionen im Unternehmen und Distributionslogistik für Transaktionen zwischen Unternehmen und Abnehmern.
– *Materialwirtschaft* umfasst sämtliche Vorgänge innerhalb eines Unternehmens, die der wirtschaftlichen Bereitstellung von Materialien dienen mit dem Ziel, ein materialwirtschaftliches Optimum zu erreichen.

B 2.1.2   Beschaffungsobjekte

Grundsätzlich benötigen Unternehmen verschiedenartige materielle Beschaffungsobjekte, die sich wie folgt unterscheiden lassen. (Beispiele aus der Möbelbranche):
– Produktionsmaterial (z. B. Holz für die Möbelherstellung),
– Hilfsstoffe (z. B. Lacke),
– Betriebsstoffe (z. B. Schmiermittel, Energie),
– Zulieferteile (z. B. Schrauben, Türgriffe),
– Handelswaren (z. B. Zubehör; Handelswaren ergänzen das Angebot und werden unverarbeitet weiterverkauft).

Bei der Betrachtung der Beschaffungsobjekte in der Lieferkette (= Supply Chain) ist es notwendig, die Verpackungskette darzustellen. Das Produktionsmaterial (hier: Lieferantenteil) wird in der Supply Chain für den Transport verpackt. Durch die Verbindung mit Arbeitshilfsmitteln entstehen neue Einheiten. Diese Einheiten können je nach Verpackungsvielfältigkeit eine Verpackungskette bilden, wie sie in Bild B 1.1-1 (Kap. B 1) dargestellt ist.

Man erkennt in Bild B 1.1-1, wie das Lieferantenteil sukzessive durch die jeweiligen Ressourcen (hier: Arbeitshilfsmittel) zu neuen Beschaffungsobjekten zusammengefasst werden kann. Hier gilt grundsätzlich, dass jeder, der mit der Verladung von Gütern betraut ist, auch für eine sachgerechte Ladungssicherung verantwortlich ist. Der Logistikdienstleister bzw. Frachtführer und der Fahrer stehen somit in der Pflicht, Ladungssicherungsmaßnahmen zu ergreifen.

In vielen Lieferketten kommt der Ressource Behälter eine besondere Bedeutung zu: Bei den Behältern handelt es sich häufig um Spezialbehälter, die zum Lieferanten zurücktransportiert werden müssen (= Mehrwegbehälter).

B 2.1.3 Rollen in der Beschaffung

In einer typischen Beschaffungskette lassen sich vier Rollen bzw. Teilnehmer identifizieren:
- Lieferant,
- Hersteller,
- Logistikdienstleister,
- Händler.

Die Beteiligten haben dabei unterschiedliche Interessen und Aufgaben, die vielfach gegensätzlich sind (Tabelle B 2.1-1):

In einer mehrstufigen Beschaffungskette lässt sich die Rolle des Lieferanten weiter unterteilen. Lieferanten werden je nach Produkt, Position in der gesamten Lieferkette und Komplexität des hergestellten Produkts bezeichnet als:
- Rohmaterial-/Einsatzstofflieferant,
- Teilelieferant,
- Lieferant für Komponenten und Aggregate,
- Modullieferant,
- Systemlieferant usw.

Darüber hinaus können in einer mehrstufigen Kette mit einem Hersteller Lieferanten auch in Abhängigkeit ihrer Position zum Endhersteller gekennzeichnet werden. Ein direkt an den Endhersteller liefernder Lieferant wird als 1st-tier-Supplier bezeichnet, ein Lieferant der den 1st-tier-Supplier bedient, heißt entsprechend 2nd-tier-Supplier usw.

Literatur

[Arn95a] Arnold, U.: Beschaffungsmanagement. Stuttgart: Schäffer-Poeschel Verlag 1995

[Arn95b] Arnolds, H.; Heege, F.; Tussing, W.: Materialwirtschaft und Einkauf. 10. Aufl. Wiesbaden: Gabler 1995

[Har97] Hartmann, H.: Materialwirtschaft. 7. Aufl. Gernsbach: Deutscher Betriebswirte-Verlag 1997

Richtlinie
VDI 2700: VDI-Gesellschaft Fördertechnik Materialfluss Logistik (Hrsg.): Ladungssicherung auf Straßenfahrzeugen. Frankfurt 2004

B 2.2 Einkaufsstrategie – Integriertes Beschaffungsmanagement

Die Aufgaben des Beschaffungsmanagements lassen sich gemäß der in Bild B 2.2-1 aufgezeigten Ebenen strukturieren.

Die Ebene des normativen Beschaffungsmanagements beschäftigt sich mit den generellen Zielen in der Beschaffung, mit Prinzipien, Normen und Leitlinien, die auf die langfristige Erhaltung und Entwicklung der Beschaffungsziele ausgerichtet sind. Diese sind an den Unternehmenszielen und den Rahmenbedingungen des Unternehmens zu orientieren. So verlangt z. B. die steigende Bedeutung der Beschaffung für die langfristige Wettbewerbsfähigkeit von Unternehmen nach einem neuen Selbstverständnis

Tabelle B 2.1-1 Aufgaben und Interessen

	Lieferant	Hersteller	Logistikdienstleister	Händler
Aufgaben	Auswahl Dienstleister Produktionsplanung Materialdisposition Transportdisposition	Auswahl Lieferanten Absatz-/ Produktionsplanung Programm-/ Sequenzplanung Feinabruf	Behälterdisposition Fahrzeugdisposition Tourenplanung Sendungsbündelung	Sortimentsplanung Bedarfsprognosen Nachschubplanung Kommissionierung
Interessen	maximaler Verkaufspreis 100 % Lieferservice sichere Produktionspläne minimale Bestände	minimaler Einkaufspreis 100 % Termintreue Fertigungsflexibilität minimale Bestände	Kostenbegrenzung Kundenservice Fuhrparkauslastung Leerfahrtenminimierung	minimaler Einkaufspreis 100 % Lieferservice Einkauf gängiger Artikel minimale Bestände

der Beschaffungsfunktionen in den Kunde-Lieferant-Beziehungen. Diese sind als strukturiertes Netzwerk interdependenter Prozessketten zu betrachten. Die Umsetzung effizienter Beschaffungskonzepte hat dabei unter Beachtung folgender Leitlinien zu erfolgen [Wil00]:
- Konzentration auf das Kerngeschäft,
- Vorverlagerung von Einkaufsaktivitäten,
- Differenzierung der Abnehmer-Lieferanten-Beziehungen,
- Prozessorientierung und
- Komplexitätsreduzierung.

Die Leitlinien münden in der Beschaffungspolitik, die im Zusammenspiel mit der strategischen Planung für einzelne Beschaffungsobjekte oder für homogene Materialgruppen Grundsatzentscheidungen trifft. Diese bilden langfristige Rahmenbedingungen für die operativen Geschäftsprozesse der Beschaffung, sie werden den Mitarbeitern als Vorgaben und Ziele in den Verfahrensanweisungen vorgegeben und legen die Vorgehensweise der softwareunterstützten Planung fest [Mel04].

Das strategische Management ist auf den Aufbau, die Pflege und die Ausbeutung von Erfolgspotentialen gerichtet. Den dazu notwendigen strategischen Planungsprozess veranschaulicht Bild B 2.2-2.

Die Umweltanalyse erfolgt im Rahmen der Beschaffungsmarktforschung. Sie umfasst alle Aktivitäten, die das systematische Zusammentragen und Verarbeiten von Informationen betreffen, um fundierte Kenntnisse über die Bedingungen und Vorgänge auf den bisherigen oder möglichen zukünftigen Beschaffungsmärkten zu erlangen. Dabei werden folgende Ziele verfolgt:

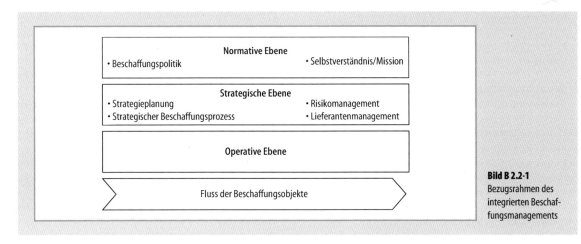

Bild B 2.2-1 Bezugsrahmen des integrierten Beschaffungsmanagements

Bild B 2.2-2 Phasen der strategischen Beschaffungsplanung

- die Verbesserung der Markttransparenz, um damit die Voraussetzungen für optimale Beschaffungsentscheidungen zu schaffen,
- Erschließung neuer Erfolgspotentiale durch regelmäßige und systematische Markterkundung,
- frühzeitige Erkennung kritischer Marktsituationen,
- Absicherung bestehender Erfolgspotentiale,
- Bereitstellung von Informationen, die zur Vermeidung und Senkung von Kosten in Beschaffung, Produktion und Absatz dienen.

Die Umsetzung der Aufgaben und Ziele erfolgt in folgenden Schritten:
- Selektion von Objekten der Beschaffungsmarktforschung,
- Selektion von Informationsinhalten,
  - Beschaffungsobjekt,
  - Lieferanten,
  - Angebot und Nachfrage am Beschaffungsmarkt,
  - Bewegungen und Entwicklungen am Beschaffungsmarkt,
- Selektion von Methoden und Informationsquellen der Beschaffungsmarktforschung,
- Auswertung der Marktforschungsinformationen.

Die Unternehmensanalyse zielt u. a. auf die Erfassung der aktuellen Situation, interner Rahmenbedingungen, Anforderungen der internen Kunden sowie die Anfälligkeit des Unternehmens in Bezug auf Versorgungsstörungen ab. Zur Erfassung der aktuellen Situation sind Stärken und Schwächen in Bezug auf Strategien, Organisationsstrukturen, Prozesse, IT- und Controlling Systeme und Mitarbeiter zu analysieren.

Ein Instrument zur Zusammenführung der Ergebnisse der Umwelt- und Unternehmensanalyse stellen Beschaffungsportfolios dar. Sie dienen dazu, anhand festgelegter Analysedimensionen strategische Stoßrichtungen (Normstrategien) für die Beschaffung abzuleiten. Die Erstellung eines Beschaffungsportfolios erfolgt in vier Schritten:
- *Abgrenzung und Auswahl der zu analysierenden Objekte*: Um die Vielzahl der Beschaffungsobjekte beherrschbar zu machen, erfolgt zunächst deren Gruppierung zu sog. strategischen Ressourceneinheiten. Zielsetzung ist die Bildung von Materialgruppen, die hinsichtlich des von ihnen induzierten Versorgungsrisikos möglichst homogen sind, ein möglichst identisches Aggregationsniveau von Materialgruppe zu Materialgruppe besitzen und die Durchführung unabhängiger Strategien und Maßnahmen im Beschaffungsbereich zulassen [Wil00].
- *Definition der Analysedimensionen, Ermittlung und Klassifikation von Erfolgsfaktoren*: In der Regel beschränkt sich die Portfolioanalyse auf zwei Dimensionen, um die Übersichtlichkeit zu gewährleisten. Für die Analyse strategischer Ressourceneinheiten werden im Bereich der Beschaffung häufig die Wertigkeits- und Risikodimensionen sowie die Angebots- und Nachfragemachtdimensionen herangezogen. Diese spannen ein i. d. R. zweidimensionales Koordinatensystem auf, wobei jede Dimension eine unterschiedliche Skalierung aufweisen kann.
- *Positionierung der Analyseobjekte*: In diesem Koordinatensystem werden nun die jeweiligen Analyseobjekte positioniert.
- *Ableitung strategischer Stoßrichtungen*: Aus der Position der Analyseobjekte lassen sich Normstrategien für ihre zukünftige Entwicklung ableiten.

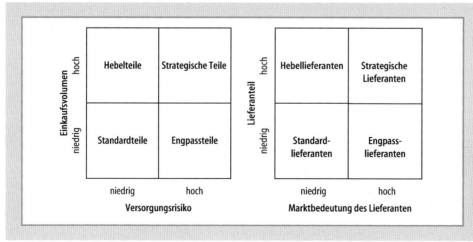

Bild B 2.2-3
Teilportfolios zur Klassifikation von Material und Lieferanten

Zu den bedeutendsten Beschaffungsportfolios gehört das auf Kraljic zurückgehende Material-Lieferanten-Portfolio. Es ermöglicht die Ableitung strategischer Stoßrichtungen (Normstrategien) anhand der vier in Bild B 2.2-3 aufgezeigten Analysedimensionen sowie deren anschließende Verdichtung zum Material-Lieferanten-Portfolio gemäß Bild B 2.2-4.

Strategische Teile: Hierbei handelt es sich um Teile mit einem hohen Einkaufsvolumen, die oft nach Kundenspezifikation geliefert werden. Häufig ist nur eine Lieferquelle verfügbar, die nicht kurzfristig ohne erhebliche Kosten gewechselt werden kann.

Üblicherweise haben strategische Teile einen erheblichen Einfluss auf die Kostenstruktur des Endproduktes, in das sie einfließen. Die Kommunikation und Interaktion zwischen Kunde und Lieferant sind gewöhnlich stark ausgeprägt. Entsprechend zielt die strategische Stoßrichtung auf den Aufbau einer partnerschaftlichen Zusammenarbeit ab.

Hebelteile: Diese Teile können üblicherweise mit einem hohen Qualitätsstandard von einer großen Anzahl von Lieferanten bezogen werden. Sie repräsentieren einerseits einen relativ großen Anteil an den Kosten des Endproduktes, andererseits haben bereits kleine Änderungen des Einstandspreises eine starke Hebelwirkung auf die Kosten. Entsprechend gilt es, aggressives Beschaffungsmarketing zu betreiben und den Wettbewerb unter den Lieferanten weiter zu verstärken. Charakteristisch ist die große Freiheit des Kunden in der Lieferantenwahl. Zugleich sind die Kosten eines Lieferantenwechsels i. d. R. gering. Entsprechend gilt als Normstrategie die Ausschöpfung des Marktpotentials.

Engpassteile: Diese Teile repräsentieren ein kleines Einkaufsvolumen, weisen aber ein hohes Versorgungsrisiko auf. Die mögliche Anzahl der Lieferquellen ist i. d. R. sehr limitiert, häufig steht nur ein Lieferant zur Verfügung. Im Allgemeinen dominiert der Lieferant die Kunde-Lieferant-Beziehung, was sich häufig in hohen Einstandspreisen, langen Lieferzeiten und schlechtem Service niederschlägt. Die strategische Grundausrichtung zielt daher auf die Erhöhung der Versorgungssicherheit. Dies kann z. B. über

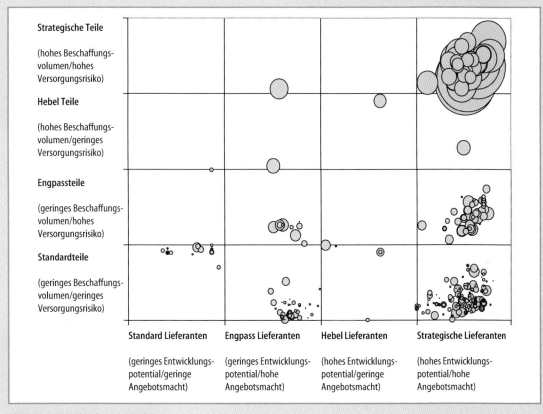

Bild B 2.2-4 Material-Lieferanten-Portfolio

Sicherheitsbestände, alternative Produkte bzw. Verfahren oder mit Hilfe neuer Lieferanten erreicht werden. Materialsubstitutionen sollten bereits bei der Produktentwicklung eingeplant werden, um den Aktionsspielraum der Beschaffung zu vergrößern.

Standardteile: Die Standardteile weisen aus Sicht der Beschaffung nur wenige technische und ökonomische Probleme auf. Sie haben gewöhnlich einen geringen Wert, sind stark standardisiert (DIN und Normteile) und bei einer großen Anzahl von Lieferanten beziehbar. In diese Kategorie liegt in der Praxis die größte Teileanzahl. Problematisch ist, dass der Wert der Teile häufig die Kosten der Bestellabwicklung und des Handlings übersteigt. Oft zeigt sich, dass die Teile 80% des Aufwandes in der Beschaffung verursachen. Demgemäß zielt die Normstrategie auf eine effiziente Beschaffung der Standardteile. Als Lösungsmöglichkeiten bieten sich automatisierte Bestellsysteme mit EDI-Anbindung zum Lieferanten oder e-Procurement Lösungen an, mit denen der Bedarfsträger selbst beschaffen kann (vgl. Abschn. B 2.3).

Die Zusammenführung der Teilportfolios führt zum Beschaffungsstrategieportfolio mit den Dimensionen Material und Lieferant (Bild B 2.2-4). Hiermit ist eine weitergehende Analyse der Stimmigkeit zwischen den Eigenschaften der Teile und den zugeordneten Lieferanten möglich.

Neben dem Beschaffungsportfolio seien die Kunden-/Lieferantenbefragung, die SWOT-Analyse und das Benchmarking als weitere Instrumente der strategischen Situationsanalyse benannt.

Der daran anschließende Schritt der Strategieentwicklung beginnt mit der Ableitung der strategischen Ziele. Ziel ist es, den Entwicklungsprozess auf die strategisch wirklich relevanten Ziele zu fokussieren. Die einzelnen Schritte sind: strategische Ziele entwickeln, auswählen und dokumentieren [Hor04]. Als hilfreiches Instrument kann der Balanced Scorecard Ansatz genutzt werden, bei dem die Ziele verschiedenen Perspektiven zugeordnet werden. Beispielhafte Perspektiven für den Bereich Beschaffung zeigt Bild B 2.2-5.

Die Entwicklung sog. Strategy Maps stellt eines der zentralen Elemente einer Balanced Scorecard dar. Ziel ist es, die Ursache-Wirkungs-Beziehungen zwischen den strategischen Zielen herauszuarbeiten und zu dokumentieren. Dies ermöglicht die Harmonisierung der verschiedenen Vorstellungen über die Wirkungsweise der Strategie. Strategische Ziele stehen nicht losgelöst und unabhängig nebeneinander, sondern sind miteinander verknüpft und beeinflussen sich gegenseitig. Der Erfolg einer Strategie hängt vom Zusammenwirken mehrerer Faktoren ab [Hor04].

Das Auswählen der Messgrößen dient dazu, strategische Ziele klar und unmissverständlich auszudrücken sowie die Entwicklung der Zielerreichung verfolgen zu können. Über das Messen von strategischen Zielen soll das Verhalten in eine gewünschte Richtung beeinflusst werden. Um die Eindeutigkeit bei der Beurteilung der Zielerreichung zu gewährleisten, sollte man nicht mehr als zwei, in seltenen Fällen drei Messgrößen für jedes strategische Ziel bestimmen. Erst durch die Festlegung eines Zielwertes und -termins ist ein strategisches Ziel vollständig beschrieben

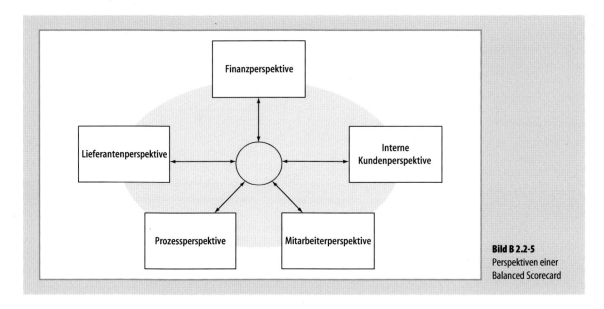

Bild B 2.2-5
Perspektiven einer Balanced Scorecard

[Hor04]. Das Ergebnis der Portfolioanalyse (Teilportfolio Lieferanten Bild B 2.2-3) zeigt, dass in der Lieferantenperspektive eine differenzierte Betrachtung und Zieldefinition nach Lieferanten-Typ (Standard-Lieferanten etc.) notwendig ist. Ein Ergebnis der Zieldefinition zeigt Bild B 2.2-6 beispielhaft für die Lieferantenperspektive.

Im nächsten Schritt sind die zur umfassenden Zielerreichung notwendigen Strategien zu entwickeln. Hierbei können drei Schritte unterschieden werden:
– Überblick über die laufenden Strategien, deren Zielwirkung sowie die mit der Umsetzung gebundenen Ressourcen,
– Erarbeitung von Ideen für Strategien zur Umsetzung der strategischen Ziele,
– Strukturierung und Zusammenführung zu einem Strategiemix.

Die bereits vorhandenen Strategien sind hinsichtlich ihrer Zielwirkung zu validieren. Solche, die beibehalten werden sollen, werden den strategischen Zielen zugeordnet (Bild B 2.2-7).

Wenngleich die Erarbeitung von Ideen für Strategien als unternehmensspezifischer kreativer Prozess zu betrachten ist, kann neben der über das Portfolio entwickelten Stoßrichtung auf zahlreiche Strategieelemente zurückgegriffen werden. Nach Arnold und Eßig lassen sich sechs Strategieelemente einer Beschaffungsstrategie mit folgenden Ausprägungen unterscheiden:

– Lieferantenstrategie: Sole-, Single-, Dual- und Multiple Sourcing (vgl. Abschn. 2.5.6),
– Beschaffungsobjektstrategien: Unit-, Modular- und System Sourcing (vgl. Abschn. 2.5.6),
– Beschaffungszeitstrategien: Stock, Demand tailored und Just-in-Time (vgl. Abschn. 2.5.2),
– Beschaffungssubjektstrategien: Individual- und Collective-Sourcing (Einkaufskooperation),
– Beschaffungsarealstrategien: Local-, Domestic- und Global Sourcing (vgl. Abschn. 2.5.6),
– Wertschöpfungsstrategien: Ort, an dem die Wertschöpfung des Lieferanten erbracht wird. External Sourcing (Wertschöpfung an Produktionsstätte des Lieferanten) und Internal Sourcing (Ansiedlung Lieferanten in der Nähe oder gar in der Produktionsstätte des Kunden).

Koppelmann wählt einen anderen Weg zur Strukturierung der Strategieelemente. Im Folgenden werden daraus lediglich ergänzende Strategieelemente und deren Ausprägungen aufgezeigt:
– Produktstrategie: a) Eigenentwicklung Lieferant, Entwicklungsvorgaben durch Kunden und Entwicklungskooperation b) Standardisierung über Baukastensysteme und Plattformstrategien (vgl. Abschn. 2.5.1),
– Kommunikationsstrategien: geringer Informationsaustausch (Schutz des Know-hows) vs. offener beschleunigter Informationsaustausch zur Synchronisation der Prozesse und als Frühwarninformation,

	Ziel	Messgröße	Zielwert	Termin
Lieferantenperspektive	Reduzierung der „Cost of Ownership"	Prozesskosten für die Beschaffung von Material und Dienstleistungen (inklusive Kosten für Bestellung, Erhaltung, Überprüfung, Lagerung und Defektbewältigung)	10% Verbesserung gegenüber Vorjahr	
		Einsparung e-Auktion	16%	
		Bestellwertanteil e-Bestellungen	15%	
	Entwicklung der Fähigkeit zu hoher Qualität beim Lieferanten	Fehlerquote pro Million Teile (ppm)	15% Verbesserung gegenüber Vorjahr	
	Einsatz neuer Ideen der Lieferanten	Anzahl der Innovationen von den Lieferanten	> 30 pro Jahr	
	...			

Bild B 2.2-6 Ergebnis der Zieldefinition (Ausschnitt)

- Servicestrategien: Outsourcing von Dienstleistungen (z. B. Entsorgungsleistungen),
- Preisstrategien: Minimalpreis-, Marktdurchschnittspreis- und Fairpreisstrategie.

Darüber hinaus ist die Leistungstiefendefinition (Outsourcing vs. Insourcing) als mögliches Element einer Beschaffungsstrategie zu nennen.

Die in einem kreativen Prozess aus den aufgezeigten Strategieelementen ausgewählten sowie die individuell entwickelten Strategieelemente sind zu strukturieren und anschließend den strategischen Zielen zuzuordnen (Bild B 2.2-7).

Im Schritt Strategiebewertung und -auswahl gilt es, den Aufwand und den zu erwartenden Nutzen der Strategieumsetzung zu ermitteln. Eine genaue Aufwandsschätzung braucht eine sorgfältige Planung; sorgfältige Planung wiederum braucht Zeit: ein Zeitverzug bei der Erstellung der Balanced Scorecard wäre die Folge. Bevor eine Feinabschätzung der Kosten stattfindet, erfolgt daher zunächst eine Grobschätzung. Meist genügt den Projektteilnehmern eine solche Grobschätzung zur Priorisierung und Beurteilung, ob eine strategische Aktion überhaupt im weiteren Diskussionsprozess berücksichtigt werden sollte oder nicht [Hor04]. Um die Bewertung transparent zu machen kann in der Zuordnungsmatrix eine Punktebewertung vorgenommen werden.

Eine erfolgreiche Strategieumsetzung setzt einen zielgerichteten Kommunikations- und Lernprozess voraus. Um diesen Prozess nachhaltig zu unterstützen, sind die Strategien so zu beschreiben, dass eine unternehmensweite Vermittlung möglich ist.

Um eine unternehmensweite Umsetzung der Beschaffungsstrategien zu gewährleisten sind diese ggf. auf nachgelagerte Organisationseinheiten (Geschäfts- oder Funktionsbereiche) herunterzubrechen. Das Herunterbrechen auf die nachfolgenden Unternehmenshierarchien sollte entsprechend der Führungsphilosophie, des Führungsstils sowie der Geschäftserfordernisse erfolgen. Die Frage nach der Einsatztiefe im Unternehmen – ob nur auf die Gesamtunternehmensebene oder über alle Hierarchiestufen hinweg heruntergebrochen wird oder gar bis auf die Ebene von Mitarbeiterteams oder einzelnen Mitarbeitern – kann nur unternehmensspezifisch beurteilt werden [Hor04]. Es bleibt anzumerken, dass zur Umsetzung einzelner Strategieelemente auch ein unternehmensübergreifendes Herunterbrechen unter Einbeziehung von Lieferanten erforderlich sein kann. Die Abstimmung der Ergebnisse muss sicherstellen, dass die Teilstrategien der Organisationseinheiten weder zwischen Organisationseinheiten zu Konflikten führen noch der Gesamtstrategie zuwiderlaufen.

Um sicherzustellen, dass der gewählte Strategiemix die erwartete Zielumsetzung einleitet und zum Soll-Termin erreicht ist, ist die Entwicklung der definierten Messgrößen zu überwachen. Ergibt der Soll-Ist-Abgleich negative Abweichungen sind adäquate Korrekturmaßnahmen zu entwickeln und einzuleiten. Im Sinne eines kontinuierlichen Verbesserungsprozesses sind auch die Ziele selbst in

Bild B 2.2-7 Zuordnungsmatrix Strategieelemente zu Zielen

Frage zu stellen und im Sinne einer Höherentwicklung nachzujustieren.

Die strategische Planung bildet einerseits den Rahmen für den Beschaffungsprozess, der in Abschn. 2.4 beschrieben ist, andererseits kann er innerhalb des Prozesses zur Gestaltung einzelner Kunde-Lieferant-Beziehungen zum Einsatz kommen. Um die notwendigen Freiräume für strategische, gestaltende Aufgaben zu schaffen, wird organisatorisch häufig eine Gliederung nach dem „gestaltenden bzw. strategischen" und „verwaltenden bzw. operativen" Einkauf vorgenommen. Dies hat eine organisatorische Aufteilung des Beschaffungsprozesses zur Folge. Die dem strategischen Beschaffungsprozess zugeordneten Aufgaben zeigt Bild B 2.2-8. Damit werden die Rahmenbedingungen für die dispositiven Prozesse des operativen Einkaufs gestaltet.

Der strategische Beschaffungsprozess ist ein Element des übergreifenden Lieferantenmanagements, das den gesamten Lebenszyklus der Kunde-Lieferant-Beziehungen betrachtet. Dieses Element umfasst die aktive und systematische Analyse, Lenkung, Gestaltung und Entwicklung der Kunde-Lieferant-Beziehungen. Dabei werden folgende Ziele verfolgt:
– kontinuierliche Optimierung der Lieferantenbasis sowie der Lieferprozesse,
– nachhaltige Senkung der Lieferantenkosten und Steigerung der Lieferantenleistung,
– Fokussierung auf die besten Lieferanten und die Aktivierung von Lieferantenpotentialen.

Bei der Lieferantenbewertung gilt es auf der Grundlage eines einheitlichen und objektiven Bewertungsverfahrens, die

Bild B 2.2-8 Strategischer Beschaffungsprozess

Bild B 2.2-9 Lieferantenmanagement

Leistung und Leistungsfähigkeit des Lieferanten zu bewerten. Basis der Bewertung können die in Abschn. „Lieferung und Kontrolle" aufgezeigten Kennzahlen sein sowie die im Rahmen der Strategieplanung erarbeiteten Messgrößen.

Auf die Lieferantenbewertung setzt der Lieferantenentwicklungsprozess, der zugleich auch den stärksten Hebel bezüglich der Kosten- und Leistungspotentiale im Lieferantenmanagement bietet. Die Verbesserung der Kosten- und Leistungsposition der Lieferanten hat im Rahmen der Lieferantenentwicklung das Ziel, einen signifikanten Beitrag zur Steigerung des Geschäftswertbeitrages zu leisten.

Über das Ausphasen eines Lieferanten muss entschieden werden, wenn der Lieferant trotz Verbesserungs- und Entwicklungsmaßnahmen bei der Lieferantenbewertung kein zufriedenstellendes Ergebnis erzielen konnte. Sollte dieser Lieferant über eine Monopolstellung verfügen, müssen relevante Maßnahmen im Rahmen der Lieferantenentwicklung ergriffen werden, die zukünftig eine akzeptable Leistungs- und Kostenposition des Lieferanten gewährleisten.

Literatur

[Arn00] Arnold, U.; Essig, M.: Sourcing-Konzepte als Grundelemente der Beschaffungsstrategie. Wirtschaftswissenschaftliches Studium (WiSt) 29 (2000) 3, 122–128
[Hor04] Horvàth u. Partner (Hrsg.): Balanced Scorecard umsetzen. 3. Aufl. Stuttgart: Schäfer Poeschel 2004
[Kop04] Koppelmann, U.: Beschaffungsmarketing. 4. Aufl. Berlin/Heidelberg/New York: Springer 2004
[Kra83] Kraljic, P.: Purchasing most become Supply Management. Harvard Business Review (1983) 9/10, 109–117
[Mel04] Melzer-Ridinger, R.: Materialwirtschaft und Einkauf. Bd. 1, 4. Aufl. München u. a.: Oldenburg 2004
[Wil00] Wildemann, H.: Einkaufspotentialanalyse-Programme zur partnerschaftlichen Erschließung von Rationalisierungspotentialen. München: TCW Transfer-Centrum 2000

B 2.3 IT-Systeme im Einkauf

In der Beschaffung werden verschiedene IT-Systeme eingesetzt, von denen die Wesentlichsten vorgestellt werden sollen.

B 2.3.1 Materialmanagement-Systeme

Materialmanagement-Systeme, z. B. SAP R/3 Materials Management (MM), sind in jedem produzierenden Unternehmen anzutreffen. Diese Systeme unterstützen eine Vielzahl von Prozessen, z. B.:
– Anfrage (z. B. Preisanfrage bei Lieferant),
– Anforderung (z. B. Bedarfsanforderung, BANF an Einkauf),
– Bestellung (z. B. Bestellerzeugung und Versand per FAX),
– Kontraktmanagement (z. B. Anlage von Kontrakt bei sich wiederholenden Bestellungen),
– Lagerbewirtschaftung (z. B. Wareneingang, Warenausgang, Umlagerung),
– Bestandsmanagement (z. B. automatische Wiederbeschaffung),
– Inventur (z. B. Bestandskorrektur durch Verfall),
– Analysen (z. B. Bestandsverläufe, Lieferantenumsätze).

Diese Systeme lassen sich an die jeweiligen Bedürfnisse des Unternehmens anpassen und können so z. B. die lokale Lagerstruktur abbilden, wie auch die Einkaufsstruktur des jeweiligen Standortes („wer darf Einkaufen" etc.).

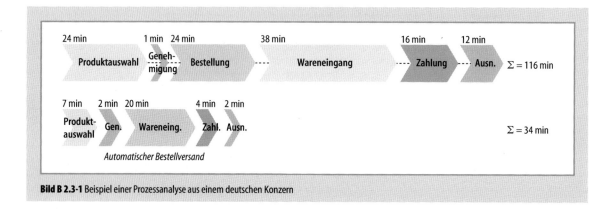

Bild B 2.3-1 Beispiel einer Prozessanalyse aus einem deutschen Konzern

Innerhalb der o. g. Prozesse kommt den sog. Stammdaten eine besondere Bedeutung zu: Lieferantenstammdaten und Materialstammdaten. Um eine hohe Prozesseffizienz zu erreichen, ist es unabdingbar, dass diese Stammdaten fehlerfrei im System angelegt werden. Jeder Fehler, z. B. falsche Materialbezeichnung im Stammsatz, führt zu Fehlern und nicht-notwendigen Abstimmungsaufwänden zwischen Kunden und Lieferant.

Dieses Problem greifen e-Katalog-Systeme auf: Hier stammen die Stammdaten über Artikel und Lieferant vom Lieferanten selber (siehe Abschn. 2.3.2) und müssen nicht vom Kunden im Materialmanagement-System per manueller Eingabe erfasst werden.

B 2.3.2 Elektronisches Katalog-System

Elektronische Katalog-Systeme (auch: e-Katalog, e-Procurement Systeme) werden verwendet,
- um geringe Verwaltungskosten im Einkauf zu erlangen und
- die verbesserte Nutzung „zentraler" Verträge sicherzustellen.

Auf die geringeren Verwaltungskosten geht das folgende Bild ein: Hier erkennt man, dass der Bereich Einkauf (Bestellung) und Rechnungswesen (Zahlung) am erheblichsten von dem System profitiert. Die Arbeit des Einkaufs wird hier verlagert auf den strategischen Teil: Das Verhandeln der Konditionen und das Standardisieren von Produkten in den Lokationen. Das Rechnungswesen profitiert von dem Gutschriftsverfahren: Hier sendet der Lieferant keine Rechnung mehr an den Kunden, sondern der Kunde erstellt im Namen des Lieferanten eine Gutschrift und sendet diese an den Lieferanten.

Das elektronische Katalogsystem funktioniert wie folgt:

Einspielen der Kataloge: Die Lieferanten erstellen einen Katalog ihrer Produkte (z. B. in Excel) mit Beschreibung, Produktnummer, Preis, Warengruppe. Diese Datei wird beim Kunden in das e-Katalog System eingelesen. Der Einkäufer beim Kunden überprüft in einer sog. „Staging-Area" die Preise auf Korrektheit und das Angebot auf Vollständigkeit. Nach eingehender Prüfung und ggf. Korrekturschleife werden die Daten in das Katalogsystem eingelesen und für die eingestellten User freigeschaltet.

Durchführung einer Bestellung: Der User loggt sich in das e-Katalog System ein, welches i. d. R. im Intranet des Kunden zur Verfügung gestellt wird. In einer Suchmaske wählt er über die Produktbeschreibung oder die Lieferantennummer das gewünschte Produkt aus. Zur Kontierung hinterlegt er seine Kostenstelle oder eine Projektnummer. Nach Zusammenstellung aller Produkte und Abschluss der Bestellung erzeugt das System aus dem Warenkorb Bestelllungen. Hier werden nun die Produkte aus den gleichen Lieferantenkatalogen zu einer Bestellung gebündelt und anschließend elektronisch, meist per e-Mail, übermittelt.

Lieferung: Der Lieferant erhält die Bestellung und muss innerhalb der vereinbarten Lieferzeit, z. B. 24 Stunden, die Waren liefern. Dazu überträgt er die Kundenbestellung in einen Kundenauftrag, prüft diesen (Bonität) und gibt diesen dann an sein Warenwirtschaftssystem, z. B. im Logistikzentrum weiter. Im Logistikzentrum wird der Kundenauftrag kommissioniert und schließlich versandfertig gemacht und geliefert. Der Kunde nimmt die Ware entgegen und bestätigt im elektronischen Katalogsystem den Wareneingang, der dann eine Gutschrift an den Lieferanten auslöst (→ Gutschriftsverfahren).

Ursprünglich wurden diese Katalogsysteme Ende der 90er/Anfang 2000 im Bereich der Nichtproduktionsmaterialien, wie z. B. Büroartikel, Werkzeuge, Kleinteile aufgebaut. Es wurden zunächst Teile beschafft, die in dem Unternehmen nicht auf Lager gehalten werden. Mittlerweile existieren Lösungen im Markt, die deutlich über diese Funktionalität hinausgehen und den gesamten Bereich der Nicht-Produktionsmaterialien umfassen, also auch lagergeführte Teile, wie Ersatzteil, Dienstleistungen und nicht-katalogisierbare Teile. Dabei wird das Ziel verfolgt, den Einkauf immer weiter von reiner administrativer Tätigkeit zu entlasten und dadurch Zeit zu schaffen für wertschöpfende Tätigkeiten, wie das Abschließen von Rahmenabkommen mit Standardzahlungsbedingungen und Preisen, wie auch die Überwachung von sog. „Maverick-Buying", also dem Einkauf an den Einkaufskonditionen bei den Standardlieferanten vorbei.

B 2.4 Prozesse

Ausgehend davon, dass sich ein Unternehmen dazu entschlossen hat, einen Teil extern zu beschaffen, lässt sich der Beschaffungsprozess in verschiedene Tätigkeitsschritte oder Prozesse gliedern:

Dem gegenüber stehen routinemäßige Bestellungen (z. B. Bestellauslösungen durch Abruf), bei denen die Phasen Anfrage etc. nur einmal stattgefunden haben und dann für die Zeit von Lieferverträgen Gültigkeit haben.

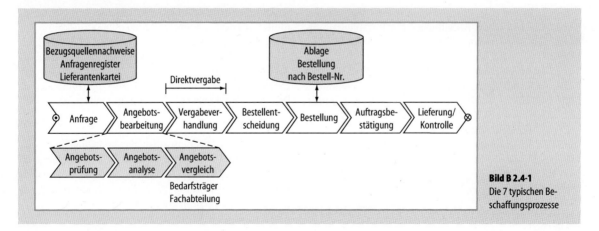

Bild B 2.4-1
Die 7 typischen Beschaffungsprozesse

B 2.4.1 Anfrage

Die Anfrage an Lieferanten erfolgt üblicherweise durch den Einkäufer, der dabei auf seine Lieferantendatenbank zurückgreift oder sonstige Informationsquellen (insbesondere das Internet) nutzt. Grundlage für eine Anfrage ist eine Bedarfsmeldung. Die Bedarfsmeldung enthält eine Spezifikation, z. B. Lieferantenteilenummer, Zeichnung, Liefervorgaben etc.

Die Anfrage sollte alle technischen Spezifikationen sowie die betriebswirtschaftlichen Bedingungen enthalten:
– Typbezeichnung,
– Mengen (Gesamtmenge, Teillieferungen),
– Materialart/Werkstoff,
– Oberflächenbearbeitung, Materialqualität,
– Art der beabsichtigten Be- oder Verarbeitung,
– Zeichnung oder Beschreibung,
– Garantie-, Kundendienst-Anforderungen,
– Verpackungsvorschriften,
– Zahlungsweise,
– Versandvorschriften,
– Erfüllungsort, Gerichtsstand,
– Rabatte, Skonti, Boni,
– Liefertermine.

Bei hochgradig technisch aufwendigen Teilen ist es üblich, dass der Einkauf bereits zum Zeitpunkt des Konstruktionsentwurfs eingeschaltet wird, um z. B. geeignete Lieferanten frühzeitig für eine Mitwirkung zu gewinnen. Man bezeichnet diese Aktivitäten des Einkaufs auch als Advanced Purchasing (= vorgezogene Einkaufsaktivität). In diesem Vorstadium entwickelt der Facheinkäufer die Spezifikation und schließt Verträge ab.

Die Anzahl der einzuholenden Angebote ist in den meisten Unternehmen durch Dienstanweisungen geregelt, z. B. bei einem Beschaffungsvolumen > 25.000 EUR, drei Angebote. Sie hängt üblicherweise vom Auftragswert ab.

Mit der Angebotseinholung kann man verschiedene Ziele verfolgen:
– Ermittlung des günstigsten Lieferanten bei vorliegender Anfrage,
– Einholung von Informationen (z. B. für die eigene Entwicklungs- und Konstruktionsabteilung),
– Kontrolle und Ergänzung der Einkaufsunterlagen im Sinne der Beschaffungsmarktforschung.

Die Art der Angebotseinholung ist von der Wertigkeit und Bedeutung der einzukaufenden Materialien im gesamten Unternehmen abhängig: Im Fall von C-Materialien kommt eine mündliche Angebotseinholung in Betracht, während sie bei A- und B-Materialien immer schriftlich vorgenommen werden sollte.

Wenn der Lieferant eine Anfrage erhält, wird er diese sorgfältig prüfen und sich vor Abgabe eines Angebots vergewissern, ob er die notwendigen Einrichtungen und Kapazitäten hat, um die angefragten Mengen zu bestimmten Terminen liefern zu können. Sollte der Lieferant sich in der Lage sehen, die Anfrage positiv beantworten zu können, kann er ein verbindliches Angebot abgeben: Er verpflichtet sich damit, innerhalb der – gesetzlichen oder vertraglichen – Bindungsfrist, die angebotene Leistung zu erbringen. Der Anbieter (Lieferant) kann die Bindung an das Angebot aber auch einschränken und ausschließen, z. B. durch Formulierungen:
– solange Vorrat reicht,
– Liefermöglichkeit vorbehalten,
– Preis freibleibend,
– unverbindlich.

In der Praxis hat es sich gezeigt, dass es in der Phase Angebotseinholung zu erheblichen Verzögerungen kommen kann, meist weil die Lieferanten die Anfrage zu zögerlich behandeln und das Angebot – wenn überhaupt – erst spät unterbreiten. Daher ist eine geregelte Überwachung von (gesendeten) Anfragen und den (eingehenden) Angeboten unerlässlich.

B 2.4.2 Angebotsbearbeitung

Der Einkauf muss vor Angebotsprüfung sicherstellen, dass alle Angebote lückenlos eingegangen und erfasst sind. Ziel der anschließenden Angebotsprüfung ist, das optimale Angebot zu bestimmen. Dabei sollte zwischen der formellen Prüfung und Analyse unterschieden werden.

Mit der *formellen Angebotsprüfung* soll sichergestellt werden, dass die Anfrage des Unternehmens und das Angebot des Lieferanten sachlich übereinstimmen, d. h. dass die in der Anfrage enthaltenen Spezifikationen mit den im Angebot enthaltenen Angaben verglichen werden: Materialart, Menge, (s. Abschn. B 2.4.1).

Die *Analyse* der Angebote erfolgt unter Anlegung bestimmter Kriterien:
– Preis,
– Leistungen und Qualität,
– Lieferzeit,
– Standort des Lieferanten,
– Bekanntheit/Ruf des Lieferanten,
– Forschungsaktivitäten,
– Kulanzleistungen,
– Management beim Lieferanten,
– eigenes Vertrauen zum Lieferanten u. a.

Im Regelfall wird der Einkäufer jedoch zunächst den Angebotspreis analysieren und die Preisgestaltung sowie die Zahlungsbedingungen einer sorgfältigen Untersuchung unterziehen. Zu analysieren ist auch, ob nicht durch Bezug einer größeren Menge ein günstigerer Preis erzielt werden kann.

Die in Abschn. B 2.4.2 beschriebenen Kriterien sollten übersichtlich (tabellarisch) dargestellt sein, so dass ein Vergleich möglich ist und die Auswahl für den Lieferanten transparent ist. Dabei sollten (neben dem Preis) folgende Fragen mitentscheidend sein:
– Wer ist der terminlich zuverlässigste Lieferant?
– Wer hat ausreichende Kapazität?
– Wer kann die richtige Qualität liefern?
– Wer liefert auch kleinere Mengen?
– Wer bietet einen guten Service?
– Wer ist kulant bei Reklamationen?

B 2.4.3 Direktvergabe und Vergabeverhandlung

Kommt nach dem Angebotsvergleich lediglich ein Lieferant für den Hersteller in Frage, spricht man von Direktvergabe.

Sollten nach der Prüfung einige Angebote im Preis bzw. der Gesamtbewertung ähnlich sein, kann es sich anbieten, eine ergänzende Vergabeverhandlung aufzunehmen. Dies sollte vorbereitet werden: Zusammensetzung der Verhandlungsdelegation, Verhandlungstermin und -ort (Büro des Einkaufs vs. neutraler Ort) festlegen, Sitzordnung, Unterlagen vorbereiten (Beschaffungsvorgang, Lieferantenbewertung, sonstige Dokumentationen), Vorgehensweise bei der Verhandlung festlegen (z. B. Preisgrenze).

Eine geplante Vorgehensweise ist eine wichtige Voraussetzung für den Erfolg der Verhandlung. Ob die Verhandlung erfolgreich verläuft, hängt wesentlich vom psychologischen Einfühlungsvermögen und Verhandlungsgeschick des Einkäufers ab – die Einfühlung in die Situation des Verkäufers wird ihm dabei erleichtert, wenn er die Hintergründe des Verkaufsgesprächs kennt. Daher sind viele Unternehmen dazu übergegangen, ihre Einkäufer in den Verhandlungsstrategien und -taktiken des Verkaufs zu schulen.

In dringenden Bedarfsfällen und beim Auftreten von Beschaffungsengpässen gewinnt die Frage der kürzesten Lieferzeit als Auswahlkriterium an Gewicht. Dann wird unter dem Druck hoher Fehlmengenkosten gehandelt und der Einkäufer zu Preiszugeständnissen verleitet. In einem solchen Fall ist der Einkaufserfolg stark gefährdet.

B 2.4.4 Bestellentscheidung, Bestellung und Auftragsbestätigung

Nach der Angebotsprüfung trifft der Hersteller nach einer möglichen Vergabeverhandlung die *Bestellentscheidung*.

Wenn ohne Abweichung zum Angebot bestellt wird, entsteht mit der Bestellung ein rechtswirksamer Vertrag. Ist der Bestellung kein Angebot vorausgegangen oder ist die Bestellung abweichend vom Angebot, entsteht ein rechtswirksamer Vertrag erst durch Zustimmung des Lieferanten.

Das beschaffende Unternehmen sollte darauf achten, dass der ausgewählte Lieferant eine schriftliche *Auftragsbestätigung* sendet. Diese Bestätigung ist dem Inhalt nach zu prüfen, da als verbindlich immer die Bedingungen gelten, die zuletzt und unwidersprochen abgegeben worden sind.

Bei den Bestellungen bzw. rechtswirksamen Verträgen unterscheidet man zwischen verschiedenen Ausgestaltungen:
– Im *Kaufvertrag* ist die Lieferung bestimmter Sachen vereinbart (§§ 433 ff. BGB).

- Im *Werkvertrag* ist die Herstellung bestimmter Sachen vereinbart, wobei die Ausgangsstoffe von beiden Vertragspartnern gestellt werden können (§§ 631 ff. BGB).
- Im *Werklieferungsvertrag* ist die Herstellung bestimmter Sachen vereinbart, wobei die Ausgangsstoffe vom Lieferanten gestellt werden (§§ 651 ff. BGB).

Mit der *Bestellung* müssen folgende Vereinbarungen getroffen werden:

1. Beschaffenheit: Es gibt unterschiedliche Möglichkeiten, diesen Vertragspunkt abzusichern. Durch Verwendung von Zeichnungen, Stücklisten oder Angaben von Normen und Typen kann ein Zeichnungsteil näher beschrieben werden. Eine weitere Möglichkeit ist die Bereitstellung einer Probe durch den Lieferanten („Kauf nach Probe"), die nach Art und Güte das Material genau festlegt. Bei Abweichungen der Lieferung besitzt das beschaffende Unternehmen besondere Rechte gegen den Lieferanten. „Kauf zur Probe" bedeutet, dass ein fester Kauf einer kleinen Warenmenge getätigt wird, wobei der Preis pro Einheit dem entspricht, der beim Bezug einer großen Menge gefordert würde. Beim „Kauf auf Probe" behält sich das beschaffende Unternehmen das Recht vor, das Material innerhalb einer vereinbarten oder angemessenen Frist ohne weitere Verpflichtungen zurückzugeben. Wenn ganze Warenläger oder Konkursmassen gekauft/bestellt werden, geschieht dies meist nach „Kauf en bloc", bei dem die Zusicherung einer bestimmten Güte zu einem Pauschalpreis geschieht. Enthält die Bestellung keine Festlegung der Qualität der Ware, ist der Lieferant verpflichtet, eine Ware mittlerer Art und Güte zu liefern.
2. Menge: Die Menge kann auf unterschiedliche Weise festgelegt werden. Bei der „genauen Maßangabe" wird die Materialmenge genau angegeben (z. B.: 10 Packungen oder 5 kg). Dabei beinhaltet die Angabe *Bruttogewicht* das Gewicht des Materials inklusive Verpackung, *Nettogewicht* oder *Reingewicht* das Gewicht ohne Verpackung. Die Differenz zwischen Brutto- und Nettogewicht wird als *Tara* bezeichnet – also das Gewicht der Verpackung. Bei der „ungefähren Maßangabe" (auch: zirka) werden Abweichungen gezielt vereinbart, also z. B. +/- 2,5%. Bei leicht verdunstenden oder Feuchtigkeit annehmenden Materialien ist es zweckmäßig, dass der Lieferant eine Menge am Ablieferungsort garantiert. Geht aus dem Kaufvertrag nicht hervor, welches Gewicht dem Preis einer Sendung zu Grunde liegt, gelten Branchenbedingungen oder Handelsbräuche.
3. Verpackung: Die Kosten einer Verkaufs- oder Aufmachungsverpackung sind üblicherweise im Preis enthalten. Die Kosten für Versand oder Schutzverpackung werden gesondert ausgewiesen, wobei folgende Möglichkeiten in Betracht kommen: Die Verpackung wird als Extraposten in der Rechnung aufgeführt; der Lieferant fordert die frachtfreie Rücksendung der Verpackung und erstattet den dafür berechneten Betrag teilweise oder ganz zurück; die Verpackung wird dem beschaffenden Unternehmen leihweise gegen Miete oder Pfand überlassen. Die Vereinbarung *Brutto für Netto* sagt aus, dass die Verpackung als Bestandteil des Materials mitgewogen und mitberechnet wird. In Fällen, in denen der Kostenträger der Verpackung nicht benannt ist, gilt der Handelsbrauch.
4. Erfüllungszeit: Mit der Erfüllungszeit wird der Zeitpunkt angegeben, zu dem der Lieferant das bestellte Material zu übergeben hat. Sind keine Angaben vorhanden, kann der Lieferant sofort liefern bzw. das beschaffende Unternehmen sofortige Lieferung verlangen. Es ist daher zweckmäßig, die Erfüllungszeit vertraglich festzulegen: Bei *Promptgeschäften* wird vereinbart, dass die Lieferung innerhalb kurzer Frist zu erfolgen hat. Bei *Lieferungsgeschäften* wird eine spätere Erfüllungszeit vereinbart – möglich sind Abruf- und Rahmenverträge.
5. Erfüllungsort: Der Erfüllungsort definiert den Ort, an dem die Übergabe des Materials zu erfolgen hat. Hintergrund ist, dass am Erfüllungsort das bestellte Material die Menge und Beschaffenheit aufzuweisen hat, die vertraglich festgelegt sind. Am Erfüllungsort geht die Ware vertraglich vom Lieferanten auf das beschaffende Unternehmen über. Dabei ist der *Gesetzliche Erfüllungsort* der Ort, an dem der Lieferant des Materials seinen Wohn- und Geschäftssitz hat. Der *Vertragliche Erfüllungsort* ist der Ort, der zwischen den beiden Vertragspartnern in Angebot und Bestellung fixiert ist.
6. Preis: Der Preis kann im Vertrag genau festgelegt werden (*Fester Preis*) oder kann sich im Zeitverlauf ändern (*Fester Ausgangspreis*), wobei das Ausmaß der Änderung nicht willkürlich ist – es wird ein Basispreis festgelegt, der Grundlage für die endgültige Preisfestsetzung ist, die mit Hilfe von Indices vorgenommen wird. Die Angabe *Tagespreis* ist für das beschaffende Unternehmen nicht unproblematisch, daher sollte Einigung erzielt werden, wie dieser zu ermitteln ist.
7. Zahlungsbedingungen: Zu den Zahlungsbedingungen gehören: Zahlungsort, Zahlungszeitpunkt, Rabatt. Sollte kein *Zahlungsort* angegeben sein, gilt der Geschäftssitz des Schuldners. Beim *Zahlungszeitpunkt* wird unterschieden nach Zahlung vor Lieferung (Anzahlung oder Vorauszahlung), Zahlung gegen Lieferung (Bar-

kauf) und Zahlung nach Lieferung (Zielkauf oder Kreditkauf).
8. Lieferbedingungen: Unter dem Stichwort Lieferbedingungen werden Regelungen zusammengefasst, die aber im Wesentlichen mit dem Transport des Materials zusammenhängen. Es wird u. a. beschrieben, wer die Kosten der Lieferung trägt und welches Transportmittel zu benutzen ist. In der Praxis haben sich standardisierte Lieferbedingungen durchgesetzt, z. B. Free Carrier (Haupttransport wird vom Verkäufer nicht bezahlt), Carriage paid to (frachtfrei) [Wei97].

Ein Teil dieser Vereinbarungen ist häufig in Form von *Geschäftsbedingungen* erfasst, die Einkaufsbedingungen und Verkaufsbedingungen regeln können. Die Geschäftsbedingungen gelten in ihren Grundzügen oft einheitlich für eine ganze Branche und sind von den entsprechenden Verbänden erarbeitet worden.

In der Praxis entstehen Vertragsformen, die über die Ausfüllung der geschilderten Vertragspunkte hinausgehen. Im Allgemeinen werden solche Individualverträge dann geschlossen, wenn die Lieferbeziehung zwischen Lieferant und Kunde längerfristig geplant ist.

In *Rahmenverträgen* werden Kauf- und Verkaufsbedingungen für eine festgelegte Zeitspanne definiert. Häufig werden auch Preise für die Zeitdauer oder bis zur Abnahme einer Gesamtmenge festgeschrieben, jedoch ist der Rahmenvertrag im Regelfall nicht an die Abnahme bestimmter Mengen gebunden. Als Vorteil des Rahmenvertrages ist zu sehen, dass während der Vertragsdauer keine Änderungen der vereinbarten Konditionen (Termine, Preise) eintreten können, wodurch eine besonders sichere Grundlage für die Beschaffungsplanung sichergestellt wird. Gegen Rahmenverträge kann die Tatsache sprechen, dass der für die Vertragsdauer eintretende Wettbewerbsverzicht Preisnachteile nach sich ziehen kann (z. B. Rohstoffe: kurzfristige Überschüsse im Markt können zu erheblichen Preisrückgängen führen).

Im Gegensatz zum Rahmenvertrag wird beim *Kauf auf Abruf* stets die Abnahme einer Mindest- und Höchstmenge für einen festgelegten Vertragszeitraum festgeschrieben. Der Einkäufer behält sich häufig das Recht vor, Liefertermine später festzulegen, d. h. die Waren abzurufen. Es handelt sich also um eine feste Bestellung, bei der nur noch der Zeitpunkt der Ausführung offensteht. Der Vorteil dieser Vertragsart liegt in der Versorgungssicherung, der Möglichkeit, einen Mengenrabatt auszunutzen und die Lagerhaltungskosten zu minimieren. Besonders bedeutsam ist bei dieser Variante die Möglichkeit, die Kosten für Verwaltung und Abwicklung erheblich zu reduzieren, da die einzelnen (regelmäßigen) Abrufe EDV-gestützt abgewickelt werden können. Als besondere Variante des *Kauf auf Abruf* kommen auch sog. *Sukzessivlieferungsverträge* häufig im Bereich der Just-In-Time-Belieferung zum Einsatz. Hier werden neben den Mengen auch Termine (meist stündlich oder auch täglich) festgelegt.

B 2.4.5 Lieferung und Kontrolle

Wenn das Material, z. B. am Wareneingang des beschaffenden Unternehmens, angeliefert wird, schließt sich der Informationskreislauf über den Liefervollzug. Nach einer Lieferscheinkontrolle, Mengen- und Qualitätsprüfung muss die bestellende Instanz im Unternehmen (zumeist: Einkauf) über den Wareneingang unterrichtet werden.

Die Ergebnisse der Mengen- und Qualitätsprüfung werden auf dem Lieferschein vermerkt und gelten der Rechnungsprüfung als Vorlage, die Zahlung freizugeben. Beanstandungen des Materials können zu einer Preisminderung führen, die mit dem Rechnungseingang diskutiert werden kann.

Die Beanstandungen sind auch zum Zweck des Lieferantenaudits in der Lieferantendatei und den Bestelldaten festzuhalten, um von der Zuverlässigkeit des Lieferanten ein vollständiges und zutreffendes Bild zu erhalten.

Die Lieferantenbewertung sollte an die Beschaffungssituation angepasst sein, wobei vier relevante Beschaffungsarten/-situationen denkbar sind:
1. Bei der *Routinebeschaffung* sind Produkt und Lieferant bekannt, so dass die Ziele der Beurteilung die kontinuierliche Überwachung und das rechtzeitige Aufdecken von Schwachstellen sind.
2. Beim Lieferantenwechsel ist zwar die Produktspezifikation bekannt, es liegen aber noch keine Erfahrungen mit dem Lieferanten beim Bezug des Produkts vor. Folglich kann die Beurteilung nicht auf Vergangenheitsdaten beruhen. Als Bezugspunkt für die Beurteilung des neuen Lieferanten gelten die Leistungsdaten des/der bisherigen Lieferanten.
3. Beim *Sortimentswechsel* wird das Sortiment um ein Teil oder eine Komponente erweitert – dafür steht auch ein bereits bekannter Lieferant zur Verfügung. Die Bewertung des Lieferanten aus der Vergangenheit liegt zwar vor, kann aber nicht ohne weiteres auf das neue Produkt übertragen werden, so dass die Lieferantenbeurteilung die Aufgabe hat, das Potential des Lieferanten abzuschätzen.
4. Bei der *Neuprodukteinführung* bestehen die größten Informationsdefizite – weder hinsichtlich des Produktes noch hinsichtlich des Lieferanten liegen Erfahrungswerte oder Bezugswerte vor. Der Grad der Unsicherheit für die Lieferantenwahl ist hier sehr hoch.

Die Ziele der Lieferantenbewertung lassen sich wie folgt zusammenfassen:
- objektive Aussagen über Lieferantenzuverlässigkeit,
- Verfügbarkeit von Lieferanteninformationen,
- Entscheidungsvorbereitung für Lieferantenauswahl,
- Erkennen von KANBAN- bzw. Just-In-Time-fähigen Lieferanten,
- Vorbereitung von Lieferantenförderungsmaßnahmen,
- Vorbereitung von Lieferantenauszeichnungen,
- Verhandlungsinstrument zur Abwehr von Preiserhöhungen,
- sicherer und schnellerer Neuanlauf,
- Verkürzung der Warendurchlaufzeit.

Als Berechnungsmethode für die Lieferantenbewertung kommt in der Praxis am häufigsten die Nutzwertanalyse in Betracht. Mögliche Kriterien sind:
- Preis: Konditionen, Festpreisgarantie, Weitergabe von Preisvorteilen u. a.
- Qualität: Prüfungsumfang (Stichprobe vs. 100%), Kooperationsfähigkeit für erhöhte Produktqualität u. a.
- Logistik: Einhaltung von Terminen und Mengen u. a.
- Technik: Innovationsfähigkeit, Einhaltung technischer Vorgaben u. a.

B 2.4.6 Trends in der Beschaffung

Die für die Beschaffung maßgeblichen Entwicklungen sind: Globalisierung des Beschaffungsmarktes, Standardisierungsbestrebungen von Teilen und Modulen, Verantwortungsverlagerung auf Lieferanten, Konkurrenzkampf und Preisdruck.

Als ein weiterer Trend kann das Outsourcen von Einkaufsaktivitäten genannt werden. Spezielle Dienstleister bieten in Zukunft an, den günstigsten und zuverlässigsten Lieferanten auszuwählen und geben dafür vertragliche und finanzielle Garantien. Zu den Tätigkeiten solcher „virtuellen Einkaufsabteilungen" zählen Beschaffungsmarktforschung, Lieferantenauswahl, -bewertung, Ausschreibungsverfahren etc.. Ein mögliches Zukunftsszenario wäre: Ein Unternehmen übermittelt die technischen Spezifikationen des zu beschaffenden Produkts an den Dienstleister. Dieser wählt innerhalb einer bestimmten Zeit den für den konkreten Anwendungsfall besten Lieferanten aus. Als Chance des Konzepts kann die Möglichkeit von deutlichen Einsparungen bei den Fertigungsunternehmen genannt werden (durch Synergieeffekte bei den Einkaufs-Dienstleistern), als Risiko die Abneigung der Fertigungsunternehmen, Know-how auf dem Gebiet des Lieferantenmanagements zu verlieren.

Literatur

[Arn95] Arnold, U.: Beschaffungsmanagement. Stuttgart: Schäffer-Poeschel 1995
[Bic97] Bichler, K.: Beschaffungs- und Lagerwirtschaft. 7. Aufl. Wiesbaden: Gabler 1997
[Har97] Hartmann, H.: Materialwirtschaft. 7. Aufl. Gernsbach: Deutscher Betriebswirte-Verlag 1997
[Kop95] Koppelmann, U.: Beschaffungsmarketing. 2. Aufl. Köln: Springer 1995
[Oel98] Oeldorf, G.; Olfert, K.: Materialwirtschaft. 8. Aufl. Ludwigshafen: Friedrich Kiehl GmbH 1998
[Wei97] Weis, H.C.: Marketing. 10. Aufl. Ludwigshafen: Friedrich Kiehl GmbH 1997

B 2.5   Lenkung und Planung

B 2.5.1   Strategische Ziele

In der Beschaffung werden strategische Ziele verfolgt:
- Beitrag zur Verkürzung der Entwicklungszeit („Time-to-Market"),
- Maximierung der Versorgungssicherheit,
- Minimierung der Beschaffungskosten,
- Autonomieerhaltung des Unternehmens.

Diesen Zielen stehen heute verschiedene Entwicklungen entgegen:
- Mit der Reduzierung der Lieferantenzahl wird das Ziel verfolgt, die Komplexität im Einkauf (Handelsfirmen haben bis zu 20.000 Lieferanten) zu verringern. Ferner führt das Qualifizieren von Lieferanten zu strategischen Lieferanten, die in Entwicklungsprozesse miteinbezogen werden, zu einer Verminderung der Anzahl der Lieferanten.
- Die Reduzierung der Variantenvielfalt hat zum Ziel, Kosten einzusparen, da Mengeneffekte in der Produktion des Lieferanten ausgenutzt werden können (z. B. hat ein Hersteller von PKW-Startermaschinen festgestellt, dass die von einem Kunden spezifizierten 40 Typen unter technisch-funktionellen Gesichtspunkten auf 5 Varianten reduziert werden können). Diese Strategie ist auch unter den Begriffen „Modulbauweise" oder „Plattformstrategie" bekannt.
- Die heute geforderte (und ermöglichte) kurze Entwicklungszeit ist notwendig, um am Weltmarkt bestehen zu können. Der häufige Modellwechsel (z. B. bei Autos) hat sich als wirkungsvolles Verkaufsinstrument bewährt – je schneller ein Produkt veraltet ist, umso schneller folgt der Neukauf (die ökologischen Nachteile bleiben leider zurück). Zudem kommt es für den Hersteller darauf an,

das Innovationspotential von Zulieferern zu erkennen, und ggf. exklusiv zu nutzen.
- Die Lieferanten können dann eine hohe Versorgungssicherheit gewährleisten, wenn ihre eigene Produktionsplanung eine hohe Planungssicherheit beinhaltet. Dies kann dadurch erreicht werden, dass zum einen langfristige Planungen mit einem 1-Jahres-Horizont durchgeführt werden und ein Frozen-Point (auch: Frozen-Zone) eingeführt wird, ab dem keine Änderung der Bedarfsmenge und -zeit mehr möglich ist. Dieser Trend setzt sich bereits bei den Automobilzulieferern durch, deren direkte Lieferanten (Systemlieferanten) bereits 1 Jahr vor Lieferung erste Mengenprognosen erhalten, einige sogar bis zu 3 Jahren, wenn der Automobilhersteller den Aufbau zusätzlicher Produktionsstätten beim Lieferanten fordert. Zögerlich setzt sich dieser Trend in anderen Branchen durch, da die strategisch bedeutsamen prognostizierten Abverkaufszahlen nur ungern ausgetauscht werden.

B 2.5.2 Beschaffungsarten

Grundsätzlich gibt es zwei Möglichkeiten, die Materialbereitstellung sicherzustellen: Bedarfsdeckung ohne Vorratshaltung bzw. mit Vorratshaltung. Bei ersterer ist zu unterscheiden, ob die Beschaffung unmittelbar durch das Auftreten des Bedarfs ausgelöst oder eine weitgehende Synchronisation von Verbrauchsrhythmus und Bereitstellungsrhythmus durch zweckentsprechende Lieferverträge erreicht wird.

Es lassen sich drei Prinzipien der Materialbeschaffung ableiten:
1. Einzelbeschaffung im Bedarfsfall,
2. Vorratsbeschaffung,
3. Fertigungssynchrone Beschaffung (Just-In-Time/JIT).

Zu (1): Bei diesem Prinzip wird die Beschaffung erst zu dem Zeitpunkt ausgelöst, zu dem ein mit einem konkreten Auftrag verbundener Bedarf vorliegt. Daraus ergibt sich, dass kein Lagerrisiko entsteht, das Kapital nicht gebunden wird und die Zins-/Lagerkosten nicht ins Gewicht fallen. Problematisch bei der Einzelbeschaffung ist die Terminierung, da sie zwei Risiken unterliegt: Risiko der verspäteten oder Nichtlieferung des Materials, Risiko der Lieferung quantitativer oder qualitativer Fehlmengen. In beiden Fällen besteht die Gefahr, dass die Lieferbereitschaft nicht mehr gewährleistet ist.

Zur Anwendung kommt dieses Prinzip bei auftragsorientierter Einzel- oder Kleinserienfertigung (z. B. bei Anlagenbau, Schwermaschinenbau). Dabei kann sich die Einzelbeschaffung auf bestimmte Teile beziehen, die nur für einen Kundenauftrag Verwendung finden. Vielseitig verwertbare Normteile werden auch in diesen Fällen nicht einzeln beschafft.

Zu (2): Die Beschaffung auf Vorrat mit zwangsläufiger Lagerhaltung macht die Materialbeschaffung vom Auftragseingang und Fertigungsablauf zumindest kurzfristig unabhängig. Bei Anwendung dieses Bereitstellungsprinzips werden die Materialien im eigenen Betrieb „zur Verfügung" gehalten. Bei Bedarf können sie sofort vom Lager abgerufen werden. Damit wird dem Risiko verminderter Lieferbereitschaft weitgehend Rechnung getragen.

Die Vorratsbeschaffung ist i. d. R. mit dem Bezug größerer Mengen verbunden und stellt die größten Anforderungen an die Materialbedarfsplanung, da der Verbrauch der Fertigung sich völlig arhythmisch verhalten kann. Auch sind an die Bestandsüberwachung besonders hohe Anforderungen zu stellen.

Vorteile:
- Verbesserung der Marktposition durch eine große Abnahmemenge und dadurch Chancen zur aktiven Preispolitik und Erschließung neuer Märkte,
- Ausnutzung von Preisvorteilen (Mengenrabatte, Transportstaffelungen) durch den Bezug größerer Mengen,
- Sicherung der Kontinuität des Fertigungsvollzuges für eine begrenzte Zeitspanne durch Abschirmung gegenüber Marktschwankungen.

Nachteile:
- hohe Lagerrisiken,
- hohe Lager-/Zinskosten,
- hohe Kapitalbindung.

B 2.5.3 Vendor Managed Inventory

Organisatorische Varianten bei der Vorratsbeschaffung ergeben sich aus der Zuordnung der Bestands- und Dispositionsverantwortung sowie des Eigentumsübergangs. Das traditionelle Modell, *Customer Managed Inventory* (CMI), zeichnet sich durch eine Vorratshaltung aus, bei der die Verantwortung für den Bestand und die Disposition beim Abnehmer selbst liegt. Bei der modernen Variante, dem *Vendor Managed Inventory* (VMI), wird die Bestands- und Dispositionsverantwortung auf den Lieferanten übertragen. Beim *Konsignationslager* bleiben die Bestände zusätzlich im Eigentum des Lieferanten, d. h. eine Bezahlung seitens des Abnehmers findet erst nach Entnahme der Ware statt.

Ausgangssituation

Betrachtet man den gegenwärtigen Zustand der Zusammenarbeit entlang der Wertschöpfungskette, so werden

Prognose- und Bedarfsveränderungen oft zu spät erkannt. Gelegenheiten am Markt werden verpasst und/oder Ressourcen nicht bedarfsgerecht eingesetzt, weil entlang der Supply Chain die Bedarfsprognosen bzw. die Bedarfsplanungen an sich nicht zeitnah zwischen Herstellern, Lieferanten und Kunden synchronisiert sind. Damit einher geht der sog. Bullwhip-Effekt, bei dem sich ausgehend vom Endkunden in Richtung der vorgelagerten Stufen der Wertschöpfungskette eine immer höhere Nachfragevariabilität und damit die Notwendigkeit steigender Sicherheitsbestände ergibt. Ein Lösungsansatz zur Reduzierung des Bullwhip-Effektes ist das Vendor Managed Inventory (VMI). VMI bezeichnet die lieferantengesteuerte Bestandsführung. Ziel ist es, die Wertschöpfungskette optimal aufeinander abzustimmen, um eine schnelle, sichere und kostengünstige Reaktion auf Bedarfsveränderungen zu ermöglichen. Damit verbunden sind folgende Unterziele:

- Senkung der Nachfrageunsicherheit entlang der Wertschöpfungskette, durch Transparenz der Informationen und damit Dämpfung des Bullwhip-Effektes,
- schnelle Reaktion auf Bedarfsänderungen,
- Erhöhung des Servicegrades,
- Erhöhung der Effizienz der wertschöpfenden Prozesse durch Verschlankung der Prozesse und ein gesamtoptimiertes Bestandsmanagement,
- Senkung der Transaktionskosten.

VMI-Konzeptbausteine

Aus strategischer Sicht ist VMI ein Ansatz, der einen wichtigen Beitrag zur Differenzierung gegenüber Wettbewerbern leisten kann. Dabei können zwei Perspektiven eingenommen werden. Zum Einen die Sicht in Richtung der Kunden mit den Fragen: Welchen Zusatznutzen können wir unseren Kunden durch VMI bereitstellen und/oder welches Einsparungspotential lässt sich erschließen? Zum Anderen die Sicht in Richtung der Lieferanten mit den Fragen: Welche Potentiale lassen sich erschließen, wie können strategisch wichtige Lieferanten enger angebunden werden?

Wesentliche Bausteine des VMI-Konzeptes zeigt Bild B 2.5-1. Generell lässt sich feststellen, dass VMI ein Ansatz zur Umsetzung von Kooperationsstrategien ist. Dabei streben Unternehmen gemeinsam mit anderen die Umsetzung strategischer Zielsetzungen an. Ein Vorteil von Kooperationsstrategien ist die Einstellung von Synergieeffekten bei geeigneter Partnerauswahl, die Zeit-, Risiko-, Kosten- und Ressourcenvorteile mit sich bringen, ohne dass einseitige Abhängigkeitsverhältnisse entstehen. Bei der Auswahl der Partner ist darauf zu achten, dass die Partner einen gegenseitigen Nutzen aus der Kooperation erzielen. Dies ist die notwenige Motivationsbasis für eine langfristige Partnerschaft. Bei der Anwendung von Kooperationsstrategien sind auch mögliche Nachteile zu bedenken, die im Wesentlichen im Verlust an Flexibilität im Handeln durch langwierige Koordinationsprozesse sowie die Offenlegung bestimmter betriebsinterner Informationen an den Partner liegen. Es bleibt festzuhalten, dass Kooperation zwischen den beteiligten Partnern eine zentrale Voraussetzung zur erfolgreichen Durchführung von VMI ist. Gleichwohl zeigt die Praxis, dass kleine und mittlere Unternehmen den Weg zum VMI erst „motiviert" durch große Partner in der Supply Chain finden.

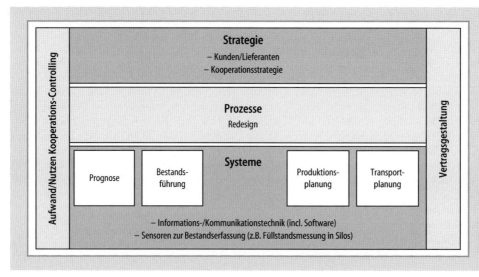

Bild B 2.5-1 Bausteine des VMI-Konzeptes

VMI erfordert ein Redesign der bestehenden Prozesse. Den groben Ablauf des veränderten Bestell- und Lieferungsprozesses veranschaulicht Bild B 2.5-2.

VMI zeichnet sich durch ein Lagerstufenmodell mit Bestands- und Dispositionsverantwortung beim Lieferanten aus [Dis03; Chr98; Kai02; Wil00]. Der Abnehmer gibt die Verantwortung über den Versorgungsprozess an den Lieferanten ab. Es werden minimale und maximale Bestandshöhen oder besser Bestandsreichweiten vereinbart. Die Verfügbarkeit und Einhaltung der Bestandsgrenzen bilden die Basis zur Bewertung der Lieferqualität [Kai02]. Der Abnehmer verpflichtet sich, Bedarfsdaten seiner Produktion und Bestandsdaten seines Lagers oder Anlieferungslagers zeitnah (z. B. täglich, evtl. nur wöchentlich) dem Lieferanten zur Verfügung zu stellen [Kai02]. Mit Hilfe dieser Informationen kann der Lieferant unter Berücksichtigung der relevanten Kostengrößen, wie der Produktions-, Lagerhaltungs- und Transportkosten, die Liefermengen und -zeitpunkte für die Versorgung seines Abnehmers ökonomisch planen [Hol02].

Die technische Basis zur Umsetzung des VMI Konzeptes liegt im Bereich der Informations- und Kommunikationstechnologie sowie der notwendigen Sensorik zur Erfassung der Bestände. Der Informationsaustausch wird über eine elektronische Schnittstelle (z. B. via EDI oder Internet) geschaffen. Der standardisierte Datenaustausch von Bestands- und Bedarfsdaten ermöglicht die direkte Verarbeitung in den Produktions- und Distributionsplanungssystemen des Lieferanten. Die mit den Systemen erzielbare Planungsgüte hat einen wesentlichen Einfluss auf die Einsparungsmöglichkeiten im Bereich der Produktion und des Transports. Die Erfahrungen im SCM4you Projekt zeigen, dass gerade die Umsetzung von Potentialen in der Produktion in vielen Fällen auf Grund mangelnder Systemunterstützung schwer zu realisieren sind.

Der in Bild B 2.5-1 aufgezeigte Baustein Aufwand/Nutzen und Kooperations-Controlling repräsentiert die ökonomische Sicht auf das VMI-Konzept. Sie zieht sich im Sinne einer Querschnittsfunktion durch alle Bausteine von der Planung und Anbahnung bis zum Betrieb einer VMI-Lösung.

Der Baustein Vertragsgestaltung stellt ebenfalls eine Querschnittsfunktion dar (vgl. Bild B 2.5-1). Er repräsentiert alle Regeln und Vereinbarungen der Zusammenarbeit in Bezug auf folgende Aspekte [Kuh02]:
– Bezeichnung der Kooperation,
– Zielsystem,
– Zeitplan,
– Beitrags- und Zahlungsregelung,
– Organisationsregelung,

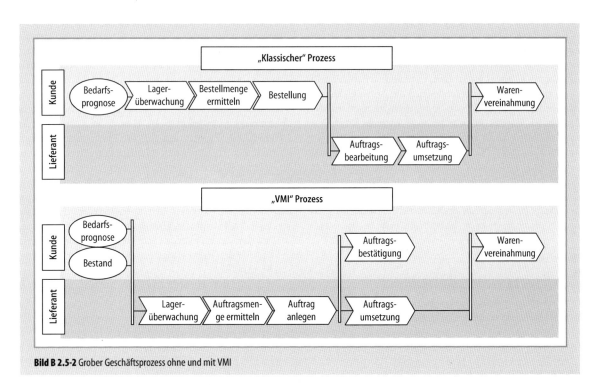

Bild B 2.5-2 Grober Geschäftsprozess ohne und mit VMI

- Ergebnisregelung,
- Vertrauensregelung,
- Auflösungsregelung,
- Konfliktregelung,
- Vertragsanpassung.

Chancen und Risiken von VMI

VMI kann beiden Partnern signifikante Vorteile eröffnen [Wil00]. So können durch die Zentralisierung der Bestände in der logistischen Kette und die zeitnahe Informationsbereitstellung Lagerbestände deutlich reduziert und gleichzeitig die Materialverfügbarkeit erhöht werden [Chr98; Kai02].

Die Übernahme der Bestands- und Dispositionsverantwortung durch den Lieferanten reduziert beim Abnehmer den administrativen Aufwand der Bestellabwicklung sowie die ressourcenintensive Überwachung der erforderlichen Materialverfügbarkeit. Die eingesparten Ressourcen kann der Abnehmer verstärkt für versorgungskritische Materialien nutzen.

Die zeitnahe Informationsweitergabe der Bedarfe an den Lieferanten erlaubt eine Reduzierung der Sicherheitsbestände beim Lieferanten bei gleichzeitiger Erhöhung des Lieferservicegrades. Die Planungsaktivitäten im Produktionsbereich und Distributionsbereich des Lieferanten verlaufen zum Vorteil beider nun ruhiger und berechenbarer [Chr98; Kai02]. Die Materialverfügbarkeit steigt. Die genannten Vorteile führen zu einer deutlichen Reduzierung des Bullwhip-Effektes und senken somit die Gesamtkosten der Supply Chain [Dis03]. Den Vorteilen stehen auch Risiken gegenüber, so steigt tendenziell die Abhängigkeit des Abnehmers, weil die Dispositionsentscheidungen auf den Lieferanten übertragen werden und internes Know-how abgebaut wird. Es ist stets zu beachten, dass eine win-win Situation entsteht. Die Effizienzbewertung der Aufgabenverlagerung muss daher aus übergreifender Sicht vorgenommen werden. Andernfalls kann die Optimierung bei einem Partner eine Verschlechterung im Gesamtsystem bewirken. Zudem sei auf grundsätzliche Risiken von Kooperationen hingewiesen, dazu ausführlich [Bec04].

Vorgehensweise

Zu Beginn erfolgt eine Potentialanalyse zur systematischen Analyse der Ausgangssituation. Das generelle Vorgehen gliedert sich in folgende Phasen:

Erhebungsphase:
Aufnahme von Daten, Prozessen, Schnittstellen, Informationen, Medien und IT-Umfeld, Problemen/Klagen und Funktionen in Form von Interviews, Beobachtungen, vorhandenen Leitfäden/Dokumentationen, Kennzahlen.

Systematisierung:
Darstellung und Systematisierung der Datenbasis. Ein Ansatz zur Systematisierung im Rahmen des SCM-Kompasses stellt das SCOR-Modell dar (SCOR: Supply Chain Operation Reference, weltweit anerkanntes und erprobtes Modell zur Analyse von Wertschöpfungsketten).

Analyse:
Analyse der Erhebungsergebnisse mit Engpassdarstellung und Ursachenanalyse sowie deren Auswirkungen auf Lieferanten und Kunden.

Entwicklung:
Priorisierung und Bewertung der Engpassfaktoren und Entwicklung von Lösungsvorschlägen. Empfehlung für eine zielführende weitere Vorgehensweise zur Überwindung der Kernprobleme. Es entsteht eine sog. Projektlandkarte: die Orientierungsgrundlage für das weitere Vorgehen.

Die spezifische Ausprägung der Potentialanalyse zum Thema VMI wird im Folgenden erläutert.

Erhebungsphase

Die Erhebungsphase des SCM-Kompasses beginnt stets im Zentrum des Unternehmens und geht von hier aus gezielt auf die vor- und nachgelagerten Partner in der Supply Chain über. Die bisherigen Projekte in kleinen und mittleren Unternehmen zeigen, dass es i. d. R. notwendig ist, vor einer Vernetzung nach Außen die prozessorientierte Ausrichtung im Innern zu bewerkstelligen. Hierzu wird zunächst der Kunde-Kunde-Prozess mit der zur Prozessdurchführung notwendigen IT-Landschaft erhoben. Die Güte des Prozesses ist anhand der logistischen Kernziele zu bestimmen; zur Vorgehensweise ausführlich [Bec04]. Auf dieser Grundlage setzt der VMI-Kompass auf. Zunächst gilt es, die Materialien und Partner (Kunden/Lieferanten) zu identifizieren, für die durch VMI ein großes Einsparungspotential zu erwarten ist. Dazu haben sich folgende Schritte bewährt [Bec05]:
- Identifikation der wichtigsten Materialien mit Hilfe einer ABC-Analyse,
- Erfassung der Bedarfsvariabilität anhand einer XYZ-Analyse,
- Kombination der ABC- mit der XYZ-Analyse und Einordnung in ein Schema zur Bestimmung der Beschaffungs- oder Vertriebsform,
- Bestimmung der Lagerumschlagshäufigkeit der Materialien,

- Bestimmung des geleisteten Lieferservices des Lieferanten (Lieferantensicht) bzw. des eigenen Unternehmens (Kundensicht).

Ein beispielhaftes Ergebnis zeigt Bild B 2.5-3. Auf der x-Achse werden die kumulierten Werte der ABC-Analyse aufgeführt, während die Werte der y-Achse die Klassifizierung gemäß der XYZ-Analyse aufgezeigten. Die Größe der Kreise gibt Auskunft über die abgewickelte Menge des Materials im Betrachtungszeitraum (verarbeitete Menge in der Lieferantensicht bzw. produzierte Menge in der Kundensicht).

Neben den aufgezeigten Eigenschaften der Materialien (ABC/XYZ) ist zur Selektion geeigneter VMI-Materialien der derzeitig erreichte Lieferservicegrad von großer Bedeutung. Dieser setzt sich aus den Dimensionen Lieferzeit, Liefertreue, Lieferzuverlässigkeit, Lieferungsbeschaffenheit und Lieferflexibilität zusammen. In Richtung der Lieferanten erlaubt die Untersuchung des Lieferservicegrades eine Einschätzung des Risikos, welches mit einer Verlagerung der Bestandsverantwortung an den Lieferanten verbunden ist. Generell lassen sich eine Potentialabschätzung und eine Detailanalyse der Einflussgrößen auf den Lieferservice ableiten, über die eine Klassifikation der VMI-Materialien möglich ist. Die praktische Anwendung in den SCM4you Projekten zeigt, dass in vielen Unternehmen noch nicht alle Dimensionen des Servicegrades Gegenstand des Logistik-Controllings sind. Daher wurde in den Projekten häufig die Liefertreue, d. h. die Abweichung des tatsächlichen Liefertermins vom zugesagten Liefertermin, als Bewertungskriterium gewählt.

Systematisierung

Die Ergebnisse der Erhebungsphase werden mit Hilfe von Portfolioanalysen systematisiert, um aus der Vielzahl der Materialien und potenziellen Partnern die mit dem größten Potential herauszufiltern (Bild B 2.5-4). Im Einzelnen werden folgende Schritte durchlaufen [Bec05]:
- Identifikation geeigneter VMI-Materialien anhand des VMI-Portfolios,
- Zuordnung der Materialien zu den jeweiligen SC-Partnern,
- Bestimmung des Lieferprogramms der Lieferanten (Lieferantensicht),
- Bestimmung des eigenen Lieferprogramms für Kunden (Kundensicht),

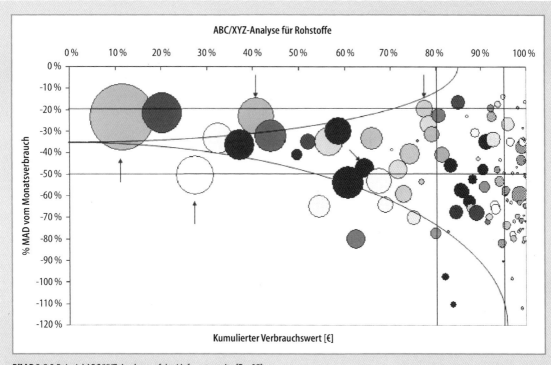

Bild B 2.5-3 Beispiel ABC/XYZ-Analyse auf der Lieferantenseite [Bec05]

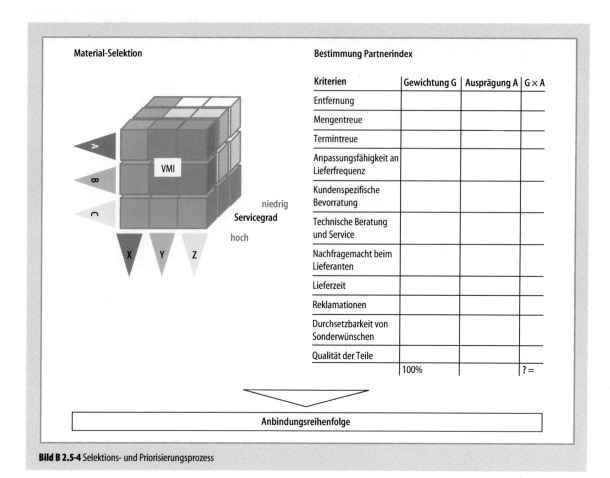

Bild B 2.5-4 Selektions- und Priorisierungsprozess

- Bestimmung eines Partnerindexes für Kunden und Lieferanten,
- Zusammenfassung der Ergebnisse aus der Material- und Lieferantenanalyse,
- Festlegung einer Anbindungsreihenfolge (Priorisierung der Kunden/Lieferanten und Materialien nach dem zu erwartenden Potential).

Die Selektion der potenziellen VMI-Materialien erfolgt durch Zuordnung der Materialien in den „VMI-Würfel", der folgende Dimensionen aufweist:
- Einteilung der Produkte nach ihrer Wertigkeit (ABC),
- die Verbrauchsstruktur (XYZ) und
- den Lieferservicegrad.

Dieser Selektionsschritt allein ist jedoch nicht hinreichend, vielmehr müssen die zu den Materialien gehörenden Partner (Lieferanten bzw. Kunden) auf deren Eignung für das VMI-Konzept untersucht werden. Hierzu kommen unternehmensspezifisch konfigurierbare Scoring-Verfahren zum Einsatz, welche die Berechnung eines Partnerindexes erlauben. Der Partnerindex ist eine dimensionslose Kennzahl, über die eine Bewertung des VMI-Potentials eines Partners erfolgt. Über die Kombination der Teile und der Partnersicht erfolgt die Gesamtbewertung und Priorisierung der Partner im Sinne einer Anbindungsreihenfolge.

Analysephase

Entsprechend der abgeleiteten Anbindungspriorität erfolgt die Kontaktaufnahme mit möglichen Partnern. Eine schrittweise Umsetzung der Anbindungsreihenfolge unter Nutzung von Pilotprojekten hat sich bewährt. Es erfolgt die Analyse der gemeinsamen Prozesse, die Bestimmung der Restrukturierungsnotwendigkeiten, die Bestimmung der Einsparungspotentiale sowie der strategischen Vorteile, die

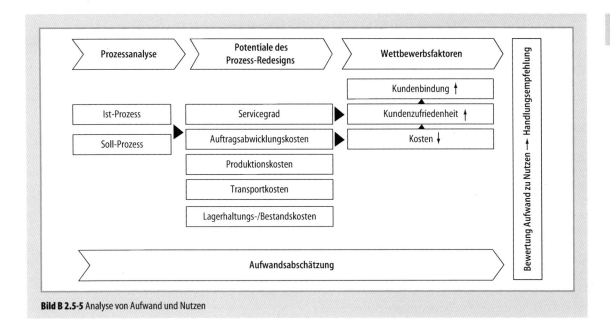

Bild B 2.5-5 Analyse von Aufwand und Nutzen

mit der Umsetzung des VMI-Konzeptes verbunden sind. Es werden die voraussichtlichen Investitionen abgeschätzt und dem Nutzen gegenübergestellt.

Im Ergebnis wird für die untersuchten VMI-Partnerschaften eine Handlungsempfehlung für das weitere Vorgehen abgeleitet. Diese umfasst auch eine erneute Klassifikation der Umsetzungsrelevanz.

Entwicklung

In dieser Phase werden für die VMI-Partnerschaften mit hoher Umsetzungsrelevanz die weiteren Schritte geplant und in Form von Handlungsfeldern zusammengefasst. Wichtige Stoßrichtungen hierbei sind:
– die Optimierung von Prozessen,
– die Entwicklung der Rahmenbedingungen der Kooperation inkl. der Vertragsgestaltung und
– der Einsatz geeigneter Informationssysteme.

Mögliche Handlungsfelder in den aufgezeigten Stoßrichtungen sind:
– Strategieentwicklung,
– Prozessgestaltung,
– Leistungsmessung,
– Technologiegestaltung,
– Strukturentwicklung,
– Umsetzung der Kooperation,
– Definition klarer Verantwortlichkeiten,
– Erstellen rollierender Forecasts,
– Controlling anhand definierter Kennzahlen.

Die Empfehlungen für eine zielführende weitere Vorgehensweise zur Umsetzung des VMI Konzeptes münden in einer „Projektlandkarte". Diese zeigt mögliche Handlungsfelder zur Zielerreichung bzw. Abstellung von Schwachstellen auf. Die Projektlandkarte verdeutlicht die Vernetzung der einzelnen Handlungsfelder. Daraus wird ein Projektplan abgeleitet, in dem die notwendigen Schritte zur Ausarbeitung im Detail bis hin zur Realisierung aufgezeigt werden.

B 2.5.4 Bedarfsanalyse

In der Materialwirtschaft ist es auf Grund der Vielzahl zu beschaffender Teile notwendig, Schwerpunkte zu setzen und die Beschaffungsaktivitäten auf Materialgruppen zu konzentrieren, die aufgrund ihrer Wertigkeit und Bedeutung für das gesamte Unternehmen einer besonderen Behandlung im Beschaffungsprozess erfordern.

Die ABC-Analyse ist dabei ein wichtiges Mittel der Bedarfsanalyse. Üblicherweise werden Anzahl und Wert der beschafften Materialdispositionen gegenübergestellt.

Nach dem Auswerten der ABC-Analyse sind geeignete Maßnahmen umzusetzen:

A-Teile sind besonders sorgfältig und intensiv zu betreuen:

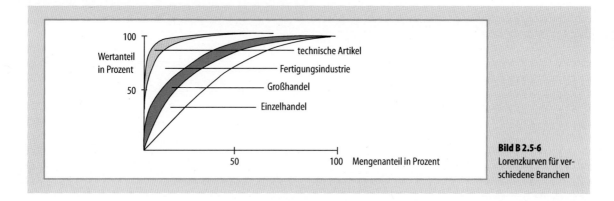

Bild B 2.5-6
Lorenzkurven für verschiedene Branchen

– durch Markt-, Preis- und Kostenstrukturanalysen,
– durch gründliche Bestellvorbereitung,
– durch aufwendige, genaue Bestellterminrechnung.

Bei C-Teilen ist darauf zu achten, dass die Bestellabwicklung „schlank" ist, da häufig viele Bestellvorgänge mit geringem Verbrauchswert ausgelöst werden.

Die Ergebnisse der ABC-Analyse werden in einer Lorenz-Kurve dargestellt (M.C. Lorenz hat bereits 1905 erstmals mit Hilfe ähnlicher Kurven die Unterschiede in der Einkommensverteilung dargestellt). Empirische Untersuchungen haben für verschiedene Branchen charakteristische Kurven ergeben (siehe Bild B 2.5-6). Dabei fällt auf, dass diese Kurven umso flacher verlaufen, je näher das Unternehmen in der Beschaffungskette dem Konsumenten ist. Dafür gibt es Gründe: Ist das Lager ausschließlich auf den Konsumenten ausgerichtet (Einzelhandel), so wird man sich auf die stark zufallsbedingte Nachfrage der Verbraucher durch ein breites Angebotsspektrum einstellen müssen. (Das ECR-Konzept, s. Abschn. B 8.1.3, versucht diesen Effekt durch ein verbessertes Prognosesystem zu verringern).

Die XYZ-Analyse wird im Anschluss an die ABC-Analyse durchgeführt. Sie untersucht die Einordnung der zu beschaffenden Sachgüter nach Vorhersagegenauigkeit:
– X-Teile: Verbrauch ist konstant = hohe Vorhersagegenauigkeit (Schwankung des monatlichen Verbrauchs < 20%),
– Y-Teile: Verbrauch ist schwankend, unterliegt Trends, zeigt Saisonverhalten = mittlere Vorhersagegenauigkeit (Schwankung des monatlichen Verbrauchs zwischen 20% und 50%),
– Z-Teile: Verbrauch ist unregelmäßig = niedrige Vorhersagegenauigkeit (Schwankung des monatlichen Verbrauchs > 50%).

Durch Kombination der ABC- und XYZ-Analyse lassen sich dann weitere Beschaffungsstrategien ableiten, wie z. B. welche Teile für die Beschaffung nach dem Just-In-Time-Konzept in Frage kommen.

B 2.5.5 Auswahl der Fertigungsart (Administration)

Man unterscheidet im Zusammenhang mit der Materialbeschaffung zwei Fertigungsarten:
– Eigenfertigung,
– Fremdbezug, -fertigung.

Im Zusammenhang mit der Entscheidung um Eigen- oder Fremdbezug hat sich auch der Begriff „Make-or-Buy" etabliert. Um eine Make-or-Buy-Entscheidung vorzubereiten, gibt es einige Gründe für Eigen- oder Fremdbezug, die erste Hinweise auf die mögliche Entscheidung geben können (s. Tabelle B 2.5-1, Tabelle B 2.5-2).

Die Auswahl der Fertigungsart betrifft nicht nur die Beschaffung. Erforderlich ist eine Zusammenarbeit aller betroffenen unternehmerischen Abteilungen: Vertrieb, Produktion, FuE, Rechnungswesen. Das Beschaffungscontrolling muss in Zusammenarbeit mit den anderen bereichsspezifischen Controlling-Abteilungen jene Informationen bereitstellen, die zur Fundierung einer Make-or-Buy-Entscheidung notwendig sind.

Die bereitgestellten Informationen können sich auf unterschiedliche Zielkriterien, wie z. B. Kosten-, Qualitäts- oder Versorgungssicherungsziele, beziehen. Langfristig disponierte Kosten (der fremdbezogenen Güter bzw. der Vorprodukte bei Eigenfertigung) müssen prognostiziert und Informationen über die Qualität einzelner Bezugsmöglichkeiten bereitgestellt werden. Nur wenn dem Management die notwendigen Informationen z. B. über die

Tabelle B 2.5-1 Gründe für Eigenfertigung

Kostenanalysen bestätigen, dass Eigenfertigung günstiger ist als Fremdbezug.

Eigenfertigung stärkt Produkt-Know-How, maschinelle Ausstattung, Tradition des Hauses.

Die Kapazitäten werden besser ausgelastet und finanzieren damit die Overhead-Kosten.

Die Anforderungen an das Produkt sind ungewöhnlich oder komplex; die notwendige Ausführungsgenauigkeit kann nur durch eine verstärkte Kontrolle im eigenen Haus gewährleistet werden.

Eigenfertigung erleichtert die Kontrolle bei Produktänderung, der Lagerhaltung und Beschaffungsaktivitäten.

Das Produkt lässt sich nur schwer oder zu unverhältnismäßig hohen Kosten transportieren.

Das Produktdesign oder das Herstellungsverfahren sind geheim.

Die Abhängigkeit von einer auswärtigen Beschaffungsquelle wird nicht gewünscht.

Tabelle B 2.5-2 Gründe für Fremdbezug

Kostenanalysen bestätigen, dass Fremdbezug günstiger ist als Eigenfertigung.

Es sind weder Raum, maschinelle Anlagen, Zeit und potentielles Personal vorhanden, um die notwendigen Produktionsverfahren für die Eigenfertigung einzuführen.

Auf Grund der niedrigen Stückzahlen oder auf Grund eines benötigten Kapitalbedarfs an anderer Stelle erscheint die Investition in die Eigenfertigung nicht attraktiv.

Die zu Grunde liegenden saisonalen, zyklischen oder unsicheren Marktnachfragen sollen die Kapazitätsauslastung der Eigenfertigung nicht gefährden.

Der Bedarf an speziellen Technologien oder Produktionsausstattungen lässt den Fremdbezug als vorteilhaft erscheinen.

Die Unternehmensführung vertritt die Meinung, dass sich die eigenen Kräfte auf Innovationen in den Schwerpunkttätigkeitsbereichen des Betriebes konzentrieren sollen.

Der Fremdbezug bei Konkurrenten erlaubt eine Überprüfung der eigenen Leistungsfähigkeit.

Die Existenz von Patenten oder Gegengeschäftsbeziehungen favorisieren den Fremdbezug.

vom Marketing geforderten Qualitätsanforderungen zur Verfügung stehen und ein Vergleich mit den Qualitätsstandards einzelner Lieferanten möglich ist, kann eine gute Entscheidung getroffen werden.

Die Gestaltung eines logistischen Systems kann durch die Verwendung eines Make-or-Buy-Portfolios unterstützt werden, wie es in Bild B 2.5-7 dargestellt ist: Ziel ist es, damit eine systematische Analysemöglichkeit zur Entscheidungsunterstützung bei möglicher Fremdfertigung bereitzustellen. Dabei wird bei dem entsprechenden Teil zum einen die Marktverfügbarkeit und zum anderen seine strategische Bedeutung für das eigene Unternehmen überprüft. In Abhängigkeit der Einordnung in die Matrix ergibt sich für das jeweilige Teil eine Empfehlung für Eigenfertigung oder Fremdbezug.

Im Fall der *Selektiven Entscheidung* (s. Bild B 2.5-7) muss eine Kostenvergleichsrechnung durchgeführt werden, bei der die Kosten der Eigenfertigung (variable Kosten, Opportunitätskosten) mit denen der Fremdfertigung zuzüglich der Lieferkosten verglichen werden.

Dabei muss unterschieden werden, ob es sich um eine kurzfristige Entscheidung bei Unterbeschäftigung oder Engpasssituation handelt.

Bei langfristigen Entscheidungen eignet sich die Break-Even-Analyse als Entscheidungshilfe. Das Ziel ist, eine Grenzmenge zu bestimmen, oberhalb welcher sich die Eigenfertigung lohnt. In Bild B 2.5-8 ist eine solche Break-Even-Analyse beispielhaft dargestellt und grafisch aufbereitet. Auf der x-Achse ist die „Menge pro Periode" abgetragen; auf der y-Achse befinden sich die „Gesamtkosten pro Periode". Die aufgetragenen Gesamtkosten des Fremdbezugs steigen mit der Menge proportional an, während die Kosten bei Eigenfertigung durch Ausnutzung von fertigungsbedingten und organisatorischen Synergieeffekten niedriger ansteigen – aus der Differenz ergibt sich der Einsparungs-/Mehrkostenbetrag bei Eigenfertigung und der Schnittpunkt der Kurven markiert die Fertigungsmenge, oberhalb der sich die Eigenfertigung für das betrachtete Unternehmen lohnt (Entscheidungsgrenze).

Anmerkung: Der lineare Anstieg ist eine Vereinfachung, da es in der Praxis bei steigender Menge häufig zu sprunghaftem Anstieg der fixen Kosten kommt. Die hier dargestellten Geraden können sich je nach Anwendungsfall in Form spezifischer Kurvenverläufe darstellen.

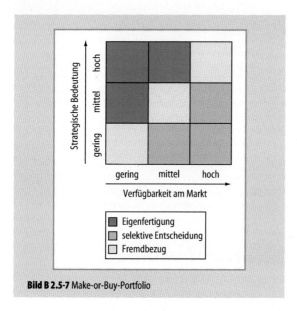

Bild B 2.5-7 Make-or-Buy-Portfolio

Eine getroffene Make-or-Buy-Entscheidung ist in regelmäßigen Abständen zu überprüfen.

B 2.5.6 Sourcing (Administration)

Unter Sourcing-Strategien (source, engl.: Quelle) werden unterschiedliche Strategien verstanden, nach denen ein Hersteller seine Sachgüter beschaffen kann.

Im Zuge der Globalisierung hat sich auch der Beschaffungsmarkt internationalisiert – man spricht von *Global Sourcing*. Der Unterschied zur nationalen Beschaffung liegt in der Berücksichtigung der Besonderheiten internationaler Transaktionen. Der wesentliche Grund, international/global zu beschaffen, ist die Senkung des Einkaufspreises, der mit den geringeren Lohnkosten und Steuervorteilen einhergeht. Dagegen steht der Aufwand für das Herstellungsunternehmen, Sprachbarrieren zu überwinden, Transportrisiken auszuschalten, Qualitätszusagen sicherzustellen und den Transaktionsaufwand zu minimieren. Hinzu kommt ein nicht zu unterschätzendes Währungsrisiko.

Beim *Single Sourcing* wird für ein zu beschaffendes Teil genau ein Lieferant ausgewählt. Diese Variante eignet sich für Güter mit hoher Spezifität (customer-taylored) und der Hersteller ist bestrebt, durch den aktiven Aufbau eines leistungsstarken und innovativen Lieferanten eine hohe Qualität der Vorprodukte zu erreichen und den Einstandspreis damit zu senken. Die Beziehung ist von persönlichem Vertrauen geprägt – die Gefahr des opportunistischen Verhaltens ist dennoch auf beiden Seiten erheblich. Daher werden Rahmenverträge mit relativ langer Laufzeit geschlossen. Weil der Lieferant nicht kurzfristig ersetzbar ist, besteht die Gefahr des Produktionsstops bei Lieferausfall.

Beim *Multiple Sourcing* stehen für zu beschaffende Sachgüter mehrere Lieferanten zur Verfügung. Durch Förderung des Wettbewerbs unter den Lieferanten wird ein niedriger Einstandspreis erwirkt. Die Sachgüter sind von

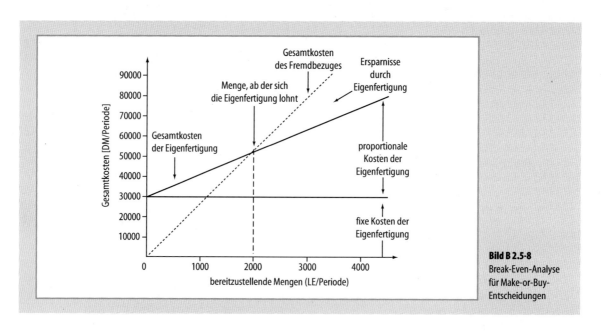

Bild B 2.5-8 Break-Even-Analyse für Make-or-Buy-Entscheidungen

Tabelle B 2.5-3 Beispiele für Modular- und System-Sourcing

Branche	Module
Automobil	Armaturenbrett, komplettes Front-End
Computer	Festplatten, CD-Rom-Laufwerke
Bauwirtschaft	Treppen, Stützen, Nasszellen

geringer Komplexität und Spezifität sowie guter marktlicher Verfügbarkeit. Der Lieferant ist kurzfristig substituierbar – für neue Anbieter ist der Marktzutritt leicht möglich. Durch „ordersplitting" kann das Versorgungsrisiko beim Hersteller reduziert werden. Die Beziehung der Lieferanten zum Hersteller ist kurzfristiger Art; es werden keine langfristigen Rahmenverträge abgeschlossen.

Als *Modular* oder *System Sourcing* wird eine Strategie bezeichnet, die auf der Anlieferung kompletter Bauteile, bzw. Module und Systeme beruht. Diese Strategie ist im Zusammenhang mit der Reduktion der Lieferantenanzahl und der Reduktion der Fertigungstiefe beim Hersteller zu sehen. Systemhersteller liefern häufig Just-in-Time (JIT) oder fertigen und montieren auf dem Werksgelände des Herstellers (shop-in-the-shop).

Das Modular Sourcing ist in vielen Branchen verbreitet (s. Tab. 2.5-3).

B 2.5.7 Lieferantenauswahl (Administration)

Die Auswahl des Lieferanten ist stark abhängig von dem zu beschaffenden Teil. Bei komplexen Teilen (A-Teile) sind weniger Lieferanten am Beschaffungsmarkt verfügbar als bei Standardteilen (C-Teile).

Der Auswahl der Lieferanten von A-Teilen ist daher besondere Aufmerksamkeit zuzuwenden, da eine falsche Entscheidung zu länger dauernden Problemen führen kann.

Bei komplexen Bauteilen werden die Lieferanten bereits frühzeitig, teilweise auch zum Zeitpunkt der Konstruktion eines Teils, in den Beschaffungsprozess eingebunden. So ist es heute keine Seltenheit, dass Lieferanten für Teile gesucht werden, die noch nicht konstruiert sind, weil das Unternehmen bei der Konstruktion auf das Spezialwissen der Zulieferer zurückgreifen will.

Aus Sicht des Zulieferers hat diese frühe Einbindung den Nachteil, dass er bereits Preise für ein Bauteil nennen und garantieren muss, das er noch nicht genau kalkulieren kann – häufig ist es jedoch ein ähnliches Bauteil, so dass eine relativ genaue Preisschätzung erfolgen kann.

Für solche langfristigen Lieferantenbindungen werden Rahmenvereinbarungen, Lieferverträge und andere Absprachen abgeschlossen, die auch die Versorgung der Produktion mit den Zulieferteilen sicherstellt. Insbesondere bei *Systemlieferanten* werden Rahmenverträge für Material nach Werksnorm immer häufiger für die „Lebenszeit" des Produkts abgeschlossen („Life-Cycle-Verträge"). Durch Vereinbarung von Konventionalstrafen kann darüber hinaus die Kontinuität der Materialversorgung unterstützt werden.

B 2.5.8 Liefermengen und -zeitpunkte

Zur Vorratsergänzung lassen sich prinzipiell vier Grundstrategien unterscheiden, wenn man zu Grunde legt, dass bei der Nachschubplanung zum einen Zeitpunkt t und zum anderen die Menge s konstant bzw. variabel gehalten werden kann.

Wenn die Lagerauffüllung in festen Zeitabständen erfolgt, z. B. monatlich, spricht man von einem Bestellrhythmusverfahren. Dabei kann die Liefermenge entweder konstant festgelegt sein oder sie wird aus der Differenz des Sollbestands und des aktuellen Bestands bestimmt. Bei ungleichem Lagerabgang kann es jedoch zu einem schwankenden Lagerniveau kommen, so dass z. B. die bestellte Menge (bei fester Bestellmenge) auf Grund mangelnder Lagerkapazität nicht eingelagert werden kann. In diesem Fall kann das Bestellpunktverfahren Abhilfe schaffen, bei dem die Nachbestellung erst bei Erreichen eines Meldebestands ausgelöst wird. Andererseits kann die Menge konstant festgelegt sein oder sich ändern, wenn die Differenzmenge bis zum Sollbestand bestellt wird.

Die Bestimmung der Liefermenge kann unter Berücksichtigung verschiedener Gesichtspunkte durchgeführt werden:

1 Das Herstellungsunternehmen ruft Teile in der Fertigungslosgröße „seines" Fertigteils oder einem Vielfachen davon ab, um Bestände von Zulieferteilen zu vermeiden.
2 Das Herstellungsunternehmen ruft Teile in der Fertigungslosgröße des Lieferanten ab, um vorher ausgehandelte Kostenersparnisse zu haben.
3 Das Herstellungsunternehmen ruft Teile in der Behältergröße ab, um Transportkosten zu sparen.
4 Das Herstellungsunternehmen ruft Teile in „frei" bestimmter Menge ab.

Durch Kombination dieser Regeln kommt es in der Praxis zu nicht erwünschten Effekten: Wenn beispielsweise ein

Hersteller von seinem Lieferanten, einem Stahlhalbzeughersteller, fordert, nur chargenrein und in vollen Behältern zu liefern, muss der Lieferant die überschüssigen Teile, mit denen er keinen Behälter mehr füllen konnte, verschrotten (auf Grund der geforderten Chargenreinheit darf er sie auch nicht mit einem anderen Fertigungslos kombinieren).

Literatur

[Arn95] Arnold, U.: Beschaffungsmanagement. Stuttgart: Schäffer-Poeschel 1995

[Bec04] Beckmann, H.: Supply Chain Management: Strategien und Entwicklungstendenzen in Spitzenunternehmen. Berlin/Heidelberg/New York: Springer 2004

[Bec05] Beckmann, H.; Braun, M.; Wolf, J.: SCM-Kompass – VMI, Projektbericht SCM4you. Mönchengladbach 2005

[Bus84] Busch, H.F.: Materialmanagement in Theorie und Praxis. Lage: Edition Haberbeck 1984

[Chr98] Christopher, M.: Logistics and Supply Chain Management, Strategies for Reducing Cost and Improving Service. 2. Aufl. London: Financial Times 1998

[Dis03] Disney, S.M.; Towill, D.R.: The effect of vendor managed inventory (VMI) dynamics on the Bullwhip Effect in supply chains. Int. J. Production economics 85 (2003), 199–215

[Har97] Hartmann, H.: Materialwirtschaft. 7. Aufl. Gernsbach: Deutscher Betriebswirte-Verlag 1997

[Hol02] Holmström, J.; Främling K.; Kaipia R.; Saranen J.: Collaborative planning forecasting and replenishment: new solutions needed for mass collaboration. Int. J. Supply Chain Management 7 (2002), 136–145

[Kai02] Kaipia, R.; Holmström, J.; Tanskanen K.: VMI: What are you losing if you let your customer place orders? Production Planning & Control 13 (2002), 17–25

[Kuh02] Kuhn, A.; Hellingrath H.: Supply Chain Management. Optimierte Zusammenarbeit in der Wertschöpfungskette. Berlin/Heidelberg/New York: Springer 2002

[Val03] Valentini, G.; Zavanella, L.: The consignment stock of inventories: industrial case and performance analysis. Int. J. Production Economics, 81/82 (2003), 215–224

[Wil00] Williams, M.K.: Making Consignment- and Vendor Managed Inventory Work for You. APICS – The Educational Society for Resource Management (2000), 211–213

[Wil90] Wildemann, H.: Das Just-In-Time Konzept. 2. Aufl. München: GFMT 1990

B 2.6 Ressourcen der Beschaffung

B 2.6.1 Lager

Man unterscheidet im Bereich der Beschaffung Werkslager, Logistikzentren, Vertragslager und Konsignationslager (vgl. auch Kapitel B 5, Distribution).

Bei nicht-verbrauchssynchroner Beschaffung werden die Produkte der Lieferanten in Werkslagern vorgehalten. Dies betrifft vor allem B- und C-Teile mit eher geringem Eigenwert.

Im Zuge hoher Produktkomplexität und hoher Variantenvielfalt ist die Zulieferbranche zunehmend veranlasst, werksnahe Standorte zu finden. Als Alternative zu einem Fertigungsstandort sind sog. Systemzentren (oder auch Logistikzentren) verbreitet. Der Begriff „Systemzentrum" ist abgeleitet von Systemhersteller.

Interessant sind Konsignations- und/oder Vertragslager in all den Fällen, wo eine Anlieferung nach Just-In-Time-Prinzipien zunächst nicht in Frage kommt.

B 2.6.2 Identifikationstechnik

Für die richtige Lieferung zur richten Zeit in der richtigen Menge am richtigen Ort ist der Datenträger bzw. der Warenanhänger von besonderer Bedeutung. Eine Vielzahl von Datenträgern bei Lieferungen verursacht bei näherer Betrachtung Schwierigkeiten bei deren Abwicklung. Für

Tabelle B 2.6-1 Lager für die Beschaffung

Lagertypen	Beschreibung
Werkslager	in unmittelbarer Nähe der davor liegenden Fertigungseinrichtung gelegen
Logistikzentrum	Lager in der Nähe vom Kunden, meist von Logistikdienstleistern betriebenes Lager häufig mandantenfähig
Konsignationslager	Lager beim Kunden, Fakturierung erst bei Verbrauch/ Entnahme durch den Kunden, Zulieferer reguliert Bestände, Zulieferer trägt Kosten
Vertragslager	wie Konsignationslager, aber Kunde trägt Lagerkosten

den Anwender stellt sich bei dieser zu bewältigenden Flut an Informationsträgern die Frage, welcher Datenträger zu welchem Zeitpunkt relevant ist. Um dies zu verhindern, kann das Konzept der durchgängigen Kennzeichnung angewandt werden. In der Automobilbranche hat sich der Einsatz von standardisierten Warenanhängern nach VDA-Norm (VDA = Verband der Automobilindustrie) weitgehend durchgesetzt, in anderen Branchen existieren ähnliche Normen.

Trotzdem halten Unternehmen an ihrer einmal eingeführten internen Bezettelung fest, so dass nach wie vor Mehrfachbezettelungen in der Praxis auftreten: Der Teilezulieferer verwendet eine interne Bezettelung, die erst für den Transport durch einen VDA-Anhänger ersetzt wird. Dieser wird anschließend vom weiterverarbeitenden Unternehmen wieder durch ein internes Etikett ersetzt. Dadurch ist an jeder Schnittstelle immer wieder eine Neubezettelung vorzunehmen.

B 2.6.3 Elektronischer Datenaustausch

Durch die enge unternehmensübergreifende Verknüpfung der Produktionsprozesse und die Internationalisierung der Unternehmen und Märkte ist die effiziente Kommunikation zu einem der wichtigsten wirtschaftlichen Faktoren geworden. Der Materialfluss bleibt zwar notwendige Grundlage der industriellen Wertschöpfung. Der Kern der Wertschöpfung verlagert sich aber auf die den Materialfluss steuernden und die Wertschöpfung bestimmenden Kommunikationsketten.

Zur Unterstützung der Kommunikationsfähigkeit in den Business-to-Business-Bereichen zwischen Lieferanten, Herstellern und Logistikdienstleistern haben sich verschiedene Normen entwickelt. Die ersten sog. Standards sind aus Firmenkooperationen in verschiedenen Branchen entstanden, die über Berufs- und Industrieverbände organisiert worden sind. Dazu zählen die VDA-Normen in der Automobilindustrie, die SWIFT-Normen im Finanzdienstleistungssektor u. a.

Um einen branchenübergreifenden „neutralen" Standard zu schaffen, haben United Nations (UN), Europäische Kommission (EU) und die Standardisierungsbehörde ISO die Norm ISO 9735 erstellt, die auch unter dem Namen EDIFACT (Electronic Data Interchange for Administration, Commerce and Transport) bekannt ist. Auf Grund der Komplexität und Vielschichtigkeit dieser Norm haben sich erneut meist branchenspezifische Detaillierungen ergeben, z. B. ODETTE in der Automobilindustrie (Organization for Data Exchange by Teletransmission in Europe), CEFIC (Conseil Européen des Fédération de l'Industrie Chimique) in der chemischen Industrie u. a.

B 2.6.4 Internet

Die Internettechnologie hat auch im Bereich der Beschaffungslogistik Einzug gehalten. Sie eignet sich hier insbesondere für die Bereiche Beschaffungsmarktforschung und Beschaffungsmarketing. Dabei können verschiedene Module in einer solchen Software-Applikation unterschieden werden:

1. Unter *Warengruppenmanagement* versteht man in diesem Zusammenhang die Abbildung der zu beschaffenden Materialien in elektronischen Katalogen, die über das Internet verfügbar sind. Sie enthalten Materialbeschreibungen, Bestellhinweise, Zugänge zu anderen Lieferquellen, Preisvereinbarungen, Wunschlieferanten u. a. Mit Codes und Schlüsseln können Beschaffungsobjekte für eine anstehende Ausschreibung entsprechend sortiert und aufbereitet werden.

2. Mit Hilfe des *Lieferantenmanagements* als Bestandteil von Internetlösungen in der Beschaffungslogistik können alle Informationen über neue und alte Lieferanten dokumentiert werden. Dazu zählen allgemeine Informationen, Leistungswerte der Lieferanten, Zuverlässigkeit u. a. Bewertungsgrößen, die im Rahmen einer zukünftigen Lieferantenauswahl von Bedeutung sind.

3. Im Bereich der *Ablaufsteuerung* sind durch Einsatz spezieller Intranetlösungen Einsparmöglichkeiten denkbar. So können Online-Bestellungen automatisiert in Abhängigkeit des Einkaufswerts (> 1.000 EURO muss Abteilungsleiter abzeichnen, usw.) weitergeleitet werden. Auch eine Online-Überwachung des Beschaffungsvorgangs ist denkbar, bis zur automatisierten Rechnungsstellung beim Wareneingang.

Grundsätzlich sind aber nicht alle Beschaffungsobjekte gleichzeitig für das sog. Electronic Procurement geeignet. Folgende Kriterien können als grundsätzliche Abgrenzungsmerkmale von Electronic Procurement dienen:
– niedriger Klärungsbedarf,
– hohe digitale Umsetzbarkeit der Leistung,
– hoher Standardisierungsgrad,
– hohes Transaktionsvolumen.

An einem Beispiel kann der Einsatz der Internet-Technologie im Beschaffungswesen verdeutlicht werden:

Der Materialaufwand der Firma Siemens, der durch Zukaufteile bedient wurde, betrug 1997 52% des Konzernumsatzes. Das Gesamtvolumen der außer Haus getätigten Einkäufe beträgt heute mehr als 45 Mrd. Mark. Davon entfallen 68% auf Europa, 17% kommen aus den USA und Fernost ist mit 11% beteiligt. Weiterhin schlagen hausinterne Zukäufe mit 12 Mrd. Mark zu Buche. Siemens beschäftigt weltweit rund 3.000 Einkäufer, die bei etwa 80.000 Lieferanten Waren und Dienstleistungen beziehen. Um in diesem Beschaffungsnetz die Siemens-Einkäufer mit den notwendigen Informationen zu versorgen, hat die Siemens AG eine auf dem Intranet basierende Lösung implementiert, die sich in drei Abschn. unterteilt: Siemens-Einkaufs-Web (SEW), Einkaufs-Informations-System (EIS), Siemens-Procurement-Network (SPN). Das SEW stellt fachliches Know-how des Einkaufs zur Verfügung und dient dem Knowledge-Management. Dazu zählen z. B. Einkaufs-Controlling, Marktübersichten, Weiterbildungsangebote und Rechtsfragen. Insbesondere bei einem derartig dezentral organisierten Unternehmen kann das vorhandene Know-how so leicht aufgefunden und in effizienter Weise verknüpft werden. SEW umfasst mehr als 7.000 Informationsseiten und ist zweisprachig gehalten (deutsch/englisch).

Das EIS gibt den Einkäufern in einer Datenbank mit etwa 100.000 Lieferanten Transparenz über das operative Einkaufsgeschehen. Hier wird die Frage: „Wer kauft was bei wem für wie viel?", beantwortet. Zusätzlich werden Gegengeschäftsdaten und Verträge hinterlegt. Diese Informationen sollen die Verhandlungspositionen gegenüber Geschäftspartnern deutlich stärken.

SPN gibt Hilfestellung bei Beschaffungsmarktanalysen, Ausschreibungsprozessen und optimiert die Bestellabwicklung. Ziel ist die vollständige Abwicklung des Einkaufsprozesses über das Internet und Intranet durch Electronic Commerce, um Themen wie Markttransparenz, Global Sourcing und Prozesskostenoptimierung weiter zu forcieren.

Auch im Bereich der Ausschreibung/Lieferantenauswahl konnten durch Einsatz des Internets Erfolge nachgewiesen werden. Bereits 1995 hat General Electric das bis dahin größte Einkaufsnetz der Welt gegründet und alle Aufträge – statt wie gewohnt an die traditionellen Lieferanten zu geben – einfach im Internet ausgeschrieben. Darauf haben sich unerwartet viele Unternehmen an den Ausschreibungen beteiligt und untereinander einen regelrechten Preiskampf ausgelöst

Literatur

[Arn95] Arnold, U.: Beschaffungsmanagement. Stuttgart: Schäffer-Poeschel Verlag 1995

Richtlinie
VDA 4915: Verband der Automobilindustrie: Daten-Fern-Übertragung von Feinabrufen. 2. Ausg. Frankfurt: VDA e. V. 1996

B 2.7 Strukturen

B 2.7.1 Strukturen

Die räumlichen Strukturen der Beschaffungskanäle werden bestimmt durch die notwendigen Elemente zur Umsetzung des Materialflusses zwischen Lieferant und Kunden sowie deren Vernetzung. Typische Elemente sind Lieferanten, Lager, Umschlagpunkte und Güterverkehrszentren. Räumliche Strukturen stehen in unmittelbarer Wechselwirkung mit der Prozessstruktur, die wiederum durch die Beschaffungsart bestimmt wird (vgl. Abschn. B 2.5.2). Damit verbunden ist die Frage, ob zur Entkopplung des Lieferanten vom Kunden ein Lager bzw. eine Lagerstruktur (vertikal und horizontal gegliederte Struktur vgl. Abschn. B 5.4, Distributionsstrukturen) notwendig ist oder nicht (s. Bild B 2.7-1).

Einen entscheidenden Einfluss auf die Struktur des Beschaffungskanals hat zudem die organisatorische Zuordnung der Elemente zu den beteiligten Partnern. Hierbei sind neben den Kunden und Lieferanten, Beschaffungsmittler (Händler) und Logistikdienstleister als Wesentliche zu nennen. Sowohl Beschaffungsmittler als auch Logistikdienstleister haben die Aufgabe Transaktionen durch die Beschaffungskanäle zu bündeln. So bietet sich die Einbindung eines Beschaffungsmittlers mit breitem Sortiment immer dann an, wenn eine Vielzahl von Kleinbestellungen für unterschiedlichste Teile erforderlich ist. Insbesondere kleinere Mengen können vielfach beim Beschaffungsmittler günstiger bezogen werden als beim Hersteller, der nicht selten Mindestabnahmemengen oder Mindermengenzuschläge verlangt. Auch beim Global Sourcing kann die Marktkenntnis eines Beschaffungsmittlers über die internationalen Angebotsverhältnisse bei der Abwicklung der internationalen Transaktionen und über die möglichen Skaleneffekte genutzt werden.

Beim Logistikdienstleister steht die Bündelung von Transportströmen im Vordergrund. Die Bündelung einer Vielzahl von Einzelsendungen senkt die Transportkosten, vermeidet Engpässe im Wareneingang des Abnehmerbetriebes, vereinfacht die Terminsteuerung, entschärft gleichzeitig die Verkehrsproblematik und reduziert Umweltbelastungen.

Zur Einbindung logistischer Dienstleister haben sich Grundstrukturen entwickelt, die die Widersprüche zwischen flexibler, kostengünstiger produktionssynchroner Belieferung und potentiellen Transportkostensteigerungen sowie Verkehrsproblemen durch wachsendes Aufkommen auflösen:

1. Errichtung von Montageeinheiten des Lieferanten in der Nähe des Abnehmers („Zulieferparks"),
2. Einsatz von lieferantenorientierten Gebietsspediteuren,

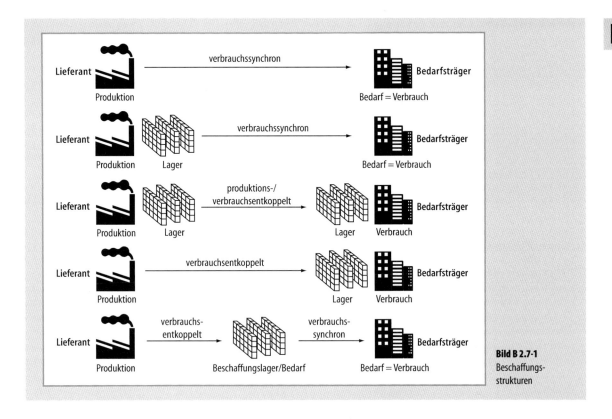

Bild B 2.7-1
Beschaffungsstrukturen

3. Einsatz von Ringspediteuren,
4. Einrichtung von multimodalen Umschlagpunkten (Güterverkehrszentren).

Ein wesentlicher Einflussfaktor auf die Art der Ausprägung ist die notwendige Versorgungssicherheit. Hierbei ist grundsätzlich davon auszugehen, dass diese bei der produktionssynchronen Beschaffung am höchsten ist. Entsprechend ist bei Zulieferunternehmen in weiter räumlicher Entfernung vom Abnehmerbetrieb, insbesondere bei denen, die großvolumige Teile oder kundenspezifische Systemkomponenten produktionssynchron zuliefern, zu überprüfen, ob kleine *Montageeinheiten im unmittelbaren Einzugsbereich des Abnehmerwerkes* sich wirtschaftlich sinnvoll erweisen.

Das *Gebietsspediteurkonzept* soll die Bündelung möglichst vieler Einzelsendungen erzielen. Es bietet sich an, wenn die Lieferantenstruktur durch räumliche Konzentrationen überregionaler Lieferanten von Einbauteilen gekennzeichnet ist. Orientiert an den Konzentrationspunkten werden Regionen definiert, innerhalb derer die Standorte der Lieferanten in ein Linienverkehrskonzept eines Spediteurs eingebunden werden. Auf diese Weise werden die Waren einer größeren Anzahl von Lieferanten in definierten Zeitperioden zu Sammelladungen zusammengefasst und als Komplettladung zu entsprechend niedrigeren Frachttarifen zum Abnehmer transportiert. Je nach räumlicher Entfernung, verkehrstechnischer Anbindung und Transportvolumen ist es sinnvoll, die Sammelladungen auf Sonderzügen der Bahn zusammenzufassen.

Das *Ringspediteurkonzept* ist gekennzeichnet durch Sammeltransportrouten, die eine Zusammenstellung von LKW-Zügen mit einer überschaubaren Zahl von Lieferanten erlauben. Die Anzahl der Lieferanten eines Speditionsrings ist dabei abhängig von den jeweiligen Liefermengen und der Entfernung der Lieferanten untereinander. Neben der Transportzeit sind pro Anlaufstation der Rundreise ein Zeitfenster für den Beladungsvorgang und eventuelle Wartezeiten zu berücksichtigen.

Güterverkehrszentren stellen eine räumliche Zusammenfassung von verkehrsbezogenen und transportergänzenden Dienstleistungsbetrieben dar und übernehmen eine Koordinations- und Umschlagsfunktion der verschiedenen Güterverkehrsströme. Sie bilden somit eine Schnittstelle zwischen verschiedenen Verkehrsträgern wie Straße,

Schiene, Wasserstraßen oder Luft. Neben einer Transportwegeoptimierung, unter Nutzung des optimalen Verkehrsträgers, ermöglichen Güterverkehrszentren durch Kombination von Distributions- und Rücknahmetransporten die Vermeidung von zusätzlichen Transporten. So können Leerfahrten vermieden werden. Abnehmerbetriebe und Logistikdienstleister können als Nutzer von Güterverkehrszentren herkömmliche Transportstrukturen durch Flächen- und Knotenpunktverkehre ersetzen und gleichzeitig die Einsatzbedingungen der massenleistungsfähigen Bahn verbessern.

Die aufgezeigten Konzepte schließen sich gegenseitig nicht aus, sondern lassen sich zu einem optimierten Materialversorgungssystem kombinieren.

Technische Kommunikationsstruktur

Der reibungslose Ablauf von Materialversorgungskonzepten stellt besondere Voraussetzungen an die eingesetzte Informations- und Kommunikationsstruktur.
1. Vorausgeplante Abholungen hinsichtlich Menge und Termin, sowie Anlieferung beim Abnehmer in vorgegebenen Zeitfenstern.
2. Zentrale Planung der Abholsystematik mit einer lokalen Steuerung und Kontrolle durch Logistikdienstleister.

Entsprechend sind effiziente Informationsflussstrukturen eine entscheidende Basis zur Planung, Steuerung und Koordination des physischen Materialstroms zwischen Lieferant und Abnehmer. Ziel ist es, die Voraussetzungen dafür zu schaffen, dass allen an der logistischen Kette beteiligten Parteien die zur Durchführung der Materialbewegungen benötigten Informationen in der gewünschten Form, zum richtigen Zeitpunkt und an der richtigen Stelle zur Verfügung gestellt werden. Hierzu findet zwischen Abnehmern, Lieferanten und Logistikdienstleistern eine Informationsübermittlung statt.

B 2.7.2 Logistikdienstleister

Mit der Einrichtung von *Konsignationslagern* können Lieferant und Hersteller gleichzeitig Vorteile erreichen. Das Konsignationslager wird üblicherweise durch einen Logistikdienstleister in der Nähe eines Herstellers eingerichtet. Der Hersteller hat Verfügungsgewalt über die Bestände; die Fakturierung erfolgt bei Entnahme von Teilen durch den Kunden. In das Konsignationslager können mehrere Lieferanten ihre Teile für den Hersteller einlagern. Der Logistikdienstleister versichert (je nach vertraglicher Konstellation) die eingelagerten Waren gegen Diebstahl etc. Der Lieferant muss sicherstellen, dass ein Mindestbestand im Konsignationslager ständig verfügbar ist. Die notwendige Materialnachschubdisposition kann auch von dem Logistikdienstleister übernommen werden.

Es können verschiedene Vorteile erreicht werden:
– für Hersteller: Es wird nur einmal im Monat die Entnahme in Form einer Bestellung gemeldet; dadurch Arbeitsersparnis im Einkauf/Beschaffung,
– für Hersteller: Es wird eine maximale Versorgungssicherheit erreicht (Ware ist vor Ort),
– für Lieferant: Frachtvorteil durch Sammelladungen,
– für Lieferant: Planungsvorteil durch fertigungsgerechte Losgrößen,
– für Lieferant: Vorsprung gegenüber Konkurrenz durch feste Bindung.

Bei der Linienfertigung, insbesondere bei der Automobilbranche, muss der Lieferant bzw. der Dienstleister die Teile nicht außerhalb der Fertigungsanlagen anliefern, sondern kann sie auch an die „Linie" bringen und hier auch direkt verbauen. Dieser Vorgang nennt sich „Konfektionierung" und bezeichnet die Übernahme von Fertigungsprozessen beim Hersteller vor Ort durch den Lieferanten oder Logistikdienstleister.

B 2.7.3 Aufbauorganisation

Bei der Eingliederung der Beschaffung in die Gesamtorganisation lässt sich eine zentrale und eine dezentrale Eingliederung unterscheiden. Bei der zentralen Eingliederung werden die Aufgaben der Beschaffung von einer einzelnen Organisationseinheit übernommen, während bei der dezentralen Eingliederung diese von mehreren Organisationseinheiten wahrgenommen werden. Eine Kombination aus Zentralisierung und Dezentralisierung ist möglich.

Die Art der organisatorischen Eingliederung hängt von vielen Faktoren ab:
– Unternehmensgröße,
– Anzahl räumlich getrennter Werke,
– Entfernung der Werke zueinander,
– Grad der Übereinstimmung der Produktionsprogramme,
– Notwendige Materialarten und -mengen.

Eine zentrale Beschaffung bringt vor allem für Klein- und Mittelständische Betriebe Vorteile:
– gute Kontrollmöglichkeit der Beschaffungstätigkeit,
– gute Ausnutzung von Mengenrabatten möglich,
– Chancen der Normung und Typisierung der zugekauften Materialien,
– bessere Disposition der Lagerbestände.

Eine örtliche und/oder sachliche Dezentralisation der Beschaffungswirtschaft kann günstig sein:
- bei Einzelfertigung, wenn Materialien differieren und selten bestellt werden,
- die Beschaffung kann nur von Spezialisten vorgenommen werden,
- wenn die geographische Lage z. B. Länderkenntnisse erfordert,
- Vorratshaltung der Materialien auf Grund der Beschaffenheit ist nicht möglich – daher sind Entscheidungen dezentral zu fällen.

In der Praxis haben sich in Abhängigkeit der Unternehmensgröße und -ausrichtung verschiedene Aufbauorganisationen herausgebildet, von denen einige beispielhaft abgebildet sind (Bild B 2.7-2, Bild B 2.7-3, Bild B 2.7-4, Bild B 2.7-5).

Die Schaffung ergebnisverantwortlicher Unternehmensbereiche (auch: Profit-Center) ist bei vielen großen Konzernen deutlich erkennbar. Dabei findet auch eine Dezentralisierung des Einkaufs statt, wodurch jedoch die vorhandene Nachfragemacht des gesamten Unternehmens geschwächt wird. Um diesem Effekt entgegenwirken zu

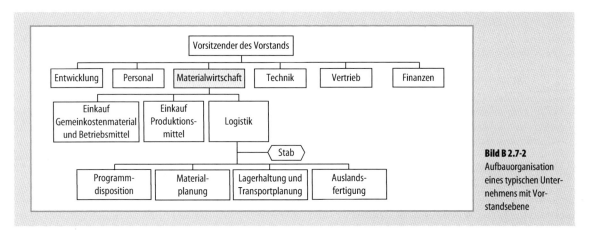

Bild B 2.7-2 Aufbauorganisation eines typischen Unternehmens mit Vorstandsebene

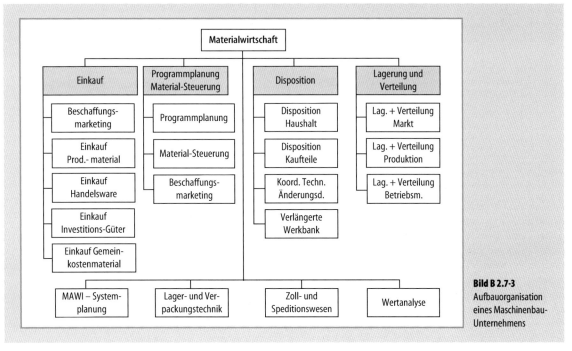

Bild B 2.7-3 Aufbauorganisation eines Maschinenbau-Unternehmens

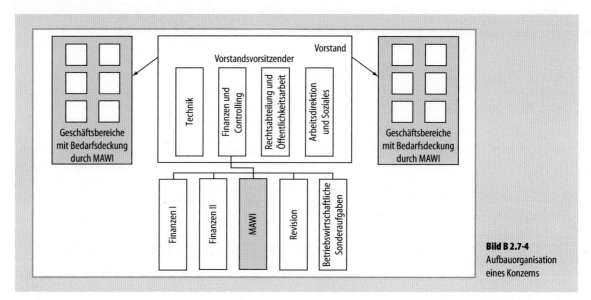

Bild B 2.7-4
Aufbauorganisation eines Konzerns

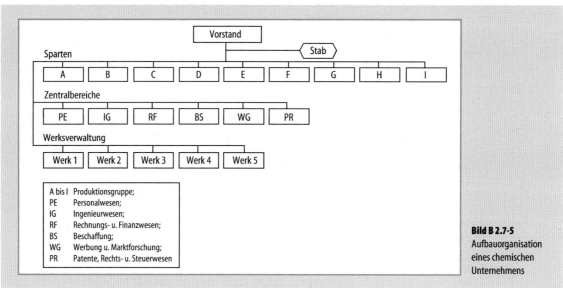

Bild B 2.7-5
Aufbauorganisation eines chemischen Unternehmens

können, sind neue Koordinationsinstrumente gefragt, mit denen die Marktposition als Nachfrager gestärkt wird.

Das „Lead-User"-Konzept ist als Antwort der Beschaffungslogistik auf die Dezentralisierung von Funktionsbereichen zu sehen: Der jeweils größte Bedarfsträger in einem Unternehmen oder Unternehmensverbund übernimmt die Federführung in der Beschaffung und kann z. B. die Rahmenverträge für alle Bedarfsträger abschließen. Besonders ausgeprägt sind diese Strukturen bei großen Handelsorganisationen.

Literatur

[Arn95] Arnold, U.: Beschaffungsmanagement. Stuttgart: Schäffer-Poeschel 1995

[Bus84] Busch, H.F.: Materialmanagement in Theorie und Praxis. Lage: Edition Haberbeck 1984

[Har97] Hartmann, H.: Materialwirtschaft. 7. Aufl. Gernsbach: Deutscher Betriebswirte-Verlag GmbH 1997

[Wil97] Wildemann, H.: Logistik Prozeßmanagement. München: GFT-Verlag 1997

B 2.8 C-Teile-Management

B 2.8.1 Hintergrund

Wer A sagt, muss auch C sagen. Diese Paraphrasierung des bekannten Spruches beschreibt ein wesentliches Kennzeichen der Teilelogistik. Einem verborgenen Gesetz gehorchend werden in der überwiegenden Zahl der Fälle ca. 80% der Artikel einen Wertanteil von ca. 20% haben. Ebenso gilt, dass 80% der Beschaffungsvorgänge nur 20% des gesamten Beschaffungsvolumens abdecken. In Anbetracht der Tatsache, dass C-Teile sich nicht oder nur sehr schwer eliminieren lassen, kann die Maxime für den Umgang mit C-Teilen also nur lauten: Reduziere den Aufwand für C-Teile!

Aus prozessorientierter Sicht ergibt sich der Aufwand für die gesamte Prozesskette zur Bereitstellung von C-Teilen aus der Multiplikation der Anzahl der Prozessdurchführungen mit den Kosten des Einkaufsprozesses. Soll also der Aufwand reduziert werden, muss entweder die Anzahl der Prozessdurchführungen verringert oder die Prozesse selbst müssen kostengünstiger gestalten werden. Sämtliche Maßnahmen zur Aufwandsreduzierung lassen sich auf diese prinzipiellen Vorgehensweisen zurückführen [Kuh98].

B 2.8.2 Identifikation von C-Teilen

Während die ABC-Analyse die Verbrauchsanteile der Materialien bestimmt, um damit Wesentliches und Unwesentliches zu trennen und so das Hauptaugenmerk auf einen Ausschnitt des gesamten Teilespektrums richtet, versucht die XYZ-Analyse die Teile hinsichtlich ihrer Vorhersagegenauigkeit zu klassifizieren [Arn96].

X-Teile sind dabei solche, die eine hohe Vorhersagegenauigkeit besitzen, weil sie einem gleichmäßigen Verbrauch unterliegen. Bei Y-Teilen ist der Verbrauch durch Schwankungen geprägt, die saisonaler oder trendmäßiger Natur sein können. Für sie gilt eine mittlere Vorhersagegenauigkeit. Z-Teile zeichnen sich durch eine niedrige Vorhersagegenauigkeit aus. Ihr Verbrauch unterliegt Schwankungen, die keiner Regelmäßigkeit gehorchen. Die Verbrauchsschwankungen können z. B. anhand der Standardabweichung festgemacht werden. Typische Ergebnisse der XYZ-Analyse zeichnen sich durch einen hohen Anteil (>70%) von X-Teilen aus. Kombiniert man nun die ABC- und die XYZ-Analyse, ergeben sich im Hinblick auf die C-Teile insgesamt drei Gruppen: CX-Teile mit niedrigem Verbrauchswert und hoher Vorhersagegenauigkeit, CY-Teile mit niedrigem Verbrauchswert und mittlerer Vorhersagegenauigkeit und CZ-Teile mit niedrigem Verbrauchswert und niedriger Vorhersagegenauigkeit. Für jede Gruppe sollte eine geeignete Strategie festgelegt werden.

B 2.8.3 Prozesse der C-Teilebeschaffung

Prinzipiell durchlaufen die C-Artikel die gleichen Prozesse wie A-Artikel auch. (s. Bild B 2.8-1: Die Prozesskette für C-Teile)

Welches sind die Kostentreiber der Prozesse und wie sind sie vernetzt?
– Einkauf,
– Beschaffung,
– Disposition,
– Lagerung,
– Transport,
– Bereitstellung,
– Rechnungswesen.

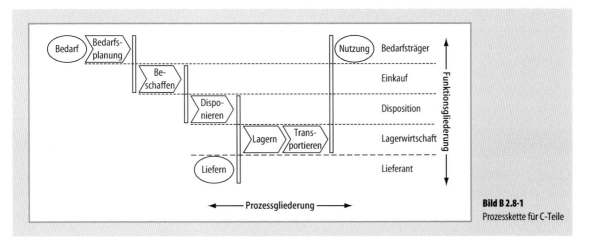

Bild B 2.8-1 Prozesskette für C-Teile

B 2.8.4 Serviceerwartungen für C-Teile

Leider schränkt die ausschließliche Betrachtung von C-Teilen die unterschiedlichen Bedarfsarten nicht soweit ein, dass eine allgemeingültige Strategie alle Probleme der C-Teilebeschaffung bewältigen könnte. Vielmehr müssen – wie so oft in der Logistik – die genauen Verhältnisse im Unternehmen und insbesondere die Bedarfsstrukturen berücksichtigt werden. Ein wichtiges Kriterium sind hierbei die Serviceerwartungen der Bedarfsträger, die festlegen, in welcher Geschwindigkeit die Beschaffungskette den jeweiligen Bedarf befriedigen muss. Gerade bei C-Artikeln ergeben sich unterschiedliche Serviceerwartungen, die v. a. durch sehr unterschiedliche Bedarfsarten entstehen. Die erforderlichen Durchlaufzeiten reichen von einer augenblicklichen Bereitstellungen, wie sie z. B. für Kleinteile von Montagebändern erforderlich sein kann, d. h. mit Bestand vor Ort, bis zu einer Bereitstellung innerhalb von 2 bis 3 Tagen [Rec00]. Diese Bedarfe mit geringeren Anforderungen an den Lieferservice entstehen v. a. durch die folgenden zwei Gegebenheiten:
- durch Handläger, bei denen eine geringe Stückzahl vieler unterschiedlicher Artikel ein sehr heterogenes Artikelspektrum mit großer Reichweite ergibt. Typisch ist hierfür der Werkzeugbedarf in Instandhaltungswerkstätten, wo z. B. 2 bis 3 Bohrer einer bestimmten Klasse bereits den Jahresbedarf decken, oder der Büromaterialbedarf, bei dem der Schreibtisch das „Handlager" darstellt. Diese Vorräte sind nicht bestandsgeführt, d. h. die Bestände werden nicht über ein System überwacht, erlauben aber eine bestimmte Lieferzeit, wenn ein „Meldebestand" (z. B. nur noch ein Bohrer vorrätig) unterschritten wird. Diese Bedarfe können dann direkt von einem Lieferanten bestellt werden und müssen nicht bestandsgeführt zusätzlich gelagert werden.
- durch sporadische Bedarfe durch z. B. Kleinreparaturen, die einen Materialbedarf haben, der möglicherweise nur einmal jährlich auftritt und ansonsten nicht benötigt wird. Auch diese Bedarfsart ist typisch für Instandhaltungswerkstätten, die Kleinreparaturen vornehmen. Hier hat die Instandsetzung eine niedrige Priorität, so dass die Durchführung auf die Teile warten kann.

Je nach erforderlichem Lieferservice lassen sich die Prozessketten zur Bereitstellung von C-Teilen unterschiedlich gut optimieren.

B 2.8.5 Strukturen der Prozessketten zur Bereitstellung von C-Teilen

Neben den Serviceerwartungen, die eine Differenzierung des Begriffs C-Teilelogistik erforderlich machen, sind es die Unternehmensstrukturen, genauer: die Aufbauorganisation, das Layout und die Kommunikationsstruktur, die berücksichtigt werden müssen. Will man die logistischen Prozessketten kundenorientiert aufbauen, so muss man zunächst überprüfen, welche Ausprägung die C-Teilebedarfe bezogen auf diese Strukturen annehmen. Das heißt, für welche Abteilungen und an welchem Ort die Bedarfe entstehen und welche Möglichkeiten bestehen, die Bedarfsmeldungen zu bündeln und weiterzuleiten. In einem Extrem können die Materialbedarfe an definierten Orten und definierter Organisationseinheit entstehen, z. B. an Montagelinien, an denen immer die gleichen durchsatzschwachen Materialien wie Schrauben, Splinte oder Muttern gebraucht werden.

Andererseits können sich Materialbedarfe sowohl räumlich als auch organisatorisch über das ganze Unternehmen verteilen und an dem Bedarfsort einen vollkommen unbedeutenden Bestellaufwand von 3 bis 10 Bestellungen in der Woche verursachen, der sich im Einkauf oder in der Lagerwirtschaft jedoch zu einem erheblichen Logistikaufwand aufsummiert. Hier ergibt sich dann ein sehr heterogener Materialfluss mit Objekten, die vom Büro- und Sanitärbedarf über Leuchten und Lampen oder Rasenmäher bis hin zu Montageeinrichtungen oder Werkzeugen nahezu jeden beliebigen Artikel beinhalten können. Aufgabe der Kommunikationssysteme ist es, diese Bedarfe zu bündeln und an die Beschaffung weiterzuleiten. Je nach Vernetzung des Unternehmens kann diese Informationsweiterleitung manuell, also in Papierform, systemgestützt mit Batch-Läufen, oder online erfolgen. Weiterhin können C-Artikel bereits in den Stücklisten für Produkte abgebildet sein und somit durch die Produktionsplanungs- und Steuerungssysteme durch die logistische Prozesskette geleitet werden oder erst bei Bedarf in ein System eingegeben werden. Mit anderen Worten: C-Artikel sind nicht gleich C-Artikel, es gilt entsprechend der Bedarfsstruktur eine optimierte Prozesskette zu entwickeln, die alle Anforderungen der Bedarfsträger und die Strukturausprägungen optimal unterstützt.

B 2.8.6 Lenkungsregeln zur Bereitstellung von C-Artikeln

In diesem strukturellen Umfeld gilt es, Prozessketten zu entwickeln, die für die jeweiligen Anforderungen eine optimierte Bereitstellung der Materialien gewährleisten. Entsprechend der eingangs genannten Strategie müssen hierfür insbesondere die Prozessdurchführungen, also die Kostentreiber der Prozesse, reduziert werden. Berücksichtigt man die oben definierten Prozesse, kann dies durch die folgenden drei Methoden erfolgen:

1. die Verringerung der Lieferantenanzahl für C-Artikel,
2. das Sammeln und batchweise Weiterleiten von Bestellungen bzw. die lagerlose Beschaffung,
3. der weitestmögliche Standardisierung der Artikel über die Geschäftsbereiche mit dem Ziel die Artikelanzahl zu reduzieren.

Die Verringerung der Anzahl der Lieferanten führt zu einer Reduzierung der Prozessdurchführungen, da der Lieferant in die Lage versetzt wird, mehr Positionen zu einer Einheit zusammenzufassen. Die Kostentreiber der Prozesskette enthalten dann jeweils eine größere Anzahl an Positionen und der Aufwand pro Position sinkt. Der Lieferant erhält einen Auftrag der mehr Positionen umfasst, liefert mehr Positionen aus und stellt mehr Positionen in Rechnung. Diese Bündelungseffekte treten sowohl bei Lieferanten auf als auch bei den im Unternehmen verbleibenden Prozessen.

Je nach erforderlichem Lieferservice sollten die von dem Lieferanten durchgeführten Prozesse so nah wie möglich an den Bedarfsort verlegt werden. Muss z. B. eine große Zahl von Kleinteilen in unmittelbarer Nähe von Werkstätten oder Montagebändern sofort verfügbar sein, ist zu prüfen, ob der Lieferant direkt das Auffüllen von bereitgestellten Behältern am Bedarfsort im Kanban-Prinzip übernehmen kann. Der Handhabungsaufwand für diese Kleinteile wird somit komplett in die Hände eines Dienstleisters gegeben. Ist die sofortige Bereitstellung der Artikel nicht erforderlich, kann auf eine permanente Bereitstellung der Materialien am Verbrauchsort verzichtet werden. Somit kann der Bündelungseffekt durch die Lieferantenreduzierung auch nur zu Beginn der Prozesskette greifen. In diesem Fall sind es v. a. Prozesse im Einkauf wie die Lieferantenauswahl und die Rechnungsprüfung, in denen mehrere Positionen auf einen Vorgang gebündelt werden können. Die Grenzen der Lieferantenreduzierung treten insbesondere bei heterogen strukturierten Unternehmen mit unterschiedlichen Geschäftsbereichen auf, da hier viele Spezialbedarfe entstehen, die sich nicht ohne Weiteres auf wenige Lieferanten zusammenlegen lassen.

Eine batchweise Abwicklung der Prozesskette bietet sich für Bedarfe an, die nicht unmittelbar befriedigt werden müssen. Die Bedarfe müssen nicht im eigenen Unternehmen gelagert werden, sondern können bei Bedarf von den Lieferanten bezogen werden. Dabei ist jedoch zu beachten, dass die Lagerung von Materialien zu einer Reduktion der Prozessdurchführungen zu Beginn der Prozesskette führt, da die Bestellmenge bei Lagerartikeln i. d. R. ein Vielfaches der Menge ist, die an die Bedarfsträger einzeln weitergegeben wird. Daher ist die Anzahl der Wareneingänge niedriger als die Anzahl der Warenausgänge. Werden nun die entsprechenden Artikel nicht mehr gelagert, sondern über eine Direktbeschaffung bezogen, kommt es zu einer Erhöhung der Prozessdurchführungen zu Beginn der Prozesskette (Bestellungen im Einkauf, Wareneingänge, Transporte der Lieferanten).

Ziel einer lagerlosen Abwicklung muss es daher sein, durch die Gestaltung der Prozesskette die Zunahme der Prozessdurchführungen so weit wie möglich an das Ende der Prozesskette zu legen. Dies wird ermöglicht durch:
– das Sammeln von Bedarfen auf der Abteilungs- oder Teamebene, indem die Bestellungen nur in zyklischen Abständen eingegeben oder freigegeben und weitergeleitet werden,
– das Sammeln von Bedarfen an einer zentralen Stelle, wo die Bedarfe positionsweise aufgelöst sowie auf die einzelnen Lieferanten geschlüsselt werden und in zyklischen Abständen an die Lieferanten weitergeleitet werden,
– das Sammeln der Bedarfe durch den Lieferanten, dem in einem vereinbartem Rahmen die Möglichkeit gegeben wird, seine eigenen Kommissionier- und Transportprozesse zu optimieren und die bestellten Artikel in festen Perioden oder nach Mindestlieferzeiten anzuliefern.

Die niedrigen Materialbestellungen pro Artikel und pro Mitarbeiter einer Abteilung führen dazu, dass ein Mitarbeiter relativ selten Materialbestellungen durchführt und einen bestimmten Artikel noch erheblich seltener bestellt. Es ergeben sich deshalb besondere Schwierigkeiten bei der Identifikation der Materialien, da diese auf Basis relativ abstrakter Beschreibungen oder mittels meist unbekannter Materialnummern erfolgen muss, die den Mitarbeitern meist nicht geläufig sind und nicht der Umgangssprache der Monteure entsprechen. Zwar bieten viele Betriebssoftwarelösungen hier sog. Matchcodes an, in denen mittels Eingrenzung der Artikel durch Warengruppen und Klartexteingabe der suchende Bedarfsträger geführt wird, dennoch ist diese Prozedur relativ zeitaufwendig und daher kostenintensiv. Prozesskostenanalysen für unterschiedliche Unternehmen haben gezeigt, dass genau dieser Prozess der kostenintensivste in der gesamten Prozesskette der lagerlosen Abwicklung ist.

Es stellt sich daher die Frage, ob jeder Bedarfsträger einzeln die Bedarfseingabe in das System vollziehen sollte oder die Bedarfe erst gesammelt werden, um dann von einer Person schneller und effizienter eingegeben zu werden. Allein durch diesen Batchprozess wird noch nicht erreicht, dass gleiche Positionen oder Positionen gleicher Warengruppen abteilungsübergreifend synchronisiert und gleichzeitig an den Lieferanten gesandt werden. Um dies zu erreichen, besteht die Möglichkeit, die Bedarfe zentral noch einmal zu sammeln oder aber die Bedarfe unternehmensweit durch die Vorgabe fester Bestelltermine (z. B. zweimal pro Woche) abzugleichen. Ein Beispiel ist die Anlieferung von Lieferanten immer nur an bestimmten Tagen, auf die sich die Bedarfsträger einstellen und dementsprechend ihre Bestellung nach den Anlieferungen richten können.

B 2.8.7 Material mit vergebener Materialnummer

Werden die Materialien mit einer bestimmten Regelmäßigkeit bestellt (ca. vier- bis fünfmal jährlich) lohnt sich die Identifikation der Artikel mit einer Materialnummer. Hierfür kommen zwei Varianten in Frage.
- Die erste Möglichkeit ist die Verwendung eigener Materialnummer in dem Lagerverwaltungssystem. Die Materialien werden hierbei wie Lagermaterialien behandelt, mit dem Unterschied, dass der Sollbestand im Lagerverwaltungssystem auf Null gesetzt wird. Werden diese Materialien bestellt, wird beim nächsten Dispositionslauf ein Fehlbestand registriert und eine Bestellung bei Einkauf ausgelöst. Im weiteren Verlauf werden die Bestellungen dann wie die der Lagermaterialien auch behandelt. Dies hat den Nachteil, dass ohne Sondervereinbarungen meist recht lange Lieferzeiten in Kauf genommen werden müssen.
- Die zweite Möglichkeit ist die Verwendung von Katalogen der Hersteller oder C-Artikellieferanten. Diese Lieferanten stellen den Kunden Materialkataloge zur Verfügung, aus denen die Mitarbeiter die gewünschten Materialien auswählen und über eine Verknüpfung der technischen Kommunikationssysteme direkt an die Lieferanten bzw. Hersteller übermitteln. Ein großer Teil der C-Artikel wird somit bei lediglich einem Lieferanten platziert. Verbunden ist diese Art der Abwicklung meist mit sog. Purchasing-Card Systemen, in denen die Abwicklung der Rechnungsstellung ebenfalls beim Lieferanten zusammengefasst wird, der dann nicht mehr Einzelrechnungen versendet, sondern – wie bei den gängigen Kreditkarten – die Abrechnungen monatlich sammelt und verschickt. Auch hier beruhen die für Kunden erzielbaren Einsparungseffekte auf der Möglichkeit, verschiedene Positionen zusammenzufassen.

B 2.8.8 Material ohne Materialnummern

Bestimmte Materialien werden so selten benötigt, dass eine Identifizierung der Materialien in einem eigenen Katalog nicht sinnvoll ist. In diesem Fall müssen die Bedarfsträger ihren Bedarf formulieren und an den Einkauf weiterleiten. Gerade für solche Bedarfe tritt das Problem zutage, schriftlich exakt zu definieren, welches Material oder welche Dienstleistung benötigt wird. Die folge ist, das es zu häufigen Rückfragen bezüglich der Bedarfe zwischen Einkauf und Bedarfsträgern kommt. Der Einkauf muss meist telefonisch die jeweiligen Bedarfsträger erreichen, die Angaben überprüfen und in seinen eigenen Sprachgebrauch übersetzen. Für die einzelnen Bedarfsträger sind diese Rückfragen eine eher seltene Erscheinung und von geringer Bedeutung, im Einkauf summieren sich die Zeiten für die Rückfrage jedoch auf und führen somit zu einer deutlichen Erhöhung von Kosten und Durchlaufzeiten. Um den Aufwand für Rückfragen einzuschränken und die Durchlaufzeit für die Bestellungen zu reduzieren, ist daher die Prozesskette so zu lenken, dass Rückfragen möglichst vermieden werden. Dies kann nur erfolgen, in dem der Bedarfsträger dazu gebracht wird, eine möglichst exakte und standardisierte Beschreibung seiner Bedarfe zu wählen.

B 2.8.9 Dezentrale Beschaffung

Die dezentrale Beschaffung beinhaltet die bedarfsweise Versorgung einzelner (dezentraler) Bedarfsträger mit Materialien auf dem Markt. Hierfür werden die nicht im eigenen Lager vorrätigen Bedarfe gesammelt und durch eigene Mitarbeiter bei in der Nähe liegenden Lieferanten beschafft. Oft kann die Fahrt zu den Baustellen mit einer solchen Versorgungsfahrt kombiniert werden, so dass der entstehende Zeitaufwand für den Transportprozess minimiert werden kann, oder der spontane, an den Baustellen entstehende Bedarf wird bei einem in der Nähe der Baustelle liegenden Lieferanten befriedigt. Allerdings ist bei dieser Form der Materialversorgung zu berücksichtigen, dass auch hier nur Lieferanten angefahren werden, mit denen Rahmenverträge geschlossen wurden, da sonst im Einkauf und in der Rechnungsprüfung erhebliche Kosten entstehen können. Einige Unternehmen bieten an, eine Purchasing-Card [Ort98] auch für die Dezentrale Beschaffung einzusetzen und somit den nachfolgenden Aufwand für die Rechnungsstellung zu minimieren.

B 2.8.10 Der Materialfluss bei der lagerlosen Beschaffung

Prinzipiell stellt sich bei der Direktbeschaffung die Frage, ob der Lieferant die Ware direkt an den Bedarfspunkt bringt (z. B. in die Büros bei Bürobedarfen) oder an eine zentrale Stelle. Für letztere Variante kann dann differenziert werden, ob der Bedarfsträger die Ware an der zentralen Stelle abholt oder ob ein Bringdienst eingerichtet wird, welcher die Waren im Unternehmen verteilt.

Eine direkte Belieferung der Bedarfsträger durch Lieferanten sollte nur dann erfolgen, wenn möglichst große Teile des Produktspektrums auf wenige Lieferanten verdichtet werden können. Zum einen bietet dies erhebliche Kostenvorteile für den Lieferanten, der mehrere Positionen gleichzeitig ausliefern kann, zum anderen kann die Zahl der externen Personen, die sich im Unternehmen bewegen, in einem überschaubaren Rahmen gehalten werden.

Ein interner Bringdienst für bestellte Materialien kann dann sinnvoll sein, wenn ausreichend viele Positionen zu einem Transport zusammengefasst werden können. Die Einsparungen, die sich hierdurch bei den Bedarfsträgern ergeben, sollten allerdings daraufhin überprüft werden, ob sie tatsächlich zu einer erhöhten Wertschöpfung beitragen. Zumeist verteilen sich die Bedarfe auf sehr viele verschiedene Personen, welche jeweils nur wenige Minuten ihrer Arbeitszeit einsparen. Inwieweit diese Zeiten dann tatsächlich für andere Tätigkeiten genutzt werden, ist gerade bei Bürobedarfen zu hinterfragen.

B 2.8.11 Standardisieren

Für Teile, die von unterschiedlichen Organisationseinheiten und an unterschiedlichen Orten benötigt werden, muss eine Standardisierung der Teile und der zu beziehenden Katalogartikel erfolgen.

Ausweis exklusiver C-Teile

In regelmäßigen Abständen (etwa alle 2 oder 3 Jahre) sollte das Teilespektrum daraufhin untersucht werden, ob sich unnötige Komplexität oder Vielfalt eingeschlichen hat. Gute Dienste hierbei leistet die Analyse exklusiver C-Teile. Unter einem exklusiven C-Teil soll ein Teil verstanden werden, das in genau ein Endprodukt eingeht. Die Voraussetzungen für diese Analyse sind gering, da nur die Stücklisteninformationen für alle Endprodukte vorliegen müssen – eine Anforderung, die in der überwiegenden Anzahl der Fälle erfüllt ist. Zur Durchführung der Analyse wird eine Stücklistenauflösung derart durchgeführt, dass zu jedem Produkt seine Teile als Blätter des Strukturbaums ausgewiesen werden. Eine Gruppierung über die Teile, die kombiniert ist mit der Anzahl der Vorkommen des Teils, gibt dann Auskunft über exklusive Teile. Dies sind genau die Teile, die nur einmal vorkommen.

Die Anzahl exklusiver Teile sollte möglichst gering sein, da damit immer erhöhter Aufwand einhergeht und zwar sowohl hinsichtlich Einkauf und Beschaffung als auch Lagerung. Bei sehr vielen exklusiven Teilen ist zu prüfen, ob die Teile durch andere ersetzt werden können. Hier spielt ein höherer Einkaufspreis des ersetzenden Teils nicht die ausschlaggebende Rolle, da mit erheblichen Einsparungen in Einkauf und Beschaffung zu rechnen ist. Aufschluss darüber gibt die mit Kosten bewertete Prozesskette für diese Teile. Ist der Ersatz durch ein äquivalentes Teil nicht möglich, sollte insbesondere bei Produkten mit mehreren exklusiven Teilen untersucht werden, ob es eingedenk der Kosten- und Marketingaspekte sinnvoll bzw. möglich ist, das Produkt aus dem Produktionsprogramm zu nehmen. Die Erfahrung aus derartigen Analysen zeigt, dass die Produkte mit vielen exklusiven Teilen nur einen geringen Anteil am Umsatz haben.

Literatur

[Arn96] Arnolds, H.; Heege, F.; Tussing, W.: Materialwirtschaft und Einkauf. Wiesbaden: Gabler 1996

[Kuh98] Kuhn, A.; Markert, D.; Wolf, P.: C-Teile-Logistik, Planungsdienste und Potenziale. Tag.-Bd. Management Circle. Wiesbaden 1998

[Ort98] Orths, H.: Purchasing-Card-Systeme. Tag.-Bd. Management Circle. Wiesbaden 1998

[Rec00] Reck, M.: Referenzprozessketten in der Materialwirtschaft von Versorgungsunternehmen. Vortragsunterlagen 2. Euroforum Fachkongress Strategisches Beschaffungsmanagement in Versorgungsunternehmen. Düsseldorf (2000) 2

Grundlagen der Produktionslogistik

B 3.1 Grundlagen

B 3.1.1 Einführung

Das charakteristische Merkmal eines Industriebetriebes ist die Produktion von Sachgütern. Durch das Zusammenwirken von menschlicher Arbeit, Arbeits- und Betriebsmitteln und Material werden in einer Folge von Bearbeitungsschritten, Montage-, Prüf-, Lager- und Transportprozessen marktfähige Güter hergestellt, die einerseits die Kundenbedürfnisse erfüllen und andererseits den wirtschaftlichen Unternehmenszielen dienen.

Für die Sicherstellung einer zielorientierten Planung, Steuerung, Realisierung und Kontrolle sowohl auf organisatorischer als auch auf technischer Ebene des gesamten Güter- und Informationsflusses durch die Produktion ist die Produktionslogistik verantwortlich. Der Produktionslogistik kommt durch diese Aufgabe eine entscheidende Bedeutung bei der Beherrschung des gesamten Wertschöpfungsprozesses zu [Paw00]. Im Folgenden werden einige wichtige Bestandteile der Produktionslogistik erläutert.

B 3.1.2 Begriffssystem „Produktionslogistik"

Die Erläuterung der *Produktionslogistik* erfordert zunächst die Darlegung des Begriffes der *Produktion* sowie der *Logistik*.

Der Begriff *Produktion* (lat.: producere: etw. hervorbringen) bezeichnet alle Prozesse zur Herstellung und Betreuung sowohl materieller als auch immaterieller Güter [Wes06a]. Sowohl im täglichen Sprachgebrauch als auch in der technischen und betriebswirtschaftlichen Literatur wird der Begriff *Produktion* mit unterschiedlichem Inhalt verwendet. Im weitesten Sinne versteht man unter Produktion jede funktionale *Kombination von Produktionsfaktoren*. Zum Begriff Produktion in diesem Verständnis gehören: die Beschaffung von Produktionsfaktoren (Personal, Betriebsmittel, Kapital usw.), der Transport, die Bevorratung, die Fertigung von Teilen und deren Montage, die Prüfung, die Verwaltung und der Absatz. Die Produktion beinhaltet also den gesamten Prozess des Produzierens und nicht nur das Produzieren selbst.

Bild B 3.1-1 zeigt ein systematisches Modell eines Produktionsunternehmens. Im Mittelpunkt steht die Produktion mit den vier Prozessen Konstruktion, Arbeitsvorbereitung, Fertigung und Montage. Die Prozessplanung- und -steuerung gestaltet die Produktionsprozesse gemäß den Vorgaben der Unternehmensführung. Die Prozessplanung beschäftigt sich mit den Methoden und Hilfsmitteln zur Gestaltung der Funktionen zur Beschaffung, Konstruktion, Arbeitsvorbereitung, Fertigung, Montage und Vertrieb. Mit der Termin- und Mengensteuerung befasst sich die Prozesssteuerung. Das Prozesscontrolling wiederum behandelt den Abgleich zwischen Plan- und Istwerten [Wie05].

Zu den Aufgaben der Logistik gehört gemäß einer klassischen Betrachtungsweise zunächst die Optimierung der Kernfunktionen Transportieren, Umschlagen und Lagern (sog. TUL-Prozesse). Mit der Zunahme des Zeitwettbewerbs erhöhte sich die Notwendigkeit der Ausrichtung der Einzelfunktionen Beschaffen, Produzieren und Verteilen auf den Kunden; als Folge wurde die Logistik zur Querschnittsfunktion. Es folgten der Umschwung von der Funktions- zur Prozessorientierung sowie die Einbeziehung der Partner in den vor- und nachgelagerten Wertschöpfungsketten. Mit zunehmender Verflechtung der globalen Warenströme hat sich der Gegenstand der Logistik vom einzelnen Unternehmen auf Logistikketten und -netzwerke ausgeweitet. Dabei wird sowohl der Güterfluss stromaufwärts zum Lieferanten des Lieferanten als auch stromabwärts bis zum Kunden des Kunden betrachtet und als Versorgungskette, Wertschöpfungskette und insbesondere als Supply Chain bezeichnet. Hier konkurrieren nicht mehr einzelne Unternehmen, sondern ganze Wertschöpfungsketten miteinander. Parallel dazu erfolgte die Aufwertung der Logistik zu einem Managementkonzept, das die Ausrichtung sämtlicher Geschäftsprozesse nach logistischen Prinzipien erfordert [Str05; Wil06]. Auch die Studien „Trends und Strategien in der Logistik 2000+" [Bau02] sowie „Die Agenda des Logistik-Managements 2010" [Str05] unterstreichen, dass die Bedeutung der Unternehmenslogistik in den letzten Jahren stark angestiegen ist.

In der betrieblichen Praxis zeigt sich jedoch ein sehr unterschiedliches Bild in den realisierten Entwicklungsstufen der Logistik, die sich anschaulich über das Vierstufenmodell der Logistik abgrenzen lassen (s. Bild B 3.1-2). Man unterscheidet vier Ausprägungen der Logistik in den Unternehmen. In Ausprägung 1 der Logistik ist die Rolle der Logistik neutral und orientiert sich an internen Fragestellungen. Die Logistik nimmt hier nur eine untergeordnete Rolle ein, sie wird mit den Funktionen Transport und Lagerhaltung gleichgesetzt. Die Messung der Logistikprozesse geschieht anhand der Bestände und Durchlaufzeiten. In Ausprägung 2 werden branchenübliche Strukturen, Prozesse und Automatisierungskonzepte eingesetzt. Die Logistik ist nicht mehr nur auf interne Prozesse, sondern auch auf den Kunden hin orientiert. Aus diesem Grund wird die Logistikleistung anhand von kundenorientierten Zielen, wie Lieferzeit, -treue und -fähigkeit gemessen. Die Logistikkosten werden in Ausprägung 3 des Vierstufenmodells der Logistik gemessen. Des Weiteren werden in dieser Ausprägung Maßnahmen zur Reduzierung des Logistikaufwands eingeleitet, um besonders Bestände und den personellen Aufwand zu reduzieren. In Ausprägung 4 wird Logistik als strategischer und operativer Wettbewerbsfaktor angesehen. Die Logistik unterstützt maßgeblich die Wettbewerbsstrategie des Unternehmens, das Logistiksystem wird kontinuierlich verbessert und ständig an Änderungen des Systemumfeldes angepasst. Besonders über den Faktor Zeit will sich das Unternehmen hervorheben.

Die Produktionslogistik behandelt in Bezug auf die übergeordnete Unternehmenslogistik die Gesamtheit der Aufgaben und deren abgeleitete Maßnahmen zur Sicherstellung eines optimalen Informations-, Material- und Wertflusses im Transformationsprozess der Produktion [Wes06a]. Sie reicht vom Beschaffungsmarkt bis zum Absatzmarkt und optimalen Einsatz der Produktionsfaktoren.

Unter Produktionsfaktoren versteht man diejenigen Güter, die zur Herstellung und Verwertung betriebswirtschaftlicher Leistungen eingesetzt werden. Gutenberg unterteilt die Produktionsfaktoren in elementare und dispositive Faktoren [Gut83]. Zu den Elementarfaktoren gehören objektbezogene menschliche Arbeitsleistungen, Arbeits- und Betriebsmittel sowie Werkstoffe. Zusätzlich können die benötigten Energien und Informationen, ohne die keine Leistungserstellung möglich ist, als Elementarfaktoren bezeichnet werden. Der dispositive Faktor wird durch die Betriebs- und Geschäftsleitung verkörpert. Ihre Aufgabe besteht in der zielgerichteten Kombination von Elementarfaktoren.

Unter Arbeits- und Betriebsmitteln sind betriebswirtschaftlich gesehen unter anderem alle bebauten oder unbebauten Grundstücke, die Gesamtheit aller maschinellen Anlagen, das gesamte Büro- und Betriebsinventar sowie Hilfs- und Betriebsstoffe zu verstehen, die für einen ar-

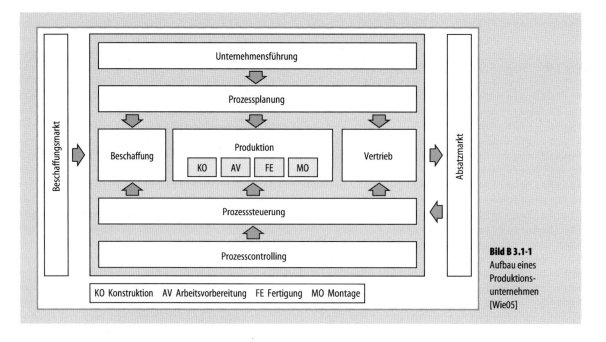

Bild B 3.1-1
Aufbau eines Produktionsunternehmen [Wie05]

beitsfähigen Betrieb notwendig sind. Im Folgenden werden diese Produktionsfaktoren „Mittel" genannt. Aufgrund der vielen Inhalte, die unter diesem Begriff gesehen werden, wird in Abschn. B 3.2.1 eine weitere Unterteilung des Begriffes in Mittel und Raum vorgenommen. Alle Arbeitsleistungen, die unmittelbar mit der Leistungserstellung, der Leistungsverwertung und mit finanziellen Aufgaben in Zusammenhang stehen, zählen zu den objektbezogenen menschlichen Arbeitsleistungen. Der Begriff Werkstoff fasst alle Rohstoffe, Halb- und Fertigerzeugnisse zusammen, die als Ausgangs- und Grundstoffe für die Herstellung von Produkten notwendig sind. Kommen in einem System die Faktoren menschliche Arbeitsleistung, Mittel und Werkstoffe vor, spricht man von einer Produktion [Gut83]. Werden die elementaren Produktionsfaktoren zielgerichtet kombiniert, d. h. Mittel und menschlicher Arbeitsleistung geplant und gesteuert, nennt man dies auch „Organisation" [REF85].

Die Hauptaufgaben der Produktionslogistik kann man in der richtigen Planung, Steuerung und Kontrolle der Produktionsfaktoren sehen. Diese Bestandteile der Produktionslogistik werden in den folgenden Kapiteln näher erläutert.

B 3.1.3 Logistische Einflussfaktoren und Wettbewerbsstrategien

Auf Unternehmen wirken heute eine Fülle von internen und externen Einflussgrößen (s. Bild B 3.1-3). Die externen Faktoren bestehen im Wesentlichen aus den Veränderungen im Anbieter- und Absatzmarkt, den sozialen und politischen Faktoren sowie den ökologischen und ökonomischen Rahmenbedingungen. Es finden überall auf der Welt ständig politische, wirtschaftliche und demographische Veränderungen statt, die das Umfeld der Unternehmen beeinflussen. Die Veränderungen sind geprägt durch eine stetig zunehmende Individualisierung der Produkte, eine Internationalisierung der Märkte, einer Dynamisierung der Kundenwünsche sowie eine Verkürzung der technischen Innovationszyklen [Gro06]. Auch die Gesellschaft ist durch nachhaltige Veränderungen geprägt, die sich für die Unternehmen unter anderem in einer alternden und kulturell gemischten Belegschaft äußern.

Die internen Faktoren berücksichtigen den Produktionsfaktor Mitarbeiter sowie Produktionsmethoden, Produkte, Technologien und das Netzwerk.

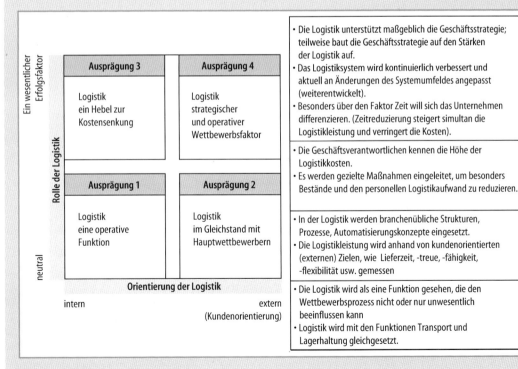

Bild B 3.1-2 Vierstufenmodell der Logistik [Fru00]

Moderne Produktionskonzepte müssen den veränderten Anforderungen durch eine geeignete Gestaltung der Technologie, der Organisation, der Logistik und der Gebäude begegnen. Als Zielsetzung steht primär die Wirtschaftlichkeit der Produktion im Vordergrund. Um angesichts des stetigen Wandels der genannten Einflussgrößen langfristig konkurrenzfähig bleiben zu können, ist eine hohe Flexibilität des gesamten Produktionskonzeptes sicherzustellen. Zunehmend sind aber auch „weiche" Faktoren wie Arbeitsplatzgestaltung, ein dem Unternehmensimage entsprechendes Erscheinungsbild und eine möglichst geringe Umweltbelastung zu beachten. Der Produktionslogistik kommt bei der Ausrichtung der Unternehmen eine besondere Bedeutung zu [Paw00].

Die tief greifenden strukturellen Veränderungen der Märkte zwingen die produzierende Industrie, sich auf ihre Kernkompetenzen zu konzentrieren und dahingehend eine Neubewertung und Neuorientierung der Wertschöpfungsprozess vor zu nehmen [Alb02]. Dieser Prozess führt zu einer Ausbildung von Netzwerken. Daraus folgt die Auslagerung vieler Aktivitäten an Zulieferer bzw. Partner. Die Kooperation mit diesen Zulieferern gewinnt dadurch eine zentrale Bedeutung: „Das Netzwerk ist zur wichtigsten und modernsten Organisationsform produzierender Unternehmen geworden" [Sch06].

Einen maßgeblichen Einfluss auf die Positionierung des Unternehmens im Wettbewerb und die Wirtschaftlichkeit der Unternehmen hat die von einem Unternehmen verfolgte Wettbewerbsstrategie [Por92]. Die Stärke eines Unternehmens wird von der Fähigkeit bestimmt, mit der das Produkt- und Leistungsangebot auf die wechselnden Bedürfnisse des Marktes eingestellt werden kann und in welchem Maße es gelingt, die Unternehmenspotenziale in den Bereichen Forschung und Entwicklung sowie Beschaffung, Produktion und Vertrieb auszuschöpfen.

Als messbare Zielgrößen für die langfristige Überlebensfähigkeit gelten die relative Marktstellung, das Umsatzwachstum, der Produktivitätszuwachs und die Eigenkapitalrendite [Eid95]. Diese übergeordneten Unternehmensziele sind in Entwicklungs- und Produktionsziele umzusetzen. Sie betreffen die Produktfunktionalität, die Qualität der Produkte bzw. Dienstleistungen, die Herstellkosten und die Logistikleistung in Form der Lieferzeit und Liefertreue.

Zur Erreichung der Unternehmensziele unterscheidet Porter drei Wettbewerbsstrategien: die Preisstrategie, die das Ziel der Kostenführerschaft hat, die Differenzierungsstrategie, bei der sich ein Unternehmen mit Hilfe überlegener Leistungsmerkmale von den Wettbewerbern abzuheben versucht sowie die Strategie der Konzentration auf Schwerpunkte [Por03]. Eine Wettbewerbsstrategie bedeu-

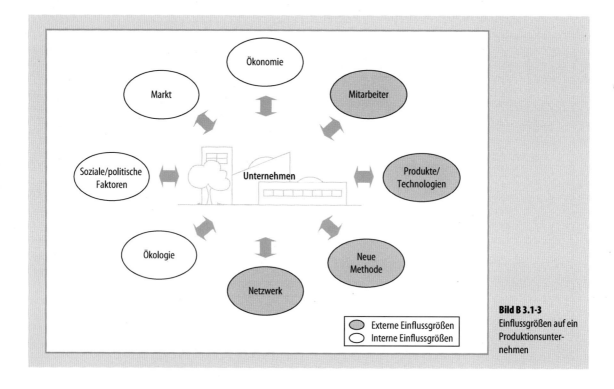

Bild B 3.1-3
Einflussgrößen auf ein Produktionsunternehmen

tet das Streben der Unternehmen nach einer günstigen Platzierung innerhalb der Branche. Ziel der Wettbewerbsstrategie ist das Erreichen eines möglichst dauerhaften Wettbewerbsvorteils. Bei der Verfolgung einer der genannten Wettbewerbsstrategien ist es jedoch wichtig, die anderen Strategietypen nicht gänzlich außer Acht zu lassen, da bei zu starker Fokussierung auf eine einzige Wettbewerbsstrategie deren Vorteile durch die ggf. in Kauf genommenen Nachteile kompensiert werden können. Diese These von Porter wird durch eine Langzeitstudie von McKinsey & Company in Zusammenarbeit mit der Technischen Hochschule Darmstadt unterstützt. Die Studie zeigt, dass sich erfolgreiche Unternehmen durch eine klare strategische Ausrichtung auszeichnen, dass diese Unternehmen aber gleichwohl Spitzenleistungen in allen Dimensionen des Wettbewerbs (Qualität, Kosten und Zeit) erbringen [McK93].

Unabdingbar für eine erfolgreiche Wettbewerbsstrategie ist eine leistungsfähige, an den Kundenwünschen orientierte Logistik. Eine Umfrage der Unternehmensberatung Deloitte & Touche zur zukünftigen strategischen Bedeutung und zum Potenzial von Einflussfaktoren auf die Wettbewerbsfähigkeit zeigte bereits 1998, dass die Logistik zentraler Wettbewerbsfaktor im 21. Jahrhundert ist [Del98]. Liefertreue und Lieferzeit sind heute oftmals als gleichgewichtige Kaufkriterien neben dem Preis und der Produktqualität anzusehen. Die Studie „Die Agenda des Logistik-Managements 2010" [Str05] unterstreicht diese Aussage, indem hervorgehoben wird, dass fast 60% aller befragten Unternehmen die Strategie der Differenzierung verfolgen (Bild B 3.1-4).

Die Logistik erbringt einen wesentlichen Beitrag zur Realisierung der Produktionsziele. Es müssen wirtschaftliche und daraus resultierende bzw. unterstützende logistische Ziele unter der Berücksichtigung ihrer gegenseitigen Beeinflussung erreicht werden. Einerseits fordert der Markt eine hohe Logistikleistung, ausgedrückt im Wesentlichen durch eine hohe Liefertreue und eine kurze Lieferzeit. Andererseits ist es im Interesse des Unternehmens, die Logistikkosten auf einem möglichst niedrigen Niveau zu halten, indem die Betriebsmittel und das eingesetzte Personal gleichmäßig und hoch ausgelastet werden und ein geringer Umlauf- und Lagerbestand realisiert wird.

Die gleichzeitige Verwirklichung der unterschiedlichen Ziele ist nicht immer möglich, da zwischen den einzelnen Zielsetzungen teilweise Konkurrenzbeziehungen bestehen. So erfordert beispielsweise eine hohe Kapazitätsauslastung ein relativ hohes Bestandsniveau in der Produktion sowie eine Abwicklung des Fertigungsprozesses in großen Losen. Dies bewirkt neben langen und stark streuenden Durchlaufzeiten eine schlechte Termineinhaltung. Der aus den unterschiedlichen Anforderungen resultierende Zielkonflikt der Produktionslogistik wird auch als „Dilemma der Ablaufplanung" bezeichnet (s. Abschn. B 3.4).

Zielkonflikte können aber auch zwischen den einzelnen Unternehmensbereichen auftreten. Die in der Wertschöp-

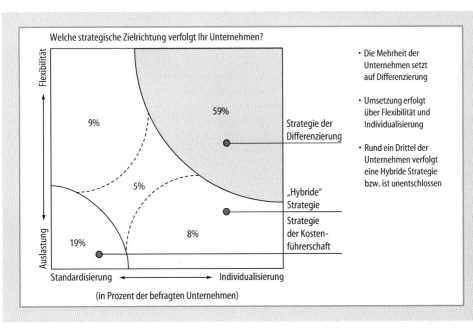

Bild B 3.1-4 Ausrichtung der Logistikstrategie [Str05]

fungskette stehenden Funktionsbereiche eines Unternehmens (z. B. Einkauf, Beschaffung, Fertigung, Montage und Distribution) haben i. Allg. primäre Bereichsziele, die an den jeweiligen Funktionen ausgerichtet sind. So verfolgt der Einkauf i. d. R. das primäre Ziel geringer Materialeinstandspreise, die Beschaffung ist für geringe Bestandskosten verantwortlich, die Produktion verfolgt zumeist das Ziel einer hohen Kapazitätsauslastung und über die Distribution ist eine hohe Verfügbarkeit gegenüber dem Markt bei gleichzeitig geringen Fertigwarenbeständen sicher zu stellen. Werden diese Teilziele konsequent verfolgt, wird es zwangsläufig zu Problemen zwischen den Funktionsbereichen kommen. Exemplarisch sei hier nur die Nahtstelle von Produktion und Distribution genannt. Wie zuvor ausgeführt, wird eine hohe Auslastung der Betriebsmittel- und Personalkapazitäten i. d. R. über große Lose und hohe Bestände an Ware in Arbeit sichergestellt. Die daraus resultierenden Durchlaufzeit- und Termineinhaltungsprobleme verhindern die Zielerreichung für die Distribution, die entweder Servicegradverluste oder erhöhte Fertigwarenbestände in Kauf nehmen muss. Es ist daher zwingend erforderlich, die einzelnen Teilziele – abgeleitet aus der Unternehmensstrategie – im Sinne eines Gesamtoptimums abzustimmen.

Unterstützt wird eine solche Abstimmung durch die Neugestaltung der Unternehmensprozesse, die in vielen Unternehmen zu beobachten ist. Aufgrund der Entwicklung des Marktes vom Verkäufer- zum Käufermarkt ist eine Entwicklung von einer Funktionsorientierung über die Wertorientierung nach Porter hin zur Kunden- und Prozessorientierung. (s. Bild B 3.1-5) zu erkennen. Gemäß dieser Entwicklung werden die Strategien, die Methoden, die Organisation sowie die Unternehmensprozesse neu ausgerichtet. Seit Adam Smith (1723–1790) sind industrielle Organisationen funktionsorientiert organisiert worden. Das Prinzip der Funktionsorientierung liegt in der Arbeitsteilung und der Spezialisierung auf einzelne Arbeitsschritte bei der Aufgabenerledigung sowie der Entscheidungsbefugnis [Bin98]. Die vielen bei der Funktionsorientierung entstehenden funktionalen, organisatorischen, personellen und informellen Schnittstellen bilden jedoch ein großes Hemmnis bei der Gesamtoptimierung der Unternehmen. Aus diesem Grund entwickelte sich die Wertorientierung und letztendlich die Prozessorientierung, mit deren Hilfe

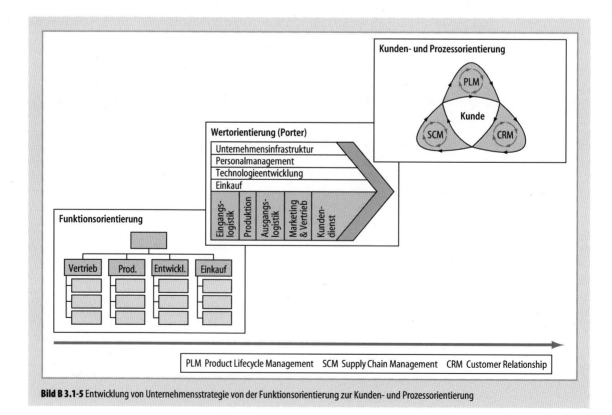

Bild B 3.1-5 Entwicklung von Unternehmensstrategie von der Funktionsorientierung zur Kunden- und Prozessorientierung

die kundenorientierte Produktion unterstützt wird. Der Ansatz der Wertorientierung von Porter ist auf die primären und unterstützenden Wertschöpfungsprozesse im Unternehmen selbst konzentriert. Der Ansatz folgt dem Gedanken „was kann ich dem Kunden bieten?" und kommt somit aus dem Unternehmen heraus. Durch die fortschreitende Wandlung des Marktes und die immer größer werdende Bedeutung einer Ausrichtung an den Kundenwünschen war eine neuerliche Ausrichtung vonnöten. Entsprechend der Leitfrage „was will der Kunde?" richten die Unternehmen ihre Strategien, die Organisation sowie die Unternehmensprozesse zunehmend direkt auf den Kunden und die ganzheitliche und vernetzte Gestaltung der Prozesse der Leistungserbringung aus (Bild B 3.1-5). Neue Methoden wie das Supply Chain Management (SCM), das Product Lifecycle Management (PLM) sowie das Customer Relationship Management (CRM). Auf diese Geschäftsprozesse wird in Abschn. B 3.1.3 näher eingegangen.

B 3.1.4 Gestaltungsfelder der Produktionslogistik

Das sich durch die verschiedenen Einflussfaktoren verändernde Umfeld prägt das Handeln der produzierenden Unternehmen. Sie haben unterschiedliche Möglichkeiten, auf die internen und externen Einflussgrößen zu reagieren und die Produktionsfaktoren zu gestalten sowie zu planen, zu steuern und zu kontrollieren, um eine möglichst große Wettbewerbsfähigkeit zu erzielen.

Folgende Gestaltungsfelder von Produktionslogistiksystemen lassen sich erkennen [Aug06; Eid95]:
– Produktstruktur,
– Produktionsprozess,
– Produktionsplanung und -steuerung,
– Organisation,
– Informationssystem.

Diese Gestaltungsfelder werden gemäß des Zielsystems der Produktionslogistik bzw. der Wettbewerbsstrategie ausgerichtet. Dabei sind unterschiedliche logistische Gestaltungsprinzipien zu beachten [Aug06]:
– Geschäftsorientierung: Ausrichtung der Gestaltungsfelder auf die Ziele und Strategien der Produktion,
– Marktorientierung: Ausrichtung gemäß der Kunden- und Marktanforderungen, unter Kunden sind auch „interne" Kunden zu verstehen,
– Ganzheitlichkeit: Berücksichtigung des Gesamtziels der Produktion,
– Vermeidung von Verschwendungen: Minimierung aller nur kosten- und nicht wertsteigernden Tätigkeiten,
– Fließprinzip: kurze Durchlaufzeiten und eine rasche Abfolge der wertschöpfenden Tätigkeiten,
– Zeitorientierung: Ausrichtung der Gestaltungsfelder auf den Maßstab „Zeit".

Die Gestaltungsprinzipien ermöglichen das zielorientierte Ausrichten der zuvor genannten Gestaltungsfelder.

Die *Produktstruktur* beeinflusst durch ihre Struktur, ihre Fertigung sowie durch die verwendeten Materialien in einem hohen Maße den Produktionsprozess. Bereits bei der Konstruktion werden die Herstell-, Service-, Wartungs- sowie Entsorgungskosten des Produktes zu einem großen Teil festgelegt. Mit Hilfe der Fertigungsstufen sowie der Fertigungstiefe lässt sich die Durchlaufzeit beeinflussen. Hierbei sind insbesondere eine Standardisierung, eine Modularisierung sowie eine montage-, automatisierungs- und prüfgerechte Produktgestaltung anzustreben. Aus der Literatur sind weitere Ansätze zur logistikgerechten Gestaltung des Produkts bekannt [Lot06]. In Abschn. B 3.2. wird insbesondere auf den Ansatz des Produktionsendstufenkonzepts eingegangen. Der Aufbau des Produktes hat Einfluss auf die Bauweise und damit auf den Fertigungs- und Steuerungsaufwand. Man kann zwischen der Integral-, der Verbund-, der Differentialbauweise sowie der Modularisierung unterscheiden. Von der Wahl der Bauweise hängt der Kundenentkopplungspunkt ab.

Die Auswahl der Materialien, Teile und Baugruppen sowie des Bearbeitungsprozesses hat Einfluss auf die logistischen Prozesse Beschaffung und Lagerung. Die Tendenz zu hoher Varianten- und Teilevielfalt stellt die Produktionslogistik vor eine große Aufgabe. Es wird daher versucht, den Kundenentkopplungspunkt bzw. die Variantenbildung an einen späteren Zeitpunkt der Fertigungskette zu verschieben und so eine Verringerung der Komplexität zu ermöglichen. Im Gegensatz zur konventionellen Produktstruktur, bei der die reine Funktionsfähigkeit im Fokus war, sind bei der logistikgerechten Produktgestaltung ein später Variantenbildungspunkt und eine damit einhergehende geringere Kapitalbindung das Ziel. Gleichzeit beeinflusst die Bevorratungsstrategie des Unternehmens den Kundenentkopplungspunkt. Die Unterschiede zwischen der konventionellen Produktstruktur und der logistikgerechten Produktstruktur mit einer verlagerten Variantenbildung zeigt Bild B 3.1-6.

Das Erreichen der Wettbewerbsfähigkeit eines Unternehmens bedarf weiterhin der Gestaltung des *Produktionsprozesses* und der *Produktionstechnik*. Die Prozesse müssen ein Höchstmaß an Zuverlässigkeit, Flexibilität und Qualität gewährleisten. Neue Fertigungsstrukturen erfordern eine Prozessorientierung, d. h. die Abkehr vom Bereichsdenken und ein zielgerichtetes Zusammenwirken über alle Ebenen hinweg sowie einen Wandel im Bewusstsein. Ziel der Produktionslogistik bei der Gestaltung der Prozesse ist es, ein

Höchstmaß an Wertschöpfung in möglichst geringer Zeit zu erreichen [Aug06]. Neben der Auswahl der Fertigungstechnologie muss in diesem Gestaltungsfeld die Materialflussplanung vorgenommen werden. Die Aufgabe besteht unter anderem in der räumlichen Anordnung der Produktionsfaktoren sowie in der Planung der benötigten Lager- und Transportsysteme [Zie99]. Hierauf geht Abschn. B 3.2 näher ein. Weiterhin wird die benötigte Mitarbeiteranzahl sowie die Mitarbeiterqualifikation geplant [Eid95]. Die Mitarbeiter stellen eine zentrale Funktion für die Wirtschaftlichkeit der industriellen Produktion dar, da das Erreichen der logistischen Zielsetzung entscheidend von der Kompetenz und der Flexibilität der Mitarbeiter abhängt. Das Unternehmen kann durch die Kompetenzentwicklung, durch die Personalentwicklung, durch die Arbeitsstrukturierung sowie durch die Personalentwicklung Einfluss nehmen (s. Abschn. B 3.3). Auch die Gestaltung des Produktionsprozesses muss den oben dargestellten Gestaltungsprinzipien Rechnung tragen.

Im Gestaltungsfeld der *Produktionsplanung und -steuerung* geht es um die Erstellung und die Erfüllung des Produktionsprogramms. Die Produktionsplanung und -steuerung wurde mit wachsender Produktvielfalt zur Beherrschung der Auftragsabwicklung erforderlich. Sie hat die Aufgabe, das laufende Produktionsprogramm in regelmäßigen Abständen nach Art und Menge für mehrere Planungsperioden im Voraus zu planen und unter Beachtung gegebener oder bereitzustellender Kapazitäten zu realisieren [Mer95]. Die wesentlichen Aufgaben der PPS sind das Planen, Veranlassen, Überwachen und das Einleiten von Maßnahmen bei unerwünschten Abweichungen von den geplanten Mengen und Zeiten. Zur Abwicklung dieser Aufgabe gibt es eine Vielzahl an Methoden, auf die in Abschnitt 3.4. näher eingegangen wird.

Die formale Gestaltung der Produktionsfaktoren, ihre Beziehung zueinander und die daraus resultierende Ermittlung von Funktions- und Aufgabenbereichen wird auf der vorweg ermittelten Materialflussstruktur in dem Gestaltungsfeld *Organisation* vorgenommen [Paw00]. Die Organisationsstruktur ist allgemein in die Aufbau- und Ablauforganisation eingeteilt. Sie bestimmt die Bildung, die Anordnung sowie die Verkettung der Produktionsteilsysteme. Des Weiteren wird in diesem Gestaltungsfeld die Organisationsform festgelegt, die auch einen erheblichen Einfluss auf das Maß der Eigenverantwortung der Mitarbeiter hat. In diesem Gestaltungsfeld ist insbesondere das Gestaltungsprinzip des Fließens zu beachten. Ausführlicher gehen Abschn. B 3.2 sowie B 3.3 auf das Thema der Organisation ein.

Die Bedeutung des Gestaltungsfeldes *Informationssystem* nimmt immer mehr zu. In der Produktion wird eine Unmenge an Daten erfasst, verarbeitet, gespeichert und übertragen. Der genaue Informationsbedarf lässt sich nach der Gestaltung der Organisation, der Produktionsplanung und -steuerung sowie der Produktionsprozessplanung ermitteln. Im Anschluss muss das geeignete Informationsversorgungsprinzip konzipiert werden. Auch für die Erfas-

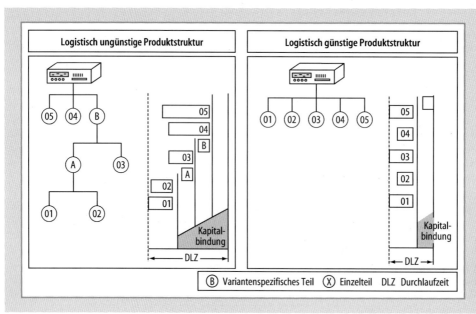

Bild B 3.1-6 Verringerung der Komplexität durch späte Variantenbildung [Eid95]

sung, Verarbeitung, Speicherung sowie Übertragung sind die erläuterten Gestaltungsprinzipien zu beachten. Das Informationssystem dient dazu, die richtigen Informationen zum richtigen Zeitpunkt in der richtigen Menge am richtigen Ort und in der erforderlichen Qualität bereit zu stellen. In Abschn. B 3.4 sowie Kap. A 4 wird dieses Themenfeld näher erläutert.

Aufgrund der zunehmenden Komplexität der Produktion und der damit verbunden Vielzahl an Gestaltungsmöglichkeiten der Produktionsfaktoren ist ein Produktionscontrolling für ein Unternehmen unverzichtbar. Die Gestaltung der Produktionsfaktoren muss im Einklang mit der Wettbewerbsstrategie erfolgen. Für den Abgleich zwischen den Soll- und Istwerten ist das Produktionscontrolling zuständig. Das Produktionscontrolling ist ein zielorientiertes Steuerungssystem der Unternehmensführung, das die am Wertschöpfungsprozess beteiligten Prozesse auf Basis eines Informationssystems kontrolliert und steuert [Heß06]. Im Rahmen des Logistikcontrollings werden die Ergebnisse der Produktionsplanung (Soll-Werte) mit den Ergebnissen der Leistungserstellung (Ist-Werte) verglichen. In der Produktionslogistik erfolgt die Optimierung der Logistikleistung in einem Zyklus kontinuierlicher Verbesserungen, der sich aus den Schritten Planen, Ausführen, Überprüfen und Verbessern zusammensetzt. Auf dieses Thema wird Abschn. B 3.5. näher eingehen.

Aufgrund der steigenden Tendenz zur Ausbildung von Netzwerken und die Notwendigkeit des Agierens in diesen Netzwerken steigt neben der Gestaltung der internen Prozesse auch die Bedeutung der externen Wertschöpfungspartner, die in die Prozesskette mit einzubinden sind. Hier hat sich der Begriff des *Supply Chain Management (SCM)* etabliert. Hierbei wird die gesamte logistische Kette vom Lieferanten des Lieferanten bis zum Kunden der Kunden betrachtet. Als Kernaufgaben des jeweiligen Kettengliedes gelten die im Supply Chain Operations References Model (SCOR) beschriebenen Prozesse Planen (plan), Beschaffen (source), Herstellen (make), und Liefern (deliver). Das SCM gestaltet, plant und steuert die betroffenen Material-, Informations- und Werteflüsse der unternehmensinternen und unternehmensübergreifenden Prozesse gemäß der Kundenwünsche. SCM ist ein integraler und wichtiger Bestandteil der zeitgemäßen Logistik [Wie05]. „*Das SCM ist eine Organisations- und Managementphilosophie, die durch eine prozessoptimierte Integration der Aktivitäten der am Wertschöpfungssystem beteiligten Unternehmen auf eine unternehmensübergreifende Koordination und Synchronisation der Informations- und Materialflüsse zur Kosten-, Zeit- und Qualitätsoptimierung zielt.*" [Wil06]. Bei SCM steht nicht mehr die Optimierung einzelner Bereiche der Supply Chain im Vordergrund, sondern die Optimierung der gesamten Kette. Informationen über den Kundenbedarf werden u. a. mittels des *Customer Relationship Management (CRM)* ermittelt. Im Rahmen des CRM wird der gesamte Kundenlebenszyklus betrachtet. Ziel des CRM ist eine hohe Kundenbindung und die Steigerung der Profitabilität des Kunden, die anstelle des kurzfristigen Erfolgs durch die Konzentration auf die ganzheitliche Sichtweise des Kunden erreicht werden soll.

Neben der Ausbildung von Netzwerken ist aufgrund des sich verändernden Umfelds der Unternehmen der Betrachtungsfokus auf den gesamten Produktlebenszyklus ausgedehnt worden [Boo06]. Der Produktlebenszyklus umfasst die Produktentwicklung, die Produktherstellung, den Produktgebrauch und schließlich die Produktentsorgung. Unter *Product Lifecycle Management (PLM)* wird ein ganzheitlicher Managementansatz verstanden, der alle Informationen über Produkte und deren Entstehungsprozesse über den gesamten Produktlebenszyklus hinweg sammelt und an den richtigen Stellen zur Verfügung stellt [Boo06], um damit Kundennutzen und -zufriedenheit zu generieren und so zu einer Erhöhung der Profitabilität des Produktmixes beizutragen.

B 3.1.5 Integration logistischer Gestaltungsfelder

In den vorangegangenen Kapiteln wurden verschiedene Ansätze vorgestellt, Unternehmen wettbewerbsfähig zu gestalten. Zur Erreichung einer optimalen Wettbewerbspositionierung müssen die einzelnen Gestaltungsfelder auf einander abgestimmt werden und in einem ganzheitlichen Ansatz zu einem Optimum verbunden werden. Dies ist Ziel eines Ganzheitlichen Produktionssystems. Hier werden die im vorangegangenen Kapitel vorgestellten Prinzipien sowie weitere Methoden in einen systematischen Zusammenhang gestellt und als Standard beschrieben [Spr02]. Hierdurch wird, wie Umfragen zeigen, die Wettbewerbsfähigkeit der Unternehmen deutlich gesteigert [Kor04]. Ganzheitliche Produktionssysteme beruhen auf der Vernetzung einzelner Lösungen entlang des Wertschöpfungsprozesses, die die unterschiedlichen Anforderungen an die Produktionsfaktoren Mensch und Mittel sowie Organisation vereinen. Einige Einzelbeispiele wurden in den vorangegangenen Kapiteln erläutert. Das Ganzheitliche Produktionssystem führt die unterschiedlichen Ansätze zu einem neuen Organisationsmodell zusammen und verfolgt durch den ganzheitlichen Ansatz die Harmonisierung der in Abschn. B 3.1.3 diskutierten Gestaltungsfelder unter Berücksichtigung der ebenfalls in Abschn. B 3.1.3 dargestellten Gestaltungsprinzipien.

Die Idee eines ganzheitlichen Produktionssystems entstand erstmals in den neunziger Jahren. Durch die im November 1990 veröffentlichen MIT-Studie „The Machine that Changes the World" wurde das „Toyota Produktionssystem" bekannt. Mit dessen Hilfe hatte es das japanische Unternehmen geschafft, seine Leistungsfähigkeit erheblich zu steigern und so kostengünstiger und mit höherer Qualität Massenprodukte herzustellen als die westlichen Konkurrenten. Von diesem Zeitpunkt an versuchten zahlreiche Unternehmen das erfolgreiche Konzept von Toyota zu kopieren.

Das Toyota Produktionssystem setzt auf eine Null-Fehler Produktion, Just-in-Time Logistik, robuste Prozesse, einen kontinuierlichen Verbesserungsprozess, Vermeidung von Verschwendungen sowie eine Standardisierung und Visualisierung der Prozesse (s. Bild B 3.1-7). Ziel des Toyota Produktionssystems ist es, höchste Qualität, geringe Kosten, kürzeste Durchlaufzeiten, höchste Sicherheit sowie eine hohe Mitarbeiter Motivation zu erreichen, d. h. man findet hier einige der in diesem Kapitel diskutierten produktionslogistischen Zielgrößen wieder.

Viele Unternehmen haben sich aufgrund des Erfolges des Toyota Produktionssystems bei der Implementierung ihres Ganzheitlichen Produktionssystems an dieses angelehnt [Dom06]. Aus diesem Grund ist eine starke Ähnlichkeit zwischen den verschiedenen Ganzheitlichen Produktionssystemen zu erkennen. Betriebliche Abläufe werden vereinfacht, beherrscht, automatisiert und letztendlich informationstechnisch integriert. Dabei steht der Mensch immer im Mittelpunkt der Prozesse. Ein ganzheitliches Produktionssystem fasst Methoden und Instrumente zusammen, neue Standards werden durch die Standardisierung der Prozesse generiert. Die Methoden und Instrumente eines Ganzheitlichen Produktionssystems sind nicht neu, sondern sinnvoll verknüpft, standardisiert und werden kontinuierlich weiter entwickelt [Feg02].

Trotz des Wissens über die Elemente und die Strategie des Toyota Produktionssystems hatten viele Unternehmen bei der Einführung eigener Ganzheitlicher Produktionssysteme Schwierigkeiten. So ist zu beachten, dass die westliche Organisationsform, die Arbeitsteilung, das Streben nach Individualismus sowie nach individueller Anerkennung und die Position der Arbeitnehmer sowie der Stellenwert der Produktion aus Sicht der Unternehmensleitung stark von der japanischen differenziert ist [Eid95]. Die Methoden und Prinzipien des Toyota Produktionssystems bzw. der Lean Production müssen auf die jeweilige Kultur und Bedingungen angepasst werden. Viele Beispie-

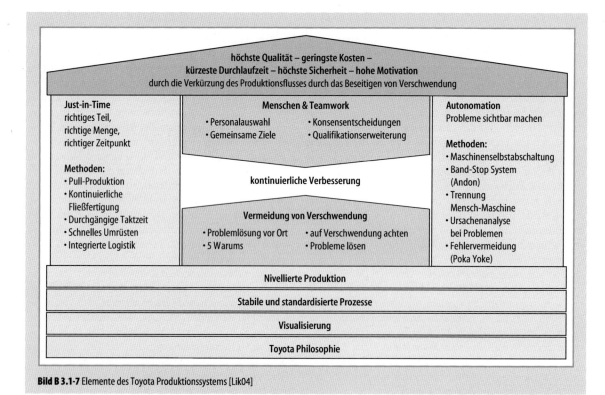

Bild B 3.1-7 Elemente des Toyota Produktionssystems [Lik04]

le wie Porsche oder Trumpf zeigen jedoch, wie erfolgreich auch westliche Unternehmen durch die Einführung von Ganzheitlichen Produktionssystemen sein können.

Literatur

[Alb02] Albach, H.; Kaluza, B.; Kersten, W.: Wertschöpfungsmanagement als Kernkompetenz – Festschrift für Horst Wildemann. Wiesbaden: Gabler 2002

[Ant94] Antoni, C. H.: Gruppenarbeit – mehr als ein Konzept. Darstellung und Vergleich unterschiedlicher Formen der Gruppenarbeit. In: Antoni, C. H. (Hrsg.): Gruppenarbeit in Unternehmen. Konzepte, Erfahrungen, Perspektiven. Weinheim: Beltz, Psychologie Verlags Union 1994, 19–48

[App00] Appelbaum, E. u. a.: Manufacturing Advantage. Why high-performance work systems pay off. Ithaka/London: Cornell University Press 2000

[Aug06] Augustin, S.: Produktionslogistik. Taschenbuch der Logistik München Wien: Carl Hanser 2006

[Bah01] Bahnmüller, R.: Stabilität und Wandel der Entlohnungsformen. Entgeltsysteme und Entgeltpolitik in der Metallindustrie, in der Textil- und Bekleidungsindustrie und im Bankgewerbe. München/Mering: Rainer Hampp Verlag 2001

[Bau02] Baumgarten, H.; Thoms, J.: Trends und Strategien in der Logistik – Supply Chain im Wandel. Berlin: TU Berlin 2002

[Ben97] Bender, G.: Lohnarbeit zwischen Autonomie und Zwang. Neue Entlohnungsformen als Element veränderter Leistungspolitik. Frankfurt am Main/New York: Campus Verlag 1997

[Ber00] Bergmann, B.: Arbeitsimmanente Kompetenzentwicklung. In: Bergmann, B. u. a. (Hrsg.): Kompetenzentwicklung und Berufsarbeit. Münster, New York, München, Berlin: Waxmann Verlag 2000, 11–39

[Bin98] Binner, H.: Organisations- und Unternehmensmanagement. Organisationsmanagement und Fertigungsautomatisierung. München, Wien: Carl Hanser 1998

[Böh04] Böhm, S.; Herrmann, C.; Trinczek, R.: Herausforderung Vertrauensarbeitszeit. Zur Kultur und Praxis eines neuen Arbeitszeitmodells. Berlin: Edition Sigma 2004

[Boo06] Boos, W.; Zancul, E.: PPS-Systeme als Bestandteil des Product Lifecycle Management. Produktionsplanung und -steuerung Berlin, Heidelberg: Springer 2006

[Del98] Consulting, D. T.: Vision in Manufacturing. Düsseldorf: Selbstverlag 1998

[Deh01] Dehnbostel, P.: Perspektiven für das Lernen in der Arbeit. In: Arbeitsgemeinschaft Qualifikations-Entwicklungsmanagement Berlin (Hrsg.): Kompetenzentwicklung 2001: Tätigsein – Lernen – Innovation., Münster, New York, München, Berlin: Waxmann 2001, 53–94

[Doe97] Doerken, W.: Arbeitsbewertung. In: Luczak, H.; Volpert, W. (Hrsg.): Handbuch Arbeitswissenschaft. Stuttgart: Schäffer-Poeschel 1997, 994–998

[Dom06] Dombrowski, U.; Palluck, M.; Schmidt, S.: Typologisierung Ganzheitlicher Produktionssysteme. In: ZWF, Jahrgang 101 (2006), 553–556

[REF85] REFA: Methodenlehre der Organisation für Verwaltung und Dienstleistung. Band 1, München: Carl Hanser 1985

[Eid95] Eidenmüller, B.: Die Produktion als Wettbewerbsfaktor. 3. Auflage. Aufl. Köln: TÜV Rheinland 1995

[Feg02] Feggeler, A.; Neuhaus, R.: Was ist neu an Ganzheitlichen Produktionssystemen. Ganzheitliche Produktionssysteme – Gestaltungsprinzipien und deren Verknüpfung. Köln: Wirtschaftsverlag Bachem 2002

[Fri99] Frieling, E.; Sonntag, K.: Lehrbuch Arbeitspsychologie. 2. Aufl. Bern u. a.: Verlag Hans Huber 1999

[Ger04] Gerst, D.: Arbeitsorganisation und Qualifizierung. In: Wiendahl, H.-P.; Gerst, D.; Keunecke, L. (Hrsg.): Variantenbeherrschung in der Montage. Konzept und Praxis der flexiblen Produktionsendstufe. Berlin, u. a.: Springer Verlag 2004, 95–118

[Ger06] Gerst, D.: Von der direkten Kontrolle zur indirekten Steuerung. Eine empirische Untersuchung der Arbeitsfolgen teilautonomer Gruppenarbeit. München und Mering: Rainer Hampp Verlag 2006

[Gra61] Graf, O.: Arbeitsablauf und Arbeitsrhythmus. In: Lehmann, G. (Hrsg.): Handbuch der gesamten Arbeitsmedizin. Bd. 1: Arbeitsphysiologie. Berlin: Urban und Schwarzenberg 1961, 89–824

[Gro06] Große-Heitmeyer, V. (2006): Globalisierungsgerechte Produktstrukturierung auf Basis technologischer Kernkompetenzen. IFA. Garbsen, Leibniz Universität Hannover

[Gut83] Gutenberg, E.: Grundlagen der Betriebswirtschaftslehre. Band 1. Die Produktion 24. Aufl., Berlin: Springer 1983

[Hac98] Hacker, W.: Allgemeine Arbeitspsychologie: Psychische Regulation von Arbeitstätigkeiten. Bern u. a.: Huber 1998

[Heß06] Heß, G.: Logistik-Controlling. Taschenbuch der Logistik 2. Auflage. Aufl. München Wien: Carl Hanser Verlag 2006

[Int04] Internationales Arbeitsamt: Entwicklung und Ausbildung der Humanressourcen. Internationale Arbeitskonferenz, 92. Tagung (2004), Bericht IV (2B). Genf: 2004

[Kir05] Kirchler, E.; Walenta, C.: Motivation. In: Kirchler, E. (Hrsg.): Arbeits- und Organisationspsychologie. Wien: UTB 2005, 319–408

[Kna97] Knauth, P.: Nacht- und Schichtarbeit. In: Luczak, H.; Volpert, W. (Hrsg.): Handbuch Arbeitswissenschaft. Stuttgart: Schäffer-Poeschel 1997, 938–946

[Kor04] Korge, A.; Scholtz, O.: Ganzheitliche Produktionssysteme – Produzierende Unternehmen innovativ organisieren und führen. In: wt Werkstatt online, Jahrgang 94 (2004), 2–6

[Lik04] Liker, J.: The Toyota Way. New York: McGraw-Hill 2004

[Lot06] Lotter, B.; Wiendahl, H.-P. (Hrsg.): Montage in der industriellen Produktion. Berlin Heidelberg: Springer 2006

[Luc98] Luczak, H.: Arbeitswissenschaft. Springer-Lehrbuch 2. vollst. neubearb. Aufl. Aufl. Berlin u. a.: Springer 1998

[Mar94] Martin, H.: Grundlagen der menschengerechten Arbeitsgestaltung. Handbuch für die betriebliche Praxis. Köln: Bund Verlag 1994

[Mer95] Mertens, P.: Integrierte Informationsverarbeitung. Band 1. Administrations- und Dispositionssysteme. Wiesbaden: Gabler 1995

[Nac97] Nachreiner, F.; Grzech-Šukalo, H.: Flexible Formen der Arbeit. In: Luczak, H.; Volpert, W. (Hrsg.): Handbuch Arbeitswissenschaft. Stuttgart: Schäffer-Poeschel 1997, 952–957

[Paw00] Pawelleck, G.: Produktionslogistik. Gabler Lexikon Logistik 2. Auflage. Wiesbaden: Gabler Verlag 2000

[Pla04] Plaut, W.-D.; Sperling, H.-J.: Qualifikationsgerechte Entlohnung. Das Konzept der Lernzeit zur Grundlohneinstufung. In: Gergs, H.-J. (Hrsg.): Qualifizierung für Beschäftigte in der Produktion. S. Eschborn: RKW 2004

[Por68] Porter, L. W.; Lawler, E. E.: Managerial Attitudes and Performance. Homewood, Ill. 1968

[Por92] Porter, M.: Wettbewerbsvorteile – Spitzenleistungen erreichen und behaupten. Frankfurt/Main: Campus Verlag 1992

[Por03] Porter, M. E.: Wettbewerbsvorteile – Spitzenleistungen erreichen und behaupten. 6. Auflage. Frankfurt/Main New York: Campus Verlag 2003

[Ric58] Rice, A.: Productivity and social organisation. The Ahmedabad experiment. London, Tavistock: 1958

[Rob01] Robins, S. R.: Organizational behavior. Concepts-controversies-applications. 9. Auflage. NJ: Prentice Hall: Englewood Cliffs 2001

[McK93] Rommel, G. u. a.: Einfach überlegen – Das Unternehmenskonzept, das die Schlanken schlank und die Schnellen schnell macht. Stuttgart: Schäfer, Pöschel 1993

[Sch93] Schmidtke, H. (Hrsg.) Ergonomie. München: Hanser 1993

[Sch00] Schanz, G.: Personalwirtschaftslehre. 3. Auflage. München: Vahlen 2000

[Sch06] Schuh, G.; Gierth, A.: Aachener PPS-Modell. Produktionsplanung und -steuerung – Grundlagen, Gestaltung und Konzepte, Berlin Heidelberg: Springer 2006

[Son01a] Sonntag, K.; Schaper, N.: Wissensorientierte Verfahren der Personalentwicklung. In: Schuler, H. (Hrsg.): Lehrbuch der Personalpsychologie. Göttingen: Hogrefe 2001, 242–263

[Son00] Sonntag, K. u. a.: Leitfaden zur Implementation arbeitsintegrierter Lernumgebungen. Materialien zur Beruflichen Bildung. Bielefeld: Bertelsmann 2000

[Son01b] Sonntag, K.; Stegmaier, R.: Verhaltensorientierte Verfahren der Personalentwicklung. In: Schuler, H. (Hrsg.): Lehrbuch der Personalpsychologie. Göttingen: Hogrefe 2001, 266–287

[Spa04] Spath, D.: Der Mensch im Arbeitssystem. Manuskript zur Vorlesung Arbeitswissenschaft 1. Stuttgart: 2004

[Spr02] Springer, R.: Einleitung. Ganzheitliche Produktionssysteme – Gestaltungsprinzipien und deren Verknüpfung. Köln: Wirtschaftsverlag Bachem 2002

[Sta99] Staudt, E.; Kriegesmann, B.: Weiterbildung: Ein Mythos zerbricht. Der Widerspruch zwischen überzogenen Erwartungen und Mißerfolgen der Weiterbildung. In: Arbeitsgemeinschaft Qualifikations-Entwicklungs-Management, Berlin (Hrsg.): Kompetenzentwicklung '99. Aspekte einer neuen Lernkultur. Argumente, Erfahrungen, Konsequenzen. Münster/New York/München/Berlin: Waxmann 1999, 17–59

[Sta02] Staudt, E.; Kriegesmann, B.: Zusammenhang von Kompetenz, Kompetenzentwicklung und Innovation. Objekt, Maßnahmen und Bewertungsansätze – Ein Überblick. In: Staudt, E. u. a. (Hrsg.): Kompetenzentwicklung und Innovation. Die Rolle der Kompetenz bei Organisations-, Unternehmens-, und Regionalentwicklung. Münster u. a.: Waxmann 2002

[Str05] Straube, F.: Trends und Strategien in der Logistik: ein Blick auf die Agenda des Logistik-Managements 2010. Trends und Strategien in der Logistik. Hamburg: Dt. Verkehrs-Verlag 2005, 15–70

[Tho03] Thommen, J.-P.; Achleitner, A.-K.: Allgemeine Betriebswirtschaftslehre. Umfassende Einführung aus managementorientierter Sicht. Wiesbaden: Gabler 2003

[Uli01] Ulich, E.: Arbeitspsychologie. 5. Aufl. Stuttgart: Schäffer-Pöschel 2001

[Wäc97] Wächter, H.: Grundlagen und Bestimmungsfaktoren des Arbeitsentgelts. In: Luczak, H.; Volpert, W.

(Hrsg.): Handbuch Arbeitswissenschaft. Stuttgart: Schäffer-Poeschel 1997, 986–989

[Wel91] Weltz, F.: Der Traum von der absoluten Ordnung und die doppelte Wirklichkeit der Unternehmen. In: Hildebrandt, E. (Hrsg.): Betriebliche Sozialverfassung unter Veränderungsdruck. Berlin: Edition Sigma 1991, 85–97

[Wes06a] Westkämper, E.: Einführung in die Organisation der Produktion. Berlin, Heidelberg: Springer-Verlag 2006

[Wie07] Wiendahl, H.-H.; Fischmann, C.: Mitarbeiterqualifizierung für die Produktionslogistik. Logistische Zielkonflikte spielerisch erfahren. In: Industrie Management, 23 (2007) 2: 25–28

[Wie05] Wiendahl, H.-P.: Betriebsorganisation für Ingenieure. 5. Aufl. München Wien: Carl Hanser 2005

[Wie02] Wiendahl, H.-P.; Begemann, C.; Nickel, R. (2002). Die klassischen Stolpersteine der PPS und wie sie vermieden werden: 7. Stuttgarter PPS-Seminar, Stuttgart

[Wil06] Wildemann, H.: Unternehmensübergreifende Logistik – Supply Chain Management. Taschenbuch der Logistik. München Wien: Carl Hanser 2006

[Zie99] Ziegler, H.: Produktionslogistik. Lexikon der Logistik. München: Oldenbourg Verlag 1999

[Zin97] Zink, K. J.: Soziotechnische Ansätze. In: Luczak, H.; Volpert, W. (Hrsg.): Handbuch Arbeitswissenschaft. Stuttgart: Schäffer-Poeschel, 1997, 74–77

B 3.2 Struktur- und Layoutplanung

B 3.2.1 Grundlagen

Während es in der Vergangenheit häufig für den wirtschaftlichen Erfolg einer Fabrik ausreichend war, ein Produkt in der richtigen Qualität am Markt anzubieten, zeichnet sich eine wettbewerbsfähige Fabrik heutzutage durch die reaktionsschnelle Erfüllung individueller und sich ändernder Kundenwünsche aus. Daneben hat sich die Logistikleistung eines Unternehmens als wesentliches Differenzierungsmerkmal und strategischer Wettbewerbsfaktor herausgestellt [Wie05]. Eine wesentliche Grundlage für eine hohe Logistikleistung ist ein geeignetes Fabrikkonzept.

Eine Fabrik ist – nach der Definition des VDI-Fachausschusses Fabrikplanung – die Bündelung von Produktionsfaktoren, mit Hilfe derer ein definierter Teil der Wertkette abgedeckt wird. Zu den wesentlichen Produktionsfaktoren gehören unter Anderem Material, Betriebsmittel, Personal, Qualifikation, technisches und organisatorisches Wissen, Kapital, Gebäude sowie Grundstück [VDI08]. Dies erfolgt üblicherweise unter einheitlicher organisatorischer, technischer sowie wirtschaftlicher Leitung [Wie03a]. Die Planung einer Fabrik umfasst alle Planungs-, Gestaltungs-, Auslegungs- und Realisierungsaufgaben von Fabriken (s. u. a. [Her03; Dol81; Agg87; Sch95; Fel98; Wie05a]).

Es existiert eine Vielzahl verschiedener Fabrikarten und -typen [Sch04], von denen sich jede/r durch eine hohe Komplexität auszeichnet. Es werden verschiedene Produktionsfaktoren und Objekte in den Fabriken betrachtet. Um diese Vielfalt überschaubar zu machen, eignet sich die Einteilung der Objekte in die übergeordneten Gestaltungsfelder Mittel, Organisation und Raum (s. Bild B 3.2-1) [Wir99; Nof06; Her03; Wie02c].

Die *Mittel* umfassen dabei alle für die Produktion notwendigen physischen Elemente wie Fertigungs-, Montage-, Transport- und Lagermittel. Das Gestaltungsfeld *Organisation* deckt organisatorische Bestandteile wie die Aufbau- und Ablauforganisation, das Arbeitszeitmodell und die Logistik der Fabrik ab. Das Gestaltungsfeld *Raum* ist eng mit der Architektur verzahnt und fasst schließlich Aspekte wie das Grundstück, das Gebäude, das Layout der Fabrik oder Außenanlagen zusammen. Daneben steht der *Mensch*. Dieser führt einerseits die Planungen aus, andererseits wird er direkt durch die Planungen der in den Gestaltungsfeldern angeordneten Objekte beeinflusst. Der Mensch kann nicht als ein gestaltbares Objekt betrachtet werden. Im Rahmen einer vollständigen Struktur- und Layoutplanung innerhalb einer Fabrik ist jedes der einzelnen Gestaltungsfelder zu planen, wobei der Mensch aus den Betrachtungen ausgeschlossen wird, weil dieser hauptsächlich in der nachgelagerten Phase des Fabrikbetriebs betroffen wird [Heg07]. Die in den Gestaltungsfeldern betrachteten Elemente werden durch die zwischen ihnen ablaufenden *Energie-, Informations-, Kapital-, Kommunikations-, Material-, Medien-* oder *Personalflüsse* verbunden [Ket84; Wie02c; Wir01].

Eine Möglichkeit zur weiteren Fokussierung bietet die Gliederung einer Fabrik nach Ebenen [Wie96; Wes02; Wie04b]. Die Detaillierung nimmt dabei fortlaufend ab, so dass eine übergeordnete Ebene alle darunter liegenden umfasst. Die oberste Ebene bildet die Eingliederung des Werks in das logistische *Netzwerk*. Auf der nächst tieferen Ebene liegt das *Werk*. Die *Fabrik* auf der darunter liegenden Ebene sowie deren Struktur und Layout bildet den Fokus dieses Kapitels. Die Werksebene unterscheidet sich von der Fabrikebene dadurch, dass ein Werk mehrere Fabriken umfassen kann. Innerhalb einer Fabrik gibt es verschiedene *Bereiche* wie etwa Fertigungs- und Montagebereiche. In einem Bereich werden schließlich verschiedene *Arbeitsstationen* zusammengefasst. Diese bilden den kleinsten eigenständigen Bereich der Fabrik [Fie04; Har04].

Der Ablauf der Struktur- und Layoutplanung kann in inhaltlich-methodisch abgrenzbare und logisch strukturierte Planungsprozessphasen gegliedert werden [Gru00]. Diese gelten für alle betrachteten Planungsfälle, also Neubau oder Reorganisation einer Fabrik (s. Abschn. B 3.2.3). Die systematische Aufbereitung und Standardisierung des Planungsvorgehens hat sich bewährt, um die zeitlichen und inhaltlichen Zusammenhänge einer Planung besser koordinieren zu können. Das Vorgehen zur Planung von Fabriken umfasst die drei Planungsprozessphasen *Analyse*, *Struktur-Design* und *Layout-Gestaltung*. Begleitend wird im gesamten Planungsablauf die Abwicklung des Projekts durch das *Projektmanagement* sichergestellt [Nyh05a; Nyh04]. Der Planung nachgelagert werden die Ergebnisse *umgesetzt*. Diese Systematik wird – mit geringen Abweichungen – von verschiedenen Autoren verwendet (s. u. a. [Ket84; Wie96; Fel98; Gru00; Dan01; Sche04]).

Auf Grund des hohen Zeitdrucks, dem Planungsprojekte i. d. R. unterliegen, ist es unerlässlich, unmittelbar am Planungsprozess beteiligte Disziplinen wie beispielsweise die Prozess- und Anlagenplanung, die Architektur und Bauplanung, die Technologieplanung sowie die Produktplanung zu verzahnen. Dies führt zu qualitativ hochwertigeren Planungsergebnissen durch Vermeidung von Unstimmigkeiten zwischen den Disziplinen und kann weiterhin zu einer Kostenreduktion führen [Nyh04; Sch04]. Daneben ist es von besonderer Bedeutung, dass die Struktur- und Layoutplanung eng mit der Logistikplanung verknüpft ist, so dass Fabrikkonzepte unter logistischen Zielsetzungen ausgelegt werden. Dies wird als „logistikgerechte Fabrikplanung" bezeichnet [Gru00].

Es hat sich gezeigt, dass sich die beiden Planungsdisziplinen „Struktur- und Layoutplanung" und die „Logistikplanung" am Effektivsten durch abwechselnde Phasen von Konzentration und Kommunikation integrieren lassen (s. Bild B 3.2-2) [Har03; Wie02a]. Konzentrationsphasen sind dabei dadurch gekennzeichnet, dass Planungsteams unabhängig voneinander den jeweiligen Planungsabschnitt vorantreiben. Auf jede Konzentrations- folgt eine Kommunikationsphase, in der die Planungsergebnisse ausgetauscht und abgeglichen werden. Im Folgenden werden die Einzelprozessphasen kurz dargestellt [Wie05; Nof06; Wie96].

Im Rahmen der *Zielplanung* wird die Vision, die das Unternehmen verfolgt, in messbare Ziele und Strategien heruntergebrochen. Die zu verfolgenden Ziele werden in einem zeitlichen Kontext in einen Projektplan umgesetzt, der den Ausgangspunkt der Struktur- und Layoutplanung sowie der Logistikkonzeption darstellt.

Im Rahmen der *Analyse* werden als Vorbereitung beider Planungsdisziplinen die Rahmenbedingungen untersucht. Für die Struktur- und Layoutplanung werden z. B. Produkte und deren Varianten, Produktionsabläufe und Organisation sowie – im Falle einer Reorganisation – auch die bestehende Struktur mit ihren Stärken und Potenzialen aufgenommen. Für die Logistikkonzeption werden z. B. das Produktions-

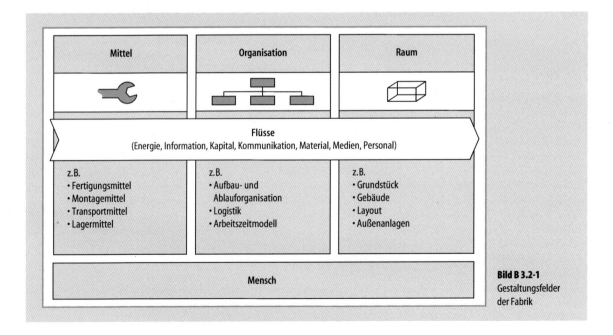

Bild B 3.2-1 Gestaltungsfelder der Fabrik

programm, die Arbeitspläne und der Produktionsprozess betrachtet. Daneben wird im Falle einer Reorganisation auch die bestehende Produktionslogistik untersucht. Die so gewonnenen Informationen stellen die Datenbasis für die folgenden Planungsphasen bereit.

Im sich anschließenden *Struktur-Design* werden bei der Struktur- und Layoutplanung zunächst auf Basis der vorliegenden Strukturbeziehungen oder Gebäudestrukturen mehrere Strukturvarianten ermittelt. Anschließend werden für die erarbeiteten Strukturen die Anzahl der notwendigen Produktionsmittel sowie deren Flächen, die Anzahl der Mitarbeiter (s. Abschn. B 3.4) sowie die Gebäuderaster und die Bebauungsflächen dimensioniert. Im Rahmen der Erstellung der Logistikkonzeption wird durch die Festlegung des Kundenentkopplungspunktes, der Steuerungsart und der Lieferantenanbindung das logistische Grundprinzip geplant, das in einem Steuerungskonzept umgesetzt wird (s. Abschn. B 3.3). Anfangs wird dabei ein Steuerungsverfahren ausgewählt, das durch die Festlegung der Verfahrensregeln an die spezifischen Anforderungen des Fabrikplanungsprojektes angepasst wird. Schließlich wird ein Produktions-Controlling initiiert (s. Abschn. B 3.5). Die Ergebnisse beider Planungsdisziplinen hängen eng zusammen; so hat beispielsweise die Wahl des Steuerungsverfahrens einen Einfluss auf die Anzahl der Puffer bzw. der darin enthaltenen Bestände. Gleichzei-

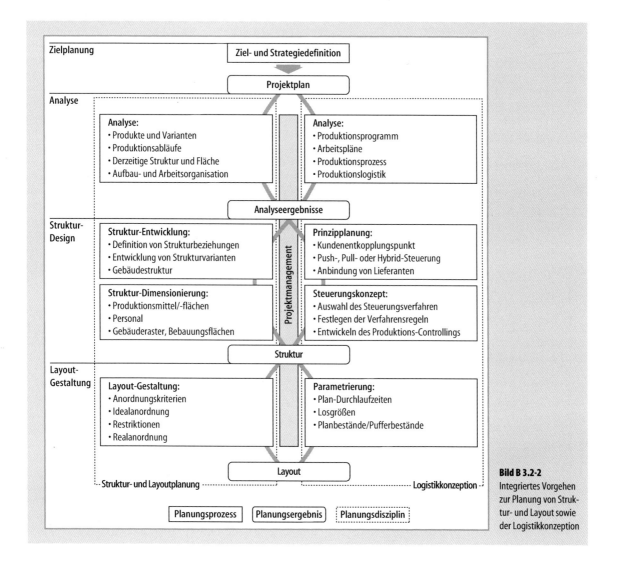

Bild B 3.2-2 Integriertes Vorgehen zur Planung von Struktur- und Layout sowie der Logistikkonzeption

tig wird durch die Fabrikstruktur bestimmt, wie z. B. die logistische Anbindung der Lieferanten zu erfolgen hat.

Die so entstandene Struktur wird in der Folgephase der *Layout-Gestaltung* unter Zuhilfenahme von Anordnungskriterien in ein Ideallayout umgesetzt. Durch die Berücksichtigung von Restriktionen wird das Layout in eine reale Anordnung überführt. Parallel erfolgt in der Logistikkonzeptionsplanung die Parametrierung des Steuerungskonzepts (s. Abschn. B 3.3). Beide Planungsdisziplinen beeinflussen sich gegenseitig. Im Spannungsfeld zwischen kurzen Durchlaufzeiten und einer hohen Auslastung ergeben sich die Bestände in der Fertigung. Diese schlagen sich auch in einem Transport- und Lagerkonzept nieder, das z. B. die Anordnung und Größe der Flächen in der Layout-Gestaltung beeinflusst. Gleichzeitig wird durch die Flächenanordnung der Produktionsprozess beeinflusst, so dass die logistische Effizienz der Anordnung durch das Produktions-Controlling (s. Abschn. B 3.5) überprüft werden muss.

Die einzelnen Planungsphasen werden im Folgenden – auf die Struktur- und Layoutplanung für die Fabrik fokussiert – geschildert. Auf die entsprechenden Planungsschritte der Logistikkonzeption wird verwiesen.

B 3.2.2 Zielplanung

Für die Struktur- und Layoutplanung steht als Gesamtziel die Erreichung der Wirtschaftlichkeit der Fabrik über den betrachteten Lebenszyklus im Mittelpunkt. Der wirtschaftliche Erfolg einer Fabrik wird heutzutage allerdings nicht mehr nur aus direkt quantifizierbaren Faktoren wie der Investitionssumme oder dem Gesamtflächenbedarf ermittelt (s. Bild B 3.2-3); daneben stehen weitere Teilziele, die die Erreichung der Wirtschaftlichkeit unterstützen [Wie02b; Nyh06; Kol05].

Ein wesentliches Zielfeld ist eine hohe *Logistikleistung* (s. Abschn. B 3.1). Dazu muss der Materialfluss auf das Ziel einer bestandsarmen, durchlaufzeitminimalen sowie reaktionsschnellen Produktion ausgerichtet sein [Wie05]. Dies wird auch als materialflussgerechte Fabrikplanung bezeichnet [Sch99]. Daneben besteht die Anforderung an die Fabrik, Güter hoher *Produktqualität* hervorzubringen. Die *Vernetzungsfähigkeit* adressiert die Notwendigkeit von Fabriken, innerhalb eines logistischen Produktionsnetzwerkes schnell agieren zu können. Umweltzentrierte Zielfelder wie *Nachhaltigkeit* und *Ökologie* gewinnen stetig an Bedeutung. *Mitarbeiterorientierung*, *Attraktivität*, verstärkte *Kommunikation* zwischen Mitarbeitern verschiedener Fabrikbereiche sowie die Schaffung einer *Identität* des Unternehmens richten die Fabrik an den Bedürfnissen der Arbeitskräfte aus. *Übersichtlichkeit* schließlich begünstigt i. d. R. ebenfalls die Wirtschaftlichkeit der Fabrik. Zusätzlich hat sich die *Wandlungsfähigkeit* von Fabriken als besonders wichtiges Teilziel herausgestellt. Aufgrund erhöhter Dynamik der Märkte, die auch durch die Globalisierung getrieben wird, ergibt sich eine zunehmende Pla-

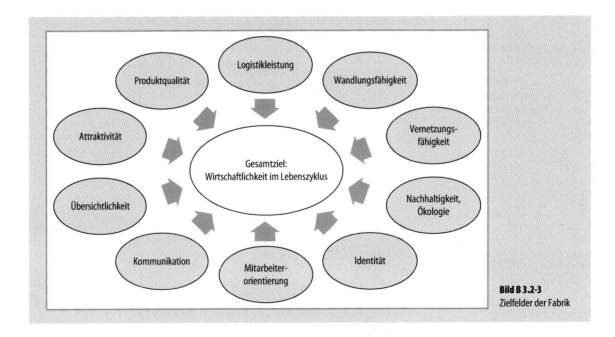

Bild B 3.2-3
Zielfelder der Fabrik

nungsunsicherheit, auf die durch Wandlungsfähigkeit reagiert werden kann. Wandlungsfähigkeit beschreibt die Fähigkeit von Objekten in einer Fabrik, sich – je nach Anlass – reaktiv an Veränderungen anzupassen oder sich proaktiv zu entwickeln. Der Begriff ist in der Literatur vielfach diskutiert (s. u. a. [Heg07; Wes00b; Wie97; Her03] [Wie02c; Har95; Spa02; Rei97; Wes00c; Wir00]), so dass eine allgemein gültige Definition nicht fassbar ist. Die Veränderungsfähigkeit der Produktion lässt sich aber durch die Betrachtung verschiedener Aggregationsebenen klassifizieren [Wie07; Nyh06; Nyh07]. Dazu werden die Ebenen der Fabrik (s. Abschn. B 3.2.1) sog. Produktebenen gegenübergestellt. Auf der höchsten Ebene wird die Einbettung der Fabrik in das logistische Produktionsnetzwerk sowie das gesamte Produktportfolio des Netzwerkes untersucht. Die Fähigkeit in einem Netzwerk, proaktiv neue Märkte zu finden, zu penetrieren sowie das Produkt an die dortigen Gegebenheiten anzupassen oder neue Produkte zu entwickeln, wird als *Agilität* bezeichnet. Auf der nächst tieferen Ebene werden sowohl die Fabrik als auch ihre Fähigkeit, reaktiv oder proaktiv auf neue oder veränderte Produkte umzustellen, untersucht. Dies wird auch als *Wandlungsfähigkeit* bezeichnet. Die *Flexibilität* eines Bereiches innerhalb einer Fabrik stellt auf der nächst tieferen Ebene die Fähigkeit dar, reaktiv mit wenig Aufwand auf neue, aber ähnliche Produktgruppen durch die Veränderung des Produktionsprozesses oder der logistischen Funktionen umzustellen. Ein Produktions- oder Montagebereich besitzt die Fähigkeit, innerhalb des Bereiches durch Hinzufügen oder Weglassen von funktionalen Elementen auf bestimmte Bauteile oder -gruppen umzustellen, wenn er eine *Rekonfigurierbarkeit* besitzt. Auf der tiefsten Ebene wird durch die *Umrüstbarkeit* die Fähigkeit einer Arbeitsstation beschrieben, an einem Teil verschiedene gewünschte Operationen (z. B. Produktions- oder Montageschritte) mit minimalem Aufwand durchzuführen.

Die Wandlungsfähigkeit wird durch Eigenschaften von Objekten in der Fabrik ermöglicht, die als *Wandlungsbefähiger* beschrieben werden [Her03; Wie07; Wie03b].

– *Universalität* bezeichnet die Dimensionierung und Gestaltung eines Objektes so, dass es für verschiedene Anforderungen, Zwecke und Funktionen nutzbar ist (z. B. Variantenflexibilität eines Produktionsmittels).
– *Mobilität* sichert Objekten die örtlich uneingeschränkte Bewegbarkeit zu (z. B. Betriebsmittel auf Rollen).
– *Skalierbarkeit* beschreibt technische, räumliche und personelle Erweiterbarkeit und Reduzierbarkeit (z. B. flexible Arbeitszeitmodelle).
– *Modularität* folgt der Idee von standardisierten, autark funktionsfähigen Einheiten mit Standardschnittstellen (z. B. Plug&Produce-Module).
– *Kompatibilität* besitzen Objekte, wenn sie bezüglich ihres Materials, der Informationen, der Medien oder der Energie miteinander vernetzungsfähig sind (z. B. einheitliche Softwareschnittstellen).

Die in der Ziel- und Strategiedefinition festgelegten Ziele für die Struktur- und Layoutplanung werden in einem Projektplan festgehalten. Dieser bildet die Grundlage für den eigentlichen Planungsprozess, der mit der Analyse startet.

B 3.2.3 Analyse

Die bereits in Abschnitt B 3.2.1 grundlegend beschriebene Analyse als Grundlage der Struktur- und Layoutplanung kann, basierend auf sog. Gestaltungsobjekten, durchgeführt werden (s. Bild 3.2-4) [Nyh05b; Nof06; Wie05b].

Dazu werden die Detaillierungsebenen der Fabrik mit den Gestaltungsfeldern der Fabrik kombiniert. Jedes Objekt einer Fabrik kann einem Gestaltungsfeld und einer Ebene zugeordnet werden, wobei sie stets in die höchste Ebene eingeordnet werden, auf der sie auftreten. Dennoch können die Objekte auch eine Beziehung zu den darunter liegenden Ebenen besitzen. Die dargestellten Objekte können weiter unterteilt werden. Beispielhaft kann das Objekt *Transportmittel* durch die Unterteilung in sein *Gestell*, seine *Transportvorrichtung*, seinen *Antrieb*, sein *kinematisches System*, sein *Steuerungssytem*, seine *Peripheriesysteme* und seine *Transporthilfsmittel* genauer beschrieben werden [Heg07; Her03].

Es ist projektspezifisch zu unterscheiden, welche Fabrikobjekte untersucht werden, um den Aufwand auf das notwendige Maß der Aufgabenstellung zu begrenzen [Gru00]. Die Entscheidung über die Auswahl der zu betrachtenden Fabrikobjekte hängt mit dem Planungsfall zusammen [Gru00; Ket84]. Bei der Neuplanung wird eine Fabrik „auf der grünen Wiese" ohne einschränkende Restriktionen gebaut. Hierbei sind Vorgaben für alle Fabrikobjekte zu erarbeiten, da keinerlei vorgegebene Werte bestehen. Bei der Reorganisationsplanung werden die Produktionssysteme mit dem Ziel der Rationalisierung an Produktionsprogrammänderungen angepasst. In der Regel ist es hierbei nicht notwendig, alle Gestaltungsobjekte zu betrachten. So ist es beispielsweise bei einer Reorganisation eines Fertigungsbereiches innerhalb einer Fabrik unnötig, die Außenanlagen des gesamten Werkes zu untersuchen.

Es besteht eine Vielzahl von Methoden zur Analyse (s. u. a. [Gru00; Wie96; Ket84]). Die *ABC-Analyse* eignet sich z. B. für die Analyse eines Produktionsprogramms. Dabei werden graphisch für jedes Produkt der Mengenanteil an der Gesamtausbringungsmenge und der Umsatzanteil am Gesamtumsatz gegenübergestellt. Dadurch lassen sich die umsatzträchtigen Produkte identifizieren. Im *Sankey-Diagramm* werden betriebliche Organisationseinheiten sowie die zwischen ihnen liegenden Flüsse (z. B. Materialflüsse) dargestellt. Die räumliche Anordnung der Organisationseinheiten wird dabei vernachlässigt. Die Breite der Flüsse steigt proportional zu den transportierten Mengen. Die Flussbeziehungen können auch in einer *Von-Nach-Matrix*, auch *Materialflussmatrix* genannt, quantifiziert werden. Dabei werden in der Matrix Organisationseinheiten gegeneinander abgetragen. Zeilen repräsentieren Senderstellen, während Spalten Empfängerstellen darstellen. Die auftretenden Flussmengen lassen sich in der Matrix quantifizieren. Die *Wertstromanalyse* ist ein Hilfsmittel zur Abbildung der gesamten Prozesskette einer Produktfamilie mit den dazugehörigen Informations- und Materialflüssen. Beruhend auf standardisierten Symbolen wird der gesamte Wertstrom entgegen dem Materialfluss (d. h. vom Versand zum Wareneingang) aufgenommen [Rot04]. Das Ziel der Wertstromanalyse ist es, Verschwendungen im Wertstrom zu identifizieren und darüber Ansätze für eine verschwendungsfreie und flussorientierte Produktion zu schaffen.

Die Analyseergebnisse gehen als Eingangsgröße in die nächste Phase – das Struktur-Design – ein.

B 3.2.4 Struktur-Design

B 3.2.4.1 Grundlagen

Die Aufgabe des Struktur-Designs für die Planungsdisziplin Struktur- und Layoutplanung ist die Bildung technisch, organisatorisch und ökonomisch sinnvoller und funktionstüchtiger Struktureinheiten. Eine Struktureinheit wird definiert als Baustein komplexer Strukturen, der eine bestimmte Funktion erfüllt [Wie96]. Grundlage hierfür bildet die Systemtheorie. Diese ist als interdisziplinäre, integrierte Wissenschaft entstanden, motiviert durch oftmals ähnliche Systemprobleme in unterschiedlichen Wissenschaften [Wil96]. Systeme werden definiert als eine Menge von Elementen mit bestimmten Eigenschaften, die untereinander in Beziehung stehen [Sch04; Rop99]. Das Netz dieser Beziehungen zwischen den Elementen wird als

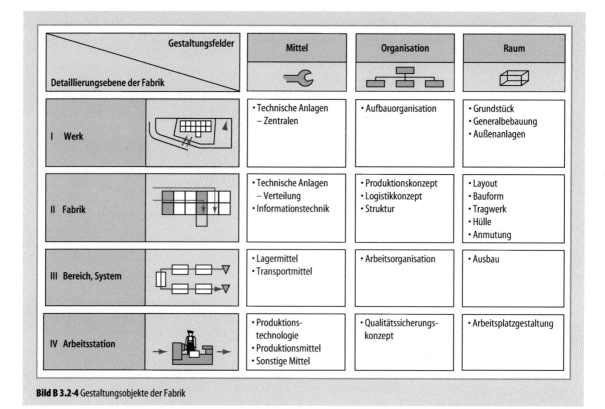

Bild B 3.2-4 Gestaltungsobjekte der Fabrik

Struktur bezeichnet. Diese Struktur ist nicht beliebig, sondern auf den Systemzweck ausgerichtet. Elemente stellen nur für das betrachtete System die kleinsten Einheiten dar. Sie können für sich selbst wieder Systeme sein (z. B. bildet im System Fabrik das kleinste Element ein Betriebsmittel, das selbst als komplexes System verstanden werden kann). Bezogen auf die Struktur- und Layoutplanung kann die Struktur als übergeordnete Gliederung der Fabrik betrachtet werden. Es ist dabei zu beachten, dass eine Struktur nicht die räumliche Ausprägung eines Systems abbildet, sondern die Struktureinheiten und deren Beziehungen veranschaulicht [Har04; Sch04].

B 3.2.4.2 Struktur-Entwicklung

Struktureinheiten werden durch die Ausrichtung der Produktion anhand eines bestimmten Prinzips entwickelt [Men00]. Diese sog. Strukturierungsprinzipien beschreiben den Optimierungsgesichtspunkt, unter dem die Struktureinheiten gebildet werden [Wie96]. Die möglichen Ausprägungen einer Struktur bewegen sich dabei grundsätzlich zwischen einer rein funktionsorientierten und einer rein prozessorientierten Ausrichtung [Har04].

Bei einer Funktionsorientierung werden innerhalb der Struktureinheit ausgeführte Tätigkeiten zusammengefasst (z. B. Montagebereich oder Fertigungsbereich). Als Vorteil einer reinen Funktionsorientierung lässt sich eine *hohe Auslastung* nennen. Durch die Konzentration auf die einzeln genutzten Technologien ergibt sich außerdem hohes *Technologie-Know-how*. Sollten sich Veränderungen am Produktionsprogramm ergeben, sind diese leicht umsetzbar. Die Kapazität innerhalb der Struktureinheit besitzt demnach eine *hohe Anpassbarkeit*. Bei der prozessorientierten Ausrichtung der Struktureinheiten werden Produkte betrachtet, so dass der durchgängige Prozess vom ersten Herstellungsschritt bis zur Fertigstellung in den Vordergrund tritt. So werden in einer Struktureinheit alle Einheiten zur Herstellung von Produkten aus demselben Werkstoff konzentriert, während in einer anderen Struktureinheit Einheiten zur Herstellung von Produkten mit identischen Qualitätsanforderungen zusammengefasst werden. Als Vorteil der reinen Prozessorientierung lässt sich die *definierte Verantwortlichkeit* für einen Teil- oder Gesamtprozess benennen. Dies führt zu einer *hohen organisatorischen Nachvollziehbarkeit*. Weiterhin ist vorteilhaft, dass eine hohe Konzentration

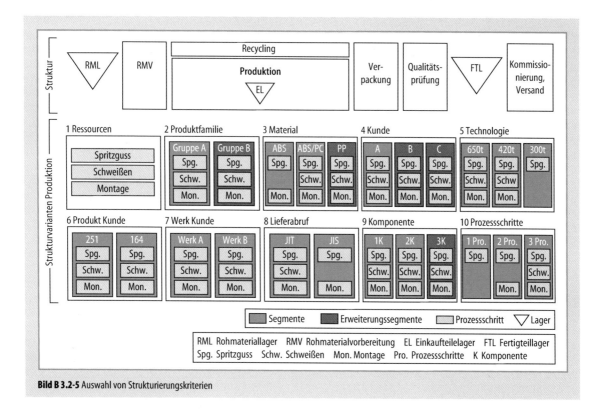

Bild B 3.2-5 Auswahl von Strukturierungskriterien

auf das *Prozess-Know-how* erfolgen kann. In der Regel zeichnen sich prozessorientierte Struktureinheiten daneben auch durch einen *gerichteten Materialfluss* aus, der zu einer *vereinfachten logistischen Produktionssteuerung* führen kann. Die beiden Grundstrukturierungsprinzipien – die Funktions- und Prozessorientierung – werden durch Strukturierungsmerkmale weiter detailliert. Diese Merkmale sind planungsprojektspezifisch und differieren nach Fabrik, Branche oder Produktionsart. Folglich existiert eine Vielzahl möglicher Strukturierungsmerkmale (s. u. a. [Wie96; Sch04]). Die Auswahl entsprechender Strukturierungsmerkmale wird am Beispiel einer Fabrik für Kunststoffspritzgussteile detailliert (s. Bild B 3.2-5) [Har04].

Neben der reinen Ressourcenorientierung ist bei der betrachteten Fabrik eine Strukturierung nach Produktfamilien, nach Materialart, nach Kunden, nach eingesetzten Technologien, nach den Produkten der unterschiedlichen Kunden, den Werken der belieferten Kunden, der Art des Lieferabrufes, Komponenten oder Anzahl der zu durchlaufenden Prozessschritte möglich. Davon scheiden zum Zeitpunkt der Planung bestimmte Varianten aus, etwa weil nur ein Kunde beliefert wird und daher die Trennung nach unterschiedlichen Kunden nicht sinnvoll ist. Durch die Ausrichtung der Struktur der Produktion an den unterschiedlichen Strukturierungsmerkmalen ergibt sich eine Strukturmorphologie mit einer Vielzahl von Varianten. Diese können z. B. mit Kennzahlen bewertet werden [Har04].

Strukturen können auf mehreren Ebenen gebildet werden [Har04]. Dabei variieren i. d. R. die Strukturierungsmerkmale. Auf der *Fabrikebene* besteht beispielsweise die Möglichkeit, nach *Kundengruppen* zu strukturieren. Jeder Kundengruppe wird ein *Bereich* zugeordnet, in dem die spezifisch nachgefragten *Produktgruppen* hergestellt werden. Auf der darunter liegenden *Arbeitsstationsebene* werden diese Produkte in Abhängigkeit der geplanten *Stückzahlen* einem Fertigungsprinzip zugewiesen.

Während auf Fabrikebene die Produktion nach bestimmten Merkmalen unterteilt werden kann (s. Bild B 3.2-5), sind auf der Ebene der Fertigungs- und Montagebereiche fünf Strukturvarianten bekannt (s. Bild B 3.2-6) (in Anlehnung an [Wie05; Gru00; Sch04]).

Ein seltener Strukturtyp der Produktion ist das *Werkbankprinzip*, das vorzugsweise bei handwerklichen Arbeitsgängen ohne großen Maschinenaufwand Anwendung findet. Solche Arbeitsplätze finden sich beispielsweise im Werkzeug- und Vorrichtungsbau oder bei manueller und handwerklicher Montage. Das zu Grunde liegende Strukturierungsmerkmal ist der Mensch. Das *Baustellenprinzip* zeichnet sich durch die Beachtung des

Strukturierungsmerkmal	Prinzip	Mögliche räumlich Struktur	Beispiel
Mensch	Werkbankprinzip		Handwerkliche Arbeitsplätze
Produkt	Baustellenprinzip		Großmaschinenbau, Schiffswerft
Arbeitsaufgabe	Verrichtungs- oder Werkstättenprinzip		Dreherei, Bohrerei, Montage
Arbeitsfolge einer Teilefamilie	Insel- oder Gruppenprinzip		Fertigungs- oder Montageinsel, Fertigungssegment
Arbeitsfolge definierter Varianten	Fließprinzip		Fertigungs- oder Montagelinie

S Station   AG Arbeitsgang

Bild B 3.2-6 Fertigungs- und Montagestrukturen

Strukturierungsmerkmals Produkt aus. Baustellenfertigung oder -montage spielen eine große Rolle bei der Produktion von Werkstücken mit sehr großen Abmessungen und Gewichten. Diese Fälle treten häufig im Anlagen- und Großmaschinenbau auf (z. B. Schiffsbau). Wird die Produktion nach der Arbeitsaufgabe strukturiert, treten das *Werkstätten-* oder *Verrichtungsprinzip* auf. Die Arbeitsplätze werden nach den genutzten Verfahren zusammengefasst – eine Funktionsorientierung wird widergespiegelt. Beispiele sind Dreh-, Bohr- oder Montageabteilungen in der Produktion. Durch die Strukturierung nach einer bestimmten Arbeitsfolge für eine Teilefamilie entsteht das *Insel-* oder *Gruppenprinzip*. Sämtliche Betriebsmittel, die erforderlich sind, um eine Gruppe ähnlicher Werkstücke oder Erzeugnisse möglichst vollständig zu fertigen oder zu montieren, werden räumlich und organisatorisch zusammengefasst. Dabei werden auch planerische sowie kontrollierende Funktionen den Mitarbeitern übergeben, welche die Fertigungs- oder Montageinseln in weitgehender Selbstverantwortung betreiben (s. Abschn. B 3.4). Beim *Fließprinzip* ist die Produktion nach den Arbeitserfordernissen des Erzeugnisses strukturiert. Der Durchlauf der Teile ist i. d. R. sehr kurz, weil die Werkstücke direkt zum nächsten Arbeitsgang transportiert werden und nicht auf die Fertigstellung anderer Teile warten müssen. Als Beispiele können Fertigungs- oder Montagelinien angeführt werden.

Das Konzept der *flexiblen Produktionsendstufe* weicht die strikte Trennung von Fertigung und Montage auf. Der Kerngedanke besteht darin, eine möglichst späte Variantenbildung dadurch zu ermöglichen, dass variantenbildende Fertigungsprozesse in die Montage integriert (Produktionsendstufe) und variantenneutrale Baugruppen in einer Produktionsvorstufe komplett gefertigt und montiert werden [Wie04a; Lot06]. Der Hauptnutzen des Endstufenkonzepts besteht darin, reaktionsschnell und kostengünstig individuelle Kundenanforderungen in der Produktion von Gütern zu befriedigen.

An die Entwicklung einer geeigneten Struktur schließt sich die Dimensionierung der Ressourcen an.

B 3.2.4.3 Struktur-Dimensionierung

In der Struktur-Dimensionierung werden die Anzahl der notwendigen Betriebsmittel, die erforderlichen Maschinenflächen sowie das zur Bedienung benötigte Personal dimensioniert.

Die *Betriebsmittel* sind „alle Einrichtungen und Anlagen, welche die technischen Voraussetzungen der betrieblichen Leistungserstellung bilden" [Mer05]. Beispiele sind

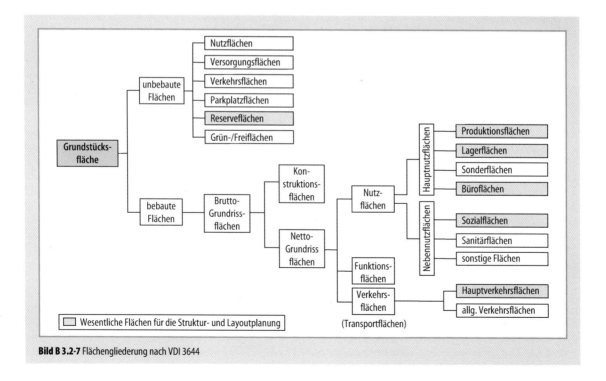

Bild B 3.2-7 Flächengliederung nach VDI 3644

Fertigungsmittel (z. B. Werkzeugmaschinen), *Mess- und Prüfmittel* (z. B. Koordinatenmessmaschine), *Fördermittel* (z. B. Gabelstapler) oder *Lagermittel* (z. B. Regal). Aus diesen Kategorien lassen sich auch die sog. *logistischen Betriebsmittel* ableiten. Dies sind die gesamten technischen Anlagen, die neben den anderen Produktionsfaktoren entlang einer logistischen Kette erforderlich sind, um Sachgüter oder Dienstleistungen zu erstellen. Beispiele sind Gebäude, Maschinen, Werkzeuge, Fuhrpark, Betriebs- und Geschäftsausstattung, Fördermittel oder Software.

Aus der Dimensionierung der Produktionsmittelanzahl folgt die Bestimmung der notwendigen Flächen (s. Bild B 3.2-7) [VDI91].

Für die Struktur- und Layoutplanung sind insbesondere folgende Flächenanteile von Bedeutung: *Produktionsflächen* sind die Flächenanteile, die zum Fertigen, Montieren, Handhaben und Prüfen der Werkstücke erforderlich sind. Die *Lagerfläche* in einer Produktionseinheit ist für die An- und Ablieferung sowie die Bereitstellung der Werkstücke für den Produktionsprozess vorzusehen. *Büroflächen* werden für administrative Bereiche vorgehalten, während *Sozialflächen* Flächen sind, die überwiegend der Gesundheit und Betreuung der Belegschaft dienen. Die *Hauptverkehrsfläche* ist der Flächenanteil, der ausschließlich zu Transportzwecken von Werkstücken und Personal in den Produktionseinheiten freigehalten bzw. genutzt wird. Daneben stehen die unbebauten *Reserveflächen*, auf die die Fabrik im Wachstumsfall ausweichen kann.

Um den Flächenbedarf der Produktionsflächen zu ermitteln, existieren sowohl kennzahlenbasierte als auch rechnerische Verfahren. Die kennzahlenbasierten Verfahren arbeiten überschlägig und eignen sich besonders in frühen Planungsphasen als Überschlagsrechnung. Sie werden auch als *globale Verfahren* bezeichnet [Sch04]. Bei diesen Verfahren wird der Flächenbedarf entweder absolut (z. B. Produktionsfläche 1535 m^2) oder relativ (z. B. Produktionsfläche 84% der Gesamtfläche) angegeben. Die *rechnerischen Verfahren* umfassen unter Anderem das Ersatzflächenverfahren sowie die funktionale Flächenermittlung [Gru00]. Diese liefern detaillierte Ergebnisse. Bei beiden Verfahren wird die Maschinengrundfläche mit Hilfe von Zuschlagsfaktoren auf die Gesamtmaschinenarbeitsplatzfläche erweitert. Während beim Ersatzflächenverfahren zusätzlich zur Maschinengrundfläche lediglich die

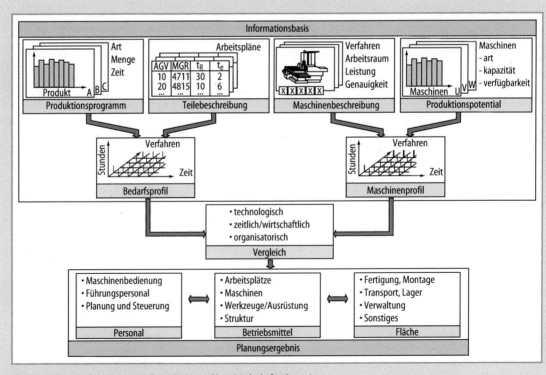

Bild B 3.2-8 Systematik der Ressourcendimensionierung (Kapazitätsbedarfsrechnung)

Fläche für mögliche Transporteinheiten zugeschlagen wird, werden bei der funktionalen Ermittlung eigene Flächenelemente für beispielsweise Transporte oder Wartung berücksichtigt.

Die Zuschlagsfaktoren bei beiden Verfahren beruhen z. T. auf den gesetzlichen Arbeitsstättenverordnungen (z. B. für die Reparatur- und Wartungsflächen), können aber auch aufgrund von Erfahrungen, Diskussionen oder vorhandenen Betriebswerten festgelegt werden.

Neben den Maschinenflächen sind auch noch die weiteren in diesem Kapitel genannten Flächen zu dimensionieren. Diese ergeben sich teilweise aus gesetzlichen Vorgaben (etwa Sozialflächen) oder werden – wie in Abschnitt B 3.2.1 geschildert – beispielsweise durch die Wahl des Steuerungsverfahrens beeinflusst (z. B. Lager-, Transport- oder Hauptverkehrsflächen).

Den Maschinen, deren Flächenbedarf ermittelt worden ist, können im letzten Schritt Personalressourcen zugeordnet werden, die beispielsweise die Maschinenbedienung sicherstellen. Der Themenbereich *Personal* wird in Abschnitt B 3.4 aufgegriffen.

Die Dimensionierung der innerhalb der Strukturentwicklung angeordneten Struktureinheiten folgt einer grundlegenden Systematik (s. Bild B 3.2-8) [Wie72; Wie05a; Gru00].

Auf einer Informationsbasis aufbauend werden zunächst die Bearbeitungsanforderungen der zu produzierenden Einzelteile des Produktionsprogramms in ein Bedarfsprofil gewandelt. Die Bearbeitungsanforderungen entstammen der Teilebeschreibung in den Arbeitsplänen der in den Stücklisten dokumentierten Teile oder werden – falls keine Arbeitspläne vorhanden sind – aus repräsentativ abgerechneten Aufträgen bestimmt. Das resultierende *Bedarfsprofil* beschreibt je Bearbeitungsverfahren den Kapazitätsbedarf in Vorgabestunden im Zeitverlauf (z. B. pro Jahr) unter Berücksichtigung der Einflüsse der Produktionssteuerung. Parallel dazu erfolgt eine Aufnahme der zukünftigen Anforderungen an die Maschinen und ein Abgleich mit dem verfügbaren Produktionspotenzial. Die Ergebnisse dieser Betrachtung lassen sich zu einem sog. *Maschinenprofil* verdichten, das Aussagen bezüglich der verfügbaren Kapazität für jedes Bearbeitungsverfahren in einzelnen Zeitperioden (z. B. pro Jahr) ermöglicht. Die eigentliche Dimensionierung erfolgt nun durch den Vergleich von benötigten und verfügbaren Kapazitäten unter technologischen, wirtschaftlichen und organisatorischen Kriterien. So kann bestimmt werden, ob mit dem vorhandenen Maschinenbestand die zur Produktion notwendige Kapazität bereitgestellt werden kann. Außerdem wird die Gesamtanzahl der für das Bearbeitungsprofil notwendigen *Maschinen* ermittelt. Auf der Grundlage des Stundenbedarfs kann auch die Anzahl des direkt produktiven *Personals* für die Maschinen bestimmt werden. Durch die Grundfläche der Betriebsmittel lässt sich abschließend auf die vorzuhaltende *Fläche* zurück schließen.

An das Struktur-Design schließt sich die Layout-Gestaltung an.

B 3.2.5 Layout-Gestaltung

B 3.2.5.1 Grundlagen

Ein Layout ist definiert als die räumliche Anordnung von betrieblichen Struktureinheiten [Sch04]. Auf den Ebenen der Fabrik aufbauend (s. Abschn. B 3.2.1) ergeben sich unterschiedliche Layoutarten verschiedenen Abstraktionsniveaus mit zunehmender Detaillierung [Wie96; Sch04; Gru00]. Ein *Werkslayout* stellt einen Gesamtüberblick über alle Struktureinheiten im Fabrikgelände in einer Makrodarstellung dar. Insbesondere wird dargestellt, wie die Gebäude und Straßen auf dem Gelände zueinander liegen. Ein *Groblayout* stellt innerhalb eines Fabrikgebäudes einzelne Produktionsbereiche dar. Hauptaugenmerk liegt auf der internen Logistik, indem die Haupttransport- und Hauptmaterialflusswege abgebildet werden. Daneben wird hier auch die Wandlungsfähigkeit beachtet, etwa indem ein Layout eine klare Erweiterungsrichtung oder rechtwinklig zur Erweiterungsrichtung verlaufende Materialflüsse besitzt. Im *Feinlayout* wird innerhalb eines Bereiches die exakte Position und Anordnung der Betriebsmittel dargestellt. Ebenso werden die Lage der Gebäudetechnik und der Medienversorgung aufgezeigt. Auf der höchsten Detaillierungsstufe steht schließlich das *Arbeitsstationslayout*. Dies repräsentiert in einer Mikrodarstellung eine genaue Anordnung aller Maschinen, Werkzeuge oder Materialien. Neben der Unterscheidung verschiedener Layoutarten nach dem Detaillierungsgrad ist eine Trennung nach Ideal- und Realplanung üblich (s. u. a. [Wie96; Gru00; Sch04]).

B 3.2.5.2 Ideallayout

Ein Ideallayout ist definiert als „eine flussgerechte (-optimale), flächenbezogene idealisierte räumliche Anordnung von Struktureinheiten" [Sch04].

Eine *Ideallayoutplanung* zeichnet sich dadurch aus, dass die Anordnung der Bereiche ohne die Beachtung von Einflüssen der realen Bedingungen geschieht (s. Bild B 3.2-9). Neben den Ergebnissen der Strukturierung (*Fabrikstruktur* und *dimensionierte Struktureinheiten*) spielen bei der Idealplanung der Materialfluss und die angestrebte *Materialflussform* eine herausragende Rolle. In den vergangenen Jahren ist zudem der *Personal-, Informations- und*

Kommunikationsfluss in den Fabriken zunehmend in den Fokus der Layoutgestaltung gerückt. Besonders in einer Zeit, in der die Produktionsprogramme, Technologien und Märkte einem beständigen Wandel unterliegen, werden Anordnungen der Flächen gefordert, die eine *Erweiterbarkeit* bzw. eine *Reduzierbarkeit* des Layouts erlauben, ohne dass Einbußen in der Leistungsfähigkeit der Fabrik die Folge sind. Weitere wichtige Einflussfaktoren sind das im Struktur-Design entwickelte Logistikkonzept (z. B. *Beschaffungs-* und *Steuerungskonzept*) und die zugrunde liegenden Fertigungsprinzipien. So unterscheiden sich z. B. Fabriklayouts für Produktionen, die nach dem Pull-Prinzip gesteuert werden, von denen, die einer klassischen Push-Steuerung folgen (s. Abschn. B 3.2.1). Um die traditionelle Trennung von direkten und indirekten Bereichen zu überwinden, stellt eine sinnvolle und arbeitsrechtlich einwandfreie *Anordnung der indirekten Bereiche* in der Nähe der Produktion einen weiteren wichtigen Einflussfaktor dar.

Mit der von Einschränkungen gelösten Sichtweise der Ideallayoutplanung wird das Ziel verfolgt, sich von „Betriebsblindheit" und bestehenden Gegebenheiten zu lösen sowie einen Bewertungsmaßstab für die nachfolgenden Planungsphasen zu erhalten [Agg87].

Ausgangspunkt für die Erstellung von Ideallayouts ist das sog. *ideale Funktionsschema*. Dies spiegelt eine idealisierte ablauf- und funktionsgerechte Zuordnung der Struktureinheiten durch ihre Verknüpfungen wider. Beziehungen können aus Material-, Informations-, Kommunikations-, Personal- oder Energiefluss erwachsen. Durch eine Zusammenführung der Struktureinheiten in ein an dieser Stelle noch beliebig wählbares Gebäuderaster unter möglichst weitgehender Einhaltung idealer Zuordnungen wird das Ideallayout erstellt. Dieses wird aufgrund seiner

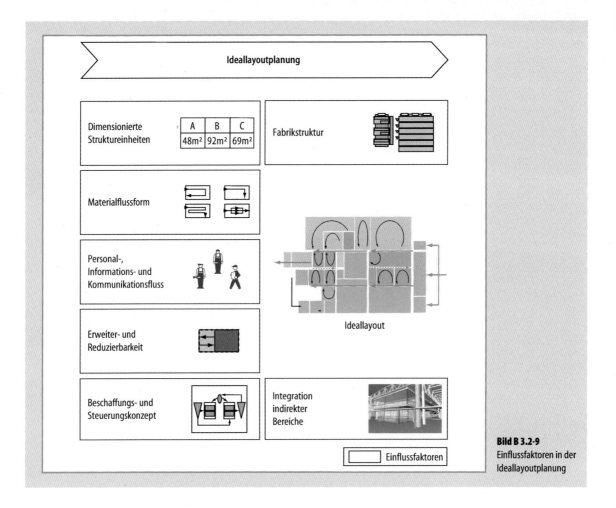

Bild B 3.2-9
Einflussfaktoren in der Ideallayoutplanung

Kompaktheit oftmals in Form eines Groblayouts in Blöcken dargestellt. Die Erarbeitung höher detaillierter Layouts erfolgt nach den Grundsätzen „vom Groben zum Feinen" sowie „von einfach zu kompliziert" [Wie96; Gru00; Dae02].

Die methodischen Grundlagen zur idealen Anordnung der betrieblichen Funktionsbereiche bilden die graphischen und mathematischen Verfahren (s. Bild B 3.2-10) [Wie96].

Bei den graphischen Verfahren wird mit Hilfe des in Abschn. B 3.2.3 beschriebenen *Sankey-Diagramms* versucht, die Wege für „breite" Materialströme möglichst kurz zu halten. Wenn viele Struktureinheiten anzuordnen sind, wird dieses Verfahren jedoch schnell unübersichtlich. Es eignet sich daher nur zur Ermittlung grober Zuordnungen. Ein in der Praxis häufig angewandtes Verfahren zur Anordnung von Struktureinheiten ist das *Probierverfahren*. Es handelt sich dabei um die zeichnerische Erstellung von Zuordnungsalternativen, bei dem maßstäbliche Schablonen solange positioniert werden, bis eine flussgerechte Anordnung gefunden ist. Beim *Kreisverfahren* von Schwerdtfeger [Ket84] werden die anzuordnenden Struktureinheiten auf einem Kreis angeordnet und durch vertauschen so umsortiert, dass die Struktureinheiten mit den stärksten Materialflussbeziehungen möglichst dicht nebeneinander angeordnet sind.

Die Systematik der mathematischen Anordnungsverfahren stützt sich i. d. R. auf die Minimierung des Transportaufwandes. Es werden vertauschende, aufbauende und kombinierte Verfahren unterschieden. Bei den *Vertauschungsverfahren* wird von einer gegebenen Anordnung der Betriebsmittel ausgegangen. Durch Vertauschen der Betriebsmittel bzw. deren Nutzflächen wird iterativ die Anordnung mit dem geringsten Transportaufwand ermittelt. Die *aufbauenden Verfahren* beginnen zunächst nur mit den beiden Betriebsmitteln oder Abteilungen, zwischen denen die stärksten Flussbeziehungen bestehen. Diese werden auf einem definierten Platz, z. B. auf einem Drei- oder Viereckraster, angeordnet [Sch95]. Als nächstes wird jeweils das Betriebsmittel hinzugefügt, das die stärksten Transportbeziehungen zu den bereits angeordneten hat. Die *kombinierenden Verfahren* entwickeln in einem ersten Verfahrensschritt eine Anordnung aller Betriebsmittel nach einer aufbauenden Methode, die durch die Anwendung eines Tauschverfahrens in der folgenden Phase der Reallayoutplanung an einen vorgegebenen Gebäudegrundriss angepasst wird.

Eine idealisierte Layoutvariante ermöglicht die qualitative Bewertung des erreichten Planungsergebnisses der nachfolgenden Planungsphasen. Da ein Ideallayout auf der Basis flussoptimierender Anordnungsaspekte erstellt wird, besteht die Möglichkeit, Kompromisse, die wegen der tatsächlich auftretenden restriktiven Rahmenbedingungen eingegangen wurden, am Fabrikkonzept deutlich zu machen. Die Bewertung kann beispielsweise mit der Nutzwertanalyse erfolgen [Zan76; Wie96; Sch04].

B 3.2.5.3 Reallayout

Das ideale Layout wird durch Anpassung an betriebsspezifische Randbedingungen und Restriktionen in ein Reallayout überführt. Ein Reallayout ist „eine realisierbare räumliche Anordnung von Struktureinheiten", die „funktionelle, flussseitige, flächen- und praxisbezogene sowie behördliche Einflussfaktoren" berücksichtigt [Sch04].

Es müssen verschiedene Restriktionen beachtet werden (s. Bild B 3.2-11). Restriktionen bedeuten Einschränkungen der Anordnung der Struktureinheiten und können nach Schenk/Wirth [Sch04] in behördliche und betriebliche Restriktionen unterteilt werden. Betriebliche Restrik-

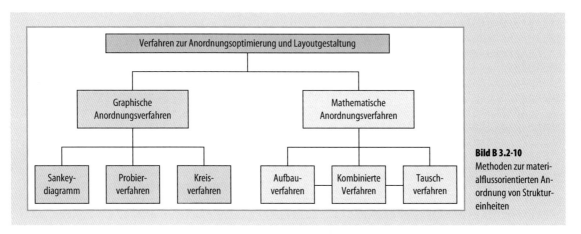

Bild B 3.2-10 Methoden zur materialflussorientierten Anordnung von Struktureinheiten

tionen können oft nur mit hohem finanziellem Aufwand verändert werden. Diese umfassen beispielsweise das *Grundstück*. Dies kann dazu führen, dass die ideale Größe einer Fabrik verändert oder angepasst wird. Auch können bei vorhandenen *Gefällen* bauliche Veränderungen notwendig werden. Beispielhaft kann bei Gefälle auf dem Gelände ein Höhenausgleich durch ein Hallenfundament realisiert werden. In der Regel existieren außerdem *Fixpunkte*, die aufgrund von großen Fundamenten oder aufwändigen Umbauten nicht verändert werden sollen. Weitere Einschränkungen können durch die Vorgabe von *Betriebsmitteln* erwachsen. Soll der bestehende Maschinenpark weiterhin genutzt werden, sind die räumlichen Abmessungen oder Leistungskennwerte der Maschinen nicht veränderbar und somit eventuell nicht an die Anforderungen der Planung anpassbar. Schließlich können auch Vorgaben des *Konzerns* oder *Good Manufacturing Practices* (Richtlinien zur Qualitätssicherung in Produktionsabläufen) zu Anpassungen der Planung führen. Außerdem können begrenzte *monetäre Ressourcen* als Restriktion im Rahmen einer Planung auftreten. Daneben stehen die nicht veränderbaren behördlichen Restriktionen, z. B. *gesetzliche Grundlagen*. Diese müssen ebenfalls in der Planung beachtet werden.

Besondere Beachtung findet die Gestaltung der verkehrstechnischen Anordnung sowie des Verkehrswegesystems innerhalb der Fabrik, weil die innerbetriebliche Logistik darüber abgewickelt wird. Verschiedene Materialfluss-Grundtypen (z. B. U-Shape, Kreuz-/Sternform oder Spine-Konzept) werden zur räumlichen Entwicklung von Materialflussformen genutzt und finden sich in der räumlichen Anordnung der Wege je nach Planungsaufgabe auf den verschiedenen Detaillierungsstufen der Layoutarten wieder [Wie96]. Das Verkehrswegesystem legt die Verkehrswege für Last- und Leerfahrten in der Fabrik fest. Die Verkehrswege sind dabei so anzuordnen, dass eine zweckmäßige Erschließung der Struktureinheiten bei einer guten Raumnutzung unter Berücksichtigung der gesetzlichen Bestimmungen erfolgen kann. Innerhalb einer Fabrik wird die Qualität des Layouts unter Anderem von der Symmetrie des Verkehrswegesystems bestimmt. Unregelmäßigkeiten machen es schwierig, Änderungen vorzunehmen und gleichzeitig einen reibungslosen Fluss und eine hohe Produktivität zu bewahren.

Die Reallayoutplanung kann methodisch durch verschiedene Hilfsmittel unterstützt werden (s. u. a. [Wie05b; Gru00; Sch04]). Es lassen sich manuelle und rechnergestützte Planungstechniken unterscheiden. Die *manu-*

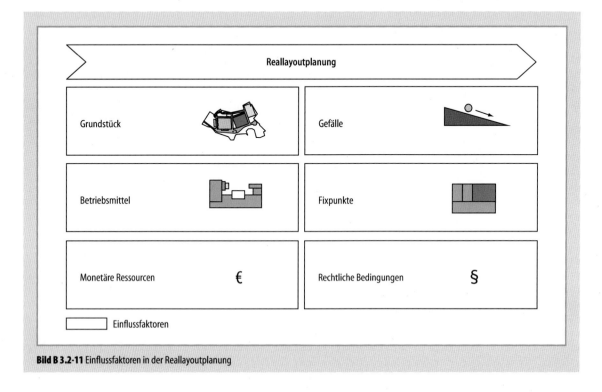

Bild B 3.2-11 Einflussfaktoren in der Reallayoutplanung

ellen Techniken zeichnen sich dadurch aus, dass durch den Einsatz flächenmaßstäblicher zweidimensionaler oder raummaßstäblich dreidimensionaler Schablonen eine Anordnung von Struktureinheiten erfolgt. Bei den *rechnergestützten* Planungstechniken erfolgt die Layoutplanung unter Zuhilfenahme von Visualisierungssoftware oder durch die Nutzung von *Simulation* [Wie05a; Sch04]. Dabei wird ein System mit seinen dynamischen Prozessen in einem experimentierfähigen Modell nachgebildet, an dem Erkenntnisse gewonnen werden können, die auf die Wirklichkeit übertragbar sind [VDI92]. Im Rahmen der Struktur- und Layoutplanung werden mit der Simulation die Strukturen, Dimensionen und Parameter eines Systems sowie dessen Dynamik betrachtet. Typische Fragestellungen, die im Rahmen der Layoutplanung durch die Simulation beantwortet werden sollen, betreffen z. B. die Verbesserung und Modifizierung vorhandener und die Überprüfung der Funktionsfähigkeit neu geplanter Anlagen sowie deren Auswirkungen auf die gefundenen Layoutvarianten. Bei der Visualisierungssoftware eignet sich besonders die *Virtuelle Realität* für die Unterstützung der Layoutplanung. Unter Virtueller Realität wird eine computergenerierte Umgebung verstanden, die ein Betrachter mit seinen natürlichen Sinnen als annähernd real erlebt und mit der er interagieren kann. Anwendungsgebiete in der Struktur- und Layoutplanung sind die realitätsnahe Visualisierung von Produktionsanlagen und -prozessen. Daneben können ergonomische Untersuchungen von Arbeitsplätzen, deren Montagefähigkeit oder Belastungsanalysen genutzt werden. Der *Planungstisch* [Mül03; Wes00a] stellt den Planungsbeteiligten eine interaktive Schnittstelle zu einem 3D-Modell dar. Struktureinheiten können innerhalb des Modells in Echtzeit verschoben werden. Dies wird online verarbeitet und an Bewertungswerkzeuge oder Simulatoren übergeben. Als Vorteile können die sofortige Bewertbarkeit des Layouts genannt werden.

Mit der geschilderten Vorgehensweise zur Struktur- und Layoutplanung kann ein effizienter Planungsablauf sichergestellt werden. Eine fundierte Planung bildet die Grundlage für eine effiziente Produktion. Diese wird unter Anderem durch die Produktionsplanung und -steuerung sichergestellt. Diese ist Gegenstand des Folgekapitels.

Literatur

[Agg87] Aggteleky, B.: Werksentwicklung und Betriebsrationalisierung, Band 2: Betriebsanalyse und Feasibility-Studie. München/Wien: Carl Hanser Verlag 1987

[Dae02] Daenzer, W. F.; Huber, F. (Hrsg.): Systems Engineering. 11. Aufl., Zürich: Verlag Industrielle Organisation 2002

[Dan01] Dangelmaier, W.: Fertigungsplanung. Planung von Aufbau und Ablauf der Fertigung. Berlin/Heidelberg: Springer Verlag 2001

[Dol81] Dolezalek, C. M.; Warnecke, H.-J. et al.: Planung von Fabrikanlagen. Berlin/Heidelberg: Springer Verlag 1981

[Fel98] Felix, H.: Unternehmens- und Fabrikplanung: Planungsprozesse, Leistungen und Beziehungen. München/Wien: Carl Hanser Verlag 1998

[Fie04] Fiebig, C.: Synchronisation von Fabrik- und Technologieplanung. Fortschritt-Berichte VDI, Düsseldorf: VDI Verlag 2004

[Gru00] Grundig, C.-G.: Fabrikplanung: Planungssystematik, Methoden, Anwendungen. München/Wien: Carl Hanser Verlag 2000

[Har04] Harms, T.: Agentenbasierte Strukturplanung. Berichte aus dem IFA. Hannover: PZH Verlag 2004

[Har03] Harms, T.; Lopitzsch, J. et al.: Integrierte Fabrikstrukturierung und Logistikkonzeption. Effiziente Fabrikplanung durch Phasen der Kommunikation und Konzentration. wt Werkstattstechnik online, Jhg. 93 (2003) 4, 227–232

[Har95] Hartmann, M.: Merkmale zur Wandlungsfähigkeit von Produktionssystemen für die mehrstufige Serienfertigung bei turbulenten Aufgaben. Magdeburg: Dissertation Otto-von-Guericke-Universität 1995

[Heg07] Heger, C. L.: Bewertung der Wandlungsfähigkeit von Fabrikobjekten, Hannover: PZH Verlag 2007

[Her03] Hernández, R.: Systematik der Wandlungsfähigkeit in der Fabrikplanung. Fortschritt-Berichte VDI. Düsseldorf: VDI Verlag 2003

[Ket84] Kettner, H.; Schmidt, J.; Greim, R.: Leitfaden der systematischen Fabrikplanung. München/Wien: Carl Hanser Verlag 1984

[Kol05] Kolakowski, M.; Reh, D. et al.: Erweiterte Wirtschaftlichkeitsrechnung (EWR): Ganzheitliche Bewertung von Varianten und Ergebnissen in der Fabrikplanung. wt Werkstattstechnik online, 95 (2005) 4, 210–215

[Lot06] Lotter, B.; Wiendahl, H.-P.: Montage in der industriellen Produktion. Ein Handbuch für die Praxis. Berlin/Heidelberg: Springer Verlag 2006

[Men00] Menzel, W.: Partizipative Fabrikplanung. Grundlagen und Anwendung. Düsseldorf: VDI Verlag 2000

[Mer05] Mertens, P.; Bodendorf, F.: Institutionenlehre; Programmierte Einführung in die Betriebswirtschaftslehre. Wiesbaden: Gabler Verlag 2005

[Mül03] Müller, E.; Gäse, T. et al.: Layoutplanung partizipativ und vernetzt, wt Werkstattstechnik online, 93 (2003) 4, 266–270

[Nof06] Nofen, D.: Regelkreisbasierte Wandlungsprozesse der modularen Fabrik, Berichte aus dem IFA. Hannover: PZH Verlag 2006

[Nyh05a] Nyhuis, P.; Elscher, A.: Process Model for Factory Planning, 38th International CIRP Seminar on Manufacturing Systems, Florianopolis, Brasilien 2005

[Nyh05b] Nyhuis, P.; Kolakowski, M. et al.: Evaluation of Factory Transformability, 3rd International CIRP Conference on Reconfigurable Manufacturing, Ann Arbor, USA, University of Michigan 2005

[Nyh04] Nyhuis, P.; Elscher, A. et al.: Prozessmodell der Synergetischen Fabrikplanung: Ganzheitliche Integration von Prozess- und Raumsicht, wt Werkstattstechnik online, 94 (4) 2004, 95–99

[Nyh06] Nyhuis, P.; Kolakowski, M. et al.: Evaluation of Factory Transformability – a Systematic Approach, Annals of the German Academic Society for Production Engineering, XIII (1) 2006, 147–152

[Nyh07] Nyhuis, P.; Kolakowski, M. et al.: Adequate and Economic Factory Transformability – Results of a Benchmarking, 2nd International Conference on Changeable, Agile, Reconfigurable and Virtual Production, Toronto/Canada 2007

[Rei97] Reinhart, G.: Innovative Prozesse und Systeme – Der Weg zu Flexibilität und Wandlungsfähigkeit, Münchener Kolloquium 1997, Landsberg/Lech 1997

[Rop99] Ropohl, G.: Allgemeine Technologie – Eine Systemtheorie der Technik. München/Wien: Carl Hanser Verlag 1999

[Rot04] Rother, M.; Shook, J.: Sehen lernen. Mit Wertstromdesign die Wertschöpfung erhöhen und Verschwendung beseitigen, Aachen: Lean Management Institute 2004

[Sch04] Schenk, M.; Wirth, S.: Fabrikplanung und Fabrikbetrieb – Methoden für die wandlungsfähige und vernetzte Fabrik, Berlin/Heidelberg: Springer Verlag, 2004

[Sch95] Schmigalla, H.: Fabrikplanung. München/Wien: Carl Hanser Verlag 1995

[Sch99] Schulte, C.: Lexikon der Logistik, München/Wien: R. Oldenbourg Verlag 1999

[Spa02] Spath, D.; Baumeister, M. et al.: Wandlungsfähigkeit und Planung von Fabriken – Ein Ansatz durch Fabriktypologisierung und unterstützenden Strukturbaukasten, ZWF Zeitschrift für wirtschaftlichen Fabrikbetrieb, 97 (1997) 1/2, München/Wien: Carl Hanser Verlag 1997

[VDI91] Verein Deutscher Ingenieure (Hrsg.): Analyse und Planung von Betriebsflächen. Grundlagen, Anwendung und Beispiele. Nummer 3664 VDI-Richtlinien, Berlin: Beuth Verlag 1991

[VDI92] Verein Deutscher Ingenieure (Hrsg.): Simulation von Logistik-, Materialfluss-, und Produktionssystemen. Nummer 3633 VDI-Richtlinien, Berlin: Beuth Verlag 1996

[VDI08] Verein Deutscher Ingenieure (Hrsg.): VDI-Richtlinie „Fabrikplanung", geplante Nummer 5200 noch unveröffentlicht. VDI-Richtlinien

[Wes00a] Westkämper, E.: Kontinuierliche und partizipative Fabrikplanung. wt Werkstattstechnik online, 90 (3) 2000, 92–95

[Wes00b] Westkämper, E.: Wandlungsfähige Unternehmensstrukturen für die variantenreiche Serienproduktion. Ergebnisbericht 2000, 2001, 2002, Sonderforschungsbereich 467: Stuttgart, 2000

[Wes00c] Westkämper, E.; Zahn, E. et al.: Ansätze zur Wandlungsfähigkeit von Produktionsunternehmen – Ein Bezugsrahmen für die Unternehmensentwicklung im turbulenten Umfeld, wt Werkstattstechnik online, 90 (2000) 1/2, 22–26

[Wes02] Westkämper, E.: Wandlungsfähigkeit – Herausforderung und Lösungen im turbulenten Umfeld. Wandlungsfähige Unternehmensstrukturen für die variantenreiche Serienproduktion, Stuttgart: Fraunhofer IRB Verlag 2002

[Wie72] Wiendahl, H.-P.: Technische Investitionsplanung. Habilitationsschrift Rheinisch-Westfälisch Technische Hochschule Aachen 1972

[Wie96] Wiendahl, H.P.: Grundlagen der Fabrikplanung, in: Eversheim, W.; Schuh, G. (Hrsg.): Betriebshütte – Produktion und Management. Berlin/Heidelberg: Springer Verlag 1996

[Wie07] Wiendahl, H.-P., ElMaraghy, H. et al.: Changeable Manufacturing – Classification, Design and Operation, Annals of CIRP, 56 (2) 2007

[Wie05a] Wiendahl, H.-P.: Betriebsorganisation für Ingenieure. Wien/München: Carl Hanser Verlag 2005

[Wie05b] Wiendahl, H.-P.: Die wandlungsfähige Fabrik: Konzept und Beispiel, Kissing: WEKA MEDIA 2005

[Wie04a] Wiendahl, H.-P.; Gerst, D. et al.: Variantenbeherrschung in der Montage. Konzept und Praxis der flexiblen Produktionsendstufe, Berlin/Heidelberg: Springer Verlag 2004

[Wie04b] Wiendahl, H.-P.; Heger, C. L.: Justifying Changeability: A Methodical Approach to Achieving Cost Effectiveness, The International Journal For Manufacturing Science & Production, 6 (1/2) 2004, 33–39

[Wie03a] Wiendahl, H.-P.; Harms, T. et al.: Die Fabrik als strategisches Wettbewerbsinstrument. In: Reinhart, G.; Zäh, M.: Marktchance Individualisierung, Berlin/Heidelberg: Springer Verlag 2003

[Wie03b] Wiendahl, H.-P.; Heger, C. L.: Die wandlungsfähige Fabrik – Zukunftsrobustheit in turbulenten Märk-

ten, Praxisseminar „Neuordnung von Produktionsstandorten". Darmstadt 2003
[Wie02a] Wiendahl, H.-P., Harms, T. et al.: Erfolgreich Planen – Fabrikstrukturierung und Logistikkonzeption im Einklang. In: Albach, H.; Kaluza, B. et al. (Hrsg.): Wertschöpfungsmanagement als Kernkompetenz, Wiesbaden: Gabler Verlag 2002
[Wie02b] Wiendahl, H.-P.; Heger, C. L.: Die wandlungsfähige Fabrik: Ein strategischer Ansatz der zukunftssicheren Produktion, Die Produktion im Focus. Berlin: Euroforum 2002
[Wie02c] Wiendahl, H.-P.; Hernández, R.: Fabrikplanung im Blickpunkt. Herausforderung Wandlungsfähigkeit, wt Werkstattstechnik online, 92 (4) 2002, 133–138
[Wie97] Wiendahl, H.-P.; Scheffczyk, H.: Gestaltung wandlungsfähiger Fabrikstrukturen. Strategien, Planungsmethoden, Beispiele. Fertigungstechnisches Kolloquium „Innovation durch Technik und Organisation", Stuttgart: Springer Verlag 1997
[Wil96] Willke, H.: Systemtheorie. Stuttgart: Fischer Verlag 1996
[Wir00] Wirth, S.; Enderlein, H. et al.: Vision zu Wandlungsfähigen Fabrik, ZWF Zeitschrift für wirtschaftlichen Fabrikbetrieb. München/Wien: Carl Hanser Verlag, (2000) 10, 456–462
[Wir01] Wirth, S.; Hildebrand, T.: Von der funktionalen zur vernetzbaren Produktionsfabrik, 3. Deutsche Fachkonferenz Fabrikplanung, Stuttgart 2001
[Wir99] Wirth, S.: Zukunftsweisende Unternehmens- und Fabrikkonzepte für KMU, 10. Tage des System- und Betriebsingenieurs „Zukunftsweisende Unternehmens- und Fabrikkonzepte", Chemnitz 1999
[Zan76] Zangemeister, C.: Nutzwertanalyse in der Systemtechnik, München: Wittemann Verlag 1976

B 3.3 Produktionsplanung und -steuerung

Das logistische Ziel einer Produktion besteht darin, die aus dem Absatzmarkt resultierenden Aufträge umfassend zu erfüllen, also bestimmte Produkte in der verlangten Menge zum vereinbarten Termin zu liefern. Nachdem Konstruktion und Arbeitsvorbereitung die Unterlagen hierzu in Form auftragsneutraler Zeichnungen, Stücklisten und Arbeitspläne bereitgestellt haben, können nun die erforderlichen Schritte zur Erzeugung dieser Produkte erfolgen. Die *Produktionsplanung und -steuerung (PPS)* steht hierbei im Mittelpunkt des innerbetrieblichen Handelns (Bild B 3.3-1) [Wie05]. Ausgangspunkt der Planungs- und Steuerungsaktivitäten sind die aus dem Absatzmarkt resultierenden Aufträge, die über den Vertrieb an die PPS weitergeleitet werden. Sie bestehen im Wesentlichen aus Kundenaufträgen basierend auf konkreten Bestellungen und aus Vorratsaufträgen, die der Vertrieb aufgrund seiner Markteinschätzung erteilt. Hinzu kommen Aufträge für das Ersatzteilgeschäft sowie unternehmensinterner Bedarf z. B. für Versuche oder Prototypen.

Die Summe aller Aufträge bildet das *Produktionsprogramm*. Aus dem Produktionsprogramm resultieren zum einen Fertigungsaufträge an die Produktion und zum an-

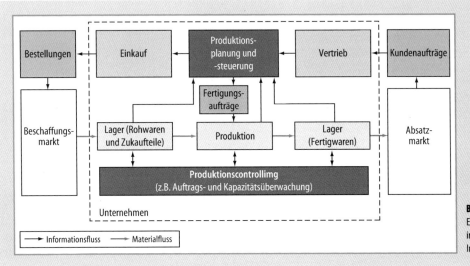

Bild B 3.3-1
Eingliederung der PPS in den Material- und Informationsfluss

deren Beschaffungsaufträge an den Einkauf, die dieser in Form von Bestellungen an den Beschaffungsmarkt weiterleitet. Bei der Erteilung von Fertigungs- und Beschaffungsaufträgen sind Lagerbestände an Zukaufteilen und Rohstoffen und Lagerbestände an Fertigwaren sowie bereits erteilte Fertigungsaufträge zu berücksichtigen.

Nach dem Eingang der Ware vom Beschaffungsmarkt in das Unternehmen fließt das Material zum Zweck der Fertigung, der Montage und der Prüfung durch die Produktion. Die Fertigware wird im Fall einer kundenauftragsneutralen Produktion in das Fertigwarenlager eingelagert und von dort aus an den Kunden ausgeliefert oder fließt im Fall einer kundenauftragsspezifischen Produktion direkt zum Kunden. Eine permanente Überwachung des Auftragsflusses und der Kapazitätsbelastung durch das *Produktionscontrolling* (s. Abschn. B 3.5) liefert die notwendigen Rückmeldungen an die PPS.

B 3.3.1 Zielsetzung

B 3.3.1.1 Zielsystem

Die zentrale Aufgabe des Produktionsmanagements besteht darin, die logistischen Zielsetzungen unter Berücksichtigung der gegenseitigen Abhängigkeiten und im Hinblick auf eine hohe Wirtschaftlichkeit der Produktion zu erreichen. Das hierbei zugrunde liegende Zielsystem wird im Wesentlichen durch die Begriffe *Logistikleistung* und *Logistikkosten* definiert (s. Bild B 3.3-2) [Wie05]. Die Logistikleistung wird dem Kunden gegenüber anhand der realisierten Liefertreue und der Lieferzeit bewertet. Eine hohe Liefertreue bzw. kurze Lieferzeiten bedingen kurze Durchlaufzeiten in allen Produktionsbereichen, welche durch ein niedriges Niveau der Bestände in der Produktion unterstützt werden. Eine hohe Liefertreue erfordert darüber hinaus eine gute Termineinhaltung bei der Auftragsabwicklung, also eine hohe Termintreue aller Produktionsbereiche.

Der Logistikleistung stehen die Logistikkosten gegenüber, die sich aus Bestandskosten und Prozesskosten zusammensetzen. Das Produktionsmanagement kann die Bestandskosten durch gezielte Bestandsveränderungen beeinflussen. Geringe Bestandskosten bedingen niedrige Bestände an Rohwaren, Halbfabrikaten und Fertigwaren. Die Prozesskosten hingegen hängen erheblich von der Auslastung der Produktionsanlagen ab, wobei hohe Bestände in der Produktion eine hohe Auslastung der Produktionsanlagen sicherstellen. Hier zeichnet sich ein Konflikt der Zielgrößen Termintreue, Durchlaufzeit, Auslastung und Bestand ab. Es ist die Aufgabe der PPS, eine Positionierung in diesem Spannungsfeld zu unterstützen.

B 3.3.1.2 Aufgaben und Funktionen der PPS

Die wesentlichen Funktionen, die die PPS in einem Unternehmen wahrzunehmen hat, sind in Bild B 3.3-3 dargestellt. Nach einem Vorschlag von Hackstein [Hac89] sind als zentrale Funktionen der Produktionsplanung insbesondere die *Produktionsprogrammplanung*, die *Mengenplanung* sowie die *Termin- und Kapazitätsplanung* anzusehen. Ein weiterer wichtiger Baustein ist die *Datenverwaltung*, die neben der Datenhaltung auch für die Kommunikation zwischen der Produktionsplanung und der Produktionssteuerung zuständig ist. Die langfristige Produktionsprogrammplanung bestimmt unter Berücksichtigung vorhandener Kapazitäten meist monatlich den Primärbedarf in Form einer Auflistung verkaufsfähiger Erzeugnisse nach Art und Menge für einen Planungshorizont von einem bis zu mehreren Jahren. Die mittelfristige Planung umfasst zum einen die Mengenplanung (Materialbedarfsplanung) sowie zum anderen die Termin- und Kapazitätsplanung. Die Aufgabe der Mengenplanung besteht darin, den Bedarf an Eigenfertigungsteilen und Beschaffungsteilen nach Art, Menge und Termin auf der Basis des Produktionsprogramms sowie der Stücklisten zu bestimmen. Für die Eigenfertigungsteile schließt sich hieran zunächst die Durchlaufterminierung an, bei der ausgehend vom Endtermin anhand der aus dem Arbeitsplan entnommenen Arbeitsvorgangsfolge der Starttermin bestimmt wird. Die folgende Kapazitätsplanung prüft die hieraus resultierende Belastung der Maschinen- und Personalkapazitäten und entscheidet gegebenenfalls über Maßnahmen der Kapazitätsabstimmung.

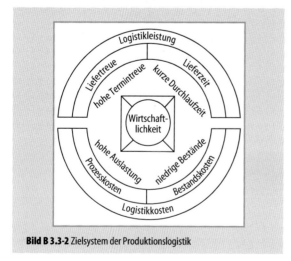

Bild B 3.3-2 Zielsystem der Produktionslogistik

Die Produktionssteuerung beinhaltet die Hauptfunktionen *Auftragsfreigabe* und *Auftragsüberwachung*. Bei der Auftragsfreigabe wird überprüft, ob alle Voraussetzungen zur Auftragsbearbeitung (insbesondere die Verfügbarkeit von Material, Betriebsmitteln und Personal) gegeben sind. Die freigegebenen Aufträge werden im Rahmen der kurzfristigen Auftragsveranlassung den einzelnen Arbeitsplätzen detailliert in Form eines Belegungs- und Terminplanes zugeordnet, die Auftragsbegleitpapiere werden bereitgestellt und die Aufträge durch die Materialbereitstellung gestartet. Der Produktionsablauf wird ständig überwacht. Die Rückmeldungen abgeschlossener Arbeitsvorgänge dienen einerseits der Erfassung des Produktionsfortschritts, andererseits werden daraus periodisch Kennzahlen zur Überwachung von Bestand, Auslastung, Durchlaufzeit und Termineinhaltung berechnet. Die Funktionen Auftragsfreigabe und Auftragsüberwachung werden bisweilen gemeinsam mit der Termin- und Kapazitätsplanung auch unter dem Begriff der Werkstattsteuerung zusammengefasst.

Nach Untersuchungen des Forschungsinstituts für Rationalisierung der RWTH Aachen setzt sich statt der sukzessiven Abarbeitung eine vernetzte Aufgabestruktur durch [Hor95]. Diese vernetzte Aufgabenstruktur beschreibt das *Aachener PPS-Modell*, welches in der Aufgabensicht Kernaufgaben und Querschnittsaufgaben der PPS beschreibt. Angesichts der erweiterten Planungsaufgaben und den daraus erwachsenden Anforderungen bildet das ursprüngliche PPS-Modell nur noch einen Teil der Aufgaben ab, welchen die PPS gerecht werden muss. Deswegen wurde das Aachener PPS-Modell in der Aufgabensicht um den Bereich Netzwerkaufgaben erweitert [Sch06].

Die Kernaufgaben beschreiben die eigentlichen Aufgaben der PPS aus Unternehmenssicht. Sie lassen sich in die vier Bereiche Produktionsprogrammplanung, Produktionsbedarfsplanung, Fremdbezugsplanung und -steuerung und Eigenfertigungsplanung und -steuerung unterteilen. Die Netzwerkaufgaben erweitern das ursprüngliche PPS-Modell um den überbetrieblichen Aspekt auf strategischer Ebene. Die Planungselemente Netzwerkkonfiguration,

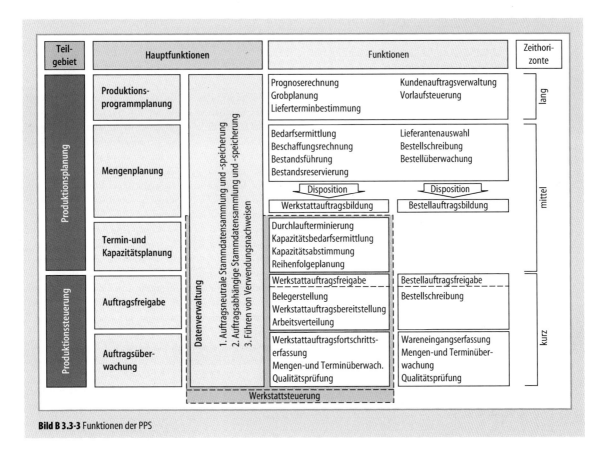

Bild B 3.3-3 Funktionen der PPS

Netzwerkabsatzplanung und Netzwerkbedarfsplanung finden teilweise ihr entsprechendes Pendant im Bereich der Kernaufgaben. Der Bereich der Querschnittsaufgaben umfasst das Auftragsmanagement, das Bestandsmanagement und das Controlling. Die Querschnittsaufgaben dienen der Integration der Netzwerk- und Kernaufgaben und somit der ganzheitlichen Optimierung der PPS. Die Datenverwaltung fällt in sämtliche Aufgabenbereiche des Aachener PPS-Modells, da alle Aufgaben bei ihrer Ausführung auf die Datenverwaltung zurückgreifen.

B 3.3.2 Planung

Jede unternehmerische Handlung bedarf der Planung, damit die möglichen Auswirkungen überschaubar und der zukünftige Erfolg so gut es geht antizipiert werden. Ein wesentlicher Aspekt bei der Durchführung jeder Planung ist die Festlegung des Planungshorizontes und die daraus resultierende Planungssicherheit. Je weiter der Planungshorizont in die Zukunft reicht, desto geringer ist die Planungsgenauigkeit. Dieser Zusammenhang gilt generell aufgrund der zunehmenden Wirkung von Unsicherheit verursachenden Störeinflüssen auf das Planungsobjekt. Die höhere Planungssicherheit bei abnehmendem Planungshorizont wird bei der sog. rollierenden Planung berücksichtigt. Dieses Verfahren beruht auf der systematischen Aktualisierung und Konkretisierung der Pläne durch periodische Fortschreibung.

B 3.3.2.1 Programmplanung

Ausgangspunkt der Planung und Steuerung der Produktionsbereiche ist das Produktionsprogramm. Es umfasst für die künftigen Zeitperioden die zu produzierenden Mengen der verschiedenen Produkte und ist das Ergebnis mehrerer Planungsschritte.

Die Grundlage für das Produktionsprogramm bildet der von Vertrieb und Marketing erstellte *Absatzplan*, der neben vorliegenden Kundenaufträgen auch Absatzprognosen beinhaltet. Dieser Absatzplan wird in einem zweiten Schritt in enger Abstimmung zwischen Beschaffung, Produktion und Vertrieb in ein realisierbares *Produktionsprogramm* umgesetzt. Dabei sind neben den Einschätzungen der Marktentwicklung und den unternehmensstrategischen Zielsetzungen die Restriktionen der Produktion hinsichtlich der Produktionskapazitäten und der Beschaffung hinsichtlich der Materialversorgung zu berücksichtigen.

Die Planung des Produktionsprogramms ist von zentraler Bedeutung für ein Unternehmen, da hier die Weichen für die weiteren Abläufe in der Produktion gestellt werden. Übersteigen die geplanten Absatzmengen die während der Umsetzung der Pläne tatsächlich vom Markt nachgefragten Mengen, so werden Produktionsressourcen durch die Nichtnutzung von Produktionskapazitäten und die erhöhte Kapitalbindung vergeudet oder es kommt zu Unterauslastungen von Kapazitäten, sofern die Produktionsaufträge noch rechtzeitig storniert werden können. Die kurzfristige Umstellung der Produktion auf andere Produkte ist aber selbst bei entsprechender Nachfrage und trotz freier Kapazitäten nicht immer möglich, da die Materialdisposition unter Umständen hierauf nicht eingestellt war und somit Zukaufteile teilweise nicht verfügbar sind. Von den Verantwortlichen im Produktionsbereich werden daher in der Praxis nicht selten Aufträge ausgelöst oder vorgezogen, für die zwar Material und Kapazitäten vorhanden sind, jedoch noch kein aktueller Bedarf besteht. Ist die tatsächliche Marktnachfrage hingegen größer, als die in der Planung prognostizierte, kann es zu Kapazitätsengpässen kommen. Durch die unmittelbaren Konsequenzen (höhere Warte- und Durchlaufzeiten der Produkte) kann es zu Terminverzügen und damit zu einer Verschlechterung der Termintreue kommen. Die aus den hier aufgezeigten Problemen resultierenden Effekte dokumentieren sich anschaulich in den in der Praxis festzustellenden Terminabweichungen und stark streuenden Durchlaufzeitverteilungen [Wie05].

Zusammensetzung des Produktionsprogramms

Bei der Planung des Produktionsprogramms sind Bedarfe unterschiedlicher Herkunft zu berücksichtigen (Bild B 3.3-4). Das Produktionsprogramm umfasst i. d. R. sowohl erteilte Produktionsaufträge (insbesondere bestätigte Kundenaufträge und ggf. interne Entwicklungsaufträge) als auch prognostizierte Produktionsaufträge. Letztere werden aufgrund von Beobachtungen des Absatzmarktes erstellt. Dabei spielt die statistische Auswertung von Absatzdaten aus der Vergangenheit zur Ableitung der allgemeinen Marktentwicklung (Absatzprognose) ebenso eine Rolle wie die in der Vergangenheit erstellten Angebote auf Kundenanfragen.

Damit das Produktionsprogramm zu großen Teilen in der Produktion umgesetzt wird, ist es von Vorteil, wenn der Hauptteil des Produktionsprogramms aus konkreten Kundenaufträgen besteht. Dies ist jedoch in der industriellen Praxis nicht immer zu realisieren. Oft sind die vom Markt geforderten Lieferzeiten kürzer als die zu realisierenden Durchlaufzeiten der Produkte durch die Produktion oder die Wiederbeschaffungszeiten für Rohmaterial und Zukaufteile. Deshalb ist es i. d. R. erforderlich, Kundenentkopplungspunkte zu definieren. Dieser gibt an, ab wann aus einem kundenauftragsneutralen Fertigungsauftrag ein kundenauftragsspezifischer Fertigungsauftrag wird. Der Kundenentkopplungspunkt und somit die Bevorratungsstrate-

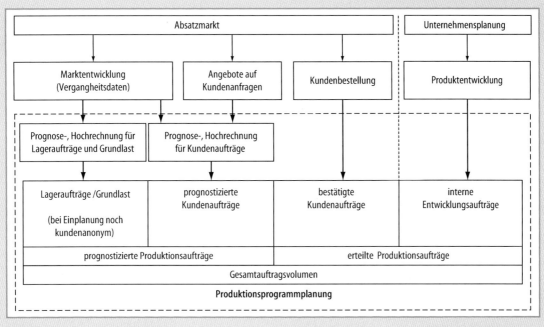

Bild B 3.3-4 Zusammensetzung des Produktionsprogramms

gie sind so zu definieren, dass eine Belieferung des Kunden in der geforderten Lieferzeit möglich ist. Für eine wirtschaftliche Bevorratung sind hierbei drei Punkte zu beachten. Erstens sollte die Teilevielfalt auf der Bevorratungsebene möglichst gering sein. Zweitens sollte die Mehrfachverwendbarkeit der Teile auf der Bevorratungsebene möglichst hoch sein. Drittens sollte der Großteil des Wertzuwachses in den kundenauftragsbezogenen Produktionsbereich fallen. Meist fällt der Kundenentkopplungspunkt auf eine Zwischenlagerstufe. Diese Lagerstufen sind im Rahmen der Bestandsplanung zu dimensionieren. Hierbei zeigt sich folgender Zielkonflikt: Einerseits sollen die Lagerhaltungskosten und die Kapitalbindungskosten auf einem möglichst niedrigen Niveau gehalten werden, was durch niedrige Lagerbestände zu verwirklichen ist. Andererseits soll die Lieferbereitschaft der Lagerstufe möglichst hoch sein, um Lieferprobleme bzw. Fehlmengenkosten (z. B. durch Fehlmengensituationen an folgenden Arbeitssystemen) zu minimieren, was durch hohe Lagerbestände unterstützt wird. Es ist die Aufgabe der Bestandsplanung, sich in diesem Spannungsfeld zu positionieren.

Folgende und geglättete Produktion

Generell ist zu entscheiden, ob die Produktion einem Absatzplan mit einem schwankenden Kundenbedarf folgt oder ob der Bedarf über einen längeren Zeitraum geglättet wird. Bild B 3.3-5 verdeutlicht die Unterschiede zwischen dem Absatzplan folgender und geglätteter Produktion. Beide Produktionstypen haben bezüglich des Bestandsmanagements und der Kostenkontrolle Vor- und Nachteile.

Im Mittelpunkt der Betrachtung stehen hier die Produktionsmengen und der Bestandsverlauf bei einem gegebenen Absatzplan mit schwankendem Kundenbedarf. Bei der *folgenden Produktion* wird immer genau die Menge produziert, die laut Absatzplan vom Markt nachgefragt wird. Der Bestand im Warenausgangslager bleibt konstant. Zur Realisierung der folgenden Produktion ist eine hohe Kapazitätsflexibilität erforderlich. Bei *geglätteter Produktion* wird in jeder Periode die gleiche Menge produziert. Die schwankende Nachfrage wird hierbei durch ein Warenausgangslager kompensiert, welches entsprechend den erwarteten Bedarfsschwankungen zu dimensionieren ist.

Bedarfsermittlung

Wenn das Produktionsprogramm erstellt worden ist, kann anschließend die Bedarfsermittlung durchgeführt werden. Grundsätzlich lassen sich hierbei die Methoden deterministische, stochastische und heuristische Bedarfsermittlung unterscheiden (Bild B 3.3-6).

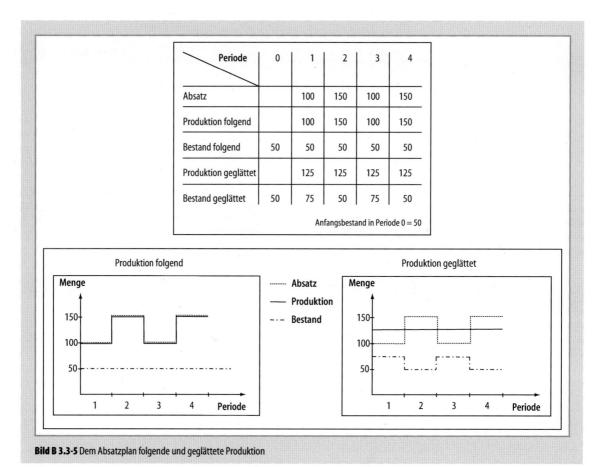

Bild B 3.3-5 Dem Absatzplan folgende und geglättete Produktion

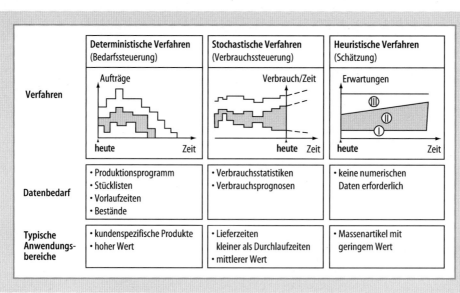

Bild B 3.3-6 Methoden der Bedarfsermittlung

Bei der *deterministischen Bedarfsermittlung* wird der Material- und Teilebedarf auf der Basis des Produktionsprogramms berechnet. Das Produktionsprogramm wird dabei unter Verwendung von Stücklisten über alle Erzeugnisebenen aufgelöst. Zur Ermittlung der Bedarfszeitpunkte werden weiterhin in den Stammdaten gespeicherte Vorlaufzeitdaten sowie Bestandsdaten aus der Materialwirtschaft benötigt. Deterministische Verfahren werden in erster Linie bei kundenspezifischen Produkten sowie Teilen mit einem hohen Wert angewandt.

Die *stochastische Bedarfsermittlung* beruht in erster Linie auf statistischen Daten. Hierzu zählen einerseits Verbrauchsstatistiken für die einzelnen Produkte und Einzelteile und andererseits Verbrauchsprognosen. Stochastische Verfahren kommen in erster Linie bei Produkten und Teilen mit mittleren Werten zum Einsatz. Weiterhin werden stochastische Verfahren angewandt, wenn die vom Markt geforderten Lieferzeiten kleiner sind als die Durchlaufzeiten, so dass zum Zeitpunkt der Bedarfsauflösung noch keine Kundenaufträge vorliegen und gleichzeitig in der Programmplanung für die betroffenen Produkte oder Teile keine differenzierten Prognosen erstellt wurden.

Bei der *heuristischen Bedarfsermittlung* lassen sich zwei Formen unterscheiden. Bei der Analogschätzung werden die Ergebnisse der Bedarfsermittlung für vergleichbare Erzeugnisse oder Materialien übertragen. Demgegenüber liegt bei der Intuitivschätzung eine auf Erfahrungen oder Vermutungen beruhende Meinung über den mutmaßlichen Bedarf in der Zukunft vor. Spezielle numerische Daten über das betrachtete Objekt werden nicht benötigt. Da die Unsicherheit beim heuristischen Verfahren besonders groß ist, wird dieses Verfahren nur bei Artikeln mit geringem Teilewert eingesetzt [Wie05].

B 3.3.2.2 Mengenplanung

Als Ergebnis der Programmplanung und der Bedarfsermittlung liegen die Nettobedarfe nach Menge und Termin für alle Stücklistenpositionen fest. Sofern es sich hierbei um Einzelbedarfe handelt, leitet sich aus dem jeweiligen Bedarf unmittelbar ein Produktionsauftrag (bei Eigenfertigungsteilen) oder ein Beschaffungsauftrag (bei Fremdbezugsteilen) ab. Wenn die Bedarfe aber über mehrere Perioden verteilt anfallen, ist im Rahmen der Losgrößenbestimmung festzulegen, wann und in welcher Menge ein Auftrag zu fertigen ist.

Die Wirtschaftlichkeit der Produktion kann in entscheidender Weise durch die Bestimmung geeigneter Losgrößen beeinflusst werden. Denn die Losgrößen von Fertigungsaufträgen wirken sich auf verschiedene Aspekte des Produktionsablaufs wie beispielsweise Rüstkosten, Lagerkosten, Flexibilität, Durchlaufzeit, Ausbringung oder Kapitalbindung aus. Insbesondere kommt der Losbildung in Serienfertigungen mit kleineren und mittleren Stückzahlen eine zentrale Bedeutung zu.

Zur Bestimmung von Losgrößen werden in den meisten Unternehmen hauptsächlich wirtschaftliche Kriterien herangezogen. Die meisten Losgrößenbestimmungsverfahren berücksichtigen dabei mehr oder weniger detailliert die über die Losgröße gegenläufigen Lagerhaltungskosten einerseits und Auftragswechselkosten (diese sind im Wesentlichen die Rüstkosten) andererseits. Diese klassischen Losgrößenbestimmungsverfahren lassen den Einfluss der Losgrößen auf die Durchlaufzeiten und die Bestandsbindung in der Produktion unzulässigerweise unberücksichtigt [Nyh03]. Dabei bestimmt der Mittelwert und die Streuung der Auftragszeiten und damit die Fertigungslosgrößen maßgeblich die minimal erreichbaren Durchlaufzeiten. Damit sind sowohl die Durchführungszeiten wie auch die Übergangszeiten in der Produktion losgrößenabhängige Kapitalbindungszeiten und somit in die Berechnung wirtschaftlicher Losgrößen einzubeziehen.

Das Verfahren der *Durchlauforientierten Losgrößenbestimmung* berücksichtigt diese Aspekte über den Zusammenhang von Arbeitsinhalten und damit Losgrößen sowie den logistischen Zielgrößen [Nyh91]. Das Verfahren zeichnet sich dadurch aus, dass die Kapitalbindung während des vollständigen Auftragsdurchlaufs durch die Produktion zugrunde gelegt wird (Bild B 3.3-7).

Teil a des Bilds B 3.3-7 zeigt die Kapitalbindungskosten eines Auftrags im Produktentstehungsprozess. Während klassische Losgrößenbestimmungsverfahren nur die Kapitalbindung in den Lagerstufen berücksichtigt (Bild 3.3-7b) zieht die Durchlauforientierte Losgrößenbestimmung (DOLOS) auch die Kapitalbindung während des Produktionsprozesses mit in Betracht (Bild 3.3-7c). Als primäre Wirkung werden gegenüber klassischen Ansätzen kleinere Losgrößen berechnet. Dabei werden Lose mit tendenziell großen Arbeitsinhalten stärker reduziert als Lose mit kleinen Arbeitsinhalten. Somit sorgt das Verfahren für eine Reduzierung und Harmonisierung der Auftragszeiten. Die mit der Durchlauforientierten Losgrößenbestimmung berechneten Losgrößen ermöglichen einen schlankeren Durchlauf der Aufträge als klassische Verfahren, da eine umfassendere Betrachtung der Einflussgrößen vorgenommen wird.

B 3.3.2.3 Termin- und Kapazitätsplanung

Gegenstand der Termin- und Kapazitätsplanung ist die terminliche Ordnung der in der Programmplanung bzw. der Mengenplanung gebildeten Aufträge innerhalb eines vorge-

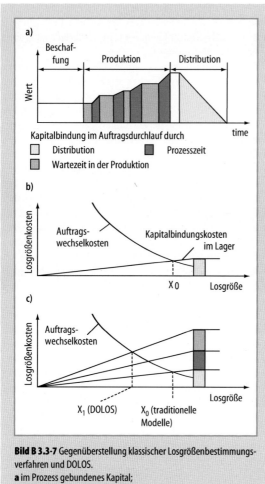

Bild B 3.3-7 Gegenüberstellung klassischer Losgrößenbestimmungsverfahren und DOLOS.
a im Prozess gebundenes Kapital;
b Traditionelle Losgrößenverfahren;
c Durchlauforientierte Losgrößenbestimmung

gebenen Spielraums. Hierbei handelt es sich allgemein um eine Planung in Stufen zunehmender Genauigkeit (Grob-, Mittel- und Feinplanung). Charakteristisch für die *Grobplanstufe* ist die Planung auf Erzeugnisebene, da Mengen- und Terminangaben häufig noch unsicher sind und auch meist noch keine genauen Angaben über den Aufbau der Produkte und den Arbeitsablauf vorliegen. In der *Mittelfristplanung* werden Werkstattzeichnungen und Stücklisten vorausgesetzt. Aus letzteren wird im Rahmen der Disposition zunächst der Mengenbedarf an Baugruppen und Teilen einschließlich des Solltermins berechnet. Für jedes Eigenfertigungsteil erfolgen dann die Durchlaufplanung sowie anschließend die Kapazitätsterminierung für die betroffenen Arbeitssysteme. In der *Feinplanung* schließlich findet die Feinterminierung einzelner Arbeitsvorgänge im Rahmen der Arbeitsverteilung statt. Letztere stellt die Schnittstelle zur Auftragsdurchführung dar und wird zusammen mit dem Rückmeldesystem auch als *Durchsetzungssystem* bezeichnet.

Neben der Einteilung in Stufen zunehmender Genauigkeit ist ferner der Gedanke eines in regelmäßigen Abständen (Planungszyklus) oder fallweise zu durchlaufenden Regelkreises charakteristisch für die praktizierte Fertigungsterminplanung. Die zentrale Fragestellung, die im Rahmen der Termin- und Kapazitätsplanung beantwortet werden muss, ist die Ermittlung des Starttermins der einzelnen Arbeitsvorgänge eines Auftrags bei vorgegebenem Endtermin. Dabei bietet sich auf jeder Planungsstufe ein zweigeteiltes Vorgehen an: eine *Durchlaufterminierung* mit anschließender Kapazitätsterminierung.

Die Bild B 3.3-8 fasst die Informationsflüsse der Termin- und Kapazitätsplanung zusammen. In die Termin- und Kapazitätsplanung gehen verschiedene Informationen ein: Arbeitspläne, Auftragslisten, Übergangszeiten, Arbeitssystembeschreibungen und Stücklisten. Das Ergebnis dieser Planungsaufgabe sind Plan-Starttermine und Plan-Fertigstellungstermine der Aufträge (Terminplanung) sowie ein Belastungsprofil für jedes Arbeitssystem bzw. jede Kapazitätseinheit (Kapazitätsplanung).

Durchlaufterminierung

Zur Terminierung der Auftragsdurchläufe erfolgt zunächst eine zeitliche Aneinanderreihung der einzelnen *Arbeitsvorgänge*. Die Zeitdauer der einzelnen Arbeitsvorgänge entstammt entweder Schätzwerten, Planwerten aus Standardablaufplänen oder in einzelnen Fällen auch neu berechneten Werten. Zur Darstellung des Durchlaufs eines Auftrags wird i. d. R. ein einfacher Balkenplan verwendet. Reicht ein solcher Balkenplan aufgrund der Komplexität des Auftrags nicht aus, so werden zur Visualisierung Netzpläne verwendet. Je nach Fragestellung ergibt sich aus dieser Rechnung, wann ein Auftrag – unter der Annahme, dass die benötigte Kapazität an jedem Arbeitssystem in der verlangten Menge verfügbar ist – bei bekanntem Fertigstellungstermin gestartet werden muss bzw. wann bei bekanntem Starttermin mit der Fertigstellung zu rechnen ist.

Liegt der *Plan-Starttermin* oder sogar der *Plan-Fertigstellungstermin* eines Auftrags in der Vergangenheit, so sind gegebenenfalls Sondermaßnahmen zu ergreifen. Hierbei bieten sich verschiedene Maßnahmen an: Reduzierung der Übergangszeiten, die zeitliche Überlappung von aufeinander folgenden Arbeitsvorgängen oder die Aufteilung eines Loses auf mehrere Arbeitssysteme.

In der betrieblichen Praxis werden unterschiedliche Terminierungsverfahren angewandt. Im einfachsten Fall

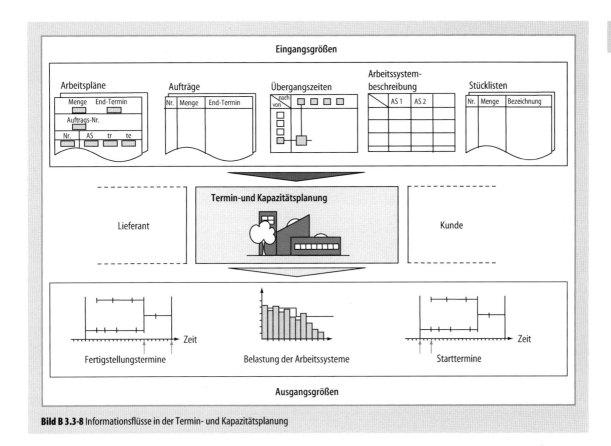

Bild B 3.3-8 Informationsflüsse in der Termin- und Kapazitätsplanung

werden die Auftragsdurchlaufzeiten abgeschätzt oder auf der Basis von Vergangenheitswerten bestimmt. Gegebenenfalls wird dabei nach Auftragsklassen differenziert. Reicht die Genauigkeit dieses Ansatzes nicht aus oder sind zusätzlich die Ecktermine auf der Arbeitsvorgangsebene erforderlich, so wird die Auftragsdurchlaufzeit über die Arbeitsgangdurchlaufzeiten ermittelt. Das exakteste Verfahren ist die Ermittlung der Durchlaufzeiten auf Basis der Durchführungszeiten der Arbeitsvorgänge und der arbeitsplatzbezogenen Übergangszeiten.

Kapazitätsterminierung

An die Durchlaufterminierung schließt sich die Kapazitätsterminierung an. Der erste Schritt ist hierbei die sog. *Belastungsrechnung*. Dabei wird zunächst die absehbare Zukunft – der Planungshorizont – in gleich große Zeitabschnitte eingeteilt, die Planungsperioden. Die einzelnen Arbeitsvorgänge werden im ersten Schritt der Kapazitätsterminierung mit ihrem Arbeitsinhalt entsprechend ihrer Lage auf der Terminachse in die Konten der zugehörigen Arbeitssysteme eingebucht. Aus dem auftragsbezogenen Terminplan entsteht so der anlagenbezogene, d. h. kapazitätsbezogene Terminplan. Als Kapazitätseinheit wird häufig eine Arbeitsplatzgruppe technisch gleichartiger Maschinen gewählt, als Zeiteinheit meist ein Arbeitstag und als Planperiode üblicherweise eine Woche. Aus der Durchlaufterminierung entnimmt man anschließend die Belastungen der einzelnen Aufträge und addiert sie periodenrichtig auf die Belastungskonten der jeweils angesprochenen Kapazitätseinheiten. So entsteht für jede Kapazitätseinheit ein *Belastungsprofil*, dem das Kapazitätsangebot als *Kapazitätsprofil* gegenübersteht.

Kapazitätsabstimmung

Häufig treten mehr oder weniger große Diskrepanzen zwischen dem Kapazitätsangebot und dem Kapazitätsbedarf auf. Für die in diesem Fall notwendige Kapazitätsabstimmung ergeben sich abhängig von der notwendigen Reaktionszeit unterschiedliche Alternativen. Die prinzipiellen Möglichkeiten zur Kapazitätsabstimmung – Kapazitätsanpassung, Belastungsanpassung und Belastungsabgleich – sind in Bild B 3.3-9 in Anhängigkeit von der benötigten Reaktionszeit dargestellt (in Anlehnung an Büchel).

Bei einer *Kapazitätsanpassung* wird die Kapazität an den terminierten Bedarf angepasst. Anpassungsmaßnahmen im Bereich der Betriebsmittel sind dabei ebenso wie Anpassungen der Personalkapazitäten überwiegend mittel- bis langfristiger Natur. Wenn eine entsprechende Qualifikation der Mitarbeiter vorliegt, können durch einen innerbetrieblichen Austausch aber auch im Kurzfristbereich flexible Kapazitäten eingeplant werden.

Bei der *Belastungsanpassung* werden Aufträge ganz oder teilweise an Fremdfirmen abgegeben oder es werden im umgekehrten Fall zusätzliche Aufträge angenommen. Auch dieser Maßnahmenkomplex ist i. d. R. mittelfristig zu planen, um entsprechende Vereinbarungen mit den jeweiligen Fremdfirmen treffen zu können.

Maßnahmen aus dem Bereich des *Belastungsabgleichs* sind oftmals kurzfristig umzusetzen. Beim zeitlichen Ausgleich wird versucht, die Belastung durch eine Mengenänderung oder ein zeitliches Verschieben von Aufträgen oder einzelnen Arbeitsvorgängen an die Kapazität anzupassen. Beim technologischen Ausgleich hingegen werden einzelne Arbeitsvorgänge auf andere Betriebsmittel verlagert, sofern diese zum verlangten Zeitpunkt freie Kapazitäten haben und die technischen Voraussetzungen zur Bearbeitung des Auftrages gegeben sind.

B 3.3.2.4 Belegungsplanung

Die Aufträge, die im Rahmen der Termin- und Kapazitätsplanung mit Start- und Endterminen versehen wurden, werden an ein Durchsetzungssystem übergeben. Dessen Kernfunktion ist die kurzfristige Kapazitätsplanung und die Arbeitsverteilung. Hierbei werden die einzelnen Arbeitsvorgänge der Aufträge aus dem Arbeitsvorrat nach verschiedenen Kriterien auf die Arbeitssysteme eingeplant.

Im Rahmen von *Verfügbarkeitsüberprüfungen* wird weiterhin festgestellt, ob alle notwendigen und unter Umständen kritischen arbeitsgangbezogenen Ressourcen vorhanden sind. Anstoß für die Bereitstellung oder den Transport von Material und Werkzeugen bzw. Vorrichtungen ist die Arbeitszuteilung auf die einzelnen Arbeitssysteme.

Da die Fertigungsabläufe i. d. R. schon durch kleinere Störungen nicht planmäßig verlaufen, gehört die *Auftragsüberwachung* und die *Maschinenüberwachung* zu den weiteren Kernfunktionen eines Durchsetzungssystems. Damit

Reaktionszeit		Kapazitätsabstimmung				
		Kapazitätsanpassung		Belastungs-anpassung	Belastungsabgleich	
		Anpassung der Arbeitskräfte	Anpassung der Betriebsmittel		Zeitlicher Ausgleich	Technologischer Ausgleich
	kurz	Überstundenaufbau/-abbau Innerbetrieblicher Austausch von Arbeitskräften			Aufteilen der Lose Vorziehen/ Aufschieben von Aufträgen oder Einzelbedarfen	Ausweichen auf andere Betriebsmittel
	mittel	Zusätzliche Schicht/Kurzarbeit	Wiedernutzung/ Stilllegung von Anlagen	Fremdvergabe von Aufträgen Annahme von Fremdaufträgen		
	lang	Einstellung/ Entlassung von Personal	Beschaffen/ Abstoßen von Anlagen			

Bild B 3.3-9 Alternativen der Kapazitätsabstimmung

soll die Voraussetzung geschaffen werden, dass jede Störung sofort lokalisiert werden kann, möglichst auf einen Arbeitsgang beschränkt bleibt und nicht einen vollständigen Kundenauftrag durch Ausschuss oder Terminverzug gefährdet.

B 3.3.3 Steuerung

Zu den Aufgaben der Produktionsplanung und -steuerung (PPS) gehört es, den Auftragsdurchlauf und damit den Materialfluss durch eine Produktion so zu steuern, dass die Aufträge möglichst rasch durch die Produktion laufen und zum gewünschten Termin fertig gestellt sind (Ziel: kurze Durchlaufzeit, hohe Termintreue). Dazu müssen die *Warteschlangen* an den Arbeitssystemen möglichst kurz sein (Ziel: geringe Bestände). Weiterhin soll das Abreißen des Materialflusses insbesondere bei *Engpasssystemen* vermieden werden (Ziel: hohe und gleichmäßige Auslastung). Entsprechend dem Funktionsschema der PPS nach Hackstein (Bild B 3.3-3) folgt auf die Planungsfunktionen Programmplanung, Mengenplanung und Termin- und Kapazitätsplanung die Produktionssteuerung oder Fertigungssteuerung mit den Hauptfunktionen Auftragsfreigabe und Auftragsüberwachung.

B 3.3.3.1 Modell der Fertigungssteuerung

Die Fertigungssteuerung hat die Aufgabe, die Vorgaben der Produktionsplanung auch bei – häufig unvermeidbaren – Störungen umzusetzen [Wie97]. Dieses Grundverständnis der Fertigungssteuerung hat Lödding in ein *Modell der Fertigungssteuerung* übertragen [Löd05]. Das Modell setzt sich aus vier unterschiedlichen Elementen zusammen: den Aufgaben der Fertigungssteuerung, den Stellgrößen, den Regelgrößen und den Zielgrößen (Bild B 3.3-10). Diese Elemente sind durch Wirkzusammenhänge mit einander verknüpft: Die Aufgaben legen die Stellgrößen fest. Die Regelgrößen ergeben sich als Abweichung von zwei Stellgrößen. Die Regelgrößen bestimmen die logistischen Zielgrößen.

Die vier Aufgaben der Fertigungssteuerung – Auftragserzeugung (zum Teil auch Planungsaufgabe), Auftragsfreigabe, Reihenfolgebildung und Kapazitätssteuerung – werden im Folgenden näher erläutert.

Auftragserzeugung

Die Auftragserzeugung generiert aus Kundenaufträgen, Materialentnahmen oder einem Produktionsprogramm Fertigungsaufträge. Somit legt sie den Plan-Zugang und

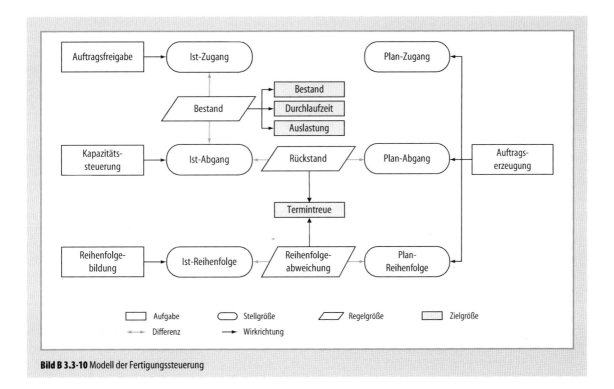

Bild B 3.3-10 Modell der Fertigungssteuerung

den Plan-Abgang der Fertigung sowie die Plan-Reihenfolge der Auftragsabarbeitung fest. Es gibt drei Merkmale, nach denen sich die Auftragserzeugung in einer Fertigung klassifizieren lässt: Auslösungsart, Erzeugungsumfang und Auslösungslogik. Bei der *Auslösungsart* wird zwischen der Auslösung durch einen Kundenauftrag (Auftragsfertigung) und der Auslösung durch einen Auftrag zur Auffüllung eines Lagers (Lagerfertigung) unterschieden. Der *Erzeugungsumfang* der Auftragserzeugung richtet sich danach, ob ein Verfahren Aufträge für eine oder mehrere Stufen der Stückliste eines Produkts gleichzeitig erzeugen kann. Die *Auslösungslogik* der Auftragserzeugung bestimmt, ob ein Fertigungsauftrag zu vorab festgelegten, regelmäßig wiederkehrenden Zeitpunkten (periodische Auftragserzeugung) oder nach definierten Ereignissen (ereignisorientierte Auftragserzeugung) erzeugt wird.

Auftragsfreigabe

Die Auftragsfreigabe bestimmt den Zeitpunkt, ab dem die Fertigung einen Auftrag bearbeiten darf. Sie löst i. d. R. direkt die Bereitstellung des erforderlichen Materials aus. Das Material ist damit fest einem Auftrag zugeordnet und steht für andere Aufträge grundsätzlich nicht mehr zur Verfügung. Die Auftragsfreigabe beeinflusst den Bestand und die bestandsbedingte Auslastung der Fertigung sowie die Durchlaufzeit der Aufträge. Es gibt drei Merkmale zur Klassifizierung der Auftragsfreigabe: Kriterium, Detaillierungsgrad und Auslösungslogik. Das *Kriterium* der Auftragsfreigabe legt das Merkmal fest, nach dem über die Freigabe eines Auftrags entschieden wird. Hierbei kann es sich beispielsweise um den Plan-Starttermin oder den Bestand in der Fertigung handeln. Der *Detaillierungsgrad* der Auftragsfreigabe bestimmt, ob der Auftrag als ganzes freigegeben wird, oder ob eine Entscheidung über die Freigabe jedes einzelnen Arbeitsvorgangs getroffen wird. Die *Auslösungslogik* definiert analog zur der Auftragserzeugung ein periodische oder ereignisorientierte Auftragsfreigabe.

Reihenfolgebildung

Die Reihenfolgebildung bestimmt, welcher Auftrag in der Warteschlange eines Arbeitssystems als nächster bearbeitet werden soll. Dazu ordnet sie jedem Auftrag nach definierten Kriterien eine Priorität zu. Der Auftrag mit der höchsten Priorität ist am dringendsten und wird als erstes bearbeitet. Es existiert eine Reihe von Reihenfolgeregeln, die nach ihrer jeweiligen primären Zielsetzung klassifiziert werden können.

Eine wichtige logistische Zielgröße, die durch die Reihenfolgebildung beeinflusst wird, ist die Liefertreue. Reihenfolgeregeln, welche die Liefertreue einer Fertigung positiv beeinflussen sind die *First in – First out Regel (FIFO)*, die *frühester Plan-Starttermin Regel (FPS)*, die *frühester Plan-Endtermin Regel (FPE)* und die *geringster Restschlupf Regel*.

Für einen Lagerfertiger stellt der Servicegrad eine aus Kundensicht elementare Kennzahl dar. Reihenfolgeregeln, die die Lagerbestände nach der Auftragserzeugung berücksichtigen, können den Servicegrad positiv beeinflussen.

Um die Produktivität eines Arbeitssystems oder einer Fertigung zu steigern, werden in bestimmten Fällen Reihenfolgebildungen zur Erhöhung des Ist-Abgangs und damit der Leistung eingesetzt. Hierbei handelt es sich um eine *rüstoptimale Reihenfolgeregel* oder die *Extended Work in Next Queue Regel (XWINQ)*. Diese verursachen jedoch i. d. R. einen Zielkonflikt mit der Termintreue.

Es existieren noch einige Reihenfolgeregeln, die keine bestimmte Kennzahl oder Zielgröße exklusiv positiv beeinflussen, sondern einige vorteilhafte Eigenschaften aufweisen, wie kurze mittlere Durchlaufzeiten oder eine Verringerung des Handlingaufwands. Dies sind die *kürzeste Operationszeit Regel (KOZ)*, die *längste Operationszeit Regel (LOZ)* und die *Last in – First out Regel (LIFO)*.

Kapazitätssteuerung

Die Kapazitätssteuerung entscheidet allgemein über Arbeitszeiten (bzw. den Schichtplan) und darüber, welchem Arbeitssystem ein mehrfach qualifizierter Mitarbeiter zugeordnet wird. Insbesondere legt sie damit den Einsatz von Überstunden oder Arbeitsreduktionen und sonstige Maßnahmen der Kapazitätsflexibilität fest. Neben den Fällen, in denen die Fertigungssteuerung die Kapazität entweder nicht variiert oder eine von der Produktionsplanung vorgegebene Kapazität einstellt (und damit in beiden Fällen keine aktive Kapazitätssteuerung durchführt), lässt sich grundsätzlich zwischen einer Rückstand regelnden und einer Leistung maximierenden Kapazitätssteuerung unterscheiden. Eine *Rückstandsregelung* bietet sich insbesondere an, wenn die Möglichkeit besteht, die Kapazitäten kurzfristig zu erhöhen. Die zweite Alternative betrifft die Kapazitätssteuerung in Phasen hoher Nachfrage, in denen die Kapazität nicht ausreicht, um alle Kundennachfragen zum Wunschtermin zu erfüllen. Ziel ist es dann, die Kapazität maximal zu nutzen und so eine möglichst hohe Ausbringung an Produkten zu erzielen.

B 3.3.3.2 Verfahren der Fertigungssteuerung

Die an die Fertigungssteuerung gestellten Anforderungen sind in hohem Maß abhängig von der Struktur der Fertigung, wie Fließfertigung, Inselfertigung, Werkstattferti-

gung etc. (s. Abschn. B 3.2), und der Struktur der in der Fertigung bearbeiteten Aufträge (Art und Anzahl unterschiedlicher Produkte und deren Varianten, Stückzahlen je Variante, Mittelwert und Streuung der Arbeitsinhalte). In der Vergangenheit wurde eine Vielzahl von Verfahren entwickelt, die je nach Struktur der Fertigung und der Aufträge und nach Zielsetzung der Unternehmen anzuwenden sind [Löd05]. Im Folgenden wird eine Auswahl von Verfahren der Planung und Steuerung erläutert:
– Manufacturing Resource Planning (MRP II),
– Fertigungssteuerung mit Leitständen,
– Optimized Production Technology (OPT),
– belastungsorientierte Auftragsfreigabe,
– Planung und Steuerung mit Fortschrittszahlen,
– Kanban-Steuerung und
– Conwip-Steuerung.

Keines dieser Konzepte kann für sich in Anspruch nehmen, den unterschiedlichen Anforderungen der Industrie umfassend gerecht zu werden. Es sollte daher angestrebt werden, unter Berücksichtigung der jeweiligen Rahmenbedingungen die genannten Steuerungsansätze hinsichtlich der Einsatzmöglichkeiten zu überprüfen und in einer der jeweiligen Aufgabe angepassten Form – ggf. auch kombiniert – zu realisieren.

B 3.3.3.3 Manufacturing Resource Planning (MRP II)

Das MRP-II-Konzept *(Material Resource Planning)* ist Anfang der 1970er Jahre in den Vereinigten Staaten als Weiterentwicklung des *Material Requirements Planning (MRP)* entstanden. Heute wird das MRP II vielfach als „traditionelles" oder „konventionelles" PPS-Verfahren bezeichnet und bildet zugleich die Grundlage für viele Softwaresysteme zu deren EDV-technischer Unterstützung.

Um die Vielzahl der Variablen und Parameter und deren Interdependenzen bei der Planung und Steuerung berücksichtigen zu können, wäre ein simultanes „Total-Modell" notwendig. Aufgrund der hierbei nicht zu bewältigenden Komplexität wird im Rahmen des MRP II die gesamte Produktionsplanung und -steuerung in Teilprobleme bzw. Module zerlegt (Bild B 3.3-11). Die Integration der dargestellten Aufgabenbereiche in einem umfassenden Konzept wie dem MRP II ist zweckmäßig, da eine isolierte Festlegung der Entscheidungsvariablen in den verschiedenen Bereichen der PPS die vielfältigen, zwischen ihnen bestehenden Interdependenzen missachten und daher zu unvereinbaren oder nicht zielführenden Ergebnissen führen würde.

Dies ermöglicht die sukzessive Lösung der verschiedenen Planungsaufgaben in einem fortschreitenden Abstimmungsprozess, bei dem auf jeder Planungsebene Entscheidungsvariablen festgelegt werden, die als Rahmenbedingungen in das nachfolgende Modul eingehen. Die Hierarchie der Planungsebenen orientiert sich bei der sukzessiven Vorgehensweise am zeitlichen Horizont der Teilprobleme, wobei ausgehend von der strategischen Geschäftsplanung eine kontinuierliche Operationalisierung der Planungsergebnisse erreicht wird. Aufgrund der sukzessiven Vorgehensweise und der Interdependenzen zwischen den einzelnen Stufen des Abstimmungsprozesses werden auf übergeordneten Hierarchieebenen teilweise Annahmen über Größen erforderlich, die erst als Ergebnis einer sich anschließenden Planungsstufe festgelegt werden. Die nachfolgend ermittelten Werte können dabei jedoch von den zunächst angenommenen Eingangsgrößen abweichen. Um derartige Abweichungen innerhalb eines Sukzessivplanungskonzepts wie dem MRP II berücksichtigen zu können, sind Rückkopplungen zwischen den Planungsebenen erforderlich, die zu einer iterativen Vorgehensweise bei der Abstimmung der Pläne führen.

B 3.3.3.4 Fertigungssteuerung mit Leitständen

Für die Belegungsplanung und die Durchsetzung der Aufträge in der Werkstatt wurden Leitstände entwickelt, die als Bindeglied zwischen Planung und Durchsetzung des Fertigungsablaufes wirken [Dan86]. Unter einem Leitstand werden sowohl die manuell geführten Plantafeln wie auch Softwareprodukte verstanden, mit denen diese Plantafel auf Computern abgebildet werden kann. Zu den Kernfunktionen eines Leitstandes gehören die *kurzfristige Kapazitätsplanung* und die *Arbeitsverteilung*. Hierbei werden die einzelnen Arbeitsvorgänge der Aufträge aus dem Arbeitsvorrat nach verschiedenen Kriterien auf die Arbeitssysteme eingelastet. Einplanungsalternativen lassen sich dabei rasch durchspielen und temporäre Engpasssituationen schnell erkennen. Im Rahmen von *Verfügbarkeitsüberprüfungen* wird sichergestellt, dass alle notwendigen und u. U. kritischen arbeitsgangbezogenen Ressourcen (Personal, Maschinen, Material, NC-Programme, Werkzeuge und Vorrichtungen) vorhanden sind. Über die zeitnahe *Auftrags- und Maschinenüberwachung* soll sichergestellt werden, dass jede Störung sofort lokalisiert werden kann, um so Ausschuss oder Terminverzüge weitestgehend zu vermeiden.

B 3.3.3.5 Optimized Production Technology (OPT)

Das Produktionssteuerungssystem OPT (Optimized Production Technology) [Gol87] basiert auf neun Planungsregeln, die einerseits allgemeine Strategien zur Steuerung der

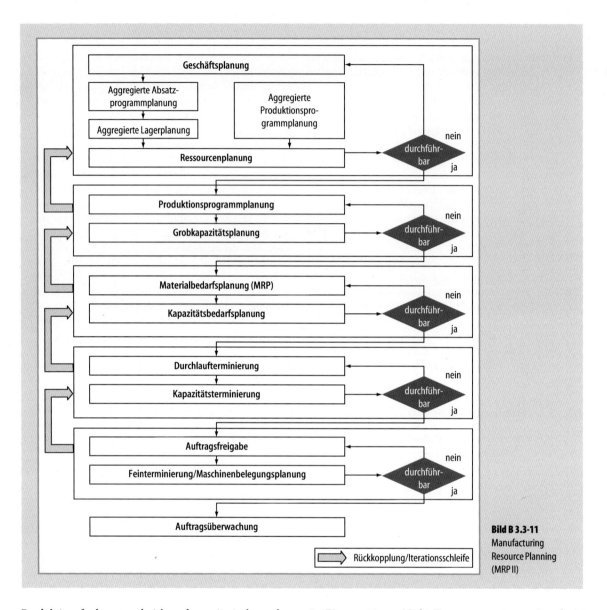

Bild B 3.3-11 Manufacturing Resource Planning (MRP II)

Produktion festlegen und sich andererseits insbesondere mit der Bedeutung von Engpässen für die Zielerreichung einer Produktion beschäftigen. Die neun Regeln lauten:
1. Den Fertigungsfluss, nicht die Kapazität abgleichen.
2. Der Nutzungsgrad einer Nicht-Engpasskapazität wird nicht durch dessen Kapazität bestimmt, sondern durch irgendeine andere Begrenzung im Materialfluss.
3. Bereitstellung und Nutzung einer Kapazität sind nicht gleichbedeutend.
4. Eine in einem Engpass verlorene Stunde ist eine für das ganze System verlorene Stunde.
5. Eine an einem Nicht-Engpass gewonnene Stunde ist nichts weiter als ein Wunder.
6. Engpässe bestimmen sowohl den Durchlauf als auch die Bestände.
7. Das Transportlos muss nicht gleich dem Bearbeitungslos sein und darf das in vielen Fällen auch gar nicht.
8. Das Bearbeitungslos muss variabel und nicht fest sein.
9. Wenn Pläne aufgestellt werden, sind alle dafür notwendigen Voraussetzungen gleichzeitig zu überprüfen. Durchlaufzeiten sind das Ergebnis eines Planes und können nicht im Voraus festgelegt werden.

Aus diesen Grundregeln leitet sich die Steuerungsphilosophie von OPT ab, die oft auch als Drum-Buffer-Rope-Ansatz bezeichnet wird. Danach gibt der Engpass den Produktionstakt vor (engl.: drum – Trommel). Ein Sicherheitsbestand (engl.: buffer – Puffer) vor dem Engpass sorgt für die nötige Auslastungssicherheit. Darüber hinaus muss es eine Informationsverbindung zwischen dem Engpass und den Arbeitssystemen geben, die diesen mit Aufträgen bzw. Material versorgen. Diese Verbindung wird mit Rope (engl.: rope – Seil) bezeichnet und ermöglicht es, bei überhöhtem Bestand im Pufferlager die Produktion der vorgelagerten Arbeitssysteme zu drosseln bzw. bei Unterschreiten eines Mindestbestandes zu steigern.

Der OPT-Planungslauf beginnt mit dem *Aufbau des OPT-Produktnetzes*. Dieses Netz gibt wieder, welche Tätigkeiten zur Fertigung des bestehenden Produktionsprogramms auszuführen sind und welche Verbindungen zwischen diesen Tätigkeiten bzw. den dazugehörigen Ressourcen bestehen. Nach dem Aufbau des Produktnetzes sind im nächsten Schritt die *Engpässe* innerhalb dieses Netzes zu ermitteln. Der Hauptengpass (das Arbeitssystem mit der höchsten Belastung) rückt nun in den Mittelpunkt der gesamten weiteren Planung. Dazu wird das aufgebaute OPT-Produktnetz in einen unkritischen (alle Systeme vor dem Engpass) und einen kritischen Bereich (alle Systeme hinter dem Engpass) unterteilt. Im Weiteren Verlauf der Planung werden nun differenzierte Steuerungsstrategien für den *kritischen* und den *unkritischen Teil des Produktnetzes* verwendet. Zunächst wird eine genaue Belegungsplanung des Engpasses vorgenommen. Daraus ergeben sich die Plan-Endtermine aller Arbeitsvorgänge an diesem Engpass. Ausgehend von diesen Terminen werden nun die Arbeitsvorgänge des Produktnetzes im kritischen Teil einer Vorwärtsterminierung unterzogen, während der unkritische Teil, ausgehend vom Engpass, rückwärts terminiert wird. Ziel der Steuerung des unkritischen Teil des Produktionsnetzes ist es, den Engpass mit ausreichend Arbeit zu versorgen, während die Steuerung des kritischen Netzteils auf stabile und kurze Durchlaufzeiten abzielt.

Zur Anwendung des OPT-Ansatzes muss eine relativ stabile Belastungssituation der Arbeitssysteme vorausgesetzt werden. Dynamisch wechselnd auftretende Engpasssituationen lassen sich nur schwer bewältigen. Weiterhin muss eine grobe Abstimmung von Kapazität und Belastung gewährleistet sein, um sicherzustellen, dass das Produktionsprogramm mit den vorhandenen Kapazitäten überhaupt zu bewältigen ist. Bei der Belegungsplanung wird eine Feinplanung durchgeführt, wobei sich diese jedoch auf die Engpass-Arbeitssysteme beschränkt. Dennoch müssen zur Identifikation der Engpasssysteme sowie zur Belegungsplanung exakte Kapazitätsinformationen sowie Bearbeitungszeitangaben für alle Arbeitssysteme vorliegen. Und schließlich muss über ein unterlagertes Durchsetzungssystem sichergestellt werden, dass die vom OPT-System vorgegebenen Termine nicht nur am Engpass, sondern – wenngleich auch mit größerer Toleranz – an allen weiteren Arbeitsplätzen eingehalten werden.

B 3.3.3.6 Belastungsorientierte Auftragsfreigabe

Die Auftragsfreigabe hat allgemein die Aufgabe, die im Rahmen der Materialbedarfsplanung bestimmten Fertigungsaufträge auf ihre Durchführbarkeit hin zu überprüfen. Bei dem Verfahren der Belastungsorientierten Auftragsfreigabe (BOA) [Bec84; Wie97] wird diese Funktion der Fertigungssteuerung in drei Teilschritten durchgeführt. Die *Dringlichkeitsprüfung* hat die Aufgabe, aus den durch die Disposition bekannten Aufträgen die dringlichen Aufträge auszuwählen. Dazu erfolgt zunächst eine Rückwärtsterminierung aller Aufträge mit Plandurchlaufzeiten, die auf die geplante Belastungssituation der betreffenden Arbeitsplätze abgestimmt sind. Die nach Startterminen sortierten Aufträge werden bis zu einem wählbaren zeitlichen Vorgriffshorizont als dringlich eingestuft, die übrigen Aufträge bis zum nächsten Planungslauf als nicht dringlich zurückgestellt.

Die eigentliche *Freigabeprüfung* beginnt mit einer Belastungsrechnung, die im Gegensatz zum konventionellen Verfahren nicht auf einer periodenweisen Einlastung beruht, sondern nur die nächste Planungsperiode betrachtet. Später anfallende Arbeitsgänge werden hinsichtlich ihrer Belastung mit Hilfe eines speziellen Algorithmus auf die erste Periode umgerechnet (sog. Abwertung). Je Kapazitätseinheit wird nun für jeden Arbeitsgang geprüft, ob ein mit der Plandurchlaufzeit korrespondierender maximaler Belastungswert – die Belastungsschranke – überschritten wird oder nicht. Als Ergebnis erhält man eine Liste der freigegebenen Aufträge. Die abgewiesenen Aufträge werden in der folgenden Planungsperiode auf Grund einer dann höheren Dringlichkeit bevorzugt behandelt. Der Kerngedanke des Verfahrens besteht darin, das Bestandsniveau an jedem Arbeitsplatz zu regeln und so definierte und stabile Durchlaufzeiten sicherzustellen.

Die BOA wird dort vorteilhaft eingesetzt, wo Fertigungsaufträge mit einer großen Streuung hinsichtlich der Anzahl der Arbeitsgänge und der Auftragszeiten vorliegen und um Kapazitäten konkurrieren. Dies ist typischerweise in der losgebundenen Einzel- und Kleinserienfertigung der Fall, die nach dem Werkstättenprinzip organisiert ist. Derartige Situationen finden sich in Maschinenbauunternehmen für Investitionsgüter sowie in Betrieben der Elektrotechnik, der Elektronik und der Kraftfahrzeug-Zulieferindustrie.

B 3.3.3.7 Planung und Steuerung mit Fortschrittszahlen

Das Fortschrittszahlenprinzip (FZ-Prinzip) stellt ein integriertes Planungs- und Kontrollverfahren dar, welches insbesondere in solchen Unternehmen angewendet wird, in denen eine Serienfertigung von Standardprodukten mit Varianten erfolgt. Der Haupteinsatzbereich des Fortschrittszahlenprinzips liegt in der Automobilindustrie, wo sich das Verfahren insbesondere für die Materialwirtschaft und die Produktionsverbundsteuerung von verschiedenen Herstellerwerken bewährt hat [Hei88]. Vielfach wird das Verfahren aber auch bei Zulieferunternehmen der Automobilindustrie eingesetzt.

Das FZ-Prinzip basiert auf dem Grundgedanken, ein Produktionssystem nicht über Differentialgrößen (Produktionsaufträge mit zugeordneten Mengen und Terminen), sondern abschnittsweise über Soll-Fortschrittszahlen zu führen und den erreichten Zustand über Ist-Fortschrittszahlen zu messen und zu beurteilen. Begrifflich wird unter einer Fortschrittszahl (FZ) die kumulative Erfassung und Abbildung von Materialbewegungen über der Zeit verstanden. Mit den Fortschrittszahlen werden an definierten Zählpunkten im Produktionsprozess die vorbeifließenden Mengen (i. Allg. Stückzahlen) für jeweils ein bestimmtes Erzeugnis addiert und in Form von Mengen-Zeit-Relationen (sog. Fortschrittszahlendiagrammen) dargestellt.

Zur Anwendung des FZ-Prinzips wird eine Produktion (vom Materiallager über die einzelnen Produktionsabteilungen und die Montage bis zum Versand) in einzelne *Kontrollblöcke* unterteilt, die dann über eine angepasste Fortschrittszahlenhierarchie geplant und überwacht werden. Jeder Kontrollblock wird dazu durch die *Zugangs- und Abgangsfortschrittszahl* gegen seine Vorgänger bzw. Nachfolger abgegrenzt. Die einzelnen Produktionsbereiche können nach Vorgabe aufeinander abgestimmter Sollwerte autonom gesteuert und kontrolliert werden. Dies bedeutet u.a., dass die einzelnen Kontrollblöcke jeweils eine eigene Disposition (kontrollblockspezifische Losgrößen, Reihenfolgeentscheidungen usw.) innerhalb der durch die Sollfortschrittszahlen vorgegebenen Grenzen durchführen können. Um den dafür erforderlichen Spielraum zu schaffen, müssen zwischen den Kontrollblöcken Lager als Bestands- bzw. Vorlaufpuffer vorgesehen werden. Diese Puffer dienen weiterhin dazu, die Leistungserbringung eines Kontrollblockes auch bei Störungen und Bedarfsschwankungen jederzeit sicherzustellen.

Zentrale Voraussetzungen für das FZ-Prinzip sind die korrekte und aktuelle Erfassung der Gutstückzahlen sowie die Vorgabe realistischer Plandurchlaufzeiten für alle Kontrollblöcke. Da eine Kapazitätsplanung mit dem FZ-Prinzip nicht direkt möglich ist, wird bisweilen angemerkt, dass hinreichend Kapazitätsreserven vorgehalten werden müssen, um die Einhaltung der geplanten Plandurchlaufzeiten sicherzustellen. Es ist aber auch denkbar, dass über ein geeignetes unterlagertes Steuerungssystem die Funktion einer Durchlaufzeit- und/oder Bestandsregelung wahrgenommen wird und somit die Planvorgaben auch ohne höhere Kapazitätsreserven gehalten werden können.

B 3.3.3.8 Kanban-Steuerung

Die Kanban-Steuerung, ein auf dem Warenhausprinzip basierendes Steuerungsverfahren, wurde erstmals Mitte der 70er Jahre in Japan von der Firma Toyota industriell eingesetzt. Die wichtigsten Elemente der Kanban-Systems sind dabei [Wil01]:
- Gliederung der Produktion in ein System vermaschter, sich selbst steuernder Regelkreise, bestehend aus jeweils einem Teile verbrauchenden Bereich (Senke) und dem dazugehörigen, vorgelagerten Teile erzeugenden Bereich (Quelle),
- Aufbau eines Zwischenlagers (Puffers) zwischen Teile verbrauchendem und Teile erzeugendem Bereich, um Unregelmäßigkeiten oder Störungen im Produktionsablauf auszugleichen,
- Einführung des *Ziehprinzips* (Pull-Prinzip) für den jeweils folgenden, verbrauchenden Bereich,
- Einführung spezieller Informationsträger, die als sog. *Kanban-Karten* (japanisch: kanban – Schild, Karte) zur eigentlichen Fertigungssteuerung dienen,
- Übertragung der kurzfristigen Steuerungsverantwortung an die ausführenden Mitarbeiter, so dass keine zentrale Fertigungssteuerung mehr erforderlich ist.

Der Ablauf einer Kanban-Steuerung stellt sich wie folgt dar: Erteilt ein Kunde einen Auftrag, wird dieser sofort aus dem Fertigwarenlager befriedigt. Sobald dem Lager eine vordefinierte Menge entnommen worden ist, wird ein Produktionsauftrag an die Montage erteilt. Die Montage entnimmt aus den vorgeschalteten Zwischenlagern die benötigten Komponenten. Damit die dort entnommenen Vormontagebaugruppen nachgefertigt werden können, versorgen sich die Mitarbeiter dieses Bereiches wiederum mit den ihrerseits benötigten Teilen. Diese Kette setzt sich über alle Stufen des Prozesses fort. Jeder Bereich in dieser Kette ist zugleich Materialquelle (produzierende Stelle) und Materialsenke (verbrauchende Stelle).

Als Voraussetzungen für die Anwendung einer Kanban-Steuerung sind im Wesentlichen zu nennen:
- geringe Bedarfsschwankungen der Kanban-gesteuerten Teile,

- ablauforientierte Betriebsmittelaufstellung mit aufeinander abgestimmten Kapazitätsangeboten und möglichst gleichem Arbeitsrhythmus im gesamten Produktionsbereich,
- hohe Verfügbarkeit und geringe Umrüstzeiten der Betriebseinrichtungen,
- Qualitätssicherung durch Selbstkontrolle am Arbeitsplatz.

B 3.3.3.9 Conwip-Steuerung

Die Conwip-Steuerung (constant work in process) [Hop96] ist vom Grundprinzip her mit der Kanban-Steuerung verwandt. Auch bei diesem Verfahren erfolgt die Auftragsauslösung durch die Entnahme von Teilen aus dem Fertigwarenlager. Die Meldung erfolgt jedoch nicht an die unmittelbar vor dem Lager befindliche Arbeitsstation, sondern im Allgemeinen direkt an die erste Station der Prozesskette. Damit wird erreicht, dass keine variantenspezifischen Puffer in den Zwischenlagern angelegt werden müssen. Welche Teile nach einer Entnahme zu fertigen sind, wird durch eine sog. Backlog-Liste (Rückstandsliste) festgelegt. Diese Liste kann sich am Bestand im Lager und der Fertigung orientieren, es lassen sich aber auch absehbare Bedarfsveränderungen berücksichtigen. Der Vorteil dieser Vorgehensweise im Vergleich zum Kanban-Verfahren besteht darin, dass sich ein größeres und heterogeneres Teilespektrum durch die Fertigung steuern lässt. Der dabei erreichbare Lieferservice wird hierbei maßgeblich von der Qualität der Backlog-Liste bestimmt.

Das Grundverfahren der Conwip-Steuerung (Basic Conwip) setzt u. a. voraus, dass ein einstufiger Produktionsprozess vorliegt, also kein Montagevorgang stattfindet. Ansonsten sind die Anwendungsvoraussetzungen weitgehend identisch mit denen der Kanban-Steuerung. Allerdings sind größere Bedarfsschwankungen bei den einzelnen zu produzierenden Teilen zulässig. Um auch mehrstufige Produktionsprozesse mit der Conwip-Steuerung zu beherrschen, ist es möglich, den Produktionsprozess in einzelne Regelkreise zu zerlegen und diese jeweils separat mit der zuvor beschriebenen Logik zu steuern. Wird diese Zerlegung soweit getrieben, dass für jedes einzelne Arbeitssystem ein Regelkreis entsteht, geht das Conwip-Verfahren in die Kanban-Steuerung über.

B 3.3.4 Konfiguration der Fertigungssteuerung

Die Fertigungssteuerung eines Unternehmens muss aufeinander abgestimmt sein und sollte die Vorgaben der Produktionsplanung und -steuerung berücksichtigen. Die Auswahl einzelner Verfahren ist stark abhängig von der unternehmensinternen *Gewichtung der logistischen Zielgrößen*. Die exzellente Erfüllung einzelner Aufgaben der Fertigungssteuerung reicht nicht aus, um die logistischen Zielsetzungen des Unternehmens zu erreichen. Zur Konfiguration der Fertigungssteuerung müssen zunächst geeignete, zueinander passende Verfahren zur Erfüllung der Aufgaben Auftragserzeugung, Auftragsfreigabe, Reihenfolgebildung und Kapazitätssteuerung ausgewählt werden. Hier kann es auch der Fall sein, dass einzelne Verfahren zur Erfüllung mehrerer Aufgaben im Rahmen der Fertigungssteuerung geeignet sind. Nach der Verfahrensauswahl muss die Konfiguration der Fertigungssteuerung durchgesetzt werden [Löd05].

Das Vorgehen zur Konfiguration einer Fertigungssteuerung wird im Folgenden anhand eines Beispiels verdeutlicht (Bild B 3.3-12). Im Fokus der Betrachtung steht die nach dem Werksattprinzip organisierte Fertigung eines Systemlieferanten für einen Nutzfahrzeughersteller. Das Unternehmen fertigt kundenspezifische Produkte in einer hohen Varianz. Bei der Erfüllung der Kundenaufträge genießt die Liefertreue höchste Priorität.

Die für die Gestaltung der Auftragserzeugung wesentlichen Einflussgrößen waren zum einen die frühzeitig bekannten Bedarfsinformationen und zum anderen die Anforderungen des Kunden bezüglich der geforderten Liefertermintreue. Die Auftragserzeugung soll durch die Schritte Durchlaufterminierung, Kapazitätsbedarfsrechnung und Kapazitätsabstimmung realisiert werden.

Aufgrund der geforderten Liefertermintreue werden die Aufträge nach ihrem Starttermin freigegeben. Das bedeutet, dass die Aufträge bei Erreichen der jeweiligen Starttermine ohne weitere Prüfungsschritte in die Fertigung eingelastet werden. Andere Verfahren, die beispielsweise den Bestand am Arbeitssystem regeln, sind keine Option, da hierbei unter Umständen Aufträge verspätet freigegeben werden. Die Reihenfolgebildung und die Kapazitätssteuerung wurden ebenfalls so gewählt, dass die Termineinhaltung der Aufträge sichergestellt wird. Die Reihenfolge der Bearbeitung der Aufträge an einem Arbeitssystem wird deshalb nach der Länge ihrer verbleibenden Übergangszeiten gebildet (Schlupfzeitregel). Die Kapazitäten an einem Arbeitssystem werden entsprechend des gemessenen Rückstands (Differenz des Plan-Abgangs und des Ist-Abgangs) geregelt [Nyh06]. Somit wurde die Fertigungssteuerung ganzheitlich auf die unternehmensspezifischen Rahmenbedingungen und die Kundenanforderungen abgestimmt.

B 3.3.5 Organisationsmittel

Die betrieblichen Organisationsmittel der Produktion lassen sich grundsätzlich in auftragsneutrale und auftrags-

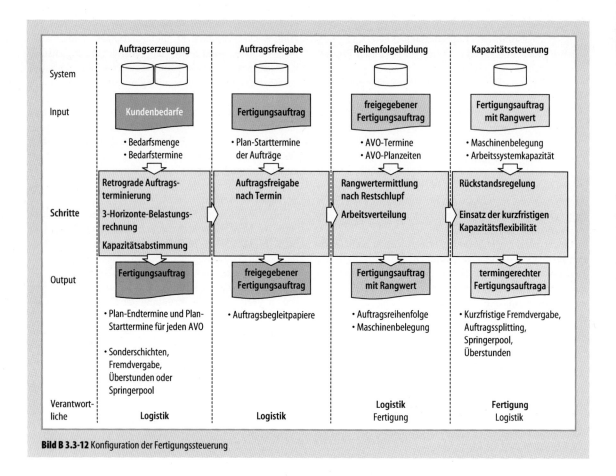

Bild B 3.3-12 Konfiguration der Fertigungssteuerung

spezifische Mittel unterscheiden. Auftragsneutrale Mittel ändern sich nicht mit jedem Auftrag, unterliegen jedoch meist einem Änderungsdienst. Auftragsspezifische Organisationsmittel dagegen enthalten und verwalten die veränderlichen Informationen der Auftragsabwicklung; sie ändern sich daher mit jedem Auftrag. Bei der Vielfalt der auftragsneutralen und auftragsspezifischen Informationen, die in der PPS zu verwalten sind, ist ein Auskommen ohne entsprechende *Informationssysteme* nicht denkbar.

B 3.3.5.1 Datenmanagement

Die bedeutendsten betrieblichen Organisationsmittel sind:
– Zeichnungen,
– Stücklisten,
– Arbeitspläne,
– Stammdaten und
– Auftragsunterlagen.

Zeichnungen

Die nach diversen DIN genormten technischen Zeichnungen bilden mit den Stücklisten das Fundament des betrieblichen Informationssystems. Es werden zwei Zeichnungshaupttypen unterschieden: *Einzelteilzeichnungen* stellen Teile ohne die räumliche Zuordnung zu anderen Teilen dar und enthalten alle Angaben zur Herstellung und Prüfung des Teiles. *Zusammenbauzeichnungen* enthalten demgegenüber die für den Zusammenbau einer Baugruppe erforderlichen Informationen. In der Praxis existieren zudem Misch- oder Sonderformen wie Gruppenzeichnungen, Prüf-, Varianten- und Bestellzeichnungen. Ferner werden Belastungspläne, Steuer-, Schalt- und Regelschemata eingesetzt. Die Daten der Zeichnungen lassen sich in drei Gruppen gliedern:
– geometrische Informationen (Abbildung der räumlichen Gestalt, Bemaßung, Toleranzangaben),

- technologische Informationen (werkstoff-, oberflächen- und qualitätsbezogene Angaben, technische Anweisungen),
- organisatorische Daten (Angaben zur Auftragsabwicklung, Verwaltung und Dokumentation).

Zeichnungen werden immer weniger in Papierform gespeichert, sondern fast ausschließlich CAD-Modelle in Datenbanken abgelegt.

Stücklisten

Eine Stückliste ist „ein formalisiertes Verzeichnis der eindeutig bezeichneten Bestandteile einer Einheit des Erzeugnisses bzw. einer Baugruppe mit Angabe der zu seiner bzw. ihrer Herstellung erforderlichen Menge" [Ger79]. Da es keine einheitlichen Stücklistennormen gibt, haben sich verschiedene Formen herausgebildet, die entweder eine analytische oder synthetische Sicht auf die Erzeugnisstruktur bilden. Verwendungsnachweise stellen dabei die synthetische Betrachtung der Erzeugnisstruktur dar. Alle Stücklisten und Verwendungsnachweise lassen sich auf drei Grundformen zurückführen:
- Die *Mengenstückliste* führt alle Teile (und ggf. Baugruppen) genau einmal mit Mengenangabe auf, zeigt keine Gliederung und findet daher nur bei einfachen Erzeugnissen Anwendung.
- Die *Strukturstückliste* zeigt die hierarchische Stellung jedes Einzelteils bzw. jeder Baugruppe in der Erzeugnisstruktur. Sie findet wegen wiederholter Teilelistung bei einfacheren Erzeugnissen Verwendung.
- Die *Baukastenstückliste* führt nur die Elemente der nächst tieferen Stufe auf, ist also einstufig. Auf diese Weise entsteht ein System aus Stücklisten. Dies vereinfacht die automatische Stücklistenauflösung und führt zur Bevorzugung in der Industrie.

In Abwandlung dieser Grundformen bestehen Variantenstücklisten aus einer Basisstückliste und einer variantenspezifischen Plus-Minus-Liste. Verwendungsnachweise identifizieren bestimmte Teile in unterschiedlichen Erzeugnissen, um z. B. Modifikationen in allen betroffenen Produkten nachzuführen. Der hohe Erstellungsaufwand erfordert die elektronische Stücklistenspeicherung und -verarbeitung [Gru95].

Arbeitspläne

Der Arbeitsplan beschreibt die Vorgangsfolge zur Fertigung eines Teils und enthält mindestens die Angaben über verwendetes Material, Arbeitsplatz, Betriebsmittel, Vorgabezeiten und Lohngruppe [REF93]. Arbeitspläne enthalten vier Datengruppen:
- allgemeine Daten (z. B.: Arbeitsplannummer, Erstellungsdatum, Prüfer),
- Daten zum Ausgangsmaterial (z. B.: Werkstoff, Menge, Gewicht),
- Daten zum Fertigzustand (z. B.: Sachnummer, Bezeichnung, Zeichnungsnummer),
- Daten zu jedem Arbeitsvorgang (z. B.: Arbeitsplatz, Werkzeuge, Vorgabezeiten, Lohngruppe; ergänzend: NC-Programme).

Neben den primären Aufgaben als Arbeitsunterlage für die Auftragssteuerung, als Lohnbeleg und zur Materialbereitstellung bildet der Arbeitsplan die Grundlage der Arbeitsunterweisung und der Termin- und Kapazitätsplanung sowie zur Kalkulation. Schließlich dienen Arbeitspläne auch der Fabrik-, Personal- und Betriebsmittelplanung.

Stammdaten

Die Artikelstammdaten enthalten sämtliche dispositiven und auftragsunabhängigen Angaben eines Erzeugnisses sowie die Verweise auf andere Dokumente. Die Arbeitssystemstammdaten beinhalten Angaben zu Maschinen und Personal. Personalstammdaten sind in Hinblick auf Schichtmodelle, Qualifikation und Lohngruppe etc. von Interesse. Die Kundenstammdaten beinhalten Angaben wie Anschriften, finanzielle und logistische Konditionen, Rabatte usw.

Auftragsunterlagen

Die auftragsbezogenen Angaben sind in diversen betriebsspezifischen Unterlagen dokumentiert. Die Laufkarte fasst zur auftragsspezifischen Planung und Dokumentation die wesentlichen Arbeitsplaninformationen zusammen und begleitet den Auftrag durch die Produktion. Der Terminschein enthält Soll- und Ist-Termine. Materialscheine dienen der Materialausgabe und -kostenrechnung. Werkzeugscheine haben eine analoge Funktion. Lohnscheine dienen neben der (Akkord-) Lohnermittlung häufig auch als Rückmeldedatenträger. Prüfscheine dienen zur Planung und Dokumentation der Qualitätsprüfung. Bei elektronischen Auftragsunterlagen begleitet nur ein identifizierender *Auftragsschein*, ein *Barcode* oder ein *Transponder*, das Material.

B 3.3.5.2 Informationssysteme

In der heutigen Zeit wird für den reibungslosen Ablauf einer Produktion täglich mit einer riesigen Datenmenge

umgegangen. Diese Daten sind in den meisten Unternehmen kaum noch ohne eine entsprechende Softwareunterstützung zu verarbeiten und zielführend zu verwerten. Um die Aufgaben und Funktionen der PPS und der Arbeitsvorbereitung zu erfüllen, können verschiedene Systeme verwendet werden:
- CAx-Systeme,
- PPS-Systeme,
- BDE-Systeme,
- Manufacturing Execution Systeme,

Die Integration der verschiedenen in einem Unternehmen eingesetzten Systeme erfordert einen gemeinsamen Zugriff auf Produktdaten. Die vorhandene ISO-Norm STEP (Standard for the Exchange of Product Model Data) bietet hierzu einen Ansatz, einem durchgängigen Konzept des Rechnereinsatzes näher zu kommen.

CAx-System

Zu den bedeutsamstem CAx-Systemen gehören CAD (Computer Aided Design)-Systeme und CAQ (Computer Aided Quality)-Systeme. Die im Bereich Konstruktion und Entwicklung eingesetzten CAD-Systeme reduzieren den Aufwand beim Erstellen von Zeichnungen erheblich und ermöglichen beachtliche Produktivitätssteigerungen. Kern eines CAD-Systems ist die rechnerinterne Objektdarstellung, die sich nach der Anzahl der dargestellten Dimensionen (2-Dimensional oder 3-Dimensional) unterscheiden. Ein- und Ausgabedaten sowie Zwischenergebnisse werden in entsprechenden Dateien für Konstruktion, Berechnung, Technologie und Planung geführt und sind in Form von Zeichnungen, Stücklisten, Berechnungsergebnissen, Arbeitsplänen und NC-Daten für den Benutzer verfügbar.

Im Qualitätsmanagement entstehen nicht nur große Datenmengen, die mit Rechnern effizient, kostengünstig und zeitgerecht zu aktuell verwertbaren Ergebnissen gewünschter Verdichtung verarbeitet werden können. Mit Rechenhilfsmitteln können auch immer mehr rechenintensive Werkzeuge des Qualitätsmanagements eingesetzt werden, angefangen von der Produktplanung bis hin zur Auswertung von Kundenreaktionen jeder Art auf Angebotsprodukte. Bei der CAQ-Planung ist stets auf Schnittstellen zu anderen Rechneranwendungen in der Organisation zu achten. „Insellösungen" sind zwar oft schneller gefunden, lassen sich nachträglich aber meist nur mit großem zusätzlichem Aufwand (oder gar nicht mehr) in die sachlich damit verknüpfte Rechnerkonfiguration anderer Aufgabenbereiche einbinden.

PPS-System

Unter PPS-Systemen wird „der Einsatz rechnergestützter Systeme zur organisatorischen Planung, Steuerung und Überwachung von der Angebotsbearbeitung bis zum Versand unter Mengen-, Termin und Kapazitätsaspekten" verstanden. Die verfolgten Zielgrößen umfassen Bestandsreduzierung, Liefertermintreue, Durchlaufzeitverkürzung, Kapazitätsauslastung und Reduzierung der DV-Kosten.

Bei der Entwicklung der PPS-Systeme lassen sich vier Generationen erkennen, in denen die Funktionalität der PPS-Systeme erweitert, die Reaktionsschnelligkeit erhöht und die Softwaretechnologie sowie die Ergonomie verbessert worden sind.

Die *erste Generation* der PPS-Systeme bildete lediglich einen Teilbereich der Produktionsplanung ab. Schwerpunkt der damaligen starren Auftragsverwaltungssysteme war die Auflösung von Stücklisten, um eine sichere Materialplanung vornehmen zu können. Kennzeichnend für die *zweite Generation* war die Unterstützung des sog. Material Requirement Planing (MRP), mit dem sowohl Mengen- als auch Kapazitätsziele verfolgt wurden. Beschleunigt wurde die Entwicklung des MRP-Konzeptes durch die rasante Entwicklung der EDV. Die PPS-Systeme der *dritten Generation* legten ihren Fokus auf die Effizienzsteigerung und Kostenkontrolle im Produktionsbereich. Die Produktionsplanungsverfahren der dritten Generation, das sog. Manufacturing Resource Planing (MRP II), berücksichtigten sämtliche Planungsebenen in einem Produktionsbetrieb. Damit wurden sämtliche Ressourcen eines Unternehmens in der Planung zusammengeführt. Rückkopplungsschleifen stimmen dabei die hierarchisch aufgebauten Pläne aufeinander ab. Anforderungen der Anwender im Bereich der Feinsteuerung führten dazu, dass neue Ansätze der Forschung wie JIT (Just In Time), Kanban oder BOA (Belastungsorientierte Auftragsfreigabe) in die PPS-Systeme aufgenommen werden konnten. Ausgehend von den Schwachstellen bestehender PPS-System-Konzepte und der neuen technologischen Möglichkeiten sind Ansätze erkennbar, welche die PPS-Systeme der *vierten Generation* kennzeichnen. Ein Ansatz betrifft die Dezentralisierung der PPS-Funktionen. Dezentralisierung im Produktionsbereich bedeutet, dass sich für die verschiedenen dezentralen Organisationseinheiten unterschiedliche Planungs- und Steuerungsverfahren anwenden lassen. Gleichzeitig zeichnen sich Ansätze ab, die auf eine verstärkte Integration aller betrieblichen und unternehmensweiten Bereiche abzielen. Hierbei wird nicht mehr der einzelne Bereich unterstützt und optimiert (Funktionsorientierung), sondern es wird das Optimum der gesamten Prozesskette bzw. Auftragsabwicklung unter dem Begriff Supply Chain Management angestrebt.

BDE-Systeme

Für die Benutzung von EDV-gestützten Informationssystemen spielt die Datenerfassung und -verwaltung bzw. -speicherung eine zentrale Rolle. Die Daten werden in einem Informationssystem gespeichert und mit Hilfe eines geeigneten Datenbankmodells strukturiert, so dass die Daten jederzeit detailliert und aktualisiert zur Verfügung stehen.

Eine einfache Datenerfassung kann mit Hilfe von Listen erfolgen, die nach einer Tätigkeit ausgefüllt und zusammengetragen werden. Für die automatische Datenerfassung werden Betriebsdaten-Erfassungssysteme (BDE) und Maschinendaten-Erfassungssysteme (MDE) eingesetzt. Die Erfassung kann dabei mit mobilen Erfassungsgeräten erfolgen, durch Eingabe in EDV-Terminals oder direkt aus der Maschinensteuerung erfolgen.

Manufacturing Execution System

Manufacturing Execution Systeme (MES) bzw. *Fertigungsmanagementsysteme* sind unterhalb der Unternehmensleitebene einzuordnen und sind für das moderne, integrierte Fertigungsmanagement unabdingbar. Systeme dieser Art ermöglichen durch ihre Nähe zum Produktionsprozess die Erfassung, Analyse und Beeinflussung aller relevanten Parameter in einer sehr feinen zeitlichen Auflösung. MES erzeugen dadurch eine Datenbasis, die eine sehr genaue Abbildung der tatsächlichen Produktionsprozesse liefert und somit die besten Voraussetzungen für deren Rückverfolgbarkeit und Optimierung bietet.

Das MES unterstützt die Bereiche Fertigungsplanung und -steuerung, Informationsmanagement, Qualitätsmanagement, Personalmanagement, Betriebsmittelmanagement, Leistungsanalyse, Datenerfassung und Materialmanagement [VDI06].

Literatur

[Bec84] Bechte, W.: Steuerung der Durchlaufzeit durch belastungsorientierte Auftragsfreigabe bei Werkstattfertigung, Düsseldorf: Fortschr.-Ber. VDI, Reihe 2, Nr. 70, 1984

[Ger79] Gerlach, H.-H.: Stücklisten. In: Kern, W. (Hrsg.): Handwörterbuch der Produktionswirtschaft, Stuttgart: Schaeffer-Poeschel 1979, 1903–1915

[Gol87] Goldratt, E. M.; Cox, J.: Das Ziel – Höchstleistung in der Fertigung. Hamburg: McGraw-Hill Book Company GmbH 1987

[Gru95] Grupp, B.: Aufbau einer optimalen Stücklistenorganisation. Rennigen-Malmsheim: expert 1995

[Hac89] Hackstein, R.: Produktionsplanung und -steuerung. 2. Aufl., Düsseldorf: VDI 1989

[Hei88] Heinemeyer, W.: Produktionsplanung und -steuerung mit Fortschrittszahlen für interdependente Fertigungs- und Montageprozesse. RKW-Handbuch Logistik, HLO, 14. Lieferung XII/88, Berlin: Erich Schmidt 1998

[Hop96] Hopp, W. J.; Spearman, M. L.: Factory Physics, Foundations of Manufacturing Management. Chicago: Irwin 1996

[Hor95] Hornung, V. et al.: Aachener PPS-Modell. Sonderdruck Forschungsinstitut für Rationalisierung an der RWTH Aachen, 2. Aufl., Aachen 1995

[Löd05] Lödding, H.: Verfahren der Fertigungssteuerung – Grundlagen, Beschreibung, Konfiguration. Berlin: Springer 2005

[Nyh05] Nyhuis, P.; Begemann, C.; Berkholz, D.; Hasenfuß, K.: Konfiguration der Fertigungssteuerung – Grundlagen und Anwendung in einer Werkstattfertigung. wt Werkstattstechnik online – Ausgabe 4, 2006

[Nyh91] Nyhuis, P.: Durchlauforientierte Losgrößenbestimmung. Düsseldorf: Fortschr.-Ber. VDI, Reihe 2, Nr. 225, 1991

[Nyhi03] Nyhuis, P.; Wiendahl, H.-P.: Logistische Kennlinien – Grundlagen, Werkzeuge und Anwendungen. 2. Aufl., Berlin: Springer 2003

[REF93] REFA: Methodenlehre und Betriebsorganisation, Grundlagen der Arbeitsgestaltung, München: Hanser, 1993

[Sch06] Schuh, G. (Hrsg.): Produktionsplanung und -steuerung – Grundlagen, Gestaltung und Konzepte, 3. Aufl., Berlin: Springer 2006

[VDI06] VDI-Richtlinien, VDI 5600, Manufacturing Execution Systems – Fertigungsmanagementsysteme, Düsseldorf: VDI 2006

[Wie05] Wiendahl, H.-P.: Betriebsorganisation für Ingenieure. 5. Aufl., München: Hanser 2005

[Wie97] Wiendahl, H.-P.: Fertigungsregelung – Logistische Beherrschung von Fertigungsabläufen auf Basis des Trichtermodells. München: Hanser 1997

[Wil01] Wildemann, H.: Das Just-in-time-Konzept: Produktion und Zulieferung auf Abruf. 5. Aufl., München: TCW-Transfer-Centrum 2001

B 3.4 Humanressourcen

Wie der im Jahr 2004 zum Unwort des Jahres gewählte Begriff des Humankapitals ist auch der Begriff der Humanressource umstritten. Kritiker sehen die Gefahr, dass das Produktionspersonal lediglich in einer monetären Perspektive betrachtet und zudem zu einem Objekt der Produktionsplanung herabgewürdigt wird. In der Fachliteratur dient der Begriff der Humanressource jedoch ganz im Gegenteil dem Ziel, das spezifisch menschliche Leistungsvermögen hervorzuheben und durch geeignete Maßnahmen zu entwickeln. Forscher aus der Perspektive der Humanressourcenentwicklung suchen nach Möglichkeiten, die Effizienz der Produktion dadurch zu steigern, dass bei der Arbeitssystemgestaltung persönliche Wachstumsmotive der Mitarbeiter berücksichtigt werden. Die Forschung beruht auf der Annahme, dass über die Wettbewerbsfähigkeit nicht zuletzt die Kompetenz, Motivation und die zeitliche Flexibilität der Arbeitskräfte entscheiden.

B 3.4.1 Begriff der Humanressource

Mitarbeiter als Ressource zu betrachten lenkt die Aufmerksamkeit u. a. auf die *personellen Kapazitäten*. Hierauf bezogene Gestaltungsfelder sind die Personalbeschaffung, die langfristige Bindung von Personal an das Unternehmen und die Arbeitszeitgestaltung. Als Ressource sind Mitarbeiter zudem in einer qualitativen Hinsicht von Bedeutung. Hervorzuheben sind vier Merkmale, in denen sich Mitarbeiter von technologischen Einrichtungen unterscheiden. Der Produktionsfaktor Arbeit ist durch eine spezifische *Flexibilität* gekennzeichnet, die sich allenfalls in Teilaspekten technologisch kopieren lässt. Ein weiteres Merkmal der menschlichen Arbeitskraft ist ihre *Kreativität*. Weil Menschen in der Lage sind, von programmierten Handlungsroutinen abzuweichen, können sie originelle und zugleich angemessene Lösungen für technologische und organisatorische Probleme entwickeln. Mitarbeiter sind darüber hinaus *spezifische Wissensträger*. Während Maschinen in der Lage sind, nahezu unbegrenzte Mengen an Informationen zu speichern und zu bearbeiten, verfügen Menschen über ein breites Erfahrungs- und Kontextwissen, das ihnen eine Orientierung auch in neuartigen Situationen erlaubt. Schließlich verfügen Mitarbeiter über einen freien Willen, der ihre Arbeitsleistung maßgeblich beeinflusst. Aus diesem Grund ist die *Motivation* ein zentrales Thema der Entwicklung von Humanressourcen. Zusammenfassend orientiert sich der Begriff der Humanressource durch die Betonung von Flexibilität, Kreativität, spezifisch menschlicher Kompetenz und der Motivation an einem Gegenmodell zum Menschen als „flexibler Maschine".

B 3.4.2 Humanressourcen und Logistikleistung

Der Zusammenhang zwischen den Humanressourcen und der Logistikleistung wird erst erkennbar, wenn der Begriff der Logistik nicht auf Methoden und Algorithmen reduziert wird, welche den Bestand und die Material- und Produktströme regulieren. Auch wenn es bei der Gestaltung von Produktionsprozessen letztlich das Ziel sein muss, den menschlichen Einfluss auf die Produktions- und Logistikleistung zu reduzieren, darf nicht übersehen werden, dass die menschliche Arbeitskraft Aufgaben bewältigen kann, die sich nicht lückenlos in Algorithmen abbilden und technokratisch steuern lassen. Menschen sind in der Lage, auf unvorhergesehene technologische und organisatorische Störungen zu reagieren und sie können improvisieren, wo die bürokratische Steuerung versagt [Wel91]. Damit übernehmen Mitarbeiter zentrale Funktionen für die Wirtschaftlichkeit einer industriellen Produktion. Entwickelte Humanressourcen spielen vor diesem Hintergrund eine entscheidende Rolle für eine hohe *Leistungsfähigkeit der Produktion* und diese ist wiederum Voraussetzung für eine hohe Logistikleistung sowie geringe Logistikkosten. Durchlaufzeiten, Lieferzeiten und Kapitalbindungskosten hängen neben der vorhandenen Technologie und der Organisation von den Kompetenzen, den personellen Kapazitäten, der Flexibilität und Motivation der Mitarbeiter in der Produktion ab. Von entscheidender Bedeutung ist in diesem Zusammenhang, inwieweit das Produktionspersonal mit logistischen Zusammenhängen und dem logistischen Zielsystem vertraut ist. Von Interesse für die Logistik sind zudem die in der Produktion eingesetzten Anreizsysteme, denn diese entscheiden darüber, ob sich das Produktionspersonal lediglich an der Produktivität und der Auslastung orientiert oder zudem an den Zielen der Bestandsminimierung, der kurzen Lieferzeit oder der hohen Liefertreue. Kompetenz, personelle Verfügbarkeit und Zielorientierung des Produktionspersonals sind demnach wichtige Eingangsgrößen für die Produktionsplanung [Wie02].

Unter dem Gesichtspunkt der Humanressourcen spielt auch das Logistikpersonal eine wichtige Rolle für die Logistikleistung. Personal, das logistisch relevante Entscheidungen trifft, kann mehr oder weniger kompetent, zuverlässig, motiviert und flexibel sein. Insbesondere kann es sich darin unterscheiden, ob es mit dem Personal der Produktion kommuniziert und logistische mit Produktionszielen abzustimmen in der Lage ist.

B 3.4.3 Kompetenz- und Personalentwicklung

Die Berufs- und Weiterbildungsforschung beschäftigt sich heute bevorzugt nicht mehr mit Qualifikationen, sondern mit Kompetenzen. Der Begriff der *Qualifikation* bezeichnet Wissen als formalen Ausdruck anerkannter beruflicher oder fachlicher Fähigkeiten von Arbeitnehmern [Int04: 5]. Der Begriff der *Kompetenz* ist umfassender. Er bezeichnet eine Expertise, als Ausdruck von Kenntnissen und Fähigkeiten, die in einem bestimmten Kontext beherrscht werden [Int04: 5]. Den Hintergrund für diesen Perspektivenwechsel bildet die konstruktivistische Wende in der Lernforschung. Diese hat dazu geführt, dass Lernprozesse als selbst organisiert verstanden werden. Lernen besteht demzufolge nicht in einem Eintrichtern und Akkumulieren von vorstrukturierten Lerninhalten. Menschen lernen vielmehr dadurch, dass sie neue Lerninhalte an vorheriges Wissen anknüpfen, einen Bezug zu bekannten Zusammenhängen herstellen sowie neues Wissen mit praktischen Fragestellungen verbinden. Eine praktische Konsequenz dieser Auffassung liegt darin, Lernprozesse so zu gestalten, dass sich dem Lernenden der praktische Sinn und Zusammenhang der Lerninhalte erschließt. Neben dieser „Verankerung" des Wissens in praktischen Fragen ist für den Lernerfolg entscheidend, dass der Lernende immer wieder dazu angeregt wird, Lerninhalte aus unterschiedlicher Perspektive zu durchdenken und zu hinterfragen.

B 3.4.3.1 Berufliche Handlungskompetenz

Um vorhandene Kompetenzen und Kompetenzdefizite zu ermitteln oder Anforderungen in Form von Kompetenzprofilen abzubilden, ist es erforderlich, einzelne Gesichtspunkte der beruflichen Handlungskompetenz zu unterscheiden. Eine verbreitete und in der Praxis bewährte Typologie beinhaltet vier Kompetenzbereiche: Die *Fachkompetenz, methodische Kompetenz, Individual- bzw. Selbstkompetenz* sowie die *Sozial- und Kommunikationskompetenz* (Bild B 3.4-1). Im Unterschied zum Qualifikationsbegriff rückt in der Kompetenzforschung die Individual- und Selbstkompetenz in den Mittelpunkt. Bergmann setzt die Kompetenz sogar mit der Expertise gleich:

„Kompetenz bezeichnet die Motivation und Befähigung einer Person zur selbständigen Weiterentwicklung von Wissen und Können auf einem Gebiet, so dass dabei eine hohe Niveaustufe erreicht wird, die mit Expertise charakterisiert werden kann" [Ber00: 21].

Die heutige berufspädagogische Forschung unterscheidet zusätzlich das explizite vom impliziten Wissen und betont, dass die Handlungskompetenz auf beiden Wissensbereichen beruht. Der Begriff des *expliziten Wissens* bezeichnet bewusstes, logisch strukturiertes und mitteilungsfähiges Wissen. *Implizites Wissen* entstammt der Erfahrung; es erlaubt das sichere Ausführen von Aufgaben, liegt aber nicht in einer bewussten und sprachlichen Form vor. Die Forschung geht davon aus, dass das explizite Wis-

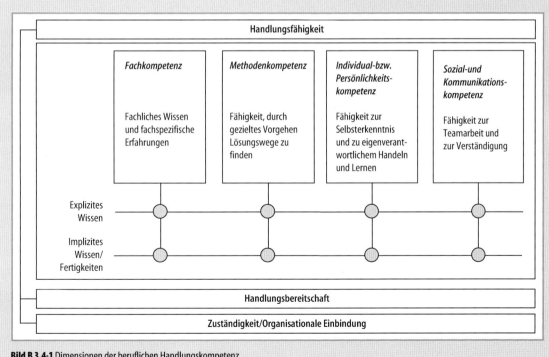

Bild B 3.4-1 Dimensionen der beruflichen Handlungskompetenz

sen nur etwa 20% der individuellen Handlungsfähigkeit begründet [Sta99: 52]. Im Rahmen der Erforschung von Innovationsprozessen wurde das Modell der Handlungskompetenz um zwei weitere Aspekte erweitert: durch die *Motivation* bzw. die *Handlungsbereitschaft* und die *organisatorische Einbindung* bzw. *Zuständigkeit* der Mitarbeiter [Sta02]. Wird jemand offiziell für eine bestimmte Aufgabenstellung für zuständig erklärt, so erhöht dies dem Modell zufolge die Handlungskompetenz.

Die oben genannten vier Kompetenzdimensionen, die Unterscheidung von implizitem von explizitem Wissen, die Handlungsbereitschaft und die organisatorische Einbindung lassen sich zu einem Modell zusammenfassen, anhand dessen sehr viel an enttäuschten betrieblichen Erwartungen an die Leistung der Mitarbeiter erklärbar wird. Beispielsweise werden Erwartungen an eine Beteiligung von Mitarbeitern am Verbesserungsprozess regelmäßig durch eine fehlende organisatorische Einbindung der Mitarbeiter enttäuscht. Orientiert an dem Modell lassen sich zudem Ansatzpunkte für eine Kompetenzentwicklung gewinnen. Deutlich wird, dass betriebliche Maßnahmen zur Verbesserung der Mitarbeiterkompetenz unterschiedlich Kompetenzbereiche ansprechen müssen.

Zur Steuerung von Prozessen der Kompetenzentwicklung werden in der betrieblichen Praxis *Kompetenzprofile* entwickelt, die stärker die fachlichen und die methodischen Kompetenzen der Mitarbeiter abbilden. Der Grund für diese Spezialisierung liegt darin, dass die Diagnose der Selbst- und der Sozialkompetenz den betrieblichen Praktiker vor schwierige methodische Probleme stellt. Werden nur die fachlichen und methodischen Kompetenzen analysiert oder in Soll-Kompetenzprofilen dargestellt, verleitet dies dazu, die Bedeutung von Selbst-, sozialer und kommunikativer Kompetenz systematisch zu verkennen.

B 3.4.3.2 Strategien der Kompetenzentwicklung

Lernen wurde lange Zeit mit formeller Weiterbildung in Form von formalisierten Schulungen oder Trainingsmaßnahmen gleichgesetzt. Diese traditionellen Lernformen sind zwar für bestimmte Qualifizierungsziele sinnvoll, als alleinige Strategie jedoch auch mit Nachteilen verbunden. Die klassische Weiterbildung gilt als vergleichsweise teuer, chronisch verspätet und zu wenig in den praktischen Problemstellungen und den Erfahrungshorizonten der Teilnehmer verankert. Demgegenüber wird heute das *arbeitsbezogene Lernen* höher gewichtet [Deh01; Ger04; Son00]. Diesem Ansatz zufolge soll Lernen einen möglichst deutlichen Bezug zu den Arbeitsaufgaben aufweisen und insbesondere die Selbst- und Sozialkompetenz optimieren. Um alle in Bild B 3.4-1 benannten Teilkompetenzen zu verbessern, ist eine Vielfalt an Lernarrangements erforderlich. Idealtypisch werden in der Berufsbildungsforschung drei Lernformen und entsprechende Lernarrangements unterschieden. Das *formalisierte Lernen* ist systematisch und didaktisch angeleitet. Es findet vor allem in Kursen, Schulungen und Trainingsmaßnahmen statt und eignet sich insbesondere für die Fach- und Methodenkompetenz und für die Vermittlung von explizitem Wissen. Das *teilformalisierte Lernen* erfolgt in einer arbeitsintegrierten Lernumgebung, in der Lernprozesse bewusst unterstützt, aber nicht im Detail didaktisch vorstrukturiert werden. Ein Beispiel hierfür ist die Lerninsel, in der Mitarbeiter eigenständig und unter Verwendung von Schulungsunterlagen komple-

Tabelle B 3.4-1 Lernformen

	Lernformen		
	Formalisiertes Lernen	**Teilformalisiertes Lernen**	**Informelles Lernen**
Definition	Systematisches, didaktisch angeleitetes Lernen	Wenig strukturiertes Lernen (arbeitsintegrierte Lernumgebung)	Unstrukturiertes Erfahrungslernen
Beispiele	Schulungen, Kurse, Training	Lernen am Arbeitsplatz, in einer Lernstatt und in einer Lerninsel	Lernen am Arbeitsplatz

xe Aufgabenstellungen bewältigen. Vermitteln lässt sich hierbei sowohl explizites als auch implizites Wissen in allen vier Kompetenzdimensionen. Eine besondere Stärke liegt in dem großen Erfahrungsbezug und in der Verbesserung der Selbst- und Sozialkompetenz. Der Nachteil des teilformalisierten Lernens liegt in dem begrenzten Spielraum für theoretische Vertiefungen, was Wissenslücken hinterlassen kann. Diese können nur durch formalisiertes Lernen geschlossen werden. Die dritte Lernform ist das *informelle Lernen*. Hierbei handelt es sich um ein unstrukturiertes Erfahrungslernen, das vorwiegend am Arbeitsplatz, beim Ausüben von Arbeitstätigkeiten oder im Gespräch mit Kollegen stattfindet. Informelles Lernen ist erfahrungsorientiert und führt zur Stärkung des informellen Wissens. Informelles Lernen wird von den Beteiligten meist nicht bewusst als Lernen wahrgenommen. Es ist jedoch unumgänglich zur Verbesserung von Fertigkeiten und für die Weitergabe von informellem Wissen an Kollegen.

Ein spezielles didaktisches Konzept, das dem teilformalisierten Lernen zugeordnet werden kann, ist die *Leittextmethode*. Diese beruht auf einer schriftlichen komplexen Lernaufgabe, deren Bearbeitung sehr viel Eigenständigkeit vom Lernenden verlangt. Der Ausbilder steht nur bei Nachfragen mit Hilfestellungen und denkanregenden Fragen zur Verfügung. Im Unterschied hierzu vermittelt die klassische *Vier-Stufen-Methode der Arbeitsunterweisung* die Ausführung standardisierter und routinisierbarer Aufgaben, bei denen es wenig auf die Selbst- und die Sozialkompetenz ankommt. Bei der Vier-Stufen-Methode führt ein Ausbilder in die Lerninhalte ein, macht den Arbeitsgang vor und lässt den Lernenden so lange unter Anleitung üben, bis er die Aufgabe perfekt beherrscht.

Speziell mit Blick auf *grundlegende Kenntnisse der Produktionslogistik* wurde ein Simulationsspiel entwickelt und praktisch erprobt, das Mitarbeitern spielerisch die Zusammenhänge der Logistik näher bringt [Wie07]. Motivation für die Entwicklung des Planspiels war die Annahme, dass es aus der Perspektiven der Logistik vorteilhaft ist, wenn nicht nur das Logistik-, sondern auch das Produktionspersonal über logistisch relevante Kompetenzen verfügt. Die Forschung gelangt jedoch zu dem Befund, dass logistische Kenntnisse selten in die Ebene der operativen Produktionsarbeit hinein kommuniziert werden [Wie07]. Meister und operative Mitarbeiter haben häufig Wissensdefizite über das logistische Zielsystem sowie über Gesetzmäßigkeiten und Methoden der Logistik.

B 3.4.3.3 Personalentwicklung

Mit der Qualifizierung, der Verhaltensoptimierung und der Laufbahngestaltung lassen sich drei zentrale Aufgabengebiete der Personalentwicklung voneinander abgrenzen. In der Fachliteratur ist auch von *wissensorientierten* [Son01a], *verhaltensorientierten* [Son01b] und *laufbahnbezogenen* Verfahren der Personalentwicklung [Sch00] die Rede. Übergeordnetes Ziel ist jeweils die mittel- und langfristige Abstimmung des Personals mit den Anforderungen der Produktion. Verfahren der Personalentwicklung können direkt oder indirekt auf das Individuum einwirken. Eine *direkte Einwirkung* geschieht beispielsweise durch Schulungsmaßnamen zum Erwerb beruflichen Wissens. Ein *indirektes Einwirken* auf das Individuum erfolgt über die Gestaltung der Arbeitssysteme. Ein Beispiel hierfür ist die Einführung von Gruppenarbeit.

Im Bereich der *wissensbezogen Verfahren* zielt die Personalentwicklung auf eine optimale Abstimmung der persönlichen Kompetenzen mit den Anforderungen der Arbeitstätigkeiten. Hierzu muss erfasst werden, welches Wissen bzw. welche Kompetenzen Mitarbeiter zur Ausführung bestimmter Tätigkeiten benötigen. Möglich ist eine reaktive, als besser geeignet gilt eine prospektive Orientierung. Instrumente, die der Personalentwicklung hierbei zur Verfügung stehen, sind die Anforderungsanalyse, die Szenarienbildung und die Personalbeurteilung. Die *Personalbeurteilung* liefert Informationen über das aktuelle Leistungsvermögen sowie über Entwicklungspotenziale der Mitarbeiter. Sie umfasst eine Analysephase, an die sich Entwicklungspläne anschließen, die konkrete Maßnahmen, den zeitlichen Ablauf sowie eine abschließende Bewertung beinhalten. Aktuelle Ansätze wissensbezogener Verfahren berücksichtigen individuelle Lernstile, sind realitätsnah und komplex in den Lernzielen. Für den gewerblich-technischen Bereich werden Lernaufgabensysteme, Lerninseln, Übungsfirmen und Lernbüros vorgeschlagen [Son01a].

Auch für den Bereich der *verhaltensorientierten Maßnahmen* existiert eine Vielfalt an Instrumenten. Verbreitet sind Versuche einer Verhaltensmodifikation durch Trainingsmaßnahmen sowie verschiedene Ansätze der Beratung und Betreuung. Eingesetzt wird zudem das Veränderungsmanagement als mittelfristig wirkende Maßnahme bei konkreten Veränderungsvorhaben. Die Organisationsentwicklung zielt demgegenüber neben der Akzeptanzsicherung bei Veränderungen auf eine nachhaltige Verbesserung der Organisationskultur. Neuere Ansätze der Verhaltensmodifikation zeichnen sich durch ein ganzheitliches Vorgehen aus. Hintergrund sind Studien, die den langfristigen Effekt von Trainingsmaßnahmen wie beispielsweise einer Gruppenentwicklung oder einem Outdoor-Training anzweifeln. Kritisiert werden das geringe Transferpotenzial, der punktuelle Charakter der Maßnahmen sowie der Alibi-Charakter, der sich ergibt, wenn nicht zugleich die Arbeitssysteme verbessert werden. Als besser geeignet gelten Ansätze, die Tainingsmaßnahmen mit Maßnahmen der Arbeitssystemgestaltung kombinieren. Dies wird damit begründet, dass die Arbeitsstrukturierung langfristige Konsequenzen für die Persönlichkeit der Mitarbeiter hat. Einschlägige Studien resümierend heißt es in einem Lehrbuch:

„Geringe Restriktivität in arbeitsplatz- und berufsbezogenen Dimensionen korreliert positiv mit als vorteilhaft bewerteten Ausprägungen psychologischer Dimensionen, wie bspw. intellektuelle Leistungen, soziale Kompetenz, Selbstkonzept und Leistungsmotivation." [Son01b: 277]

Die Aufgaben einer *laufbahnbezogene Personalentwicklung* [Sch00] liegen in der Gestaltung eines Laufbahnsystems, welches die Anforderungen der Organisation mit den individuellen Karriereorientierungen vereinbart. Laufbahnen lassen sich in zwei Richtungen gestalten. *Vertikale Laufbahnen* beinhalten den hierarchischen Aufstieg, daneben aber auch den hierarchischen Abstieg mit der Sonderform der Scheinbeförderung. In der *horizontalen Laufbahn* erhalten Mitarbeiter andere Aufgabenfelder, ohne dass sie hierbei auf- oder absteigen. Dass die horizontale Laufbahn in den letzten Jahren an Bedeutung gewonnen hat, liegt an der Verschlankung der Unternehmenshierarchien.

Die Personalentwicklung berücksichtigt bei der Laufbahngestaltung die *Motive der Mitarbeiter*. Deren Bereitschaft zum vertikalen Aufstieg ist i. d. R. stärker ausgeprägt als die zur horizontalen Veränderung. Begründet wird der Vorrang der Karriereorientierung durch den Wunsch nach Autonomie, nach der Gewinnung von Machtpositionen, nach Selbstentfaltung, Prestige und nicht zuletzt nach einer Erhöhung von Gehalt und Einkommen. Für die horizontale Veränderung sind andere Motive ausschlaggebend: der Wunsch nach einer interessanteren und weniger belastenden Aufgabe oder die Suche nach Erfolgserlebnissen, die die bisherige Position zu wenig bietet. Gebremst wird die Veränderung in horizontaler Richtung durch das Interesse an einer stabilen beruflichen Entwicklung. Angesichts dieser Problemlagen steht die Personalentwicklung vor der Aufgabe, Karrierewege transparent zu machen und den Mitarbeitern Entwicklungsperspektiven zu ermöglichen. Hierbei ist es vorteilhaft, die Laufbahngestaltung nach *Erwerbsphasen* zu untergliedern und beispielsweise die Eingliederung, die frühen, mittleren und späteren Karrierejahre sowie den Austritt aus dem Unternehmen zu unterscheiden.

B 3.4.4 Arbeitsstrukturierung

Der Begriff der Arbeitsstrukturierung bezeichnet die Arbeitsteilung und die Zuweisung von Verantwortung innerhalb und zwischen betrieblichen Funktionsbereichen. *Personenunabhängige Strategien* definieren Tätigkeiten und Aufgaben, die in einer Stellenbeschreibung ohne konkreten Personenbezug zusammengefasst werden. *Personenbezogene Strategien* verknüpfen die Gestaltung von Arbeitssystemen gezielt mit den Bedürfnissen bestimmter Mitarbeiter. Während die Folgen der Arbeitsstrukturierung für die Motivation, Kompetenz, Gesundheit und die Arbeitszufriedenheit der Mitarbeiter mittlerweile nahezu einheitlich beurteilt werden, sind die Auswirkungen auf die Wirtschaftlichkeit umstritten. Forschungen zur sog. *High Performance Work Organisation* (HPWO) sehen die Wirtschaftlichkeit bestimmter partizipativer und teamorientierter Arbeitsstrukturen erst durch die Kombination mit leistungsorientierten Entgeltsystemen, flexiblen Arbeitszeitregelungen und Trainingsmaßnahmen gegeben [App00].

B 3.4.4.1 Ansätze der Arbeitsstrukturierung

Zu den grundlegenden Ansätzen der Arbeitsstrukturierung zählen die Arbeitserweiterung (auch Job-enlargement), der Arbeitsplatzwechsel (Job-rotation), die Arbeitsbereicherung (auch Job-enrichment) und die teilautonome Gruppenarbeit. Tabelle B 3.4-2 zeigt die Ansätze in Bezug auf die damit erreichbaren Ziele. Der Ansatz des Arbeitsplatzwechsels ist in der Tabelle nicht enthalten, weil sich seine Effekte nicht generalisierend beurteilen lassen. Dieser Ansatz kann je nach einbezogenen Aufgaben entweder im Sinne einer Arbeitserweiterung oder einer Arbeitsbereicherung praktiziert werden. Im Regelfall beschränkt sich der Arbeitsplatzwechsel jedoch auf die Arbeitserweiterung.

Bei der *Arbeitserweiterung* wird ein bereits bestehender Arbeitsumfang durch ähnliche Tätigkeiten erweitert. Dies lässt sich zum Beispiel durch einen verlängerten Montagezyklus erreichen. Hierdurch erhöhen sich i. d. R. nicht die Qualifikationsanforderungen, den Mitarbeitern werden jedoch in einem bescheidenen Rahmen Belastungswechsel und eine größere Vielseitigkeit der Arbeit ermöglicht. Im Unterschied hierzu werden bei der *Arbeitsbereicherung* andere, i. d. R. auch mit höheren Denk- und Qualifikationsanforderungen verbundene Tätigkeiten ergänzt. Die Arbeitsbereicherung folgt dem Konzept der *vollständigen Arbeitsaufgabe* [Hac98], das neben der reinen Ausführung auch die Planung, Vorbereitung und Kontrolle umfasst. Ein Beispiel ist die Erweiterung der Aufgaben eines Maschinenbedieners durch die Wartung, Qualitätsprüfung und Auftragssteuerung. Die Arbeitsbereicherung geht i. d. R. mit einer Höherqualifizierung, teilweise auch mit einem höheren Arbeitsentgelt einher.

Tabelle B 3.4-2 Ansätze und Ziele der Arbeitsstrukturierung

Ziele	Ansätze		
	Arbeitserweiterung (Job-enlargement)	Arbeitsbereicherung (Job-enrichement)	Teilautonome Gruppenarbeit
Kompetenzentwicklung fördern	○	●	●
Physische Belastungen verringern	○	●	●
Monotonieabbau	◐	●	●
Arbeitsmotivation erhöhen	○	●	●
Kommunikation fördern	○	◐	●
Verantwortung fördern	○	◐	●
Flexibilität des Arbeitssystems erhöhen	●	●	●
Verbesserungsprozess (KVP) fördern	○	◐	●
Störanfälligkeit des Arbeitssystems verringern	○	◐	●
Führung von Routineaufgaben entlasten	○	◐	●
Menschlichem Leistungsabbau vorbeugen	○	●	●

Legende: ○ kaum erreichbar | ◐ erreichbar | ● sehr gut erreichbar

Die *teilautonome Gruppenarbeit* ist ein weiterer Ansatz der Arbeitsstrukturierung. Grundlage ist eine Gruppe von Mitarbeitern, die in einem gewissen Rahmen ihre Arbeitstätigkeiten selbst plant, vorbereitet und kontrolliert [Ant94]. Damit kombiniert die teilautonome Gruppenarbeit Strategien der Arbeitserweiterung und -bereicherung und setzt hierbei einen Schwerpunkt durch die Übertragung von Aufgaben im Bereich der Personalführung. Je größer die Anteile der Arbeitsbereicherung ausfallen, desto besser ist die Gruppenarbeit geeignet, Belastungen zu reduzieren und langfristig die Kompetenzen der Mitarbeiter zu erhalten oder zu erweitern. Die heutige Verbreitung der teilautonomen Gruppenarbeit lässt sich mit der wachsenden Komplexität der Produktionsprozesse erklären. Der wesentliche Leistungsvorteil teilautonomer Arbeitsgruppen ist ihre Flexibilität und die Geschwindigkeit, mit der sie angesichts vielfältiger Produktionsanforderungen und Umgebungseinflüsse angemessene Handlungsstrategien entwickeln kann [Ger06]. Mit der Gruppenarbeit können eine Verbesserung der Produktqualität, ein Verminderung von Durchlaufzeiten, eine Verringerung arbeitsablaufbedingter Wartezeiten und eine Verringerung von Stillstandszeiten erreicht werden [Uli01: 260]. Um die zeitliche Flexibilität und die Zielorientierung von Arbeitsgruppen zu steigern, ist es vorteilhaft, die Gruppenarbeit mit einem Prämienentgelt (s. Bild B 3.4.5.3) und mit dem Modell der gleitenden Arbeitszeit zu (s. Bild B 3.4.6.3) kombinieren.

Personenbezogene Konzepte der Arbeitsstrukturierung umfassen die differentielle und die dynamische Arbeitsgestaltung. Bei der *differentiellen Arbeitsgestaltung* orientiert sich die Gestaltung von Arbeitsaufgaben an den individuellen Interessen und Kompetenzen. Bei der *dynamischen Arbeitsgestaltung* erfolgt eine laufende individuelle Aktualisierung der Arbeitsaufgaben mit dem Ziel, wandelenden Kompetenzen und Interessen Rechnung zu tragen.

B 3.4.4.2 Das Sozio-technische Arbeitssystem

Mit dem Ansatz der Sozio-technischen Systemgestaltung verfügt die Arbeitswissenschaft über einen normativ gehaltvollen Ansatz der Arbeitsstrukturierung. Er beruht auf der Annahme, dass Betriebe aus technologischen und sozialen Teilsystemen bestehen und dass es im Interesse der Wirtschaftlichkeit darauf ankommt, beide Systeme aufeinander abzustimmen. Der Ansatz trifft Aussagen über die

Aufgabengestaltung und konzentriert sich hierbei auf die Gruppenarbeit, die er als effiziente Arbeitsform ansieht. Die zentralen Annahmen des Sozio-technischen Systemansatzes lauten [Fri99: 276ff; Ric58; Uli01: 174]:
- Die Gruppe ist an effizienter Organisation und Aufgabenerfüllung interessiert.
- Eine Gruppe ist effizienter, wenn sie ganzheitliche Aufgaben vollenden kann.
- Zusammenhängende Aufgaben innerhalb einer Gruppe erfordern befriedigende soziale Beziehungen der Gruppenmitglieder.
- Verfügt eine Gruppe über ein abgegrenztes Territorium, dann wirkt sich dies positiv auf die sozialen Beziehungen aus.

Darüber hinaus wurden vom Londoner Tavistock Institut, das den Sozio-technischen Systemansatz maßgeblich begründet hat, Prinzipien der Arbeitsstrukturierung formuliert, die sich auf das Individuum beziehen [nach Fri99]. Der Einzelne:
- soll auch fachlich gefordert werden,
- soll an seinem Arbeitsplatz lernen,
- soll auch allein Entscheidungen treffen können,
- soll Rückhalt und Anerkennung erfahren,
- soll seine Arbeit als sinnhaft erleben,
- soll seine Arbeit als Beitrag zu einer wünschenswerten Zukunft erfahren.

Neben der Unterscheidung des technologischen Systems vom sozialen System wurde auch eine Abgrenzung von drei Systemtypen vorgeschlagen. Diese sind die *Person*, *Organisation* und die *Technologie* [Fri99]. Ziel einer Soziotechnischen Systemgestaltung ist eine Abstimmung der Schnittstellen dieser drei Systeme. Galt der Sozio-technische Systemansatz lange Zeit als Grundlage zur Anpassung des sozialen Systems an das technologische, so hat sich in der Forschung ein Paradigmenwechsel vollzogen, demzufolge das technologische System bereits in der Phase der Produktionsplanung an die Belange des sozialen Systems angepasst werden muss [Zin97]. Dieser Ansatz wird heute jedoch noch wenig praktiziert, mit der Folge, dass auftretende Probleme im sozialen System wie mangelnde Motivation, Dienst nach Vorschrift, hohe Krankheits- und Absentismusraten aus Kostengründen kaum verringert werden können.

B 3.4.5 Motivation

Die Leistung eines Mitarbeiters ist neben seiner Kompetenz und der Arbeitsplatzgestaltung entscheidend von seiner Motivation abhängig. Motivation lässt sich nicht direkt beobachten, beobachten lassen sich lediglich ihre Resultate in Form von Handlungen und Handlungsergebnissen. Generell bezieht sich der Begriff der *Motivation* auf die Handlungsenergie, die Richtung, in die diese Handlungsenergie gelenkt wird sowie auf die Ausdauer, mit der eine Person ein Ziel verfolgt [Kir05: 321; Rob01: 155].

Warum eine Person eine bestimmte Handlung ausführt oder unterlässt, lässt sich entweder auf eine intrinsische oder extrinsische Motivation zurückführen. Bei der *intrinsischen Motivation* ist es die Ausführung einer Handlung selbst, die eine Person antreibt. Dies trifft zu, wenn eine Arbeit als selbst bestimmt, fachlich herausfordernd und als Grundlage persönlichen Wachstums empfunden wird. Bei der *extrinsischen Motivation* wird eine Handlung durch die damit verbundenen Belohnungen oder nicht eintretenden Belohnungen bzw. Bestrafungen begründet. Während das tayloristische MenschenBild von einem primär extrinsisch, d. h. durch Entgelt und angedrohte Bestrafungen motivierbaren Mitarbeiter ausgeht, spielt in modernen Arbeitsorganisationen die intrinsische Motivation eine wachsende Rolle.

In der Motivationsforschung lassen sich zwei Theoriegruppen voneinander abgrenzen. *Inhaltstheorien* zielen auf eine inhaltliche Bestimmung der menschlichen Antriebe und deuten menschliches Verhalten durch das Bedürfnis, einen spezifischen Mangel zu beseitigen. *Prozesstheorien* erklären das Handeln vor dem Hintergrund komplexer mehrstufiger Entscheidungsprozesse. Aus beiden Ansätzen lassen sich Richtlinien für die Arbeitsstrukturierung und die Personalführung ableiten.

B 3.4.5.1 Inhaltstheorien

Die bekannteste Inhaltstheorie stammt von Abraham Maslow. Sie unterscheidet die in Bild B 3.4-2 dargestellten 5 Klassen von Bedürfnissen. Die „Bedürfnispyramide" beruht auf der Annahme, dass jeweils eine Motivklasse aktuell das Handeln einer Person bestimmt, wobei höhere Klassen erst aktiviert werden, sobald die Bedürfnisse auf den niederen Stufen befriedigt wurden. Im Unterschied zu den vier unteren Motivklassen ist auf der obersten Ebene keine Sättigung mehr möglich, weshalb Maslow hier von einem Wachstums- im Unterschied zu den vier Defizitmotiven spricht. Folgt man dem Modell von Maslow, dann entsprechen den 5 Motivebenen jeweils spezifische Bereiche der Arbeitsgestaltung (Bild B 3.4-2). Physiologische Grundbedürfnisse lassen sich beispielsweise im Bereich der Entgeltgestaltung befriedigen, Sicherheitsbedürfnisse durch ein sicheres Arbeitsverhältnis, Bedürfnisse nach sozialen Beziehungen durch kooperative Arbeitsformen, Bedürfnisse nach Anerkennung durch Karrieremöglichkeiten

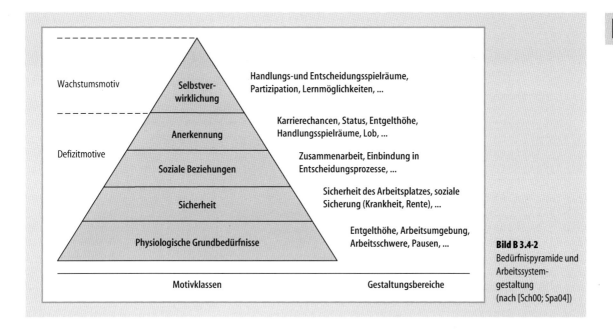

Bild B 3.4-2
Bedürfnispyramide und Arbeitssystemgestaltung
(nach [Sch00; Spa04])

und das Bedürfnis nach Selbstverwirklichung durch Lernmöglichkeiten.

Als eine der ersten Inhaltstheorien der Motivation zeigt die Bedürfnispyramide die Vielfältigkeit menschlicher Motive auf. Als problematisch haben sich jedoch die Abgrenzung der Bedürfnisse und die Annahme einer hierarchischen Anordnung erwiesen. Spätere theoretische Ansätze reduzieren die Anzahl der Bedürfnisklassen und geben die Annahme einer hierarchischen Ordnung auf. Gemeinsam ist jedoch die Betonung von *Leistungs- und Wachstumsmotiven*. Inhaltstheorien stellen hierdurch Annahmen der tayloristischen Arbeitsorganisation in Frage und weisen Wege zu einem produktiveren Mitarbeitereinsatz. Wesentliche Konsequenzen sind:

– Mitarbeiter lassen sich auf ganz unterschiedliche Weise motivieren, nicht nur wie der Taylorismus unterstellt durch die finanzielle Kompensation für aufgebrachte Mühen und erlittene Beanspruchungen.
– Die persönlichen Wachstumsbedürfnisse der Mitarbeiter stellen für das Unternehmen eine wertvolle Ressource dar. Handlungs- und Entscheidungsspielräume sollten deshalb nicht stärker eingeschränkt werden als unbedingt erforderlich. Nur so kann die freiwillige Kooperationsbereitschaft der Mitarbeiter gewonnen werden.
– Die Aufgabe der Führungskräfte besteht darin, eine Arbeitsumgebung zu schaffen, in der die Bedürfnisbefriedigung der Mitarbeiter mit den Unternehmenszielen verknüpft wird und in der das persönliche Leistungsmotiv trainiert werden kann.

B 3.4.5.2 Prozesstheorien

Prozesstheorien setzen inhaltlich benennbare Motive voraus, erklären menschliches Handeln jedoch in erster Linie als Ergebnis von Entscheidungsprozessen, die verschiedene Stufen des Arbeitsprozesses einbeziehen. Motivation entsteht den Ansätzen zufolge im Wesentlichen aus dem Arbeitsprozess und seiner gedanklichen Vorwegnahme. Die meisten Prozesstheorien arbeiten zum einen mit dem *Wert*, den bestimmte Arbeitsprozesse und deren Ergebnisse für einen Mitarbeiter haben. Zum anderen argumentieren Prozesstheorien mit der *Erwartung* die ein Mitarbeiter darüber hat, ob diese Werte überhaupt erreichbar sind. Eine der bekanntesten Prozesstheorien, die neben der Arbeitszufriedenheit auch die Arbeitsmotivation erklärt, stammt von Porter und Lawler (Bild B 3.4-3). Der Theorie zufolge wird sich ein Mitarbeiter nur anstrengen, wenn er eine Belohnung erwartet, die für ihn einen Wert darstellt. Inwieweit diese Anstrengung zu einer Leistung führt, ist zum einen von den persönlichen Fähigkeiten abhängig und zum anderen von der Rollenwahrnehmung, d. h. davon, wie der Mitarbeiter den Handlungserfolg definiert. Anstrengung und Leistung führen zu intrinsischen und extrinsischen Belohnungen, die zudem unter dem Ge-

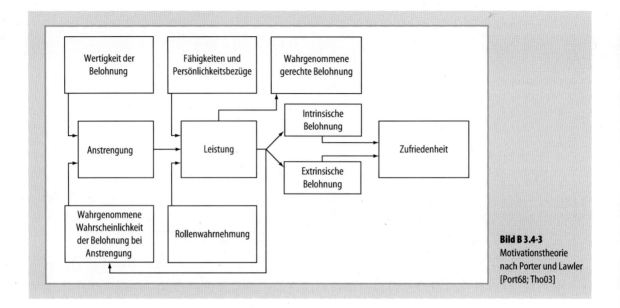

Bild B 3.4-3
Motivationstheorie nach Porter und Lawler
[Port68; Tho03]

sichtspunkt der Gerechtigkeit beurteilt werden. Die empfundenen Belohnungen begründen schließlich den Grad der Arbeitszufriedenheit. Die Theorie von Porter und Lawler umfasst Entscheidungsprozesse, die einen Mitarbeiter von Beginn einer Arbeitsaufgabe bis zu deren Abschluss begleiten.

Aus Prozesstheorien wie der von Porter und Lawler lassen sich vor allem praktische Konsequenzen für die Personalführung ableiten.
- Führungskräfte sollten unter Beteiligung der Mitarbeiter eine klare Zielorientierung schaffen und verdeutlichen, worin die betrieblichen Ziele bestehen. Zur Verbesserung der Zielorientierung dienen gemeinsam erarbeitete Ziele, die im Rahmen von Zielvereinbarungen schriftlich festgehalten werden.
- Führungskräfte sollten Bedingungen schaffen, unter denen Mitarbeiter die gewünschten Ergebnisse auch erreichen können. Dies erfordert die Beseitigung von technologischen und organisatorischen Hindernissen sowie Maßnahmen zur Kompetenzentwicklung.
- Führungskräfte sollten ihr Verhalten auf unterschiedliche Wertorientierungen und Kompetenzen der Mitarbeiter abstellen. Beispielsweise eignen sich ein partizipativer und ein leistungsorientierter Führungsstil bei kompetenten und entscheidungsstarken Mitarbeitern, während bei weniger kompetenten Mitarbeitern und uneinigen Arbeitsgruppen eher eine direktive Führung angemessen ist.

B 3.4.6 Entgeltgestaltung

Entscheidend für die Entgeltgestaltung sind die Kriterien, an denen sich die Höhe der Entlohnung für eine geleistete Arbeit orientieren soll. Hierbei werden zwei Ziele verfolgt: Die Realisierung einer als gerecht empfundenen Entlohnung und die Steuerung der Mitarbeiterleistung. Welche Entgeltsysteme dem Kriterium der Gerechtigkeit entsprechen, ist eine kulturabhängige Frage [Wäc97]. Je nach herangezogenem *Gerechtigkeitskriterium* ist das Entgelt Ausdruck
- des Verhältnisses von Angebot und Nachfrage auf dem Arbeitsmarkt,
- erworbener Qualifikationen und Berufsabschlüsse,
- erworbener sozialer Vorrechte wie etwa durch die Dauer der Organisationszugehörigkeit oder durch das Dienstalter,
- sozialer Bedürfnisse, z. B. durch die Verantwortung für Ehepartner und Kinder,
- der allgemeinen Schwierigkeit der Arbeitsaufgabe,
- der spezifischen Leistung des Mitarbeiters.

In heutigen Entgeltsystemen spielen alle diese Perspektiven eine Rolle, wobei das Verhältnis von Angebot und Nachfrage und die Leistung dominieren. Wer eine seltene, aber auf dem Arbeitsmarkt stark nachgefragte Qualifikation vorweisen kann, verfügt auch über eine relativ gute Verdienstchance. Daneben hat in vielen Entgeltsystemen

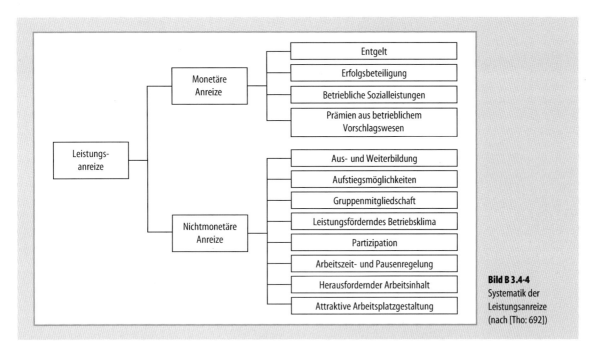

Bild B 3.4-4
Systematik der Leistungsanreize (nach [Tho: 692])

die individuelle Leistung einen hohen Stellenwert. Hierbei geht es den Unternehmen neben einer gerechten Entlohnung darum, das Mitarbeiterverhalten in eine gewünschte Richtung zu lenken. In diesem Sinne ist Entgelt ein *Leistungsanreiz*, d. h. eine Belohnung für eine spezifische Anstrengung. Neben den monetären sind jedoch auch nichtmonetäre Leistungsanreize bekannt, die ebenfalls einen starken Einfluss auf das Mitarbeiterveralten ausüben können (Bild B 3.4-4). Die Gestaltung von monetären Leistungsanreizen sollte deshalb immer im Zusammenhang mit der Gesamtheit möglicher Anreize gesehen werden.

Entgeltsysteme werden häufig in Form einer *Entgeltsäule* dargestellt. Den Sockel bildet hierbei ein anforderungsabhängiges Grundentgelt, darauf folgen leistungsabhängige sowie weitere tarifliche und übertarifliche Entgeltbestandteile.

B 3.4.6.1 Arbeitsbewertung

Die Ermittlung der Grundentgelte erfolgt auf der Grundlage einer Arbeitsbewertung. Bei der *Arbeitsbewertung* werden die Anforderungen einer Arbeit im Verhältnis zu anderen Arbeiten unter Verwendung eines einheitlichen Maßstabes bewertet. Das Ziel liegt hierbei in der anforderungsabhängigen Entgeltdifferenzierung. Neben der Grundentgeltermittlung lässt sich die Arbeitsbewertung noch für zwei weitere Ziele einsetzen: die Personalentwicklung und die Optimierung von Arbeitsprozessen.

Für die Arbeitsbewertung steht die vom REFA-Verband entwickelte *3-Stufen-Methode* zur Verfügung. Der erste Schritt besteht in der Erfassung und Beschreibung der Arbeitstätigkeit, des Arbeitsplatzes und der Organisationsbeziehungen. Schritt zwei umfasst die Analyse der Anforderungsarten. Der dritte Schritt besteht in der Bewertung der Anforderungen und der zusammenfassenden quantitativen Bewertung der Arbeitstätigkeit.

Zur Arbeitsbewertung werden summarische und analytische Betrachtungsweisen unterschieden. Während *summarische Methoden* von der Tätigkeit als Ganzes ausgehen und diese entweder miteinander oder mit Beispielkatalogen vergleichen und so zu Lohn- oder Gehaltsgruppen gelangen, bewerten *analytische Methoden* die einzelnen Anforderungsarten getrennt und errechnen anschließend einen Gesamtarbeitswert, der einer Lohn- oder Gehaltsgruppe zugeordnet werden kann. Innerhalb der summarischen und der analytischen Betrachtungsweise lässt sich jeweils unterscheiden, ob zur Quantifizierung die Methode der Reihung oder der Stufung angewendet wird. Während die *Reihung* auf einer Rangfolge von Arbeitstätigkeiten oder einzelnen Arbeitsandorderungen anhand des Schwierigkeitsgrades erfolgt, gibt es bei der *Stufung* genau definierte Stufen, entweder für Lohn- und Gehaltsgruppen bei der summarischen Betrachtung oder für die einzelnen Anforderungsmerkmale bei der analytischen Betrachtung. Alle in Tabelle B 3.4-3 enthaltenden Methoden führen zur quantitativen Bewertung von Arbeitstätigkeiten.

Tabelle B 3.4-3 Methoden der Arbeitsbewertung [Doe97]

Methoden der Quantifizierung	Methoden der qualitativen Analyse des Anforderungsbildes	
	Summarische Betrachtung	Analytische Betrachtung
Reihung	Rangfolgeverfahren	Rangreihenverfahren
Stufung	Lohn-/Gehaltsgruppenverfahren	Stufenverfahren

Tabelle B 3.4-4 Entgeltformen

Leistungsbezug	Struktur der Entgeltformen	
	Reine Entgeltformen	Zusammengesetzte Entgeltformen
Nicht leistungsreagibel	Zeitlohn/Gehalt/ Zeitentgelt	Standardlohn Polyvalenzlohn
Leistungsreagibel	Akkordentgelt	Prämienentgelt Zielentgelt Zeitentgelt mit Leistungszulage Zeitentgelt mit Ergebnisbeteiligung

Das *Rangfolgeverfahren* beruht auf einer Reihe von paarweisen Vergleichen, durch den alle in einem Betrieb vorhandenen Tätigkeiten in eine Rangfolge gebracht werden. Im Unterschied hierzu orientiert sich das *Lohn- bzw. Gehaltsgruppenverfahren* an einem Katalog, der in abgestufter Form Arbeitstätigkeiten charakterisiert. Ein Beispiel wäre die Kategorie „schwierige Facharbeiten, die besondere Fähigkeiten und langjährige Erfahrung voraussetzen". Als Hilfsmittel dienen sog. Richtbeispiele.

Grundlage der analytischen Arbeitsbewertung sind Anforderungskataloge, die zumeist tarifvertraglich festgelegt werden. Orientierungshilfe ist hierbei das 1950 auf einer internationalen Konferenz zu Arbeitsbewertung formulierte Genfer Schema, das geistige Anforderungen, körperliche Anforderungen, Verantwortung und die Arbeitsbedingungen unterscheidet. Analytische Verfahren sind das Rangreihenverfahren und das Stufenverfahren. Das *Rangreihenverfahren* beruht auf Rangreihen, die für jede Anforderungsart existieren und je nach Schwere der Arbeit entsprechende Wertzahlen enthalten. Zur Orientierung dienen Beispieltätigkeiten, die auch als Brückenbeispiele bezeichnet werden. Das *Stufenverfahren,* oder auch *Stufenwertzahlverfahren,* beruht auf Bewertungstafeln, die ebenfalls für jede Anforderungsart Werte für die Schwierigkeit angeben. Die Einstufung orientiert sich jedoch an qualitativen Begriffen wie „sehr hoch, hoch, mittel, gering, sehr gering" oder an umfassenden Beschreibungen der jeweiligen Höhe der Anforderungsstufe. Auch bei diesem Verfahren erleichtern Beispiele die Orientierung. Wie bei dem Rangreihenverfahren wird für jedes Anforderungsmerkmal eine Punktzahl ermittelt. Die Gesamtpunktzahl ermöglicht die Einordnung in eine Lohn- oder Gehaltsgruppe. Das Stufenverfahren zeichnet sich durch seine „leichte Handhabung für den Bewerter und gute Verständlichkeit für den Mitarbeiter" aus [Tho03].

B 3.4.6.2 Entgeltformen

Grundsätzlich lassen sich reine Lohnformen von zusammengesetzten Lohnformen unterscheiden (Tabelle B 3.4-4). Während sich *reine Lohnformen* ausschließlich entweder an der Arbeitszeit, der Arbeitsschwierigkeit oder der Leistung orientieren, kombinieren *zusammengesetzte Lohnformen* mehrere dieser Merkmale. Darüber hinaus unterscheiden sich Entgeltformen darin, ob sie unmittelbar auf die Leistung reagieren oder das Entgelt konstant bleibt. Leistungsreagibel ist das Akkord- und Prämienentgelt, aber nicht das Zeitentgelt.

Das *Zeitentgelt* beruht auf einer festen Vergütung für eine bestimmte Zeiteinheit. Er zählt zu den reinen Lohnformen. Er ist darüber hinaus nicht unmittelbar leistungsreagibel. Dies bedeutet nicht, dass von einem Mitarbeiter im Zeitentgelt nur die reine Anwesenheit erwartet wird, doch ändert sich das Entgelt bei schwankender Leistung nicht. Das Zeitentgelt ist „vorteilhaft bei Arbeiten,
- die einen hohen Qualitätsstandard verlangen,
- die sorgfältig und gewissenhaft ausgeführt werden müssen,
- bei denen eine große Unfallgefahr besteht,
- deren Leistung nicht oder nur sehr schwer (quantitativ) messbar ist, wie dies bei kreativen Aufgaben der Fall ist,
- bei denen die Gefahr besteht, dass Mensch oder Maschine überfordert oder zu stark beansprucht werden" [Tho03: 716].

Der Nachteil des Zeitentgelts wird in dem fehlenden finanziellen Leistungsanreiz gesehen. Eine Möglichkeit, das Zeitentgelt mit Leistungsanreizen zu versehen, liegt in der Kombination mit Leistungszulagen. Diese werden auf der Grundlage einer Bewertung des individuellen Verhaltens gewährt, d. h. sie honorieren kausale Leistungsbeiträge.

Ein Grenzfall zwischen einem leistungsreagiblen und einem nicht-leistungsreagiblen Entgelt ist der vor allem in der Automobilindustrie verbreitete *Standardlohn*. Bei dieser dem Leistungsentgelt zugerechneten Entgeltform müssen die Mitarbeiter für einen bestimmten Zeitraum definierte Leistungsziele erreichen. Eine Zielabweichung ist nicht relevant für das Entgelt, zieht aber eine Ursachenanalyse und Maßnahmen nach sich.

Zu den leistungsreagiblen Entgeltformen zählt das *Akkordentgelt*, das die von einem Mitarbeiter oder im Falle des Gruppenakkords die von einer Gruppe beeinflussbare Mengenleistung entlohnt. Leistungsmerkmal ist der Leistungsgrad, der die Leistung in Bezug zu einer Normalleistung angibt. Das Akkordentgelt enthält einen finanziellen Leistungsanreiz, ist jedoch auch mit einigen Nachteilen verbunden. Es besteht vor allem die Gefahr, dass Mensch und Maschine zu stark beansprucht und dass Qualitätsziele vernachlässigt werden. Nicht eingesetzt werden sollte das Akkordentgelt deshalb bei Unfallgefahren oder bei Arbeiten mit einem hohen Qualitätsanspruch.

Wesentlich flexibler als das lediglich auf die Mengenleistung zielende Akkordentgelt ist das Prämienentgelt. Das *Prämienentgelt* beruht auf einem anforderungsabhängigen Grundentgelt, das um eine veränderbare Prämie ergänzt wird. Orientieren können sich die Prämien beispielsweise an der Mengenleistung, der Qualität, der Produktivität, der Ersparnis von Material und Zeit sowie der Nutzung von Produktionsmitteln. Das Prämienentgelt ist grundsätzlich offen für die Unterstützung der logistischen Ziele, doch orientieren sich die Prämien im Bereich der Produktionsarbeit i. d. R. eher an der Produktivität und kaum am logistischen Zielsystem. Hierdurch kann es aus logistischer Sicht zu einer Fehlsteuerung kommen.

Der *Polyvalenzlohn* setzt sich aus einem anforderungsorientierten Grundlohn und einer Könnenszulage zusammen. Ziel dieses Entgeltsystems ist die Förderung der Qualifizierungsbereitschaft und der individuellen Kompetenz. In der Praxis stellt sich neben der Gewichtung des Könnens die Frage nach Instrumenten zur der Bewertung der Kompetenz [Uli01]. Eine Möglichkeit besteht darin, die Kompetenz durch die erforderliche Lernzeit auszudrücken. Der Indikator kumuliert die Zeiten, die erforderlich sind, um die Aufgaben in einem Arbeitssystem soweit zu lernen, dass sie „selbstständig und in normaler Zeit" ausgeführt werden können [Pla04].

Das *Zielentgelt* wurde in dem neuen Entgeltrahmenabkommen (ERA) in den Tarifgebieten der Metall- und Elektroindustrie formuliert. Es beruht auf einem Grundentgelt, welches durch eine Prämie ergänzt wird, die sich an Zielvereinbarungen orientiert. Eine weitere Möglichkeit einer kombinierten Entlohnung ist das Zeitentgelt mit einer Beteiligung am Unternehmensergebnis. Meist orientierten sich die Unternehmen hierbei am Umsatz oder am Gewinn vor Steuern. Ziel dieser Entgeltsysteme ist eine stärkere Identifikation der Mitarbeiter mit dem Unternehmen sowie eine Begrenzung des unternehmerischen Entgeltrisikos. In der Fachliteratur wird auf einen Nachteil ergebnisorientierter Entgeltsysteme hingewiesen, der darin besteht, dass Leistung entwertet wird, wenn sie nicht zu einem Markterfolg führt [Bah01].

B 3.4.6.3 Leistungsbegriff im Wandel

Entgelt ist die Gegenleistung für eine vom Mitarbeiter erbrachte Leistung. Der Begriff der menschlichen Arbeitsleistung lässt sich jedoch unterschiedlich definieren, zudem unterliegt er einem historischen Wandel. In den Hochzeiten des Taylorismus wurde Leistung mit der Geschwindigkeit gleichgesetzt, mit der eine Arbeitskraft fehlerfreie Produkte hergestellt hat. Angestellte waren für andere Aufgaben zuständig als Arbeiter, was unterschiedliche Tarifgefüge zur Folge hatte. Heute sind Produktionsarbeiter stärker als Mitgestalter gefordert, sie haben häufiger dispositive, kontrollierende und Aufgaben im Bereich der Prozessoptimierung. Damit gleichen sich die Tätigkeiten von Arbeitern und Angestellten zunehmend an. Dies stellt neue Anforderungen an die Entgeltgestaltung, die die Tarifpartner zu einheitlichen Entgelttarifverträgen für Arbeiter und Angestellte bewegt haben, 1988 im Tarifbereich

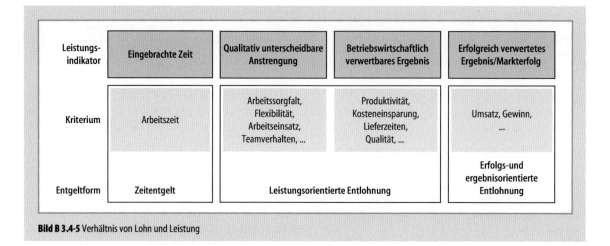

Bild B 3.4-5 Verhältnis von Lohn und Leistung

der Chemischen Industrie, später in Elektro- und Metallindustrie (ERA).

Entgeltsysteme korrespondieren mit dem jeweiligen Verständnis, das in einem Unternehmen über den Inhalt der Arbeitsleistung und damit auch über die Funktion der Arbeitskraft vorherrscht. Hierzu lassen sich grundsätzlich vier verschiedene Leistungsbegriffe unterscheiden (Bild B 3.4-5). Unternehmen können Mitarbeiter dafür entlohnen, dass sie ihre Zeit zur Verfügung stellen, dass sie sich in einer spezifischen Form anstrengen, dass sie ein betriebswirtschaftlich verwertbares Ergebnis erzielen und dafür, dass ein Markterfolg erzielt wurde.

Moderne Unternehmen orientieren sich in den Entgeltsystemen zunehmend am betriebswirtschaftlich verwertbaren Ergebnis. Damit verschiebt sich die Funktion der Mitarbeiter. Statt deren spezifische Anstrengungen und die in das Unternehmen eingebrachte Zeit zu honorieren, wird als Leistung anerkannt, was Mitarbeiter durch geschicktes Agieren zu Produktivitätssteigerung und Kosteneinsparungen oder anderen unmittelbar verwertbaren Resultaten beitragen. In der Fachliteratur wird diese Entwicklung als Wandel von einem kausalen zu einem funktionalen Leistungsbegriff bezeichnet [Ben97].

B 3.4.7 Arbeitszeitgestaltung

Gegenstand der Arbeitszeitgestaltung ist die Dauer, Lage und Verteilung der Arbeitszeiten innerhalb einer definierten Betrachtungsperiode. Dies schließt Urlaubsregelungen sowie die Gestaltung von Ruhe- und Erholungspausen ein. Die verfolgten Ziele der Arbeitszeitgestaltung sind die Anpassung der personellen Kapazitäten an die Produktionsplanung, die Schaffung von ausreichenden Erholungsmöglichkeiten für die Mitarbeiter, der Erhalt von Gesundheit und der dauerhaften Leistungsfähigkeit sowie die Berücksichtigung individueller Interessen. Wo zwischen diesen Zielen die Akzente gesetzt werden, kann zwischen den Arbeitszeitmodellen und im Rahmen deren konkreter Ausgestaltung stark variieren.

Bei der Arbeitszeitgestaltung gilt die *Vertragsfreiheit* zwischen dem Arbeitgeber und dem Arbeitnehmer, doch müssen gesetzliche und tarifvertragliche Vorschriften eingehalten werden. Die wichtigste gesetzliche Grundlage ist das Arbeitszeitgesetz (ArbzG). Historisch betrachtet handelt es sich hierbei um ein Arbeitnehmerschutzrecht. Lag die tägliche Arbeitzeit zu Beginn der Industrialisierung in Deutschland im Durchschnitt bei 15 Stunden und mussten selbst Kinder ab dem 6. Lebensjahr bis zu 12 Stunden schwerste körperliche Arbeit verrichten, beträgt die Arbeitszeit heute laut § 3 ArbzG i. d. R. 8 Stunden pro Tag. Die Arbeitszeit kann auf 10 Stunden ausgedehnt werden, jedoch dürfen nach § 7 ArbzG innerhalb von 6 Monaten im Durchschnitt acht Stunden werktäglich nicht überschritten werden. Weitere Regelungen zur Arbeitszeitgestaltung finden sich in den Tarifverträgen und den individuellen Arbeitsverträgen.

B 3.4.7.1 Arbeitszeitmodelle

Arbeitszeitmodelle lassen sich grundlegend nach dem Grad ihrer Flexibilität unterscheiden (Bild B 3.4-6). Es existieren jedoch verschiedene Definitionen für die flexible und die starre Arbeitszeit. Bezugspunkt für die Charakterisierung von Arbeitszeitmodellen ist zumeist die ebenfalls recht unterschiedlich definierte Normalarbeitszeit. Meist wird unter dem Begriff der *Normalarbeitszeit* eine regel-

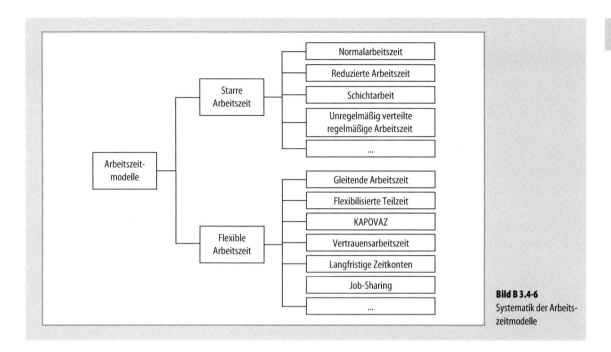

Bild B 3.4-6 Systematik der Arbeitszeitmodelle

mäßige und starr geregelte Arbeitszeit zwischen 7:00 Uhr und 19:00 Uhr verstanden. Unter den Bedingungen einer Normalarbeitszeit arbeitet derzeit noch die Mehrheit der Beschäftigten, doch wird dieses Arbeitszeitmodell durch verschiedene Alternativen mehr und mehr verdrängt. Nicht jede Abweichung von der Normalarbeitszeit führt jedoch zu einer flexiblen Arbeitszeit. Dies gilt für die *reduzierte regelmäßige Arbeitszeit*, beispielsweise im Rahmen einer Teilzeitarbeit. Die *Schichtarbeit* weicht ebenfalls von der Normalarbeitszeit ab, fällt aber bei einem planbaren Schichtrhythmus noch nicht in die Kategorie der flexiblen Arbeitszeit. Eine weitere Gruppe von Arbeitszeitmodellen beruht auf einer *unregelmäßigen Verteilung der Arbeitszeit*, wie die Saisonarbeit oder die Arbeit á la carte. Auch hier muss es sich noch nicht um eine flexible Arbeitszeit handeln. Saisonarbeit kann einem starren Jahresrhythmus folgen und bei der Arbeit á la carte kann die Arbeit auf feste Tage oder Bruchteile von Tagen in der Woche verteilt werden. Nachreiner und Grzech-Šukalo [Nac97] zufolge müsste ein sinnvoller arbeitswissenschaftlicher Begriff der *flexiblen Arbeitszeit* das Merkmal des „Dispositions- bzw. Verhandlungsspielraumes in Bezug auf Dauer, Lage und Verteilung" der Arbeitszeit hervorheben. Andernfalls würden so viele unterschiedliche Arbeitszeitmodelle unter dem Begriff der flexiblen Arbeitszeit zusammengefasst, dass keine verallgemeinernden Aussagen über diese Modellgruppe möglich wären. *Starre Arbeitszeiten* sind diesem Definitionsvorschlag zufolge durch die periodische Wiederholung von Arbeits- und Freizeitblöcken mit jeweils gleicher Dauer und Lage innerhalb eines Betrachtungszeitraumes gekennzeichnet.

Wie flexible Arbeitszeitmodelle zu bewerten sind, hängt sehr stark von der Perspektive des Bewertenden und von der Frage ab, wer über die zeitlichen Dispositionsspielräume verfügt. Bei der kapazitätsorientierten variablen Arbeitszeit (KAPOVAZ) liegt die alleinige Disposition über die Arbeitszeit beim Arbeitgeber, weshalb dieses Modell nicht auf die Zustimmung der Gewerkschaften trifft. Andere Formen der flexiblen Arbeitszeit wie die Gleitzeitarbeit, die flexibilisierte Teilzeit oder die Vertrauensarbeitszeit können den Arbeitnehmern eine sehr viel größere Zeitsouveränität erlauben. So ist es beim Job-sharing möglich, dass sich zwei Mitarbeiter einen Arbeitsplatz teilen und ihre Arbeitszeit frei einteilen. Andere Formen der flexiblen Arbeitszeit sind neben dem unbezahlten Langzeiturlaub (Sabbatical) verschiedene Varianten von Lebensarbeitszeitkonten, die beispielsweise den gleitenden Einstieg in den Ruhestand erlauben.

B 3.4.7.2 Schichtarbeit

In der heutigen Wirtschaft besteht aus verschiedenen Gründen die Notwendigkeit der Nacht- und Schichtarbeit. Es kann erforderlich sein, Investitionskosten dadurch zu rechtfertigen, dass eine kapitalintensive Technologie möglichst rund um die Uhr ausgelastet wird. Weitere wirtschaftliche Gründe für die Nacht- und Schichtarbeit liegen in einem beschleunigten technologischen Wandel, der die Amortisationszeit für die Produktionsmittel verkürzt. Daneben werden Technologien eingesetzt, die wie in der Stahlindustrie und der Chemischen Industrie einen vollkontinuierlichen Betrieb erfordern. Ein weiterer Grund ist die Versorgung der Bevölkerung beispielsweise mit Energie oder mit ärztlichen Leistungen, die sich nicht auf die Normalarbeitszeit beschränken kann. Nach dem Arbeitszeitgesetz (§ 6 ArbzG) ist die Arbeitszeit bei der Nacht- und Schichtarbeit jedoch nach den gesicherten arbeitswissenschaftlichen Erkenntnissen über die menschengerechte Gestaltung der Arbeit zu gestalten. Menschengerecht bedeutet in diesem Zusammenhang, dass Wohlbefinden und Gesundheit nicht beeinträchtigt und dass den Mitarbeitern eine angemessene Teilhabe am Sozialleben ermöglicht werden [Kna97].

Grundlage für den Erhalt von Wohlbefinden und Gesundheit ist die Berücksichtigung der „physiologischen Leistungskurve" [Gra61; Sch93]. Die Leistungskurve (Bild B 3.4-7), die die Veränderung der körperlichen und geistigen Leistungsfähigkeit im Tagesverlauf des jeweiligen Aufenthaltsortes beschreibt, ist genetisch weitgehend festgelegt. Der Verlauf der Kurve kann intra- und interindividuell variieren, eine Verschiebung der Kurve um eine Schicht oder um einen halben Tag ist jedoch aus biologischen Gründen nicht möglich. Zwar reagiert der Körper mit Anpassungen auf die Schichtarbeit, doch führen vor allem die Früh- und die Nachtschicht tendenziell zu einem Dauerkampf gegen die eigene innere Uhr. Diesen Dauerkampf gilt es durch arbeitswissenschaftlich abgesicherte Maßnahmen zu minimieren. Andernfalls drohen eine deutliche Beeinträchtigung des Wohlbefindens und ernsthafte Gesundheitsrisiken. In Phasen der geringen Leistungsfähigkeit steigt zudem das Risiko von Fehlhandlungen und Unfällen. Wie Untersuchungen bestätigen, geht die Frühschicht mit Schlafstörungen und Müdigkeit einher, und beeinträchtigen die Spätschicht und die Wochenendarbeit die Teilnahme am sozialen Leben [Kna97]. Die Probleme der Früh- und Spätschicht treten auch bei der Nachtschicht auf. Zusätzlich lassen sich bei der Nachtschicht weitere Beeinträchtigungen des Wohlbefindens durch Appetitstörungen und Magen-Darm-Beschwerden sowie gesundheitliche Beeinträchtigungen wie Magen-Darm- und Herz-Kreislauf-Erkrankungen nachweisen [Kna97].

Bei der Schichtplangestaltung sollten einer Studie zufolge, bei der 9000 Schichtarbeiter untersucht wurden, folgende arbeitswissenschaftliche Empfehlungen beachtet werden [Kna97]:
– Die Anzahl der hintereinander abzuleistenden Nachtschichten sollte möglichst gering sein. Als maximal gelten vier, als ideal weniger als drei aufeinander folgende Nachtschichten. Dies gilt gleichermaßen für die Früh- und die Spätschichten.
– Einer geblockten Freizeit am Wochenende ist gegenüber einzelnen freien Tagen in der Woche der Vorzug zu geben.
– Vorwärts rotierende Schichtsysteme (Früh-, Spät-, Nachtschicht) sind besser als rückwärts rotierende Arbeitszeitsysteme (Nacht-, Spät-, Frühschicht).
– Bei einer großen Arbeitsbelastung sollte die Schichtlänge verkürzt werden.
– Die Frühschicht sollte nicht um 6:00 Uhr, sondern erst um 7:00 Uhr beginnen.
– Schichtpläne sollten vorhersehbar sein und nicht kurzfristig durch den Arbeitgeber geändert werden.
– In der arbeitswissenschaftlichen Literatur finden sich noch weitere Empfehlungen:
– Auf eine Nachtschicht sollte eine möglichst lange Ruhepause folgen. Diese sollte länger als 24 Stunden sein.
– In der Nachtschicht sollten die Leistungsanforderungen verringert werden. Dies schließt den Verzicht auf Leistungsanreize ein.
– Für Nachtarbeiter sollten zusätzliche betriebsärztliche Maßnahmen ergriffen werden. Das Recht auf arbeitsmedizinische Untersuchungen regelt § 6 ArbZG.

Eine Möglichkeit zur Berücksichtigung möglichst vieler dieser Empfehlungen liegt im Übergang von einem 3-Schicht- auf ein 4-Schicht- oder 5-Schichtsystem.

B 3.4.7.3 Flexible Arbeitszeit

Die zunehmende Verbreitung flexibler Arbeitszeiten lässt sich u. a damit begründen, dass im Interesse kurzer Lieferzeiten und einer hohen Liefertreue die Betriebsnutzungsdauer an die schwankende Nachfrage angepasst wird. Neue

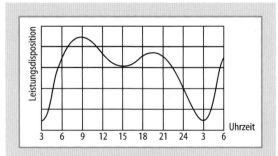

Bild B 3.4-7 Physiologische Leistungskurve [Gra61]

Produktions- und Logistikkonzepte wie Lean-production oder Just-in-time verstärken diesen Trend. Ein weiterer Grund liegt in der relativen Zunahme von Dienstleistungen. Diese richten sich in der zeitlichen Gestaltung nach den Kundenwünschen. Erfahrbar ist dies nicht nur im Einzelhandel, sondern auch bei industrienahen Dienstleistungen. Hier wird häufig in Projekten gearbeitet, die ebenfalls eine zeitliche Flexibilität erfordern. Hinzu kommen eine größere gesellschaftliche Akzeptanz von flexiblen Arbeitszeiten und nicht zuletzt auch das Interesse der Beschäftigten an einer flexibleren Verfügung über ihre Zeit.

Die Möglichkeiten einer flexiblen Gestaltung der Arbeitszeit sind recht vielfältig. Seit langem bekannt sind Überstunden und Bereitschaftsdienste. Relativ neu sind Modelle der gleitenden Arbeitszeit, die Vertrauensarbeitszeit, längerfristige Arbeitszeitkonten und Jahres- oder Lebensarbeitszeitmodelle. Als Instrument zur Flexibilisierung der Arbeitszeiten haben auch heute noch die Überstunden die größte Verbreitung. An deren Stelle treten aber zunehmend flexiblere und für den Arbeitgeber kostengünstigere Lösungen. Als ein häufig praktiziertes Modell wird im Folgenden die gleitende Arbeitszeit und als ein umstrittenes Modell die Vertrauensarbeitszeit vorgestellt.

Modelle der gleitenden Arbeitszeit beruhen auf Vereinbarungen, die einen Gleitzeitrahmen festlegen, innerhalb dessen die Mitarbeiter ihre Arbeitszeit verteilen können (Bild B 3.4-8). Meist werden zudem eine Kernzeit mit Anwesenheitspflicht sowie eine erlaubte Schwankungsbreite der Zeitkonten festgehalten. Ziele der Gestaltung von Gleitzeitmodellen sind eine optimale Flexibilität der Arbeitszeitgestaltung und eine hohe Zeitsouveränität der Mitarbeiter. Die größte Flexibilität versprechen große Schwankungsbreiten und lange Ausgleichszeiträume. Die Folgen einer Gleitzeitregelung sind jedoch recht komplex und situationsabhängig. Beispielsweise können bei einem Konto mit einer sehr großen Schwankungsbreite bei Erreichen der Schwankungsgrenzen große Handlungszwänge entstehen.

Aus der Perspektive der Mitarbeiter ist die gleitende Arbeitszeit dann attraktiv, wenn die Mitarbeiter selbst die Lage und Länge der Arbeitszeit wählen können oder hierbei zumindest mitentscheiden. Eine größere Zeitsouveränität lässt sich zudem erreichen, wenn die Mitarbeiter flexibel den Umfang und den Ausgleichszeitraum für den Ausgleich positiver Zeitkonten wählen können.

Ein weiterer Regelungsbereich ist der Ausgleichsmodus. Dieser kann in einer Absprache zwischen Arbeitnehmer und Arbeitgeber bestehen. Dieser Modus allein reicht jedoch nicht mehr aus, wenn die Grenze eines Schwankungsbereiches erreicht wird. Für diesen Fall werden sog. Ampelmodelle praktiziert, die abgestufte Handlungszwänge für den Kontenausgleich enthalten. Ein möglicher Modus ist der automatische Ausgleich, der erfolgt, sobald die Grenze des Schwankungsbereiches erreicht wird. Weiterhin zu regeln ist der Ausgleichszeitraum, in dem das Konto die Nulllinie erreichen muss. Üblich sind längere Perioden wie ein halbes oder ein Jahr.

Die *Vertrauensarbeitszeit* ist dadurch gekennzeichnet, dass die Zeiterfassung abgeschafft wird und die Mitarbeiter stattdessen eigenverantwortlich ihre Arbeitszeit regulieren. Entscheidend für die Bewertung der Arbeitsleistung ist das Arbeitsergebnis, für das die Mitarbeiter die Verantwortung tragen. Da sie hochgradig unbürokratisch und flexibel ist, bietet die Vertrauensarbeitszeit große Chancen sowohl für den Arbeitgeber als auch den Arbeitnehmer.

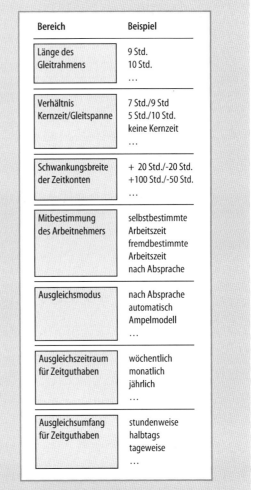

Bereich	Beispiel
Länge des Gleitrahmens	9 Std. 10 Std. …
Verhältnis Kernzeit/Gleitspanne	7 Std./9 Std 5 Std./10 Std. keine Kernzeit …
Schwankungsbreite der Zeitkonten	+ 20 Std./-20 Std. +100 Std./-50 Std. …
Mitbestimmung des Arbeitnehmers	selbstbestimmte Arbeitszeit fremdbestimmte Arbeitszeit nach Absprache
Ausgleichsmodus	nach Absprache automatisch Ampelmodell …
Ausgleichszeitraum für Zeitguthaben	wöchentlich monatlich jährlich …
Ausgleichsumfang für Zeitguthaben	stundenweise halbtags tageweise …

Bild B 3.4-8 Gestaltungsbereiche der gleitenden Arbeitszeit (u. a. nach [Luc98; Mar94])

Dennoch ist die Vertrauensarbeitszeit vor allem in Gewerkschaftskreisen sehr umstritten. Kritiker befürchten eine Ausweitung der Arbeitsstunden, da die Schutzfunktion geregelter Arbeitszeiten entfällt und die Ergebnisverantwortung die Mitarbeiter zu einer „Selbstausbeutung" und zum Verlust solidarischer Verhaltensweisen im Betrieb verleiten könnte. Wie eine Untersuchung zeigt, ist die „ungebremste Leistungssteigerung" jedoch eine seltene Ausnahme [Böh04]. Häufiger ist die ungeplante Fortschreibung einer Gleitzeitregelung, die meist vor der Einführung der Vertrauensarbeitszeit praktiziert wurde. Häufiger als die ungebremste Leistungssteigerung ist zudem die Realisierung von Vorteilen auf betrieblicher und Arbeitnehmerseite. Als entscheidend für die Einführung einer Vertrauensarbeitszeit, die sowohl zeitliche Flexibilität als auch Zeitsouveränität der Mitarbeiter erlaubt, gelten Ausgleichsregelungen, die eine Überlastung der Mitarbeiter verhindern. Als effizient haben sich folgende Maßnahmen erwiesen [Böh04]:

- die Ermöglichung einer individuellen Zeitdokumentation,
- virtuelle Ampelkonten, die abgestuft Handlungsbedarf anzeigen,
- die Einrichtung eines Gremiums zur Klärung strittiger Fragen und Reklamationen (Clearing-Stelle),
- die Ermöglichung von bezahlter Mehrarbeit,
- optionale Modelle, die eine Rückkehr in die Zeiterfassung ermöglichen,
- verstärkte Anstrengungen zur Teamentwicklung mit dem Ziel einer Förderung solidarischer Verhaltensweisen.

Literatur

[Ant94] Antoni, C. H.: Gruppenarbeit – mehr als ein Konzept. Darstellung und Vergleich unterschiedlicher Formen der Gruppenarbeit. In: Antoni, C. H. (Hrsg.): Gruppenarbeit in Unternehmen. Konzepte, Erfahrungen, Perspektiven. Weinheim: Beltz, Psychologie Verlags Union 1994, 19–48

[App00] Appelbaum, E. u. a.: Manufacturing Advantage. Why high-performance work systems pay off. Ithaka/London: Cornell University Press 2000

[Bah01] Bahnmüller, R.: Stabilität und Wandel der Entlohnungsformen. Entgeltsysteme und Entgeltpolitik in der Metallindustrie, in der Textil- und Bekleidungsindustrie und im Bankgewerbe. München, Mering: Rainer Hampp Verlag 2001

[Ben97] Bender, G.: Lohnarbeit zwischen Autonomie und Zwang. Neue Entlohnungsformen als Element veränderter Leistungspolitik. Frankfurt am Main, New York: Campus Verlag 1997

[Ber00] Bergmann, B.: Arbeitsimmanente Kompetenzentwicklung. In: Bergmann, B. u. a. (Hrsg.): Kompetenzentwicklung und Berufsarbeit. Münster, New York, München, Berlin: Waxmann Verlag 2000, 11–39

[Böh04] Böhm, S.; Herrmann, C.; Trinczek, R.: Herausforderung Vertrauensarbeitszeit. Zur Kultur und Praxis eines neuen Arbeitszeitmodells. Berlin: Edition Sigma 2004

[Deh01] Dehnbostel, P.: Perspektiven für das Lernen in der Arbeit. In: Arbeitsgemeinschaft Qualifikations-Entwicklungsmanagement Berlin (Hrsg.): Kompetenzentwicklung 2001: Tätigsein – Lernen – Innovation. Münster, New York, München, Berlin: Waxmann 2001, 53–94

[Doe97] Doerken, W.: Arbeitsbewertung. In: Luczak, H.; Volpert, W. (Hrsg.): Handbuch Arbeitswissenschaft. Stuttgart: Schäffer-Poeschel 1997, 994–998

[Fri99] Frieling, E.; Sonntag, K.: Lehrbuch Arbeitspsychologie. 2. Aufl. Bern u. a.: Verlag Hans Huber 1999

[Ger04] Gerst, D.: Arbeitsorganisation und Qualifizierung. In: Wiendahl, H.-P.; Gerst, D.; Keunecke, L. (Hrsg.): Variantenbeherrschung in der Montage. Konzept und Praxis der flexiblen Produktionsendstufe. Berlin, u. a.: Springer Verlag 2004, 95–118

[Ger06] Gerst, D.: Von der direkten Kontrolle zur indirekten Steuerung. Eine empirische Untersuchung der Arbeitsfolgen teilautonomer Gruppenarbeit. Dissertation. München und Mering: Rainer Hampp Verlag 2006

[Gra61] Graf, O.: Arbeitsablauf und Arbeitsrhythmus. In: Lehmann, G. (Hrsg.): Handbuch der gesamten Arbeitsmedizin. Bd. 1: Arbeitsphysiologie. Berlin: Urban und Schwarzenberg 1961, 789–824

[Hac98] Hacker, W.: Allgemeine Arbeitspsychologie: Psychische Regulation von Arbeitstätigkeiten. Bern u. a.: Huber 1998

[Int04] Internationales Arbeitsamt: Entwicklung und Ausbildung der Humanressourcen. Internationale Arbeitskonferenz, 92. Tagung (2004), Bericht IV (2B), Genf, 2004

[Kir05] Kirchler, E.; Walenta, C.: Motivation. In: Kirchler, E. (Hrsg.): Arbeits- und Organisationspsychologie. Wien: UTB 2005, 319–408

[Kna97] Knauth, P.: Nacht- und Schichtarbeit. In: Luczak, H.; Volpert, W. (Hrsg.): Handbuch Arbeitswissenschaft. Stuttgart: Schäffer-Poeschel 1997, 938–946

[Luc98] Luczak, H.: Arbeitswissenschaft. Springer-Lehrbuch 2., vollst. neubearb. Aufl. Berlin u. a.: Springer 1998

[Mar94] Martin, H.: Grundlagen der menschengerechten Arbeitsgestaltung. Handbuch für die betriebliche Praxis. Köln: Bund Verlag 1994

[Nac97] Nachreiner, F.; Grzech-Šukalo, H.: Flexible Formen der Arbeit. In: Luczak, H.; Volpert, W. (Hrsg.): Handbuch Arbeitswissenschaft. Stuttgart: Schäffer-Poeschel 1997, 952–957

[Pla04] Plaut, W.-D.; Sperling, H.-J.: Qualifikationsgerechte Entlohnung. Das Konzept der Lernzeit zur Grundlohneinstufung. In: Gergs, H.-J. (Hrsg.): Qualifizierung für Beschäftigte in der Produktion. Eschborn: RKW 2004

[Port68] Porter, L. W.; Lawler, E. E.: Managerial Attitudes and Performance. Homewood, Ill.: 1968

[Ric58] Rice, A.: Productivity and social organisation. The Ahmedabad experiment. London, Tavistock 1958

[Rob01] Robins, S. R.: Organizational behavior. Concepts-controversies-applications. 9. Auflage. NJ: Prentice Hall: Englewood Cliffs 2001

[Sch00] Schanz, G.: Personalwirtschaftslehre. 3. Auflage. München: Vahlen 2000

[Sch93] Schmidtke, H. (Hrsg.) Ergonomie. München: Hanser 1993

[Son01a] Sonntag, K.; Schaper, N.: Wissensorientierte Verfahren der Personalentwicklung. In: Schuler, H. (Hrsg.): Lehrbuch der Personalpsychologie. Göttingen Hogrefe 2001, 242–263

[Son00] Sonntag, K. u. a.: Leitfaden zur Implementation arbeitsintegrierter Lernumgebungen. Materialien zur Beruflichen Bildung. Bielefeld: Bertelsmann 2000

[Son01b] Sonntag, K.; Stegmaier, R.: Verhaltensorientierte Verfahren der Personalentwicklung. In: Schuler, H. (Hrsg.): Lehrbuch der Personalpsychologie. Göttingen Hogrefe 2001, 266–287

[Spa04] Spath, D.: Der Mensch im Arbeitssystem. Manuskript zur Vorlesung Arbeitswissenschaft 1. Stuttgart: 2004

[Sta99] Staudt, E.; Kriegesmann, B.: Weiterbildung: Ein Mythos zerbricht. Der Widerspruch zwischen überzogenen Erwartungen und Mißerfolgen der Weiterbildung. In: Arbeitsgemeinschaft Qualifikations-Entwicklungs-Management Berlin (Hrsg.): Kompetenzentwicklung '99. Aspekte einer neuen Lernkultur. Argumente, Erfahrungen, Konsequenzen. Münster, New York, München, Berlin: Waxmann 1999, 17–59

[Sta02] Staudt, E.; Kriegesmann, B.: Zusammenhang von Kompetenz, Kompetenzentwicklung und Innovation. Objekt, Maßnahmen und Bewertungsansätze – Ein Überblick. In: Staudt, E. u. a. (Hrsg.): Kompetenzentwicklung und Innovation. Die Rolle der Kompetenz bei Organisations-, Unternehmens-, und Regionalentwicklung. Münster u. a.: Waxmann 2002, 15–70

[Tho03] Thommen, J.-P.; Achleitner, A.-K.: Allgemeine Betriebswirtschaftslehre. Umfassende Einführung aus managementorientierter Sicht. Wiesbaden: Gabler 2003

[Uli01] Ulich, E.: Arbeitspsychologie. 5. Aufl. Stuttgart: Schäffer-Pöschel 2001

[Wäc97] Wächter, H.: Grundlagen und Bestimmungsfaktoren des Arbeitsentgelts. In: Luczak, H.; Volpert, W. (Hrsg.): Handbuch Arbeitswissenschaft. Stuttgart: Schäffer-Poeschel 1997, 986–989

[Wel91] Weltz, F.: Der Traum von der absoluten Ordnung und die doppelte Wirklichkeit der Unternehmen. In: Hildebrandt, E. (Hrsg.): Betriebliche Sozialverfassung unter Veränderungsdruck. Berlin: Edition Sigma 1991, 85–97

[Wie07] Wiendahl, H.-H.; Fischmann, C.: Mitarbeiterqualifizierung für die Produktionslogistik. Logistische Zielkonflikte spielerisch erfahren. In: Industrie Management, 23 (2007) 2, 25–28

[Wie02] Wiendahl, H.-P.; Begemann, C.; Nickel, R. Die klassischen Stolpersteine der PPS und wie sie vermieden werden: 7. Stuttgarter PPS-Seminar, Stuttgart

[Zin97] Zink, K. J.: Soziotechnische Ansätze. In: Luczak, H.; Volpert, W. (Hrsg.): Handbuch Arbeitswissenschaft. Stuttgart: Schäffer-Poeschel 1997, 74–77

B 3.5 Produktionscontrolling

B 3.5.1 Sicherstellung der Logistikqualität

Die Logistikleistung in der Produktion lässt sich anhand zweier grundlegender Qualitätsmerkmale messen: der Lieferfähigkeit und der Liefertreue (s. dazu auch Bild B 3.3-2). Die *Lieferfähigkeit* ist ein Maß dafür, inwieweit die vom externen oder internen Kunden geforderte Logistikleistung (Menge, Termin, Ort) diesem zugesagt werden kann. Wichtig für eine hohe Lieferfähigkeit sind insbesondere im Vergleich mit Wettbewerbern kurze Lieferzeiten [Wie96]. Die *Liefertreue* bewertet die Leistungserbringung des Logistikprozesses. Sie gibt an, wie groß der Anteil der vollständig und pünktlich abgelieferten Aufträge an allen ausgelieferten Aufträgen ist.

Um die gewünschte Logistikleistung zu erreichen, sind Strukturen und Verfahren notwendig, die Kundenanforderungen wie hohe Liefertreue und kurze Lieferzeit in engen Termintoleranzen sicherstellen. Eine gleichmäßige Produktqualität in Hinblick auf enge Grenzwerte und Toleranzen konnte in den letzten Jahren neben dem Einsatz moderner Fertigungstechnologien insbesondere durch Qualitätssicherungsmaßnahmen erreicht werden. Philosophien und Methoden des Qualitätsmanagements auf die Produktionslogistik zu übertragen ist daher ein naheliegender Gedanke.

In der Produktionslogistik erfolgt die Optimierung der Logistikleistung in einem Zyklus kontinuierlicher Verbesserungen, der sich, in Anlehnung an den von Deming bekannt gemachten Shewart-Zyklus, aus den Schritten Planen, Ausführen, Überprüfen und Verbessern zusammensetzt (s. Bild B 3.5-1) [Wie96].

Im Schritt *Planen* werden Ziele und Toleranzen festgelegt. Ausgehend von Anforderungen des Kunden werden die produktionslogistischen Ziele identifiziert, klassifiziert und gewichtet sowie deren Sollwerte und Toleranzen festgelegt. Je nach gewünschtem Qualitätsniveau können Toleranzen und Grenzwerte dabei unterschiedliche Ausprägungen annehmen, die von Randbedingungen wie bspw. Konventionalstrafen abhängig sind (für Details zur Produktionsplanung und -steuerung s. Abschn. B 3.3).

Anschließend an die Planung werden die *Ausführung* überwacht und Ursachen für eine nicht zufriedenstellende Leistung identifiziert. Dafür ist eine Erfassung, Aufbereitung und Visualisierung von produktionslogistischen Qualitätsmerkmalen notwendig. Diese Aufgabe wird dem Produktionscontrolling zugeordnet. Für die Aufbereitung und Visualisierung von logistischen Kenngrößen haben sich in der Praxis Systeme bewährt, die für das Monitoring eine übersichtliche und transparente Darstellung großer Datenmengen erlauben. Eingangsdaten für diese Systeme werden aus Rückmeldungen gebildet und spiegeln den Istzustand wider. Sie stehen, vorwiegend dem PPS-System entstammenden, Solldaten gegenüber. Bezogen auf den Zeithorizont ergeben sich drei Aufgabenschwerpunkte:

– Kurzfristig werden einzelne Aufträge im Durchlauf verfolgt und in ihrer Termineinhaltung überwacht und beeinflusst.
– Mittelfristig wird die logistische Prozesssicherheit durch eine Reduktion der Mittelwerte und Streuungen erhöht.
– Langfristig wird untersucht, ob der Prozess den Anforderungen des Marktes genügt, ob also die Prozessfähigkeit gegeben ist.

Der letzte Schritt im Rahmen des PDCA-Zyklus, die *Verbesserung*, hat die Aufgabe, für die aufgezeigten Schwachstellen geeignete Maßnahmen abzuleiten. Damit soll sichergestellt werden, dass der Prozess innerhalb der gegebenen Toleranzen beherrscht wird. Die operative, dispositive und strategische Ebene haben verschiedene Möglichkeiten des Eingriffs und können Maßnahmen nach ihrem Verhältnis von Aufwand und Nutzen realisieren. Mit der Umsetzung der Verbesserungsmaßnahmen und der Überprüfung der nachfolgenden Planungen wird der kontinuierliche Verbesserungszyklus geschlossen und so die Produktion nachhaltig verbessert.

Ein ganzheitlicher Ansatz für ein, eine kontinuierliche Verbesserung unterstützendes, Produktionscontrolling ist die Engpassorientierte Logistikanalyse. Diese bietet sowohl Methoden und Darstellungsformen, die ein Monitoring unterstützen, als auch Ansatzpunkte und Methoden zur Ableitung und Identifikation von Verbesserungspotenzialen.

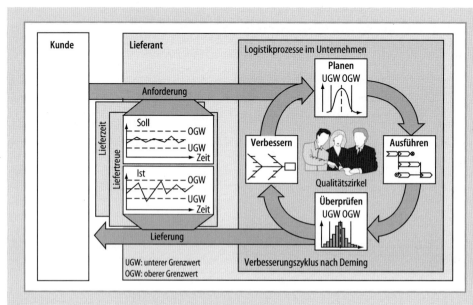

Bild B 3.5-1 Verbesserungszyklus zur Steigerung der Logistikleistung

B 3.5.2 Überprüfung des Logistikprozesses

B 3.5.2.1 Kennzahlen und Modelle als Basis des Controllings

Zur Objektivierung und Visualisierung von produktionslogistischen Zielen, zur Darstellung und Bewertung der Ist-Situation in der Produktion sowie zur Ableitung von Verbesserungsmaßnahmen ist das Produktionscontrolling auf detaillierte Informationen über das Betriebsgeschehen angewiesen. Die Verdichtung der zahlreichen, in einem Unternehmen zur Verfügung stehenden Informationen erfolgt durch *Kennzahlen*. Sie führen die Fülle der im Unternehmen vorhandenen Informationen auf wenige numerische Größen zusammen und sind die Grundlage für die Entscheidungen, die das Produktionscontrolling vorbereitend unterstützt [Hor02].

In der Praxis werden häufig recht komplexe Kennzahlensysteme eingesetzt, bei denen die Beziehungen zwischen den einzelnen Kennzahlen nicht deutlich werden. Interpretationsprobleme beim Produktionscontrolling sind die Folge. Dies kann vermieden werden, wenn das Produktionscontrolling und das dort eingesetzte Monitoring folgenden Anforderungen genügen:

– Das Produktionscontrolling erfolgt auf Basis eines durchgängigen logistischen Prozessmodells.
– Es basiert auf den im Betrieb vorhandenen bzw. erhobenen Daten.
– Der Prozess wird in Form von Graphiken visualisiert.
– Die berechneten Kennzahlen beschreiben das Systemverhalten.
– Die Wirkung von Stellgrößen wie Bestand, Kapazität und Prioritätsregel auf die Zielgrößen lassen sich erkennen.
– Die gegenseitige Abhängigkeit der Kennzahlen ist ersichtlich.

Das Produktionscontrolling muss entsprechend des zugrunde liegenden Zielsystems (s. Abschn. B 3.3-2) zwei Sichtweisen auf die Logistikprozesse in der Produktion ermöglichen. Durchlaufzeit und Termintreue sind Zielgrößen, die den Auftragsdurchlauf durch die Produktion betreffen. Die Auslastung und der Bestand sind hingegen ressourcenorientierte Zielsetzungen. In Bild B 3.5-2 werden diese Sichtweisen genutzt, um die Kennzahlen zu systematisieren, die im Produktionscontrolling Anwendung finden.

Die *Auftragsdurchlaufanalyse* gibt Auskunft über das Durchlaufverhalten der Aufträge und die Terminsituation in einem Produktionsbereich. Dadurch wird die Lieferfähigkeit des betrachteten Bereichs beschrieben und seine Liefertreue gegenüber nachfolgenden unternehmensinternen und -externen Kunden aufgezeigt. Das Ziel der Auftragsdurchlaufanalyse besteht darin, Abweichungsursachen im Termingefüge der Produktion und Maßnahmen zu deren Behebung aufzuzeigen. Ergibt sich bei diesen Analysen eine unzureichende Lieferfähigkeit bzw. -treue, so können die Ursachen über weiterführende Analysen aufgedeckt werden.

Durch die *Arbeitssystemanalyse* wird das Abfertigungsverhalten der einzelnen Arbeitssysteme in einem Produktionsbereich abgebildet. Im Einzelnen werden hierfür Durchsatz-, Bestands-, Durchlaufzeit-, Termineinhaltungs- und Auftragsstrukturkennzahlen ermittelt. Die Arbeitssystemanalyse bereitet die Ermittlung von Abweichungsursachen und die Maßnahmenableitung aus Ressourcensicht vor. Die Auswertungen im Rahmen der Arbeitssystemanalyse lassen sich in statistischen Darstellungen wie Häufigkeitsverteilungen und Zeitreihen veranschaulichen.

B 3.5.2.2 Controllingsysteme im Regelkreis der PPS

Unternehmen verfehlen ihre eigenen produktionslogistischen Ziele oftmals, weil sie nicht über eine systematische Vorgehensweise zu ihrer Verbesserung verfügen. Häufig sind die Ermittlung und Überwachung der relevanten Zielgrößen sowie die Rückführung der gewonnenen Erkenntnisse in den Planungsprozess unzureichend [Hor02]. Hinsichtlich der Erfüllung der produktionslogistischen Ziele stehen Unternehmen damit vor einer klassischen Regelungsaufgabe: Sie müssen die Zielerreichung durch die permanente Anpassung der Regelgrößen an Führgrößen realisieren. Dieser Sachverhalt wird durch den *Regelkreis der PPS* verdeutlicht [Wie97]. Er systematisiert, ausgehend von den strategischen Zielen eines Unternehmens und den Kundenbedarfen (Soll), die Planung des Produktionsprogramms (Plan) sowie die Steuerung der Abläufe bei der Durchführung von Produktion, Beschaffung und Distribution (s. Bild B 3.5-3). Des Weiteren beinhaltet der Regelkreis die Aufnahme der Rückmeldedaten im Rahmen der Betriebs- und Maschinendatenerfassung (Ist).

Das Produktionscontrolling, das Plan- und Ist-Größen vergleicht und Abweichungen interpretiert, ist ein wesentlicher Bestandteil des Regelkreises der PPS. Funktional wirkt das Produktionscontrolling als Subsystem der PPS, das die Planung und Kontrolle sowie die Informationsversorgung koordiniert und dadurch die Koordination eines Unternehmens als Gesamtsystem und dessen Adaption an Störungen und Änderungen unterstützt [Hor02]. Auf diese Weise ergibt sich ein geschlossener Regelkreis, der auf Abweichungen zwischen Soll, Plan und Ist zeitnah und zielführend durch Veränderung der Regelgrößen reagieren

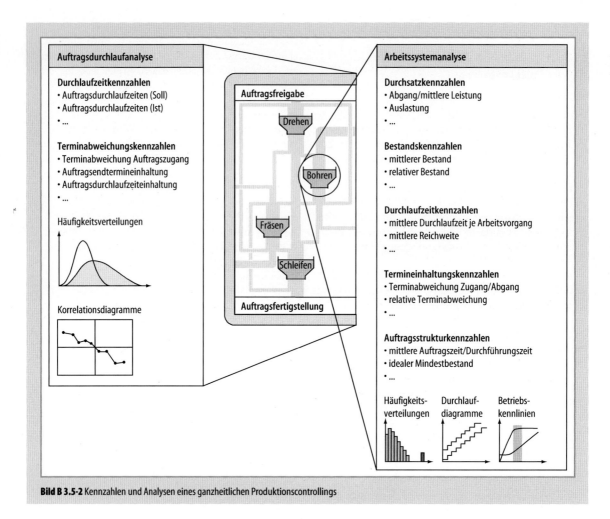

Bild B 3.5-2 Kennzahlen und Analysen eines ganzheitlichen Produktionscontrollings

kann. Dabei ist von Bedeutung, dass das Produktionscontrolling auch die Planvorgaben selbst betrachtet, um unrealistische oder gar widersprüchliche Planvorgaben zu erkennen und ggf. zu korrigieren.

Das Produktionscontrolling ermöglicht, die Auswirkungen unternehmerischer Aktivitäten laufend zu messen, Abweichungsanalysen durchzuführen sowie Verbesserungsmaßnahmen abzuleiten und diese dadurch auf den Unternehmenserfolg auszurichten [Wie02].

B 3.5.2.3 Gliederungsaspekte eines Controllingsystems

Controllingsysteme können bei Aufgaben auf drei verschiedenen Betrachtungsebenen folgende Unterstützung bieten:

- *langfristig*: Zielorientierte Überprüfung und Anpassung der Produktstruktur und der Produktionsstruktur sowie Unterstützung einer logistischen Positionierung;
- *mittelfristig*: Überführung der Produktionsplanung und -steuerung in eine Produktionsregelung durch eine kontinuierliche Abbildung des Ist-Zustands in der Produktion und Ableitung realistischer Planwerte für die Auftragstermin- und Kapazitätsplanung;
- *kurzfristig*: Überwachung des Durchlaufs einzelner Aufträge während der Durchführung mittels Betrachtung der betreffenden Arbeitssysteme und der dort abgewickelten Arbeitsvorgänge.

Für jede der drei Betrachtungsebenen können zwei Sichtweisen unterschieden werden, die über die einzelnen Arbeitsvorgänge verknüpft sind. Einerseits gibt es die res-

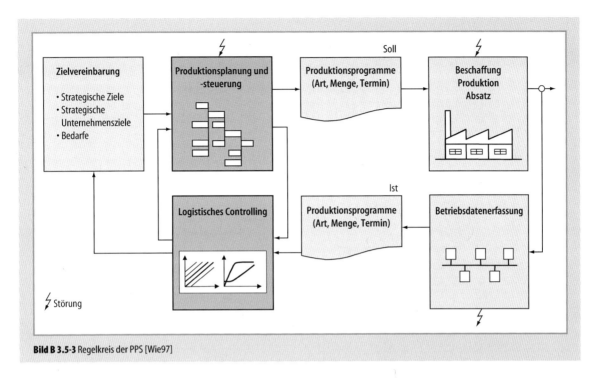

Bild B 3.5-3 Regelkreis der PPS [Wie97]

sourcenbezogene Sichtweise, die das Arbeitssystem als Betrachtungsgegenstand hat, anderseits die auftragsorientierte Sichtweise, die Auftragsnetze fokussiert.

B 3.5.3 Engpassorientierte Logistikanalyse als Controllingansatz für die Produktion

Der Produktionsbereich eines Unternehmens ist ein komplexer Betrachtungsgegenstand: Die zu untersuchenden Arbeitssysteme beeinflussen sich gegenseitig in ihrem logistischen Verhalten, die zu berücksichtigenden produktionslogistischen Zielgrößen (Bestand, Durchlaufzeit, Auslastung und Termintreue) sind wechselseitig miteinander verknüpft und partiell konfliktionär. Die *Engpassorientierte Logistikanalyse* (ELA) vereint mehrere, aufeinander aufbauende Analysemethoden für die Arbeitssystemanalyse zu einem geschlossen Controlling-Ansatz, um der Komplexität des Betrachtungsgegenstands Rechnung zu tragen.

Im Rahmen der ELA können in Abhängigkeit des zugrunde liegenden Ziels verschiedene Engpässe aufgezeigt werden. Diese Engpässe sind die Arbeitssysteme des untersuchten Produktionsbereiches, die im Hinblick auf die Zielsetzung das größte logistische Potenzial besitzen. Unter einem *Engpass* wird der Auslöser für eine Disproportionalität zwischen einer geforderten und einer möglichen Durchführung verstanden. Engpässe können in durchsatz-, durchlaufzeit- und liefertreuebestimmend unterschieden werden. Durch die Möglichkeit zur Berücksichtigung verschiedener Engpasstypen kann die ELA bedarfsspezifisch an unternehmensspezifische Zielgrößen angepasst werden.

Die ELA basiert auf der strukturierten Analyse von Produktionsablaufdaten und folgt einem allgemeinen Problemlösungszyklus für Logistikanalysen. Die Systematik ist in Bild B 3.5-4 dargestellt.

Mittels des Ablaufschritts *Zielsuche* wird eine strukturierte und visuelle Darstellung der Problemsituation abgeleitet, um eine abgestimmte logistische Positionierung der Produktion im Spannungsfeld der produktionslogistischen Zielgrößen überhaupt zu ermöglichen. Anschließend erfolgt eine detaillierte *Abweichungsanalyse* auf Basis der im ersten Ablaufschritt formulierten oder extern eingebrachten Ziele und eine darauf abgestimmte *Maßnahmenableitung*. In vielen Fällen werden an einzelnen Arbeitssystemen realisierte Verbesserungen auch Veränderungen der Randbedingungen für andere Arbeitssysteme nach sich ziehen, wobei sowohl positive wie auch negative Folgewirkungen denkbar sind. Die Auswahl der Arbeitssysteme, an denen Maßnahmen die größte Hebelwirkung versprechen, orientiert sich an der konkreten Zielsetzung der ELA. Stehen alternative Gestaltungs- und Steuerungsmaßnahmen zur Verfügung, muss im letzten Ablaufschritt eine *Maß-*

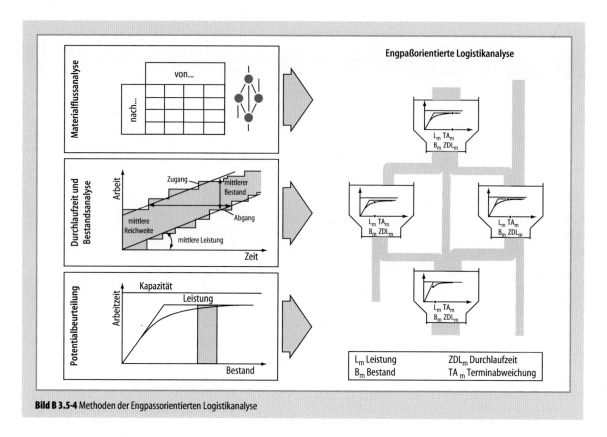

Bild B 3.5-4 Methoden der Engpassorientierten Logistikanalyse

nahmenbewertung mit abschließender *Maßnahmenauswahl* erfolgen.

Die ELA untersucht einen Produktionsbereich durch die Kombination mehrerer Analysemethoden (s. Bild 3.5-4):
- Materialflussanalyse,
- Durchlaufzeit- und Bestandsanalyse,
- Potenzialbeurteilung

und lokalisiert sowohl kapazitive Engpässe als auch durchlaufzeit- und damit lieferzeitbestimmende sowie liefertreuebestimmende Arbeitssysteme innerhalb des Materialflusses.

Die in der Analysephase der ELA durchzuführende *Materialflussanalyse* dient dazu, die Verhältnisse und Abläufe zwischen der einzelnen Arbeitssystemen hervorzuheben und zu verdeutlichen. Dabei ist eine einfache und übersichtliche Darstellung des Materialflusses von großer Bedeutung. Im Rahmen der ELA werden hierzu die Materialflussmatrix und das auf dieser Grundlage erstellte Sankey-Diagramm eingesetzt, um damit die Beziehungen zwischen Quellen und Senken im Materialfluss darzustellen (s. Abschn. B 3.2.3).

Mit dem Trichtermodell und den daraus abgeleiteten Analysetechniken wird eine zielorientierte Ermittlung logistischer Spitzenkennzahlen unterstützt (s. Abschn. B 1.4). Für jedes Arbeitssystem werden die Kennzahlen für Bestand, Leistung, Durchlaufzeit und Auslastung ermittelt und in ihrem zeitdynamischen Verhalten dargestellt. In Verbindung mit den Produktionskennlinien lassen sich schließlich Soll/Ist-Vergleiche sowie Abweichungs- und Potenzialanalysen durchführen. Diese Analysetechniken sind weiterhin geeignet, die Maßnahmenableitung zu unterstützen.

Diese Analysemethodik ermöglicht es, den Produktionsablauf transparent darzustellen und logistische Engpässe im Materialfluss aufzuzeigen. Sowohl *kapazitive Engpässe* (Begrenzung der Mengenausbringung) als auch *durchlaufzeit- und lieferzeitbestimmende Arbeitssysteme* lassen sich lokalisieren. Darüber hinaus lässt sich die Bedeutung der einzelnen Arbeitssysteme für den gesamten Auftragsdurchlauf quantifizieren. Durch die Nutzung der Kennlinientechnik kann weiterhin aufgezeigt werden, an welchen Arbeitssystemen welche Art von möglichen Maßnahmen zur Durchlaufzeit- und Bestandsreduzierung sinnvoll um-

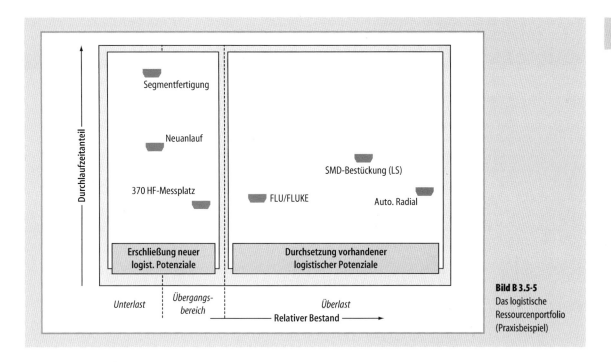

Bild B 3.5-5 Das logistische Ressourcenportfolio (Praxisbeispiel)

gesetzt werden kann. So kann beispielsweise untersucht werden, wo Durchlaufzeiten durch eine gezielte Bestandssteuerung reduziert werden können und an welchen Arbeitssystemen flankierende Maßnahmen in der Kapazitätsstruktur, in der Auftragszeitstruktur oder auch in der strukturellen Einbindung einzelner Systeme in den analysierten Produktionsbereich erforderlich sind [Nyh03].

Die im Rahmen der Durchlaufzeit- und Bestandsanalyse ermittelten Kennzahlen können in Form von Ranglisten dargestellt werden. Diese Darstellungsform ermöglicht einen schnellen Überblick darüber, an welchen Arbeitssystemen der Großteil der Auftragsdurchlaufzeit verursacht wird.

Das Logistische Ressourcenportfolio stellt eine ergänzende Analysetechnik dar, mit deren Hilfe logistisch relevante Arbeitssysteme identifiziert und verschiedenen Maßnahmenansätzen zugeordnet werden können. Bild B 3.5-5 zeigt ein solches Ressourcenportfolio, welches hier zur Identifikation durchlaufzeitbestimmender Arbeitssysteme aufgebaut wurde. Zu diesem Zweck wird zunächst ermittelt, wie stark jedes einzelne Arbeitssystem zur (mittleren) Durchlaufzeit beiträgt. Rechnerisch erfolgt dies, indem für einen definierten Analysezeitraum die Summe aller Durchlaufzeiten an einem spezifischen Arbeitssystem zur Summe aller Durchlaufzeiten im Untersuchungsbereich gesetzt werden. Im Weiteren wird für jedes Arbeitssystem festgestellt, ob es – dargestellt anhand des gemessenen Betriebspunktes in der Produktionskennlinie – in Unterlastbereich, im Übergangsbereich oder im Überlastbereich betrieben wurde. Trägt man diese beiden Informationen in das Logistische Ressourcenportfolio ein, so lässt sich daraus ablesen, welche Arbeitssysteme für das logistische Ziel besonders relevant sind und an welchen Systemen vorrangig vorhandene logistische Potenziale, z. B. durch Steuerungsmaßnahmen, durchgesetzt werden müssen bzw. wo unterstützenden Maßnahmen (z. B. Losgrößenharmonisierung oder Kapazitätsflexibilisierung) erforderlich sind.

Die Analyse des in Bild B 3.5-5 exemplarisch dargestellten Ressourcenportfolios zeigt zwei Arbeitssystem mit besonderer Bedeutung für die Maßnahmenableitung. Die Segmentfertigung ist für die angestrebte Durchlaufzeitverkürzung von großer Bedeutung, da sie den höchsten relativen Anteil an der Auftragsdurchlaufzeit hat. Dieses Arbeitssystem befindet sich jedoch an der Grenze zwischen Unterlast- und Übergangsbereich. Die Durchlaufzeitreduzierung kann folglich nicht durch eine einfache Bestandsreduzierung realisiert werden. Die SMD-Bestückung (SMD: Surface Mount Device; Anlage zur Oberflächenverlötung von elektronischen Bauelementen) hat zwar einen niedrigeren Anteil an der relativen Auftragsdurchlaufzeit, besitzt aufgrund des sehr hohen relativen Bestands aber ein deutliches Potenzial zur Bestandsreduzierung, das sich verkürzend auf die Durchlaufzeit auswirken wird.

Der Einsatz und die Kombination der verschiedenen Methoden, die im Rahmen einer ELA zur Anwendung kommen, wird in Bild B 3.5-6 anhand eines Praxisbeispiels verdeutlicht. Das Materialflussdiagramm einer realen Produktion ist in Bild B 3.5-6 (links) schematisch dargestellt. Es zeigt sich, dass technologiebedingt ein relativ stark gerichteter Materialfluss vorliegt. Für das Arbeitssystem „Resistbeschichtung" sind die wichtigsten Kennzahlen in das Materialflussdiagramm eingeblendet. Es ist ein durchlaufzeitbestimmendes Arbeitssystem, da praktisch alle Aufträge dieses Arbeitssystem durchlaufen und die mittlere Durchlaufzeit mit 1,9 BKT hier mehr als 10 % der mittleren Auftragsdurchlaufzeit (18 BKT) beträgt.

Die wesentlichen Aussagen zum logistischen Verhalten eines Arbeitssystems lassen sich aus dem Durchlaufdiagramm und der Produktionskennlinie ableiten. Das Durchlaufdiagramm (Bild B 3.5-6, rechts oben) zeigt das logistische Systemverhalten des Arbeitssystems „Resistbeschichtung" über den hier ausgewerteten Untersuchungszeitraum (5 Monate). Auffällig ist zunächst der Verlauf der Bestandskurve. Der Bestand verharrt zunächst auf einem konstanten Niveau, sinkt dann sehr stark ab, um am Ende des Untersuchungszeitraumes wieder auf das ursprüngliche Niveau anzusteigen. Diese Bestandsveränderungen sind dabei ausschließlich auf Veränderungen im Zugang zurückzuführen, denn die Leistung ist über den gesamten Untersuchungszeitraum als konstant anzusehen. Bemerkenswert ist, dass es auch bei dem sehr geringen Bestandsniveau in der Mitte des Untersuchungszeitraumes zu keinen nennenswerten bestandsbedingten Leistungsverlusten kam.

Die Produktionskennlinie (s. Bild B 3.5-6 rechts unten) bestätigt, dass das Bestandsniveau insgesamt deutlich überhöht ist, da der gemessene mittlere Bestand von ca. 26 Std. weit im Überlastbereich der Kennlinie liegt. Eine Bestandsreduzierung auf ca. 5 Std. ist demnach ohne nennenswerte Leistungsverluste realisierbar. Dieser Wert konnte anschließend auch im Ist-Zustand realisiert wer-

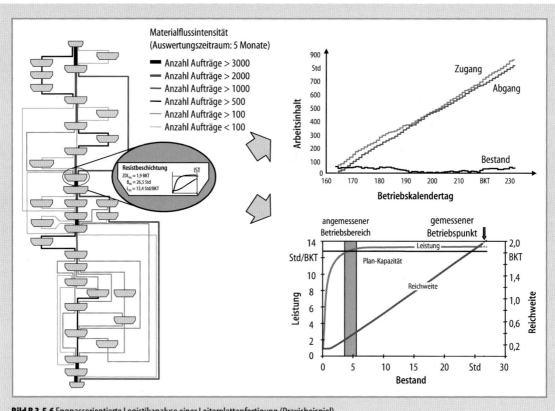

Bild B 3.5-6 Engpassorientierte Logistikanalyse einer Leiterplattenfertigung (Praxisbeispiel)

den und hatte eine Durchlaufzeitreduzierung an diesem System von ca. 80% zur Folge.

Die vorgestellten Modelle und Werkzeuge haben sich in der Praxis vielfach bewährt, um logistische Rationalisierungspotenziale zu quantifizieren und Produktionsprozesse logistikorientiert zu gestalten und zu lenken. Um eine hohe Effizienz der einzuleitenden Maßnahmen sicherzustellen, ist es von entscheidender Bedeutung, die einzelnen Maßnahmen aufeinander abzustimmen. Die permanente Absenkung des Bestandes erweist sich dabei als zentrale Logistikstrategie.

Die Aufgabe der Fertigungssteuerung ist es, in einem ersten Schritt das Bestandsniveau auf ein definiertes Maß abzusenken. Hierzu stehen je nach Art des Steuerungsprinzips unterschiedliche Ansätze zur Verfügung [Löd05]. Die Grenzen der erreichbaren Durchlaufzeiten und Bestände lassen sich anschließend durch dispositive Maßnahmen, insbesondere durch gleichmäßigere Arbeitsinhalte, weiter reduzieren. In einer nächsten Stufe sind weitere logistische Potenziale durch Verkürzung der Bearbeitungszeiten mit Hilfe von fertigungstechnischen Maßnahmen wie neue Bearbeitungsverfahren oder Umstrukturierungsmaßnahmen im Rahmen der Fabrikplanung zu heben. Das Nachführen der entsprechenden Steuerungsparameter – insbesondere der Plandurchlaufzeit – gewährleistet die Nutzung der dabei gewonnenen Spielräume zur Bestandssenkung.

B 3.5.4 Einführung eines Produktionscontrollings

Die Implementierung eines Produktionscontrollings als integrativer Bestandteil der PPS in einem Unternehmen ist eine umfangreiche Aufgabe. Daher sollte die Einführung in mehreren aufeinander aufbauenden Schritten durchgeführt werden (s. Bild B 3.5-7). Zunächst ist für einen begrenzten Zeitraum eine *Einmal-Analyse* durchzuführen.

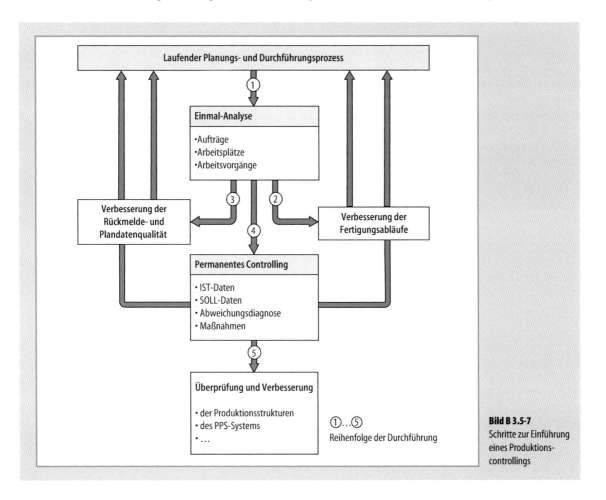

Bild B 3.5-7 Schritte zur Einführung eines Produktionscontrollings

Daraus ergeben sich erfahrungsgemäß bereits umfangreiche Ansatzpunkte für logistische Verbesserungen des Produktionsprozesses. Zudem werden hierbei Qualitätsmängel bei der Erfassung und Archivierung von Rückmeldedaten und Planparametern ersichtlich. Deren Behebung ist eine wesentliche Voraussetzung für die sinnvolle Durchführung eines *permanenten Produktionscontrollings*. Dieses wird eingerichtet, indem die Aktivitäten aus der Einmal-Analyse in der Ablauf- und Aufbauorganisation des Unternehmens verankert werden. Dabei sind insbesondere die Prozesse und Verantwortlichkeiten für die Verwaltung der produktionslogistischen Daten, die Durchführung der Abweichungsanalysen und die Ableitung und Initiierung von Verbesserungsmaßnahmen zu definieren. Sobald ein permanentes Produktionscontrolling etabliert ist, ergibt sich im letzten Schritt ein *fortlaufender Verbesserungsprozess*, der sich u. a. auch auf die Überprüfung und Verbesserung der Produktionsstrukturen und des PPS-Systems erstrecken sollte.

Die Implementierung eines Produktionscontrollings in einem Unternehmen sollte durch weitere Maßnahmen flankiert werden. Die Gestaltungs- und Steuerungsmaßnahmen, die aus einem funktionierenden Produktionscontrolling resultieren, werden vielfach als unbequem empfunden, weil sie eingefahrenen Gewohnheiten und Erfahrungen der Mitarbeiter widersprechen. Daher ist insbesondere eine systematische Mitarbeiterschulung, z. B. durch begleitende Workshops, in denen konkrete Beispiele aus dem Unternehmen betrachtet werden, erforderlich. Weiterhin ist ohne eine aktive Unterstützung durch die Unternehmensführung kein nachhaltiger Erfolg zu erwarten.

Literatur

[Hor02] Horváth, P.: Controlling. 8. Aufl., München: Vahlen 2002

[Löd05] Lödding, H.: Verfahren der Fertigungssteuerung. Berlin/Heidelberg/New York: Springer 2005

[Nyh03] Nyhuis, P.; Wiendahl, H.-P.: Logistische Kennlinien. Grundlagen, Werkzeuge und Anwendungen. Berlin/Heidelberg/New York: Springer 2003

[Wie96] Wiendahl, H.-P.: Erfolgsfaktor Logistikqualität. Berlin/Heidelberg/New York: Springer 1996

[Wie97] Wiendahl, H.-P.: Fertigungsregelung. Logistische Beherrschung von Fertigungsabläufen auf Basis des Trichtermodells. München: Hanser 1997

[Wie02] Wiendahl, H.-P.: Erfolgsfaktor Logistikqualität. Vorgehen, Methoden und Werkzeuge zur Verbesserung der Logistikleistung. 2. Aufl., Berlin u. a.: Springer 2002

Lager- und Materialflussprozesse   B4

B 4.1   Begriffsbestimmung Materialfluss

Die Richtlinie VDI 2689 definiert den *Materialfluss* als „die Verkettung aller Vorgänge beim Gewinnen, Be- und Verarbeiten sowie bei der Verteilung von Gütern innerhalb festgelegter Bereiche. Zum Materialfluss gehören alle Formen des Durchlaufs von Arbeitsgegenständen durch ein System." Dabei wird unter einem *System* ein zwischen Eingang (Eingabe, Input) und Ausgang (Ausgabe, Output) abgegrenzter Bereich verstanden. Ein System kann somit je nach Betrachtungsbereich z. B. ein Arbeitsplatz, eine Abteilung, ein Betrieb oder sogar ein Werk sein. *Gegenstände* des Materialflusses (Bild B 4.1-1) können nach Jünemann [Jün99: 3] sein:
– Güter (Materialien, Stoffe),
– Personen (biologische Objekte),
– Informationen,
– Energie,
– Materialflussmittel inkl. Güter- und Personentransportmittel,
– Produktionsmittel inkl. energieerzeugender Anlagen,
– Informationsflussmittel (Arbeitsmittel des Informationsflusses),
– Infrastruktur (Gebäude, Flächen, Wege).

Diese Gegenstände sind diskrete Einzelelemente oder Subsysteme und bilden die verschiedensten logistischen Systeme durch ihre vielfältigen Kombinationsmöglichkeiten. Generell sind die Gegenstände der Logistik zu unterscheiden in:
– *Objekte* (Güter, Personen, Informationen, Energie), die im Rahmen eines Transformationsprozesses verändert werden sowie
– *Arbeitsmittel* (Materialflussmittel, Produktionsmittel, Informationsflussmittel) und *Infrastruktur* (Gebäude, Flächen, Wege), die zusammen die notwendige Transformation im System bewirken.

Die Anordnung von mindestens zwei Gegenständen des Materialflusses, die im Rahmen eines Transformationsprozesses eine Veränderung des Systemzustands von Gütern hinsichtlich Zeit, Ort, Menge, Zusammensetzung und Qualität ermöglichen, wird als *Materialflusssystem* bezeichnet (s. Bild B 4.1-2).

Somit bewirken *Materialflussprozesse* im Rahmen eines Transformationsprozesses eine Veränderung des Systemzustandes von Gegenständen der Logistik hinsichtlich Zeit, Ort, Menge, Zusammensetzung und Qualität (Bild B 4.1-3). Exemplarisch sind in Bild B 4.1-4 die Transformationsprozesse des Materialflusses dargestellt.

Funktionen und Operationen des Materialflusses sind (in Anlehnung an [Jün99: 5 ff.]):
– das *Bearbeiten*, als Vorgang, bei dem ein Erzeugnis (z. B. Rohstoff, Werkstück) dem Zustand näher gebracht wird, in dem es das Unternehmen verlassen soll,

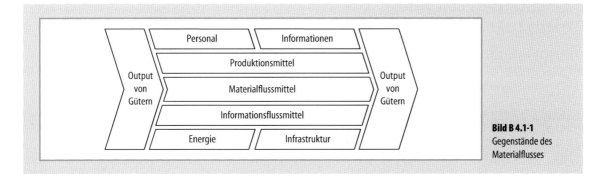

Bild B 4.1-1
Gegenstände des Materialflusses

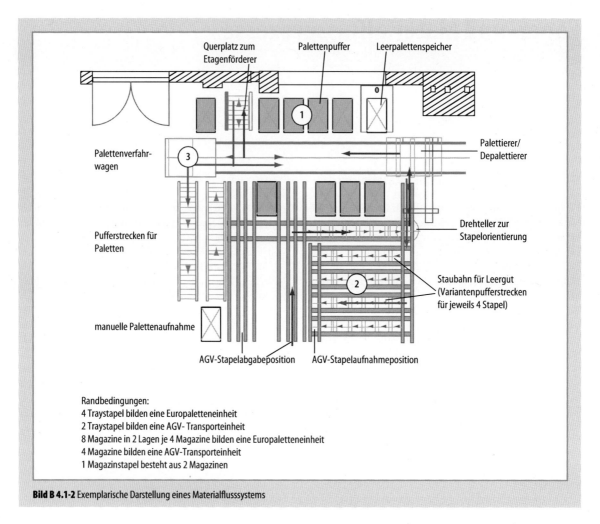

Bild B 4.1-2 Exemplarische Darstellung eines Materialflusssystems

- das *Prüfen*, als Vorgang des Kontrollierens im Materialfluss (z. B. messen, zählen, wiegen usw.),
- das *Lagern*, als Vorgang des kürzer- oder längerfristigen Aufenthalts von Gütern,
- das *Transportieren*, als Vorgang der physischen Ortsveränderung von Gütern.

Darüber hinaus spielen folgende Arbeitsoperationen im Materialfluss eine wichtige Rolle:
- das *Bilden von Ladeeinheiten* (in Anlehnung an [Jün99: 20 ff.]),
- das *Kommissionieren* (nach Richtlinie VDI 3590),
- das *Montieren* (nach Richtlinie VDI 2860),
- das *Be- und Entladen bzw. Umschlagen* (nach Norm DIN 30781 Teil 1 und Richtlinie VDI 2360).

Unterstützt wird der Materialfluss von Informationen, die ihn begleiten, ihm nachfolgen oder sogar vorauseilen. Sie sind zum Steuern oder Regeln sowie für administrative Aufgaben (Fakturieren, Buchen usw.) des Materialflusses erforderlich. Die erforderlichen Informationen werden:
- mit geeigneten Sensoren und Betriebsdatenerfassungsgeräten erfasst,
- über Informationsnetze transportiert,
- in Form von Daten auf stationären oder mobilen Datenträgern gespeichert,
- im Rechner verarbeitet und
- über Ausgabeeinrichtungen wie z. B. Drucker ausgegeben.

Zum Erzielen eines optimalen Materialflusses sind neben der Materialflusstechnik, ebenfalls die Materialflussorgani-

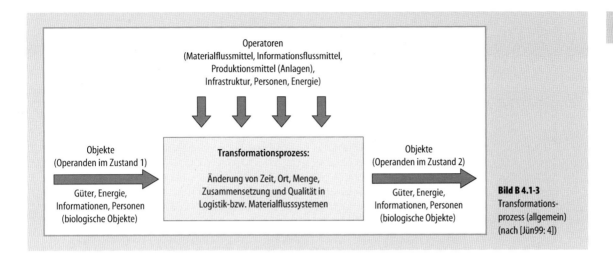

Bild B 4.1-3 Transformationsprozess (allgemein) (nach [Jün99: 4])

Materialflussoperation	Vorrangige Zustandsänderung $O^1 \rightarrow O^2$	Technische Mittel
Prüfen	Erkennen eines Zustandes	Prüfmittel
Lagern, Puffern	Zeit	Lagermittel
Fördern, Transportieren	Ort	Fördermittel, Verkehrsmittel
Handhaben	Lage, Ort	Handhabungsmittel
Umschlagen	Ort, Lage	Fördermittel, Verkehrsmittel, Handhabungsmittel
Bilden von Ladeeinheiten, Palettieren	Menge	Handhabungsmittel
Kommissionieren	Sorte, Menge, Ort	Lagermittel, Fördermittel, Handhabungsmittel
Verpacken, Montieren, Bearbeiten (Fertigen)	Wert, Gestalt	Verpackungsmittel, Montagemittel, Fertigungsmittel

Bild B 4.1-4 Transformationsprozesse des Materialflusses (nach [Jün99: 5])

sation und die -disposition ausschlaggebend. Die messbaren Größen des Materialflusses sind Menge, Zeit und Raum sowie seine Kosten.

Kernelemente des Materialflusses sind der Lagerprozess und der innerbetrieblichen Transport. Daher wird im Folgenden detailliert auf diese Aufgaben eingegangen und exemplarisch die Lagerorganisation und Lagerplanung als Teilgebiete der Materialflussorganisation und Materialflussplanung dargestellt.

B 4.2 Begriffsbestimmung Lager

Lager bilden die materiell-technische Voraussetzung für die Versorgung von nachgeschalteten Systemen. *Lagern* als Funktion kann als geplante Unterbrechung des Materialflusses bezeichnet werden. Es stellt eine Zeitüberbrückung (Pufferung, Langzeitlagerung) dar und entsteht überall dort, wo ankommende und abgehende Güterströme zeitlich nicht synchronisiert sind. Lagerungsprozesse stehen in enger Wechselwirkung mit Transport- und Umschlagprozessen sowie Versorgungs-, Produktions- und Absatzprozessen.

Grundsätzlich unterscheidet man zwischen ungewollter Lagerung (Aufenthalt) und gewollter Lagerung. Unabhängig davon bedingt die Lagerung aber Kapitalbindungs- und Lagerhaltungskosten und bringt Organisations- sowie Dispositionsaufwand mit sich. Das Ziel lautet also, Lagerungsvorgänge in der logistischen Kette soweit wie möglich zu vermeiden. Erfolgreiche Konzepte, die erhebliche Bestandsreduzierungen ermöglichen, sind beispielsweise in der Automobilindustrie die verbrauchssynchrone Materialanlieferung (z. B. Just in Time oder Just in Sequence) oder Efficient Consumer Response (ECR)-Lösungen im Handel. Aber auch solche Konzepte führen nicht zwangsweise zu Bestandsreduzierungen entlang der gesamten logistischen Versorgungskette bzw. von Versorgungsnetzen (Supply Chain). Weitere Ansätze hierzu sind in Abschn. A 1.1.5.3 dargestellt. Letztendlich ausschließen lassen sich Lagerungen aber nicht, deshalb ist die Größe des Lagerbestandes immer ein Kompromiss zwischen angestrebtem Lieferbereitschaftsgrad und hierfür aufzuwendenden Kosten. Demnach ermöglichen Bestände
- hohe Terminzuverlässigkeit,
- preisgünstigen Einkauf von Gütern (z. B. Waren, Rohstoffe usw.),
- hohe Flexibilität,
- Unabhängigkeit gegenüber Schwankungen des Beschaffungsmarktes,
- Überbrückung von Störungen,
- hohe Auslastung der Produktionsmittel und
- hohe Lieferbereitschaft.

Sie verdecken
- störanfällige Prozesse (z. B. in Fertigung und Montage),
- nicht abgestimmte und mangelnde Kapazitäten,
- Ausschuss und mangelnde Flexibilität sowie
- schlechte Lieferfähigkeit.

Als bestimmende Größe erweist sich die übergreifende *Organisation*, die als Regulator Bestände im logistischen Gesamtsystem von Unternehmungen kontrolliert. Das Ziel der Kontrolle ist, den Kostenaufwand des Lagers so gering wie möglich zu halten, da die Lagerbestände direkt das Betriebsergebnis der Unternehmung beeinflussen.

Die Richtlinie VDI 2411 definiert ein Lager als „Raum bzw. Fläche zum Aufbewahren von Stück- und/oder Schüttgut, das mengen- und/oder wertmäßig erfasst wird". Zusätzlich gehören neben dem Lagergut Ausrüstungen und Arbeitskräfte zu einem Lager, die in ihrer Gesamtheit als ein *Lagersystem* die Lagerungsprozesse gewährleisten.

Ein *Lagerungsprozess* umfasst die Initiierung und Ausführung einer Folge von Transport- und Lageroperationen mit der Aufgabe, eine planmäßige zeitliche Veränderung sowie eine sorten- und/oder mengenmäßige Umformung an den Lagergütern vorzunehmen.

Lagergüter (Stück-, Schüttgüter, Flüssigkeiten oder Gase) bilden mit oder ohne Ladehilfsmittel die Lagereinheit. Ladehilfsmittel können sowohl tragende (z. B. Palette), umschließende (z. B. Gitterbox) als auch abschließende (z. B. Container) Funktion aufweisen (s. auch Abschn. C 2.5.2). Um Handhabungsvorgänge möglichst zu reduzieren und einen logistikgerechten Materialfluss zu gewährleisten, ist es das Ziel, Übereinstimmung zwischen Produktions-, Transport-, Lagerungs- und Ladeeinheiten herzustellen.

B 4.2.1 Lageraufgaben und Lagerarten

Entsprechend der Definition eines Lagers und dem damit verbundenen Lagerprozess ergeben sich für ein Lager die folgenden Lageraufgaben:
- Überbrückungsaufgaben,
- Sicherheitsaufgaben,
- Anpassungs- bzw. Umformungsaufgaben,
- Bereitstellungsaufgaben und
- Steuerungsaufgaben.

Alle Lager haben die Aufgabe geplante zeitliche oder räumliche Asynchronitäten zwischen Erzeugung und Verbrauch zu überbrücken. Dem entsprechend wird sie als *Überbrückungsaufgabe* des Lagers bezeichnet.

Neben den bekannten Asynchronitäten treten häufig auch unbekannte bzw. stochastische Asynchronitäten auf, die das Lager für einen definierten Zeitraum überbrücken muss. Diese *Sicherheitsaufgabe* wird durch Mindest- oder Sicherheitsbestände erfüllt. Die Höhe dieser Bestände wird über den Servicegrad bestimmt (Bild B 4.2-1).

Die *Anpassungs- bzw. Umformungsaufgabe* dient zur Umwandlung bzw. Anpassung der eingehenden Mengen, Sortimente und Maße in verbrauchsgerechte Mengen, Sortimente und Maße. Dazu gehören z. B. Arbeitsgänge wie Sortieren, Montieren und Verpacken.

Die *Bereitstellungsaufgabe* umfasst die Bereitstellung der erforderlichen Positionen zu der vom Kunden geforderten Zeit, Menge und Qualität. Zur Erfüllung der Bereitstellungsaufgabe sind Pflege-, Kontroll-, Transport- und Umschlagaufgaben erforderlich. Pflegeaufgaben dienen zur Aufrechterhaltung der geforderten Qualität, die schriftlich (z. B. in Richtlinien) zu fixieren ist. Kontrollaufgaben beziehen sich auf eingehende, eingelagerte und ausgehende Güter. Transport- und Umschlagaufgaben treten insbesondere im Zusammenhang mit den genannten Aufgaben auf.

Steuert der Lagerinhalt die angeschlossenen Prozesse, so spricht man von der *Steuerungsaufgabe* eines Lagers. Sie umfasst die Steuerung von Bearbeitungsprozessen über den aktuellen Lagerbestand entsprechend Sortiment und Anarbeitungsgrad.

Diese Aufgaben treffen auf jedes Lager zu, insbesondere die Überbrückungs- und Sicherheitsaufgaben. Damit kann das Lager wirkungsvoll als Mengenflussregler und Zeitverzögerungsglied dienen.

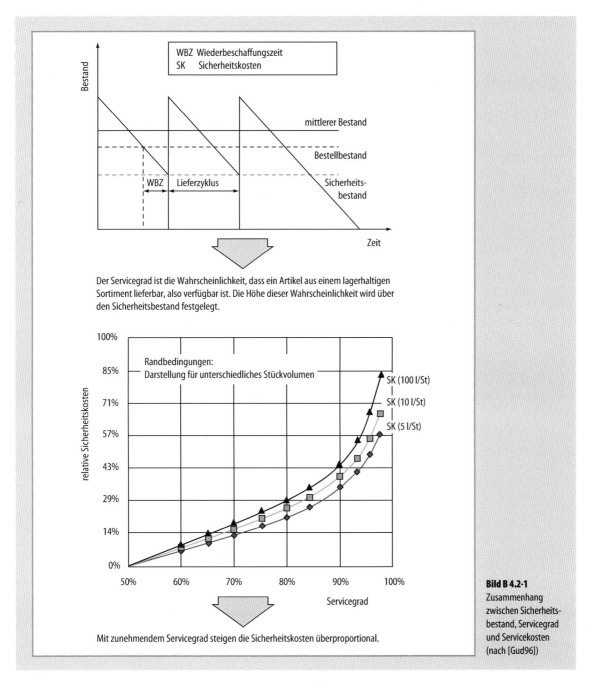

Bild B 4.2-1
Zusammenhang zwischen Sicherheitsbestand, Servicegrad und Servicekosten (nach [Gud96])

Die genannten Lageraufgaben führen u. a. zu unterschiedlichen Ausprägungen der Lager, zu den *Lagerarten*. Die Lagerart charakterisiert ein Lager nach typischen Merkmalen. Bild B 4.2-2 zeigt eine Klassifizierung der Lagerarten nach folgenden Aspekten:
- Stellung des Lagers in einem logistischen System,
- Zuordnung zu Fertigungsprozessen, gelagerten Materialien und Gutklassen,
- Grad der Zentralisierung,
- Bauform und Bauhöhe sowie
- organisatorische bzw. technologische Notwendigkeiten.

Jedes Lager kann damit mehreren Lagerarten zugeordnet werden. Ein Produktionslager z. B. kann ein geschlossenes Lager und Flachlager sein, welches die Funktion eines Ausgleichslagers aufweist.

B 4.2.2 Lagerorganisation

Die Durchführung der Lageraufgabe vollzieht sich im Lagersystem. Das Lagersystem setzt sich aus verschiedenen Komponenten zusammen, wie der Lagertechnik, den Informationsmitteln, den Fördermitteln und ggf. vorhandenen Handhabungsmitteln, umfasst aber auch Aspekte der *Lagerorganisation*. Ein Lagersystem darf nicht isoliert betrachtet werden. „Die Struktur eines Lagersystems wird durch die Gesamtheit der in gegenseitiger Wechselwirkung stehenden Transport- und Lagerelemente und ihre Verknüpfung durch den Stofffluss charakterisiert" [Kra90: 466]. Ein Lager muss also bezüglich seiner Organisation und Technik auf vor- und nachgeschaltete Systeme sowie auf die logistische Gesamtstruktur des Unternehmens abgestimmt werden.

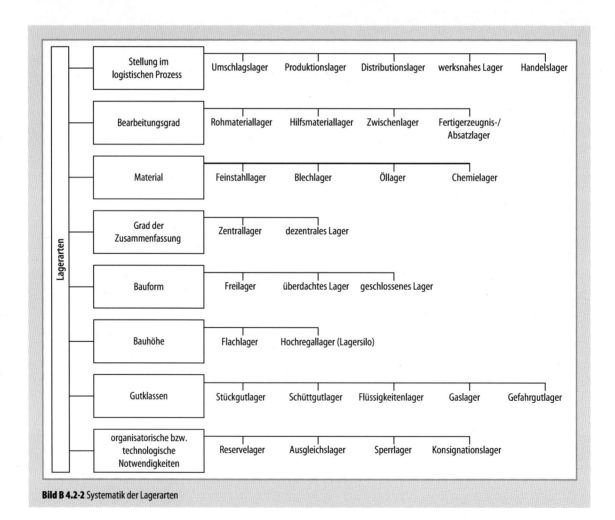

Bild B 4.2-2 Systematik der Lagerarten

Eine geeignete Lagerorganisation muss somit gleichermaßen die Erfüllung der Lageraufgabe als auch die Integration in die gesamte Unternehmung gewährleisten. Bei der Festlegung der Lagerorganisation ist eine Vielzahl von Aspekten, wie z. B.
- das Lagergut (Größe, Beschaffenheit, Verderblichkeit, Lagereinheit),
- die Umschlagshäufigkeit der Lagergüter,
- die Beschaffungsquelle (Lieferant, Hersteller usw.),
- die Kundenanforderungen und
- die Systemunterstützung zu berücksichtigen.

Die Lagerorganisation umfasst somit vielfältige Regelungen, Vorschriften und Einrichtungen, die die Erfüllung der Lageraufgaben zum Ziel haben. Zu den wichtigsten Aufgaben der Lagerorganisation zählen die Disposition und Verwaltung aller Abläufe und Zustände im Lagerbereich.

Viele Unternehmensbereiche, wie die Arbeitsvorbereitung und die Fertigungssteuerung sind i. d. R. EDV-unterstützt. Disposition und Lager leiden allerdings noch oft unter einer eher bescheidenen Organisationsausprägung. In diesen Bereichen sind eine wirtschaftliche EDV-Unterstützung der Disposition und Beschaffung sowie des Lagers durch ein Lagerverwaltungssystem erforderlich.

Über den Einsatz von Organisationssoftware lassen sich häufig Investitionen in Gebäude und Einrichtungstechnik für das Lager vermeiden oder zumindest merklich reduzieren. Allein bei einer Umstellung von der Festplatzlagerung auf eine chaotische Lagerverwaltung ist eine Ersparnis des Lagervolumens von 20% bis 30% möglich [Sch98: 569].

Die Auswahl der *Lagerorganisation* ist ebenfalls für die Bestimmung der Lagerkapazität von großer Bedeutung. Bleiben Sicherheitsbestände unberücksichtigt, ergeben sich für die beiden Lagerprinzipien Festplatzlagerung und Freiplatzlagerung (chaotische Lagerung) folgende vereinfachte Beziehungen zur Kapazitätsbestimmung K [Hei98: 665]:

Festplatzprinzip: $K_{fest} = 2x\overline{m}$,

Freiplatzprinzip: $K_{frei} = \overline{m} + \frac{\overline{m}}{\sqrt{k}}$

wobei k die Anzahl unterschiedlicher Artikel und $\overline{m}$ der mittlere Bestand ist.

Bei einem Sortiment von etwa 5000 Artikeln weicht der Kapazitätsbedarf vom mittleren Bestand nur noch etwa 1,4% ab. Umgekehrt lässt sich feststellen, dass mit jeder Differenzierung des Lagers in unterschiedliche Lagerbereiche, die zu einer Einschränkung des Freiplatzprinzips führen, auch der zusätzliche Kapazitätsbedarf steigt.

Weitere Einflüsse auf die Lagerkapazität durch organisatorische Forderungen sind z. B.

- *FIFO-Prinzip*. Bei Einhaltung des FIFO-Prinzips (*First-In-First-Out*) ist eine Zulagerung einer Anlieferung zu Restmengen des gleichen Artikels i. d. R. zu vermeiden und führt in letzter Konsequenz zu weiterem Lagerraumbedarf.
- *Verdichtung*. Wenn Restmengen unterschiedlicher Artikel auf oder in einer Lagereinheit (Palette oder Behälter) zusammengepackt werden können, verringert sich zwangsläufig der Lagerraumbedarf.

Die EDV-gestützte Lagerverwaltung ist ebenfalls Voraussetzung für eine Teilelagerung nach Zugriffshäufigkeit. Dies stellt einen weiteren Aspekt der Lagerorganisation dar. Relativ branchenunabhängig werden 5% bis 30% der Artikel mit bis zu 80% der Lagerzugriffe abgewickelt. Also sollten diese Teile so angeordnet werden, dass kurze Wege entstehen und der Zugriff sehr schnell geschehen kann. Selbst bei kleineren Lagern lassen sich auf diese Art und Weise erhebliche Leistungssteigerungen realisieren, denn Wegzeiten haben nicht selten einen Anteil von 50%.

Darüber hinaus bestimmt die Lagerorganisation die Lieferbereitschaft eines Lagers bezüglich der auftragsgemäß geforderten Quantität und Qualität für die eigene Produktion oder für den Absatzmarkt.

Die Lagerorganisation wird allgemein in *Lagerablauforganisation* und *Lageraufbauorganisation* unterschieden. Während die Lageraufbauorganisation die Verteilung von Arbeitsinhalten und Kompetenzen im Lager definiert, wird unter der Lagerablauforganisation die zeitliche und räumliche Folge von einzelnen Arbeitsvorgängen und Tätigkeiten auf den verschiedenen Ebenen der Ablauforganisation verstanden.

B 4.2.2.1 Lageraufbauorganisation

Die *Lageraufbauorganisation* beschreibt das hierarchische Gerüst eines Lagers und legt fest, welche Aufgaben von welchen Personal- und Sachmitteln zu bewältigen sind. Zweck der Aufbauorganisation ist es, eine sinnvolle arbeitsteilige Gliederung und Ordnung der Lagerprozesse durch die Bildung und Verteilung von Aufgaben zu erreichen.

Hierbei ist zunächst durch eine *Aufgabenanalyse* die Lageraufgabe in Teilaufgaben zu differenzieren, wobei jede Teilaufgabe wiederum in kleinere Teilaufgaben zerlegt werden kann.

Im nächsten Schritt werden die Teilaufgaben zu untereinander in Beziehung stehenden Stellen zusammengefasst. Dieser Arbeitsschritt wird als *Aufgabensynthese* bezeichnet. Gegebenenfalls ist die Zusammenfassung einer Instanz und mehrerer Stellen zu Gruppen oder sogar Abteilungen erforderlich. Die Phase der Aufgabenanalyse und Aufgabensynthese kann wirkungsvoll durch die Methode des Prozesskettenmanagements unterstützt werden (s. hierzu auch Abschn. B 4.3)

Durch diese Vorgehensweise ergibt sich eine hierarchische Struktur, in der einzelne Stellen bzw. Gruppen oder Abteilungen miteinander in Beziehung stehen und die Arbeitsinhalte und Kompetenzen festgelegt sind. Dargestellt wird die Lageraufbauorganisation meist als *Organigramm* (Bild B 4.2-3).

In einem klassischen manuell bedienten Lager kann die Aufbauorganisation beispielsweise durch einen Lagerleiter auf oberster Ebene, einen Lagerverwaltungsangestellten auf der zweiten Ebene und einen Gruppenleiter sowie einigen Lagerarbeitern auf der unteren Ebene verkörpert werden.

In modernen, vollautomatischen Lagern findet man eine vergleichbare Hierarchie, wobei hier Aufgaben und Kompetenzen teilweise an Steuerungen und EDV-Systeme übertragen werden. So können beispielsweise ein Regalbediengerät und dessen Fahrzeugsteuerung, die über ein lokales Netzwerk an einen Materialflussrechner gekoppelt ist, auf der untersten Ebene aufzufinden sein. Diesem übergeordnet wäre in einem vollautomatischen Lagersystem das Lagerverwaltungssystem, das dem Verwaltungsfachangestellten in einem manuell bedienten Lager entspräche [Jün99: 72].

B 4.2.2.2 Lagerablauforganisation

Nach der Organisationstheorie wird die Ermittlung und Definition von Arbeitsprozessen unter Berücksichtigung von Raum, Zeit, Sach- und Personalmitteln als *Ablauforganisation* bezeichnet (vgl. u. a. [Sch05] oder [Kie07]).

Die Aufbauorganisation und die Ablauforganisation stehen in einem Abhängigkeitsverhältnis und betrachten somit gleiche Objekte unter verschiedenen Aspekten. Während es bei der *Aufbauorganisation* um die Bildung von organisatorischen Potentialen geht, beschäftigt sich

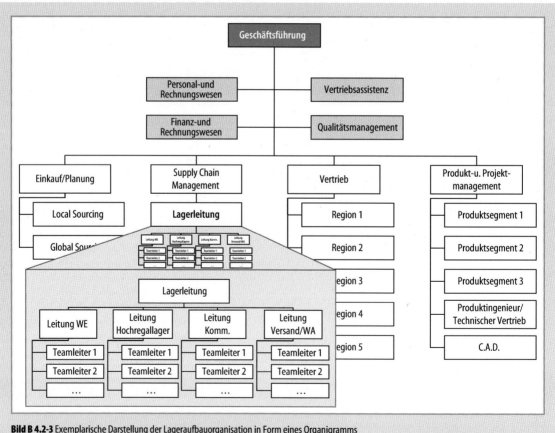

Bild B 4.2-3 Exemplarische Darstellung der Lageraufbauorganisation in Form eines Organigramms

die *Ablauforganisation* mit dem Prozess der Nutzung dieser Potentiale.

Im Mittelpunkt der Betrachtungen bei der Ablauforganisation steht die Arbeit als zielbezogene menschliche Handlung [Sch05: 14], aber auch die Ausstattung der Teileinheiten von Arbeitsprozessen mit den zur Aufgabenerfüllung nötigen Sachmitteln und Informationen.

Als Hilfsmittel zur Festlegung der Lagerablauforganisation kann die funktionale Ablaufbeschreibung eines Lagersystems nach Richtlinie VDI 3629 herangezogen werden:

- *Wareneingang.* Die Aufgabe des Wareneingangs besteht aus der Bereitstellung der Ware vor der Einlagerung. Dabei sind technisch-organisatorische Arbeiten wie beispielsweise Entladen, Auspacken, Prüfen und Sortieren zu erledigen. In der Eingangsprüfung wird geprüft, ob die Ware zur Einlagerung geeignet ist (Beschaffenheit der Lieferung, Zulässigkeit, Eignung des Transporthilfsmittels usw.). Die Bildung der Lagereinheiten ist die Grundlage zur Synchronisation von Materialfluss und Informationsfluss. Die Ware wird gemäß den warenspezifischen Merkmalen und lagerspezifischen Anforderungen in eine lagerfähige Einheit umgewandelt. Zur vollständigen Lagereinheit gehört ein Identifikationsmerkmal. Nach der Mengenprüfung (Vergleich zwischen Warenbegleitdaten und bereitgestellter Menge) erfolgt die Qualitätskontrolle. Für die Abnahme müssen Richtlinien vorliegen. Die notwendigen Daten des Wareneingangs werden aus den vorgelagerten Bereichen (Warenannahme, Fertigung) bereitgestellt (Lieferpapiere, Bestelldaten).
- *Verteilung auf Lagerbereiche.* Hier wird die zeit- und wegbezogene Behandlung der Lagereinheit zwischen Wareneingang und Identifikationspunkt beschrieben. Dazu muss das Transportziel festgelegt und die Lagereinheit transportbezogen (transportmittel-, fahrkurs-, zielortbezogen) sortiert werden. Ist ein direkter Transport nicht möglich, muss die Ware gepuffert werden. Die Freigabe des Abtransports erfolgt unter Überwachung hinsichtlich Abwicklung und korrekter Durchführung.
- *Identifikationspunkt.* Am Identifikationspunkt wird die Lagereinheit bezüglich Lagerfähigkeit und Lagerdaten (Artikel-Nr., Menge usw.) kontrolliert.
- *Einlagerung.* Innerhalb der Einlagerung wird die Lagereinheit zum endgültigen Lagerplatz transportiert. Dazu müssen das Transportmittel und der zweckmäßigste Weg zum Lagerort ermittelt werden. Die Einlagerung erfolgt unter Überwachung der korrekten Ausführung (Rückmeldung, Platz, Ziel).
- *Lagerverwaltung.* Die Lagerverwaltung führt Daten über den Lagerort (ortsspezifische Daten wie Fachgröße, frei/belegt, Lagerplatz) und warenspezifische Daten wie Artikel-Nr., Menge, Einlagerdatum, Bestand. Das Lagergut wird hinsichtlich des Gesamtbestandes (Auslieferfristen, Verfalldatum, Lagerdauer usw.) und der Lagerbedingungen (Temperatur, Sicherheit) überwacht bzw. verwaltet.
- *Umlagerung.* Ist es erforderlich Lagereinheiten umzulagern, so greift diese Funktion in die Verwaltung der Lagerorte ein und muss deshalb vom Lagerverwaltungsrechner kontrolliert und gesteuert werden. Gründe für Umlagerungen können z. B. Produktivitätssteigerungen (Umlagerung in Zeiten niedriger Belastung zur schnelleren Auslagerung in Hochlastzeiten, Verdichtung von Anbruchpaletten usw.) oder auch Störungen bzw. Wartungen sein.
- *Auslagerung.* Der Auslagerungsvorgang umfasst die Funktionen Vorbereitung zur Auslagerung (Aufträge werden geprüft), Disposition und Durchführung der Auslagerung (Initiierung der Auslagerung unter Berücksichtigung der Lagerstrategie und Verfügbarkeit der Transportmittel), Bestandsfortschreibung (Lagerbestand muss dem aktuellen Bestand angeglichen werden, z. B. Reservierungen löschen oder Auslagermengen vermindern) und Freigabe des Lagerfaches für erneute Einlagerung. Der Auslagerungsvorgang wird hinsichtlich korrekter Durchführung überwacht (Rückmeldung).
- *Kontrolle.* Am Kontrollpunkt werden die ausgelagerten Lagereinheiten identifiziert und der vollzogene Auslagerauftrag wird quittiert. Zusätzlich werden das Transportziel für die Lagereinheit sowie die weitere Bearbeitung anhand der Auftragsdaten festgelegt. Das kann beispielsweise mittels einer Arbeitsanweisung (Kommissionierbeleg) geschehen.
- *Verteilung auf Warenausgangszonen.* Mit dem in der Kontrolle festgelegten Ziel wird ein Transportauftrag generiert und auf seine Durchführbarkeit überprüft. Dazu müssen das Transportmittel und der zweckmäßigste Weg zum Ziel festgelegt werden.
- *Warenausgang.* Im Warenausgang sind die Versandeinheiten zu bilden, sofern die Lagereinheiten noch nicht die Transport- bzw. Versandeinheiten darstellen. Angebrochene Lagereinheiten und Restmengen müssen zurückgeführt und wieder eingelagert werden. Die gebildeten Transport- bzw. Versandeinheiten werden für den Abtransport bereitgestellt. Durch entsprechendes Fortschreiben der Auftragsdaten um die transport- bzw. versandspezifischen Daten können die Transport- bzw. Versandpapiere erstellt und in geeigneter Form zur Verfügung gestellt werden. Nach der Vollständigkeits- und Qualitätsüberprüfung erfolgt die festgelegte Verladung und Zuführung (Transport) zu den Kunden.

Diese funktionale Beschreibung des Lagersystems liefert 2 Ansatzpunkte, die moderne und flexible Lagerorganisationen charakterisieren:

– *Beleglose Lagerabwicklung.* Insbesondere bei zeitkritischen Lagerabwicklungen ist es zwingend erforderlich, dass physische Lagerbestände mit den buchtechnischen Beständen übereinstimmen. Die beleglose Lagerabwicklung über mobile Terminals liefert hierzu einen wichtigen Beitrag. Bei dieser Technik wird die gesamte Lagerabwicklung vom Wareneingang über die Einlagerung, mögliche Umlagerungen sowie die Kommissionierung bis hin zur Auslieferung papierlos per Terminals in Verbindung mit der Barcode-Lesung durchgeführt. Der Lagermitarbeiter wird vom System „gelenkt" und muss die am Regal und am Lagerbehälter befindlichen Barcodes scannen. Damit wird sichergestellt, dass das Material am richtigen Lagerplatz eingelagert und entnommen wird.

Systeme für die beleglose Lagerabwicklung werden heute meist auf Basis von Datenfunk realisiert und lassen sich auch nachträglich einführen. In neuerer Zeit finden sich zunehmend Lösungen, die statt der optischen und i. d. R. nur lesend ausgelegten Barcodeverarbeitung auf funkbasierte und beschreibbare Transponderlösungen zurückgreifen. Diese Technologie wird als RFID (*R*adio *F*requency *Id*entification) bezeichnet. Im Gegensatz zum Barcode ermöglicht diese das zeitgleiche Erfassen und Beschreiben von mehreren mit Transpondern ausgestatteten Artikeln, ohne über einen direkten Sichtkontakt verfügen zu müssen (Multitagging). Auf diese Weise ist es möglich, deutliche Einsparungspotentiale bei der Erfassung von Artikeln und der Dokumentation von artikelrelevanten Informationen zu erzielen. Zum einen entfällt ein Großteil an Handhabungsvorgängen zur Positionierung und Freilegung der Artikel, welche beim Barcodescanning i. d. R. erforderlich sind. Zum anderen können artikelbezogene Informationen direkt am Produkt gespeichert werden ohne eine aufwendige IT-Infrastruktur vorhalten zu müssen, welche klassisch erforderlich ist, um derartige Informationen per Artikelnummerreferenz in einer zentralen Datenbank abzulegen.

Grundsätzlich liegt der Vorteil der beleglosen Lagerabwicklung weniger in der Durchlaufzeitverkürzung der Kommissionierung als vielmehr in der hohen Systemtransparenz, in der Vermeidung von Fehlern und in der Onlinebuchung der Vorgänge ohne weiteren Zwischenschritt. Die Voraussetzungen für eine permanente Inventur sind über den stets aktuellen Datenbestand gesichert. Neben der Kommissionierung können weitere Lagerbewegungen (z. B. ein Nachschubvorgang bei Erreichen des Nullbestands eines Lagerbehälters oder bei Unterschreiten der Restmenge auf einer Palette) initiiert werden, indem diese Information direkt an das Lagerverwaltungssystem weiter gemeldet wird.

– *Flexibler Mitarbeitereinsatz.* Jeder Lagerbetrieb ist von schwankenden Leistungsanforderungen in unterschiedlichen Bereichen geprägt. Zeiten, in denen es wenig zu tun gibt, wechseln sich mit Phasen hoher Arbeitsbelastung ab. In vielen Lagern ist die tayloristische Aufgabenteilung Grundlage der Betriebsorganisation, d. h., dass beispielsweise Kommissionierer ausschließlich für die auftragsbezogene Zusammenstellung der Ware verantwortlich sind. Ebenso besteht häufig in anderen Lagerbereichen eine feste Zuordnung von Mitarbeitern zu Aufgaben. Die Mitarbeiteranzahl wird oft an die Ma-

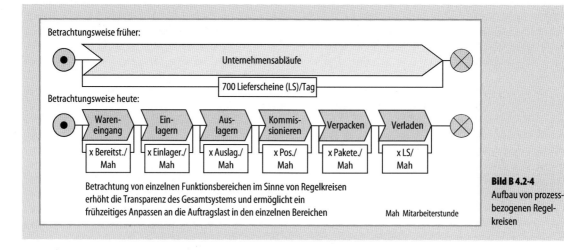

Bild B 4.2-4 Aufbau von prozessbezogenen Regelkreisen

ximalanforderung in den jeweiligen Bereichen ausgerichtet.

Zu einem transparenten Bild in der gesamten Lagerabwicklung und zu einer Harmonisierung der Arbeitsbelastung kommt man aber nur dann, wenn die einzelnen Lagerprozesse hinsichtlich ihrer Leistung und Qualität bewertbar werden (Bild B 4.2-4).
2 Voraussetzungen sind dafür zu erfüllen:
– Vereinbarung von Leistungs- und Qualitätszielen,
– universelle Einsetzbarkeit eines erheblichen Teils der Lagermitarbeiter.

Darüber hinaus ist ein flexibles Arbeitszeitmodell anzustreben. Als ein Beispiel mag das Schichtmodell im Warenausgang eines Düngemittelherstellers dienen (Bild B 4.2-5). Um eine deutliche Steigerung der Lagerleistung zu realisieren, sind Schichtmodelle mit überlappender Arbeitszeit anzustreben, bei denen die Anzahl verfügbarer Mitarbeiter der zu erwartenden Leistungsanforderung angepasst ist und zusätzlich ein Mitarbeiterabgleich zwischen den Funktionsbereichen praktiziert wird.

Um solche Ansatzpunkte erfolgreich im Lagerbetrieb umzusetzen, müssen unabhängig von Einzelfällen allgemeingültige Prozesse in der Lagerabwicklung definiert werden, so dass die Wirkung der angesprochenen Maßnahmen ganzheitlich bewertbar wird und nicht zu einer Suboptimierung einzelner Prozesse führt.

Eine prozessorientierte Untersuchung aller nach Bild B 4.2-2 aufgeführten Lagerarten führt zu dem Ergebnis, dass die vom Lager zu erbringenden Funktionen unabhängig vom Lagertyp und damit in allen Lagern gleich sind. Jedes Lager hat die ankommende Ware zu vereinnahmen, sie für einen definierten Zeitraum zu puffern oder zu lagern, um sie anschließend kundenorientiert aufbereitet auszugeben. Man differenziert lediglich zwischen den jeweiligen Kunden bzw. Lieferanten (unternehmensinterne oder -externe Kunden/Lieferanten) und der geforderten Termintreue in dem zur Verfügung stehenden Zeitrahmen (Bild B 4.2-6).

B 4.2.2.3 Aufbaustruktur von Lagersystemen

Im Gegensatz zur organisatorischen Betrachtungsebene der Lageraufbau- und -ablauforganisation befasst sich die Aufbaustruktur von Lagersystemen mit der technischen Ebene, die ebenfalls großen Einfluss auf die Gestaltung der Lagerorganisation aufweist.

Ein *Lagersystem* umfasst sämtliche Lagerbetriebsmittel nebst der zugehörigen Organisation. Es beschreibt den Durchfluss von Material und Informationen und gewährleistet eine definierte Speicherkapazität. Zusätzlich zu dem aus Ladehilfsmittel, Ladeeinheiten, Lagerfördertechnik und Lagereinrichtungen bestehenden technisch-organisatorischem System ist das Lagerpersonal als weiteres Systemelement zu berücksichtigen. Das Lagersystem wird somit zu einem vollständigen Arbeitssystem.

Lagereinrichtungen (z. B. Palettenregal, Fachbodenregal) und das Lagergebäude bilden die statischen Systemelemente. Zu den dynamischen Systemelementen zählen das Lagerpersonal, die Lagerfördertechnik, die Ladehilfsmittel und die Lagerorganisation. Zusammen bewirken die Systemelemente die Lageraufgabe nach Maßgabe der Organisation. Entsprechend den jeweiligen Anforderungen durch die Lageraufgabe ergeben sich verschiedene Gestaltungsmöglichkeiten zur Aufbaustruktur von Lagersystemen. Dies kann einerseits die Auswahl und Dimensionierung von Lager- und Fördertechniken betreffen und sich andererseits auf konzeptionelle Fragen wie die Entscheidung zwischen Ware-zum-Mann-(WzM-) oder Mann-zur-Ware-(MzW-)System in der Kommissionierung beziehen. Ebenso ist im Rahmen der Aufbaustruktur die Trennung oder die Integration von Lager- und Kommissionierbereich festzulegen. Zur Beantwortung derartiger Fragestellungen sei auf [Fan96; Gud05] verwiesen.

B 4.2.3 Permanente Lagerplanung

Zur Erhaltung der Wettbewerbsfähigkeit sind für sämtliche Lagerprozesse permanent Rationalisierungsreserven aufzuspüren und durch entsprechende Maßnahmen zu nutzen. Notwendige Reorganisationsmaßnahmen betreffen alle Unternehmensbereiche. Die Ausrichtung der *Abwicklung von Lageraufträgen* auf die Kundenanforderungen erfordert eine angepasste Form der Lagerplanung. Im Folgenden soll zunächst die klassische Lagerplanung beschrieben und anschließend die Methodik des Prozesskettenmanagements zur Reorganisation bestehender Lagerabwicklung vorgestellt werden.

B 4.2.3.1 Klassische Lagerplanung

Wie die unterschiedlich gestalteten Lagersysteme mit ihrem jeweiligen Leistungsprofil dem speziellen Anforderungsprofil eines Unternehmens angepasst werden können, kann nur durch eine umfassende, problembezogene Planung beantwortet werden. Mit der Lagerplanung wird im Gegensatz zur Finanz- und Absatzplanung keine Vorgehensweise, sondern der Zustand eines wichtigen Bereichs langfristig (10 bis 20 Jahre) implementiert. Daher muss die Planung nach einer sinnvollen Methode durchgeführt werden, die sicherstellt, dass ein optimales Ergebnis erreicht wird [Bau78: 113 ff.].

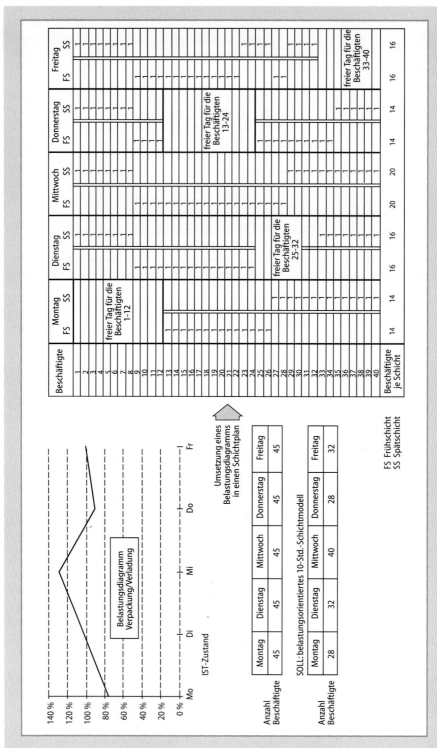

Bild B 4.2-5
Aufbau eines Schichtplans gemäß der Belastungssituation

In der Vergangenheit galt die Kostenreduzierung als vorrangiges Planungsziel. Heute spielen bei der Optimierung und Errichtung einer Lagerwirtschaft mehrere Faktoren eine gleichbedeutende Rolle, um durch eine ganzheitliche Planung eine effiziente Lagerhaltung zu erzielen. Unter Berücksichtigung der Gesamtkostenminimierung liegen die Ziele einer logistischen Gesamtplanung in der Verringerung der Auftragsdurchlaufzeit, Reduzierung der Bestände bei optimalem Servicegrad und Verbesserung der Termintreue.

Die klassische Lagerplanung vollzieht sich nach den Planungsschritten Zielvorgabe, Ist-Aufnahme mit Schwachstellenanalyse und Aufstellen eines Soll-Konzepts inklusive Alternativen mit den Phasen Grobplanung und Feinplanung. Sie orientiert sich an einer Ablaufbeschreibung nach Kettner [Ket84:10 ff.].

Zu Beginn einer jeden Planung werden die *Zielvorstellungen* erfasst und dokumentiert. Abhängig von der Ausgangssituation sind die Möglichkeiten des Unternehmens zu analysieren. Dazu gehört eine umfassende Lagerbeschreibung (Statusbericht), Problembeschreibung (wo sind Probleme?) sowie die Strategiefestlegung zur Beseitigung der Strukturdefekte.

Ziel der *Ist-Analyse* ist die Erfassung der aktuellen Daten, in der bereits vorhandene Schwachstellen aufgedeckt werden. Dabei ist eine genaue Erfassung der erforderlichen Daten anzustreben und nicht die unkoordinierte Erfassung sämtlicher Daten. Soviel Daten wie nötig, aber so wenig Daten wie möglich, sind für eine Datenbasis zu ermitteln.

Anschließend sind mittels einer Plausibilitätsüberprüfung noch einmal alle Daten bezüglich ihrer Vollständigkeit zu kontrollieren, um eine fehlerhafte Datenbasis in der Feinplanung zu vermeiden. Die Ergebnisse der Ist-Aufnahme müssen kritisch danach hinterfragt werden, ob sich durch geeignete Maßnahmen Verbesserungspotenziale offenbaren. Die in dieser Planungsphase auf Bewegungs- und Bestandsdaten basierend gebildete Planungsgrundlage, wird unter Berücksichtigung der Unternehmensentwicklung auf den Soll-Zustand hochgerechnet.

Im Anschluss an die Ist-Analyse erfolgt die *Soll-Konzeptionierung* mit den Phasen Grob- und Feinplanung. Eine Voraussetzung bildet die Planungsdatenbasis aus der Ist-Analyse. Nach einer Vorauswahl geeigneter Systeme werden anschließend technisch mögliche Varianten aufgestellt und skizziert. Dabei werden nur die räumlichen Restriktionen sowie die vorgegebenen Randbedingungen berücksichtigt, die die zu lagernden oder transportierenden Objekte betreffen. Unbeachtet bleibt das zur Verfügung stehende Investitionsvolumen, um nicht bereits vorab die ideale Lösung auszuschließen. Nach der Bewertung verschiedener Varianten hinsichtlich ihrer technischen und wirtschaftlichen Durchführbarkeit erfolgt die Auswahl weiter zu verfolgender Lösungen. Im Anschluss daran werden im Rahmen der Feinplanung die vorgeschlagenen Varianten detailliert geplant und man fällt eine Entscheidung für eine Variante. Den Abschluss der Feinplanung bildet die Anfertigung eines oder mehrerer Pflichtenhefte zur Technik und Steuerung des logistischen Systems.

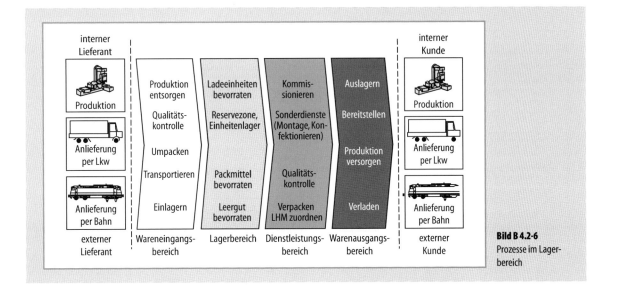

Bild B 4.2-6
Prozesse im Lagerbereich

Im konkreten Planungsfall ist es unumgänglich, bestimmte Schritte mehrfach zu durchlaufen und somit iterativ zur optimalen Lösung zu gelangen.

Im Vordergrund der Ablaufbeschreibung stehen die lager-, förder- und informationsflusstechnischen Gewerke einschließlich ihrer Material- und Informationsflussbeziehungen. Dabei wurden in der Vergangenheit fast ausschließlich technik- und kostenorientierte Schwachstellen ermittelt und beseitigt. Beispielsweise wurden flächenaufwendige Lager durch Hochregallager ersetzt oder Lager mit personalintensiver Abwicklung führten zu einer erhöhten Automatisierung in Teilbereichen. Diese einseitige Betrachtung der Lagerstruktur führte zu vielen Abwicklungsvarianten und erhöhte die Inflexibilität in Form von steigenden Durchlaufzeiten [Man95: 32]. Um die Kundenindividualität bei erhöhter Komplexität beizubehalten, gehen heute früher erzielte Personaleinsparungen wieder verloren (Bild B 4.2-7).

Häufig wurde versucht, bestehende Abwicklungsstrukturen mittels EDV-Systemen zu beschleunigen. Dadurch wurden die alten nichtoptimalen Strukturen gefestigt, die ein Reengineering nach heutigen Anforderungen – ganzheitliche, kundenorientierte und prozessorientierte Betrachtung – erschweren. Aktuelle Erfahrungen und Kenntnisse haben gezeigt, dass es nicht mehr genügt, streng technikorientierte Schwachstellen zu beseitigen, sondern erhebliche Optimierungspotenziale in der Organisation und Abwicklungsstruktur liegen [War93: 334]. Durch die ganzheitliche Betrachtung aller prozessbestimmenden Parameter und die konsequente Ausrichtung und Abwicklung von Lageraufträgen auf die Kundenanforderungen ist eine neue Form der Lagerplanung zu entwickeln. Zusätzlich muss eine neue Form der Ablaufbeschreibung definiert werden, die eine prozessorientierte Darstellung gewährleistet. Eine solche weniger technikorientierte Darstellungsweise bietet eine Abb. in Form von Prozessketten. Es sind Prozesse bzw. in vernetzter Form Prozessketten sicherzustellen, die die aufwandsarme Erfüllung der Kundenwünsche gewährleisten und eine durchgängige Kunden-Lieferanten-Beziehung über den gesamten Prozess visualisieren und garantieren [Man95: 32 ff.].

B 4.2.3.2 Bedeutung der Prozesskette als ganzheitlicher Planungsansatz

Produzierende Unternehmen müssen sich ihren Wettbewerbsvorteil sichern, indem sie in kurzer Zeit lieferfähig sind und jederzeit flexibel auf Kundenwünsche reagieren können. Voraussetzung dafür ist ein schneller und reibungsloser Material- und Informationsfluss. Angesichts der gestiegenen Komplexität, die genannten Anforderungen zu erfüllen, geraten gewachsene Ablaufstrukturen an die Grenzen ihres wirtschaftlichen Leistungsvermögens. Zur Problemlösung trägt eine am Gesamtprozess orientierte Betrachtungsweise bei. Auf der Basis des *Prozesskettenmanagements* muss die Lagerplanung auf die Gesamtzielrichtung ausgerichtet und als ganzheitliches Konzept koordiniert werden.

Die Lagerplanung mittels Prozessketten verfolgt als Hauptziel eine strenge Ausrichtung sämtlicher Geschäfts-

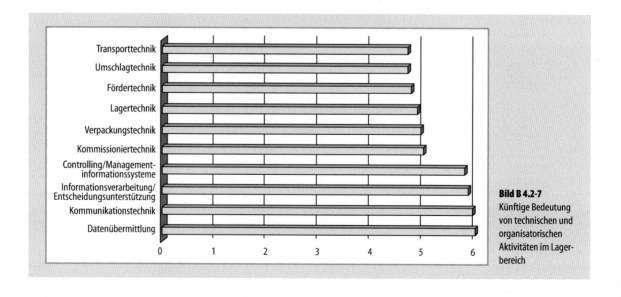

Bild B 4.2-7
Künftige Bedeutung von technischen und organisatorischen Aktivitäten im Lagerbereich

prozesse auf den *Kundennutzen*. Dazu müssen zunächst alle Prozesse hinsichtlich ihres Kundennutzens analysiert werden. Im Ergebnis dieser Analyse sind alle Prozesse ohne Kundennutzen, wie Blind- (verbrauchen Ressourcen und tragen nicht zum Kundennutzen bei) und Fehlprozesse (verbrauchen Ressourcen und reduzieren den Kundennutzen) zu eliminieren. Prozesse, die Kundennutzen erbringen, werden als Nutz- oder Stützprozesse bezeichnet. Nutzprozesse sind geplante Prozesse, die in ihrer Summe das fertige Produkt oder die vollständige Dienstleistung zum Ergebnis haben. Den durch den Verbrauch von Ressourcen verursachten Prozesskosten steht eine Steigerung des Kundennutzens gegenüber. Stützprozesse sind ebenfalls geplante Prozesse. Sie unterstützen die Nutzprozesse. Beispielsweise ist der Transport zwischen 2 Bearbeitungsschritten oder eine Zwischenprüfung als Stützprozess zu bezeichnen, da er nur dem internen Kunden, der für die Weiterbearbeitung des Auftrags zuständig ist, einen Nutzen bringt und der externe Kunde seinen Nutzen nicht erkennen kann. Stützprozesse steigern somit nicht den externen Kundennutzen und sind auf ein Minimum zu reduzieren. Somit sind Stütz- aber auch Nutzprozesse hinsichtlich ihres Nutzens zu überprüfen sowie bezüglich ihrer Kosten- und Zeitverursachung als auch ihrer Qualität zu optimieren.

Im Gegensatz zur klassischen Lagerplanung wird in der Phase der *Schwachstellenanalyse* im Prozesskettenmanagement nicht mehr nur nach technischen Verbesserungen oder Innovationen gefragt, die die geforderte Funktion kostenminimaler erfüllen, sondern die Kundenanforderungen bilden wie bereits oben dargestellt den Mittelpunkt der angestrebten Prozessverbesserungen.

Gesucht wird daher nach dem *kundenorientierten Gesamtoptimum* innerhalb der Lagerabwicklung. Damit treten neben den traditionellen Zielen der Kostenminimierung und reduzierten Durchlaufzeiten weitere Verbesserungsmaßnahmen in den Vordergrund, die sonst nur eine eher untergeordnete Rolle spielten. Dazu gehört eine verbesserte Logistikleistung in Form einer erhöhten Servicequalität hinsichtlich eingehaltener Liefertermine, Produktzustand sowie Informationsgüte und Änderungsflexibilität.

Die neue Form der Ablaufbeschreibung wird durch die Darstellung der Prozesse und ihre Verknüpfungen zu *Prozessketten* charakterisiert. Als Stellschrauben zur Optimierung der Prozesse stellt das Prozesskettenmanagement die 4 Parameter Prozesse, Strukturen, Lenkungsebenen und Ressourcen bereit. Auch hier hat die Technik einen hohen Stellenwert (Ressourcen), jedoch sind alle Parameter eines Prozesses gleichberechtigt und auf die Kundenanforderungen auszurichten. Besonders deutlich wird dies an den Potenzialklassen der Lagerabwicklung, die in ihrer Gesamtheit die Beeinflussungsmöglichkeiten von Lagerprozessen systematisieren (Bild B 4.2-8).

Um eine ganzheitliche Betrachtung zu gewährleisten, darf die Lagerplanung nicht losgelöst von der unternehmensstrategischen *Ebene* betrachtet werden. Die vom Lager geforderten Servicezeiten, -kosten und -qualitäten leiten sich von den in der unternehmensstrategischen Ebene gesetzten Zielen ab. So muss z. B. im Rahmen einer garantierten Kundenservicezeit bereits im Vorfeld eine Entscheidung zwischen zentraler und dezentraler Lagerung, im Zusammenhang mit der Frage nach dem Lagerstandort und den Distributionsmechanismen, getroffen werden. Das bedeutet, dass die Ziele und Anforderungen an ein Lagersystem bereits durch die unternehmensstrategische Seite vorgegeben werden. Dennoch ist die Frage der Kundenorientierung in der Lagerplanung wieder aufzunehmen. Entscheidend ist, dass sich die Zielvorgaben, ausgehend von der übergeordneten unternehmensstrategischen Ebene, bis hinunter zum einzelnen Arbeitsplatz, genau quantifizieren lassen. Mit der Intention, die gesamtheitlichen Zielvorgaben zu erfüllen, ist – von der übergeordneten Planungsebene losgelöst – eine eigenständige Planung im Teilbereich Lager möglich.

Angewendet auf die Lagerplanung ergeben sich für das Prozesskettenmanagement folgende logistische Zielgebiete:
– Die vom Lager zu erbringende *Servicequalität* orientiert sich an der Aufgabe logistischer Systeme, wonach Material und Informationen bedarfsgerecht nach Art, Menge, Raum und Zeit zur Verfügung stehen müssen. Für den Materialfluss ist das evident. Zunehmend wird aber gerade in den kundennahen Bereichen wie Vertrieb und Kundenservice die Servicequalität durch die Bereitstellung von aktuellen Informationen beeinflusst. So müssen bereits zum Zeitpunkt der Auftragsannahme gesicherte Informationen über den Bestand und bestehende Reservierungen vorliegen, um zuverlässige Aussagen über die Lieferfähigkeit geben zu können.
– Die *Servicezeit* legt kundenspezifisch fest, wie lange die Auftragsdurchlaufzeit von dem Moment der Auftragsannahme (Auftragskenntnis) bis zur fertigen Bearbeitung des Auftrags dauern darf. Dabei sind die auftragsspezifischen Merkmale zu beachten (z. B. Kundenaufträge aus dem Lager oder Direktanlieferung aus dem Wareneingang, 24-Stunden-Lieferung oder Lieferung innerhalb einer Woche, A-, B- oder C-Artikel). Ein praxisrelevantes Beispiel zur Festlegung von Servicezeiten innerhalb eines Lagerbetriebs ist Bild B 4.2-9 zu entnehmen.
– Die *Servicekosten* sind die maximalen Prozesskosten, die ein Auftrag vom Zeitpunkt der Auftragsannahme im Lager bis zur fertigen Abarbeitung verursachen darf [Man95: 35 f.].

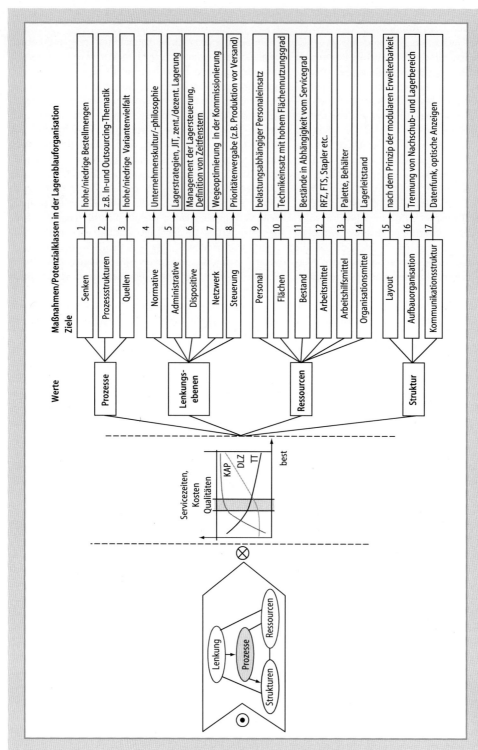

Bild B 4.2-8 Potenzialklassen im Lagerbereich

Bild B 4.2-9
Festlegung von Dauer und Zeitpunkten einzelner Prozesse in der Lagerorganisation (Beispiel)

B 4.3 Durchführung der Prozesskettenanalyse

Ziel der Prozesskettenanalyse in der Materialfluss- und Lagerplanung ist, wie bereits weiter oben dargestellt, die konsequente Ausrichtung sämtlicher Lager- und Geschäftsprozesse auf den Kundennutzen. Durch die Prozesskettenanalyse werden die Lageraufbau- und Lagerablauforganisation sowie der Material- und Informationsfluss durch eine graphisch leicht verständliche Darstellung transparent gemacht und eine wesentliche Grundlage für eine zielgerichtete Kommunikation zwischen den Fachvertretern und den Abteilungen geschaffen. Zusätzlich werden durch die prozessorientierte Sichtweise das häufig vorhandene Abteilungsdenken sowie ggf. vorhandene Bereichsegoismen abgebaut.

Die *Prozesskettenanalyse* lässt sich in 4 Phasen unterteilen:
1. Vorbereitungsphase,
2. Prozessablaufanalyse,
3. Erstellung des Daten- und Mengengerüsts,,
4. Prozesskettenmodulation.

Die *Vorbereitungsphase* verfolgt einen pragmatischen Ansatz, der sich an den Lageraufgaben orientiert und auf vorhandenen Vorarbeiten aufbaut. Den wesentlichen Inhalt dieser Phase bilden die Sensibilisierung der Mitarbeiter und die Identifikation der erfolgskritischen Lager- bzw. Unternehmensprozesse.

Die *Prozessablaufanalyse* in Form von Prozessketten führt zur Übersicht über werksinterne und -externe Abläufe und deren Strukturdefekte bzw. Schwachstellen. Sie strukturiert und visualisiert den erforderlichen physischen und informatorischen Steuerungsaufwand zwischen Lieferant und Kunde (s. Bild B 4.3-1).

Die Phase der *Erstellung des Daten- und Mengengerüsts* hat das Ziel, alle relevanten Informationen und prozessspezifischen Daten, die für die Lagerplanung erforderlich sind, zu liefern und bildet somit die wesentliche Grundlage für die letzte Phase der Prozesskettenmodulation.

Ziel der *Prozesskettenmodulation* ist es, strukturelle Defizite und Probleme der Ist-Prozesse zu lösen und die Lagerprozesse der Lageraufgabe sowie den Kundenanforderungen und jeweiligen Sachzwängen anzupassen. Im Folgenden werden die einzelnen Phasen detaillierter dargestellt.

Zu Beginn der Vorbereitungsphase wird den Projektbeteiligten die Methodik des *Prozesskettenmanagements* vorgestellt und diskutiert, um ein gemeinsames Verständnis für die Durchführung der Methode zu entwickeln. Des Weiteren sind die Kundenanforderungen und die genaue Lageraufgabe zu spezifizieren.

Der nächste Schritt in der Vorbereitungsphase besteht in der Auswahl des Analyseumfangs. Ziel ist die Beschränkung des Analyseaufwands auf ein vertretbares Maß, ohne dabei Gefahr zu laufen, singuläre Lösungen bereits als Prozessverbesserung zu akzeptieren. Hierzu kann es sinnvoll sein, zunächst mit den Mitarbeitern die Hauptprozesse aufzunehmen und in Form von Prozesskettenplänen zu dokumentieren. Die aufgenommenen Hauptprozesse sind hinsichtlich ihrer Beeinflussungsmöglichkeiten auf die Zielerreichung zu untersuchen und dienen als Grundlage für die Auswahl des Analyseumfangs. Zur Unterstützung kann des Weiteren das sog. Scoringmodell [Bau93: 15] dienen. Hierbei sind quantifizierbare und nicht quantifizierbare Kriterien mit Punktwerten zu versehen und miteinander zu vergleichen. Bei überschaubaren Unternehmensgrößen oder einfach strukturierten Abläufen kann die Auswahl entfallen.

Ziel der Prozesskettenablaufanalyse ist die Abbildung und Analyse der Prozesse. Dazu bedarf es einer genauen Analyse der logistischen Abläufe im Lager. Für die zur Strukturierung der Abläufe notwendige Untersuchung ist zunächst der Hauptprozess „Lagern" durch seine Parameter, der von ihm beanspruchten Prozesse, deren Lenkungsmechanismen (Systemführungsstrategien), Ressourcen (Technik, Personal und Ladehilfsmittel) und deren Zuordnung zur Realstruktur (Layout, Aufbauorganisation, technische Kommunikationsstruktur) [Man95: 36] zu beschreiben (Bild B 4.2-8). Systematisch werden alle Elemente der Prozesskette und ihre Zusammenhänge mittels Schnittstellen analysiert.

Hierbei werden die Prozesse einer physischen, organisatorischen und informatorischen Analyse unterzogen. Bei der physischen Analyse liegt der Schwerpunkt der Untersuchung auf den am Prozess beteiligten Lagern, den Transportwegen und Produktionsbereichen. Die organisatorische Analyse untersucht die einzelnen in der Prozesskette mitwirkenden Abteilungen und Arbeitsplätze hinsichtlich aufbau- und ablauforganisatorischer Gegebenheiten. Dabei sind die Zuständigkeiten der einzelnen Abteilungen genau abzugrenzen, um Organisations- und Verantwortungsbereiche zu schaffen. Arbeitsgänge werden in qualitativer und zeitlicher Hinsicht untersucht sowie organisatorische und steuerungstechnische Aufwände aufgenommen. Zuletzt sind innerhalb der Informationsverarbeitung die Organisationsbereiche sowie die verwendeten Kommunikationstechniken und -inhalte zwischen den einzelnen Prozesskettenelementen zu untersuchen. Für eine stetige Datenübermittlung in der Supply Chain sind Schnittstellen zwischen den externen bzw. internen Kunden und Lieferanten zu schaffen [Bau93: 14 f.].

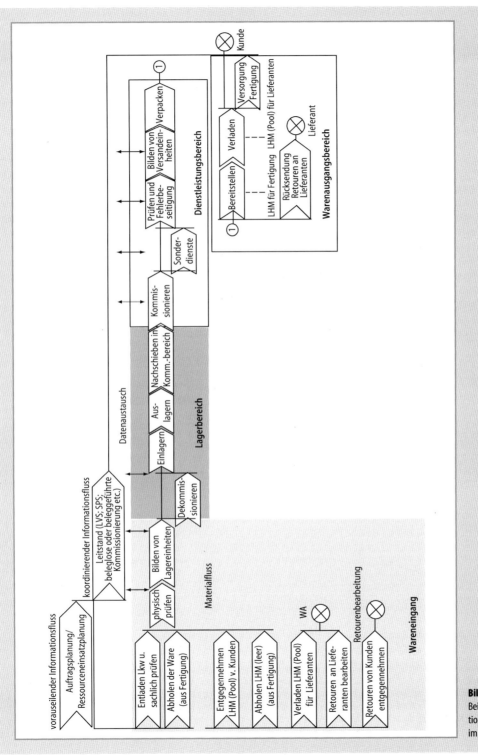

Bild B 4.3-1
Beispielhafter Informations- und Materialfluss im Lagerbereich

Um eine effiziente und einheitliche Aufnahme der Prozesskette sicherzustellen, bietet sich zudem der Einsatz von Referenz-Prozesskettenmodellen für die Lagerabwicklung an. Grundsätzlich ist die Prozessaufnahme mit den operativen Prozessverantwortlichen zu empfehlen. Dies reduziert die Gefahr einer „geschönten" Prozessaufnahme, in der nicht der reale, also gelebte, sondern der geplante bzw. Soll-Prozess dokumentiert wird. Zusätzlich kann so das Know-how der operativen Mitarbeiter in die Prozesskettenablaufanalyse mit eingebracht und es können erste Schwachstellen und Verbesserungsansätze dokumentiert werden.

Ziel der Ermittlung des Daten- und Mengengerüsts ist, die Grundlage für die Lagerplanung und Prozessmodulation zu schaffen. Hierzu wird im ersten Schritt durch eine systematische Zusammenstellung aller Informationen über die Prozesse ein Datengerüst erstellt. Als Diskussionsgrundlage dient beispielsweise ein Lagerlayout (Struktur), an dem alle benötigten Informationen zur genauen Analyse des Problemfeldes ermittelt werden können. Dazu werden z. B. Fragen nach der Anzahl der Lagerorte und Lagerzonen gestellt. Weitere lagerrelevante Kenngrößen sind u. a. die Anzahl der Stellplätze, die Auftragszahl pro Tag, die Warenein- und -ausgänge pro Tag sowie die Lagerbewegungen je Zeiteinheit. Mit Kenntnis des Lagergutes kann der Materialwert berechnet werden. Bei der Analyse sind insbesondere die umschlagintensiven sowie die höherwertigen Güter von Bedeutung, da sie besondere Anforderungen an die Gestaltung der Lagereinrichtungen stellen. Zusätzlich ist ein Überblick über die technische Realisierung eines Lagersystems unerlässlich. Dazu sind Informationen über die eingesetzten Ladehilfsmittel sowie die vorhandene Lager- und Fördertechnik notwendig. Diese und weitere Angaben sind zu ermitteln, um die notwendige Differenzierung der Prozesskette bezüglich unterschiedlicher Artikel und Bauteile sowie unterschiedlicher Servicegrade zu determinieren.

Nachdem im ersten Schritt das notwendige Datengerüst erstellt wurde, folgt jetzt die Aufnahme der Daten für die genauen *Prozessstrukturen*. Dazu werden je Prozess kosten-, durchlaufzeit- und kapazitätsbeschreibende Daten erhoben. Durch die uneingeschränkte Selbstähnlichkeit

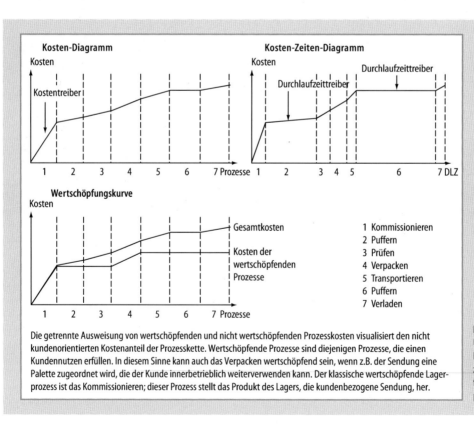

Bild B 4.3-2 Untersuchung von Kosten, Durchlaufzeiten und Wertschöpfung einzelner Lagerprozesse (Beispiel)

der Prozesskette lässt sich somit das Erreichen der klassischen Kernziele der Logistik für den Verlauf der gesamten Prozesskette, aber auch der Anteil jeder einzelnen Teilkette und jedes einzelnen Prozesses an der Zielerreichung nachweisen. Anhand der 6 knappen Betriebsmittel erfolgt die prozessspezifische Zuordnung der Kosten. Die Kosten ergeben sich aus dem Produkt der ressourcenspezifischen Kosten und der Einsatzdauer bzw. -intensität der genutzten Ressourcen. Durch eine Klassifizierung in wertschöpfende und nicht wertschöpfende Prozesskosten können die kundenorientierten (wertschöpfenden) und nicht kundenorientierten Kostenanteile transparent dargestellt werden. Auf diese Weise lassen sich alle nicht wertschöpfenden Kostenanteile auf ihre Notwendigkeit überprüfen (Bild B 4.3-2).

Den Abschluss bildet die Überprüfung der *Systemführungsstrategien* (Lenkung) der einzelnen Prozesse. So können z. B. Ein- und Auslagerungsprozesse durch Einzel- oder Doppelspielbildung ausgeführt werden.

Die Ergebnisse einer Analyse der Ist-Situation sind entscheidend für die Qualität einer Organisationsgestaltung, da sehr viele Detailinformationen aufgenommen werden. Auf Grund der layoutorientierten Ist-Aufnahme aller Parameter entsteht eine nach den zielorientierten Kriterien und den entsprechenden Ist-Werten hinterlegte dynamisierte (Lenkung) und prozesskostenbezogene (Ressourcen) Prozesskette. Mit der Definition einzelner Prozessketten, die sich am Auftragsfluss orientieren, wird bereits in der Phase der Ist-Aufnahme eine entsprechende Transparenz geschaffen, die redundante, ineffiziente oder sogar unnötige Prozesse sowie gegenseitige Abhängigkeiten und deren Beitrag zur Erfüllung des Kundennutzens erfasst [Man95: 36].

Um die strukturellen Probleme zu lösen und die Geschäftsprozesse den jeweiligen Sachzwängen anzupassen, bedarf es der *Prozesskettenmodulation*. Prozesskettenmodulationen sind Veränderungen der Prozessketten, die im Sinne einer ganzheitlichen und systematischen Betrachtung die Kernziele der Logistik (Servicezeit, -grad und -kosten) optimieren.

Die kreative Leistung des Planers besteht in der Ausarbeitung der optimalen Maßnahmen zur Verbesserung der Kernprozesse des Unternehmens. Dazu sind crossfunktionale Maßnahmen zu erarbeiten, die einwirkend auf die Parameter Prozesse, Ressourcen, Struktur und Lenkung eine Ausrichtung der Prozesskette und aller Prozesse auf den Kundennutzen bewirken. Als Hilfsmittel existieren die bereits erwähnten Potenzialklassen. Durch die Hinterlegung von lagerspezifischen, konkreten Handlungen können die Potenzialklassen als eine Checkliste bzw. als ein Maßnahmenkatalog in der Modulation verwendet werden.

B 4.3.1 Software zur Unterstützung der Prozesskettenanalyse

Eine rationale Prozesskettenanalyse setzt den Einsatz EDV-gestützter Werkzeuge voraus, die die Lagerplanung bei der Entscheidungsfindung anhand von Prozess- und Kostentransparenz unterstützen. Vor diesem Hintergrund wurde in der Vergangenheit eine Vielzahl von Werkzeugen zur Prozesskettenanalyse entwickelt. Beispielhaft wird im Folgenden auf das Werkzeug LogiChain eingegangen. Hierbei handelt es sich um eine Software zur Visualisierung von Lager- und Geschäftsprozessen. Es können sowohl Material- wie auch Informationsflüsse berücksichtigt sowie die erforderliche Transparenz, auch über eine unternehmensübergreifende Wertschöpfungskette geschaffen werden.

LogiChain basiert auf der *ressourcenorientierten Prozesskostenrechnung (PKR)*. Die ressourcenorientierte PKR löst eine grundlegende Problematik der traditionellen Kostenrechnungssysteme: die fehlende Möglichkeit, eine verursachungsgerechte Verrechnung der Gemeinkostenanteile durchzuführen. Bei der ressourcenorientierten PKR können die Bereitschaftskosten in differenzierter und verursachungsgerechter Weise verrechnet werden: Mit dem Parameter *Systemlast* (z. B. Anzahl Aufträge oder eingehende Paletten pro Tag) kann die konkrete Auslastung der Ressourcen ermittelt werden. Die Methode der ressourcenorientierten PKR nutzt diese Ressourcenauslastung, um die variablen und fixen Kosten verursachungsgerecht zu berechnen.

Hierdurch kann mit Hilfe der Prozesskettensoftware LogiChain
– ein Überblick über die Lagerprozesse, Verantwortungsbereiche und Schnittstellen sowie die dort anfallenden Kosten,
– eine methodische Schwachstellenidentifizierung in den Lagerprozessen,
– eine Identifikation von kostenintensiven Lagerprozessen und
– eine ressourcenorientierte Prozesskostenrechnung erreicht werden.

Zur Visualisierung der Prozesse wird ein Prozesskettenplan auf Basis der Prozesskettenmethodik erzeugt. Der Prozesskettenplan erlaubt eine abstrakte, prozessorientierte Darstellung der realen Abläufe (Material- und Informationsflüsse) inklusive der Ressourcenzuordnung innerhalb eines Lagers, eines Unternehmens oder sogar einer gesamten Supply Chain (siehe Bild B 4.3-3).

In LogiChain lassen sich auf diese Weise Prozesse und ihre zugehörigen Ressourcen nicht nur darstellen, sondern auch berechnen und analysieren.

Hierzu sind Daten wie Bearbeitungszeit, Ressourcenkapazität und -kosten erforderlich, die über Eingabemasken in einer Datenbank abgelegt werden und über hinterlegte Strategien mit den einzelnen Objekten des Prozesskettenplans verbunden sind. Anhand der vom Benutzer definierten Systemlast wird durch die Software ermittelt, in welchem Umfang jeder Prozess die Ressourcen beansprucht.

Auf Basis des Ressourcenbedarfs je Prozess berechnet die Software die verursachten Kosten mittels ressourcenorientierter Prozesskostenrechnung und stellt sie transparent dar (siehe Bild B 4.3-4).

Die Analyse umfasst dabei u. a.:
- Einzel- und Gesamtprozesskosten je Objekt,
- Gesamtbearbeitungszeit je Objekt,

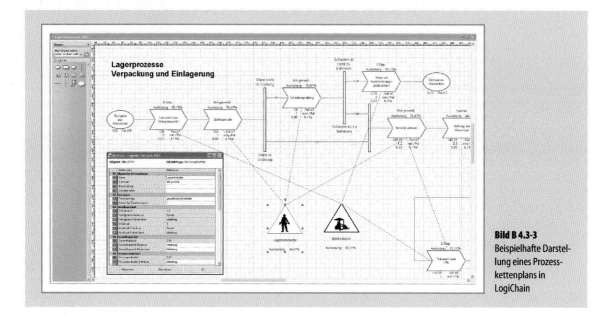

Bild B 4.3-3
Beispielhafte Darstellung eines Prozesskettenplans in LogiChain

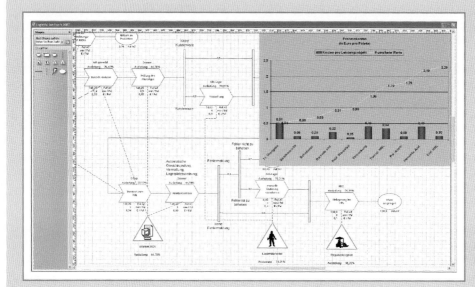

Bild B 4.3-4
Kostenberechung in LogiChain

- Kapazitätsauslastungen der Ressourcen sowie
- anfallende Kosten der Ressourcen (Nutz- und Leerkosten, variable Leistungskosten).

Prozesskettensoftware unterstützt somit wirkungsvoll die Phase der Prozesskettenanalyse in der Lagerplanung und liefert insbesondere das Handwerkszeug für die Prozesskettenmodulation.

B 4.3.2 Entwicklung eines Standardmoduls

Mit Bezug auf die in Abschn. B 4.2.2.2 dargestellte Form der Lagerablauforganisation und der durchgeführten Aggregation auf die 4 Hauptbereiche Wareneingangsbereich, Lagerbereich, Dienstleistungsbereich und Warenausgangsbereich lässt sich ein Referenzmodell entwickeln, das eine allgemeingültige Struktur des Ablaufs innerhalb eines Lagers darstellt. Ziel einer solchen Standardisierung ist es, über einheitliche Schnittstellen die Lagerhauptprozesse zu verzahnen und die komplette Lagerabwicklung als eine Prozesskette abzubilden. Damit existiert eine Diskussionsgrundlage, die die Vorgänge visualisiert und im konkreten Fall einer Abweichung mögliche Strukturdefekte transparent darstellt. Dazu ist ein Standardfunktionsmodul zu definieren, das sich in der Darstellung an dem allgemeinen Unternehmensmodell auf der Basis von Prozessketten orientiert. Zusätzlich wird die in der Richtlinie VDI 3590 aufgeführte Systematik zur Gestaltung des Datenflusses hier allgemein übertragen auf den Informationsfluss berücksichtigt.

Entsprechend ergeben sich für die *Prozessstruktur des Standardmoduls* folgende Prämissen:
- Gemäß der Darstellungsform des allgemeinen Unternehmensmodells beinhaltet das Standardmodul den voreilenden und koordinierenden Informationsfluss sowie den Materialfluss.
- Gemäß der technischen Gestaltung der Grundfunktionen des Datenflusses beinhalten sowohl der voreilende als auch der koordinierende Informationsfluss die Funktionen Aufbereitung, Weitergabe, Verfolgung und Quittierung. Diese Funktionen spiegeln sich in den Prozessen „Auftrag erzeugen", „Auftrag weiterleiten", „Auftragsüberwachung" und „Auftrag fertig melden" wider.
- Die Schnittstellen auf der jeweiligen Ebene bilden Puffer (Prozess „Puffern"). Am Anfang eines Standardmoduls befindet sich der sog. Bedarfspuffer, am Ende der Bestandspuffer. Die Aufbereitung eines Prozesses kann sowohl im Batchbetrieb als auch im Real-Time-Betrieb erfolgen. Bei Batchverarbeitung muss ein weiterer Pufferprozess zwischengeschaltet werden.
- Auslöser eines Prozesses ist ein Ereignis oder ein Anstoß. Dabei kann es sich um einen konkreten Auftrag handeln oder aber auch um eine einfache Materialankunft. Im letzten Fall ist der Anstoß von der Höhe des Bedarfspuffers abhängig. Das Starteregnis kann sowohl durch eine übergeordnete Informationsebene (z. B. PPS-System) als auch durch ein vorgelagertes Funktionsmodul übermittelt werden.
- Der Materialfluss kann erst nach der Generierung eines Auftrags im voreilenden Informationsfluss beginnen. Dabei ist es unerheblich, ob es sich um einen Auftrag „expressis verbis" handelt (z. B. aus Kundenaufträgen abgeleitete Kommissionieraufträge) oder um einen sog. „mentalen Auftrag", d. h. Personalressourcen erkennen situationsbedingte Notwendigkeiten (z. B. der maximal zulässige Füllgrad eines Bedarfspuffers ist erreicht) und wissen, welche Maßnahmen zu ergreifen sind. Ein echter Auftrag, der der Ressource von einem übergeordneten Steuerungssystem vorgegeben wird, beinhaltet genaue Handlungsanweisungen an die Ressource.
- Mit der Bereitstellung von Material oder Informationen im Bestandspuffer erzeugt das Standardmodul eine Transportbedarfsmeldung. Hierbei kann es sich sowohl um einen Transport zwischen 2 Standardmodulen handeln als auch um einen Transport zu einem externen Kunden. Durch den Informationstransfer vom Bestandspuffer des einen Moduls zum Bedarfspuffer eines anderen Moduls wird ein neuer Auftrag generiert.

Aufbauend auf dem Katalog für Lagerhauptprozesse und möglichen Ausprägungen sowie der Darstellung des Standardmoduls in Form des Prozesskettenmodells, lassen sich einzelne *Abwicklungsvarianten* in einer standardisierten Struktur darstellen und analysieren. Dadurch besteht die Möglichkeit einer schnellen und aufwandsarmen Modellierung eines im konkreten Anwendungsfall gültigen Lagermodells. Durch die standardisierte Gestaltung der Schnittstellen an den Modulgrenzen lässt sich der Lagervorgang zu einer ablauforientierten Prozesskette zusammenstellen. Der Katalog der von einem Lager zu erfüllenden Funktion erhebt keinen Anspruch auf Vollständigkeit, so dass bei bestimmten Anwendungsfällen durchaus Ergänzungen des Modulbaukastens erforderlich sind.

B 4.4 Innerbetrieblicher Transport

Die Veränderung des räumlichen Daseins von Gütern wird allgemein als *Transport* bezeichnet. In einem Fertigungs- oder Logistiknetzwerk besteht die Aufgabe eines Transportsystems darin, verschiedene Transportgüter

(Massengüter, Stückgüter oder diskrete Ladeeinheiten) sowohl innerhalb eines Betriebs als auch über die Betriebsgrenzen hinaus von den Eingangsstationen des Systems, sog. Quellen, zu den Ausgangsstationen oder Senken zu transportieren [Gud05: 807].

Im Fokus dieses Abschn. steht der *innerbetriebliche Transport*, der sich ausschließlich mit der Beförderung von Transportgütern innerhalb betrieblicher Grenzen befasst. Mit zunehmender Ausschöpfung von Rationalisierungspotenzialen kommt auch dem innerbetrieblichen Transport als eine der Kernfunktionen der operativen Logistik eine immer größer werdende Bedeutung zu. Dies resultiert zum einen daraus, dass ein unzuverlässiges Transportwesen beim heute angestrebten, niedrigen Bestandsniveau schneller zu Materialflussabrissen und damit zu Maschinenstillständen führt als dies noch in Zeiten einer mit hohen Beständen gepufferten Fertigung der Fall war. Darüber hinaus stellt der Transport i. Allg. einen wichtigen Kostenfaktor dar, was nicht zuletzt auf den Trend zu kleineren Losgrößen und damit zu einer gestiegenen Anzahl notwendiger Transporte zurückzuführen ist.

Obwohl sich die Unternehmen dieser Bedeutung bewusst sind, sind die Informationen über die tatsächlichen innerbetrieblichen Transportprozesse und Kapazitätsauslastungen infolge fehlender oder ungeeigneter Instrumente und Methoden häufig gering.

Zur rationelleren Gestaltung des innerbetrieblichen Transportwesens ist eine Situations- bzw. Materialflussanalyse durchzuführen.

Die Materialflussanalyse gliedert sich in folgende Schritte:
1. Datenaufnahme,
2. Erstellen der Materialflussmatrix,
3. Erstellen der Transportmatrix,
4. Erstellen der Entfernungsmatrix,
5. Erstellen der Transportintensitätsmatrix,
6. Kostenermittlung,
7. Materialflussoptimierung.

Die *Datenaufnahme* bildet den Ausgangspunkt für die Materialflussanalyse. Es werden Daten aus den Arbeitsplänen (Artikel, Transporteinheiten etc.), den Stücklisten, dem Produktionsprogramm (Artikel und Mengen), der

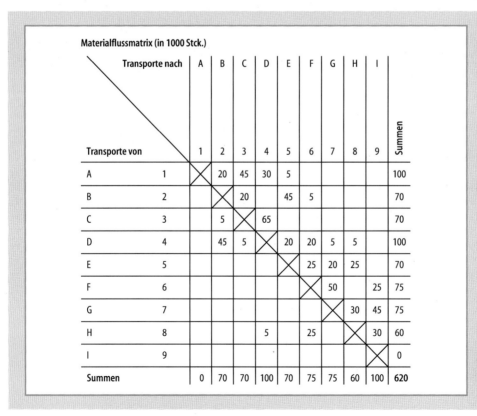

Bild B 4.4-1
Materialflussmatrix (nach Richtlinie VDI 2498, S. 13)

Materialflussmatrix (in 1000 Stck.) Transporte nach		A	B	C	D	E	F	G	H	I	
Transporte von		1	2	3	4	5	6	7	8	9	Summen
A	1		20	45	30	5					100
B	2			20		45	5				70
C	3		5		65						70
D	4		45	5		20	20	5	5		100
E	5						25	20	25		70
F	6							50		25	75
G	7								30	45	75
H	8				5		25			30	60
I	9										0
Summen		0	70	70	100	70	75	75	60	100	620

Betriebsmitteldatei (Betriebsmittelgruppen, Kapazitäten etc.), der Personaldatei (Qualifikationen, Verfügbarkeiten etc.) und dem Layout (Positionen der Betriebsmittel und Wege) erhoben und strukturiert.

Mittels einer *Materialflussmatrix* können Materialflussabläufe übersichtlich dargestellt werden (Bild B4.4-1). Durch die Erfassung der Bewegung „VON" und „NACH" ergibt sich nach Richtlinie VDI 2498 eine Orientierung des Materialflusses „in Flussrichtung" und „Rücklauf". Rückläufe erscheinen in den Feldern unterhalb der Diagonalen und resultieren z. B. aus Leergut-Rücksendungen oder alternierenden Arbeitsplanfolgen. Bei der Erstellung der Materialflussmatrix, aber auch bei allen nachfolgenden Matrizen (Transportmatrix, Entfernungsmatrix usw.),

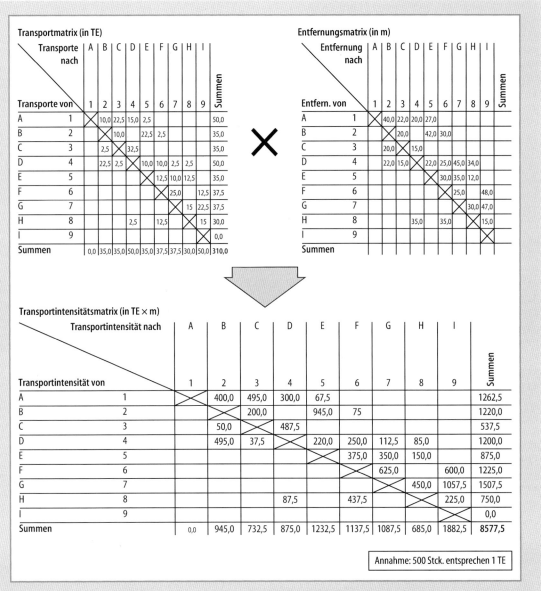

Bild B 4.4-2 Erstellen der Transportintensitätsmatrix (in Anlehnung an Richtlinie VDI 2498, S. 17)

ist darauf zu achten, dass die in den Spalten angeordneten Betriebsmittel in Bezeichnung und Reihenfolge mit den in den Zeilen angeordneten Betriebsmitteln korrespondieren. Die Materialflussmatrix wird i. d. R. auf Basis Stück erstellt.

Über eine *Transportmatrix* wird der tatsächliche Transportaufwand auf Basis von Transporteinheiten (*TE*) ermittelt. Die Erstellung der Transportmatrix erfolgt analog zur Erstellung der Materialflussmatrix.

Zur Erstellung einer *Entfernungsmatrix* wird das Layout, welches die Positionen der Betriebs- und Transportmittel im Ist-Zustand enthält, herangezogen. Da nur die Entfernungen zwischen denjenigen Betriebsmitteln relevant sind, zwischen denen Materialflüsse stattfinden, ist es hilfreich, die vorab erstellte Transportmatrix zu betrachten. Es ist unbedingt erforderlich, dass die Zeilen und Spalten exakt mit denen der Transportmatrix übereinstimmen. Weiterhin ist darauf zu achten, dass die Entfernungen nicht direkt von Mittelpunkt zum Mittelpunkt der Betriebsmittel in direkter Linie berücksichtigt werden, sondern dass die tatsächlich zurückzulegenden Transportwege ausgewiesen werden. Die Materialflussmatrix wird i. d. R. auf Basis Meter (m) erstellt.

Die *Transportintensitätsmatrix* (Bild B 4.4-2) verknüpft die Transportmatrix mit der Entfernungsmatrix. Dies wird durch Produktbildung der jeweils korrespondierenden Zelleneinträge realisiert. Die Einheit der Transportintensität ist demnach $TE \times m$.

Die sich anschließende Kostenermittlung ermöglicht es, die Kosten je Transportmeter zu bestimmen. Dies ist insbesondere vor dem Hintergrund erforderlich, dass in der folgenden Materialflussoptimierung mögliche, anfallende Investitionen zur Optimierung (z. B. neue Stapler, Einsatz von Fördertechnik usw.) aus finanzieller Sicht nur durch entsprechende Transportkosteneinsparungen gerechtfertigt werden können.

Im letzten Schritt der Materialflussanalyse, der *Materialflussoptimierung*, wird geprüft, ob ein gerichteter Materialfluss grundsätzlich möglich ist. Dazu wird eine Sortierung der Transportmatrix durchgeführt. Ziel der Sortierung ist, durch Zeilen- und Spaltenvertauschung, eine „obere Dreiecksform" in der Transportmatrix zu realisieren. Zur Erreichung der „oberen Dreiecksform" erfolgt eine schrittweise Optimierung durch Quotientenbildung der Zeilen- und Spaltensummen je Matrixelement (Bild B 4.4-3). Dabei entspricht die Anzahl der Iterationsschritte der Anzahl der Matrixelemente. Für eine detaillierte Beschreibung der Methode sei auf Richtlinie VDI 2498 verwiesen.

Mit dem Schritt der Materialflussoptimierung ist die Materialflussanalyse abgeschlossen. Die Materialflussanalyse kann als Basis für nachfolgende Optimierungen des Transportsystems herangezogen werden. Zudem kann die Materialflussanalyse auch als Basis für die Layoutplanung herangezogen werden. Dieses wird hier jedoch nicht weiter thematisiert.

Zur effizienten Optimierung, aber auch zur Planung von Transportsystemen, bedarf es geeigneter Lösungs- und Optimierungsverfahren. Je nach Planungs- oder Optimierungsaufgabe sowie in Abhängigkeit der Komplexität des zu untersuchenden Transportsystems eignen sich folgende Methoden:
- analytische Lösungswege und Optimierungen,
- Lösungsfindungen und Optimierungen mit Hilfe des Operations Research sowie
- Simulation.

Für die Auslegung einfacher Transportsysteme mittels *analytischer Lösungswege und Optimierungen* eignen sich zum einen Spielzeitberechnungen, aus denen anschließend der Fahrzeugbedarf abgeleitet werden kann, zum anderen Kennzahlen und Kennzahlensysteme, mit denen der Zustand von Transportsystemen charakterisiert sowie eine statische Dimensionierung der Systeme durchgeführt wird.

Ein prädestiniertes Beispiel für Lösungsfindungen und Optimierungen mit Hilfe des Operations Research ist die *Lineare Optimierung*, die sich im Wesentlichen mit der Verteilung bzw. Zuordnung begrenzt verfügbarer Ressourcen auf unterschiedliche Aktivitäten befasst. Ebenfalls kön-

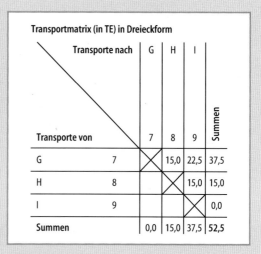

Bild B 4.4-3 „Obere Dreiecksform" der Transportmatrix (in Anlehnung an Richtlinie VDI 2498, S. 14)

nen Warteschlangenmodelle, die die Wirkzusammenhänge zwischen logistischen Kenngrößen beschreiben und die Integration stochastischer Einflüsse der Realität in die Planung und Auslegung ermöglichen, bei der Auslegung der Anzahl benötigter Transportmittel oder bei der Planung entsprechender Pufferbereiche herangezogen werden.

Die Methode der *Simulation* findet dann Anwendung, wenn die Voraussetzungen für die Anwendung analytischer Methoden z. B. auf Grund der Komplexität des Systems oder wegen zeitkritischer Faktoren nicht gegeben sind. In diesen Fällen ist die Simulation die einzige Methode, die eine dynamische Analyse ermöglicht. Dadurch können Planung und Dimensionierung von Transportsystemen abgesichert [Kuh98: 54 f.] und selbst bei komplexen Systemen Funktions-, Leistungs- und Verfügbarkeitsgarantien gegeben werden [Beu98: 857].

B 4.5 Kennzahlen und Kennlinien als Steuerungsinstrumente des Materialflusses

Bei der Abwicklung von Lagerprozessen und den damit verbundenen Materialflüssen entsteht eine erhebliche Menge an Informationen, die ohne geeignete Methoden nicht oder nur begrenzt interpretierbar sind. Diese *Informationsflut* führt, insbesondere im Hinblick auf die Aussagekraft ihres unmittelbaren Aussagewertes, zu einer rudimentären Berücksichtigung dieser Informationen in der betrieblichen Praxis. Daher suchen viele Unternehmen nach Methoden und Modellen, die es ihnen ermöglichen, den Blick für das Wesentliche zu behalten.

Kennzahlen sind ein geeignetes Mittel, mit dessen Hilfe die Informationsflut bewältigt werden kann. Sie ermöglichen als Methode die Bearbeitung der klassischen logistischen unternehmerischen Aufgaben der Durchlaufzeit- und Lieferzeitverkürzung, der Bestandssenkung und der Erhöhung des Servicegrades.

Kennzahlen sind quantitative Daten, die als bewusste Verdichtung der komplexen Realität über zahlenmäßig erfassbare betriebswirtschaftliche Sachverhalte informieren sollen [Lex99: 252]. Damit ermöglichen sie die Bereitstellung von Informationen über die logistischen Aufgabengebiete, für die prinzipiell viele relevante Einzelinformationen vorliegen, deren Auswertung jedoch für bestimmte Informationsbedarfe zu zeitintensiv und zu aufwendig ist.

Kennzahlen lassen sich grundsätzlich nach
– mathematisch-statistischen Eigenschaften,
– quantitativer, inhaltlicher und zeitlicher Struktur oder
– betrieblichen Funktionsbereichen klassifizieren [Jun92: 13].

In der Literatur findet die Klassifizierung nach mathematisch-statistischen Eigenschaften (Bild B 4.5-1) eine weite Verbreitung, da sie ohne inhaltlichen Bezug zum Untersuchungsgegenstand eine Klassifikation der Kennzahlen ausschließlich anhand formaler Kriterien durchführt [Web95b: 17].

Kennzahlen können in der betrieblichen Praxis grundsätzlich sehr unterschiedliche Funktionen aufweisen:
– *Planungsfunktion.* Quantifizierung von Unternehmenszielen, die den Unternehmensbereichen als Zielgrößen vorgegeben werden.
– *Steuerungs- und Regelungsfunktion.* Kontinuierliche Analyse des betrieblichen Geschehens und Vergleich mit den vorgegebenen Zielgrößen.
– *Motivationsfunktion.* Beispielsweise durch Berücksichtigung logistischer Leistungsmerkmale in der Prämien- oder Bonusgestaltung.
– *Vergleichsfunktion.* Analyse der betrieblichen Situation im zwischenbetrieblichen Vergleich (Benchmarking).

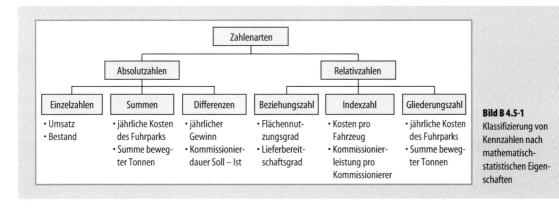

Bild B 4.5-1 Klassifizierung von Kennzahlen nach mathematisch-statistischen Eigenschaften

In Abhängigkeit vom Verwendungszweck der Kennzahlen existieren grundsätzlich zwei Vorgehensweisen, um *Logistikkennzahlen* zu definieren: Zum einen können sie aus der Unternehmensstrategie abgeleitet und zur Operationalisierung von Erfolgspotenzialen herangezogen werden. Zum anderen können Kennzahlen aus Material- und Informationsflüssen generiert werden und dienen damit als Instrument zur Identifikation von Stärken und Schwächen bzw. Ineffizienzen in logistischen Prozessen.

Kennzahlen ermöglichen nur in begrenztem Umfang, durch den Aufbau sog. Kennzahlensysteme, die Abb. von Abhängigkeiten und Zusammenhängen der logistischen Ziele.

Abhilfe können hier *Logistikkennlinien* liefern. Sie beschreiben qualitativ und quantitativ die Wirkzusammenhänge zwischen unterschiedlichen logistischen Zielen in Abhängigkeit verschiedenster Rahmenbedingungen. Logistikkennlinien bieten die Möglichkeit, bestehende Abhängigkeiten zwischen den logistischen Zielen adäquat abzubilden und die Auswirkungen von Veränderungen der Rahmenbedingungen direkt zu zeigen (Bild B 4.5-2).

Der allgemeine Begriff der Logistikkennlinien kann für die verschiedenen elementaren logistischen Referenzprozesse der Produktion „Produzieren und Prüfen", „Transportieren" sowie „Lagern und Bereitstellen" spezifiziert werden. Im Einzelnen können somit Produktions-, Transport- und Lagerkennlinien unterschieden werden (vgl. auch Abschn. B 1.3).

B 4.5.1 Kennzahlensysteme

Einzelkennzahlen ermöglichen keine Beschreibung komplexer Lagerprozesse, insbesondere sind, wie bereits angesprochen, Abhängigkeiten und Zusammenhänge zwischen logistischen Zielgrößen nicht abbildbar. Um aber die dringend erforderliche Transparenz der Lagerprozesse zu gewährleisten, können *Kennzahlensysteme* herangezogen werden.

Kennzahlensysteme sind hierarchisch aufgebaute Strukturen von Einzelkennzahlen, die untereinander in einer Systematik verknüpft sind und auf deren höchster Ebene eine oder mehrere Spitzenkennzahlen stehen. Die *Spitzenkennzahlen* der Logistik sind hochverdichtete Kennzahlen, die an der Spitze eines Kennzahlensystems stehen. Sie haben somit eine höhere Aussagekraft als die einzelne Kennzahl auf einer unteren Ebene – nämlich über das gesamte System [Jun92: 31]. Spitzenkennzahlen der Logistik sind
– Auftrags- und Materialdurchlaufzeit,
– Lieferservicegrad,
– Bestand,
– Umschlagshäufigkeit,
– Logistikkosten.

Die Logistik eines Unternehmens benötigt ein Kennzahlensystem, das auf die individuellen Ansprüche und betrieblichen Umstände abgestimmt ist. Dies setzt sowohl die detaillierte Auseinandersetzung mit den logistischen Ab-

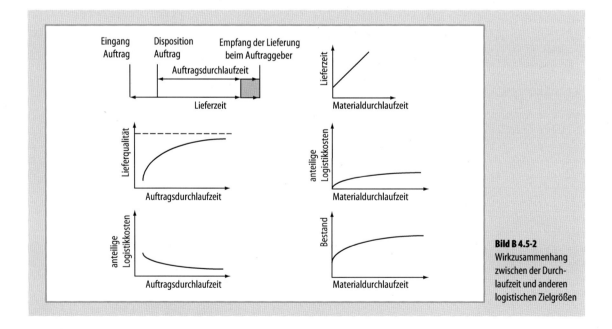

Bild B 4.5-2 Wirkzusammenhang zwischen der Durchlaufzeit und anderen logistischen Zielgrößen

läuft als auch mit den logistischen Zielen des Unternehmens voraus. Zentrale Anforderungen an die Entwicklung eines unternehmensspezifischen Kennzahlensystems sind
- Übersichtlichkeit (Beschränkung auf wenige aussagekräftige Kennzahlen),
- optimales Verhältnis zwischen Nutzen und Aufwand (z. B. Gestaltungsaufwand, Erfassungsaufwand),
- Akzeptanz des Kennzahlensystems durch die Mitarbeiter (z. B. durch die Beteiligung der Mitarbeiter bei der Gestaltung des Kennzahlensystems),
- Zielkonsistenz (Kennzahlen, die Vorgaben quantifizieren, müssen mit Zielen des Logistikmanagements vereinbar sein).

Entscheidend bei der Gestaltung eines Kennzahlensystems ist die Beziehung zwischen Strategie, Zielen und Kennzahlen. Dieser Aspekt wird in der betrieblichen Praxis oft vernachlässigt, was dazu führt, dass viele Kennzahlensysteme eine Sammlung von Einzelkennzahlen ohne die erforderlichen Verknüpfungen darstellen.

Mit der zunehmenden Sensibilisierung auf Grund bedeutender Rationalisierungspotenziale für den Funktionsbereich Lagerlogistik im Unternehmen entwickelten sich in den letzten Jahren zunehmend Logistikkennzahlensysteme [Jun92: 24 ff.]. Dennoch liegen in der betrieblichen Praxis kaum bewährte Logistikkennzahlensysteme vor. Dies liegt darin begründet, dass vorhandene Lösungen meist dem Grundmuster der Informationspyramide folgen [Lex99: 253] (Bild B 4.5-3).

Dieses Vorgehen weist neben dem Vorteil, die Vollständigkeit über die Erfassung des Gesamtprozesses zu gewährleisten, folgende Nachteile auf:
- hoher Datenerfassungsaufwand und daraus resultierend hohe Erfassungskosten,
- Erfassung von irrelevanten Daten,
- Notwendigkeit, ständig die Validität der Informationen zu überprüfen, was auf Grund ihrer Vielfalt schwierig ist,
- hohe Komplexität, welche notwendige Änderungen und Anpassungen erschwert.

Um die genannten Nachteile zu vermeiden, ist eine strikte Beschränkung auf wenige wichtige Logistikkennzahlen vorzunehmen. Zur Bestimmung der relevanten Kennzahlen schlägt Weber das in Bild B 4.5-4 dargestellte Vorgehen vor [Lex99: 253 f.; Web02: 40 ff.], das in enger Zusammenarbeit mit Unternehmen erarbeitet wurde. Ein weiteres Vorgehensmodell stellt die *Balanced Scorecard* dar.

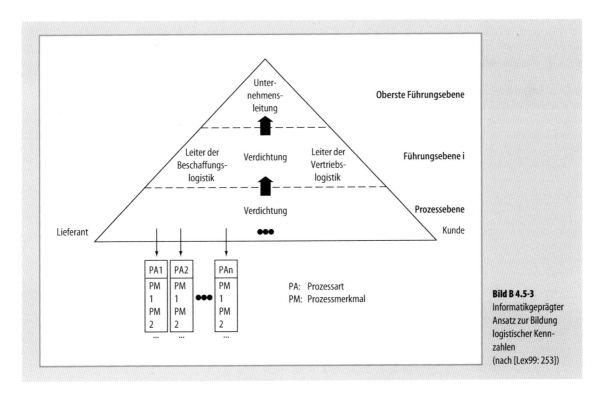

Bild B 4.5-3 Informatikgeprägter Ansatz zur Bildung logistischer Kennzahlen (nach [Lex99: 253])

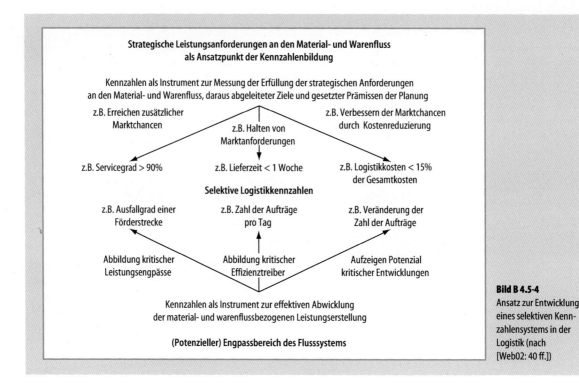

Bild B 4.5-4
Ansatz zur Entwicklung eines selektiven Kennzahlensystems in der Logistik (nach [Web02: 40 ff.])

B 4.5.2 Kostenkennzahlen

Stellvertretend für eine Vielzahl an Kostenkennzahlen seien hier einige wesentliche aufgeführt:

– Anteil der Vorräte am Umsatz
  Definition:

$$\text{Anteil der Vorräte am Umsatz} = \frac{\text{Vorräte [€]}}{\text{Umsatz [€]}} \cdot 100\%$$

Erläuterung: Die Kennzahl ist ein Maß für den wertmäßigen Anteil der Vorräte am Umsatz. Die Vorräte des Unternehmens sind der Bilanzkontenklasse 2 des Industriekostenrahmens (unterteilt in Roh-, Hilfs- und Betriebsstoffe, unfertige Erzeugnisse, unfertige Leistungen, fertige Erzeugnisse und Waren und geleistete Anzahlungen auf Vorräte) zu entnehmen.
Anwendungsgebiet: Da diese Kennzahl ein Maß für die Bevorratungsintensität ist, dient sie zur Messung und Analyse von Höhe und Zusammensetzung der Lagerbestände.
Restriktionen: Nur sinnvoll nutzbar im produzierenden Gewerbe.

– Anteil der Logistikkosten am Umsatz
  Definiton:

$$\text{Anteil der Logistikkosten am Umsatz} = \frac{\text{Logistikkosten [€]}}{\text{Umsatz [€]}} \times 100\%$$

Erläuterung: Die Kennzahl stellt die Logistikkosten dem Unternehmenserfolg gegenüber. Für die Bestimmung der Logistikkosten sind alle in logistikrelevanten Kostenstellen (Disposition, Einkauf, innerbetrieblicher Transport usw.) anfallenden Kostenarten (z. B. Personal-, Betriebsmittel- und Raumkosten) zu berücksichtigen.
Anwendungsgebiet: Da diese Kennzahl ein Maß für die Kostenintensität ist, dient sie zur Messung und Analyse von Höhe und Zusammensetzung der Logistikkosten.
Restriktionen: Der Logistikkostenbegriff ist in Theorie und Praxis nicht einheitlich definiert. Daher ist eine genaue Abgrenzung der zu berücksichtigenden Kosten erforderlich. Problematisch ist diese Kennzahl infolge der unterschiedlichen Voraussetzungen bei der Bestimmung der Logistikkosten, insbesondere im Hinblick auf den zwischenbetrieblichen Vergleich.

- Innenlogistikrate
Definition:

$$\text{Innenlogistikrate} = \frac{\text{Innenlogistikosten [€]}}{\text{Fertigungskosten [€]}} \cdot 100\%$$

Erläuterung: Die Kennzahl stellt die Innenlogistikkosten den Wertschöpfungskosten der Produktion (Fertigungskosten) gegenüber. Unter Innenlogistikkosten sind alle innerhalb der Werktore anfallenden Kosten, die mit der logistischen Leistungserbringung verbunden sind, gemeint. Sie setzen sich zusammen aus physischen Materialflusskosten, administrativen Auftragsabwicklungskosten und Zinsen auf den Gesamtbestand über sämtliche Wertschöpfungsstufen.
Anwendungsgebiet: Diese Kennzahl liefert Aussagen über den erforderlichen Kostenaufwand der Steuerung zur Wertschöpfung. Daher kann über den Vergleich mit anderen Unternehmen die Effizienz der Logistikorganisation beurteilt werden.
Restriktionen: Da auch diese Kennzahl auf den zwischenbetrieblichen Vergleich abzielt, gelten dieselben Anmerkungen, die zum Anteil der Logistikkosten am Umsatz gemacht wurden.

B 4.5.3 Leistungskennzahlen

- Lieferbereitschaftsgrad
Definition:

$$\text{Lieferbereitschaftsgrad} = \frac{\text{Wert der direkt ausgelieferten Lagerprodukte [€]}}{\text{Gesamter Bestellwert für Lagerprodukte [€]}} \cdot 100\%$$

Erläuterung: Die Kennzahl gibt den Anteil der von Kunden bestellten Lagerprodukte an, der direkt ausgeliefert wurde. Damit stellt sie ein Maß für die Wahrscheinlichkeit dar, mit der ein Auftrag befriedigt werden konnte. Hierbei sind alle Lagerprodukte als „direkt ausgeliefert" zu bezeichnen, die innerhalb der vereinbarten Lieferzeit ausgeliefert werden können.
Anwendungsgebiet: Die Kennzahl dient als Planungs- und Steuerungsinstrument für das Management. Die Festlegung dieser Kennzahl bestimmt den Sicherheitsbestand (vgl. Bild B 4.2-1).
Restriktionen: Eine Anwendung ist nur bei einer Lagerfertigung sinnvoll.

- Reichweite
Definition:

$$\text{durchschnittliche Reichweite} = \frac{\text{Lagerbestand am Stichtag [€]}}{\text{Durchschnittlicher Verbrauchswert pro Zeiteinheit [€]}} \cdot 100\%$$

Erläuterung: Die Kennzahl gibt die Zeitspanne wieder, für die die Lagerbestände an Lagerprodukten bei einem durchschnittlichen Materialverbrauch pro Zeiteinheit ausreichen sollen.
Anwendungsgebiet: Die Kennzahl unterstützt die Abstimmung zwischen Kapitalbindung durch Lagerbestände und möglichst hohem Lieferbereitschaftsgrad.
Restriktionen: keine.
- Auslastungsgrad
Definition:

$$\text{Auslastungsgrad} = \frac{\text{durchschnittlich belegte Lagerfläche [m}^2\text{]}}{\text{verfügbare Lagerfläche [m}^2\text{]}} \times 100\%$$

Erläuterung: Die Kennzahl gibt die Intensität der Flächennutzung wieder.
Anwendungsgebiet: Die Kennzahl unterstützt die Abstimmung zwischen den Flächen für gelagerte Ware und gesamter Lagerfläche.
Restriktionen: keine.
- Weitere Kennzahlen
Im Bereich der Steuerungs- und Regelungsfunktion, aber auch im Bereich der Motivationsfunktion, sind mitarbeiterbezogene Kennzahlen als Führungsinstrument unverzichtbar. Gängige Kennzahlen auf diesem Gebiet sind
- Ein- und Auslagerungen/Tag,
- Picks/Tag (Auftragspositionen/Tag),
- fertig gestellte Packstücke/Tag.

B 4.5.4 Servicekennzahlen

Um Lagerprozesse auch hinsichtlich ihrer Kundenorientierung bewerten zu können, entstanden eigene Servicekennzahlen. Hierzu zählen u. a. Liefertreue, Lieferflexibilität, Lieferschnelligkeit und Lieferqualität.

- Fehllieferungs- und Verzugsquote
(1) lieferantenseitig
Definition:

$$\text{Fehllieferungs- und Verzugsquote} = \frac{\text{Zahl nicht korrekter Lieferungen des Lieferanten}}{\text{Gesamtzahl der Lieferungen des Lieferanten}} \times 100\%$$

Erläuterung: Die Kennzahl beschreibt den Anteil der fehlerhaften Lieferungen eines Lieferanten. Unter fehlerhaften Lieferungen sind in diesem Fall die Lieferung von fehlerhaften bzw. defekten Artikeln, die Lieferungen mit falschen Artikeln, unvollständige Lieferungen sowie verfrühte oder verspätete Lieferungen zu subsumieren.
Anwendungsgebiet: Diese Kennzahl dient zur Beurteilung der Lieferqualität und der Lieferantenauswahl.
Restriktionen: keine.
(2) kundenseitig
Definition:

$$\text{Fehllieferungs- und Verzugsquote} = \frac{\text{Zahl nicht korrekter Auslieferungen}}{\text{Gesamtzahl der Auslieferungen}} \times 100\%$$

Erläuterung: Die Kennzahl beschreibt den Anteil der fehlerhaften Auslieferungen an einen Kunden. Unter fehlerhaften Lieferungen sind in diesem Fall die Lieferung von fehlerhaften bzw. defekten Artikeln, die Lieferungen mit falschen Artikeln, unvollständige Lieferungen sowie verfrühte oder verspätete Lieferungen zu subsumieren.
Anwendungsgebiet: Diese Kennzahl stellt ein Maß zur Erfassung der Versorgungssicherheit des Marktes dar. Weiter dient sie noch zur Beurteilung der Leistungsfähigkeit des eigenen Unternehmens.
Restriktionen: keine.

B 4.5.5 Kennlinien

Wie bereits in Abschn. B 4.7 erwähnt, werden unter dem Begriff der Logistikkennlinien Produktions-, Transport- und Lagerkennlinien zusammengefasst.

Mit Hilfe von Produktionskennlinien können über den Zusammenhang der beiden Zielgrößen Durchlaufzeit und Produktionsleistung in Abhängigkeit vom zugehörigen Umlaufbestand verschiedene Betriebszustände eines Arbeitssystems dargestellt werden. In Analogie zu den Produktionskennlinien können Transportkennlinien hergeleitet werden, die den Einfluss des Transportbestands auf die beiden Zielgrößen Transportdurchlaufzeit und Transportleistung aufzeigen. Im Folgenden steht die Betrachtung von Lagerkennlinien im Vordergrund. Für eine detaillierte Betrachtung der Logistikkennlinien sei auf die einschlägige Literatur verwiesen (z. B. [Nyh02]).

Lagerkennlinien

Lagerkennlinien beschreiben stationäre Zustände des Lagers in graphischer Form. Ihnen liegen mathematische Modelle über durchschnittliche Lagerbestände und Lieferverzug zugrunde.

Im Folgenden werden die Szenarien in Bild B 4.5-5 näher erläutert [Nyh02: 243].

In Betriebspunkt A weist das Lager einen hohen Bestand auf. In- und externe Nachfrager können umgehend versorgt werden. Es kommt nicht zu Versorgungsengpässen oder -verspätungen.

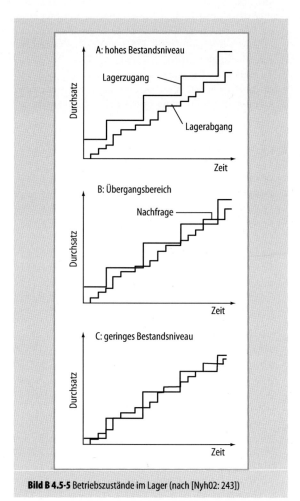

Bild B 4.5-5 Betriebszustände im Lager (nach [Nyh02: 243])

In Betriebspunkt B herrscht Gleichgewicht zwischen Lagereingängen und -ausgängen. Versorgungsengpässe sind die Ausnahme.

Wird der Lagerbestand über längere Zeit weiter gesenkt, konvergieren Lagereingangs- und -ausgangskurve wie in Betriebspunkt C. Ein Lagerbestand ist faktisch nicht mehr vorhanden, Nachfragen können nicht mehr befriedigt werden.

Um nun Lagerkennlinien zu erhalten, wird für jeden der drei Betriebspunkte der mittlere Lagerbestand eingetragen. Verfährt man so wie in Bild B 4.5-6, dargestellt, ergibt sich eine stationäre Beschreibung der Beziehung zwischen den beschaffungslogistischen Zielgrößen Lagerbestand und Lieferverzug. Das Diagramm wurde um eine Gerade ergänzt, die den proportionalen Zusammenhang zwischen Bestand und Lagerverweilzeit verdeutlicht. Es ist ersichtlich, dass der mittlere Lieferverzug bei konstantem Lagerabgang auch über der mittleren Verweilzeit aufgetragen werden kann, da sich der prinzipielle Kennlinienverlauf nicht ändert.

Einflussgrößen bei der Erstellung der Kennlinien sind weiterhin folgende drei Gruppen von Parametern:
– Logistikleistung der Quelle (eigene Produktion, Zulieferer usw.), insbesondere Liefermengen und Termintreue,
– Nachfrage der Senke, v. a. Bestellmengen und Termintreue,
– Güte der Planung logistischer Aktivitäten,
– Anwendung von Lagerkennlinien ([Nyh02: 242 ff.]).

Die Anwendungen von Lagerkennlinien liegen in der strategischen Planung der Logistikaktivität. Sie erstrecken sich von der Definition neuer Logistikziele über die Bewertung bestehender Prozesse bis zur Potenzialanalyse.

Lagerkennlinien sind mathematische Formulierungen des Zusammenhangs zwischen Lieferverzug und Lagerbestand. Da diese Beziehung oft im Kern logistischer Problematik steht, ist bei diesen Fragestellungen der Einsatz von Lagerkennlinien höchst sinnvoll.

Eine Prämisse für die Anwendung von Lagerkennlinien ist die Quantifizierbarkeit von Zielen der Logistikleistung, etwa maximaler Lieferverzug und höchster Lagerbestand. Auch der Sicherheitsbestand sollte hierbei unbedingt berücksichtigt und ggf. angepasst werden. Unter Beachtung gegenseitiger Abhängigkeiten dieser Ziele wird anschließend eine Ist-Analyse durchgeführt. Dazu stellt das *Bestandsmonitoring* geeignete Kennzahlen bereit.

Ergeben sich bei der Erarbeitung von Verbesserungsvorschlägen konkurrierende Ziele, können Lagerkennlinien bei der problemadäquaten Lösung behilflich sein. Konnte z. B. ein geplanter Lagerbestand nicht eingehalten werden, weil dadurch ein anderes Ziel beeinträchtigt worden wäre, können nun, dank der Zusammenhänge, die die Lagerkennlinien graphisch anzeigen, Veränderungspotenziale gefunden werden. Beispielsweise könnten Zulieferer angewiesen werden, ihr Lieferverhalten zu ändern, oder Maßnahmen beim Bestellvorgang getroffen werden. Bild B 4.5-7 stellt die Anwendung von Lagerkennlinien exemplarisch für eine Lieferantenbewertung dar.

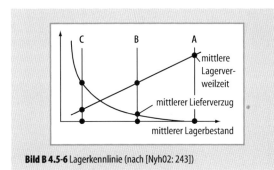

Bild B 4.5-6 Lagerkennlinie (nach [Nyh02: 243])

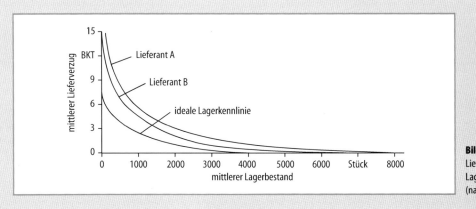

Bild B 4.5-7 Lieferantenspezifische Lagerkennlinie (nach [Nyh02: 271])

In die Unternehmensplanung können durch Lagerkennlinien neben Preis- und Qualitätsaspekten auch die Logistikaktivitäten einbezogen werden. Damit sind Lagerkennlinien ein wesentlicher Bestandteil des Beschaffungs- und Bestandsmanagements. Als übergeordnete Kenngrößen sind sie in der operativen Unternehmensebene prinzipbedingt durch ihre mathematische Modellierung von Mittelwerten nicht uneingeschränkt einsetzbar.

Literatur

[Arn07] Arnold, D.; Furmans, K.: Materialfluss in Logistiksystemen. Berlin/Heidelberg/New York: Springer 2007

[Bau78] Baumgarten, H.; Böckmann, H.; Gail, M.: Voraussetzungen automatisierter Lager. Berlin: Beuth 1978

[Bau93] Baumgarten, H.: Prozessanalyse logistischer Abläufe. Fabrik 43 (1993) 6, 14–17

[Beu94] Beumer, P.: Beleglose Kommissionierung: Simulation und Realität. Fördern und Heben 44 (1994) 11, 857–858

[Fan96] Fang, D.: Entwicklung eines wissensbasierten Assistenzsystems für die Planung von Lagersystemen. Dortmund: Verlag Praxiswissen 1996

[Gud05] Gudehus, T.: Logistik. Grundlagen-Strategien-Anwendungen. Berlin/Heidelberg/New York: Springer 2005

[Gud96] Gudehus, T.: Lieferfähigkeit und Kosten zu deren Sicherung in der Logistik. Deutsche Hebe- und Fördertechnik 42 (1996) 11, 29–32

[Hei98] Heidenblut, V.: Einflussfaktoren zur Bestimmung der Lagerkapazität. Fördern und Heben 48 (1998) 9, 664–666

[Jun92] Junge, S.: Logistik-Kennzahlen für die Planung und Regelung Fahrerloser Transportsysteme. Diss. Universität Dortmund 1992

[Jün99] Jünemann, R.; Schmidt, T.: Materialflußsysteme. Systemtechnische Grundlagen. Berlin/Heidelberg: Springer 1999

[Ket84] Kettner, H.; Schmidt, J.; Greim, H.-R.: Leitfaden der systematischen Fabrikplanung. München: Hanser 1984

[Kie07] Kieser, A.; Walgenbach, P.: Organisation. 5. Aufl. Stuttgart: Schäffer-Poeschel 2007

[Kra90] Krampe, H. (Hrsg.) u. a.: Transport-Umschlag-Lagerung. Leipzig: VEB Fachbuchverlag 1990

[Kuh98] Kuhn, A.; Rabe, M. (Hrsg.): Simulation in Produktion und Logistik. Fallbeispielsammlung. Berlin: Springer 1998

[Lex99] Schulte, C. (Hrsg.): Lexikon der Logistik. München: Oldenbourg 1999

[Man95] Manthey, C.: Prozesskettenmanagement in der Lagerplanung. Zeitschrift für Logistik (1993) 7/8, 32–39

[Nyh02] Nyhuis, P.; Wiendahl, H.-P.: Logistische Kennlinien. Grundlagen, Werkzeuge und Anwendungen. 2. Aufl. Berlin/Heidelberg/New York: Springer 2002

[Sch05] Schulte-Zurhausen, M.: Organisation. 4. Aufl. München: Vahlen 2005

[Sch98] Schröter, N.: Optimierungspotentiale erkennen und nutzen – Teil I. Fördern und Heben 48 (1998) 8, 566–569

[War93] Warschat, J.; Marcial, F.; Matthes, J.: Optimieren von Abläufen in den indirekten Bereichen. ZwF 88 (1993) 7/8, 334–336

[Web02] Weber, J. (Hrsg.): Logistik- und Supply Chain Controlling. 5. Aufl. Stuttgart: Schäffer-Poeschel 2002

[Web95] Weber, J. (Hrsg.): Kennzahlen für die Logistik. Schriftenreihe der Wissenschaftlichen Hochschule für Unternehmensführung Koblenz. Management/8. Stuttgart: Schäffer-Poeschel 1995

Normen und Richtlinien

DIN 30781 Teil 1: Transportkette; Grundbegriffe (1989)

VDI 2360: Güterumschlagszonen und Verladetechniken mit Flurförderzeugen für Stückgutverkehr (1992)

VDI 2411: Begriffe und Erläuterungen im Förderwesen (1970)

VDI 2498: Vorgehen bei einer Materialflußplanung (1978)

VDI 2689: Leitfaden für Materialflußuntersuchungen (1974)

VDI 2860: Montage- und Handhabungstechnik. Handhabungsfunktionen, Handhabungseinrichtungen: Begriffe, Definitionen, Symbole (1990)

VDI 3590: Kommissioniersysteme. Bl. 1: Grundlagen (1994)

VDI 3629: Organisatorische Grundfunktionen im Lager (2005)

Distribution

B5

B 5.1 Beschreibung und Abgrenzung der Distribution

B 5.1.1 Entwicklung und Bedeutung

Wurde in den 50er Jahren vorwiegend die Produktionstechnik in Unternehmen verbessert, so trat nachfolgend der Kunden- und Marketingaspekt verstärkt in den Blickpunkt des Managements. Die Warenverteilung [Kon85] wurde bis dahin lediglich als notwendige und eher passive Hilfsfunktion des Absatzes angesehen. Zu Beginn der 60er Jahre rückten dann allmählich Aspekte der Distribution in den Vordergrund des Managements [Die92]. Zunehmend kristallisierte sich auch ein eigenständiger Aufgabenbereich der distributionslogistischen Aktivitäten heraus, mit deren Hilfe ein verbesserter Lieferservice und niedrigere Kosten erzielt und letztendlich neue Rationalisierungspotenziale erschlossen werden konnten [Kip83].

Die einzelnen Elemente eines Distributionssystems wurden bis dahin in mehreren Verantwortungsbereichen verstreut angeordnet, z. B. die Auftragsabwicklung im Verantwortungsbereich der Buchhaltung angesiedelt, die Lagerhaltung der Produktion und der Transport dem Vertrieb zugeordnet, so integrierten erste fortschrittlich orientierte Unternehmen derartige Aktivitäten zu einer organisatorischen Einheit. Diese Reorganisationen zu einer integrierten Distributionslogistik waren jedoch immer noch stark von der Marketingfunktion geprägt [Pot70]. Erst durch die zunehmende Bedeutung der Logistik als betriebliche Querschnittsfunktion, die Internationalisierung der Märkte und durch die konsequente Suche nach latent vorliegenden Kosteneinsparungspotenzialen in allen Unternehmensbereichen ergab sich die heute vorherrschende Sichtweise der Distributionslogistik [Paw90].

B 5.1.2 Einordnung und Aufgaben

Infolge des Querschnittscharakters der Logistik sind Betrachtungen von logistischen Sachverhalten stark am Prozessgedanken orientiert, welcher die gesamte Logistikkette von der Beschaffungsquelle bis zum Endabnehmer umfasst [Fil93].

Innerhalb dieser Kette verbindet die Distributionslogistik die Produktion des Unternehmens mit dessen Kunden und umfasst alle Aktivitäten, die mit der Belieferung der Kunden mit Halb- und Fertigfabrikaten sowie Handels-

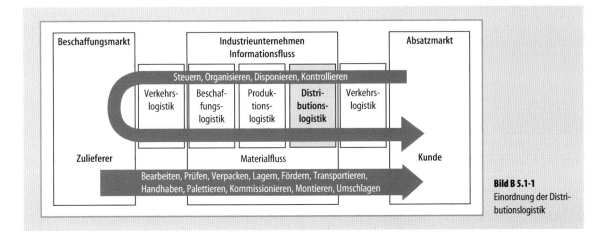

Bild B 5.1-1 Einordnung der Distributionslogistik

ware in Zusammenhang stehen [Pfo96]. Überträgt man diesen Gedankenansatz auf die Distributionslogistik, so lässt sie sich als selbständiges System innerhalb des gesamtbetrieblichen Logistiksystems ansehen. Sie verknüpft die Produktion mit der Absatzseite des Unternehmens und den nachfragenden Kunden und wird von den Systemumfeldern Produktion und Kunden eingerahmt [Vas98].

Die Distributionslogistik umfasst die Planung, Steuerung und Überwachung aller physischen, den Warenfluss betreffenden und aller logischen, den Informationsfluss betreffenden Prozesse zwischen den liefernden Produktionsunternehmen und den Kunden des Unternehmens. Sie erfüllt dabei alle Aufgaben und Maßnahmen bei der Vorbereitung und Durchführung der Warenverteilung [Rup91].

Eine Charakterisierung der Funktionen zur Aufgabenerfüllung und der Anforderungen, die an die Funktionen gestellt werden, sind der folgenden Beschreibung zu entnehmen:

„Aufgabe der Distributionslogistik ist die art- und mengenmäßig, räumlich und zeitlich abgestimmte Bereitstellung der produzierten Güter derart, dass entweder vorgegebene Lieferzusagen eingehalten oder erwartete Nachfragen möglichst erfolgswirksam befriedigt werden können." [Ihd91].

Die verschiedenartig abgestimmte Bereitstellung der Güter umschreibt die Funktionen zur Aufgabenerfüllung. Sie werden auch *Ausgleichsfunktionen* genannt. Zu ihnen gehören der Raumausgleich, der Zeitausgleich, der Mengenausgleich und der Sortimentsausgleich. Diese lassen sich wie folgt beschreiben [Kun76]:

– Raumausgleich: Die Produktionsstätte und der Ort der Nachfrage sind i. d. R. räumlich getrennt, und daher ist mit Hilfe von geeigneten Transportmitteln ein räumlicher Ausgleich vorzunehmen (Transportfunktion).
– Zeitausgleich: Insbesondere im Rahmen der Vorratsproduktion, in der die Produktion für einen anonymen Markt erfolgt und eine zeitlich schwankende Nachfrage vorliegt, ergibt sich die Erfordernis, die Fertigung der Produkte in wirtschaftlichen Losgrößen vorzunehmen. Hieraus resultiert weiterhin, dass Fertigstellungs- und Nachfragezeitpunkt nicht identisch sind und die Überbrückung dieser Zeitspanne durch die Teilfunktion der Lagerhaltung vollzogen werden muss (Lagerfunktion).
– Mengenausgleich: Aus einer Fertigung in wirtschaftlichen Losgrößen resultiert weiterhin eine quantitative Diskrepanz von Fertigung- und Nachfragemengen. Der hierfür erforderliche Mengenausgleich erfolgt durch eine kundenorientierte Vereinzelung nachgefragter Mengen am Lagerstandort.
– Sortimentsausgleich: Die Fertigung des Sortiments erfolgt zumeist an mehreren Produktionsstätten. Das Angebot eines Unternehmens umfasst aber stets das gesamte Sortimentsspektrum an jedem einzelnen Nachfrageort. Dieser Ausgleich ist dann entweder in denjenigen Lagern zu vollziehen, in denen sich das gesamte Sortiment befinden soll oder durch die Belieferung des Kunden mit mehreren Teilsendungen.

Das distributionslogistische System setzt sich aus den drei Elementen Auftragsabwicklung, Lagerhaltung und Transport zusammen. Vereinzelt werden in der Literatur Kommissionierung, Verpackung und Umschlag als weitere Elemente aufgefasst oder in eine andere Struktur eingefügt [Kru77].

Auftragsabwicklung

Die wesentlichen Aufgaben der Auftragsabwicklung liegen in der Aufnahme, Aufbereitung, Umsetzung, Weitergabe und Dokumentation von Auftragsdaten sowie in der Information und Kommunikation der Kunden und der internen Funktionsbereiche, die mit der Abwicklung des Auftrages betraut sind [Fil89].

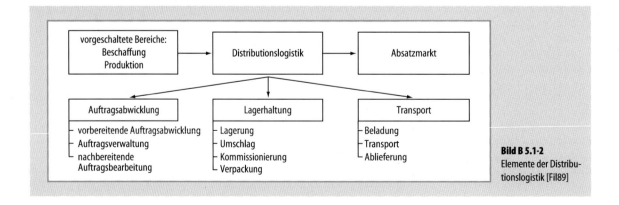

Bild B 5.1-2
Elemente der Distributionslogistik [Fil89]

Die Funktionen der Auftragsabwicklung beinhalten die Gewährleistung eines dem Materialfluss vorauseilenden, begleitenden oder nacheilenden Informationsflusses [Pfo96]. Während durch den vorauseilenden Informationsfluss alle beteiligten Glieder der Transportkette den erforderlichen Planungs- und Dispositionsspielraum erhalten und durch den begleitenden Informationsfluss eine aktuelle Verfolgung des Materialflusses ermöglicht wird, verhilft der nacheilende Informationsfluss beispielsweise zur Qualitätsmessung der erbrachten logistischen Leistung (z. B. Ermittlung des realisierten Lieferservicegrades).

Integrierte DV-gestützte Auftragsabwicklungssysteme ermöglichen es, unterschiedliche DV-Anwendungen in Auftragsabwicklung, Lagerung und Transport weitgehend miteinander zu verbinden und somit die Datenerfassung und -verarbeitung auf ein Minimum zu beschränken sowie darüber hinaus diese Daten auch für andere Unternehmensbereiche verfügbar zu halten [Fil93].

Berücksichtigt man in diesem Zusammenhang, dass die benötigte Zeit für die Durchführung der Auftragsabwicklung häufig einen wesentlichen Bestandteil der gesamten Lieferzeit in Anspruch nimmt – mitunter erreicht dieser Anteil bis zu 75% der gesamten Lieferzeit – so ist es zwingend notwendig, durch technische und organisatorische Maßnahmen und entsprechende Informationstechniken die möglichst schnelle Bearbeitung der eingehenden Aufträge zu gewährleisten. Hierdurch wird gleichzeitig die schnelle Weiterleitung der Daten an die anderen Funktionselemente wie Lagerung und Transport sichergestellt [Fil89].

Lagerhaltung

Alle Aufgaben, die mit der Einlagerung, Bereithaltung und Auslagerung sowie dem Umschlag, der Kommissionierung und Verpackung von Fertigwaren verbunden sind, werden dem Funktionselement „Lagerhaltung" zugeordnet.

Die Zusammenstellung verkaufsbereiter Produkte nach vorgegebenen Aufträgen der Kunden zwecks Verpackungs- bzw. Versandeinheitenbildung wird als „Kommissionierung" bezeichnet. Die Kommissioniervorgänge werden vorwiegend von der Anzahl an Aufträgen pro Zeitraum, der Anzahl der Positionen je Auftrag und der Anzahl der Einheiten pro Position beeinflusst.

Mit dem Begriff „Verpackung" wird die lösbare Umhüllung eines Produktes bezeichnet, die neben Logistik- auch Marketingfunktionen erfüllt. Während die Verpackung aus Marketinggesichtspunkten vorwiegend als Werbeträger oder als Kaufanreiz für die Konsumenten dient, kommt ihr innerhalb der Logistik primär die Aufgabe zu, die Transport-, Umschlag- und Lagertätigkeiten zu erleichtern, den Verpackungsinhalt zu schützen sowie die Identifikation des Gutes in der gesamten Logistikkette zu gewährleisten [Pio94].

Umschlagen bezeichnet die „Gesamtheit der Förder- und Lagervorgänge beim Übergang der Güter auf ein Transportmittel, beim Abgang der Güter von einem Transportmittel und wenn Güter das Transportmittel wechseln." (DIN 30781-1). In diesem Zusammenhang werden auch Begriffe wie Be- und Entladen oder Umladen in der Literatur benutzt, die allerdings stets mit dem Wechsel des Verkehrsmittels (z. B. von einem LKW auf einen anderen) oder des Verkehrsträgers (z. B. von LKW auf Eisenbahngüterwagen) verbunden sind [Jün89].

Die Leistungsgrößen eines Lagers sind der Lagerumschlag und der Lagerbestand, weil sie beide die Dimensionierung des Lagers entscheidend bestimmen [Kon85]. Während der Lagerumschlag von der Höhe des Lagerdurchsatzes (Menge/Zeit) abhängig ist, bestimmt in erster Linie der Sicherheitsbestand die Höhe des Lagerbestandes. Neben diesen beiden Einflussgrößen sind auch die artikelmäßige Zusammensetzung und die zeitliche Verteilung der Warenein- und -ausgänge bestimmend für die Wahl der Lager- und Umschlagtechnik sowie die Gestaltung der Lagerorganisation [Jün89].

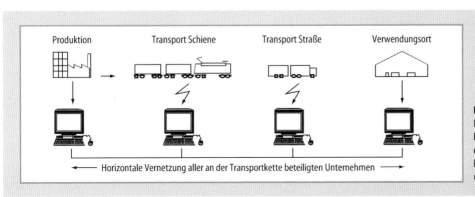

Bild B 5.1-3 Integration intermodaler Transportketten durch moderne Telekommunikationsnetze und -dienste [IML95]

Transport

Die Aufgabe der Transportfunktion in der Distribution liegt in dem Raumausgleich von Gütern innerhalb des Logistiksystems durch die Verwendung von geeigneten Transportmitteln und Verkehrsträgern.

Je nach Art der Verbindung der einzelnen Systemelemente lassen sich unterschiedliche Transportaufgaben differenzieren. Dies sind zum einen Lagernachlieferungen, also die Versorgung eines Lagers (z. B. Auslieferungslager) durch ein übergeordnetes Lager oder eine Produktionsstätte sowie die Kundenbelieferung, die entweder von einem dezentralen Auslieferungslager, von einer übergeordneten Lagerstufe (Zentrallager) oder direkt von einer Produktionsstätte (Direktbelieferung) erfolgt.

Eine Folge von technisch und organisatorisch untereinander verknüpften Vorgängen, bei denen Güter von einer Quelle zu einer Senke transportiert werden, ist mit dem Begriff „Transportkette" belegt. (DIN 30781-1). Hierbei lassen sich ein- und mehrgliedrige Transportketten differenzieren. Während sich eingliedrige Transportketten im Direkttransport von der Quelle zur Senke mit nur einem einzigen Transportmittel bewältigen lassen, liegen bei mehrgliedrigen Transportketten stets ein Umschlag und der Einsatz mehrerer Verkehrsträger vor. Dieser Wechsel kann sich entweder auf mehrere Transportmittel eines Verkehrsträgers (z. B. mehrere unterschiedliche LKW) oder mehrere unterschiedliche Verkehrsträger (z. B. intermodaler Transport Schiene/Schiff) beziehen [Mic94].

Die mehrgliedrigen Transportketten lassen sich nochmals in gebrochene und in kombinierte Verkehre unterscheiden. Während im gebrochenen Verkehr für das Transportgut nur ein Wechsel des Transportbehältnisses erfolgt (z. B. Containerwechsel von Schiff auf Schiene), liegt beim kombinierten Verkehr ein Umschlag des kompletten Transportmittels (z. B. LKW auf Schiff) vor.

Die Verknüpfung der generell für den Güterverkehr geeigneten vier Verkehrsträger Lastkraftwagen, Eisenbahn, Flugzeug und Schiff erfordert, dass die technischen Eigenschaften aller Glieder in der Transportkette aufeinander abgestimmt und die Stärken und Schwächen der einzelnen Verkehrsträger berücksichtigt werden [Jün89].

Sind variierende Mengen an Gütern von unterschiedlichen Angebotsorten abzuholen und an wiederum individuelle Nachfrageorte abzuliefern, so ist der LKW zwangsläufig prädestiniert. Das feingliedrige Straßennetz ermöglicht dem LKW, im Gegensatz zu den anderen Verkehrsträgern sämtliche Abhol- und Anlieferorte direkt zu erreichen [Abe96]. Weiteren Vorteilen, wie flexible Fahrplangestaltung oder Anpassungsfähigkeit an spezielle Abhol- und Anliefertermine, stehen aber auch entscheidende Nachteile entgenen. An dieser Stelle sind die starke Abhängigkeit von Verkehrsstörungen, mit der Folge, keine zeitgenauen Fahrpläne gewährleisten zu können sowie eine vergleichsweise begrenzte Ladungsfähigkeit zu nennen. Schließlich sind auch die Kosten für die LKW-Maut sowie die vergleichsweise höheren Emissionsmengen aufzuführen.

Die Vorteile des Schienenverkehrs liegen in der Möglichkeit zur Versendung größerer Einzelladungsgewichte im Vergleich zum LKW und der genaueren Fahrplaneinhaltung. Der Hauptnachteil des Schienentransportes wird in der mangelnden Flexibilität gesehen, die allerdings in den letzten Jahren durch vielfältige technische und organisatorische Verbesserungen (z. B. kombinierter Verkehr) reduziert worden ist, wodurch die Bahn zumindest im Streckenverkehr als attraktive Alternative bezeichnet werden kann.

Das Flugzeug stellt im Vergleich zu den anderen Verkehrsträgern das schnellste Transportmittel dar, insbesondere wenn große Distanzen zu bewältigen sind. Dem gegenüber stehen aber relativ hohe Transportkosten je

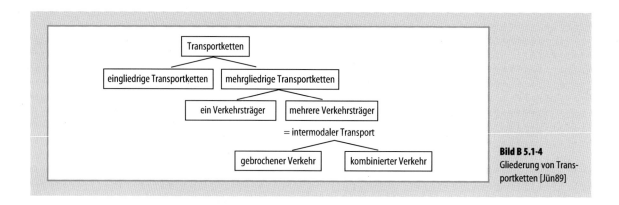

Bild B 5.1-4 Gliederung von Transportketten [Jün89]

Mengeneinheit und eine geringe Netzdichte. Aufgrund dieser wesentlichen Eignungskriterien werden primär zeitkritische und hochwertige Güter als Luftfracht verschickt [Jün89].

Die besonderen Vorteile des Schiffes liegen in der Fähigkeit zum Massenguttransport bei geringen Transportkosten je Mengeneinheit. Demgegenüber stehen jedoch die Nachteile der niedrigen Transportgeschwindigkeit, der Abhängigkeit vom Wasserstand sowie der sehr eingeschränkten Netzbildungsfähigkeit aufgrund der Abhängigkeit von natürlichen und künstlichen Wasserstraßen.

Auch wenn Bahn und Schiff im Rahmen von Distributionsplanungen an Bedeutung gewinnen [Vas95b], bleibt der LKW weiterhin ein unverzichtbarer Bestandteil, insbesondere im abschließenden Nachlauf bei der Feinverteilung in der Fläche. Weiterhin ist er aufgrund seiner Flexibilität im Nahbereich des Produktionswerkes sowie zur kurzfristigen Abdeckung von Transportspitzen eine notwendige und zugleich sinnvolle Ergänzung.

Die optimale organisatorische und technische Verknüpfung der einzelnen Verkehrsträger zu einem integrierten Gesamtverkehrssystem stellt eine wichtige Aufgabe bei der Optimierung von Distributions- und Verkehrssystemen dar. Nur im Systemverbund lassen sich die Rationalisierungspotenziale zur Ressourcenschonung und Reduzierung der Umweltbelastungen im Verkehr umfassend ausnutzen [VDA92].

Zur Erzielung eines schnellen Umschlags großer Gütermengen zwischen zwei unterschiedlichen Verkehrsträgern werden im außerbetrieblichen Materialfluss seit Jahren zunehmend genormte Behältnisse (z. B. Container und Wechselaufbauten) eingesetzt. Weiterhin existieren zahlreiche Lösungen in der außerbetrieblichen Umschlagtechnik, die einen schnellen Übergang zwischen den Verkehrsträgern ermöglichen [Jün89].

Wenngleich durch die Einbindung von Speditionen bzw. Logistikdienstleistern im Schienen-, Schifffahrt- und Luftfrachtverkehr und geeigneter Techniken die relativ schlechten Netzstrukturen von Bahn und Binnenschiff z. T. kompensiert werden können, erfordert ihr Einsatz innerhalb einer Transportkette bzw. im Hauptlauf stets Umschlagpunkte, die somit wichtige Knotenpunkte darstellen [Erd94].

Zusammenfassend kann festgestellt werden, dass der flächendeckende Güternahverkehr generell die Domäne des LKW darstellt. Bezogen auf eine Transportkette in der Distributionslogistik ist daher der LKW im Vor- und Nachlauf stets zu berücksichtigen, während im Hauptlauf auch der Einsatz von Bahn, Schiff oder Flugzeug alternativ zur Wahl stehen.

Beziehung zwischen den Elementen und Systemen

Die Distributionslogistik wurde aus Gründen der Komplexitätsreduzierung und der hieraus resultierenden Möglichkeit zum vertieften Einblick in deren Strukturen und Prozesse als System vorgestellt, jedoch in der Vergangenheit lediglich einer Betrachtung der einzelnen Funktionen unterzogen. Es ist jedoch bei einer isolierten Beurteilung stets auf die vorhandenen Wechselwirkungen innerhalb des Systems und in Relation zu den sie umgebenden Systemen und der Umwelt zu achten [Fil89].

Eine kurze Lieferzeit ergibt sich z. B. aus einer schnellen Auftragsübermittlung und dezentralen Auslieferungslagern oder einem zentralen Lager und schnellen Transportmitteln. Demgegenüber können Einsparungen bei den Kosten der

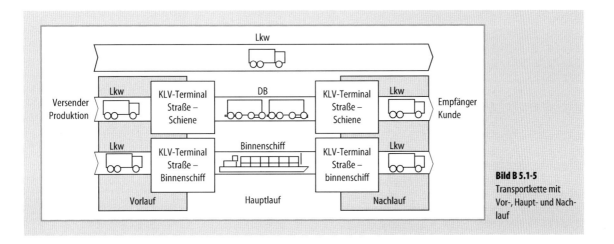

Bild B 5.1-5
Transportkette mit Vor-, Haupt- und Nachlauf

Lagerhaltung aufgrund einer veränderten Lagerhaltungsstrategie erhöhte Transportkosten nach sich ziehen, wodurch sich ggf. die Gesamtkosten der Logistik insgesamt erhöhen [Pfo96].

Es wird deutlich, dass die drei Elemente Auftragsabwicklung, Lagerhaltung und Transport ihre bestmögliche Wirkung erst in einer optimalen Abstimmung und Kombination erzielen. Eine detaillierte Planung und Optimierung der einzelnen Elemente führt nicht zwangsläufig zu einem Systemoptimum, sondern erst eine integrative Betrachtung aller Elemente unter Berücksichtigung ihrer gegenseitigen Beziehungen und der systemexternen Einflüsse auf andere Organisationseinheiten und auf die Umwelt. Die Gestaltung der drei Funktionen Auftragsabwicklung, Lagerhaltung und Transport ist daher organisatorisch und technisch im Rahmen der Distributionsplanung derart aufeinander abzustimmen, dass die Planung zu einem Systemoptimum führt [Kip83].

B 5.1.3 Anforderungen an die Distribution

Die drei strategischen Grundelemente des Unternehmenserfolges sind die Realisierung von Abnehmer-(Kunden-)werten, die Erlangung von Wettbewerbsvorteilen und die Realisierung von effizienten und effektiven Wertschöpfungsprozessen. Sie führen zu den drei allgemeinen Kernzielen eines Unternehmens:
– Kundenzufriedenheit, die durch die Realisierung von Abnehmerwerten erschlossen wird,
– Wirtschaftlichkeit der Wertschöpfungsprozesse,
– Zukunftssicherung, die durch Ausbau von Wettbewerbsvorteilen gewährleistet wird.

Bild B 5.1-6 Erfolgstripel der Logistik

Diese drei Unternehmensziele sind insbesondere auch für die Distribution als Teilbereich eines Unternehmens richtungsweisend.

Zur Erreichung dieser Ziele sind gezielte Maßnahmen notwendig. In der Distribution wird die Kundenzufriedenheit durch Maßnahmen zur Überprüfung und Anpassung des Service- und Leistungsangebotes an die Bedarfe und Wünsche der Kunden hergestellt.

Zur Erreichung des Wirtschaftlichkeitsziels sind effiziente und effektive Lieferprozesse zu realisieren. Hinsichtlich der Zukunftssicherung werden Wettbewerbsvorteile z. B. durch umfangreiche und erweiterte Leistungsangebote geschaffen und ausgeschöpft. Aus diesen Zielvorstellungen lassen sich somit Leistungsanforderungen, Kostenanforderungen und Serviceanforderungen, die an die Distribution gestellt werden, ableiten.

Leistungsanforderungen

Das Unternehmen und die Kunden stellen Leistungsanforderungen an die Distribution. Die Produktion stellt das Warenangebot und „drückt" die Produkte zum Vertrieb in die Distribution. Die Kunden definieren die Nachfrage und „ziehen" über ihre Bestellungen die Waren aus dem Unternehmen. Angebot und Nachfrage bestimmen somit die Systemlast der Distribution, die durch die Ausgleichsfunktionen zu bewältigen ist. Die quantitative Leistung der Distribution lässt sich an der in einem gegebenen Zeitraum bewältigten Systemlast (z. B. der Anzahl ausgelieferten Bestellungen in einem Monat) messen.

Durch eine Erweiterung des angebotenen Produktspektrums, eine erhöhte Produktdifferenzierung oder auch durch Vergrößerung der auszuliefernden Mengen wird seitens der Produktion mehr Leistung von der Distribution gefordert. Von den Kunden ausgehend vergrößern sich die Leistungsanforderungen durch größere Bestellmengen, eine höhere Bestellanzahl, weitere Lieferwege oder auch durch kürzere Wunschlieferzeiten.

Die reaktionsschnelle Anpassung der Systemleistung an die Veränderungen der Systemlast (Angebots-, Nachfrageschwankungen) oder auch die kurzfristige Reaktionsfähigkeit auf Bestelländerungen und die Bewältigung von priorisierten Aufträgen (Eilaufträge) werden hier als *Flexibilitätsanforderungen* zu der Klasse der Leistungsanforderungen gezählt.

Zur Erbringung der steigenden Leistungsanforderungen müssen auch die Arbeitsmittel (z. B. Lager, Fahrzeuge) und Hilfsmittel (z. B. Paletten) der Distribution stärker ausgelastet werden. Dieses kann so weit führen, dass zusätzliche Arbeitsmittel angeschafft und eingesetzt werden müssen. Hierdurch entstehen aber auch zusätzliche Kosten für die Leistungserbringung. Dieses steht jedoch im Widerspruch zu der Anforderung, die Kosten für die Leistungserbringung zu verringern.

Kostenanforderungen

Um ein vorgegebenes Wirtschaftlichkeitsziel zu erreichen, müssen die Kosten für die Leistungserbringung begrenzt oder sogar verringert werden. Mögliche Einsparungspotenziale zur Erfüllung der Kostenanforderungen bergen weit verzweigte Distributionsstrukturen oder große Güter- und Ressourcenbestände. Bei der Durchführung von Maßnahmen zur Ausschöpfung von Einsparungspotenzialen darf jedoch die Erfüllung des von den Kunden gewünschten Lieferservice nicht unbeachtet bleiben.

Serviceanforderungen

Die Serviceanforderungen werden durch die Kunden gestellt. Sie betreffen einerseits direkt die Merkmale der Auslieferung (z. B. die Lieferzeit), andererseits bekommen die eine Lieferung begleitenden zusätzlichen Serviceleistungen einen immer höheren Stellenwert. Hierzu gehören die Kundenbetreuung, die Wartungsdienste oder auch Garantiebedingungen.

Im Zusammenhang mit den Serviceanforderungen werden auch Anforderungen nach mehr Servicequalität gestellt [Win96]. Im Bereich der Distribution wird die Qualität an der Übereinstimmung des tatsächlichen Lieferservice mit dem zugesagten oder vertraglich vereinbarten Service gemessen.

Hierbei werden die Übereinstimmung des Liefertermins mit dem Wunschtermin des Kunden (Termintreue) oder die Übereinstimmung des Lieferortes, der Menge, der Zusammensetzung oder der Beschaffenheit der Lieferungen gemessen. Neben diesen messbaren Größen wird die Qualität von nicht quantifizierbaren Anteilen des Lieferservice (Kundenbetreuung, Wartung etc.) an der Kundenzufriedenheit gemessen. Sie kann z. B. durch Auswertung eingegangener Beanstandungen oder auch durch Umfragen ermittelt werden.

Als messbarer und vergleichbarer Qualitätswert dient der prozentuale Anteil der vereinbarungskonformen Lieferungen an der Gesamtanzahl der Lieferungen. Die Erfüllung der Serviceanforderungen dient der Verbesserung des Kundennutzens und verfolgt damit das gesteckte Ziel der Herstellung oder Erweiterung der Kundenzufriedenheit. Kurzfristig wechselnde, zumeist störend wirkende Einflüsse behindern jedoch die anforderungsgerechte Durchführung der distributionslogistischen Funktionen.

B 5.1.4 Schnittstellen der Distribution

Über die Schnittstellen der Distribution werden materielle Güter (Produkte, Begleitmaterial etc.) und Informationen (Bestellungen, Bestätigungen, Absagen etc.) mit den angrenzenden Systemen (Produktion, Kunden) ausgetauscht. Sie unterteilen sich somit in physische, den Materialfluss betreffende und logische, den Informationsfluss betreffende Schnittstellen.

Die Hauptrichtung des Materialflusses erstreckt sich von der Produktion zu den Kunden (Ausnahme z. B. Rücklieferungen, Redistribution). Daher wird hier die produktionsseitige Materialflussschnittstelle auch „physische Eingangsschnittstelle" und die kundenseitige Materialflussschnittstelle „physische Ausgangsschnittstelle" genannt.

Über die Lage der physischen Eingangsschnittstelle sind unterschiedliche Auffassungen in der Literatur zu finden [Fil93]. Ein Diskussionspunkt hierbei ist zum Beispiel, ob das Fertigwarenlager eines Werkes (Werkslager) zur Distribution gehört und damit auch die Disposition der darin befindlichen Waren in den Aufgabenbereich der Distribution fällt. Diese Festlegung bezieht sich jedoch allein auf den Lagerort (hier: das Werkslager) und nicht auf die Eigentumsverhältnisse der darin gelagerten Güter. Zur Berücksichtigung der Eigentumsverhältnisse müssen Regeln in Form von Geschäftsvereinbarungen zwischen der Produktion und der Distribution definiert werden.

Ein Kriterium, nach dem eine solche Regel aufgestellt werden kann, ist z. B. die zugesagte Produktionsfertigstellungszeit. Zu früh gelieferte Güter bleiben so lange in der Kostenverantwortung der Produktion, bis die zugesagte Fertigstellungszeit erreicht ist. Für verspätete Lieferungen übernimmt die Produktion die Verantwortung über die entstehenden Folgen.

Die von der Produktion zugesagte Fertigstellungszeit regelt somit die Besitz- und Verantwortungsverhältnisse über die bereitgestellten Güter. Die intern vereinbarten Geschäftsregeln zwischen Produktion und Distribution definieren somit die physische Eingangsschnittstelle. Sie wird hier durch die Lieferzeit festgelegt, die definiert, ab wann die Fertigwaren in den Verantwortungs- und Verfügungsbereich der Distribution gehören.

Die physische Ausgangsschnittstelle zum Kunden wird gemäß der folgenden Definition dadurch definiert, wann die Ware in die Verfügungsgewalt des Kunden übergeht:

„Die Distribution umfasst alle Aktivitäten, die die körperliche und/oder wirtschaftliche Verfügungsmacht über materielle oder immaterielle Güter von einem Wirtschaftssubjekt auf ein anderes übergehen lassen" [Spe92].

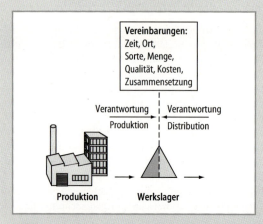

Bild B 5.1-7 Schnittstellendefinition zwischen Produktion und Distribution

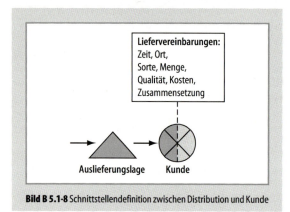

Bild B 5.1-8 Schnittstellendefinition zwischen Distribution und Kunde

Neben der physischen, materialflussbezogenen Komponente der körperlichen Warenübertragung beinhaltet diese Definition eine wirtschaftlich-rechtlich orientierte Komponente der Besitzübertragung. Nach dieser kann die Ware den Besitzer wechseln, auch ohne dass ein physischer (hier: körperlicher) Austauschprozess erfolgen muss. Ein Beispiel hierfür ist der in vielen Branchen praktizierte „Direktverkauf ab Werk". Der Kunde übernimmt nach erfolgter Bezahlung selbst die Verantwortung für den Transport der Ware zu ihrem Bestimmungsort. Dieser Prozess fällt dann nicht mehr in die Verantwortung des Unternehmens.

Da die physische Eingangsschnittstelle dadurch festgelegt wurde, ab wann die Waren in den Verantwortungsbereich der Distribution gehören, werden auch die Prozesse der Produktionsplanung und Produktion selbst nicht mit betrachtet. Demzufolge werden hier auch die Produktionsaufträge und die Erstellung von Absatzprognosen für die Produktionsplanung nicht berücksichtigt.

Veränderungen an den Schnittstellen wirken sich auch auf die auf die Leistungs-, Kosten- und Servicemerkmale der Distribution aus. Über die Eingänge (Quellen) haben Veränderungen der
- Produktionsprogramme (Losgrößen, Zeiten),
- Bestellungen (Bestellumfänge, Bestellhäufigkeiten),
- Kundenwünsche (Wunsch-Lieferzeiten, Wunsch-Lieferorte, Wunsch-Service),

aber auch Veränderungen des Produktspektrums selbst Einfluss auf die Distributionsmerkmale.

Ausgangsseitig führen eine (zeitlich begrenzte) Ablehnung von Produktionsaufträgen bzw. eine Nichtberücksichtigung von Prognoseergebnissen durch die Produktion zu einer Unterversorgung der Distribution. Annahmeverweigerungen der Kunden führen zu Rücktransporten und Wiedereinlagerungen und damit zu einer Zusatzbelastung der Distribution.

Insgesamt kann festgehalten werden, dass die Distribution verschiedene Leistungs-, Kosten- und Serviceanforderungen zu erfüllen hat, um die gestellten Ziele der Wirtschaftlichkeit, Zukunftssicherung und Wettbewerbsfähigkeit zu erreichen.

B 5.2 Strategieparameter der Distribution

Die folgenden Darstellungen sollen zu einem Überblick hinsichtlich der globalen Trends und Strategieparameter in der Distributionslogistik führen, die Einfluss auf die strategische Gestaltung eines Distributionssystems in der Gegenwart haben, bzw. in der Zukunft haben werden und somit für die Planung zukünftiger europa- und weltweiter Distributionssysteme von besonderer Bedeutung sind [Hep97]. Zudem sind erste Ansatzpunkte für die Gestaltung eines flexiblen Distributionssystems abzuleiten, welche den aktuellen Trends und zugleich den zukünftigen Anforderungen eines dynamischen Marktes im 21. Jahrhundert gewachsen sein muss.

B 5.2.1 Zentralisierung

In der Vergangenheit lagen in der Konsumgüterindustrie vorwiegend mehrstufige Distributionssysteme – z. T. mit Produktions-, Zentral-, Regional- und Auslieferungslagern – vor. Da derartige Konstellationen neben einem hohen Maß an Verfügbarkeit der einzelnen Produkte, aber zugleich auch hohe Bestandskosten verursachen, wurden diese mehrstufigen Systeme in der Vergangenheit sukzessive abgebaut und zentralisiert.

Diese Zentralisierung in der Vergangenheit hat mehrere Gründe [Gra95]. Während bei einer dezentralen Lösung durch die Vorhaltung von Sicherheitsbeständen in jedem Auslieferungslager der Gesamtlagerbestand über alle Lager relativ hoch ist, sinken bei einer Zentralisierung des Distributionssystems die mit der Lagerung verbundenen Lager- und Kapitalbindungskosten. Vor allem bei höherwertigen Produkten kann dieser Effekt stark zu Buche schlagen, da z. B. in jedem Regionallager der bisher benötigte Sicherheitsbestand zur Abdeckung von Nachfrageschwankungen deutlich sinkt [Zen88].

Dem Vorteil der niedrigeren Lagerkosten eines Zentrallagers aufgrund der erzielbaren Größendegressionseffekte im Lagerbereich stehen aber die relativ höheren Transportkosten gegenüber. Daher ist es bei der Zentralisierung erforderlich, die Transportströme zu bündeln und somit einen Großteil der Entfernungen zwischen den Fertigungsstätten und dem Zentrallager durch kostengünstige Massentransporte abzuwickeln, während die kostenintensiveren Transporte zu den Abnehmern optimiert werden müssen [Tem80].

Ein weiterer Grund, der die Zentralisierung gefördert hat, liegt in der steigenden Produktpalette aufgrund der verstärkten Individualisierung der Produkte und der häufigeren Produktwechsel. Hieraus ergibt sich neben den damit verbundenen höheren Kapitalbindungskosten auch noch ein erhöhtes Lagerrisiko, da die Gefahr steigt, Produkte einzulagern, die später nicht mehr verkauft werden können oder als technisch überholt angesehen werden. Im Vergleich zu einer dezentralen Distributionsstruktur sind diese Risiken bei einer zentralen Distribution geringer, da hier ein besserer Überblick über den gesamten Bestand der gesamten Produktpalette vorliegt.

Schließlich ergeben sich aus einer Zentralisierung höhere Mengenaufkommen für die einzelnen Lager, die den Einsatz moderner Lager- und Kommissioniertechniken sowie der hierfür erforderlichen Informationsstrukturen erleichtern, die wiederum im Resultat zu einer kostengünstigeren Distributionslogistik beitragen.

B 5.2.2 Externalisierung

Im Zusammenhang mit der Zentralisierung lässt sich ein weiterer Trend in der Verlagerung von logistischen Funktionen auf Logistikdienstleister erkennen (Outsourcing) [Bro94]. Für den Bereich der industriellen Vorratsproduktion von Konsumartikeln wurde in der Vergangenheit die Distribution zumeist durch den Hersteller selbst erbracht und galt eher als ein notwendiges Übel als eine Möglichkeit zur Verbesserung der Absatzleistung [Kon85]. In den letzten Jahren hat sich durch den zunehmenden Wettbewerbsdruck eine verstärkte Leistungsorientierung der Distribution ergeben, die immer mehr Unternehmen dazu veranlasst hat, externe Dienstleister für ihre Aufgaben in der Distributionslogistik zu nutzen [Deu95]. Die Attraktivität des Outsourcings für die Produzenten ergibt sich vor allem durch die Variabilisierung von hohen Fixkosten für Personal und Fuhrpark.

Zunehmend gehen Verlader und Dienstleister noch engere logistische Verbindungen ein. Diese zeichnen sich durch eine starke Orientierung der einzelnen Leistungsmodule auf individuelle Gegebenheiten des Verladers aus und führen im Resultat zu einer gänzlich kundenspezifischen Lösung des einzelnen Logistiksystems. Unter „Kontraktlogistik"

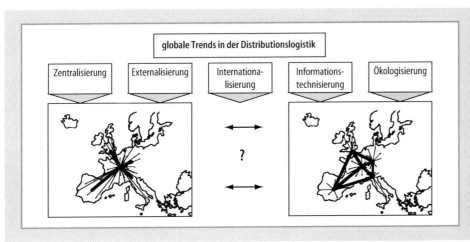

Bild B 5.2-1
Globale Trends in der Distributionslogistik [Vas95a]

wird daher ein Geschäftsmodell verstanden, das auf einer langfristigen und arbeitsteiligen Kooperation zwischen Hersteller und Logistikdienstleister ausgerichtet ist und die durch einen Dienstleistungsvertrag (Kontrakt) geregelt ist.

Das Geschäftsfeld „Kontraktlogistik" wird nach Einschätzung des Marktes das am schnellsten wachsende Segment im Bereich der Logistik-Dienstleistungen für die nächsten Jahre sein. In Deutschland positionieren sich gegenwärtig fast alle großen und viele mittlere Logistikdienstleister in diesem Segment [Bön93].

Die Fremdvergabe logistischer Leistungen als Ausdruck der Strategie einer verringerten Fertigungstiefe hat zu einem höheren Stellenwert der Distributionslogistik beigetragen. Ausgehend von der klassischen Aufgabe des Spediteurs hat sich seine Position durch die Übernahme weiterer Logistikfunktionen zu einem logistischen Dienstleister gewandelt. Dieser Wandel ist mit einer engen Verflechtung der organisatorischen und informatorischen Logistikprozesse verbunden, die neue Anforderungen an die Gestaltung von Distributionssystemen stellt [Sev92].

B 5.2.3 Internationalisierung

Die Verlagerung von Produktionsstätten an personalkostengünstigere Standorte in Osteuropa und Asien spielt weiterhin eine bedeutendere Rolle in den Strategieüberlegungen bundesdeutscher Produzenten [Rin98]. Auch die große Zahl der Zulieferunternehmen, denen vielfach nichts anderes übrig bleibt, als auch durch Standortverlagerungen in die Nähe der neuen Werke bzw. ins benachbarte Ausland ihre Wettbewerbschancen zu erhalten, muss sich zunehmend mit den Problemen der Standortverlagerung und der Reorganisation der eigenen Distributionsstruktur beschäftigen [Bau95].

Ein weiterer Grund für den Anstieg des Komplexitätsgrades der strategischen Distributionsplanung unter dem Gesichtspunkt der Internationalisierung ergibt sich aus den Folgen der Maastrichter Verträge [Tha90]. Die europäische Vereinigung und die mehrstufige EU-Erweiterung in Richtung Osteuropa haben zu Vereinfachungen im Warenverkehr innerhalb der EU beigetragen, die vielerorts Überlegungen hervorgerufen haben, auch grenzüberschreitend tätig zu werden. Wo bisher aufwendige Zollformalitäten und die zwangsläufige Einbindung von Drittspediteuren aus den Exportländern eine verfahrenstechnische Barriere bei der Planung außerdeutscher Unternehmensaktivitäten bildeten, erleichtern nun größtenteils einheitliche Vorgehensweisen für den gesamten europäischen Wirtschaftsraum das Handeln.

Aus logistischer Sicht heraus ergeben sich aus der Aufhebung der Grenzkontrollen neben den Kosteneinsparungen vor allem erhebliche Zeitgewinne für den Transport, wodurch u. U. bisher erforderliche Außenlager in den benachbarten Ländern eingespart werden können. Die Internationalisierung der Absatzmärkte führt weiterhin zum ständigen Eintritt neuer Konkurrenten in einzelnen Märkten. Die Erhaltung der Wettbewerbsfähigkeit erfordert daher eine permanente Anpassung der Serviceleistungen an den aktuellen Stand mit dem Zwang, auf Teilmärkten bisherige Distributionsstrategien und -strukturen völlig neu zu überdenken und zu gestalten.

B 5.2.4 Informationstechnisierung

Güterverkehr und Telematik gehören zu den in den letzten Jahren stark diskutierten Feldern der verkehrspolitischen Diskussion in Deutschland und Europa.

Im Verbund vieler Kommunikationspartner erreicht der Anbieter mit dem schnellsten Informationsaustausch durch verbesserten Kundenservice und optimierte Transportabläufe einen vorrangigen Stellenwert. Betriebe aller Größenordnungen erhalten durch den Einsatz telematischer Informationstechniken eine Chance, sich auf nationalen und zunehmend internationalen Märkten behaupten zu können. Diese schnelle und gleichzeitig kostenreduzierende Kommunikation verspricht ein erhebliches Rationalisierungspotenzial [Mil95].

Nachfolgend werden aus dem Gesamtzusammenhang der Telematik die zwei Anwendungsbereiche Flottenmanagement und Sendungsverfolgung herausgegriffen, die für den Einsatz in Systemen des Güterverkehrs und für die Gestaltung von Distributionssystemen besonders relevant sind.

Die Zielsetzung des Flottenmanagements besteht aus einer Reduzierung der unproduktiven Zeiten und der Verbesserung der Kapazitätsauslastung.

Diese vorwiegend operativ ausgerichteten Aufgaben zur Steuerung und Überwachung einer Flotte lassen sich in mehrere Funktionskomplexe gliedern:
- dezentrale Datenerfassung und Diagnose für Fahrzeug, Fahrer und Ladung über verschiedene Sensoren,
- mobile Sprach- und Datenkommunikation zu den Fahrzeugen sowie
- zentrale Leitstelle für das operative Fuhrparkcontrolling.

Im Fahrzeug fest installierte Bordcomputer nehmen sämtliche für einen optimalen Fahrzeugeinsatz notwendigen Daten auf und ermöglichen nachfolgend eine detaillierte fahrzeug- und tourenbezogene Auswertung der gespeicherten Daten. Hierdurch lassen sich Fahrzeugumläufe und Laderaumkapazitäten optimieren sowie eine Erhöhung der Arbeitsproduktivität des Fahr- und Umschlagpersonals erzielen.

Demgegenüber dienen Sendungsverfolgungssysteme der lückenlosen Überwachung der Güter und Beförderungsmittel in der Transportkette und stellen damit die permanente Verknüpfung von Informations- und Materialfluss dar [Deh95]. Hierdurch werden die automatische Ortung und Navigation von Fahrzeug, Fahrer und Ladung oder Auskünfte an den Kunden, z. B. über den Verbleib einer Sendung oder die voraussichtliche Ankunft eines Fahrzeuges, möglich. Eine zeit- und ortsgenaue Ortung von Fahrzeug und Ladung ermöglicht ein Global Positioning System (GPS) bzw. in naher Zukunft auch das Galileo-System.

Neben der Satellitentechnologie wird die RFID-Technologie zu einer Revolution in der Distributionslogistik beitragen. Die RFID-Technologie ermöglicht es, Daten mittels Radiowellen berührungslos und ohne Sichtkontakt zu übertragen. Eine RFID-Systeminfrastruktur umfasst Transponder, Sende-Empfangs-Gerät sowie das im Hintergrund wirkende IT-System. Die Sende-Empfangseinheit erzeugt ein elektromagnetisches Feld, das die Antenne des RFID-Transponders empfängt. Der Transponder sendet daraufhin die Informationen an das Lesegerät. Je nach Frequenzbereich, Sendestärke und ortsabhängigen Umwelteinflüssen können Daten aus einer Distanz von wenigen Zentimetern bis zu mehreren Metern gelesen werden.

Alle diese Eigenschaften von RFID eröffnen im außerbetrieblichen Verkehr neue Möglichkeiten der automatischen Identifikation. Gerade die Scannung mehrerer Objekte auf einmal oder das Auslesen der Informationen in Bereichen, wo herkömmliche Barcodes durch Verschmutzung oder sonstige Verdeckungen leicht unleserlich werden (z. B. Bahntransporte) ist von besonderem Interesse. Aber auch die Möglichkeit, auf dem Transportweg immer wieder neue Informationen auf den Transponder zu schreiben, bspw. zur Überwachung von Kühlketten, medizinischen Produkten oder Gefahrgut und direkt am Produkt oder Ladungsträger mitzuführen erlaubt es, den Transport effizienter und sicherer zu machen. Auf dem Transponder können aber nicht nur Daten über das Produkt selber, sondern auch über den Transport und den Transportweg gespeichert werden. Somit wird es nun möglich, dass sich die Produkte in entsprechend gestalteten Netzen eigenständig ihren optimalen Weg zum Ziel suchen.

Da die meisten Anwendungen momentan im innerbetrieblichen Umfeld realisiert sind, können die Potenziale von RFID für den außerbetrieblichen Bereich und den Transport erst durch die Vernetzung der z. T. heterogenen IT-Systeme aller Beteiligten ausgeschöpft werden. Voraussetzung hierfür ist, dass der Einsatz der Technologien über die Transportkette hinweg geplant ist und die richtige Technologie an der richtigen Stelle eingesetzt wird. Dann ergeben sich aus der Kombination von Ortungs- und Kommunikationstechnologien, insbesondere unter Einbeziehung von RFID als automatische Identifikationstechnologie, viele Synergieeffekte und Potenziale für schnelle und sichere Transporte.

Das Erfassen der Güter mittels RFID-Chips, gekoppelt mit der Ortung durch GPS-basierte Systeme, ermöglicht die echtzeitgesteuerte Kontrolle und Steuerung der Sendung in der Supply Chain. Den vollen Nutzen bringen diese Systeme somit erst dann, wenn die Waren über die gesamte Wertschöpfungskette auf diese Art identifiziert werden können.

Es wird immer wichtiger, zu jeder Zeit des Transports über alle relevanten Informationen zu verfügen. Aus dieser

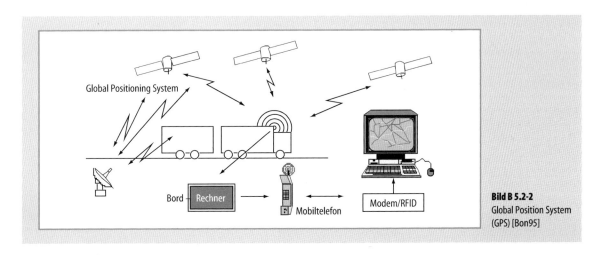

Bild B 5.2-2
Global Position System (GPS) [Bon95]

Notwendigkeit heraus ergibt sich eine Vielzahl von Anwendungsfällen zum Informationsabruf und zur Informationserstellung der mobilen Mitarbeiter und Kunden in der Transportlogistik. Mobile Endgeräte wie das Handy, der PDA (Personal Digital Assistant) bis hin zu Geräten der Mobilen Datenerfassung (MDE) erfüllen diese Anforderungen.

Diese beschriebenen technischen Entwicklungen erfordern den Einsatz modernster Informations- und Kommunikationstechniken im Unternehmen bei gleichzeitiger Vernetzung der Computer von Produzenten, Logistikdienstleistern und Abnehmern [Sev92]. Aus der Fähigkeit einer schnellen Kommunikation und kurzfristigen Steuerung der einzelnen Glieder in der Logistikkette resultieren vielfältige Möglichkeiten zur gezielten Planung der außerbetrieblichen Transporte und zugleich zahlreiche Ansatzpunkte zur Gestaltung wirtschaftlich effizienter und umweltverträglicherer Distributionssysteme [Jün96].

B 5.2.5 Ökologisierung

Die zuvor beschriebenen Entwicklungen in der Distributionslogistik haben dazu geführt, dass insbesondere der Straßengüterverkehr in den letzten Jahren stark angewachsen ist [ifo95]. So resultieren beispielsweise aus den Vorteilen der „economies of scale" im Rahmen der Zentralisierung längere Transportwege und somit mehr Verkehr. Ebenso folgt aus der zunehmenden Internationalisierung der Absatzmärkte eine erhebliche Zunahme der Transporte, die zudem durch die Liberalisierung des Verkehrsmarktes und die gesunkenen Transportpreise begünstigt wurde [Kre95].

Seit einiger Zeit häufen sich daher Beispiele, bei denen eine Verlagerung der Transportströme auf Bahn und Binnenschiff erfolgt. Die Gründe für diese Veränderungen liegen vorwiegend in dem Bestreben nach geringerer Belastung der Umwelt im Vergleich zum LKW-Transport und der gezielten Nutzung von verkehrsträgerspezifischen Kostenvorteilen von Bahn und Binnenschiff.

In einem Fall hat eine Kaffeerösterei die Verlagerung eines erheblichen Teils ihrer Zu- und Ablieferung von der Straße auf das Binnenschiff und die Bahn durchgeführt. Während die aus Übersee kommende Handelsware per Binnenschiff zugeführt wird, erfolgt die Auslieferung überwiegend per Schiene. Durch diese Maßnahmen wird eine jährliche Einsparung von etwa 1,7 Mio. LKW-Kilometer im Vergleich zum vorhergehenden Straßentransport erreicht [Edu94].

In einem anderen Fall wurde beim Aufbau einer neuen Distributionsstruktur gezielt der Gesichtspunkt der Umweltorientierung derart berücksichtigt, dass durch eine Auflösung von 15 über die Fläche verteilten Außenlagern und den Aufbau eines Lagerzentrums der transportbedingte Schadstoffausstoß um mehr als 25% gesenkt werden konnte [Sch94b].

Diese Beispiele deuten ansatzweise darauf hin, dass in Zukunft umweltorientierte Aspekte zunehmend im Rahmen der Gestaltung von Distributionsstrukturen berücksichtigt werden und bei der Standortauswahl verstärkt die optimale Einbindung der unterschiedlichen Verkehrsträger in die Transportkette beachtet werden [Vas95a].

Aus den zuvor aufgeführten Gründen heraus sind in den nächsten Jahren in zahlreichen Unternehmen grundlegende Veränderungen in der strategischen Ausgestaltung der Distributionslogistik zu erwarten, die nur mit einer international ausgerichteten und umweltorientierten Systemplanung als einem Instrument der marktorientierten Betriebsführung zu bewältigen sind [Fal89]. Daher ist eine strategische Planung der Distributionsstruktur, die auf DV-gestützten Verfahren aufbaut, eine wichtige Aufgabe jedes Unternehmens, das eine Distribution in nennenswertem Umfang betreibt. Ihre Bedeutung steigt in dem Maße, in dem sich die Produkte des Unternehmens in einem konkurrierenden Markt bewegen und der Lieferservice und die Umweltorientierung wichtige Entscheidungskriterien für die Kunden darstellen.

B 5.3 Ressourcen und Leistungsobjekte der Distribution

Als methodische Grundlage der Analyse der verschiedenen Freiheitsgrade der Distribution wird die Untergliederung logistischer Prozesse in Potenzialklassen gewählt [Kuh95]. Hierdurch wird ein logistisches System nicht nur in seine Untersysteme und Komponenten zerlegt, sondern es werden zusätzlich allgemeine Ressourcenklassen und auch Lenkungsebenen zur Ansteuerung der Prozesse definiert, so dass eine umfassende Beschreibung des Untersuchungsbereiches vorliegt.

Die Potenzialklassen werden in die Gruppen Schnittstellen, Strukturen, Lenkung und Ressourcen sowie in die Prozessstruktur als Untergliederung und Verfeinerung des Prozesses selbst gegliedert.

Die Schnittstellen des Logistikprozesses bestehen aus Quellen und Senken. Quellen repräsentieren die Gesamtheit der in den Prozess eingehenden und sein Verhalten beeinflussenden Größen. Diese bestehen neben den Lenkungsvorgaben (Ziele, Steuerbefehle, Anweisungen), externen Einflüssen (Störungen) oder Kundenanforderungen (Termine, Service etc.) insbesondere aus der Systemlast. Sie setzt sich aus Leistungsobjekten zusammen, die sich im

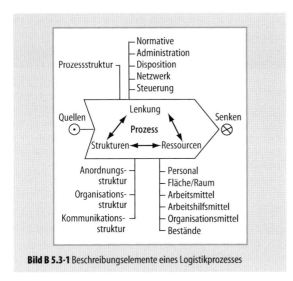

Bild B 5.3-1 Beschreibungselemente eines Logistikprozesses

Wesentlichen hinsichtlich der Attribute „Typ" und „Menge" unterscheiden.

Senken repräsentieren die Gesamtheit aller das System verlassenden und auf die Umwelt einwirkenden Größen. Hierzu gehören wiederum die Leistungsobjekte, die durch den Prozess transformiert wurden.

Die Quellen und Senken begrenzen den Prozess. Dieser wird durch die Prozessstruktur in eine Abfolge von (Teil-) Prozessen und Aktivitäten untergliedert.

Zur Durchführung der Prozesse werden Ressourcen benötigt, die sich in sechs allgemeine Klassen (Personal, Fläche/Raum, Arbeitsmittel, Arbeitshilfsmittel, Organisationshilfsmittel, Bestände) unterteilen. Eine detaillierte Beschreibung der Ressourcen der Distribution ist Bestandteil dieses Abschn..

Die Funktionen und Aufgaben der Lenkung werden durch Organisationseinheiten (Lenkungsinstanzen) wahrgenommen. Sie verantworten voneinander abgegrenzte Abschn. der Prozessstruktur und die zugehörigen Ressourcen. Die Definition der Verantwortlichkeitsbereiche, der Lenkungsaufgaben sowie die Festlegung der zumeist hierarchischen Anordnung der Organisationseinheiten erfolgt durch die Organisationsstruktur. Ihre informationstechnische Verknüpfung untereinander ist durch die Kommunikationsstruktur gegeben.

Schließlich definiert die Aufbaustruktur (das Layout) die räumlich/geographische Anordnung der Ressourcenklassen der Flächen (Räume) und der Arbeitsmittel zueinander.

Zieht man zusätzlich noch die externen Einflüsse in Betracht, die auf die Prozessabläufe in der Distribution wirken, so wird deutlich, dass die Distribution regelmäßig hinsichtlich der Erfüllung der Anforderungen überprüft und angepasst werden muss. Die Möglichkeiten der Anpassung betreffen die aufgeführten Potenzialklassen der Strukturen (Prozess- und Aufbau- sowie Organisations- und Kommunikationsstruktur), Lenkung und der Ressourcen. Sie werden hier für die Distribution näher untersucht.

Die Erläuterung der Ressourcen der Distribution orientiert sich an den verschiedenen in der Distribution relevanten Bereichen. Die Distribution wird allgemein in den Lagerbereich, den Transportbereich und in die Auftragsabwicklung untergliedert [Fil89].

Im Lagerbereich sind drei grundsätzliche Lagervarianten vorzufinden: Vorratslager, Umschlaglager und Verteillager. Vorratslager sind produktionsnah, beinhalten Rohmaterial, Halbfertig- und Fertigwaren und haben eine hohe Lagerkapazität. Umschlaglager nehmen kurzfristig die Güter zwischen dem Umschlag von Transportmittel zu Transportmittel auf. Ihre Hauptfunktion besteht weniger im Vorhalten großer Lagerkapazitäten, als vielmehr in der Sicherstellung einer hohen Umschlagleistung. In Verteillagern (Zulieferungs-, Auslieferungslagern) wird der Güterfluss in seiner Zusammensetzung geändert. Ihre wichtigsten Funktionen sind neben der Lagerfunktion die Bündelungs- und Verteilfunktionen zur Umstrukturierung des Güterflusses.

Bei detaillierter Betrachtung wird ein Verteillager in den Wareneingangs- und Warenausgangsbereich, in das Einheiten- und Kommissionierlager sowie in die Packerei und den innerbetrieblichen Transport unterteilt. Die Bereiche bestehen aus Lagerplätzen und Pufferflächen sowie technischen Einrichtungen wie die Lager- und Fördertechnik, Umschlag- oder Kommissioniergeräte.

Darüber hinaus bildet das Lagerpersonal (Disponenten, Kommissionierer, Verpacker, Verlader etc.) eine wesentliche Voraussetzung zur Sicherstellung der Funktionalität, Leistung und Flexibilität von Lagerhäusern.

Die für die Distribution wesentlichen Merkmale der Lager sind die Bereitstellung von Lagerkapazitäten, von Kommissionier- und Umschlagkapazitäten. Sie werden durch die Kapazitäten und Leistungsmerkmale der Lagereinrichtungen, des Personals und insbesondere auch durch ablauforganisatorische Regeln (z. B. Schicht- und Pausenzeiten oder Wartungsintervalle) bestimmt.

Eine weitere wesentliche Ressourcenart in der Distribution bilden die Güterbestände in den Lagern oder Puffern oder die Unterwegsware auf den Fahrzeugen.

Hohe Artikelbestände sichern die Flexibilität und den Servicegrad, sofern sie an den richtigen Orten gelagert werden. Sie verringern außerdem die Auswirkungen von störenden Einflüssen und helfen, Belastungsspitzen abzufangen. Demgegenüber verursachen der Transport und die

Lagerung großer Artikelbestände aber auch hohe Transport-, Handlings- und Kapitalbindungskosten. Letzteres führt zu der Aufgabe, die Güter hinsichtlich ihrer Sorten, Mengen und Lagerorte bedarfsgerecht und nur für kurze Zeit vorzuhalten. Einerseits gewährleisten die Bestände eine anforderungsgerechte Erfüllung der distributionslogistischen Aufgaben; sie haben andererseits aber auch direkte Auswirkungen auf die Leistungs-, Kosten- und Servicemerkmale der Distribution.

Der Transportbereich umfasst die Beladung, die Raumüberbrückung, die Entladung und die Abgabe der Güter beim Kunden. Die eingesetzten Transportsysteme setzen sich aus den Transportmitteln, dem Transportgut und dem Transportprozess zusammen.

Das Transportgut besteht neben den Produkten (Gütern) aus den Transporthilfsmitteln. Hierzu zählen Paletten und Kleinbehälter (Kartons, Kisten), Großbehälter (Container), Wechselbrücken oder auch Sattelauflieger. Sie kommen in unterschiedlicher Form, Größe und Anzahl in den Distributionssystemen vor. Weitere Unterscheidungskriterien sind ihre Wiederverwendbarkeit, Haltbarkeit und ihr Alter. Wie bei den Lagern bestimmt auch das Transportpersonal (Disponenten, Fahrer, Beifahrer) die Funktionalität, Leistungsfähigkeit und die Flexibilität des Transportsystems.

Zu den Ressourcen im Bereich der Auftragsabwicklung gehören Informations- und Kommunikationsgeräte, Rechner und Peripheriegeräte oder auch Belege und Auftrags-

Betriebsmittelart	Realisierungsbeispiele	Variationsmöglichkeiten
Personal	Lagerpersonal (Kommissionierer, Verpacker, Verlader, Verwalter, ...), Transportpersonal (Fahrer, Beifahrer), Vertriebspersonal (Händler, Verkäufer, ...), Organisationspersonal (Disponenten, ...)	Anzahl, Ausbildung, Motivation, Gehälter ergonomische Arbeitsplätze Organisationsaspekte (Arbeitszeiten)
Fläche/Raum	Lagerflächen (-Kapazitäten), Pufferflächen (-Kapazitäten), Rampen, Parkplätze, Ladeflächen, Wege, Straßen, Autobahnen	Kapazitäten (Größe), Anzahl, Ausstattung (Tragfähigkeit, Ausbauqualität, ...) Organisationsaspekte (Gebühren, Geschwindigkeitsbeschränkungen)
Arbeitsmittel	Transportmittel (LKW, Bahn, Schiff, Flugzeug), Lagereinrichtungen (Kommissionier-, Fördertechnik, Lagertechnik), Umschlageinrichtungen (Stapler, Kran)	Anzahl, max. Leistung, Verfügbarkeit, Ergonomie Organisationsaspekte (Einsatzzeiten, Alter) Wartungsintervalle
Arbeitshilfsmittel	Transporthilfsmittel, Lagerhilfsmittel (Paletten, Container, Behälter, ...), Verpackungsmaterial (Kartons, Folien, ...) Energie, Treibstoffe, Hilfsstoffe	Anzahl, Kapazität, Haltbarkeit, Einheitlichkeit, Recyclebarkeit, Verbrauch, Abbaufähigkeit
Organisationsmittel	Informations-, Kommunikationstechnik Rechnertechnik, Datenerfassungsgeräte, Formulare, Rechnernetze, Kommunikationsnetze	Leistung, Geschwindigkeit, Handhabbarkeit, Datensicherheit, Datenschutzaspekte
Bestände	Warenbestände (Mindest-, Höchst-, Sicherheitsbestände, Dispobestände, Sortimentierung, Reichweiten)	Bestandshöhe, Bestands-Orte Bestands-Alter

Bild B 5.3-2
Beispiele und Variationsmöglichkeiten der Ressourcen

formulare. Sie bestimmen durch ihre Leistungsmerkmale (Geschwindigkeit, Speicherkapazitäten), Handhabbarkeit, Datenschutz- und Datensicherheitsaspekte die Leistung, Zuverlässigkeit und Sicherheit der Auftragsabwicklung.

Die aufgeführten Ressourcen der Distribution kommen in unterschiedlichen Varianten und Mengen in den existierenden Distributionssystemen vor. Veränderungen ihrer Anzahl, Kapazitäts- und Leistungsmerkmale oder auch ihrer Einsatzorganisation haben unterschiedliche Auswirkungen auf die Leistungs-, Kosten und Servicemerkmale der Distribution.

B 5.4 Strukturparameter der Distribution

Wie bereits im vorherigen Abschnitt erläutert, bilden die Potenzialklassen eines Prozesselements den methodischen Rahmen für die Analyse der Distribution. Hinsichtlich der Struktur wurden bereits die Prozessstruktur, die Aufbaustruktur, die Organisationsstruktur und die Kommunikationsstruktur identifiziert. Gegenstand dieses Abschnitt ist die Betrachtung dieser strukturellen Elemente.

B 5.4.1 Prozessstruktur

Über die physische Eingangsschnittstelle gelangen einzelne Güter (Produkte, Begleitmaterial, Verpackungsmaterial etc.) in die Distribution. Die Güter werden kommissioniert, verpackt und zu Lieferungen für einzelne Kunden zusammengestellt. Eine oder mehrere Lieferungen werden auf spezielle Arbeitshilfsmittel (z. B. Ladungsträger) palettiert. Somit entstehen Ladeeinheiten, die zur Beladung für Transportmittel (Fahrzeuge, Anhänger, Waggons) bereitgestellt werden. Mehrere Transportmittel können zu Zügen (Güterzüge, Sattelschlepper und Anhänger) verkettet werden.

Die beladenen Transportmittel bringen die Lieferungen durch die Distributionsstruktur zu den Kunden. Dabei werden besonders eilige oder großvolumige Sendungen direkt zu den Kunden gebracht (Direktverkehr). Weniger priorisierte oder viele kleinere Lieferungen werden über Touren ausgeliefert.

Auf ihrem Weg können die Transportmittel auch wieder voneinander getrennt (entkettet) und entladen werden. Die Lieferungen werden von den Ladeeinheiten genommen, zwischengelagert und mit anderen Lieferungen auf neue Ladeeinheiten gesetzt. Diese werden wieder zu neuen Ladungen zusammengestellt und auf andere Transportmittel geladen. Während die Trennung der Lieferungen in den Zwischenlagern erfolgt, werden die Güter i. d. R. erst beim Kunden ausgepackt.

Mit den Gütern werden somit verschiedene, sich wiederholende Prozesse durchgeführt, bis sie die Distribution über die physische Ausgangsschnittstelle (Kundensenken) wieder verlassen. Dieses wird durch die Prozessstruktur beschrieben. Dabei beschreiben die Materialflussprozesse den Güterfluss, den Fluss der Transportmittel (Fahrzeuge) und den Fluss der Hilfsmittel (Paletten, Behälter, Verpackung). Da die Hauptaufgabe der Distribution in der Bereitstellung der Güter liegt, werden hier der Güterfluss als Hauptprozess und die Transportmittel- und Hilfsmittelflüsse als nebenläufige Prozesse (Nebenprozesse) bezeichnet. Die Haupt- und Nebenflüsse der Distribution werden in Lagerprozesse, in den Transportprozess und in Umschlagprozesse untergliedert (vgl. [Jün89]).

Die Prozesse von der Lagerung über die Kommissionierung, Verpackung, Palettierung bis zur Bereitstellung zur Beladung werden hier zu einem Lagerprozess zusammengefasst, da sie in der Realität innerhalb eines Lagergebäudes stattfinden [Pfo95]. Die Lagerung wird wiederum in die Prozesse Einlagerung, das eigentliche Lagern und die Auslagerung unterteilt. Bei der Einlagerung werden in einigen Lagern die Güter von den Ladungsträgern genommen und auf spezielle, für das Lagern benötigte Ladungsträger umgesetzt. Oft werden die Güter aber auch direkt der Einlagerung zugeführt. Bei der Einlagerung werden die Ladungsträger außerdem geprüft, gerichtet, identifiziert und schließlich zum Lagerplatz gebracht. Bei der Auslagerung werden die Güter direkt den nachfolgenden Kommissionier-, Verpackungs-, Palettier- oder Bereitstellprozessen zugeführt.

Durch Hinzufügen oder Auslassen einzelner Teilprozesse erhält man verschiedene Prozessfolgen, wie z. B. zur Beschreibung von Kommissionierlagern (mit Kommissionierprozess) oder Umschlaglagern (ohne Kommissionierprozess) benötigt werden.

Der Transportprozess beschreibt die Bewegung der Transportmittel durch die Distribution. Dabei wird unterschieden, ob die Transportmittel beladen oder leer sind. Leere Transportmittel werden über Leerfahrt-Prozesse (Leerfahrten) zu Beladungsprozessen gebracht. Dort werden sie beladen und über den Lastfahrt-Prozess (Lastfahrt) zu einem Entladungsprozess bewegt. Während der Lastfahrt können weitere Beladungs- und Entladungsprozesse z. B. bei Tourenfahrten stattfinden.

Die Umschlagprozesse Beladung und Entladung bilden als Verbindungsprozesse die Schnittstellen des Hauptprozesses (Güterfluss) zu dem nebenläufigen Transportmittelfluss.

Der Weg der Güter durch die Distribution zu den Kunden (Absatzweg) ist artikelbezogen-individuell und besteht aus unterschiedlich vielen Prozessstufen.

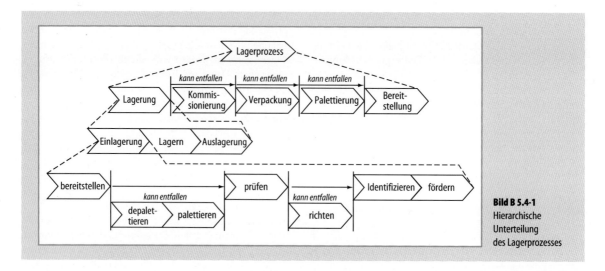

Bild B 5.4-1
Hierarchische Unterteilung des Lagerprozesses

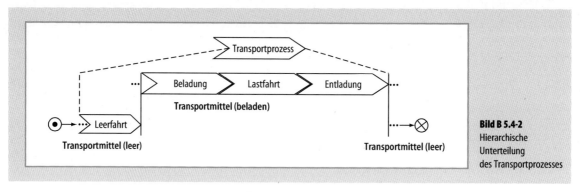

Bild B 5.4-2
Hierarchische Unterteilung des Transportprozesses

Die Unterscheidung der Absatzwegarten orientiert sich nach den Kriterien der Verantwortlichkeit (Eigen- oder Fremdverantwortung), dem Zentralisierungsgrad der Anordnungsstruktur und der Zulieferform (herkömmlich oder bedarfssynchron) [Die94]. Die Wahl des Grundtyps erfolgt in der Distribution artikel-individuell. Die gewählte Einteilung ist jedoch für einen Artikel nicht konstant, da sie nicht für den gesamten Produktlebenszyklus, sondern bedarfsabhängig für einzelne Lebensabschnitte eines Produktes gilt. In einem Unternehmen müssen daher einerseits unterschiedliche, artikelspezifische Grundtypen des Hauptflusses und damit der Warenverteilung realisiert sein. Diese müssen andererseits bedarfsgerecht und flexibel angepasst oder verändert werden können.

Dabei führt der Weg der Güter zum Kunden i. d. R. über mehrere Lagerstandorte. Die Lageranzahl, ihre Standorte und die Abgrenzung ihrer Aufgaben und Zuständigkeitsbereiche werden durch die Aufbaustruktur beschrieben.

B 5.4.2 Aufbaustruktur

Die Aufbaustruktur eines Warenverteilsystems wird zum einen durch die physische Ausgestaltung des Distributionsweges und zum anderen durch die vertikale und horizontale Struktur bestimmt.

Hinsichtlich der Ausgestaltung des Distributionsweges kann nach der Zahl der eingeschalteten Lagerstufen und der genutzten Transportwege differenziert werden.

Nach der Zahl der zwischen dem Produzenten und den Kunden befindlichen Lagerstufen wird zwischen direktem und indirektem Distributionsweg unterschieden. Wird im Falle des direkten Distributionsweges die Belieferung des Kunden ohne Zwischenschaltung einer Lagerstufe durchgeführt, so liegt bei dem indirekten Distributionsweg stets mindestens eine Lagerstufe dazwischen.

Erfolgt die Kundenbelieferung nur über einen festgelegten Distributionsweg, so liegt ein Einwegabsatz vor. Wer-

B 5.4 Strukturparameter der Distribution

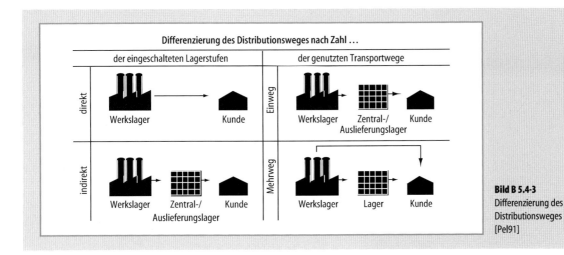

Bild B 5.4-3 Differenzierung des Distributionsweges [Pel91]

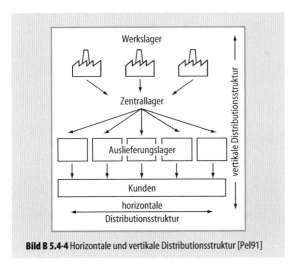

Bild B 5.4-4 Horizontale und vertikale Distributionsstruktur [Pel91]

den demgegenüber mehrere und von Fall zu Fall alternative Transportwege in Anspruch genommen, so liegt Mehrwegabsatz vor. In Fortführung der Betrachtung der Aufbaustruktur wird weiterhin zwischen vertikaler und horizontaler Distributionsstruktur differenziert.

B 5.4.2.1 Vertikale Distributionsstruktur

Während die *vertikale* Struktur die Stufigkeit eines Distributionssystems beschreibt, also besagt, über wie viele Lagerstufen die Güter im Einzelnen von der Produktion bis zu den Kunden gelangen, bezeichnet die *horizontale* Struktur die Zahl der Lager je Stufe, ihre Standorte und die Zuordnung von Lagerstandorten zu ihren Absatzgebieten.

Innerhalb der vertikalen Struktur lässt sich zwischen *ein-* und *mehrstufigen* Warenverteilsystemen unterscheiden [Win77].

Die einstufige Warenverteilung liegt vor, wenn zwischen dem Fertigstellungs- und dem Abnahmeort durch den Nachfrager nur ein einziger Lagervorgang erfolgt (z. B. Zentrallager). Demgegenüber liegt eine mehrstufige Warenverteilung vor, wenn mehrere Lagervorgänge erfolgen. In der Praxis können bis zu drei Lagerstufen in vertikaler Richtung vorliegen, die jeweils unterschiedliche Aufgaben zu erfüllen haben [Kun77].

Eine hohe Stufigkeit des Systems ist zwangsläufig mit einer großen Anzahl von Lagern verbunden. Zwar ermöglicht diese Ausgestaltung einerseits kurze Wege zum Kunden und zwischen den Lagerstandorten und damit verbunden auch kurze Lieferzeiten und tendenziell niedrigere Transportkosten auf der untersten Stufe, sie führt jedoch andererseits zu hohen Beständen und Lagerhaltungskosten im gesamten System. Ein weiterer Nachteil der hohen Stufigkeit liegt schließlich in der komplexeren Material- und Informationssteuerung.

Die Aufgaben der einzelnen in dem Bild B 5.4-5 dargestellten Lagerstufen lassen sich wie folgt beschreiben: [Win77]:

– Werkslagerstufe: Diese Werkslagerstufe dient vorwiegend dem Mengenausgleich zwischen Produktion und Distribution. Sie führt zumeist nur das am Ort hergestellte Sortiment. Die Zahl der Werkslager ist meistens mit der Zahl der Produktionsorte identisch, da jeder Produktionsstätte zumindest ein Fertigwarenlager angegliedert ist.

– Zentrallagerstufe: Die Zentrallager beinhalten zumeist das gesamte Sortiment des Herstellers, das ggf. noch

durch Fremdprodukte ergänzt wird, die dann ebenfalls zentral auf dieser Stufe gelagert werden.
- Auslieferungslagerstufe: Zur schnellstmöglichen Kundenbelieferung mit ihren Produkten haben viele Unternehmen ein stark verzweigtes Netz von Auslieferungslagern. Jedem dieser Lager können wiederum ein oder mehrere Verkaufsgebiete zugeordnet sein. Weiterhin erfolgt die Belieferung der Auslieferungslager entweder direkt von den Produktionsstätten (Werkslager) oder über Zentral- und/oder Regionallager. Im Allgemeinen führen die Auslieferungslager nicht das volle Sortiment.
- Kunden: Der Kunde kann prinzipiell von allen Lagerstufen beliefert werden. Liegen jedoch Auslieferungslager vor, so werden die Kunden i. d. R. von diesen beliefert. Erst bei größeren Sendungen sollte die Belieferung von der nächsthöheren Lagerstufe oder direkt von der Produktionsstätte erfolgen.

Die Raum- und Zeitausgleichsfunktionen der Distributionslogistik können durch die Vorhaltung von Zentral- und Regionallagern und den Einsatz schneller Transport- und Informationstechniken zumeist in ausreichendem Maße erfüllt werden. Damit gilt als Leitlinie in der Optimierung von Distributionssystemen, die Stufen eines Distributionssystems zu reduzieren, Bestände in den Werkslagern zu senken und zugleich die Zahl der Auslieferungslager sukzessive abzubauen, ohne die geforderte Lieferbereitschaft in den Absatzgebieten zu beeinträchtigen.

B 5.4.2.2 Horizontale Distributionsstruktur

Eine Beschreibung der horizontalen Komponenten der Distributionsstruktur beinhaltet die Anzahl der Lager je Lagerstufe, die Standorte der Lager und die räumlich-geographische Aufteilung der Liefergebiete hinsichtlich der Zuordnung von Lagern zu Absatzgebieten [Fil86].

Die Anzahl der Lager je Stufe ergibt sich zumeist aus ihrer Funktion und der Entfernung zum Kunden, also z. B. bei Produktionslagern, die jeweils einer Produktionsstätte angeschlossen sind oder bei den Auslieferungslagern durch ihre Nähe zu umsatzstarken Liefergebieten. Ebenso wird der optimale Standort eines Lagers maßgeblich von den Transportkosten zu den von ihm zu beliefernden Kunden bestimmt.

Die optimale Lage und Kundenzuordnung lässt sich nur durch eine Optimierungsrechnung ermitteln. Allgemein gilt, dass mit steigender Anzahl von Lagerstandorten auch die Lagerhaltungskosten steigen, demgegenüber die Transportkosten zwischen Lagerstandorten und Kunden bis zu einem bestimmten Punkt sinken. Diese gegenläufige Beziehung charakterisiert die Entscheidungssituation und kann nur durch eine Vergleichsrechnung für mehrere Alternativen beantwortet werden.

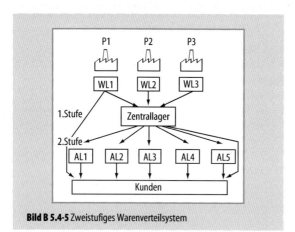

Bild B 5.4-5 Zweistufiges Warenverteilsystem

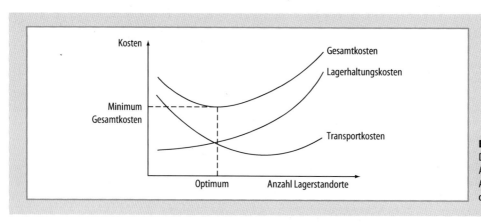

Bild B 5.4-6
Distributionskosten in Abhängigkeit von der Anzahl der Lagerstandorte [Mül87]

Die nachfolgende graphische Darstellung verdeutlicht das in der Bestimmung der optimalen Anzahl von Lagerstandorten zugrunde liegende Entscheidungsproblem.

Es wird ersichtlich, dass hier eine eindeutige Bestimmung des theoretischen Optimums prinzipiell möglich ist, dies erfordert den Einsatz entsprechender Lösungsverfahren.

B 5.4.3 Organisations- und Kommunikationsstruktur

Die Organisationsstruktur wird durch Steuerhoheiten der Lenkungselemente gebildet. Bei ihrer Reorganisation wird überprüft, ob für die distributionslogistischen Funktionen unternehmenseigene oder externe Ressourcen durch Outsourcing genutzt werden sollen. Dabei werden die Verantwortungsbereiche anderen Dienstleistern übertragen.

Die in Verbindung mit der organisatorischen Umstrukturierung stehende Reorganisation der Kommunikationsstruktur wird durch moderne Informationstechnologien (Rechnernetze, Internet, Intranet etc.) und insbesondere durch die Verabschiedung einheitlicher Normen des Informations- und Datenaustausches (z. B. EDI, XML) vorangetrieben. Weiterhin werden in den letzen Jahren verstärkt die Verkaufsmedien eMarkets, B2B oder Internet-Portale als neue Quellen zur Leistungs- und Umsatzsteigerung in der Distribution eingesetzt [Bau00].

Die allgemeinen Vorteile der einheitlichen Schnittstellendefinition und der damit verbundenen Beschleunigung der Geschäftsabläufe liegen in der Erhöhung der Sicherheit der Informationsübermittlung und in einer Reduktion der Kommunikations- und Investitionskosten (z. B. aufgrund wegfallender Übersetzungsaufwände bei verschiedenen Formaten).

Die Inanspruchnahme externer Leistungen wird durch moderne Kommunikationstechniken und insbesondere durch normierte Informationsschnittstellen unterstützt. Sie dienen als Instrumente zur Erfüllung der Leistungs-, Kosten- und Serviceanforderungen.

Die Verringerung der Stufigkeit der Aufbaustruktur und die damit verbundene Vereinfachung der Prozessstruktur werden durch leistungsfähige Transport-, Lager- und Umschlagsysteme ermöglicht. Die Erfüllung der Leistungs- und Serviceanforderungen ist nur möglich, wenn die Anzahl der Arbeitsmittel oder auch der Personalstamm zielorientiert angepasst und die Ressourcen bedarfsgerecht eingesetzt werden. Die Maßnahmen zur Erfüllung der gestellten Anforderungen, wie die beschriebenen Umstrukturierungs- und Reorganisationsvorhaben sind nur in Verbindung mit der Veränderung und Anpassung der Ressourcen möglich.

Literatur

[Bau00] Baumgarten, H.; Walter, S.: Trends und Strategien in Logistik und E-Business. Logistik für Unternehmen (2000) 10, 6–10

[Fil89] Filz, B.; Fuhrmann, R. u. a.: Kennzahlensysteme für die Distribution. Köln: TÜV Rheinland 1989

B 5.5 Planung der Distribution

B 5.5.1 Planungsgrundsätze

Der Begriff „Planung" wird als systematisch-methodischer Vorgang der Erkenntnis und Lösung von Zukunftsproblemen angesehen, der Ziele und Maßnahmen sowie Mittel zur Zielerreichung analysiert, gestaltet und festlegt [Hen85].

Die weitreichenden Folgen und die geringe Revidierbarkeit von Entscheidungen in der Distributionsplanung erfordern zu Beginn der Planung die Berücksichtigung möglichst aller relevanten Informationen. Da es sich zumeist um Entscheidungsprobleme mit strategischem Charakter und zeitlich weitreichenden Auswirkungen handelt, ist die Entscheidungssituation durch zahlreiche komplexe und interdependente Sachverhalte gekennzeichnet.

Aus diesem Grund ist hinsichtlich der Formulierung der Anforderungen an eine Planungssituation zunächst die wichtige Entscheidung bzgl. der zugrundeliegenden „Planungsphilosophie" zu treffen. Orientiert an dem Integrationsgrad der Planung lässt sich hinsichtlich des Umfangs der Planung zwischen Total- und Partialmodellen sowie hinsichtlich der Koordination des Entscheidungsprozesses zwischen Simultan- und Sukzessivplanung unterscheiden [Sch94].

Bevor auf die Planungsprobleme innerhalb der Simultan- und Sukzessivplanung im Verlauf des Planungsprozesses und deren Kompensierung durch eine hierarchische Planung eingegangen wird, sollen zunächst anhand der ganzheitlichen Planung die Sinnhaftigkeit und inhärente Problematik der Planung mit Partial- und Totalmodellen verdeutlicht werden.

B 5.5.1.1 Ganzheitlicher Planungsansatz

Vertreter der ganzheitlichen Planungslehre fordern, der detaillierten Planung eines wichtigen Sachverhaltes stets eine Gesamtschau voranzustellen, die möglichst alle relevanten Einflussfaktoren in einem Totalmodell berücksichtigt [Ulr88]. Distributionslogistische Zusammenhänge stehen allerdings in starken Wechselwirkungen mit einer

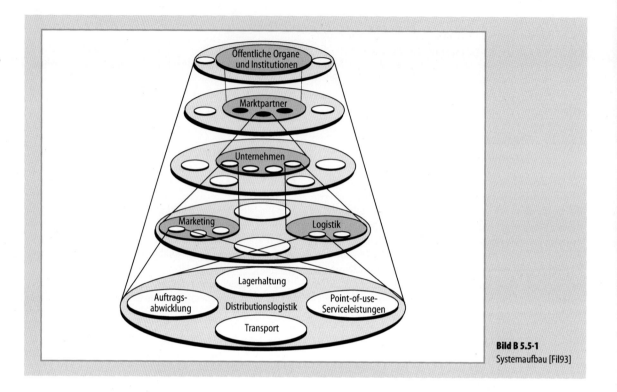

Bild B 5.5-1
Systemaufbau [Fil93]

Vielzahl von Einflussgrößen innerhalb und außerhalb des Unternehmens.

Wie eine derartige ganzheitliche Distributionsplanung durchgeführt und durch ein Instrument unterstützt werden kann, skizziert Filz, indem er ein systemisches Einflussgrößenmodell entwickelt, das über die Grenzen der Distributionslogistik hinaus auch die Einbindung in übergeordnete Systeme berücksichtigt [Fil93].

Er unterscheidet insgesamt vier Ebenen, die Stellung der Distributionslogistik im Gesamtzusammenhang und deren Beeinflussungsmöglichkeiten darstellen (siehe Bild 5.5-1). Die Unterteilung in mehrere Ebenen dient dem Überblick und zur Ableitung erster Einflussgrößen. Zur Suche nach weiteren Einflussgrößen können dann unterschiedliche Sichtweisen aus dem Unternehmen genutzt werden, wie z. B. die aus der Sicht des Managements, des Marketings oder der Produktion.

Weitere Einflussgrößen ergeben sich aus der Sicht des Umfelds, wie beispielsweise aus der Sicht des Staates und der Öffentlichkeit, der Kunden sowie der Lieferanten. Schließlich unterscheidet Filz zwischen vier unterschiedlichen Dimensionen, die aus ökonomischer, ökologischer, technologischer und sozialer Sicht die Distributionslogistik betrachten.

Aus der Kombination resultieren im Ergebnis insgesamt über 200 Einflussgrößen für die Distributionslogistik, die dann durch Abstraktion und Aggregation zu Variablensätzen auf eine handhabbare Zahl von Variablen reduziert werden [Fil92]. Die verbliebenen Kriterien werden dann in einem Gesamtnetz verbunden, wodurch die Abhängigkeiten erkennbar werden und einzelne Prozesse als mögliche Aktionsräume erfasst und gezielt genutzt werden können.

Ein derartiges Netzwerk eignet sich insbesondere im ersten Schritt für den Planer von distributionslogistischen Systemen, da er mit Hilfe des Netzwerkes erste Einsichten in das Systemverhalten und zugleich die wesentlichen Wirkungen in den Regelkreisläufen erkennen kann. Weiterhin ermöglicht ihm das Einflussgrößenmodell die Analyse und Bewertung der Wirkungen einzelner Gestaltungsmaßnahmen. Schließlich ermöglicht die Kenntnis der Intensität der Wirkungsbeziehungen die Identifizierung von Variablen, die sich für Eingriffsmöglichkeiten zur Reorganisation der Distributionslogistik besonders eignen.

Allerdings werden bei einem derartigen Modell sehr schnell die Grenzen der Anwendbarkeit erreicht, da einerseits eine Vielzahl von Variablen und deren Abhängigkeiten zu berücksichtigen sind und die menschliche Informationsverarbeitungskapazität begrenzt ist, andererseits

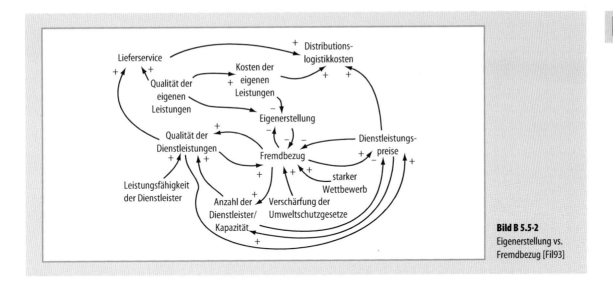

Bild B 5.5-2 Eigenerstellung vs. Fremdbezug [Fil93]

eine Umsetzung des Einflussgrößenmodells in ein DV-Modell derzeit noch mit zahlreichen methodischen Problemen behaftet ist [Fil92].

Daher eignet sich dieses Modell vorwiegend als vorgeschaltete Ergänzung bestehender Planungsverfahren, um erste Einsichten und Transparenz in das Systemverhalten zu gewinnen, um dann in nachfolgenden Planungsschritten mit quantitativ-orientierten Verfahren die konkrete Umsetzung der Problemlösung anzugehen.

An dieser Stelle ist daher festzuhalten, dass der Durchführung einer ganzheitlichen Distributionsplanung, die alle relevanten Einflussgrößen berücksichtigt und deren Auswirkungen für die Distributionslogistik zumindest global darstellt, stets eine detaillierte Planung und der Einsatz spezieller Planungsverfahren folgen muss.

B 5.5.1.2 Hierarchischer Planungsansatz

Aus den vorstehenden Ausführungen ist ersichtlich geworden, dass eine umfassende und zugleich detaillierte Planung der Distributionslogistik nicht „in einem Schritt" durch ein Totalmodell ausreicht, sondern der schrittweise Einsatz von Partialmodellen erfolgreicher erscheint. Einen Lösungsansatz bietet hier die Hierarchische Planung, die unterschiedliche Planungsebenen beinhaltet und auf den sich geeignete Partialmodelle platzieren lassen [Sch94a].

Die Hierarchisierung der Planung ergibt sich vorwiegend aus den unterschiedlichen Zeithorizonten sowie aus den hierfür erforderlichen Informationen und Plandaten mit unterschiedlichen Detaillierungs- und Aggregationsgraden [Behh79]. In diesem Zusammenhang wird in der Planungswissenschaft generell zwischen strategischer, taktischer und operativer Planungsebene differenziert [Wil74]. Eine derartige abgestufte Anordnung dient vorwiegend der Komplexitätsreduktion, indem stufenweise nur die ebenenbezogenen Teilprobleme betrachtet werden, ohne den Gesamtzusammenhang zu vernachlässigen.

Orientiert an diesem Leitbild des Informations- und Steuerungsprozesses in der Logistik sollen nachfolgend die einzelnen Ebenen der hierarchischen Planung und die ebenenspezifischen Problemstellungen innerhalb der Distributionsplanung eingehender betrachtet werden.

Strategische Planungsebene

Innerhalb der strategischen Distributionsplanung geht es um alle langfristig bedeutenden Grundsatzentscheidungen wie die Festlegung der strategischen Leitlinien und die Planung von Absatzwegen und Lieferservice [Par89]. Die strategische Planung beinhaltet die langfristig wirkenden Grundsatz- und Richtungsentscheidungen, die stets für mehrere Jahre gelten. Weiterhin gibt die strategische Planung generell die Vorgaben für alle zeitlich und sachlich nachfolgenden Planungen.

Auf dieser Ebene liegt auch die Fixierung und Priorisierung der Zieldimension. Es ist vorzugeben, welche der Zieldimensionen im Vordergrund steht und welche anderen eine wesentliche Rolle bei der Ausgestaltung des Distributionssystems spielen.

In der Planung der Absatzwege und des Lieferservice sind die umrissenen Problemstellungen vorwiegend dadurch charakterisiert, dass sie von der übergeordneten

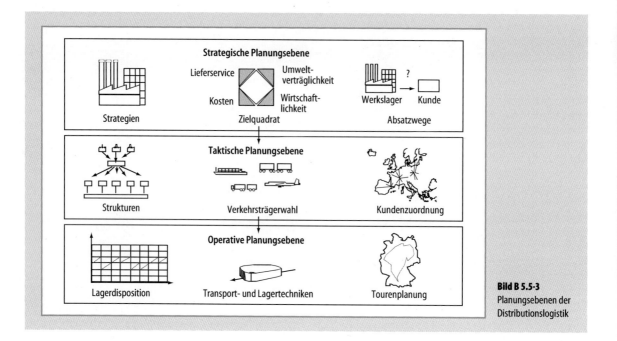

Bild B 5.5-3 Planungsebenen der Distributionslogistik

Unternehmensstrategie vorgegeben sind und zumeist nur verbal strukturiert vorliegen. Des Weiteren sind neben unternehmens- und produktspezifischen Determinanten insbesondere marketingorientierte Gesichtspunkte zu berücksichtigen [Bid73].

Auf der Basis der hieraus resultierenden Vorgaben sind dann die grundsätzlichen Entscheidungen zwischen direktem und indirektem Absatz, über die Anzahl der einzusetzenden Absatzmittler sowie die Verteilung der distributionslogistischen Aufgaben auf unternehmenseigene Funktionsbereiche oder auf die in den Absatzstufen eingeschalteten Absatzmittler zu treffen (z. B. strategische Make-or-Buy- und Outsourcing-Entscheidungen) [Win77].

Für die Wahl des Absatzweges und die Festlegung des Lieferservices existieren zahlreiche Heuristiken und Entscheidungsfindungshilfen, wie Punktebewertungsverfahren, Stärken-Schwäche-Profile oder die Portfolio-Analyse [Spe92], durch deren Einsatz konkrete Auswahlkriterien für die Gestaltung entwickelt werden können. Allerdings entziehen sich diese Problemstellungen der Anwendung von DV-gestützten Instrumenten der Distributionsstrukturplanung und werden daher im weiteren Verlauf der Arbeit als vorgegeben angesehen.

Die strategische Planung der Distributionsstruktur hebt sich zusammenfassend von der nachfolgend beschriebenen Taktikebene durch einen langfristigen Planungshorizont ab. Sie beinhaltet insbesondere die Strategieplanung des Distributionssystems und die Formulierung der innerhalb dieser Rahmenbedingungen möglichen Alternativen [Win77].

Taktische Planungsebene

Die taktische Planungsebene zeichnet sich durch einen vorwiegend mittelfristigen Planungshorizont aus, erhält ihre Vorgaben von der strategischen Planungsebene und nimmt bei Bedarf erforderliche Korrekturen wahr. Sie umfasst insbesondere Entscheidungen hinsichtlich der Struktur des Distributionssystems und Auswahl geeigneter Verkehrsträger.

Wird davon ausgegangen, dass für die Distributionsstrukturplanung der Absatzweg bekannt, dass Lieferserviceniveau und Zielpriorisierung vorgegeben ist, so beinhaltet die Distributionsstrukturplanung die Bestimmung der Stufigkeit des Distributionssystems sowie die Entscheidung hinsichtlich Anzahl, geographischer Lage und der Kundenzuordnung der Lager je Stufe. Die Kundenzuordnung beinhaltet den Aspekt der Aufteilung der Liefergebiete der Lagerstandorte, d. h. die Festlegung, mit welcher Transport- und Lagerhaltungsstrategie welcher Kunde von welchem Depot aus beliefert wird [Win77].

Weiterhin sind an dieser Stelle Entscheidungen über die Art, die Anzahl und die Kapazität der einzusetzenden Verkehrsträger und Transportmittel zu nennen, die zur Be- und Auslieferung der Lager eingesetzt werden [Sch91].

Operative Planungsebene

Schließlich ist die operative Planungsebene durch Entscheidungen über die kurzfristige Gestaltung von Abläufen gekennzeichnet. Die Vorgaben für die operative Planung entstammen der strategischen und taktischen Ebene und zeichnen sich daher durch einen relativ geringen Freiheitsgrad aus. Hierbei handelt es sich zumeist um Problemsituationen, die häufig in gleicher Form wiederkehren, die in ihrer Art kurzfristiger Natur sind und von Fragen der Lagerdisposition sowie der Auftragsabwicklung und Tourenplanung handeln.

Des Weiteren legt die operative Ebene die Lager-, Transport- und Informationstechniken fest und entscheidet im konkreten Fall über den Umfang ihres Einsatzes.

Mit der Zielsetzung der lager- und transportkostenminimalen Auslieferung der Ware werden die anzuwendenden Transport- und Lagerhaltungspolitiken festgelegt und der erforderliche Fahrzeug- und Personalbestand bestimmt. Im Hinblick auf den Lagerbereich sind insbesondere sämtliche Entscheidungen hinsichtlich der Ermittlung kostenminimaler Lagerversorgungspolitiken und der Höhe der Sicherheitsbestände zu nennen [Win77]. Ebenso sind die Zuordnung von Produktgruppen zu Lagerstufen sowie die Entscheidung hinsichtlich der Höhe der Produktbestände in den einzelnen Lagern zu treffen [Tem83].

Im Transportbereich liegen die Problemstellungen vorwiegend in der Transportdisposition und Tourenplanung, d. h. der Zuordnung von Aufträgen zu Touren sowie in der Zuordnung von Touren zu Fahrzeugen [Bar94]. Schließlich geht es um die Bestimmung der Größe und Zusammensetzung des Fuhrparks [Fil89] sowie um die Bestimmung von Direktbelieferungskriterien und Mindestauftragsgrößen.

Im Hinblick auf die hierarchische Planung der Distributionslogistik lässt sich zusammenfassend sagen, dass die strategische Distributionsplanung den Rahmen für die taktische und operative Ebene liefert, während die taktische die Vorgaben für die operative Ebene festlegt. Die Abstimmung zwischen der strategischen und taktischen Ebene der Distributionsplanung beschränkt sich jedoch nicht lediglich auf die Vorgabe der global formulierten Strategien, die dann durch die taktische Ebene inhaltlich konkretisiert werden, sondern es sind permanente Rückkopplungen zwischen den einzelnen Ebenen erforderlich. So bauen beispielsweise zeitlich früher angeordnete Teilziele auf z. T. unklaren oder vergleichsweise unpräzise formulierten Informationen auf, die im Laufe des Planungsprozesses konkretisiert und ggf. korrigiert werden müssen.

Weiterhin können sich relevante Umfelddaten (z. B. Veränderung der Nachfrage auf einzelnen Absatzmärkten) ändern und zu einer Revision der zeitlich vorher festgelegten Zielgrößen und Restriktionen zwingen. Somit ist stets zu prüfen, ob die zeitlich vorher festgelegten Rahmenbedingungen weiterhin für die zeitlich nachfolgenden Pläne noch gelten oder ob eine Revision erforderlich ist [Win77].

B 5.5.1.3 Simultanplanung versus Sukzessivplanung

Die Simultanplanung im Rahmen der Gestaltung von Distributionssystemen zeichnet sich dadurch aus, dass sie versucht in einem einzigen Planungsschritt zum Optimum zu gelangen und gleichzeitig alle relevanten Entscheidungsparameter und die vorliegenden Interdependenzen berücksichtigt [Win77]. So löst z. B. Winkler ein komplexes Problem, indem er beispielhaft für ein zwei- und ein dreistufiges Warenverteilsystem eine spezielle Ausgangssituation definiert und die Entscheidungen über Anzahl, Standort und Einzugsgebiete jeweils simultan mit Hilfe einer beispielhaften Optimierungsrechnung löst [Win77].

Dem Vorteil der Problemlösung „in einem Schritt" stehen aber bei Winkler die relativ einfache Abb. der Realität durch restriktive Prämissen gegenüber. Es erscheint daher zweifelhaft, ob ein derartig vereinfachtes Modell auch die in der Praxis vorliegende Vielzahl von Einflussparametern adäquat abbilden kann und dann noch handhabbar bleibt.

Trotz des zunehmenden Einsatzes leistungsfähiger DV erschwert weiterhin die Vielzahl der zu berücksichtigenden Variablen und Restriktionen eine praktikable Bearbeitung in einem Schritt, wenn nicht eine Beschränkung auf relativ vereinfachte Modellannahmen für real existierende Distributionssysteme erfolgt. Schildt führt in diesem Zusammenhang an, dass, ungeachtet der jeweiligen Auswahl, alle diese Ansätze wesentliche Nachteile aufweisen, die durch Verwendung einer hierarchischen Planung, die einzelne Problemlösungsschritte nacheinander angeht, weitgehend kompensiert werden [Sch94a].

Aus diesen Gründen bedient man sich – wie bereits im Zusammenhang mit der zugrundeliegenden Planungsphilosophie erläutert – des oben beschriebenen Ansatzes der hierarchischen Planung, der „das komplexe (Gesamt-)Planungsproblem in weitgehend isolierte, relativ einfach lösbare Teilprobleme mit geringerem Komplexitätsgrad" zerlegt [Sch94a].

Diese Vorgehensweise wählt beispielsweise Kipshagen [Kip83]. Aufgrund der Komplexität der Fragestellung und der Wechselbeziehungen der Einflussparameter in der Distributionsplanung schlägt er vor, zunächst eine Vorbestimmung der Anzahl der Lagerstandorte im Rahmen einer *Grobanalyse* durchzuführen und anschließend die geographische Lage der Standorte, die Einzugsbereiche der Lagerstandorte sowie die davon abhängigen Kapazitäten der Lager und des Fuhrparks im Rahmen einer *Fein-*

analyse festzulegen. Hierdurch werden die Bedingungen sukzessiv detailliert und die globalen Annahmen der Grobanalyse kontinuierlich konkretisiert. Weiterhin werden die einzelnen Probleme auf den unterschiedlichen Ebenen durch adäquate Partialmodelle darstellbar und deren Lösung durch geeignete Algorithmen bzw. Heuristiken (Lösungsverfahren) lösbar. Hier werden die Teilprobleme derart gebildet, dass automatisch der Detaillierungsgrad der Entscheidungsprobleme mit fortschreitendem Planungsprozess steigt.

Zwar werden die Teilprobleme einer jeden Planungsebene zunächst isoliert gelöst, doch die Ergebnisse der übergeordneten Stufe gehen als Vorgabe in die nachfolgende Stufe ein und werden dort somit als ein Bestandteil in die jeweilige Lösung integriert. Letztendlich ergibt sich durch diese top-down-Vorgehensweise eine konsistente Lösung des Gesamtproblems.

B 5.5.2 Planungsmethoden

Die erhebliche wirtschaftliche Bedeutung und die latent vorhandenen Rationalisierungspotenziale in der Distributionslogistik stellen eine enorme Herausforderung für die praxisnahe Forschung dar, neue Planungsmethoden zu entwickeln [Vas91]. Somit ist es nachvollziehbar, dass zahlreiche – mehr oder weniger – praktikable Methoden für die Bandbreite der Distributionsplanung vorliegen.

Zur Reduzierung dieser Intransparenz in der Distributionslogistik lässt sich ein von Ulrich im Jahr 1976 entwickelter allgemeiner Systematisierungsansatz für Problemlösungsmethoden verwenden [Ulr76]. Dieser wird für die hier vorliegende Aufgabenstellung als geeignet betrachtet, da er das derzeit aktuelle Methodenspektrum in der Logistik abdeckt und in einer Reihe wissenschaftlicher Arbeiten zum Themenbereich des computergestützten Problemlösens Eingang gefunden hat [Eul87]. Die erste Methodenklasse umfasst die Optimierungsmethoden und beinhaltet zum einen die analytischen Methoden, bei denen sich nachweisen lässt, dass die gefundene Lösung das Optimum darstellt, und zum anderen die Näherungsverfahren (heuristische Optimierungsverfahren wie z. B. iterativen Methoden), bei denen sich die Lösungsfindung durch sukzessive Annäherung an das Optimum ergibt.

Wenn die Problemstellung für analytische Methoden zu komplex wird, bedient man sich heuristischer Methoden, die sowohl exakte als auch inexakte Methoden beinhalten und die sich vorwiegend für schlecht-strukturierte Problemstellungen und/oder inexakt-dokumentierte Lösungsprozesse eignen [Pfo77].

Innerhalb dieser heuristischen Verfahren lassen sich nach Ulrich dann nochmals vier Methodenklassen differenzieren:
– Expertensysteme,
– Simulation,
– diskursive Methoden und
– intuitive Methoden.

Die Darstellung adäquater Anwendungsfelder für diese insgesamt fünf genannten Methodenklassen kann generell mit Hilfe einer Differenzierung der Problemstellung nach dem Grad der Determiniertheit und des Lösungsprozesses nach dem Grad der Programmier- bzw. Dokumentierbarkeit vollzogen werden [Wit80].

Durch Gegenüberstellung der beiden Kriterien ergibt sich ein Rahmen, in den sich die einzelnen Methodenarten einordnen und die Anwendungsfelder ableiten lassen.

Während die Optimierungsmethoden vorwiegend auf wohlstrukturierte Probleme zugeschnitten sind, da es hier um routinemäßiges Abarbeiten festgelegter Arbeitsschritte

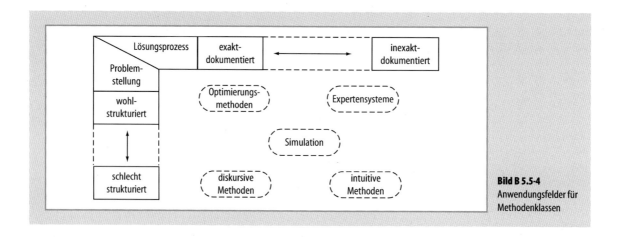

Bild B 5.5-4 Anwendungsfelder für Methodenklassen

geht, ist das intuitive Problemlösen für komplexe und schlecht strukturierte Probleme prädestiniert [Bon91].

Diskursive Methoden ermöglichen aufgrund ihres exakt-dokumentierten Lösungsprozesses eine genaue Steuerung der Vorgehensweise und erzwingen einen schrittweisen Erkenntnisfortschritt, der letztendlich zu einer Problemlösung führt [Kar87].

Weiterhin ist das wissensbasierte Problemlösen (Experten- und Assistenzsysteme) durch den Gebrauch von vorwiegend heuristischen Prinzipien und vagem Wissen gekennzeichnet, das sich aber inhaltlich abgrenzen lassen muss und somit nur für wohlstrukturierte Problemstellungen einsetzbar ist [Leb93].

Zwischen diesen vier Extremen liegt das weite Anwendungsfeld der Simulation. Die Simulation ist auf alle Problemklassen anwendbar, abhängig vom Untersuchungsfokus. Ihre Problemdomäne besitzt die Simulation vorwiegend in dem Falle, dass die Unvollkommenheit des Lösungsprozesses als gegeben anzusehen und zum anderen auch ein gewisser Strukturierungsgrad der Problemstellung erforderlich ist, damit diese Methodenklasse zu aussagekräftigen Ergebnissen gelangt.

Anhand dieses Systematisierungsansatzes werden nachfolgend die angesprochenen Methodenklassen kurz beschrieben, anhand von ausgewählten Beispielen aus der Distributionsplanung verdeutlicht und hinsichtlich ihrer Einsatzfähigkeit in dem zu konzipierenden Verfahren zur Distributionsstrukturplanung überprüft [Voj95].

B 5.5.3   Methodenspektrum in der Distributionsplanung

B 5.5.3.1   Optimierungsmethoden

Im Fachgebiet des Operations Research (OR) wurden seit den 50er Jahren zahlreiche Lösungsverfahren entwickelt, mit deren Hilfe eine rechnergestützte Optimierung einzelner Strukturparameter im Rahmen der Distributionsplanung möglich ist [Lov88].

Die ersten Optimierungsrechnungen zur Standortplanung behandelten das sog. Vial-Problem, bei dem der optimale Standort zwischen drei vorgegebenen Punkten gesucht wird. Werden den Punkten unterschiedliche Gewichte zugeordnet, z. B. unterschiedliche Nachfragemengen, so wird das Problem als Weber-Problem bezeichnet. Für Problemstellungen dieser Art wurden seit den 50er Jahren dann eine Vielzahl von Lösungsverfahren weiterentwickelt und auch auf Probleme mit mehreren Nachfragepunkten erweitert [Fan93].

Hierbei unterscheiden sich zwei grundsätzlich verschiedene Vorgehensweisen: die diskrete und die kontinuierliche Optimierung [Dan84]. Bei der kontinuierlichen Optimierung werden Standorte von Kunden, Produktionsstätten und Lagerstandorten als Punkte einer Ebene betrachtet, die in allen Richtungen homogen ist. Die zu optimierenden Standorte, also die Produktions- oder Lagerstandorte, können auf dieser Ebene beliebig verschoben werden, das Ergebnis der Optimierung ist ein Koordinatenpaar in der Ebene für jeden Standort.

Demgegenüber geht die diskrete Optimierung davon aus, dass nur eine Reihe von potenziellen Standorten zur Verfügung steht, unter denen eine Auswahl zu treffen ist. Das Ergebnis dieser Optimierung ist stets eine ausgewählte Teilmenge von Standorten aus der Grundmenge der potenziellen Standorte [Sch89].

Beiden Modellansätzen ist gemeinsam, dass die Standortfindung mittels eines Optimierungsalgorithmus erfolgt, welcher die Kenntnis von Nachfrageorten und -mengen sowie von Transportkostensätzen für den Transport zwischen Kunde und Lagerstandorten voraussetzt. Auf der Basis dieser Kostenwerte wird dann ein mathematisches Lösungsverfahren angewendet, das eine Feststellung der optimalen Standortlage vollzieht [Gra95].

Neben der Differenzierung nach kontinuierlichen und diskreten Lösungsverfahren gibt es in der Literatur auch andere Kriterien zur Differenzierung von Standortoptimierungsverfahren. Eine weitere Unterscheidung differenziert zwischen deterministischen und stochastischen Optimierungsmethoden, die sich dann nochmals in solche ohne und solche mit Lösungsverschlechterung aufteilen [Kuh92].

Bei einer deterministischen Vorgehensweise gelangt man bei einer erneuten Anwendung der Verfahrensvorschrift bei gleichen Startbedingungen immer zum selben lokalen bzw. globalen Optimum. Im Falle der stochastischen Vorgehensweise können bei mehrmaliger Verfahrensanwendung durchaus unterschiedliche lokale bzw. globale Optima gefunden werden.

Die Unterscheidung der Optimierungsmethoden hinsichtlich der temporären Lösungsverschlechterung bezieht sich darauf, ob innerhalb der Verfahrensprozedur temporär auch die Verschlechterung von bisherigen Lösungen zugelassen wird.

Am häufigsten angewandt werden deterministische Optimierungsmethoden, die keine temporären Lösungsverschlechterungen zulassen (traditionelle Verfahren). Sie modifizieren eine zulässige Lösung solange, bis sich der Zielfunktionswert nicht mehr verbessern lässt. Dabei werden, ausgehend von einer zulässigen Anfangslösung, mit Hilfe der Verfahrensregeln die Problemvariablen verändert. Weist die neue, zulässige Lösung einen günstigeren Zielfunktionswert auf, dient dieser als Ausgangspunkt für

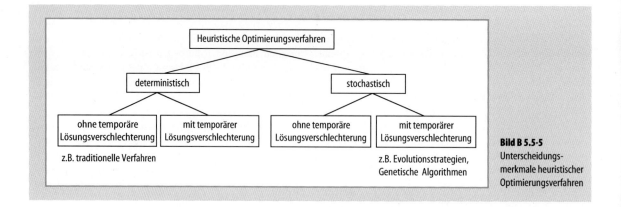

Bild B 5.5-5 Unterscheidungsmerkmale heuristischer Optimierungsverfahren

die weitere Suche. Hat sich dagegen der Zielfunktionswert verschlechtert, wird die neue Lösung verworfen und ausgehend von der ursprünglichen Lösung der Suchprozess fortgesetzt.

Die erzielbare Güte einer deterministischen Heuristik hängt somit neben der Verfahrensvorschrift insbesondere von der gewählten Startlösung ab. So kann es vorkommen, dass mit dem gleichen Vorgehen bei einer Startlösung das globale Optimum erreicht wird, während man mit einem anderen Anfangszustand lediglich zu einem lokalen Optimum gelangt.

Von diesen Lösungsverfahren zu unterscheiden sind solche, die temporäre Verschlechterungen der Zielfunktion zulassen. Lösungsverfahren der letztgenannten Art haben die Fähigkeit, lokale Optima zu überwinden, und kommen häufig zu günstigeren Ergebnissen. Zur Gruppe der stochastischen Optimierungsverfahren mit vorübergehender Lösungsverschlechterung gehören Evolutionsstrategien und genetische Algorithmen [Müh95; Rei95].

Im Fall der Evolutionsstrategien und der genetischen Algorithmen werden Vorgänge aus der Natur zur Verfahrensentwicklung adaptiert. Im Gegensatz zu reinen Zufallsprozessen bilden die Evolutionsstrategien einen Lernprozess ab, bei dem einmal gefundene, gute Punkte des Suchraums gespeichert werden und als Ausgangspunkt der weiteren Suche dienen. Dies entspricht den Vorgängen in der Natur, wo sich ebenfalls nur gelegentlich einige Gene zufällig ändern, also mutieren. Während der Suchprozess der Evolutionsstrategien durch die Mutation von Parametern bestimmt wird, werden bei den genetischen Algorithmen die Erbeigenschaften zweier Parameterkonstellationen miteinander kombiniert. Dieser Austausch von Erbanlagen wird Rekombination genannt [Nis94].

Diesen neueren Optimierungsmethoden ist jedoch gemeinsam, dass ihre Anwendung für Problemstellungen in der Standort- bzw. Transportoptimierung bisher nur ansatzweise erfolgt ist [Eul87].

Als Resultat dieser ersten Betrachtung dieser Methodenklasse kann zusammenfassend gesagt werden, dass die klassischen Optimierungsmethoden eine gute Basis zur Optimierung von Distributionssystemen darstellen. Hierbei ist allerdings darauf zu achten, dass zum einen sowohl diskrete als auch kontinuierliche Lösungsverfahren und zum anderen deterministische und stochastische Lösungsverfahren mit ihren jeweiligen Einsatzfeldern zu berücksichtigen sind.

B 5.5.3.2 Diskursive Methoden

Die Unterscheidung zwischen diskursiven und intuitiven Methoden lässt sich auf Kant zurückführen und basiert auf den unterschiedlichen kognitiven Fähigkeiten des Menschen. Er bezeichnet diskursives Denken als begriffliches, „rationales" Denken, das sich systematisch von einem Gedanken zum anderen fortbewegt. Hiervon trennt er das vorwiegend anschaulich-intuitive ab [Eul87].

Systemimmanentes Charakteristikum diskursiver Methoden ist also ihre analytische Vorgehensweise, die das Problem in seine Elemente zerlegt und es durch eine zuvor festgelegte, systematische Abfolge von Einzelschritten einer Lösung zuführt. Während des Problemlösungsprozesses wird die Aufmerksamkeit jeweils nur auf einzelne Aspekte konzentriert, erst nach Abarbeitung aller Arbeitsschritte gelangt man zur Lösung. Der Lösungsprozess des Entscheidungsträgers kann einem Dritten aufgrund der nachvollziehbaren Schrittfolge somit ex post begründet werden [Kar87].

Die Unterstützung der Lösungsfindung mit diskursiven Methoden erfolgt durch die Bereitstellung von Vorgaben oder Rahmen zur Entwicklung und analytischen Dar-

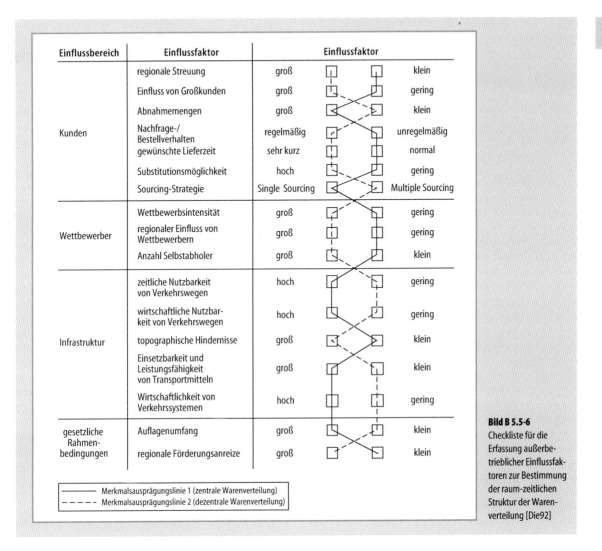

Bild B 5.5-6
Checkliste für die Erfassung außerbetrieblicher Einflussfaktoren zur Bestimmung der raum-zeitlichen Struktur der Warenverteilung [Die92]

stellung von Problemstrukturen. Bekannter Vertreter dieser Methodenklasse ist die Methode des Morphologischen Kastens oder der Typologie [Hür81].

Die Typologie zeichnet sich dadurch aus, dass sie geeignet ist, die Vielzahl von unterschiedlichen Erscheinungen eines Untersuchungsbereiches zu ordnen und somit überschaubar zu gestalten. Die typologische Vorgehensweise bildet aus der Fülle konkreter Merkmalsausprägungen eines Untersuchungsgegenstandes eine Anzahl von Typen, die sich aufgrund gemeinsamer Merkmale zusammenfassen lassen. Eine Typologie besteht somit darin, dass mehrere (mindestens zwei) Merkmale zur Beschreibung eines Untersuchungsobjektes benutzt werden. Durch sinnvolle Auswahl der Merkmale und Kombination der Merkmalsausprägung ergibt sich der Typus. Dieser stellt die Schnittmenge dar, in der dann gleichzeitig die Merkmale A–Z zutreffen und die das Wesentliche eines Untersuchungsgegenstandes widerspiegeln [Kno72].

Zur Verdeutlichung der Vorgehensweise der Typologie soll nachfolgendes Beispiel beitragen, das eine von wenigen in der Literatur dargestellten Anwendungen im Rahmen der Distributionsplanung darstellt und zur Auswahl zwischen zentraler sowie dezentraler Warenverteilung verhelfen soll [o.V.94a].

Basierend auf einer Anzahl von qualitativen Merkmalen erfolgt hier eine mehrdimensionale Betrachtung von realen Erscheinungsformen der Warenverteilung und führt im Resultat zu zwei Grundtypen.

Im ersten Schritt der Typisierung erfolgt die Auswahl von Merkmalen bzw. Merkmalsausprägungen, im zweiten Schritt die Typenbildung durch Kombination von Merkmalen bzw. Merkmalsausprägungen.

Die Einsatzmöglichkeiten dieser Methode haben den Charakter einer idealtypischen Betrachtung. Zur Beurteilung und Auswahl eines bestimmten Grundtyps der Warenverteilung bei einer Distributionsplanung werden unterschiedliche Grundtypen einer konkreten Umweltsituation (Entscheidungssituation) gegenübergestellt und mittels einer Abweichungsanalyse signifikante Abweichungen ermittelt. Hieraus lassen sich dann Maßnahmen definieren, die zu günstigeren Voraussetzungen für die jeweilige Distributionsstruktur führen (z. B. Erhöhung der Wirtschaftlichkeit von Verkehrssystemen zur Realisierung einer zentralen Warenverteilung). Letztendlich fallen die Wahl und die Entscheidung auf einen bestimmten Grundtyp auf diejenige Distributionsstruktur, die den Anforderungen der vorliegenden Umweltsituation der Distribution am besten gewachsen ist.

Zusammengefasst kann konstatiert werden, dass im Bereich der diskursiven Methoden bisher nur sehr wenige Methoden speziell für distributionslogistische Problemstellungen existieren [Bös88]. Sie werden allerdings in der Praxis in vielen Fällen implizit innerhalb des Problemlösungsprozesses eingesetzt, etwa zur ersten Strukturierung von Problemstellungen oder bei der Alternativenauswahl von Distributionsstrukturen.

B 5.5.3.3 Intuitive Methoden

Gegenüber den zuvor beschriebenen diskursiven Methoden zeichnen sich die intuitiven Methoden durch einen ganzheitlichen Lösungsansatz aus. Es erfolgt kein schrittweiser Problemlösungsprozess, sondern ein subjektivbestimmter, spontaner und für Dritte zumeist nicht nachvollziehbarer Ablauf.

Primäres Ziel intuitiver Methoden ist es, durch ein Verlassen herkömmlicher Denkmuster die Entwicklung origineller und neuer Ideen zu forcieren. Die Generierung einer möglichst großen Zahl von Ideen steht häufig im Vordergrund. Typische Vertreter der intuitiven Methoden sind die Kreativitätstechniken, wie z. B. Brainstorming, Methode 635 oder Synektik [Sch88b].

Aus einer wiederum beschränkten Palette von Anwendungsbeispielen in der Literatur für den Einsatz von kreativitätsfördernden Methoden in der Distributionsplanung sei an dieser Stelle die Wertanalyse herausgegriffen [Jeh95].

Aufgrund der methodenpluralistischen Konstruktion ließe sie sich die Wertanalyse grundsätzlich auch in die Klasse der vorwiegend diskursiven Methoden einordnen, besitzt allerdings im Kern einen starken Kreativitätskern, der in anderen Methodenklassen völlig fehlt [Jen93].

Ein weiterer Auswahlgrund an dieser Stelle resultiert aus der „Affinität zwischen dem wertanalytischen und dem logistischen Denken, auf der die Eignung der Wertanalyse als Problemlösungsinstrument in der Logistik in der Hauptursache beruht" [Jen89].

Die Grundschritte des wertanalytischen Kreativitätsprozesses lassen sich grob in drei Phasen aufteilen. Beginnend mit dem systematischen Aufbereiten des Suchfeldes, der Definition der Zielsetzung und der Festlegung der Schnittstellen sind im ersten Schritt (Erkennungsschritt) hauptsächlich die relevanten Informationen zusammenzutragen.

Nachfolgend startet der eigentliche Kreativitätsprozess, der durch geeignete Kreativitätstechniken unterstützt wird. Welche Kreativitätstechnik im Einzelfall geeignet ist, hängt u. a. „vom Umfang und der Tiefe des gestellten Problems, von der Wirtschaftlichkeit dieser Methode sowie dem Vorhandensein der erforderlichen personellen, organisatorischen und finanziellen Ressourcen" ab [Jeh89]. Abschließend erfolgt im Bewertungsschritt die Beurteilung, Sortierung und Reihenfolgebildung der Ideen. In diesem Zusammenhang ist besonders auf die strikte Trennung von Schritt 2 und 3 zu achten, damit neue Ideen nicht frühzeitig beurteilt und eliminiert werden.

An dieser Stelle sei ein Beispiel angeführt, in dem durch den Einsatz der Wertanalyse die Kostensituation und Wirtschaftlichkeit der Distributionslogistik deutlich verbessert werden konnte [Noe89].

Die Problemsituation im Unternehmen gestaltete sich derart, dass einerseits die den Kunden zugesagten Liefertermine häufig nicht eingehalten werden konnten und andererseits hohe Lagerbestände vorlagen. Die Zielsetzung einer interdisziplinären Arbeitsgruppe, die sich aus Mitarbeitern unterschiedlicher Fachbereiche und Hierarchieebenen sowie eines externen Moderators rekrutierte, war eine Reduzierung der Lieferzeiten und ein Abbau der Lagerbestände im Fertigwarenlager.

Ausgehend von einer detaillierten Bestandsaufnahme der wesentlichen Probleme in der Ist-Situation erfolgten Brainstorming-Sitzungen, in denen kritische Anregungen aus unterschiedlichen Fachbereichen gesammelt und zu Problempaketen sortiert wurden. Die hieraus resultierende Transparenz über die Vielfältigkeit der Schwachstellen und der gegenseitigen Abhängigkeiten führte im Resultat zu der Realisierung eines umfangreichen Lösungskonzeptes, bei dem die Steuerung der Mindestbestände hauptsächlich auf der Basis der Planungsqualität von Absatzmengen beruht.

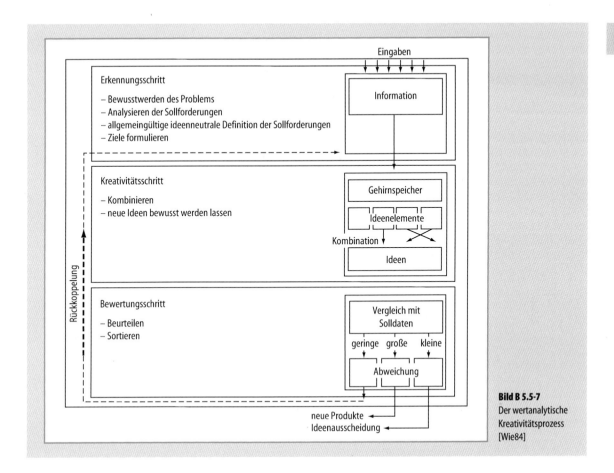

Bild B 5.5-7 Der wertanalytische Kreativitätsprozess [Wie84]

Die Realisierung dieses Konzeptes als Ergebnis der Wertanalysegruppe führte zu einer Halbierung der Lagerbestände in der Distribution, ohne die Lieferbereitschaft des Unternehmens zu beeinträchtigen [Noe89].

Die Anwendungssituation der intuitiven Methoden gestaltet sich ähnlich der bei den diskursiven Methoden. Zwar liegt aufgrund der umfangreichen – jedoch zumeist allgemeinen – Arbeiten zur Ideenfindung und Kreativitätstechnik [Sch77] eine Vielzahl von Methoden und Erfahrungen vor [Ges79], ihre Anwendung im Themenbereich der Distributionsplanung finden sie allerdings vorwiegend in der übergeordneten strategischen Planung und dort auch nur in sehr geringem Maße.

Allerdings ist zu erwarten, dass der Einsatz der intuitiven Methoden im Rahmen der strategischen Entscheidungsfindung, z. B. zur Generierung von vorwiegend strategisch-orientierten Alternativen zur Servicesteigerung oder Suche nach neuen Absatzwegen der Distribution, sicherlich in Zukunft an Bedeutung zunehmen wird.

B 5.5.3.4 Experten- und Assistenzsysteme

„Expertensysteme sind Programme, mit denen das Spezialwissen und die Schlussfolgerungsfähigkeit qualifizierter Fachleute auf eng begrenzten Aufgabengebieten nachgebildet werden soll" [Pup88]. Das systemimmanente Merkmal von Expertensystemen ist die strenge Trennung von Wissensbasis und der Problemlösungsstrategien.

Diese funktionale Trennung spiegelt sich im Aufbau eines Expertensystems in Form von zwei Hauptkomponenten und ihrer jeweiligen Struktur wider.

Während die Wissensbasis das Fakten- und Regelwissen über ein Aufgabenfeld beinhaltet, bildet die Problemlösungskomponente die Lösungsstrategie des Experten ab. Durch diese Struktur ist es möglich, das Fachwissen eines Experten in quantitativer und temporärer Sicht verfügbar zu halten. Vorhandenes Wissen kann abgespeichert, ergänzt oder modifiziert werden, und somit kann Kompetenzsicherung erzielt werden.

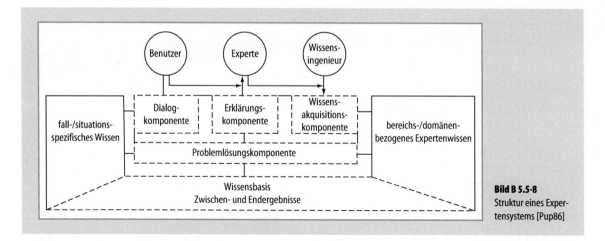

Bild B 5.5-8
Struktur eines Expertensystems [Pup86]

Die generellen Leistungseigenschaften eines Expertensystems können durch die Gegenüberstellung von wissensbasierter zu konventioneller Computersoftware verdeutlicht werden. Während die konventionellen Programme zur Verarbeitung zumeist großer und homogener Datenmengen eingesetzt werden, verzichten die in Expertensystemen eingesetzten heuristischen Programme auf die Analyse aller möglichen Lösungswege und beschränken sich auf einzelne Wege, die durch heuristische Regeln bestimmt sind. Somit gelangen sie im Vergleich zu den algorithmischen Verfahren schneller zu einer Lösung. Demgegenüber besteht aber keine Garantie, dass stets eine Lösung gefunden wird oder die durch eine heuristische Regel gefundene Lösung auch das Optimum darstellt.

Ein entscheidendes Problem bei der Entwicklung von Expertensystemen besteht in der expliziten Darstellung des persönlichen Wissens. Dies liegt einerseits daran, dass sich der einzelne über seine Gedankenfolgen während einer Problembearbeitung häufig nicht im Klaren ist, andererseits mehrere Experten eines Fachgebietes z. T. recht unterschiedliche Denk- und Repräsentationsstrukturen besitzen.

Ausgehend von der Erhebung der wesentlichen Daten über die Zielsetzung und die Umfeldbedingungen in der vorliegenden Distributionslogistik per Interview und Fragebogen erfolgt hiernach die DV-gestützte Analyse der Mengendaten. In weiteren Schritten werden dann unterschiedliche Szenarien definiert und durch Parametervariation (z. B. unterschiedliche Preisbasen der Verkehrsträger) untersucht. Auf Basis dieser Variationen kann der Anwender aufgrund seiner Kenntnis über die Ist-Situation und durch Mithilfe des Rechners (Assistenzfunktion) die vorliegenden Problemfelder und Schwachstellen erkennen. Somit kann der Anwender wesentlich schneller zu Lösungsvorschlägen und zur Entscheidungsvorbereitung vordringen.

Allerdings gestaltet sich der Aufbau eines derartigen Expertensystems als immens zeitaufwendig, und „das Ziel der transparenten Abbildung der Logistikstrukturen kann häufig nur unzureichend erreicht werden." [o.V.94b].

Somit stellt der beträchtliche Einsatzaufwand hinsichtlich strukturierter Datenerfassung und zielgerichteter Auswertung das wesentliche Hindernis für eine stärkere Verbreitung dieser Methodenklasse dar. Eine kurzfristige und zugleich mit vertretbarem Aufwand verbundene Durchführung einer Distributionsanalyse unter dem Gesichtspunkt der Wirtschaftlichkeit des Einsatzes und der Garantie der optimierten Lösungsfindung kann diese Methodenklasse bisher nicht in zufriedenstellender Weise leisten.

Unter Berücksichtigung der dargestellten systemimmanenten Mängel von Expertensystemen wird deutlich, dass diese eher als Ergänzung und weniger als Ersatz zu den klassischen Optimierungsmethoden im Rahmen der Distributionsstrukturplanung anzusehen sind [Sch88a].

B 5.5.3.5 Simulationstechnik

Simulation ist die Nachbildung eines dynamischen Prozesses in einem Modell, um zu Erkenntnissen zu gelangen, die auf die Wirklichkeit übertragbar sind (VDI 3633). Somit verhilft die Simulation zu Antworten bei explizit formulierten Modellen, in denen die Realität abstrahiert wird und reale Tatbestände und Abläufe vereinfacht werden. Der Anwender kann dann durch die Modifikation der einzelnen Modellparameter bestimmte Eigenschaften der Systemelemente sowie die Verhaltensweisen und Beziehungen des im Modell abgebildeten realen Systems analysieren.

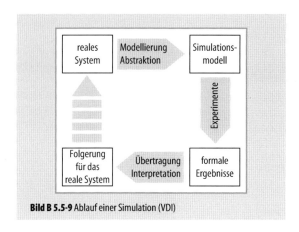

Bild B 5.5-9 Ablauf einer Simulation (VDI)

Das Bild 5.5-9 zeigt die generelle Vorgehensweise bei der Simulation. Ausgehend von der Abstraktion des realen Systems wird das Simulationsmodell durch Experimente manipuliert, die zu formalen Ergebnissen führen. Durch deren Übertragung und Interpretation ergeben sich Folgerungen für das reale System. Dieser Kreislauf wird solange durchgeführt, bis die Auswirkungen von Änderungen an den Modellparametern das reale System hinreichend beschreiben.

Mit Hilfe der Simulation lassen sich so unterschiedliche Systemkonstellationen „durchspielen" und die dadurch variierenden Systemparameter, beispielsweise die Auslastung von Transportkapazitäten, analysieren und beurteilen. Die Ergebnisse einer Simulation können z. B. Engpässe oder Leistungsreserven des Systems zu einem Zeitpunkt sein, die dann zur Entwicklung anderer Strategien führen.

Die Modellsimulation hilft insbesondere bei dynamischen Problemen mit stochastischen Einflüssen. Sie arbeitet in diesen Fällen mit statistischen Verteilungen der Modellparameter. Je komplexer die Problemstellung ist, d. h. je mehr Einflussgrößen in der Problemstellung zu berücksichtigen sind und diese zudem interdependent verbunden sind, um so mehr ist der Einsatz der Simulation zu rechtfertigen. Hinsichtlich des Detaillierungsgrades und des Problemumfanges bei Simulationsmodellen liegen kaum Grenzen vor. So sind z. B. die Anzahl der Produktionsstätten und Anzahl der Produkte in beliebiger Höhe in ein derartiges Modell einzubeziehen. Die DV-gestützte Simulation hat durch die exponentielle Zunahme der Leistungsfähigkeit der Datenverarbeitung enorme Fortschritte in den vergangenen Jahren erfahren, wodurch sie für ein breites Aufgabenfeld innerhalb der Distributionslogistik einsatzfähig ist [Mer87]. Jedoch ist stets darauf zu achten, dass die Problemkomplexität und Detailliertheit des Modells nicht zu

hoch werden und somit die Lösungsfindung erheblich erschweren oder gar gänzlich verhindern [Hel86].

Aus den oben beschriebenen Eigenschaften wird ersichtlich, dass diese Methodenklasse vorwiegend für dynamische Aufgabenstellungen in der Logistik geeignet ist. Simulation von Modellen bedeutet kein „eigentliches" Problemlösen, welches zur Findung des Optimums beiträgt, sondern die Analyse der in der modellhaft abgebildeten Realität ablaufenden Prozesse. Sie trägt somit zwar zur Lösungsfindung bei, indem sie Antworten nach dem „Wenn – dann – Prinzip" ermöglicht; sie kann jedoch nicht den optimalen Zustand eines Systems ermitteln. Hierfür sind die Optimierungsmethoden zwingend erforderlich, die eine Ermittlung des optimalen Systemzustandes ermöglichen [Kap87].

In der Praxis hat sich daher für komplexe Problemstellungen im Rahmen der Distributionsstrukturplanung der kombinierte Einsatz von Simulation und Optimierung als Erfolg versprechend erwiesen. Im ersten Schritt werden mit Hilfe von Optimierungsmethoden mehrere Lösungsalternativen ermittelt, die zunächst potenzielle Standortkonfigurationen darstellen. Hiernach können bei Bedarf und hoher Modellkomplexität die potenziellen Konfigurationen mit Hilfe der Simulation im Zeitablauf eingehend betrachtet und verglichen sowie die Auswirkungen einer Modifikation der Systemparameter oder einer Realisierung anhand eines dynamischen Modells detailliert untersucht werden [Win77].

Als zusammenfassendes Resultat dieses Einblicks in die Anwendungsfelder von Methoden für distributionslogistische Problemstellungen kann an dieser Stelle festgehalten werden, dass einerseits eine übergreifende Klassifikation des breiten Methodenspektrums in der Distributionslogistik möglich erscheint und andererseits die spezifischen Anwendungsfelder der einzelnen Methodenklassen recht unterschiedlich sind und sich gegeneinander grob abgrenzen lassen. Weitere Informationen zur Anwendung der Simulation im Rahmen der Distribution werden in Abschn. 5.8 gegeben.

B 5.5.4 Kunden- und Lieferscheinanalyse

Relevante Entscheidungen in der Distributionslogistik sollten nur auf Basis fundierter Daten getroffen werden [Vas98]. Daher setzt jede Reorganisation oder Neugestaltung eines Logistiksystems eine sorgfältige Analyse der bestehenden Situation anhand der vorliegenden Daten voraus. Die Analyse soll eine detaillierte Untersuchung des Logistiksystems auf der Basis des zur Verfügung gestellten Datenbestandes ermöglichen. Für die Analyse und die nachfolgenden Planungen ist die Bereitstellung von Lieferscheindaten für einen repräsentativen Zeitraum (z. B. 6 bis 10 Monate, je nach Datenumfang) in DV-lesbarer Form erforderlich.

Die Analyse soll auf Datenbeständen aufbauen, die in fast jedem Unternehmen in der DV gespeichert sind; dies sind die Lieferschein- oder Rechnungsdaten. Da die Lieferscheine umfangreiche Informationen zu den einzelnen Lieferungen beinhalten, stellen sie die günstigere Datenbasis dar. Bei der Analyse von Verkehrslogistiksystemen sind zumeist hunderttausend Informationen in Form von Lieferscheinen zu verarbeiten.

Es ist nicht stets der gesamte Datenbestand von Interesse. Beispielsweise sind für eine Planung von Lagerstandorten diejenigen Produkte zu selektieren, die per Direktbelieferung von einem Zentrallagerstandort aus zu den Kunden geliefert werden können, weil sie zu klein oder zu leicht sind und deshalb eine zentrale Abwicklung über einen Paketdienst wirtschaftlich sinnvoller ist.

Dem Planer sollen folgende Alternativen zur Verfügung gestellt werden: Entweder den gesamten Datenbestand oder nur ausgewählte Teilmengen für einzelne Datenanalysen, für die nachfolgende Kostenbewertungen und Optimierungsrechnungen zu verarbeiten. Hierdurch ist es möglich, jeden beliebigen Teilausschnitt des Datenbestandes für Informationswünsche auszuwerten (z. B. einzelne Lager, Artikelgruppen, Kundengruppen, Lieferbeziehungen).

Um detaillierte Auswertungen vornehmen zu können, werden die vorliegenden Daten des Unternehmens zunächst in eine Standarddatenstruktur umgesetzt. Der sich dadurch ergebende Lieferscheindatensatz soll folgende Elemente enthalten:

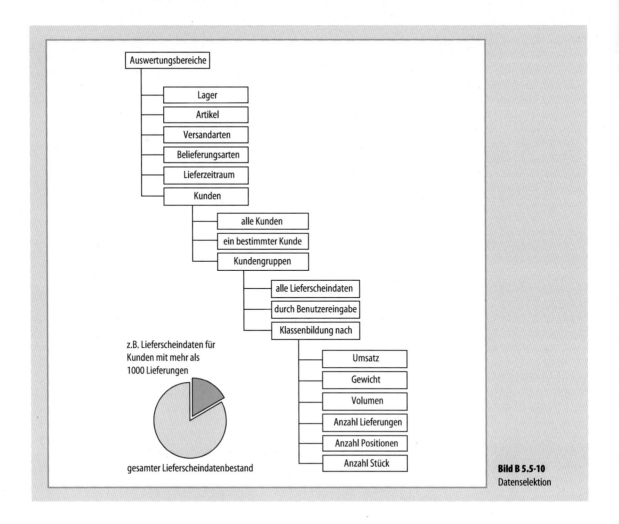

Bild B 5.5-10
Datenselektion

- Die *Lieferscheinnummer* dient zur Identifikation einer Lieferung. Hat ein Lieferschein mehrere Positionen, so wird für jede Position ein Datensatz gebildet. Da programmintern zur Bestimmung einer Lieferung über alle Lieferscheinpositionen (alle Sätze mit gleicher Lieferscheinnummer) aggregiert wird, ist es wichtig, dass jeder Lieferschein eine eindeutige Lieferscheinnummer und ein *-datum* besitzt.
- Zur Kennzeichnung eines Abgangsortes einer Sendung dient das Feld *Absender*. Die geographische Position wird dabei aus der Postleitzahl ermittelt. Zur eindeutigen Unterscheidung von Absendern, die im gleichen Ort angesiedelt sind, dienen die Felder Absendername und -nummer.
- Die Angaben des Feldes *Empfänger* dienen zur Identifikation der Lieferstelle. Die geographische Position wird auch hier aus der Postleitzahl ermittelt (s. Feld Absender).
- Um eine Analyse durchführen zu können, müssen *Mengenangaben* wie z. B. Stück, Gewicht oder Volumen, vorhanden sein.
- Zur Aggregation oder Selektion bestimmter Kunden kann ein Feld *Kundengruppe* enthalten sein, welches die verschiedenen Kunden in Gruppen zusammenfasst (z. B. Branche des Kunden).
- Für eine differenzierte Untersuchung und Selektion nach Verkehrsträgern ist eine entsprechende Angabe von *Transport- und Versandart* erforderlich.
- Zur Durchführung artikelbezogener Analysen ist die Bereitstellung von *Artikeldaten* oder *Artikelgruppendaten* erforderlich. Pro Artikel-(gruppe) eines Lieferscheines ist dann ein Datensatz bereitzustellen. Hierbei ist bei der Datensatzbeschreibung zu vermerken, ob sich die Informationen Gewicht, Volumen bzw. Preis auf den einzelnen Artikel oder auf die Lieferposition beziehen.

Die oben angegebenen Elemente eines standardisierten Lieferscheindatensatzes werden für jede Position eines Lieferscheines erzeugt und abgespeichert. Im konkreten Anwendungsfall sind allerdings nicht immer alle Datenelemente relevant (z. B. kann die Volumenangabe entfallen). Diese Datenbasis steht praktisch in jedem Unternehmen in DV-lesbarer Form zur Verfügung und braucht daher nur für die konkrete Projektanwendung für einen repräsentativen Zeitraum hinweg zusammengestellt werden.

Ein weiteres zentrales Problem der DV-gestützten Analyse und Planung liegt in der korrekten Bereitstellung des erforderlichen Datenmaterials. Nur bei einer genauen Repräsentation des Entscheidungsproblems durch entsprechende Informationen und Daten ist ein Erfolg versprechender Einsatz möglich. Daher besteht der nächste Schritt der Analyse in der Prüfung der Daten auf Plausibilität. Zur Lösung dieser Aufgabenstellung sind aggregierte Übersichten über die Kunden, Kundengruppen usw. zu erstellen, die sorgfältig zu prüfen sind, damit sichergestellt wird, dass der für die nachfolgenden Planungen verwendete Datenbestand einwandfrei ist und keine fehlerhaften Ursprungsdaten übernommen werden. Datenunstimmigkeiten sind durch Plausibilitätsprüfungen zu erkennen und zu eliminieren. Die Daten erfordern in fast allen Fällen eine Nachbearbeitung und Berechnung von Sonderfällen wie Stornierungen, Verrechnungen, Sonderabwicklungen, Tippfehler etc. Nach der Bereinigung der Daten erfolgt die Selektion der für die Planung relevanten Teilmengen des Datenbestandes.

Die Analyse der Datenbasis sollte sowohl geographische als auch strukturelle Auswertungsmöglichkeiten enthalten.

Analyse geographischer Kriterien

Bei der Darstellung der regionalen Belieferungsintensität werden die Mengendaten aller ausgewählten Lieferscheine pro Postleitzahlbezirk kumuliert und entsprechend der ausgewählten Klassifizierung auf einer entsprechenden Landkarte visualisiert. In Bild B 5.5-11 ist jeder Postleit-

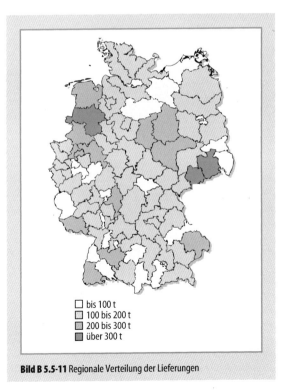

Bild B 5.5-11 Regionale Verteilung der Lieferungen

zahlbezirk entsprechend der zugehörigen Gewichtsklasse markiert, wobei die Zuordnung zwischen Markierung und Klasse in der nebenstehenden Legende dargestellt ist. Die Liefermengen sollen nach unterschiedlichen Kriterien (z. B. Umsatz, Gewicht oder Anzahl Lieferungen) und je nach gewünschtem Differenzierungsgrad (auf Basis von zwei-, drei- oder fünfstelligen Postleitzahlbezirken) dargestellt werden können. Eine derartige Darstellung gibt somit Auskunft darüber, wo sich Kundenschwerpunkte befinden und welche kumulierten Liefermengen in die einzelnen Postleitzahlbezirke fließen. Hieraus lassen sich im ersten Schritt beispielsweise die Absatzschwerpunkte ablesen und mit den bisherigen Lagerstandorten vergleichen. Deutliche Abweichungen weisen auf die Notwendigkeit einer Reorganisation des Distributionssystems hin.

Analyse struktureller Kriterien

Neben der Analyse geographischer Kriterien soll auch die Analyse struktureller Kriterien zur Untersuchung des bestehenden Distributionssystems möglich sein. Die Analyse der Verkehrsträgerstruktur ist in diesem Zusammenhang von besonderer Bedeutung, da in der Verkehrslogistik zunehmend die Planung von intermodalen Transporten eine wichtige Rolle spielt und daher die Anteile der einzelnen, innerhalb der Transportkette eingesetzten Verkehrsträger auszuweisen sind.

Weitere Analysemöglichkeiten beziehen sich auf die Kunden-, Lager- und Sendungsstrukturen, wie z. B. die Sendungsstruktur je Lagerstandort oder ausgewählten Kunden. Diese Kriterien sind an dieser Stelle nur beispielhaft aufgeführt; vergleichbare Auswertungen und graphische Darstellungen wie oben dargestellt, lassen sich auch hier für die Lager-, Artikel- und Sendungsstrukturen durchführen. Diese sollen allerdings an dieser Stelle nicht weiter detailliert werden. Bild B 5.5-12 zeigt ein Beispiel für eine Analyse des Distributionssystems nach dem Kriterium des eingesetzten Verkehrsträgers.

Diese Analysemöglichkeiten sollen ein präzises Bild über die wichtigen strukturellen Einflussfaktoren des Verkehrslogistiksystems erstellen. Die detaillierte Darstellung der Ist-Situation ermöglicht somit eine zielgerichtete Diskussion über die zu verändernden Gestaltungsparameter und die in Frage kommenden Gestaltungsvarianten. Die ausgewählten Systemalternativen können dann im ersten Ansatz festgelegt und die mengenmäßigen Konsequenzen aufgezeigt werden.

B 5.6 Planung und Optimierung von Distributionsstrukturen

Die Problemstellung der Standortoptimierung stellt eine sehr komplexe mathematische Aufgabe dar, wenn es darum geht, Standorte für mehrere Lager bzw. Produktionsstätten zu optimieren. Um dieses Problem mathematisch behandeln zu können, ist zunächst eine Abstraktion der Aufgabenstellung (Modellierung) erforderlich, bei der diese in eine relativ einfach zu beschreibende mathematische Formulierung übertragen wird.

Hierbei unterscheiden sich zwei grundsätzlich verschiedene Herangehensweisen: die diskrete und die kontinuierliche Optimierung. Bei der kontinuierlichen Optimierung werden Standorte von Kunden, Produktionsstätten und Lagerstandorten als Punkte einer euklidischen Ebene betrachtet, die in allen Richtungen homogen ist. Die zu optimierenden Standorte, also die Produktions- oder Lagerstandorte, können auf dieser Ebene beliebig verschoben werden, das Ergebnis der Optimierung ist ein Koordinatenpaar in der Ebene für jeden Standort. Demgegenüber geht die diskrete Optimierung davon aus, dass eine Reihe von potenziellen Standorten zur Verfügung steht, unter denen eine Auswahl zu treffen ist. Das Ergebnis dieser Optimierung ist also eine Teilmenge von ausgewählten Standorten aus der Grundmenge der potenziellen Standorte, verbunden mit einer Zuordnung der Kunden zu den ausgewählten Standorten.

Beiden Modellansätzen ist gemeinsam, dass die Standortfindung mittels eines Optimierungsverfahrens erfolgt, welches die Nachfrageorte und -mengen sowie die Transportkostensätze für den Transport zwischen Kunde und Lager erfordert. Auf der Basis dieser Kostenwerte wird dann eine mathematische Heuristik angewendet, die eine Feststellung der optimalen Standortlage sowie die Zuordnung von Kundenstandorten zu den ermittelten Umschlagstandorten vollzieht.

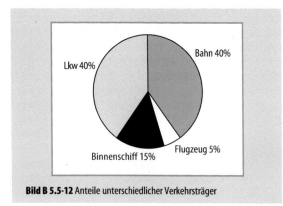

Bild B 5.5-12 Anteile unterschiedlicher Verkehrsträger

Strukturoptimierung

Distributionsstrukturplanung ist der erste wesentliche Schritt bei der Reorganisation der Distribution, da hiermit die Rahmenbedingungen des Unternehmens für mehrere Jahre festgelegt werden.

Durch den zunehmend stärker werdenden Trend hin zum Outsourcing genügen bestehende Distributionsstrukturen oft nicht mehr den zukünftigen Anforderungen. In den letzten Jahren haben sich zahlreiche Rahmenbedingungen wie Wegfall der Tarifbindung, Globalisierung der Beschaffungsmärkte, Veränderungen im Nachfrageverhalten, Öffnung des europäischen Marktes nach Osten, Einsatz externer Dienstleister und zunehmende Verkehrsbelastung stark verändert und führen zu neuen Herausforderungen an die Transport- und Verkehrslogistik [Ali05].

Diese neuen Anforderungen bieten jedoch auch gleichzeitig eine Vielzahl von Gestaltungsmöglichkeiten und Kosteneinsparungspotenzialen in der Distributionslogistik. Das Ziel besteht daher bei Distributionsplanungen meist darin, auch zukünftig leistungsstarke und robuste Logistiksysteme zu marktgerechten Preisen zu betreiben. Einsparungsmöglichkeiten müssen konsequent genutzt werden, ohne angepasste Distributionsstrukturen lassen sich die verschiedensten Aufgaben jedoch nur noch selten erfüllen [Bre04].

Als Datenbasis für Strukturanalysen und Standortplanungen in der Distributionslogistik dienen, wie bereits oben dargestellt, die Lieferscheindaten aus dem Unternehmen, die sich über einen repräsentativen Zeitraum erstrecken. In der Regel entstammen solche Informationen dem im Unternehmen vorliegenden Lieferdatenbestand über einen repräsentativen Zeitraum. Dieser umfasst normalerweise ein Jahr, da so saisonale Schwankungen berücksichtigt werden können.

Auf der Basis dieses Datenbestandes können strukturelle Analysen (Kunden, Artikel u. a.) durchgeführt und nach Kosten und Servicegrad optimierte Standorte ermittelt werden.

Mit der Hinterfragung des bestehenden Distributionssystems können z. B. die Stufigkeit des Systems, d. h. Standortwahl, Funktion und Anzahl der Lager auf seine Wirtschaftlichkeit überprüft, kostenoptimierte Zuordnung von Kunden zu Lagern vorgenommen werden oder Lagerhaltungsstrategien neu überdacht und der Nutzen diffe-

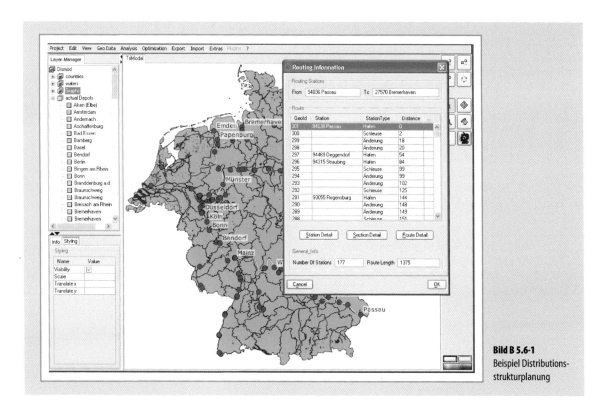

Bild B 5.6-1
Beispiel Distributionsstrukturplanung

renzierter Lieferstrategien beurteilt werden. Die Gegenüberstellung der Ist-Situation mit beliebig generierbaren Alternativen der Lieferstruktur und der Lieferabläufe ermöglicht eine differenzierte Betrachtung der Auswirkungen und der kostenmäßigen Konsequenzen.

Standortoptimierung

Das Ziel der Optimierungsrechnung besteht darin, ein Kostenoptimum bei einem vorgegebenen Qualitätsgrad zu erreichen. Wesentliche Voraussetzung für ein aussagekräftiges Ergebnis ist die Selektion der planungsrelevanten Teilmenge des Grunddatenbestandes. Für eine vorgegebene Standortanzahl wird auf Basis unterschiedlicher mathematischer Algorithmen eine Optimierung der Lage der Standorte und der Zuordnung der Kunden zu diesen Standorten vorgenommen, wobei als Optimierungskriterium zumeist minimale Kosten im Vor- bzw. Nachlauf von und zu den Standorten herangezogen werden. Durch Variation der Standortanzahl und Vergleich der Kosten und des erreichbaren Servicegrades wird eine Optimierung der Gesamtstruktur vorgenommen [Buh02].

Kostenoptimierung

Die Kostenberechnung kann einerseits auf Basis von marktüblichen Preisspiegeln oder den Haustarifen des Versenders durchgeführt werden, falls der Transport durch Logistikdienstleister (Speditionen) erfolgt. Zum anderen ist eine Kalkulation auf Basis der bestehenden Transportkosten bei Eigendurchführung möglich. Letztere erfolgt anhand einer Nachrechnung der Transportkosten auf Basis von Fahrzeugkostensätzen. Die Parameter dieser Berechnung werden durch die jeweils verwendeten Fahrzeugtypen und unternehmensspezifischen Randbedingungen, wie Art der Produkte, Kundendichte, Lohnkosten usw. bestimmt. Sie beinhalten z. B. Fahrzeugfixkosten und die Transportvolumina der einzelnen Fahrzeugtypen sowie Personalkosten.

Für jede errechnete Strukturvariante ist durch die Wahl geeigneter Parameter eine Sensitivitätsüberprüfung bezüglich der Lager- und Transportkosten sowie Lieferzeit möglich, so dass eine differenzierte Beurteilung der einzelnen Varianten erfolgen kann [Sch06].

Demographiedaten zur Erschließung neuer Märkte

Da die Qualität der Bewegungsdaten häufig schwankt bzw. diese Daten für die Erschließung neuer Märkte gar nicht vorhanden sind, ist die Überprüfung auf Basis von demographischen Informationen möglich. Unter Zuhilfenahme dieser Datengrundlage lassen sich auch virtuelle Aufkommen in Märkten generieren, welche erst zukünftig erschlossen werden sollen, um so bereits frühzeitig passende Transportstrukturen zu ermitteln.

Somit kann anstelle der klassischen Vorgehensweise, die von einer hohen Datenqualität der Ist-Daten abhängig ist, ein Verfahren genutzt werden, das unabhängig von reinen Ist-Daten für das Unternehmen die optimale Logistikstruktur ermittelt. Diese Verfahren nutzen als Basis geographische Stammdaten, die die Absatzgebiete oder Zuliefergebiete des Unternehmens in ausreichender Genauigkeit in ihrer Struktur abbilden [Bon01].

Multimodalität

Weiterhin ist die Berücksichtigung von multimodalen Transporten bei der Distributionsstrukturplanung, insbesondere in der Kombination von Seetransporten und Binnenschiff mit den „klassischen" Verkehrsträgern Schiene und Straße, eine Entwicklung, die durch die Globalisierung der Transportströme auch in die Planung logistischer Standorte zunehmend an Bedeutung gewinnt. Auf Basis von digitalisierten Netzdaten sind neben dem Bundes- und Landstraßennetz auch Bahnhöfe, Flughäfen sowie Binnen- und Seehäfen implementiert. Durch die optimale Ausnutzung des modal split in Abhängigkeit des zu transportierenden Gutes werden weitere Optimierungspotenziale für die Distributionslogistiker möglich.

Literatur

[Ali05] Alicke, K.: Planung und Betrieb von Logistiknetzwerken. Berlin u. a. 2005, 75 ff.
[Bon01] Van Bonn, B.: Konzeption einer erweiterten Distributionsplanungsmethodik mittels standardisierter Geographiemodelle. Dortmund 2001, 47 ff.
[Buh02] Buhlmann, M.; Kinkel, S.; Junge-Erceg, P.: Dynamische Bewertung von Standortfaktoren. Industrie Management 18 (2002) 4, 9–12
[Bre04] Bretzke, W.; Becker, T.: Wege zur optimalen Distributionsstruktur in Europa. Logistik für Unternehmen (2004) 1/2, 63–65
[Sch06] Schöfer, J.: Logistik als Kostensparer in Netzwerken. Industrie Management 22 (2006) 1, 44–46

B 5.7 Lenkungsebenen in der Distribution

Die Lenkung des Unternehmensbereiches Distribution kann analog zur Lenkung eines gesamten Unternehmens bzw. allgemein zur Lenkung eines autonomen Teilsystems in fünf Lenkungsebenen unterteilt werden. Diese Ebenen, welche die Potenzialklassen der Lenkung darstellen, sind die normative, administrative und die dispositive Lenkung sowie die Lenkung auf Netzwerk- und lokaler Ebene [Kuh95]. Nachfolgend werden die Aufgaben der fünf Lenkungsebenen, fokussiert auf den Unternehmensbereich Distribution, beschrieben.

B 5.7.1 Einordnung der Lenkung der Distribution

Die Distribution und insbesondere die Lenkung der Distribution sind als Teilbereich eines Unternehmens den Lenkungsebenen des gesamten Unternehmens hierarchisch untergeordnet. Die Lenkung des Gesamtunternehmens determiniert die Rahmenbedingungen, aus welchen sich die Vorgaben und Freiheitsgrade für die Lenkung der Distribution ergeben. Die gesamtunternehmerische Lenkung selbst wird an dieser Stelle nicht weiter betrachtet.

In der weiteren hierarchischen Struktur der Lenkung sind die Lenkungsebenen einzelner Subsysteme der Distribution, wie Transport-, Lager- und Umschlagsysteme wiederum denen des Unternehmensbereiches Distribution untergeordnet. Aus der Betrachtungsebene der Gesamtdistribution werden die Vorgaben, Freiheitsgrade und Aufträge für die untergeordneten Ebenen bestimmt.

B 5.7.2 Normative Lenkungsebene

Die normative Lenkungsebene beinhaltet das Management der Unternehmenskultur und Unternehmensphilosophie [Kuh95]. Auf der normativen Ebene erfolgt demnach die Erarbeitung von Visionen, die Definition von Werten sowie die Vorgabe und Priorisierung von Unternehmenszielen mit jeweils bindendem Charakter für alle anderen Lenkungsebenen [Laa06]. Dabei ist die Festlegung der Anforderungsschwerpunkte abhängig von der politischen und ökonomischen Situation des Unternehmens. In den Jahren des Aufbaus und des wirtschaftlichen Wachstums lag der Fokus auf einer umfassenden Leistungssteigerung. Vor dem Hintergrund der Sicherung der Märkte treten Service- und Qualitätsaspekte und damit eine zunehmende Kundenorientierung in den Vordergrund. Weiteren Einfluss, insbesondere auf die Distribution, hat die zunehmende Globalisierung der Märkte, da bei gleichbleibender Qualität, z. B. hinsichtlich der Liefertreue, immer längere Distanzen überwunden werden müssen. Dies stellt insbesondere an das Informations- und Kommunikationsmanagement steigende Anforderungen [Pfo04].

Gegenwärtig wird eine drastische Senkung der Distributionskosten bei gleichbleibender oder sogar noch zu steigernder Servicequalität angestrebt. Aufgrund des wachsenden Umweltbewusstseins werden künftig ökologische Anforderungen und Bestimmungen verstärkt in den Unternehmensfokus rücken und somit das Wertesystem beeinflussen. Bezogen auf die Distribution ergeben sich hier z. B. Vorgaben hinsichtlich der Reduktion des Schadstoffausstoßes durch Transporte, die dann mittels geeigneter Mechanismen, z. B. auf der administrativen Lenkungsebene durch angepasste Dispositionsstrategien, realisiert werden müssen.

Zusammenfassend kann festgestellt werden, dass auf der normativen Ebene langfristige Ziele vorgegeben und damit die Kosten-, Leistungs- und Serviceanforderungen formuliert werden. Diese Vorgaben sind weisend für die übrigen Potenzialklassen und bestimmen insbesondere die Auswahl und Ausprägungen der Strategien der übrigen Lenkungsebenen.

B 5.7.3 Administrative Lenkungsebene

Die Aufgaben der administrativen Lenkungsebene sind das Management von Zeit-, Kosten- und Qualitätspotenzialen. Dabei nimmt diese Lenkungsebene Einfluss auf die Umgebung der Distribution, also auf das Verhalten oder die Bedingungen bzw. Forderungen der Kunden (Senken) und der Produktionsstätten (Quellen). Zudem werden Fragen nach den möglichen, künftigen Veränderungen der Quellen und Senken aufgeworfen und über Maßnahmen entschieden, die das System an die vorhergesagten Veränderungen anpassen sollen [Kuh95]. Die Maßnahmen betreffen unter anderem die Veränderung und Anpassung der Potenzialklassen, der Strukturen und Ressourcen sowie der Prozesse selbst. Sie beinhalten z. B. die Erhöhung der Personal- und Arbeitsmittelkapazitäten oder die bedarfsgerechte Anpassung der Bestände an die sich verändernden dynamischen Systemlasten der Distribution.

Der zeitliche Wirkungshorizont der administrativen Lenkungsebene reicht über den Horizont der bekannten Systemlasten hinaus. Daher zählen die Erstellung von Absatzprognosen und die darauf basierenden langfristigen Entscheidungen, z. B. über die Erhöhung oder Verringerung der Lagerbestände in einzelnen Absatzregionen, zu den Aufgaben der Administration. Zur vorausschauenden Bewertung eines Distributionssystems eignet sich insbesondere die Methode der Simulation, die es erlaubt, das dynamische Verhalten eines bestehenden Distributionsnetzwerks unter prognostizierten Systemlasten zu untersuchen.

Prognosen werden für unterschiedlich lange Vorhersageperioden erstellt. Es werden kurz-, mittel- und langfristige Prognosen unterschieden, die jeweils einen wachsenden Prognosehorizont abdecken. Die Güte der prognostizierten Daten nimmt dabei mit wachsendem Horizont ab. Charakteristisch für viele Prognosen ist der Ansatz, die zukünftigen Bedarfe aus Vergangenheitsdaten herzuleiten. Je weiter die Prognosen in die Zukunft reichen, desto schwieriger ist es, genaue Vorhersagen zu treffen. Mit abnehmender Prognosegenauigkeit steigt die Bedeutung der Flexibilität und der verfügbaren Reserven im Distributionssystem, so dass auch die Erfüllung der von der Prognose abweichenden Sorten- und Mengenbedarfe sowie der festgelegten Servicegrade hinsichtlich Lieferzeit und Liefertreue ermöglicht wird. Hierdurch erhöhen sich die Kosten der Distribution, da zum Beispiel im Rahmen von Ausgleichs- oder Engpassstrategien Ressourcen für die Erbringung nicht kundenorientierter Leistungen gebunden werden.

Insgesamt haben die administrativen Entscheidungen und insbesondere auch die Bedarfsprognosen entscheidenden Einfluss auf die Kosten- und Servicemerkmale der Distribution. Gelingt es, durch genaue Prognosen, z.B. Bestände und Kapazitäten in der richtigen Höhe und an den richtigen Orten bedarfsgerecht vorzuhalten, so reduzieren sich die Bestandhaltungskosten und die Reaktionsfähigkeit auf dem Markt bleibt erhalten. Bezogen auf die Distribution ist ein möglicher Ansatz zur Leistungssteigerung die Etablierung von Kooperationsstrategien, sofern diese im Rahmen der Vorgaben der normativen Lenkung zulässig sind. Bei der Einführung von Kooperationsstrategien werden die gegenseitigen Vorteile oder Belastungen diskutiert und gemeinsame Kostenvorteile erschlossen. Auf diese Weise können z.B. Systemlasten verändert und die installierten Prozessleistungen harmonisiert werden.

B 5.7.4 Dispositive Lenkungsebene

Aufgabe der dispositiven Lenkung ist die Zuordnung von Aufgaben und Aufträgen auf verfügbare Ressourcen. Hierbei ist das Augenmerk auf eine Optimierung der Ressourcenauslastung gerichtet, so dass die Systemlast bei Einhaltung des vorgegebenen Servicegrades, unter Inanspruchnahme möglichst weniger Ressourcen, vom Distributionssystem bewältigt werden kann. Dabei bauen dispositive Strategien auf relativ gesicherten Informationen auf und treffen Entscheidungen für kurze Zeiträume.

Ausgehend von den Haupt- und Nebenprozessen der Distribution beziehen sich die angewendeten dispositiven Methoden und Strategien auf die Materialdisposition, die Transportmitteldisposition und die Hilfsmitteldisposition. Entsprechend können die Strategien den Ressourcenklassen Bestände, Arbeitsmittel (Fahrzeuge) und Arbeitshilfsmittel (Paletten, Behälter) zugeordnet werden.

Um eine möglichst effiziente Allokation zwischen Aufträgen und Ressourcen zu gewährleisten, bedient sich die dispositive Lenkung verschiedenen Planungs- und Optimierungsmethoden, die im folgenden Kapitel beschrieben werden. Da die Disposition in der Distribution zahlreichen Restriktionen unterliegt und auch stochastische Einflüsse, z. B. bei Transportzeiten, vorherrschen, ist auch hier die Simulation eine probate Methode zur Analyse von Distributionsstrategien.

Im Folgenden werden die aufgezeigten Strategiefelder der Disposition in der Distribution kurz beschrieben und ausgewählte Strategien vorgestellt.

Materialdisposition

Um den geforderten Servicelevel zu erreichen, (z. B. hinsichtlich der Lieferzeit) kann es in einem Distributionsnetzwerk erforderlich sein, Bestände in bestimmten Stufen des Netzwerks und an bestimmten geografischen Standorten zu bevorraten. Bei einer solchen Bestandsbevorratung kommen die Strategien der Materialdisposition zum Tragen. Diese gliedern sich in Lagerhaltungs- und Lieferstrategien.

Durch *Lagerhaltungsstrategien* werden die Sortimentierung, also die Festlegung, welche Artikel in den verschiedenen Lagerstufen vorgehalten werden, die Höhe der Bestände sowie die Strategien des Nachliefermodus definiert.

Bei der *Sortimentierung* wird das Artikelsortiment durch ABC- oder XYZ-Analysen in Klassen eingeteilt. Aus dieser Clusterung kann im Kontext der Distribution abgeleitet werden, welche Artikel in Kundennähe vorgehalten werden.

Der an einem Lagerstandort bevorratete Bestand wird in den *mittleren Lagerbestand* und den *Sicherheitsbestand* unterteilt.

– Der *mittlere Lagerbestand* dient zur Befriedigung der durchschnittlichen Nachfrage zwischen zwei Lagerbelieferungen. Im Idealfall entspricht dieser der Hälfte der durchschnittlichen Bestellmenge.
– *Sicherheitsbestände* werden zum Ausgleich von Nachfrageschwankungen, Abweichungen von der geplanten Lieferzeit oder von der bestellten Menge und Abweichungen des tatsächlichen vom gebuchten Bestand verwendet.

Die Strategien des *Nachliefermodus* können in lokale (für einzelne Standorte geltende) und in globale (für mehrere Standorte geltende) Strategien unterteilt werden. Sie bestimmen die Häufigkeit bzw. Zeitpunkte sowie die Größe der Nachbestellungen für die einzelnen Lagerstandorte im Distributionsnetz. Dabei kann prinzipiell eine Bestellung zu festen Zeiten (t) oder bei Bedarf (s) erfolgen. Ebenso kann die Bestellmenge konstant (Q) oder variabel (S) sein. Somit ergeben sich für jeden Artikel vier Kombinationsmöglichkeiten: {(t,Q), (s,Q), (t,S), (s,S)}.

Das bekannteste Verfahren der *Bestellmengenbestimmung* beruht auf der „Andler'schen Losgrößenformel". Mittels der Losgrößenformel wird die Bestellmenge berechnet, bei der ein Minimum an Beschaffungs- und Lagerkosten auftritt. Die Voraussetzungen hierfür sind ein konstanter Bedarf, stetige Lagerabgänge, eine von anderen Artikeln unabhängige Bestellfrequenz und eine hinreichende Kenntnis der Lager- und Bestellkosten. Weitere Modifizierungen dieses statischen Berechnungsverfahrens, die die Anforderungen der Praxis in einem höheren Maße berücksichtigen, sind Mindestbestellmengen, Höchstbestellmengen, Transportlosgrößen oder Rabattstaffelungen der Lieferanten. Darüber hinaus sind neben diesen statischen Verfahren in der Literatur auch dynamische Verfahren aufgeführt, die z. B. Bedarfsschwankungen mit berücksichtigen.

Die bisher skizzierten Strategien der Bestandsdisposition betreffen die Bestände in einzelnen Lagern. Bei der *globalen Bestandsdisposition* werden die Bestände mehrerer Lager überwacht und gesteuert. Durch die gemeinsame Bewirtschaftung der Bestände mehrerer Standorte entsteht für die Kunden der Eindruck, dass sie Zugriff auf einen weit größeren, durch die Nachbarstandorte abgesicherten, vollsortimentierten Lagerbestand haben. Somit bietet diese Dispositionsform den Vorteil, dass dem Kunden ein weitaus größeres Artikelspektrum zugänglich gemacht werden kann, als tatsächlich regional bevorratet wird.

Die globale Bestandsdisposition erfolgt für eine oder auch mehrere Regionen des Distributionsnetzes zentral durch eine Dispositionsleitstelle oder auch dezentral durch kommunikationstechnische Kopplung mehrerer Standorte.

Die *zentrale globale Bestandsdisposition* überwacht einerseits die Bestände für mehrere Standorte zusammen, andererseits können eingehende Kundenbestellungen oder Lagernachbestellungen den angeschlossenen Lagerstandorten lokal zugeordnet werden. Strategien der „Base-Stock-Kontrolle" zählen zu dieser Dispositionsform. Dabei werden von einem Lager global die Materialbestände aller nachfolgend angeschlossenen Lager bis zu den Auslieferungslagern überwacht (sog. Echelon-Bestände). Für diese Bestände des Versorgungsbereichs gelten wie bei den lokalen Dispositionsstrategien wieder Mindest- und Höchstbestandsstrategien. Die Artikel können von den nachfolgenden Standorten entweder über lokale Dispositionsstrategien angefordert werden (Pull-Prinzip) oder sie werden in Abhängigkeit von den jeweiligen Beständen bzw. Reichweiten zu den Standorten gebracht (Push-Prinzip).

Bei der *dezentralen, globalen Bestandsdisposition* sind die einzelnen Lager kommunikationstechnisch untereinander verknüpft. Sie koordinieren gemeinsam ihre Nachbestellungen und fassen ihre Einzelbestellungen zu Sammelbestellungen zusammen. Darüber hinaus helfen sie sich gegenseitig bei der Belieferung der Kunden durch Weitergabe der Kundenbestellungen oder durch Austausch von Artikelbeständen.

Die *Lieferstrategien* ordnen die Nachbestellungen der Lager oder auch der Kundenaufträge anderen Lagern bzw. Herstellern und Zulieferern zu und bestimmen so den Ausgangspunkt und den Weg der Güter zu den Bedarfsorten. Sie unterteilen sich in Strategien zur Lieferantenauswahl und in Strategien zur Bestimmung des Lieferweges. Beide Strategieklassen werden durch die Lieferkonditionen, die in den Kundenbestellungen oder Lagernachbestellungen (allgemein: Bestellungen) vorgegeben werden und z. B. die technische Abwicklung der Belieferung (Lkw oder Bahn) spezifizieren, gesteuert.

Bei der *Lieferantenauswahl* werden die Bestellaufträge oder deren Einzelpositionen einer oder mehreren Bezugsquellen (vorgelagerte Lager, externe Lieferanten) zugeordnet. Dieses kann für bestimmte Warensorten fest vorgegeben sein, falls es nur einen möglichen Lieferanten gibt (Single-Sourcing). Kommen mehrere Lieferanten in Betracht oder werden anteilig bei der Versorgung eines Standorts eingebunden, so spricht man vom Multi-Sourcing. Dabei richtet sich die Lieferantenauswahl allgemein nach den Servicemerkmalen der Lieferanten (Lieferzeit, Lieferfähigkeit, Termintreue), der Qualität der Produkte, den kalkulierten Kosten für die Belieferung, den Ausstattungsmerkmalen der Lieferanten (z. B. vorhandener Gleis- oder Autobahnanschluss) und nicht zuletzt nach den vorgegebenen Bestellkonditionen (Wunschhersteller, Wunschlieferant).

Eine weitere Methode der dynamischen Lieferantenauswahl ist die Vergabe von Lieferquoten (Mengenquoten). Diese Mengenvorgaben werden aufgrund der Produktionspläne der Lieferanten für einen begrenzten Zeitraum festgelegt. Jeder Lieferant kann für einen Artikel eine fest vorgegebene Menge liefern. Dem Lieferanten mit der höchsten Mengenquote wird der Auftrag erteilt. Die Quote wird daraufhin um die gelieferte Menge verringert, bis ein zweiter Lieferant eine höhere Quote besitzt. Durch dieses Verfahren werden nicht nur die aktuellen Bestände in den Lieferantenlagern, sondern auch die geplanten Produktionsmengen mit berücksichtigt.

Die Bestimmung des *Lieferweges* ist von der Lieferantenauswahl, von den Bestellkonditionen (Wunschlieferweg) und von den Merkmalen der Anordnungsstruktur und Organisationsstruktur abhängig. Zu den Gegebenheiten der Anordnungsstruktur zählen die möglichen verkehrstechnischen Verbindungen zwischen Kunden und Lieferanten und die zugehörigen Verkehrsträger. Zu den organisatorischen Gegebenheiten zählen schon existierende Lieferbeziehungen (schon existierender Transporte, Touren, Lieferverträge) zum Kunden oder in dessen räumliche Nähe.

Zudem existieren noch kollaborative Dispositionsstrategien. Als Beispiele können hier das Vendor Managed Inventory (VMI) oder auch das Collaborative Planning Forecasting and Replenishment (CPFR) genannt werden, wobei letzteres weit über eine reine Dispositionsstrategie hinausgeht.

Beim VMI ist es Aufgabe eines Lieferanten, die Wareneingangslager eines Kunden zu überwachen und autonom aufzufüllen. Dabei entscheidet der Lieferant, auf Basis der Bedarfsinformationen des Kunden und definierter Bestandsgrenzen, eigenständig über die Zeitpunkte und Mengen, die geliefert werden. Die Distribution des Lieferanten übernimmt in diesem Fall vollständig die operativen Aufgaben der Beschaffung des Kunden.

CPFR realisiert eine kollaborative Zusammenarbeit von Kunden und Lieferanten, die in ihrer Anwendung über den Unternehmensbereich Distribution oder über die reine Disposition hinausgeht. Prognosen und Planungen werden gemeinsam erarbeitet. Bezogen auf die Distribution wird hier, auf Basis der geschaffenen Informationstransparenz, eine bedarfsgenaue Belieferung durch den Lieferanten ermöglicht. Die frühzeitige Datenverfügbarkeit ermöglicht eine Optimierung der Produktion und Distribution des Lieferanten (z. B. verbesserte Ausnutzung von Transportkapazitäten) und verbessert die Versorgungssicherheit des Kunden [Sei02].

Transportmitteldisposition

Für die termingerechte Erfüllung der Transportaufgaben, unter Nutzung der vorhandenen Ressourcen (Transportmittel), ist die Transportmitteldisposition zuständig. Zu den Aufgaben gehören die termingerechte Durchführung der Transportaufträge bei minimalen Kosten sowie die Gewährleistung von kurzen Auftragswartezeiten und Ausführungszeiten. Dabei werden eine hohe Auslastung aller verfügbaren Transportmittel, die maximale Kapazitätsauslastung der einzelnen Transportmittel, die Minimierung der Leerfahrtanteile oder auch die Minimierung der Transportmittelanzahl als Ziele angestrebt.

Im Allgemeinen wird die Disposition in vier Phasen unterteilt. Die erste Phase bildet die Annahme von Transportbedarfen, darauf folgt die Zuteilung von Transportaufträgen, anschließend die Auftragsanweisung und abschließend die Fertigmeldung und Verbuchung. Dabei liegen die Optimierungsmöglichkeiten hauptsächlich in der Zuteilungsphase.

Die Zuteilung von Aufträgen zu Transportmitteln findet immer dann statt, wenn ein Auftrag neu generiert worden ist und hierfür ein Transportmittel bestimmt werden soll oder wenn ein Auftrag beendet wurde und ein neuer Auftrag für ein Transportmittel allokiert werden muss. Die Dispositionsstrategien gliedern sich in das Dispatching und in die Vorplanung. Beide Zuteilungsarten sind in der Distribution vorzufinden.

Beim *Dispatching* wird ein Auftrag nach bestimmten Reihenfolge- oder Prioritätsregeln erst dann aus der Menge der Aufträge ausgewählt und zugeteilt, wenn ein Transportmittel frei geworden ist. Durch diese spätestmögliche Verteilung der Aufträge auf die Ressourcen können aktuelle Netzwerkzustände (Störungen, Verspätungen, Staumeldungen, Sendungsavise, Arbeitsmittel- und Hilfsmittelverfügbarkeiten, etc.) noch optimierend berücksichtigt werden. Das Dispatching wird zum Beispiel dann angewendet, wenn die einzelnen Transportaufträge so umfangreich sind, dass hierfür ein oder mehrere Transportmittel erforderlich sind.

Bei der *Vorplanung* wird ein Auftrag schon möglichst früh bei seiner Entstehung einem Transportmittel zugewiesen. Jedes Transportmittel besitzt hierfür eine Liste durchzuführender Aufträge. Die Vorteile dieses Verfahrens liegen darin, dass der Zuteilungszeitpunkt so früh wie möglich gewählt wird und die Konsequenzen der Entscheidung, z. B. hinsichtlich der Fahrzeugauslastung oder dem Servicegrad der Belieferung, kalkulierbar werden. Ein Anwendungsbeispiel der Vorplanung ist die Zusammenstellung einer Liefertour für ein Transportmittel, wenn mehrere Kunden mit kleineren Ausliefermengen, die alle mit einem Transportmittel und einem Transport zu bewältigen sind, beliefert werden. Stehen die Bedarfe für eine Planperiode (z. B. ein Tag) fest, kann eine Liefertour zusammengestellt und einem Transportmittel zugewiesen werden.

Im Rahmen der Vorplanung wird zwischen einer statischen und einer dynamischen Variante unterschieden Im Gegensatz zu der statischen Zuteilung kann bei der dynamischen Zuteilung, in Abhängigkeit von der konkreten Situation, der Auftrag wieder zurückgenommen und einem anderen Fahrzeug zugeteilt werden. Darüber hinaus kann die Abarbeitungsreihenfolge der Auftragsliste nach den geplanten Startzeitpunkten statisch oder auch dynamisch veränderbar sein.

Die dynamische Zuteilung besitzt zusammen mit der veränderbaren Reihung der Aufträge die größte Flexibilität und damit auch die größten Optimierungspotenziale zur Erreichung der oben genannten Ziele der Transportmitteldisposition. Sie erfordert jedoch eine aufwendige Informations- und Kommunikationsstruktur.

B 5.7 Lenkungsebenen in der Distribution 445

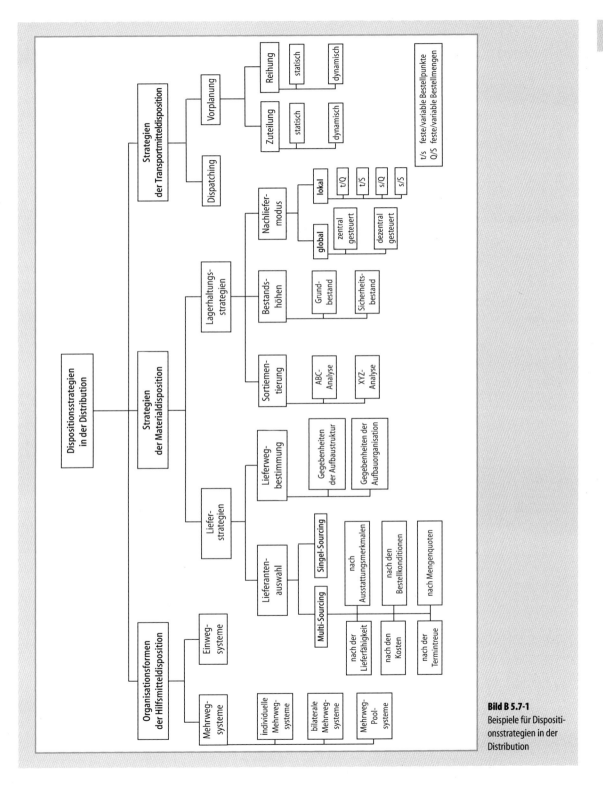

Bild B 5.7-1
Beispiele für Dispositionsstrategien in der Distribution

Die Wahl der Zuteilungsart für die verschiedenen Transportbeziehungen, die Strategien der Transportmittel- oder Auftragsauswahl sowie die Möglichkeiten der Auftragsreihung sind für die Distribution zu planen oder bei einer Variation der Lieferbeziehungen neu zu bestimmen. Insbesondere sind dabei die Auswirkungen der verschiedenen Strategien hinsichtlich der Erfüllung der Aufgaben und Erreichung der Ziele der Transportmitteldisposition zu untersuchen und gegebenenfalls durch Strategieanpassungen zu verbessern. In diesem Zusammenhang ist eine Untersuchung des dynamischen Verhaltens unerlässlich.

Hilfsmitteldisposition

Zu den Hilfsmitteln in der Distribution zählen Ladungsträger (Behälter, Paletten oder Container) und auch das Verpackungsmaterial.

Das Verpackungsmaterial wird häufig durch den Lieferanten vom Empfänger wieder zurückgenommen und vermehrt wiederverwendet oder einem Rohstoffkreislauf zugeführt. So werden nicht nur die Verpackungskosten, sondern auch die ökologischen Auswirkungen zu großer Verpackungsabfälle begrenzt. Die Ladungsträger bilden vielfach einen so großen Kostenblock in der Distribution, so dass ihre Gesamtanzahl durch eine möglichst hohe Kapazitätsausnutzung und durch gesteuerte Behälterkreisläufe minimiert wird.

In beiden Fällen sind Hilfsmittelkreisläufe zwischen den Versendern und den Empfängern einzuführen und zu betreiben. Hierbei wird zwischen drei Formen der Mehrwegorganisation von Hilfsmittelkreisläufen zwischen Versendern und Empfängern unterschieden.

- *Individuelle Mehrweg-Systeme* sind durch individuell zwischen den Versendern und Empfängern abgestimmte und sonst unterschiedliche Ladungsträger ausgezeichnet, so dass nur Kreisläufe zwischen einzelnen Versendern und einzelnen Empfängern existieren.
- *Bilaterale Mehrweg-Systeme* basieren auf standardisierten Ladungsträgern und ermöglichen so beliebige Austauschbeziehungen zwischen mehreren Versendern und Empfängern.
- Schließlich können auf der Basis standardisierter Ladungsträger *Poolsysteme* aufgebaut werden. Dabei übernimmt ein zentraler Dienstleister die Verantwortung für die Behälter, stellt sie bei Bedarf den Versendern zur Verfügung oder übernimmt die Leerbehälter von den Empfängern der Ware.

Die Vorteile von Poolsystemen gegenüber bilateralen oder individuellen Mehrwegsystemen liegen unter anderem in der Minimierung der Hilfsmittelbestände, der Minimierung der Transportaufwände, der Zentralisierung von hilfsmittelbezogenen Diensten (Reinigung, Reparatur, Lagerung) und der zentralen Bedarfsüberwachung mit der Möglichkeit der Anmietung zusätzlicher Behälter bei Bedarfsspitzen.

Nachteilig sind dabei jedoch die hohen Dispositionsaufwände, um die Hilfsmittelbestände bei den Empfängern mit den Hilfsmittelbedarfen der Versender abzugleichen und Ausgleichtransporte zu initiieren. Hierzu ist es notwendig, die Auswirkungen verschiedener Dispositionsstrategien auf die Kosten oder auch auf die zusätzlichen Transportbelastungen zu überprüfen und die Strategien hinsichtlich der Minimierung der Bestände und Transportaufwände und der kurzfristigen oder auch vorsorglichen Erfüllung der Bedarfsanforderungen zu optimieren.

B 5.7.5 Netzwerkebene

Die Netzwerksteuerung koordiniert mehrere autonome Prozesse und Systeme, indem Informationen geeignet zusammengeführt oder verteilt werden. In der Distribution werden hierdurch die Lager- und Transportprozesse koordiniert, Bestellaufträge gebündelt oder Aufträge auf mehrere Teilsysteme (Lager-, Transportsysteme) aufgeteilt.

Bei den Koordinationsstrategien werden zum Beispiel Abfahrts- und Ankunftszeitfenster so vereinbart und bekanntgegeben, dass für die avisierten Transporte rechtzeitig Auflade- und Abladekapazitäten (Personal, Stapler etc.) vorgehalten werden können.

Bündelungsstrategien fassen Aufträge oder Mengen gemäß zielabhängigen Kriterien räumlich oder zeitlich zusammen [Gud02].

Die Bündelung von Bestellungen in der Distribution ist eng mit den Entscheidungen der Disposition verknüpft. Eine globalisierte Bestandhaltungsstrategie für mehrere Lagerstandorte erfordert z. B. eine Zusammenfassung von Aufträgen zu einer Sammelbestellung.

Die Bündelung von Bestellungen erfolgt nach den Kriterien:
- Übereinstimmung oder Ähnlichkeiten der Auftraggeber (ein und derselbe oder mehrere z. B. räumlich benachbarte Warenempfänger);
- Übereinstimmung oder Ähnlichkeiten der Bestellempfänger (ein und derselbe oder mehrere z. B. räumlich benachbarte Lieferanten);
- Gleichartige oder ähnliche Bestellungen (gleiche Artikelnummern, Übereinstimmung der Bestellzeiten, Wunschlieferzeiten etc.).

Durch die Aufteilung eines Auftrages in mehrere Teilaufträge wird eine koordinierte Beauftragung mehrerer Teilprozesse zur Durchführung der Gesamtaufgabe erreicht. So kann beispielsweise ein Transportauftrag in mehrere Teilaufträge unterteilt werden, die an unterschiedliche Transportsysteme gerichtet die Gesamtaufgabe durchführen.

Zu den Kriterien, nach denen ein Auftrag in mehrere Teilaufträge unterteilt werden kann, zählen die Übereinstimmung der logistischen Funktion (mehrere Transportprozesse zur Durchführung der Gesamtaufgabe) oder die Aufteilung einer Aufgabe und ihre Zuordnung zu aufeinander folgenden Teilprozessen einer Prozesskette (z. B. Beladen, Transportieren, Umschlagen, Entladen).

Die Strategien der Netzwerksteuerung sind insgesamt abhängig von den Entscheidungen der dispositiven Ebene. Die Verteilungs- oder Bündelungsstrategien tragen zur Sicherstellung der leistungssteigernden, kostensenkenden oder flexibilitätserhöhenden Potenziale der Disposition bei.

B 5.7.6 Lokale Steuerungsebene

Die Lenkung eines einzelnen Transport- oder Lagersystems in der Distribution kann nach dem Prinzip der Selbstähnlichkeit wieder in mehrere Lenkungsebenen unterteilt werden [Kuh95]. Durch sie werden die Aufträge der überlagerten Lenkungsebenen zur Ansteuerung der Komponenten der Einzelsysteme weiterverarbeitet.

Jede Lagersystemsteuerung besitzt die oben beschriebenen Strategien der Bestandsführung und Bestellauslösung. Darüber hinaus sind die Sortierung der von der Netzwerkebene vorgegebenen Aufträge nach Reihenfolgeregeln (FIFO, LIFO, SPT, etc.) oder Prioritätsregeln sowie die zeitliche Verzögerung der Ausführung der Aufträge in Abhängigkeit von der Verfügbarkeit der Systemressourcen für die Lieferzeit der Distribution relevant.

Die Ergebnisse dieser lokalen Reihenfolgebestimmungen und Ausführungsstrategien besitzen unmittelbare Auswirkungen auf die Lieferzeiten (für das Beispiel eines Lagersystems beeinflussen die Reihenfolgebestimmungen und Ausführungsstrategien die Zeiten der Auslagerung und damit auch die Lieferzeiten). Die Auswirkungen der lokal begrenzten Strategieauswahl auf die Merkmale des gesamten Distributionsnetzes müssen in der Netzwerkebene verarbeitet werden.

Literatur

[Abe94] Abels, H.: Transporte simulieren. Industrie Anzeiger 42 (1994) 32
[Bar94] Bargl, M.: Akzeptanz und Effizienz computergestützter Dispositionssysteme in der Transportwirtschaft. Frankfurt/Main: Lang 1994
[Beh77] Behrendt, W.: Die Logistik der multinationalen Unternehmung: Eine systemorientierte verhaltenswissenschaftliche Analyse. Diss. TU Berlin 1977
[Bid83] Bidlingmaier, J.: Marketing. Bd. 2. Hamburg: Westdeutscher Verlag 1983
[Bös88] Bösherz, F.: Logistik-Potenzial-Analyse (LPA). Logistik Heute 6 (1988) 22–24
[Bon91] Bonsels, B.F.: Modell zur wissensbasierten Problemlösung in der Beschaffungslogistik. Bergisch-Gladbach: EVL 1991
[Dan85] Dandel, E.: Planung kostenoptimaler Distributionssysteme bei Sammelladungsabrechnung. In: Diruf, G. (Hrsg.): Logistische Informatik für Güterverkehrsbetriebe und Verlader. Berlin: Springer 1985
[Die92] Diemer, H.: Grundtypen industrieller Warenverteilung und Möglichkeiten ihrer Gestaltung. Diss. Universität Würzburg 1992
[Eul87] Eul-Bischoff, M.: Computergestützte Problemstrukturierung. Köln: EVL 1987
[Fan93] Fandel, G.: Einsatzmöglichkeiten des Operations Research auf dem Gebiet der Marketing-Logistik. Teil 1: Marketing. ZFP (1993) 2, 123–132
[Fil89] Filz, B.; Fuhrmann, R. u. a.: Kennzahlensysteme für die Distribution. Köln: TÜV Rheinland 1989
[Fil92] Filz, B.: Ein systemischer Planungsansatz für die Distributionslogistik. In: Jünemann, R. (Hrsg.): Jubiläumsschrift 20 Jahre Lehrstuhl für Förder- und Lagerwesen, Universität Dortmund 1992, 7
[Fil93] Filz, B.: Entwicklung eines systemischen Einflussgrößenmodells für die Distributionslogistik. Dortmund: Logbuch 1993
[Ges79] Geschka, H.: Implementierungsprobleme bei der Anwendung von Ideenfindungsmethoden in der Praxis der Unternehmen. In: Pfohl, H.-C.; Rürup, B. (Hrsg.): Anwendungsprobleme moderner Planungs- und Entscheidungstechniken. Königstein: Hanstein 1979, 159–171
[Gra95] Graf, H.-W.: Distributionsstrategien. In: Rinschede, A.; Wehking, K.-H. (Hrsg.): Entsorgungslogistik III. Berlin: Schmidt 1995
[Gud02] Gudehus, T.: Dynamische Disposition. Berlin/Heidelberg/New York: Springer 2002
[Hel86] Hellingrath, B.: Expertensysteme und Simulation – Stand der Technik und erste Forschungsergebnisse. Fachtag. Simulation und Logistik, Tag.-bd., Dortmund 1986, 163–176
[Hen85] Hentze, J.; Brose, P.: Unternehmensplanung. Bern: Haupt 1985
[Hür81] Hürlimann, W.: Methodenkatalog – Ein systematisches Inventar von über 3000 Problemlösungsmethoden. Bern: Lang 1981

[Jeh89] Jehle, E.: Wertanalyse optimiert Logistikprozesse. In: Jehle, E. (Hrsg.), Wertanalyse optimiert Logistikprozesse. Köln: TÜV Rheinland 1989

[Jeh93] Jehle, E.: Value-Management (Wertanalyse) als Instrument des Logistik-Controlling. In: Männel, W. (Hrsg.): Logistik-Controlling: Konzepte – Instrumente – Wirtschaftlichkeit. Wiesbaden: Gabler 1993

[Jeh95] Jehle, E.: Wertanalyse und Kostenmanagement. In: Reichmann, T. (Hrsg.): Handbuch Kosten- und Erfolgs-Controlling. München: Vahlen 1995

[Kap87] Kapoun, J.: Operations Research als Planungs- und Entscheidungshilfsmittel. Planung + Produktion 11 (1987) 17–24

[Kar87] Karger, J.: Akzeptanz von Strukturierungsmethoden in Entscheidungsprozessen. Frankfurt/Main: Lang 1987

[Kip83] Kipshagen, L.: Die Planung von Distributionssystemen der Konsumgüterindustrie unter besonderer Berücksichtigung der Tourenauslieferung. Frankfurt/Main: Deutsch 1983

[Kno72] Knoblich, H.: Die typologische Methode in der Betriebswirtschaftslehre. WiST 1 (1972) 4, 141–147

[Kuh92] Kuhn, H.: Heuristische Verfahren mit simulierter Abkühlung. WiST 10 (1992) 387

[Kuh95] Kuhn, A.: Prozeßketten in der Logistik. Entwicklungstrends und Umsetzungsstrategien. Dortmund: Verlag Praxiswissen 1995

[Laa06] Laakmann, F.: Konstruktionsmethodischer Gestaltungsansatz für die Logistik. Umsetzung eines Modellierungskonzepts für Planungswissen in der Logistik. Dortmund: Verlag Praxiswissen 2006

[Lav93] Laverentz, K.: Planung von Systemen – Viele Varianten im Modell. Logistik Heute 9 (1993) 98

[Leb93] Lebsanft, E.: Wissensbasierte Systeme in der Logistik. Logistik Spektrum – Wirtschaftssupplement der Z. Distribution 2 (1993) 13–15

[Lov88] Love, R.; Morris, J. et al.: Facilities location – models and methods. New York: Elsevier Science Publishers 1988

[Mer87] Mertens, P.: Expertensysteme – Einführung und Überlegungen zum Einsatz in der Logistik. In: Pfohl, H.-C. (Hrsg.): Logistiktrends. Dortmund 1987, 74–107

[Müh95] Mühlenbein, H.: Genetische Algorithmen und Evolutionstheorien. Der GMD-Spiegel 2 (1995) 12–19

[Nis94] Nissen, V.: Evolutionäre Algorithmen. Wiesbaden: Deutscher Univ.-Verlag 1994

[Noe89] Noetzel, W.R.: Logistische Konzeptentwicklung mit Hilfe der Wertanalyse unter Einbeziehung DV-technischer Hilfsmittel. In: Jehle, E. (Hrsg.): Wertanalyse optimiert Logistikprozesse. Köln: TÜV Rheinland 1989, 149–164

[o.V.94a] Warenverteilungssysteme – Die Qual der Verteilungswahl. Logistik Heute 4 (1994) 1, 60–62

[o.V.94b] Expertensystem analysiert Frachtkosten. Frachtmanagement 9 (1994) 93

[Par89] Paraschis, I. N.: Optimale Gestaltung von Mehrprodukt-Distributionssystemen. Heidelberg: Physika 1989

[Pfo04] Pfohl, H.-C.: Logistikmanagement. Konzeption und Funktion. 2. Aufl. Berlin/Heidelberg/New York: Springer 2004

[Pfo77] Pfohl, H.-C.: Problemorientierte Entscheidungsfindung in Organisationen. Berlin: De Gruyter 1977

[Pup86] Puppe, F.: Expertensysteme. Informatik-Systeme 9 (1986) 2

[Pup88] Puppe, F.: Einführung in Expertensysteme. Berlin: Springer 1988

[Rei95] Reinholz, A.: Genetische Algorithmen: Transportoptimierung und Tourenplanung für ein zentrales Auslieferungsdepot. Der GMD-Spiegel 2 (1995) 20–24

[Sch77] Schlicksupp, H.: Kreative Ideenfindung in der Unternehmung: Methoden und Modelle. Berlin: De Gruyter 1977

[Sch88a] Scheer, A.W.: Einführung in den Themenbereich Expertensysteme. In: Scheer, A.W. (Hrsg.): Betriebliche Expertensysteme I. Wiesbaden: 1988

[Sch88b] Schlicksupp, H.: Anstöße zum innovativen Denken. In: Henzler, H. (Hrsg.): Handbuch Strategische Führung. Wiesbaden: Gabler 1988, 696

[Sch89] Scherr, K.-J.: Computergestützte Planung von Warenverteilungssystemen. Birkbach 1989

[Sch91] Schulte, C.: Logistik – Wege zur Optimierung des Material- und Informationsflusses. München: Vahlen 1991

[Sch94a] Schildt, B.: Strategische Produktions- und Distributionsplanung. Wiesbaden: Deutscher Univ.-Verlag 1994

[Sei02] Seifert, D.: Collaborative Planning Forecasting and Replenishment. Supply Chain Management der nächsten Generation. Bonn: Galileo Press 2002

[Spe92] Specht, G.: Distributionsmanagement. 2. Aufl. Stuttgart: Kohlhammer 1992

[Tem83] Tempelmeier, H.: Quantitative Marketing-Logistik. Berlin: Springer 1983

[Ulr76] Ulrich, W.: Einführung in die heuristischen Methoden des Problemlösens. WISU 6 (1976) 63–68

[Ulr88] Ulrich, P.; Probst, G. J.B.: Anleitung zum ganzheitlichen Denken und Handeln. Bern: Haupt 1988

[Vas91] Vastag, A.: Rationalisierung – Potenziale in der Logistik. packung und transport 1/2 (1991) 35–36

[Voj95] Vojdani, N.; Jehle, E. u.a.: Fuzzy-Logik zur Entscheidungsunterstützung im Logistik- und Umweltmanagement. BfuP 3 (1995) 287–305

[Wie84] Wiest, R.: Wie können wir kreativ werden? Blick durch die Wirtschaft, Sonderdruck v. 01.10.1984, 1–6

[Wil74] Wild, J.: Grundlagen der Unternehmensplanung. Hamburg: Duncker & Humblot 1974

[Win77] Winkler, H.: Warenverteilungsplanung. Wiesbaden: Gabler 1977

[Wit80] Witte, E.: Entscheidungsprozesse. In: Grochla, E. (Hrsg.): Handwörterbuchder Organisation. 2. Aufl. Stuttgart: Poeschel 1980, 635

Richtlinien
DIN 30781-1: Transportkette – Grundbegriffe (1983)
VDI 3633: Anwendung der Simulationstechnik zur Materialflußplanung (1983)

B 5.8 Planung und Bewertung von Distributionsprozessen

Gegenstand dieses Kapitels ist die Planung und Bewertung der Distributionsprozesse unter dynamischen Gesichtspunkten. Ziel der Planung und Optimierung ist die Effizienzsteigerung der Distributionslogistik. Um einen Vergleich verschiedener Planungsszenarien oder auch die Auswirkungen unterschiedlicher Strategien zu ermöglichen, ist es zunächst erforderlich die Effizienz der Distributionslogistik bewerten zu können. Als Voraussetzung hierfür gilt es, eindeutige Kennzahlen zu definieren, die eine einheitliche Datenerhebung und Bewertung und damit einen Vergleich zulassen [VDI02].

Die Diskussion der Bewertung von Distributionsprozessen bildet den ersten Abschnitt des Kapitels. Daran anschließend erfolgt die Darstellung der modellgestützten Planung und Optimierung, wobei der Schwerpunkt hier auf dem Einsatz der Simulation als Planungs- und Optimierungsinstrumentarium liegt. Den Abschluss des Kapitels bilden integrierte Ansätze, die in Form von Assistenzsystemen sowohl für die Planung, als auch für den operativen Betrieb eines Distributionsnetzwerks unterstützend eingesetzt werden können.

B 5.8.1 Bewertung von Distributionsprozessen

Zur Erfüllung der an die Distribution gestellten Anforderungen gibt es eine Vielzahl von möglichen Maßnahmen. Die Bestimmung des Erfüllungsgrades der Anforderungen und der Effektivität der durchgeführten Maßnahmen erfolgt anhand von Kennzahlen, die die Leistungs-, Kosten- und Servicemerkmale eines Distributionsnetzwerks bewerten und damit die verschiedenen Struktur-, Lenkungs- und Ressourcenvarianten, die Gegenstand der Planung und Optimierung sind, vergleichbar machen. Ziel einer Bewertung von Prozessen in der Distribution ist es, eine hohe Logistikeffizienz zu erreichen, indem die Logistikleistungen maximiert und die Logistikkosten, bei gleichbleibender oder verbesserter Servicequalität, minimiert werden. Um diese Ziele zu erreichen, müssen bestehende Prozesse fortlaufend überwacht, bewertet und kontinuierlich verbessert werden. Die Bewertung von Distributionsprozessen erfolgt über Kennzahlen, welche Auskunft über die Performance einer Logistikleistung geben und als Benchmark herangezogen werden können.

Unter Beachtung der funktionalen Unterteilung der Distribution gliedern sich die Kennzahlen in Leistungs-, Service-, Struktur- und Kostenkennzahlen für die Distributionsplanung und -steuerung sowie für die angrenzenden Bereiche in den Unternehmen (Warenausgang, Wareneingang) (vgl. [VDI02]). Die Prozesse der Distributionsplanung und -steuerung fassen wiederum die bereits in vorherigen Kapiteln beschriebenen Teilbereiche der Auftragsabwicklung, Lagerung und des Transports als ein Gesamtsystem zusammen. In den folgenden Abschnitten werden die Kennzahlen für die Distributionsplanung und -steuerung vor dem Hintergrund der aufgezeigten Teilbereiche beschrieben.

B 5.8.1.1 Leistungskennzahlen

Der Begriff der logistischen Leistung wird in der Literatur unterschiedlich definiert. Aufgrund der Aufteilung der Distribution in drei Teilbereiche wird hier die Distributionsleistung ebenfalls durch Kennzahlen für die Teilbereiche beschrieben. Die Gesamtleistung der Distribution ergibt sich dann aus den Einzelleistungen der Teilbereiche.

Die Leistung ist über die in einem Zeitintervall durchgeführte Arbeit definiert. Bei der Auftragsabwicklung gehört hierzu die Anzahl bearbeiteter (abgewickelter) Aufträge, beim Transport die durchgeführten Transportvorgänge oder die Anzahl der transportierten Lieferungen und bei der Lagerung die durchschnittlich gelagerten Gütermengen in einem Betrachtungszeitraum [Fil89].

Außer diesen absoluten Leistungskennzahlen der Teilbereiche werden in der Literatur auch relative Kennzahlen aufgeführt. Bei ihnen werden die Absolutwerte in Relation zu den eingesetzten Ressourcen, zu den durchgeführten Funktionen oder auch in Relation zu den Merkmalen der Funktionsdurchführung (Zeiten, Entfernungen, Gewichte, …) gesetzt.

Als relative Kennzahl für die Auftragsabwicklung wird die Anzahl der in einem Zeitintervall durchgeführten Aufträge gemessen an der Personalstärke der Auftragsabwicklung genutzt [Fil89]. Eine weitere Kennzahl beschreibt die

Dauer des Auftragsabwicklungsprozesses als Leistungsgröße, indem die Zeit, beginnend beim Kundenauftrag, bis zur Auslieferung des fertigen Produktes an den Kunden gemessen wird. Die sog. Auftragsdurchlaufzeit gibt Auskunft über die Leistung des Gesamtsystems und kann im Speziellen auch für die Distribution als Subsystem erhoben werden.

Im Lagerbereich werden die mittlere Lagerreichweite (mittlerer Bestand/Anzahl Lagerabgänge) und die Umschlaghäufigkeit (Lagerabgänge/mittlerer Bestand) genannt.

Ausgehend von der Kenntnis über die transportierten Mengen, die zurückgelegten Entfernungen oder über die Fahrzeiten werden im Transportbereich die mittlere Transportmenge, das mittlere Gewicht und die mittlere Fahrzeit, bezogen auf die Transportvorgänge oder die transportierten Lieferungen, als relative Leistungskennzahlen verwendet. Um das gesamte Transportsystem zu bewerten, wird die Transportleistung oft auch in Mengen- oder Tonnenkilometern angegeben. Diese Kennzahlen berücksichtigen sowohl die insgesamt transportierte Menge als auch die insgesamt überbrückten Entfernungen.

Die bisher aufgeführten Leistungskennzahlen der Teilbereiche sind unabhängig von den Zuständigkeiten und Verantwortlichkeiten der Leistungserbringung. Um Aussagen darüber zu erhalten, wie groß die Eigen- und Fremdanteile an den Leistungsdaten sind, wird zumindest im Transportbereich der Anteil der Fremdleistungen an der Gesamtzahl der durchgeführten Transporte oder transportierten Mengen mit angegeben.

Sowohl die Erbringung von Eigenleistung als auch die Inanspruchnahme von Fremdleistungen verursachen Kosten, die durch Kostenkennzahlen beziffert werden.

B 5.8.1.2 Kosten- und Strukturkennzahlen

Entsprechend der oben gewählten Untergliederung der Distribution werden die Kosten- und Strukturkennzahlen ebenfalls in Auftragsabwicklungs-, Lagerungs- und Transportkennzahlen unterteilt.

Bei ihrer Berechnung werden unterschiedliche Sichten auf die Teilbereiche angewendet. Bei [Fil89] wird eine ressourcenorientierte Sicht gewählt, bei der die Kosten jeweils in Personal- und Betriebsmittelkosten für die Auftragsabwicklung zerlegt werden.

Für den Lagerbereich werden Bestandhaltungs- und Lagerhaltungskosten definiert [Kon85]. Sie enthalten variable Anteile, die abhängig von der erbrachten Leistung sind, und fixe, leistungsunabhängige Anteile. Die Bestandhaltungskosten insgesamt sind variabel. Zu ihnen zählen die Kosten für die Kapitalbindung, die aufgrund von Wertminderung oder Zinsverlust der gelagerten Ware entstehen. Hierzu gehören insbesondere auch die Kosten für Ein- oder Auslagerungsprozesse oder für Kommissioniervorgänge, die von der Umschlagleistung des Lagers abhängig sind.

Zu den fixen, leistungsunabhängigen Kostenanteilen der Lagerhaltungskosten zählen z. B. Abschreibungen für das Gebäude und für die Lagereinrichtungen oder Versicherungsbeiträge. Die Kosten für lagerinterne Güterbewegungen oder für die notwendige Energie sind wiederum abhängig von der zu erbringenden Leistung, also variabel.

Zu den Fixkostenanteilen im Transportbereich gehören die Abschreibungen, Wartungs- und Instandhaltungskosten für den Fuhrpark oder leistungsunabhängige Tarifgehälter des Personals. Im Zuge des fortschreitenden Outsourcings von Transportfunktionen werden in diesem Bereich jedoch nahezu vollständig variable Kostenberechnungen durchgeführt. Sie basieren auf Kostenangaben je Lieferung, je geliefertem Gewicht oder Menge und können darüber hinaus auch von der Transportverbindung abhängig und nach Gewichtsklassen gestaffelt sein (vgl. [VDI02]).

Wie bei den Leistungskennzahlen wird auch bei den Kosten die Inanspruchnahme von Fremdleistungen durch fremdvergebene Anteile an den Gesamtkosten bewertet.

B 5.8.1.3 Servicekennzahlen

Der Lieferservice setzt sich aus quantifizierbaren und nicht quantifizierbaren Anteilen zusammen (s. Bild 5.8-1). Zu den quantifizierbaren Anteilen gehören der Lieferbereitschaftsgrad, die Lieferzeit und die Lieferqualität. Bei der Lieferbereitschaft wird zwischen einem Auftragsbezug und einem Mengenbezug unterschieden [Ste71]. Der auftragsbezogene Lieferbereitschaftsgrad ergibt sich aus dem Verhältnis der Anzahl Aufträge, die aus den Beständen der Lager heraus sofort erfüllt werden können, gemessen an der Gesamtzahl der Aufträge. Die mengenbezogene Lieferbereitschaft wird durch das Verhältnis sofort auslieferbarer Mengen zur insgesamt bestellten Menge ausgedrückt.

Die Lieferzeit wird vom Eingang einer Bestellung bis zum Eintreffen der Ware am Lieferort (beim Kunden) gemessen. Die Lieferqualität setzt sich aus der Terminqualität (Liefertreue, Liefertermintreue) und der Zustandsqualität der Lieferung zusammen. Sie gibt das Verhältnis der zu beanstandenden, z. B. unpünktlichen Lieferungen zur Gesamtanzahl der Lieferungen wieder. Weitere nichtquantifizierbare Anteile des Lieferservice sind Randbedingungen der Lieferung (Verpackung, Versandgröße etc.), Merkmale des Kundenservice (Wartung, Beratungs- und Servicedienstleistungen) oder der Umfang und die Qualität der Dokumentationen.

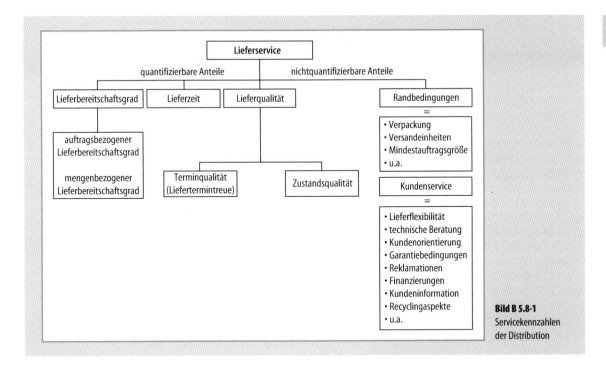

Bild B 5.8-1 Servicekennzahlen der Distribution

Während die quantifizierbaren Anteile des Lieferservice relativ leicht zu messen sind, können die nichtquantifizierbaren Anteile nur aufgrund von Kundenbefragungen oder durch Auswertung von Reklamationen und Beschwerden ermittelt werden.

Eine Möglichkeit die Qualität der gesamten Lieferserviceleistung zu quantifizierten ist die Erhebung des Servicegrades. Der Servicegrad ist der Prozentsatz, der durch das eigene Unternehmen termin- und mengengerecht erfüllter, d. h. befriedigter Kundenauftragspositionen [VDI02]. Somit kann die Effizienz der Distribution als Kundenservice mit Bezug auf das Gesamtsystem ausgewiesen werden.

B 5.8.1.4 Kennlinien

Die bisher aufgeführten Kennzahlen geben Mittelwerte über einen gegebenen Untersuchungszeitraum wieder. Zur Darstellung der dynamischen Veränderung eines Messwertes oder einer Kennzahl werden Kennliniendiagramme benutzt. Sie stellen die Veränderung einer Kennzahl im zeitlichen Ablauf oder in Abhängigkeit von Ressourcenveränderungen und insbesondere von Veränderungen der Arbeitsmittelbestände, Güterbestände oder auch Auftragsbestände dar.

Lagerkennlinien werden als Hilfsmittel zum Bestandscontrolling benutzt [Nyh96]. Eine einfache Kennlinie stellt den Lagerbestand für einen Artikel über der Zeit dar (s. Bild B 5.8-2a). An ihr können logistische Basiskennzahlen für ein Lager, wie z. B. der mittlere Lagerbestand, der Sicherheitsbestand, die Lagerzugangsmenge oder die mittlere Lagerbedarfsrate abgelesen werden.

In einem Lager-Durchlaufdiagramm (s. Bild B 5.8-2b) werden die Lagerzugänge und Lagerabgänge über der Zeit akkumuliert dargestellt. Kennzahlen, wie der mittlere Lagerbestand oder die mittlere Lagerverweilzeit können direkt an den mittleren horizontalen und vertikalen Abständen der Zugangs- und Abgangskurven abgelesen werden.

Der mittlere Lieferverzug errechnet sich aus der Fehlmengenfläche und der im Betrachtungszeitraum summierten Nachfragemenge. Stellt man den mittleren Lieferverzug in Abhängigkeit vom mittleren Lagerbestand dar, so erhält man die charakteristische Lagerkennlinie (s. Bild 5.8-2c).

Außerdem werden Näherungsgleichungen zur Ermittlung der Lagerkennlinien benutzt. Dabei werden sogar mittlere Planabweichungen, wie die durchschnittliche Lieferterminabweichung, Abweichungen von der Liefermenge oder mittlere Bedarfsschwankungen berücksichtigt.

Diese Berechnungen gelten jedoch für die Kennzahlen eines einzelnen Lagers. Sie beruhen auf statistischen Ansätzen und auf der Lösung von Näherungsgleichungen, so dass sie nur bedingt im Rahmen der operativen Planung und zur Prozessüberwachung eingesetzt werden können,

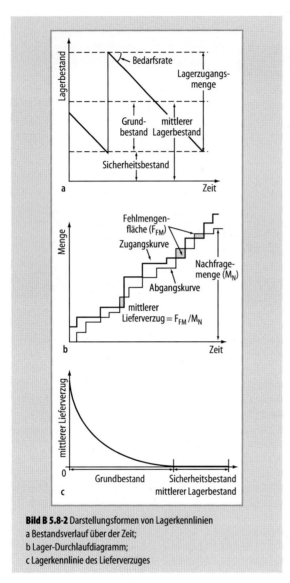

Bild B 5.8-2 Darstellungsformen von Lagerkennlinien
a Bestandsverlauf über der Zeit;
b Lager-Durchlaufdiagramm;
c Lagerkennlinie des Lieferverzuges

zumal ihre Berechnung für alle im Lager bevorrateten Artikel in der Regel kaum durchführbar ist.

Für den innerbetrieblichen Transportbereich und hier speziell für Fahrerlose Transportsysteme (FTS) werden bei [Jun93] Kennlinien und sogar Kennlinienfelder simulationstechnisch ermittelt. Die Kennlinienfelder liefern Aussagen über die Anzahl einzusetzender Fahrzeuge, über den Auslastungsgrad der Fahrzeuge, über die mittlere Durchlaufzeit sowie über die Gesamtkosten in Abhängigkeit von der Systemlast.

Ein einfaches Kennliniendiagramm stellt die durchschnittliche Leerfahrtstrecke aller Anschlussfahrten und die mittlere Länge der Auftragswarteschlangen bei gegebener Systemlast in Abhängigkeit von der Anzahl eingesetzter Fahrzeuge dar (s. Bild B 5.8-3).

Dabei wird vorausgesetzt, dass ein Fahrzeug nur einen Auftrag zu einer Zeit bearbeiten kann, die Fahrzeuge also keine Touren fahren und dass die Auswahlstrategie der Fahrzeuge (hier: Auswahl nach der kürzesten Anschlussfahrt) nicht verändert wird.

Die Übertragung dieses für innerbetriebliche Transportsysteme gültigen Beispiels auf die Fuhrparkdisposition in der Distribution ist mit mehreren Bedingungen und Einschränkungen verknüpft. Einerseits gelten die Kennlinienverläufe für Fahrzeuge, die nur ein Fahrziel zu einer Zeit zugewiesen bekommen können und keine Touren abfahren. Andererseits sind die möglichen Anschlussfahrtstrecken in der Distribution so lang und zeitaufwendig, dass es sich oftmals lohnt, ein Fahrzeug an einer Station auf die Erteilung eines neuen Auftrages warten zu lassen.

Ähnliche Kennlinien können also nur dann entstehen, wenn keine Wartezeiten für die Fahrzeuge eingeplant sind und keine Touren gefahren werden. Darüber hinaus ist es in der Distribution aber auch sinnvoll, einem Leerfahrzeug auf seiner lang dauernden Anschlussfahrt einen neuen Auftrag, der auf seinem Weg liegt, zu übermitteln. Auch in diesem Fall ändert sich der Kurvenverlauf der mittleren Leerfahrtstrecke.

Außer den Artikelbeständen, die bis zur Auslieferung gelagert werden, baut sich auch ein Bestell- oder Auftragsbestand in den einzelnen Lagern auf, wenn die Bestellungen bis zur Verfügbarkeit der Waren zurückgestellt werden und warten müssen. Mit zunehmendem Bestelleingang steigen die Belastung des Distributionssystems und die Höhe der wartenden Auftragsbestände.

Für die Produktion existieren diesbezüglich Kennliniendiagramme (s. Bild B 5.8-4), welche die Abhängigkeiten der Systemauslastung, der Auftragsdurchlaufzeit und der Termintreue von einer steigenden Systembelastung durch Bestände verdeutlichen.

Mit der Vergrößerung der Bestände erhöht sich allerdings nur degressiv die Systemauslastung bis zu einer Grenze, die unterhalb der theoretischen Maximalauslastung von 100% bleibt. Dieses beruht unter anderem darauf, dass Wartungsarbeiten und Umrüstvorgänge zwischen verschiedenen Aufträgen eine maximale Maschinenauslastung verhindern. Aufgrund von Auftragswartezeiten steigt mit zunehmendem Bestand die Durchlaufzeit an. Damit verbunden nimmt die Termintreue der Aufträge ab.

Ähnliche Abhängigkeiten können auch für die Auftragsabarbeitung in der Distribution angenommen werden. Mit

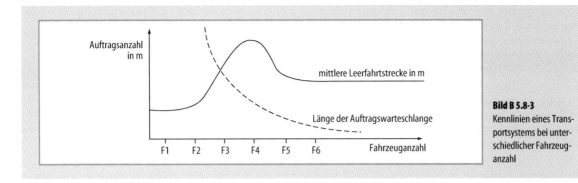

Bild B 5.8-3 Kennlinien eines Transportsystems bei unterschiedlicher Fahrzeuganzahl

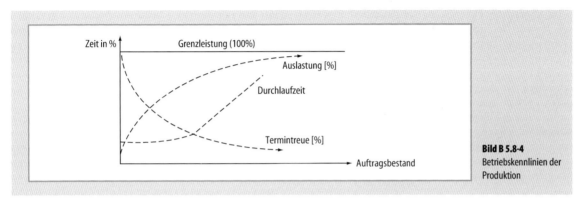

Bild B 5.8-4 Betriebskennlinien der Produktion

zunehmendem Auftragseingang entstehen Auftragsbestände, da die bestellten Waren nicht immer am Bestellort verfügbar sind und erst dorthin gebracht werden müssen.

Durch die hierfür zusätzlich erforderlichen Transport- und Umschlagvorgänge steigt deren Systemauslastung bis zur Kapazitätsgrenze. Gleichzeitig steigen infolge der zusätzlichen Auftragswartezeiten die Lieferzeiten für die Aufträge, was wiederum negative Auswirkungen auf die Termintreue des Gesamtsystems haben wird. Veränderungen in den Zuordnungsstrategien für die Aufträge oder in den Strategien der Materialdisposition an den Lagerstandorten können diese Effekte vermindern. Dieses ist jedoch im Einzelfall zu untersuchen.

Insbesondere bei einer kundenanonymen Lagerfertigung sind Bestände zur Sicherung der Lieferfähigkeit notwendig. Mit der Vergrößerung der Bestände steigen die Kosten für die Kapitalbindung. Große Auftragsbestände haben negative Auswirkungen auf die Lieferzeiten und die Termintreue. Hier ist ein Kompromiss zwischen der für die Lieferfähigkeit notwendigen Bestandshöhe und den Kosten-, Leistungs- und Servicemerkmalen des Systems zu finden. Aus diesem Zielkonflikt resultiert eine Betriebspunktvereinbarung (akzeptable Leistungs-, Kosten- und Servicemerkmale durch definierte Bestände), deren Einhaltung fortwährend überprüft und wiederhergestellt werden muss.

B 5.8.2 Modellgestützte Planung und Optimierung

Die Schaffung effizienter Prozesse in der Distribution, die sich sowohl an Zielen und Bedarfen der Kunden, als auch an Zielen eines Unternehmens orientieren, bedarf einer Berücksichtigung des dynamischen Umfeldes der Distribution. Es gilt Prozesse verlustfrei aufeinander abzustimmen sowie im Distributionsnetzwerk eine hohe Prozessstabilität und Belastbarkeit bei einer gleichzeitig großen Flexibilität zu gewährleisten.

Diesen Herausforderungen kann mit modellbasierten Ansätzen und Methoden begegnet werden. Diese sind geeignet, einerseits das Verständnis für die Prozesse und deren Abhängigkeiten zu schaffen und andererseits mittels Bewertung der Prozesse Transparenz in der Prozessqualität und Effizienz zu erreichen.

Im Folgenden werden modellbasierte Methoden für die Optimierung und die Simulation von Distributionsnetzwerken vorgestellt. Der Schwerpunkt liegt dabei insbesondere auf den Simulationsmodellen, da diese aufgrund der Berücksichtigung der systemimmanenten Dynamik besonders geeignet sind, ganzheitliche Untersuchungen der Distribution durchzuführen.

B 5.8.2.1 Optimierungsmodelle

Optimierungsverfahren wurden bereits detailliert im Kontext der Distributionsplanung vorgestellt. Sie stellen Lösungsverfahren dar, mit deren Hilfe unter EDV-Einsatz eine optimale lokale oder globale Lösung für ein Problem berechnet wird.

Im Kontext der Optimierung von Distributionsprozessen werden Optimierungsmodelle zum Beispiel für die Fuhrpark- und Tourenplanung eingesetzt. Dabei stellt die Tourenplanung ein sehr komplexes Problem dar, für dessen Lösung zahlreiche unternehmensspezifische Randbedingungen bei der Optimierung berücksichtigt werden müssen. Da die Tourenplanung im Rahmen der Disposition im laufenden Betrieb der Distribution erfolgt, ist eine weitere Anforderung an die eingesetzten Algorithmen eine effiziente und schnelle Berechnung. Wenn ein Optimierungsmodell über kurze Antwortzeiten verfügt, wird eine Integration in die Disposition begünstigt.

Die Disposition der Transporte in einem Distributionsnetzwerk erfordert zahlreiche Entscheidungen, die starken Einfluss auf die Effizienz der operativen Ausführung haben. Es gilt, Aufträge aus einem bestehenden Auftragspool einzelnen Transportmitteln zu zuordnen. Potenziale ergeben sich aus der Bündelung von Aufträgen, die es ermöglicht, die Auslastung der einzelnen Transportmittel zu steigern und dabei gleichzeitig sinnvolle Touren für ein Transportmittel zu realisieren. Hierbei müssen Restriktionen wie
- Kundenzeitschranken für die Anlieferung,
- Tourendauerbeschränkungen eines Transportmittels,
- Verfügbarkeiten und Eigenschaften der Transportmittel,
- Größenbeschränkungen der eingesetzten Transportmittel bei der Belieferung bestimmter Kunden und
- zahlreiche weitere zum Teil unternehmensspezifische Faktoren berücksichtigt werden.

Ein weiterer Anwendungsfall von Optimierungsmodellen in der Distribution ist die Optimierung der Ladeschemata bei der Planung von Touren. Die Aufgabenstellung, durch optimierte Packschemata den verfügbaren Laderaum eines Transportmittels effizient zu nutzen, stellt ein eigenständiges Optimierungsproblem von ähnlicher Komplexität wie das der Tourenplanung dar. Weiter reichende Potenziale in der Optimierung der operativen Distributionsprozesse können durch die Kopplung der Optimierung von Tourenplanung und Ladeschemata erschlossen werden.

B 5.8.2.2 Simulationsmodelle

Viele der genannten Leistungs-, Kosten- und Servicekennzahlen bedingen sich durch das dynamische Verhalten der Distributionsprozesse sowie durch deren Zusammenspiel. Die Methode der Simulation ist daher besonders für die Planung und Optimierung der Distribution geeignet, da hier das dynamische Verhalten des Distributionssystems über der Zeit untersucht werden kann.

Die simulative Untersuchung eines Distributionssystems kann in die vier Schritte Analyse und Abstraktion, Modellerstellung, Experimentdurchführung und Ergebnisinterpretation unterteilt werden, wobei in jedem der Teilschritte ein Nutzen entsteht [ASI97]. Die einzelnen Schritte wurden bereits im Kapitel „Planung der Distribution" beschrieben und werden hier nur kurz aufgegriffen und mit Bezug zur Prozessanalyse beschrieben.

Der Ausgangspunkt der simulativen Distributionsplanung ist das reale oder geplante Distributionssystem. Dieses wird zunächst analysiert und abstrahiert. Dabei müssen insbesondere die räumlichen und zeitlichen Abläufe sowie vorhandene Abhängigkeiten und Nebenläufigkeiten der Prozesse berücksichtigt werden [VDI00]. Im Zuge der Abstraktion muss das konkrete Planungs- und Optimierungsziel berücksichtigt werden. Der Abstraktionsgrad und die Detailgenauigkeit ergeben sich aus diesen Zielen. Als Ergebnis liegt nach der Analyse und Abstraktion die Datenbasis für die anschließende Modellierung des Distributionssystems vor. Neben den strukturellen Informationen muss hier insbesondere das dynamische Verhalten des Systems und der einzelnen Prozesse erfasst werden.

Im Rahmen der Modellerstellung wird nun unter Zuhilfenahme eines Simulationswerkzeugs ein validiertes experimentier- und ablauffähiges Modell erstellt. Dieses Modell spiegelt das dynamische Verhalten des Distributionssystems wieder.

Die Untersuchung des Systems erfolgt mittels der Durchführung von Experimenten mit dem erstellten Simulationsmodell. Ziel ist es, aufgrund einer gezielten Parametervariation in verschiedenen Experimentläufen zu Erkenntnissen zu gelangen, die Rückschlüsse auf das Systemverhalten zulassen. Dabei können im Modell nicht nur einzelne Parameter, sondern auch die abgebildeten Prozesse selbst variiert werden.

Durch Interpretation werden die formalen Ergebnisse der Simulationsexperimente wieder auf das Distributionssystem übertragen. Dabei muss der gewählte Abstraktionsgrad des Modells berücksichtigt werden.

Aus dem beschriebenen Vorgehen geht hervor, dass die Methode der Simulation nicht aufgrund eines Automatismus zu einer Verbesserung des Distributionssystems führt. Vielmehr werden im Rahmen von Szenarien verschiedene Variationen und Alternativen untersucht. Mit Fortschreiten der Modellexperimente wird sukzessive auf eine Verbesserung der Distribution hin gearbeitet. Dabei dient das Modell, das grundlegender Bestandteil ist, auch als Kommunikationsmittel zwischen den beteiligten Simulations- und Systemexperten sowie den Entscheidungsträgern. Bei der Definition der zu untersuchenden Szenarien und der Entwicklung der Alternativen wird die Erfahrung und Kompetenz der beteiligten Distributionsexperten eingefangen und in die Planung und Verbesserung eingebracht. Die abgesicherten Erkenntnisse, die aus den Untersuchungen hervorgehen, dienen den Entscheidungsträgern als Entscheidungsvorlage.

Die Methode der Simulation kann im Kontext verschiedener Fragestellungen an ein Distributionssystem eingesetzt werden. Die einzelnen Distributionsprozesse können mithilfe der Simulation optimal aufeinander abgestimmt und das Gesamtsystem so verbessert werden.

Als ein Beispiel für die Eignung der Simulation zur Realisierung von Einsparpotenzialen in der Distribution wird im Folgenden der Einsatz für die Kostenreduktion in der Distribution von Produkten bei gleichzeitiger Steigerung des Servicegrades für den Kunden beschrieben.

Die Distribution zu den Endkunden eines Produktes ist dadurch gekennzeichnet, dass die zu distribuierenden Güter bereits den gesamten Wertschöpfungsprozess durchlaufen und damit den höchsten Wert erreicht haben. Während der Zeit der Distribution steht dem liefernden Unternehmen für die Produkte noch kein Erlös gegenüber. Die Distribution stellt für ein Unternehmen daher einen Unternehmensbereich mit hoher Kapitalbindung durch die im System befindlichen Produkte dar.

Die operativen Distributionsprozesse sind häufig hinsichtlich der anfallenden Kosten optimiert, so dass zum Beispiel durch Transportbündelungen, Puffer im System und andere Maßnahmen die Auslastung einzelner Transporte maximiert wird. Hierbei sollte aber die Gesamtleistung des Systems berücksichtigt werden, so dass eine Verlängerung der Distributionszeit vermieden wird. Mittels der Simulation kann in diesem Kontext ein günstiger Betriebspunkt ermittelt werden. Dabei können nicht nur die operativen Kosten der Distribution wie zum Beispiel Transportkosten in Betracht gezogen werden, sondern auch Kapitalbindungskosten, die erst durch die Untersuchung des dynamischen Verhaltens transparent werden. Bei besonders hochwertigen Produkten bilden Kapitalbindungskosten einen nicht zu vernachlässigenden Teil der Gesamtkosten, die in der Distribution anfallen. Dynamische Untersuchungen helfen hier, den Betriebspunkt zu identifizieren, in dem bei gemeinsamer Betrachtung von Kapitalbindungskosten und operativen Betriebskosten ein Minimum entsteht. Hierbei kann durch Reduktion der Lieferzeit bei geringeren Kosten teilweise sogar eine Verbesserung des Servicegrades für den Kunden erzielt werden.

Für einen dauerhaften Einsatz der Simulation in der Distributionsplanung können einmal im Rahmen der Gestaltung und Planung erstellte Modelle langfristig nutzbar gemacht werden. Hierzu werden die Modelle in Assistenzsysteme eingebracht, die dem Disponenten in der operativen Planung zur Verfügung stehen und als Entscheidungshilfe dienen. Die Auswirkungen einer dispositiven Entscheidung auf das Distributionssystem werden auf diese Weise für den Disponenten transparent. Das dem Assistenzsystem zugrunde liegende Simulationsmodell wird gemäß der dispositiven Entscheidung angepasst und das dynamische Systemverhalten im weiteren zeitlichen Verlauf berechnet.

Literatur

[ASI97] N.N.: ASIM. Mitteilungen aus den Fachgruppen. Leitfaden für Simulationsbenutzer in Produktion und Logistik. Nr. 58, 1997

[Fil89] Filz, B.; Fuhrmann, R. u. a.: Kennzahlensysteme für die Distribution. Köln: TÜV Rheinland 1989

[Hel02] Hellingrath, B.; Witthaut, M.; Keller, M.: Klassizierung von Dispositionsstrategien großer Logistiknetze. Technical Report 02001. Sonderforschungsbereich 559 Modellierung großer Netze in der Logistik. Universität Dortmund 2002

[Kon85] Konen, W.: Kennzahlen in der Distribution. Berlin/Heidelberg/New York: Springer 1985

[Kuh95] Kuhn, A.: Prozeßketten in der Logistik. Entwicklungstrends und Umsetzungsstrategien. Dortmund: Verlag Praxiswissen 1995

[Nyh98] Nyhuis, P.: Lagerkennlinien – ein Modellansatz zur Unterstützung des Beschaffungs- und Bestandscontrollings. RKW-Handbuch Logistik. Berlin: Erich Schmidt 1998

[Nyh03] Nyhuis, P.; Wiendahl, H.-P.: Logistische Kennlinien. 2. Aufl. Berlin/Heidelberg/New York: Springer 2003

[Pfo00] Pfohl, H.-C.: Logistiksysteme. Betriebswirtschaftliche Grundlagen. 6. Aufl. Berlin/Heidelberg/New York: Springer 2000

[Pfo04] Pfohl, H.-C.: Logistikmanagement. Konzeption und Funktion. 2. Aufl. Berlin/Heidelberg/New York: Springer 2004

[VDA04] Leitfaden Supply Chain Management. Grundsätzliche Aussagen zur Ausgestaltung von Abläufen und Prozessen. Frankfurt: Verband der Automobilindustrie 2004

[VDI02] VDI Richtlinie 4400 Blatt 3: Logistikkennzahlen für die Distribution. Düsseldorf: 2002

B 5.9 Zusammenfassung

Die Distributionslogistik der Hersteller verknüpft die Produktion mit den Kunden und hat die Aufgabe, den Abnehmern die physische Verfügbarkeit der Produkte einschließlich der dazugehörigen Information zu gewährleisten. Primäres Ziel der Distributionslogistik ist die Sicherstellung eines kundenorientierten Lieferservice bei minimalen Distributionskosten.

Die Planung und die nachfolgende Realisierung eines optimalen Distributionssystems werden jedoch durch die Dynamik der Märkte, den zunehmenden europa- und weltweiten Leistungs- und Kostenwettbewerb und die sich verändernden Marktparametern innerhalb der Distributionslogistik stark erschwert. Zunehmend bekommt auch die gesellschaftspolitische Forderung nach der Gestaltung umweltorientierter Transportsysteme Eingang in die Strategieüberlegungen der Unternehmen [Vas95].

Zur Erreichung der vorgegebenen strategischen Ziele werden Anforderungen an die Distribution gestellt, die sich in Leistungs-, Kosten- und Serviceanforderungen unterteilen lassen. Zusätzlich kommt der Erfüllung von Flexibilitätsanforderungen (aus dem Bereich der Leistungsanforderungen) und von Qualitätsanforderungen (aus dem Bereich der Serviceanforderungen) eine besondere Bedeutung zu:

Durch eine hohe Flexibilität der Distributionsprozesse können kurzfristig wirkende Belastungsschwankungen abgefangen werden. Eine hohe Servicequalität schafft auch ein größeres Vertrauen der Kunden in die Zuverlässigkeit der Belieferung.

Die Bewertung der Erfüllung der Anforderungen erfolgt anhand von Kennzahlen und Kennlinien, die Aussagen über die Leistungs-, Kosten- und Servicemerkmale der Distribution und ihre zeitlichen Veränderungen liefern.

Zur Anpassung der Distribution stehen eine Fülle von Anpassungsmöglichkeiten zur Verfügung, die sich in die Potenzialklassen der Strukturen, Lenkungsebenen und Ressourcen unterteilen lassen.

Strukturveränderungen sind tiefgreifend und beeinflussen nachhaltig und über längere Zeit die Prozesse der Distribution. Sie erfüllen insbesondere die Anforderungen nach mehr Leistung zu geringeren Kosten durch einen marktgerechten Ausbau oder Umbau der Aufbau- und Ablaufstrukturen. Die Bestands- und Funktionsbündelungen in Logistikzentren haben beeindruckende kostenreduzierende Effekte. Die Erfüllung der Flexibilitäts- und Qualitätsanforderungen oder die kurzfristige Reaktionsmöglichkeit auf Störungen sind jedoch durch eine Strukturveränderung allein, ohne gleichzeitige Anpassung der eingesetzten Ressourcen und insbesondere ohne die Einführung geeigneter Ablaufstrategien, nicht möglich.

Einige Potenziale zur Erfüllung der genannten Anforderungen und zur Begegnung kurzfristiger Einflüsse sind durch Veränderungen der Ressourcen zu erwarten, da diese aufgrund ihrer Vielfalt durchgängig alle Prozesse durchdringen. Die gezielte Erneuerung der Arbeitsmittel hat jedoch höchstens indirekten Einfluss auf die Erfüllung der Leistungs- oder Serviceanforderungen. Dabei wird davon ausgegangen, dass nur selten große Leistungssteigerungen bei der Innovation der Arbeitsmittel als vielmehr Verbesserungen der Ausfallsicherheit oder der Handhabbarkeit vorherrschen.

Im Allgemeinen gilt, dass vor der Einführung neuer Ressourcen oder der Anpassung und Erneuerung existierender Ressourcen geprüft werden muss, welche Nutzenpotenziale für die gesamte Distribution im Vergleich zu den zusätzlichen Kosten erschlossen werden und wie die vorhandenen oder neuen Ressourcen sinnvoll eingesetzt und maximal ausgelastet werden können.

Die Anpassung und bedarfsgerechte Auslastung der Ressourcen und dabei insbesondere das Vorhalten genügender, nicht zu hoher Bestände der richtigen Artikelsorten an den richtigen Orten wird durch Strategien der administrativen, dispositiven und operativen Lenkungsebenen möglich.

Die Vorteile der Lenkung liegen in der einfachen Änderbarkeit und Anpassungsfähigkeit der Strategien. Hierdurch wird eine flexible Anpassung der Distribution an die Anforderungen und insbesondere an die Bedarfsveränderungen der Kunden möglich.

Hinter nahezu allen Anforderungen zur Analyse und Bewertung der Distribution steht die Notwendigkeit, die Auswirkungen der Einflüsse und die Potenziale von Veränderungen zeitbezogen bestimmen zu können. So sind bei der Messung der Leistung, des Service und der Flexibilität die Anzahl der Auslieferungen, ihre Lieferzeiten, die Termintreue oder die Geschwindigkeit, mit der auf Lastveränderungen reagiert wird, zu bestimmende Kennzahlen und Eigenschaften.

Die verursachten Kosten sind nur dann vollständig und exakt zu ermitteln, wenn neben den leistungsunabhängigen auch leistungsabhängige und damit zeitlich variable Kosten bestimmt werden können.

In den nächsten Jahren sind in zahlreichen Unternehmen weiterhin grundlegende Veränderungen in der strategischen Ausgestaltung der Distributionslogistik zu erwarten, die nur mit einer international ausgerichteten Systemplanung als ein Instrument der marktorientierten Betriebsführung zu bewältigen sind. Aus diesen Gründen ist die strategische Planung der Distribution eine wichtige Aufgabe jedes Unternehmens, das eine Distribution in nennenswertem Umfang betreibt, und ihre Bedeutung steigt in dem Maße, in dem sich die Produkte des Unternehmens in einem konkurrierenden Markt bewegen und der Lieferservice ein ausschlaggebendes Entscheidungskriterium ist.

Wie sich in vielen Studien zeigen lässt, ist der Nutzen derartiger Planungsprojekte auch für kleine und mittelständische Unternehmen sehr groß, da sich durch eine Optimierung der Distribution auf strategischer Ebene Einsparungspotenziale der Logistikkosten von 10–30% und mehr erzielen lassen.

Durch Einbindung DV-gestützter Planungsverfahren für die Distributionslogistik in eine strategische Unternehmensplanung ist es möglich durch gezielte Analysen und darauf aufbauender Optimierungsverfahren u. a. diese Fragestellungen zu lösen [Vas98]:
– Ist eine zentrale oder eine dezentrale Struktur wirtschaftlicher?
– Soll es ein ein- oder mehrstufiges Distributionssystem sein?
– Wie viele Standorte soll das Distributionssystem haben?
– Wo liegen die Standorte und welche Funktion sollen sie erfüllen?
– Welche Verkehrsträger (LKW oder Bahn) sollen eingesetzt werden?

Der Einsatz eines derartigen Instrumentes erhöht die Planungssicherheit für die Unternehmen erheblich und verhilft damit den Anforderungen eines dynamischen Marktes im 21. Jahrhundert gewachsen zu sein [Pap98].

Neben der Unterstützung der strategischen Planung durch DV-Systeme ist es auch bei Planungen auf den übrigen Lenkungsebenen der Distribution wichtig, die Potenziale der modernen DV-Technik zu nutzen. Dabei rückt die Analyse der dynamischen Abhängigkeiten im Distributionssystem immer mehr in den Fokus, da erst die Betrachtung des Verhaltens über der Zeit zu einer ganzheitlich abgesicherten und optimierten Planung hinsichtlich aller, sowohl finanziellen, Service-orientierten und umweltbezogenen Bemessungsgrundlagen führt.

Literatur

[Pap98] Papavassilliou, N.: Entscheidungsunterstützungssysteme als adäquate Instrumente für die Lösung von Distributionsproblemen. distribution 9 (1998) 14–15

[Vas95] Vastag, A.: Distributionslogistik – DV-gestützte Standort- und Strukturplanung. In: Jünemann, R. (Hrsg.): Logistikstrukturen im Wandel: Herausforderungen für das 21. Jahrhundert. Tagungsband zu den 13. Dortmunder Gesprächen, Dortmund 1995, A.47 ff.

[Vas98] Vastag, A.: Konzeption und Einsatz eines Verfahrens zur Distributionsstrukturplanung bei intermodalen Transporten. Dortmund 1998, S. 211 ff.

Prozesse in Logistiknetzwerken – Supply Chain Management

B6

B 6.1 Ziele und Grundprinzipien des Supply Chain Managements

Unternehmen sind heute, durch eine immer härter werdende Konkurrenz auf einem international werdenden Markt, zusammen mit der Forderung nach einer höheren Rendite, dazu gezwungen, neue Wege zur Verbesserung ihrer Wettbewerbsfähigkeit zu finden. In der Vergangenheit sind Geschäftsprozesse wie Beschaffung, Auftragssteuerung, Produktion, Lagerung, Distribution und Vertrieb in erster Linie aus einer isolierten, unternehmensinternen Sicht und teilweise sogar aus einer innerhalb der Organisation noch einmal weiter differenzierten, funktionsabhängigen Sicht betrachtet worden. Dies genügt heutzutage nicht mehr. Um wettbewerbsfähig zu bleiben und vorhandene Vorteile weiter auszubauen, müssen die wertschöpfenden Prozesse über das gesamte Wertschöpfungsnetzwerk, vom Rohstofflieferanten bis zur Serviceleistung beim Endkunden des Produktes, betrachtet werden.

Dies ist der Grundgedanke des Supply Chain Managements (SCM). Supply Chain Management kann definiert werden als die integrierte prozessorientierte Planung und Steuerung der Waren-, Informations- und Geldflüsse entlang der gesamten Wertschöpfungskette vom Rohstofflieferanten bis hin zum Konsumenten, mit den Zielen der Verbesserung, der Kundenorientierung, der verbesserten Synchronisierung der Versorgung mit dem Bedarf, der Flexibilisierung und bedarfsgerechten Produktion sowie dem Abbau der Bestände entlang der Wertschöpfungskette [Kuh02].

B 6.1.1 Netzwerke als Betrachtungsgegenstand des Supply Chain Management

Durch den immer noch bestehenden Trend zur Abnahme der Wertschöpfungstiefe in den Unternehmen erstrecken sich Wertschöpfungs- und Innovationsprozesse über immer mehr Unternehmen hinweg, so dass die Wettbewerbsfähigkeit einer Organisation nur noch zum Teil von deren interner Leistungsfähigkeit abhängt. Eine Entwicklung, die sich daraus ableitet, ist die vermehrte Bildung von strategischen Partnerschaften oder auch konkreten Unternehmenszusammenschlüssen. Unternehmen, insbesondere auch kleine und mittelständische, sind damit immer mehr Teil von diesen komplexen Systemen in Form von global verteilten Logistik- und Produktionsnetzwerken. Die Betrachtung von Netzwerken im Supply Chain Management ergibt sich jedoch noch aus einem anderen Grund: Unternehmen haben nicht nur einen Lieferanten – und Lieferanten nicht nur einen Kunden. Teile eines Produktes werden von verschiedenen Unternehmen beschafft, teilweise auch alternativ. Von daher ergibt sich in der Folge, dass für die Abwicklung eines Kundenauftrages ein Netzwerk von Unternehmen betrachtet werden muss.

Bedingt durch diese unternehmensübergreifende Einbindung in Netzwerken ergeben sich immer höhere Anforderungen an die Kooperation und Koordination zwischen den einzelnen Partnern. Die große Herausforderung stellt das Management solcher Netzwerke dar, das dabei von einer neuen Generation von Informationssystemen unterstützt werden muss, bis hin zum Einbezug der Endkonsumenten über den elektronischen Handel. Dies bedeutet, dass die Abläufe zwischen den Partnern in diesem Netzwerk nicht mehr unberücksichtigt bleiben dürfen, damit ein Optimum nicht länger nur aus der Sicht jedes einzelnen Unternehmens, sondern die Optimierung der Prozesse des ganzen Netzwerks in diese lokalen Betrachtungen einbezogen wird. Erst die globale Sicht auf die relevanten Teile eines Netzwerks erlaubt es, gegenüber den Kunden mit international wettbewerbsfähigen Leistungen und Preisen aufzutreten.

Dies bedeutet, dass die Prozesse des Wertschöpfungsnetzwerks und der daran beteiligten Unternehmen miteinander verzahnt werden müssen. Das Ziel lautet, sich am künftigen Bedarf des Kunden zu orientieren und anzupassen. Von daher beschreibt SCM insbesondere die Planung und Steuerung des Logistiknetzwerks innerhalb eines Unternehmens und über die beteiligten Unternehmen hinweg. Dies beinhaltet die integrierte Bearbeitung aller Aktivitäten innerhalb der Logistikkette, angefangen von der Prognose der Kundenbedürfnisse über die Auftragsverteilung und logistische Warenversorgung, die Produktion bis hin zum Teile- und Rohstoffeinkauf. Dabei werden alle wichtigen logistischen Aufgaben abgedeckt.

B 6.1.2 Ziele des Supply Chain Management

Produktionsnetzwerke sind komplexer und mit mehr Unsicherheiten verbunden als die unternehmensinternen Prozessabläufe eines Unternehmens. Nicht selten sind die Prozessbeteiligten in einem Produktionsnetzwerk auf unterschiedlichen horizontalen und vertikalen Organisationsebenen angeordnet. Verknüpfungen zwischen den Partnern auf unterschiedlichen Ebenen sind dabei durchaus denkbar. Bei der Betrachtung der Prozesse der Planung und Steuerung von Produktions- und Logistiknetzwerken wird man feststellen, dass klassische Planungsansätze auf die isolierte Optimierung einzelner Partner abzielen. Beteiligte kennen nur den für sie sichtbaren Bereich (i. d. R. das eigene Unternehmen oder die eigene Abteilung) und die Informationen und Materialien, die sie mit ihren direkten Partnern austauschen. Aufgrund der lokalen Optimierung und dem untereinander nicht abgestimmten Drehen an unterschiedlichen Stellschrauben in den Netzwerken kommt es sehr häufig zum sog. „Peitscheneffekt": Kleine Änderungen des Bedarfes führen beim Endkunden zu immer größeren Schwankungen, je weiter die logistische Kette zurückverfolgt wird. Dabei überlagern sich mehrere Effekte gegenseitig und schaukeln sich häufig auf.

Die Ursachen für Turbulenzen in der Auftragsabwicklung von Produktionsnetzwerken sind vielschichtig. Festzustellen sind beispielsweise die folgenden rationalen und durchaus nachvollziehbaren Verhaltensweisen:
– Das Bestellverhalten des direkten Kunden bestimmt die Nachfrageprognosen. Durch Sicherheitsdenken und lange Bestellzeiten fallen die eigenen Bestellungen oft höher aus als die Bestellungen des Kunden.
– Die Disponenten der einzelnen Partnerunternehmen neigen zum Bündeln von Aufträgen. Wenn alle Aufträge innerhalb eines Intervalls gesammelt werden, führt dies zu hohen Bestellschwankungen beim Lieferanten.
– Bei voraussichtlichen oder durch den Lieferanten durch Mengenkontingentierung verursachten Lieferengpässen bestellen Kunden mehr als sie wirklich brauchen.

Ein Ausgangspunkt in der Entwicklung des Supply Chain Managements war es, derartige Turbulenzen und Schnittstellenprobleme zu vermeiden, indem die einzelnen Partner durch verbesserten Informationsaustausch sowie abgestimmte Planungen besser miteinander koordiniert werden.

Übergeordnetes Ziel des Supply Chain Management ist die Befriedigung der Kundenbedürfnisse bei gleichzeitiger Optimierung der Kosten im Netzwerk hinsichtlich Beständen, Ressourcen und Prozessen.

Dieses übergeordnete Ziel des SCM differenziert sich in eine Reihe von Teilzielen, nämlich
– die Verbesserung der Kundenorientierung durch die zeitgenaue und schnelle Lieferung der gewünschten Produkte,
– die Erhöhung der Lieferbereitschaft,
– die Reduzierung der Prozess- und Durchlaufzeiten, z. B. durch elektronische Geschäftsabwicklung,
– die Synchronisation der Versorgungsprozesse mit den Bedarfen,
– die Schaffung einer flexiblen und bedarfsgerechten Produktion und Logistik, z. B. durch frühzeitige Information über Nachfrageveränderungen,
– den Abbau der Bestände entlang der Wertschöpfungskette mit der Intention, Bestände durch Informationen zu ersetzen,
– eine höhere Produktivität, z. B. durch Mengen- oder Bedarfsbündelung bzw. einer bessere Auslastung, z. B durch rechtzeitiges Anpassen von Produktionskapazitäten.

Auf diese Weise will man den Anforderungen der Kunden möglichst gut gerecht werden und das Wettbewerbspotenzial aller Unternehmen in der Wertschöpfungskette steigern.

B 6.1.3 Grundprinzipien des Supply Chain Management

Zur Realisierung eines erfolgreichen Supply Chain Managements ist die Anwendung von drei wesentlichen Grundprinzipien notwendig:
– Aufbau einer kooperativen Partnerschaft der Unternehmen in der Wertschöpfungskette,
– Analyse der gemeinsamen Prozesse zur Ermittlung der existierenden Verbesserungspotenziale und Gestaltung gemeinsamer Geschäftsprozesse mit dem Ziel der Erreichung einer verbesserten Zusammenarbeit und einem erhöhten Wettbewerbspotenzial und
– Einführung von Informations- und Kommunikationstechnologie zur Unterstützung der unternehmensübergreifenden Prozesse zur Planung und Steuerung der Wertschöpfungskette.

Insbesondere im letzten Punkt ist der Einsatz der heute auf dem Markt befindlichen Softwarewerkzeuge für das SCM zu sehen. Durch sie sollen Informationen über reale und prognostizierte Kundenbedarfe, verfügbare Bestände sowie Produktions- und Transportkapazitäten möglichst schnell und korrekt zwischen den beteiligten Partnern ausgetauscht werden, mit dem Ziel, Bestände durch Informationen zu ersetzen.

Die Einführung eines derartigen SCM-Tools steht jedoch nicht am Anfang des Weges hin zu einem erfolgreichen SCM. Zunächst ist es notwendig, passende Geschäftsprozesse über die verschiedenen Unternehmensfunktionen hinweg zu realisieren. Mauern zwischen Abteilungen oder Zulieferern und Abnehmern müssen abgebaut werden und an deren Stelle gegenseitige Vertrauensverhältnisse entstehen. Im Zuge des Wechsels von der Funktions- zur Prozessorientierung sind auch Verantwortlichkeiten neu festzulegen. Die gemeinsame Gestaltung von Prozessen und Verantwortungen über Abteilungen und Unternehmensgrenzen hinweg steht am Beginn der Realisierung von SCM. Ein wesentliches Instrument zur Integration aller beteiligten Unternehmen in dieses Unterfangen ist ein differenziertes Kooperationsmanagement.

B 6.1.3.1 Kollaborationsmanagement der Unternehmen einer Supply Chain

Sowohl in der Praxis als auch in der darauf fußenden Fachliteratur haben sich unterschiedliche Bezeichnungen und Phasengliederungen innerhalb des Lebenszyklus einer Kollaboration herausgebildet. Diese Phasenmodelle unterstützen eine prozessorientierte Sichtweise, die gerade für das Management von Kollaborationen sinnvoll ist (s. Bild B 6.1-1).

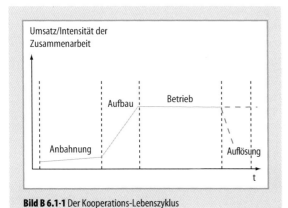

Bild B 6.1-1 Der Kooperations-Lebenszyklus

Kern der Anbahnungsphase ist es, die spezifischen Lösungspotenziale einer Kollaboration zur Behebung der in einer unternehmensübergreifenden Analyse erkannten Defizite abzuschätzen. Daraus werden dann die Chancen abgeleitet, die das Unternehmen in der Initiierung oder der Beteiligung an Kollaborationen sieht. Weist sich eine Kollaboration als zielführende Maßnahme zur Korrektur der identifizierten Defizite aus, hat sich beim Unternehmen eine Kooperationsabsicht entwickelt. Das Kooperationsbewusstsein, die Erkenntnis, die gesteckten Ziele zusammen mit anderen Partnern besser erreichen zu können, ist beim Initiator der Kooperation entstanden. Ausgehend von wesentlichen Schwachstellen, die dem Unternehmen, z. B. durch eine erhöhte Anzahl von Reklamationen, einen erheblichen Auftragsrückgang, Beschwerden der Mitarbeiter oder andere Anzeichen signalisiert werden, empfiehlt sich eine gezielte Analyse der Ursachen dieser Schwachstellen. In einer anschließenden Zielformulierung erfolgt eine schwachstellenbezogene Zielbildung zur Ermittlung der ausschöpfbaren Optimierungspotenziale.

Eine Kollaboration hat nicht nur Vorteile – so müssen z. B. wirtschaftliche Erfolge mit den Partnern geteilt werden. Darüber hinaus ergibt sich in jedem Kollaborationsprojekt ein erhöhter Koordinationsaufwand. Es ist also wichtig, die jeweils spezifischen Vor- und Nachteile zu ermitteln und daraus die entsprechenden Chancen einer Kooperation abzuleiten.

Im Vordergrund der Anbahnungsphase steht die aktive Suche nach einem oder mehreren geeigneten Kollaborationspartnern. Dies erfordert unter anderem die Analyse des eigenen Kollaborationsbedarfes sowie die Prüfung der Kollaborationsfähigkeit der potenziellen Partner. Ein zentrales Element ist zudem der Zielbildungsprozess, der als kontinuierlich anzusehen und auch in die nachfolgenden Phasen zu integrieren ist, da Ziele in der Regel definiert, verfeinert oder revidiert werden. Der Prozess der Zielbildung ist multipersonell. Es setzen sich dabei mehrere Mitglieder der potenziellen Partnerunternehmen mit der Zieldefinition auseinander, da niemals die Zielvorstellung eines einzelnen übernommen wird. Dabei kann es notwendig werden, Akteure aus dem Unternehmensumfeld, z. B. Anteilseigner, einzubeziehen. Entscheidend beeinflusst wird der Prozess durch den Grad der Zielvorstellung der einzelnen Teilnehmer sowie von erhaltenen Informationen über die Partner, über das eigene Unternehmen und die Marktsituation.

Voraussetzung für eine erfolgreiche Kollaboration ist es, dass gemeinsame Ziele und keine Vorteile auf Kosten anderer verfolgt werden. Die Gefahr einer einseitigen Wertsteigerung oder allgemeiner gesprochen: eines einseitigen

Nutzens, ist in jedem Kollaborationsprojekt gegeben. Eine solche Entwicklung lässt sich durch eine gemeinsame Formulierung eines Zielsystems für das Kollaborationsprojekt, in das die individuellen Vorstellungen der einzelnen Unternehmen mit einfließen, reduzieren. Dies klingt recht harmonisch – ist es in der Unternehmenspraxis häufig aber gar nicht. Denn die Herausforderung, ein Optimum über das gesamte betrachtete Netzwerk zu erzeugen, bedeutet häufig, Abstriche bei unternehmensindividuellen Zielen zu machen.

Die Verfolgung der verabschiedeten Ziele ist für die Partnerunternehmen dann allerdings bindend. Eine eventuelle Neuausrichtung muss von allen Partnern getragen werden, sonst kann diese Situation zum Anlass genommen werden, aus der Kooperation auszusteigen. Die Entwicklung gemeinsamer Ziele dient der Eingrenzung des Kollaborationsvorhabens und bildet die Grundlage für die Gestaltung der Prozesse.

B 6.1.3.2 Analyse und Optimierung der Supply Chain

Gemeinsame Prozesse bedingen ein gemeinsames Verständnis der Prozesse. Dies zu erzielen ist ein wichtiger Schritt auf dem Weg zu einem erfolgreichen SCM. Moderne Ansätze zur Modellierung von Geschäftsprozessen in Verbindung mit aktuellen Standardisierungsbemühungen für die Supply Chain-Prozesse können diese Aufgabe wesentlich erleichtern. Die geschaffenen Modelle visualisieren den gemeinsamen Blick auf die Abläufe und machen die ersten Analysen (z. B. auch mit Simulationswerkzeugen) zugänglich. Diese Modelle können später auch für die Gestaltung der operativen Prozesse mit den eingesetzten Software-Werkzeugen zur Planung und Steuerung der Logistikkette dienen.

Weil die Umsetzung eines SCM-Konzeptes eine sehr umfangreiche Problemstellung ist, erfolgt die Bearbeitung der zahlreichen Planungsaufgaben auf unterschiedlichen Detaillierungsebenen durch eine Vielzahl beteiligter Personen. Obgleich es verlockend wäre, auf allen Planungsebenen eine durchgängige Modellierungsmethode einzusetzen, ist ein solches Werkzeug bisher nur in Ansätzen verfügbar. Von daher sind für unterschiedliche Planungs- und Detaillierungsstufen auch unterschiedliche, aufeinander abgestimmte Modellierungsmethoden zu verwenden. So ist es sinnvoll, auf einer übergeordneten Ebene zeitorientierte, abstrakte Referenzprozesse wie sie z. B. das SCOR-Modell [SCC06] bietet einzusetzen. Für die Beschreibung und Darstellung dieser Referenzprozesse und insbesondere deren „Feintuning" empfiehlt sich die beschreibungsmächtige generische Prozesskettenmethodik [Kuh95].

B 6.1.3.3 Einsatz von IT-Systemen zum Supply Chain Management

IT-Systeme für das Supply Chain Management schaffen eine unternehmensübergreifende Informationstransparenz über Bedarfe, Kapazitäten und Bestände der Unternehmen, so dass zum einen der Aufbau einer Entscheidungsunterstützung betrieblicher Abläufe in Echtzeit gefördert wird, zum anderen die komplexe Betrachtung Szenarien, die mehrere Unternehmen umfassen, im Rahmen von Planungsprozessen für ein kooperatives Prozesscontrolling und Exception Handling erreicht werden kann. Zudem bieten diese Software-Systeme eine Vielzahl von modernen und effizienten Algorithmen zur Planung der Kapazitäten und Beständen in der Supply Chain sowie zur genauen Prognose der kommenden Bedarfe [Sta05]. Aus diesem Grunde werden diese Softwarelösungen häufig auch als Advanced Planning & Scheduling Systeme (APS) bezeichnet. Diese IT-Systeme erweitern so üblicherweise klassische ERP-Systeme durch zusätzliche Module und veränderte, beziehungsweise neue Planungslogiken. Sie sind damit auch abhängig von den in den ERP-Systemen befindlichen Daten, die die Grundlage für die Planungs- und Steuerungsaufgaben der SCM-Software-Systeme darstellen. Ein SCM-System grenzt sich durch den erweiterten Fokus der Supply Chain von ERP-Systemen mit ausschließlich unternehmensinternen Blickwinkel ab.

IT-Systeme für das SCM adressieren die Gestaltung, Planung und Steuerung von Netzwerken, berücksichtigen dabei unterschiedliche Zeithorizonte und integrieren die Material- und die Kapazitätsplanung. Sie verbinden strategische Unternehmensplanung mit Jahresbetrachtung, taktische Absatz- und Produktionsplanung mit Wochen- und Monatszeithorizont bis hin zur stundengenauen Produktionsfeinplanung und -steuerung.

B 6.2 Aufgaben des Supply Chain Managements

Bild B 1.2-1 (s. Abschn. B 1.2) stellt eine Übersicht zu den Aufgaben dar, die innerhalb eines Unternehmens und unternehmensübergreifend durchgeführt werden müssen, um ein Supply Chain Management zu realisieren. Dieses Aufgabenmodell verdeutlicht, dass die Aufgabenstellungen der Gestaltung, der Planung sowie auch des Betriebs einer Supply Chain betrachtet werden. Diese Aufgabenbereiche korrelieren mit dem dabei betrachteten Zeithorizont, der sich von mehreren Jahren bei der strategischen Gestaltung einer Supply Chain bis hin zu Minuten in der operativen Steuerung des Betriebs erstreckt.

Supply Chain Design – die strategische Gestaltungsebene

Auf der Ebene der Gestaltung einer Supply Chain findet sich die strategische Planung, mit der man über einen längeren Zeitraum die möglichen Strukturen einer Supply Chain hinsichtlich der räumlichen Anordnung von Produktionsstätten oder Lagern sowie die Auswahl unterschiedlicher Partnerunternehmen bewertet.

Supply Chain Planning – die taktische Planungsebene

Die Einplanung der Produktions- und Logistikressourcen einer Supply Chain, um vorliegende bzw. prognostizierte Kundenaufträge erfüllen zu können, ist Gegenstand der Planungsebene der Software-Systeme. Hier werden für immer detaillierter werdende Bereiche der Wertschöpfungskette (angefangen vom Netzwerk bis herunter auf die Produktionslinie) Aufträge für entsprechend kürzer werdende Zeitbereiche eingeplant. Auf der Logistikseite stehen hier die Festlegung von Beständen über die Kette zur Sicherung der termingerechten Lieferung sowie die Ermittlung der notwendigen Transportressourcen und deren detaillierte Planung, z. B. in Form einer Routenplanung. Ein weiteres wichtiges Element dieser Ebene ist die Prognose der Kundenbedarfe für Produkte und Produktgruppen, bezogen auf verschiedene Regionen, wie sie in der Bedarfsplanung durchgeführt wird.

Aufbauend auf der Struktur, die in der strategischen Ebene festgelegt wurde, werden auf dieser Ebene für die einzelnen Glieder in periodischen Zyklen abgestimmte langfristige Produktions- und Transportpläne erstellt. Zielsetzung ist eine abgestimmte mittel- bis langfristige Programmplanung über die gesamte Supply Chain, indem man kapazitäts- und terminbedingte Abhängigkeiten berücksichtigt. Neben der Struktur der SC sind prognostizierte bzw. reale Kundenbedarfe Eingangsinformationen für die Planung der Supply Chain. Die Hinterlegung von Informationen über Relationen innerhalb der Supply Chain sowie der realen Kapazitätsauslastung ermöglicht die simulative Ermittlung von Verfügbarkeitsdaten bei Kundenanfragen (ATP = available to promise).

Supply Chain Execution – die operative Betriebsebene

Unter dem Begriff Supply Chain Execution werden alle Funktionalitäten zusammengefasst, die eine unternehmensübergreifende Steuerung der Supply Chain ermöglichen und die der Auskunftsfähigkeit und der operativen Prozessabwicklung dienen. Dadurch sollen die Partner in die Lage versetzt werden, sehr flexibel auf Veränderungen der externen Rahmenbedingungen reagieren zu können. Die Execution-Komponenten haben dabei die Aufgabe, vor dem Hintergrund der aktuellen betrieblichen Situation Entscheidungsunterstützung in der operativen Arbeit zu leisten. Ziel der Supply Chain Execution ist eine direkte Verbesserung der Kundenzufriedenheit über das Beherrschen der dynamischen Komplexität, die aus den vielfältigen Kundenbeziehungen heraus entsteht. Die wesentlichen Komponenten der operativen Ausführungsebene umfassen das Controlling, das Auftragsmanagement, das Transportmanagement, das Lagermanagement und das Fulfillmentmanagement.

Aufgrund dieser Beschreibung wird die Nähe zu den bereits bestehenden transaktionsorientierten ERP- und Warenwirtschaftssystemen deutlich. Diese haben derzeit eine weniger integrierende, als vielmehr eine auf einzelne Unternehmen bezogene Ausrichtung, so dass die Funktionalitäten meist nicht überbetrieblich genutzt werden können. Um eine effiziente Umsetzung der Produktionsprogramme, die in der Planung erstellt wurden, sicherzustellen, kann man die Informationen aus den innerbetrieblich eingesetzten Systemen dennoch einsetzen. Sie sind jedoch für die Berücksichtigung der externen Abhängigkeiten mit zusätzlichen Daten aus den Systemen der Partnerunternehmen zu versorgen. Eine schnelle Informationsweiterleitung über den jeweils aktuellen Status von Produktion und Logistik zu den Partnern ermöglicht eine schnelle Reaktion auf ungeplante Ereignisse (z. B. Störungen, kurzfristige Sonderaufträge). Hierzu gibt es sog. Supply-Chain-Informationssysteme, die die Daten aus den einzelnen Unternehmen sammeln und zu einem Überblick über den aktuellen Status der Supply Chain zusammenfassen.

B 6.3 Kollaborative Planungs- und Steuerungskonzepte im Supply Chain Management

B 6.3.1 Supply Chain Monitoring (SCMo)

B 6.3.1.1 Ziele und Grundidee des SCMo

Das Supply Chain Monitoring (SCMo) hat die Integration der Supply Chain Partner in der kurz- bis mittelfristigen Ausführung ihrer jeweiligen Operations durch den Austausch von Informationen über Bestände und Bedarfe und die Synchronisation der Bedarfsinformationen über mehrere Stufen einer Supply Chain zum Ziel. Ein Referenzprozess für das Supply Chain Monitoring wurde von dem europäischen Automobilverband ODETTE entwickelt

[Ode03]. SCMo findet seine Anwendung in Lieferketten, die in Bezug auf die Versorgungssicherheit mit Teilen und Produkten als kritisch eingestuft werden. Mit Hilfe von SCMo können die Bestände und Bedarfe in der logistischen Kette zwischen allen beteiligten Unternehmen in kurzen Zeitabständen verglichen und im Falle von Abweichungen Warnmeldungen ausgegeben werden. Die mit dem Einsatz des SCMo-Konzepts verfolgten Ziele sind:
- die Vermeidung von Engpässen in kritischen Lieferketten durch Frühwarnung,
- die Optimierung der Versorgungssicherheit bei minimalen Beständen durch netzwerkweite Bestandstransparenz und Eliminierung des Peitscheneffektes,
- die optimierte Allokation bei Engpässen durch netzwerkweite Bestands- und Bedarfstransparenz.

Insbesondere bei der schnellen Berücksichtigung von Bedarfs- oder Planänderungen in versorgungskritischen Lieferketten verspricht das SCMo-Konzept großen Nutzen. Üblicherweise finden in diesen Ketten die Prozesse zur Bedarfsrechnung in den Unternehmen lokal und zeitlich unsynchronisiert statt, so dass die daraus resultierenden Verzögerungen im Informationsfluss zu vermeidbaren kritischen Situationen führen können, die im schlimmsten Fall im Abriss der Teileversorgung resultieren.

B 6.3.1.2   Gegenstand der Zusammenarbeit im Supply Chain Monitoring

Das Grundprinzip des SCMo-Ansatzes besteht in dem Austausch von Bedarfs- und Bestandsinformationen über die gesamte Kette hinweg. Der Bruttobedarf des Endkunden auf Ebene der Teile und/oder Teilefamilie wird für alle in der kritischen Supply Chain involvierten Unternehmen für einen Zeitraum von bis zu 12 Monaten über ein IT-System bereitgestellt.

Die Auswirkungen von Bedarfsänderungen werden für den gesamten Zeithorizont für jedes Unternehmen mittels einfacher Bedarfsrechnung durch Stücklistenauflösung unter Berücksichtigung der Durchlaufzeiten ermittelt und an die gesamte Lieferkette weitergegeben. Die Bedarfsinformationen werden auf jeder Stufe der Supply Chain mit den zur Verfügung gestellten Bestandsinformationen der Unternehmen im Wareneingangs- bzw. -ausgang sowie der Transitbestände abgeglichen und so die Versorgungssicherheit ermittelt. Grundlegende Komponenten des SCMo-Ansatzes sind neben der eigentlichen Überwachungsfunktionalität, die Nutzung einer automatisierten, frühzeitigen Warnfunktion als Basis für eine verbesserte Reaktionsfähigkeit in Versorgungsengpasssituationen sowie die Einrichtung einer kettenübergreifenden Vorgehensweise in Ausnahmesituationen. Der Einsatz eines Supply Chain Monitoring Systems verspricht demnach den folgenden Nutzen für die beteiligten Partner:
- Bestandsreduzierung,
- Flexibilitätssteigerung und Synchronisation der Lieferkette,
- Reduktion von Störungen und Aufwand zur Planung und Kontrolle des Materialflusses,
- Reduktion von Sonderfrachten,
- Reduktion von überschüssigen Teilen bei Ausläufen.

Im Rahmen des SCMo-Ansatzes werden mehrere Unternehmen entlang der kritischen Lieferkette in die Betrachtung miteinbezogen. Die Sensibilität der ausgetauschten Informationen ist jedoch gering. Bedarfsinformationen werden üblicherweise ohnehin durch den jeweiligen Kunden zur Verfügung gestellt. Die genutzten Bestandsdaten der Lieferanten erlauben nur einen sehr begrenzten Einblick in die Produktionssituation des Partners – das Missbrauchspotenzial ist gering. In den Prozessen des SCMo verbleibt die Entscheidungshoheit in Engpasssituationen in dem jeweilig betroffenen Unternehmen oder Abteilung.

B 6.3.1.3   Prozesse des Supply Chain Monitoring

Die Empfehlungen im Referenzprozess von ODETTE unterteilen das gesamte Geschäftsprozessmodell für das Supply Chain Monitoring in Initialisierungsprozesse, operative Prozesse und Service Prozesse [Ode03].

Die Initialisierungsprozesse beschäftigen sich mit der Identifizierung der relevanten Teile des Liefernetzwerkes und deren Modellierung in der SCMo-Anwendung sowie der Einführung des SCMo-Konzeptes allgemein. Im ersten Schritt der Konzepteinführung müssen zunächst die potenziell kritischen Ketten eines Liefernetzwerkes bestimmt werden. Kritizität bezieht sich hierbei auf die folgenden Eigenschaften einer Lieferkette:
- hohes Risiko für Lieferunfähigkeit,
- lange Wiederbeschaffungs- und Reaktionszeiten,
- hohe Lagerkosten,
- hohe Variantenanzahl bereits auf Unterlieferantenebene,
- (bekannter) Engpass auf Unterlieferantenebene.

Für diese kritischen Lieferketten müssen die involvierten Unternehmen, die betroffenen Produkte mitsamt ihren Stücklisten sowie die einzelnen Durchlaufzeiten ermittelt werden. Diese Informationen werden in der Folge in das SCMo-Modell der Anwendung überführt, welches sich als lineare Folge von Knotenpunkten und Kanten darstellt (s. Bild B 6.3-1). Als Knoten werden dabei die einzelnen Organisationseinheiten mit ihren verschiedenen Lagerpunkten modelliert. Diese Lagerpunkte stellen zugleich auch die Kontrollpunkte der Lieferkette dar, an denen die zu überwachenden Kenngrößen gemessen werden. Als Kontrollpunkte werden dabei die Wareneingangs- oder Warenausgangslager sowie die internen Lager abgebildet. Die Kontrollpunkte sind jeweils einer organisatorischen Einheit zugeordnet. Jede organisatorische Einheit verfügt über mindestens einen Kontrollpunkt, die Regel bilden aber zwei Kontrollpunkte (Wareneingangs- und Warenausgangslager) pro organisatorische Einheit. Als Kanten zwischen den Kontrollpunkten werden die stattfindenden Transport- und Produktionsprozesse modelliert. Dabei verbindet ein Transportprozess jeweils zwei Kontrollpunkte unterschiedlicher organisatorischer Einheiten miteinander. Ein Produktionsprozess hingegen verknüpft zwei Kontrollpunkte innerhalb einer organisatorischen Einheit. Produktionsprozesse sind als wertschöpfende Prozesse zu verstehen.

Das SCMo-Modell erfordert die Eingabe der folgenden Rohdaten für die zuvor ermittelten Entitäten (Organisationseinheiten, Kontrollpunkte etc.) des Netzwerkes:
– Organisationseinheiten: Kontaktpersonen, Organisations-ID,
– Kontrollpunkte: Teiledefinition, Kontrolllimits und Grenzwerte in Form von minimalen/maximalen Bestandsniveaus zur Generierung von Warnmeldungen, Bestandsreichweiten für jedes Teil,
– Produktionsprozess: Produktionsvorlaufzeiten, Stücklisten, Arbeitsbestand, Betriebskalender,
– Transportprozess: Transportdauer, Transportbeziehungen auf Teileebene, Transitbestände.

Wichtige Aspekte, die ebenfalls in der Phase der Systemeinführung entschieden werden müssen, betreffen die rechnerische Allokation von Transit- und Arbeitsbeständen zu dem vor- oder nachgelagerten Kontrollpunkt. Ebenso muss die rechnerische Allokation von Beständen zu Kunden im Vorfeld geklärt werden, um eine kundenspezifische Berechnung und Anzeige von Beständen zu ermöglichen. Weiterhin müssen Regeln für die Berechnung von Bedarfsmengen und den Bedarfs-Bestands-Abgleich festgelegt werden, wobei die unterschiedlichen Verantwortungsbereiche der Partner berücksichtigt werden. Allgemein muss sichergestellt werden, dass der gesamte Bedarf der überwachten Teile im SCMo-Modell abgebildet wird. Unter Umständen erfordert dies, Bedarfsmengen von Partnern, die nicht in den SCMo-Prozess der Kette integriert sind, manuell nachzupflegen.

Die operativen Prozesse des SCMo-Ansatzes beschreiben die Einzelschritte zur Bedarfsaktualisierung, Bestandsaktualisierung, Berechnung von Warnmeldungen und zum Umgang mit Warnmeldungen (s. Bild B 6.3-2).

Der operative Prozess startet mit der Aktualisierung der Bedarfs- und Bestandsinformationen durch die Kunden und Lieferanten. Zur Aktualisierung übergeben die Kunden ihre aktuellen Bedarfsprognosen sowie Lieferabrufe an das hinter dem SCMo-Konzept liegende IT-System. Zudem werden in allen Kontrollpunkten die im Berechnungsintervall gebuchten Bestandszu- und -abgänge dazu verwendet, die Bestände in der SCMo-Anwendung zu aktualisieren. Aktualisierungen können sowohl in Echtzeit

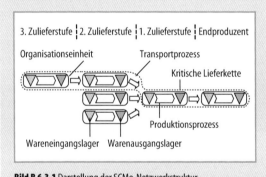

Bild B 6.3-1 Darstellung der SCMo-Netzwerkstruktur

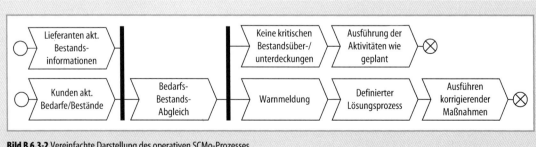

Bild B 6.3-2 Vereinfachte Darstellung des operativen SCMo-Prozesses

als auch zu vordefinierten Zeitpunkten (z. B. täglich 12 Uhr) geschehen. In der SCMo-Anwendung werden die Kundenbedarfe durch mehrstufige Stücklistenauflösung oder Rezeptberechnung kaskadierend über die Stufen der Lieferkette hinweg in kontrollpunktbezogene Bedarfe überführt. Dabei werden entsprechende Vorlaufzeiten für die Produktions- und Transportprozesse verwendet, um die auf jeder Stufe der Kette verursachten Bedarfe nach Menge und Zeit zu bestimmen. Zusätzlicher oder reduzierter Bedarf durch die Angleichung von Beständen an geplante Bestandsniveaus wird ebenso in die Berechnung miteinbezogen, so dass am Ende dieses Materialbedarfsrechnungslaufs kontroll- und zeitpunktbezogene Nettobedarfe bestimmt sind.

Im nächsten Schritt wird im Rahmen des Bedarfs-Bestands-Abgleichs für jeden Kontrollpunkt überprüft, ob sich unter Berücksichtigung der zuvor berechneten Nettobedarfe das aktuelle und prognostizierte Bestandsniveau für ein bestimmtes Teil innerhalb vordefinierter Grenzwerte bewegt. Um eine übermäßige Sensibilität dieses Prozesses zu vermeiden, werden Grenzintervalle definiert, die einer bestimmten Eskalationsstufe entsprechen. Wie in Bild B 6.3-3 zu sehen, werden verschiedene Eskalationsstufen unterschieden. Auf der neutralen Stufe, der sicheren Zone, bewegt sich die ermittelte Bestandsüber- und -unterdeckung in dem gewünschten Bestandsniveau, das durch die festgelegten Kontrollwerte definiert wird. In diesem Zustand kann der aktuelle Plan wie vorgesehen weitergeführt werden. Weitere Aktivitäten sind nicht notwendig (s. Bild B 6.3-2). Im Falle einer Bestandsüberdeckung wird im Gegensatz zur Bestandsunterdeckung nur eine Eskalationsstufe unterschieden, da der Handlungsdruck durch zu hohe Bestandshaltungskosten eine Intervention zwar sehr empfehlenswert macht, die Auswirkungen auf nachfolgende Prozesse der Lieferkette im kurzfristigen Bereich aber gering sind. Ein sofortiger Eingriff ist daher nicht erforderlich. Im Kontext von Bestandsunterdeckungen werden zwei Eskalationsstufen unterschieden. Die erste Eskalationsstufe warnt vor einer drohenden kritischen Situation, wenn keine unmittelbaren Maßnahmen zur Gegensteuerung ergriffen werden. Die zweite Eskalationsstufe zeigt an, dass eine kritische Materialunterversorgung in einem Kontrollpunkt bereits eingetreten ist und sofortige Steuerungsmaßnahmen notwendig sind, um die Situation nicht auszuweiten bzw. mit möglichst geringen Auswirkungen im Hinblick auf nachfolgende Prozesse aufzulösen. Der Eintritt einer Bestandsüber- oder -unterdeckung löst eine von der jeweiligen Eskalationsstufe abhängige Warnmeldung an die verantwortliche Person in der betroffenen Organisationseinheit aus, um auf die potenzielle Gefahr eines Versorgungsengpasses oder einer kostentreibenden Überversorgungssituation hinzuweisen (s. Bild B 6.3-2). SCMo definiert neben der Überwachung von Bestandsüber- und -unterdeckungen noch weitere Ereignisse als Auslöser für Warnmeldungen. Allgemein sind die folgenden Störungssituationen als Standard im SCMo vorgesehen:
– Bestandsunter- und Bestandsüberdeckung (absolut oder als dynamischer Ausdruck in Form von Reichweiten),
– signifikante Änderung im Nachfrageverhalten (z. B. Überschreitung einer festgelegten prozentualen Abweichung von der mittleren Nachfrage),
– keine Datenaktualisierung für mehr als x Tage,
– Benachrichtigung über technische Veränderungen bei Produktmodifikationen,
– verspätete oder keine Ankunft von avisierten Mengen.

Unmittelbar an den Empfang einer Warnmeldung schließen sich entsprechende Abläufe zur Behebung der Störungssituation an. Abschluss dieses Prozessdurchlaufs bildet die Umsetzung der korrigierenden Maßnahmen (s. Bild B 6.3-2).

Das Störungsmanagement im SCMo basiert auf dem Prinzip des Management-by-Exception. Warnmeldungen informieren festgelegte verantwortliche Personen in den betroffenen Organisationseinheiten über die aufgetretenen Störungssituationen, welche im so genannten Alert Board der SCMo-Anwendung visualisiert werden. Das Alert Board ist eine Benutzeroberfläche in Form einer Warntafel, welche einen Überblick über die aufgetretenen Störungssituationen schafft (s. Bild B 6.3-3). Möglichkeiten, die Warnmeldungen zu filtern, zu sortieren oder zu gruppieren, unterstützen den Benutzer dabei, die Warnmeldungen zu bearbeiten. Warnmeldungen können mit Handlungsmaßnahmen verknüpft werden. Diese Handlungsmaßnahmen beschreiben eine vordefinierte Abfolge von Bearbeitungsschritten zur Handhabung bzw. Auflösung der Störungssituation. Einzelne Arbeitsschritte einer Handlungsmaßnahme sind verantwortlichen Personen direkt zugeordnet. Im sogenannten Action Item Board, einer weiteren Benutzeroberfläche der SCMo-Anwendung, kann der Fortschritt der Bearbeitung einer Handlungsmaßnahme visuell überwacht werden.

Der Informationsfluss der SCMo-Anwendung beschränkt sich nicht auf die Informierung der jeweils direkt von einer Störungssituation betroffenen organisatorischen Einheit. Zusätzlich zu der für die Konfliktauflösung verantwortlichen Person, können auch weitere Personen inner- und außerhalb der organisatorischen Einheit in den Informationsfluss integriert werden. Dies bietet sich beispielsweise an, wenn der beobachtete kritische Zustand auch nach Ablauf einer definierten Reaktionszeit noch besteht.

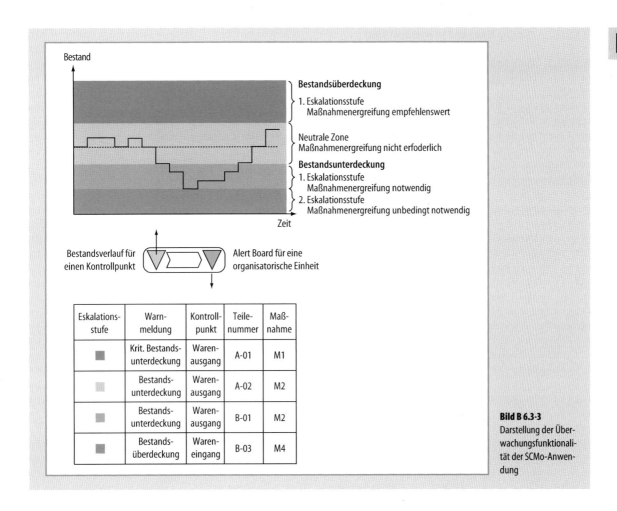

Bild B 6.3-3 Darstellung der Überwachungsfunktionalität der SCMo-Anwendung

Die oben erwähnten Service Prozesse beschreiben das Vorgehen zur Änderung von Daten und Parametern des SCMo-Modells sowie zur Änderung der Warnmeldungseinstellungen. Außerdem dienen die Service Prozesse zur Ermittlung von Kennzahlen sowie zur Erfüllung von Aufgaben des Berichtswesens. Übliche, im Rahmen von SCMo Anwendungen ermittelte, Kennzahlen sind beispielsweise Prognosegenauigkeit, Bestandsreichweiten sowie Anzahl und Dauer von kritischen Bestandsüber- und -unterdeckungen.

B 6.3.1.4 Informationstechnische Umsetzung des SCMo

Die schon erwähnte SCMo-Anwendung setzt auf bereits bestehende lokale ERP-Systeme auf, welche ihre Rolle in der operativen Abwicklung der Geschäftsprozesse behalten. Im günstigsten Fall wird die SCMo-Anwendung automatisch mit den Datenaktualisierungen aus dem lokalen ERP-System versorgt. Die Architektur des SCMo-Systems ist als eine dezentrale Anwendung aufgebaut. Im Unterschied zu einer zentral bereitgestellten IT-Anwendung betreibt jeder Partner seine eigene lokale SCMo-Anwendung. Die SCMo-Instanzen verschiedener organisatorischer Einheiten kommunizieren mit Hilfe geeigneter Datenstandards über das Internet. Dadurch sind die SCMo-Instanzen der einzelnen Organisationseinheiten kommunikationstechnisch miteinander verbunden, nicht jedoch die einzelnen ERP-Systeme der Partner. Als Alternative, die gerade für kleinere Unternehmen ohne eigenes ERP-System interessant ist, kann das SCMo-System auch von einem externen Dienstleister angeboten werden, der einen Zugriff auf die Funktionalität über das Internet zu geringen Nutzungskosten erlaubt.

B 6.3.2 Vendor Managed Inventory (VMI)

B 6.3.2.1 Ziele und Grundidee des Vendor Managed Inventory

Vendor Managed Inventory (VMI) bezeichnet ein Konzept zur Kollaboration zwischen zwei Partnern einer Supply Chain mit dem Ziel, durch den Austausch von Bedarfs- und Bestandsinformationen und der Übertragung von Planungs- und Entscheidungsverantwortung auf den Lieferanten, Bestände zu reduzieren und die Nachversorgung zu optimieren. Dabei übernimmt der Zulieferer die Bewirtschaftung des Lagers beim Kunden und ist damit für die Materialversorgung direkt verantwortlich.

Vendor Managed Inventory (VMI) ist Bestandteil des sehr umfänglichen Konzeptes des Efficient Consumer Response (ECR) [GS198] (s. Bild B 6.3-4). Neben Aspekten der Warenversorgung beschäftigt sich der weit gespannte Ansatz des ECR auch mit kollaborativen Aspekten der Generierung von Absatzwachstum basierend auf einem verbesserten Verständnis der Konsumentenanforderung (ECR Bausteine Efficient Assortment, Efficient Promotion und Efficient Product Introduction).

Grundgedanke des Efficient Consumer Response ist die Ablösung des Push- durch das Pull-Prinzip bei der Steuerung der Wertschöpfungsprozesse auf Basis der tatsächlichen Kundennachfrage am „Point of Sale". Im ECR-Ansatz ist VMI eine von vier konzeptionellen Ausprägungen der Zusammenarbeit in einer Wertschöpfungspartnerschaft, die unter dem ECR Baustein des Efficient Replenishment (ERP) oder auch Continuous Replenishment (CRP) zusammengefasst werden. Die zugrunde liegende Idee des CRP-Bausteins ist die Automatisierung des Warennachschubs zwischen Lieferant und Kunde. Kern der im Rahmen von CRP entwickelten Konzepte ist die Ausrichtung aller Prozesse an den aktuellen Verkaufsdaten, die in Echtzeit von der Abnehmerseite zur Verfügung gestellt werden. Die Ziele des CRP lassen sich wie folgt zusammenfassen:
- Reduzierung der Lagerbestände,
- Verbesserung der Lieferbereitschaft,
- Vermeidung von Stock-out-Situationen,
- Verbesserung des Materialflusses innerhalb der Wertschöpfungskette.

Um diese Ziele zu erreichen, wird ein unternehmensübergreifendes Bestandsmanagement angestrebt, bei dem der Lagerbestand gemeinsam von den Partnern der Supply Chain geplant und gesteuert wird.

CRP beinhaltet vier verschiedene Ausprägungen der Gestaltung der Kunden-Lieferanten-Beziehung: Buyer-managed Inventory (BMI), Co-managed Inventory (CMI), Vendor-managed Inventory (VMI) und Supplier-managed Inventory (SMI).

Diese konzeptionellen Ausprägungen unterscheiden sich in der Aufteilung der Prozessverantwortung zwischen den beteiligten Partnern. Wesentlicher Aspekt in dieser Unterscheidung ist die Prozessverantwortlichkeit für die in der Partnerschaft stattfindenden Bestell- und Lagerprozesse.

Das BMI-Konzept entspricht im Grunde der klassischen Aufgabenverteilung zwischen Hersteller und Händler. Der Kunde überwacht den Bestand seines Lagers und löst bei Erreichen einer minimalen Lagerreichweite eine Bestellung beim Hersteller aus. Vorteile entstehen hier lediglich durch den verbesserten Austausch von Abverkaufsdaten, die dem Lieferanten eine an der tatsächlichen Nachfrage orientierte Produktionsplanung ermöglichen.

Im Gegensatz dazu wird beim VMI die Bewirtschaftung des Wareneingangslagers beim Kunden auf den vorgelagerten Partner in der Wertschöpfungskette übertragen. Die Entscheidung über Liefertermine und -mengen werden demnach in die Autonomie des Lieferanten übergegeben. Im Gegenzug versorgt der Kunde den Lieferanten mit zusätzlichen Informationen wie Point-of-Sale-Daten, Bedarfsprognosen, geplante Verkaufsaktionen und Marktanalysen, die dem Lieferanten eine bessere Abstimmung in der Planung von Produktion und Distribution ermöglichen.

CMI stellt in diesem Zusammenhang eine hybride Form dar. Hier sind beide Partner gleichermaßen in die Disposition des kundenseitigen Wareneingangslagers eingebunden. Dies kann sich in der Praxis so auswirken, dass die Bestands- und Bedarfskontrolle für bestimmte Produkte analog zum VMI auf den Lieferanten übertragen wird. Für Produkte von untergeordneter Bedeutung oder mit weniger regelmäßigem Bedarf (z. B. Aktionsware) bleibt die Verantwortung für den Bestellprozess und die Lagerdisposition beim Kunden.

Supplier-Managed Inventory (SMI) als viertes Konzept des CRP fokussiert auf die Kooperation zwischen Lieferant und Hersteller, während sich VMI auf die Kooperation von Hersteller und Händler konzentriert. Die prinzipielle Art der Kooperation ist jedoch vergleichbar. Der Lieferant übernimmt die Verantwortung für die Versorgung des Hersteller-Lagers. SMI- und VMI-Konzepte lassen sich somit kombinieren und über die Wertschöpfungskette weiter ausbauen, so dass über mehrere Stufen jeweils zwei Partner der Kette eine Kooperation in Form von SMI oder VMI eingehen. Aufgrund der vergleichbaren Ansätze und Prozesse werden Kooperationen zwischen Zulieferern und Herstellern oftmals als VMI-Konzepte bezeichnet, obwohl

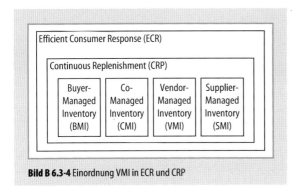

Bild B 6.3-4 Einordnung VMI in ECR und CRP

es sich dabei im eigentlichen Sinne um SMI-Kooperationen handelt.

Die folgenden Ausführungen konzentrieren sich auf die Vorstellung des VMI Konzeptes, welches den folgenden Nutzen für die Wertschöpfungspartner erbringen soll:
– verbesserte Informationsbasis für den Lieferanten,
– bessere Abstimmung zwischen Produktion und Distribution des Lieferanten,
– Reduzierung des Aufwands (Ad-hoc-Maßnahmen, Eillieferungen, Überstunden, Überkapazitäten), um volatile Kundenbedarfe zu befriedigen,
– verbesserte Bestandniveaus in der Wertschöpfungskette,
– Reduzierung der Transportkosten durch Optimierung von Transportfrequenz und -losgrößen,
– Reduktion von Versorgungsengpässen.

Gegenstand der Zusammenarbeit im Vendor Managed Inventory

Der Grundgedanke der Kooperation im Sinne von VMI ist die Übergabe von Planungs- und Steuerungsverantwortung für die Bewirtschaftung des Kundenlagers an den Lieferanten. Der Kunde ist in den Bestellprozess nur noch passiv durch das Zur-Verfügung-Stellen von Verbrauchs- und Bedarfsdaten eingebunden. Die Entscheidung über Liefertermine und -mengen fällt in die Dispositionsverantwortung des Lieferanten. Die Grundlage für einen solchen Verantwortungsübergang bildet ein intensiver Informationsaustausch zwischen Kunde und Lieferant. Dieser umfasst die aktuellen Verkaufsdaten bzw. die aktuellen Verbrauchsdaten in der Produktion und den aktuellen Lagerbestand im Wareneingangslager des Kunden. Je nach Branche und Produkt ist die Weitergabe zusätzlicher Informationen über im Planungszeitraum geplante verkaufsfördernde Aktivitäten, besondere Vertriebsabschlüsse, Saisongeschäfte oder ähnliche nachfragerelevante Ereignisse sinnvoll.

Das VMI-Konzept wird in der Praxis häufig in Verbindung mit der Idee des Konsignationsprinzips umgesetzt. Dabei wird der Augenblick des Eigentumsübergangs zwischen den Partnern vertraglich geregelt. Üblicherweise vereinbarte Punkte des Eigentumsübergangs sind die Entnahme aus dem Wareneingangslager, die Ankunft am Verbauort oder die Übergabe an den Endkunden. Bis zum Überschreiten dieser Grenzlinie bleibt die Ware im Besitz des Lieferanten. Der Kunde verringert durch den späteren Eigentumsübergang die entstehenden Kapitalbindungskosten; für den Lieferanten vergrößert sich der Dispositionsspielraum hinsichtlich Lagermenge und Lieferzeitpunkt.

Die angesprochene Verschiebung der Dispositionsverantwortung zum Lieferanten unterscheidet den VMI-Ansatz von konventionellen Strukturen des Bestell- und Lieferprozesses. Dieser Zusammenhang ist zur Verdeutlichung in Bild B 6.3-5 dargestellt. Hier wird außerdem ersichtlich, dass die Umsetzung des VMI Ansatzes auch die Reduktion der Anzahl der Lagerpunkte in der logistischen Kette ermöglicht. Die Lagerung von Gütern, deren Nachversorgung über das VMI-Prinzip gesteuert wird, ist im Warenausgangslager des Lieferanten obsolet. Die Liefermengen und -zeitpunkte können durch den Lieferanten so mit den Produktionsprozessen abgestimmt werden, dass die produzierte Menge ohne längere Zwischenlagerung direkt in das Wareneingangslager des Kunden transferiert werden.

B 6.3.2.2 Prozesse des Vendor Managed Inventory

Die Einführung von VMI erfordert den gemeinsamen Abschluss verschiedener Vereinbarungen bereits im Vorfeld der Kollaboration, um den reibungslosen Ablauf der operativen Prozesse zu gewährleisten. Der Einsatz von VMI erfordert auf der strategisch-taktischen Planungsebene die Einigung über
– die Verantwortlichkeit bezüglich der Produktverfügbarkeit,
– das Verhalten in Ausnahmefällen und unvorhersehbaren Situationen,
– das Vorgehen bei Produktanlauf und -auslauf,
– die Übernahme von Bestandsrisiken und
– den Umgang mit vertraulichen Informationen.

Grundlage für die operative Ausführung des VMI Konzeptes ist die Einigung über eine gewünschte minimale Lagerreichweite. Relevante Einflussgrößen auf die Bestimmung einer sinnvollen Lagerreichweite sind die geplanten Verbrauchs-/Verkaufsmengen, die Vorlaufzeiten der Transport- und Produktionsprozesse sowie die Berücksichtigung möglicher Losgrößenrestriktionen in

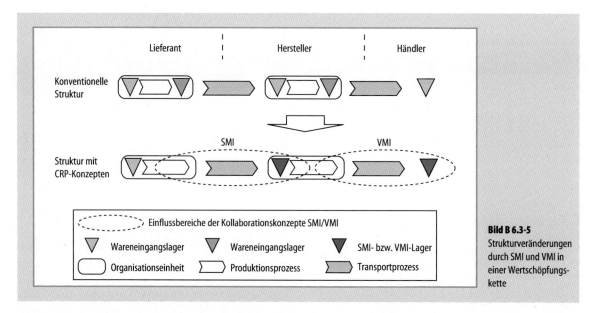

Bild B 6.3-5 Strukturveränderungen durch SMI und VMI in einer Wertschöpfungskette

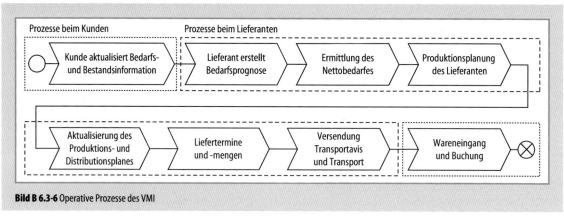

Bild B 6.3-6 Operative Prozesse des VMI

Transport oder Produktion. Neben der minimalen Lagerreichweite kann auch eine maximale Lagerreichweite zwischen den Partnern vereinbart werden. Maßgeblich sind hier insbesondere die verfügbare Lagerkapazität sowie Kostenbetrachtungen der Lagerhaltung.

Die operativen Prozesse des VMI beschreiben die Aktualisierung der Bedarfs- und Bestandsinformationen, die Bestimmung von Liefermengen und -terminen sowie den Austausch von Transportinformationen (s. Bild B 6.3-6).

Im ersten Schritt übermittelt der Kunde die vereinbarten Bedarfs- und Bestandsinformationen an den Lieferanten. Die Bestandsinformationen sollten mindestens einmal täglich aktualisiert werden, um die Bestandsbewegungen durch die täglichen Produktions- und Transportprozesse oder Verkaufsaktivitäten anzuzeigen. Der geplante Verbrauch sollte regelmäßig auf rollierender Basis aktualisiert werden. Der Lieferant überprüft und verarbeitet die erhaltenen Daten. Er erstellt eine eigene Prognose für die zukünftigen Bedarfe, die die Grundlage für die folgenden Dispositionsentscheidungen in der Produktion und Lagerbewirtschaftung darstellt. Auf Basis der mitgeteilten Bestandshöhen und der vereinbarten Lagerreichweite bestimmt der Lieferant die Nettobedarfe des Kunden. Die Nettobedarfe finden Eingang in den Produktionsplanungsprozess des Lieferanten. Bei der Ermittlung des eigenen Produktionsprogramms kann der Lieferant die durch die VMI Prozesse gewonnen Freiheitsgrade nutzen, um lokale Kriterien bei der Nachschubversorgung des Kundenlagers

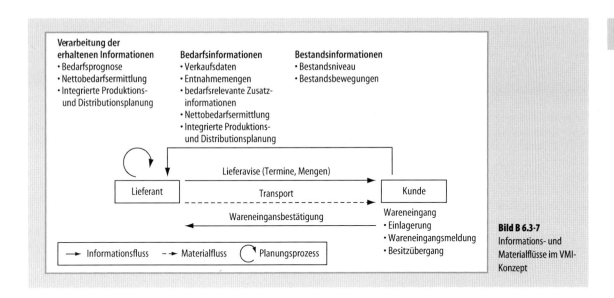

Bild B 6.3-7 Informations- und Materialflüsse im VMI-Konzept

stärker zu berücksichtigen. Unter der Voraussetzung, dass die Materialverfügbarkeit beim Kunden sichergestellt ist, kann er die eigenen Produktionsprozesse nach Maßgabe von Losgrößenbetrachtungen oder Reihenfolgeerfordernissen optimieren. Die Abstimmung zwischen Produktion und Distribution kann hier integriert erfolgen.

Als Resultat von Prognoseerstellung, Nettobedarfsermittlung und Produktionsplanung ergeben sich die Liefertermine und -menge. Mit ausreichendem zeitlichem Vorlauf wird der Kunde über die anstehenden Lieferungen informiert. Hierzu werden entsprechende Transportavise an den Kunden übermittelt. Nach erfolgtem Wareneingang beim Kunden kann der letzte Prozessschritt, die Meldung des Wareneingangs und die angeschlossene Rechnungserstellung, angestoßen werden. Erhaltene Transportavise und Wareneingangsdaten werden entsprechend abgeglichen. Der Kunde bestätigt den Wareneingang mit einer Wareneingangsmeldung und das Zahlungsavis wird vom Rechnungswesen erstellt.

Der Einsatz des VMI-Konzepts ist auch in Systemen mit Mehrquellenversorgung möglich. Zusätzliche Anforderung ist dann die lieferantenspezifische Ermittlung und Übermittlung der Teilebestände.

B 6.3.2.3 Informationstechnische Umsetzung

Der im Rahmen eines VMI-Konzeptes notwendige Informationsaustausch wird sinnvoller Weise durch geeignete IT-Technologien unterstützt. Basistechnologien des ECR, z. B. Electronic Data Interchange (EDI), Barcodes oder RFID-Technologie, unterstützen die Übermittlung und Erfassung der operativen Informationen hinsichtlich Lagerbeständen und Absatzzahlen.

EDI ermöglicht einen standardisierten elektronischen Austausch von Informationen und kann daher den Datenaustausch in der VMI-Kooperation unterstützen. Voraussetzung für einen Datenaustausch zwischen zwei Partnern in der Wertschöpfungskette ist der Einsatz gemeinsamer Standards, um Informationen eindeutig identifizieren und interpretieren zu können.

Der Ansatz für eine IT-Architektur für das VMI sieht eine gemeinsame genutzte VMI Applikation zwischen den Partnern nicht zwingend vor. Grundsätzlich reichen der elektronische Datenaustausch und die Nutzung vorhandener Planungssysteme aus, um die oben beschriebenen Prozesse umzusetzen. Eine gemeinsame, unternehmensübergreifende VMI-Anwendung kann jedoch zusätzliche Funktionalitäten zur Gestaltung der Kollaboration bieten. Hier sind vor allem die integrierte und automatische Generierung von Warnmeldungen und Funktionalitäten für die Ausnahmebehandlung zu nennen. Bei Unter- oder Überschreiten gemeinsam abgestimmter Lagerreichweiten können Warnmeldungen generiert und definierte Workflows zur Auflösung der Problemsituation angestoßen werden. Zur Einrichtung derartiger Warnmechanismen und Funktionalitäten zur Ausnahmebehandlung gibt es Empfehlungen der Organisation ODETTE [Ode04a]. Eine übergeordnete VMI Anwendung hat die wesentliche Aufgabe die korrespondierenden VMI Instanzen der beteiligten Partner zu synchronisieren und den Datenaustausch

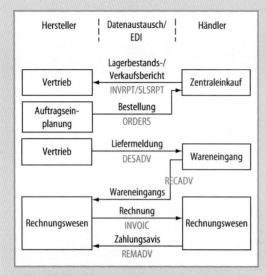

Bild B 6.3-8 Informationsaustausch bei VMI und die dazugehörigen EANCOM-Nachrichtentypen

zu gewährleisten. Die vorhandenen datenhaltenden Systeme jedes Partners verwalten weiterhin die dynamischen und statischen Daten. Die Datenaktualisierung erfolgt dann direkt über geeignete Schnittstellen zwischen den datenhaltenden Systemen und dem unternehmenseigenen VMI-System. Unternehmensübergreifende Kommunikation findet nur zwischen den VMI-Systemen der Partner statt, die geeignete Nachrichtentypen austauschen.

Ein standardisiertes Regelwerk, welches in VMI-Konzepten eingesetzt werden kann ist EANCOM [Esi98]. Dieses Regelwerk besteht aus einer Untermenge an Nachrichten des EDIFACT-Standards, welche speziell für den Datenaustausch in einem VMI-Konzept geeignet sind. EANCOM kann dabei in allen Bereichen der Industrie und in jeder Branche eingesetzt werden. Bild B 6.3-8 zeigt den typischen Informationsfluss zwischen den Unternehmensbereichen der VMI-Partner mit den dazugehörigen EDI-Nachrichten im EANCOM Format.

B 6.3.3 Demand Capacity Planning (DCP)

B 6.3.3.1 Grundidee und Ziele des Demand Capacity Planning

Die kollaborative Bedarfs- und Kapazitätsplanung (Demand Capacity Planning (DCP)) beschäftigt sich mit dem Abgleich der mittel- bis langfristigen Planung von Produktionskapazitäten zwischen den Partnern einer Supply Chain. Ein Referenzprozess für das Demand Capacity Planning (DCP) wurde vom europäischen Automobilverband ODETTE entwickelt [Ode04b].

Das Ziel der kollaborativen Planung von Bedarfen und Kapazitäten im Rahmen des DCP-Konzepts besteht in der Reduktion von Kapazitätsengpässen sowie der Vermeidung dauerhafter Unterauslastung von Produktionskapazitäten. Der Schwerpunkt liegt hierbei auf der Vermeidung von schwerwiegenden Missverhältnissen zwischen Bedarfen und den verfügbaren Kapazitäten, die über den üblichen Zeithorizont von Produktionsplanungssystemen hinausgehen. Der Planungshorizont des DCP-Konzepts liegt daher zwischen mehreren Monaten und drei Jahren. Kurzfristige Kapazitätsanpassungen wie die Allokation von Personal zu Produktionsbereichen, die Arbeitsplanoptimierung in ERP-Systemen oder ähnliche kurzfristige Maßnahmen sind nicht Gegenstand der Planungsprozesse des DCP-Konzepts.

Insbesondere im mittel- bis langfristigen Planungsbereich ist das Vorgehen in der Planung von Produktionskapazitäten üblicherweise prognosegetrieben. Hierbei werden Kapazitätskorridore durch die Einigung über ein minimal und maximal zur Verfügung gestelltes Kapazitätsangebot zwischen den Partnern auf Basis einer Nachfragevorhersage abgestimmt. Ausgehend von diesen eher strategischen Vereinbarungen über die bereit gehaltenen Produktionskapazitäten werden in der taktischen Planung die Bedarfe kaskadierend an die Zulieferer weitergegeben. Im Rahmen der taktischen Planung von Bedarfen und Kapazitäten gilt es, die Machbarkeit der in rollierenden Abständen revidierten Bedarfsprognose mit den verfügbaren Kapazitäten der Lieferanten abzugleichen und mögliche zeitliche Veränderungen des Kapazitätsbedarfs bei den Lieferanten in einem kollaborativen Prozess mit den verfügbaren Kapazitäten abzustimmen.

B 6.3.3.2 Gegenstand der Zusammenarbeit im Demand Capacity Planning

Während das Supply Chain Monitoring die Materialversorgung vom Lieferanten zum Kunden sicherstellen soll, fokussiert das DCP-Konzept auf die Planung der eingesetzten Produktionsressourcen. Das Demand Capacity Planning fasst daher die unternehmensübergreifenden Planungsprozesse zwischen Kunden und Lieferanten zur mittel- bis langfristigen Abstimmung der Bedarfe und vorgehaltenen Produktionskapazitäten zusammen. Das Grundprinzip der unternehmensübergreifenden Zusammenarbeit im Rahmen von DCP beruht auf dem Austausch von Bedarfsdaten des Kunden und im Unterschied zum Supply Chain Moni-

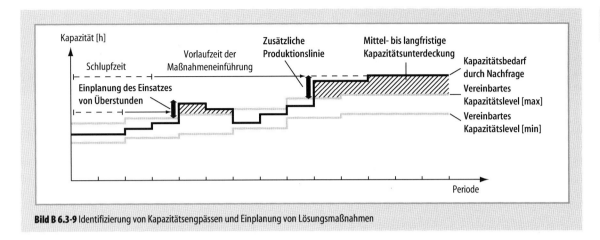

Bild B 6.3-9 Identifizierung von Kapazitätsengpässen und Einplanung von Lösungsmaßnahmen

toring der Informationen über die verfügbaren Kapazitäten der Zulieferer. Wesentliches Element der kollaborativen Abstimmungsprozesse des DCP-Konzepts ist daher der Abgleich der Bedarfsinformationen mit den bereitgestellten Kapazitätsdaten in einem integrierten Prozess. Die Durchführung eines integrierten Bedarfs-Kapazitäts-Abgleichs ermöglicht die Ermittlung von Kapazitätsüber- und -unterdeckungen und die daran angeschlossene automatische Auslösung von Problemmeldungen. Diese frühzeitige Warnfunktion ist die Basis für die Erzielung einer höheren Reaktionsfähigkeit in Bezug auf die Auflösung von Engpasssituationen. Die Abstimmung der Partner im Engpass- oder Unterauslastungsfall geschieht durch definierte Problemlösungsprozesse, in denen auf gemeinsam abgestimmte Maßnahmen zur Auflösung der kritischen Situation zurückgegriffen wird.

Die Datengrundlage für den DCP-Prozess bildet der Nettobedarf des Kunden auf Teile-, Teilefamilie- oder Produktaggregatebene für einen Zeitraum bis zu 36 Monaten auf Wochen- oder Monatsbasis. Daneben sind die Kapazitätsdaten der Lieferanten erforderlich, wobei hier verfügbare, installierte, technische, maximale oder minimale Kapazitäten zu unterscheiden sind.

Im Vergleich zu anderen Kollaborationskonzepten, wie dem Supply Chain Monitoring oder dem Vendor-Managed-Inventory, bezieht sich DCP nicht nur auf einen längerfristigen Betrachtungshorizont, sondern auch die Sensibilität der ausgetauschten Information ist kritischer zu bewerten. Im Rahmen des DCP-Prozesses werden neben Bedarfsinformationen auch Kapazitätsdaten ausgetauscht, welche grundsätzlich eine sensiblere Information darstellen als beispielsweise Bestandsinformationen. Kapazitätsinformationen ermöglichen einen unmittelbareren Einblick in die Produktionssituation des Partners. Je nach Art der ausgetauschten Kapazitätsinformationen kann das Missbrauchspotenzial sehr hoch sein. Der Austausch derartiger Informationen erfordert daher ein hohes Maß an gegenseitigem Vertrauen in der partnerschaftlichen Kooperation.

Der Einsatz von DCP kann den folgenden Nutzen für die Anwender erbringen:
– Reduktion von Zusatzkosten durch Kapazitätsengpässe,
– reduzierte Zuschläge für Überstunden,
– Reduktion von Umplanungen,
– Kosten für Eillieferungen,
– Minimierung der Anzahl aus Kapazitätsgründen nicht annehmbarer Kundenaufträge,
– Reduktion der Kosten durch Überkapazitäten,
– Unterstützung von Kunden und Lieferanten bei der Investitionsplanung,
– Reduktion des Peitscheneffekts durch die Schaffung von Transparenz über die Bedarfe in der Kette, den direkten Zugriff auf den auslösenden Bedarf des Endherstellers und die schnelle Information über Kapazitätsengpässe.

B 6.3.3.3 Prozesse des Demand Capacity Planning

Ausgangspunkt der Prozesse des Demand Capacity Planning ist die Bedarfsplanung des Kunden. Aus den Bedarfen des Kunden ergibt sich der Kapazitätsbedarf beim Lieferanten über den Planungshorizont. Der Lieferant überprüft die Machbarkeit dieses Kapazitätsbedarfes mit den für den jeweiligen Zeitraum eingeplanten Ressourcen. Als Ergebnis dieses Abgleichs von Kapazitätsbedarf und -angebot können Kapazitätsprobleme auch im längerfristigen Zeithorizont identifiziert werden. Frühzeitige Warnmeldungen über zukünftige Engpass- oder Unterauslastungssituationen bilden die Grundlage für die kollaborative Konfliktauflösung.

Die von der ODETTE entwickelten Prozesse und Systemarchitektur stellen in der Automobilindustrie einen anerkannten Prozessstandard für die kollaborative Bedarfs- und Kapazitätsplanung dar. Die Prozesse des DCP eignen sich für Systeme mit mehreren Kunden und Lieferanten und werden überwiegend an der Schnittstelle zwischen Endhersteller und Zulieferer eingesetzt. Grundsätzlich ist auch der Einsatz zwischen Zulieferern auf benachbarten Stufen möglich. Die wesentlichen Elemente des DCP-Referenzprozesses nach ODETTE werden im Folgenden erläutert.

Der DCP-Basisprozess nach ODETTE [Ode04b] untergliedert sich in Prozesse zur Detektion von potenziellen Kapazitätsengpässen und Unterauslastungssituationen (Frühwarnsystem), Prozesse zur kollaborativen Auflösung eines kritischen Missverhältnisses von Kapazitätsbedarf und -angebot sowie Prozesse zur rechtzeitigen Identifizierung notwendiger Maßnahmen mit langen Vorlaufzeiten (s. Bild B 6.3-10).

Vor dem Start der operativen Prozesse gilt es jedoch, die unterstützende DCP-Anwendung zunächst im Rahmen von Initialisierungsprozessen aufzubauen und zu konfigurieren. Ein wichtiges Element dieser DCP-Anwendung ist die partnerschaftliche Einigung auf ein gemeinsames Datenmodell, welches die Verknüpfung der Bedarfsinformationen des Kunden mit den Kapazitätsrestriktionen des Lieferanten ermöglicht. Um den durch die Kundennachfrage verursachten Kapazitätsbedarf zu ermitteln, ist eine ressourcenbasierte Auflösung der nachgefragten Erzeugnisse in die zu fertigenden Einzelteile vorzunehmen und die daraus resultierende Belastung der Betriebsmittel zu bestimmen. Zu diesem Zweck wird ein Kapazitätsmodell angelegt, das die Nachfragestruktur mit der Kapazitätsstruktur verbindet. Dazu ist die Spezifizierung aller Teile-Ressourcen-Relationen sowie eines Kapazitätskoeffizienten, der die Beanspruchung einer Ressource durch die Produktion des jeweiligen Teils bestimmt, notwendig. Das Kapazitätsmodell kann auf die kritischen Engpassressourcen beschränkt werden, um die Komplexität des Modells gering zu halten. Wichtig ist hier vor allem, die bereitgestellten Bedarfsinformationen des Kunden nach Aggregationsgrad und zeitlicher Granularität genau zu bestimmen und die eindeutige Zuordnung von Bedarfen, die insbesondere im längerfristigen Zeithorizont häufig nur auf Produktaggregatebene zur Verfügung stehen, auf die Produktionsressourcen des Zulieferers zu gewährleisten. Hinsichtlich der Beschreibung von Kapazitäten differenziert das DCP-Konzept zwischen drei unterschiedlichen Arten:

– vertraglich vereinbarte Kapazität: ist für jeden Kunden spezifiziert und ändert sich nicht, solange keine vertraglichen Neuregelungen zwischen Kunde und Lieferant getroffen werden. Zusätzlich kann noch die Flexibilität der zur Verfügung gestellten Kapazität vertraglich in Form von Min- und Maximalwerten festgehalten sein.
– verfügbare Kapazität: kann als Gesamtkapazität über alle Kunden oder als kundenspezifische Kapazität angegeben werden. Die verfügbare Kapazität beinhaltet auch momentan nicht genutzte, freie Kapazität.
– inkrementell erhöhbare Kapazität: beschreibt den (mengenmäßigen) Beitrag von zusätzlichen Maßnahmen mit dem Ziel, die aktuelle verfügbare Kapazität zu erhöhen oder zu senken. Typische Maßnahmen sind beispielsweise Anordnung von Überstunden oder Zusatzschichten oder die Beschaffung zusätzlicher Ressourcen.

Die Beschreibung der verfügbaren Kapazität in der DCP-Anwendung hängt in starkem Maße von der Intensität der Kollaboration zwischen Kunden und Lieferanten ab. In Abhängigkeit des Grades der Zusammenarbeit kann diese als die vertraglich vereinbarte Kapazität, als die technisch verfügbare Kapazität oder als die maximal realisierbare Kapazität spezifiziert werden. Um Kapazitätsbedarf- und -angebot miteinander abgleichen zu können, ist es notwendig, den zeitlichen Verlauf des Kapazitätsbedarfs zu bestimmen. Dazu wird der Kapazitätsbedarf über definierte Perioden zusammengefasst. Kapazitäten können als leistungsbezogene, z. B. Anzahl Teile pro Zeitintervall, oder

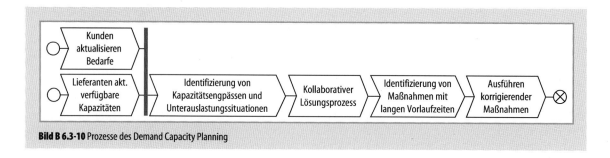

Bild B 6.3-10 Prozesse des Demand Capacity Planning

zeitbezogene Größe, z. B. Verfügbarkeit in Stunden pro Zeitintervall, angegeben werden.

Wie in Bild B 6.3-11 dargestellt, bildet die Bereitstellung von Informationen zu Bedarfen und Kapazitäten den Ausgangspunkt der operativen Prozesse. Über die periodenbezogene Auflösung der Kundenbedarfe ergibt sich der ressourcen- und periodenbezogene Kapazitätsbedarf, der die Grundlage des Abgleichs mit dem verfügbaren bzw. dem vereinbarten Kapazitätsangebot ist. Als Resultat dieses Abgleichs ergeben sich periodenbezogene Kapazitätsüber- oder -unterdeckungen. Im operativen Betrieb zielen die daran anschließenden Prozesse des DCP-Frühwarnsystems darauf ab, potenzielle Kapazitätsengpässe und Unterauslastungssituationen so rechtzeitig zu detektieren, dass noch präventive Gegenmaßnahmen eingeleitet werden können. Das DCP-Konzept berücksichtigt Maßnahmen, die sich zur mittel- bis langfristigen Anpassung der Produktionskapazitäten eignen. Die Bandbreite reicht hier von arbeitsorganisatorischen Maßnahmen wie der Anpassung des Schichtmodells, die Einplanung von Überstunden oder Kurzarbeit über Maßnahmen der Personalplanung, beispielsweise Einstellung zusätzlicher Arbeitskräfte, bis hin zu investiven Maßnahmen, wie der Anschaffung von Betriebsmitteln oder der Einrichtung bzw. dem Abbau von ganzen Produktionslinien. Kunden und Lieferant einigen sich dazu gemeinsam auf die verwendeten Toleranz- und Grenzwerte für die Detektion von Kapazitätsüber- und Kapazitätsunterdeckungen. Dabei werden, wie bereits oben erwähnt, nur schwerwiegende Missverhältnisse zwischen Kapazitätsangebot und -nachfrage betrachtet.

Die Konfliktauflösung verläuft nach einem zweistufigen Prozess. In der ersten Stufe überprüft der Lieferant, ob er seine Kapazitäten durch geeignete interne Maßnahmen an die neue Nachfragesituation anpassen kann (siehe Bild B 6.3-12).

DCP unterstützt den Lieferanten dabei geeignete Maßnahmen zu identifizieren. In dieser Stufe der Konfliktlösung erreichen Warnmeldungen den Kunden nur, wenn innerhalb einer definierten Reaktionszeit der Kapazitätskonflikt durch interne Maßnahmen nicht behoben werden konnte. Erst wenn nach Ausschöpfung der möglichen internen Maßnahmen immer noch ein Missverhältnis zwischen Kapazitätsbedarf und -angebot besteht, wird in der zweiten Stufe der Konfliktauflösung ein kollaborativer Abstimmungsprozess angestoßen (s. Bild B 6.3-12). In diesem Fall soll eine partnerschaftliche Lösung über weitere Anpassungsmaßnahmen, deren Kostenaufwand und Terminierung erreicht werden.

Wichtige Entscheidungsunterstützung bei der Identifizierung interner Maßnahmen, aber auch bei der Einigung über kollaborative Maßnahmen bietet die Auflistung der Warnmeldungen und der möglichen Maßnahmen im sogenannten DCP Alerts & Measure Board, das eine Benutzeroberfläche der DCP-Anwendung darstellt. Diese Be-

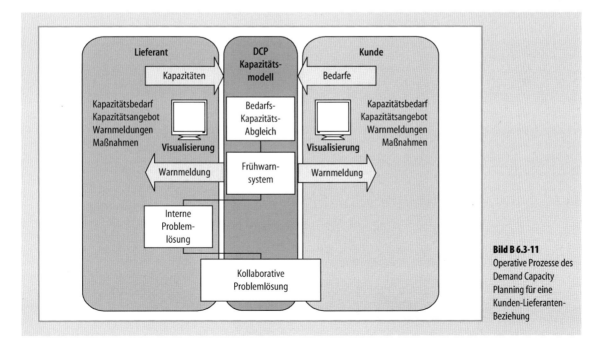

Bild B 6.3-11
Operative Prozesse des Demand Capacity Planning für eine Kunden-Lieferanten-Beziehung

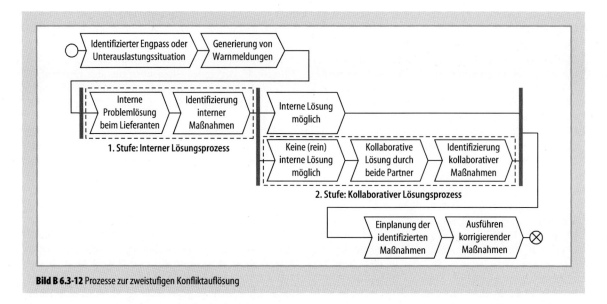

Bild B 6.3-12 Prozesse zur zweistufigen Konfliktauflösung

nutzeroberfläche bereitet verschiedene Aspekte der kollaborativen Bedarfs- und Kapazitätsplanung grafisch auf. Es führt die Kundenbedarfe und die verfügbare und vertragliche Kapazität des Lieferanten zusammen und stellt die durch die aktuelle Nachfrageentwicklung verursachte periodenbezogene Kapazitätsüber- oder -unterdeckung dar. Zudem werden verschiedene Aspekte der kollaborativen Kapazitätsanpassung dargestellt. Hierzu zählt eine Auflistung der möglichen Anpassungsmaßnahmen, die Kunde und Lieferant zur Verfügung stehen, sowie eine Übersicht über partnerschaftlich abgestimmte Maßnahmen, die – sofern erforderlich – ohne weitere unternehmensübergreifende Abstimmung eingeplant werden können. Neben diesem für Kunde und Lieferant gleichermaßen nutzbaren Arbeitsbereich erlaubt die DCP-Anwendung auch die Definition benutzerspezifischer Rollen. Diese Funktionalität wird verwendet, um eine lieferantenspezifische Ansicht zu erstellen, die für die interne Maßnahmenplanung des Lieferanten genutzt wird. In dieser Darstellung können auch vertrauliche Informationen des Lieferanten angezeigt werden. Der Lieferant nutzt seine individuelle Sicht, um beispielsweise die Bedarfe verschiedener Kunden zu vergleichen, diese mit den tatsächlich verfügbaren Kapazitäten aus dem ERP-System abzugleichen und interne Maßnahmen einzuleiten, bevor die Daten in der gemeinsamen Ansicht erscheinen.

Um die Entscheidungsunterstützung weitestgehend zu automatisieren, ist es notwendig, die definierten Anpassungsmaßnahmen durch entsprechende Parameter zu beschreiben. Wichtige Planungsparameter sind beispielsweise das Ausmaß der Kapazitätsanpassung, die Vorlaufzeit der Maßnahmeneinführung oder Prioritätsregeln zur Entscheidung zwischen alternativen Maßnahmen. Das DCP-Konzept schlägt an dieser Stelle den Einsatz eines Auswahlalgorithmus vor, welcher automatisch eine geeignete Maßnahme zur Anpassung der Bedarfe oder Kapazitäten auswählt und dem menschlichen Planer zur Entscheidung vorlegt. Bestimmte Maßnahmen, für die bereits im Vorfeld eine Zustimmung vom Kunden und Lieferanten festgelegt wurde, können automatisch eingeplant werden, um eine Konfliktsituation aufzulösen. Die Synchronisierung der Maßnahmeneinführung mit der Nachfrageentwicklung geschieht unter Berücksichtigung der Vorlaufzeit für die Maßnahmenimplementierung. Ziel ist die bevorzugte Auswahl von Maßnahmen mit einer möglichst geringen Schlupfzeit zwischen dem betrachteten Zeitpunkt und dem spätesten möglichen Starttermin für die Einführung der Maßnahme.

B 6.3.3.4 Informationstechnische Umsetzung des Demand Capacity Planning

Hinsichtlich der Systemarchitektur stellen sich die gleichen Anforderungen, die bereits im Abschnitt zum Supply Chain Monitoring diskutiert wurden (s. Abschn. B 6.3.1) Die DCP-Anwendung soll existierende ERP-Systeme nicht ersetzen, sondern um eine kollaborative, unternehmensübergreifende Komponente ergänzen. Die Funktionalitäten des DCP-Systems setzten daher auf der Datenbasis der existierenden Back-End-Systeme der einzelnen Unter-

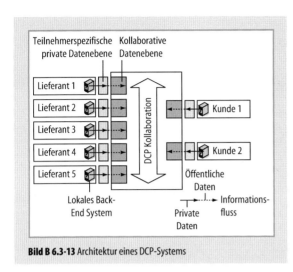

Bild B 6.3-13 Architektur eines DCP-Systems

nehmen auf. Eine zusätzliche unternehmensübergreifende IT-System-Schicht integriert daher die Daten aus den einzelnen lokalen ERP-Systemen der Teilnehmer. Dabei unterscheidet man bei der DCP-Anwendung zwischen einer kollaborativen Datenebene, die für alle Teilnehmer zugänglich ist und einer teilnehmerspezifischen privaten Datenebene. Letztere enthält die Schnittstelle zu den lokalen ERP-Systemen, so dass nur eine indirekte Verbindung zwischen den einzelnen Back-End-Systemen der Partner gegeben ist (s. Bild B 6.3-13).

Diese dezentrale Architektur der Anwendung erfordert ein hohes Maß an Interoperabilität zwischen den verschiedenen Software-Systemen. Dies bedeutet, dass jeder Partner über eine Applikation verfügen muss, die die unternehmensspezifischen Standards des lokalen Back-End-Systems in die globalen und unternehmensübergreifenden Standards der DCP Anwendung überführt.

B 6.3.4 Collaborative Planning Forecasting & Replenishment (CPFR)

B 6.3.4.1 Grundidee und Ziele des Collaborative Planning Forecasting and Replenishment

Collaborative Planning, Forecasting and Replenishment (CPFR) ist ein branchenübergreifendes Geschäftsmodell zur Optimierung gemeinsamer unternehmensübergreifender Elemente der Planungsprozesse auf der Basis transparenter Informationen zwischen Vorlieferanten, Herstellern und Handelsunternehmen in der Supply Chain.

CPFR wurde 1998 von der Voluntary Interindustry Commerce Standards Association (VICS) geschaffen und basiert auf den Grundgedanken des Efficient Consumer Response (ECR) Konzeptes, welches erstmalig Anfang der 90er Jahre in den USA umgesetzt wurde. Bestehende isolierte ECR-Lösungsansätze werden in CPFR zu einem Gesamtkonzept integriert. CPFR stellt durch diese Verknüpfung der in ECR bisher isoliert betrachteten Themen Synergieeffekte her, fordert dabei aber von den beteiligten Unternehmen einen sehr hohen Kooperationswillen, da ein umfassender Austausch von Informationen zur gemeinsamen Steuerung von Planungs-, Prognose- und Bevorratungsprozesse angestrebt wird. Durch die Erstellung gemeinsamer Geschäftspläne, die Verbesserung der Event- und Promotionsplanung und dadurch verbesserte Verfügbarkeit der Produkte werden zusätzliche Umsatzsteigerungen erwartet. Kostenreduzierungen können durch eine verbesserte Prognosegenauigkeit erzielt werden, in deren Folge die Bestände auf allen Stufen der Supply Chain optimiert und Produktions-, Lager- und Transportkapazitäten besser genutzt werden. Der Einsatz umfassender Informations- und Kommunikationstechnologie wird aufgrund der Bedeutung für den Datenaustausch zwischen den beteiligten Unternehmen als kritischer Erfolgsfaktor für CPFR-Projekte betrachtet [Sei04].

Die Ziele des CPFR sind sowohl im Vertrieb und der Logistik, der Produktion, im Verkauf und beim Marketing, Verbesserungspotenziale bei den Unternehmen einer Supply Chain umzusetzen. Dazu zählen im Vertrieb und der Logistik die Reduzierung von Lagerbeständen, die verbesserte Auslastung von Anlagen und die Erhöhung der Transport- und Auslieferungseffizienz. In der Produktion bestehen die Ziele darin, eine verbesserte Kapazitätseinplanung durchführen zu können, zuverlässige und transparente Prognosen für die Produktionsplanung zu schaffen und ungeplante Produktionswechsel zu vermeiden. Vorteilhaft für den Verkauf und das Marketing sind Verkaufssteigerungen aufgrund besserer Warenverfügbarkeit und die Durchführung abgestimmter Promotionsaktivitäten. Der Schwerpunkt von CPFR liegt bei Kooperationen von Herstellern und Händlern in der Konsumgüterindustrie, da die Konzepte für diese Partner und für diese Branche entwickelt wurden. Jedoch kann das Konzept in Teilbereichen auch für die verbesserte Zusammenarbeit zwischen den Partnern unterschiedlicher Wertschöpfungsstufen in anderen Branchen übertragen werden.

Gegenstand der Zusammenarbeit im Collaborative Planning Forecasting and Replenishment

Im Rahmen von CPFR findet eine Kooperation von Partnern in der Wertschöpfungskette auf verschiedenen Ebenen statt (Bild B 6.3-14).

Sowohl bei der Planung, bei der Prognose, bei der Bestandsführung als auch bei der Analyse arbeiten die Beteiligten zusammen, um gemeinsam eine Verbesserung des Vertriebs und der Logistik, der Produktion sowie des Verkaufs und Marketings zu erreichen. Im Bereich der Planung kooperieren die Unternehmen bei der Festlegung der Regeln und Grundsätze einer Zusammenarbeit sowie der Erstellung eines gemeinsamen Geschäftsplans, in dem die Grundzüge der weiteren Zusammenarbeit festgelegt werden. Die Durchführung gemeinsamer Prognosen im CPFR-Konzept unterscheidet dieses Konzept von einer Kooperation im Sinne des Vendor-Managed-Inventory (VMI), bei der die Prognose der Absätze nur von einem Partner übernommen wird. Im CPFR-Konzept erstellt jeder der Partner eine Bedarfs- und Bestellprognose, die in einem gemeinsamen Schritt auf eine einvernehmliche Prognose verdichtet wird, indem Differenzen identifiziert und diskutiert werden. Im Bereich der Bestandsführung findet die Auftragsgenerierung auf Basis der gemeinsamen Bestellprognose statt. Auch in diesem Schritt unterscheidet sich diese Art der Zusammenarbeit vom VMI-Konzept, bei dem die Bestellung ausschließlich vom Hersteller auf Basis seiner Prognose generiert wird. Die folgenden Schritte werden ebenfalls gemeinschaftlich von beiden Partnern durchgeführt. Der Auftragsabwicklung folgt die Analyse von Störungen über alle Schritte der Zusammenarbeit und die gemeinsame Bewertung der Kooperation, die im Sinne einer kontinuierlichen Verbesserung in der strategischen Planung Berücksichtigung findet.

Im Gegensatz zu anderen Methoden des ECR betrifft CPFR strategische, taktische und operative Kooperationsgegenstände. Die Gestaltung der Zusammenarbeit fällt in den Bereich der strategischen Kooperation. Im Bereich der Bedarfs- und Absatzplanung sind sowohl taktische

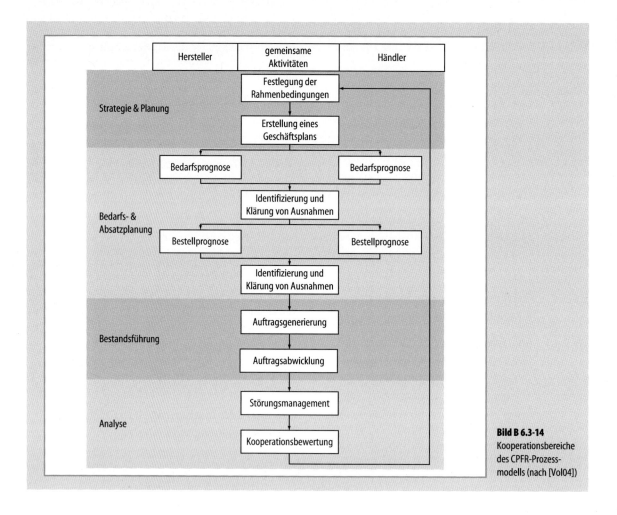

Bild B 6.3-14
Kooperationsbereiche des CPFR-Prozessmodells (nach [Vol04])

(Erstellung der Bedarfsprognose) als auch operative Elemente (Generierung einer Bestellprognose) enthalten. Die Bestandsführung mit der Auftragsgenerierung und -abwicklung sind operative Tätigkeiten, während das Störungsmanagement und die Kooperationsbewertung eine Rückkopplung und Berücksichtigung der operativen Ergebnisse auf die strategische Planung zulassen.

B 6.3.4.2 Prozesse des Collaborative Planning Forecasting and Replenishment

Das anerkannte CPFR-Prozessmodell der VICS-Initiative [Vol04] gliedert die Implementierung und operative Anwendung von CPFR in vier grobe Phasen (Strategie & Planung, Bedarfs- & Absatzplanung, Bestandsführung und Analyse) und acht kooperative Aufgaben (s. Bild B 6.3-14).

In der ersten Phase „Strategie & Planung" werden Vereinbarungen zwischen den Partnern hinsichtlich der Kooperationsziele und -umfänge, der Verantwortlichkeiten, der Bewertung des Kooperationserfolgs und des Verhaltens bei Konflikten getroffen. Dieser erste Schritt benötigt die Unterstützung des Top-Managements der Partner, da in der Kooperationsvereinbarung der Wille zur Zusammenarbeit im Rahmen von CPFR erklärt wird. Auf der Basis der Kooperationsvereinbarung wird gemeinsam ein Geschäftsplan entwickelt, der zum einen festhält, welche Einflussfaktoren auf die logistische Kette zu berücksichtigen sind; zum anderen werden Ziele für bestimmte Produkte aus vorher definierten Warengruppen festlegt [Vol04].

In der zweiten Phase, der „Bedarfs- und Absatzplanung", steht ein zentraler Punkt des CPFR-Konzepts, die gemeinsame Prognose, im Mittelpunkt (s. Bild B 6.3-15). Ausgehend vom erstellten Geschäftsplan werden Absatzvorhersagen mit hohem Detaillierungsgrad generiert. Ziel ist es, unter Berücksichtigung der erwarteten Bedarfsmengen in der Kapazitäts- und Materialplanung der Produktion, eine verbesserte Steuerung der Warenverfügbarkeit zu erreichen. Eine hohe Prognosegenauigkeit wirkt sich dabei positiv auf die Produktverfügbarkeit und die Bestandsmengen entlang der Lieferkette aus. Die Absatzprognosen werden im Folgenden mit Bezugsgrößen verglichen, z. B. den Abverkaufsdaten am Point-of-Sale (POS), um Abweichungen festzustellen. Kritisch sind solche Abweichungen, wenn sie außerhalb der im Geschäftsplan festgelegten Toleranzgrenzen liegen. In diesem Fall sind von allen Partnern gemeinsam Vorgehensweisen zu vereinbaren, wie auf eine solche Abweichung reagiert werden soll. Maßnahmen wären z. B. die kurzfristige Erhöhung der Produktionskapazität bei Abverkaufszahlen, die höher sind als in der Prognose, oder ergänzende Werbemaßnahmen bei Ist-Zahlen unter der Prognose. Auf Basis der festgelegten Bedarfsprognose kann eine Bestellprognose mit einem zeitlich kürzeren Prognosehorizont erzeugt werden. Dafür wird die Bedarfsprognose durch Berücksichtigung weiterer Faktoren wie POS-Abverkaufsdaten, offene Aufträge und die Bestandsstrategien der Kooperationspartner konkretisiert. Es findet zudem eine zeitliche Differenzierung der Bestelldaten statt. Kurzfristige Bestellprognosen finden Verwendung in der tatsächlichen Bestellgenerierung, während langfristige Bestellprognosen für die Gesamtplanung benötigt werden. Bedingung für dieses Vorgehen ist der Austausch von Bestandsinformationen zwischen den Partnern. Ähnlich wie bei der Bedarfsprognose findet auch bei der Bestellprognose ein Abgleich statt, um Abweichungen zu identifizieren. Die Ausnahmen in der Bestellprognose werden anschließend gemeinsam von den Partnern bearbeitet und geklärt.

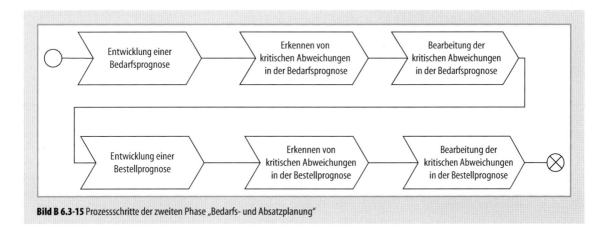

Bild B 6.3-15 Prozessschritte der zweiten Phase „Bedarfs- und Absatzplanung"

Die dritte Phase „Durchführung" beinhaltet den Bestellprozess, in dem die Bestellprognose in eine konkrete Bestellung, generiert entweder vom Hersteller oder Händler, überführt wird. Die Entscheidung darüber, wer von den Partnern die Bestellung auslöst, entscheidet sich anhand der Kompetenz in der Bestellabwicklung, der Ausstattung mit entsprechenden Systemen und der Verfügbarkeit von freien Ressourcen [Sei04]. Zudem wird die gesamte Auftragsabwicklung im CPFR Prozess integriert.

Die vierte Phase „Analyse" wurde zusätzlich zu den anderen Phasen in der neuesten Version des CPFR-Prozessmodells nach VICS [Vol04] aufgenommen. In dieser Phase findet eine systematische Bewertung von Ausnahmesituationen statt (Störungsmanagement). Der Kooperationserfolg wird anhand festgelegter Leistungskennzahlen ausgewertet, um eine kontinuierliche Verbesserung der kooperativen Zusammenarbeit zu erreichen.

Die Einführung von CPFR und eine Vorgehensweise nach dem beschriebenen Prozessmodell machen Änderungen in der internen Unternehmensstruktur der Partner notwendig. Eine Organisation nach Funktionsbereichen mit einem unzureichenden Austausch von Informationen zwischen den entsprechenden Abteilungen eignet sich nicht für die Einführung kooperativer Planungs-, Prognose- und Nachversorgungsprozesse. Interdisziplinäre Teams innerhalb der Organisation der Partner, die die Kommunikation mit einem oder einer begrenzten Anzahl von Kunden leistet, sind den Anforderungen eines CPFR-Konzepts gewachsen.

B 6.3.4.3 Informationstechnische Umsetzung des Collaborative Planning Forecasting and Replenishment

Für die Umsetzung von CPFR-Prozessen ist der Einsatz von unterstützenden IT-Systemen nicht zwingend notwendig, allerdings erleichtert der Einsatz geeigneter IT-Systeme die Umsetzung von CPFR [Vol04]. Zahlreiche CPFR-Applikationen sind seit Entwicklung des Konzeptes realisiert worden. Der Fokus bei diesen Systemen liegt auf dem Austausch von Prognosen und historischen Daten, der Unterstützung bei der Erstellung des Kooperationsvertrags und des gemeinsamen Geschäftsplans, der automatisierten Erstellung von Ausnahmemeldungen bei kritischen Abweichungen und der Kommunikation bei der gemeinsamen Reaktion auf diese Abweichungen.

Die grundsätzliche Architektur der unterstützenden IT-Systeme lässt sich in drei verschiedene Ausprägungen untergliedern [Sei04; Vol04]. Es können mehrere Datensysteme der verschiedenen Partner nebeneinander existieren, ohne dabei einen integrierten, formalen und koordinierten Datenaustausch vorzunehmen. Allerdings sind lange Reaktionszeiten der Partner die Folge, die eine schnelle Abstimmung bei kritischen Situationen unmöglich macht. Vorteilhaft sind in diesem Fall allerdings minimale Investitionen in die IT-Infrastruktur. Eine zentrale Architektur auf der anderen Seite bietet eine zentral eingerichtete Applikation für alle CPFR-Partner. Die zentral zur Verfügung zu stellenden Daten werden über Schnittstellen auf den zentralen Server übertragen. Vorteile dieser Architektur sind das vereinfachte zentrale Datenmanagement und der vereinfachte Zugriff der Partner. Jedoch ist diese Art der Datenbereitstellung bei einer Vielzahl von Kunden-/Lieferantenbeziehungen mit jeweils unterschiedlichen Applikationen schwer zu kontrollieren und es besteht die Gefahr der Intransparenz auf Grund einer Vielzahl von Schnittstellen. Diese Probleme bestehen bei der dritten Ausprägung, der dezentralen Architektur, nicht. Allerdings sind für diese Lösung die höchsten Investitionen in IT-Systeme notwendig. Bei der dezentralen Architektur ist jeder Wertschöpfungspartner mit einer eigenen CPFR-Applikation ausgestattet, auf der die eigene Datenbasis vorhanden und die interoperabel mit den Applikationen der anderen Partner ist. Dadurch erhält jeder Partner die Transparenz über die eigenen Daten. Der Informationsaustausch kann entweder direkt oder über elektronische Marktplätze erfolgen.

Als Standards für die CPFR-Funktionalitäten sind von EAN International und dem Uniform Code Council XML-Standardformate festgelegt worden, die mittlerweile breite Anwendung finden. Zudem können EDI Formate für die CPFR-Kommunikation zwischen den Wertschöpfungspartnern verwendet werden [Vol04].

B 6.4 Supply Chain Event Management – Entscheidungsunterstützung bei der Steuerung von Logistiknetzwerken

B 6.4.1 Grundidee und Ziele des Supply Chain Event Managements

Der in den letzten Jahren zu beobachtende Trend hin zu unternehmensübergreifenden Wertschöpfungsprozessen in komplexen Liefernetzwerken hat dazu geführt, dass sich hohe Anforderungen an eine effiziente Planung und Steuerung der Leistungserbringung gebildet haben.

Während in den vorherigen Kapiteln Methoden und Konzepte für die mittel- bis langfristige Planung von Logistiknetzwerken vorgestellt wurden, soll an dieser Stelle auf die Möglichkeiten der kurzfristigen Planung und Steuerung der Netzwerkprozesse eingegangen werden. Besonders vor dem Hintergrund einer zunehmenden Komplexität, Intransparenz und Dynamik von Wertschöpfungsnetzwerken und der damit zusammenhängenden erschwerten Steuerung der Supply Chain ergibt sich ein Bedarf an Konzepten, welche die geplanten Prozesse in einer Supply Chain überwachen und eine kurzfristige, flexible Planung und Anpassung ermöglichen.

Ein Konzept für die kurzfristige Planung und operative Steuerung von Wertschöpfungsnetzwerken ist das Supply Chain Event Management (SCEM). Das SCEM setzt auf den Daten aus vorhandenen Systemen auf (z. B. ERP, Tracking & Tracing), verarbeitet die so gewonnenen Statusinformationen und ermöglicht ein schnelles Reagieren auf Ausnahmesituationen, indem im Vorfeld integrierte, standardisierte Lösungsalternativen bereitgestellt werden [Pla04; Kar03]. Im Folgenden werden die Ziele, Konzepte und Prozesse des SCEM aufgezeigt sowie die daraus resultierenden Anforderungen an IT-Systeme vorgestellt.

Vor dem Hintergrund der dargestellten Problemstellung basieren die Ziele des Supply Chain Event Managements auf den Zielen des Supply Chain Managements. Diese Ziele basieren auf der Steigerung des Endkundennutzens bei gleichzeitiger Sicherung der Wettbewerbsfähigkeit durch Senkung der Supply-Chain-Kosten, Erhöhung der Liefertreue bei gleichzeitiger Senkung der Lieferzeit und Erhöhung der Qualität. Die Erreichung dieser übergeordneten Ziele und die damit zusammenhängende Steuerung einer Supply Chain wird im operativen Umfeld durch verschiedene Faktoren beeinflusst [Pla04]:
– *Komplexität*. Die zunehmende Verlagerung von Wertschöpfungsanteilen auf das Liefernetzwerk in Kombination mit einer verstärkten Konzentration der Wertschöpfungspartner auf ihr Kerngeschäft hat dazu geführt, dass die Produktentstehung und alle dafür notwendigen Prozesse durch viele verschiedene Hersteller, Lieferanten und Logistikdienstleister durchgeführt werden. Dies führt zu einer erhöhten Komplexität bei der Steuerung der Supply Chain.
– *Intransparenz*. Die sich durch die hohe Anzahl an einem Netzwerk beteiligten Unternehmen, die über verschiedenste Prozesse miteinander verbunden sind, ergebende Komplexität, kann zu intransparenten Handlungssituationen führen. Besonders im operativen Umfeld führt dies unter anderem zu einem höheren Abstimmungsaufwand unter den Prozessbeteiligten.
– *Dynamik*. Die Dynamik einer Supply Chain wird geprägt durch Bedarfsschwankungen bei gegebenen und anzupassenden Kapazitätsrestriktionen. Dies erfordert eine kontinuierliche Anpassung von Prozessen und Ressourcen und birgt die Gefahr, dass Prozessabweichungen auftreten können.

Besonders das Zusammenspiel der aufgeführten Faktoren erschwert die Planeinhaltung bei drohenden Prozessabweichungen. Komplexe, intransparente Situationen erfordern einen erhöhten Zeitbedarf bei der Identifikation von Lösungsalternativen. Gleichzeitig sorgt das dynamische Umfeld mit seinen sich bisweilen auch kurzfristig ändernden Rahmenbedingungen dafür, dass sich die zur Verfügung stehende Reaktionszeit verkürzt [Kar03].

Ziel des Supply Chain Event Managements ist es, eine kundenorientierte und zeitgerechte Steuerung der Supply Chain zu ermöglichen, indem Prozessabweichungen frühzeitig identifiziert, entsprechende Lösungsalternativen vorgeschlagen werden und somit die Reaktionsfähigkeit und Flexibilität der Supply Chain steigt. Weitere Ziele sind die Schaffung von Transparenz über die wichtigen Prozessparameter und deren Visualisierung mit Hilfe von IT-Systemen.

B 6.4.1.1 Gegenstand der Zusammenarbeit im Supply Chain Event Management

Das SCEM bildet eine Schnittstelle zwischen den im Supply Chain Planning definierten und geplanten Prozessen und der Steuerung dieser Prozesse im operativen Umfeld (Supply Chain Execution). Im operativen Planungshorizont angesiedelt erfasst das SCEM Ist-Prozesszustände und vergleicht diese mit den vereinbarten Prozessdefinitionen der Planung. Werden Planabweichungen identifiziert, dann ist es Aufgabe des SCEM, innerhalb kürzester Zeit Maßnahmen einzuleiten, welche die termingerechte Ausführung der betroffenen Prozesse gewährleisten oder alternative Aktionen initiieren. Diese Maßnahmen werden dann im Rahmen des Supply Chain Execution umgesetzt. Ist es möglich, die Erkenntnisse aus den identifizierten Maßnahmen zu systematisieren, dann fließen diese wiederum in die Soll-Prozesse der Planung ein.

Die Identifikation und Durchführung von Maßnahmen wird durch das SCEM unterstützt und bedarf einer abgestimmten Vorgehensweise. Dies ist besonders dann der Fall, wenn sich Planabweichungen auf mehrere Partner oder Unternehmen auswirken. Zum Beispiel betrifft eine verspätete Lieferung den Lieferanten, den Kunden und häufig auch den beteiligten Logistikdienstleister. Eine mögliche Maßnahme ist, die Auslieferung auf einen späteren Zeitpunkt zu verschieben. In diesem Fall muss der Kunde dies in seiner Planung berücksichtigen und dem zustimmen, der Logistikdienstleister muss eine Neuplanung oder Anpassung seiner Touren durchführen und der Lieferant seine Disposition anpassen. Für derartige Situationen bedarf es der Definition von entsprechenden Kollaborationsstrategien, die parallel zur Systematisierung des SCEM gepflegt werden müssen.

Im Rahmen des folgenden Abschnitts wird das Supply Chain Event Management als Aufgabe des Supply Chain Managements definiert und die grundlegenden Ideen und Konzepte vor dem Hintergrund einer initiierten, kollaborativen Zusammenarbeit vorgestellt.

B 6.4.1.2 Konzepte des Supply Chain Event Management

Die Hauptaufgabe des SCEM besteht darin, Planabweichungen bei den verschiedenen logistischen Prozessen eines betrachteten Liefernetzwerkes rechtzeitig zu erkennen und entsprechende Reaktionen einzuleiten [Pla04]. Dabei werden im operativen Planungshorizont Ereignisse innerhalb eines Unternehmens und zwischen Unternehmen erfasst, überwacht und bewertet [Nis02; Hun05]. Die Konzepte des SCEM basieren auf IT-Systemen, die die Supply Chain überwachen, Statusmeldungen erzeugen, diese bewerten und in Kombination mit standardisierten Handlungsempfehlungen an den Entscheidungsträger weiterleiten. Die folgende Definition spiegelt diesen Aspekt wider:

„Supply Chain Event Management (SCEM) ist die Philosophie zur aktiven Überwachung der Materialversorgung bzw. des Materialflusses entlang einer Wertschöpfungskette sowie zum kollaborativen Management von Versorgungsstörungen und Ausnahmesituationen" [SCM03].

Die konzeptionellen Grundlagen des SCEM basieren auf etablierten und im Einsatz befindlichen Technologien, die im Folgenden kurz erläutert werden:

- *Management by Exception.* Das Management by Exception ist eine Führungsmethode, die die Kontroll- und Steuerungsaktivitäten eines Managers nur dann beansprucht, wenn außergewöhnliche, unerwartete Ereignisse innerhalb der Prozesse auftreten [Hun05]. Hierzu existieren definierte Vorgehensweisen, welche die Identifikation, Bewertung und Meldung von Ereignissen in Form von definierten Aktivitäten strukturieren und somit eine effiziente Bearbeitung von Störfällen ermöglichen.
- *Ereignisorientierte Planung.* Bei der ereignisorientierten Planung werden kritische Ereignisse identifiziert und es findet eine vollständige Neuplanung unter den zu diesem Zeitpunkt geltenden Restriktionen und Zielgrößen statt [Kaz84].
- *Tracking & Tracing (T&T).* Tracking und Tracing kann sowohl als konzeptionelle als auch als technologische Grundlage für das SCEM gesehen werden. Es verbindet die zu transportierende logistische Einheit mit einem Informationssystem [Ste00]. Unter Tracking wird die Verfolgung einer logistischen Einheit im Wertschöpfungsprozess verstanden; es können Positionen und Stati der entsprechenden Leistungsobjekte identifiziert werden.

Das Tracing ermöglicht die Rückverfolgung des Weges, den eine logistische Einheit genommen hat.

Die beschriebenen konzeptionellen Grundlagen werden durch das SCEM adaptiert und in eine übergreifende Management-Konzeption überführt. Die zentralen Elemente dieser Konzeption sind Ereignisse (Events), welche in einer Wertschöpfungskette auftreten und fortlaufend erfasst und überwacht werden. Weitere Möglichkeiten Ereignisse zu identifizieren, sind dokumentierte, beobachtete oder antizipierte Statusdaten zu erfassen und auszuwerten. Beispiele hierfür sind Ladelisten, Barcode Scanning oder das Auslesen von RFID-Transpondern.

Ereignisse können dem Zustand einer Prozessdefinition entsprechen und bedürfen somit keiner Intervention. In diesem Fall spricht man von erwarteten Ereignissen. Es besteht jedoch die Möglichkeit, dass Abweichungen zwischen den geplanten und den tatsächlich realisierten Prozessverläufen gemessen werden. Geplante Ereignisse treten so zu unerwarteten Zeitpunkten oder gar nicht auf bzw. es werden Ereignisse identifiziert, die nicht geplant waren [Ste04]. Bei dieser Art von Ereignissen unterscheidet man grundsätzlich zwischen positiven und negativen Ereignissen. Positive Ereignisse beeinflussen einen Prozess auf eine Art, die für den Prozesseigner und/oder seine Kunden positiv zu bewerten ist. Ein Beispiel hierfür ist eine frühzeitige Lieferung eines bestellten Gutes an den Kunden. Auch positive Ereignisse können einen Handlungsbedarf auslösen, wie in diesem Beispiel eine Meldung an den Kunden über die Verfügbarkeit der bestellten Ware. Negative Ereignisse sind Prozessabweichungen, welche zu einer Verschlechterung der Situation führen. Ein Beispiel für ein negatives Ereignis ist eine verspätete Lieferung. Ein derartiges Ereignis erfordert eine Meldung an die entsprechenden Kunden und die Einleitung von Gegenmaßnahmen.

Die Gestaltung der weiteren Planung ist zumeist abhängig vom Ereignistyp [Kar03]. Es werden mehrere verschiedene Typen von ungeplanten Ereignissen unterschieden:

- Überfällige Ereignisse sind ursprünglich geplante Ereignisse, die nicht zum erwarteten Zeitpunkt eintreten. Bei einer zu definierenden Zeitüberschreitung muss das SCEM-System eine entsprechende Meldung generieren.
- Unerwartete Ereignisse geben einen Systemzustand wieder, welcher nicht der SOLL-Prozessdefinition entspricht. Abhängig von der Art und dem Grad der Prozessabweichung generiert das SCEM-System eine Meldung.
- Verspätete Ereignisse sind Ereignisse, welche später als ursprünglich geplant auftreten. Dies führt in den meisten Fällen dazu, dass ein SCEM-System die Überfälligkeit eines Ereignisses außerhalb der definierten Toleranzen frühzeitig registriert und die Verspätung als drohendes

negatives Ereignis ausweist, um so eine rechtzeitige Reaktion zu ermöglichen.

Da nicht alle gemessenen Abweichungen direkt einen Handlungsbedarf nach sich ziehen, bietet das SCEM die Möglichkeit, individuelle Toleranzgrenzen für jede Prozessabweichung zu definieren. Das SCEM fungiert so als Filter, welcher nur kritische Ereignisse als relevant deklariert und entsprechenden Handlungsbedarf meldet [Kla04]. Diese Filterfunktionalität ist ein wichtiges Element des Event-Managements und bewirkt, dass die Entscheidungsträger in der zur Verfügung stehenden Zeit nur die wirklich relevanten Probleme bearbeiten.

Der zweite Hauptbestandteil eines SCEM-Systems besteht in der Definition von Handlungsempfehlungen (auch Geschäftsregeln genannt). Somit können dem Entscheider, nach Eintreten eines Ereignisses, direkt standardisierte Lösungs- oder Handlungsalternativen angeboten werden. Handlungsalternativen sind bewährte Verhaltensregeln, die darauf hinzielen, einen Soll-Plan-Zustand wieder herzustellen ohne in Aktionismus zu verfallen. Folgende Typen von Handlungsempfehlungen stehen zur Verfügung, um auf kritische Ereignisse zu reagieren [Ott03]:

– *Sofortige Gegenmaßnahmen.* Ist eine direkte Korrektur des Ist-Prozesses möglich, so dass der Soll-Plan-Zustand in den definierten Toleranzgrenzen erreicht wird, dann werden diese sofortigen Gegenmaßnahmen als erste Option ergriffen.
– *Mittelfristige Maßnahmen.* Wenn sofortige Korrekturen nicht mehr möglich sind, dann besteht die Möglichkeit, alle weiteren vom abweichenden Prozess betroffenen Planprozesse bezüglich der entstandenen zeitlichen Verzögerung anzupassen. Zeitanpassungen können entweder durch vorhandene Zeitpuffer aufgefangen werden, oder die übrigen Prozesse werden zeitlich nach hinten verschoben.
– *Komplette Neuplanungen.* Langfristige Anpassungen von Prozessen werden dann vorgenommen, wenn sofortige Gegenmaßnahmen oder zeitliche Anpassungen nicht mehr durchgeführt werden können. Dies entspricht der ereignisorientierten Planung und bildet die letzte Handlungsoption im SCEM.

Ereignisse und Handlungsempfehlungen werden bei Soll-Prozessabweichungen generiert. In allen logistischen Systemen werden in Prozessen Leistungsobjekte transformiert [Jue99]. Auch das SCEM bezieht sich bei der Messung von Prozessabweichungen auf zu transformierende Leistungsobjekte. Abhängig vom Leistungsobjekt kann das Prozessverhalten variieren und es bedarf unterschiedlicher Hand-

Leistungsobjekte	Ereignisse (Events)	Handlungsempfehlungen
Die Messung von Prozessabweichungen bezieht sich auf zu transformierende Leistungsobjekte. Abhängig vom Leistungsobjekt kann das Prozessverhalten variieren und es bedarf unterschiedlicher Handlungsempfehlungen.	Ereignisse können geplant oder ungeplant sein und einen negativen oder positiven Charakter haben.	Handlungsempfehlungen oder Geschäftsregeln werden durch Ereignisse ausgelöst und beschreiben die Reaktion auf ein Ereignis. Folgende Typen von Handlungsempfehlungen können unterschieden werden:
• *reale Leistungsobjekte:* ein Endprodukt, eine Charge, eine Palette, eine LKW-Ladung	• *geplante Ereignisse:* sich aus der SOLL-Prozessdefinition ergebende Ereignisse, die zu einem Zeitpunkt in der Supply Chain auftreten (z.B. Rückmeldung eines Auftrags)	• *Sofortige Gegenmaßnahmen* werden eingeleitet, wenn eine direkte Korrektur des IST-Prozesses möglich ist
• *abstrakte Leistungsobjekte:* eine Bestellung, Lagerbestand, ein Produktions- oder Transportauftrag	• *ungeplante Ereignisse:* entsprechen nicht der SOLL-Prozessdefinition und führen bei Toleranzabweichungen zu Events → Negative Ereignisse → Positive Ereignisse	• *Mittelfristige Maßnahmen* nutzen vorhandene Zeitpuffer aus, um SOLL-Prozessabweichungen auszugleichen • *Komplette Neuplanungen* bilden die letzte Option der ereignisorientierten Planung

Bild B 6.4-1 Zentrale Bausteine des Supply Chain Event Managements (SCEM)

lungsempfehlungen bei durch Störungen ausgelösten Ereignissen. Die Abb. B 6.4-1 zeigt die zentralen Bausteine des SCEM.

Die in diesem Abschnitt dargestellten Konzepte bilden die Säulen von SCEM-Systemen und können zu einer erhöhten Prozesssicherheit und -optimierung für alle beteiligten Partner führen. Der Fokus des SCEM liegt auf dem operativen Planungshorizont und bei der kurzfristigen Anpassung der operativen Planung [Sto04]. Um diese Steuerung und Planung eines Logistiknetzwerks zu realisieren, bedarf es standardisierter Funktionen und Prozesse, die im folgenden Abschnitt näher erläutert werden.

B 6.4.2 Informationstechnische Umsetzung des Supply Chain Event Managements

Folgende fünf Grundfunktionen bilden die Grundlage eines Supply Chain Event Management-Systems [Ste04; Bre02]:
– *Überwachen (Monitoring)*. Die Hauptfunktion des Monitorings ist die Überwachung aller relevanten Prozesse einer betrachteten Supply Chain in Echtzeit. Dabei werden Statusmeldungen aus allen Teilprozessen und Aktivitäten der Supply Chain erfasst (Tracking & Tracing) und, falls eine Visualisierungskomponente des SCMo integriert ist, für alle beteiligten Benutzer angezeigt. Zudem findet eine Bewertung der erhobenen Statusmeldungen durch Abgleich mit Planinformationen statt.
– *Melden (Alerting)*. Sobald ein kritisches Ereignis vorliegt, wird eine automatische Benachrichtigung der Prozessverantwortlichen und/oder des Entscheidungsträgers ausgelöst. Dies ermöglicht die Initiierung aller notwendigen Maßnahmen ohne Zeitverlust. Dabei reicht die Idee des Alert-Managements auch in den Aufgabenbereich der Funktion Simulieren und Steuern hinein, wenn dem zuständigen Entscheidungsträger bereits Handlungsalternativen angeboten oder aus dem System heraus Lösungsprozesse direkt angestoßen werden.
– *Simulieren (Simulate)*. Leiten die implementierten Geschäftsregeln die Notwendigkeit einer angepassten oder neuen Planung ab, wird der Vorgang Simulieren angestoßen. Ziel dieser Funktion ist die Identifikation von möglichen Handlungsalternativen als Reaktion auf ein kritisches Ereignis. Diese Handlungsalternativen werden entweder simulativ, dynamisch bewertet oder mit Hilfe von angebundenen Planungssystemen überprüft. Somit hat der Entscheidungsträger die Möglichkeit, eine geeignete Handlungsalternative auszuwählen und im nächsten Schritt umzusetzen.
– *Steuern (Exception Handling)*. Dieser Prozess beinhaltet die Umsetzung der gewählten Handlungsalternative entsprechend den vorgestellten Alternativen (sofortige

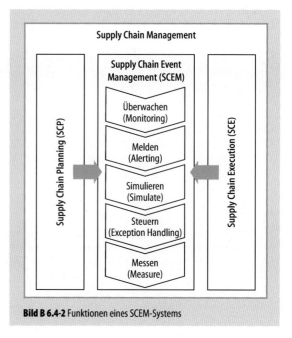

Bild B 6.4-2 Funktionen eines SCEM-Systems

oder mittelfristige Gegenmaßnahmen, komplette Neuplanung).
– *Messen (Measure)*. Im Anschluss an die Umsetzung einer Handlungsoption werden definierte Kennzahlen zur Leistungsmessung erhoben und aufbereitet. Somit können die Qualität der durchgeführten Maßnahme und mögliche Verbesserungspotenziale sowie Schwachstellen bei den SOLL-Planprozessen identifiziert und ausgewiesen werden.

Die Funktionen Überwachen und Melden bilden den innovativen Kern des SCEM [Nis02]. Diese Funktionen werden meist direkt durch ein SCEM-System bereitgestellt.

Während im vorherigen Abschnitt die Funktionen von SCEM-Systemen dargestellt und assoziierte Systemkomponenten genannt wurden, soll nun auf die einzelnen Komponenten einer SCEM-Lösung eingegangen werden. SCEM-Systeme werden nicht als Stand-Alone-Lösungen betrieben, sondern bestehen aus mehreren Bausteinen und damit aus verschiedenen zu integrierenden Systemen [For04].

Die Kernfunktion eines SCEM-Systems bilden Event-Manager und Event-Handler, welche in einem Event-Server zusammengefasst werden. Diese Kernkomponenten ermöglichen das Handling von eingehenden Statusinformationen und die Verdichtung und Filterung von relevanten Ereignissen. Besonders der letzte Punkt spielt eine

wichtige Rolle, da ein SCEM-System nur entscheidungsrelevante Ereignisse weiterleiten soll, um somit die Informationsflut bei den Entscheidungsträgern einzudämmen. Um dies zu erreichen, verfügt ein Event-Manager über Regelwerke, welche definieren, wie auf ein Ereignis reagiert werden soll. Ziel ist die Reduzierung der gemeldeten Informationen auf nicht-alltägliche Probleme [Hun05]. Dabei wird ein dreistufiger Prozess verfolgt:
- Initial werden Routineinformationen ausgeblendet, welche für das SCEM nicht relevant sind.
- Im zweiten Schritt werden Informationen zu Prozessen herausgefiltert, die gemäß der Planung verlaufen sind und keine Reaktion des Mitarbeiters erfordern. Dies beinhaltet eine automatisierte Lösung von Routine-Problemen.
- Nach den ersten beiden Schritten werden nur die nicht-alltägliche Probleme an die Prozessverantwortlichen weitergeleitet.

Während bei einem Großteil der SCEM-Kernsysteme kategorisierte Ereignisse priorisiert und an angeschlossene Planungssysteme weitergeleitet werden, integrieren einige SCEM-Systeme die Ableitung von Handlungsoptionen als eine Kernfunktion in der Hauptkomponente.

Alle weiteren Funktionen werden durch angebundene Fremdsysteme ausgeführt. Hierzu verfügt ein Event-Manager über Schnittstellen oder integrierte Softwarekomponenten. Für die Identifikation von Statusinformationen werden Tracking & Tracing-Systeme angebunden. Hier können die Ereignisse in einem Visualisierungsmodul im Kontext mit anderen Ereignissen angezeigt werden.

Die Überprüfung von Handlungsoptionen wird durch Simulations- oder Planungstools durchgeführt. Die Umsetzung von ausgewählten Handlungsoptionen geschieht im operativen Umfeld des betroffenen Prozesses auf Seiten der Materialflusssteuerung oder des Informationsflusses. Viele SCEM-Systeme sind zusätzlich an vorhandene Business Intelligence oder Data-Warehouse-Systeme angebunden. Somit ist eine kennzahlenbasierte Auswertung der umgesetzten Handlungsoption und der neu gestalteten Prozessparameter möglich.

Literatur

[Bre02] Bretzke, W.-R.; Stölzle, W.; Karrer, M.; Ploenes, P.: Vom Tracking & Tracing zum Supply Chain Event Management – aktueller Stand und Theorie. Studie der KPMG Consulting AG, Düsseldorf 2002

[For04] Forcher, R.; Mink, A.; Focke, M.: Intelligente Zulaufsteuerung durch telematikgestützte Transportevents – Konzeption eines telematikbasierten Supply Chain Event Managements für die Zulaufsteuerung industrieller Produktionsunternehmen. Logistik Management 6 (2004) 4

[Gsi98] GS1 Germany GmbH, Efficient Consumer Response – Edition Deutschland, Köln, 1998

[Hun05] Hunewald, C.: Supply Chain Event Management – Anforderungen und Potentiale im Beispiel der Automobilindustrie. Wiesbaden: Deutscher Universitäts-Verlag 2005

[Jue99] Jünemann, R.; Schmidt, T.: Materialflußsysteme. Systemtechnische Grundlagen. 2. Aufl. Berlin/Heidelberg/New York: Springer 1999

[Kar03] Karrer, M.: Supply Chain Event Management. Impulse zur ereignisorientierte Steuerung von Supply Chains. In: Dangelmaier, W.; Gajewski, T.; Kösters, C. (Hrsg.): Innovationen im E-Business. Paderborn: Fraunhofer ALB-HNI-Verlagsschriftenreihe 2003

[Kaz84] Kazmeier, E.: Ablaufplanung im Dialog – Alternative oder Ergänzung zur Optimierung. In: Steckhan, H. (Hrsg.): Operations Research Proceedings. Vorträge der 12. DGOR-Jahrestagung 1983. Berlin/Heidelberg/New York: Springer 1984

[Kla04] Klaus, O.: Geschäftsregeln im Supply Chain Event Management. Supply Chain Management 2 (2004)

[Kuh02] Kuhn, A.; Hellingrath, B.: Supply Chain Management – Optimierte Zusammenarbeit in der Wertschöpfungskette. Berlin/Heidelberg/New York: Springer 2002

Bild B 6.4-3 Architektur von SCEM-Systemen

[Kuh95] Kuhn, A.: Prozessketten in der Logistik. Entwicklungstrends und Umsetzungsstrategien. Dortmund: Praxiswissen Verlag 1995

[Nis02] Nissen, V.: Supply Chain Event Management. Wirtschaftsinformatik 5 (2002)

[Ode03] Odette International: Supply Chain Monitoring V1.0, 2003

[Ode04a] Odette International: Vendor Managed Inventory, Version 1.0, 2004

[Ode04b] Odette International: Demand Capacity Planning. Version 1.1, 2004

[Ott03] Otto, A.: Supply Chain Event Management. Three Perspectives. The International Journal of Logistics Management 14 (2003) 2

[Pfo00] Pfohl, H.-C.: Supply Chain Management – Konzepte, Trends, Strategien. In: Pfohl, H.-C. (Hrsg): Supply Chain Management – Logistik plus? Berlin: Erich Schmidt-Verlag 2000

[Pla04] Placzek, T.: Potenziale der Verkehrstelematik zur Abbildung von Transportprozessen im Supply Chain Event Management. Logistik Management 6 (2004) 4

[Pop07] Poppe, R.; Hoppe, U.: Collaborative Planning. Effizienzsteigerung in der kooperativen Planung durch organisatorische und informationstechnologische Vernetzung auf Basis von branchenspezifischen Prozessstandards. 9. Paderborner Frühlingstagung 2007

[SCC06] Supply Chain Council: Supply-Chain Operations Reference-model Version 8.0 Overview. Supply Chain Council, Washington DC; http://www.supply-chain.org

[Scm03] Laakmann, F.; Nayabi, K.; Hieber, R.; Hellingrath, B.: Supply Chain Management Software. Planungssysteme im Überblick. Supply Chain Management 3 (2003) 2, S. 55–60

[Sei04] Seifert, D.: Collaborative Planning Forecasting and Replenishment. Bonn: Galileo Press 2006

[Sta05] Stadtler, H.; Kilger, Chr. (Hrsg.): Supply Chain Management and Advanced Planning. Concepts, Models, Software and Case Studies. 3. Aufl. Berlin/Heidelberg/New York: Springer 2005

[Ste00] Stefansson, G.; Tilanus, B.: Tracking and tracing – principles and practice. International Journal of Technology Management 3/4 (2000)

[Ste04] Steven, M.; Krüger, R.: Supply Chain Event Management für globale Logistikprozesse. Charakteristika, konzeptionelle Bestandteile und deren Umsetzung in Informationssysteme. In: Spengler, T.; Voß, S.; Kopfer, H. (Hrsg.): Logistik Management. Heidelberg: Physica-Verlag 2004

[Sto04] Stölzle, W.: Supply Chain Event Management. In: Klaus, P.; Krieger, W. (Hrsg.): Gabler Lexikon Logistik. 3. Aufl. Wiesbaden: Gabler 2004

[Tem06] Tempelmeier, H.: Bestandsmanagement in Supply Chains. 2. Aufl. Norderstedt: Books on Demand 2006

[Vol04] Voluntary Interindustry Commerce Standards (VICS): Collaborative Planning, Forecasting and Replenishment (CPFR). An Overview, 2004

Entsorgung und Kreislaufwirtschaft — B7

B 7.1 Abgrenzung der Entsorgung und Kreislaufwirtschaft

B 7.1.1 Definition der Entsorgungslogistik

Die klassischen Aufgaben der Logistik waren lange Zeit auf die Bereiche Beschaffung, Produktion und Distribution beschränkt. Obwohl die Logistik auf eine ganzheitliche Betrachtung der Problemsituation bedacht ist, blieb die Entsorgung als wesentlicher Faktor innerhalb der Wirtschaftsabläufe lange unberücksichtigt.

Dieses Defizit wurde durch die Einbeziehung der Entsorgung in die inner- und außerbetrieblichen Abläufe beseitigt. Die Entsorgung hat sich somit nicht nur zu einer Querschnittsfunktion, sondern auch zum vierten Teilgebiet der Logistik im Gesamtablauf entwickelt. Die klassischen Materialflussfunktionen des Förderns, Lagerns und Handhabens sowie die informationstechnische Verknüpfung werden vielfach auf die Entsorgung übertragen (Tabelle B 7.1-1).

Auf der UN-Konferenz 1992 in Rio de Janeiro trafen sich Vertreter aus 178 Ländern, um über Fragen zu Umwelt und Entwicklung im 21. Jahrhundert zu beraten. Im Ergebnis hatten sich die Staaten Ziele gesetzt und Instrumente formuliert, mit denen der Umwelt und Entwicklungskrise weltweit begegnet werden soll: die Agenda 21. Sie hat den Anspruch, ein globales Aktionsprogramm für das 21. Jahrhundert zu sein und nimmt auf nahezu alle Bereiche menschlichen Handelns Bezug. Zentrales Element ist die Aufforderung zu einer lokalen und regionalen Umsetzung des Nachhaltigkeitsgedankens [BMZ07].

In Deutschland wird – forciert durch die Einführung des Kreislaufwirtschafts- und Abfallgesetzes – das bisherige lineare System der Güterherstellung vom Produzenten zum Verbraucher durch ein zyklisches System ersetzt (Bild B 7.1-1). Kernidee dieses zyklischen Wirtschaftens

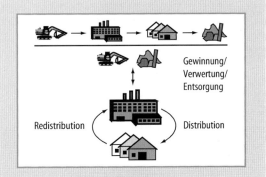

Bild B 7.1-1 Vereinfachte Darstellung des Strukturwandels

Tabelle B 7.1-1 Entsorgungslogistik – Definition, Ziele, Aufgaben

Entsorgungslogistik	
Definition	wissenschaftliche Disziplin, die sich mit der materialflusstechnischen Optimierung von inner- und außerbetrieblichen Abfallströmen befasst
Ziele	bei den Optimierungskriterien stehen die Vermeidung und die Verwertung der Abfälle im Vordergrund Reduzierung der Abfallmengen Einsatz umweltverträglicher Entsorgungstechnologien Ausnutzung des im Abfall enthaltenen Wertschöpfungspotenzials
Aufgaben	Erfassung der Abfallströme Optimierung der Material- und Informationsflüsse Ausweitung der inner- und überbetrieblichen Organisationsstrukturen

– der Kreislaufwirtschaft – ist, ähnlich wie die Natur Kreisläufe zu entwickeln, die sich in gewisser Weise „selbst am Leben erhalten".

Mit Hilfe einer durchgehenden Produktverantwortung des Herstellers soll das Problem der Vermeidung, Verringerung und Verwertung von Abfällen gelöst werden. Für ein Produktionsunternehmen bezieht sich dann die Verantwortung auf den gesamten Lebenszyklus eines Produktes von der Beschaffung der Ressourcen über die Produktion und Versorgung der Verbraucher bis hin zur Entsorgung, wobei die gebrauchten Produkte wieder in den Produktionsprozess einfließen sollen. Durch diese „Kreislaufwirtschaft" soll – je nach Stoffbeschaffenheit – der Verbrauch von Ressourcen minimiert oder eine Verwertung als Sekundärrohstoff ermöglicht werden.

In der Richtlinie VDI 2243 „Recyclingorientierte Produktentwicklung" wird das Schließen von Stoffkreisläufen durch die Rückführung von Rückständen aus Produktionsprozessen bzw. von Altprodukten und -stoffen nach deren Gebrauch in die Produktion oder für den (erneuten) Gebrauch als „Recycling" bezeichnet (Bild B 7.1-2).

Auch wenn in Einzelfällen die weitere Verwendung bzw. Verwertung von Altprodukten ökologisch nicht sinnvoll erscheint, stellt das industrielle Produktrecycling ein effizientes Werkzeug zur Abfallvermeidung dar. Die Grundüberlegung besteht darin, Folgeanwendungen für Bauteile und Aggregate zu suchen, deren Eigenschaftsspektrum möglichst nahe an dem des ursprünglichen Produktes liegt. Im Sinne einer wirtschaftlichen Wiederverwendung von Komponenten stehen Qualitätskriterien im Vordergrund. Das weitere Vorgehen verläuft analog dem heutigen Werkstoffrecycling, wobei ebenfalls unter ökologischen und ökonomischen Prämissen nach einer Kaskade der Verwertbarkeit gesucht wird, also einer optimalen Ausnutzung der vorhandenen Eigenschaften für die anspruchsvollste Zweitnutzung. Ziel ist ein Recycling auf möglichst hoher Wertschöpfungsstufe. Unterstützt wird dieses Ziel durch die Entwicklung bzw. Konstruktion materialoptimierter und recyclingfähiger Produkte. Um die Stoffkreisläufe letztendlich schließen zu können, müssen Bauteile und Materialien als Sekundärbauteile, -halbzeuge oder -rohstoffe im Wirtschaftskreislauf gehalten werden (Bild B 7.1-3).

Analog zu den klassischen Aufgaben der Logistik sind in der Entsorgung die Spiegelbilder zur Versorgungslogistik (Distribution) und zur Produktionslogistik zu schaffen. Hierzu gehören die Rückführlogistik (Redistribution) sowie die Aufbereitungslogistik. Geeignete Redistributionsstrategien ermöglichen eine geordnete wirtschaftliche Erfassung und Bündelung ausgedienter Produkte; Verwertungsprozesse, hierzu gehören u. a. die Demontage und die Aufbereitung, schaffen die Voraussetzung dafür, Bauteile, Aggregate oder Werkstoffe im Wirtschaftskreislauf zu halten und nicht kreislauffähige Altproduktbestandteile einer geordneten Beseitigung zuzuführen. Die logistischen Prozesse in der Kreislaufwirtschaft (Bild B 7.1-4) umfassen demnach die Sammlung, den Transport, den Umschlag, die Lagerung, die Verwertung – hier dargestellt als Demontage und Aufbereitung, die thermische Behandlung und die geordnete Beseitigung.

Die versorgungsorientierte Produktions- und Anlagentechnik weist einen sehr hochentwickelten technischen Standard auf. Moderne Einsatzmittel, wie z. B. automatisierte Lagertechnik, fahrerlose Transportsysteme, Handhabungsroboter und vollautomatisierte Werkzeugmaschinen werden entsprechend den spezifischen Erfordernissen eingesetzt. Dieser Entwicklungsstand ist in der Entsorgung, sei es inner- oder außerbetrieblich, bei weitem nicht anzutreffen.

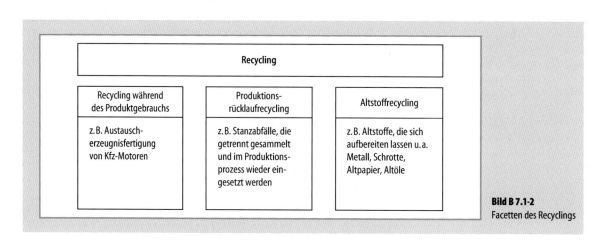

Bild B 7.1-2
Facetten des Recyclings

Eine wichtige Aufgabe der Abfallwirtschaft und insbesondere der Entsorgungslogistik ist somit, den Problemstellungen entsprechend Technikkomponenten für Förder-, Lager- und Handhabungsaufgaben zu entwickeln. Diese Entwicklung muss grundsätzlich so ausgelegt sein, dass einerseits hochautomatisierte Technikkomponenten der Entsorgung zur Verfügung gestellt werden und andererseits Materialflusssysteme für die Entsorgung kosten- und zeitoptimal arbeiten. Dies bedeutet, dass technische Insellösungen durch systemtechnische Ansätze zu ersetzen sind.

Allerdings darf es kein Recycling um jeden Preis geben. Die neuen, aber auch die bereits vorhandenen Stoffflüsse sind in allen Phasen hinsichtlich ihrer ökonomischen und ökologischen Konsequenzen zu untersuchen. Eine Schlie-

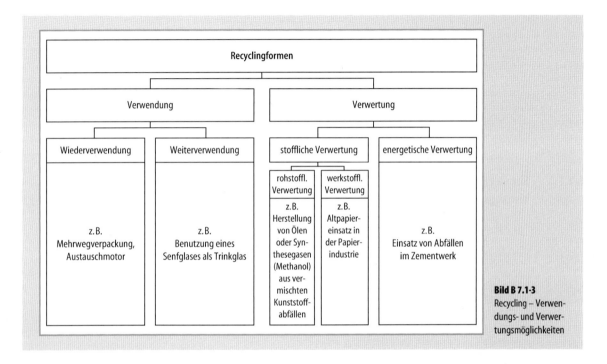

Bild B 7.1-3
Recycling – Verwendungs- und Verwertungsmöglichkeiten

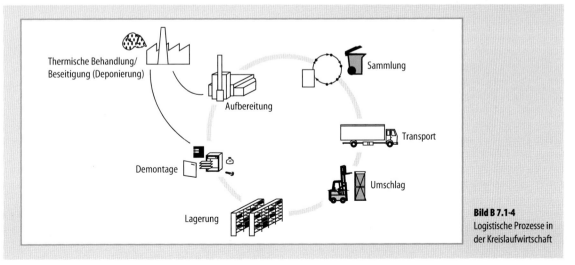

Bild B 7.1-4
Logistische Prozesse in der Kreislaufwirtschaft

ßung aller Kreisläufe ist aus thermodynamischer Sicht nicht realisierbar. Weiterhin ist ein bedingungsloses Recycling aus ökonomischen und ökologischen Gründen nicht sinnvoll. Nur wenn sich bei einer ganzheitlichen Betrachtung Vorteile für die Verwertung ergeben, ist diese zu bevorzugen. Bei der Realisierung einer industriellen Kreislaufwirtschaft ist eine derartige Vorgehensweise unumgänglich.

Die Errichtung einer Kreislaufwirtschaft mit weitgehend geschlossenen Produkt- bzw. Stoffkreiskreisläufen erzeugt eine Vielzahl neuer Herausforderungen. Aus logistischer Sicht gilt es, Abfallvermeidungs- und -verminderungskonzepte zu entwickeln sowie geeignete Redistributionsstrategien zu entwerfen und zu realisieren, um eine effektive Rückführung der gebrauchten Produkte und Produktteile sowie Sekundärrohstoffe zu gewährleisten.

Die vermarktbaren Produkte sowie die sonstigen Materialströme sind zu bündeln und unter Einbeziehung vorhandener Strukturen geeignet zu distribuieren bzw. zu entsorgen.

B 7.1.2 Entwicklung von Organisations- und Logistikstrukturen

Der Produzent legt durch die Produktgestaltung, die zur Produktion verwendeten Ressourcen die nach Gebrauch möglichen Verwendungs- und Verwertungswege fest und bestimmt so in hohem Maße den gesamten Lebenszyklus seiner Produkte. Deshalb wird er in einer Kreislaufwirtschaft für den gesamten Produktlebenszyklus verantwortlich gemacht. Dieser im Vergleich zur aktuellen Situation viel weiter reichenden Verantwortung muss der Produzent durch entsprechende Organisation der relevanten inner- und außerbetrieblichen Abläufe gerecht werden. Darüber hinaus bestimmt er die nachgeschalteten (Re)Distributions-, Recycling- sowie Entsorgungsprozesse mit. Dienstleister als beauftragte Dritte müssen sich ebenfalls den geänderten Gegebenheiten anpassen.

Der für die Versorgung des Verbrauchers verantwortliche Handel wird sich an der Redistribution der gebrauchten Produkte beteiligen müssen, ebenso wie die für den Transport zuständigen Spediteure. Der hieraus resultierende Zwang nach einem effizienten Recycling führt zur Entwicklung eines neuen Industriezweiges, der Aufbereitungs- und Entsorgungswirtschaft, der die benötigten Verwertungskapazitäten für die gesamte Wirtschaft zukünftig zur Verfügung stellt.

Die Verknüpfung dieser Vielzahl an Objekten führt zu einem komplizierten Netzwerk, dessen Funktionsfähigkeit nur durch Anwendung übergeordneter, effektiver Organisations- und Steuerungskonzepte gewährleistet werden kann.

Diese Konzepte ganzheitlich zu entwickeln und in die Tat umzusetzen, ist Aufgabe der Logistik in der Kreislaufwirtschaft.

B 7.1.3 Gesetzliche Regelungen

Die Entwicklung zur nachhaltigen Kreislauf- und Abfallwirtschaft ist durch die Gesetzgebung der EU, des Bundes und der Länder sowie durch die Vereinbarung „freiwilliger Selbstverpflichtungen" der Industrie geprägt. Die Kreislauf- und Abfallwirtschaft wird durch die gesetzlichen Regelungen auf EU-, Bundes- und Landesebene stark reglementiert. In Deutschland bestimmen etwa 800 Gesetze, 2.800 Verordnungen und 4.700 Verwaltungsvorschriften das Geschehen [Hey07]. Das europäische und das deutsche Abfallrecht ist die Gesamtheit aller Rechtsnormen, die die Behandlung, den Transport, die Entsorgung und die Verwertung sowie den sonstigen Umgang mit Abfällen regeln. Es ist Teilgebiet des Umweltrechts und hat Bezüge zu fast allen anderen Gebieten des Umweltschutzes, wie z. B. zum Naturschutz, zum Gewässerschutz und zum Immissionsschutz [Epi05]. Die Rechtsakte im Bereich der europäischen Kreislauf- und Abfallwirtschaft und die der Rechtsnormen in Deutschland [UWS07] lassen sich gliedern in:
– übergeordnete Abfallrechtsakte bzw. -rechtsnormen,
– Rechtsakte bzw. -rechtsnormen
  • für Abfallerzeuger und -entsorger,
  • für besondere Abfallarten,
  • zur Behandlung von Abfällen,
  • über die grenzüberschreitende Verbringung von Abfällen,
  • zum Gefahrguttransport,
  • zur Abfallstatistik.

Die wichtigsten Rechtstakte der EU sind in Bild B 7.1-5 und die bedeutsamsten Rechtsnormen in Deutschland in Bild B 7.1-6 aufgetragen.

B 7.1.3.1 Rechtsakte der Europäischen Union

Die Bundesrepublik Deutschland ist aufgrund ihrer Mitgliedschaft in der Europäischen Gemeinschaft verpflichtet, Rechtsverordnungen der EU als unmittelbar geltendes Recht anzuerkennen. EU-Richtlinien hingegen sind innerhalb von festgelegten Fristen in nationales Recht umzusetzen. Im Bereich der europäischen Abfallwirtschaft wurde bislang eine Vielzahl von politischen Bestimmungen erlassen. Zu den *übergeordneten EU-Rechtsakten* gehört u. a. der *Gründungsvertrag der Europäischen Wirtschaftsgemeinschaft* (EWGV) vom 25. März 1957, bei dem wirt-

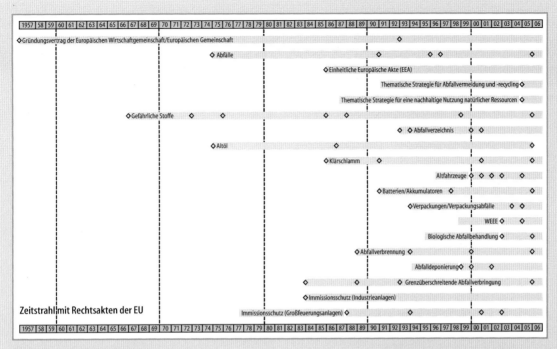

Bild B 7.1-5 Wichtige Rechtstakte der EU

schaftliche Interessen im Vordergrund standen. Umweltpolitische und umweltrechtliche Belange, zu denen auch die der Abfallwirtschaft gehören, wurden in andere Rechtsgebiete eingebettet, z. B. im allgemeinen Polizeirecht oder im Völkerrecht [Epi05]. Der EWGV wurde am 1. November 1993 durch den Maastrichter Vertrag über die Europäische Union umbenannt in Gründungsvertrag der Europäischen Gemeinschaft (EG-Vertrag).

Mit der Unterzeichnung der *Einheitlichen Europäischen Akte* (EEA) am 17. Februar 1986 wurde die gemeinschaftliche Umweltpolitik erstmals auf eine vertragliche Basis gestellt. Die EEA trat am 1. Juli 1987 in Kraft. Mit ihr wurden die rechtlich verbindlichen Ziele der Umweltpolitik im EG-Vertrag verankert. Hierzu gehören u. a. die Erhaltung und der Schutz der Umwelt, die Verbesserung der Umweltqualität, der Schutz der menschlichen Gesundheit, die umsichtige und rationelle Verwendung der Ressourcen sowie die Förderung internationaler Umweltschutzmaßnahmen. Dieses Prinzip macht deutlich, dass es nur eine Umwelt gibt und Umweltprobleme an nationalen Grenzen nicht Halt machen. Dadurch ergibt sich auf völkerrechtlicher Ebene ein „faktischer Zwang zur Kooperation der EU mit Drittstaaten" [Kah98]. Daneben führte die EEA eine Reihe von rechtlich verbindlichen Grundsätzen ein, u. a.

das Vorbeugeprinzip. Die Gründungsverträge der Europäischen Gemeinschaft wurden durch die folgenden Verträge hinsichtlich der Umweltrelevanz ergänzt. Am 1. November 1993 trat der Maastricher Vertrag in Kraft. Er verankerte u. a. den Umweltschutz in der Zielbestimmung des EG-Vertrages. Der Amsterdamer Vertrag regelte ab dem 1. Mai 1999 u. a. nationale Handlungsspielräume im harmonisierten Bereich und integrierte das Konzept der nachhaltigen Entwicklung. Am 1. Februar 2003 trat der Vertrag von Nizza in Kraft. Die Zielsetzung dieses Vertrags bestand darin, die EU „beitrittsfähig" zu machen. Die am 29. Oktober 2004 von den Staats- und Regierungschefs der Europäischen Union in Rom unterzeichnete Europäische Verfassung fasst die bisherigen Europäischen Verträge zusammen und fügt neue Elemente ein [Epi05]. Die Verfassung soll nun von den 27 Mitgliedstaaten der EU ratifiziert werden.

Die erste erlassene *abfallbezogene Rahmenrichtlinie* ist die Richtlinie vom 15. Juli 1975 über Abfälle (75/442/EWG). Sie definiert den Begriff „Abfall", enthält grundlegende Prinzipien und Ziele der Abfallwirtschaft und stellt allgemeine Verpflichtungen über den Umgang mit Abfällen auf. Darüber hinaus beinhaltet sie konkrete Verhaltensvorgaben für die Mitgliedstaaten, die dann angewendet

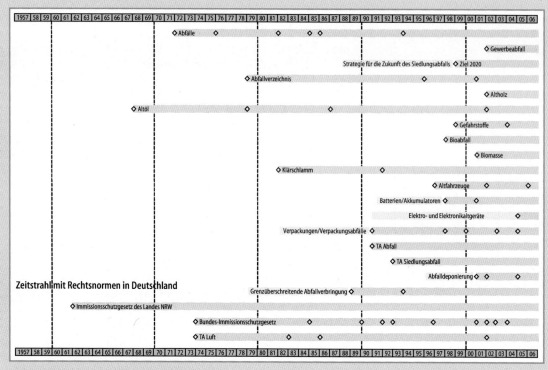

Bild B 7.1-6 Bedeutsamste Rechtsnormen in Deutschland

werden, wenn nicht andere Rechtsakte für bestimmte Abfallgruppen erlassen wurden. Daneben gibt es weitere Regelungen, die diese ergänzen: die Richtlinie 91/156/EWG vom 18. März 1991 u. a. mit Änderungen hinsichtlich des Abfallbegriffes, die Entscheidung 96/350/EG vom 24. Mai 1996 zur Anpassung der Anhänge IIA sowie IIB und die Entschließung 97/C76/01 vom 24. Februar 1997 über eine Gemeinschaftsstrategie für die Abfallbewirtschaftung. Die Richtlinie 2006/12/EG vom 5. April 2006 über Abfälle ersetzt die mehrfach und in wesentlichen Punkten geänderte Rahmenrichtlinie 75/442/EWG. Sie trat am 17. Mai 2006 in Kraft und beinhaltet eine effizientere Nutzung der in Abfällen enthaltenen Ressourcen, die Einbeziehung gefährlicher Abfälle und des Altöls, die allgemeinen Anforderungen an die Vermeidung, Verminderung, umweltgerechte Verwertung und Beseitigung von Abfällen.

Darüber hinaus reglementieren zwei Dokumente der EU die *zukünftige Ausrichtung der Abfallwirtschaft*. Wesentlicher Bestandteil der Mitteilung KOM (2005) 666 der Europäischen Kommission „Weiterentwicklung der nachhaltigen Ressourcennutzung – Thematische Strategie für Abfallvermeidung und Abfallrecycling" vom 21. Dezember 2005 ist, den bestehenden rechtlichen Rahmen zu modernisieren, um ein hohes Umweltschutzniveau zu gewährleisten. Das bedeutet im Einzelnen die Einführung von Lebenszyklusanalysen in den politischen Prozess sowie eine Vereinfachung und Straffung des bestehenden EU-Abfallrechts. Durch die Mitteilung KOM (2005) 670 der Europäischen Kommission „Thematische Strategie für eine nachhaltige Nutzung natürlicher Ressourcen" vom 21. Dezember 2005 wird ein Handlungsrahmen geschaffen mit dem Ziel, die Umweltbelastung aufgrund der Produktion und des Verbrauchs natürlicher Ressourcen zu verringern, ohne die wirtschaftliche Entwicklung zu behindern. Das Thema Ressourcen wird in allen Politikbereichen berücksichtigt. Als besondere Maßnahmen werden u. a. eine Zentralstelle für Daten sowie Indikatoren eingerichtet und ein europäisches Forum mit einer Gruppe internationaler Sachverständiger gebildet.

Regelungen für Abfallerzeuger und Entsorger beinhalten u. a. Vorgaben über die Einstufung, Verpackung und Kennzeichnung *gefährlicher Stoffe*, Zubereitungen gefährlicher Stoffe sowie gefährlicher Zubereitungen. Hierzu gehört die Richtlinie 67/548/EWG vom 27. Juni 1967 über gefährliche Stoffe und die Richtlinie 73/173/EWG vom 4. Juni 1973 über Zubereitungen gefährlicher Stoffe (Lösemittel). Die Richtlinie 88/379/ EWG vom 7. Juni 1988 über gefährliche Zubereitungen wurde durch die Richtlinie 1999/45/EG vom 31. Mai 1999 ersetzt. Letztere wurde wiederum durch die Richtlinie 2006/8/EG vom 23. Januar 2006 über gefährliche Zubereitungen zwecks Anpassung an den technischen Fortschritt ergänzt. Darüber hinaus wird das Inverkehrbringen und die Verwendung gefährlicher Stoffe und Zubereitungen über die Richtlinie 76/769/EWG vom 27. Juli 1976 geregelt. Die Richtlinie 86/280/EWG vom 12. Juni 1986 legt Grenzwerte und Qualitätsziele für die Ableitung bestimmter gefährlicher Stoffe fest.

Die erste *Abfallverzeichnisverordnung*, der sog. Europäischen Abfallkatalog (EAK), wurde über die Entscheidung 94/3/EG vom 20. Dezember 1993 eingeführt. Die Entscheidung 94/904/EG vom 22. Dezember 1994 diente der Einführung der Liste über gefährliche Abfälle (HWL). Die Entscheidung 2000/532/EG vom 3. Mai 2000, die Entscheidung 2001/118/EG vom 16. Januar 2001, die Entscheidung 2001/119/EG vom 22. Januar 2001 sowie die Entscheidung 2001/573/EG vom 23. Juli 2001 führten zu der Zusammenlegung der beiden Abfallverzeichnisse zu einem neuen Verzeichnis, dem Europäischen Abfallverzeichnis (AVV).

Das EU-Recht enthält Rechtsakte, die für bestimmte *Abfallarten* spezielle oder ergänzende Vorschriften aufstellen. Das Thema *Altöl* wurde zunächst in der Richtlinie 75/439/EWG vom 16. Juni 1975 über die Altölbeseitigung aufgegriffen. Diese Richtlinie wurde durch die Richtlinie 87/101/EWG vom 22. Dezember 1986 ergänzt und war gemäß Art. 18 der Richtlinie 2000/76/EG über die Verbrennung von Abfällen bis zum 28. Dezember 2005 gültig. Seitdem wird der Umgang mit Altöl über die Abfallrahmenrichtlinie 2006/12/EG vom 5. April 2006 reglementiert.

Darüber hinaus gibt es spezielle EU-Verordnungen für *Produktgruppen*, die auf der Produktverantwortung der Hersteller und Vertreiber basieren. Der Richtlinie 2000/53/EG vom 18. September 2000 über *Altfahrzeuge* sind eine Reihe von Vorgaben in Bezug auf die Vermeidung von Fahrzeugabfällen, die Wiederverwendung, das Recycling und andere Formen der Verwertung von Altfahrzeugen und ihrer Bauteile zu entnehmen. Darüber hinaus enthält die Richtlinie Bestimmungen über die Rücknahme von Altfahrzeugen. Ein Fragebogen zur Erstellung der Berichte der Mitgliedstaaten über die Umsetzung der Richtlinie 2000/53/EG ist Gegenstand der Entscheidung 2001/753/EG vom 17. Oktober 2001. Die Entscheidung 2003/138/EG vom 27. Februar 2003 beinhaltet die Festlegung von Kennzeichnungsnormen für Bauteile und Werkstoffe. Mit der Entscheidung 2005/293/EG vom 1. April 2005 werden Einzelheiten für die Kontrolle der Einhaltung der Zielvorgaben für Wiederverwendung/Verwertung und Wiederverwendung/Recycling gemäß der Richtlinie 2000/53/EG vorgeschrieben. Die Richtlinie 2005/64/EG vom 26. Oktober 2005 handelt von der Typgenehmigung für Kraftfahrzeuge hinsichtlich ihrer Wiederverwendbarkeit, Recyclingfähigkeit und Verwertbarkeit. Die Änderungen des Anhangs II der Richtlinie 2000/53/EG sind Gegenstand der Entscheidungen 2002/525/EG vom 27. Juni 2002, 2005/63/EG vom 24. Januar 2005, 2005/438/EG vom 10. Juni 2005 und 2005/673/EG vom 20. September 2005.

Die *Batterien und Akkumulatoren*, die gefährliche Stoffe enthalten, werden über die Richtlinie 91/157/EWG vom 18. März 1991 geregelt. Sie wurde durch die Richtlinie 98/101/EG vom 22. Dezember 1998 zwecks Anpassung an den technischen Fortschritt erweitert. Am 4. Juli 2006 haben die Abgeordneten des Europäischen Parlaments eine neue Richtlinie (2006/66/EG) über Batterien und Akkumulatoren angenommen, auf deren Grundlage es ab 2008 EU-weit Systeme zur Sammlung von Altbatterien und Altakkumulatoren geben soll. Weitere Ziele der Richtlinie sind u. a. Vorschriften für das Inverkehrbringen von Batterien und Akkumulatoren, insbesondere das Verbot, Batterien und Akkumulatoren, die gefährliche Substanzen enthalten, in Verkehr zu bringen.

Die Richtlinie 94/62/EG über *Verpackungen und Verpackungsabfälle* vom 20. Dezember 1994 legt die grundlegenden Anforderungen an die Zusammensetzung, die Wiederverwendbarkeit und Verwertbarkeit der Verpackungen und der Verpackungsabfälle fest. Darüber hinaus sollen die Mitgliedstaaten Systeme zur Rücknahme, Sammlung und Verwertung von Verpackungsabfällen errichten, um die Quotenvorgaben zu erfüllen. Sie wurde durch die Richtlinie 2004/12/EG vom 11. Februar 2004 hinsichtlich neu definierter Verwertungsquoten und Anpassung an einen neuen zeitlichen Horizont ergänzt. Daneben gibt sie Kriterien vor, anhand derer die Definition des Begriffes „Verpackung" präzisiert wird. So stellen z. B. Teebeutel keine Verpackung dar, während Klarsichtfolien um CD-Hüllen ebenso als Verpackung gelten wie Etiketten, die unmittelbar am Produkt hängen oder befestigt sind. Die Richtlinie 2005/20/EG zielt darauf ab, den zehn neuen Mitgliedstaaten für die Erfüllung der Zielvorgaben der geänderten Richtlinie über Verpackungen eine zusätzliche Frist zuzugestehen. Diese Ausnahmen gelten bis zum 31. Dezember 2012.

Die Richtlinie 2002/96/EG vom 27. Januar 2003 über *Elektro- und Elektronik-Altgeräte* (WEEE) lehnt sich konzeptionell an die Richtlinie über Altfahrzeuge an. Zu den Vorgaben gehören die Vermeidung von Elektro- und Elektronik-Abfällen sowie die Förderung von Wiederverwendung, Recycling und anderen Formen der Verwertung. Darüber hinaus enthält die Richtlinie Bestimmungen über die Rücknahme. Mit der Richtlinie 2002/95/EG vom 27. Januar 2003, kurz ROHS, wurde ein Beitrag zur Beschränkung gefährlicher Stoffe in Elektro- und Elektronik-Altgeräten verabschiedet. Die Entscheidung 2005/369/EG vom 3. Mai 2005 enthält Bestimmungen zur Überwachung der Einhaltung der Vorschriften durch die Mitgliedstaaten. Die Entscheidungen 2005/673/EG vom 18. August 2005, 2005/717/EG vom 13. Oktober 2005 und 2005/747/EG vom 21. Oktober 2005 dienen der Änderung des Anhangs der Richtlinie 2002/95/EG zur Beschränkung der Verwendung bestimmter gefährlicher Stoffe in Elektro- und Elektronikgeräten zwecks Anpassung an den technischen Fortschritt.

Im Bereich der *Abfallbehandlungsanlagen* hat die EU Rechtsakte zur biologischen Abfallbehandlung, zur Abfallverbrennung und zur Abfalldeponierung erlassen. Die Regelungen zur *biologischen Abfallbehandlung* beinhalten gemäß der Verordnung (EG) Nr. 810/2003 vom 12. Mai 2003 Übergangsmaßnahmen hinsichtlich der Verarbeitungsstandards für Material der Kategorie 3 und Gülle, sofern in Biogasanlagen verwendet. Die Verlängerung der Gültigkeit der Übergangsmaßnahmen für Kompostier- und Biogasanlagen wurde mit der Verordnung (EG) Nr. 12/2005 vom 6. Januar 2005 und der Verordnung (EG) Nr. 809/2006 vom 7. Februar 2006 erlassen. Die Verordnung (EG) Nr. 208/2006 vom 7. Februar 2006 betrifft die Änderung der Anhänge VI und VIII hinsichtlich der Verarbeitungsstandards für Kompostier- und Biogasanlagen sowie der Bestimmungen über Gülle.

Die *Abfallverbrennung* war Gegenstand der Richtlinie 89/369/EWG vom 8. Juni 1989 über die Verhütung der Luftverunreinigung durch neue Verbrennungsanlagen für Siedlungsmüll und der Richtlinie 89/429/EWG vom 21. Juni 1989 über die Verringerung der Luftverunreinigung durch bestehende Verbrennungsanlagen für Siedlungsmüll. Die Richtlinie 94/67/EG vom 16. Dezember 1994 regelte die Verbrennung gefährlicher Abfälle. Die genannten Richtlinien wurden durch die Richtlinie 2000/76/EG vom 4. Dezember 2000 über die Verbrennung von Abfällen ersetzt. Mit ihr wurde der Geltungsbereich auf andere ungefährliche Abfälle (z. B. Klärschlamm, Altreifen, klinische Abfälle) und gefährliche Abfälle, die vom Geltungsbereich der Richtlinie 94/67/EG ausgenommen sind (z. B. Altöl und Lösungsmittel) ausgedehnt. Neben Abfallverbrennungsanlagen unterliegen auch „Mitverbrennungsanlagen", d. h. Anlagen, deren Hauptzweck in der Energieerzeugung oder Produktion stofflicher Erzeugnisse besteht und in denen Abfälle als Haupt- oder Zusatzbrennstoff verwendet werden, dieser Richtlinie.

Spezielle betriebsbezogene und technische Anforderungen an *Abfalldeponien* enthält die Richtlinie 1999/31/EG vom 26. April 1999. Vorgeschrieben wird ein besonderes Genehmigungsverfahren für die unterschiedlichen Deponieklassen. Daneben bildet sie die Grundlage für die Einführung eines einheitlichen Annahmeverfahrens für Abfall und sie regelt Mess- und Überwachungsverfahren während des Betriebes sowie das Stilllegungs- und Nachsorgeverfahren. Die Entscheidung 2000/738/EG vom 17. November 2000 ergänzt die Richtlinie bezüglich eines Fragebogens für die Berichte der Mitgliedstaaten über die Durchführung der Richtlinie 1999/31/EG über Abfalldeponien. Mit der Entscheidung 2003/33/EG vom 19. Dezember 2002 werden Kriterien und Verfahren für die Annahme von Abfällen auf Abfalldeponien gemäß Artikel 16 und Anhang II der Richtlinie 1999/31/EG festgelegt.

Als *grenzüberschreitende Abfallverbringung* wird der Transport von Abfällen zwischen verschiedenen Staaten bezeichnet. Zunächst wurde die Richtlinie 84/631/EWG vom 6. Dezember 1984 über die Überwachung und Kontrolle – in der Gemeinschaft – der grenzüberschreitenden Verbringung gefährlicher Abfälle verabschiedet. Das *Basler Übereinkommen* vom 22. März 1989 über die Kontrolle der grenzüberschreitenden Verbringung gefährlicher Abfälle und ihrer Entsorgung trat 1992 in Kraft und ist heute von ca. 170 Staaten ratifiziert. Das Basler Übereinkommen regelt generell, dass Abfälle sowohl zur Verwertung als auch zur Beseitigung nur mit Zustimmung aller beteiligten Staaten über ihre Grenzen verbracht werden dürfen. Ebenso verlangt es eine Kontrolle des Verbleibs der Abfälle. Daneben haben sich die OECD-Mitgliedstaaten ein Kontrollsystem für die grenzüberschreitende Verbringung von zur Verwertung bestimmten Abfällen gegeben. Die Verordnung (EWG) Nr. 259/93 vom 1. Februar zur Überwachung und Kontrolle der Verbringung von Abfällen in der, in die und aus der Europäischen Gemeinschaft setzt vor allem die wesentlichen Inhalte des Basler Übereinkommens und des OECD-Ratsbeschlusses (z. B. die Listeneinteilung von Abfällen) in unmittelbar geltendes Gemeinschaftsrecht um und ersetzt die Richtlinie 84/631/EWG. Ab dem 12. Juli 2007 wird die Verordnung (EWG) Nr. 259/93 durch die Verordnung (EG) Nr. 1013/2006 vom 14. Juni 2006 über die Verbringung von Abfällen ersetzt.

Zweck der *Immissionsschutzgesetze* ist, Menschen, Tiere und Pflanzen, den Boden, das Wasser, die Atmosphäre sowie Kultur- und sonstige Sachgüter vor schädlichen Umwelteinwirkungen zu schützen und dem Entstehen schädlicher Umwelteinwirkungen wie z. B. Luftverunreinigungen, Geräuschen, Erschütterungen und ähnlichen Vorgängen vorzubeugen. Dazu hat die EU die Richtlinie 84/360/EWG vom 28. Juni 1984 zur Bekämpfung der Luftverunreinigung durch *Industrieanlagen* und die Richtlinie 88/609/EWG vom 24. November 1988 zur Begrenzung der Schadstoffemissionen von *Großfeuerungsanlagen* in die Luft in Kraft gesetzt. Letztere wurde mit der Richtlinie 94/66/EG vom 15. Dezember 1994, der Richtlinie 2001/80/EG vom 23. Oktober 2001 und der Empfehlung 2003/47/EG vom 15. Januar 2003 hinsichtlich der Grenzwerte von Schadstoffemissionen aus Großfeuerungsanlagen in die Luft geändert.

B 7.1.3.2 Rechtsnormen in Deutschland

Zu den *übergeordneten Abfallrechtsnormen* in Deutschland gehört u. a. das Gesetz über die Beseitigung von *Abfällen* – Abfallbeseitigungsgesetz (AbfG) vom 7. Juni 1972, das am 11. Juni 1972 in Kraft trat. Es entstand drei Jahre vor der ersten erlassenen Abfallrahmenrichtlinie der EU und wurde mit dem Ziel erlassen, auf der Basis bestehender Landesabfallgesetze eine grundlegende Neuordnung und Sanierung der Abfallbeseitigung auf bundesrechtlicher Ebene zu schaffen. Den Schwerpunkt bildete die Hausmüllbeseitigung. Das Abfallbeseitigungsgesetz wurde über Änderungsgesetze in den Jahren 1976, 1982, 1985 und 1986 mehrfach ergänzt. Durch die vierte Novelle wurde am 27. August 1986 das Gesetz über die Vermeidung und Entsorgung von Abfällen – Abfallgesetz (AbfG) geschaffen und das Abfallbeseitigungsgesetz außer Kraft gesetzt. Mit dem Abfallgesetz wurde erstmalig der Abfallverwertung grundsätzlich Vorrang gegenüber der Abfallbeseitigung eingeräumt. Allerdings verpflichtete dieses Gesetz nicht zur Abfallvermeidung. Das Abfallgesetz wurde wiederum durch das Gesetz zur Förderung der Kreislaufwirtschaft und Sicherung der umweltverträglichen Beseitigung von Abfällen – Kreislaufwirtschafts- und Abfallgesetz (Krw-/AbfG) vom 27. September 1994 abgelöst. Letzteres trat am 7. Oktober 1996 in Kraft. Es führt einen neuen, vorsorgeorientierten Abfallbegriff ein und zielt darauf ab, das Abfallrecht und die Abfallwirtschaft zur Kreislaufwirtschaft weiterzuentwickeln. Weitere Eckpunkte dieses Gesetzes sind die konsequente Umsetzung des Verursacherprinzips, die Schaffung einer vermeidungsorientierten Pflichtenhierarchie (Vermeidung vor stofflicher und energetischer Verwertung), die Gleichrangigkeit von stofflicher und energetischer Verwertung mit der Möglichkeit den Vorrang per Rechtsverordnung für einzelne Abfallarten festzulegen, die Produktverantwortung für die Produzenten (diese ist jeweils durch weitere Rechtsnormen zu konkretisieren) und die erweiterten Möglichkeiten zur Privatisierung der Entsorgung.

Die Verordnung über die Entsorgung von *gewerblichen Siedlungsabfällen und von bestimmten Bau- und Abbruchabfällen* – Gewerbeabfallverordnung (GewAbfV) vom 19. Juni 2002 trat am 1. Januar 2003 in Kraft. Die Verordnung zielt darauf ab, durch die Getrennthaltung der Abfälle am Entstehungsort die umweltverträgliche Verwertung und Beseitigung von gewerblichen Siedlungsabfällen sicherzustellen. Des Weiteren schreibt die Verordnung vor, dass jeder Gewerbebetrieb dazu verpflichtet ist, in angemessenem Umfang Restabfallbehälter des öffentlich-rechtlichen Entsorgungsträgers zu nutzen. Eine Gewerbeabfallverordnung auf europäischer Ebene gibt es bisher noch nicht.

Darüber hinaus wird seit 1999 vom BMU das abfallwirtschaftliche Ziel der vollständigen und umweltverträglichen Abfallverwertung bzw. des vollständigen Verzichts auf die obertätige Ablagerung für Siedlungsabfälle ab dem Jahre 2020 – *Strategie für die Zukunft der Siedlungsabfallentsorgung* (Ziel 2020) – diskutiert. Neben der Beendigung der oberirdischen Deponierung von Siedlungsabfällen und der vollständigen sowie hochwertigen Verwertung dieser Abfälle gehören die Aufbereitung von Reststoffen, die einer hochwertigen Verwertung nicht mehr zugänglich sind, und die Reduzierung von relevanten Treibhausgasen zu den wesentlichen Aspekte dieser Strategie.

Die Abfallverzeichnisverordnung gehört u. a. zu den *Regelungen für Abfallerzeuger und Entsorger*. Die Länderarbeitsgemeinschaft Abfall (LAGA) hat bereits am 1. November 1979 einen Katalog über die verschiedenen Abfallarten erstellt und in den Folgejahren fortgeschrieben. Das System dieses Katalogs basierte auf den Abfalleigenschaften, wie z. B. Zusammensetzung, Herkunft und Aggregatzustand, denen Abfallschlüsselnummern zugeordnet wurden. Mit diesem System wurden über 500 verschiedene Abfallarten erfasst. Der LAGA-Katalog wurde durch die Verordnung zur Einführung des *Europäischen Abfallkataloges* (EAK) vom 13. September 1996, die in Deutschland am 1. Januar 1999 in Kraft trat, ersetzt. Der EAK bildete die Basis für die einheitliche Bezeichnung von Abfällen in der EU und die grundlegende Systematik für das Gemeinschaftsprogramm zur Abfallstatistik. Das System dieses Katalogs bezog sich auf die Herkunft sowie die Inhaltsstoffe der Abfälle und ist in 20 Kapitel, davon zwölf branchen- bzw. prozessspezifische und acht herkunfts- bzw. abfallartenspezifische Kapitel, mit insgesamt 645 Abfallarten aufgeteilt. Nach mehreren Revisionen auf europäischer Ebene wurde der EAK zum 1. Januar 2002 durch das neue *Europäische Abfallverzeichnis* mit der Abfallverzeichnis-Verordnung (AVV) vom 10. Dezember 2001 ersetzt. Das Europäische Abfallverzeichnis orientiert sich an der Systematik des EAK. Es unterteilt die Abfälle nach Herkunft sowie Inhaltsstoffen und gliedert sie in zwölf branchen- bzw. prozessspezifische und acht herkunfts- bzw. abfallartenspezifische Kapitelüberschriften. Darüber hinaus wurden gefährliche Abfälle mit Bezug auf das EU-Gefahrstoffrecht integriert. Damit erfolgt eine Zuordnung der Abfälle in 111 Gruppen bzw. 839 Abfallschlüssel, von denen 405 gefährlich sind.

Das deutsche Abfallrecht enthält mehrere Rechtsnormen für bestimmte *Abfallarten und Produktgruppen*. Zentrales Ziel der Verordnung über Anforderungen an die Verwertung und Beseitigung von *Altholz* – Altholzverordnung (AltholzV) vom 15. August 2002 ist die Festlegung der Anforderungen an die schadlose Verwertung und die umweltverträgliche Beseitigung von Altholz. Als Abfall anfallendes Altholz wird in Abhängigkeit von der Belastung mit Schadstoffen in vier Altholzkategorien eingeteilt, die wiederum verschiedenen Verwertungswegen zugeordnet werden. Eine Altholzverordnung auf europäischer Ebene gibt es bisher nicht.

Durch das erste Altölgesetz – das Gesetz über Maßnahmen zur Sicherung der Altölbeseitigung vom 23. Dezember 1968 – sollte sichergestellt werden, dass Einsatz und Entsorgung des Öls reibungslos vonstatten gingen. Es trat am 1. Januar 1969 in Kraft, wurde am 11. Dezember 1979 novelliert und durch § 30 des Abfallgesetzes zum 31. Dezember 1989 aufgehoben. Die am 27. Oktober 1987 erlassene Altölverordnung regelt die Rücknahme und die Verwertung von *Altöl*. Mit der Änderungsverordnung vom 16. April 2002 hat die Aufbereitung von Altöl (die definierte Grenzwerte einhalten) den Vorrang vor sonstigen Entsorgungsverfahren. Des Weiteren darf Altöl nicht mit anderen Abfällen vermischt werden. Zusätzlich regelt die AltölV die Entnahme und Untersuchung von Altölproben sowie die abfallrechtliche Nachweisführung. Sie trat am 1. Mai 2002 in Kraft.

Regelungen für *Gefahrstoffe* gab es mit der Verordnung zum Schutz vor Gefahrstoffen – Gefahrstoffverordnung (GefStoffV) vom 15. November 1999. Die novellierte Fassung vom 23. Dezember 2004 legt als untergesetzliches Regelwerk des Chemikaliengesetzes u. a. die Voraussetzungen für das Inverkehrbringen gefährlicher Stoffe und Zubereitungen fest.

Die Verordnung über die Verwertung von Bioabfällen auf landwirtschaftlich, forstwirtschaftlich und gärtnerisch genutzten Böden – Bioabfallverordnung (BioAbfV) vom 21. September 1998 trat am 1. Oktober 1998 in Kraft. Die Verordnung gilt für unbehandelte und behandelte *Bioabfälle* bzw. Gemische, die zur Düngung oder Bodenverbesserung auf landwirtschaftlichen Flächen aufgebracht werden. Sie legt Schwermetallhöchstwerte für Kompost und andere Bioabfälle fest.

Die Verordnung über die Erzeugung von Strom aus *Biomasse* – Biomasseverordnung (BiomasseV) vom 21. Juni 2001 trat am 28. Juni 2001 in Kraft. Sie regelt, welche Stoffe als Biomasse gelten, welche technischen Verfahren zur Stromerzeugung aus Biomasse in den Anwendungsbereich des Gesetzes fallen und welche Umweltanforderungen bei der Erzeugung von Strom aus Biomasse einzuhalten sind.

Am 1. April 1998 trat die erste Verordnung über die Entsorgung von *Altautos* und die Anpassung straßenverkehrsrechtlicher Vorschriften – Altauto-Verordnung (AltautoV) vom 4. Juli 1997 in Kraft. Sie wurde von dem Gesetz über die Entsorgung von Altfahrzeugen – Altfahrzeug-Gesetz (AltfahrzeugG) vom 21. Juni 2002 und der Verordnung über die Überlassung, Rücknahme und umweltverträgliche Entsorgung von Altfahrzeugen – Altfahrzeug-Verordnung (AltfahrzeugV) vom 21. Juni 2002 abgelöst. Das Altfahrzeug-Gesetz fasst alle erforderlichen Änderungen für die Umsetzung entsprechender Rechtsakte der EU u. a. hinsichtlich der kostenlosen Rücknahme und der Einhaltung festgelegter Recyclingquoten für Altfahrzeuge zusammen. Die novellierte Altauto-Verordnung beinhaltet u. a., dass *Altfahrzeuge* nur in bestimmten, umweltgerecht arbeitenden Demontagebetrieben angenommen bzw. entsorgt werden dürfen. Die novellierte Altfahrzeug-Verordnung wurde am 9. Februar 2006 durch die erste Verordnung zur Änderung der Altfahrzeug-Verordnung modifiziert.

Die Verordnung über die Rücknahme und Entsorgung gebrauchter *Batterien und Akkumulatoren* – Batterieverordnung vom 2. Juli 2001 novelliert die erste Batterieverordnung vom 27. März 1998. Sie verfolgt das Ziel, Schadstoffe, u. a. Batterien, in Abfällen zu verringern. Die Verordnung definiert u. a. Batterien, im speziellen schadstoffhaltige Batterien, und legt die Pflichten von Herstellern, Vertreibern und Endverbrauchern fest. Durch sie wird der Produktverantwortung der Hersteller umfassend Geltung verschafft.

Das Gesetz über das Inverkehrbringen, die Rücknahme und die umweltverträgliche Entsorgung von *Elektro- und Elektronikgeräten* – Elektro- und Elektronikgerätegesetz (ElektroG) vom 16. März 2005 trat am 13. August 2005 in Kraft. Die operative Rücknahme von gebrauchten Elektro- und Elektronikgeräten durch die Inverkehrbringer erfolgt seit dem 24. März 2006. Das ElektroG ist die deutsche Umsetzung der EU-Richtlinien 2002/96/EG (WEEE) und 2002/95/EG (ROHS). Bereits in den Jahren 1991 und 1998 wurden erste Referentenentwürfe hierzu von der Bundesregierung veröffentlicht. Dieses Gesetz schreibt vor, dass jeder, der in Deutschland Elektro- und Elektronikgeräte erstmalig in den Markt bringt, sich bei der Stiftung Elektro-Altgeräte-Register (EAR) in Fürth registrieren lassen muss. Anhand der jährlich in den Markt gebrachten Menge an Geräten (nach Gewicht) bestimmt die Stiftung EAR den Anteil eines registrierten Unternehmens an der jährlich zu entsorgenden Menge an Altgeräten und weist diesem Unternehmen entsprechend viele Abholungen an Übergabestellen der öffentlich-rechtlichen Entsorgungsträger zu, die diese Geräte von den Haushalten gesammelt haben. Das ElektroG differenziert in fünf Sammelgruppen, ein Hersteller bekommt Abholaufträge nur für Sammelgruppen, die er auch selbst produziert. Bei der anschließenden Behandlung und Verwertung sind Quotenvorgaben für die stoffliche und energetische Verwertung einzuhalten.

Die erste Verordnung über die Vermeidung von Verpackungsabfällen – Verpackungsverordnung (VerpackV) vom 12. Juni 1991 schreibt die Verwendung umweltverträglicher sowie die stoffliche Verwertung nicht belasteter Materialien vor. Sie legt u. a. Rücknahmepflichten für Transport-, Um- und Verkaufsverpackungen fest. Ihre Umsetzung erfolgte mit der Einführung des Dualen Systems Deutschland (DSD). Mit der Novelle der Verpackungsverordnung vom 21. August 1998 wurden die Anforderungen an die Vermeidung und Verwertung von *Verpackungen* unter Berücksichtigung der gewonnenen Erfahrungen praxisgerechter gestaltet und die deutschen Regelungen an die Richtlinie 94/62/EG über Verpackungen und Verpackungsabfälle vom 20. Dezember 1994 angepasst. Die erste Verordnung zur Änderung der Verpackungsverordnung vom 28. August 2000 legte fest, dass die Schwermetallgrenzen nicht für Kunststoffkästen und -paletten gelten, die bestimmte Bedingungen erfüllen. Die zweite Verordnung zur Änderung der Verpackungsverordnung vom 1. Januar 2003 regelte die Pfandpflicht für bestimmte Einweggetränkeverpackungen. Sie dient der Stabilisierung des Mehrweganteils bei Getränkeverpackungen. Die dritte Verordnung zur Änderung der Verpackungsverordnung vom 24. Mai 2005 vereinfachte die Pfandbestimmungen. Sie trat am 28. Mai 2005 in Kraft. Am 7. Januar 2006 ist die vierte Änderungsverordnung zur Verpackungsverordnung in Kraft getreten. Durch die Änderungsverordnung werden die Begriffsbestimmungen für Verpackungen ergänzt und neue Zielvorgaben für die Verwertung der einzelnen Verpackungsmaterialien festgelegt. Da Deutschland bereits gegenwärtig bei sämtlichen Materialarten die für Ende 2008 verlangten Quoten erfüllt, haben die Vorgaben keine Auswirkungen auf die Praxis.

Für die Behandlung von Abfällen sowie die Abfallbehandlungsanlagen wurden u. a. die nachfolgenden Rechtsnormen erlassen. Die *Technische Anleitung Abfall* (TA Abfall) vom 12. März 1991 regelt die Anforderungen an die Entsorgung von besonders überwachungsbedürftigen Abfällen nach dem Stand der Technik. Teil 1 der TA Abfall beinhaltet Anforderungen an die Lagerung, die chemisch-physikalische und biologische Behandlung sowie die Verbrennung von besonders überwachungsbedürftigen Abfällen. Teil 2 ergänzt die Verordnung um die Anforderungen an die ober- und untertägige Ablagerung von Sonderabfällen.

Die *Technische Anleitung Siedlungsabfall* (TASi) vom 14. Mai 1993 enthält Anforderungen an die Verwertung, Behandlung und sonstige Entsorgung von Siedlungsabfällen. Sie gibt die bauliche Ausführung für Siedlungsabfalldeponien sowie die Überwachung durch Betreiber und Behörden vor. Ferner enthält sie Zuordnungskriterien für die abzulagernden Abfälle einschließlich der Analysemethoden. Teil II der TA Siedlungsabfall enthält Vorgaben zur Entsorgung von Klärschlamm.

Die Verordnung über die umweltverträgliche Ablagerung von Siedlungsabfällen – Abfallablagerungsverordnung (AbfAblV) vom 20. Februar 2001 regelt die Ablagerung von Abfällen, auch mechanisch-biologisch vorbehandelter Abfälle, auf *Deponien* der Klassen I und II sowie die Zuordnungswerte für den Deponie-Input. Sie dient u. a. als Rechtsnorm für die in der TASi enthaltenen Anforderungen an Deponien. Mit der Verordnung wird die Deponierung von unbehandelten Abfällen aus Haushalten und aus dem Gewerbe ab dem 1. Juni 2005 verboten. Die Verordnung über Deponien und *Langzeitlager* – Deponieverordnung (DepV) vom 24. Juli 2002 trat am 1. August 2002 in Kraft. Sie regelt organisatorische, betriebliche, standortbezogene sowie technische Aspekte der Ablagerung von Inertabfällen und besonders überwachungsbedürftigen (gefährlichen) Abfällen nach dem Stand der Technik. Die Verordnung über die Verwertung von Abfällen auf Deponien über Tage – Deponieverwertungsverordnung (DepVerwV) vom 25. Juli 2005 trat am 1. September 2005 in Kraft. Sie regelt den Einsatz von Abfällen zur Herstellung von Deponieersatzbaustoffen sowie die Verwertung von Abfällen, die auf oberirdischen Deponien und Altdeponien als Deponieersatzbaustoff eingesetzt werden.

Der Transport von Abfällen zwischen verschiedenen Staaten wird als *grenzüberschreitende Abfallverbringung* bezeichnet. Das Basler Übereinkommen vom 22. März 1989 über die Kontrolle der grenzüberschreitenden Verbringung gefährlicher Abfälle und ihrer Entsorgung trat 1992 auch in Deutschland in Kraft. Das Übereinkommen strebt ein weltweites, umweltgerechtes Abfallmanagement und die Kontrolle grenzüberschreitender Transporte gefährlicher Abfälle an. Das Gesetz über die Überwachung und Kontrolle der grenzüberschreitenden Verbringung von Abfällen – Abfallverbringungsgesetz (AbfVerBrG) vom 30. September 1994 enthält ergänzende Bestimmungen für Deutschland zum Basler Übereinkommen. Es regelt die Verbringung von Abfällen in den, aus dem oder durch den Geltungsbereich (grenzüberschreitende Verbringung).

Unter dem *Immissionsschutz* werden Maßnahmen zur Verhinderung schädlicher Immissionen verstanden. Durch das Gesetz zur Änderung der Gewerbeverordnung und Ergänzung des Bürgerlichen Gesetzbuches wurde das Immissionsschutzrecht zu Begin der 1960er Jahre ein eigenständiges Teilgebiet des Verwaltungsrechts. Da dem Bund für eine einheitliche Regelung die Gesetzgebungskompetenz fehlte, erließen vereinzelt die Länder für den häuslichen und kleingewerblichen Bereich eigene Immissionsschutzgesetze. So verabschiedete das Land Nordrhein-Westfalen bereits am 30. April 1962 als Vorreiter das Immissionsschutzgesetz des Landes NRW (LimschG). Dieses Gesetz wurde bis heute durch zahlreiche Verordnung ergänzt.

Am 21. März 1974 wurde das erste Gesetz zum Schutz vor schädlichen Umwelteinwirkungen durch Luftverunreinigungen, Geräusche, Erschütterungen und ähnliche Vorgänge – *Bundes-Immissionsschutzgesetz* (BImSchG) veröffentlicht. Am 1. April 1974 trat es in Kraft. Seitdem wurde es mehrfach grundlegend geändert und daher am 26. September 2002 neu bekannt gemacht. Dieses Gesetz dient der integrierten Vermeidung und Verminderung schädlicher Umwelteinwirkungen durch Emissionen in Luft, Wasser und Boden unter Einbeziehung der Abfallwirtschaft. Neben den Begriffsbestimmungen u. a. für Emissionen, Immissionen, Anlagen etc. beinhaltet das Gesetz die Pflichten von Betreibern genehmigungsbedürftiger Anlagen sowie nicht genehmigungsbedürftiger Anlagen. Das Gesetz wird durch zahlreiche Verordnungen (VO) und Verwaltungsvorschriften konkretisiert. Für die Kreislaufwirtschaft sind von den mehr als 30 Durchführungsverordnungen folgende von besonderer Bedeutung:

- 1. VO zur Durchführung des Bundes-Immissionsschutzgesetzes über kleine und mittlere Feuerungsanlagen (1. BImSchV) vom 14. März 1997,
- 4. VO zur Durchführung des Bundes-Immissionsschutzgesetzes über genehmigungsbedürftige Anlagen (4. BImSchV) vom 14. März 1997, die die Verordnung vom 24. Juli 1985 ersetzt,
- 5. VO zur Durchführung des Bundes-Immissionsschutzgesetzes über Immissionsschutz- und Störfallbeauftragte (5. BImSchV) vom 30. Juli 1993,
- 9. VO zur Durchführung des Bundes-Immissionsschutzgesetzes über das Genehmigungsverfahren (9. BImSchV) vom 29. Mai 1992,
- 11. VO zur Durchführung des Bundes-Immissionsschutzgesetzes über Emissionserklärungen und Emissionsberichte (11. BImSchV) vom 29. April 2004,
- 17. VO zur Durchführung des Bundes-Immissionsschutzgesetzes über die Verbrennung und die Mitverbrennung von Abfällen (17. BImSchV) vom 14. August 2003, die die Verordnung vom 23. November 1990 ersetzt,
- 30. VO zur Durchführung des Bundes-Immissionsschutzgesetzes über Anlagen zur biologischen Behandlung von Abfällen (30. BImSchV) vom 20. Februar 2001.

Sofern in den Durchführungsverordnungen keine Grenzwerte für Emissionen bzw. Immissionen festgelegt sind, gilt die Technische Anleitung zur Reinhaltung der Luft, eine Allgemeine Verwaltungsvorschrift auf der Grundlage des Bundes-Immissionsschutzgesetzes (*TA Luft*). Sie wurde erstmals im Jahr 28. August 1974 erlassen und am 23. Februar 1983, 27. Februar 1986 und 24. Juli 2002 novelliert. Sie ist ein an die Vollzugsbehörden gerichtetes Regelwerk zum Umweltschutz. Die TA Luft richtet sich hauptsächlich an die Betreiber genehmigungsbedürftiger Anlagen, enthält Grenzwerte für Emission bzw. Immission von Schadstoffen und schreibt die entsprechenden Messverfahren und Berechnungsverfahren vor.

Darüber hinaus gibt es in Deutschland *freiwillige Selbstverpflichtungen* der Industrie für bestimmte Abfallgruppen, die im eigentlichen Sinne keine Rechtsnormen darstellen. Eine „freiwillige Selbstverpflichtung" ist eine einseitig abgegebene Erklärung von Unternehmen oder Wirtschaftsverbänden mit dem Ziel, bestimmte umweltpolitische Ziele in einer bestimmten Frist durch eigenverantwortliches Handeln zu verwirklichen. Der Staat nimmt i. d. R. diese freiwilligen Selbstverpflichtungen informell entgegen ohne damit eine Verpflichtung einzugehen und verzichtete ggf. auf den Erlass von Rechtsnormen [BMU06]. Im Bereich der Kreislauf- und Abfallwirtschaft gab es bisher freiwillige Selbstverpflichtung zur Altglasverwertung, Batterierücknahme, Rücknahme und Verwertung gebrauchter graphischer Papiere, zur Optimierung von PVC-Abfällen, für IT-Geräte, zur Verwertung von Altölen, zur umweltgerechten Altautoverwertung (Pkw) und zur umweltgerechten Verwertung von Bauabfällen.

Allein durch ordnungsrechtliche Maßnahmen ist der Staat ist nicht in der Lage den erforderlichen Umweltschutz, der weit über die Gefahrenabwehr hinausgeht, durchzusetzen. Deshalb müssen in einer demokratischen Marktwirtschaft systemeigene Anregungen – *ökonomische Instrumente* – geschaffen werden. Dazu gehören kostenwirksame Anreize – monetäre Instrumente – in Richtung Umweltqualitätserhöhung. Nichtmonetäre ökonomische Instrumente sind z. B. Kennzeichnungspflichten, Rücknahmeverpflichtungen oder Informations- und Beratungspflichten. Zu den monetären ökonomischen Instrumenten gehören vor allem Subventionen und Abgaben. Bei den angespannten öffentlichen Haushalten können Subventionen nur auf der Basis von Abgaben gezahlt werden. Darüber hinaus sollen Abgaben im Umweltbereich Lenkungswirkung haben und keine Finanzierungsinstrumente darstellen. Folgende Umweltabgaben wurden u. a. bisher eingeführt: die Abwasserabgabe, die Energiesteuer[1] und das Wasserentnahmeentgelt. Daneben wurde mit dem Emissionsrechtehandel[2] ein Marktmechanismus geschaffen, der die im Kyoto-Protokoll festgelegte Reduktion von Treibhausgasen effizienter gestaltet. Das europäische Emissionshandelssystem trat mit Beginn des Jahres 2005 in Kraft. Die EU-Staaten legten dafür Emissionsobergrenzen für alle Unternehmen schadstoffintensiver Industrien fest und vergaben Zertifikate, die am Ende jeder Handelsperiode verrechnet wurden. Neben den Abgaben, die auch als fiskalische Steuerungselemente gelten, gibt es auch nichtfiskalische ökonomische Steuerungselemente, z. B. festgelegte Ausgleichsmaßnahmen. Diese sehen für Zusatzbelastungen Verbesserungen in anderen Bereichen vor, u. a. im Natur- und Artenschutz.

B 7.2 Prozesse der Entsorgung und Kreislaufwirtschaft

In der Kreislauf- und Abfallwirtschaft beinhaltet die Logistik vorrangig Logistikleistungen zur Erfassung von Wertstoffen bzw. Abfällen am Ort ihres Anfalls, zur Bereitstellung dieser Wertstoffe bzw. Abfälle an den annehmenden Anlagen sowie zum Weitertransport der aus diesen Anlagen austretenden Fraktionen zur Verwertung bzw. Beseitigung. Erfassung, Bereitstellung und Weitertransport müssen folglich im Zusammenhang mit der Verkehrs- und Anlageninfrastruktur betrachtet werden. Entsorgungslogistische Prozesse dienen dazu, Abfällen am Ort ihres Anfalls mit den Senken, d. h. Orte zur Verwertung oder Beseitigung, sowie dazwischen liegende, örtlich gebundene Teilprozesse miteinander zu verbinden.

Die Entsorgungslogistik umfasst dabei ein breites Spektrum an logistischen Dienstleistungen, deren Einzelprozesse von einer Vielzahl von Einflussfaktoren abhängen. Um ein qualitäts- und kostenoptimales Ergebnis zu liefern, müssen diese Einflussfaktoren berücksichtigt und die Prozesse auf den jeweiligen Abfallstrom sowie die Kundenwünsche abgestimmt werden. In der Entsorgungslogistik gehören die Planung, die Steuerung und die Durchführung von der Sammlung, dem Transport, dem Umschlag, der Lagerung von Abfällen und die Aufbereitung sowie Behandlung aller in der kompletten Wertschöpfungskette anfallenden Abfällen zu den wesentlichen Prozessen. Der Begriff „Behandlung" schließt hier alle Vorgänge zur Verwendung, Verwertung, Aufbereitung bzw. Beseitigung von Abfällen ein.

B 7.2.1 Sammlung

Über die Sammlung gelangen die Abfälle in die Entsorgungswirtschaft. Wesentlicher Gegenstand der Sammlung ist die Erfassung des Sammelgutes an definierten Übergabeorten [Han95]. Diese sind die Haushalte (z. B. bei der Restmüllsammlung), Standorte von Depotcontainern (z. B. Altglassammlung) aber auch Recyclinghöfe, bei denen Privatleute die in den Haushalten angefallenen verwertbaren Abfälle (u. a. Glas, Papier, Pappe, Metalle, Kunststoffe, Sperrmüll, Problemabfälle) abgeben können.

Die Sammlung im engeren Sinn umfasst die Prozesse von der Befüllung des Sammelbehälters bis hin zur Beladung des Sammelfahrzeugs [Bil90]. Im weitesten Sinn werden zudem die Transporte zu dem Sammelgebiet, zwischen den einzelnen Übergabeorten sowie aus dem Sammelgebiet heraus mit einbezogen. Bei der Gestaltung von Sammelprozessen sind folgende Kriterien zu berücksichtigen:
– Abfallarten und Anfallorte,
– Abfallbereitstellung,
– Sammelverfahren,
– Fahrzeugvarianten für entsprechende Behältersysteme,
– Personal.

B 7.2.1.1 Abfallarten und Anfallorte

Abfälle zur Entsorgung werden grob in Produktions- und Siedlungsabfälle unterteilt, letztere wiederum in Haushaltsabfälle und gewerbliche Abfälle (TA Siedlungsabfall). Produktionsabfälle fallen häufig in Mengen an, die keine Sammlung erforderlich machen. Vielmehr ist ein direkter

---

[1] Die Energiesteuer umfasst alle fiskalischen Sonderbelastungen auf Energieerzeugung und -verbrauch durch Steuern und steuerähnliche Abgaben (Erdölsonder-, Erdölbevorratungs-, Förder- und Konzessionsabgabe, Mineralöl- und Stromsteuer). Während früher bei den Energiesteuern die Mittelbeschaffung fokussiert wurde, sollte durch die Einführung der Stromsteuer und der deutlichen Anhebung der Mineralölsteuer im Rahmen der 1999 begonnenen „ökologischen Steuerreform" das knappe Gut Energie verteuert werden, um Anreize zu schaffen, den Energieverbrauch zu reduzieren. Darüber hinaus dient ein Teil der Einnahmen aus den Energiesteuern zur Stabilisierung der gesetzlichen Rentenversicherungsbeiträge.

[2] Den teilnehmenden Unternehmen wird erlaubt, die ihnen zugewiesene Emissionsmenge – sie wird in der Regel durch Emissionszertifikate festgelegt – entweder selbst zu verbrauchen oder mit Teilen davon zu handeln. Ein Unternehmen, das seinen Anteil nicht voll ausnutzt, dementsprechend weniger Schadstoffe ausstößt als es eigentlich dürfte, kann das überschüssige Emissionsguthaben an ein anderes Unternehmen verkaufen. Die Lizenzen werden dem Käufer als eigene Emissionsreduktionen gutgeschrieben.

Transport vom Unternehmen zur ausgewählten Behandlungs- oder Beseitigungsanlage möglich, sofern die Produktionsabfälle nicht direkt in den Produktionsprozess zurückgeführt werden. Dieser Prozess wird als Punktentsorgung bezeichnet. Die Siedlungsabfälle hingegen fallen überwiegend in kleinen Mengen an, dass ein wirtschaftlicher Abtransport nur über die Sammlung und den gemeinsamen Transport erzielt werden kann. Dieser Prozess wird Flächenentsorgung genannt. Die Erfassung der Gewerbeabfälle unterscheidet sich von der der Haushaltsabfälle durch eine geringere Anzahl an Übergabeorten.

B 7.2.1.2 Abfallbereitstellung

Ein charakteristisches Merkmal aller Sammelsysteme ist der Grad der Vorsortierung. Dieser ist von der Art der Materialbereitstellung abhängig und variiert bei Einstoff-, Einzelstoff-, Mehrstoff- und Mischstoffsammlungen. Die Einstoffsammlung kennzeichnet die Erfassung eines einzigen Stoffes, z. B. Altpapier. Die Einzelstoffsammlungen dienen der Erfassung mehrerer getrennt bereitgestellter Stoffe. Hierzu gehört u. a. die Erfassung der Altglasfraktionen Weiß-, Grün-, Braunglas über Depotcontainer. Im Rahmen der Mehrstoffsammlung werden mehrere Wertstoffe in einem Behälter erfasst und anschließend sortiert. Hierunter fallen z. B. die Wertstoffe aus der Sacksammlung des „Grünen Punktes". Bei der Mischstoffsammlung erfolgt i. d. R. keine Sortierung der gemischten Rückstände. Hierzu gehören u. a. die Restabfälle aus der Hausmüllsammlung.

B 7.2.1.3 Sammelverfahren

Die Sammelverfahren werden in Bring- und Holsysteme gegliedert. Mit Bezug auf die eingesetzten Behältersysteme wird weiterhin zwischen der systemlosen und systematischen Sammlung unterschieden [Sch91]. Während bei den *Bringsystemen* der Abfallerzeuger selbst für den Transport des Abfalls zu einer Sammelstelle sorgt, wird beim *Holsystem* der Abfall direkt an der Anfallstelle abgeholt. Bringsysteme kommen insbesondere dann zum Einsatz, wenn der erforderliche Transportweg kurz, die Zahl der Anfallorte groß und die anfallende Abfallmenge gering ist. Da der Aufwand dem Abfallerzeuger zufällt, sind die Rücklaufquoten dieser Systeme vergleichsweise niedrig. Beispiele hierfür sind u. a. die Sammlung von Altbatterien im Einzelhandel sowie die Sammlung von Abfällen bzw. Reststoffen auf Recyclinghöfen.

In Holsystemen fährt ein Sammelfahrzeug in einem regelmäßigen Turnus nacheinander die Standorte der Abfallerzeuger an und nimmt dort die Abfälle auf. Durch die Sammeltouren reduziert sich der Transportaufwand gegenüber dem Bringsystem durch Vermeidung von Leerfahrten, allerdings steht diesem Vorteil ein hoher Planungsaufwand entgegen. Mit diesen Systemen sind allgemein hohe Rücklaufquoten realisierbar, da dem Abfallerzeuger der Transportaufwand abgenommen wird. Beispiele hierfür sind die Sammlung von Leichtverpackungen durch die Duales System Deutschland GmbH[3] und die haushaltsnahe Erfassung von Altpapier.

Eine Kombination aus Bring- und Holsystem stellt die Erfassung von Abfällen in Depotcontainern dar. Die Anlieferung der Abfälle am Depotcontainerstandort erfolgt durch den Abfallerzeuger im Bringsystem, während die Abfuhr im Holsystem durchgeführt wird. Dieses System wird überwiegend für die Erfassung von Altglas, Altpapier und Altkleidern eingesetzt.

Zur Vereinfachung der Erfassung von Abfällen wird die gemeinsame Erfassung verschiedener Abfallfraktionen diskutiert und in verschiedenen Untersuchungen getestet. 2005 wurden in der Versuchsanlage von RWE in Essen 1.700 Mg Restmüll und Verpackungsmüll erst zusammengemischt und dann mit Hilfe leistungsfähiger Sortieranlagen wieder getrennt. Die Trennung erfolgte mit guten Resultaten und erfüllte die Vorgaben der Verpackungsverordnung [Euw05]. Weitere Versuche zur gemeinsamen Erfassung von verschiedenen Stoffgruppen – vor allem von Restabfall und Leichtverpackungen in der Zebratonne, „Gelb in Grau", „Grau in Gelb" (GiG) bzw. „Gelbe Tonne Plus" – folgten u. a. in Leipzig. Seither wird die Einführung einer sog. Zebratonne kontrovers diskutiert.

Die Sammelverfahren werden darüber hinaus nach der Art der eingesetzten Behälter unterschieden. Bei der systemlosen Sammlung werden die Abfälle behälterlos bzw. unter Verwendung uneinheitlicher Behälter bereitgestellt. Diese Behälter sind häufig unhandlich und aufgrund der Vielfalt der Sammelobjekte nicht auf diese abgestimmt.

---

[3] Leichtverpackungen (LVP) werden seit Inkrafttreten der Verpackungsverordnung 1993 durch die Duales System Deutschland GmbH (DSD), inzwischen darüber hinaus durch die ISD Interseroh Dienstleistungs GmbH, die Landbell AG und die EKO-PUNKT GmbH systematisch erfasst. Letztere besitzt jedoch noch keine Zulassung für Nordrhein-Westfalen. Im Aufbau befinden sich derzeit folgende Systeme: Duale System Zentek GmbH & Co. KG, das System „Vfw 6.3" von der Kölner Vfw AG und das System Redual der Reclay GmbH. Diese Unternehmen konkurrieren um ein Lizenzvolumen von knapp 1,5 Mrd. € bei Herstellern und Vertreibern von Verkaufsverpackungen. Hinzukommen soll noch das von der BellandVision GmbH angekündigte System BellandDual. Auch kleinere Unternehmen, die bislang ebenfalls ausschließlich Selbstentsorgerlösungen für Verkaufsverpackungen anbieten, haben den Aufbau eigener dualer Systeme im Visier. Dazu gehören die Firmen Pharma Recycling Deutschland und Verlo.

Beispiele hierfür sind die weit verbreitete Sperrmüllabfuhr [Bil00] und die Sammlung von diversen Abfällen in Gewerbebetrieben, die in Kartons, Leimfässer sowie selbstgebauten Behältnissen (u. a. Boxen, Kisten) bereit gestellt werden.

Bei der systematischen Sammlung hingegen werden einheitliche Umleer-, Wechsel- oder Einwegbehälter eingesetzt. Umleerbehälter werden überwiegend bei der Abfuhr von Hausmüll und hausmüllähnlichem Gewerbeabfall eingesetzt. Sie werden vom Standplatz zum Sammelfahrzeug gebracht, dort entleert und wieder zurückgestellt. Der Transport der Behälter erfolgt in Abhängigkeit vom System vom Benutzer oder vom Personal des Entsorgungsdienstleisters.

B 7.2.1.4 Behältersysteme

Mittlerweile gibt es eine Vielzahl von Umleerbehältern auf dem Markt. Die Systemmülleimer (SME) mit einem Fassungsvolumen von 35 und 50 l stellen die kleinste Einheit dar. Die Mülleimer bestehen aus feuerverzinktem Stahlblech oder Kunststoff, werden allerdings nur noch selten eingesetzt, da sie ein geringes Volumen haben und an den Straßenrand getragen oder mit Hilfe von Transportkarren dorthin befördert werden müssen. Die Systemmülltonnen (SMT) mit einem Fassungsvolumen von 70 und 100 l stellen die nächst größere Einheit dar. Die Mülltonnen werden nur aus Kunststoff hergestellt [SUL07]. Die Müllgroßbehälter (MGB) werden sowohl zur Hausmüllsammlung als auch zur getrennten Sammlung von Wertstoffen eingesetzt. Die MGB gibt es – je nach Einsatzbereich – in unterschiedlichen Ausführungen. Im Ruhrgebiet werden blaue, braune, gelbe und schwarze MGB genutzt. Die braunen MGB werden meistens für Bioabfall verwendet. In den gelben MGB hingegen werden Leichtverpackungen mit dem „Grünen Punkt" gesammelt. Die schwarze (bzw. graue) Tonne wird überwiegend für den Restabfall, die blaue und die gelbe mit blauem Deckel überwiegend für Papierabfall eingesetzt. Die bekanntesten Exemplare sind die Kunststoff-Müllgroßbehälter mit zwei gummibereiften Rädern und einem Fassungsvolumen von 60, 80, 120, 240 oder 360 l. Seit 2005 gibt es die Multifunktionsbehälter (MFB), die für den Front-, Heck- und Seitenladereinsatz geeignet sind. Neben den Standardausführungen gibt es vielfältige Sonderausführungen, z. B. ein Transponder zur automatisierten Identifizierung und eine Diamondschürze für die automatisierte Leerung.

Für den Einsatz in Großwohneinheiten, im Handel, in der Gastronomie etc. gibt es Behälter mit einem Fassungsvolumen von 660 und 1100 l aus verzinktem Stahlblech oder aus Kunststoff. Diese Behälter gibt es ebenfalls in verschiedenen Ausführungen, z. B. mit Rund- oder Flachdeckel, mit Tretbügel zum Öffnen des Deckels oder mit Zugdeichseln und Kupplungen, um einzelne Behälter in Zügen zusammenstellen zu können. Für noch größere Abfallmengen gibt es Müllsammelsysteme mit einem Fassungsvolumen von 2,5 und 4,5 m^3 aus feuerverzinktem Stahlblech. Diese werden insbesondere für Gewerbeabfälle, Wertstoffgemische, Leichtverpackungen, Pappe und Kartonagen eingesetzt.

Das Wechselverfahren ist bei der Sammlung von Abfällen hoher Dichte, z. B. Bodenaushub und Bauschutt, von Vorteil. Die Wechselbehälter werden vom Sammelfahrzeug gegen einen leeren Behälter ausgetauscht und mitgenommen [Bil00]. Ihre Entleerung erfolgt i. d. R. unregelmäßig auf Abruf, ihre Füllmenge liegt zwischen 1 und 40 m^3. Die Wechselcontainer werden in Mulden mit einem Rauminhalt bis zu 20 m^3, Müllgroßcontainer mit einem Rauminhalt von 10 bis 40 m^3 und Großbehälter mit eigenen Verdichtungseinrichtungen unterschieden. Letztere werden auch als Müllpresscontainer bezeichnet und erreichen – je nach Müllart – eine Verdichtung von 4:1 bis 8:1. Die Mulden und Müllgroßcontainer gibt es in offenen und geschlossenen Ausführungen. Sie werden über Hub-, Abroll-, Abgleit- und Absetzkippersysteme aufgeladen und abgesetzt [Bil00]. Während des Transportes werden die Inhalte offener Container mit Planen oder Netzen abgedeckt.

Im Deutschland werden Einwegbehälter nur in bestimmten Situationen eingesetzt, z. B. für die Entsorgung von Verpackungsabfällen im Holsystem, bei Übermengen oder für spezielle Abfälle, u. a. Krankenhausabfälle, eingesetzt. Im Ausland hingegen werden Einwegbehälter wesentlich häufiger eingesetzt. Die Einwegbehälter werden gemeinsam mit dem Abfall entsorgt. Als Sammelbehälter dienen den Müllsäcke aus Kunststoff und Papier mit einem Fassungsvolumen von 40 bis 110 l [Jan98]. Beispielsweise werden in einigen Regionen Deutschlands anstatt der gelben MGB auch gelbe Plastiksäcke verwendet. Abfälle aus Arztpraxen, Krankenhäusern und anderen medizinischen Einrichtungen werden aufgrund des Infektionsrisikos in stapelbare 30 und 60 l Kunststoffbehälter verpackt und verbrannt. Mittels einer speziellen Deckeldichtung wird der Behälter nach dem verschließen hermetisch abgedichtet und kann nur noch gewaltsam geöffnet werden.

B 7.2.1.5 Fahrzeugvarianten

Zur Sammlung von Abfällen stehen unterschiedliche Fahrzeugvarianten zur Verfügung. Die Auswahl der geeigneten Fahrzeugvariante ist abhängig von den zu entsorgenden Abfallfraktionen und -mengen, den eingesetzten Behältersystemen sowie der Struktur des Entsorgungsgebietes. Bei der systemlosen Sammlung werden die Abfälle behälterlos bzw. unter Verwendung uneinheitlicher Behälter bereitgestellt. Die Sammlung flüssiger Abfälle erfolgt dabei z. B. durch Saugfahrzeuge, die Sammlung fester Abfälle hingegen z. B durch Pritschen- und Kofferfahrzeuge [Wür98a und b].

Tabelle B 7.2-1 Fahrzeugtypen für die Abfallsammlung

Fahrzeugsystem	Erläuterung
Hecklader	„Traditionelle" Entleerungstechnik Ein bzw. zwei an der Rückseite des Fahrzeugs angebrachte Hubkippvorrichtungen je nach Behältergröße (manuell oder vollautomatisch betätigt) Neben dem Fahrer ist der Einsatz von Ladepersonal für die Bereitstellung, Entleerung und den Rücktransport der Behälter notwendig (kostenintensiv) Meist eingesetzt bei Standorten mit erhöhtem Behälteraufkommen, z. B. Innenstadtlage mit Vollservice
Frontlader	Das Sammelfahrzeug nimmt die Abfallsammelgefäße über ein Greifsystem in Front des Fahrerhauses auf Der Greifarm des Fahrzeuges wird über das Fahrerhaus hinweg bewegt – die Schüttung findet direkt hinter dem Fahrerhaus in eine Vorkammer statt Kein Ladepersonal notwendig, da der Fahrer die Ladung gut überblicken und den Lademechanismus mit Hilfe eines Joysticks übernehmen kann
Seitenlader	Die Abfallsammelgefäße werden seitlich angefahren, so dass sie von einem vom Fahrer gesteuerten Greifarm erreicht werden können (immer nur Behälter einer Straßenseite) Der Greifarm befindet sich hinter der Fahrerkabine auf der rechten Seite des (rechtsgesteuerten) Fahrzeugs – die Gefäße werden fixiert, an das Fahrzeug herangeführt und seitlich in den hinter dem Fahrerhaus angeordneten Schüttraum entleert Beim Ein-Mann-Betrieb ist die Anbringung eines speziellen Spiegels oder einer Kamera erforderlich, damit der Fahrer die Entleerung verfolgen kann Kommt häufig in städtischen Randgebieten oder ländlichen Regionen zum Einsatz Das System hat den Vorteil der vermehrten Sicherheit gegenüber Hecklader, da die Schüttung im Blickfeld des Fahrers liegt Es besteht keine Notwendigkeit für das Mitfahren von Ladepersonal auf Trittbrettern wie bei Hecklader (Gefahrenquelle)
Kombinierte Front- und Seitenlader	Der Greifarm ist in Front des Fahrerhauses angebracht – er wird zur Aufnahme der Gefäße seitlich ausgeschwenkt Die Ansteuerung der Abfallsammelgefäße erfolgt ähnlich wie beim Seitenlader ebenfalls seitlich, so dass sie vom ausgeschwenkten Greifarm erfasst werden können Der Greifarm wird nach dem Erfassen des Gefäßes an das Fahrzeug herangezogen und wieder in die Längsachse des Fahrzeugs eingeschwenkt Die Schüttung erfolgt wie beim Frontlader per Überkopfentleerung Gleiche Einsatzgebiete und Vorteile wie beim Seitenlader
Containerfahrzeuge	Je nach Behälterart und -größe werden verschiedene Fahrzeuge eingesetzt: • Absetzkipper (für Absetzmulden bis 20 m³) • Abrollkipper/Liftfahrzeuge mit Haken-, Seil oder Kettenliftsystemen (für Abrollcontainer bis 40 m³) • Lkw-Wechselbrückensysteme (Behälter mit klappbaren Stützen) • Sattelauflieger mit Kran (für Depotcontainer)
Saugfahrzeuge	Zur systemlosen Abfuhr flüssiger Abfälle und Kanalreinigung

Bei der systematischen Sammlung werden einheitliche Umleer-, Wechsel- oder Einwegbehälter eingesetzt. Umleerbehälter werden durch Heck-, Front- und Seitenlader sowie kombinierte Front- und Seitenlader, Wechselbehälter durch Abroll- und Absetzkipper abgefahren [Möl05; Wür98c, d und e]. Beim Frontlader nimmt das Sammelfahrzeug die Abfallsammelgefäße über ein Greifsystem in Front des Fahrerhauses auf, so dass die Ladung vom Fahrer gut überblickt werden kann und dieser den Lademechanismus mit Hilfe eines Joysticks bedienen kann. Der Greifarm des Fahrzeuges wird dann über das Fahrerhaus hinweg bewegt und die Schüttung findet anschließend direkt hinter dem Fahrerhaus in eine Vorkammer hinein statt [Hün01].

Beim kombinierten Front- und Seitenlader werden die Abfallsammelgefäße seitlich angefahren, so dass diese mit Hilfe eines Greifarms vom Fahrer erreicht werden können. Der Greifarm ist in Front des Fahrerhauses angebracht und wird nach dem Erfassen des Gefäßes an das Fahrzeug herangezogen. Die Schüttung erfolgt wie beim Frontlader per Überkopfentleerung.

Beim Seitenlader erfolgt die Aufnahme der Abfallgefäße ähnlich wie beim kombinierten Front-/Seitenlader. Die Schüttung erfolgt jedoch ebenfalls seitlich, direkt hinter dem Fahrerhaus. Dies erfordert beim Ein-Mann-Betrieb eine Anbringung eines speziellen Spiegels oder einer Kamera, damit der Fahrer die Entleerung verfolgen kann.

Der Hecklader ist die traditionelle Ausführung bei der Entleerungstechnik. Dabei werden die Müllbehälter am Heck des Fahrzeuges entleert, was bedeutet, dass für die Entleerung neben dem Fahrer noch weiteres Personal notwendig ist, um die Entfernungen zwischen den abgestellten Abfallgefäßen und dem Beladungsort zu überbrücken.

Neben den Behältersystemen ist die Bebauungsstruktur ein entscheidendes Kriterium für die Auswahl der Fahrzeugtypen. Während sich Front- und Hecklader besonders gut für den Innenstadteinsatz eignen, bieten sich Seitenlader und kombinierte Front- und Seitenlader für den Einsatz in weniger dicht besiedelten städtischen Randgebieten und ländlichen Regionen an. Seitenlader und kombinierte Front- und Seitenlader können jedoch nur Behälter einer Straßenseite entleeren. Gegenüber dem Hecklader ergibt sich für die anderen Systeme ein Vorteil in der Sicherheit, da die Schüttung bei ihnen im Blickfeld des Fahrers liegt. Außerdem besteht keine Notwendigkeit für das Mitfahren auf Trittbrettern, die bei Hecklader eingesetzt werden und sich meistens außerhalb des Blickfeldes des Fahrers befinden. Die Betriebsdatenauswertung des Verbands kommunale Abfallwirtschaft und Stadtreinigung im VKU zeigte, dass bei der Abfallsammlung überwiegend Hecklader eingesetzt werden. Der Anteil der Seitenlader betrug ca. 1% der Fahrzeugflotten der befragten VKS-Mitglieder [VKS05].

Depotcontainer zur Sammlung von Altpapier, -glas oder -kleidern werden meist mittels eines Kranes in Lkw-Sattelauflieger entleert, die die Abfälle dann zu den entsprechenden Verwertungs- bzw. Entsorgungsanlagen transportieren. Darüber hinaus werden für den Transport von Schüttgütern Walking-Floor-Fahrzeuge eingesetzt.

Daneben gibt es noch die Mehrkammer-Fahrzeuge, die zwei Fraktionen gleichzeitig sammeln können. Sie werden überwiegend in ländlichen Gebieten eingesetzt, da hier das Verhältnis von Streckenlänge zum Abfallaufkommen wesentlich höher ist als in städtischen Gebieten.

In Tabelle B 7.2-1 werden die unterschiedlichen Fahrzeugtypen für die Abfallsammlung aufgeführt.

B 7.2.1.6 Personal

Das erforderliche Personal ist abhängig von der Abfallbereitstellung, dem Sammelverfahren, dem Behältersystem und der Fahrzeugvariante. Während bei dem Bringsystem (seitens des Entsorgungsunternehmens) keine Person erforderlich ist, wird bei dem Holsystem mindestens eine Person, z. B. für das Transportieren und Absetzen eines Wechselcontainers, benötigt.

Je nach angebotenem Servicegrad schwankt dabei jedoch die Anzahl des eingesetzten Personals. Als Vollservice werden die Bereitstellung und der Rücktransport der Abfallbehälter durch einen Mitarbeiter des Entsorgungsdienstleisters bezeichnet. Diese Tätigkeiten übernimmt beim Teilservice der Kunde. Eine Kombination der beiden Servicearten besteht z. B. in der Bereitstellung der Behälter durch einen Mitarbeiter des Entsorgungsdienstleisters (Hervorholen der Behälter und Abstellen an der Straße) und den Rücktransport der Behälter auf das Grundstück durch den Kunden. Bei den Unternehmen des VKS erfolgt in rund der Hälfte der Fälle der Teilservice, während jeweils zu einem Viertel der Vollservice bzw. der kombinierte Service angewandt werden [VKS05]. Die Besetzung der Fahrzeuge mit Fahrern und Ladern schwankt z. B. bei der Restabfallsammlung zwischen 1:0 (wie beispielsweise beim Seitenladerfahrzeug) und 1:5 (z. B. bei gemischter Abfuhr von Klein- (<360 l) und Großbehältern (>550 l)). Das durchschnittliche Verhältnis von Fahrer zu Lader liegt beim Vollservice zwischen 1:2 und 1:3 sowie beim Teilservice bei 1:2. Die Wahl des Servicegrades und die Anzahl der eingesetzten Mitarbeiter haben direkten Einfluss auf die Arbeitsbelastung des Personals. Für die Restabfallsammlung im Vollservice führt ein Lader pro Tag ca. 100 bis 500 Schüttvorgänge durch, während er im Teilservice auf bis zu 1.100 Schüttvorgänge kommen kann [VKS05].

Die Anzahl der Schüttvorgänge im Vollservice sind aufgrund der Behältergestellung und der Behälterrücktransporte geringer.

Die Betriebsdatenauswertung des Verbands kommunale Abfallwirtschaft und Stadtreinigung im VKU zeigte, dass in rund dreiviertel aller Fälle das Personal in einer 5-Tagewoche [VKS05] eingesetzt wird. Mittlerweile haben sich auch Arbeitszeitmodelle, z. B. 4-in-5-Tagemodelle und 2-Schicht-Systeme durchgesetzt. Darüber hinaus wird zunehmend eine Flexibilisierung der Arbeitszeiten über Jahresarbeitszeitkonten vorgenommen.

Zur Planung von Sammelprozessen werden neben den bereits genannten Faktoren die Leerungsintervalle der Abfallbehälter berücksichtigt. Sie erstrecken sich von mehrmals wöchentlich über wöchentlich bis hin zu zwei- bzw. vierwöchentlicher Leerung. Die Länge der Intervalle hängt dabei von der Art des zu sammelnden Abfalls ab. Beispielsweise werden in Ballungsgebieten die Tonnen für Restabfall und der „Gelbe Sack" wöchentlich, die für Bioabfall wöchentlich bis 14-täglich und die für Papierabfall 14 täglich bis monatlich geleert. Ländliche Regionen verfügen über einen 14-täglichen Abfuhrrhythmus für die Biotonne und den „Gelben Sack". Die Restmüllabfuhr hingegen erfolgt in Abhängigkeit von der Behältergröße in einem zwei- oder vierwöchentlichen Leerungsintervall.

B 7.2.2 Transport

Das Fördern und das Transportieren stellen in der entsorgungslogistischen Kette Prozesse zur Verknüpfung unterschiedlicher Orte dar. Beide Prozesse sind demnach phänomenologisch gleichbedeutend, werden jedoch von der Begrifflichkeit unterschiedlich verwendet. Das Fördern kennzeichnet die Verbindung relativ nahe liegender Orte, z. B. unterschiedliche Betriebseinheiten innerhalb einer Behandlungs- oder Beseitigungsanlage. Das Transportieren hingegen erfolgt zwischen relativ weit voneinander getrennt liegenden Orten, z. B. Sammelreviere, Behandlungs- und Beseitigungsanlagen [Hol91].

Im Allgemeinen kennzeichnet der Begriff „Transportieren" das Verändern der Raumkoordinaten von Personen oder Gütern in makrologistischen Systemen mit manuellen oder technischen Mitteln [DIN89]. Insbesondere in der Entsorgungswirtschaft ist damit die außerbetriebliche Ortsveränderung von Abfällen zur Verwendung, Verwertung oder Beseitigung gemeint. Die Abfalltransporte beginnen nach der Beendigung des Sammelvorgangs und enden mit der Übergabe an Verwertungs-, Behandlungs- und Beseitigungsanlagen.

Folgende Kriterien sind u. a. bei der Gestaltung von Transportprozessen zu berücksichtigen:

– Transportketten,
– Transportwege,
– Ladehilfsmittel,
– Transportmittelvarianten.

B 7.2.2.1 Transportketten und -wege

Eine Folge von technisch und organisatorisch miteinander verknüpften Transportvorgängen, wie beispielsweise Nahtransport, Umschlag sowie Ferntransport, stellt einen mehrstufigen Transport dar und wird als Transportkette bezeichnet. Diese kann je nach Anzahl eingesetzter Transportmittel ein- oder mehrgliedrig aufgebaut sein, wobei mehrgliedrige Transportketten in gebrochenen und kombinierten Verkehr unterschieden werden. Bei letzterem ist kein Wechsel der Ladeeinheit erforderlich, so dass aufwendige Umschlagvorgänge entfallen.

Zur Durchführung der Abfall- bzw. Gütertransporte ist der Einsatz von Verkehrstechnik erforderlich. Hieraus resultiert der Güterverkehr. Dieser wird zunächst dem Transportweg entsprechend in Land-, Wasser- sowie Luft- und Raumverkehr differenziert [Jün89].

B 7.2.2.2 Ladehilfsmittel

Ladehilfsmittel sind Einrichtungen zum Bilden von Ladeeinheiten für den Transport, die Förderung und die Lagerung der Abfälle bzw. Güter. Sie werden für einen begrenzten Zeitraum gebildet und ermöglichen u. a. den rationellen Umschlag innerhalb einer Transportkette sowie die wirtschaftliche Einsetzbarkeit der Transport-, Förder- und Lagermittel [Jün89].

Grundsätzlich werden drei Arten von Ladehilfsmitteln unterschieden:
– Ladehilfsmittel mit ausschließlich tragender Funktion, die nur aus einer Bodenfläche bestehen, z. B. Paletten zum Transport von Fässern,
– Ladehilfsmittel mit tragender und umschließender Funktion, die zusätzlich zur Bodenfläche Seitenwände besitzen, u. a. Gitterboxen für Elektro- bzw. Elektronikkleingeräte, Mulden,
– Ladehilfsmittel mit abschließender Funktion, die über einen Boden, Seitenwände und einen Deckel verfügen, z. B. ASF- bzw. ASP-Behälter für flüssige bzw. pastöse Abfälle, Container, MGB.

In Abhängigkeit von den Transportketten und den Transportwegen werden verschiedene Transportmittelvarianten eingesetzt. Besondere Bedeutung kommen in der Entsorgungswirtschaft den Straßen- und Schienen- sowie in Teilen auch den Wassertransporten zu [Bil90]. Luft- und

Raumtransporte spielen hingegen keine Rolle. Sie bleiben daher weiterführend unberücksichtigt.

B 7.2.2.3 Tranportmittelvarianten

Abfalltransporte auf der Straße

Bei den Abfall- und Transportfahrzeugen handelt es sich sowohl um Kombi-, Liefer- und Lastkraftwagen (Lkw) als auch um Sonder- und Schwerlasttransporte. Die Lkw sind der häufigste verwendete Verkehrsträger in der Entsorgungswirtschaft. Sie finden als Solofahrzeuge oder als Lastzüge Verwendung, wobei sich die Lastzüge wiederum unterteilen in Fahrzeuge mit Anhänger und Zugmaschinen mit Sattelauflieger. Alle Lkw können mit festen Aufbauten oder für eine Aufnahme von Wechselaufbauten ausgerüstet sein [Jün89].

Die Fähigkeit zur Netzbildung ist der bedeutendste Vorteil des Straßenverkehrs, da es sich bei den Systemen zur Abfallentsorgung häufig um komplexe Netzwerke handelt, die mit ihrer Vielzahl an Quellen und Senken einen Flächenverkehr unabdinglich machen. Ebenfalls von Vorteil ist die Häufigkeit der Verkehrsbedienung, d. h. die Eigenschaft, zu jeder Zeit zu beliebig vielen Orten fahren zu können. Sie kennzeichnet die zeitliche Flexibilität des Abfalltransportes auf der Straße [Mey04]. Lastkraftwagen können dennoch ein sehr großes und dichtes Verkehrsnetz nutzen und sich flexibel individuellen Transportbedürfnissen anpassen [VDI01]. Dies gilt u. a. für die Abfalltransporte mit Containern.

Da Abfallsammelfahrzeuge am öffentlichen Straßenverkehr teilnehmen, unterliegen sie dem Straßenverkehrsgesetz, der Straßenverkehrsordnung und der Straßenverkehrszulassungsverordnung. In diesen Verordnungen werden neben den Abmessungen das zulässige Gesamtgewicht für zwei- und dreiachsige Fahrzeuge festgeschrieben. Nach § 32 StVZO beträgt u. a. das zulässige Gesamtgewicht für zweiachsige Fahrzeuge 17 t und für dreiachsige Fahrzeuge 24 t. In Tabelle B 7.2-2 werden die unterschiedlichen Fahrzeugtypen für den Abfalltransport zusammengefasst.

Abfalltransporte auf der Schiene

Die steigende Verkehrsleistung, die Lkw-Maut, die Verkehrs- und bisweilen auch die Umweltbelastung haben die Akteure der Kreislaufwirtschaft sensibilisiert, alternative Verkehrsträger in ihre Überlegungen mit einzubeziehen. Entsprechende Lösungen finden sich zunehmend in der Integration des Verkehrsträgers Schiene. Die Eignung dieses Verkehrsträgers resultiert aus den Eigenschaften der Kreislauf- und Abfallwirtschaft bzw. aus den Eigenschaf-

Tabelle B 7.2-2 Fahrzeugtypen für den Abfalltransport

Fahrzeugsystem	Erläuterung
Lkw-Solofahrzeug	Fahrzeug ohne Anhänger Kann Güter transportieren
Lkw mit Anhänger	Sowohl das Fahrzeug als auch der Anhänger können Güter transportieren
Zugmaschine mit Sattelauflieger	Zugmaschinen können keine Güter transportieren Nur die Auflieger können Güter bzw. Abfälle aufnehmen (insbesondere bei Altglastransporten aus der Depotcontainer-Sammlung)
Walking-Floor-Fahrzeug	Sattelauflieger sind mit einem Schubboden ausgerüstet Leichtere Entladung der Fahrzeuge (kein Kippen des Aufliegers notwendig) Transport von losen als auch für palettierte Güter
Lkw mit festen Aufbauten	Einsatz z. B. als Schadstoffmobil (Kastenwagen)
Lkw mit Wechselaufbauten	Behälter wird auf abklappbare Stützen gesetzt, in dem der Lkw abgesenkt wird

ten der Abfälle selbst. Abfälle sind Massengüter. Sie weisen ein hohes Bündelungspotenzial auf und verursachen – wenn überhaupt – nur eine geringe Kapitalbindung. Darüber hinaus bedingen sie lediglich geringe Anforderungen an die Transport- sowie Umschlaggeschwindigkeit und führen zu lediglich geringen spezifischen Transport- und Umschlagkosten [Mey02]. Auf dem Schienenweg kann ein Vielfaches der Straßentransportleistung erbracht werden. Die Abfälle werden hierzu nach der Sammlung mit Straßenfahrzeugen in einer Umschlaganlage auf die Bahn umgeschlagen. Dabei erfolgt häufig eine Verdichtung der Abfälle, um den Weitertransport zur Behandlungsanlage wirtschaftlicher zu gestalten. Als vorteilhaft erweist sich bei der Bahn die Unabhängigkeit von Witterungseinflüssen, die Entlastung des Straßennetzes, die Verkehrssicherheit und der mögliche Transport großer Lasten. Nachteilig hingegen ist der Mangel an Gleisanschlüssen bei den Verwertungs-, Behandlungs- und Beseitigungsanlagen. Dieser erfordert häufig einen weiteren Umschlag und erhöht damit die Transportkosten [Mey04b]. Die Liste derjenigen Abfälle, die bereits auf der Schiene gefahren werden, ist lang. Sie reicht u. a. von Hausmüll über hausmüllähnliche Gewebeabfälle, kompostierbare Abfälle, Glas, Papier, Kunststoffe und Elektronikteile bis hin zu Bauschutt, Bodenaushub, Baustellenabfällen aber auch Schlämmen und Schlacken.

Abfalltransporte auf dem Wasser

Auch auf dem Wasserweg kann ein Vielfaches der Straßentransportleistung erbracht werden. Die Abfälle, z. B. Altkunststoffe, können hierzu u. a. lose in Schütt- und Stückgutfrachter oder in Wechselbehältern auf Containerschiffe umgeladen werden. Allerdings ist es häufig nicht möglich, den Transport zum endgültigen Bestimmungsort ohne weiteren Umladevorgang durchzuführen, da nur wenige Behandlungs- und Beseitigungsanlagen einen Anschluss an einen Wasserweg besitzen. Zudem können Hoch-, Niedrigwasser und Eisgang den regelmäßigen Transportbetrieb beeinträchtigen. Da weiterhin lange Transportzeiten benötigt werden, die lediglich den Transport nicht verrottbarer Abfälle zulassen, ist der Abfalltransport auf dem Wasserweg relativ selten.

Kombinierte Verkehre

Sammelfahrzeuge mit Wechselbehältern stellen eine Variante für kombinierte Verkehre in der Kreislauf- und Abfallwirtschaft dar. Die Wechselbehälter durchlaufen die gesamte logistische Prozesskette von der Abfallsammlung bis hin zur Behandlung bzw. Beseitigung. Die Trennung von Sammlung und Transport führt dabei zu effizienten Sammlungs- und Transportprozessen. Die Fahrzeuge können auf die jeweilige Kernaufgabe abgestimmt und gezielt für diese Aufgabe abgestellt werden. Die effiziente Nutzung dieser Technologien fordert jedoch die Entwicklung darauf abgestimmter Logistikkonzepte. Darüber hinaus ist i. d. R. eine Investition in entsprechende Sammelfahrzeuge erforderlich. Doch die Vorteile liegen auf der Hand: Konventionelle Sammelfahrzeuge müssen neben der Sammlung auch den Transport zu den verschiedenen Behandlungsanlage durchführen. Hieraus resultieren ineffiziente Transportfahrten, vermeidbare Leerfahrten sowie unnötige Wartezeiten. Die Einbindung neuer Wechselbehältertechnologien in darauf abgestimmte Logistikkonzepte bietet die Möglichkeit der Trennung von Sammlung und Transport bei gleichzeitiger Dezentralisierung der Umschlagorte. Folglich lassen sich große Optimierungs- und Rationalisierungspotenziale erschließen. Untersuchungen in Ballungsräumen belegen, dass die Einführung von Wechselbehältern und deren Einbindung in kombinierte Verkehre zu Produktivitätssteigerungen bei der Sammlung in Höhe von 40–60% führen kann [Mey04b].

Ortsfeste Umschlaganlagen sind eine weitere Variante für kombinierte Verkehre in der Kreislauf- und Abfallwirtschaft. Sie werden von konventionellen Sammelfahrzeugen im Anschluss an eine Sammeltour angefahren, um die Abfälle zum Ferntransport in Wechselcontainer umzuschlagen. Der Umschlag kann verpresst oder unverpresst erfolgen. Verpresst bietet sich u. a. die Technik der Max Aicher GmbH an: Die runde Form der Max Aicher-Pressbehälter führt zu einer sehr hohen Stabilität, so dass eine leichte Behälterkonstruktion gewählt werden kann. Gleichzeitig reichen das Volumen der Behälter und die Presskraft der Hydraulikpressen aus, so dass die Beladung der Behälter immer von dem zulässigen Transportgewicht der Bahn oder des Lkw begrenzt und eine maximale Zuladung möglich wird. 30-Fuß-Pressbehälter sind hauptsächlich für den Bahntransport geeignet, können aber auch mit Zugmaschine und Sattelauflieger transportiert werden. Der Umschlag der 30-Fuß-Pressbehälter erfolgt mittels Kran. Für die Entleerung ist eine hydraulische Ausschiebevorrichtung, die an der Entsorgungsanlage oder auf dem Sattelauflieger installiert ist, notwendig. Der entscheidende Vorteil liegt in der Ausnutzung der zulässigen Radsatzlast beim Bahntransport.

20-Fuß-Pressbehälter sind sowohl für den gebrochenen als auch für den reinen Straßentransport geeignet. Sie können im gebrochenen Straßentransport mittels Kran oder Hakenlift-Lkw umgeschlagen werden. Der Umschlag auf die Bahn erfolgt dabei aufwandsarm über Drehrahmen; der Behälter ist vollständig kompatibel zum Abroll-

Container-Transport-System, kurz ACTS. Auch im reinen Straßentransport weist die Technik der Max Aicher GmbH unabhängig von der Behältergröße Vorteile auf. Dies gilt einerseits für die Entkopplung von Sammlung und Transport – die Trichter an der Presse der Umschlaganlage stellen einen Puffer dar, darüber hinaus können die Behälter dort zwischengelagert werden – andererseits für den Umschlag – die hydraulische Ausschiebevorrichtung, stationär oder am Fahrzeug mitgeführt, reduziert die Umschlagzeiten. Weitere auf dem Markt erhältliche Systeme sind u. a. BHS, MABEG und Rocholl.

Erfolgt der Umschlag in der Umschlaganlage unverpresst, bieten sich konventionelle ACTS-Behälter an. Sie ermöglichen ebenfalls eine Entkopplung von Sammlung und Transport und können aufwandsarm umgeschlagen werden.

Andere Abfallarten erfordern selbstverständlich andere technische Lösungen. Insbesondere für Abfallarten hoher Dichte, z. B. Bauschutt, Schlämme oder Schlacken, steht das System der AWILOG-Transport GmbH zur Verfügung. Bei diesem System werden Absetzmulden von einem Teleskop-Absetzkipper aufgenommen, transportiert und unmittelbar auf Güterwagen mit automatischer Ladungssicherung umgeschlagen. Die Vorteile liegen auf der Hand: Behälter-, Fahrzeug- und Umschlagtechnik sind standardisiert, teure Sonderlösungen nicht erforderlich. Die Mulden können bezüglich Form und Größe (8,5–10,5 m^3 Nutzvolumen, 10–16 t Nutzlast) den Anforderungen des Marktes angepasst und sowohl zum Transport als auch zur Zwischenlagerung verwendet werden. Zur Verladung der Mulden auf Güterwagen genügt ein befestigter Untergrund mit ca. 12 m Rangierfläche für den Absetzkipper. Alternativ zum Absetzkipper können die Mulden auch durch einen Stapler oder per Kran umgeschlagen werden. Aufgrund der automatischen Ladungssicherung, bei der die Mulden zwangsläufig positioniert werden, ist ein zusätzliches Handling nicht erforderlich. In der Konsequenz bietet die AWILOG-Transport GmbH äußerst effiziente Logistiksysteme für kombinierte Verkehre in der Kreislauf- und Abfallwirtschaft. Neben den etablierten Systemen erobert eine weitere Technik den Markt: Der Mobiler ist eine Horizontal-Umschlagstechnik, die an jedem Ladegleis Container und Wechselbrücken zwischen Lkw und Tragwagen verschiebt. Er besteht im Kern aus zwei Balken, deren untere Komponenten fest am Lkw montiert sind, während die oberen Komponenten den Container in einer ausgeklügelten Bewegung heben und befördern [Mey04].

Bild B 7.2-1
Umschlag eines 30-Fuß-Pressbehälters

Die Innovation liegt darin, dass sich die oberen Komponenten möglichst frühzeitige auf dem Tragwagen abstützen. Damit können auch Container „mobilert" werden, die ein Mehrfaches des Lkw wiegen. Hieraus resultiert ein oftmals entscheidender Vorteil gegenüber dem ACTS, das in seiner Standardausführung auf ein Containergewicht von ca. 15 t begrenzt ist. Der Mobiler erzielt damit eine maximale Auslastung der Transportmittel, erfordert aber dennoch kein Terminal für den kombinierten Verkehr und keine entsprechenden Krananlagen. Vielmehr erlaubt er den Umschlag von der Straße auf die Schiene bei dem nächsten Anschlussgleis. Allerdings muss das Anschlussgleis entsprechend präpariert werden. Auch ist die Investition in die Fahrzeugtechnik aufgrund der integrierten Umschlagtechnik erheblich.

B 7.2.3 Umschlag

Der Begriff „Umschlagen" kennzeichnet die Gesamtheit aller Förder- und Lagervorgänge bei dem Übergang der Güter auf ein Arbeitsmittel, beim Abgang der Güter von einem Arbeitsmittel und bei einem Wechsel der Güter zwischen Arbeitsmitteln [DIN89]. In der Entsorgungswirtschaft wird darunter das Überwechseln der Abfälle zur Verwendung, Verwertung und Beseitigung zwischen Transport-, Förder- und Lagermitteln verstanden. Zur Durchführung der Umschlagvorgänge ist, abhängig von dem jeweiligen Umschlagbereich, eine Kombination unterschiedlicher Betriebsmittel erforderlich. Maßgeblich für die Gestaltungsmöglichkeiten der Umschlagvorgänge sind insbesondere [Jün89]:
- Bereich,
- Arbeitsmittel,
- Ladehilfsmittel,
- Umschlagmittelvarianten.

B 7.2.3.1 Bereich

Das Umschlagen erfolgt sowohl in makro- als auch in mikrologistischen Systemen. Die Literatur unterscheidet diesbezüglich nach Umschlagen im außerbetrieblichen Materialfluss, Umschlagen als Schnittstelle zwischen außer- und innerbetrieblichem Materialfluss und Umschlagen im innerbetrieblichen Materialfluss.

Darüber hinaus wird bei dem Abfallumschlag nach dem Zustand des Abfalls nach Umschlag mit und ohne Verdichtung unterschieden [Bil00]. Beim Abfallumschlag ohne Verdichtung wird der im Sammelfahrzeug vorverdichtete Abfall in offene Transportmittel oder Wechselbehälter gekippt. Eventuell sind auch Transportbänder für eine Befüllung vorgesehen. Vorteile dieses Abfallumschlags sind die einfache Beladung sowie die geringe Störanfälligkeit. Allerdings wird beim unverdichteten Umschlag die Nutzlast der Transportfahrzeuge oft nicht erreicht.

Abfälle können im Rahmen des Abfallumschlags mit speziellen Verdichtungsfahrzeugen, hydraulischen Pressen sowie Abfallzerkleinerungsaggregaten verdichten. Als Verdichtungsfahrzeuge werden Raupenschlepper oder Kompaktoren eingesetzt. Mit diesen Fahrzeugen wird nur ein geringes Verdichtungsverhältnis erreicht und bei der Beladung wird der Abfall wieder aufgelockert. Die hydraulischen Pressen können an Wechselcontainer gekoppelt sein oder sich direkt im Fahrzeug befinden. Nachteilig ist hierbei, dass der Versdichtungseffekt beim Entladen der Pressen zum Teil wieder verloren geht. Daneben gibt es stationäre Ballenpressen, die während des Pressvorganges die Abfälle zu Ballen formen und mit Umreifungsbändern umwickeln. Hiermit werden Verwehungen von Abfällen vermieden. Mit Scheren, Prall- oder Hammermühlen kann der Abfall zerkleinert und dadurch verdichtet werden [Bil00].

B 7.2.3.2 Arbeits- und Ladehilfsmittel

Die Arbeitsmittel beinhalten neben Transport- auch Förder- und Lagermittel. Diese können entweder aktiv (z. B. Lkw mit Lastaufnahmemittel) oder passiv (z. B. Lkw ohne Lastaufnahmemittel) am Umschlag beteiligt sein. Entsprechend den möglichen Kombinationen von Arbeitsmitteln und Arbeitsmittelvarianten ergeben sich unterschiedliche Formen des Umschlagens (z. B. außerbetrieblich von Straße/Solofahrzeug auf Schiene/offene Wagen, innerbetrieblich von Lagermittel/Sammelbehälter auf Fördermittel/Rollenbahn). Die einsetzbaren Ladehilfsmittel wurden bereits erläutert.

B 7.2.3.3 Umschlagmittelvarianten

Die Art der eingesetzten Umschlagmittel hängt davon ab, in welchem Bereich umgeschlagen wird, zwischen welchen Arbeitsmittelvarianten die Abfälle überwechseln und ob (bzw. wenn ja welche) Ladehilfsmittel verwendet werden. In Abhängigkeit der genannten Kriterien und deren Ausprägungsformen ergeben sich für den Prozess des Umschlagens unterschiedliche Gestaltungsmöglichkeiten.

Umschlagmittel sind i. d. R. stationäre oder mobile Anlagen, Maschinen und Geräte für den mechanisierten oder automatisierten Umschlag von Gütern, mit deren Hilfe Waren aufgenommen, fortbewegt und abgegeben werden. Hierzu gehören u. a. Krane, Bagger, Stapler (Flurförderer), Radlader. Zur Verladung von Schüttgütern – insbesondere staubende Güter – werden häufig automatisierte Verladeanlagen eingesetzt. Diese Anlagen sind i. d. R. mit Silos,

Gurtförderanlagen oder Becherwerken, Materialzuführung und -dosierung sowie Füllstandmeldern ausgestattet.

B 7.2.4 Lagerung

Der Begriff „Lagern" kennzeichnet das geplante Liegen von Arbeitsgegenständen im Materialfluss [VDI05]. Lager sind demnach Räume oder Flächen zum Aufbewahren von Arbeitsgegenständen, die mengen- und/oder wertmäßig erfasst werden. Insbesondere in der Entsorgungswirtschaft übernehmen sie die Aufgaben des Bevorratens, Pufferns und Verteilens von Abfällen (zur Entsorgung, Verwendung, Verwertung oder Beseitigung). Je nach Typ dienen sie vorrangig zur Überbrückung einer Zeitdauer oder zum Wechsel der Zusammensetzungsstruktur zwischen Zu- und Abgang. Dadurch wird eine verbesserte Auslastung der Behandlungs- und Beseitigungsanlagen möglich und eine ökonomisch sowie ökologisch günstigere Entsorgung durch die Zusammenfassung gleichartiger Abfälle erreicht [Sta95].

Lager erfüllen eine wichtige logistische und abfalltechnische Funktion in der Entsorgungskette, da sich durch die Sortierung und Konfektionierung von Abfällen und die Zusammenstellung gleichartiger Abfälle zu größeren Transporteinheiten die Beseitigungskosten reduzieren lassen. Ein Beispiel hierfür sind Recyclinghöfe, die von Gebietskörperschaften unterhalten werden und an denen Bürger ihre Abfälle, z. T. gegen Gebühr, abgeben können. Hier erfolgt eine Zusammenführung kleinerer Abfallmengen, wie beispielsweise Sonderabfälle aus Haushalten, die anschließend in größeren Einheiten (Fässer oder ASF-Behälter) zur Verwertungs- bzw. Beseitigungsanlage transportiert werden.

Der Bunker einer Müllverbrennungsanlage ist ein Beispiel für ein Lager zwischen Zu- und Abgang. Hierin wird der zur Entsorgung angelieferte Abfall entleert und ggf. nach Bedarf zerkleinert. In der Regel ist hier ausreichend Platz, um Abfall für rund eine Woche zu lagern.

Daneben gibt es Lager mit überwiegend betriebswirtschaftlicher Funktion, wie z. B. Lager für Altpapier oder Kunststoffe. Diese sind für die Sekundärrohstoffwirtschaft bedeutende Wirtschaftsgüter und werden an den weltweiten Rohstoffmärkten gehandelt. Sie werden in Aufbereitungs- und Sortieranlagenanlagen i. d. R. zu Ballen verpresst und anschließend bis zu ihrem Weiterverkauf eingelagert. Diese Lager sind i. d. R. überdachte Flächen, die ggf. gegen Witterungseinflüsse geschützt und mit entsprechenden Brandschutzeinrichtungen ausgerüstet sind. Darüber hinaus gibt es auch Lager für Schüttgüter, z. B. Schrotte.

Vor dem Hintergrund der Umsetzung der TA Siedlungsabfall im Jahr 2005 kam es zu Verschiebungen von Mengenströmen und damit in einigen Teilen Deutschlands zu Kapazitätsengpässen in den Behandlungsanlagen. Als Konsequenz hieraus wurden sog. Abfallzwischenlager als Übergangslösung eingerichtet, um diesem Entsorgungsnotstand zu begegnen. Nach Bundes-Immissionsschutz-Recht dürfen Abfälle, die zur Beseitigung anstehen, in einem Zeitraum von weniger als zwölf Monaten in einem Zwischenlager „deponiert" werden. Dabei wird vorausgesetzt, dass hierzu die gleichen Anforderungen wie bei einer Deponie einzuhalten sind. Hierzu gehören beispielsweise, dass Sicherheitsleistungen zu zahlen sind, die Nachsorge vorzuhalten ist und Abdichtungssysteme vorzusehen sind [Kum06].

Im Vergleich zur klassischen Lagerung bezeichnet der Begriff „Abfalllagerung" auch die geordnete Entsorgung von Abfällen auf sog. Endlagerstätten, wie Deponien bzw. Sonderabfall- bzw. Untertagedeponien.

B 7.2.5 Verwertung, Behandlung und Beseitigung von Abfällen

In der Entsorgungswirtschaft werden die Anlagen zur Abfallverwertung, -behandlung und -beseitigung von entsorgungspflichtigen Körperschaften (Kreise or kreisfreie Städte) und der Privatwirtschaft betrieben. Diese Anlagen werden von der kommunalen Müllabfuhr (hierzu zählen auch beauftragte Privatunternehmen), von Handel, Gewerbe und Industrie sowie von Privatpersonen beliefert. Als Anlagen zur Abfallverwertung, -behandlung und -beseitigung dienen u. a.: Bauschuttaufbereitungsanlagen, Sortieranlagen, Kompostierungsanlagen, mechanisch-biologische und chemisch-physikalische Behandlungsanlagen, thermische Behandlungsanlagen sowie Deponien. Im Folgenden werden die wichtigsten Verfahren zur Abfallverwertung, -behandlung und -beseitigung vorgestellt.

B 7.2.5.1 Aufbereitungsverfahren

Im Rahmen der Aufbereitungsverfahren werden verschiedene Techniken zur Zerkleinerung, Sortierung, ggf. Identifizierung und Reinigung kombiniert. Im Allgemeinen werden bei der automatischen Identifizierung unterschiedliche physikalisch-chemische Merkmale von Materialien detektiert z. B. werden Kunststoffe mit Hilfe der NIR-Spektroskopie (NIR = nahinfrarote (NIR) Spektralbereich) sortiert. In Abhängigkeit von den Anforderungen an das Sekundärmaterial können auch die Agglomerierung und die Umschmelzung erforderlich sein. Beim werkstofflichen Recycling werden Altkunststoffe erst zu Kunststoffrohstoffen und anschließend zu neuen Produkten verarbeitet. Da bei der Aufbereitung nur physikalische

Methoden genutzt werden, bleibt der chemische Aufbau des Kunststoffs erhalten. Bei Thermoplasten geschieht dies durch Umschmelzen. Im Folgenden werden die wichtigsten Verfahren skizziert.

Die Zerkleinerung dient zur Oberflächenvergrößerung des Abfalls und zur Trennung der verschienen miteinander verbundenen Materialien. Mittels Scherung, Druck, Schlag, Schnitt und Prall wird der Abfall zerkleinert und in Abhängigkeit vom Aufbereitungsprozess nach dem Grad der Zerkleinerung in Grob-, Mittel- und Feinzerkleinerung unterschieden. Für die Grobzerkleinerung werden häufig Daumenbrecher, Schneidzerkleinerer, Schneidwalzenzerkleinerer und Shredder eingesetzt. Die Korngröße des Abfalls ist hierbei größer als 100 mm. Die Mittelzerkleinerung erfolgt meistens mit Hammer-, Kugel-, Schneid- und Schwingmühlen sowie Backenbrecher. Die hierbei erzielte Korngröße des Abfalls liegt zwischen 5 mm und 100 mm. Zahnscheiben-, Walzen-, und Pralltellermühlen dienen u. a. zur Feinzerkleinerung. Hiermit werden Korngröße des Abfalls zwischen 0,1 mm und 5 mm erzielt. Um einen bestimmten Zerkleinerungsgrad zu erreichen, können die genannten Zerkleinerungsaggregate beliebig miteinander kombiniert werden [Bil00; Jan98].

Die Auftrennung eines Materials in verschiedene Korngrößenklassen wird als Klassierung bezeichnet. Die Klassierung kann entweder durch Siebung oder Sichtung erfolgen. Mit einem Sieb erfolgt die Trennung einer Fein- und Grobfraktion sowie die Nachsortierung von zerkleinerten Fraktionen. In der Feinfraktion befinden sich die Materialien, die kleiner als die Öffnung des Siebes sind (Siebunterlauf bzw. Siebdurchgang). Die Grobfraktion enthält die Materialien, die oberhalb des Siebbodens verbleiben, den so genannten Sieböberlauf. Entsprechend der Siebbewegung wird in feste und bewegte Siebe, z. B. Trommel-, Vibrations- und Spannwellensiebe, unterschieden. Feste und bewegte Siebe sowie Roste werden aufgrund ihrer robusten Bauweise für den Bereich des Grobkorns verwendet [Bil00; Jan98].

Die Sichtung, auch als Stromklassierung bezeichnet, trennt die Materialien aufgrund der unterschiedlichen Sinkgeschwindigkeiten bzw. Bewegungsbahnen in einem Luft- oder Flüssigkeitsstrom. Mit der Windsichtung bzw. Aeroklassierung werden die zu trennenden Materialien, wie z. B. Hausmüll und Kompost zur Nachsortierung, in einem Luftstrom separiert. Hierfür dient beispielsweise ein Zick-Zack-Windsichter oder ein Rotationswindsichter. Die nasse Stromklassierung bzw. Hydroklassierung kann in einem Aufstromklassierer, Horizontalstromklassierer oder mechanischen Nassstromklassierer erfolgen. Daneben gibt es noch Zentrifugalklassierer wie beispielsweise den Hydrozyklon [Bil00; Jan98].

Die Sortierung nutzt die Unterschiede in den physikalischen Eigenschaften der zu trennenden Materialien. Dabei kann das Material in mehrere Fraktionen aufgetrennt oder von störenden Stoffen befreit werden. Da viele Sortierverfahren nur für einen speziellen Korngrößenbereich geeignet sind, ist eine Klassierung vorzuschalten. Ein wichtiges Sortierkriterium ist der Reinheitsgrad der einzelnen Fraktionen, damit der nachfolgende Recyclingprozess auf hohem Niveau betrieben werden kann. Die Sortierung kann sowohl manuell (Handklauben) als auch durch den Einsatz von Technik erfolgen. Eine Kombination beider Verfahren ist ebenfalls möglich. In der Praxis werden hauptsächlich folgende Sortiertechniken angewandt [Tho92]:
- die Dichtesortierung (Nutzung von Unterschieden in der Materialdichte) zur Abtrennung von Plastik bzw. Metallen, z. B. nach dem Schwimm-Sink-Verfahren,
- die Magnetscheidung (Nutzung von ferromagnetischen Eigenschaften) zum Umlenken bzw. Ausheben von ferromagnetischen Teilen aus dem Hausmüll und Kompost, z. B. mit Trommelmagnetscheidern,
- die Elektrosortierung (Stoffe werden mit elektrischen Feldern aufgeladen und damit in unterschiedliche Bewegungsbahnen versetzt) zur Trennung von NE-Metallen, u. a. aus dem Hausmüll,
- die Wirbelstromscheidung (umlaufendes Magnetpolrad erzeugt in elektrisch leitenden Stoffen Wirbelströme, die eine Ablenkung bzw. spezifische Wurfbahn bewirken) zur NE-Abscheidung, z. B. in Schwerstofffraktionen,
- die Flotation (Nutzung unterschiedlicher Wasserbenetzbarkeit von dispergierten Stoffkörnern), z. B. zur Druckfarbenabtrennung beim Altpapier (Deinkingverfahren),
- das Klauben (Nutzung optischer Unterschiede (Form, Farbe) sowie Ausnutzung stoffspezifischer physikalischer Eigenschaften (Glanz, Dielektrizitätskonstante, elektrischer Widerstand, Strahlungsemission, -reflexion, -absorption) als manuelle Einzelsortierung und als automatisches Klauben bzw. optische Sortierung, z. B. für die Trennung von Glas nach Farben.

Bei einer Verdichtung werden sowohl die Oberfläche des Materials verringert als auch größere Agglomerate gebildet. Grundsätzlich wird zwischen Aufbau- und Pressagglomeration unterschieden. Bei der Aufbauagglomeration bilden sehr feinkörnige Materialien durch Zusatz von Feuchtigkeits- bzw. Bindemittel in einem umlaufenden Reaktor unter anschließendem Trocknen kugelförmige Agglomerate. Bei der Pressagglomeration werden aus feinkörnigen und faserigen Materialien unter Druckeinwirkung Agglomerate geformt [Bil00; Jan98].

So werden in der Praxis häufig Ballenpressen für Papier, Pappe sowie Kunststofffolien eingesetzt. Daneben gibt es noch Strangpressen u. a. für Schrotte, Kollerwalzenpressen u. a. für Biomassen, Brikettier- bzw. Pelletierpressen beispielsweise für die Herstellung von Strohpresslingen, Schneckenpressen, Lochwalzenpressen sowie Walzenpressen [Tho92].

B 7.2.5.2 Biologische Verfahren

Bei der biologischen Abfallbehandlung werden organische Stoffe durch verschiedene Mikroorganismen abgebaut. Hierbei wird zwischen dem Abbau unter Luftzufuhr, der sog. Kompostierung, und dem Abbau unter Luftabschluss, der Vergärung bzw. Biogasherstellung, unterschieden. Beide Verfahren dienen zur Inertisierung der Abfälle und Reduktion der Abfallmengen.

Die mechanisch-biologische Abfallbehandlung (kurz MBA) wird zur Vorbehandlung von Siedlungsabfällen vor einer Deponierung eingesetzt. Durch verschiedene Behandlungsschritte und eine biologischen Behandlung kann ein reaktionsarmer Abfall erzeugt werden, der entsprechend der TA Siedlungsabfall abgelagert werden darf. Neben der Vorbehandlung vor einer Deponierung kann die MBA auch zur Vorbehandlung von Abfällen vor einer thermischen Behandlung eingesetzt werden, wobei die Abfälle in der MBA trockenstabilisiert werden.

Bei der biologischen bzw. mechanisch-biologischen Abfallverwertung wird in einem ersten Schritt der Restabfall mechanisch vorbehandelt. Dabei werden die heizwertreichen Fraktionen, z. B. Kunststoffe für eine energetische Nutzung und Metalle für eine stoffliche Verwertung, aussortiert. Der Abbau der biogenen Anteile erfolgt entweder in aeroben (Kompostierung) bzw. anaeroben (Vergärung) Verfahrensschritten oder durch eine Kombination beider Verfahren. Die bei der biologischen Abfallverwertung entstehenden Produkte sind einerseits Biogas, das in der Anlage bzw. in Blockheizkraftwerken zur Erzeugung von Strom und Wärme genutzt wird, andererseits eine feste, in der biologischen Reaktionsfähigkeit stark verminderte Fraktion. Diese Fraktion erfüllt die Anforderungen der Abfallablagerungsverordnung und kann deshalb auch nach dem 1. Juni 2005 (TA Siedlungsabfall) deponiert werden. Bild B 7.2-2 skizziert die wichtigsten Schritte der mechanisch-biologischen Abfallbehandlung.

Neben der MBA gibt es mechanisch-biologische Stabilisierungsanlagen (MBS). Bei diesen Anlagen verbleiben die biogenen Bestandteile im heizwertreichen Stabilat. Daneben werden weitere verwertbare Fraktionen gewonnen. In einem ersten Schritt wird der Restabfall für die nachfolgende Trocknung konditioniert, d. h. zerkleinert. Die Trocknung dient zur gezielten Reduzierung der Feuchtigkeit im Restabfall. Abschließend erfolgt eine trockene mechanische

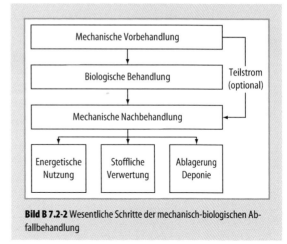

Bild B 7.2-2 Wesentliche Schritte der mechanisch-biologischen Abfallbehandlung

Aufbereitung, bei der der Restabfall in verschiedene heizwertreiche Abfallfraktionen unterschiedlicher Qualität eingeteilt wird. Metalle, Stör- und Inertstoffe werden ebenfalls in dieser Verfahrensstufe abgetrennt. Bei diesem Verfahren werden nur geringe Mengen, z. B. die Inertstoffe, auf Deponien abgelagert [BMU05b].

B 7.2.5.3 Chemisch-physikalische Verfahren

Sonderabfälle bzw. gefährliche Abfälle werden mit chemischen und physikalischen Behandlungsmethoden umgewandelt oder immobilisiert. Beispielsweise werden für anorganische Abfälle chemisch physikalische Behandlungsverfahren, wie die Neutralisation, Entgiftung und Entwässerung, eingesetzt. In der Regel werden hierbei die teils hochgiftigen Konzentrate durch Zugabe von Chemikalien neutralisiert bzw. umgewandelt. Die chemisch physikalischen Behandlungsverfahren organischer Abfälle, z. B. die Trennung von Öl-Wasser-Gemischen und Öl-Emulsionen, erfolgt mittels Zugabe von Trenn- und Flockungsmitteln. Tabelle B 7.2-3 zeigt die wesentlichen Verfahren bzw. Verfahrensschritte, die zur Behandlung von Sonderabfällen bzw. gefährlichen Abfällen eingesetzt werden [Bil00].

B 7.2.5.4 Thermische Verfahren

In der Abfallbehandlung werden folgende thermische Verfahren eingesetzt: die Abfallverbrennung, die Abfallpyrolyse (Entgasung/Vergasung), die Hydrierung und die Trocknungsverfahren. Das wichtigste thermische Abfallbehandlungsverfahren ist nach wie vor die Abfallverbrennung. Hierbei wird in Hausmüll- sowie Sonderabfallverbrennung unterschieden. Daneben gibt es noch

Tabelle B 7.2-3 Wesentliche Verfahrensschritte zur Behandlung von Sonderabfällen bzw. gefährlichen Abfällen

Eingangsstoff	Verfahren
Abwasser, Sickerwasser	fest-/flüssig-Trennung, Neutralisation, Oxidation bzw. Reduktion, Fällung
Altöl	Destillation (Zweitraffination)
Altsäure, Dünnsäure	Fällung, thermische Verfahren
Batterien	Destillation
Chemikalienreste	Oxidation bzw. Reduktion, Fällung, Ionenaustausch, Elektrolyse, Destillation
Farben/Lacke/Lösemittel	Destillation
Fotochemikalien	Destillation, Ultrafiltration, Elektrolyse, Umkehrosmose
Gase	Adsorption
krankenhausspezifische Abfälle	Dampfdesinfektion
ölhaltige Betriebsmittel	Destillation
ölhaltige Betriebsmittel Emulsionen (flüssig)	Sedimentieren, Dekantieren, Emulsionsspaltung, Oxidation bzw. Reduktion, Fällung, Konditionierung
organische Verbindungen (flüssig)	Mikrofiltration, Destillation
Schlämme, Abscheiderinhalte	Filtration, Entwässerung, Flockung, Leichtstoffabscheidung, Konditionierung, Emulsionsspaltung
Sonderabfall (flüssig/paströs)	fest-/flüssig-Trennung, Oxidation/Reduktion, Fällung, Neutralisation, Elektrolyse, Ultrafiltration, Ionenaustausch
Transformatoren	Destillation des Trafoöls

spezielle Anlagen, z. B. die Klärschlammverbrennungsanlagen, die zur Entsorgung der Trockensubstanzen der Klärschlämme dienen, da diese laut Klärschlammverordnung vom 15. April 1992 kaum noch zum Düngen in der Landwirtschaft eingesetzt werden dürfen.

Aufgrund der Anforderungen der TA Siedlungsabfall und der Abfallablagerungsverordnung ist eine direkte Deponierung von Klärschlamm ab Juni 2005 nicht mehr zulässig. Klärschlamm ist dann thermisch oder gemeinsam mit Restmüll mechanisch-biologisch zu behandeln, bevor eine Deponierung möglich ist [UBA05a].

Zurzeit gibt es 75 Müllverbrennungsanlagen, die mit einer Jahreskapazität von etwa 18 Mio. t Abfall betrieben werden [UBA05a]. Die Verbrennungskapazitäten der acht öffentlich zugänglichen, fünf beschränkt öffentlich zugänglichen und 19 betriebseigenen Sonderabfall- und Rückstandsverbrennungsanlagen in Deutschland liegt bei ca. 1,25 Mio. t/a [UBA05a].

Die in Deutschland bestehenden Müllverbrennungsanlagen verfügen alle über eine Energienutzung (Strom, Prozessdampf und/oder Fernwärme). Die Müllverbrennungsanlagen entsprechen mit ihren Abgasreinigungen den Anforderungen der 17. BImSchV. Einige Anlagen behandeln den Restsiedlungsabfall zusammen mit kommunalem Klärschlamm. Die meisten Anlagen mit nasser Abgasreinigung werden abwasserfrei betrieben. Die bei der thermischen Abfallbehandlung entstehenden Rostaschen werden einer Aufbereitung mit dem Ziel der Verwertung im Straßen- und Wegebau zugeführt. Darüber hinaus werden Eisenschrott und Nichteisenmetalle stofflich verwertet [UBA05a].

Seit 1987 wird die bisher einzige Pyrolyseanlage zur Behandlung von Restabfall und Klärschlamm im Entsorgungsmaßstab mit einem Jahresdurchsatz von ca. 25.000 t in Burgau (Landkreis Günzburg) betrieben. Die Ablagerung der Pyrolysereststoffe erfolgt gemäß den Anforderungen der neuen Deponieverordnung [UBA05a].

Neben den Müllverbrennungsanlagen gibt es noch die Mitverbrennung von heizwertreichen Abfällen, wie Altreifen, in geeigneten Industrieanlagen, z. B. Zementwerken,

Kraftwerken oder anderen Feuerungsanlagen, deren Hauptzweck nicht die Abfallverbrennung ist. Die Abfälle ersetzen dort entsprechend ihrem Heizwert den Regelbrennstoff [BMU05b].

B 7.2.5.5 Deponierung

Eine Deponie ist eine Abfallentsorgungsanlage zur zeitlich unbegrenzten, geordneten und kontrollierten Ablagerung von Abfällen. Sie dient zur Entsorgung von den Abfällen, die weder vermieden noch verwertet wurden. Allerdings müssen sie nun vorbehandelt werden. Denn nach der Abfallablagerungsverordnung vom 20. Februar 2001 und der TA Siedlungsabfall vom 14. Mai 1993 wird zum 1. Juni 2005 die Ablagerung von unbehandelten Abfällen, welche die Zuordnungskriterien für Deponien nicht erfüllen, untersagt. Ausnahmen sind danach nicht mehr zulässig [UBA05b].

In Deutschland wurde im Jahr 1961 die erste geordnete Deponie von der Stadt Bochum errichtet. Mit dem Abfallbeseitigungsgesetz wurde im Jahr 1971 die Grundlage für eine geordnete Deponierung in der ganzen Bundesrepublik geschaffen. Das führte dazu, dass viele kleine Gemeinden ihre bis dahin betriebenen Müllkippen schließen mussten, da sie den gesetzlichen Anforderungen nicht mehr entsprachen. In der DDR existierte bis zur Wende ein Gesetz, nach dem Abfälle nicht weiter als 3 km transportiert werden durften. Dadurch gab es unzählige kleine Müllkippen. 8273 Hausmülldeponien existierten in Deutschland im Jahr 1990, Tendenz fallend. Bereits im Jahr 1993 sank die Anzahl der Hausmülldeponien auf 562 und im Jahr 2004 auf 297. Das Umweltbundesamt schätzt, dass es im Jahr 2010 ca. 27–111 Deponien geben wird, die die Anforderungen der derzeitigen Gesetzgebung erfüllen [BMU05a].

Im Allgemeinen regelt die Deponieverordnung, die am 24. Juli 2002 in Kraft getreten ist, die Errichtung, den Betrieb, die Stilllegung und die Nachsorge von Deponien. Nach dieser Verordnung wird zwischen folgenden fünf Deponieklassen unterschieden:
– Deponieklasse 0 (Inertstoffdeponie)
  Oberirdische Deponie für Inertabfälle, z. B. Bodenaushub und Schlacken aus der Müllverbrennung (unter bestimmten Bedingungen und nach Überprüfung der Auslaugbarkeit).
– Deponieklasse I (Mineralstoffdeponie)
  Oberirdische Deponie für Abfälle mit einem sehr geringen organischen Anteil und mit einer sehr geringen Schadstofffreisetzung im Auslaugungsversuch, z. B. Bauschutt.
– Deponieklasse II (Siedlungsabfalldeponie)
  Oberirdische Deponie für Abfälle, einschließlich mechanisch-biologisch behandelter Abfälle, mit höherem organischem Anteil als Deponieklasse I und mit höherer Schadstofffreisetzung im Auslaugungsversuch als Deponieklasse I sowie mit höheren Anforderungen an den Deponiestandort und an die Deponieabdichtung, z. B. Deponien für Siedlungsabfälle und z. T. Gewerbe- und Produktionsabfälle.
– Deponieklasse III (Sonderabfalldeponie)
  Oberirdische Deponie für Abfälle, mit höherem Anteil an Schadstoffen als Deponieklasse II und mit höherer Schadstofffreisetzung im Auslaugungsversuch als Deponieklasse II sowie mit höheren Anforderungen an den Deponiestandort und an die Deponieabdichtung, z. B. Deponien für Sonder- und Produktionsabfälle.
– Deponieklasse IV (Untertagedeponie)
  Untertagedeponie für umweltgefährdende Sonderabfälle, z. B. mittel- und hochradioaktive Abfälle in einem Bergwerk mit eigenständigem Ablagerungsbereich oder einer Kaverne.

Die Grundlage für die Planung, den Bau und den Betrieb einer oberirdischen Deponie – unabhängig von der Deponieklasse – bildet das Multibarrierenkonzept, das durch mehrere voneinander unabhängige Barrieren die Freisetzung und Ausbreitung von Schadstoffen aus der Deponie verhindert. Die Anforderungen an die einzelnen Barrieren sind in der Abfallablagerungsverordnung, der TA Siedlungsabfall, der Deponieverordnung sowie in der TA Abfall enthalten. Das Multibarrierenkonzept besteht aus folgenden Barrieren [Bil00]:
1. Barriere: Abfallvorbehandlung
   Die abzulagernden Abfälle sollen weitgehend reaktionsträge und schadstoffarm sein, damit sich praktisch kein Deponiegas bildet. Haben die Abfälle diese Eigenschaften nicht, so sind sie vorzubehandeln, z. B. durch chemisch-physikalische Vorbehandlung, Verbrennung oder von der Ablagerung auszuschließen.
2. Barriere: Standortauswahl
   Der Deponiestandort sollte hydrologisch und geologisch geeignet sein, z. B. durch einen ausreichenden Abstand zum Grundwasserleiter sowie vorhandene, wasserundurchlässiger Schichten.
3. Barriere: Beschaffenheit des Deponiekörpers
   Im Deponiekörper laufen chemische, biologische und physikalische Prozesse ab. Der Deponiekörper muss so aufgebaut werden, dass er stabil ist und dass langfristig keine unannehmbaren Gasemissionen nach außen dringen.
4. Barriere: Deponiebasisabdichtung und Sickerwasserbehandlung
   Die Basisabdichtung soll in Verbindung mit dem integrierten Entwässerungssystem verhindern, dass belaste-

tes Sickerwasser ins Grundwasser eindringt. Das Abdichtungssystem besteht aus wasserundurchlässigen Materialien. Das Entwässerungssystem dient der Sammlung und Ableitung der belasteten Sickerwässer zu einer Aufbereitungsanlage.

5. Barriere: Oberflächenabdichtung
Der Eintrag von Fremd- und Sickerwasser in den Deponiekörper muss nach Verfüllung der Deponie durch eine Oberflächenabdichtung verhindert werden. Eine auf der Oberflächenabdichtung angeordnete Rekultivierungsschicht einschließlich Bewuchs dient dem Schutz der Abdichtung und der Eingliederung des Deponiekörpers in die Landschaft.

6. Barriere: Nachsorge und Reparatur
Die Deponie muss auch wenn sie fertig verfüllt ist, noch überwacht werden, um eine Beschädigung der Oberflächenabdichtung auszuschließen. Alle Systeme müssen so aufgebaut sein, dass sie ohne weiteres repariert werden können, wie die Rohre der Sickerwassererfassung. Das Deponielangzeitverhalten muss kontrolliert und dokumentiert werden.

Moderne Deponien verfügen neben den oben genannten technischen Einrichtungen im Ablagerungsbereich über Deponiestraßen, Betriebsgebäude, Hallen, Werkstätte und Messeinrichtungen für Wetterdaten sowie Deponiekontrolldaten.

B 7.3 Stoffstrommanagement

B 7.3.1 Redistribution

Die Begriffe „Redistribution" und „Redistributionslogistik" sind in Anlehnung an die Distributionslogistik entstanden und bezeichnen somit einen zur Distribution inversen Güterstrom. Allerdings ist dieser Begriff nicht unumstritten, da sich die Abläufe der „Redistributionslogistik" deutlich von denen der Versorgungslogistik differieren. Aus diesem Grund werden meistens die folgenden Begriffe „Rücklauf-, Rückführungslogistik und Retrodistribution" für die geordnete Rücknahme von Gütern nach deren Ge- bzw. Verbrauch verwendet [Arn02].

Mit dem Kreislaufwirtschafts- und Abfallgesetzes (KrW-/AbfG) hat der Gesetzgeber die Produktverantwortung über den gesamten Lebenszyklus dem Hersteller bzw. Vertreiber übertragen. Diese sind verpflichtet, ihre hergestellten Produkte am Ende ihrer Lebensdauer zurückzunehmen und einem qualitativ hochwertigen Recycling zuzuführen. Beispielsweise haben sich seit langem Rückführungssysteme für Verpackungen, Glas und Papier in Deutschland etabliert. Der Gesetzgeber hat die Verpflichtung zur Produktverantwortung für bestimmte Gebrauchsgüter in Verordnungen u. a. für Batterien und Akkumulatoren (Richtlinie 2006/66/EG), Kraftfahrzeuge (2000/53/EG) sowie Elektrik- und Elektronikgeräte (Richtlinie 2002/96/EG), festgelegt. Die Anforderungen der gesetzlichen Regelungen beinhalten u. a. den Aufbau eines Rücknahme- und Verwertungssystems für Altprodukte sowie die Festlegung und die Erfüllung von Sammel- bzw. Verwertungsquoten durch den Hersteller.

Die Produktrückführung stellt den ersten Schritt innerhalb eines Recyclingkonzeptes dar und beinhaltet den Materialfluss von den Quellen zu den Senken. In Bild B 7.3-1 wird als Quelle die „Produktion" betrachtet, hier beispielsweise der Anfall von zu recycelnden Produkten oder Reststoffen aus verarbeitenden Betrieben, die anschließend der Senke z. B. der Aufarbeitung, Aufbereitung bzw. Demontage zugeführt werden. Innerhalb dieses Kreislaufes nimmt die Produktrückführung die Funktionen Sammlung, Sortierung, Transport, Ausgleich von Mengen, Zeit und Typen sowie die Koordination dieser Aktivitäten wahr.

Die Sammlung bzw. die materialflusstechnische Erfassung des Sammelgutes findet an definierten Übergabeorten statt. Im Verlauf der Sammlung werden die Güter zu größeren Lade- und Transporteinheiten zusammengefasst. Die zentrale Grundlage für die Auslegung der Sammlung bildet der Sammelrhythmus. Für die Planung des Sammelrhythmus sind u. a. folgende Größen zu ermitteln: die Menge des zu sammelnden Produktes pro Zeiteinheit, Schwankungen der zu sammelnden Menge

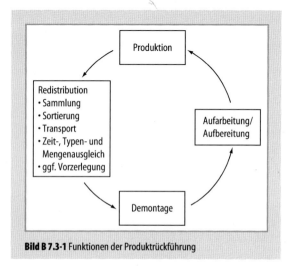

Bild B 7.3-1 Funktionen der Produktrückführung

pro Zeiteinheit, Anzahl der Quellen, zu sammelnde Menge pro Quelle, Schwankungen der zu sammelnden Menge pro Quelle, Entfernung der Quellen voneinander, regionale Verteilung der Quellen, Anzahl der Senken und die durchschnittliche Entfernung der Quellen von einer Senke [Sta95].

Der Grad der Sortierung ist von der Art der Materialbereitstellung abhängig und variiert bei Einstoff-, Einzelstoff-, Mehrstoff- und Mischstoffsammlungen. Einstoff- und Einzelstoffsammlungen kennzeichnen die Erfassung eines einzigen Stoffes bzw. die Erfassung mehrerer getrennt bereitgestellter Stoffe. Bei Mehrstoff- und Mischstoffsammlungen hingegen werden die Stoffe ungetrennt erfasst und anschließend sortiert. Ein wichtiges Sortierkriterium ist der Reinheitsgrad der einzelnen Fraktionen, damit der nachfolgende Recyclingprozess auf hohem Niveau betrieben werden kann.

Der Transport dient zur Überbrückung der räumlichen Entfernung zwischen Quelle und Senke. Hierzu sind zunächst Entscheidungen über die Auswahl des Transportmittels und der Ladehilfsmittel (z. B. Paletten, Gitterboxen, Container) zu treffen. Die Wahl des Ladehilfsmittels bedingt nicht nur die Handhabbarkeit der Transporteinheiten, sondern auch die Qualitätsanforderungen, die innerhalb des Produktrückführungssystems realisierbar sind. Der Transport erfolgt in der Regel in einer mehrgliedrigen Transportkette, d. h., dass ein Wechsel des Verkehrsmittels bzw. -trägers vorgenommen wird. Um die Nutzlast eines Transportmittels maximal nutzen zu können, erfolgt ggf. im Anschluss an eine Zwischenlagerung, oftmals eine erneute Zusammenfassung zu nochmals größeren Transporteinheiten.

Der Zwischenlagerung kommt eine Pufferfunktion zu, die Schwankungen der gesammelten Mengen ausgleicht und auf diese Weise die Auslastung der Aufbereitungsanlagen ermöglicht. Durch den so genannten „Typenausgleich" können Altprodukte gleicher Art oder gleichen Typs zu Chargen zusammengefasst und so bei den weiteren Schritten mit geringerem Aufwand bearbeitet werden.

Eine Vorzerlegung wird immer dann in Anspruch genommen, wenn sie technisch einfach realisierbar ist und das Recycling der zu demontierten Fraktion dezentral genauso gut oder besser, im Hinblick auf die Qualität und Demontageprozesse, als in zentralen Einrichtungen durchführbar ist.

B 7.3.1.1 Strategien in Produktrückführungssystemen

Die Struktur eines Produktrückführungssystems wird im Wesentlichen wie ein Distributionssystem geplant. Wesentliche Unterschiede bestehen hinsichtlich der Strategien, mit denen die Systeme betrieben werden. Grundsätzlich wird zwischen Bring- und Holsystem unterschieden.

In Bringsystemen sorgt der Abfallerzeuger selbst für den Transport der Altprodukte zum jeweiligen Sammelort. Hierbei wird zwischen erzeugernahen und erzeugerfernen Sammelorten unterschieden. Solche Systeme kommen insbesondere dann zum Einsatz, wenn der erforderliche Transportweg kurz, die Zahl der Anfallorte groß und die anfallende Menge gering ist. Da der Aufwand dem Abfallerzeuger zufällt, sind die Rücklaufquoten dieser Systeme vergleichsweise niedrig. Beispiele hierfür sind u. a. die Sammlung von Altglas in Altglascontainern und die Sammlung von Altbatterien im Einzelhandel. Bei den in der Abbildung dargestellten mehrstufigen Bringsystemen erfolgt, ausgehend von den Zwischenlagern, ein weiterer direkter Transport von zusammengefassten Ladeeinheiten zu den Verwertungseinrichtungen [Sta95]. In der Regel werden die Altprodukte unverpackt zurückgegeben, so dass die Stapelbarkeit nur in geringem Umfang gegeben ist. Dadurch werden die Bündel sowie der Transport der Altprodukte erschwert und durch nicht ausgenutzte Transportkapazitäten werden höhere Kosten verursacht. Des Weiteren ist auch bei Altprodukten der Schutz vor Beschädigungen sowie der Schutz der Umgebung (z. B. durch Implosionen bei Monitoren oder durch den Verlust des Kühlmittels bei Kühlmöbeln) zu gewährleisten. Demnach kommt der Auswahl eines geeigneten Behältersystems eine hohe Bedeutung zu.

In Holsystemen fährt ein Sammelfahrzeug in einem regelmäßigen Turnus nacheinander die Standorte der Abfallerzeuger an. Durch die Sammeltouren reduziert sich der Transportaufwand gegenüber dem Bringsystem durch Vermeidung von Leerfahrten, allerdings steht diesem Vorteil ein hoher Planungsaufwand entgegen. Mit diesen Systemen sind allgemein hohe Rücklaufquoten realisierbar, da dem Abfallerzeuger der Transportaufwand abgenommen wird. Ein Beispiel ist die Sammlung von Leichtverpackungen durch die Duales System Deutschland AG. Bei den mehrstufigen Holsystemen werden die die Materialflüsse zwischen den Zwischenlagern und der Verwertung nicht direkt, sondern als Sammeltour zwischen mehreren Zwischenlagern durchgeführt. Meistens bieten sich mehrstufige Holsysteme dort an, wo die Ladekapazität des Verkehrsmittels nicht bereits an einem Zwischenlagerstandort ausgelastet wird.

In mehrstufigen Redistributionssystemen lassen sich die Strategien entsprechend der jeweiligen Erfordernissen kombinieren, wie in Bild B 7.3-2 dargestellt.

Bei der Gestaltung von Redistributionssystemen ist unter betriebswirtschaftlichen Aspekten zu berücksichtigen, dass die Redistribution Aufwand verursacht, dem keine

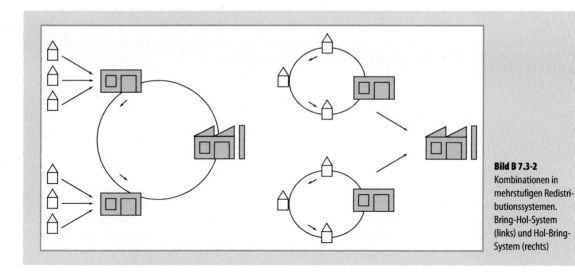

Bild B 7.3-2
Kombinationen in mehrstufigen Redistributionssystemen. Bring-Hol-System (links) und Hol-Bring-System (rechts)

Erlöse gegenüber stehen. Daher ist die Wertschöpfung aus der Verwertung der zurückgeführten Altprodukte diesem Aufwand gegenüberzustellen. Eine Möglichkeit zur Finanzierung stellt die Erhebung eines zweckgebundenen Preisaufschlages beim Verkauf des Neuproduktes dar wie z. B. der „Grüne Punkt" vom Duale System Deutschland (DSD). Dieser wird als Kennzeichnung für diejenigen Verkaufsverpackungen genutzt für die Hersteller einen finanziellen Beitrag zur Produktrückführung und Verwertung geleistet haben. Nachteil dieses Systems ist, dass keine verursachergerechte Berechnung der Kosten möglich ist und dass bei Nicht-Inanspruchnahme der Rückgabemöglichkeit durch den Konsumenten (z. B. Entsorgung der Verpackungen über den Hausmüll und nicht über die gelbe Tonne) der Zahlung keine Gegenleistung gegenüber steht. Des Weiteren muss durch Kontrollen gewährleistet werden, dass nur solche Altprodukte durch das Rücknahmesystem erfasst werden, für die im Vorfeld der Preisaufschlag erhoben wurde.

B 7.3.2 Netzwerke

Die Kreislauf- und Abfallwirtschaft beinhaltet die Gesamtheit aller logistischen, fertigungs- und verfahrenstechnischen Prozesse zur ordnungsgemäßen Entsorgung, d. h. zur Verwertung und Beseitigung von Abfällen gemäß KrW-/AbfG. Diese können von einem Unternehmen oder von einem Verbund kooperierender Partnerunternehmen, also einem Unternehmensnetzwerk, betrieben werden.

Unternehmensnetzwerke bezeichnen die „koordinierte Zusammenarbeit zwischen mehreren rechtlich selbstständigen und formal unabhängigen Unternehmen" [Sie99; Syd92]. Sie charakterisieren Formen der Zusammenarbeit von Unternehmen auf Grundlage gemeinsamer Zielvorstellungen [Bac93; Gau99]. Diese liegen in der Verknüpfung betrieblicher Aktivitäten zur Erstellung eines marktfähigen Produktes bzw. einer marktfähigen Dienstleistung [Hes98].

Unternehmensnetzwerke in der Kreislauf- und Abfallwirtschaft sind vielschichtig. Sie existieren u. a. im Sinne von Verwertungsnetzwerken, die aus den Aktivitäten des produzierenden Gewerbes heraus entstanden sind. Exemplarisch werden in der Fachliteratur die „Industriesymbiose Kalundborg", das „Entsorgungsnetzwerk Steiermark" und das „Entsorgungsnetzwerk Ruhrgebiet" (Bild B 7.3-3) genannt [Kal96]. Hierbei handelt es sich um regionale Unternehmensnetzwerke ohne strategisch führendes Unternehmen.

Ebenfalls aus den Aktivitäten des produzierenden Gewerbes heraus entstanden, jedoch gezielt zur Rücknahme und Verwertung gebrauchter Produkte etabliert, sind *Unternehmensnetzwerke* z. B. zur Rückführung von Glasverpackungen, gebrauchten Batterien und PU-Schaum-Dosen [GGA07; GRS07; PDR07]. Hierbei handelt es sich um bundesweite Unternehmensnetzwerke mit strategisch führendem Unternehmen. Darüber hinaus existieren Unternehmensnetzwerke, die aus einer Partnerschaft öffentlicher und privater bzw. aus einer Partnerschaft ausschließlich öffentlicher Entsorgungsunternehmen heraus entstanden sind, z. B. Abfallwirtschaftsverbände, Zweckverbände, Entsorgergemeinschaften [Gal92]. Sie sind regional begrenzt, verfügen jedoch ebenfalls über ein strategisch führendes Unternehmen.

B 7.3 Stoffstrommanagement   517

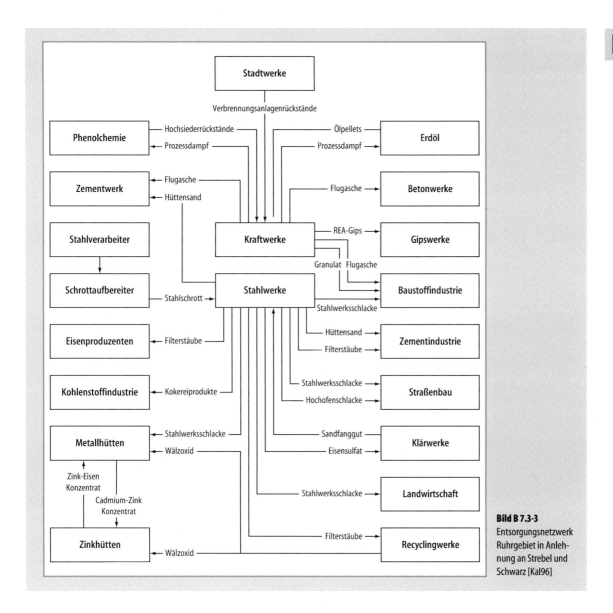

Bild B 7.3-3
Entsorgungsnetzwerk Ruhrgebiet in Anlehnung an Strebel und Schwarz [Kal96]

Die Auftragsabwicklung in Unternehmensnetzwerken der Kreislauf- und Abfallwirtschaft erfolgt durch die jeweiligen Partnerunternehmen (Logistikdienstleister, Entsorgungsunternehmen etc.). Sie erbringen einzelne, definierte und aufeinander abgestimmte Teilleistungen zur Entsorgung eines Abfalls. Nach Erbringungen aller Teilleistungen werden gewonnene Sekundärprodukte, -rohstoffe und -energie dem Wirtschaftskreislauf erneut zugeführt oder verbleibende Abfälle dem Wirtschaftskreislauf endgültig entzogen [Hes00].

Die *Kooperationen und Netzwerke* – einschließlich der Unternehmensbeteiligungen – werden immer komplexer. Dieser Trend geht zu Lasten der Transparenz, die inzwischen auch durch umfassende Unternehmensbefragungen nicht mehr vollständig hergestellt werden kann. So gehören kommunale und private Unternehmensgruppen ebenfalls zu Unternehmenskooperationen und -netzwerke in der Kreislauf- und Abfallwirtschaft sowie Public Private Partnerships, Public Public Joint Ventures und Verwertungsnetzwerke.

B 7.4 Planungssysteme in der Kreislaufwirtschaft

B 7.4.1 Planungsverfahren in der Kreislaufwirtschaft

Eine Planung ist die gedankliche Gestaltung eines Prozesses oder einer Anlage, der bzw. die eine bestimmte vorgegebene Aufgabe in einem bestimmten Zeitabschnitt, dem Planungshorizont, in der Zukunft zu erfüllen hat. Zur Planung logistischer Systeme allgemein und insbesondere in der Entsorgung gehört eine Vielzahl von möglichen Tätigkeitsgebieten, zu denen die Ablaufplanung (z. B. Gestaltung der Transportkette im Sonderabfallbereich), die Arbeitsmittelplanung (z. B. die Fuhrparkplanung im Hausabfallsammelbereich) und die Fabrikplanung (z. B. Aufbau von Abfallbehandlungsanlagen) zu zählen sind.

Gegenstand einer Planung sind alle an der gestellten Aufgabe beteiligten Objekte (Güter, Personen, Informationen, Energie), Arbeitsmittel (Transportmittel, Produktionsmittel) und die notwendige Infrastruktur. Zur Planung werden Modelle herangezogen, die das zu planende System so detailliert wie notwendig, aber so einfach wie möglich darstellen sollen. Hierbei wird zwischen abstrakten (mathematischen, kybernetischen) und konkreten Modellen unterschieden. Auf diese Modelle werden dann Verfahren aus dem Operation Research wie die Graphentheorie, Netzplantechnik, lineare und nichtlineare Optimierung usw. angewendet oder es kommen andere Verfahren wie Entscheidungstabellen, Systemanalysen, Flussdiagramme und Materialflusspläne zum Einsatz. Darüber hinaus gibt es Simulationsprogramme und Expertensysteme als Planungswerkzeuge, denen in Zukunft eine immer größer werdende Rolle u. a. bei der Lösung komplexerer Probleme einzuräumen ist. Neben der Komplexität des Planungsobjektes sind folgende Aspekte zu berücksichtigen:
– Anlagentechnik,
– Bautechnik,
– Energietechnik und -verbrauch,
– Ergonomie,
– Informationstechnik,
– Organisation,
– Verkehrstechnik,
– Wirtschaftlichkeit.

Insbesondere im Entsorgungsbereich kommt eine Vielzahl zu beachtender Gesetze und Verordnungen hinzu. Der Einsatz rechnergestützte Verfahren bei der Planung logistischer Systeme dient der Ermittlung alternativer Lösungsmöglichkeiten und Planungsvarianten, die miteinander verglichen werden können. Die damit verbundenen großen Datenmengen lassen sich mittels EDV effektiv verwalten und den Anforderungen entsprechend dokumentieren. Als wichtiges Hilfsmittel haben sich Programmsysteme herausgestellt, die zur Planungsdatenanalyse beitragen können. Da in vielen Unternehmen Daten hauptsächlich aus wirtschaftlichem bzw. kaufmännischem Interesse verwaltet werden, müssen für die Planung logistischer Systeme Daten neu erhoben werden oder aus den vorhandenen Daten abgeleitet werden. So sind z. B. in einem Betrieb, der sich mit der Sammlung und Behandlung von Sonderabfällen beschäftigt, Informationen über Materialbewegungen auf dem Betriebsgelände und Verweilzeiten von Abfällen in bestimmten Zeitabschnitten kaum vorhanden, dies ist aber für die konsistente Planung eines Lagers für Sonderabfälle notwendig. Nun lassen sich solche Daten mittels EDV häufig aus Auftragsdaten und Abrechnungsdaten ermitteln, da diese Daten heute fast überall mittels EDV verarbeitet werden. Ist dies nicht der Fall, so müssen entsprechende Daten aufgenommen werden und auf ihre Plausibilität, Vollständigkeit, Redundanz und Konsistenz überprüft werden, bevor sie als Planungsgrundlage verwendet werden können. Die hierbei gewonnenen Daten lassen sich dann auch zu Hochrechnungen heranziehen, um die Auslegung des zu planenden Objektes für einen bestimmten Zeitraum zukunftssicher gestalten zu können. Neben diesen als Analysewerkzeuge zu bezeichnenden EDV-Hilfsmitteln sind die Instrumente zu erwähnen, die die eigentlichen Planungsvarianten erzeugen oder sogar optimieren. Beispiele sind:

– Layoutplanungsprogramme, die bei der Aufteilung eines Betriebsgeländes oder einer Fertigungshalle bzw. dem Einpassen eines neuen Anlagenteiles oder einer Produktionsstätte eingesetzt werden. Hierzu wird das vorhandene Layout, also die momentane räumliche Situation, maßstabsgetreu graphisch im Rechner abgebildet. In diese Darstellung können jetzt die neu einzubindenden Anlagenteile mit allen Materialflusswegen graphisch eingesetzt werden und die Auswirkungen auf Flächenverbrauch und Materialflusswegelängen vom Programm errechnet werden, so dass ein qualitativer und quantitativer Vergleich verschiedener Planungsvarianten möglich ist. Mittlerweile existieren auch schon Systeme, die die räumliche Anordnung selbst durchspielen können und durch eine Simulation zu einem optimalen Ergebnis kommen.

– Lagerplanungsprogramme, die bei der Planung von Lagersystemen, z. B. inertisierte Hochregallager für Sonderabfälle, behilflich sein können. Auf Grundlage von Eingabedaten, z. B. der zu lagernden Mengen, der Aus- und Einlagerungsmargen, einer grundsätzlichen Entscheidung des Planers für bestimmte Lagerprinzipien und einer Datenbasis über die am Markt vorhandene Lagertechnik, können solche Systeme in kurzer Zeit verschiedene Varianten errechnen und auch graphisch darstellen, so dass der Planer sehr gut die Nutzbarkeit einer Variante für das gestellte Problem überprüfen kann, um dann in einem iterativen Prozess zu einem optimalen Lager zu gelangen.

B 7.4.2 Standortplanung in der Kreislaufwirtschaft

Die Bedeutung der Standortplanung lässt sich daran erkennen, dass einmal realisierte Entscheidungen, wenn überhaupt, nur mit sehr großem Aufwand und dementsprechend hohen Kosten rückgängig gemacht werden können. Deshalb muss der Standortauswahl innerhalb der strategischen Planung die nötige Beachtung geschenkt werden. Vor allem ist die Standortplanung in der Kreislaufwirtschaft verbunden mit genehmigungsrechtlichen Restriktionen.

Bei einer Standortplanung wird i. d. R. eine begrenzte Region betrachtet, wobei grundlegende Entscheidungen über die zu produzierenden Güter bereits getroffen sind. Jeder Standort ist durch bestimmte Nebenbedingungen gekennzeichnet, die es qualitativ zu beschreiben gilt. Danach kann mit Hilfe geeigneter Verfahren der optimale Standort errechnet werden.

Die Standort- und Zuordnungsplanung entstammt dem Operations Research und dient als mathematisches Verfahren u. a. der Optimierung von Logistiknetzwerken. Dabei ordnet sie anhand eines Bewertungskriteriums Güter ausgehend von einem Ausgangspunkt über verschiedene Stufen eines Logistiknetzwerkes hinweg einem Endpunkt zu. Die Zuordnungsplanung wird überwiegend von Logistikunternehmen in der Distributions- und Handelslogistik angewendet. Sie optimiert die Zuordnung von Produkten ausgehend vom Hersteller über Zentral- und Regionallager bzw. über den Groß- und Einzelhandel bis hin zum Endkunden. In Ansätzen wird sie inzwischen auch von Herstellern in der Beschaffungs- und Produktionslogistik eingesetzt. Hierbei dient sie der Zuordnung von Rohstoffen ausgehend von den Lieferanten über die Produktion von Halbzeugen, Bauteilen und Baugruppen hinweg bis hin zum Hersteller fertiger Endprodukte. Darüber hinaus wird die Methode von Entsorgungsunternehmen eingesetzt. Hierbei dient sie der Zuordnung von Abfällen ausgehend vom Anfallort über die Sortierung, Demontage, Aufbereitung und Behandlung hinweg bis hin zur Verwertung oder Beseitigung. Das Ziel ist dabei vornehmlich, unter Einbeziehung logistischer, fertigungs- und verfahrenstechnischer Prozesse kostenminimale Materialflüsse zu realisieren [Dom98]. Die Standort- und Zuordnungsplanung kann heuristisch oder exakt vorgenommen werden. Ihre Anwendung erfordert sowohl Projektdaten (z. B. kundenspezifische Standort-, Kunden- und Kosteninformationen) als auch Geodaten (z. B. digitale Straßenkarten, Schienen- und Wasserwege). Die Daten werden dazu eingangs in ein mathematisches Modell überführt [Mic01].

B 7.4.3 Tourenplanung in der Kreislaufwirtschaft

Die Planung von Fahrtrouten (Touren) zur Sammlung von Abfällen, Wertstoffen und Altprodukten wird angesichts des allgemeinen Zwangs zur Optimierung und Rationalisierung in der Entsorgungsbranche vielfach angewendet. Darüber hinaus führen die Zentralisierung von Entsorgungseinrichtungen und die zunehmende Fraktionierung getrennt zu sammelnder Materialien zu einer drastischen Zunahme der Transportbeziehungen. Dadurch verlängern sich die Anfahrwege für die Sammelfahrzeuge und die spezifischen Sammelzeiten verringern sich, wodurch sich ein Mehraufwand an Personal- und Fuhrparkkosten ergibt. Die anteiligen Kosten für die Logistik (Sammlung, Umschlag und Transport) betragen schätzungsweise 30 bis 80% der Gesamtkosten der Entsorgung.

Problemstellungen in der Kreislaufwirtschaft umfassen sowohl die Entsorgung von Haustür zu Haustür (Holsystem) als auch die Entleerung bzw. Abholung von Abfällen an dafür vorgesehenen spezifischen Orten (Bringsystem). Die allgemeine Problemstellung kann folgendermaßen beschrieben werden: Eine gegebene Anzahl von Kunden, deren Standorte bekannt sind und deren jeweilige Abfall- oder Altproduktmenge bekannt oder abgeschätzt ist, soll von einem Betriebshof angesteuert werden. Hierzu steht eine Anzahl von Sammelfahrzeugen mit einer beschränkten Ladekapazität bereit. Die Fahrzeuge werden von Mitarbeitern begleitet, die eine begrenzte Arbeitszeit haben. Aufgrund der Restriktionen ist es i. Allg. nicht möglich, alle Kunden mit einem Fahrzeug zu bedienen. Darüber hinaus führen die tageszeitlich nicht immer aufeinander abgestimmten Einschränkungen der Ladekapazität und Arbeitszeit dazu, dass bestimmte Fahrzeuge (i. d. R. alle) ein- oder mehrmals im Verlauf der zur Verfügung stehenden Zeit zur Entleerung den Zielort (z. B. Sortieranlage, Müllverbrennung, Deponie) ansteuern müssen. In der betrieblichen Praxis wird für die genannten Problemstellungen die kostengünstigste Lösung gesucht.

Die Tourenplanungsprobleme können in knotenorientierte – z. B. das verallgemeinerte *Travelling Salesman Problem* (TSP) – und kantenorientierte Probleme – z. B. das verallgemeinerte *Chinese Postman Problem* (CPP) – differenziert werden. In der Entsorgungswirtschaft treten beide

Erscheinungsformen auf: das TSP bei der Entsorgung von Containern (z. B. Altglassammlung) und das CPP bei der klassischen Restabfallsammlung im Holsystem von Haustür zu Haustür entlang der Straßenzüge einer Stadt. Im größten Teil der Literatur werden unter dem Begriff „Tourenplanung" lediglich knotenorientierte Probleme verstanden. Hierfür existieren auch deutlich mehr Lösungsansätze. Allerdings kann das verallgemeinerte CPP in ein verallgemeinertes TSP transformieren werden, indem jeder Verbindungsweg durch einen Knoten in der Mitte des Weges ersetzt wird. Auf diesem Prinzip basiert ein Großteil der am Markt angebotenen Tourenplanungssoftware. Darin werden einfache aber bewährte Standardalgorithmen zur Lösung verwendet. Gebräuchlich sind dabei aus den einstufigen Verfahren (auch Parallel- oder Simultanverfahren genannt) die sog. Savingsverfahren und aus den zweistufigen Verfahren (aus den Cluster first - Route second-Verfahren) die sog. Weep-Verfahren. Für die Entsorgungsbranche stehen mittlerweile leistungsfähige und standardisierte EDV-Lösungen zur Verfügung, die den Disponenten bei seinen Routinearbeiten unterstützen.

B 7.5 Prozessoptimierung

Unternehmen in der Entsorgungsbranche werden heutzutage durch gesetzliche Vorgaben und einen enormen Kostendruck gezwungen Abfälle immer differenzierter und hochwertiger zu verwerten bzw. zu beseitigen. Es reicht nicht mehr aus, Abfälle einzusammeln, zu transportieren und in entsprechende Anlagen zu verbringen. Vielmehr verbergen sich hinter der modernen Entsorgungswirtschaft komplexe logistische Systeme mit hohem Anspruch an Informations- und Materialfluss. Für den wirtschaftlichen Erfolg eines Unternehmens in der Kreislaufwirtschaft sind Faktoren wie z. B. effizientes Kundenmanagement, neue Arbeitszeitmodelle, angepasste Fahrzeug- und Behältertechnik, Einbindung alternativer Verkehrsträger, Planung und Steuerung von Entsorgungsnetzwerken bestimmend [Hau03].

Das Optimierungspotenzial von komplexen logistischen Systemen der Kreislaufwirtschaft ist vielfältig: Effizienzsteigerung im Informationsfluss, Abbau von Schnittstellen, Nutzung von Synergieeffekten in Netzwerken u. v. m.

Viele der Optimierungsansätze aus dem Bereich der Wirtschafts- und Güterverkehre lassen sich direkt auf den Bereich der Kreislaufwirtschaft übertragen. Andere wiederum müssen speziell auf die spezifischen Rahmenbedingungen der Kreislaufwirtschaft, wie z. B. die dynamischen Planungsdaten und die gesetzlichen Vorgaben, angepasst werden.

Grundsätzlich werden die Optimierungsansätze der Logistik für die Kreislaufwirtschaft in vier Gruppen eingeordnet:
- softwaregestützte Planung und Optimierung,
- Optimierung von Prozessen und Abläufen,
- Einsatz innovativer technischer Lösungen,
- Kooperationen und Netzwerke.

B 7.5.1 Softwaregestützte Planung und Optimierung

Das Potenzial bei der software-gestützten Optimierung logistischer Systeme liegt insbesondere in der Möglichkeit zur Verarbeitung großer Datenmengen, die durch manuelle Methoden nicht zu bewältigen sind. Typische Anwendungsfälle aus dem Bereich der Kreislaufwirtschaft sind die Revier- und Tourenplanung sowie die Zuordnungsplanung über mehrere Stufen (z. B. Zwischenlager oder Aufbereitungsanlagen), d. h. die Optimierung von komplexen Stoffstromnetzen. Die verwendeten Algorithmen und Methoden entstammen dabei häufig dem Wissensgebiet des „Operations Research"[4], einem Teilgebiet der angewandten Mathematik, bei dem komplexe Aufgaben der industriellen Anwendung modelliert und mit Hilfe von mathematischen Werkzeugen optimiert werden. Der Zeithorizont einer Optimierung ist dabei i. d. R. mittel- bis langfristig ausgelegt. Neben der grundsätzlichen strategischen Ausrichtung solcher Optimierungsprojekte ist nicht zuletzt auch der z. T. erhebliche Zeitaufwand für die mathematische Modellierung und Berechnung ein Grund für die eher längerfristige Ausrichtung derartiger Anwendungen.

Bei der software-gestützten Planung von Logistiksystemen der Kreislaufwirtschaft wird hingegen der kurz- bis mittelfristige Zeithorizont und vermehrt das operative Tagesgeschäft betrachtet. Hierzu gehören vor allem die Disposition von Fahrzeugen und Mitarbeitern sowie die Visualisierung von Kennzahlen der Logistik mit dem Ziel der Steuerung von Stoffströmen. In beiden Fällen geht es darum, sich mit Hilfe von software-gestützten Lösungen, z. B. einem Leitstand, einen möglichst genauen und zeitnahen Überblick über die zur Verfügung stehenden Ressourcen

---

[4] Der Begriff „Operations Research" stammt ursprünglich aus dem Militärwesen (daher der Begriff „Operation"). Fragestellungen waren unter anderem die optimale Menge von Schiffen und Begleitschutz für Schiffskonvois oder eine optimale Breite von Bombenteppichen in Bezug auf Genauigkeit und Streubreite. Nach dem Zweiten Weltkrieg verlagerte sich die Forschung in ökonomische Bereiche. Operations Research findet sowohl in den Ingenieurwissenschaften, in der Wirtschaftsinformatik, als auch in den Wirtschaftswissenschaften Anwendung.

zu verschaffen und diese möglichst optimal im Tagesgeschäft einzusetzen.

B 7.5.2 Optimierung von Prozessen und Abläufen

Die effiziente Gestaltung von Informations- und Materialflüssen eines Unternehmens steht bei der Optimierung von Prozessen und Abläufen im Vordergrund. Ein zentrales Thema ist dabei die Vermeidung von Schnittstellen durch organisatorische Maßnahmen. Dies gilt sowohl für die Transportketten, u. a. bei der Vermeidung von unnötigen Umschlagvorgängen, als auch für die Geschäftsprozesse, z. B. mit Hilfe von vernetzten ERP-Systemen, mit denen Informationen betriebsstättenübergreifend gespeichert und weitergegeben werden können. Darüber hinaus werden auch alle Maßnahmen bezüglich der Aus- und Weiterbildung von Mitarbeitern unter dem Begriff der Ablaufoptimierung erfasst. Hierzu gehört u. a. das Fahrertraining mit dem Ziel der Kraftstoffverbrauchsreduzierung und der Unfallverhütung.

B 7.5.3 Einsatz von Technik

Logistisches Optimierungspotenzial kann auch durch den Einsatz von innovativen Technologien erschlossen werden. So kann z. B. die Be- und Entladung von Schüttgütern durch die Verwendung von entsprechenden Fahrzeugen, wie z. B. Walking-Floor-Fahrzeuge, vereinfacht werden. Darüber hinaus tragen geeignete Umschlagmittel, wie z. B. Verladerahmen für Abrollcontainer, mit denen eine Verknüpfung des vertikalen und horizontalen Umschlags im KLV ermöglicht wird, zur Optimierung der Logistik in der Kreislaufwirtschaft bei. Des Weiteren dient der Einsatz von IuK-Technik zur Optimierung der entsorgungslogistischen Prozesse. Hierzu gehört u. a. die RFID-Technologie, mit der u. a. Container automatisch identifiziert werden können, oder GPS-Module, mit denen Routen von Sammelfahrzeugen nachverfolgt und optimiert werden können.

B 7.5.4 Zusammenschlüsse von Unternehmen

Das Optimierungspotenzial durch Zusammenschlüsse von Unternehmen in der Kreislaufwirtschaft, u. a. Kooperationen und Netzwerke, liegt zum einen in der Erschließung von Synergieeffekten durch die gemeinsame Nutzung von Ressourcen, wie Fahrzeuge oder Personal. Zum anderen können Zusammenschlüsse von Unternehmen auch dazu genutzt werden, um eine möglichst effektive Produktion von Sekundärressourcen aufzubauen, z. B. in Form von Koppelprodukten, bei denen ein Unternehmen sich gezielt um die Produktionsrückstände eines anderen Unternehmens kümmert und daraus hochwertige Sekundärprodukte herstellt. Durch eine räumliche Nähe der Unternehmen zueinander kann auch hier logistisches Potenzial erschlossen werden.

Literatur

[Arn02] Arnold, D. et al. (Hrsg.): Handbuch Logistik. Berlin/Heidelberg/New York: Springer 2002, S. B7–31

[Bac93] Backhaus, K.; Meyer, M.: Strategische Allianzen und strategische Netzwerke. Wirtschaftswissenschaftliches Studium 22 (1993) 7, S. 330–334

[Bil90] Bilitewski, B.; Härdtle, G.; Marek, K.: Abfallwirtschaft. Eine Einführung. Berlin/Heidelberg/New York: Springer 1990

[Bil00] Bilitewski, B.; Härdtle, G.; Marek, K.: Abfallwirtschaft. Handbuch für Praxis und Lehre. 3. Aufl. Berlin/Heidelberg/New York: Springer 2000

[BMU05a] Bundesministerium für Umwelt, Naturschutz und Reaktorsicherheit (Hrsg.): Nachhaltige Abfallwirtschaft ist Ressourcen- und Klimaschutz. Siedlungsabfallentsorgung: Statistiken und Grafiken. Internet (2005): http://www.bmu.de/files/abfallwirtschaft/downloads/application/pdf/siedlungsabfallentsorgung_statistik.pdf

[BMU05b] Bundesministerium für Umwelt, Naturschutz und Reaktorsicherheit (Hrsg.): Siedlungsabfallentsorgung. Stand – Handlungsbedarf – Perspektiven: Stichtag: 1. Juni 2005, die Zeit ist abgelaufen. Berlin: BMU 2005

[BMU06] Bundesministerium für Umwelt, Naturschutz und Reaktorsicherheit (Hrsg.): Wirtschaft und Umwelt. Selbstverpflichtungen. Stand: März 2006. Internet (2007): www.bmu.de/wirtschaft_und_umwelt/selbstverpflichtungen/doc/36514.php

[BMZ07] Bundesministerium für wirtschaftliche Zusammenarbeit und Entwicklung (Hrsg.): Es begann in Rio 1992. Internet (2007): http://www.bmz.de/de/themen/umwelt/hintergrund/umweltpolitik/rio_1992.html

[DIN89] Deutsches Institut für Normung (DIN): DIN 30781, Teil 1: Transportkette – Grundbegriffe. Berlin: Mai 1989

[Dom98] Domschke, W.; Drexl, A.: Einführung in Operations Research. 4. Aufl. Berlin/Heidelberg/New York: Springer 1998

[Epi05] Epiney, A.: Umweltrecht in der Europäischen Union. 2. Aufl. Köln: Carl Heymanns 2005

[Euw05] Europäischer Wirtschaftsdienst (EUWID): Recycling und Entsorgung: DSD weist die Kritik von Darmstadt und Kassel am gelben Sack zurück. EUWID Re (2005) 7, Text-Nr. 067 vom 15.02.2005

[Gal92] Gallo, H. J.: Ökonomisch-ökologische Hausmüllentsorgung. Eine Computersimulation zur Entscheidungsunterstützung bei der Problemlösung im Zweckverband Abfallwirtschaft Rhein-Neckar. Frankfurt am Main: Lang 1992 – zugl. Universität Mannheim: Diss. 1991

[Gau99] Gausemeyer, J.; Fink, A.: Führung im Wandel. Ein ganzheitliches Modell zur zukunftsorientierten Unternehmensgestaltung. München: Hanser 1999

[GGA07] Gesellschaft für Glasrecycling und Abfallvermeidung mbH (GGA): Homepage. Internet (2007): www.glasaktuell.de

[GRS07] Stiftung Gemeinsames Rücknahmesystem Batterien (GRS): Homepage. Internet (2007): www.grs-batterien.de

[Han95] Hansen, U.: Einführung. In: Rinschede, A.; Wehking, K.-H.; Jünemann, R. (Hrsg.): Entsorgungslogistik III: Kreislaufwirtschaft. Berlin: Erich Schmidt 1995, S. 15–40

[Hau03] Hauser, H.; Clausen, U.: Innovativ entsorgen. Logistik heute (2003) 11, S. 64–65

[Hes98] Hess, T.: Unternehmensnetzwerke. Abgrenzung, Ausprägung und Entstehung. Göttingen: Universität Göttingen, Abt. Wirtschaftsinformatik II, Arbeitspapiere Nr. 4/1998

[Hes00] Hess, T.; Schumann, M.: Netzwerkkoordinator – ein attraktives Geschäftsmodell. io-management 69 (2000) 5, S. 80–83

[Hey07] Heymann, E.; Deutsche Bank Research (Hrsg.): Perspektiven der Entsorgungswirtschaft. Sonderbericht. Stand: 1. Februar 2000. Internet (2007): www.dbresearch.com/PROD/DBR_INTERNET_EN-PROD/PROD0000000000015641.pdf

[Hol91] Holzhauer, R.: Transport und Förderung. In: Rinschede, A.; Wehking, K.-H.; Jünemann, R. (Hrsg.): Entsorgungslogistik I: Grundlagen, Stand der Technik. Berlin: Erich Schmidt 1991, S. 110 ff.

[Hün01] Hüning, R.; Meise, T.; Möller, V.: Entwicklung eines Anforderungsprofils für ein automatisches Abfallsammelsystem. Dortmund: Fraunhofer IML, 2001 – Forschungsbericht 11699N: Forschungsprojekt im Auftrag der Arbeitsgemeinschaft industrieller Forschungsvereinigungen „Otto von Guericke" e.V., Köln 2001

[Jan98] Jansen R.: Handbuch Entsorgungslogistik. Möglichkeiten und Grenzen der Abfallvermeidung, -verwertung und -beseitigung. Frankfurt: Deutscher Fachverlag 1998

[Jün89] Jünemann, R.: Materialfluss und Logistik. Systemtechnische Grundlagen mit Praxisbeispielen. Berlin/Heidelberg/New York: Springer 1989

[Kah98] Kahl, W.; Vosskuhle, A.: Grundkurs Umweltrecht. Einführung für Naturwissenschaftler und Ökonomen. 2. Aufl. Heidelberg: Spektrum 1998

[Kal96] Kaluza, B.; Blecker, T.: Interindustrielle Unternehmensnetzwerke in der betrieblichen Entsorgungslogistik. Duisburg: Gerhard-Mercator-Universität, FB Wirtschaftwissenschaft 1996 (Diskussionsbeitrag Nr. 229)

[Kum06] Kummer, B.: Umsetzung des neuen Deponierechts. Erfahrungen in Deutschland und der EU. Tagungsbeitrag. Stand 31. Mai 2006. Internet (2007): www.sekundaer-rohstoffe.com/Umsetzung_des_Deponierechts.pdf

[Mey02] Meyer, P.; Rauh, T.: Möglichkeiten des Abfalltransports auf der Schiene: Reisen auf Gleisen. Entsorga-Magazin (2002) 11–12, S. 18–22

[Mey04a] Meyer, P.: Methode zur Steigerung der ökonomischen und ökologischen Effizienz von Logistiknetzwerken der Entsorgungswirtschaft. Dortmund: Praxiswissen 2005 – zugl. Universität Dortmund: Diss. 2004

[Mey04b] Meyer, P.; Rauh, T.: Die Bahn kommt – auch in der Kreislaufwirtschaft- und Abfallwirtschaft. In: Hösel, G. et al. (Hrsg.): Müll-Handbuch. Sammlung und Transport, Behandlung und Ablagerung sowie Vermeidung und Verwertung von Abfällen. Berlin: Erich Schmidt, Stand Juli 2004, Kz. 2360

[Mic01] Michaelis, E: Lösung von Zuordnungs- und Umladeproblemen mit exakten Algorithmen. In: Bányai, T.; Cselényi, J. (Hrsg.): Modelling and Optimaisation of Logistic Systems. Theory and Practice. Miskolc: Universität 2001

[Möl05] Möller, V.: Abfallsammlung im Wandel. UmweltMagazin (2005) 6, S. 10

[PDR07] PDR Recycling GmbH + Co. KG: Homepage. Internet (2004): www.pdr.de

[Sch91] Schnellbögl, J.: Abfallzusammensetzung und Abfallmengen. In: Rinschede, A.; Wehking, K.-H.; Jünemann, R. (Hrsg.): Entsorgungslogistik I: Grundlagen, Stand der Technik. Berlin: Erich Schmidt 1991, S. 95 ff.

[Sie99] Siebert, H.: Ökonomische Analyse von Unternehmensnetzwerken. In: Sydow, J. (Hrsg.): Management von Netzwerkorganisationen. Beiträge aus der Managementforschung. Wiesbaden: Gabler 1999

[Sta95] Stache, U.: Redistributionsstrategien. In: Rinschede, A.; Wehking, K.-H.; Jünemann, R. (Hrsg.): Entsorgungslogistik III: Kreislaufwirtschaft. Berlin: Erich Schmidt 1995, S. 77 f.

[SUL07] Sulo Umwelttechnik GmbH & Co. KG: Produkte. Internet (2007): www.sulo-umwelttechnik.de

[Syd92] Sydow, J.: Strategische Netzwerke. Evolution und Organisation. Wiesbaden: Gabler 1992 – zugl. Freie Universität Berlin: Habil. 1991/1992

[Tho92] Thomé-Kozmiensky, K. J.: Materialrecycling durch Abfallaufbereitung. Berlin: EF-Verlag für Energie- und Umwelttechnik 1992

[UBA05a] Umweltbundesamt (Hrsg.): Anlagen zur thermischen Abfallbehandlung. Internet (2005): http://www.env-it.de/umweltdaten/jsp/index.jsp

[UBA05b] Umweltbundesamt (Hrsg.): Ablagerung von Abfällen auf Deponien. Internet (2005): http://www.env-it.de/umweltdaten/jsp/index.jsp

[UBA05c] Umweltbundesamt (Hrsg.): Batterieverordnung – Batterieverwertung. Internet (2005): http://www.umweltbundesamt.de/uba-info-daten/daten/batterieverwertung.htm

[UWS07] UWS Umweltmanagement (Hrsg.): Umwelt-online. Internet (2007): www.umwelt-online.de

[VDI01] Verein Deutscher Ingenieure (VDI): VDI Norm 2343. Recycling elektrischer und elektronischer Geräte. Düsseldorf: VDI-Verlag, Ausgabe Mai 2001

[VDI02] Verein Deutscher Ingenieure (VDI): VDI Norm 2243. Recyclingorientierte Produktentwicklung. Düsseldorf: VDI-Verlag, Ausgabe Juli 2002

[VDI05] Verein Deutscher Ingenieure (VDI): VDI Norm Organisatorische Grundfunktionen im Lager. Düsseldorf: VDI-Verlag, Ausgabe März 2005

[VKS05] Verband kommunale Abfallwirtschaft und Stadtreinigung im Verband kommunaler Unternehmen (Hrsg.): VKS Information 64, VKS im VKU, Betriebsdatenauswertung 2004. Köln: VKS Service 2005

[Wür98a] Würz, W.: Fahrzeuge zur Abfuhr von festen Abfällen. In: Hösel, G. et al. (Hrsg.): Müll-Handbuch. Sammlung und Transport, Behandlung und Ablagerung sowie Vermeidung und Verwertung von Abfällen. Berlin: Erich Schmidt, Stand Juni 1998, Kz. 2210

[Wür98b] Würz, W.: Fahrzeuge zur systemlosen Abfuhr. In: Ebenda, Kz. 2220

[Wür98c] Würz, W.: Fahrzeuge für Umleerbehältersysteme. In: Ebenda, Kz. 2230

[Wür98d] Würz, W.: Konventionelle Abfallfahrzeuge. In: Ebenda, Kz. 2231

[Wür98e] Würz, W.: Fahrzeuge für das Wechselverfahren. In: Ebenda, Kz. 2240

Spezielle Logistikprozesse B8

B 8.1 Handelslogistik

B 8.1.1 Einführung

Unter dem Begriff Handelslogistik kann die Planung, Abwicklung, Gestaltung und Kontrolle sämtlicher Waren- und dazugehöriger Informationsströme zwischen einem Handelsunternehmen und seinen Lieferanten sowie innerhalb des Handelsunternehmens und zwischen einem Handelsunternehmen und seinen Kunden verstanden werden. Die Logistik von und für Handelsunternehmen hat sich in den letzten 20 Jahren, bedingt durch interne aber auch vermehrt externe Anforderungen, zusehends zu einem eigenständigen Ressort entwickelt. Durch eine hohe Sortimentsvielfalt im Handel, die je nach Branche von ca. 1.000 bis über 20.000 Produkten variiert und eine nicht minder beeindruckende Lieferantenanzahl ergeben sich äußerst komplexe Logistikstrukturen, deren Anforderungen an Planung und Steuerung sich durch handelsinterne Zwischenstationen zur Anlieferung von bis zu 4.000 Filialen je Handelskette nochmals erhöhen. Dieses Beispiel macht die Bedeutung der Handelslogistik offensichtlich und illustriert die Notwendigkeit, logistische Anforderungen innerhalb solcher Netzwerke detailliert zu planen und zu dokumentieren. Hinzu kommen steigende gesetzliche Anforderungen wie z. B. zur Rückverfolgbarkeit von Lebensmitteln für den Lebensmittelhandel, die einen sehr hohen Grad an Transparenz über den gesamten Material- und Informationsfluss erfordern.

Wesentliche Themenkomplexe zur Supply Chain zwischen Handel und Industrie sowie zu handelslogistischen Besonderheiten werden im Folgenden behandelt.

B 8.1.2 Liefer- und Lagerstrategien

B 8.1.2.1 Handel oder Hersteller – Wer steuert die Supply Chain?

Die Rollenverteilung bei der Logistiksteuerung zwischen Handel und Industrie hat in der jüngsten Vergangenheit erhebliche Veränderungen erfahren. War in der Vergangenheit die Industrie der steuernde Hebel der Warenströme, erkämpfen sich in der jüngeren Vergangenheit mehr und mehr Handelsketten eine überlegene Position und geben nun vielfach die Rahmenbedingungen für logistische Abwicklungen vor. Ein Blick in die Statistik gibt volkswirtschaftlich gesehen dem Handel Recht, wenn er bei Konsumgütern die Logistikführerschaft übernimmt. Denn in Deutschland generierten in 2004 die größten 30 Handelsunternehmen zusammen 190 Milliarden Euro Umsatz. Die Top 30 Lieferanten kommen dagegen lediglich auf einen Gesamtumsatz von unter 100 Milliarden Euro. In manchen Branchen ist das Verhältnis noch deutlicher: Im Lebensmitteleinzelhandel halten die acht größten Unternehmen einen Marktanteil von über 80% [Ehi05]. Das Bündelungspotenzial des Handels ist also grundsätzlich höher. Darüber hinaus schlagen beim Handel die Logistikkosten im Vergleich zu den Gesamtkosten wesentlich höher zu Buche als bei der Industrie. Hier wird auch nachvollziehbar, warum der Handel immer häufiger mit einer eigenen Beschaffungslogistik die Steuerung der Supply Chain übernehmen möchte. Darüber hinaus löst nicht zuletzt der Konsument mit seinem Kauf die Nachschubsteuerung aus und dieser Prozess findet beim Handel statt. Nachvollziehbar ist allerdings auch die Position der Industrie, ihre Hoheit über die Supply Chain nicht aufgeben zu wollen. Hierzu werden wiederholt Lösungen entwickelt, um die eigene Position gegenüber dem Handel zu stärken. Dies geschieht vielfach, in dem Herstellerkooperationen zur Bündelung über einen Gebietsspediteur geschlossen werden. Allerdings sind auch reine Dienstleisternetzwerke eine interessante Alternative und verfügen über ein großes Bündelungspotenzial – nämlich die Warenströme all ihrer Kunden aus Handel und Industrie. Es bleibt also spannend. Der Handel will die Hoheit über die Beschaffungslogistik und die Industrie versucht dies zu verhindern.

Die Veränderungen in der Supply Chain Steuerung machen sich unter anderem dadurch bemerkbar, dass für Sendungen, die vormals zentral vorgegeben und vom Produzenten direkt in den Handel geliefert wurden, heute üblicherweise die Bedarfsplanung mit der Absatzanalyse der einzelnen Filialen beginnt. Die Händler holen die Waren beim Produzenten ab und beliefern die Filialen individuell mit den Mengen, die sie auch abverkauft haben. Ein positiver Effekt, der sich hierdurch für den Handel ergibt, ist die Reduzierung der Lagerflächen in den Filialen und damit verbunden eine Erweiterung der Verkaufsflächen. Ein weiteres Ziel der Beschaffungslogistiksysteme des Handels besteht darin, die Mischkalkulation der Transportkosten seitens der Hersteller aufzubrechen. Denn häufig werden die Lieferungen für kleinere Händler durch die großen Händler mit den bislang üblichen Frei-Haus-Kalkulationen quer subventioniert: Holt ein großes Handelsunternehmen die bestellten Waren in Eigenregie im Lager des Produzenten ab, entfällt für die herstellerseitig beauftragte Spedition ein Großteil des Volumens. Da die Kosten der Speditionsnetzwerke stark volumenabhängig sind, erhöhen sich die Transportkosten für den verbleibenden Rest, die der Dienstleister dann wohl an seine Auftraggeber weitergeben wird. Für ein Handelsunternehmen, das große Volumina beim Hersteller abholen lässt, dürften sich die reinen Transportkosten eher reduzieren. Die Regie über die Warenströme lohnt sich für einige Händler also auch aus Gründen der Transportkostensenkung und zur Vermeidung einer Mitfinanzierung des gesamten Transportnetzes [Tho05].

Einige große Handelsunternehmen, wie etwa Ikea oder die METRO Group haben die Potenziale im Bereich Logistik erkannt und schon früh mit der Gründung eigener Logistikgesellschaften darauf reagiert. Diese Logistikgesellschaften treten zum Teil als sog. „4th Party Logistics Provider" (4PL)[1] auf. Sie steuern die gesamte Supply Chain und beauftragen ihrerseits wiederum Transportunternehmen und Lagerdienstleister. Andere Unternehmen, wie z. B. die Drogeriemarktkette dm gehen alternative Wege und setzen verstärkt auf Kooperation mit der Industrie.

Doch Beschaffungslogistik der Handelsunternehmen durch Selbstabholung allein ist keinesfalls immer die günstigste Variante der Handelslogistik. Abhängig vom Sortimentsbereich, von Sendungsgrößen, Bestellrhythmen sowie von bestehenden Lager- und Umschlagkapazitäten kann auch die Direktbelieferung, eine lieferantengesteuerte Netzdistribution, Crossdocking-Strategien sowie die Regionallagerbelieferung sinnvoll sein.

Die möglichen Varianten hinsichtlich einer Lager- und Lieferstrategie lassen sich folgendermaßen beschreiben:

B 8.1.2.2   Lagerstrategien: Zentral vs. Dezentral

Die Zentrallagerstruktur zielt auf die Bündelung von Warenströmen, Reduzierung von Lagerbeständen und Transportkosten ab. Für den Handel besteht beim Einsatz von Zentrallagern darüber hinaus die Möglichkeit zusätzliche Verkaufsfläche in der Filiale zu gewinnen. Werden die Handelswaren über ein Zentrallager verteilt, können die bisherigen Filiallager als zusätzliche Verkaufsfläche genutzt werden. Es ist allerdings anschaulich, dass bei einer zentralen Struktur die Wege zu den Kunden tendenziell länger werden, was zum einen die Lieferzeit negativ beeinflussen kann, zum anderen Transportkosten für den Nachlauf erhöht. Insgesamt sind die Transportkosten bei einem Zentrallagerkonzept also eher höher als bei einem dezentralen Lagerkonzept. Auf der anderen Seite besteht die Chance die Anliefermengen zum Zentrallager stärker zu bündeln und somit eine gute Fahrzeugauslastung zu generieren. Diese Möglichkeit ist bei einem dezentralen Lagerkonzept eingeschränkt. Durch den Einsatz effizienterer Technik im Zentrallager sind nebenbei die Umschlagkosten dort geringer als im Regionallager. Effiziente Technik lässt sich in einem Zentrallager leichter realisieren, da sie nur für diesen Standort installiert werden muss und auch Synergieeffekte mit den Mehrwertdienstleistungen auftreten können; Anschaffungskosten lassen sich daher schneller amortisieren.

Bei dezentraler Lagerhaltung mittels Aufbau von Regionallagern können im Gegensatz dazu die Transportkosten durch sinnvolle Standortwahl gesenkt werden. Insbesondere die Wege zu den Kunden, die den wesentlichen Auslöser für die Transportkosten darstellen, können auf diese Weise verkürzt werden. Die Bestände bleiben dabei im Vergleich zum Zentrallagerkonzept gleich, um die Kundennachfrage befriedigen zu können. Im Gegenzug dazu steigen jedoch die Sicherheitsbestände. Dies beruht auf zwei Gründen: Zum einen gilt es, die Zeit zwischen den Bestellungen der Filialen und Nachschublieferungen zu überbrücken, darüber hinaus müssen Unregelmäßigkeiten der Kundennachfrage stärker ausgeglichen werden als beim Zentrallager. Grundsätzlich kann aber angenommen werden, dass bei dezentraler Lagerhaltung aufgrund der kürzeren Wege zu den Kunden auch die Lieferzeiten verkürzt werden können. Diesem besseren Service steht jedoch ein höheres Fehlverteilungsrisiko gegenüber, sofern die Bestände nicht an dem Ort gelagert sind, an dem sie gerade benötigt wer-

---

[1] „Ein 4PL ist ein Logistikdienstleister, welcher globale Lieferketten im Auftrag eines Unternehmens plant und steuert. Sein Aufgabenschwerpunkt ist daher in den Bereichen Logistikplanung und -beratung, im Reengineering von Geschäftsprozessen sowie in globaler, systemübergreifender IT- und Netzwerkmodellierung zu sehen. Des Weiteren muss er in der Lage sein, diese Netzwerke vollständig zu betreiben und neutral anzubieten. Ein 4PL mit eigenen operativen Kapazitäten wird auch Lead Logsitics Provider genannt." [Ten06]

den. Zur Behebung dieses Nachteils kann eine zentrale Disposition und eine regelmäßige Bevorratung eingeführt werden. Hinzukommen die Nachteile der höheren Kosten für die Einrichtung der Regionallager mit entsprechender Lager- und Umschlagtechnik [Pfo00].

Softwaretools können helfen entsprechende Optimierungen vorzunehmen und Zielkonflikte zu minimieren. Letztendlich muss die Wahl der passenden Lagerstrategie in Abhängigkeit der unternehmensindividuellen Eigenschaften und unter Abwägung der jeweiligen Vor- und Nachteile getroffen werden.

B 8.1.2.3 Distributions-/Lieferstrategien: Crossdocking, Transshipment, Direktbelieferung

Neben der Möglichkeit, eine Lagerhaltung mit zentraler oder dezentraler Struktur zu gestalten, gibt es weitere Distributions- oder Lieferstrategien, die sich für die Supply Chain des Handels eignen. Hierzu zählt das Crossdocking mit seinen unterschiedlichen Ausprägungsformen, aber auch die Direktbelieferung des Herstellers in die Filiale.

Crossdocking

Die Idee des Crossdocking fand Ihre Anfänge in den 90er Jahren. Crossdocking ist darauf ausgerichtet Kundenanlieferungen mehrerer Hersteller für mehrere Filialen in einem Punkt zu bündeln, um die Anlieferfrequenz in der Filiale zu verringern und die Transportmittel auszulasten. Auf diese Weise kann die Anlieferfrequenz in der Filiale selbst erheblich optimiert werden. Der Crossdockingpunkt, auch Terminal oder Knoten genannt, ist ein bestandsloser Umschlagpunkt, mit entsprechender Umschlagtechnik ausgestaltet, bei dem alle ankommenden Warenströme nach einer kurzen Bearbeitungszeit schnell wieder auf den direkten Weg zum Kunden gelangen. Anstatt eine Palette an einem zentralen Lagerstandort einzulagern wird diese umgehend an den Endempfänger, das heißt, an die Filiale, weitergeleitet. Ziel dieser Distributionsstrategie ist die Vermeidung von Zwischenlagern und unausgelasteter Transporte, indem Ganzladungen zum Umschlagpunkt transportiert, dort aufgelöst und wiederum filialgerecht für den Nachlauf gebündelt werden. Das Fehlen von Zwischenlagern reduziert zudem hohe Bestände und die damit verbundene Kapitalbindung einer traditionellen Lagerhaltung. Crossdocking ermöglicht es den Handelspartnern also, die Prozesskosten zu senken und den Gesamtprozess der Warenversorgung des Handels mit Artikeln aller Sortimente zu beschleunigen. Zur Realisierung sind allerdings eine hohe Informationsversorgung der Beteiligten und eine hohe Synchronisation der Prozesse nötig.

Es gibt verschiedene Crossdocking-Varianten, wobei die Definition in der Literatur nicht immer einheitlich gestaltet ist:

Als *einstufiges Crossdocking* bezeichnet man das Handling von bereits filialbezogenen, beim Produzenten vorkommissionierten Paletten, die im Umschlagpunkt zu Sendungen für eine Filiale zusammengeführt werden. Der Hersteller kommissioniert, verpackt und etikettiert also bezogen auf den Endempfänger. In dieser Form werden die entstandenen logistischen Einheiten unverändert über einen Crossdockingpunkt an den Endempfänger weitergeleitet. Einstufiges Cross Docking wird eingesetzt, wenn der Handel Outlet-weise bestellt und der Lieferant die Ware entsprechend kennzeichnet – also entsprechende Filialen als Endempfänger angibt [Ten05].

Beim *zweistufigen Crossdocking* werden vom Produzenten sorten- oder artikelreine Paletten angeliefert, die im Umschlagpunkt filialbezogen kommissioniert werden. Der Hersteller kommissioniert also bezogen auf den Crossdockingpunkt, die entstandenen logistischen Einheiten werden bis zum Crossdockingpunkt geleitet, dort erfolgt die endempfänger-bezogene Kommissionierung. Es entstehen neue logistische Einheiten, die dann direkt an den Endempfänger weitergeleitet werden. Der Handel übernimmt die Kennzeichnung der Ware selbst, vermeidet aber die Einlagerung. Alle Lieferanten beliefern die Warenverteilzentrale mit nur einer Sammellieferung, dort wird für jeden Empfänger aus den Lieferantensendungen ein Kundenpaket geschnürt, das dann an den Kunden ausgeliefert wird. Der Vorteil liegt hier insbesondere darin, dass aus dem Umschlagpunkt, sowohl für Kunden als auch für Lieferanten, nur eine Lieferung am Tag erfolgen muss, jedoch gestalten sich hierdurch die Anforderungen an den „Cross Docking Provider", den Transporteur, Spediteur oder sonstigen Logistik-Partner höher. Das zweistufige Crossdocking ist durch den intensiveren Umschlagvorgang i. d. R. auch mit höheren Kosten verbunden. Je nach Literaturangabe wird das zweistufige Crossdocking auch als *Transshipment* bezeichnet.

Von einem *mehrstufigen Crossdocking* spricht man, wenn entsprechend dem zweistufigen System das Crossdocking-System weiter verfeinert und ergänzt wird. Besonders bei der Überschreitung der Landesgrenzen kann es sinnvoll sein, zusätzliche Stufen einzuschalten, die dann wieder die Funktion eines Zwischenlagers oder weitere Bündelungsschritte erfüllen, aber auch landesspezifische Aufgaben der Verpackung, Etikettierung, Preisauszeichnung bis zu Montage und Ausrüstarbeiten übernehmen [Ten05].

Direktbelieferung

Direktbelieferung, auch Direct Store Delivery (DSD) genannt, hat vor dem Hintergrund von Crossdocking-Konzepten und Zentralisierung von Handelslagern in der Vergangenheit an Bedeutung verloren. Jedoch gibt es Sortimentsteile, die sich aufgrund besonderer Eigenschaften besser für eine Direktbelieferung eignen als über eine bündelnde Logistikplattform. So sind es insbesondere Produkte besonderer Temperaturzonen (Eis) oder Frischeproblematiken (frisches Brot für das SB-Regal), großvolumige Produkte ggf. mit einer Mehrwegproblematik (Getränke) oder Sortimente mit hohem Regalpflegebedarf (Snacks, Kosmetika), die heute noch häufig vom Hersteller selbst in die Filialen distribuiert werden. Auch in der Baumarktbranche gibt es trotz handelsseitiger Bündelungsaktivitäten noch einen konstanten Anteil direkter Lieferungen der Hersteller. Diese Sortimente besitzen Eigenschaften, die eher ein Potenzial zur Prozessoptimierung durch logistische Ausführung des Herstellers selbst bergen. Im Gegensatz zum ECR-Tool des „Vendor Managed Inventory" hingegen, bei dem der Hersteller auch die Disposition der Waren übernimmt, konzentriert sich hier die Hoheit der Nachschubsteuerung mehr und mehr beim Handel, der Hersteller übernimmt die rein physische Aufgabe. Vorteil dieser Distributionsstrategie ist zum einen die Übernahmemöglichkeit der Regalpflege durch den Industriepartner in der Supply Chain, der hier auch die überwiegende Kompetenz durch die detaillierten Sortimentskenntnisse besitzt. Darüber hinaus müssen bei Waren mit spezieller Frischeproblematik oder Mehrwegkreisläufen keine speziellen Transportnetze vom Handel vorgehalten werden. Ein weiterer Sortimentsteil wird direkt geliefert, wenn Kleinlieferungen mittels Kurier-, Express- und Paketdienstleister (KEP) versendet werden, deren Kostenstruktur durch ein stark ausgebautes Transportnetz äußerst attraktiv und wettbewerbsfähig ist [Ten05].

B 8.1.2.4 Fazit

Die Übernahme der Supply Chain Steuerung durch den Handel ist aus vielerlei Gründen nachvollziehbar. Die Gestaltung der Beziehungen zwischen Handel und Industrie kann dabei sowohl über Gründung eigener Logistikgesellschaften des Handels, sog. 4PL, gestaltet werden als auch über gemeinsame Projekte zwischen Industrie und Handel zur Optimierung von Disposition und Distribution. Eine reine Selbstabholungsstrategie des Handels zur optimalen Auslastung eigener Transportnetze wird allerdings wenig Erfolg versprechend sein. Vielmehr muss es auch innerhalb einer vom Handel gesteuerten Logistik immer verschiedene Lieferwege geben: zum Beispiel Streckenbelieferung für Blumenerde, Lager für Importware, Crossdocking für schnell drehende A-Artikel heimischer Lieferanten und Direktbelieferung durch den Hersteller bei Produkten mit intensiver Regalpflege. Gerade bei großen Handelssortimenten ist vielmehr die Optimierung des Logistik-Mix die Kunst, weniger die bloße Umstellung der Steuerungsinstanz. Darüber hinaus bleibt festzuhalten, dass einseitige Konzepte, die allein aufgrund der Marktmacht des Handels durchgesetzt werden, langfristig zum Scheitern verurteilt sind. Der Weg der Stunde heißt also Kooperation.

B 8.1.3 Eine besondere Form der Kooperation: ECR

Die Ursprünge des Efficient Consumer Response liegen in den USA, wo zu Beginn der 90er Jahre aufgrund sinkender Verbraucherloyalität sowie Marktstagnation nach Möglichkeiten gesucht wurde, dem Verdrängungswettbewerb und dem verschwindend geringen Gewinn in der Lebensmittelbranche entgegenzuwirken. Dabei rückte sehr schnell die Kooperation zwischen Hersteller- und Handelsseite in den Fokus der Betrachtung, welche große Effizienzsteigerungen und Einsparpotenziale entlang der Wertschöpfungskette versprach [Cor04].

Unter Efficient Consumer Response (ECR) kann eine Philosophie verstanden werden, die auf dem Wege von Kooperation und Vertrauen zwischen Handel und Industrie Strategien und Maßnahmen umsetzt, um die Prozesse entlang der Wertschöpfungskette effizienter zu gestalten. Dabei werden insbesondere die Bedürfnisse der Verbraucher in den Fokus gestellt und die maximale Kundenzufriedenheit als primäres Ziel festgelegt, deren Erfüllung sich alle Beteiligten verpflichten [Hey98].

Die Boston Consulting Group ermittelte in diesem Zusammenhang, dass ca. 1/3 der Wertschöpfung weder vom Hersteller noch vom Handelsunternehmen allein beeinflusst werden kann, sondern eine Schnittstelle zwischen beiden Seiten darstellt, die durch eine partnerschaftliche Zusammenarbeit verbessert wird [Hom03]. Handel, Hersteller und Vorlieferanten sollten hierbei branchenübergreifend ihre Wertschöpfungskette analysieren und optimieren. Durch eine solche Zusammenarbeit werden in letzter Konsequenz Kundenwünsche besser, schneller und kostengünstiger befriedigt.

B 8.1.3.1 Kernbereiche des ECR

Beim ECR wird zwischen Supply Chain Management (Supply Side) und Category Management (Demand Side) unterschieden. Dabei behandelt der erste Aspekt den logistischen Bereich und der zweite Aspekt den Marketingbe-

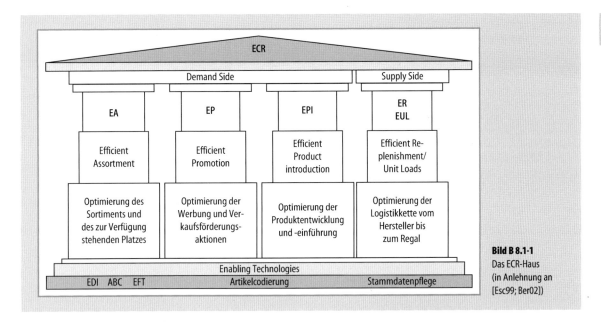

Bild B 8.1-1
Das ECR-Haus
(in Anlehnung an [Esc99; Ber02])

reich. Es werden gemeinsame Marketingziele und -strategien zwischen den Kooperationspartnern vereinbart, wobei sich grundsätzlich beide Ansätze ergänzen sollen [Ccg02]. Bild B 8.1-1 illustriert die Bestandteile des ECR-Konzeptes.

B 8.1.3.2 Category Management – Optimierung der Demand Side

Unter einer „Category" versteht man eine unterscheidbare, eigenständig steuerbare Gruppe von Produkten oder Dienstleistungen (Warengruppe), die vom Konsumenten als zusammenhängend oder untereinander austauschbar empfunden wird. Category Management (CM) ist wörtlich übersetzt also das Management dieser Warengruppe als strategische Geschäftseinheit auf Einzel-, Großhändler- und Herstellerebene im Rahmen einer integrativen Betrachtung von der Produktion bis zum Endverbraucher. Zielsetzung ist die Ertragsoptimierung der Warengruppe, wobei Hersteller- und Handelsmarken mit einbezogen werden. Dabei setzt Category Management den Konsumenten in den Mittelpunkt aller Überlegungen und zielt durch eine Verbesserung des Sortiments auf die Steigerung des Kundennutzens und so auf eine Umsatzsteigerung ab. Die Basisstrategien des CM werden im Folgenden kurz vorgestellt.

Optimierung der Filialsortimente (Efficient Assortments)
Hierbei soll das Sortiment in der jeweiligen Filiale auf den Filialtyp und das im Zielgebiet verbreitete Konsumentenverhalten angepasst werden. Hier angewendetes Instrument ist das Space Management und die EDV-gestützte Optimierung der Warenplatzierung auf der zur Verfügung stehenden Verkaufsfläche, wobei Umsatz- und Ertragskennzahlen als ständige Steuergröße dienen [Hey98].

Optimierung von Produktneueinführungen (Efficient Product Introductions – EPI)
Zielsetzung des EPI liegt in der Nutzung vorhandener Erfahrungen bei einer gemeinschaftlichen Entwicklung neuer Produkte, z. B. in Bezug auf Praktikabilität von Packungsgrößen und Verpackungen. So können durch Vermeidung von Produktflops Kosten erheblich gesenkt werden.

Verbesserung der Verkaufsförderungsaktivitäten (Efficient Promotion)
Wenn Hersteller und Händler ihre Verkaufsförderungsaktionen gemeinsam gestalten und aufeinander abstimmen, kann eine bessere und kostengünstigere Wirkung auf den Endverbraucher erzielt werden.

Kritische Beurteilung
Der Einsatz von Category Management setzt einen sehr vertrauensvollen Umgang der Partner miteinander voraus. Gerade hier entstehen allerdings häufig Konflikte zwischen Industrie und Handel, da für die Umsetzung dieser Strategien Einblick in sensible Daten der jeweiligen Partner nötig ist [Kil01].

B 8.1.3.3 Supply Chain Management – Optimierung der Supply Side

Das Supply Chain Management ist ein unternehmensübergreifendes Logistiknetzwerk, welches alle Beteiligten (Hersteller, Händler, Konsumenten) in den Wertschöpfungsprozess integriert. Daraus resultierende Einsparpotenziale werden zum Beispiel durch Efficient Unit Loads (EUL) und Efficient Replenishment (ER-Methoden) realisiert [Ccg02].

Optimierung der Warenversorgung (Efficient Replenishment)
Ziel ist es, Warenfluss und -versorgung zwischen Hersteller, Groß- und Einzelhändler zu optimieren und sich dabei möglichst an der realen Konsumentennachfrage zu orientieren. Ein elektronischer Datenaustausch soll konsequent zwischen der Zentrale und den Filialen sowie zwischen Industrie und Handel eingesetzt werden. Auf diese Weise können der Informationsfluss, logistische Durchlaufzeiten sowie Lagerbestände optimiert werden [Hei02].

Das *Continuous-Replenishment-Program* (CRP) ist ein Instrument zur kontinuierlichen Warenversorgung entlang der gesamten logistischen Kette, wobei der Impuls für den Nachschub zunehmend von der tatsächlichen Nachfrage bzw. dem prognostizierten Bedarf in den Verkaufsstellen kommen soll. Auf diese Weise werden Out-of-stock-Situationen vermieden, welche die Kundenzufriedenheit stark beeinträchtigen können. Hierbei sind drei Arten von CRP zu unterscheiden: Beim *Vendor managed Inventory* (VMI) übernimmt der Hersteller diejenigen Handelsaufgaben, die mit der Befüllung der Regale in den Filialen zusammenhängen. Er generiert die Bestellungen auf Basis der Filialbestände und geplanter Verkaufsförderungsmaßnahmen. Beim *Co-Managed Inventory* (CMI) generieren Hersteller lediglich einen Teil der Bestellung, der Handelspartner behält sich vor, Bestellungen zu verändern. Es handelt sich hierbei also um ein von beiden Seiten gesteuertes Replenishment. Das *Buyer Managed Inventory* (BMI) ist in diesem Sinne keine echte CRP-Art, da es sich hier um herkömmliche Bestellmechanismen handelt. Der Händler generiert sämtliche Bestellungen selbst, allerdings ist der Informationsfluss zum Hersteller verbessert worden [Ccg02].

Optimierung der Ladeeinheiten (Efficient Unit Loads)
Verpackungsvielfalt und -heterogenität, mangelnde Kompatibilität, teilweise fehlende Standards und verschiedene Insellösungen stellen die Handelslogistik vor eine echte Herausforderung im Umgang mit Verpackungen, Ladeeinheiten und Ladungen. Diese Situation hat insbesondere bei Einwegverpackungen zur Folge, dass Ladeeinheiten nur schwierig zu bilden sind und deren Zusammenstellung oft sehr personalintensiv ist. Damit verbunden ist gerade bei heterogenen Produktspektren vielfach die schlechte bzw. geringe Ausnutzung der Transportmittel. Selbst wenn die Fläche eines Transportmittels gut ausgelastet ist, gilt das oftmals nicht für das Volumen. Verantwortlich dafür sind die unterschiedlichen Ladeeinheitenhöhen. Die Basisstrategie Efficient Unit Loads verfolgt das Ziel einer gemeinsamen Optimierung der Verpackungen auf allen Ebenen (Primär-, Sekundär- und Tertiärverpackung) und die Vermeidung von Interessenskonflikten (Insellösungen) aufgrund unterschiedlicher Anforderungen [Cor02].

Kritische Beurteilung
Die Optimierung der Supply Side ist bereits in vielen Projekten umgesetzt, da Industrie und Handel erkannt haben, dass auf dieser Seite eine Zusammenarbeit unerlässlich geworden ist. Das größte Hemmnis für die Anwendung und den Erfolg von ECR ist allerdings nicht technischer oder organisatorischer Natur, sondern liegt im Verhältnis zwischen Industrie und Handel. So wird in vielen Befragungen das gegenseitige Vertrauen der Kooperationspartner als einer der wichtigsten Erfolgsfaktoren für die Zusammenarbeit genannt. Gleichzeitig wird aber angegeben, dass gerade dieser Faktor am schwächsten ausgeprägt ist. Dabei fällt auf, dass der Bereich der Supply Side von den Befragten als weniger kritisch empfunden wird als die Demand Side [Sei02]. Daher ist in diesem Bereich auch die Umsetzung weiter voran geschritten. Im Bereich der Demand Side liegt allerdings langfristig höheres Potenzial und wer sich hier engagiert, wird wohl auch eine Vorreiterrolle einnehmen können und Marktanteile durch erhöhte Kundenzufriedenheit gewinnen.

B 8.1.3.4 Das CPFR-Geschäftsmodell (Collaborative Planning Forecasting and Replenishment)

Basierend auf den Prinzipien und Lösungsansätzen des ECR-Konzeptes entwickelte 1997 die Voluntary Interindustry Commerce Standards (VICS) Association ein Geschäftsmodell, welches die Lösungsansätze der Supply Side und Teile der Demand Side in einem Gesamtansatz integriert. Bild B 8.1-2 illustriert den Ablauf des Geschäftsmodells.

Zielsetzung dieses Geschäftsmodells ist, dem Handel, seinen Lieferanten und Vorlieferanten durch enge Abstimmung und Synchronisation der relevanten Prozesse eine integrative Gestaltung der Supply Chain zu ermöglichen. Durch die Erstellung gemeinsamer Geschäftspläne, eine Verbesserung der Event- und Promotionsplanung und nicht zuletzt die garantierte Verfügbarkeit aller Arti-

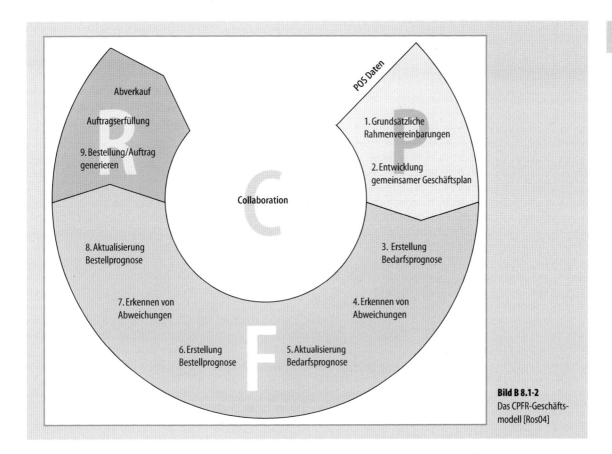

Bild B 8.1-2
Das CPFR-Geschäftsmodell [Ros04]

kel im Regal, also die Vermeidung von Out-of-stock-Situationen sollen Umsatzsteigerungen erreicht werden. Kostenreduktionen können aufgrund der hohen Prognosegenauigkeit erreicht werden, in deren Folge die Bestände auf allen Stufen der Supply Chain optimiert und Produktionskapazitäten besser genutzt werden. Kernstück des CPFR-Ansatzes ist die Zusammenarbeit aller am Prozess beteiligten Parteien, bei der alle strategischen und operativen Teilprozesse auf einer Basis gemeinsamer Ziele miteinander verknüpft und so effizienter gestaltet werden. Gemeinsame Prozessvereinbarungen über ein Category Management, ein zusammen geführtes Prognoseverfahren und CRP-Programmen erleichtern den Einstieg in das CPFR-Konzept.

B 8.1.4 E-commerce: Herausforderung an die Logistik

E-Commerce ist eine Thematik der Höhen und Tiefen. Die in den 90ern mit imposanten Festen begrüßten Unternehmen der New-Economy endeten häufig als Penny-Stocks an der Börse. Viele E-Shops hatten bereits kurz nach Erreichen der ersten größeren Bestellungen enorme Probleme eine schnelle, zuverlässige Belieferung des Endkunden einzuhalten. Diese Fehler tolerierte der Kunde letztendlich nicht, was das Ende vieler Start-Ups bedeutete. Gerade die Atomisierung der Sendungen, aber auch das Retourenmanagement stellte Unternehmen vor ein enormes (Kosten-)Problem. Nach dem Zusammenbruch der „DotCom-Welle" waren lange Zeit keine Erfolgsstories mehr zu hören. Doch das Wachstum des Online-Handels vollzieht sich langsam und stetig weiter.

B 8.1.4.1 Pick-Up-Konzepte als Antwort auf das Problem der letzten Meile

Bedingt durch die für E-Commerce – hier insbesondere im B2C – notwendige Distributionsstruktur werden Sendungen zumeist als Klein- und Kleinstsendungen mit Kurier-Express- und Paketdiensten (KEP) verschickt. Diese Atomisierung von Sendungen lässt die Transportkosten im Verhältnis zum Auftragsvolumen stark ansteigen, da die herkömmliche Logistik meist auf eine geringe Anzahl von Sendungen mit hoher Stückzahl, meist Paletten, ausgelegt ist. So werden theoretisch betrachtet aus einer Palette mit 60 Sendungseinheiten im konventionellen Handel bis zu 1.000 Kundeneinheiten im elektronischen Versandhandel, die im Extremfall einzeln von den Paketdiensten an den privaten Endkonsumenten zugestellt werden müssen.

Des Weiteren wird durch die Problematik der letzten Meile, der Anlieferung an die Haustür des Kunden, der zu den Anlieferzeiten nicht im Haus ist und hierdurch mehrere Zustellversuche verursacht, die Kostensituation noch verschärft. Im Falle des Paketversandes an Privatkunden stellt sie den Hauptkostentreiber mit einem Anteil von ca. 55% der Transportkosten dar. Ein kurzes Beispiel hierzu verdeutlich dies anschaulich: So ist der Transport eines Paketes von München nach Dortmund aus Logistikkostensicht günstiger vorzunehmen, als die letzten 30 Kilometer vom regionalen HUB bis zum Empfänger innerhalb Dortmunds. Die Gründe für diesen enormen Kostenblock basieren auf der geringen Anzahl der abgegebenen Pakete pro Stopp und der personalintensiven Zustellung. Dieser Dropfaktor liegt im B2C-Handel bei ca. 1,1 Paketen/Stopp [Gud02]. Zusätzlich muss der Paketzusteller einen immensen Zeitaufwand für das Suchen der Hausnummer, Laufen, Treppensteigen, Klingeln, Warten, Fragen und Erläutern, das Aushändigen der Pakete und das Quittieren der Sendung durch den Empfänger einkalkulieren, um das Paket überhaupt als zugestellt verbuchen zu dürfen.

Eine ökonomisch sinnvolle Alternative zur separaten Belieferung bis an die Haustür stellen daher dezentrale Pick-Up-Stellen dar. Hierbei werden Warenströme bis in Kundennähe gebündelt und diesem an geeigneten Lokationen zur Verfügung gestellt. Da der Kunde die bestellten Waren von der Pick-Up-Stelle selbst abholt, können die Logistikkosten der letzten Meile stark reduziert werden und der Kunde hat den Vorteil der zeitlichen Autonomie bei der Abholung. Neben der zeitlichen Verfügbarkeit ist die Standortwahl von entscheidender Bedeutung. Obwohl bei wenigen, zentral angeordneten Pick-Up-Stellen die Anlieferungskosten geringer sind, ist für den erfolgreichen Betrieb eines Pick-Up-Netzwerkes eine regionale, dezentrale Flächenabdeckung im Sinne der Kundenzufriedenheit anzustreben [Gud02].

Als Standorte der Abholstationen bieten sich oft frequentierte Plätze oder Gebäude an. Weitere Anforderungen an Pick-Up-Stellen sind Bedienerfreundlichkeit, Platzsparsamkeit durch kleine Grundrisse, ergonomische Be- und Entladung und eine eindeutige Identifizierung des Kunden bei der Entnahme. Ein Beispiel für eine mögliche Pick-Up-Station ist der optimierte Tower 24, der den zusätzlichen Vorteil birgt, dass auch Lebensmittel gekühlt gelagert werden können [Ten01].

B 8.1.4.2 Lösungsansätze für die Logistik im E-Commerce

Für die Gestaltung von Transport-, Umschlag- und Lagerprozessen im E-Commerce Segment sind Besonderheiten zu beachten, die in traditionellen – stationären – Handelslogistik-Systemen i. d. R. eine geringere Priorität haben, allerdings für die Realisierung eines erfolgreichen E-Commerce notwendig sind. Einen allgemeingültigen Lösungsansatz gibt es jedoch nicht, vielmehr ist bei der „E-Logistik" zu beachten, dass eigene, auf die individuelle Situation passende Strategien entwickelt und realisiert werden müssen.

Grundsätzlich sollte eine durchgängige IT-Struktur geschaffen werden, um beim Informationsfluss den Ansprüchen an einen effizienten Prozessablauf gerecht zu werden und so z. B. direkte Auskunft über Verfügbarkeit und Durchlaufzeit zu ermöglichen. Hierfür hilfreich ist ebenfalls eine automatische Identifikation der Produkte und Sendungen. Wie bereits erwähnt, sind insbesondere die Besonderheiten der letzen Meile und der Atomisierung von Sendungen im B2C Bereich zu beachten. Bei der Zusammenarbeit mit Dienstleistern ist es ferner notwendig, diese in das System zu integrieren, um auch hier die informatorischen Anforderungen zu erfüllen. Bei der Betrachtung der Kommissionierprozesse fällt auf, dass für die Einhaltung der im Internet üblich kurzen Lieferzeiten auch die Gestaltung der Kommissionierung überaus effizient sein muss, daher ist hier ein wegeoptimiertes Kommissionieren und eine effektive, nach Möglichkeit automatisierte Einzelstückkommissionierung zu empfehlen. Darüber hinaus optimiert eine softwaregestützte Auswahl der Transportverpackung den Volumennutzungsgrad beim Versand. Dieser Ansatzpunkt unterstützt eine kosteneffiziente Logistik genauso wie ein tourenoptimiertes Verladen der Waren. Ein weiteres Logistikproblem für E-Commerce ergab sich durch die Verabschiedung des Fernabsatzgesetzes im Jahr 2002. Das Gesetz sieht eine unbegründete Rückgabemöglichkeit von Waren innerhalb von 14 Tagen nach Lieferung gegen Erstattung des Kaufpreises und der Portogebühren vor. Verständlicherweise sind die Anzahl der Retouren und damit die Bedeutung der Reverse Logistics stark gestiegen [Sie02].

B 8.1.4.3 Internetverpackung (ePackaging)

Durch die Zunahme des Internethandels und die damit verbundene Auslieferung der Waren durch Kurier-, Express-

und Paketdienstleister (KEP), entsteht für die meisten bisher im stationären Einzelhandel vertriebenen Produkte ein neuer Distributionskanal. Die bisherigen Produkt- und Transportverpackungen sind für diesen neuen Kanal oft nicht geeignet. Ein Problemkreis dieser nicht geeigneten Verpackungssysteme ist die Verpackungsgestaltung der Markenartikler. Diese auf den Absatzkanal „Handel" ausgelegten Verpackungen sind für die Einzelkommissionierung und den Versand zusammen mit anderen Artikeln nicht geeignet. Hierbei treten zum einen Schäden an den Produktverpackungen auf, welche das Produkt beeinträchtigen, bzw. austreten lassen. Weitere Schäden sind die Beeinträchtigung des Aussehens der Verpackung durch Abrieb und Eindrücke. Möglichkeiten hier Abhilfe zu schaffen sind Überlegungen, Produktverpackungen zu entwickeln, die für beide Distributionskanäle geeignet sind.

Auch die traditionelle Displayfunktion der Verkaufsverpackungen im Regal des Einzelhandels verliert im Internet ihre Bedeutung. Die Ansprache des Verbrauchers kann direkt am Bildschirm über das Produkt mit zusätzlichen Informationen erfolgen, wodurch die Verpackungen weniger aufwendig, kleiner und weniger farbig gestaltet werden können. Auch könnte auf den zusätzlichen Diebstahlschutz durch Sicherungsetiketten verzichtet werden [Dir01].

B 8.1.5 Trends in der Handelslogistik

Aktuelle Befragungen von Handel und Industrie wollen Wege der Handelslogistik in den nächsten 10 Jahren aufzeigen. Übereinstimmend gibt der Handel in seinen Statements weiteres Optimierungspotenzial in der Logistikeffizienz zu, sei es in Bezug auf die Steuerung der Supply Chain oder auf Liefer- und Lagerstrategien. Effizienzsteigerung und Kostensenkung stehen auch in den nächsten Jahren weiter im Zentrum der Bemühungen. Die konsequente Umsetzung der in diesem Beitrag behandelten Themenkomplexe wird sich auch in den nächsten Jahren weiter vollziehen müssen. Dies trifft insbesondere für den Einsatz von ECR-Instrumenten und den hierfür notwendigen Einsatz des elektronischen Datenaustauschs zu. In diesem Zusammenhang wird im deutschen wie im internationalen Handel der Einsatz der RFID-Technologie als Enabler immer bedeutender [OV07].

Die Radiofrequenz-Identifikation (RFID) ist eine der Schlüsseltechnologien für moderne und zukünftige Logistiknetzwerke. Während herkömmliche Identifikationstechniken, wie zum Beispiel der Barcode, eine Sichtverbindung zwischen Objekt und Lesegerät benötigen, nutzt RFID digitale Funktechnik, um Daten zwischen einem Funketikett und einem Schreib-/Lesegerät (Reader) zu übermitteln. Diese Daten werden dann an eine Software (Middleware) zur Weiterleitung oder Verarbeitung übergeben [Fin02]. Dabei kann die Identifikation von Objekten durch die funkgestützte Übertragung ohne Sichtverbindung auch in komplexen Lagen und Anordnungen stattfinden. Neben der reinen Identifikation ist es möglich eine künstliche Intelligenz auf ein Produkt zu bringen und dadurch im Sinne des „Internet der Dinge" Prozesse zu automatisieren. Besonders vorteilhaft ist hierbei die Dezentralisierung der Steuerung, welche durch die künstliche Intelligenz ermöglicht wird [Ten05]. Der Einsatz von RFID in immer mehr Pilotprojekten im Handel zeigt die hohe Bedeutung der Technologie für die Zukunft der Handelslogistik.

Als weitere Trends in der Handelslogistik, die es umzusetzen gilt, werden häufig die Optimierung der Warenverfügbarkeit in den Filialen, die Automatisierung von Prozessen wie bspw. der Disposition und die Optimierung der Prozesskosten genannt. Prozessoptimierungen der jüngsten Vergangenheit haben sich vielfach auf den Bereich des Lagers konzentriert, dabei wurden die Prozesse in den Filialen allerdings weniger betrachtet. Diese werden in Zukunft ebenfalls wieder stärker im Vordergrund stehen. Zudem weisen die Themen des Outsourcing und der Standardisierung immer noch hohe Potenziale auf. Das Optimum der Handelslogistik ist also bei weitem noch nicht erreicht [Tho05; Kem06].

Literatur

[Ber02] Berning, R.: Prozessmanagement und Logistik. Berlin: Cornelsen 2002

[Ccg02] CCG mbH: Handbuch ECR Supply Side. 2002

[Cor02] Corsten, D.; Pötzl J.: Efficient Consumer Response. München: Hanser 2002

[Cor04] Corsten, D.; Kumar, N.: Geteilte Kosten, doppelter Nutzen. Harvard Business Manager (2004) 3

[Dir01] Dirkling, S.: Anforderungen und Verpackungen. In: Hallier, B.: EuroHandelsinstitut, EHI – Enzyklopädie des Handels 7. Selbstverlag 2001

[Ehi05] EHI Handel aktuell: Struktur, Kennzahlen und Profile des deutschen und internationalen Handels 2005/2006

[Esc99] Esch, F.R.: Moderne Markenführung. Wiesbaden: Gabler 1999

[Fin02] Finkenzeller, K.: RFID-Handbuch. 3. Aufl. München: Hanser 2002

[Gud02] Gudehus, T.: Automatische Paket- und Behälterstationen. 2002

[Gud05] Gudehus, T.: Logistik – Grundlagen, Strategien, Anwendungen. Berlin/Heidelberg/New York: Springer 2005

[Hey98] Heydt, A.: Efficient Consumer Response. Frankfurt/Main: Peter Lang 1998
[Hom03] Homburg, C.; Krohmer, H.: Marketingmanagement. Wiesbaden: Gabler 2003
[Kem06] Kempcke, T.: Aktuelle Trends in der Handelslogistik. EHI Retail Institute e.V., Köln 2006
[Kil98] Kilimann, J. et al.: Efficient Consumer Response. Stuttgart: Schäffer Poeschel 1998
[OV07] o. V.: Ausblick 2007. Dossier der Lebensmittelzeitung. http://www.lz-net.de/dossiers/aktuell/pages/ (05. Januar 2007)
[Pfo00] Pfohl, H.C.: Logistiksysteme. 6. Aufl. Berlin/Heidelberg/New York: Springer 2000
[Ros04] Rosenstein, T.; Kranke, A.: Das CPFR Geschäftsmodell LOGISTIK inside (2004) 7, 34–35
[Sei01] Seifert, D.: ECR-Erfolgsfaktorenstudie Deutschland. www.absatzwirtschaft.de/pdf/sf/ecr-erfogsfaktoren.pdf, (20.11.2001)
[Sie02] Siebel, L.; Wagner, M.: eLogistics Facts 1.0. Bonn: Deutsche Post World Net 2002
[Ten01] ten Hompel, M.; Siebel, L.: Logistik und E-Commerce Konzepte für Ballungszentren. Dortmund: Verlag Praxiswissen 2001
[Ten05] ten Hompel, M.; Schmidt, T.: Warehouse Management – Automatisierung und Organisation von Lager- und Kommissioniersystemen. Berlin/Heidelberg/New York: Springer 2005
[Ten06] ten Hompel, M.; Heidenblut, V.: Taschenlexikon Logistik. Berlin/Heidelberg/New York: Springer 2006
[Tho05] Thonemann, U. et al.: Supply Chain Excellence im Handel. Wiesbaden: Gabler 2005

B 8.2 Instandhaltungslogistik

B 8.2.1 Einleitung

In der industriellen Instandhaltung geht es längst nicht mehr alleine um die Verfügbarkeit oder „nur" um die „Reparatur" einer Anlage. Moderne Instandhaltung umfasst heute eine Vielzahl von Aufgaben, wie z. B. Optimierung der Produktionsabläufe, Einhaltung der Liefertreue, Vermeidung von Produktionsausfällen und Reduzierung des Ressourcenverbrauchs. Sie hat somit einen deutlichen Einfluss auf die Arbeitssicherheit, ist aktiver Umweltschutz, steigert die Wirtschaftlichkeit und trägt als Teil der Wertschöpfung im Unternehmen deutlich zum Unternehmenserfolg bei.

Um dieses umfassende Aufgabenportfolio während der gesamten Nutzungsdauer einer Anlage zu wettbewerbsfähigen Kosten durchführen zu können, bedarf es verschiedener unterstützender logistischer Dienstleistungen. Die kombinierte Betrachtung von Logistik und Instandhaltung in der betrieblichen Praxis wird als Instandhaltungslogistik bezeichnet. Die Instandhaltungslogistik umfasst die vollständige, zuverlässige Versorgung mit allen benötigten Ressourcen (Personal, Information, Material und Ersatzteile, Betriebsmittel), die für eine professionelle Instandhaltung erforderlich sind. Gleichzeitig besteht jedoch auch die Aufgabe, die für diese Instandhaltungslogistik anfallenden Prozesskosten so niedrig wie möglich zu halten. Die Gratwanderung zwischen maximaler Versorgungssicherheit und kostenoptimaler Gestaltung der Prozesse der Instandhaltungslogistik stellt die Unternehmen vor große Herausforderungen.

B 8.2.1.1 Definitionen

Instandhaltung ist die „Kombination aller technischen und administrativen Maßnahmen sowie Maßnahmen des Managements während des Lebenszyklus einer Betrachtungseinheit zur Erhaltung des funktionsfähigen Zustandes oder der Rückführung in diesen, so dass sie die geforderte Funktion erfüllen kann" [DIN EN 13306]. In diesem Zusammenhang wird unter einer Betrachtungseinheit ein Instandhaltungsobjekt verstanden.

Die Instandhaltung wird dabei in die Grundmaßnahmen *Wartung, Inspektion, Instandsetzung* und *Verbesserung* unterteilt [DIN 31051]. Diese Grundmaßnahmen werden auch als Hauptprozesse der Instandhaltung bezeichnet. Sie werden soweit wie möglich planmäßig durchgeführt, Instandsetzungen können jedoch nach nicht vorhersehbaren Anlagenausfällen auch unplanmäßig erfolgen.

Wartung umfasst alle „Maßnahmen zur Verzögerung des Abbaus des vorhandenen Abnutzungsvorrates" [DIN 31051].

Unter *Inspektion* werden alle „Maßnahmen zur Feststellung und Beurteilung des Ist-Zustandes einer Betrachtungseinheit einschließlich der Bestimmung der Ursachen der Abnutzung und dem Ableiten der notwendigen Konsequenzen für eine künftige Nutzung" [DIN 31051] verstanden.

Instandsetzung schließt alle „Maßnahmen zur Rückführung einer Betrachtungseinheit in den funktionsfähigen Zustand, mit Ausnahme von Verbesserungen" [DIN 31051] ein.

Unter *Verbesserung* wird die „Kombination aller technischen und administrativen Maßnahmen sowie Maßnahmen des Managements zur Steigerung der Funktionssicherheit einer Betrachtungseinheit, ohne die von ihr geforderte Funktion zu ändern" [DIN 31051] verstanden.

Instandhaltungsmanagement umfasst „alle Tätigkeiten der Führung, welche die Ziele, die Strategie und die Verantwortlichkeiten der Instandhaltung bestimmen und sie durch Mittel wie Instandhaltungsplanung, -steuerung und -überwachung, Verbesserung der Organisationsmethoden einschließlich wirtschaftlicher Gesichtspunkte verwirklichen" [DIN EN 13306]. In diesem Zusammenhang müssen sowohl strategische als auch operative Aufgaben berücksichtigt werden.

Unter *Instandhaltungslogistik* wird der logistische Support der Instandhaltung verstanden. Sie umfasst alle Prozesse zum Management der für die Instandhaltung benötigten Ressourcen (Information, Material und Ersatzteile, Betriebsmittel), einschließlich Personal, unterstützt durch moderne Informations- und Kommunikationstechnik. Die Instandhaltungslogistik synchronisiert Mensch, Information, Material und Betriebsmittel am Ort des Geschehens.

B 8.2.1.2 Objekte der Instandhaltungslogistik

Die Instandhaltungslogistik muss sich auf die Instandhaltungsobjekte ausrichten, da ihre Beschaffenheit und Eigenschaften den Bedarf an logistischen Leistungen entscheidend mitbestimmen. In jedem Unternehmen sind unterschiedliche Instandhaltungsobjekte vorhanden. Grundsätzlich lassen sie sich wie folgt unterscheiden:
– Produktionsanlagen und -systeme (Drehmaschine, Werkzeugmaschine, Lackieranlage),
– Logistikanlagen und -systeme (Lager, Distributions-, Kommissioniersysteme, Kräne, Stapler),
– Transportfahrzeuge (Bahn, Nutzfahrzeuge, Schiffe, Flugzeuge),
– Energieanlagen und -systeme (Strom, Wasser, Luft),
– Infrastrukturanlagen (Wege/Straßen, Gleisanlagen, Gebäude, Informationstechnik),
– Gebäudetechnische Anlagen (Heizung, Klima, Lüftung, Telekommunikation, Personenaufzüge).

Diese Instandhaltungsobjekte werden zur besseren Ermittlung des Instandhaltungsbedarfs und zur Zuordnung der notwendigen Instandhaltungsmaßnahmen weiter unterteilt. Diese Untergliederung ist von unterschiedlichen unternehmensspezifischen Kriterien abhängig (z. B. Unternehmensziele, Verfügbarkeit, Budget etc.). Häufig findet sich eine sechsstufige Strukturierung in
– System,
– Anlage,
– Maschine,
– Komponente,
– Baugruppe,
– Bauteil.

Für jedes Instandhaltungsobjekt ist individuell zu ermitteln, welche logistischen Leistungen zur Unterstützung der Instandhaltung erforderlich sind, um den optimalen Einsatz (bedarfsgerechte Verfügbarkeit bei wettbewerbsfähigen Kosten während des gesamten Lebenszyklus) zu ermöglichen.

B 8.2.1.3 Rollen in der Instandhaltungslogistik

In der Instandhaltungslogistik lassen sich drei beteiligte Gruppen identifizieren:
– Anlagenbetreiber,
– Anlagenhersteller,
– Dienstleister.

Diese Gruppen haben dabei unterschiedliche Interessen und Aufgaben, die oft gegensätzlich sind.

Abhängig von dem favorisierten Instandhaltungskonzept (z. B. Total Productive Maintenance, Reliability Centred Maintenance, Risk Based Maintenance) übernehmen diese Gruppen verschiedene Aufgaben mit unterschiedlicher Leistungstiefe zur Realisierung der Ziele der Instandhaltungslogistik.

Beim Anlagenbetreiber lassen sich folgende Rollen identifizieren, die i. d. R. im Unternehmen von verschiedenen Organisationseinheiten wahrgenommen werden:
– Bedarfsträger (Instandhaltung, Produktion),
– Disponent (Logistik),
– Beschaffer (Einkauf).

Im Falle einer teilautonomen Instandhaltung entsprechend dem TPM-Konzept übernehmen Produktionsmitarbeiter Aufgaben der Instandhaltung, so dass sie auch Bedarfsträger der Instandhaltungslogistik sind.

Der Anlagenhersteller führt im Rahmen der Garantie bzw. von Instandhaltungsverträgen spezifische Aufgaben der Instandhaltung aus und fungiert als Ersatzteillieferant.

Beim Dienstleister sind Instandhaltungs- und Logistikdienstleister sowie Ersatzteillieferanten zu unterscheiden.

Ein Instandhaltungsdienstleister bietet Leistungen von der Personalbereitstellung zur Abdeckung von Spitzenbedarf über planmäßige Instandhaltungsmaßnahmen bis hin zum Full-Service und Betreiberkonzepten für die Anlagen. Entsprechend weit reichend kann daher die Verantwortung eines Dienstleister für die Instandhaltungslogistik sein.

Logistikdienstleister können zum einen für die Prozesse der Instandhaltungslogistik komplett verantwortlich sein, aber auch nur die Bereitstellungsprozesse übernehmen.

Ersatzteillieferanten können ebenfalls ein breites Aufgabenspektrum haben. Es reicht von der Ersatzteillieferung bis zur Ersatzteilfertigung, insbesondere zur Nachserienversorgung des Betreibers mit Ersatzteilen.

Literatur

Richtlinien
DIN EN 13306: 2001-09: Begriffe der Instandhaltung. Berlin: Beuth 2001
DIN 31051:2003-06: Grundlagen der Instandhaltung. Berlin: Beuth 2003

B 8.2.2   Hauptprozesse der Instandhaltungslogistik

Die Instandhaltungslogistik lässt sich in koordinierende und versorgende Prozesse unterteilen.

Die Versorgungsprozesse regeln die Bereithaltung und Bereitstellung der für die Instandhaltung benötigten Ressourcen (Personal, Information, Material und Ersatzteile, Betriebsmittel) und der Instandhaltungsobjekte sowie deren Zusammenführung und Ergänzung am Ort der Durchführung der Instandhaltungsmaßnahmen entsprechend der „6 r" der Logistik. Diese Prozesse repräsentieren die logistischen Aufgaben der Hauptprozesse der Instandhaltung (Wartung, Inspektion, Instandsetzung und Verbesserung).

Die koordinierenden Prozesse der Instandhaltungslogistik vernetzen alle Instandhaltungsaktivitäten, die im Rahmen der Planung, Durchführung, Steuerung und Überwachung von Instandhaltungsaufträgen durchzuführen sind. Von besonderer Bedeutung ist dabei, dass diese Prozesse nur begrenzt planbar sind, da Ausfälle von Instandhaltungsobjekten nur unvollständig vorhersagbar sind.

Als Hauptprozesse der Instandhaltungslogistik lassen sich dementsprechend die folgenden Prozesse identifizieren (vgl. auch [PRO04]):
– Auftragsabwicklung,
– Personalmanagement,
– Betriebsmittellogistik (z. B. Werkzeuge, Mess- und Prüfmittel),
– Material- und Ersatzteillogistik,
– Bestandsmanagement.

B 8.2.2.1   Auftragsabwicklung

Die Auftragsabwicklung ist ein wesentliches Kernstück der Ablauforganisation in der Instandhaltung. Sie greift in alle Bereiche der Durchführung von Instandhaltungsprozessen vor Ort oder in einer Werkstatt ein. Die Instandhaltungslogistik sorgt dabei für die anforderungsgerechte Unterstützung durch die zur Durchführung erforderlichen logistischen Prozesse.

Start der Auftragsabwicklung ist eine *Auftragsauslösung* (vgl. Bild B 8.2-1), die bei planmäßigen Aufträgen vom Instandhaltungsplanungs- und -steuerungssystem (IPS-System) weitgehend automatisch entsprechend der jeweiligen Auftragspriorität in die Ablauforganisation der Instandhaltung eingesteuert und bei unplanmäßigen Aufträgen durch den Betrieb (Produktion als Auftraggeber und Kunde) initiiert wird. Ein Auftrag besteht dabei aus unterschiedlichen Teilaufgaben, die als Listen von Aktivitäten zusammengefasst werden. Diese beinhalten neben der technischen Aufgabenbeschreibung, Mengenangaben, Material-, Ersatzteil- und Betriebsmittelangaben, Hinweise auf Organisationsmittel wie z. B. Stücklisten, Kostenstellen etc. sowie die Auftragspriorität.

Im Anschluss erfolgt die *Arbeitsvorbereitung*. Hier wird zuerst geprüft, ob bereits vorbereitete Abläufe informationstechnisch vorliegen. Diese Prüfung kann automatisch durch das IPS-Sytem bzw. den Arbeitsvorbereiter erfolgen. Für den jeweiligen Auftrag werden die technischen Details (Methode) und die Durchführung der Instandhaltungsaufgaben (Reihenfolge) festgelegt. Diese umfassen die Planzeit, den Personal- und Materialbedarf, die Betriebs- und Hilfsmittel sowie Plankosten und die erforderlichen Sicherheitsmaßnahmen (u. a. Betriebszustand der Instandhaltungsobjekte). Die definierten Bedarfe können Auslöser für die Prozesse des Personalmanagements, der Material-, Ersatzteil- und Betriebsmittellogistik sein.

Auf die Arbeitsvorbereitung folgt die *Auftragssteuerung*. Diese umfasst die Teilprozesse Auftragsveranlassung, Auftragsüberwachung und Auftragssicherung.

Die *Auftragsveranlassung* beinhaltet die kurzfristige Einsteuerung der Instandhaltungsaufträge und die Anpassung der Planungsvorgaben an kurzfristige, unvorhersehbare Störungen und an Planungsungenauigkeiten. Es erfolgen die Verfügbarkeitsprüfung von Personal, Material, Ersatzteilen und Betriebsmitteln, die Überprüfung der Durchführbarkeit der Arbeiten vor Ort bzw. in der Werkstatt, die Auftragsfreigabe, die Aushändigung der Arbeitspapier an das ausführende Personal und die Transportsteuerung (Transport von Personal, Material, Ersatzteilen und Betriebsmitteln etc.). Die Informationslogistik und Transportsteuerung sind dabei Aufgaben der Instandhaltungslogistik. Das Ergebnis der Auftragsveranlassung sind Arbeitspläne, Materialscheine sowie Arbeitsbelege bzgl. Sicherheitsmaßnahmen.

Nach Überprüfung der Sicherheitsmaßnahmen wird die Instandhaltung entsprechend Auftrag durchgeführt, ggf. werden weitere erforderliche Maßnahmen erkannt. Die *Auftragsdurchführung* kann gleichzeitig auch wiederum Auslöser für die weiteren Prozesse der Instandhaltungslogistik sein, z. B. Betriebsmittel-, Material- und Ersatzteillogistik. So werden beispielsweise die nicht mehr benötigten bzw. defekten Betriebsmittel, Materialien und Ersatzteile abtransportiert. Instandsetzbare Ersatzteile werden in die zugehörige Werkstatt gebracht, nicht instand setzbare Ersatzteile werden nach Ursachenanalyse ordnungsgemäß verschrottet. Entsprechendes gilt für Betriebsmittel, Materialien sowie Hilfs- und Betriebsstoffe, die abhängig von ihrer Wieder- bzw. Weiterverwendbarkeit behandelt werden. Die Inbetriebnahme und Übergabe des Instandhaltungsobjektes an den Betrieb schließen die Auftragsdurchführung ab.

Parallel zur Auftragsdurchführung erfolgen die *Auftragsüberwachung* und *Auftragssicherung*. Die *Auftragsüberwachung* dient der Erfassung und Verwaltung der Aufträge und Kapazitäten. Neben der Zustandsänderung der Aufträge (z. B. in Bearbeitung, Unterbrochen, Erledigt) wird auch der Bedarf an Auftragsdaten – wie beispielsweise Materialverbrauch oder Ersatzteileinsatz – ermittelt. Zu den Teilaufgaben der Auftragsüberwachung gehören [Hac87]:
– Arbeitsfortschrittserfassung (Erkennen von Terminabweichungen und Einleiten von weiteren Steuerungsmaßnahmen),
– Kapazitätsüberwachung (Ermittlung der Belastung und Auslastung) und
– Auftragsdatenerfassung (Bestimmung der Arbeitsergebnisse als Eingangsgröße für die Planungsprozesse).

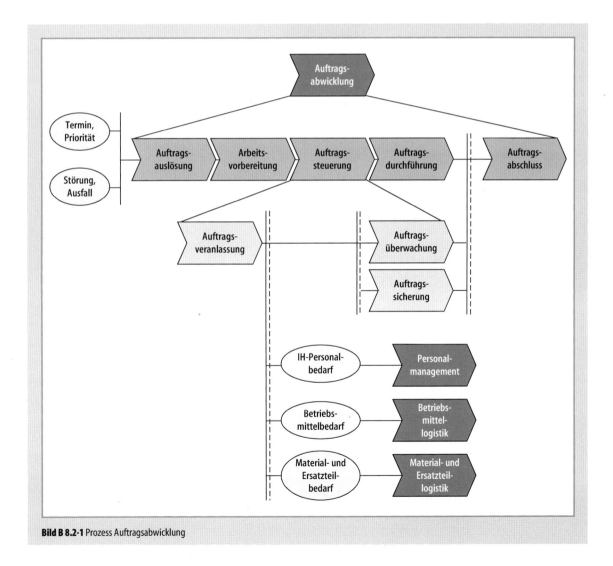

Bild B 8.2-1 Prozess Auftragsabwicklung

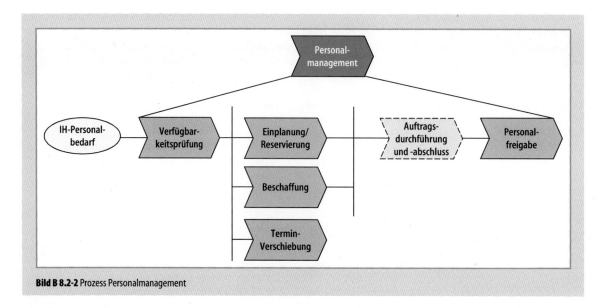

Bild B 8.2-2 Prozess Personalmanagement

Die *Auftragssicherung* ist der letzte Teilprozess der Auftragssteuerung. Sie dient zur Einleitung von bei der Auftragsüberwachung ermittelten weiteren Maßnahmen zur Auftragssteuerung, um z. B. möglichen Terminabweichungen oder Kapazitätsproblemen entgegenzuwirken. Zu den Teilaufgaben der Auftragssicherung gehören:
- Eingreifen bei Planabweichungen zur Gewährleistung des Auftragserfolgs (z. B. Bereitstellung zusätzlicher Kapazitäten),
- Auftragsänderung, wenn zusätzliche Tätigkeiten durchzuführen sind, die sich im Rahmen der Auftragsdurchführung ergeben haben,
- Planänderungen zur Optimierung der Auftragsdurchführung sowie
- Qualitätsmanagement.

Die Auftragsabwicklung endet mit dem *Auftragsabschluss*. Hierunter werden die Prozessschritte Abnahme durch den Auftraggeber Produktion sowie die Abrechnung und Auswertung des Auftrags durch die Instandhaltung (eigen oder fremd) verstanden. Diese umfasst u. a. die Dokumentation der Fehler, die Ursachenanalyse und Ablage prozessrelevanter Daten. Neben der administrativen Dokumentation ist ggf. auch die technische Dokumentation der Anlage zu aktualisieren.

B 8.2.2.2 Personalmanagement

Das Personalmanagement steht in enger Beziehung zur Auftragsabwicklung.

Dieser Prozess wird durch den *Bedarf* an *Instandhaltungspersonal* initiiert (vgl. Bild B 8.2-2), der durch Zeitpunkt und Dauer sowie Durchführungsort der Instandhaltung (vor Ort oder Werkstatt) sowie Personenanzahl und Qualifikationsanforderungen determiniert ist.

Hieran schließt sich die *Verfügbarkeitsprüfung* an, die sich sowohl auf eigenes als auch externes Personal bezieht. Ist das Personal entsprechend des definierten Bedarfs verfügbar, wird es für den zugehörigen Auftrag eingeplant (Reservierung). Sollte eine der Anforderungen nicht erfüllt sein, werden entsprechende Schritte eingeleitet, z. B. Änderung/Verschiebung des Durchführungstermins, Akquisition benötigter Ressourcen, Ausbildung etc.

Zum vorgesehenen Zeitpunkt wird der *Auftrag* dann wie geplant durch das Personal *durchgeführt* und nach Durchführung aller erforderlichen Maßnahmen *abgeschlossen*.

Je nach informationstechnischer Unterstützung (z. B. Online-Ankopplung von Personal Digital Assitants an das IPS-System über WLAN und RFID) erfolgt die Berichterstattung (*Feedback*) über die Auftragsdurchführung, erkannte Fehler und Fehlerursachen parallel zur Durchführung bzw. nach deren Abschluss.

Der Prozess des Personalmanagements endet mit der *Freigabe* des Personals, sodass es für weitere Aufträge zur Verfügung steht.

B 8.2.2.3 Betriebsmittellogistik

Zu einer umfassenden Versorgung in der Instandhaltung gehört die anforderungsgerechte Versorgung mit Betriebs-

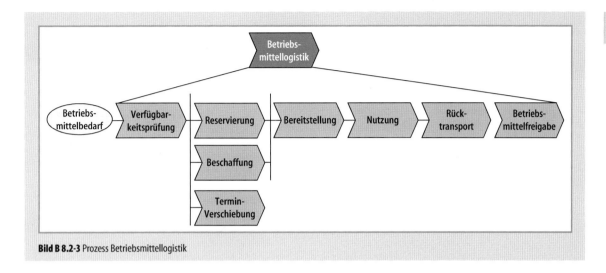

Bild B 8.2-3 Prozess Betriebsmittellogistik

mitteln. Unter Betriebsmitteln werden Maschinen und Anlagen, Werkzeuge sowie Mess- und Prüfmittel für die Instandhaltung sowie weitere Arbeitsmittel (z. B. Leitern, Hubbühnen etc.) verstanden.

Dieser Prozess der Instandhaltungslogistik ist mit aufwändigen Beschaffungs-, Organisations- und Abwicklungsaufgaben verbunden. Nicht zuletzt durch den vergleichsweise hohen Investitionsbedarf für den Erwerb von Spezialequipment stellen diese einen erheblichen Kostenfaktor dar. Daher nutzen viele Unternehmen, abhängig von Einsatzdauer, Spezifität, Wert und Preis der Werkzeuge, Mess- und Prüfmittel, die Möglichkeit, diese zu mieten oder zu leasen bzw. die zugehörigen Aufgaben durch Dienstleistungsunternehmen durchführen zu lassen, welche auch die erforderlichen Betriebsmittel bereitstellen.

Auslöser für den Prozess der Betriebsmittellogistik ist ein *Betriebsmittelbedarf* (vgl. Bild B 8.2-3) für einen Instandhaltungsauftrag, der die Art und Menge sowie den Zeitpunkt und Ort für den Betriebsmitteleinsatz definiert.

Der Bedarf hat die *Verfügbarkeitsprüfung* zur Folge, die je nach Konzept die interne als auch externe Prüfung der Betriebsmittelverfügbarkeit umfasst.

Sind die Betriebsmittel verfügbar werden sie für den Auftrag eingeplant (*Reservierung*). Sollte die Verfügbarkeit nicht gegeben sein, ist zu prüfen, ob sie entsprechend der zeitlichen Vorgaben beschafft, geliehen oder gemietet werden können. Ist dies nicht der Fall, muss der Auftrag verschoben werden.

Zum vorgesehen Zeitpunkt erfolgt die *Bereitstellung* der Betriebsmittel am Durchführungsort des Instandhaltungsauftrags und vom Instandhaltungspersonal bei der Auftragsdurchführung eingesetzt (*Nutzung*).

Nachdem die Betriebsmittel nicht mehr benötigt werden, i. d. R. nach Abschluss des Auftrags, erfolgen ihr *Rücktransport* und ihre *Freigabe*. Danach stehen sie wieder für weitere Aufträge zur Verfügung.

B 8.2.2.4 Material- und Ersatzteillogistik

Die anforderungsgerechte Versorgung und Bereitstellung von Hilfs- und Betriebsstoffen, Materialien (C-Teilen) sowie zeitunkritischen und zeitkritischen Ersatzteilen ist elementarer Bestandteil einer zuverlässigen Instandhaltungslogistik. Die Prozesse der Material- und Ersatzteillogistik tragen entscheidend dazu bei, die Verfügbarkeit der Maschinen und Anlagen nachhaltig sicherzustellen, stellen jedoch gleichzeitig einen erheblichen Kostenfaktor dar.

Dabei sind oft nicht die eigentlichen Anschaffungskosten der Materialien und Ersatzteile der Hauptkostenfaktor, sondern vielmehr die logistischen Prozesse und die Infrastruktur für deren Beschaffung, Vorhaltung, Bereitstellung und ihren Abtransport zur Instandsetzung bzw. zum Recycling. Trotzdem sind diese Prozesse der Instandhaltungslogistik bei vielen Unternehmen noch nicht gut genug organisiert.

Der Prozess der Material- und Ersatzteillogistik kann zu verschiedenen Zeiten und durch unterschiedliche Ereignisse initiiert werden. Zum einen ergibt sich ein entsprechender Bedarf für die planmäßige Durchführung von Instandhaltungsaufträgen, zum anderen kann durch unvorhergesehene Ausfälle oder zusätzlichen Ersatzteilbedarf im Rahmen der Auftragsabwicklung kurzfristig unplanmäßiger Bedarf entstehen. Der sich anschließende Ablauf ist prinzipiell identisch, unterscheidet sich jedoch wesent-

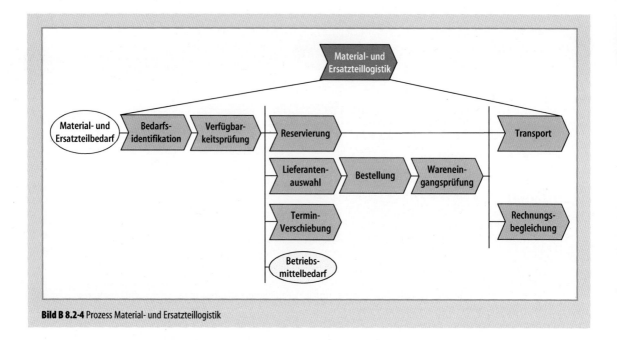

Bild B 8.2-4 Prozess Material- und Ersatzteillogistik

lich durch die Zeitrestriktionen. Während bei planmäßigem Bedarf mittel- bis langfristige Planung möglich ist, erfordert unplanmäßiger Bedarf eine kurzfristige sofortige Reaktion.

Daher ist es zuerst erforderlich, zu ermitteln, welches *Material bzw. Ersatzteil* (vgl. Bild B 8.2-4) benötigt wird. Dabei sind Anzahl, Zeitpunkt und Einsatzort zu *identifizieren*.

Wenn feststeht, welches Material bzw. Ersatzteil in welcher Menge zu welchem Zeitpunkt wo benötigt wird, erfolgt die *Verfügbarkeitsprüfung*. Diese Prüfung umfasst die Abfrage der unternehmensinternen Lager ebenso wie die der Lager von Logistikdienstleistern. Als Folge davon kann der Prozess der Betriebsmittellogistik ausgelöst werden, sofern Spezialbetriebsmittel für die Demontage bzw. Montage benötigt werden.

Sollte das entsprechende Material bzw. Ersatzteil nicht verfügbar sein, erfolgt die *Lieferantenauswahl*. In der Regel steht der jeweilige Lieferant fest. Es ist jedoch möglich, dass aufgrund von Lieferengpässen bzw. mangelnder Lieferfähigkeit zum definierten Zeitpunkt, ein anderer Lieferant ausgewählt werden muss.

Hieran schließt sich die *Bestellung* an, die vom Lieferanten zu bestätigen ist.

Nach *Anlieferung* und *Wareneingangsprüfung* steht das Material bzw. Ersatzteil für die weitere Verwendung zur Verfügung und es erfolgen der *Transport* zum Einsatzort bzw. ins Lager und die *Begleichung* der *Rechnung*.

B 8.2.2.5 Bestandsmanagement

Ein weiterer Prozess der Instandhaltungslogistik ist das Bestandsmanagement von Material und Ersatzteilen sowie Betriebsmitteln. Das Bestandsmanagement steht daher in enger Beziehung mit diesen Prozessen.

Auslöser für den Prozess ist eine *Verfügbarkeitsabfrage*, wie sie bei den jeweiligen Prozessen beschrieben ist. Die Abfrage wird heute meist automatisiert durch das Bestandsmanagementsystem bearbeitet, diese ist i. d. R. eine Komponente des IPS-Systems bzw. ein eigenständiges Lagerverwaltungssystem, das vom IPS-System abgefragt wird. Ergebnis der Verfügbarkeitsabfrage ist ein Verfügbarkeitsstatus.

Ist das Material bzw. Ersatzteil oder Betriebsmittel verfügbar, wird es *aus dem Lager* bereitgestellt. Sollte es nicht verfügbar sein, wird die *Beschaffung* durch den jeweils anfragenden Prozesses initiiert.

Sobald die Verfügbarkeit sichergestellt ist, erfolgt der *Transport* zum Einsatzort.

Literatur

[Die05] Diehl, H.: Ablauforganisation in der Instandhaltung. In: Francke, K.-F.; Geibig, K.-F. (Hrsg.): Der Instandhaltungs-Berater. Köln: TÜV-Verlag Rheinland 2005

[Hac87] Hackstein, R.; Klein, W.: Informationswesen in der Instandhaltung. Fortschrittliche Betriebsführung und Industrial Engineering 36 (1987) 5

[PRO04] Cegelec SA, LAB, TUM (Editors): Analysis of organizational processes in maintenance logistics. Abschlussdokumentation zum WP 5.2 des Verbundprojektes PROTEUS – A generic platform for e-Maintenance (ITEA 01011 a) 2004

B 8.2.3 Lenkung und Planung

Die Lenkung und Planung von Instandhaltungsprozessen werden maßgeblich von externen und internen normativen Regeln und Steuerungsvorschriften festgesetzt. Als externe normative Regeln gelten vor allem Richtlinien, Verordnungen und Gesetze der nationalen und internationalen gesetzgebenden Gremien, wie z. B. Regelungen zur Sicherheit (Umwelt-, Arbeits- und Anlagensicherheit). Die internen normativen Regeln werden von der Unternehmensführung durch die Unternehmensziele und -strategie bestimmt. Alle Unternehmensbereiche müssen ihre Prozesse und Strategien so ausrichten, dass die Unternehmensziele erreicht werden und diese Prozesse einen Beitrag hierzu leisten. Dies gilt damit auch für die Instandhaltungslogistik, die ihre Ziele und Strategien sowie alle logistischen Prozesse zur Unterstützung der Instandhaltung entsprechend ausgestalten und koordinieren muss. Dabei sind die Schnittstellen zu anderen Unternehmensbereichen und -prozessen, wie z. B. Konstruktion, Einkauf, Produktion und Entsorgung, zielorientiert abzustimmen.

B 8.2.3.1 Strategische Ziele

Das *Hauptziel* der Instandhaltungslogistik ist die Planung, Herstellung und Erhaltung der Verfügbarkeit von Maschinen und Anlagen, Informationen, Material, Ersatzteilen, Betriebsmitteln und Personal.

Die genaue Ausgestaltung des Hauptziels der Instandhaltungslogistik ergibt sich aus der Zielrichtung der Hauptprozesse der Instandhaltung. Als oberste Priorität sind daher die beiden zunächst gegensätzlich erscheinenden Ziele *Kostensenkung* und *Verfügbarkeitssteigerung* zu sehen [Mat05].

Als *wesentliche Teilziele* der Instandhaltungslogistik lassen sich identifizieren (vgl. [Mat05]), die Gewährleistung der bedarfsgerechten Verfügbarkeit
– von Maschinen und Anlagen,
– von Personal zur Durchführung der Instandhaltungsprozesse,
– von Informationen, wie z. B. Störungsmeldungen, Ersatzteilbestellungen, Ferndiagnosen etc.
– von Material, Ersatzteilen und Betriebsmitteln, z. B. durch Beschaffung, Bereitstellung und Transport, sowie
– die instandhaltungsgerechte Anordnung von Maschinen und Anlagen, wie z. B. durch Betriebsstättenplanung (Werkstätten und Arbeitsplätze) unter Berücksichtigung der Instandhaltungserfordernisse.

Für jede Maschine und Anlage werden die für ihren optimalen Einsatz erforderlichen Einzelleistungen von Logistik und Instandhaltung ermittelt. Hierbei werden alle Kosten und deren voraussichtlicher Verlauf während der Nutzungsdauer (Lebenszykluskosten) berücksichtigt, um den wirtschaftlichen Einsatz zu optimieren. Die *Lebenszykluskosten* einer Maschine oder Anlage umfassen im Wesentlichen die Kosten für die Beschaffung von Maschinen und Anlagen, die vorbeugende Instandhaltung, unplanmäßige Ausfallbehebungen, das Ersatzteilmanagement, Produktionsausfälle sowie Stilllegungs- und Entsorgungskosten.

Jede Einzelmaßnahme ist für die jeweilige Maschine oder Anlage *individuell* zu planen, so dass eine möglichst *kostengünstige Kombination* von Ressourcen (Material, Ersatzteilen, Betriebsmitteln, Informationen und Personal) zusammengestellt werden kann. Zudem sind Sicherheits- und Umweltanforderungen, Abnutzung, Erkennbarkeit von Schäden, Verlauf der Ausfallrate und ähnliche Faktoren zu berücksichtigen (vgl. [Mat05]).

Hinsichtlich der Optimierung der Instandhaltungslogistik ist daher eine *Betriebsdatenerfassung* inklusive der Logistik- und Instandhaltungsdaten unbedingt erforderlich.

Die Anforderungen an den optimalen Ressourceneinsatz lassen sich in Form der „*8 r*" *der Instandhaltungslogistik* zusammenfassen. Es geht darum,
– die richtigen *Ressourcen*,
– in der richtigen *Menge*,
– im richtigen *Zustand* (Personal: Qualifikation),
– zur richtigen *Zeit*,
– am richtigen *Ort* (vor Ort, Werkstatt),
– in der richtigen *Qualität* (Personal: Qualifikation),
– bei richtigen (minimierten) *Beständen* (Personal: Eigen/Fremd),
– zu richtigen (wettbewerbsfähigen) *Kosten* über den gesamten Lebenszyklus von Maschinen und Anlagen verfügbar zu machen.

B 8.2.3.2 Outsourcing

Die zunehmende Konzentration der Unternehmen auf die jeweiligen Kernkompetenzen spiegelt sich auch im Bereich der Instandhaltungslogistik wider. Zur Flexibilisierung der Fixkosten wird die Instandhaltung in zunehmendem Umfang an die Anlagenhersteller und spezialisierte Dienstleistungsunternehmen ausgelagert (Outsourcing, Fremdinstandhaltung).

Unter *Outsourcing* wird die Nutzung externer Ressourcen für die Durchführung von betrieblichen Leistungen verstanden(vgl. [Mat05]). Hierdurch wird die Eigenleistungstiefe zugunsten von Fremdleistungen reduziert.

Die *Bandbreite* von Instandhaltungsdienstleistungen reicht von einfachen Reinigungstätigkeiten bis hin zu sog. Full-Service-Verträgen, die dem Betreiber eine definierte Anlagenverfügbarkeit gewährleisten. Die Frage, ob und in welchem Ausmaß die Instandhaltungslogistik von eigenem oder von Fremdpersonal durchgeführt werden soll, lässt sich nur für den jeweiligen Einzelfall beantworten.

Die *Gründe* für und wider Outsourcing ergeben sich dabei aus der Summe von personalpolitischen, wirtschaftlichen, organisatorischen und Qualifikationsaspekten. Diese umfassen beispielsweise das Abdecken von Bedarfsspitzen oder die Nutzung von spezifischem Fach- und Erfahrungswissen der Dienstleister, das im eigenen Unternehmen nicht wirtschaftlich aufgebaut und erhalten werden kann. Weitere wesentliche Entscheidungskriterien beziehen sich auf:
- finanzielle Ziele
  • Wandlung von Fixkosten in variable Kosten,
  • Kostenreduzierung,
  • Verbesserung der Liquidität,
  • Skaleneffekte;
- strategische Ziele
  • Personalreduzierung,
  • schlanke Organisation,
  • Konzentration auf das Kerngeschäft;
- geeignete Fremdunternehmen (Dienstleister)
  • Fachlichkeit,
  • Kapazität,
  • Verfügbarkeit und Reaktionsgeschwindigkeit.

Grundsätzlich gilt, dass sich die Eigen- und Fremdinstandhaltung nicht gegenseitig ausschließen, sondern vielmehr im Hinblick auf eine optimale Verfügbarkeitssicherung abgestimmt werden können. Die *Zusammenarbeit* sollte dabei auf eine *Win-Win*-Situation für alle Beteiligten ausgerichtet werden.

B 8.2.3.3 Strategien und Konzepte

Die Instandhaltungsstrategie ist definiert als „Vorgehensweise des Managements zur Erreichung der Instandhaltungsziele" [DIN EN 13306].

Im Laufe der Zeit haben sich drei grundlegende Instandhaltungsstrategien herauskristallisiert: *ausfallabhängige, zeit- bzw. leistungsabhängige* und *zustandsorientierte* Instandhaltung.

Für die einzelnen Maschinen und Anlagen wird i. d. R. ein *Strategie-Mix* realisiert, da die einzelnen Komponenten unterschiedlichen Instandhaltungsbedarf und unterschiedliche Bedeutung für die Verfügbarkeit haben.

Darüber hinaus hat die Problematik der Ermittlung des optimalen Zeitpunktes für die Durchführung von Wartungs-, Inspektions-, Instandsetzungs- und Verbesserungsmaßnahmen zu verschiedenen *Instandhaltungskonzepten* geführt, die alle das Ziel der maximalen Anlagenverfügbarkeit bei minimalen Kosten der Produktion und Instandhaltung verfolgen. Hierzu kombinieren diese Konzepte die grundlegenden Strategien mit konstruktiven Maßnahmen zur Schwachstellenbeseitigung von Maschinen und Anlagen sowie Redundanzkonzepten bzw. setzen auf die Einbindung aller Mitarbeiter im Unternehmen. Zu nennen sind beispielsweise die Zuverlässigkeitsorientierte Instandhaltung (Reliability Centred Maintenance), die Total Produktive Instandhaltung (Total Productive Maintenance), die Nachhaltige Instandhaltung oder die Just-in-Time-Instandhaltung.

Die *Auswahl* einer geeigneten Strategie ist individuell von jedem Unternehmen in Abhängigkeit von dessen Zielen zu treffen. Es gibt keine Instandhaltungsstrategie, die überall angewendet werden kann (vgl. [Mat05]).

Der gewählte Strategie-Mix bestimmt dann die *Anforderungen* an die *Instandhaltungslogistik*. So ist z. B. für eine ausfallabhängige Instandsetzung die Vorhaltung von Personal und Material, Ersatzteilen und Betriebsmitteln unabdingbar, um kurze Stillstands- und Ausfallzeiten der Maschinen und Anlagen sicherzustellen und dadurch die Ausfall- und Ausfallfolgekosten niedrig zu halten. Sowohl die zeit- als auch die zustandsabhängige Instandhaltung erhöhen die Planbarkeit der Anforderungen an die logistischen Prozesse und helfen so, Bestände zu reduzieren.

B 8.2.3.4 Vertragsarten

Die vertragliche Gestaltung der Zusammenarbeit mit den Dienstleistungsunternehmen beruht auf den beiden Grundvarianten: Dienst- bzw. Werkvertrag.

Beim *Werkvertrag* schuldet der Dienstleister dem Auftraggeber ein Werk, beispielsweise eine „saubere Anlage", eine „definierte Verfügbarkeit" oder eine „bedarfsgerechte Instandhaltungslogistik". Die vertragliche Vereinbarung ist also ergebnisorientiert.

Dagegen werden beim *Dienstvertrag* die Zeit und der Aufwand für die Durchführung der Maßnahmen Vertragsgegenstand, z. B. „x Stunden Reinigungsleistung", „wöchentliche Inspektion der Rohrleitungen auf Leckagen" oder „Bereitstellung von Ersatzteilen zu einem definierten Termin". In diesem Fall kommt es oft zu einer *Ar-*

beitnehmerüberlassung, bei der der Dienstleister Personal abstellt, das beim Kunden permanent oder temporär eingesetzt wird, um die vertraglich vereinbarten Leistungen zu erbringen. Der Dienstleister schuldet dem Auftraggeber die Überlassung einer willigen Arbeitskraft.

Literatur

[Mat05] Matyas, K.: Taschenbuch Instandhaltungslogistik – Qualität und Produktivität steigern. 2. Aufl. München/Wien: Hanser 2005

Richtlinie
DIN EN 13306: 2001-09: Begriffe der Instandhaltung. Berlin: Beuth 2001

B 8.2.4 Ressourcen der Instandhaltungslogistik

Ressourcen der Instandhaltungslogistik sind Personal, Informationen, Material und Ersatzteile sowie Betriebsmittel und Betriebsstätten. Diese bestimmen maßgeblich die Prozesskosten der Instandhaltungslogistik.

B 8.2.4.1 Personal

Die zunehmende Komplexität des Maschinen- und Anlagenparks erfordert nicht nur einen quantitativ und qualitativ höheren Instandhaltungsbedarf, sondern insbesondere auch steigende Anforderungen an das Instandhaltungspersonal. Hieraus resultiert die Forderung nach einer höheren Leistungsfähigkeit der Instandhaltung, welche eine zunehmende Anpassungsfähigkeit und Qualifikation des Personals voraussetzt. Neben „Generalisten", die einen umfassenden Überblick und Kenntnisse in allen erforderlichen Fachdisziplinen haben, werden auch „Spezialisten" benötigt. Die Spezialisten verfügen zum einen über die notwendigen Detailkenntnisse der jeweiligen Fachdisziplin und haben die erforderliche Zulassung für die Durchführung der Arbeiten, die vom Gesetzgeber vorgeschrieben ist, z. B. zur Arbeit an elektrotechnischen Einrichtungen.

Als logische Konsequenz setzen die Unternehmen vermehrt auf neue Strukturen und Zusammenarbeit. Damit ist eine Verlagerung von Leistungen der Instandhaltung an andere Organisationseinheiten verbunden. Leistungen werden von den Produktionsmitarbeitern, den Herstellern der Maschinen und Anlagen sowie Dienstleistungsunternehmen übernommen. Das Ziel ist, durch einen optimalen Aufgaben-Mix und aufeinander abgestimmte Prozesse eine maximale Verfügbarkeitssicherung zu realisieren.

Durch die neuen Strukturen und damit verbundenen Prozesse verändern sich auch die Aufgabeninhalte der Instandhaltung. Die Aufgaben der Instandhaltungslogistik sind dabei integraler Bestandteil der jeweiligen Prozesse, wobei Prozesseigner für ihren Aufgabenbereich die volle Verantwortung haben.

Damit verlagern sich die Aufgaben der Instandhaltungslogistik in Richtung Coaching der anderen Kooperationspartner, Prozessoptimierung und Schwachstellenbeseitigung sowie Einführung neuer Methoden. Das Personal muss neben Fach- und Methodenkompetenz über Sozial- und Handlungskompetenz verfügen. Diese unterstützen das Denken in Problemlösungen, den Umgang mit Mehrdeutigkeiten und das Erfahrungslernen.

B 8.2.4.2 Informationen

Mit zunehmender Komplexität der Maschinen und Anlagen wird es immer notwendiger, nicht nur qualifiziertes Personal einzusetzen, sondern auch wichtige Informationen und Daten permanent und effizient zugänglich zu machen. Nur so kann das Personal schnelle und richtige Entscheidungen treffen und nur so lassen sich die erforderlichen Lernprozesse beschleunigen. Maschinen und Anlagen stellen zunehmend Informationen zur Verfügung, die zur exakteren Ermittlung ihres Zustandes herangezogen werden können und so eine steigende Verbreitung der zustandsabhängigen Instandhaltung fördern.

Des Weiteren kommen vermehrt Systeme zur Zustandsüberwachung (Condition Monitoring) und für den Online-Service (Teleservice, Telediagnose etc.) zum Einsatz. Die Hersteller und Dienstleister reagieren damit auf die durch die steigende Globalisierung erforderliche Präsenz vor Ort in Form von Telepräsenz.

Eine weitere Voraussetzung ist die Vernetzung der unterschiedlichen Wissensbasen von Betreiber, Hersteller und Dienstleister. Diese unterstützt das Erfahrungslernen und macht eine hinreichende Informations- und Kommunikationsinfrastruktur erforderlich. Moderne Technologien wie RFID (Radio-Frequenz-Identifikation), Virtuelle und Erweiterte Realität (Virtual and Augmented Reality) sowie Internettechnologien sind dazu besonders geeignet.

B 8.2.4.3 Ersatzteile

Die Ausfallzeitpunkte für Maschinen und Anlagen lassen sich nur in begrenztem Maße vorhersagen. Das zu bevorratende Teilespektrum ist dabei relativ hoch und die Bedarfsmenge und der Bedarfszeitpunkt sind schlecht prognostizierbar. Der damit verbundenen Unsicherheit wird häufig mit einer überhöhten Ersatzteilbevorratung bei einer niedrigen Umschlaghäufigkeit begegnet.

Ein Nachteil dieses Vorgehens sind die hohen *Lagerhaltungs- und Kapitalbindungskosten*, wobei der Nutzwert der bevorrateten Ersatzteile um ein Vielfaches höher ist als der Buchwert des Teilespektrums (vgl. [VDI06]). Außerdem besteht die Gefahr, dass die Ersatzteile ungenutzt veralten und/oder wegen der Stilllegung der Maschine oder Anlage, für die sie bestimmt sind, nur noch verschrottet werden können.

Ziel einer optimalen Ersatzteilversorgung ist die *Minimierung* der *Gesamtkosten*, d. h. der Kosten für die Lagerhaltung und der Ausfallkosten.

Voraussetzung für die Zielerreichung ist eine *ganzheitliche Instandhaltungslogistik*. Dabei sind insbesondere die Informationsbeziehungen zwischen der Instandhaltungsplanung und -steuerung sowie dem Ersatzteilmanagement von großer Bedeutung.

Bei der *Ersatzteilbevorratung* kann zwischen verschiedenen Varianten unterschieden werden (vgl. [Mat05]). Der Betreiber wird für sich die Variante wählen, die bei einem möglichst kleinen eigenen Ersatzteillager und einem geringen Risiko die erforderliche Verfügbarkeit seiner Maschinen und Anlagen sicherstellt.

Um die Risiken zu minimieren, setzen die meisten Betreiber auf die eigene Ersatzteilbevorratung (*Bevorratung beim Betreiber*). Dadurch ist gewährleistet, dass die Ersatzteile bei Ausfällen sofort zur Verfügung stehen. In der Regel sind die bevorrateten Teile auch Eigentum des Betreibers. Ein hoher Ersatzteillagerbestand ist damit auch mit hohen Kapitalbindungs- und Lagerhaltungskosten für den Betreiber verbunden.

Eine andere Variante ist die Führung eines *Konsignationslagers*. Die Ersatzteile lagern zwar im Lager des Betreibers, bleiben aber bis zum Einbau Eigentum des Herstellers oder Ersatzteilproduzenten. Ebenso wird die Bezahlung der Teile erst nach Einbau fällig. Der Vorteil für den Betreiber liegt in einer hohen Teileverfügbarkeit bei geringen Kapitalbindungskosten.

Die *gemeinsame Bevorratung mehrerer Betreiber* ist eine weitere Möglichkeit der Ersatzteilbevorratung. Voraussetzung ist eine geographisch günstige Lage von Betreibern ähnlicher oder gleicher Maschinen und Anlagen, also mit gleichem Ersatzteilspektrum. Nachteilig können sich organisatorische Probleme auswirken, wer ist letztlich verantwortlich, wenn benötigte Teile nicht bedarfsgerecht zur Verfügung stehen. Abhilfe könnte hier die Bewirtschaftung eines Ersatzteillagers durch ein Instandhaltungs-Dienstleistungsunternehmen schaffen.

Dagegen hat eine *Beschaffung bei Bedarf* den Vorteil, dass nur ein kleines oder kein Ersatzteillager benötigt wird. Die Kapitalbindungskosten können dadurch minimiert werden oder sogar entfallen. Das Risiko von hohen Ausfallzeiten und -kosten muss bei dieser Variante durch Liefergarantien des Herstellers oder Dienstleisters reduziert werden. Weiterhin ist eine gute Kooperation zwischen allen beteiligten Unternehmen eine entscheidende Voraussetzung für den reibungslosen Ablauf entlang der logistischen Kette. Die Reaktionsfähigkeit auf Ausfälle und die Länge der Ausfallzeit werden dabei durch den Lagerbestand beim Hersteller bzw. von der Durchlaufzeit für eine Neuproduktion des benötigten Ersatzteiles bestimmt.

Die letzte Variante ist die *Improvisation bei Bedarf*. Sie kommt immer dann zur Anwendung, wenn ein Ersatzteil nicht mehr im eigenen Ersatzteillager vorhanden ist und/oder das Ersatzteil nicht mehr lieferbar, die Lieferzeit zu lang oder das Ersatzteil zu teuer ist. Diese Variante empfiehlt sich nur für Maschinen und Anlagen, die nur noch selten genutzt werden oder deren erforderliche Nutzungsdauer nur noch sehr kurz ist.

B 8.2.4.4 Material

Neben Ersatzteilen gehören Betriebs- und Hilfsstoffe sowie C-Teile zu den Materialien der Instandhaltung. Die letztgenannten können wie Produktionsmaterial gehandhabt werden und unterliegen analogen Beschaffungs-, Dispositions- und Bevorratungsprozessen. Die Mengen sind jedoch i. d. R. vergleichsweise gering. Im Bereich der Entsorgung bzw. des Recyclings bestimmter Betriebs- und Hilfsstoffe sind aufgrund deren Toxizität spezifische Sammelbehälter bereitzustellen, um die umweltgerechte Entsorgung sicherzustellen.

B 8.2.4.5 Betriebsmittel und Betriebsstätten

Für die Durchführung von Instandhaltungsprozessen sind neben Material auch Betriebsmittel und Betriebsstätten erforderlich.

Bei den *Betriebsmitteln* wird zwischen den „Standard-Betriebsmitteln" und „Spezial-Betriebsmitteln" unterschieden. Zur Minimierung der Kosten ist der Anteil an Spezial-Betriebsmitteln auf ein Minimum zu reduzieren. Hierzu gehört auch die Reduzierung erforderlicher Spezial-Transporteinrichtungen zu ihrer Bereitstellung im Rahmen der Instandhaltungslogistik

Die *Betriebsstätten* (Werkstätten) sind instandhaltungslogistik- und umweltgerecht auszulegen. Dies betrifft insbesondere die Gestaltung des Materialflusses, für den Transport von Instandhaltungsobjekten sowie die Ver- und Entsorgungsprozesse der Betriebsstätten.

Die Werkstätten können nach ihrer baulichen Gestaltung bzw. entsprechend ihrer Einordnung in die Prozesse der Instandhaltungslogistik unterschieden werden.

Bei der *baulichen Gestaltung* werden unterschieden [Ihl00]:
- *Werkstattgebäude* sind stationäre Instandhaltungseinrichtungen einschließlich erforderlicher Freiflächen.
- *Werkstattcontainer* sind dagegen transportable Instandhaltungseinrichtung für zeitweilige Nutzung (mehrmonatlich) auf Baustellen. Auf dem Markt werden spezielle Werkstattcontainer für kleinere Instandsetzungsarbeiten, Ersatzteillagerung etc. angeboten. Als Gefahrstoffflager für Schmierstoffe, Altöle, Sonderabfälle sind solche Einrichtungen in kleinen und mittleren Unternehmen auch für den ständigen stationären Einsatz zu empfehlen.
- *Werkstattwagen* sind Spezialfahrzeuge für Service- und kleinere Instandsetzungsarbeiten als Ausrüstung mobiler Instandhaltungsteams, meist organisatorischer Bestandteil von Haupt- und Zentralwerkstätten.
- Ein *Handwerkerstützpunkt* ist Teil einer Produktionsfläche/eines Produktionsgebäudes zur Unterstützung von einzelnen Instandhaltern oder kleinen Teams, die in Produktionsbereiche eingeordnet sind.

Abhängig von der *Einordnung in die Prozesse* werden folgende Arten von Werkstätten unterschieden [Ihl00]:
- Eine *Stützpunktwerkstatt* ist eine Werkstatteinrichtung für die instandhaltungstechnische Betreuung einer Anlage vor Ort (meistens in Zusammenarbeit mit einer Hauptwerkstatt) und zur Durchführung kleinerer Instandsetzungen, für die der Transportaufwand zur Hauptwerkstatt zu groß wäre.
- Eine *Hauptwerkstatt* ist eine Werkstatt für operative und planmäßige Instandhaltung von Maschinen und Anlagen in Produktionsbereichen.
- Die *Zentralwerkstatt* ist dagegen eine Werkstatt für mehrere Produktionsbereiche, in der hochwertige Ausrüstungen für Arbeiten mit hohen Qualitäts- und Wirtschaftlichkeitsanforderungen eingesetzt werden, z. B. für Überholung von Produktionsausrüstungen.
- Eine *Spezialwerkstatt* ist eine Sonderwerkstatt für die Instandsetzung von Spezialmaschinen und -einrichtungen sowie für die Grundüberholung von Austauschbaugruppen in hohen Stückzahlen (Pumpen, Elektromotoren etc.).

Literatur

[Ihl00] Ihle, G.: Technologie der Instandhaltung – Zuverlässigkeitsorientierte Gestaltung. 4. Studienbrief für das Studienfach Betriebstechnik. Berlin: FVL 2000

[Mat05] Matyas, K.: Taschenbuch Instandhaltungslogistik – Qualität und Produktivität steigern. 2. Aufl. München/Wien: Hanser 2005

[VDI06] VDI 2892:2006-06: Ersatzteilwesen der Instandhaltung. In: Verein Deutscher Ingenieure (VDI) e.V. (Hrsg.): VDI-Handbuch Betriebstechnik Teil 4. Düsseldorf: VDI-Verlag 2006

B 8.2.5 Strukturen der Instandhaltungslogistik

Eine umfassende und zugleich rationelle Erfüllung der Ziele und Aufgaben bedingt eine optimale Einordnung der Instandhaltungslogistik in die Unternehmensstruktur. Dabei unterliegen die Strukturen der Instandhaltungslogistik, wie die Gesamtheit der Unternehmensstrukturen, einer Vielzahl von Einflüssen. Dies sind neben der Größe des Unternehmens u. a. die Unternehmensstrategie, die Anlagenstrukturen, der Prozesscharakter, die Material- und Informationsflüsse sowie die Infrastruktur des Unternehmens. Darüber hinaus wirken sich die Entwicklungen der Organisationsprinzipien und -philosophien sowie die Ergebnisse aus Unternehmensvergleichen auf die Strukturen aus. Aufgrund der unterschiedlichen Ausprägungen der genannten Einflussfaktoren und der Vielzahl der möglichen Kombinationen dieser Merkmale kann es „die eine für alle gültige, ideale Aufbau- und Ablauforganisation" sicher nicht geben. Durch eine Begrenzung der Zahl der Varianten auf die typischen Werte in der Industrie, lassen sich jedoch drei grundlegende Organisationsmodelle der Instandhaltung ableiten.

B 8.2.5.1 Grundstrukturen der Aufbauorganisation

Die *Fachspezifische Instandhaltung* ist die klassische Organisationsform, sie beruht auf einer starken arbeitsteiligen Aufgliederung in fachspezifische Gruppen, die meist zentral angeordnet sind. Neben den Produktionsbetrieben bestehen eigenständige Fachabteilungen der Gebiete Mechanik sowie Elektro- und Informationstechnik (EMSR-Technik: Elektro-, Mess-, Steuer- und Regelungstechnik). Jeder dieser Fachbereiche organisiert sich und seine Instandhaltungsprozesse inklusive der notwendigen logistischen Unterstützungsprozesse eigenständig. Die Bereiche sind meist vom Handwerker bis zur Geschäftsführung streng hierarchisch gegliedert. Die Optimierung erfolgt nach innen gerichtet, bezogen auf die eigene Fachlichkeit und die Abwicklung der übertragenen Aufgaben. Eine Kooperation ist an den Berührungspunkten der Fachbereiche gegeben, d. h. bei der Anlage, den Prozessen, Medien usw. Als Stärke dieses heute noch weit verbreiteten Organisationsmodells ist festzuhalten, dass die fachspezifische Betriebsbetreuung
- der Standardisierung und Weiterentwicklung der Maschinen und Anlagen Rechnung trägt,
- das Know-how trotz immer kürzerer Innovationszyklen der Maschinen und Anlagen gewährleisten kann,

- das Verantwortungsbewusstsein der Mitarbeiter für ihre Fachaufgaben stärkt,
- eine Aufsplitterung der Verantwortung in einem Fachgebiet vermeidet (Fachwissen nur aus einer Hand),
- die Möglichkeiten für einen Kapazitätsabgleich über Betriebsgrenzen hinweg verbessert sowie
- die gebündelte Nachfrage die Marktposition verbessert und Innovationsimpulse geben kann.

Zusammenfassend lässt sich sagen, dass die Stärke dieser Organisationsform in der starken Bündelung von Fachkompetenz liegt und die der Organisationseinheit übertragenen Fachaufgaben optimal erledigt werden können. Schwächen zeigt das Modell naturgemäß bei der Verzahnung von Aufgaben und bei Aufgaben die nur bereichsübergreifend zu erledigen sind.

Ein wesentlicher Nachteil liegt in der starken arbeitsteiligen Organisation, die so weit gehen kann, dass Aufgaben im Extremfall alle von unterschiedlichen Fachleuten vorgenommen werden. Des Weiteren wird verhindert, dass freie Kapazitäten eines Bereichs zur Kompensation von Kapazitätsengpässen in anderen Bereichen genutzt werden können. Der dritte Nachteil liegt in einer mangelhaften Kundenorientierung, d. h. einer unzureichenden Bündelung und Ausrichtung der Ziele der fachspezifisch orientierten Bereiche auf die Belange der Produktion.

Ein Teil der vorgenannten Probleme wird durch die *Fachübergreifende Instandhaltung* vermieden oder zumindest gemildert. In diesem Modell werden die technischen Bereiche der Mechanik sowie Elektro- und Informationstechnik zu einem Technikbereich zusammengefasst. Die Organisation der beiden Bereiche Produktion und Technik erfolgt, wie bereits bei der fachspezifischen Instandhaltung beschrieben, jeweils hierarchisch bis zur Geschäftsführung. Die Kooperation vereinfacht sich, da sie nur noch über eine Schnittstelle erfolgen muss.

Die fachübergreifende Instandhaltung beinhaltet dabei die zusammenfassbaren Instandhaltungsfunktionen aus den technischen Instandhaltungsbereichen und der Logistik. Sie ist analog zur Produktion zentral bzw. dezentral angeordnet.

Der fachübergreifende Instandhalter (Mechatroniker) vereinigt Funktionen aus den Bereichen Mechanik sowie Elektro- und Informationstechnik. Neben den „*Generalisten*" werden in der zusammengefassten Technik noch die zwingend notwendigen „*Spezialisten*" der ehemaligen Bereiche Mechanik sowie Elektro- und Informationstechnik vorgehalten. Diese werden oft in einer Zentralwerkstatt zusammengefasst.

Die Schnittstellen in der Ablauforganisation sind minimiert. Allerdings ist bei dezentraler Anordnung die *Kommunikation* zwischen den einzelnen dezentralen Bereichen explizit zu fordern und zu fördern, um einen breiten Informations- und Erfahrungsaustausch sicherzustellen.

Die Möglichkeiten die Technikbereiche zusammenzufassen, hängt von einer Vielzahl von Faktoren ab. Insbesondere sind zu nennen:
- Art, Anzahl, Verwandtschaft und Komplexität der Fachgebiete,
- vorhandene oder erreichbare Qualifikation der Beschäftigten,
- Rahmenbedingungen, die durch Gesetze, Vorschriften und Regelwerke gegeben sind.

Wird der Gedanke, der zur fachübergreifenden Instandhaltung geführt hat, konsequent weitergedacht, ist der nächste Schritt eine Organisationsform, bei der die Instandhaltungsaufgaben weitestgehend in die (dezentralen) Produktionsbereiche integriert werden. Bei dieser *integrierten Produktion* bilden die Produktion und der aus Mechanik sowie Elektro- und Informationstechnik zusammengefasste Technikbereich eine organisatorische Einheit.

Kennzeichen dieser Organisationsform ist die Optimierung aller Instandhaltungsaufgaben auf der Betriebsebene. So gesehen vermeidet sie alle Nachteile der bisher beschriebenen Organisationsformen. Die Gefahr dieser Organisationsform liegt jedoch darin, dass die Summe der Betriebsoptima nicht immer zum Gesamtoptimum des Unternehmens führt. Gründe hierfür sind, dass sich Entscheidungen eines Bereichs zur Optimierung der eigenen Kosten auf benachbarte Bereiche negativ auswirken können (Verlagerung von Kosten). Darüber hinaus führt die eigene Optimierung ggf. zu einer ungebremst ausfernden Maschinen- und Anlagenvielfalt die sich über reduzierte Einkaufsmengen pro Stück oder eine größere Bevorratung von Ersatzteilen auf die Unternehmenskosten auswirkt. Zur Absicherung dieser Organisationsform sind daher begleitende Maßnahmen durchzuführen, wie
- Einführung oder Stärkung von Betriebsnormen,
- Einrichtung von unternehmensinternen betriebsübergreifenden Fachkreisen.

Wird dies berücksichtigt, so ist das neue Modell für viele Unternehmen interessant. Seine volle Wirksamkeit erhält das Modell durch entsprechende Anpassungen und Verknüpfungen der Informations- und Planungssysteme eines Unternehmens. Als Vorteile können hierdurch erreicht werden:
- Harmonisierung zwischen Produktions- und Instandhaltungsplan zur Senkung von Stillstandkosten und Optimierung der Personalauslastung,

- Korrelation zwischen Betriebszustand und Instandhaltungsaktivität,
- Korrelation zwischen Produktions- und Instandhaltungskosten bietet Optimierungsmöglichkeiten für die Gesamtkosten,
- Korrelation zwischen Produktionsqualität und Instandhaltungsaufwand ermöglicht zielgerichtete Produktion.

Die Entwicklung der Instandhaltungsaktivitäten von der fachspezifischen über die fachübergreifende Instandhaltung zur integrierten Produktion bietet neben der Chance zur Kostensenkung auch Chancen zur Humanisierung der Arbeitswelt, z. B. durch breitere Qualifizierung der Mitarbeiter und Arbeit in Teams. Andererseits setzt eine solche Entwicklung besondere Kooperations-, Integrations- und Kommunikationsfähigkeiten jedes einzelnen voraus. Eine derart tief greifende Umorientierung der Aufbau- und Ablauforganisation erfordert vor der Umsetzung sorgfältige Analysen und Vorbereitungen.

B 8.2.5.2 Strukturen der Fremdinstandhaltung

Im Rahmen der Strukturierung der Instandhaltungsaufgaben des Unternehmens ist auch zu prüfen, ob und in welchem Umfang Prozesse der Instandhaltungslogistik fremd vergeben werden können und sollen. Diese Frage kann i. d. R. nicht grundsätzlich für alle Unternehmensbereiche gleich beantwortet werden. Lediglich die Leitlinien sind unternehmensweit zu formulieren. Neben diesen Leitlinien ist eine Vielzahl von unternehmensinternen und -externen Kriterien heranzuziehen, z. B. personalpolitische, wirtschaftliche, organisatorische und qualifikationsbezogene Kriterien.

Die extreme Entscheidung ist die umfassende Fremdvergabe der Instandhaltung (*Full-Service-Outsourcing*). Bei dieser fremden Komplettinstandhaltung hat der Anlagenbetreiber kein eigenes Instandhaltungspersonal mehr. Alle Arbeiten werden durch einen oder mehrere fremde Dienstleister ausgeführt. Wichtig hierbei ist die Vertragsgestaltung, die dafür sorgen muss, dass der „fremde" Dienstleister – wie früher das eigene Fachpersonal – Schwachstellenanalysen durchführt und Anlagenverbesserungen umsetzt. Wichtige Hilfsmittel hierfür sind *Bonus-Malus-Vereinbarungen*, die das Verfehlen der festgelegten Ziele (z. B. Verfügbarkeit, Produktionsausbringung etc.) „bestrafen" und ein Übertreffen der Ziele „belohnen". Darüber hinaus dient eine vertraglich festgelegte *Gewinnteilung* bei zusätzlich erschlossenen Nutzungs-, Leistungs- und Qualitätspotenzialen als Anreizsystem. Voraussetzung für die erfolgreiche Zusammenarbeit mit Dienstleistern ist dabei jedoch ein partnerschaftliches Verhältnis. Daher sollte anstelle von Fremdfirmen besser von Partnerfirmen gesprochen werden.

Neben dieser Maximallösung im Bereich der Fremdinstandhaltung existieren eine Reihe von Teillösungen, die sich zum einen auf bestimmte Instandhaltungsmaßnahmen inklusive der logistischen Unterstützung beziehen, wie z. B. Wartung, Inspektion, planmäßige Instandsetzung (Stillstände/Revisionen). Zum anderen kann sich das Unternehmen bei der Fremdinstandhaltung auf bestimmte *Instandhaltungsobjekte* konzentrieren, wie z. B. Produktionsanlagen, Transportanlagen, Produktionshallen, Gebäudetechnik.

Kombinationen dieser grundsätzlichen Varianten sind auch möglich, so dass die richtige Wahl nur für den jeweiligen Fall und die entsprechenden Rahmenbedingungen und Ziele getroffen werden kann.

B 8.2.5.3 Instandhaltungscontrolling

Mit dem Instandhaltungscontrolling wird sichergestellt, dass die Instandhaltungslogistik die Verfügbarkeit der Ressourcen unter wirtschaftlichen Gesichtspunkten steuert. Das Aufgabenfeld wird durch ein *Regelkreismodell* beschrieben. Dabei werden wie in einem kybernetischen System die Ausgangs-(Ist-)größen (*Regelgrößen*) erfasst und mit aus den Unternehmenszielen, den gesetzlichen Vorgaben und dem technischen Fortschritt abgeleiteten Sollwerten (*Führungsgrößen*, z. B. Verfügbarkeit, Kosten und Personalauslastung) verglichen (vgl. [Bec94]). Aus den Abweichungen zwischen Soll- und Istwerten werden Steuerungseingriffe abgeleitet, die eine permanente Angleichung der Regel- und Führungsgrößen bewirken. Dabei spielt der Mensch eine wesentliche Rolle, da er durch Aufdecken und Nutzung von Potenzialen einen wichtigen Effektivitätsfaktor darstellt. Die Aufgabe des Reglers wird von der *Instandhaltungsplanung* übernommen. Sie liefert die Planaufgaben, welche die Stellglieder des Regelkreises bilden.

Der Regelkreis Instandhaltung ist dabei nicht autark, sondern in übergeordnete Regelkreise, z. B. Anlagen-, Produktions- und Finanzwirtschaft, eingebunden [Bec94].

Literatur

[Bec94] Beckmann, G.; Marx, D: Instandhaltung von Anlagen. Konzepte – Strategien – Planung. 4. Aufl. Leipzig/Stuttgart: Deutscher Verlag für Grundstoffindustrie 1994

B 8.3 Gefahrgut- und Gefahrstofflogistik

B 8.3.1 Einführung

Logistische Dienstleistungen und deren Prozesse erfordern seit jeher auch die Berücksichtigung und Lösung sicherheitstechnischer Anforderungen. Die logistischen Dienstleistungen umfassen hierbei die Prozesse Transportieren, Umschlagen und Lagern von Gütern in loser oder verpackter Form. Diese können ergänzt werden durch Aufgaben wie Verpacken, Kennzeichnen oder Kommissionieren. Logistische Dienstleistungen in den Bereichen der Gefahrgüter und Gefahrstoffe sind aufgrund der hohen sicherheitsrelevanten Anforderungen und der entsprechenden Regelungsvielfalt komplexe Aufgabengebiete, die an dieser Stelle vorgestellt werden. Oberstes Ziel der Gefahrgut- und Gefahrstofflogistik ist die Konzeption und Ausgestaltung von risikominimierenden Aktivitäten, die nicht allein die Logistikgüter und den Transporteur, sondern auch Dritte vor Schäden bewahren.

B 8.3.2 Gefahrgut vs. Gefahrstoff

Wichtig ist die eindeutige Unterscheidung und Handhabung der Begriffe Gefahrgut und Gefahrstoff, da die Begriffe weder in den relevanten Gesetzen noch in der Literatur einheitlich definiert sind [Dit94]. Grundsätzlich kann ein Stoff sowohl als ein Gefahrgut als auch ein Gefahrstoff bezeichnet werden. Dies hängt davon ab, in welchem (rechtlichen) Kontext eine Betrachtung erfolgt. Im Zusammenhang mit dem Transportrecht erfolgt die Bezeichnung „Gefahrgut", wohingegen sich die für die Lagerung relevanten Vorschriften auf „Gefahrstoffe" bzw. „gefährliche Stoffe" beziehen.

Unabhängig von der Einteilung der zu betrachtenden Stoffe in Gefahrgut- oder Gefahrstoffklassen besteht hinsichtlich ihrer gefährlichen Eigenschaften kein Unterschied, wohl aber hinsichtlich der von ihnen ausgehenden Gefährdung beim Transport bzw. bei der Lagerung. Entsprechend unterscheiden sich auch die gesetzlichen Anforderungen bezüglich der Sicherheitstechnik. Die nationalen Vorschriften für beide Bereiche resultieren zum großen Teil aus den europäischen Regelwerken [VDI02].

B 8.3.2.1 Definition des Begriffs „Gefahrgut"

Der Begriff Gefahrgut ist definiert in § 2 Abs. 1 des „Gesetzes über die Beförderung gefährlicher Güter" (kurz: Gefahrgutbeförderungsgesetz GGBefG). Demnach werden als Gefahrgut Stoffe und Gegenstände bezeichnet, von denen aufgrund ihrer Eigenschaften oder ihres Zustandes im Zusammenhang mit einer Beförderung Gefahren für Mensch und Umwelt ausgehen können. Sie werden – je nach Gefährlichkeitsmerkmal – in insgesamt 9 Klassen unterteilt, die von explosiven und entzündbaren bis hin zu ätzenden Stoffen reichen (s. Abschn. B 8.3.3.4).

B 8.3.2.2 Definition des Begriffs „Gefahrstoff"

Der Begriff des Gefahrstoffs ergibt sich aus dem Chemikalienrecht. Seine Definition erfolgt in § 19 Abs. 2 Chemikaliengesetz (ChemG) und § 3 Abs. 1 Gefahrstoffverordnung (GefStoffV). Demnach sind Gefahrstoffe:
- gefährliche Stoffe und Zubereitungen, die eine oder mehrere der folgenden Eigenschaften aufweisen: explosionsgefährlich, brandfördernd, hochentzündlich, leichtentzündlich, entzündlich, sehr giftig, gesundheitsschädlich, ätzend, reizend, sensibilisierend, krebserzeugend, fortpflanzungsgefährdend, erbgutverändernd oder umweltgefährlich,
- Stoffe und Zubereitungen, die erfahrungsgemäß Krankheitserreger übertragen können,
- Stoffe, Zubereitungen und Erzeugnisse, die explosionsfähig sind,
- Stoffe, Zubereitungen und Erzeugnisse, aus denen bei der Herstellung oder Verwendung gefährliche Stoffe oder Zubereitungen entstehen oder freigesetzt werden können [BIA02; VDI02].

B 8.3.2.3 Abgrenzung der Termini Gefahrstoff und Gefahrgut

Die Einteilung der Stoffe erfolgt im Gefahrgut- und Gefahrstoffrecht nicht nach den gleichen Kriterien, so dass eine genaue Differenzierung unumgänglich ist. Dies liegt daran, dass dem Transport- und Lagerrecht unterschiedliche Schutzziele zugrunde liegen, die in den entsprechenden gesetzlichen Regelungen des Gefahrgut- und Chemikalienrechts verankert sind.

Das Schutzziel des Gefahrgutrechts ist der wirksame Schutz von Mensch, Tier, Umwelt und Sachen vor den akuten Gefahren bei Transportvorgängen (z. B. einmalige, kurzzeitige Einwirkung als Folge von Produktfreisetzungen bei Unfällen). Hierbei ist also das Risiko eines Unfalls und damit einhergehender Gefahren bei der Beförderung gefährlicher Güter zu minimieren.

Im Gefahrstoffrecht dagegen ist das Schutzziel die Vermeidung möglicher Gefährdungen beim direkten Umgang mit oder der Verarbeitung von gefährlichen Stoffen (vgl. § 1 GefStoffV). Hierbei werden auch Vorsorgemaßnahmen zur Vermeidung von Spätschäden sowohl in Folge akuter Wirkungen (z. B. Verätzung) als auch chronischer

Wirkungen (z. B. Erbgutschädigung, Krebserkrankung) berücksichtigt. Dies geschieht z. B. durch verpflichtende Gefährdungsbeurteilungen der Arbeitsplätze durch den Arbeitgeber, vorgeschriebene Maßnahmen zur Verhütung von Gefährdungen und zum Schutz der Mitarbeiter usw.

Diese unterschiedlichen Schutzziele können dazu führen, dass Produkte zwar als Gefahrstoff, aber nicht als Gefahrgut bezeichnet werden oder nach unterschiedlichen Gefahrenklassen zu kennzeichnen sind. Während ein als Gefahrgut eingestufter Stoff bei der Lagerung grundsätzlich auch ein Gefahrstoff ist, gilt dies umgekehrt nicht zwangsläufig. Ein Beispiel für die unterschiedliche Kennzeichnung von Stoffen nach Gefahrgut- bzw. Gefahrstoffrecht ist Benzol. Nach Gefahrgutrecht wird Benzol als entzündbare Flüssigkeit mit dem Flammensymbol gekennzeichnet, während es nach Gefahrstoffrecht zusätzlich als giftiger, krebserzeugender Stoff mit dem Totenkopfsymbol versehen wird.

Auf nationaler Ebene besteht für den außerbetrieblichen Transport eine einheitliche Regelung in Form des Gefahrgutbeförderungsgesetzes. Die Gefahrgüter werden im deutschen Recht über die Gefahrgutverordnung eindeutig klassifiziert. Eine solche übergeordnete Regelung ist für die Lagerung gefährlicher Stoffe nicht definiert. Es existiert eine verwirrende Vielfalt an Vorschriften. Für beinahe jedes Gefährlichkeitsmerkmal (z. B. entzündbar, giftig, wassergefährdend) gibt es eine eigene Lagerungsvorschrift; besonders schwierig wird es bei Stoffen mit mehreren Eigenschaften. Manche dieser Vorschriften sind immer zu beachten, manche erst ab bestimmten Mengen und andere wiederum gelten nur für bestimmte Stoffe bzw. Stoffgruppen [Mül06: 5 f.].

Der exakte Übergang zwischen Gefahrgut und Gefahrstoff ist nicht genau definiert (s. Bild B 8.3-1). Wie beschrieben, existiert für die Lagerung von Gefahrstoffen kein abgeschlossener Rechtsbereich. Somit obliegt es dem Betreiber im Übergangsbereich der Be- und Entladung bzw. Bereitstellung der Stoffe, welche Rechtsform zum Einsatz kommt [Ind03]. Als erster Anhaltswert wird als Lagern bereits die Bereitstellung von Stoffen definiert, wenn diese nicht binnen 24 Stunden nach Bereitstellungsbeginn oder am darauf folgenden Werktag abgeholt werden (s. GefStoffV); diese allgemeine Definition erfasst jedoch nur einen Teil der Lagerung, da in den unterschiedlichen Rechtsbereichen verschiedene Begriffsdefinitionen existieren.

B 8.3.3 Gefahrgutlogistik

Täglich werden große Mengen gefährlicher Güter auf den unterschiedlichen Verkehrswegen (Straße, Schiene, Luft- oder Wasserweg) transportiert. Mit Zunahme des internationalen Verkehrs (u. a. begünstigt durch die Erweiterung der Europäischen Union) und dem Trend zum Outsourcing stiegen in den letzten Jahren ebenfalls die Anzahl der Gefahrgutsendungen und die Menge der transportierten Gefahrgüter. Dies führt zu einem erhöhten Risiko an potentiellen Gefahren für den Menschen und seine Umwelt.

Vor diesem Hintergrund bewegen sich die Akteure der Gefahrgutlogistik in einem Spannungsfeld verschiedener Anforderungen. Bei der Planung und Durchführung logistischer Dienstleistungen sind neben den Kundenanforderungen die wirtschaftlichen Unternehmensziele zunächst von zentraler Bedeutung. Daneben sind alle sicherheitsrelevanten Anforderungen (s. Bild B 8.3-2) zu erfüllen, um einen präventiven Schutz vor negativen Folgen zu gewährleisten und damit dem Schutzziel gerecht zu werden. Hierbei muss das Unternehmen sowohl die entsprechende Sorgfaltspflicht aufbringen und gleichzeitig alle relevanten Rechtsvorschriften einhalten.

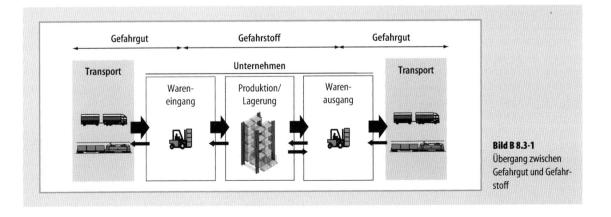

Bild B 8.3-1 Übergang zwischen Gefahrgut und Gefahrstoff

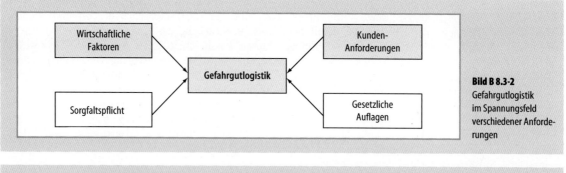

Bild B 8.3-2
Gefahrgutlogistik im Spannungsfeld verschiedener Anforderungen

Tabelle B 8.3-1 Maßnahmen zur Verringerung des Risikos für die öffentliche Sicherheit bei Gefahrguttransporten

Unternehmen	Öffentlicher Bereich
• Festlegung von Organisationsstrukturen und Verantwortlichkeiten • Sensibilisierung der mit Gefahrgut umgehenden Personen • Schulungen • Qualitätsmanagement • Logistikplanung • etc.	• Rechtsvorschriften • Genehmigung und Überwachung • Verkehrslenkung • Unfallverhütungsstrategien • etc.

B 8.3.3.1 Kernziel der Gefahrgutlogistik

Das Kernziel der Gefahrgutlogistik ist die Minimierung von Risiken bei der Beförderung gefährlicher Güter unabhängig vom eingesetzten Verkehrsmittel. Hierbei ist es unerheblich, ob der Transport auf öffentlichen oder nichtöffentlichen Verkehrswegen stattfindet oder zu gewerblichen oder privaten Zwecken durchgeführt wird [Rid04: 42], wobei letztere jedoch nicht der Überwachung durch die für Gefahrguttransporte zuständigen Behörden unterliegt (was nicht heißt, dass das Gefahrenpotenzial des Transportes dadurch geringer wäre). Der Begriff der Beförderung umfasst dabei mehr als den reinen Beförderungsvorgang (s. Abschn. B 8.3.3.2).

Um eine Verringerung des Risikos für die öffentliche Sicherheit bei Gefahrguttransporten zu erreichen, kommen verschiedene Maßnahmen zum Einsatz. Dies ist zunächst einmal die Entwicklung technischer Sicherungskonzepte (z. B. zuverlässige Verpackungen und Fahrzeuge). Daneben kommen auch Maßnahmen seitens der Unternehmen bzw. aus dem öffentlichen Bereich (Planung, Genehmigung und Überwachung) zum Tragen. Diese sind in Tabelle B 8.3-1 exemplarisch dargestellt.

Das Transportwesen steht vor dem Hintergrund einer Vielzahl neuer Stoffe insbesondere aus der chemischen Industrie vor immer neuen Anforderungen. Hier gilt, dass einerseits der technische Fortschritt nicht gehemmt werden darf, jedoch andererseits die öffentliche Sicherheit gewährleistet werden muss [Rid04: 39].

B 8.3.3.2 Besonderheiten der Gefahrgutlogistik

Von besonderer Bedeutung beim Transport von Gefahrgut sind die hohen (nationalen und internationalen) gesetzlichen Anforderungen an die Logistik hinsichtlich der beförderten Stoffe wie auch der eingesetzten Verkehrsträger, die im Verlauf des gesamten Beförderungsvorganges durchgängig zu beachten sind. Da der Beförderungsbegriff weiter gefasst wird als der reine Transportvorgang, entstehen Überschneidungen mit anderen Rechtsgebieten – insbesondere dem Lagerrecht – die ebenfalls zu beachten sind.

Nach der gesetzlichen Definition umfasst der Begriff Beförderung mehr als den reinen Beförderungsvorgang. Auch die „Übernahme und die Ablieferung des Gutes sowie zeitweilige Aufenthalte im Verlauf der Beförderung, Vorbereitungs- und Abschlusshandlungen", werden zur Beförderung gezählt (§ 2 Abs. 2 GGBefG). Das bedeutet, dass die Beförderung bereits beim Einpacken des betreffenden Stoffes anfängt und Vorbereitungs- und Abschlusshandlungen wie das Be- und Entladen sowie das Ein- und Auspacken ebenso zum Transport gehören wie

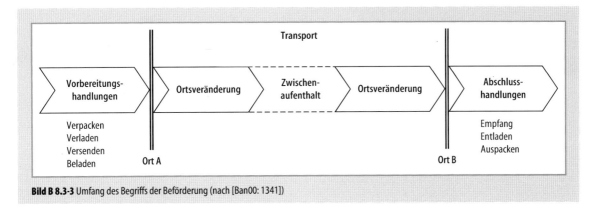

Bild B 8.3-3 Umfang des Begriffs der Beförderung (nach [Ban00: 1341])

die eigentliche Fahrt. Dies gilt auch, wenn diese Handlungen nicht vom Beförderer ausgeführt werden.

Unter dem zeitweiligen Aufenthalt (Zwischenlagerung) versteht man das Abstellen eines gefährlichen Gutes, das bei einem Wechsel der Beförderungsart (lose Schüttung, Tank- oder Containertransport etc.) oder des Beförderungsmittels (LKW, Bahn, Binnenschiff etc.) oder aus sonstigen Gründen (ohne konkrete Zeitbegrenzung) notwendig ist. Soweit bei der Anlieferung der Ladung beim Empfänger nicht sofort eine Entladung stattfindet, stellt das Bereitstellen der Ladung beim Empfänger zur Entladung das Ende der Beförderung dar.

Der Transport von Gefahrgütern stellt im Vergleich zum Transport von Nicht-Gefahrgütern und unabhängig vom eingesetzten Verkehrsträger erhöhte und genau definierte Anforderungen hinsichtlich folgender Aspekte:
– Verpackungen (Auswahl und Prüfung),
– Transportmittel (Prüfung und Zulassung),
– Kennzeichnung von Verpackungen und Transportmitteln,
– Informationen über Gefahreneigenschaften der Güter,
– Ladungssicherung und Zusammenladung.

B 8.3.3.3 Klassifizierung von Gefahrgütern

Aufgrund der unterschiedlichen Schutzziele des Gefahrgut- bzw. Gefahrstoffrechts kommt es zu verschieden gestalteten Klassifizierungen der gefährlichen Güter bzw. Gefahrstoffe hinsichtlich Transport und Umgang.

Die Gefahrgüter werden im deutschen Recht über die Gefahrgutverordnung eindeutig klassifiziert. Die Einstufung der Güter dient der Entscheidung, inwieweit Güter bei der Beförderung als gefährlich im Sinne des § 2 Abs. 1 GGBefG zu behandeln sind. Die daraus abgeleitete Klassifizierung dient der Zuordnung zu den für das betrachtete Gut relevanten Beförderungsvorschriften.

Die Einstufung erfolgt auf der Basis der „Empfehlungen für den Transport gefährlicher Güter" der Vereinten Nationen (sog. „Orange Book"). Diese Empfehlungen bilden die Grundlage für alle Gefahrgutvorschriften zu den unterschiedlichen Verkehrsträgern sowohl auf nationaler wie internationaler Ebene. Danach werden die Gefahrgüter in 9 Klassen unterteilt, wobei die Klasse 4 in drei und die Klassen 5 und 6 jeweils in zwei Unterklassen gegliedert werden.

Das System der Gefahrgutklassen wird in den Gefahrgutvorschriften der unterschiedlichen Verkehrsträger gleichermaßen verwendet bzw. verkehrsträgerspezifisch modifiziert. Eine Übersicht über die verkehrsträgerspezifischen Gefahrgutvorschriften findet sich in Tabelle B 8.3-2.

Tabelle B 8.3-3 zeigt die für alle Verkehrsträger gültige Einteilung der Gefahrgutklassen. Die Klassen 1 und 7 sind sog. NUR-Klassen, d. h. hier dürfen nur die hier namentlich aufgeführten Güter unter den genannten Bedingungen befördert werden. Die namentlich nicht aufgeführten Güter sind von der Beförderung ausgeschlossen. Die übrigen Klassen sind so genannte freie Klassen. Das bedeutet, dass [Ban00: 1345]:
– in diesen Klassen gefährliche Güter namentlich genannt sind,
– Stoffe zwar namentlich nicht genannt sind, sie jedoch unter eine dort aufgeführte Sammelposition fallen (alle Stoffe mit ähnlicher chemisch-physikalischer Zusammensetzung),
– in der namentlichen Aufzählung nicht genannte Stoffe unter eine n.a.g.-Eintragung (= nicht anderweitig genannt) fallen.

In Fällen, in denen Stoffgruppen aufgrund ihrer Eigenschaften in verschiedene Klassen einzustufen wären, wird die Entscheidung über die letztendliche Einstufung durch die Vereinten Nationen vorgenommen. Diese Entschei-

Tabelle B 8.3-2 Übersicht über nationale und internationale Gefahrgutvorschriften (nach [Ban00: 1342])

Verkehrsträger	Deutschland	International
Straße	GGVS	ADR
Schiene	GGVE	RID
Binnenschiff	GGVBinSch	ADNR
See	GGVSee	IMDG-Code
Flugzeug	LuftVG/LuftVO	IATA-DGR/ICAO

Erläuterungen der Abkürzungen:

GGVS/E/BinSch/See:	Gefahrgutverordnung Straße/Eisenbahn/Binnenschifffahrt/Seeverkehr
LuftVG/LuftVO	Luftverkehrsgesetz/-Verordnung
ADR	Accord européen relatif au transport international des marchandises Dangereuses par Route (ADR) (Europäisches Übereinkommen über die internationale Beförderung gefährlicher Güter auf der Straße)
RID	Reglement concernant le transport international ferroviare des marchandises dangereuses (Ordnung für die unternationale Eisenbahnbeförderung gefährlicher Güter)
ADNR	Reglement pour le transport de matiers dangereuses sur le Rhin (Verordnung über die Beförderung gefährlicher Güter auf dem Rhein)
IMDG-Code	International Maritime Dangerous Goods Code
IATA-DGR/ICAO	International Air Transport Association – Dangerous Goods Regulation/International Civil Aviation Organization

dungen werden anschließend in alle Regelwerke eingearbeitet, so dass gewährleistet ist, dass die Güter bei den unterschiedlichen Verkehrsträgern gleichermaßen klassifiziert werden [Hof06: 5].

Jedem Gut, welches in eine der Klassen eingestuft wurde, wird eine UN-Nummer zugeordnet. Diese gibt einen Hinweis auf die vom Gut ausgehenden Haupt- und Nebengefahren sowie auf dessen Aggregatzustand (z. B. für UN 1079 SCHWEFELDIOXID: 2TC, d. h. giftiges und ätzendes verflüssigtes Gas).

Anhand der in den Stoffen vorhandenen Gefahr werden die Stoffe zur Auswahl geeigneter Verpackungen in Verpackungsgruppen eingestuft [Wol06]. Diese werden wie folgt differenziert:

– Verpackungsgruppe I: hohe Gefahr,
– Verpackungsgruppe II: mittlere Gefahr,
– Verpackungsgruppe III: geringe Gefahr.

Die unterschiedlichen Klassifizierungen und damit verbundene Kennzeichnungen haben weiterhin Auswirkungen auf die Zusammenladung und Zusammenlagerung der Güter. Entsprechende Vorschriften finden sich in den Vorschriften ADR/RID (siehe dort Kapitel 7.5.2.1 und 7.5.2.2).

B 8.3.3.4 Verantwortlichkeiten

Die Beförderung gefährlicher Güter stellt ein Risiko für die öffentliche Sicherheit dar. Daher müssen alle Beteiligten

Tabelle B 8.3-3 Gefahrgutklassen nach ADR

Klasse	Bezeichnung
1	Explosive Stoffe und Gegenstände mit Explosivstoff
2	Gase
3	Entzündbare flüssige Stoffe
4.1	Entzündbare feste Stoffe, selbstzersetzliche Stoffe und desensibilisierte explosive Stoffe
4.2	Selbstentzündliche Stoffe
4.3	Stoffe, die in Berührung mit Wasser entzündbare Gase entwickeln
5.1	Entzündend (oxidierend) wirkende Stoffe
5.2	Organische Peroxide
6.1	Giftige Stoffe
6.2	Ansteckungsgefährliche Stoffe
7	Radioaktive Stoffe
8	Ätzende Stoffe
9	Verschiedene gefährliche Stoffe und Gegenstände

über ein hohes Maß an Sachkenntnis, Zuverlässigkeit und Verantwortungsbewusstsein verfügen. Um dies zu gewährleisten, sind die Verantwortlichkeiten in der Transportkette von Gefahrgütern in den verkehrsträgerspezifischen Gefahrgutverordnungen festgelegt. Hierbei wird – entsprechend der Besonderheiten der einzelnen Verkehrsträger – zwischen folgenden Personen(-gruppen) differenziert:
– Hersteller oder Besitzer gefährlicher Güter,
– Auftraggeber des Absenders,
– Absender; Aussteller des Beförderungspapiers (Seeverkehr),
– Verlader; in Teilen Beauftragter des Herstellers sowie Verantwortliche für Packen, Beladen und Umschlagen (Seeverkehr),
– Beförderer,
– Fahrzeug- bzw. Schiffsführer (Binnenschiffs- und Seeverkehr),
– Beifahrer bzw. an Bord befindliche Personen (Binnenschiffsverkehr),
– Halter; Eigentümer bzw. Ausrüster (Binnenschiff); Reeder (Seeverkehr); Einsteller von Kesselwagen,
– Eigentümer von Tankcontainern,
– Hersteller von Verpackungen,
– Verpacker; in Teilen Verantwortlicher für Packen (Seeverkehr),
– Befüller von Tankcontainern,
– Empfänger,
– (Reisender).

Die Liste zeigt, dass neben dem Beförderer auch die weiteren Personengruppen Absender, Verpacker, Verlader und Empfänger in die Vorbereitungs- und Abschlusshandlungen einbezogen und damit den gefahrgutrechtlichen Regelungen unterworfen werden. Hier ist eine genaue Definition der Schnittstellen zwischen den einzelnen Beteiligten notwendig, um einen reibungslosen Ablauf unter Einhaltung aller sicherheitsrelevanten Maßgaben zu gewährleisten. Aufgrund dessen müssen für jeden Gefahrguttransport sowohl die jeweiligen Verantwortlichkeiten sowie die damit verbundenen Verpflichtungen identifiziert und zwischen Auftraggeber und Auftragnehmer festgelegt werden.

Die Einhaltung der Gefahrgutvorschriften wird von den zuständigen Stellen kontrolliert. Dies sind für die unterschiedlichen Verkehrsträger:
- Straße: Polizei, Bundesamt für Güterverkehr (BAG),
- Schiene: Eisenbahn-Bundesamt,
- See-/Binnenschifffahrt: Wasserschutzpolizei,
- Luft: Luftfahrt-Bundesamt.

B 8.3.3.5 Abwicklung des Gefahrguttransportes (rechtliche Grundlagen)

Die Regelungen der einzelnen Vorschriften zur Gefahrgutbeförderung lassen sich in folgende Bereiche unterscheiden:
- Allgemeine Vorschriften,
- Stoffspezifische Vorschriften (Gefahrenklassen),
- Kennzeichnung und Markierung,
- Beförderungsvorschriften (Verpackung, Verladung, Umgang bei der Beförderung),
- Zusammenlade- und Zusammenpackverbote,
- Begleitpapiere,
- Vorschriften für Fahrzeuge und Container,
- Verkehrsvorschriften und Umschlag.

Die Anforderungen aus diesen Vorschriften lassen sich grundsätzlich in organisatorische und technische Regelungen unterteilen. Die organisatorischen Anforderungen beziehen sich im Wesentlichen auf die Anfertigung der Transportpapiere und Dokumentation sowie die Kennzeichnungspflichten. Technische Anforderungen sind Vorgaben an die Verpackungen, Transportmittel und Verkehrsträger.

Die wesentliche Anforderung im organisatorischen Sinn ist die Weitergabe bzw. Mitführung der produktspezifischen Gefahrgutinformationen. Zunächst erfolgen – auf der Grundlage der korrekten Klassifizierung – die Einstufung des Gutes entsprechend der jeweiligen Vorschrift sowie die Beschreibung der Gefahreneigenschaften und Maßnahmen zur Gefahrenabwehr. Die entsprechenden Informationen werden in den notwendigen Beförderungspapieren, schriftlichen Weisungen, Shippers Declarations etc. aufgeführt. Art, Inhalt und Aufbau der relevanten Dokumente sind in den einzelnen Gefahrgutvorschriften festgelegt.

Der hohe Detaillierungsgrad sowie die geforderte ständige Abrufbarkeit der Daten während des Transportvorgangs beeinflussen die Logistik in großem Ausmaß.

Für die Erstellung der Dokumente sind im Wesentlichen der Auftraggeber des Absenders sowie der Absender verantwortlich.

Im Anschluss an die Anfertigung der Dokumente ist die Kennzeichnung der Packstücke, Container bzw. Tanks mit Gefahrzetteln sowie Warntafeln erforderlich. Auf den Gefahrzetteln werden die Gefahreneigenschaften der einzelnen Gefahrgutklassen symbolisch dargestellt – sie sind für alle Verkehrsträger nahezu identisch. Sie werden zusammen mit Warntafeln (mit Nummer zur Kennzeichnung der Gefahr und Nummer des Gefahrguts) zur Kennzeichnung des jeweiligen Transportmittels eingesetzt. Sie sind gut sichtbar an den Verkehrsträgern anzubringen, damit im Falle einer Gefahrensituation z. B. die Einsatzkräfte der Feuerwehr sich schnell einen Überblick über das Gefahrenpotenzial verschaffen können.

Die Kennzeichnung ist vor Beförderungsbeginn sicherzustellen und muss auch im Laufe der gesamten Transportkette gewährleistet sein. Daher müssen zu Beginn des Transports die Verantwortlichkeiten insbesondere beim Umschlag und dem Übergang auf andere Transportmittel (z. T. unterschiedliche Kennzeichnungsvorschriften) eindeutig festgelegt werden.

Die technischen Anforderungen werden durch die organisatorischen Rahmenbedingungen geprägt. So beein-

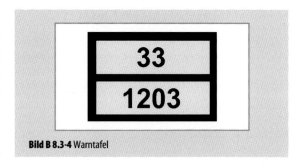

Bild B 8.3-4 Warntafel

Bild B 8.3-5 Gefahrzettel

flusst die Klassifizierung des Gefahrgutes die Wahl der Beförderung, da entsprechend nicht jede Beförderungsart für jedes Gefahrgut genutzt werden kann (z. B. ist die Beförderung im Tank oder in loser Schüttung z. T. unzulässig). Bei Stückgut ist auf Basis der Klassifizierung sowie der chemischen Verträglichkeit mit bestimmten Verpackungsmaterialien über die Verpackung zu entscheiden.

In den einzelnen Gefahrgutvorschriften sind Prüfkriterien über die Verpackungen festgelegt. Aufgrund der Gefährlichkeit der Gefahrstoffe sind für den Transport die entsprechenden geprüften Verpackungen auszuwählen. Zusätzlich sind die vorgeschriebenen Zusammenpackvorschriften sowie eine ausreichende Ladungssicherung zwingend zu beachten bzw. gewährleisten. Verantwortlich für die Beachtung dieser Vorschriften sind die Befüller, Verpacker und Verlader.

Bei der Beförderung von flüssigen Gefahrgütern in Tanks oder Tankcontainern werden noch wesentlich striktere Anforderungen an die Verkehrsmittel gestellt. Hierfür sind in den besonderen Anhängen der Vorschriften für den Straßen-, Schienen und Binnenverkehr verkehrsträgerspezifische Bau- und Ausrüstungsvorschriften festgelegt. Für den Seeverkehr gelten Vorschriften, die nicht unmittelbar den Gefahrgutvorschriften zu entnehmen sind. Verantwortlich für die Einhaltung der Vorschriften sind Halter, Eigentümer, Ausrüster und Reeder (abhängig vom Verkehrsträger).

Wie bereits erläutert, unterliegt jede Beförderung von gefährlichen Gütern in Deutschland dem Gesetz über die Beförderung gefährlicher Güter (GGBefG). Dabei handelt es sich um ein Rahmengesetz, das lediglich grundsätzliche Vorschriften für die Beförderung von Gefahrgütern mit allen Verkehrsträgern in Deutschland enthält. Die umfangreichen und komplizierten Spezial-Regelungen sind in den verkehrsträgerspezifischen Rechtsverordnungen festgelegt. Dies gewährleistet die Möglichkeit einer relativ kurzfristigen Revision. Das Ziel des GGBefG sowie der dazugehörenden Rechtsvorschriften ist die Gewährleistung einer sicheren Beförderung gefährlicher Güter. Gleichfalls werden beim Vorgang des Gefahrguttransportes jedoch auch andere Rechtsbereiche tangiert, die außerhalb des Gefahrgutrechts liegen. Obwohl auch diese Regelungen im weitesten Sinn gefährliche Güter oder Stoffe berücksichtigen, ist ihr Schutzziel ein anderes (z. B. Schutzziel Abfallrecht = „bestimmungsgemäße Entsorgung", hierfür existiert eine explizite Abfallverbringungsverordnung).

Als Beispiel solcher Vorschriften sind zu nennen (keine abschließende Aufzählung):
– Bundesnaturschutzgesetz (BNatSchG),
– Kreislaufwirtschafts- und Abfallgesetz (KrW-/AbfG),
– Wasserhaushaltsgesetz (WHG),
– Chemikaliengesetz (ChemG),
– Sprengstoffgesetz (SprengG),
– Straßenverkehrsgesetz (StVG).

Grundsätzlich ist also bei der Gefahrgutbeförderung darauf zu achten, dass alle relevanten Rechtsbereiche für den Einzelfall berücksichtigt wurden.

Aufgrund der beschriebenen Komplexität der Anforderungen an die Abwicklung des Gefahrguttransports und die damit verbundene Schnittstellenproblematik zwischen den Verantwortlichen zeigt sich die herausragende Stellung der Gefahrgutlogistik gegenüber herkömmlichen logistischen Dienstleistungen.

B 8.3.3.6 Telematik für die Gefahrgutlogistik

Die Gefahrgutlogistik basiert auf einem komplexen Zusammenspiel zwischen organisatorischen und technischen Anforderungen. Hierbei muss gewährleistet sein, dass zu jeder Zeit und an jedem Ort der Transportkette das Gefahrenrisiko für die öffentliche Sicherheit minimiert wird. Aufgrund dessen werden in der letzten Zeit häufig Telematiksysteme und übergeordnete Online-Gefahrgutzentralen für den Einsatz in der Gefahrgutlogistik diskutiert und Forschungsprojekte für ein Gefahrgutmonitoring und -routing aufgesetzt. Diese sollen dabei helfen, eine größtmögliche Kontrolle der Transporte bei gleichzeitiger Optimierung der Kosten zu gewährleisten [COR06; Tzo06]. Unter den sicherheitsrelevanten Gesichtspunkten können solche Systeme die Verantwortlichen dabei unterstützen, den Transport sicherer zu gestalten. Hierzu dient z. B. die Überwachung des Fahrzeugs und dessen Fahrroute, -zeit und Geschwindigkeit, Navigation des Transports nach aktueller Verkehrslage sowie ein Notfallmanagement bei der im Ernstfall eine Warnmeldung direkt an das Transportunternehmen gesendet wird. Aufgrund der damit verbundenen schnelleren Reaktionsfähigkeit der Beteiligten können Gefahren ggf. frühzeitig eingedämmt werden.

Auch ist bereits im Vorfeld eines Transport über automatisierte Meldung von relevanten Transporten an eine Online-Gefahrgutzentrale eine automatisierte Ausgabe der relevanten Vorschriften, z. B. über Unverträglichkeiten von Gütern zum Transport (insbesondere von Flüssigkeiten in Tanks), denkbar und damit eine bessere Kontrolle möglich.

B 8.3.3.7 Übergang von der Gefahrgut- zur Gefahrstofflogistik

Wie bereits erwähnt, unterliegt dem Gefahrgutbeförderungsgesetz die Beförderung von Gefahrgütern auf öffentlichen und nicht-öffentlichen Verkehrswegen. Bestimmte Bereiche sind jedoch vom Regelungsbereich dieses Gesetzes ausgenommen – z. B. die Beförderung auf abgeschlossenen Betriebsgeländen. An der Schnittstelle zwischen außer- und innerbetrieblichem Transport vollzieht sich der Übergang vom Gefahrgut- zum Gefahrstoffrecht. Die für die innerbetriebliche Beförderung nötigen Sicherheitsvorkehrungen stammen aus verschiedenen Rechtsbereichen wie dem Chemikalien-, Arbeitsschutz-, Gefahrstoffrecht bzw. den Unfallverhütungsvorschriften der Berufsgenossenschaften usw. Eine Darstellung der Grundlagen zum Gefahrstoffrecht erfolgt im nachfolgenden Kapitel.

Ein sicherheitsbewusster Umgang mit den Gefahrgütern seitens aller am Transport beteiligten Personen ist unerlässlich, um Gefährdungen für Mensch, Tier, Umwelt und Sachen auszuschließen.

B 8.3.4 Gefahrstofflogistik

B 8.3.4.1 Grundlagen gefahrstoffspezifischer Gesetze

Gesetze und deren Auswirkungen

Soweit möglich, wird dem Auftreten einer Gefährdung bereits im Vorfeld entgegengewirkt. Für den Fall einer Schutzzielverletzung werden präventiv Maßnahmen definiert, die potenzielle Auswirkungen eines Schadenfalls möglichst gering halten. Im Rahmen der europäischen Gesetzgebung und insbesondere bei der Neustrukturierung des deutschen technischen Regelwerks soll die Anzahl der teilweise sehr detaillierten Regelungen verringert werden. Zunehmend wird somit die Verantwortung bei der Wahl und Durchführung von Schutzmaßnahmen auf den Unternehmer übertragen. Hierbei bildet eine Gefährdungsbeurteilung, die vom Unternehmer durchzuführen ist, die Grundlage.

Es bleibt allerdings bei der Situation, dass im Gegensatz zum Gefahrgutrecht bei der Gefahrstofflagerung nur in bestimmten Bereichen eine europäische Harmonisierung der gesetzlichen Anforderungen der einzelnen Mitgliedsstaaten besteht, da die nationalen Ausführungsvorschriften mitunter sehr unterschiedliche Anforderungen an die Gefahrstofflagerung stellen. Hinzu kommt, dass auch in Deutschland die Regelungen nicht bundeseinheitlich festgelegt sind, da in einigen Bereichen, z. B. dem Wasserrecht, in den einzelnen Bundesländern eigene Vorschriften bestehen.

Der allgemeinen hierarchischen Struktur der deutschen Gesetzgebung folgend existieren zu jedem Rechtsbereich Gesetze, deren Ausführung in zugehörigen Rechtsverordnungen detailliert ist. Ergänzt werden die Regelungen durch Richtlinien oder technische Regeln, die allerdings keine direkte Rechtswirkung besitzen. Insbesondere die technischen Regeln bilden eine wichtige Grundlage bei der Planung und dem Betrieb eines Gefahrstofflagers, da sie durch Fachausschüsse im Bereich der Sicherheitstechnik aufgestellt werden und den Stand der Technik vermitteln, der den Anforderungen der Rechtsverordnungen entspricht.

Im Allgemeinen gilt bei der Gefahrstofflagerung die Beachtung folgender Rechtsbereiche [Mül03]:
– Abfallrecht,
– Baurecht,
– Immissionsschutzrecht,
– Arbeitsschutzrecht,
– Chemikalienrecht,
– Wasserrecht.

Derzeit existieren weit über 100 Regelungen für die Lagerung von Gefahrstoffen in Versandbehältnissen (s. a. Bild B 8.3-6); hinzukommen noch diejenigen für die (Massengut-)Lagerung in Tanks und für Nebentätigkeiten wie Ab- oder Umfüllen, Probennahme, Kommissionieren etc. [Mül06: 24].

Neben den gesetzlichen Anforderungen sind vor allem auch die Vorgaben der Sachversicherer und der Feuerwehr durch den Lagerbetreiber einzuhalten. Aus dieser Vielzahl an Vorschriften hat der Lagerbetreiber die für sein Lager zutreffenden formalen (Anzeige, Erlaubnis, Genehmigung), materiellen (Beschaffenheit, Ausrüstung) und organisatorischen (Anlagenkataster, Zusammenlagerung, Unterweisungen) Maßnahmen zu ermitteln.

Ein Beispiel für die Besonderheit der deutschen Gesetzgebung ist die Einteilung wassergefährdender Stoffe in Wassergefährdungsklassen (WGK 1 bis 3). Diese Einteilung ist weltweit einmalig und erfolgt auf der Grundlage der „Verwaltungsvorschrift wassergefährdende Stoffe" (VwVwS). Die Anforderungen für den Betrieb von Anlagen für wassergefährdende Stoffe finden sich ausgehend vom Wasserhaushaltsgesetz (WHG) in den Verordnungen der einzelnen Bundesländer.

Umsetzung des Chemikaliengesetzes bei der Lagerung gefährlicher Stoffe

Die Konkretisierung der Anforderungen des ChemG erfolgt durch die Gefahrstoffverordnung (GefStoffV). Ziel der Verordnung ist, durch „Regelungen über die Einstufung, über die Kennzeichnung und Verpackung von gefährlichen Stoffen, Zubereitungen und bestimmten Erzeugnissen sowie über den Umgang mit Gefahrstoffen den Menschen vor arbeitsbedingten und sonstigen Gesund-

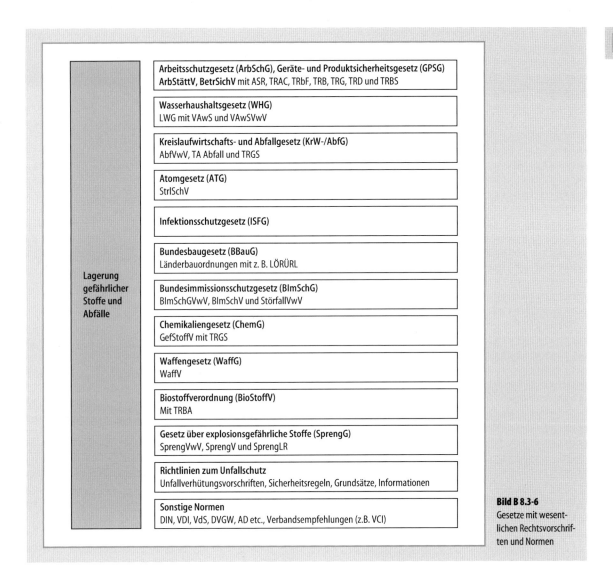

Bild B 8.3-6
Gesetze mit wesentlichen Rechtsvorschriften und Normen

heitsgefahren und die Umwelt vor stoffbedingten Schäden zu schützen, insbesondere sie erkennbar zu machen, sie abzuwenden und ihrer Entstehung vorzubeugen ..." [FGG03: 2]. Die in § 4 der GefStoffV entsprechend definierten Gefährlichkeitsmerkmale dienen der nach § 5 der GefStoffV durchzuführenden Einstufung von Gefahrstoffen und sind Grundlage für die daraus resultierende Kennzeichnungspflicht.

Jeder Vertreiber von Gefahrstoffen hat diese vorab einzustufen und entsprechend ihrer Einstufung zu verpacken und zu kennzeichnen. Ebenso ist er verpflichtet, für jeden Gefahrstoff ein Sicherheitsdatenblatt zu erstellen und dieses vorab dem Abnehmer zur Verfügung zu stellen [FGG03]. Die Grundlage für die Inhalte des Sicherheitsdatenblatts bildet seit Juni 2007 die europäische Verordnung 1907/2006 zur Registrierung, Bewertung, Zulassung und Beschränkung chemischer Stoffe (REACH) [Rea06; Eur07]. Ab 2008 richtet sich die Gestaltung des Sicherheitsdatenblatts nach den europäischen Regelungen zum „Globally Harmonised System of Classification and Labelling of Chemicals" (GHS) [VCI07].

Das Sicherheitsdatenblatt stellt für einen Arbeitgeber die Informationsquelle dar, die er sich im Rahmen seiner in der GefStoffV ausgewiesenen Ermittlungspflicht beschaffen muss. Neben den Angaben zu den Gefährlichkeitsmerkmalen enthält das Sicherheitsdatenblatt u. a. wichtige Informationen hinsichtlich der Lagerbedingungen und der zu beachtenden Rechtsvorschriften.

Vor dem Inverkehrbringen von Gefahrstoffen muss eine Kennzeichnung der entsprechenden Produkte vorgenommen werden. Diese beinhaltet Angaben zur Produktbezeichnung, zum Namen und zur Anschrift des Herstellers (bzw. des Lieferanten), zur Bezeichnung der gefährlichen Komponenten, zum Gefahrensymbol bzw. zur Gefahrenkennzeichnung und zu den Hinweisen auf besondere Gefahren (R-Sätze) und den Sicherheitshinweisen (S-Sätze).

Lagergüter, die gleichzeitig den Gefahrgutvorschriften unterliegen, müssen außerdem mit Informationen bezüglich der UN-Nummer, der Bezeichnung der gefährlichen Güter und der Gefahrgutklasse (inkl. -ziffer) sowie mit den zugehörigen Gefahrzetteln versehen werden. Entsprechend orangefarbene Warntafeln müssen vor dem Transport an den Lkws etc. angebracht werden.

Mit dem GHS wird auch die Harmonisierung der Kennzeichnung weltweit vorangetrieben. Hierbei nähert sich die Kennzeichnung der Gefahrstoffe der Kennzeichnung der Gefahrgüter an. Ab 2008 kommt es hier zu deutlichen Änderungen: Die derzeit in der EU verwendeten 7 Piktogramme mit den 67 Gefahrenhinweisen (R-Sätze) und den 64 Sicherheitsratschlägen (S-Sätze) werden durch 9 Piktogramme, 71 Gefahrenhinweise und 135 Sicherheitsratschläge nach dem GHS ersetzt [VDI06].

Der Arbeitgeber ist verpflichtet, ein Gefahrstoffverzeichnis mit folgenden Mindestangaben zu führen:
– Bezeichnung des Gefahrstoffs,
– Einstufung des Gefahrstoffs oder Angabe der gefährlichen Eigenschaften,
– Menge des Gefahrstoffs im Betrieb,
– Arbeitsbereiche, in denen mit dem Gefahrstoff umgegangen wird.

Das Gefahrstoffverzeichnis ist bei wesentlichen Änderungen fortzuschreiben und mindestens einmal jährlich zu überprüfen [FGG03].

Bevor Mitarbeiter mit Gefahrstoffen hantieren, hat der Arbeitgeber zur Feststellung der erforderlichen Maßnahmen die mit dem Umgang verbundenen Gefahren zu ermitteln und zu beurteilen. Er hat zu regeln, welche Maßnahmen zur Abwehr zu treffen sind.

Auslegung der Gesetze

Ziel der Gesetzgebung, insbesondere im Rahmen des Arbeitsschutzgesetzes, ist es, dem Anlagenbetreiber bei der Erfüllung gesetzlicher Anforderungen einen gewissen Spielraum zu lassen, der eigenverantwortliches Handeln ermöglicht und eine zu starke Reglementierung vermeidet. So ist es durchaus möglich, Anforderungen, z. B. zum Brandschutz, auf verschiedene Art und Weise zu entsprechen.

Neben den gesetzlichen Vorgaben existiert eine große Anzahl an nicht gesetzlichen Normen, die keinen bindenden Charakter besitzen, dem Lagerbetreiber jedoch wichtige Informationen zur Verfügung stellen. Weiterhin existieren insbesondere im Bereich der chemischen Industrie Konzepte, die betriebsinterne Regelungen für die Gefahrstofflagerung empfehlen. Als Handlungshilfe für die Zusammenlagerung von Gefahrstoffen wurde 1998 vom Verband der Chemischen Industrie e.V. (VCI) das „Konzept für die Zusammenlagerung von Chemikalien" erstellt, das auch unter der Kurzbezeichnung „VCI-Konzept" Anwendung findet.

Aktualität

Die Beachtung der entsprechenden Gesetze und die Sicherstellung der Aktualität sind wegen der sich häufig ändernden Gesetzesgrundlage, insbesondere auf Grund der Integration des nationalen Rechts in das europäische Recht, sehr komplex.

Wie in allen Bereichen, die gesetzlichen Regelungen unterliegen, ist auch im Bereich der Gefahrstofflagerung eine kontinuierliche Verfolgung der Rechtsentwicklung erforderlich. Gerade auf Grund der komplexen Struktur unterliegen die Rechtsvorschriften zur Gefahrstofflagerung ständigen Änderungen, insbesondere, da sich der Stand der Technik laufend fortentwickelt. Beispielsweise wurde mit Inkrafttreten der Betriebssicherheitsverordnung am 27. September 2002 eine Neuordnung der technischen Regeln erforderlich. Die Arbeiten des Ausschusses für Betriebssicherheit an den „Technischen Regeln zur Betriebssicherheit (TRBS)" sind noch nicht abgeschlossen. Mit dem Inkrafttreten der TRBS werden eine Reihe vorhandener technischer Regeln wegfallen.

Umsetzung europäischer Gesetzesänderungen

Das europäische Recht regelt das Gefahrstoffrecht überwiegend durch den Erlass von Richtlinien, die auf nationaler Ebene in nationale Vorschriften umgesetzt werden müssen. Dies geschieht durch die Anpassung vorhandener nationaler Vorschriften sowie den Erlass neuer Vorschriften. Verstärkt verweist der Gesetzgeber in den nationalen Vorschriften aber auch auf die Inhalte der europäischen Regelungen. Dies bewahrt den Anwender vor häufigen Anpassungen der nationalen Vorschriften, erschwert ihm jedoch die Nachverfolgung der aktuellen Rechtsentwicklung.

B 8.3.4.2 Zusammenlagerung gefährlicher Stoffe in Vielstofflagern

Zur Aufbewahrung und Lagerung von Gefahrstoffen wird in § 8 der GefStoffV zunächst allgemein definiert: „Gefahrstoffe sind so aufzubewahren oder zu lagern, dass sie die menschliche Gesundheit und die Umwelt nicht gefährden. Es sind dabei geeignete und zumutbare Vorkehrungen zu treffen, um den Missbrauch oder Fehlgebrauch nach Möglichkeit zu verhindern. Bei der Aufbewahrung zur Abgabe oder zur sofortigen Verwendung müssen die mit der Verwendung verbundenen Gefahren und eine vorhandene Kennzeichnung nach § 8 Abs. 4 erkennbar sein" (§ 8 Abs. 6 GefStoffV). Ein eindeutiges Trenngebot für die Stoffe leitet sich aus Absatz 2 der gleichen Verordnung ab: „Gefahrstoffe dürfen nur übersichtlich geordnet und nicht in unmittelbarer Nähe von Arzneimitteln, Lebens- oder Futtermitteln einschließlich der Zusatzstoffe aufbewahrt werden" (§ 8 Abs. 7 GefStoffV). Diese Lagerverordnungen bzw. Trenngebote sollen den Anwender veranlassen, die Schutzziele zu erreichen.

Beschreibung von Schutzzielen

Um den in § 8 der GefStoffV erläuterten Anforderungen zu genügen, müssen Schutzziele definiert werden, die mittels unterschiedlicher Gesetze, Verordnungen und technischer Regeln organisatorische und technische Maßnahmen festlegen und kategorisieren. Im Bereich der Gefahrstofflagerung werden folgende Schutzziele differenziert (s. a. [Sch05]):
– Arbeits- und Personenschutz,
– Brandschutz,
– Explosionsschutz,
– Umweltschutz (Boden- und Gewässerschutz).

Diese vier Schutzziele befassen sich mit dem Schutz der Umgebung inkl. des Menschen. Nach VDI 3975, Blatt 1, ist die Qualitätssicherung ein weiteres Schutzziel. Dieses beschreibt jedoch den Schutz des Produkts bzw. Gefahrstoffs und hat somit eine andere Ausrichtung. Die Gliederung nach Schutzzielen zeigt den Zusammenhang zwischen Maßnahmen zur Verhinderung der Auslösung der Gefahr, Bekämpfung im Gefahrenfall und Begrenzung einer gefährlichen Auswirkung.

Maßnahmen zur Unfallvermeidung können an dieser Stelle nicht dargestellt werden, eine entsprechende Gliederung existiert jedoch in VDI 3975, Blatt 2.

Allgemeine Arten der Zusammenlagerungsge-/-verbote

Im Bereich der Gefahrstofflagerung existieren zwei wesentliche, jedoch unterschiedliche Anforderungen zum Schutz der Gefahrstoffe sowie zur Erreichung der Schutzziele:
– Qualitätssicherungsanforderungen: Lagerung von Stoffen so, dass die Qualität des Stoffs nicht gemindert wird (Kühllagerung/temperierte Lagerung, Lagerzeitbegrenzung durch Mindesthaltbarkeitsdaten, Separatlagerung geruchsempfindlicher Lagerstoffe, quarantänebegründete Lagerung etc.).
– Sicherheitsanforderungen: Treffen von Maßnahmen, die einen angemessenen und wirtschaftlichen Schutz zur Erreichung der Schutzziele bieten (Trennung der Stoffe von einander, bauliche/bautechnische Auslegung des Lagers, Integration von Sicherheitstechniken etc.).

Um sicherzustellen, dass die Anforderungen erfüllt werden, müssen unerwünschte Wechselwirkungen der Lagergüter ausgeschlossen werden. Regeln zur Separatlagerung existieren im Bereich der Qualitätssicherung und der Sicherheitsanforderungen (s. Bild B 8.3-7). Diese Regeln gilt es, bei der Planung und Auslegung von Lagern vorrangig zu beachten, für die entsprechenden Produkte bzw. Produktgruppen sind separate Lagerabschnitte vorzuhalten.

Entsprechende hieraus sich ergebende Zusammenlagerungsge-/-verbote können in drei Gruppen unterteilt werden, die helfen, die Komplexitäten der Gefahrstofflagerung zu beherrschen:
1. Muss-Anforderungen zur Separatlagerung (z. B. auf Grund von Kreuzkontamination),
2. Kann-Anforderungen zur Separatlagerung (z. B. technische Kompensation von Einzelmengen),
3. Umgehung der Separatlagerung (z. B. Einlagerung von Kleinmengen unter Anwendung von Kleinmengenregelungen).

Ob und welche der Zusammenlagerungsge-/-verbote von Bedeutung sind, hängt von den Stoffeigenschaften, Stoffmengen und den Qualitätssicherungsanforderungen des Bestandssortiments ab.

Eine Separatlagerung ist zwingend, sofern für entsprechende Produktgruppen ein Zusammenlagerungsverbot besteht. Hierbei ist die Separatlagerung definiert als die Aufbewahrung von Gütern in verschiedenen Lagerabschnitten, die räumlich voneinander getrennt sind. Eine davon zu unterscheidende Form der Lagerung ist die Getrenntlagerung, bei der eine Zusammenlagerung im selben Lagerabschnitt durch eingehaltene Abstände oder integrierte Barrieren erlaubt ist.

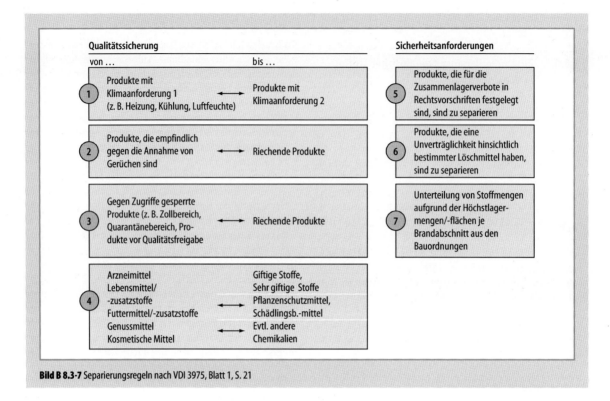

Bild B 8.3-7 Separierungsregeln nach VDI 3975, Blatt 1, S. 21

Treffen verschiedene Separierungsregeln und Zusammenlagerungsverbote zusammen, muss das Lager in entsprechend viele Lagerabschnitte unterteilt werden. Dies kann zu einer größeren Teilung der Gesamtlagermenge führen.

Einteilung der Gefahrstoffe in Lagerklassen

Die Ermittlung der Zusammenlagerungsge-/-verbote wird durch die Nutzung von Klassifizierungssystemen vereinfacht. Es gibt verschiedene Einteilungen von Gefahrstoffen hinsichtlich der Gefährlichkeitsmerkmale, beispielhaft seien hierbei folgende Systeme genannt:
- Hoechst: Einteilung in 10 Lagerklassen,
- VCI-Konzept: Einteilung in 13 Lagerklassen,
- Sandoz: Einteilung in 14 Lagerklassen,
- Bayer: Einteilung in 18 Lagerklassen.

Sämtliche Klassifizierungssysteme haben ihre Vor- und Nachteile. Die in Deutschland meistverbreitete Klassifizierungssystematik ist das VCI-Konzept vom Verband der Chemischen Industrie zur Zusammenlagerung von Chemikalien, das in unterschiedlichster Fachliteratur erläutert wird.

Planung und Organisation von Gefahrstofflagern

Eine wesentliche Aufgabe der Gefahrstofflogistik stellt die Planung dar, die, wenn sie nicht ausschließlich als Erfüllung gesetzlicher Maßnahmen verstanden wird, ein enormes Optimierungspotenzial birgt. Empfohlene Planungsschritte können in VDI 3975, Blatt 1, nachgelesen werden.

Ebenso ist die Gestaltung der Ablauf- und der Betriebsorganisation eine große planerische Aufgabe, die sich streng an die gesetzlichen Regelungen zur Anlagensicherheit und zum Umweltschutz halten muss und somit wenig Spielraum bei der Planung zulässt. Entsprechend zu beachtende Pflichten und Verantwortlichkeiten können ebenso in VDI 3975, Blatt 2, nachgelesen werden.

Literatur

Bücher und Fachartikel

[Ban00] Bank, M.: Basiswissen Umwelttechnik: Wasser, Luft, Abfall, Lärm, Umweltrecht. 4. Aufl. Würzburg: Vogel 2000

[BIA02] HVBG, BIA-Report: Gefahrstoffe ermitteln und ersetzen. 2 (2002)

[COR06] CORVETTE: Co-ordination and validation of the deployment of advanced transport telematic systems in the alpine area. http://www.corvette-mip.com

[Dit94] Dittrich, M.; Jansen, R.: Beitrag zur systematischen Planung von Transport-, Umschlag- und Lagersystemen für Gefahrstoffe, Schriftenreihe Transport- und Verpackungslogistik. Diss. Frankfurt: Deutscher Fachverlag 1994

[Eur07] European Commission, Directorate General Enterprise & Industry: Enterprise and Industry – Teach-IT. Brussels. http://ec.europa.eu/enterprise/reach/prep_it_en.htm, 11.04.2007, 18.00 Uhr

[FGG03] Fachberatung Gefahrstoff Gefahrgut: Dienstleistungsunternehmen für Gefahrstoff- und Gefahrgutangelegenheiten. http://www.gefstoff.de/gefstoff.html, 19.12.2003, 15.45 Uhr

[Hof06] Hoffmann, E.: Klassifizierung. Grundlagen. So genau wie möglich. Der Gefahrgut-Beauftragte. 17 (2006) 2

[Ind03] Industrieindex Online: Industrieindex ist ein Beschaffungsspezialist von Industriegütern. http://www.industrieindex.ch und http://www.industrieindex.ch/content/logistiklexikon.asp?buchstabe=Gundstatus=1, 19.12.2003, 14.05 Uhr

[Mül03] Müller, T.; Hübner, J.: Konzept zur ganzheitlichen Planung und Optimierung logistischer Abläufe für gefährliche Güter in Vielstofflägern. Oberhausen: Fraunhofer-Institut UMSICHT 2003

[Mül06] Müller, N.; Arenz, T.: Sichere Lagerung gefährlicher Stoffe. 2. Aufl. Landsberg/Lech: ecomed Sicherheit 2006

[Rea06] Reach Net: REACH-Wissensdatenbank. Institut ASER e.V. Wuppertal: Bergische Universität 2006

[Rid04] Ridder, K.: Einführung in das Gefahrgutrecht. Technische Mitteilungen 97 (2004) 1

[Sch05] Schulze, W.-A.: Assistenzsystem für die Planung und den Betrieb von Gefahrstofflägern. Diss. Dortmund: Verlag Praxiswissen 2005

[Tzo06] Tzovaras, D.; Bekiaris, E.; Gemou, M.: Dangerous Goods Transportation Routing, Monitoring and Enforcement. In 13th World Congress on ITS, London, 8 12 October 2006. http://www.goodroute-eu.org

[VCI07] Verband der Chemischen Industrie (Hrsg.): Lexikon REACH. Weinheim: Verlagsgesellschaft 2007

[VDI01] VDI-Richtlinie 3975, Blatt 2: Lagerung von Gefahrstoffen, Organisation. Düsseldorf: VDI-Gesellschaft, November 2001

[VDI02] VDI-Richtlinie 3975, Blatt 1: Lagerung von Gefahrstoffen, Organisation. Düsseldorf: VDI-Gesellschaft, März 2002

[VDI06] Odrich, P.: Totenkopf weltweit. VDI nachrichten, 26. Mai 2006, S. 21

[Wol06] Wolf, C.: Thematische Einführung in das Gefahrgutrecht – Klassifizierung. In: Portal Arbeitsschutz, Umweltrecht, Gefahrgut/Gefahrstoff, Brandschutz der UB Media AG. http://www.fachforum.de, 21.05.2007, 16.15 Uhr

Gesetzesgrundlagen

ADNR Reglement pour le transport de matiers dangereuses sur le Rhin (Verordnung über die Beförderung gefährlicher Güter auf dem Rhein)

ADR Accord européen relatif au transport international des marchandises Dangereuses par Route (ADR) (Europäisches Übereinkommen über die internationale Beförderung gefährlicher Güter auf der Straße)

ChemG Chemikaliengesetz

GefStoffV Verordnung zum Schutz vor Gefahrstoffen – Gefahrstoffverordnung vom 23. Dezember 2004 (BGBl. I Nr. 74 vom 29.12.2004 S. 3758

GGBefG Gesetz über die Beförderung gefährlicher Güter – Gefahrgutbeförderungsgesetz Fassung vom 9. Oktober 1998, (BGBl. I 1998 S. 3114)

GGVSBinSch Gefahrgutverordnung Binnenschiff

GGVSE Gefahrgutverordnung Straße und Eisenbahn

GGVSee Gefahrgutverordnung Seeverkehr

IATA-DGR International Air Transport Association – Dangerous Goods Regulation

ICAO International Civil Aviation Organization

IMDG-Code International Maritime Dangerous Goods Code

LuftVO Luftverkehrsverordnung

RID Reglement concernant le transport international ferroviare des marchandises dangereuses (Ordnung für die internationale Eisenbahnbeförderung gefährlicher Güter)

WHG Wasserhaushaltsgesetz

B 8.4 Temperaturgeführte Lager

B 8.4.1 Beschreibung und Abgrenzung

In wirtschaftlicher Hinsicht gewinnt der deutsche Markt für Tiefkühlkost und Speiseeis seit Jahren kontinuierlich an Bedeutung. Dies ist in erster Linie auf eine Folge veränderter Lebens- und Essgewohnheiten, aber auch auf moderne Markt- und Marketingstrategien zurückzuführen. Dass diese Entwicklung im Wesentlichen jedoch vom stark professionalisierten Angebot temperaturgeführter Lagerung, Distribution und Logistik forciert wurde, ist selbstverständlich.

Verschärfte Wettbewerbsbedingungen, sich ändernde Rahmenbedingungen und die EU-Richtlinien und -Vorgaben zwingen die Industrie zu marktgerechten Umstrukturierungsmaßnahmen. Dies betrifft neben neuzeitlichen Produktionsmethoden auch die Optimierung der Bereiche Kommissionier- und Lagertechnik oder besser gesagt der gesamten Distributionsschiene. Verlangt sind heute mehr denn je mechanisierte und automatisierte, genau auf den Einzelfall abgestimmte und zugeschnittene zukunftsorientierte (Gesamt-)Systemlösungen.

Im Folgenden werden jene Einflussfaktoren beschrieben und abgegrenzt, die auf die Auslegung von Systemen und (Leistungs-)Prozessen auf dem Gebiet temperaturgeführter Lagerung, Distribution und Logistik determinierend einwirken.

B 8.4.1.1 Prozesse und Schnittstellen

TK-Lebensmittel-Lagerung, -Kommissionierung und Distribution sind jene Bestandteile bzw. Teilprozesse der Unternehmenslogistik, die von der Prämisse der „geschlossenen Tiefkühlkette" in erster Linie betroffen sind. TK-Logistik hat die Funktion, die ununterbrochene Kühlkette auf dem Weg vom Produzenten zum Verbraucher sicherzustellen.

Auf Grundlage richtungsweisender unternehmerischer Lenkung durch Formulierung der Unternehmensziele und Betriebsstrategien ist jeder Leistungsprozess von spezifischen Strukturen und Ressourcen geprägt. Teilprozesse wie Beschaffung, Produktion, Lagerung, Kommissionierung und Distribution sind so zu integrieren, dass Funktionalität und Effizienz des Material- sowie des Informationsflusses durch eine geeignete Schnittstellengestaltung gewährleistet wird.

Die oftmals gestellte Forderung nach einheitlichen Standardlösungen, insbesondere im Hinblick auf Informations- und Kommunikationstechniken, ist mittlerweile unumstritten. International einheitliche Standardlösungen bieten den Vorteil einer optimalen Kommunikation mit Kunden und Lieferanten. Interne und externe Kosten können eingespart werden.

Doch kommt eine ganzheitliche Betrachtung der Logistikkette in diesem Zusammenhang oftmals immer noch zu kurz. Denn nur eine gesamtheitliche Analyse aller (vernetzten) Abläufe, die neben der Technik die Organisation, den Materialfluss und den Informationsfluss einbezieht, ermöglicht die Gestaltung, den Aufbau sowie die Integration einer optimalen Logistik.

B 8.4.2 Anforderungsmerkmale

B 8.4.2.1 Temperaturen

Bereits Mitte dieses Jahrhunderts (1955) beschäftigte sich die „Wirtschaftskommission für Europa der Vereinten Nationen" mit der Beförderung von leichtverderblichen Lebensmitteln. Es dauerte jedoch noch etliche Jahre, bis 1970 das erste internationale Regelwerk, das sog. ATP-Abkommen, dem heute etwa 25 Länder angehören, darunter die USA und fast alle europäischen Länder, in Kraft trat (ATP ist die Abkürzung aus der französischen Übersetzung von „Übereinkommen über internationale Beförderungen leichtverderblicher Lebensmittel und über die besonderen Beförderungsmittel, die für diese Beförderungen zu verwenden sind"). Mit diesem Abkommen wurde versucht, den Schutz für den Verbraucher zu erhöhen. Diese Zielsetzung gilt im erhöhten Maße auch heute. Hinzugekommen ist jedoch der erweiterte Aspekt der Qualitätssicherung aufgrund der Anforderungen gem. DIN ISO 9000 [Beh98].

Darüber hinaus existiert eine Vielzahl von Richtlinien und Regelwerken, die die Temperaturüberwachung von Tiefkühllagern und Tiefkühltransporten festschreiben bzw. vorgeben und regeln, auf die im Folgenden jedoch nicht weiter eingegangen werden soll.

Von besonderer Wichtigkeit ist immer die Einhaltung einer geschlossenen Kühlkette, die in vielfältigen Regelwerken festgehalten wird. Als Beispiel soll nur eine EG-Richtlinie genannt sein, die bereits 1991 in der „Verordnung über tiefgefrorene Lebensmittel (Tiefkühlverordnung)" in deutsches Recht umgesetzt wurde. Kernpunkt der Tiefkühlverordnung ist, dass für TK-Produkte nach dem Gefrieren eine Kühlkette von –18°C bis zum Endverbraucher gewährleistet sein muss. Ausnahme bildet hierbei nur der Transport, bei dem kurzfristig eine Temperatur von –15°C zugelassen ist. Ferner ist gemäß der „Ersten Verordnung zur Änderung der Verordnung … die Einhaltung dieser Temperaturen" über einen Temperaturschreiber zu dokumentieren. Diese Verordnung wurde in der Zwischenzeit mehrmals geändert, letzmalig im November 2006 mit der zweiten Verordnung zur Änderung der Verordnung über tiefgefrorene Lebensmittel [Bun06].

B 8.4.2.2 Klimazonen

Die Lagerung und Kommissionierung von zu kühlenden bzw. tiefzukühlenden Produkten unter anderen Temperaturbedingungen als zur Qualitätssicherung vorgeschrieben (z. B. Speiseeis-Produkte im TK-Lager bei –28°C) steht grundsätzlich im Widerspruch zur Prämisse der ununterbrochenen Kühlkette.

Denkt man an Kommissionierarbeitsplätze in der Tiefkälte, so steht diese Temperatur auch ergonomischen Arbeitsbedingungen entgegen. Es ist aber nur sehr bedingt/ eingeschränkt möglich, über 0°C-Kommissionierbereiche für TK-Produkte zu sprechen.

Die Verweildauer von TK-Produkten in klimatisierten Bereichen, z. B. in der Kommissionierung, ist der ausschlaggebende und entscheidende Faktor bei der Gestaltung und Organisation des Materialflusses in der Tiefkühlindustrie.

Im Regelfall erfolgt die Lagerung der Ware im Tiefkühllager bei Umgebungs- bzw. Raumtemperaturen von −28°C. In klimatisierten Bereichen wie der Kommissionierung findet man jedoch immer wieder Zonen, in denen TK-Produkte vorübergehend Temperaturbedingungen von −2°C bis +5°C ausgesetzt sind. Um dies akzeptieren bzw. tolerieren zu können, ist es von besonderer Relevanz, Informationen über das Verhalten von TK-Produkten in diesem Klimaverhältnissen zu bekommen.

Um eindeutige Aussagen zu erhalten und zeitliche Größenordnungen vorgeben zu können, wurden in der Vergangenheit mit Hilfe von Temperaturfühlern mehrfach Versuche durchgeführt, die das Temperatur-Zeitverhalten verschiedener TK-Produkte aufzeigen sollten. Aus den Ergebnissen der Versuchsdurchführungen konnten Schlussfolgerungen abgeleitet werden, um mit Hilfe verschiedener Temperaturzonen wirtschaftlicher arbeiten zu können.

Um die Akzeptanz der Verbraucher und der Medien an hochwertige tiefgekühlte Produkte zu erhalten, geht der Trend jedoch eindeutig in Richtung „Kontinuität der Temperaturen", d. h. im TK-Bereich zu kommissionieren und konfektionieren.

B 8.4.3 Strukturmerkmale

B 8.4.3.1 Aufbau- und Ablauforganisation

Der Warenfluss temperaturgeführter Produkte erfolgt nach gleichem Grundschema wie der nicht kühlbedürftiger Waren: Warenannahme, Ein- und Auslagerung, Kommissionierung und Warenausgang.

Wareneingang

In den Abläufen und der eingesetzten Technik im Wareneingang stecken meist erhebliche Einsparungs- und Rationalisierungspotenziale, die z. B. mit einer auf alle Belange abgestimmten, bedarfsgerechten EDV-Lösung in Verbindung mit der dazugehörigen bereinigten und optimierten Ablauforganisation ausgeschöpft werden können.

Zwar beinhalten Innovation in die EDV zunächst Investitionen und damit Kosten (und Umdenken der Mitarbeiter), Beispiele zeigen jedoch, dass die Amortisation sehr schnell erreicht werden kann. Bedarfsgerechte Lösung und nicht Einführung eines die Anforderungen weit übertreffenden Standardproduktes heißt das Ziel, so dass die Investitionen in einem wirtschaftlichen Rahmen bleiben.

Lagerung und Kommissionierung

Lagerplatz- und Bestandsverwaltung mittels Beleg sind heute nur noch selten anzutreffen. Ein bedarfsgerecht ausgelegtes EDV- und Informationssystem, welches Ablauforganisationen optimiert und Rationalisierungspotenziale in nicht unerheblichem Umfang ausschöpft, kann als Standard angesehen werden. Flexibilität für spätere Änderungen und Ergänzungen sind standardmäßig mit eingeplant.

Das Informationssysem, welches online die aktuellen Gegebenheiten anzeigt, ist heutzutage fast überlebenswichtig. Dies gilt insbesondere auch für die Anforderung der Rückverfolgbarkeit, welche in der EU-Richtlinie 178/2002 geregelt ist.

Der papierlose Betriebsablauf mit Scannen, Datenfunkübertragung und Online-Verarbeitung ist eine Notwendigkeit, die zu vertretbaren Kosten realisiert werden kann. Aber auch hier gilt, nur eine Analyse der Gegebenheiten und eine bedarfsgerechte Gestaltung des EDV-Systems führen zum gewünschten Ziel.

Gleiches gilt für die Kommissionierung. Die physische Gestaltung des Kommissionierbereiches und die Festlegung der hierfür erforderlichen Ablauforganisation in Verbindung mit einem geeigneten EDV-System sind das A und O für ein schlagkräftiges, wirtschaftliches und marktgerechtes Auftreten.

Warenausgang

Auslagerung und Bereitstellung der Paletten erst dann, wenn der LKW bereits an der Rampe steht – eine solche Vorgehensweise ist leider immer noch anzutreffen. Dabei kann ein geeignetes durchgängiges Informationssystem mit hinreichendem zeitlichem Informationsvorlauf Abläufe optimieren und Logistik-Kosten minimieren.

Voraussetzung hierfür ist, dass zusätzlich Platz oder Raum für die Bereitstellung des Warenausganges geschaffen werden muss. Eine gesamtheitliche Betrachtung vom Wareneingang über Lagerung und Kommissionierung bis hin zum Warenausgang kann diesen Punkt bedarfsgerecht und wirtschaftlich lösen.

Standardlösungen gibt es nicht. Ansatzpunkt ist eine Mehrfachnutzung von Flächen, wenn Zeitfenster für Wareneingang und Warenausgang nicht identisch sind oder gesteuert werden können.

Andere Möglichkeiten bestehen darin, Regale als Bereitstellfläche zu nutzen, wobei häufig das Argument des doppelten Anfassens der Paletten und der damit verbundenen zusätzlichen Kosten angeführt wird. Dieses Argument ist zwar nicht zu negieren, eine Wirtschaftlichkeitsanalyse muss jedoch zeigen, welche Varianten aus betriebswirtschaftlicher Sicht zu bevorzugen sind. „Bauchentscheidungen", wie sie häufig anzutreffen sind, können in der heutigen Zeit des immensen Kostendrucks nicht gelten und zugelassen werden.

Bei gleichzeitigem Einsatz von barcodierten Warenausgangsetiketten an den Paletten kann ggf. eine Verladekontrolle in den Ablauf integriert werden, auf die bei möglichen späteren Reklamationen zurückgegriffen werden kann.

„Achillesferse" Rampe

Als besonders anfällig erweist sich die Kühlkette im Warenein- und -ausgang durch den Rampenbereich, der den Produkttemperaturen gemäß temperiert sein sollte. Dies entspricht aber nicht dem Regelfall.

Heute ist eindeutig eine Tendenz zur Kühlung bzw. zur Tiefkühlung dieser Zone festzustellen, wobei in diesem Zuge Warenein- und -ausgangszonen geschaffen werden, die auf eine Minustemperatur von mindestens 18°C gefahren werden können. Um der Zielsetzung einer ununterbrochenen Kühlkette Rechnung zu tragen, reicht aber nicht allein eine tiefgekühlte Wareneingangszone. Auch in der „Grauzone" Rampe sowie der dazugehörigen Vorzone sollten kontrollierte und klar definierbare Temperaturen im Minusbereich sichergestellt sein.

Dieses zusätzliche Kühlen erfordert Energie und bringt eine Kostenerhöhung mit sich, die an den Verbraucher weitergeleitet werden muss. Eine gleichzeitige Effizienzsteigerung und eine damit verbundene Senkung der Betriebskosten sind also erforderlich, um die anfallenden zusätzlichen Kühlkosten aufzufangen.

Technische Probleme und Schwierigkeiten beim Andocken an den Tiefkühlbereich werden häufig als Hauptgründe für den Bruch der Kühlkette angeführt. Heutzutage kann diese Argumentation nicht mehr gelten, da bereits eine Vielzahl von marktgerechten und praxiserprobten Lösungen auf dem Markt existieren, die sozusagen „von der Stange" gekauft werden können.

Meist aus Standardmodulen aufgebaut, können sog. Thermoschleusen in einer Art Baukastensystem für den jeweiligen Anwendungsfall bedarfsgerecht zusammengestellt werden. Selbst unterschiedliche Anstellwinkel zwischen Gebäudewand und Längsachse der Thermoschleuse sind mittlerweile realisierbar. Auch das Be- und Entladen von unterschiedlichsten LKW-Größen an der Verladestelle ist heutzutage eine Selbstverständlichkeit.

Problempunkt ist die Abdichtung zwischen Rampenbzw. Schleusenkörper und dem LKW. Die Torabdichtung kann entweder mit aufblasbaren Elementen oder mit speziellen Torschürzen erzielt werden. Grundsätzlich kann oder muss davon ausgegangen werden, dass zwar immer noch ein Schwachpunkt besteht, die mit diesen Problemen beschäftigten Firmen jedoch an Lösungen und stetigen Verbesserungen arbeiten. Somit können die bereits auf dem Markt angebotenen Systemlösungen als durchaus praktikabel und praxisgerecht betrachtet werden.

B 8.4.3.2 Kommunikationsstruktur (Lagerverwaltung)

Kommunikations- und Informationssysteme in der Lebensmittelindustrie unterscheiden sich nicht von denen anderer Branchen. Dies betrifft auch die Datenverarbeitungsfunktionen von Kühllagern, wobei jedoch folgende Besonderheiten bzw. Rahmenbedingungen zu beachten sind:
– Arbeitsbedingungen in der Kälte (Bedienfreundlichkeit und Ergonomie des Systems),
– Kälteeignung der Geräteperipherie,
– Tests und Inbetriebnahme in der Kälte,
– Berücksichtigung von Temperaturrestriktionen durch das Lagerverwaltungssystem.

Die Mehrheit der Logistikdienstleister bedient sich elektronischer Sendungsverfolgungssysteme, die eine Standardisierung sowohl auf Seite der Dienstleister als auch deren Kunden erfordern. Nur so können ausgewogene und optimale Sendungsstrukturen bei gleichzeitig möglichst geringen Gesamtkosten realisiert werden.

B 8.4.4 Ressourcen

B 8.4.4.1 Bautechnik

Steigende Ansprüche an die Lagerhaltung und Logistik erfordern neuzeitliche Lagerungskonzepte und neue Lösungswege beim Bau von Kühl- und Tiefkühllägern sowie bei der Integration adäquater Bautechniken.

Gebäude

Üblicherweise kommen zwei Baumethoden in Betracht:
– Hallenbauweise: Die Regale werden frei in eine Halle hineingestellt.
– Silobauweise: Die Regale übernehmen die tragende Funktion der Dach- und Wandkonstruktion.

Silobaubauweise

Vergleichsrechnungen zeigen, dass die wirtschaftlichen Grenzen für ein separates Gebäude (Hallenbauweise), z.B. mit integrierter Verschieberegalanlage, bei einer Höhe von ca. 12 bis 14 m liegen. Mit steigender Höhe hat es sich in der Praxis als sinnvoll erwiesen, die Belastungen aus der

Gebäudehülle auf das Regalsystem zu übertragen (Silobauweise).

Grundsätzliche Merkmale einer funktionsfähigen Gebäudehülle sind:
- Aufnahme der äußeren Kräfte und Einleiten in die Unterkonstruktion,
- optimale Wärmeisolation,
- Dichtigkeit,
- Dauerhaftigkeit.

Bei der Silobauweise sind die Temperaturbeanspruchungen der Dämmpaneele an der Außenseite der Regalkonstruktion im Zusammenhang mit den immer größer werdenden Bauteilabmessungen von großer Bedeutung. Sie bestimmen über den Erfolg und Misserfolg der gesamten Baukonstruktion. Speziell im TK-Lager werden besondere Anforderungen an den optimalen Wärmeschutz gestellt, die auch zu anderen Problemen und Lösungen führen als im „normalen" Hochregallager.

Neben dem Lastfall „Temperatur" wirken auch die Beanspruchungen Winddruck/Sog, Schneelasten etc. (äußere Kräfte). Weitere Einwirkungen entstehen durch Verwölbung der Paneeldeckschicht aufgrund divergierender Innen- und Außentemperatur. Letztendlich ist das Gesamtsystem verantwortlich für einwandfreie Gebäudehülle, Wärmeisolation und stabiles Raumklima.

Innen- und Außendämmung/Isolierung

Verbunden mit dem vermehrten Bau von Hochregallägern sind spezifische Isoliermethoden, da herkömmliche Systeme die bauphysikalischen Probleme nicht einwandfrei lösen können. Bei der Wahl der Wanddämmung werden marktüblich Isolierdämmpaneele eingesetzt. Hierbei muss berücksichtigt werden, dass Sonneneinstrahlung die Paneele sehr stark, etwa wie ein Bimetall, verspannen kann. Beispielsweise ergibt sich rechnerisch bei einer Innentemperatur von −30°C und einer Außentemperatur auf der Paneeloberfläche von 60 bis 70°C sowie einer Paneellänge von 15 m ein Durchbiegungswert von 60 bis 70 mm. Um diese Durchbiegung beherrschen zu können, muss für das Paneel eine spezielle Statik erstellt werden. Gleichzeitig müssen die Befestigungspunkte der Paneele so gestaltet werden, dass sie die genannten Ausdehnungen der Paneele erlauben.

Die Entwicklung der großformatigen polyurethangeschäumten Blechpaneele hat eine rationale Erstellung von Tiefkühllagern ermöglicht. In Verbindung mit Stahl- und Stahlbetonfertigteilkonstruktionen können stützenfreie Räume mit einer Spannweite bis zu ca. 30 m und wesentliche größere Raumhöhen erstellt werden.

Weitere besondere Kennzeichen für den Bau von Tiefkühllagern sind:
- Unterfrierschutzheizung im Fußbodenbereich (unterhalb der Betonplatte) zur Verhinderung des Durchfrierens und Bildung von „Eislinsen" unterhalb des TK-Lagers. Zur Anwendung kommen Heizsysteme (oftmals auch Fußbodenheizung genannt), die auf Glykolbasis arbeiten (Flüssigkeitssystem in Verbindung mit z. B. Wärmepumpen/Wärmerückgewinnung) oder als Elektroheizung mit Reserveheizkreislauf ausgebildet sind.
- Nach Berücksichtigung von Dampfsperre, Unterfrierschutzheizung, Bodendämmung und Sauberkeitsschicht folgt im Bodenbereich die Betonplatte, auch schwimmende Bodenplatte genannt, da sie keinerlei statische „Verbindung" mit dem Untergrund hat. Über elastische Bettung wird die gesamte aus dem Regalsystem in die Betonplatte eingebrachte Last auf die Bodendämmung und in die anschließende untere Tragkonstruktion eingeleitet. Die in die schwimmende Bodenplatte milimetergenau eingesetzten Eisenankerplatten, Eisenbarren oder Hüllrohre bilden die Basis für das aufgesetzte Regalsystem.

Kältebedarf

Wichtiger Faktor bei der Gestaltung von Kühl- und Tiefkühllägern ist die Auslegung der Kältetechnik. Die technische Auslegung der Kälteanlage basiert auf der Bestimmung von erforderlicher Kälteleistung sowie Größe der zu kühlenden Räume. Größere Anlagen mit hohen Leistungen sind vorwiegend mit Ammoniak-Kälteanlagen ausgerüstet.

Die Verteilung der mittels Kompressoren erzeugten Kälte erfolgt durch Verdampfer, die die Kälte, die von außen eingebracht wird, in das Lager einblasen. Die Anordnung der Verdampfer ist dabei für eine gleichmäßige und ausreichende Luftverteilung von ausschlaggebender Bedeutung. Hierbei sind verschiedene Anordnungsvarianten möglich (stirnseitig, als Vorbau, zwischen den Dachbindern, auf den Regalen, auf dem Dach als sog. Penthouse, u. a.).

Als Bauart kommen in der Regel sog. Gehäuse- oder Deckenverdampfer zum Tragen.

Grundlage für die Auslegung, Auswahl und Ausführung einer Kälteanlage ist die Ermittlung des Kältebedarfs, welcher auf der Addition verschiedener Last- bzw. Einflussfaktoren basiert, die direkt oder in Folge über den Raumluftzustand und die Verdampfer auf die Kälteanlage einwirken:
- Primäre Wärmelastfaktoren mit direkter Einwirkung:
  • Einstrahlung über die Gebäudehülle
  • Luftaustausch durch Türöffnungen und Frischluftzufuhr

- Nachkühlung von Produkten
- Wärmelast resultierend von Elektroantrieben und Beleuchtung,
– Sekundäre Belastungsfaktoren als Folge primärer Faktoren:
  - Druckverlust im Kältekreislauf zwischen Verdampfersektion und Kältezentrale
  - Druckänderungen auf der Hochdruckseite aufgrund der allgemeinen äußeren Betriebsbedingungen.

Des Weiteren muss auch die Lagertechnik, also die eingesetzten Regale (Standard-Palettenregale, Einfahrregale, Verschieberegale oder aber einfache Blocklagerung ohne Regaltechnik), bei der Planung der Kälteanlage berücksichtigt werden.

So sollte die Raumtemperatur im TK-Lager eine Temperaturgrenze von –28°C nicht überschreiten, wobei die Luftverteilung bzw. Luftführung im TK-Lager so gestaltet sein muss, dass keine „Wärmenester" entstehen können. Die Anordnung der Verdampfer, der Luftkanäle sowie die Ansaugstellen für die Luftumwälzung sollten im Vorfelde bereits in der Planungsphase so gestaltet werden, dass eine gleichmäßige Temperaturverteilung im TK-Lager gewährleistet ist.

Beim Gefrieren wird beispielsweise eine Raumtemperatur von –35°C benötigt. Bei der Verdampferauslegung sollte demnach eine Temperaturdifferenz von 8°K plus 2°K für Verluste zugrunde gelegt werden. Bei einer Gesamttemperaturdifferenz von 10°K errechnet sich somit eine Verdampfungstemperatur von –35°C–10°K = 45°C. Die Verflüssigungstemperatur richtet sich nach dem gegebenen Außenluftzustand und der Verflüssigerbauart.

Nur durch eine detaillierte Analyse im Vorfelde kann gewährleistet werden, dass die eingesetzte Kälteanlage auch den Anforderungen gerecht wird und die geforderten Temperaturen erzielt. Hier liegt oftmals Optimierungspotenzial im Verborgenen, da durch Unkenntnis der zukünftigen Gegebenheiten bzw. Unwissenheit über tatsächliche Erfordernisse zu hohe und nicht berechtigte Sicherheitsfaktoren einbezogen werden, die eine detaillierte Auslegung der Kälteanlage ad absurdum führen.

Brandschutz

Neben der Bauausführung sowie der Förder- und Lagertechnik hat der Brandschutz für Tiefkühlräume und -lager eine entscheidende Bedeutung für die Gestaltung eines Lagerbereiches. Mit dem öffentlich-rechtlichen Auftrag an die Feuerwehren zur aktiven Brandbekämpfung verbinden sich weit reichende Auflagen für den Brandschutz in den Lagern.

Automatische Brandschutzsysteme

Der Verband der Sachversicherer e. V. in Köln nahm bereits im Jahre 1981 in einer Empfehlung für den Brandschutz in Kühlhäusern Stellung zur Frage, ob und welche Brandschutzmaßnahmen erforderlich sind. Hierin wird zwischen aktiven und passiven Brandschutzmaßnahmen unterschieden, wobei fast ausschließlich bauliche und betriebliche Maßnahmen betrachtet werden. Automatisch arbeitende Brandschutzsysteme sind nicht enthalten, obwohl bei größeren Lagerhöhen neben betrieblichen mehr aktive Maßnahmen zur reinen Brandbekämpfung gefragt sind. Und gerade bei automatischen Brandmelde- und Löschanlagen (z. B. das allgemein bekannten System der Sprinkler-Anlage) treten aufgrund der tiefen Temperaturen von –30°C, ganz erhebliche Probleme auf.

Sprinkleranlagen

Die bekannten Sprinkler-Anlagensysteme wie Nasssprinkler und Trockensprinkler sind in ihrer ursprünglichen Ausführung für einen Einsatz in der Tiefkälte nicht geeignet, da das „normale" Löschwasser gefriert und die verlegten Leitungen zum Platzen bringt.

Ein „Durchbruch" der Sprinklertechnik gelang Mitte der 90er Jahre, als ein großes automatisches Tiefkühl-Hochregallager gebaut wurde. Als Brandschutzkonzept fand eine automatisch ansprechende, mit einem Glykol-Wasser-Gemisch arbeitende Sprinkleranlage Einsatz.

Diese Anlage hat sich jedoch auch für den Einsatz in automatisch arbeitenden Lagersystemen nicht durchgesetzt. Für manuelle Systeme ist der Einbau ebenfalls nicht geeignet.

Inertisierungsanlagen

Oxydationsvorgänge brauchen Sauerstoff. Ist kein Sauerstoff vorhanden, unterbleibt auch die Oxydation. Diese Tatsache nutzt man mittlerweile standardmäßig als Brandschutzmaßnahme, wobei als inertes Gas Stickstoff dient.

Für die praktische Anwendung bedeutet dies, dass die Stickstoffzufuhr so zu steuern ist, dass sämtliche Leckverluste, die zwangsläufig auftreten, ausgeglichen werden können. Die sich dann einstellende Atmosphäre muss geeignet sein, eine Brandentstehung unmöglich zu machen.

Der praktische Einsatz („Inertisierung" eines Tiefkühllagers) zeigt, dass der Wirkungsgrad der Anlage je nach Lagergröße (Volumen), Anlagenleistung und Leckverlust des Lagers recht unterschiedlich ist. Anders als bei Sprinkleranlagen sind bei der Auslegung der Inertisierungsanlage somit auch andere bewegungsabhängige Parameter mit zu berücksichtigen.

Eine derartige Anlage ist sehr gut geeignet, Brandentstehung in der Tiefkälte zu verhindern. Dies ist auch der Grund, weshalb in den letzten Jahren dieses System Marktreife erlangt und sich durchgesetzt hat. Mittlerweile arbeitet das System absolut marktgerecht und wirtschaftlich. Die Art der Vorbeugung der Brandentstehung (Entzug von Sauerstoff) bedeutet jedoch, dass nur ein Einsatz in automatisch arbeitenden Bereichen möglich ist.

Kohlensäurelöschanlagen

Das Prinzip der CO_2-Löschanlage oder allgemein einer Gas-Löschanlage besteht darin, dass nach Detektierung der Anlage ein inertes Gas (CO_2 oder N_2) ausströmt, den Sauerstoff der Luft verdrängt und so insgesamt ein Luftgemisch entsteht, in dem keine Brände entstehen können. Der zulässige verbleibende Restsauerstoff ist sowohl vom löschenden Medium als auch vom Inertgas abhängig. Automatisch wirkende CO_2-Feuerlöschanlagen sind zwar vielerorts im Einsatz, Einsatzbereiche in Tiefkühllagern sind dennoch bislang nicht bekannt.

Bauliche und betriebliche Brandschutzmaßnahmen

Totalverluste von Lagergebäuden bei Bränden können nur durch Bildung von Brandabschnitten verhindert werden, deren bauliche Trennung (Brandwände, Komplextrennwände) die Ausbreitung eines Feuers verhindert. Eine Auflistung der bauaufsichtlich zugelassenen, geprüften und klassifizierten Konstruktionen ist in einem Katalog des Verbandes der Sachversicherer e.V. in Köln enthalten. Bauliche und betriebliche Brandschutzmaßnahmen sind:
- feuerbeständige Ausführung der Tragkonstruktion von Lagergebäuden,
- feuerhemmende Ausführung der Dachtragewerke und der Dachschalung,
- Einteilung großflächiger Lager in überschaubare Brandabschnitte,
- bauaufsichtlich zugelassene Feuerschutzabschlüsse und deren Feststellanlagen in Öffnungen von Komplextrennwänden, Brandwänden und feuerbeständigen Wänden,
- Feuerschutztore und -türen bei Betriebsende schließen,
- Sicherung von Kabelbündeln und Rohren, die durch Brandwände, feuerbeständige Wände oder Decken geführt werden, nur durch zugelassene Kabel- oder Rohrabschottungen.

Gerade bei den Brandschutzmaßnahmen für Kabel sind neben den speziellen Feuerschutzdurchführungen auch weitergehende, speziell für den Einsatz im TK-Bereich geeignete Maßnahmen möglich:

- Einsatz größerer Kabelquerschnitte als erforderlich (in Verbindung mit einem Überlastschutz, der auf den erforderlichen Querschnitt ausgelegt ist),
- Verlegen einzelner Kabel im Stahlpanzerrohr (STAPA-Rohr), wobei nur die Kabelenden nicht im Rohr liegen,
- Verlegung der Kabel in geschlossenen Kabelkanälen, die im Anschluss an die Verlegung mit Mineralschaum ausgeschäumt werden,
- feuerhemmender Anstrich der Kabel,
- thermischer Motorenschutz – zusätzlicher Kaltleiter in der Motorentwicklung, der bei Temperaturerhöhung den Motor über einen Schutzschalter allpolig abschaltet,
- Einsatz von Silikonkabeln.

B 8.4.4.2 Lager- und Fördertechnik

Die im Kühl- oder TK-Lager eingesetzten Lager und Kommissioniertechniken sind keine anderen als in nicht temperaturgeführten Logistiksystemen. Somit soll nur auf besondere Eigenschaften eingegangen werden, die spezifisch für diesen Logistikbereich zu beachten sind:
- Neben den allgemeingültigen Regeln zur Gestaltung von Kommissioniersystemen in der Lebensmittelindustrie ist die Verwendung von verträglichen Stoffen und Betriebsmittel besonders zu beachten. Bei der Verwendung von technischen Einrichtungen sollten z. B. wasserlösliche Lacke zur Oberflächenbehandlung eingesetzt werden. Holzbauteile für Zwischenböden oder Trennwände dürfen nicht mit Lösungsmitteln behandelt sein, die ausdampfen. Beim Einsatz von unverpackten Lebensmitteln sind rostfreie Stähle für Förder- und Lagereinrichtungen zu verwenden. Bei der Handhabung von verderblichen Waren, z. B. Milchprodukte, sind darüber hinaus gute Reinigungsmöglichkeiten der Räume erforderlich.
- Die Besonderheit bzw. Eigenart des Kühl- bzw. Tiefkühlhauses besteht darin, dass in seinen Räumen im Unterschied zu anderen industriellen Bauten normalerweise „immer" ein ganz genau definierter Luftzustand eingehalten werden muss, der sich wesentlich von den äußeren Luftverhältnissen unterscheidet. Dies bedeutet, dass auch die Luftfeuchtigkeit im Lagerraum einen definierten Zustand hat. Da die „Wasseraufnahmefähigkeit" kalter Luft jedoch sehr gering ist, kann man bei gekühlten Räumen auch von sehr trockenen Räumen sprechen. Je kälter die Luft, desto trockener ist sie. Aus diesem Grunde müssen hinsichtlich Korrosionsschutzes im TK-Bereich kaum Maßnahmen getroffen werden.
- Bei logistischen Distributionslösungen für den TK-Bereich stehen die Lagersysteme an erster Stelle jeder

Realisierungsbewertung. Das liegt eindeutig an der Konzentration verschiedener Ablaufstränge in dieser Funktionseinheit und an der so gewonnenen Basis für eine wirtschaftliche Gesamtoptimierung. Schließlich haben Lagersysteme in diesem Sektor von vornherein einen größeren Stellenwert, weil sie unter Umständen bis zu 40% teurer sind als vergleichbare Systeme in anderen Branchen. Das liegt an der Energieversorgung für die Tiefkühlhaltung, der entsprechenden Bauausführung sowie den installierten Zusatzanlagen.

Prinzipiell kann also im TK-Bereich jedes Lagersystem eingesetzt werden, wenn die für tiefe Temperaturen besonderen technischen Bedingungen beachtet und entsprechende Auslegungen bei entsprechender Materialauswahl getroffen werden.

Grundsätzliche Zielsetzungen für Lagersysteme im TK-Bereich sind:
– kompakte Lagerung zur Energieminimierung,
– hohe Umschlagsleistung, hohe Umschlagsraten,
– Artikelpaletten-Zugriff nach Fifo-Prinzip.

Ursache der zumeist angestrebten möglichst kompakten Lagerung ist, einen minimalen Raumbedarf zu haben, da gekühlte Luft Geld kostet. Auswirkung dieser Tendenz ist, dass die kuriosesten Varianten existieren, die sich nur allein aufgrund geringen Flächen- und Raumbedarfs rechtfertigen. Leistungskennzahlen, Mengenanforderungen oder sonstige Randbedingungen werden nicht erfüllt.

Somit findet man in letzter Zeit immer mehr automatische Hochregallager für Paletten mit Ein- oder Mehrplatzbelegung. Genaue Analysen, die sowohl Leistungskennzahlen aber auch Gesamtkosten (nicht nur Investitionen sondern Gesamtbetriebs- und Bewegungskosten) berücksichtigen, zeigen auf, dass letztendlich nicht nur geringe Kubaturen von Wichtigkeit sind.

Grundsätzlich ist die einzusetzende Lagertechnik allein abhängig von den Randbedingungen und „Beweggründen" für die Lagerung. Große Mengen eines gleichen Artikels mit gleichem Mindesthaltbarkeitsdatum (MHD), gleicher Charge und langer Lagerzeit können kompakt im Block, im Einfahrregal oder unter bestimmten Bedingungen auch im Kompaktlager gepuffert werden. Andere Kriterien erfordern andere Lagerarten. Somit kann grundsätzlich ohne eine detaillierte Analyse der Anforderungen an die Lagerung im Vorfelde keine Aussage getroffen werden, ob ein Standard-Palettenregal besser als ein Schmalganglager, ein Verschieberegal oder ein Einfahrregal ist. Hinzu kommen natürlich die automatischen Lagersysteme, die es zu betrachten gilt.

B 8.4.4.3 Personal

Bedingt durch die aus der Temperatur resultierenden klimatischen Umgebungsbedingungen ist das Personal bei Ein-, Um- und Auslagervorgängen, bei Be- bzw. Verarbeitungsprozessen, insbesondere aber während der Kommissionierung von Nahrungs- und Genussmitteln, technisch erzeugten, kalten klimatischen Raumbedingungen ausgesetzt. Die Wirkung der Kältebelastung hängt damit von der Höhe (oder Tiefe) der Lufttemperatur, der Windgeschwindigkeit (Zugluft), der körperlichen Belastung/Aktivität und der Isolation der Bekleidung sowie von der Dauer der Kälteeinwirkung ab.

Eine Kältegefährdung für den Menschen kann schon bei einer Lufttemperatur von geringen Plusgraden auftreten, wenn leichte körperliche Arbeit in einer Bekleidung mit geringem Isolationswert bei einer mittleren Windgeschwindigkeit verrichtet wird, wobei der Isolationswert bei Durchnässung durch Regen oder Schwitzen erheblich herabgesetzt wird.

Dies bedeutet, dass für eine genaue Definition von Kältearbeit und damit auch für die Anforderungen, die an das Personal gestellt werden müssen, das Zusammenwirken der erwähnten Einflussfaktoren beachtet werden muss.

B 8.4.5 Praxisbeispiel: Multitemperatur-Distribution

Am Beispiel einer realisierten Anwendung für die Lagerung und Kommissionierung von Tiefkühlprodukten werden die Planungskriterien für die Auswahl des optimalen Lagersystems unter besonderer Beachtung der Raumnutzung und Wirtschaftlichkeit sowie Anbindung der Kommissionierung vorgestellt sowie die Konzeption und die technische Gestaltung eines Tiefkühl-Distributionszentrums erläutert.

B 8.4.5.1 Kurzprofil

Mittels einer eigenen LKW-Flotte werden von einem Dienstleister Kühl- und Tiefkühlprodukte für eine große Anzahl Einzelhandelsunternehmen distribuiert.

Zum einen übernimmt der Dienstleister für verschiedene Produzenten die Lagerhaltung und teilweise auch Kommissionierung (Industrielogistik). Zum anderen wickelt das Unternehmen die Handelsbestellungen (Hauptgeschäft) ab. Die zur Lagerhaltung benötigten Waren werden selbst seinem Hochregallager entnommen und diese dann mit dem Produzenten abgerechnet (Handelslogistik). Zu beachten ist also der Zeit des Besitzüberganges.

Zur Öffnung neuer Geschäftsfelder und Festigung der Marktposition stellte sich der Dienstleister der Forderung nach einer Ausweitung des bestehenden Geschäftszweiges der Handelslogistik sowohl für Kühl- als auch für Tiefkühlprodukte. Des Weiteren wurde in die Überlegungen einbezogen, den Geschäftszweig der Industrielogistik für TK-Produzenten zu übernehmen, d. h. die Lagerhaltung von TK-Produkten und deren Weiterverteilung zum Kunden.

B 8.4.5.2 Planungs-/Auslegungsdaten

Grundlage der Planung war, den Bereich der vorhandenen TK-Handelslogistik aus dem bestehenden Gebäude auszugliedern. Somit konnte Platz für eine Erweiterung der Handelslogistik im Kühlwarenbereich geschaffen werden. Um dies zu erreichen, sollte auf dem vorhandenen Gelände ein neues TK-Distributionszentrum errichtet werden, um den ausgegliederten TK-Handelslogistikbereich und den neuen TK-Industrielogistikbereich aufnehmen zu können.

Dabei wurde von folgenden Planungsdaten ausgegangen:
- Ladeeinheit (inkl. Überhang)   Euro-Paletten 1.300 x 900 x 1.950 mm,
- Kapazität   ca. 25.000 PP,
- Umschlag   100 Pal./h,
- Artikel   ca. 1.200,
- Bauliche Restriktionen   keine.

B 8.4.5.3 Bewertungskriterien

Nach Analyse und Bewertung der Aufgabenstellung standen abschließend zwei Lagertypen zum Vergleich: Kanallagersysteme und das konventionelle Hochregallager. Dazu kam als Zwischenvariante die doppelttiefe Lagerung.

Ein bedeutungsvoller Unterschied zwischen den beiden Systemen lag schließlich noch in den Rahmenbedingungen, wie sich der Kommissionierbereich in das Lagersystem baulich eingliedern lässt:
- Beim (konventionellen) Hochregallager ist die Kommissionierung nur als separates Gebäude zu realisieren; gleiches gilt für die doppelttiefe Lagervariante.
- Bei einer integrierten Kompaktlagerlösung ist sowohl für das Lager als auch für den Kommissionierbereich ein einheitliches Layout anzustreben. Hierdurch wird die Optimierung einzelner Bereiche unmöglich; etwa nach der Forderung: „viele kurze Gassen für die Kommissionierung, weniger lange Gassen beim Lager".

Im Hinblick auf die Lagersteuerung steigt die Komplexität der Software bei einer integrierten Lösung enorm, da auch hier die Anforderungen des Kommissionierbereiches denen des Lagers entgegengesetzt sind, so zum Beispiel Festplatz-Prinzip in der Kommissionierung versus Freiplatz-Prinzip im Lager. Zudem müssen bei artikelgemischter Kanalbelegung zusätzlich Umlagerungs-Strategien bzw. bei artikelreiner Kanalbelegung eine Belegungs-Optimierung der Lagerkanäle in die Software eingebunden werden.

Die bessere Raumnutzung des Kompaktlagers im Vergleich zum Hochregallager steigt noch mit der Kanallänge. Beim Quantifizieren dieses Vorteils hat jedoch das Verhältnis zwischen vorhandener Artikelstruktur und gewählter Kanallänge einen wesentlichen Einfluss. Eine relativ große Kanallänge bewirkt bei artikelreiner Kanalbelegung einen reduzierten Füllgrad des Lagers und damit einen größeren Brutto-Kapazitätsbedarf. Andererseits können relativ große Kanallängen bei artikelgemischter Kanalbelegung einen hohen Umlageraufwand und damit reduzierte Umschlagsleistung bewirken. Die Flächennutzung ist beim konventionellen Hochregallager besser, da sich hierbei die maximale Bauhöhe ausschöpfen lässt.

B 8.4.5.4 Systemauswahl

Der Kostenvergleich zwischen Investitionen und Betriebskosten bildete den Kernpunkt der Bewertung. Weitere Kriterien stellten Organisation, Sicherheit und Flexibilität hinsichtlich Erweiterungen und Änderungen des Geschäftsfeldes dar.

Ergebnis der Analyse war, dass sich das konventionelle Hochregallager mit separatem Gebäude für die Kommissionierung wirtschaftlicher rechnete als ein Kompaktlagersystem. Der angestrebte Vorteil bei den Bauinvestitionen eines Kompaktlagersystems kam nicht zum Tragen, da sich durch die Multiplikation der Artikelanzahl mit den verschiedenen Artikelzuständen, z. B. MHD, Charge und Sperrfrist, eine hohe Anzahl „logistischer Artikel" ergab. Dieser Umstand bewirkte bei einer artikelreinen Kanalbelegung einen schlechten Füllgrad und damit einen größeren Bruttostellplatzbedarf, welcher den Bauinvestitionsvorteil der kompakten Lagerung wieder aufhob.

Weitere Nutzungsvorteile bei der Wahl der „konventionellen HRL-Lösung" waren:
- Ergonomie (Trennung der automatischen und manuellen Bereiche),
- Brandschutz,
- verschiedene Klimazonen,
- Verbindung von neuem und alten Kommissioniergeschäft,
- EDV + Organisation – Trennung Lager/Kommissionierung,
- Standardlösungen HRL, EDV.

Aufgrund der getrennten Anordnung des automatischen (mannlosen) Lagerbereiches und der Kommissionierung konnten die Brandschutzmaßnahmen auf ein Minimum reduziert werden.

Letztendlich wurde durch die Systementscheidung für ein konventionelles Hochregallager auf ein breites Know-how-Potenzial verschiedener Hersteller zurückgegriffen. Man war nicht von Speziallösungen einzelner Hersteller abhängig.

B 8.4.5.5 Systembeschreibung

Das gesamte Distributionszentrum besteht aus drei Gebäudeteilen:
- der Kommissionierhalle mit integriertem Rampenbereich,
- dem automatischem Hochregallager und
- dem Maschinenhaus für die Kälte- und Elektroversorgung.

B 8.4.5.6 Perspektive

Das Hochregallager ist als automatische Lagermaschine voll ausgerüstet, eine Erweiterung auf die doppelte Kapazität des vorhandenen Gebäudes ist möglich und baulich vorgesehen. Später kann auch ein separater Wareneingangsbereich an der Hochregallager-Stirnseite angeschlossen werden.

Das Kommissionierlager ist mit allen nur denkbaren planerischen Freiheitsgraden ausgestattet, um flexibel auf alle möglichen zukünftigen Geschäfte reagieren zu können. Das Kommissioniergebäude ist in mehreren Achsen erweiterbar. Die Kommissionierregale sind sowohl für den späteren Einsatz einer automatischen Sortieranlage als auch für die Automatisierung der Nachschubstapler (bzw. Regalbediengeräte) vorgesehen.

B 8.4.6 Ausblick

Qualität ist heute mehr denn je die entscheidende Forderung an Industrie und Handel. Vom Stellenwert der Qualität als Wettbewerbsfaktor sind insbesondere die Bereiche der Produktion und Distribution von Frischwaren und Tiefkühlkost betroffen.

Speziell für Kühlhausunternehmen bzw. -betreiber im traditionellen Sinne liegt noch ein großes Maß bislang oft ungenutzter Rationalisierungspotenziale im Verborgenen, wenn es um die Integration funktioneller leistungsorientierter Materialflusstechniken geht. Dies betrifft weniger professionelle Logistikdienstleister auf dem Gebiet der Lebensmittellagerung und -distribution, die die „Zeichen der Zeit" größtenteils schon erkannt und entsprechende Optimierungsbestrebungen eingeleitet haben. Neben der Steuerung der Warenbewegungen werden von Logistikdienstleistern in ihrer Bestimmung als „funktionierendes" Bindeglied zwischen Industrie und Handel umfassende Leistungen auch in der Steuerung zunehmend komplexer Informationsflüsse verlangt.

Demgegenüber zeigt sich ein vielfach eher konservatives Verhalten der TK-Branche, wo man Neuerungen unbegründeter Weise sehr zurückhaltend gegenübersteht.

Standardlösungen für verschiedene Bereiche existieren vielfältig, sind jedoch meist nur als Insellösungen zu betrachten und schießen häufig über das Ziel hinaus. Eine ganzheitliche Betrachtung der Logistikkette kommt oftmals zu kurz. Abhilfe hiervon schafft nur eine gesamtheitliche Analyse der kompletten Abläufe, in die Technik, Organisation, Material- und Informationsfluss mit einbezogen werden. Nur so kann eine optimale Logistik (nicht nur im TK-Bereich) aufgebaut und gestaltet werden. Das hierbei ein modernes EDV-System unumgänglich ist, stößt oftmals auf Unverständnis, ist aber eine absolute Notwendigkeit, vor allem für das Überleben auf dem Markt.

Grundlage des geforderten ganzheitlichen Ansatzes im Hinblick auf einen verketteten Waren- und Informationsfluss mit optimaler Schnittstellengestaltung dürfen jedoch nicht in erster Linie reine Automatisierungsbestrebungen sei, sondern das Kosten-Nutzen-Verhältnis im globalen Wettbewerb. Folglich gilt auch: „‚Einfache' Systeme sind nicht ‚einfach' zu planen. Das Gegenteil ist der Fall. Je einfacher das anspruchsvolle System werden soll, desto umfassender müssen die planerischen Vorleistungen sein" [Sch93].

Literatur

[Beh98] Behrendt, M.; Klün, W.: Einsatz von Messgeräten in der Tiefkühlüberwachung. Ingolstadt: 1996
[Bun06] Bundesgesetzblatt, Jg. 2006, Teil I Nr. 54: ausgegeben zu Bonn am 30. November 2006
[Sch93] Schulze, L.: Kühllogistik heute und morgen. Düsseldorf: VDI-Berichte Nr. 1049, S. 12

B 8.5 Temperaturgeführte Transporte

B 8.5.1 Einleitung

Im Zuge der Globalisierung und einer damit verbundenen deutlichen Steigerung der logistischen Komplexität einerseits und veränderten Verbrauchergewohnheiten sowie Ansprüchen an den Transport kühlpflichtiger Produkte andererseits gewinnt die temperaturgeführte Logistik zunehmend an Bedeutung. Seit mehr als 10 Jahren beobachten Experten den Trend einer deutlichen Zunahme von Produkten, für die definierte klimatische Bedingungen, insbesondere Temperaturgrenzen, eingehalten werden müssen. Die Hintergründe dafür sind vielfältig. In der Lebensmittelbranche wird dem sog. „Convenience"-Wünschen der Verbraucher nach bereits vorgegarter Nahrung, insbesondere im „Fast-Food" und im Bereich exklusiver Lebensmittel, Rechnung getragen. Medizinisch/pharmazeutische Produkte werden in größerem Umfang auf Basis wässriger Lösungen hergestellt. Um die Qualität dieser Produkte nicht zu gefährden, müssen hohe Anforderungen an die klimatischen Bedingungen gestellt werden.

Das Spektrum temperatursensibler Produkte umspannt einen weiten Bereich von Waren und Gütern, auch solche aus dem täglichen Verbrauch. Es reicht von medizinischen und pharmazeutischen Produkten, wie Blutpräparaten und Zellimplantaten, über Lebensmittel und lebendigen Tiere, z. B. hochwertige exotische Fische, bis hin zu Pflanzen und Blumen. Die spezifischen Temperaturbereiche differieren erheblich und umfassen das Temperaturspektrum von −35°C bis ca. +20°C.

Parallel zu diesem Trend wurde der den Erdball umspannende Handel intensiviert, wozu der Abbau von Handelsbarrieren, die Etablierung von weltweit agierenden Unternehmungen ebenso beigetragen haben, wie die Verbesserung der Mobilität durch sinkenden Kosten in der Frachtflieger-Konkurrenz. Die temperierpflichtigen Produkte und Güter stehen in der gesamten Distributionskette in Wechselwirkung mit ihrer jeweiligen Umwelt. Die produktspezifischen Anforderungen beziehen sich meist auf die Einhaltung von Temperaturgrenzen, d. h. ein Unter- oder Überschreiten vor definierten Temperaturen muss verhindert werden.

Die Distribution temperatursensibler Produkte erfordert, neben den genannten produktspezifischer Anforderungen, in der Regel auch das Einhalten gesetzlicher Bestimmungen, und damit eine Kontrolle und Überwachung der Bedingungen auf dem Weg vom Hersteller bis zum Endkunden.

B 8.5.2 Anforderungen an temperaturgeführte Transporte

Durch die ständig steigende Vielfalt temperatursensibler Produkte auf der einen und eine verstärkte, alle geografischen Zonen der Erdkugel umfassende Distribution auf der anderen Seite, gewinnt die Forderung nach Einhaltung vorgegebener Temperaturbereiche zunehmend an Bedeutung.

Neben produktspezifischen, sind es gesetzliche Bestimmungen, aus welchen sich Vorgaben für die Einhaltung definierter Temperaturen bzw. Temperaturbereiche ergeben. Die Novellierung der internationalen Vorschrift HACCP zur Hygiene und Qualitätssicherung von Lebensmitteln, hat Grenzwerte für Temperaturen definiert. Nachfolgende Angaben sollen als Eckwerte dienen:
– Tiefkühlprodukte/-proben (<−18°C),
– Frischprodukte (+4 bis +7°C),
– Ultra-Frischeprodukte (0 bis +2°C),
– temperaturempfindliche Pharmaka (+2 bis +8°C),
– Warmprodukte (>8°C).

Damit einher verlaufen Forderungen zum Nachweis und zur Kontrolle vorgegebener Temperaturen, sowohl aufgrund gesetzlicher Zwänge wie auch aus der Verantwortung der Hersteller/Versender heraus.

B 8.5.3 Aktive und passive Kühlkette

Die Distribution kühlpflichtiger Produkte und Sendungen kann durch zwei unterschiedliche Systeme erfolgen, der aktiven und passiven Kühlkette. Die aktive Kühlkette ist gekennzeichnet durch gekühlte Fahrzeuge. Die passive Kühlkette durch i. d. R. ungekühlte Fahrzeuge und unterschiedlich ausgestaltete Isolierbehälter. Die Anforderungen an die aktive Kühlkette beziehen sich insbesondere auf die Umschlagprozesse, wo die Waren den geschützten Bereich der Temperaturführung verlassen und Schnelligkeit gefordert ist, um die entsprechenden Richtwerte einzuhalten. Voraussetzung für den Transport ist der Einsatz von Fahrzeugen und Aufbauten, die diese Vorgaben erfüllen. Eine Schwierigkeit ergibt sich für den Bereich der KEP-Branche (Kurier-, Express- und Paketdienste), da die Voraussetzungen an gekühlte Fahrzeuge in den meisten Fällen nicht gegeben sind.

Bei der passiven Kühlkette sind es letztlich Verpackungen, Ladungsträger und Ladeeinheiten auf die diese Anforderungen der Einhaltung bestimmter Temperaturgrenzen weitgehend übertragen werden. Der Auswahl einer geeigneten Verpackung, die die geforderten Vorgaben bezüglich Innenraum- Temperatur verlässlich einhält und technisch und logistisch in die Distributionsstruktur integriert werden kann, gehört somit zu den anspruchsvollen Aufgaben für Hersteller temperatursensibler Produkte.

Grundsätzlich wird eine Vielzahl von Anforderungen an eine Verpackung gestellt, die sich aus der jeweiligen Distributionsstruktur ergeben. Es können Belastungen unterschiedlichster Natur sein. Unterschieden werden physikalische/mechanische, biologische, klimatische, chemische, abrasive und andere Belastungen.

Parallel dazu muss die Entwicklung von Möglichkeiten und Techniken zur Überwachung der geforderten Temperaturgrenzen betrachtet werden. Geradezu zwangsläufig drängt sich eine Kombination aus Temperaturcontrolling und Identifizierung des Inhalts und der Verpackung auf. Aktuelle Entwicklungen und Forschungen auf Basis der RFID-Technologie zeigen, dass es bereits heute grundsätzlich möglich ist, den Forderungen nach Temperaturmessung/-aufzeichnung und Identifizierung durch den Einsatz aktueller Ausführungen von RFID-Transpondern mit Sensorik und Datenspeicher zu entsprechen.

Der vorliegende Beitrag konzentriert sich auf die passiven Kühlsysteme und stellt damit die Anforderungen an die Verpackung als entscheidendes und integratives Element der logistischen Kette in den Mittelpunkt der weiteren Ausführungen.

B 8.5.4 Verpackungssysteme zur Erfüllung der Funktionalität

Die Vielfalt der Verpackungen, die aktuell innerhalb von Distributionsketten verwendet werden, ist quasi unüberschaubar. Die Einhaltung von normativen Standards erfolgt nicht durchgängig, sondern nur in speziellen Branchen, z. B. der Automobilindustrie, der Pharmaindustrie und Teilbereichen der Lebensmittelindustrie. Für weite Bereiche besteht daher Handlungsbedarf. Dabei ist die systematische Planung bei der Auswahl von Verpackungen über alle Distributionsstufen hinweg eng mit der Schaffung von Vorteilen, sowohl in wirtschaftlichem wie auch logistischem Sinne, verknüpft.

Ausgehend von der spezifischen Produktverpackung ist es notwendig, diese in Form größerer Gebinde zusammen zu fassen. Aus diesen Sammelverpackungen oder möglicherweise auch größeren Transportverpackungen, entstehen, durch Kombination mit Ladungsträgern wie Palette oder Gitterbox, Ladeeinheiten. Erst durch diese Bündelung von Einzelverpackungen wird ein rationelles Umschlagen, Lagern und Transportieren möglich. Der Transport innerhalb der Distribution erfolgt i. d. R. mit Hilfe von Lkw oder in Containern.

Bild B 8.5-1 verdeutlicht, wie überaus wichtig es ist, die Auswahl von Verpackungen, ausgehend von der Produktverpackung und mit Blick auf die gesamte Distribution, sorgfältig zu planen und aufeinander abzustimmen. Das gilt umso mehr, wenn die Verpackung neben den konventionellen, noch weitere spezifische Aufgaben, wie den Schutz des Produkts vor klimatischen Einflüssen, übernehmen muss.

Allgemein unterschieden werden bei Verpackungen für temperatursensible Produkte solche mit aktivem Kühlsystem von solchen mit passivem System. Ein aktives Kühlsystem reguliert mittels elektrischer Energie die Temperatur innerhalb des Nutzvolumens. Passive Systeme müssen ohne Energiezufuhr auskommen und sind dazu konzipiert, die gewünschte Innenraum-Temperatur nach dem Einlagern des Produkts über den vorgesehenen Zeitraum zu „halten". Die Leistungsfähigkeit eines passiven Behälters ist im Wesentlichen von seiner Konstruktion und den werkstofflichen Kenngrößen des Verpackungsmaterials abhängig. Da sich ein Temperaturausgleich durch Wände und Deckel nicht vollständig verhindern lässt, müssen i. d. R. zusätzliche Temperierelemente für die Einhaltung des gewünschten Temperaturbereiches im Behälterinnenraum eingesetzt werden.

Betrachtet man die wirtschaftliche Seite in der logistische Kette, so ist zu beachten, dass neben den reinen Versandkosten weitere innerbetriebliche Kosten und Verpackungsaufwendungen hinzukommen. Dies einerseits im

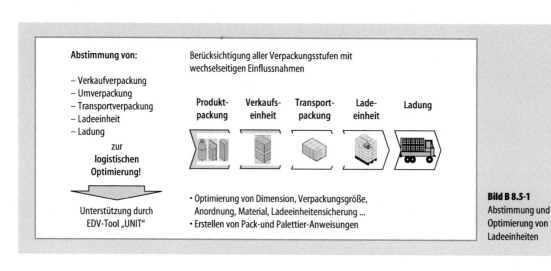

Bild B 8.5-1 Abstimmung und Optimierung von Ladeeinheiten

Bereich der Verpackungsmaterialien wie Kühlakkus und Thermoboxen, zum anderen im Bereich der Handlingkosten für den Verpackungsvorgang und die Handhabung der Isolierverpackungen. Die Lagerung und Vorkühlung der Verpackungen ist ebenso notwendig, wie die größtenteils geforderte Rückführung der Isolierverpackungen und das Leergutmanagement. Diese Kosten sollten in die Betrachtung logistischer Entscheidungen mit einbezogen werden.

B 8.5.5 Messverfahren

Die derzeitige Schwierigkeit bei der Auswahl von passiven Systemen liegt darin, dass keine Kennwerte zum Temperaturhaltevermögen unter definierten Parametern vorliegen, die als verlässlichen bezeichnet werden können. Um die Isolierleistung eines isolierenden Behälters beschreiben zu können, kann eine Temperatur-/Zeitfunktion für das Innenvolumen angegeben werden um damit die Validität des Systems zu belegen.

Die Beschaffung einer geeigneten passiven Verpackungen für die Distribution temperatursensibler Produkte, stellt den Anwender vor nicht erwartete Schwierigkeiten, da die herstellerseitige Beschreibung der Leistungsfähigkeit der eigenen angebotenen Verpackungen, in Form verschiedenster, wissenschaftlich anmutender Darstellungen, zu mehr Verwirrung als Vergleichbarkeit führt. Vermisst wird hierbei eine einheitliche Darstellung zur Beschreibung der Leistungsfähigkeit auf der Grundlage eines standardisierten Messverfahrens. Derzeit wird die Isolierleistung zwar gemessen, allerdings mit unterschiedlichsten Messverfahren sowie Parametern. Gemessen wird an verschiedener Position innerhalb der Verpackung, bei unterschiedlichen angenommenen Umgebungstemperaturen, bei unterschiedlichem Produkt-Füllgrad und verschiedenen Mengen an zusätzlichen sog. „Kühlakkus", wie Bild B 8.5-2 und B 8.5-3 deutlich machen.

Normen sind dagegen ein bewährtes Instrument, um die Durchführung von Messungen und Prüfungen zu definieren und die Ergebnisse vergleichbar zu machen. Mit der Normenreihe DIN 55545, Teil 1, liegt seit dem Jahr 2006 eine Prüfvorschrift vor, die es ermöglicht, verschiedene Arten und Ausführungen von Isolierverpackungen miteinander zu vergleichen. Bei Teil 1 handelt es sich um eine Messvorschrift, um verschiedene Verpackungen miteinander in Beziehung zu setzen.

Mit realen Bedingungen haben diese Messungen allerdings wenig gemein. Dazu sollen in einem weiteren Teil der Norm Verfahren definiert werden. Aber bereits jetzt ist es auf der Basis der Norm möglich, Messvorschriften, Parameter und weitere Rahmenbedingungen zu definieren, um die Qualität der Isolierleistung ermitteln und validieren zu können.

Der Nachweis der Validität einer Verpackung setzt eindeutige Angaben zum Verpackungssystem und Festlegungen zum Messverfahren voraus. Dazu zählt die Spezifikation des Referenzprodukts und der Temperierelemente, die Temperaturen und Zeiten einer Vortemperierung, Angaben zur Messtechnik und zu den Messstellen, Verfahrensanweisung zur Befüllung der Verpackung, Darstellung und Dokumentation der Ergebnisse.

Ablaufdiagramme sind geeignet, den Verfahrensgang übersichtlich zu visualisieren. Der standardisierte Verfah-

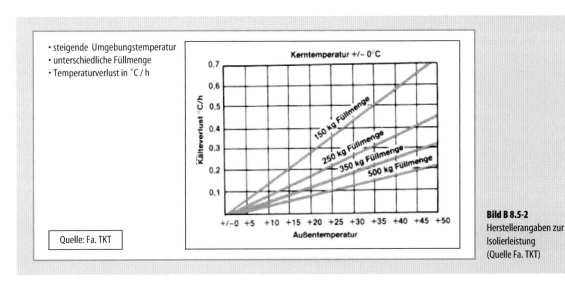

Bild B 8.5-2
Herstellerangaben zur Isolierleistung (Quelle Fa. TKT)

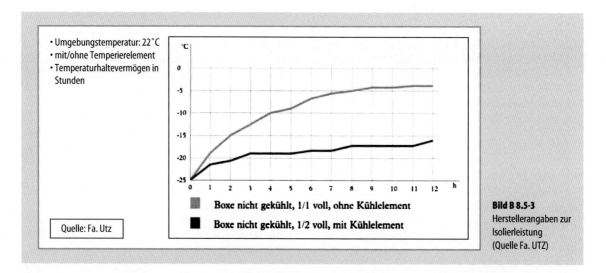

Bild B 8.5-3 Herstellerangaben zur Isolierleistung (Quelle Fa. UTZ)

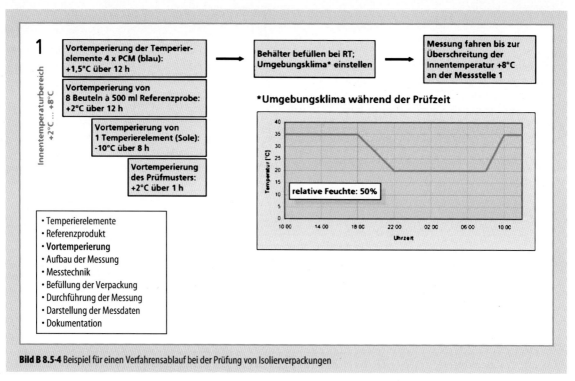

Bild B 8.5-4 Beispiel für einen Verfahrensablauf bei der Prüfung von Isolierverpackungen

rensablauf reicht von der Auswahl der Temperierelemente, in Bezug auf die zu prüfenden Produkte, und der Vortemperierung über den geeigneten Aufbau der Messung und eingesetzten Messtechnik bis hin Durchführung der Versuche und Dokumentation.

B 8.5.6 Prüfungen von Verpackungen mit isolierenden Eigenschaften

Im Rahmen einer Reihe von Prüf- und Entwicklungsaufträgen wurden von den Autoren systematische Untersu-

Bild B 8.5-5
Beispiele für Varianten von Isolierverpackungen

Durchführung der Messung im Prüfraum

chungen an auf dem Markt angebotenen Verpackungen und Verpackungssystemen mit isolierenden Eigenschaften durchgeführt. Durch Anwendung des genormten Prüfverfahrens ist sichergestellt, dass die Ergebnisse miteinander vergleichbar sind.

Ziel der Messungen ist es, die Leistungsfähigkeit von Verpackungen und Behältern mit isolierenden Eigenschaften gegenüber erhöhter oder erniedrigter Umgebungstemperatur zu bestimmen. Insbesondere soll die Zeitdauer bestimmt werden, zu der zuvor definierte Temperaturgrenzen an diskreten Messpunkten innerhalb der Verpackung resp. des Behälter über- oder unterschritten werden. Die Messungen finden in einer Klimaprüfkammer statt, deren Prüfraum die Umgebung des Behälters in Bezug auf die von außen einwirkende Temperatur und Feuchte realistisch simulieren.

Die Versuche wurden mit geeichter Messtechnik (Thermoelemente und Klima Datenlogger) in einer Klimaprüfkammer durchgeführt (Bild B 8.5-5). Die Regeltechnik der Klimaanlage erlaubt die Programmierung von Umgebungsklimaten, die für Winter- wie auch Sommermonate als Temperatur-Zeit-Verläufe (Tag/Nacht) vordefiniert werden können.

In Bild B. 8.5-6 sind die Ergebnisse der Messungen in Form von Temperatur-Zeit Kurven für verschiedene, marktgängige Isolierverpackungen dargestellt. Deutlich erkennbar ist, dass beim größten Teil der geprüften Verpackungen die Temperaturgrenzen nach relativ kurzen Zeiten überschritten werden. Im oberen Teil der Abbildung wird bei einer Umgebungstemperatur von $\delta = -15°C$ die kritische Temperatur von $\delta = +2°C$ nach Zeitdauern von acht bis 24 Stunden unterschritten.

Nicht besser sieht es bei sommerlicher Umgebungstemperatur von $\delta = +40°C$ aus (Bild B 8.5-7). Hier werden Haltezeiten bis zum Überschreiten der kritischen Temperatur $\delta = +8°C$ von einer bis ca. sechs Stunden gemessen. Es ist somit davon auszugehen, dass ein nicht unerheblicher Teil kühlpflichtiger Waren bei Transporten über sechs Stunden den Empfänger nicht im vorgeschriebenen Temperaturbereich erreicht.

Zu bemerken ist, dass die angewendeten Temperatur-Zeit-Profile zur Simulation realer Umgebungsklimata derzeit weder wissenschaftlich noch normativ abgesichert sind. Aus realen Messungen abgeleitete Klimadaten für die Distribution von Gütern in verschiedenen Verkehrsträgern wird es voraussichtlich erst in einigen Jahren geben, wenn eine ausreichende Datenbasis vorliegt. Seit dem Jahr 2005 werden sowohl in Europa wie auch weltweit reale Temperatur- und Feuchtemessungen in Containern aber auch Lkw und Klein-Transportern durchgeführt. Die Messungen werden von den Mitgliedern des Arbeitskreises „Klimamessfahrten" unternommen, der sich innerhalb der Gesellschaft für Umweltsimulation (GUS) gegründet hat. Nähere Informationen dazu finden sich unter http://www.gus-ev.de/akklimefa.html.

B 8.5.7 Temperaturkontrolle entlang der Supply Chain

Die Vorteile, die sich durch sog. „Tailoring" (Maßschneiden) einer Verpackung, hier einer Isolierverpackung, für eine definierte Anwendung in einer vorgegebenen Distribution für ein definiertes Produkt ergeben können, soll das folgende Beispiel deutlich machen.

Für kühlpflichtige Fleischwaren, insbesondere Hackfleischprodukte, müssen die Temperaturgrenzen zwischen 0°C und +2°C eingehalten werden. Wenn diese Produkte

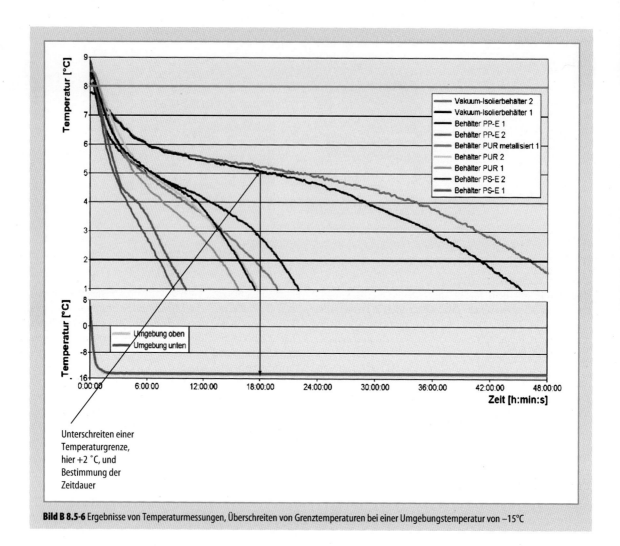

Bild B 8.5-6 Ergebnisse von Temperaturmessungen, Überschreiten von Grenztemperaturen bei einer Umgebungstemperatur von −15°C

nicht nur lokal, sondern bundes- oder gar europaweit distribuiert werden, dürfen sie nur bei gleich bleibender Temperatur um ca. 0°C Grad transportiert werden. Allerdings stehen dem Transport dieser Produkte nur zwei logistisch etablierte Distributionsstrukturen über Speditionen zur Verfügung. Zum einen der Transport im Frischebereich mit einer Temperatur von +7°C und einem 24-Stunden-Takt vom Lieferanten zum Abnehmer und zum anderen der Transport im Tiefkühlbereich mit −18°C und einem 48-Stunden-Takt. Für den 0°C-Bereich, wie er für Frischfleisch, Hackfleischprodukte oder Geflügel vorgeschrieben ist, gibt es kein eigenes Logistiksystem.

An dieser Stelle müssen die Anforderungen in weiten Teilen auf die Verpackung übertragen werden. Eine Lösung bietet die Modifikation der seit Jahren in der Fleischindustrie eingesetzten E-2-Hygienebehälter, mit dem Modulmaß 600 x 400 mm. Durch die Verwendung eines isolierenden „Inlets", wurde auch für Frischfleisch-Produkte, unter Einbezug der etablierten Kühltransportketten, eine Lösung erarbeitet. Voran gingen umfangreiche Messungen im Prüffeld zur Bestimmung der Qualität der Isolierleistung der Behälter. Die Verifikation der Prüfergebnisse erfolgte im Sommer durch einen Praxistest bei einem Fleisch- und Wurstwaren-Hersteller.

Bild B 8.5-8 beschreibt die Temperaturkontrolle entlang der Supply Chain in der Fleisch- und Wurstwarenindustrie. Vom Zerlegebetrieb bis in den Handel hinein werden die Temperaturen überprüft und die Temperaturverläufe

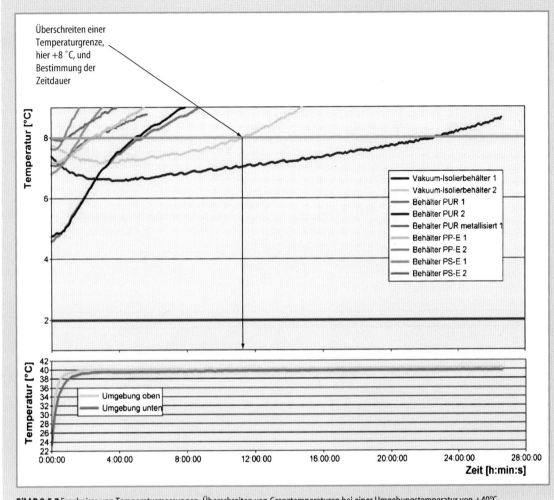

Bild B 8.5-7 Ergebnisse von Temperaturmessungen, Überschreiten von Grenztemperaturen bei einer Umgebungstemperatur von +40°C

dokumentiert. Die Untersuchungen ergaben ein klares Ergebnis: Die auf 0°C bis –1°C vorgekühlte Ware behielt in den isolierten E-2-Boxen bis zu 16 Stunden lang eine Temperatur von unter +2°C und entsprach damit vollständig den Anforderungen an den Transport von Hackfleischprodukten. Damit kann die auch für andere Fleischwaren genutzte Speditionslogistik im +7°C-Bereich für die nationale Distribution genutzt werden.

B 8.5.8 RFID-Technologie für die Frischedistribution

Radiofrequenz-Identifikations(RFID)-Technologie ist sowohl in der allgemeinen Presse als auch in der wissenschaftlichen Forschung „en vogue". Aufgrund ihrer Funktionsweise bietet sie sich in all den Bereichen an, in denen eine Identifizierung, Authentifizierung und oder Kommunikation mit Objekten erforderlich bzw. sinnvoll ist. Der sichtkontaktlose und in der Leseentfernung skalierbare Datenaustausch, die mögliche Menge und Variabilität der Daten ebenso wie die Pulkerfassung verschaffen dieser Technologie einen erheblichen Mehrnutzen gegenüber der „bisherigen klassischen" Identtechnologie des Barcodes. Durch die Möglichkeit der Integration von entsprechender Sensorik erweitert sich die Funktionalität noch einmal erheblich. Auf der Basis, der technologischen und anwendungsspezifischen Fortschritte, die seit einigen Jahren deutlich erkennbar sind, ergibt sich eine Lösungsperspek-

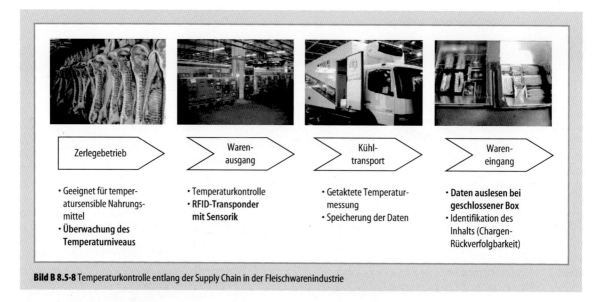

Bild B 8.5-8 Temperaturkontrolle entlang der Supply Chain in der Fleischwarenindustrie

Bild B 8.5-9 Entwicklung und Erprobung verschiedener Inlets

tive für die Synthese aus Temperaturüberwachung und Verpackungs-/Produktkennzeichnung bzw. Identifikation.

Welcher Nutzen sich für den Konsumenten in punkto Verbraucherschutz und Produktqualität auf der einen Seite, welche möglichen Nachteile für den Hersteller, in Bezug auf Haftung auf der anderen Seite ergeben können, veranschaulicht das Zusammenwirken der zuvor vorgestellten, neu entwickelten E-2-Isolierbehälter in Kombination mit der RFID-Technologie beim Einsatz in der Lebensmittelbranche.

Ziel ist es, ein System zu entwickeln, indem ein intelligenter RFID-Chip während des Transports permanent die Innentemperatur an einem diskreten Punkt in der Isolierverpackung misst. Sowohl beim Warenausgang beim Hersteller als auch in der Warenannahme beim Kunden können Lesegeräte dann berührungslos die Temperaturverläufe auslesen. Auch der aktuellen EU-Verordnung 178/2002 zur Rückverfolgung von Lebens- und Futtermitteln kann damit entsprochen werden. So lässt sich das vorschriftsmäßige Einhalten der Kühlkette lückenlos verfolgen und liefert einen wichtigen Beitrag zu Qualitätssicherung, Produkthaftung und zum Verbraucherschutz.

In umfangreichen Messungen wurden RFID-Transponder mit Sensorik verschiedener Hersteller untersucht. Von grundlegender Bedeutung für die Funktionalität der Technologie sind Messungen an unterschiedlichen Packstoffen. Die Auswahl eines geeigneten Packstoffs, der sowohl als Temperaturbarriere funktioniert wie aber auch ein Ausle-

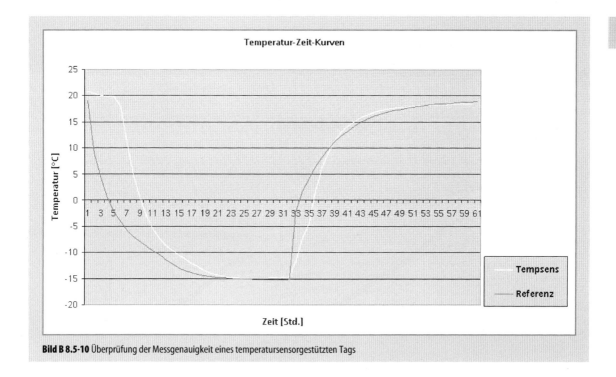

Bild B 8.5-10 Überprüfung der Messgenauigkeit eines temperatursensorgestützten Tags

sen von Daten aus dem Transponder bei geschlossener Verpackung zulässt, ist von elementarem Interesse.

Bild B 8.5-9 zeigt unterschiedliche Inlet-Ausführungen, die sich einerseits hinsichtlich der Beschichtung als keramisch beschichteter Karton oder Aluminium sowie andererseits in Bezug auf die Wandstärke mit 3 und 6 mm unterscheiden.

Die untersuchten Packstoffe Styropor, Wellpappe trocken und nass und Plexiglas zeigten jeweils unterschiedliche Auswirkungen auf die Lesereichweite. Darüber hinaus war es notwendig, den möglichen Einfluss niedriger Temperaturen auf die Leserate zu überprüfen, wenn man bedenkt, dass der Transponder unmittelbaren Kontakt zum gekühlten Produkt hat. Eine Beeinträchtigung durch die Temperatur konnte jedoch nicht festgestellt werden.

Zum Umfang der Untersuchungen gehört auch die Überprüfung der Messgenauigkeit des Sensors und der Taktfrequenz.

Die Bedeutung dieser Technologie für zukünftige Anwendungen zeigen Forschungen u. a. von bedeutenden Lebensmittelherstellern. Die Chiquita Brands International, Chincinnati/Ohio, hat in Verbindung mit dem RFID-Forschungszentrum der Universität von Arkansas erste Erprobungen zur RFID-Überwachung der Kühlkette vorgenommen. Ein aktuelles Pilotprojekt von DHL zur Überprüfung der Transparenz temperaturgeführter Transporte in der Pharmaindustrie, mit einem neu entwickelten Sensor-Transponder, unterstreicht den Ansatz bei der Kombination von Temperaturüberwachung und Verpackungsidentifizierung.

8.5.9 Zusammenfassung

Die temperaturgeführte Distribution von empfindlichen Gütern stellt alle Beteiligten der logistischen Kette immer wieder neu vor besondere Herausforderungen. Mit der weitergehenden Entwicklung von passiven Isolierverpackungen mit verbesserten Eigenschaften und der Möglichkeit einer vergleichenden Validierung der Temperatur-/Zeitfunktion alternativer Systeme lassen sich erhebliche Potenziale erzielen. Die Transparenz der Informationen und die Qualität der Daten wird noch einmal in erheblichem Maße durch den Einsatz der RFID-Technologie verbessert. Die technische Weiterentwicklung von Transponderausführungen mit entsprechender Temperatursensorik weckt dabei Hoffnung auf weitere Optimierungen. Das Monitoring der gesamten Supply Chain und das Tracking und Tracing von temperaturempfindlichen Gütern rücken damit in greifbare Nähe. Unternehmen profitieren von der gesteigerten Transparenz und Qualität, Aufsichts- und Überwachungsbehör-

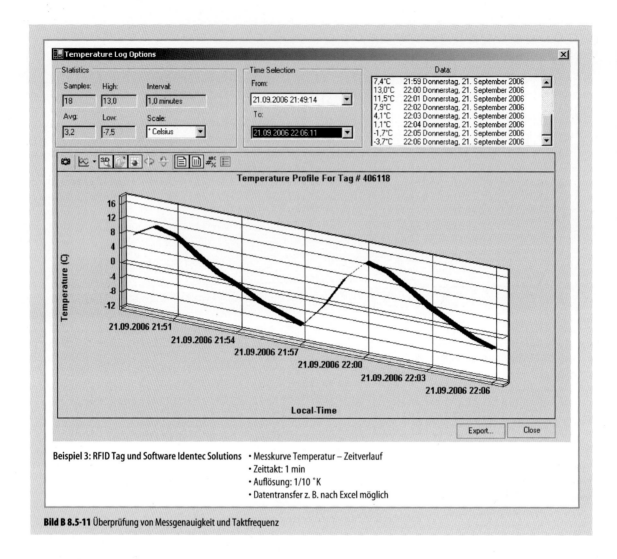

Bild B 8.5-11 Überprüfung von Messgenauigkeit und Taktfrequenz

den von einem verbesserten Controlling und die Verbraucher und Konsumenten von einer erhöhten Sicherheit.

Literatur

[Has05] Hasselmann, G.: Qual der Wahl? Auswahl von Verpackungen für temperaturgeführte Präparate. LCP – Logistik für die Chemie und Pharmaindustrie (2005) 2, 24–25

http://www.mylogistics.net/de/news/themen/key/news626702/jsp; DHL entwickelt gemeinsam mit Partnern RFID-Sensor-Lösung für Pharmaindustrie

[EUW07] EUWID: Chiquita überwacht Kühlkette mit RFID. Verpackung, Nr. 5 vom 29.01.2007

[Küp02] Küppers, M.: Die Glieder der Kühlkette. In: Peilnsteiner, J.; Truszkiewitz, G.: Handbuch Temperaturgeführte Logistik, Hamburg: Behr 2002

Logistikdienstleistungen

B9

Im Zuge des stetigen Bedeutungszuwachses der Logistik in den vergangenen Jahren ist auch der Stellenwert von Logistikdienstleistungen kontinuierlich gestiegen. Der folgende Abschnitt setzt sich ausführlich mit dieser Thematik auseinander und stellt die wichtigsten Aspekte vor. In Abschn. B 9.1 wird dazu der Stellenwert der Logistik als Wettbewerbsfaktor unterstrichen und aufgezeigt, welche Chancen und Risiken Unternehmen mit der Auslagerung umfangreicher Logistikleistungen verbinden. Fortführend wird in Abschn. B 9.2 die Sichtweise von Unternehmen eingenommen und ihr Bedarfsspektrum für logistische Leistungen spezifiziert. In Abschn. B 9.3 erfolgt die Betrachtung verschiedener am Markt auftretender Logistikdienstleisterkonzepte und deren Leistungsspektrum. In Abschn. B 9.4 werden mit dem Wissensmanagement und ausgewählten Informations- und Kommunikationstechnologien spezielle Aspekte vorgestellt, die für die Logistikdienstleistungen besondere Bedeutung erlangt haben. Abschließend werden in Abschn. B 9.5 ein Vorgehen erläutert, mit dem ein Unternehmen seine Entscheidung zur Fremdvergabe und die Auslagerung schrittweise vorbereiten kann, zukünftige Marktpotenziale für Logistikdienstleistungen abgeschätzt und aktuelle Trends vorgestellt.

B 9.1 Stellenwert heutiger Logistikdienstleistungen

B 9.1.1 Logistik als Wettbewerbsfaktor

Vor dem Hintergrund anspruchsvoller werdender Kunden, die maßgeschneiderte Produkte einfordern, sich verkürzenden Produktlebenszyklen in von Wettbewerbs- und Kostendruck gekennzeichneten, internationalen Märkten und gestiegenen Qualitäts- und Serviceansprüchen der Kunden sind die Anforderungen an Unternehmen kontinuierlich gestiegen. In diesem Umfeld sind auch die Ansprüche an die Logistik stetig gewachsen. Denn während sich Unternehmen verstärkt auf ihre Kernkompetenzen konzentrieren, steigt der Koordinationsbedarf, der erforderlich ist, um die Vielzahl an Rohstoffen und Teilen zeitlich und mengenmäßig möglichst flexibel über die vernetzten Logistikstrukturen, die sich aufgrund der vermehrten Arbeitsteilung ergeben, zu steuern. Diese fortschreitende Entwicklung hat das Aufgabenspektrum der Logistik quantitativ und qualitativ anwachsen lassen, und die Logistik übernimmt heute in diesem komplexen Umfeld mehr Verantwortung denn je. Gleichzeitig haben gerade diese Entwicklungen die Logistik zu einem wichtigen Wettbewerbsfaktor, der für den Erfolg und die Ausrichtung eines Unternehmens von strategischer Bedeutung ist, im internationalen Umfeld werden lassen. Dementsprechend sind die Entscheidungsbefugnisse bezüglich konkreter Logistikfragen zunehmend im höheren Management anzusiedeln.

Eine der grundlegendsten Entscheidungen, die dabei zu treffen ist, ist die Festlegung, welche Logistikaufgaben selbst ausgeführt und welche an Logistikdienstleister fremdvergeben werden. Während die Unternehmen früher stets bestrebt waren, sämtliche Logistikaufgaben mit einem hohen Anteil an Eigenleistungen auszuführen, hat sich die Situation im Laufe der Zeit gewandelt. In früheren Zeiten unterhielten die Unternehmen beispielsweise für die Durchführung von Transporten eigene Fuhrparks und errichteten und betrieben erforderliche Lager für Rohstoffe und Fertigerzeugnisse in Eigenregie. In der weiteren Entwicklung zeichnete sich jedoch ab, dass Unternehmen, welche begannen klassische Logistikaufgaben wie Transport, Umschlag und Lager an Logistikdienstleister auszulagern und sich gleichzeitig auf ihre Kernkompetenzen besannen, sich am Markt häufig erfolgreicher positionieren konnten als Unternehmen mit einem hohen Eigenleistungsanteil.

Diese Entwicklung fortsetzend ist die Marktsituation auch heute noch von einem Trend des Outsourcings von Logistikaufgaben gekennzeichnet. Einige Unternehmen gehen zudem verstärkt dazu über, immer umfangreichere Aufgaben auszulagern, wobei neben den klassischen, vornehmlich operativen Logistikaufgaben, heute vermehrt auch administrative und netzwerkübergreifende Aufgaben fremdvergeben werden. Dabei betrifft der ausgelagerte Aufgabenumfang nicht mehr nur außerbetriebliche Teilaufgaben, sondern integrative Gesamtpakete, die außer- und innerbetriebliche Logistikaufgaben beinhalten. Gerade die Automobilindustrie ist verstärkt bestrebt, immer umfassendere Aufgaben in ihren Logistikketten an Logistikdienstleister zu vergeben. Vereinzelt Unternehmen haben heute bereits ihre gesamte Beschaffungs- und Distributionslogistik an Logistikdienstleister ausgelagert. Die Produktionslogistik ist dagegen zwar auch Betrachtungsgegenstand für Auslagerungsüberlegungen, jedoch sind die Fremdleistungsanteile hier aufgrund der Nähe zu den Kernkompetenzen in der Produktion, obgleich steigend, weniger stark ausgeprägt [Bau02a].

B 9.1.2 Chancen und Risiken der Auslagerung logistischer Leistungen

Vor dem Hintergrund der skizzierten Entwicklungen leitet sich die wachsende Bedeutung von Logistikdienstleistungen für die Unternehmen unmittelbar aus dem gestiegenen Stellenwert der Logistik selbst ab. Im Bestreben sich in logistischer Hinsicht möglichst erfolgreich am Markt zu positionieren, verfolgen die Unternehmen mit der Auslagerung von Logistikaufgaben Ziele der Kostensenkung, der Konzentration auf eigene Kernkompetenzen und der Freisetzung von internen Ressourcen mit der Möglichkeit von Personalabbau. Weiterhin erhoffen sich die Unternehmen Leistungssteigerungen, Serviceverbesserungen und erhöhte Flexibilität durch die Nutzung externer Spezialkompetenzen bei gleichzeitiger Vermeidung eigener Investitionen [Bau96; Gud95]. Dabei sind es besonders Unternehmen, die einen existierenden Geschäftszweig erweitern oder einen neuen Markt erschließen wollen, für die sich der Einsatz von Logistikdienstleistern aufgrund der vermeidbaren Investitionen lohnt. Es sind aber nicht nur monetäre Größen, die für eine Vergabe logistischer Leistungen sprechen, sondern auch angestrebte Effekte, wie Reduzierung von Lieferzeiten und Verbesserung der Termintreue, die den Ausschlag für eine Vergabeentscheidung geben können.

Andererseits sind mit dem Outsourcing auch eine Reihe von Risiken und Befürchtungen auf Unternehmensseite verbunden, insbesondere wenn die Auslagerung umfangreicher Aufgabenpakete, wie die in Abschn. B 9.2 vorgestellten Verbund- und Systemdienstleistungen, angedacht wird. Zu den größten Nachteilen des Logistikoutsourcings gehören dann in erster Linie der befürchtete Verlust der eigenen Logistikkompetenz und die sich ergebende, starke Abhängigkeit vom Logistikdienstleister. Zudem muss ein Unternehmen, das sich für die Auslagerung entschieden hat, dem Dienstleister zunächst interne Informationen und Schwachstellen offenlegen und sich nachfolgend dem Geschick und der Qualität des Dienstleisters ausliefern. Stellt sich der Logistikdienstleister im Nachhinein als inkompetent oder nur gering interessiert heraus, hat der Auftraggeber darunter unmittelbar beträchtlich zu leiden. Ist der Dienstleister dagegen noch für weitere, unter Umständen konkurrierende Unternehmen tätig, besteht zudem immer die Gefahr des Missbrauchs der vertraulich übermittelten, internen Daten sowie der Kundendaten. Ebenso schlagen sich finanzielle Schwächen, mangelnde Investitionsbereitschaft oder nachlassendes Interesse des Dienstleisters negativ für den Auftraggeber nieder. Gleichzeitig sind Auftraggeber wie auch Logistikdienstleister häufig nicht in der Lage, eine ausreichende Kostentransparenz und -kontrolle zu gewährleisten und die Weitergabe von Kosteneinsparungen, die sich aus Rationalisierungen und Mengenwachstum beim Logistikdienstleister ergeben, ist nicht sichergestellt [Gud05]. Um die genannten Risiken und Nachteile im Vorfeld zu begrenzen, sind gerade für die Vergabe umfangreicher Logistikaufgaben die richtige Partnerwahl und die Vertragsgestaltung von größter Bedeutung.

B 9.2 Bedarfsspektrum der Unternehmen

Nähert man sich der Thematik der Logistikdienstleistungen, ist es aus Unternehmenssicht zunächst von größter Bedeutung, den eigenen Bedarf an logistischen Leistungen abzugrenzen. Werden nur Industrieunternehmen betrachtet, lassen sich die Logistikleistungen korrespondierend zu verschiedenen Unternehmensfunktionen in Beschaffungs-, Produktions-, Lager-, Distributions- und Entsorgungslogistikleistungen einteilen [Bau02a]. In dieser Einteilung wiederholen sich jedoch bei wechselndem Anwendungsbereich einzelne Basisleistungen. Zudem wird mit dieser Untergliederung zu stark auf Industrieunternehmen fokussiert, jedoch sollen an dieser Stelle auch Handelsunternehmen und weitere Branchen mit logistischen Aufgaben in die Betrachtung mit einbezogen werden. Daher ist es erforderlich, eine branchenunabhängige Sichtweise einzunehmen. [Gud05] schlägt hierzu ausgehend von Basisleistungen eine Spezifizierung des Logistikbedarfs in Einzelleistungen und davon fortschreitend unter Hinzunahme weiterer Teilleistungen in integrative Verbund- und Systemleistungen vor (Bild B 9.2-1). Die angesprochenen Leistungen werden im Folgenden erläutert.

B 9.2.1 Einzelleistungen

Wie Bild B 9.2-1 und Bild B 9.2-2 entnommen werden kann, stellen die Einzelleistungen operative und administrative Basisleistungen dar. Hierbei setzen sich die Einzelleistungen

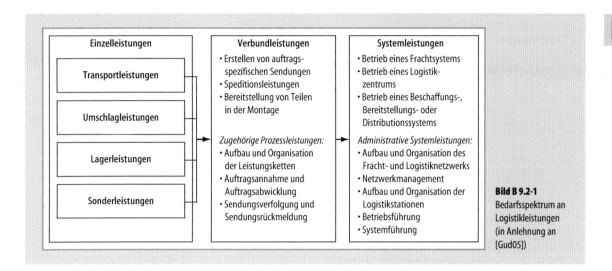

Bild B 9.2-1 Bedarfsspektrum an Logistikleistungen (in Anlehnung an [Gud05])

aus den klassischen Transport-, Umschlag- und Lagerleistungen und darüber hinaus gehenden, nichtlogistischen Sonderleistungen zusammen. Leistungen, die in Zusammenhang mit dem Transport, dem Umschlag oder dem Lagern erbracht werden, setzen sich wiederum jeweils aus operativen und zugehörigen administrativen Teilen zusammen, wobei dem Lagern weitere operative Zusatzleistungen hinzuzuzählen sind. Sonderleistungen stehen mit diesen Einzelleistungen in direktem Zusammenhang und werden auch als Mehrwertdienste oder „value added services" bezeichnet. Sie werden i. d. R. zeitlich parallel und am gleichen Standort ausgeführt [Gud05].

B 9.2.2 Verbundleistungen

Durch die Verknüpfung von Einzelleistungen und der in ihnen enthaltenen Teilleistungen können verschiedene Verbundleistungen generiert werden, die unter Einbeziehung von Prozessleistungen ganze Prozessketten widerspiegeln. Beispielsweise wird durch das Verbinden von Teilleistungen wie Einlagern, Auftragsbearbeitung, Auslagern, Kommissionieren, Verpacken und Versandbereitstellung eine auftragsspezifische Sendung erstellt. Das Verbinden von Teilleistungen wie Lagern, Kommissionieren, Beladen, Transport, Zwischenpuffern und Zuführung entspricht einer Verbundleistung zur Bereitstellung von Teilen in der Montage. Um jedoch Verbundleistungen erbringen zu können, müssen zusätzlich Prozessleistungen erbracht werden. Dazu gehören etwa der Aufbau und die Organisation von Leistungsketten, die Auftragsannahme und -abwicklung und die Sendungsverfolgung und -rückmeldung [Gud05].

B 9.2.3 Systemleistungen

Die Systemleistungen können ganz verschiedenartig gestaltet sein und reichen zum Teil weit über die Verbundleistungen hinaus. Beispielsweise zählt der Betrieb eines Logistikzentrums, in dem Lager-, Kommissionier- und Umschlagleistungen erbracht werden, zu den Systemleistungen. Weiterhin stellt der Betrieb eines Beschaffungs-, Bereitstellungs- oder Distributionssystems, das Transport-, Umschlag- und Lagerketten umfasst, eine Systemleistung dar. Die Voraussetzung zur Erbringung von Systemleistungen ist daher der Zugriff auf Logistikstationen und -netzwerke, aus denen heraus komplette Leistungsumfänge generiert werden können. Zusätzlich sind administrative Leistungen wie der Aufbau, die Organisation und die Führung einzelner Systemstationen und des gesamten Systems zu erbringen [Gud05]. Jedoch können auch rein administrative Tätigkeiten, wie das Supply Chain Management oder spezielle Informations- und Kommunikationsdienstleistungen, als Systemleistungen betrachtet werden.

Ausgehend von den Einzelleistungen nimmt der Outsourcinggrad mit der Auslagerung von Verbund- und Systemleistungen kontinuierlich zu, bis logistische Leistungen schließlich nahezu komplett fremdvergeben sind. Gleichzeitig steigt die Komplexität der erforderlichen Dienstleistungen, während der Standardisierungsgrad sinkt. Dies bedeutet aus Dienstleistersicht eine höhere Kostenintensität und die Notwendigkeit individueller Lösungskonzepte [Zim04]. Abschn. B 9.3 stellt im Folgenden verschiedene Logistikdienstleisterkonzepte und ihre Leistungsspektren vor.

```
Einzelleistungen

  Operative und administrative Transportleistungen
  • Innerbetriebliche Transporte
  • Ganz- und Teilladungstransporte
  • Sammel- und Verteilfahrten
  • Abholen und Zustellen
  • Linientransporte
  • Relationsfahrten
  • Tourenplanung und Fahrwegoptimierung
  • Einsatzdisposition von Fahrern und Transportmitteln
  • Transportverfolgung und Sendungsinformation

  Operative und administrative Umschlagleistungen
  • Be-, Um- und Verladen
  • Auflösen und Bilden von Ladeeinheiten
  • Sortieren
  • Pack- und Stauoptimierung
  • Disposition von Ladungsträgern und Transporthilfsmitteln
  • Aufbau und Führung eines Umschlagbetriebs

  Operative und administrative Lagerleistungen
  • Ein- und Auslagern, Puffern
  • Kommissionieren
  • Auftragszusammenführung
  • Aufbau und Führung des Lagerbetriebs
  • Lagerplatzverwaltung
  • Bestandsführung und Nachschubdisposition
  • Auftragsbearbeitung

  Operative Zusatzleistungen
  • Ent- und Beladen
  • Qualitätsprüfung
  • Verpacken und Etikettieren
  • Aufbau von Ladeeinheiten
  • Verdichten von Ladungen

  Sonderleistungen
  • Abfüllen
  • Konfektionieren
  • Displayherstellung
  • Verzollungen
  • Leergutdienste
  • Inkasso
  • Reparaturdienste
  • Montagearbeiten
```

Bild B 9.2-2 Beispielhafte Einzelleistungen (in Anlehnung an [Gud05])

B 9.3 Leistungsspektrum verschiedener Logistikdienstleisterkonzepte

Betrachtet man die am Markt agierenden Logistikdienstleister, lässt sich zu ihrer Unterscheidung zunächst ihre Spezialisierung auf ein konkretes Betätigungsfeld heranziehen. Hierbei ist eine Differenzierung bezüglich der Güter, der Ladeeinheiten/Frachtarten, der Branchen und bezüglich des Aktionsradius möglich (Tabelle B 9.3-1).

Durchgesetzt hat sich jedoch besonders die Differenzierung der verschiedenen Logistikdienstleister anhand ihres Leistungsspektrums. So nimmt [Bau02c] eine Einteilung der im Markt befindlichen Dienstleister in „Transporteur", „Spediteur", 3PL (third party logistics provider) und 4PL (fourth party logistics provider) vor. Zudem zählt er Logistik- und Strategie-Berater sowie Anbieter von Logistiksoftware zu den Logistikdienstleistern. Korrespondierend zu den in Abschn. B 9.2 spezifizierten Logistikleistungen wird hier jedoch zunächst eine Einteilung in Einzel-, Verbund- und Systemdienstleister vorgenommen und erst nachfolgend auf modernere Bezeichnungen und Konzepte wie 2PL, 3PL und 4PL eingegangen. Eine Übersicht zu den verschiedenen Konzepten, inhaltlichen Überschneidungen und Beispielen dazu gibt Bild B 9.3-1.

B 9.3.1 Einzeldienstleister

Einzeldienstleister sind dadurch gekennzeichnet, dass sie nur abgegrenzte Transport-, Umschlag- und Lagerleistungen ausführen. Es ist charakteristisch für sie, sich auf bestimmte Güter, Ladeeinheiten und Branchen zu spezialisieren und in einem begrenzten Aktionsradius zu agieren. Zur Erbringung ihrer Leistungen greifen sie auf eigene Transportmittel und Logistikbetriebe zu, was sie in Verbindung mit ihrem technischen Spezialwissen auf dem umkämpften Logistikdienstleistungsmarkt konkurrenzfähig macht. Dabei gehören auch Sonderdienstleister, die Aufgaben wie das Abfüllen, Verpacken, Konfektionieren oder Reparieren übernehmen, zu den Einzeldienstleistern [Gud05].

Je nach Spezialisierung und Know-how variieren die Vertragslaufzeiten zwischen Einzeldienstleistern und ihren Kunden stark. Während gering spezialisierte Einzeldienstleister häufig nur über eine kleine Anzahl häufig wechselnder Kunden verfügen, gehen hoch spezialisierte Dienstleister langfristige Vertragsvereinbarungen mit einem festen Kundenkreis ein. Häufig sind es auch Verbund- und Systemdienstleister, die auf Einzeldienstleister zugreifen und sich dieser als Subkontraktoren bedienen.

Innerhalb der Einzeldienstleister lassen sich besonders die transportierenden Unternehmen hervorheben, denn mit 44% der Aufwendungen ist der Transport der aufwandsstärkste Funktionsbereich der Logistik in Deutschland [Kla06]. Weiterhin sind in Deutschland ca. 42000 Unternehmen dem gewerblichen Güterverkehr zuzurechnen [Bau02c]. Dies begründet auch die von [Bau02c] verwendete Einteilung der Logistikdienstleister unter Her-

B 9.3 Leistungsspektrum verschiedener Logistikdienstleisterkonzepte

Tabelle B 9.3-1 Spezialisierung von Logistikdienstleistern (in Anlehnung an [Gud05])

Güter	Ladeeinheit/ Frachtart	Branche	Aktionsradius
Wertgut	Stückgut	Automobilbau	Lokal
Gefahrgut	Massengut	Chemie	Regional
Möbel	Briefe	Getränke	National
Schwerlasten	Pakete	Konsumgüter	International
Frischwaren	Paletten	Stahl	
Kühlwaren	Container	Bau	
Getränke	Personen	Grundstoffe	
Lebensmittel		Handel	
Gase			
Flüssigkeiten			
Baustoffe			
Abfallstoffe			
Druckerzeugnisse			
Werbemittel			
Tonträger			

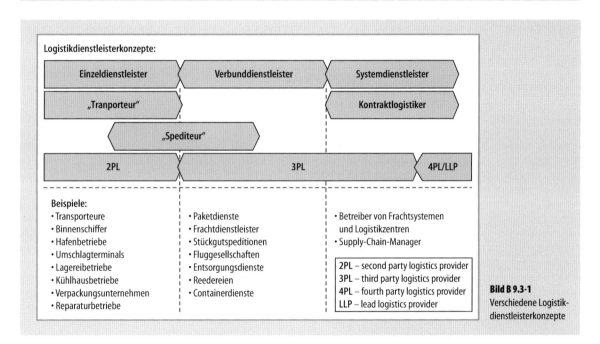

Bild B 9.3-1 Verschiedene Logistikdienstleisterkonzepte

vorhebung der Gruppen „Transporteur" und „Spediteur", die allerdings über Transportleistungen hinaus auch weitere Einzelleistungen wie Lager- und Umschlagleistungen erbringen. Hierbei reicht die Bezeichnung „Spediteur" inhaltlich bereits über die Einzeldienstleister hinaus und bis in die Verbunddienstleister hinein.

B 9.3.2 Verbunddienstleister

Verbunddienstleister verknüpfen zur Leistungserstellung mehrere Teilleistungen aus dem beschriebenen Umfang der Einzelleistungen. Dazu greifen sie neben eigenen Ressourcen auf Leistungen von Einzeldienstleistern zu und erzeugen dadurch ganze Logistiknetzwerke, mit denen sie ihren Kunden größere und aufeinander abgestimmte Gesamtleistungspakete anbieten können. In diesem Umfeld sind es neben ihrem fachspezifischen Know-how zunehmend auch Kompetenzen im Bereich der Organisation und der Informations- und Kommunikationstechnologien, mit denen sie Aufträge durchgängig abwickeln können. Ihr Kundenkreis ist dabei vergleichsweise groß, wenn auch häufig wechselnd, wobei sie unter Vertragslaufzeiten von bis zu einem Jahr schwerpunktmäßig national und international agieren [Gud05].

Besondere Wettbewerbsvorteile können Verbunddienstleister nur generieren, wenn sie in großem Maße Güterströme bündeln. Das Hauptziel ist daher die Auslastung ihrer multimodalen Netze, um trotz der geringen Gewinnmargen langfristig die Existenz sichern zu können. Jedoch ist es den Verbunddienstleistern aufgrund dieser Zielsetzung nicht möglich, ihr Leistungsspektrum ausschließlich auf individuelle Kundenwünsche abzustimmen. Maßgeschneiderte Kundenlösungen sind höchstens als Ergänzung zum übrigen Geschäft möglich. Klassisches Beispiel für einen Verbunddienstleister sind Paketdienste. Sie transportieren Pakete bis zu 31,5 kg und richten ihr Angebot nicht nach Einzelsendungen aus, sondern arbeiten in höchstem Maße mengenorientiert und mit einem hohen Systematisierungsgrad [Vah00].

B 9.3.3 Systemdienstleister

Systemdienstleister bieten ihren Kunden das größte Spektrum logistischer Leistungen. Besonderes Merkmal ist hierbei, dass ihr Leistungsangebot genau auf den spezifischen Bedarf eines oder weniger Großkunden zugeschnitten wird. Zur Leistungserbringung betreiben Systemdienstleister ganze Logistiknetzwerke, in denen sie eigene mit fremden Ressourcen verbinden, die sämtliche der bereits angesprochenen Einzel- und Verbundleistungen enthalten können. Dabei sind sie nicht nur der Betreiber eines solchen Systems, sondern in Zusammenarbeit mit ihren Kunden auch für die Entwicklung und die Realisierung des sich ergebenden Netzwerks verantwortlich.

Wie Verbunddienstleister auch, müssen Systemdienstleister in besonders großem Maße über Kompetenzen der Informationstechnologie und der Organisation verfügen, da aus den Einzelleistungen erst dann ein rationelles, zuverlässiges und qualitativ überlegenes System wird, wenn der Systemdienstleister die Teilleistungen dem Kundenbedarf entsprechend organisieren, integrieren und managen kann. Übergeordnetes Ziel muss dabei sein, dem Kunden ein Gesamtpaket zu liefern, das dieser selbst nicht besser und kostengünstiger durch die Kombination von äquivalenten Einzel- und Verbunddienstleistungen erstellen kann. Nur unter dieser Bedingung hat der Kunde einen wirtschaftlichen und qualitativen Anreiz, sich an einen Logistikdienstleister zu binden und ihm langfristig wettbewerbsrelevante Aufgaben anzuvertrauen. Der Systemdienstleister übernimmt hierbei bei Vertragslaufzeiten von 3 bis 10 Jahren die volle Leistungs-, Qualitäts- und Kostenverantwortung für das vereinbarte Leistungspaket [Gud05].

Um sich als Systemdienstleister erfolgreich durchsetzen zu können, gehört neben den genannten Eigenschaften, dass sich der Logistikdienstleister durch gute Marktkenntnis und Marktmacht auszeichnet, durch die er Einzelleistungen günstiger als seine Kunden beschaffen kann. Weiterhin gehören leistungsfähige Steuerungs-, Informations- und Kommunikationssysteme zu seinen spezifischen Merkmalen. Unter Anleitung eines kompetenten Managements muss er auf qualifizierte Mitarbeiter zurückgreifen können, durch deren Erfahrung und Spezialisierung bei gleichzeitig vergleichsweise geringen Lohn- und Gehaltstarifen er seine Ressourcen besonders effizient einsetzen kann.

Aufgrund der langen Vertragslaufzeiten der Systemdienstleistungen bezeichnet man dieses Geschäftsfeld auch als Kontraktlogistik, obgleich Definitionen für diesen Begriff auseinander gehen [Zim04]. Grundsätzlich lassen sich drei Kriterien zur Definition heranziehen: der Umfang der übernommenen, integrierten und individuellen Leistungen, ein begleitender Vertrag zwischen Auftraggeber und Dienstleister mit einer festgeschriebenen Laufzeit und das resultierende Geschäftsvolumen, wobei die Ausprägungen der einzelnen Merkmale variieren. In [Kla06] werden bereits Vertragslaufzeiten von mindestens einem Jahr und jährliche Umsatzvolumen von mehr als 1 Mio. Euro als Kontraktlogistik bezeichnet.

Vergleicht man Einzel-, Verbund- und Systemdienstleister, fällt auf, dass je höher Integrationsgrad und Individualität der Leistungserbringung sind, die Dienstleister umso weniger eigene Anlagegüter, wie Fuhrpark oder Lagergebäude, besitzen, gleichzeitig jedoch die Bedeutung von Informations- und Kommunikationstechnologien kontinuierlich steigt. Zudem nimmt der Anteil der Mehrwertdienste mit der Übernahme umfassender Leistungspakete zu. So vergibt beispielsweise die Automobilindustrie Aufgaben zur technischen Modifikation, die sich aufgrund von speziellen Ländervorschriften oder spezifischen Kundenwünschen an den Fahrzeugen ergibt, an Logistikdienstleister. Denn während sich diese Tätigkeiten nur unter vergleichsweise großem finanziellen und zeitlichen Aufwand in die eigenen Montageprozesse integrieren lassen, kann sie der Logistikdienstleister in von ihm eigens dafür betriebenen Bearbeitungszentren vornehmen. Dadurch kann er neben den Transport-, Umschlag- und Lagerleistungen in Bezug auf die Fahrzeuge auch die Montage von Klimaanlagen, Schiebedächern, Navigationsgeräten, Ledersitzen, Freisprecheinrichtungen oder auch Umrüstungen, die sich aus Zulassungsbestimmungen des Ziellandes ergeben, ausführen [Har07; BLG07]. In der Luftfahrtindustrie bestehen zudem teilweise lebenszyklusbegleitende Dienstleistungen. So übernimmt ein und derselbe Dienstleister die Teileversorgung der Produktion, der Montage und für spätere, geplante oder ungeplante Wartungen und Umbauten eines Flugzeugs. Darüber hinaus deckt der Dienstleister übergreifend auch Aufgaben der Inflight Services, wozu die Versorgung der Caterer und Airlines an den Flughäfen zählt, ab. Hierbei bestehen in der Luftfahrtindustrie generell erhöhte Anforderungen hinsichtlich spezieller Größe und Vielfalt von Flugzeugteilen und bezüglich der Sicherheitsauflagen [Küh07; Stu07].

Abschließend ist anzumerken, dass insbesondere große Logistikdienstleister nicht nur einer der vorgestellten Gruppe von Einzel-, Verbund- oder Systemdienstleister zuzuordnen sind, sondern, im Bestreben ihre Kapazitäten möglichst gut auszulasten, verschiedenste Leistungen erbringen und damit gleichzeitig mehreren Konzepten entsprechen. Dadurch ist es gerade großen Unternehmen möglich, Ressourcen mehrfach zu nutzen, Bündelungseffekte und Synergien zu erzielen und insgesamt kostengünstiger agieren zu können [Gud05].

B 9.3.4 4PL

Neben den vorgestellten Bezeichnungen Einzel-, Verbund- und Systemdienstleister sind eine Reihe weiterer Begriffe von Logistikdienstleistern entstanden, die vornehmlich von Beratungsfirmen geprägt wurden und aus dem angloamerikanischen Sprachraum stammen. Insbesondere der 4PL stellt in diesem Zusammenhang ein neues Konzept dar, das im Folgenden erläutert wird.

B 9.3.4.1 Definition und Konzept

Die Bezeichnung 4PL lässt sich als Weiterführung der Bezeichnungen 1PL, 2PL und 3PL betrachten. 1PL und 2PL sind jedoch ungebräuchliche Benennungen und in der Literatur kaum zu finden. Die Abkürzung PL steht jeweils für „party logistics provider", mithin bezeichnet der 1PL den „first party logistics provider" und bezieht sich auf ein Unternehmen, das seine Logistikaufgaben ausschließlich selbst erbringt. Bei einem 2PL handelt es sich um einen Logistikdienstleister, der einfache logistische Leistungen wie Transport, Lager oder Umschlag übernimmt, jedoch ohne dabei übergreifende oder integrative Pakete anzubieten. Er ist daher mit einem Einzeldienstleister zu vergleichen (Bild B 9.3-1).

Der 3PL hingegen ist ein Logistikdienstleister, der integrierte Transport-, Lager- und Umschlagleistungen unter Zuhilfenahme eigener Logistikressourcen und erforderlicher IT-Systeme anbietet. Dazu bildet er ein eigenes Netzwerk, mit dem er für seine Auftraggeber durchgängige Verbund- und Systemdienstleistungen erbringen kann. Zu seinen Leistungen gehören daher auch höherwertige Logistikleistungen, wie das Distributions- und Beschaffungslogistikmanagement, die Logistikplanung oder der Betrieb eines auf Logistik zugeschnittenen Informations- und Kommunikationssystems [Eis02]. Damit agiert er sowohl als Verbund- als auch als Systemdienstleister, weshalb er häufig mit der Kontraktlogistik assoziiert wird [Bau02c].

Die Rahmenbedingungen für das Konzept des 4PLs wurden durch die gegenseitige Überlagerung und Verstärkung allgemeiner Entwicklungen auf dem Logistikmarkt geschaffen. So lässt sich die Entwicklung des 4PL-Konzepts als konsequente Weiterentwicklung des Outsourcing- und des Supply Chain Management-Gedankens betrachten. Denn gerade vor dem Hintergrund des Outsourcings und dem Ziel, unter Nutzung der Informations- und Kommunikationssysteme unternehmensübergreifend die Effizienz zu steigern, stellt die Einbeziehung einer vierten Partei einen möglichen Ansatz dar [Eis02].

Die Definitionen für den 4PL sind recht uneinheitlich [Del02]. Grundsätzlich handelt es sich jedoch um einen Logistikdienstleister, der seine eigenen, meist nur administrativen Ressourcen, mit den Logistikressourcen von Subkontraktoren verknüpft und damit für seine Kunden umfassende Supply-Chain-Lösungen anbietet, die von ihm konzipiert, realisiert und gemanagt werden. Dem 4PL obliegen also im Besonderen die Koordination der Waren und Informationsflüsse, die Integration von Schnittstellen zwischen den beteiligten Unternehmen und die Planung und Bereitstellung der logistikrelevanten Ressourcen, was auch die Synchronisation von Kapazitäten innerhalb der Supply Chain mit einschließt [Eis02]. Der 4PL übernimmt auf diese Weise die Verantwortung für die logistischen Strukturen und Prozesse vom Einkauf der Rohmaterialien über die Produktion bis zur Distribution der Enderzeugnisse.

Im Gegensatz zu den bisher genannten Logistikdienstleistern, wählt der 4PL besonders geeignete, sog. „Best-of-class"-Subkontraktoren aus, und kann auf diese Weise besonders qualifizierte Logistiknetzwerke entwickeln. Aus dieser Fokussierung auf das Logistikmanagement stammt auch die Forderung, dass der 4PL über keine eigenen direkten Logistikressourcen verfügen, sondern diese allein durch Subkontraktoren beziehen sollte [Eis02]. Durch die sen Verzicht auf eigene physische Logistikressourcen soll die Neutralität bei der Auswahl externer Dienstleister gewahrt werden. Möglichst keinerlei eigene „Assets" zu haben ist daher auch einer der Hauptunterscheidungsmerkmale des 4PLs zum 3PL, da letzterer immer auch eigene Logistikressourcen einbringt. Außerdem deckt der 3PL nur den Abschnitt einer Logistikkette ab, während der 4PL das Management der umfassenden Supply Chain übernimmt.

B 9.3.4.2 4PL-Anwärter

Angesichts der umfassenden Anforderungen an den 4PL gibt es nur wenig mögliche „Kandidaten", welche die Rolle eines 4PLs übernehmen könnten. Dabei sind generell Logistikdienstleister aber auch Beratungsunternehmen, IT-Dienstleister oder produzierende Unternehmen aus der Logistikkette als 4PL denkbar.

Ein Beratungs- oder IT-Dienstleistungsunternehmen weist keine eigenen Logistikressourcen auf und erfüllt damit die angesprochene Forderung nach Neutralität. Ebenso sind bei beiden i. d. R. spezielle Kompetenzen bezüglich der Analyse und Gestaltung von Prozessketten zu erwarten. Beratungsunternehmen können besonders die strategische Ausrichtung der Supply Chain sicherstellen, während IT-Dienstleister für die Gestaltung des Informations- und Kommunikationssystems besonders geeignet erscheinen. Allerdings fehlt beiden Dienstleistern trotz ihres strategischen Schwerpunkts häufig das für die operative Umsetzung der logistischen Prozesse erforderliche Know-how [Eis02]. Daher erscheint es unrealistisch, das für den Markterfolg aller beteiligten Unternehmen entscheidende Supply Chain Management an ein externes Beratungsunternehmen auszulagern, das für die unmittelbaren logistischen Aufgaben kaum Kompetenzen vorweisen kann.

Die naheliegendste Lösung für die Besetzung eines 4PLs ist die Weiterentwicklung eines Logistikdienstleisters, der bereits als Systemdienstleister tätig ist, da bei ihm sowohl strategische als auch operative Erfahrungen im Erbringen von Logistikdienstleistungen angenommen werden können. Eventuelle Schwächen bei konzeptionellen Aufgabestellungen oder bei Fragen hinsichtlich der Informationstechnologie lassen sich zudem durch die Zusammenarbeit mit entsprechenden Beratungs- oder IT-Häusern ausgleichen. Größtes Defizit ist jedoch, dass der Systemdienstleister aufgrund seiner eigenen Logistikressourcen nicht die für den 4PL erforderliche Neutralität aufweisen könnte [Eis02]. Dennoch ist denkbar, dass der 3PL seine eigenen „Assets" zugunsten fremdbezogener Leistungen reduzieren und sich so schrittweise dem 4PL-Konzept annähern könnte. Offen bleibt jedoch, ob große Industrie- und Handelsunternehmen vor diesem Hintergrund noch geneigt sind, das Supply Chain Management an einen externen Dienstleister abzugeben.

Daher kann man sich schließlich auch das produzierende Unternehmen selbst in der Rolle eines 4PLs vorstellen. Ähnlich wie in der Automobilindustrie, die für das Anregen neuer Lösungen in der Beschaffungs- und Distributionslogistik bekannt ist, lassen sich auch in anderen Branchen Abteilungen, die eine zentrale Funktion innerhalb der Wertschöpfungskette einnehmen, zu einer übergreifenden Koordinationsinstitution entwickeln. So ist jeweils die Logistikabteilung des dominierenden Unternehmens in der Supply Chain besonders geeignet, eine Rolle als 4PL auszufüllen. Zudem sind es gerade die großen Unternehmen, die aufgrund der Zuliefer- und Marktstruktur über die erforderliche Durchsetzungsmacht gegenüber den Partnern verfügen. Allerdings besteht bei dieser Konstellation der Einwand, dass der 4PL in verstärktem Maße darauf bedacht sein könnte, seine eigene Position zu stärken, anstatt ein Gesamtoptimum des Logistiknetzwerks zu verfolgen.

B 9.3.4.3 Kritische Würdigung

Das Konzept des 4PLs wird nach der ersten Euphorie der späten 90er Jahre in der Literatur durchaus kritisch gesehen, ist aber nicht zuletzt in der Anbieterbranche noch eine häufig verwendete Bezeichnung. So greifen gerade Logistikdienstleister gerne auf diesen Begriff zurück und bezeichnen sich als hochkompetente Anbieter logistischer Leistungen, obwohl sie nur über geringe spezifische Logistikkompetenz verfügen [Gud05]. Jedoch glauben nur wenige Fachleute an die Zukunft von eigenständigen 4PL-Anbietern [Zin02], auch haben Untersuchungen in der Praxis gezeigt, dass sich das Konzept in seiner reinen Form bisher nicht durchsetzen konnte [Sch05a].

Kritik an dem Konzept wird auf grundsätzlicher wie auch auf praktischer Ebene vorgebracht. So ist es gerade die bereits angesprochene Frage nach der Führungsrolle und -verantwortung innerhalb der Supply Chain, die kontrovers diskutiert wird. Denn während bei bisherigen unternehmensübergreifenden Managementansätzen meistens das besonders gewichtige Unternehmen die Supply Chain entsprechend der eigenen Optimierungsansprüche gestaltete, soll im Rahmen des neuen Konzepts diese Aufgabe mit dem Ziel eines Gesamtoptimums dem 4PL zufallen. Vor diesem Hintergrund wird es sich jedoch für ein externes Unternehmen ohne eigene Logistikressourcen schwierig gestalten, sich bei gestalterischen Entscheidungen in Bezug auf die Wertschöpfungskette durchzusetzen [Eis02]. Weiterhin ist innerhalb einer Realisierung zu klären, inwieweit durch die unternehmensübergreifende Optimierung erzielte geldwerte Vorteile auf die verschiedenen Unternehmen verteilt werden, und andererseits, wer bei Störungen für die entstandenen Verluste haftet. Dieser Sachverhalt wird besonders dadurch verschärft, dass von einer Gesamtoptimierung der Wertschöpfungskette aus Sicht des Kunden nicht alle Partner gleichermaßen profitieren, sondern einzelne Unternehmen auch Einbußen hinnehmen müssen. Daher besteht hier der Bedarf, zunächst ein Ausgleichsverfahren zu entwickeln, das es allen Unternehmen in der Supply Chain erlaubt, gewinnbringend zu agieren und sich im Sinne des Gesamtoptimums zu verhalten [Eis02]. Ebenso ist in diesem Rahmen zu klären, inwieweit der 4PL an den Gewinnen oder Verlusten der Supply Chain beteiligt werden kann oder sollte.

Weiterhin wird kritisiert, dass 4PL Unternehmen in einem von Vertrauen geprägten Geschäft aus Kundensicht nicht das notwendige Know-how und Verständnis für Logistikprozesse mitbringen, um sich gegenüber bestehenden und etablierten Systemdienstleistern durchzusetzen. Vor diesem Hintergrund bleibt es auch fraglich, ob ein als 4PL agierendes Unternehmen langfristig Zugang zu fremden Frachtnetzen und Logistikressourcen haben wird [Zin02]. Außerdem bleibt offen, ob ein derartiges Konzept in die von Störgrößen und Fluktuationen gekennzeichnete Praxis überhaupt implementierbar ist und ob eine über mehrere Stufen einer integrierten Supply Chain durchgeführte Produktionsplanung und -steuerung praktisch umsetzbar ist.

Im Fazit lässt sich das 4PL Konzept insgesamt als innovativ und visionär einschätzen. Es bleiben allerdings die angesprochenen, grundsätzlich zu klärenden Fragen, bevor das Konzept weiterverfolgt werden kann. Wohl auch deswegen werden Konzepte wie die des 4PLs zum Teil als Modebezeichnungen abgetan, die inhaltlich keine neuen Impulse geben.

Der Vollständigkeit halber sei noch erwähnt, dass der 4PL teilweise auch als LLP, wobei diese Abkürzung für „lead logistics provider" steht, bezeichnet wird [Rin00]. Dadurch wird unterstrichen, dass es sich bei ihm um eine übergeordnete und führende Institution handelt, welche die Planung, Steuerung und Kontrolle der Supply Chain übernimmt. Teilweise wird diese Bezeichnung jedoch inhaltlich auch mit einem stärkeren Fokus auf die Schaffung von Schnittstellen zwischen Auftraggeber und Logistikdienstleistern assoziiert [Zim04; Kla03].

B 9.3.4.4 Synchronisationsansatz

Zu den Hauptaufgaben eines 4PLs gehört nach der Gestaltung des Logistiknetzwerks dessen unternehmensübergreifende Produktionsplanung und -steuerung. Diese Tätigkeit wird jedoch durch dynamische Effekte und die ständig steigende Komplexität der Netzwerke enorm erschwert. Ein vielversprechender Ansatz diesem Problem zu begegnen, ist die Ausnutzung von Synchronisationsphänomenen in solchen dynamischen Systemen [Sch05b]. Ziel dabei ist, die Produktion der am Netzwerk beteiligten Unternehmen nach technisch-physikalischen Gesichtspunkten zu synchronisieren, wodurch das Gesamtnetzwerk effizienter und produktiver werden soll [Sch06a].

Ausgangspunkt des Synchronisationsansatzes ist die Betrachtung des Produktions- und Logistiknetzwerks, das sich aufgrund der Konzentration der Unternehmen auf ihre Kernkompetenzen und des Outsourcingtrends ergibt, aus Sicht der Systemtheorie. In dieser Betrachtung können die miteinander kooperierenden Unternehmen als untereinander gekoppelte Knoten und die Schwankungen ihrer Bestände als Oszillationen aufgefasst werden. In der Modellierungsebene lässt sich das reale Netzwerk daher als System gekoppelter Oszillatoren abbilden, wobei sich die Kopplung zweier benachbarter Knoten als Konsequenz des Material- und Informationsflusses ergibt [Sch05b]. Zwischen zwei nicht unmittelbar benachbarten Knoten liegt dagegen keine Verknüpfung über den Materialfluss, sondern nur über einen, durch dazwischen liegende Knoten durchgeleiteten, Informationsfluss vor.

Auf dieser Grundlage lassen sich komplexe Netzwerktopologien darstellen, für die unter anderem ein komplexes, nichtlineares dynamisches Verhalten festgestellt werden kann [Sch06a]. Ein gewünschtes Phänomen vor diesem Hintergrund ist die Synchronisation nach technisch-physikalischen Gesichtspunkten, die, auf Produktions- und Logistiknetzwerke übertragen, bedeutet, dass die Bestandsverläufe der beteiligten Unternehmen unter bestimmten Bedingungen mathematisch beschreibbare Abhängigkeiten aufweisen. Innerhalb der Logistik werden unter Synchronisation jedoch zunächst hauptsächlich der Austausch von Informationen und daran angemessene Reaktionen verstanden. Das heißt, mit dem Erreichen eines verbesserten Informationsaustauschs ist bereits ein erster Schritt in Richtung Synchronisation von Netzwerken getan. Der dazu notwendige Informationsfluss ist durch die heute zur Verfügung stehenden Informationstechnologien schon realisierbar. Während allerdings der Informationsaustausch zwischen zwei benachbarten Knoten praktisch ohne Zeitverzögerung erreicht werden kann, liegen aufgrund der Durchleitung von Informationen zwischen zwei nicht direkt benachbarten Knoten zeitliche Verzögerungen vor. Hinzu kommen Verzerrungen der Daten, die sich beispielsweise aufgrund der Zusammenfassung von Bestellungen von einem Unternehmen zum nächsten ergeben, welche die Informationstransparenz zusätzlich negativ beeinträchtigen.

Ein aussichtsreicher Ansatz, diesem Problem zu begegnen, ist die Einrichtung eines unabhängigen, synchronisierenden Elements, das Informationen unverfälscht weiterleiten und auch steuernd in die gegenseitige Abstimmung eingreifen kann (Bild B 9.3-2). Dadurch würde die direkte Kopplung der Knoten aufgehoben und durch eine indirekte Kopplung ersetzt. Zu Steuerungszwecken könnte man sich zudem auf bereits bestehende, technisch-physikalische Synchronisationstheorien stützen, mit denen sich das System beschreiben und schließlich beherrschbar machen ließe. Als ausführende Instanz der übergreifenden Planung und Steuerung ist eine Institution wie die des 4PLs denkbar. Unter Verwendung und Ausnutzung des Wissens und der Methoden um die Synchronisation kann der 4PL die Produktion und Bestellungen der in der Supply Chain beteiligten Unternehmen steuern und dadurch neben der Vermeidung des Bullwhip-Effekts eine insgesamt verbesserte und effizientere Performanz des Logistiknetzwerks einstellen.

Allerdings ist für die Anwendung der Synchronisationstheorie ein tiefgreifendes Verständnis der Netzwerkdynamik erforderlich, die für ihre vollständige Erfassung mathematisch abgebildet werden müsste. Da jedoch hierzu zahlreiche Differentialgleichungen und die Kenntnis über alle Parameter und Variablen erforderlich sind, scheint eine akkurate Abbildung nahezu aussichtslos. Trotz dieser Einwände ist es dem 4PL jedoch möglich, sich mit dem zur Verfügung stehenden Wissen einem lokal stabilen Zustand des Netzwerks anzunähern und mit den aktuellen Informationen eine kontinuierliche Reaktion und Adaption zu erzielen. Um diese Einflussnahme noch besser auf die Erfordernisse der Praxis abzustimmen, sind entsprechende Synchronisationsphänomene Gegenstand der Forschung [Sch06a].

B 9.4 Spezielle Aspekte innerhalb der Logistikdienstleistung

Mit dem Wissensmanagement und den Informations- und Kommunikationstechnologien werden im Folgenden zwei Aspekte vorgestellt, die im Rahmen der Auslagerung von Logistikleistungen besondere Bedeutung erlangt haben.

B 9.4.1 Wissensmanagement

B 9.4.1.1 Konzept und Stellenwert

Wissen hat sich in den letzten Jahren zu einem Schlüsselfaktor für die Wettbewerbsfähigkeit einzelner Unternehmen wie auch für Logistiknetzwerke entwickelt [Jän04; Al-L03]. Wissen kann dabei verstanden werden als die Gesamtheit der Kenntnisse und Fähigkeiten, die Individuen zur Problemlösung einsetzen [Bau02b]. Ziel des Wissensmanagements ist es, dieses Wissen zunächst verfügbar zu machen und dann den Wissensaustausch zwischen einzelnen Mitarbeitern eines Unternehmens wie auch zwischen ganzen Unternehmen zu fördern [Bau03a]. Häufig führt gerade dieser Austausch von ehemals dezentral vorhandenen Kenntnissen zur Generierung neuen Wissens, das die Erschließung neuer Erfolgspotenziale für ein Logistiknetzwerk ermöglicht.

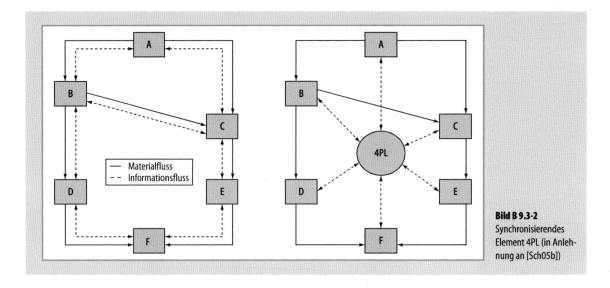

Bild B 9.3-2
Synchronisierendes Element 4PL (in Anlehnung an [Sch05b])

Die Fremdvergabe von Unternehmensleistungen sollte daher möglichst immer auch von einem Wissensaustausch zwischen allen beteiligten Unternehmen der sich ergebenden Wertschöpfungskette begleitet werden. Damit ist gerade die Umsetzung wertschöpfungskettenübergreifender Logistiklösungen in den vergangenen Jahren ein Treiber für den erhöhten Bedarf an unternehmensübergreifenden Wissensmanagementkonzepten gewesen. Das Wissensmanagement bündelt hierbei durch einen intensiven und regelmäßigen Wissensaustausch vorhandenes Erfahrungs- und Expertenwissen, vermeidet Redundanzen und fördert die Entwicklung fundierter, ganzheitlicher Problemlösungen innerhalb des Logistiknetzwerks [Bau02b]. Die Qualität der entwickelten Lösungen hängt hierbei direkt von der Qualität des verfügbaren Wissens ab, weshalb besonders der Austausch von Fach- und Methodenwissen im Mittelpunkt des Wissensmanagements stehen sollte.

B 9.4.1.2 Umsetzung

Ein erster Schritt zur Umsetzung eines nutzbringenden Wissensmanagements ist die Ermittlung, Aufbereitung und Sicherung unternehmensinternen Wissens. In erster Linie soll dadurch das verteilte Know-how einzelner Abteilungen oder Geschäftsbereiche anderen Unternehmenseinheiten verfügbar gemacht werden. Während sich dies bei kleineren Unternehmen theoretisch noch vergleichsweise einfach bewerkstelligen lässt, steigt der Umsetzungsaufwand mit der Größe eines Unternehmens an, insbesondere, wenn es aus weltweit verteilten Niederlassungen besteht. Dennoch kann gerade hier ein standortübergreifendes Wissensmanagement für eine größere Wissenstransparenz sorgen und dadurch beispielsweise das Erreichen einheitlich hoher Unternehmensstandards begünstigen.

In nächster Instanz rückt der unternehmensübergreifende Erfahrungs- und Wissensaustausch in den Vordergrund, denn gerade innerhalb der Supply Chain kann der nutzbringende Austausch von Wissen zum zentralen Erfolgsfaktor werden. Das Wissensmanagement beschränkt sich dann nicht mehr nur auf die Identifikation und Erschließung interner Wissensquellen, sondern ermöglicht durch den Erfahrungsaustausch der Wertschöpfungspartner gegenseitiges Lernen und erschließt damit neue, nicht zu unterschätzende Verbesserungspotenziale [Zad02]. Der Wissensaustausch liegt dabei im Interesse aller beteiligten Wertschöpfungspartner, denn zukünftig werden es nicht mehr nur einzelne Unternehmen, sondern gesamte Unternehmensnetzwerke sein, die langfristig miteinander konkurrieren und daher von dem übergreifenden Wissensaustausch profitieren werden. Vor diesem Hintergrund gilt es neben IT- und Logistikdienstleistern auch Lieferanten und Kunden in das übergreifende Wissensmanagement einzubinden.

Um ein effizientes, unternehmensinternes Wissensmanagement umzusetzen, müssen Organisation und Mitarbeiterführung neu ausgerichtet und die vorhandenen Informations- und Kommunikationstechnologien zwecks einer durchgängigen Unterstützung umgestaltet werden. Die Organisation ist mit der Definition neuer Strukturen und Prozesse so zu gestalten, dass sie die langfristige Implementierung des Wissensmanagements gestattet. Gleichzeitig müssen innerhalb der Mitarbeiterführung die Unternehmensangehörigen für die neue Unternehmensphilosophie sensibilisiert und zum Wissensaustausch angeregt werden. Dazu gehört auch die Einbindung von Führungspersonen auf oberster Hierarchieebene und deren Ausstattung mit den notwendigen Kompetenzen und Budgets. Besonders vorteilhaft ist hierbei der Einsatz von Wissensmanagern mit einer angemessenen Stellung in der Hierarchie, die den Stellenwert des Wissensmanagements für das Unternehmen unterstreicht und in der Person des Wissensmanagers organisatorisch verankert. Zudem kann eine solche Person sich ausnahmslos mit der systematischen Gestaltung der Prozessstrukturen befassen und intern wie auch extern als Ansprechpartner fungieren. Mit den Informations- und Kommunikationstechnologien ist die technische Infrastruktur bereitzustellen, die für das systematische Erfassen, Teilen, Bewahren und die Pflege des Wissens erforderlich ist. Hierbei kommen Wissensmanagementsysteme zum Einsatz, die diese Funktionen in einer Plattform integrieren. Dabei scheint eine an den unternehmerischen Prozessen orientierte Strukturierung des Wissens als besonders vorteilhaft, da dies den kontextspezifischen Zugriff fördert [Bau02b]. Darüber hinaus ist jedoch auch eine Wissensstrukturierung nach funktionalen und semantischen Zusammenhängen möglich [Zad02].

Da das Wissen nicht vollständig vom Wissensträger entkoppelt werden kann, ist ein regelmäßiger, unternehmensübergreifender Wissensaustausch zwischen allen Wertschöpfungspartnern von größter Bedeutung. Hierbei ist neben dem Austausch mittels technischer Infrastruktur die persönliche Kommunikation für den Wissenstransfer unerlässlich. Dazu sind informelle Netzwerke, deren Entstehung durch regelmäßige Teilnahme an unternehmensübergreifenden Projekten gefördert wird, von hohem Stellenwert.

Parallel zu den genannten Vorgängen kann ein prozessbegleitendes Controlling die zieladäquate Ausrichtung des Wissensmanagements unterstützen und kontrollieren. Dabei schlägt sich die erfolgsorientierte Anwendung von Wissen in erhöhten Kompetenzen aller Beteiligten nieder. Durch den erfolgreichen Einsatz dieser Kompetenzen wird der effektive Einsatz des Produktionsfaktors Wissen in Form von erbrachten Prozessleistungen messbar, womit auch die Erfolgsbewertung und -steuerung aus Managementsicht ermöglicht wird [Bau02b].

B 9.4.1.3 Umsetzungsprobleme

Obgleich die Unternehmen den Stellenwert des Wissensmanagements erkannt und die Umsetzung vielfach initiiert haben [Bau02b], treten sowohl unternehmensintern als auch -extern Realisierungsprobleme auf. Dazu gehört beispielsweise das Bestreben einzelner Mitarbeiter aufgrund von erwarteten Macht- und Statusverlusten, ihre persönlichen Wissensbestände nicht mitteilen, sondern für sich selbst sichern zu wollen. Ebenso wird der Wissensaustausch dadurch gehemmt, dass auf höherer Ebene befürchtet wird, es könnte unternehmensübergreifend zu Interessenkonflikten oder zu einer Wissensabwanderung und damit zu einem Verlust von Kernkompetenzen des eigenen Unternehmens kommen. Weiterhin ist es die Sorge, mit dem Wissensmanagement zusätzliche Arbeitsbelastungen hinnehmen zu müssen, die für eine ablehnende Haltung der Mitarbeiter gegenüber dem Wissensmanagement sorgt. Andererseits stehen Mitarbeiter externem Wissen, das sozusagen von außen aufoktroyiert wird, skeptisch gegenüber, da es nicht innerhalb der eigenen Organisation generiert wurde.

Zudem sind es Probleme der Informations- und Kommunikationstechnologien, die eine Umsetzung hemmen. So ist es schwierig, eine Referenzarchitektur für Wissensmanagementsysteme zu entwickeln und zu übertragen, da die Anforderungen der verschiedenen Unternehmen zu heterogen sind, um sie in einer einheitlich definierbaren technischen Infrastruktur abbilden zu können. Ebenso sind wirklich integrierte Wissensmanagementsysteme derzeit nur sehr aufwändig und unter hohen Kosten umzusetzen. Hierbei ist weniger die technische Realisierbarkeit größter Hinderungsgrund, als die historisch gewachsenen, heterogenen IT-Infrastrukturen [Kra02]. In der Praxis setzen sich daher häufig neben bilateral geprägten Informationswegen wie E-Mail, Telefon und Papier zunächst multilaterale Lösungen wie zentrale Datenbanken, Intranet und Kommunikationsforen für den unternehmensinternen und -externen Wissensaustausch durch [Bau02b]. Bild B 9.4-1 gibt einen Überblick über einige der wichtigsten Instrumente des Wissensmanagements in der Praxis.

Unternehmensübergreifend sind es Faktoren wie die Geheimhaltungspflicht, der Schutz geistigen Eigentums oder das mangelnde, gegenseitige Vertrauen der Wertschöpfungspartner, welche die Einführung eines Wissensmanagements erschweren. Insbesondere die Vertrauens-

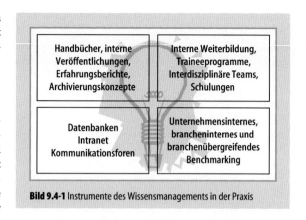

Bild 9.4-1 Instrumente des Wissensmanagements in der Praxis

basis ist zu externen Partnern weniger stark ausgeprägt als die zu Mitgliedern der eigenen Organisation, da es hier nicht zu einem intern gewährten Vertrauensvorschuss kommt [Eis02]. Daher sind es in der Praxis häufig langfristige Vereinbarungen und strategische Allianzen, die den Rahmen und die Intensität des externen Wissensaustauschs fördern sollen. Intern lässt sich den angesprochenen Faktoren aber in erster Linie nur dadurch nachhaltig entgegenwirken, dass zunächst die erforderliche Unternehmenskultur und die Vertrauensbasis geschaffen werden, die für ein Umfeld der Wissensteilung und -generierung unerlässlich sind. Dazu muss die neue Philosophie von allen Beteiligten, insbesondere durch das Top-Management, aufgrund seiner Vorbildfunktion, durchgängig gelebt werden [Bau02b]. Nur wenn alle Mitwirkenden das Wissensmanagement als eine Chance und einen Gewinn für die eigene Tätigkeit wahrnehmen, kann es langfristig und nutzbringend etabliert werden.

B 9.4.2 Ausgewählte Informations- und Kommunikationstechnologien und ihre Anwendung

Der Einsatz moderner Informations- und Kommunikationstechnologien ist heute eine der wichtigsten Grundlagen effizienter Logistikprozesse. Die Leistungsfähigkeit entsprechender Technologien und Systeme hat sich hierbei in den letzten Jahren kontinuierlich erhöht, womit auch ihre Bedeutung für logistische Aufgaben stetig zugenommen hat. Während früher häufig die funktionsorientierte Optimierung von Einzelbereichen im Vordergrund stand, ist es heute die umfassende Gestaltung von prozessorientierten Logistiksystemen, die in den Mittelpunkt der Betrachtung gerückt ist. Dabei ist gerade die Umsetzung unternehmensübergreifender Planungs- und Steuerungssysteme im Rahmen des Supply Chain Managements unter Hinzuziehung zahlreicher Logistikdienstleister ohne leistungsfähige Informations- und Kommunikationssysteme nicht mehr denkbar. Vor diesem Hintergrund werden Informations- und Kommunikationssysteme zu einem der wichtigsten Erfolgsfaktoren, um in Zukunft innovative Logistiklösungen erfolgreich im Markt umsetzen und etablieren zu können [Sch04; Eis02; Sch98].

Die Ressourcen der Informations- und Kommunikationstechnologie sind Hard- und Software im weitesten Sinne, das heißt Kapazitäten (Speicher-, Verarbeitungs- und Übertragungskapazitäten), Rechenzeit (Verarbeitungsgeschwindigkeiten, Echtzeitanforderungen), Softwarewerkzeuge, Kommunikationskanäle, Übertragungsmedien, Lese- und Empfangsgeräte und ähnliche Ressourcen [Sch04]. So bilden die RFID- und Sensor-Technologie, kabellose Kommunikationsnetzwerke, Ortungssysteme, Telematik und Ubiquitous Computing die technologische Basis für zukünftige Steuerungssysteme der Logistik. Zur Nutzung im Bereich der Logistikdienstleistungen sind es im Besonderen Verfahren und Technologien zur Erfassung, Verarbeitung und zum Austausch logistikbezogener Informationen, die von hohem Stellenwert sind. Die Logistikdienstleister der Zukunft müssen sich den Herausforderungen dieser neuen Technologien stellen, um langfristig am Markt bestehen zu können, zudem, da zukünftige Technologien auch neue Dienstleistungsbereiche eröffnen können. Während die technischen Grundlagen bestehender und zukünftiger Logistiksysteme ausführlich in Teil C dieses Buches dargestellt werden, sollen an dieser Stelle nur einige für Logistikdienstleistungen besonders wichtige Technologien, Anwendungen und aktuelle Entwicklungen vorgestellt werden.

B 9.4.2.1 Internet und Ubiquitous Computing

Wie alle Bereiche des täglichen Lebens, wurde auch die Logistikdienstleistungsbranche durch die Einführung des Internets stark beeinflusst. Aufgrund seiner intuitiven Handhabung und allgegenwärtigen Verbreitung bietet sich das Internet als Plattform für den einfachen und schnellen Austausch logistischer Informationen an. Die kommerzielle Nutzung des Internets eröffnet den Unternehmen daher Möglichkeiten, das angebotene Leistungsspektrum logistischer Kern- über Zusatz- und hin zu Informationsdienstleistungen zu erweitern [Häm00]. Internetbasierte Informations- und Kommunikationssysteme bieten im Vergleich zu früheren Verfahren zudem ein beträchtliches Rationalisierungspotential in Bezug auf die administrativen Vorgänge. Beispielsweise erlaubt der zwischenbetriebliche Austausch strukturierter Nachrichten auf elektronischem Wege den Versand von Informationen von Versender zu Empfänger, ohne dass dazu menschliche Eingriffe erforderlich sind.

Insbesondere wenn Logistikdienstleister mit der Abwicklung kompletter Aufträge oder der innerbetrieblichen Materialdisposition betraut werden, ist es für sie unerlässlich, kontinuierlich und schnell auf die Daten der beauftragenden Industrie- und Handelsunternehmen zugreifen zu können. Die Informationsleistungen, welche die logistischen Dienstleistungen begleiten, erfordern hierbei standardisierte elektronische Kommunikationsmöglichkeiten entlang der Logistikkette [Häm00]. Eine Möglichkeit hierzu ist das Electronic Data Interchange (EDI), bei dem unter Verwendung standardisierter Formate strukturierte Geschäftsdaten über öffentliche oder private Netze von Anwendung zu Anwendung ausgetauscht werden. Ein weitverbreiteter Standard für den elektronischen Datenaustausch ist Edifact, der eine branchen- und länderübergreifende Normierung darstellt und auf Wirken der Vereinten Nationen entwickelt wurde.

Eine unternehmensinterne Version des Internets ist das sog. Intranet. Diese internen Netzwerke auf Basis der Internettechnologien erlauben den Aufbau eigener Informationsnetze, die von außen i. d. R. nicht zugänglich sind. Handelt es sich dagegen um Unternehmensverbünde, kann das Intranet auch unternehmensübergreifend ausgeweitet werden. Das Intranet ermöglicht die Nutzung einer gemeinsamen, unternehmensinternen Datenbasis, die von allen Mitarbeitern auf einfache Weise eingesehen und gegebenenfalls modifiziert werden kann. Liegen bereits mehrere interne Netze vor, lassen sich auch diese durch die Internettechnologie miteinander verbinden. Dabei schützen effektive Schutzmechanismen (Firewalls) sensible Daten gegen unberechtigte Zugriffe von außen. Eine bereits angesprochene Anwendung des Intranets ist der Einsatz als effizientes und leicht zugängliches Medium für das Wissensmanagement.

Während Internet und Intranet Stand der Technik sind, zeichnet sich mit dem Ubiquitous Computing ein neuer Trend ab. Übersetzt bedeutet die englische Bezeichnung „allgegenwärtige Computertechnik" oder „Rechnerallgegenwart" und bezeichnet die Ausstattung alltäglicher Gegenstände mit Rechenkapazität und die anschließende, gegenseitige Vernetzung. Zudem lassen sich die Gegenstände zusätzlich mit Sensor- und Aktortechnologie ausstatten. Der Begriff „Ubiquitous Computing" wurde bereits Anfang der 90er-Jahre von Mark Weiser geprägt [Wei91], der den allgegenwärtigen Computer, der den Menschen unsichtbar und unaufdringlich bei seinen Arbeiten und Tätigkeiten unterstützt, propagierte [Mat03; Lip04]. Insgesamt ergibt sich dadurch die Verschmelzung von Informationstechnologie mit bisher nicht computerisierten Gegenständen [Haa04]. Auf diese Weise wird der Bruch, der gerade in vielen industriellen Anwendungen zwischen realen Prozessen einerseits und paralleler Informationsverarbeitung andererseits besteht, aufgehoben [Fle03].

Für industrielle Prozesse birgt das Ubiquitous Computing daher ein enormes Potenzial, das stufenweise helfen wird, die Informationstransparenz zu steigern bis es möglich ist, logistische Objekte mit ausreichend eigener „Intelligenz" auszustatten, die es ihnen erlaubt, auf Basis von vorgegebenen Zielfunktionen autonom in ihrem Umfeld zu agieren. Mit den folgenden Beispielen der Transportbörsen und des Tracking und Tracings werden Anwendungen der Informations- und Kommunikationstechnologien dargestellt, die weitestgehend auf dem Internet basieren, bei denen jedoch bereits der Trend zum Ubiquitous Computing spürbar ist, insbesondere vor dem Hintergrund der Selbststeuerung logistischer Prozesse, die in Abschn. B 9.4.2.6 abschließend thematisiert wird.

B 9.4.2.2 Transportbörsen

Transportbörsen vermitteln auf Basis des Internets zwischen Laderaumangebot und -nachfrage. Transportierenden Unternehmen eröffnet sich dadurch die Möglichkeit, Teilladungen zu bündeln und Leerfahrten zu vermeiden, wodurch eine insgesamt bessere Fahrzeugauslastung möglich wird. Dies bietet enormes volkswirtschaftliches Potenzial, denn Jahr für Jahr gehen bedeutende Summen dadurch verloren, dass logistikrelevante Informationen unternehmensübergreifend nicht zur richtigen Zeit am richtigen Ort vorliegen [Sch04]. Die Folge hiervon sind ineffiziente Logistikprozesse und eine Mehrbelastung von Infrastruktur und Umwelt durch zusätzlichen, vermeidbaren Verkehr.

Besonders kleinere Logistikdienstleister profitieren von Transportbörsen, denn während große Logistikdienstleister über interne Ausgleichssysteme verfügen, die Fracht und Laderaum zwischen einzelnen Abteilungen und Zweigstellen des eigenen Logistiknetzwerks vermitteln, ergibt sich für kleinere und mittelständische Dienstleister im Vergleich dazu ein klarer Wettbewerbsnachteil [Sch00]. Denn aufgrund der eigenen, begrenzten Logistikressourcen eröffnet sich ihnen nicht die Möglichkeit, mit der gleichen Flexibilität auf Störungen innerhalb des eigenen Fuhrparks und der dort abzufertigenden Transportaufträge zu reagieren.

Das Konzept der Transportbörsen ist jedoch nicht neu, sondern hat sich im Laufe der letzten Jahrzehnte mit der Leistungsfähigkeit verfügbarer Informations- und Kommunikationstechnologien kontinuierlich entwickelt. Während Mitte der siebziger Jahre bereits telefonische Vermittlungsdienste für Laderaum im Einsatz waren, war es im Besonderen die weitflächige Einführung des Internets im Laufe der neunziger Jahre, die eine preiswerte und einfache Kommunikation ermöglichte und damit eine tragfähige Basis für den nutzbringenden Informationsaustausch und die anschließende Transaktionsabwicklung schuf. Damit stellen Transportbörsen heute eine klassische Business-to-Business (B2B) Anwendung des Internets dar [Dun02].

Laderaumanbieter innerhalb der Frachtbörsen sind i. d. R. Speditionen und Transportunternehmen, welche die Transportbörsen nutzen, um die eigenen Kapazitäten einem breiten Kundenkreis anzubieten und sich gleichzeitig über eine eigene Seite werbewirksam zu präsentieren. Dabei profitieren gerade Einzeldienstleister als Laderaumanbieter von Transportbörsen im Internet, da sie sich durch diese von den marktbeherrschenden Verbund- und Systemdienstleistern lösen und eine größere Unabhängigkeit erreichen können [Gud05]. Laderaumnachfrager können ihrerseits innerhalb der Transportbörse eigene Gesuche aufgeben, sich über die bestehenden Angebote informieren und erfahren, wie sie mit den Transportunternehmen in Kontakt treten können.

Transportbörsen lassen sich den elektronischen Märkten zurechnen, die eine durchgängige Unterstützung aller Phasen der Markttransaktion auf elektronischem Wege anstreben (Bild B 9.4-2). Dabei lassen sich die drei Phasen Anbahnung, Abschluss und Abwicklung unterscheiden [Sch00], wobei auch die Bezeichnungen Informations-, Vereinbarungs- und Abwicklungsphase üblich sind [Bau03b]. Im Rahmen der Anbahnung wird durch die Anwender zunächst eine möglichst große Markttransparenz bezüglich des Angebots, der Nachfrage und der Preise verfügbaren Laderaums bzw. zu verladender Fracht angestrebt. Aufgrund dieser Daten können die Marktteilnehmer einen vorläufigen Anbieter auswählen und in die Abschlussphase treten. Innerhalb dieser, werden aufgrund der festgestellten Übereinstimmung des Angebots – mit dem Bedarf des jeweils Anderen – Anfragen, Angebote und sonstige Informationen ausgetauscht und Vertragsverhandlungen begonnen. Die Abwicklungsphase beinhaltet abschließend die Ausführung und die informatorische Kontrolle des vertragsgemäßen Leistungs- und Zahlungsaustauschs.

Die drei genannten Phasen werden innerhalb der Transportbörsen unterschiedlich stark durch verschiedene Instrumente und Dienste unterstützt [Bau03b]. Die Anbahnungsphase stützt sich hierbei auf Branchenverzeichnisse, Vergleichs- und Ratingdienste. Branchenverzeichnisse führen Kurzbeschreibungen der Anbieter und ihre angebotenen Leistungen auf. Vergleichsdienste erlauben den Vergleich dieser Anbieter anhand von Leistungsprofilen und

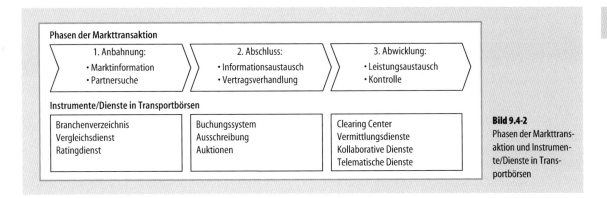

Bild 9.4-2 Phasen der Markttransaktion und Instrumente/Dienste in Transportbörsen

Referenzen, während Ratingdienste zusätzlich durch die Angabe eines Qualitätsprofils über die Leistungsfähigkeit und die Bonität informieren. Die Abschlussphase wird beispielsweise durch Instrumente wie elektronische Buchungssysteme, Ausschreibungen und Auktionen unterstützt. Buchungssysteme, die auch als E-Booking-Systeme bezeichnet werden, erlauben die automatische Bearbeitung und Beantwortung von Anfragen. Elektronische Ausschreibungen beinhalten strukturierte Anfragen der Anbieter und sind über die Transportbörse öffentlich einsehbar oder werden im Vorfeld einem beschränkten Kreis von potenziellen Anbietern übermittelt. Auktionen ermöglichen zusätzlich eine dynamische Preisbildung innerhalb der Börse, wobei innerhalb einer festen Laufzeit wiederholt Preisangebote durch die Bieter platziert werden können. Die Abwicklungsphase wird schließlich durch Instrumente wie dem Clearing Center und durch Vermittlungs-, kollaborative und telematische Dienste elektronisch unterstützt. Das Clearing Center übernimmt die Erstellung und den Austausch der während der Leistungserstellung entstehenden Dokumente, sowie die Abwicklung des Zahlungsverkehrs. Vermittlungsdienste stellen etwa den Kontakt zu Versicherungen her. Kollaborative Dienste sollen eine unternehmensübergreifende Planung, Steuerung und Kontrolle logistischer Prozesse ermöglichen. Dazu können sich die Nutzer der Transportbörse gegenseitig Einblicke in ihre Planungen gewähren und bessere Gesamtlösungen bezüglich der Verteilung von Aufträgen und der Auslastung von Kapazitäten erzielen. Telematische Dienste bieten beispielsweise Zugriff auf Tracking- und Tracing-Daten, durch die der Empfänger den Fortgang der Leistungserbringung innerhalb der Transportkette überwachen kann [Bau03b].

Transportbörsen wurden in den vergangenen Jahren, nicht zuletzt aufgrund der Gefahr des Missbrauchs, häufig mit Skepsis betrachtet. In der Vergangenheit waren es Maßnahmen der Bonitätsprüfung, zum Schutz vor Zahlungsausfällen, und die Möglichkeit der gegenseitigen Partnerbewertung, welche die geringe, anfängliche Akzeptanz der Transportbörsen im Laufe der Zeit steigern konnten. Aktuelle Entwicklungen in der Gestaltung von Transportbörsen könnten weiterhin durch den Einsatz von Softwareagenten beeinflusst werden. Unter Softwareagenten versteht man Softwareprogramme, die innerhalb eines vom Anwender oder Programmierer vorgegebenen Handlungsrahmens autonom Routineaufgaben erledigen können. Dazu kommunizieren sie mit ihrer Umwelt und können auf diese Weise Informationen zum Anwender tragen oder Transaktionen ausführen [Sch02b].

Jedoch könnten sich auch zukünftige Entwicklungen im Bereich der Selbststeuerung als Alternative zu den Konzepten jetziger Transportbörsen durchsetzen. Wie in Abschn. B 9.4.2.6 noch detaillierter erläutert wird, basiert die Idee der Selbststeuerung auf der Verlagerung der zentralen Planung und Steuerung hin zu dezentralen Lösungsfindungsprozessen logistischer Objekte [Fre04]. In diesem Rahmen werden beispielsweise Fracht und Fahrzeuge mit einer eigenen, beschränkten „Intelligenz" ausgestattet, die es ihnen ermöglicht, eigenständig Entscheidungen bezüglich der zu wählenden Route zwischen Start- und Zielort zu treffen. Die Route ergibt sich hierbei als eine Aneinanderreihung von Verkehrsverbindungen, für die sich das logistische Objekt in einem Transportnetz sukzessive entscheidet. Das Transportnetz besteht hierbei aus einer Vielzahl von Knoten, worunter in der Praxis beispielsweise Güterverkehrszentren (GVZ) fallen, und dazwischen liegenden Verbindungen. Zur Unterstützung der Entscheidungsfindung bezüglich der Route lassen sich beispielsweise Protokolle aus der Datenkommunikation von Kommunikations- auf Transportnetze übertragen und entsprechend der geänderten Anforderungen modifizieren [Sch06b]. Auf Basis dieses Modells werden Fracht- und Laderauminformationen nicht mehr zentral in vereinzelten Transportbörsen gehalten, sondern sind gebietsbezogen dezentral über sämtliche Knoten verstreut. Hierbei dienen die Knoten als Informationssammelstellen, an denen Fracht und Fahrzeuge Informationen über einander abrufen und auf Basis dessen jeweils ihre nächste Verbindungsentscheidung treffen können.

B 9.4.2.3 Tracking and Tracing

Die computergestützte Sendungsverfolgung, häufig als „Tracking and Tracing" bezeichnet, gehört zur Schaffung durchgängiger Transparenz innerhalb logistischer Ketten unverändert zu den Hauptaufgaben der Informations- und Kommunikationstechnologien des Gütertransports. Gerade in intermodalen Logistikketten, an denen bis zu 10 und mehr verschiedene Partner über Ländergrenzen hinweg beteiligt sein können, gestaltet es sich schwierig, die Ladung durchgängig zu verfolgen und zu überwachen. Während früher die Ladung zu Beginn der Transportkette häufig in einem „schwarzen Loch" verschwand und informatorisch erst wieder beim Empfänger auftauchte, schafft hier die computergestützte Sendungsverfolgung Abhilfe [Sch04].

Die computergestützte Sendungsverfolgung gestattet es den an der Logistikkette beteiligten Unternehmen und auch Kunden im Internet zu verfolgen, wo sich das transportierende Fahrzeug und das transportierte Gut gerade innerhalb der Transportkette befinden. Zu diesem Zweck erhält jedes Ladungsteil ein elektronisch lesbares Etikett, auf dem alle transportrelevanten Informationen gespeichert werden. Dabei sind sowohl Barcodes als neuerdings auch RFID-Etiketten als Datenträger möglich. Bei jedem Lade- und Entladevorgang werden die Informationen des Etiketts in das zugehörige Informations- und Kommunikationssystem eingelesen und ausgewertet. Dadurch lassen sich Statusinformationen generieren, die Aufschluss über den Transportfortschritt und die aktuelle Position des Objekts geben. Hieraus können für den Empfänger oder für den Transporteur Schlussfolgerungen über die voraussichtliche Ankunftszeit am Bestimmungsort gezogen werden und, falls dies aufgrund von Differenzen zu den vereinbarten Ankunftszeiten notwendig ist, Gegenmaßnahmen eingeleitet werden.

Das Tracking und Tracing wurde ursprünglich von Logistikdienstleistern, die sich auf den Pakettransport spezialisiert hatten, eingeführt und sollte zu einer besseren Auskunftsfähigkeit gegenüber den Kunden dienen. Während es heute für die Kurier-, Express- und Paketdienste zum Stand der Technik gehört, wird es in Zukunft auch immer größere Bereiche des Gütertransports umfassen.

Tracking und Tracing wird heute meistens durch die Kombination von Satellitenortung mit mobiler Datenkommunikation realisiert. Tracking bedeutet in diesem Zusammenhang die Identifikation an bestimmten Identifikationspunkten oder auch durchgängig per Satellitenortung. Tracing ist die Analyse und Archivierung der Daten, die zur lückenlosen Sendungsverfolgung durchgängig zwischen Quelle und Senke eines Transports erfasst werden. Somit ist es auch im Reklamationsfall möglich, den Transportverlauf durchgängig zu rekonstruieren und Haftungsansprüche innerhalb der Transportkette zu klären. Weiterhin ermöglicht die Auswertung der Tracing-Daten ein Controlling der Transportkette und erlaubt etwa die Identifikation von Schwachstellen und Optimierungspotenzialen. Zudem wird durch eine transportbegleitende Übermittlung der Tracking- und Tracing-Daten eine dynamische Tourenplanung auf Seiten der planenden Instanzen möglich, wodurch der aktuellen Situation besser Rechnung getragen werden kann [Sch04].

Auf Ebene der Packstücke eröffnet das Tracking und Tracing neue Möglichkeiten der Transparenz und Sicherheit beim Transport, beispielsweise durch die Onlineüberwachung und -kontrolle ladungsbezogener Transportparameter. Jedoch bedarf es dazu zusätzlicher Sende- und Empfangseinrichtungen sowie einer vielfältigen, multifunktionellen Sensorik an jedem Packstück. Dies entspricht der Ausstattung mit einer eigenen, beschränkten „Intelligenz", wodurch die Packstücke beispielsweise bei Terminüberschreitungen, unzulässigen Transportbedingungen oder Fehlverladungen sofort eigenständig Alarm auslösen und erforderliche Gegenmaßnahmen einleiten können. Während also unverzüglich per Mobil- und Satellitenfunk übermittelte Sendungsdaten eine ständige Auskunftsfähigkeit bezüglich Position und Zustand der Ladung erlauben, können weitere Daten wie Meldungen über Verzögerungen, Unfälle oder Staus die Transparenz der logistischen Kette und damit die Planungsgenauigkeit enorm verbessern [Sch04]. Gegenwärtig befinden sich Systeme dieser Art in der Entwicklungsphase. So wird derzeit an der Universität Bremen an der Entwicklung eines „intelligenten" Containers gearbeitet, der eine autonome Überwachung von Transporten empfindlicher und verderblicher Ware erlaubt. Hierzu werden Technologien wie Radiofrequenzidentifikation (RFID), Sensornetze und Softwareagenten miteinander verknüpft [Jed06a, Jed06b].

Um ein logistisches Objekt zudem in die Lage zu versetzen, sich selbst den optimalen Weg zu seiner Zielerreichung zu suchen, ist die Ortung, d. h. die Ortsbestimmung, nötig. „Der Weg zum Ziel kann nur definiert werden, wenn der Standort bekannt ist" [Eve99]. Demnach erlaubt erst die Fähigkeit eines logistischen Objektes, den eigenen Standort festzustellen, auch die Möglichkeit, den Weg planbar zu machen. Positionierungssysteme wie das amerikanische GPS (Global Positioning System), das europäische Galileo oder das russische GLONASS (Global Orbital Navigation Satellite System) bieten dazu unter Nutzung von Satelliten die Lokalisierung von Fahrzeugen [Geb01]. Ihre Ortungsgenauigkeit liegt bei etwa 10 Metern. Die künstliche und natürliche Reduktion der Ortungsgenauigkeit kann jedoch sehr elegant und einfach durch Differentialmethoden beseitigt werden. Stellt man einen Satellitennavigationsempfänger stationär auf, so kann dieser innerhalb weniger Minuten seine Position mit Hilfe geodätischer Methoden bis auf wenige Millimeter genau bestimmen. Jede gemessene Abweichung von dieser Position wird als Positionsfehler definiert. Werden diese Fehler an den Empfänger im bewegten Fahrzeug übertragen und korrigiert, verbessert sich die Ortungsgenauigkeit signifikant. Dieses Verfahren wird beim sog. Differential-GPS (DGPS) angewendet. So zeigt sich, dass, trotz künstlicher Verschlechterung der GPS-Signale mit dem Differentialverfahren, eine Genauigkeit von 2 cm in allen drei Koordinatenrichtungen erreicht werden kann [Rot02]. Galileo ist das erste von der Europäischen Union (EU) und der Europäischen Weltraumorganisation (ESA) gemeinsam durchgeführte Projekt. Neben einem kostenlosen Basisdienst soll Galileo höherwertige verschlüsselte Dienste anbieten, die störungsfreie Signale garantieren.

B 9.4.2.4 Application Service Providing (ASP)

IT-Kompetenz gehört zu den Hauptkriterien, auf deren Basis Logistikdienstleister von Auftraggebern ausgewählt werden. Die Software, welche ein Logistikdienstleister zur Erbringung seiner Leistung verwendet, ist Bestandteil dieser IT-Kompetenz. Größere Dienstleistungsunternehmen verfügen über eigene IT-Abteilungen zur Entwicklung und Einführung neuer Software. Kleinere Unternehmen dagegen wenden sich an IT-Dienstleistungsunternehmen, um dort Software zu erwerben oder zu mieten.

Eine besondere Form der Dienstleistung, die für Industrie- und Handelsunternehmen wie auch für Logistikdienstleister interessant ist, ist das Application Service Providing (ASP). Hinter dem ASP steht das angesprochene Modell, bei dem Software nicht gekauft, sondern gemietet wird. Die Softwareanwendungen werden hierbei durch den Anbieter auf einem zentralen Server zur Verfügung gestellt und von den Endabnehmern über die Telekommunikationsstruktur abgerufen [Fri01]. Beispielsweise Verlader und Spediteure können sich so eine Software-Lösung für einen bestimmten Zeitraum und eine feste Zahl von Nutzern mieten, anstatt sie inklusive aller betriebsspezifischen Modifikationen kaufen und auf einem eigenen Rechner installieren zu müssen [Neu02].

Grundsätzlich lässt sich zwischen internem und externem ASP unterscheiden. Beim internen ASP versorgt die IT-Abteilung entsprechend des Client/Server-Modells die Clients eines Unternehmens zentral mit den benötigten Anwendungen. Damit werden in erster Linie vereinfachte Wartung und Administration sowie eine schnellere Etablierung neuer Anwendungen angestrebt. Das externe ASP bietet seinen Kunden über einen Web-Zugang die Nutzung speziell zusammengestellter Dienste an. Zugangsmöglichkeiten sind entweder das Internet, virtuelle private Netze oder Direktverbindungen. Über das Anbieten einer Software hinaus schließen ASP-Pakete je nach Vertragsgestaltung auch Wartung, Updates, Benutzerverwaltung, Datensicherung, Virenschutz und ähnliche Dienste ein [Fri01]. Beispielsweise können Updates auf diese Weise vom ASP-Anbieter zentral durchgeführt werden, wodurch die zeit- und kostenintensiven Releasewechsel für den Anwender entfallen [Sch02a].

Im Vergleich zum internen ASP werden durch das externe ASP auf beiden Seiten vorrangig Kosteneinsparungen angestrebt. Diese sind auf Anbieterseite durch die Vermarktung des Dienstleistungsbündels an mehrere Nutzer und auf Nutzerseite durch den Wegfall von Lizenzgebühren und weiteren Kosten wie etwa Wartung und Updates realisierbar. Zusätzlich entfallen für den Anwender Investitionen für leistungsfähige Workstations, da die Einrichtung von sog. „Thin-Clients" innerhalb des ASP-Konzepts für die Funktionserfüllung ausreichend ist. Dabei handelt es sich um Arbeitsplätze, die mit einer Minimalintelligenz ausgestattet sind, die genügt, um die auf dem Netzwerk-Server gespeicherten Anwendungen betreiben zu können [Neu02].

Der Vorteil des Nutzers ist im Wesentlichen also der, dass er nur zahlt, was er nutzt. Dementsprechend lässt sich die Menge der Nutzungslizenzen des ASP flexibel an die aktuellen Bedürfnisse anpassen. Vergrößert oder verringert sich die Anzahl der erforderlichen Anwender, werden entsprechend Lizenzen erworben oder zurückgegeben [Neu02]. Ein Unternehmen kann auf diese Weise die vorhandenen Ressourcen auf das eigene Kerngeschäft konzentrieren und Investitionen für eigene Software vermeiden. Außerdem bleibt aufgrund der Allgegenwart des Internets die Anwendung nicht auf einen einzelnen Arbeitsplatz beschränkt, sondern der Nutzer hat weltweiten Zugriff. Andererseits bestehen, vergleichbar dem Outsourcing umfangreicherer Logistikaufgaben, auch Nachteile des ASP. Dazu gehören die Bedenken, einem externen Dienstleister je nach Anwendung interne Daten und Kundendaten anvertrauen und sich in ein Abhängigkeitsverhältnis begeben zu müssen. Gerade wenn es auf Seiten des ASP-Anbieters zu technischen Problemen kommen sollte, setzt man sich dadurch der Gefahr aus, kurzfristig keinen Zugriff mehr auf wichtige Daten und Programme zu haben.

Die Konditionen des ASP werden in zugehörigen Dienstleistungsverträgen fixiert. Darin werden neben den Eigenschaften einer Anwendung auch dessen Geschwindigkeit, Bandbreite, Zeiträume des Zugriffs und Leistungsentgelte in Form von Nutzungsgebühren geregelt. Außerdem werden die Leistungen gestaffelt angeboten, das heißt, ausgehend von einem Basispaket, das nur die Bereitstellung der Software einschließt, bis hin zur kompletten Übernahme von Geschäftsprozessen für den Kunden, sind zahlreiche Varianten möglich [Fri01].

Damit eine Software via ASP angeboten werden kann, müssen drei Interessengruppen zusammenarbeiten. Zunächst muss der Softwarehersteller dazu bereit sein, sein Programm ASP-fähig zu gestalten. Ebenso muss ein Netzwerk-Provider, meistens ein Internet-Service-Provider, seinen Kunden die Nutzung dieser Software über das Internet oder über Standleitungen anbieten. Schließlich bedarf es eines Serviceunternehmens, welches das Softwareunternehmen berät und als Systemintegrator auftritt [Fri01]. Diese Unternehmen schließen häufig selbst Verträge mit den Softwareunternehmen ab und bieten ihren Kunden die Softwarenutzung direkt an. Hierbei ist es auch möglich, dass ein angehendes 4PL-Unternehmen sein Angebot auf ASP erweitert.

Das Mieten von Software lohnt sich besonders für größere, mittelständische Unternehmen, die einen höheren Bedarf an leistungsfähiger Software haben. Die ASP-Produktpalette reicht hierbei von hochgradig standardisierten Office-Anwendungen bis hin zu komplexen ERP-Produkten und Data-Warehouse-Lösungen. Insbesondere in der umsatzstarken Branche des Fahrzeug- und Maschinenbaus gibt es aber eine Reihe spezieller Softwareprodukte, die zusätzlich nachgefragt werden können. Dazu zählen Produktionsplanungs- und -steuerungssysteme als auch produktnahe Anwendungen, wie beispielsweise Produktdaten-Management-Systeme.

In Zukunft werden die angebotenen Softwareanwendungen besonders Prozessmanagement, Controlling als auch die Integration bisher einzelner Anwendungen leisten müssen, insbesondere wenn ein 4PL-Unternehmen Anbieter der ASP-Lösungen werden soll. Für die Abdeckung unternehmensübergreifender IT-Aufgaben durch ASP werden dazu auch Geschäftsprozesse innerhalb von Lieferketten abbildbar sein.

B 9.4.2.5 Radiofrequenzidentifikation (RFID) und drahtloser Datenaustausch

Die Radiofrequenzidentifikation (RFID) gehört zu den Identifizierungssystemen für die mobile Datenerfassung. Dabei dienen diese Systeme der Identifizierung von Waren und Gütern innerhalb einer logistischen Kette. Mittels RFID lassen sich Objekte berührungslos erkennen. Die mit der Bar Code-Technik vergleichbare RFID- oder Transpondertechnik ist ein automatisches Identifikationssystem. Wie Bar Code-Systeme bestehen Transpondersysteme aus mindestens einem Schreib-/Lesegerät und einem am Objekt montierten Datenträger, dem Transponder. Der Begriff Transponder setzt sich daher aus den Worten *Trans*mitter und Re-*sponder* zusammen [Sch07]. Unterschieden werden passive und aktive RFID-Tags. Ein passiver Transponder besteht aus einem Mikrochip und einer ringförmig angeordneten Antenne. Er verfügt über keine eigene Stromversorgung, sondern bezieht seine Energie über seine Antenne, wenn auf einer bestimmten Frequenz Signale übertragen werden. Die Sendeenergie wird genutzt, um die auf dem Chip abgelegten Daten an einen Empfänger zurückzusenden. Ein aktiver Transponder besitzt im Gegensatz dazu eine eigene Stromversorgung. Durch sie ist eine höhere Sende- und Empfangsleistung und -reichweite bis zu 10 m möglich. Je nach Art sind die Tags wiederbeschreibbar (EEPROM – Electrically Eraseable Programmable) oder vom Hersteller fest beschrieben (ROM – Read Only Memory) [Sch07].

Bar Code- und Transpondertechniken unterscheiden sich durch die Kommunikation zwischen Lesegerät und Datenträger. Während Bar Code-Systeme zur Gruppe der optischen Übertragungssysteme gehören, kommunizieren Lesegerät und Datenträger der Transpondersysteme über ein Funksignal. Bereits in der Praxis vorzufindende Anwendungen der RFID-Technologie befinden sich im Handel oder aber auch bei automatisierten Lagersystemen zur Lokalisierung und Überwachung des Lagerbestandes sowie zum Beispiel als Informationsträger von Kundendaten [Wes03; Fin02; She04]. Eine neue Entwicklung ist die Möglichkeit, Transponder während des Gießprozesses in Gussteile zu integrieren. Im Bereich der Funktionsintegration werden hierbei metallische Gussbauteile mit elektronischen Komponenten kombiniert, um sog. „Smart Materials" durch die Integration von Sensoren oder Transpondern herzustellen, mit denen herkömmliche Bauteile in die Lage versetzt werden, auf intelligente Weise mit ihrer Umwelt zu kommunizieren und zu interagieren [Woe06].

Die vorgestellten Identifikationstechnologien werden bereits mit Sensorik in Embedded Systems kombiniert, die in der Lage sind, Informationen zu verarbeiten und Datenaustausch bzw. Kommunikation zu betreiben. Hierzu werden kabellose Kommunikationsnetze verwendet, für die sich in der jüngeren Zeit verschiedene Techniken herauskristallisiert haben. Neben WAP und Bluetooth gewinnen WLAN-Funknetze, die den günstigen und permanenten Transfer von Datenflüssen ermöglichen, immer mehr an Bedeutung. Die Abkürzung WLAN setzt sich zusammen aus *Wireless Local Area Network* und bedeutet „drahtloses lokales Netz". Die Datenpakete werden durch hochfrequente Funkwellen im Mikrowellenbereich übertragen; wozu in Deutschland 13 Kanäle im 2,4 GHz-Bereich (ISM-Band (Industrial Scientific Medical Band)) mit einer Sendeleistung von bis zu 100 mW zur Verfügung stehen. Bluetooth ist eine international standardisierte Datenschnittstelle per Funk, durch die sich selbst kleinste Geräte steuern oder überwachen lassen. Unter Wahrung von Sicherheitsstandards können mit Bluetooth logistische Informationen unterschiedlicher Objekte zusammengetragen und abgeglichen werden, wie z. B. Kapazitätsdaten von Maschinen in industriellen Anwendungen [Zah03].

Obwohl jedoch die neuen kabellosen („wireless") Technologien wie WLAN und Bluetooth im PC- und Multimedia-Bereich hohe Leistungspotentiale aufweisen, sind sie für den Einsatz unter Industriebedingungen nicht immer optimal geeignet. Einerseits benötigen sie für eine flüssige Kommunikation leistungsintensive Protokolle und andererseits benötigen Industrieanwender zumeist sehr viel geringere Übertragungsraten, verlangen dafür aber einfache Implementierbarkeit, niedrigen Stromverbrauch und die Anwendbarkeit auch ohne den Einsatz von Windows [Sca04].

Als Erweiterung zu bisherigen standardisierten Funkverfahren wurde daher im Dezember 2004 die Spezifikation einer neuen Kommunikationstechnologie verabschiedet, die hinsichtlich drahtloser Nahbereichsnetzwerke mit niedrigen Datenraten entwickelt wurde. Mit „ZigBee" können kostengünstig kabellose Netzwerke von Sensoren und Aktoren entstehen, deren Funkknoten sehr wenig Energie benötigen und daher eine lange Lebensdauer aufweisen. Die Funktionalität dieser neuen Technologie basiert auf zwei voneinander unabhängigen Standards. Dies ist einerseits IEEE802.15.4 (WPAN: Low Rate Wireless Personal Area Network) und zum anderen das eigentliche ZigBee-Protokoll. IEEE802.15.4 wurde bereits im Oktober 2003 offiziell verabschiedet und definiert die unteren Protokollschichten, d. h. den Physical Layer (PHY) und den Media Access Control Layer (MAC). ZigBee setzt demnach auf den existierenden IEEE802.15.4-Stack auf und definiert die oberen Protokollschichten, den sog. Network Layer sowie den Application Layer [Zig06].

Die Vorteile von ZigBee liegen darin, dass die Struktur eines Netzes nicht konfiguriert werden muss, die Topologie entsteht gewissermaßen von allein, sobald die Knoten aktiv werden. Steuer- und Nutzdaten können auf unterschiedlichen Pfaden durch das Netzwerk transportiert werden, was die Reichweite erhöht und die Zuverlässigkeit des Netzwerkes verbessert [Gut03].

B 9.4.2.6 Ausblick „Selbststeuerung"

Die vorgestellten Technologien und Anwendungen stellen gegenwärtig einen Treiber für einen Paradigmenwechsel in der Logistik dar. Ausgangspunkt sind hierbei die zentralen Steuerungssysteme, die den derzeitigen Anforderungen von hoher Komplexität in Kombination mit einer hohen Anzahl dynamischer Einflussfaktoren in Logistiksystemen zunehmend nicht mehr gewachsen sind (Bild B 9.4-3). Selbststeuerung bietet hier einen vielversprechenden Steuerungsansatz, der die Erlangung logistischer Zielgrößen, wie z. B. hohe Termintreue und kurze Durchlaufzeiten, in komplexen Systemen verbessern kann [Sch06c]. Demzufolge werden zukünftig selbststeuernde logistische Objekte einen großen Anteil der Aufgaben und Funktionen von zentralen Steuerungssystemen übernehmen. Dies hat auch Konsequenzen für den Logistikdienstleistermarkt, da sich hier, wie im Folgenden nach einer Erläuterung der Selbststeuerung ausgeführt wird, neue Dienstleistungsbereiche erschließen lassen.

Die Universität Bremen beschäftigt sich im Rahmen des Sonderforschungsbereiches 637 „Selbststeuerung logistischer Prozesse – Ein Paradigmenwechsel und seine Grenzen" intensiv mit der Selbststeuerung und hat hierzu eine interdisziplinäre Definition dieses Begriffes entwickelt:

„Selbststeuerung beschreibt Prozesse dezentraler Entscheidungsfindung in heterarchischen Strukturen. Sie setzt voraus, dass interagierende Elemente in nicht-deterministischen Systemen die Fähigkeit und Möglichkeit zum autonomen Treffen von Entscheidungen besitzen. Ziel des Einsatzes von Selbststeuerung ist eine höhere Robustheit und positive Emergenz des Gesamtsystems durch eine verteilte, flexible Bewältigung von Dynamik und Komplexität." [Hül07]

Neben dieser interdisziplinären Definition wurde zudem eine ingenieurwissenschaftliche Definition entwickelt, die für die Betrachtung der Produktionslogistik zweckmäßig ist und folgendermaßen lautet:

„Selbststeuerung logistischer Prozesse ist gegeben, wenn das logistische Objekt Informationsverarbeitung, Entscheidungsfindung und -ausführung selbst leistet." [Win05]

Hintergrund des Paradigmenwechsels ist beispielsweise die typische Job-Shop-Scheduling Problematik, die, Kenn-

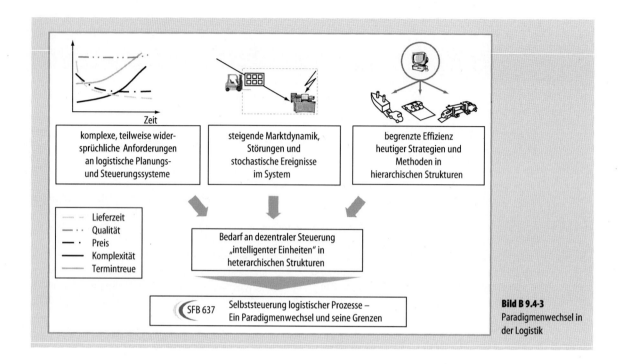

Bild B 9.4-3 Paradigmenwechsel in der Logistik

zeichen logistischer Prozesse in der Produktion, zu NP (non polynomial)-schweren Problemstellungen führt. Diese sind dadurch gekennzeichnet, dass der Lösungsraum im Sinne von Entscheidungsalternativen schneller wächst als die Geschwindigkeit der Entscheidungsfindung an Entscheidungsknotenpunkten. Zentrale Steuerungsansätze können hier ohne heuristische Methoden nicht zu einer Entscheidung kommen, die zudem i. d. R. suboptimal ist und dennoch zeitintensive Rechenoperationen beinhaltet. Dies führt oft dazu, dass während der Planung auftretende Prozessänderungen nicht berücksichtigt werden können, wodurch der zunächst aufwändig erstellte Plan bereits beim Startzeitpunkt seiner Umsetzung keine Gültigkeit mehr besitzt. Die Aufgabe der Steuerung besteht dann darin, immer wieder neue, geänderte Pläne durchzusetzen, wobei sie selbst der Problemstellung der Gleichzeitigkeit von stattfindenden Änderungen, die weder erkennbar noch beeinflussbar sind, im Prozessablauf ausgesetzt ist.

Zudem hat das Steuerungssystem sich selbst und seine Umwelt als zukünftig different zu denken [Wie06]. Da aufgrund fehlender verlässlicher Daten eine hinreichend genaue Bestimmung des zukünftigen Systemzustandes unmöglich ist, wird in eine offene Zukunft hinein gesteuert. Aufgrund dieser Umstände ist es nicht zielführend, bei nicht-deterministischen Systemen eine komplette Planung über einen längeren Zeitraum durchzuführen. Vielmehr zeigt sich, dass dezentrale Steuerungsansätze mit den beschriebenen Problemstellungen besser umgehen können. Sie sind fokussiert auf das jeweils agierende logistische Objekt, wodurch die Anzahl der notwendigen Rechenoperationen durch weniger zu berücksichtigende Parameter eingegrenzt wird. So erlauben dezentrale Steuerungsansätze den Einsatz konventioneller Entscheidungsmethoden, die weniger Rechenaufwand und damit Zeitersparnis bedeuten, welches wiederum die Wahrscheinlichkeit der Gleichzeitigkeit von stattfindenden Prozessänderungen bzw. auftretenden Ereignissen reduziert. Selbststeuerung eröffnet folglich neue logistische Potenziale im Umgang mit komplexen sich dynamisch verändernden Prozessstrukturen.

Selbststeuerung erfordert neben der Implementierung der notwendigen Technologien, Methoden zur Evaluierung von Entscheidungsalternativen, Datenverarbeitungssysteme sowie die Integration der Selbststeuerungsmethoden in die Prozesse. Logistikdienstleister könnten in diesem Umfeld die Gestaltung selbststeuerungsfähiger Unternehmen übernehmen. Neben der entsprechenden Auswahl und Integration von Technologien und Selbststeuerungsmethoden sind hierzu Schulungen für das Personal durchzuführen. Logistikdienstleister könnten auf diese Weise, neben der Nutzung der Selbststeuerung zur Verbesserung der eigenen Prozesse, neue Geschäftsbereiche erschließen.

B 9.5 Vorgehen zur Fremdvergabe, Marktpotenzial und aktuelle Trends

B 9.5.1 Vorgehen zur Vergabe logistischer Leistungen

Will ein Unternehmen umfassende logistische Aufgaben fremdvergeben und eine fundierte Entscheidung über Art und Umfang der Auslagerung treffen, muss es eine Vielzahl von internen und externen Einflussgrößen berücksichtigen. Daher empfiehlt sich ein möglichst strukturiertes Vorgehen [Gud05; Rin00; Sch02]. Im Folgenden wird das von [Gud05] vorgeschlagene, fünfstufige Vorgehen exemplarisch vorgestellt (Bild B 9.5-1).

Gesamtkonzeption der Unternehmenslogistik
Basis für eine fundierte Entscheidung für oder gegen die Fremdvergabe von Logistikleistungen, ist ein in sich geschlossenes und zukunftsweisendes Gesamtkonzept der eigenen Unternehmenslogistik. Das Konzept sollte Informationen über Struktur und Grenzen des eigenen Logistiknetzwerks und Vorgaben für Netzwerkmanagement und Systemführung enthalten. Ebenso gehören hierzu Benchmarks für Transport- und Frachtkosten, Investitions- und Betriebskosten unternehmensspezifischer Logistikzentren und die Kosten innerbetrieblicher Logistikleistungen. Aus diesem Gesamtkonzept kann ein Unternehmen im nächsten Schritt die benötigten Leistungsumfänge und -mengen für die gegenwärtigen und zukünftigen Logistikaufgaben

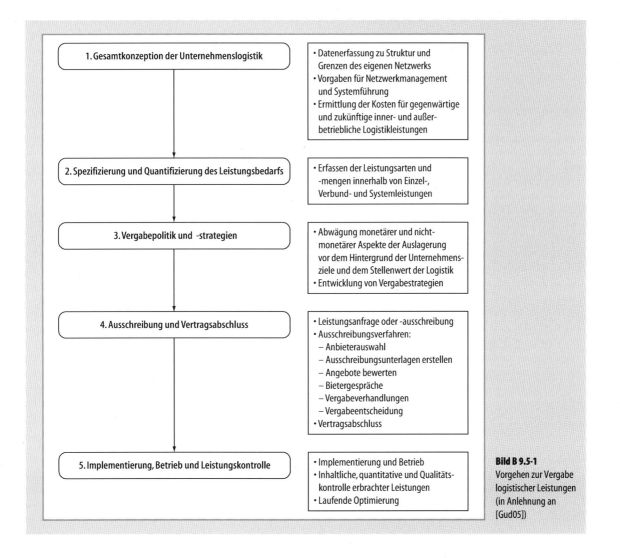

Bild B 9.5-1 Vorgehen zur Vergabe logistischer Leistungen (in Anlehnung an [Gud05])

ableiten. Weiterhin erlaubt eine fundierte Kostenbasis später eine bessere Beurteilung am Markt eingeholter Angebote [Gud05].

Spezifizierung und Quantifizierung des Leistungsbedarfs
Nur wenn die benötigten Leistungen genau identifiziert und quantifiziert werden können, kann auch die spätere Vergabe der logistischen Aufgaben erfolgreich durchgeführt werden. Daher müssen die Leistungsbedarfe exakt spezifiziert, gegeneinander abgegrenzt und ihre Leistungsmengen festgelegt werden. Diese Daten sind sowohl für die Entscheidung zur Auslagerung an externe Dienstleister als auch für die Vergabe an interne Unternehmensbereiche, die als Profitcenter arbeiten, von Bedeutung [Gud05]. Zur Spezifizierung der benötigten Leistungen kann die bereits in Abschn. B 9.2 vorgestellte Unterteilung in Einzel-, Verbund- und Systemleistungen herangezogen werden. Die Quantifizierung erfolgt im Anschluss daran auf Basis der Daten, die in dem in erster Instanz entwickelten Konzept der Unternehmenslogistik enthalten sind.

Vergabepolitik und -strategien
Mit der Konzeption der Unternehmenslogistik und der Quantifizierung des eigenen Leistungsbedarfs ist die Grundlage geschaffen, um innerhalb der Vergabepolitik zu entscheiden, in welchem Maße logistische Aufgaben selbst ausgeführt oder ausgelagert werden sollen. Dabei sind neben Kostenaspekten auch nicht monetäre Aspekte einer Fremdvergabe zu berücksichtigen und sorgfältig gegeneinander abzuwägen [Bre98; Fis96]. Denn das von einem Logistikdienstleister aufgebaute und für die individuellen Kundenbedürfnisse maßgeschneiderte Logistiksystem bringt nicht immer nur Kostenvorteile, sondern über die Transaktionskosten auch Kostennachteile. Diese einander entgegengesetzten Kosteneffekte können im Gesamtergebnis teurer als die Beschaffung der äquivalenten Einzelleistungen geraten, gleichzeitig aber kürzere Lieferzeiten und eine verbesserte Termintreue für den Kunden realisieren. Häufig lässt sich daher erst auf Basis der Unternehmensziele entscheiden, inwiefern die teilweise oder vollständige Auslagerung von Einzel-, Verbund- bzw. Systemleistungen sinnvoll ist.

Grundsätzlich kann festgehalten werden, dass die Grenzen der Fremdvergabe von Logistikleistungen für ein Unternehmen dort erreicht werden, wo die eigenen Geschäftsinteressen unmittelbar betroffen sind. Weisen die Unternehmensziele die Logistik beispielsweise als einen entscheidenden Wettbewerbsfaktor aus, ist es offensichtlich nicht zweckmäßig, sie an Logistikdienstleister zu übertragen, auch wenn sich dadurch Kosten senken und Investitionen vermeiden ließen. Vielmehr muss ein Unternehmen in diesem Fall in Erwägung ziehen, logistische Aufgaben für die ausführenden Abteilungen verstärkt zur Kernkompetenz zu machen und aufgrund dessen ein eigenes, wettbewerbsfähiges Logistiksystem aufzubauen. Während diese Situation in der Industrie eher selten anzutreffen ist, zählt gerade für den Handel die Logistik neben der Beschaffung, der Sortimentspolitik und dem Absatz zur Hauptkompetenz. Dies geht soweit, dass Versandhäuser eigene, unabhängig arbeitende Paketdienste aufbauen, mit denen sie sich gegenüber ihrer Konkurrenz entscheidende Wettbewerbsvorteile sichern wollen [Gud05].

Sind der Umfang und die Mengen der auszulagernden Logistikleistungen schließlich bestimmt, sollten Vergabestrategien entwickelt werden, die das Erreichen der gesteckten Ziele für die Fremdvergabe sicherstellen. Dazu zählt die Klärung der Frage, auf wie viele Anbieter die Ausschreibung beschränkt wird und wie sich die festgelegten Leistungsumfänge am günstigsten auf eine limitierte Anzahl von Dienstleistern verteilen lassen. [Gud05] stellt hierzu verschiedene Vergabestrategien vor, die sich in der Praxis als vorteilhaft erwiesen haben.

Ausschreibung und Vertragsabschluss
Sofern die Aufgabenübernahme für den Dienstleister kaum oder gar keine Investitionen erforderlich macht, reicht im Rahmen der Ausschreibungsphase eine Leistungsanfrage aus. Handelt es sich dagegen um die Vergabe umfangreicherer Logistikleistungen, die auch für den Logistikdienstleister mit größeren Investitionen verbunden sind, ist eine Leistungsausschreibung angebracht. Das Ausschreibungsverfahren enthält mehrere Schritte, die von der Auswahl eines qualifizierten Anbieterkreises und die Erarbeitung von Ausschreibungsunterlagen über die Prüfung und Bewertung von Angeboten bis zum Vertragsabschluss reichen. Hierbei sind Aufwand und Zeitbedarf jeder dieser einzelnen Schritte nicht zu unterschätzen. Bei Ausschreibungen von einfachen Logistikleistungen mit Vergabewerten von weniger als 5 Mio. Euro pro Jahr ist bei einer raschen Durchführung mit einem Zeitbedarf von ungefähr 10 bis 12 Wochen zu rechnen. Handelt es sich dagegen um größere Ausschreibungen, die 5 Mio. Euro übersteigen, muss mit Gesamtzeiten von mindestens 20 bis 30 Wochen kalkuliert werden [Gud05].

Implementierung, Betrieb und Leistungskontrolle
Nach Vertragsabschluss kann die Implementierung der vereinbarten Leistungen vorgenommen und der Betrieb begonnen werden. Die Kontrolle des Auftraggebers beschränkt sich nachfolgend i. d. R. auf die inhaltliche und quantitative Richtigkeit der abgerechneten Leistungen und die kontinuierliche Überprüfung der Qualität, welche sich

beispielsweise durch Fehlerstatistiken, Reklamationen und Qualitätsberichte erfassen lässt. Die erfassten Daten sollten Ausgangspunkt einer laufenden Optimierung der Prozesse bei Auftraggeber und Logistikdienstleister und deren gegenseitige Abstimmung sein. Eine weitere Aufgabe, die dem Logistikcontrolling zufällt, ist die Beobachtung des Dienstleistungsmarktes, um dortige Leistungsangebote und Preisentwicklungen zu verfolgen [Gud05].

B 9.5.2 Marktpotenzial für Logistikdienstleistungen

Die Logistik wird in den Systematiken der öffentlichen Statistiken, wie denen des statistischen Bundesamtes, nicht als ein eigenständiger Wirtschaftszweig aufgeführt, daher ist es erforderlich, eigene Schätzungen durchzuführen, um Werte über das Marktpotenzial zu erhalten. [Kla06] stützt sich dazu auf die Auswertung von Kraftfahrzeug-, Transportleistungs- und Beschäftigungsstatistiken, finanzamtlichen Berichten und verschiedenen Einzelstudien und -schätzungen zu den Logistikaufwendungen in Deutschland. Der dazu eingegrenzte Logistikbegriff umfasst alle Transport-, Umschlag- und Lageraufgaben des Gütertransports und zusätzlich in zugehörigen, administrativen Aufgaben wie Auftragsabwicklung, Disposition, Supply-Chain-Planung oder auch Bestandshaltung entstandene Kosten.

Diesen Schätzungen und der Definition des Logistikbegriffs folgend, ergibt sich für die deutsche Wirtschaft für das Jahr 2004 ein gesamtwirtschaftliches Logistikvolumen von etwa 170 Mrd. Euro. Durch diesen Wert positioniert sich die Logistikwirtschaft zusammen mit dem Maschinenbau nach Fahrzeugbau und Gesundheitswirtschaft auf dem dritten Rang der umsatzstärksten Branchen in Deutschland. Von den 170 Mrd. Euro werden über 90 Mrd. Euro durch Industrie, Handel und alle anderen Branchen unternehmensintern durch Eigenleistungen abgewickelt. Die restlichen über 79 Mrd. Euro werden dagegen durch Logistikdienstleister wie Speditionen, Paketdienste, LKW-, Schifffahrts-, Bahn- und Luftfrachtunternehmen erbracht. Allein 44% des Gesamtaufkommens entfallen auf den Transportsektor und weitere 26% auf Lagerwirtschaft und Umschlag. Die restlichen Anteile verteilen sich zu 20% auf Bestandshaltung, 5% auf Auftragsabwicklung und weitere 5% auf Logistikplanung und weitere administrative Tätigkeiten [Kla06].

Entgegen der häufig anzutreffenden Meinung, der Logistikmarkt wachse sehr stark, zeigen die volkswirtschaftlichen Grunddaten Tonnagen, Fahrzeuge und Beschäftigte in der Logistik einen eher zurückhaltenden Zuwachs. Nur die gefahrenen Transportdistanzen und die dabei transportierten Massen haben einen stärkeren Zuwachs zu verzeichnen, was unmittelbar auf die Internationalisierung zurückgeführt werden kann. Der Vergleich des Logistikvolumens von Daten aus den Jahren 2001 und 2004 zeigt ein Wachstum der Logistik von 2,1%. Gewachsen sind insbesondere die grenzüberschreitenden Verkehre wie Container-Seeverkehr und internationale Logistiksysteme aber auch die Kontraktlogistik. Betrachtet man die Logistikdienstleistungen innerhalb der Logistik, lässt sich ein Wachstum von 3,5% ausmachen, wobei nicht-logistische Mehrwertdienste noch nicht berücksichtigt wurden [Kla06].

In Zukunft werden auf Seiten der Logistikdienstleister die größten Wachstumsraten besonders innerhalb der Kontraktlogistik erwartet. Gerade mittelständische Unternehmen erhoffen sich hier langfristige, stabile Geschäfte. Aus Schätzungen in [Kla06] ergibt sich ein theoretisches Kontraktlogistikpotenzial von 67 Mrd. Euro, das sich aus 21,5 Mrd. in der Konsumgüterdistribution und aus 45,5 Mrd. Euro in der industriellen Kontraktlogistik zusammensetzt. In der Konsumgüterdistribution sind hauptsächlich integrierte Distributionsleistungen für Konsumgüterhersteller von Massenartikeln oder für Groß- und Einzelhandel enthalten, während der industriellen Kontraktlogistik insbesondere Beschaffungs- und Materialwirtschaftssysteme aber auch noch zu entwickelnde, integrierte Logistiksysteme in anderen Branchen zugerechnet werden.

Derzeit sind von den abgeschätzten, potenziellen 67 Mrd. Euro nur 15,6 Mrd. Euro durch wenige, große Kontraktlogistiker tatsächlich erschlossen, woraus sich ein enormer, zukünftiger Markt für Kontraktlogistiker ableitet. Um diese Potentiale effizient auszuschöpfen, gibt es in letzter Zeit vermehrt Forschungsbestrebungen. Gerade kleinen und mittelständischen Logistikdienstleistern, für welche die Kontraktlogistik ein Zukunftsmarkt darstellt, soll dadurch geholfen werden, sich eine neue Existenzgrundlage zu sichern [Zim04]. Weitere Informationen über den Logistikmarkt sind dem Abschnitt D 3 zu entnehmen.

Gegenüber den aufgezeigten Marktpotenzialen gibt es jedoch auch kritische Stimmen, die bemängeln, dass bisher in der vermeintlichen Wachstumsbranche nur wenige Unternehmen erfolgreich sind und der Kontraktlogistikmarkt vergleichsweise langsam wächst [Sch05a]. Hauptursache des stockenden Wachstums ist demnach die zögerliche Haltung der verladenden Unternehmen, umfangreiche Logistikleistungen auszulagern, da dies eine starke Abhängigkeit zu den Dienstleistern und der Verlust der eigenen Logistikkompetenz bedeuten könnte. Machen die Auslagerungen zudem gravierende, interne Änderungen erforderlich, schrecken die Auftraggeber nach der Angebotsphase häufig zurück und fragen schließlich nur einfache Logistikleistungen nach. Dies hat für die Unternehmen nach wie vor den großen Vorteil, Risiken kontrollierbar zu halten und die Konkurrenzsituation zahlreicher Einzeldienstleister preislich für sich nutzen zu können [Sch05a].

B 9.5.3 Aktuelle Trends

Grundsätzlich erwartet die Mehrzahl der Unternehmen weiterhin eine positive Entwicklung des Logistikoutsourcings. Insbesondere die logistischen Kernaufgaben Transportieren, Umschlagen und Lagern werden weiterhin branchenübergreifend ganz oder teilweise fremdvergeben, wenngleich hier nur noch geringe Wachstumsraten zu verzeichnen sind. Stärker administrativ orientierte Aufgaben wie Tourenplanung und -optimierung, Lager- und Bestandsmanagement, informationstechnologische Aufgaben und Netzwerkgestaltung werden dagegen bisher noch zögerlich ausgelagert. Gerade Hightech- und Automobilindustrie erwarten hier jedoch eine weitere Zunahme der Fremdvergabe. Dem Trend entgegengesetzt gibt es allerdings auch vereinzelte Unternehmen, die sich mit dem Insourcing ehemals ausgelagerter Logistikaufgaben befassen. Diese Entscheidung basiert i. d. R. auf der Einstufung der Logistik als einem wettbewerbsentscheidenden Faktor, der in die eigenen Abläufe reintegriert werden sollte [Str05].

Gerade der Handel betrachtet seine Logistik verstärkt als Kernkompetenz und steht daher der Auslagerung umfangreicher Logistikleistungen kritischer gegenüber als die Industrie. Denn während die Logistikkosten in der Industrie eher einen geringen Anteil an den Gesamtkosten ausmachen und die Logistik daher nicht als geschäftsentscheidend eingestuft wird, ist sie innerhalb des Handels mit einem größeren Kostenanteil zentraler Wettbewerbsfaktor. Anstatt also auf Logistikdienstleister zurückzugreifen, mündet dies beispielsweise in den Betrieb eigener, unabhängiger Paketdienste, die auch Dienstleistungen für Dritte anbieten. Zwar vergeben einige Handelshäuser die Realisierung und den Betrieb einzelner Logistikzentren und regionaler Verteilzentren auch an Logistikdienstleister, übernehmen aber selbst die Entwicklung der Prozessabläufe und Strukturen. Zudem wird zu keiner Zeit die Systemführung aus der Hand gegeben, sondern stattdessen zunehmend die Logistikführerschaft innerhalb des Logistiknetzwerks angestrebt [Gud05]. Hierbei ergibt sich der hohe Stellenwert der Logistik für den Handel aus dem intensiven Kostendruck und der möglichen Einsparpotenziale, aber auch aus der Möglichkeit, langfristige Kundenbindung, ständige Produktverfügbarkeit und die Versorgung mit frischen Produkten sicherzustellen [Str05].

Im Allgemeinen sind sich die Logistikbeauftragten jedoch einig, dass ein übergreifendes Optimum innerhalb eines Logistiknetzwerks nur dann zu erzielen ist, wenn die Arbeitsteilung zwischen Handel, Industrie und Dienstleistungsunternehmen so gestaltet wird, dass jeder der genannten Vertreter die Leistungen übernimmt, die er am besten und am kostengünstigsten erbringen kann. So übernimmt der Handel die Belieferung seiner Filialen selbst, hat er doch durch die Errichtung von Zentrallagern die Möglichkeit selbst Bündelungseffekte zu erreichen und zudem das Verkaufspersonal in den Märkten zu entlasten [Str05]. Ausgelagert werden dagegen der Betrieb der Zentrallager oder die Durchführung von Transporten zwischen diesen Lagern, da Logistikdienstleister hier im Vergleich zur Eigenleistung des Handels durch Bündelungs- und Skaleneffekte eine kostengünstigere Abwicklung erzielen können.

Die Logistikdienstleistungsbranche ist in ihren Tätigkeiten direkt abhängig von den skizzierten Entwicklungen und Trends in den Industrie- und Handelsunternehmen. Nachdem das Outsourcing von vorwiegend operativen Logistikleistungen an seine Grenzen gestoßen ist, erwarten sich die Dienstleister nun vermehrtes Wachstum durch die Übernahme administrativer Leistungen. Hauptsächlich Kontraktlogistiker erwarten sich hierbei starke Wachstumsaussichten, insbesondere in der Pharma-, Hightech- und Automobilindustrie. Allerdings stehen die erwarteten Wachstumsraten bisher nicht in angemessener Relation zu den realen, eher zögerlichen Entwicklungen [Str05]. Im Bestreben weiteres Wachstum zu generieren, reagieren Logistikdienstleister heute daher spartenübergreifend nicht mehr nur auf die Nachfrage der Kunden, sondern agieren zunehmend proaktiv mit der Entwicklung innovativer Leistungen und Lösungen. Nicht selten werden sie hierbei im Bestreben, den Kunden vom Nutzen weiterer Auslagerung zu überzeugen, von Beratungsunternehmen angeleitet. Gerade diese Zusammenarbeit hat in den vergangenen Jahren zu neuen Konzepten wie dem 4PL aber auch zu weiteren Modebegriffen innerhalb der Logistikbranche geführt.

Konzeptübergreifend haben Qualifizierung der Mitarbeiter und der Aufbau von IT-Kompetenz für alle Logistikdienstleister höchsten Stellenwert. Weitere Entwicklungsrichtungen verteilen sich dagegen eher heterogen über die verschiedenen Dienstleister. Kontraktlogistiker sehen insbesondere in der Spezialisierung auf eine Branche weitere Wachstumsmöglichkeiten, während große Systemdienstleister Kooperationen und das eigene Standort- und Transportnetz weiter ausbauen wollen. Spediteure wiederum wollen sich durch Individualisierung und Erhöhung der Planungskompetenz von der Konkurrenz absetzen [Str05]. Gerade die Individualisierung und das Angebot maßgeschneiderter Leistungspakete erzeugen jedoch für alle Logistikdienstleister grundsätzlich das Dilemma, Kostennachteile innerhalb der Leistungserbringung hinnehmen zu müssen. Denn Kostenvorteile sind besonders dann möglich, wenn die eigenen Leistungen in hohem Maße standardisiert und hoch ausgelastet werden können. Um diese gegenläufigen Effekte der Individualisierung einerseits und der Kostennachteile andererseits, auszugleichen, streben Dienstleister aktuell verstärkt die Standardisierung der internen Prozesse an, denn es hat sich gezeigt, dass die eigene Optimierung bei der Entwicklung bestmöglicher Konzepte für den Kunden nicht vernachlässigt werden darf.

Erfolg im Logistikdienstleistungsmarkt haben bisher besonders Dienstleister, die sich auf Branchenlösungen konzentriert haben und über spezialisierte Anlagen und zugehöriges Know-how verfügen. Weiterhin sind es Unternehmen im Kontraktlogistikmarkt, die sich jedoch nicht auf Systemleistungen beschränken, sondern diese nur als Zusatzgeschäft zu ihren Basisleistungen anbieten, die wirtschaftlich rentabel arbeiten [Sch05a]. Insbesondere Unternehmen mit einem weitflächig ausgebauten Logistiknetzwerk können hier umfangreiche Angebote für ihre Kunden generieren, ohne von diesen abhängig zu sein. Gerade wenn mehrere Kunden parallel bedient und die Anforderungen optimal mit den eigenen Ressourcen verbunden werden können, sind die ausführenden Unternehmen wettbewerbsfähig. Im Gegensatz dazu haben sich 4PL-Unternehmen ohne eigene Ressourcen bisher nicht durchsetzen können, da sie für ihre Kunden aus Industrie und Handel zu wenig Zusatznutzen erwirtschaften [Sch05a].

Heute geben 85% der Industrie- und Handelsunternehmen an, mit den Leistungen der Logistikdienstleister zufrieden zu sein. Im Vergleich zu in der Vergangenheit durchgeführten Trendstudien, hat sich die Qualität der Leistungen damit deutlich verbessert. Nur im Bereich der weiterführenden Dienstleistungen wird die Qualität nicht immer positiv, sondern zum Teil auch negativ beurteilt. Für die zukünftige Entwicklung des Logistikdienstleistungsmarkts erwarten Auftraggeber und Dienstleister ähnliche Themenschwerpunkte und messen ihnen gleich hohe Bedeutung zu. In diesem Zusammenhang sind es vorwiegend Themen wie Internationalisierung, RFID-Technologie, komplexe IT-Systeme sowie Prozessoptimierungen und Strukturanpassungen, die von beiden Seiten übereinstimmend als sehr wichtig eingeschätzt werden [Str05].

Literatur

[Al-L03] Al-Laham, A.: Organisationales Wissensmanagement – Eine strategische Perspektive. München: Vahlen 2003

[Bau96] Baumgarten, H.: Trends und Strategien in der Logistik 2000. Analysen – Potentiale – Perspektiven. TU Berlin 1996

[Bau02a] Baumgarten, H.; Buscher, R.: Dienstleistung in der Produktionslogistik. In: Baumgarten, H.; Wiendahl, H.-P.; Zentes, J. (Hrsg.): Logistik-Management, Strategien – Konzepte – Praxisbeispiele. Berlin/Heidelberg/New York: Springer 2002

[Bau02b] Baumgarten, H.; Thoms, J.: Trends und Strategien in der Logistik – Supply Chains im Wandel. TU Berlin 2002

[Bau02c] Baumgarten, H.; Zadek, H.: Struktur des Logistik-Dienstleistungsmarktes. In: Baumgarten, H.; Wiendahl, H.-P.; Zentes, J. (Hrsg.): Logistik-Management, Strategien – Konzepte – Praxisbeispiele. Berlin/Heidelberg/New York: Springer 2002

[Bau03a] Baumgarten, H.; Hoffmann, B.: Wissenstransfer in Unternehmensnetzwerken. Industrie Management 19 (2003) 3, 34–36

[Bau03b] Baumgarten, H.; Otto, M.: Internetbasiertes E-Procurement von Logistik-Dienstleistungen aus Sicht der verladenden Industrie. In: Baumgarten, H.; Wiendahl, H.-P.; Zentes, J. (Hrsg.): Logistik-Management, Strategien – Konzepte – Praxisbeispiele. Berlin/Heidelberg/New York: Springer 2003

[BLG07] BLG Logistics Automobile: verfügbar unter: http://www.blg.de/logistics/automobile_de.php. Letzter Abruf am 28.03.2007

[Bre98] Bretzke, W.-R.: „Make or buy" von Logistikdienstleistungen: Erfolgskriterien für eine Fremdvergabe logistischer Dienstleistungen. In: Isermann, H. (Hrsg.): Logistik – Gestaltung von Logistiksystemen. 2. Aufl. Landsberg/Lech: Moderne Industrie 1998, 393–402

[Del02] Delfmann, W.; Nikolova, N.: Strategische Entwicklung der Logistik-Dienstleistungsunternehmen – Auf dem Weg zum X-PL? In: BVL (Hrsg.): Wissenschaftssymposium Logistik der BVL 2002. München: Huss 2002

[Dun02] Dunz, M.: Grundlagen des E-Business. In: Wannenwetsch, H. (Hrsg.): E-Logistik und E-Business. Stuttgart: Kohlhammer 2002, 16–26

[Eis02] Eisenkopf, A.: Fourth Party Logistics (4PL) – Fata Morgana oder Logistik-Konzept von Morgen? In: BVL (Hrsg.): Wissenschaftssymposium Logistik der BVL 2002. München: Huss 2002

[Eve99] Evers, H.; Kasties, G.: Kompendium der Verkehrstelematik. Köln: TÜV-Verlag 1999

[Fin02] Finkenzeller, K.: RFID-Handbuch – Grundlagen und praktische Anwendungen induktiver Funkanlagen, Transponder und kontaktloser Chipkarten. 3. Aufl. München: Hanser 2002

[Fis96] Fischer, E.: Outsourcing von Logistik – Reduzierung der Logistiktiefe zum Aufbau von Kompetenzen. In: Schuh, G.; Weber, H.; Kajüter, P. (Hrsg.): Logistikmanagement – Strategische Wettbewerbsvorteile durch Logistik. Stuttgart: Schaeffer-Poeschel 1996, 227–239

[Fle03] Fleisch, E.; Kickuth, M.; Dierkes, M.: Ubiquitous Computing: Auswirkungen auf die Industrie. Industrie Management 19 (2003) 6, 29–31

[Fre04] Freitag, M.; Herzog, O.; Scholz-Reiter, B.: Selbststeuerung logistischer Prozesse – Ein Paradigmenwechsel und seine Grenzen. Industrie Management 20 (2004) 1, 23–27

[Fri01] Friedewald, M; Georgieff P.; Joepgen, M.: Application Service Providing – Software mieten statt kaufen. Z. f. Unternehmensentwicklung und Industrial Engineering 50 (2001) 6, 265–267

[Geb01] Gebresenbet, G.; Ljungberg, D.: Coordination and Route Optimization of Agricultural Goods Transport to Attenuate Environmental Impact. J. of Agricultural Engineering Research 80 (2001) 4, 329–342

[Gud95] Gudehus, T.: Systemdienstleister – ja oder nein? Fremdvergabe logistischer Leistungen. In: Hossner, R. (Hrsg.): Jahrbuch der Logistik 1995. Düsseldorf: Handelsblatt, 180–183

[Gud05] Gudehus, T: Logistik – Grundlagen Strategien Konzepte. 3. Aufl. Berlin/Heidelberg/New York: Springer 2005

[Gut03] Gutierrez, J.A.; Callaway, E.H.; Barrett, R.: IEEE 802.15.4 Low-Rate Wireless Personal Area Networks: Enabling Wireless Sensor Networks. Institute of Electrical & Electronics Engineering 2003

[Haa04] Haake, J.; Schwabe, G.; Wessner, M.: CSCL-Kompendium. Kirchheim: Oldenbourg 2004

[Häm00] Hämmerling, A.: Unternehmen fürchten Datenmissbrauch – Studie: Internet-Anwendungen zur Unterstützung logistischer Dienstleistungen. Cybiz: Das Fachmagazin für Erfolg mit E-Commerce. (2000) 4, 18–24

[Har07] Harms, E.H.: verfügbar unter: http://www.ehharms.de. Letzter Abruf am 16.02.2007

[Hül07] Hülsmann, M.; Windt, K.: Understanding Autonomous Cooperation & Control in Logistics – The Impact of Autonomy on Management, Information, Communication and Material Flow. Heidelberg: Springer/Physika. Vorgesehen zur Publikation 2007

[Jän04] Jänig, C: Wissensmanagement. Die Antwort auf die Herausforderungen der Globalisierung. Berlin/Heidelberg/New York: Springer 2004

[Jed06a] Jedermann, R.; Lang, W.: Wenn der Container mitdenkt – Permanenter Umgebungscheck durch Softwareagenten. In: RFID im Blick. Sonderausgabe RFID in Bremen 2006, 16–17

[Jed06b] Jedermann, R.; Gehrke, J.D.; Lorenz, M.; Herzog, O.; Lang, W.: Realisierung lokaler Selbststeuerung in Echtzeit: Der Übergang zum intelligenten Container. In: Pfohl, H.-C.; Wimmer, T. (Hrsg.): Wissenschaft und Praxis im Dialog. Steuerung von Logistiksystemen – auf dem Weg zur Selbststeuerung. Wissenschaftssymposium Logistik der BVL 2006. Hamburg: Deutscher Verkehrs-Verlag 2006, 145–166

[Kla03] Klaus, P.: Die Top 100 der Logistik 2003 – Eine GVB-Studie zu Marktsegmenten, Marktgröße und Marktführern in der deutschen Logistik-Dienstleistungswirtschaft. Hamburg: Deutscher Verkehrs-Verlag 2003

[Kla06] Neuvermessung der Logistik: Die Top 100 der Logistik 2006. verfügbar unter: www.logistik-top100.de/download/2006/Top_100_Exec_Summary_2006.pdf. Letzter Abruf am 16.02.2007

[Kra02] Krallmann, H.; Frank, H.; Gronau, N.: Systemanalyse im Unternehmen – Vorgehensmodelle, Modellierungsverfahren und Gestaltungsoptionen. 4. Aufl. München: Oldenbourg 2002

[Küh07] Deutscher Logistik-Preis 2005 der BVL für Kühne + Nagel, verfügbar unter: http://www.kn-portal.com/location.cfm?page=europe/DE/de_deutscherlogistikpreis2005. Letzter Abruf am 28.03.2007

[Lip04] Lipp, L.L.: Interaktion zwischen Mensch und Computer im Ubiquitous Computing. Münster: Lit Verlag 2004

[Mat03] Matten, F. (Hrsg.): Total Vernetzt. Berlin/Heidelberg/New York: Springer 2003, 1–41

[Neu02] Neumann, H.: Application Service Providing (ASP) in der Logistik. Logistik für Unternehmen 16 (2002) 1/2, 62–64

[Rin00] Rinza, T.: Dringend gesucht: der LLP. Fracht und Materialfluss – Technik und Praxis der Logistik 32 (2000) 4, 70–71

[Rot02] Roth, J.: Mobile Computing. Heidelberg: Dpunkt Verlag 2002

[Sca06] Scantec: ZigBee made Easy! – Drahtlose industrielle Aktor-Sensor-Netze in Technology Transfer, Hannover (2006) 2. verfügbar unter: http://www.topas.de/tt/2006_02/news_nov06.pdf. Letzter Abruf am 16.02.2007

[Sch00] Schneider, S.; Bierwirth, C.; Kopfer, H.: Marktübersicht Transportbörsen: Elektronische Märkte für Transportleistungen. Logistik für Unternehmen 14 (2000) 12, 34–37

[Sch02] Schimmele, M.: Outsourcing. In: Abele, E. (Hrsg.): Transportlogistik – Praxislösungen für Verlader und Logistikdienstleister. Kissing: Weka Media 2002, 160–194

[Sch02a] Schmidt-Siebrecht, K.: Application Service Providing – Die nächste Revolution. Materialfluss 33 (2002) 1/2, 12–14

[Sch02b] Schmitz, B.: Informations- und Kommunikationssysteme. In: Wannenwetsch, H. (Hrsg.): E-Logistik und E-Business. Stuttgart: Kohlhammer 2002, 27–43

[Sch04] Scholz-Reiter, B.; Wolf, H.: Information und Kommunikation. In: Arnold, D.; Isermann, H.; Kuhn, A.; Tempelmeier, H. (Hrsg.): Handbuch Logistik. 2. Aufl. Berlin/Heidelberg/New York: Springer 2004

[Sch05a] Schneiderbauer, D.; Neuhaus, A.: Mythen der Kontraktlogistik. Industrie Management 21 (2005) 5, 68–70

[Sch05b] Scholz-Reiter, B.; Tervo, J.T.: Optimierung von Produktions- und Logistiknetzwerken durch Synchronisation. Industrie Management 21 (2005) 5, 13–16

[Sch06a] Scholz-Reiter, B.; Tervo, J.T.: Approach to Optimize Production Networks by Means of Synchronization. In: Wamkeue, R. (Hrsg.): Modelling and Simulation, Proceedings of the 17th IASTED International Conference 2006, 160–165

[Sch06b] Scholz-Reiter, B.; Rekersbrink, H.; Freitag, M.: Kooperierende Routingprotokolle zur Selbststeuerung von Transportnetzen. Industrie Management 22 (2006) 3, 7–10

[Sch06c] Scholz-Reiter, B.; Philipp, T.; de Beer, C.; Windt, K.; Freitag, M.: Einfluss der strukturellen Komplexität auf den Einsatz von selbststeuernden logistischen Prozessen. In: Pfohl, H.-C.; Wimmer, T. (Hrsg.): Wissenschaft und Praxis im Dialog. Steuerung von Logistiksystemen – auf dem Weg zur Selbststeuerung. Hamburg: Deutscher Verkehrs-Verlag 2006, 11–25

[Sch07] Scholz-Reiter, B.; Gorldt, C.; Hinrichs, U.; Tervo, J.T.; Lewandowski, M.: RFID – Einsatzmöglichkeiten und Potentiale in logistischen Prozessen. Bremen: Mobile Research Center 2007

[Sch98] Scheer, A.W.: Informations- und Kommunikationssysteme in der Logistik. In: Weber, J.; Baumgarten, H. (Hrsg.): Handbuch Logistik. Stuttgart: Schäffer-Poeschel 1998, 495–508

[She04] Shepard, S.: RFID Radio Frequency Identification. New York: McGraw-Hill 2004

[Str05] Straube, F.; Dangelmaier, W.; Günthner, W.A.; Pfohl, H.-C.: Trends und Strategien in der Logistik – Ein Blick auf die Agenda des Logistik-Managements 2010. Hamburg: Deutscher Verkehrs-Verlag 2005

[Stu07] „Supply the Sky" Logistik die fliegt – STUTE maßgeblich am Erfolg beteiligt, verfügbar unter: http://www.stute.de/content/presse/pdf/supply_the_sky_kurz.pdf. Letzter Abruf am 28.03.2007

[Vah00] Vahrenkamp, R.: Logistikmanagement. 4. Aufl. München: Oldenbourg 2000

[Wei91] Weiser, M.: The Computer for the 21st century. Scientific American (1991) 9, 94–100

[Wes03] Westkämper, E.; Jendoubi, L.: Smart Factories – Manufacturing Environments and Systems of the Future. In: Bley, H. (Hrsg.): Proceedings of the 36th CIRP International Seminar on Manufacturing Systems 2003, 13–16

[Wie06] Wiesenthal, H.: Gesellschaftssteuerung und gesellschaftliche Selbststeuerung. Wiesbaden: VS Verlag für Sozialwissenschaften 2006

[Win05] Windt, K.; Böse, F.; Philipp, T.: Criteria and Application of Autonomous Cooperating Logistic Processes. In: Gao, J.X.; Baxter, D.I.; Sackett, P.J. (Hrsg.): Proceedings of the 3rd International Conference on Manufacturing Research – Advances in Manufacturing Technology and Management. Cranfield 2005

[Woe06] Woestmann, F.: Intelligente Gussbauteile – Wenn Bauelemente mit ihrer Umgebung interagieren. RFID im Blick, Sonderausgabe RFID in Bremen 2006, 49

[Zad02] Zadek, H.: Wissensmanagement in der Logistik – Eine Herausforderung für globale Unternehmen. In: BVL (Hrsg.): Wissenschaftssymposium Logistik der BVL 2002. München: Huss 2002

[Zah03] Zahariadis, T.: Evolution of the Wireless PAN and LAN standards. In: Schumny, H. (Hrsg.): Computer Standards & Interfaces Volume 26 (2003) 3, Elsevier/Amsterdam 2003, 175–185

[Zig06] ZigBee Alliance: Spezifikation Dezember 2006, verfügbar unter: http://www.zigbee.org. Letzter Abruf am 16.02.2007

[Zim04] Zimmermann, B.: Kontraktlogistik als Zukunftsmarkt der Logistikdienstleistungswirtschaft – Mittelstandkongruenz und Entwicklung eines mittelstandsgerechten Vertriebsmodells. Diss. Friedrich-Alexander-Universität Erlangen/Nürnberg 2004

[Zin02] Zinn, H.: Fourth Party Logistics: Mehr als nur ein Modebegriff? Logistik heute (2002) 9, 36

Teil C
Technische Logistiksysteme

Koordinatoren
Kai Furmans, Dieter Arnold

Autoren
Dieter Arnold (C 1, C 3.1)
Roland Aßmann (C 2.1)
Frank Thomas (C 2.2.1–2.2.6, C 4.1–4.5, C 4.8)
Jörg Oser (C 2.2.7)
Timm Gudehus (C 2.3.1–2.3.6)
Ralf Baginski (C 2.3.7)
Michael Freiherr v. Forstner (C 2.3.7)
Christoph Beumer (C 2.4)
Volker Lange (C 2.5)
Andreas Cardeneo (C 3.2, C 3.7)
Roland Frindik (C 3.3)
Sven Heidmeier (C 3.4)
Jürgen Siegmann (C 3.4)
Heinrich Frye (C 3.5)
Bernd Rall (C 3.6)
Ingo Schiffer (C 4.6)
Bernhard Lenk (C 4.6.1–4.6.3)
Ingomar Sotriffer (4.6.4)
Norbert Bär (C 4.6.5)
Thomas Kindermann (C 4.6.5)
Norbert Stein (C 4.6.5)
Jörg Föller (C 4.6.6–4.7)
Sascha Schmel (C 5)
Martin Mittwollen (C 6)

Einleitung

C1

Als originäre Aufgabe der Logistik kann die bedarfsgerechte Erzeugung von Materialflüssen angesehen werden. Diese Aufgabe ist nur dann optimal gelöst, wenn gleichzeitig mit dem besten Konzept der *Materialbewegung* eine Reihe von Nebenbedingungen technischen, wirtschaftlichen und organisatorischen Charakters erfüllt sind. Für die grundlegende Planung eines logistischen Prozesses (s. Kap. A 3 und A 4) ist die Technik seiner operativen Durchführung meist noch ohne entscheidenden Einfluss. Mit zunehmender Planungstiefe müssen jedoch immer mehr material- und branchenbedingte systemspezifische Merkmale beachtet werden (s. Teil B), die schließlich die Wahlmöglichkeiten für realisierbare technische Konzepte der Materialbewegung einengen. Dies gilt für den physischen Materialfluss und den Informationsfluss.

Darum ist ein Basiswissen für die materialflusstechnischen und informationstechnischen Mittel zur operativen Durchführung logistischer Prozesse notwendig. Die *technischen Logistiksysteme* werden im vorliegenden Werk diesem Anspruch gemäß behandelt.

Materialfluss innerhalb der Fabrik oder innerhalb eines Distributionszentrums unterliegt völlig anderen Bedingungen als im außerbetrieblichen Verkehr und auch dort gibt es zu Wasser, zu Lande und in der Luft eigene Systemmerkmale. Die Gliederung des Teiles C soll diesen spezifischen Merkmalen der technischen Logistiksysteme mit der Aufteilung in innerbetriebliche und außerbetriebliche Logistik (s. Kap. C 2, C 3) gerecht werden.

Logistik setzt weitgehende Freizügigkeit des Warenverkehrs voraus. Neben den Strukturmerkmalen der Logistikmärkte (s. Kap. D 3) müssen daher auch *Richtlinien* und *Normen* beachtet werden, die auf technische Logistiksysteme direkten und indirekten Einfluss haben (s. Kap. C 5). Schließlich ist die Qualität einer logistischen Leistung ganz entscheidend mit der *Zuverlässigkeit* und *Verfügbarkeit* der technischen Logistiksysteme verknüpft (s. Kap. C 6).

Innerbetriebliche Logistik

C 2.1 Stückgutförderer in Logistiksystemen

In Abgrenzung zur Verkehrstechnik beschränkt sich die *Fördertechnik* im Wesentlichen auf den innerbetrieblichen Transport sowie den Warenumschlag in Häfen, auf Flughäfen, auf Bahnhöfen und in Lägern. Die Beschreibung einer fördertechnischen Aufgabe kann immer durch eine Aufteilung in die zu bewältigenden *Förderstrecken*, in die zu bewegenden *Fördergüter* sowie in die notwendigen *Fördermittel* erfolgen. Unter dem Oberbegriff „Fördermittel" sind die in der Fördertechnik eingesetzten Geräte und Hilfsmittel zusammengefasst. Da sich nicht jedes Fördermittel im Rahmen einer Förderaufgabe für jedes Fördergut unter Berücksichtigung von Beschaffenheit, Menge und Zeit gleichermaßen eignet und auch nicht jede Förderstrecke von jedem Fördermittel realisiert werden kann, kommt der Auswahl des Fördermittels bei der Lösung einer Förderaufgabe eine zentrale Bedeutung zu (Bild C 2.1-1).

Fördergüter werden nach ihrer physikalischen Beschaffenheit unterteilt in *Schüttgüter* (z. B. Getreide, Kohle, Erze, Sand) und *Stückgüter* (z. B. Kartons, Kisten, Container). Sehr oft werden Stückgüter auf bzw. in sog. *Ladehilfsmitteln* (z. B. Paletten, Gitterboxen) zusammengefasst. Nachfolgend werden ausschließlich Stückgutförderer betrachtet, wobei darauf hingewiesen werden soll, dass auch in Gebinde (z. B. Flüssigkeitscontainer nach VDI 2383) abgefüllte Schüttgüter mit Hilfe von Stückgutförderern transportiert werden.

Die Förderstrecke kann eine ein-, zwei- oder dreidimensionale Bewegung des Fördergutes erfordern, wobei das *Lastaufnahmemittel* linienförmige, flächige oder räumliche Bewegungen ausführen kann. Zusätzlich können Förderer mit diskreten Aufnahme- und Abgabepunkten und Förderer mit innerhalb des Arbeitsbereiches beliebigen Aufnahme- und Abgabepunkten unterschieden werden.

Zur Einteilung der Fördermittel ist die Stetigkeit des Fördervorgangs ein wesentliches Kriterium. Es können Förderer mit stetigen, quasistetigen (pulsierenden) und unstetigen Förderprozessen unterschieden werden.

Stetige Stückgutförderer zeichnen sich durch eine kontinuierliche, quasistetige Stückgutförderer durch eine periodische Förderbewegung aus, wobei die Förderrichtung

Bild C 2.1-1 Abhängigkeiten zwischen Fördergut, Förderstrecke und Fördermittel

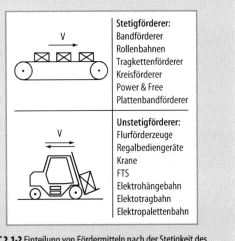

Bild C 2.1-2 Einteilung von Fördermitteln nach der Stetigkeit des Fördervorgangs

stets beibehalten wird. Kennzeichnend für stetige und quasistetige Stückgutförderer ist die Möglichkeit, mehrere Stückgüter in einem vorgegebenen oder zufälligen Abstand zu transportieren, ohne dass das Lastaufnahmemittel zwischen zwei Stückgütern gegen die Förderrichtung wieder in die Ausgangsposition zurückkehren muss. Dadurch sind gegenüber *Unstetigförderern* trotz i. Allg. deutlich niedrigerer Fördergeschwindigkeiten meist weit höhere *Durchsätze* zu erzielen. Im Folgenden werden stetige und quasistetige Förderer neutral als *Stetigförderer* bezeichnet und somit hinsichtlich der Begriffsbestimmung nicht weiter unterschieden (Bild C 2.1-2).

C 2.1.1 Aufgaben für Stückgutförderer

Neben dem *Fördern*, das im Sinne des Materialflusses dem Transport von Fördergütern zwischen einer *Quelle* und einer *Senke* entspricht, kommen Stückgutförderern folgende Aufgaben zu (Bild C 2.1-3):
– Zusammenführen,
– Stauen bzw. Puffern,
– Vereinzeln und
– Verteilen.

Weiterhin sind Stückgutförderer in vielen *Bedienprozessen* – z. B. zur Unterstützung von Fertigungs- oder Montagevorgängen – anzutreffen.

Das *Stauen* von Fördergütern kann aus verschiedenen Gründen erforderlich werden. So werden *Stauförderer* eingesetzt, um Fördergüter für einen nachfolgenden Förder- oder Arbeitsprozess zu sammeln oder um als *Puffer* zu wirken, der (Förder-)Vorgänge entkoppelt. Dadurch kann erreicht werden, dass nicht jede kurz andauernde Störung eine komplette Anlage blockiert, weil alle vor- und/oder nachgeschalteten Förder-, Fertigungs- und Montageprozesse sofort gestoppt werden müssen.

Ein *Vereinzeln* wird immer dann erforderlich, wenn auf Fördergüter in nachfolgenden Prozessen als individuelle Einheit zugegriffen werden soll, z. B. wenn Pakete bei unterschiedlichen Zielvorgaben an einer Verzweigung in verschiedene Richtungen weitergefördert werden sollen. Folgen hier mehrere Pakete ohne erkennbare Lücke aufeinander, kann eine Lichtschranke lediglich den Anfang des ersten und das Ende des letzten Paketes detektieren. Folglich werden die betreffenden Pakete die Verzweigung in eine Richtung passieren.

Das *Zusammenführen* von zwei oder mehr Försterängen stellt insbesondere bei hohen Fördergeschwindigkeiten und Durchsätzen gesteigerte Anforderungen an die Synchronisierung der zusammengeführten Förderer, wobei stets eine ausreichende Lücke gewährleistet sein muss. Dagegen müssen beim Verteilen die einzelnen Fördereinheiten i. d. R. während der Förderbewegung identifiziert oder einer Wegverfolgung unterworfen werden. Der Übergang von einem Verteilprozess hin zu einem Sortiervorgang (s. Abschn. C 2.4) ist fließend. Während bei einem *Sorter* eine Verteilung auf eine meist zwei- oder dreistellige Anzahl von Zielstellen erfolgt, beschränken sich die hier in Abschn. C 2.1 angesprochenen Verteiler auf einige wenige, oft auch nur auf zwei Zielstellen.

Eine weitere, in der Praxis sehr bedeutende Unterscheidung wird zwischen leichten und schweren Stückgutförderern vorgenommen. Eine weit verbreitete Definition leichter Stückgüter stellt die Begrenzung auf die Masse von max. 50 kg pro Fördereinheit und oft 100 kg pro m Förderstrecke dar (s. Axmann). Bis zu diesem (Gewichts-)Limit sind manuelle Eingriffe in den Förderablauf, z. B. an einer Aufgabestelle oder zur Störungsbeseitigung, typisch. Schwere Stückgutförderer setzen oberhalb des genannten Limits ein, wobei 500, 1000 und 1500 kg gebräuchliche, meist standardisierte Traglastklassen für Stetigförderer sind. Der Aufbau und der Funktionsablauf leichter und schwerer Stückgutfördersysteme unterscheiden sich deutlich, auch wenn teilweise der gleiche Typus von Förderern (z. B. Rollenbahnen) eingesetzt werden. Deshalb werden beide Traglastklassen nachfolgend getrennt behandelt.

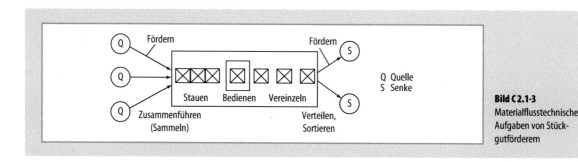

Bild C 2.1-3 Materialflusstechnische Aufgaben von Stückgutförderern

C 2.1.2 Durchsatz von Stückgutförderern

Eine wichtige Angabe bei der Beschreibung von Fördervorgängen ist die pro Zeiteinheit bewegte Menge an Fördergut. Auf Grund der stark schwankenden Dichte von Stückgütern (vgl. leerer Karton/beladener Karton) stellt der Massenstrom keine aussagekräftige Größe für die Vorgabe der zu fördernden Mengen bzw. für die Angabe der Leistungsfähigkeit von Stückgutförderern dar. Besser geeignet und deshalb üblich ist die Angabe der pro Zeiteinheit geförderten Ladeeinheiten, dem sog. *Durchsatz* λ in 1/ZE (ZE Zeiteinheit). Wird ein vernetztes Materialflusssystem in einzelne Förderstrecken zerlegt (Bild C 2.1-4), wobei imaginär jeweils eine *Quelle* Q und eine *Senke* S den Anfang bzw. das Ende einer Förderstrecke markieren, ist es unerheblich, mit welchem Fördermittel die Ladeeinheiten bewegt werden. Einzig das Weg-Zeitverhalten der Fördereinheiten und daraus abgeleitet der Durchsatz beschreiben einen Fördervorgang im Sinne des Materialflusses.

Folgen mehrere Fördereinheiten der Länge s_0 im Abstand s (vgl. Bild C 2.1-2 oben) und ist die Fördergeschwindigkeit v konstant, lässt sich der Durchsatz λ über die Gleichung

$$\lambda = \frac{v}{s} \qquad (C\,2.1\text{-}1)$$

berechnen. Die Voraussetzungen für Gl. (C 2.1-1) werden von Stetigförderern eher erfüllt als von Unstetigförderern. Bei letzteren lässt sich oft kein Abstand zwischen einzelnen Ladeeinheiten definieren bzw. nimmt ein Fördermittel (z. B. Gabelstapler) zu einem Zeitpunkt nur eine *Ladeeinheit* auf. Für Unstetigförderer kann der Durchsatz über die sog. *Spielzeit* t_s berechnet werden:

$$\lambda = \frac{1}{t_s} = \frac{1}{\sum_{i=1}^{n} t_i}. \qquad (C\,2.1\text{-}2)$$

Die Spielzeit t_s umfasst alle Zeiten zur Lastaufnahme, zur Beschleunigung, zur Förderung, zur Verzögerung, zur Lastabgabe und zur Rückkehr des leeren Lastaufnahmemittels zum Ausgangspunkt sowie evtl. Schalt- und Beruhigungszeiten. Die Spielzeit ist i. d. R. stochastisch verteilt, kann bei getakteten Prozessen aber auch deterministisch sein. Bei konstanter Taktzeit T berechnet sich der Durchsatz zu $\lambda = 1/T$. Die Ermittlung des zeitlichen Abstandes zweier Ladeeinheiten, der sog. *Zwischenankunftszeit*, sowie ihrer realen zeitlichen Verteilung $f(t)$ ist bei stochastischen Prozessen in der Praxis oft aufwändig, stellt aber die Grundlage zur Abschätzung von erforderlichen Durchsätzen oder zur Festlegung der Anzahl der notwendigen Stauplätze dar (s. Arnold).

Dem erforderlichen bzw. vorhandenen Durchsatz für eine Förderaufgabe steht der technisch maximal erreichbare Durchsatz eines Fördermittels, üblicherweise als *Grenzdurchsatz* γ in 1/ZE bezeichnet, gegenüber. Per Definition ist der Durchsatz λ einer Förderanlage immer kleiner oder höchstens gleich dem Grenzdurchsatz γ. Der *Auslastungsgrad* ρ eines Fördermittels beschreibt das Verhältnis des Durchsatzes λ zum Grenzdurchsatz γ,

$$\rho = \frac{\lambda}{\gamma} \leq 1 \qquad (C\,2.1\text{-}3)$$

und kann den Wert 1 nicht überschreiten.

Werden mehrere Förderströme 1...n zusammengeführt, so summieren sich deren Durchsätze $\lambda_1, \lambda_2, ... \lambda_n$ zum Gesamtdurchsatz λ. Teilt sich eine Förderstrecke in mehrere Förderstrecken 1...m auf, so bleibt der Gesamtdurchsatz erhalten. Für eine allgemeine Zusammenführung bzw. Verzweigung (Bild C 2.1-5) gilt

$$\begin{aligned}\lambda &= \sum_{j=1}^{m}\lambda_{1j} + \sum_{j=1}^{m}\lambda_{2j} + ... + \sum_{j=1}^{m}\lambda_{ij} + ... + \sum_{j=1}^{m}\lambda_{nj} \\ &= \sum_{i=1}^{n}\lambda_{i1} + \sum_{i=1}^{n}\lambda_{i2} + ... + \sum_{i=1}^{n}\lambda_{ij} + ... + \sum_{i=1}^{n}\lambda_{im}\end{aligned} \qquad (C\,2.1\text{-}4)$$

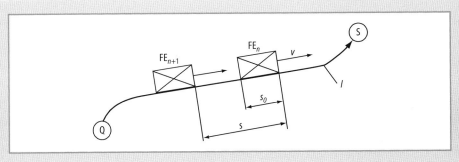

Bild C 2.1-4 Fördereinheiten (FE) auf einer Förderstrecke der Länge l [Am02]

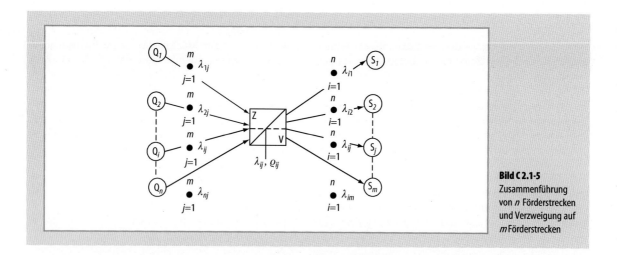

Bild C 2.1-5 Zusammenführung von n Förderstrecken und Verzweigung auf m Förderstrecken

Bild C 2.1-6 Förderanlage für leichte Stückgüter (Dematic, Offenbach)

oder kürzer:

$$\lambda = \sum_{i=1}^{n}\sum_{j=1}^{m} \lambda_{ij} \qquad \text{(C 2.1-5)}$$

Analog zu Gl. (C 2.1-3) gilt für die allgemeine Zusammenführung bzw. Verzweigung, dass die Summe aller Quotienten aus Einzeldurchsätzen λ_{ij} und Einzelgrenzdurchsätzen ρ_{ij} immer kleiner Eins sein muss.

$$\sum_{i=1}^{n}\sum_{j=1}^{m} \frac{\lambda_{ij}}{\gamma_{ij}} + \sum_{i=1}^{n}\sum_{j=1}^{m} v_{ij} ts_{ij} \leq 1 \qquad \text{(C 2.1-6)}$$

Die zweite Doppelsumme berücksichtigt Zeit- bzw. Durchsatzverluste innerhalb des Zusammenführungs- und Verzweigungselements auf Grund von Schaltvorgängen, wobei das Produkt aus *Schaltfrequenz* v_{ij} und *Schaltzeit* ts_{ij} den anteiligen Zeitverlust aller Fördervorgänge von der Quelle i zur Senke j angibt.

C 2.1.3 Tragförderer für leichte Stückgüter

Stetigförderer für leichte Stückgüter finden insbesondere bei Paketdiensten, bei der Post (s. Abschn. C 3.8), im Versandhandel und bei vielen (manuellen) Kommissionieranlagen sowie in Vorzonen von automatisierten Kleinteilelägern (AKL) ihre Anwendung. Neben einer Begrenzung auf 50 kg pro Fördereinheit ist eine Auslegung der Förderer auf standardisierte Abmessungen von $L \times B \times H = 600$ mm $\times$ 400 mm $\times$ 500 mm üblich, wenn Leistungsdaten wie Durchsatz, Ein- und Ausschleusraten zu vergleichen sind (Bild C 2.1-6).

Allgemein gilt, dass die erreichbaren Durchsätze mit kleinen Abmessungen zunehmen bzw. mit größeren Abmessungen abnehmen. Um eine Vergleichbarkeit der Angaben zu gewährleisten, beziehen sich alle genannten Daten auf diese Standardabmessungen. Leichte Stückgutförderer werden i. Allg. elektrisch angetrieben, wobei allerdings pneumatische Betätigungen für Bremsen und Sperren sowie Aus- und Einschleuselemente weit verbreitet sind.

C 2.1.3.1 Rollen- und Röllchenförderer

Rollen- und Röllchenbahnen sind in der Stückgutfördertechnik die mit am häufigsten anzutreffenden Förderer. Herausragende Eigenschaften sind der einfache und robuste Aufbau, der geringe Energiebedarf und ein weites Spektrum an förderbaren Stückgütern hinsichtlich Gewicht, Beschaffenheit und Abmessungen. Allerdings müssen die Böden des Förderguts gewisse Mindeststandards erfüllen. Besonders geeignet sind Kisten, Kartons, Behälter und sonstige Ladeeinheiten mit ebenen, festen Böden. Aber auch Fördergüter mit gewölbten und ausgebeulten Böden können transportiert werden. Problematisch sind Fördergüter mit sehr weichem Boden (z. B. Säcke). Ungeeignet sind dagegen Böden mit Stegen, die quer zur Förderrichtung verlaufen, Böden mit Mitnahmezapfen sowie Fördergüter mit Füßen geringer Ausdehnung. Eine weitere bedeutsame Restriktion ist die Mindestabmessung. Die Ausdehnung in Förderrichtung muss mindestens der dreifachen Rollenteilung entsprechen.

Nichtangetriebene Rollen- und Röllchenbahnen

Sie sind wegen ihres einfachen Aufbaus, der i. d. R. nicht benötigten elektrischen Installation sowie der geringen Investitions- und Betriebskosten immer noch häufig anzutreffende Förderelemente. Der Antrieb der Fördereinheiten erfolgt entweder auf Gefällestrecken mit Hilfe der Schwerkraft oder aber manuell. Auf Grund ihres unsicheren Vortriebs sollte der Einsatz von nichtangetriebenen Rollen- und Röllchenbahnen innerhalb automatisierter Fördersysteme insbesondere dann vermieden werden, wenn Störungen im Förderfluss nachfolgende Prozesse beeinträchtigen können. Jedoch sind Anwendungen im Bereich von Aufgabe- und Zielstellen auch in größeren Anlagen durchaus üblich.

Problematisch ist bei Schwerkraftförderung die von Gewicht und Beschaffenheit des Förderguts abhängige Fördergeschwindigkeit (Bild C 2.1-7). Während bei einer bestimmten Neigung leichte Stückgüter mit weichem Boden sich evtl. nicht mehr vorwärts bewegen können, erreichen schwere Stückgüter mit hartem Boden evtl. eine hohe Fördergeschwindigkeit, die beim Aufprall auf gestaute Fördereinheiten zu Beschädigungen oder Zerstörungen führen kann.

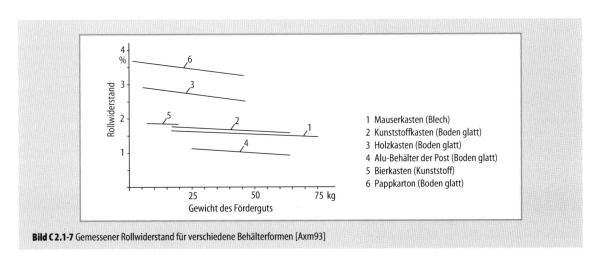

Bild C 2.1-7 Gemessener Rollwiderstand für verschiedene Behälterformen [Axm93]

Angetriebene Rollenbahnen

Sie weisen im Gegensatz zu nichtangetriebenen Rollen- und Röllchenförderern eine vorgegebene Geschwindigkeit auf. Meist erfolgt der Antrieb zentral für eine komplette Rollenbahn durch einen elektrischen Getriebemotor, wobei das Antriebsmoment über Flach- oder Zahnriemen auf die einzelnen Rollen übertragen wird (Bild C 2.1-8).

Seit einigen Jahren sind auch Rollen mit integriertem Gleichstrommotor auf dem Markt, erreichen allerdings nur als bürsten- und getriebelose Variante die Standzeit der meist als Drehstromasynchron-Getriebemotoren ausgeführten Zentralantriebe. Längere Rollenbahnen erfordern auf Grund der begrenzten Antriebsleistung (<100 W) mehrere dieser Antriebsrollen. Der Übertrieb zu den nicht direkt angetriebenen Rollen erfolgt meist über Rundriemen.

Die Fördergeschwindigkeit liegt i. Allg. zwischen 0,1 und 1,0 m/s. Höhere Geschwindigkeiten führen neben einer höheren Beanspruchung des Förderguts zu Geräuschen, die aus arbeitsschutzrechtlichen Gründen meist nicht akzeptiert werden. Durch kunststoffbeschichtete Rollen kann in vielen Fällen das Geräuschniveau gesenkt werden. Die Vorteile angetriebener Rollenbahnen gegenüber anderen Fördersystemen (z. B. Band- oder Kettenförderer) sind vielfältig.

Der bei metallischen Rollen geringe Reibbeiwert zwischen Rolle und Fördergut lässt eine kraftsparende seitliche Aufgabe bzw. Entnahme von Paketen oder Behältern zu. Die Substitution einzelner Rollen durch Quer- oder Schrägtransfere ermöglicht einfache Ein- und Ausschleusvorgänge. Die Reduktion bzw. das temporäre Aufheben des Reibschlusses zwischen Kraftübertragungselement und Rolle bildet die Basis vieler *Staufördersysteme*. Durch schräg angeordnete Rollen, sog. *Schrägrollenbahnen*, können die Fördereinheiten einseitig ausgerichtet werden. Schließlich ermöglichen *konische Rollen* das Drehen von Fördereinheiten ohne Unterbrechung des Förderflusses. Eine andere Anwendung finden konische Rollen in *Rollenbahnkurven*, wo sie zu einer deutlichen Reduktion der Reibverluste beitragen. Nicht oder nur selten werden Steigstrecken mit Rollenförderern ausgerüstet, da der niedrige Reibbeiwert zwischen Fördergut und Rolle nur kleine Steigungswinkel zulässt.

C 2.1.3.2 Bandförderer

Neben den Rollenförderern bilden Bandförderer das in leichten Stückgutförderanlagen (s. Bild C 2.1-6) am häufigsten eingesetzte Fördermittel. Ein für Stückgüter konzipierter Bandförderer hat außer dem Namen und der grundsätzlichen Funktionsweise nur wenig gemein mit den oft für kilometerlange Transporte eingesetzten Schüttgutförderern. So wird der *Gurt* meist auf einem ebenen Bett gleitend, selten rollend abgetragen. Die Antriebsleistungen liegen mit maximal einigen Kilowatt um einige Größenordnungen unter denen großer Schüttgutförderer. Auf Grund der geringen Anzahl bewegter Teile sind Gurtförderer insbesondere bei langen Förderstrecken meist das günstigste Fördermittel. Zudem verfügen sie gegenüber Rollen- und Kettenförderer über einige nennenswerte Vorteile.

Am bedeutsamsten sind das extrem breite Fördergutspektrum, das sich mit Hilfe von Bandförderern (Bild

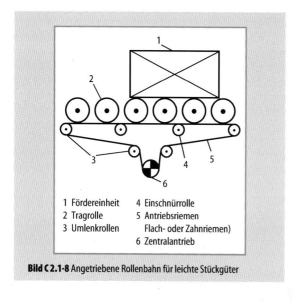

Bild C 2.1-8 Angetriebene Rollenbahn für leichte Stückgüter

1 Fördereinheit
2 Tragrolle
3 Umlenkrollen
4 Einschnürrolle
5 Antriebsriemen
  Flach- oder Zahnriemen)
6 Zentralantrieb

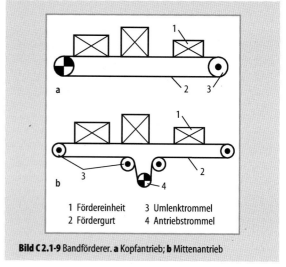

Bild C 2.1-9 Bandförderer. **a** Kopfantrieb; **b** Mittenantrieb

1 Fördereinheit
2 Fördergurt
3 Umlenktrommel
4 Antriebstrommel

C 2.1-9) transportieren lässt. So werden auch sehr kleine Fördereinheiten bewegt, die bei Rollenförderern eine entsprechend kleine Rollenteilung erfordern würden. Hohe Fördergeschwindigkeiten bis zu 3 m/s erlauben sowohl kurze Transportzeiten als auch hohe Durchsätze. Der hohe Reibbeiwert zwischen Gurt und Fördergut ermöglicht neben Steigungsstrecken auch hohe Beschleunigungs- und Verzögerungswerte, weshalb Bandförderer oft in Zuführstrecken (Induction) von Sortieranlagen nach VDI 2340 oder in Synchronisierstrecken vor Zusammenführungen eingesetzt werden. Das ebene Gleitbett verhindert periodische Anregungen von Schwingungen, wie sie beispielsweise wegen der Rollenteilung bei Rollenförderern auftreten kann. Damit wird die Geräuschbildung reduziert und das Fördergut geschont. Einfache Gurtförderer werden i. d. R. mit *Kopfantriebsstationen* ausgestattet, d. h., die Antriebsstation befindet sich am Ende des Förderers. Muss der Förderer *reversierbar* sein, bietet die mittige Anordnung der Antriebsstation im Untertrumm Vorteile.

Besonderes Augenmerk ist auf die *Gurtführung* zu richten, da nur einem sorgfältig geführten Gurt eine lange Lebensdauer beschert ist. Bewährt haben sich zylinderförmige Antriebs- und Umlenktrommeln mit beidseitig leicht konischen Enden. Derartige Trommeln zentrieren den Gurt ähnlich zuverlässig wie leicht ballige Trommeln, sind aber kostengünstiger herzustellen. Die bei leichten Stückgutförderern zum Einsatz kommenden Gurte verfügen i. Allg. nicht über eine Stahleinlage und sind somit den reinen Kunststoffgurten zuzurechnen. Als Zugeinlage kommen häufig Polyestergewebe zum Einsatz, die mit zwei unterschiedlichen Deckschichten versehen werden. Während die Unterseite einen geringen Reibbeiwert zwischen Gurt und Gleitbett gewährleisten soll, muss der Reibbeiwert auf der Oberseite höher sein, um eine sichere Mitnahme des Förderguts zu gewährleisten. Bei kippgefährdeten Fördergütern ist allerdings auch auf der Oberseite ein nicht zu hoher Reibbeiwert vorteilhafter.

C 2.1.3.3 Tragkettenförderer

Tragkettenförderer sind in leichten Stückgutförderanlagen seltener anzutreffen, da sie einheitliche Abmessungen der Fördergüter voraussetzen und einen stabilen Boden erfordern. Für Anlagen, die für den Einsatz von *Ladehilfsmitteln* (z. B. Boxen oder Tablare) konzipiert sind, sind sie jedoch gut geeignet. So sind sie u. a. in den Vorzonen von *Automatischen Kleinteilelägern* (AKL) (s. Abschn. C 2.2.5) und in *Montagefördersystemen* zu finden. Aufbau und Funktionsweise von Tragkettenförderern sind einfach. Zwei oder mehr angetriebene Rollenketten werden auf je einer (Kunststoff-)Schiene abgetragen. Die Ladeeinheit selbst wird von den Kettenlaschen aufgenommen. Die Gewichtskräfte des Förderguts werden so reibungs- und verschleißarm über die Rollen der Kette in die Tragschiene eingeleitet. Vorteilhafte Eigenschaften von Tragkettenförderern sind der robuste Aufbau sowie die Unempfindlichkeit gegenüber verölten und stark verschmutzten Fördergütern.

C 2.1.3.4 Elektrotragbahn

Die Elektrotragbahn (ETB) basiert auf der in Abschn. C 2.1.5.4 beschriebenen Elektrohängebahn (EHB), erreicht

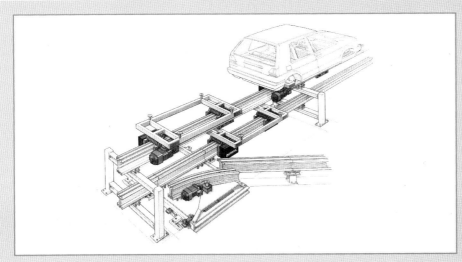

Bild C 2.1-10
Elektrotragbahn

aber bei weitem nicht deren Verbreitung und Bekanntheit. Auf einer Laufschiene rollen richtungsgebunden einzelne, weitgehend voneinander unabhängig operierende Fahrzeuge. Neben Trag- und Führungsrollen verfügt jedes Fahrzeug über einen elektrischen Fahrantrieb, dessen Stromversorgung über Schleifleitungen erfolgt. Im Gegensatz zu Elektrohängebahn-Fahrzeugen erfolgt die Lastaufnahme oberhalb der Laufschiene auf einem der Anwendung angepassten Lastaufnahmemittel. Gebräuchlich sind Traglasten von 500 kg (Transportgut und Lastaufnahmemittel) für ein Fahrzeug, bestehend aus einem angetriebenen Fahr- und einem nicht angetriebenen Laufwerk nach VDI 4422. Mit Kurvenelementen kleiner Radien (1000 mm), Steigstrecken (bis 30°) und Dreh- bzw. Verschiebeweichen können auch anspruchsvolle Streckenführungen realisiert werden. Die Auffahrsicherung erfordert entweder eine Blockstreckensteuerung oder eine optische bzw. induktive Abstandssensorik.

Der Einsatz der Elektrotragbahn bietet sich an, wenn bei kleinen Durchsätzen viele Auf- bzw. Abgabestellen bedient werden sollen, wobei für einige Anwendungen aktive Lastaufnahme mittel wie Quergurtförderer oder Kippschale (Bild C 2.1-10) Anwendung finden können. Die hierfür benötigten Antriebs- und Steuerungselemente können ebenso wie der Fahrantrieb über die Schleifleitung versorgt werden. Weitere Vorteile liegen in der hohen Fördergeschwindigkeit von bis zu 2 m/s bei gleichzeitig geringer Geräuschemission sowie dem schonenden Transport für (stoß-)empfindliche Fördergüter.

C 2.1.3.5 Verteil- und Zusammenführungselemente für leichte Stückgutförderer

In automatisierten Fördersystemen bilden Anlagen, die das Fördergut lediglich von einer Aufgabe- hin zu einer Abgabestelle bewegen, die Ausnahme. In den weitaus meisten Anlagen ist der Materialfluss mehr oder weniger verzweigt. Neben häufig anzutreffenden manuellen Auf- und Abgabevorgängen, deren ergonomische Gestaltung eine besondere Bedeutung zukommt (s. VDI 3657), sind insbesondere für leichte Stückgutfördersysteme vielfältige Verteil- und Zusammenführungselemente verfügbar. Allerdings ist zu beachten, dass nicht alle Verteil- und Zusammenführungselemente mit jedem Fördermittel kompatibel sind.

Verzweigungs- und Zusammenführungselemente können entsprechend ihrer Materialflussfunktion (s. Arnold) in *stetige* (z. B. Verschiebeweichen), *teilstetige* (z. B. Drehtische und -scheiben, Parallelweichen) und *unstetig* arbeitende Systeme (z. B. Verfahrwagen mit einseitiger Lastaufnahme und -abgabe) unterschieden werden. Die für Verzweigungs- und Zusammenführungselemente wichtigste

Bild C 2.1-11
Schrägtransfer für Kunststoffboxen (Dematic, Offenbach)

Kenngröße stellt die *Aus- bzw. Einschleusrate* dar. Die genannten Zahlen sind Erfahrungswerte, die u. a. auch von dem Fördergut selbst beeinflusst werden.

Quer- und Schrägtransfere

Sie werden häufig in Kombination mit Rollenförderern ausgeführt. Beim Quertransfer wird in zwei oder mehr Lücken zwischen Tragrollen ein oder mehrere Ketten-, oder (Zahn-)Riemenförderer angeordnet, die bei Bedarf über das Niveau der Rollen angehoben werden können. Bei Schrägtransferen werden die Tragrollen im Bereich der Transfere geteilt (Bild C 2.1-11).

Die Transfere werden elektromechanisch oder pneumatisch abgesenkt bzw. angehoben. Eine i. d. R. opto-elektronische Sensorik steuert dabei ereignisorientiert die Hub- bzw. Senkbewegung. Die erreichbare Aus- bzw. Einschleusrate von Schrägtransferen liegt über der Ein- und Ausschleusrate von Quertransferen, da das Fördergut nicht rechtwinklig umgelenkt werden muss und so einen Teilimpuls in Förderrichtung beibehalten kann. 45°-Riemenschrägtransfere eignen sich für Durchsätze bis ca. 3000 FE/h, 45°-Kettenschrägtransfere bis ca. 2000 FE/h und rechtwinklige Kettentransfere bis ca. 1500 FE/h (FE Fördereinheiten).

Pusher und Puller (Schieber und Zieher)

Ein formschlüssiges Abstreifelement greift die Fördereinheit an der Seitenfläche und schiebt oder zieht sie auf eine rechtwicklig angeschlossene Förderstrecke oder Rutsche (Bild C 2.1-12). Als Antrieb für Pusher und Puller kommen meist pneumatische Lineareinheiten, elektrisch angetriebene Kurbelmechanismen oder kettengetriebene Kämme zum Einsatz. Die formschlüssige Arbeitsweise muss je nach Einsatzfall als Vor- oder Nachteil bewertet werden. Einerseits ist die Ausschleusung unabhängig von Bodenbeschaffenheit und Reibbeiwerten stets gewährleistet, andererseits bedeutet es für das Fördergut eine vergleichsweise rauhe Behandlung, wodurch die Gefahr der Beschädigung oder Zerstörung besteht. Bei konstruktiv einfachen Ausführungen muss das Abstreifelement immer wieder in seine Ausgangsposition zurückkehren, weshalb die erreichbare Ausschleusrate von etwa 1000 bis 1200 FE/h relativ niedrig ist. Eine Erhöhung der Anzahl der Abstreifelemente (z. B. beim *Kammpusher*) lässt einen höheren Durchsatz von ca. 1600 FE/h zu. Einer weiteren Erhöhung der Ausschleusrate steht eine steigende Beanspruchung des Fördergutes entgegen. Seit kurzem stehen allerdings Pusher zur Verfügung, die mit einer optischen Sensorik die Annäherung an die Fördereinheit erkennen und kurz vor dem Stoß die Geschwindigkeit reduzieren. Damit kann trotz einer Steigerung der Ausschleusrate die mechanische Beanspruchung des Fördergutes vermindert werden.

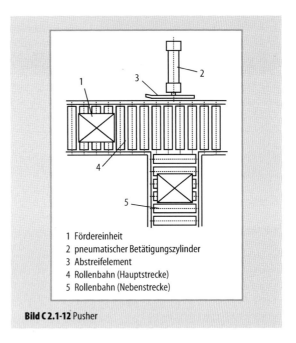

1 Fördereinheit
2 pneumatischer Betätigungszylinder
3 Abstreifelement
4 Rollenbahn (Hauptstrecke)
5 Rollenbahn (Nebenstrecke)

Bild C 2.1-12 Pusher

Dreh- und Schwenktische

Im Gegensatz zu schweren Stückgutförderern (s. Abschn. C 2.1.4) finden Dreh- und Schwenktische bei leichten Stückgutförderanlagen nur selten Anwendung. Die herausragende Eigenschaft von Drehtischen liegt in der Möglichkeit, mit einem Verteil- oder Zusammenführungselement vier und mehr Förderstrecken miteinander zu verbinden, wobei ein oder mehrere zuführende Förderstrecken ebenso realisierbar sind wie ein oder mehrere abfördernde Strecken. Bei Vergrößerung des Drehtischdurchmessers kann eine höhere Anzahl von Förderstrecken angeschlossen werden, allerdings wird dadurch der erreichbare Durchsatz reduziert. Dreh- und Schwenktische sind meist mit Rollenbahnen oder Kettenförderern, seltener mit Bandförderern, ausgerüstet. Die mit Drehtischen erreichbare Ausschleusrate ist gering und liegt für die Standardabmessungen $L \times B \times H = 600\,mm \times 400\,mm \times 500\,mm$ und vier Abgängen bei ca. 1000 FE/h. Schwenktische lenken das Fördergut nur um ca. 30° um. Dieser im Vergleich zu Drehtischen sehr viel kleinere Drehwinkel ermöglicht kürzere Umschaltzeiten, was sich positiv auf den maximal erreichbaren Durchsatz auswirkt, der bei modernen Konstruktionen bis zu 3600 FE/h betragen kann (Bild C 2.1-13).

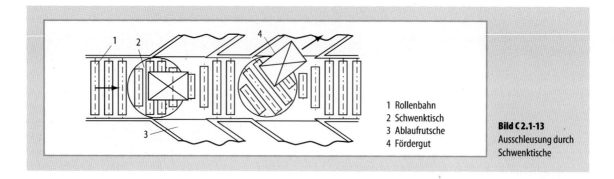

1 Rollenbahn
2 Schwenktisch
3 Ablaufrutsche
4 Fördergut

Bild C 2.1-13 Ausschleusung durch Schwenktische

Pop-up-Rollenleisten

Sie werden sowohl als Ausschleuselemente als auch bei mehreren in Serie angeordneten Rollenleisten als sog. „Pop-up-Sorter" eingesetzt. Aufbau und Funktionsweise unterscheiden sich nicht, weshalb an dieser Stelle auf die Ausführungen in Abschn. C 2.4 verwiesen wird.

Schwenkrollenbahnen

Aufbau und Funktion von Schwenkrollenbahnen ähneln den Pop-up-Rollenleisten. Mehrere Reihen über Rundriemen angetriebene schwenkbare Rollen können über Kulissen um einen vorgegebenen Winkel ein oder beidseitig geschwenkt werden. Um den notwendigen Abstand zwischen zwei Fördereinheiten nicht zu groß werden zu lassen, können mehrere Reihen zusammengefasst, getrennt von den restlichen Reihen, geschwenkt werden. Schwenkrollenbahnen können universell als Zusammenführung, als Verteiler und als *Kreuzverteiler* eingesetzt werden. Zur Erhöhung des Reibbeiwertes sind die Rollen kunststoffbeschichtet. Im Gegensatz zu Pop-up-Rollen führen die Rollen von Schwenkrollenbahnen keinen Hub aus. Der Durchsatz von Schwenkrollenbahnen kann beim Einsatz als Verteil- oder Zusammenführungselement bis zu 5000 FE/h betragen.

Abweiser

Sie sind auch unter dem Begriff *Schwenkarmverteiler* bekannt. Der Schwenkarm wird, meist pneumatisch angetrieben, in eine Förderstrecke eingeschwenkt. Ist der Abweiser passiv, gleitet das Fördergut während der Ausschleusbewegung am Schwenkarm entlang. Die für die Ausschleusung des Förderguts notwendige Energie wird dem durchgängigen Hauptförderer entnommen und durch die Reibenergie zwischen Schwenkarm und Fördereinheit

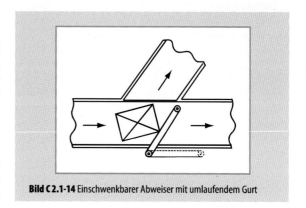

Bild C 2.1-14 Einschwenkbarer Abweiser mit umlaufendem Gurt

vermindert. Dies führt zu einer Begrenzung der Ausschleusrate. Eine deutlich höhere Ausschleusrate von bis zu 2500 FE/h erlauben aktive Abweiser, bei denen der Schwenkarm mit einem umlaufenden Zahnriemen, Keilriemen oder Gurtabweiser ausgestattet ist. Neben der höheren Ausschleusrate spricht die höhere Funktionssicherheit für aktive Abweiser. Bei passiven, d. h. nicht angetriebenen Abweisern besteht die Gefahr, dass einzelne Fördereinheiten nicht korrekt ausgeschleust werden und so eine Störung des automatisierten Materialflusses verursacht wird (Bild C 2.1-14).

Rechenförmige Ein- und Ausschleuseinrichtungen

An den Übergabestellen wird das Fördergut mit Hilfe eines Rechens angehoben bzw. abgesenkt und von dem Rechen in Ein- und Ausschleusrichtung transportiert (Bild C 2.1-15). Auf breiten Rollenbahnen kann das Fördergut mit dem Rechen auch ohne Anheben seitlich verschoben werden. Vorteile sind in der sicheren Aus- bzw. Einschleusung zu sehen. Nachteilig ist der geringe Durchsatz, der lediglich ca. 600 FE/h beträgt (s. VDI 2340).

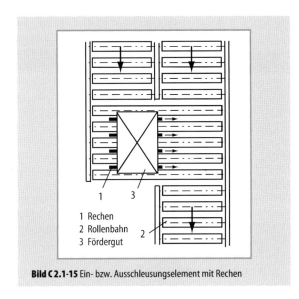

Bild C 2.1-15 Ein- bzw. Ausschleusungselement mit Rechen

1 Rechen
2 Rollenbahn
3 Fördergut

Vertikalschwenkbänder

Sollen mehrere übereinander angeordnete Förderstrecken zusammengeführt oder von einer auf mehrere Förderstrecken verteilt werden, können die Förderstrecken mit Hilfe von Kurven und Steigstrecken auf eine Ebene geführt werden, in der die vorstehend beschriebenen Verteil- und Zusammenführungselemente angeordnet sind. Einfacher, platzsparender und schließlich auch kostengünstiger gestaltet sich der Einsatz von *Vertikalschwenkbändern* (Bild C 2.1-16). Im einfachsten Fall besteht dieser Vertikalverteiler aus einem Bandförderer, der an einem Ende drehbar gelagert ist. Durch einen Schwenkmechanismus, meist als Kurbeltrieb ausgeführt, können die verschiedenen Übergabe- bzw. Aufnahmehöhen angefahren werden. Diese Ausführung eignet sich für Durchsätze bis zu 2000 FE/h, wobei die Länge des Förderbandes in Kombination mit vorgegebenen Hubhöhen den Durchsatz begrenzt. Ist ein höherer Durchsatz erforderlich, bietet sich der Einsatz geteilter Schwenkbänder an. Dabei sind zwei oder drei Förderbänder schwenkbar angeordnet, eventuell ergänzt durch ein feststehendes, schräg angeordnetes Förderband.

Durch kürzere Hubwege lassen sich bei gleicher Vertikalbeschleunigung des Förderguts kürzere Schaltzeiten erzielen. Der Durchsatz beträgt max. 3500 FE/h.

C 2.1.3.6 Einrichtungen zum Stauen und Vereinzeln

Stauförderer druckbehaftet

Der einfachste Stauförderer ist eine geneigte nichtangetriebene Rollenbahn, an deren Ende eine (schaltbare) Sperre angeordnet ist. Neben den bereits in Abschn. C 2.1.3.1 beschriebenen Problemen hinsichtlich Förderung und Geschwindigkeit kommt noch ein mit steigender Staulänge wegen des Gewichts der aufgestauten Fördereinheiten zunehmender Staudruck hinzu. Um die unsichere Förderbewegung und die Gewichtsabhängigkeit des

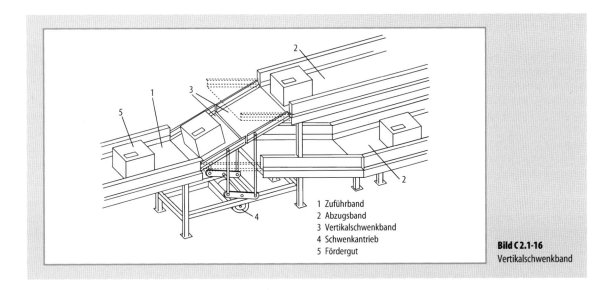

1 Zuführband
2 Abzugsband
3 Vertikalschwenkband
4 Schwenkantrieb
5 Fördergut

Bild C 2.1-16 Vertikalschwenkband

Schwerkraftförderers zu eliminieren, wurden *angetriebene Stauförderer* entwickelt. Kennzeichnend ist eine Begrenzung des Antriebsmoments, oft durch eine einstellbare Anpresskraft des Kraftübertragungselementes (z. B. auf Flachriemen wirkende Einschnürrolle zwischen zwei Tragrollen) konstruktiv ausgeführt. Eine Fördereinheit wird so mit begrenzter Kraft angetrieben.

Trifft eine bewegte Fördereinheit auf eine aufgestaute Fördereinheit, übt sie zunächst eine mit ihrem Gewicht sowie der Fördergeschwindigkeit zunehmende Kraft auf die bereits aufgestauten Fördereinheiten aus. Im Stillstand bleibt ein Staudruck erhalten, der jedoch nicht gewichtsabhängig ist, sondern linear mit der Staulänge zunimmt. Zu beachten ist jedoch auch hier, dass empfindliche Fördergüter bei einer Überschreitung eines bestimmten Staudrucks beschädigt oder zerstört werden können. Sowohl angetriebene als auch nicht angetriebene Stauförderer sind nur für das Sammeln von Fördergütern geeignet. Zum Puffern sind sie weniger, zum Vereinzeln sind sie generell nicht geeignet.

Stauförderer staudrucklos

Der Einsatz staudruckloser Stauförderer bietet sich an, wenn entweder empfindliche Fördergüter zu stauen sind oder wenn neben der Pufferwirkung auch eine Vereinzelung durchgeführt werden soll, d. h. Fördereinheiten in eine Warteposition gebracht und einzeln, oft auch getaktet, einem weiterführenden Prozess zugeführt werden sollen. Allen Systemen gemein ist eine Aufteilung des Stauförderers in einzelne Stauplätze. Jeder Stauplatz nimmt eine Fördereinheit auf und verfügt über eine separate Ab- und Zuschaltung der Antriebskräfte bzw. -momente. Bei einfachen mechanischen Systemen wird die Antriebskraft über einen Hebel immer dann unterbrochen, wenn der nächste Stauplatz belegt ist. Ein Nachteil ist, dass sehr leichte Fördereinheiten vom Hebel aufgehalten werden können, ohne diesen zu betätigen. Aufwändigere Systeme detektieren die Fördereinheiten opto-elektronisch und schalten elektrisch oder pneumatisch die Antriebskraft des Stauförderers ab. Wird der in Förderrichtung nächste Stauplatz frei, rückt in der Standardschaltung die nächste gestaute Fördereinheit um einen Stauplatz vor. Neben der Standardschaltung sind weitere Betriebsarten wie der *Blockabzug*, der zum Sammeln von Ladeeinheiten eingesetzt wird, verfügbar. Bei flexiblen Systemen ist der Betriebsmodus programmier- oder codierbar, wodurch auch eine nachträgliche Änderung der Betriebsart ohne größeren Aufwand möglich ist.

Hinsichtlich des Antriebs- und Tragsystems können Rollen-, Gurt- und Riemen-Stauförderer unterschieden werden. Bei *Rollenstauförderern* wird üblicherweise ein Flach-, Zahn- oder Keilriemen oder ein schmaler Gurt auf der Unterseite der Rollen über einen schaltbaren Mechanismus anpresst bzw. eingeschnürt. Die Länge von Stauplatz und Fördergut sowie die Fördergeschwindigkeit stehen in einem gegenseitigen Abhängigkeitsverhältnis. Ist die Fördergeschwindigkeit zu hoch oder sind die Fördereinheiten kürzer als der Bremsweg, so wird der Sensor noch vor dem Stillstand der Ladeeinheit wieder freigegeben. Dies täuscht der Steuerung einen scheinbar freien Stauplatz vor und die nachfolgende Ladeeinheit rückt nach. Über 0,5 m/s empfiehlt sich deshalb der Einsatz einer zusätzlichen Bremse. Zunehmend kommen Stauförderer, basierend auf Rollen mit integrierten Antrieben zum Einsatz. Dabei wird jeder Stauplatz mit mindestens einer Antriebsrolle versehen, die meist über Rundriemen die restlichen Tragrollen eines Stauplatzes antreibt.

Nicht nur als Antriebs-, sondern auch als Tragelement dienen Flach-, Keil- oder Zahnriemen beim *Riemenstauförderer*. Längs zwischen den umlaufenden Riemen sind stationäre Tragleisten angeordnet. Mittels einer Hubbewegung können die Fördergüter entweder von den Riemen bewegt oder von den stillstehenden Tragleisten abgebremst werden. Der Durchsatz von Rollen- und Riemenstauförderer liegt max. bei ca. 2000 FE/h. Ist ein höherer Durchsatz erforderlich (z. B. beim Einschleusen in Sortersysteme), werden meist mehrere kurze Gurtbandförderer in Reihe angeordnet. Neben der Puffer- und Vereinzelungsfunktion können diese *Gurtstauförderer* auch die Synchronisation für den sich anschließenden Einschleusvorgang übernehmen, falls sie mit drehzahlregelbaren Servoantrieben ausgestattet sind.

Vereinzelung durch Geschwindigkeitsstufung

Oft sollen Fördereinheiten vereinzelt werden, ohne dass eine Pufferfunktion erforderlich wird. Beispiele hierfür sind Durchlaufwaagen oder Lesestationen. Hier ist es meist ausreichend, zwei oder mehr (Gurtband-)Förderer hintereinander anzuordnen, wobei die Fördergeschwindigkeit sukzessive gesteigert wird. Üblich sind Geschwindigkeitssprünge von 30% bis 50%.

C 2.1.4 Tragförderer für schwere Stückgüter

Schwere stetige Stückgutförderer werden insbesondere an den Schnittstellen zum außerbetrieblichen Transport und in Lagervorzonen eingesetzt (Bild C 2.1-17). Für innerbetriebliche Transportvorgänge werden oft Hängeförderern (s. Abschn. C 2.1.5) oder – wegen der höheren Flexibilität – Unstetigförderer (s. Abschn. C 2.1.7) bevorzugt. Als La-

Bild C 2.1-17
Förderanlage
für Europaletten
(Dematic, Offenbach)

deeinheiten sind neben Paletten (s. DIN 15141, DIN 15142, DIN 15145, DIN 15146, DIN 15147, DIN 15148), Container (s. DIN 15190, ISO 668, ISO 1496), Gitterboxen (s. DIN 15155) und Kisten auch speziell auf das Fördergut abgestimmte Ladehilfsmittel üblich. Werden für den Umschlag von großen Ladeeinheiten (z. B. 20"- oder 40"-Container) i. d. R. Unstetigförderer (z. B. Portalkrane oder Flurfördermittel) eingesetzt, so sind Stetigförderer für den Umschlag von Paletten, Gitterboxen und kleineren Containern (z. B. Flugcontainern) weit verbreitet und dementsprechend oft standardisiert. Die in den Angaben genannten Daten hinsichtlich Fördergeschwindigkeiten, Durchsätzen und Ausschleusraten beziehen sich auf beladene Europaletten 1200 mm × 800 mm. Für größere Ladehilfsmittel liegen sie i. Allg. niedriger, für kleinere eventuell höher. Zu beachten ist jedoch, dass geschlossene Ladehilfsmittel wie Gitterboxen oder Flugcontainer üblicherweise höhere Geschwindigkeiten und Beschleunigungen als offene Ladehilfsmittel (z. B. Paletten) zulassen. Um den manuellen Aufwand beim Palettieren zu vermindern, können in automatisierte Stückgutfördersysteme Palettiermaschinen (s. VDI 3638) eingebunden werden (Bild C 2.1-17).

C 2.1.4.1 Rollenförderer

Rollenförderer für schwere Stückgüter basieren auf dem gleichen Funktionsprinzip wie Rollenförderer für leichte Stückgüter, unterscheiden sich von diesen aber in vielen konstruktiven Details. So wird das Antriebsmoment anstatt über Riemen meist über Ketten übertragen. Sowohl Durchmesser als auch Teilungsabstand der Rollen sind größer. Die Rollenböden sind üblicherweise mit dem Tragrohr verschweißt, können aber auch vergleichbar den leichten Rollenförderern aus Kunststoff bestehen und ins Tragrohr eingepresst sein. Die Fördergeschwindigkeiten sind i. d. R. niedriger und betragen lediglich ca. 0,1 bis 0,4 m/s.

C 2.1.4.2 Tragkettenförderer

In der Praxis werden bei Förderanlagen für schwere Stückgüter oft Rollen- und Tragkettenförderer kombiniert. Dabei übernimmt der Rollenförderer (Bild C 2.1-18) den Längs-, der Tragkettenförderer den Quertransport. Der Aufbau bzw. die Funktion von Tragkettenförderern ist einfach und unterscheidet sich, abgesehen von der Dimensionierung der einzelnen Elemente, nicht wesentlich von dem Aufbau bzw. der Funktion von Tragkettenförderern für leichte Stückgüter. Nicht selten werden Tragkettenförderer auch als Lastaufnahmemittel von anderen Fördermitteln wie *Fahrerlosen Transport-Systemen* (FTS) (s. Abschn. C 2.1.7.1) oder *Elektrohängebahn-*(EHB)-*Anlagen* (s. Abschn. C 2.1.5.4) eingesetzt. Ein weiteres Einsatzgebiet für Tragkettenförderer stellt die *automatische Lkw-Beladung* dar (s. VDI 4420). Werden Tragkettenförderer, Rollenbahnen usw. in den Fahrzeugboden integriert, können Paletten und andere Ladehilfsmittel sehr schnell umgeschlagen werden.

C 2.1.4.3 Plattenbandförderer

Werden zwei parallel bewegte Kettenförderer mit quer angeordneten Leisten oder Platten versehen, die jeweils an den Kettengliedern befestigt sind, so entsteht eine weitgehend geschlossene, gleichförmig bewegte und damit begehbare Fläche. Eingesetzt werden Plattenbandförderer deshalb oft für Montagearbeiten (z. B. in der Automobilindustrie). Im Gegensatz zu breiten Gurtbändern, sog. *Mitfahrbändern* können jedoch auch Öffnungen (z. B. für eine Zugänglichkeit des Unterbodens) vorgesehen werden. Die Fördergeschwindigkeiten sind niedrig und betragen meist nur zwischen 1 und 6 m/min.

C 2.1.4.4 Unterflur-Schleppkettenförderer

Sie sind mit *Power-and-Free-Förderern* (s. Abschn. C 2.1.5.3) verwandt. Die *Schleppkette* ist in einer im Boden verlegten, nach oben offenen Schiene verlegt. Die Kraftübertragung erfolgt über die Mitnehmer der Förderwagen, die bei Bedarf in die Antriebskette eingreifen (Bild C 2.1-19).

Vorteile sind die einfache und robuste Konstruktion sowie die hohe Verfügbarkeit. Nachteilig wirken sich gegenüber **Fahrerlosen Transport-Systemen** die aufwändigen Installationen im Boden aus, die neben hohen Kosten auch eine geringe Flexibilität der Linienführung mit sich bringen. Ein weiterer bedeutender Systemnachteil ist die Verschmutzungsanfälligkeit der nach oben offenen Führungsschiene der Schleppkette.

Bild C 2.1-18 Tragförderer für schwere Stückgüter; **a** Rollenförderer, **b** Tragkettenförderer

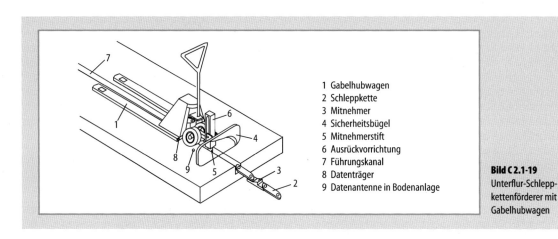

1 Gabelhubwagen
2 Schleppkette
3 Mitnehmer
4 Sicherheitsbügel
5 Mitnehmerstift
6 Ausrückvorrichtung
7 Führungskanal
8 Datenträger
9 Datenantenne in Bodenanlage

Bild C 2.1-19 Unterflur-Schleppkettenförderer mit Gabelhubwagen

C 2.1.4.5 Elektropalettenbahn

Die Elektropalettenbahn (EPB) stellt eine zweispurige Variante der einspurigen Elektrotragbahn (s. Abschn. C 2.1.3.4) dar. Durch eine Variation von Spurbreite und Fahrzeuglänge können Fördergüter unterschiedlichster Abmessungen mit Einzelmassen bis zu 2000 kg bewegt werden. Das Fahrprofil $H \times B = 180\,mm \times 60\,mm$ orientiert sich an den in der VDI-Richtlinie 3643 für kompatible EHB-Systeme festgelegten Abmessungen (s. VDI 4422). Neben Kurven mit Radien ab etwa $r = 3000\,mm$ stehen *Drehscheiben* und *Parallelweichen* sowie sog. *Quadroweichen* (s. Abschn. C 2.1.4.6) zur Verfügung. Steigungen und Gefälle bis 3° können mit der Elektropalettenbahn überwunden werden. Hinsichtlich Geräuschemission, Schonung des Förderguts und Steuerung sind im Wesentlichen die für die Elektrotragbahn getroffenen Aussagen auch für die Elektropalettenbahn gültig.

C 2.1.4.6 Verzweigungs- und Zusammenführungselemente für schwere Stückgüter

In stetigen Förderanlagen für schwere Stückgüter sind weniger unterschiedliche Verzweigungs- und Zusammenführungselemente im Einsatz als bei Förderanlagen für leichte Stückgüter. Die Gründe für die geringere Typenvielfalt liegen einerseits in den weit höheren Stückgutgewichten, die Gleitbewegungen der Fördereinheiten verbieten, begründet. Andererseits verfügt kaum eine Ladeeinheit für schwere Stückgüter über einen geschlossenen und über die ganze Bodenfläche ausreichend stabilen Boden, der erst den Einsatz vieler Verzweigungselemente für leichte Stückgüter ermöglicht.

Drehtische und Drehverschiebetische

Sie (s. Bild C 2.1-17) werden einerseits zur Eckumsetzung ohne Änderung der Orientierung der Ladeeinheit relativ zur Förderrichtung und andererseits als Verzweigungs- und Zusammenführungselement eingesetzt. Der Drehtisch setzt sich aus einer Dreheinrichtung und einem darauf angebrachtem Übergabeförderer als Lastaufnahmemittel zusammen.

Die Dreheinrichtung wird entweder über einen stationären Antrieb in Kombination mit Kraftübertragungsmitteln (z. B. Rollenketten) oder mit Hilfe von Radblöcken angetrieben. Meist führen die Drehtische nur Drehbewegungen in einem Winkelbereich von ±180° aus, was die Energieversorgung des Übergabeförderers vereinfacht. Als Übergabeförderer kommt oft eine angetriebene Rollenbahn, seltener ein Tragkettenförderer, zum Einsatz. Bei Drehverschiebetischen ermöglicht eine horizontale Linearführung eine zusätzliche Bewegung des Übergabeförderers hin zu den angeschlossenen Förderstrecken, um die Spalten zwischen Förderstrecken und Drehtisch zu minimieren. Der Durchsatz von Drehtischen liegt bei ca. 150 LE/h (LE Ladeeinheit).

Exzenterhubtische

Bei einer Kombination von Rollenförderern für den Längs- und Tragkettenförderern für den Quertransport werden Hubtische zur Übergabe zwischen beiden Fördersystemen erforderlich. An den Übergabestellen sind die Ketten des Tragkettenförderers zwischen den Tragrollen der Rollenbahn angeordnet. Die Übergabe von einer Förderbahn auf eine quer dazu angeordnete Förderbahn erfolgt dabei durch das Anheben bzw. das Absenken eines der beiden Fördermittel, wobei ein Hub von ca. 50 mm ausreichend ist. Dieser geringe Hub lässt den Einsatz von Exzentern zu, die durch ihre Kreisfunktion eine einfache, schnelle und genaue Positionierung ermöglichen. Der maximale Durchsatz liegt mit ca. 250 LE/h üblicherweise höher als bei Drehtischen.

Verteilerwagen

Sie verbinden mehrere parallel endende Förderstrecken (z. B. Gassen eines Hochregallagers) mit einer oder mehreren ebenfalls parallel endenden Förderstrecken (Bild C 2.1-20).

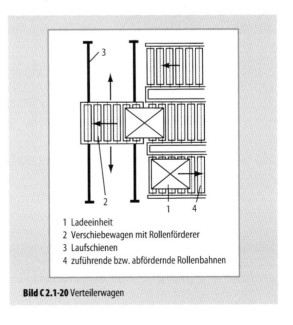

1 Ladeeinheit
2 Verschiebewagen mit Rollenförderer
3 Laufschienen
4 zuführende bzw. abfördernde Rollenbahnen

Bild C 2.1-20 Verteilerwagen

Die Funktion dieses unstetig arbeitenden Verteil- und Zusammenführungselementes ist einfach. Soll eine Ladeeinheit von einer Förderstrecke auf eine andere umgesetzt werden, wird der Verteilerwagen vor der zuführenden Förderstrecke positioniert. Mit Hilfe eines Rollen- oder Tragkettenförderers als Lastaufnahmemittel übernimmt der Verteilerwagen die Ladeeinheit. Nach Aufnahme der Ladeeinheit fährt der Verteilerwagen an die abführende Förderstrecke, wo er nach einem erneuten Positioniervorgang die Ladeeinheit übergibt und jetzt für einen neuen Umsetzvorgang zur Verfügung steht.

Verteilerwagen sind i. d. R. schienengeführt und werden oft durch einen stationären Antrieb und ein Zugmittel (z. B. Zahnriemen) angetrieben. Die Stromversorgung des Lastübertragungsmittels erfolgt entweder über sog. *Energieketten*, über Kabeltrommeln oder insbesondere bei längeren Verfahrwegen auch über *Schleifleitungen*. Der realisierbare Durchsatz ist, wie bei fast allen unstetig arbeitenden Fördermitteln, stark abhängig von den zurückzulegenden Wegen (s. VDI 3978). Eventuell ist deshalb der Einsatz mehrerer parallel arbeitender Verschiebewagen in Erwägung zu ziehen, was jedoch Maßnahmen zur Kollisionsvermeidung bedarf, falls keine getrennten Bereiche bedient werden.

Quadroweiche

Die Quadroweiche ist ein sehr kompaktes Verzweigungs- und Zusammenführungselement für die Elektropalettenbahn (EPB). An vier Punkten, definiert durch Radstand und Spurweite der EPB-Fahrzeuge, sind kleine Drehscheiben mit kurzen Schienenstücken angebracht. Die Mitte einer jeden Drehscheibe stellt gleichzeitig den Kreuzungspunkt von rechtwinklig zueinander montierten Laufschienen dar. Ein EPB-Fahrzeug wird so positioniert, dass jedes der vier Räder mittig auf einer Drehscheibe zum Stehen kommt. Anschließend werden die Drehscheiben synchron um 90° geschwenkt. Über die Seitenführungsrollen werden die Fahr- und Laufwerke des ETB-Fahrzeuges somit ebenfalls um 90° gedreht. Das EPB-Fahrzeug kann jetzt die Quadroweiche auf den quer abgehenden Laufschienen verlassen, ohne dass das Fahr-

Bild C 2.1-21
EPB-Anlage
mit Quadroweichen
und EPB-Fahrzeugen
(Dematic,
Offenbach/M.)

zeug bzw. die transportierte Ladeeinheit gedreht wurde (Bild C 2.1-21).

C 2.1.4.7 Stauförderer für schwere Stückgüter

Sie basieren i. Allg. auf *Rollenförderern*. Die Funktion entspricht weitgehend der Funktion von *staudrucklosen Stauförderern* für *leichte Stückgüter*. Die Kraftübertragung von schweren Stauförderern erfolgt i. d. R. mittels Ketten. Ein weit verbreitetes Antriebssystem von Stauförderern für schwere Stückgüter sind Rollenketten. Bei Bedarf werden diese mit einem Zahn des auf der Tragrolle angebrachten Kettenrades in Eingriff gebracht. Nachteilig ist der abrupte Beschleunigungsbeginn, der insbesondere bei offenen Ladehilfsmitteln (z. B. Paletten mit aufgeschichteter Ladung) zu Ladungsverschiebungen führen kann. Teurer aber schonender sind Systeme, die jeweils einen Antrieb pro Stauplatz vorsehen. Um die wirtschaftlichen Vorteile eines zentralen Antriebs mit einem sanften Fördervorgang zu verbinden, wurden in jüngerer Zeit auf Zahnriemen basierende Systeme entwickelt. Unter jeder Tragrolle werden pneumatisch betätigte Andrückrollen angeordnet, die den Zahnriemen mit der dem Zahn abgewandten Seite an die Tragrollen pressen. Um einen leisen und den Zahnriemen schonenden Betrieb zu gewährleisten, ist dieser mit einer Keilleiste versehen, die neben einer Führung auch ein ruhiges Abrollen der Andrückrollen ermöglicht. Um die Bremswege zu verringern, können zusätzlich ebenfalls pneumatisch betätigte Reibbeläge alternierend mit den Andrückrollen in Eingriff gebracht werden.

C 2.1.5 Hängeförderer

Kennzeichnend für alle Hängeförderer ist eine Lastaufnahme unterhalb einer oder mehrerer Laufschienen. Weit häufiger als bei Tragförderern werden Hängeförderer in Fertigungs- und Montageprozesse eingebunden. Die Gründe hierfür sind vielfältig. Die Bodenfläche bleibt eben und ohne Einbauten, was eine große Bewegungsfreiheit für das Personal ermöglicht. Der hängende Transport lässt eine ungehinderte Zugänglichkeit für automatisierte und manuelle Fertigungsprozesse (z. B. Lackieren) zu. Auch empfindliche Fördergüter wie Karosserieteile oder frisch lackierte Bauteile können ohne Verpackung und mit vergleichsweise einfachen Lastaufnahmemitteln (z. B. Haken) schonend transportiert werden. Während Förderstrecken, Fahr- und Laufwerke weitgehend standardisiert sind, wird das *Lastaufnahmemittel*, oft auch als *Gehänge* bezeichnet, üblicherweise an das Fördergut bzw. die Transportaufgabe angepasst.

C 2.1.5.1 Handhängebahn

Die Handhängebahn ist der einfachste Hängeförderer. Er besteht lediglich aus einer Tragschiene und nichtangetriebenen Laufwerken sowie den Lastaufnahmemitteln. Der Antrieb erfolgt i. d. R. manuell, weshalb sich Handhängebahnen nur für kleinere Förderanlagen mit Traglasten bis zu 500 kg bei geringen Durchsätzen und horizontalem Streckenverlauf eignen. Oft werden Handhängebahnen auch als *Handhabungsmittel* in Arbeitsbereichen wie der Montage eingesetzt. Der Übergang zur Kran- und Handhabungstechnik ist fließend.

C 2.1.5.2 Kreisförderer

Die Förderstrecken der Kreisförderer bestehen aus Laufschienen, einer Vielzahl von Laufwerken, die über eine Kette miteinander verbunden sind, und den Lastaufnahmemitteln. Antriebs- und Spannstationen setzen die Kette in Bewegung (s. VDI 2328). Ebenso wie die Laufwerke sind auch die Kettenglieder mit Trag- und Führungsrollen versehen, die im Innern eines unten offenen Profiles abrollen (Bild C 2.1-22).

Der Transport erfolgt immer im geschlossenen Kreislauf. Die Verbindung zwischen den einzelnen Kettengliedern übernehmen Kreuzgelenke, so dass neben horizontalen auch vertikale Bögen einen Übergang in Steig- oder Gefällstrecken ermöglichen. Somit sind beliebige Streckenführungen im Raum realisierbar. Die Fördergeschwindigkeit beträgt bis zu 0,5 m/s und ist für alle Laufwerke einer Anlage identisch. Die Fördergeschwindigkeit ist nach oben durch eine von der Kreuzgelenkkette und der

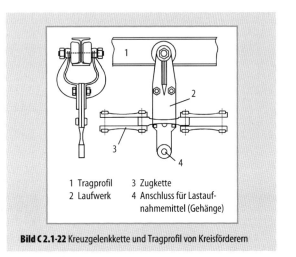

1 Tragprofil   3 Zugkette
2 Laufwerk   4 Anschluss für Lastaufnahmemittel (Gehänge)

Bild C 2.1-22 Kreuzgelenkkette und Tragprofil von Kreisförderern

Antriebsstation erzeugte und mit steigender Geschwindigkeit überproportional zunehmenden Geräuschemission begrenzt.

Verzweigungen und Zusammenführungen im Materialfluss erfordern Umsetzeinrichtungen von einem Kreisförderer auf einen anderen. Die einfache und robuste Konstruktion von Kreisförderern bietet bei geringem Wartungsaufwand eine hohe Verfügbarkeit sowie eine weitgehende Unempfindlichkeit gegenüber rauhen Umgebungsbedingungen wie hohen Temperaturen oder Lackierstäuben. Dem Einsatz in explosionsgefährdeten Umgebungen kommt entgegen, dass elektrische Einrichtungen an der Förderstrecke bzw. an den Laufwerken nicht erforderlich sind.

C 2.1.5.3 Power-and-Free

Power-and-Free werden auch als „Zweischienenförderer" bezeichnet. Beide Ausdrücke spiegeln eine typische Eigenschaft dieses Fördersystems wider: zum einen die Trennung zwischen Führungsschiene der Förderkette und der darunter angeordneten Tragschiene für die Laufwerke, zum anderen die Möglichkeit, bei Bedarf die Kopplung zwischen Laufwerken und Förderkette aufzuheben. Das Entkoppeln kann sowohl durch von der Systemsteuerung betätigte, stationär angeordnete Schaltkufen als auch über eine am vorausfahrenden Laufwerk starr angebrachte Schaltkufe erfolgen. Wird ein meist aus zwei Laufwerken bestehendes Gehänge durch eine geschaltete Kufe angehalten, so trennt die starre Schaltkufe des letzten Laufwerks die formschlüssige Verbindung zwischen Förderkette und dem ersten Laufwerk des nachfolgenden Gehänges (Bild C 2.1-23).

Die Trennung zwischen Förder- und Tragsystem erweitert das Einsatzgebiet stark gegenüber einfachen Kreiskettenförderern. Das Anhalten und das Stauen bzw. das Puffern ist ebenso möglich wie das unmittelbare Verzweigen bzw. Zusammenführen von einem auf einen anderen Kreislauf (s. VDI 2334). Der Antrieb des Power-and-Free besteht wie beim Kreisförderer aus einem ringförmig geschlossenem Zugmittel, Antriebs- und Spannsystem. Die Vorteile von Kreiskettenförderern wie einfache und robuste Konstruktion, die räumliche Streckenführung sowie die Einsetzbarkeit in explosionsgefährdeten Bereichen und bei hohen Temperaturen bleiben beim Power-and-Free weitestgehend erhalten. Die Fördergeschwindigkeit beträgt bis zu 0,5 m/s und ist für alle Laufwerke, die sich in einem Förderstrang befinden, konstant.

C 2.1.5.4 Elektrohängebahn (EHB)

Die EHB besteht in der einfachsten Ausführung aus einer einseitig aufgehängten Laufschiene, die auf der anderen Seite *Schleifleitungen* aufnimmt, aus nichtangetriebenen *Lauf-* und aus angetriebenen *Fahrwerken*, wobei mindestens ein Lauf- und ein Fahrwerk das oft vereinfachend als *Gehänge* bezeichnete *Lastaufnahmemittel* aufnimmt (Bild C 2.1-24).

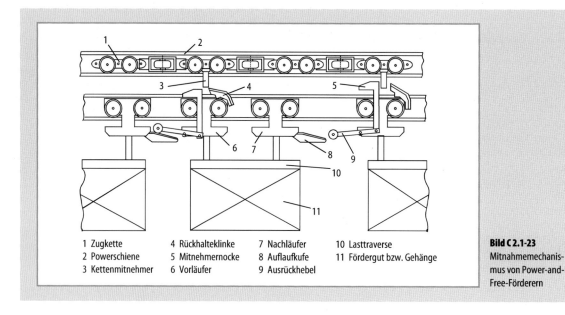

1 Zugkette	4 Rückhalteklinke	7 Nachläufer	10 Lasttraverse
2 Powerschiene	5 Mitnehmernocke	8 Auflaufkufe	11 Fördergut bzw. Gehänge
3 Kettenmitnehmer	6 Vorläufer	9 Ausrückhebel	

Bild C 2.1-23 Mitnahmemechanismus von Power-and-Free-Förderern

Die Fahrwerke beziehen ihre elektrische Antriebsenergie aus den Schleifleitungen oder in jüngerer Zeit auch aus berührungslosen induktiven Energieübertragungssystemen. Weiterhin verfügt jedes Fahrzeug über eine eigene Steuerung, die ihre Befehle i. Allg. codiert über zusätzliche Schleifleitungen oder Infrarot erhält. Die EHB stellt im eigentlichen Sinne kein stetiges oder quasistetiges Fördersystem dar, da jedes Fahrzeug unabhängig voneinander gesteuert werden kann. Die Fördergeschwindigkeiten können mit Hilfe polumschaltbarer Motoren oder frequenzgeregelter Motoren vor Kurven bzw. Bögen reduziert werden. Mit Polyurethan beschichtete, leise abrollende Lauf- und Führungsrollen lassen bei geringer Geräuschemission hohe Geschwindigkeiten bis zu 2 m/s zu. Die Sicherung gegen Auffahren erfolgt entweder über eine Blockstreckensteuerung oder über eine Abstandssensorik, wobei optische oder induktive Sensoren Verwendung finden.

Durch steigfähige Fahrwerke oder sog. Steighilfen können auch ansteigende Streckenverläufe realisiert werden. Steighilfen sind umlaufende Schlepptriebe, die ausschließlich im Bereich der Steigung angeordnet werden. Ein Fahrzeug klinkt sich vor Beginn der Steigung in die Steighilfe ein und nach Ende der Steigung wieder aus. Der Einsatz von Steighilfen ist wirtschaftlicher, falls in einer Anlage mit vielen Fahrzeugen nur wenige Steigungen zu überwinden sind. Bei wenigen Fahrzeugen und vielen Steigungen sind dagegen steigfähige Fahrwerke günstiger.

Die Stromversorgung eines jedes Fahrzeuges ermöglicht die Verwendung *aktiver Gehänge* (s. Bild C 2.1-24). So sind Gehänge mit integrierten Kettenförderern zur Übernahme bzw. Abgabe von Ladeeinheiten ebenso gebräuchlich wie Gehänge mit Hubwerken, wodurch sich das Lastaufnahmemittel bei Bedarf absenken lässt. Selbst EHB-Fahrzeuge

Bild C 2.1-24
Elektrohängebahn
mit aktivem Gehänge
(Kettenförderer)
(Dematic, Offenbach)

mit *Satelliten (Shuttles)* zur Lastaufnahme wurden bereits realisiert. Elektrohängebahnen sind für Radlasten von 250 bis 1600 kg standardisiert. Bis ca. 600 kg Radlast kommen überwiegend Stahlblechschienen oder stranggepresste Aluminiumschienen mit einer Profilhöhe von 180 mm und einer Schienenbreite von 60 mm gemäß Richtlinie VDI 3643 zum Einsatz. In höheren Traglastbereichen ist eine Profilhöhe von 180 oder 240 mm bei einer Breite von 80 bis 100 mm üblich.

C 2.1.5.5 Verzweigungs- und Zusammenführungselemente für Hängeförderer

Verzweigungs- und Zusammenführungselemente für Handhängebahn-, Power-and-Free- und EHB-Anlagen sind zwar in der technischen Ausführung verschieden, ähneln sich aber hinsichtlich Grundaufbau und Funktion und werden deshalb nachfolgend soweit möglich gemeinsam beschrieben. Für Kreisförderer ist der Einsatz von Verzweigungs- und Zusammenführungselementen nicht möglich.

Verschiebeweichen

Sie bestehen aus einem verschiebbaren Rahmen, an dem zwei oder seltener drei kurze Bahnstücke befestigt sind. Als Bahnstücke können Links- oder Rechtsbögen mit Winkeln von 30° bzw. 45° sowie kurze Geradstücke nach Bedarf kombiniert werden. Verschiebeweichen werden im Leerzustand geschaltet. Über das entsprechende Schienenstück werden das ankommende Schienenende und das Schienenende der Zielrichtung verbunden. Ist kein Schaltvorgang erforderlich, können die Fördereinheiten die Weiche unabhängig von deren Stellung stetig passieren (Bild C 2.1-25).

Parallelweichen

Sie bestehen ebenfalls aus einem Verschieberahmen, an dem i. d. R. ein Schienenstück befestigt ist, dessen Länge dem längsten Fahrzeug angepasst ist. In der Hauptstrecke verbindet das Schienenstück die ankommende und abgehende Förderstrecke ohne Unterbrechung des Förderflusses. Soll in eine Nebenstrecke ausgeschleust werden, wird das Fahrzeug auf dem Schienenstück der Weiche positioniert. Im beladenen Zustand verfährt die Weiche, bis das Schienenstück mit dem abgehenden Schienenende fluchtet. Anschließend kann das Fahrzeug aus dem Weichenbereich ausfahren. Äquivalent ist der Ablauf beim Einschleusen von einer Nebenstrecke auf die Hauptstrecke.

Drehscheiben

Sie bestehen aus einem Drehkranz, an dem eine meist gerade Laufschiene befestigt ist. Steht die Drehscheibe in Durchgangsrichtung, können die Fahrzeuge die Schiene stetig passieren. Soll ein Fahrzeug ausgeschleust werden, wird es auf dem Schienenstück der Drehscheibe üblicherweise zentrisch positioniert. Anschließend wird das Schienenstück in Zielrichtung gedreht und das Fahrzeug verlässt die Drehscheibe.

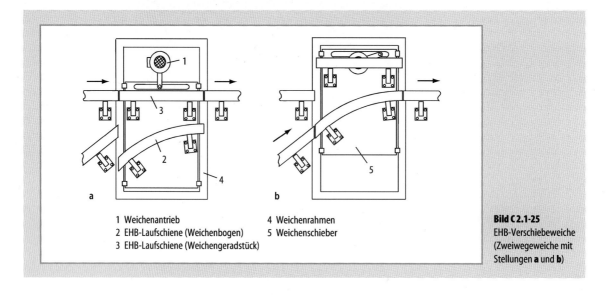

1 Weichenantrieb
2 EHB-Laufschiene (Weichenbogen)
3 EHB-Laufschiene (Weichengeradstück)
4 Weichenrahmen
5 Weichenschieber

Bild C 2.1-25
EHB-Verschiebeweiche (Zweiwegeweiche mit Stellungen **a** und **b**)

C 2.1.5.6 Pufferstrecken und Speicher

Sowohl Power-and-Free als auch EHB benötigen nur wenige stationäre Einrichtungen, um eine Pufferung zu ermöglichen. Power-and-Free-Fahrzeuge verfügen über einen Klinkenmechanismus, Elektrohängebahn-Fahrzeuge dagegen oft über eine entsprechende Auffahrsensorik, die das Auffahren eines Fahrzeuges auf ein stehendes Fahrzeug verhindert. Damit beschränkt sich ein Puffer auf eine Laufschiene ausreichender Länge. Für einen Speicher sind eine oder mehrere Strecken erforderlich, die üblicherweise separat angelegt werden und nicht als Förderstrecke dienen. Lange und schmale Fördergüter können raumsparend schräg gepuffert werden. Dabei wird im Bereich der Schrägpufferung das erste und zweite Fahrwerk jeweils auf zwei getrennte, parallel angeordnete Laufschienen geleitet.

C 2.1.6 Vertikalförderer

Einige Fördersysteme wie *Bandförderer*, *Kreisförderer* oder *Elektrohängebahnen* können bis zu einem gewissen Grad Höhenunterschiede durch Steigungen oder Gefälle überwinden. In vielen Fällen ist allerdings entweder das Fördersystem (z. B. Rollenförderer) oder das Fördergut (z. B. mehrschichtig beladene Paletten) nicht geeignet, eine größere Steigung oder ein größeres Gefälle zu befahren. Insbesondere bei größeren Höhenunterschieden ist oftmals kein ausreichender Einbauraum für Steigungs- und Gefällstrecken vorhanden. In den genannten Fällen finden Vertikalförderer, in der Praxis auch als *Heber* bezeichnet, Anwendung.

Vertikalförderer dienen nach allgemeiner Definition dazu, Stückgüter auf ein anderes Anlagenniveau anzuheben oder abzusenken. Oft verfügen Vertikalförderer über aktive Einrichtungen zur automatischen Lastaufnahme (z. B. *Rollenbahnen*, *Gurt-* oder *Tragkettenförderer*). Ebenfalls üblich sind passive *Lastaufnahmemittel* wie Tragarme, Tragplatten oder Laufschienen von Elektrohängebahnen. In Abgrenzung zu Aufzugsanlagen dürfen Vertikalförderer keine Personen transportieren, unterliegen deshalb nicht der *Aufzugsverordnung* und müssen auch nicht durch den TÜV abgenommen werden (Ausnahme: Hebebühnen mit Lasten **und** Personentransport). Es muss jedoch durch geeignete Maßnahmen (z. B. Einzäunung) verhindert werden, dass der Hubwagen von Vertikalförderern durch Personen betretbar ist.

C 2.1.6.1 Etagenförderer

Etagenförderer sind unstetig arbeitende Fördermittel, die in Abgrenzung zu Lastenaufzügen jedoch meist Teil automatisierter Förderanlagen sind. Etagenförderer bestehen aus einem *Hubwerk* einem vertikalen Führungssystem und einem *Hubwagen*, der das eigentliche Lastaufnahmemittel aufnimmt sowie ggf. ein Gegengewicht (s. VDI 3599). Das Hubwerk kann auf einem elektrischen, hydraulischen oder pneumatischen Antrieb basieren. Elektrische Hubwerke benötigen Seile, Ketten oder Gurte als Tragmittel. Vertikalförderer mit elektrischen Antrieben sind auch für große Niveauunterschiede geeignet. Hydraulische oder pneumatische Antriebe wirken über entsprechende Zylinder i. d. R. direkt auf den Hubwagen, wobei pneumatische Antriebe auf kleine Lasten bis ca. 100 kg beschränkt bleiben und der Hub wenige Meter nicht überschreiten sollte. Das Führungssystem von Etagenförderern ist i. Allg. auch als Tragsystem ausgebildet, da Etagenförderer meist freitragend und ohne bauseitig vorgegebenen (Aufzugs-)Schacht aufgestellt werden.

Das *Tragwerk* kann in *Portal-* oder *Konsolbauweise* ausgeführt sein (s. VDI 3646) (Bild C 2.1-26).

Die Arbeitsweise von Etagenförderern ist der von Aufzügen vergleichbar. Der Hubwagen wird auf einer Förderebene positioniert, auf der eine Ladeeinheit übernommen werden soll. Im Stillstand übernimmt der Hubwagen die Ladeeinheit und senkt oder hebt anschließend den beladenen Hubwagen auf die Förderebene, auf der die Ladeeinheit abgegeben werden soll. Nach Abgabe der Ladeeinheit steht der Etagenförderer für ein neues Spiel zur Verfügung. Die *unstetige* Arbeitsweise führt zu einem vergleichsweise geringen Durchsatz, der neben der Hubgeschwindigkeit insbesondere vom Höhenunterschied abhängig ist. Die Hubgeschwindigkeit bzw. Senkgeschwindigkeit kann bis zu 2 m/s erreichen. Die Traglast von Etagenförderern ist der Anwendung angepasst und lässt sich in weiten Grenzen variieren, wobei insbesondere Traglasten von 50, 500, 1000 und 2000 kg standardisiert sind.

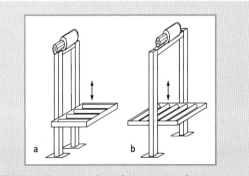

Bild C 2.1-26 Bauarten von Etagenförderern. **a** Konsolbauweise; **b** Portalbauweise

Prinzipiell lassen sich mit dem Etagenförderer beliebig viele Förderebenen verbinden, wobei beide Förderrichtungen, d. h. Heben und Senken, mit einem Etagenförderer bedient werden können. In Hochleistungsanlagen für leichte Stückgüter ist der *Grenzdurchsatz* von Etagenförderern i. Allg. nur dann ausreichend, wenn entweder nur Nebenströme bedient werden oder mehrere Etagenförderer parallel angeordnet werden, eventuell ergänzt durch Lastaufnahmemittel für zwei und mehr Fördereinheiten.

C 2.1.6.2 Umlaufförderer

Stoßen Etagenförderer (s. VDI 3599) an ihre Leistungsgrenzen, sind stetig arbeitende Umlaufförderer oft die einzig wirtschaftlich sinnvolle Alternative. Technisch sind Umlaufförderer mit dem *Paternosteraufzug* verwandt. Kennzeichnend für Umlaufförderer ist die konstante Fördergeschwindigkeit. Eine häufig anzutreffende Bauform ist der *Umlauf-S-* und der *Umlauf-C-Förderer,* die eine kontinuierliche arbeitende Verbindung zwischen zwei Förderebenen ermöglichen (s. VDI 3583). Zwischen zwei endlosen Zugmitteln, meist als Gelenkketten oder als sog. Gummiblockkette ausgeführt, sind bei diesen Vertikalförderern Tragmittel in Form von Stäben, Traggurten oder Plattformen eingehängt. Die Verbindung der Tragmittel mit den insgesamt vier endlosen Zugmitteln ist drehbar gelagert. Durch die Anordnung der Zugmittel geht die Förderrichtung von der Waagerechten in die Senkrechte und anschließend wieder in die Waagerechte über. Ist das Fördergut nicht tragfähig, wird der Einsatz von Förderplattformen erforderlich, die jedoch nicht starr sein dürfen. Die Förderplattformen bestehen meist aus Stützketten, die sich nur in einer Richtung umlenken lassen (Bild C 2.1-27).

Als Fördergüter eignen sich leichte Stückgüter wie Kartons und kleinere Boxen ebenso wie Europaletten oder kleinere Container. Die Traglast standardisierter Umlauf-S-Förderer reicht von 50 bis 1500 kg. Im Gegensatz zum

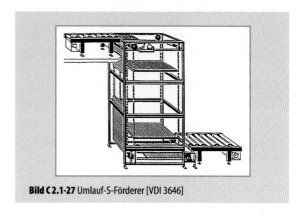

Bild C 2.1-27 Umlauf-S-Förderer [VDI 3646]

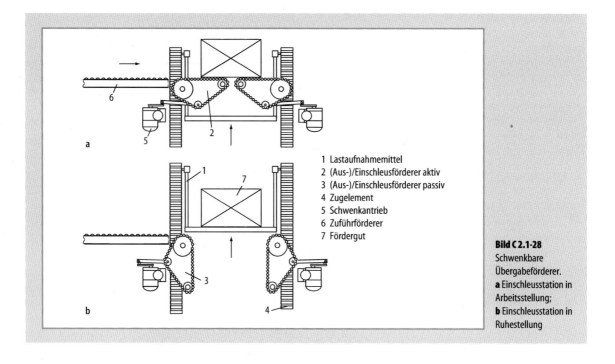

1 Lastaufnahmemittel
2 (Aus-)/Einschleusförderer aktiv
3 (Aus-)/Einschleusförderer passiv
4 Zugelement
5 Schwenkantrieb
6 Zuführförderer
7 Fördergut

Bild C 2.1-28
Schwenkbare Übergabeförderer.
a Einschleusstation in Arbeitsstellung;
b Einschleusstation in Ruhestellung

Etagenförderer arbeiten *Umlauf-S-Förderer* richtungsgebunden und können keine Verteilfunktion übernehmen.

Je größer die Förderhöhe, desto größer wird der Vorteil hinsichtlich des Grenzdurchsatzes von Umlaufförderern, da die Leistungsfähigkeit nicht von der Förderhöhe abhängig ist.

Müssen mehr als zwei Förderebenen miteinander verbunden werden, können auch Umlaufförderer mit einschwenkbaren *Übergabeförderern* eingesetzt werden (Bild C 2.1-28). Die rechenförmigen Übergabeförderer greifen in die ebenfalls rechenförmig gestalteten Förderplattformen ein und kämmen so das Fördergut aus. Für gleichförmiges Fördergut wie Boxen mit einheitlichen Abmessungen sind auch doppelt einschwenkbare *Riemen- oder Kettenförderer* als Übergabeförderer ausreichend. Auf Grund der größeren Abstände der Förderplattformen und einer zusätzlich niedrigeren erreichbaren Fördergeschwindigkeit beträgt der erreichbare Durchsatz lediglich ca. 40% des Durchsatzes von Umlauf-S- oder Umlauf-C-Förderern.

C 2.1.6.3 Hubtische und Hebebühnen

Ist nur ein geringer bis mittlerer Hub bei geringen Durchsatzanforderungen erforderlich, können auch Hubtische oder Hebebühnen zur Überwindung von Höhenunterschieden eingesetzt werden. Kennzeichnend für Hubtische und Hebebühnen ist eine Anordnung der Führungs- und Antriebselemente unter dem eigentlichen *Lastaufnahmemittel*. Dadurch wird keine zusätzliche Grundfläche für die Tragsäule(n) erforderlich. Als Antriebe sind pneumatische, hydraulische und elektromechanische Hubzylinder (Trapez- oder Kugelgewindespindel) weit verbreitet. Als Führungselemente werden bei Hubhöhen bis zu mehreren Metern meist *Scherenkonstruktionen* eingesetzt. In Montagesystemen der Automobilindustrie (z. B. Plattformanlagen) werden mit Hilfe von in den Grundförderer integrierten Hubtischen auch die Arbeitshöhen variiert. Eine weitere Anwendung von Hubtischen stellt die automatische Übergabe von einem Fördersystem auf ein anderes dar (Bild C 2.1-29).

C 2.1.7 Unstetige Stückgutförderer

Unstetigförderer können in die drei Hauptgruppen *Flurförderzeuge*, *Krane* und *Hebezeuge* eingeteilt werden. Hebezeuge werden oft als Baugruppen in andere Fördermittel wie Etagenförderer, Krane und Elektrohängebahn-Fahrzeuge integriert. Als eigenständige Einheit übernehmen Hebezeuge selten die Funktion eines Stückgutförderers, weshalb hier nicht auf Hebezeuge als eigenständiges Fördersystem eingegangen wird.

Den beiden verbleibenden Hauptgruppen, d. h. Flurförderzeuge und Krane, ist ein i. d. R. zwei oder dreidimensionaler Arbeitsraum des Lastaufnahmemittels ebenso gemein wie die Aufteilung des Fördervorgangs in sog. Arbeitsspiele. Durch die Arbeit im dreidimensionalen Arbeitsraum lassen sich Unstetigförderer sehr flexibel einsetzen. Gleiche oder sich in ähnlicher Form wiederholende Arbeitsspiele setzen sich i. Allg. aus *Last-* und *Leerspielen* zusammen. Letztere tragen nicht unwesentlich dazu bei, dass die Durchsätze von Unstetigförderern meist ein bis zwei Größenordnungen unter denen von Stetigförderern liegen.

Spielt die manuelle Einflussnahme auf den Förderablauf bei Stetigförderern eine untergeordnete Rolle, so werden sowohl Flurförderzeuge als auch Krane meistens manuell gesteuert. Eine Ausnahme bilden neben Automatikkranen und Fahrerlosen Transportsystemen (FTS) die in der Lagertechnik eingesetzten schienengebundenen *Regalförderzeuge*, die überwiegend automatisch gesteuert werden und sehr oft an Stückgutfördersysteme angeschlossen sind. Regalförderzeuge werden im Abschn. C 2.2 behandelt und sind deshalb hier nicht aufgeführt.

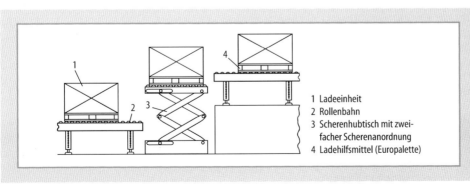

1 Ladeeinheit
2 Rollenbahn
3 Scherenhubtisch mit zweifacher Scherenanordnung
4 Ladehilfsmittel (Europalette)

Bild C 2.1-29 Scherenhebebühne mit Rollenförderer

C 2.1.7.1 Flurförderzeuge

Flurförderzeuge, auch als *Flurfördermittel* oder *Flurförderer* bezeichnet, sind unstetige gleisgebundene oder gleislose Fördermittel, die für den Horizontaltransport und – mit Hubeinrichtung versehen – auch für den kombinierten Horizontal-Vertikaltransport eingesetzt werden. Schienengebundene Flurförderzeuge werden zunehmend durch gleislose Flurfördermittel wie *Fahrerlose Transportsysteme* (FTS) verdrängt. Lediglich in der Lagertechnik sind schienengebundene Flurförderer unverändert häufig anzutreffen.

Als wichtigste *Antriebsformen* von manuell gesteuerten Flurförderzeugen sind diesel- und gasbetriebene Verbrennungsmotoren sowie batteriegespeiste Elektromotoren im Einsatz. Verbrennungsmotoren sind für beliebige Antriebsleistungen und abgesehen vom Nachtanken für unbegrenzte Einsatzzeiten verfügbar. Nachteilig sind insbesondere die Abgasproblematik sowie die Geräuschemission, die keinen uneingeschränkten Einsatz in geschlossenen Räumen erlauben. Besonders problematisch sind in diesem Zusammenhang unterflur liegende Betriebsstätten.

Elektroantriebe sind weniger wartungsintensiv, benötigen i. d. R. kein Schaltgetriebe, sind leise, erzeugen keine Abgasemissionen und können mit Hilfe moderner Leistungselektronik zusätzlich Energie (z. B. beim Bremsen oder beim Senken des Lastaufnahmemittels) zurückgewinnen. Damit lässt sich die zeitlich beschränkte Einsatzzeit von batteriegespeisten Elektroantrieben vergrößern. Frequenzgeregelte Antriebe verdrängen wegen der weitgehenden Wartungsfreiheit mehr und mehr die bisher eingesetzten Gleichstromantriebe. Die beschränkte Einsatzzeit bzw. Reichweite stellt neben den hohen Investitions- und Betriebskosten sowie dem hohen Eigengewicht der Batterien den größten Nachteil von batteriegespeisten Systemen dar. Für erste Anwendungen sind bereits elektrisch angetriebene Flurförderer im Einsatz, die ihre Antriebsenergie berührungs- und verschleißlos aus einer *induktiven Energieübertragung* beziehen. Dabei werden zwei Primärleiter in den Boden eingebracht, die ein elektromagnetisches Wechselfeld in einem Frequenzbereich von einigen kHz abstrahlen. In geringem Abstand über dem Boden angebrachten Spulen wird eine Spannung induziert, die nach einer Gleichrichtung als Antriebsenergie zur Verfügung steht.

Ein weiteres Kriterium zur Einteilung von Flurfördermitteln stellt das *Fahrwerk* in Kombination mit der *Lenkung* dar. Fahrwerk und Lenkung entscheiden über Komfort, Einsatzfähigkeit auf ebenen oder unebenem Untergrund und über die Manövrierfähigkeit eines Flurförderzeuges. Es können Drei- und Vierradfahrzeuge unterschieden werden. Besonders kleinere und mittlere Flurförderzeuge werden auf Grund der einfacheren sowie statisch bestimmten Radkräften oft in Dreiradbauweise ausgeführt. Bei Dreiradfahrzeugen dominiert die Drehschemellenkung in Kombination mit einer starren Achse oder zwei Bockrollen, wobei der (elektrische) Antrieb oft unmittelbar am Drehschemel angebracht ist und beim Lenken mitschwenkt. Kleine Flurförderzeuge werden häufig an einer Deichsel geführt, die alle Bedienelemente aufnimmt und direkt mit dem Drehschemel verbunden ist. Da kein Wetterschutz gegeben ist und die Fahrgeschwindigkeit auf 1 bis 2 m/s (ca. 4 bis 6 km/h) begrenzt ist, werden deichselgeführte Flurförderzeuge überwiegend in geschlossenen Räumen und Werkhallen eingesetzt. Vierrädrige Flurförderzeuge werden meist mit Achsschenkellenkungen ausgestattet, wobei im Gegensatz zu Kraftfahrzeugen sowohl die vordere als auch sehr oft die hintere Achse oder beide Achsen (Allradlenkung) gelenkt sein können.

Manuell bediente Flurförderzeuge

Handförderzeuge. Sie sind immer dann in Erwägung zu ziehen, wenn kleine bis mittlere Lasten (max. etwa 3000 kg) auf ebenen Förderstrecken und über kurze Entfernungen zu bewegen sind. Allerdings sollte sich der Einsatz auf gelegentliche Transporte beschränken, da bei Ausnutzung der vollen Tragfähigkeit nicht unerhebliche Kräfte von der Bedienperson aufzuwenden sind. Neben des eigentlichen Rollwiderstandes, der bereits bis zu 150 N betragen kann, sind in der Beschleunigungsphase und bei Bodenunebenheiten zusätzliche Kräfte erforderlich, die keinen Dauerbetrieb zulassen (Bild C 2.1-30).

Handförderzeuge werden eingeteilt in Karren, Wagen, Handwagen, Anhänger und Roller. Breite Anwendung finden insbesondere Stechkarren zum Bewegen von Säcken

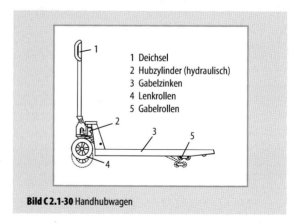

Bild C 2.1-30 Handhubwagen

Bild C 2.1-31 Vierradschlepper mit Anhänger (Linde, Aschaffenburg/M.)

und Kisten und Handhubwagen zum Transportieren von Paletten und Gitterboxen.

Schlepper. Dies sind manuell gesteuerte Flurförderzeuge, die über einen eigenen Elektro- oder Dieselantrieb verfügen. Über eine Zugvorrichtung angekoppelt, nehmen ein oder mehrere nichtangetriebene Wagen (Anhänger) das Fördergut auf (Bild C 2.1-31). Der Schlepper und die angehängten Wagen bilden einen *Zugverband*, der je nach Bedarf zusammengestellt werden kann. Zum Be- und Entladen können die Wagen abgekoppelt werden, wodurch der Schlepper zwischenzeitlich für andere Transportaufgaben genutzt werden kann. *Zugverbände* eignen sich insbesonders für den Transport von Stückgütern in größeren Werksanlagen sowie auf Bahn- und Flughäfen (s. Abschn. C 3.6.5).

Motorwagen. Sie sind manuell gesteuerte Flurförderzeuge, die neben dem eigenen Antrieb über eine Plattform, eine von Bordwänden umgebene Ladefläche oder Sonderaufbauten wie Kipper und Kasten zur Aufnahme des Förderguts verfügen. Durch eine Anhängevorrichtung können Motorwagen auch ein oder mehrere nichtangetriebene Wagen ziehen und übernehmen damit die Funktion eines *Schleppers.* Werden Motorwagen ohne Anhänger betrieben, sind sie wendiger als *Zugverbände*, können aber während der Be- und Entladevorgänge nicht anderweitig genutzt werden, weshalb sich der Einsatz insbesondere für gelegentliche Transporte anbietet.

Gabelstapler. Sie sind wohl die am universellsten einsetzbaren Fördermittel überhaupt (Bild 2.1-32). Gabelstapler eignen sich zum Transport von Ladeeinheiten ebenso, wie zum Be- und Entladen von Lkws und Eisenbahnwaggons sowie zum Beschicken von Lägern. Gabelstapler, auch Gegengewichtstapler genannt, bewegen sich frei auf dem Flur

Bild C 2.1-32 Gabelstapler in Vierachsbauweise mit Gasantrieb (Linde, Aschaffenburg/M.)

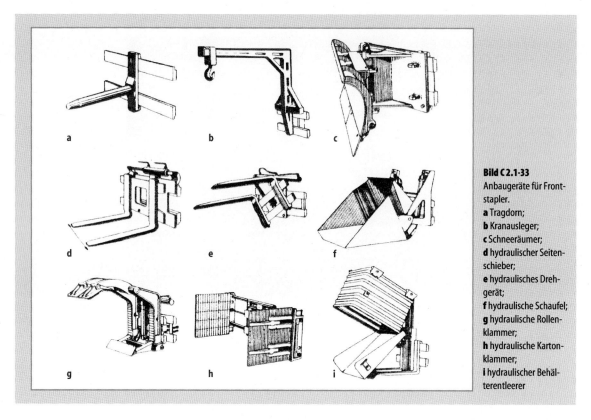

Bild C 2.1-33
Anbaugeräte für Frontstapler.
a Tragdorn;
b Kranausleger;
c Schneeräumer;
d hydraulischer Seitenschieber;
e hydraulisches Drehgerät;
f hydraulische Schaufel;
g hydraulische Rollenklammer;
h hydraulische Kartonklammer;
i hydraulischer Behälterentleerer

und können elektrisch oder verbrennungsmotorisch angetrieben sein. Die Betätigung der Arbeitsfunktionen (Heben, Senken, Neigen) und Anbaugeräte erfolgt hydraulisch. Das Heben der Last übernehmen Hubmaste, die vom einfachteleskopierenden Simplexmast bis zu Zweistufen-, Dreistufen- oder gar Vierstufenmasten reichen. Meist nehmen zwei Gabelzinken die Last auf. Unterschiedlichste Anbau- oder Zusatzgeräte erhöhen das Anwendungsspektrum und die Umschlagleistung von Gabelstaplern und ermöglichen auch Einsätze außerhalb der eigentlichen Bestimmung als Fördermittel (Bild 2.1-33).

Wichtige Kriterien bei der Auswahl eines Gabelstaplers sind u. a. die Tragfähigkeit, die Abmessungen des Förderguts, die Hubhöhe, das Verhältnis Hubhöhe zu Bauhöhe, die Einsatzbedingungen (in geschlossenen Räumen, in explosionsgefährdeten Bereichen oder im Freien), die Manövrierbarkeit, die Bodenbeschaffenheit sowie die verfügbaren Lastaufnahmemittel und Zusatzeinrichtungen.

Automatische Flurförderzeuge (FTS)

Automatische fahrerlose Flurförderzeuge werden selten als einzelnes Fördermittel, sondern meist als Komplettsystem, bestehend aus mehreren Fahrzeugen sowie stationären Steuer- und Leitvorrichtungen, eingesetzt, weshalb sich der Begriff *Fahrerlose Transportsysteme* (FTS) durchgesetzt hat. Die überwiegend batteriebetriebenen *Fahrerlosen Transportfahrzeuge* (FTF) teilen sich die Verkehrsfläche mit Fußgängern, Staplern und anderen Flurfördermitteln. Deshalb sollten *Fahrerlose Transportfahrzeuge* Schrittgeschwindigkeit (bis 1 m/s) nicht überschreiten, müssen die Fahrzeuge beim Auftreffen auf ein Hindernis selbsttätig stoppen und sollten alle stationären Einrichtungen zur Fahrzeugführung im Fahrbereich bodeneben sein.

Zur Fahrzeugführung werden sog. Leitsysteme eingesetzt. Aktive *induktive Leitsysteme* basieren auf einem im Boden verlegten *Leitdraht*, der mit Wechselstrom im Frequenzbereich von 5 bis 10 kHz gespeist wird. An den Fahrzeugen angebrachte Sensoren nutzen das entstehende elektromagnetische Wechselfeld zum Bestimmen der Kursabweichung und ermöglichen so der Fahrzeugsteuerung, gezielte Lenkbewegungen zu veranlassen. *Passive induktive Leitsysteme* nutzen ein auf den Boden aufgeklebtes Metallband ohne eigene Stromeinspeisung. Passive *induktive Leitsysteme* sowie *optische Leitlinien* verringern zwar den Installationsaufwand, sind jedoch anfälliger ge-

Bild C 2.1-34
Fahrerloses Transportfahrzeug FTF
(CFC, Karlsruhe)

gen Abnutzung und werden deshalb bei Bedarf durch *virtuelle Leitsysteme* ersetzt. „Virtuell" bedeutet, dass der Fahrzeugkurs nicht physisch vorgegeben wird, sondern in der Fahrzeugsteuerung hinterlegt ist. Abhängig vom System, werden jedoch fest installierte passive oder aktive *Referenzmarken* benötigt, da sich der zurückgelegte Weg und der Lenkeinschlag durch Schlupf, Verschleiß usw. nur näherungsweise bestimmen lassen. Als Lenksysteme können über einen oder mehrere Lenkantriebe gesteuerte Räder sowie *Differentiallenkung* unterschieden werden, deren Funktionsprinzip auf einer von der Fahrzeugsteuerung vorgegebenen Drehzahldifferenz zweier nebeneinander angeordneten Antriebsräder basiert. Abhängig vom Lenksystem, können linearbewegliche und flächenbewegliche Fahrzeuge unterschieden werden.

Fahrerlose Transportfahrzeuge (Bild C 2.1-34) sind i. Allg. mit einem eigenen *Lastaufnahmemittel* (z. B. Rollenbahn, Kettenförderer, Hubtisch, Teleskopgabel, *Satellit (Shuttle)*) versehen oder dienen als fahrerlose Schlepper mit angehängten Transportwagen. Den hohen Investitionskosten, der komplizierten Technologie sowie der auf Batterien basierende Energieversorgung stehen geringe Personalkosten gegenüber, wodurch der Einsatz insbesondere im Zwei- und Dreischichtbetrieb wirtschaftlich sein kann. Eine Bewertung der *Wirtschaftlichkeit von FTS-Anlagen* kann nach VDI 4450 erfolgen.

C 2.1.7.2 Nichtflurgebundene Unstetigförderer – Krane

Der Einsatz von Kranen vermeidet insbesondere bei großen, schweren und unhandlichen Stückgütern, dass erhebliche Anteile der Grundfläche von Fertigungs- und Montagehallen, Werkstätten oder Lägern als Verkehrsflächen für Fördermittel beansprucht werden (Bild C 2.1-35).

Von *Mobil-* und *Baustellenkranen* abgesehen, auf die hier nicht näher eingegangen werden soll, ist der Arbeitsraum des Kranes durch die Länge der *Kranbahn*, die Spannweite der *Kranbrücke*, den Schwenkwinkel und die Länge des *Auslegers* usw. begrenzt. Dadurch können i. Allg. elektrische Antriebe eingesetzt werden, die ihre Energie im Gegensatz zu Flurförderzeugen über Leitungen direkt aus dem Netz beziehen. Als Stromzuführungen zu ortsveränderlichen Verbrauchern sind *Schleppketten*, *Energieketten*, *Kabeltrommeln*, *Schleifleitungen* und im Stadium der Praxiserprobung auch berührungslose Systeme auf Basis *induktiver Energieübertragung* im Einsatz.

Um kurze Spielzeiten auf der einen und sanfte Absetzvorgänge sowie hohe Positioniergenauigkeiten auf der anderen Seite zu erreichen, ist i. d. R. eine Variation von Hub-, Fahr- und Drehgeschwindigkeiten erforderlich, die über polumschaltbare Drehstromantriebe, Gleichstrommotoren oder zunehmend Frequenzumrichter, die eine stufenlose Veränderung der Frequenz und somit auch der Drehzahl von Drehstrommotoren ermöglichen, realisiert werden (s. VDI 3652). Von Ausnahmen wie *Hängekranen* abgesehen, kann das Lastaufnahmemittel von Kranen einen quaderförmigen oder zylindrischen Arbeitsraum erreichen. Die Steuerung der Krane erfolgt meist manuell. Bei kleineren Anlagen dominieren kabelgebundene oder kabellose *Steuerbirnen*. Bei größeren Krananlagen sind ortsfeste oder häufiger mitfahrende Steuerstände im Einsatz, die insbesondere bei im Freien betriebenen Anlagen mit temperierter oder klimatisierter Kabine versehen sind. Ein automatisierter Betrieb von Krananlagen wird durch das beim Fahren oder Drehen auftretende *Lastpendeln* erschwert. Jedoch kann durch Zusatzmodule in der Steuerung das Lastpendeln, das eine exakte Positionierung der Last erschwert, stark vermindert werden.

Bei Kraneinbau in neue (Werk-)Hallen sollten die gebäudetechnischen Voraussetzungen sowie die Montagemöglichkeiten von Krananlagen bereits bei der Planung der Gebäude berücksichtigt werden. In der Berechnung der vom Gebäude aufzunehmenden Kräfte des Krans sind horizontale und vertikale Kräfte zu berücksichtigen (s. DIN 4132). Die Vertikalkräfte ergeben sich aus dem Eigengewicht der Kranbahn und den Radkräften der

Bild C 2.1-35 Zweiträger-Brückenkran zum Transport von Blechcoils (DCC, Wetter)

Tabelle C 2.1-1 Genormte Tragfähigkeiten

Tragfähigkeit in t									
0,13	0,16	0,20	0,25	0,32	0,40	0,50	0,63	0,80	1,00
1,25	1,60	2,00	2,50	3,20	4,00	5,00	6,30	8,00	10,00
12,50	16,00	20,00	25,00	32,00	40,00	50,00	63,00	80,00	100,00

Kranlaufräder. Auf Grund von Schwingungsvorgängen beim Heben sind die Radkräfte mit einem *Schwingbeiwert* zu beaufschlagen. Die Horizontalkräfte resultieren i. Allg. aus Massenkräften beim Beschleunigen bzw. Verzögern von Fahrbewegungen. Im Freien aufgestellte Krane müssen zusätzlich für *Wind-* und *Schneelasten* ausgelegt und gegebenenfalls gegen *Abtreiben bei Sturm* gesichert werden (s. VDI 3650).

Bei der Planung von Krananlagen empfiehlt es sich, auf genormte Datenreihen bei der Festlegung der Tragfähigkeit, der Hubhöhe und der Arbeitsgeschwindigkeiten für Fahren und Heben zurückzugreifen (s. VDI 2388). Diese Vorgehensweise ermöglicht den Rückgriff auf standardisierte Bauelemente der Kranhersteller wie Hubwerke und Fahrantriebe (Tabellen C 2.1-1 bis C 2.1-3).

Brückenkrane

In Werkhallen sind Brückenkrane die am weitesten verbreitete Kranbauform überhaupt. Die Gründe hierfür sind der quaderförmige Arbeitsraum, der häufig die gesamte Hallenfläche abdeckt sowie die aufgeständerte und oft von der Hallentragkonstruktion aufgenommene *Kranbahn*, die keine Behinderung von Verkehrsflächen mit sich bringt. Der Aufbau wird dominiert durch die Kranbrücke, die in *Ein- oder Zweiträgerbauweise* ausgeführt ist. Bei niedrigen Tragfähigkeiten und geringen Spannweiten können die Brückenträger kostengünstig aus Walzprofilen hergestellt werden. Bei größeren Traglasten und Spannweiten werden überwiegend geschweißte Kastenträger eingesetzt (Bild C 2.1-36).

An beiden Enden der Brückenträger sind die sog. *Kopfträger* angebracht, die auch die auf den Kranbahnen abrol-

Tabelle C 2.1-2 Genormte Hubhöhen

Hubhöhen in m		
4,00	5,00	6,30
8,00	10,00	12,50
16,00	20,00	25,00

Tabelle C 2.1-3 Genormte Arbeitsgeschwindigkeiten

Arbeitsgeschwindigkeiten in m/min									
				0,32	0,40	0,50	0,63	0,80	1,00
1,25	1,60	2,00	2,50	3,20	4,00	5,00	6,30	8,00	10,00
12,50	16,00	20,00	25,00	32,00	40,00	50,00	63,00	80,00	100,00
125,00	160,00								

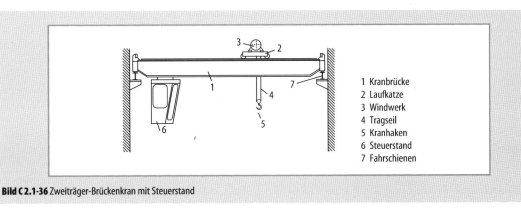

1 Kranbrücke
2 Laufkatze
3 Windwerk
4 Tragseil
5 Kranhaken
6 Steuerstand
7 Fahrschienen

Bild C 2.1-36 Zweiträger-Brückenkran mit Steuerstand

lenden Lauf- und Antriebsräder aufnehmen. Die *Laufkatze* verfährt quer zur Bewegungsrichtung der Brücke auf den Brückenträgern und nimmt das *Hubwerk* auf. Die Katzbauarten stehen in Abhängigkeit von der Brückenbauart. Für Einträgerbrücken können *untenlaufende Katzen* in normaler und kurzer Ausführung sowie *Winkelkatzen* unterschieden werden. Letztere weisen die geringste Bauhöhe auf, führen allerdings zu einer Torsionsbeanspruchung der Kranbrücke. Bei Zweiträgerbrücken können *Elektrozugkatzen* und *Windwerkskatzen* mit Krantägerbühne unterschieden werden (s. VDI 2388). Die Lastaufnahme erfolgt meist am *Kranhaken* unter Zuhilfenahme von Seilen, Gurten oder Ketten als *Anschlagmittel*.

Dreh- und Schwenkkrane

Drehkrane werden in vielfältiger Weise eingesetzt. Wichtigste Vertreter sind die *Säulen-* (Bild C 2.1-37) und *Wandschwenkkrane*, die *Wippkrane*, die *Turmdrehkrane* und die *Portaldrehkrane*. Zur innerbetrieblichen Bedienung einzelner Arbeitsplätze eignen sich besonders die beiden erstgenannten Bauformen. Portaldrehkrane und Wippkrane werden dagegen meist in Hafenanlagen eingesetzt.

Portalkrane

Aufbau und Funktion der überwiegend im Freien arbeitenden Portalkrane sind im Hinblick auf die *Kranbrücke* und *Laufkatze* ähnlich denen der *Brückenkrane*. Signifikanter Unterschied ist die Kranbahn auf Bodenniveau, weshalb die Kopfträger durch *Portalstützen* ersetzt werden. Bei größeren Portalkranen ist eine Stütze als *Pendelstütze* ausgeführt. Dadurch wird vermieden, dass Wärmedehnungen, Durchbiegungen der Kranbrücke und Ungenauigkeiten beim Verlegen der Kranbahn zu Verspannungen führen. Im Gegensatz zu Brückenkränen kann die Kranbrücke seitlich über die Kranbahn hinaus verlängert werden, wodurch die Kranbrücke bei gleichem Arbeitsweg der Laufkatze schwächer dimensioniert werden kann. Portalkrane werden in Kombination mit sog. *Spreadern* häufig zum Umschlag von *Containern*, *Lkw-Wechselbrücken* in Hafenanlagen, auf Bahnhöfen und in *Güterverkehrszentren* (s. Kap. C 3) eingesetzt.

Hängekrane

Hängekrane sind Brückenkrane, deren Fahrbahnen fest oder pendelnd an Decken- bzw. Dachkonstruktionen oder Konsolen an Hallenstützen aufgehängt sind (Bild C 2.1-38).

Ähnlich den *Elektrohängebahnen*, bestehen Hängebahnen in der einfachsten Form aus einer Laufschiene und Hängelaufkatze, die das Hubwerk aufnimmt. Bei kurzen Fahrwegen kann die Laufkatze durch Drücken bzw. Ziehen an der Last bewegt werden. Ansonsten kommen über Reibrad angetriebene Laufkatzen zum Einsatz.

Mit Hilfe von umfangreichen Baukastensystemen können sowohl Hängekräne, die in Aufbau und Funktion Brückenkränen ähneln, als Hängebahnen mit komplexen *Layouts* einschließlich Weichen als Verzweigungs- und Zusammenführungselemente kombiniert werden. Der signifikante Unterschied zu EHB-Systemen besteht darin, dass Hängekrane üblicherweise nicht als umlaufende Systeme projektiert werden und das Steuerungskonzept i. d. R.

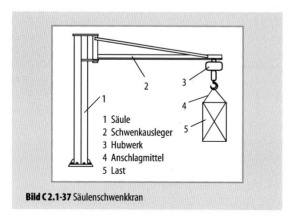

Bild C 2.1-37 Säulenschwenkkran

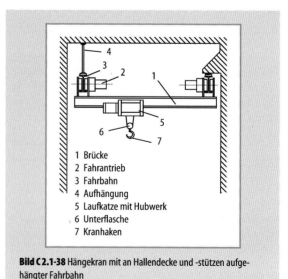

Bild C 2.1-38 Hängekran mit an Hallendecke und -stützen aufgehängter Fahrbahn

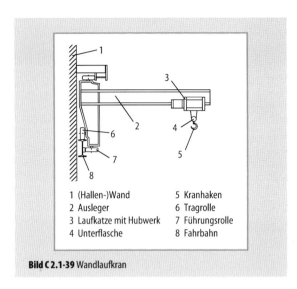

Bild C 2.1-39 Wandlaufkran

1 (Hallen-)Wand
2 Ausleger
3 Laufkatze mit Hubwerk
4 Unterflasche
5 Kranhaken
6 Tragrolle
7 Führungsrolle
8 Fahrbahn

einfacher ist, da die Lastaufnahme und somit der gesamte Fördervorgang meist nicht automatisiert ist.

Hängekrane bzw. Hängebahnen finden üblicherweise dort Verwendung, wo große Hallenspannweiten durch mehrfach aufgehängte Fahrbahnen überbrückt werden müssen oder wenn Lasten von Halle zu Halle bzw. von Hallenschiff zu Hallenschiff transportiert werden sollen. Ein weiteres Einsatzgebiet für Hängekrane ist die nachträglich Ausrüstung von Hallen mit Kranen, was allerdings voraussetzt, dass die Tragkonstruktion der Gebäudedecken ausreichend bemessen ist.

Wandlaufkrane (Konsolkrane)

Wandlaufkrane sind Krane, bei denen sich die Kranbahn auf eine Wand bzw. eine Säulenreihe beschränkt. Die Katze läuft auf einem frei auskragenden Ausleger (Bild C 2.1-39).

Wandlaufkrane sind meistens unterhalb der Brückenkrane angeordnet, um diese in ihrer Arbeit zu unterstützen. Da Wandlaufkrane das volle Lastmoment in die Wand bzw. Stützen einleiten, sind sie für größere Auskragungen oder Lasten nicht geeignet.

Weiterführende Literatur

1 Allgemein

Arnold, D.: Materialfluss in Logistiksystemen. Berlin/ Heidelberg/New York: Springer 2002
Axmann, N.: Handbuch Materialflußtechnik. Ehningen: expert 1993
Hoffmann-Stanker, K.: Fördertechnik – Bd. 1. u. 2. München: Oldenbourg 1983
Jünemann, R.; Schmidt, T.: Materialflußsysteme – Systemtechnische Grundlagen. Berlin/Heidelberg/New York: Springer 2000
Martin, H.: Förder- und Lagertechnik. Braunschweig: Vieweg 1978
Pfeifer, H.; Kabisch, G.; Lautner, H.: Fördertechnik – Konstruktion und Berechnung. Braunschweig: Vieweg 1985
Scheffler, M. et al.: Unstetigförderer 1 u. 2. Berlin: VEB Verlag Technik 1990/1985
Scheffler, M.: Grundlagen der Fördertechnik. Wiesbaden: Vieweg 1984

Richtlinien
BGV A3: Unfallverhütungsvorschrift: Elektrische Anlagen und Betriebsmittel (2005)
DIN EN ISO 12100-1: Sicherheit von Maschinen – Grundbegriffe; allgemeine Gestaltungsleitsätze Teil 1: Grundsätzliche Terminologie; Methodologie (2004)
DIN EN ISO 12100-2: Sicherheit von Maschinen – Grundbegriffe; allgemeine Gestaltungsleitsätze Teil 2: Technische Leitsätze (2004)
DIN EN 294: Sicherheit von Maschinen; Sicherheitsabstände gegen das Erreichen von Gefahrenstellen mit den oberen Gliedmaßen (1992)
DIN EN 349: Sicherheit von Maschinen; Sicherheitsabstände zur Vermeidung des Quetschens von Körperteilen (1993)
DIN EN 811: Sicherheit von Maschinen; Sicherheitsabstände gegen das Erreichen von Gefahrstellen mit den unteren Gliedmaßen (1996)
DIN EN 60204: Sicherheit von Maschinen; elektrische Ausrüstung von Maschinen (1997)
VDI 3581: Zuverlässigkeit und Verfügbarkeit von Transport- und Lageranlagen (2004/Berichtigung: 2006)
VDI 3978: Durchsatz und Spielzeiten in Stückgut-Fördersystemen (1998)
VDI 3979: Abnahmeregeln für Stückgut-Fördersysteme (1992/2002)
VDI 4443: Kontaktlose Energieübertragung für mobile Systeme in der Stückgutfördertechnik (2006)

2 Ladehilfsmittel

Richtlinien
DIN15141-4: Transportkette; Paletten; Vierwege-Fensterpaletten aus Holz, Brauereipaletten 1000 × 1200 mm (1985)
DIN 15142-1: Flurfördergeräte; Boxpaletten, Rungenpaletten; Hauptmaße und Stapelvorrichtungen (1973)

DIN 15146-2: Vierwege-Flachpaletten aus Holz, 800 mm × 1200 mm (1986)
DIN 15146-3: Vierwege-Flachpaletten aus Holz, 1000 mm × 1200 mm (1986)
DIN 15147: Flachpaletten aus Holz; Gütebedingungen (1985)
DIN 15155: Paletten; Gitterboxpaletten mit 2 Vorderwandklappen (1986)
DIN 15190: Binnencontainer (1991)
DIN EN ISO 445: Palette für die Handhabung von Gütern; Begriffe (1998)
ISO 668: Container (1988)
ISO 1496: Series 1 freight containers – specification and testing (2006)
RAL-RG 993: Gütesicherung Paletten (1985)
VDI 2363: Flüssigkeitsbehälter ohne Auslaufarmatur; Nenninhalt 250 Liter (2003)
VDI 2383: Flüssigkeitscontainer mit Auslaufarmatur; Nenninhalt 500 bis 1000 Liter (2003)
VDI 4460: Mehrwegtransportverpackungen und Mehrwegsysteme zum rationellen Lastentransport (2003)

3 Stetige Stückgutfördersysteme
[Paj88] Pajer, G. u. a.: Stetigförderer. Berlin: VEB Verlag Technik 1988

Richtlinien
BGR 500 Kap. 2.9: BG-Regel: Betreiben von Arbeitsmitteln – Betreiben von Stetigförderern (2004)
DIN EN 619: Stetigförderer und Systeme – Sicherheits- und EMV-Anforderungen an mechanische Fördereinrichtungen für Stückgut (2003)
VDI 3618 Bl. 1: Übergabevorrichtungen für Stückgüter; Paletten, Behälter und Gestelle (1994)
VDI 3618 Bl. 2: Übergabevorrichtungen für Stückgüter; Lagersichtkästen, Kleinbehälter, Säcke und forminstabile Güter (1994)
VDI 3638: Palettiermaschinen (1995)
VDI 3646: Spielzeitermittlung von Fördermitteln der Stetigfördertechnik (1994)
VDI 3657: Kommissionierarbeitsplatz, Ergonomische Gestaltung (1993)
VDI 4420: Automatisches Be- und Entladen von Stückgütern auf Lastkraftwagen (1996)
VDI 4422: Elektropalettenbahn (EPB) und Elektrotragbahn (ETB) (2000)

4 Hängeförderer
Richtlinien
VDI 2328: Kreisförderer (1981)
VDI 2334: Schleppkreisförderer (Power & Free) (1988)
VDI 2345: Hängebahnen (1987)
VDI 3643: Elektro-Hängebahn; Obenläufer, Traglastbereich 500 kg; Anforderungsprofil an ein kompatibles System (1998)
VDI 4442 Entwurf: Hängefördertechnik zur Förderung, Lagerung und Sortierung von leichten Stückgütern (2005)

5 Vertikalförderer
VDI 2314: Umlaufförderer (1962)
VDI 3583: Umlauf-S-Förderer (1976)
VDI 3599: Etagenförderer (1974)

6 Flurförderzeuge
Beilsteiner, F. u. a.: Stapler. Renningen: expert 1994
Elbracht, D.: Schlanke Produktion und einfache Materialflußkonzepte mit kompatiblen FTS hoher Wirtschaftlichkeit. Fördertechnik 63 (1994) 6, 5–9
Lutz, J.; Merklinger, A.; Gerland, E.: Die FTS-Technik im Umbruch – Sensorik zur leitlinienlosen FTS-Führung. Fördermittel J. 7, Sonderpubl. Fördertechnik 1995, 12–16
Rödig, W; Scher, P.: Dr. Rödigs Enzyklopädie der Flurförderzeuge. Ludwigsburg: AGT Verlag Thum 1997
Ullrich, G.: Unbeirrtes Streben nach mehr Kompatibilität bei fahrerlosen Transportsystemen. Log. i. Unternehmen 19 (1996) 4, 70–71

Richtlinien
DIN 15 172: Kraftbetriebene Flurförderzeuge; Schlepper und schleppende Flurförderzeuge; Zugkraft, Anhängelast (1988)
ISO 5053: Kraftbetriebene Flurförderzeuge – Begriffe (1994)
TRGS 554: Technische Richtlinie für Gefahrstoffe, Dieselmotoremission (2001)
VDI 2196 Entwurf: Bereifung für Flurförderzeuge; Ermittlung und Beurteilung des Rollwiderstandes von Industriereifen (1996)
VDI 2198: Typenblätter für Flurförderzeuge (1994)
VDI 2360: Güterumschlagszonen und Verladetechniken mit Flurförderzeugen für Stückgutverkehr (1992)
VDI 2398 Entwurf: Einsatz von Gabelstaplern im öffentlichen Straßenverkehr (2005)
VDI 2510: Fahrerlose Transportsysteme (FTS) (2005)
VDI 2511: Regelmäßige Prüfung von Flurförderzeugen – Mindestanforderungen (1998)
VDI 2513 Entwurf: FTS-Checkliste – Eine Planungshilfe für Betriebe und Hersteller von Fahrerlosen Transportsystemen (FTS) (2006)
VDI 2695 Entwurf: Ermittlung der Kosten für Gabelstapler (2006)

VDI 3578: Anbaugeräte für Gabelstapler (1998)
VDI 3586: Entwurf: Flurförderzeuge; Begriffe, Kurzzeichen, Beispiele (2006)
VDI 3960: Ermittlung der Betriebsstunden an Flurförderzeugen (1998)
VDI 3973: Kraftbetriebene Flurförderzeuge; Schleppzüge mit ungebremsten Anhängern (1990)
VDI 4450: Analyse der Wirtschaftlichkeit Fahrerloser Transportsysteme (2001)
VDI 4451 Bl. 2, 1995: Kompatibilität von Fahrerlosen Transportsystemen (FTS) – Energieversorgung und Ladetechnik (2000)
VDI 4451 Bl. 3, 1995: Kompatibilität von Fahrerlosen Transportsystemen (FTS) – Fahr- und Lenkantrieb (1998)
VDI 4451 Bl. 4, 1995: Kompatibilität von Fahrerlosen Transportsystemen (FTS) – Offene Steuerungsstruktur für Fahrerlose Transportfahrzeuge (1998)
VDI 4451 Bl. 5, 1995: Kompatibilität von Fahrerlosen Transportsystemen (FTS) – Offene Schnittstelle zwischen Auftraggeber und FTS-Steuerung (1994)
VDI 4461: Beanspruchungskategorien für Gabelstapler 2001

7 Krane

Hannover, H.-O.; Mechthold, F.; Tasche, G.: Sicherheit bei Kranen. Erläuterungen zur Unfallverhütungsvorschrift. Düsseldorf: VDI-Verlag 1984
Lenzkes, D.: Hebezeugtechnik. Sindelfingen: expert 1985

Richtlinien
DIN EN 12077-2: Krane; Sicherheit; Gesundheits- und Sicherheitsanforderungen an die Konstruktion; Begrenzungs- und Anzeigeneinrichtungen (2000)
DIN 4132: Kranbahnen; Stahltragwerke; Grundsätze für Berechnung, bauliche Durchbildung und Ausführung (1981)
DIN 15018: Krane; Grundsätze für Stahltragwerke – Berechnung (1984)
DIN 15019-1: Krane; Standsicherheit (1979)
DIN 15020: Hebezeuge; Grundsätze für Seiltriebe – Berechnung und Ausführung (1974)
FEM 1.001: Berechnungsgrundlagen für Krane (1998)
VDI 2194 Bl. 2: Auswahl und Ausbildung von Kranführern – Fragenkatalog (2000)
VDI 2194 a: Kranführerausweis (2005)
VDI 2485: Planmäßige Instandhaltung von Krananlagen (1992)
VDI 2388: Krane in Gebäuden – Planungsgrundlagen (2006)
VDI 2397: Auswahl der Arbeitsgeschwindigkeiten von Brückenkranen (2000)
VDI 2687: Lastaufnahmemittel für Container, Wechselbehälter und Sattelauflieger (1989)
VDI 3302: Projektbogen für Brücken-, Hänge- und Portalkrane (1996)
VDI 3570: Überlastsicherungen für Krane (1997)
VDI 3571: Herstelltoleranzen für Brückenkrane, Laufrad, Laufradlagerung und Katzbahnen (1977)
VDI 3572: Hebezeuge; Stromzuführungen zu ortsveränderlichen Verbrauchern (1976)
VDI 3573: Arbeitsgeschwindigkeiten schienengebundener Umschlagskrane (1994)
VDI 3576: Schienen für Krananlagen; Schienenverbindungen, Schienenbefestigungen, Toleranzen (1995)
VDI 3650: Einrichtungen zur Sicherung von Kranen gegen das Abtreiben durch Wind (1989)
VDI 3651: Distanzierungseinrichtungen für Krane und Fördermittel (2003)
VDI 3652 Entwurf: Auswahl der elektrischen Antriebsarten für Krantriebwerke (2004)
VDI 3653: Automatisierte Kransysteme (1998)
VDI 4412: Kabellose Steuerungen von Kranen (1998)
VDI 4445: Empfehlung für das Abfassen einer Betriebsanleitung für die Führung von Kranen (2001)
VDI 4446: Spielzeitermittlung von Krananlagen (2004)
VDI 4448: Lasterfassung und Wägesysteme an Kranen mit Laufkatzen (2006)

C 2.2 Lagersysteme

C 2.2.1 Einleitung

Neben dem Fortbewegen der Güter, d. h. der Überbrückung von Raum (s. Abschn. C 2.1), besteht die zweite originäre Aufgabe von Materialflusssystemen in der Überbrückung von Zeit. Die Richtlinie VDI 2411 definiert den Begriff *Lagern* als „jedes geplante Liegen des Arbeitsgegenstandes im Materialfluss". Während der Lagerung verweilen die Güter über einen längeren Zeitraum am gleichen Platz. Bei kürzeren Verweilzeiten wie bei temporären Staus spricht man hingegen von „Pufferung" oder „Speicherung". *Puffer* werden zur Kompensation von ungeplanten stochastischen Verweilzeiten der Güter im Materialfluss eingesetzt. Im Gegensatz dazu werden Güter in einem *Speicher* systematisch gestaut, z. B. um mehrere Güter zu einem Auftrag zusammenzufassen (s. Abschn. C 2.3) oder um bestimmte Reihenfolgen zu bilden (s. Abschn. C 2.4).

Im produktionsnahen Umfeld werden Lager meist als *Puffer* konzipiert, die insbesondere zur Überbrückung von Produktions- oder Zulieferstörungen eingesetzt werden. Demgegenüber werden in klassischen *Distributionslägern* bzw. *Ersatzteillägern* längerfristige Bevorratungen vorgenommen – neben der Lagerung steht hierbei ins besondere die kundenbezogene *Kommissionierung* (s. Abschn. C 2.3) im Vordergrund. Eine Vielzahl unterschiedlicher technischer Lösungen von *Lagerbauarten* steht für die Realisierung der o. g. Funktionen zur Verfügung. Die passende Auswahl hängt vom konkreten Anwendungsfall ab.

C 2.2.2 Systematisierung der Lagertypen

Unter dem Oberbegriff „Lager" kann eine Vielzahl unterschiedlicher Lagertypen subsumiert werden. Eine Gliederung der Lagertypen kann z. B. nach den in Bild C 2.2-1 dargestellten Gesichtspunkten erfolgen:
- funktionale Gliederung der Lagertypen,
- Gliederung nach Bauhöhe,
- Gliederung nach Lagergut,
- Gliederung nach Ladehilfsmittel,
- Gliederung nach Lagermittel.

Funktionale Gliederung der Lagertypen

Zumeist erfolgen die Anlieferungen im Wareneingang innerhalb bestimmter Anliefer- oder Bestellzyklen. Ein *Beschaffungslager* mit ausreichender Eindeckung sichert eine kontinuierliche Lieferfähigkeit auf der Warenausgangsseite. Die Festlegung des Lagereindeckungsgrads und der optimalen Bestellmengen erfolgt nach Abwägung zwischen den Kosten der Lagerhaltung und den Risiken der Nicht-Lieferfähigkeit und stellt letztlich eine betriebswirtschaftliche Entscheidung dar (vgl. Abschn. A 3.4).

Ein *Produktionslager* dient in erster Linie der Synchronisierung von Warenzuflüssen und -abflüssen in der Produktion. Da die Materialflussprozesse in Fertigung und Montage i. d. R. nicht deterministisch sind, sondern stochastischen Einflüssen unterliegen, sind zufällige Bedarfsschwankungen unvermeidbar. Das Produktionslager wird so dimensioniert, dass diese Schwankungen auf der Zu- und Ablieferseite durch den Pufferbestand im Produktionslager kompensiert werden können. Diese Funktion wird insbesondere in stark verketteten Systemen benötigt, um Produktionsstillstände vor- oder nachgelagerter Bereiche zu vermeiden.

Im Unterschied zum Produktionslager ist im *Distributionslager* das Verhältnis zwischen der täglichen Anzahl von Positionen im Wareneingang zur Anzahl an Warenausgangs-Positionen meist deutlich kleiner Eins. Im Distributionslager findet i. d. R. eine Aufsplittung der Ladeeinheiten statt, d. h., dem Lagerbereich ist eine Kommissionier- oder Sortierzone nachgeschaltet (vgl. Abschnitte C 2.3 und C 2.4). Im Kommissionierbereich werden aus mehreren

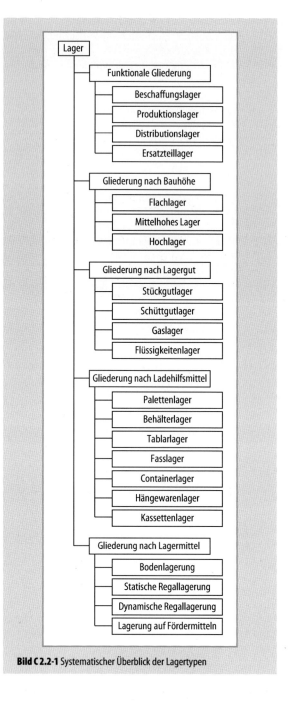

Bild C 2.2-1 Systematischer Überblick der Lagertypen

artikelreinen Ladeeinheiten einzelne Artikel entnommen, den Kundenaufträgen entsprechend zusammengefasst und versandt. Im *Distributionslager* steht also nicht die eigentliche Lagerung, sondern der wertschöpfende Transformationsprozess zwischen produktorientiertem Wareneingang und kundenauftragsbezogenem Warenausgang im Vordergrund.

Das *Ersatzteillager* oder *Magazin* stellt eine wirtschaftliche Vorratshaltung für die zum Geschäftsbetrieb erforderlichen Güter bzw. Reparaturteile sicher. Hierbei kommen Lagersysteme mit definierten Lagerplätzen und relativ kleinen Fachgrößen zum Einsatz. Die Lagerumschlagshäufigkeit (definiert als Menge der umgeschlagenen Güter im Verhältnis zum Gesamtbestand) ist wesentlich geringer als bei Distributionslagern, daher werden vergleichsweise längere Zugriffszeiten zugunsten eines besseren Volumennutzungsgrades in Kauf genommen. In der Lagerstruktur spiegelt sich dies in Form von langen, hohen Lagergassen wieder.

Gliederung nach Bauhöhe

Witterungsunempfindliche Güter können ohne Wetterschutz im *Freien* gelagert werden. Sie werden meist für Rohmaterialien (z. B. Holz und Baustoffe) oder Schüttgut verwendet. Die Mehrzahl der Güter erfordert allerdings eine Lagerung in Gebäuden. Nach der Bauhöhe können prinzipiell die nachfolgend aufgeführten Typen unterschieden werden:

Große Flächenausdehnung und geringe Höhe kennzeichnen das sog. *Flachlager*. Das Lagergut wird meist auf dem Boden oder in aufeinandergestapelten Ladeeinheiten gelagert und mit Handhubwagen, Gabelstapler oder Stapelkran gehandhabt. Werden die Lagereinheiten in einem Lagergebäude auf mehreren Stockwerken gelagert, handelt es sich um ein sog. *Etagenlager*. Die Lagerbedienung entspricht dem des Flachlagers. Bei 7 bis 12 m Höhe spricht man von einem *Hochflachlager* bzw. *mittelhohen Lager* (meist mit Regalen). Zur Ein- und Auslagerung (E/A) werden hierbei Hochregalstapler oder schienengeführte Regalförderzeuge eingesetzt. Oberhalb einer Höhe von 12 m handelt es sich um ein *Hochlager*. Darin ist i. d. R. eine Regalkonstruktion zur Lagerung von palettiertem Lagergut integriert, deshalb wird dieser Lagertyp als sog. *Hochregallager* bezeichnet. Hochregalläger mit Höhen von 45 m und mehr bei gleichzeitigen Längen von über 200 m sind realisiert. Die Regale sind meist freistehend und werden oft auch als Tragkonstruktion für die Lagerhülle genutzt (Silobauweise). In Hochregallägern werden zur Ein-/ Auslagerung ausschließlich manuelle oder automatische Regalförderzeuge eingesetzt, die an Schienen geführt werden. Durch die Standardisierung der Ladehilfsmittel und der dadurch möglichen Automatisierung hat sich das Hochregallager zu dem am weitesten verbreiteten Lagertyp für Palettenware entwickelt.

Gliederung nach Lagergut

Bezüglich des Lagerguts können Läger unterschieden werden in Stückgut-, Schüttgut-, Gas- und Flüssigkeitenlager. Auf Grund des Aggregatzustands des Lagerguts kommen hierbei unterschiedliche technische Lösungen zur Ein- und Auslagerung zum Einsatz. *Gas-, Flüssigkeiten- und Schüttgutlager* findet man bevorzugt in der chemischen Industrie und Montanindustrie. Das Fließverhalten der Schüttung im Schüttgutlager kann innerhalb gewisser Grenzen mit dem eines Flüssigkeitenlagers verglichen werden.

Das *Stückgutlager* unterscheidet sich grundsätzlich von den vorgenannten Lagersystemen, weil hierbei mit einzelnen, diskreten Gütern, den sog. Ladeeinheiten (LE), umgegangen wird. Sofern gasförmiges, flüssiges oder loses Lagergut in umschlossenen Behältern gelagert und gehandhabt wird, kann auch hierbei von einem Stückgutlager gesprochen werden. Dieser Lagertyp ist aus logistischer Sicht besonders relevant und wird in den weiteren Ausführungen implizit als Basis angenommen.

Stückgutläger können nach den Abmessungen des Lagerguts wiederum unterteilt werden in
- Kleinteilelager,
- Sperrgutlager,
- Langgutlager,
- Tafelgutlager,
- Blockgutlager.

Gliederung nach Ladehilfsmittel

Im *Palettenlager* sind auf das standardisierte Palettenmaß abgestimmte Fachgrößen vorgesehen. Das palettierte Lagergut wird in den Regalen auf Tragbalken oder Regalböden abgestellt. In automatisierten Lagern wird die palettierte Ware oft zusätzlich mit einer speziellen, stabilen Lagerpalette unterpalettiert, um Betriebsstörungen durch beschädigte Paletten zu vermeiden.

Im *Behälterlager* werden Ladehilfsmittel verwendet, die das Lagergut umschließen (z. B. Gitterboxen oder VDA-Normbehälter). Durch die damit verbundene gute Ladungssicherung kann beim Ein- und Auslagern mit größeren Beschleunigungen gearbeitet werden als bei tragenden (nicht umschließenden) Ladehilfsmitteln. Damit sind kurze Spielzeiten realisierbar, z. B. bei einem automatischen Kleinteilelager (AKL) (s. Abschn. C 2.2.8).

Im *Tablarlager* wird das Lagergut auf flachen Metallplatten, sog. Tablaren, gelagert. Der schnelle Ein- und Auslagervorgang wird durch spezielle Griffe bzw. Kupplungssysteme an den Tablaren unterstützt.

Schwere, aber gut stapelbare Güter werden meist ohne aufwendige Lagertechnik auf dem Boden gelagert, z. B. in

Form eines *Fasslagers* oder *Containerlagers*. Durch die stetig wachsende Bedeutung von Container-Überseeverkehren prägen Containerläger das Erscheinungsbild moderner Seehafenanlagen.

Ein ganz anderer Lagertyp ist demgegenüber das *Hängewarenlager*, das bevorzugt in der Kleiderindustrie Anwendung findet. Die Waren werden meist auf Stetigförderern gelagert und transportiert.

Im *Kassettenlager* werden schmale, lange Behälter (Kassetten) eingesetzt, um das in den Abmessungen ungenau definierte oder schwer handhabbare Lagergut gut zugänglich zu lagern. Dieser Lagertyp wird oft in der metallverarbeitenden Industrie eingesetzt, z. B. für die Lagerung von Stabmaterial von uneinheitlicher Dicke und Länge. Erfolgt der Zugriff auf die Kassetten von der schmalen Stirnseite her, so spricht man von einem Wabenregal, da die Front des Kassettenlagers ähnlich kompakt wie eine Bienenwabe angeordnet ist.

Gliederung nach Lagermittel

Bei der Systematisierung der Lagertypen anhand der Lagermittel rückt nun die *Lagertechnik* in den Vordergrund des Interesses. Die *Bodenlagerung* stellt dabei die aus technischer Sicht einfachste Art der Lagerung dar, die *Regallagerung* steht bereits für den nächsten Komplexitätsgrad. Wenn die Lagereinheiten zwischen Ein- und Auslagerung an ihrem Platz verbleiben, so spricht man von *statischer Regallagerung*. Hingegen werden die Lagergüter bei *dynamischer Regallagerung* zwischen Ein- und Auslagerung bewegt. Bei der *Lagerung auf Fördermitteln* wird das Fördermittel als Lagermittel benutzt, wodurch auf eine separate Ein-/Auslagertechnik gänzlich verzichtet werden kann.

Mit zunehmenden Anforderungen an Durchsatz, Volumennutzungsgrad oder Zugriffszeiten steigen naturgemäß auch der Komplexitätsgrad der Lagertechnik sowie die damit verbundenen Investitionen. Die Auswahl der optimalen Lagertechnik ist eine klassische Ingenieursaufgabe, wobei von Fall zu Fall die Vor- und Nachteile der jeweiligen Technik abgewogen werden müssen.

C 2.2.3 Lagerbauarten

Nachfolgend wird detailliert auf einige technische Ausführungen von Lagertypen eingegangen. Dabei wird die im vorhergehenden Abschnitt vorgestellte Gliederung nach Lagermitteln benutzt.

C 2.2.3.1 Bodenlagerung

In Bild C 2.2-2 sind die drei prinzipiellen Typen von Bodenlägern grafisch dargestellt.

Ungestapelte Lagerung

Im einfachsten Fall werden die Ladeeinheiten ungestapelt auf dem Boden gelagert. Wegen des damit verbundenen hohen Flächenverbrauchs ist dieser Fall selten innerhalb geschlossener Gebäude anzutreffen, sondern zumeist in Freilagern mit einer geringen Anzahl unterschiedlicher Artikel.

Blocklager

Bei dieser häufigsten Art der Bodenlagerung sind die Ladeeinheiten mehrfach hoch gestapelt und in einem kompakten Block ohne Zwischengänge angeordnet. Die Vorteile sind hohe Flexibilität in Bezug auf Flächenbelegung und Abmessungen der Ladeeinheiten, gute Ausbaufähigkeit und Anpassungsfähigkeit an veränderte Artikelstrukturen. Der Betrieb ist i. d. R. sehr funktionssicher, es sind nur geringe Investitionen in die Lagertechnik erforderlich. Bei gut stapelbaren Ladeeinheiten kann ein sehr guter Volumennutzungsgrad erreicht werden. Nachteilig wirkt sich die schlechte Zugriffsmöglichkeit auf die einzelnen Ladeeinheiten aus, das FIFO-Prinzip (First-In, First-Out) kann nur auf ganze Blöcke angewandt werden, die i. Allg. sor-

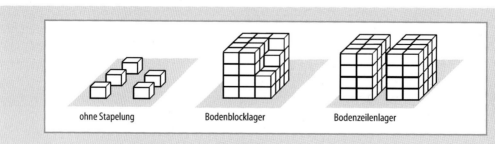

Bild C 2.2-2 Bodenlagerung

tenrein sind. Eine rechnerunterstützte Lagerplatzverwaltung ist nur bei guter Organisation der Flächenbelegung (z. B. mit markierten Bodenflächen) möglich. In der Praxis werden Bodenblockläger oft ohne geordnete Lagerplatzverwaltung betrieben. Bodenblocklager eignen sich besonders dann, wenn nur eine überschaubare Menge unterschiedlicher Artikel bei großen Mengen je Artikel zu handhaben sind (z. B. große Chargen in der rohstoffverarbeiten den Industrie). Zur Ein-/Auslagerung werden meist Gabelstapler oder Stapelkräne eingesetzt, die Umschlagsleistung ist daher sehr eingeschränkt.

Zeilenlager

Im Bodenzeilenlager sind die Ladeeinheiten in Lagerzeilen abgestellt, wodurch ein besserer Zugriff auf einzelne Ladeeinheiten ermöglicht wird als im Blocklager. Die zuvor genannten Vor-/Nachteile gelten analog für das Zeilenlager. Der Flächenbedarf ist höher als der eines Blocklagers. Im Unterschied zum Blocklager eignet sich das Zeilenlager für eine größere Anzahl unterschiedlicher Artikel mit kleinen bis mittleren Mengen je Artikel. Als bevorzugtes Beispiel für Bodenzeilenlagerung sind Containerläger in Seehäfen oder Bahnterminals zu nennen. Mit zunehmender Stapelhöhe steigt der Umstapelaufwand überproportional, so dass wahlfreier Zugriff auf einzelne Ladeeinheiten nur innerhalb enger Grenzen möglich ist.

C 2.2.3.2 Statische Regallagerung

Bei statischer Regallagerung werden die Ladeeinheiten auf ortsfesten Regalen einfach oder mehrfachtief eingelagert und bis zum Auslagervorgang nicht bewegt.

Regallager mit einfach tiefer Belegung

Das klassische Palettenregallager besitzt Lagergestelle mit festen Feldbreiten zwischen den Stützen, die Platz für eine oder mehrere Paletten bieten, wobei die Ladeeinheiten einfach tief eingelagert werden – entweder längs oder quer. Gängige Feldbreiten sind 2,70 m oder 3,60 m, die auf die Maße der Euro-Poolpalette (800 mm × 1200 mm) oder der deutschen Industriepalette (1000 mm × 1200 mm) abgestimmt sind. Die Regalkonstruktion ist zumeist aus Stahl- oder Aluminiumprofilen zusammengesetzt.

Einfach-Regallager werden bis über 40 m Höhe gebaut (Hochregallager), der Zugriff auf die einzelnen Ladeeinheiten ist wahlfrei. Durch den direkten Zugriff und die geometrisch gut bestimmte Position der Ladeeinheit im Regalfach eignet sich dieser Lagertyp ausgeprochen gut für die Automatisierung. Der Volumennutzungsgrad ist jedoch vergleichsweise niedrig, da zwischen den Regalebenen und -fächern noch ausreichend Platz für eine „reibungslose" Ein-/Auslagerung verbleiben muss. Dazu sollten Toleranzanalysen gemäß FEM-Regeln unter Beachtung der Toleranzen der Ladeeinheiten durchgeführt werden. Die Fachhöhen können flexibel gewählt werden, um im Falle von stark unterschiedlichen Höhen der Ladeeinheiten das Lagervolumen besser auszunutzen. Bild C 2.2-3 zeigt ein Einfachregallager schematisch.

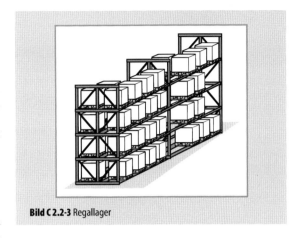

Bild C 2.2-3 Regallager

Eine weitere Bauform des einfach tiefen Regallagers ist das Behälterregallager. Im Unterschied zum vorgenannten Lagertyp sind die Lagerfächer nun für die Verwendung einheitlicher genormter Behälter als Ladeeinheit ausgerichtet. Ansonsten gelten die Ausführungen zum klassischen Palettenregal analog auch für das Behälterregallager. Da die Güter in Behältern (z. B. Gitterbox, Kiste, VDA-Normbehälter) von allen Seiten umschlossen sind, verkraften sie höhere horizontal wirkende Beschleunigungskräfte als palettierte Ware. Demzufolge sind die Ein-/Auslagerzeiten im Behälterregallager i. d. R. kürzer als die eines vergleichbaren Palettenlagers. Besondere Bedeutung haben Behälterregallager im unteren bis mittleren Lastbereich bei sog. automatisierten Kleinteilelagern (AKL). Die AKL-Regalbediengeräte sind sehr leicht gebaut und werden über Zugmittel extrem schnell beschleunigt und bewegt. Auf Grund der hohen Umschlagleistung werden moderne AKL nicht nur als Lager, sondern auch als Sortierspeicher eingesetzt (s. Abschn. C 2.2.8).

Einfahr- und Durchfahrregallager

Das Einfahr- bzw. Durchfahrregallager ist eine transparente Stützenkonstruktion aus Profilelementen, in die das Flurförderzeug (i. d. R. Gabelstapler) einfahren bzw. hin-

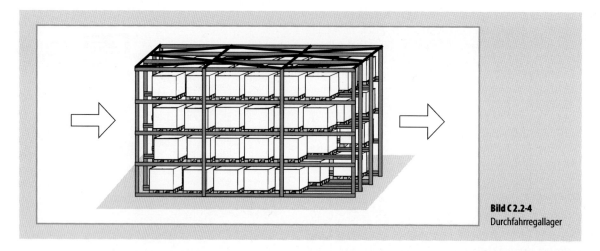

Bild C 2.2-4 Durchfahrregallager

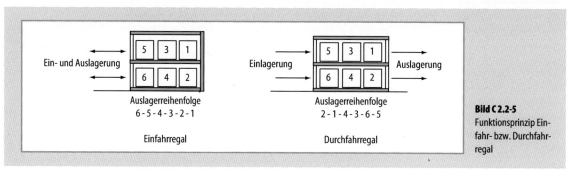

Bild C 2.2-5 Funktionsprinzip Einfahr- bzw. Durchfahrregal

durchfahren kann. Die senkrechten Stützen sind mit durchgängigen Quertraversen verbunden, auf denen die Ladeeinheiten abgestellt werden. Die Quertraversen bilden schmale Gänge, die von hinten nach vorn aufgefüllt werden. Dabei muss die Last vor dem Einfahren auf das Höhenniveau der entsprechenden Regalebene angehoben werden. Die Einlagerung beginnt in der obersten Ebene und endet in der untersten Ebene, die Auslagerung in umgekehrter Reihenfolge (LIFO-Prinzip: Last-In, First-Out). Ähnlich der Blocklagerung kann auf die Ladeeinheiten nur sequentiell, also nicht wahlfrei, zugegriffen werden.

Von *Einfahrregalen* spricht man, wenn der Arbeitsgang lediglich von einer Seite befahren werden kann. An ihrem Ende sind diese Regale durch stabilisierende Querverstrebungen abgeschlossen. Die Ein-/Auslagerung innerhalb einzelner Arbeitsgänge ist ebenfalls nur gemäß LIFO-Prinzip möglich. Eine Einlagertiefe von acht Ladeeinheiten pro Lagerfach hat sich in der Praxis als zweckmäßig erwiesen.

Demgegenüber kann das *Durchfahrregal* von beiden Seiten befahren werden. Die Stützenkonstruktion wird in diesem Fall durch Stahlüberbauten oberhalb der obersten Ebene stabilisiert (Bild C 2.2-4). Die Auslagerung innerhalb einer Ebene des Arbeitsganges erfolgt nach FIFO (Fist-In, First-Out). In Bild C 2.2-5 sind die unterschiedlichen Auslagerprinzipien von Einfahr- und Durchfahrregallager schematisch dargestellt.

Das Einfahr-/Durchfahrregal verbindet die Vorteile von Blockstapelung und Regallagerung. Es eignet sich besonders für druckempfindliche Güter, welche keine Blockstapelung zulassen. Auf Grund der sequentiellen Einlagerung eignet sich der Lagertyp nur für Artikel mit größeren Mengen je Sorte und relativ langer Verweildauer im Lager. Die Investitionen sind vergleichsweise gering, die erreichbare Flächen- bzw. Raumnutzung indessen sehr hoch. Eine Automatisierung ist nur sehr eingeschränkt möglich.

Satellitenregallager

Ähnlich dem Einfahrregallager besitzt auch das Satellitenregallager Lagerkanäle, in denen die Ladeeinheiten mehrfach tief eingelagert und nach LIFO-Prinzip wieder ausgelagert werden. Der Zugriff auf die Lagerkanäle erfolgt

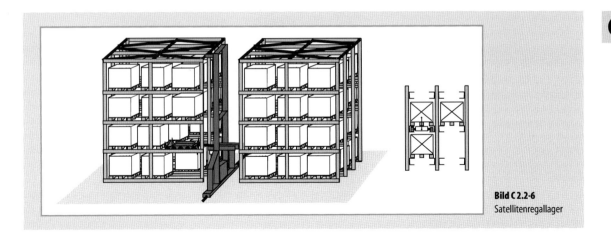

Bild C 2.2-6 Satellitenregallager

über ein schienengeführtes Regalförderzeug, das innerhalb einer Lagergasse fest installiert ist. Im Regalförderzeug ist anstelle einer Teleskopgabel ein autonomes Fahrzeug mit sehr geringer Bauhöhe – der sog. Satellit – installiert, das sich nach dem Erreichen der x-/z-Koordinate des Lagerfaches von dem Regalförderzeug löst und in das Regalfach einfährt. Das Satellitenfahrzeug ist mit einer Hubeinrichtung ausgerüstet und kann die Ladeeinheiten selbständig auf- und abladen.

Die Querträger des Regallagers verfügen über zwei horizontale Flächen: Die obere dient als Auflagefläche für die Ladeeinheit, die untere als Lauffläche für das Satellitenfahrzeug (Bild C 2.2-6).

Das Satellitenregallager vereint die Vorteile von Einfahrregallager (kompakte, raumsparende Lagerung) und Einfachregallager (Automatisierbarkeit, Direktzugriff). Die Stahlkonstruktion der Regalfächer ist jedoch sehr kostenintensiv, da das Satellitenfahrzeug hohe Ansprüche an die Verarbeitungsqualität stellt und pro Lagerfach wesentlich aufwendigere Querträger als bei herkömmlichen Palettenlagern benötigt werden. Sein Einsatz bietet sich immer dann an, wenn ein automatisiertes Lager mit extrem gutem Volumennutzungsgrad benötigt wird, z. B. im Falle eines Kühllagers.

Fachbodenregallager

Zur Lagerung von nichtpalettierten Ladeeinheiten werden Lagergestelle mit Fachböden verwendet, das sog. Fachbodenregallager (Bild C 2.2-7). Dieser Lagertyp wird bevorzugt als Kommissionierlager für Kleinteile eingesetzt (s. Abschn. C 2.3). Auf alle Lagerartikel kann direkt zugegriffen werden. Zur Unterteilung der Regalfächer werden dabei fixe oder ggf. verschiebbare Trennwände verwendet.

Die Bemessung der Fachregale kann flexibel auf die Lagergüter angepasst werden, sie ist abhängig von der zu lagernden Menge pro Lagerfach, der Umschlaghäufigkeit pro Artikel, der Sortimentsbreite sowie der Raumverfügbarkeit. Fachbodenregallager werden i. Allg. manuell bedient, in diesem Fall beträgt die Regalhöhe max. 2 m.

Die Greifpositionen in den oberen und unteren Fachreihen sind hierbei sehr ungünstig, daher sollten diese Fächer aus ergonomischen Gründen nicht mit A-Artikeln (Schnelldreher) belegt werden. Bei höheren Regalen werden bewegliche Leitern oder Regalbediengeräte zum Erreichen der oberen Fächer eingesetzt. Zur besseren Nutzung der Bodenfläche werden Fachbodenregale oft zwei- oder dreigeschossig gebaut, d. h., zwischen den Etagen sind Gitterroste eingezogen, auf denen sich das Lagerpersonal bewegen kann. Dieser Lagertyp ist nur begrenzt automatisierbar, der Personalbedarf dementsprechend hoch. Er ist

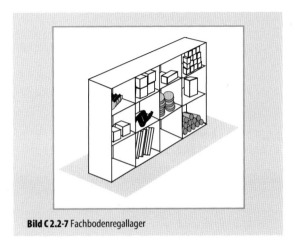

Bild C 2.2-7 Fachbodenregallager

jedoch auch für hohe Umschlagleistungen geeignet. Im Unterschied zu vielen automatisierten Lagerystemen kann bei diesem Lagertyp sehr gut auf stark schwankende Tagesganglinien reagiert werden (flexibler Personaleinsatz möglich). Das Fachbodenregallager ist kaum störanfällig, sehr funktionssicher, die Investitionen sind moderat.

Schubladenregallager

Dieser Lagertyp wird zur übersichtlichen und raumsparenden Lagerung von Kleinteilen eingesetzt, oft auch in Kombination mit einem Fachbodenregal. Im Unterschied zum vorgenannten Lagertyp ist jedoch die Facheinteilung der Schubladen weniger flexibel, ansonsten gelten die Vor- und Nachteile des Fachbodenlagers analog für das Schubladenregallager.

Kragarmregallager

Das Kragarmregal eignet sich zur sachgerechten Lagerung von Langgut (Stangenmaterial und Plattenstapel) und wird vorzugsweise in der eisen- oder holzverarbeitenden Industrie eingesetzt. Das Lagergestell ist aus senkrecht angeordneten Mittelstützen mit Ständerfüßen aufgebaut, auf seitlichen Auslegern (Kragarme) wird das Lagergut abgelegt (Bild C 2.2-8). Die Länge der Kragarme und der Abstand der Mittelstützen richtet sich nach der aufzunehmenden Last. Die Kragarme werden durch Schweiß-, Schraub-, oder Hakenverbindungen an den Mittelstützen befestigt. Je nach Einsatzbereich kommen unterschiedliche Varianten von Kragarmträgern zum Einsatz (z. B. ausziehbare Teleskope, Kragarme mit Abrollschutz für Stangenmaterial). Die Ein-/Auslagerung erfolgt quer zum Regal und wird meist manuell mittels Kran oder Stapler durchgeführt.

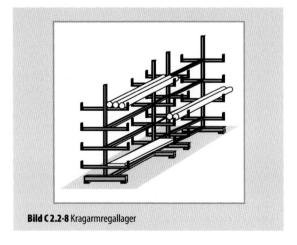

Bild C 2.2-8 Kragarmregallager

Wabenregallager

Dieser Lagertyp eignet sich ausschließlich zur Lagerung von Langgut, bevorzugt Stangenmaterial in kleinen Mengen pro Artikel. Die meisten Ausführungsformen setzen die Verwendung von Langgutkassetten oder -paletten voraus, durch die das Stangenmaterial fixiert wird. Die Aufnahmebehälter werden stirnseitig in Regalfächer eingeschoben. Die Frontalansicht der Regalwand ähnelt optisch einer Bienenwabe, wodurch sich der Name des Lagertyps erklärt. Die Langgutkassetten werden von Regalförderzeugen mit speziellen Lastaufnahmemitteln ein- und ausgelagert. Die Handhabung erfolgt analog zum klassischen Palettenregallager mit Regalförderzeug. Der Lagertyp eignet sich gut zur Automatisierung. Die Regalfächer sind meist mit Rollenbahnen o. ä. ausgestattet, damit die schweren Langgutkassetten reibungsarm in das Fach hineingeschoben werden können. Die Umschlagleistung des Regaltyps ist durch das Regalförderzeug begrenzt, daher wird es überwiegend für die raumsparende Lagerung von langsamdrehenden Artikeln eingesetzt.

C 2.2.3.3 Dynamische Regallagerung

Bei der dynamischen Regallagerung werden die Ladeeinheiten zwischen Ein- und Auslagervorgang bewegt. Dies kann entweder durch Eigenbewegung der Ladeeinheiten auf dem Regal oder durch Verschiebung der gesamten Regalanlage erfolgen.

Durchlaufregallager

Im Durchlaufregallager bewegt sich das Lagergut in einem Regalkanal kontinuierlich von der Einlagerseite zur gegenüberliegenden Auslagerseite. Die Regalkanäle sind neben- und übereinander angeordnet, so dass sich eine kompakte, blockförmige Gestellkonstruktion ergibt. In einem Regalkanal wird nur genau eine Artikelart gelagert. Soweit möglich, werden die Abmessungen der Regalkanäle an die Abmessungen der jeweils zugewiesenen Ladeeinheit angepasst.

Die Bewegung innerhalb des Gestells kann entweder durch die Schwerkraft (z. B. Schwerkraft-Rollenbahn oder -Röllchenbahn) oder durch externen Antrieb (z. B. angetriebene Rollenbahn, Ketten- oder Bandförderer) erfolgen. Im erstgenannten Fall wird die Bahn des Regalkanals um 2 bis 8 Grad geneigt. Es empfiehlt sich, die Konstruktion der Regale durch Steckverbindungen auszuführen, so dass die Neigung der Bahn ggf. im Betrieb nachjustiert werden kann, falls die Ladeeinheiten auf der Bahn nicht mehr anrollen sollten.

Durchlaufregallager werden gleichermaßen für Paletten und Behälter benutzt. Besonders gut eignen sich Behälter-Durchlaufregallager für Kommissionierbereiche. Um den Zugriff zu erleichtern, wird in diesem Fall die Bahn so abgeknickt, dass die vorderste Ladeeinheit in einem Winkel von bis zu 30 Grad zu den dahinter befindlichen Behältern steht. Zur Be- und Entladung von Paletten-Durchlaufregallagern werden bevorzugt Gabelstapler eingesetzt. Diese haben den Vorteil, dass der Neigungswinkel der Gabel an die Neigung des Regalkanals angepasst werden kann. Bei Paletten-Durchlaufregalen sind Kanallängen von bis zu 40 m bekannt. Bei Behälter-Durchlaufregalen sollte die Kanallänge nicht mehr als 20 m betragen. Die wirtschaftlich sinnvolle Kanallänge wird i. d. R. durch die Abmessungen und die spezifische Umschlaghäufigkeit der Artikel festgelegt. Bei Artikeln mit geringer Umschlaghäufigkeit in relativ langen Regalkanälen wird das Volumen nur unzureichend genutzt. Bei Schnelldrehern in kurzen Regalkanälen kann es zu Versorgungsengpässen kommen, sofern der Artikel nicht parallel in mehreren Kanälen bevorratet wird.

Innerhalb eines Regalkanals kann ausschließlich nach FIFO-Prinzip ausgelagert werden. Ein- und Auslagerseite sind räumlich getrennt, oft werden völlig unterschiedliche Techniken zur Ein- und Auslagerung benutzt (z. B. halbautomatische Einlagergeräte auf der einen Seite und manueller Zugriff zur Kommissionierung auf der Auslagerseite). In Bild C 2.2-9 ist ein schwerkraftgetriebenes Durchlaufregallager abgebildet.

Ein wesentlicher Vorteil des Durchlaufregallagers besteht in dem gut strukturierten Lagerlayout, das durch das Ablaufprinzip bereits fest vorgegeben ist. Bei sortenreiner Lagerung pro Regalkanal ist die Bestandsüberwachung sehr einfach und übersichtlich, der Füllgrad des Lagers transparent, das FIFO-Prinzip ist stets gewährleistet. Die Trennung in Einlager- und Auslagerseite ermöglicht eine gute Arbeitsorganisation, effizienten Personaleinsatz und einfache Mechanisierung bzw. Automatisierung. Das Durchlaufregallager eignet sich für hohe Umschlagleistungen und bietet gute Kommissioniermöglichkeiten.

Als Nachteil ist insbesondere die eingeschränkte Anpassungsfähigkeit an geänderte Sortimentsstrukturen zu nennen. Die Regalzeilen können zwar mit geringem Aufwand um zusätzliche Kanäle erweitert werden, doch ist eine Neubelegung bzw. Neueinteilung der Regalkanäle im laufenden Betrieb nur begrenzt möglich. Eine optimale Raumausnutzung setzt voraus, dass die Umschlaghäufigkeiten und die Abmessungen der Lagergüter innerhalb einer Regalzeile relativ einheitlich sind. Die Investitionskosten und die Störanfälligkeit eines Durchlaufregallagers sind – abhängig von der fördertechnischen Ausstattung – vergleichsweise hoch.

Kompaktregallager

Das Kompaktregallager ist ein modernes, hochdynamisches System mit vielen autonomen Einheiten. Die Ladeeinheiten werden auf Rollpaletten abgestellt, die über Kupplungssysteme aneinandergehängt werden können und auf diese Weise längere Verbände mit bis zu 50 Einheiten bilden. Durch Zug an der vordersten Rollpalette können gleichzeitig alle angekoppelten Rollpaletten mitverschoben werden. Auf jeder Lagerebene sind Lagerkanäle nebeneinander angeordnet, in denen die Rollpalettenverbände i. d. R. sortenrein eingeschoben werden. In jeder Lagerebene fährt zu diesem Zweck ein flacher Verschiebewagen, der sog. Palettentrolley, der die erste Palette eines Palettenverbandes an- oder abkuppeln bzw. ein- oder auslagern kann. Bei diesen Vorgängen verfährt der gesamte Palettenverband im Lagerkanal jeweils um eine Palettenlänge. Die vertikalen Transporte erfolgen durch Hub-/Senkstationen, die über die gleiche Aufnahmetechnik wie der Palettentrolley verfügt. Zwischen Trolley und Hub-/Senkstation befinden sich i. d. R. mehrere Pufferplätze, so dass sich die beiden Systemelemente nicht behindern. Darüber hinaus besteht die Möglichkeit, Ladeeinheiten in dem Pufferbereich vor den Hub-/Senkstationen zu sortieren, um sie nachfolgend innerhalb kürzester Zeit bereitstellen zu können, z. B. für die Beladung eines Lkw – direkt aus dem Lager.

Nach der Entladung werden die leeren Rollpaletten in einen Speicher gebracht, d. h. im eigentlichen Lagerbereich stehen ausschließlich beladene Rollpaletten. In Bild C 2.2-10 sind die genannten Systemelemente auf einer Ebene schematisch abgebildet.

Die Vorgänge im Kompaktregallager können sehr stark parallelisiert werden, d. h., auf jeder Ebene können gleich-

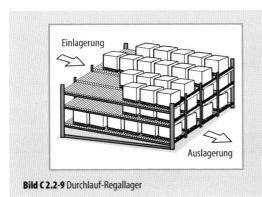

Bild C 2.2-9 Durchlauf-Regallager

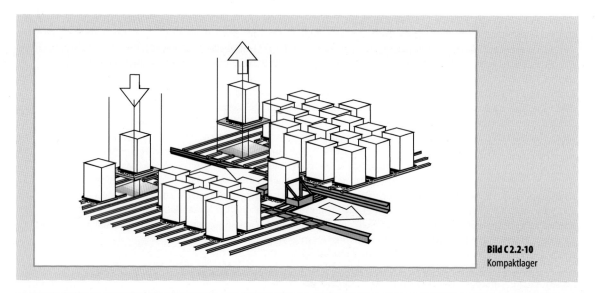

Bild C 2.2-10
Kompaktlager

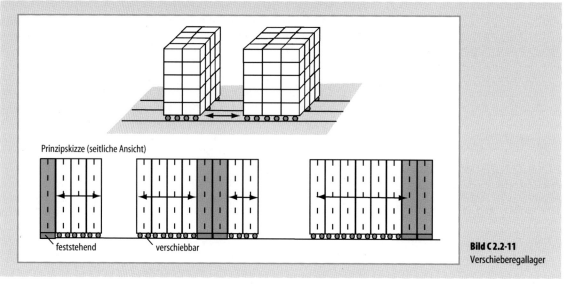

Prinzipskizze (seitliche Ansicht)

feststehend   verschiebbar

Bild C 2.2-11
Verschieberegallager

zeitig mehrere Trolleys und Hub-/Senksationen eingesetzt werden. Dadurch ermöglicht das System deutlich höhere Durchsätze als ein vergleichbares konventionelles Lager mit Regalbediengeräten und ist auch in der Lage, kurzzeitige Leistungsspitzen zu realisieren. Es ist modular erweiterbar und sehr flexibel skalierbar. Das Kompaktregallager wird bevorzugt für Ladeeinheiten mit mittlerem bis hohem Eigengewicht und Volumen eingesetzt. Da systembedingt Rollpaletten verwendet werden, eignet sich das System sehr gut für unpalettierte Güter (z. B. Weiße Ware).

Verschieberegallager

Die Lagergestelle des Verschieberegallagers sind auf schienengeführten Unterwagen montiert, mit denen das Regal quer zur Regalrichtung verschoben werden kann. Die Unterwagen sind einzeln angetrieben und nehmen i. d. R. ein Doppelregal (zwei Regalzeilen) auf. Die Regale sind entsprechend den jeweiligen Anforderungen als Fach-, Paletten- oder Kragarmregal ausgeführt. Weil die Doppelregale unmittelbar aneinander angrenzend abgestellt werden, kann ein maximaler Volumennutzungsgrad erreicht werden. Vor dem Zugriff auf ein bestimmtes Lagerfach müssen zuerst die benachbarten Regalzeilen verschoben werden, damit eine ausreichend breite Gasse entsteht, in die ein Förderzeug (z. B. Stapler, Kran, Handwagen) einfahren kann. Die Zeit für das Verfahren der Regalblöcke bestimmt im Wesentlichen die Ein-/Auslagerzeit. Mit zunehmender Anzahl an Regalblöcken nimmt auch der Verfahraufwand zu. Zur Vermeidung unwirtschaftlicher Wartezeiten ist es daher empfehlenswert, mehrere Regalgänge einzurichten. In der Praxis hat sich ein Verhältnis von ca. acht bis zehn Regalblöcke pro Regalgang bewährt. Meist werden die beiden äußeren Regalblöcke fest installiert, bei größeren Regalanlagen sind darüber hinaus noch weitere Regalblöcke feststehend installiert, um eine Teilung des Lagers und einen sicheren Parallelbetrieb der entstandenen Lagerbereiche zu ermöglichen (Bild C 2.2-11). Die Bauhöhe dieses Lagertyps wird durch die Traglast des Bodens, der Auslegung des Unterwagens sowie durch die sicherheitstechnischen Vorschriften beschränkt. Auf Grund der Kippgefahr sollte die Bauhöhe des Regals nicht mehr als das Vierfache der Breite eines Regalblocks (Doppelregal) betragen.

Die Vorteile des Verschieberegallagers sind der sehr gute Flächen- und Volumennutzungsgrad sowie die hohe Funktionssicherheit. Gleichzeitig wird das Lagergut innerhalb eines zusammengestellten Blocks gegen äußere Einflüsse und ungefugten Zugriff geschützt. Nachteilig sind der hohe Investitionsaufwand und die langen Zugriffszeiten.

Verschieberegalanlagen eignen sich für mittlere bis große Lasten. Sie werden oft in bereits bestehende Lagergebäude anstelle herkömmlicher Regalanlagen integriert, wenn bauseits keine Erweiterungsmöglichkeiten bestehen und die Anzahl der zu lagernden Artikel sehr groß im Verhältnis zur Umschlagshäufigkeit ist (sog. Langsamdreher).

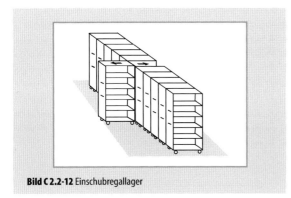

Bild C 2.2-12 Einschubregallager

Einschubregallager

Das Einschubregallager ermöglicht eine ähnlich gute Raumausnutzung wie das Verschieberegallager. Es besteht aus hintereinander angeordneten Doppelregalen, die längs zur Ausrichtung der Regale herausgezogen werden können (Bild C 2.2-12). Hierfür sind die Regale an der Unterseite mit Rollen versehen; bei Leichtlastregalen kann die Führung auch durch hängend angebrachte Laufschienen realisiert werden. Einschubregallager werden meist für leichte bis mittelschwere Güter verwendet. Die Umschlagleistung ist nicht sehr hoch, da bei jedem Zugriff die gesamte Masse des Doppelregals bewegt werden muss. Dieser Lagertyp eignet sich für ein sehr großes Artikelspektrum und geringe Abmessungen und Gewichte der Ladeeinheiten und wird z. B. oft in Apotheken eingesetzt.

Umlaufregallager

Im Umlaufregallager sind die Regalblöcke (i. d. R. Fachböden) entlang einer angetriebenen, umlaufenden Kette angebracht. Das Lagergut wird nach dem Kommissionierprinzip „Ware zum Bediener" bereitgestellt, d. h., der Kommissionierer arbeitet an einem ortsfesten Arbeitsplatz, während das Regallager so lange umläuft, bis das gewünschte Lagerfach an dem Ein- bzw. Auslagerpunkt bereit steht. Um lange Wartezeiten des Bedienpersonals zu vermeiden, sind i. Allg. zwei bis drei Umlaufregalzeilen nebeneinander angeordnet, die parallel von einem Kommissionierer bedient werden. Während der Bediener aus dem einen Regal die Ware entnimmt, dreht sich das danebenstehende Regal bereits zur nächsten anzusteuernden Position.

In Abhängigkeit von der Orientierung des Umlaufs kann man prinzipiell zwei Typen von Umlauf-Regallagern unterscheiden:
– Beim *Karussellregallager* laufen die angetriebenen Ketten auf einer ebenen Bahn (Horizontalprinzip). In die Ketten sind Gondeln eingehängt, die wiederum in definierte Fächer unterteilt sind (Bild C 2.2-13).
– Beim *Paternosterregallager* laufen die Regalfächer auf einer senkrechten Umlaufbahn (Vertikalprinzip). Paternosteranlagen werden meist für die Lagerung von Kleinteilen verwendet, die auf den Fachböden mittels Kleinbehältern gelagert werden.

Der Zugriff erfolgt in beiden Fällen manuell. Zur Realisierung von kurzen Zugriffszeiten werden die Umläufe des Regals durch eine optimierte Fachvorwahl gesteuert. Dabei wird die Reihenfolge der Kommissionieraufträge entsprechend der Position der Artikel im Umlaufregal bestimmt.

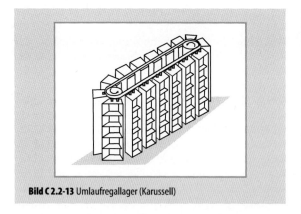

Bild C 2.2-13 Umlaufregallager (Karussell)

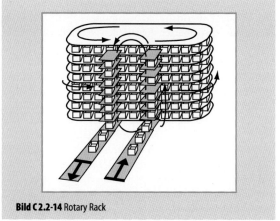

Bild C 2.2-14 Rotary Rack

Die Bewirtschaftung des Umlauflagers ist nicht personalintensiv (Prinzip „Ware zum Bediener"). Am gleichen Arbeitsplatz kann sowohl die Ein- wie auch die Auslagerung der Ware durchgeführt werden. Durch den flexiblen Mix aus Ein- und Auslagertätigkeiten kann der Kommissionierer innerhalb gewisser Grenzen die Kapazitätsschwankungen der Kommissionieraufträge ausgleichen. Weitere Vorteile sind die hohe Umschlagleistung und Raumausnutzung. Zudem bietet das räumlich abgeschlossene Umlauflager eine Schutzfunktion gegen unbefugten Zugriff auf die Ware.

Der hohe Mechanisierungsgrad dieses Lagertyps wirkt sich allerdings nachteilig auf die Flexibilität aus. Die Anpassungsfähigkeit an eine Änderung der Sortimentsstruktur und eine schwankende Tagesganglinie ist sehr gering. Spitzenwerte beim Auftragseingang können nicht wie bei konventionellen Lagern durch Zusatzpersonal kompensiert werden, d. h., das Umlauflager ist für Eilaufträge und schwankende Umschlagleistungen ungeeignet. Eine Erweiterung bestehender Anlagen ist nicht problemlos möglich. Die Investitions- und Wartungskosten sind sehr hoch.

Umlaufläger werden bevorzugt eingesetzt bei kontinuierlichem Auftragseingang ohne Leistungsspitzen, geringen bis mittleren Eigengewichten der Waren, großer Sortimentsbreite und hohen spezifischen Personalkosten.

Rotary Rack

Das Rotary Rack ist ein hochdynamischer Sortierspeicher für Kleinbehälter. Es kombiniert die Funktionsprinzipien von Karussell- und Paternosterlager. Die Behälter sind auf mehreren übereinanderliegenden Ebenen gelagert, die jeweils unabhängig voneinander um eine vertikale Achse umlaufen (Horizontalprinzip). Gekoppelt ist dieses horizontal umlaufende System an einen vertikal umlaufenden Paternoster. Über eine Transfereinrichtung werden die Behälter zwischen Paternoster und den Karussellebenen übergeben. In Bild C 2.2-14 ist das Funktionsprinzip des Rotary Rack schematisch dargestellt. In jedem Ein-/Auslagerzyklus bewegt sich der Paternoster und zusätzlich mindestens eine Ebene. Im günstigsten Fall kann sogar parallel aus allen Ebenen ein- oder ausgelagert und an den Paternoster übergeben werden. Die Ver- und Entsorgung des Paternosters erfolgt über einen Stetigförderer (z. B. eine Rollenbahn).

Der in praxi erzielbare Auslagerdurchsatz hängt allerdings stark vom Auftragsmix ab; ideal ist eine möglichst gleichmäßige Verteilung der Auftragspositionen über alle Ebenen, damit diese parallel angesteuert werden können. Die Berechnung des betrieblichen Durchsatzes ist nicht trivial; Details hierzu sind in [Ose90] und [Ham98] zu finden.

Das Rotary Rack arbeitet vollautomatisch, doch auf Grund der großen bewegten Massen ist der Wartungsaufwand verhältnismäßig hoch.

C 2.2.3.4 Lagerung auf Fördermitteln

Entsprechend der Hinweise in Abschn. C 2.2.1 handelt es sich bei der Lagerung auf Fördermitteln weniger um klassisches Lagern, sondern vielmehr um ein Speichern oder Puffern. Technische Erläuterungen zu den Fördermitteln sind in Abschn. C 2.1 (Stückgutfördertechnik) nachzulesen. Zur Vollständigkeit werden an dieser Stelle nur die unterschiedlichen Möglichkeiten der Lagerung auf Fördermitteln aufgeführt und systematisiert.
– Lagerung auf Stetigförderern:
  - Staurollenbahn,
  - Staukettenförderer,
  - Schleppkreisförderer (Power-and-Free),

- Lagerung auf Unstetigförderern:
  - Elektrohängebahn,
  - Eisenbahnwaggon,
  - Lkw-Anhänger,
  - FFZ-Anhänger.

C 2.2.4 Auswahlgesichtspunkte bei der Lagerplanung

Soll ein neues Lager geplant oder ein bestehendes umgeplant werden, müssen nicht nur die aktuellen, sondern auch alle prognostizierten Bestände berücksichtigt werden. Parameter bei der Lagerplanung sind die Anzahl der Fächer, die Fachteilung und die Konzeption des Lagers (s. auch Abschn. C 2.2.1). Die Produkte sind nach Geometrie, Gewicht, Stapelbarkeit, Gefahrgut, Verderblichkeit oder Mindestlagerzeit zu klassifizieren. Hierfür sind entsprechende Ladehilfsmittel auszuwählen (s. Abschn. C 2.2.3.1 und Kap. C 2.5). Somit ergeben sich die einzulagernden *Lagereinheiten* (LE).

C 2.2.5 Lagerdimensionierung

Das Lager soll eine ausreichende *Lagerkapazität* für die zu lagernden Produkte bieten, der *Bestand*, gemessen in Lagereinheiten (LE), soll zu jedem Zeitpunkt aufgenommen werden können. Da die Nachfrage und die Produktion eines Produktes nicht exakt synchronisiert sind, schwankt der Bestand innerhalb des Logistiknetzes; es ergibt sich für jeden Ort eine *Bestandsverteilung* über der Zeit. Wenn auch sehr seltene Spitzenbelastungen abgefangen werden sollen, muss eine sehr große Lagerkapazität vorgesehen werden, was die Investitionskosten erhöht. Hier ist ein Mittelweg zwischen dem geforderten Servicegrad und der nötigen Investition zu finden.

Die Bestandsverteilung lässt sich leicht bestimmen, indem der Bestand der Produkte in gegebenen Abständen (Tag, Schicht) aus dem Lagerverwaltungssystem gespeichert und in Tabellenkalkulationsprogrammen wie MS-Excel aufbereitet wird. Diese Bestandsinformation kann nun in das in Bild C 2.2-15 [Arn02] dargestellte Histogramm (links) oder die ebenfalls dargestellte Dichtefunktion (rechts) überführt werden (zu Verteilungen s. Abschn. A 2.2.4). Hier lässt sich ablesen, wie häufig in dem Untersuchungszeitraum ein bestimmter Bestand eines Produktes aufgetreten ist. Relevant für die Bestimmung der Lagerkapazität ist die Häufigkeit, mit der ein bestimmter Wert (die Anzahl der Lagerplätze) *überschritten* wird. Dies wird durch die *statistische Sicherheit* beschrieben. Sie gibt die Wahrscheinlichkeit an, dass die Kapazität des Lagers ausreicht, um den gesamten Bestand der Produkte zu lagern. Bei einer statistischen Sicherheit von 99% beispielsweise reicht die Kapazität in 99% aller Fälle aus.

Im Folgenden wird ein Berechnungsverfahren vorgestellt, das die Kapazität der Stellplätze in Abhängigkeit von der vorgegebenen statistischen Sicherheit bestimmt. Es wird in *feste* oder *freie* (chaotische) Zuordnung von Lagereinheiten zu Stellplätzen unterschieden. Bei der festen Zuordnung wird jeder Artikel (oder jede Artikelgruppe) einem oder mehreren Stellplätzen eindeutig zugeordnet. Ist von einem Artikel kein Bestand vorhanden, bleiben die entsprechenden Stellplätze leer. Eine feste Platzzuordnung bietet sich bei sehr inhomogenem Lagergut oder in sehr einfach strukturierten, manuell verwalteten Lägern an.

Bei der chaotischen Zuordnung können alle Artikel auf alle Stellplätze zugeordnet werden, somit ergibt sich ein Ausgleichseffekt. Diese Zuordnung verlangt einen höheren Verwaltungsaufwand, der jedoch mit heutigen Rechnersystemen problemlos zu bewältigen ist. Für homogene Produkte oder gleiche Ladehilfsmittel werden bei der chaotischen Zuordnung deutlich weniger Stellplätze benötigt, wie in den folgenden Berechnungen gezeigt wird. In großen Distributionszentren findet man i. Allg. Mischformen aus chaotischer und fester Zuordnung.

Bei der festen Zuordnung wird die Lagerkapazität für jeden Artikel getrennt berechnet; die gesamte Kapazität

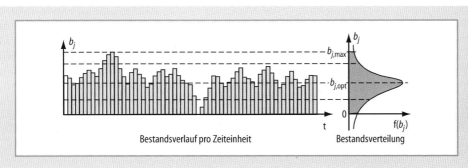

Bild C 2.2-15 Bestandsverlauf und Bestandsverteilung für einen Artikel

Tabelle C 2.2-1 Quantile der Standardnormal-Verteilung, N(0,1)

γ	0,999	0,990	0,975	0,950	0,925	0,900	0,841	0,500
u_γ	3,090	2,325	1,960	1,645	1,440	1,282	1,000	0,000

ergibt sich aus der Summe der einzelnen Kapazitäten. Bei der freien Zuordnung können sich die Bestände der Artikel ausgleichen, daher ist hier die Verteilung des gesamten Lagerbestandes zu betrachten.

Bestimmung der benötigten Stellplatzkapazität

Für jeden Artikel wird die Verteilung des Bestandsverlaufes bestimmt. Es wird angenommen, dass der Bestand des Artikels *normalverteilt* ist mit dem Mittelwert $\overline{b}_j$ (s. Abschn. A 2.2.4). Diese Annahme ist für reale Systeme mit guter Näherung berechtigt. Die Stellplatzkapazität ist ausreichend dimensioniert, wenn sich der Bestand in dem durch die statistische Sicherheit vorgegebenen Bereich bewegt. Dieser Bereich wird durch die Quantile der Standardnormalverteilung $u_{1-\frac{\alpha}{2}}$ und die Standardabweichung s_j beschrieben. Die Standardabweichung einer Verteilung lässt sich über eine Standardfunktion beispielsweise in MS-Excel bestimmen.

Einige wichtige Quantile der Standardnormalverteilungen N(0,1) sind in Tabelle C 2.2-1 angegeben (mit $\gamma = 1 - \alpha/2$), weitere können aus Standardwerken wie [Har93] entnommen werden.

Die Stellplatzkapazität muss nun den Bereich von $b_{j,\min}$ bis $b_{j,\max}$ abdecken. Als Bestand b_j ergibt sich:

$$b_j = \overline{b}_j \pm s_j u_{1-\frac{\alpha}{2}},$$

$$b_{j,\min} = \overline{b}_j - s_j u_{1-\frac{\alpha}{2}}; \quad b_{j,\max} = \overline{b}_j + s_j u_{1-\frac{\alpha}{2}}. \quad \text{(C 2.2-1)}$$

Darf der minimale Bestand $b_{j,\min}$ eines Artikels j temporär auf Null zurückgehen, gilt für den *optimalen* mittleren Bestand $\overline{b}_{j,\text{opt}}$

$$b_{j,\min} = 0 \Rightarrow \overline{b}_{j,\text{opt}} = s_j u_{1-\frac{\alpha}{2}}. \quad \text{(C 2.2-2)}$$

„Optimal" bedeutet, dass die geringstmögliche Stellplatzkapazität beansprucht wird. Somit lässt sich der maximale Bestand (unter Einhaltung der vorgegebenen statistischen Sicherheit) bestimmen zu

$$b_{j,\text{opt},\max} = 2 s_j u_{1-\frac{\alpha}{2}}. \quad \text{(C 2.2-3)}$$

Der reale mittlere Bestand ist häufig deutlich größer als der optimale mittlere Bestand, was durch vorgeschriebene Sicherheitsbestände, Liegezeiten, wöchentliche Anlieferung, Produktion in Losen usw. zu erklären ist. Dieser zusätzliche Bestand wird in $b_{j,\text{zus}}$ zusammengefasst. Hier ist eine kritische Überprüfung der Bestände ratsam, denn zu hohe Sicherheitsbestände binden Kapital und verbergen Planungsfehler. Der maximale Bestand $b_{j,\text{opt},\max}$ wird im Folgenden genutzt, um die nötige Stellplatzkapazität für *alle* zu lagernden Artikel für eine feste und chaotische Platzzuordnung zu bestimmen.

Wird eine *feste Platzzuordnung* verwendet, muss für jeden zu lagernden Artikel die in Gl. (C 2.2-3) ermittelte Kapazität zur Verfügung stehen. Zusätzliche Bestände $b_{j,\text{zus}}$ müssen ebenfalls berücksichtigt werden. Die benötigte Stellplatzkapazität B_{fest} für n Artikel ergibt sich zu

$$\begin{aligned}B_{\text{fest}} &= \sum_{j=1}^{n}\left(b_{j,\text{opt},\max} + b_{j,\text{zus}}\right) \\ &= \sum_{j=1}^{n}\left(2 s_j u_{1-\frac{\alpha}{2}} + b_{j,\text{zus}}\right).\end{aligned} \quad \text{(C 2.2-4)}$$

Wird eine *freie Platzzuordnung* verwendet, können sich die Bestände ausgleichen, somit werden nicht die Bestandsverteilungen der einzelnen Artikel, sondern die Summe der Bestandsverteilungen betrachtet. Diese Summenbildung geschieht durch die Addition der Verteilungen mit Hilfe des sog. *Faltungsoperators*. Auf die summierte Verteilung werden wiederum die genannten Formeln angewendet. Die Faltung bei Normalverteilungen geschieht durch die Addition der Mittelwerte und der Varianzen, somit gilt für den summarischen (optimalen) Mittelwert und die Standardabweichung

$$\begin{aligned}\overline{b}_{\text{sum}} &= \sum_{j=1}^{n}\overline{b}_{j,\text{opt}}, \\ s_{\text{sum}} &= \sqrt{\sum_{j=1}^{n} s_j^2}.\end{aligned} \quad \text{(C 2.2-5)}$$

Die Verteilung zeigt die zu erwartenden Bestandsschwankungen des gesamten Artikelspektrums. Mit Gl. (C 2.2-1) und den zusätzlich nötigen Beständen ergibt sich die benötigte Stellplatzkapazität B_{frei} zu

$$B_{\text{frei}} = \bar{b}_{\text{sum}} + s_{\text{sum}} + u_{1-\frac{\alpha}{2}} + \sum_{j=1}^{n} b_{j,\text{zus}} \ . \qquad (C\ 2.2\text{-}6)$$

Berechnungsbeispiel: In einem Hochregallager sollen 2000 unterschiedliche Artikel gelagert werden. Der mittlere Bestand jedes Artikels beträgt $\bar{b}_j = 100$, die Standardabweichung sei $s_j = 20$, der Bestandsverlauf ist normalverteilt. Die ermittelte Stellplatzkapazität soll mit einer statistischen Sicherheit von 95% ausreichen, um den Bestand aufzunehmen.

Die Analyse der Artikel ergibt einen optimalen mittleren Bestand von $\bar{b}_{j,\text{opt}} = s_j u_{1-\frac{\alpha}{2}} = 20 \cdot 1{,}96 = 39{,}2$, d. h., pro Artikel ist ein zusätzlicher (evtl. überflüssiger) Bestand von $b_{j,\text{zus}} = 100 - 39{,}2 = 61{,}8$ zu beachten.

Betrachtet man nun die beiden Fälle ohne den zusätzlichen Bestand, ergibt sich die nötige Stellplatzkapazität für eine feste Zuordnung zu

$$B_{\text{fest}} = \sum_{j=1}^{n}\left(2 s_j u_{1-\frac{\alpha}{2}}\right) = \sum_{j=1}^{2000}(2 \cdot 20 \cdot 1{,}96)$$
$$= 2000 \cdot 78{,}4 = 156800.$$

Die nötige Stellplatzkapazität für eine freie Zuordnung ergibt sich zu

$$B_{\text{frei}} = \bar{b}_{\text{sum}} + s_{\text{sum}} u_{1-\frac{\alpha}{2}}$$
$$= 2000 \cdot 39{,}2 + \sqrt{2000 \cdot 20} \cdot 1{,}96 = 79294.$$

Hier wird der Ausgleichseffekt der freien Lagerplatzwahl deutlich: die Stellplatzkapazität beträgt nur etwa 50% der nötigen Kapazität bei fester Platzzuordnung. Werden die zusätzlichen Bestände berücksichtigt, ergeben sich die nötigen Stellplatzkapazitäten zu

$$B_{\text{fest}} = 156800 + \sum_{j=1}^{n} b_{j,\text{zus}}$$
$$= 156800 + 123600 = 280400,$$

$$B_{\text{frei}} = 79294 + \sum_{j=1}^{n} b_{j,\text{zus}}$$
$$= 79294 + 123600 = 202894.$$

In Bild C 2.2-16 ist der Ablauf der Bestimmung der benötigten Lagerkapazität zusammenfassend dargestellt.

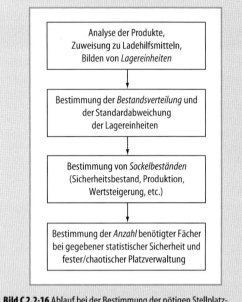

Bild C 2.2-16 Ablauf bei der Bestimmung der nötigen Stellplatzkapazität

Bei einer Endbevorratung der Artikel beispielsweise im Ersatzteilgeschäft gilt diese Berechnungsvorschrift nicht. Hier wird – abhängig von der zu erwartenden Nachfrage – ein Restbestand eingelagert, d. h., es gibt nur Abgänge, keine Zugänge. Die endbevorratete Menge kann hier über die zusätzlichen Bestände berücksichtigt werden.

Der Füllgrad von automatischen Lagersystemen sollte nicht höher als 90% sein, da ansonsten der Spielraum für Optimierungen eingeschränkt wird. Diese Größe ist eine Entscheidung des Managements und sollte in der Berechnung der nötigen Stellplatzkapazität Berücksichtigung finden.

C 2.2.6 Leistungsberechnung von Regalbediengeräten

Der Durchsatz eines automatischen Hochregallagers hängt von der Leistung der eingesetzten Regalbediengeräte (RBG) und einer Einteilung der Artikel in Schnell- und Langsamdreher sowie der Fächer in Schnelldreher- und Langsamdreherzonen ab. Um die Leistungsfähigkeit nachzuweisen, wurden die Richtlinie VDI 3561 und die FEM-Regel 9.851 entwickelt. Hier finden sich Berechnungen für die mittleren Spielzeiten von Einzel- und Doppelspielen, die repräsentativ für alle möglichen Einzel- und Doppelspiele sind (s. Abschn. C 2.2.5). Die den Berechnungen zugrundeliegenden Annahmen sind

- ein Wandparameter, definiert als Verhältnis der Geschwindigkeiten in x- und z-Richtung zu der Höhe und Länge des Regals, $w = v_x / v_z H / L$ zwischen $0,5 < w < 2$;
- keine Unterscheidung in Schnell- und Langsamdreherzone;
- ein gleichverteilter Zugriff auf alle Lagerplätze.

Um bei der Abnahme der Leistungsfähigkeit eines RBG nicht alle Fächer eines Regals anfahren zu müssen, wurden sog. *repräsentative Fächer* bestimmt. Diese Fächer werden über einen festgelegten Zeitraum angefahren; die sich ergebende Spielzeit entspricht unter den genannten Annahmen der mittleren Spielzeit des gesamten Regals. Die repräsentativen Fächer liegen auf einer *Isochronen* (Fächer mit gleicher Spielzeit) und sind für das
- *Einzelspiel* $P(2/3L, 2/3H)$;
- *Doppelspiel* $P_1(1/5L, 2/3H)$ und $P_2(1/5L, 2/3H)$ nach FEM 9.851 (Fall 1), $P_1(1/6L, 2/3H)$ und $P_2(1/6L, 2/3H)$ nach VDI 3561.

Bei dem Doppelspiel wird in P_1 ein- und aus P_2 ausgelagert. In der FEM-Richtlinie werden die repräsentativen Fächer für insgesamt sechs unterschiedliche Positionen des Ein- und Auslagerpunktes angegeben. Für die Herleitung der Fächer s. [Arn02].

Der Durchsatz eines Regals kann gesteigert werden, indem die häufig nachgefragten Artikel nahe am E/A-Punkt gelagert werden. Somit reduzieren sich die zurückgelegten Wege und damit die Spielzeit. Eine Analyse der Zugriffshäufigkeiten zeigt i. d. R. eine ABC-Verteilung, beispielsweise wenn auf 20% der Artikel 80% der Zugriffe entfallen. Die Bestimmung der Durchsätze kann nun nicht mehr nach der Richtlinie VDI 3561 oder der FEM-Regel 9.851 geschehen. Für den Fall, dass der E/A-Punkt in einer Ecke des Regals liegt, und der Wandparameter $w = 1$ ist, kann das Superpositionsprinzip nach Gudehus verwendet werden, um die Spielzeit zu bestimmen [Gud79]. Aus dem Anteil der schnelldrehenden Artikel p und der Anzahl der Artikel im schnelldrehenden n_A bzw. langsamdrehenden n_C ergibt sich der Frequenzfaktor

$$f = \frac{\dfrac{p}{n_A}}{\dfrac{1-p}{n_C}} = \frac{p \cdot n_C}{n_A \cdot (1-p)}.$$

Die mittlere Spielzeit und damit der Durchsatz des Lagers ist

$$t_s = \left(t_s(L,H) + p(f-1) t_s(L_s, H_s)\right) / (1 + p(f-1)).$$

Hierbei bezeichnet $t_s(L,H)$ die (beispielsweise mit Hilfe von VDI oder FEM berechnete) Spielzeit des gesamten Lagers und $t_s(L_s, H_s)$ die Spielzeit des Schnellläuferbereiches. Berechnungen mit typischen Werten ergeben eine Steigerung des Durchsatzes von ca. 20% durch die Einführung eines Schnellläuferbereiches.

Literatur

[Ali99] Alicke, K.: Modellierung und Optimierung von mehrstufigen Umschlagsystemen. Diss. Univ. Karlsruhe, Inst. f. Fördertech. u. Logistiksysteme, 1999
[Arn02] Arnold, D.: Materialfluss in Logistiksystemen. Berlin: Springer 2002
[Gud79] Gudehus, T.: Zur mittleren Spielzeit von Hochregallagern mit Schnellläuferzone. Fördern und Heben 29 (1979) 9, 840
[Ham98] Hamacher, H.W.; Müller, M.C.; Nickel, S.: Modelling ROTASTORE – A highly parallel, short term storage system. In: Operations Res. Proc. Berlin: Springer 1998, 513–522
[Har93] Hartung, J.: Statistik. München: Oldenbourg 1993
[Man89] Mannchen, K.: Rechnergestützte Verfahren zur Bildung von Ladeeinheiten. Diss. Univ. Karlsruhe, Inst. f. Fördertech. (1989)
[Ose90] Oser, J.: Rotary Rack: ein hochdynamisches Behälterlager. Fördern u. Heben 40 (1990) 11, 813–818

Richtlinien
FEM-Regel 9.851: Leistungsnachweis für Regalbediengeräte, Spielzeiten. FEM c/o VDMA Fachgem. Fördertech. Frankfurt/Main 1978
VDI 2411: Begriffe und Erläuterungen im Förderwesen (1970)
VDI 2690: Material- und Datenfluß im Bereich von automatisierten Hochregallagern (1994)
VDI 3561: Testspiele zum Leistungsvergleich und zur Abnahme von Regalförderzeugen (1973)
VDI 3962: Praxisgerechter DV-Einsatz im automatischen Lager (1995)

C 2.2.7 Kleinteilelager

C 2.2.7.1 Verwendung

Automatische Kleinteilelager (AKL) dienen zum Lagern, Kommissionieren und Verteilen kleiner Güter in Logistikzentren und Fertigungsbetrieben, aber auch in Dienstleistungsbetrieben wie Krankenhäusern zur Dokumentenlagerung und Banken zur Wertsachenverwaltung. Das Einsatzpotenzial wird durch die erwartete Zunahme des E-Commerce mit einer beschleunigten Logistikleistung für die Warenlieferung erhöht. Die Lagergüter werden meist artikelrein in Behältern oder Kartons und artikelgemischt auf Tablaren – allgemein in Ladehilfsmitteln (LHM) – gelagert. Die LHM können längs oder quer zur Gangrichtung einfach- oder mehrfachtief mit entsprechenden Auswirkungen auf den Volumennutzungsgrad und den Direktzugriff gelagert werden (Bilder C 2.2-17 bis C 2.2-19).

Die richtige Ladehilfsmittelauswahl hängt vom Lagergut und den jeweils geforderten Logistikfunktionen ab. Einsatzabhängig sollen LHM stapelbar, nestbar, verschließbar, verformungsbeständig, temperaturbeständig, bodeneben, antistatisch, lebensmittelecht und identifikationsfähig sein.

Als Kleinteilelager sind sowohl Umlaufregallager als auch einfach- oder mehrfachtiefe Regallager geeignet, in denen automatisch betriebene, schienengeführte, ein- oder mehrgassig angeordnete Regalbediengeräte (RBG) als dreiachsige Bewegungsautomaten verfahren und dabei die LHM vom E/A-Punkt in die Regalfächer ein-/auslagern (Bilder C 2.2-20 bis C 2.2-22).

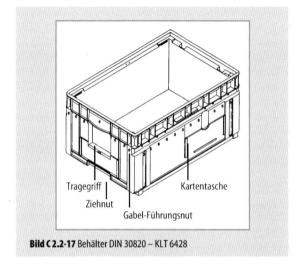

Bild C 2.2-17 Behälter DIN 30820 – KLT 6428

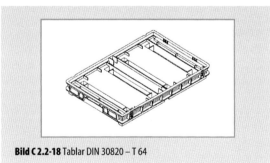

Bild C 2.2-18 Tablar DIN 30820 – T 64

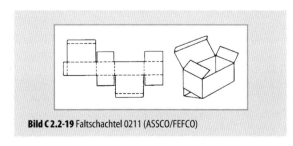

Bild C 2.2-19 Faltschachtel 0211 (ASSCO/FEFCO)

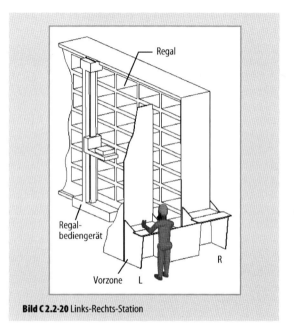

Bild C 2.2-20 Links-Rechts-Station

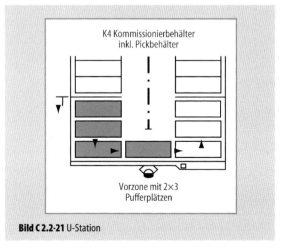

Bild C 2.2-21 U-Station

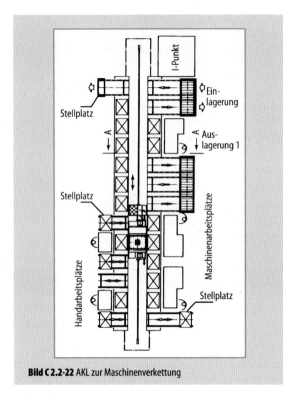

Bild C 2.2-22 AKL zur Maschinenverkettung

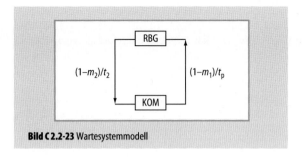

Bild C 2.2-23 Wartesystemmodell

Doppelspielbetrieb und der Kommissionierleistung. Dies bedeutet einen Wartezeitverlust entweder des Kommissionierers, wenn die exponentiell zufallsverteilte Pickzeit kürzer als die aktuelle Doppelspielzeit des RBG ist oder des RBG im umgekehrten Fall [Boz91].

Die dadurch reduzierte Kommissioniersystemleistung μ_P, die Kommissionierauslastung A_P sowie die Geräteauslastung A_2 des RBG können mit einem einfachen geschlossenen Wartesystem durch Diffusionsapproximation [Bol82] berechnet werden, in dem zwei G|G|1-Stationen zyklisch durchlaufen werden (s. Bild C 2.2-23).

Im Weiteren gilt für die
- *Kommissionierauslastung*

$$A_P = 1 - m_1 \text{ mit } m_1 = \frac{1-\rho}{1-\rho^2 \exp[\gamma(K-1)]};$$

- *RBG-Auslastung*

$$A_2 = 1 - m_2 \text{ mit } m_2 = \rho m_1 \exp[\gamma(K-1)],$$

- *effektive Systemleistung*

$$\mu_p = A_P / t_p = A_2 / t_2$$

mit t_p mittlere Pickzeit pro Behälter und t_2 mittlere Doppelspielzeit des RBG

($\rho = \lambda/\mu = t_P/t_2$ Auslastungsgrad und Koeffizient $\gamma = 2(\lambda - \mu)/\alpha$ mit K gepufferten Pickbehältern in der Kommissionierzone einschließlich Pickplatz, jedoch ohne Rücklagerbehälter im RBG-Puffer).

Per Definition ist
- $\alpha = \mu^3 V_P + \lambda^3 V_2$ mit $\mu = 1/t_P$ und $\lambda = 1/t_2$,
- $V_P = T_P^2$ als Varianz der exponentialverteilten Pickzeit, sonst nach Verteilungsfunktion der Pickzeiten einzusetzen,
- $V_2 \cong [(0{,}3588 - 0{,}1321w)t_w]^2$ Näherung für die Varianz [Boz91] des wegabhängigen Doppelspielzeitanteils t_w mit $w = Hv_x/Lv_y$ Regalwandparameter nach Abschn. C 2.2.6,

Die Gangbreite hängt von der gewünschten Art der Lastaufnahme und der Konstruktion des Lastaufnahmemittels ab und kann einfach- oder mehrfachtief sein.

AKL bestehen aus dem Regalsystem, dem Regalbediengerät, der Automatiksteuerung, einer Vorzone (E/A-Punkt) und Schutzeinrichtungen gegen Brand und unbefugten Zutritt. Der häufigste Einsatzfall ist die Nutzung der Vorzone als stirnseitiger Kommissionierplatz mit drei Prinzipanordnungen: einfache Links-Rechts-Station, U-Anordnung mit mehreren Pufferplätzen oder die Verkettung nebeneinander liegender Kommissionierstationen mit mehreren parallelen Regalzeilen durch einen Förderkreislauf in der Vorzone. AKL werden auch zur Maschinenverkettung in der Fertigung und Montage eingesetzt.

C 2.2.7.2 Berechnung

Die Anordnung und die Dimensionierung werden durch die erforderliche LHM-Stellplatzzahl und die gewünschte Systemleistung bestimmt, die bei einfachen Systemen nach den Grundlagen der Lagerplanung berechnet werden (s. Abschn. C 2.2.4). Die Systemleistung ergibt sich aus der Wechselwirkung von RBG-Geräteumschlagleistung im

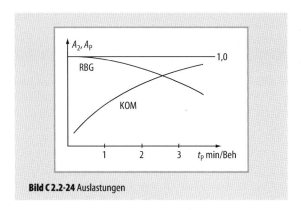

Bild C 2.2-24 Auslastungen

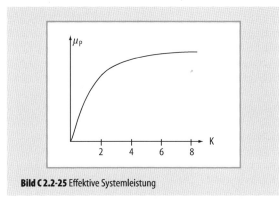

Bild C 2.2-25 Effektive Systemleistung

– Doppelspielzeit $t_2 = 4t_L + 3t_B + t_w$ nach der FEM-Regel 9.851 mit t_L als Spielzeit für den Lastaufnahmezyklus, t_B für den Beschleunigungsanteil und t_w für den wegabhängigen Spielzeitanteil [Gud72].

Die Auswertung der Gleichungen für A_P, A_2 in Bild C 2.2-24 zeigt die Auslastungen von RBG und Kommissionierstation als Funktion der Pickzeit t_P. Ebenso ist in Bild C 2.2-25 die mit der Zahl der verfügbaren Pickplätze K ansteigende effektive Systemleistung dargestellt, die je nach Zielsetzung eine kosten- oder durchsatzoptimale Gestaltung der Vorzone ergibt (Bild C 2.2-23).

Es ist zu erkennen, dass mit zunehmender Pickzeit bei konstanter Doppelspielzeit die RBG-Auslastung zurückgeht, während die Pickerauslastung zunimmt. Eine wirtschaftliche Gesamtlösung ergibt sich durch eine Kostenoptimierung, mit der günstig aufeinander abgestimmte Leistungsparameter der Kommissionierstation und des RBG ermittelt werden können.

Eine Entkopplung entsteht durch Erhöhung der Pufferplatzzahl in einer U-Station oder durch Anordnung eines Förderkreislaufs in der Vorzone.

Genauere Untersuchungen betreffen Spielzeitberechnungen, abhängig von den statischen Strategien zur Lagerplatzvergabe (ABC-Zonung, freie oder feste Lagerfachzuordnung, CPO-Index), die dynamischen Strategien für den Betrieb der Regalbediengeräte (Einzel- oder Doppelspiele, Wechselspiele bei mehrfachtiefen Regalen, Wegoptimierung, Anordnung der Übergabestelle sowie des RBG-Ruhepunktes), die Auftragsdurchlaufzeiten, die Stauraum- und Pufferdimensionierung der Vorzone, die Geräteauslastung und Kostenuntersuchungen. Diese Aufgaben können in einfachen Fällen analytisch, bei komplexeren Systemen mittels Simulation gelöst werden.

C 2.2.7.3 Konstruktion

Regalbediengeräte (RBG)

Leichte Regalbediengeräte werden meist in Einmastbauweise, seltener als Zweimastgeräte für Mehrfachlastaufnahme gebaut. Dabei ist der aus Aluminium oder Stahl bestehende Mast als Kastenprofil ausgeführt, um eine möglichst steife Konstruktion bei geringem Gewicht zu gewährleisten. Der Mast ist an der oberen Führungsschiene geführt und unten mit der Bodentraverse verbunden, welche die Kräfte über Stütz- und Führungsrollen auf die Bodenschienen überträgt. Die Antriebe werden mit Reibradantrieb oder Zahnriemenantrieb ausgeführt (Bilder C 2.2-26 bis C 2.2-30).

Der Hubantrieb des RBG erfolgt mittels umlaufendem Zugmittel wie Zahnriemen, Kette oder Seil. Für größere Beschleunigungen ist der mitfahrende Omega-Fahrantrieb des RBG mittels Zugmittel geeignet, bei dem sich das RBG mit einer Antriebsrolle an einem Zahnriemen entlang zieht. Auch stationäre Fahrantriebe mit umlaufendem Zugmittel sind für hohe Beschleunigungen und mittlere Ganglängen geeignet. Die obere und untere Führung besteht aus Schienen, an denen sich die Rollen des RBG abstützen. Für große Ganglängen oder kurvengängige RBG ist der Polyurethan-Reibrad-Antrieb im Einsatz.

Die Antriebsdimensionierung richtet sich nach dem benötigten Momenten- und Geschwindigkeitsverlauf des repräsentativen Arbeitsspieles und wird mit rechnergestützten, starrkörperkinetischen, in anspruchsvollen Fällen mit elastomechanischen Auslegungsverfahren durchgeführt. Das folgende Beispiel zeigt den Momentenverlauf des Doppelspieles eines Leichtregalbediengerätes mit einem gemeinsamen y/z-Antrieb (Bild C 2.2-31).

Für die Antriebstechnik von AKL werden bei hoher Dynamik elektronisch kommutierte, permanent erregte Synchronmotoren und für durchschnittliche Ansprüche Frequenzumrichter mit Asynchronmaschinen eingesetzt. Die digitale Servotechnik erlaubt den Einsatz kleiner, leichter

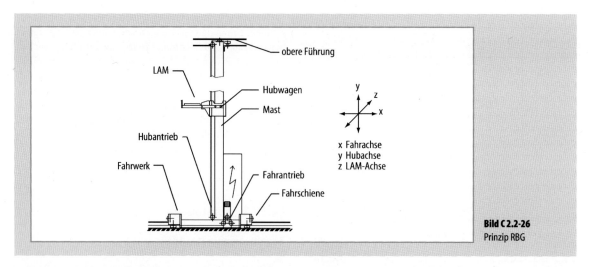

Bild C 2.2-26 Prinzip RBG

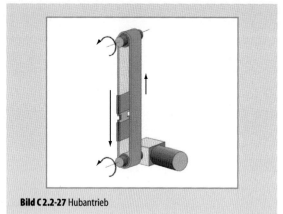

Bild C 2.2-27 Hubantrieb

Bild C 2.2-29 Fahrantrieb-Reibrad mit Führungsrollen

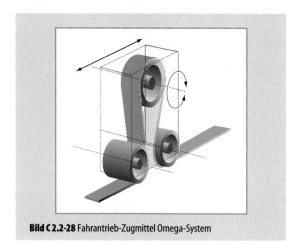

Bild C 2.2-28 Fahrantrieb-Zugmittel Omega-System

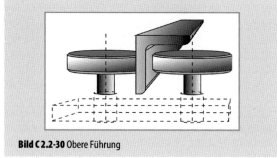

Bild C 2.2-30 Obere Führung

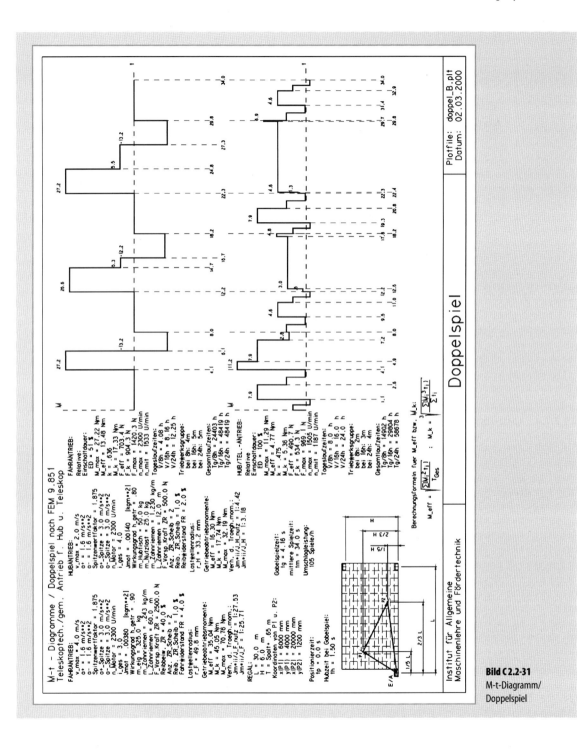

Bild C 2.2-31 M-t-Diagramm/Doppelspiel

Tabelle C 2.2-2 Technischer Datenvergleich für Lastaufnahmemittel

	Zieh-technik	Greif-/Klammer-technik	Teleskopier-/Unterfahr-technik	Teleskopierbarer Riemen-förderer	Doppeltele Riemen-förderer	Dreifachtele Überfahr-technik
Geschwindigkeit m/s	0,6	1,2	0,4	0,8	1,5…2,0	1,5
Beschleunigung m/s²	0,6	2,0	2,0	1,5	1,5…2,0	2,0
Gassenlichte mm	1420	950/1500	850	850	1380	800
Art des Förderguts	Tab	Beh/Tab	Beh	Beh/Kar	Beh	Beh/Kar
max. Gewicht Fördergut kg	250	100/250	50	50	100	50
Abmessungen L × B Fördergut mm	1200 × 600	600 × 400/ 1230 × 620	600 × 400	600 × 400	600 × 400	600 × 150 600 × 400
max. Durchbiegung LAM mm	–	8	8	8	10	2

Antriebe und Umrichter, hat exakt reproduzierbare Fahrkurven und Reglerparameter ohne Drift- und Temperaturprobleme mit Ferndiagnose, einfacher Inbetriebnahme und einem guten Kosten/Nutzen-Verhältnis. Diese Antriebe werden weggeregelt mit klassischen Kaskadenreglern betrieben, die Zukunft gehört Zustandsreglern mit schwingungsfreier Zielanfahrt [Diz99].

Der AKL-Betrieb ist meist als Einricht- und Testbetrieb, Halbautomatik- und Vollautomatikbetrieb vorgesehen.

C 2.2.7.4 Lastaufnahmemittel

Mit dem Lastaufnahmemittel (LAM) werden die zu lagernden Güter in das Regal eingelagert bzw. aus dem Regal ausgelagert und in der Vorzonenfördertechnik übergeben bzw. von dort übernommen. Das LAM ist somit für das Handling der Ladehilfsmittel (LHM) zuständig.

Man unterscheidet Einfachlastaufnahmemittel und Mehrfachlastaufnahmemittel. Die Mehrfachlastaufnahme ist mit mehreren Einfachlastaufnahmemitteln nebeneinander oder mit einem mehrfachtiefen Lastaufnahmemittel möglich, das wiederum einfach- oder mehrfachtiefe Gangbreite erfordern kann. Im Folgenden werden einige Techniken beschrieben, wie die Ein- bzw. Auslagerung der Last erfolgen kann. In Tabelle C 2.2-2 sind die technischen Daten einander gegenüber gestellt.

Ziehtechnik – einfachtief

Die Ziehtechnik bedingt die Verwendung von Behältern bzw. Tablaren, die an der Stirnseite eine Nut für den Eingriff von Ziehbolzen besitzen (Bild C 2.2-32).

Die Bolzen ziehen bzw. schieben das LHM mit zwei gegenläufigen, horizontalen Ketten aus dem bzw. in das Regalfach (Bild C 2.2-33).

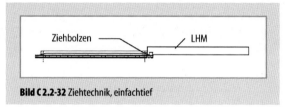

Bild C 2.2-32 Ziehtechnik, einfachtief

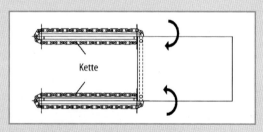

Bild C 2.2-33 Zieh- und Schiebetechnik, einfachtief

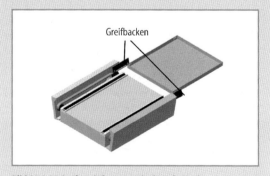

Bild C 2.2-34 Greif- und Klammertechnik, einfachtief

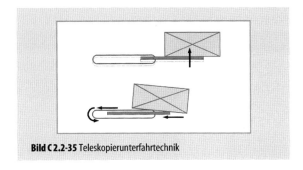

Bild C 2.2-35 Teleskopierunterfahrtechnik

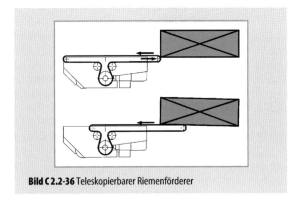

Bild C 2.2-36 Teleskopierbarer Riemenförderer

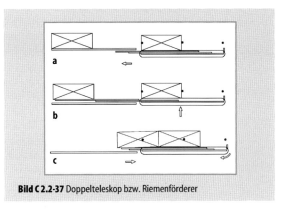

Bild C 2.2-37 Doppelteleskop bzw. Riemenförderer

Greif-/Klammertechnik – einfachtief

Zwei Greifbacken werden mittels Kettentrieb hin und her bewegt. Bei der klassischen Greiftechnik wird das Fördergut mit diesen Greifbacken auf das LAM gezogen. Durch die Kombination der Greifbewegung mit einem in der gleichen Richtung synchron laufenden Riemenförderer lässt sich eine Leistungssteigerung erreichen. Die Greifbacken greifen drucklos in Nuten am Behälter. Dieses LAM hat gegenüber der Ziehtechnik einen höheren Volumennutzungsgrad (Bild C 2.2-34).

Teleskopierunterfahrtechnik – einfachtief

Eine teleskopierbare aushebende Plattform führt die Ein- und Auslagerung im Regal durch. Dabei muss die Unterseite des LHM frei sein, was ein Regalfach mit Auflagewinkeln erfordert. Nachteilig ist der relativ große Vertikalabstand V zwischen den LHM zum Ein- und Ausfahren des Teleskops, dessen geringe Bauhöhe den Volumennutzungsgrad verbessern kann. Der LAM-Zyklus kann mit einem zusätzlichen Riemenförderer minimiert werden, der auch die Lastübergabe am I/O-Punkt beschleunigt (Bild C 2.2-35).

Teleskopierbarer Riemenförderer – einfachtief

Das Funktionsprinzip dieses LAM basiert auf der Kombination eines Teleskops mit einem Riemenförderer. Dabei ermöglicht der Reibschluss zwischen Riemen und LHM den Entfall einer Hubbewegung. Die Übergabe und Übernahme in der Vorzone findet nur mit dem Riemenförderer statt, wodurch die Übergabe-/nahmezeiten in der Vorzone reduziert werden (Bild C 2.2-36).

Doppelteleskop bzw. Riemenförderer – doppelttiefer Gang bzw. doppelttiefes Regal

Das LAM besteht aus einem doppelttiefen Teleskop und einem Riemenförderer.

a LHM 1 steht auf Ladeplattform des LAM; Tele unterfährt die Last.
b Hubbewegung LAM; LHM 2 steht auf Teleskop.
c Teleskop wird eingefahren, bis die LHM stirnseitig aneinander stehen; Riemenförderer und Teleskop befördern die LHM synchron an Endposition (Bild C 2.2-37).

Dreifachteleskop-Überfahrtechnik

Bild C 2.2-38 zeigt, dass ein Dreifachteleskop mit Überfahrtechnik die Bedienung eines doppelttiefen Regals bei einfachtiefer Gangbreite mit einem höheren Volumennutzungsgrad des Lagers ermöglicht [Ose97].

Dabei überfährt das Teleskop das LHM in einem horizontalen Spalt zwischen Lastoberkante und der darüber liegenden Regalauflage. In der Endposition schwenken zwei Zieharmpaare nach unten, klemmen die Last mittels symmetrischer Zustellbewegung und ziehen diese durch die rückwärtige Teleskopbewegung auf den Hubwagen. Vorteilhaft ist außer der erhöhten Volumennutzung der

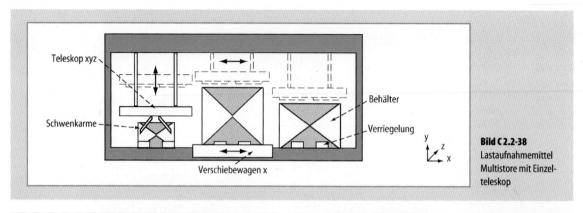

Bild C 2.2-38
Lastaufnahmemittel Multistore mit Einzelteleskop

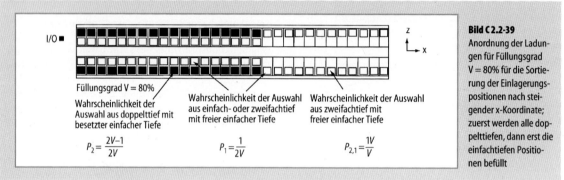

Bild C 2.2-39
Anordnung der Ladungen für Füllungsgrad $V = 80\%$ für die Sortierung der Einlagerungspositionen nach steigender x-Koordinate; zuerst werden alle doppeltiefen, dann erst die einfachtiefen Positionen befüllt

Einsatz eines Fachbodenregales und geringe seitliche Behälterabstände sowie die Anordnung unterschiedlich breiter und hoher Behälter/Kartons nebeneinander. Dem steht der Zeitaufwand für ein Behälter-Wechselspiel gegenüber, wenn nur der zweifachtief gelagerte Behälter benötigt wird (Bild C 2.2-39).

Literatur

[Bol82] Bolch, G.; Akyildiz, I.F.: Analyse von Rechensystemen. Stuttgart: Teubner 1982

[Boz91] Bozer, Y.A.; White, J.A.: A generalized design and performance analysis model for end-of-aisle order picking systems. Progress in Material Handling and Logistics (1991) 2, 205–243

[Diz99] Dietzel, M.: Beeinflussung des Schwingungsverhaltens von Regalbediengeräten: Diss. Karlsruhe 1999

[Gud72] Gudehus, T.: Grundlagen der Spielzeitberechnung für automatisierte Hochregalläger. dhf Sonderheft (1972) 63–68

[Ose97] Oser, J.: Patentschrift DE 196 15 999 C 1: Vorrichtung zum Aus- oder Einlagern von Stückgut, insbesondere in einem Hochregallager (1997)

Richtlinie
FEM-Regel 9.851: Spielzeiten für Regalbediengeräte (1978–08)

C 2.3 Kommissioniersysteme

C 2.3.1 Einleitung

Kommissionieren ist das Zusammenstellen von Ware aus einem bereitgestellten Artikelsortiment nach vorgegebenen Aufträgen (VDI 3590, [Gud73]).

Wenn ein Auftrag nur ganze Ladeeinheiten *eines* Artikels anfordert, reduziert sich das Kommissionieren auf das einfache *Auslagern*. Werden von einem Auftrag ganze Ladeeinheiten von *mehreren* Artikeln angefordert, kommt das *Zusammenführen* der Ladeeinheiten an einem *Auftragssammelplatz* hinzu. Das Kommissionieren ganzer Ladeeinheiten erfordert also ein *Lagersystem* mit Fördertechnik oder Flurförderzeugen zur *Auftragszusammenstellung*. Werden von den Aufträgen die ganzen Ladeeinheiten separiert, verbleiben *Kommissionieraufträge* für *Teilmengen*, die aus einzelnen *Artikeleinheiten* oder *Gebinden* bestehen und eine *Vereinzelung* der *Auftragsmenge* aus einer bereitgestellten *Artikelmenge* erfordern. Das *Kommissionieren von Teilmengen* ist Aufgabe der *Kommissioniersysteme*.

Der *Kernprozess* des Kommissionierens ist der *Greifvorgang* zur *Vereinzelung*, *Entnahme* und *Abgabe* der Entnahmemenge. Das Greifen oder *Picken* wird von einem *Kommissionierer* durchgeführt, der eine *Person*, ein *Lagenpalettierer*, ein *Roboter* oder eine *Abzugsvorrichtung* sein kann.

Der gesamte *Kommissionierprozess* setzt sich zusammen aus den *Teilprozessen*
- *Bereitstellung* der zu kommissionierenden Ware in Bereitstelleinheiten;
- *Entnahme* der geforderten Warenmengen aus den Bereitstelleinheiten;
- *Abgabe* in einen Sammelbehälter, auf ein Fördersystem oder ein Transportgerät;
- *Zusammenführen* der Entnahmemengen an einem Auftragssammelplatz;
- *Beschickung* der Bereitstellplätze mit Nachschub.

Aus den räumlichen und zeitlichen Kombinationsmöglichkeiten der *Warenbereitstellung*, der *Entnahme* und der *Abgabe* resultieren die unterschiedlichen *Kommissionierverfahren* [Gud99]. Die verschiedenen *Kommissioniertechniken* ergeben sich aus den technischen Lösungsmöglichkeiten für die Bereitstellung, die Fortbewegung, das Greifen, die Abgabe, das Abfördern und die Informationsanzeige (VDI 3590, [Vog93; Arn02; Mar95]).

Durch Verbindung der möglichen Kommissionier- und Beschickungsverfahren mit den verschiedenen Kommissioniertechniken und Lagersystemen entstehen elementare und kombinierte Kommissioniersysteme. *Elementare Kommissioniersysteme* sind die Verbindung eines *Sammelsystems*, das die Entnahme, das Ablegen und Zusammenführen der angeforderten Ware durchführt, mit einem *Beschickungssystem*, das die Bereitstellplätze mit Nachschub versorgt. *Kombinierte Kommissioniersysteme* bestehen aus mehreren elementaren Lager- und Kommissioniersystemen, die *nebeneinander* und *nacheinander* angeordnet sind.

Für die *Organisation* und *Steuerung* der elementaren und der kombinierten Kommissioniersysteme gibt es eine Vielzahl von *Betriebsstrategien*, auch *Kommissionierstrategien* genannt, die sich in *Belegungs-*, *Bearbeitungs-*, *Bewegungs-*, *Nachschub-* und *Leergutstrategien* einteilen lassen [Gud99].

C 2.3.2 Kommissionieranforderungen

Die Anforderungen an ein Kommissioniersystem werden durch die *Kommissionieraufträge* spezifiziert und durch Angabe der *Leistungsanforderungen* quantifiziert. *Leistungsinhalte des Kommissionierens* sind:
- Vorleistungen
  • Vorbereitung der Aufträge,
  • Bereitstellen des Artikelsortiments,
  • Beschicken der Bereitstellplätze,
  • Nachschub von Reserveeinheiten,
  • Lagern der Reserveeinheiten,
  • Disposition von Nachschub und Beständen;
- Grundleistungen
  • Entnehmen der Artikelmengen,
  • Befüllen der Versandeinheiten,
  • Zusammenstellen der Auftragsmengen;
- Zusatzleistungen
  • Preisauszeichnung, Kodieren und Etikettieren,
  • Verpacken der Warenstücke oder Gebinde,
  • Aufbau und Ladungssicherung der Versandeinheiten,
  • Kennzeichnung und Etikettieren der Versandeinheiten.

Die Vorleistungen sind notwendig, um ein unterbrechungsfreies Kommissionieren zu ermöglichen; sie werden von den Grundleistungen ausgelöst. Die Zusatzleistungen sind für das eigentliche Kommissionieren nicht zwingend erforderlich.

Der Leistungsumfang wird quantifiziert durch die *primären Leistungsanforderungen* wie die *Sortiments-* und *Auftragsanforderungen* sowie die *sekundären Leistungsanforderungen* wie die *Durchsatz-* und *Bestandsanforderungen*, die sich aus den primären Leistungsanforderungen ableiten. Die Leistungsanforderungen sind i. d. R. *stochastisch* und *zeitlich veränderlich*.

C 2.3.2.1 Sortimentsanforderungen

Die Sortimentsanforderungen spezifizieren die *Breite und Beschaffenheit des Artikelsortiments*, aus dem kommissioniert werden soll, die *Form der Bereitstellung* und die *Art der Entnahmeeinheiten*. Sie umfassen
- *Artikelanzahl* N_S des Sortiments, das im Zugriff bereitzuhalten ist;
- *Beschaffenheit* der Artikel wie Form, Sperrigkeit, Haltbarkeit und Wertigkeit;
- *Artikeleinheiten* (AE) mit *Abmessungen* l_{AE}, b_{AE}, h_{AE} [mm] *Volumen* v_{AE} [l/VE] und *Gewicht* g_{AE} [kg/AE];
- *Bereitstelleinheiten* [BE] mit *Kapazität* C_{BE} [AE/BE oder EE/BE], *Abmessungen* l_{BE}, b_{BE}, h_{BE} [mm], *Volumen* v_{BE} [l/BE] und *Gewicht* g_{BE} [kg/BE];
- *Entnahmeeinheiten* (EE) mit *Inhalt* c_{EE} [AE/ EE], *Abmessungen* l_{EE}, b_{EE}, h_{EE} [mm] *Volumen* v_{EE} [l/EE] und *Gewicht* g_{EE} [kg/EE].

Tabelle C 2.3-1 Kommissionieranforderungen

Anforderungs-arten	Kommissionier-einheiten
Grobkommissionierung	Ganzpaletten (GPal) Großpackstücke (GPst)
Packungskommissionierung	Umverpackungseinheiten (UPE) Verpackungseinheiten (VPE)
Feinkommissionierung	Verkaufseinheiten (VKE) Verbrauchseinheiten (VBE)

In *Kommissioniersystemen mit statischer Bereitstellung* bestimmt die *Artikelanzahl* die Anzahl der Bereitstellplätze und damit die benötigte *Bereitstelllänge* oder *Bereitstellfläche*.

Die *Artikeleinheiten* können einzelne *Warenstücke* (WST) oder *Gebinde* (Geb) sein, in denen Flüssigkeit, Pulver, Feststoffe oder Warenstücke abgepackt sind. Abhängig vom Verwendungszweck wird die Artikeleinheit auch als *Verkaufseinheit* (VKE) oder *Verbrauchseinheit* bezeichnet.

Die *Bereitstelleinheiten*, in denen die Artikeleinheiten für den Zugriff bereitgestellt werden, können Paletten oder Behälter sein, aber auch Anlieferkartons oder Einzelteile, die ohne Ladungsträger in einem *Fachbodenregal* oder *Durchlaufkanal* lagern.

Die *Entnahmeeinheiten* – auch *Kommissioniereinheiten* (KE), *Greifeinheiten* (GE) oder *Pickeinheiten* genannt –, sind entweder die Artikeleinheiten selbst oder *Gebinde*, die mehrere Artikeleinheiten enthalten, z. B. Kartons (Kart), Schrumpfverpackungen, Überkartons oder Displays.

Die *Kommissionierkosten* werden v. a. von der Beschaffenheit der Kommissioniereinheiten bestimmt. Nach den in Tabelle C 2.3-1 aufgeführten Kriterien ist daher zu unterscheiden zwischen *Grobkommissionierung*, auch Ladungs- oder Auftragszusammenstellung genannt, *Packungskommissionierung* und *Feinkommissionierung*.

Unterscheidet sich der Mengendurchsatz der einzelnen Artikel stark, kann es sinnvoll sein, das Sortiment nach einer *ABC-Analyse* aufzuteilen in *Artikelgruppen* mit in sich ähnlicher Gängigkeit.

C 2.3.2.2 Auftragsanforderungen

Kommissionieraufträge können *externe Aufträge* sein, wie *Versandaufträge* und *Ersatzteilaufträge*, oder *interne Aufträge*, wie *Sammelaufträge* einer ersten Kommissionierstufe, *Teilaufträge* für parallele Kommissionierbereiche, *Nachschubaufträge* und *Versorgungsaufträge* für die Montage oder Produktion.

Die Auftragsanforderungen spezifizieren *Anzahl*, *Inhalt* und *Struktur* der Aufträge, die zu kommissionieren sind. Sie umfassen
- *Art der Kommissionieraufträge* (KAuf);
- *Auftragsdurchsatz* λ_{KAuf} [KAuf/PE] pro *Periode* (PE = Jahr, Tag oder Stunde);
- *Auftragspositionen* n_{Pos} [Pos/Auf], d. h. Artikelanzahl pro Auftrag;
- *Entnahmemenge* oder *Pickmenge* pro Position m_{EE} [EE/Pos];
- *Versandeinheiten* (VE) mit *Kapazität* C_{VE} [AE/VE oder EE/VE], *Abmessungen* l_{VE}, b_{VE}, h_{VE} [mm], *Volumen* v_{EE} in l/VE und *Gewicht* g_{VE} [kg/VE];
- maximal zulässige *Auftragsdurchlaufzeit* T_{KAuf} [h].

Bei stochastisch schwankendem und zeitlich veränderlichem Auftragseingang müssen der *Mittelwert* und die *Varianz* des *Auftragsdurchsatzes* λ_{KAuf} für den *Spitzentag* des Jahres bekannt sein. Wenn die *Betriebszeiten* fest vorgegeben oder die Auftragsdurchlaufzeiten begrenzt sind, wird auch der stündliche Auftragseingang für die *Spitzenstunde* des Spitzentages zur Dimensionierung benötigt.

Für Aufträge, die sich nicht allzu stark voneinander unterscheiden, genügt es, die *durchschnittliche Auftragsstruktur*, also die mittlere Anzahl Positionen und Entnahmemengen für alle Aufträge, zu kennen. Wenn die Aufträge sehr unterschiedlich sind, sind *Großmengenaufträge* und *Kleinmengenaufträge* oder *Einpositionsaufträge* und *Mehrpositionsaufträge* gesondert zu betrachten.

C 2.3.2.3 Durchsatzanforderungen

Die Durchsatzanforderungen lassen sich aus dem Auftragsdurchsatz, der Auftragsstruktur und den Sortimentsdaten errechnen. Für die Auslegung und die Dimensionierung eines Kommissioniersystems werden benötigt:
- Volumendurchsatz $\lambda_V = V_A \lambda_{Kauf}$ [l/PE];
- Mengendurchsatz
  - Positionen
    $\lambda_{Pos} = n_{Pos} \lambda_{Kauf}$ [Pos/PE],
  - Entnahmeeinheiten
    $\lambda_{EE} = m_{EE} \lambda_{Pos}$ [EE/PE],
  - Artikeleinheiten
    $\lambda_{AE} = c_{EE} \lambda_{EE}$ [AE/PE];
- Ladeeinheitendurchsatz
  - Bereitstelleinheiten
    $\lambda_{BE} = \lambda_{EE}/C_{BE}$ [BE/PE],
  - Versandeinheiten
    $\lambda_{VE} = \lambda_{EE}/C_{VE} + \lambda_{KAuf}(C_{VE} - 1)/2C_{VE}$ [VE/PE].

Hierin ist C_{BE} [EE/BE] das Fassungsvermögen der *Bereitstelleinheiten* und C_{VE} [EE/VE] das Fassungsvermögen der *Versandeinheiten*.

Der Zusatzterm für den Durchsatz der Versandeinheiten resultiert daraus, dass pro Kommissionierauftrag mit einem mittleren *Anbruchverlust* von $(C_{VE}-1)/2C_{VE}$ Versandeinheiten zu rechnen ist. Analog erhöht sich auch der Durchsatz der Bereitstelleinheiten infolge des Anbruchverlustes im Mittel um $(C_{BE}-1)/2C_{BE}$ Bereitstelleinheiten pro Nachschubauftrag, wenn der Nachschub nicht in ganzen Einheiten erfolgt. Bei der Leistungsberechnung und Dimensionierung von Kommissioniersystemen ist zu beachten, dass sich der Ladeeinheitendurchsatz infolge der Anbrucheinheiten erhöht [Gud99].

Der Durchsatz der Bereitstelleinheiten ist gleich der *Nachschubleistung* für die Bereitstellplätze. Die Nachschub- oder Bereitstellleistung bestimmt maßgebend den *Gerätebedarf* des Beschickungssystems.

Wenn die Versandeinheit gleich der *Ablageeinheit* am Entnahmeplatz ist, bestimmt deren Durchsatz die *Abförder-* oder *Entsorgungsleistung* des Kommissionierbereichs und damit die Auswahl und Auslegung des Abfördersystems.

C 2.3.2.4 Bestandsanforderungen

Die Bestände im Kommissionierbereich sind so zu bemessen, dass bei kostenoptimalem Nachschub ein unterbrechungsfreies Kommissionieren mit kurzen Wegen gewährleistet ist. Aus dieser Zielsetzung folgt die *Auslegungsregel*:

Im Kommissioniersystem muss für jeden Artikel mindestens der *Pull-Bestand* vorrätig sein, dessen Höhe von der Bestands- und Nachschubdisposition für den Kommissionierbereich bestimmt wird.

Wenn der Gesamtbestand eines Artikels den für das Kommissionieren benötigten Pull-Bestand übersteigt, darf davon nur soviel im Kommissionierbereich gelagert werden, wie ohne Behinderung des Kommissionierens möglich ist. Darüber hinausgehende *Reserve-* oder *Push-Bestände* müssen getrennt gelagert werden [Gud99].

Für das Kommissionieren mit *statischer Bereitstellung* ist der Bestand pro Artikel aufzuteilen in eine *Zugriffseinheit*, die sich auf einem *Bereitstellplatz* im *Zugriff* befindet, eine *Zugriffsreserveeinheit*, die in der Nähe des Bereitstellplatzes untergebracht ist, und in *Reserveeinheiten*, die im Kommissioniersystem oder getrennt in einem *Reservelager* lagern. Die Summe der Artikelbestände in den Zugriffseinheiten und Zugriffsreserveeinheiten ist in diesem Fall der Pull-Bestand des Kommissionierbereichs. Der *Platzbedarf* für den Pull-Bestand wird von der Artikelanzahl und der *Belegungsstrategie* für den Zugriffsbereich bestimmt.

C 2.3.3 Kommissionierverfahren

Um den Greifvorgang zu ermöglichen, müssen folgende *zentralen Elemente eines Kommissioniersystems* an einem Ort zusammenkommen [Gud99]:
- *Bereitstelleinheiten* B_i, $i = 1, 2, ..., N_S$, in denen ausreichende Warenmengen der N_S Artikel des Sortiments bereitgehalten werden;
- *Auftragsablagen* A_j, $j = 1, 2, ..., N_A$, auf welche die Entnahmemengen m_{ji} aus den Bereitstelleinheiten B_i für N_A gleichzeitig bearbeitete Aufträge abgelegt werden;
- *Kommissionierer* K_k, $k = 1, 2, ..., N_K$, die das Greifen durchführen.

Aus den unterschiedlichen Möglichkeiten, diese Elemente eines Kommissioniersystems am *Greifort* zusammenzuführen, also daraus, an welchem Ort der Greifvorgang stattfindet, welche der Elemente sich permanent am Greifort befinden und welche sich zum Greifort bewegen, ergeben sich folgende sechs grundlegend verschiedene *Kommissionierverfahren*:
- Kommissionierer kommen mit den Aufträgen zu den Bereitstelleinheiten,
- Aufträge kommen zu den Kommissionierern bei den Bereitsstelleinheiten,
- Bereitstelleinheiten kommen zu Kommissionierern und Aufträgen,
- Kommissionierer kommen mit Bereitstelleinheiten zu den Aufträgen,
- Kommissionierer kommen zu den Aufträgen bei den Bereitstelleinheiten,
- Bereitstelleinheiten kommen mit Aufträgen zu den Kommissionierern.

Ein weiteres Kommissionierverfahren, das *stationäre Kommissionieren*, ergibt sich aus der Möglichlichkeit, jeweils einen Bereitstellplatz, einen Ablageplatz und einen Kommissionierer stationär an einem Ort zusammenzubringen. Die Kommissionierer sind in diesem Fall stationäre *Abzugsvorrichtungen*, die mit einem *Fördersystem* verbunden sind und die Warenstücke in der geforderten Anzahl von den stationären Bereitstellplätzen auf das Fördersystem ziehen.

C 2.3.3.1 Konventionelles Kommissionieren mit statischer Bereitstellung

Beim konventionellen Kommissionieren mit statischer Bereitstellung – bei manueller Entnahme auch kurz „Mann zur Ware" genannt – befinden sich die Bereitstelleinheiten auf festen *Zugriffsplätzen*. Die Bereitstellung ist

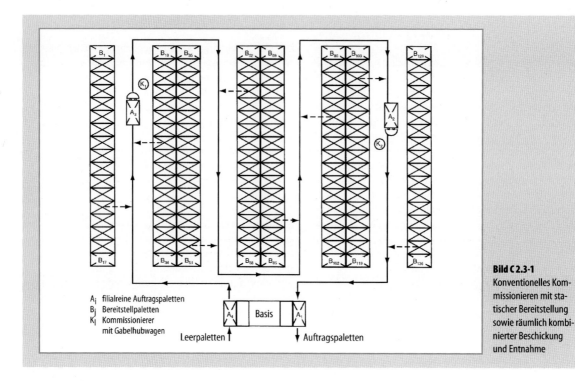

Bild C 2.3-1
Konventionelles Kommissionieren mit statischer Bereitstellung sowie räumlich kombinierter Beschickung und Entnahme

statisch. Die Kommissionierer kommen mit den Auftragsablagen oder Versandbehältern zu den Bereitstelleinheiten. Die Zugriffsplätze mit den Bereitstellmengen sind, wie in Bild C 2.3-1 dargestellt, auf dem Boden *nebeneinander* oder in Regalen *übereinander platzsparend* und *wegoptimal* angeordnet.

Die Kommissionierer bewegen sich mit den Aufträgen nacheinander zu den Bereitstellplätzen, die ihnen von einem *Beleg* oder einer *elektronischen Anzeige* angegeben werden, entnehmen die geforderten Mengen und legen sie auf dem Kommissioniergerät oder in die mitgebrachten Sammelbehälter ab. Nach Fertigstellung aller mitgenommenen Aufträge wird die kommissionierte Ware an einem *Auftragssammelplatz*, der sog. Basis der Kommissioniertour, abgegeben. Die *Vorteile* des konventionellen Kommissionierens sind:
– minimaler technischer Aufwand,
– einfache, auch ohne Rechnereinsatz realisierbare Organisation,
– kurze Auftragsdurchlaufzeiten,
– hohe Flexibilität gegenüber schwankenden Durchsatzanforderungen,
– Eignung für ein breites Warenspektrum mit unterschiedlichsten Abmessungen,
– gleichzeitige Bearbeitung von Eilaufträgen, Einzelaufträgen, Auftragsserien, Teilaufträgen und Komplettaufträgen.

Wegen dieser Vorteile ist das konventionelle Kommissionieren bis heute am weitesten verbreitet. Dabei werden jedoch häufig die *Nachteile* übersehen oder unterschätzt:
– Bei einem breiten Artikelsortiment und großen Bereitstelleinheiten ergeben sich lange Wege mit der Folge eines hohen Kommissionierer- und Gerätebedarfs.
– Großer Grundflächenbedarf für die Warenbereitstellung und für die Kommissioniergassen sowie bei räumlich getrennter Beschickung und Entnahme für die Beschickungsgänge.
– Bei großen Artikelbeständen ist ein räumlich getrenntes Reservelager für die Überbestände erforderlich, aus dem der Kommissionierbereich mit Nachschub zu versorgen ist.
– Probleme der rechtzeitigen Nachschubbereitstellung nach dem *erschöpfenden Griff*, wenn das letzte Warenstück entnommen ist und für den gleichen Auftrag weitere Warenstücke benötigt werden.
– Die Entsorgung der geleerten Ladehilfsmittel ist störend und aufwendig.

Viele dieser Nachteile lassen sich durch greifoptimale Gestaltung der Bereitstellplätze, wegoptimale Anordnung und Dimensionierung der Regale, geeignete Nachschub- und Wegstrategien sowie den Einsatz geeigneter Technik und Steuerung vermindern oder beseitigen. Daher ist das konventionelle Kommissionieren in vielen Fällen nach wie vor das geeignetste und wirtschaftlichste Kommissionierverfahren. Dies gilt v. a. für das Kommissionieren von Paletten auf Paletten („Pick to Pallet") aus einem relativ schmalen Sortiment und für das Kommissionieren aus einem breiteren Sortiment kleinvolumiger Artikel, die in Fachbodenregalen oder Durchlaufkanälen bereitgestellt werden. Die erste Voraussetzung ist in den Handelslagern zur Versorgung der Filialen mit *Lebensmitteln* erfüllt. Die zweite Voraussetzung ist in der ersten Kommissionierstufe der *Versandhäuser* gegeben.

C 2.3.3.2 Dezentrales Kommissionieren mit statischer Bereitstellung

Auch beim dezentralen Kommissionieren haben die Bereitstelleinheiten einen festen Platz. Die Kommissionierer arbeiten jedoch in *dezentralen Arbeitsbereichen*, in denen sich eine bestimmte Anzahl von Zugriffsplätzen befindet.

Wie in Bild C 2.3-2 dargestellt, laufen die Aufträge mit oder ohne Sammelbehälter nacheinander auf einer Fördertechnik oder mit einem automatischen Flurförderzeug die betreffenden Kommissionierzonen an. Dort halten sie, bis die geforderte Warenmenge entnommen und abgelegt ist. Danach läuft der Auftrag zu einem nachfolgenden Kommissioniererarbeitsbereich. Die dezentral abgelegte Ware wird über ein Sammel- und Sortiersystem zu den Auftragssammelplätzen in der Packerei befördert oder beim *Pick & Pack* direkt zum Versand transportiert. Die *Vorteile* des dezentralen Kommissionierens sind:
– kurze Wege und kontinuierliches Arbeiten,
– keine Auftragsrüstzeiten an einer zentralen Basis,
– hohe Pickleistung der Kommissionierer.

Diesen Vorteilen steht jedoch eine Reihe von *Nachteilen* gegenüber:
– Abhängigkeit der Kommissionierer in aufeinander folgenden Kommissionierzonen,
– geringere Flexibilität bei Veränderungen der Leistungsanforderungen,
– relativ hoher Grundflächenbedarf,
– bei großen Artikelbeständen Notwendigkeit eines getrennten Reservelagers für die Überbestände, aus dem der Kommissionierbereich mit Nachschub zu versorgen ist,
– gleichzeitiges Bearbeiten mehrerer Aufträge, d. h. *Batchbearbeitung* von *Auftragsserien* oder *zweistufiges Kommissionieren*,
– infolge der Batchbearbeitung oder der zweistufigen Kommissionierung relativ lange Auftragsdurchlaufzeiten,
– bei kleinen Auftragsserien ungleichmäßige Auslastung und längere Wartezeiten,
– Probleme mit dem erschöpfenden Griff und der Entsorgung der geleerten Ladehilfsmittel.

Die Nachteile des dezentralen Kommissionierens – bei Ablage der Entnahmeeinheiten auf ein Förderband auch „Pick to Belt" genannt – lassen sich durch optimale Gestaltung, Anordnung und Dimensionierung der Bereitstell-

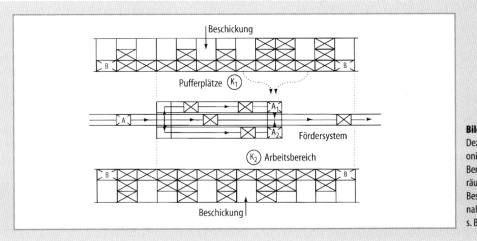

Bild C 2.3-2
Dezentrales Kommissionieren mit statischer Bereitstellung sowie räumlich getrennter Beschickung und Entnahme (Bezeichnungen s. Bild C 2.3-1)

plätze und Ablageplätze nur bedingt vermindern. Das dezentrale Kommissionieren kann bei gleichmäßig hohen Leistungsanforderungen, mehr als 10 000 Aufträgen pro Tag mit weniger als fünf Positionen pro Auftrag und einem breiten Sortiment kleinvolumiger Artikel – 10 000 Artikel und mehr – wirtschaftlicher sein als andere Kommissionierfahren.

Diese Voraussetzungen sind in Versandlagern für pharmazeutische Produkte, Kosmetikartikel, Computerbedarf, verpackte Textilien und Schuhe erfüllt. Weitere Einsatzmöglichkeiten dieses Kommissionierverfahrens bestehen im Versandhandel und E-Commerce-Handel für kleinvolumige Waren.

C 2.3.3.3 Stationäres Kommissionieren mit dynamischer Bereitstellung

Beim stationären Kommissionieren mit dynamischer Bereitsstellung – bei manueller Entnahme kurz „Ware zum Mann" genannt – findet der Greifvorgang an einem *festen Kommissionierarbeitsplatz* statt. Die Bereitstelleinheiten mit den angeforderten Artikeln werden – wie in Bild C 2.3-3 für ein Beispiel dargestellt – aus einem *Bereitstelllager* über eine Fördertechnik ausgelagert und an den Kommissionierarbeitsplätzen solange bereitgestellt, bis die benötigten Warenmengen entnommen sind. Die Bereitstellung der Ware ist *dynamisch*.

Bei einer *Einzelauftragsbearbeitung* befinden sich im Ablagebereich des Kommissionierers die Sammel- oder Versandbehälter jeweils für nur einen Auftrag. Bei einer *einstufigen Serienbearbeitung* sind mehrere Behälter für die Aufträge einer Serie ablagegünstig aufgestellt. Der Kommissionierer legt nach den Vorgaben einer Anzeige die entnommenen Warenmengen für die einzelnen Aufträge in die Sammelbehälter ab. Fertig befüllte Sammelbehälter werden mit einem Flurförderzeug oder von einem Fördersystem zum Versand gebracht.

Bei *zweistufiger Kommissionierung* werden bei jeder Bereitstellung die Artikelmengen für mehrere externe Aufträge, die zu einem *Sammelauftrag* gebündelt sind, gemeinsam entnommen und auf ein Abfördersystem gelegt, das sie zur zweiten Kommissionierstufe oder über einen Sorter (s. Abschn. C 2.4) in die Packerei befördert. Die nach der Entnahme in den Bereitstelleinheiten verbleibenden Restmengen werden zum nächsten Kommissionierarbeitsplatz weiterbefördert oder wieder eingelagert.

Die *Vorteile* des stationären Kommissionierens mit dynamischer Bereitstellung sind:
– weitgehender Fortfall der Wege für den Kommissionierer,
– Möglichkeit ergonomisch optimaler Arbeitsplatzgestaltung,
– hohe Kommissionierleistungen,
– große Flexibilität bei Sortimentsveränderungen,
– keine Probleme beim erschöpfenden Griff,
– einfache Entsorgung der geleerten Ladehilfsmittel,
– integriertes und flächensparendes Bereitstell- und Reservelager,
– gegen unautorisierten Zugriff optimal gesicherte Warenbestände,
– geringer Platzbedarf wegen des Fortfalls der Kommissioniergassen,
– einfache Realisierbarkeit des Pick & Pack-Prinzips,
– Anordnungsmöglichkeit der Arbeitsplätze in der Nähe von Packerei und Versand.

Wesentliche *Nachteile* des stationären Kommissionierens mit dynamischer Bereitstellung sind:
– *größere Investitionen* für das automatische Lager- und Bereitstellsystem (s. Abschn. C 2.2.8),

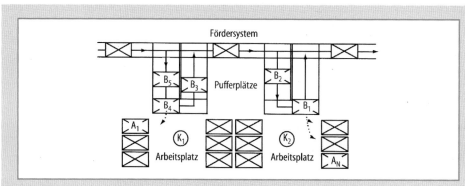

Bild C 2.3-3
Stationäres Kommissionieren mit dynamischer Bereitstellung (Bezeichnungen s. Bild C 2.3-1)

- hohe Kosten pro Bereitstellvorgang,
- in Spitzenzeiten *lange Auftragsdurchlaufzeiten*,
- *eingeschränkte Flexibilität* bei stark schwankenden Leistungsanforderungen,
- unter Umständen *Ladungssicherung* für die rückzulagernden *Restmengen*.

Mit einem leistungsfähigen Bereitstellager und einer entsprechenden Prozesssteuerung in Verbindung mit einem *Mehrschichtbetrieb* und *flexiblen Arbeitszeiten* lassen sich diese Nachteile jedoch z. T. beherrschen. Eine Möglichkeit zur Minimierung der erforderlichen Bereitstellleistung und damit der Investition in das Bereitstellsystem ist die *Bündelung von Aufträgen*, deren Positionen möglichst die gleichen Artikel ansprechen [Gud99].

Aus vielen Leistungs- und Kostenvergleichen folgt die *Einsatzregel*:

Kommissioniersysteme mit dynamischer Bereitstellung sind geeignet bei *hohen Leistungsanforderungen* und *breitem Sortiment*, wenn eine *Serienbearbeitung* vieler externer Aufträge möglich ist, die weitgehend die gleichen Artikel ansprechen.

Auch wenn mit der Entnahme zeitaufwendige Arbeiten wie Zählen, Eintüten, Abwiegen oder Zuschneiden verbunden sind, wenn schwere und sperrige Teile den Einsatz von Handhabungsgeräten erfordern oder hochwertige Ware gegen falschen Zugriff gesichert werden soll, ist die dynamische Bereitstellung eine gute Lösung. Die dynamische Bereitstellung ist auch zur artikelweisen Kommissionierung von Serienaufträgen in der ersten Stufe eines zweistufigen Kommissioniersystems geeignet. *Technische Voraussetzungen* der dynamischen Bereitstellung sind gleichartige Ladeinheiten und eine ausreichende Stapelsicherheit der Warenstücke und Gebinde auf den Ladehilfsmitteln, die *Normpaletten*, *Tablare* oder standardisierte *Kleinbehälter* sein können.

Die weiteste Verbreitung hat das stationäre Kommissionieren mit dynamischer Bereitstellung bisher in Form der *Automatischen Kleinbehälter-Lagersysteme* (AKL) (s. Abschn. C 2.2.8) gefunden, deren Bereitstellkosten im Vergleich zu den eingesparten Wegekosten besonders niedrig sind. Für das Kommissionieren von Palette auf Palette ist die dynamische Bereitstellung wegen der hohen Bereitstellkosten und der vielen Restriktionen nur in wenigen Fällen wirtschaftlich.

C 2.3.3.4 Inverses Kommissionieren mit dynamischer Bereitstellung

Beim inversen Kommissionieren haben die Auftragsbehälter für die Dauer der Befüllung einen festen Ort. Der Greifvorgang findet am Auftragsablageplatz statt. Die Kommissionierer kommen mit den Bereitstelleinheiten zu den Auftragsplätzen. Die Warenbereitstellung ist also wie beim stationären Kommissionieren *dynamisch*.

Die Auftragsablageplätze mit den Sammelbehältern, Paletten oder Versandbehältern sind – wie für ein Beispiel in Bild C 2.3-4 dargestellt – nebeneinander auf dem Boden oder auf einem geeigneten Gestell *platzsparend* und *wegoptimal* angeordnet. Die Kommissionierer holen die Bereitstelleinheiten von einem Bereitstellplatz, der von einer Fördertechnik aus dem Lager versorgt wird, bewegen sich zu den angegebenen Auftragsplätzen, entnehmen die geforderten Warenmengen und legen sie in die Auftragsbehälter. In den Bereitstelleinheiten verbleibende Restmengen werden für die nächste Auftragsserie verwendet oder wieder eingelagert.

Das inverse Kommissionieren bietet folgende *Vorteile*:
- kurze Wege bei geringer Anzahl gleichzeitig bedienter Aufträge,
- hohe Leistung der Kommissionierer,
- hohe Flexibilität bei Sortimentsveränderungen,

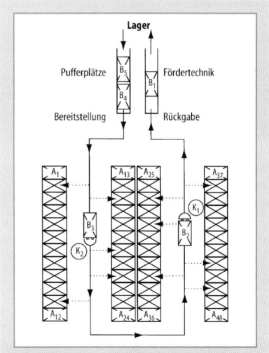

Bild C 2.3-4 Inverses Kommissionieren mit dynamischer Bereitstellung (Kommissionierkreisel für Palettenware) (Bezeichnungen s. Bild C 2.3-1)

- integriertes Bereitstellungs- und Reservelager,
- keine Probleme beim erschöpfenden Griff,
- leichte Entsorgung der geleerten Ladehilfsmittel,
- Anordnungsmöglichkeit der Auftragssammelplätze nahe dem Versand,
- direkte Ablage der Warenstücke in die Versandeinheit,
- einfache Organisation des Kommissionierbereichs.

Die wesentlichen *Nachteile* des inversen Kommissionierens sind:
- hoher Aufwand für die Auslagerung und Rücklagerung der Bereitstelleinheiten,
- Batchbearbeitung mit entsprechend aufwendiger Organisation,
- relativ lange Auftragsdurchlaufzeiten.

Besonders geeignet ist das inverse Kommissionieren bei einer begrenzten Anzahl von Aufträgen mit wenigen Positionen, die möglichst gleiche Artikel betreffen und große Mengen anfordern, und bei einem relativ breiten Sortiment von deutlich mehr als 1000 Artikeln mit ausgeprägter ABC-Verteilung. Eine weitere Voraussetzung ist die gleichmäßig hohe Leistungsanforderung während des gesamten Jahres.

Das inverse Kommissionieren von Paletten auf Paletten oder in Rolltürme mit Versandbehältern wird in den Logistikzentren des *Handels* für die Nachschubversorgung der Verkaufsfilialen, insbesondere für das *Kommissionieren von Aktionsware*, eingesetzt. Auch für das Zusammenstellen der Versandmengen aus täglich angelieferten artikelreinen Paletten in bestandslosen Umschlagpunkten mit *Transshipment* eignet sich das inverse Kommissionieren [Gud99].

C 2.3.3.5 Mobiles Kommissionieren mit statischer Bereitstellung

Beim mobilen Kommissionieren mit statischer Bereitstellung sind die Zugriffsplätze mit den Bereitstelleinheiten und die Auftragsablageplätze mit den Auftragsbehältern stationär angeordnet. Zwischen diesen Plätzen bewegt sich der Kommissionierer oder verfährt das Kommissioniergerät. Es entnimmt die Warenmenge für einen oder mehrere Aufträge und legt sie in die Sammelbehälter. Nach der Füllung wird der Sammelbehälter in die Packerei oder den Versand befördert und ein leerer Sammelbehälter aufgestellt.

Dieses Kommissionierverfahren eignet sich v. a. für das *mechanische Kommissionieren* mit einem verfahrbaren *Kommissionierroboter*, einem *Portalroboter* oder einem *Lagenpalettierer*. Der Einsatz von Robotern ist jedoch beschränkt auf das Kommissionieren formstabiler, kubischer oder zylindrischer Standardgebinde mit nicht zu unterschiedlichen Abmessungen.

C 2.3.4 Kommissioniertechnik

Die einzelnen Komponenten eines Kommissioniersystems lassen sich technisch unterschiedlich ausgestalten. Die Kombination der *technischen Alternativen* für
- *Bereitstellung* der Zugriffsmengen: *statisch* oder *dynamisch*,
- *Fortbewegung* des Kommissionierers: *eindimensional* oder *zweidimensional*,
- *Entnahme* der Ware: *manuell* oder *mechanisch*,
- *Abgabe* der Auftragsmengen: *zentral* oder *dezentral*

führt zu einer *Klassifizierung der Kommissioniersysteme* mit 16 verschiedenen Grundsystemen (s. VDI 3590 und [Gud73]). Die Gestaltungsmöglichkeiten und Ausführungsvarianten der Kommissioniertechnik sind sehr vielfältig. In Kombination mit den zuvor dargestellten Kommissionierverfahren ergeben sich weit über 1000 unterschiedliche Kommissioniersysteme, von denen jedoch weniger als 50 praktische Bedeutung haben.

C 2.3.4.1 Bereitstellung

Für die *Gestaltung* der Bereitstellplätze gibt es folgende Möglichkeiten:
- Der *Ort der Bereitstelleinheit* befindet sich *statisch* an einem festen Platz (s. Bilder C 2.3-1 und C 2.3-2) oder verändert sich *dynamisch* (s. Bilder C 2.3-3 und C 2.3-4).
- Die stationären *Bereitstellplätze* sind *eindimensional* nebeneinander oder *zweidimensional* neben- und übereinander angeordnet.
- Die *Beschickung* erfolgt *räumlich kombiniert* von der Entnahmeseite (s. Bild C 2.3-1) oder *räumlich getrennt* von der Rückseite der Bereitstellplätze (s. Bild C 2.3-2).

C 2.3.4.2 Fortbewegung

Für die Bewegung der Kommissionierer zu den Bereitstellplätzen bestehen folgende Möglichkeiten:
- Der Kommissionierer geht *zu Fuß* mit einem *Handwagen* zur Aufnahme der Ware von Platz zu Platz.
- Der Kommissionierer *fährt* ebenerdig mit einem *Horizontalkommissioniergerät* oder mit einem speziellen *Pick-Mobil* zu den Bereitstellplätzen.
- Der Kommissionierer fährt auf einem *Vertikalkommissioniergerät*, das sich in einer *additiven Fahr- und Hubbewegung* horizontal und vertikal fortbewegt.

– Der Kommissionierer befindet sich auf einem *Regalbediengerät*, das sich in einer *simultanen Fahr- und Hubbewegung* horizontal *und* vertikal fortbewegen kann.

In den ersten drei Fällen ist die *Fortbewegung* des Kommissionierers *eindimensional*, im letzten Fall *zweidimensional*. Die zweidimensionale *Fortbewegung* kann bei einer geringen Anzahl von Entnahmeorten in einer großen Zugriffsfläche gegenüber der eindimensionalen Fortbewegung zu *Wegzeiteinsparungen* führen. Der wesentliche Vorteil der Kommissionierung von einem Regalbediengerät aber besteht in der *kompakten Bauweise* des Kommissioniersystems, die durch *Nutzung der Raumhöhe* und *schmale Bedienungsgassen* erreichbar ist.

C 2.3.4.3 Entnahme

Für die Entnahme, die wegen der damit verbundenen *Vereinzelung* der schwierigste Teil des Greifvorgangs ist, bestehen folgende technische Möglichkeiten:
– Der Greifvorgang wird von einem Menschen rein *manuell* ausgeführt.
– Der Greifvorgang wird vom Menschen mit einer *mechanischen* Greifhilfe durchgeführt.
– Der Greifvorgang wird *automatisch* von einem *Greifroboter*, einem *Lagenkommissioniergerät* oder einem *Kommissionierautomaten* durchgeführt.
– Die in einem *Durchlaufkanal* oder *Durchlaufschacht* bereitgestellten Entnahmeeinheiten werden von *Abzugsvorrichtung* herausgezogen.

Beim *manuellen* oder *mechanischen Kommissionieren* sind die *ergonomische Gestaltung* des Greifplatzes, die *Abmessungen* des Zugriff- und Ablageraums sowie der *Abstand* und der *Winkel* zwischen Entnahme- und Ablageort entscheidend für das rationale Greifen.

Voraussetzungen für das automatische Kommissionieren ohne Mitwirkung des Menschen sind eine *hinreichende Gleichartigkeit*, eine *regelmäßige Form* und eine *geeignete Oberflächenbeschaffenheit* der Entnahmeeinheiten. Außerdem müssen die Entnahmeeinheiten entweder einzeln oder mit einer gleichbleibenden Stapelung bereitgestellt werden.

C 2.3.4.4 Ablage

Für die Lage des *Abgabeortes*, für die *Ablageform* sowie für die Gestaltung der Sammelbehälter und des Abfördersystems gibt es folgende Möglichkeiten:
– Der *Abgabeort* für die entnommenen Warenmengen ist eine *zentrale Basisstation* (s. Bilder C 2.3-1 und C 2.3-6) oder ein *dezentraler Abgabeplatz* (s. Bild C 2.3-2).

– Die *Ablageform* können lose Warenstücke und Gebinde *ohne Behälter* sein oder spezielle *interne Sammelbehälter* oder aber die *externen Versandeinheiten*.
– Zur *Abförderung* der Ablageeinheiten kann ein *Kommissionierwagen*, das *Kommissioniergerät* oder ein *gesondertes Fördersystem* eingesetzt werden.

Die *Abgabe* der Entnahmemengen *ohne Behälter* direkt auf ein Fördersystem, das an den Pickort herangeführt ist, hat den Vorteil, dass Menge und Anzahl der Entnahmen nicht durch das Fassungsvermögen eines Behälters begrenzt sind. Dadurch ist ein *kontinuierliches Arbeiten* des Kommissionierers möglich. Unter der Voraussetzung, dass die Kommissioniereinheiten förderfähig sind, lässt sich dieser Vorteil v. a. in der ersten Stufe des *zweistufigen Kommissionierens* nutzen.

Bei *Abgabe* der entnommenen Ware *in einen Behälter* können gleichzeitig mehrere Auftragspaletten oder mehrere Sammelbehälter in einem *Wabengestell* oder einer *Schrankpalette* zu- und abgeführt werden, wenn das Kommissioniergerät ein ausreichendes Aufnahmevermögen hat. Auf diese Weise ist das *einstufige Kommissionieren* von *kleineren Auftragsserien* möglich.

Der Einsatz *interner Sammelbehälter* hat ein doppeltes Handling der Warenstücke oder Gebinde zur Folge, einmal am Pick-Platz und danach in der Packerei oder im Versand. Das zweifache Handling lässt sich mit dem *Pick & Pack-Prinzip* vermeiden, nach dem die kommissionierte Ware am Pick-Platz in die *Versandeinheit* – in den Versandbehälter, auf die Versandpalette oder in den Versandkarton – abgelegt wird.

C 2.3.4.5 Packerei und Auftragszusammenführung

Der Kommissionierprozess endet mit der Bereitstellung der versandbereit oder abholfähig zusammengestellten Auftragsmengen. Wenn nicht nach dem Pick & Pack-Prinzip gearbeitet wird, muss die unverpackte Ware nach dem Kommissionieren in der Packerei versandfertig gemacht und anschließend mit der bereits verpackt entnommenen Ware auf einem *Auftragssammelplatz* zusammengeführt werden.

Der Kommissionierbereich und die Packerei können fördertechnisch *direkt verbunden* sein oder durch das Zwischenschalten eines *stationären* oder *dynamischen Puffers* voneinander *entkoppelt* werden. Bei einer direkten Verbindung und bei einem stationärem Puffer wird die Anzahl gleichzeitig kommissionierter Aufträge, also die *Batchgröße* einer Auftragsserie, von der Anzahl der *Zielstationen* begrenzt, die zur Aufnahme der fertig kommissionierten Ware zur Verfügung stehen. Bei direkter

Verbindung ist die Anzahl der Zielstationen gleich der Gesamtzahl der Zuführstrecken zu den Packplätzen, bei einem vorgeschalteten statischen Puffer wie einem *Sortierspeicher* gleich der Anzahl der Staubahnen.

C 2.3.4.6 Kommissioniersteuerung

Aufgaben der Kommissioniersteuerung sind das *Auslösen*, *Steuern*, *Optimieren* und *Kontrollieren* der Prozesse in einem Kommissioniersystem. Die Kommissioniersteuerung wird entweder von *Aufsichtspersonen* übernommen, die durch ein Warenwirtschafts- oder Auftragsabwicklungssystem und die Steuerungstechnik der Geräte und Fördersysteme unterstützt werden, oder weitgehend autark von einem *Lagerverwaltungssystem* (LVS) oder einem *Kommissionierleitsystem* (KLS) ausgeführt, das die benötigten Informationen von über- und untergeordneten Systemen und externen Eingabestellen erhält (s. Kap. C 4).

Die Kommissioniersteuerung kann auch in ein *Warenwirtschaftssystem* (WWS) oder *Auftragsabwicklungssystem* (AAWS) integriert sein oder von einem *Staplerleitsystem* (SLS) übernommen werden, das um die Funktionen der *Platzverwaltung* und *Informationsanzeige* erweitert ist. Mit einem Lagerverwaltungs- und Auftragsabwicklungssystem, das zugleich die Lagersteuerung und Lagerplatzverwaltung übernimmt, reduziert sich die Tätigkeit der Lagerleitung auf die *Personalführung* und die *Überwachung* der *Leistung* und *Qualität* aus einem *zentralen Leitstand*.

Damit der Kommissionierer seine Arbeit durchführen kann, müssen ihm der nächste Zugriffsplatz, die angeforderten Artikel, die Entnahmemengen und der Ablageort bekannt gegeben oder angezeigt werden. Lösungsmöglichkeiten sind
- *Information mit Beleg* in Form von *Kommissionierlisten* oder *Auftragsbelegen*;
- *Information ohne Beleg* über geeignete optische oder akustische Anzeigen („pick by light" und „pick by voice").

Beim *beleglosen Kommissionieren* kann die Anzeige entweder *stationär* an den Bereitstellplätzen angebracht oder als *mobiles* Anzeigeterminal auf dem Kommissioniergerät mitfahren. Eine stationäre Anzeige, das sog. *pick by light*, ist einsetzbar in Kommissionierarbeitsbereichen mit begrenzter Ausdehnung.

C 2.3.5 Kombinierte Kommissioniersysteme

Bei großem Durchsatz, inhomogenem Sortiment und hohen Artikelbeständen ist es erforderlich, mehrere elementare Kommissioniersysteme *parallel* und *nacheinander* zu installieren, die nach gleichen oder unterschiedlichen Verfahren und Techniken arbeiten. Die elementaren Kommissioniersysteme werden durch Fördertechnik und Informationssysteme zu einem *komplexen Netzwerk* von Lager- und Kommissioniersystemen verknüpft. Je unterschiedlicher die Warenbeschaffenheit, der Durchsatz und die Bestände des Sortiments sind, umso mehr *parallele* Lager- und Kommissioniersysteme sind erforderlich. Je größer der Durchsatz und die Bestände, je kleinvolumiger die Entnahmeeinheiten und je unterschiedlicher die externen Aufträge sind, umso geeigneter sind *mehrstufige* Lager- und Kommissioniersysteme.

C 2.3.5.1 Parallele Kommissioniersysteme

Für Sortimente mit *vielen gleichartigen Artikeln* ist es sinnvoll, ein großes Elementarsystem organisatorisch und auch räumlich in mehrere *Kommissionierzonen* aufzuteilen, die alle nach dem gleichen Verfahren arbeiten (s. Bild C 2.3-5). Wenn die Artikel von *unterschiedlicher Beschaffenheit* sind oder sich in der *Gängigkeit* stark unterscheiden, ist es sinnvoll, das Sortiment in Gruppen ähnlicher Beschaffenheit aufzuteilen und für jede dieser Artikelgruppen ein spezielles Kommissioniersystem zu schaffen. Eine typische Aufteilung dieser Art ist das Kommissionieren von
- *Kleinteilen* oder *Kleinmengen* aus *Fachböden* oder in einem *Kleinbehältersystem*,
- *Großteilen* oder *Großmengen* in einem *Palettensystem*,
- *Schwergut*, *Sperrigteilen* oder *Sonderware* in *Spezialsystemen*.

Für alle Artikel, die wegen ihrer Beschaffenheit oder auf Grund *sachlicher Zuweisungskriterien* nicht in genau ein Kommissioniersystem passen, besteht bei parallelen Kommissioniersystemen die Optimierungsmöglichkeit der *durchsatzabhängigen Systemzuweisung*. So sollten Artikel mit geringem Volumendurchsatz in einem Fachboden- oder Behältersystem und Artikel mit großem Volumendurchsatz in einem Palettensystem kommissioniert werden.

C 2.3.5.2 Zweistufige Kommissioniersysteme

Beim zweistufigen Kommissionieren sind zwei Kommissioniersysteme oder ein Kommissioniersystem und ein Sortiersystem hintereinander geschaltet. In der *ersten Kommissionierstufe* werden die Bedarfsmengen für mehrere externe Aufträge, die zu einem *Batch-* oder *Serienauftrag* zusammengefasst sind, *artikelbezogen* entnommen. In der *zweiten Kommissionierstufe* werden die Entnahmemengen der ersten Stufe *auftragsbezogen* kommissioniert oder sortiert.

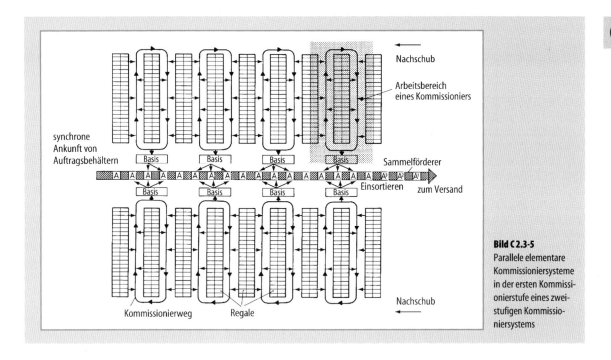

Bild C 2.3-5
Parallele elementare Kommissioniersysteme in der ersten Kommissionierstufe eines zweistufigen Kommissioniersystems

Die Kommissioniersysteme der ersten Stufe können – wie in Bild C 2.3-5 dargestellt – mehrere parallele konventionelle Kommissioniersysteme mit statischer Bereitstellung sein oder ein stationäres Kommissioniersystem mit dynamischer Bereitstellung (s. Bild C 2.3-2).

Das Kommissionieren der zweiten Stufe wird von einem *Sammelfördersystem* oder einem *Hochleistungssorter* (s. Abschn. C 2.4) ausgeführt, der die Warenstücke auf *Sammelplätze* verteilt, wo sie verpackt oder auf Versandpaletten gestapelt werden.

Durch das zweistufige Kommissionieren lassen sich bei statischer Bereitstellung in der ersten Stufe die anteiligen Weg-, Tot- und Basiszeiten verkürzen, denn pro Rundfahrt werden mehr Artikel angefahren und pro Halt größere Mengen entnommen. Bei dynamischer Bereitstellung lassen sich in der ersten Stufe die Bereitstellungen und Rücklagerungen vermindern und die anteiligen Rüstzeiten reduzieren, da aus einer Bereitstelleinheit größere Mengen für mehrere externe Aufträge entnommen werden.

Das zweistufige Kommissionieren hat jedoch den *Nachteil*, dass jede Entnahmeeinheit zweimal in die Hand genommen wird. Außerdem müssen die Entnahmemengen aus dem ersten System in das zweite System transportiert und dort auf die Auftragssammelplätze verteilt werden. Ein weiterer Nachteil sind die längeren Auftragsdurchlaufzeiten. Die Nachteile der zweiten Kommissionierstufe können den Rationalisierungsgewinn der ersten Stufe weitgehend oder vollständig aufzehren.

Auch wenn alle Voraussetzungen für das zweistufige Kommissionieren wie im *Versandhandel* oder im *Pharmagroßhandel* erfüllt sind, kann die Frage, ob das einstufige oder das zweistufige Kommissionieren wirtschaftlicher ist, nur durch einen Vergleich der *effektiven Kommissionierkosten* entschieden werden, nachdem für beide Verfahren jeweils ein optimales Konzept erarbeitet wurde.

C 2.3.5.3 Stollenkommissionierlager

In einem Stollenkommissionierlager ist ein konventionelles Kommissioniersystem in ein Lager integriert. Wie in Bild C 2.3-6 dargestellt, ist ein Stollenkommissionierlager aus nebeneinander angeordneten *Gangmodulen* aufgebaut. Ein Gangmodul besteht aus einer *Nachschubgasse*, zwei *Regalscheiben* und seitlich davon auf mehreren Ebenen angeordneten *Kommissioniergängen*. Durch diese Anordnung entstehen tunnelartige *Kommissionierstollen*, die bis zu 3 m hoch und 50 m lang sein können.

In den Nachschubgassen verfahren mannbediente *Schmalgangstapler* oder automatische *Regalbediengeräte* zur Beschickung der Zugriffs- und Reserveplätze mit vollen *Paletten* oder *Behältern*. In den davon räumlich getrennten Kommissioniergängen arbeiten die Kommissio-

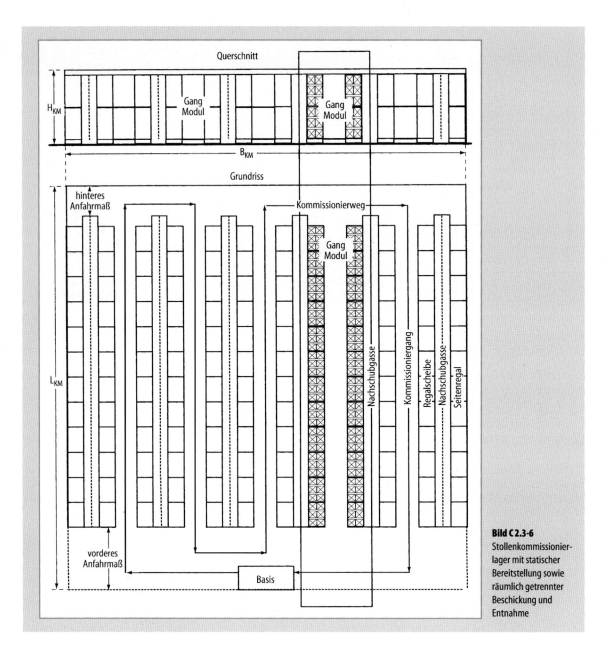

Bild C 2.3-6
Stollenkommissionierlager mit statischer Bereitstellung sowie räumlich getrennter Beschickung und Entnahme

nierer. Im *Zugriffsbereich* der Kommissionierer befinden sich die *Bereitstellplätze*, die auch *Durchlaufkanäle* sein können. Im darüber liegenden Regalbereich sind die Zugriffsreserven abgestellt.

Die Kommissionierer fahren jeweils in einer Ebene mit einem *Handwagen*, in einem *Pick-Mobil* oder auf einem *Horizontalkommissioniergerät* nach den Vorgaben eines Pick-Belegs oder einer mobilen Anzeige zu den Pick-Plätzen an beiden Seiten der Kommissionierstollen, entnehmen die angewiesenen Artikelmengen und beenden ihre *Rundfahrt* wieder an einer Basis, wo sie die gefüllten Sammelbehälter oder Versandpaletten abgeben. Von dort werden die vollen Behälter und Paletten von einem Transportsystem zur Auftragssammelstelle in den Versand gebracht.

Stollenkommissionierlager haben sich nach vielen Anfangsschwierigkeiten erst mit einer geeigneten Organisation in einigen Handelslagern recht gut bewährt. Sie sind jedoch meist nur für einen Teil des Sortiments geeignet.

C 2.3.6 Planung von Kommissioniersystemen

Das Kommissionieren ist ein Teilprozess der innerbetrieblichen Logistik. Entsprechend ist die Planung der Kommissioniersysteme nur in enger Abstimmung mit der Planung der Lager, des Wareneingangs, des Warenausgangs und der übrigen Funktionsbereiche eines Logistikbetriebs möglich. Da das Kommissionieren i. d. R. den größten Aufwand verursacht und die meisten Handlungsmöglichkeiten bietet, ist es ratsam, zuerst das Kommissioniersystem zu planen und dann die Lager und die übrigen Funktionsbereiche.

Die *Systemplanung* zur Auswahl und Dimensionierung eines Kommissioniersystems wird zweckmäßig in folgenden *Arbeitsschritten* durchgeführt [Gud99]:
1 Ermittlung der *Anforderungen*, *Randbedingungen* und *Schnittstellen*.
2 *Segmentierung* des Artikelsortiments in *Sortimentsklassen* mit ähnlicher *Beschaffenheit*, *Gängigkeit* und *Volumendurchsatz*.
3 *Analyse* und *Clusterung* der externen Kommissionieraufträge in *Auftragsklassen*.
4 *Vorauswahl* der Kommissionierverfahren, Elementarsysteme, Kombinationsmöglichkeiten und Betriebsstrategien für die verschiedenen Sortimentsklassen.
5 *Systementwurf* mit technischer Konzeption von Beschickung, Bereitstellung, Regalmodulen, Geräten, Fördertechnik und Informationstechnik.
6 *Statische Dimensionierung* des Bereitstellbereichs unter Nutzung der freien Gestaltungsparameter und geeigneter Belegungsstrategien.
7 *Dynamische Dimensionierung* der Kommissioniersysteme mit Berechnung und Optimierung der erforderlichen Kommissionierer, Geräte und Fördertechnik unter Nutzung von geeigneten Bearbeitungs-, Bewegungs- und Nachschubstrategien.
8 *Konzeption der Kommissioniersteuerung*, der Datenströme sowie der Informations- und Kommunikationsprozesse.
9 *Kalkulation der Investition, Betriebskosten* und effektiven *Kommissionierkosten*.
10 *Auswahl der kostenoptimalen Kommissioniersysteme* für die Sortimentsklassen unter Berücksichtigung der vor- und nachgeschalteten Funktionsbereiche.

Die zur Lösung der konkreten Anforderungen grundsätzlich geeigneten Kommissioniersysteme lassen sich in einem *mathematischen Modell* auf einem Rechner abbilden, dimensionieren und optimieren. Mit Hilfe analytischer Formeln berechnet das Programm das Leistungsvermögen, den Personal- und Gerätebedarf, den Investitionsaufwand und die *Kommissionierkosten*. Damit lassen sich die Leistungs- und Kostenkennzahlen unterschiedlicher Lösungen miteinander vergleichen und durch Variation der freien Handlungsparameter optimieren [Gud99].

Literatur

[Arn02] Arnold, D.: Materialfluss in Logistiksystemen. Berlin: Springer 2002
[Gud73] Gudehus, T.: Grundlagen der Kommissioniertechnik. Essen: Giradet 1973
[Gud99] Gudehus, T.: Logistik, Grundlagen Strategien Anwendungen. Berlin: Springer 1999
[Mar95] Martin, H.: Transport- und Lagerlogistik. Braunschweig: Vieweg 1995
[Vog93] Vogt, G.: Kommissionier-Handbuch. Sonderpubl. Z. Materialfluß. Landsberg: Verl. moderne Ind. 1993

Richtlinie
VDI 3590: Kommissioniersysteme. Bl. 1, 2, 3 (1994, 1976, 1977)

C 2.3.7 Geräte zur Kommissionierung und zum Nachschub

Das Kommissionieren gehört zu den wichtigsten Prozessen im Lager. Zur Realisierung der geforderten Leistungsfähigkeit werden sehr unterschiedliche Geräte eingesetzt.

Kommissioniergeräte gewährleisten die Bewegung des Kommissionierers, den Transport der Kommissionierware sowie die Anpassung der Steh- und Greifhöhe bei dem Entnahmeprozess. Zum Teil können diese Geräte auch zum Wiederbestücken der Bereitstellungsplätze (Nachschub) bzw. zur Entsorgung der leeren abkommissionierten Ladehilfsmittel verwendet werden.

Hohe Wirtschaftlichkeit und Sicherheit charakterisieren alle Fahrzeuge. Die ergonomische Gestaltung dieser mobilen Arbeitsplätze spielt bei der Entwicklung von bemannten Geräten eine große Rolle. Fahrzeug-Arbeitsplätze erfordern niedrige Einstiegshöhen, griffgünstige Anordnung der Bedienelemente sowie gute Sicht auf die Gabelspitzen.

Als Lastaufnahmemittel kommen (starre) Gabelzinken (für Paletten und Gitterboxen), Rollen-Tische (für Tablare, Behälter oder Kartons) z. T. mit Freihub zur Anpassung der Arbeitshöhe beim Kommissionieren zum Einsatz.

Die Steuerung des Kommissionierers erfolgt zunehmend über eine Funkanbindung an ein übergeordnetes EDV-System. Die Kommissionierdaten werden dem Kommissionierer auf einem Fahrzeugbildschirm angezeigt. Mit Hilfe von Barcode- oder RFID-Lesegeräten können die Bereitstellungsplätze und die Kommissionierware identifiziert werden.

C 2.3.7.1 Geräte für manuelle Entnahme und statische Bereitstellung (Mann zur Ware)

Die manuell gesteuerten Kommissioniergeräte arbeiten nach dem Prinzip „Mann zur Ware". Mit denen bewegt sich der Bediener zu den Bereitstellplätzen, an denen die Ware manuell entnommen wird.

Zum Einsatz kommen batteriebetriebene (24/48/80 V) Elektro-Flurförderzeuge (FFZ), je nach Wendigkeit bzw. Nutzlast mit Drei- oder Vierradchassis. Die Geräte sind frei verfahrbar in der Lagervorzone und im Regal-(Breit)Gang mit Sicherheitsabständen (SA) zwischen Regal und Gerät von beidseitig mindestens 500 mm. Im so genannten „Schmalgang" (SA < 2×500 mm) werden die Geräte entweder mechanisch geführt mit seitlichen Rollen an Bodenschienen (SA = 2×50 mm) oder induktiv über einen Leitdraht im Boden (SA = 2×75 mm).

Bei Einfahrt in den Regalgang schalten Bodenmagnete oder RFID-Transponder über eine „Gangerkennung" die Gerätefunktionen automatisch auf die im Gang maximal zulässigen Werte der Fahr-, Hub- bzw. Diagonalbewegungen (Fahren und Heben gleichzeitig) um. Zur Gangendsicherung werden alle Geräte über Bodenmagnete und Impulsschalter auf dem Gerät automatisch gestoppt bzw. zur Gangausfahrt auf Schleichgang geschaltet.

Gängige Gerätetypen sind:
- *Horizontalkommissionier-Fahrzeug* (Bild C 2.3-7) mit Bedienplattform bzw. Fahrerstand ohne Vertikalhub und Lastgabeln (z. T. mit Freihub, z. B. 250 mm). Nutzlast: bis ca. 2500 kg, Greifhöhen: bis ca. 2,5 m, Einsatz für hohen Durchsatz,
- *Vertikalkommissionier-Fahrzeug* mit hebbarer Kabine und Lastaufnahmemittel (mit/ohne Freihub) entsprechend Ladeeinheiten und Kommissionieraufgabe (z. B. begehbarer, über Geländer abgesicherter Lastaufnahme bei Großpaletten). Nutzlast: bis ca. 1500 kg, Hubhöhe: bis ca. 10 m, Greifhöhe plus 1600 mm, Einsatz für mittleren Durchsatz,
- *Kommissionier-Dreiseitenstapler* (Bild C 2.3-8): kombiniertes Flurförderzeug zum Kommissionieren sowie Ein- und Auslagern kompletter Ladeeinheiten (z. B. Paletten). Durch die hebbare Kabine ist die Bedienperson immer auf Blickhöhe der Last. Die Lastaufnahme erfolgt mit einer (Dreiseiten-)Schwenkschubgabel direkt vom Boden oder mit beidseitig ausfahrbaren Teleskopgabeln (unteres Anfahrmaß 180 mm). Mit dem Freihub kann beim Stapeln die volle Regalhöhe genutzt bzw. beim Kommissionieren die ergonomisch günstigste Arbeitshöhe gewählt werden. Ausführung mit Doppel- bzw. Dreifach-Teleskopmast für niedrige Bauhöhen. Antriebe meist in Drehstrom (AC-)Technik mit Energierückgewinnung. Nutzlasten bis 2000 kg, Hub- und Greifhöhen bis 15 m. Einsatz für mittleren Durchsatz, breites Sortiment,
- *Kommissionier-Regalfahrzeug*: bemanntes schienengeführtes System, welches den Kommissionierer automa-

Bild C 2.3-7
Horizontalkommissionier-Fahrzeug
(Jungheinrich AG, Hamburg)

tisch an die gewünschte Pick-Position bringt. Unterschiedliche Lastaufnahmemittel können Behälter oder Paletten aufnehmen. Die Fahrerkabine und der optionale Palettenhubkorb können relativ zueinander verstellt werden, um die optimal ergonomische Pickposition zu gewährleisten. Nutzlast bis ca. 1000 kg, Bauhöhe bis ca. 7,5 m, Einsatz für mittleren Durchsatz von schweren Gütern (Verpackungseinheiten bis 35 kg),
- *Kommissionier-Hängebahn*: schienengeführtes, selbstfahrendes Kommissionierfahrzeug zum automatischen Transport von Pick-Paletten in die Kommissioniergänge, welche dort manuell kommissioniert werden. Integrierte Pick-by-Light Systeme führen die Kommissionierer zu den korrekten Entnahmepositionen. Monitore und Wiegesysteme reduzieren zusätzlich mögliche Kommissionierfehler.

C 2.3.7.2 Geräte für manuelle Entnahme und dynamische Bereitstellung (Ware zum Mann)

Die vollautomatisch gesteuerten Regalbediengeräte (RBG) arbeiten nach dem Prinzip „Ware zum Mann". Sie sind auf Boden- und an Deckenschienen beidseitig geführt, haben je nach Nutzlast, Bauhöhe und Kabinengröße ein oder zwei Maste, Seil-, Riemen- bzw. Kettenhubwerk und Ein- bzw. Zweiradfahrantrieb mit Stahl- bzw. Polyurethan (PU) Laufrädern (schwenkbar bei kurvengängigen, gangwechselnden RBG). Die Geräte entnehmen die Ladeeinheiten vom Lagerplatz und stellen sie den Kommissionierern zur Verfügung. Nach Beendigung des Entnahmeprozesses werden diese Einheiten wieder ins Lager transportiert. Unterschiedliche Ausführungen von Bediengeräten für Paletten- oder Kleinteilelager sind:
- *Paletten-Regalbediengerät (RBG)* (Bild C 2.3-9): Ein- oder Zweimast-Ausführung mit unterschiedlichen Lastaufnahmemitteln (z. B. Teleskopgabeln) für ein- oder mehrfachtiefe Lagerung, Geräte mit höherer Dynamik manipulieren Nutzlasten von bis zu 1250 kg bis zu einer Hubhöhe von 20 m, Ausführungen für Nutzlasten bis zu 4000 kg erreichen Hubhöhen von bis zu 40 m, auch für sperrige bzw. schwere Artikel auf Paletten,
- *Behälter-Regalbediengerät (RBG*
  - in Ein- oder Zweimast-Ausführung*)* kommen die Geräte in Automatischen Kleinteilelager (AKL) mit unterschiedlichen Lastaufnahmemitteln (LAM) zum Einsatz. Ein automatischer Greifer (u. a. mit Teleskoptechnik, Vakuumgreifer, Gripptechnik) manipuliert

Bild C 2.3-8 Kommissionier-Dreiseitenstapler (Jungheinrich AG, Hamburg)

Bild C 2.3-9 Paletten-Regalbediengerät (TGW Transportgeräte GmbH, Wels/A)

Behälter, Kartons oder Tablare auch unterschiedlicher Größen und Gewichte automatisch in den Regalen zu beiden Seiten des Gerätes ein- oder mehrfachtief. Ein RBG kann mit mehreren LAM ausgestattet werden, wodurch der Durchsatz während einer Spielfahrt erhöht wird. Während einer Spielfahrt übernimmt das RBG mit dem LAM die Ladeeinheiten von einer stationären Fördertechnik und bringt diese an die dafür vorgesehenen Einlagerpositionen (zumeist chaotische Lagerung). Das somit frei gewordene LAM kann dann eine auszulagernde Ladeeinheit übernehmen und wieder an die stationäre Fördertechnik abgeben (Doppelspiel). Regalbediengeräte im AKL bauen bis zu einer Bauhöhe von ca. 20 m und manipulieren dabei Nutzlasten von bis zu 300 kg,

- in integrierter Bauweise) mit Hubbalkenausführung mit Lastaufnahmemittel (Bild C 2.3-10), dient der automatischen Ein- und Auslagerung von Ladehilfsmitteln in einem mit dem Gerät verbundenen Hochregal bzw. Durchlaufregal, Nutzlast bis ca. 100 kg, Bauhöhe bis ca. 12 m, Einsatz für mittleren Durchsatz,
- in Horizontal-Karussell Ausführung als vollautomatisches Lager, bei dem Blech-Tablare zu einem umlaufenden Band in mehreren Ebenen übereinander angeordnet werden, die Ebenen werden für die Beschickung oder Entnahme über Senkrechtförderer verbunden, Einsatz speziell für hohe Kommissionierleistungen bis 35 kg,
- als Shuttlesystem: Bedienung von Behälterregalen mit mehreren gassengebundenen Fahrzeugen übereinander, die bis zu vier Behälter gleichzeitig mittels einer speziellen Ziehvorrichtung dem Regal entnehmen und einlagern können.

Eine Anbindung an unterschiedliche Kommissionierplatzvarianten wird durch Fördertechnik sichergestellt.

C 2.3.7.3 Geräte bei automatischer Entnahme

- *Schachtautomat* (Bild C 2.3-11) besitzt vertikale bzw. geneigte Warenschächte für Kleinpackungen mit fest vorbestimmter Geometrie und Abmaßen, die zu beiden Seiten eines Bandförderers mit zeitlich getakteten Auswurf der Artikel einen vorbeilaufenden Auftragsbehälter bzw. das Auftragssegment des Bandes beschicken. Die Beschickung erfolgt von Hand (z. B. aus seitlichen Nachschubregalen). Einsatz für höchsten Durchsatz u. a. Schnell- und Mitteldreher der Pharma-Branche,

Bild C2.3-10 Behälter-Regalbediengerät (TGW Transportgeräte GmbH, Wels/A)

Bild C 2.3-11 Schachtautomat (TGW Transportgeräte GmbH, Wels/A)

- *Stationärer Kommissionierroboter* in Portalbauweise (Portalroboter) mit drei linearen Achsen oder in Knickarmbauweise mit freien Bewegungen im Raum (i. Allg. drei Längs- und drei Rotationsachsen) mit automatischer (sensor-)adaptiv geregelter Greifeinrichtung. Das Artikelspektrum, d. h. Formstabilität, Gewicht, Abmessungen der Kommissionierware und Aufgaben, bestimmt die jeweilige Greiftechnik (z. B. taktile Vakuumgreifer (leicht, flexibel, schnell, kostengünstig) oder Klemmgreifer (vertikal/horizontal greifend oder pneumatisch/hydraulisch/elektromagnetisch betätigt) mit optischen Sensoren (z. B. Lichttaster zur (Karton-)Kantenerkennung bzw. mit Bilderkennung). Für erhöhten Durchsatz kommen auch Mehrfachgreifer zum Einsatz,
- *Mobiler Kommissionierroboter* kann sich horizontal oder auch vertikal bewegen und selbstständig greifen:
  - *Verfahrwagen/FTS mit Kommissionierroboter* Schienengeführter Verfahrwagen mit Höhenverstellung zur Bedienung mehrerer Regalebenen bzw. fahrerloses Transportsystem mit Roboterarm und Greifer für Einzelstücke (z. B. Behälter oder Kartons),
  - *RBG-Kommissionierroboter* an Boden- und Deckenschienen geführter Mast mit kleiner Masse, dynamischen Fahr- und Hubantrieben, automatischem Greifer für Einzelstücke und Sammelmagazin für mehrere Aufträge.

C 2.3.7.4 Trends in der Kommissioniergeräte-Technik

Die stärkere Endkundenorientierung führt zusammen mit der Reduzierung von Beständen zu immer kleineren Sendungsgrößen bei Zunahme der Lieferfrequenz. Diese zunehmende „Atomisierung" führt mit dem steigenden Artikelspektrum zu einem steigenden Bedarf an effizienten Geräten zur Kommissionierung.

Die kurzen Reaktionszeiten von Bestelleingang bis zur Auslieferung der Waren erfordern immer leistungsfähigere Geräte mit hohen Pick-Raten. Der Einsatz von Drehstrom-Technologie sowie die integrierte Online-Anbindung der Bediener sind Beispiele zur weiteren Fahrdynamik- und Effizienzsteigerung.

Die hohe Flexibilität und die niedrigen Investitionskosten von manuellen Kommissionier-Systemen werden auch weiterhin von hoher Bedeutung bleiben.

Das steigende Lohnniveau in den hoch industrialisierten Ländern verstärkt den Trend zu automatisierten Lösungen. Diese werden zukünftig dort eingesetzt werden, wo kontinuierliche Aufgabenstellungen mit hohen Umschlagsleistungen vorliegen. Dabei ist zu berücksichtigen, dass auch (teil-)automatisierte Systeme immer flexibler eingesetzt werden können.

C 2.4 Sortier- und Verteilsysteme

C 2.4.1 Einleitung

Nach Richtlinie VDI 3619 sind Stückgutsortiersysteme Anlagen bzw. Einrichtungen zum
- Identifizieren von in ungeordneter Reihenfolge ankommendem Stückgut auf Grund vorgegebener Unterscheidungsmerkmale und zum
- Verteilen auf Ziele, die nach den jeweiligen Erfordernissen festgelegt werden.

Ein Sortiersystem kann funktional folgendermaßen beschrieben werden: Über eine oder mehrere Zuführungen wird das zu sortierende Stückgut ungeordnet in das System eingegeben. Während des Sortierprozesses wird es nach bestimmten Kriterien sortiert und verlässt das System geordnet an einer oder mehreren Ausschleusstellen.

Sortier- und Verteilsysteme werden in unterschiedlichen Branchen eingesetzt:
- Dienstleistungsunternehmen (z. B. Post- und Paketdienste, Flughäfen, Bahn),
- Handelsunternehmen (z. B. Speditionen, Versandhandel, Lebensmittelverteilzentren, Unternehmen mit mehreren Filialen und zentraler Lagerhaltung),
- sonstige Unternehmen mit Kommissionierung.

Hier werden Auslegungskriterien und Technologien für Sortiersysteme erläutert. Manuelle Sortiertechniken kommen zwar heute an vielen Stellen zum Einsatz, sind von ihrer Durchsatzleistung her jedoch deutlich beschränkt.

Eine Sortieranlage besteht im Wesentlichen aus
- Transport- und Staueinrichtungen im Zuführbereich zum Sortierprozess,
- Vorsortiereinrichtungen (falls erforderlich),
- Einschleusstrecken,
- Codier- bzw. Identifikationssystemen,
- dem eigentlichen Sortierkreislauf,
- dem Ausschleusbereich mit den Endstellen des Sortierprozesses.

Zur Abgrenzung von Hochleistungssortiersystemen gegenüber einfacheren Technologien wird ein Systemdurchsatz $D > 4000$ Stück/h definiert.

C 2.4.2 Funktionen und mechanische Ausführungen

Grundsätzlich sind zentrale und dezentrale Sortiersysteme zu unterscheiden. Zentrale Systeme zeichnen sich dadurch aus, dass es einen zentralen Sortierkreislauf, einen oder

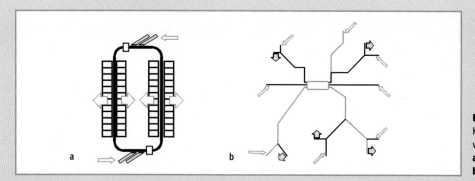

Bild C 2.4-1 Klassifizierung von Sortiersystemen. **a** zentral; **b** dezentral

mehrere Einschleusbereiche sowie einen oder mehrere Endstellenbereiche gibt (Bild C 2.4-1a). Dezentrale Sortiersysteme bestehen aus einem verzweigten Schienensystem mit Zusammenführungen und Weichen, auf dem Behälter unabhängig voneinander das Sortiergut von einem beliebigen Aufgabepunkt zu einem beliebigen Zielpunkt hin transportieren (Bild C 2.4-1b).

C 2.4.2.1 Zentrale Systeme

Bei zentralen Sortiersystemen kommt als Kern des Sortierprozesses ein Sortierkreislauf zum Einsatz, der nach folgenden Prinzipien arbeiten kann:
- *Diskreter Sorter.* Auf einem umlaufenden Strang sind diskrete Tragelemente angeordnet. Der geschlossene Kreislauf ist entweder horizontal oder vertikal umlaufend ausgeführt.
- *Kontinuierlicher Sorter.* Das Sortiergut wird auf das Obertrum eines vertikal umlaufenden Strangs eingeschleust. Die Länge des Sortierguts ist nicht durch die Länge der Tragelemente vorgegeben.

Im Folgenden werden einige Bauarten dieser Sortiersysteme exemplarisch vorgestellt.

Kippschalensorter

Bei dem in Bild C 2.4-2 dargestellten Kippschalenförderer (auch Tilt-Tray-Sorter genannt) handelt es sich um ein diskretes Sortiersystem. Bei diesem horizontal umlaufenden und damit kurvengängigen Förderer sind die Tragelemente – kippbare Schalen (auch Platten oder Tische genannt) – auf dem Zugelement (meistens einer Kette) montiert.

An den jeweiligen Zielstellen erfolgt das Ausschleusen des Fördergutes durch Aktivieren eines Tippers und dem damit verbundenen Lösen einer Arretierung. Dadurch

Bild C 2.4-2 Kippschalensorter (BEUMER Maschinenfabrik, Beckum)

wird die Schale in Kippstellung gebracht, das Fördergut rutscht seitlich, meist in eine Schurre, ab. Nach dem Abwurf werden die Schalen wieder in die waagerechte Position gebracht und die Arretierung fixiert.

Der patentierte 3D-Tilt-Tray-Sorter stellt eine Weiterentwicklung des Kippschalensorters dar.

Durch die besondere Konstruktion des Kippmechanismus wird das einfache seitliche Abkippen der Schale durch einen räumlich geführten Kippvorgang ersetzt. Dieses dreidimensionale Ausschleusen ermöglicht eine sehr viel höhere Zielstellendichte bei gleichbleibend hoher Fördergeschwindigkeit als sie bei der konventionellen Bauart realisierbar ist.

In Abhängigkeit von der Schalengröße ist der Tilt-Tray-Sorter für Stückgewichte von 0,2 bis 60 kg einsetzbar. Bei maximaler Geschwindigkeit von ca. 2,0 m/s und voller Auslastung lässt sich ein Systemdurchsatz je nach Schalenteilung von bis zu 14 400 Stück/h erreichen. Der Kippschalensorter eignet sich für ein sehr umfangreiches Spektrum: Von CDs, Videos, Kassetten und sonstigen Bild- und Tonträgern über das Versandhandelsspektrum bis hin zu Beuteln, Paketen und Koffern in höheren Gewichtsklassen lassen sich die meisten Gebinde sortieren. Nicht geeignet ist der Tilt-Tray-Sorter herkömmlicher Bauart für Sortiergut mit langen Strippen oder Seilen sowie für Artikel mit klebrigen Böden. Rollende Artikel können mit Sonderkonstruktionen durchaus gefördert werden.

Als Antriebseinheit wird bei diesem Sorter entweder ein Schneckenantrieb oder ein Linearmotor eingesetzt. Der Linearmotor hat sich auf Grund seiner berührungslosen und damit verschleißfreien Arbeitsweise als Standardantriebseinheit durchgesetzt. Hier gibt es unterschiedliche Ausführungsformen, entweder als Einzellinearmotor oder als Doppelkammmotor. Diese Antriebsarten sind für alle anderen diskreten Sortiersysteme auf Basis einer umlaufenden Kette ebenfalls einsetzbar.

Quergurtsorter

Hierbei sind die Schalen des Kippschalensorters durch einzelne, senkrecht zur Förderrichtung stehende, reversierbare, kurze Förderbänder ersetzt (Bild C 2.4-3). Bei der Auf- und Abgabe wird das anzusteuernde Förderband kurzzeitig bewegt, um das Stückgut positionsgenau ein- oder auszuschleusen.

Im ersten Entwicklungsstadium dieses Sorters war eine der beiden Umlenkrollen des senkrecht zur Förderrichtung stehenden Förderbandes starr mit einer Welle verbunden, die mit einer schneckenförmig umlaufenden Nut versehen war. An der jeweiligen Zielstelle wurde ein an der Gerüstkonstruktion befestigter Bolzen in die Nut eingeführt. Durch die Relativbewegung zwischen dem feststehenden Bolzen und der in Förderrichtung laufenden genuteten Welle wurde diese in Drehbewegung gesetzt. Da sie starr mit der Antriebswelle des betreffenden Gurtförderers gekoppelt war, drehte sich auch die Antriebswelle und es wurde ein- oder ausgeschleust.

Der heutige Stand der Technik dieses Quergurt- oder Belt-Tray-Sorters sieht für jeden der umlaufenden Gurtförderer einen eigenen Antrieb vor. Dieser wird i. d. R. über Schleifleitungen, die im Rahmen der Gerüstkonstruktion verlaufen, gespeist.

Eine neuere Entwicklung ermöglicht es, die mit sehr viel Verschleiß und damit hohem Wartungsaufwand verbundene Schleifleitungstechnik durch eine berührungslose, induktive Energieübertragung zu ersetzen (Bild C 2.4-4) [Beu99].

Der Quergurt- oder Belt-Tray-Sorter ist für Stückgut mit maximal 60 kg Gewicht einsetzbar. Das Sortiergutspektrum ist mit dem des Tilt-Tray-Sorters vergleichbar. Auf Grund der schonenderen Behandlung sind jedoch noch sensiblere Güter (z. B. Joghurt-Trays o. ä.) sortierbar. Die Investitionskosten sind auf Grund der etwas aufwendigeren Technik im Vergleich zum Kippschalensorter entsprechend höher. Der Belt-Tray-Sorter kann ebenfalls mit Maximalgeschwindigkeiten von ca. 2,0 m/s projektiert werden. Abhängig von der Teilung können bis zu 12 000 Stück/h sortiert werden.

Ein wesentlicher Vorteil gegenüber dem Tilt-Tray-Sorter ist die Flexibilität in der Endstellengestaltung: Die höhengleiche Übergabe (Rutschen sind für den Ausschleusprozess nicht erforderlich) gewährleistet eine schonende Produktbehandlung auch im Ausschleusprozess und bietet höchste Flexibilität in der Gestaltung. Die präzise 90°-Ausschleusung erlaubt darüber hinaus eine sehr hohe Zielstellendichte.

Bild C 2.4-3 Quergurtsorter (BEUMER Maschinenfabrik, Beckum)

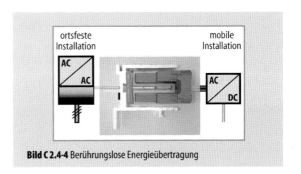

Bild C 2.4-4 Berührungslose Energieübertragung

Bild C 2.4-5 Schuhsorter (Vanderlande Industries, Mönchengladbach)

Schuhsorter

Der in Bild C 2.4-5 dargestellte Schuhsorter ist im Vergleich zu den beiden vorgenannten diskreten Sortern ein kontinuierliches Sortiersystem. Er besteht aus einem Stabketten- oder Plattenförderer als tragendem Strang und senkrecht zur Förderrichtung arbeitenden Abschiebelementen, die das Sortiergut nach links und rechts austragen. Ein mit dem Abschiebelement fest verbundener Bolzen wird unterhalb des Stranges in einem Schienensystem geführt. An jeder Ausschleusstelle befindet sich unterhalb des Stranges eine Weiche. Diese wird pneumatisch oder elektromechanisch angesteuert und lenkt bei Bedarf eine von der Sortiergutlänge abhängige Anzahl an Ausschleuselementen in eine Führungsschiene. Diese Ausschleuselemente drücken das auf dem Strang liegende Fördergut in die Endstelle.

Bei einer durchschnittlichen Paketlänge von 500 mm, s. Gl. (C 2.4-5), ist ein Systemdurchsatz von bis zu 7800 Stück/h zu erzielen. Hohe Geschwindigkeiten bewirken bei diesem System auf Grund seiner Mechanik eine erhöhte Geräuschemission.

Andere Bauarten

Der *Kammsorter* (Bild C 2.4-6) ist besonders geeignet, flache Güter wie Bild- und Tonträger, Bücher und Textilien zu sortieren. Auf Grund der besonderen Funktionsweise

Bild C 2.4-6 Kammsorter (BEUMER Maschinenfabrik, Beckum)

ist es mit dieser Sortiermaschine möglich, das Sortiergut direkt gestapelt an der Endstelle bereitzustellen.

Der *Helixorter* ist eine Weiterentwicklung des Tilt-Tray-Sorters, bei dem die Lücken zwischen den Schalen sowohl in Kurvenfahrten als auch im Moment des Abkippens durch die besondere konstruktive Gestaltung des Tragelements geschlossen sind. Daher eignet sich dieser Sorter besonders zum Sortieren von Gepäck und/oder biegeweichen Gütern mit Schlaufen, Strippen oder Seilen.

Pusher- oder *Abweisersysteme* (s. Abschn. C 2.1.3.5) arbeiten mit relativ geringen Durchsätzen. Das Sortiergut wird während des Vorbeilaufs (die Fördergeschwindigkeit

Tabelle C 2.4-1 Vergleichende Betrachtung verschiedener Sortiersysteme

	Tilt-Tray-Sorter	Helixorter	Quergurt-Sorter	Schuh-Sorter	Kamm-Sorter	Pusher-Sorter	DCV-System
Sortierleistung	hoch	hoch	hoch	mittel	mittel	mittel	hoch
Sortiergeschwindigkeit	hoch	mittel	hoch	mittel	mittel	gering	sehr hoch
Sortiergutgewicht	bis 60 kg	bis 60 kg	bis 60 kg	bis 50 kg	bis 15 kg	bis 50 kg	bis 1200 kg
Sortiergutabmessungen	$l \times b \times h$ 1400 × 900 × 750	$l \times b \times h$ 1400 × 900 × 750	$l \times b \times h$ 1400 × 900 × 750	$l \times b \times h$ 1200 × 700 × 700	$l \times b \times h$ 450 × 400 × 100	$l \times b \times h$ 450 × 400 × 100	$l \times b \times h$ 750 × 500 × 300
Rezirkulationen	ja	ja	ja	nein	ja	nein	ja
Eignung Karton	gut	gut	gut	gut	gut	gut	gut
Eignung Folien	gut	gut	sehr gut	gering	mittel	gering	sehr gut
Eignung Gepäck	gut	sehr gut	gut	gering	gering	mittel	sehr gut

liegt bei ca. 1,5 m/s) durch einen elektrisch, pneumatisch oder hydraulisch betätigten Abweiser vom Trageelement abgeschoben. Die relativ geringen Sortierleistungen sind bedingt durch den Rücklauf der Abweiser und den großen Abstand zwischen den einzelnen Sortiergütern auf dem Strang. Sogenannte Rotationspusher lassen Durchsatzleistungen von etwa 4000 Stück/h zu. Durch die Arbeitsweise der Abstreifer oder Pusher bedingt, muss das Fördergut im Vergleich zu anderen Systemen erhöhten mechanischen Beanspruchungen standhalten.

Die hier dargestellten Sortiersysteme sollen nur exemplarisch einige wenige Prinzipien erläutern. Eine Zusammenstellung weiterer Bauarten findet sich in der Richtlinie VDI 3619.

Vergleichende Betrachtung der Bauarten

Tabelle C 2.4-1 zeigt eine vergleichende Betrachtung der Systemparameter der genannten Sortiersysteme. Es wird deutlich, dass in vielen Projektfällen verschiedene Sortiertechniken alternativ einsetzbar sind. Die kundenindividuellen Anforderungen in Bezug auf die verschiedensten Projektparameter machen eine detaillierte spezifische Systemauswahl erforderlich.

C 2.4.2.2 Dezentrale Sortiersysteme

Dies sind aktive oder passive Behälterfördersysteme, auch Destination Codec Vehicle (DCV) genannt.

Passive Behälterfördersysteme

Es ist zwischen permanent geführten und frei laufenden Behältern zu unterscheiden. In *permanent geführten Behälterfördersystemen* wird ein passiver Behälter auf einer Förderstrecke kraftschlüssig transportiert. Eines der bekanntesten Beispiele hierzu ist die Gepäckförder- und -verteilanlage des Flughafens Frankfurt/Main: Ein Kunststoffbehälter, in den das Gepäck eingelegt wird, wird über ein weit verzweigtes Netz von Fördermitteln (sowohl Gurt- als auch Rollenbahnen) gefördert. Jeder Behälter hat eine eindeutige Codierung, die vor jeder Weiche identifiziert wird. Ein übergeordnetes Rechnersystem gibt dann je nach Zielinformation der Weiche den richtigen Ausschleusbefehl. Systeme mit permanent geführten Behältern haben den großen Vorteil eines relativ preisgünstigen Behälters, nachteilig wirken sich die hohen Investitions- und Wartungskosten der aufwendig zu gestaltenden Strecke aus.

Um die mit der sehr aufwendigen Strecke verbundenen Kosten permanent geführter Behälterfördersysteme zu senken, wurden *frei laufende Systeme* entwickelt. Hierbei wird ein frei laufender Wagen an bestimmten Stellen der Förderstrecke z. B. mittels Linearmotor mit einem Kraftimpuls angeschoben und bewegt sich bis zum nächsten Kraftimpuls frei. Diese Systeme gibt es in sehr unterschiedlichen Ausführungen von verschiedenen Herstellern. Allen gemeinsam ist der Vorteil einer vergleichsweise günstigen Förderstrecke. Nachteilig wirkt sich jedoch der

Freilauf der Behälter aus: Die Behälter sind nicht permanent kontrolliert. Dies kann u. a. bei Not-Stopp-Situationen beim Wiederanfahren zu erheblichen Problemen führen.

Aktive Behälterfördersysteme

Um die systembedingten Nachteile der passiven Behälterfördersysteme (sehr aufwendige Strecke bei geführten und mangelnde Kontrolle bei frei laufenden Systemen) möglichst auszuschließen und deren Vorteile optimal zu verbinden, wurden die aktiven Behälterfördersysteme entwickelt. Hierbei hat jeder Behälter einen Antrieb und bewegt sich aus eigener Kraft im System. Die aktiven Systeme können auch als Zugsystem mit einem aktiven und mehreren passiven Behältern ausgeführt werden.

In der Regel werden die selbstfahrenden Behälter über Schleifleitungssysteme mit Energie versorgt. Da es sich hier um einen in einem Schienennetz bewegten Energieverbraucher handelt, lässt sich jedoch auch bei den aktiven Behältersystemen die berührungslose Energieübertragung (s. Bild C 2.4-4) sehr sinnvoll einsetzen. Bild C 2.4-7 zeigt eine Behälterförderanlage, deren aktives Zugsystem berührungslos mit Energie versorgt wird [Beu99].

C 2.4.3 Grundlagen der Projektierung

Nach der funktionalen und mechanischen Beschreibung einzelner Sortiersysteme wird im Folgenden auf die Grundlagen der Projektierung von Gesamtsystemen eingegangen. Dabei wird in diesem Beitrag lediglich auf die zentralen Sortiersysteme eingegangen.

Das wesentliche Unterscheidungsmerkmal zentraler Systeme in Bezug auf die logistische Gesamtfunktion ist die Ausprägung des Sorters mit horizontalem oder vertikalem Sortierkreislauf (vgl. Abschn. C 2.4.2.1).

Der Horizontalsorter bietet die Möglichkeit, ein Sortiergut, welches – aus welchen Gründen auch immer – nicht ausgeschleust werden konnte, theoretisch beliebig oft rezirkulieren zu lassen. Bei Vertikalsystemen muss es jedoch vor Erreichen der Umlenkung in eine Sonderendstelle ausgeschleust und einer besonderen Behandlung zugeführt werden.

Bild C 2.4-8a zeigt den Aufbau des Systems als Einfachsorter mit Zentraleinschleusung. Der maximale Durchsatz eines solchen Systems ist abhängig von der Geschwindigkeit und der Teilung der Tragelemente:

$$D_{max} = v_S\, 3600/ST, \qquad (C\ 2.4\text{-}1)$$

wobei v_S die Geschwindigkeit der Tragelemente in m/s und ST die Teilung der Tragelemente in m ist.

Vorausgesetzt, die beiden Endstellenbereiche werden gleichmäßig bedient, ergibt sich die graphisch dargestellte Aufteilung des Materialflusses.

Im Beispiel ergibt sich bei einer Teilung der Tragelemente von 900 mm und einer Sortergeschwindigkeit von 1,5 m/s ein Systemdurchsatz von 6000 Schalen/h.

Bild C 2.4-8b zeigt den Einfachsorter mit Diagonaleinschleusung. Auch in diesem Fall sei vorausgesetzt, dass die beiden Endstellenbereiche gleichmäßig belastet werden. Im Vergleich zum ersten Beispiel sind jedoch zwei Ein-

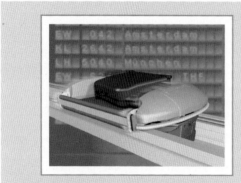

Bild C 2.4-7 Aktives Behälterfördersystem autovers® (BEUMER Maschinenfabrik, Beckum)

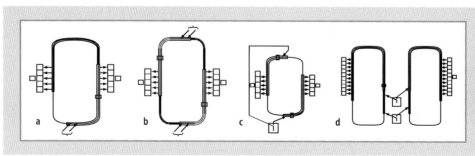

Bild C 2.4-8 Einfachsorter mit **a** Zentraleinschleusung; **b** Diagonaleinschleusung; **c** AB-Vorsortierung; **d** Teilredundanz

schleusbereiche vorgesehen. Die entsprechende Sorterbelegung lässt sich aus der Graphik erkennen. Im Vergleich zur vorhergehenden Betrachtung des Sorters mit nur einem Einschleusbereich erhöht sich der theoretische Durchsatz von 6000 auf 8000 1/h.

Die mit Hilfe der Diagonalanordnung der Einschleusbereiche erzielbare Leistungserhöhung ist abhängig vom Verhältnis der Aufteilung Endstellenbereich A zu Endstellenbereich B. Diese vorausgesetzte 50:50-Aufteilung kann nur als erster Annäherungswert betrachtet werden. Bild C 2.4-9 gibt, abhängig von der AB-Aufteilung, Aufschluss über die erzielbare Erhöhung des Durchsatzes.

Eine weitere Erhöhung lässt sich durch eine AB-Vorsortierung im Vorfeld der zentralen Sortiermaschine erreichen. Erneut unter der theoretischen Annahme einer 50:50-Aufteilung zwischen A und B lässt sich der theoretische Systemdurchsatz auf 12 000 1/h steigern (Bild C 2.4-8c).

Derartige Systeme lassen sich theoretisch weiter beliebig komplex gestalten. So hat das in Bild C 2.4-8d dargestellte System gegenüber dem Vorgenannten zwar den gleichen Systemdurchsatz von 12 000 1/h, bietet jedoch den erheblichen Vorteil einer Teilredundanz.

Zentrale Systeme können nach den Gesichtspunkten Einschleusbereich, Sortierprozess und Ausschleusbereich aufgeteilt werden.

Einschleusbereich

Bild C 2.4-10 zeigt die prinzipielle Konfiguration eines Einschleusbereiches: Die Einschleuseinheit ist eine Anordnung von Förderelementen für das Einschleusen von Sortiergütern auf einen Sorter. Diese wird als komplette Einheit entsprechend den jeweiligen Systemanforderungen (bezüglich Sortiergut, Einschleusleistung, Schnittstellendefinition etc.) konfiguriert.

Hierbei kommt i. d. R. eine Start- bzw. Stoppeinschleusung zum Einsatz, bei der das Sortiergut dem Sorter in der Einschleuseinheit über Takt- und Beschleunigungs-

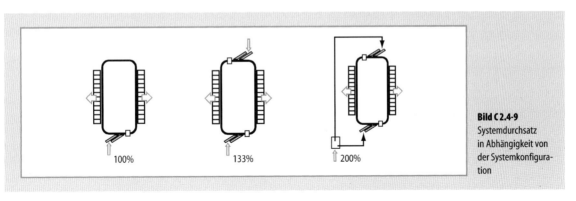

Bild C 2.4-9
Systemdurchsatz in Abhängigkeit von der Systemkonfiguration

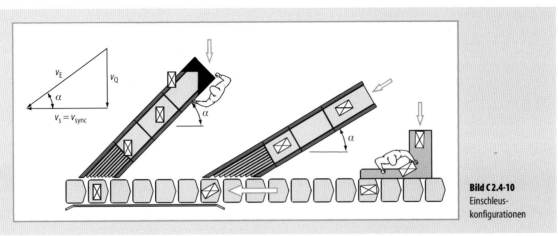

Bild C 2.4-10
Einschleuskonfigurationen

bänder zugeführt wird. Neuere Entwicklungen ermöglichen auch den dynamischen Einschleusbetrieb, bei dem die Sortiergüter kontinuierlich ohne Stopp mit der laufenden Sortiermaschine synchronisiert werden. Dieses patentierte Verfahren ermöglicht deutlich höhere Einschleusleistungen.

Die in Bild C 2.4-10 dargestellte Systemkonfiguration bezieht sich auf eine diskrete Sortiermaschine in horizontaler Ausführung, bei der die Einschleusung unter einem bestimmten Winkel α zur Sorterförderrichtung angeordnet ist. Bei Sortern mit vertikal umlaufendem Strang (diskret oder kontinuierlich) lassen sich die Einschleusungen auch hinter oder über dem Tragelement anordnen. Einen Sonderfall stellt hier der Kammsorter (vgl. Abschn. C 2.4.2.1) dar, bei dem auch in der horizontalen Ausführung eine Einschleusung von oben vorzusehen ist, da mit dem Kammsorter flaches Fördergut sortiert wird. Hierbei ist zu berücksichtigen, dass das Freiprofil zwischen evtl. rezirkulierendem Produkt und der Unterkante der Einschleusstelle eingehalten wird. Neben den automatischen Einschleuseinheiten sind auch noch manuelle Aufgabeverfahren im Einsatz.

Zur Theorie der Einschleusung: Aus dem Einschleuswinkel α und der Geschwindigkeit v_S der Tragelemente ergibt sich eine Einschleusgeschwindigkeit v_E in m/s. Dabei muss die Synchrongeschwindigkeit v_{sync} in m/s im Moment der Einschleusung identisch mit der Geschwindigkeit v_S sein. Die resultierende Quergeschwindigkeitskomponente v_Q in m/s muss unmittelbar nach der Einschleusung auf dem Sorter abgebaut werden. Die einzelnen Geschwindigkeitskomponenten berechnen sich nach Bild C 2.4-10 zu

$v_{sync} = v_S$,

$v_Q = v_S \tan \alpha$,

$v_E = v_S / \cos \alpha$. (C 2.4-2)

Bei Einschleusungen von oben oder von hinten ist naturgemäß keine Quergeschwindigkeitskomponente vorhanden.

Wesentlich für einen kontrollierten Einschleusprozess ist die Einhaltung der Schlupf- und Kippbedingungen. Diese lassen sich aus Bild C 2.4-11 herleiten. Allgemein gilt

$G = m g$,

$F_{Reib} = \mu g$,

$F_{Beschl} = m a$

mit G Gewichtskraft des Paketes in N, m Masse des Paketes in kg, g Fallbeschleunigung (= 9,81 m/s²), F_{Reib} Reibkraft zwischen Sortiergut und Gurt in N, F_{Beschl} Beschleunigungskraft der Masse des Sortierguts in N.

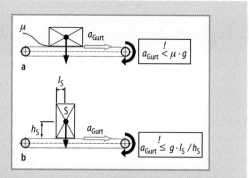

Bild C 2.4-11 Bedingungen für **a** schlupffreies beschleunigen; **b** kippfreies Beschleunigen

Als Bedingung für die Schlupffreiheit muss gelten:

$F_{Beschl} < F_{Reib}$,

$m a < \mu G$,

$m a < \mu m g$,

$a < \mu g$. (C 2.4-3)

Als realistischer Wert für den Reibungsbeiwert kann bei einem griffigen Gurt $\mu \approx 0,5$ angesetzt werden. Damit wird Schlupf vermieden, wenn die Beschleunigung des Sortierguts

$a < 0,5 g \approx 5 m/s^2$

nicht überschreitet.

Für die Kippbedingungen gilt

$G = m g$,

$F_{Beschl} = m a$.

Als Bedingung für die Kippfreiheit muss gelten:

$F_{Beschl} h_S \leq G l_S$,

$m a h_S \leq m g l_S$,

$a h_S \leq g l_S$,

$a \leq g l_S / h_S$ (C 2.4-4)

mit S Schwerpunkt, h_S Schwerpunkthöhe in m, l_S Schwerpunktsabstand horizontal in m.

Wenn die Schwerpunkthöhe h_S das Doppelte der Schwerpunktsabstandslänge l_S beträgt, wird der Grenzfall für Kippen bei $a = 5 m/s^2$ erreicht.

Es ist nachvollziehbar, dass ein Start-Stopp-Betrieb mit höheren Beschleunigungen verbunden ist als der Prozess

Bild C 2.4-12 Einschleuskonfigurationen. **a** Flachgurtwinkeleinschleusung; **b** Parallelwinkeleinschleusung

einer dynamischen Einschleusung. Da sowohl für das Kippen als auch für den Schlupf die Beschleunigung des Sortierguts als Restriktion wirkt, ist nachvollziehbar, dass die dynamische Einschleusung z. T. erheblich bessere Werte liefert.

In Bild C 2.4-12 sind unterschiedliche Einschleuskonfigurationen dargestellt. Die Flachgurtwinkeleinschleusung (Bild C 2.4-12a) besteht aus einem Dreieckband, welches unter dem Einschleuswinkel $\alpha = 25°\ldots45°$ zur Bewegungsrichtung der Tragelemente angeordnet ist. Vor dem Dreieckband befinden sich Stau-, Takt- und Beschleunigungsbänder, die entweder im Start-Stopp- oder im Durchlaufbetrieb unterschiedliche Funktionen wie Beschleunigen, Synchronisieren oder Takten übernehmen.

Die Flachgurtförderer werden bei schweren bauchigen Sortiergütern eingesetzt.

Alternativ zur Flachgurteinschleusung kann die gleiche Systemkonfiguration auch mit Rundriemen ausgeführt werden. Die Rundriemeneinschleusung eignet sich besonders für die Einschleusung von zylindrischen Sortiergütern.

Neben der Flachgurtwinkeleinschleusung wird auch die Parallelwinkeleinschleusung projektiert (Bild C 2.4-12b). Mit dieser Einschleusung ist es möglich, längs ausgerichtete Artikel quer auf den Strang einzuschleusen. So ist es möglich, die Teilung der Tragelemente optimal an die geometrischen Abmessungen des Produktes anzupassen.

Für Einschleusungen von oben und von unten werden Lineareinschleusungen eingesetzt, die kein vorgeschaltetes Dreieckband enthalten.

In den Einschleusungen werden vier verschiedene Typen von Förderern unterschieden:

– Die *Zuförderer* gewährleisten den kontinuierlichen Transport des Sortiergutes, evtl. mit Stopp-and-Go-Taktbändern, ohne Berücksichtigung von Beschleunigungen.
– Die *Taktbänder* übernehmen das Sortiergut von den Zuförderern, transportieren es im Start-Stopp-Betrieb mit relativ hohem Beschleunigungswert und -takten einzeln auf.
– Die *Beschleunigungsbänder* übernehmen das Sortiergut von den vorgeschalteten Taktbändern, halten an definierten Wartepunkten an und synchronisieren mit einem ausgewählten Tragelement. Mit definierter Beschleunigung auf Umlaufgeschwindigkeit unter Berücksichtigung des Einschleuswinkels und der Schlupf- und Kippbedingungen – vgl. Gl. (C 2.4-3) und (C 2.4-4) wird das Sortiergut auf die Einschleusbänder übergeben.
– Die *Einschleusbänder* sind i. Allg. als Dreieckbänder ausgeführt und übernehmen den geschwindigkeitsgleichen, kontinuierlichen Transport des von den Beschleunigungsbändern übernommenen Sortiergutes auf den Sorter.

Bei der dynamischen Einschleusung gibt es ebenfalls die vorgenannten vier Förderertypen. Bei diesem Einschleustyp sind lediglich die Beschleunigungsbänder, welche im Start-Stopp-Betrieb arbeiten, durch Regel- oder Synchronisationsbänder ersetzt. Diese Regelbänder übernehmen geschwindigkeitsgleich das Sortiergut von den vorgeschalteten Förderelementen und kontrollieren die relative Position des Sortierguts zu den zu belegenden Tragelementen. Durch gezieltes Beschleunigen oder Verzögern (ohne

Stopp) des Sortierguts unter Berücksichtigung des Einschleuswinkels ist die Synchronisation mit dem Trageelement am Ende der Regelstrecke zu gewährleisten.

Da bei einer Sortiermaschine in den seltensten Fällen nur eine Einschleusstelle vorgesehen wird, beeinflussen sich die einzelnen Einschleuslinien gegenseitig. Über einen Platz, der bereits von einer Einschleuslinie reserviert bzw. belegt worden ist, kann eine zweite Einschleuslinie nicht mehr verfügen. Insofern ist es notwendig, steuerungstechnisch entsprechende Belegungskriterien vorzusehen. Hierzu gibt es unterschiedliche Steuerungsmechanismen. Beumer beschreibt im Wesentlichen drei verschiedene Verfahren [Beu93]:
- die statische Zuweisung,
- die dynamische Zuweisung,
- das Referenzpunktverfahren.

Bei der *statischen Zuweisung* wird vor Beginn des Verteilprozesses eine statische Belegungszahl Z vorgegeben. An jeder Einschleusung i läuft eine Zählvariable mit, die die Anzahl der vorbeilaufenden Trageelemente (Plätze) registriert. Liegt ein zur Einschleusung anstehendes Sortiergut an der Einschleusposition bereit, wird die Zählvariable mit der statischen Vorgabe verglichen. Überschreitet der Zähler die Vorgabe, wird das Sortiergut auf den nächsten freien Platz eingeschleust und der Zähler auf Null zurückgesetzt.

Bei der *dynamischen Zuweisung* handelt es sich um ein Verfahren, bei dem jede Einschleusung einzeln betrachtet wird. Hierbei wird vorausgesetzt, dass vor Beginn eines Sortier-Batchlaufes die Anzahl der an den einzelnen Einschleusungen zu erwartenden Sortierstücke bekannt ist. Somit können die einzelnen Einschleusungen i mit einem Prioritätsfaktor Pr_i versehen werden. Diese Faktoren Pr_i geben das Verhältnis der an den einzelnen Einschleusungen zu erwartenden Stückzahlen an. Mit Hilfe dieses Verfahrens wird die Variable Z_i, welche die Belegungszahl für jede einzelne Einschleusung individuell vorgibt, permanent neu berechnet. Für diese Berechnung ist neben den für einen Batchlauf fest vorgegebenen Prioritätsfaktoren Pr_i auch die Aktivität einer Einschleusung von Bedeutung. Ist eine Einschleusung nicht aktiv, wird sie aus dem Berechnungsprozess herausgenommen. Die zur Verfügung stehenden Plätze werden dann unter den aktiven Einschleusungen unter Berücksichtigung ihrer Prioritäten vergeben.

Das *Referenzpunktverfahren* (Bild C 2.4-13) nutzt einen zentralen Dispositionspunkt (DP), der vor der ersten Einschleusung angeordnet ist. Jede Einschleusung i hat einen eigenen Referenzpunkt R_i. Ausschlaggebend für das Referenzpunktverfahren ist, dass das einzuschleusende Sortiergut für den Weg vom Referenzpunkt R_i zum Einschleuspunkt der jeweiligen Einschleusung die gleiche Zeit benötigt wie ein reservierter Platz für den Weg vom zentralen Dispositions- zum Einschleuspunkt. Erreicht ein zu sortierendes Stückgut den Referenzpunkt R_i einer Einschleusung, meldet diese die Reservierung eines Platzes an. Die Reservierung wird am zentralen Dispositionspunkt des Sorters DP vorgenommen. Da i. d. R. mehrere Einschleusungen den gleichen Platz beantragen, werden die Plätze der Reihe nach zugeteilt. Hierbei ist es auch möglich, einen wie beim dynamischen Zuteilungsverfahren beschriebenen Prioritätsfaktor Pr_i in die Berechnung mit einfließen zu lassen.

Die Nutzbarkeit der beschriebenen Verfahren hängt sehr von der Komplexität des jeweiligen Sortiersystems ab. Statische Verfahren sind zur Steuerung eines komplexen Systems ungeeignet, beinhalten jedoch den geringsten steuerungstechnischen Aufwand. Dynamische Verfahren zeigen auch bei relativ komplexen Systemen recht gute Ergebnisse. Das Referenzpunktverfahren ist sicherlich das

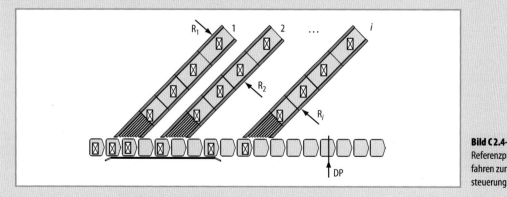

Bild C 2.4-13
Referenzpunktverfahren zur Einschleussteuerung

ausgefeilteste und reagiert sehr genau auf Prioritätsvorgaben. Es ist jedoch auch mit entsprechend hohen steuerungstechnischen Aufwendungen verbunden. Überdies muss das Layout der Anlage die Definition eines Dispositionspunktes geometrisch zulassen.

Sortierprozess

Der theoretische Durchsatz eines Sorters mit diskret angeordneten Tragelementen berechnet sich nach Gl. (C 2.4-1). Dieser theoretische Wert ist natürlich nur dann erreichbar, wenn jedes Tragelement des Sorters mit einem Stück belegt ist. Er wird durch sog. Zweischaler reduziert: Sollte das Sortiergut länger sein als die Teilung der Tragelemente, so kann es auf einigen Sortiermaschinen (z. B. Kippschalensorter) auch auf zwei Elementen transportiert werden. Somit würde natürlich das zweite Tragelement für einen weiteren Einschleusprozess nicht mehr zur Verfügung stehen und der theoretische Systemdurchsatz reduziert.

Bei kontinuierlichen Sortiersystemen ist der Durchsatz des Systems abhängig von den Abmessungen des Sortierguts: Im Bereich der Einschleusung wird die Länge des Sortierguts vermessen und bei intelligenten Steuerungssystemen ein variables Fenster auf den folgenden Tragelementen reserviert. Weniger komplexe Systeme sehen hier eine feste Fenstervergabe vor. Diese sind steuerungstechnisch mit diskreten Systemen vergleichbar.

Der Durchsatz eines solchen Systems berechnet sich, analog zu Gl. (C 2.4-1), abhängig von der durchschnittlichen Länge der Sortiergüter zu

$$D = v_S \, 3600/L_{\text{Durchschnitt}}, \qquad \text{(C 2.4-5)}$$

wobei $L_{\text{Durchschnitt}}$ die durchschnittliche Fördergutlänge in m ist. Da es i. Allg. schwierig ist, im Vorfeld bei der Projektierung die durchschnittliche Länge zu definieren, ist der exakte Durchsatz eines solchen Systems nur schwer zu prognostizieren.

Ausschleusbereich

Der Ausschleusbereich eines Sortierprozesses ist sehr produktabhängig und projektspezifisch. Von einfachen Rutschenendstellen bis hin zu sehr komplexen fördertechnischen Einheiten reicht das Spektrum.

Wesentlich für die Gestaltung der Endstelle ist die Funktion der Sortiermaschine. Bei einem Kippschalenförderer ist funktionsbedingt eine Rutschenendstelle vorzusehen. Diese Rutsche kann zwar sehr kurz sein, ist jedoch zwingend erforderlich. Im Anschluss an die Rutsche können dann beliebige Fördermittel vorgesehen werden.

Demgegenüber bieten beispielsweise der Belt-Tray- oder der Schuhsorter den großen Vorteil der horizontalen Übergabe an der Endstelle. Dies macht die direkte und damit sehr produktschonende Übergabe auf anschließende Fördermittel möglich.

Sehr häufig werden Endstellen relativ komplex ausgeführt und beinhalten neben dem reinen Sammeln weitere Funktionen wie eine Feinsortierung oder die Stapelung der Sortiergüter.

Es ist erforderlich, projektspezifisch die Produktcharakteristika zu untersuchen und die Kundenanforderungen zu spezifizieren. Hier bietet es sich an, Testendstellen mit Kundenmaterial auf deren Funktion hin zu untersuchen und im Dialog zwischen Hersteller und Kunde zu optimieren. Gerade im Bereich der Endstellen verbirgt sich sehr großes Potenzial: Auf Grund der i. d. R. sehr hohen Anzahl von Zielstellen in einem Sortierprozess können kleine Optimierungen an einer Endstelle durchaus entscheidend für die Realisierung des gesamten Systems sein [Beu99].

Literatur

[Beu93] Beumer, C.: Computerunterstützte Materialflußplanung für Warenverteilsysteme. Fortschr.-Ber. VDI, Reihe 13, Nr. 40. Düsseldorf: VDI-Verl. 1993
[Beu99] Beumer, C.: Making energy fly – Quantensprünge im Materialfluss. VDI-Ber. Nr. 1481. Düsseldorf: VDI-Verl. 1999

Richtlinie
VDI 3619: Sortiersysteme für Stückgut (1983)

C 2.5 Verpackungs- und Verladetechnik

Logistische Systeme weisen eine sehr große Komplexität und Vielfalt an unterschiedlichsten Ausprägungen auf. Im Zuge wandelnder Märkte und sprunghaft gestiegener Anforderungen von der Minimierung der Kosten, Durchlaufzeiten und Bestände bis zur Maximierung von Qualität und Lieferservice müssen sie sich den veränderten Bedingungen anpassen. Dies trifft auch in besonderer Weise für Verpackungssysteme zu, die mit ihrer Querschnittsfunktion nahezu alle inner- und außerbetrieblichen Bereiche der Unternehmen stark berühren. Dabei steht die Verpackung in ganz erheblichen Wechselwirkungen zum logistischen System und erfordert eine entsprechende integrative Berücksichtigung, da Ursache und Wirkung in der logistischen Kette oft weit auseinander liegen. Jede verpackungstechnische Gestaltungsmaßnahme muss daher hinsichtlich der Konsequenzen auf alle Aspekte des logistischen Systems vom Lieferanten und Produzenten über die verschiedenen Distributionsstufen bis hin zum gewerblichen Endverbraucher analysiert und bewertet werden. Das betrifft einerseits den Verpackungsprozess und andererseits den Logistikprozess mit jeweils wechselseitigen Abhängigkeiten. Basis dafür bildet eine maßgeschneiderte Verpackungs- und Verladetechnik zur Ermöglichung eines wirtschaftlichen Ablaufes.

Die Situation weist in Bezug auf den Stellenwert der Verpackung in vielen Unternehmen ein teilweise erhebliches Defizit auf. Verpackungen werden vielfach noch als quasi isoliertes Element mit einer bestimmten Zuordnung zu einem logistischen Teilbereich betrachtet. Spezielle Anforderungen werden vorgegeben oder definiert ohne durchgängige Betrachtung und Rücksicht auf übergeordnete Zusammenhänge. Bedingt durch fehlende Standards, mangelnde Modularisierung und geringe Kompatibilität sind große heterogene Verpackungsbestände, niedrige Volumennutzungs- und Durchdringungsgrade sowie schwierige Ladeeinheitenbildungen die Folge. Damit einhergehend treten informationstechnische Schwierigkeiten auf, die in einer mangelhaften DV-Infrastruktur, fehlenden Datenstandards und inkompatiblen Systemen bzw. Schnittstellen begründet liegen. Das ganze schlägt sich in hohen Kosten nieder, die jedoch aufgrund der Intransparenz oftmals gar nicht wahrgenommen werden. Allerdings lässt sich auch feststellen, dass durch die aktuelle Diskussion um den Einsatz der Transpondertechnologie und den damit verbundenen RFID-Anwendungen Verpackungssysteme wieder stärker in den Fokus der logistischen Betrachtungen rücken.

Die sich hieraus ergebenden Potenziale ermöglichen einen breiten Handlungs- und Anwendungsspielraum. Die Zielsetzung besteht in einer konsequenten System- und Prozessorientierung um über eine deutlich verbesserte Transparenz zu einer ganzheitlichen Optimierung der Verpackungs- und Verladelogistik zu gelangen, die sich letztendlich in sinkenden Kosten und steigenden Leistungen niederschlägt. Der Erfolg hängt davon ab, in wie weit die Potenziale konsequent gesucht, erarbeitet und umgesetzt werden.

C 2.5.1 Verpackungsaufgaben, -funktionen und -anforderungen

Ohne Verpackung geht es nicht. In jeder Volkswirtschaft sind Verpackungen zwingend erforderlich um Produkte vom Ort ihrer Entstehung bis zum Ort ihres Gebrauchs zu transportieren. Darüber hinaus erfüllen sie noch eine Menge weiterer Aufgaben und Funktionen (siehe Abschn. 2.5.1.3). Je besser eine Verpackung die Vielfalt der an sie gestellten Anforderungen erfüllt umso flexibler ist das Logistiksystem auf den jeweiligen Einsatzfall anzupassen. Für die Nutzung der Logistik als Wettbewerbsfaktor auf den Märkten ist der Einsatz der jeweils geeigneten Verpackung unerlässlich. Diese Aufgabe fordert die ganzheitliche Betrachtung der Verpackung unter Berücksichtigung einer effektiven und effizienten Systemintegration.

C 2.5.1.1 Begriffsbestimmungen

Für Verpackungssysteme sind einerseits die Verpackung und andererseits der Verpackungsprozess von Bedeutung. Die Verpackung selbst wird gebildet aus Packmittel und Packhilfsmittel, die aus verschiedenen Packstoffen bestehen. In der Vereinigung von Verpackung und Packgut, dem eigentlichen Verpackungsprozess entsteht eine Packung. Den Zusammenhang der Grundbegriffe des Verpackens zeigt Bild C 2.5-1.

Packstoffe sind Werkstoffe für Packmittel und Packhilfsmittel. Zu ihnen zählen Glas, Holz, Papier, Pappe (Voll- und Wellpappe), Karton, Kunststoffe (Duroplaste, Elastomere und Thermoplaste), Keramik, Metalle (Aluminium und Stahl) und Textilien. Durch Voranstellen der Packstoffbezeichnung wird eine Verpackung bezüglich des verwendeten Packstoffes näher beschrieben, z. B. Kunststoffverpackung, Holzverpackung. Zu den Kriterien einer Packstoffauswahl zählen neben der Wirtschaftlichkeit u. a. die Verarbeitbarkeit, Verfügbarkeit, Packgutverträglichkeit, Umweltverträglichkeit und Verbraucherakzeptanz.

Ein *Packmittel* ist der Hauptbestandteil der zur Aufnahme des Gutes bestimmten Verpackung (Bild C 2.5-2). Es ist ein Erzeugnis aus Packstoff, das dazu bestimmt ist das Packgut zu umhüllen oder zusammenzuhalten, damit es versand-, lager- und verkaufsfähig wird. Packmittel werden nach der Form unterschieden in Ampullen, Be-

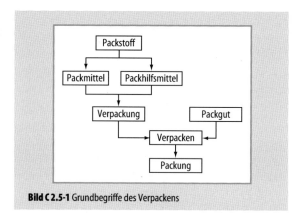

Bild C 2.5-1 Grundbegriffe des Verpackens

cher, Beutel, Dose, Eimer, Fass, Flasche, Kanister, Kasten, Kiste, Sack, Schachtel, Steige, Tube, Verschlag etc. Durch Voranstellen des Packstoffes können auch sie präzisiert werden, z. B. Glasflasche, Aluminiumdose, Wellpappekiste.

Packhilfsmittel sind die Bestandteile der Verpackung, die die vollständige Funktion der Verpackung gewährleisten. Sie dienen mit den Packmitteln zum Verpacken, wie z. B. zum Verschließen einer Packung bzw. eines Packstücks. Sie können ggf. allein, z. B. beim Bilden einer Versandeinheit verwendet werden. Zu den Packhilfsmitteln zählen Verschließhilfsmittel (u. a. Heftklammer, Klebeband, Kantenschutzwinkel, Umreifungsband), Ausstattungs-, Kennzeichnungs- und Sicherungsmittel (u. a. Etikett, Banderole, Warnzettel, Siegel), Schutzhilfsmittel (Trockenmittel, Flammschutzmittel, Schutzgas) und Polstermittel (u. a. Schaumstoffe, Styropor, Luftkissen, Holzwolle).

Verpackungen sind die Gesamtheit aller Packmittel und Packhilfsmittel. Nach der Verpackungsverordnung werden sie definiert als „...Aus beliebigen Materialien hergestellte Produkte zur Aufnahme, zum Schutz, zur Handhabung, zur Lieferung oder zur Darbietung von Waren, die vom Rohstoff bis zum Verarbeitungserzeugnis reichen können und vom Hersteller an den Vertreiber oder Endverbraucher weitergegeben werden" [VVO98].

Unter dem *Packgut* versteht man das Produkt, das zu verpacken ist, und das vor einer Wertminderung zu schützen ist. Als Packgut sind nahezu alle Produkte (fest, schütt-, riesel-, fließfähig oder gasförmig) denkbar, die in den unterschiedlichsten Ausprägungen verpackt werden können. Durch Voranstellen der Produktbezeichnung wird die Verpackung für ein Packgut genauer bezeichnet (z. B. Konservendose, Farbbeutel, Yoghurtbecher).

Das *Verpacken* bzw. der Verpackungsprozess beinhaltet alle Tätigkeiten zur Bildung einer Packung. In der DIN 55405 wird das Verpacken wie folgt definiert: „Verpacken ist das Herstellen einer Packung/eines Packstückes durch Vereinigung von Packgut und Verpackung unter Anwendung von Verpackungsverfahren mittels Verpackungsmaschinen bzw. -geräten oder von Hand." Dazu gehören nach der DIN die folgenden Verpackungsvorgänge: Aseptisches Verpacken, Aufrichten, Begasen, Einschlagen, Evakuieren, Formen, Füllen, Verschließen, Folieren und Sichern.

Die Packung letztendlich ist die Einheit von Packgut (Produkt) und Verpackung. Sie wird oftmals auch als Packstück bezeichnet, wobei Packstücke aus einem oder aus mehreren Packungen bestehen können.

In Bezug auf ihren Einsatz in logistischen Systemen können Transportverpackungen, Umverpackungen und Verkaufsverpackungen unterschieden werden. Ihre Abgrenzung erweist sich als nicht immer eindeutig, da je nach Umgang mit der Verpackung ihr Einsatz bestimmt wird. Schwerpunkte liegen bei der *Transportverpackung* in dem reinen Warentransport, bei der *Umverpackung* in der Bündelung von Einzelpackungen und bei der *Verkaufsverpackung* in der Verwendung durch den Endverbraucher

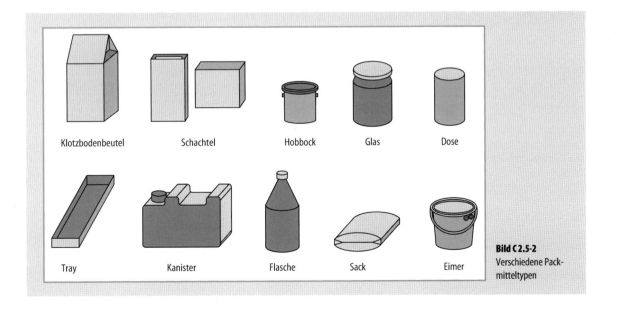

Bild C 2.5-2 Verschiedene Packmitteltypen

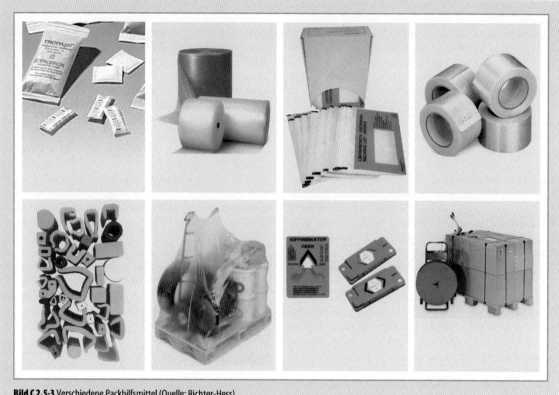

Bild C 2.5-3 Verschiedene Packhilfsmittel (Quelle: Richter-Hess)

[ten06]. Zudem können Verpackungen im Hinblick auf ihre Tragfähigkeit in selbsttragende und nicht-selbsttragende Verpackungen unterschieden werden. Selbsttragende Verpackungen zeichnen sich dadurch aus, dass sie Stauchdruckbelastungen vollständig aufnehmen und damit das Packgut in dieser Hinsicht maximal schützen. Derartige Belastungen ergeben sich für ein Packstück bei Transport, Umschlag und vor allem Lagerung durch die Bildung von logistischen Einheiten. Nicht-selbsttragende Verpackungen geben demgegenüber mindestens einen Teil des Stauchdrucks an die Ware bzw. die Primärverpackung weiter.

Eine weitere wichtige Unterscheidung nach ihrem Verwendungszweck ist in Einweg- und Mehrwegverpackungen zu treffen. Nach der VDI 4407 werden Mehrwegverpackungen beschrieben als „Verpackungen, die mehrmals ohne Beeinträchtigung der Schutz-, Transport-, Lager- und Umschlagfunktion verwendbar sind und in offenen oder geschlossenen Kreisläufen eingesetzt werden." [VDI 4407] Das bekannteste Beispiel ist sicherlich der Mehrweg-Getränkekasten mit der Mehrwegglasflasche bei Bier oder der PET-Mehrwegflasche bei Mineralwasser. Im industriellen Einsatz sind unterschiedlichste Mehrwegverpackungen als Klein- und Großladungsträger (Bild C 2.5-4). Die Abgrenzung der Mehrwegverpackung ergibt sich zur Einwegverpackung, die nur zur einmaligen Verwendung vorgesehen ist und zu Dauerverpackungen, die für einen längeren Zeitraum geeignet sind z. B. korrosionsbeständige Behälter für Flüssigkeiten oder Stahlracks (s. VDI 2490).

In diesem Zusammenhang ist noch der Begriff Verpackungssystem zu definieren. Dazu finden sich in der Literatur vielfältige Ansätze. Pfohl beschreibt das Verpackungssystem sehr eng und setzt es aus den Bestandteilen Packgut, Verpackung und Verpackungsprozess zusammen [Pfo04]. Dominic/Olsmats definieren das Verpackungssystem als Summe aus den Prozessen des Verpackens, der Lieferung bis zur Verwendung des Produkts und der Entsorgung der nicht mehr verwendeten Verpackung [Dom01]. Boeckle definiert ein *Verpackungssystem* als Einheit aller technischen, ökonomischen, ökologischen, orga-

Bild C 2.5-4
Verschiedene Mehrwegverpackungen
Quellen: DUROtherm GmbH, Georg UTZ GmbH, Bässler Verpackungssysteme GmbH, Steco AG, Melecky a.s., Savopak/Klaus Grothe GmbH, treplog GmbH

nisatorischen und technologischen Elemente, welche den Lebensweg der Verpackung von der Konzeption, Herstellung, Verwendung bis zur Entsorgung kennzeichnen [Boe94]. Johansson und Weström verstärken den Fokus auf die Dynamik des Systems und insbesondere die sich während einer Lieferkette ändernden Beziehungen zwischen den Systemelementen. Dabei verstehen sie unter dem Verpackungssystem die Einheit der Elemente Produkt, Verpackung und Distributionssystem mit den Bedürfnissen der daran beteiligten Stufen bzw. Unternehmen [Joh00]. Insbesondere die letzten Ansätze beziehen sich auf die ganzheitliche und prozessübergreifende Betrachtung von Verpackungen mit einer entsprechenden Einbettung in das betroffene Logistiksystem.

C 2.5.1.2 Aufgaben der Verpackung in der logistischen Kette

Verpackungen erfüllen wichtige Aufgaben bei der Verteilung von Gütern und Waren im Rahmen der logistischen Kette. Jede Verpackung, ob Flasche oder Dose, Behälter oder Palette, Einweg oder Mehrweg, hat gewisse Funktionen zu erfüllen. Diese sind bei der Auswahl einer Verpackung in Bezug auf eine bestimmte Aufgabe zu berücksichtigen. Aufgabe, Funktion und Anforderung einer Verpackung sind eng miteinander verknüpft. Es ist notwendig sie in die rechte Beziehung zueinander zu setzen und bei der Wahl von Verpackungen die gegenseitigen Abhängigkeiten zu beachten.

Die Aufgabe ist es, Produkte mit Hilfe von Verpackungen verteilungs-, verwendungs- und verkaufsfähig zu machen. Die Aufgaben von Verpackungen sind unterschiedlich, je nach dem wo sie eingesetzt werden sollen. So haben z. B. Transportverpackungen eine andere Aufgabe als Verkaufsverpackungen und innerbetriebliche Lagerbehälter nur eine eingeschränkte Aufgabe innerhalb der logistischen Kette. Beeinflusst werden die Aufgaben in nicht unerheblichem Maße von bestimmten Unternehmensstrategien, wie Versorgung der Produktion in vorgegebenen Einheiten, Senkung der Logistikkosten durch höhere Volumenauslastung, Reduzierung der Durchlaufzeiten und Auslastung der Kapazitäten.

Als Beispiel für eine übergreifende Zielsetzung sei die durchgängige Ladeeinheitengestaltung genannt. Hier muss die Gestaltung der Ladeeinheit auf die gesamte Prozesskette abgestimmt werden bezüglich u. a. Abmessungen, Gewicht, Handlingmöglichkeiten, Kommissionierung, Palettierung/Depalettierung und Identifikation. Dazu gehört die Abstimmung der Verpackungen zur Erreichung eines möglichst hohen Volumennutzungsgrades auf der Palette sowie einer stabilen Ladeeinheit. Betrachtet werden muss die gesamte Prozesskette über alle betroffenen Bereiche, über die Schnittstelle der Anlieferung der Packmittel in das Unternehmen, die unternehmensinternen Prozesse, sowie die Prozesse ab Warenausgang. Nur bei einer wirklich durchgängigen Gestaltung sind die gesetzten Ziele zu erreichen.

Eine beispielhafte Prozesskette mit entsprechender Visualisierung auf Prozesse ist in Bild C 2.5-5 dargestellt [Lan98]. Im oberen Teil des Bildes sind die Logistikprozesse zu erkennen, die der natürlichen Reihenfolge der Abläufe entsprechen. Der begleitende Informationsfluss ist aus Gründen der Übersichtlichkeit an dieser Stelle nicht näher ausgeführt. Untergeordnet sind die wesentlichen

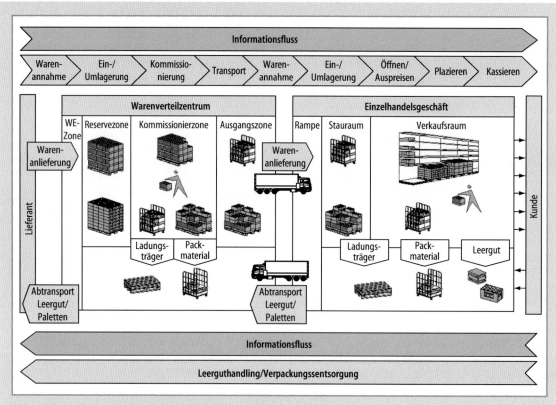

Bild C 2.5-5 Zentrale Stellung der Verpackung innerhalb der Prozesskette

Prozesse visualisiert, die vornehmlich die Verknüpfung zwischen Produkt, Verpackung und Ladeeinheit kenntlich machen. Darüber hinaus verdeutlicht im unteren Teil der Darstellung die Schnittstelle zur Verpackungsentsorgung, dem Leerguthandling bzw. der Leergutrückführung den Durchdringungsgrad der einzelnen Verpackungstypen. Dies wird insbesondere daran ersichtlich, wo Ladungsträger, Packmaterial und Leergut ausgeschleust und zurückgeführt bzw. entsorgt werden. In gleicher Weise kann auch die Einschleusung von Verpackungen in bestimmte Prozesse dargestellt werden. Es besteht auch die Möglichkeit, die Systemzustände der Verpackungen in der Verwendung als Voll- oder Leergut speziell zu kennzeichnen.

C 2.5.1.3 Funktionen und Anforderungen in Verpackungs- und Logistikprozessen

Über die unterschiedlichen Verpackungsfunktionen existieren vielfältigste Ausführungen in der Literatur. Nach Jünemann sind fünf Verpackungsfunktionen für die Logistik von besonderem Interesse [Jün99]:
– Schutzfunktion,
– Lager- und Transportfunktion,
– Verkaufsfunktion,
– Identifikations- und Informationsfunktion,
– Verwendungsfunktion.

Diese genannten Funktionen überschneiden sich teilweise im Hinblick auf die daraus resultierenden Anforderungen. Die Zusammenhänge werden in Bild C 2.5-6 verdeutlicht.

Die *Schutzfunktion* stellt die elementarste logistische Verpackungsfunktion dar. Die Aufgabe besteht in der Verhinderung unzulässiger Wechselwirkungen zwischen dem Packgut und seiner Umgebung. Einerseits darf das Packgut nicht quantitative oder qualitative Veränderungen hinnehmen, und andererseits dürfen auch keine schädlichen Wirkungen von dem Packgut auf seine Umgebung ausgehen. Das Packgut ist durch die Verpackung zu schützen vor:
– Mengenverlusten (z. B. Verdunsten, Austrocknen, Abrieb),
– Verunreinigungen (z. B. Staub, Schmutz, Fremdstoffen),
– mechanischen Beanspruchungen (z. B. Druck, Stoß, Schwingung),
– klimatischen Beanspruchungen (z. B. Temperatur, Feuchte, Strahlung),
– biotischen Einwirkungen (z. B. Befall durch Mikroorganismen) und
– menschlichen Einwirkungen (z. B. Diebstahl, Verfälschung).

Die Umgebung des Guts ist im Wesentlichen vor dem Gut zu schützen in Bezug auf:
– Verunreinigungen (z. B. durch stäubende oder flüssige Güter),
– Beschädigung (z. B. durch scharfkantige Güter) und
– Gefährdung (z. B. durch gefährliche Güter).

Nach der Schutzfunktion ist die *Lager- und Transportfunktion* von besonderer Bedeutung. Aus dieser Funktion ergibt sich eine Rationalisierung der Warenbewegung und -lagerung an jeder Stelle der logistischen Kette. Die Zielsetzung der Lager- und Transportfunktion besteht

Verpackungsfunktion	Anforderung an die Verpackung
Schutzfunktion	temperaturbeständig
	dicht
	korrosionsbeständig
	staubfrei
	chemisch neutral
	mengenerhaltend
	schwer entflammbar
Lager- und Transportfunktion	formstabil
	stoßfest
	stoßdämpfend
	druckfest
	reißfest
	stapelbar
	rutschfest
	genormt
	handhabbar
	automatisierungsfreundlich
	unterfahrbar
	einheitenbildend
	raumsparend
	flächensparend
Verkaufsfunktion	ökonomisch
	werbend
Identifikations- und Informationsfunktion	informativ
	identifizierbar
	unterscheidbar
	leicht zu öffnen
	wiederverschließbar
Verwendungsfunktion	wiederverwendbar
	ökologisch
	entsorgungsfreundlich
	hygienisch

Bild C 2.5-6 Anforderungen an die Verpackung und die jeweiligen Verpackungsfunktionen [Jün99]

darin, das Gut lager- und transportfähig zu machen und durch eine Zusammenfassung der Packgüter den Nutzungsgrad des Lager- und Transportmittels flächen- und raummäßig zu optimieren. Zudem sollen mit der Auswahl und Gestaltung der Verpackung logistische Zielsetzungen wie u. a. Minimierung der Durchlaufzeit und Senkung der Bestände innerhalb des gesamten Logistikprozesses erreicht werden.

Voraussetzung ist die Standfestigkeit und Stapelbarkeit der Verpackung sowie die Kompatibilität in Form und Abmessungen einzelner Einheiten zueinander. Darüber hinaus sollten die Verpackungen den räumlichen Gegebenheiten und den Anforderungen der Lagerräume und Transportwege entsprechen. Zu berücksichtigen ist dies insbesondere im Hinblick auf den fortschreitenden Mechanisierungs- und Automatisierungsgrad von Lager- und Kommissioniersystemen (s. Abschn. C 2.2 und C 2.3).

Weite Bereiche der *Identifikations-* (s. Abschn. C 4.6) *und Informationsfunktion* decken sich mit der Verkaufsfunktion. Jede Verpackung fungiert als Informationsträger in unterschiedlicher Art und Weise und löst damit bestimmte Wirkungen bzw. Handlungen aus. Das Wesen der Identifikations- und Informationsfunktion besteht in

- der Kennzeichnung des Gutes (z. B. Art, Menge, Preis),
- der Identifikation (z. B. Klarschrift, Barcode, 2-D Code, RFID),
- der Erläuterung der Handhabung des Gutes (z. B. Handling, Gebrauchsanweisung),
- der Werbung für das Gut (z. B. Markenzeichen, bildhafte Darstellung) und
- der Möglichkeit zur Materialflussverfolgung und Steuerung.

Die Verkaufsfunktion ist dann von besonderem Interesse, wenn die Verpackungen als Präsentationsmedium in die Verkaufsräume des Einzelhandels gelangen. Beispiele hierfür sind alle Arten von Verkaufs- und Displayverpackungen, aber auch Mehrwegverpackungen z. B. für Obst und Gemüse, Brot und Backwaren oder Molkereiprodukte. Die Verpackung als Instrument der Verkaufsrationalisierung dient sowohl der Verkaufsförderung und Präsentation, als auch der Beschleunigung der Bereitstellung und des eigentlichen Verkaufsaktes.

Letztendlich ist auch die *Verwendungsfunktion* zu berücksichtigen. Obwohl die Verwendung von Verpackungen extrem unterschiedlich ist, lassen sich doch zentrale Ziele formulieren. Die Wiederverwendung trägt zunächst dem Vermeidungsgedanken Rechnung. Aber auch bei Herstellung und Gebrauch, Distribution und Entsorgung gilt es die Umweltbelastung so gering wie möglich zu halten und damit den ökologischen Anforderungen gerecht zu werden. Vor dem Hintergrund der Umsetzung bzw. Verabschiedung strenger Umweltschutzgesetze wird die Verwendungsfunktion weiter an Bedeutung gewinnen.

C 2.5.2 Bildung und Sicherung von logistischen Einheiten

Logistische Einheiten sind Zusammenstellungen von Produkten und Gütern zum Zwecke des gemeinsamen Umschlags und/oder Transports bzw. der Lagerung. Hierfür wird auch vielfach der Begriff Ladeeinheit verwandt. Eine Ladeeinheit ist ein aus einem einzelnen oder mehreren Stückgutteilen bzw. Packstücken bestehendes Transportgut, das als Ganzes während des Durchlaufens der Transportkette bzw. in der Warendistribution transportiert, umgeschlagen und/oder gelagert wird (s. VDI 3968). Je nach Anforderungen des Packgutes, der Transporte und der Umschlagvorgänge kann die logistische Einheit aus ganz unterschiedlichen Elementen bestehen. Dies reicht vom einfachen Sammelkarton bis hin zur komplexen Zusammenstellung von Ladungsträger, Sammeleinheit und Sicherungsmittel, welche im nachfolgenden detailliert beschrieben werden.

C 2.5.2.1 Bildung von logistischen Einheiten

Die Bildung der Ladeeinheit stellt eine wichtige Funktion innerhalb der logistischen Kette dar. Erst durch die sinnvolle Zusammenfassung und Abstimmung der Packgüter, die unter logistischen und wirtschaftlichen Gesichtspunkten erfolgen soll, können die entsprechenden Transport-, Umschlag- und Lagerprozesse (s. Abschn. C 2.1 und C 2.2) optimal abgewickelt werden (Bild C 2.5-7). Im Einzelnen resultieren u. a. folgende Vorteile aus der Bildung der Ladeeinheiten:

- Vermeidung von Einzeltransporten,
- Reduzierung des Handlingaufwands,
- beschleunigter Umschlag,
- bessere Ausnutzung der Lager- und Transporträume,
- Schutz der Packgüter vor Umgebungseinwirkungen und
- Diebstahlschutz.

Eine Ladeeinheit, die häufig als palettierte Ladeeinheit ausgeführt wird, zeichnet sich durch eine Reihe Funktionen aus, die letztendlich den optimalen Materialfluss vom Produzent zum Verbraucher sicherstellen. Die wichtigsten dieser Funktionen sind:

- Schutzfunktion für die einzelnen Packstücke innerhalb der Ladeeinheit,
- Lager- und Transportfunktion durch den Zusammenhalt einzelner Packstücke als eine logistische Einheit,

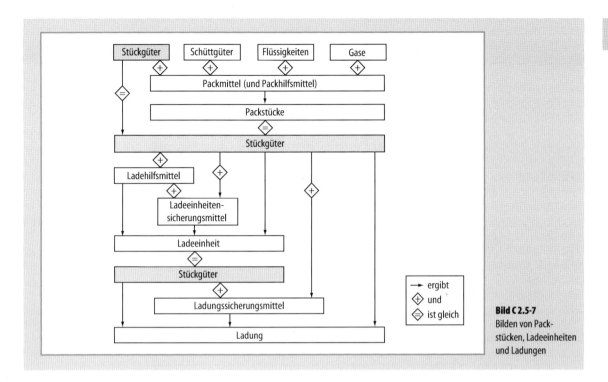

Bild C 2.5-7 Bilden von Packstücken, Ladeeinheiten und Ladungen

- Identifikations- und Informationsfunktion durch entsprechende Kennzeichnung der Ladeeinheit,
- Verkaufsfunktion bei direkter Platzierung der Ladeeinheit in den Verkaufsräumen des Handel,
- Voraussetzung zur Standardisierung innerhalb der logistischen Kette.

Zur Erfüllung dieser Funktionen wird die Ladeeinheit unter Berücksichtigung der Packgütereigenschaften sowie den Anforderungen aus der logistischen Kette geplant. Die Ladeeinheit wird durch ihre technische Spezifikation: Abmessungen, Masse, Material, Gestaltung, Oberflächenbeschaffenheit, Stapelbarkeit, Eigenstabilität, Temperaturempfindlichkeit, Feuchteempfindlichkeit, Empfindlichkeit gegenüber chemischen, biologischen oder weiteren physikalischen Beanspruchungen bestimmt. Zudem zeichnet sie sich durch betriebswirtschaftliche und ökologische Kennzahlen wie z. B. Anschaffungs- und Entsorgungskosten, anteilige Lager- und Transportkosten, Kosten pro Umlauf bei Mehrweg, Art und Menge der zu entsorgenden Packmittel und Packstoffe aus.

Die Ladeeinheit kann generell mit oder ohne Anwendung von Ladungsträgern gebildet werden. In der Regel werden schon aus Rationalisierungsgründen aber insbesondere auch um ein maschinelles und/oder automatisiertes Handling zu ermöglichen, Ladungsträger verwandt. Unter einem Ladungsträger wird nach DIN 30781 ein tragendes Mittel zur Zusammenfassung von Gütern zu einer Ladeeinheit verstanden. Synonym zum Begriff des Ladungsträgers wird häufig der Begriff des Ladehilfsmittels verwendet. Entsprechend ihrer Funktionalität unterscheidet man zwischen 3 Arten von Ladungsträgern (s. a. VDI 4407)

- *Ladungsträger mit tragender Funktion* dienen zur Aufnahme von Stückgütern, hierbei dient der Ladungsträger lediglich als Auflage. Diese Ladungsträger sind i. A. für Packgüter mit mittleren bis großen Abmessungen geeignet, wobei die Packgüter i. d. R. durch eine Ladeeinheitensicherung geschützt werden müssen (Bild C 2.5-8).

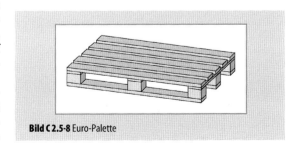

Bild C 2.5-8 Euro-Palette

Tabelle C 2.5-1 Relevante Ladungsträger im deutschen Handel

Abbildung	Bezeichnung	Abmessung			ISO-Modularität
		Fläche [mm]	Höhe LT [mm]	Ladehöhe [mm]	
	Euro-Palette	800 × 1200	150	1800[1]	(+)
	Euro-Halbpalette	600 × 800	150	1800[1]	(+)
	Euro-Viertelpalette	400 × 600	150	1800[1]	(+)
	Industrie-Palette	1000 × 1200	150	1800[1]	(+)
	Rollbehälter	810 × 720	200	1350[2]	(+)
	Rollpalette	600 × 800	200	–[3]	(+)

1 Entspricht der maximalen Ladehöhe nach CCG 2
2 Entspricht dem Vorzugsmaß nach DIN 30790
3 Keine maximale Ladehöhe bekannt

Dazu zählen Paletten in unterschiedlichen Bauformen (Flachpalette, Rungenpalette und Rolluntersätze bzw. Rollpaletten), Abmessungen (1000 × 1200, 800 × 1200, 600 × 800, 600 × 400 mm) und Materialien (Holz, Kunststoff, Aluminium, Stahl und teilweise Wellpappe). Als Standardabmessungen für Ladungsträger werden in Europa Euro-Modulmaße angewendet (s. DIN 15141), z. B. Euro-Palette 800 × 1200 mm, Euro-Halbpalette 600 × 800 mm und Euro-Viertelpalette 600 × 400 mm.

– *Ladungsträger mit tragender und umschließender Funktion* nehmen mit zusätzlichen geschlossenen oder durchbrochenen Wänden Packgüter auf. Diese Ladungsträger sind insbesondere geeignet für Packgüter mit kleinen/mittleren Abmessungen und ungleichförmiger Gestaltung, Packgütern mit besonderen Schutzansprüchen, bei nicht stapelbaren Packgütern und Packgütern, bei denen auf LE-Sicherung verzichtet werden soll. Als Beispiel für diese Art der Ladungsträger können Gitterboxen, Falt-/Klappboxen, Rungenpaletten und Paletten mit Aufsetzrahmen oder Ansteckrahmen erwähnt werden.

– *Ladungsträger mit tragender, umschließender und abschließender Funktion* sind Mittel zur Aufnahme von Stückgütern, Schüttgütern und Flüssigkeiten, die das Produkt von allen Seiten und zusätzlich von oben abschließen. Diese Ladungsträger sind für Packgüter konzipiert, die erst mittels Ladungsträgern handelbar und über große Transportentfernungen mit vielen Umschlägen transportiert werden, sowie für Packgüter mit besonderen Schutzansprüchen (s. Bild C 2.5-10). Als Beispiel können Silopaletten und Tankpaletten (IBC's) genannt werden.

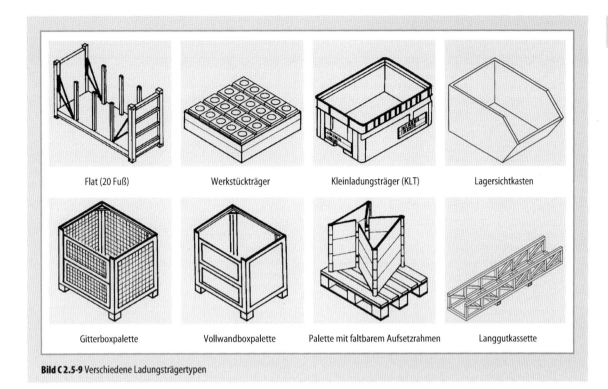

Bild C 2.5-9 Verschiedene Ladungsträgertypen

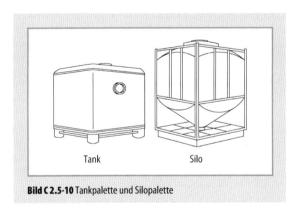

Bild C 2.5-10 Tankpalette und Silopalette

Ein übersichtliches Leistungsprofil über die verschiedenen Palettenbauformen liefert die Tab. C 2.5-2 aus der VDI 3968.

Die eigentliche Ladeeinheitenbildung erfolgt sowohl manuell und mechanisiert als auch automatisiert. Eine automatisierte Ladeeinheitenbildung ist sinnvoll bei der Produktion von Massengütern mit sortenreinen Einheiten und hohen Produktionsgeschwindigkeiten. Bei der automatisierten Palettierung kommen im Wesentlichen drei Funktionsprinzipien zum Einsatz:

- die Lagenpalettierung,
- die Säulenpalettierung (vereinzelt) und
- die Einzelpalettierung.

Entscheidungskriterien für die Lagenpalettierung sind hohe Leistungen, einheitliches Packbild und gleiche Packgutabmessungen bzw. Eigenschaften. Als Packbild kann sowohl die Säulenstapelung als auch die Verbundstapelung realisiert werden. Die Leistung (Pal./h) ist abhängig von der Anzahl der Packgüter je Lage und der Lagenanzahl. Das übliche Leistungsspektrum liegt zwischen 10–30 Pal./h. Im Einzelfall kann die Leistung auch deutlich höher liegen.

Bei der Einzelpalettierung wird jedes Packstück einzeln aufgenommen und auf der Palette abgesetzt. Die Leistung ist i. d. R. deutlich geringer als bei der Lagenpalettierung, zudem ist der Steuerungsaufwand – Greifen des Packstückes und lagerichtiges Absetzen – höher. Dies ist aber als Vorteil zu sehen bei unterschiedlichen und häufig wechselnden Packstückabmessungen und/oder der Variation des Packschemas. Wesentliche Anwendungsbereiche sind diskontinuierliche Fertigungen und die Ladeeinheitenbildung von Kommissionen.

Zur Ladeeinheitenbildung sind folgende Richtlinien bzw. Vorschriften zu berücksichtigen:

Tabelle C 2.5-2 Leistungsprofil Palettenbauformen (VDI 3968)

Ladungsträger / Schutz vor	Tragende Funktion z. B. Flachpalette nach DIN 15145	Tragende und umschließende Funktion z. B. Gitterbox	Tragende und umschließende und abschließende Funktion z. B. Tank- oder Silopalette
Auseinander fallen	o	+	+
Verrutschen	o	+	+
Verrollen	−	+	+
Umkippen	−	+	+
Auffächern	o	+	+
Selbststoffnung	−	o	+
Feuchtigkeitseinwirkung	−	−	+
Temperatureinflüssen	−	−	−
Verlust/Teilverlust	o	o	+
Diebstahl	−	o	+
Verwechselung	o	o	+
Volumenänderung	o	o	+
Verschmutzung	o	o	+
Staubbefall			
UV-Strahlung	−	−	o
Biologische Einflüsse	−	−	o
Chemische Einflüsse	−	−	o

a

Ladungsträger / Zusatzfunktionen	Tragende Funktion z. B. Flachpalette nach DIN 15145	Tragende und umschließende Funktion z. B. Gitterbox	Tragende und umschließende und abschließende Funktion z. B. Tank- oder Silopalette
Hilfsmittel bei TUL-Vorgängen	+	+	+
Hilfsmittel zur Rationalisierung/ Produktionssteigerung	+	+	+
Identifikationsfunktion	o	o	o
Werbeträger	o	o	o
Mittel zur Produktpräsentation	+	+	+
Recyclingmöglichkeiten	abhängig von Werkstoff und Konstruktion		
Entsorgungsfreundlichkeit			
Wiederverwendbarkeit	+	+	+
Umweltverträglichkeit	+	+	+
Arbeitssicherheit	+	+	+

b

Materialfluss-, Marketing-, sowie Umwelt- und Sicherheitsfunktionen werden im Sinne der Richtlinie VDI 3968 Blatt 1 (Anforderungsprofil) nicht erfüllt

- Flächennutzungsgrad nach DIN 55510,
- Höhe der Ladeeinheit für die Konsumgüterindustrie und den Handel als Empfehlung der GS1-Germany (ehemals CCG Centrale für Coorganisation): für die sortenreine Euro-Palette CCG 1 bis 900 mm Ladehöhe und CCG 2 1450 bis 1800 mm Ladehöhe. Daneben existiert eine weitere Empfehlung durch ECR Europe mit EUL 1 Ladehöhe 1.050 mm und EUL 2 Ladehöhe 2.250 mm, jeweils zuzüglich 150 mm Palettenhöhe [ECR02],
- Einsatz von normierten Ladungsträgern (z. B. Europalette, Gitterbox),
- Vorschriften des Umfeldes (z. B. GGVS, StVO, DIN, ISO, VDI, ...).

C 2.5.2.2 Sicherung von logistischen Einheiten

Zweck der Ladeeinheitensicherung ist die Vermeidung von qualitativen, quantitativen und stofflichen Veränderungen eines Packgutes beim Lagern, Umschlagen und Transportieren sowie das Sicherstellen eines störungsfreien Warenflusses in der Transportkette vom Erzeuger zum Verbraucher (s. VDI 3968). Sie kann dabei abhängig sein von der Art des Produktes, seiner Versandverpackung, des gewählten Ladungsträgers sowie der gesamten Transportkette und sollte schnell zu entfernen und problemlos zu entsorgen sein.

Die Ladeeinheitensicherung schützt die Packgüter innerhalb der Ladeeinheit vor:
- mechanischen Belastungen: Verrutschen, Verrollen, Umkippen, Ausfächern, Auseinanderfallen,
- klimatischen Belastungen: Temperatur, UV-Strahlung und Feuchte,
- weitere Belastungen: Verwechselung, Volumenänderung, Verschmutzung und Diebstahl.

Darüber hinaus können beim Einsatz spezieller Packhilfsmittel biologische und chemische Belastungen auf die Packgüter verhindert werden. Als endogenes Anforderungsprofil an die Ladeeinheitensicherung muss die mechanische Wirkung der Packung auf die Sicherungsmittel

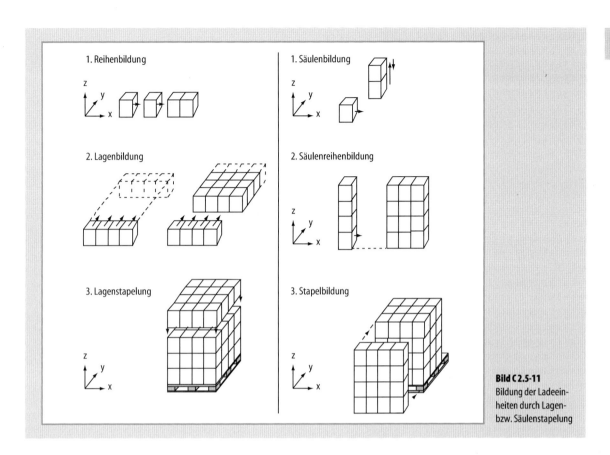

Bild C 2.5-11 Bildung der Ladeeinheiten durch Lagen- bzw. Säulenstapelung

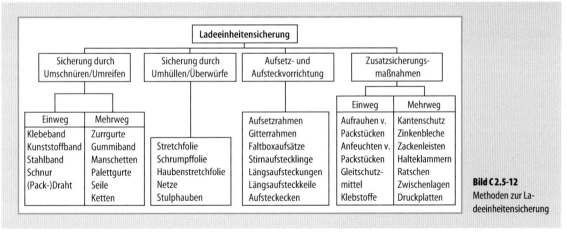

Bild C 2.5-12 Methoden zur Ladeeinheitensicherung

beachtet werden. Hier wird zwischen kompakten (z. B. Tafelblech), expandierenden (z. B. Faserballen), schrumpfenden (z. B. Holzkiste) und verdichtbaren (z. B. leere Beutel aus Papier) Ladeeinheiten unterschieden. Die wichtigsten Verfahren zur Sicherung der Ladeeinheiten (Bild C 2.5-12) lauten:

1. Umreifen mit Kunststoff-, Metall- und Klebebändern

Bei diesem Verfahren werden die Packgüter durch i. d. R. mehrere Umreifungen, die horizontal bzw. vertikal verlaufen können, zusammengehalten und meist auch mit dem Ladungsträger verbunden. Hierzu wird ein spezielles Gerät eingesetzt, das die Umreifungsbänder auf die notwendige Spannung bringt und die überlappenden Endbereiche miteinander verschließt. Die häufigsten Verschlussverfahren sind das Thermo- und das Plombenverschlussverfahren. Da der Verschluss der schwächste Punkt ist, bestimmt dieser die Anwendbarkeit der Umreifungstechnik. Die Verschlussfestigkeit liegt dabei im Allgemeinen zwischen 70 bis 90 Prozent der Reißkraft des Bandes bei Stahlbändern und zwischen 40 bis 70 Prozent bei Kunststoffbändern. Abhängig sind die angegebenen Werte von dem Verschließverfahren und der Bandabmessung.

Die Umreifungsbänder sind als Kunststoff oder metallische Bänder in unterschiedlichen Bandbreiten und -stärken für unterschiedliche Anwendungsfälle ausgeführt. Die Auswahl der Umreifungsbänder richtet sich nach Empfindlichkeitsgrad und Gewicht des Packgutes sowie nach Belastungsgrad innerhalb der Logistikkette. Metallbänder finden ihren Einsatz bei widerstandsfähigen und schweren Palettenladungen z. B. Fässer oder bei besonders hohen Transportbeanspruchungen bzw. expandierenden Gütern, während Kunststoffumreifungsbänder zur Sicherung von empfindlichen Packungseinheiten hinsichtlich der Oberflächen- und Kantenbeschaffenheit (z. B. Schachtel aus Wellpappe) zum Einsatz kommen. Außerdem schließen diese Qualitätsminderungen durch Oberflächenmarkierungen, die durch korrodierende Sicherungsmittel entstehen können, aus. Kunststoffbänder werden verwendet, wenn die Sicherung der Ladeeinheit eine hohe Elastizität des Umreifungsbandes erfordert (z. B. bei schrumpfenden oder sich setzenden Packgütern). Als Werkstoffe werden PP für die allgemeine Anwendung, PETP für Anwendungen die eine hohe Umreifungsspannung erfordern und PA für Anwendungen mit hohen Anforderungen an die Elastizität verwendet. Häufig setzt man Umreifungen in Kombination mit Kantenschützern ein, um eine direkte Beschädigung (Kratzer, Abdrücke, Abrieb) der Packstücke durch die Umreifungen zu verhindern (Bild C 2.5-13).

Zur Auswahl des geeigneten Umreifungsbandes sind Kenntnisse der Werkstoffeigenschaften wie Zugkraft, Spannungs-/Dehnungsverhalten, Spannungsrelaxation und Kriechnachgiebigkeit erforderlich. Dabei wird das Spannungs-/Dehnungsverhalten durch die sich bei einer Spannkraft einstellende Dehnung beschrieben. Die Spannungsrelaxation ist von Bedeutung für starre Packgüter und versteht sich als Abnahme der eingebrachten Bandspannung in einer Umreifung über die Zeit, ohne dass sich dabei die Umreifungslänge verändert. Unter Kriechnachgiebigkeit wird die Eigenschaft thermoplastischer Kunststoffe verstanden, sich unter Belastung über eine bestimmte Zeitspanne bleibend zu verlängern [s. VDI 3968].

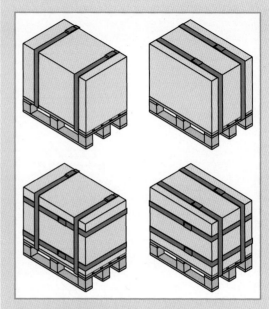

Bild C 2.5-13 Beispiele für umreifte Ladeeinheiten

Das Umreifen einer Ladeeinheit kann manuell, halbautomatisch oder vollautomatisch erfolgen. Hierbei liegt die Leistung von manuellem Umreifen in Abhängigkeit der Anzahl Umreifungsbänder bei ca. 10–15 Pal./h., während bei automatisierten Verfahren ca. 50 bis 120 Pal./h umreift werden können.

Für den Zusammenhalt von Packstücken innerhalb der Ladeeinheit können bei relativ leichten Packstücken Verpackungsklebebänder eingesetzt werden. Für höhere Gewichte und Belastungen bieten sich fadenverstärkte Klebebänder mit unterschiedlichen Spezifikationen an.

2. Stretchen/Haubenstretchen

Stretchen ist der Vorgang, bei dem in eine Folie kontinuierlich durch mechanisches Recken bzw. Dehnen eine Spannung eingebracht und die Folie in diesem Zustand um eine palettierte Ladeeinheit gebracht wird. Durch die Eigenschaft der Stretchfolie sich nach Zugbelastung wieder zusammenzuziehen werden die bei diesem Vorgang auftretenden Kräfte auf die Ladeeinheit übertragen und diese zusammengehalten. Hierbei unterscheidet man zwischen Spiral-, Vorhang- und Haubenstretchen (s. VDI 3968).

Beim Spiralstretchen wird die Folie häufig durch ein bis zwei horizontale Wicklungen an dem Fuß der Ladeeinheit (Palette) befestigt. Die Stretchfolie wird anschließend spiralförmig je nach Anwendungsfall bei vorgegebenem Steigungs- und Überlappungsgrad weitergewickelt bis der Kopf der Ladeeinheit erreicht wird. Der Stretchvorgang schließt mit ein bis zwei horizontalen Wicklungen ab. Als quasi Verschluss werden die Adhäsionskräfte der Folie genutzt.

Der Stretchvorgang und die zu erreichende Stabilität der Ladeeinheit werden bestimmt durch die Auswahl der Folie, Dehnungsgrad, Anzahl der Fuß- und Kopfwicklungen sowie durch den Überlappungs- und Steigungsgrad der Wicklungen.

Beim Spiralstretchen werden in erster Linie Stretchfolien aus linearem Polyethylen niederer Dichte (PE-LLD) eingesetzt, da dieser Kunststoff eine gute Ausziehfähigkeit zu dünnen Folien, hohe Durchstoßfestigkeit, gute Weiterreißfestigkeit und extrem hohe Dehnbarkeit aufweist. Die verwendeten Flachfolien sind 12 bis 35 µm dick und 250 bis 750 mm breit. Die Folien werden gegebenenfalls mit Zusatzstoffen wie Gleitmittel, Anti-Blockiermittel oder UV-Stabilisatoren behandelt. Das Stretchverfahren eignet sich für kleine bis mittelgroße Packstücke, die leicht bis mittelschwer sind. Die Anwendung ist auch für Ladeeinheiten mit unterschiedlichen Konturen geeignet, da die Folie beim Wickeln jeder Kontur folgt und entsprechend ausgestattete Maschinen auch die Spannkräfte anpassen können. [Hen99] Spiralstretchen stellt eine Alternative zum Schrumpfen dar, wenn keine Anforderung an einen kompletten Klimaschutz durch die Ladeeinheitensicherung gestellt wird.

Das Spiralstretchen einer Ladeeinheit kann manuell, halbautomatisch oder vollautomatisch erfolgen. Der Durchsatz von automatisierten Stretchverfahren liegt bei bis zu 120 Pal./h. (s. VDI 3968).

Für das automatisierte Stretchen bietet sich das Haubenstretchen an (Bild C 2.5-12). Es unterscheidet sich vom Spiralstretchen dadurch, dass die Stretchfolie nicht um die Ladeeinheit gewickelt wird, sondern im Vorfeld von einem Seitenfaltenschlauch je nach Größe der Ladeeinheit eine Stretchhaube gefertigt, durch eine spezielle Vorrichtung vorgereckt und von oben über die Ladeeinheit gestülpt wird. Hierbei zieht sich die Haube in ihren ursprünglichen Spannungszustand zurück und hält die Packstücke innerhalb der Ladeeinheit zusammen. Das Haubenstretchen bietet sich bei Ladeeinheiten mit konstanten Palettenabmessungen und unterschiedlichen Ladungshöhen die gegen Witterungseinflüsse und Staub geschützt werden müssen an. Anwendung findet es bei mittleren bis leichten Transportbelastungen. Die zur Herstellung der Hauben verwendeten Folien sind 40 bis 180 µm dick und die Folienbreite beträgt 500 bis 2500 mm. Der Durchsatz von automatischen Haubenstretchmaschinen liegt bei ca. 100 Pal./h.

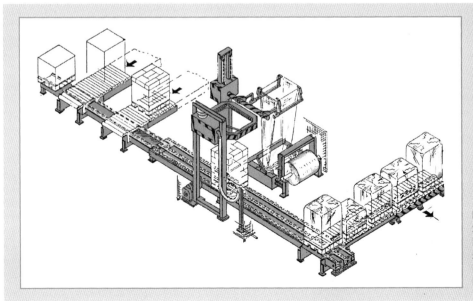

Bild C 2.5-14
Sicherung der Ladeeinheiten durch Haubenstretchen (Fa. MSK-Covertech, Kleve)

Vorteile des Stretchverfahrens [Hen99]:
- flexibles Verfahren zur Ladeeinheitensicherung (z. B. Foliendehnung, Überlappungsgrad, Fuß- und Kopfwickelanzahl einstellbar),
- wirtschaftlicher durch geringeren Energiebedarf,
- hitzeempfindliche Packgüter können gesichert werden,
- beim Spiralstretchen reicht eine Folienbreite für alle Packgutabmessungen,
- die Investitionskosten sind niedriger als für Schrumpfmaschinen,
- Stretchfolienpreis pro Ladeeinheit ist geringer als Schrumpffolienpreis pro Ladeeinheit.

3. Schrumpfen

Die Funktionsweise dieses Verfahrens basiert auf einer speziellen Eigenschaft der Schrumpffolie, die während der Herstellung erzeugt wird. Die Folie wird in einem bestimmten Temperaturbereich monoaxial oder biaxial vorgereckt und in diesem Zustand auf Raumtemperatur abgekühlt, wodurch die Spannungen aus dem Vorreckvorgang in der Folie eingefroren werden. Weitere Eigenschaften, die die Schrumpffolie aufweisen müssen (z. B. schweißbar, die Elastizität über längere Zeit haltbar, UV-stabil, wasserdicht, transparent, recyclingfähig und bedruckbar) sind in DIN 55532 festgelegt.

Beim Schrumpfvorgang wird die Schrumpffolie i. d. R. als Haube über die Ladeeinheit gestülpt und kurzzeitig erwärmt. Hierdurch werden die in der Folie eingefrorenen Spannungen wieder freigesetzt, die Folie zieht sich in alle Richtungen zusammen und umschließt dadurch die Ladeeinheit konturnah. Die Schrumpffolie übt im Ruhezustand nur geringe Kräfte auf die Ladeeinheit aus, ist aber in der Lage bei äußerer Belastung größere Kräfte zur Stabilisierung der Ladeeinheit aufzunehmen.

Als Werkstoff für Schrumpffolien wird überwiegend Polyethylen niederer Dichte (PE-LD) eingesetzt. Die Folien sind ca. 20 bis 150 µm dick. Sie können mit Zusätzen wie Gleitmittel, Anti-Blockiermittel oder UV-Stabilisatoren behandelt sein. Folien werden als Flachfolien, Schlauch, Seitenfaltschlauch oder konfektionierte Hauben geliefert. In der manuellen Anwendung werden überwiegend gasbetriebene Handschrumpfpistolen eingesetzt. Bei den automatisierten Verfahren unterscheidet man zwischen dem Haubenüberziehverfahren (Vertikalverfahren oder Fallschirmverfahren) und dem Banderolierverfahren. Als Schrumpfsysteme bieten sich die Schrumpfsäule, der heute vorzugsweise eingesetzte Schrumpfrahmen oder der aus Kostengründen kaum mehr angewandte Schrumpfofen an, die sich zum einen durch unterschiedliche Schrumpfleistungen und unterschiedliche Wirkungsgrade bzgl. des Wärmeverlusts auszeichnen (Bild C 2.5-13). Zum Einsatz kommen entweder Kompaktanlagen, die sich durch einen geringen Flächenbedarf auszeichnen oder in Reihe hintereinander geschaltete Überziehmaschinen und Schrumpfrahmen, die einen höheren Durchsatz erreichen. Diese Anlagen können individuell durch ein Unterschrumpf-, Konturenschrumpf-, Anti-Klebe-, Anti-Falten- und/oder Anti-Kipp-System erweitert werden.

Die Schrumpftemperatur kann je nach verwendeter Folie unterschiedlich sein, sie liegt generell über dem Erweichungspunkt des Folienwerkstoffs im Bereich von ca. 110 bis 130°C. Durch die Temperaturbelastung der Packstücke ergeben sich Einsatzgrenzen für das Schrumpfverfahren.

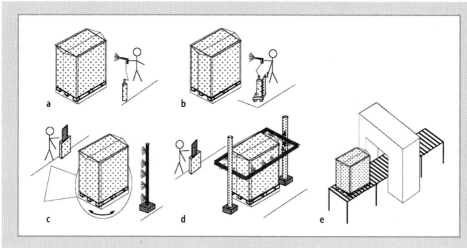

Bild C 2.5-15
Beispiele verschiedener Schrumpfverfahren.
a Handschrumpfgerät;
b fahrbares Schrumpfgerät;
c Schrumpfsäule;
d Schrumpfrahmen;
e Schrumpfofen

Der Leistungsbereich von Handschrumpfgeräten liegt typischerweise bei 20 bis 50 Pal./Tag, während beim Schrumpfrahmen, -säulen oder -ofen ein Durchsatz von 30 bis 150 Pal./h. erreicht werden kann.

Folgende Vorteile ergeben sich aus dem Sichern von Ladeeinheiten durch Schrumpfen [Hen99]:
– unproblematischer bei unregelmäßigen Ladeeinheiten, da sich die Schrumpffolie dicht an die unterschiedlichen Konturen des Packgutstapels anlegt und eine sichere Verbindung mit der Palette herstellt,
– es treten keine seitlichen Kräfte bei der Umhüllung auf,
– Schrumpfhaube kann ggfs. als Werbeträger eingesetzt werden,
– Schrumpfhaube dient als Diebstahlschutz, da eine Entnahme nur durch eine sichtbare Verletzung der Hülle möglich ist,
– das Packgut kann im Vergleich zum Umreifen durch dieses Sicherungsverfahren nicht beschädigt werden,
– wirksamer Schutz gegen Umwelteinflüsse bei Einsatz einer regendichten Folienhaube (Lagerung im Freien möglich),
– in speziellen Anlagen besteht die Möglichkeit palettenlose Ladeeinheiten zu schrumpfen.

4. Kleben

Flüssige Klebestoffe bieten ebenfalls eine Alternative zur Sicherung der Ladeeinheit. Je nach Oberflächenart der zu verklebenden Packstücke (z. B. Wellpappe, Kunststoff usw.) werden entsprechende Klebestoffe auf dem Markt angeboten. Das Auftragen der Klebestoffe erfolgt meist automatisch direkt während der Ladeeinheitenbildung. Dieses Verfahren wird häufig bei innerbetrieblichem Transport und bei niedrigen Belastungen eingesetzt.

5. Sonstige Verfahren

Außer den bereits vorgestellten Verfahren der Ladeeinheitensicherung gibt es eine Reihe von Sonderverfahren (z. B. Verzurren mit Gurt, Kette, Netze und Planen) und formschlüssige Techniken (z. B. Zinkenblech), die hauptsächlich für spezielle Packgüter (z. B. extrem schwere Güter wie Papierrollen) ihren Einsatz finden.

Die Auswahl der richtigen Ladeeinheitensicherung für einen bestimmten Anwendungsfall erfolgt unter Berücksichtigung der an die Ladeeinheitensicherung gestellten Anforderungen. Die wichtigsten dieser Anforderungen sind Art, Größe und Gewicht der Packstücke, Empfindlichkeit der Packstücke gegen mechanische und klimatische Belastungen (z. B. Feuchtigkeit), erforderliche Leistung der Ladeeinheitensicherung und Integration in vor- bzw. nachgeschaltete Prozesse, Wirtschaftlichkeit der Investitionen in die erforderlichen Maschinen sowie Anschaffungs- und Entsorgungskosten der Packmittel (Tabelle C 2.5-3).

C 2.5.2.3 Ladungsbildung und Verladung

Eine Zusammenstellung aus mehreren gesicherten Ladeeinheiten wird als Ladung bezeichnet. Die Ladungsbildung wird dabei bestimmt durch die entsprechenden Transportmittel (LKW, Bahn, Schiff, Flugzeug), die für den anschließenden Transport der Waren zum Einsatz gelangen. Die Verladung bezeichnet dabei die Beladung der Trans-

Tabelle C 2.5-3 Beispielhafter Systemvergleich für Umreifen, Schrumpfen und Stretchen [Jün99]

Auswahlkriterien & Anwendungsgebiete		Art der Ladeeinheitensicherung		
		Umreifen	Schrumpfen	Stretchen
Schutzfunktion	Diebstahl		++	++
	Feuchtigkeit		++	
	mech. Transportbelastung	+	++	
	Staub		++	+
	Temperatur	++	++	
	Rutschen	+	+	++
	UV-Strahlung		++	
Anwendung für Packstücke	z. B. Schachteln	++	++	++
	Kisten	++	+	+
	Säcke		++	
	Fässer	++		
	Verpackung aus Glas	++	++	
	leicht		+	++
	schwer	++	+	
	klein		++	++
	groß	+		
	unregelmäßig		++	+
Ladeeinheiten	schwer	++	++	+
	hoch	++	++	++
	verbundgestapelt	++	++	++
	säulengestapelt	+	+	+
	uneinheitlich		++	+
Eigenschaften der Verfahren	einfach	+	++	
	manuell durchführbar		+	
	automatisierbar	++	++	++
	ökonomisch	++	++	++
	werbend		+	++
	leicht zu entfernen	+	+	
	entsorgungsfreundlich	+		
	wiederverwendbar			
	hygienisch		++	+
	Verpackungsreduzierung		++	+

++ ja   + bedingt   nein

portmittel. Die Prozesse der Ladungsbildung und Verladung nehmen Einfluss auf die Gestaltung der Ladezone, auf die Verladearten und Verladetechniken.

Die *Ladezone* ist der Verrichtungsort der Ladungsbildung und Schnittstelle zwischen innerbetrieblichem und außerbetrieblichem Materialfluss. In der Ladezone werden die zu versendenden Ladeeinheiten gesammelt, bis daraus die Ladung für einen bestimmten Empfänger gebildet und das entsprechende Transportmittel beladen werden kann. Die Ladezone besteht aus Bereitstellplätzen für Ladeeinheiten und Ladungen, Verkehrsflächen für Fördermittel, Rampen zur Beladung der Transportmittel und Büroräumen zur Organisation und Verwaltung der Arbeitsvorgänge. Die Gestaltung der Ladezone orientiert sich an der Erfüllung der gestellten Aufgaben sowie an der Vermeidung häufig auftretender Probleme an der Ladezone (z. B. lange Warteschlangen bei der Abfertigung der Fahrzeuge, blockierte Flächen durch bereitstehende Transportgüter etc.). Die Anzahl der Ladetore und die Größe der Ladezonen bestimmen sich über die Anzahl abzufertigender Lkw und deren mögliche zeitliche Verteilung. Abzudecken ist dabei die durchschnittliche Grundlast sowie Spitzenlasten bedingt durch u. a. saisonale Schwankungen oder Verkehrsstörungen. Grundsätzlich ist dabei eine optimale Abstimmung der Fahrzeuge und der Ladezonen notwendig.

Als *Verladearten* unterscheidet man zwischen Flur- und Rampenverladung. Bei Flurverladung haben die Ladeflächen des Fahrzeuges und die Ebene, auf der die Ladeeinheiten bereitgestellt sind, große Höhenunterschiede. Deshalb kann die Verladung des Fahrzeuges nur durch ein Fördermittel mit in der Vertikalrichtung verstellbarem Lastaufnahmemittel (z. B. Gabelstapler) geschehen. Im Gegensatz dazu sind die Höhenunterschiede bei Rampenverladung, aufgrund des Höhenniveaus der Rampe (500 bis 1400 mm) relativ klein. Die Verladung des Fahrzeuges kann deshalb meist mit einfachen Gabelhubwagen erfolgen. Als Rampenformen kommen Seitenrampe, Kopframpe, Dockrampe, Sägezahnrampe und Tieframpe zum Einsatz.

Bei der Verladetechnik unterscheidet man zwischen konventionellen und automatisierten Verfahren. Bei der konventionellen Verladung werden statische Betriebseinrichtungen wie Rampe und/oder dynamische Betriebseinrichtungen wie Stapler oder Überladebrücken in verschiedenen Ausführungen eingesetzt. Die beschleunigte Versorgung von Produktions- und Handelsunternehmen mit Rohmaterialien und Fertigprodukten erfordert den Einsatz von Verladesystemen, die neben hohen Leistungen dem gesamten Umschlagsystem eine besondere Flexibilität verleihen. Obwohl der Stapler und Handhubwagen in Punkto Flexibilität für palettierte Güter nahezu unschlagbar sind, ist doch ein hoher Zeit- und Personaleinsatz erforderlich. Zum Erreichen einer hohen Umschlaggeschwindigkeit und der Reduktion des personellen Aufwandes bieten sich verschiedene automatische Be- und Entladesysteme an. Mögliche Varianten stellen Verladeschienen, Tragketten/Rollenförderer, Rollenböden oder Walking-Floor-Systeme dar. Diese unterscheiden sich nach Art der Ladeflächentechnik des Transportmittels und der Anbindung der internen Fördertechnik in der Ladezone.

C 2.5.2.4 Ladungssicherung

Unter Ladungssicherung fasst man alle Maßnahmen und Techniken zusammen, die zur Fixierung von Ladeeinheiten auf der Ladefläche der Transportmittel führen. Der Transport der bereits gebildeten Ladung erfolgt je nach Entfernung, Menge und sonstigen Randbedingungen mittels LKW, Bahn, Schiff oder Flugzeug. Hierbei wirken verschiedene Kräfte auf die Ladung, die aufgrund der Transportmittelbeladung und Stauung im Laderaum, Bremsen und Beschleunigen des Transportmittels, Kurvenfahrten, Zustand des Transportweges und technischen Spezifikationen des Transportmittels erzeugt werden. Als Folge dieser Bewegungskräfte werden Vertikalkräfte wie Stöße und Schwingungen und Horizontalkräfte hervorgerufen. Um die Auswirkungen dieser Belastungen (z. B. Rutschen, Kippen, Rollen oder Wandern von Ladegütern) in einem unkritischen Bereich zu halten, müssen die Ladungen sachgerecht gesichert und geschützt werden. Hierfür benötigt man aus Messungen und Erfahrungswerten die

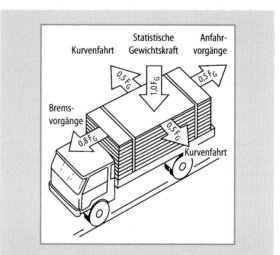

Bild C 2.5-16 Beschleunigungshöchstwerte für die Ladungssicherung im Straßenverkehr [VDI 2700]

Höchstwerte der Beschleunigungen im üblichen Fahrbetrieb, die man als Verhältniswert zur bekannten Fallbeschleunigung angibt.
So wirken im Straßengüterverkehr (s. VDI 2700):
- bei Anfahr- und Beschleunigungsvorgängen maximale Massenkräfte der Ladung nach hinten in einer Größenordnung von $0.5 * F_G$ (Gewichtskraft),
- bei Bremsvorgängen maximale Massenkräfte der Ladung nach vorn von $0.8 * F_G$,
- bei Kurvenfahrten maximale Massenkräfte der Ladung zur Seite von $0.5 * F_G$,
- zusätzlich ist bei nicht standfesten, kippgefährdeten Gütern ein Wankfaktor in seitlicher Richtung von $0.2 * F_G$ zu berücksichtigen.

Werte für den kombinierten Verkehr sind in der VDI-Richtlinie 2700-7 enthalten.
- Um eine Ladung richtig zu sichern, ist eine systematische Betrachtung aller Einflussfaktoren erforderlich (s. auch VDI 2700). Diese Faktoren sind:

Beschaffenheitsprofil von Ladungen

Unter diesem Punkt wird die Art (palettiert, Langgut, usw.), die Gestaltung (Abmessungen, Lage des Schwerpunktes), die Empfindlichkeit gegenüber äußeren Einwirkungen und sonstige Eigenschaften (Masse, Reibwert, Kippstabilität, usw.) der Ladung zusammengefasst. Die Masse ist eine unverzichtbare Voraussetzung für die Organisation des Gütertransports und kennzeichnet die zwei Eigenschaften der Ladung:
- die Gewichtskraft mit der die Ladung auf die Ladefläche drückt,
- die Trägheitskraft, welche das Bestreben der Ladung sich einer Änderung ihres Bewegungszustandes zu widersetzen ist.

Belastungsprofil beim Ladungstransport

Dieses Profil beschreibt die während des Transportes auf die Ladung wirkenden Belastungen, die durch physikalische Vorgänge hervorgerufen werden. Horizontal und vertikal auftretende Belastungen sind auf Schwingungen und Stöße zurückzuführen, die verursacht werden durch:
- die Beschleunigung des Fahrzeugs bei Geradeaus- und Kurvenfahrten,
- den Straßenzustand sowie
- die technischen Spezifikationen des Fahrzeugs.

Statische Belastungen treten als Folge der Fahrzeugbeladung und Stauung im Laderaum auf. Die Betrachtung dieser Einflüsse ist ausschlaggebend für die Realisierung der Ladungssicherung.

Funktionsprofil der Ladungssicherung

Im Vergleich zur Verpackung oder der Ladeeinheitensicherung, die eine Vielzahl möglicher Funktionen bieten können, ist das Funktionsprofil von Ladungssicherungen eher eingeschränkt. Zudem lässt die physikalische Schutzfunktion der Ladungssicherung weitere Funktionen in den Hintergrund treten. Um diese Schutzfunktionen zu realisieren, muss die Ladung in der Lage sein, die auf die Ladung wirkenden Beschleunigungskräfte aufzunehmen. Schutzfunktionen von Ladungssicherungen sind Schutz vor:
- Verrutschen der Ladung oder Teilen der Ladung,
- Verrollen der Ladung oder Teilen der Ladung,
- Herabfallen der Ladung oder einzelner Ladungsteile,
- Umkippen der Ladung oder von Ladungsteilen,
- Auseinanderfallen der Ladung,
- Ausfächern einzelner Ladungsteile aus der Ladung heraus.

Eignungsprofil der Fahrzeuge

Das Eignungsprofil der Fahrzeuge beschreibt deren technische Daten und weitere für die Ladungssicherung relevante Spezifikationen. Technische Daten des Fahrgestells liegen i. d. R. zu den Punkten Achslasten, zulässiges Gesamtgewicht und maximale Nutzlast vor. Ebenso kann die Art der Schwingungsdämpfung (Blattfederung/Luftfederung) leicht festgestellt werden. Zu den Bremsverzögerungen der Fahrzeuge sind nicht immer konkrete Angaben erhältlich.

Reibverhältnisse der Ladefläche

Ein entscheidender Aspekt zur Auslegung von Ladungssicherungsmaßnahmen ist die Kenntnis über die Reibverhältnisse auf der Ladefläche. Je höher die Reibzahlen (angegeben als μ und μ_0-Werte) einer Paarung (Ladefläche und Ladeeinheit) sind, desto höher ist die mögliche Haftkraft der Ladung gegen Verrutschen auf der Ladefläche. Um einen Anhaltswert über die zu erwartenden Ladungssicherungsmöglichkeiten zu erhalten, müssen die Werkstoffe der verwendeten Bodenbeläge bekannt sein. Der Reibwert eines Stoffpaares hängt von den Materialeigenschaften (z. B. der Oberflächenstruktur, der Festigkeit, der Härte und der Flächenpressung) und dem Zustand (z. B. trocken, nass und fettig) der Reibflächen sowie von den dynamischen Belastungsprofilen (z. B. Schwingungen und

Tabelle C 2.5-4 Tabelle zu beispielhaften Haft- und Gleitreibwerten (www.reibwerte.de)

ID	Ladungsträger	Material Ladungsträger	Abmessung	Gewicht (kg)	Anordnung bei Reibwertmessung	Ladefläche	Haftreibwert	Gleitreibwert	Quelle	Messverfahren
1	Europalette	Holz	800 × 1200	400	Zugversuch in Richtung der kurzen Seite (quer)	Alter Siebdruckboden stark abgenutzt	0,75	0,69	IML	Zugkraftmessung
2	Europalette	Holz	800 × 1200	800	Zugversuch in Richtung der kurzen Seite (quer)	Siebdruckboden (neu)		0,46	IML	Zugkraftmessung
3	Europalette	Holz	800 × 1200	400	Zugversuch in Richtung der kurzen Seite (quer)	Siebdruckboden (neu)	0,57	0,53	IML	Zugkraftmessung
4	Europalette	Holz	800 × 1200	800	Zugversuch in Richtung der langen Seite (längs)	Siebdruckboden	0,62	0,56	IML	Zugkraftmessung
5	Europalette	Holz	800 × 1200	815	Zugversuch in Richtung der langen Seite (längs)	Siebdruckboden	0,46	0,40	IML	Zugkraftmessung

Stößen) des Fahrbetriebs ab (s. VDI 2700). Typische Stoffpaare und Gleit-Reibbeiwerte sind: Holz/Holz (0,05 bis 0,50), Holz/Metall (0,02 bis 0,50) und Stahl/Stahl (0,01 bis 0,25). [Dub90] Im Zweifelsfall ist der niedrigste Gleit-Reibbeiwert für die Berechnung zu verwenden oder durch reproduzierbare Prüfungen zu bestimmen. Eine aktuelle Datenbank zu Reibwerten im Internet gibt interessante Zahlenwerte zu Reibzahl, Reibwert, Reibbeiwert und Reibungskoeffizient als Unterstützung für die praktische Ladungssicherung (s. www.reibwerte.de).

Beschaffenheit des Fahrzeugaufbaus

Hiervon hängt in hohem Maße Sicherheit und Wirtschaftlichkeit von Ladungstransporten ab. Die Konstruktion legt die geometrischen Randbedingungen des Laderaums und die Möglichkeiten der Beladung fest. Für den Bereich Stückgut-Transport unterscheidet man zwischen offenen und geschlossenen Aufbauten, wobei geschlossene Ausführungen entweder als Kofferaufbau oder als Pritschenaufbau mit Plane üblich sind. Wesentlich für den Einsatz bestimmter Ladungssicherungsmittel ist das Vorhandensein von integrierten Elementen zur Ladungssicherung wie etwa Zurrpunkten, Ankerschienen oder Lochschienen.

Lastverteilung der Ladung

Die Ladung ist so zu verstauen, dass der Schwerpunkt der gesamten Ladung möglichst über der Längsmittellinie des Fahrzeugs liegt. Der Schwerpunkt ist so niedrig wie möglich zu halten. Die Beladung eines Fahrzeugs muss im Rahmen des zulässigen Gesamtgewichtes und der zulässigen Achslast erfolgen. Auch bei Teilladungen ist die Gewichtsverteilung so anzustreben, dass jede Achse etwa gleich belastet wird. Ein Hilfsmittel zur Bestimmung der optimalen Lastverteilung ist der Lastverteilungsplan (s. VDI 2700).

Systematik der Ladungssicherungsverfahren

Sollten die das Ladegut haltenden Kräfte nicht ausreichen, um die bewegenden Kräfte aufzuheben muss durch Ladungssicherungsmaßnahmen eine zusätzliche Haltekraft aufgebracht werden, die sich aus der Differenz zwischen den haltenden und den bewegenden Kräften am Ladegut ergibt. Generell wird zwischen formschlüssigen, kraftschlüssigen und kombinierten Verfahren der Ladungssicherung unterschieden (Bild C 2.5-17). Bei *formschlüssigen Verfahren* wird die Ladung so gegen Stirn- und Bordwände abgestützt, dass sich alle einzelnen Teile einer Ladung nicht oder nur geringfügig bewegen können. Hierfür ist es erforderlich die Festigkeit der seitlichen, front- und heckseitigen Laderaumbegrenzungen zu kennen. Direktes Anlegen der Ladung gegen die Laderaumbegrenzung, Einbringen von gesicherten Distanzstücken oder variabel einsetzbare Steckrungen seien hierbei als Möglichkeiten genannt. Ist ein nagelfähiger Holzboden auf der Pritsche vorhanden, so können Ladegüter auch durch Festlegehölzer z. B. Hölzer mit Rechteckquerschnitt (Kanthölzer) oder Keile gesichert werden. Folgende Methoden sind bei formschlüssigen Verfahren üblich:

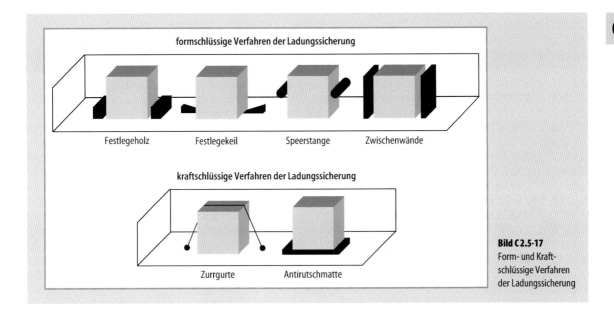

Bild C 2.5-17 Form- und Kraftschlüssige Verfahren der Ladungssicherung

- abstützen und Druck ableiten,
- Leerräume ausfüllen (z. B. durch Paletten, Luftsäcke, Schlitten oder Holzkonstruktionen),
- Ladung abschnittsweise sichern.

Für die *kraftschlüssigen Verfahren* werden sog. Zurrmittel als Ladungssicherungsmittel eingesetzt. Hierzu zählen Zurrgurte aus Kunstfasern, Zurrdrahtseile, Zurrketten sowie deren Kombinationen. Die kraftschlüssige Ladungssicherung erfolgt zum einen durch das Niederzurren der Ladung, wodurch die Normalkraft (zum Erdmittelpunkt hin wirkende Kraft auf das Ladegut) erhöht wird. Beim Zurren können zur Reduzierung der erforderlichen Gesamtvorspannkräfte reibwerterhöhende Unter- und Zwischenlagen verwendet werden, z. B. Antirutschmatten. Diese dürfen an keiner Stelle einen Kontakt zwischen Ladung und Ladefläche bzw. einzelnen Ladungsteilen erlauben und tragen zur Vermeidung von Transportschäden durch überhöhte Zurrkräfte bei. Eine weitere Methode sind die als Direktzurrung bezeichneten Verfahren (z. B. das Diagonal- bzw. Schrägzurren). Dabei wird die Ladung auf der Ladefläche festgehalten. Voraussetzung für das sichere Verzurren von Ladegütern sind Zurrpunkte am Fahrzeug.

In der Praxis erfolgt die Ladungssicherung je nach Anwendungsfall durch die Kombination verschiedener einzelner Ladungssicherungsverfahren, die hinsichtlich der Festigkeit und Empfindlichkeit des Ladegutes geeignet als auch wirtschaftlich realisierbar sind (s. VDI 2700; [Lan98b]).

C 2.5.3 Optimierung von logistischen Einheiten

Innerhalb der logistischen Kette können generell Packstücke, Umverpackungen, Transportverpackungen, Ladeeinheiten und Ladungen als logistische Einheit bezeichnet werden. Die Optimierung von logistischen Einheiten ist somit die Suche nach dem wirtschaftlich besten Zusammenspiel von Produkt, Transportverpackung und Ladeeinheit, damit die Produkte effektiv geschützt und der zur Verfügung stehende Stauraum auf der Palette und auf der Ladefläche des Transportmittels optimal ausgenutzt werden kann.

C 2.5.3.1 Verpackungsmodularisierung/Standardisierung

In vielen Branchen werden Standardprodukte in unterschiedlichen Varianten gefertigt und verpackt. Die Verpackung muss dabei den Anforderungen eines Packgutes entsprechen und gleichzeitig den Stauraum eines Ladungsträgers effizient nutzen. Eine ökonomische Lösung ergibt sich nur dann, wenn das Produkt, die Verpackung, der Ladungsträger und der Laderaum des Transportmittels aufeinander abgestimmt sind (Bild 2.5-18).

Transporte im Rahmen der Distribution erfolgen durch unterschiedliche Arten von Materialflusssystemen mit den daraus ableitbaren Randbedingungen. Zu diesen gehört die Anpassung der Grundabmessungen einer Fläche an ein Modulmaß. Vorteile einer solchen einheitlichen oder modularen Gestaltung sind:

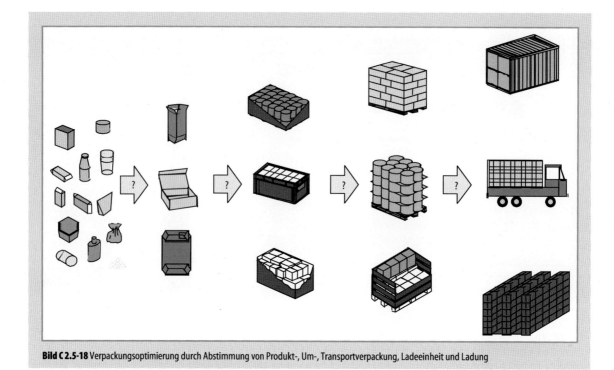

Bild C 2.5-18 Verpackungsoptimierung durch Abstimmung von Produkt-, Um-, Transportverpackung, Ladeeinheit und Ladung

- höhere Volumennutzungsgrade der Transportmittel,
- eine geringe Anzahl von Handlingvorgängen und
- die Vermeidung zusätzlicher Umpackvorgänge.

In diesem Zusammenhang kommt der sog. „ISO-Modularität" hohe Bedeutung zu. Speziell die Verpackung betreffend wird auch von „modularer Verpackung" gesprochen. Hintergrund für beide ist ein in DIN 30798 definiertes modulares Raster als ein System rechtwinklig zueinander angeordneter Linien oder Ebenen. Die DIN 30783 beschreibt ein Flächenraster, welches auf der Modulgröße 600 × 400 mm basiert. Die Ableitung dieses Moduls wurde gewählt, weil dadurch auf Paletten sowohl mit den Abmessungen 800 × 1200 mm als auch mit 1000 × 1200 mm eine wirtschaftliche Flächennutzung möglich ist. Durch Teilung und Vervielfachung des Basismoduls 600 × 400 mm werden in der DIN 30798 eine Reihe von Teilflächen und Flächenmultimodulen abgeleitet, die innerhalb des Rasters zulässig sind (Bild C 2.5-19). Die auf den Ladungsträger abzielenden internationalen und letztlich namensgebenden Normen lauten ISO 3394, ISO 3676 und prEN 1732.

Die DIN 55510 definiert auf Basis der Palettengrößen 800 × 1200 mm und 1000 × 1200 mm sowie des Flächenmoduls 600 × 400 mm modulare Teilflächen (als ganzzahlige Vielfache oder Teilbare) für Verpackungen, die eine vollständige Nutzung der Palettenfläche gewährleisten. Die Norm fordert ausdrücklich, dass diese einzelnen Modulmaße – zum Beispiel durch Stapeldruck bedingte Veränderungen – nicht überschritten werden dürfen. DIN 55511 leitet auf dieser Basis unter Berücksichtigung von Toleranzen, Wandstärken etc. Abmessungen für Faltschachteln aus Voll- und Wellpappe ab.

Je ausgeprägter diese Gestaltung über die gesamte Transportkette ist, desto effizienter, d. h. ressourcenschonender und wirtschaftlicher, ist die Prozesskette. Neben der Grundfläche ist auch die Höhe von Ladeeinheiten und Packungen ein weiterer wichtiger Parameter für die Durchgängigkeit in der Prozesskette und den Volumennutzungsgrad in Laderäumen. Hierbei ist zwischen der Gesamthöhe der Ladeeinheit und der Höhe der einzelnen Teile der Ladeeinheit zu unterscheiden.

Im Vordergrund bei der Wahl der Ladeeinheitenhöhe steht die Stabilität, d. h. die Relation zwischen Schwerpunktlage und Standfläche. Weitere Randbedingungen bilden die verwendete Fördertechnik bzw. Handling-Einrichtungen und die Abmessungen der verwendeten Laderäume, d. h. Lkw, Binnen-, bzw. ISO-Container, Schiff, Bahnwaggon.

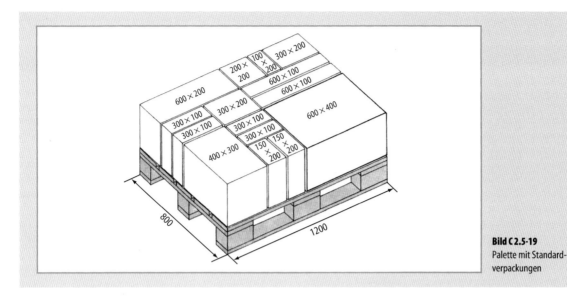

Bild C 2.5-19
Palette mit Standardverpackungen

C 2.5.3.2 Maßoptimierung

Die Maßoptimierung stimmt Maße der Transportverpackung, der Ladeeinheit und des Laderaums von Transportmitteln aufeinander ab. Diese ist beim Einsatz von Paletten mit Modulmaßen (Europalette, Industriepalette) bezüglich des Laderaums weitgehend gegeben. Die Hauptaufgabe der Maßoptimierung ist demzufolge die Anpassung der Transportverpackung an die Palette. Hier unterscheidet man zwischen folgenden Vorgehensweisen:
- vom Produkt zur Palette (von innen nach außen),
- von der Palette zum Produkt (von außen nach innen),
- von der Transportverpackung einerseits zum Produkt und andererseits zur Palette [Li03].

Um die prinzipiell unendlich vielen Möglichkeiten der Abmessungen einer Transportverpackung einzuschränken, müssen die Maße des Produktes und des Laderaumes in die Berechnung einfließen. Das bedeutet, dass die dritte Möglichkeit zwangsläufig auf die erste bzw. zweite zurückgeführt werden kann. Im Folgenden werden diese näher betrachtet.

Maßoptimierung der Transportverpackung „von innen nach außen"

Diese Vorgehensweise wird herangezogen, wenn ein Packobjekt (Produkt bzw. Produktpackung) eine bekannte Geometrie, ein bekanntes Gewicht und eine bekannte Aufstellfläche hat. Auf der Basis dieser Grunddaten können alle Möglichkeiten zum Verpacken der vorgegebenen Objekte in Transportverpackungen ermittelt werden. Für die Bestimmung der Außenmaße müssen die Art, der Zuschnitt und die Materialstärke der Transportverpackung bereits festgelegt sein. Der nächste Schritt ist das Stapeln der Transportverpackung auf der Palette, woraus die Anzahl der Packobjekte auf der Palette errechnet werden können.

Insgesamt werden folgende Kennzahlen ermittelt, um die möglichen Transportverpackungen miteinander zu vergleichen und daraus die bestgeeignete Variante auswählen zu können:
- die Stückzahl der Packobjekte in der Verpackung,
- die Stückzahl der Packobjekte auf der Palette,
- die Materialaufwendung der Verpackung,
- der Flächen- und Volumennutzungsgrad der Palette sowie
- die Qualität des Palettierschemas (z. B. Säulen- bzw. Verbundstapelung).

Maßoptimierung der Transportverpackung von „außen nach innen"

Bei dieser Vorgehensweise der Maßoptimierung sind zunächst folgende Grunddaten zu ermitteln: Grundfläche der Palette, maximal mögliche Stapelhöhe auf der Palette, Art und Materialstärke der Transportverpackung. Ausgehend von diesen Grunddaten wird das von der Palette zur Verfügung gestellte und nutzbare Volumen errechnet. Dieses Volumen wird im nächsten Schritt in verschiedene Rasterungen aufgeteilt. Unter Rasterung versteht man die

Teilung eines vorgegebenen Stauraums in gleiche quaderförmige Teile. Die ermittelten Maße werden hier als Rastermaße bezeichnet. Die Rastermaße der Europalette (800 mm × 1200 mm) sind beispielhaft in Tabelle C 2.5-5 dargestellt.

Um einen 100%-igen Volumennutzungsgrad der Palette zu erreichen, werden die Außenabmessungen der zu entwickelnden Transportverpackungen gleichgesetzt mit den Rastermaßen der Palette. Das verfügbare Innenvolumen der Transportverpackung ergibt sich dann aus der bereits festgelegten Art und Materialstärke.

Aufgrund der Maße, des Gewichts und der Packweise der Packobjekte kann die Stückzahl und die Packschemata der Packobjekte in jeder der zur Verfügung stehenden Transportverpackungen ermittelt und daraus die gleichen Kennzahlen zur Auswahl der bestgeeigneten Transportverpackung (s. Maßoptimierung von innen nach außen) gebildet werden. Bei dieser Vorgehensweise ist zu beachten, dass der Volumennutzungsgrad der Palette bei 100% liegt, während aufgrund der Packobjektabmessungen der Volumennutzungsgrad der Transportverpackungen häufig unter 100% liegt. Die „Luft" bleibt also in der Transportverpackung, die im Notfall mit Füllmaterial ausgefüllt werden sollte.

Praxisbezogen ist der Einsatz der vorgestellten Vorgehensweisen abhängig von den Absatzmengen der Packobjekte. Demzufolge wählt man bei Packobjekten mit großen Stückzahlen eine Transportverpackung mit nahezu 100%-igem Volumennutzungsgrad, während bei kleineren Stückzahlen die bereits im Verpackungsspektrum vorhandenen Transportverpackungen bevorzugt werden. Um das Gesamtspektrum der Verpackung zu optimieren, muss eine Systemanalyse mit den Zielsetzungen der Standardisierung der Verpackungsmaße und der Reduzierung der Verpackungsvielfalt durchgeführt werden. Hieraus können folgende Vorteile für Unternehmen erzielt werden:
- Reduktion und Vereinheitlichung des Verpackungsspektrums,

Tabelle C 2.5-5 Auszug aus den Rastermaßen der Europalette

Länge	Breite	Stck.	Ladeschema	Länge	Breite	Stck.	Ladeschema
800	600	2		400	400	6	
	400	3			300	8	
	300	4			266	9	
	240	5			240	10	
	200	6			200	12	
600	400	4					
	266	6			171	14	
	200	8			160	15	
	160	10			150	16	

- Kostenreduzierung für Verpackungen und logistische Prozesse,
- Qualitätsverbesserung der Verpackungs-, Materialfluss- und Logistikprozesse,
- Verringerung der Schadensquote,
- Erstellung von Verpackungskatalogen.

C 2.5.3.3 Software-Unterstützung

Es kommt häufig bei der Planung und Optimierung von logistischen Einheiten zu Anordnungs- und Dimensionierungsproblemen. Unterstützung erhält man hierbei durch Optimierungssoftware, die entsprechende Lösungsalternativen bietet (Bild C 2.5-17). Die Realisierung der Packoptimierung setzt die Entwicklung rechnergestützter Verfahren voraus, weil sie aufgrund der Komplexität des Packproblems und vor allem der vielfältigen kombinatorischen Möglichkeiten und des enormen Rechenaufwands unumgänglich ist. Der Umfang der Optimierungsmöglichkeiten und der einzusetzenden Packmittel macht aus der Software-Unterstützung einen festen Bestandteil jeder Verpackungsplanung und -optimierung.

Die hierzu auf dem Markt vorhandenen Software-Instrumente bieten umfangreiche Datenbanken mit fast allen Schachtelzuschnitten aus dem FEFCO/ASSCO-Code, Ladungsträgern und sonstigen Packmitteln an. Hiermit können die Modulmaße und bestimmte oder bestmögliche Stapelungsarten (Säulen- bzw. Verbundstapelung) ermittelt werden. Zudem besteht häufig die Möglichkeit, die Geometrie für einfache quaderförmige oder rundförmige Packobjekte aus der Datenbank zu wählen oder eine neue Geometrie zu erzeugen und für die Verpackungsplanung heranzuziehen. Neuere Programme erlauben hierbei den Import von Packobjekten mit komplizierten geometrischen Daten wie Autoteile aus CAD-Zeichnungen bzw. anderen Grafikdaten. Die Maße der Packobjekte können geändert bzw. justiert werden. In diesen Programmen stehen Funktionen zum Drehen und Verschieben des Packobjektes zur Verfügung, um z. B. eine stabile Lage bzw. Orientierung durch den Benutzer zu definieren. Ausgehend von den stabilen Lagen bzw. Orientierungen können die Packobjekte automatisch und auch manuell im Behälter angeordnet werden.

Darüber hinaus können bei der Packoptimierung folgende Anforderungen bzw. Einschränkungen definiert und berücksichtigt werden:
- die Begrenzung des Stauraums mit Über- bzw. Unterhang,
- das maximale Gewicht im Behälter,
- die maximale Stückzahl und Lagenzahl der Objekte im Behälter,
- Materiallagen wie Zwischenlage, Bodeneinlage, Stege bzw. Gefache etc.,
- lagenweise oder nicht lagenweise Bildung von Packschemen,
- Anforderungen von Packprozessen.

Die so erstellten Packschemen werden in zwei- und dreidimensionalen Grafiken zur Auswahl gestellt. So kann eine bis zu vierstufige Analyse vom Produkt bzw. Produktpackung, über die Sammelpackung (Verkaufseinheit), die Transportpackung, die Ladeeinheit bis zum Transportmittel durchgeführt werden. Als Ergebnis der Planung und Optimierung kann eine Packanweisung, die das Packobjekt, die Packschemen und das Palettierschema in Grafiken beinhaltet, erstellt werden. Darüber hinaus werden Informationen über das Produkt, die Abmessungen, das Netto- und Bruttogewicht und die Packmenge jeder Packstufe ausgegeben[Li03].

Letztlich sei darauf hingewiesen, dass z. Z. auf dem Markt befindliche Software oftmalig den Datenaustausch mit dem Warenwirtschafts-System der Unternehmen – z. B. SAP – mit entsprechender Anpassung ermöglicht. Die Versionen solcher Software sehen i. d. R. entsprechende Schnittstellen vor, die zum einen die erforderlichen Daten aus den Stammdaten der Unternehmen ablesen und zum

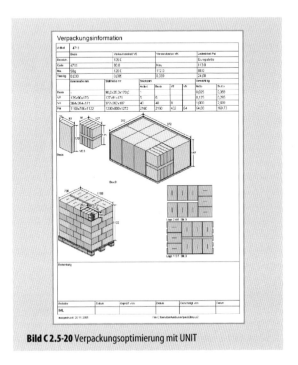

Bild C 2.5-20 Verpackungsoptimierung mit UNIT

anderen die kostengünstige Integration der Optimierungsergebnisse in die jeweiligen EDV-Systeme bewerkstelligen.

C 2.5.3.4 RFID-Technologie

Die Radio Frequenz Identifikation, kurz RFID bietet das Potential, Optimierungen und Rationalisierungen im Material- und Informationsfluss zu erschließen, die in den nächsten Jahren wettbewerbsrelevant sein werden. Genauere Bestandsinformationen, präzisere Belieferungen, weniger Schwund, Tracking und Tracing von Gütern, Rückverfolgbarkeit und Fälschungssicherheit sind einige der Vorteile, die sich Industrie und Handel von der Einführung dieser Technologie versprechen. Ebenso ermöglicht die Transpondertechnologie eine Überwachung der Kühlkette während eines Transportvorgangs wie er in der Lebensmittel- und Pharmaindustrie gefordert wird [Sei05].

Die Verpackung nimmt an dieser Stelle eine Schlüsselposition ein, da sie i.d.R. als Träger des Transponders dient. In der Prozessautomatisierung werden verstärkte Anstrengungen unternommen die Transponder im Fertigungsprozess direkt in die Verpackung zu integrieren. „Intelligent" wird die Verpackung in dem Moment, wo aufgebrachte Transponder nicht nur eine einfache Nummer mit sich tragen, sondern zusätzliche logistische Informationen speichern, etwa zum Absender und Empfänger, Lagerort, Kundenauftrag oder der vorgesehenen Transportroute. Diese Transponder sind heute schon verfügbar, allerdings auch mit höheren Kosten verbunden. Ihr Einsatz wird zukünftig die Philosophie der logistischen Steuerung in Richtung einer Vielzahl autonomer,

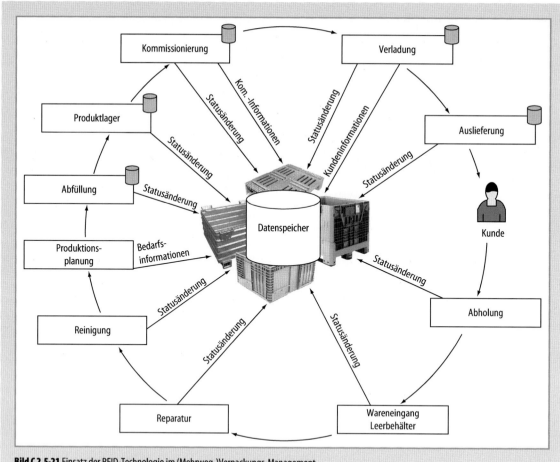

Bild C 2.5-21 Einsatz der RFID-Technologie im (Mehrweg-)Verpackungs-Management

selbstgesteuerter Systeme entwickeln, welche die Intelligenz der RFID-Chips vor Ort nutzen. In diesem sog. „Internet der Dinge" werden die Päckchen und Pakete die Systeme steuern und beeinflussen, da sie stets wissen, wo sie hin wollen. Aktuelle Forschungsvorhaben verfolgen konsequent diesen Weg mit bisher schon durchaus beachtlichen Ergebnissen.

Für das (Mehrweg-)Verpackungs-Management bietet die RFID-Technologie erhebliche Potentiale. Durch die Anbringung der RFID-Transponder an der Verpackung kann die Begleitung des Produktes über die gesamte Logistikkette gewährleistet werden. Aufgrund der derzeitigen Kostensituation auf dem Transpondermarkt bieten sich für potenzielle Anwendungen insbesondere Mehrweg Transportverpackungen aus folgenden Gründen an:

Sie stellen für den Besitzer einen Wertgegenstand dar, dessen Verlust zu hohen Ersatzbeschaffungen führt. Eine Behälterverfolgung mit Hilfe eines Transponders sichert Eigentum und Rückverfolgbarkeit. Mehrwegsysteme implizieren das Durchlaufen mehrerer Zyklen (häufiges Befüllen, Versenden, Zurückbringen), innerhalb derer ein eingebettetes System immer wieder beschrieben und gelesen werden kann. Damit reduzieren sich die anteiligen Kosten für den Tag und zusätzliche Informationen, die den gesamten Lebenszyklus betreffen, können gespeichert werden.

Für das (Mehrweg-)Verpackungs-Management bietet die RFID-Technologie also erhebliche Vorteile:

– automatische Auslösung von Verbuchungen bei Erfassung des Transponders,
– verursachungsgerechte und exakte Ermittlung von Nutzungszeiten (→ Umlaufentgeld) und Umlaufzahlen (Reparatur- und Erneuerungsintervalle),
– transparente Bestände über alle Stationen der Logistikkette,
– Informationen zum Status der Palette direkt am Objekt verfügbar,
– Informationen über die vorherige Nutzung von Paletten zur verbesserten Qualitätssicherung und Sortierung,
– Bestimmung von Eigentumsverhältnissen in offenen Poolsystemen,
– Überblick über mögliche Fremdnutzung der Paletten,
– sichere und dokumentierte Daten zu Gefahrenübergängen,
– automatische Warnungen bei Abweichungen von vordefinierten Zeiten, Wegen oder Orten.

Problemfeld bei vielen derzeitigen Mehrwegverpackungssystemen sind fehlende mangelhafte Verwaltungs- und Verfolgungssysteme. Diese Intransparenz führt einerseits zu deutlichen Leistungseinbußen und andererseits zu vielfach hohen Schwund- und Diebstahlquoten. Durch die RFID-Technologie wird ein durchgängiges Tracking & Tracing von Transportverpackungen ermöglicht und damit allen Beteiligten die erforderlichen Zeit- und Mengeninformationen echtzeitnah bereitgestellt. Der Transponder erfüllt damit eine doppelte Funktion. Er ist Informationsträger für die verpackten Produkte und für die Verpackung selbst.

C 2.5.4 Bewertung von Verpackungs- und Verladesystemen

Jedes Verpackungssystem muss sich letztendlich im Sinne der spezifischen Anforderungen leistungs- und kostenorientiert darstellen lassen. Die Bewertung fordert den praktischen Nachweis sowohl der leistungs- und anwendungsbezogenen Erfüllung der Verpackungsfunktionen als auch zugleich der wirtschaftlichen und umsetzungsbezogenen Effizienz des Gesamtsystems. Dabei ist darauf zu achten, funktionstypische Einzelergebnisse nicht nur für sich alleine zu betrachten und zu bewerten, sondern in den systemintegrativen Zusammenhang zu bringen. Jeder Eingriff in ein logistisches System verändert Strukturen und Abläufe, die in entsprechender Weise leistungs- und kostenmäßig reagieren. Dabei ist aus ganzheitlicher Sicht nicht der einzelne Prozess entscheidend, sondern die Summe aller Prozesse. Dass dies teilweise ungleichgewichtig zu Verbesserungen und Verschlechterungen führt, lässt sich nicht immer vermeiden, ist aber im Sinne des Gesamtoptimums zwingend erforderlich [Wag06].

Zielkonflikte ergeben sich zwangsläufig, da z. B. eine Reduzierung des Materialeinsatzes bei Verpackungen zu höheren Transportschäden führen kann. Ebenso kann durch eine Reduzierung der Anzahl eingesetzter Verpackungsvarianten ein niedrigerer durchschnittlicher Volumennutzungsgrad erzeugt werden, was durch höhere Auftragslosgrößen und günstigere Staffelpreise aber insgesamt zu einer Kostensenkung führen kann. Eine Verringerung der Lagerhaltung der Packmittel durch JIT-Belieferung (s. A 1.1.5.2) kann zur Senkung der Lagerkosten und Kapitalbindung, aber zu höheren Packmaterial- und Anlieferkosten führen.

Um diesen Zielkonflikten zu begegnen ist eine wichtige Voraussetzung die Ziele der Gestaltung bzw. Optimierung eines Verpackungs- und Logistiksystems klar zu definieren und mit Prioritäten zu bewerten. Derzeit werden viele Verpackungsentscheidungen und Systembewertungen einzelfunktionsbezogen oder gar „aus dem Bauch heraus" getroffen. Das liegt einerseits an der fehlenden Systemorientierung, aber andererseits auch an mangelnden Bewertungsinstrumentarien für die Verpackungslogistik.

Tabelle C 2.5-6 Ausgewählte Kennzahlen für die Bewertung der Leistung von Verpackungssystemen

Kennzahl	Definition	Erläuterung Die Kennzahl dient …
Verpackungsgewichtsanteil	$\dfrac{\text{Verpackungsgewicht} \times 100}{\text{Gesamtgewicht Packstück}}$	… zur Beurteilung des Anteils des Verpackungsgewichts am Gesamtgewicht
Volumennutzungsgrad I	$\dfrac{\text{Packgutvolumen} \times 100}{\text{Volumen TV}}$	… der Beurteilung des Volumennutzungsgrades des Packgutes in Bezug auf die TV
Volumennutzungsgrad II	$\dfrac{\text{Packgutvolumen} \times 100}{\text{Volumen Ladeeinheit}}$	… der Beurteilung des Volumennutzungsgrades des Packgutes in Bezug auf die Ladeeinheit
Durchschnittliche Schadensquote	$\dfrac{\text{• schadhafte Verpackungen}}{\text{• gesamte Verpackungen}}$	… zur Darstellung des durchschnittlichen Anteils schadhafter Verpackungen je Umlauf
Mehrwegquote	$\dfrac{\text{Anzahl MTV} \times \text{Umschlaghäufigkeit} \times 100}{\text{Gesamtzahl TV je ZE}}$	… der Darstellung des Anteils der MTV am Gesamtbestand an Verpackungen
Umschlaghäufigkeit	$\dfrac{\text{ausgelieferte MTV/ZE}}{\text{Gesamtbestand MTV}}$	… zur Beurteilung, wie häufig die Behälter in einem Zeitraum umgeschlagen werden
Lagerreichweite	$\dfrac{\text{Lagerbestand Verpackungen}}{\text{Lagerabgang Verp./ZE}}$	… zur Angabe der durchschnittlichen Bestandsreichweite

TV Transportverpackung, MTV Mehrweg-Transportverpackung, ZE Zeiteinheit

Inhaltlich stellt sich die Frage: „Was will man bewerten und wie will man bewerten?" Beide Fragen stehen in einem engen Zusammenhang, da sie sich gegenseitig beeinflussen. Was zu bewerten ist, sollte stets auf den spezifischen Anwendungsfall bezogen werden. So liegen z. B. die Schwerpunkte einer Verpackungsstandardisierung in ganz anderen Bereichen, als die Einführung eines neuen Mehrwegsystems. Wie bewertet werden kann, richtet sich nach den verwendbaren Verfahren, Methoden und Instrumenten. Dazu ist eine Fülle von möglichen Anwendungen in der Praxis im Einsatz. Im Rahmen dieses Beitrags soll nur kurz auf ein Kennzahlensystem und einen Wirtschaftlichkeitsvergleich eingegangen werden.

C 2.5.4.1 Kennzahlensystem

Der Vergleich der Leistung von verschiedenen Verpackungssystemen bzw. Verladesystemen kann auf Basis eines strukturierten Kennzahlensystems erfolgen. Ausgehend vom betriebswirtschaftlichen Fokus richtet sich der Blick verstärkt auf logistische Belange. So wird Kennzahlen nicht nur eine zentrale Bedeutung im Controlling beigemessen, sondern ebenso in operativen Planungs- und Steuerungsprozessen. Ihr Funktionsumfang ist vielfältig und reicht von der Zieloperationalisierung über kritische Leistungsgrößenermittlung bis hin zum Aufzeigen von Soll-/Ist-Abweichungen. Zudem lassen sich Kennzahlen in Abhängigkeit des Anwendungsfalles auf verschiedenste Art und Weise systematisieren. Damit sind sie grundsätzlich auch für verpackungsrelevante Anwendungen gut geeignet. Allerdings ist auch hier auf die eingeschränkte Wirksamkeit von Einzelkennzahlen zu verweisen, die es erforderlich macht, Kennzahlen in eine sachlich sinnvolle Beziehung zu stellen und auf ein übergeordnetes Ziel auszurichten.

Die mit Kennzahlen und entsprechenden Kennzahlensystemen verbundene große Vielfalt und Komplexität kann an dieser Stelle nicht abgebildet werden. In diesem Zusammenhang muss auf einschlägige Literatur verwiesen werden. Tabelle C 2.5-6 zeigt einige ausgewählte Kennzahlen für die Bewertung der Leistung von Verpackungssystemen. Diese sind je nach System bzw. Anwendungsfall zu ergänzen.

Für die Bewertung der Leistung von Verladesystemen nennt Tabelle C 2.5-7 einige ausgewählte Kennzahlen.

C 2.5.4.2 Wirtschaftlichkeitsvergleich

Die Wahl zwischen mehreren Verpackungslösungen, die sowohl technisch und logistisch geeignet sind als auch den

Tabelle C 2.5-7 Ausgewählte Kennzahlen für die Bewertung der Leistung von Verladesystemen

Kennzahl	Definition	Erläuterung Die Kennzahl dient ...
Kapazitätsauslastungsgrad	$\dfrac{\text{effektive Kapazitätsauslastung}}{\text{max. mögl. Kapazitätsauslastung}}$	... zur Beurteilung des Anteils des Kapazitätsauslastungsgrades, z.B. der Laderampe
Ø Leistung in Paletten pro Stunde	$\dfrac{\text{Ø Anzahl Paletten pro Tag}}{\text{Arbeitsstunden pro Tag}}$	... zur Darstellung der realen durchschnittlichen Leistung des Verladesystems
Maximale Leistung in Paletten pro Stunde	$\dfrac{\text{max. Anzahl Paletten pro Tag}}{\text{Arbeitsstunden pro Tag}}$	... zur Darstellung der möglichen Leistung des Verladesystems zur Bewältigung von Spitzenauslastung
Abwicklungszeit je Palette	$\dfrac{\text{Zeitaufwand gesamt}}{\text{Anzahl abgewickelter Paletten}}$	... zur Darstellung der durchschnittlichen Leistung des Verladesystems
Ø Wartezeit je LKW	$\dfrac{\text{Summe der Wartezeiten aller Lkw}}{\text{Anzahl Lkw}}$	... der Darstellung der zeitlichen Steuerung des Verladesystems
Ø Kosten einer ausgehenden Sendung	$\dfrac{\text{gesamte Abwicklungskosten}}{\text{Anzahl Sendungen}}$	... zur Darstellung der durchschnittlichen Abwicklungskosten je Sendung

Marktbedingungen und ggf. weiteren unternehmensspezifischen Anforderungen entsprechen, wird letztendlich auf der Basis der entstehenden Kosten entschieden. Der wirtschaftlichen Entscheidung liegt i. d. R. der Vergleich verschiedener Alternativen zu Grunde, um in der direkten Gegenüberstellung die Vorteilhaftigkeit eines Verpackungssystems zu ermitteln. Mit der kostengünstigen Beschaffung alleine ist es nicht getan, da die Wahl der Verpackung die Kosten des gesamten Logistikprozesses erheblich beeinflusst. Dazu ist es notwendig die gesamte Prozesskette kostenmäßig zu erfassen und zu bewerten. Ziel der Wirtschaftlichkeitsbewertung muss es sein, alle Kostentreiber im Rahmen der Prozessgestaltung bezüglich ihrer Kostenwirkung zu analysieren und hierauf aufbauend eine Prozessoptimierung durchzuführen. Um dieses Ziel zu erreichen, ist es notwendig folgende Fragen zu beantworten:
− Welche Kosten fallen an?
− Wo fallen die Kosten an?
− Wie hoch sind die Kosten?
− Wie können die Kosten verrechnet werden?
− Wie können die Kosten minimiert bzw. gesamthaft optimiert werden?

Die erste Frage bezieht sich auf die Kenntnis der durch die Verpackung und das Verpackungssystem direkt, aber auch indirekt verursachten Kosten (*welche?*). Die derzeitige Situation weißt bezüglich dieser Kosten in vielen Unternehmen ein Informationsdefizit auf. Die Ursache liegt darin begründet, dass vielfach die Verpackungsentscheidung in ihrer Bedeutung vernachlässigt wird und die anfallenden Kosten nicht verursachungsgerecht zugerechnet werden. Damit verbunden ist die Suche nach den entscheidungsrelevanten Kosten (*wo?*), das heißt nach denjenigen, die primär und sekundär durch die Verpackungssystemgestaltung beeinflusst werden. Die ganzheitliche und detaillierte Abb. der unternehmensspezifischen Prozessketten ist somit ein Garant für die Berücksichtigung aller relevanten Kostenfaktoren.

Die Ermittlung der Kosten (*wie hoch?*) stößt in der Praxis oft auf erhebliche Schwierigkeiten, da die direkte Zurechnung der Kosten zu den Verpackungen nur bedingt möglich ist. Ziel muss eine möglichst genaue Erfassung der durch die Verpackung verursachten und mit ihr in Verbindung stehenden Kosten und deren entsprechenden Verrechnung sein. Aus diesem Grunde sollten für ein spezielles Entscheidungsproblem möglichst alle (entscheidungsrelevanten) Kosten auf die einzelne Verpackung bzw. deren Inhalt bezogen werden (*wie verrechnen?*).

Für das Entscheidungsproblem bietet sich unter vielen Möglichkeiten eine an der Prozessorientierung modifizierte Kostenvergleichsrechnung an, da dieses Instrumentarium die Forderungen nach Allgemeingültigkeit und einfacher Handhabbarkeit erfüllt. In der Kostenvergleichsrechnung werden analog einer zuvor aufzustellenden Prozesskette die Kosten der Bereitstellung und Inan-

Tabelle C 2.5-8 Durch die Verpackung beeinflussbare Kosten

Materialkosten	Reinigungskosten
– Packstoffkosten – Packmittelkosten – Packhilfsmittelkosten – Kapitalbindungskosten	– Kapitalbindungskosten – Wasser- und Energiekosten – Kosten für Wasch- und Reinigungsmittel – Fremdreinigungskosten
Maschinen-, Geräte-, Werkzeugkosten	**Handlingkosten**
– Kapitalbindungskosten – Energiekosten – Instandhaltungskosten	– Kosten der Verpackungsfertigung – Kosten des Verpackens – Kosten der Kommissionierung – Kosten der Instorelogistik
Lagerkosten	**Reparaturkosten**
– Kapitalbindung für Lagertechnik – Kalk. Zinsen für Lagergüter – Personalkosten	– Materialkosten für Ladungsträger – Maschinenkosten – Personalkosten
Transportkosten	**Nutzungskosten**
– Kapitalbindungskosten – Personalkosten – Energiekosten – Frachtkosten	– Mietkosten – Umlaufentgelte – Pfandkosten
Raumkosten	**Folgekosten**
– Kapitalbindung für Gebäude – Mietkosten – Kapitalbindung für Lagertechnik – Energiekosten für Beleuchtung, Beheizung und Klimatisierung – Gebäudereinigungskosten – Instandhaltungskosten	– Kosten für Neulieferung, Nachbesserung und Lieferverzug – Kosten für Schadensbeseitigung – Kosten für Schwund
Personalkosten	**Entsorgungskosten**
– Löhne – Gehälter – Lohn- und Gehaltsnebenkosten	– Sammelkosten – Sortierkosten – Recyclingkosten – Entsorgungskosten (Deponierung, Verbrennung)
Verwaltungskosten	**Sonstige Kosten**
– Kosten für Hardware – Kosten für Software – Personalkosten	– Kosten für Bruch und Ausschuss – Versicherungskosten/-prämien – kalk. Wagnisse

spruchnahme der jeweiligen Ressourcen den Verpackungen zugerechnet. Je detaillierter und differenzierter die Kostenermittlung in den einzelnen Prozesselementen vorgenommen wird, desto aussagekräftiger sind die Ergebnisse. Auf diese Art und Weise können die Kosten derjenigen Prozesse identifiziert werden, die einen hohen Anteil an den Gesamtkosten ausmachen. Ihre leistungs- und/oder kostenmäßige Beeinflussung ermöglicht die Optimierung des Gesamtsystems in wirtschaftlicher Hinsicht (*wie optimieren?*).

Zusammenfassend können folgende Gründe für eine detaillierte Kostenerfassung im Verpackungsbereich genannt werden:
– ungenaue Kenntnisse über Verpackungskostenarten,
– Beschränkung der Verpackungskostenbetrachtung auf einzelne Kostengrößen,
– mangelnde Kenntnisse über die tatsächliche Höhe der Verpackungskosten,
– je nach Produkt und Branche hoher Anteil der Verpackungskosten an den Selbstkosten,
– keine verursachungsgerechte Verrechnung von Kosten, die beim Verpackungsprozess anfallen,
– durch Informationsdefizite im Verpackungsbereich nur beschränkte Möglichkeit zur Aufdeckung von Optimierungs- und Rationalisierungspotenzialen.

Ziel ist es, den Verpackungsprozess aus dem gesamten Unternehmensprozess in der Kosten- und Erlösstruktur herauszulösen und zu erfassen. Das ist die notwendige Grundlage zum Erkennen von Rationalisierungspotenzialen und deren Ausnutzung. Es kann dabei nicht darum gehen, die Kosten unter nur einem funktionalen Aspekt zu minimieren, sondern es ist das Kostenoptimum unter Berücksichtigung aller Einflussgrößen zu suchen.

Es würde an dieser Stelle zu weit führen, eine Verpackungskostenrechnung zu beschreiben (s. [Lan98a]), so dass die Ausführungen darauf beschränkt werden, aufzuzeigen welche Kosten auf die Wahl einer Verpackung und eines Verpackungsprozess Einfluss nehmen können (Tabelle C 2.5-8). Das bedeutet nicht, dass diese Kosten grundsätzlich alle anfallen, sondern die Übersicht dient als eine Art Checkliste zur umfassenden Analyse. Die Aufstellung der Kostenarten erhebt keinen Anspruch auf Vollständigkeit und kann um unternehmensspezifische Kosten erweitert werden.

Literatur

[Boe94] Boeckle, U.: Modelle von Verpackungssystemen. Wiesbaden: DUV 1994
[Dom01] Dominic, C.; Olsmats, C.: Packaging Scorecard. A method to evaluate packaging contribution in the supply chain. Packforsk report no. 200, Stockholm 2001
[Dub90] Dubbel, H.; Beitz, W. u. a.: Taschenbuch für den Maschinenbau. Berlin: Springer 1990
[ECR02] Centrale für Coorganisation GmbH (CCG) (Hrsg.): Handbuch ECR-Supply Side. Auf dem Weg zum erfolgreichen Supply Chain Management. Köln: CCG-Verlag 2002
[Hen99] Hennig, J.; Künzel, G.: Verpackungstechnik. Maschinen zur Sicherung von Ladeeinheiten durch Stretchen G3. Heidelberg: Hüttig 1999
[Joh00] Johansson, K. et al.: Förpackningslogistik. Packforsk, Kista 2000
[Jün99] Jünemann, R.: Materialflusssysteme; systemtechnische Grundlagen. Berlin/Heidelberg/New York: Springer 1999
[Kuh05] Kuhn, E.; Lange, V.; Zimmermann, P.: Paletten-Management. München: Vogel 2005
[Lan98a] Lange, V.: Integration und Implementierung von Mehrweg-Transportverpackungssystemen in bestehende Logistikstrukturen. Jünemann, R. (Hrsg.), Dortmund: Verlag Praxiswissen 1998
[Lan98b] Lange, V.; Schreiber, T. u. a.: Ladungssicherungsmaßnahmen für Papierrollen auf Straßenfahrzeugen. Dortmund: Praxiswissen Verlag 1998
[Lan05] Lange, V.; Griesenbeck, P.: RFID als Zauberformel in der Verpackung? Neue Verpackung (2005) 4
[Li97] Li, H.: Verpackungstechnik, Mittel und Methoden zur Lösung der Verpackungsaufgabe H3. Heidelberg: Hüthig 1997
[Li03] Li, H.: Verfahren zur Laderaumoptimierung von heterogenen quaderförmigen Ladeobjekten für den Lkw-Transport. Dortmund: Verlag Praxiswissen 2003
[Pfo04] Pfohl, H.-C.: Logistiksysteme. Betriebswirtschaftliche Grundlagen. 7. Aufl. Berlin/Heidelberg/New York: Springer 2004
[Sei05] Seifert, W.; Decker, J.: RFID in der Logistik. Bundesvereinigung Logistik e.V. Hamburg: Deutscher Verkehrs-Verlag GmbH 2005
[ten06] ten Hompel, M.; Heidenblut, V.: Taschenlexikon Logistik. Abkürzungen, Definitionen und Erläuterungen der wichtigsten Begriffe aus Materialfluss und Logistik. ten Hompel, M. (Hrsg.), Berlin/Heidelberg/New York: Springer 2006
[Wag06] Wagner, M.: Beitrag zur Ermittlung von Verpackungssystemkosten unter besonderer Berücksichtigung gemischter Ladeeinheiten. Diss. Dortmund 2006

Richtlinien

DIN 15141: Deutsches Institut für Normung (DIN): DIN 15141, Teil 1: Paletten: Formen und Hauptmaße von Flachpaletten. Berlin/Köln: Beuth 1986
DIN 55405: Deutsches Institut für Normung (DIN): DIN 55405 Teil 5: Begriffe für das Verpackungswesen. Verpackung, Packgut, Packung, Packstück. Berlin/Köln: Beuth 2006
DIN 55510: Deutsches Institut für Normung (DIN): DIN 55510, Modulare Koordination im Verpackungswesen. Berlin/Köln: Beuth 2005

ISO 3394: Dimensions of rigid rectangular packages – Transport packages (1984)

ISO 3676: Packaging – Unit load sizes – Dimensions (1983)

prEN 1732: Packaging – dimensional co-ordination (1995)

VDI 2490: Verein deutscher Ingenieure (VDI): VDI-2490 Verpackung, Lagerung und Transport von Material. Düsseldorf: VDI-Verlag 1995

VDI 2700: Verein deutscher Ingenieure (VDI): VDI-2700 Ladungssicherung auf Straßenfahrzeugen. Düsseldorf: VDI-Verlag 2004

VDI 3968: Verein deutscher Ingenieure (VDI): VDI-3968 Sicherung von Ladeeinheiten. Düsseldorf: VDI-Verlag 1994

VDI 4407: Verein deutscher Ingenieure (VDI): VDI-4407 Entscheidungskriterien für die Auswahl mehrwegfähiger Ladungsträger in Form von Transportverpackungen. Düsseldorf: VDI-Verlag 1996

VVO98: Novellierung der Verpackungsverordnung vom 21.08.1998

Außerbetriebliche Logistik C3

C 3.1 Außerbetriebliche Logistikketten

Die geographisch verteilten Quellen und Senken der Warenströme innerhalb eines logistischen Netzwerks sind bedarfsgemäß temporär zu außerbetrieblichen Logistikketten verbunden. Dazu können die Möglichkeiten der gegebenen Verkehrsinfrastruktur individuell und nach wirtschaftlichen Gesichtspunkten genutzt werden. Die Wahl der Verkehrsmittel und der Verkehrswege ist von vielen Parametern abhängig und bestimmt die *Logistikkosten* ganz entscheidend. Eine optimale Logistikkette wird i. d. R. als serielle Anordnung verschiedener Verkehrsmittel (Modalsplit) gebildet. Dabei sollen in den Knotenpunkten nach Möglichkeit vollständige Ladeeinheiten (z. B. Container oder Wechselbrücken) von einem Verkehrsmittel auf das andere umgeschlagen werden. Dies unterscheidet den *kombinierten Verkehr* (KV) vom konventionellen Umladen einzelner Waren beim Wechsel des Verkehrsmittels (*gebrochener Verkehr*).

Wenn die außerbetriebliche Logistikkette ausschließlich Glieder mit den Funktionen Transportieren, Umschlagen und Umladen enthält, nennt man sie *Transportkette* (nach DIN 30781). Sehr oft müssen die Knotenpunkte der logistischen Kette aber weitergehende Funktionen wie Auspacken, Kommissionieren, Etikettieren, Sortieren, Palettieren u. ä. erfüllen. Solche Knoten bezeichnet man als *logistische Dienstleistungszentren*. Die zunehmenden Veränderungen der Wertschöpfungsprozesse, einerseits durch Aufsplittung von Gesamtleistungen (Outsourcing) und andererseits durch kooperative Strategien (Supply Chain Management), führen dazu, dass außerbetriebliche Logistikketten sich immer stärker von der reinen Transportkette unterscheiden.

Für das optimale Konzept einer außerbetrieblichen Logistikkette sind somit neben den verkehrsbedingten Parametern auch die besonderen Bedingungen des jeweiligen Wertschöpfungsprozesses zu beachten. Selbstverständlich kommt dabei auch den neuen Möglichkeiten der Informations- und Kommunikationstechnik eine besondere Bedeutung zu (Sendungsverfolgung, Telematik usw.). In C 3.2 bis C 3.7 werden die wesentlichen Aspekte des Güterverkehrs soweit behandelt, wie es zum Verständnis des Aufbaus außerbetrieblicher Logistikketten notwendig ist.

Literatur

Richtlinie
DIN 30781: Transportketten, Grundbegriffe, 1983

C 3.2 Straßengüterverkehr, Speditionen, Logistik-Dienstleistungen

C 3.2.1 Gegenstand des Straßengüterverkehrs

Beim Straßengüterverkehr handelt es sich um eine Dienstleistung, die die räumliche Veränderung von Gütern zum Gegenstand hat. Die Ortsveränderung ist dabei kein Selbstzweck, sondern ergibt sich aus der räumlichen Verteilung von Angebot und Nachfrage nach Gütern [Wlč98]. Die Güterbeförderung im Straßengüterverkehr wird mit Kraftfahrzeugen, d. h. Lastkraftwagen und Sattelzugmaschinen mit Sattelanhänger, von Speditionen und Frachtführern erbracht. Transporte im Straßengüterverkehr bewältigen den größten Teil des Transportaufkommens und der Verkehrsleistung [SB07].

C 3.2.2 Infrastruktur und Technik

C 3.2.2.1 Straßennetz

Die Abwicklung des Straßengüterverkehrs ist nur auf der Grundlage eines modernen Straßennetzes mit geeigneten Fahrzeugen möglich. Die Bereitstellung und der Unterhalt des Straßennetzes werden in der Bundesrepublik dabei überwiegend von Bund, Ländern und Kommunen übernommen. Geplant und dokumentiert werden die Maßnahmen zum Neubau und zur Erhaltung im Bundesverkehrswegeplan des Bundes und den Gesamtverkehrsplänen der Länder. Die verkehrsträgerübergreifenden Planungen beruhen auf Prognosen, die unter Berücksichtigung der

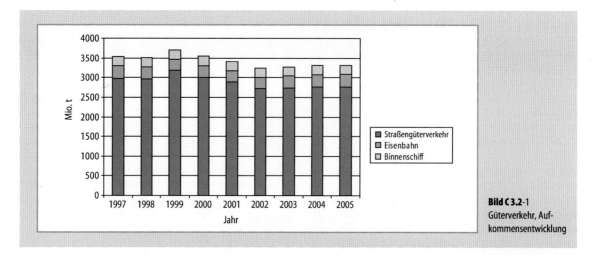

Bild C 3.2-1
Güterverkehr, Aufkommensentwicklung

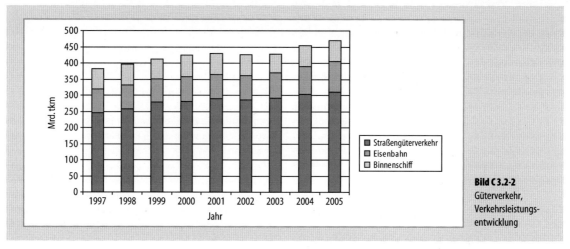

Bild C 3.2-2
Güterverkehr, Verkehrsleistungsentwicklung

finanziellen Möglichkeiten hinsichtlich ihrer Priorität bewertet werden [BMV03]. Die Verkehrswegepläne sind dabei nicht auf das Straßennetz fixiert, sondern umfassen weitere Verkehrsträger und insbesondere die Vernetzung der verschiedenen Träger untereinander.

Im Straßenfernverkehr werden überwiegend Bundesautobahnen (BAB) benutzt, die mit einer Gesamtstreckenlänge von 12.174 km (Stand 1.1.2005, s. [BMV05]) auch im europäischen Verkehrssystem eine zentrale Rolle einnehmen. Die weiteren überörtlichen Straßen hatten zum 1.1.2005 eine Gesamtlänge von 219.293 km.

C 3.2.2.2 Fahrzeuge

Im Straßengüterverkehr ist der Lkw das überwiegend benutzte Verkehrsmittel. Zu unterscheiden sind Lkw anhand des vom Gesetzgeber festgelegten zulässigen Gesamtgewichts, der Abmessungen, den Aufbauten und danach, ob Anhänger oder Auflieger mitgeführt werden.

Nach [Buc98] werden im Straßengüterverkehr eingesetzte Fahrzeuge bis zu einem zulässigen Gesamtgewicht (zGG) von 2,8 t als Transporter, Fahrzeuge bis zu einem zGG von 7,5 t als leichter Lkw und darüber hinaus als schwerer Lkw bezeichnet.

Ein Sattelzug unterscheidet sich von einem Gliederzug dadurch, dass bei letzterem sowohl die Zugmaschine als auch der Anhänger Ladung befördern. Insbesondere ist die gesetzlich erlaubte Gesamtlänge beim Gliederzug von 18,75 m (mit weiteren Einschränkungen für die Einzelfahrzeuge) deutlich größer als bei Sattelzügen (16,5 m). Die zusätzliche Länge erlaubt es, bis zu 5 Euro-Paletten mehr zu befördern.

Neben der Transportkapazität sind jedoch die Investitions- und Betriebskosten, Beladungsmöglichkeiten und die Flexibilität bei der Entscheidung für einen Fahrzeugtyp entscheidend. Während ein Gliederzug insbesondere bei der Innenstadtbelieferung flexibler ist (das Abstellen des Anhängers an geeigneter Stelle ist möglich), sind die Beladung der zwei Fahrzeuge langsamer und die Betriebskosten höher [Buc98].

Stärker noch als Pkw werden Lkw kundenspezifisch und damit einsatzbezogen produziert. Eine Vielzahl von Herstellern bietet spezielle Aufbauten für die unterschiedlichsten Einsatzzwecke an: Pritschenaufbauten mit Plane, Koffer (evtl. gekühlt für temperaturgeführte Transporte), Kipper, Tank oder Sonderanfertigungen für Rettungsdienste, Müllabfuhr oder Winterdienst.

Der Vorteil des Koffers gegenüber dem offenen Aufbau mit Plane und Spiegel liegt in der höheren Transportsicherheit sowohl bei der Beförderung als auch gegen Diebstahl. Für Kühltransporte ist die Kofferlösung zudem technisch notwendig. Der offene Aufbau ist hingegen vorteilhaft hinsichtlich der Be- und Entladefähigkeit, da der Zugang nicht nur von hinten, sondern auch seitlich möglich ist.

Neben den festen Aufbauten werden auch austauschbare Ladehilfsmittel eingesetzt. Wechselbehälter sind nach DIN EN 284 nicht stapelbare genormte Gefäße, die über ausklappbare Stützen verfügen und von Lkw zur Lastaufnahme unterfahren werden können. Damit sind Fahrzeug und Ladungsträger getrennte Einheiten, sodass die teuren Fahrzeuge besser ausgelastet werden können. Gleichzeitig lassen sich Wechselbehälter unabhängig vom vorhandenen Fahrzeug be- und entladen und damit die Umschlagsprozesse optimieren. Container (DIN ISO 668) unterscheiden sich von Wechselbehälter dadurch, dass sie keine Stützen haben und vom Lkw daher auch nicht selbsttätig aufgenommen werden können. Sie sind allerdings stapelbar und haben damit gegenüber Wechselbehälter den Vorteil, dass sie auch im internationalen Schiffsverkehr eingesetzt werden können.

C 3.2.2.3 Dispositions- und Leittechnik

Bei der Technik zur Unterstützung der Disposition und Abwicklung handelt es sich überwiegend um Kommunikations- und Informationstechnik. Grundsätzliches Motiv für den Einsatz ist eine erhöhte Wirtschaftlichkeit der Transporte.

Der Einsatz der Informationstechnik beginnt bei der Auftragsübermittlung durch den Versender. Durch standardisierten Nachrichtenaustausch (EDI, XML) werden der Spedition Auftragsdaten übermittelt. Die Nachrichten erreichen die Spedition über elektronische Kommunikationskanäle, z. B. über das Internet als e-Mail oder im HTML-Format, und können automatisch ohne weitere menschliche Eingriffe verarbeitet werden. Angaben zum Auftrag wie Bestimmungsort, Maße und Terminvorgaben sind dispositionsrelevant und werden in Dispositionssystemen weiterverarbeitet. Hierbei handelt es sich um Software zur Tourenplanung (s. Abschn. A 3.3), die auf der Grundlage elektronischer Karten und mathematischer Algorithmen Aufträge zu Fahrzeugen zuordnet und die Besuchsreihenfolge nach bestimmten Zielkriterien (kürzeste Wegstrecke, schnellste Abwicklung, geringste Fahrzeugzahl usw.) optimiert. Die Qualität lässt sich mit der von erfahrenen Disponenten erreichten Qualität vergleichen, erfordert jedoch nur einen Bruchteil der Zeit.

Die verwendeten digitalen Straßenkarten sind sehr detailliert und enthalten u. a. Angaben zu im Durchschnitt auf einzelnen Streckenabschnitten erreichbaren Geschwindigkeiten. Während diese Genauigkeit zur Planung ausreichend ist, können Verkehrsstaus während der Fahrt die Planung hinfällig werden lassen. Bordgestützte dynamische Navigationssysteme oder aktuelle Ausweichempfehlungen aufgrund von Verkehrsinformationen, die per Datenkommunikation von der Dispositionszentrale ins Fahrzeug gesendet werden, werden zur situationsgerechten Änderung der Reihenfolge genutzt.

Die Navigationssysteme sind satellitengestützt (z. B. das Global Positioning System (GPS) der USA oder das zukünftige europäische System Galileo) und verwenden zusätzliche Fahrzeugsensoren zur Bestimmung der eigenen Position. Die eigene Position wird beim GPS aus der Laufzeitdifferenz eines exakten Zeitsignals zu vier Satelliten ermittelt und ist bis auf wenige Meter genau. Kleine Abweichungen kumulieren sich jedoch zu Größenordnungen, die im innerstädtischen Bereich, wo zusätzliche Signalabschattungen durch Gebäude die Funktionsfähigkeit beeinträchtigen, eine zuverlässige Navigation nicht mehr erlauben.

Neben Routenvorgaben kann die Dispositionszentrale auch Neuaufträge oder Auftragsänderungen versenden, was die Disposition zusätzlich flexibler und effizienter macht. Umgekehrt kann die Zentrale auf dem gleichen Weg Angaben zum Erledigungsstatus von Aufträgen, zu technischen Daten des Fahrzeugs (z. B. Temperatur bei temperaturgeführten Transporten, Motordaten) erhalten. Technische Daten des Fahrzeugs können zur Fuhrparkverwaltung direkt in Fuhrparkmanagementsysteme übernommen werden um Analysen zur Wirtschaftlichkeit von Fahrzeugen und zur Fahrweise zu erstellen.

Die Verfolgung des Erledigungsstatus von Aufträgen erlaubt es den Logistikdienstleistern, ihren Kunden gegenüber über den Fortgang der Belieferung auskunftsfähig zu sein (sog. Tracking and Tracing). Dieses Instrument wird insbesondere in mehrstufigen Logistikketten mit mehreren Umschlagprozessen, wie sie bei KEP-Diensten (s. Abschn. C 3.7) vorzufinden sind, zur Angebotsdifferenzierung eingesetzt. Dazu werden die Güter mit Etiketten versehen, die bei jedem Umschlagvorgang und bei der Auslieferung per Scanner gelesen werden. Über Zeitstempel ist der Weg der Transportgüter damit verfolgbar. Die Informationen sind sowohl der Steuerzentrale zugänglich als auch dem Kunden, der anhand der Sendungsnummer bspw. über Call-Center oder via Internet (durch Nutzung des WWW-Dienstes) die für ihn bestimmte bzw. von ihm aufgegebene Sendung verfolgen kann.

Kommunikationstechnik wird zudem zur permanenten Überwachung und Kontrolle von Fahrzeugen z. B. hinsichtlich Motor- und Bremsdaten oder zur Temperaturkontrolle des Laderaums eingesetzt. Neben der schnellen Feststellung von Defekten und der verbesserten Möglichkeit zur vorbeugenden Wartung, dienen diese Instrumente auch der Bewertung des Fahrpersonals im Hinblick auf eine wirtschaftliche Fahrweise.

C 3.2.2.4 Mautsystem

In Deutschland ist zum 1.1.2005 eine streckenbezogene Lkw-Maut für den Schwerlastverkehr eingeführt worden. Anfang Juli 2006 waren dafür über 114.000 Unternehmen mit ca. 796.000 Kraftfahrzeugen registriert [BAG06c]. Mautpflichtig sind alle Fahrzeuge oder Fahrzeugkombinationen für die Beförderung von Gütern mit einem zulässigen Gesamtgewicht ab 12t. Mautpflicht besteht grundsätzlich auf allen Autobahnen und besonders gekennzeichneten Bundesstraßen. Die Höhe der Maut richtet sich nach der zurückgelegten Strecke, der Anzahl der Achsen des Gesamtfahrzeugs und der Emissionsklasse. Im deutschen Mautsystem verfügen die Fahrzeuge über ein GPS-Empfangsgerät, die sog. On Board Unit (OBU). Die OBU ermittelt mit Hilfe der Satellitensignale sowohl die Position als auch die zurückgelegte Strecke auf mautpflichtigen Strecken. Der zu entrichtende Mautbetrag wird berechnet und per Mobilfunk (SMS) an die abrechnende Stelle des Betreiberunternehmens gesendet. Zur Identifikation der Mautpflicht enthält die OBU digitale Straßenkarten mit Angaben zu den mautpflichtigen Strecken. Die erforderliche Genauigkeit der Positionsfeststellung wird neben GPS mit weiteren Sensoren ermittelt, zusätzlich verbessern an kritischen Stellen stationäre Baken mittels ausgesendeter Positionsdaten die Ortungsgenauigkeit.

Neben der automatischen Abrechnung existiert ein manuelles System, bei dem zu befahrende Streckenabschnitte im Voraus an Terminals oder im Internet gebucht werden können. Die korrekte Entrichtung der Maut wird über automatische Kontrollbrücken kontrolliert. Dazu werden die Fahrzeuge automatisch auf Mautpflicht und die korrekte Anmeldung am System geprüft. Die Prüfung darauf, ob ein Fahrzeug mautpflichtig ist, geschieht anhand einer automatischen Analyse der Fahrzeugkonturen und der Achsenzahl. Das Bundesamt für Güterverkehr führt stationäre und mobile Kontrollen zur Prüfung der korrekten Bezahlung durch und greift dazu auf die vom Mautsystembetreiber errichtete Auswertungstechnik zu.

C 3.2.3 Verkehrsformen

C 3.2.3.1 Nah- und Fernverkehr

Die Unterscheidung zwischen Nah- und Fernverkehr ist heute lediglich eine aus früherem Sprachgebrauch beibehaltene Begriffsunterscheidung, die ihren Ursprung in der bis 1991 gültigen gesetzlichen Unterscheidung von Nah- und Fernverkehr hat. Üblicherweise spricht man bei einem Einsatzradius bis 150 km um den Standort des Transportunternehmens von Nahverkehr und darüber hinaus von Fernverkehr. Nach [BAG06a] beträgt der Anteil des Nahverkehrs nach dieser Definition bei 76% des Güteraufkommens (Fernverkehr 24%), während er gemessen an der Verkehrsleistung bei 26% liegt (Fernverkehr 74%).

Im Fernverkehr werden über größere Entfernungen Komplettladungen von einem Sender zu einem Empfänger transportiert. Häufig verlaufen die Transporte dabei im *Hauptlauf* zwischen zwei Umschlagpunkten. Dem Nahverkehr kommt die Aufgabe zu, die Verteilung in die Fläche während des *Nachlaufs* und das Sammeln während des *Vorlaufs* durchzuführen. Aufgrund des engmaschigen Straßennetzes gibt es für den Nahverkehr nur für einige Transportgüter und -arten Alternativen zum Straßengüterverkehr. Hierzu gehören insbesondere die aus Innenstädten bekannten Fahrradkuriere für den Transport kleiner und leichter Güter wie Dokumente und Laborproben. Im Bereich des Fernverkehrs kann die Eisenbahn prinzipiell aufgrund der höheren Durchschnittsgeschwindigkeit auf der Strecke in Konkurrenz zum Straßengüterverkehr treten, wobei jedoch zwischengeschaltete Umschlagvorgänge in der Praxis den Vorteil wieder aufheben.

C 3.2.3.2 Werkverkehr

Unter der Bezeichnung Werkverkehr wird im Güterkraftverkehrsgesetz (GüKG) Güterkraftverkehr für eigene Zwecke eines Unternehmens verstanden, wenn bestimmte Voraussetzungen an die Güter und die Beförderung erfüllt sind.

Nach GüKG §1(1) müssen „die beförderten Güter Eigentum des Unternehmens sein oder von diesem verkauft, gekauft, vermietet, gemietet, hergestellt, erzeugt, gewonnen, bearbeitet oder instand gesetzt worden sein". Nach GüKG §1(2) muss die Beförderung „der Anlieferung der Güter zum Unternehmen, ihrem Versand vom Unternehmen, ihrer Verbringung innerhalb oder – zum Eigengebrauch – außerhalb des Unternehmens dienen". Weiterhin müssen die zur Beförderung eingesetzten Kraftfahrzeuge vom eigenen Personal des Unternehmens geführt werden (GüKG §1(3)) und die Beförderung selbst „darf nur eine Hilfstätigkeit im Rahmen der gesamten Tätigkeit des Unternehmens darstellen" (GüKG §1(4)).

Man findet Werkverkehr größtenteils in den Branchen Handel, verarbeitendes Gewerbe und Baustoffe [BAG98].

Unternehmen errichten einen eigenen Werkverkehr überwiegend aus Qualitäts-, Image- und Servicegründen. Für einzelne Unternehmen oder in Branchen, in denen es auf einen direkten Kundenkontakt ankommt, wird Wert auf eine persönliche Beziehung auch des Fahrpersonals zum Kunden gelegt. Die Verwendung eigener Fahrzeuge im Werkverkehr erlaubt zudem eine flexible Reaktion auf sich ändernden Transportbedarf. Auf den gewerblichen Güterverkehr wird zur Abdeckung von Spitzenlasten zurückgegriffen.

Die Kraftfahrer übernehmen im Unternehmen zusätzliche Aufgaben im Umfeld des Transportes, etwa die Be- und Entladung, die Lkw-Pflege und -Wartung sowie verschiedene innerbetriebliche Tätigkeiten. Die Fahrer werden beim Kunden zudem für das Inkasso, die Regalpflege oder einfachere Beratungsaufgaben eingesetzt [BAG99]. In den Unternehmen mit Werkverkehr ist das Tarifniveau typischerweise höher ist als im gewerblichen Güterverkehr, was dazu führt, dass im Werkverkehr aus Rentabilitätsgründen längere Einsatzdauern und höhere Auslastungen angestrebt werden.

Nach der Marktliberalisierung Mitte 1998 konnten Unternehmen mit Werkverkehr durch die Gründung von Transportunternehmen auch am gewerblichen Güterverkehr teilnehmen. Die Entwicklung seitdem hat gezeigt, dass der Werkverkehr weiterhin bevorzugt im Nah- und Regionalbereich stattfindet, während der gewerbliche Güterverkehr den Fernverkehr abwickelt.

Die Bedeutung des Werkverkehrs nimmt ab, was dadurch bedingt ist, dass Logistikdienstleister heute in der Lage sind, die von den Werkverkehrsunternehmen geforderten Kriterien zu erfüllen. In einigen Branchen, vorwiegend im Handel und im verarbeitenden Gewerbe, dominiert jedoch der Werkverkehr über den gewerblichen Güterverkehr. Auf Basis der Gütermenge ist die Verteilung annähernd gleich während bei einer Berechnung auf Grundlage der Tonnenkilometer (der Beförderungsleistung) zeigt, dass der gewerbliche Güterverkehr einen weitaus größeren Anteil von Fernverkehr aufweist [BAG99].

C 3.2.4 Abwicklung der Güterbeförderung

Die Güterbeförderung zwischen Absender und Empfänger ist je nach gegebenen Rahmenbedingungen auf unterschiedliche Weise zu organisieren. Maßgeblich für die Wahl der Abwicklungsform sind Transportentfernungen, Maße der Ladung (Größe, Gewicht, Volumen), Terminvorgaben, Häufigkeit der Beförderung, erforderliche Zusatzleistungen und Qualitätsanforderungen. Die Entscheidung für eine Abwicklungsform kann maßgebliche Investitionen z. B. in Umschlag- und Sortiertechnik nach sich ziehen und bestimmt damit in erheblichem Umfang über das Leistungsspektrum des Anbieters.

Die Transportentfernung und die Größe der Ladung in Relation zur Fahrzeugkapazität entscheiden darüber, ob der Transport als Ladungs- oder als Stückgutverkehr abgewickelt wird. Der Stückgutverkehr unterscheidet sich vom Ladungsverkehr dadurch, dass letzterer die Fahrzeugkapazität nahezu vollständig belegt, Beiladungen also nicht möglich sind. Demzufolge findet i. Allg. beim Ladungsverkehr auch kein Umschlag der Ladung statt. Falls die Belieferung nicht auf direktem Weg stattfindet, es sich also um gebrochenen Verkehr handelt, werden entweder die Ladehilfsmittel oder die Fahrzeuge (z. B. im Kombinierten Verkehr) vollständig umgeschlagen. Beim Stückgutverkehr ist es im Gegensatz dazu möglich, auf Teilen der Strecke Ladung von mehreren Absendern bzw. für mehrere Empfänger zu transportieren. Zur besseren Auslastung der Fahrzeuge beim Stückgutverkehr werden häufig in Vorläufen Güter bei den Absendern gesammelt oder in Nachläufen auf die Empfänger verteilt. Hierbei handelt es sich um Flächenverkehre, da mehrere Orte in einer Fläche angefahren werden. Im Anschluss an die Vorläufe werden die Sendungen bei den Versandspediteuren zu Sammelladungen zusammengestellt und Frachtführern zum Transport zu den Empfangsspediteuren übergeben. Dieser Hauptlauf findet üblicherweise ungebrochen statt, kann jedoch auch über ein evtl. mehrstufiges Nabe-Speiche-System (Hub and Spoke) laufen. Beim Empfangsspediteur findet eine Aufteilung der eingegangenen Ladungen auf die Fahrten des Nachlaufs statt. Dieses Prinzip der mehrstufigen Bündelung findet sich nicht nur im gewerblichen Straßengüterverkehr (insbesondere in der Systemfracht), sondern auch bei Kurier-, Express-, Paketdiensten (s. Abschn. C 3.7) und anderen Verkehrsträgern.

Die Einrichtung von Linienverkehren bietet sich dann an, wenn den Transporten eine gewisse Regelmäßigkeit sowohl hinsichtlich des Entstehungszeitpunkts als auch des Umfangs zugrunde liegt. In diesem Fall wird zuerst ein Fahrplan erstellt, der eine bestimmte zeitliche Gültigkeit hat und den Nachfragern auf diese Weise ein Angebot präsentiert. Schwierigkeiten ergeben sich für den Anbieter dadurch, dass die zu erwartende Nachfrage prognostiziert und Kapazitäten bereitgestellt werden müssen. Werden die Erwartungen des Anbieters nicht erfüllt, kann er seine ineffiziente Kapazitätszuordnung nicht ohne eine als negativ empfundene Angebotsänderung verringern. Werden die Erwartungen übertroffen, muss darüber entschieden werden, weitere Transportkapazität anzubieten. Dies kann über eine Erhöhung des Taktes oder durch den Einsatz größerer Fahrzeuge erreicht werden. Über Linienverkehr besteht die Möglichkeit, während der Zeit zwischen zwei Fahrten Sendungen zu sammeln und dadurch Transporte zu bündeln. Für den Anbieter der Linienverkehre ergeben sich dadurch Kostenvorteile, die er an seine Kunden weitergeben kann. Transporte, die nicht als Linienverkehre durchgeführt werden, bezeichnet man als Gelegenheitsverkehre.

C 3.2.4.1 Preisbildung und Kosten

Die Kosten im Straßengüterverkehr setzen sich aus verschiedenen Teilen zusammen. Dies sind zum einen direkte Betriebskosten, die sich aus dem Betrieb von Fahrzeugen ergeben. Hierzu gehören insbesondere Kraftstoffkosten, bei denen Preis- oder Steuererhöhungen die Schwierigkeit mit sich bringen können, dass sie sich am Markt nicht durchsetzen lassen. Insgesamt summieren sich diese Einsatzkosten auf einen Anteil von ca. 36% [BGL07].

Andere betriebsbedingte Fahrzeugkosten entfallen auf Reparaturarbeiten und Wartungskosten. Fahrzeugbezogene aber betriebsunabhängige Kosten entstehen durch Versicherungen, Kapitalkosten der Finanzierung sowie Abgaben und Steuern (bspw. die Kfz-Steuer). Gemäß BGL 2007 belaufen sich diese Kosten anteilsmäßig auf ca. 15% der Gesamtkosten im gewerblichen Güterfernverkehr.

Ein weiterer großer Teil der Kosten entfällt auf Personalkosten, zu denen Fahrer- und Verwaltungsausgaben gehören. Nach BGL 2007 entfallen knapp 31% der Gesamtkosten auf die Personalkosten für Fahrer und weitere 15% auf Verwaltungskosten.

Eine andere Gruppe von Kosten sind Opportunitätskosten, die z. B. durch Wartezeit in Verkehrsstaus entstehen. Das BAG berichtet von der zunehmenden Vergegenwärtigung dieser Kosten, die neben dem erhöhten Kraftstoffverbrauch (als betriebsabhängige Kosten) insbesondere Kosten für entgangene Aufträge infolge von Verspätungen umfassen.

Der hohe Anteil der Fixkosten führt zu Wettbewerbsvorteilen für großflächig operierende Transportunternehmen, die leichter als kleine und mittelständische Betriebe Ladungen akquirieren und damit Degressionseffekte nutzen können. Kooperationen von weiterhin selbständig bleibenden kleinen und mittleren Speditionen erlauben es diesen, ebenfalls großräumig und als eine Organisation aufzutreten. Voraussetzung für den Erfolg dieses Konzeptes ist allerdings die tatsächliche Umstellung der betrieblichen Abläufe auf die Erfordernisse der Kooperation [Bün96]. Eine Ausprägung dieser Bemühungen ist das Konzept der Systemverkehre.

C 3.2.4.2 Kooperative Logistikkonzepte

Systemverkehr

Die Organisation einzelner Speditionen in Kooperationen und die Abwicklung von Transporten über ein Logistiknetzwerk bestehend aus Linienverkehren und Umschlagpunkten wird als Systemverkehr bezeichnet. Die Kooperationen sind zumeist als Verbund mittelständischer Speditionen entstanden, in denen die einzelnen Partner regionale Märkte bedienen und nationale Transporte über regionale und/oder zentrale Umschlagzentren und mehrere Partner abgewickelt werden. Durch die Kooperationen werden oftmals standardisierte Produkte angeboten, etwa den Transport innerhalb einer zugesicherten maximalen Laufzeit oder die Zustellung bis zu einer bestimmten Uhrzeit. Neben standardisierten Produkten sind ein einheitlicher Marktauftritt, interne partnerübergreifende Qualitätsstandards und häufig ein zentrales Informationssystem Kennzeichen von mittelständischen Speditionskooperationen.

Elektronische Märkte

Das Erfolgspotential der Bündelung von Güterströmen wird hauptsächlich vom Wissen über bestehende Bündelungsmöglichkeiten bestimmt. Die Entwicklung auf dem Gebiet der Informationstechnik, und dort insbesondere des Internet, bietet die Möglichkeit zu einem einfachen Zugang zu Informationen über Ladungen und Transportkapazitäten. Zahlreiche Frachtbörsen bieten im World Wide Web (WWW) Zugriff auf Datenbanken mit Laderaumangeboten und Transportanfragen. Während die notwendige technische Ausstattung minimal ist, sind die Anforderungen an die Betreiber der Dienste höher: Die Wahrung der Vertraulichkeit von Geschäftsdaten gegenüber Wettbewerbern muss technisch und organisatorisch garantiert werden können um die Akzeptanz des Dienstes sicherzustellen. Zudem muss die Möglichkeit bestehen,

Aufträge genau zu spezifizieren um passende Angebote automatisiert zu finden.

Nach BAG 2006b werden die Frachtenbörsen im Internet hauptsächlich von Transportunternehmen genutzt, die zur Vermeidung von Leerfahrten nicht auf die Netzwerke großer Speditionen oder Kooperationen zurückgreifen können. Insbesondere für Transportunternehmen aus den neuen EU-Staaten bieten die Frachtbörsen die Möglichkeit des Marktzutritts und zum Aufbau von Kundenbeziehungen. Angeboten werden auf den elektronischen Märkten bevorzugt Transporte, die für das ausschreibende Unternehmen wirtschaftlich nicht attraktiv sind und solche, die nicht in das existierende Netzwerk eingebunden werden können. Daneben werden zusätzlich zum „Spotmarkt" auch längerfristige Verträge für bestimmte Transportumfänge oder Relationen angeboten. Bei den Anbietern handelt es sich vorwiegend um Speditionen, nicht um verladende Unternehmen. Die Betreiber der Plattformen unterscheiden sich neben der abgedeckten geographischen Region durch die Abrechnungsform. Angeboten werden Pauschalpreise für bestimmte Zeiträume oder nutzungsabhängige Entgelte. Neben den prinzipiell allen Transportunternehmen zugänglichen Frachtbörsen existieren auch Angebote von Großspeditionen, Kooperationen oder Großverladern, die sich an eine geschlossene Benutzergruppe wenden, d. h. es handelt sich um Frachtbörsen, zu denen nur ausgewählte Teilnehmer Zugang haben.

City-Logistik

Die Belieferung von Kunden in Innenstädten stellt Transportunternehmen vor besondere Herausforderungen. Die Unternehmen, zumeist Handelsunternehmen, können häufig aufgrund eines Mangels an Parkraum nur schlecht versorgt werden. Von Seiten der Städte und Gemeinden werden zum Anwohnerschutz und zur Verkehrsberuhigung Verkehrsregelungen getroffen, die in Fußgängerzonen, aber auch in weiteren Innenstadtbereichen, die Belieferung und Entsorgung nur während vergleichsweise kurzer Zeiträume erlauben. Aufgrund langer Stand- und unproduktiver Wartezeiten ergeben sich Verbesserungspotentiale insbesondere bei Kunden, die von mehreren Lieferanten beliefert werden.

Das City-Logistik-Konzept sieht vor, für die Innenstädte bestimmte Transportströme vor den Stadtgrenzen in Umschlagpunkten zu konsolidieren. Da die anliefernden Fahrzeuge für einzelne Kunden in den Innenstädten meist nur kleine Sendungen befördern, können mehrere dieser Kundenlieferungen auf Touren mit kleineren Fahrzeugen gebündelt werden. Aus einer einstufigen Logistikkette entsteht eine zweistufige mit einer ersten regionalen Stufe mit großen Fahrzeugen und einer zweiten innerstädtischen Stufe mit kleineren Fahrzeugen.

Der Druck durch den ineffizienten Ablauf der Innenstadtbelieferung war in der Vergangenheit so groß, dass sogar konkurrierende Unternehmen sich zu City-Logistik-Kooperationen zusammenschlossen. Allerdings sind derartige Kooperationen auch durch Misstrauen und mangelnde Innovationsbereitschaft in der überwiegend von kleinen und mittelständischen Betrieben geprägten Transportbranche gescheitert. Die Macht des Handels führt zudem dazu, dass die Organisation der Belieferung vom Handel in die Hände einiger weniger Unternehmen gelegt und nicht mehr vom Versender bestimmt wird.

Güterverkehrszentren

Güterverkehrszentren (GVZ, s. Abschn. C 3.6) sind regionale Instrumente zur Steigerung der Attraktivität von Standorten durch Verbesserung der Logistik. Es handelt sich dabei um Standorte oder Gewerbegebiete, in denen verkehrswirtschaftliche Betriebe die Anbindung zu verschiedenen Verkehrsträgern bereitstellen und Logistikdienstleister ihre Dienste anbieten. Ziel ist es, die Transport- und Zusatzleistungen gebündelt anzubieten und für die Region effizienter abzuwickeln. Die Bündelung besteht sowohl in physikalischer als auch in organisatorischer Hinsicht, da das GVZ gegenüber Unternehmen als einzelner Anbieter auszulagernder Leistungen auftritt. Der Unterschied zum City-Logistik-Konzept besteht darin, dass das GVZ zusätzlich als Versandspediteur und Anbieter von Zusatzleistungen wie Verpackung, Konfektion, Kommissionierung und Verzollung auftritt.

Nachteilig werden bei GVZ die auch in anderen Kooperationsformen vorhandenen Organisationsschwierigkeiten und negative raumwirtschaftliche Effekte genannt [Lee99]. Hierzu gehören der hohe Flächenverbrauch, der insbesondere in den bevorzugten Ballungsräumen problematisch ist und die hohe Verkehrsbelastung durch ankommende und abgehende Transporte. Weitere Schwierigkeiten ergeben sich aus den divergierenden Interessen der öffentlichen Entwicklungsgesellschaften mit gesellschaftlichen Zielen und der angesiedelten privatwirtschaftlichen Unternehmen im Hinblick auf die Finanzierung übergeordneter Vorhaben.

Kombinierter Verkehr

Kombinierter Verkehr (KV, s. Abschn. C 3.3) bezeichnet den Versand von Gütern über unterschiedliche Verkehrsträger vom Versender zum Empfänger. Der Vor- und Nachlauf findet dabei über die Straße statt, der Hauptlauf per Schiff oder Eisenbahn. Die verbreitetere Form des KV ist die Kombination Straße/Schiene. Im KV werden komplette Ladeeinheiten, d. h. Paletten, Wechselbehälter, Lkw, in intermodalen Terminals (bspw. in Güterverkehrszentren) umgeschlagen. Der Zeitverbrauch für die Umschlagvorgänge vor und nach dem Hauptlauf sowie die Zeit für die Vor- und Nachläufe bewirken im Vergleich zum Direkttransport per Lkw, dass der Kombinierte Verkehr erst ab ca. 300 km vorteilhaft ist [Fon93].

Der verkehrspolitische Vorteil des KV liegt in der geringeren Straßenbelastung, die sich auch auf die Instandhaltungskosten des Netzes auswirkt. Gemeinhin wird dem KV auch eine geringere Umweltbelastung als dem Direktverkehr zugesprochen, was jedoch nicht abschließend untersucht worden ist.

Die Abwicklung des KV stellt hohe Anforderungen an die Umschlagterminals, die mit leistungsfähigen Umschlaganlagen ausgerüstet sein müssen. Beim Huckepackverkehr werden ganze Fahrzeuge auf Fahrzeuge des anderen Verkehrsträgers umgeladen, beim Roll-on/Roll-off-Verkehr fahren die Fahrzeuge selbständig auf den anderen Verkehrsträger. Beim begleiteten Transport fahren der Fahrer und die Zugmaschine mit, wobei die Fahrer bspw. in Liegewagen übernachten. Demgegenüber werden beim unbegleiteten Verkehr die Zugmaschinen nicht verladen, sondern nur die Sattelanhänger und Wechselbehälter.

C 3.2.5 Rechtliche Grundlagen

C 3.2.5.1 Gesetzliche Definitionen

Die vertraglich verantwortlich Handelnden, also die Ausführenden von Werk- und Dienstleistungen lassen sich wie folgt definieren:

Frachtführer

Der Frachtführer ist gesetzlich in HGB §407(1) definiert. Danach wird durch den Frachtvertrag der Frachtführer verpflichtet das Gut zum Bestimmungsort zu befördern und dort an den Empfänger abzuliefern. Im Kern ist und bleibt deshalb der Frachtführer zum Erfolg der Tätigkeit (Transport) verpflichtet. Dem Grunde nach ist der Frachtvertrag deshalb ein erfolgsabhängiger Werkvertrag. Dabei kommt es nicht darauf an, ob eine nationale oder internationale Transporttätigkeit geschuldet wird.

Spediteur

In der gesetzlichen Definition nach HGB §453(1) ist der Spediteur derjenige, der durch den Speditionsvertrag verpflichtet ist, die Versendung des Gutes zu besorgen. Das „Urbild" des Spediteurs ist dasjenige, dass der Spediteur von seinem Büro aus die Besorgung der Frachtgeschäfte durch Frachtführer vermittelt (besorgt). Von diesem gesetzlichen Urbild ist die tatsächliche Wirklichkeit von speditionellen Leistungen entfernt und daher hat sich nunmehr auch der Gesetzgeber insofern davon abgewandt, als er das Speditionsgeschäft nicht mehr an die Regeln des Kommissionärs anlehnt (der Spediteur nimmt im eigenen Namen eigene Interessen wahr). Vom Grunde ist – in Abgrenzung zu den werkvertragsrechtlichen Leistungen des Frachtführers – der Speditionsvertrag ein Dienstleistungsvertrag nach BGB §§61ff. Eine nähere Konkretisierung der Spediteurpflichten ergibt sich aus den ADSp (Allgemeine Deutsche Spediteurbedingungen in ihrer aktuellsten Fassung), sowie in individuellen Verträgen zur Konkretisierung derartiger Leistungen.

Man unterscheidet die Spedition im Selbsteintritt (also den Fall, indem der Spediteur mit eigenen Fahrzeugen den Transport durchführt), die Fixkostenspedition (also den Komplettpreis von Transportleistung und speditionsrechtlicher Zusatzleistung) und die Sammelladungsspedition (Zusammenstellung einer Sammelladung zum Transport durch den Frachtführer durch einen Spediteur). Für alle drei Fallgruppen gilt nach dem neuen Recht das gleiche wie schon zuvor: Die Spediteure die derartige Leistungen anbieten bzw. erbringen haften wie ein Frachtführer.

C 3.2.5.2 Ablauforganisation

Trotz weitgehender Gewerbefreiheit in Deutschland und in der europäischen Union ist der Transport von Gütern, von bestimmten Ausnahmen abgesehen, erlaubnispflichtig. Die Erlaubnisse und Genehmigungen sind im Güterkraftverkehrsgesetz (GüKG) geregelt. Nach GüKG §3(2) gibt es drei subjektive Berufszugangskriterien, wie
- Zuverlässigkeit des Unternehmens und der zur Führung der Geschäfte bestellten Person,
- finanzielle Leistungsfähigkeit des Unternehmens,
- fachliche Eignung des Unternehmens oder der zur Führung der Geschäfte bestellten Person.

Freigestellt (Freistellungsverordnung) ist der Transport von Gütern mit Kraftfahrzeugen, die einschließlich Anhänger ein geringeres zulässiges Gesamtgewicht als 3,5 t haben. Es gibt jedoch spezielle Lizenzen für grenzüberschreitenden Güterkraftverkehr durch Gebietsfremde, sowie Sondererlaubnisse und Genehmigungen zum Transport bestimmter Güter (Abfalltransporte, Transporte von Kriegswaffen, Transporte von Kernbrennstoffen und sonstigen radioaktiven Stoffen, Transporte von Waffen, die unter das Waffengesetz fallen, Transporte von Tieren, Groß- und Schwertransporte). Zur Durchführung von Beförderungen aus oder nach einem EU-Mitgliedsstaat bedürfen Unternehmer mit Sitz in Deutschland oder in einem Mitgliedsstaat der europäischen Union eine Gemeinschaftslizenz nach Art. 3 der EWG-Verordnung Nr. 881/92.

C 3.2.5.3 Akquisition und Durchführung von Aufträgen

Der Güterverkehrsunternehmer schließt im Rahmen seines Betriebes Verträge ab. Die Regelungen über den Vertragsschluss sind nicht im Handelsgesetzbuch, sondern im bürgerlichen Gesetzbuch geregelt.

Die vertraglichen Vereinbarungen der Parteien bedürfen in der Transportkette der Überprüfung ihrer Verwirklichung. Der konkrete Ablauf des Transportes muss dokumentiert werden, also von der Übernahme des Gutes, zu den einzelnen Schnittstellen von Zwischenlagerungen, bis zur Ablieferung desselben. So wird z. B aus Präventionsgründen die Kontrollpflicht des Spediteurs in den ADSP Ziffer 7 dahingehend geregelt, dass der Spediteur verpflichtet ist, an jedem Übergang der Packstücke von einer Rechtsperson auf eine andere sowie bei der Ablieferung am Ende jeder Beförderungsstrecke die Packstücke auf Vollständigkeit und Identität, sowie äußerlich erkennbare Schäden und Unversehrtheit von Plomben und Verschlüssen zu überprüfen und Unregelmäßigkeiten zu dokumentieren.

Der Frachtführer kann nach HGB §408(1) die Ausstellung eines Frachtbriefes mit folgenden Angaben verlangen: Ort und Tag der Ausstellung, Name und Anschrift des Absenders, Name und Anschrift des Frachtführers, Stelle und Tag der Übernahme des Gutes, für die Ablieferung vorgesehenen Stelle, Name und Anschrift des Empfängers und eine etwaige Meldeadresse, die übliche Bezeichnung der Art des Gutes und die Art der Verpackung, Anzahl, Zeichen und Nummern der Frachtstücke, das Rohgewicht oder die anders angegebene Menge des Gutes, sowie die vereinbarte Fracht.

C 3.2.5.4 Transportdurchführung

Der Frachtführer muss ein Kraftfahrzeug einsetzen, das betriebssicher (d. h. der Straßenverkehrsordnung entsprechend) und für den Transport geeignet ist. Beispielsweise können temperaturgefährdete Güter nur in einem Thermofahrzeug transportiert werden. Das Gut muss im beförderungsfähigen Zustand transportiert werden, d. h. mit Ladeeinrichtungen verkehrs- und damit beförderungssi-

cher verstaut werden. Die Beförderungsfähigkeit des Gutes liegt dann vor, wenn es überhaupt gesichert werden kann. Darüber hinaus ist eine transportsichere Verpackung vorgeschrieben, wenn Schäden und Haftung vermieden werden sollen. Als Faustregel gilt: Für die Betriebssicherheit der Verladung ist der Frachtführer und für die Beförderungssicherheit der Verladung der Auftraggeber verantwortlich. Dabei bedeutet Verladen das Laden, Stauen und Befestigen.

Ab Übernahme bis zur Ablieferung befindet sich das Gut in der Obhut des Frachtführers. Für Schäden durch Verlust oder Beschädigung des Gutes zwischen Übernahme und Ablieferung haftet grundsätzlich der Frachtführer Verschuldensunabhängig (HGB §425(1)). Während des Transportes hat der Fahrer die vorgeschriebenen Lenk- und Ruhezeiten einzuhalten; hier gelten die öffentlich rechtlichen Vorschriften zu den Lenk- und Ruhezeiten.

Wenn der Absender während des Transports diesen stoppen möchte, weil z. B. der Käufer des Gutes den Kaufpreis noch nicht bezahlt hat oder falls Beförderungshindernisse eintreten oder sich Ablieferungshindernisse herausstellen, kann bzw. muss der Absender (evtl. nach Information durch den Frachtführer) dem Frachtführer eine Weisung erteilen. Dies ergibt sich daraus, dass Absender und Empfänger das Recht haben, auch nach Abschluss des Frachtvertrages über das Gut in bestimmten Grenzen einseitig zu verfügen bzw. den Frachtvertrag einseitig abzuändern.

Der Obhuts- und Haftungszeitraum endet mit der Ablieferung des Gutes, d. h. sobald der Frachtführer den Gewahrsam an dem beförderten Gut im Einvernehmen mit dem Empfänger aufgibt. Gleichzeitig ist dies die zentrale Schnittstelle für die Rechte und Pflichten des Frachtführers bzw. des Spediteurs insgesamt. Erst mit vollständiger Ablieferung ist der Obhutszeitraum beendet. Schäden am Transportgut, Verlust oder Teilverlust wie auch Lieferfristüberschreitungen sind zu reklamieren.

Literatur

[BAG06a] BAG Marktbeobachtung Güterverkehr: Bericht: Herbst 2006. Bundesamt für Güterverkehr 2006

[BAG06b] BAG Marktbeobachtung Güterverkehr: Sonderbericht: Internetgestützte Frachtvermittlung. Bundesamt für Güterverkehr 2006

[BAG06c] BAG Marktbeobachtung Güterverkehr: Sonderbericht: Eineinhalb Jahre streckenbezogene Lkw-Maut-Auswirkungen auf das deutsche Güterverkehrsgewerbe. Bundesamt für Güterverkehr 2006

[BAG99] BAG Marktbeobachtung Güterverkehr: Sonderbericht: Die Auswirkungen der weiteren Liberalisierung des europäischen Verkehrsmarktes im Jahr 1998 auf die Unternehmen des gewerblichen Güterkraftverkehrs. Bundesamt für Güterverkehr 1999

[Buc98] Buchholz, J.; Clausen, U.; Vastag, A. (Hrsg.): Handbuch der Verkehrslogistik. Berlin: Springer 1998

[BMV03] Bundesministerium für Verkehr, Bau- und Wohnungswesen: Bundesverkehrswegeplan 2003, Berlin 2003

[BMV05] Bundesministerium für Verkehr, Bau und Stadtentwicklung: Straßenbaubericht 2005. Berlin 2005

[BGL07] Bundesverband Güterkraftverkehr, Logistik und Entsorgung (BGL) e.V.: Kostenentwicklung im Güterkraftverkehr – Einsatz im Fernbereich – von Januar 2006 bis Januar 2007. Berlin 2007

[Bün96] Bünck, B.: Spedition im Wandel. In: Hossner, R. (Hrsg.): Jahrbuch der Logistik 1996. Düsseldorf: Handelsblatt 1996

[Fon93] Fonger, M.: Gesamtwirtschaftlicher Effizienzvergleich alternativer Transportketten. Eine Analyse unter besonderer Berücksichtigung des multimodalen Verkehrs Straße/Schiene. Göttingen: Vandenhoeck & Ruprecht 1993

[Lee99] Leerkamp, B., Nobel, T.: GVZ: Bausteine einer nachhaltigen Raum-, Verkehrs- und Standortplanung. Internationales Verkehrswesen 51 (1999) 7/8

[Oel99] Oelfke, W.: Güterverkehr – Spedition – Logistik. Bad Homburg: Gehlen 1999

[SB07] Statistisches Bundesamt: Verkehr aktuell Reihe 1.1, 8 (2007) 2

[Wlč98] Wlček, H.: Gestaltung der Güterverkehrsnetze von Sammelgutspeditionen. Gesellschaft für Verkehrsbetriebswirtschaft und Logistik (GVB), Schriftenreihe 37, Nürnberg 1998

C 3.3 Kombinierter Verkehr

Kombinierter Verkehr (KV, früher auch Kombinierter Ladungsverkehr) bezeichnet den Versand von Gütern über zwei oder mehrere unterschiedliche Verkehrsträger vom Versender zum Empfänger in ein und derselben Ladeeinheit. Der möglichst kurze Vor- und Nachlauf findet dabei über die Straße statt, der bezüglich der Entfernung überwiegende Hauptlauf per Schiff oder Eisenbahn. Die verbreitetste Form des KV ist die Kombination Straße–Schiene. Im KV werden komplette Ladeeinheiten, d. h. Container, Wechselbehälter oder Sattelanhänger in intermodalen Umschlaganlagen (sog. Terminals) umgeschlagen.

Der verkehrspolitische Vorteil des KV liegt in der geringeren Straßenbelastung, die sich auch auf die Instandhaltungskosten des Netzes auswirkt. Der KV weist eine geringere Umweltbelastung als der reine Straßentransport auf, was je nach Entfernung und Art der Transportkette variiert und im Durchschnitt bei 29% liegt [UIR03].

Die Abwicklung des KV stellt hohe Anforderungen an die Umschlagterminals, die mit leistungsfähigen Umschlaganlagen ausgerüstet sein müssen. Beim Huckepackverkehr werden ganze Fahrzeuge eines auf Fahrzeuge des anderen Verkehrsträgers umgeladen (bei der Schiene als sog. Rollende Landstraße). Beim Roll-on/Roll-off-Verkehr fahren die Fahrzeuge rollend auf den anderen Verkehrsträger. Beim begleiteten Kombinierten Verkehr fahren die Lkw-Fahrer im angehängten Sitz- oder Liegewagen mit. Demgegenüber werden beim unbegleiteten Kombinierten Verkehr die Zugmaschinen nicht verladen, sondern nur die Sattelanhänger, Container und Wechselbehälter.

C 3.3.1 Definition des Kombinierten Verkehrs

Der Kombinierte Verkehr (KV) ist eine Form der Transportabwicklung, bei der das Frachtgut beim Transport von der Quelle (Produktionsbetrieb, Auslieferungslager) zur Senke (Weiterverarbeitung, Handel) in einer *Ladeeinheit des Kombinierten Verkehrs* durchgehend (d. h. ohne längere Zwischenlagerung) mit mehreren Verkehrsträgern, die als *Transportkette* hintereinander geschaltet sind, befördert wird.

Für den Kombinierten Verkehr wird auch die Bezeichnung *Intermodaler Verkehr* synonym verwendet, seltener auch die Bezeichnung *Multimodaler Verkehr*. Mitunter wird die Bezeichnung Multimodaler Verkehr speziell für solche Transportketten verwendet, bei denen das Frachtgut bei seinem Wechsel von Verkehrsträger zu Verkehrsträger konventionell umgeschlagen wird; dann wird bei der Transportabwicklung keine Ladeeinheit benutzt.

Eisenbahner sprechen häufig vom Kombinierten Ladungsverkehr (KLV); das hat seinen Grund darin, dass in den 50er Jahren bei der Eisenbahn auch die Güterbeförderung auf Paletten als Kombinierter Verkehr galt, und der Transport von Großcontainern und Huckepackeinheiten als Kombinierter Ladungsverkehr vom Palettenverkehr abgegrenzt wurde.

Auch heute wird der Gütertransport und -umschlag mit Hilfe von *Paletten* oft als Kombinierter Verkehr bezeichnet. Da aber die Palette in der Logistik mehr dem Lagerwesen und der Fördertechnik zugeordnet wird, werden Fragen des Palettenverkehrs hier nicht behandelt.

C 3.3.2 Ladeeinheiten des Kombinierten Verkehrs

Im Kombinierten Verkehr (KV) wird entweder ein komplettes Fahrzeug auf einem Trägerfahrzeug eines anderen

Verkehrsträgers befördert oder es werden spezielle Ladeeinheiten des KV vom Trägerfahrzeug eines Verkehrsträgers auf Trägerfahrzeuge eines anderen Verkehrsträgers umgesetzt.

Im *Roll-on/Roll-off-Verkehr* werden Lastkraftwagen oder Sattelanhänger über eine Rampe auf die Ladedecks eines Roll-on/Roll-off-Schiffes gefahren, von diesem Schiff über See befördert und im Hafen an der anderen Küste an Land gerollt, um dort ihre Reise im Straßenverkehr fortzusetzen.

Im *Trajektverkehr* werden Güterwagen des Schienenverkehrs auf Fährschiffe, deren Ladedecks mit Schienen versehen sind, gerollt und dann mit dem Schiff zum nächsten Hafen befördert.

Weder Roll-on/Roll-off-Verkehr noch Trajektverkehr sind dem Kombinierten Verkehr zuzuordnen, sofern sie nicht Bestandteil einer längeren Transportkette des Kombinierten Verkehrs sind (z. B. mit Anbindung an einen Zug des Kombinierten Verkehrs ab Fährhafen).

Im *Huckepackverkehr* werden Lastzüge, Sattelkraftfahrzeuge oder Sattelanhänger auf spezielle Eisenbahnwagen verladen und ins Zielgebiet auf der Schiene befördert, um dort auf der Straße ihre Reise bis zur Endbestimmung fortzusetzen.

Sofern Sattelanhänger im KV Schiene/Straße nicht rollend verladen werden (und wofür so gut wie kein Angebot besteht), werden sie mit den Umschlaggeräten für Wechselbehälter vertikal umgeschlagen. Hierfür müssen waggonseitig Adapter (z. B. beim Korbwagen) oder an den Sattelanhängern genormte Greifkanten vorhanden sein.

Im *Behälterverkehr* werden genormte Frachtbehälter zwischen Trägerfahrzeugen unterschiedlicher Verkehrsträger umgeschlagen. Die überwiegend im interkontinentalen Seeverkehr eingesetzten ISO-genormten Frachtbehälter werden als Container bezeichnet. Bei den Containern werden die folgenden Systemgrößen unterschieden:
- *Großcontainer*, das sind Container mit einer Länge von 6 m und mehr,
- *Mittelcontainer*, das sind Container mit einer Länge von weniger als 6 m und einem Rauminhalt von mehr als 3 m^3,
- *Kleincontainer*, das sind Container mit einem Rauminhalt von 1 bis 3 m^3.

Der Container wird in der Norm DIN ISO 668 als Transportbehälter definiert, der
- von dauerhafter Beschaffenheit und daher genügend widerstandsfähig für den wiederholten Gebrauch ist,
- besonders dafür gebaut ist, den Transport von Gütern mit einem oder mehreren Transportmitteln ohne Umpacken der Ladung zu ermöglichen,
- für den mechanischen Umschlag geeignet ist,
- so gebaut ist, dass er leicht be- und entladen werden kann,
- einen Rauminhalt von mindestens 1 m^3 (35,3 cu. ft.) hat.

Fahrzeuge und Verpackungen fallen nicht unter den Begriff „Container". Die im innereuropäischen Verkehr eingesetzten Frachtbehälter dominieren die CEN-genormten Wechselbehälter.

Zu den Großcontainern gehören die folgenden Ladeeinheiten:
- Der *ISO-Container* ist ein Großcontainer, der sich zum Zeitpunkt seiner erstmaligen Inbetriebnahme nach allen relevanten ISO-Normen richtet (Bild C 3.3-1). Es gibt

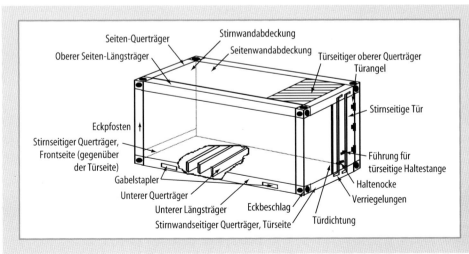

Bild C 3.3-1 Konstruktionsteile eines Containers nach ISO 1496

allerdings eine Reihe von Containern, die dem ISO-Container ähnlich sind, aber nicht alle relevanten ISO-Normen erfüllen (z. B. sog. Binnencontainer oder mittig palettenbreite Container).
- Der *Wechselbehälter* ist i. Allg. ein Großcontainer, der im Gegensatz zum Container entweder in geringer stapelbarer Ausführung und bezüglich seiner Anzahl überwiegend in nicht stapelbarer Konstruktion vorhanden ist. Es gibt auch Wechselbehälter, die sich nicht in allen Eigenschaften nach den relevanten europäischen Normen richten (z. B. SECU – Stora Enso Cargo Unit).

Frachtbehälter werden an das zu befördernde Ladegut angepasst. Neben der am häufigsten vorhandenen Containerbauart des allseits geschlossenen Frachtbehälters (entweder nur mit einer Tür an der Stirnöffnung, oder – seltener – mit zusätzlichen Türen in einer Seitenwand) gibt es Ladeeinheiten mit weichen oder Spezialaufbauten:

- Planenaufbau beim nicht stapelbaren Wechselbehälter,
- *Open-Top-Container* mit abnehmbarem Dach aus Stahl oder mit der Möglichkeit der Persenningabdeckung für das offene Dach,
- *Open-Side-Container* ohne Seitenwände,
- *Plattformcontainer* entweder mit abklappbaren Stirnwänden oder ohne jeden Aufbau (Bild C 3.3-2),
- *Spezialcontainer*, deren Ladeeigenschaften an bestimmte logistische Sonderanforderungen angepasst sind, im Wesentlichen:
  • *Thermalcontainer*, deren Wände und Türen gegen Wärmedurchgang isoliert sind (Bild C 3.3-3); viele davon haben auch ein maschinelles Kühlaggregat (i. d. R. Kraftstoffbehälter, Verbrennungsmotor, Generator und elektrisches Aggregat zur Erzeugung von Kaltluft und manchmal auch wahlweise Warmluft),
  • *Tankcontainer*, meist bestehend aus einem Rahmen, in dem ein zylindrischer Tank liegt (Bild C 3.3-4),

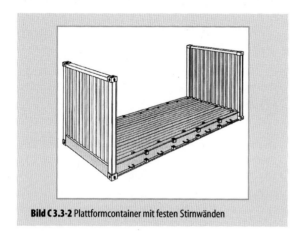

Bild C 3.3-2 Plattformcontainer mit festen Stirnwänden

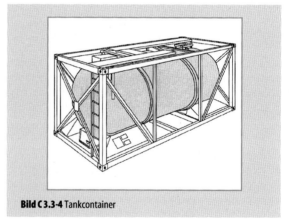

Bild C 3.3-4 Tankcontainer

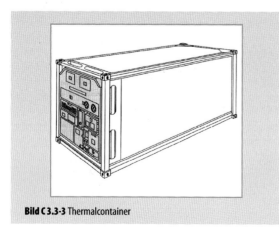

Bild C 3.3-3 Thermalcontainer

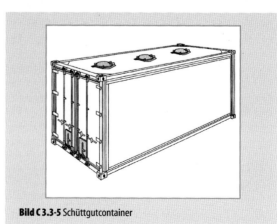

Bild C 3.3-5 Schüttgutcontainer

meist klassifiziert nach der Eignung zum Transport für Stoffe der unterschiedlichsten Gefahrgutklassen,
- *Schüttgutcontainer*, entweder für Entladung über Schwerkraft oder für Entladung durch Überdruck (Bild C 3.3-5).

Eine Fülle von weiteren Spezialentwicklungen macht besondere Transportgüter „containerfähig", wie Container für die Doppelstockbeförderung von Pkw, für die Beförderung von hängenden Textilien, von losen Kaffeebohnen u.v.m.

C 3.3.3 Umschlaggeräte des Kombinierten Verkehrs

Praktisch alle Ladeeinheiten des Kombinierten Verkehrs (KV) sind für den *Vertikalumschlag* ausgelegt. Systeme für horizontalen Umschlag dominierten in der Anfangszeit des Kombinierten Verkehrs Schiene/Straße in Europa, sind aber aufgrund betrieblicher Vorteile des Vertikalumschlags in den Hintergrund getreten. Das leistungsfähigste Umschlaggerät des KV ist der *Portalkran*. Er fasst den Container oder stapelbaren Wechselbehälter an seinen oberen Eckbeschlägen mit Hilfe eines *Spreaders* (Greifgeschirr). Wechselbehälter und Sattelanhänger, die keine oberen Eckbeschläge haben, werden mit *Greifzangen*, die in Greifkanten am unteren Rahmen der Ladeeinheit angreifen, umgeschlagen. Der Spreader ist ein automatisches Krangeschirr; an einem rechteckigen Rahmen sind nach unten weisende Drehzapfen (Twist Locks) angebracht, die in die nach oben weisenden Löcher der oberen Eckbeschläge eingreifen, dann mit Hilfe einer Hydraulik um 90° gedreht werden und damit fest verriegelt sind. Nun kann der Container angehoben werden. Die meisten Spreader sind hydraulisch in der Länge verstellbar (*Verstell-Spreader*), so dass sie rasch auf verschiedene Containerabmessungen angepasst werden können.

Portalkräne für den Containerumschlag werden sowohl für den fahrzeugseitigen Umschlag als auch für die Bedienung der Abstell- und Sortierflächen auf Kranschienen oder mit Gummibereifung eingesetzt. Beim wasserseitigen Umschlag in See- und Binnenhäfen sind sie längs des Kais verfahrbar. Ihr wasserseitiger Ausleger reicht über die ganze Breite des größten am Kai liegenden Schiffes, für den Schiff-Schiff-Umschlag auch über zwei oder mehr Schiffe. Sofern die Portalkräne die Abstell- und Sortierflächen bedienen, müssen sie so hoch gebaut werden, dass sie die meist bis zu drei oder vier Lagen hohen Stapel mit einer angehängten Ladeeinheit überfahren können. Portalkräne sind auch das wichtigste Umschlagmittel in den Terminals für den Umschlag Schiene-Straße. Sie überspannen mehrere Gleise und Fahrstraßen und schlagen die Container, Wechselbehälter und Sattelanhänger zwischen Schiene und Straße um. Diese Portalkräne haben stets einen an Seilen angehängten Spreader, der bei Binnenterminals meist auch mit einem Greifzangengeschirr versehen ist.

Für Umschlag und Transport auf den Seehafenterminals werden häufig auch *Portalhubwagen* (Straddle Carrier) eingesetzt. Sie sind mit Gummireifen ausgerüstet und können frei im gesamten Terminalgelände verfahren werden. Sie fahren je nach Konstruktion über Containerstapel mit bis zu drei Lagen bei einer Gassenbreite zwischen den Fahrwerken für eine Containerreihe.

Für den kostengünstigen Umschlag in kleineren Terminals und zur flexiblen Unterstützung der Portalkräne insbesondere im Depotbereich wurden als Mobilgeräte sog. Schwerstapler (*reach stacker*) entwickelt. Es handelt sich hierbei um schwere Großmaschinen mit besonders langem Radstand, die vor Kopf die Ladeeinheiten aufnehmen, verfahren und auch in mehrlagigen Stapeln wieder absetzen können. Sie sind sowohl mit Spreader als auch Greifkantengeschirr ausrüstbar. Mit Spezialgeschirr eignen sie sich auch für den Umschlag in Binnenschiffe, sofern diese auf staugeregelter Wasserfläche (d. h. gleichbleibender Wasserspiegelhöhe) am Kai festmachen können.

Daneben werden *Seitenlader* häufig auf binnenländischen Terminals eingesetzt, weil sie flexibel sowohl für den Umschlag zwischen Schienen- auf Straßenfahrzeug als auch für das beliebige Absetzen des Containers bei Versender und Empfänger eingesetzt werden können. Die Seitenlader sind auf Lkw-Chassis montiert und können über zwei hydraulisch bediente Arme den an Ketten oder Seilen manuell angehängten Container vom Boden oder Waggon anheben und auf das Chassis absetzen.

Zunehmend seltener werden auch *Schwergabelstapler* für den Umschlag von Containern eingesetzt. Die meisten 20-Fuß-Container haben Staplertaschen, so dass der Gabelstapler Angriffspunkte findet. Besonders häufig wird der Gabelstapler für den Containerumschlag an Plätzen eingesetzt, bei denen grundsätzlich nur leere Container bewegt und umgeschlagen werden müssen, z. B. in Containerreparaturwerkstätten oder in Depots. 40-Fuß-Container und Tankcontainer sollten aus Sicherheitsgründen niemals mit Gabelstapler umgeschlagen werden.

C 3.3.4 Fahrzeuge für den Kombinierten Verkehr

Klassisches *Straßenfahrzeug* (s. Abschn. C 3.2.4.2) für den Kombinierten Verkehr (KV) ist das Chassis eines Sattelanhängers. Auf einem Vielzweckchassis können wahlweise je nach Konstruktion bis zu
− ein oder zwei 20-Fuß-Container,
− ein 40-Fuß-Container,

– ein 7,15/7,45/7,82-m-Wechselbehälter,
– ein 13,6-m-Wechselbehälter oder
– ein 45-Fuß-Container

befördert werden. Für den beschränkten Einsatz z. B. im Containerhinterlandverkehr gibt es vereinfachte Konstruktionen nur mit Aufnahmepunkten für ISO-Container mit 20-Fuß- und 40-Fuß-Länge.

Auf dem Lkw-Lastzug, meist mit dreiachsigem Motorfahrzeug und zweiachsigem Anhänger, werden zwei 7,15/7,45/7,82-m-Wechselbehälter oder zwei 20-Fuß-Container befördert. Da durch die Gesetzgebung bei einer Breite von 2,55 m die Ladelänge des Sattelanhängers in Europa auf 13600 mm begrenzt ist, lassen sich zwei 7,15/7,45/7,82-m-Wechselbehälter nicht gemeinsam auf einem Sattelanhängerchassis im Rahmen der geltenden Gesetze befördern.

Im *Schienenverkehr* werden für die Beförderung von Containern und Wechselbehältern *Plattform- oder Skeletttragwagen* eingesetzt. Ein besonders weit verbreiteter Typ hat zwei Drehgestelle und eine Ladelänge von 18,3 m; damit kann er die folgenden Kombinationen fahren:
– bis zu drei 20-Fuß-Container,
– einen 40-Fuß-Container und einen 20-Fuß-Container,
– zwei 7,15/7,45/7,82-m-Wechselbehälter,
– einen 13,6-m-Wechselbehälter oder
– einen 45-Fuß-Container.

Moderne Garnituren sind als Gelenkwagen mit drei Drehgestellen ausgebildet und haben eine Ladelänge von ca. 2× 16 m. Sie können damit bis zu vier 7,15/7,45/7,82-m-Wechselbehälter befördern. Für den reinen Transport von 7,15/7,45/7,82-m Wechselbehältern sind vierachsige Waggons im Einsatz.

Für den Transport von kranbaren Sattelanhängern sind *Taschenwagen* vorhanden. Diese haben eine Vertiefung („Tasche") zwischen den Drehgestellen, die das Achsaggregat eines Sattelanhängers aufnehmen kann. Für den Königszapfen des Sattelanhängers ist ein höhenverstellbarer Stützbock mit Sattelaufnahmeplatte über einem Enddrehgestell eingebaut. Die meisten Taschenwagen können wahlweise Container, Wechselbehälter oder Sattelanhänger befördern. Für nicht kranbare Sattelanhänger sind *Korbwagen* konstruiert worden, bei denen in der Tasche ein Korb eingehängt ist, auf dem der Sattelanhänger während des Umschlags steht. Diese und weitere alternative Technologien für nicht kranbare Sattelanhänger haben noch keine weite Akzeptanz am Markt gefunden.

Die Wagen vom Typ *Rollende Landstraße* haben eine über alle Wagen hinweg durchgehende Ladefläche, die besonders niedrig über der Schienenoberkante liegt, um so den Transport von bis zu 4 m hohen Straßenfahrzeugen im Rahmen des Ladeprofils der mitteleuropäischen Eisenbahnen befördern zu können. Die durchgehend niedrige Ladefläche erfordert extrem kleine Räder, die besondere Anforderungen an die Gleisqualität stellen. Auf ihnen werden komplette Lastzüge und Sattelkraftfahrzeuge befördert. Sofern die Züge der Rollenden Landstraße insbesondere als Engpasslösung im Alpentransit begleitet gefahren werden, führen sie i. d. R. einen Sitz- oder Liegewagen mit sich, in dem die Fahrer der Lkw während der Schienenbeförderung pausieren können.

Im Verkehr auf den europäischen *Binnenwasserwegen* werden überwiegend Binnenschiffe eingesetzt, die über den gesamten Laderaum offen sind. Die Container werden im Blockstau in die Schiffe geladen. Eine besondere Befestigung der Container an Bord ist nicht nötig, weil die Beschleunigungskräfte, die das Binnenschiff während der Fahrt auf seine Ladung ausübt, gering sind. Mittlerweile sind aus beladungstechnischen Gründen auch Binnenschiffe mit Zellenstruktur auf dem Rhein im Einsatz. Das größte, nur auf dem ungestauten Rhein einsetzbare, Binnenschiff kann in fünf Lagen bis zu 515 TEU (Twenty Foot Equivalent Unit = Containereinheit mit 20 Fuß Länge) aufnehmen. Im Kanalnetz verkehrende Binnenmotorschiffe können meist in zwei bis drei Lagen bis zu 224 TEU transportieren. Eine Besonderheit sind Fluss-See-Schiffe, die sowohl im unteren Flusslauf als auch im küstennahen Bereich verkehren können. Befördert werden fast ausschließlich Container. Wechselbehälter werden im Binnenschiffsverkehr selten und wenn dann, da überwiegend nicht stapelbar, nur in oberster Lage befördert.

Im *Überseeverkehr* werden meist Vollcontainerschiffe eingesetzt. Diese Schiffe laden nur Container. Im Innenraum des Schiffes werden die Container in einem Zellengerüst gestaut. Darüber hinaus nehmen die Schiffe als Deckladung weitere Container mit. Auch auf konventionellen Hochseeschiffen werden die Container gelegentlich als Deckladung mitgenommen.

Überwiegend im Pendel- und Linienverkehr auf kürzerer Distanz verkehren Containerschiffe als sog. *Feeder* als Zubringer zu und Verteiler von den Überseecontainerschiffen. Ebenfalls im Seeverkehr auf kurzen Strecken, aber auch auf ausgesuchten Flüssen, werden Roll-on/Roll-off-Schiffe eingesetzt, die die über Auffahrrampen zu be- und entladende rollende Ladung befördern:
– komplette Lastzüge und Sattelkraftfahrzeuge; die Fahrer begleiten i. Allg. ihr Fahrzeug und übernachten während der Schifffahrt an Bord in Kabinen,
– Sattelanhänger, die vom Lkw-Fahrer im Roll-on/Roll-off-Terminal abgestellt worden sind und dann von Platzzugmaschinen (sog. Tugmaster) in die Ladedecks des Schiffes verfahren werden,

– Wechselbehälter und Container, die auf niedrigen Rolltrailern (Ladehöhe meist 600 mm) im Terminal abgestellt werden und ebenfalls von den Platzzugmaschinen an Bord gerollt werden. Bei ausreichender Zwischendeckhöhe werden stapelbare Ladeeinheiten in zwei Lagen auf den Rolltrailern stehend befördert. Diese Methode steigert die Umschlagproduktivität und die Raumausnutzung des Schiffs erheblich.

Im Luftverkehr werden zwar auch Ladeeinheiten in Frachtflugzeugen befördert; diese sind aber einseitig auf die Bedürfnisse des Luftverkehrs ausgelegt, d. h. extrem leicht gebaut und entsprechen nicht den Normen der Ladeeinheiten des Kombinierten Verkehrs. Die Frachtversion der Boeing 747 wurde seinerzeit auch für die Beförderung von Containern mit ISO-Abmessungen ausgelegt, was aber aus wirtschaftlichen Gründen nicht angewendet wird.

C 3.3.5 Transportketten im Kombinierten Verkehr und ihre Wirtschaftlichkeit

Bei der Betrachtung der Wirtschaftlichkeit von Transportketten des Kombinierten Verkehrs ist es nützlich zu unterscheiden in Transporte,
– die aus geographischen Gründen nicht anders als unter Einsatz unterschiedlicher Verkehrsträger abgewickelt werden können wie interkontinentale Transporte,
– die im Prinzip auch mit nur einem Verkehrsträger abgewickelt werden könnten, und bei denen der KV als die wirtschaftlichere Alternative möglich ist.

Bei Überseetransporten ist heute der KV die dominierende Transportart (soweit es sich nicht um Massengüter handelt). Fast der gesamte Stückgutverkehr mit Investitions- und Konsumgütern über See wird heute zu über 95% in Containern abgewickelt. Durch die Technik des Containerverkehrs wurde v. a. die Produktivität des Hafenumschlags um ein Vielfaches gesteigert. Dadurch wurde es möglich, wesentlich größere Schiffe im Stückgutverkehr über See einzusetzen. Größere Schiffe haben eine erhebliche Kostendegression bei den Kosten für Bau und Betrieb je Tonne Ladekapazität. Beim konventionellen Hafenumschlag hätten jedoch die größeren Schiffe ihren Produktivitätsvorteil durch die wesentlich längeren Liegezeiten im Hafen für das konventionelle Ent- und Beladen dieser großen Schiffe wieder eingebüßt. Seit es den Containerverkehr gibt, machen die Reedereien immer mehr Gebrauch von dieser Kostendegression. Die ersten Vollcontainerschiffe, die 1968 auf dem Nordatlantik verkehrten, hatten normalerweise eine Transportkapazität von 800 TEU. Inzwischen sind Containerschiffe mit einer Kapazität von 6.000 bis 9.000 TEU im Fern-Ost-Verkehr die Regel. Seit Ende 2006 werden bereits erste Schiffe um 12.000 TEU in Betrieb genommen. Auf diese Weise hat der Containerverkehr die Kosten bei Transportketten nach Übersee in zwei entscheidenden Bereichen reduziert:
– Der Hafenumschlag ist sehr viel produktiver, stößt aber inzwischen auch beim Container an seine Leistungsgrenze.
– Beim Seetransport führen die „Economies of Scale", die Kostendegression durch den Einsatz größerer Einheiten, zu einer erheblichen Reduktion der Stückkosten.

Hilfreich für diese Entwicklung war sicherlich, dass sich in der Zeit zwischen 1968 und heute der Welthandel massiv steigerte, so dass für das Größenwachstum bei den Transportkapazitäten auch genug Nachfrage vorhanden war. Dabei hat der Containerverkehr mit seiner Kostendegression sicherlich ebenso zu dieser Ausweitung des Welthandels beigetragen, wie er davon auch selbst profitierte.

Schwieriger ist die Wirtschaftlichkeit bei Transportketten zu erreichen, bei denen es den durchgehenden Verkehr als Alternative gibt. Die Alternative ist regelmäßig der Straßenverkehr von Haus zu Haus, der mit seiner Flexibilität und steten Verfügbarkeit der große Gewinner der Europäisierung des Handels geworden ist. Die einseitige Orientierung auf den Straßentransport hat aber in den letzten Jahren zu einer zunehmenden Anzahl an hemmenden Faktoren im Betrieb und aus der Umwelt geführt.

Der Aufwand für die Transportkette des Kombinierten Verkehrs und folglich der Einstiegswiderstand ist, aufgrund der Vielzahl der Beteiligten im Vor-, Haupt- und Nachlauf sowie der zusätzliche Umschlag und die erforderliche Koordination, tendenziell höher. Dennoch ist der Kombinierte Verkehr bei entsprechender Bündelung ab einer Mindestentfernung eine wirtschaftliche Alternative. Bei solchen Verkehren müssen die Mehrkosten, die durch das Sammeln, den mindestens zweimaligen Umschlag und das Verteilen entstehen, kompensiert werden durch die Kosteneinsparungen auf der weiten Strecke, d. h. durch die höhere Produktivität bei der Beförderung Hauptlauf per Ganzzug oder Binnenschiff.

Da die Mehrkosten unabhängig sind von der Transportentfernung, die Kosteneinsparung aber im Großen und Ganzen im selben Maße wie die Transportentfernung steigt, ergibt sich, dass der Kombinierte Verkehr auf kurzen Entfernungen die Mehrkosten aufgrund von Sammeln, Verteilen und Umschlag nicht durch entsprechende Kosteneinsparungen kompensieren kann, also teurer ist als der durchgehende Straßenverkehr und damit nicht konkurrenzfähig. Die wirtschaftliche Mindestentfernung

schwankt je nach den Bedingungen des Verkehrsnetzes und des Wettbewerbs zwischen 300 bis 800 km. Kürzere Entfernungen werden wirtschaftlich, wenn das Aufkommen ausreichend hoch, gleichmäßig und paarig, d. h. in beiden Richtungen annähernd gleich groß und der Vor- und Nachlauf möglichst kurz gehalten ist. Besonders förderlich ist, wenn mindestens ein Endpunkt des Hauptlaufs in einem Aufkommensschwerpunkt (Seehafen, Güterverkehrszentrum) zu liegen kommt. Konkret hängt diese Wirtschaftlichkeitsschwelle von Einflussfaktoren ab wie:
– Kann die Abfertigung und der Umschlag in den Terminals wirtschaftlich gestaltet werden?
– Kann der überdurchschnittliche Kostenanteil des Vor- und Nachlaufs weitestgehend reduziert werden?
– Können zusätzliche wertschöpfende Dienstleistungen (value-added services) Kostennachteile des KV aufwiegen?

Neben der Kosten- bzw. Preiskomponente gibt es die zunehmend wichtigere Qualitätskomponente beim Wettbewerb, weil in der modernen Logistik immer mehr Transportleistungen mit besonders hoher Qualität, d. h. Zuverlässigkeit, gefragt werden. Die zahlreichen Schnittstellen in der intermodalen Transportkette bieten tendenziell mehr Angriffspunkte für Qualitätseinbrüche als der durchgehende Straßenverkehr. Politische Förderprogramme (vgl. Abschn. C 3.3.7) haben diesbezüglich nur begrenzten Einfluss, da zunächst wirtschaftliche und organisatorische Schwierigkeiten beseitigt werden müssen. Oftmals ist ein Lernprozess erforderlich, dass nur ein gemeinsames Handeln im Sinne einer konkurrenzfähigen Transportkette den Kombinierten Verkehr ermöglicht.

C 3.3.6 Organisation von Transportketten des Kombinierten Verkehrs

Im Kombinierten Verkehr mit Hochsee- und Binnenschiff gibt es zwei typische Organisationsmodelle:
– *Carrier's Haulage:* Der Reeder bietet eine Frachtbeförderung im Container von Haus zu Haus an. Er stellt den leeren Container an der Rampe des Verladers; er organisiert den Vorlauf des Containers zum Seehafen; er liefert den Schiffstransport; er organisiert den Nachlauf in Übersee zum Empfänger; er übernimmt in Übersee wieder den entladenen Container zurück. Dabei haftet der Reeder gegenüber dem Ladungsinteressenten für die gesamte Transportdurchführung von Haus zu Haus, also auch für die Transportabschnitte, bei denen der Reeder andere Frachtführer mit dem Transport beauftragt hat.
– *Merchant's Haulage:* Der Verlader beauftragt seinen Hausspediteur mit der Transportdurchführung. Dieser fordert beim Reeder einen Leercontainer an und sorgt dafür, dass dieser rechtzeitig an der Rampe des Versenders bereit steht. Der Spediteur organisiert den Vorlauf zum Hafen und übergibt den Container dort im Seehafenterminal, das ihn sozusagen im Namen des Reeders entgegennimmt. Für den Seetransport sorgt der Reeder und im Bestimmungshafen übergibt er den Container dem Korrespondenzspediteur, der die Verzollung und Inlandbeförderung übernimmt und nach Entladung der Importware den leeren Container dem Reeder zurückgibt.

Beim Kombinierten Verkehr Schiene/Straße gibt es ebenso zwei grundsätzlich unterschiedliche Organisationsmodelle:
– Ein Spediteur bietet dem Verlader den Kombinierten Verkehr von Haus zu Haus an. Er stellt die leere Ladeeinheit zur Beladung, er organisiert den Zulauf zum Terminal, den Umschlag, die Schienenbeförderung und die Hauszustellung in der Zielregion. Er haftet von Haus zu Haus, er stellt einen Gesamtpreis für die Beförderung. Diese Form der Transportabwicklung wird in Europa hauptsächlich von den Eisenbahngesellschaften selbst oder von Tochtergesellschaften der Eisenbahnen angeboten. Dabei wird das Angebot flexibel gehalten: Will der Verlader den Container selbst stellen oder den Vorlauf zum Terminal mit Frachtführern, die er selbst ausgewählt und beauftragt hat, durchführen, so ist das meist möglich.
– Im anderen Fall bietet ein Operator nur Beförderungsleistungen Terminal-Terminal an. Dieses Angebot richtet sich natürlich in erster Linie an Unternehmen des Straßenverkehrs und an Speditionen. Diese offerieren dem Verlader gegenüber einen Haus-Haus-Verkehr mit Wechselbehälter und kaufen die lange Strecke im Schienenverkehr und den Terminalumschlag bei ihrem Operator ein. Meist sind diese Operators so organisiert, dass die Unternehmen des Straßenverkehrs und Speditionen gleichzeitig ihre wesentlichen Anteilseigner sind. Damit ist ihre Funktion ähnlich der einer Einkaufsgenossenschaft: Der Operator kauft die Schienentransportleistungen und die Umschlagleistungen im Terminal im Großen ein und verkauft sie an seine Kunden bzw. Anteilseigner als einzelne Transportplätze auf einem Zug weiter. Der Operator übernimmt dabei heutzutage die Garantie für die Auslastung des Zuges vom Eisenbahnverkehrsunternehmen. Die bislang national abgegrenzten Operators arbeiten stets schon auf internationalen Strecken zusammen, treten aber zunehmend über mehrere Länder hinweg als Wettbewerber auf. Der europäische Verband der Operators im Kombinierten Verkehr Schiene/Straße ist die UIRR.

Darüber hinaus sind die UIRR-Operators von einer Einkaufsgenossenschaft zu eigenständigen Betreibern geworden. Sie begannen mit eigener Marktforschung und Markterschließung, kaufen sich in Terminals ein und halten eigene Waggons und sogar Lokomotiven vor. Völlig abstinent verhalten sie sich aber in einem Aktionsbereich: Sie machen niemals ihren Kunden bzw. Anteilseignern Konkurrenz und richten niemals ihre Transportangebote im KV direkt an einen Verlader.

C 3.3.7 Kombinierter Verkehr in der Verkehrspolitik

Der Kombinierte Verkehr (KV) gewann in der Verkehrspolitik frühzeitig einen hohen Stellenwert. Europäische Handelsströme laufen meist über Entfernungen, bei denen der KV als wirtschaftliche Alternative in Frage kommt. Außerdem kann der KV durch seine Fähigkeit, auf weiten Strecken ein wirtschaftliches Transportangebot darzustellen, zur europäischen Kohäsion beitragen, d. h. den innereuropäischen Handel fördern. Weiterhin übernimmt der KV Straßenverkehr auf langen Strecken und wickelt ihn über die Schiene, auf der Binnenwasserstraße oder über See ab. Damit entlastet er das Straßennetz und trägt zu einer ressourcenschonenderen Verkehrsabwicklung bei. Damit dient er dem Oberziel der Verkehrspolitik, der nachhaltigen Mobilität.

Grundsätzlich wird zwischen ordnungs- und steuerpolitischen Maßnahmen sowie der finanziellen Förderung unterschieden. Erstere betreffen insbesondere die Bevorzugung des Kombinierten Verkehrs (erhöhte erlaubte Gewichtsgrenzen, Befreiung von Fahrverboten, Steuererleichterung und -befreiung). Die finanzielle Förderung erfolgt mittels Beihilfen für Investitionen und den Betrieb (EU PACT, EU Marco-Polo-Programm; Förderrichtlinien des BMVBS). Begleitend wird die technische und organisatorische Weiterentwicklung des KV im Rahmen der Forschungsförderung finanziell und politisch unterstützt.

Literatur

[BMV01] Bericht des Bundesministeriums für Verkehr, Bau- und Wohnungswesen zum Kombinierten Verkehr. Berlin 2001
[UIR03] CO_2-Reduktion durch Kombinierten Verkehr. UIRR Brüssel 2003
[Jeh80] Jehle, K.U.: Kombinierter Verkehr. Teil 1: Organisatorisch-technische Entwicklung. Schriften z. Betriebswirtschaftslehre des Verkehrs. Berlin 1980
[Jeh86] Jehle, K.U.; Teichmann, S.: Kombinierter Verkehr. Teil 2: Betriebswirtschaftliche Gestaltung. Schriften z. Betriebswirtschaftslehre des Verkehrs. Berlin 1986
[DVW83] Kombinierter Verkehr in Westeuropa (I). Schriftenreihe d. DVWG, Bd. 68. Köln: Deutsche Verkehrswissenschaftliche Gesellschaft e.V. 1983
[DVW85] Kombinierter Verkehr in Westeuropa (II). Schriftenreihe d. DVWG, Bd. 77. Bergisch-Gladbach 1985
[DVW86] Kombinierter Verkehr in Westeuropa (III). Schriftenreihe d. DVWG, Bd. 93. Bergisch-Gladbach 1986

Normen
DIN ISO 668: Freight Containers – Dimensions and Ratings
ISO 1496: Freight Containers – Specifications and Testing
EN 284:2007 Wechselbehälter der Klasse C – Maße und allgemeine Anforderungen
EN 452:1995 Wechselbehälter der Klasse A – Maße und allgemeine Anforderungen

C 3.4 Eisenbahngüterverkehr

C 3.4.1 Systembeschreibung und Entwicklungstendenz

Die Güterbahnen konnten bei insgesamt steigender Transportleistung in Deutschland nur unterdurchschnittlich an diesem Wachstum partizipieren. Die Zuwächse kommen überwiegend dem Straßengüterverkehr zugute. Gründe hierfür sind einerseits in den sich wandelnden Anforderungen des Transportmarkts zu suchen. Andererseits können neue Technologien, Betriebsverfahren und Organisationsansätze der Güterbahnen helfen, Marktanteile hinzu zu gewinnen. Nach einem Überblick über grundlegende Rahmenbedingungen und Produktionssysteme des Schienengüterverkehrs sollen hier auch die wichtigsten innovativen Ansätze vorgestellt werden.

Systemvorteile und Konsequenzen ihrer Umsetzung

Die Produktionseinheit des Schienengüterverkehrs ist der Zug. Die geringe Rollreibung zwischen Rad und Schiene

Tabelle C 3.4-1 Verkehrsleistung im deutschen Güterverkehr [ViZ06]

	2002	2003	2004	2005
Eisenbahnen	81,1	85,1	91,9	95,4
Binnenschiff	64,2	58,2	63,7	64,1
Straßenverkehr	285,2	290,9	303,7	310,1
Rohrfernleitungen	15,2	15,4	16,2	16,7
Luftverkehr	0,7	0,8	0,9	1,0

Tabelle C 3.4-2 Grenzparameter für Güterzüge in Deutschland

Kriterium	Wert	Grund
Zuglänge	700 m	Blocklängen, Überholgleise
Achslast	22,5 t	Oberbaubelastung
Meterlast	8 t/m	Brückenbelastung
Zuglast	ca. 2000 t	Bruchlast Schraubenkupplung

ermöglicht den energiegünstigen Transport von großen Massen je Transporteinheit. Die Güterzüge in Deutschland können, von Ausnahmen abgesehen, bis 700 m lang und etwa 2000 Brutto-Tonnen schwer sein, wobei die Achslasten bis zu 22,5 t betragen dürfen. Die Auswirkungen einer Erhöhung auf 25 t je Achse werden erforscht. Das günstige Lasten-Verhältnis leer/beladen von etwa 1/4 ist ein besonderes Kriterium der Güterbahn mit entsprechend hohen Anforderungen an die Konstruktion der Wagen und an die Fahrdynamik der Züge.

Dem Vorteil der Zugbildungsfähigkeit steht die Problematik einer ausreichenden Auslastung der einzelnen Züge gegenüber. Sie begründet die Notwendigkeit der Bündelung von Wagen oder Wagengruppen zu Zügen, was ein Mindestaufkommen an Lademenge voraussetzt.

Der Systemzugang zur Bahn erfolgt über einen Gleisanschluss beim Kunden, über einen Umschlagbahnhof des Kombinierten Verkehrs (KV) oder einen Güterbahnhof. Eine Flächenbedienung ist mit der Bahn nur über den KV möglich.

Einbindung in Transportketten und logistische Gesamtkonzepte

Der Schienengüterverkehr kann prinzipiell in die Bereiche gebrochener und ungebrochener Verkehr unterteilt werden.

Beim gebrochenen Verkehr wird unterwegs das Verkehrsmittel gewechselt. Straße, Schiene, See- und Binnenwasserstraße kooperieren. Zumeist wird die Bedienung des Nahbereiches, z. B. als Zubringerverkehr zu einem Umschlagbahnhof, auf der Straße durchgeführt. Im Bahnhof erfolgt die Umladung des Gutes vom Straßen- auf das Schienenfahrzeug und umgekehrt. Im Hauptlauf über große Entfernungen wird die Schiene oder die Wasserstraße benutzt.

Beim ungebrochenen Verkehr wechselt das Transportgut auf seinem Weg vom Versender zum Empfänger das Verkehrsmittel nicht. Sowohl Be- als auch Entladung der Güterwagen erfolgt in den Gleisanschlüssen der Kunden.

Die geänderten Wirtschaftsbedingungen, welche gekennzeichnet sind durch eine Verringerung der Fertigungstiefe, die Auslagerung von Produktionsprozessen und häufigere aber kleinere Transporte hochwertiger Güter, bietet den Bahnen neue Chancen und Herausforderungen. Durch Einbindung der Transporte in logistische Gesamtkonzepte, die termingenaue Abholung und Lieferung von Gütern und die Verlagerung der Lagerhaltung auf die Schiene können die Bahnen neue Transportpotenziale gewinnen. Logistikzüge, wie sie u. a. von Automobilherstellern und Kaffeeveredlern eingesetzt werden, sind Beispiele hierfür.

C 3.4.2 Systemangebote

In Abhängigkeit von der *Größe der Ladeeinheiten* wird eine Aufteilung des Schienengüterverkehrs vorgenommen in:
- Wagenladungsverkehr (Ganzzugverkehr und Einzelwagenverkehr),
- Kombinierten Verkehr (begleitet und unbegleitet),
- Kleingut- und Teilladungsverkehr.

Beim *Wagenladungsverkehr* nehmen Frachten eines Kunden einen oder mehrere Güterwagen vollständig in Anspruch. Hinsichtlich der Beförderungszeit wird unterschieden in Fracht- und Eilgüterverkehr mit verschiedenen Markennamen.

Einzelwagenverkehr

Beim Einzelwagenverkehr (EWV) werden vom Kunden zumeist in Gleisanschlüssen beladene einzelne Wagen oder kleine Wagengruppen von der Bahn zu deren Zielbahnhof befördert. Für eine effektive Zugbildung ist es erforderlich, Wagen mehrerer Kunden zu sammeln und aus den für die gleiche Richtung bestimmten Wagen größere Produktionseinheiten (Züge) zu bilden. Die Bahnen haben dazu Bahnhofs- und Zughierarchien eingeführt. Der hohe infrastrukturelle Aufwand in diesen Zugbildungsbahnhöfen gepaart mit dem hohen Spitzenaufkommen in wenigen Tagesstunden hat hohe Stückkosten im Einzelwagenverkehr zur Folge. Die Zugbildung erfordert Zeit und stellt ein Risiko hinsichtlich Zuverlässigkeit und Pünktlichkeit dar. Der Anteil der im EWV beförderten Mengen liegt in Deutschland bei etwa 25%, jedoch werden schätzungsweise 50% der Gesamterlöse des Schienengüterverkehrs hier erwirtschaftet [Reh04].

Ganzzugverkehr

Bei der Angebots- und Produktionsform *Ganzzug* erfolgt der Transport großer Gütermengen eines Kunden in kompletten Zügen ohne Unterwegsbehandlung vom Versender zum Empfänger. Es handelt sich i. Allg. um preisempfindliche Massen- und Massenstückgüter, an deren Transport keine besonderen zeitlichen und wagentechnischen Anforderungen gestellt werden. Hierzu zählen Rohstoffe und Produkte der Montanindustrie, der Kraftwerkswirtschaft, der Mineralölgesellschaften sowie Baustoffe. Die Bahnen können ihre Systemvorteile – Bildung langer Züge und deren Transport über große Entfernungen mit geringem spezifischem Energieverbrauch – ausnutzen und an die Kunden in Form günstiger Preise weitergeben. In dieser Produktionsform des SGV werden in Deutschland mehr als die Hälfte des Transportvolumens befördert mit allerdings relativ geringen Transportweiten und niedrigen spezifischen Erlösen. Die Ganzzüge werden in Absprache mit den Kunden zumeist zur Versorgung der Lager so eingeplant, dass geschlossene Umläufe mit möglichst geringen Kosten entstehen. Durch die effektiveren Produktionsstrukturen liegt der Kostendeckungsgrad von Ganzzugangeboten bei über 100% [Reh04].

Eine besondere Form des Ganzzuges ist der *Logistikzug*, bei dem das Lieferkonzept zwischen Bahn und Kunde genau abgestimmt ist. Er wird im Zwischenwerksverkehr und im Zulieferverkehr, z. B. für die Automobilindustrie, als Bestandteil des Produktionsprozesses in die logistischen Abläufe der Unternehmen integriert. Durch termingenaue Transporte oft hochwertiger Halbfertigerzeugnisse oder Teile ermöglicht ein Bahntransport den Kunden Reduzierungen von Lagerhaltung, Umschlagtechnik und Fuhrpark und damit der Kapitalbindungskosten. Durch die Forderung nach exakter Einhaltung der Fahrpläne und kurzen Transportzeiten (Just in time) haben die Bahnen einen hohen Aufwand bezüglich der Überwachung und Disposition der Logistikzüge.

Kombinierter Verkehr (KV)

Der *Kombinierte Verkehr* (KV) ist die Kooperation verschiedener Verkehrsträger im Verlauf von Transportketten, wobei das Transportgefäß beim Wechsel der Transportmittel beibehalten wird. Das Transportgefäß ist standardisiert (Großcontainer, Wechselbehälter und Sattelanhänger) und erleichtert so den Wechsel zwischen den Transportträgern. Der KV ermöglicht ökonomisch und ökologisch günstige Haus-Haus-Transporte, ohne dass das Transportgut selbst umgeschlagen werden muss. Spezielle und schnelle KV-Züge verbinden die wichtigsten Umschlagbahnhöfe (Ubf) in Europa bis ca. 700 km über Nacht und darüber in Tag-A-Tag-C-Verbindungen. Schwächere Relationen werden über Drehscheiben befördert, die in den Wagengruppen zwischen den KV-Zügen getauscht werden. Das Sammeln und Verteilen der Transportgefäße in der Fläche ermöglicht der Lkw. Bei Großcontainerbeförderung wird auch die Be- oder Entladung in Privatgleisanschlüssen praktiziert.

2005 wurden in Deutschland 40,9 Mio. Netto-Tonnen im KV Straße-Schiene transportiert (51,4 Mio. Brutto-Tonnen) [SGK06]. Einem eher stagnierenden Binnenverkehr stehen große Wachstumsraten im internationalen KV gegenüber.

Der KV wird unterteilt in *unbegleiteten Kombinierten Verkehr*, bei dem die Transportgefäße vom Lkw auf die Bahn umgeschlagen werden und den *begleiteten Kombinierten Verkehr* („Rollende Landstraße"), bei dem komplette Lastzüge befördert werden. Die Lastwagenfahrer begleiten in einem Liegewagen den Zug. Im Jahr 2005 wurden auf diese Art 1,1 Mio. t Güter befördert. Im Allgemeinen wurde diese Form des KV unter verkehrspolitischen Rahmenbedingungen (Umweltaspekten) eingeführt und staatlich durch Rückerstattung von Kfz-Steuern und Subventionen unterstützt. Das ungünstige Nutzlast/Totlast-Verhältnis und der konstruktive Aufwand mit extrem kleinen Rädern an den Tragwagen, die notwendig sind, um bei begrenzten Tunnelprofilen niedrige Ladeflächen zu erreichen, sprechen gegen diese KV-Technik.

Durch die weitestgehend transportweitenunabhängigen Kosten für Vor- und Nachlauf auf der Straße und den Umschlag, ist unter heutigen Randbedingungen eine Mindesttransportentfernung von 300–500 km erforderlich, um beim KV in den Bereich der Wirtschaftlichkeit zu kommen [Sei97].

Stückgutverkehr

Als *Stückgutverkehr* wird die Fracht bezeichnet, die weniger als einen Güterwagen in Anspruch nimmt. Der Bereich der Stückgutverkehre wurde seit Jahren stark konzentriert und schließlich 1997 komplett von der DB AG an Speditionen übergeben. Die hohen Anlagen- und Personalkosten zwangen zu einer Umstellung von der Beförderung im Güterwagen zum Kombinierten Verkehr [OV97].

C 3.4.3   Fahrzeuge

Güterwagen

Mit steigenden Anforderungen an die Transportqualität und durch die Abnahme geringwertiger Massengüter und Zunahme von Halbfertigerzeugnissen wird zunehmend die optimale Anpassung der Wagen an die Transportgüter angestrebt. Neben den klassischen Bauarten werden zur Rationalisierung des Ladevorganges in verstärktem Maße Spezialgüterwagen, wie Selbstentladewagen und Schiebedach- bzw. Schiebewandwagen, beschafft. Den Eisenbahnverkehrsunternehmen bieten sich dabei Kauf-, Leasing- oder Mietoptionen, was den Markteintritt und die Durchführung von Spotverkehren erleichtert.

Güterwagen müssen die Anforderungen der Kompatibilität und, bei europaweiter Zulassung, Interoperabilität erfüllen. Sie müssen die Lichtraumprofile ihrer Einsatzstrecken einhalten. Die Kunden fordern eine einfache Be- und Entladung, gute lauftechnische Eigenschaften und hohe Sicherheit. Die Betrachtung der Lebenszykluskosten (LCC) spielt bei der Beschaffung zunehmend eine Rolle.

An der primären Technik der Güterwagen hat sich seit Bestehen der Eisenbahn jedoch kaum etwas geändert. Güterwagen werden in Europa nach wie vor manuell gekuppelt. Elektroleitungen zur Energieversorgung, Überwachung oder Steuerung der Bremsen etc. sind nicht vorhanden. Die Ortung der Wagen erfolgt überwiegend durch Meldungen der Bahnhöfe, in denen eine Zugbehandlung stattfindet. Technologien zur Ortung der Güterwagen mittels Satellitennavigation existieren; in Deutschland sind nach Schätzungen jedoch nur etwa 10% der Güterwagen mit autonomen Ortungsfunktionen ausgerüstet [vgl. Wil03].

In den letzten Jahren wurde der Güterwagenbestand in Deutschland drastisch reduziert, insbesondere aufgrund von Überkapazitäten. Die DB Cargo AG verfügte 2004 über 105.100 Güterwagen. Weitere 57.100 Privatgüterwagen waren bei ihr eingestellt [ViZ06]. Etwa ein Drittel der in Deutschland in Betrieb befindlichen Güterwagen sind Flachwagen, der Rest besteht zu etwa gleichen Anteilen aus gedeckten, offenen und sonstigen Wagen.

Universal- oder Spezialwagen?

Güter, die mit der Bahn befördert werden, lassen sich vier Gruppen mit unterschiedlichen Ansprüchen an die Transportgefäße zuordnen:

Flüssige, gasförmige oder staubförmige Güter stellen besondere Anforderungen im Hinblick auf die Dichtheit des Transportgefäßes sowie die Be- und Entladung. Häufig handelt es sich um Gefahrgüter mit besonderen Sicherheitsanforderungen. Der Transport erfolgt in Sonderwagen wie z. B. Kesselwagen.

Formlose feste *Schüttgüter* wie z. B. Erze, Kohle oder Baustoffe werden in einfachen Universalwagen, z. B. offenen Wagen befördert.

Stückgüter sind verallgemeinert nicht-schüttfähige Güter, die beim Umschlag einzeln gehandelt werden müssen. Einerseits sind dies Massenstückgüter wie z. B. Stahlcoils und andere Halbzeuge, Holz, Papier etc., die i. d. R. spezielle Anforderungen an das jeweils erforderliche Umschlaggerät, den Stauraum sowie ggf. Transportsicherungsmaßnahmen stellen. Massenstückgüter werden in offenen und geschlossenen Güterwagen mit z. T. produktspezifischen Lade- und Schutzeinrichtungen transportiert (z. B. Coilwagen mit Schiebeplanen). Bei kleineren und i. d. R. höherwertigen Stückgütern zeigt sich das Bestreben nach einer Bündelung in standardisierten Einheiten, insbesondere auf Paletten und in Gitterboxen. Zum Einsatz kommen z. B. gedeckte Wagen mit Schiebewänden und Ladegutbefestigungssystemen. Der Trend zu höherwertigen Halb- oder Fertigerzeugnissen geht einher mit einem steigenden Bedarf an Spezialgüterwagen mit besonderer Ausstattung, wie einfache Be- und Entladung, Diebstahlsicherheit, Ladungssicherung und Witterungsschutz. Eigentlich eine Sonderform des Stückguttransports ist der *Container*. Auf speziellen Container-Tragwagen werden i. d. R. eher höherwertige Stückgüter, in Spezialcontainern aber auch flüssige Güter oder Schüttgüter verladen.

Wheeled Cargo bezeichnet rollfähige Transporteinheiten die entweder selbstfahrend oder mittels Zugmaschine horizontal umgeschlagen werden („Roll-On/Roll-Off"/ „RoRo"). Im Eisenbahngüterverkehr in Deutschland werden derzeit nur selbstfahrende Einheiten umgeschlagen, namentlich Pkw-Neuwagentransporte und Lkw auf der Rollenden Landstraße. Im Short-Sea Schiffsverkehr hingegen ist der RoRo-Umschlag weit verbreitet. Neben kompletten Lkw und unbegleiteten Aufliegern werden dort auch nicht rollfähige Einheiten auf sog. Rollflats verladen. Neuere Entwicklungen ermöglichen auch im Schienengüterverkehr einen horizontalen Umschlag unbegleiteter Einheiten (vgl. Abschn. C 3.4.7).

Kupplungstechnik

Weltweit sind unterschiedliche Kupplungssysteme im Einsatz. Die meisten dieser Systeme sind automatische Mittelpufferkupplungen, während sich in Europa die *Schraubenkupplung mit Seitenpuffern* nach UIC Standard durchgesetzt hat. Interessanterweise resultierte der Einsatz automatischer Kupplungssysteme aus Überlegungen zur Erhöhung der Sicherheit beim Kuppeln zweier Wagen; der Gedanke der Vereinfachung des Produktionsprozesses kam erst später hinzu.

Die UIC Schraubenkupplung mit Seitenpuffern unterwirft den Zugbetrieb recht rigiden Beschränkungen. Die maximale Zugkraft ist durch die Standardschraubenkupplung, die vom Rangierpersonal angehoben werden muss, auf 450 kN beschränkt. Die Seitenpuffer ertragen maximal 2000 kN Druckkräfte. Bei Bogenfahrten, z. B. im Bemessungsfall des 150 m-Gegenbogens, sind durch die unvorteilhafte Krafteinleitung der Seitenpuffer beim ungünstigsten Wagentyp nur 150 kN ertragbare Längsdruckkräfte bis zum Entgleisen zulässig. Dies führt zu Beschränkungen der möglichen Zuglast und Einschränkungen beim Bremsen und beim Nachschieben von Zügen. Kupplungsvorgänge sind zeit- und personalaufwändig. Zum Kuppeln und Entkuppeln muss das Rangierpersonal in den Raum zwischen den Seitenpuffern treten (sog. „Berner Raum"), was mit erheblichem Gefahrenpotenzial verbunden ist. Die Seitenpuffer erfordern einen hohen Wartungsaufwand (Pufferschmieren), der insbesondere bei rauen Umgebungsbedingungen (z. B. Kohleverkehre, Staub) hohe Aufwendungen erfordert. Die Möglichkeit, Wagen unter Last zu Entkuppeln besteht nicht. Luftleitungen und (wo vorhanden) Elektroleitungen oder Datenkabel müssen manuell verbunden werden. Letzteres erschwert die Einführung von Innovationen wie der elektro-pneumatischen Bremse oder verteilter Traktionssteuerung.

Während sich die UIC Schraubenkupplung in Zentraleuropa durchgesetzt hat, kommt in der ehemaligen Sowjetunion die automatische Mittelpufferkupplung des Willisonprinzips Typ SA 3 zum Einsatz. In vielen Ländern Nord- und Südamerikas, in China, Indien, Australien wie auch in Afrika ist die automatische Mittelpufferkupplung des Janney-Typs im Einsatz. Diese rein mechanischen Kupplungen ermöglichen – gegenüber der Schraubenkupplung – höhere Zug- und Drucklasten und werden daher auch für Schwerverkehre eingesetzt.

Ein wesentlicher Grund für das Festhalten an der UIC Schraubenkupplung in Europa liegt in der schwierigen Migration neuer Systeme, die kompatibel zum bestehenden System sein müssen oder hohe Umrüstkosten für den gesamten Europäischen Güterwagenpark verursachen. Mit der automatischen Zugkupplung (Z-AK) wurde versucht, eine automatische Kupplung, die kompatibel zur UIC-Schraubenkupplung ist, zu etablieren. Die Z-AK war jedoch eine reine Zugkupplung, die weiterhin Seitenpuffer benötigte und mit den beschriebenen Nachteilen der Seitenpufferwirkung keine den Mittelpufferkupplungen vergleichbare Leistungssteigerung in der Übertragung der Zug- und Druckkräfte erbrachte. Kompatibilität bestand nur zur UIC Schraubenkupplung, nicht jedoch zu den Mittelpufferkupplungssystemen. Die Weiterentwicklung und die Betriebserprobung der Z-AK wurden eingestellt.

Um die beschriebenen Nachteile der UIC-Schraubenkupplung zu beheben, wurde unter dem Produktnamen TRANSPACT eine automatische Mittelpufferkupplung entwickelt, die kompatibel zu den in Europa und den Ländern der ehemaligen Sowietunion eingesetzten Kupplungen ist. Die TRANSPACT verspricht durch Vereinfachung betrieblicher Abläufe (z. B. Kuppeln, Instandhaltung) einerseits und Erhöhung der Produktivität (z. B. Zuglast) andererseits wesentliches Innovationspotenzial für den Schienengüterverkehr zu besitzen. Derzeit befindet sich diese Kupplung im Erprobungsbetrieb (siehe auch Abschn. C 3.4.7).

Ladeeinheiten im KV

Behälter im KV erlauben einen mechanisierten Umschlag. Die Behälter umgeben die Güter völlig und schützen diese während der gesamten Transportkette vor Diebstahl.

Beim *unbegleiteten Kombinierten Verkehr* wird das Transportgut in Containern, Wechselbehältern oder Sattelanhängern transportiert.

Container bestehen aus einer Stahlrahmenstruktur, welche alle Lasten trägt. Sie ist mit Stahl-, Aluminium- oder Kunststoffplatten verkleidet. An den acht Ecken befinden sich genormte Eckbeschläge, um den mechanisierten Umschlag und die Befestigung am Verkehrsmittel während des Transportes zu gewährleisten. Man unterscheidet den ISO- bzw. Überseecontainer und den Binnencontainer.

Die gängigsten *ISO-Containerarten* sind die 20′- und die 40′-Container. Diese Überseecontainer sind mit einer Ladebreite von 2350 mm nicht auf das europäische Palettensystem abgestimmt.

Um diesen Nachteilen entgegenzuwirken haben die europäischen Bahnen die *Binnencontainer* entwickelt. Bei gleicher Länge und gleichen Eckbeschlägen wie die ISO-Container konnte durch die Optimierung der Innenbreite für Europaletten ihre Ladekapazität gesteigert werden.

Wechselaufbauten sind abnehmbare, an den Unterseiten mit verstärkten Greifzangenleisten ausgestattete Lastwagenaufbauten, die mit einem universalen Ladegeschirr zwischen Schiene und Straße umgeschlagen werden können. Kleine Wechselbehälter bis 7,90 m Länge weisen mit ihren Stützfüßen große logistische Vorteile auch außerhalb des KV-Systems auf. Man unterscheidet Planen- und Stahlkoffer-Wechselaufbauten. Letztere haben den Vorteil, dass sie stabiler, weniger druckempfindlich und dadurch bis zu dreifach stapelbar sind.

Kranbare Sattelanhänger werden vertikal auf einen Taschenwagen umgeschlagen. Sie weisen im Vergleich zu nur im Straßenverkehr eingesetzten Sattelanhängern besondere Eigenschaften wie vier Greifkanten für den Umschlag und einen abklappbaren Unterfahrschutz auf.

Beim *begleiteten Kombinierten Verkehr* sind an den Lastzügen keine Spezialausrüstungen erforderlich. Die Lkw fahren selbst auf die extra flachen Tragwagen auf. Die Fahrer reisen in einem Personenwagen im Zug mit.

Wechselbeziehungen zwischen Güterwagen und Infrastruktur

Die Beanspruchung des Oberbaus ist abhängig von den Achslasten, der Zuglänge, der gefahrenen Geschwindigkeiten und der Bauart der Güterwagen. Besonders Wagen mit langem maßgebenden Achsstand (2 Achser) und starren Achsen sind im Hinblick auf die Schädigung der Gleise problematisch.

Im Bereich der DB Netz AG gelten die in Tabelle C 3.4-2 angegebenen Grenzparameter für Güterzüge.

Ein weiteres durch den SGV ausgelöstes Problem sind die relativ hohen Lärmemissionen. Die Hauptursache für die Lärmentwicklung ist in der Kontaktfläche zwischen Rad und Schiene zu suchen. Durch leichte und lärmarme Drehgestelle sowie die Anwendung von Kunststoff- statt Grauguß-Bremsklötzen ist eine Senkung des Lärmpegels möglich.

C 3.4.4 Zugangsstellen

Der Zugang zum Wagenladungsverkehr erfolgt heutzutage fast ausschließlich über den Gleisanschluss des Kunden. Die ehemals flächendeckende Be- und Entlademöglichkeit von Waggons in Güterhallen oder Güterbahnhöfen ist zumindest in Deutschland fast nicht mehr anzutreffen. Stückgutverkehre und kleine Verkehrsaufkommen, die einen eigenen Gleisanschluss nicht rechtfertigen, können auf Angebote des KV zurückgreifen. Seit neuestem werden von der DB AG so genannte Railports betrieben, die Umschlag und logistische Zusatzleistungen an einer öffentlichen Ladestelle anbieten. Es ist zu erwarten, dass diese Railports insbesondere kleinere Massengutaufkommen, die nicht KV-affin sind, bedienen und als Auslagerung eigener Lager- und Distributionssysteme für großvolumige Produkte (zum Beispiel für Stahlprodukte) auf Interesse stoßen. Potenziale sind auch zu erwarten durch den verstärkten Einsatz dezentraler KV-Techniken, wie der Abrollcontainertransportsysteme oder der MOBILER-Technik (siehe Abschn. C 3.4.7).

Gleisanschlüsse

Der Netzzugang zum Schienengüterverkehr geschieht vor allem über die Be- und Entladung der Waggons in den zumeist privaten Gleisanschlüssen. Etwa 85% des Eisenbahngüterverkehrs in Deutschland beginnt und endet auf einem Gleisanschluss [VDV02].

Gleisanschlüsse sind Eisenbahnanlagen, die ganz oder überwiegend den Verkehr eines einzelnen Unternehmens oder einer bestimmten Anzahl von Eisenbahnen des öffentlichen Verkehrs aufnehmen. Gleisanschlüsse unterstehen der Hoheit des Landes, in dem sie sich befinden.

Gleisanschlüsse werden bezeichnet als
– *Hauptanschluss*, wenn das Gleis direkt an das öffentliche Schienennetz anschließt,
– *Nebenanschluss*, wenn das Gleis an einen bereits bestehenden Gleisanschluss anschließt,
– *Industriestammgleis*, wenn die Erschließung eines Industriegebietes durch ein Gleis erfolgt, an das die einzelnen Industriebetriebe jeweils durch einen Nebenanschluss angeschlossen sind. Industriestammgleise stehen überwiegend im Eigentum der öffentlichen Hand.

Die Rahmenbedingungen wie Zuständigkeiten der Eisenbahnaufsicht, Stilllegung von Eisenbahninfrastruktur oder den Zugang zur Eisenbahninfrastruktur regelt das *Allgemeine Eisenbahngesetz (AEG)* als Rahmengesetz des Bundes. Es teilt Eisenbahnen in bundeseigene und nichtbundeseigene (NE-Bahnen) sowie nichtöffentliche und öffentliche ein. Für die bundeseigenen Eisenbahnen ist das *Deutsche Bahn Gründungsgesetz (DBGrG)* relevant. Regelungen für nichtbundeseigene Eisenbahnen werden in länderspezifischen *Landeseisenbahngesetzen (LEG)* getroffen. Für den Bau- und Betrieb gilt für öffentliche Eisenbahninfrastrukturunternehmen (EIU) und Eisenbahnverkehrsunternehmen (EVU) die *Eisenbahn Bau und Betriebsordnung (EBO)* und für nichtöffentliche EIU und EVU die *Eisenbahn Bau und Betriebsordnung für Anschlussbahnen (EBOA)* oder die *Verordnung über Bau und Betrieb von Anschlussbahnen (BOA)*. Diese Betriebsordnungen für Anschlussbahnen und -gleise sind länderspezifisch. Geschichtlich haben sich daher in verschiedenen Ländern Unterschiede in Bau und Betrieb herausgebildet. Sie enthalten nur allgemeine Angaben zum Oberbau. Empfehlungen für die Ausführung der Gleise einer Anschlussbahn enthalten die *Oberbau-Richtlinien für nichtbundeseigene Eisenbahnen (Obri-NE)*, die Vereinfachungen in der Bauausführung zulassen.

Bei einer *Anschlussbahn* wird der Eisenbahnbetrieb vom Unternehmer mit eigenen Triebfahrzeugen und eigenem Personal durchgeführt. Im Gegensatz dazu bedient sich der Nutzer eines *Anschlussgleises* bei der Durchführung des Eisenbahnbetriebes eines Triebfahrzeuges und des Personals einer öffentlichen Eisenbahn.

Am *Übergabegleis* bzw. der Übergabestelle werden die Wagen von der Eisenbahn des öffentlichen Verkehrs dem Anschließer übergeben bzw. von ihm übernommen. Hier liegt zugleich die Grenze zwischen den Betriebsführungs- und Haftungsbereichen.

Die Anbindung der Anschlussbahn an das öffentliche Schienennetz erfolgt mittels einer *Anschlussweiche* in einem Bahnhof als Bahnhofsanschluss. Anschlüsse der freien Strecke existieren noch vereinzelt, sollen bei Neuanlagen infolge des hohen signaltechnischen Aufwandes nach Meinung der DB Netz AG aber nicht mehr eingebaut werden. Anschlussstellen ermöglichen ein Befahren des Gleisanschlusses als Rangierfahrt. Die Anschlussgrenze ist i. d. R. der Schienenstoß am Ende der Anschlussweiche in Richtung Anschluss.

Die Ausführung der Gleise in Anschlussgleisen erfolgt in der Regelspurweite unter Einhaltung von Umgrenzungen für Fahrzeuge, Lichtraumprofil und einigen Grundmaßen für die Gleistrassierung (z. B. Neigungen, Bogenhalbmesser ≥ 190 m, in Ausnahmen bis 140 m, Überhöhungen usw.). Die Kuppelbarkeit der Fahrzeuge sollte – möglichst ohne Kupplungsstangen – gewährleistet bleiben.

Die örtlichen und betrieblichen Verhältnisse bei den meisten Anschlussbahnen weisen Vereinfachungen gegenüber Eisenbahnen des öffentlichen Verkehrs auf. Sie sind gekennzeichnet durch:
– geringe räumliche Ausdehnung der Gleisanlagen, geringe Fahrstrecken,
– Fahrten auf Sicht,
– überwiegend Rangierfahrten mit Geschwindigkeit zwischen 10 km/h und 30 km/h,
– vielfach beengte Trassierung (kleine Bogenhalbmesser; kurze, große Gleisneigungen).

Diesen räumlich und betrieblich einfachen Gegebenheiten entsprechend kann der technologische Standard, also die Ausstattung der Anlagen, Fahrzeuge und sonstigen Betriebsmittel einfacher gehalten werden durch
– vereinfachte Gleis- und Weichenbaukonstruktionen,
– vereinfachte technische Ausrüstung/Ausstattung der (Trieb-)Fahrzeuge,
– sehr vereinfachte oder fehlende Einrichtungen und Anlagen zur Regelung, Steuerung und Sicherung des Fahrbetriebs, z. B. einfache Signalanlagen oder Informationseinrichtungen, elektrisch ortsbediente Weichen (EOW), Lokrangierführer,
– technisch wenig aufwendige Ausführung bzw. Ausrüstung der Anlagen zur Vorhaltung und Instandhaltung der Bahnanlagen und Betriebsmittel.

Für die Bedienung von Gleisanschlüssen stehen je nach Einsatzhäufigkeit und Umfang der im Gleisanschluss anfallenden Arbeiten Kleinlokomotiven, Zwei-Wege-Fahrzeuge, gleisgebundene, selbstfahrende Rangierfahrzeuge, ortsfeste Rangieranlagen (z. B. Seilförderanlagen) sowie nichtgleisgebundene Rangieranlagen zur Verfügung.

Die Umstrukturierungen in der Wirtschaft haben zu einem starken Rückgang der sporadischen Gleisanschlussverkehre in der Fläche und zu einer bevorzugten Bedienung der Kunden mit starkem und regelmäßigem Verkehr geführt.

Terminals im Kombinierten Verkehr

Die Standortwahl für Terminals im KV (Umschlaganlagen) orientiert sich an Lagekriterien wie günstige Anschlüsse an das Bahn- und Autobahnnetz, einer optimal verfügbaren Fläche von etwa 150×1000 m für größere Anlagen, günstiger Lage zu den Standorten der Speditionen bzw. der sonstigen Kunden sowie den Entwicklungsmöglichkeiten. KV-Terminals werden weiterhin in Güterverkehrszentren eingebunden.

Zur Minimierung der Kapitalbindung erstellen z. B. Regionalbahnen oftmals Kleinterminals mit Mobilgeräten und kurzen Ladegleisen. Bei der Bildung einzelner Direktzüge oder Wagengruppen können derartige kleinere Umschlagbahnhöfe (Ubf) recht günstig arbeiten (Richtungsterminal). Zur Bedienung eines größeren Ballungsraumes sind allerdings mehrere derartiger Ubf erforderlich, die sich die Zugziele in Kooperation aufteilen.

Die Umschlagbahnhöfe werden nach ihrer Umschlagkapazität in Ladeeinheiten (LE) je Tag eingeteilt [Mül94]:
– Klein-Ubf: ≤ 200 LE/Tag bzw. 50.000 LE/Jahr,
– Mittel-Ubf: 200–500 LE/Tag,
– Groß-Ubf: ≥ 500 LE/Tag bzw. 125.000 LE/Jahr.

Die Investitionskosten betragen zwischen 3 Mio. € für einen kleinen Ubf bis etwa 100 Mio. € für einen komplett neuen Großumschlagbahnhof (Hamburg-Billwerder, 1993, 203 Mio. DM oder München-Riem, 1992, 231 Mio. DM) [Mül94].

Die Gestaltung der Umschlagbahnhöfe und Wahl der Umschlagtechnologien orientiert sich an den Kriterien:
– Optimierung der Betriebsabläufe,
– flexible Anpassungsmöglichkeiten der Infrastruktur an zukünftige Entwicklungen,
– Senkung der spezifischen Umschlagkosten je Ladeeinheit,
– hohe Verfügbarkeit des Systems.

Es wird daher zumeist ein modularer Ausbau bevorzugt, wobei ein Modul die Straßen- und Gleisanlagen für eine halbe Zuglänge und mindestens einen Portalkran umfasst. Das ermöglicht es, das Verhältnis zwischen Investitionskosten und erzielbaren Erlösen durch gute Anpassung der Kapazitäten an die Nachfrage wirtschaftlich zu gestalten. Die Modulkonzeption muss von planungstechnischer und -rechtlicher Seite bei Genehmigung und Finanzierung beachtet werden.

Für große Umschlagbahnhöfe (Ubf) wird folgende Infrastruktur konzipiert [Mül97]:
– kranbare Gleislänge: 700 m,
– bis zu 3 Hochleistungs-Portalkräne in einem Standardmodul (Kapazität von je 30 Umschlägen pro Stunde),
– 4 Umschlaggleise, 1 Fahr-, 1 Lade-, 3 Abstellspuren unter den Portalkränen,
– Abstellspuren zur 3fachen Containerstapelung,
– Kranbahnquerschnitt: rund 40 m,

- außerhalb der Kranbahn: 1 Fahrspur für Lkw; Ein- und Ausfahrgate mit Einrichtungen, wie Hochbauten; Stau- und Parkplätze für Lkw,
- Überspannung der Spitzen der Umschlaggleise mit Fahrleitung für schnelles und direktes Ausfahren der Tragwagenzüge mit der elektrischen Zuglok,
- bei fehlender Fahrleitung im Kranbereich: Anordnung von Einfahrgleisen parallel zur Kranbahn oder vor der Kranbahn,
- zweiseitiger Anschluss des Umschlagbahnhofes an das Streckennetz zur Sicherstellung eines wirtschaftlich optimalen Betriebsablaufes durch direkte Ein- und Ausfahrten.

In einem Standardmodul können bei optimaler Zugkonzeption und gleichmäßiger Auslastung über den Tag bis zu 750 Ladeeinheiten umgeschlagen werden. Da sich aber i. d. R. die Ankünfte der KV-Züge auf die Zeit von 4–8 Uhr und die Zugabfahrten auf 18–22 Uhr konzentrieren (Marktanforderungen nach spätem Ladeschluss und früher Bereitstellung) sinkt die mittlere Auslastung der Anlagen. Einige Anlagen fungieren als internationales Gateway, in dem tagsüber Ladeeinheiten zwischen nationalen und internationalen Zügen umgeschlagen werden.

Die Ubf-Planung und Zugplanung sollten stets eine Einheit bilden (Ubf-Netzkonzeption). Engpässe in den Ubf wie nicht zuglange Gleise unter den Kränen oder erforderliches Umrangieren in Ausfahrgruppen verzögern die Zugbildungen [Sie99].

Im *Fließverfahren* werden die Ladegleise aufgrund knapper Kapazitäten mehrfach über den Tag beschickt. Alle Wagen sind nach Eingang abzuräumen, um die Ladegleise baldmöglichst neu beschicken zu können. Dadurch müssen einige Ladeeinheiten zwischengelagert werden, so dass es zu einem uneffektiven Einsatz des Umschlaggerätes kommen kann. Das notwendige Zwischenabstellen von eintreffenden Zügen bei belegten Ladegleisen erhöht die Wartezeiten für Kunden und den Rangieraufwand. Außerdem ist die Vorhaltung zusätzlicher Abstellgleise nötig.

Beim *Standverfahren* verbleiben die Züge bis zur fahrplanmäßigen Zugabfahrt in ihrem Ladegleis und werden nur zum Zweck der Zugbildung rangiert. Die Wagen befinden sich daher im ständigen Zugriffsbereich der Umschlaggeräte, so dass nur geringe Wartezeiten und kaum Doppelumschläge infolge von Zwischenlagerungen auftreten. Auch die Gleisanlagen außerhalb der Krananlage können damit minimiert werden. Um einen wirtschaftlichen Einsatz von Fahrzeugen und Personal zu erreichen, werden i. Allg. direkter und indirekter Umschlag nebeneinander betrieben.

Eisenbahnseitige Erschließung von Güterverkehrszentren

Güterverkehrszentren sollen der lokalen Zusammenführung von Verkehrs-, Logistik- und Dienstleistungsunternehmen an einem verkehrsgünstig gelegenen Standort dienen. Sie bilden die Schnittstelle zwischen möglichst vielen Verkehrsträgern. Daher ist eine Umschlagsanlage für den KV als integrativer Bestandteil oder in unmittelbarer Nähe unverzichtbar.

Die Integration des KV in das GVZ ermöglicht eine effiziente Nutzung von Synergieeffekten. Durch die Konzentration unterschiedlicher Verkehrsträger und die großflächige Ansiedlung von KV-affinen Gewerbebetrieben in einem GVZ kann eine ökonomisch und ökologisch optimale Verzahnung zwischen den Kunden und dem Umschlagbahnhof und zwischen den einzelnen Verkehrsträgern erreicht werden.

Ein vereinfachter Zugang der Kunden zum Netz der Eisenbahnen ist möglich, wenn zusätzlich Gleisanschlüsse in das GVZ integriert werden. Die räumlichen Anforderungen dieser Gleisanlagen müssen bereits bei der Ausweisung und Neuplanung von GVZ mit berücksichtigt werden (Freihaltung von Flächen, Straßenführung), da eine betrieblich sinnvolle Gebäudeplanung nur möglich ist, wenn die exakte Lage eines Stammgleises im Voraus festgelegt wurde [Sie00].

Streckennetz, Entwicklung Netz 21

Die DB Netz AG, der Infrastrukturbetreiber der Deutschen Bahn, betreibt und vermarktet rund 34.000 km Streckennetz, davon sind etwa 19.000 km elektrifiziert.

Der Eisenbahngüterverkehr wird auf den stark ausgelasteten Strecken im Netz der DB AG tagsüber häufig in ungünstige Fahrplanlagen abgedrängt. Güterzüge müssen tags häufig auf Überholgleise ausweichen, woraus geringe Durchschnittsgeschwindigkeiten resultieren. Nachts dagegen genießt der SGV auf vielen Strecken Vorrang.

Durch die Strategie „Netz 21" soll die Bereitstellung ausreichender Qualitätsreserven für die zukünftige Verkehrsentwicklungen gewährleistet werden. Langfristig soll eine weitergehende Entmischung schneller und langsamer Verkehre sowie eine Harmonisierung der Geschwindigkeiten auf den Hauptverkehrsachsen realisiert werden. Dies soll durch die Modernisierung des bestehenden Netzes, den Einbau leistungsfähiger Leit- und Sicherungstechnik und gezielte Neu- und Ausbaumaßnahmen zur Beseitigung von Engpässen umgesetzt werden. Vor dem Hintergrund der künftig zur Verfügung stehenden Finanzmittel wird das zu erreichende Zielnetz derzeit überprüft und neu definiert [DBN06].

C 3.4.5 Produktionsverfahren

Knotenpunktsystem

Als Produktionssystem der DB AG zur Beförderung der Einzelwagen und Wagengruppen wurde das 1975 eingeführte Knotenpunktsystem inzwischen in mehreren Konzentrationsschritten modifiziert. Grundlage ist ein mehrstufiges System von Zugbildungsbahnhöfen, dass auf drei Kategorien aufbaut:
- *Satellitenbahnhöfe* (Sat) umfassen als kleinste Einheit i. Allg. Gleisanschlüsse der Kunden und öffentliche Ladestraßen. Außerdem schließen hier die regionalen Eisenbahnen und Hafenbahnen an. Die Satelliten sollen kein eigenes Rangierpersonal und keine eigenen Rangiermittel besitzen und einseitig an einen Knotenpunktbahnhof angeschlossen sein. Im Zuge der Flexibilisierung und Konzentration des Systems sind hier aber Aufweichungen eingetreten.
- *Knotenpunktbahnhöfe* (Kbf) sind Leitstelle für die Steuerung und Kontrolle der Transportabläufe im Wagenladungsverkehr. Sie sind Einsatzzentrale für die Rangierlokomotiven und -personale und Konzentrationspunkt für die Erledigung sonstiger betrieblicher, verkehrlicher und verwaltungstechnischer Funktionen. Zwischen Satelliten- und Knotenpunktbahnhöfen verkehren Bedienungsfahrten. Einfache Kbf bilden lediglich einen Abgangszug für den übergeordneten Rangierbahnhof, mehrfach angebundene Kbf sortieren die Abgangswagen vor und benötigen daher eine größere Infrastruktur.
- *Rangierbahnhöfe* (Rbf) dienen der Bildung und Auflösung von Güterzügen und dem Wagenaustausch (Wagenumstellung). Sie bilden die Schnittstelle zwischen dem Nahbereich und dem Fernbereich zwischen den Rbf und im internationalen Verkehr.

Im Zuge von Rationalisierungsmaßnahmen wurden in den letzten Jahren umfangreiche Neustrukturierungen in Angriff genommen. Im Rahmen des Umstrukturierungsprojektes *MORA-C* (Marktorientiertes Angebot Cargo) wurden zahlreiche Bedienpunkte geschlossen. Um eine Bündelung der Verkehrsströme und eine Erhöhung der Auslastung der Züge zu erzielen wurde die Zahl der Rbf und Kbf stark reduziert. Einheitlich wird für beide der Oberbegriff „*Zugbildungsbahnhof (Zbf)*" verwendet. Die derzeitigen Planungen der DB AG im Projekt „*Produktionssystem 200X*" sehen eine weitere Konzentration der Zugbildungsanlagen vor. Künftig sollen bundesweit nur noch neun große Zugbildungsanlagen vorgehalten werden, die durch Taktzüge verbunden sind. Während heute die Güterwagen i. d. R. unsortiert vom Rbf zum Kbf gefahren werden und im Kbf neu gruppiert werden, sollen künftig vorsortierte Wagengruppen direkt aus den großen Zugbildungsanlagen ihrem Ziel zugeführt werden. Die regionalen Zugbildungsanlagen werden dann nicht mehr benötigt [Fri05].

Produktionsformen im Kombinierten Verkehr

In den Terminals des KV bzw. Umschlagbahnhöfen werden die KV-Ladeeinheiten (LE) zwischen Straßenfahrzeugen und Spezialtragwagen umgeschlagen. Eine Zwischenlagerung der LE auf dem Terminalgelände ist möglich. Der Hauptlauf über möglichst mehr als 400 km erfolgt auf der Schiene (oder dem Binnenschiff), Vor- und Nachlauf finden auf der Straße statt.

Auf Relationen mit großem Transportaufkommen werden Shuttle- oder Direktzüge eingesetzt:
- *Shuttlezug* – zielreiner Verkehr zwischen zwei Umschlagbahnhöfen als Pendelverkehr mit gleich bleibender Wagenzusammensetzung. Für einen wirtschaftlichen Betrieb ist ein Mindestaufkommen notwendig.
- *Direktzug* – zielreiner Verkehr zwischen zwei Ubf mit Anpassung der Zuglänge und der Zugzusammensetzung an das Aufkommen.

Auf Relationen mit geringerem Transportaufkommen kommen *Mehrgruppenzüge* zum Einsatz. In Unterwegshalten setzen sie Wagengruppen ab bzw. nehmen Gruppen auf.

Durch die Zugparameter (v_{max} bis zu 120 km/h, mit speziellen Wagen sogar 140 bis 160 km/h) und die Minimierung der Rangieraufenthalte werden bei Shuttle- und Direktzügen hohe Qualitäten ($\bar{v}$ etwa = 70–80 km/h) erreicht. Mehrgruppenzüge erreichen je nach Konzeption kaum mehr als 40 km/h. Der Zwang zu Direktzügen aus qualitativen und wirtschaftlichen Gründen führt zur Konzentration auf wenige große Umschlagbahnhöfe.

Weitere alternative Produktionssysteme für den KV befinden sich in der Planung:

Linienzüge übertragen das Betriebssystem des Personenverkehrs auf den Güterverkehr. Mehrere Unterwegshalte werden dabei mit einem Zug mit konstanter Tragwagengarnitur bedient. Diese Ubf sind speziell für den Linienzugbetrieb auszulegen, um kurze Haltezeiten realisieren zu können.

In *MegaHubs* soll das derzeitige Drehscheibensystem perfektioniert werden. Durch Abstimmung der Zugankünfte und Automatisierung des Umschlages der LE von einem Zug zum anderen werden die Aufenthaltszeiten gegenüber dem Gruppenaustauschverfahren drastisch verkürzt. Ein erstes MegaHub ist im Raum Lehrte bei Hannover in Planung.

Das *Train-Coupling and -Sharing (TCS)* ermöglicht Direktzugqualität auch bei kleineren KV-Sendungen. Dabei werden schwächer belastete Relationen mit kürzeren Zugeinheiten bedient, welche auf den stark belasteten Streckenabschnitten möglichst lange zu einer größeren Einheit gekoppelt (Coupling) werden und sich schließlich zur Zielansteuerung auf verkehrsschwächeren Netzabschnitten wieder trennen (Sharing) (vgl. C 3.4.7).

Zugangebote, Grundangebot, Qualitätszüge, Nachtsprungverbindungen

Im nationalen Einzelwagenverkehr der DB AG wird eine Regeltransportzeit von 48 Stunden angeboten. Das Kernnetz „Quality" umfasst dabei eine verbindliche Transportdauerzusage und proaktive Kundeninformation bei Abweichungen. Für zeitlich flexible Kunden existiert zudem ein kostengünstiges „Classic"-Angebot, dass keine Transportdauerzusage bietet [DBA06]. Auf ausgewählten Relationen zwischen den Wirtschaftszentren wird ein Nachtsprungverkehr für Einzelwagen angeboten.

Ganzzüge der DB AG werden entsprechend der Verbindlichkeit ihrer Bestellung in „Plantrain", „Variotrain" und „Flextrain" unterschieden. Im Programm-Ganzzugverkehr wie „Plantrain" und vergleichbaren Angeboten der NE-Bahnen werden die langfristig zu disponierenden Güterzüge zu günstigen Konditionen vereinbart. Höhere Flexibilität ist mit entsprechend höheren Preisen zu vergüten. Soweit möglich pendeln feste Güterwagengarnituren zwischen Be- und Entladung. Auf kurzen Distanzen dieser Züge sind z. T. mehrere Beladungen der Waggons pro Tag möglich. Ganzzüge für Zwischenwerksverkehre, sog. Logistikzüge, sind in ihren Einsatzzeiten eng in die Logistik der Firmen geknüpft.

Im Kombinierten Verkehr überwiegen auf nationalen Relationen Nachtsprungverbindungen. Hochwertige Angebote wie der Parcel Inter City (PIC) werden mit ihren Transportzeiten sowie den Lade- und Bereitstellungszeiten den Kundenbedürfnissen maßgenau angepasst.

Das Auslastungsrisiko für die KV-Züge liegt bei den Kombi-Operateuren, die i. d. R. ein komplettes Zugprodukt einkaufen und vermarkten. Für den Kombi-Operateur bedeutet dies, dass nur nachfragestarke Relationen wirtschaftlich bedient werden können, mit der Folge, dass einzelne Terminals von der Bedienung ausgeschlossen sind bzw. nicht jedes Terminal alle Relationen anbietet. Durch Bildung von Mehrgruppenzügen mit Wagenverbänden für mehrere Empfangsbahnhöfe lassen sich zwar auch Relationen mit geringem Aufkommen bedienen, die Transportzeit sinkt jedoch durch das Umstellen der Wagen bei gleichzeitiger Erhöhung der Produktionskosten.

C 3.4.6 Informationssysteme

Angebotserstellung

Im Schienengüterverkehr muss bei der Angebotserstellung sowohl die Bereitstellung einer freien Trasse als auch der erforderliche Güterwagen und Triebfahrzeuge mit den Wünschen des Kunden koordiniert werden. Um den Kunden möglichst alle Leistungen aus einer Hand anbieten zu können und gleichzeitig einen Ansprechpartner im Störungsfall zu haben, verfügen die EVU über Serviceteams bzw. Key-Account Manager. Sie erstellen den Kunden ein individuelles Angebot, das neben den Bedienzeiten, des Wagentyps etc. auch Sonderleistungen umfassen kann.

Für die Bedienung eines Gleisanschlusses sind für den Kunden zwei Verträge erforderlich. Mit dem Infrastrukturunternehmen (EIU) (z. B. der DB Netz AG) muss ein Infrastrukturvertrag, mit dem Verkehrsunternehmen (EVU) ein Bedienungsvertrag geschlossen werden.

Die Planung ganzer Transportketten nehmen i. Allg. Logistikdienstleister vor, welche die jeweils optimalen Verkehrsträger für die Transporte auswählen.

Besondere Anforderungen treten bei grenzüberschreitenden Transporten auf, da hier eine Abstimmung freier Trassen sowie der Traktions- und Personalkapazitäten zwischen den beteiligten Schienenverkehrsunternehmen erforderlich wird. Vermehrt sind aus diesem Grund Kooperationen zwischen nationalen EIU und EVU zu verzeichnen, mit dem Ziel grenzüberschreitende Transporte aus einer Hand anzubieten.

Ladungsverfolgung und -überwachung

Sendungsverfolgung sowie transportvorauseilende Informationen gewinnen im europäischen Transportmarkt zunehmend an Bedeutung. Derzeit wird bei der DB AG die Ortung durch ein zentrales Rechnersystem gewährleistet. Die Positionsbestimmung erfolgt dabei durch manuelle Erfassung in den Bahnhöfen. Einzelne Güterwagen sind jedoch bereits mit einem dezentralen, autarken Ortungssystem ausgerüstet. Die Systeme basieren auf satellitengestützter Ortungstechnik mit GPS (Global Positioning System) und können z. T. mit individueller Sensorik ergänzt werden (vgl. Abschn. C 3.4.7).

Betriebliche Vormeldung und Wagendisposition

Die betriebliche Vormeldung für Disponenten und die Güterwagenverfolgung zwischen Zugbildungsbahnhöfen leistet das Fahrzeuginformations- und -vormeldesystem (FIV), welches 1985 bei der DB AG eingeführt wurde und heute im Rahmen des PVG-Systems (Produktionsverfahren Güterverkehr) weitergeführt wird. Die Datenerfassung erfolgt manuell mit Hilfe mobiler Datenerfassungen (MDE), deren Informationen an einen Zentralrechner weitergegeben werden. Ähnliche Systeme existieren für die Behälter des KV.

PVG umfasst die Funktionsbereiche Eingangsbehandlung, Disposition, Zugzerlegung, Zugbildung, Ausgangsbehandlung und Wagenbehandlungen durch Kopplungen mit Fahrplandatensystemen sowie Betriebsführungs- und Überwachungssystemen. PVG begleitet den Wagenlauf lückenlos als transportbezogene Informationskette. Es wird aus der Sendungsdatenbank mit allen benötigten Daten versorgt. Im Gegenzug stellt PVG Angaben über den Betriebsablauf zur Verfügung, insbesondere den Empfangszeitpunkt, Angaben zum Soll-Ist-Vergleich bei der Transportdurchführung sowie die Meldung über den Abschluss der Beförderung. Das Frachtinformationssystem (FIS) stellt die Erfassung, Verwaltung und Bereitstellung/Weitergabe der Sendungsdaten sicher. Es schließt die frachtbezogene Informationskette Versender–Bahn–Empfänger. Mit dem FIS ist es z. B. möglich, Daten über Sendungen für die Frachtberechnung mit Kunden und ausländischen Bahnen auszutauschen. Das Werkstatt- und wagentechnische Informationssystem (WIS) stellt über eine Fahrzeugdatenbank die Basisdaten sowie dispositionsrelevante Daten aller Fahrzeuge für PVG und FIS bereit (Stammdaten, Standort, Beladezustand, Einsatzdauer, Stillstandszeiten) [Hen92].

Wagengestellung und Leerwagendisposition

Die Disposition der Güterwagen und die Transportsteuerung wird i. d. R. zentral abgewickelt. Bei der Railion AG z. B. erfolgt dies im Kundenservicezentrum in Duisburg. Die Daten der in den Güterbahnhöfen verfügbaren Wagen und Anfragen nach bestimmten Güterwagen werden hier zentral erfasst und zusammengeführt. Die Auftragsbestätigung für den Transportvorgang wird erteilt und die gesamte Auftragsabwicklung, einschließlich Laufüberwachung und Änderungsmeldungen bis hin zur Rechnungserstellung werden übernommen. Alle Kontakte mit den Endkunden – auch die Frachtabrechnung – werden marktbereichsbezogen im Servicezentrum durchgeführt.

C 3.4.7 Innovative Entwicklung

Telematik

Systembedingt kann der Schienenverkehr – anders als der Lkw – nur quasi-unbegleitete Verkehre anbieten. Eine Überwachung und Mitteilung des aktuellen Standortes und des Ladungszustandes durch den Triebfahrzeugführer sind nicht möglich. Ebenso kann der technische Zustand des Zuges während der Fahrt überwacht werden. Insbesondere bei höherwertigen Transportgütern überwiegen jedoch die Kosten für die Steuerung und Überwachung der Logistikkette die reinen Transportkosten bei weitem. Dort sind effektive Vorwarn- und Dispositionssysteme, die auf einer permanenten Überwachung der Transportkette basieren, unabdingbar.

Moderne Telematiksysteme, die autark am Güterwagen angebracht werden, erlauben die Positionsbestimmung von Güterwagen mittels Satellitenortung in ausreichender Genauigkeit. Daraus können Soll-Ist-Informationen abgeleitet und ein Flottenmanagement aufgebaut werden. Zudem können diese Systeme mittels zusätzlicher Sensoren Informationen über den Zustand der Ladung und der Güterwagen übermitteln (z. B. Ladeguttemperatur, Radsatz-Lagertemperatur, Entgleisungsdetektoren etc.). Sie senden ihre Daten bei Bedarf an das Triebfahrzeug oder an Service-Provider, die die Datenflut filtern und für die etwaige Weiterleitung an Wartungsdienst, Polizei, Rettungsdienste und Bahnstellen sorgen. Betriebliche Vorteile ergeben sich durch eine effiziente Disposition, schnelle Zugbildung durch elektronische Diagnosefunktionen und erhöhter Verfügbarkeit durch permanente Zustandsüberwachung und bedarfsbezogene Instandhaltung. Verkehrlich wird die Bahn in die Lage versetzt, quasi begleitete Verkehre mit sofortiger Kundeninformation im Bedarfsfall anbieten zu können. Die Stromversorgung erfolgt über Langzeitakkus unterstützt durch Radsatzgeneratoren oder Solaranlagen [Rie04].

Automatische Kupplung (TRANSPACT)

Die TRANSPACT (C-AKv) wurde als automatische Mittelpufferkupplung entwickelt, die kompatibel zur europäischen UIC-Schraubenkupplung und zur russischen SA 3-Kupplung und anderen Systemen ist. Die Einleitung von Zug- und Druckkräften erfolgt durch die Kupplung zentrisch in den Wagenkasten. Zur Gemischtkupplung mit der Schraubenkupplung bleiben die Wagen mit Seitenpuffern ausgerüstet, die im artreinen Betrieb entfallen können. Die TRANSPACT wurde speziell für raue Einsatzbedingungen und hohe Belastungen im Güterverkehr konzipiert [Bar06].

Gegenüber den bekannten Kupplungssystemen lässt die TRANSPACT folgende Innovationspotenziale erwarten:
– Höhere zulässige Zug- und Druckkräfte als die herkömmliche Schraubenkupplung mit Seitenpuffern und damit höhere Zuglasten. Insgesamt Erhöhung der Wirt-

schaftlichkeit im Schienengüterverkehr durch schwerere und perspektivisch auch längere Züge,
- Wegfall vieler Beschränkungen bei Mehrfachtraktion und Nachschieben, damit einfachere Betriebsverfahren insbesondere an Steigungsstrecken,
- Reduktion der resultierenden Querkräfte an der Kontaktfläche Rad-Schiene, die eine Verminderung des Verschleißes am Spurkranz der Räder und am Oberbau erwarten lassen. Eine Reduktion des Fahrwegverschleißes kann sich in einem verringerten Instandhaltungsaufwand des Netzbetreibers und höherer Fahrwegkapazität widerspiegeln,
- Erhöhung der ertragbaren Längsdruckkräfte und damit höhere zulässige Fahrgeschwindigkeiten,
- Reduktion des Entgleisungsrisikos,
- Reduktion des betrieblichen Aufwandes (Kuppeln, Pufferschmieren...),
- Integration von Innovationsbausteinen durch mitgekuppelte Daten-BUS-Leitung (z. B.: elektro-pneumatische (ep-)Bremse, automatische Bremsprobe, Sensorik/Telematik, verteilte Traktion),
- Langfristig sind mit dem Wegfall der Seitenpuffer erheblich einfachere Wagenkonstruktionen möglich. Im artreinen Betrieb erfolgt die Einleitung von Zug- und Druckkräften zentrisch durch die Kupplung in den Güterwagen. Die heute vorhandenen aufwändigen und schweren Abstützungen der Seitenpuffer können entfallen.

Der Einsatz der TRANSPACT ermöglicht zudem Rationalisierungseffekte durch die mögliche Automatisierung der Vorgänge beim Kuppeln und Entkuppeln von Zügen. Mit intelligenter Kupplungstechnik kann die Verbandsbildung und -auflösung beim Train-Coupling and -Sharing (TCS) in wenigen Minuten geschehen, perspektivisch sogar im Rendesvouz-Verfahren während der Fahrt. In Kombination mit einer automatischen Bremsprobe, wird es möglich sein, vermehrt Züge zu fahren, die in kurzen Zwischenhalten Wagen aufnehmen und absetzen.

Technologien für den Kombinierten Verkehr

Im Kombinierten Verkehr Schiene–Straße ist der vertikale Umschlag der Ladeeinheiten die vorherrschende Technik. Mittels Portalkränen oder mobilen Umschlaggeräten werden Container, Wechselbehälter und speziell ausgerüstete Sattelanhänger umgeschlagen. Da insgesamt jedoch nur ein sehr geringer Anteil der in Europa zugelassenen *Lkw-Sattelanhänger* kranbar und damit für den KV geeignet ist, versuchen neue Technologien diese Märkte für den KV zu erschließen, indem sie eine rollende Verladung der Sattelanhänger auf spezielle Eisenbahnwaggons ermöglichen. Im Gegensatz zur Rollenden Landstraße, bei der der Zug nur von einer Stirnseite aus Be- oder Entladen wird, setzen die Systeme auf drehbare oder querverschiebbare Taschen, in denen die Sattelanhänger rollend verladen werden. Die Taschen befinden sich zwischen den Drehgestellen und erlauben daher kostengünstige Standard-Radsätze der Güterwagen. Durch die Möglichkeit, die Wagen selektiv zu Be- und Entladen werden innovative Produktionskonzepte wie Linienzüge ermöglicht. Ein solches System vom Typ Modalohr ist bereits zwischen Frankreich und Italien im Einsatz. Andere Systeme wie CargoBeamer, CargoSpeed oder Flexiwaggon befinden sich noch in der Entwicklungs- und Umsetzungsphase [Frin05].

Zur wirtschaftlichen Verladung kleinerer Ladungsströme wurden Systeme entwickelt, die einen horizontalen Umschlag von Ladeeinheiten mittels spezieller *Umschlagtechnik auf dem Lkw und/oder Bahnwaggon* ermöglichen. Unter dem Namen MOBILER kommt ein System zum Einsatz bei dem angepasste Wechselbehälter oder Container von einer auf dem Lkw montierten Verschubeinrichtung auf den Bahnwaggon verladen werden. Das System ist derzeit in Österreich und der Schweiz im Einsatz. Beim Abroll-Container-Transport-System (*ACTS*) werden spezielle rollbare Container vom Lkw auf Bahnwaggons mit schwenkbaren Drehrahmen verladen. Dazu wird ein Lkw mit Ketten- oder Hakengerät benötigt.

Ausweitung der Zugdimensionen

Die zulässige *Zuglänge* ist in Deutschland derzeit auf 700 m Wagenzuglänge begrenzt. Abhängig von den infrastrukturellen Vorraussetzungen (i. b. der Länge von Überholungsgleisen) gelten weitere streckenspezifische Einschränkungen. Auf den wichtigsten Korridoren sind etwa 600 m möglich. Die Fahrzeugtechnik, insbesondere die Schraubenkupplung mit Seitenpuffern und die pneumatische Bremssteuerung haben abhängig von der Zugmasse, Geschwindigkeit und Streckenparametern weitere Einschränkungen zur Folge.

Durch eine Ausweitung dieser Dimensionsgrenzen könnte die Bahn ihren Wettbewerbsvorteil, das Transportieren großer Mengen über lange Distanzen zu günstigen Kosten, weiter ausbauen. Die Erhöhung der möglichen Zugdimensionen ist aber nicht nur aus wirtschaftlichen Gründen für die Verkehrsunternehmen des Schienengüterverkehrs sinnvoll. In Zukunft sind verstärkt Trassenengpässe insbesondere auf den wichtigsten (internationalen) Korridoren zu erwarten [UIC04]. Um Schienengüterverkehre trotzdem innerhalb der von den Verladern geforderten Zeitfenster auf diesen Korridoren anbieten zu können, bedarf es unter anderem einer vermehrten Bündelung von Transporten, die über die mit der Schraubenkupplung möglichen Zugdimensionen hinausgeht.

Züge, die die derzeitigen Grenzen von Zuglänge und -last deutlich überschreiten, erfordern es, die Traktionsleistung innerhalb des Zugverbandes zu verteilen. Zum einen würde bei hoher Zugmasse und alleiniger Traktion an der Spitze die zulässige Zuglast der Kupplungen überschritten. Hohe Zuglängen erfordern zudem zusätzliche Speisepunkte der Hauptluftleitung, um ein schnelles Lösen der Bremsen sicherzustellen.

Die im Zugverband verteilte Traktion ermöglicht darüber hinaus ein schnelles Verbinden mehrerer Züge zu einem langen Verband, der gemeinsam den Hauptlauf zurücklegt und sich dann wieder in zielreine Einzelzüge aufteilt (Train-Coupling and -Sharing).

Konventionelle Güterwagenbremsen nutzen Druckluft (Druckabfall in der Hauptluftleitung) zur Übertragung des Bremsbefehls an die Wagen. Die vergleichsweise langsame Übertragung des Bremsbefehls führt bereits bei Güterzügen konventioneller Länge zu einem ungleichmäßigen Einsetzen der Bremsung und damit verbunden zu Längskräften im Zugverband. Bei Zuglängen, die deutlich über 700 m hinaus gehen, sind zur Vermeidung unzulässig hoher Längskräfte elektro-pneumatische (ep-)Bremsen oder ähnliche Systeme erforderlich. Für die notwendige Elektroleitung im Zugverband sollten automatische Kupplungen mit integrierter Elektrokupplung zum Einsatz kommen. Mit der Umrüstung auf Mittelpufferkupplungen lassen sich zudem die übertragbaren Zuglängskräfte deutlich steigern.

Bei Einhaltung der Zuglänge von 700 m wird die mögliche *Zugmasse* durch die zulässige Achslast von 22,5 t und die Meterlast von 8 t/m beschränkt. Erstere wird bestimmt vom Streckenober- und unterbau, letztere durch die Tragfähigkeit von Brückenbauwerken. Die Auswirkung höherer Radsatzlasten auf die Oberbau-Instandhaltungskosten können zurzeit noch nicht genau beziffert werden. Hohe Investitionskosten werden im Bereich der Unterbau-Ertüchtigung aufgrund des hohen Alters vieler bestehender Erdbauwerke erwartet. Erste Aufwandsabschätzungen bei Brückenbauwerken zeigten, dass bei einer Radsatzlastanhebung auf 25 t bzw. 30 t bei 10% bzw. 40% der Eisenbahnüberführungen Erneuerungen oder Ersatzbauwerke notwendig werden [Vog98].

Modulare Zugkonzepte

Die größten Aufwendungen entstehen beim Schienengüterverkehr i. d. R. auf der letzten Meile. Zur Bedienung der Gleisanschlüsse und zum Bewegen der Wagen oder Wagengruppen innerhalb des Anschlusses sind Rangierlokomotiven notwendig, die unter Umständen nicht immer verfügbar oder aber schlecht ausgelastet sind. Zur Lösung dieses Problems wurden verschiedene Strategien entwickelt, die auf einer Abkehr vom konventionellen lokbespannten Zug basieren.

Unter dem Oberbegriff „Selbstfahrende Transporteinheiten (STE)" wurden erstmals kurze Zugmodule vorgestellt, welche mit einer Antriebs- und Bremstechnik ausgestattet sind, die ein separates Fahren ermöglicht. Gleichzeitig besitzen STE alle Ausrüstungskomponenten, die zum schnellen Kuppeln und Entkuppeln und zum gemeinsamen Fahren mehrerer Module in Verbänden (TCS) über einen Streckenabschnitt erforderlich sind (z. B. Multitraktionsleistung über Funk und Kabel). Sie ermöglichen eine flexible Bedienung von KV-Terminals oder Gleisanschlüssen mit geringen Aufkommen durch kleine Einheiten. Die einzelnen Einheiten können im Hauptlauf zu langen Zugverbänden gekoppelt werden. Damit sind Einsparungen bei den Trassen-, Energie- und Personalkosten möglich bei gleichzeitigem Erreichen einer Direktzugqualität für die Kunden. Unter dem Namen *CargoSprinter* wurde ein Gütertriebwagen, bestehend aus zwei Triebköpfen und vier Containertragwagen, entwickelt. Nach einem ersten Betriebseinsatz des CargoSprinters auf der Relation Frankfurt/Main – Hannover – Hamburg bzw. Osnabrück von 1997 bis 1999 wurde dieses Konzept jedoch nicht weiter verfolgt.

Mit dem *CargoMover* wurde ein automatisch einzeln fahrender Güterwagen entwickelt. Um im fahrerlosen Betrieb den Sicherheitsanforderungen zu genügen ist das Fahrzeug mit Radar-, Video- und Lasersensoren zur Hinderniserkennung ausgestattet, die im Falle einer Gefahrenidentifikation im Fahrwegbereich einen unverzüglichen Halt des Fahrzeugs einleiten. Die Steuerung der Fahrzeugbewegungen erfolgt auf Grundlage der europäischen Leit- und Sicherungstechnik ETCS (EUROPEAN TRAIN CONTROL SYSTEM) Level 2. Kommunikation und Ortung werden dabei durch GSM-R (Global System for Mobile Communication for Railways) Funkdaten und im Fahrweg montierte ETCS Balisen sichergestellt. Die CargoMover Technologie befindet sich im Erprobungsbetrieb auf nicht-öffentlichem Testgelände. Bis zur Einsatzreife sind noch umfangreiche Sicherheitsnachweise zu führen [Fre02].

In der Machbarkeitsstudie *Individualisierter Schienengüterverkehr (IVSGV)* [Sie06] wurden Konzepte entwickelt, wie sich ein Güterwagen mit einem Eigenantrieb versehen flexibel im Gleisanschluss und auf der letzten Meile verhalten kann. Der Güterwagen wird dazu mit einem einfachen Antrieb ausgerüstet, der mit einer Funksteuerung, analog zum heutigen Lokrangierführerbetrieb, gesteuert wird.

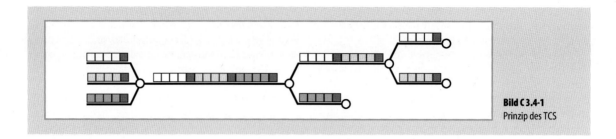

Bild C 3.4-1 Prinzip des TCS

Damit ist es möglich, jeden Güterwagen individuell im Gleisanschluss zu bewegen, ohne dass eine Rangierlok notwendig ist. Die abgehenden Güterwagen werden mittels des Eigenantriebs zusammenrangiert und vergleichbar mit einer Briefkastenleerung durch eine Lokomotive abgeholt. Die Zustellung erfolgt analog. Diese Entkopplung zwischen Rampenbedienung und Zuführung ermöglicht einen wesentlich effektiveren Einsatz der Lokomotiven im Bedienbereich. In späteren Migrationsstufen kann der Antrieb der Güterwagen auch als Booster oder als verteilte Traktion im Streckenbetrieb genutzt werden.

Durch die zusätzliche Ausrüstung an den Güterwagen sind jedoch schnell die Grenzen der Wirtschaftlichkeit erreicht. Mit der aktuellen Studie *FlexCargoRail* [http://www.flexcargorail.de] werden grundlegende Gedanken des IVSGV aufgegriffen. Neben der Entwicklung einer geeigneten Antriebstechnik wird hier die Bewertung der Wirtschaftlichkeit und die Entwicklung einer Migrationsstrategie fokussiert.

Train-Coupling and -Sharing (TCS)

Beim *Train-Coupling and -Sharing (TCS)* werden mehrere (kürzere) Zugmodule einschließlich der Zuglok zu einem Zugverband gekuppelt (Coupling) und gemeinsam über einen Streckenabschnitt gefahren (Sharing). Dieses können kleine Lokomotiven mit konventionellen Wagen oder Selbstfahrende Transporteinheiten (STE) sein. Die im Zugverband laufenden Lokomotiven arbeiten bei der Zugfahrt synchron über (Funk-)Fernsteuerung mit der führenden Einheit. Der Zugverband wird am Ende der gemeinsamen Strecke entkuppelt und die einzelnen Zugmodule fahren zu ihren Bestimmungsorten. Hierdurch ergibt sich im gemeinsamen Hauptlauf eine bessere Zugtrassenausnutzung. Auf Kundenebene wird Direktzugqualität erreicht. Gleichzeitig wird die Wirtschaftlichkeit des Schienengüterverkehrs erhöht durch eine bedarfs- und marktgerechte, flexible Nutzung der Produktionseinheit Zug. Durch die Verteilung der Traktion ist es prinzipiell möglich, sehr lange Züge bzw. TCS-Verbände zu fahren.

Erste Versuche zu TCS wurden mit dem *CargoSprinter* durchgeführt. Weiterhin laufen Erprobungen zur *Mehrfachfunkfernsteuerung* von umgebauten Lokomotiven im Zugverband. Durch die optimierte Verteilung der Antriebs- und Bremsleistung im Zugverband können hierbei die Zuglängskräfte, der Energieverbrauch und die Bremswege reduziert werden und ein erhöhtes Beschleunigungsvermögen bereitgestellt werden [Hör99].

Literatur

[Bar06] Bartling, F.P.; Bensch, J.; Driesel, M.; Gasanow, I.: Einsatz der Transpact Mittelpuffer-Kupplung (C-AKv) im Kohleverkehr. ETR Eisenbahntechnische Rundschau Bd. 9, 2006

[DBA06] Deutsche Bahn AG: http://www.stinnes-freight-logistics.de/deutsch/produkteServices/produktwelt/einzelwagen/classicQuality.html, 08.12.2006

[DBN06] DB-Netz AG: Geschäftbericht 2005. Frankfurt/Main 2006

[Fre02] Frederich, F.; Mairhofer, F.; Schabert, H.: Der CargoMover – eine Innovation für automatisierten Güterverkehr. ZEVrail Glasers Annalen Bd. 10, 2002

[Fri05] Fricke, E.: Hat das Einzelwagensystem Zukunft? Güterbahnen Bd. 3, 2005

[Frin05] Frindik, R. et al.: RoRo-Rail – Kombinierter Verkehr mit Sattelanhängern im Hinterland von Fährverbindungen. Bericht zum Verbundprojekt Ferry Rail Link: Gebündelter bahnaffiner Hinterlandverkehr des Fährhafens Lübeck. Förderkennzeichen 19 G 3036, 2005

[Hen92] Henrich, L.; Heil, V.: Das Projekt TS '90. Die Deutsche Bahn Bd. 11, 1992

[Hör99] Hörl, F.: Mehrfachfunkfernsteuerung von Lokomotiven im Zugverband. ETR Bd. 10, 1999

[Mül94] Müller, W.: Lassen sich KV-Umschlaganlagen rentabel betreiben? Transport- und Umschlagtechnik 54 (1994)

[Mül97] Müller, W.: Planung, Bau und Betrieb von Umschlagbahnhöfen in Deutschland. ETR 46 (1997) 10

[OV97] O. V.: Bahntrans übernimmt DB-Stückgut. Fischers Gütertransport-Nachrichten (1997) 5
[Rie04] Rieckenberg, T.: Telematik im Schienengüterverkehr, ein konzeptionell-technischer Beitrag zur Steigerung der Sicherheit und Effektivität. Diss. TU Berlin 2004
[Sei97] Seidelmann, C.: Der Kombinierte Verkehr – ein Überblick. Internationales Verkehrswesen 49 (1997) 6
[SGK06] SGKV 2006: Studiengesellschaft für den Kombinierten Verkehr, Geschäftsbericht 2005. Frankfurt/Main 2006
[Sie99] Siegmann, J.: Perspektiven für den europäischen Kombinierten Verkehr. Deutsche Verkehrswissenschaftliche Gesellschaft e.V. (Hrsg.): Die Zukunft des Kombinierten Verkehrs – was ist zu tun? Bd. 223, 1999
[Sie00] Siegmann, J.; Große, C.: Die Zukunft von Gleisanschlüssen und Güterverkehrsanlagen in Ballungsräumen. VDI Berichte Bd. 1545, 2000
[Sie06] Siegmann, J.; Heidmeier, S.: Improved quality of rail freight service by using self-propelled freight wagons. In: Nijkamp, P.; Priemus, H.; Konings, R. (Hrsg.): The Future Of Automated Freight Transport Concepts, Design and Implementation. Cheltenham/UK: Edward Elgar Publishing Ltd. 2006
[UIC04] UIC: Study on Infrastructure Capacity Reserves for Combined Transport by 2015. Kessel + Partner Transport Consultants und KombiConsult GmbH, Brüssel 2004
[VDV02] Verband Deutscher Verkehrsunternehmen (VDV): Positionspapier Gleisanschlussförderung – unverzichtbar für Umwelt, Verkehrssicherheit und den Standort Deutschland. Köln 2002
[ViZ06] Bundesministerium für Verkehr, Bau- und Wohnungswesen (Hrsg.): Verkehr in Zahlen (ViZ) 2005/2006. Hamburg 2006
[Vog98] Voges, W.; Sachse, M.: Neue Dimensionen für den Güterverkehr. Eisenbahntechnische Rundschau (1998) 10
[Wil03] Wilke, R.; Bauschulte, W.: Qualitätsmanagement im schienengebundenen Güterverkehr – Projekt eCargoService der DB Cargo AG. Eisenbahntechnische Rundschau (2003) 7

C 3.5   Luftfrachtverkehr

C 3.5.1   Luftfracht

C 3.5.1.1   Definition Luftfracht

Im umfassenden Verständnis gehören zu Luftfracht – im Sinne von Ladegut für den Lufttransport (Air Cargo) – alle Güter, die auf Linien- oder Charterflügen als Fracht, Express oder Post transportiert werden. Enger gefasst wird unter Luftfracht nur die Fracht verstanden, die nach IATA-Beförderungsbestimmungen für Frachtgut abgefertigt und transportiert wird (IATA International Air Transport Association). Davon abzugrenzen ist die Luftpost, die nach den Bestimmungen der internationalen Postorganisationen abgewickelt wird. Getrennt zu betrachten sind auch die Ladegüter der Express- und Paketdienste, soweit sie unternehmensintern geflogen werden. Das vom Passagier aufgegebene Gepäck wird nicht zur Luftfracht gezählt.

Die derzeitige Segmentierung besteht im Wesentlichen nach verkehrsrechtlichen und hoheitlichen Gesichtspunkten. In der näheren Zukunft ist mit einer Umstrukturierung der Unternehmen, Märkte und rechtlichen Rahmenbedingungen zu rechnen. Vor diesem Hintergrund wird ein Zusammenwachsen und eine Vermischung der Segmente erfolgen.

Zunehmend werden integrierte Transportdienstleistungen erbracht, in denen die kompletten Leistungen und die gesamte Transportzeit auf dem Weg vom Versender bis zum Empfänger vereinbart sind. Innerhalb dieser Dienstleistung ist der Lufttransport eine Teilleistung, die sowohl vom integrierten Anbieter selbst als auch als Charter oder im Linienverkehr durchgeführt werden kann. Es empfiehlt sich, den Begriff „Luftfracht" in der weit gefassten Bedeutung zu verwenden.

C 3.5.1.2   Bedeutung und Entwicklung

Gegenwärtig erfolgen rund 2% der weltweiten Warenbewegungen als Luftfracht. Nach Schätzung der OECD machen diese jedoch über ein Drittel des Warenwertes des Welthandels aus.

Der Luftfrachttransport spielt innerhalb der Transportketten des globalen Warenaustausches von Industrie und Handel eine immer größere Rolle. Im interkontinentalen Verkehr transportiert entweder das Flugzeug oder das Seeschiff. Bei kontinentalen Verkehren – beispielsweise innerhalb der USA oder Europa – konkurriert das Flugzeug mit dem Lkw und der Bahn.

Während der Luftverkehr früher nur für die Beförderung von besonders hochwertiger Fracht und den schnellen Transport in Ausnahmefällen genutzt wurde, deckt sein Einsatz heute das regelmäßige Aufkommen eines breiten Spektrums von Gütern und Transportaufgaben ab. In der dezentralen Produktion und der Verteilung zwischen den Produktionsstätten vieler Unternehmen über die ganze Welt hat die Luftfracht einen festen Platz. Konjunkturschwankungen in den verschiedenen Industrieregionen der Welt spiegeln sich dem entsprechend ausgeprägt im jeweiligen Luftfrachtaufkommen wider.

Für die Luftfracht wird nach der Boeing Luftfracht-Prognose „World Air Cargo Forecast 2006/2007" für den Zeitraum 2005 bis 2025 mit einem durchschnittlichen jährlichen Wachstum des weltweiten Luftfrachtaufkommens von 6,2% gerechnet (Bild C 3.5-1).

Ein immer wieder hervorgehobenes Segment der Luftfracht ist die Expressfracht. Die Boeing Luftfracht-Prognose weist für die zurückliegende Dekade ein rund doppelt so hohes Wachstum der Internationalen Expressfracht gegenüber dem der gesamten Luftfracht aus. Der Marktanteil hat sich dabei von 4,1% im Jahr 1992 auf 11,4% im Jahr 2005 erhöht. Dies heißt v. a., dass neben der Mengenentwicklung auch die zeitlichen Anforderungen an die Luftfracht steigen.

Für Luftfrachtstatistiken sind folgende Zählweisen zu unterscheiden:
– Tonnenkilometer pro Jahr als die Transportleistung, die von den Luftverkehrsgesellschaften erbracht wird. Diese Zählweise ist auf die Nutzung der Transportkapazität in der Luft ausgerichtet.
– Tonnen pro Jahr, bezogen auf die Sendung. Hier wird die Frachtmenge auf dem Weg vom Sender zum Empfänger nur einmal gezählt.
– Tonnen pro Jahr, bezogen auf Ankunft und Abflug auf den Flughäfen. Hier wird die Frachtmenge pro Transportabschnitt zweimal gezählt, ein mehrstufiger Lufttransport also entsprechend häufiger, da der Transfer bzw. Transit (vgl. Abschn. C 3.5.6.2) jeweils doppelt gezählt wird.

Zu beachten ist jeweils, ob sich Statistiken nur auf IATA-Fracht beziehen oder auch die anderen Frachtsegmente berücksichtigen. Flughafenbezogene Statistiken fassen häufig alle Segmente – Fracht, Express und Post – als Ladungsmenge pro Flugbewegung zusammen.

Für die Logistik am Boden sind die flughafenbezogenen – noch besser: terminalbezogenen – Zählweisen relevant, da aus diesen das Umschlag- bzw. Abfertigungsaufkommen am Boden ableitbar ist.

Flughäfen sind die wichtigsten luftfrachtspezifischen Logistikstandorte. Einen Hinweis zur Größenordnung der umgeschlagenen Frachtmengen auf den einzelnen Standorten und deren Verteilung gibt Bild C 3.5-2.

Verkehrsträgerspezifisch konzentriert sich das weltweite Luftfrachtaufkommen zunehmend auf eine begrenzte Anzahl Standorte. Die 21 größten Flughäfen erreichen bereits 50% des weltweiten Frachtumschlags (im Vergleich zu 25 Flughäfen im Jahr 1998) und die 50 größten Flughäfen 70%, bezogen auf die rund 700 durch den ACI (Airports Council International) 2006 veröffentlichten Flughäfen.

C 3.5.1.3 Güter der Luftfracht

Allgemeine Merkmale

Insgesamt können alle Güter, soweit sie in Flugzeuge verladbar sind, in der Luft transportiert werden. Besonders bedeutend sind hochwertige Güter aus den Branchen Maschinenbau, elektronische Industrie, Chemie und Automobilindustrie. Diese Güter (z. B. Maschinen, Computer, Medikamente, Ersatzteile und Textilien) werden auf fast jedem Flughafen abgefertigt. Charakteristisch für die Luftfracht sind
– sehr hohe Transportkosten in der Luft,
– eine geringe Transportkapazität im Vergleich zu anderen Verkehrsträgern,
– geringe Verpackungskosten,
– kurze Transportzeiten in der Luft,
– geringe Netzdichte auf Grund der Bindung an Flughafenstandorte.

Zeit-, mengen- und preisdefinierte Frachtprodukte

Aus Zeit- und Mengenrestriktionen in Verbindung mit den jeweils geforderten Preisen folgt nachfolgende Produktklassifizierung, dargestellt in qualitativ und preislich ansteigender Reihenfolge. Sie wird in jüngerer Zeit von verschiedenen Luftfrachttransportdienstleistern unter verschiedenen Bezeichnungen ähnlich definiert und angeboten:
– Standard: mittlere Laufzeit: 2 bis 4 Tage, max. 7 Tage,
– Express: mittlere Laufzeit: 1,5 bis 3 Tage, max. 3 Tage,
– Premium bzw. Kurier: Gewichtsbegrenzung auf max. 100 kg, max. Laufzeit: 1 bis 2 Tage, abhängig von frühestens nutzbaren Flugverbindungen.

Die logistischen Anforderungen steigen mit der zugesagten Qualität. Eine differenzierte Preisbildung und Mengenrestriktionen begrenzen die Aufkommensanteile der höherwertigen Frachtprodukte. So ergeben sich aus der Produktdifferenzierung verschiedene Teilmengen von Fracht mit unterschiedlichen Abfertigungsanforderungen.

Express-, Premium- und Kuriergüter erfordern eine besonders schnelle Abfertigung und die absolute Sicherstellung der zugesagten Beförderungsgarantie. Am Flughafen werden diese Güter oft mit erheblich kürzeren Anlieferungsfristen vor dem Abflug separat von der Standardfracht abgefertigt.

Sonderfracht

Bestimmte Güter benötigen auf Grund ihrer Eigenschaften oder besonderer Anforderungen eine jeweils spezielle Ein-

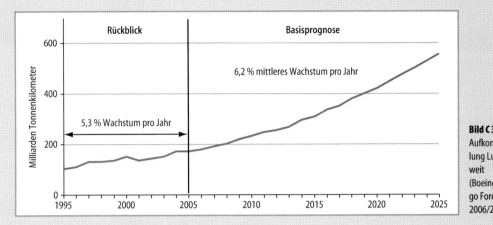

Bild C 3.5-1
Aufkommensentwicklung Luftfracht weltweit
(Boeing World Air Cargo Forecast 2006/2007)

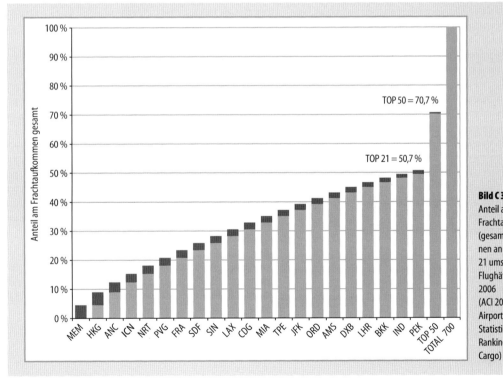

Bild C 3.5-2
Anteil am weltweiten Frachtaufkommen (gesamt 81,2 Mio. Tonnen an + ab) auf den 21 umschlagstärksten Flughäfen im Jahr 2006
(ACI 2006 Worldwide Airport Traffic Statistics – Airport Ranking by Total Cargo)

richtung und Behandlung. Wichtige Arten von Sonderfracht sind gefährliche Güter, verderbliche Güter, Wertfracht und lebende Tiere.

Beim Transport von gefährlichen Gütern (Dangerous Goods) sind besondere Vorschriften zur Sicherung, Verladung und Kennzeichnung zu erfüllen. Zu diesen Gütern gehören radioaktive Stoffe, brennbare und entzündliche Flüssig- und Feststoffe, gefährliche Gase, giftige Substanzen usw. Dangerous Goods werden in besonderen Einrichtungen und Verfahren umgeschlagen. Verpackungen und Container müssen deutlich gekennzeichnet sein.

Verderbliche und temperaturempfindliche Güter (Perishables) sind Blumen, Obst, Fleisch, Fisch oder Medikamente. Diese Waren müssen schnell umgeschlagen und in temperaturgeführten Lägern untergebracht werden. Besonders Fleisch und Pflanzen unterliegen einer strengen Kontrolle durch die Behörden.

Der Lufttransport von Tieren erfolgt in speziellen Lademitteln. Am Boden sind die Tiere in der Tierstation des Flughafens zu versorgen und für den Flug vorzubereiten.

Als Wertfracht werden besonders diebstahlgefährdete und sicherheitsbedürftige Güter wie Geld, Wertpapiere, Kunstgegenstände, Schmuck und Edelmetalle behandelt, die in besonderen Sicherheitseinrichtungen und mit besonderen Sicherungsvorkehrungen abgefertigt und aufbewahrt werden müssen.

Gutstruktur

Sehr große Auswirkungen auf den Abfertigungsaufwand haben die physischen Guteigenschaften, besonders die Gewichte und Abmessungen der Frachtstücke und Umschlageinheiten. Mehr als 80% der Frachtstücke wiegen weniger als 30 kg. Diese haben einen Anteil von rund 15% am Gewicht des gesamten Frachtaufkommens (Bild C 3.5-3).

Die Dichten sind sehr schwankend und stark abhängig von den Strecken und Märkten. Im Mittel sind pro Kubikmeter Ladevolumen 150 bis 200 kg Ladungsgewicht zu rechnen. Die zulässigen Abmessungen für Luftfracht werden nur durch den Laderaum des Flugzeugs und dessen Zugänglichkeit begrenzt.

Auf Grund der sehr großen Inhomogenität der Luftfracht sind in der physischen Abfertigung bereits hohe Anforderungen zu bewältigen. Hinzu kommt, dass die Optimierung von Volumen- und Gewichtsauslastung, bezogen auf den Laderaum des Flugzeuges, wirtschaftlich entscheidend ist. Vor allem aber sind die Handhabungsvorschriften zu erfüllen, die der Luftsicherheit dienen.

C 3.5.2 Lufttransportnetz

C 3.5.2.1 Netzstruktur

Flughäfen sind die Knoten im weltweiten Lufttransportnetz. Diese können eine Drehscheibenfunktion (Hubstation) aufweisen oder im Wesentlichen nur Start- und Zielort für Lufttransporte darstellen (Kopfstationen). Die Verbindungen zwischen den Flughäfen sind die Lufttransportwege, auch Strecken genannt.

Die Basisstation einer Luftverkehrsgesellschaft ist i. d. R. auch zentraler Umsteigerknoten für Passagiere und Umschlagdrehkreuz für Luftfracht in ihrem weltumspannenden Lufttransportnetz. Darüber hinaus können innerhalb eines Netzes noch weitere Neben- und Subhubs betrieben werden, wobei teilweise bestimmte Flughafenstandorte als spezielle Frachthubs genutzt werden.

Viele Netze werden heute nicht mehr von einer Luftverkehrsgesellschaft allein betrieben, sondern in Kooperation mit Allianz- oder Streckenpartnern. Mit Hilfe von Partnerschaften können aufkommensstarke Strecken häufiger bedient werden. Aufkommensschwache Strecken können durch Gemeinschaftsflüge besser ausgelastet werden.

Der Standort der für Fracht besonders genutzten Hubs kann abhängig sein von der Aufkommensverteilung der Transportströme innerhalb des Netzes der Luftverkehrsgesellschaften, von der Streckenreichweite der eingesetzten Transportmittel, der Standortattraktivität bestimmter Flughäfen oder den nationalen Standortinteressen eines Partners innerhalb einer Allianz.

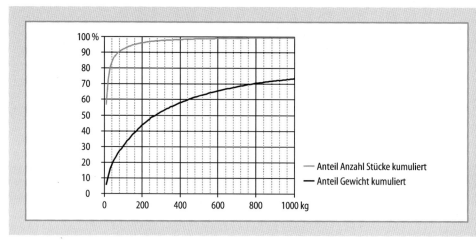

Bild C 3.5-3
Typische Gewichtsverteilung von Luftfrachtstücken (Analyse über 7200 t mit rd. 168000 Stücken, max. Stückgewicht 14,5 t) (Fraunhofer-Institut für Materialfluss und Logistik)

C 3.5.2.2 Hubs and Spokes

Jeder Anbieter von Transportdienstleistungen ist bestrebt, ein flächendeckendes Streckennetz unter wirtschaftlichen Gesichtspunkten zu betreiben. Aus kapazitiven und wirtschaftlichen Gründen werden deshalb heute viele Verbindungen im Hub-and-Spoke-System (Nabe und Speiche) bedient (s. auch Abschn. C 3.8.2).

Statt von jedem Flughafen jeden anderen Flughafen anzufliegen, werden Fracht und Passagiere zu einem Hub transportiert und von dort auf weitergehende Flüge verteilt (Bild C 3.5-4).

Die Einführung eines Hub-and-Spoke-Systems reduziert beispielsweise bei acht Orten die Anzahl der notwendigen Flüge von 56 direkten Flugverbindungen auf 14 Flüge, die über einen der Orte, der als Hub fungiert, ein- und ausgehen. Bei stark schwankendem Frachtaufkommen wären für viele direkte Flüge entweder geringere Auslastungen hinzunehmen oder Nachfragespitzen nicht zu erfüllen.

Die geringsten Übergangszeiten an einem Hubstandort gewährleistet ein Umschlagstern, für den die Ankunfts- und Abflugzeiten innerhalb eines engen Zeitfensters aufeinander abgestimmt sind. Dieses System wird für Fracht oder Post meist als Nachtstern betrieben. Für die Abfertigung am Boden bedeutet dies eine zeitlich begrenzte, extreme Umschlagsspitze und oft weitgehenden Leerlauf für den Rest des Tages.

In dem üblichen Fall auf internationalen Flughäfen, dass Passagierflüge auch für den Transport von Fracht genutzt werden, ist die auf die Passagiere abgestimmte Zeitlage der Flüge auch für die Fracht relevant. Für die Passagiere werden im Flugplan eines Flughafens nachfragebedingt und zur Herstellung vieler Umsteigerverbindungen zeitversetzt Ankunfts- und Abflugwellen zusammengefasst. Diese zeitliche Konzentration von Ankünften und Abflügen führt auch für den Frachtumschlag zu zusätzlichen Abfertigungsspitzen.

C 3.5.3 Luftfracht in der Transportkette

C 3.5.3.1 Glieder der Transportkette

Der Frachttransport durch das Flugzeug stellt nur einen Teil der Strecke vom Versender bis zum Empfänger dar. Dem Lufttransport sind Zuführ-, Sammel- und Verteilprozesse vor- und nachgelagert. Die gesamte Prozesskette vom Versender bis zum Empfänger ist die Luftfrachttransportkette (Bild C 3.5-5).

Innerhalb der Luftfrachttransportkette unterscheidet man zwischen Vor-, Haupt- und Nachlauf. Der Hauptlauf, der auch mehrteilig sein kann, ist der Transport mit dem Flugzeug. Die mit diesem Transportmittel überwundene Distanz ist – bezogen auf die gesamte Transportkette – i. d. R. am größten, der geflogene Zeitanteil dagegen am kleinsten. Die Vor- und Nachläufe erfolgen als Bodentransporte (s. Abschn. C 3.2, C 3.3).

Die wichtigste Rolle für den Wechsel der Transportmittel spielt der Flughafen. Hier sind die Prozesse Transportieren, Umschlagen und Lagern (s. Abschn. C 2.1 und C 2.2) spezifisch. Deshalb sind, abgesehen von dem Lufttransport selbst, die wesentlichen Glieder der Luftfrachttransportkette an Flughäfen zu finden.

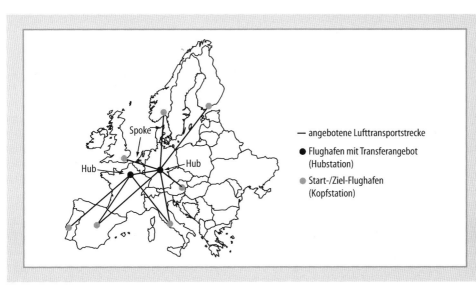

Bild C 3.5-4
Prinzipielle Darstellung eines Hub-and-Spoke-Netzes

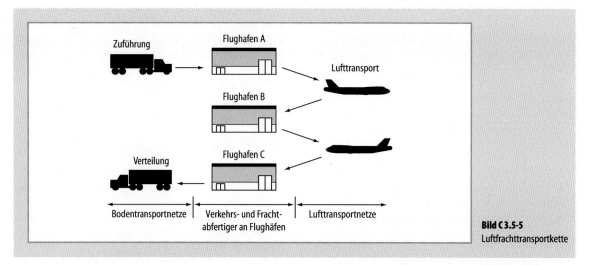

Bild C 3.5-5
Luftfrachttransportkette

C 3.5.3.2 Lufttransport

Der Lufttransport von Luftfracht erfolgt als Beiladefracht auf Passagierflügen oder mit Frachtflugzeugen:
- *Transport als Beiladefracht.* Über 50% des weltweiten Luftfrachtaufkommens werden als Beiladefracht in Passagierflugzeugen transportiert. Die Laderaumkapazitäten regulärer Linienflüge werden neben Passagiergepäck für Fracht genutzt. Der Transport und die Abfertigung von Passagieren und Luftfracht sind damit bezüglich der Streckenangebote und der Zeitlagen nicht unabhängig voneinander.
- *Transport mit Frachtflugzeugen.* Auf Strecken mit hohem Luftfrachtaufkommen und mit unzureichender Beiladungskapazität auf Passagierflügen werden reine Frachtflugzeuge eingesetzt. Wenn die Dimensionen der Frachtstücke es erfordern oder es sich um bestimmte gefährliche Güter handelt, ist nur das Frachtflugzeug einsetzbar. Frachtflugzeuge transportieren knapp 50% des gesamten Luftfrachtaufkommens. Der Anteil der Frachter an allen Flugzeugbewegungen beträgt jedoch weniger als 5%.

Als Frachter dienen verschiedene Flugzeugtypen mit unterschiedlichen Ladekapazitäten. Im Quick-Change-Verfahren werden außerdem Flugzeuge, die tagsüber Passagiere und Beiladung transportieren, nachts als Frachtflugzeuge eingesetzt, indem die Sitze dieser Maschinen ausgebaut werden.

C 3.5.3.3 Bodentransport

Als Vor- und Nachlauftransporte gelten die Anlieferung der Luftfracht vom Versender zum Flughafen und die Auslieferung vom Flughafen an den Empfänger. Diese Transporte werden im Auftrag des Spediteurs durchgeführt. Ein Bodentransport zwischen Flughäfen erfolgt oft im Auftrag der Luftverkehrsgesellschaften als Luftfrachtersatzverkehr. Dieser Verkehr wird auch Road-Feeder-Service (RFS) oder Trucking genannt.

Unabhängig davon, in wessen Auftrag die Bodentransporte durchgeführt werden, treten Fern- und Nahverkehre sowie als Ladung lose Sendungen bzw. Stückgut und Flugzeug-Ladeeinheiten auf. Eine typische Verteilung der auftretenden Fahrzeugtypen, bezogen auf die Anzahl Anlieferungen und Abholungen von Luftfracht und Dokumenten an einem Flughafen, ist
- Pkw bzw. Kombiwagen rund 40%,
- Transporter bzw. Busse 20% bis 25%,
- Nahverkehrs-Lkws 20% bis 25%,
- Fernverkehrs-Lkws bzw. RFS 15 bis 20%.

Unter *Luftfrachtersatzverkehr* versteht man die Personen- und/oder Güterbeförderung mit anderen, als denen für den Verkehrszweig typischen Fahrzeugen. Der Luftfrachtersatzverkehr erfolgt mit Lkws – und neuerdings auch mit der Bahn – überwiegend im regelmäßigen Linienverkehr zwischen Flughäfen. Die Fracht hat dabei den Status einer Luftfracht. Meist werden komplette Flugzeug-Ladeeinheiten mit speziellen Lkws befördert, zum geringeren Teil auch lose Ladung.

Die *Vor- und Nachlauftransporte,* also die Zustellung und Abholung zu und von den Flughäfen, ergänzen den Lufttransport zu einer vollständigen Transportleistung für den Verlader. Die Anlieferung und Auslieferung der Luftfrachtsendungen im Vor- und Nachlauf wird überwiegend durch Luftfrachtspediteure und -agenten im Auftrag der

Versender und Empfänger organisiert und durchgeführt. Diese Vor- und Nachlauftransporte werden fast ausschließlich auf der Straße durchgeführt.

Auch für die Speditionstransporte besteht das Bestreben, schon am Boden möglichst ganze Flugzeug-Ladeeinheiten zu transportieren. Der Anteil ist noch gering, die Marktkonzentration der Kunden und die Einrichtung von gemeinschaftlichen Sammelstellen begünstigen diese Entwicklung jedoch.

C 3.5.4 Flugzeug als Transportmittel

C 3.5.4.1 Fluggeräte

In Bezug auf die Laderäume unterscheidet man drei Gruppen von Flugzeugen:
- Passagierflugzeuge als Narrow-Body mit Laderäumen für Beiladung von loser Fracht (Belly oder Bulk) im unteren Teil des Flugzeuges (Unterflurfrachträume),
- Passagierflugzeuge als Wide-Body mit Laderäumen für Flugzeug-Ladeeinheiten im unteren Deck (Lower Deck) des Flugzeuges (Bild C 3.5-6),
- Frachtflugzeuge, die im Oberdeck (Main Deck) und – je nach Flugzeugtyp – auch im unteren Deck Laderäume für Flugzeug-Ladeeinheiten aufweisen (Bild C 3.5-7).

Daneben gibt es Flugzeugmuster, die als Mixed-Version im Oberdeck so aufgeteilt sind, dass dort sowohl eine Passagierkabine als auch ein Laderaum für Fracht vorhanden ist.

Die für den Einsatz auf interkontinentalen Langstrecken wichtigsten Frachtflugzeugtypen sind die Boeing 747 und Mc Donnel Douglas MD11 bzw. DC10. Mit einer Nutzlast von rund 100 t können sie jeweils rund 30 Ladeeinheiten im 10-Fuß-Format aufnehmen. Allgemein bezeichnet man die Ladeeinheiten als ULD (Unit Load Device).

Ein anderes Segment von Frachtflugzeugen wird besonders von Kurier- und Expressdiensten genutzt. Ein besonders typischer Vertreter ist die British Aerospace Bae 146, ein Flugzeug mit rund 12 t Nutzlast, mittels einfacher Abfertigungsgeräte zu be- und entladen, mit geringen Anforderungen an die Start-/Landebahnlänge und extrem leisen Triebwerken. Dieses Flugzeug wurde besonders für die Feinverteilung und Zuführung von Fracht im Nachtsprung zwischen kleinen regionalen Flughäfen und großen internationalen Hubs konzipiert.

Darüber hinaus wird eine große Bandbreite weiterer Flugzeugtypen für den Nur-Fracht-Transport genutzt. Frachtflugzeuge basieren auf Baumustern von Passagierflugzeugen. Zum Teil werden die Frachtversionen schon als Neubestellung für Frachtladung ausgerüstet, ein großer Teil der Frachtflugzeuge besteht dagegen aus umgerüsteten Passagierflugzeugen.

Eine Übersicht über für den Frachttransport relevante Flugzeugtypen und deren Fracht- bzw. Beiladungskapazitäten gibt Tabelle C 3.5-1.

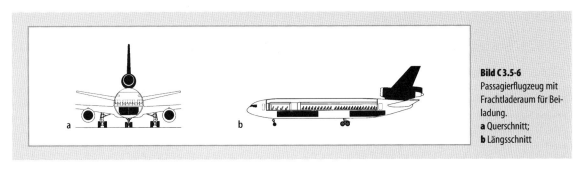

Bild C 3.5-6 Passagierflugzeug mit Frachtladeraum für Beiladung. **a** Querschnitt; **b** Längsschnitt

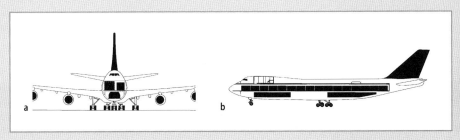

Bild C 3.5-7 Frachtflugzeug mit oberem und unterem Laderaum für Beiladung. **a** Querschnitt; **b** Längsschnitt

Tabelle C 3.5-1 Kennzahlen für Flugzeuge

Nr. Typ/VersionLänge	Spann-weite m	Länge m	Leer-gewicht t	Max. Startgewicht t	Max. Nutzlast t	Max. Anzahl Passagiere Paxt	Fracht-zuladung t
1 A3XX-100	79,8	73,0		540	85	555	30
2 Antonov AN 124	73,3	69,1	175	405	150		150
3 B 747-400	64,3	70,7	177	395	65	450	14
4 B 747-200 F	59,6	70,7	155	378	112		100
5 B 747-200	59,6	70,7	170	378	69	550	15
6 B 777	60,9	63,7	144	298	55	400	10
7 MD 11	51,7	61,2	134	284	56	405	15
8 MD 11 F	51,7	61,2	134	286	95		93
9 Airbus A 340-300	60,7	63,7	123	254	46	375	23
10 Airbus A 330-300	60,3	63,7	119	212	45	330	20
11 B 767-300	47,6	54,9	90	186	55		55
12 B 767-300	47,6	54,9	90	185	41	290	12
13 B 767-200	47,6	48,5	84	176	34	290	5
14 Airbus A 310	43,9	46,7	80	164	34	280	8
15 B 757-300	38,1	47,3	57	113	40		40
16 B 757-200	38,1	47,3	58	100	26	239	2
17 Airbus A320-200	34,1	37,6	41	74	19	179	2
18 MD 87	32,9	39,8	33	64	18	139	4
19 B 737-300	28,4	30,5	34	63	18		13
20 B 737-400	28,9	36,4	34	63	18	168	1
21 B 737-500	28,9	31,0	31	52	16	132	2
22 Fokker 100	28,1	35,5	25	44	12	107	1
23 BAe 146	26,3	31,0	25	44	12		12
24 Fokker 50	29,0	25,3	13	21	6	50	1

C 3.5.4.2 Laderaum und Lademittel

Die besonderen Bedingungen und Anforderungen des Lufttransportes – im Vergleich zu allen anderen Verkehrsträgern – sind in der Gestaltung und Ausstattung der Laderäume von Flugzeugen erkennbar. Der primär nach aerodynamischen Gesichtspunkten gestaltete Flugzeugrumpf gibt enge Restriktionen für die Dimensionen und die Form der Laderäume vor. Die extremen potentiellen dynamischen Belastungen und die hohen Sicherheitsanforderungen in der Luft bestimmen die Anforderungen für die Ladungssicherung. Die hohen Kosten des Flugzeugs erfordern die bestmögliche Auslastung und Ausnutzung dieses Transportmittels. Hierzu dienen in erster Linie möglichst große Ladeeinheiten und eine hochwertige Ausstattung der Laderäume für ein schnelles Be- und Entladen sowie Verstauen der Ladung.

Generell sind drei Arten von Laderäumen zu unterscheiden: Laderäume für

– lose Fracht (Belly Compartments),
– Laderäume für Flugzeug-Ladeeinheiten im Main Deck,
– Laderäume für Flugzeug-Ladeeinheiten im Lower Deck.

Für die Planung der Ladung sind die verschiedenen Dimensionen und die spezifische Zugänglichkeit der Laderäume wesentliche Kriterien. Besonders die Laderäume für lose Fracht sind, abhängig vom Flugzeugtyp und dessen Version, sehr vielfältig in ihrer Ausführung. Bei extrem niedrigen Raumhöhen ist das Verstauen der Ladung sehr erschwert.

Laderäume für Flugzeug-Ladeeinheiten sind generell gut ausgestattet mit fördertechnischen Hilfsmitteln für das Verstauen und Sichern der Ladeeinheiten. Der Zugang erfolgt über seitliche Türen und bei einzelnen Flugzeugtypen (reine Frachtflugzeuge) auch über frontseitige Türen (Nose Door). Seitliche Türen ermöglichen einen größeren Öffnungsquerschnitt und sind standardmäßig bei allen

Flugzeugtypen vorhanden. Frontseitige Türen erlauben ein Ein- und Ausladen der Ladeeinheiten ohne Drehung und ein einfaches Andocken des Flugzeuges an eine stationäre Ladeeinrichtung. Da Frachtflugzeuge oft als umgebaute Passagierflugzeuge eingesetzt werden, hat die Nose-Door nur noch eine geringe Bedeutung.

Die typische zulässige Ladehöhe beträgt im Lower Deck 1,63 und im Main Deck 2,44 m. Diese Standardisierung erleichtert die Ladungsdisposition und erlaubt einen einfachen Wechsel ganzer Ladeeinheiten von einem Flugzeug zum anderen. Zu berücksichtigen ist aber, dass einzelne Flugzeugtypen auch geringere Laderaumhöhen als genannt aufweisen. Ebenso erlauben bestimmte Ladepositionen auch Ladehöhen von mehr als 3 m. Im Main Deck sind über die seitliche Tür standardisierte Einheiten bis 20 Fuß Länge verladbar.

Die Gestaltung der Flugzeug-Ladeeinheiten selbst ist wesentlich mehr den Bedingungen des Fluggerätes unterworfen als auf Anforderungen der Handhabung und der Logistik ausgerichtet.

Zur bestmöglichen Ausnutzung der unterschiedlichen Konturen der verschiedenen Laderäume existiert eine Vielzahl von Mustern von Flugzeug-Ladeeinheiten. Diese können sowohl Container – mit einer entsprechenden Vielfalt von Typen und Ausführungen (Tabelle C 3.5-2 und Bild C 3.5-8) – als auch auf Paletten gebaute, gesicherte Ladungen sein. Um ein minimales Eigengewicht zu erreichen, bestehen die Container wie auch die Paletten überwiegend aus hochwertigen Aluminiumlegierungen, Containeraufbauten teilweise auch aus faserverstärkten Kunststoffen.

Die Standardisierungsvorgaben, die zwischen Flugzeugherstellern und Luftverkehrsgesellschaften vereinbart sind, beziehen sich v.a. auf die tragende Grundplattform der Lademittel. Hierin sind die statischen Anforderungen, ausgewählte Rastermaße für die Grundfläche sowie die der Fixierung der Einheiten im Flugzeug und der Befestigung der Ladungssicherung (Gurte und Netze) dienenden Profilrahmen festgelegt.

Unter Berücksichtigung dieser Standardisierung sind die Anforderungen an die ULD-Handhabung sowie an die Umschlag- und Fördertechnik für ULD – ob im Flugzeug, auf mobilen Geräten oder in stationären Anlagen – spezifiziert, um einen sicheren und zuverlässigen Gebrauch der Lademittel zu erreichen.

Die Nutzung von Paletten statt Containern hat den Vorteil der Gewichtseinsparung und der Flexibilität, über Ladehöhe und Kontur die Einheiten verschiedenen Laderäumen anpassen zu können. Außerdem ist der Lager-, Transport- und Handlingaufwand für leere Lademittel geringer. Von Nachteil ist, dass die Ladung aufwendig mit Netzen und Gurten gesichert und mit Folien gegen Witterungseinflüsse geschützt werden muss. Groß ist auch das Risiko, dass Konturverschiebungen und Überstände auftreten, die eine der häufigsten Störungsursachen beim Umschlag und Transport der Ladeeinheiten darstellen.

Tendenziell werden große Ladeeinheiten zur Gewichtsoptimierung eher als Paletten gebaut. Bei kleinen Ladeeinheiten und wenn eine besonders schnelle Be- und Entladung der Einheiten im Vordergrund steht, werden häufiger Container eingesetzt. In der Praxis führt dies da-

Tabelle C 3.5-2 Lademittel für Luftfracht

Bezeichnung	Maße L × B × H cm × cm × cm	Grundfläche m²	Leergewicht kg
PGE/PZE	606 × 244 × 6	15,0	500
PZA	498 × 244 × 6	12,2	500
PLA	318 × 153 × 5	4,9	100
PKC	153 × 156 × 7,5	2,4	75
PYB	140 × 244 × 2,5	3,5	100
PAJ	318 × 214 × 2,5	7,2	100
PMC	318 × 244 × 2,5	7,8	100
Cont. AKE	156 × 201 × 163	3,2	80
Cont. AKH	154 × 242 × 114	3,8	80
Cont. AAK	318 × 214 × 163	7,2	25
Cont. AMA	318 × 244 × 163	7,8	325
Cont. AAY	318 × 224 × 160	7,2	250
Cont. AHC LD3	156 × 201 × 163	3,2	100
Diverse MD	318 × 244 × 244	7,8	400

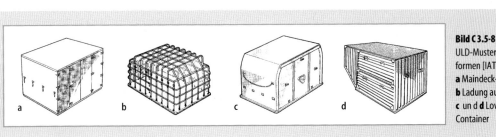

Bild C 3.5-8 ULD-Muster und Bauformen [IATA 1986] **a** Maindeck-Container; **b** Ladung auf Palette; **c** un **d** Lower-Deck-Container

zu, dass vielfach die grobe Aufteilung gilt, „Paletten" für große Ladeeinheiten und „Container" für kleine Ladeeinheiten. Der in diesem Zusammenhang weltweit am häufigsten eingesetzte kleine Container ist der LD 3 (LD für Lower Deck), der neben Fracht auch besonders für Gepäck genutzt wird.

Die zulässigen Gewichte pro Ladeeinheit sind zum einen abhängig vom Lademittel. 10-Fuß-MD-Einheiten dürfen beispielsweise maximal 6804 kg (15000 lbs) schwer sein, LD3-Container maximal 1588 kg (3500 lbs). Für die Gesamtladung eines Flugzeuges bestehen diverse weitere Gewichtsrestriktionen, bezogen auf einzelne Ladepositionen, maximale Gewichte pro Laderaum und Vorschriften für eine insgesamt ausreichend gleichmäßige Beladung des Flugzeuges (Weight and Balance).

Trotz des hohen Wertes ist die Umlaufmenge von Lademitteln sehr groß. Bereits mit Beschaffung des Flugzeugs werden i. d. R. mindestens drei komplette Sätze eingeplant. Bei den kurzen Bodenzeiten der Flugzeuge besteht der zeitgleiche Bedarf für die auszuladende Ladung an Bord, die bereitstehende Ladung zur Beladung und die Bearbeitung in der Abfertigung. Unpaarige Verkehre verschieben außerdem die Bestände weltweit. Dazu kommen Sondertypen von Ladeeinheiten – beispielsweise Kühlcontainer, Container für Tiertransporte, Paletten für Kraftfahrzeuge.

Die hohen Beanspruchungen, die Leichtbauweise und die Anforderungen an den Zustand der Lademittel erfordern außerdem Ersatzbestände bei Reparaturausfall. Die Disposition und die Verwaltung von Lademitteln sind deshalb essentielle Aufgaben in der Luftfracht.

C 3.5.4.3 Flugzeugeinsatz

Zum Verständnis der Anforderungen und Bedingungen der Luftfrachtabfertigung am Boden ist zu beachten, dass das Flugzeug innerhalb des gesamten Leistungsprozesses für Luftfracht ein herausragend teures und damit knappes Produktionsmittel darstellt. Als Anhaltswert – abhängig von Strecke, Auslastung und Flugzeugtyp – betragen die Kosten für das Flugzeug 0,3 bis 1,3 EURO/tkm im Vergleich zum Lkw mit 0,05 bis 0,2 EURO/tkm. Im Vordergrund aller wirtschaftlichen Bemühungen steht deshalb die Maximierung der Auslastung und Nutzung dieses Produktionsfaktors.

Die Zeitlagen für die Flüge resultieren aus den Transportzeiten auf den bedienten Relationen und der bestmöglichen Anpassung an die jeweiligen Ortszeiten, wobei weltweit zu koordinierende Flugpläne und der optimierte Umlauf der Flugzeuge nur geringe Spielräume lassen. Zusammen mit der Minimierung der Bodenzeiten der Flugzeuge bestimmen diese Bedingungen generell die zeitlichen Anforderungen für die Luftfrachtabfertigung am Boden.

Als Beiladung auf Passagierflügen geflogene Fracht ist den Anforderungen und Ansprüchen der Passagiere untergeordnet. Die auf bestimmte Zeitlagen besonders konzentrierten Passagierflüge, ob Tagesrandangebote oder Umsteigerwellen, bewirken für die Fracht ungünstige Aufkommensverläufe mit oft erheblichen Spitzen.

Da auf Passagierflügen außerdem das Gepäck in den gleichen Laderäumen wie die Fracht transportiert wird und mit höherer Priorität behandelt wird, ist auch die Disposition der Laderäume für die Fracht erschwert.

Um die am Abend angelieferten Sendungen bereits am nächsten Morgen beim Empfänger ausliefern zu können, erfolgt der Lufttransport auf kurzen und mittleren Distanzen häufig nachts. Den Zeitlagen der Frachttransportkette angepasste Lufttransporte auf Langstrecken – unter Berücksichtigung der Frachtanlieferungszeiten am Ursprungsort und der Auslieferungszeiten am Zielort – führen häufig ebenfalls zu Abflug- und Ankunftszeiten in der Nacht. In manchen Gebieten erfolgen auch aus klimatischen Gründen Nachtflüge, da bei sehr hohen Außentemperaturen keine volle Auslastung geflogen werden kann. Da diese Fälle fast ausschließlich von reinen Frachtflügen abgedeckt werden, betreffen Nachtflugverbote besonders die Luftfracht.

C 3.5.5 Luftfracht am Flughafen

C 3.5.5.1 Luftfrachtzentren

Der Übergang zwischen dem Land- und Luftverkehr erfolgt an den Flughäfen. Die spezifischen Anlagen und Einrichtungen für den Luftfrachtumschlag sind auf größeren Flughäfen in Luftfrachtzentren zusammengefasst. Diese bieten die verschiedenen Abfertigungs- und Umschlagdienstleistungen gebündelt an. Die Gebäude und Anlagen zur Frachtabfertigung werden entweder seitens eines Standortbetreibers den Abfertigern zur Verfügung gestellt oder von den Abfertigern selbst errichtet und unterhalten. Die Abfertigung von Luftfracht am Flughafen erfolgt durch die Luftverkehrsgesellschaft selbst oder durch einen von dieser beauftragten Luftfrachtabfertiger.

Die Bedeutung eines Flughafens als logistischer Knotenpunkt hängt von seinem Luftverkehrsangebot und seinem Abfertigungsangebot ab. In der Luftfracht sind hier die Luftverkehrsgesellschaften, Vorfeld- und Frachtabfertiger, Integrator, Express- und Kurierdienste engagiert. Eine wichtige Rolle spielt für alle Beteiligten der Zoll, der deshalb für die Fracht eigene Dienststellen unterhält. Spediteure sind überwiegend im Umfeld von Frachtzentren außerhalb des Flughafens angesiedelt, teilweise aber auch innerhalb der Frachtzentren.

Abgesetzt von den Luftfrachtzentren innerhalb der Flughäfen, mehr in Nähe der Passagierabfertigungsanlagen, finden sich oft noch zusätzliche Frachteinrichtungen. Diese dienen der Abfertigung für besonders eilige Sendungen mit kurzen Wegen oder dem Direktumschlag zwischen Passagierflügen. Getrennt von der Luftfracht erfolgt üblicherweise auch die Postabfertigung.

Die speziellen Einrichtungen und Prozesse der Luftfrachtabfertigung am Flughafen werden in Abschn. C 3.5.6 beschrieben.

C 3.5.5.2 Vorfeldtransport

Vorfeldtransport ist hier der Frachttransport am Flughafen zwischen den Frachtanlagen des Frachtzentrums und den Flugzeugpositionen auf dem Vorfeld. Zur Übersicht zeigt Bild C 3.5-9 die typischen Transportprozesse innerhalb eines Flughafens für ankommende und abfliegende Fracht einschließlich des Informations- und Dokumentenflusses.

Die Ladungen bzw. Ladeeinheiten des Lufttransports werden innerhalb des Flughafens überwiegend auf Anhängern in Form von Schleppzügen transportiert. Anhängerzüge erlauben die bestmögliche Flexibilität und Beweglichkeit im Umfeld der Flugzeugbeladung. Die Anhänger können ohne Umschlag der Ladung von der Flugzeugposition bis innerhalb der Frachtabfertigungsgebäude eingesetzt werden.

Durch entsprechende Zusammenstellung und Aufteilung der Züge sind Sammelfahrten, reihenfolgegerechte Ladungsbildung oder die Verteilung auf verschiedene Ziele leicht möglich. Die Anhänger können auch für Puffer- und Bereitstellzwecke abgestellt werden, während die Zugfahrzeuge (Schlepper) effizient einsetzbar sind. Die Steuerung der Abläufe erfolgt meist über die Kommunikation zwischen Leitstand und den Schlepperfahrern. Inzwischen sind Datenfunk, mobile Datenerfassung und Bordterminals für die Bearbeitung der Fahraufträge Stand der Technik.

Für Flugzeug-Ladeeinheiten werden hauptsächlich zwei spezielle Typen von Anhängern (auch Dolly genannt) eingesetzt:
- 10-Fuß-Paletten-Anhänger (Bild C 3.5-10):
  - Rollenbett überwiegend quer zum seitlichen Auf- und Abrollen der Einheit,
  - Nutzlast rund 7 t,
  - Länge incl. Deichsel rund 4 m,
  - Breite 3,5 m;
- LD3-Container-Anhänger:
  - Rollenbett längs, quer oder drehbar üblich,
  - Nutzlast rund 2 t,
  - Länge incl. Deichsel rund 3,5 m,
  - Breite je nach Rollenbettrichtung 1,8 bis 2,3 m.

Die Rollenbetten der Dollies haben i. d. R. eine Systemhöhe von 508 mm. Dieser weltweite Standard vereinheitlicht die Übergabehöhen zu anderen mobilen und stationären Fördertechniken (s. Bild C 3.5-10).

Lose Fracht wird in Anhängern transportiert, die als offene Plattformwagen oder mit allseitig gesicherter Ladefläche ausgeführt sein können.

Generell sind die Schleppzüge auf Grund der extremen Abmessungen der Dollies, der zulässigen Länge der Schleppzüge – vier bis fünf Einheiten – und der oft ungebremsten Bauart der Anhänger in ihrer Geschwindigkeit auf maximal 30 km/h begrenzt und nur innerhalb des Flughafens – außerhalb öffentlicher Straßen – und auf dem Vorfeld zugelassen. Da dies die einzigen nennenswerten Einschränkungen sind, haben sich alternative Transporttechniken – beispielsweise Spezial-Lkws oder spezielle Sattelauflieger – hier nicht durchgesetzt.

C 3.5.5.3 Flugzeugabfertigung

Die Abfertigung der Flugzeuge erfolgt auf den Flugzeugpositionen, die über Rollwege mit dem Start- und Landebahnsystem verbunden sind. Diese Flugzeugpositionen können direkt vor den Passagierabfertigungsanlagen, vor den Frachtabfertigungsanlagen oder entfernt von diesen auf dem Vorfeld angeordnet sein.

Als Teil der Flugzeugabfertigung wird hier besonders die Be- und Entladung der Luftfracht betrachtet. Die Technik für die Be- und Entladung von Flugzeugen ist zu unterscheiden nach Geräten für den Umschlag von Flugzeug-Ladeeinheiten und von loser Ladung.

Die Geräte für den Umschlag von Flugzeug-Ladeeinheiten sind besonders ausgerichtet auf

- die Bedienung der in der Lage und Höhe unterschiedlichen Ladetüren der verschiedenen Flugzeugtypen,
- die großflächige unterseitige Stützung der Flugzeug-Ladeeinheiten bei allen Transport- und Umschlagprozessen,
- einen möglichst flexiblen Einsatz im Hinblick auf wechselnde Einsatzorte, auf beengte Platzverhältnisse und auf variierende Abläufe und Reihenfolgen bei den Ladevorgängen.

Am Flugzeug werden Flugzeug-Ladeeinheiten überwiegend mittels verfahrbaren Hubplattformwagen mit ULD-Rollendeck (Loader) ein- und ausgeladen. Diese Geräte werden für unterschiedliche ULD-Abmessungen, Traglasten und Hubhöhen angeboten (Bild C 3.5-11).

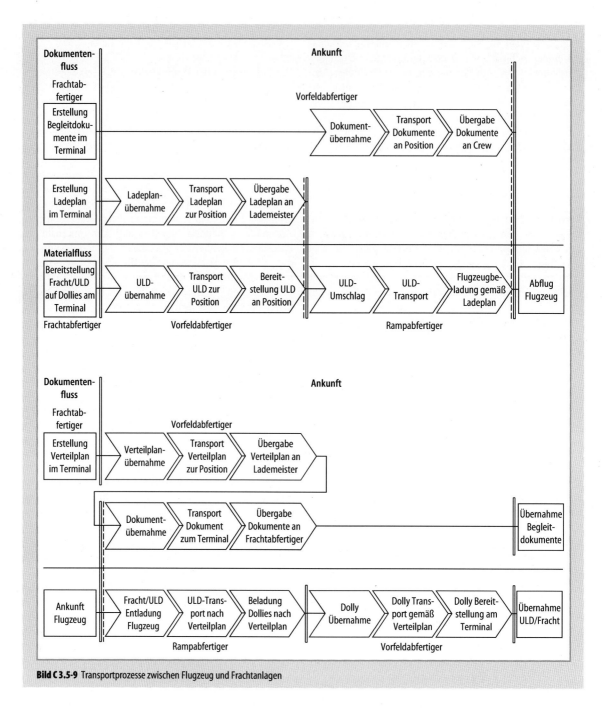

Bild C 3.5-9 Transportprozesse zwischen Flugzeug und Frachtanlagen

Diese Hubplattformen werden für den Ladevorgang gegenüber dem Flugzeug nicht verfahren. Deshalb müssen die Ladeeinheiten dem Gerät zugeführt bzw. von diesem abgenommen werden. Das kann entweder direkt mittels Dollies erfolgen oder es wird ein spezieller Palettentransporter (Transporter) eingesetzt, der als Umsetzgerät die ULD angetrieben aufnimmt und abgibt (Bild C 3.5-12).

Insgesamt ist die Be- und Entladung von Flugzeugen mit Ladeeinheiten auch über stationäre Anlagen möglich, die fördertechnisch mit den Lager- und Abfertigungsanlagen verbunden sind. Da diese Ladeanlagen nur eingeschränkt für bestimmte Flugzeugtypen und Ladetüren sowie nur auf einer einzelnen Flugzeugposition einsetzbar sind, ist die Wirtschaftlichkeit oft nicht gegeben.

Lose Ladung wird vergleichsweise konventionell, d. h. in großem Umfang manuell ein- und ausgeladen. Wenn die Lage der Ladetür es erfordert, werden Förderbandwagen eingesetzt. Vielfach wird auch der Gabelstapler genutzt.

Um schnelle Ladevorgänge am Flugzeug zu erreichen, werden zur Entladung eine ausreichende Anzahl leerer Transportmittel, zur Beladung möglichst große Teile der Ladung auf der Flugzeugposition vorab bereitgestellt. Im Hinblick auf die oft kritische Gewichtsverteilung im Flugzeug ist bei der Beladung besonders die richtige Beladereihenfolge zu berücksichtigen, und zwar durch reihenfolgegerechte Bereitstellung oder Einzelzugriff auf die einzelnen Ladeeinheiten.

C 3.5.6 Luftfrachtumschlag

C 3.5.6.1 Luftfrachtanlagen

Der Umschlag und die Abfertigung von Luftfracht findet innerhalb des Frachtzentrums eines Flughafens in den Frachtanlagen statt. Die Frachtterminals und deren Freiflächen für den Umschlag und die Abfertigung von Luft-

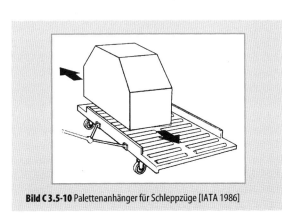

Bild C 3.5-10 Palettenanhänger für Schleppzüge [IATA 1986]

Bild C 3.5-11 Ladegerät für Flugzeugpaletten, max. 20-Fuß-ULD, 25 t Nutzlast und 5.6 m Ladehöhe (Windhoff AG, Rheine)

Bild C 3.5-12 Palettentransporter (Fraport AG, Frankfurt a. M.)

fracht stellen zusammen die Luftfrachtanlagen dar. Generell unterscheidet man
- die Landseite (Flächen zur Anlieferung und Abholung durch Lkws),
- die Luft- bzw. Vorfeldseite (Flächen für die Bereitstellung und den Transport zur Be- und Entladung der Flugzeuge),
- das eigentliche Luftfrachtgebäude.

Als günstiges Verhältnis von Gebäudegrundfläche zu Gesamtfläche einer Luftfrachtanlage gilt ein Bebauungsfaktor von 0,4. Die Kapazität von Luftfrachtanlagen ist für allgemeine Vergleiche zweckmäßigerweise auf die Gebäudegrundfläche zu beziehen. Abhängig von typischen Aufkommensspitzen, Direktumschlaganteil, Anzahl der Gebäudeebenen, Technikeinsatz und Abfertigungsverfahren sind bestehende und geplante Anlagen mit spezifischen Kapazitätswerten zwischen 5 und 25 t/m^2 p. a. zu finden.

Wesentliche Unterscheidungsmerkmale von Anlagen sind, ob sie als Kopfstation nur für Import- und Exportprozesse (vgl. Abschn. C 3.5.6.2) oder als Drehscheibe (Hubterminal) zusätzlich für Transfer- und Transitprozesse eingerichtet sind. Letztere haben hinsichtlich der Größenordnung oft eine herausragende Rolle innerhalb eines Streckennetzes und sind baulich sowie technisch besonders aufwendig eingerichtet.

Weiterhin sind Luftfrachtanlagen danach zu unterscheiden, ob sie als ein zusammenhängendes System – meistens für die eigene Abfertigung der Luftverkehrsgesellschaft – oder für verschiedene Dritte (Multi User bzw. Multi Tenant) konzipiert sind.

Als gesamtheitliches Beispiel zeigt Bild C 3.5-13 eine Frachtanlage, die alle wesentlichen Komponenten und Gestaltungsaspekte für Luftfrachtabfertigung am Boden enthält.

C 3.5.6.2 Umschlagprozesse

Bezogen auf eine Frachtanlage werden drei Umschlagprozesse für Luftfracht unterschieden:

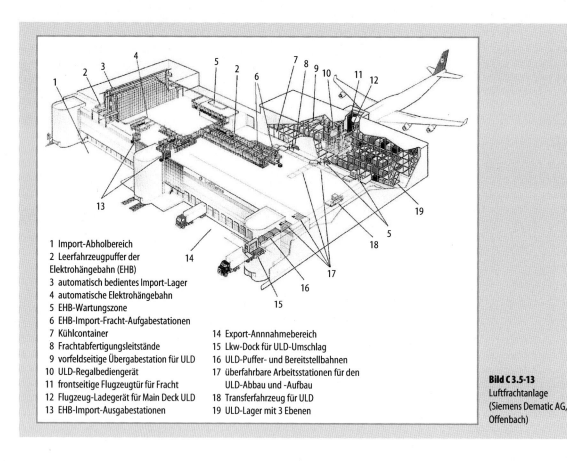

1 Import-Abholbereich
2 Leerfahrzeugpuffer der Elektrohängebahn (EHB)
3 automatisch bedientes Import-Lager
4 automatische Elektrohängebahn
5 EHB-Wartungszone
6 EHB-Import-Fracht-Aufgabestationen
7 Kühlcontainer
8 Frachtabfertigungsleitstände
9 vorfeldseitige Übergabestation für ULD
10 ULD-Regalbediengerät
11 frontseitige Flugzeugtür für Fracht
12 Flugzeug-Ladegerät für Main Deck ULD
13 EHB-Import-Ausgabestationen
14 Export-Annnahmebereich
15 Lkw-Dock für ULD-Umschlag
16 ULD-Puffer- und Bereitstellbahnen
17 überfahrbare Arbeitsstationen für den ULD-Abbau und -Aufbau
18 Transferfahrzeug für ULD
19 ULD-Lager mit 3 Ebenen

Bild C 3.5-13
Luftfrachtanlage
(Siemens Dematic AG, Offenbach)

- Export: Annahme der Fracht auf der Landseite und Ausgang zum Flugzeug,
- Import: Eingang der Fracht vom Flugzeug und Auslieferung auf der Landseite,
- Transfer bzw. Transit: Eingang der Fracht vom Flugzeug und Ausgang (Weiterleitung) zum Flugzeug.

In allen Umschlagprozessen können jeweils ganze Flugzeug-Ladeeinheiten (Complete Unit Handling) umgeschlagen werden. Bulk-Flüge, lose Anlieferung und Auslieferung sowie Abbau und Aufbau von Einheiten erfordern dagegen die Abfertigung von einzelnen Sendungen und Frachtstücken (Bild C 3.5-14).

Wenn im Luftfrachtersatzverkehr Flugzeug-Ladeeinheiten transportiert werden, können diese innerhalb des Terminals wie die flugzeugbezogene Luftfrachtabfertigung betrachtet werden. Da RFS buchungstechnisch wie ein Flug behandelt wird, wird der Umschlag zwischen RFS und Flügen meistens als Transfer gezählt. Unter logistischen Aspekten ist die Unterscheidung „Land oder Luft" sowie „Complete Unit oder Bulk Handling" sinnvoller, da auch im Vor- und Nachlauf (Import/Export) zunehmend Flugzeug-Ladeeinheiten umgeschlagen werden.

Parallel zu den dargestellten Prozessen, jedoch auf physisch getrennten Wegen, erfolgt der Dokumentenumschlag. Die Dokumente sind an Bord des Flugzeuges separat in Bordtaschen geladen. Innerhalb des Flughafens werden die Bordtaschen mit eigenen Fahrdiensten transportiert. Die Aufteilung und Zusammenstellung der Dokumente (Dokumentenhandling) erfolgt meist zentral in den jeweiligen Frachtterminals synchron zum physischen Handling der Fracht.

C 3.5.6.3 Luftfrachtabfertigung

Die zentralen Aufgaben der Luftfrachtabfertigung (dokumentarisches und physisches Luftfrachthandling) sind die Vorbereitung, Zusammenstellung und Herstellung der Flugzeugladung sowie deren Auflösung, Sortierung und Verteilung einschließlich der Dokumente.

Tätigkeiten der physischen Abfertigung

Die für die Luftfracht besonders spezifische Abfertigungstätigkeit ist der Aufbau (ULD Build-up) und Abbau (ULD Break-down) von Flugzeug-Ladeeinheiten (Bild C 3.5-15).

Auf fast allen Flügen wird entweder ausschließlich lose Fracht oder lose Fracht zusätzlich zu den Ladeeinheiten geflogen. Parallel oder kombiniert mit dem Auf- und Abbau erfolgt deshalb die Abfertigung loser Fracht. Diese wird von den Frachtwagen, die auch für den Transport vom und zum Flugzeug eingesetzt werden, direkt entladen und umgekehrt flugweise ebenso verladen.

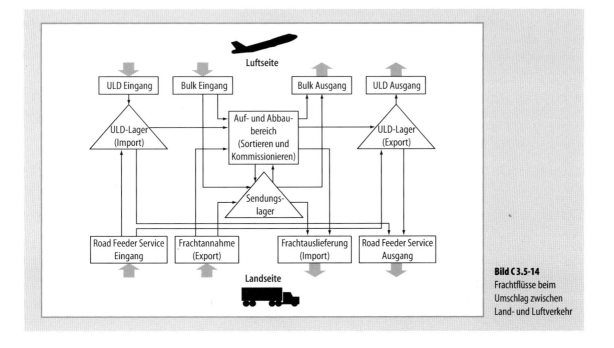

Bild C 3.5-14 Frachtflüsse beim Umschlag zwischen Land- und Luftverkehr

Die für die Fracht eingesetzten Läger dienen in erster Linie dem zeitlichen Ausgleich und der Ordnung. Generell werden zwei Typen von Lägern unterschieden: Sendungslager für loses Stückgut und ULD-Lager für komplette Flugzeug-Ladeeinheiten.

Auf der Landseite erfolgt die Abfertigung der Lkws. Dort wird die Entladung und Beladung von losen Frachtstücken und palettierten Sendungseinheiten meist über Laderampen abgewickelt. Die Be- und Entladung der Lkws mit Flugzeug-Ladeeinheiten erfolgt über spezielle Lkw-Abfertigungseinrichtungen, die im Prinzip als Hubtische mit ULD-Rollendecks ausgeführt sind.

Eingangs- und Ausgangsabfertigung

Da aus dem Eingang und Ausgang der Flüge die spezifischen Tätigkeiten der Luftfrachtabfertigung resultieren, unterscheidet man sowohl bezogen auf die Flugzeug-Ladeeinheiten als auch die lose Fracht v. a. nach Eingangs- und Ausgangsabfertigung. Die prinzipiellen Abschnitte der Eingangsabfertigung sind:
- Eingangsrückstau: ULD auf Dollies oder in einem ULD-Lagersystem, lose Fracht auf Frachtwagen;
- Zuführung ULD-weise, möglichst nach zeitlichen Prioritäten;
- Abbau der Einheiten, Vereinzelung, Datenerfassung und Sortierung der Sendungen nach Weiterbearbeitung oder Weiterleitung;
- Verteilung auf Sendungsläger zur Zwischenlagerung, direkte Weiterleitung zum Ausgang oder zur Auslieferung.

Die Ausgangsabfertigung hat folgende prinzipiellen Abschnitte:
- Auswahl der Fracht gemäß Buchungsvorgaben, die sich auf einzelne Ladeeinheiten oder einen ganzen Flug beziehen;
- sukzessiver Abruf und Zuführung aus den Lägern, der Eingangsabfertigung und Anlieferung;
- Zusammenstellung der Fracht und Aufbau der Einheiten, Datenerfassung für die Manifestierung (Erstellung der ULD- bzw. flugbezogenen Ladeliste);
- Abtransport und Verwiegung der ULD bzw. Ladung der Frachtwagen (diese Verwiegungsdaten dienen für Weight and Balance).
- Ausgangsbereitstellung: ULD auf Dollies oder in einem ULD-Lagersystem, lose Fracht auf Frachtwagen.

Arbeitsstationen für Flugzeugpaletten

Die für die Luftfrachtabfertigung besonders typischen Arbeitseinrichtungen sind Arbeitsstationen für den Abbau und Aufbau von Flugzeugpaletten. Diese Arbeitsstationen stellen die Baustellen dar, auf denen die flugzeugspezifischen Ladeeinheiten manuell bearbeitet werden. Sie bilden die Schnittstellen zu den innerbetrieblichen Transport- und Lagerprozessen.

Die Gestaltungsanforderungen an diese Arbeitsstationen resultieren aus den Dimensionen sowie der Vielfalt möglicher Flugzeug-Ladeeinheiten, aus den innerbetrieblich eingesetzten Arbeitsmitteln und Hilfsmitteln sowie aus der Arbeitsweise. Eine besondere Bedeutung haben die

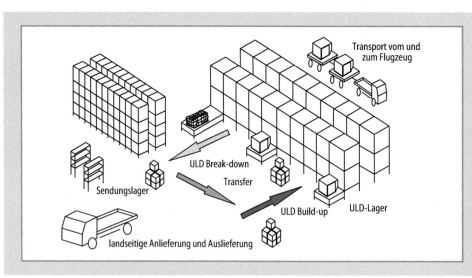

Bild C 3.5-15
Schematische Anordnung der Arbeitsbereiche für Luftfrachtabfertigung an Arbeitsstationen
(Lödige Fördertechnik GmbH, Warburg)

ergonomischen Aspekten, da hier auf Grund der Inhomogenität der Ladung und der Variabilität der Tätigkeiten ein hoher Grad manueller Arbeit verrichtet wird. Die Flugzeug-Ladeeinheit wird entweder auf dem Dolly, auf einer mobilen oder einer stationären ULD-Fördertechnik (Bild C 3.5-16) bearbeitet.

Für palettierte Flugzeug-Ladeeinheiten ist die allseitige Zugänglichkeit wichtig, Container können von einer Seite be- und entladen werden. Zur Bearbeitung von MD-Ladeeinheiten (2,4 bis über 3 m Höhe!) ist es Stand der Technik, dass einzelne ULD-Positionen absenkbar sind. Eine gruppenweise Anordnung der Arbeitsstationen ist günstig. Wenn mehrere ULD-Positionen zusammengefasst sind, kann kritische Ladung entsprechend den Restriktionen des Ladeplanes für das Flugzeug auf verschiedene Ladeeinheiten verteilt werden. Bei sequentieller Bearbeitung ist der Wechsel von einer Ladeeinheit zur nächsten einfacher.

Das wichtigste Arbeitsmittel für den Palettenauf- und -abbau ist der Gabelstapler. Angesichts der Abmessungen der Flugzeug-Ladeeinheiten sind die 2-m-Gabel und eine entsprechend hohe Nutzlast erforderlich. Gabelstapler benötigen hier deshalb eine besonders große Arbeitsgangbreite. Die extremen Volumina der Flugzeug-Ladeeinheiten und die besonderen Ladeanforderungen führen außerdem dazu, dass jeweils große Mengen Fracht für den Aufbau bereitzustellen oder nach dem Abbau zu sortieren und zu verteilen sind. Insgesamt besteht damit ein hoher Flächenbedarf für die Arbeitsumgebung der ULD-Arbeitsstationen.

Ladehilfsmittel

Für die Gestaltung der Luftfrachtabfertigung haben die innerbetrieblich eingesetzten Ladehilfsmittel eine große Bedeutung. Wesentlicher Auswahlgesichtspunkt ist der flexible und effiziente Einsatz der Ladehilfsmittel im Umfeld des Abbaus und Aufbaus der Flugzeug-Ladeeinheiten. Für die typischen Abmessungen und Sendungsumfänge, die in Flugzeug-Ladeeinheiten transportiert werden, haben sich besonders rollbare Gitterboxen und Großlagerpaletten bewährt (Bild C 3.5-17).

Die Abmessungen sind häufig abweichend von den ISO-Modulmaßen und tendenziell erheblich größer als die Standardpalette. Im Vordergrund der Nutzung steht mehr die universelle Eignung für verschiedene Sendungsumfänge sowie die schnelle Beladung und weniger die optimale Ausnutzung der innerbetrieblichen Ladehilfsmittel und Lagerfächer. Eine inzwischen weltweit verbreitete Großlagerpalette mit den Maßen 2100 mm × 2100 mm ist beispielsweise ausgerichtet auf die 2-m-Gabellänge. Sie ist für beengte Platzverhältnisse von vier Seiten aufnehmbar und als Stahl- oder Aluminiumkonstruktion mit geringer Bauhöhe kompakt stapelbar.

Rollboxen haben den Vorteil, dass sie ohne Gabelstapler innerhalb der Arbeitsbereiche manövrierbar sind. Großlagerpaletten haben den Vorteil, dass sie als Leergut gestapelt bereitstellbar sind, große Sendungen oder große Einzelstücke aufnehmen können, bei geringer Beladung nur geringe Anforderungen an die Ladungssicherung haben und eine Lagerfachhöhe nur entsprechend ihrer tatsächlichen Ladehöhe benötigen.

Bild C 3.5-16 Stationäre Arbeitsstation für den Auf- und Abbau von Flugzeug-Ladeeinheiten (Schenck Handling Systems GmbH, Darmstadt)

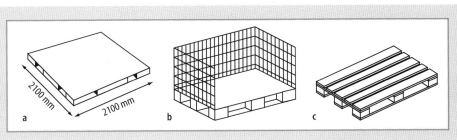

Bild C 3.5-17 Typische Ladehilfsmittel in der Luftfracht. **a** Großlagerpalette; **b** Gitterbox; **c** Standardpalette (zum Vergleich)

Lager- und Transporttechnik für Sendungsgüter

Um das gesamte Spektrum der Luftfrachtgüter abzudecken, hat sich für Sendungsgüter ein Splitting der Lager- und Transporttechnik bewährt. Tabelle C 3.5-3 zeigt prinzipielle Aufteilungsmöglichkeiten für den innerbetrieblichen Transport in Abhängigkeit von den Sendungsgrößen und Stückgutabmessungen.

Die innerbetrieblichen Lager- und Transporttechniken sind – abgesehen von den Ladehilfsmitteln – grundsätzlich ähnlich wie in anderen Branchen. Für die Lagerung von Sonderfracht werden diverse Einrichtungen vorgehalten, beispielsweise temperaturgeführte Räume für Perishables oder speziell ausgestattete Räume für die Lagerung gefährlicher Güter.

Die Lagerung von Sendungen erfolgt als Bodenlagerung, in staplerbedienten Regallägern und in automatischen Lagersystemen. Bei allen Lagertechniken sind der Einzelzugriff und die Fähigkeit hoher Ein- und Auslagerungsspitzen – zur Einhaltung des Flugplans – die wesentlichen Auswahl-, Gestaltungs- und Dimensionierungskriterien.

Bei automatischen Hochregalanlagen mit Regalbediengeräten werden Vorzonen und Transportstrecken mit Paletten- bzw. Boxenstetigförderern, Verteilwagen und teilweise auch als Hängebahn ausgeführt. Zur Entlastung der Arbeitsbereiche in der Halle ist es für die Transporte oft günstig, diese soweit wie möglich flurfrei durchzuführen.

Die Arbeitsstationen bzw. -bereiche für den Aufbau und Abbau der Flugzeugpaletten werden selten direkt fördertechnisch an die Sendungsläger angebunden. Die Zu- und Abführung der Fracht erfolgt überwiegend mit Gabelstaplern, bei Rollboxen auch von Hand. In geringem Umfang werden auch geschleppte Anhänger benutzt.

Tabelle C 3.5-3 Innerbetriebliches Transport- und Lagersplitting für Luftfracht

Transport-/Lagersegment	Flurfreie Lösung	Flurgebundene Lösung	Typischer Aufkommensanteil
(1) klein Stücke bis 30 kg Stückgewicht Kleinsendungen bis 50 kg und maximal 5 Stücke	Förderband o.ä. loses Gut Kastenförderer Stetigantrieb Kastenförderer Einzelantrieb Sammeltransport mittels Paletten/Boxen per • Stetigförderer	Sammeltransport mittels Boxen/Paletten per • Gabelstapler • Schleppzug • FTS	Bewegungen: 33 % Gewicht: 2 %
(2) mittel Sendungen und Stücke größer (1) und kleiner (3)	Transport mittels Paletten/Boxen per • Stetigförderer auf Gerüst • Hängebahn	Transport mittels Boxen/Paletten per • Stetigförderer auf Flur • Gabelstapler • Schleppzug • FTS	Bewegungen: 35 % Gewicht: 15 %
(3) groß Abmessungen eines Stückes größer als 1,3 × 1,0 × 0,8 m entspr. 1 m³ bzw. Stückgewicht größer 500 kg Sendungen größer 3 m³	Transport mittels Großpaletten per • Stetigförderer auf Gerüst	Transport mittels Großraumboxen/Großpaletten per • Schwergutstetigförderer • Gabelstapler • Schleppzug • FTS	Bewegungen: 18 % Gewicht: 45 %
(4) Sondermaße schwerer 2000 kg 1 Maß größer 2 m besondere Eigenschaften	Transport einzeln per • Kran	Transport einzeln oder mittels Sonderpaletten per • Schwergutstetigförderer • Gabelstapler • Schleppzug • FTS	Bewegungen: 14 % Gewicht: 38 %

ULD-Transport und -Lagerung

Gigantische Lagersysteme für Flugzeug-Ladeeinheiten gehören zu den auffälligsten Systemen, die spezifisch für den Luftfrachtumschlag eingesetzt werden. ULD-Lagersysteme werden, automatisch oder personell gesteuert, mit Regalbediengeräten oder mit Verteilwagen und Liften betrieben.

Generell werden ULD-Fördertechniken so ausgeführt, dass verschiedene ULD-Typen transportiert und gelagert werden können. Fördersysteme können auf die Nutzung für 10-, 15- oder 20-Fuß-ULD begrenzt sein. Die Förderelemente sind meist als Rollen- oder Kugelbahnen ausgeführt, die die ULD-Grundflächen gemäß IATA-Standards ausreichend tragend unterstützen.

Im Vergleich zum Abstellen der ULDs auf Dollies führen ULD-Lagersysteme zu einer erheblichen Reduzierung des Flächenbedarfs für die Lagerung der ULDs. Vorteilhaft ist auch die Bestandsverwaltung automatischer Systeme und die Möglichkeit, Arbeitsstationen für den Palettenauf- und -abbau direkt fördertechnisch anzubinden.

Zu bedenken ist immer, dass die stationäre Lagerung von ULDs zusätzliche Umschlagvorgänge erfordert. Luftfrachttypische Umschlagspitzen führen außerdem regelmäßig zu Spitzenlasten, die insbesondere für die Auslagerung (zum Flug) kritisch sein können. Dafür erhebliche Leistungsreserven vorzuhalten, führt auf Grund der Schwerlasttechnik zu einem sehr hohen Investitionsbedarf.

Abfertigung im Sortiersystem

Die Spezialisierung von Lufttransportunternehmen oder Abtrennung von Produktsegmenten ermöglichen es, für ein begrenztes Spektrum von Gütern effizientere Techniken als für die allgemeine Luftfracht einzusetzen. Für Integrator, Expressdienste, Luftpost wie auch für die hochwertigen Frachtprodukte der Luftverkehrsgesellschaften kann die Abfertigung über Sortiersysteme (s. Abschn. C 2.4) erfolgen.

Der Einsatz von Sortiersystemen (Bild C 3.5-18) unterstützt eine zuverlässige und effiziente Luftfrachtabfertigung, wenn die Abmessungen, Gewichte und Transferzeiten der Sendungen und Stücke begrenzt werden können. Wenn nur Frachtwagen und Flugzeugcontainer eingesetzt werden, entfällt außerdem der Palettenauf- und -abbau.

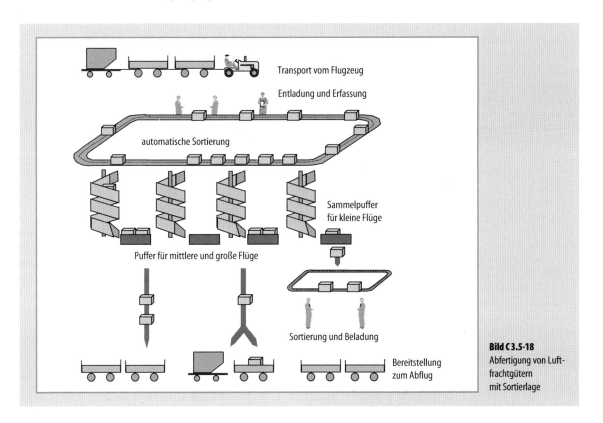

Bild C 3.5-18 Abfertigung von Luftfrachtgütern mit Sortierlage

C 3.5.7 Informationssysteme in der Luftfracht

C 3.5.7.1 Globale Informationssysteme

Die zentralen Systeme in der Luftfracht sind die Reservierungs- und Buchungssysteme, die von den Luftverkehrsgesellschaften unterhalten werden. Die typischen Funktionen dieser Systeme sind
- die Buchung und Reservierung,
- die dokumentarische Abwicklung,
- die Disposition der Laderäume und Flüge,
- die Tarif- und Ratenberechnung,
- die Sendungsverfolgung,
- das physische Frachthandling,
- die Abrechnung,
- die Aufbereitung von Informationen und Statistiken.

An diese Systeme sind jeweils alle Stationen im Netz einer Luftverkehrsgesellschaft angeschlossen. Mit Hilfe dieser Systeme erfolgt die Disposition, Steuerung und Verwaltung des Transportes der Frachtsendungen und der eingesetzten Transportkapazitäten – mit Schwerpunkt auf den Laderaum des Flugzeuges – ausgehend von den Reservierungs- und Buchungsinformationen über Statusinformationen des Transportverlaufes bis zur Abrechnung nach Abschluss des Transports.

Luftverkehrsgesellschaften werden an vielen Flughäfen auch von Partnern und Dienstleistern abgefertigt, die nicht an das eigene System angeschlossen sind. Darüber hinaus haben auch Integrator und viele Speditionen verschiedene eigene Informationssysteme, die jeweils das Netz der unternehmenseigenen Standorte abdecken und die unternehmensspezifischen Prozesse unterstützen.

Da zwischen allen genannten Beteiligten ein hoher Kommunikationsbedarf besteht, spielt der Datenaustausch zwischen verschiedenen Systemen eine große Rolle. Einen wichtigen Datenstandard liefert das gemeinsame Kommunikationssystem der SITA (Société Internationale de Télécommunications Aéronautiques), einer Organisation der Luftverkehrsgesellschaften. Viele der Systeme bieten weitere standardisierte Schnittstellen zu fremden Systemen. Daneben können auch unabhängige Kommunikations- und Informationsdienstleister (z. B. TRAXON) genutzt werden, die den Datenaustausch zwischen Luftverkehrsgesellschaften, Abfertigern, Spediteuren, sonstigen Dienstleistern sowie Empfängern und Versendern besorgen.

C 3.5.7.2 Lokale Informationssysteme

Große Frachtanlagen spielen innerhalb des Netzes von Luftverkehrsgesellschaften oft eine Sonderrolle. Auch die Vernetzung von Systemen der verschiedenen Beteiligten innerhalb von Flughäfen nimmt immer mehr zu. Deshalb gewinnen standortspezifische Informationssysteme (s. Kap. C 4) in der Luftfracht eine immer größere Bedeutung.

Aus Sicht der Luftfracht sind hier besonders sog. Frachtabfertigungssysteme zu sehen, die die dokumentarische und physische Frachtabfertigung am Boden unterstützen. Deren wichtigste Funktionen sind
- Datenerfassung und -abgleich bei Anlieferung,
- Datenabgleich (Check-in) bei der Eingangsabfertigung,
- Lagerverwaltung,
- Ladevorbereitung und Manifestierung (Erstellung Ladeliste) bei der Ausgangsabfertigung,
- Zollabwicklung bei Auslieferung.

Lokal angepasste Abfertigungssysteme haben Schnittstellen zu den weltweiten Reservierungs- und Buchungssystemen (vgl. Abschn. C 3.5.7.1). Weitere Schnittstellen zu anderen Informationssystemen, die im Zuge der Frachtabfertigung eine Rolle spielen, sind
- Flughafeninformationssysteme für die Verkehrsabwicklung am Flughafen einschließlich des Rollverkehrs und der Positionierung der Flugzeuge,
- Einsatz- und Steuerungssysteme für die Bodenabfertigung und Vorfeldtransporte,
- Weight-and-Balance-Systeme zur Sicherstellung der Flugsicherheit bei der Beladung unter Berücksichtigung von Frachtladung, Passagierauslastung, Treibstoffbedarf,
- Speditionssysteme im Vor- und Nachlauf,
- Zollsysteme.

Zunehmend wird der Bedarf erkannt, dass zur Durchführung der Frachtabfertigung am Boden Informationen für eine Verbesserung der Abfertigungsprozesse genutzt werden sollten. Ein wichtiger Schritt ist dafür die systematische Einführung von optimierten Prozessen, die auf mobiler Datenerfassung und -übertragung basieren (Tabelle C 3.5-4).

Mit Einführung von Produktions-, Planungs- und Steuerungssystemen (PPS) können v. a. folgende Ziele erreicht werden:
- prioritätsgesteuerte Eingangsabfertigung,
- vorausschauende Ausgangsabfertigung,
- Optimierung von Direktumschlagsprozessen,
- Verbesserung der Auslastung der Abfertigungsressourcen.

Derartige Lösungen führen zu einer hohen Komplexität der Teilsysteme und haben einen großen Informationsbedarf sowohl seitens fremder Systeme als auch aus den Prozessen selbst.

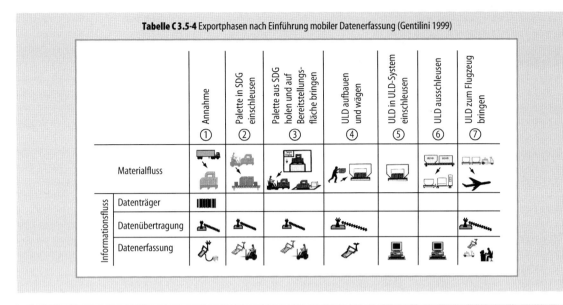

Tabelle C 3.5-4 Exportphasen nach Einführung mobiler Datenerfassung (Gentilini 1999)

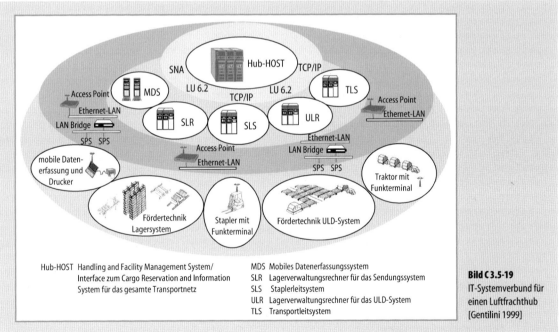

Bild C 3.5-19 IT-Systemverbund für einen Luftfrachthub [Gentilini 1999]

C 3.5.7.3 Schnittstellen und Subsysteme

Da im Luftverkehr schon sehr früh EDV eingeführt wurde, sind die existierenden Frachtsysteme der Luftverkehrsgesellschaften hochintegriert. Die globalen und lokalen Funktionen sind in einem einzigen System zusammengefasst.

Der Kommunikationsbedarf zwischen den verschiedenen Systemen der Beteiligten in der Luftfracht und die gewachsene Komplexität von Teilprozessen und einzelnen Abfertigungseinrichtungen führt dazu, dass mehr autonome Teilsysteme gebildet und untereinander vernetzt werden.

Aus Sicht eines Frachtabfertigungsbetriebes erhält das weltweite Frachtsystem den Status eines Hosts; die Steuerung und Verwaltung der Abfertigung sowie die Einbindung technischer Subsysteme erfolgen im lokalen Systemverbund (Bild C 3.5-19). In dieser Form sind unabhängig vom weltweit zuständigen Host auch weitere standortspezifische Schnittstellen herstellbar sowie weitere Module für zusätzliche Dienstleistungen einzubinden.

Weiterführende Literatur

ADV (Hrsg.): Luftfrachtabfertigungsgebäude. Bd. 1: Text u. Bd. 2: Pläne. Arbeitsgemeinschaft Deutscher Verkehrsflughäfen (ADV) Stuttgart: 1968

ADV (Hrsg.): Mechanisierung des Luftfrachtumschlages. Bd. 1: Text u. Bd. 2 Abbildungen. Arbeitsgemeinschaft Deutscher Verkehrsflughäfen (ADV) Stuttgart: 1969

ADV (Hrsg.): Luftfrachtabfertigungsanlagen – Planungsgrundlagen und Anlagenband. Arbeitsgemeinschaft Deutscher Verkehrsflughäfen (ADV), Stuttgart 1993

Frye, H.: Flächenbezogene Optimierung von Luftfrachtterminals. Dortmund: Verlag Praxiswissen 2003

Gentilini, S.: Innovative Materialflüsse im Cargo Hub 2001 am Flughafen Zürich. In: Jünemann, R. (Hrsg.): Innovative Systemlösungen in Materialfluss, Logistik und Verkehr; Modellierung vernetzter Logistiksysteme. Tag.-bd. 17. Dortmunder Gespräche 1999. Dortmund: Verlag Praxiswissen 1999

Grandjot, H.-H.: Leitfaden Luftfracht. München: Huss-Verlag 1998

IATA (Hrsg.): ULD Handling Guide. 5th edn. International Air Transport Association (IATA), Montreal (Kanada)/Genf (Schweiz) 1986

IATA (Hrsg.): Airport Development Reference Manual. 8th edn. Montreal (Kanada)/Genf (Schweiz) 1995

Smith, P.S.: Air Freight – Operations, Marketing and Economics. London: The Trinity Press, London 1974

Zimmermann, G.: Logistische Gestaltungsaspekte des gewerblichen Luftfrachtverkehrs. Dissertation, FB Wirtschaftswissenschaft, FU Berlin 1992

C 3.6 Güterverkehrszentren

C 3.6.1 Einleitung, Definition, Abgrenzungen

Kaum ein Konzept zur Lösung der spezifischen Probleme des Güterverkehrs wurde in den letzten Jahren so massiv propagiert wie das des Güterverkehrszentrums (GVZ). Im GVZ sollen viele Transportunternehmen, die an einem Standort zusammengefasst werden, ihre Warenströme in hohem Maß gemeinsam bündeln und, soweit möglich, multimodale Transporte (s. Abschn. C 3.3.1) nutzen. Die Idee des GVZ wird von Forschung, Politik und Wirtschaft als Möglichkeit zur umweltverträglichen Bewältigung des steigenden Güterverkehrsaufkommens gesehen. In der Praxis konnte sich die GVZ-Vorstellung allerdings noch nicht auf breiter Front durchsetzen, die finanziellen und umweltpolitischen Erfolge blieben oft hinter den Erwartungen zurück.

Es gibt keine einheitliche Definition für den Begriff „GVZ", wie auch kein standardisiertes GVZ-Konzept existiert. Kennzeichnend für ein GVZ ist, dass es in stadtperipherer Lage mehrere Transport- und Logistikunternehmen vereint, die ihre rechtliche und wirtschaftliche Selbständigkeit behalten und in Teilbereichen ihres Leistungsangebotes freiwillig miteinander kooperieren. Ein GVZ ist an mindestens zwei Verkehrsträger, insbesondere Straße und Schiene, angebunden.

Mancherorts werden die Begriffe „Güterverkehrszentrum" und „Güterverteilzentrum" irrtümlich synonym benutzt. Güter*verteil*zentren herkömmlicher Sammelgutspeditionen sind Umschlagknoten zwischen Güterfern- und -nahverkehr. Ihre Funktion beschränkt sich primär auf den Wechsel der Versandeinheiten zwischen eingehenden und ausgehenden Relationen, eine zusätzliche Lagerhalle ist nur im Ausnahmefall angeschlossen. Indes ist im Güter*verkehrs*zentrum (GVZ) die Lagerhaltung für alle Güterarten (z. B. Gefahrgutlager, Industrielager, Kühlgutlager) sowie die Erbringung von wertschöpfenden Dienstleistungen (z. B. Verpackung, Kommissionierung, Etikettierung) ein wichtiges Charakteristikum.

Des Weiteren darf man Güterverkehrszentren nicht mit den *Frachtzentren* (z. B. den Güterverteilzentren der Bahntrans GmbH oder der Post AG) gleichsetzen. Zwar besitzen diese Frachtzentren oft Anbindung zu zwei Verkehrsträgern Schiene und Straße – und bündeln sowohl intra- als auch intermodale Verkehre, doch ist die Idee des Güterverkehrszentrums noch umfassender: Im GVZ sollen sämtliche diffusen Verkehrsströme *mehrerer* kooperierender Transportunternehmen konzentriert und auf ökologisch verträgliche Verkehre gebündelt werden. Dabei greifen die kooperierenden Transportunternehmen auf gemeinsame Ressourcen zurück und nutzen Synergien.

C 3.6.2 GVZ als Schnittstelle der Verkehrsträger

Ein zusammenhängendes Gewerbeflächengebiet von mindestens 100 bis 200 ha in verkehrsgünstiger Lage mit Anschluss an mindestens zwei Verkehrsträger ist Grundvoraussetzung für jedes GVZ. Potenzielle GVZ-Standorte sind daher die Knotenpunkte von Land-, Binnenwasser-, Luft-

und Schienenverkehren. Das GVZ stellt also eine multimodale Schnittstelle für *gebrochene Verkehre* (s. Abschn. C 3.3) dar. Ein GVZ verfügt in jedem Fall über einen Umschlagterminal des *Kombinierten Ladungsverkehrs* (KLV) Straße-Schiene, idealerweise zusätzlich mit Anschluss an die Binnenschiff- oder Luftfrachtverkehre (Bild C 3.6-1).

Der *KLV-Terminal* ist zentraler Umschlagpunkt im GVZ; hier wechseln die Ladeeinheiten (Container, Wechselbrücken o. ä., vgl. Abschn. C 3.3.2) zwischen Lkw, Zug oder Binnenschiff. In den meisten Fällen werden die Ladeeinheiten im Hauptlauf (Fernverkehr) über Bahn oder Binnenschiff transportiert und im Nahverkehr (Vor- und Nachlauf) über Lkw.

In den KLV-Terminals von Güterverkehrszentren werden derzeit konventionelle Umschlagsysteme benutzt, dies sind i. d. R. Portalkräne mit einer Spannweite von bis zu 40 m, die eine Reihe paralleler Ladegleise überspannen (s. Abschn. C 3.3.3). Transporte innerhalb des GVZ werden zwischen KLV-Umschlagterminal und dem Standort des Senders bzw. Empfängers von terminalinternen Transportfahrzeugen übernommen. Im Unterschied zu herkömmlichen Umschlagterminals des Kombinierten Ladungsverkehrs Straße-Schiene stellt ein GVZ hier noch die zusätzliche Anforderung, dass die Ladeeinheiten nicht nur zwischen Zug und Lkw umgesetzt, sondern idealerweise – ohne weiteren Umschlag – innerhalb des GVZ unmittelbar zu den beteiligten Partnerunternehmen transportiert werden sollten. Derzeit ist noch kein System im Einsatz, welches diese Anforderung automatisiert leisten könnte. Prinzipiell sind jedoch Ansätze mit automatisierten Systemen (z. B. fahrerlosen Transportsystemen (FTS) o. ä.) denkbar. Ein Systemkonzept mit einer speziellen Schwerlast-Elektrohängebahn, die im GVZ als Umschlag- und gleichzeitig als Transportsystem fungieren könnte, wird in [Arn96] vorgestellt.

C 3.6.3 Funktionen eines GVZ

Die primäre Funktion eines GVZ besteht in der Verknüpfung des Güterfern- und -nahverkehrs mit allen Verkehrsträgern und der Bildung von effizienten, *multimodalen Transportketten*. Durch die räumliche Nähe zum KLV-Umschlagterminal werden kombinierte Verkehre für die beteiligten Speditionen auch wirtschaftlich attraktiv. Im Gegenzug garantiert die Menge der im GVZ integrierten Transportunternehmen dem Betreiber des KLV-Terminals das erforderliche Umschlagvolumen, das zum wirtschaftlichen Betrieb der Anlage erforderlich ist. Mit zunehmender Größe des GVZ erhöhen sich hierbei die Synergien.

Durch die Kooperation im GVZ können die beteiligten Transportunternehmen zusätzliche Rationalisierungsre-

Bild C 3.6-1 GVZ als Schnittstelle zwischen den Verkehrsträgern

serven im Güternahverkehr erschließen, also *Citylogistik* betreiben. Die Ansiedlung im GVZ ist dabei insbesondere für kleinere bis mittlere Unternehmen von Vorteil, da sie nur auf diese Weise das *Bündelungspotenzial* erzielen können, das größere Speditionen bereits allein erreichen.

Im GVZ werden jedoch nicht nur Warenströme multimodal gebündelt, es werden auch oft *wertschöpfende Dienstleistungen* an den Waren erbracht (z. B. Lagerung, Kommissionierung, Konfektionierung, Etikettierung, Verpackung). Zu diesem Zweck werden im Rahmen der GVZ-Planung bestimmte Flächen ausgewiesen und bebaut, die von allen beteiligten Logistikunternehmen genutzt werden können (z. B. Gefahrgutlager, Kühlgutlager).

Ein wichtiger Pluspunkt für die im GVZ beteiligten Unternehmen ist die Nutzung der standortspezifischen Infrastruktur und zentraler Funktionen, die von der Betreibergesellschaft des GVZ oder speziellen Dienstleistungsunternehmen bereitgestellt werden. Dazu zählen beispielsweise Umschlag- und Transporteinrichtungen, Gleisanlagen, Parkplätze, Kantine, Konferenzräume, Waschanlagen, Werkstätten, Tankstellen, Fahrzeugvermietung, Softwarebetreuung, Zollabfertigung, Sicherheitsdienst, Wartung und Betrieb eines zentralen Informationssystems. Auf diese Weise lässt sich der Investitionsbedarf für kleinere Speditionen reduzieren. Wenn sich Nachfragelücken einzelner Betriebe mit Nachfrageüberhängen anderer Betriebe ausgleichen, kann zudem ein stochastischer Größenvorteil realisiert werden. Ähnliches gilt auch für das Modell der *Frachtbörse*, das sich im GVZ-Verbund zur kooperativen Frachtraumoptimierung anbietet. Dabei tritt das GVZ als Gesamtsystem auf; für den Kunden ist nicht transparent, welcher Partner innerhalb des GVZ letztlich die nachgefragte Transport- oder Logistikdienstleistung erbringt.

C 3.6.4 Organisation eines GVZ

Mit einem Güterverkehrszentrum werden gleichermaßen wirtschaftliche wie auch verkehrs- und beschäftigungspolitische Ziele der beteiligten Unternehmen und öffentlichen

Verwaltungen verfolgt. In Form einer Public Private Partnership werden die Interessen aller Beteiligten beim Aufbau des GVZ koordiniert. Hierfür wird in den meisten Fällen eine *GVZ-Entwicklungsgesellschaft* (GVZ-E) gegründet. Die GVZ-E ist verantwortlich für die Erschließung der Gewerbeflächen und die Finanzierung des Großprojekts; sie ist gemeinsame Plattform für Interessenvertreter aus Politik und Wirtschaft. Die GVZ-E ist nicht zuständig für den Betrieb des GVZ, sondern lediglich für dessen Aufbau. Sie arbeitet nicht gewinnorientiert.

Für die Koordination und Durchführung des operativen Betriebs wird meist eine kommerzielle *GVZ-Betreibergesellschaft* gegründet. Die Nutzer des GVZ sind zumeist Anteilseigner an der Betreibergesellschaft. Sie ist jedoch kein Kollektiv, d.h., die im GVZ integrierten Unternehmen behalten ihre rechtliche Selbständigkeit und kooperieren auf freiwilliger Basis.

Die GVZ-Betreibergesellschaft ist zuständig für die Bereitstellung und Instandhaltung der gemeinsam genutzten Einrichtungen wie Flächen, Gebäude, Verkehrswege, Staplerpool, Waschanlagen und Reparaturwerkstatt. Darüber hinaus bietet die GVZ-Betreibergesellschaft auch oft betriebliche Dienstleistungen an (z. B. Planung und Beratung von Logistik und Informationssystemen, Frachtraumvermittlung, Konferenzservice). Zumindest koordiniert sie den diesbezüglichen Einsatz von Subunternehmern.

C 3.6.5 Struktureller Aufbau eines GVZ

In Anlehnung an das erste in Deutschland gebaute GVZ in Bremen (s. [Dor84]) ist in Bild C 3.6-2 die Prinzipskizze eines *idealtypischen GVZ* abgebildet. Auf Grund der umfangreichen Gleisanlagen ist das Areal eines GVZ meist als langer „Streifen" angelegt. Das GVZ-Gelände wird zu beiden Seiten von Stammgleisen begrenzt, an die auf der oberen Seite die Umschlaggleise des Kombinierten Ladungsverkehrs (KLV) und auf der unteren Seite die Anschluss- und Umschlaggleise für Wagenladungsverkehre (WLV) anschließen. Dem Straßenverkehr steht vorrangig eine Haupterschließungsstraße zur Verfügung, die das ganze Gelände parallel zur Längsachse durchzieht. Mit einer Breite von über 20 Meter erlaubt sie flüssigen Gegenverkehr. Auf Grund des längsorientierten Zuschnitts des GVZ gibt es nur wenig Kreuzungsverkehr.

Zwischen der Haupterschließungsstraße und den Ladegleisen sind die Speditionsbetriebe angesiedelt. Neben den Speditionsanlagen befinden sich zahlreiche Lager- und Abstellplätze für Güter und Transportmittel. Im GVZ Bremen sind in der Endausbaustufe über 1000 Abstellplätze für Lastwagen, Sattelzugmaschinen und dazugehörige Anhänger vorgesehen – teils auf eigenen Grundstücksflächen der Nutzer, teils auf allgemein zugänglichen Parkflächen.

Die 700 m langen KLV-Umschlaggleise erlauben das Einstellen von Ganzzügen, sie sind von Portalkränen überspannt (vgl. Abschn. C 3.3.3). Über eine Stichstraße und ein zentrales Gate für Ein- und Ausfahrt ist der KLV-Terminal an die Haupterschließungsstraße angebunden. Das Groupage-Zentrum, in dem Ladungen unterschiedlicher Herkunfts- und Zielorte konsolidiert werden, grenzt unmittelbar an den KLV-Terminal an. Daneben befinden sich Gebäude mit ladeeinheiten- und fördermittelbezogenen Funktionen (Betriebshof) sowie Verwaltungsgebäude in zentraler Lage. Zwischen den Gleisbereichen und dem Dienstleistungszentrum befinden sich das KLV-Depot mit einer Abstellfläche für rund 200 Container und Hilfsdienste (Waschplatz, Inspektion, Containerreparatur, Packing-Center). Ebenso sind in der Nachbarschaft der zentralen Dienste die Betreuungs- und Sozialeinrichtungen angesiedelt, insbesondere die Hotellerie und Gastronomie. An der Peripherie des Geländes liegen Sonderlager für Kühl-, Tiefkühl- und Gefahrgut sowie Erweiterungsflächen für zukünftige Ausbaustufen des GVZ.

C 3.6.6 Entwicklungsformen des GVZ

Das erste GVZ in Deutschland wurde bereits in den 80er Jahren in Bremen gebaut und hat noch heute Modellcha-

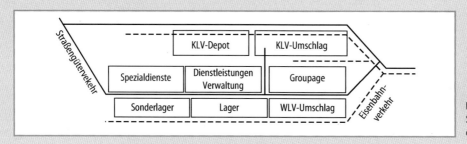

Bild C 3.6-2
Schematischer Aufbau eines GVZ

rakter (*Ideal-GVZ*). Mit einem zusammenhängenden logistischen Gewerbegebiet von ca. 200 ha und einer breiten Unterstützung des Projektes in der Öffentlichkeit und Verwaltung waren ideale Voraussetzungen gegeben, die erfolgreich umgesetzt werden konnten [Dor84; Dor91; Dor93]. Die Synergiepotenziale liegen bislang vorwiegend in der Kooperation innerhalb des GVZ, weniger in der Bündelung intermodaler Transporte.

Seither sind in Deutschland rund 50 GVZ-Projekte initiiert und teilweise auch umgesetzt worden. Erwähnenswert ist u. a. das „Integrierte Güterverkehrskonzept Berlin-Brandenburg". Es sieht vor, die Güterverkehrsströme von und nach Berlin über drei an der Peripherie Berlins gelegene Logistikzentren in Wustermark (Westen), Großbeeren (Süden) und Freienbrink (Südosten) zu bündeln und die drei Standorte mittelfristig zu sog. *Richtungs-GVZ* auszubauen.

Um die überregionalen Verkehre im GVZ verstärkt multimodal bündeln und abwickeln zu können, müssen die Kapazitäten im Kombinierten Verkehr noch weiter ausgebaut werden und idealerweise zu einer GVZ-Netzstruktur zusammengeführt werden (*Inter-GVZ*). Die Grundlage für ein bundesweites GVZ-Netz wurde 1992 mit dem GVZ-Masterplan der Deutschen Bahn gelegt: Darin sind die (Makro-)Standorte beschrieben, die aus Sicht der Deutsche Bahn AG über ausreichend Potenzial für GVZ- bzw. KLV-Aktivitäten verfügen. Bereits 1996 wurde eine überarbeitete Version präsentiert. Die endgültige Umsetzung des GVZ-Masterplans wird von bundes- und kommunalpolitischen Entscheidungen sowie unternehmenspolitischen Zielen der Deutsche Bahn AG bestimmt und ist derzeit noch nicht gesichert. Die bei der Planung eines Inter-GVZ-Netzes zu berücksichtigenden komplexen logistischen Zusammenhänge beherrschbar zu machen, ist ein Teilprojekt im Rahmen des Sonderforschungsbereiches „Große Netze in der Logistik" an der Universität Dortmund [Jod99].

Selbst wenn Einigkeit über die grobe regionale Zuordnung von GVZ-Standorten besteht (Makro-Ebene), tauchen bei der Realisierung (Mikro-Ebene) oft Akzeptanz- oder Umsetzungsprobleme auf. Wegen der mit einem GVZ einhergehenden Konzentration der Verkehrsbelastung scheitern konkrete Projekte oft am Widerspruch der betroffenen Gemeinden. Häufig sind die Speditionsbetriebe nicht bereit, ihre in Kundennähe etablierten Standorte zugunsten des bauleitplanerisch festgelegten GVZ-Standortes aufzugeben [Lee99]. In vielen Fällen können auch keine ausreichend großen zusammenhängenden Gewerbeflächen in verkehrsgünstiger Lage zum Bau eines Ideal-GVZ gefunden werden. Auf diese Weise entstehen dann sog. *Dezentrale GVZ*, die über mehrere benachbarte Standorte verteilt sind.

Von *Virtuellen GVZ* spricht man i. d. R. dann, wenn die beteiligten Unternehmen nicht physisch benachbart sind, sondern lediglich über gemeinsame Informationssysteme miteinander kooperieren. Das GVZ tritt als Gesamtsystem gegenüber den Kunden auf und überträgt die nachgefragte Dienstleistung an einen der beteiligten Partner (virtuelles Unternehmen). Gemeinsame Multimedia- und Internetbasierte Kommunikationsinfrastrukturen ermöglichen hierbei eine Vielzahl von Kooperationsmöglichkeiten und Synergien.

Literatur

[Arn96] Arnold, D.; Rall, B.: Ein neues Umschlagsystem für Güterverkehrszentren im Vergleich mit aktuellen Konzepten. In: VDI-Ber. Nr. 1274: Innovative Umschlagsysteme an der Schiene. Düsseldorf: VDI-Verl. 1996, 197–208

[Dor84] Dornier System GmbH u. MBB/ERNO Raumfahrttechnik GmbH (Hrsg.): Güterverkehrszentrum Bremen. Ber. z. Konzeptphase des GVZ Bremen. Studie i. a. des Senats für Häfen, Schifffahrt u. Verkehr sowie des Senats für Wirtschaft u. Außenhandel mit Fördg. des Bundesmin. f. Forsch. u. Technol. (Kennz. TV 8210). Bonn 1984

[Dor91] Dornier GmbH (Hrsg.): Großräumige Standortanforderungen an Güterverkehrszentren. Fraunhofer-Ges. Forsch.-ber. 2515 (Abschlussber. z. Studie i. a. des Bundesmin. f. Raumordn., Bauwes. u. Städtebau). Inform.-zentr. Raum u. Bau, Stuttgart 1991

[Dor93] Dornier GmbH (Hrsg.): Leitlinien der Raumordnung zur Planung und Realisierung von Güterverkehrszentren (GVZ). Fraunhofer-Ges. Forsch.-ber. 1516. Inform.-zentr. Raum u. Bau, Stuttgart 1993

[Jod99] Jodin, D.; Möller, C.: Güterverkehrszentren unverzichtbar für große Logistiknetze. Deutsche Hebe- u. Fördertech. (1999) Nr. 9, 10–14

[Lee99] Leerkamp, B.; Nobel, T.: GVZ: Bausteine einer nachhaltigen Raum-, Verkehrs- und Standortplanung. Int. Verkehrswes. 51 (1999), Nr. 7/8, 325–328

Neben den o.g. Quellen gibt es eine Vielzahl von Veröffentlichungen zum Thema „Güterverkehrszentren" in einschlägigen Fachzeitschriften. Aktuelle Informationen zu den realisierten und in Planung befindlichen GVZ-Projekten kann man am besten den entsprechenden Homepages im Internet entnehmen.

C 3.7 Kurier-, Express- und Paketdienste

C 3.7.1 Definition der Kurier-, Express- und Paketdienste (KEP)

Die Dienstleistungsangebote der KEP-Unternehmen unterscheiden sich hinsichtlich der Art und des Gewichts der Sendungen, der Laufzeit des Transports und der Preisstruktur. KEP-Unternehmen zeichnen sich durch einen individuellen Kundenservice bzgl. Schnelligkeit, Pünktlichkeit und Zuverlässigkeit aus.

Die Umsatzentwicklung des KEP-Marktes in der Bundesrepublik Deutschland ist in Bild C 3.7-1 dargestellt [BIE06] und zeigt einen klaren Aufwärtstrend.

Das Dienstleistungsangebot der *Kurierdienste* umfasst den individuell begleiteten Transport und die Zustellung von Dokumenten und Kleinsendungen mit einem Gewicht bis 3 kg. Der Transport erfolgt in der kürzestmöglichen Zeit mit hoher Zuverlässigkeit vom Versender zum Empfänger als Stückgutverkehr. Dies wird durch eine Kombination verschiedener Verkehrsträger und der EDV-gestützten Sendungsverfolgung erreicht. Der Kurierdienst zeichnet sich durch eine individuelle, den jeweiligen Bedürfnissen der Kunden angepasste Logistik aus, z. B. die Zustellgarantie zu einem vorbestimmten Zeitpunkt.

Die Kurierdienste lassen sich in regional, national und international tätige Unternehmen einteilen:

Regionale Kurierdienste: Hierzu zählen z. B. Stadtkuriere, die Sendungen direkt vom Absender zum Empfänger bedarfsorientiert transportieren.

Nationale Kurierdienste: Diese bestehen entweder aus Zusammenschlüssen regionaler Kurierdienste oder sind bundesweit tätige Unternehmen mit eigenen Regionalniederlassungen und eigenem Transportnetz, auf dem nach Transportplänen organisierte Transporte zwischen den Knoten des Netzes stattfinden.

Internationale Kurierdienste: Der internationale Markt der Kurierdienste wird von den sog. Integrators beherrscht. Integrators sind weltweit tätige Transportdienstleister mit einem weltumspannenden Niederlassungsnetz, häufig eigenem Fuhrpark und eigener Flugzeugflotte. Das Kerngeschäft dieser Unternehmen ist der Haus-zu-Haus Transport von Dokumenten und Paketen mit einem Gewicht bis zu 31,5 kg.

Expressdienste sind Verkehrsbetriebe, die Transportgüter grundsätzlich ohne Gewichts- und Maßbeschränkungen in einem schnellen, zeitgeführten System von Haus zu Haus transportieren. Der Transport von Expressgütern erfolgt i. d. R. auf der Straße. Die Expressdienste zeichnen sich durch ein Serviceversprechen aus, das z. B. durch die Zustellung vor einer bestimmten Uhrzeit gegeben wird [Buc98].

Das Leistungsspektrum der *Paketdienste* umfasst den Transport von volumenmäßig beschränkten Kleingütern bis 31,5 kg (Abmessungen Deutsche Post AG: 1,2 m × 0,6 m × 0,6 m).

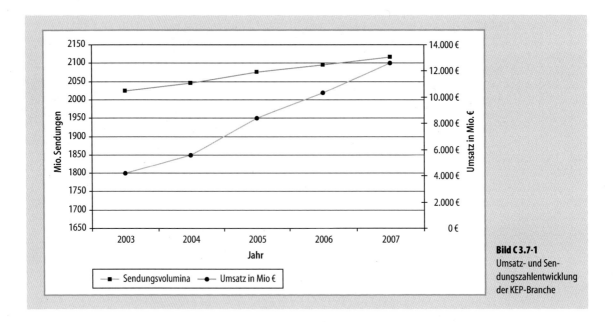

Bild C 3.7-1
Umsatz- und Sendungszahlentwicklung der KEP-Branche

Die Unterscheidung der Teilmärkte der KEP-Branche anhand der Sendungsgewichte wird zunehmend schwieriger. Zudem wird die Differenzierung von Brief- und Paketpost aufgrund der Liberalisierung des Postgesetzes unschärfer. Demnach ist die Beförderung von Briefsendungen und Paketen mit einem Einzelgewicht bis zu 20 kg gesetzlich als Postdienstleistung definiert [Pos97].

C 3.7.2 Transportnetz

Die KEP-Sendungen werden zwischen einer großen Anzahl von Versendern und Empfängern transportiert. Dabei sind die logistischen Funktionen Sammeln, Umschlagen, Sortieren, Transportieren und Verteilen zu erbringen.

Das Transportnetz eines KEP-Unternehmens besteht aus Knoten, die Quellen und Senken von Sendungstransporten sind, sowie den Verbindungen zwischen diesen Knoten, den Transportrelationen. Knoten, die Start- und Endpunkte von Sammel- und Verteiltouren sind, werden als Depots bezeichnet. In einem Depot werden die Sendungen zudem auf die Versandziele sortiert und ggf. mehrere sendungsschwache Transportrelationen zu einer Transportrelation zum Hub gebündelt (Konsolidierung). Hubs sind in erster Linie zentrale Umschlageinrichtungen innerhalb des gesamten Transportnetzes.

Die Sendungstransporte in Transportnetzen sind als Linienverkehre organisiert, bei denen auf den Transportrelationen nach einem Fahrplan organisierte Transporte stattfinden. Die Abwicklung des Sendungsumschlages und der Sendungssortierung in den Depots und in den Hubs muss deshalb in vorgegebenen Zeitfenstern erfolgen [Bje97].

Der Transport von Sendungen lässt sich in die drei folgenden logistischen Phasen unterteilen: Vorlauf, Hauptlauf und Nachlauf (vgl. Bild C 3.7-2).

Der Vorlauf bezeichnet den Transport von Sendungen zwischen den Versendern und dem Depot. Ausgehend von einem Depot beginnen mehrere Sammeltouren, die das Sendungsaufkommen innerhalb der Region aufnehmen und zum Depot transportieren. Das Depot übernimmt die Sammelfunktion des Vorlaufs. Abhängig von der Konfiguration des Transportnetzes erfolgt im Depot der Sendungsumschlag bzw. die Sendungssortierung für den Hauptlauf.

Während des Hauptlaufes wird die Transportleistung der Sendungsbeförderung zu einem Depot in der Region des Empfängers erbracht.

Der Nachlauf umfasst die Auslieferung der Sendungen an die Empfänger auf mehreren Verteiltouren.

Transportnetze lassen sich in zwei grundlegende Netztopologien unterteilen, das *Direktverkehrsnetz* und das *Nabe-Speiche-Netz* (Hub-Spoke-Netz). Das Direktverkehrsnetz ist ein Transportnetz, bei dem jedes Depot direkt mit jedem anderen Depot über eine Transportrelation (Direktverkehr), ohne einen Wechsel des Verkehrsmittels, verbunden ist (vgl. Bild C 3.7-3 (a)). Direktverkehre werden deshalb auch als ungebrochene Verkehre bezeichnet.

Direktverkehrsnetze sind einstufige Transportnetze; der Transport der Sendungen wird nicht durch einen Umschlag unterbrochen. Jedes Depot ist Quelle und Senke eines Hauptlaufes, so dass in jedem Depot die Sendungen auf alle Depots sortiert bzw. von allen Depots zusammengeführt werden müssen. In einem Direktverkehrsnetz mit n Depots gibt es insgesamt n (n – 1) Transportrelationen.

Das *Nabe-Speiche-Netz* ist ein spezielles Transportnetz bestehend aus einem oder mehreren zentralen Umschlagpunkten (Nabe) und sternförmig auf diese Punkte zulaufenden Transportrelationen (Speiche). An den Endpunkten der Speichen befinden sich die Depots.

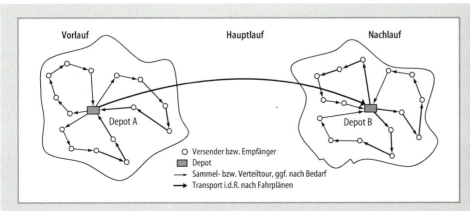

Bild C 3.7-2
Darstellung des Vor-, Haupt- und Nachlaufes des Sendungstransports von Depot A zu Depot B. Die Sammel- und Verteilprozesse des Vor- und Nachlaufes sind durch die unterschiedlich starken Pfeilverbindungen zwischen den Versendern und Empfängern dargestellt.

Bei diesem mehrstufigen Transportnetz existieren normalerweise keine direkten Transportrelationen zwischen den Depots, so dass alle Sendungen vom versendenden zum empfangenden Depot über einen Hub geleitet werden. Im Gegensatz zu dem Direktverkehrsnetz handelt es sich hierbei um einen gebrochenen Verkehr, bei dem während des Transports ein Wechsel des Transportmittels stattfindet. Es kann auch ein Wechsel des Verkehrsträgers erfolgen, wenn z. B. der Vor- und Nachlauf per Lkw und der Hauptlauf mit der Bahn oder dem Flugzeug erfolgen.

Der Hauptlauf in einem Hub-Spoke-Netz untergliedert sich in den Hub-Vorlauf und den Hub-Nachlauf. Der Hub-Vorlauf versorgt den Hub ausgehend vom versendenden Depot mit den unsortierten Sendungen, wohingegen der Hub-Nachlauf den Transport der sortierten Sendungen zu den empfangenden Depots umfasst [Gra99].

Die Anzahl der Transportrelationen in einem Hub-Spoke-Netz mit genau einem Hub (sog. Single-Hub-Spoke-Netz) und n Depots beträgt 2n [Wlč98].

In Tabelle C 3.7-1 sind die Charakteristika von Direktverkehrs- und Hub-Spoke-Netzen dargestellt.

Aus beiden grundlegenden Netztopologien haben sich zahlreiche Modifikationen von Transportnetzen entwickelt. In Bild C 3.7-3 (b) ist ein *Singlehub-Transportnetz* dargestellt, in dem jedes Depot seine Sendungsströme über einen Hub leitet, wobei es allerdings keine Direktverkehre zwischen den Hubs und den Depots gibt [Wlč98].

In einer *Regionalhubstruktur*, oder auch zweistufigen Hubstruktur, wickeln die Depots ihre Sendungsverkehre über Regionalhubs ab. Der Transport der Sendungen zwischen den Regionalhubs erfolgt durch Direktverkehre. Die Bezeichnung der zweistufigen Hubstruktur resultiert von dem zweimaligen Sendungsumschlag in den Hubs.

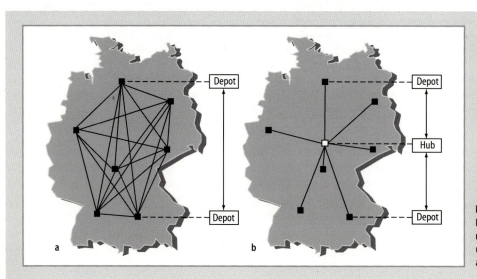

Bild C 3.7-3 Darstellung eines Direktverkehrsnetzes (**a**) und eines Single-Hub-and-Spoke-Netzes (**b**)

Tabelle C 3.7-1 Charakteristika von Direktverkehrs- und Hub-Spoke-Netzen

	Direktverkehrsnetz	Hub-Spoke-Netz
Anzahl der Transportrelationen	n(n-1)	2n
Optimierung	Transportzeit	Transportkosten
Transportkette	einstufig	mehrstufig
Umschlag	entfällt	(mehrere) Hubs
Hauptlaufsortierung	im Depot	im Depot oder Hub
Nachlaufsortierung	im Depot	im Depot

Innerhalb eines *Feederhub-Transportnetzes*, oder auch dreistufigen Hubsystems, werden die Transporte zwischen den Regionalhubs wie in einem Single-Hub-Spoke-Netz über einen zentralen Hub abgewickelt, der über die sog. Feederhubs versorgt wird (vgl. Bild C 3.7-5).

In der Praxis sind die bislang genannten Netzstrukturen nur selten in ihrer reinen Form anzutreffen. Stattdessen existieren Mischstruktruren aus den bereits vorgestellten Netzstrukturen. Eine solche Mischstruktur ist in Bild C 3.7-5 (b) dargestellt. Daraus ist ersichtlich, dass eine Sendung, z. B. von Hamburg nach München, auf drei unterschiedlichen Wegen transportiert werden kann. Der Transport kann mit einem ein- bzw. zweimaligen Umschlag der Sendung in einem Hub oder als Direktverkehr erfolgen. Diese Auswahl von unterschiedlichen Transportwegen lässt die Fragestellung nach einem optimalen Routing (engl. to route, leiten) der Sendung durch das Transportnetz aufkommen.

Beim Routing für ein vorgegebenes Transportnetz geht es darum, für jede Sendung einen Weg vom versendenden zum empfangenden Depot zu finden, so dass die Gesamtkosten des Transports unter Berücksichtigung der Zeitrestriktionen minimal sind.

C 3.7.3 Depot

Das Layout eines Depots kann nach zwei grundlegenden Konzepten erfolgen, die durch den unterschiedlichen Verlauf der Sendungsströme gekennzeichnet sind (vgl. Bild C 3.7-6).

In einem *durchlauforientierten* Depot durchläuft der Sendungsstrom die Produktionsbereiche von den Eingangsrampen auf der einen zu den Ausgangsrampen auf der anderen Gebäudeseite. Im Gegensatz dazu sind in einem *umlauforientierten* Depot Ein- und Ausgangsbereich kombiniert. Der Sendungsstrom durchläuft das Depot in Form eines U. Nach diesen beiden Konzepten sind die Briefzentren der Deutschen Post AG errichtet worden. Durchlauforientierte Briefzentren wurden für die Bearbeitung von kleinen bis mittleren Sendungsaufkommen errichtet. Die umlauforientierten Briefzentren dienen zum Umschlag von großen Mengen in Ballungsgebieten und haben eine Tageskapazität von bis zu 4,5 Millionen Sendungen.

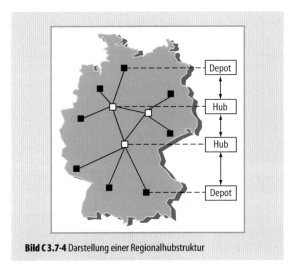

Bild C 3.7-4 Darstellung einer Regionalhubstruktur

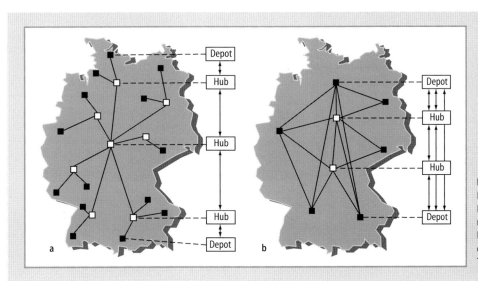

Bild C 3.7-5 Darstellung eines Feederhub-Transportnetzes (dreistufige Hubstruktur) **(a)** und eines gemischten Transportnetzes **(b)**

In einem Depot richtet sich die Dimensionierung der Sortierkapazität nach dem Sendungsaufkommen sowie den zur Verfügung stehenden Zeitfenstern, die durch die Konfiguration des Transportnetzes vorgegeben sind. Die Kapazitätsdimensionierung der Sortieranlagen orientiert sich somit an der während des Zeitfensters benötigten Spitzenlast. Durch hohe Kapazitätsanforderungen in kleinen Zeitfenstern verteuert sich der Sortierprozess.

Während der Abgangsbearbeitung werden die Sendungen vorsortiert und versendet. Die Anzahl der Versandziele (Zielstellen) ist von der Konfiguration des Transportnetzes abhängig. In einem Direktverkehrsnetz entspricht die Zielstellenanzahl der Zahl der Depots. Im Gegensatz dazu werden in einem Single-Hub-Spoke-Netz die Sendungen für die Region des Depots aussortiert, alle anderen Sendungen werden an den Hub weitergeleitet, in dem der Sortierprozess stattfindet.

Die Anlieferung der Sendungen an ein Depot erfolgt entweder durch das KEP-Unternehmen, das im Verlauf des Tages die Sendungen bei den Versendern abholt oder durch die Versender selbst. In dem Bereitstellungsbereich werden die Sendungen nach ihren Bearbeitungsbereichen sortiert und den Sortierprozessen zugeführt (vgl. Bild C 3.7-7).

Die Vielzahl verschiedener Sendungsarten macht die Sortierung in unterschiedlichen Sortierprozessen mit jeweils gleicher Zielstellenanzahl notwendig. Dadurch kann jeder Sortierprozess gemäß den Eigenschaften der Sendungsart optimal gestaltet werden. Bei der Deutschen Post AG findet die Sendungssortierung in drei Bearbeitungsmodulen statt, dem Standard-/Kompaktbriefmodul, dem Großbrief- und dem Maxibriefmodul (vgl. Bild C 3.7-7). Die Zuordnung erfolgt hier anhand des Sendungsgewichtes sowie der Sendungsgröße und -dicke.

Bestimmend für die Sortierung ist die Leitinformation der Sendung in Form eines Barcodes und/oder Klarschrift. An die Sortierprozesse schließt sich ein Aggregations- und Kommissioniervorgang an, bei dem die Sendungen zunächst zu Transportgebinden zusammengefasst und dann entsprechend den Transporten des Hauptlaufs kommissioniert werden. Der Einsatz von Transportgebinden dient u. a. zur Ladungssicherung während des Transports und verringert den Handlingsaufwand.

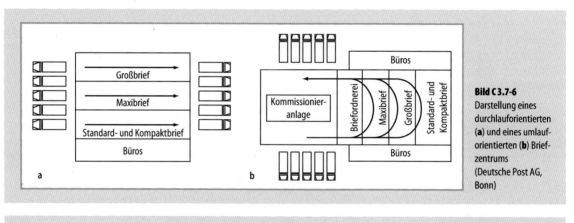

Bild C 3.7-6 Darstellung eines durchlauforientierten (**a**) und eines umlauforientierten (**b**) Briefzentrums (Deutsche Post AG, Bonn)

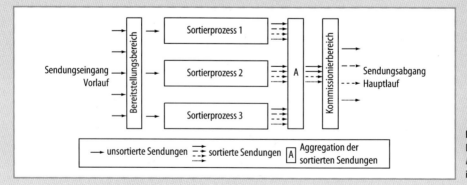

Bild C 3.7-7 Darstellung der Abgangsabwicklung in einem Depot

Über das Transportnetz werden die Sendungen im Anschluss an die Abgangsbearbeitung und einem möglichen Umschlag in einem Hub an das Depot der Zielregion transportiert.

Während der Eingangsbearbeitung erfolgt im Anschluss an die Bereitstellung je Bearbeitungsbereich die Sortierung auf die Verteiltouren des Nachlaufs, gegebenenfalls in mehreren Sortierstufen. In der letzten Sortierstufe werden die Sendungen entsprechend der Empfängerreihenfolge sortiert, so dass die Länge der Verteiltour minimal ist. Analog dazu erfolgt bei der Deutschen Post AG die Gangfolgesortierung der Briefsendungen jedes Zustellers. Eine Möglichkeit zur Erhöhung der Auslastung und somit zur Verbesserung der Wirtschaftlichkeit ist die Abwicklung der Ein- und Abgangsbearbeitung auf denselben Sortieranlagen.

Die Verteiltour des Nachlaufs kann zugleich eine Sammeltour sein, auf der auch Sendungen bei Versendern abgeholt werden, die entweder bereits vor der Abfahrt bekannt sind oder im Verlauf des Tages dem Fahrer mitgeteilt werden.

C 3.7.4 Sendungsverfolgung

Für die zuverlässige Auftragsabwicklung im KEP-Bereich wird es zunehmend wichtiger Informationen über den Aufenthaltsort der Sendungen, genauer über den Ort und die Zeit des letzten Scanvorgangs, und den Sendungsstatus zu haben. Hierfür geeignet ist ein Sendungsverfolgungssystem zur lückenlosen Verfolgung der Sendungen in der Transportkette (engl. tracking, verfolgen). Die im Rahmen der Sendungsverfolgung ermittelten Daten können zur Analyse der Sendungstransporte herangezogen werden (engl. tracing, aufspüren).

Der Einsatz eines Sendungsverfolgungssystems ist besonders für zeitkritische Sendungen von Bedeutung, bei denen der Anlieferzeitpunkt für weitere Produktionsschritte wichtig ist. Jedoch wird die Sendungsverfolgung inzwischen auch für das gesamte Sendungsspektrum dem Kunden als zusätzliche Servicedienstleistung zur Verfügung gestellt. Für die Abfrage des aktuellen Sendungsstatus und Aufenthaltsortes kann anhand der eindeutigen Sendungsnummer von einem Telefonservice (Call-Center) Auskunft über die Sendung erteilt werden. Die KEP-Unternehmen bieten auch die Möglichkeit an, Sendungsinformationen via Internet abzufragen.

In Bild C 3.7-8 ist die Funktionsweise eines Sendungsverfolgungssystems dargestellt. Damit die Sendungsinformationen möglichst frühzeitig dem Sendungsverfolgungssystem zur Verfügung stehen, erfolgt die erste Identifikation der Sendung bereits bei der Abholung anhand ihres Barcodeetiketts mit einem mobilen Datenerfassungsgerät. Der Barcode entspricht der Nummer des

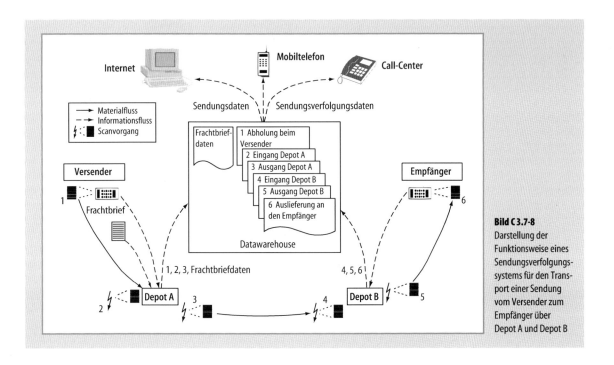

Bild C 3.7-8 Darstellung der Funktionsweise eines Sendungsverfolgungssystems für den Transport einer Sendung vom Versender zum Empfänger über Depot A und Depot B

Frachtbriefes, auf dem der Versender alle relevanten Sendungsdaten (Empfänger, gewünschte Zustellzeit) notiert hat. Durch diesen Barcode sind Sendung und Sendungsdaten miteinander verknüpft.

Mit der ersten Lesung des Barcodes (1) ist die Übergabe der Sendung an den Fahrer dokumentiert, der die Sendung und den Frachtbrief zum Abschluss seiner Sammeltour an das Depot übergibt. Hier erfolgt die Eingabe (Data-Entry) der Sendungsdaten des Frachtbriefes und die Übertragung der Daten des mobilen Datenerfassungsterminals an den Zentralrechner.

Die Sendungen werden beim Eingang in das Depot A gescannt (2) und mit einem Leitcode (Routerlabel) versehen. Der Leitcode gibt den Verlauf einer Sendung innerhalb des Transportnetzes und die Nummer der Verteiltour, ausgehend vom Zieldepot, an.

Bei jedem weiteren Depoteingang bzw. -ausgang werden die Sendungen gescannt ((3), (4), (5)) und die Daten dem Sendungsverfolgungssystem zur Verfügung gestellt. Innerhalb der Depots erfolgen weitere Scanvorgänge, z. B. zur automatischen Sortierung.

Nach dem Sortierprozess im Depot B erfolgt die Auslieferung an die Empfänger. Zuvor werden die Sendungsdaten aller Sendungen einer Verteiltour in einem mobilen Datenerfassungsterminal gespeichert. Bei der Übergabe der Sendung an den Empfänger erfolgt eine erneute Identifikation (6). Der Empfänger quittiert den Empfang der Sendung mit seiner Unterschrift auf dem Display des mobilen Datenerfassungsgerätes.

Nach Abschluss einer Verteiltour werden die Daten des mobilen Datenerfassungsterminals dem Zentralrechner übermittelt und somit der Informationskreislauf der Sendungsverfolgung geschlossen.

Neben der verbesserten Auskunftsfähigkeit des KEP-Unternehmens liegen durch die Installation eines Sendungsverfolgungssystems permanent Sendungsdaten vor, die zur Schwachstellenanalyse und somit zur Prozessoptimierung herangezogen werden können. Dadurch kann z. B. die Anzahl der fehlgeleiteten Sendungen reduziert und das Transportnetzlayout optimiert werden.

Literatur

[BIE06] Bundesverband Internationaler Express- und Kurierdienste e.V.: Beschäftigungs- und Einkommenseffekte der Kurier-, Express- und Paketbranche – Entwicklung und Prognose. KEP-Studie 2006

[Bje97] Bjelicic, B.: Hub-Spoke-System. In Bloch, J.; Ihde, G. (Hrsg.): Vahlens Großes Logistik Lexikon. München: Vahlen 1997

[Buc98] Buchholz, J.; Clausen, U.; Vastag, A. (Hrsg.): Handbuch der Verkehrslogistik. Berlin/Heidelberg: Springer 1998

[Gra99] Graf, H.-W.: Netzstrukturplanung: Ein Ansatz zur Optimierung von Transportnetzen. Diss. Universität Dortmund 1999

[Man00] Manner-Romberg, H.: Unternehmensberatung. 10. Jahreshauptversamml. BdKEP e.V., Hamburg 2000

[Pos97] Postgesetz (PostG) vom 22.12.1997

[Wlč98] Wlček, H.: Gestaltung der Güterverkehrsnetze von Sammelgutspeditionen. Diss. Universität Augsburg 1998

Informationstechnik für Logistiksysteme C4

C 4.1 Einleitung

Als Hinführung zur zentralen und dezentralen Steuerung in der Intralogistik werden in Abschn. C 4.2 elektrische Antriebe sowie Sensoren behandelt. Inspiriert durch die objektorientierte Programmierung, die bereits in anderen Bereichen zu einem Paradigmawechsel geführt hat, erfolgt mit SAIL (s. Abschn. C 4.3) eine Übertragung dieser erfolgreichen Ansätze auch auf die Modellierung von Intralogistik-Systemen. Eines der ersten Einsatzgebiete von Rechnern in der Logistik war die Lagerverwaltung. Während zu Beginn dieser Entwicklung nur der Karteikasten in eine elektronische Form übersetzt wurde, entwickelten sich daraus mit der Zeit Programmpakete zur Steuerung und Verwaltung des kompletten logistischen Betriebsablaufs. Dabei vollzogen sich von der klassischen Lagerverwaltung hin zu modernen Materialflussverwaltungssystemen immense Veränderungen und Entwicklungen, welche in Abschn. C 4.4 skizziert werden.

In Abschn. C 4.5 wird in intralogistischen Prozessen die Wiederverwendbarkeit durch den Einsatz von adaptiver, modular aufgebauter IT hergeleitet (Bild C 4.1-1).

Um Informationen möglichst kompakt und fehlerfrei erfassen zu können, bedient man sich moderner Identifikationssysteme (Abschn. C 4.6). Damit aus der Verarbeitung dieser und weiter reichender Informationen geeignete Innovationen resultieren, werden verstärkt Data-Warehouse-Systeme im Logistikbereich implementiert (Abschn. C 4.7).

C 4.2 Parametrierung der Materialflusssteuerung

C 4.2.1 Elektrische Antriebe

In Materialflusssystemen kommen folgende elektrische Antriebe zum Einsatz:
– Gleichstrommotor,
– Drehstromasynchronmotor,
– EC-Motor,
– Linearmotor.

C 4.2.1.1 Gleichstrommotor

Der Gleichstrommotor ist der älteste elektrische Antrieb. Obwohl dieser Motor durch seine aufwendige Bauweise teurer, größer und schwerer ist als andere rotierende Antriebe gleicher Leistung, findet er aufgrund seiner guten und einfachen Regeleigenschaften heute noch Verwendung. Bei stationären, modernen Förderapplikationen allerdings verliert der Gleichstrommotor immer mehr an Bedeutung. Auch bei mobilen Anwendungen wird er zunehmend verdrängt.

C 4.2.1.2 Drehstromasynchronmotor

Der Drehstromasynchronmotor mit Käfigläufer ist aufgrund seiner einfachen, robusten und vor allen Dingen preiswerten Bauweise der am häufigsten eingesetzte Antrieb im Materialfluss. Da bei diesem Antriebskonzept kein Kommutator mit Kohlebürsten benötigt wird, ist der Drehstromasynchronmotor bis auf seine Lager verschleißfrei. Diese positive Eigenschaft macht sich besonders dort bemerkbar, wo viele Einzelantriebe benötigt werden (z. B. bei Stetigförderern, s. Abschn. C 2.1). Weiterhin ist beim Asynchronmotor dadurch, dass im Gegensatz zum Kommutator des Gleichstrommotors keine Funken entstehen können, ein Explosionsschutz einfach realisierbar. Sein geringeres Leistungsgewicht ermöglicht zudem eine kleinere Bauweise gegenüber dem Gleichstrommotor.

Der Stator eines Drehstromasynchronmotors besteht aus einem Blechpaket gegeneinander isolierter Bleche. In dieses Blechpaket sind Nuten eingearbeitet, in welche Wicklungen eingelegt sind. Im einfachsten Fall sind drei Wicklungspakete im Stator eingebaut. Ein so ausgeführter Motor wird als zweipoliger Motor bezeichnet (Polpaarzahl = 1), da sich im Motor zwei magnetische Pole drehen, wenn die Spulen von einem Drehstromnetz gespeist wer-

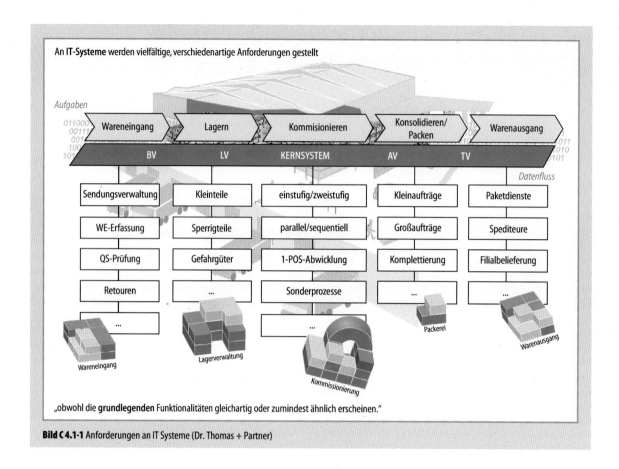

Bild C 4.1-1 Anforderungen an IT Systeme (Dr. Thomas + Partner)

den. Ein vierpoliger Motor enthält sechs gleichmäßig im Stator angeordnete Spulenpakete.

Der Rotor besteht ebenfalls aus einem Blechpaket mit Nuten, in welche Metallstäbe (Druckgussaluminium, Bronze oder Kupfer) eingebracht sind. Diese Metallstäbe sind an beiden Enden durch einen Kurzschlussring verbunden. Aus diesem Grund wird dieser Motor auch als Käfig- oder Kurzschlussläufer bezeichnet.

Die Wirkungsweise des Drehstromasynchronmotors beruht auf der Entwicklung eines magnetischen Drehfeldes durch die dreiphasige Statorwicklung. Die Drehzahl, mit der das Feld dreht, wird als Synchrondrehzahl n_s bezeichnet. Aus physikalischen Gründen kann der Läufer nicht die Synchrondrehzahl des Drehfeldes erreichen. Es ist immer eine relative Drehzahldifferenz zwischen dem Drehfeld und dem Rotor vorhanden, welche als Schlupf S bezeichnet wird.

Nachteilig ist die enge Bindung der Motordrehzahl an die Frequenz der Versorgungsspannung, wodurch eine Drehzahlregelung aufwändiger zu realisieren ist als beim Gleichstrommotor. Die Drehzahlverstellung kann beim Asynchronmotor durch Veränderung der Polpaarzahl oder der Netzfrequenz erfolgen.

$$n = \frac{f \cdot 60}{p} \cdot (1-S) \tag{C 4.2-1}$$

mit
f Netzfrequenz in Hz,
p Polpaarzahl, n Drehzahl in min^{-1},
S Schlupf in %.

Eine Veränderung der Polpaarzahl kann z. B. mittels einer Dahlander-Schaltung realisiert werden. Dadurch kann zwischen einer hohen und einer niedrigen Drehzahl umgeschaltet werden. Außerdem kann eine verlustfreie Drehzahlregelung mittels Frequenzsteuerung der Versorgungsspannung verwirklicht werden (Frequenzumformer).

Drehstromasynchronmotor am Antriebsumrichter

Durch die Kombination von Frequenzumrichter und Drehstromantrieb wurden die stromrichtergespeisten Gleichstrommaschinen in den letzten Jahren zunehmend verdrängt. Möglich wurde dies durch die Entwicklung leistungsstarker Mikroprozessoren und Leistungstransistoren.

Heute unterscheidet man oft zwischen Frequenzumrichter und Antriebsumrichter. Grundsätzlich handelt es sich bei beiden Geräten um Frequenzumrichter, jedoch beinhalten Antriebsumrichter zusätzlich zur eigentlichen Spannungs-/Frequenzstellung noch applikationsspezifische Funktionalitäten. So können auch mit Drehstromsynchronmotoren hinsichtlich Dynamik und Regelgüte Eigenschaften realisiert werden, die sonst nur mit Gleichstrom- oder EC-Motoren zu erreichen waren.

Die bedeutendste Ausführung für den Leistungsbereich bis 100 kW ist der Umrichtertyp mit Gleichspannungszwischenkreis (U-Umrichter).

Die Grafik (Bild C 4.2-1) beschreibt Frequenz- bzw. Antriebsumrichter mit Gleichspannungszwischenkreis, die Energie wird dabei in einem Zwischenkreiskondensator gespeichert.

C 4.2.1.3 EC-Motor

Der EC-Motor (engl.: electronically commutated) ist ein bürstenloser, permanent erregter Synchronmotor. Er wird auch als AC-Servomotor (engl.: alternating current) bezeichnet. Diese Bezeichnung kann aber zu Verwechslungen führen, da Motoren- und Steuerungshersteller diesen Begriff oft für hochdynamisch geregelte Asynchronmotoren verwenden. In der Literatur wird auch der Begriff „Elektronikmotor" verwendet.

Der EC-Motor ist durch seine Bauweise ein hochdynamischer Antrieb, der anderen rotierenden Motoren in der Dynamik weit überlegen ist. Durch seinen bürstenlosen Aufbau ist der Motor bis auf die Lager verschleißfrei. Im Werkzeugmaschinenbau löst dieser Motor Gleichstrommotoren bereits ab, während er in der Fördertechnik erst jetzt stärker verwendet wird. Anwendung findet er bei Regalförderzeugen (RFZ) als Fahr-, Hub- und Teleskopantrieb. Besonders häufig wird er bei automatischen Kleinteilelagern (AKL) eingesetzt (s. Abschn. C 2.2.8). Er wird auch als Fahrantrieb für Querverteilwagen, welche vor den Regalgassen im Einsatz sind, verwendet.

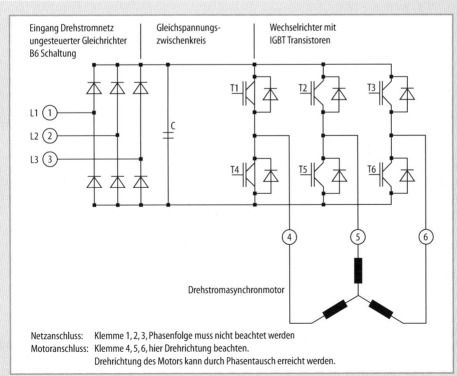

Bild C 4.2-1
Das Leistungsteil eines Frequenz-/Antriebsumrichters (SEW-Eurodrive)

C 4.2.1.4 Linearmotor

Linearmotoren arbeiten linear und nicht rotierend. Sie übertragen die Vortriebskraft berührungsfrei auf das zu bewegende Teil. Die Nachteile mechanischer Übertragungselemente wie Reibung, Verschleiß, Spiel und Elastizität werden vermieden. Die Kraftübertragung erfolgt direkt, also getriebelos. Linearmotoren können als synchrone oder asynchrone Motoren ausgeführt werden.

Anwendung finden asynchrone Linearmotoren im Materialfluss beim Antrieb von Sortern (s. Abschn. C 2.4). Hierbei ist der Antrieb wesentlich geräuschärmer als eine Schleppkette. Weitere Anwendung finden synchrone Linearmotoren im Werkzeugmaschinenbau für hohe Fahrgeschwindigkeiten, hohe Dynamik oder extrem feines Positionieren.

Linearmotoren sind vom Aufbau her als abgewickelte Asynchron- oder als abgewickelte EC-Motoren zu verstehen (Bild C 4.2-2). Sie bestehen aus einem bestromten Primärteil, welches dem Stator entspricht, und aus einem Sekundärteil, welches dem Rotor gleichkommt.

Das Primärteil (Stator) des asynchronen Linearmotors ist aus geschichteten Eisenblechen aufgebaut. In das Blechpaket sind die Wicklungen eingebracht, die als dreiphasige Drehstromwicklung ausgeführt sind. Auf dem Primärteil sind Kühlkörper aufgebracht, die je nach Leistung fremdbelüftet oder flüssigkeitsgekühlt realisiert werden. Das Sekundärteil besteht aus einem Metallkörper, in den – ähnlich einem abgewickelten Kurzschlusskäfig des Asynchronmotors – kurzgeschlossen Stäbe aus Aluminium oder Kupfer eingebracht sind. Das Sekundärteil erwärmt sich im Betrieb durch die Ströme, die im Kurzschlusskäfig fließen.

Die Funktionsweise des Linearmotors entspricht der des Drehstromasynchron- bzw. des EC-Motors. Hierbei entsteht aber kein Drehfeld mit der Synchrondrehzahl n_s, sondern ein Wanderfeld mit der Synchrongeschwindigkeit v_s. Anstatt eines Drehmomentes und einer Drehzahl erhält man beim Linearmotor eine Kraft und eine Geschwindigkeit. Die Kraft des Motors ist beim Linearmotor proportional zum Strom, während die Geschwindigkeit proportional zur speisenden Frequenz ist. Da man bei Linearmotoren nicht die Möglichkeit besitzt, mit einem Getriebe eine hohe Geschwindigkeit in eine höhere Kraft umzusetzen, lässt man i. d. R. bei asynchronen Linearmotoren einen größeren Schlupf zu, um höhere Kräfte zu erreichen.

Beim Linearmotor muss – wie bei anderen Motoren auch – darauf geachtet werden, dass der Luftspalt zwischen Stator und Rotor klein ist, um die Wirbelstromverluste gering zu halten. In den Toleranzen einer Konstruktion, die mit einem Linearmotor angetrieben werden soll, muss dies berücksichtigt werden. Generell kann festgestellt werden, dass der Wirkungsgrad schlechter als bei den entsprechenden rotierenden Antrieben ist. Zur Ansteuerung der asynchronen Linearmotoren können gewöhnliche Frequenzumformer verwendet werden.

Geniale Verwendung findet der asynchrone Linearmotor beim Fahrantrieb eines Kippschalensorters. Hierbei ist das Primärteil stationär im Raum angeordnet. Es werden mehrere Primärteile verwendet, die gleichmäßig auf den geraden Strecken des geschlossenen Fahrparcours verteilt sind. Oberhalb der Primärteile laufen die Wagen auf Schienen. Das Wagengestell ist als Sekundärteil ausgebildet und besteht aus einem Aluminiumkörper mit Eisenkern. Die Wagen sind mechanisch aneinander gekoppelt. Die Summe der Wagen wirkt so wie ein umlaufendes Sekundärteil. Die Erwärmung der Wagen spielt beim Antrieb keine Rolle, da ein Wagen immer nur ein kurzes Stück angetrieben wird und sich zwischenzeitlich wieder abkühlen kann. Die Primärteile werden überdimensioniert. Damit wird sichergestellt, dass beim Ausfall eines Primärteiles die Kraft der anderen noch ausreicht, um den Sorter weiterhin anzutreiben.

Literatur

[Mar07] Marmann, U.: Systembeschreibungen, Produkt- und Schulungsunterlagen der SEW-Eurodrive GmbH & Co KG, Bruchsal 2007

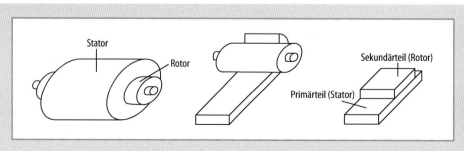

Bild C 4.2-2
Prinzip der Entstehung eines Linearmotors
(Dr. Thomas + Partner)

[SEW80] SEW-EURODRIVE: Handbuch der Antriebstechnik. München/Wien: Hanser 1980

Richtlinie
DIN 50100: Werkstoffprüfung; Dauerschwingversuche, Begriffe, Zeichen, Durchführung, Auswertung. (1978) 2

C 4.2.2 Sensoren

C 4.2.2.1 Einführung

Der sich ständig erhöhende Automatisierungsgrad der Transportanlagen stellt hohe Anforderungen an die technische Zuverlässigkeit der einzelnen Bauteile. Nur mit einer hohen Betriebssicherheit und Lebenserwartung der Bausteine gelingt es, die Verfügbarkeit solch komplexer Anlagen in wirtschaftlichen Grenzen zu halten.

Konventionelle mechanisch betätigte Steuerelemente stellen in dieser Hinsicht eine Schwachstelle der modernen Technik dar und sollten durch berührungslose elektronische Schalter ersetzt werden. Diese Schalter zeichnen sich durch folgende Vorzüge aus:
– hohe Lebensdauer (vollelektronischer Aufbau),
– keine Wartung (keine mechanisch bewegten Teile),
– kontaktloser Schaltausgang,
– hohe Betätigungsgeschwindigkeit und Schaltfrequenz,
– keine Betätigungskraft (rückwirkungsfrei),
– hohe Schutzart.

Berührungslose Näherungsschalter lassen sich gemäß ihrer physikalischen Wirkungsweise in die Gruppe der Näherungsschalter mit Feldbeeinflussung und die Gruppe der Näherungsschalter mit Energieübertragung aufteilen (Bild C 4.2-3).

C 4.2.2.2 Näherungsschalter mit Feldbeeinflussung

Zu dieser Gruppe gehören die induktiven und kapazitiven Näherungsschalter.
Induktive Näherungsschalter reagieren auf elektrisch leitfähiges Material. Ein induktiver Näherungsschalter besteht aus einer Spule mit Ferritkern, einem Oszillator, einem Demodulator, einer Signalauswertung und einem Schaltverstärker.

Der Oszillator erzeugt in der Spule ein hochfrequentes elektromagnetisches Wechselfeld. Dieses Feld tritt aus der Spule in Form von Feldlinien aus, wobei das Feld durch den Ferritkern gebündelt und ausgerichtet wird. Wenn die austretenden Feldlinien Metall durchsetzen, werden in diesem Metall Wirbelströme induziert und dadurch dem Feld Energie entzogen. Der Energieverlust bewirkt eine Dämpfung der Oszillatorschwingung, die von der Signalauswertung registriert wird. Übersteigt die Dämpfung ein bestimmtes Maß, wird der Schaltverstärker aktiviert und ändert seinen Ausgangszustand z. B. von „Aus" in „Ein". Entfernt sich das Metall wieder aus dem Erfassungsbereich des induktiven Näherungsschalters, nimmt der Schaltverstärker nach einer kurzen Zeit (Schalthysterese) wieder seinen ursprünglichen Zustand ein.

Es können maximal Schaltabstände von 10 cm realisiert werden. Der Schaltabstand ist dabei abhängig von der Größe und Ausbildung der Induktivität sowie vom Material des zu erfassenden Metalls. Tabelle C 4.2-1 gibt die Korrekturfaktoren nach DIN 50100 in Bezug auf den

Tabelle C 4.2-1 Formel mit Korrekturfaktoren bei induktiven Näherungsschaltern für verschiedenartige Materialien (Dr. Thomas + Partner)

Material	Formel
GG	$s = 1{,}10\, s_n$
V2A	$s = 0{,}85\, s_n$
Ni	$s = 0{,}85\, s_n$
Ms	$s = 0{,}50\, s_n$
Al	$s = (0{,}4 \ldots 0{,}5)\, s_n$
Cu	$s = (0{,}3 \ldots 0{,}4)\, s_n$

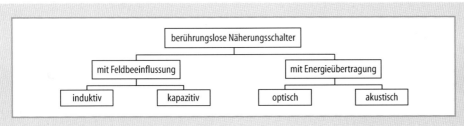

Bild C 4.2-3 Berührungslose Näherungsschalter (Dr. Thomas + Partner)

Nennabstand einer quadratischen Steuerfahne aus St 37 an. Das Ansprechverhalten weist eine starke Abhängigkeit von der Größe und der Form der Steuerfläche aus. Die maximale Schaltfrequenz induktiver Näherungsschalter liegt bei rund 5000 Hz.

Mit *kapazitiven Näherungsschaltern* können sowohl elektrisch leitende Objekte wie auch nichtleitende Objekte erfasst werden, deren Dielektrizitätskonstante deutlich höher als die der Luft ($e_r = 1$) ist.

Ein kapazitiver Näherungsschalter besteht aus einer Basiselektrode (aktive Fläche), die im Rückkopplungskreis eines RC-Oszillators liegt. Wird ein zu erfassendes Medium (z. B. Metall, Kunststoff, Glas, Wasser) in den Bereich der aktiven Fläche gebracht, so verändert sich die Kapazität im Rückkopplungskreis und bei genügender Annäherung setzt die Schwingung des Oszillators ein. Die Oszillatorschwingung wird in einem nachgeschalteten Gleichrichter und Kippverstärker in ein digitales Ausgangssignal des kapazitiven Näherungsschalters umgesetzt.

Der zu erzielende Schaltabstand ist abhängig von der Größe der aktiven Fläche und der Dielektrizitätskonstanten des zu erfassenden Mediums. Stoffe mit hoher Dielektrizitätskonstante e_r erzielen hohe Schaltabstände (Tabelle C 4.2-2). Sämtliche Metalle bewirken den größten Schaltabstand.

Der Schaltabstand ist hierbei unabhängig von der Leitfähigkeit des Materials und unabhängig von der Materialdicke. Geerdete leitfähige Objekte erzielen einen um 20% bis 30% höheren Schaltabstand als nicht geerdete Objekte. Die Objektfläche (Kantenlänge) beeinflusst die Größe des Schaltabstandes. Der Nennschaltabstand des kapazitiven Näherungsschalters ist auf eine Kantenlänge des Objektes, die dem Durchmesser des Näherungsschalters entspricht, bezogen. Durch ein Potentiometer in der Rückkopplung des Oszillators kann der Schaltabstand in vorgegebenen Grenzen eingestellt werden.

Ein kapazitiver Näherungsschalter ist deutlich empfindlicher gegen Beeinträchtigungen aufgrund von Umwelteinflüssen als ein induktiver Näherungsschalter. So können durch Temperaturschwankungen im funktionalen Bereich (0°C bis 70°C) Abweichungen in Bezug auf den erzielbaren Schaltabstand von bis zu 20% resultieren.

C 4.2.2.3 Näherungsschalter mit Energieübertragung

Zu dieser Gruppe gehören die optischen und akustischen Näherungsschalter. *Optische Schalter* verwenden als Sender meist Lumineszenzdioden (Ga-As-Dioden).

Diese Lichtschranken erfassen mittels Licht Gegenstände und können damit Steuer-, Schalt- und Regelfunktion auslösen. Technisch genutzt wird bei Lichtschranken der Bereich > 1 μm (Infrarot) über den sichtbaren Bereich bis ins nahe Ultraviolett < 0,3 μm. Aufgebaut sind die Geräte grundsätzlich so, dass über eine zugeführte Spannung der Sender betätigt wird. Es wird Licht ausgestrahlt, der Empfangsteil empfängt das Licht und wandelt es wieder in ein elektrisches Signal um. Die Schaltfunktion wird in Abhängigkeit davon ausgelöst, ob der Lichtstrahl des Senders den Empfänger erreicht oder nicht.

Lichtschranken werden nach optischen Funktionsprinzipien unterteilt. Das einfachste Funktionsprinzip weist dabei die *Einweglichtschranke* auf. Bei dieser Lichtschranke sind Sender und Empfänger in zwei getrennten Gehäusen untergebracht und gegenüberliegend anzuordnen. Einweglichtschranken bieten eine ideale Lösung zur Erfassung jeglicher Objekte, unabhängig von ihrer Farbe und Form oder ihrem Reflexionsgrad. Selbst die Erfassung hochglänzender Gegenstände bereiten Einweglichtschranken keine Probleme. Erhöhter Installationsaufwand, aufwendige Justage sowie die Tatsache, dass transparente Objekte nur schwer erfasst werden, stellen Nachteile der Einweglichtschranke dar.

Bei *Reflexionslichtschranken* sind Sender und Empfänger in einem Gehäuse untergebracht (Bild C 4.2-4). Der ausgesandte Lichtstrahl wird durch einen Reflektor auf den Empfänger zurückreflektiert. Sobald ein Objekt den Lichtstrahl zwischen Sensor und Reflektor passiert, wird es erfasst und ein Schaltvorgang ausgelöst. Dieser Lichtschrankentyp ist weit verbreitet, da er eine große Betriebsreichweite hat und selbst bei beengten Platzverhältnissen einfach auszurichten ist. Es ist jedoch empfehlenswert, bei hochglänzenden Objekten vorsichtig zu sein. Sollten die Objekte dieselben Reflexionseigenschaften wie der Reflek-

Tabelle C 4.2-2 Formel mit Korrekturfaktoren bei kapazitiven Näherungsschaltern für verschiedenartige Materialien (Dr. Thomas + Partner)

Material	Dicke in mm	Korrekturfaktor
Metall	1	$s = 1\,s_n$
Wasser	–	$s = 1\,s_n$
Glas	4	$s = 0,7\,s_n$
PVC, Nylon	4	$s = 0,6\,s_n$
Karton	4	$s = 0,2\,s_n$
Holz	10	$s = (0,2\ldots0,7)\,s_n$

tor aufweisen, werden diese möglicherweise nicht erkannt. Die Betriebsreichweite ist auch abhängig vom Retroreflektor und kann sich je nach Größe und Konstruktionscharakter des Reflektors erheblich verändern.

Reflexionslichtschranken mit Polarisationsfilter weisen die gleiche Funktionsweise wie Reflexionslichtschranken auf, arbeiten jedoch mit polarisiertem Licht. Das in nur einer Ebene schwingende Sendelicht wird durch den Retroreflektor um 90° gedreht. Vor dem Empfänger befindet sich ein um 90° gedrehter Polarisationsfilter, der die reflektierten (und gedrehten) Lichtwellen passieren lässt. Diese Art von Reflexionslichtschranken finden bei der Erfassung von Gegenständen mit hochglänzenden Oberflächen wie Metall, Glas und Kunststoffen ihren hauptsächlichen Einsatz. Diese Objekte reflektieren zwar das Licht, können aber im Gegensatz zu dem speziellen Retroreflektor die Schwingungsachse des Lichts nicht um 90° ändern.

Reflexionslichttaster haben im Prinzip den gleichen Aufbau wie Reflexionslichtschranken. Im unbetätigten Zustand wird vom Sender Licht ausgesandt, welches vom Empfänger, der im selben Gehäuse untergebracht ist, wegen fehlender Reflexion nicht erreicht wird. Taucht ein Gegenstand in das Lichtbündel, wird ein Teil des Lichtes zum Empfänger reflektiert und dort in ein Schaltsignal umgesetzt. Dabei bestimmt das Reflexionsvermögen des Betätigungsgegenstandes in Abhängigkeit von Material, Oberflächenbeschaffenheit, Lichteinfallswinkel und Wellenlänge des verwendeten Lichts die erreichbare Tastweite und somit den Schaltabstand. Größere Tastweiten sind nur aufwendig zu realisieren.

Bei den *Ultraschall-Näherungsschaltern* handelt es sich um ein akustisches Funktionsprinzip. Ähnlich wie bei den optischen Näherungsschaltern wird auch bei den Ultraschall-Näherungsschaltern zwischen Einwegschranken und Reflexionstastern unterschieden. Das Funktionsprinzip der Ultraschall-Einwegschranken beruht auf einer Unterbrechung der Schallübertragung zwischen Sender und Empfänger durch das zu erfassende Objekt. Der Sender erzeugt ein Ultraschall-Dauersignal, welches vom Empfänger ausgewertet wird. Wird der Ultraschall durch das zu erfassende Objekt gedämpft oder unterbrochen, wird im Empfänger ein Schaltsignal ausgelöst. Als Ultraschallwandler kann z. B. ein Piezokeramik-Festkörperwandler im Sender und Empfänger verwendet werden, der verschleißfrei arbeitet.

Ultraschall-Einwegschranken sind zur sicheren Erfassung von transparenten Materialien wie Folien und Glas geeignet. Die Erfassung ist unabhängig von Material, Farbe und Oberfläche des zu erfassenden Objektes. Eine sichere Objekterfassung ist auch bei extremen Umgebungsbedingungen (z. B. Staub, Feuchtigkeit, Farbnebel) gegeben. Durch das Einwegprinzip mit getrenntem Sender und Empfänger sind hohe Reaktionsgeschwindigkeiten möglich.

Das Funktionsprinzip der *Ultraschall-Reflexionstaster* beruht auf der Laufzeitmessung von Ultraschallimpulsen. Die Sensoren arbeiten mit einem Ultraschallwandler, der sowohl zum Senden als auch zum Empfangen benutzt wird. Im Sendebetrieb werden kurze Ultraschallimpulse erzeugt, die von dem zu erfassenden Objekt reflektiert werden. Im Empfangsbetrieb werden die reflektierten Signale ausgewertet und aus der Laufzeit der Objektabstand errechnet. Liegt der Objektabstand in einem vorher einzustellenden Bereich, wird der Schaltausgang eingeschaltet.

Die Tastweite ist auch hierbei unabhängig von Material, Farbe, Transparenz und Oberfläche des zu erfassenden Objektes. Die Sensoren arbeiten normalerweise mit einer hohen Ultraschallfrequenz (80 bis 400 kHz), Ultraschallwandlern mit kleinem Öffnungswinkel und einer temperaturkompensierten Laufzeitmessung. Bei vielen Reflexionstastern besteht die Möglichkeit, störende Echos von Objekten im Vorder- oder Hintergrund von der Auswertung auszublenden (Justage).

Reflexionstaster sind zum Erfassen von stark schallschluckenden Materialien wie Schaumgummi, Textilien und Filz schlecht geeignet. Es besteht aber die Möglichkeit, einen Reflexionstaster auf einem Reflektor (ebene Metallplatte) arbeiten zu lassen und das Schaltsignal dadurch auszulösen, dass der Ultraschallstrahl durch das zu erfassende Material unterbrochen wird.

Andere Sensorsysteme werden in Abschn. C 4.6 beschrieben.

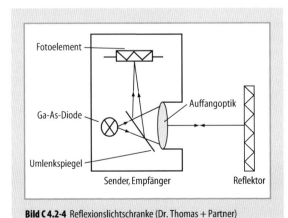

Bild C 4.2-4 Reflexionslichtschranke (Dr. Thomas + Partner)

Literatur

[SEW80] SEW-EURODRIVE: Handbuch der Antriebstechnik. München/Wien: Hanser 1980

Richtlinie
DIN 50100: Werkstoffprüfung; Dauerschwingversuche, Begriffe, Zeichen, Durchführung, Auswertung. (1978) 2

C 4.2.3 Installations- und Steuerungsphilosophie

C 4.2.3.1 Zentrale und dezentrale Installationen

In den vergangenen zehn Jahren wurden viele Untersuchungen und Vergleiche zwischen zentralen und dezentralen Installationskonzepten durchgeführt. Als Ergebnis ist festzustellen, dass dezentrale Installationskonzepte mit neu entwickelten Antriebskomponenten speziell die Förderapplikationen stark beeinflusst und geprägt haben. Aber auch Lösungen mit zentralen Schaltschränken wurden in den letzten Jahren weiterentwickelt und eröffnen interessante Möglichkeiten für kompakte Maschinen oder komplexe, kundenspezifische Anlagen. Die Koexistenz beider Konzepte und die daraus resultierende erweiterte Produktlandschaft bietet den Anlagen- und Maschinenbauern heute mehr Möglichkeiten und Potential für wirtschaftliche und flexible Lösungen als je zuvor. Die richtige Wahl bestimmt den Erfolg.

Anwendungsgebiete für zentrale Installationskonzepte

Zentral installierte Anlagen blicken auf jahrzehntelange Evolution zurück. Sie haben sich bestens bewährt und sind Bestandteil fast aller industrieller Anlagen und Maschinen. Aus anfänglichen Energieverteilerkästen haben sich im Laufe der Zeit ganze Schaltschrankfelder mit unterschiedlichsten Funktionen entwickelt.

Der Schaltschrank selbst wird heute in unzähligen Rastervarianten von diversen Herstellern angeboten und stellt eine ideale und kostengünstige Verpackung für hochwertige Installations- und Steuerungskomponenten dar. Er gewährleistet eine hohe Schutzart und damit die Abschottung der anspruchsvollen Elektronikgeräte zur oft schmutzigen und feuchten Industrieumgebung.

Die Anordnung der diversen Installations- und Steuerungskomponenten kann absolut individuell und flexibel geplant werden. Komplexe Anlagen mit kundenspezifischer Funktionalität in kleiner Losgröße stellen für Schaltschrankbauer kein Problem, sondern eine gerne angenommene Herausforderung dar. Der Schaltschrank dient dabei als zentraler Punkt einer Anlage oder Maschine. Jede elektromechanische oder elektronische Komponente in der Anlage ist über eine unterschiedliche Anzahl an Kabeln mit dem Schaltschrank gekoppelt. Bei komplexen Antriebseinheiten können dies bis zu vier und mehr Kabel sein. Funktionen wie Motor, elektromagnetische Bremse, Drehzahl- oder Positionserfassung und Zusatzlüfter werden dabei mit dem Schaltschrank verknüpft. Die Zahl der Anwendungen ist fast unbegrenzt. Exemplarisch sind hier nur einige typische Einsatzfälle in industriellen Anlagen und Maschinen genannt:
– Prozesstechnik,
– Aufzüge und Hubeinrichtungen,
– komplexes Materialhandling,
– Verpackungsmaschinen,
– Werkzeugmaschinen,
– kunststoffverarbeitende Maschinen,
– Anlagen zur Gebäudeklimatisierung.

Standardkomponenten für Anlagen mit zentralen Schaltschränken

In einem Schaltschrank findet man heute Komponenten von unterschiedlichsten Herstellern in unterschiedlichster Ausprägung. Die Zahl der Wahlmöglichkeiten ist fast unbegrenzt. Das Know-how der Projekteure liegt in der jeweils richtigen Auswahl und Kombination der Komponenten. Die Einteilung der Schaltschrankfelder erfolgt dabei nach technischen und wirtschaftlichen Geschichtspunkten in folgende Bereiche:
– Energieeinspeisung und Verteilung,
– Not-Aus-Installation,
– Leistungs- und Motorschutzkomponenten,
– Antriebsumrichter und -regler,
– Automatisierungssysteme und Steuerungen,
– PC-basierende Datenverarbeitungssysteme,
– intelligente Sicherheitstechnik.

Dezentral installierte Fördertechnikanlagen

Dezentrale Antriebssysteme haben sich gerade durch wirtschaftliche Vorteile und erweiterte Anlagenflexibilität inzwischen einen festen Platz im Anlagenbau erobert. Speziell moderne Fördertechnikanlagen mit räumlich großer Ausdehnung sind heute modular konzipiert und dezentral installiert.

Typische Einsatzbereiche

Die Vorzüge der dezentralen Antriebsinstallation kommen bei fast allen Arten von räumlich ausgedehnten Förder-

und Transporteinrichtungen zur Geltung. Ob Rollenbahnen, Ketten- oder Gurtförderer, Hub- oder Drehtische, sie alle können als Module standardisiert und anwendungsgerecht dimensioniert werden.

Die Einsatzbereiche sind vielfältig:
- Fördertechnik in der Automobilfertigung,
- Gepäcktransport auf Flughäfen,
- Paketförderung und -verteilung in Logistikzentren,
- Fördertechnik in automatischen Lagersystemen,
- Getränkeabfüll- und Verpackungsanlagen,
- Materialflusssysteme in automatischen Produktionsanlagen.

Bei einem typischen dezentral aufgebauten System wird die Gesamtanlage in sinnvolle Maschinenmodule zerlegt, die nach einem Baukastenprinzip konzipiert sind. Die zugehörigen Antriebe einschließlich Steuerelektronik (Frequenzumrichter), Kommunikationsschnittstellen und Schutzeinrichtungen werden direkt am Maschinenmodul installiert.

Alle Sensoren wie Näherungsschalter, Lichtschranken oder Temperaturfühler, und die Aktoren wie Ventile oder Hilfsantriebe sind ebenfalls feste Bestandteile des Moduls. Durch diese modulare und standardisierte Technik wird der Projektierungsaufwand für Anlagen mit großer Ausdehnung erheblich reduziert. Ermöglicht wird dies durch fertige Maschinenmodule aus dem Baukasten, einfach strukturierte Installations- und Steuerungspläne und einheitliche Systemschnittstellen.

Außerdem ist eine solche Anlage durch ihren Aufbau sehr flexibel und kann auch nachträglich innerhalb kurzer Zeit durch Umbau oder Erweiterung neuen Anforderungen angepasst werden.

Bei Montage, Installation und Inbetriebnahme können durch die dezentrale Antriebsinstallation entscheidende Einsparungen gegenüber der zentralen Installationstech-

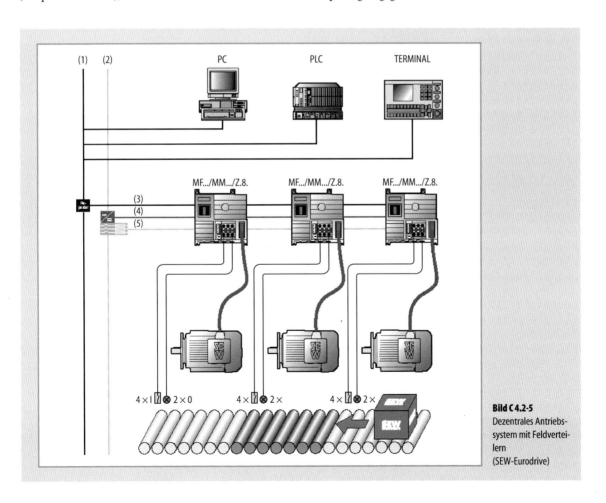

Bild C 4.2-5
Dezentrales Antriebssystem mit Feldverteilern
(SEW-Eurodrive)

nik realisiert werden. Hierbei spielt die Verkabelungstechnik eine wesentliche Rolle. Sowohl die Energieversorgung (Netz- und Steuerspannung), die in Form eines Energiebussystems von Antrieb zu Antrieb geschleift wird, als auch die Kommunikationsverbindung über ein Feldbussystem entsprechen einer Linientopologie.

Der Zeitaufwand für Montage und Installation reduziert sich in diesem Fall dank der standardisierten Systeme und der Verwendung von Steckverbindern erheblich gegenüber der klassischen, zentralen Installationsmethode.

Mittels modularer Steuerungssoftware kann die Test-Inbetriebnahme eines Maschinenmoduls bereits vor Versand beim Anlagenbauer erfolgen und nach der Montage und Installation beim Endkunden wiederholt werden. Damit gestaltet sich die Inbetriebnahme der Gesamtanlage anschließend sehr einfach und leicht beherrschbar.

Typische Komponenten für dezentrale Anlagen

Die genannten Vorteile der dezentralen Technik bei großen, modular aufgebauten Anlagen setzten voraus, dass möglichst viele gleichartige Maschinenmodule zum Einsatz kommen. Die eingesetzten Standardkomponenten werden dabei nach folgenden Gesichtspunkten ausgewählt:
- minimale Anzahl der Antriebsvarianten,
- einheitliche Installationsschnittstellen für Energieversorgung und Kommunikation,
- konsequenter Einsatz von Steckverbindern,
- Nutzung vorkonfektionierter Verbindungsleitungen.

Die Komponentenkosten liegen i. d. R. höher als bei einer Antriebsauswahl ohne die genannten Vorbedingungen. Die Einsparungen durch die relativ kleine Teilezahl im Bereich der Ersatzteilbevorratung kompensieren oft schon den größeren Anfangsaufwand.

C 4.2.3.2 Kontaktlose Energieübertragung

Kontaktlose Energieübertragung wird bevorzugt eingesetzt, wenn mobile Förderapplikationen mit langem Verfahrweg und hoher Geschwindigkeit zu realisieren sind. Ebenfalls interessant sind Anwendungen in schmutzkritischen Bereichen, wenn keine zusätzlichen Verschmutzungen zulässig sind, sowie in Nass- und Feuchtbereichen. Die kontaktlose Energieversorgung ist unempfindlich gegen Fremdverschmutzung und verursacht selbst keine Verschmutzung.

Das System zur kontaktlosen Energieübertragung funktioniert nach dem Prinzip der induktiven Energieübertragung (Transformatorprinzip).

Die elektrische Energie wird kontaktlos von einem fest verlegten Leiter auf einen oder mehrere mobile Verbrau-

Bild C 4.2-6 Umrichter-Getriebemotor mit Feldverteiler und konfektionierter Hybridleitung (SEW-Eurodrive)

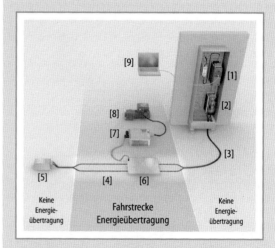

Bild C 4.2-7 Systemübersicht (Erklärung im Folgetext) (SEW-Eurodrive)

cher übertragen. Die elektromagnetische Kopplung erfolgt über einen Luftspalt.

Das Energieübertragungssystem unterteilt sich in stationäre und mobile Komponenten (s. Bild C 4.2-7):

Stationäre Komponenten

Einspeise-Steller [1]
Der Einspeise-Steller wandelt die aus dem Drehstromnetz aufgenommene niederfrequente Wechselspannung

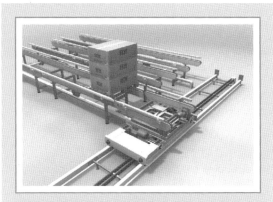

Bild C 4.2-8 Kontaktlose Energieversorgung von Fahr- und Kettenantrieb eines Verschiebewagens (SEW-Eurodrive)

(50/60 Hz) in eine Wechselspannung mit einer konstanten Frequenz von 25 kHz um.

Anschaltmodul [2]
Das Anschaltmodul wandelt die Ausgangsspannung des Einspeise-Stellers in einen konstanten sinusförmigen Wechselstrom um. Der Ausgangsstrom wird über einen Anpasstransformator galvanisch vom Drehstromnetz getrennt.

Zuleitung [3]
Die Zuleitung besteht aus zwei Mittelfrequenzkabeln (Hin- und Rückleiter einer Stromschleife), die aus mehreren hundert mit Lack gegeneinander isolierten Kupferlitzen aufgebaut sind. Die Stromtragfähigkeit des Kabels bei einem Wechselstrom von 25 kHz (hoher Skineffekt) wird hierdurch wesendlich erhöht. Bei der Zuleitung zur eigentlichen Energieübertragungsstrecke (Fahrstrecke) wird der Hin- und Rückleiter eng beieinander verlegt, damit sich die gegensätzlichen elektromagnetischen Wechselfelder, erzeugt durch den durch sie hindurch fließenden Wechselstrom, nach Außen hin aufheben. An dieser Stelle kann deshalb auch keine Energie nach Außen übertragen werden.

Linienleiter [4]
Der Linienleiter führt den vom Anschaltmodul eingeprägten konstanten Wechselstrom entlang der Fahrstrecke des mobilen Verbrauchers. Dabei wird der Hin- und der Rückleiter in einem Abstand von z. B. 140 mm voneinander verlegt, damit sich die gegensätzlichen elektromagnetischen Wechselfelder des Hin- und Rückleiters nicht aufheben und dadurch in einem Übertragerkopf (Spule), der sich über dem Linienleiter bewegt oder steht, einen elektrischen Strom induzieren.

Kompensationsbox [5]
Abhängig von der Leitungslänge ändert sich der induktive Blindwiderstand des Linienleiters. Durch Kompensationskondensatoren in der Kompensationsbox und im Anschaltmodul, wird der induktive Blindwiderstand des Linienleiters ausgeglichen. Auf diese Weise wird die Übertragung der Wirkleistung optimiert. Mit der Kompensationsbox erfolgt eine Grobkompensation einer festen Streckenlänge (zwischen 25–35 m) pro Kompensationsbox. Die Feinkompensation einer möglichen restlichen Streckenlänge, wird durch einbaubare Kondensatoren im Anschaltmodul durchgeführt.

Mobile Komponenten

Übertragerkopf [6]
Mit dem Übertragerkopf wird die Energie vom Linienleiter kontaktlos an den Anpass-Steller übertragen.

Abhängig vom Übertragungskonzept sind verschiedene mechanische Ausführungen und übertragbare elektrische Leistungen möglich.

Die übertragbare Leistung pro Übertragerkopf ist abhängig von der Höhe des Linienleiterstroms und der elektromagnetischen Kopplung (im Wesentlichen abhängig vom Luftspalt) zwischen dem Linienleiter und dem Übertragerkopf.

Anpass-Steller [7]
Der Anpass-Steller wandelt den aus dem Übertragerkopf eingeprägten Strom in eine Gleichspannung um. Diese Gleichspannung wird in den Zwischenkreis von einem Frequenzumrichter eingespeist.

Getriebemotor mit direkt angebautem Frequenzumrichter [8]
Der Frequenzumrichter erzeugt aus der eingespeisten Gleichspannung des Anpass-Stellers ein Drehfeld für den Getriebemotor.

Laptop mit Software zur Bestimmung der Feinkompensation [9]
Die verbleibende Streckeninduktivität, die nicht durch die Kompensationsboxen kompensiert ist, wird durch den Einspeise-Steller gemessen und in einen Blindwiderstandswert in Ohm umgerechnet. Dieser Wert wird durch ein Softwareprogramm angezeigt, so dass über eine Auswahltabelle ein oder mehrere Kondensatoren bestimmt werden, die in das Anschaltmodul eingebaut werden müssen, um die Feinkompensation durchzuführen.

800 C 4 Informationstechnik für Logistiksysteme

Vorteile einer kontaktlosen Energieübertragung gegenüber einer Schleppkettenlösung:

- lange Verfahrstrecken realisierbar,
- hohe Fahrgeschwindigkeit,
- Verkürzung der Stillstandszeiten durch Ausschluss von Reparaturen (Kabelbruch),
- einfache Verlängerung der Fahrstrecke ohne aufwändige mechanische Änderungen,
- große mechanische Toleranzen.

Vorteile einer kontaktlosen Energieübertragung:

- Energieversorgung erfolgt ohne Batterie,
- Verschleiß- und wartungsfreie, konstante Energieübertragung,
- der Fahrweg des Bodentransportsystems kann von anderen Transportsystemen (z. B. Gabelstaplern) gekreuzt werden, weil die Linienleiter im Boden verlegt sind,
- die individuelle Energieversorgung der Fahrzeuge ermöglicht eine Abkopplung von Aufrüststation und Montagestrecke, was bei einer Lösung mit im Boden versenkter Schleppkette nicht möglich ist,
- zur Spurführung des Fahrzeugs können die im Boden verlegten Linienleiter bzw. das vom Linienleiter ausgehende elektromagnetische Feld genutzt werden.

C 4.2.3.3 Dezentrale Steuerungstechnik

Die zunehmende Komplexität von Produktions- und Distributionsanlagen verlangt nach neuen Automatisierungskonzepten. Im Bereich Materialfluss geht der Trend hin zu dezentralen Steuerungskonzepten. Selbst organisierende Systeme mit standardisierten Objekten, deren Eigenschaften nicht mehr programmiert sondern lediglich parametriert werden müssen, erhöhen die Flexibilität und reduzieren gleichzeitig die Komplexität.

Eine zentrale Koordination und Steuerung der vielen, ineinander greifenden Systeme und Subsysteme stößt bei zunehmender Automatisierung der Fertigungsverfahren und bei gleichzeitig stetig wachsenden Anforderungen an Flexibilität und Verfügbarkeit an ihre Grenzen. Eine zukunftsträchtige Lösung dieser Problematik besteht darin, die zentrale Sichtweise aufzugeben, und die Anlage stattdessen dezentral und objektorientiert zu steuern.

Den eigentlichen physikalischen Transportweg bestimmt dabei nicht mehr eine zentrale Steuerung, sondern ein intelligentes Transportmittel, das die optimale Wegstrecke ermittelt, und den ermittelten Weg auch eigenständig zurücklegt. Dabei werden spezifische Einflüsse individuell berücksichtigt. So können zum Beispiel, ähnlich wie beim Fahrzeugstau auf der Autobahn, temporär überlastete Streckenabschnitte eigenständig erkannt und umgangen werden.

Ein viel versprechendes Konzept beruht auf dem sog. Client-Server-Prinzip mit dezentralen Steuerungsobjekten und zentraler Datenbank. Alle dezentralen Steuerungsobjekte greifen über einen gemeinsamen Kommunikationskanal auf die Datenbank zu.

Eine Client-Anwendung realisiert über dezentrale Terminals die Visualisierung des Materialflusses, die Diagnose und bedarfsweise auch die Parametrierung. Bei Änderun-

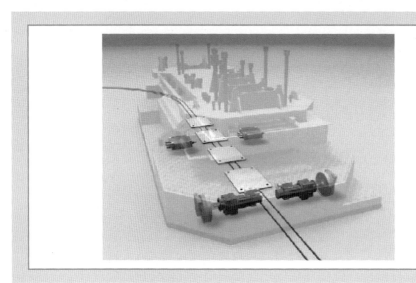

Bild C 4.2-9
Einsatz und Einbau der Komponenten in ein BTS/FTS (SEW-Eurodrive)

gen an Objekt-Parametern werden erst die Datenbankeinträge auf dem Server geändert und dann von dort zeitnah an das betroffene Objekt weitergeben. Dieses Funktionsprinzip erlaubt ein flexibles Ergänzen von neuen Objekten oder neu definierten Objekteigenschaften ohne Eingriff in verbleibende Bereiche.

Dezentrale Streckencontroller koordinieren sämtliche stationäre und mobile Objekte, die einem Streckensegment zugeordnet sind oder sich in diesem bewegen. Die Anlage ist üblicherweise in mehrere Streckenabschnitte unterteilt. Die Streckencontroller der einzelnen Streckenabschnitte kommunizieren selbstständig untereinander und koordinieren somit den Materialfluss ohne zentrale Steuerung. Sämtliche Streckendaten und Parameter für die unterschiedlichen Transportobjekte befinden sich auf dem zentralen Datenserver, der die Streckencontroller mit Informationen versorgt. Dadurch ist jeder Streckencontroller in der Lage, die ihm zugewiesene Strecke autonom zu verwalten. Stationäre Objekte sind einem zuständigen Streckencontroller fest zugeordnet; mobile Objekte haben eine dynamische Zuordnung und melden sich jeweils an dem Streckencontroller an, dessen zugeordneten Streckenabschnitt sie gerade durchfahren. Die Streckencontroller besitzen bedarfsweise eine Anbindung zu einem übergeordneten Produktions-Planungs-System.

C 4.3 SAIL – System-Architektur für Intralogistik-Lösungen am Praxisbeispiel adidas

„Innovation und Standardisierung" ist der Titel eines Arbeitskreises des Forum Intralogistik im VDMA, in dem sich namhafte Maschinen- und Anlagenbauer, IT-Firmen, Lagerlogistiker, Sortierspezialisten sowie Geräte- und Komponentenhersteller zusammengefunden haben. Der Arbeitskreis hat sich zum Ziel gesetzt, durch die Erstellung von Standards einen Mehrwert für Anwender und für Lieferanten von intralogistischen Systemen und Systemkomponenten zu schaffen.

Ergebnis der bisherigen Arbeit ist die erarbeitete „System-Architektur für die Intralogistik" – SAIL.

C 4.3.1 Zielsetzung der Systemarchitektur-Entwicklung

Die in der Intralogistik durchgeführten Projekte sind in hohem Maße interdisziplinär und verlangen von allen an der Umsetzung eines solchen Projektes beteiligten Unternehmen – von den Planern, über die Lieferanten, bis hin zu den Anlagenbetreibern – ein hohes Maß an Zusammenarbeit. Erfolg oder Misserfolg eines Projektes hängen daher nicht nur von der Qualität einzelner Gewerke oder einzelner Implementierungen ab, sondern ganz entscheidend von dem systematischen und nachhaltigen Zusammenwirken aller Gewerke.

SAIL resultiert aus Standardisierungsbemühungen des Forum Intralogistik im VDMA mit dem Ziel, durch anbieterübergreifende Architekturkonzepte eine effektive Zusammenarbeit von Projektpartnern an Gewerkegrenzen zu erreichen. SAIL systematisiert dazu die Kernfunktionen einer Intralogistikanlage und definiert steuerungstechnische Standardfunktionen und Schnittstellen zwischen den Funktionen. Logistiksysteme nach SAIL basieren auf standardisierten Funktionskomponenten, die durch ihre anbieterübergreifende Harmonisierung eine problemlose Integration unterschiedlicher Gewerke ermöglichen. SAIL ist plattformneutral. Es überlässt dem Systemanbieter die jeweils eigene Funktionsverteilung auf unterschiedliche Steuerungsebenen. Standardisierungselemente sind daher nur die Funktionen und die Schnittstellen.

Nutzen und Vorteile von SAIL:
Nutzen für Kunden/Betreiber
- Transparenz aller Funktionen bis zum letzten Geber,
- Projektrisiko der Schnittstellenanpassung entfällt,
- Architekturharmonisierung ermöglicht:
  - verkürzte Projektlaufzeiten,
  - sicheren Betrieb,
  - vereinfachten Service,
  - erhöhte Systemverfügbarkeit,
- Flexibilität bei späterer Anlagenmodifizierung.

Vorteile der Systemarchitektur nach SAIL
- gesteigerte Planungsintelligenz,
- einheitliche und eindeutige Begriffsdefinition,
- Kommunikationsmethoden werden definiert,
- einfache Umsetzung des Kundenwunsches:
  - Kunde sagt, was er will; Lieferant sagt, was er liefert,
  - Projektpartner verständigen sich auf derselben Basis,
- Architekturharmonisierung als Kostenbremse:
  - impliziter Nutzen durch wieder verwendbare standardisierte Komponenten,
  - geringere Projektkosten bei gestiegener Lösungsqualität.

C 4.3.2 Innovation durch Funktionsstandardisierung

Der Fokus liegt nicht mehr auf einer Ebenenzerlegung mit Funktionsabbildung auf die gefundenen Ebenen, sondern rückt die Logistik in das Zentrum der Modellierung. Die funktionelle Zerlegung einer Intralogistikanlage bezweckt primär eine Modellierung durch wieder verwendbare Bausteine. Eine Komplexitätsreduzierung und Hierarchisierung ergibt sich als Sekundäreffekt dabei zwangsläufig.

Inspiriert durch die objektorientierte Programmierung, die bereits in anderen Bereichen zu einem Paradigmenwechsel geführt hat, erfolgt mit SAIL eine Übertragung dieser erfolgreichen Ansätze auch auf die Modellierung von Intralogistik-Systemen.

Maßgeblich für die gedankliche Aufarbeitung dieses Paradigmenwechsels durch die Anlagenbauer sind die folgenden Denkschritte:
- primäre Anlagenzerlegung nach Funktionen und nicht nach Ebenen,
- Kapselung der gefundenen Funktionen in Komponenten,
- Standardisierung der Schnittstellen der Komponenten,
- Bereitstellung von standardisierten Steuerungskomponenten analog zu verfügbaren Mechanikkomponenten.

Die Vorteile dieser funktionszentrierten Anlagenmodellierung lassen sich zielgruppenorientiert darstellen:
- eine modulare Baukastensicht der Anlage in der Planungsphase,
- eine transparente Funktionsbewertung in der Beschaffungsphase,
- eine klare Funktionsabgrenzung bei der interdisziplinären Zusammenarbeit während der Realisierungsphase,
- eine hohe Verfügbarkeit durch klare Problemabgrenzung in der Betriebsphase,
- eine risikoarme Austauschbarkeit funktional abgegrenzter Teilgewerke oder Komponenten in der Modernisierungsphase.

In der Summe bietet der hohe Wiederverwendungsgrad der gekapselten Funktionen von SAIL einen klaren Kostenvorteil durch reduzierten Anpassungsaufwand, höhere Standardisierung, reiferen Implementierungsgrad und kürzere Inbetriebnahmezeiten.

C 4.3.3 Funktionen

Die bezüglich der Durchführung von Transporten identifizierten Funktionen werden hier definiert, unabhängig davon, wo und mit welcher Technik sie tatsächlich implementiert sind. Funktionen erhalten das Präfix ‚F'.

F:AS – Anlagensteuerung

Die Anlagensteuerung bedient direkt die Anlage. Sie realisiert alle Entscheidungen, die für die Eigensicherheit der Anlage und für die Durchführung eines Transportschrittes notwendig sind. Auf dieser Ebene fällt also die Entscheidung, ob gefördert werden kann. In der Regel wird dazu nur die Freigabe des Folgeförderers betrachtet. Die Richtung, in welche das Transportgut zu fördern ist, erhält die Anlagensteuerung als Ergebnis der Funktion *Richtungsentscheidung*.

F:RE – Richtungsentscheidung

Die Richtungsentscheidung an einem bestimmten Anlagenpunkt für ein Transportobjekt ermittelt aus den eingestellten Betriebsparametern des Punktes und den ggf. vorhandenen Fahrauftragsdaten für das sich an diesem Punkt befindende Transportobjekt, ob und in welcher Richtung weitergefördert werden soll. Vom Transportgut muss mindestens bekannt sein, ob es ein unbekanntes Förderobjekt (UFO) ist. Ist das der Fall, kann i. d. R. schon entschieden werden, wohin dieses UFO zu transportieren ist. Wenn UFOs situationsbedingt nach nichttrivialen Strategien geroutet werden sollen, muss eine entsprechende Zielanfrage an eine externe Instanz Ressourcennutzung (F:RN) gestellt werden. Für identifizierte Transportobjekte muss der Transportauftrag betrachtet werden. Dazu wird bei der Fahrauftragsverwaltung (F:FA) die Ermittlung der Auftragsdaten veranlasst.

Je nach Komplexität der Anlage und der Struktur der Fahraufträge und deren Speicherungsmöglichkeiten ist die Ermittlung der Weiterfahrrichtung aus dem Auftrag mehr oder weniger komplex, daher wird diese Aufgabe in die Funktion der Fahrauftragsverwaltung gelegt. Die Funktion *Richtungsentscheidung* erwartet von der Fahrauftragsverwaltung für ein Transportgut am konkreten Entscheidungspunkt nur die Aussage, ob das Transportgut ein „Schwarzfahrer" ist, also kein Fahrauftrag vorliegt, oder in welche Richtung es weiter zu fördern ist. Ist das Transportobjekt ein Schwarzfahrer, richtet sich die Behandlung nach festprogrammierten Regeln oder besser nach einer parametrierbaren Richtungsanweisung. Das gleiche gilt, wenn die Fahrauftragsverwaltung für einen Nicht-Schwarzfahrer keine spezielle Richtungsanweisung geliefert hat. Ansonsten wird das Transportobjekt in der spezifizierten Richtung gefördert.

F:FA – Fahrauftragsverwaltung

Die Fahrauftragsverwaltung stellt für die Funktionsgruppe F:RE die relevanten Daten des Fahrauftrags zur Verfügung. Insbesondere muss sie über die Identifikation des Entscheidungspunktes und des Transportobjekts die Information liefern, ob eine Richtungsanweisung vorliegt und welche Ausprägung diese hat. Dieser Vorgang stellt hohe Anforderungen an die Reaktionszeit. Außerdem ist diese Funktionsgruppe dafür verantwortlich, Fahraufträge anzulegen, zu verändern und zu löschen, wenn dies von der beauftragenden Funktion *Ressourcennutzung* verlangt wird. Diese Vorgänge stellen keine hohen Anforderungen an die Reaktionsgeschwindigkeit.

Bei der Beantwortung einer Richtungsanfrage wird zuerst der Fahrauftrag über die Identnummer des Transportobjektes ermittelt. Ist diese Funktion routingfähig, reicht für die Ermittlung der Richtung das Vorliegen des Endzieles des Transportes. Die Fahrauftragsverwaltung ermittelt dann selbst die konkrete Förderrichtung. Wenn diese Funktion nicht routingfähig ist, dann wird im Fahrauftrag gesucht, ob für den aktuellen Punkt eine Anweisung gegeben wird. Falls ja, wird diese übermittelt, falls nein, wird stattdessen eben diese Tatsache übermittelt. Damit gewinnt man die Freiheit, je nach Erfordernis, für sehr einfache Fahraufträge mit nur der Angabe des Endzieles oder mit einem oder mehreren Wertepaaren Punkt/Richtung die jeweils passende Implementierung zu wählen.

F:RN – Ressourcennutzung

Die Ressourcennutzung kennt den aktuellen Belegungszustand der Transportsysteme, deren mögliche Transportkapazitäten und Struktur, die vorliegenden Transportaufträge und die notwendigen Parameter für die Strategien zur Nutzung der freien Ressourcen. Hier wird entschieden, welches von mehreren konkurrierenden Transportobjekten eine freie Ressource nutzen darf. Daraus resultiert die Vergabe oder Veränderung eines Fahrauftrages an die Funktionsgruppe F:FA. Diese Funktionsgruppe bedient sich zur Verfolgung ihrer Betriebsstrategien auch der Parametrierung der Entscheidungspunkte bei der Funktionsgruppe F:RE.

F:TK – Transportkoordination

Diese Funktionsgruppe ist die, bei der die umgebenden, nicht zum Materialflusssteuerungssystem gehörenden Systeme ihre Transporte beauftragen, Statusinformationen erlangen können und von der sie bei Beendigung die Vollzugsmeldung erhalten. Die Transportkoordination sorgt dafür, dass ein bei dieser Komponente beauftragter Transport richtig abgewickelt wird, also zur richtigen Zeit am richtigen Ort fertig gestellt wird. Aus einer Vielzahl von Transportaufträgen (Hochlastbetrieb) werden die passenden Betriebsstrategien ermittelt. Hier sind z. B. auch Funktionen zur Gruppierung und Sequenzialisierung mehrerer Transportaufträge angesiedelt. Hier wird die Verfügbarkeit aller Bereiche und Systeme betrachtet und in der Laststeuerung für einzelne Transportsysteme berücksichtigt. In dieser Funktionsgruppe findet z. B. auch die Organisation von Sammeltransporten, Rundgängen und Batchbildung statt.

Anlagenelemente zur Kapselung der Funktionen bei der Modellierung

Eine Förderanlage wird aus verschiedenartigen Anlagenelementen modelliert. Sie erhalten das Präfix ‚A'.

A:FE – Förderelement

Ein Förderelement ist die kleinste Einheit. Es besteht aus einem Antrieb für die Hauptförderrichtung und die Antriebe für die abzweigenden Förderrichtungen sowie der notwendigen Sensorik. Es besitzt nur die Funktion *Anlagensteuerung* (F:AS).

A:FG – Fördergruppe

Eine Fördergruppe ist dadurch gekennzeichnet, dass sie eine Gruppe von Förderelementen mit der Funktion *Richtungsentscheidung* (F:RE) betreibt. Sie ist also eine Zusammenfassung von Förderelementen, die zusammen ein mehr oder weniger komplexes Anlagengebilde darstellen, das nach außen als ein Verzweigungspunkt erscheint. Dem entsprechend besitzt die Fördergruppe eine Richtungsentscheidungsinstanz F:RE mit deren Betriebsparametern.

A:FS – Fördersegment

Ein Fördersegment ist dadurch gekennzeichnet, dass es für eine Gruppe von Fördergruppen die Funktion *Fahrauftragsverwaltung* (F:FA) bereitstellt.

A:FB – Förderbereich

Ein Förderbereich besteht aus einer Gruppe von Fördersegmenten, für die er die koordinierende Funktion der Ressourcennutzung (F:RN) bereitstellt.

C 4.3.4 Typische Konfigurationen

Mit den definierten Funktionen ergeben sich typische Konfigurationen für deren Aufteilung auf verschiedene Steuerungs- oder Rechnersysteme. Im folgendem Bild sind vier (A, B, C, D) gezeigt.

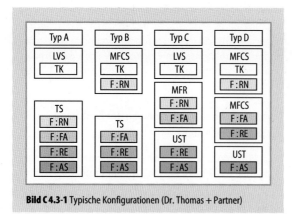

Bild C 4.3-1 Typische Konfigurationen (Dr. Thomas + Partner)

Konfiguration A ist typisch für völlig selbständige Transportsysteme, z. B. Anlagen mit fahrerlosen Transportfahrzeugen, bei denen die Zuteilung von Fahraufträgen zu den Fahrzeugen und die Routenfindung vollständig im Bereichsrechner realisiert werden.

Konfiguration B ist sehr häufig und bei verschiedenen Anlagearten anzutreffen. Ein Transportkoordinierungssystem (MFCS) bestimmt die Belegung der Ressourcen und die Auswahl der Transporte nach betriebsstrategischen Kriterien und vergibt Fahraufträge an das unterlagerte Transportsystem, das die Fahraufträge selbst verwaltet. Der Grad der dabei möglichen Feinsteuerung durch die Ressourcennutzung hängt direkt davon ab, wie viele Kommunikationspunkte im Transportnetz auf dieser Ebene bekannt sind, also wie kurz die Leine ist, an der das Transportsystem geführt wird.

Konfiguration C ist die klassische Anwendung eines Materialflussrechners (MFR). Ein Lagerverwaltungssystem (LVS) erzeugt Transporte und übergibt sie entsprechend der betrieblichen Erfordernisse an einen MFR. Dieser erzeugt und verwaltet Fahraufträge entsprechend den hinterlegten Transportstrategien. Er beantwortet direkt Richtungsanfragen der unterlagerten Anlagensteuerungen (UST), wobei sehr kurze Reaktionszeiten erreicht werden müssen.

Konfiguration D ist eher exotisch. Sie ist dadurch gekennzeichnet, dass die UST nur die Elementsteuerung enthält und schon die Richtungsentscheidung in den MFR verlagert wurde. Diese Aufteilung ist äußerst kritisch bezüglich der Reaktionszeiten, hat aber den Vorteil, dass die UST nur die zum Betrieb der Förderer notwendigen Funktionen enthält und die Entscheidungsfunktionen mit ihren vielfältigen Anforderungen und Einflüssen in einer unabhängigen zentralen Instanz gekapselt sind. Nach der gleichen Überlegung ist die Ressourcennutzung im Materialflusskoordinierungssystem MFCS angesiedelt, um damit bezüglich der Reaktionsgeschwindigkeit relativ unkritisch komplexe Belegungsstrategien realisieren zu können.

C 4.4 Materialflussverwaltungssysteme

Eines der ersten Einsatzgebiete von Rechnern in der Logistik war die Lagerverwaltung. Während zu Beginn dieser Entwicklung nur der Karteikasten in eine elektronische Form übersetzt wurde, entwickelten sich daraus mit der Zeit Programmpakete zur Steuerung und Verwaltung des kompletten logistischen Betriebsablaufs. Dabei vollzogen sich von der frühen Lagerverwaltung hin zur modernen Lagerverwaltungssystemen (LVS) immense Veränderungen und Entwicklungen, welche im Folgenden skizziert werden.

C 4.4.1 Die ersten Lagerverwaltungssysteme

Die Aufgabe der frühen Lagerverwaltung ähnelt der eines Buchhalters, der penibel Ein- und Ausgänge verbucht, aber selbst nicht steuernd in die Geschäftsabläufe eingreift. Als Ergebnis besitzt ein solches Lagerverwaltungssystem (LVS) die Information, welches Material an welchem Ort und in welcher Menge liegt.

Das Ur-Lagerverwaltungssystem (Ur-LVS) besaß *keine Schnittstellen* zu anderen Systemen. Alle Eingaben erfolgten über Tastatur und alle Ausgaben über Bildschirm oder Drucker. Insbesondere bestand noch keine Verbindung zwischen den *kaufmännischen Systemen* (Host) und der Lagerverwaltung. In den Anfängen wurde bei einer *Einlagerung* auch nicht vom Lagerverwaltungssystem (LVS) ein freier Platz zugewiesen. Stattdessen wählte meist der Mensch ein Fach aus und meldete dieses nach der Einlagerung zurück. Dabei kam es – bedingt durch den Faktor Mensch – sehr häufig zu unvollständigen Rückmeldungen über die erfolgte Einlagerung. Aufgrund der fehlenden mobilen Peripherie (mobile Datenerfassungsgeräte usw.) wurde zumindest in der Kommissionierung mit dem *Festplatzprinzip* gearbeitet: ein Artikel wurde fest einem immer gleichbleibenden Lagerplatz zugewiesen. In den überwiegenden Fällen waren die Artikel nicht nach logistischen Gesichtspunkten, sondern z. B. nach aufsteigender Artikelnummer sortiert.

Die Kommissionierung erfolgte anhand eines *Lieferscheins* oder einer Rechnung, die das kaufmännische System erzeugte. Durch die fehlende Verbindung zwischen Host und Lagerverwaltungssystem konnte keine Buchung jeder Einzelentnahme erfolgen. Der Lieferschein war nur als Papier existent und nicht als Datenmenge im Lagerverwaltungssystem. Somit war *keine aktuelle Bestandsführung* im Kommissionierbereich möglich.

Nachschubvorgänge wurden beim Leerwerden eines Kommissionierfachs vom Benutzer manuell ausgelöst und im LVS nur buchungstechnisch nachvollzogen. Schließlich fehlten in einem solchen System die Voraussetzungen für eine *permanente Inventur*. Aus diesem Grund musste einmal jährlich in einer *Stichtagsinventur* eine Komplettaufnahme aller Lagerbestände erfolgen.

C 4.4.2 Moderne Materialflusssysteme

Die neuen Generationen der Lagerverwaltungssysteme wurden geprägt von technischen Innovationen, durch welche immer weitere Aufgaben realisiert werden konnten:

– Durch den Einsatz von *relationalen Datenbanken* für die Speicherung veränderbarer Daten im Lagerverwaltungssystem stieg die Flexibilität möglicher Zugriffe (Filterkriterien, Sortierung) sprunghaft an und die Konsistenz der Datenbestände wurde durch das Konzept abgesicherter Transaktionen gewährleistet.
– Immer leistungsfähigere *Hardware* und *Betriebssysteme* ermöglichten die Bearbeitung vieler „ressourcenfressender" Aufgabenstellungen.
– Die Einführung von *Netzwerkstandards* (Hardware und Protokolle) ermöglichte die Kopplung zu HOST und unterlagerten Systemen.
– Die Verfügbarkeit von strichcodefähigen Druckern und Strichcodelesern führte an vielen Stellen im Ablauf zur Ablösung von fehlerbehafteten Tastatureingaben. Der geringe Zeitaufwand für das Lesen eines *Strichcodes* machte zusätzliche Plausibilitätskontrollen erst möglich (z. B. Scannen eines Strichcodes am Zielfach bei der Einlagerung).
– Infrarot- und Funkkommunikation erweiterten den Arbeitsbereich eines Lagerverwaltungssystems bis an das hinterste Lagerfach und ermöglichten so eine *mobile Peripherie*. Bis zu diesem Schritt war das LVS nur an einigen wenigen stationären Arbeitsplätzen im Betrieb repräsentiert (Identifikationspunkt, Kommissionierpunkt).
– Die Entwicklung von Hochverfügbarkeitssystemen sorgte schließlich für die notwendige *Verfügbarkeit*.

C 4.4.2.1 Blockschaubild eines kompletten Logistiksystems

Das in Bild C 4.4-1 skizzierte Blockschaubild eines kompletten Logistiksystems lässt die dahinter stehende Komplexität noch nicht ahnen. Die Funktion eines frühen Lagerverwaltungssystem (LVS) beschränkte sich auf den Bereich der reinen Lagerortverwaltung.

Kern jedes leistungsfähigen Logistiksystems ist die *Datenbank*, die in teils hunderten von Tabellen sowohl die

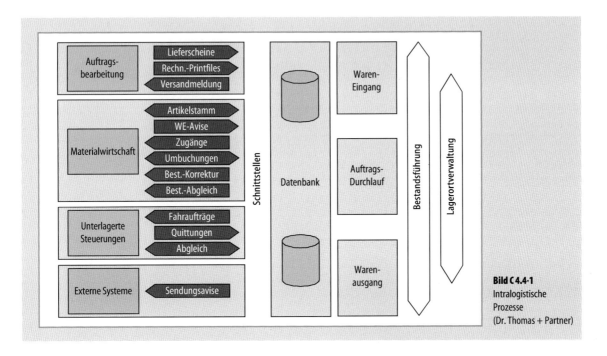

Bild C 4.4-1
Intralogistische Prozesse
(Dr. Thomas + Partner)

statischen als auch die dynamischen Daten des Betriebs gespeichert hat. Die auf dieser Datenbank aufsetzenden (Hintergrund-) Prozesse und Dialoge lassen sich grob in die drei Bereiche Wareneingang, Auftragsdurchlauf und Warenausgang unterteilen.

C 4.4.2.2 Bestandsführung

Während das klassische LVS nur eine *Lagerortverwaltung* im eigentlichen Lager bot, erstreckt sich diese Funktion heute auch in die Bereiche
- Wareneingang,
- Kommissionierung,
- Warenausgang (z. B. Bereitstellflächen für Touren).

Die heutigen Funktionen der *Bestandsführung* reichen von einer reinen Summenbildung über alle Lagerorte bis zur Verwaltung von Chargendaten, Bestandsreservierungen, Qualitätssperren und vielem mehr.

Neben diesen „internen" Funktionen nahm die Vernetzung der logistischen Systeme mit Ihrer Umwelt laufend zu, und es entstand eine große Vielfalt von *Schnittstellen* (siehe Bild C 4.4-1 links).

Die in den drei angesprochenen Hauptfunktionsblöcken enthaltenen Aufgaben werden nachfolgend vorgestellt und an Beispielen erläutert.

C 4.4.3 Eingangsseitige Funktionen

Bei der Anlieferung der Ware von einem Lieferanten, der eigenen Produktion oder vom Kunden (Retouren) ist vor der physischen Einlagerung eine ganze Reihe von Vorarbeiten zu leisten:

Identifizieren

Die Ware ist in einem mehrstufigen Prozess zu *identifizieren*. In der Regel kann auf einem (aus dem kaufmännischen System kommenden) Artikelstamm aufgesetzt werden, so dass die Basisdaten des Artikels dem System schon bekannt sind.

Avis-Erstellung

Durch die heute enge Verzahnung zwischen Logistikrechner und einer überlagerten kaufmännischen Ebene existiert i. Allg. eine Vorinformation über die ankommenden Waren, ein Avis (lat.-frz.: Nachricht, Anzeige). Davon abhängig, umfasst die Vereinnahmung der Ware folgende Schritte, die in Bild C 4.4-2 zusammengefasst sind und sich in drei Grundvarianten einteilen lassen:

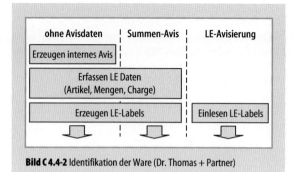

Bild C 4.4-2 Identifikation der Ware (Dr. Thomas + Partner)

- Erzeugen eines internen Avis,
- Summen-Avis,
- Lagereinheit-Avisierung.

Fehlt ein Wareneingangs-Avis, wird zu einer gleichartigen Behandlung mit den anderen beiden Fällen meist ein *internes Avis* (manuell) angelegt.

Kann auf einem summarischen *Wareneingangs-Avis* aufgesetzt werden, beschränkt sich die Identifikationsphase auf die Erfassung der Daten jeder *Lagereinheit* (LE, beispielsweise Palette, Karton) und einer systemkonformen Etikettierung der Lagereinheit. Auf einem solchen Label muss heute nicht mehr zwingend der zugewiesene Lagerplatz aufgedruckt sein, da die Zuweisung mit mobilen Terminals z. B. erst bei Aufnahme durch einen Stapler erfolgen kann.

Im Extremfall werden die *LE-Daten* bereits vom Absender im Voraus avisiert und im Wareneingang müssen die schon gelabelten Lagereinheiten nur noch mit einem Strichcodeleser gescannt werden. Voraussetzung ist die Einigung auf eine von beiden Partnern eindeutig interpretierbare Nummerierung und Strichcodierung.

C 4.4.4 Statusbearbeitung

In der Statusbearbeitung erfolgt eine weitere Verfeinerung der Warenbeschreibung. Die damit zusammenhängenden Schritte können teilweise auch nach der Einlagerung stattfinden (z. B. Qualitätsfreigabe nach Auswertung einer Stichprobe). Aufgaben, welche hiermit in Zusammenhang stehen, schwanken in Abhängigkeit von der jeweiligen Branche von „nicht existent" bis zu einem umfassenden Qualitätsmanagement oder einer Zollbearbeitung für die Vereinnahmung unverzollter Auslandsware.

Besonders das Vereinnahmen von Retouren umfasst beliebig komplexe Abläufe, die i. d. R. eine enge Verzahnung mit dem kaufmännischen System erfordern, da hier-

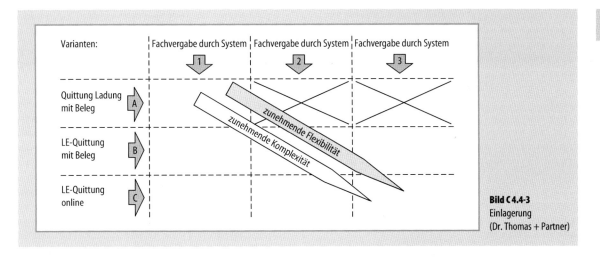

Bild C 4.4-3
Einlagerung
(Dr. Thomas + Partner)

für die Kenntnis über Kunden- und Rechnungsdaten notwendig ist.

C 4.4.5 Einlagerung

Die Einlagerung repräsentiert wieder eine Funktion der klassischen Lagerverwaltung. Jedoch präsentiert sich die heutige Palette der Möglichkeiten wesentlich vielfältiger:

In der linken Spalte von Bild C 4.4-3 sind drei Varianten für die Art der Quittierung aufgelistet. Dabei stellt die pauschale Quittierung der Einlagerung für eine ganze *Ladung* eher einen exotischen Fall dar. Außerdem macht diese Methode nur bei vorheriger Fachvergabe durch das Lagerverwaltungssystem einen Sinn.

Die Einzel-Quittierung mit *Beleg* (Staplerfahrer bringt nach der Einlagerung den Einlagerbeleg zurück und dieser wird für die Buchung genutzt) entspricht dem klassischen Ablauf.

Die dritte Variante (*Online-Quittierung* am Fach) setzt eine Ausrüstung der Stapler mit Funkterminals voraus. Die Einlagerung mit einem automatischen Regalbediengerät ist diesem Fall logisch gleichzusetzen.

Die Spaltenüberschriften in Bild C 4.4-3 listen die verschiedenen Möglichkeiten bei der Auswahl eines geeigneten Zielfachs auf:

- Die *Fachvergabe durch das System* setzt voraus, dass das System alle Daten und Entscheidungskriterien kennt und keine Konstellationen auftauchen, die beispielsweise physisch nicht umsetzbar sind (z. B. Palette höher bzw. breiter als Fach).
- Die *Auswahl des Einlagerfachs durch den Benutzer* umgeht dieses Problem und senkt damit das Anforderungsprofil an die Datenqualität (und -quantität).
- Die Kombination der ersten beiden Varianten wird durch einen vom Benutzer änderbaren *Systemvorschlag* für das Einlagerfach gebildet.

Neben der Kernfunktion der Suche nach einem freien Lagerfach kann ein modernes Logistiksystem auch die Beauftragung eines Staplers übernehmen.

Dringend im Versand benötigte Ware kann via *Cross Docking* im Wareneingang abgefangen und unter Umgehung des eigentlichen Lagers direkt zum Warenausgang weitergeleitet werden. Bei dringendem Bedarf in der Kommissionierung kann in manchen Fällen auch eine Bypassbelieferung dieses Bereichs erfolgen.

C 4.4.6 Auftragsdurchlauf

C 4.4.6.1 Einlasten

Nach Eingang neuer *Auftragsdaten* aus dem kaufmännischen System werden die Auftragsinformationen (Kopf- bzw. Positionsdaten) in die Datenbank eingebucht und auf Vollständigkeit und Plausibilität geprüft. Im Regelfall werden die Kundendaten (Adresse, Versandarten usw.) nicht als Stammdaten im logistischen System gehalten, sondern mit jedem Auftrag neu aus dem kaufmännischen System geliefert.

Filterkriterien im logistischen System erlauben das gezielte Zurückhalten von speziellen Auftragstypen, die erst nach einer manuellen Freigabe durch den Benutzer eingelastet werden.

Zwar sollte über eine möglichst synchrone Bestandsführung zwischen kaufmännischen EDV und dem logistischen System sichergestellt sein, dass Aufträge nur bei vollständiger Verfügbarkeit der benötigten Ware eingelastet werden. Es ist jedoch auf jeden Fall über eine nochmalige *Verfügbarkeitsprüfung* und Reservierung im logistischen System sicherzustellen, dass die komplette Auslieferung laut Buchbestand möglich ist. Bei Artikeln mit Chargenführung erfolgt in diesem Schritt ggf. die Zuweisung der ältesten Charge.

In Abhängigkeit von der Zielrelation, dem Sendungsgewicht bzw. -volumen und dem gewünschten Anliefertermin sind im Zuge einer Frachtkostenoptimierung evtl. die geeignete Versandart und die Zuordnung zu einer konkreten (LKW-)*Tour* zu bestimmen.

Daraus abgeleitet, wird unter Umständen der späteste *Startzeitpunkt* für den Kommissionierbeginn berechnet, woraus sich die Reihenfolge der Abarbeitung aller eingelasteten Aufträge ergibt.

C 4.4.6.2 Kommissionieren

Die Hauptarbeit eines modernen logistischen Systems entfällt heute auf die Planung, Steuerung und Durchführung der *Kommissionierung* (siehe Abschn. C 2.3). Dabei wurde die ehemals auftragsbezogene Kommissionierung nach Lieferschein sukzessiv durch eine ganze Palette aufgabenangepasster Kommissionierformen abgelöst. Hierzu gehören insbesondere:

- *zweistufige Kommissionierung* (Picken in Sammelrundgängen nach Artikel und nachfolgende Sortierstufe nach Auftrag oder Packstück bzw. gesonderter Packvorgang),
- *Paperless Order Picking* (Benutzerführung über Regalanzeigen und -tastaturen),
- *Online-Kommissionierung* (Benutzerführung per Funkterminal),
- *Spezialformen zur Kommissionierung* von
  - Aufträgen aus nur einem Stück, Artikel oder Packstück,
  - Ganzpaletten,
- häufig nachgefragten Artikeln

Ziel der Optimierungen im logistischen System muss die aufwandsminimale Abarbeitung des gesamten Auftragsvolumens sein. Unter dieser Prämisse werden die eingelasteten Aufträge zunächst rechnerisch in Packstücke umgesetzt (= *VE-Bildung*) und diese dann den verschiedenen Kommissionierarten zugeordnet (VE Versandeinheit).

Die in den ersten Lagern noch anzutreffende Kommissionierung innerhalb eines einteiligen Hauptlagers ist heute bei größeren Lagern weitgehend einer mindestens zweiteiligen Lagerstruktur mit Reserve- und Kommissionierbereich gewichen. In Abhängigkeit von unterschiedlichsten Artikelmerkmalen kann ein Vertriebszentrum heute durchaus zahlreiche spezialisierte Lagerbereiche aufweisen.

Unabhängig von den gerade beschriebenen Struktur- und Ablaufvarianten in der Kommissionierung wird bei der Benutzerführung in Bild C 4.4-4 zwischen drei verschiedenen Grundformen unterschieden:
- Kommissionieren mit Papier,
- Online-Systemvorgabe,
- Online-Benutzervorgabe.

Bei Kommissionierformen auf der Basis von *Papier* (Lieferschein, Picklisten, Etikettenfahnen) kann die Durchführung der Kommissionierung offline erfolgen. Es wird keine dezentrale oder mobile Rechnerperipherie benötigt, jedoch erfolgt die Quittierung oder eine Fehlerbehandlung mit zeitlicher Verzögerung.

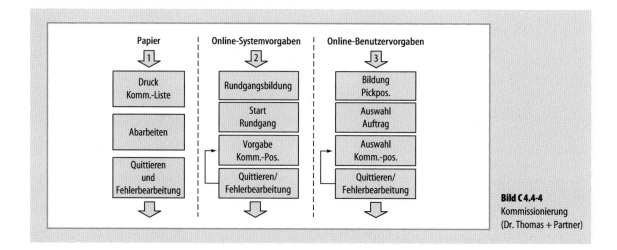

Bild C 4.4-4
Kommissionierung
(Dr. Thomas + Partner)

Bei den papierlosen Kommissionierformen ist nochmals prinzipiell zu unterscheiden zwischen einer (Zwangs-)Führung des Benutzers durch das *System* (d. h. Rechner bestimmt Abarbeitungsreihenfolge) und der Bestimmung der Abarbeitungsreihenfolge durch den *Benutzer* (dem dann vom Rechner mehrere Aufträge oder Pickpositionen zur Auswahl angeboten werden).

Die dritte Form in Bild C 4.4-4 bietet dem Benutzer zwar maximale Flexibilität, sollte aber dennoch nur dann zum Einsatz kommen, wenn eine Führung durch das System nicht sinnvoll möglich ist.

C 4.4.6.3 Fehlerbearbeitung in der Kommissionierung

Eine wesentliche Rolle in der Kommissionierung spielt die *Fehlerbearbeitung*. So muss z. B. für den Fall eines Bestandsfehlers ein eindeutiger und einfacher Ablauf definiert sein, der es dem Kommissionierer erlaubt, trotz des aufgetretenen Fehlers ohne Unterbrechung weiterzuarbeiten.

C 4.4.6.4 Pick-and-Pack-System

Bei sog. Pick-and-Pack-Systemen wird direkt in die Versandkartons kommissioniert. Dadurch verlassen stets vollständige Packstücke die Kommissionierung, so dass eine nachgelagerte *Packerei* nur noch Kontrollfunktionen hat und evtl. Belege ergänzt.

C 4.4.6.5 Zweistufiges Kommissionieren

Bei zweistufigen Kommissionierungen müssen über einen Sortiervorgang aus den artikelbezogen kommissionierten Sammelrundgängen die Waren für jede Sendung zusammengeführt und verpackt werden. Hier kommen gerade in Vertriebszentren mit hohem Durchsatz Sortiermaschinen zum Einsatz, deren Rechner als unterlagerte Systeme vom Logistikrechner einzubinden sind. Der Einsatz der *Sortertechnik* (siehe Abschn. C 2.4) ermöglichte in den 80er Jahren einen Quantensprung in der Leistungsfähigkeit solcher Vertriebszentren.

Der Grund wird am einfachsten deutlich, wenn die Arbeitsweise in der alten *einstufigen Kommissionierung* bei einem sehr großen Artikelsortiment näher beleuchtet wird: Bei einem Artikelsortiment von u. U. 100 000 verschiedenen Artikeln (Versandhaus) erstreckt sich das Kommissionierlager über zehntausende von Quadratmetern. Bei einer einstufigen (auftragsorientierten) Kommissionierung müsste so der Kommissionierer sehr lange Wege für die Komplettierung eines Auftrags zurücklegen.

In der Leistung zwischen diesen beiden Extremen liegen die sog. *Weiterreichsysteme* (oder Bahnhofsysteme), in denen an Stelle des Kommissionierers auftragsbezogene Behälter oder Kartons durch die Kommissionierung gefördert werden.

C 4.4.7 Nachschub

Eine weitere Schlüsselfunktion, die eng mit der Kommissionierung verzahnt sein muss, ist der *Nachschub* vom Hauptlager (Reservelager) in die Kommissionierung.

Während in der frühen Lagerverwaltung das Auffüllen eines Artikels im Greiflager bei Bedarf durch den Menschen anzustoßen war (*manueller Nachschub*), sorgt ein modernes Logistiksystem bereits vor dem Start eines Kommissioniervorgangs dafür, dass ausreichender Bestand im Kommissionierbereich vorliegt. Dabei greifen zwei unterschiedliche Mechanismen ineinander:
- vorsorglicher Nachschub,
- Bedarfsnachschub.

Beim *vorsorglichen Nachschub* wird bei Unterschreitung eines einstellbaren Mindestbestands für einen Artikel im Kommissionierbereich automatisch auch ohne Vorliegen eines konkreten Bedarfs ein Auffüllvorgang angestoßen. Als alleiniger Mechanismus ist der vorsorgliche Nachschub jedoch nicht ausreichend, da ein Spitzenbedarf zwischen zwei Nachschubzyklen u. U. immer noch zu Fehlbestand in der Kommissionierung führen kann.

Der *Bedarfsnachschub* (oder Auftragsnachschub) löst hingegen nur dann einen Auffüllvorgang aus, wenn bei der Disposition der Bestände in der Kommissionierung für konkrete Aufträge der Bestand nicht mehr ausreicht.

Durch die Kombination beider Nachschubformen wird eine gleichmäßige Systemauslastung bei maximaler Lieferbereitschaft erreicht: in Schwachlastzeiten kann die vorhandene Überkapazität zu einer vorsorglichen Auffüllung des Kommissionierlagers genutzt werden, so dass bei Lastspitzen in möglichst wenigen Fällen durch (zeitkritischen) Bedarfsnachschub ein Fehlbestand ausgeglichen werden muss.

Die beschriebene bedarfsangepasste Auffüllung eines Artikels im Kommissionierlager kann bei Spitzenbedarf dazu führen, dass der angeforderte Nachschub nicht mehr komplett in einem Kommissionierplatz untergebracht werden kann. Deshalb verträgt diese Strategie sich nicht mit einem Festplatzprinzip. Vielmehr muss über eine Fachvergabe, welche auch unter dem Begriff „dynamische" oder auch weniger zutreffend „chaotische Fachvergabe" bekannt ist, eine Anpassung der Lagerkapazität an den Bedarf je Artikel erfolgen. So kann ein besonders stark frequentierter Artikel in der Kommissionierung mehrere Fächer belegen, während ein selten benötigter Artikel evtl. überhaupt nicht im Kommissionierbereich vertreten ist.

Neben der reinen Bestandsüberwachung und Nachschubplanung ist für die konkrete Durchführung des Nachschubs wieder das *Staplerleitsystem* als Baustein im Einsatz.

C 4.4.8 Warenausgang

Die fertigen Packstücke durchlaufen auf der Ausgangsseite in Abhängigkeit von der Vielfalt, der zu bedienenden Frachtführer und Ausgangsrelationen unterschiedlichste Abläufe. Im Kern besitzen alle die Gemeinsamkeit, dass die Packstücke einer Sendung bis zum Abfahrtzeitpunkt des Lkw abgefertigt und verladen sein müssen. Insbesondere bei einem Split der Kommissionierung auf mehrere Lagerbereiche hat der Warenausgang eine *Konsolidierungsfunktion* (Zusammenführung aller Teile einer Sendung).

Diese Aufgabenstellung ist im einfachsten Fall durch ein Sammeln der Packstücke auf Bereitstellflächen im Warenausgang gelöst, die z. B. Postleitzahlenbereiche zu Zielrelationen zusammenfassen. Im anderen Extremfall wird durch ein Umsortieren auf einer komplexen Fördertechnik eine Ladung in einer vorher geplanten Beladereihenfolge so vorbereitet, dass die eigentliche Beladung der Lkw vollautomatisch erfolgen kann.

Neben der Abfertigung des Outputs der eigenen Kommissionierung sind hier teilweise Bypassanteile aus dem Wareneingang oder der Produktion zuzusteuern oder Fremdware unbekannten Inhalts zu integrieren.

Sofern nicht schon im Verlaufe der vorgelagerten Tätigkeiten erledigt, sind spätestens vor der Verladung die auf der Ausgangsseite benötigten *Belege und Labels* zu erzeugen und beizufügen:

C 4.4.8.1 Warenausgangsbelege

– Lieferschein bzw. Rechnung je Sendung,
– Nummer der Versandeinheit-Label (NVE-Label) bzw. Adressaufkleber je Packstück,
– Ladelisten.

Bei Rechnungen ist die saubere Aufgabenteilung zwischen kaufmännischem und logistischem System zu beachten: Das logistische System verfügt zwar über die tatsächlichen Ist-Mengen der ausgelieferten Sendung, die Erzeugung bzw. Korrektur der Rechnung ist jedoch immer alleinige Aufgabe der kaufmännischen EDV. So ergibt sich hier der Zwang zu einer engen Verzahnung.

C 4.4.8.2 Erstellung von Lieferscheinen und Rechnungen

Die Sollrechnung kann mit den Solldaten einer Sendung an das logistische System übermittelt werden. Bei Abweichungen (Fehlmenge, Ausweichartikel usw.) muss nach einer entsprechenden Rückmeldung an das kaufmännische System eine aktualisierte Rechnung an das logistische System übergeben werden. Das logistische System hat dann „nur" noch die Aufgabenstellung, diese Rechnung physisch der Ware beizusteuern, d. h. sie am richtigen Ort zum richtigen Zeitpunkt auszudrucken.

Ergebnis dieser Mechanismen ist die Erstellung von Lieferscheinen und Rechnungen, die nicht die vom Hostsystem ursprünglich vorgegebenen Sollpositionen wiedergeben, sondern auch in Sonderfällen (Fehlbestand, erkannter Qualitätsmangel) die tatsächlich ausgelieferten Artikel und Mengen.

Abschließend findet auf der Ausgangsseite evtl. unmittelbar bei der Verladung nochmals eine *Warenausgangserfassung* statt, mit deren Hilfe eine letzte Vollständigkeitskontrolle ermöglicht wird.

C 4.4.8.3 Sendungsverfolgung

Um in Zusammenarbeit mit dem Spediteur oder Paketdienst eine *Sendungsverfolgung* realisieren zu können, sind die Sendungs- bzw. Packstückdaten evtl. den betroffenen Spediteuren per Datenfernübertragung (DFÜ) zu avisieren (Notice/Despatch-Advice).

C 4.4.9 Intralogistische Prozesse

In Bild C 4.4-5 werden die Entwicklungsstufen vom einfachen elektronischen Karteikasten bis zur hochintegrierten Betriebssteuerung in einem modernen Logistiksystem zusammengefasst. Dabei ist die Aufzählung von externen *Anforderungen*, technischen *Möglichkeiten* und den sich daraus ergebenden *Lösungen* nicht als streng sequentielle Abfolge zu interpretieren. In konkreten einzelnen Systemen wurden die beschriebenen Entwicklungsstufen durchaus in anderen Reihenfolgen durchlaufen.

C 4.4.9.1 Abhängigkeit von der Zuverlässigkeit aller beteiligten Komponenten

Die beschriebene Entwicklung ist aber auf jeden Fall mit einer zunehmenden Technisierung des Ablaufs verbunden, die in einer hohen Abhängigkeit von der *Zuverlässigkeit* aller beteiligten Hard- und Softwarekomponenten mündet. Deshalb ist eine Absicherung der kritischen

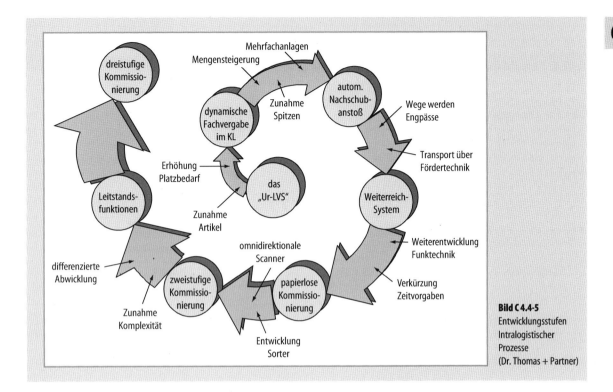

Bild C 4.4-5 Entwicklungsstufen Intralogistischer Prozesse (Dr. Thomas + Partner)

Komponenten durch redundante Auslegung Pflicht. Dabei gelten unter anderem die Regeln:
- Alle kaufmännisch relevanten Daten und alle Lagerbestände sind zuverlässig gegen Datenverluste abzusichern.
- Bewegungsdaten können dann flüchtig gehalten werden, wenn Prozeduren zum Wiederaufsetzen nach einem Datenverlust existieren sowie die nichtdynamischen Datenanteile durch einen Abgleich mit dem überlagerten System wieder gewonnen werden können.

Können einzelne technische Komponenten wegen eines unumgänglichen „Single Point of Failure" nicht gegen einen Ausfall abgesichert werden, ist nach Möglichkeit ein manueller Notablauf für einen Betrieb mit stark reduzierter Leistung vorzusehen.

Die Erhöhung der technischen Zuverlässigkeit (siehe Kap. C 6) durch Redundanz in den beteiligten Komponenten ist nur bis zu einem gewissen Grad sinnvoll, da jede weitere Redundanz zu einer Zunahme der Komplexität führt. Die Begrenzung der Komplexität einer Anlage ist aber erwiesenermaßen auch ein erprobtes Mittel zur Erhöhung der Verfügbarkeit.

C 4.4.9.2 Steigerung der Produktivität

Bei Ausnutzung aller heute existierenden Möglichkeiten erlauben moderne Logistiksysteme eine Steigerung der *Produktivität* (täglicher Ausstoß je Mitarbeiter) gegenüber einer rein manuellen Distribution um mehr als den Faktor zehn.

C 4.4.9.3 Lagerleitstand

Die in Bild C 4.4-5 angedeutete Entwicklung eines hochintegrierten Logistiksystems erreicht von einem gewissen Grad der Komplexität an einen Punkt, ab dem die zu steuernden Vorgänge nur noch durch die Installation eines *Leitstands* überschaubar sind. Darunter werden alle Funktionen verstanden, die durch übersichtliche Darstellung des aktuellen Systemzustands dem Menschen die Möglichkeit zu rechtzeitiger Reaktion auf Engpässe oder Fehler geben. Im Zentrum aller Darstellungen stehen dabei immer wieder
- der Arbeitsvorrat in den einzelnen Bereichen,
- der Arbeitsfortschritt, d. h. die schon abgearbeiteten Umfänge.

Da bei gut ausgelegter Technik die Leistung der Mitarbeiter den Durchsatz bestimmt, ist auf der Basis dieser Informationen durch eine entsprechende *Personalsteuerung* dafür zu sorgen, dass die Leistung in den einzelnen Bereichen den aktuellen Anforderungen angepasst wird.

C 4.4.9.4 Permanente Inventur

Während in älteren Lagern für die wirtschaftliche Bewertung der Lagerbestände einmal jährlich eine Komplettaufnahme alle Artikelbestände erforderlich war, ist in modernen Lagern die *permanente Inventur* die Regel. Dieses Verfahren macht sich die Vorgabe zunutze, dass jeder Artikel zwar einmal jährlich gezählt werden muss, dies aber durchaus über das Jahr verteilt werden kann. Weiterhin wird bei permanenter Inventur jede im Normalablauf ohnehin stattfindende Zählung als Inventurzählung behandelt. So müssen in einem solchen Lager nur noch (über das Jahr verteilt) Zählungen für diejenigen Paletten angestoßen werden, deren letzte Zählung bis zum Inventurstichtag länger als ein Jahr zurückliegt. Schließlich benötigt der Betreiber eines komplexen Lagers eine Reihe unterschiedlichster *Statistiken*, um eine Einschätzung der Leistungsfähigkeit von Mensch und Maschine zu ermöglichen.

Literatur

[Tho96] Thomas, F.: Die logistische EDV des Otto-Versandes – Maßanzug des Modellathleten in Haldensleben. In: VDI FML Jahrbuch 96. Düsseldorf: VDI-Verlag 1996

[Tho98] Thomas, F.: Produktivitätssteigerung durch innovative DV-Lösungen in der Kommissioniertechnik. Bd. 41: Dialogistik. Forum „Pick-Pack" – Kommissionierung in der Kostenklemme. BVL Offenbach 1998

C 4.5 Adaptive Informationstechnik für Intralogistiksysteme

Die Intralogistik bietet finanzielle Einsparpotenziale, die zügig ausgeschöpft werden müssen. Grundvoraussetzung ist der Einsatz einer langfristig ausgelegten, kontinuierlich adaptierbaren Informationstechnik (IT), die sich dem stetigen Wandel des Unternehmens in der Zukunft anpasst, aber auf Seiten der IT bezüglich Flexibilität keinesfalls gebremst wird.

An IT-Systeme der Intralogistik werden vielfältige Anforderungen gestellt, obwohl die grundlegenden Funktionalitäten gleichartig oder mindestens ähnlich erscheinen. Vor diesem Hintergrund erscheint die Überlegung zielführend, wie bei der Konstruktion der IT-Systeme eine neue Anwendung, einer Wiederverwendung zugänglich gemacht werden kann.

Seit Jahren ist daher der Wunsch nach Wiederverwendung viel größer als der Wiederverwendungsgrad, obwohl (wahrscheinlich aus Werbegründen) oft hohe Wiederverwendungsgrade propagiert werden. Die heute erreichte Entwicklung der objektorientierten Softwaretechnik und die zunehmende Durchdringung der industriellen Softwareproduktion mit dieser Technik ermöglicht es, Systementwürfe zu erstellen, die in ihrer Anlage schon die Chancen – sowohl für einen hohen Wiederverwendungsgrad als auch für eine erleichterte Anpassbarkeit – bieten.

C 4.5.1 Adaptive IT am Praxisbeispiel eines Distributionszentrums

Die adaptive IT steht für die Lösungsphilosophie, anstatt eines großen Programms viele kleine Programmmodule, auch Services genannt, zu erstellen. Diese werden ähnlich wie Bausteine zusammengesetzt. Die Plattform bilden die Datenbank und die Schnittstellen zu den Programmmodulen, wie in Bild C 4.5-1 dargestellt.

Angewendet auf die Prozesse jedes Distributionszentrums folgt daraus: Es gibt zwischen dem Wareneingang und Warenausgang immer die Prozesse Lagerung, Transport und Auftragsabwicklung sowie die Schnittstellen zu über- und unterlagerten Systemen (s. Bild C 4.5-2).

Daher liegt es nahe, die immer wiederkehrenden Prozesse jedes Distributionszentrums einer Wiederverwendbarkeit und einer leichten Anpassbarkeit zugänglich zu machen. Damit eine kundenspezifische Lösung durch wiederverwendbare Bausteine in einem Distributionszentrum gelingt, müssen die jeweiligen betrieblichen Abläufe bis ins Detail verstanden werden.

C 4.5.1.1 Materialflusssteuerung als Dienstleistung für ein Distributionszentrum

Als Materialflusssteuerung MFS (bzw. Materialflussrechner MFR) wird sehr häufig eine direkt einer Förderanlage zugeordnete Auftragsverwaltung bezeichnet. Diese Sicht aber wird der Aufgabe nicht gerecht, wenn in einem Logistikzentrum eine gewachsene, heterogene Struktur an Förderanlagen existiert, die erst in ihrem koordinierten Zusammenwirken einen effizienten Betrieb ermöglichen.

Die Materialflusssteuerung im engeren Sinne ist in der Welt der IT-Systeme von Logistikzentren eine wichtige Funktion. Einerseits durch eine i.d.R. investitionskostenoptimierte Anlage oder einem Konglomerat verschiedener Anlagen und Ausbaustufen bestimmt, andererseits von den

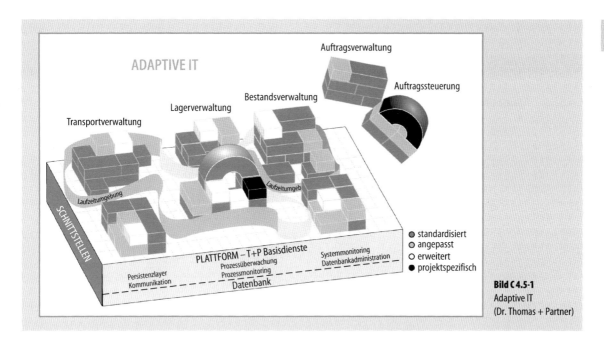

Bild C 4.5-1
Adaptive IT
(Dr. Thomas + Partner)

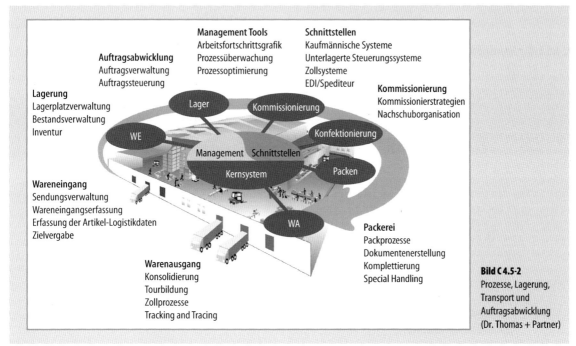

Bild C 4.5-2
Prozesse, Lagerung,
Transport und
Auftragsabwicklung
(Dr. Thomas + Partner)

Funktionen des operativen Betriebs mit unterschiedlichen Strategien benutzt, soll sie zu jedem Zeitpunkt den optimalen Durchsatz der Anlage gewährleisten. Dabei muss sie in ihrem Verhalten berechenbar und stabil sein, um jederzeit zur Laufzeit an neue Strategien, erweiterte Anlagen und neue Ideen angepasst werden zu können. Dies setzt in der

Materialflusssteuerung eine standardisierte Lösung voraus, die flexibel genug ist, mit allen Anforderungen fertig zu werden und die leicht an neue Anforderungen angepasst bzw. erweitert werden kann.

C 4.5.1.2 Transportdurchführung

Die MFS hat primär die Aufgabe, bestehende, von anderen Systemen erzeugte Transportaufgaben so durchzuführen, dass die Anlage nicht blockiert („zugefahren") wird. Hierzu hat sie den Betriebszustand der Anlage und den Belegungszustand von Strecken, Punkten und Transportressourcen zu beachten und die vorhandenen verfügbaren Fördermittel mit entsprechenden Fahraufträgen zu beauftragen. Die Durchführung der Fahraufträge selbst ist nicht Aufgabe der Materialflusssteuerung, sondern die der unterlagerten Steuerungen. Insbesondere muss bei der Transportkoordination die Tatsache berücksichtigt werden, dass die Belastungssituation aller Förderbereiche gemeinsam berücksichtigt wird. So ist beispielsweise die oft anzutreffende Konstellation eines Staplerverkehrsbereiches in Kombination mit einer Palettenfördertechnik und einem automatischen Hochregallager gemeinsam zu steuern.

C 4.5.1.3 Transportverwaltung

Die wichtigste Funktion der MFS ist die Beauftragung von Fördersystemen mit Fahraufträgen in einer Weise, die die Anlage optimal auslastet und die logistischen Prozesse bestmöglich bedient. Beide Ziele können nicht unabhängig voneinander erreicht werden, manchmal entstehen Zielkonflikte. Führend ist immer der logistische Prozess: die termingerechte und vollständige Auslieferung von Ware ist das Primärziel, an dem sich sowohl die Gestaltung der Anlage, als auch deren Betrieb zu orientieren hat. Die optimale Auslastung der Anlage durch die Materialflusssteuerung ist diesem Ziel untergeordnet. Deshalb ist die Transportverwaltung die zentrale Instanz zur Überwachung, Beauftragung und Koordination aller Transportaufträge und Transportressourcen.

C 4.5.1.4 Prozesse: Lagerverwaltung und Bestandsverwaltung

Unter dem Oberbegriff *Lagerung* (Bild C 4.5-2) sind die Prozesse Lagerplatzverwaltung, Bestandsverwaltung bis hin zu den Inventurfunktionen vermerkt.

Unter der *Lagerplatzverwaltung* verbirgt sich wiederum die *Lagerorganisation* mit den Unterpunkten:

- Lagerparametrierung für hohe Flexibilität in der Kapazitätsausnutzung,
- Handling von qualitätsgestuften Waren,
- Handling von Mischkartons, Retouren und kundenspezifischen Kartoninhalten/Lot,
- Lagertopologie und Zonenstrategie,

die *Belegungsstrategien/Platzvergabestrategien* mit den Unterpunkten:

- artikel- und lagerbereichsbezogene Strategien für eine gute Platzausnutzung und kurze Wege bei der Ein- und Auslagerung,
- bedarfsgerechte Lagerplatzordnung: von Festplatzzuordnung bis zur dynamischen Lagerplatzvergabe,

und die *Bewegungen* mit den Unterpunkten:
- Optimierung durch Verdichtungsprozesse,
- transparente Prozesse im Bewegungsprotokoll.

Unter dem Begriff *Bestandsverwaltung* subsumieren sich die:

Artikelstammpflege
- Erfassung und Verwaltung der Artikelstammdaten,
- Pflege der logistischen Daten zum Artikel.

Bestandsdisposition
- optimale Bestandshaltung zur Erfüllung der geforderten Lieferfähigkeit,
- Dispositionsstrategien auf Basis der Artikellogistikdaten,
- Sicherung der Warenverfügbarkeit am Zugriffsplatz,
- standortübergreifende Nachschubstrategien.

Bestandsbewegungen
- durchführen von Einzel- und Sammelumlagerungen,
- automatische und kontrollierte manuelle Korrektur der Bestände,
- Sichtbarkeit aller Bewegungen im Bestandsprotokoll.

Inventurfunktionen
- permanente Aktualisierung inventurrelevanter Daten bei Bestandsbewegungen,
- zertifizierte Prozesse mit Wirtschaftsprüfertestat.

Zollprozesse
- Rückverfolgbarkeit des Ursprungs.

Begreift man durch die vorangegangene grobe Vereinfachung, dass die Prozesse Lagerplatzverwaltung und Bestandsverwaltung weiter detailliert werden können, hat man gedanklich zu dem Denken „in wiederverwendbaren

Bausteinen" (im IT Sprachgebrauch als Module oder Services bezeichnet) die Brücke geschlagen.

Selbst bei diesem groben Detaillierungsgrad fällt auf, dass es eine Lagerplatzverwaltung und eine Bestandsverwaltung in unterschiedlicher Ausprägung – je nach Anwendungsfall – geben kann. Aber man erkennt auch, dass es Grundfunktionen der Lagerverwaltung und der Bestandsverwaltung gibt, die in jedem Distributionszentrum abgebildet werden müssen. Konsequenterweise werden diese Grundfunktionen als wiederverwendbare Bausteine ausgeführt und können damit projektspezifisch angepasst oder erweitert werden (siehe Bild C 4.5-1).

C 4.5.1.5 Adaptive IT für Zukunftssicherheit und Flexibilität

Das beschriebene Baukastensystem ist ein sehr wirkungsvolles Instrument zur Veranschaulichung. Zunächst sollte man sich die Frage stellen, welche Bausteine/Module überhaupt erforderlich sind, um die jetzt tatsächlich geforderten Aufgaben zuverlässig lösen zu können. Sind tatsächlich alle denkbaren Features und Module, die angeboten werden, nutzbringend oder nicht?

Es funktioniert genau wie bei einem Baukasten:

Erst wenn man merkt, dass man neue Bausteine (Module) braucht, erst dann erwirbt man sie.

Der wesentliche Schlüssel dieser Adaptivität liegt – neben der Flexibilität der Module – in der konsequenten Nutzung der zentralen Datenbank. Sie ist gleichermaßen Plattform jeder Individuallösung und sie stellt sicher, dass Informationen dort verfügbar sind, wo sie benötigt werden.

Wirtschaftlich bedeutet die adaptive IT, die Entwicklung der Prozess-Schritte des Unternehmens im Gleichtakt mit der IT-Infrastruktur übertragen zu können, also ohne investiv bereits mehrere Schritte vorauszueilen. Kommt eine neue Aufgabe hinzu, so wird das entsprechende Modul erworben und implementiert. Fällt eine Aufgabe oder Anforderung weg, so wird das entsprechende Auswertungsmodul konsequenterweise eliminiert, ohne aber die Abläufe zu beeinflussen.

Diese auf den ersten Blick nicht unbedingt als erforderlich erscheinende Maßnahme zeigt bei detaillierter Betrachtung jedoch schnell ihren investiven Nutzen: mit jeder wegfallenden Rechenoperation werden die Aufwendungen für die Wartung reduziert und die Hardware wird entlastet. Bei großen Warehouse-Lösungen, die eine halbe Million Sendungen pro Tag „organisieren", kann das zu spürbaren Budget-Entlastungen führen, ohne dafür mit Einschränkungen „bezahlen" zu müssen.

Diese Philosophie steht dem „Handy-Syndrom" vieler Softwarelösungen entgegen, deren Funktionalitäten teilweise nur bis zu zehn Prozent genutzt werden und deren Kernfunktionen – telefonieren zu können – zur Nebensache wird.

Herkömmliche Software mit aggregierender Modularstruktur, die die standardmäßige Entfernungsmöglichkeit von Komponenten nicht unmittelbar vorsieht, hat die negative Eigenheit, mit jedem Release-Wechsel prozessbegleitend mitzuwachsen und der Hardware immer mehr Operationen abzuverlangen. Das geht zu Lasten der Laufzeit, Datenspeicherung und Datenadministration und letztlich des Budgets.

Ein weiterer implizierter Nutzen der adaptiven IT ist zudem, dass die unterschiedlichen Module im Lauf der Lebenszyklen selbst modernisiert oder ersetzt werden können. Module, die irgendwann einmal neue, projektspezifische Prozesse verarbeiten müssen, können „in sich" erweitert werden, ohne dabei in ihrer Wechselwirkung mit dem Gesamtsystem eine Veränderung zu bewirken.

Literatur

[Bal06] Balbach, U.: Interdisziplinäre Zusammenarbeit in der Intralogistik erschließt Innovationspotentiale. In: Arnold, D. (Hrsg.): Intralogistik. Berlin/Heidelberg/New York: Springer 2006, 31–44

[Gut06] Gutbrod, C.; Sang, R.: ISA-Modell – Modellhafte Beschreibungsmethodik in der Lagerlogistik. VDI-Berichte Nr. 1928, Düsseldorf 2006

[Tho05] Thomas, F.: Intelligenter produzieren – Intralogistik als Erfolgsfaktor für die Produktion. Frankfurt/Main: VDMA-Verlag 2005

[Tho06a] Thomas, F.: Flexible Warehouse Solution Software nach SAIL am Praxisbeispiel adidas. 23. Deutscher Logistik-Kongress Berlin. Hamburg: Deutscher Verkehrs-Verlag 2006

[Tho06b] Thomas, F.: Informationstechnologie als Treiber der Intralogistik. In: Arnold, D. (Hrsg.): Intralogistik. Berlin/Heidelberg/New York: Springer 2006, 193–211

C 4.6 Identifikationssysteme

C 4.6.1 Identifizieren

Unter „Identifizieren" versteht man das eindeutige, zweifelsfreie Erkennen eines Objektes. Dies entspricht der Formulierung der DIN 6763 in der die Identifikation definiert ist als „... das eindeutige und unverwechselbare Erkennen eines Gegenstandes anhand von Merkmalen (Identifizierungsmerkmalen) mit der für den jeweiligen Zweck festgelegten Genauigkeit".

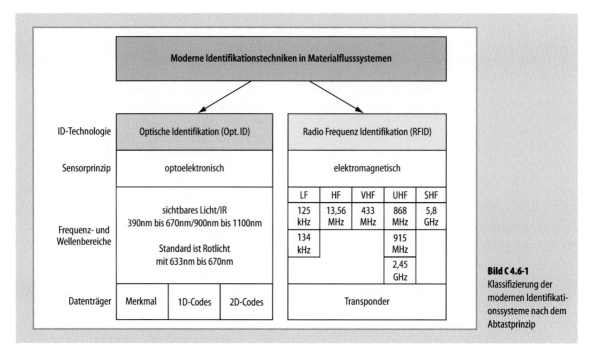

Bild C 4.6-1
Klassifizierung der modernen Identifikationssysteme nach dem Abtastprinzip

C 4.6.2 Klassifikation der Identifikationssysteme

Die automatische Identifikation ist faktisch das Bindeglied zwischen Informationsfluss und Materialfluss. Mit deren Hilfe werden die Objekte im Materialfluss erkannt, so dass die Materialflusssteuerung daraus Maßnahmen ableiten kann, die anschließend von den Aktoren umgesetzt werden.

Die Möglichkeiten der unterschiedlichen Identifikationstechnologien sind sehr vielfältig. Einerseits können die Objekte direkt anhand ihrer spezifischen Merkmale identifiziert werden (z. B. durch Form, Farbe, Größe und Gewicht), andererseits kann zur eindeutigen Kennzeichnung am Objekt ein Daten- bzw. Informationsträger angebracht werden, der bei Bedarf ausgelesen und/oder beschrieben wird. Im industriellen Einsatz und in der Logistik wird heute nur noch auf die zuletzt genannte Methode gesetzt, denn damit lässt sich jedes Objekt eindeutig bestimmen. Eine wichtige Voraussetzung für Tracking und Tracing.

Ein Identifikationssystem besteht in seiner einfachsten Bauform aus einem Datenträger, der von einer Leseeinheit abgetastet wird. Die Abtastung erfolgt heute vorzugsweise nach zwei physikalischen Prinzipien, optisch und elektromagnetisch (Bild C 4.6-1). Das Ergebnis wird von einer Auswerteeinheit weiter verarbeitet, logisch ausgewertet, aufbereitet und dem Informationssystem zur Verfügung gestellt.

C 4.6.3 Identifikationssysteme mit optischen Datenträgern

Die meisten Identifikationsaufgaben in der Logistik und Distribution werden heute durch Identifikationssysteme mit optischen Datenträgern (Bild C 4.6-2) gelöst. Sie lassen sich sowohl in geschlossenen Fertigungssystemen als auch in offenen Logistiksystemen wirtschaftlich einsetzen. Die wichtigsten Gründe für die große Verbreitung dieser Identifikationssysteme liegen darin, dass sich optische Datenträger sehr preisgünstig herstellen lassen und dass für die Codiertechnik weltweit gültige Standards existieren, wie z. B. der ASC/MH10 Standard und der EAN/UCC Standard mit der Umsetzung im EAN 128 Code. Beide Systeme besitzen weltweit eindeutige Datenstrukturen für die Logistik, die über die ISO/IEC 15418 gegenseitig übersetzt werden, so dass ein bidirektionaler Datenaustausch zwischen den EAN/UCC Applikation Identifiern und den ASC/MH10 Daten Identifiern möglich ist. [Len04].

C 4.6.3.1 Codearten

Neben der anwendungsgerechten Strukturierung des Datenkonzeptes spielt bei Identifikationssystemen mit optischen Datenträgern die Auswahl der geeigneten Codierung und der Codeart eine wichtige Rolle, um im praktischen Betrieb eine zuverlässige Funktion zu errei-

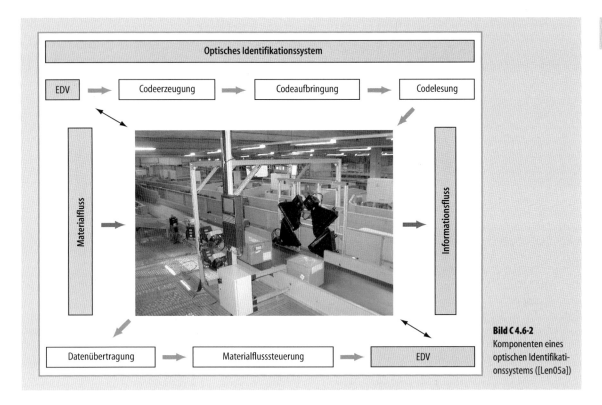

Bild C 4.6-2 Komponenten eines optischen Identifikationssystems ([Len05a])

chen. So lassen sich folgende Hauptgruppen optischer Codierungen unterscheiden:
- 1D-Codes (Strichcodes bzw. Barcodes),
- 2D-Codes (Stapelcodes, Composite Codes, Dotcodes Matrixcodes),
- Klarschriften,
- Sonstige Codierungen.

Sonstige Codierungen wie Codierleisten, Druckmarken, Farben o. ä. sind, was die Anzahl der Anwendungen in Materialfluss und Logistik betrifft, so selten, dass sie hier nicht beschrieben werden.

1D-Codes

Als 1D-Codes werden heute auch die Strichcodes bzw. Barcodes bezeichnet. Sie sind praktisch in allen offenen und geschlossenen Systemen in Erwägung zu ziehen, wenn manuell unterstützte, halbautomatische oder automatische Identifikationssysteme eingesetzt werden sollen. Die an die Umgebungsbedingungen (Verschmutzungswahrscheinlichkeit) einfach anpassbare Redundanz in Form der Strichlänge, die Vielzahl an leistungsfähigen und zugleich preisgünstigen Standardlesegeräten und die große Zahl

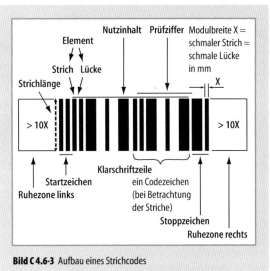

Bild C 4.6-3 Aufbau eines Strichcodes

realisierter Anwendungen machen den Strichcode zum bevorzugten Datenträger in allen Bereichen des Handels, der Industrie, der Logistik und in der Dienstleistung.

Ein 1D-Code bzw. Strichcode besteht aus 2 Ruhezonen, 1 Startzeichen, mehreren Codezeichen, 1 Prüfzeichen und 1 Stoppzeichen (Bild C 4.6-3). Die hellen Ruhezonen vor und hinter der Codierung dienen der schnellen Auffindbarkeit der Strichcodes durch die Lesegeräte, insbesondere wenn sich die Strichcodes auf Untergründen wie Verpackungsmaterialien befinden, die optisch ähnliche graphische Zeichen aufweisen wie die Strichcodes selbst.

Zur Sicherstellung einer hohen Erkennungsrate ist die minimale Breite der Ruhezonen (mindestens 10-mal die Modulbreite X) in den verschiedenen Strichcodespezifikationen genau vorgeschrieben. Start- und Stoppzeichen sind ein Erkennungszeichen der Codeart und der Leserichtung. Da Strichcodes in der Anwendung auch um 180° gedreht an der Erfassungsstelle (I-Punkt) erscheinen können, kann mit Hilfe des Start- und Stoppzeichens die richtige Reihenfolge der Datenzeichen eindeutig erkannt werden.

Start-, Stopp-, Code- und Prüfzeichen sind jeweils aus einer festen Anzahl von dunklen Strichen und den dazwischen liegenden hellen Lücken aufgebaut. Striche und Lücken werden auch als Elemente bezeichnet. Bei den heute verbreiteten Codearten sind sowohl die Striche als auch die Lücken informationstragend. Die Breite des schmalsten Striches bzw. der schmalsten Lücke wird Modulbreite X genannt, bei Mehrbreitencodes (EAN/UPC oder Code128) auch als ein Modul. Das Verhältnis von breiten Elementen zu schmalen Elementen wird als Druckverhältnis bezeichnet.

Insbesondere durch die zahlreichen Anwendungen im Handel decken die Strichcodes mehr als 70% aller Identifikationsaufgaben ab. Die Codeart *EAN13* bzw. *EAN8*, mit der in Europa praktisch alle Waren ausgezeichnet sind, die den Endverbraucher erreichen, ist die am meisten eingesetzte Codeart. Strichcodes der Codeart EAN13 enthalten 12 Nutzzeichen und 1 Prüfzeichen, die in insgesamt 30 Strichen und 29 Lücken dargestellt werden. Die Elemente sind maximal 4 Module breit, das einzelne Codezeichen 7 Module. Das Pendant zum europäischen EAN im amerikanischen Bereich ist die Codeart *UPCA* bzw. *UPCE*, im japanischen Bereich die Codeart *JAN*.

Im industriellen Bereich werden v. a. die Codearten Code 128, Code 39 und Code 2/5 Interleaved eingesetzt (Bild C 4.6-4). Mit *Code 128* lassen sich insgesamt 128 verschiedene Informationszeichen darstellen (alle 128 Zeichen des ASCII-Zeichensatzes), allerdings werden dazu 3 Zeichensätze A, B und C mit jeweils 103 Codezeichen benötigt, zwischen denen bei Bedarf unter Verwendung eines (informationslosen) Codezeichens umgeschaltet werden muss. Zur Codierung rein numerischer Informationen wird der Zeichensatz C verwendet, mit dem sich jeweils 2 Ziffern pro

Bild C 4.6-4
Strichcodes

Codezeichen darstellen lassen. Das breiteste Element ist 4 Module breit, jedes Codezeichen besitzt 11 Module.

Code 39 wird nur noch selten verwendet. Der robuste Zweibreitencode, mit dem sich 43 alphanumerischen Zeichen darstellen lassen (10 Ziffern, 26 Großbuchstaben und 7 Sonderzeichen) benötigt relativ viel Platz. Jedes Codezeichen besteht aus 5 Strichen, 4 Lücken sowie 1 Trennlücke. Somit hat ein Codezeichen eine Gesamtbreite von 13 bis 18 Modulen, je nach Druckverhältnis und Breite der Trennlücke, die zwischen 1 und 3 Modulen breit sein darf. In jedem Codezeichen sind immer genau 3 der 5 Striche und 4 Lücken breite Elemente. Der Code 39 besitzt damit eine hohe Eigensicherheit.

Mit dem *Code 2/5 Interleaved* können nur numerische Daten, d. h. die 10 Ziffern codiert werden. Da in den meisten Anwendungen auf der physischen Ebene jedoch nur rein numerische Informationen wie Lieferschein-, Packstück-, Teile-, Tracking- und Chargennummern erforderlich sind, hat diese Codeart aufgrund ihrer hohen Informationsdichte eine sehr starke Verbreitung erlangt. Bei Benutzung der Prüfziffer und einer festen Stellenzahl in der Anwendung kann der Zweibreitencode mit einer hohen Leserate sicher gelesen werden, wie dies bei den Paketdiensten festzustellen ist.

2D-Codes

Als 2D-Codes (Bild C 4.6-5) bezeichnet man alle Codeformen, deren Inhalt nicht mehr durch eine einzige Abtastline ermittelt werden kann. In diese Kategorie fallen alle Stapelcodes, Composite Codes, Matrixcodes und die alten Dotcodes. Unter günstigen Bedingungen können die Stapelcodes noch durch eine geeignete Abtastung mit mehreren Abtastlinien erfasst werden. Die moderne Identifikation setzt heute zur Lesung von 2D-Codes vermehrt bildverarbeitende Lesesysteme ein, was bei Matrix- und Dotcodes sowieso ein Muss ist.

2D-Codes – Stapelcodes

Stapelcodes sind mehrzeilige Strichcodes (Bild C 4.6-6), die eingesetzt werden, wenn die Codelänge eines einzeiligen Strichcodes bei einem Codierbedarf von mehr als ca. 16 bis 20 Zeichen zu groß werden würde. Stapelcodes erfordern aber eine etwas aufwändigere und damit teurere Lesegerätetechnik. Die Codeart Code 49 mit 49 darstellbaren Zeichen bzw. 81 darstellbaren Ziffern und die Codeart Code 16K mit 77 Zeichen bzw. 154 Ziffern sind ältere Vertreter der Stapelcodes. CODABLOCK A bzw. F ist ein

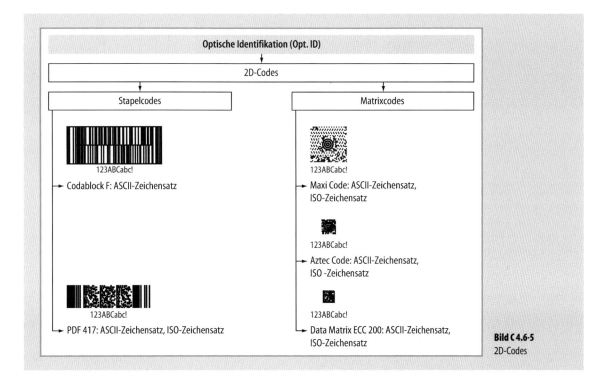

Bild C 4.6-5 2D-Codes

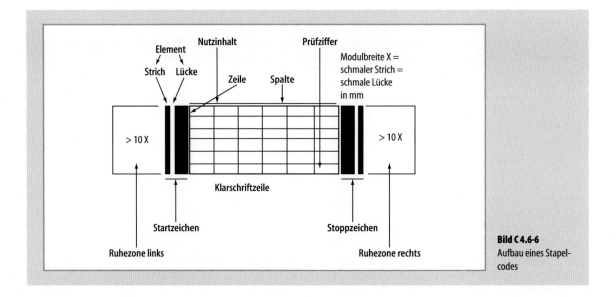

Bild C 4.6-6 Aufbau eines Stapelcodes

mehrzeiliger Code 39 bzw. Code 128 mit einer spezifizierten Prüfzeichenberechnung über alle Zeilen hinweg, der den Vorteil besitzt, dass die bei den Strichcodes verwendete Standard-Lesegerätetechnik mit leichten Modifikationen eingesetzt werden kann.

Als wohl bedeutendster Stapelcode wird der *PDF 417* eingesetzt, insbesondere in der Logistik als „Portabel Data File" als dezentraler, mobiler Datenträger. Dieser besitzt einen an die Umgebungsbedingungen der Applikation anpassbaren Prüf- und Fehlerkorrekturalgorithmus nach Reed Solomon, mit dem sich lokale Verschmutzungen oder Beschädigungen der Codierung nahezu unabhängig von der Beschädigungsstelle bis zu einem gewissen Grad kompensieren lassen. Durch Verwendung von 4, 10, 18, 34, 66, 130, 125 bzw. 514 zusätzlichen Prüf- bzw. Fehlerkorrekturzeichen kann eine Codierung bis zur maximalen Grenze von 2, 8, 16, 32, 64, 128, 256 bzw. 512 beschädigten Codezeichen wieder ergänzt oder bis zur jeweils halben Grenze an verfälschten Codezeichen korrigiert werden. Die Codierung kann maximal 2710 Ziffer, oder 1850 Zeichen oder 1108 Bytes aufnehmen. Ein Codewort besteht aus 17 Modulen, aufgeteilt in 4 Striche und 4 Lücken. Jedes Element kann 1 bis 6 Module breit sein.

2D-Codes – Matrixcodes

Matrixcodes sind optische Codierungen, bei denen im Gegensatz zu den informationstragenden Strich- und Lückensequenzen der Strichcodes die Information durch eine regelmäßige, zweidimensionale Matrix von gesetzten

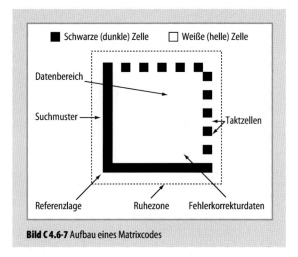

Bild C 4.6-7 Aufbau eines Matrixcodes

und nicht gesetzten Zellen codiert wird (Bild C 4.6-7). Die überwiegend quadratische Matrix enthält eine optische Erkennungsstruktur (Muster), anhand dessen die Codeart und Lage der Matrix erkannt werden. Vorteile der Matrixcodes sind v. a. die gegenüber den Strichcodes größere codierbare Zeichenmenge und die bei Verwendung von Kamera-basierten Lesegeräten omnidirektionale (kippwinkelunabhängige) Lesbarkeit. Die Matrixcodes können mit sehr vielen Drucktechniken erstellt werden, vor allem lassen sie sich sehr leicht die Direktmarkierungsverfahren (DPM = Direct Part Marking), wie Lasergravur, Tintenstahldruck und Prägetechniken in Form des Nadeldrucks

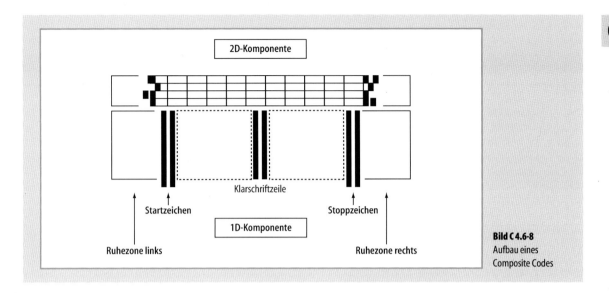

Bild C 4.6-8
Aufbau eines Composite Codes

erstellen. In Verbindung mit den Sensor-Scannern, d. h. Kamera-basierte Lesegeräte mit Bildsensoren in CCD- oder CMOS-Technologie, lassen sich die Matrixcodes in allen bekannten Drucktechniken auf nahezu allen Werkstoffen bei geeigneter Beleuchtung lesen. Nachteile sind die gegenüber Strichcodelesegeräten höheren Kosten der Lesegeräte (bei gleichen optischen Leistungsdaten).

Als gängiger Matrixcode hat sich die Codeart *Data Matrix ECC 200*, mit der sich bis zu 2335 Zeichen oder 3116 Ziffern speichern lassen und die Datensicherheit mit dem Fehlerkorrekturalgorithmus Reed Solomon gewährleistet wird, etabliert. Der *QR-Code*, ist das Pedant zum Data Matrix ECC 200 im ostasiatischen Markt. In USA findet der *Maxi Code* mit 93 Zeichen seine Anwendung bei einem der größten Paketdienste und wartet mit einem Fehlererkennungs- und Korrekturalgorithmus auf, der in zwei Stufen eingesetzt werden kann. Code One, Vericode und ArrayTag sind weitere Vertreter der Matrixcodes, die ebenfalls ihre Anwendungen finden [Len02].

2D-Composite Codes

Diese neue Codestruktur (Bild C 4.6-8) dient der Erweiterung des EAN Systems hinsichtlich einer höheren Flexibilität in der Codierung variabler Maßangaben, Kennzeichnung kleiner Produkte und Zusatzinformationen für Logistikanwendungen. Der neue Begriff „Composite Codes" (CC), steht für die Verknüpfung zu einer Codeeinheit bestehend aus einem 1D-Code, d. h. der 1D-Komponente und einem 2D-Code (Stapelcode), der 2D-Komponente. Es lassen sich dabei verschiedene 1D-Codes mit bis zu 3 unterschiedlichen 2D-Codearten verknüpfen. Das entscheidende dabei ist, dass das Lesegerät zur Lesung des 2D-Codes den 1D-Code als Suchmuster heranzieht. Damit kann der 2D-Anteil sehr kompakt gehalten werden. Der 1D-Code bzw. Strichcode dient nach wie vor zur Artikelkennzeichnung und der 2D-Code beinhaltet die Zusatzdaten, wie z. B. Gewicht, Verfallsdatum oder Chargennummer. Besteht der 1D-Code aus einem RSS-14 und einem 2D-Code, so ist im RSS14 das Flag für eine 2D-Komponente gesetzt. Daraus kann das Lesegerät die Aufgabenstellung zum Lesen von 2 Codierungen eindeutig erkennen. Dasselbe Prinzip gilt auch in der Verbindung mit einem EAN-128 mit 2D-Komponente, jedoch nicht für eine Kombination aus EAN/UPC-Code und einem 2D-Componente. Die Wahl der geeigneten Codekombination hängt primär von der zu codierenden Datenmenge ab. Es stehen verschiedene Composite Codes zur Verfügung: z.B. *RSS14 Composite, RSS14 Limited Composite, RSS14 Stacked Composite*, etc. [Len 02]. Im Februar 2007 wurden alle RSS14 Codes von GS1 in GS1 DataBar umbenannt.

C 4.6.3.2 Codeerstellung

Die Codeerstellung ist mittels gängiger Druckverfahren möglich, die sich einfach in das DV-System integrieren lassen. Matrixdrucker sollten jedoch zur Sicherstellung einer ausreichend hohen Leserate nur für die Herstellung von Zweibreitencodes verwendet werden. Allgemein kann man sagen, dass die Ära der Matrixdrucker zur Etikettenerzeu-

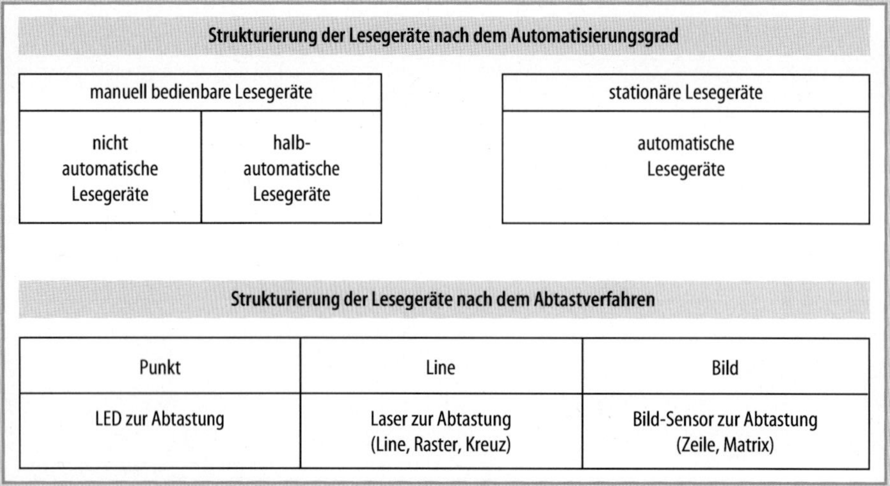

Strukturierung der Lesegeräte nach dem Automatisierungsgrad			
manuell bedienbare Lesegeräte		stationäre Lesegeräte	
nicht automatische Lesegeräte	halb- automatische Lesegeräte	automatische Lesegeräte	

Strukturierung der Lesegeräte nach dem Abtastverfahren		
Punkt	Line	Bild
LED zur Abtastung	Laser zur Abtastung (Line, Raster, Kreuz)	Bild-Sensor zur Abtastung (Zeile, Matrix)

Bild C 4.6-9 Strukturierung der Lesegeräte nach dem Automatisierungsgrad [Len05b]

gung aus Gründen der mangelhaften Druckqualität vorbei ist. Im Vordergrund stehen heute Thermo- und Thermotransferdrucker (200 bis 300 dpi), die ein sehr gutes Druckergebnis liefern und alle gebräuchlichen optischen Codierungen, ob 1D-oder 2D-Codes, auch mit kleinen Modulbreiten, drucken können. Dazu lassen die Thermotransferdrucker eine einfache Anbindung an DV-Systeme, einen robusten Betrieb auch im industriellen Umfeld zu, sowie die Möglichkeit, auch selbstklebende Kunststoffetiketten für alle inner- und außerbetrieblichen Anwendungen zu erstellen. Neben Matrixdruckern mit dem einzigen Vorteil, Durchschläge herstellen zu können, hat sich im Belegdruck auch der Laserdrucker durchgesetzt.

In logistischen Prozessen ist auch neben den Thermo- und Thermotransferetiketten die Ink-Jet-Drucktechnik zu finden, mit der z. B. an der Verpackungsmaschine während der Vorbeifahrt eines Packstücks ein Strichcode aufgespritzt werden kann. In Distributionsprozessen sind bei gleicher Codeinformation in hoher Auflage (z. B. EAN-Codes) v. a. der Offset- und der Flexodruck zu finden. In der Industrie insbesondere im Fertigungsbereich halten die Direktmarkierungsverfahren in Verbindung mit den Matrixcodes immer mehr ihren Einzug, um Bauteile und Baugruppen direkt ohne Etikett zu kennzeichnen. Dennoch ist das Etikett nach wie vor das beste Medium, um ein Objekt zu kennzeichnen, denn der Code kann kontrastreich schwarz auf weiß erstellt werden und die Lesung ist vom Werkstoff des Objekts entkoppelt. Damit kann das Etikett als konstante Größe zu betrachten, das immer eine sehr hohe Leserate garantiert.

C 4.6.3.3 Lesegeräte

Das Angebot an Lesegeräten für die optische Identifikation ist sehr breit gefächert. Es gibt für alle Anwendungsfragen und Einsatzgebiete eine Vielzahl technischer Lösungen, um den optischen Datenträger schnell und sicher zu erfassen. Deshalb ist die Lesetechnik sehr unterschiedlich strukturiert (Bild C 4.6-9).

Manuell bedienbare Lesegeräte

Manuell bedienbare Lesegeräte (Bild C 4.6-10), d. h. halbautomatische Lesegeräte werden dort eingesetzt, wo die Automatisierung des Lesevorgangs aufgrund des Materialflusses oder der eingesetzten Fördertechnik nicht wirtschaftlich erscheint und der Mensch den Lesevorgang mit Hilfe des Lesegerätes durchführt. Je nach Applikation und abhängig davon, ob die erfasste Information aufgrund des informationstechnischen und organisatorischen Ablaufs sofort in einem DV-System vorhanden sein muss, werden mobile Lesegeräte mit Datenfunk (WLAN) eingesetzt oder mobile, speichernde Datenerfassungsgeräte, die offline arbeiten und die erfassten Daten von Zeit zu Zeit im Batch-Betrieb an einen Rechner übertragen.

Mobile Lesegeräte

Mobile Lesegeräte besitzen zusätzlich zum optischen Erfassungsmodul (Scan-Engine) und der Decodiereinheit meist noch eine Kleintastatur und ein Display, mit denen

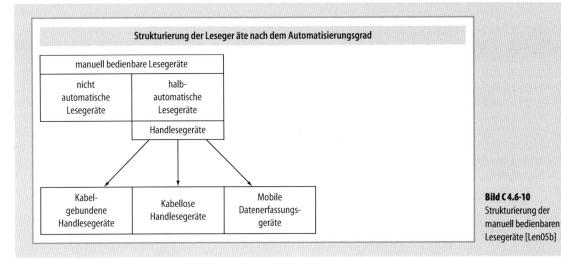

Bild C 4.6-10 Strukturierung der manuell bedienbaren Lesegeräte [Len05b]

außer den über die Codierung erfassten Daten auch weitere Daten (z. B. die aus einem Lagerplatz entnommene Menge) eingegeben werden können. Mobile Lesegeräte arbeiten überwiegend mit Akkus und enthalten ein geräteeigenes Programm (z. B. zur Dokumentation der Entnahme von Teilen aus einem Lager oder für die Erfassungsvorgänge bei der Inventur). Die preiswertere Alternative ist meist das mobile speichernde Gerät, das offline arbeitet. Eine ständige Funkverbindung über ein Wireless LAN sorgt dagegen stets für aktuelle Daten.

Als optische Erfassungsgeräte im Bereich des Strichcode sind v. a. „Lesepistolen" oder „Touchreader" zu nennen, die es für Leseentfernungen von ca. 0,02 bis ca. 2 m gibt (bei überdimensionierter Modulbreite der Strichcodes sogar bis 10 m), CCD-Handscanner, die zur Erfassung kurz auf den Strichcode „aufgelegt" werden, und die in ihrer Bedeutung abnehmenden, aber preisgünstigen Lesestifte, bei denen die optische Tastspitze in einer gleichmäßigen Bewegung über alle Striche und Lücken des Strichcodes geführt werden muss. Im Bereich der Matrixcodes werden Erfassungsmodule mit CCD-Bildsensoren verwendet. Durch eine Zusatzbeleuchtung mit Leuchtdioden sehr hoher Intensität wird mit den pistolenartigen Geräten, die als „Imager" bezeichnet werden, quasi ein „Bild geschossen", das von der Decodiereinheit auf optische Codierungen hin analysiert und der Code anschließend decodiert wird.

Stationäre Lesegeräte

Automatische Lesegeräte (Bild C 4.6-11) werden am I-Punkt einer automatischen Fördertechnik fest montiert. Sie erkennen die Ankunft eines zu erfassenden Objektes z. B. mit Hilfe einer angeschlossenen Lichtschranke automatisch, suchen die optische Codierung auf dem Objekt, decodieren die Daten und schicken diese über eine Schnittstelle zum angeschlossenen Rechner bzw. zur Steuerung. Im Strichcodebereich ist v. a. der Strichcode-Laserscanner zu finden, der so montiert wird, dass die durch den geräteinternen Ablenkprozess des Laserstrahls auf Oberflächen entstehende Abtastlinie alle Striche und Lücken des Strichcodes „schneidet". Für Matrixcodes werden als Lesegeräte Sensor-Scanner, eine an die Anwendung angepasste Beleuchtungstechnik und entsprechende Decodiereinheiten verwendet. Viele automatische Lesegeräte für optische Codierungen werden heute meist mit internen, aufrufbaren Setup-Programmen versehen, mit denen sie sich über die Schnittstelle konfigurieren lassen, so dass auch vom übergeordneten Rechner aus Änderungen vorgenommen werden können (z. B. das Umschalten auf eine andere Codeart). Als Datenschnittstellen werden heute die Feldbussysteme und Ethernet bevorzugt.

Beim Strichcode-Laserscanner erzeugt eine rot emittierende Halbleiterlaserdiode einen stark gebündelten Lichtstrahl. Dieser trifft auf ein rotierendes Polygonrad, einen Walzenkörper, an dessen Umfang mehrere kleine Spiegelelemente angebracht sind. Durch die Reflexion des Laserstrahles an den Spiegelelementen des rotierenden Polygonrades wird dieser V-förmig abgelenkt. Dadurch entsteht auf der abzutastenden Oberfläche für das träge menschliche Auge beim Einstrahl-Laserscanner eine sichtbare rote Abtastlinie, beim Raster-Laserscanner ein Bündel von parallelen Linien. Diese tasten die Oberfläche zwischen 100 und 1000 Mal in der Sekunde ab.

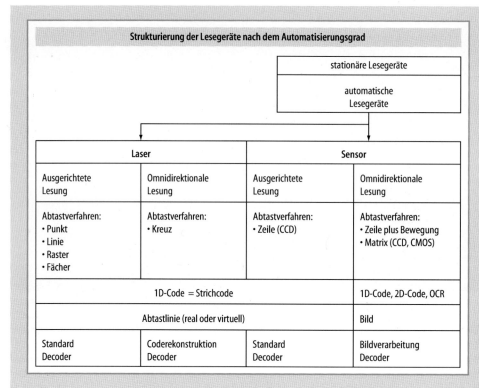

Bild C 4.6-11
Strukturierung der stationären Lesegeräte [Len05b]

Vor der Abtastung eines Strichcodes überstreicht der Laserstrahl zunächst die unbedruckte Ruhezone, was die Initialisierung der Elektronik bewirkt. Bei der Abtastung des Strichcodes ist die Zeit für das Überstreichen eines schmalen Strichs kürzer als die Zeit für das Überstreichen eines breiten Striches. An einer hellen Lücke wird der auftreffende Laserstrahl wesentlich stärker reflektiert als an den dunklen Strichen. Diese beiden Tatsachen werden für das elektronische Abbild des Codes ausgenützt. Ein Teil des am Etikett reflektierten Lichtes gelangt durch das Austrittsfenster zurück auf das Polygonrad, von dort z. B. auf einen halbdurchlässigen Spiegel. Eine Sammellinse fokussiert das reflektierte Licht auf den Detektor, ein schnelles photoempfindliches Bauelement. Dieses bildet aus dem zeitlichen Verlauf der Intensität des reflektierten Lichtes gemäß den unterschiedlichen Breiten der Striche und Lücken eine elektrische Impulsfolge, deren zeitlicher Verlauf den geometrischen Verhältnissen des Strichcodes proportional ist.

In einem CCD-Scanner oder einer CCD-Matrixkamera wird als optoelektronischer Empfänger ein CCD-Matrix-Sensor verwendet, der aus einer Matrix von zeilen- und spaltenförmig angeordneten Bildpunkten besteht. Durch ein hochwertiges Objektiv wird eine Gegenstandsebene auf den CCD-Chip abgebildet. Dadurch werden Matrixcodes und Strichcodes zweidimensional, d. h. als vollständiges Bild aufgenommen. Die Reflexionswerte der einzelnen Bildpunkte werden in einem großen Bildspeicherbereich (Videospeicher) abgelegt, vorverarbeitet (gefiltert, binarisiert) und softwaretechnisch analysiert. Durch die Information der gesamten Fläche können Matrixcodes und auch Strichcodes, die zu großen Teilen zerrissen oder stark verschmutzt sind, erkannt und erfolgreich decodiert werden. Darüber hinaus lässt sich die CCD-Matrixkamera wie die CCD-Zeilenkamera auch einsetzen, wenn Strichcodes einen geringeren als den nach der Spezifikation vorgeschriebenen Mindestkontrast aufweisen.

Literatur

[Len02] Lenk, B.: Handbuch der automatischen Identifikation. Bd. 2: 2D-Codes. Kirchheim: Lenk Fachbuchverlag 2002

[Len04] Lenk, B.: Handbuch der automatischen Identifikation. Bd. 3: Strichcode-Praxis. Kirchheim: Lenk Fachbuchverlag 2004

[Len05a] Lenk, B.: Einführung in die Identifikation. RFID – Opt. ID. Kirchheim: Lenk Fachbuchverlag 2005
[Len05b] Lenk, B.: Barcode. Das Profibuch der Lesetechnik. Kirchheim: Lenk Fachbuchverlag 2005

C 4.6.4 Identifikationssysteme mit elektronischen Datenträgern

Neben dem Barcode und seiner Lesetechnik zählen die Identifikationssysteme mit elektronischem Datenträgern (auch Transponder, Tag) zu den in der Industrie und Logistik verbreiteten Lösungen, wenn es um die Kennzeichnung und berührungslose Identifikation von Objekten oder Ladehilfsmitteln geht. Der Begriff RFID-System (Radio Frequency Identification System) weist auf das zur berührungslosen Daten- und Energieübertragung verwendete elektromagnetische Feld hin.

Wesentliche Unterschiede zum Barcode sind die Beschreibbarkeit des Datenträgers im Prozess bei einem hohen Speichervolumen, die industrielle Festigkeit hinsichtlich Umwelteinflüsse und die weitgehende Lageunabhängigkeit des Datenträgers beim Lese- bzw. Schreibvorgang. Die Nachteile der Verwendung eines Systems mit Transpondern liegen im wirtschaftlichen Bereich und der fehlenden weltweiten Standardisierung aller Normen. Diese ist durch verschiedene weltweit gültige ISO-Normierungen bereits weit vorangeschritten [Sot04]. Organisationen in einzelnen Marktsegmenten wie IATA im Flughafenbereich und EPCGlobal im Segment Handel treiben die Standardisierung weiter voran.

C 4.6.4.1 Komponenten eines RFID-Systems

In Anlehnung an die VDI Richtlinie (VDI 4416 1998) zeigt Bild C 4.6-12 die am stärksten verbreitete Systematik in der Zuordnung von Funktionalitäten zu technischen Komponenten:
– Der *Datenträger* dient zur Kennzeichnung des zu identifizierenden Objektes und ist üblicherweise fest mit diesem verbunden, bzw. kennzeichnet den Ladungsträger welcher das Objekt enthält. Der Transponder enthält neben einer das Objekt eindeutig beschreibenden Information alle objektseitigen Baugruppen, die zur Datenspeicherung sowie zur berührungslosen Datenübertragung erforderlich sind. Wird der Datenträger in ein flexibles Etikett integriert bezeichnet man ihn auch als Label.
– Die *Sende- und Empfangseinrichtung*, häufig auch als „Antenne" bezeichnet, stellt den stationären Gegenpart des Datenträgers dar und ist für die Umwandlung von der drahtlosen in die leitungsgebundene Datenübermittlung verantwortlich. Die Ausführungen der Anten-

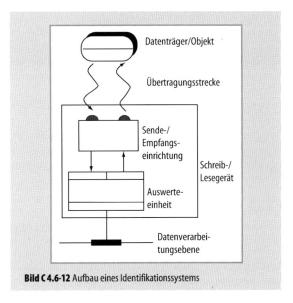

Bild C 4.6-12 Aufbau eines Identifikationssystems

nen unterscheiden sich bedingt durch den verwendetem Frequenzbereich und die zu lösende Applikation. Grundsätzlich sind niederfrequente Antennen in Schleifenform aufgebaut während Antennen im UHF- oder Mikrowellenbereich Dipole sind.
– Die leitungsgebundene Ansteuerung der Sende- bzw. Empfangseinrichtung sowie die Auswertung des gewandelten Datenträgersignals wird von einer *Auswerteeinheit* durchgeführt. Die Auswerteeinheit wird auch als Schreib-/Lesegerät, Reader oder Interrogator bezeichnet. Sie stellt gleichzeitig die Schnittstelle des Identifikationssystems zum übergeordneten Informationssystem dar. Für die Ankopplungen an Industrie-, PCs, speicherprogrammierbare Steuerungen (SPS) etc. werden von den Herstellern unterschiedliche Arbeitsprotokolle sowie Hardwareanschlüsse unterstützt. Die Auswerteeinheit stellt das „Herzstück" eines RFID-Systems dar und entscheidet maßgeblich über dessen Leistungsfähigkeit.

Sende- und Empfangseinrichtungen sowie Auswerteeinheiten – die ortsfest installierten Komponenten der Identifikationssysteme – können entweder in einem gemeinsamen Gehäuse integriert oder separat angeordnet werden, was beispielsweise den Anschluss mehrerer Antennen an eine Auswerteeinheit ermöglicht. Die Anordnung von 4 Antennen an eine Auswerteeinheit wird beispielsweise im Bereich Handel beim Aufbau sog. Leseportale an den Warenein- und -ausgängen von Distributionszentren erfolgreich eingesetzt.

Den Bereich, in welchem der Transponder ausreichend Daten und Energie aufnehmen und an die Empfangseinrichtung Daten senden kann, bezeichnet man als Kommunikationsbereich. Verschiedene Auswerteeinheiten erlauben basierend auf dem verwendeten Protokolltyp auch die Pulkerfassung, d. h. Erfassung einer Vielzahl von Transpondern im Feldbereich sowie die Verwendung verschiedener Protokolle (Multi-Ident-Fähigkeit).

Wesentliches Unterscheidungsmerkmal von RFID-Systemen sind die zur Kommunikation verwendeten Frequenzbereiche, welche auf Grund ihrer physikalischen Eigenschaften über die Reichweite, die Datenübertragungsgeschwindigkeit und eine Reihe weiterer Systemmerkmale entscheiden.

C 4.6.4.2 Gliederung der RFID-Systeme nach Frequenzen

Bei der Einteilung der RF-Identifikationssysteme dient die Luftübertragungsstrecke zwischen Datenträger und Sende- und Empfangseinrichtung zur Gliederung der Systeme nach der verwendeten Trägerfrequenz. Fast alle praxisrelevanten Eigenschaften der Identifikationssysteme werden durch sie geprägt.

Die Frequenzen der gebräuchlichen RFID-Systeme reichen von wenigen Kilohertz bis hin zu einigen Gigahertz (Tabelle C 4.6-1). Mit steigender Frequenz erhöhen sich die Reichweite und die Datenübertragungsgeschwindigkeit der Systeme. Allerdings nehmen auch die Veränderung des Kommunikationsbereichs durch Interferenzen ausgelöst von metallischen Flächen sowie die Dämpfung des elektromagnetischen Feldes durch Flüssigkeiten, z. B. Wasser, zu.

Übersicht der wichtigsten RFID-Frequenzen

Low-Frequency (LF) Systeme verfügen über eine geringe Reichweite, werden daher oft in der Automatisierungstechnik (z. B. Werkzeugidentifikation) und in der Tieridentifikation eingesetzt. *High-Frequency* (HF) Systeme werden ebenfalls in der Automatisierung eingesetzt. Zusätzliche Funktionalitäten wie Kryptographie oder Pulkerfassung erlauben zusätzlich den Einsatz in Bibliotheken und zur Zutrittskontrolle. In der Logistik werden zunehmend *Ultra-High-Frequency* (UHF) Systeme eingesetzt, welche durch hohe Reichweiten die Verwendungen an Ladetoren und in der Fördertechnik ermöglichen. *Microwave* (MW) Systeme finden im Transportbereich bei hohen Geschwindigkeiten Verwendung.

Low Frequency

Niederfrequente RFID-Systeme im Frequenzbereich von 125 bis 135 kHz bezeichnet man als *Low Frequency* RFID-Systeme. Während die Funkparameter europaweit nach EN 300 330 normiert sind ist die Standardisierung für die Luftschnittstelle in den ISO Normen 11785 und 18000-2 vorgegeben. Obwohl auch beschreibbare Datenträger verfügbar sind, werden mehrheitlich Systeme eingesetzt, welche den Datenträger nur auslesen können. Die Übertragung von Energie und Daten über die Luftschnittstelle findet durch induktive Kopplung statt.

Die Datenträger verfügen über einen Speicher von bis zu 2 kBit und können in einer Distanz von bis zu 100 cm arbeiten, typische Reichweiten liegen jedoch im Bereich von 20 cm. Die sehr ausgereifte Technik erlaubt die Herstellung von preiswerten Auswerteeinheiten. Wesentlicher Vorteil der mit LF realisierten Applikationen sind neben wirtschaftlichen Überlegungen auch die Vielzahl der Transponder-Bauformen und die Temperaturbereiche von über 150°C, in welchen der Transponder arbeiten kann.

Anwendungsbereiche sind neben der Tieridentifikation v. a. Produktionsprozesse durch die *Work in Progress* Überwachung mittels RFID.

High Frequency

RFID-Systeme mit der Trägerfrequenz von 13,56 MHz werden *als High Frequency* (Hochfrequenz) Systeme be-

Tabelle C 4.6-1 RFID-Systeme nach Frequenzen

Bezeichnung	Frequenz	ISO-Norm	Reichweite	Beispiel
LF	125...135 kHz	18000-2	< 1 m	Werkzeug-ID
HF	13,56 MHz	18000-3	< 1 m	Automatisierung
UHF	840...960 MHz	18000-6	< 10 m	Logistik
MW	2,45 GHz	18000-4	< 100 m	Transport

zeichnet. Die Übertragung der Energie und Daten findet durch eine induktive Kopplung von Schwingkreisen des Datenträgers und der an der Auswerteeinheit angeschlossenen Antennen statt. Normierungsgrundlage für die Funkparameter ist in Europa die EN 300 330. In den ISO-Normen 18000-3 ist das Protokoll der Luftschnittstelle geregelt – deren Testmethoden sind in der ISO 18047-3 abgefasst. Zu beachten ist, dass es *High Frequency* Systeme gibt welche auf unterschiedlichen Subnormen des ISO 18000-3 basieren, den *Mode1*, *Mode2* und zukünftig *Mode3*, welche untereinander nicht kompatibel sind.

Eine Vielzahl von Applikationen hat eine kurze Reichweite und wird nach dem *Proximity* Standard ISO 14443 beschrieben. Darunter fallen Zutrittskontrolle für Gebäude oder für Skilifte sowie sog. Chipkarten zur Abbuchung von Leistungen, z. B. Essen in einer Kantine. Die Reichweiten sind in diesem Fall auf max. 10 cm begrenzt – der *Proximity* Standard bietet aber den Vorteil die über die Luftschnittstelle kommunizierten Daten zu verschlüsseln und somit gegenüber fremden Zugriff zu sichern.

Der *Vicinity* Standard der ISO 15693 beschreibt die Verwendung von HF-Systemen mit einer Reichweite von bis zu 1 m. Diese werden im Bereich der Behälteridentifikation und Bibliotheken eingesetzt und sind in der Lage Pulkerfassung durchzuführen. Auch die Pharmaindustrie setzt auf HF, da Flüssigkeiten das hochfrequente Feld im Vergleich zum UHF-Feld weniger dämpfen.

Ultra High Frequency

RFID-Systeme im Frequenzbereich des UHF (840 bis 960 MHz) sind aktuell die von den Teilnehmern der logistischen *Supply Chain* favorisierten Systeme. Die Funkparameter sind weltweit durchaus unterschiedlich normiert, erlauben jedoch die Verwendung von Transpondern, welche nach mehreren Normen arbeiten können. In Europa sind die Funkparameter nach EN 300 220 bzw. nach EN 302 208 normiert und umfassen einen Frequenzbereich von 865–868 MHz und einen Leistungspegel von 2W ERP. In den USA gilt die FCC part 15 mit einem Frequenzbereich von 902–928 MHz und einem Leistungspegel von 4 W EIRP. Für alle weiteren Länder gelten ähnliche Standards, lediglich Japan verwendet ein Frequenzband von 954–956 MHz und China neben 920–925 MHz auch das Frequenzband von 840–845 MHz. Die unterschiedlichen Frequenzbänder sind den lokalen Regulierungen des Mobilfunks geschuldet.

Für die Übertragung über die Luftschnittstelle nach dem *Backscatter*-Prinzip gelten die weltweiten Normierungen der ISO nach 18000-6 mit den Versionen A, B, C. Weiteste Verbreitung findet dabei der ISO 18000-6 C Standard, welche die beiden anderen abgelöst hat. Die Konformität der Systeme kann durch die in ISO 18047-6 festgelegten Testmethoden überprüft werden.

Eine hohe zulässige Sendeleistung und einen großen Frequenzbereich erlauben logistische Applikationen in den Ländern mit US-amerikanischen Standard in einer Entfernung von bis zu 7 m zu lösen. Die europäische Normierung hat aktuell noch einige Einschränkungen parat, z. B: die *Listen Before Talk* Funktionalität, welche den Einsatz einer Vielzahl von Auswerteeinheiten in einem begrenzten Bereich sehr erschwert. Hier lassen sich jedoch Systeme mit einer Reichweite von 5 m lösen. Datenübertragungsgeschwindigkeiten von bis zu 640 kBit pro Sekunde sind möglich – in der Realität betragen sie aber 40–80 kBit pro Sekunde.

Die hohe Auslesegeschwindigkeit und Datenrate erlauben die Pulkidentifikation einer Vielzahl von Transpondern. So können rechnerisch ca. 1600 Transponder mit 96 Bit Dateninhalt innerhalb einer Sekunde ausgelesen werden – tatsächlich liegt der Wert im Bereich von 150 Transpondern pro Sekunde.

UHF RFID-Systeme reagieren auf Feuchtigkeit mit einer Verringerung des Kommunikationsbereichs und Metalle bewirken Inteferenzen, welche „Löcher" im Feld erzeugen können oder aber dies über die angegebenen 5 m hinaus erweitern können. Aktive UHF Systeme erreichen bis zu 30 m Reichweite, verfügen aber über eine andere Protokollstruktur.

Anwendungsbereiche sind die Identifikationspunkte in der Supply Chain, welche sich sowohl an den Portalen eines Distributionszentrums als auch am Lagerplatz befinden können. Auch zur Identifikation von Sendungen im KEP-Bereich wie auch in der Fluggepäckidentifikation setzt man auf UHF.

Mikrowelle

Die Verwendung einer Trägerfrequenz von 2,45 GHz erlaubt die Identifikation von Datenträgern in einer Entfernung von bis zu 6 Metern durch die Verwendung der *Backscatter*-Technik. Durch die Verwendung aktiver Datenträger ist es möglich Reichweiten von bis zu 100 Metern zu erreichen. Die Mikrowellen-RFID-Systeme sind in der Lage eine Pulkerfassung durchzuführen und erlauben eine sehr hohe Datenübertragungsrate. Datenträger mit einem Speichervolumen von bis zu 256 kBit sind verfügbar und erlauben somit den Einsatz von RFID-Datenträgern als dezentraler Speicher. Normiert ist die Luftschnittstelle zwischen Antenne und Transponder in der ISO 18000-4.

Ähnlich den im UHF-Frequenzbereich arbeitenden RFID-Systeme reagieren auch die Mikrowellensysteme auf die im Kommunikationsbereich vorhandenen Materialen: Beispiel hierfür sind das elektromagnetische Feld reflektierende Materialien wie Metalle und das Feld dämpfende Dieelektrika wie Holz, Personen oder Flüssigkeiten.

Anwendungen dafür finden sich v. a. im Automobilbereich (z. B. Lackierstraßen). Weitere Anwendungsbereiche sind Mautsysteme (bei entsprechender Verschlüsselung) oder die Identifikation von Wechselbrücken und Containern.

Weitere Frequenzbereiche

Zusätzlich zu diesen aufgezeigten Frequenzen gibt es in einzelnen Länder auch noch weniger verbreitete Frequenzen, welche für die RFID verwendet werden können, z. B. 433 MHz zur Containeridentifikation. Diese RFID-Systeme stellen vielmals proprietäre Systeme einzelner Hersteller mit den damit verbundenen Vor- und Nachteilen dar.

Alle aufgezeigten Systeme basierend auf dem Prinzip *Interrogator talks first* (ITF), d. h. die Kommunikation geht von der Auswerteeinheit aus. Nur selten sind Systeme anzutreffen welche nach dem Prinzip *Transponder talks first* (TTF) arbeiten.

C 4.6.4.3 Protokolle der RFID-Systeme

Die Protokolle der Luftschnittstellen von RFID-Systemen werden weltweit normiert. Der Vorteil liegt in der Kompatibilität der Systeme und der damit verbundenen Investitionssicherheit der Anwender. Darüber hinaus lassen sich auch signifikante wirtschaftliche Skaleneffekte realisieren, welche die Verwendung von Transpondern nicht nur in geschlossenen Applikationen sondern in offenen *Supply Chains* ermöglichen.

In den Protokollen sind die Parameter der Kommunikation hinterlegt. Dies beinhaltet Modulationsverfahren, Zeiteinheiten, Datenraten und Datencodierung. Ebenfalls festgelegt werden die einzelnen Bestandteile eines Codes, d. h. die Datenstruktur, welche sich nach festgelegtem Bereich wie z. B. feste Seriennummer und beschreibbaren Bereichen unterscheidet.

Einige Protokolle erlauben den Einsatz von Passwörtern zu Sperrung der Lesung bzw. des Beschreibens von Transponder-Speicherbereichen. In einigen Protokollen ist zusätzlich ein *Kill*-Passwort definiert, durch welches man den Datenträger dauerhaft unbrauchbar machen kann.

Definiert werden in den Protokollen der verpflichtende und der optionale Befehlssatz und das Verhalten des Transponders bei Befehlen (*Tag state transmission*). Dies ist v. a. hinsichtlich einer Sicherstellung einer zügigen Antikollision von großer Wichtigkeit.

C 4.6.4.4 Charakteristiken Datenträger

Die Datenträger bestimmen neben der Frequenz die Anwendungsgebiete der RFID-Systeme. So sind die Transponder generell nur für eine Frequenz geeignet. Die Transponder können mit oder ohne eine Batterie betrieben werden. Diese ermöglicht zwar höhere Reichweiten, führt aber im Gegenzug zu wesentlich höheren Kosten, größeren Abmessungen und einem eingeschränkten Temperaturbereich. Je nach Speicher des Transponders können unterschiedlich große Mengen an Daten abgelegt werden.

Read-Only (RO) Speicher erlauben dabei nur den Lesezugriff, die Nummer des Transponders wird bei der IC-Herstellung vergeben. *Write-Once Read-Many* (WORM) Speicher erlauben das einmalige Beschreiben des Transponders. *Read-Write* (RW) Speicher erlauben das vollständige Beschreiben und Lesen des Transponders. Üblich sind in der Logistik Hybridformen, d. h. Transponder welche z. B. über einen kleinen RO-Speicher und einen großen RW-Speicher verfügen (Tabelle C 4.6-2).

Für die tatsächliche Applikation sind noch weitere Charakteristiken von Bedeutung, z. B. Aussehen, Abmessung, Gewicht, Bauform, Schutzgrad, Temperaturbereich, Lebensdauer, Ansprechfeldstärke, EMV-Festigkeit [Sot02].

Grundsätzlich verfügen die Transponder abhängig von ihrer Bauform über eine Vorzugsrichtung, in welcher sie Energie aufnehmen und auch wieder abgeben können. Der verwendete IC bestimmt die Leistungsfähigkeit des Transponders hinsichtlich thermische Verträglichkeit und Lebensdauer.

Im Zuge der Normierung der Transponder im Bereich UHF durch EPC wurde die Unterteilung der Datenträger in verschiedene Klassen eingeführt (Tabelle C 4.6-3).

Tabelle C 4.6-2 Transponder Charakteristiken

Transponder	Charakteristiken
Frequenz	LF, HF, UHF, MW
Energieversorgung	Passiv, Semi-Aktiv, Aktiv
Speicherform	RO, WORM, RW
Speichergröße	1 Bit bis mehrere MByte

Tabelle C 4.6-3 EPC Klassifizierung

EPC Klassifizierung	Charakteristiken
Class 0	RO, 64 oder 96 Bit EPC
Class 0+	WORM
Class 1	WORM, 64 oder 96 Bit EPC
Class 1 Gen2	RW, 96 Bit EPC, Anwenderdaten optional
Class 2	WORM, zusätzlich Kryptographie
Class 3	RW, Batteriebetrieben
Class 4	RW, Batteriebetrieben, Kommunikation mit Class 4
Class 5	RW, Batteriebetrieben, Kommunikation mit Class 1 bis 5

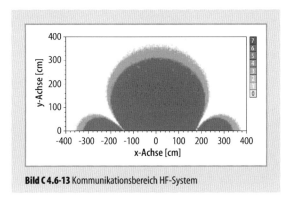

Bild C 4.6-13 Kommunikationsbereich HF-System

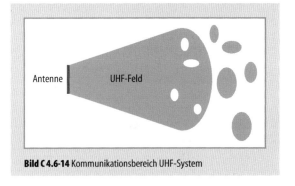

Bild C 4.6-14 Kommunikationsbereich UHF-System

C 4.6.4.5 Anwendungsbeispiele in der Logistik

Für die Anwendungen über kurze Entfernungen eignen sich aus logistischer Sicht LF- und HF-Systeme am Besten. Der Kommunikationsbereich der Systeme ist vorhersagbar und erlaubt z. B. in der Behälterfördertechnik eine optimale Abstimmung auf die Umgebungsbedingungen (Bild C 4.6-13) [Sot03].

Für die Identifikation von Paletten oder palettierte Ware am Wareneingang empfiehlt sich auf Grund der Reichweite ein UHF-System. Hier ist es möglich, eine Vielzahl von Datenträgern zu erfassen, d. h. z. B. 200 auf einer Palette gestapelte Objekte auszulesen (Bild C 4.6-14).

Um Überreichweiten der Systeme auszuschließen und genau festzustellen ob durch Reflexionen nicht fehlerhaft Weise „falsche" Datenträger ausgelesen werden, bedient man sich der Simulation (Bild C 4.6-15) [Bos06]. Sie erlaubt die kostengünstige Vorhersage über die Effizienz von komplexen Anordnungen einer Vielzahl von RFID-Systemen.

Für den Einsatz von UHF gibt es mittlerweile eine Reihe von Beispielen, vor allem die großen Handelskonzerne sind hier die treibende Kraft.

In Zukunft ist durch Kombination mit weiterer Sensorik z. B. auch eine dauerhafte Kontrolle eines Kühlcontainers über seinen gesamten Transportweg denkbar.

Zu diesen logistischen Anwendungen haben mehrere Organisationen Leitfäden und Installationshinweise veröffentlicht – verwiesen sei hier nur beispielhaft auf den VDI 4472 „Einsatz der Transpondertechnologie in der textilen Kette" und ETSI TR 102 473 „Installation and Commissi-

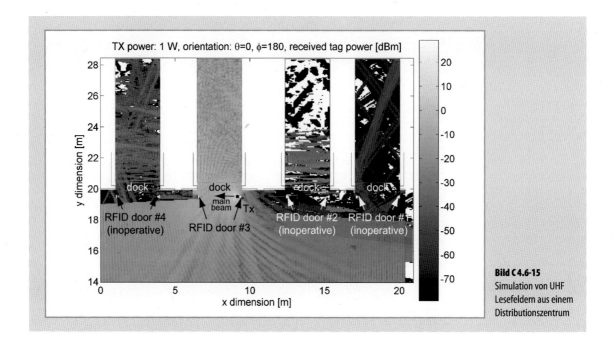

Bild C 4.6-15
Simulation von UHF Lesefeldern aus einem Distributionszentrum

oning". Anwendungen für verschiedene Größen von logistischen Einheiten finden sich in den ISO-Normen 17363 bsi 17368.

Literatur

[Bos06] Bosselmann, P.; Rembold, B.: Ray Tracing Method for System Planning and Analysis of UHF-RFID Applications with Passive Transponders, 2nd ITG/VDE. RFID Workshop, Erlangen 2006
[Sot02] Sotriffer, I.; Arnold, D.: Using Radio-Frequency-Identification Devices in a production environment, EMC Symposium, Breslau 2002
[Sot03] Sotriffer, I.: Elektromagnetische Verträglichkeit induktiver RFID-Systeme, Wissenschaftliche Berichte des IFL, Karlsruhe 2003
[Sot04] Sotriffer, I.; Richter, A. Breitbandkommunikation für logistische Systeme. Ident Verlag, Rödermark 2004

C 4.6.5 Identifikationssysteme mit Bildverarbeitung (BV)

Mit dem Einsatz kamerabasierter Identifikations-Technologien wird eine zuverlässige Identifikation von Barcodes und Klarschrift auch bei hohen Geschwindigkeiten erreicht. Dies ermöglicht einen immer höheren Automatisierungsgrad. Das bei einer kamerabasierten Lösung anfallende hohe Datenaufkommen in Echtzeit (bis 80 MB/Seite) stellt einen hohen Anspruch an die Algorithmen der Codesuche und Lesung. Im Gegensatz zu laserbasierten Methoden, die nur Barcode-Information liefern, kann die komplette Information des Objektes gelesen und gegebenenfalls auf einfache Weise durch Videocoding, dem Hinzufügen von fehlenden Informationen am Bildschirmarbeitsplatz mit Hilfe von Kamerabildern, ergänzt werden.

Neben der Echtzeitanforderung müssen die Algorithmen der Codesuche und Codelesung gegenüber vielfältigen Störungen sehr robust sein. Zu diesen Störungen gehören Defekte wie Verschmutzungen, Kratzer und irritierende Strukturen auf den Objekten sowie Reflexionen unter Folie (Bild C 4.6-16).

Identifikationssysteme im Materialfluss müssen große Flächen bzw. Körper mit einem Volumen von bis zu 2000 mm × 1000 mm × 1000 mm [L × B × H] aufnehmen. Die Fördergeschwindigkeit beträgt bis zu 3 m/s. Die typische Auflösung für Codeleseanwendungen beträgt 130 bis 170 dpi, für OCR-Leseanwendungen 170 bis 200 dpi.

C 4.6.5.1 Aufbau eines Bildverarbeitungssystems

Sensorkopf

Für die o. a. Anwendungen werden schnelle Zeilenkameras mit dynamischem Autofokus eingesetzt. Die Auflösung ei-

Bild C 4.6-16 gestörte Codes

Bild C 4.6-17 Kamera mit LED-Beleuchtung

ner Bildaufnahmezeile liegt typischerweise bei 6000 oder 8000 Pixel. Die Kameras können mit einer Abtastrate von bis zu 25 KHz betrieben werden. Um auch mit Zeilenkameras quadratische Pixelverhältnisse wie bei einer Matrixkamera zu erreichen, ist die Abtastrate in Abhängigkeit von der Geschwindigkeit des Objektes steuerbar. Das Ergebnis ist ein zweidimensionales Bild, wie es auch Matrixkameras liefern.

Bei den hohen Abtastraten werden sehr hohe Leuchtdichten benötigt, die über die komplette Breite und Höhe des Objektes homogen und konstant sein müssen. Die erforderliche Bestrahlungsstärke liegt je nach Anwendung zwischen 100 und 150 Watt/m^2.

Systemaufbau

Ein Identifikationssystem besteht aus Triggereinheit, Höhen- oder Volumensensor, Sensorkopf mit Zeilenkamera und LED-Beleuchtung, Sensor-PC zur Code- und Klarschrift-Lesung, Videocoding Bedienterminals und der Schnittstelle zum übergeordneten Rechnersystem (Bild C 4.6-18).

Toplesung

Bei einem Toplesesystem wird nur die Oberseite des Objektes aufgenommen und analysiert. Es stellt die preiswerteste Variante eines kamerabasierten Identifikationssystems dar.

Um die Teilehöhe zu ermitteln, benötigt das Toplesesystem lediglich ein Messsystem (z. B. Höhenmessgitter bestehend aus einem Lichtschrankenarray). Die Höhe wird der Zeilenkamera über eine Schnittstelle (serielle oder Industriebus-Schnittstelle) übermittelt. Der Fokus

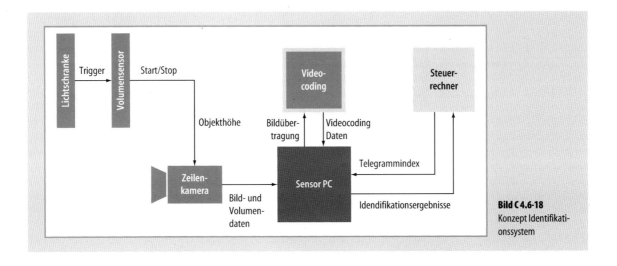

Bild C 4.6-18 Konzept Identifikationssystem

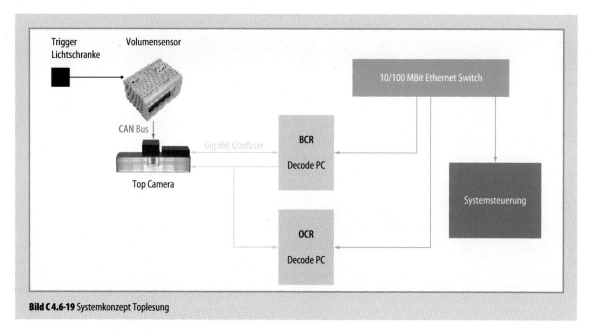

Bild C 4.6-19 Systemkonzept Toplesung

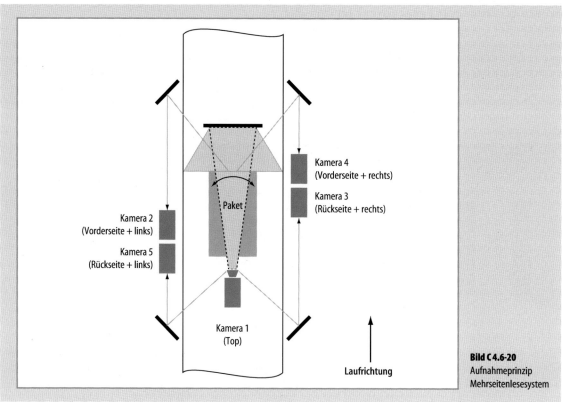

Bild C 4.6-20 Aufnahmeprinzip Mehrseitenlesesystem

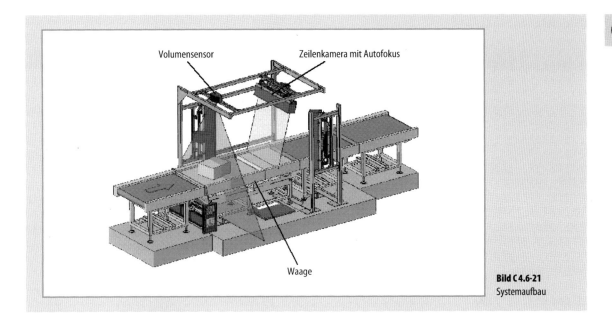

Bild C 4.6-21
Systemaufbau

der Kamera wird auf die gemessene Höhe eingestellt und die Bildaufnahme gestartet. Mittels Triggersignal wird die Länge der Bildaufnahme (Akquisitionsfenster) gesteuert.

Die Übertragung des Bildes an den Sensorrechner erfolgt über eine Bilddatenschnittstelle. Pro Kamera beträgt die Bandbreite dieser Schnittstelle 250 MByte/s. Die Bilddaten können auch parallel an mehrere Sensorrechner übertragen werden. Dies bietet mehrere Vorteile: Zum Einen kann das System bei hohen Anforderungen an die Verfügbarkeit redundant aufgebaut werden. Zum Anderen kann für rechenintensive Anwendungen die Rechenleistung fast beliebig parallelisiert werden.

Mehrseitenlesung

Bei einem Mehrseitenlesesystem können bis zu sechs Seiten des Objektes aufgenommen werden. Bis zu vier Seitenkameras schauen über Spiegel unter einem Winkel von 45° auf die vier Seiten des Objektes (Bild C 4.6-20). Die Zeilenkamera fokussiert dynamisch mit der Vorwärtsbewegung des Objektes auf die jeweilige Seite und nimmt ein hoch aufgelöstes scharfes Bild auf. Basis für die Autofokussteuerung ist der Volumenmesssensor, der die Eckpunkte und Kanten der Objekte im Durchlauf ermittelt und der Autofokussteuerung zur Verfügung stellt.

Im Gegensatz zu Laserscannern kann eine Zeilenkamera auch die Unterseite aufnehmen. Dafür ist lediglich ein schmaler Schlitz zwischen zwei Förderbändern erforderlich.

C 4.6.5.2 Codesuche und Lesung

Ein Barcode besteht aus einem Startzeichen, gefolgt von mehreren Codezeichen und einem Stoppzeichen. Jedes Zeichen ist mit einer festen Anzahl unterschiedlich breiter Striche (Balken) und Lücken codiert. Das letzte Zeichen ist häufig eine Prüfsumme, die der Erhöhung der Lesesicherheit dient. Als Modulbreite bezeichnet man die Breite der schmalen Striche und Lücken, welche ein entscheidendes Kriterium für die notwendige Auflösung des eingesetzten Kamerasystems ist.

Codesuche

Zu Beginn muss der Barcode oder 2D-Code auf der Objektoberfläche gesucht werden. Ziel der Codesuche ist es, möglichst schnell die interessanten Regionen (ROIs = Region of Interest) im Grauwertbild für das aufwändigere Decodieren zu lokalisieren. Hierzu wird hierarchisch vorgegangen: Wenn möglich, wird zunächst der Hintergrund um das Objekt eliminiert (Bild C 4.6-22). Danach erfolgt auf der Objektregion eine Suche nach Hypothesen. Dies sind Regionen mit viel Struktur und hohen Grauwertsprüngen, die typisch für einen Barcode oder 2D-Code sind. Damit erfolgt eine Trennung der interessanten Regionen vom homogenen Hintergrund. Die Hypothesen werden dann gezielt daraufhin untersucht, ob sie einen Code enthalten (Bild C 4.6-23).

Barcodelesung

Die ersten Schritte der Codelesung bestehen darin, die Richtung und Begrenzungen des Barcodes mit Hilfe der Balkenausrichtung zu bestimmen. Auf der einen Seite müssen diese Schritte robust gegenüber Störungen sein und gleichzeitig Leseversuche auf Barcode-ähnlichen Strukturen minimieren.

Die eigentliche Lesung basiert auf Scans, die in Richtung des Barcode gelegt werden (Bild C 4.6-24). Damit können die 2D-Daten als redundante eindimensionale Signale verstanden werden. Das Ausnutzen der Redundanz in den parallelen Scans und mehrere alternative Leseversuche bei einem gefundenen Code ermöglichen es, zum Teil zerstörte oder verschmutzte Barcodes noch zuverlässig zu lesen. Durch entschieden bessere Auflösungen besonders in Abtastrichtung ist die Leserate höher als bei Laserscannern.

2D-Codes

2D-Codes können im Vergleich zu Barcodes größere Datenmengen mit weniger Fläche codieren. Wegen des 2D-Layouts ist das Suchen und Decodieren aufwändiger und in der Praxis mit Laserscannern nicht realisierbar.

Redundanz wird bei den 2D-Codes in Form einer Fehlerkorrektur eingebaut. Damit sind Codes mit Störungen unterhalb der hinzugefügten Redundanz noch lesbar. Das Prinzip der Fehlerkorrektur ermöglicht außerdem eine höhere Lesesicherheit im Vergleich zu einer Prüfsumme.

Ab der Codesuche ist es i. d. R. notwendig, für die Verifikation, Orientierungsbestimmung und Lesung individuell an den jeweiligen Codetyp angepasste Algorithmen zu verwenden, die auch im Hinblick auf Störungen wie teilweise Abdeckung, Verschmutzung, nicht eingehaltene Ruhezone, Verzerrungen etc. optimiert werden müssen. Es greifen leistungsfähige Dekodierungsalgorithmen mit auf-

Bild C 4.6-22 Trennung Objekt vom Hintergrund

Bild C 4.6-23 Codehypothesen

Bild C 4.6-24 Scans zur Barcodelesung

wändigen Coderekonstruktionsverfahren, die auch die Zweidimensionalität der unterschiedlichen Codearten berücksichtigen.

C 4.6.5.3 Suche und Lesung von Klarschrift

Im Bereich Logistik ist die Klarschriftlesung in erster Linie für die automatische Erfassung von Adressinformation interessant. Eine Klarschrift-Adresslesung besteht aus drei eigenständigen Aufgabenstellungen: Suche des Adressbereichs auf der Objektoberfläche, eigentliche Lesung der entsprechenden Adressinformation und schließlich die entscheidende Prüfung, ob es sich auch tatsächlich um den Empfänger handelt. Schließlich soll das Objekt auf keinen Fall zum Absender zurück geschickt werden. Bei einem Mehrseitensystem ist zu berücksichtigen, dass die Leseergebnisse auf den unterschiedlichen Seiten des Objektes wieder zu einem Endergebnis zusammen geführt werden müssen.

Aufgabe der Suche ist es, alle so genannten „Regions of interest" mit Adresshypothesen (= ROI, das sind die Bereiche, in denen sich mit hoher Wahrscheinlichkeit eine Adresse befindet) korrekt orientiert zu finden und sie richtig zu priorisieren. Besonders bei stark bedruckten oder handschriftlich adressierten Paketen (Bild C 4.6-25) ist dies keine triviale Aufgabe, zumal aufgrund des großen Datenaufkommens auf dieser Ebene nur sehr effiziente und omnidirektional arbeitende Algorithmen eingesetzt werden können. Die Suche muss einerseits Grafik von Schrift unterscheiden können, andererseits darf sie sich nicht von sehr variabler Schrift irritieren lassen. In der Regel muss immer mit verschiedenen Schriftgrößen und -typen (besonders Hand- und Maschinenschrift) sowie einer Verletzung der Ruhezone um den Adressblock gerechnet werden. Optimal wird die Suche unterstützt durch die Verwendung von grafischen Hilfen zur Adressblock-Lokalisation (engl. „address block locators") oder durch standardisierte Adressaufkleber (engl. „standard label"). Falls im Vorfeld der Schriftsuche bereits eine Barcode- oder 2D-Codelesung stattgefunden hat, können auch deren Ergebnisse gewinnbringend zur Eingrenzung und Priorisierung der Suchergebnisse verwendet werden (barcodenahe Adresshypothesen werden i. d. R. zu bevorzugen sein).

Jede gefundene ROI wird für die Lesung i. d. R. in Zeilen aufgespalten, die dann einzeln – nach entsprechender Vorverarbeitung – an die eigentliche Lesesoftware (Klassifikator) übergeben werden. Lediglich bei Handschrift ist es oft vorteilhafter, sie als Ganzes zu verarbeiten, da eine Zeilenaufspaltung ohne vorangegangene Lesung manchmal nicht durchführbar ist, da die Adresse nicht die typische Linksbündigkeit aufweist und gebundene Schrift enthält (Bild C 4.6-25). In diesen Fällen hat sich ein mehrstufiges Verfahren mit integrierter Datenbank und eine automatisierte Erkennung des Schrifttyps bewährt. Was die Lesicherheit betrifft, so sind immer Methoden zu bevorzugen, die weitestgehend auf Grauwertbildern und mit mehreren Klassifikatoren arbeiten. Die unabhängigen Einzellesungen lassen sich dann zu einem genaueren Endergebnis zusammenfassen. Hier bietet sich auch die Möglichkeit, unterschiedliche Bildverarbeitungsalgorithmen gleichzeitig in das Endergebnis einfließen zu lassen.

Trotz dieses Aufwandes geht jedoch in der Adresslesung nichts ohne den Abgleich gegen eine umfassende Adressdatenbank. Erst durch diesen Abgleich werden aus Rohleseergebnissen gültige Adressen. Da eine Adresse aus mehreren syntaktischen Feldern wie Postleitzahl, Ort, Straße, Hausnummer und Name besteht, lassen sich zusätzlich mit den verifizierten Teilergebnissen auch die Möglichkeiten für die anderen Felder einschränken. Dies kann die letzte Rettung sein, wenn unterschiedliche Roh-Leseergebnisse von mehreren Klassifikatoren vorliegen.

Ohne Lokalisationshilfen lassen sich Rücksendungen letztlich nur durch die Lesung aller auf dem Objekt befindlicher Adressen sicher vermeiden. Erst durch die Bewertung der verschiedenen Adresshypothesen bezüglich wichtiger Merkmale, wie Position, Orientierung und Schriftgröße, können Werbungsadressen ausgesondert werden und der Empfänger eindeutig vom Absender unterschieden werden. Zur korrekten Empfängerlesung ist somit oft auch die Absenderlesung notwendig.

Im Falle einer Nichtlesung (No-Read) besteht die Möglichkeit, zusätzlich zu den Originalbildern die bereits lagekorrigierten und rotierten Adresshypothesen an ein Videocoder-System zur manuellen Dateneingabe zu schicken.

Bild C 4.6-25 Handschriftadresse

Darüber hinaus können die bereits datenbank-abgeglichenen Teilergebnisse von der Lesung übermittelt werden. Der Videocodiervorgang lässt sich so mit den Vorergebnissen der Suche und Lesung vereinfachen und beschleunigen.

Ergänzend zur eigentlichen Adresslesung kann mit einem kamerabasierten System auf individuelle Wünsche des Kunden zur Verbesserung seines Prozesses eingegangen werden, z. B. wenn auf definierten Adressaufklebern bestimmte Zusatzinformationen im selben Verarbeitungsschritt mit erfasst werden sollen. Als Beispiel sei die zusätzliche automatische Erfassung von Markierungsfeldern für z. B. Sendungstypen, Sendungszusatzleistungen oder Retourengründen genannt. Eine solche Formularauswertung kann bei kamerabasierten Systemen natürlich auch ganz unabhängig von der Adresslesung stattfinden.

C 4.6.5.4 Kamerabasierte Ident-Technologien in der Praxis

Eine immer wichtigere Rolle spielt die automatische Objekterfassung in Paketverteilzentren oder im Wareneingang von Versandhäusern. Die industrielle Bildverarbeitung leistet hier einen wichtigen Beitrag, um den Automatisierungsgrad des Pakethandlings drastisch zu erhöhen.

Die eindeutige Erkennung der notwendigen Etiketteninformationen auf allen Paketseiten, ohne das Packstück anhalten und wenden zu müssen, spart Zeit und lässt die Pakete schneller am Zielort ankommen. Neben der Mehrseitenpaketidentifikation verfügt eine DWS-Anlage (Dimensioning, Weighing, Scanning) über eine vollautomatische dreidimensionale Volumenvermessung und Verwiegung von Objekten.

Einer der weltweit größten Flughafenverteilzentren in USA ist mit insgesamt 167 solcher Anlagen ausgerüstet. Der Hub ist für einen Durchsatz von 300.000 Objekten pro Stunde (140.000 Pakete und 160.000 Großbriefe) ausgelegt. An jeder Entladelinie werden alle benötigten Daten des Objektes erfasst. Die DWS-Anlagen lesen auf drei Objektseiten die Adressinformationen, und bei Bedarf wird das Adressfeld zusätzlich zu einem Videocodierplatz übertragen.

Die integrierte Volumenvermessung mittels zertifiziertem 3D-Sensor und die integrierte dynamische Waage liefern die Volumen- und Gewichtsdaten. Für die Identifikation der Großbriefe sind 28 Identifikationssysteme über Kippschalensorterlinien installiert. Der Lieferumfang des Identifikationstechnik Lieferanten umfasste darüber hinaus die komplette Förder- und Steuerungstechnik für die Identifikations-Bereiche, die dazugehörige Netzwerk- und Servertechnik im Verteilzentrum sowie die zentralisierten

Bild C 4.6-26 Kameralesesystem auf Schalensorter

Videocodierstationen. Seit dem Jahre 2002 arbeitet das Verteilzentrum unter Volllast. Mittlerweile sind weltweit viele weitere Standorte mit dieser Lesetechnologie (Bild C 4.6-26) ausgestattet.

C 4.6.6 Identifikation mittels Sprachverarbeitung

Neben den beschriebenen vollautomatischen Identifikationstechniken, bildet die Sprache eine sinnvolle und wirtschaftliche Alternative. Ein sprachbasiertes, teilautomatisches Identifikationssystem hat den Vorteil der zusätzlichen audio-visuellen Unterstützung bei der Erkennung der Identifikationsmerkmale (z. B. Etikett/Label) durch den Menschen. Der Mensch nimmt entweder die Informationen visuell auf und teilt sie dem Sprachverarbeitungssystem (*Spracherkennung*) mit oder er empfängt die Informationen bzw. seine Aufträge durch *Sprachübermittlung* des Systems und setzt diese nach visueller Orientierung um. Im zweiten Fall besteht nun die Möglichkeit, den Vollzug des Auftrages ebenfalls mittels Sprache zu melden. Hier sind jedoch auch weitere Quittierverfahren, z. B. Barcode-Einlesung durch Tastendruck, denkbar. In beiden Fällen, der Spracherkennung und der Übermittlung mittels Sprache, liegt der große Vorteil in der teilweisen Parallelisierung von Informationsübermittlung und Informationserfassung. Einen weiteren Vorteil bietet die Möglichkeit zu manuellen Tätigkeiten, so sind die Hände und die Augen frei für Haupt- und Nebentätigkeiten wie z. B. beim Kommissionieren.

C 4.6.6.1 Spracherkennung

In der Spracherkennung unterscheidet man im Wesentlichen zwischen den *sprecherabhängigen* und den *sprecherunabhängigen* Systemen. Des Weiteren kennt der Markt auch *adaptive* Systeme, welche eine Mischform der beiden klassischen Systeme darstellen.
- *Sprecherabhängige Systeme* haben mittlerweile Einzug in fast alle Bereiche der Kommunikation gehalten. So basiert die Spracheingabe eines Mobiltelefons oder eines Navigationssystems auf dieser Technologie. Bei diesen Systemen ist es notwendig, den benötigten Wortschatz für jeden einzelnen Nutzer einzulernen. Durch mehrfache Wiederholung des Wortes wird ein speziell für einen Nutzer geeignetes Sprachmuster angelegt. Dies führt zu einer hohen Erkennungsrate der gelernten Worte. Die Anzahl der verwendeten Worte und die, je nach System, notwendige Anzahl an Wiederholungen können zu einem erhöhten Aufwand bei der Initialisierung führen.
- *Sprecherunabhängige Systeme* werden eingesetzt, wenn die Anzahl der Nutzer oder die Anzahl der Wörter größer werden. Da hier kein Training des Wortschatzes notwendig ist, liegt der Vorteil dieser Systeme in der Einsatzfähigkeit für Bereiche, in denen mehrere Nutzer das gleiche Gerät verwenden oder bei einer hohen Fluktuation der Nutzer. Einen weiteren Vorteil stellen die hohe Benutzerfreundlichkeit und die sofortige Einsatzfähigkeit der Geräte dar. Sprecherunabhängige Systeme gelten als die Systeme mit der geringeren Erkennungsrate. Aus diesem Grund wurde eine Fortentwicklung hin zu einer Mischform realisiert.
- *Adaptive Systeme* vereinen die Vorteile der sprecherabhängigen Systeme – die hohe Erkennungsrate – und die der sprecherunabhängigen Systeme – die hohe Anzahl an potenziellen Nutzern eines Gerätes. Diese Vorteile werden mit dem Nachteil einer Trainingsphase bei der Initialisierungsphase erkauft. Hier wird, ähnlich den sprecherabhängigen Systemen, ein definierter Wortschatz eingelernt, welcher sich jedoch während der Nutzung dahingehend kontinuierlich erweitert, dass eine Vielzahl an sprachlichen Abweichungen der gelernten Wörter von dem System erkannt und abgespeichert werden. Das Erkennen erfolgt durch einen systeminternen Abgleich mit dem erwarteten und dem gesprochenen Wort [Föl05a; Ste01].

C 4.6.6.2 Nebengespräche und Nebengeräusche

In der Spracherkennung unterscheidet man primär zwischen Nebengeräuschen, welche im Umfeld des Nutzers entstehen, und Nebengesprächen. Nebengespräche wiederum werden in *aktive* und *passive* Gespräche unterteilt. Als *aktive Nebengespräche* gelten Wörter, welche der Nutzer spricht und die nicht für die Spracherkennung vorgesehen sind. Hier seien z. B. die Füllwörter genannt. Bei *passiven Nebengesprächen* kommen diese Worte von einer weiteren Person, welche sich im Aufnahmebereich des Mikrofons aufhält. Für die zuverlässige Identifikation von Nebengesprächen und Nebengeräuschen gibt es zwei unterschiedliche Ansätze. Zum einen werden Außenmikrofone eingesetzt, die hardwareseitig eine aktive Filterung der ankommenden Geräusche durchführen, zum anderen werden softwareseitige Filter genutzt, die nur Worte zulassen, die im Erwartungsbereich liegen. Bei modernen Spracherkennungssystemen in der Logistik werden meist beide Ansätze in Kombination eingesetzt. Dies dient vor allen Dingen der zuverlässigen Filterung von Nebengeräuschen, wie sie durch Sortieranlagen, Gabelstaplerverkehr oder durch Lüftungsgebläse in Kühllagern verursacht werden [Föl05c].

C 4.6.6.3 Anwendungen in der Logistik

Die sprachbasierte Identifikations-/Informationstechnik in der Logistik findet ihren Einsatz in der Distribution, im Wareneingang, im Warenausgang und in der Kommissionierung.

In der KEP-Branche, z. B. bei der sprachbasierten Kodierung in der Materialeingabe eines Warensortier- und Verteilsystems, im Wareneingang und Warenausgang gilt diese Form der Sprachidentifikation als Spracheingabe- bzw. Kodiertechnik (Identifikationstechnik). Hierbei werden dem System die Identifikationsmerkmale eines Stückgutes, wie Empfängeradresse, Warennummer oder Tourennummer mitgeteilt. Diese Systeme arbeiten, begründet durch den beschränkten „Wortschatz" aus Ziffern und einzelnen Befehlen, mehrheitlich sprecherunabhängig [Föl03].

In der Kommissionierung hingegen wird die sprachgeführte Technik mehrheitlich als Informationstechnik verstanden. Hier ist es das System, welches die benötigten Informationen bereitstellt; der Kommissionierer bestätigt lediglich die Erfüllung des Auftrags. Diese sprachbasierte Kommissionierung, auch Pick by voice oder Pick to voice genannt, gewinnt immer mehr an Bedeutung.

Literatur

[Föl03] Föller, J.: Analyse einer neuartigen Materialzuführung für Warensortier- und -verteilsysteme. Karlsruhe 2003
[Föl05a] Föller, J.: Techniken zur Informationsbereitstellung in der Kommissionierung. f+h 1-2 (2005) 38–41
[Föl05c] Föller, J.: Vergleichsstudie „Pick by Voice"-Systeme, Teil II. f+h 10 (2005) 468–472
[Ste01] Steckel, B.: Informationssysteme zur Sendungsverfolgung von Containern im kombinierten Verkehr. Karlsruhe 2001

C 4.7 Informationsbereitstellung in der Kommissionierung

In der Lager- und Distributionslogistik ist der Einsatz sprachgestützter Identifikation nicht mehr wegzudenken. Treibende Kraft bei der Weiterentwicklung ist der Wunsch, eine geringere Fehlerrate und einen erhöhten Servicegrad zu gewährleisten. Um dennoch einen neutralen Vergleich zwischen den einzelnen Techniken zur Informationsbereitstellung in der Kommissionierung zu ermöglichen, wird zunächst eine kurze allgemeine Darstellung von fünf Techniken sowie speziell der aktuell im Fokus stehenden Technik Pick To Voice vorangestellt (Tabelle C 4.7-1). In der folgenden Betrachtung der Informationsbereitstellungstechniken wird die „Mann zur Ware"-Kommissionierung mit einer statischen Bereitstellung der Kommissioniergüter vorausgesetzt (Bild C 4.7-1).

C 4.7.1 Kommissionierung mittels Beleg

Bei der klassischen Kommissionierung wird eine Liste pro Auftrag oder eine Reihe von Etiketten gedruckt. Der Kommissionierer liest die Liste und sammelt die Ware in der angegebenen Reihenfolge ein. Differenzen, wie Mengenabweichungen, Preis- und Packungsunterschiede, werden auf der Liste notiert. Zum Abschluss des Kommissioniervorgangs wird die Liste abgeglichen und ggf. mit den erforderlichen Korrekturen bestätigt. Daran anschließend wird ein bereinigter Lieferschein bzw. eine Rechnung erstellt. Nach der Datenübermittlung an das übergeordnete System (Auftrags-/Bestandsverwaltung, Buchhaltung) steht der Kommissionierer für weitere Aufträge zur Verfügung.

C 4.7.2 „Beleglose" Kommissionierung

Diese *papierlose* Form der Kommissionierung ersetzt die ursprünglichen Listen durch Fachanzeigen, Leuchttaster, Zonenterminals, Großdisplays und drahtlose Terminals zur Kommunikation mit dem Lagerpersonal. Mobile Datenerfassungs-Geräte (MDE) werden hierbei mehrheitlich als Kommunikationsmittel (Informationsträger) eingesetzt. Um eine neutrale Betrachtung der Informationstechniken zu ermöglichen, ist im Folgenden die Differenzierung zwischen den Betriebsmodi – *online* und *offline* – zwingend notwendig [Föl07].

Tabelle C 4.7-1 Informationsbereitstellung und Datentransfer

	Informationsträger	Offline	Online
Beleg	Etikett, Papierliste, Fach- und Regalbeschriftung	Klassisches System	Nicht möglich
Beleglos	Bildschirmanzeige, Fach- und Regalbeschriftung	MDE	MDE
	Leuchten und digitale Fachanzeigen	Nicht möglich	Pick by light
	Sprache, Fach- und Regalbeschriftung	Kurzzeitig „Funkloch"	Pick to voice

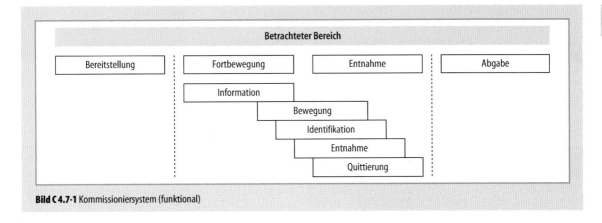

Bild C 4.7-1 Kommissioniersystem (funktional)

C 4.7.2.1 Offline-Kommissionierung

Der Kommissionierer erhält durch sein Kommunikationsmittel, z. B. ein MDE-Gerät, seinen neuen Kommissionierauftrag. Notwendige Korrekturen, z. B. die einer Mindermenge, werden dem Kommunikationsmittel vorab mitgeteilt. Während des Kommissionierens gibt er neuerliche Abweichungen in sein MDE ein, welches diese nach Beendigung des Kommissionierauftrags an das übergeordnete Lagerverwaltungssystem (LVS) meldet. Die Datenübermittlung zwischen LVS und Kommunikationsmittel erfolgt ohne weiteren Eingabeaufwand des Kommissionierers. Er muss das Gerät lediglich in einer Dockingstation in Position bringen. Wie bei der Kommissionierung mittels Liste wird nach der Datenübermittlung eine Rechnung oder ein Lieferschein erstellt.

Generell ist zu sagen, dass der Offline-Betrieb, da eine Rückmeldung an das LVS erst nach Auftragsabschluss erfolgen kann, nur eine statische, (teil-)auftragsweise Kommissionierung ermöglicht.

C 4.7.2.2 Online-Kommissionierung

Die Meldung „Kommissionierer frei" führt mittels Datenfunk zur Übermittlung eines neuen Kommissionierauftrags, wobei zunächst die Hauptdaten des Auftrags (Anzahl, Kommissionierpositionen, Gesamtvolumen, Vorgabezeit, Kundenname, Art und Größe des Ladehilfsmittel) gesendet werden. Nach der Bestätigung dieser Informationen erhält er die Daten der ersten Kommissionierposition (Lagerplatznummer, Entnahmemenge, Einheit, Artikelnummer und -text). Um unnötigen Aufwand zu vermeiden, werden hierbei nur die erforderlichen Daten übermittelt. Der Kommissionierer entnimmt am Lagerplatz die angegebene Menge und quittiert die Position, welche über Funk an das übergeordnete System (LVS) zurückgesandt und dort verbucht wird. Daraufhin wird die folgende Kommissionierposition übermittelt. Dieser Vorgang wiederholt sich, bis die letzte Kommissionierposition quittiert ist. Der Kommissionierer meldet eventuell vorhandene Abweichungen vor Ort sofort an das LVS. Dies und das Monitorprogramm, bei dem der Fortschritt der Kommissionierung jederzeit einsehbar ist, hat den Vorteil, dass der Verantwortliche bei Problemen im Kommissionierablauf jederzeit eingreifen kann. Daraus ergibt sich auch die Möglichkeit, einen Auftrag zu splitten und ihn in Teilaufträgen, von zwei oder mehreren Kommissionierern parallel, bearbeiten zu lassen. Auch das Zurückstellen von einzelnen Positionen ist möglich. Für einen Auftrag mit mehreren Transporteinheiten (Boxen, Rollcontainer) kann nach dem Füllen einer Transporteinheit ohne Beendigung des Auftrags sofort ein Ladebeleg gedruckt werden. Bei der Abschlussmeldung für eine Transporteinheit wird auf einem Drucker, der möglichst in unmittelbarer Nähe stationiert ist, ein Ladebeleg gedruckt. Nach der Belegentnahme und Befestigung an der Transporteinheit fährt der Kommissionierer mit der Abarbeitung des aktuellen Auftrages fort. Nach Abschluss des Kommissionierauftrags werden ein Ladebeleg und ein aktualisierter Lieferschein für den Gesamtauftrag gedruckt. Die „dynamische" Auftragsabwicklung ist ein Vorteil der Online-Bearbeitung, der zu den Vorteilen der Offline-Bearbeitung hinzukommt [Föl05a].

C 4.7.3 Informationsbereitstellung/ Kommissioniertechniken

Die Informationsbereitstellung, oder wegen ihres Einflusses auf das Kommissionierverfahren auch Kommissioniertechnik genannt, spielt die zentrale Rolle in der Kommissionierung. Sie sollte an die lagerspezifischen Bedürfnisse angepasst sein und somit ein optimales Zusammenwirken zwischen Kommissionierer und Lagertechnik gewährleisten. Hier sei die Informationsbereitstellung mittels Licht oder Leuchtanzeigen, die sog. Pick-by-Light-Technik, genannt. Diese Kommissioniertechnik ist in einem Kleinteilelager mit automatischer Bereitstellung durchaus sinnvoll, wobei sie in einem Palettenlager als unsinnig gelten würde.

C 4.7.3.1 Mobiles Datenerfassungsgerät (MDE)

MDE-Geräte, welche am Mann getragen oder an einem Stapler angebracht werden, bieten sich von ihrem Einsatzspektrum her sowohl für Kleinteile- als auch für Palettenlager an. Die beschriebene Kommissionierung mittels MDE im Online-Modus hat folgende Vorteile:
- das Drucken einer Kommissionierliste entfällt,
- die anfallenden Korrekturen werden vor Ort in das Gerät eingegeben und an das LVS gesendet ⇒ keine Nacherfassung,
- bei Ergänzung durch einen Strichcode-Scanner können Kommissionierfehler merklich reduziert werden,
- freie Wahl des Lastaufnahmemittels (eingeschränkt durch händische Eingabe),
- flexible Online-Auftragsabwicklung möglich ⇒ Splittmöglichkeit in Teilaufträge,
- geringe Bestandsfehlerrate bei Online-Bestandsführung durch die Kopplung an das LVS.

Als großer Nachteil dieser Technik ist das Handling des Gerätes und die manuelle Eingabe der Daten zu sehen. Der Kommissionierer wird hierdurch in seiner möglichen Pickleistung eingeschränkt. Die zeitaufwendige Informationsaufnahme mittels Lesen gilt als weiterer Nachteil.

C 4.7.3.2 Pick by light (PBL)

Als nichtpersonengebundenes Kommissioniersystem steckt die Informationsübermittlung der Pick-by-Light-Technik im Regal selbst. Durch aufleuchtende Signallichter wird dem Kommissionierer der Ort der Ware und durch eine zusätzliche LED-Ziffernanzeige die aufzunehmende Menge angezeigt. Mittels einer am Lagerplatz installierte Quittiertaste wird der einzelne Pickvorgang abgeschlossen. PBL-Anlagen können auch nachträglich an bestehenden Regalen installiert werden. Sinnvollerweise werden Kleinteilelager mit fest vorgegebenen Kommissionierbereichen durch diese Technik ausgerüstet. Vergleichend zur MDE-Technik ergeben sich durch die Gerätefreiheit und die optische Führung des Kommissionierers folgende zusätzliche Vorteile:
- reduzierte Kommissionierwege (bei variabler/dynamischer Bereitstellung),
- geringe Kommissionierfehlerrate,
- schnelle Einschulung durch einfache, sichere Bedienung und Unabhängigkeit von Sprachen,
- Lastaufnahmemittel können frei gewählt werden.

Nachteil dieser Technik sind die hohen Wartungskosten durch die ständige Funktionskontrolle der Fachanzeigen sowie die Beschränkung des Einsatzortes der Kommissionierer auf einen Regalabschnitt. Eine mehrfache Kommissionierung innerhalb eines Regalabschnitts gestaltet sich ebenso wie die Auslastung des Systems als schwierig. Eine Ausnahme bildet die variable Bereitstellung. Nachteilig ist auch der erhöhte optische Suchaufwand zum Auffinden des Fachs.

C 4.7.3.3 Pick to voice

Die Pick-to-Voice-Kommissionierung, oft auch als Pick by Voice bezeichnet, stellt eine Erweiterung der MDE-Geräte mit den Vorteilen der Sprache als natürliche Kommunikationsform dar. Die akustische Auftragsübermittlung über Kopfhörer erfolgt ebenso wie die Rückmeldung nicht mehr über eine manuelle Eingabe, sondern mittels Sprache. Der eigentliche Kommissioniervorgang unterscheidet sich, bis auf die Ein- und Ausgabemethode und die Freiheit der Hände, nicht wesentlich vom beleglosen Kommissionieren mittels MDE-Geräten. Der Ablauf der Auftragsdatenübertragung unterscheidet sich durch die Verwendung eines sog. Pick-to-Voice-Hosts und einer ggf. notwendigen Middleware, welche die Daten dem Host zur Verfügung stellt. Der Host sendet und empfängt die Clientdaten über Accesspoints (Sende- und Empfangsstationen) für das drahtlose Netz. Der Client ist ein mobiles Gerät, das als akustische Schnittstelle am Mann getragen wird. Weitere mobile Geräte, z. B. Scanner und Drucker, erlauben es, in Verbindung mit dem Client die Funktionalität zu erweitern. Die wesentlichen Komponenten eines Pick-to-Voice-Systems sind in Bild C 4.7-2 dargestellt [Föl05b].

C 4.7.4 Unterscheidungsmerkmale von Pick-to-Voice-Systemen

Im Folgenden werden einige grundsätzlichen Unterschiede von Pick-to-Voice-Systemen näher beleuchtet (s. hierzu auch C 4.6.6.1 und C 4.6.6.2). Auf herstellerspezifische Unterscheidungsmerkmale wird hierbei aufgrund der Vielzahl bewusst nicht eingegangen.

C 4.7.4.1 Thick (Fat) Client/Thin Client

Pick-to-Voice-Clients unterscheiden sich je nach Systemansatz in Thin Clients (Bild C 4.7-3), welche die unbearbei-

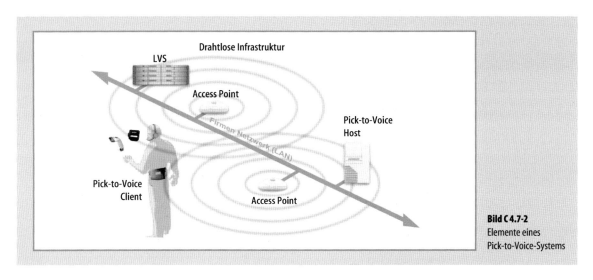

Bild C 4.7-2 Elemente eines Pick-to-Voice-Systems

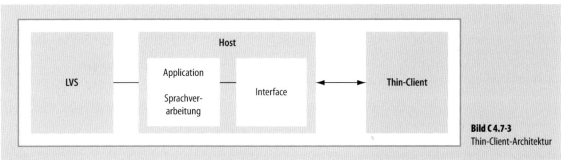

Bild C 4.7-3 Thin-Client-Architektur

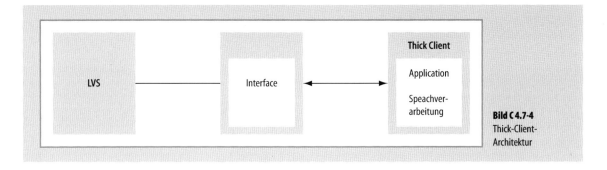

Bild C 4.7-4 Thick-Client-Architektur

teten Sprachdatensätze über das Netzwerk an den Host übertragen, und Thick Clients (Bild C 4.7-4). Diese leisten die gesamte Aufgabe der Spracherkennung und Sprachverarbeitung auf dem tragbaren Gerät. Dieser Clienttypus verursacht wegen der höheren Rechenanforderungen i. d. R. etwas höhere Anschaffungskosten für die einzelnen Geräte.

C 4.7.4.2 Paketbasierte vs. streambasierte Übertragung

Im Allgemeinen wird die Übermittlung der Sprachdaten in TCP/IP-Paketen (paketbasiert) realisiert. So kann gewährleistet werden, dass bei Übertragungsunterbrechungen automatisch eine Fehlerkorrektur durchgeführt wird. Bei einer streambasierten Übertragung werden die Sprachdaten lediglich über den IP-Layer transportiert, wobei keine fehlenden oder fehlerhaften Pakete erneut übertragen werden. Dieser Ansatz findet heute seine Verwendung in der Sprachdatenübermittlung in Echtzeit, z. B. bei Voice-Over-IP.

C 4.7.4.3 Proprietäre Hardware vs. offene Plattform

Einige Pick-to-Voice-Systeme verwenden eine proprietäre Hardware. Damit ist der Nutzer an bestimmte Geräte gebunden. Bei einer offenen Plattform hingegen ist es möglich, innerhalb eines gewissen Rahmens herstellerunabhängige Geräte einzusetzen. Die maßgeblichen Vorgaben bestimmen das Betriebssystem und die Art der vorhandenen Schnittstellen [Föl05d].

C 4.7.5 Zusammenfassung

Durch die Kombination aus belegloser Online-Kommissionierung und Sprachverarbeitung ergeben sich folgende Vorteile:
- das Drucken einer Kommissionierliste entfällt,
- geringe Kommissionierfehlerrate durch Wegfall der optischen Erfassung,
- schnelle Einschulung,
- Hände und Augen sind frei für simultane Tätigkeiten,
- anfallende Korrekturen werden vor Ort in das Gerät eingegeben und an das LVS gesendet,
  - keine Nacherfassung,
  - geringe Bestandsfehlerrate bei Online Bestandsführung,
- flexible Online-Auftragsabwicklung möglich,
  - Splittmöglichkeit in Teilaufträge,
- freie Wahl des Lastaufnahmemittels.

Diese Vorteile werden teilweise auch durch die Nutzung von MDE- und Pick-by-Light-Systemen erzielt.

Nachteile dieser Technik sind Sprachabhängigkeit und Teachen (je nach System) sowie Tragekomfort und Bedienung.

Die niedrigen durchschnittlichen Fehlerraten wurden in einer Untersuchung des Lehrstuhls für Fertigungsvorbereitung der Universität Dortmund belegt (Tabelle C 4.7-2).

Literatur

[Föl05a] Föller, J.: Techniken zur Informationsbereitstellung in der Kommissionierung. f+h 1-2 (2005) 38–41

[Föl05b] Föller, J.: Identifikationstechniken in der Lager- und Kommissioniertechnik. VDI-Seminar: Optimierte Kommissioniersysteme, Karlsruhe 2005

Tabelle C 4.7.-2 Durchschnittliche Fehlerraten bei unterschiedlichen Pick-Techniken (Uni Dortmund)

Hilfsmittel	Anzahl Systeme	Fehlerrate
Pick-to-voice	3	0,08 %
Belege	35	0,35 %
Pick by light	6	0,40 %

[Föl05d] Föller, J.: Vergleichsstudie „Pick by Voice"-Systeme, Teil III. f+h 10 (2005) 574–579

[Föl07] Föller, J.: Schweizer Logistik-Katalog 2007. In: Jahrbuch für Materialfluss und Logistik. CH-Laufenburg 2007, S. 120–123

C 4.8 Data-Warehouse-Konzepte

C 4.8.1 Neue Marktanforderungen

Der Wandel vom Verkäufer- zum Käufermarkt verursachte einen immer härter werdenden globalen Wettbewerb. Von besonderer Wichtigkeit für ein Unternehmen ist es deshalb,
- bessere Entscheidungen aufgrund effizienter und qualitativ hochwertiger Informationen treffen zu können,
- die Wettbewerbsfähigkeit durch frühzeitiges Erkennen von unternehmensinternen und externen Trends sowie deren Ursache zu erhöhen,
- den Kundenservice und die Kundenzufriedenheit zu verbessern.

Hierfür bedarf es einer besonderen Daten- und Informationsverarbeitung. Jedes Unternehmen verfügt heute über riesige Datenbestände. Der geforderte Erfolg stellt sich allerdings nur ein, wenn es gelingt, aus den vorhandenen Datenmengen entscheidungsrelevante Informationen zu gewinnen und somit ein Wissen über den Kunden und die Markt- und Kostenstruktur zu erlangen. Mit diesem Wissen können Innovationen eingeleitet werden. Um dies zu realisieren, werden derzeit in vielen Unternehmen Data Warehouse Konzepte eingeführt.

C 4.8.2 Aufbau eines Data-Warehouse-Konzepts

Ein Data-Warehouse-Konzept ist kein einzelnes Produkt, welches „schlüsselfertig" gekauft werden kann. Es ist

vielmehr ein Konzept mit verschiedenen Bestandteilen, welches auf die individuellen Bedürfnisse des Benutzers maßgeschneidert sein sollte und von einer großen Entwicklungsfähigkeit geprägt wird. Ein Data-Warehouse-Konzept stellt einen erfolgversprechenden Ansatz zum Aufbau managementunterstützender Systeme dar und besteht i. d. R. aus folgenden Komponenten:
- *Data Warehouse:* Werkzeuge zur Selektion und Speicherung entscheidungsrelevanter Informationen,
- *Online Analytical Processing* (OLAP): entscheidungsorientierte Modellierung und Auswertung,
- *Business Intelligence Tools* (BIT): Analyse und Präsentation der entscheidungsorientierten Informationsbasis,
- *Data Mining*: ungerichtete Informationsselektion und -analyse.

C 4.8.3 Data Warehouse

C 4.8.3.1 Prinzip

Eine große Problematik stellt die Heterogenität der Datenbestände dar, welche in unterschiedlichen Formaten, in unterschiedlichen Qualitäten sowie an unterschiedlichen Orten vorliegen. Das Ziel des Data Warehouse besteht in der Trennung der administrativen und operativen Daten (Operational Data) von den Informationen für Analyse, Planung und Kontrolle (Business Information). Damit soll ein zielgerichteter, aber zugleich auch einfacher Zugriff eines jeden Anwenders auf die Gesamtheit der zur Verfügung stehenden Daten ermöglicht werden.

Hierbei werden vier Hauptmerkmale gefordert, welche die Daten innerhalb eines Data Warehouse erfüllen müssen. Die Daten sollen
- nicht anwendungsorientiert wie die operativen Daten sein, sondern *themenorientiert,*
- verschiedene Anwendungen und Datenbestände einbeziehen (*Integration*),
- die Zeit als bewertbare Bezugsgröße enthalten (*Zeitbezug*) und
- über einen längeren Zeitraum bestehen (*Dauerhaftigkeit*).

Themenorientierung

Alle Unternehmensdaten werden verschiedenen „Themen" zugeordnet und unter diesen thematischen Funktionen im Data Warehouse abgelegt. Häufig verwendete Ordnungskriterien sind die Unternehmensstruktur (z. B. Geschäftsbereiche, Organisationsstruktur), die Produktstruktur (z. B. Produktfamilie, Produktgruppe, Artikel), die Regionalstruktur (z. B. Land, Bezirk) sowie die Kundenstruktur.

Integration

Mit dem Data Warehouse wird eine unternehmensweite Integration der Daten in einem einheitlichen System angestrebt. Begründet im langjährigen Wachstum der operationalen Systeme, den zugrundeliegenden Datenbankverwaltungssystemen sowie den verschiedenartigen Rechnerstrukturen sind einerseits Datenredundanzen und andererseits semantische Inkonsistenzen unvermeidbar. Eine große Problematik stellt in diesem Zusammenhang das unterschiedliche Format der Daten dar. Beispielhaft hierfür sei das Datum 15.06.2000 genannt. Dieses kann in Abhängigkeit von der landestypischen Schreibweise (z. B. 2000-06-15 oder 15/06/2000), den gewachsenen Unternehmensstrukturen (z. B. Do, KW24/00 oder Thu, 24,00), dem Computersystem (z. B. 15062000) und anderen Faktoren in beliebig vielen Schreibweisen vorliegen.

Zeitbezug und Dauerhaftigkeit

Die von den operativen Systemen in dem Data Warehouse abgelegten Daten werden um Zeitmarken erweitert, damit die Unternehmensentwicklung über einen bestimmten Zeitraum hinweg dokumentiert werden kann. Der abgebildete Zeithorizont kann in Abhängigkeit der unternehmensindividuellen Anforderungen bis zu zehn Jahren betragen, um z. B. Trendanalysen über historische Daten zu ermöglichen.

C 4.8.3.2 Architektur

Ein Data Warehouse setzt sich aus folgenden Komponenten zusammen (Bild C 4.8-1):
- *Transformationsprogramme* zur Datengewinnung aus internen und externen Quellen,
- *Datenbasis* in unterschiedlichen Verdichtungsstufen,
- *Meta-Datenbanksystem,*
- *Archivierungssystem.*

Transformationsprogramme

Im Allgemeinen gibt es zwei Gruppen von Datenquellen, die in ein Data Warehouse einfließen, nämlich interne und externe Daten.
- *Interne Daten.* Sie entstehen i. d. R. in den Online-Transaction-Processing- (OLTP) bzw. Enterprise-Resource-Management- (ERM) Systemen. Diese operativen Systeme dienen der Abwicklung und Unterstützung von Geschäftsvorfällen. Dabei ist vorwiegend davon auszugehen, dass die Informationen nicht in einer Datenbank vereint, sondern über eine Vielzahl von (unterschiedlich strukturierten) Datenbanken verteilt sind. Der Grund

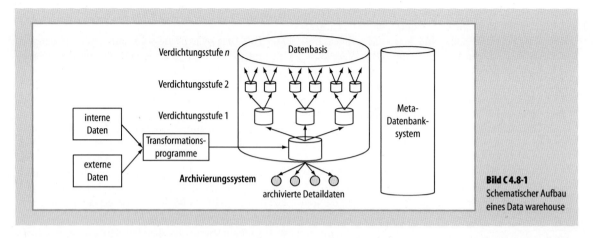

Bild C 4.8-1
Schematischer Aufbau eines Data warehouse

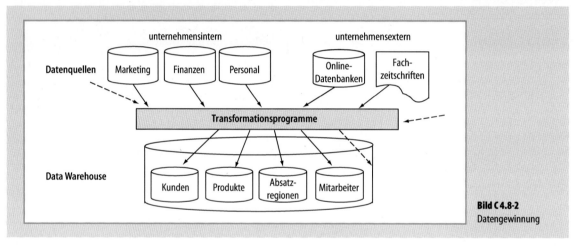

Bild C 4.8-2
Datengewinnung

hierfür liegt entweder im Gebrauch mehrerer Anwendungssysteme mit jeweils einer eigenen Datenbank oder in einer geographisch verteilten Verwaltung. Zusätzlich kann ein Unternehmen aus mehreren Geschäftsbereichen, Firmensitzen und Geschäftsstellen bestehen, welche jeweils eigene Systeme installiert haben.

Aufgrund der in einem Unternehmen gereiften Informationstechnologie liegt ein System von heterogenen internen Datenquellen vor. Dieser Sachverhalt stellt die größte Problematik dar, welche sich bei der Verwirklichung von Data-Warehouse-Konzepten ergibt.

– *Externe Daten.* Aufgrund der Umstellung zu markt- und kundenorientierten Managementansätzen gewinnen externe Daten zunehmend an Bedeutung. Zu den externen Daten zählen u. a. Konkurrenzdaten, regionalspezifische Wirtschafts- und Kreditdaten, Warendaten (Rohstoffpreise) sowie psychometrische und demographische Daten (Käuferprofile, Bevölkerungsdichte etc.).

Die meisten Unternehmen gründen ihr Data Warehouse nur auf Basis der internen Daten. Obwohl diese bereits vorliegen, erfordert deren Organisation bereits einen enormen Aufwand. Erst in weiteren Schritten wird die Integration externer Daten in Erwägung gezogen, da diese noch schwieriger zu beschaffen und zu strukturieren sind. Neueste Trends bezüglich externer Daten liegen in der Benutzung des Internets. Als *Web Farming* wird hierbei das systematische Auffinden von Internet-Inhalten bezeichnet. Diese können aufgrund ihres Formates relativ unkompliziert in ein Data Warehouse integriert werden.

Die Aufgabe der *Transformationsprogramme* ist die Umsetzung der interen und externen Daten in eine einheitliche

Datenbasis (Bild C 4.8-2). In vielen Fällen müssen die Daten hierbei auch manuell eingegeben werden.

Datenbasis

In der Datenbasis sind sowohl aktuelle als auch historische Daten aus allen Unternehmensbereichen in unterschiedlichen Verdichtungsstufen enthalten. Unter *Datenverdichtung* versteht man die Zusammenfassung mehrerer Datenquellen zu einem neuen gemeinsamen Datenobjekt. Beispielsweise können die Tagesumsatzdaten zu einem Wochenumsatzwert addiert (verdichtet) werden und diese weiter zu einem Monatswert, bis man als höchste Verdichtungsstufe den Jahresumsatz erhält. Durch das System der Verdichtungsstufen können Abfragen schneller bearbeitet werden.

Meta-Datenbanksystem

Das Meta-Datenbanksystem enthält alle Informationen und Beschreibungen über die *Datenbasis* (Datenquellen, Datenformate, Verdichtungsstufen usw.) und ist somit für den Administrator von besonderer Bedeutung.

Archivierungssystem

Das Archivierungssystem dient v. a. zur Sicherung des *Detaildatenbestandes*. Dies ermöglicht eine Wiederherstellung des Data-Warehouse-Systems nach einem Programm- oder Systemfehler. Von großer Bedeutung ist hierbei die enorme Größe des Datenvolumens, welche den Terabyte-Bereich (10^{12} Bytes) häufig erreicht.

C 4.8.4 Oline Analytical Processing (OLAP)

Das Online Analytical Processing (OLAP) beinhaltet im Wesentlichen die konzeptionelle Basis zur Unterstützung einer dynamischen Datenanalyse. Dies erfolgt durch eine neue Sichtweise der Daten in Form von Dimensionen, die schnellere, individuellere und flexiblere Abfragen ermöglicht.

Dazu isoliert OLAP einzelne Bereiche aus dem gesamten Datenpool und modelliert die so gewonnene Teilmenge als einen Datenwürfel (Hypercube). Mittels der Funktion „Schneiden" („slice") kann ein bestimmter Ausschnitt (z. B. eine Periode aus der Zeitdimension) ausgewählt werden. Zum anderen besteht die Möglichkeit, diesen Würfel von verschiedenen Seiten zu betrachten. So kann durch die Funktion „Würfeln" („dice"), d. h. Drehen oder Kippen des Datenwürfels, eine neue Perspektive hergestellt werden. Durch diese beiden Funktionen können typische Geschäftsabfragen unterschiedlicher Benutzergruppen unterstützt werden. Controller können z. B. die Umsatzzahlen für einen bestimmten Zeitraum abfragen, während ein Regionalleiter aus demselben Datenwürfel durch Veränderung der Perspektive die Umsatzzahlen für eine bestimmte Region erhalten kann (Bild C 4.8-3).

Wie schon bei der Datenbasis beschrieben, liegen unterschiedliche Verdichtungsstufen vor. Mittels OLAP kann der Anwender sowohl vertikal als auch horizontal durch unterschiedliche Konsolidierungsebenen navigieren. Man unterscheidet hierbei zwischen
- *Drill Down* (Zooming In): Von einer höheren in eine tiefere Ebene analysieren.
- *Roll Up* (Zooming Out): Von einer tieferen in eine höhere Ebene analysieren.

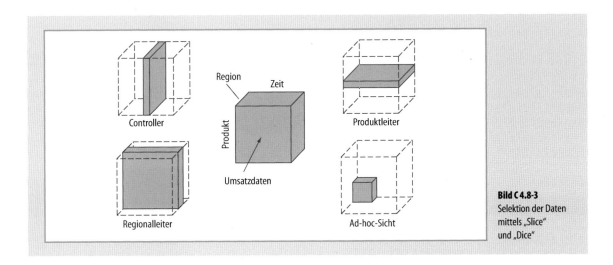

Bild C 4.8-3 Selektion der Daten mittels „Slice" und „Dice"

– *Drill Through*: Datensätze innerhalb einer Ebene analysieren.

C 4.8.5 Business Intelligence Tools (BIT)

Der Aufbau eines Data Warehouse und die Modellierung der Informationen nach dem OLAP-Ansatz dienen dazu, Informationen entscheidungsorientiert zu analysieren und zu präsentieren. Für diese Funktion werden sog. „Business Intelligence Tools" (BIT) eingesetzt, welche neben der OLAP-Analyse noch weiter reichende Funktionen zur Verfügung stellen.

Bedingt durch die Benutzergruppen im höheren Management, orientieren sich BIT an den folgenden vier Leitgedanken:
– *Information for Motivation*: Der Anwender soll auf breiter Basis motiviert und in die Lage versetzt werden, einen Zugang zu allen relevanten internen und externen Unternehmensdaten zu gewinnen.
– *Transparent Global Access*: Den Benutzern soll eine transparente, integrierte und logisch-konsistente Gesamtansicht auf die Daten vermittelt werden.
– *Desktop Usability*: Die Endbenutzer sollen leicht auf die Daten für ihre Auswertungen zugreifen können.
– *Fast and Efficient Application Development*: Mit geeigneten Werkzeugen sollen rasch und gezielt Analysen durchgeführt und daraus Berichte und Grafiken erstellt werden.

Die einfachsten BIT-Analysen enthalten überwiegend quantitative Werte, die in Form von Kennzahlen aufbereitet werden. Diese Kennzahlen können sowohl absolut (z. B. Umsatz, Cash-Flow, Bilanzsumme, Liefermengen) als auch relativ (z. B. Umsatzrentabilität, Auslastung oder Lieferfähigkeit) sein. Dem Benutzer wird hierbei die Möglichkeit gegeben, durch den Datenbestand mittels der unter OLAP beschriebenen Verfahren Slice and Dice, Drill Down, Roll Up und Drill Through zu navigieren.

Durch die Anbindung von Statistikpaketen können die mittels Navigation selektierten Daten weiteren Analysen unterzogen werden. Auf der Präsentationsseite stehen alle gängigen Darstellungsformate wie Tabellen, Kreis-, Balken-, Säulendiagramme usw. zur Verfügung. Darüber hinaus bieten viele Produkte auch Darstellungen in Form von Alarmmatrizen zur Kenntlichmachung von Abweichungen sowie landkartenbasierte Präsentationsformen (Geocodierung, Quelle-Senke-Diagramm).

C 4.8.6 Data Mining

Es ist anzunehmen, dass in den riesigen kommerziellen und wissenschaftlichen Datenbanken wertvolle Informationen versteckt sind, welche aufgrund der Komplexität der Datenbanken durch die herkömmlichen benutzergeleiteten Analyse- und Präsentations-Tools nicht entdeckt werden können. In den letzten Jahren wurden zahlreiche Entwicklungen bezüglich der Informationsgewinnung aus Datenbanken (Knowledge Discovery) unternommen. Das Data Mining ist eine Stufe in diesem Prozess und bezeichnet das automatische Detektieren von Zusammenhängen in Datenbeständen durch Anwendungen und Algorithmen. Die bekanntesten Data-Mining-Verfahren sind:
– Assoziierung (Warenkorbanalyse),
– Segmentierung (Clusteranalyse),
– regelbasierte Werkzeuge (Entscheidungsbäume) und
– neuronale Netze.

C 4.8.6.1 Assoziierung (Warenkorbanalyse)

Bei der Assoziierung werden Muster von korrelierenden Elementen in Dateneinheiten gefunden. Dies können Regeln sein, die Zusammenhänge zwischen Elementen eines Datensatzes beschreiben (Assoziationsregeln). Auch Muster im Auftreten von Elementen (Sequenzmuster) können in zusammengehörigen Datensätzen gefunden werden.

Eine typische Anwendung ist die Warenkorbanalyse, welche herausfinden soll, welche Produkte oft zusammen gekauft werden (z. B. Holzkohlegrill und Holzkohle). Warenangebot, Produktpositionierung oder gezielte Marketingaktionen können so verbessert werden.

Ein weiteres Beispiel für die Anwendung dieses Algorithmus ist die Auswertung von Kommissionieraufträgen in einem Lager. Die ermittelten, häufig zusammen angeforderten Artikel können bevorzugt zusammen gelagert werden. Dadurch werden bessere Ausbringzeiten erreicht.

C 4.8.6.2 Segmentierung (Clusteranalyse)

Die Segmentierung (auch Clustering genannt) beinhaltet die Einteilung einer Datenbank in Gruppen zusammengehöriger oder ähnlicher Datensätze, welche als Klassen definiert werden. Die in Einheiten zusammengefassten Datensätze entsprechen sich in einer oder mehreren Eigenschaften. So können beispielsweise die Artikel in Größenklassen eingeteilt werden, um mittels Standardverpackungen die Verpackungskosten zu minimieren.

Eine weitere Anwendung ist das Database-Marketing. Kunden-, Transaktions- und Finanzdatenbanken werden auf Muster im Kundenverhalten untersucht und die gewonnenen Ergebnisse für verschiedenste Marketingaktivitäten wie Direktwerbung, Sortimentsgestaltung sowie Verhinderung von Abwanderungen eingesetzt.

C 4.8.6.3 Regelbasierte Werkzeuge (Entscheidungsbäume)

Regelbasierte Werkzeuge, bei welchen es sich meist um Algorithmen handelt, die mit Entscheidungsbäumen arbeiten, entdecken Muster in historischen Daten und können damit beispielsweise zukünftige Verhaltensstrukturen mit einer bestimmten Wahrscheinlichkeit abschätzen. So kann z. B. die Ausfallwahrscheinlichkeit eines Fördermittels in Abhängigkeit von Eigenschaften wie dem Alter oder dem Hersteller des Fördermittels abgeschätzt werden.

C 4.8.6.4 Neuronale Netze

Neuronale Netze bestehen aus einer Reihe von Software-Synapsen, welche die Datenbestände in natürliche Klassen einteilen und ein Vorhersagemodell für neu hinzukommende Elemente entwickeln. Mit einem Teil des Ursprungsdatenbestandes wird das Neuronale Netz trainiert und anschließend die Vorhersagegenauigkeit mit einem anderen Teil der Daten bestimmt. Ein erfolgreich trainiertes Netz zeigt sehr gute Wiedererkennungswerte. Aktuelle Einsatzfelder in der Logistik sind die Warenausgangs- und die Absatzprognose.

Europäische Richtlinien und Sicherheitsnormung C5

C 5.1 EG-Richtlinien

C 5.1.1 Richtlinienpolitik der EU

Im Mittelpunkt der Politik in Europa stehen die Weiterentwicklung des Binnenmarktes und die Steigerung der Wettbewerbsfähigkeit der Industrie in der EU. Der Europäische Binnenmarkt basiert seit jeher auf der Politik der Regelsetzung und der Industriepolitik. Die auf Freizügigkeit des Warenverkehrs gerichtete Politik hat sich von einer rein an Gesetzen orientierten Form zu einer Politik entwickelt, die die wirtschaftlich Verantwortlichen zunehmend am Gesetzgebungsverfahren beteiligt, die Verantwortungsbereiche zwischen öffentlichem und privatem Sektor klarer voneinander abgrenzt und die Spielräume bei der Abwicklung von Geschäften erweitert.

Bereits im Juni 1985 legte die Kommission dem Europäischen Rat ein Weißbuch zur „Vollendung des Binnenmarktes" vor. Das Weißbuch enthält ein Aktionsprogramm zur Verwirklichung des Binnenmarktes durch Beseitigung der materiellen, technischen und steuerlichen Schranken bis zum 31.12.1992. Mit der Einheitliche Europäische Akte – EEA – aus dem Jahr 1987 wurden in den EWG-Vertrag von 1957 (Römische Verträge) die für den Gesundheitsschutz und die Sicherheit der Arbeitnehmer bedeutenden Artikel 100a (heute Artikel 95) und 118a (heute Artikel 137) eingefügt. Zur Verwirklichung des Binnenmarktes werden seitdem verstärkt die Rechtsund Verwaltungsvorschriften in den verschiedensten Bereichen des Wirtschaftslebens angeglichen. Es ist das Ziel, alle technischen Handelshemmnisse, die auf Grund unterschiedlicher technischer Forderungen der Mitgliedstaaten für technische Erzeugnisse und deren Benutzung bestehen, abzubauen. Der Europäische Rat hat dazu eine Reihe von EG-Richtlinien beschlossen.

EG-Richtlinien sind das Rahmengesetz der EU und damit das Instrument der Rechtsangleichung innerhalb der EU. Sie legen verbindliche Ziele fest und sind an die Mitgliedstaaten der Gemeinschaft, d. h. an die EU-Staaten gerichtet. Form und Mittel zur Erreichung dieser Ziele bleiben den Mitgliedstaaten im Rahmen ihrer nationalen Rechtsordnung selbst überlassen. Die Mitgliedstaaten sind verpflichtet, sie innerhalb einer festgesetzten Frist in nationales Recht umzusetzen. EG-Richtlinien nach Artikel 95 des EWG-Vertrags werden Binnenmarkt-Richtlinien, EG-Richtlinien nach Artikel 137 werden Arbeitsschutz-Richtlinien genannt [Lei94a, Kap. 3.2].

C 5.1.2 Arbeitsschutz-Richtlinien

Mit Arbeitsschutz-Richtlinien nach Artikel 137 des EWG-Vertrages regelt die EU sozialpolitische Angelegenheiten. Auf Vorschlag der Kommission erlässt der Europäische Rat diese Richtlinien zur Verbesserung der Arbeitsumwelt, insbesondere der Sicherheit und des Gesundheitsschutzes der Arbeitnehmer.

Diese EG-Richtlinien wenden sich über die Mitgliedstaaten an Arbeitgeber, Arbeitnehmer und Aufsichtsbehörden. Die Richtlinien beinhalten Mindestvorschriften für den Betrieb und die Gestaltung von Arbeitsplätzen, die durch die nationale Umsetzung zu erfüllen sind oder überschritten werden können, solange hieraus keine unzulässigen Handelshemmnisse resultieren. So dürfen beispielsweise die Verschärfungen nicht über die Anforderungen an Bau und Ausrüstung der Maschinenrichtlinie hinausgehen.

Zu dieser Art EG-Richtlinien gehört beispielsweise die Richtlinie des Rates vom 30.11.1989 über Mindestvorschriften für Sicherheit und Gesundheitsschutz bei der Benutzung von Arbeitsmitteln durch Arbeitnehmer (*Arbeitsmittelbenutzungsrichtlinie*) bei der Arbeit (89/655/ EWG), geändert durch die Richtlinie über Mindestvorschriften für besondere Arbeitsmittel (95/63/ EWG) und die Richtlinie über Vorschriften für die Benutzung von Arbeitsmitteln, die für zeitweilige Arbeiten an hoch gelegenen Arbeitsplätzen bereitgestellt werden (2001/45/EG). Sie ist die zweite Einzelrichtlinie zur (*Arbeitsmittel-*) *Rahmenrichtlinie* vom 12.06.1989 über die Durchführung von Maßnahmen zur Verbesserung der Sicherheit und des Gesundheitsschutzes der Arbeitnehmer bei der Arbeit (89/

391/EWG). Sie gilt für alle Arbeitsmittel wie Maschinen, Apparate, Werkzeuge oder Anlagen, die bei der Arbeit benutzt werden. Sie ist sowohl auf neue als auch auf in Gebrauch befindliche Arbeitsmittel anzuwenden.

Im Anhang I der Richtlinie werden allgemeine Mindestvorschriften für Arbeitsmittel festgelegt. Zusätzliche Mindestvorschriften für besondere Arbeitsmittel wie mobile, selbstfahrende und nicht selbstfahrende Arbeitsmittel sowie Arbeitsmittel zum Heben von Lasten und die Anforderungen an Arbeitsmittel für zeitweilige Arbeiten an hochgelegenen Arbeitsplätzen sind mit den Änderungsrichtlinien hinzugekommen.

Der Anwender (Arbeitgeber) muss die Richtlinie durch Einhaltung des Anhanges I erfüllen.

Arbeitsmittel, die am 31.12.1992 bereits vorhanden waren, dürfen weiterhin betrieben werden. Sie müssen aber spätestens seit dem 30.06.1998 den Mindestvorschriften des Anhanges I der Arbeitsmittelbenutzungsrichtlinie entsprechen, d. h., es müssen ggf. Arbeitsmittel nachgerüstet werden. Bei einer Nachrüstung ist der Bestandschutz und der Grundsatz der Verhältnismäßigkeit zu berücksichtigen. Seit dem 01.01.1993 darf der Arbeitgeber nur noch Arbeitsmittel beschaffen bzw. im Betrieb erstmalig bereitstellen, die den Bestimmungen aller geltenden einschlägigen EG-Richtlinien entsprechen, also auch der Maschinenrichtlinie.

Die Arbeitsmittelbenutzungsrichtlinie wurde durch die Verordnung über Sicherheits- und Gesundheitsschutz bei der Benutzung von Arbeitsmittel bei der Arbeit (Arbeitsmittelbenutzungsverordnung – AMBV) vom 11.03.1997 (BGBl, Teil I, Nr. 16, S.450) in deutsches Recht umgesetzt. Unter Einbeziehung der Vorschriften zu überwachungsbedürftigen Anlagen ist die Arbeitsmittelbenutzungsrichtlinie mittlerweile als Verordnung über Sicherheit und Gesundheitsschutz bei der Bereitstellung von Arbeitsmitteln und deren Benutzung bei der Arbeit, über Sicherheit beim Betrieb überwachungsbedürftiger Anlagen und über die Organisation des betrieblichen Arbeitsschutzes, kurz Betriebssicherheitsverordnung (BetrSichV) vom 27.09.2002 (BGBl. I 2002, S. 3777) in deutsches Recht umgesetzt. [Lei94a, Kap. 2.1, 2.4; KAN96, 5ff.].

C 5.1.3 Binnenmarkt-Richtlinien

EG-Richtlinien nach Artikel 95 des EWG-Vertrags dienen dem politischen Ziel, den Binnenmarkt in der Europäischen Union zu verwirklichen und werden daher auch Binnenmarkt-Richtlinien genannt. Sie regeln die Angleichung der Rechts- und Verwaltungsvorschriften für den freien Verkehr von Waren, Personen, Dienstleistungen und Kapital. Ein hohes Schutzniveau ist die Ausgangsbasis für die Kommission bei der Erstellung von Richtlinienvorschlägen in den Bereichen Gesundheit, Sicherheit, Umweltschutz und Verbraucherschutz.

Diese EG-Richtlinien wenden sich über die Mitgliedstaaten an die Hersteller und Inverkehrbringer von Produkten sowie an Aufsichtsbehörden und Prüfstellen. Die Richtlinien müssen ohne inhaltliche Änderungen in nationales Recht umgesetzt werden. Sie enthalten grundlegende Sicherheits- und Gesundheitsschutzanforderungen bei Konzipierung und Bau technischer Erzeugnisse sowie Vorgaben hinsichtlich der vom Hersteller oder benannten Stellen durchzuführenden Verfahren zur Sicherstellung der Übereinstimmung der Erzeugnisse mit den Anforderungen der jeweiligen Richtlinien. Der einzelne Mitgliedstaat darf die grundlegenden Anforderungen dieser Richtlinien nicht verschärfen, was als willkürlicher Aufbau von Handelshemmnissen zu interpretieren wäre. Zu dieser Art EG-Richtlinien zählen z. B. die Maschinenrichtlinie (98/37/EG), die Niederspannungsrichtlinie (2006/96/EG) oder die EMV-Richtlinie (89/336/EWG bzw. 2004/108/EG).

Diese Richtlinien werden entsprechend der vom Europäischen Rat beschlossenen „Neuen Konzeption" durch harmonisierte Europäische Normen ausgefüllt. Der Hersteller bestimmt, wie er seine Produkte gestaltet und konstruiert, damit die grundlegenden Anforderungen erfüllt werden. Die harmonisierten Europäischen Normen können ihm hierbei Anhaltspunkte geben. Darüber hinaus steht es dem Hersteller offen, für seine Maschinen freiwillig das Sicherheitsniveau zu erhöhen. Stellt ein Mitgliedstaat fest, dass ein Produkt den einschlägigen EG-Richtlinien nicht entspricht, kann er das Schutzklausel-Verfahren in Anspruch nehmen, um Gefährdungen, die sich aus der Benutzung ergeben, abzuwenden.

In Deutschland werden EG-Richtlinien zur Maschinensicherheit im Geräte- und Produktsicherheitsgesetz und darauf gestützten Verordnungen (die die jeweiligen speziellen Anforderungen einer Richtlinie abbilden) umgesetzt.

C 5.1.4 „Neue Konzeption"

Der Europäische Rat erließ 1983 eine auf Artikel 100 EWG-Vertrag gestützte Informationsrichtlinie (83/189/EWG). Nach dieser EG-Richtlinie sind die Kommission, die nationalen und die europäischen Normungsgremien über die Normungsprogramme und Normungsentwürfe zu unterrichten, die von den einzelnen nationalen Normungsinstituten erstellt werden. Der mit der Informationsrichtlinie begonnene Ansatz zur Beseitigung technischer Handelshemmnisse wurde 1985 von Kommission und Europäischem Rat auf eine neue konzeptionelle Grundlage gestellt.

In der Entschließung des Europäischen Rates vom 07.05.1985 über eine „*Neue Konzeption*" auf dem Gebiet der technischen Harmonisierung und der Normung wurde folgendes Grundprinzip gebilligt:
- Die Inhalte der EG-Richtlinien beschränken sich auf die Festlegung grundlegender Anforderungen.
- Die für die Normung zuständigen Gremien erarbeiten unter Berücksichtigung des Standes der Technik Normen, für die praktische Anwendung durch den Hersteller, damit er Produkte herstellen und in den Verkehr bringen kann, die den in den EG-Richtlinien festgelegten grundlegenden Anforderungen entsprechen. Durch die Kompetenzverteilung zwischen der Rechtsetzung durch EG-Richtlinien und deren Ausgestaltung durch Normen hat die europäische Normung eine Schlüsselrolle für die Beschreibung des Sicherheitsniveaus von Maschinen in der Europäischen Union erhalten.
- Die technischen Festlegungen, die in harmonisierten Europäischen Normen aufgezeigt werden, sind nicht verpflichtend anzuwenden. Ihre Anwendung gilt jedoch als ein Mittel, mit dem die entsprechenden grundlegenden Anforderungen erfüllt werden können. Sie sind unverbindliche Regeln der Sicherheitstechnik.
- Bei einem Produkt, das mit den Festlegungen einer harmonisierten Europäischen Norm übereinstimmt, muss vermutet werden, dass es mit den entsprechenden grundlegenden Anforderungen der EG-Richtlinien übereinstimmt (Vermutungswirkung) [Lei94a, Kap. B1.1.3, 3.1.1].

C 5.1.5 Schutzklausel-Verfahren

Diese Klausel ist Bestandteil jeder EG-Richtlinie nach der „Neuen Konzeption". Sie verpflichtet die Mitgliedstaaten, das Inverkehrbringen von bestimmungsgemäß verwendeten und mit CE-Kennzeichnung versehenen Produkten einzuschränken oder zu untersagen bzw. zu veranlassen, dass die Produkte aus dem Verkehr genommen werden, wenn sie feststellen, dass diese die Gesundheit und/oder Sicherheit von Personen, Tieren oder Gütern gefährden.

Die Schutzklausel kann nur bei Produkten angewendet werden, die sich auf Grund der CE-Kennzeichnung in freiem Verkehr befinden und über deren zweckentsprechende Verwendung keinerlei Zweifel bestehen.

Stellt ein Mitgliedstaat fest, dass ein Erzeugnis die Sicherheit von Personen, Tieren oder Gütern gefährdet, kann er die notwendigen Verwaltungsmaßnahmen treffen, um das Inverkehrbringen einzuschränken, zu verbieten oder das Erzeugnis aus dem Verkehr zu ziehen. Eingeleitet werden diese Maßnahmen von den Marktaufsichtsbehörden des Mitgliedstaats. Hauptzweck der Schutzklausel ist die Ausweitung dieser Maßnahmen auf den gesamten Europäischen Binnenmarkt. Die nationalen Maßnahmen müssen gegenüber dem Betroffenen genau begründet und unverzüglich mit Begründung der Kommission gemeldet werden.

Stimmt die Kommission der Auffassung des Mitgliedstaates zu, so unterrichtet sie davon alle Mitgliedstaaten. Letztere haben nun im Rahmen ihrer Marktaufsichtspflichten auch in ihrem Gebiet die notwendigen Maßnahmen zu treffen, da mit in der ganzen Gemeinschaft der gleiche Schutz gewährleistet ist. Lehnt die Kommission die Auffassung ab, so unterrichtet sie davon nur den aktiv gewordenen Mitgliedstaat und den betroffenen Hersteller.

Falls ein Betroffener die Entscheidung nicht akzeptieren will, steht ihm der Rechtsweg vor dem Europäischen Gerichtshof offen [Lei94a, Kap. 2.2.4.10; Lei94b, 43ff.].

Literatur

[KAN96] Europäische Normung im Bereich des betrieblichen Arbeitsschutzes. KAN-Ber. 5, Juli 1996. Hrsg.: Verein zur Förderung der Arbeitssicherheit in Europa, Sankt Augustin 1996

[Lei94a] Leitfaden Maschinensicherheit in Europa. Loseblatt-Ausg. Hrsg.: DIN, Deutsches Institut für Normung e. V. Berlin: Beuth 1994

[Lei94b] Leitfaden für die Anwendung der nach dem Neuen Konzept und dem Gesamtkonzept verfassten Gemeinschaftsrichtlinien zur technischen Harmonisierung. Hrsg.: Amt für amtliche Veröffentlichungen der Europäischen Gemeinschaften, Brüssel 1994

C 5.2 Maschinenrichtlinie

Am 09.06.2006 wurde im offiziellen Amtsblatt der Europäischen Union die Novellierung der Maschinenrichtlinie 98/37/EG unter der Nummer 2006/42/EG veröffentlicht. Die neue Maschinenrichtlinie muss durch die Mitgliedsstaaten der Europäischen Union bis zum 29.06.2008 in nationales Recht umgesetzt werden. Ab dem 29.12.2009 müssen dann die nationalen Umsetzungen, und somit die Richtlinie selbst in den Teilen die sich an den Hersteller von Maschinen richten, angewendet werden. In den folgenden Abschnitten wird auf einige Änderungen in der 2006/42/EG-Maschinenrichtlinie gegenüber der 98/37/EG-Maschinenrichtlinie hingewiesen.

Die konsolidierte und kodifizierte Fassung der bis zum 29.12.2009 anzuwendenden Maschinenrichtlinie mit der Nummer 98/37/EG umfasst folgende vier Richtlinien:

- Richtlinie des Rates vom 14.06.1989 zur Angleichung der Rechtsvorschriften der Mitgliedstaaten für Maschinen (89/392/EWG) (ursprüngliche Richtlinie),
- Richtlinie des Rates vom 20.06.1991 zur Änderung der Richtlinie 89/392/EWG zur Angleichung der Rechtsvorschriften der Mitgliedstaaten für Maschinen (91/368/EWG) (Einbeziehung von beweglichen Maschinen sowie Hebezeugen und Zubehör),
- Richtlinie des Rates vom 14.06.1993 zur Änderung der Richtlinie 89/392/EWG zur Angleichung der Rechtsvorschriften der Mitgliedstaaten für Maschinen (93/44/EWG) (Einbeziehung von Hebeeinrichtungen für Personenbeförderung sowie Sicherheitsbauteilen),
- Richtlinie des Rates vom 22.07.1993 zur Änderung der Richtlinie 89/392/EWG hinsichtlich Kennzeichnung (93/68/EWG) (Wegfall der dem CE-Zeichen nachgestellten Ziffern des Anbringungsjahres).

Diese Neufassung vom 22.06.1998 ersetzt die vorgenannten Richtlinien. Sie gilt ab dem 12.08.1998 und ist in Konformitätserklärungen, Herstellererklärungen und anderen wichtigen Dokumenten mit dieser neuen Nummer zu bezeichnen. Die Neufassung enthält keine sachlichen, sondern nur redaktionelle Änderungen gegenüber der bisherigen inoffiziellen konsolidierten Fassung.

Die Umsetzung der Maschinenrichtlinie in Deutschland ist im Geräte- und Produktsicherheitsgesetz GPSG (BGBl. 2004, Teil I, Nr. 1, S.2, 09.01.2004, berichtigt durch BGBl I 2004, S. 219, 06.01.2004) und der 9. Verordnung zum GPSG vom 18.01.1991 i. d. F. vom 12.05.1993 (BGBl I, S. 704) erfolgt sowie in der Maschinenlärminformations-Verordnung (3. GPSGV) vom 18.01.1991 (BGBl. I, S. 146). Die Liste der nationalen Normen und technischen Spezifikationen, die zur Erfüllung der grundlegenden Anforderungen wichtig und hilfreich sind, ist im „Verzeichnis der Normen gemäß Maschinenverordnung" wiedergegeben.

Die Vorschriften der Maschinenrichtlinie sind ab dem 01.01.1997 verpflichtend anzuwenden [Lei94a, Kap. 2.2.3, 2.2.4.6, 2.3.1, 2.3.2].

C 5.2.1 Geltungsbereich

Die Maschinenrichtlinie gilt nach Artikel 1 für Maschinen, Gesamtmaschinen (Anlagen), auswechselbare Ausrüstungen, Sicherheitsbauteile und nach Artikel 4 für nicht selbständig funktionsfähige Maschinen (Teilmaschinen), die im Europäischen Binnenmarkt in Verkehr gebracht und in Betrieb genommen werden. Gebrauchte Maschinen unterliegen nur in bestimmten Fällen der Maschinenrichtlinie.

Unter *Inverkehrbringen* versteht man die erstmalige, entgeltliche oder unentgeltliche Bereitstellung einer Maschine auf dem Europäischen Binnenmarkt für den Vertrieb und/oder die Benutzung im Binnenmarkt. Demzufolge gilt die Maschinenrichtlinie nur für neue, in der Gemeinschaft hergestellte Produkte und die aus Drittländern importierten neuen oder gebrauchten Produkte. Ein „Inverkehrbringen" liegt nicht vor, wenn die Maschine auf Messen und Ausstellungen gezeigt wird oder wenn eine Erprobung beim Betreiber durch das Personal des Herstellers erfolgt. Befindet sich ein Produkt im Lager des Herstellers, gilt es grundsätzlich als nicht in den Verkehr gebracht.

Die *Inbetriebnahme* erfolgt bei der erstmaligen Verwendung oder Benutzung einer Maschine durch seinen *Endbenutzer* im Europäischen Binnenmarkt. Wird ein Produkt für den Eigenbedarf des Herstellers oder zu diesem Zweck aus einem Drittland eingeführt, ist eine Trennung zwischen Inverkehrbringen und Inbetriebnahme schwierig. Die Verpflichtung zur Einhaltung der Maschinenrichtlinie beginnt bei der ersten Benutzung von Maschinen für den Eigengebrauch. [Lei94a, Kap. 2.2.4.6; Lei94b, 22ff.].

C 5.2.1.1 Definition Maschine

Eine Maschine ist „eine Gesamtheit von miteinander verbundenen Teilen oder Vorrichtungen, von denen mindestens ein Teil beweglich ist, sowie ggf. von Betätigungsgeräten, Steuer- und Energiekreisen usw., die für eine bestimmte Anwendung wie die Verarbeitung, die Behandlung, die Fortbewegung und die Aufbereitung eines Werkstoffes zusammengefügt sind." Hierfür ist auch der Begriff „Einzelmaschine" gebräuchlich.

Die Beweglichkeit der Teile muss durch externe Energie (Strom, Brennstoff) oder gespeicherte Energie (Feder, Gewicht) erreicht werden. Einbezogen sind auch bestimmte Hebezeuge, deren direkt eingesetzte Energiequelle menschlichen Ursprungs ist. Eine bestimmte Anwendung setzt jedoch voraus, dass die Maschine zur tatsächlichen Nutzung durch das Bedienungspersonal vermarktet wird.

Zum Inverkehrbringen und Inbetriebnehmen von Maschinen muss der Hersteller eine Konformitätserklärung abgeben und eine CE-Kennzeichnung aufbringen [EUK99, Nr. 60, 61].

C 5.2.1.2 Definition Gesamtmaschine

Nach der Maschinenrichtlinie gilt auch „eine Gesamtheit von Maschinen, deren Einzelmaschinen so angeordnet sind und betätigt werden, dass sie als Gesamtheit funktionieren" als „Maschine". Man kann hier von einer Gesamtmaschine oder Anlage sprechen, wenn die Maschinen zur Erzielung des gleichen Ergebnisses so angeordnet und installiert sind, dass sie miteinander betrieben werden können. In Deutschland ist in Abstimmung zwischen Wirtschaft und Gesetzgeber sowie Vollzugsbehörden eine Klarstellung getroffen worden: Das entscheidende Kriterium für eine Gesamtheit von Maschinen ist, dass eine tiefgreifende Sicherheitstechnische Verknüpfung der einzelnen Maschinen vorliegt (amtliche Bekanntmachung im Bundesarbeitsblatt 4-2006, S. 45).

Zum Inverkehrbringen und Inbetriebnehmen einer solchen Gesamtheit von Maschinen (auch Anlage) muss der Hersteller eine Konformitätserklärung für die gesamte Anlage abgeben, eine Betriebsanleitung erstellen und mitliefern sowie eine CE-Kennzeichnung aufbringen [EUK99, Nr. 67; Lei94a, Kap. 2.2.4.2].

C 5.2.1.3 Definition auswechselbare Ausrüstung

Ebenso gelten als Maschinen auch „auswechselbare Ausrüstungen zur Änderung der Funktion einer Maschine", die mit dem Ziel in den Verkehr gebracht werden, „vom Bedienungspersonal selbst an den Maschinen angebracht zu werden."

Unter auswechselbaren Ausrüstungen werden nicht Ersatzteile der Maschinen, Zubehörteile oder Werkzeuge verstanden.

Zum Inverkehrbringen und Inbetriebnehmen von auswechselbaren Ausrüstungen muss der Hersteller eine Konformitätserklärung abgeben und eine CE-Kennzeichnung aufbringen [Lei94a, Kap. 2.2.4.2].

C 5.2.1.4 Definition Sicherheitsbauteil

Auch fallen Sicherheitsbauteile unter die Maschinenrichtlinie. Dies sind Bauteile, die vom Hersteller mit dem Verwendungszweck der Gewährleistung einer Sicherheitsfunktion einzeln in den Verkehr gebracht werden und deren Ausfall oder Fehlverhalten die Sicherheit oder Gesundheit einer Person im Wirkbereich der mit dem Sicherheitsbauteil ausgerüsteten Maschine gefährdet. Sicherheitsbauteile sind Bauteile, die für die eigentliche Funktion der Maschine nicht erforderlich sind.

Zum Inverkehrbringen und Inbetriebnehmen von Sicherheitsbauteilen muss der Hersteller eine Konformitätserklärung abgeben. Sofern das Sicherheitsbauteil kein elektrisches Betriebsmittel ist und nicht unter die Niederspannungsrichtlinie fällt, darf keine CE-Kennzeichnung erfolgen. Anders bei der neuen Maschinenrichtlinie 2006/42/EG. Ab dem 29.12.2009 müssen somit auch Sicherheitsbauteile gemäß Maschinenrichtlinie mit einer CE-Kennzeichnung versehen werden [DIN2006, Kap. 2.7; Lei94a, Kap. 2.2.4.2].

C 5.2.1.5 Definition Teilmaschine

Von Artikel 4 Absatz 2 Maschinenrichtlinie werden „nicht selbständig funktionsfähige Maschinen", sog. Teilmaschinen, erfasst. Dies sind Maschinen, die gemäß dem Konzept ihres Herstellers ausschließlich für den Einbau in eine andere Maschine oder für den Zusammenbau mit anderen Maschinen zu einer Gesamtmaschine vorgesehen sind, sofern die derart zusammengefügten Teile nicht unabhängig voneinander funktionieren können.

Zum Inverkehrbringen von Teilmaschinen genügt die Herstellererklärung. Die neue Maschinenrichtlinie 2006/42/EG verwendet den Begriff der unvollständigen Maschine. [DIN2006, Kap. 2.7; Lei94a, Kap. 2.2.4.2].

C 5.2.2 Aufbau

Neben den verfügenden Artikeln besteht die Maschinenrichtlinie aus sieben Anhängen:

Anhang I enthält die grundlegenden Anforderungen für Konzeption und Bau von Maschinen und ist damit für den Hersteller eine wesentliche Sicherheitsvorschrift. Diesem Anhang sind drei wichtige Vorbemerkungen vorangestellt:
– Die Anforderungen des Anhangs gelten nur dann, wenn die entsprechenden Gefahren von der Maschine ausgehen. Jedoch sind bei jeder Maschine folgende grundlegenden Anforderungen zwingend zu beachten:
  • Grundsätze für die Integration der Sicherheit,
  • Kennzeichnung,
  • Betriebsanleitung.
– Für geforderte, aber technisch nicht erreichbare Ziele, muss die Maschine soweit wie irgend möglich auf die Ziele der Maschinenrichtlinie und die des Anhanges I hin konzipiert und gebaut werden.
– Der Hersteller wird zur Durchführung einer Gefahrenanalyse verpflichtet.
– Die neue Maschinenrichtlinie 2006/42/EG sieht anstelle der Gefahrenanalyse die sog. Risikobewertung vor. Das Verfahren wird im Anhang I der Richtlinie beschrieben. Im Wesentlichen unterscheiden sich die beiden Verfahren in der Bewertung der Wahrscheinlichkeit eines (Personen-)Schadens und dessen Schwere aufgrund der Gefährdung.

Der Hersteller, der die grundlegenden Anforderungen des Anhanges I erfüllen muss, hat hierfür prinzipiell drei Möglichkeiten:
(1) Allein durch die Erfüllung des Anhanges I.
   Dies ist sehr schwierig, da die grundlegenden Anforderungen abstrakt formulierte Schutzziele sind, für deren Einhaltung er beweispflichtig ist.

(2) Durch die Anwendung harmonisierter Europäischer Normen.

Auf Grund der „Neuen Konzeption" sind die Aufsichtsbehörden dazu verpflichtet, davon auszugehen, dass bei Einhaltung harmonisierter Europäischer Normen die grundlegenden Anforderungen erfüllt sind. Der Hersteller muss dies nicht beweisen.

(3) Durch Erfüllung des Anhanges I in Verbindung mit der Anwendung harmonisierter Europäischer Normen und nationaler Normen.

Zur Ergänzung der harmonisierten Europäischen Normen müssen die Mitgliedsstaaten den Herstellern ihres Landes mitgeltende nationale Normen und technische Spezifikationen bekanntgeben, die zur Erfüllung der grundlegenden Anforderungen wichtig und hilfreich sind. Bei ihrer Einhaltung kann man aber nicht vermuten, die grundlegenden Anforderungen voll erfüllt zu haben. Den Hersteller trifft eine ähnliche Beweispflicht wie unter (1).

Im Anhang II wird der Inhalt der Konformitätserklärung und der Herstellererklärung festgelegt. Der Anhang III enthält das für die CE-Kennzeichnung zu verwendende Zeichen. Im Anhang IV werden Maschinen mit einem größeren Gefahrenpotenzial (gefährliche Maschinen) aufgelistet, für die eine Konformitätserklärung nur nach Inanspruchnahme einer gemeldeten Stelle abgegeben werden darf. Der Anhang V legt das Verfahren zur Abgabe der Konformitätserklärung durch den Hersteller fest (Eigenzertifizierung). Anhang VI legt das Verfahren zur Abgabe der Konformitätserklärung im Rahmen einer EG-Baumusterprüfung durch eine gemeldete Stelle fest (Drittzertifizierung). Anhang VII enthält die Kriterien, die eine gemeldete Stelle erfüllen muss [DIN2006, Kap. 2.5.2; Lei94a, Kap. 2.2.3, 2.2.4.6, 2.3.1, 2.3.2].

C 5.2.3 Herstellererklärung

Die Herstellererklärung muss für jede nicht selbständig funktionsfähige Maschine (Teilmaschine) abgegeben werden. Der Hersteller erklärt, dass sie lediglich für den Einbau in eine Maschine oder für das Zusammenfügen mit anderen Maschinen zu einer Gesamtmaschine oder Anlage bestimmt ist und nicht unabhängig von diesen betrieben werden darf.

Da dem Text der Maschinenrichtlinie nach die mit Herstellererklärungen zu begleitenden Teilmaschinen den grundlegenden Anforderungen des Anhanges I der Maschinenrichtlinie nicht entsprechen müssen, wird empfohlen, diesbezüglich notwendige Anforderungen in die Bestellung aufzunehmen und zu konkretisieren.

Die neue Maschinenrichtlinie 2006/42/EG stellt höhere Anforderungen an die Hersteller von unvollständigen Maschinen, die an die Stelle der Teilmaschinen treten. Anstelle einer Herstellererklärung ist eine Einbauerklärung abzugeben, die darstellt, welchen grundlegenden Anforderungen aus Anhang I der Richtlinie die unvollständige Maschine bereits für sich genügt. Ferner muss der Hersteller spezielle technische Unterlagen erstellen und eine Montageanleitung für den sicheren Einbau der unvollständigen Maschine erstellen und beilegen [DIN2006, Kap. 2.7; Lei94a, Kap. 2.6.3].

C 5.2.4 Konformitätserklärung und CE-Kennzeichnung

Mit der Abgabe der Konformitätserklärung *und* der CE-Kennzeichnung erklärt und bescheinigt der Hersteller oder sein Bevollmächtigter, dass die in Verkehr gebrachte Maschine die grundlegenden Anforderungen des Anhanges I der Maschinenrichtlinie erfüllt sowie bestimmungsgemäß verwendungsfertig und betriebsbereit ist. Unterliegt die Maschine mehreren EG-Richtlinien nach der „Neuen Konzeption", so signalisiert die CE-Kennzeichnung, dass die Maschine den Anforderungen aller zu diesem Zeitpunkt anzuwendenden EG-Richtlinien entspricht.

Die Konformitätserklärung *und* die CE-Kennzeichnung müssen für jede selbständig funktionsfähige Maschine, Gesamtmaschine (Anlage) und auswechselbare Ausrüstung abgegeben werden. Als selbständig funktionsfähig sind ebenfalls *verkettete Maschinen* in Anlagen zu verstehen, die auch ohne die vor- und nachgeschalteten Maschinen zum Rüsten, zur Wartung oder Inspektion in Betrieb genommen werden können, ohne dass die gesamte Maschinenanlage betrieben wird und für diesen unabhängigen Betrieb die erforderlichen Sicherheitseinrichtungen aufweisen. In der Betriebsanleitung müssen die räumlichen und steuerungstechnischen Schnittstellen angegeben werden. Die Betriebsanleitung der einzelnen Maschinen muss auf die Notwendigkeit der Ergänzung durch eine übergeordnete Betriebsanleitung mit der gesamtheitlichen Sicherheitsbetrachtung hinweisen. Werden jedoch die Maschinen zu einer Anlage derart miteinander verkettet, dass sie nicht mehr unabhängig voneinander funktionieren können, so darf an der Anlage nur ein CE-Zeichen angebracht werden.

Sicherheitsbauteile erhalten nur die Konformitätserklärung, aber grundsätzlich keine CE-Kennzeichnung. Jedoch darf eine CE-Kennzeichnung angebracht werden, wenn sie zu elektrischen Betriebsmitteln zählen und damit der Niederspannungsrichtlinie unterliegen.

Wenn am Aufstellungsort noch besondere Maßnahmen zu treffen sind, z. B. Sicherheitstests vor Ort installierter

Schutzmaßnahmen, darf die Maschine erst danach am Aufstellungsort EG-konform erklärt und CE-gekennzeichnet werden. Vervollständigt der Verwender selbst die Maschine, so muss er die Konformitätserklärung abgeben und die CE-Kennzeichnung aufbringen. Hingegen können einfache Anschlüsse wie das Verlegen von Elektrokabeln zwischen Maschine und Schaltschrank oder Anschluss eines Verdichters an die Druckluftanlage dem Verwender überlassen werden.

Die CE-Kennzeichnung ist kein Normen-Konformitätszeichen, sondern ein EG-Richtlinien-Konformitätszeichen. Es darf nur an Maschinen angebracht werden, die insgesamt richtlinienkonform sind. Die Konformitätserklärung ist nach Anhang II der Maschinenrichtlinie auszustellen. Die zu verwendende CE-Kennzeichnung ist im Anhang III dargestellt.

Nach Auffassung des juristischen Dienstes der Kommission darf auf einer Maschine neben der CE-Kennzeichnung auch das GS-Zeichen aufgebracht sein, weil die Aussagen beider Kennzeichen nicht identisch sind. Gemäß EU-Recht darf aber kein Mitgliedstaat verlangen, zusätzliche Qualitätszeichen anzubringen.

Vor Abgabe der Konformitätserklärung muss eine Technische Dokumentation vorhanden sein. Die neue Maschinenrichtlinie 2006/42/EG erlaubt außerdem, Sicherheitsbauteile als identische Ersatzteile durch den Hersteller der Maschine ohne EG-Konformitätserklärung in Verkehr zu bringen [DIN2006, Kap. 2.2.1; Lei94a, Kap. 2.6.4; NAM97, 5ff.; VDMA96b].

C 5.2.4.1 Technische Dokumentation

Vor der Abgabe der Konformitätserklärung muss der Hersteller gewährleisten, dass in seinen Räumen alle erforderlichen Unterlagen vorhanden sind, die nach Aufforderung den nationalen Behörden der Mitgliedstaaten vorgelegt werden können. Die Unterlagen sind zehn Jahre lang aufzubewahren und müssen in einer Amtssprache der EU abgefasst sein. Die Unterlagen brauchen nicht ständig und tatsächlich vorhanden zu sein, sondern müssen bei entsprechender Aufforderung in angemessener Zeit vorgelegt werden können.

Die technische Dokumentation besteht nach Anhang V der Maschinenrichtlinie aus
– Gesamtplan der Maschine sowie die Steuerkreispläne,
– detaillierte und vollständige Pläne für die Überprüfung der Übereinstimmung der Maschine mit den grundlegenden Anforderungen,
– Liste der berücksichtigten grundlegenden Anforderungen, Normen und anderer technischer Spezifikationen,
– Beschreibung der Lösungen, die zur Verhütung der von der Maschine ausgehenden Gefahren gewählt wurden,
– evtl. Prüfberichte von zuständigen Laboratorien,
– Betriebsanleitung der Maschine,
– bei Serienfertigern eine Zusammenstellung der intern getroffenen Maßnahmen zur Gewährleistung der Übereinstimmung der Maschine mit den Bestimmungen der Richtlinie [Lei94a, Kap. 2.6.5; NAM97, 7; VDMA96a].

C 5.2.4.2 Betriebsanleitung

Die Betriebsanleitung muss den Benutzer über die bestimmungsgemäße Verwendung der Maschine in Kenntnis setzen, vor nicht bestimmungsgemäßer gefährlicher Verwendung warnen, ihn über die nach Ausschöpfung sowohl der Risikominderung durch die Konstruktion als auch der technischen Schutzmaßnahmen verbleibenden Restrisiken informieren sowie die nötigen Angaben über den Umgang mit diesen machen.

Die Betriebsanleitung sollte gemäß Maschinenrichtlinie, Anhang I, Abschn. 1.7.4 folgende Angaben enthalten:
– Informationen über Transport, Handhabung und Lagerung,
– Informationen über die Inbetriebnahme,
– Angaben über die Maschine selbst,
– Angaben zur Verwendung,
– Angaben zur Instandhaltung,
– Informationen über Außerbetriebnahme, Abbau und, soweit es die Sicherheit betrifft, Entsorgung,
– Angaben für den Notfall.

Die Betriebsanleitung wird vom Hersteller oder seinem Bevollmächtigten in einer der Gemeinschaftssprachen der EU erstellt. Bei der Inbetriebnahme der Maschine muss eine Originalbetriebsanleitung und eine Übersetzung in die Sprache des Verwenderlandes mitgeliefert werden. Diese Übersetzung wird entweder vom Hersteller oder seinem Bevollmächtigten oder von demjenigen, der die Maschine in das betreffende Sprachgebiet einführt, erstellt.

Die Wartungsanleitung für das Fachpersonal, das dem Hersteller bzw. Bevollmächtigten untersteht, kann in einer einzigen von diesem Personal verstandenen Gemeinschaftssprache abgefasst sein ([Lei94a, Kap. 2.3.5.3.3]; EN ISO 12100-2; [Eck93]).

C 5.2.5 Gefährliche Maschinen (Anhang IV)

Maschinen mit einem erhöhten Gefahrenpotenzial wie Pressen, handbeschickte Sägemaschinen und bestimmte Sicherheitsbauteile sind im Anhang IV der Maschinenrichtlinie zusammengefasst. In den Anhang IV fallen ebenso Maschinen zum Heben von Personen, bei denen die Gefahr eines Absturzes aus einer Höhe von mehr als 3 m besteht wie bei Flurförderzeugen mit hebbarem Bedienungsstand oder manuell bedienten Regalbediengeräten.

Zum Inverkehrbringen und Inbetriebnehmen von gefährlichen Maschinen muss der Hersteller besondere Prüf- und Bescheinigungsverfahren berücksichtigen. Wenn beim Bau der Maschine harmonisierte Europäische Normen nicht oder nur teilweise angewendet wurden bzw. nicht vorliegen, muss eine EG-Baumusterprüfung nach Anhang VI Maschinenrichtlinie anhand eines Baumusters der Maschine bei einer gemeldeten Stelle durchgeführt werden. Entspricht die Bauart den einschlägigen Bestimmungen (Richtlinien), stellt die gemeldete Stelle eine EG-Baumusterbescheinigung aus, die die Prüfungsergebnisse enthält. Alle Änderungen an dem geprüften Baumuster müssen der gemeldeten Stelle mitgeteilt werden.

Der Hersteller gibt für jede nach dem Baumuster gebaute Maschine bzw. jedes Sicherheitsbauteil eine Konformitätserklärung ab und bringt auf jede Maschine – ausgenommen Sicherheitsbauteile – die CE-Kennzeichnung an.

Die Verweigerung der EG-Baumusterbescheinigung für eine Maschine bzw. für ein Sicherheitsbauteil wird allen übrigen gemeldeten Stellen sowie dem Mitgliedstaat, der sie gemeldet hat, mitgeteilt. Dieser unterrichtet die übrigen Mitgliedstaaten und die Kommission mit Angabe der Gründe für diese Entscheidung.

Wird die Maschine auf Grund vorhandener harmonisierter Europäischer Normen – vorausgesetzt, diese decken alle maschinenrelevanten grundlegenden Anforderungen ab – hergestellt, so gibt es für das Prüf- und Bescheinigungsverfahren folgende drei Möglichkeiten:
– Der Hersteller überlässt der gemeldeten Stelle Unterlagen nach Anhang VI der Maschinenrichtlinie, die dies unverzüglich bestätigt und die Unterlagen aufbewahrt. Änderungen, die sich auf die Unterlagen auswirken, müssen der gemeldeten Stelle mitgeteilt werden.
– Der Hersteller überreicht die Unterlagen nach Anhang VI der Maschinenrichtlinie der gemeldeten Stelle, die überprüft, ob die angegebenen harmonisierten Normen korrekt angewendet wurden und stellt darüber eine Bescheinigung aus. Änderungen, die sich auf die Unterlagen auswirken, müssen der gemeldeten Stelle mitgeteilt werden.
– Der Hersteller unterzieht das Modell der Maschine der in Anhang VI genannten EG-Baumusterprüfung durch eine gemeldete Stelle. Zusätzlich reicht er die Unterlagen ein.

Ist die Prüfung nach einer der drei genannten Möglichkeiten durchgeführt worden, gibt der Hersteller für jede nach dem Baumuster gebaute Maschine bzw. jedes Sicherheitsbauteil eine Konformitätsbescheinigung ab und bringt auf jede Maschine – ausgenommen Sicherheitsbauteile – die CE-Kennzeichnung an.

Die Vorschriften der neuen Maschinenrichtlinie 2006/42/EG verzichten auf die zwingende Inanspruchnahme einer gemeldeten Stelle für die Maschinen gemäß Anhang IV. Sofern eine harmonisierte Typ-C Norm vom Hersteller angewendet wird, ist keine Prüfung durch eine gemeldete Stelle nötig. Für Sondermaschinenbauer im Bereich der Maschinen gemäß Anhang IV wurde die Möglichkeit des Systems der umfassenden Qualitätssicherung eingeführt. Nach entsprechender Zertifizierung durch eine gemeldete Stelle darf der Hersteller auch ohne die Anwendung einer Typ-C Norm die Konformität der Maschine gemäß Anhang IV feststellen [DIN2006, Kap. 2.5.7.2; Lei94a, Kap. 2.7.7; NAM97, 10ff.].

C 5.2.6 EG-Baumusterprüfung und gemeldete Stelle

Die *gemeldete Stelle* ist neutral; sie ist von einem Mitgliedstaat aus den unter seine Gerichtsbarkeit fallenden Stellen dazu ausgewählt, die in einer EG-Richtlinie festgelegten Bescheinigungsverfahren durchzuführen. Die Stelle muss über die erforderliche Kompetenz verfügen, die Anforderungen im Anhang VII der Maschinenrichtlinie erfüllen und der Kommission gemeldet sein.

Dem Antrag auf eine EG-Baumusterprüfung müssen nach Anhang VI der Maschinenrichtlinie folgende technische Unterlagen beigefügt werden:
– Gesamtplan der Maschine sowie die Steuerkreispläne,
– detaillierte und vollständige Pläne für die Überprüfung der Übereinstimmung der Maschine mit den grundlegenden Anforderungen,
– Beschreibung der Lösungen, die zur Verhütung der von der Maschine ausgehenden Gefahren gewählt wurden,
– Liste der berücksichtigten Normen,
– Betriebsanleitung der Maschine,
– bei Serienfertigern eine Zusammenstellung der intern getroffenen Maßnahmen zur Gewährleistung der Übereinstimmung der Maschine mit den Bestimmungen der Richtlinie.

Die Unterlagen müssen in der Sprache verfasst sein, die von der gemeldeten Stelle akzeptiert wird. Die gemeldete Stelle prüft die technischen Unterlagen und stellt fest, ob diese angemessen sind und prüft das Baumuster der Maschine. Hierbei soll festgestellt werden, ob
– die Maschine in Übereinstimmung mit den technischen Unterlagen hergestellt worden ist und unter den vorgesehenen Betriebsbedingungen sicher verwendet werden kann,

- die berücksichtigten Normen eingehalten wurden,
- die Maschine den einschlägigen grundlegenden Anforderungen entspricht [Lei94a, Kap. 2.2.4.8, 2.7.3; NAM97, 11; Eck93].

C 5.2.7 Gebrauchte Maschinen

Die Maschinenrichtlinie erfasst grundsätzlich das erste Inverkehrbringen und Inbetriebnehmen von Maschinen im Europäischen Binnenmarkt. Allerdings gilt die Maschinenrichtlinie auch für gebrauchte Maschinen, wenn diese erstmalig im Europäischen Binnenmarkt in den Verkehr gebracht, d. h. wenn sie aus Drittstaaten eingeführt werden oder wenn sie wesentlich verändert wurden. Wesentlich veränderte Maschinen sind Maschinen, die sicherheitstechnisch neu betrachtet werden müssen. Auf Grund tiefgreifender Veränderungen entsprechen sie nicht mehr der ursprünglichen Maschine und sind deshalb wie neue Maschinen zu behandeln. Grundlage für die Beurteilung, ob eine wesentliche Veränderung vorliegt, ist die in Anhang I (3. Vorbemerkung) der Maschinenrichtlinie geforderte Gefahrenanalyse. Zeigt sie, dass in erheblichem Umfang neue oder zusätzliche Gefahren zu erwarten sind, liegt eine wesentliche Veränderung vor. Dies gilt auch dann, wenn der Hersteller als Folge solcher Gefahren sicherheitstechnische Gegenmaßnahmen vorsieht. Das Nachrüsten der gesamten Maschine auf den im Anhang I Maschinenrichtlinie geforderten Stand der Technik ist dann erforderlich.

Ergibt die Gefahrenanalyse dagegen, dass die durch die Veränderungen der Maschine sich ergebenden Gefahren gering sind oder ausschließlich eine Verbesserung der Maschinensicherheit zur Folge haben (z. B. Einbau eines Sicherheitsbauteils), liegt keine wesentliche Veränderung vor. Die Nachrüstung der Maschine auf den von der Maschinenrichtlinie geforderten Stand der Technik ist nicht erforderlich [Lei94a, Kap. 2.5].

C 5.2.7.1 An- und Verkauf von gebrauchten Maschinen in Deutschland

In den Geltungsbereich der deutschen Umsetzung der Maschinenrichtlinie, dem GPSG, fallen auch Gebrauchtmaschinen. Gemäß §2 Absatz 8 GPSG entspricht jedes Überlassen eines Produktes an einen anderen, unabhängig davon, ob das Produkt neu oder gebraucht ist, dem Inverkehrbringen. Das GPSG regelt in §4 Absatz 2, dass Gebrauchtmaschinen so beschaffen sein müssen, dass sie bei bestimmungsgemäßer Verwendung oder vorhersehbarer Fehlanwendung die Sicherheit und Gesundheit von Verwendern oder Dritten nicht gefährden. Eine Ausnahme stellt §1 Absatz 1 Nummer 2 dar: Sofern der Verkäufer den Käufer beim Verkauf einer gebrauchten Maschine darüber informiert, dass diese nicht den Anforderungen des GPSG entspricht und vor der Inbetriebnahme noch aufgearbeitet werden muss, fällt diese Maschine nicht unter den Anwendungsbereich des GPSG.

Gebrauchtmaschinen, die nach Inkrafttreten der Maschinenrichtlinie hergestellt worden sind und somit dieser entsprechen, erfüllen die Anforderungen des GPSG, ggf. notwendig ist die Anfertigung einer deutschen Gebrauchsanleitung gemäß §4 Absatz 4 Nummer 2 GPSG.

Wird eine Gebrauchtmaschine, deren Herstellung vor Inkrafttreten der Maschinenrichtlinie abgeschlossen wurde, innerhalb Deutschlands verkauft, so muss sie gemäß §4 Absatz 3 Satz 3 GPSG den Anforderungen zum Zeitpunkt ihres erstmaligen Inverkehrbringens in Deutschland entsprechen. Maßgeblich sind hierfür die damals gültigen Unfallverhütungsvorschriften.

Für alle anderen Fälle des Eigentümerwechsels von Gebrauchtmaschinen innerhalb des EWR nach Deutschland gilt, dass die Maschine vor dem Inverkehrbringen dem GPSG entsprechen muss. Insofern sind ggf. Nachrüstungen auf den Stand der Technik vorzunehmen. Dass das Schutzziel des GPSG erreicht wird kann dann angenommen werden, wenn die Maschine entsprechend der Arbeitsmittelbenutzungsrichtlinie bzw. einer ihrer nationalen Umsetzungen, vom Betreiber auf dem Stand des Anhang I der Richtlinie gehalten wurde [BMAS2005, S. 13].

Literatur

[BMAS2005] Moritz, D.; Schulze, M.; Hüning, A.: Beschaffenheitsanforderungen an Gebrauchtmaschinen nach dem Geräte- und Produktsicherheitsgesetz (GPSG). In: Bundesarbeitsblatt Nr. 11/2005, Hrsg: Bundesministerium für Wirtschaft und Arbeit, Berlin 2005

[DIN2006] Die neue EG-Maschinenrichtlinie 2006, Klindt, T.; Kraus, T.; von Loquenghien, D.; Ostermann, H.-J. Hrsg.: DIN Deutsches Institut für Normung e.V., Berlin 2006

[Eck93] Eckstein, D.; Krämer, H.: EG-Maschinenrichtlinie Gerätesicherheitsgesetz. 2. Aufl. Frankfurt/Main: Maschinenbau Verl. 1993

[EUK99] Europäische Kommission 1999: Die Rechtsvorschriften der Gemeinschaft für Maschinen – Erläuterungen zu der Richtlinie 98/37/EG. Hrsg.: Amt für amtliche Veröffentlichungen der Europäischen Gemeinschaft, Luxemburg 1999

[Lei94a] Leitfaden Maschinensicherheit in Europa. Loseblatt-Ausg. Hrsg.: DIN, Deutsches Institut für Normung e. V. Berlin: Beuth 1994

[Lei94b] Leitfaden für die Anwendung der nach dem Neuen Konzept und dem Gesamtkonzept verfassten Gemeinschaftsrichtlinien zur technischen Harmonisierung. Hrsg.: Amt für amtliche Veröffentlichungen der Europäischen Gemeinschaften, Brüssel 1994

[NAM97] Sicherheitsnormen für Maschinen. 8. Aufl. Hrsg.: Normenausschuß Maschinenbau im DIN, Frankfurt/Main 1997

[VDMA96a] VDMA-Mitteilung „Dokumentationsaufwand im Zusammenhang mit der EG-Maschinenrichtlinie". Hrsg.: VDMA, Frankfurt/Main 1996

[VDMA96b] VDMA-Positionspapier „Maschinenbegriff und Gesamtheit von Maschinen im Sinne der EG-Maschinenrichtlinie". Hrsg.: VDMA, Frankfurt/Main 1996

Richtlinie
EN ISO 12100-2: Sicherheit von Maschinen – Grundbegriffe, allgemeine Gestaltungsleitsätze. Teil 2: Technische Leitsätze (2003)

C 5.3 Wichtige EG-Richtlinien im Umfeld der Maschinenrichtlinie

C 5.3.1 Niederspannungsrichtlinie

Die Richtlinie des Rates vom 19.02.1973 betreffend elektrische Betriebsmittel zur Verwendung innerhalb bestimmter Spannungsgrenzen (73/23/EWG), geändert durch die Richtlinie 93/68/EWG, gilt für elektrische Betriebsmittel zur Verwendung bei Nennspannungen zwischen 75 und 1500 V Gleichstrom und zwischen 50 und 1000 V Wechselstrom. Die Richtlinie ist inhaltsgleich in der konsolidierten Fassung 2006/96/EG veröffentlicht worden. Informellen Aussagen der Europäischen Kommission nach, müssen Konformitätserklärungen erst bei der nächsten Überarbeitung mit dem neuen Verweis versehen werden. Bereits gedruckte Dokumente dürfen aufgebraucht werden. Da der Inhalt der beiden Richtlinien inhaltlich gleich ist, kommen keine neuen oder geänderten Anforderungen auf die Hersteller zu. Elektrische Betriebsmittel sind bestimmte elektrische Haushaltsgeräte, Beleuchtungsgeräte, Drähte, Kabel, Leitungen, Installationsbetriebsmittel und Komponenten (z. B. Bauelemente der Elektronik).

Die Niederspannungsrichtlinie gilt für sämtliche Sicherheitsaspekte elektrischer Betriebsmittel, d. h. auch einschließlich mechanischer Gefahren und anderer physikalischer Faktoren. Elektrische Betriebsmittel müssen den in Artikel 2 und 3 der Richtlinie festgelegten Schutzzielen und Sicherheitsgrundsätzen entsprechen, damit sie in den Verkehr gebracht werden dürfen. Die Übereinstimmung mit den Sicherheitsanforderungen wird vermutet, wenn elektrische Betriebsmittel nach harmonisierten Europäischen Normen hergestellt werden.

Für alle Maschinen, die unter den Geltungsbereich der Maschinenrichtlinie und der Niederspannungsrichtlinie fallen, gelten nach Anhang I, Kap. 1.5.1 der Maschinenrichtlinie die Bestimmungen der Niederspannungsrichtlinie. Stellt der Hersteller auf Grund seiner Gefahrenanalyse fest, dass von seiner Maschine hauptsächlich elektrische Gefahren ausgehen, so ist nach Artikel 1 Abs. 5 der Maschinenrichtlinie ausschließlich die Niederspannungsrichtlinie anzuwenden.

Bei Sicherheitsbauteilen, die zu elektrischen Betriebsmitteln zählen und gesondert in Verkehr gebracht werden, sind die Bestimmungen der Maschinenrichtlinie und der Niederspannungsrichtlinie einzuhalten. Die CE-Kennzeichnung ergibt sich ausschließlich aus der Niederspannungsrichtlinie; die Maschinenrichtlinie erlaubt dies nicht.

Fallen elektrische Betriebsmittel in den Geltungsbereich der EMV-Richtlinie und der Niederspannungsrichtlinie, muss der Hersteller die grundlegenden Sicherheitsanforderungen und die Konformitätsnachweise beider Richtlinien einhalten und dies durch CE-Kennzeichnung zum Ausdruck bringen.

Die Niederspannungsrichtlinie wurde in der 1. Verordnung zum Geräte- und Produktsicherheitsgesetz in deutsches Recht umgesetzt.

Die neue Maschinenrichtlinie 2006/42/EG regelt die Abgrenzung zwischen ihrem Anwendungsbereich und dem der Niederspannungsrichtlinie produktbezogen. Vom Anwendungsbereich der neuen Maschinenrichtlinie sind gem. Artikel 1 Absatz 2 k) und l) elektrische und elektronische Erzeugnisse folgender Arten ausgenommen, soweit sie unter die Niederspannungsrichtlinie fallen:
– für den häuslichen Gebrauch bestimmte Haushaltsgeräte,
– Audio- und Videogeräte,
– informationstechnische Geräte,
– gewöhnliche Büromaschinen,
– Niederspannungsschaltgeräte und -steuergeräte,
– Elektromotoren;

sowie die folgenden Arten von elektrischen Hochspannungsausrüstungen:
– Schalt- und Steuergeräte,
– Transformatoren.

Alle anderen Maschinen, die bislang ggf. eine Konformitätserklärung nach Niederspannungsrichtlinie erhalten haben, müssen von Ihren Herstellern nach Inkrafttreten der neuen Maschinenrichtlinie deren Anforderungen entsprechen und von einer entsprechenden Konformitätserklärung begleitet werden [DIN2006, Kap. 2.2.13, 2.2.14; Zim97].

C 5.3.2 EMV-Richtlinie

Die Richtlinie des Rates vom 03.05.1989 betreffend Elektromagnetische Verträglichkeit (89/336/EWG), geändert durch die Richtlinien 92/31/EWG und 93/68/EWG, gilt für Geräte, die elektromagnetische Störungen verursachen können oder deren Betrieb durch diese Störungen beeinträchtigt werden kann. Ab dem 20.7.2007 ist die Richtlinie durch ihre Neufassung 2004/108/EG ersetzt. Produkte dürfen jedoch bis zum 20.07.2009 nach der alten Richtlinie in Verkehr gebracht werden. Die neue Richtlinie vereinfacht das Konformitätsbewertungsverfahren und entlastet somit die Hersteller.

Die EMV-Richtlinie fordert eine ausreichende Begrenzung der elektromagnetischen Störung und ein dem normalen EMV-Umfeld angepasstes Störfestigkeitsniveau. Ziel ist, Funkdienste, sonstige informationstechnische Anlagen sowie elektrische Verteilernetze, aber auch den Betrieb von elektrischen und elektronischen Apparaten, Anlagen und Systemen, insgesamt zu schützen.

Maschinen im Sinne der Maschinenrichtlinie, die elektrische und/oder elektronische Ausrüstungen aufweisen, müssen die Anforderungen der EMV-Richtlinie erfüllen. Die CE-Kennzeichnung einer solchen Maschine oder maschinellen Anlage gibt an, dass neben der Maschinenrichtlinie auch die Anforderungen der EMV-Richtlinie erfüllt sind. In der Konformitätserklärung muss daher auch die EMV-Richtlinie erwähnt werden.

Die EMV-Richtlinie wurde durch das Gesetz über die elektromagnetische Verträglichkeit von Geräten (EMVG) in der Fassung des 1. EMVG Änderungsgesetzes vom 30.08.1995 (BGBl Nr. 47 S. 1114) in deutsches Recht überführt und ist ab dem 01.01.1996 verbindlich anzuwenden [Lei94, Kap. 2.5.1.5; NAM97; EMV96].

Literatur

[EMV96] VDMA-Positionspapier „EG-Richtlinie Elektromagnetische Verträglichkeit (EMV)". Hrsg.: VDMA, Frankfurt/Main 1996

[Lei94a] Leitfaden Maschinensicherheit in Europa. Loseblatt-Ausg. Hrsg.: DIN, Deutsches Institut für Normung e. V. Berlin: Beuth 1994

[NAM97] Sicherheitsnormen für Maschinen. 8. Aufl. Hrsg.: Normenausschuß Maschinenbau im DIN, Frankfurt/Main 1997 [Zim97] Zimmermann, N.: Anwendungsbereich der Niederspannungsrichtlinie. In: Technische Überwachung (1997) 3, 60–63

Richtlinie

EN 60204-1: Sicherheit von Maschinen – Elektrische Ausrüstung von Maschinen. Teil 1: Allgemeine Anforderungen (1998)

C 5.4 Sicherheitsphilosophie der Maschinenrichtlinie

C 5.4.1 Sicherheitsgrundsatz

Zunächst sind als Grundlage für die Sicherheitsbetrachtung die Grenzen der Maschine festzulegen und es ist eine umfassende Gefahrenanalyse mit anschließender Risikobeurteilung vorzulegen. Zusätzlich zu den technischen Aspekten ist auch menschliches Fehlverhalten (z. B. „Weg des geringsten Widerstandes") sowie der vernünftigerweise vorhersehbare Missbrauch zu berücksichtigen. Möglicherweise müssen noch zusätzliche Vorsichtsmaßnahmen (z. B. für Notsituationen oder zur Erleichterung der Instandhaltung) in Betracht gezogen werden.

Bei der Auswahl der Sicherheitsmaßnahmen muss folgendes – der Reihenfolge nach – in Betracht gezogen werden:
– die Sicherheit der Maschine,
– die Funktion der Maschine in ihren „Lebensphasen",
– die Herstellungs- und Betriebskosten der Maschine.

Bei der Lösung von sicherheitstechnischen Problemen verlangt die Maschinenrichtlinie im Anhang I Nr. 1.1.2 vom Konstrukteur nach folgender strategischer Reihenfolge vorzugehen:
– Gefahren durch die Konstruktion selbst beseitigen oder minimieren (unmittelbare Sicherheitstechnik);
– notwendige Schutzmaßnahmen gegen verbleibende Gefahren ergreifen (mittelbare Sicherheitstechnik);
– Benutzer über Restgefahren informieren und davor warnen (hinweisende Sicherheitstechnik) [Lei94a, Kap. 2.3.5.3.1; EN ISO 12100-1 Kap. 5].

C 5.4.1.1 Unmittelbare Sicherheitstechnik

Die unmittelbare Sicherheitstechnik versucht, die Sicherheit mittels der an der Aufgabe aktiv beteiligten Baugruppen und Bauteile zu gewinnen, so dass von vornherein und aus sich heraus eine Gefahr überhaupt nicht besteht. Durch geeignete Auswahl von Konstruktionsmerkmalen wird die Vermeidung und Reduzierung von so vielen wie möglichen Gefährdungen angestrebt. Zur Bestimmung und Beurteilung des sicheren Erfüllens von der Funktion und der Haltbarkeit von Bauteilen werden drei Sicherheitsprinzipien [Pah97, 272ff.] unterschieden:

- Prinzip des „Sicheren Bestehens" (Safe-Life-Verhalten). Dieses Prinzip geht davon aus, dass alle Bauteile und ihr Zusammenhang so beschaffen sind, dass während der vorgesehenen Einsatzzeit alle wahrscheinlichen oder sogar möglichen Vorkommnisse ohne ein Versagen oder eine Störung überstanden werden können.
- Prinzip des „Beschränkten Versagens" (Fail-Safe-Verhalten). Dieses Prinzip lässt während der Einsatzzeit eine Funktionsstörung und/oder einen Bruch zu, ohne dass es dabei zu schwerwiegenden Folgen kommen darf.
- Prinzip der „Redundanten Anordnung". Nach diesem Prinzip bedeutet die Mehrfachanordnung von Bauteilen eine Erhöhung der Sicherheit, solange das möglicherweise ausfallende Bauteil von sich aus keine Gefährdung hervorruft und das entweder parallel oder in Serie angeordnete weitere Bauteil die volle oder wenigstens eingeschränkte Funktion übernehmen kann.

C 5.4.1.2 Mittelbare Sicherheitstechnik

Zur mittelbaren Sicherheitstechnik gehören Schutzsysteme, Schutzorgane und Schutzeinrichtungen. Es sind Einrichtungen, die eine Schutzfunktion haben, soweit die unmittelbare Sicherheitstechnik für den nötigen Schutz nicht ausreicht. An alle Lösungen sicherheitstechnischer Einrichtungen werden folgende Grundforderungen gestellt:
- *zuverlässig wirkend*. Das Wirkprinzip und die konstruktive Gestaltung müssen eine eindeutige Wirkweise ermöglichen, außerdem muss die Auslegung der beteiligten Komponenten nach bewährten Regeln erfolgen.
- *zwangsläufig wirksam*. Die Schutzwirkung muss bei Beginn und während der Dauer des gefahrbringenden Zustandes vorhanden sein, außerdem muss der gefahrbringende Zustand zwangsläufig beendet werden, wenn die Schutzwirkung aufgehoben ist.
- *nicht umgehbar*. Es darf weder durch willkürliche oder unwillkürliche Veränderungen noch durch Eingriff die beabsichtigte Schutzwirkung beeinträchtigt oder unwirksam werden.

Schutzsysteme haben die Aufgabe, bei Gefahr selbsttätig eine Schutzreaktion einzuleiten, mit dem Ziel, eine Gefährdung von Personen und Sachen zu verhindern. Dazu benötigen sie mindestens ein die Gefährdung erfassendes Eingangssignal und liefern ein sie beseitigendes Ausgangssignal. Schutzsysteme sollten selbstüberwachend ausgeführt werden, d. h., sie sollen nicht nur im Gefahrenfall ansprechen, sondern auch dann, wenn ein Fehler in ihnen selbst vorliegt. Diese Forderung wird am besten durch eine Auslegung nach dem Ruhestromprinzip erreicht. Die redundante Anordnung (unmittelbare Sicherheitstechnik) von Schutzsystemen erhöht ebenfalls ihre Sicherheit. Sie müssen auf einen definierten Ansprechwert hin ausgelegt werden und dürfen nicht selbsttätig den normalen Betriebszustand wieder gestatten, auch wenn der Gefahrenzustand nicht mehr besteht.

Schutzorgane sind sicherheitstechnische Einrichtungen, die auf Grund ihrer Funktionsfähigkeit ohne ein die Gefährdung erfassendes Eingangssignal in der Lage sind, eine Schutzfunktion auszuüben (z. B. Überdruckventil, Rutschkupplung).

Schutzeinrichtungen haben die Aufgabe, Personen oder Sachen von einer Gefahrenstelle zu trennen bzw. fernzuhalten und/oder sie vor gefährlichen Wirkungen zu schützen. Sie üben grundsätzlich eine Schutzfunktion ohne Schutzreaktion aus. Man unterscheidet
- *trennende Schutzeinrichtungen*, d. h. Teile einer Maschine, die als körperliche Sperre zum Schutz benötigt werden (z. B. Gehäuse, Abdeckung),
- *nicht trennende Schutzeinrichtungen*, d. h. Einrichtungen ohne trennende Funktion, die ein Risiko beseitigen oder vermindern (z. B. Zweihandschaltung, Lichtschranke),
- *abweisende Schutzeinrichtungen*, d. h. körperliche Hindernisse, die die Zugangsmöglichkeit zu einem Gefahrbereich durch Blockierung des freien Zugangs vermindern, ohne den Zugang zu diesem völlig zu verhindern (z. B. Zaun, Schranke).

Bei der Gestaltung von Schutzeinrichtungen müssen Sicherheitsabstände beachtet werden, die von den Körperextremitäten und Reichweiten bestimmt werden, sofern Durch- und Umgriffe möglich sind ([Pah97, 277ff.], EN ISO 12100-1).

C 5.4.1.3 Hinweisende Sicherheitstechnik

Führen die Maßnahmen der unmittelbaren oder mittelbaren Sicherheitstechnik nicht oder nicht vollständig zum Ziel, müssen Informationen den Benutzer darauf hinweisen, unter welchen Bedingungen eine gefahrlose Verwendung der Maschine möglich ist. Die Benutzerinformationen sind integraler Bestandteil der Lieferung einer Maschine. Neben Signalen, Zeichen und Symbolen ist v. a. die Betriebsanleitung eine wichtige Benutzerinformation (s. EN ISO 12100-2).

C 5.4.2 Risiko und Gefährdung

Das *Risiko*, bezogen auf die betrachtete Gefährdung, ist eine Funktion von dem Ausmaß des möglichen Schadens, der durch die betrachtete Gefährdung verursacht werden kann und der Eintrittswahrscheinlichkeit dieses Schadens.

In vielen Fällen können die Risikoelemente Schadensausmaß und Eintrittswahrscheinlichkeit des Schadens nur abgeschätzt werden: Das Schadensausmaß kann unter der Berücksichtigung der Art des zu schützenden Rechtsgutes, des Ausmaßes der Verletzungen oder Gesundheitsschädigungen und des Schadenumfangs eingeschätzt werden. Die Eintrittswahrscheinlichkeit des Schadens kann aus der Häufigkeit und Dauer einer Gefährdungsexposition, der Eintrittswahrscheinlichkeit des Gefährdungsereignisses und der Möglichkeit zur Vermeidung oder Begrenzung des Schadens abgeleitet werden.

Für die systematische Untersuchung der Risikoelemente wurde eine Reihe von deduktiven und induktiven Verfahren entwickelt. Bei deduktiven Verfahren (z. B. Fehlerbaumanalyse, Fault Tree Analysis, FTA) wird ein Schlussereignis angenommen und es werden die Ereignisse gesucht, die dieses Schlussereignis hervorrufen könnten. Bei induktiven Verfahren (z. B. Ausfalleffektanalyse, Failure Mode and Effects Analysis, FMEA) wird der Ausfall eines Maschinenelementes angenommen. Die anschließende Analyse stellt die Ereignisse fest, die dieser Ausfall hervorrufen könnte.

Die *Gefährdung* ist eine Quelle einer möglichen Verletzung oder Gesundheitsschädigung (potenzielle Schadensquelle). Der Begriff „Gefährdung" wird i. Allg. in Verbindung mit anderen Begriffen verwendet, die seine Herkunft oder die Art der zu erwartenden Verletzung oder Gesundheitsschädigung definieren (z. B. Gefährdung durch Quetschen).

Eine Gefährdung, die für eine bestimmte Maschine bezeichnend ist, wird *relevante* Gefährdung genannt. Eine Gefährdung, die für eine bestimmte Maschine bezeichnend ist und darüber hinaus spezielle Maßnahmen vom Konstrukteur oder Hersteller erfordert, um das Risiko gemäß einer Risikobeurteilung zu reduzieren, wird als *signifikante* Gefährdung bezeichnet (EN 414; IEC 812; IEC 1025; [Hos98; Lei94a, Kap. 3.2.4]).

C 5.4.3 Gefahrenanalyse und Risikobeurteilung

Die *Gefahrenanalyse* ist immer im Hinblick auf eine EG-Richtlinie durchzuführen. In Bezug auf die Maschinenrichtlinie dient sie zur Ermittlung aller mit einer Maschine verbundenen Gefahren nach Anhang I. Der Hersteller ist nach der Maschinenrichtlinie dazu verpflichtet, diese Gefahrenanalyse durchzuführen und beim Entwurf und Bau der Maschine zu berücksichtigen. Über den Umfang, die Art und das Verfahren der Durchführung der Gefahrenanalyse wird jedoch in der Maschinenrichtlinie nichts ausgesagt. Sie braucht der Hersteller auch niemandem vorzulegen, es sei denn, die zuständige Behörde hat Grund zur Annahme, dass die Maschine nicht sicher ist.

Werden der Konstruktion die für die betreffende Maschine vorhandenen harmonisierten Europäischen Normen zugrunde gelegt, braucht die Gefahrenanalyse nur noch für signifikante Gefährdungen vorgenommen werden, die in der Norm nicht behandelt sind.

Der Gefahrenanalyse schließt sich eine *Risikobeurteilung* an, die den Konstrukteur in die Lage versetzen soll, geeignete Schutzmaßnahmen auszuwählen; sie kann nach EN 1050 durchgeführt werden. Die Risikobeurteilung ist eine Folge von logischen Schritten, die den Konstrukteur in die Lage versetzen soll, die aus der Verwendung einer Maschine entstehenden Gefährdungen so systematisch zu prüfen, dass geeignete Schutzmaßnahmen ausgewählt werden können.

Die Risikobeurteilung umfasst die Risikoanalyse (Risikoeinschätzung) und die Risikobewertung. In der Risikoanalyse werden die räumlichen und zeitlichen Grenzen sowie die Verwendungsgrenzen der Maschine bestimmt, die Gefährdungen identifiziert und eine Risikoabschätzung durchgeführt. In der nachfolgenden Risikobewertung entscheidet der Konstrukteur, ob eine Risikominderung notwendig ist oder ob Sicherheit erreicht wurde. Muss das Risiko gemindert werden, sind geeignete Schutzmaßnahmen zu treffen, und die Risikobeurteilung zu wiederholen. Der iterative Prozess wird solange beschritten, bis die Maschine sicher ist. Die Reihenfolge der notwendigen Schutzmaßnahmen zur Vermeidung der sich aus der Gefahrenanalyse ergebenden Gefahren ist im Sicherheitsgrundsatz nach Anhang I Nr. 1.1.2 der Maschinenrichtlinie vorgeschrieben. Im Gegensatz zur konkreten Gefahrenanalyse ist die theoretische Risikobeurteilung immer subjektiv.

Die Gefahrenanalyse ist Teil der Technischen Dokumentation nach Anhang V der Maschinenrichtlinie. Daher gilt auch für die Gefahrenanalyse, dass sie nicht physisch sofort verfügbar sein muss, sondern in einer angemessenen Zeit zusammengestellt werden kann (EN 1050; [Hos98; Ost96; Reu99; VDM96]).

Literatur

[Hos98] Hosemann, G.: Einheitliche Sicherheitsstrategie für Produkte und am Arbeitsplatz. In: DIN-Mitt. 77 (1998) 8, 551–557

[Lei94a] Leitfaden Maschinensicherheit in Europa. Loseblatt-Ausg., Hrsg.: DIN, Deutsches Institut für Normung e. V. Berlin: Beuth 1994

[Ost96] Ostermann, H.-J.: Gefahrenanalyse nach der Maschinenrichtlinie. In: Sicher ist sicher, 3 (1996) 126–131

[Pah97] Pahl, G.; Beitz, W.: Konstruktionslehre. 4. Aufl. Berlin: Springer 1997

[Reu99] Reudenbach, R.: Richtlinienkonforme Planung und Konstruktion sicherer Maschinen. In: Die BG (1999) 6, 338–345

[VDM96] VDMA (Hrsg.): VDMA-Mitteilung „Dokumentationsaufwand im Zusammenhang mit der EG-Maschinenrichtlinie", Frankfurt/Main, März 1996

Richtlinien

EN ISO 12100-1: Sicherheit von Maschinen – Grundbegriffe, allgemeine Gestaltungsleitsätze. Teil 1: Grundsätzliche Terminologie, Methodik (2003)

EN ISO 12100-2: Sicherheit von Maschinen – Grundbegriffe, allgemeine Gestaltungsleitsätze. Teil 2: Technische Leitsätze (2003)

EN 414: Sicherheit von Maschinen – Regeln für die Abfassung und Gestaltung von Sicherheitsnormen (2000)

EN 1050: Sicherheit von Maschinen – Leitsätze zur Risikobeurteilung (1996)

EN 60812 Analysetechniken für die Funktionsfähigkeit von Systemen – Verfahren für die Fehlzustandsart- und -auswirkungsanalyse (FMEA) (2006) IEC 1025: Fault tree analysis (FTA) – Fehlerbaumanalyse (FTA) (1990)

C 5.5 Europäische Normung

C 5.5.1 Harmonisierte Normen

Nach der „Neuen Konzeption" sind harmonisierte Normen technische Spezifikationen, deren Erarbeitung von der Kommission in Auftrag gegeben (mandatiert) wurde und die von CEN oder CENELEC verabschiedet (ratifiziert) worden sind. Unter Berücksichtigung des Standes der Technik werden solche Europäischen Normen von nationalen Normungsinstituten erarbeitet. Die Kommission bezeichnet die mandatierte ratifizierte Norm als harmonisierte Norm in Bezug auf eine bestimmte EG-Richtlinie. Sie müssen von den nationalen Normungsinstituten der Mitgliedstaaten übernommen werden. Mit der Übernahme einer Europäischen Norm in das nationale Normenwerk sind gleichzeitig die betroffenen vorhandenen nationalen Normen zurückzuziehen, soweit diese entgegenstehende Anforderungen enthalten. Die Kurzform einer harmonisierten Europäischen Norm lautet EN.

Um die Vermutungswirkung der Norm auszulösen, ist es darüber hinaus erforderlich, dass die harmonisierte Europäische Norm mindestens von einem CEN/CENELEC-Mitglied als nationale Norm umgesetzt und ihre Fundstelle im Amtsblatt der EG veröffentlicht wurde [Le94a, Kap. 2.3.3; KAN96, 7; Lei95].

C 5.5.2 CEN und CENELEC

Die Europäische Normung wird von den Europäischen Normenorganisationen CEN (Comité Européen de Normalisation) und CENELEC (Comité Européen de Normalisation Electrotechnique), beide mit Sitz in Brüssel, durchgeführt. Mitglieder sind die nationalen Normenorganisationen der 15 EU-Mitgliedsländer und der drei EFTA-Länder. Die Grundsätze der Europäischen Normung sind festgelegt in den „Allgemeinen Leitsätzen für die Zusammenarbeit zwischen der Kommission und den Europäischen Normenorganisationen" sowie in der Geschäftsordnung für CEN und CENELEC. Das CEN arbeitet nach folgenden Grundsätzen:

- Europäische Normen haben Priorität gegenüber nationalen Normen, d. h. CEN-Normen müssen übernommen, entgegenstehende oder davon abweichende nationale Normen müssen zurückgezogen werden.
- Die Stillhalteverpflichtung beim Aufgreifen von EN-Arbeiten sieht vor, dass weder eine neue noch eine überarbeitete nationale Norm veröffentlicht werden darf, wenn sich eine Europäische Norm in Vorbereitung befindet.
- Die gewichtete Abstimmung bei der Annahme einer Europäischen Norm, d. h., dass ein einzelnes Mitgliedsland eine Norm nicht mehr aufhalten kann und sie übernehmen muss, auch wenn es dagegen votiert hat.
- Vertretung der nationalen Interessen nur durch das Mitglied, d. h., dass in Deutschland jede Meinungsbildung und jede Mitarbeit im CEN durch das DIN erfolgen muss.

Anträge für neue Normungsvorhaben können von den Mitgliedern sowie auch von anderen europäischen oder internationalen Organisationen und von der Kommission an das CEN gestellt werden.

Das CEN hat folgende wichtigen Organe:
- Die Generalversammlung (AG) trifft grundlegende Entscheidungen wie Mitgliedschaft, Etat, Berufungsverfahren usw.
- Der Verwaltungsrat (CA) bereitet die Vorschläge für die Generalversammlung vor. Mitglieder sind die Direktoren der nationalen Mitglieder bzw. der nationalen Normenorganisationen.
- Das Zentralsekretariat (CS) bereitet die Arbeiten für das Technische Büro (BT) und für die einzelnen Technischen Sektor-Büros (BTS) vor.
- Das Technische Büro (BT) führt die Steuerung des gesamten Normungsprogramms von CEN durch, überprüft Vorschläge für die Einsetzung neuer Technischer Komitees (TC) und legt Stillhalteverpflichtungen fest.

– Technische Sektor-Büros (BTS) werden vom BT für die Planung, Steuerung und Koordinierung der Normungsarbeit in klar abgegrenzten Aufgabengebieten eingesetzt. Sie sind für die Aufgabenbereiche der ihnen zugeordneten Technischen Komitees (TC) verantwortlich sowie für deren Aufgabenprogramme und damit auch für die Annahme neuer Projekte. Der Maschinenbau ist dem BTS 2 zugeordnet.

Die *Technischen Komitees* führen die Normungsarbeiten für CEN und CENELEC durch. Mitglieder sind jeweils alle CEN-Migliedsorganisationen, wobei ein Mitglied die Geschäftsführung durch Übernahme des Sekretariats übernimmt. Delegationen sollen aus nicht mehr als drei Delegierten eines Landes bestehen.

Alle Normen zur Maschinensicherheit werden in 38 Technischen Komitees erarbeitet. Die europäische Sicherheitsnormung für die Fördertechnik erfolgt in folgenden Technischen Komitees [NAM97, 22ff.]:
– TC 10 Aufzüge,
– TC 98 Hebebühnen,
– TC 147 Krane,
– TC 148 Stetigförderer,
– TC 149 Motorisch betriebene Lagereinrichtungen,
– TC 150 Flurförderzeuge.

C 5.5.3 Normenhierarchie und Europäische Sicherheitsnormen

Wegen der Vielschichtigkeit und der Größe des Normungsprogramms für die Maschinensicherheit hat man sich bei den Europäischen Sicherheitsnormen auf eine Normenhierarchie geeinigt. Damit soll Doppelarbeit vermieden und eine Logik entwickelt werden, die eine schnelle Erarbeitung von Normen und eine einfache Querverweisung zwischen den einzelnen Normen ermöglicht.

Europäische Sicherheitsnormen über Gestaltungsleitsätze und allgemeine Aspekte, die alle Maschinen und Anlagen in gleicher oder ähnlicher Weise betreffen, werden *Sicherheits-Grundnormen* oder *Typ-A-Normen* genannt. Europäische Sicherheitsnormen über Aspekte, die mehrere oder eine Reihe von ähnlichen Maschinen in gleicher oder ähnlicher Weise betreffen oder über sicherheitsbedingte Einrichtungen, die für verschiedene Arten von Maschinen und Anlagen verwendet werden, bezeichnet man als *Sicherheits-Gruppennormen* oder *Typ-B-Normen*.

Typ-A- und Typ-B-Normen müssen prinzipiell als Werkzeuge betrachtet werden, die als Entscheidungshilfen beim Konstruieren von Produkten und/oder bei der Normung verwendet werden. Sie vereinfachen die Vorbereitung von Typ-C-Normen, vermeiden die Wiederholung von allgemeinen Festlegungen und stellen nötige technische Übereinstimmung zwischen allen Typ-C-Normen für bestimmte Sicherheitsaspekte (z. B. Sicherheitsabstände) und/oder für sicherheitsbezogene Maschinenteile (z. B. Zwei-Hand-Schaltung) sicher.

Europäische Sicherheitsnormen mit konkreten Anforderungen und Schutzmaßnahmen zu allen signifikanten Gefährdungen, die von einer Maschine oder allen Arten einer Maschinengruppe ausgehen, werden *Sicherheits-Produktnormen* oder *Typ-C-Normen* genannt. In den Sicherheits-Produktnormen wird soweit wie möglich auf Sicherheits-Grundnormen und/oder Sicherheits-Gruppennormen Bezug genommen. Typ-C-Normen können Anforderungen enthalten, die von den Sicherheits-Gruppennormen abweichen, so dass diesen Normen die größte Bedeutung zukommt. Wenn für ein Produkt keine Sicherheits-Produktnorm vorliegt oder signifikante Gefährdungen bestehen, die in der Sicherheits-Produktnorm nicht behandelt werden, geben die Festlegungen der relevanten Sicherheits-Gruppennormen Entscheidungshilfen.

Das gesamte Normungsprogramm zur Maschinensicherheit umfasst 720 Normprojekte, davon 120 Typ-A- und Typ-B-Normen sowie 600 Typ-C-Normen (Stand September 2001).

Der genaue Aufbau von Typ-C-Normen ist in der EN 414 vorgegeben. Solche Normen sind i. d. R. in folgende, teilweise zwingend vorgeschriebene, wichtige Abschnitte gegliedert [NAM97, 24; Lei94a, Kap. 3.1.4]:
– Vorwort,
– Anwendungsbereich,
– Liste der Gefährdungen,
– Sicherheitsanforderungen und/oder Maßnahmen,
– Verifikation (Feststellung der Übereinstimmung mit den Sicherheitsanforderungen und/oder Maßnahmen,
– Benutzerinformation.

C 5.5.3.1 Anwendungsbereich

Der Anwendungsbereich muss – soweit zutreffend – hinweisen [EN ISO 12100-1; EN 414]
– auf die genauen Grenzen der Maschine oder Maschinengruppe, die genormt werden soll (Hierbei sind die Verwendungsgrenzen, d. h. die Festlegung der bestimmungsgemäßen Verwendung, die räumlichen Grenzen (Platzbedarf) und die zeitliche Begrenzung (Lebensdauer) zu berücksichtigen.);
– ob die in der Norm behandelten Sicherheitsmaßnahmen alle oder nur einige der von der Maschine ausgehenden Gefährdungen berücksichtigen (Es sind alle Gefährdungen in Betracht zu ziehen, die während der verschiedenen „Lebensphasen der Maschine" auftreten. Die behandel-

ten signifikanten Gefährdungen müssen entweder im Anwendungsbereich aufgelistet werden oder in einem besonderen Abschnitt der Norm, der Liste der Gefährdungen, behandelt werden.);
– ob zusätzliche Sicherheitsmaßnahmen für bestimmte Maschinen – z. B. Hygieneanforderungen an Nahrungsmittelmaschinen – berücksichtigt werden.

C 5.5.3.2 Liste der Gefährdungen

In diesem Abschnitt werden ausschließlich die signifikanten Gefährdungen, Gefährdungssituationen und gefährdende Ereignisse, die von der Maschine ausgehen, aufgelistet. Zum besseren Verständnis und für die Klarheit der Sicherheitsnorm muss für jede Gefährdung die Gefährdungssituation (Entstehungsort, Umstände usw.) beschrieben und soweit möglich auf die entsprechende Sicherheitsanforderung verwiesen werden [EN 414].

C 5.5.3.3 Sicherheitsanforderungen und/oder Maßnahmen

Für alle signifikanten Gefährdungen, die in der Norm behandelt werden, müssen Sicherheitsanforderungen und/oder Maßnahmen zur Vermeidung oder Reduzierung von Verletzungen oder Gesundheitsschäden beschrieben werden. Um den Konstrukteur nicht mehr als nötig einzuengen, sollten die Anforderungen in Sicherheitsnormen in Form von Schutzzielen, die zu erfüllen sind, und nicht in Form von Mitteln, mit denen diese Ziele erreicht werden, festgelegt werden. Bekannte und bewährte Lösungen zur Erreichung und Einhaltung des Schutzziels dürfen als Beispiele angegeben werden.

Werden Sicherheitsanforderungen und/oder Maßnahmen in der Norm selbst nicht beschrieben, ist ein Verweis auf übergeordnete Normen (Typ-A- und Typ-B-Normen) möglich. Wenn übergeordnete Normen eine Wahlmöglichkeit zulassen, dann ist in Typ-C-Normen die Wahl zu treffen. Wenn zutreffend, müssen in Typ-C-Normen übergeordnete Normen beachtet werden, es kann aber von ihnen abgewichen werden, wenn bestimmte Anwendungen es erfordern [EN 414].

C 5.5.3.4 Verifikation

Jede Europäische Sicherheitsnorm muss in einem besonderen Abschnitt – oder den relevanten Maßnahmen (Sicherheitsanforderungen) zugeordnet – Verfahren angeben, wie die festgelegten Sicherheitsanforderungen überprüft (verifiziert) werden können. In der Norm muss die Art der Verifizierung (z. B. Prüfung, Berechnung, Besichtigung) festgelegt werden. Sie darf keine Anweisung darüber enthalten, wer die Feststellung der Übereinstimmung durchführen muss [EN 414].

C 5.5.3.5 Benutzerinformation

Generell muss die Benutzerinformation deutlich den Verwendungszweck der Maschine festlegen und deshalb alle notwendigen Angaben enthalten, die den sicheren und einwandfreien Gebrauch der Maschine sicherstellen. Sie muss den Benutzer über Restrisiken informieren und ihn davor warnen, – z. B. vor solchen, die durch die Konstruktion nicht vermieden oder ausreichend reduziert werden können und wogegen Schutzeinrichtungen nicht oder nicht vollständig wirksam sind.

Dabei dürfen keine Verwendungsmöglichkeiten ausgeschlossen werden, die von der Bezeichnung und Beschreibung der Maschine her erwartet werden können („vorsehbarer Missbrauch"). Die Informationen müssen auch aus reichend vor möglichen Risiken warnen, wenn die Maschine anders als in der Betriebsanleitung beschrieben, verwendet wird [EN 414].

Literatur

[KAN96] Europäische Normung im Bereich des betrieblichen Arbeitsschutzes. KAN-Ber. 5, Juli 1996. Hrsg.: Verein zur Förderung der Arbeitssicherheit in Europa, Sankt Augustin 1996

[Lei94a] Leitfaden Maschinensicherheit in Europa. Loseblatt-Ausg. Hrsg.: DIN, Deutsches Institut für Normung e.V. Berlin: Beuth 1994

[Lei95] Europäische Normung; Ein Leitfaden des DIN Deutsches Institut für Normung e.V. Ausg. Jan. 1995. Hrsg: DIN, Deutsches Institut für Normung e.V., Berlin 1995

[NAM97] Sicherheitsnormen für Maschinen. 8. Aufl. Hrsg.: Normenausschuß Maschinenbau im DIN, Frankfurt/Main 1997

Richtlinien

EN ISO 12100-1: Sicherheit von Maschinen – Grundbegriffe, allgemeine Gestaltungsleitsätze. Teil 1: Grundsätzliche Terminologie, Methodik (2003)

EN 414: Sicherheit von Maschinen – Regeln für die Abfassung und Gestaltung von Sicherheitsnormen (2000)

Technische Zuverlässigkeit und Verfügbarkeit — C6

C 6.1 Einleitung

Die folgenden Ausführungen sind für Praktiker aus allen Bereichen der Logistik gedacht, wobei neben den Anlagenbetreibern auch Planer und Hersteller angesprochen werden sollen. Die Theorie wird nur im notwendigen Umfang bemüht; Literaturhinweise geben dem Interessierten Material zur eigenen Bearbeitung in die Hand.

C 6.2 Zuverlässigkeit

Für kontinuierlich arbeitende Einrichtungen ist die Zuverlässigkeit R ein Maß dafür, dass die Einrichtung innerhalb einer in die Zukunft reichenden Zeitspanne T die von ihr geforderte Funktion unter definierten Bedingungen störungsfrei und korrekt erfüllt. Je größer T ist, desto kleiner wird die Wahrscheinlichkeit dafür, dass die Einrichtung über diese Zeit störungsfrei arbeitet (Bild C 6.2-1). Der Begriff „Einrichtung" kann je nach Weite oder Enge der Fokussierung des Interesses vom Gesamtsystem über Teilsysteme, Geräte bis hin zu einzelnen Bauelementen reichen [Gud76a; Gud76b; Ros81].

Die Ausfallrate $\lambda(t)$ beschreibt nach [Bec97] die Wahrscheinlichkeit eines Ausfalls (die Nichterfüllung der geforderten Funktion) der betrachteten Einrichtung im Zeitraum $[t, t + \delta t]$ unter der Voraussetzung, dass sie zur Zeit $t = 0$ eingeschaltet wurde und im Zeitraum $[0,t]$ nicht ausgefallen ist.

Für eine konstante Ausfallrate $\lambda(t) = \lambda$ erhält man die Zuverlässigkeitsfunktion $R(t) = e^{-\lambda t}$, mit deren Hilfe die technische Zuverlässigkeit als Überlebenswahrscheinlichkeit einer vorgegebenen Zeitdauer sehr einfach bestimmt wird.

Eine konstante Ausfallrate bedeutet, dass frühere Ereignisse keinen Einfluss auf die Zukunft haben, eine Alterung also nicht stattfindet. In der Praxis ist die Ausfallrate nicht konstant über die Zeit, sondern zeigt i. Allg. einen typischen zeitlichen Verlauf in Form der in Bild C 6.2-2 dargestellten „Badewannenkurve". Dieser zeitliche Verlauf ist klar in drei Phasen gegliedert:

- Phase der Frühausfälle (Fertigungsfehler, Materialfehler, Montagefehler, Bedienfehler in der Lernphase, „Kinderkrankheiten" etc.).
  → $\lambda(t)$ nimmt schnell ab.
- Phase des konstanten Betriebs („eingeschwungener Zustand": Die Frühausfälle sind abgeklungen, übliche Verschleißteile werden durch regelmäßige Wartungsarbei-

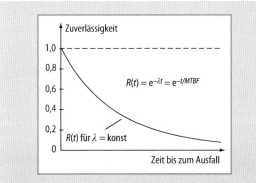

Bild C 6.2-1 Verlauf einer Zuverlässigkeitsfunktion für konstante Ausfallrate [Am02]

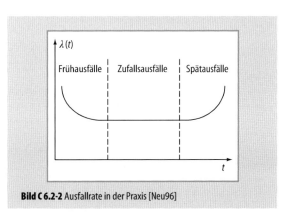

Bild C 6.2-2 Ausfallrate in der Praxis [Neu96]

ten ersetzt, Ermüdungsausfälle treten noch nicht oder nur selten ein, das Ausfallgeschehen wird hauptsächlich bestimmt durch Zufallsausfälle).
→ $\lambda(t)$ ist nahezu konstant.
- Phase der Spätausfälle (zu den „zufälligen" Ausfällen kommen gegen Ende der Nutzungsdauer in immer stärkerem Maße Ausfälle durch Verschleiß, Ermüdung, Alterung etc. hinzu).
→ $\lambda(t)$ steigt stark an.

Da die exakte mathematische Abbildung des Verlaufs der Ausfallrate über die Lebensdauer sehr schwierig und in der Planungsphase nahezu unmöglich ist, beziehen sich übliche Betrachtungen auf einen „eingeschwungenen Zustand" mit nahezu konstanter Ausfallrate. Dies ist zulässig, da die Phase 1 häufig bereits im ohnehin für Zuverlässigkeitsbetrachtungen noch nicht relevanten Zeitraum der Inbetriebnahme beendet ist und die Phase 3 durch den Anstieg der Ausfallrate ($d\lambda(t)/dt > 0$) das Ende der wirtschaftlich vertretbaren Nutzungsdauer der Einrichtung und damit die Notwendigkeit des Ersatzes ankündigt.

Reale Anlagen

Im allgemeinen arbeiten logistische Einrichtungen aber nicht kontinuierlich, sondern ihr Betrieb ist dadurch gekennzeichnet, dass ihre Systemelemente auf Grund des stochastischen Anfalls der diskontinuierlich auszuführenden Aufgaben nur jeweils über begrenzte und ereignisabhängige Zeitintervalle belastet sind. Für derart diskontinuierlich belastete Systeme, deren Betriebszeiten sowohl einen Anteil an Einsatzzeiten als auch einen Anteil an funktionsbedingten Wartezeiten aufweisen, ist eine ereignisbezogene Definition der Zuverlässigkeit zweckmäßig (z. B. nach Richtlinie VDI 3581). Danach entspricht die Zuverlässigkeit eines diskontinuierlich arbeitenden Systemelements der Funktionszuverlässigkeit, d. h. der Wahrscheinlichkeit, dass eine betrachtete Funktion unter definierten Randbedingungen störungsfrei und korrekt ausgeführt wird. Die Zuverlässigkeit ist somit ein Maß für die Funktionssicherheit einer Anlage.

Will man die Zuverlässigkeit zahlenmäßig bestimmen, so ist die betrachtete Funktion mit statistisch ausreichender Häufigkeit zu erproben. Falsche bzw. gestörte Funktionserfüllungen interessieren dabei nur mit ihrer Anzahl, nicht aber mit der durch sie verursachten Ausfallzeit. Zu erfassen sind:
- die Anzahl n_r der richtigen Funktionserfüllungen sowie
- die Anzahl n_f der falschen bzw. gestörten Funktionserfüllungen.

Der Zahlenwert der Funktionszuverlässigkeit η^{zuv} ergibt sich daraus zu

$$\eta^{zuv} = \frac{n_r}{n_r + n_f}$$

Die Störungswahrscheinlichkeit bzw. die Funktionsunzuverlässigkeit ist dann

$$\eta^{unz} = 1 - \eta^{zuv} \quad \text{oder} \quad \eta^{unz} = \frac{n_f}{n_r + n_f}$$

Zahlenbeispiel: Nach der Einlaufphase von sechs Monaten werden für ein Regalbediengerät, das an einem Übergabepunkt von einer Rollenbahn Paletten abnimmt und in ein Hochregallager einlagert, im Rahmen einer Zuverlässigkeitsuntersuchung folgende Zahlen erfasst:
Zahl der korrekt ausgeführten
Einlagerungsvorgänge: 12748
Zahl der Störungen: 34

$$\eta^{zuv} = \frac{12748}{12748 + 34} = 0{,}9973 = 99{,}73\%$$

$$\eta^{unz} = 1 - \eta^{zuv} = 0{,}0027 = 0{,}27\%$$

Sollen einem Betreiber vertraglich zugesagte Zuverlässigkeitswerte nachgewiesen werden, so sind rechtzeitig, d. h. vorzugsweise bereits bei Vertragsabschluss, die interessierenden Einrichtungen möglichst genau abzugrenzen. Zudem ist zu vereinbaren, welche Abweichungen von der regelmäßigen Funktionserfüllung als Störung oder Fehler gewertet werden sollen, da nicht jede Störung zwangsläufig auch zu einer Nicht- oder Fehlfunktion führen muss.

Die ermittelten Zahlenwerte der Zuverlässigkeit lassen keine Rückschlüsse auf die jeweiligen Störungsursachen zu. Will man also beispielsweise systematische Fehler erkennen und beheben, sollte man neben der reinen Zählung der Ausfälle auch die jeweilige Störungsursache protokollieren (s. VDI 3580).

Da die Zuverlässigkeitswerte definitionsgemäß auch nichts über die Ausfallzeiten (z. B. das Reparaturgeschehen) aussagen, bedarf es einer Kennzahl, die zusätzlich einen Zeitbezug herstellt: die im Folgenden beschriebene Verfügbarkeit.

Literatur

[Arn02] Arnold, D.: Materialfluss in Logistiksystemen. Berlin: Springer 2002

[Bec97] Becker, H.: Logistik – Ein Überblick. Vorlesung an der Universität Innsbruck 1997 (verfügbar im Internet: http://home.t-online.de/home/becker2/logivorl.htm)

[Gud76a] Gudehus, T.: Zuverlässigkeit und Verfügbarkeit von Transportsystemen. Teil I: Kenngrößen der Systemelemente. fördern und heben 26 (1976) 10, 1029–1033

[Gud76b] Gudehus, T.: Zuverlässigkeit und Verfügbarkeit von Transportsystemen. Teil II: Kenngrößen von Systemen. fördern und heben 26 (1976) 13, 1343–1346

[Neu96] Neumann, K.: Produktions- und Operations-Management. Berlin: Springer 1996

[Ros81] Rosemann, H.: Zuverlässigkeit und Verfügbarkeit technischer Anlagen und Geräte. Berlin: Springer 1981

Richtlinien

VDI 3580: Grundlagen zur Erfassung von Störungen an Hochregalanlagen. Verein Deutscher Ingenieure, Düsseldorf 1995

VDI 3581: Zuverlässigkeit und Verfügbarkeit von Transport- und Lageranlagen. Verein Deutscher Ingenieure, Düsseldorf 1983

C 6.3 Verfügbarkeit

Aus wirtschaftlichen Gründen werden technische Systeme nach Versagensfällen so schnell wie möglich wieder in einen funktionsfähigen Zustand zurückversetzt. Die zufällige Folge der Zustände *funktionsfähig* und *ausgefallen* kann nach [Arn02] vereinfacht als Markov-Prozess modelliert und anschaulich als Zustandsgraph dargestellt werden, sofern folgende Voraussetzungen erfüllt sind:
– Das System befindet sich zu jedem Zeitpunkt in genau einem seiner möglichen Zustände.
– Die Übergangsraten λ (Ausfallrate) und μ (Reparaturrate) zwischen den Zuständen sind konstant.
– Frühere Zustände haben den gegenwärtigen Zustand herbeigeführt und beeinflussen den künftigen Ablauf des Zufallsprozesses nicht mehr.

Bei der praktischen Durchführung der meisten Verfügbarkeitsbetrachtungen sind diese einschränkenden Voraussetzungen akzeptabel. Selbst sehr komplexe Anlagen können als binäre Systeme gemäß Bild C 6.3-1 [Arn02] modelliert werden, wenn nur die beiden Zustände *funktionsfähig* und *ausgefallen* interessieren.

Die Funktionsfähigkeit des binären Systems ist – mathematisch formuliert – die Wahrscheinlichkeit $P(t)$, dass es sich zu beliebiger Zeit t im Zustand 1 (in Funktion) befindet. Wird die Funktionsfähigkeit zur Zeit $t = 0$ als $P_1(0) = \alpha$, mit $0 \le \alpha \le 1$ geschrieben, so ist $P_2(0) = 1-\alpha$ die Wahrscheinlichkeit der Nicht-Funktionsfähigkeit. Mit den

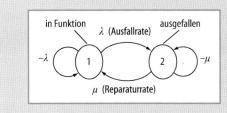

Bild C 6.3-1 Zustndsgraph eines binären Systems [Arn02]

konstanten Übergangsraten des binären Systems führt die Lösung des linearen Gleichungssystems zu der gesuchten Wahrscheinlichkeit $P_1(t)$, die per Definition der Verfügbarkeit entspricht:

$$P_1(t) = V(t) = \frac{\mu}{\mu + \lambda} + \left(\alpha - \frac{\mu}{\mu + \lambda}\right) \cdot e^{-(\mu+\lambda)t}$$

An dieser Gleichung ist die wichtige Tatsache erkennbar, dass die Verfügbarkeit eine Funktion der Zeit ist! Der Grenzübergang für $t \to \infty$ liefert die bekannte einfache Form

$$V = \lim_{t \to \infty} P_1(t) = \frac{\mu}{\mu + \lambda} \qquad \text{(C 6.3-1)}$$

Die nach dieser Gleichung berechnete Verfügbarkeit kennzeichnet demnach einen Prozess, der sich über sehr lange Zeit in einem Gleichgewichtszustand zwischen Verschlechterung (infolge von Ausfällen) und Verbesserung (infolge von Reparaturen) befindet. Unter dieser Voraussetzung kann die Verfügbarkeit auch aus den statistisch gesicherten Werten

$MTBF = E(t_E)$ Erwartungswert der störungsfreien Einsatzzeitdauern (engl.: mean time between failures),

$MTTR = E(t_A)$ Erwartungswert der Ausfallzeitdauern (engl.: mean time to repair)

berechnet werden.
Mit $MTBF = 1/\lambda$ und $MTTR = 1/\mu$ kann Gl. (C 6.3-1) dann in einer Form geschrieben werden, die man in der Literatur sehr oft findet:

$$V = \frac{MTBF}{MTBF + MTTR} \qquad \text{(C 6.3-2)}$$

Diese Formel erscheint eindeutig, ist es für den praktischen Nachweis der Verfügbarkeit jedoch nicht: Die Ausfallzeit t_A ist nicht eine einzige feste Größe, sondern setzt sich aus mehreren Zeitanteilen zusammen, für deren Abgrenzung die Richtlinie FEM 9222 einen sinnvollen Vorschlag macht:

$$t_A = t_{A1} + t_{A2} + t_{A3} + t_{A4}$$

mit

t_{A1} Zeitdauer zwischen Auftreten einer Störung und Beginn der Störungssuche durch das zuständige Personal,

t_{A2} Zeitdauer, die zur Feststellung des Störungsgrundes benötigt wird,

t_{A3} Zeitdauer für die Vorbereitung und Organisation der Störungsbehebung, Bereitstellung usw.,

t_{A4} Zeitdauer, die zur Behebung der Störung bis zur Betriebsbereitschaft oder bis zur Wiederaufnahme des Betriebes benötigt wird (die eigentliche Reparaturzeit).

Die Betriebsbereitschaft der Einrichtung kann wiederhergestellt sein vor dem endgültigen Abschluss der Reparatur. Dabei ist zu beachten, dass die Ausfallzeit sowohl in der Bereitschaftszeit als auch in der Betriebszeit liegen kann (Bild C 6.3-2).

Somit gilt

$$t_A = t_{ABer} + t_{ABtr}$$

mit

t_{ABer} Ausfallzeit während der Bereitschaftszeit,
t_{ABtr} Ausfallzeit während der Betriebszeit.

Gleichung (C 6.3-2) kann, da die Mittelwerte von $t_E - t_A$ und von t_A den Begriffen *MTBF* und *MTTR* entsprechen, auch in der Form

$$V_E = \frac{t_E - t_A}{t_E} \qquad (C\ 6.3\text{-}3)$$

geschrieben werden, wenn Ausfallzeiten bzw. -zeitanteile während der Bereitschaftszeit als verfügbarkeitsmindernd zählen sollen, oder als

$$V_{Btr} = \frac{t_{Btr} - t_{ABtr}}{t_{Btr}}$$

wenn Ausfälle während der Bereitschaftszeit den Betrieb effektiv nicht beeinflussen (s. FEM 9221 und FEM 9222).

Die Zahlenwerte der nach diesen Gleichungen berechneten Verfügbarkeit sind u. a. davon abhängig, welche Vereinbarungen zwischen dem Hersteller und dem Betreiber einer Materialflussanlage über die verfügbarkeitsmindernde oder verfügbarkeitsneutrale Wirkung von Ausfallzeiten t_A getroffen wurden. Es ist z. B. klar zu erkennen, dass der Ausfallzeitanteil t_{A1} schwerlich dem Hersteller angelastet werden kann; die Zeitanteile t_{A2} bis t_{A4} dagegen sind davon abhängig, wie gut das Wartungspersonal des Betreibers geschult ist, ob Werkzeuge und Ersatzteile vorhanden sind, ob eine Dokumentation, Anlagenvisualisierung mit Störungslokalisierung, Störungsdiagnose, rechnergesteuerte Reparaturanleitung u. ä. vorhanden sind, ob die Einrichtung wartungs- und reparaturfreundlich konstruiert und gebaut wurde etc.

Auch die zeitliche Lage der Ausfallzeiten kann sich auf den (betrieblich interessanten) Zahlenwert der Verfügbarkeit auswirken. Dies ist beispielhaft in Bild C 6.3-2 dargestellt: Unter der Voraussetzung, dass Ausfälle während der Bereitschaftszeit den Betrieb effektiv nicht behindern, werden kürzere Ausfallzeiten t_{A2} und somit höhere Verfügbarkeiten berechnet.

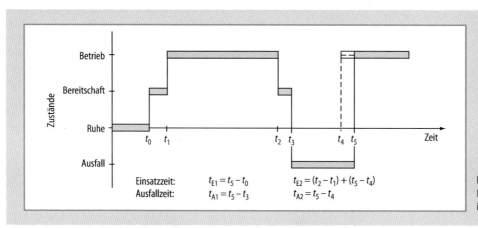

Bild C 6.3-2
Betriebszustände und ihre Zeitanteile [Arn02]

Tabelle C 6.3-1 Quantitativ verschiedene Verfügbarkeiten in Anlehnung an die Richtlinie VDI 4004

Verfügbarkeit	zu berücksichtigende Zeiten	zuständig
theoretische (innere)	nur für Ausfall und Instandsetzung	Zulieferer, Hersteller
technische	zusätzlich für Inspektion, Wartung bzw. Reparatur	Zulieferer, Hersteller, Betreiber
operationelle	zusätzlich für administrative, organisatorische, logistische Verzögerungen	Zulieferer, Hersteller, Betreiber und andere
totale	zusätzlich die nicht beeinflussbaren (höhere Gewalt)	alle: Umwelt, Markt usw.

Vereinbarungen über die Verfügbarkeitsrelevanz von Ausfallzeiten sind daher notwendig und widersprechen keineswegs der Definition oder dem mathematischen Hintergrund der Verfügbarkeit.

Es zeigt sich hier bereits sehr deutlich, dass die Verfügbarkeit nicht ohne weiteres als eine Systemkonstante anzusehen ist, die der Hersteller allein beeinflussen kann. Zwar hängt die Verfügbarkeit von der Qualität im weitesten Sinne ab, also von der Zuverlässigkeit der Systemelemente, ihrer reparaturfreundlichen konstruktiven Gestaltung, aber auch von den Beanspruchungen im Betrieb, diversen organisatorischen Bedingungen und den Instandhaltungsmaßnahmen. Demnach lassen sich quantitativ verschiedene Verfügbarkeiten angeben, die alle auf der gleichen Definition basieren und alle nach dem einfachen Zusammenhang der Gl. (C 6.3-3) berechnet werden, jedoch unterschiedliche Vereinbarungen der Bestimmungsgrößen t_E und t_A berücksichtigen und somit verschiedene Zuständigkeiten erkennen lassen (wie in Tabelle C 6.3-1 dargestellt).

C 6.3.1 Verbesserung der Verfügbarkeit von Einrichtungen

Eine hohe Verfügbarkeit kann definitionsgemäß zum einen durch eine geringe Ausfallrate, also hohe Zuverlässigkeit, erreicht werden, zum anderen durch kurze Ausfallzeiten. In Anlehnung an die FEM 9222 können folgende Empfehlungen gegeben werden:
Eine hohe Zuverlässigkeit kann erreicht werden durch
– zweckentsprechende Werkstoffauswahl,
– „Burn-in" (Einfahren) von Komponenten und Baugruppen,
– durchdachte Konstruktion,
– fehlerfreie Fertigung bzw. Montage,
– ständige Prüfung während des Herstellungsprozesses,
– ordnungs- und bestimmungsgemäße Benutzung,
– sorgfältig geschultes und geübtes Personal,
– vorbeugende Instandhaltung.

Kurze Ausfallzeiten können erreicht werden durch
– automatische Fehlererkennung,
– Anlagenvisualisierung mit Fehlerlokalisierung,
– Fehlerdiagnose und Reparaturvorschlag,
– servicefreundlichen Aufbau (Konstruktion!),
– Ersatzteilbevorratung nach Herstellerangabe,
– qualifiziertes Wartungspersonal,
– schnellen Reparaturbeginn;
– Reparaturanleitung und Dokumentation.

C 6.3.2 Verbesserung der Verfügbarkeit von Einrichtungen durch die Anordnung ihrer Elemente

Zur Anhebung der Verfügbarkeit komplexer Systeme bieten sich neben der erwähnten Qualitätsverbesserung einzelner Systemelemente auch Möglichkeiten über die Verknüpfung der Systemelemente miteinander. Ist zur Funktion eines Systems die Funktion eines jeden Elements erforderlich, so entspricht dies einer Reihenanordnung aller Systemelemente.

Die Gesamtverfügbarkeit für diesen Fall wird durch Multiplikation der Verfügbarkeiten der Elemente $i = 1, \ldots, n$ berechnet:

$$V_{\text{ges}} = V_1 V_2 \ldots V_n = \prod_{i=1}^{n} V_i$$

Ist dagegen für die Funktion eines Systems die Funktion eines seiner Elemente bereits ausreichend, so entspricht dies einer Parallelanordnung. Die Gesamtverfügbarkeit dieser Anordnung wird aus den Verfügbarkeiten der Elemente dann wie folgt berechnet:

$$V_{ges} = 1 - (1-V_1)(1-V_2)...(1-V_n)$$
$$= 1 - \prod_{i=1}^{n}(1-V_i)$$

Bild C 6.3-3 zeigt für die Parallel- und Reihenanordnung mehrerer Systemelemente der gleichen Elementverfügbarkeit, wie sich die Systemverfügbarkeit mit der Zahl der Elemente drastisch ändert [Arn02]. Der Zahlenwert $V_i = 0,6$ für ein einzelnes Systemelement ist bewusst sehr niedrig gewählt, um den Effekt deutlich zu machen. Dadurch ist die Systemverfügbarkeit bei nur sechs in Reihe angeordneten Elementen bereits unter 0,05 abgesunken! In der Praxis sind bereits Systemverfügbarkeiten von weniger als 90% nicht mehr akzeptabel. Aber auch bei einem sehr guten Praxiswert des Elements von $V_i = 0,99$ würde die Verfügbarkeit des Systems bei zehn in Reihe angeordneten Elementen auf ca. 0,9 absinken, bei 50 Elementen bereits auf etwa 0,6 und bei 100 Elementen auf rund 0,36! Es gibt viele Fälle in der Materialflusstechnik, wo mehr als 100 Elemente gleichzeitig funktionieren müssen, um eine fehlerfreie Funktion zu erbringen!

Die Verbesserung der Verfügbarkeit durch Parallelschalten ist ebenso drastisch. Hier zeigt sich der Weg, Systeme hoher Verfügbarkeit aus normalen Elementen durch geschickte Kombination von Reihen- und Parallelanordnung aufzubauen, d. h. Systeme ganz oder teilweise redundant zu gestalten, so dass Teilbereiche gelegentlich kurzzeitig ausfallen dürfen.

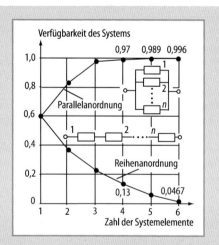

Bild C 6.3-3 Systemverfügbarkeiten für Parallel- und Reihenanordnungen mehrerer Systemelemente [Arn02]

Bereits die grobe theoretische Betrachtung gibt einen deutlichen Hinweis, wie wichtig es ist, die Anordnung der Elemente eines Materialflusssystems rechtzeitig zu bedenken. Dies gilt für die Mechanik wie für die elektrische Steuerung und die eingesetzten Rechner in gleicher Weise [VDI-87].

Für die Praxis lässt sich Gl. (C 6.3-3) nach FEM 9222 in abgewandelter Form schreiben:

$$V_e = \frac{t_E - \sum_{i=1}^{n} k_i t_{Ai}}{t_E}$$

mit

t_E gesamte Einsatzzeit,
t_{Ai} gesamte Ausfallzeit des Systemelements i,
k_i Gewichtungsfaktor des Systemelements i, der dem Einfluss der Störung dieses Elements auf die Gesamtfunktion Rechnung trägt.

In der Praxis wird die Gesamtverfügbarkeit einer Einrichtung häufig dadurch ermittelt, dass man die Verfügbarkeitswerte von abgegrenzten Teilbereichen erfasst, aus denen dann eine Gesamtverfügbarkeit errechnet werden kann. Die Aufteilung in Teilbereiche ergibt sich oft von allein (z. B. durch den organisatorischen Ablauf) und sollte so grob wie möglich und so fein wie nötig sein, um den Erfassungsaufwand im Rahmen zu halten. Darüber hinaus sind die Teilbereiche eindeutig voneinander abzugrenzen. Zur Ermittlung der Gesamtverfügbarkeit sind diese Teilbereiche sinnvollerweise mit Hilfe eines Strukturdiagrammes in ihrer gegenseitigen Verknüpfung und Abhängigkeit darzustellen, wozu die Richtlinien VDI 3580, VDI 3581 und VDI 3649 am Beispiel einer Hochregalanlage praxistaugliche Hinweise geben.

Unter praktischen Gesichtspunkten erleichtert das Strukturdiagramm ganz wesentlich die Ermittlung der Gewichtungsfaktoren k_i, um die es oft zu Meinungsverschiedenheiten zwischen Herstellern und Betreibern kommt. Für eine reine Reihenanordnung der Elemente gilt für das Einzelelement $k_i = 1$; für eine reine Parallelanordnung von n gleichartigen Elementen gleicher Verfügbarkeit, die zusammen und zu gleichen Anteilen genau 100% des Durchsatzes erbringen, gilt für das Einzelelement $k_i = 1/n$. Sind diese Bedingungen nicht erfüllt, weil beispielsweise Puffer zwischen die in Reihe angeordneten Elemente geschaltet sind oder weil die parallel geschalteten Elemente mehr als 100% des geforderten Durchsatzes erbringen – beides verfügbarkeitserhöhende Maßnahmen –, so ergeben sich andere Gewichtungsfaktoren, deren exakte Bestimmung für eine korrekte Aussage über den Zahlenwert der Verfügbarkeit unabdingbar ist.

C 6.3.3 Nachweis der Verfügbarkeit

Bei jedem realen System ändert sich der Zahlenwert der Verfügbarkeit über längere Zeiträume. Das liegt z. B. daran, dass die Ausfallraten λ und die Reparaturraten μ keine Konstanten sind. Somit dürfen auch die *MTBF* und die *MTTR* nicht mehr als konstante Werte aufgefasst werden. Die Berechnung der Verfügbarkeit kann demnach lediglich eine Zeitverfügbarkeit für eine Beobachtungszeit sein, während der einigermaßen gleichbleibende Bedingungen (u. a. $\lambda \approx$ konst) herrschen. Es ist z. B. nicht sinnvoll, die Verfügbarkeit einer Anlage während der Anlaufphase zu messen, weil die Ausfallrate i. d. R. dann noch hoch ist und üblicherweise während der folgenden Monate deutlich zurückgehen wird.

Die Verfügbarkeit muss unter Anwendung der üblichen statistischen Methoden ermittelt werden, d. h., dass mehrere Messungen durchgeführt werden müssen (*eine* Messung ist *keine* Messung). Verlässliche Zahlenwerte für die Verfügbarkeit eines ganzen Systems kann man nur aus den Ergebnissen wiederholter Beobachtungen der Bestimmungsgrößen gewinnen. Für einzelne Bauteile kann die Verfügbarkeit (bzw. Zuverlässigkeit) auch aus der gleichzeitigen Beobachtung eines ausreichend großen Kollektivs ermittelt werden; die Werte kann man gelegentlich von den Zulieferern solcher Bauteile erhalten.

Zunächst führt die empirische Ermittlung der Verfügbarkeit wie jedes Stichprobenexperiment zu einer Datenmenge, die man als Verteilung (im einfachsten Fall als Histogramm) darstellen kann. Ist die Streuung dieser Verteilung sehr groß, so lässt das prinzipiell zwei verschiedene Erklärungen zu:
– Die Verfügbarkeit schwankt tatsächlich mit der gemessenen Streuung (z. B. weil die Ausfallrate nicht annähernd konstant ist) oder
– die Beobachtungszeit ist – im Vergleich zu der tatsächlichen *MTBF* bzw. *MTTR* – zu kurz gewesen.

Erst wenn die Wiederholungen der Messreihe mit längeren Beobachtungszeiten geringere Streuungen liefern, darf man die erstgenannte Erklärung verwerfen und erkennt ggf. den Bereich, in dem der wahre Wert der Verfügbarkeit liegt. Das aber bedeutet, dass eine Anlage um so länger beobachtet werden muss, je besser sie ist, weil eine statistisch notwendige Mindestanzahl von Ausfällen für die Auswertung vorliegen muss. Bild C 6.3-4 soll diesen Zusammenhang deutlich machen. Dazu ist die unbekannte wahre Verfügbarkeit eines Materialflusssystems mit dem Wert 0,8 eingetragen. Dies sei die theoretische (innere) Verfügbarkeit auf der Basis absolut konstanter Ausfall- und Reparaturraten. Ein Beobachter, der diese wahre Verfügbarkeit noch nicht kennt, wird als Ergebnis von Messungen über jeweils sehr kurze Beobachtungszeiten (t_1) eine große Streuung der ermittelten Werte feststellen und eine der beiden Erklärungen vermuten. Wiederholte Messungen mit längeren Beobachtungszeiten (t_2) liefern als Ergebnis möglicherweise eine Verteilung mit wesentlich geringerer Streuung und deutlicher erkennbarem Mittelwert als Schätzwert der wahren Verfügbarkeit.

Wegen der in der Praxis stets schwankenden Ausfallraten werden auch die technischen Verfügbarkeiten und noch viel mehr die operationellen Verfügbarkeiten stets innerhalb von Bereichen schwanken. Mit den Methoden der Statistik lassen sich für diese Vertrauensbereiche die oberen und die unteren Grenzen berechnen. Die Grenzen ermittelt man für eine gewählte statistische Sicherheit um so exakter, je mehr Messwerte vorliegen. Für den Nachweis der Verfügbarkeit aus vertraglicher Sicht interessiert insbesondere die untere Vertrauensgrenze. Mit Gl. (C 6.3-2) kann man diesen unteren Grenzwert der Verfügbarkeit aus dem unteren Grenzwert $MTBF_U$ und dem oberen Grenzwert $MTTR_O$ berechnen.

$$V_u = \frac{MTBF_U}{MTBF_U + MTTR_O}$$

[MBB86] ist für die Berechnung der $MTBF_U$ und $MTTR_O$ zu entnehmen:

$$MTBF_U = \frac{2(t_E - t_A)}{\chi^2_{2(N+1);(1+\alpha)/2}}$$

$$MTTR_O = \frac{2t_A}{\chi^2_{2M;(1+\alpha)/2}}$$

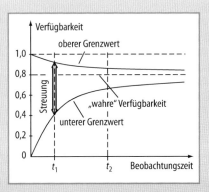

Bild C 6.3-4 Grenzwerte der Verfügbarkeit als Funktion der Beobachtungsdauer für ein System mit einer gleichbleibenden „wahren" Verfügbarkeit [Arn02]

Darin sind: χ^2 die tabellierten Werte der χ^2-Verteilung für
N Zahl der Ausfälle,
M Zahl der Reparaturen,
α Irrtumswahrscheinlichkeit,
t_E kumulierte Einsatzzeiten,
t_A kumulierte Ausfallzeiten.

Eine seriöse vertragliche Vereinbarung über den Nachweis der Verfügbarkeit soll eine Auswertevorschrift mit Angabe des Vertrauensbereiches auf der Basis bekannter statistischer Schätzverfahren enthalten.

Literatur

[Arn90] Arnold, D.: Die Verfügbarkeit – Selbstzweck oder Kostenfaktor? In: VDI-Ber. Nr. 833: Verfügbarkeit von Materialflusssystemen. Düsseldorf: VDI-Verl. 1990, 1–15

[Arn02] Arnold, D.: Materialfluss in Logistiksystemen. Berlin: Springer 2002

[MBB86] Messerschmidt-Bölkow-Blohm (Hrsg.): Technische Zuverlässigkeit. 3. Aufl. Berlin: Springer 1986

[VDI 87] Verein Deutscher Ingenieure (Hrsg.): Verfügbarkeit von Materialflusssystemen. VDI-Ber. Nr. 636. Düsseldorf: VDI-Verl. 1987

Richtlinien

FEM 9221: Leistungsnachweis für Regalbediengeräte; Zuverlässigkeit, Verfügbarkeit. Hrsg.: Fédération Européenne de la Manutention (FEM), Sektion IX c/o VDMA, Fachgemeinschaft Fördertechnik, Frankfurt/Main 1981 FEM 9222: Regeln über die Abnahme und Verfügbarkeit von Anlagen mit Regalbediengeräten und anderen Gewerken. Hrsg.: Fédération Européenne de la Manutention (FEM), Sektion IX c/o VDMA, Fachgemeinschaft Fördertechnik, Frankfurt/Main 1989

VDI 3580: Grundlagen zur Erfassung von Störungen an Hochregalanlagen. Verein Deutscher Ingenieure, Düsseldorf 1995

VDI 3581: Zuverlässigkeit und Verfügbarkeit von Transport- und Lageranlagen. Verein Deutscher Ingenieure, Düsseldorf 1983

VDI 3649] Anwendung der Verfügbarkeitsrechnung für Förder- und Lagersysteme. Verein Deutscher Ingenieure, Düsseldorf 1992

VDI 4004, Bl. 4: Zuverlässigkeitskenngrößen, Verfügbarkeitskenngrößen. Verein Deutscher Ingenieure, Düsseldorf 1986

Teil D Logistikmanagement

Koordinator
Heinz Isermann

Autoren
Heinz Isermann (D 1.1)
Peter Klaus (D 1.2, D 3)
Werner Delfmann (D 2.1, D 2.2, D 2.5, D 4.2)
Markus Reihlen (D 2.1)
Thorsten Klaas-Wissing (D 2.2, D 6.5)
Thomas Spengler (D 2.3)
Harald Bachmann (D 2.4)
Wolfgang Stölzle (D 2.4, D 6.6)
Eric Sucky (D 2.6)
Christian Kille (D 3)
Dorit Bölsche (D 4.1)
Michael Eßig (D 4.3, D 4.4, D 4.7)
Joachim Zentes (D 4.5)
Christian G. Janker (D 4.6)
Rainer Lasch (D 4.6)
Alexander Eisenkopf (D 5)
Jürgen Weber (D 6.1)
Sebastian Kummer (D 6.2, D 6.3)
Jan R. Westphal (D 6.2, D 6.3)
Ingrid Göpfert (D 6.4)
Bettina Resch (D 6.5)

Logistikmanagement

D1

D 1.1 Logistik als Managementfunktion

Ulrich definiert Management als „Gestalten und Lenken von Institutionen der menschlichen Gesellschaft. Management ist die bewegende Kraft überall, wo es darum geht, durch ein arbeitsteiliges Zusammenwirken vieler Menschen gemeinsam etwas zu erreichen ..." [Ulr84, 49].

Zu den gesellschaftlichen Institutionen zählen (privatwirtschaftliche) Unternehmen, die in einer marktwirtschaftlichen Ordnung ihren Bestand und ihre Autonomie sichern wollen, öffentliche Betriebe, die öffentliche Sach- und Dienstleistungsaufgaben wahrnehmen, sowie Verwaltungen, die Gewährleistungsaufgaben für die Allgemeinheit erfüllen. Öffentliche Betriebe und Verwaltungen sind im Gegensatz zu Unternehmen keinem Wettbewerb ausgesetzt; sie finden deshalb andere Rahmenbedingungen vor und verfügen somit über einen anderen Verhaltensspielraum.

Auf Grund der Konkurrenzsituation am Markt kann ein Unternehmen seinen Bestand, seine Autonomie, mit anderen Worten: seine Überlebensfähigkeit, nur dadurch sichern, dass es durch Produktion und Absatz materieller und/oder immaterieller Güter aus Sicht der Eigenkapitalgeber ausreichend hohe Gewinne erzielt und das finanzielle Gleichgewicht sowie die jederzeitige Zahlungsfähigkeit wahrt.

Wird Logistik als spezifische Managementkonzeption zur Gestaltung und Lenkung (im Sinne von Steuerung und Regelung) von Objektflüssen auf Wertschöpfungssysteme fokussiert, umfasst ein Logistikmanagement sowohl die zielgerichtete Entwicklung und Gestaltung der unternehmensbezogenen und unternehmensübergreifenden Wertschöpfungssysteme nach logistischen Prinzipien (strategisches Logistikmanagement) als auch die zielgerichtete Lenkung und Kontrolle der Güter- und Informationsflüsse in den betrachteten Wertschöpfungssystemen (operatives Logistikmanagement). Die zur Implementierung von Logistikkonzeptionen in und zwischen Unternehmen notwendigen Aktivitäten lassen sich aus funktionaler, instrumenteller und institutioneller Sicht charakterisieren [Pfo94; Web98].

Die von den Unternehmen im Rahmen ihrer Wertschöpfung verfolgten Ziele lassen sich in Sachziele und Formalziele differenzieren. Die unternehmensbezogenen Sachziele geben Auskunft darüber, mit welchem aktuellen und zukünftigen Leistungsprogramm ein Unternehmen für seine potenziellen Kunden einen wahrnehmbaren Kundennutzen schaffen will, um wirtschaftlich erfolgreich zu sein. Ein Industrieunternehmen legt als Sachziel Herstellung und Absatz eines bestimmten Produktionsprogramms fest; ein Handelsunternehmen richtet sich auf die Beschaffung, die Bereitstellung und den Absatz eines bestimmten Produktsortiments aus. Ein Logistikdienstleister legt sein Sachziel über die Erstellung und den Absatz eines bestimmten logistischen Leistungsprogramms fest. Die unternehmensbezogenen Formalziele liefern konkrete Handlungskriterien für die Planung, Lenkung und Kontrolle des Wertschöpfungssystems. Neben ökonomischen, auf die wirtschaftliche Ergiebigkeit ihrer Wertschöpfungsaktivitäten ausgerichteten Formalzielen verfolgen Unternehmen technische, ökologische und soziale Formalziele.

In den beiden folgenden Abschnitten wird der Beitrag der Logistik zur Schaffung und Verteidigung nachhaltiger Wettbewerbsvorteile auf den Absatzmärkten sowie zur Erhaltung und Steigerung der Kapitalrendite akzentuiert. Aus der Notwendigkeit, das Logistikmanagement sowohl auf die Anforderungen der Kunden in einem wettbewerblichen Umfeld als auch auf die Renditeerwartungen der Eigenkapitalgeber auszurichten, lassen sich einige Grundprinzipien des Logistikmanagements im Sinne einer Handlungsorientierung ableiten, die im dritten Abschnitt dargestellt werden.

D 1.1.1 Kunden- und Wettbewerbsorientierung des Logistikmanagements

Die durch ein Wertschöpfungssystem generierten Leistungen (Outputs) werden den (potentiellen) Kunden als Offerten zur Lösung ihres Kundenproblems angeboten. Die Leistung weist ein wahrnehmbares, Kundennutzen stiftendes Eigenschaftsprofil auf. In diesem Eigenschaftsprofil sind auch logistikspezifische Merkmale wie die Lieferzeit, Lieferfähigkeit, Informationsfähigkeit und Zuverlässigkeit vertreten, deren Ausprägungen im Rahmen eines Logistikmanagements zu gestalten sind. Ebenso wirkt das Logistikmanagement auf die Kosten der Leistungserstellung und Leistungsverwertung; es beeinflusst damit auch die Preisuntergrenze der offerierten Leistungen.

Als Bezugsrahmen für eine konsequente kunden- und wettbewerbsorientierte Ausrichtung der eigenen Leistung eines Industrie- und Handelsunternehmens ebenso wie eines Logistikdienstleisters eignet sich das „strategische Dreieck" [Ohm82] mit den drei Eckpunkten Kunde(n), (stärkster) Wettbewerber und eigenes Unternehmen als Anbieter der Leistung. Bild D 1.1-1 veranschaulicht dieses Konzept.

Der (potenzielle) Kunde bewertet die ihm offerierte Leistung danach, wie umfassend diese sein Kundenproblem löst und zu welchem Preis die offerierte Leistung angeboten wird. Werden dem Kunden von mehreren oder gar vielen Konkurrenten Problemlösungen angeboten, die sein Kundenproblem angemessen lösen, geht es darum, durch bessere oder zusätzliche logistische Leistungen nicht nur das Kundenproblem gezielt besser zu lösen im Sinne einer vom Kunden wahrgenommenen besseren logistischen Qualität der Leistung, sondern die bessere Problemlösung zu einem aus Kundensicht attraktiven Preis anzubieten. Nur dann ist die vom Kunden wahrgenommene Nutzen/Kosten-Relation attraktiver als die Nutzen/Kosten-Relationen der von den Wettbewerbern angebotenen Problemlösungen. Auf vielen Märkten sind die von den Wettbewerbern offerierten Leistungen sog. „Commodities", d.h., die Eigenschaftsprofile der Leistungen weisen bei allen Wettbewerbern die gleiche Ausprägung auf (z.B. beim Ladungsverkehr im Straßengüterverkehr).

Sofern es nicht gelingt, in kreativer Weise mit der eigenen Offerte zur Problemlösung einen höheren Kundennutzen in Aussicht zu stellen und dadurch eine in der Kundenwahrnehmung attraktivere Nutzen/Kosten-Relation darzustellen, lässt sich die Attraktivität der eigenen Leistung durch eine verbesserte Kostenposition des Unternehmens erreichen: Die Leistung kann zu marktüblicher logistischer Qualität zu einem niedrigeren Preis angeboten werden, wodurch dem Kunden wiederum eine Leistung mit attraktiver Kosten/Nutzen-Relation offeriert werden kann.

Von zentraler Bedeutung ist in diesem Zusammenhang, dass stets sowohl das Kundennutzen stiftende logistische Qualitätsniveau der Leistung als auch der für die Leistung geforderte Preis wettbewerbsrelevant sind: Der Kunde ist nicht bereit, für ein herausragendes logistisches Qualitätsniveau der Leistung jeden Preis zu zahlen, und er ist ebenso nicht bereit, die preislich günstigste Leistung zu akzeptieren, wenn das mit dieser Leistung verbundene logistische Qualitätsniveau ihm keinen ausreichend hohen Kundennutzen bietet. Ein Anbieter besitzt nur dann nachhaltige Wettbewerbsvorteile gegenüber seinen Konkurrenten, wenn der Qualitäts- oder Kostenvorteil vom Kunden als wichtig in Bezug auf das Kundenproblem wahrgenommen wird und eine gewisse Dauerhaftigkeit aufweist [Sim93, 4693]. Aus dieser Perspektive ist Logistikmanagement ein Management logistischer Wettbewerbsvorteile nicht nur in der Branche der Logistikdienstleister, sondern auch in den Industrie- und Handelsunternehmen.

In der bisherigen Analyse der Wettbewerbsbeziehungen wurde davon ausgegangen, dass Leistungen von Unternehmen untereinander im Wettbewerb stehen. In den meisten Branchen sind die angebotenen Leistungen Ergebnisse unternehmensübergreifender Wertschöpfungsketten mit folgender Konsequenz: Wettbewerbliche Überlegenheit setzt voraus, dass die Wertschöpfungskette insgesamt nachhaltige Wettbewerbsvorteile gegenüber konkurrierenden Wertschöpfungsketten erzielt und behaupten kann.

D 1.1.2 Rentabilitätsorientierung des Logistikmanagements

Für ein einzelnes Unternehmen lässt sich die wirtschaftliche Ergiebigkeit seines Wertschöpfungssystems durch seine Rendite, bezogen auf das im Wertschöpfungssystem gebundene Kapital, darstellen. Das dem Wertschöpfungssystem zur Verfügung gestellte Kapital setzt sich aus dem Fremdkapital und dem Eigenkapital zusammen; es finanziert das durch das Wertschöpfungssystem gebundene Anlage- und Umlaufvermögen. Die Kapitalrendite-Kennzahl *ROCE* (Return On Capital Employed)

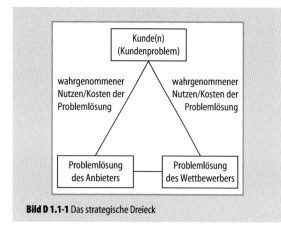

Bild D 1.1-1 Das strategische Dreieck

stellt für eine Planungsperiode den Gewinn vor Abzug der Fremdkapitalzinsen und Unternehmensteuern EBIT (Earnings Before Interest and Taxes) dem dem Wertschöpfungssystem zur Verfügung gestellten Kapital (Capital Employed) gegenüber:

$$ROCE = \frac{EBIT}{Capital\ Employed}$$

Aus den Renditeerwartungen der Eigenkapitalgeber und den durchschnittlichen Verzinsungsansprüchen der Fremdkapitalgeber lassen sich Anspruchsniveaus für den Wert der Kennzahl ROCE ableiten.

Um die Erfolgswirksamkeit eines Logistikmanagements auf die Kapitalrendite des Wertschöpfungssystems eines Unternehmens differenzierter analysieren zu können, ist es sinnvoll, die mit dem Wertschöpfungssystem generierten Umsatzerlöse (Sales) in die Darstellung des ROCE zu integrieren:

$$ROCE = \frac{EBIT}{Sales} \times \frac{Sales}{Capital\ Employed}$$

Das auf ein Wertschöpfungssystem ausgerichtete Logistikmanagement wirkt sowohl auf die Umsatzrendite ROS (Return on Sales), den Quotienten aus EBIT und Umsatzerlösen (Sales), als auch auf den Kapitalumschlag, das Verhältnis der mit dem Wertschöpfungssystem erzielten bzw. erzielbaren Umsatzerlöse zu dem im Wertschöpfungssystem gebundenen Kapital. Bei einem ROS von 5% und einem Kapitalumschlag von 3 ergibt sich für den ROCE ein Wert von 15%. Führt ein erfolgreiches Logistikmanagement zu einer nachhaltigen Senkung der in einem Wertschöpfungssystem gehaltenen Vorräte und/oder der Zeitdauer, über die Vorräte gehalten werden, sinkt das im Wertschöpfungssystem gebundene Kapital. Andererseits führt jede Investition in Ressourcen zur effektiven und effizienten logistischen Leistungserstellung zu einer zusätzlichen Kapitalbindung. Vermindert sich die Kapitalbindung in dem vorgenannten Beispiel bei gleichen Umsatzerlösen und gleichem ROS per Saldo um 10%, erhöht sich der Kapitalumschlag auf 3,33 und damit die Kapitalrendite des Wertschöpfungssystems auf 16,67%.

Eine verbesserte Kosteneffizienz der logistischen Leistungserstellung durch eine konsequente Erschließung sämtlicher Kostensenkungspotenziale führt bei gleichen Umsatzerlösen zu geringeren Kosten der logistischen Leistungserstellung und erhöht damit sowohl die Größe EBIT als auch die Umsatzrendite ROS und damit bei mindestens gleichem Kapitalumschlag auch die Kapitalrendite ROCE des Wertschöpfungssystems. Oft lässt sich – bei unveränderter Qualität der Logistikleistung – eine Nettokostenersparnis in Höhe von ΔK nur durch zusätzliche Investitionen in logistische Ressourcen und damit per Saldo nur durch einen zusätzlichen Kapitalbedarf in Höhe von ΔC realisieren. Bei gleichen Umsatzerlösen gelingt nur dann eine Erhöhung der Kapitalrendite gegenüber dem bisherigen Wert der Kennzahl $ROCE_{IST}$, wenn

$$\frac{EBIT + \Delta K}{Capital\ Employed + \Delta C} > ROCE_{IST} \quad \text{bzw.}$$

$$\Delta K > ROCE_{IST} \times \Delta C$$

gilt. Die durch die Investition in eine neue logistische Infrastruktur erschließbare jährliche Kostensenkung, gemessen in Euro, muss größer sein als die Opportunitätskosten des zusätzlich im Wertschöpfungssystem gebundenen Kapitals auf Basis der aktuellen Kapitalrendite: Mit $ROCE_{IST} = 15\%$ und $\Delta C = 5$ Mio. Euro muss unter den hier getroffenen Annahmen die jährliche Kostenersparnis mindestens 0,75 Mio. Euro betragen.

Im Sinne einer konsequenten Kundenorientierung werden durch den Einsatz neuer Logistikkonzepte attraktivere Leistungen angeboten, um usätzliche Umsatzerlöse über größere Absatzmengen und/oder höhere Preise zu erzielen. Orientiert sich der Entscheidungsträger an der Kapitalrendite des Wertschöpfungssystems, dann erweist sich ein solches Konzept als ROCE-steigernd, wenn der zusätzliche Gewinn vor Zinsaufwand und Unternehmenssteuern, $\Delta EBIT$, größer ist als die Opportunitätskosten des zusätzlich im Wertschöpfungssystem gebundenen Kapitals, ΔC, auf der Basis der aktuellen Kapitalrendite:

$$\Delta EBIT > ROCE_{IST} \times \Delta C$$

Die bisherigen Überlegungen sollten deutlich machen, dass in Unternehmen, die auf den Beschaffungsmärkten und Absatzmärkten ebenso im Wettbewerb stehen wie auf den Märkten für Eigen- und Fremdkapital, logistische Handlungsalternativen hinsichtlich ihrer Wirkungen auf die Kapitalrendite des unternehmenseigenen Wertschöpfungssystems zu bewerten sind. In unternehmensübergreifenden Wertschöpfungsketten ist für alle an der arbeitsteiligen Leistungserstellung beteiligten Wertschöpfungspartner die Erzielung einer angemessenen Kapitalrendite Voraussetzung für die Stabilität der kooperativen Leistungserstellung.

D 1.1.3 Grundprinzipien des Logistikmanagements

Aus der Notwendigkeit, Wertschöpfungs- und Logistiksysteme sowohl auf die Anforderungen der Kunden in einem wettbewerblichen Umfeld als auch auf die Renditeerwartungen der Eigenkapitalgeber auszurichten, lassen sich einige Grundprinzipien des Logistikmanagements im Sinne einer Handlungsorientierung ableiten, die im Folgenden dargestellt werden.

Die im vorangegangenen Abschnitt angesprochene Kunden- und Wettbewerbsorientierung des Logistikmanagements impliziert prozessorientierte Anforderungen an die Gestaltung der Wertschöpfungssysteme sowie der integrierten Logistiksysteme. Hierbei sind die vielfältigen Kunden- Lieferanten-Beziehungen in den einzelnen Wertschöpfungs- und Logistikketten im Rahmen eines logistischen Prozessmanagements nach dem Prinzip der Kundenorientierung zu gestalten (s. Abschn. D 2.5).

Logistische und nichtlogistische Wertschöpfungsprozesse vollziehen sich in der Zeit. Der durch eine Wertschöpfungskette beanspruchte Zeitbedarf ist eine ökonomische Handlungsdimension [Ker92]. In jeder Kunden-Lieferanten-Beziehung ist die Zeitspanne zwischen Auftragserteilung und Lieferung ein kritischer Erfolgsfaktor: Je kürzer die Lieferzeit, um so größer ist der durch die Lieferzeit determinierte Kundennutzen sowohl bei externen als auch bei internen Kunden. Wertschöpfungsketten lassen sich hinsichtlich ihres Zeitbedarfs bezüglich der Kriterien Kundenorientierung und Kosteneffizienz bewerten.

Ein wichtiges Grundprinzip des Logistikmanagements ist die Realisierung von Zeiteffizienz im Sinne einer zeitlichen Rationalität der logistischen Aktivitäten in einer Wertschöpfungskette. Im Rahmen eines Logistikmanagements „sind logistische Aktivitäten auf die organisatorische Gestaltung und Optimierung von Zeitdisparitäten in vernetzten Systemen ausgerichtet. Sie beeinflussen mit den Durchlaufzeiten, den Wiederbeschaffungszeiten und Lieferzeiten die kritischen Zeitstrecken der Wertschöpfungskette." [Wil96, 15-6]. Zur Realisierung der Zeiteffizienz in Wertschöpfungssystemen bieten sich folgende Strategien an:

- Reduzierung des Zeitverbrauchs durch zeitliche Kompression und Substitution von Materialfluss- und Informationsflussprozessen sowie durch Vermeidung von Zeitpuffern bei den Liege-, Warte- und Lagerzeiten;
- intensivere Nutzung der Zeit durch Überlappung und Parallelisierung von Material- und Informationsflussprozessen sowie durch Erhöhung des Zeitangebots von Kapazitäten und Vermeidung von zeitkritischen Abhängigkeiten;
- Erhöhung der Terminzuverlässigkeit durch zeitorientierte Controllingsysteme und Organisationsstrukturen [Wil96, 15-6 bis 15-7].

Zeiteffiziente Wertschöpfungssysteme schaffen gute Voraussetzungen für eine größere Kundenloyalität, da die im Vergleich zum Wettbewerb kürzeren Liefer- und Durchlaufzeiten die Reaktionsfähigkeit der Wertschöpfungskette auf Kundenanforderungen erhöhen. Darüber hinaus reduziert ein zeiteffizientes Wertschöpfungssystem die Kapitalbindung in den Vorräten, so dass sich der ROCE erhöht. Die Auswirkungen zeiteffizienter Wertschöpfungssysteme auf die durchschnittliche Kapitalbindung in den Vorräten illustriert Bild D 1.1-2.

Die durch die Durchlaufzeiten von Gütern und Informationen in Wertschöpfungssystemen determinierten Lieferzeiten sind in der Wahrnehmung des Kunden ein logistisches Qualitätsmerkmal der angebotenen oder erstellten Leistung im Sinne einer Lösung des Kundenproblems. Neben zeitlichen Merkmalen umfassen logistische Qualitätsforderungen Merkmale der örtlichen und physischen Verfügbarkeit. Im Rahmen einer ökonomischen Betrachtung kann die Logistikqualität einer Leistung daran gemessen werden, in welchem Ausmaß die nutzenstiftenden Ausprägungen der logistischen Qualitätsmerkmale mit den an sie gestellten Anforderungen übereinstimmen. Damit sind zum einen die dem internen oder externen Kunden angebotenen Ausprägungen der logistischen Qualitätsmerkmale der offerierten Leistung angesprochen: Durch welche Ausprägungen logistischer Qualitätsmerkmale wird das Kundenproblem in der Wahrnehmung des Kunden besser gelöst als von den Wettbewerbern? Zum anderen sind im Rahmen eines Logistikmanagements die angebotenen bzw. vereinbarten logistischen Qualitätsforderungen zu erfüllen.

Aufgabe des Logistikmanagements ist es, auf Basis der logistischen Qualitätsforderungen der Kunden die logistische Prozessfähigkeit alternativer Wertschöpfungsketten zu bewerten, die Prozesssicherheit der implementierten Prozessketten zu gewährleisten und im Falle nicht tolerierbarer Abweichungen der logistischen Merkmalsausprägungen einzelner Leistungen regelnd in den (logistischen) Leistungsprozess einzugreifen, mit dem Ziel, die logistischen Qualitätsforderungen der Kunden möglichst sicher und kostengünstig zu erreichen [Hou01].

Ein weiteres wichtiges Grundprinzip ist das Streben nach Kosteneffizienz (Kostenwirtschaftlichkeit) in der logistischen Leistungserstellung durch eine konsequente Erschließung sämtlicher Kostensenkungspotenziale bei Aufrechterhaltung der Qualität der Logistikleistung. Das im Rahmen einer unternehmensbezogenen oder unternehmensübergreifenden Wertschöpfung zu erstellende, qualitativ, quantitativ sowie hinsichtlich seiner zeitlichen Verteilung festgelegte logistische Leistungsprogramm löst einen Verzehr an Produktionsfaktoren aus.

Aus betriebswirtschaftlicher Sicht sind Produktionsfaktoren Güter, die für die Führungsaufgabe, die Durchfüh-

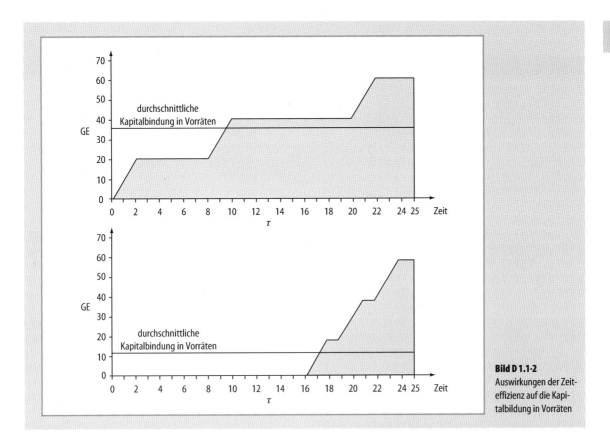

Bild D 1.1-2 Auswirkungen der Zeiteffizienz auf die Kapitalbildung in Vorräten

rung der Wertschöpfungsprozesse sowie die Erhaltung der Betriebsbereitschaft eingesetzt werden. Über eine monetäre Bewertung der eingesetzten Produktionsfaktoren lassen sich dem logistischen Leistungsprogramm Kosten zuordnen. Nicht nur das logistischen Leistungsprogramm, sondern auch Art und Quantität der eingesetzten Produktionsfaktoren, die Gestaltung der logistischen Wertschöpfungsprozesse sowie Faktorqualitäten und Faktorpreise haben Einfluss auf die Höhe der Kosten und sind damit unter Kostengesichtspunkten zu gestalten.

Charakteristisch für die logistische Leistungserstellung sind die durch hohe Fixkostenanteile geprägten Kostenstrukturen. Auf Grund dieses Sachverhaltes besteht unter Kostengesichtspunkten ein hoher Anreiz, die disponierbaren Kapazitäten möglichst auszulasten. Betrachtet man die in der logistischen Leistungserstellung eingesetzten Betriebsmittel (z. B. Transportmittel, Umschlagseinrichtungen, Lager), so entstehen fixe Kosten in Höhe der Abschreibungen sowie Zinsen auf das gebundene Kapital und der zur Aufrechterhaltung der Betriebsbereitschaft notwendigen Kosten. In dem Maße, wie es in einer Periode gelingt, die Kapazität vorhandener Betriebsmittel im Rahmen der logistischen Leistungserstellung besser auszulasten, verteilen sich die fixen Kosten auf mehr Leistungseinheiten, d. h., die Funktion der fixen Kosten je Leistungseinheit weist mit zunehmender Auslastung einen degressiven Verlauf auf.

Neben der Kostendegression durch bessere Auslastung der vorgehaltenen Kapazitäten lassen sich durch die Erschließung von Größendegressionseffekten (Economies of Scale) die durchschnittlichen Kosten pro Leistungseinheit senken. Ein Potenzial für Economies of Scale ist immer auch dann gegeben, wenn sich mit wachsender Quantität der pro Periode erstellten Logistikleistungen durch den Einsatz neuer Verfahren (manuelle → mechanische → automatisierte Verfahrensabläufe) in der logistischen Leistungserstellung die langfristigen Stückkosten senken lassen.

Economies of Scope begründen Kostenvorteile durch die Erschließung von Synergien. „Economies of Scope exist where the same equipment can produce multiple products more cheaply in combination than separately"

[Gol83, 143]. Durch eine verbundene Produktion unterschiedlicher logistischer Leistungen bei gleichzeitiger oder aufeinanderfolgender Nutzung der Potenzialfaktoren lassen sich beachtlichen Kostensenkungspotenziale realisieren. So lassen sich in der logistischen Leistungserstellung beispielsweise durch die Realisierung von Paarigkeiten der Güterströme auf einer Transportrelation, durch die Einführung von Hub-Spoke-Systemen sowie über die Nutzung eines Lagers durch Produkte mit unterschiedlicher saisonaler Nachfrage Economies of Scope erschließen.

Darüber hinaus lässt sich Kosteneffizienz in der logistischen Leistungserstellung durch die Erschließung von Lernkurveneffekten erreichen. Lernkurveneffekte [Wri36] eröffnen Kostensenkungspotenziale, die das Management durch geeignete Maßnahmen realisieren kann. Werden gleiche oder ähnliche logistische Leistungen über einen längeren Zeitraum hergestellt, so werden Erfahrungen gewonnen, die bei konstanten Faktorpreisen zu einer kontinuierlichen Senkung der variablen Stückkosten führen. Nach der Einführung eines neuen logistischen Leistungsprozesses werden die Kosteneinsparungen zunächst relativ groß sein, während mit zunehmender Prozesserfahrung das Potenzial für weitere Einsparungen immer geringer wird. Diese Beobachtung lässt sich – wenn auch nicht uneingeschränkt – auf das gesamte Logistiksystem übertragen. Die dem Lernkurveneffekt zugrunde liegende Hypothese lautet: Zwischen den im logistischen Leistungsprozess verursachten variablen Stückkosten k_v und der kumulierten Leistungsmenge y einer definierten Logistikleistung besteht ein Zusammenhang, der durch eine Potenzfunktion der Art $k_v(y) = k_v(0) \times y^{-\beta}$ mit $\beta > 0$ approximativ beschrieben werden kann. Wegen $k_v(2y)/k_v(y) = 2^{-\beta}$ beschreibt $b = (1 - 2^{-\beta})$ die Lernrate: Mit jeder Verdopplung der kumulierten Quantität einer definierten Logistikleistung sinken die inflationsbereinigten Stückkosten um b. Wird beispielsweise im Rahmen einer empirischen Analyse $\beta = 0{,}234$ ermittelt, so erhält man $2^{-\beta} \approx 0{,}85$ und damit eine Lernrate von ca. 15%.

Insbesondere bei Logistikleistungen, die als Commodity-Produkte auf dem Markt angeboten werden, lassen sich durch Outsourcing die hier skizzierten Kostendegressionseffekte erzielen [Sch98].

Die logistische Leistungserstellung wird i. d. R. auf mehrere Aufgabenträger (Akteure) verteilt. Um das zielgerichtete Zusammenwirken der verteilten Leistungserstellung zu koordinieren, sind sowohl die von den verschiedenen Akteuren durchgeführten logistischen Leistungsprozesse als auch die logistischen Leistungsprozesse mit den nichtlogistischen Leistungsprozessen der Wertschöpfungskette aufeinander abzustimmen. Das Problemfeld der Koordination umfasst nach Nordsieck sowohl die prozessorientierte Festlegung der Zuständigkeiten innerhalb eines Wertschöpfungssystems als auch die Regelung des Arbeitsvollzuges [Nor61, 3–4]. Aus dem Koordinationsbegriff von Nordsieck lassen sich vier Koordinationsprozesse ableiten, die auf die zielgerichtete logistische Wertschöpfung ausgerichtet sind: Diese umfassen die inhaltliche und zeitliche Strukturierung der Prozesse zwischen den an der Wertschöpfung beteiligten Akteuren sowie die inhaltliche und zeitliche Aktivierung der bestehenden Interdependenzen innerhalb der Prozessabläufe.

Die durch die Koordinationsaktivitäten ausgelösten Koordinationskosten (Transaktionskosten) sind im Rahmen eines Logistikmanagements ebenso entscheidungsrelevant wie die Kosten der logistischen Leistungserstellung. Da sowohl die Koordinationsform [Zäp00] als auch die Transaktionsdeterminanten Humanfaktoren (Opportunismus sowie begrenzte Rationalität der Transaktionspartner), Transaktionsatmosphäre (rechtliche und (IuK-) technologische Rahmenbedingungen) und aufgabenspezifische Determinanten (Spezifität der Leistungsbeziehungen, Häufigkeit der Transaktionen, Unsicherheit) [Wil81] die Höhe der Transaktionskosten beeinflussen, sind Entscheidungen hinsichtlich der Koordinationsform und der Koordinationspartner auf der Basis sowohl der Transaktionskosten als auch der Kosten der logistischen Leistungserstellung zu treffen. Durch die Schaffung und den Einsatz logistischer Standards sowohl in der logistischen Leistungserstellung als auch in den Informations- und Koordinationsprozessen lassen sich die Kosten der logistischen Leistungserstellung und die Transaktionskosten senken [Ise98, 27–29].

Das Prinzip der Flussoptimierung zielt darauf ab, die durch einen Fluss von Gütern und Informationen gekennzeichneten Wertschöpfungsaktivitäten ganzheitlich zu betrachten und konsequent auf die unternehmerische Marktleistung auszurichten: „Der Wertschöpfungsprozess wird als durchgängige logistische Kette, die sich vom Lieferanten über das eigene Unternehmen bis zum Kunden erstreckt, verstanden …" [Wil96, 15-4], in dem vorgelagerte Prozesse stets als Lieferanten und nachgelagerte Prozesse als Kunden wahrgenommen werden. „Durch eine flussgerechte Optimierung räumlicher, zeitlicher sowie organisatorischer Schnittstellen wird die Zielsetzung verfolgt, Material-, Produkt- und Informationsflüsse über Unternehmens- und Funktionsgrenzen hinweg kundenorientiert und zeiteffizient zu gestalten" [Wil96, 15-6]. Die im Rahmen einer Flussoptimierung notwendige ganzheitliche Betrachtung der der Wertschöpfungskette zugrunde liegenden logistischen Kette orientiert sich an den Prinzipien Zeiteffizienz, Kosteneffizienz sowie Qualitäts- und Kundenorientierung.

Logistische Systeme lassen sich als offene, dynamische, sozio-technische Systeme zur logistischen Leistungserstellung charakterisieren. Ihre Dynamik konkretisiert sich u. a. an den im Rahmen der logistischen Leistungserstellung zielgerichtet veränderten Zuständen der Logistikobjekte [Ise99, 76–82]. Wie alle Systeme sind logistische Systeme „Ganzheiten, die Eigenschaften aufweisen und Verhaltensweisen entwickeln, welche aus den Eigenschaften und Verhaltensweisen ihrer Komponenten nicht ableitbar sind, sondern sich erst aus deren Vernetzung ergeben" [Ulr84, 105]. Aus diesem Grunde ist im Rahmen eines Logistikmanagements ein ganzheitlicher, die einzelnen Komponenten in den größeren Systemzusammenhang integrierender Ansatz notwendig.

Durch die wechselseitige Integration der Wertschöpfungssysteme, der Logistiksysteme sowie der Informations- und Kommunikationsnetzwerke der Wertschöpfungspartner lassen sich Synergien erschließen, die ausschließlich dem „Ganzen" zugeordnet werden können. Dies rechtfertigt „den logistischen Ansatz, separierte und im Unternehmen bereits vorhandene Teilaktivitäten zur Abwicklung des Material- und Informationsflusses funktions- und unternehmensübergreifend zu koordinieren oder unter ganzheitlicher organisatorischer Leitung zusammenzufassen" [Wil99, 15-4]. Das systemorientierte Prinzip des ganzheitlichen Denken und Handelns macht es notwendig, im Rahmen eines Logistikmanagements der Kunden-, Kosten-, Zeit- und Qualitätsorientierung eine ganzheitliche Ausrichtung zugrunde zu legen: Verbesserungspotenziale hinsichtlich der hier angesprochenen Bewertungskriterien lassen sich weder durch eine isolierte Optimierung einzelner Subsysteme des Logistiksystems noch durch eine Beschränkung des Entscheidungsfeldes auf das Logistiksystem unter Vernachlässigung der Vernetzung mit dem Wertschöpfungssystem realisieren.

Um die Wirkungsweise des Logistiksystems zu visualisieren, analysieren und gegebenenfalls neu zu gestalten lassen sich formale Systeme, Modelle, heranziehen. Bei der Konstruktion von Modellen wirkt die mit der Modellbildung verfolgte Aufgabenstellung gleichsam wie ein Filter: Die für die jeweilige Fragestellung unwesentlichen Eigenschaften des betrachteten logistischen (Teil-)Systems werden bei der Abbildung in ein Modell vernachlässigt. Im Zuge der Abstraktion werden bei der Modellbildung Elemente, Eigenschaften von Elementen sowie Beziehungen zwischen Elementen des realen Logistiksystems bewusst weggelassen, soweit sie für die mit der Modellbildung verfolgten Aufgabenstellungen nicht relevant sind, um die im Modell erfassten Systemeigenschaften besser erklären, analysieren oder gestalten zu können. Der hier beschriebene Vorgang der Abstraktion wird als strukturerhaltender Morphismus bezeichnet [Hou98, 22–26]. Hinsichtlich der mit der Modellbildung verfolgten Aufgabenstellung lassen sich unterscheiden:

- Logistische Beschreibungsmodelle: Sie dienen der geordneten Beschreibung von Elementen und Relationen zwischen Elementen in Logistiksystemen.
- Logistische Erklärungsmodelle: Zusätzlich zur Funktion der Beschreibungsmodelle dienen sie der Erklärung der Zusammenhänge zwischen den Systemelementen eines Logistiksystems sowie zwischen den Systemelementen und der Systemumwelt.
- Logistische Planungsmodelle: Sie nehmen alle Funktionen der logistischen Erklärungsmodelle wahr. Durch die Integration eines Zielsystems schaffen logistische Planungsmodelle die Voraussetzungen für eine Generierung von Handlungsalternativen und eine Bewertung von Handlungsalternativen auf der Grundlage der vom Entscheidungsträger verfolgten Ziele.

In einem Planungsmodell wird die Systemstruktur eines logistischen Systems durch ein mathematisches Modell repräsentiert. Ein Planungsmodell eröffnet die wichtige Möglichkeit des Experiments: Die Ergebnisse (Zielwerte) alternativer Entscheidungsmöglichkeiten (Handlungsalternativen) können ermittelt werden, ohne dass diese Entscheidungen im realen Logistiksystem verwirklicht werden. Wie durch den Einsatz eines Planungsmodells eine Analyse, eine zielgerichtete Gestaltung oder eine zielgerichtete Steuerung eines realen Logistiksystems unterstützt werden kann, wird in den Beiträgen der Teile A und B dieses Handbuchs eindrucksvoll dokumentiert.

Literatur

[Gol83] Goldhar, J. D.; Jelinek, M.: Plan for economies of scope. Harvard Business Rev. 61 (1983) 141–148

[Hou98] Houtman, J.: Elemente einer umweltorientierten Produktionstheorie. Wiesbaden: Gabler 1998

[Hou01] Houtman, J.: Regelungsbasiertes Qualitätsmanagement logistischer Leistungen. Z. f. Betriebswirtschaft (2001) 8, 915–929

[Ise98] Isermann, H.: Grundlagen eines systemorientierten Logistikmanagements. In: Isermann, H. (Hrsg.): Logistik – Gestaltung von Logistiksystemen, 2. erw. Aufl., Landsberg: Moderne Industrie 1998, 21–60

[Ise99] Isermann, H.: Produktionstheoretische Fundierung logistischer Prozesse. Z. f. Betriebswirtschaft, Ergänzungsheft (1999) 4, 67–87

[Ker92] Kern, W.: Die Zeit als Dimension betriebswirtschaftlichen Denkens und Handelns. Die Betriebswirtschaft 52 (1992) 41–58

[Nor61] Nordsieck, F.: Betriebsorganisation, Betriebsaufbau und Betriebsablauf. Stuttgart: Poeschel 1961
[Ohm82] Ohmae, K.: The mind of the strategist. New York. Mcgraw-Hill 1982
[Pfo94] Pfohl, H.-Ch.: Logistikmanagement: Funktionen und Instrumente, Implementierung der Logistikkonzeption in und zwischen Unternehmen. Berlin: Springer 1994
[Sch98] Schäfer-Kunz, J.; Tewald, C.: Make-or-Buy-Entscheidungen in der Logistik. Wiesbaden: Deutscher Universitäts-Verlag 1998
[Sim93] Simon, H.: Wettbewerbsstrategien. In: Wittmann, W.; Kern, W. u. a. (Hrsg.): Handwörterbuch der Betriebswirtschaft. 5. Aufl. Stuttgart: Schäffer-Poeschel, 1993, 4687– 4704
[Ulr84] Ulrich, H.: Management. Bern (Schweiz): Haupt 1984
[Web98] Weber, J.; Kummer, S.: Logistikmanagement – Führungsaufgaben zur Umsetzung des Flussprinzips im Unternehmen. 2. Aufl. Stuttgart: Schäffer-Poeschel 1998
[Wil96] Wildemann, H.: Leitbilder und Prinzipien der Logistik. In: Eversheim, W.; Schuh, G. (Hrsg.): Betriebshütte: Produktion und Management. 7. Aufl. Berlin: Springer 1996, 15-1 – 15-11
[Wil81]: Williamson, O.: The economies of organziation: The transaction cost approach. Amer. J. of Sociology 87(1981) 548–577
[Wri36] Wright, T.P.: Factors affecting the cost of airplanes. J. of the Aeronautical Sci. 1936, 122–128
[Zäp00] Zäpfel, G.: Supply Chain Management. In: Baumgarten, H.; Wiendahl, H.-P.; Zentes, J. (Hrsg.): Logistik-Management. Strategien-Konzepte-Praxisbeispiele. Berlin/Heidelberg/New York: Springer 2000, 1–32

D 1.2 Stand und Entwicklungsperspektiven des Logistikmanagements

Überlegungen zur Zukunft sollten mit dem Studium der Vergangenheit beginnen! Diese Weisheit ist auch guter Rat für die Betrachtung der aktuellen und künftigen Entwicklungen eines Handlungs- und Wissenschaftsfeldes wie des „Logistikmanagements" – und macht die Aufgabe nicht leicht. Denn die Wurzeln dieses Feldes sind in sehr verschiedenen Denktraditionen, Anwendungszusammenhängen und Zeitperioden zu finden.

Der folgende Versuch, eine aktuelle Übersicht zu „Stand und Entwicklungsperspektiven des Logistikmanagements" zu erstellen und zu reflektieren, beginnt in Abschn. D 1.2.1 mit einer Rückschau auf die junge, aber gut dokumentierte und deshalb relativ sicher nachvollziehbare Geschichte des Feldes in der amerikanischen Managementdiskussion. In Abschn. D 1.2.2 werden die Pfade der Diffusion und Weiterentwicklung der amerikanischen Beiträge zum „Physical Distribution-" und „Business Logistics Management" der 1960er Jahre in die deutsche Betriebswirtschaftslehre, die deutschen Ingenieurwissenschaften und die hiesige Unternehmensführungspraxis nachgezeichnet.

Der dritte Abschnitt will die kurze Historie der Logistik um einige interessante Facetten ergänzen, die ein Blick zurück auf einige der wesentlich älteren, mitunter nur spekulativ zuzuordnenden etymologischen Wurzeln des Logistik-Begriffs liefert. Es geht um die ersten Verwendungen des Logistikbegriffes in den Militärwissenschaften und einige frühe Beiträge der Volkswirtschaftslehre zur Wertschöpfung, die aus systematischen räumlichen, zeitlichen und weiteren Veränderungen von Materialien und Produkten entstehen können.

Vor diesem Hintergrund der bisherigen Entwicklungsgeschichte des Logistikmanagements sind in Abschn. 1.2.4 die aktuellen Bedeutungen der Logistik und die Aufgaben moderner Logistik- und Supply Chain Managements zusammengefasst und interpretiert.

Abschnitt 1.2.5 stellt schließlich die Frage nach möglichen – und wahrscheinlichen – nächsten Entwicklungsschritten des Feldes. Es werden dazu einige Thesen formuliert.

D 1.2.1 Zu den US-amerikanischen Anfängen des „Physical Distribution" und „Business Logistics" Managements

Der Beginn einer breiten und systematischen Auseinandersetzung mit Aufgabenstellungen des Logistikmanagements kann auf die Jahre 1960 bis 1963 datiert werden: Dies sind die Erscheinungsjahre von zwei „Augen öffnenden" Artikeln, nämlich John Magees „The Logistics of Distribution" im HARVARD BUSINESS REVIEW (1960) und Peter Druckers (1962) Artikel „The Economy's Dark Continent" in dem populären amerikanischen Wirtschaftsmagazin FORTUNE [Mag60; Dru62]. 1961 erschien ein erstes Logistik-Lehrbuch von Smykay/Bowersox/ Mossman (1961) mit dem Titel „Physical Distribution Management" [Smy61]. 1963 wurde unter maßgeblicher Mitwirkung von Bowersox, der bis heute an der Michigan State University als Professor und Nestor des Feldes in den USA wirkt, das „National Council of Physical Distribution Management" (NCPDM) als erster Logistik-Fachverband gegründet – 1983 dann zum „Council of Logistics Management" (CLM) und 2005 erneut zum „Council of Supply Chain Management Professionals" (CSCMP) umbenannt. „Logistisches Management" wurde bei der Gründung des NCPDM definiert als die Aufgabe „… to design and administer a system to control the flow of materials, parts, and finished inventory to the maximum benefit of the enterprise" [Bow69, 2].

Es war insbesondere Druckers FORTUNE Artikel zu verdanken, dass die Logistik – zunächst fokussiert auf die physische Distribution von Konsumgütern – breitere Aufmerksamkeit im amerikanischen Management fand. Drucker schilderte „Physical Distribution" als ein bisher weitgehend unerforschtes, bezüglich seiner Rationalisierungs- und Erfolgssteigerungspotenziale für das Management bis dahin unentdecktes Feld: Einen „finsteren Kontinent" in der Welt der Wirtschaft. Drucker und noch vorher Magee – ein Operations Research Experte und späterer Vorstandsvorsitzender der Unternehmensberatung Arthur D. Little – kritisierten die Blindheit großer Bereiche der Wirtschaft gegenüber den hohen Kosten der Distributionsaktivitäten konsumnaher Produkte, die „ab dem Ende des Fließbands" typischerweise entstehen. Sie stellten fest, dass in bisher wenig organisierten, vom professionellen Management bisher kaum berührten Versand-, Lager- und Transportaktivitäten der Unternehmen Verschwendung und schlechte Servicequalität vorherrschen. Sie appellierten eindringlich für den Einsatz von „mehr Intelligenz und mehr harter Arbeit" im Feld der Distribution und für eine neue Orientierung des Managements, „one that gives distribution the importance in business design, business planning, and business policy its costs warrant" [Dru62, 270].

Bowersox, Magee und ihre Kollegen hatten den Zeitpunkt in den wachstums- und konsumstarken Jahren nach dem zweiten Weltkrieg getroffen, zu dem die Manager bereit waren, sich den Fragen der erfolgreichen Gütervermarktung zuzuwenden. In einer rasch zunehmenden Folge von Publikationen, Beratungs- und Verbandsaktivitäten bedienten sie das nunmehr geweckte Interesse der amerikanischen Management-Praktiker an professionellem Know-how, an Beratung und später auch systematischer Forschung zum Logistikmanagement. Bald folgende weitere Buchveröffentlichungen des Harvard Professors Heskett mit dem Titel „Business Logistics", von Magee (1968) mit dem Titel „Industrial Logistics: Analysis and Management of Physical Supply and Distribution Systems" und die dritte Auflage von Smykay/Bowersox/Mossmanns Buch mit dem Titel „Logistical Management. A Systems Integration of Physical Distribution Management, Material Management, and Logistical Coordination" [Hes64; Mag68; Bow69]. Sie trugen dazu bei, den Begriff der „Logistik" für das neue Feld professionalisierter Distributionsaktivitäten fest zu etablieren. Zugleich begann sich der Fokus von der Konsumgüter-Distribution auch auf zwischen- und innerbetriebliche Materialfluss- und Koordinationsaktivitäten aller Bereiche der Industrie und des Handels zu erweitern.

Eine typische Strukturierung der Aufgaben und Inhalte des Logistikmanagements in den Veröffentlichungen der späteren 1960er Jahre sah die Entscheidungsbedarfe der „Logistik-Systemgestaltung" mit ihren Phasen der Beschaffungslogistik, der innerbetrieblichen Materialflusslogistik und der Distributionslogistik vor, wie auch die Auseinandersetzung mit dem Management der Aktivitäten des Transportierens, Lagerns und damit verbundener Planungs-, Kommunikations-, Koordinations- und Controllingaufgaben.

Der Charakter der Aussagen in den Veröffentlichungen dieser Zeit entspricht „Best Practice" Empfehlungen, wie sie auch heute in der Management-Literatur populär sind. Sie waren (und sind bis heute) zumeist pragmatisch aus Fallbeobachtungen und persönlichen Erfahrungen der Autoren gewonnen und begründet.

D 1.2.2 Diffusion und Evolution der Logistik in Deutschland: „Marketing Logistik", Ersetzung der „Verkehrsbetriebslehre", „Betriebswirtschaftliche Logistik" und die Entwicklung der „TUL"-Technologien

In Deutschland wurde diese Entwicklung mit einigen Jahren Verzögerung seit dem Ende der 1960er Jahre nachvollzogen. Die ersten dokumentierten Veröffentlichungen sind von Schröder (1968) und von Pfohl (1969), dessen Aufsatz den Titel „Alles für Nachschub. Optimale Versorgung des Absatznetzes durch Marketing-Logistik – Hilfestellung durch den Computer" trug [Sch68; Pfo69]. 1972 erschien Pfohls Dissertationsschrift als erste deutschsprachige Logistik-Monographie unter dem Titel „Marketing-Logistik. Gestaltung, Steuerung und Kontrolle des Warenflusses im modernen Markt" [Pfo72]. Ihde, Inhaber des ersten deutschen Lehrstuhls, der 1971 in Mannheim der Logistik gewidmet worden war, veröffentlichte etwa gleichzeitig ein Bändchen „Logistik. Physische Aspekte der Güterdistribution" [Ihd72a]. Es folgten Kirsch/Bamberger/Gabele/Klein (1973) mit dem Band „Betriebswirtschaftliche Logistik. Systeme, Entscheidungen, Methoden" [Kir73]. 1978 wurde die heute führende „Bundesvereinigung Logistik e.V." (BVL) unter Mitwirkung des langjährigen Vorsitzenden des Vorstands, Peter Stabenau, von Helmut Baumgarten, damals frisch berufener Inhaber eines Lehrstuhls für Wirtschaftsingenieurwesen an der TU Berlin, und einer Gruppe von Praktikern gegründet.

Ein zentrales Motiv in den ersten deutschsprachigen Veröffentlichungen zum Logistikmanagement war – wie bei den amerikanischen Vorbildern – der Appell an die

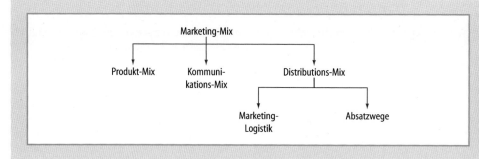

Bild D 1.2-1
Marketing-Logistik als ein Teilaspekt des Marketing-Managements.
Quelle: [Pfo69]

Gemeinschaft der akademischen und in der Unternehmensführung praktisch tätigen Betriebswirte, die Bedeutung einer funktionierenden Logistik für Verkaufs- und Unternehmenserfolge bewusst zu machen: „… gesicherter und rationell funktionierender Nachschub (kann) auch an der Verkaufsfront zu Siegen verhelfen … Marketing-Logistik heißt das dazugehörige Zauberwort" [Pfo69, 159].

Wie es der herrschenden Tendenz der Betriebswirtschafts- und Managementdiskussion dieser Zeit entsprach, waren solche Appelle in die Begrifflichkeiten der System- und Entscheidungswissenschaften eingebunden. Es folgte daraus eine Betonung der Unterschiede der Betrachtung von „mikrologistischen" gegenüber „makrologistischen" Systemen und der Phasen des Güterflusses von der Beschaffung über die Produktion zur Distribution durch das „System Unternehmen" als Vorwegnahme der heute üblichen Wertkettenbetrachtungen.

Dazu wurde die Bedeutung des Einsatzes der Methoden des Operations Research und der sich entfaltenden Möglichkeiten der automatischen Datenverarbeitung ganz besonders betont. Auch insoweit folgte die Entwicklung den amerikanischen Vorläufern.

Anders als in den USA war die Entwicklung der deutschsprachigen Logistikmanagement-Diskussion aber nicht nur von pragmatischen, auf die Identifizierung und Verbreitung von „Best Practices" für das Unternehmensmanagement ausgerichteten Beiträgen geprägt. Kirsch stellte in einem programmatischen Aufsatz die Frage nach dem Wissenschaftsprogramm einer „Betriebswirtschaftlichen Logistik" [Kir71]. Dieser Beitrag und einige folgende (wie z. B. [Ihd72b]) wollten das Feld nicht mehr primär als eine „Untermenge" und Ausdifferenzierung des Marketing-Managements verstanden wissen, wie dies in Pfohls frühem Beitrag in Anlehnung an die amerikanische Entstehungsgeschichte des Logistikmanagements noch nahe gelegt ist (vgl. Bild D 1.2-1).

Sie sollte als ein eigenständiger Bereich der Betriebswirtschaftslehre etabliert werden, der sowohl institutionelle Gesichtspunkte umfasst – eine Lehre von „logistischen Betriebswirtschaften" als Erweiterung der länger etablierten Lehre von den Verkehrsbetrieben [Kir71, 228] – wie auch funktionale Aspekte. Logistik wurde im funktionalen Sinne als Wissenschaft von räumlichen und zeitlichen Transferaktivitäten in der Wirtschaft und deren betriebswirtschaftlicher Optimierung verstanden, die gleichberechtigt neben den Funktionen der Gütertransformation – dem traditionellen Gegenstand der industriellen Betriebswirtschaftslehre – stehen kann.

Ihde hat dieses Verständnis der Logistik als Lehre von den „Überbrückungsleistungen" prägnant dargestellt, wie Bild D 1.2-2 zeigt.

Ein weiterer wesentlicher Unterschied der Entwicklung der deutschsprachigen Logistik gegenüber der amerikanischen – und des daraus abgeleiteten Verständnisses der Aufgaben professionellen, wissenschaftlich informierten Logistik-Managements – ergibt sich aus der Entwicklung eines ingenieurwissenschaftlich geprägten Zweiges der Diskussion. Dieser entwickelte sich parallel zur „betriebswirtschaftlichen Logistik" Kirschs, Pfohls und Ihdes. Eine wichtige Rolle spielte dabei Reinhardt Jünemann, der langjährige Inhaber des Dortmunder Lehrstuhls für Förder- und Lagerwesen, Gründer des dortigen „Fraunhofer Instituts für Materialfluss und Logistik (IML)" und Autor eines 1989 erschienenen umfangreichen Bandes „Materialfluss und Logistik" [Jün89]. Mit der Öffnung der Grenzen der „DDR" zu dieser Zeit wurde sichtbar, dass sich auch dort ein vergleichbarer „TUL"-Zweig der Ingenieurwissenschaften entwickelt hatte. Unter der Bezeichnung „TUL-Technologien" hatten sich Ingenieure auch dort in den 1980er Jahren mit den Aufgaben der technischen Unterstützung der Transport-, Umschlags- und Lagerungsaktivitäten in der Wirtschaft auseinandergesetzt [Gro89]. Im Mittelpunkt der ingenieurwissenschaftlichen Logistik stehen die Entwicklung, Konstruktion und Anwendungen der „Materialflussmittel" für Güter, also von Verpackungen, lager- förder- und verkehrstechnischen Einrichtungen, sowie die für deren effizienten Betrieb nötigen Informations- und Steuerungssysteme.

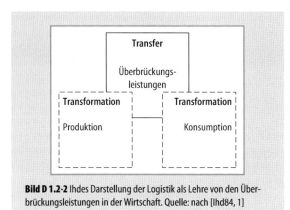

Bild D 1.2-2 Ihdes Darstellung der Logistik als Lehre von den Überbrückungsleistungen in der Wirtschaft. Quelle: nach [Ihd84, 1]

Bis zum Anfang der 1990er Jahre war die Logistik somit zu einem in Wissenschaft und Unternehmenspraxis international und auch in Deutschland fest etablierten Faktor gewachsen. Es bestand weitgehender Konsens über das Aufgabenfeld des Logistikmanagements in der systematischen Auseinandersetzung mit den wertschöpfenden „Transferfunktionen" der Raum-, Zeit- und Ordnungsveränderung von Materialien und Gütern in der Wirtschaft, wie sie von Ihde beschrieben (vgl. Bild D 1.2-2) und vom Autor dieses Beitrages als „erste Bedeutung der Logistik = TUL–Logistik" bezeichnet worden waren [Kla93]. Aus institutioneller Sicht verstand sie sich als Wissenschaft von der Erfolgssteigerung und Optimierung der „logistischen Betriebswirtschaften", die die Dienstleistungsaktivitäten des Transports, der Ordnungsveränderung und Zeitüberbrückung für die Güter produzierenden und konsumierenden Bereiche der Wirtschaft erledigen. Die damals aktuelle offizielle Definition des amerikanischen „Council of Logistics Management" (CLM) bezog sich auf den „... process of planning, implementing, and controlling the efficient, cost-effective flow and storage of raw materials, in-process inventory, finished goods and related information from point of origin to point of consumption fort he purpose of conforming to customer requirements" (zit. nach [Bal92, 4]).

D 1.2.3 Nachtrag zu den frühen Wurzeln des Logistikmanagement-Verständnisses: Etymologie, Militärwissenschaft und Volkswirtschaftslehre

Bevor auf die aktuellen und eventuellen zukünftigen Weiterentwicklungsperspektiven der Beiträge zum Logistikmanagement einzugehen ist, sollen noch einige „Nachträge" zu frühen Wurzeln des Feldes erwähnt werden, die helfen – zumindest in der Rückschau – den zentralen Begriff „Logistik", seine Vorgeschichte und heutige Verständnisse vom „Logistikmanagement" noch besser zu verstehen.

Zum etymologischen Hintergrund des Logistikbegriffes finden sich zwei alternative Erklärungen: Zum einen wird auf die Beziehung zum griechischen Wort „logos" für die „Rede, Vernunft, das Berechnen" verwiesen und damit auf frühere Verwendungen des Wortes „Logistik" für die mathematische Logik (vgl. z. B. [Ihd72a, 12]). Die Vermutung eines Zusammenhanges zwischen „Logik" und „Logistik" liegt nahe. Plausibler erscheint aber, dass das Wort „Logistik" im hier interessierenden Sinne auf den französischen Wortstamm „loger" für „unterbringen, Quartier machen" zurückgeht. Es wird stets der schweizerisch-französische, später in den Dienst des russischen Zaren gewechselte Militärtheoretiker Antoine-Henri Jomini (1779–1869) zitiert, der in seinem Band zur „Kunst des Krieges" über die Bedeutung der Logistik in diesem Sinne sprach.

Der transparentere Begriff des „Managements", hergeleitet vom italienischen „maneggiare" für „handhaben, bewerkstelligen", bzw. dem lateinischen „manus agere" – „die Kunst, Entscheidungen zu treffen, die andere betreffen", braucht hier nicht weiter diskutiert zu werden [Ulr84].

Spannend ist es, einige der inhaltlichen Wurzeln des Verständnisses von Logistik und Logistikmanagement zurückzuverfolgen: Es war der englische Ökonom und Autor der „Principles of Economics", Alfred Marshall, der zeigte, dass nicht nur durch die Form und Substanz wandelnden „Transformation" von Gütern neue Werte geschaffen und Nutzen für Menschen generiert werden – wie es die industrielle Betriebswirtschaftslehre über lange Zeit stillschweigend unterstellte [Mar90, 63f.]. Er machte deutlich, dass auch durch Überbrückung von Distanzen im Raum – Transport, z. B. von einem fernen Förderstandort an den Ort des Konsum –, von Distanzen in der Zeit – z. B. zwischen der Ernte und einem späteren Bedarfszeitpunkt – und in der Ordnung – z. B. von der „massenhaften" Urproduktion zu bedarfsgerecht portionierten und sortierten Kleinmengen – „Wert" und „Nutzen" entstehen. Der amerikanische Pionier des Marketing L.D.H. Weld übernahm dieses Argument, indem er erstmals von der Schaffung von „place", „time" und „possession" utility als Herausforderung des Marketing Management sprach [Wel16].

In besonders populärer Weise nahm dies Grosvenor Plowman, ein früherer Manager der US Steel Corporation auf, der die „Five Rights of Logistics" formulierte: Es sei die Aufgabe der Logistik sicherzustellen, dass der Kunde „the right product, at the right place, at the right time, in the right condition, for the right cost" erhält (zit. in [Sto87, 11], die noch auf zahlreiche weitere frühe Beiträge zur Bedeutung von Distribution und Logistik in der ersten Hälfte des 20. Jahrhunderts verweisen).

Bemerkenswert ist schließlich auch, mit welcher Tiefe und Voraussicht nach dem Ende des zweiten Weltkriegs Autoren aus dem Umfeld des Militärs sich schon mit Fragen nach der Identität und theoretischen Fundierung des Logistikmanagements auseinandersetzten [Ecc54]. Oscar Morgenstern, der Mitbegründer der Spieltheorie, entwarf damals einen Modellrahmen für eine allgemeingültige Charakterisierung und Typisierung logistischer Aufgabenstellungen [Mor55]. Diese forderte eine systematische Identifizierung von Versorgungsbedarfen im Rahmen einer betrachteten Aktivität – in seinem Zusammenhang eine militärische Aktion –, dafür die Entwicklung eines Versorgungsplans nach den Gesichtspunkten optimaler Erfüllung der Bedarfe unter Beachtung von Restriktionen der Zeit, Mengenverfügbarkeiten und schließlich Berücksichtigung der Substituionsmöglichkeiten, z. B. von erhöhten Vorratsbeständen gegenüber erhöhten Aufwendungen für schnelle Transporte. Morgenstern sah auch ausdrücklich die Übertragbarkeit solcher Problemformulierungen und der von ihm vorgezeichneten Lösungsansätze des Operations Research in die Welt der Wirtschaft voraus.

Diesen frühen militärwissenschaftlichen und volkswirtschaftlichen Beiträgen zur Logistik war ein Fokus auf den Zielen und Nutzen optimaler Logistik gemeinsam. Dies spiegelt sich in der populären, wenn auch inhaltsleeren Definition von Logistik als der Funktion wieder, die „das richtige Produkt im richtigen Zustand zur richtigen Zeit an den richtigen Ort zu minimalen Kosten" verbringt (vgl. z. B. [Pfo72, 28ff.] und die oben erwähnten „Five Rights" von Plowman). Was diesen Beiträgen noch weitgehend fehlte, waren substanzielle Aussagen und Handlungsempfehlungen dazu, wie logistische Ziele planvoll und systematisch erreicht werden können. Denn erst wenn auch Fragen zu *Mitteln und Wegen zielorientierten Handelns* beantwortet werden können ist der Anspruch einer Lehre – oder gar einer Wissenschaft – vom Logistikmanagement einzulösen.

D 1.2.4 „Logistikmanagement heute": Beste Logistikpraktiken, Funktionenkoordination und „Flow Management" in komplexen Netzwerkstrukturen

D 1.2.4.1 „Beste Praktiken" modernen Logistikmanagements: Der Beitrag der japanischen Gurus des Industriemanagements

Die Bedeutung und das Selbstverständnis des Logistikmanagements heute ist nicht zu verstehen ohne die großen Beiträge, die japanische Industriepraktiker dazu geleistet haben. Dafür steht insbesondere der Name Taiichi Ohnos und dessen „Toyota Produktionssystem" [Ohn88]; daneben u. a. [Shi88; Suz93]. Ohnos Band, der seine Erfahrungen in der Entwicklung von bedarfsgetriebenen, sich kontinuierlich selbst verbessernden, schlanken „Just-in-Time" Produktionssystemen zusammenfasst, wurde 1978 erstmals in Japan veröffentlicht. Erst im Laufe der 1980er Jahre wurden die Ideen und Lehren daraus durch Autoren wie Schonberger in den USA, in Deutschland durch Wildemann, schließlich weltweit durch Womack/Jones/Roos bekannt gemacht und zu dem Leitbild modernen „Lean Managements" [Scho82; Scho86; Wil84; Wom90].

Mit der inhaltsvollen Bereicherung der Unternehmensführungspraxis, die die japanischen Industriepraktiker und die Autoren ihrer Schule bewirkt hatten, vollzog sich der Durchbruch des Logistikmanagements als ein zentraler Ansatzpunkt für die Sicherung und Steigerung der Erfolge von Unternehmen in einer von stetig von mehr Wettbewerb, Turbulenzen und Zeitdruck gekennzeichneten „globalen Wirtschaft".

D 1.2.4.2 Von der „TUL"-Logistik zur „Koordinationslogistik" und zum „Supply Chain Management"

Parallel zu der inhaltlichen Anreicherung des Logistikmanagement Know-hows in den 1980er und 1990er Jahren fand eine zweite Entwicklung statt, die das heutige, aktuelle Selbstverständnis des Feldes bestimmt: Die Abkehr von der Idee einer Optimierung logistischer Systeme durch *Optimierung einzelner „TUL"-Funktionen und Aktivitäten* im Unternehmen zu der Idee der Logistik als *„Integrations- und Koordinationswissenschaft" zwischen* den Funktionen. Weber hat diese Idee in einem Beitrag explizit formuliert [Web92]. In unzähligen Beiträgen zu den Segnungen eines prozessorientierten, sich auf die Verbesserung der „lateralen", horizontalen Beziehungen und Zusammenhänge in Unternehmen konzentrierenden Managements haben Management-Berater, Wissenschaftler und Praktiker diesen Wandel vorangetrieben (herausragende Beispiele sind [Ham90], Zusammenfassung „Prozessansatz" in [Kla02, 38ff] und „Horizontalisierung" in [Kla02, 59ff.]).

Es ist diese Re-Orientierung, mit der schließlich seit Mitte der 1990er Jahre eine Erweiterung des Interesses des Logistikmanagements auf die Beziehungen und Koordinationsaufgaben erklärt werden kann, die Unternehmensgrenzen überspannen: „Supply Chain Management". Mit den Studien der amerikanischen Lebensmittelwirtschaft durch die Beratungsgesellschaft Kurt Salmon Associates zum „Efficient Consumer Response (ECR)" [KSA93], verbunden mit den vorausgegangenen industriellen Arbeiten zu engen „Supplier-Manufacturer" Beziehungen (wie insbes. [Wom90]), wurden die Effizienz- und Beschleunigungspotenziale integrierten Managements ganzer Ketten und Netzwerke von Unternehmen herausgestellt. Sie führten zu einer Welle und auch Mode von „Supply Chain Management" Arbeiten (stellvertretend z. B. [Chr92; Sch95; Bow99; Tho03]) bis zu dem Entschluss der amerikanischen Logistikgesellschaft CLM von 2005 sich in „Council for Supply Chain Management Professionals" (CSCMP) umzubenennen.

D 1.2.4.3 Die „Dritte Bedeutung der Logistik": Flow Management

Was auch in dieser jüngsten Phase stürmischer und zumeist euphorisch dargestellter Entwicklungen der Logistik kurz kam, ist das Bemühen um eine Integration und konzeptionelle Ordnung der Fülle von pragmatischen und allgemeinen betriebswirtschaftlichen Empfehlungen und Perspektiven für das Logistik- und Supply Chain Management (als partielle Übersicht vgl. [Kla07]). Diese werden in unterschiedlichsten Detaillierungsgraden, mit mehr oder weniger fundierten Begründungen geliefert und konkurrieren um Aufmerksamkeit. Es fehlt bis heute ein weithin akzeptiertes Gedankenmodell, das die vielen praktischen und pragmatischen Beiträge zuzuordnen und kritisch zu bewerten erlaubt. Ein solches Modell ist notwendig, um künftige Entwicklungen des Logistikmanagements zu inspirieren und zu orientieren.

Die „Systemtheorie", auf die sich die frühen Autoren der Logistik häufig bezogen, ist zu wenig spezifisch, als dass sie diesem Anspruch genügen könnte. Aktuell hat Otto die „Netzwerktheorie" als konzeptionelle Grundlage für eine systematische wissenschaftliche Auseinandersetzung mit den Herausforderungen des Supply Chain Managements vorgeschlagen [Ott02].

Als eine weitere, die Gedanken der Systemtheorie, die Netzwerktheorie, der japanischen Managementpraxis integrierende Basis von Überlegungen zur künftigen Entwicklung des Logistikmanagements soll hier auf das Versprechen der „Fluss"-Metapher (vgl. dazu [Foc06, 105ff.] und der Idee der „Logistik als Flow Management" eingegangen werden. In einem ersten Versuch hat der Autor dieses Beitrages eine „Flow Management" Konzeption als „dritte Bedeutung der Logistik" (nach „TUL" und „Koordinationslogistik") vorgeschlagen und definiert „...eine spezifische Sichtweise, die wirtschaftliche Phänomene und Zusammenhänge als Flüsse von Objekten durch Ketten und Netze von Aktivitäten und Prozessen interpretiert (bzw. als „Fließsysteme"), um diese nach Gesichtspunkten der Kostensenkung und der Wertsteigerung zu optimieren

sowie deren Anpassungsfähigkeit an Bedarfs- und Umfeldveränderungen zu verbessern. Dabei werden Ansätze zur Optimierung insbesondere in flussorientierter Gestaltung der Prozess- und Netzstrukturen, in der Erhöhung des zeitlichen, räumlichen und objektbezogenen Integrationsgrades der Fließsystemelemente sowie der Anwendung bedarfsorientierter Steuerungs- und Regelungsverfahren gesucht" [Kla93, 29].

Diese Konzeption hat in den letzten Jahren einige Resonanz gefunden (vgl. z. B. [Web94; Str01]). Es lassen sich mit Hilfe der Fluss-Metapher die Einsichten der Netzwerktheorie – das Fließsystem als Netzwerk von Knoten und Kanten, über die Objekte fließen – der „Koordinationslogistik" mit ihrem Fokus auf lateralen bzw. horizontalen Beziehungen und Prozessen in komplexen Organisationen, der allgemeineren system- und organisationstheoretischen Beiträge zu „Architekturen der Komplexität" [Sim62] integrieren. Und sie erlaubt, die „Best Practice" Erfahrungen professioneller Logistik der letzten Jahrzehnte systematisch zu ordnen und zu erweitern. Bild D 1.2-3 zeigt beispielhaft eine solche Systematik.

D 1.2.5 Die Frage nach den Zukunftsperspektiven: Transfer in neue Anwendungsfelder, Transformation in ein Management- „Weltbild" oder ein Ende in Stagnation?

Der kurze Rundgang durch die Geschichte der Logistik und des Logistikmanagements, wie er bis hierher skizziert wurde zeigt, dass in diesem Feld bis heute beachtliche Leistungen der Integration erbracht wurden. Logistik hat betriebswirtschaftliche, volkswirtschaftliche, system-, entscheidungs-, organisationswissenschaftliche und viele pragmatische Einsichten der Unternehmenspraxis zur Planung, Strukturierung, Steuerung und alltäglichen Operation von Systemen der Wertschöpfung in der Wirtschaft – „Fließsystemen" – zusammengeführt.

Ein Vergleich der aktuellen Praxis des Logistikmanagements und der wuchernden populären und wissenschaftlichen Literatur des Feldes mit anderen, älteren und deshalb besser etablierten Feldern der Wirtschafts- und Sozialwissenschaften zeigt aber auch, dass die Integration des gemeinsamen Bestands an Konzepten und Ideen der Logistiker nicht so gefestigt ist wie dort – etwa in der Volkswirtschaftslehre, oder der klassischen „faktoranalytischen" Betriebswirtschaftslehre. Es fehlt an der Einheitlichkeit von Sprachregelungen und der breiten Akzeptanz eines gemeinsamen Denkmodells, wie es die Voraussetzung einer etablierten „normalen Wissenschaft" im Sinne von Kuhn wäre [Kuh70]. Dieser Mangel dürfte dafür verantwortlich sein, dass für kritische Beobachter der aktuel-

1. **Eine Fließnetzkonfiguration ist logistisch umso besser, je ...**

   1.1. kürzer, gerader, weniger unterbrochen die Verkettungen zwischen kritischen Quellen und Senken sind („Prinzip der kürzesten Wege"; der „Kettenverkürzung" und „Netzvereinfachung"),

   1.2. stärker zeitlich/räumlich aufeinanderfolgende Aktivitäten gebündelt und verkettet sind (Prinzip der „Relations-Bildung", „Fließinsel-Bildung"),

   1.3. enger die Koppelung, bzw. je perfekter die Integration von physischen Flüssen mit auf sie bezogenen Informationsflüssen ist (z. B. das „Andon"-Konzept, „Augenschein-Management"),

   1.4. weiter „flussaufwärts" Lager-, und Umschlagspunkte und je weiter „flussabwärts" wertschöpfungsintensive, kundenspezifische Aktivitäten platziert werden können (das „Postponement"-Konzept),

   1.5. höher die „Integrität" von Kundenbedürfnis, Produkt und Prozess ist.

2. **Flüsse sind umso rationeller, je ...**

   3.1. weniger „Medienbrüche" entlang des Flusses erfolgen (Prinzip der: „Unifizierung" der Objekte, Forderung nach durchgängigen Informations-, Beziehungs-und „Vertrauensketten"),

   3.2. gleichmäßiger und rascher der Fluss ist („Leveling", „Impulsreduktion", „Economics of Speed"),

   3.3. früher und robuster Fehlervermeidung einsetzt („Poka Yoke"),

   3.4. kräftiger die Alarmsignale bei dennoch auftretenden Fehlern und Überlastungserscheinungen sind („Taguchi"-Prinzip),

   3.5. höher der Überlappungsgrad aufeinanderfolgender Prozesse ist und je besser die Übergabeprozesse an Schnittstellen abgestimmt sind.

3. **Für die operative Flusssteuerung und -Regelung sind zu bevorzugen ...**

   3.1. bedarfsorientierte gegenüber ressourcenorientierter Steuerung, Hol-Systeme gegenüber Bringsystemen („Just-in-Time"),

   3.2. individualisierte, objektnahe Steuerungen gegenüber Steuerungen auf Basis aggregierter Auslöseinformationen (Losgröße „eins");

   3.3. Interne Selbstregelungssysteme gegenüber externen, analytischen Steuerungssystemen.

Bild D 1.2-3 Praktikerhypothesen und „Prinzipien" optimaler logistischer Gestaltung und Rationalisierung von Fließsystemen. Quelle: [Kla93, 28]

len Logistik- und Supply Chain Management Praxis und mancher wissenschaftlicher Aktivitäten bis heute unklar bleibt, worin das eigene Profil, die Identität und die substanziellen Beiträge des Feldes bestehen (vgl. z. B. [Bre05]). Sie fragen, ob die aktuelle Aufmerksamkeit für Logistik nicht nur eine Mode des Managements, eine Ansammlung von neuen Schlagworten ohne Identität stiftende neue Inhalte ist.

Für Überlegungen zur Zukunft des Logistikmanagements – den Entwicklungsperspektiven des Feldes – ergeben sich aus dieser Einschätzung des aktuellen Entwicklungsstandes mehrere Konsequenzen:

Gelingt es nicht besser, die Chancen der Findung und Anwendung neuer Verbesserungsansätze in der Wirtschaft durch Logistikmanagement überzeugend zu vermitteln, dann könnte das Interesse der Wirtschaftspraxis erlahmen. Der „Ideenfluss" würde versiegen, der in den 1960er Jahren durch die Erforschung des „dunklen Kontinents der Distribution" ausgelöst, in den 1980er Jahren durch die Integration der japanischen „Fließprinzipien", in den 1990er Jahren schließlich durch die Horizonterweiterung auf die Herausforderungen des Unternehmen überspannenden „Supply Chain Managements" jeweils starke neue Impulse belebt worden war. Die Lebenskurve des Logistikmanagements könnte in Stagnation und Ermüdung der Anwender enden. Einige Anzeichen für eine solche Entwicklung sind in den USA zu erkennen, wo der Mitgliederbestand der führenden Logistikvereinigung CSCMP und die Teilnahmebereitschaft an deren großen Logistikveranstaltungen seit einigen Jahren rückläufig ist.

Es spricht andererseits vieles dafür, dass die Potenziale eines systematischen „flussorientierten" Logistikmanagements noch keineswegs ausgeschöpft sind. Wenn Logistikmanagement mehr und mehr als eine frische Perspektive der Interpretation und Diagnose komplexer wirtschaftlicher Zusammenhänge und Phänomene verstanden wird, als „Wissenschaft und Technologie der Flüsse" von Materialien und Gütern, von Informationen und Werten, vielleicht auch von Wissen, von Ideen, Entscheidungen, die sich in komplexen Netzwerken von Ressourcen entwickeln, dann erschließen sich dem Logistikmanagement viele neue Anwendungsfelder. Erfolgversprechende Ansätze zu Arbeiten über „Wissenslogistik" und „Informationslogistik", die „Logistik administrativer Prozesse" gibt es bereits, die sich mit den Phänomenen „verderblicher" Wissens- und Informationsbestände, den Herausforderungen des bedarfsgerechten „verfügbar Machens" solcher Bestände, der Beschleunigung solcher Flüsse, Vermeidung von Versickerungen, Verfälschungen und Verschwendung befassen (vgl. z. B. [Lul93; Vir94]). Der Raum für innovative Anwendungen und Weiterentwicklungen der – bisher zumeist auf physische Güter- und Materialflüsse konzentrierten – Logistik in diesem Sinne scheint fast unerschöpflich.

Schließlich zeigt der Rückblick auf die geläufigen „Weltsichten" und „Paradigmen" der Betriebswirtschafts- und Managementlehren [Hil91; Kla07], dass Platz sein könnte für ein fluss- und prozessorientierte logistisches Paradigma allgemeinen betriebswirtschaftlichen Denkens, das in der Zukunft zu artikulieren und für die Praxis nutzbar zu machen ist. Diese Chancen sollten die Praktiker und Wissenschaftler der Logistik-Gemeinschaft nutzen.

Literatur

[Bal92] Ballou, R.: Business Logistics Management. 3rd ed. Engelwood Cliffs 1992

[Bow69] Bowersox, D.J.: Logistical Management. A Systems Integration of Physical Distribution Management, Material Management, and Logistical Coordination. New York/London 1969

[Bow99] Bowersox, D.J.; Closs, D.; Stank, T.: 21st Century Logistics: Making Supply Chain Integration a Reality. Oak Brook/Ill. 1999

[Bre05] Bretzke, W.R.: Supply Chain Management: Wege aus einer logistischen Utopie. Logistik Management 7 (2005) 2, 22–30

[Chr92] Christopher, M: Logistics and Supply Chain Management. Strategies for Reducing Cost and Improving Service. London 1992

[Dru62] Drucker, P.: Economy's Dark Continent. Fortune. April (1962) 103ff.

[Ecc54] Eccles, H.E.: Logistics – What is It? Naval Research Logistics Quarterly 3 (1954) 3, 5–15

[Foc06] Focke, M.: Flussorientierung der Beschaffungslogistik durch den Einsatz von Telematik. Hamburg 2006

[Gro89] Großmann, G., Krampe, H.; Ziems, D.: Technologie für Transport, Umschlag und Lagerung im Betrieb. 3. Aufl. Berlin 1989

[Ham90] Hammer, M.: Don't Automate, Obliterate! Harvard Business Review 68 (1990) 7/8, 104–112

[Hes64] Heskett, J.L.; Ivie, M.; Glaskovsky, N.A.: Business Logistics: Management of Physical Supply and Distribution. New York 1964

[Hil91] Hill, W.: Basisperspektiven der Managementforschung. Die Unternehmung 45 (1991) 1, 2–15

[Ihd72a] Ihde, G.B.: Logistik. Physische Aspekte der Güterdistribution. Stuttgart 1972

[Ihd72b] Ihde, G.B.: Zur Behandlung logistischer Phänomene in der neueren Betriebswirtschaftslehre. Betriebswirtschaftliche Forschung und Praxis 24 (1972) 3, 129–145

[Ihd84] Ihde, G.B.: Transport, Verkehr, Logistik. München 1984

[Jün89] Jünemann, R.: Materialfluss und Logistik. Systematische Grundlagen mit Praxisbeispielen. Berlin 1989

[Kir71] Kirsch, W.: Betriebswirtschaftliche Logistik. Zeitschrift für Betriebswirtschaft 41 (1971) 4, 221–234

[Kir73] Kirsch, W.; Bamberger, I.; Gabele, E.; Klein, H.K.: Betriebswirtschaftliche Logistik. Wiesbaden 1973

[Kla93] Klaus, P.: Die dritte Bedeutung der Logistik. Nürnberger Logistik Arbeitspapier Nr. 3. Wirtschafts- und Sozialwissenschaftliche Fakultät der Universität Erlangen-Nürnberg 1993, In: Klaus, P.: Die Dritte Bedeutung der Logistik. Hamburg 2002

[Kla02] Klaus, P.: Die Dritte Bedeutung der Logistik. Hamburg 2002

[Kla07] Klaus, P.: Zum besseren Unternehmen: Von den Erfolgswegweisungen der „alten" Betriebswirtschaftslehre zum ganzheitlichen „Supply Chain Management" In: Staberhofer, F.; Klaus, P.; Rothböck, M. (Hrsg.): Steuerung von Supply Chains, Strategien – Methoden – Beispiele. Wiesbaden 2007

[Kuh70] Kuhn, T.S.: The Structure of Scientific Revolutions. 2nd ed. Chicago 1970

[Lul93] Lullies, V.; Bollinger, H.; Weltz, F.: Wissenslogistik. Über den betrieblichen Umgang mit Wissen bei Entwicklungsvorhaben. Frankfurt 1993

[Mag60] Magee, J.F.: The Logistics of Distribution. Harvard Business Review 38 (1960) 4, 89–101

[Mag68] Magee, J.F.: Industrial Logistics. Analysis and Management of Physical Supply and Distributions Systems. New York 1968

[Mar90] Marshall, A.: Principles of Economics. London/New York 1890

[Mor55] Morgenstern, O.: A Note on the Formulation of the Theory of Logistics. Naval Research Logistics Quarterly 4 (1955) 129–136

[Ohn88] Ohno, T.: Toyota Production System: Beyond Large Scale Production. Cambridge/Mass. (1988), Originalausgabe (1978) "Toyota Seisan Hoshiki" Tokyo

[Ott02] Otto, A.: Management und Controlling von Supply Chains. Wiesbaden 2002

[Pfo69] Pfohl, H.C.: Alles für den Nachschub – Optimale Versorgung des Absatznetzes durch Marketing-Logistik – Hilfestellung durch den Computer. Der Volkswirt 17 (1969) 49ff.

[Pfo72] Pfohl, H.C.: Marketing-Logistik. Gestaltung, Steuerung und Kontrolle des Warenflusses im modernen Markt. Mainz 1972

[KSA83] Salmon, K. Associates (KSA): Efficient Consumer Response. Enhancing Consumer Value in the Grocery Industry. Washington 1983

[Sch68] Schröder, H.J.: Von der Lagerverwaltung zum Distributionsmanagement. Die Absatzwirtschaft 11 (1968) 4, 28 ff. u. 5, 54ff.

[Sch95] Schary, P.B.; Skjoett-Larsen, T.: Managing the Global Supply Chain. Copenhagen 1995

[Sch82] Schonberger, R.J.: Japanese Manufacturing Techniques: Nine Hidden Lessons in Simplicity. New York 1982

[Sch86] Schonberger, R.J.: World Class Manufacturing: The Lessons in Simplicity Applied. New York 1986

[Shi88] Shingo, S.: Non-Stock Production: The Shingo System for Continuous Improvement. Cambridge/Mass. 1988

[Sim62] Simon, H.A.: The Architecture of Complexity: Hierarchic Systems. Proceedings of the American Philosophical Society 106 (1962) 467–482

[Smy61] Smykay, E.W.; Bowersox, D.J.; Mossman, F.H.: Physical Distribution Management. New York 1961

[Suz93] Suzaki, K.: The New Shop Floor Management. Empowering People for Continuous Improvement. New York 1993

[Sto87] Stock, J.R.; Lambert, D.M.: Strategic Logistics Management. 2nd ed. Homewood/Il. 1987

[Str01] Strobel, M.: Systemisches Flussmanagement. Flussorientierte Kommunikation als Perspektive für eine ökologische und ökonomische Unternehmensentwicklung. Augsburg 2001

[Tho03] Thonemann, U.K.; Behrebeck, R.; Diederichs, R.; Großpietsch, J.; Küpper, J.; Leopoldseder, M.: Supply Chain Champions. Wiesbaden 2003

[Ulr84] Ulrich, W.: Management oder die Kunst, Entscheidungen zu treffen, die andere betreffen. Die Unternehmung 38 (1984) 4, 326–346

[Vir94] Virilio, P.: Krieg und Kino. Logistik der Wahrnehmung. Frankfurt 1994

[Web92] Weber, J.: Logistik als Koordinationsfunktion. Zur theoretischen Fundierung der Logistik. Zeitschrift für Betriebswirtschaft 62 (1992) 8, 877–895

[Web94] Weber, J.: Logistikmanagement – Verankerung des Flussprinzips im Führungssystem des Unternehmens. In: Isermann, H. (Hrsg.): Logistik – Beschaffung, Produktion, Distribution. Landsberg/Lech: 1994, 45–88

[Wel16] Weld, L.D.H.: The Marketing of Farm Products. New York 1916

[Wil84] Wildemann, H.: Flexible Werkstattsteuerung durch Integration von Kanban-Prinzipien. München 1984

[Wom90] Womack, J.P.; Jones, D.T.; Roos, D.: The Machine that Changed the World. New York 1990

Strategien in der Logistik D2

D 2.1 Strategisches Logistikmanagement

D 2.1.1 Einführung

Die betriebswirtschaftliche Logistik hat in den vergangenen Jahrzehnten einen beachtlichen Bedeutungswandel erfahren [Poi86, 55–64; Fey89, 12–21]. Ihr traditioneller Schwerpunkt lag auf der lokalen Optimierung von Transferprozessen unter Kosten- und Lieferservicegesichtspunkten. Demgegenüber tritt in der aktuellen Diskussion die strategische Rolle der Logistik zunehmend in den Vordergrund [Del95; Göp99]. Logistik ist danach nicht mehr ausschließlich auf Transferprozesse beschränkt. Vielmehr bezieht die logistische Perspektive die gesamte Kette von Versorgungs- oder Wertschöpfungsprozessen in komplexen Netzwerken ein und stellt explizit auf die Wechselwirkungen zwischen Transformations- und Transferaktivitäten ab. Die logistische Perspektive zielt dabei auf eine integrative Bewertung und Gestaltung der transferspezifischen Aspekte sämtlicher Wertschöpfungsaktivitäten ab. Dieser Bedeutungswandel der Logistik enthält Implikationen, die das grundsätzliche strategische Managementverständnis betreffen. Das strategische Management beschäftigt sich im Kern mit der Frage, wie Unternehmen einen Wettbewerbsvorteil erreichen und im Zeitablauf erhalten können. Der strategische Managementprozess kann vereinfachend in die Phasen strategische Analyse, Strategieformulierung und -implementierung sowie strategische Kontrolle unterschieden werden.

D 2.1.2 Strategische Analyse

Die Grundlage für die Entwicklung einer Strategie besteht in der Analyse des externen Umfeldes (Chancen und Risiken) und der internen Fähigkeiten und Ressourcen eines Unternehmens (Stärken und Schwächen), die aufeinander abgestimmt werden müssen. Strategien beinhalten Entscheidungen über die markt- bzw. branchenbezogene Positionierung des Unternehmens (externe Dimension) einerseits. Andererseits betreffen sie die Entwicklung von neuen wettbewerbskritischen Ressourcenpotenzialen oder Kompetenzen (interne Dimension) [Bar02; Gra02]. Ausgangspunkt für die strategische Logistikplanung ist eine externe Branchenanalyse und interne Unternehmensanalyse, mit der logistische Quellen nachhaltiger Wettbewerbsvorteile identifiziert und anschließend durch entsprechende Strategien abgesichert werden sollen. Gerade aus Sicht der integrativen Betrachtung von Wertschöpfungsketten in der Logistik gewinnen kollektive und kooperative Strategien von Unternehmensnetzwerken an Bedeutung, so dass solche Untersuchungen aus Sicht eines einzelnen, sich im Wettbewerb behauptender Unternehmen (Mikroanalyse) oder aus Sicht unternehmensübergreifender Netzwerke (Mesoanalyse) durchgeführt werden können.

In der aktuellen Strategieliteratur haben sich zwei wesentliche Hauptströmungen entwickelt, die in ihrer jeweiligen Argumentation einen unterschiedlichen Ursprung für die *Nachhaltigkeit* von Wettbewerbsvorteilen zugrunde legen: Ausbeutung von Marktmacht durch Beeinflussung der Branchenstruktur versus Aufbau strategischer Ressourcen [Tee97]. Sie können bezüglich des Zustandekommens und der Existenz von Wettbewerbsvorteilen als komplementär betrachtet werden.

Der *Industrieökonomische Ansatz*, der insbesondere durch die Arbeiten von Porter [Por80; Por85] für die Strategietheorie fruchtbar gemacht wurde, stellt die externe Umwelt in den Mittelpunkt der Analyse, um den Erfolg von Unternehmen auf der Grundlage branchenstruktureller Faktoren und ihrer Beeinflussung zu erklären. Das Strategieproblem eines Unternehmens besteht in der Erreichung einer vom Wettbewerb weitgehend geschützten Branchenposition, von der aus das Unternehmen sich gegen Gefahren der Wettbewerbskräfte bestmöglich verteidigen und überdurchschnittliche Gewinne erwirtschaften kann. Die Branchenstruktur stellt für Unternehmen eine Anzahl an Faktoren dar, die sie in ihrem Sinne abzuändern versuchen. Die Frage, die sich aus Sicht der Logistik stellt, besteht darin, welche Elemente der Branchenstruktur sie durch eine gewählte Strategie beeinflussen kann

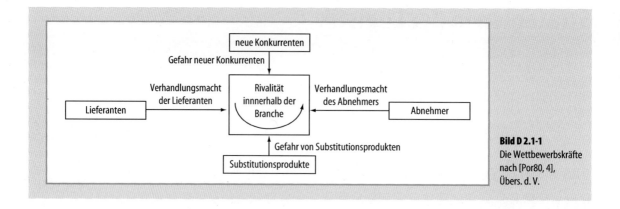

Bild D 2.1-1
Die Wettbewerbskräfte nach [Por80, 4], Übers. d. V.

und welche als nicht beeinflussbar eingeschätzt werden müssen. In diesem Sinne versucht ein strategisch orientiertes Logistikmanagement nicht die Bedingungen der Umwelt als externes Datum hinzunehmen, sondern bewusst gestalterischen Einfluss auf die Wettbewerbsbedingungen auszuüben. Die allgemeine Branchenanalyse und die damit eng verknüpfte brancheninterne Strukturanalyse sind Ausgangspunkt für eine solche externe Analyse des logistischen Wettbewerbsfeldes (vgl. Bild D 2.1-1).

Die Branchenstruktur legt zum großen Teil die Spielregeln des Wettbewerbs fest und schränkt mögliche strategische Ausrichtungen ein, die Unternehmen potenziell zur Verfügung stehen. Kern dieser Analyse bilden die fünf Wettbewerbskräfte (Verhandlungsmacht der Abnehmer und Zulieferer, Gefahr des Neueintritts von Wettbewerbern, Etablierung von Ersatzprodukten und bestehende Wettbewerbsintensität), die für die Wettbewerbsdynamik und gleichzeitig für die Rentabilität der Branche verantwortlich sind. Die Erreichung und Erhaltung von Wettbewerbsvorteilen ist unmittelbar mit der relativen Positionierung innerhalb der Branche und ihrer strukturellen Beeinflussung verbunden, um die Gefahren der Wettbewerbskräfte weitgehend zu neutralisieren.

Die Einflussmöglichkeiten logistischer Hebelkräfte auf die Branchenstruktur hängen letztlich davon ab, inwieweit die Wettbewerbsfähigkeit der agierenden Unternehmen besonders von logistischen Merkmalen ihrer Wertschöpfungsketten bestimmt wird. Dies gilt regelmäßig, aber nicht nur dort, für Branchen des Verkehrssektors. Darüber hinaus können Industrie-, Dienstleistungs- und Handelsunternehmen teilweise in beträchtlichem Maße durch logistische Maßnahmen gestalterisch in das Zusammenspiel der Wettbewerbskräfte eingreifen, da in vielen Märkten die Bedeutung logistischer Elemente innerhalb des Leistungsbündels großes Gewicht hat. Durch ein überlegenes Logistiksystem, welches nicht ohne weiteres von Konkurrenten kopiert werden kann, können beispielsweise Markteintrittsbarrieren geschaffen und Wettbewerbspositionen geschützt werden. Die externe Analyse des Branchenumfeldes zielt darauf ab, die Chancen für die Beeinflussung der Branchenstruktur bzw. bestehende Risiken aufzuzeigen, wie die Maßnahmen anhand der Logistik in Tabelle D 2.1-1 verdeutlichen.

Im Gegensatz dazu betont der *Ressourcenorientierte Ansatz* [Bar02; Pet93] die Kompetenzen und Fähigkeiten von Unternehmen und stellt die internen Quellen von Wettbewerbsvorteilen, die aufgrund einer bestimmten Ausstattung mit wettbewerbsrelevanten Ressourcen existieren, in den Vordergrund der Betrachtung. Im Allgemeinen lassen sich tangible und intangible Ressourcen unterscheiden. Zu den tangiblen Ressourcen zählen z. B. finanzielle Fonds, die physische Ausstattung und regionale Standortverteilung logistischer Netzwerke. Intangible Ressourcen sind insbesondere fachliche Fähigkeiten der Mitarbeiter, ihre funktionale oder integrative Sichtweise und Motivation, der Fundus an technologischem Wissen sowie die Reputation. Die Analyse der logistischen Ressourcen eines Unternehmens findet auf zwei Aggregationsebenen statt. Die grundlegende Untersuchungseinheit stellen Elementarressourcen logistischer Systeme, wie Transportmittel, Lagerstandorte, Lagerinfrastruktur, Personal etc., dar. Darüber hinaus ist es erforderlich, das Zusammenwirken dieser Elementarressourcen zu komplexen logistischen Kompetenzen zu analysieren, welches in einem zweiten Untersuchungsschritt getätigt wird.

Unternehmen können besondere Kompetenzen durch Investitionen in logistische Ressourcen bzw. Ressourcenverbünde generieren, die es ihnen erlauben, z. B. umfassende Systemlösungen im logistischen Kontraktgeschäft für spezifische Kunden anzubieten. Dabei erlangt eine

Tabelle D 2.1-1 Logistische Maßnahmen zur Beeinflussung strategischer Wettbewerbskräfte. Quelle: [Bar02, 100], mit Modifikationen durch d. V.

Wettbewerbsfaktor	Maßnahme	Einflussmöglichkeiten der Logistik
Neue Konkurrenten	Aufbau von Markteintrittsbarrieren	z.B. Aufbau und Ausbeutung von Skaleneffekten durch großvolumige Logistiksysteme, hoch differenziertes logistisches Leistungsangebot
Rivalität	Konkurrieren durch andere Merkmale als den Preis	z.B. kundenindividuelle Logistikleistungen, Ausnutzung von Rationalisierungsquellen, Kooperationen entlang der logistischen Kette, Diversifikation in neue, weniger wettbewerbsintensive Geschäftsbereiche, logistische Innovationsfähigkeit
Ersatzprodukte	Verbesserung der Produktattraktivität im Vergleich zu Ersatzprodukten	z.B. kundenindividuelle Logistikleistungen, Ausnutzung von Rationalisierungsquellen, Kooperationen entlang der logistischen Kette, Diversifikation in neue, weniger wettbewerbsintensive Geschäftsbereiche, logistische Innovationsfähigkeit
Zulieferer	Verminderung der Einzigartigkeit von Zulieferern	z.B. Rückwärtsintegration in die logistische Kette, strategische Kooperation, Multiple Sourcing
Abnehmer	Verminderung der Einzigartigkeit von Abnehmern	z.B. Vorwärtsintegration, Ausschöpfen von Differenzierungspotenzialen aufgrund logistischer Eigenschaften, Verbesserung der logistischen Schnittstellen zum Abnehmer, Verbreiterung der Abnehmerbasis logistischer Leistungen

Ressource erst dann strategische Bedeutung, dies gilt dementsprechend auch für ein spezifisches Logistiksystem, wenn durch sie tatsächlich der Aufbau von Wettbewerbsvorteilen ermöglicht wird. Im Hinblick auf die Zielsetzung, Wettbewerbsvorteile möglichst lange ausnutzen zu können, sind vor allem solche Ressourcen und Fähigkeiten bedeutsam, die nicht einfach erworben oder imitiert werden können. Derartige „Kernkompetenzen" [Pra90, 82] gilt es in einem dynamischen Wettbewerb kontinuierlich weiterzuentwickeln, um auf Dauer Wettbewerbsvorteile sicherzustellen. An solche Ressourcen, die auch als strategische Ressourcen bezeichnet werden, sind bestimmte Anforderungen zu stellen, die Barney mit Hilfe seiner VRIO-Analyse verdeutlicht [Bar02, 159ff.]. Die VRIO-Analyse ist als eine Serie von vier Grundfragen strukturiert: (1) die Frage nach dem Wert (value), (2) die Frage nach der Knappheit (rareness), (3) die Frage nach der Imitierbarkeit (imitability) und (4) die Frage nach der Organisation. Die Antworten auf diese Fragen bestimmen, inwieweit eine Ressource oder Fähigkeit als Stärke oder als Schwäche einzustufen ist. Das strategische Management der Logistik ist folglich darauf ausgerichtet, Maßnahmen zum Aufbau von Logistiksystemen zu ergreifen, die strategische Ressourcen etablieren und damit marktwirksame Potenziale entwickeln. An solche Logistiksysteme sind die folgenden vier Anforderungen zu stellen (vgl. Tabelle D 2.1-2).

Dabei ist es entscheidend, dass aktuelle oder potenzielle Konkurrenten die Ursachen einer überlegenen Logistik nicht vollständig durchdringen, um den Wettbewerb durch Neueintritte oder Imitation zu begrenzen. Besondere Bedeutung kommt hierbei der Tatsache zu, dass, dem unternehmensübergreifenden Charakter logistischer Netzwerke entsprechend, die betroffenen Handlungsträger nicht nur innerhalb einer Unternehmung angesiedelt, sondern Mitglieder verschiedener Organisationen sind. Hiermit wird die besondere Herausforderung deutlich, die die Logistik impliziert. Die Umsetzung einer solchen funktions- und unternehmensübergreifenden Perspektive der Logistik erfordert Investitionen in eine ganze Reihe von Ressourcen, wie beispielsweise spezialisierte logistische Infrastruktur, langfristig aufgebaute Vertrauensbeziehungen zwischen Kooperationspartnern der Logistikkette, Mitarbeiter mit integrativen Fähigkeiten und funktionsfähige Leistungsverrechnungssysteme. Genau genommen ist die gesamte Führung der logistischen Kette unter das Primat der systemischen Integration zu stellen. Die strategische Bedeutung der aufgebauten Ressourcen besteht darin, dass sie die kompetitive Position eines Unternehmens bzw. einer Logistikkette stabilisiert und nachhaltig schützt.

Tabelle D 2.1-2 Grundfragen für die Durchführung einer ressourcenbasierten strategischen Analyse. Quelle: [Bar96, 160], mit Modifikationen durch d. V.

Anforderung	Erklärung
Wert	Ermöglichen die logistischen Ressourcen und Fähigkeiten dem Unternehmen, auf umweltbezogene Chancen und Risiken zu reagieren?
Knappheit	Wieviele konkurrierende Unternehmen verfügen bereits über diese spezifischen logistischen Ressourcen und Fähigkeiten?
Imitierbarkeit	Können die spezifischen Logistikressourcen und -fähigkeiten durch andere ersetzt oder imitiert werden, so dass Unternehmen, die nicht über diese verfügen, keinen Kosten- oder Leistungsnachteil hinnehmen müssen?
Organisation	Ist die Organisation der Logistik darauf ausgerichtet, das vollständige Potenzial der logistischen Ressourcen und Fähigkeiten auszuschöpfen?

In dieser Hinsicht kann nun auch die Rolle hoch integrierter Logistiksysteme im Rahmen des strategischen Managements gedeutet werden. Die spezifische Ausgestaltung der Logistik eines Unternehmens bzw. einer Logistikkette kann, wenn obige Anforderungen erfüllt sind, zu einer strategischen Ressource und Kernkompetenz avancieren, die sicherstellt, dass die transferspezifischen Eigenschaften von Unternehmen mit der Umweltentwicklung korrespondieren [Del95].

Als Ergebnis der Strukturanalyse der Wettbewerbskräfte und ihrer Ursachen kann ein Unternehmen seine logistischen Stärken und Schwächen relativ zur Branche identifizieren. Ferner bietet die interne Ressourcenanalyse die Basis für das Erkennen bestehender Chancen und Risiken. Die strategische Analyse liefert damit eine profunde Grundlage für die Gestaltung effektiver Logistikstrategien.

D 2.1.3 Formulierung von Logistikstrategien und ihre Anforderungen an die Gestaltung von Logistiksystemen

Für die Erlangung von Wettbewerbsvorteilen durch eine spezifische Ausgestaltung der Logistik sind konkrete Strategien zu entwickeln. Dabei kann eine *Logistikstrategie* als ein System von Prinzipien oder globalen Orientierungsgrundlagen begriffen werden, die dem Betrieb oder der Veränderung eines logistischen Systems zugrunde liegen. Sie bedingt die grundsätzliche Ausgestaltung und Steuerung des logistischen Netzwerkes und der in ihm ablaufenden raum- und zeitüberbrückenden Transport-, Umschlags- und Lagerprozesse. Logistikstrategien beziehen sich deshalb auf die *Konfiguration* und *Koordination* logistischer Netzwerke. Beide Entscheidungsbereiche sind interdependent. So hängt zum Beispiel die Entscheidung über einzusetzende Transportmittel von den Produktions- und Lagerstandorten sowie der Lokation der Lieferpunkte, also der Kunden, ab. Eine Just-In-Time-Belieferung eines Kunden erfordert kundennahe Lagerstrukturen sowie eine kundenauftragsspezifische Produktfertigstellung.

Es ist bedeutsam hervorzuheben, dass sich die strategische Bedeutung der Logistik nur im direkten Vergleich mit dem Leistungsvermögen von Wettbewerbern ergibt. Dem strategischen Logistik-Management kommt deshalb die Aufgabe zu, logistikinduzierte Wettbewerbsvorteile zu etablieren. Ein *Wettbewerbsvorteil* ist im Vergleich zu Konkurrenten eine überlegene Leistung, die aus Sicht des Kunden ein wichtiges Leistungsmerkmal bzw. -bündel betreffen und von ihm als solches wahrgenommen wird sowie von Wettbewerbern nicht schnell einholbar ist und somit eine gewisse Dauerhaftigkeit besitzt [Sim88, 464f.]. Dabei wird die Bedeutung der Logistik zur Generierung von Wettbewerbsvorteilen davon abhängen, inwieweit der durch logistische Systeme bereitgestellte Raum- und Zeitnutzen physischer oder informationeller Objekte für den Abnehmer bedeutsam ist, von ihm als solches wahrgenommen wird und nachhaltig vor Imitation geschützt werden kann.

Die Frage, wie logistische Systeme grundsätzlich ausgestaltet sein müssen, lässt sich nicht beantworten, ohne grundlegende wettbewerbsstrategische Ausrichtungen vor Augen zu haben. Es existiert kein Logistiksystem, welches in jeder Hinsicht gleich gut ist. Nach Porter lassen sich zwei grundlegende Wettbewerbsvorteile differenzieren: ein Kosten- und ein Differenzierungsvorteil [Por80; Por85]. Ein Unternehmen erlangt einen *Kostenvorteil*, wenn es ihm gelingt bei in etwa paritätischer Leistung im Vergleich

Tabelle D 2.1-3 Überblick über verschiedene strategische Kostentreiber. Quelle: [Gra02, 200], mit Modifikationen durch d. V.

Kostentreiber	Ausgewählte Bestimmungsfaktoren
Economies of Scale	Einsatz spezialisierter Kommissionierautomaten Arbeitsteilung Zentralisierung von logistischen Aktivitäten
Lerneffekte	Verbesserung der Fertigkeiten kontinuierliche Verbesserung in der Koordination und Organisation
Kapazitätsauslastung	Verhältnis von fixen zu variablen Kosten Kosten des Einrichtens und Abbauens von logistischen Kapazitäten
Technik	Reduzierung des Arbeitseinsatzes durch Mechanisierung und Automation effizientere Abstimmung von log. Prozessen durch IuK-Technik Integration der Kundenauftragsübermittlung mittels EDI
Faktorkosten	kostengünstige Lager- und Umschlagsstandorte Besitz kostengünstiger Produktionsfaktoren Verhandlungsmacht Kooperative Beziehungen entlang der Logistikkette
Produktgestaltung	logistikgerechte Produktgestaltung Modularisierung und Standardisierung

zu Konkurrenten einen höheren Gewinn zu erzielen. Der Schlüssel zum erfolgreichen Kostenmanagement liegt in der Beeinflussung der strategischen Kostenantriebskräfte, durch die die strategische Kostenposition verbessert werden kann. Im Allgemeinen können Kostenvorteile in der Logistik durch eine Volumenstrategie erreicht werden. Logistiksysteme sind unter diesen Bedingungen darauf ausgerichtet, große Gütermengen in räumlich ausgedehnten Märkten zu möglichst niedrigen Kosten zu bewältigen [Pfo94, 93]. Eine solche auf Skaleneffekte ausgerichtete Volumenstrategie ist jedoch nur eine Möglichkeit, die strategische Kostenposition zu beeinflussen. Weitere Beispiele sind in Tabelle D 2.1-3 enthalten.

Beim *Differenzierungsvorteil* gelingt dies durch die Schaffung eines einmaligen Leistungsprogramms, mit dem höhere Preise bei annähernder Kostengleichheit von Konkurrenten durchsetzbar sind. Ziel ist es, die logistische Leistung aus Sicht des Kunden als herausragend zu positionieren. Voraussetzung für die erfolgreiche Erschließung von Differenzierungsquellen ist eine gründliche Untersuchung der Abnehmerbedürfnisse, um das Potenzial für eine Leistungsdifferenzierung sowie die Bereitschaft des Kunden, dafür einen bestimmten Preis zu zahlen, zu ermitteln. Die Analyse der Nachfrageseite beginnt mit einem tieferen Verständnis, warum der Kunde das Produkt bzw. die Dienstleistung des Unternehmens erwirbt. Attribute logistischer Qualität werden zumeist auf Kriterien des Lieferservice, wie Lieferzeit, Lieferzuverlässigkeit, Lieferbeschaffenheit und Lieferflexibilität zurückgeführt [Pfo94, 131ff.; Pfo04, 33ff.]. Eine solche Sichtweise ist etwas einengend, da sie das Qualitätsmanagement und damit die Differenzierungspotenziale in der Logistik lediglich an Dimensionen des Lieferservice orientiert. Dabei gilt es zu bedenken, dass sich die Gesamtqualität einer Leistung aus dem Zusammenspiel aller im Prozess verbundenen Funktionen ergibt. Der Lieferservice stellt dann nur ein Merkmal eines gesamten logistischen Leistungsbündels dar. Neuere Ansätze versuchen deshalb die Qualität logistischer Leistungen durch Teilqualitäten abzubilden, die über Lieferservicedimensionen hinausgehen. So werden beispielsweise auch die Leistungsbreite und -tiefe, die Umweltverträglichkeit, das Image und die Reputation, die Mitarbeiterqualität und Beziehungsqualität als Attribute eines logistischen Leistungsbündels angeführt [Nie96, 81].

Vor diesem Hintergrund lassen sich zwei grundlegende Strategien formulieren, an denen die Gestaltung und Steuerung logistischer Systeme ausgerichtet werden kann: *Kostenführerschaft* versus *Leistungsdifferenzierung*. Beide Grundstrategien können entweder auf einem Gesamtmarkt oder nur auf einzelne Teilsegmente Anwendung

Tabelle D 2.1-4 Einfluss grundlegender Strategien auf die Gestaltung von Logistiksystemen. Quelle: In Anlehnung an [Del90, 183]

Angestrebte Strategie	Kostenführerschaft	Leistungsdifferenzierung
Ziele des Logistiksystems	minimale Kosten bei akzeptabler logistischer Qualität	hohe Liefergeschwindigkeit Lieferzuverlässigkeit hohe Lieferbereitschaft Flexibilität in Bezug auf Abnehmerbedürfnisse
Depot	Zentralisierung Konsolidierung der Güter an wenigen Produktions- und Lagerstandorten	mehrstufige Depotstruktur
Lagerhaltung	Zentralisierung geringe Lagerbestände Konsolidierung der Sicherheitsbestände	Lokale Depots hohe Marktpräsenz hohe Lieferzuverlässigkeit kurze Lieferzeit
Transport	Konsolidierung kostengünstiger Verkehre (Kombi- und/oder Schienenverkehr) Komplettladungsverkehr Senkung der Transportfrequenz eigener Fuhrpark nur bei hoher Auslastung	Mix aus Teilladungsverkehr zur Abnehmerlieferung und Komplettladungsverkehr zur Depotbelieferung Angebot von Eilsendungen Ggf. eigener Fuhrpark Zustellservice
Auftragsabwicklung	automatisierte Auftragsabwicklung Zentralisierung Integration Standardisierte Auftragsmodalitäten	Dezentralisierung permanenter Kundenzugriff differenzierte Auftragsmodalitäten Statusinformationssysteme

finden. Im letzten Falle spricht man auch von Konzentrationsstrategie [Por80, 34ff.]. Exemplarisch lassen sich folgende typisierenden Anforderungen an die Gestaltung von Logistiksystemen herausstellen (vgl. Tabelle D 2.1-4).

D 2.1.4 Strategische Kontrolle

Die letzte Phase im strategischen Managementprozess stellt die strategische Kontrolle dar. Die Kontrolle wird gewöhnlich als Zwillingsfunktion zur Planung begriffen, denn Planung ohne anschließende Kontrolle erweist sich als sinnlos. Durch die strategische Planung werden Normvorstellungen über die Effektivität und Effizienz eines Logistiksystems für die Zukunft entwickelt, deren realisierte Handlungskonsequenzen durch die Kontrolle erfasst werden. Neben der reinen vergangenheitsorientierten Kontrolle (ex post Kontrolle), die Vergleichsinformationen erst nach der Planrealisation bereitstellt, wird noch eine zukunftsorientierte Kontrolle (ex ante Kontrolle) vorgeschlagen. Sie erfasst bereits potenzielle Soll-Ist-Abweichungen auf der Grundlage von Prognosen und schwachen Signalen und kann so schon vor der Strategieumsetzung Abweichungsinformationen zur Verfügung stellen.

Als strategische Kontrollmittel können die folgenden drei Aktivitätsbereiche Prämissenkontrolle, Durchführungskontrolle und Ergebniskontrolle gezählt werden. Die *Prämissenkontrolle* [Sch85, 401f.] stellt eine „gerichtete" Kontrolle dar, deren Aufgabe in der fortlaufenden Überprüfung der einer Strategie zugrunde gelegten Daten, gesetzten Schlüsselannahmen und getroffenen Werturteile im strategischen Planungsprozess besteht. Die Prämissen sollten in eine Dringlichkeitsrangordnung gebracht werden und Personen oder Abteilungen, die als qualifizierte Informationsquellen dienen, zugewiesen werden. Entsprechend der relativen Erfolgsrelevanz der Planungsprämissen soll die Kontrollintensität variieren.

Die Funktion der *Durchführungskontrolle* [Sch85, 402f.] ist die strukturierte Vorgabe von kürzerfristigen Handlungszielen in Form von „Meilensteinen". Sie zerlegt damit die Strategie in Etappenziele, die konkrete Gestaltungsanforderungen an die Konfiguration und Prozesssteuerung logistischer Netzwerke enthalten. Mit ihnen sind zudem bestimmte intermediäre Kosten- und Leistungsziele, wie Reduktion der Transportkosten um 10% oder Steigerung der Lieferfähigkeit um 15%, verbunden. Diese Kontrollstandards beziehen sich auf die Planwirkung und sollen eine Bewertung der strategischen Richtung während der Strategieimplementierung zulassen. Den vorgegebenen Standardwerten werden kritische Schwellenwerte zugeordnet, die als Warnsignal fungieren und ggf. zu einer Strategierevison Anlass geben.

Die abschließende Kontrollart ist die *Ergebniskontrolle*, die eine reine ex post Kontrolle darstellt und auf der Grundlage operativer Ergebnisgrößen Schlussfolgerungen über die Erfolgsträchtigkeit einer Strategie nahe legen kann. Die Ergebniskontrolle erfasst und dokumentiert faktisch realisierte und messbare Effizienz- und Effektivitätsgrößen logistischer Systeme und vergleicht sie mit den strategisch angestrebten Normvorstellungen. Sie kann ferner aber auch als Ausgangspunkt für ein Logistik-Benchmarking dienen. Eine solche Ergebniskontrolle sollte auf einem strukturierten Berichtswesen aufbauen, das dem Management systematisch Informationen für die Bewertung logistischer Prozesse und Netzwerkstrukturen zur Verfügung stellt. Neben allgemeinen Bewertungsdimensionen, wie Mitarbeiterzufriedenheit oder Innovationsgrad, werden insbesondere Logistikkosten und -leistungen einzelner Prozesse und Netzkonfigurationen erfasst, wobei unter dem Leistungsbegriff auch weiterreichende Qualitäts- und Leistungsfähigkeitskriterien eingeschlossen sind. Die Breite und Tiefe eines solchen strukturierten Berichtswesens für die Ergebniskontrolle sind unternehmensspezifisch festzulegen und an der relativen Bedeutung der Logistik für das Unternehmen zu orientieren.

Literatur

[Bar96] Barney, J.B.: Gaining and Sustaining Competitive Advantage. Reading: Prentice Hall 1996

[Bar02] Barney, J.B.: Gaining and Sustaining Competitive Advantage. Reading: Prentice Hall 2002

[Del90] Delfmann, W.: Integration von Marketing und Logistik. München: Deutscher Logistik-Kongreß. Bundesvereinigung Logistik e.V. 1990, 154–186

[Del95] Delfmann, W.: Logistik als strategische Ressource. In: Albach, H.; Wildemann, H. (Hrsg): Lernende Unternehmen. Zeitschrift für Betriebswirtschaft, Ergänzungsheft 3, 1995

[Fey89] Fey, P.: Logistik-Management und Integrierte Unternehmensplanung. München: Kirsch 1989

[Göp99] Göpfert, I.: Stand und Entwicklung der Logistik. Herausbildung einer betriebswirtschaftlichen Teildisziplin. Logistikmanagement 1 (1999) 1, 19–33

[Gra02] Grant, R.M.: Contemporary Strategy Analysis: Concepts, Techniques, Applications. 3rd ed. Malden-Oxford: Blackwell Business 2002

[Nie96] Niebuer, A.: Qualitätsmanagement für Logistikunternehmen. Wiesbaden: Deutscher Universitäts-Verlag 1996

[Pet93] Peteraf, M.A.: The Cornerstones of Competitive Advantage: A Resource-Based View. Strategic Management Journal 14 (1993) 179–191

[Pfo94] Pfohl, H.-C.: Logistik-Management. Funktionen und Instrumente. Berlin/Heidelberg/New York: Springer 1994

[Pfo04] Pfohl, H.-C.: Logistiksysteme. Betriebswirtschaftliche Grundlagen. 7. Aufl. Berlin/Heidelberg/New York: Springer 2004

[Poi86] Poist, R.F.: Evolution of Conceptual Approaches to Designing Business Logistics Systems. Transportation Journal 26 (1986) 1, 55–64

[Por80] Porter, M.E.: Competitive Strategy. Techniques for Analyzing Industries and Competitors. New York/London: Free Press 1980

[Por85] Porter, M.E.: Competitive Advantage. Creating and Sustaining Superior Performance. New York/London: Free Press 1985

[Pra90] Prahalad, C.K.; Hamel, G.: The Core Competence of the Corporation. Harvard Business Review (1990) 7/8, 79–91

[Sch85] Schreyögg, G.; Steinmann, H.: Strategische Kontrolle. Zeitschrift für betriebswirtschaftliche Forschung 37 (1985) 5, 391–410

[Sim88] Simon, H.: Management strategischer Wettbewerbsvorteile. Zeitschrift für Betriebswirtschaft 58 (1988) 4, 461–480

[Tee97] Teece, D.J.; Pisano, G.; Shuen, A.: Dynamic Capability and Strategic Management. Strategic Management Journal 18 (1997) 7, 509–533

D 2.2 Logistikorganisation

D 2.2.1 Von der Organisation der Logistik zur Logistikorganisation

Die situationsgerechte Gestaltung von Güterflusssystemen, d. h. von güter- und informationsflussbezogenen Strukturen und Prozessen, stellt seit jeher ein zentrales Anliegen der betriebswirtschaftlichen Logistik dar. Traditionell wurden in der einschlägigen Literatur jedoch unter dem Schlagwort „Organisation der Logistik" i. d. R. Konzepte diskutiert, die sich insbesondere der aufbauorganisatorischen Gestaltung der Logistikfunktion und deren Verortung bzw. Verankerung im Organigramm eines Unternehmens, z. B. in Form einer spezialisierten Logistikabteilung bzw. eines Logistikbereiches, widmen. Vor dem Hintergrund der zunehmenden Bedeutung der Logistik in der Unternehmenspraxis und der damit einhergehenden Bedeutungserweiterung des allgemein in der Wissenschaft akzeptierten Logistikbegriffs, zeigen hier allerdings neuere, ganzheitlich ausgerichtete Ansätze zur Organisation logistischer Systeme auf, dass dieser traditionelle Gestaltungsfokus zu kurz greift. Um aus Sicht des fortschrittlichen Logistikverständnisses die Wettbewerbsfähigkeit von Unternehmen bzw. komplexen Wertschöpfungsketten und -netzwerken maßgeblich zu fördern, sind umfassendere, ganzheitliche Organisationskonzepte notwendig. Solche ganzheitlichen Konzepte zur „Logistikorganisation" gehen dabei über die formal- bzw. aufbauorganisatorische Perspektive hinaus und berücksichtigen vor dem Hintergrund spezifischer situativer Kontextfaktoren zusätzlich Logistikprozesse und die logistische (physische und geographische dislozierte) Infrastruktur als wichtige Bezugspunkte für die organisatorische Gestaltung logistischer Systeme. Vor dem Hintergrund dieser erweiterten Perspektive zeigt sich schließlich, dass insbesondere harmonische Beziehungsmuster aus Struktur-, Prozess- und Kontextvariablen, die auch als Logistikkonfigurationen bezeichnet werden, die Basis für die Gestaltung einer effizienten Logistikorganisation bilden [Kla02a].

D 2.2.2 Zur Verknüpfung von Organisations- und Logistikforschung: Das logistische Organisationsproblem

Dem aktuellen Verständnis der Logistikkonzeption entsprechend, wird Logistik als eine systemische Perspektive der Unternehmensführung verstanden, die die Planung, Organisation, Steuerung und Kontrolle von Güter- und Informationsflüssen innerhalb und zwischen Unternehmen auf der Basis spezifisch logistischer Prinzipien, wie Systemorientierung, Fluss- bzw. Prozessorientierung, Kundenorientierung und Totalkostendenken, umfasst [Del95b; Kla02b]. Dabei bezieht die Logistik ihre begriffliche Identität sowohl aus ihrem originären Kernbereich (Logistiksysteme) sowie dessen Gestaltung und Steuerung (Logistik-Management) als auch aus der Bedeutung der logistisch geprägten Denkweise (Logistik-Philosophie) für die Unternehmensführung insgesamt [Del95b]. Gleichzeitig wird in der Organisationsforschung die Vielschichtigkeit realer Organisationsphänomene und eine daraus resultierende Perspektivenabhängigkeit von Konzepten zur Organisationsgestaltung betont [Mor86]. Es liegt somit nahe, die aktuell in der Logistikforschung als „State of the Art" geltende Logistikkonzeption als spezifische Perspektive der Unternehmensführung und damit Weltsicht als konzeptionelle Grundlage für ein spezifisch ‚logistisches' Unternehmens- bzw. Organisationsverständnis heran zu ziehen, um ganz-

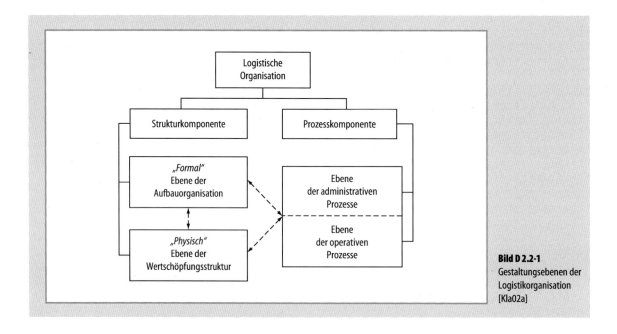

Bild D 2.2-1
Gestaltungsebenen der Logistikorganisation
[Kla02a]

heitlich angelegte Gestaltungskonzepte zur Logistikorganisation zu entwickeln [Kla02a]. Ein solches logistikorientiertes Gestaltungskonzept ist in Bild D 2.2-1 dargestellt.

Das logistische Organisationsproblem lässt sich in enger Anlehnung an die gängigen Auffassungen der Organisationsforschung [Fre05; Sch95a] in eine Struktur- und eine Prozesskomponente unterteilen. Die Strukturkomponente wird traditionell allein durch die formale Aufbauorganisation beschrieben [Sch95b]. Aus Sicht der Logistik spielen jedoch darüber hinaus die physischen Wertschöpfungsstrukturen eine wesensbestimmende Rolle in der Organisationsgestaltung. Die Eigenschaften der physischen und geographisch verteilten Wertschöpfungsstruktur weisen einen hohen Stellenwert für die logistische Identität einer Organisation auf. Die Gestaltungsebenen der operativen und administrativen Prozesse erweitern den stabilen Betrachtungshorizont der Strukturkomponente um den dynamischen Zeitaspekt der logistischen Organisation. Dabei spannen die physische Wertschöpfungsstruktur einerseits, wie auch die Aufbauorganisation andererseits den materiellen Rahmen für den raum-zeitlichen Erfüllungszusammenhang der operativen und Prozessabwicklung auf. Die Gestaltung der logistischen Aufbauorganisation, die Gestaltung der logistischen Infrastruktur und die Gestaltung der logistischen Prozesse bilden die interdependenten Teilprobleme des logistischen Organisationsproblems [Kla02a].

D 2.2.3 Gestaltung der logistischen Aufbauorganisation

Unter dem Schlagwort „Organisation der Logistik" wird traditionell insbesondere die aufbauorganisatorische Gestaltung der Logistikfunktion, d. h. die institutionelle Verankerung der Logistik in der Unternehmensorganisation, verstanden [Ihd01; Pfo92]. Der Bezugspunkt dieser bis heute vorherrschenden Gestaltungsperspektive ist die formale Organisationsstruktur eines Unternehmens mit dem Ziel, logistische von nicht-logistischen Aufgaben abzugrenzen und organisatorisch in einem spezialisierten Funktionsbereich Logistik zusammen zu fassen. Dies wird mit der zunehmenden Komplexität der logistischen Aufgabenerfüllung, der Realisierung von Synergiepotenzialen, der Nutzung von Spezialisierungsvorteilen sowie dem Abbau von organisationsbedingten Zielkonflikten und Kommunikationsbarrieren begründet [Fel80; Pfo80]. Hieraus soll eine insgesamt effizientere Abwicklung der güter- und informationsflussbezogenen (Logistik-) Aufgaben resultieren, als dies bei einer zersplitterten Wahrnehmung von Logistikaufgaben der Fall ist (Zentralisationsthese).

Grundsätzlich ist zwischen der Gestaltung der Außen- und der Innenstruktur der Logistikorganisation zu unterscheiden [Had95]. Die Gestaltung der Außenstruktur umfasst Entscheidungen darüber, ob und in welcher Form eine separate Organisationseinheit Logistik in der Aufbauorganisation eines Unternehmens verankert wird [Fel80]. Sie legt die formale Arbeitsteilung zwischen der Logistik und den übrigen Organisationssystemen fest. Zunächst ist hierzu der Funktionsumfang zu bestimmen, der einer Organisationseinheit Logistik zugewiesen wird. Das Spektrum der verschiedenen Strukturierungsalternativen reicht von der funktional fragmentierten Logistik (d. h. keine Einrichtung einer eigenständigen Organisationseinheit), der partiell integrierten Logistik (d. h. nur für bestimmte Logistikaufgaben zuständige Organisationseinheit) bis zu einer vollständigen Integration sämtlicher Logistikaufgaben in einen eigenständigen Zentralbereich. Schließlich ist in Abhängigkeit der jeweiligen Form der Gesamtorganisationsstruktur zu bestimmen, auf welcher Hierarchieebene (z. B. Unternehmensführungs-, Divisions-/Funktionalbereichs- oder Abteilungsebene) die Organisationseinheit Logistik eingeordnet wird, mit welchen Entscheidungsbefugnissen (z. B. Weisung oder Beratung) diese auszustatten ist, und wie die organisatorischen Beziehungen zu anderen Organisationseinheiten (z. B. Linie oder Stab) ausgestaltet sind. Ausgehend von den idealen Strukturtypen der Funktionalen Organisation, Spartenorganisation und Matrix-Organisation können idealtypische Grundmodelle der logistischen Außenstruktur abgegrenzt werden. Die wichtigsten Alternativen werden in Bild D 2.2-2 verdeutlicht.

Bei der Gestaltung der Innenstruktur geht es um die aufbauorganisatorische Ausgestaltung der Organisationseinheit Logistik. In Abhängigkeit der insgesamt zugewiesenen Funktionsspektrums und Entscheidungskompetenzen sowie der hierarchischen Verankerung ist nun zu bestimmen, wie die operativen und administrativen Logistikaufgaben auf Stellen, Abteilungen, Bereiche usw. verteilt werden. Die Innenstrukturierung erfolgt analog zu den allgemeinen Prinzipien, die der Außenstrukturierung zugrunde liegen, und kann somit die idealtypischen Ausprägungen einer Funktional-, Divisional- oder Matrixstruktur aufweisen. Bild D 2.2-3 zeigt hierzu Gestaltungsalternativen auf.

D 2.2.4 Gestaltung der logistischen Infrastruktur

Die Gestaltung der physischen Infrastruktur eines Wertschöpfungssystems gilt traditionell weniger als organisatorisches, denn originär logistisches Problemfeld (Logistics Network Design [Bow96], Supply Chain Design [Aro00], Ressourcennetz-Konfiguration [Kla02b], Network Configuration [Bal99]). Bei der logistischen Infra-

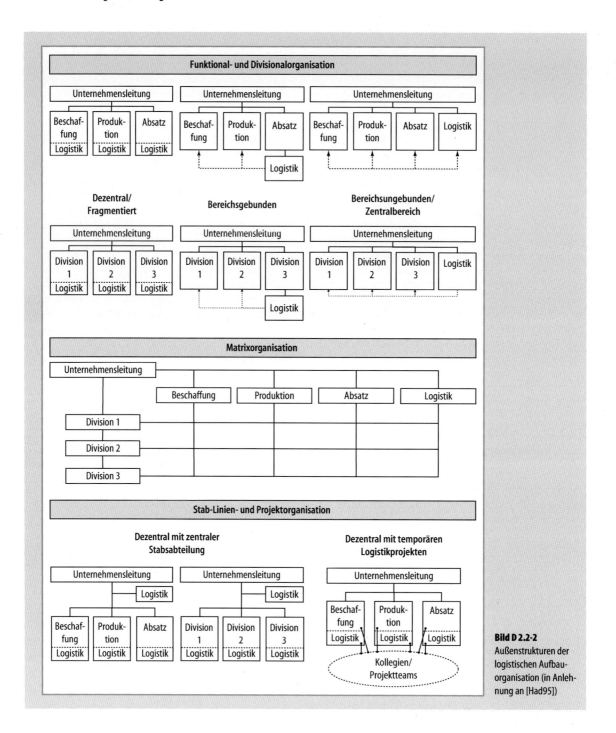

Bild D 2.2-2
Außenstrukturen der logistischen Aufbauorganisation (in Anlehnung an [Had95])

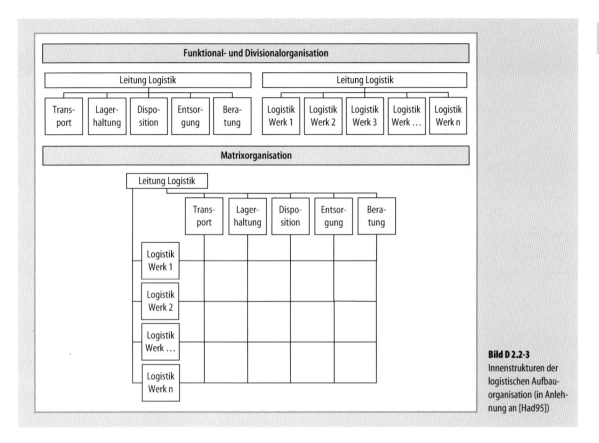

Bild D 2.2-3
Innenstrukturen der logistischen Aufbauorganisation (in Anlehnung an [Had95])

strukturgestaltung geht es um die Festlegung der räumlichen, technischen und personellen Struktureigenschaften eines Logistiksystems (Art und Anzahl der benötigten technischen Einrichtungen und personellen Ressourcen), z. B. Produktionsstätten, Lagerhäuser, Transportmittel, Handhabungsgeräte, Lager-, Umschlags- und Kommissioniereinrichtungen, Maschinen, Produktionsanlagen oder Informations- und Kommunikationssysteme – sowie die Dimensionierung technischer und personeller Kapazitäten. Des Weiteren sind Entscheidungen über die räumlich zentrale oder dezentrale Anordnung der Einrichtungen sowie über die Stufigkeit der Güter- und Informationsflussrelationen im Logistiksystem zu treffen. Schließlich sind die logistischen Objekte (Rohstoffe, Zwischen- und Fertigprodukte) nach Art, Bestandsmengen und Kundenanforderungen den physischen Einrichtungen eines Logistiksystems (grob) zuzuordnen. Zusammengefasst betrifft die logistische Infrastrukturgestaltung alle Maßnahmen, die die Art, die Anzahl, die Kapazität sowie die generellen räumlichen Anordnungsbeziehungen der Knoten und Kanten in einem logistischen Netzwerk konstituieren und die stabilen räumlichen, technischen und personellen Struktureigenschaften eines Logistiksystems kennzeichnen [Kla02a].

D 2.2.5 Gestaltung der logistischen Prozesse

Im Zuge der Prozessgestaltung werden die dynamischen Eigenschaften der logistischen Organisation bestimmt. Sie umfassen die operativen Ausführungs- und administrativen Führungsprozesse. Dabei bilden die logistischen Kernaktivitäten (des Transports, der Handhabung, der Auftragsabwicklung, des Umschlags, des Lagerns und des Kommissionierens und Verpackens) die operative Basis für die Gestaltung der raum-zeitlichen Güter- und Informationsflussprozesse innerhalb und zwischen den infrastrukturellen Einrichtungen eines Logistiksystems. Diese Prozesse sind untrennbar miteinander verknüpft.

Die organisatorische Gestaltung der Logistik umfasst somit letztlich güter- und informationsflussinduzierte Aufgabenstellungen. Die güterflussinduzierte Gestaltung der operativen Kernprozesse betrifft die raum-zeitlichen Ablaufprozeduren des Transports, der Lagerhaltung, des Güterumschlags, der Handhabung, der Kommissionierung oder der Verpackung/Signierung in der Beschaffungs-, der Produktions- und der Distributionslogistik. Die informationsflussinduzierte Gestaltung umfasst Entscheidungen über die Beschaffung, die Aufbereitung, die Bereitstellung sowie den Übermittlungsmodus von Auftragsabwicklungsinformationen zwischen Bedarfs- und Lieferpunkten im Logistiksystem. Sie können ihren Ursprung direkt in Kundenaufträgen oder aber in prognosebasierten Planvorgaben einer zentralen Disposition haben.

Insgesamt resultiert hieraus ein dynamisches System von operativen logistischen Auftragszyklen [Del95a], die schließlich die Ausgangsbasis für die Gestaltung der administrativen Logistikprozesse bilden. Diese lassen sich in strategische, abwicklungsvorbereitende und -begleitende sowie systemgestaltende Prozesse unterscheiden [End81; Weg93]. Die strategischen Führungsprozesse umfassen z. B. die Festlegung von Logistikzielen und -strategien sowie die Entwicklung der logistisch-organisatorischen Innen- und Außenbeziehungen. Die abwicklungsvorbereitenden und -begleitenden Führungsprozesse bestehen aus Planungs- und Steuerungsaufgaben, die direkt auf den Vollzug der Leistungserstellung ausgerichtet sind. Die systemgestaltenden Prozesse beinhalten die Analyse, Planung, Gestaltung und Einrichtung der logistischen Infrastruktur, der logistischen Auftragszyklen sowie der Planungs- und Steuerungsprozeduren [Gai83; Str88].

Die drei zuvor dargestellten Gestaltungsfelder der Logistikorganisation entspringen einer konsequenten Anwendung der logistischen Perspektive auf das Organisationsphänomen. Die Gestaltung einer Logistikorganisation bezieht sich dabei auf einen nach bestimmten Kriterien ausgegrenzten Abschnitt einer Wertschöpfungskette und muss sich dabei nicht zwangsläufig auf die Betrachtung eines einzelnen Unternehmens beschränken. Der organisatorische Gestaltungsfokus kann darüber hinaus, je nach Abgrenzung des Problemausschnitts, auch die Logistiksysteme mehrerer Unternehmen in einer Logistik- bzw. Lieferkette (Supply Chain) umfassen.

D 2.2.6 Logistikkonfigurationen

Die Notwendigkeit, den situativen Kontext bei der organisatorischen Gestaltung von Logistiksystemen zu berücksichtigen, wird in der einschlägigen Literatur einmütig betont [Drö88; Had95; Pfo87]. Hierbei zeigt sich eine zunehmende Tendenz zu einer ganzheitlich-konfigurativen Betrachtungsweise [Fis97; Sha92; Sch95b]. Die situative Organisationsforschung verweist in diesem Zusammenhang insbesondere auf den Konfigurationsansatz als die aktuellste und letztlich umfassendste Forschungsströmung

[Wol00; Min79; Sch98]. Der Konfigurationsansatz setzt auf den Grundannahmen des situativen bzw. Kontingenzansatzes [Kie99] auf, kritisiert diesen allerdings insbesondere wegen seiner restriktiven Problemvereinfachung [Mey93; Wol00; Min79]. Vor dem Hintergrund dieser Kritik wird die analytisch-zerlegende Perspektive des situativen Ansatzes im Konfigurationsansatz um eine synthetische Sichtweise ergänzt. Eine konsistente Konfiguration zeichnet sich dabei durch harmonische Muster von aufeinander abgestimmten Gestaltungs- und Kontextvariablen aus [Sch98; Min79].

Mit seiner konzeptionellen Nähe zum systemischen Ansatz der Logistik ist der Konfigurationsansatz besonders geeignet, für die Erforschung und Gestaltung logistischer Organisationen neue organisationstheoretische Erklärungspotenziale zu erschließen. Auf seiner Grundlage lässt sich ein Orientierungsrahmen (Bild 2.2-4) aus spezifisch logistischen Konfigurationen ableiten, die sich durch harmonische Muster von logistischen Kontextvariablen, physischen und formalen Strukturvariablen sowie Prozessvariablen auszeichnen. Dieser Orientierungsrahmen bildet die konzeptionelle Grundlage für die Entwicklung logistischer Konfigurationstypen oder Logistikkonfigurationen, die als theoretische Bezugsrahmen zur Erforschung der logistischen Organisation und als diagnostische Werkzeuge in der logistikorientierten Organisationsgestaltung eingesetzt werden können [Kla02a; Kla04; Kla05a; Kla05b].

Insgesamt setzt die Charakterisierung unterschiedlicher Logistikkonfigurationen an den Teilelementen des logistischen Organisationsproblems und an der Auswahl logistischer Gestaltungsvariablen (Struktur- und Prozessvariab-

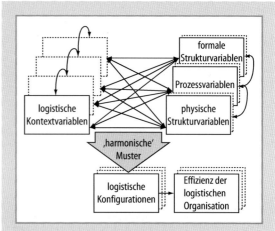

Bild D 2.2-4 Übertragung des Forschungsprogramms des Konfigurationsansatzes auf die Logistik [Kla02a; Kla05b]

len), Kontextvariablen und Wirkungshypothesen an. Dabei spielen spezifische Mechanismen der Güterflusskoordination eine zentrale Rolle. Denn es ist gerade die Art und Weise der Prozessauslösung (antizipativ oder reaktiv) und -steuerung (Push oder Pull), die eine inhaltliche Verbindung zwischen den operativen und administrativen Prozessen der logistischen Organisation herstellen und damit einen wichtigen Erklärungsbeitrag zu den typischen Struktur- und Prozesseigenschaften der Logistikkonfigurationen leisten [Kla02a].

D 2.2.7 Typen von Logistikkonfigurationen als Grundlage der ganzheitlichen Logistikorganisation

Die situative Abhängigkeit der Logistikorganisation ist somit aus theoretischer Sicht offensichtlich und auch die Gestaltungsbemühungen in der Praxis zeigen, dass die Anforderungen, die grundsätzlich an ein Logistiksystem gestellt werden, in Abhängigkeit von der jeweiligen Branche, der Wettbewerbsstrategie, der Position eines Unternehmens in der Wertschöpfungskette, der Nachfrage- und Produkteigenschaften, usw. variieren [Fis97; Chr00; Sha92]. Ein nahe liegendes Vorgehen besteht also darin, so genannte Logistikprofile zu erstellen, die die wichtigsten Kontext- und Gestaltungsvariablen mit ihren Wirkungszusammenhängen in einer konkreten Situation identifizieren und die spezifischen, aus der Wettbewerbsstrategie eines Unternehmens bzw. eines Unternehmensverbundes resultierenden Anforderungen an ein Logistiksystem definieren [Kla04].

Ein Blick in die einschlägige Literatur zeigt allerdings, dass sich bisher noch kein allgemein akzeptierter Katalog von logistischen Gestaltungs- und Kontextvariablen herausgebildet hat. Dies ist auch nicht weiter verwunderlich, ist doch die Auswahl wie auch die Kategorisierung der als relevant erachteten Gestaltungs- und Kontextvariablen nicht objektiv vorgegeben, sondern hängt zutiefst von der jeweiligen Gestaltungszielsetzung wie auch von der subjektiven Einschätzung des Gestalters ab.

Die nachfolgende Tabelle D 2.2-1 ist daher nicht als erschöpfender Katalog zu verstehen, sondern ist vielmehr ein erster Versuch, einen großen Teil der in der Literatur diskutierten Variablen zusammenzutragen, insbesondere im Hinblick darauf, dass zwischen ihnen spezifische Einflussbeziehungen unterstellt werden [Kla02a]. Dabei orientiert sich die logische Gliederung der strukturellen und prozessualen Gestaltungsvariablen an dem zuvor dargelegten logistischen Organisationsproblem.

Solche logistischen Anforderungsprofile bilden idealerweise den Ausgangspunkt für die Ableitung der zur operativen Abwicklung notwendigen Prozess- und Struktureigenschaften der Logistik-Organisation. Da sich jedoch die spezifischen Eigenschaften der Güter, der logistischen Leistungserstellung sowie der logistischen Service- bzw. Marktanforderungen zwangsläufig zwischen verschiedenen Wertschöpfungsketten einerseits und entlang derselben Wertschöpfungskette andererseits unterscheiden, ist hierbei grundsätzlich immer auch die Frage nach der horizontalen und vertikalen Reichweite des Logistikprofils und letztlich der Abgrenzung von Logistikkonfigurationen mit jeweils eigenständigen Anforderungen an die Logistik zu stellen [Del95a]. Letztlich entscheidet sich hierbei auch die Frage nach einem eher unternehmensbezogenen oder -übergreifenden Gestaltungsansatz.

Tabelle D 2.2-1 Logistische Gestaltungs- und Kontextvariablen [Kla05a; Kla05b]

Kontextvariablen	Gestaltungsvariablen
Nachfrageeigenschaften, z. B.: • Nachfrageunsicherheit • Anforderungen an Lieferzeit und -zuverlässigkeit • Nachfragemengen und -struktur • Geographische Nachfrageverteilung **Produkteigenschaften, z. B.:** • Gewicht-Volumen-Verhältnis, Empfindlichkeit, Wert und Wertdichte • Individualität, Standardisierung und Modularität **Technikeigenschaften, z. B.:** • Größenvorteile und Flexibilität • Technische Integration (z. B.: Software- oder Hardwarekompatibilität)	**Struktureigenschaften, z. B.:** • Formale (De-)Zentralisation der Aufbauorganisation • Geographische (De-)Zentralisation der Infrastruktur **Prozesseigenschaften, z. B.:** • Organisatorische Koordinationsmechanismen (Standardisierung, gegenseitige Abstimmung, …) • Push- vs. Pull-Logik zur Güterflusssteuerung • Aufschieben (Postponement) vs. Spekulieren (Speculation) von Aktivitäten (geographisch und value added) • Bündeln vs. Vereinzeln in Produktion und Transport

Die Entwicklung logistischer Anforderungsprofile ist eine komplexe und zutiefst situationsspezifische Aufgabe. Als erste komplexitätsmindernde Orientierung können hierbei generische Konfigurationstypen dienen, mit deren Hilfe sich, sozusagen als „organisatorische Vororientierung", solche logistischen Anforderungsprofile in der Praxis leichter entwickeln lassen. Die nachfolgende Tabelle D 2.2-2 differenziert in diesem Zusammenhang einerseits zwischen einer vorrangig kosten- bzw. flexibilitätsorientierten Logistik für funktionale resp. innovative Produkte und andererseits zwischen einer prognosegetriebenen Logistik für unveränderbare Standardprodukte und einer auftraggetriebenen Logistik für individuell oder modular gestaltbare Einzel- bzw. Systemprodukte. Aus der Kombination dieser grundlegenden, voneinander unabhängigen logistischen Strategiedimensionen ergeben sich die vier in der nachfolgenden Tabelle D 2.2-2 aufgeführten generischen Konfigurationstypen.

Die *straffe Logistikkonfiguration* verbindet die Eigenschaften einer antizipativen, prognosegetriebenen Logistik mit der Anforderung nach einer kostenorientierten Prozessabwicklung. Dies wird üblicherweise über die konsequente und umfassende Nutzung ökonomischer Größenvorteile bei der Herstellung, Handhabung, Lagerung und Distribution von standardisierten Massenprodukten realisiert. Hiermit sind in der Logistik üblicherweise die Gestaltungsoptionen einer Push-Güterflusssteuerung (d. h. von der Produktion zum Markt gerichtet), der Bündelung von Güterflüssen und der „Speculation" verbunden. Voraussetzung für die ökonomische Vorteilhaftigkeit dieser Gestaltungsvariablen ist allerdings ein entsprechend stabiler Unternehmenskontext, der zuverlässige Bedarfsprognosen erlaubt. Die starke Bündelung der logistischen Güterströme zieht dabei zwangsläufig auch eine ausgeprägte Tendenz zur Zentralisierung der logistischen Infrastruktur nach sich. Der geographische Zentralisationsgrad wird jedoch durch eine für Massengüter typische, in der Regel ausgedehnte räumliche Verteilung der Nachfrage, die darüber hinaus eine unmittelbare Produktverfügbarkeit am Point of Sale einfordert, begrenzt. Insbesondere Hersteller so genannter „No Frill Products", z. B. aus der Konsum- und Massengüterindustrie, könnten sich somit diesen zwar kostenminimierenden, aber damit zugleich eher unflexiblen Typus zur Grundlage der Entwicklung ihres individuellen Logistikprofils machen.

Die *agile Logistikkonfiguration* stellt sozusagen den konfigurativen Gegenpol zur straffen Logistikkonfiguration dar, da es die Prognoseorientierung mit einer flexiblen Prozessabwicklung kombiniert. Dies wird insbesondere vor dem Hintergrund volatiler Kontextbedingungen erforderlich, mit denen z. B. Hersteller modisch aktueller oder technisch trendsetzender Konsumgüter täglich konfrontiert sind. Eine hohe Produktverfügbarkeit am Point of Sale ist für den dauerhaften, auf Innovationsführerschaft ausgerichteten Geschäftserfolg, im Sinne einer Abschöpfung kurzfristig hoher Preisbereitschaften, entscheidend. Daher steht bei der organisatorischen Gestaltung des Logistiksystems auch weniger eine strikte Kostenorientierung als vielmehr die schnelle Reaktionsfähigkeit (zeitliche Flexibilität) der operativen Prozesse im Vordergrund. Durch die lose Verkettung von Güterflussprozessen auf Basis der Pull-Logik (d. h. vom Markt zur Produktion gerichtet) wird diese Flexibilität erreicht. Zudem gestattet gerade die konfigurative Verknüpfung von geographical speculation

Tabelle D 2.2-2 Generische Typen von Logistikkonfigurationen (modifiziert nach [Kla02a])

	Kostenorientiert	Flexibilitätsorientiert
Prognosegetrieben	**Straffe Logistikkonfiguration** • Funktionale Standardprodukte • Antizipative Push-Steuerung • Strategie: Kostenführerschaft • Ziel: Bündelungsvorteile • Kontext: Stabil	**Agile Logistikkonfiguration** • Innovative Standardprodukte • Antizipative Pull-Steuerung • Strategie: Innovationsführer • Ziel: Hohe Verfügbarkeit • Kontext: Volatil
Auftraggetrieben	**Modulare Logistikkonfiguration** • Modular gestaltete Systemprodukte • Reaktive Pull-Steuerung • Strategie: Mass Customization • Ziel: Schnelle Reaktionsfähigkeit • Kontext: Komplex	**Individuelle Logistikkonfiguration** • Individuelle Einzelprodukte • Reaktive Push-Steuerung • Strategie: Differenzierung • Ziel: Kundenwunsch 100% erfüllen • Kontext: Dynamisch

und manufacturing postponement, einzelne Teilprozesse der Produktion aufzusplitten (z. B. in die Bereiche Vorfertigung → Endmontage → Packaging → Labeling), die endgültige Fertigstellung der Produkte zeitlich gestaffelt aufzuschieben, und damit Teile der finalen Fertigungsaktivitäten räumlich in die Strukturen und Prozesse der Güterdistribution zu integrieren. Mit anderen Worten, die agile Logistikkonfiguration kann mit Hilfe geographisch dezentral verteilter und damit möglichst marktnah agierender Einheiten auf die aktuellsten Nachfrageentwicklungen schnell und flexibel reagieren und eine hohe Produktverfügbarkeit gewährleisten.

Mit der *individuellen Logistikkonfiguration* wechselt die Betrachtung von der prognose- zur reaktiven, auftragsorientierten Logistik. Die Auftragsorientierung kommt immer dann zur Anwendung, wenn kundenindividuelle Wünsche die Produkteigenschaften maßgeblich bestimmen. Semi-industriell bzw. handwerklich gefertigte Maßanzüge, Schuhe oder Möbel, aber auch Spezialmaschinen und -werkzeuge sind nur einige wenige Beispiele für solche kundenspezifischen Einzelprodukte, die gar nicht bzw. nur in geringem Maße standardisiert sind. In der Regel bedürfen diese Produkte der intensiven Integration des jeweiligen Kunden und werden im Extremfall in der „Losgröße 1" hergestellt. Dass sich diese ausgeprägte Individualität der Produkte und die damit verbundene eher selektiv-sporadische Marktnachfrage natürlich auch in ganz spezifischen Anforderungen an die Logistik niederschlägt, liegt auf der Hand. Um die individuellen Wünsche an die Produkteigenschaften vollständig erfüllen zu können, bedürfen die Wertschöpfungsprozesse einer ausgeprägt qualitativen Flexibilität, nicht zuletzt auch im Hinblick auf eine kurzfristige Änderungsdynamik der Kundenwünsche. Hinzu tritt eine hohe Ungewissheit bezüglich der zukünftigen Nachfrage wie auch der gewünschten Produkteigenschaften, die eine Vorabproduktion von Komponenten grundsätzlich ausschließt. Somit wird die reaktive, auf der Push-Logik basierende Güterflusssteuerung sowie das manufacturing/distribution postponement zu den charakterisierenden Gestaltungsmerkmalen der individuellen Logistikkonfiguration. Mit anderen Worten, die Aufnahme aller Wertschöpfungsaktivitäten erfolgt sinnvoller Weise erst nach Eingang eines klar spezifizierten Kundenauftrages. Die kleinen Auflagestückzahlen und die hohe qualitative Flexibilität lassen den Einsatz von großvolumigen logistischen Kapazitäten nicht zu, so wie die räumlichen Produktions- und Distributionsstrukturen – nachfrage- und produktbedingt – konsequenterweise eine starke Tendenz zur Zentralisation aufweisen. Eine Orientierung an der Grundlogik der individuellen Logistikkonfiguration ist letztlich für solche Supply Chains interessant, die sich mit individualisierten Produktleistungen vom Wettbewerb z. T. mit hohem logistischen Aufwand differenzieren, die aber üblicherweise dafür im Gegenzug von ihren treuen Kunden auch mit einer überdurchschnittlichen Wertschätzung belohnt werden. Diese Wertschätzung zeigt sich einerseits in dem Zugeständnis von Lieferzeiten („darauf warte ich gern") und andererseits in einer überdurchschnittlichen Preisbereitschaft („Individualität darf ruhig etwas mehr kosten").

Die *modulare Logistikkonfiguration* baut auf der grundsätzlichen Überlegung auf, dass es wie zuvor bei der prognosegetriebenen Logistik auch in der auftraggetriebenen Logistik die Möglichkeit zur strategischen Wahl zwischen Flexibilität und Kostenorientierung gibt. In der Literatur wird in diesem Zusammenhang häufig auch der Begriff des „Mass Customization" verwendet (vgl. z. B. [Pil00]). Die Strategie des Mass Customization zielt in ihrem Kern darauf ab, das klassische Dilemma zwischen individualisierter Einzelproduktion (hohe Flexibilität, hohe Stückkosten) und standardisierter Massenfertigung (geringe Flexibilität, niedrige Stückkosten) zu verringern. Als wichtige Stellhebel gelten dabei der Einsatz moderner, flexibler Produktionstechnologien in enger Verbindung mit modularen Erzeugnisstrukturen (Baukastensystem). Diese beiden Stellhebel erlauben es insgesamt, modular gestaltbare Systemprodukte kundenindividuell und in vergleichsweise großen Stückzahlen und damit wesentlich kostengünstiger bereitzustellen, als bei der reinen Einzelfertigung (siehe individuelle Logistikkonfiguration). Vor dem Hintergrund einer intelligenten modularen Erzeugnisstruktur kann der gesamte Wertschöpfungsprozess nämlich in standardisierte, kostengünstiger operierende Teilprozesse zerlegt werden, die jeweils auf die Herstellung eines begrenzten Sortiments an Bauteilen spezialisiert sind. Auf der Basis der modularen Erzeugnisstruktur kann der Kunde schließlich aus einer mehr oder weniger großen Zahl vorgegebener Wahloptionen das für ihn passende Produkt „individuell" zusammenstellen. Der Logistik kommt hierbei die zentrale Rolle zu, die aus den jeweils vorgegebenen Wahlmöglichkeiten resultierende Komplexität auf eine möglichst kostengünstige Art und Weise zu handhaben und eine schnelle Reaktionsfähigkeit sicherzustellen. Hierzu gehört im wesentlichen die Ausnutzung von Bündelungsvorteilen im Rahmen einer begrenzten Vorabproduktion standardisierter Bauteile und deren räumlich zentraler Zwischenpufferung. Mit Hilfe einer reaktiven Pull-Steuerungslogik kann dann auf der Basis eng gekoppelter, selbststeuernder Regelkreise (z. B. Kanban) schnell und flexibel auf die Anforderungen konkreter Kundenaufträge reagiert werden. Die modulare Logistikkonfiguration ist letztlich für solche Unternehmen bzw. Unternehmensverbünde interessant, die sich mit kundenseitig anpassbaren Systemprodukten im Markt differenzieren, schnell auf Kundenaufträge reagieren müssen und dabei gleichzeitig nicht den Kostenaspekt aus den Augen verlieren dürfen, wie z. B. die Hersteller von Automobilen, hochwertigen Fahrrädern, Einbauküchen oder etwa von kundenindividuell angepassten Computersystemen.

D 2.2.8   Fazit

Es liegt auf der Hand, dass diese hier in aller Kürze vorgestellten generischen Konfigurationstypen nur einen ersten Schritt markieren auf dem Weg zu einem ganzheitlichen Design unternehmensbezogener wie auch unternehmensübergreifender Supply Chains. Verschiedenste Spielarten, Mischformen und Ausprägungen sind grundsätzlich denkbar. Die Grundlage einer ganzheitlichen Logistikorganisation ist jedoch immer die konsequente Entwicklung eines logistischen Anforderungsprofils unter Berücksichtigung der infrastrukturellen, prozessualen und formalorganisatorischen Zusammenhänge der Logistik-Organisation auf der Basis einer klar kommunizierten Wettbewerbsstrategie. Dabei ist es auch nicht ausgeschlossen, dass vor dem Hintergrund diversifizierter Marktbearbeitungsstrategien auch unterschiedliche Konfigurationstypen in gleichzeitiger Kombination zum Zuge kommen. Es zeigt sich dabei letztlich aber auch, dass Logistikorganisation mehr bedeutet als die Zuweisung formaler Verantwortung für das Bündel der Logistikaufgaben in einer Supply Chain.

Literatur

[Aro00] Aronsson, H.: Three Perspectives on Supply Chain Design. Linköping 2000

[Bal99] Ballou, R.H.: Business Logistics Management. Planning, Organizing, and Controlling the Supply Chain. Upper Saddle River/New Jersey 2000

[Bow96] Bowersox, D.J; Closs, D.J. u. a.: Logistical Management: The Integrated Supply Chain Process. New York 1996

[Chr00] Christopher, M.; Towill, D.R.: Don't Lean too Far – Distinguishing between the Lean and Agile Manufacturing Paradigms. Aston: MIM 2000 Conference www.agilesupplychain.org/downloads/assets/Don'tLeanTooFar.pdf

[Del95a] Delfmann, W.: Logistische Segmentierung. Ein modellanalytischer Ansatz zur Gestaltung logistischer Auftragszyklen. In: Albach H.; Delfmann W. (Hrsg.): Dynamik und Risikofreude in der Unternehmensführung. Wiesbaden 1995, 171–202

[Del95b] Delfmann, W.: Logistik. In: Corsten, H.; Reiß, M. (Hrsg.): Handbuch Unternehmensführung. Konzepte – Instrumente – Schnittstellen. Wiesbaden 1995, S. 505–517

[Drö88] Dröge, C.; Germain, R.: The Design of Logistics Organizations. The Logistics and Transportation Review 43 (1988) 1, 25–37

[End81] Endlicher, A.: Organisation der Logistik. Untersucht und dargestellt am Beispiel eines Unternehmens der chemischen Industrie mit Divisionalstruktur. Essen 1981

[Fel80] Felsner, J.: Kriterien zur Planung und Realisierung von Logistik-Konzeptionen in Industrieunternehmen. Bremen 1980

[Fis97] Fisher, M.L.: What is the Right Supply Chain for Your Product? A simple framework can help you figure out the answer. Harvard Business Review 75 (1997) 2, 105–116

[Fre05] Frese, E.: Grundlagen der Organisation. Konzept – Prinzipien – Strukturen. 9. Aufl. Wiesbaden 2005

[Gai83] Gaitanides, M.: Prozessorganisation. Entwicklung, Ansätze und Programme prozessorientierter Organisationsgestaltung. München 1983

[Had95] Hadamitzky, M.C.: Analyse und Erfolgsbeurteilung logistischer Reorganisationen. Wiesbaden 1995

[Ihd01] Ihde, G.B.: Transport, Verkehr, Logistik: Gesamtwirtschaftliche Aspekte und einzelwirtschaftliche Handhabung. 3. Aufl. München 2001

[Kie99] Kieser, A. u. a.: Der Situative Ansatz. In: Kieser, A. (Hrsg.): Organisationstheorien. 3. Aufl. Stuttgart 1999, 169–198

[Kla02a] Klaas, T.: Logistik-Organisation. Ein konfigurationstheoretischer Ansatz zur logistikorientierten Organisationsgestaltung. Wiesbaden 2002

[Kla04] Klaas, T.: Logistik ganzheitlich organisieren. Logistik Heute (2004) 1/2, 60–61

[Kla05a] Klaas, T.: Jenseits des Organigramms. Grundsätzliche Überlegungen zur ganzheitlichen Gestaltung der Supply Chain. Logistik Management 7 (2005) 3, 8–20

[Kla05b] Klaas, T.; Delfmann, W.: Notes on the Study of Configurations in Logistics Research and Supply Chain Design. In: de Koster, R.; Delfmann, W. (Hrsg.): Supply Chain Management – European Perspectives. Copenhagen 2005, 11–36

[Kla02b] Klaus, P.: Die dritte Bedeutung der Logistik: Beiträge zur Evolution logistischen Denkens. Hamburg 2002

[Mey93] Meyer, A.D.; Tsui, A.S.; Hinings, C.R.: Configurational Approaches to Organizational Analysis. Academy of Management Journal, Special Research Forum 36 (1993) 6, 1175–1195

[Min79] Mintzberg, H.: The Structuring of Organizations. A Synthesis of the Research. Englewood Cliffs 1979

[Mor86] Morgan, G. u. a.: Images of Organization. Beverly Hills 1986

[Pfo80] Pfohl, H.C.: Aufbauorganisation der betriebswirtschaftlichen Logistik. Zeitschrift für Betriebswirtschaft 50 (1980) 11/12, 1201–1228

[Pfo87] Pfohl, H.C.; Zöllner, W.: Organization for Logistics: The Contingency Approach. International Journal of Physical Distribution and Materials Management 17 (1987) 1, 3–16

[Pfo92] Pfohl, H.C.: Logistik, Organisation. In: Handwörterbuch der Organisation. 3. Aufl. Frese, E.v.(Hrsg.): Stuttgart 1992, 1255–1270

[Pil00] Piller, F.T.: Mass Customization. Ein wettbewerbsstrategisches Konzept im Informationszeitalter. Wiesbaden 2000

[Sch98] Scherer, A.G.; Beyer, R.: Der Konfigurationsansatz im Strategischen Management – Rekonstruktion und Kritik. Die Betriebswirtschaft. 58 (1998) 3, 332–347

[Sch95a] Schreyögg, G. u. a. : Umwelt, Technologie und Organisationsstruktur. Eine Analyse des kontingenztheoretischen Ansatzes. 3. Aufl. Bern 1995

[Sch95b] Schwegler, G.: Logistische Innovationsfähigkeit. Konzept und organisatorische Grundlagen einer entwicklungsorientierten Logistik-Technologie. Wiesbaden 1995

[Sha92] Shapiro, R.D. u. a.: Get Leverage from Logistics. In: Christopher, M. (Hrsg.): Logistics. The Strategic Issues. London 1992, 49–62

[Str88] Striening, H.-D. u. a.: Prozess-Management. Versuch eines integrierten Konzepts situationsadäquater Gestaltung von Verwaltungsprozessen. Dargestellt am Beispiel in einem multinationalen Unternehmen – IBM Deutschland GmbH. Frankfurt/Main 1988

[Weg93] Wegner, U.: Organisation der Logistik. Prozess- und Strukturgestaltung mit neuer Informations- und Kommunikationstechnik. Berlin 1993

[Wol00] Wolf, J.: Der Gestaltansatz in der Management- und Organisationslehre. Wiesbaden 2000

D 2.3 Personalmanagement in der Logistik

D 2.3.1 Einführung

D 2.3.1.1 Vorbemerkung

In einem Forschungsbericht der Projektgruppe „Logistik und Dienstleistung" der Universität/GH Duisburg wird die Logistikbranche als „im Umbruch" befindlich und als „sich wandelnder Dienstleistungsbereich" charakterisiert [Ple98]. Die seit längerer Zeit erkennbaren Tendenzen betreffen die Megatrends steigender Komplexität, Kontingenz und Dynamik i. Allg. [Pfo04a] sowie (u. a.) die Privatisierung ehemals staatlicher Logistikbetriebe, die Entstehung neuer Logistikkonzerne und Netzwerkunternehmen sowie die Verlagerung des betrieblichen Werkverkehrs in den Bereich des gewerblichen Transports im Besonderen. Eine wesentliche Voraussetzung für die Realisierung solcher Veränderungen ist die bedarfsgerechte Verfügbarkeit über (hinreichend ergiebige) Potenzialfaktoren, wie z. B. Förder- und Transportmittel, Lagerräume und -einrichtungen, Hard- und Software sowie Arbeitskräfte [Ise98]. Dem letztgenannten Produktionsfaktor, der menschlichen Arbeitsleistung, und den korrespondierenden (ökonomisch legitimierbaren) Entscheidungen in der Logistik ist der vorliegende Beitrag gewidmet. Die Erkenntnis, dass sich (auch) die Logistikbranche intensiver mit personalwirtschaftlichen Problemen auseinandersetzen sollte, scheint mittlerweile in den Unternehmen angekommen zu sein, denn „immer häufiger wird die Frage gestellt, wie die Mitarbeiter in der Logistik zum Erfolg des Logistiksystems beitragen können und welche Aufgaben dabei dem Personalmanagement zukommen" [Pfo04a, 19].

Zunächst werden in Abschn. D 2.3.1.2 die Herstellung und Sicherung der Verfügbarkeit über sowie die Herstellung und Sicherung der Wirksamkeit von Personal als zentrale Problembereiche und die Personalpotenzialdisposition sowie die Personalverhaltensbeeinflussung als zentrale Maßnahmenbereiche des Personalmanagement charakterisiert. In Abschn. D 2.3.2.1 geht es um Grundmodelle der Personalplanung, die speziell in Abschn. D 2.3.2.2 selektiv und exemplarisch verdeutlicht werden. Auf die Maßnahmen zur Beeinflussung des Personalverhaltens wird in Abschn. D 2.3.3.1 eingegangen und die Thematisierung betrieblicher Anreizsysteme erfolgt abschließend in Abschn. D 2.3.3.2.

D 2.3.1.2 Problem- und Maßnahmenbereiche des Personalmanagement

Problembereiche

Personalwirtschaftliche Grundprobleme entstehen, wenn die Unternehmenseigner nicht willens oder in der Lage sind, alle zur Erreichung des Betriebszwecks erforderlichen Aktivitäten selbst auszuführen; Tätigkeiten werden dann an Agenten delegiert, die mit Arbeitsverträgen ausgestattet werden und in ihrer Gesamtheit das Personal eines Betriebes (zum Begriff Personal vgl. [Kli29, 3; Tü78, 220; Flo84, 38ff]) bilden. Die Eigner werden mit dem (komplexen) Delegationsproblem konfrontiert, das sich aus mehreren Teilproblemen konstituiert, wie der Aufgabendefinition, der Personalrekrutierung, der Aufgabenzuweisung und Entscheidungen über unterstützende Maßnahmen. Eng damit verbunden sind verhaltenskanalisierende und Personalbedarfe auslösende Basisentscheidungen über das Produktions- und das Investitionsprogramm des Betriebes sowie über dessen Organisationsstruktur [Spe99].

Diese wiederum sind zwar zweifelsohne personalwirtschaftlich relevant, da sie personalwirtschaftliche Probleme zur Folge haben. Jedoch zählen sie nicht zum Kreis der personalwirtschaftlichen (Grund-) Probleme. Die personalwirtschaftlichen Grundprobleme schließen sich an die Verhaltenskanalisierung an und hängen mit der Schaffung von Personalpotenzialen, der Konkretisierung sowie der Um- bzw. Durchsetzung von Verhaltensansprüchen zusammen. Sie lassen sich in Primär- und Sekundärprobleme differenzieren (vgl. [Kos92b; Tür78]). Während die Primärprobleme in der Herstellung und Sicherung der Verfügbarkeit über (Disponibilitätsproblem) und der Wirksamkeit von Personal (Funktionalitätsproblem) zu sehen sind (vgl. [Kos06, 518ff; Web96, 280; Nie96, 59]), konkretisieren sich die Sekundärprobleme in Handlungserfordernissen – die u. a. aus der Interpretationsoffenheit der Arbeitsverträge (arbeitsrechtliche Aspekte) [Bra91, 23], der asymmetrischen Informationsverteilung bzgl. der Funktionalität von Arbeitskräften (informatorische Aspekte) und der Notwendigkeit verwaltungsmäßiger Bearbeitung personeller Maßnahmen (administrative Aspekte) – folgen.

Bei den beiden aufgeführten Primärproblemen handelt es sich zum einen um eine analytische Differenzierung des eigentlichen (übergeordneten) Problems der Herstellung und Sicherung der Verfügbarkeit über hinreichend ergiebiges (bzw. der Ergiebigkeit von hinreichend verfügbarem) Personal, die aus forschungspragmatischen Gründen zur Veranschaulichung und Vereinfachung vorgenommen werden. Die Trennung ist zum anderen erforderlich, weil das Gesamtproblem aufgrund seiner Komplexität, Kontingenz und Dynamik i. d. R. nicht uno actu, sondern lediglich sequentiell gelöst werden kann. Darüber hinaus sind beide Problemkomplexe interdependent, denn weder können z. B. Personalausstattungsentscheidungen unter Verzicht auf die Antizipation von Wirksamkeitsproblemen sinnvoll getroffen werden noch ist es ratsam, das Personalverhalten unter Ausblendung von Verfügbarkeitseffekten und -restriktionen beeinflussen zu wollen (vgl. [Kos06, 521; Nie96, 60]).

Maßnahmenbereiche

Werden die personalwirtschaftlichen Instrumente nach ihrem Problembezug differenziert, dann lassen sich zentrale von peripheren Instrumenten unterscheiden [Kos06]. Die folgenden Ausführungen beschränken sich auf die Betrachtung zentraler Instrumente, die für die Lösung von Primärproblemen eingesetzt werden. Periphere personalwirtschaftliche Instrumente dienen zur Lösung von Sekundärproblemen. Ebenso wie bei den personalwirtschaftlichen Problemen ließen sich (mit etwas Phantasie) auch von den (zentralen) Instrumenten quasi infinite Listen anfertigen. Bei einer wissenschaftlichen Betrachtung dieses Themas ist jedoch eine Gruppierung anstelle vollständiger Aufzählung angebracht. Hier bietet sich ein Konzept hierarchischer Gruppierung an, wobei eine Beschränkung auf drei Hierarchiestufen aus Gründen der Anschaulichkeit unseren Zwecken genügt.

Die linke Seite von Bild D 2.3-1 skizziert die hier verwendete Instrumentenhierarchie. Auf der höchsten Hierarchiestufe werden Maßnahmen der Personalpotenzialdisposition von den Maßnahmen der Personalverhaltensbeeinflussung unterschieden. Zu den erst genannten zählen Instrumente der Personalausstattung und des Personaleinsatzes; zuletzt genannt werden in die Maßnahmen der Verhaltenslenkung, der Verhaltensbeurteilung und der Verhaltensabgeltung disaggregiert. Auf der dritten Hierarchiestufe – vgl. Bild D 2.3-1 – werden die Instrumente der zweiten Stufe nach Kossbiel [Kos06, 523] differenziert:

Unter der Personalausstattung eines Betriebes wird die Art und Anzahl der diesem zur Verfügung stehenden Arbeitskräfte verstanden. Maßnahmen zur Veränderung der Personalausstattung sind die Beschaffung von Arbeitskräften (Personalrekrutierung vom betriebsexternen Arbeitsmarkt), die Freisetzung von Arbeitskräften (durch Kündigung oder Aufhebungsverträge), die Qualifizierung von Arbeitskräften (durch Umschulung, Fort- oder Weiterbildung), die Versetzung von Arbeitskräften (in andere Abteilungen, Bereiche oder Gruppen), die Beförderung (bzw. Degradierung) von Arbeitskräften auf höhere (bzw. niedrigere) hierarchische Ränge sowie die Änderung des Status von Arbeitskräften (z. B. als Voll- oder Teilzeitbeschäftigte, als Beschäftigte der Stamm- oder der Randbelegschaft, als befristet oder unbefristet Beschäftigte etc.).

Maßnahmen des Personaleinsatzes sind die Zuordnung von verfügbaren Arbeitskräften (Personalausstattung) – entweder zu Aufgabenerledigungsprozessen (Aufgabenzuordnung und Stellenzuweisung) oder zu Schulungsprozessen (Personalqualifizierung) – sowie das Verleihen von Arbeitskräften an andere Betriebe (Personalausleihe) und den zeitweiligen „Nicht-Einsatz" von Personal (Personalsuspendierung).

Im Zuge der Verhaltenslenkung sind den Arbeitskräften explizite und implizite Verhaltensnormen (bzgl. Arbeits-

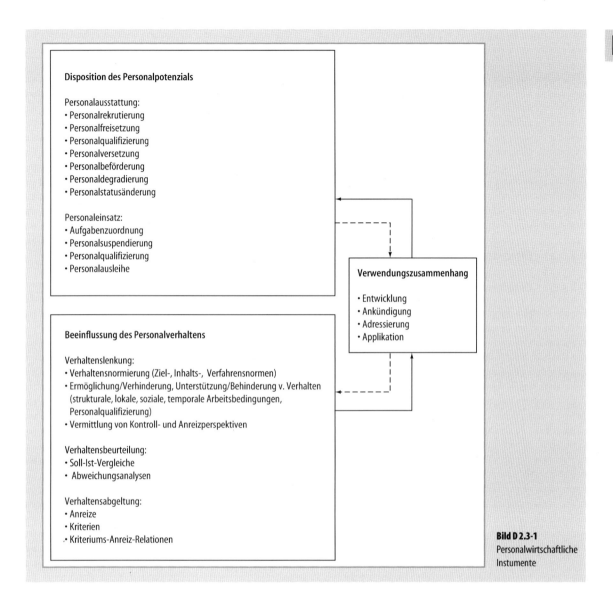

Bild D 2.3-1 Personalwirtschaftliche Instumente

zielen, -inhalten und -verfahren) vorzugeben und durch die Gestaltung von Arbeitsbedingungen sowie durch Personalqualifizierung sind erwünschte Verhaltensweisen im positiven Fall zu ermöglichen bzw. zu unterstützen und im negativen Fall zu verhindern bzw. zu behindern. Darüber hinaus wird durch die Ankündigung von Kontrollen sowie durch die Inaussichtstellung von Gratifikationen bzw. Androhung von Sanktionen (Vermittlung von Kontroll- und Anreizperspektiven) Personalverhalten gelenkt.

Die Verhaltensbeurteilung baut direkt auf der Verhaltenslenkung auf, indem das zuvor festgelegte Verhaltens-Soll (Verhaltensnormierung) mit dem tatsächlich eingetretenen Verhalten der Arbeitskräfte verglichen und ggf. einer Abweichungsanalyse unterzogen wird, die eine Bedeutungseinschätzung und Ursachenzuschreibung beinhaltet.

In Abhängigkeit der Verhaltensbeurteilung wird das Personalverhalten abgegolten, indem positive oder negative Anreize auf Basis vorab definierter Kriteriums-Anreiz-Relationen vergeben werden (vgl. hierzu auch Abschn. D 2.3.3.2). Die Kriterien der Anreizvergabe können sich u. a. am Leistungsvermögen (Polyvalenzlohn), am Arbeitseinsatz (Anforderungslohn), am Arbeitsergebnis (Akkordlohn) oder am Erfolgsbeitrag (Provisionen) der Arbeitskräfte orientieren [Kos94].

Viele Instrumente lassen sich – wie auf der rechten Seite von Bild D 2.3-1 dargestellt – je nach Verwendungszusammenhang multifunktional verwenden. Maßnahmen der Personalqualifizierung können sowohl zur Personalausstattung als auch zur Verhaltenslenkung eingesetzt werden (Applikationszusammenhang); Maßnahmen der Personaldegradierung können einzelnen Arbeitskräften angedroht (Verhaltenslenkung durch Vermittlung von Anreizperspektiven; Ankündigungszusammenhang) bzw. vollzogen (Verhaltensabgeltung; Adressierungs- und Applikationszusammenhang) werden.

D 2.3.2 Dispositionen über Logistikpersonal

D 2.3.2.1 Grundmodelle

Da der Mensch aufgrund der Komplexität der Welt einerseits und seiner beschränkten Informationsaufnahme und -verarbeitungskapazität andererseits nicht in der Lage ist, die Realität vollständig zu erfassen, ist er im Rahmen der Entscheidungsfindung (Personalentscheidungen) auf Modelle angewiesen. Durch die Modelle wird die Realität lediglich selektiv eingefangen und reduziert dargestellt, um ökonomisch rationales Handeln vorzubereiten, zu unterstützen bzw. zu ermöglichen. Diese Modelle müssen in der „richtigen" Sprache codiert werden, wobei sich die Angemessenheit der Sprachebene danach richtet, ob die intendierte Problemlösung aus dem Modell abgeleitet werden kann. Ab einem bestimmten Komplexitätsniveau ist es nicht mehr möglich, aus natürlich-sprachlichen Modellen rational begründete Lösungen zu deduzieren; es muss auf formal-sprachliche Formulierungen zurückgegriffen werden. Da dies für viele Entscheidungssituationen im Bereich der Dispositionen über Personalpotenzial zutrifft, werden im Folgenden einschlägige Modelle der mathematischen Programmierung angesprochen, die – sofern sie als lineare Optimierungsmodelle formuliert werden – besonders gut durch den Einsatz von Standardsolvers gelöst werden können.

Dispositionen über (Logistik-) Personal können sich auf Personalausstattungs- und/oder Personaleinsatzentscheidungen beziehen. Hier ist auch ein dritter Bereich, der Personalbedarf – definiert als die Art und Anzahl der benötigten Arbeitskräfte – zu berücksichtigen. Planungssituationen [Kos88], in denen lediglich Entscheidungen über den Personaleinsatz zu treffen sind, werden als Probleme der *reinen Personaleinsatzplanung* bezeichnet; solche in denen sowohl Entscheidungen über den Personaleinsatz als auch über die Personalausstattung zu treffen sind, werden Probleme der *reinen Personalbereitstellungsplanung* genannt; solche, in denen sowohl Entscheidungen über den Personaleinsatz als auch über den Personalbedarf zu treffen sind, werden als Probleme der *reinen Personalverwendungsplanung* bezeichnet. Von Problemen der *simultanen Personalplanung* wird gesprochen, wenn Entscheidungen über alle drei Bereiche gleichzeitig getroffen werden (vgl. Bild D 2.3-2).

In Modellen zur Planung von Dispositionen über (Logistik-) Personal sind die drei Bereiche Personalbedarf, -ausstattung und -einsatz miteinander abzustimmen. Dies geschieht über implizite oder über explizite Abstimmungsverfahren [Kos92a]. Bei Verwendung des *impliziten Abstimmungsverfahrens* wird – im Gegensatz zum expliziten Abstimmungsverfahren – auf die unmittelbare Einbeziehung des Personaleinsatzes verzichtet; hierbei ist jedoch zu gewährleisten, dass aus den Planungsergebnissen (mindestens) ein zulässiger Personaleinsatzplan deduziert werden kann. Dieses Verfahren trägt der Forderung Rechnung, dass mindestens so viele geeignete Arbeitskräfte zur Verfügung stehen, um die Deckung des Personalbedarfs zu gewährleisten. Da die verschiedenen (qualitativ differenzierbaren) Teilpersonalbedarfe in den einzelnen Teilperioden des Planungszeitraums nicht nacheinander, sondern (zumindest z. T.) gleichzeitig gedeckt werden müssen, ist diese Forderung für alle Teil-

		Personalausstattung	
		Datum	Entscheidungsvariable
Personal-bedarf	Datum	reine Personaleinsatzplanung	reine Personalbereitstellungsplanung
	Entscheidungsvariable	reine Personalverwendungsplanung	simultane Personalplanung

Bild D 2.3-2 Entscheidungsmodelle der Personalplanung (in Anlehnung an [Kos88])

personalbedarfe und alle Kombinationen der Teilpersonalbedarfe in jeder Teilperiode zu erfüllen. Mit der Differenziertheit des ausgewiesenen Personalbedarfs variiert auch die Komplexität dieses Verfahrens; je größer die Anzahl zu berücksichtigender Kriterien des Personalbedarfs, wie z. B. Tätigkeitsarten, hierarchische Ränge, Teilperioden und Abteilungen, desto komplexer ist das Restriktionensystem. Die formale Formulierung des impliziten Abstimmungsverfahrens – für die Deckung jedes Teilpersonalbedarfs und jeder Kombination von Teilpersonalbedarfen sind hinreichend viele einschlägig qualifizierte Arbeitskräfte bereitzustellen – lautet wie folgt [Kos88]:

$$\sum_{q \in \tilde{Q}} PB_{qt} \leq \sum_{r \in \bigcup_{q \in \tilde{Q}} R_q} PA_{rt} \quad \forall\, \tilde{Q} \in \mathsf{P}(\overline{Q}) \setminus \{\emptyset\},\ t \in \overline{T} \quad \text{(D 2.3-1)}$$

mit

$\overline{Q} := \{q \mid q = 1, 2, ..., Q\}$ Menge der Tätigkeitsarten,

$\overline{R} := \{r \mid r = 1, 2, ..., R\}$ Menge der Arbeitskräftekategorien,

$\overline{T} := \{t \mid t = 1, 2, ..., T\}$ Menge der Teilperioden,

$R_q := \left\{ r \,\middle|\, \begin{array}{l} \text{Arbeitskräfte der Art } r \text{ sind geeignet zur} \\ \text{Übernahme von Tätigkeiten der Art } q \end{array} \right\}$ Personalbereitstellungsspektrum,

$PB_{qt} :=$ Personalbedarf zur Erledigung von Tätigkeiten der Art q in Periode t,

$PA_{rt} :=$ Ausstattung mit Arbeitskräften der Art r in Periode t,

$\mathsf{P}(\overline{Q}) :=$ Potenzmenge von $\overline{Q}$,

$\emptyset :=$ leere Menge.

Sofern der Personalplaner an Informationen über den zu realisierenden Personaleinsatzplan interessiert ist, muss er das *explizite Abstimmungsverfahren* verwenden. Dieses zweiphasige Verfahren sieht in einem
- *ersten Schritt* die Abstimmung von Personalbedarf und Personaleinsatz vor – jeder Teilpersonalbedarf ist durch den Einsatz hinreichend qualifizierter Arbeitskräfte exakt zu decken – und im
- *zweiten Schritt* wird der Forderung Rechnung getragen, dass jeweils nicht mehr Arbeitskräfte einer Kategorie zur Deckung der für sie in Betracht kommenden Personalbedarfe eingesetzt werden können, als von dieser Kategorie insgesamt zur Verfügung stehen.

Die formale Formulierung des zweistufigen expliziten Abstimmungsverfahrens ergibt sich somit aus den beiden folgenden (Un-)Gleichungen (D 2.3-2) und (D 2.3-3) [Kos88]:

$$PB_{qt} = \sum_{r \in R_q} PE_{rqt} \quad \forall\, q \in \overline{Q},\ t \in \overline{T} \quad \text{(D 2.3-2)}$$

$$\sum_{q \in Q_r} PE_{rqt} \leq PA_{rt} \quad \forall\, r \in \overline{R},\ t \in \overline{T} \quad \text{(D 2.3-3)}$$

mit

$Q_r := \left\{ q \,\middle|\, \begin{array}{l} \text{Tätigkeiten der Art } q, \text{ für die Arbeitskräfte} \\ \text{der Art } r \text{ herangezogen werden können} \end{array} \right\}$ Personalverwendungsspektrum,

$PE_{rqt} :=$ Anzahl von Arbeitskräften der Art r, die in Periode t zur Erledigung von Tätigkeiten der Art q eingesetzt werden (Personaleinsatz).

D 2.3.2.2 Exemplarische Verdeutlichung

Abstimmungsverfahren

Zur Verdeutlichung der beiden Abstimmungsverfahren wird ein Beispiel mit drei Personalbedarfsarten, den Transportleistungen ($q=1$), Umschlagleistungen ($q=2$) sowie der Tätigkeitskategorie „Auftragsannahme und -bearbeitung" ($q=3$), betrachtet. Zur Deckung dieser Bedarfe stehen der Firma Arbeitskräfte aus insgesamt sieben Kategorien zur Verfügung. In Tabelle D 2.3-1 sind die relevanten Angaben zu den Personalbedarfen und zur vorhandenen Personalausstattung ebenso enthalten wie die jeweiligen Bereitstellungsmöglichkeiten.

Anhand des – im Beispiel sieben Restriktionen umfassenden – impliziten Abstimmungsverfahrens lässt sich überprüfen, ob die vorhandene Personalausstattung ausreicht, um die Personalbedarfe zu decken (vgl. hierzu Tabelle D 2.3-2).

Wie aus Tabelle D 2.3-2 ersichtlich wird, sind nicht alle Restriktionen erfüllt. Die vorhandene Personalausstattung reicht (quantitativ) zwar aus, um den gesamten Personalbedarf zu decken, denn es werden insgesamt 60 Arbeitskräfte benötigt, die zur Verfügung stehen (vgl. Restriktion (7) in Tabelle D 2.3-2). In struktureller Hinsicht ergeben sich jedoch Probleme bei der gleichzeitigen Deckung der Personalbedarfe für $q=1$ und $q=2$: Für diese beiden Bedarfe werden 50 Arbeitskräfte benötigt, jedoch stehen lediglich 46 Personen zur Verfügung (vgl. Restriktion (4) in Tabelle D 2.3-2). Damit auch Restriktion (4) erfüllt ist, kann der Betrieb u. a. vier Arbeitskräfte der Art $r=2$ zusätzlich ein-

Tabelle D 2.3-1 Personalbedarfe, Personalausstattung und Bereitstellungsmöglichkeiten für ein ausgewähltes Beispiel. × bzw. – bedeutet, dass Arbeitskräfte der jeweiligen Spalte zur Erledigung von Tätigkeiten der jeweiligen Zeile herangezogen (×) bzw. nicht herangezogen (–) werden können

	$r=1$	$r=2$	$r=3$	$r=4$	$r=5$	$r=6$	$r=7$	PB_q
$q=1$	×	–	–	×	×	–	×	20
$q=2$	–	×	–	×	–	×	×	30
$q=3$	–	–	×	–	×	×	×	10
PA_r	12	20	14	4	4	4	2	

Tabelle D 2.3-2 Implizites Abstimmungsverfahren anhand eines Beispiels

	PB_1	PB_2	PB_3		PA_1	PA_2	PA_3	PA_4	PA_5	PA_6	PA_7	
(1)	20			≤	12	+		4	+4	+	2	=22
(2)		30		≤		20	+	4	+	4	+2	=30
(3)			10	≤			14	+	4	+4	+2	=24
(4)	20	+30		≰	12	+20	+	4	+4	+4	+2	=46
(5)	20	+	10	≤	12	+	14	+4	+4	+4	+2	=40
(6)		30	+10	≤		20	+14	+4	+4	+4	+2	=48
(7)	20	+30	+10	≤	12	+20	+14	+4	+4	+4	+2	=60

stellen oder vier Arbeitskräfte der Art $r=3$ zu Arbeitskräften der Art $r=5$ weiterbilden.

Da auf der Basis der bisherigen Personalausstattung kein zulässiger Personaleinsatzplan gefunden werden kann, wird davon ausgegangen, dass sich der Betrieb für die zuletzt genannte Alternative entschieden hat. Die korrekte Formulierung des expliziten Abstimmungsverfahrens setzt sich damit aus Gln. (D 2.3-4) bis (D 2.3-13) zusammen:

$$20 = PB_1 = PE_{11} + PE_{41} + PE_{51} + PE_{71} \tag{D 2.3-4}$$

$$30 = PB_2 = PE_{22} + PE_{42} + PE_{62} + PE_{72} \tag{D 2.3-5}$$

$$10 = PB_3 = PE_{33} + PE_{53} + PE_{63} + PE_{73} \tag{D 2.3-6}$$

$$PE_{11} \leq PA_1 = 12 \tag{D 2.3-7}$$

$$PE_{22} \leq PA_2 = 20 \tag{D 2.3-8}$$

$$PE_{33} \leq PA_3 = 10 \tag{D 2.3-9}$$

$$PE_{41} + PE_{42} \leq PA_4 = 4 \tag{D 2.3-10}$$

$$PE_{51} + PE_{53} \leq PA_5 = 8 \tag{D 2.3-11}$$

$$PE_{62} + PE_{63} \leq PA_6 = 4 \tag{D 2.3-12}$$

$$PE_{71} + PE_{72} + PE_{73} \leq PA_7 = 2 \tag{D 2.3-13}$$

In diesem Beispiel lässt sich über das explizite Abstimmungsverfahren nur ein einziger zulässiger Personaleinsatzplan finden (vgl. hierzu Tabelle D 2.3-3). Da für die Deckung von PB_2 insgesamt 30 Arbeitskräfte benötigt werden und hierfür die Arbeitskräftekategorien $r=2$, 4, 6 und 7 in Betracht kommen – wobei $PA_2 = 20$ und von den Arbeitskräftekategorien $r=4$, 6 und 7 insgesamt 10 Arbeitskräfte zur Verfügung stehen – sind diese auch komplett zur Deckung von PB_2 bereitzustellen (und nicht anderweitig einzusetzen). In Verbindung mit den jeweiligen Beschränkungen für PA_1, PA_3 und PA_5 folgt des weiteren, dass $PE_{11} = 12$, $PE_{33} = 10$ und $PE_{51} = 8$ gilt.

Personalbereitstellungsplanung in der Logistik

In der Logistik – wie auch in anderen Branchen – werden derzeit intensiv Überlegungen angestellt, die betriebliche Personalausstattung umzustrukturieren. Die vielfach im Munde geführten Schlagworte sind die sogenannte „Erosion des Normalarbeitsverhältnisses" [Ale99] sowie der in den nächsten Jahren vehement eintretende demografische Wandel [Asm04]. Hier soll nicht der Frage nachgegangen werden, ob von einer Erosion tatsächlich die Rede sein kann [Ple98], sondern es soll ein Entscheidungsmodell verbal skizziert werden, das von einem bereits bekannten (betrieblicherseits festgelegten) Personalbedarf ausgeht und die Entscheidungsfindung bezüglich einer ökonomisch legitimierbaren Strukturierung der Personalausstattung unterstützt. Der zu formulierende mehrperiodige Ansatz geht davon aus, dass Arbeitskräftebedarfe – die nach Tätigkeitsarten differenziert werden – durch die Bereitstellung sowohl von Personal als auch von freien Mitarbeitern gedeckt werden. Die Personalausstattung wird nach Qualifikationskategorien, Teilperioden und Arbeitskraftsegmenten differenziert. Die Arbeitskraftsegmente wiederum lassen sich anhand von Arbeitszeitmustern (Vollzeit-/Teilzeitarbeitskräfte), Befristungsmustern (unbefristet/befristet beschäftigte Arbeitskräfte) und Belegschaftskategorien (Stamm-/Übergangs-/Randbelegschaft) definieren. Die Ausstattung mit freien Mitarbeitern kann sich aus solchen Personen zusammensetzen, die bis dato zur Personalausstattung des Betriebes gehören („outgesourcte" freie Mitarbeiter) und jene, die vom betriebsexternen Markt rekrutiert werden („externe" freie Mitarbeiter). Neben Entscheidungen über die Rekrutierung von Arbeitskräften können auf der Basis eines solchen Modells Entscheidungen über den Einsatz von Personal und freien Mitarbeitern, über „Versetzungen" in andere Arbeitskraftsegmente (Statuswechsel), über Entlassungen und Schulungen von Personal sowie über die Kündigung von Werkverträgen vorbereitet werden.

Das zu formulierende Entscheidungsmodell besteht aus einer Zielfunktion und insgesamt zehn Typen von Restriktionen. Die Zielfunktion verfolgt die Minimierung der gesamten „Mitarbeiterkosten" (Gehalts-, Einstellungs-, Freisetzungs-, Schulungs- und Einsatzkosten für freie Mitarbeiter). Durch die Nebenbedingungen wird gewährleistet, dass in jeder Teilperiode
- der tätigkeitsbezogene Arbeitskräftebedarf gedeckt wird (durch den Einsatz geeigneten Personals und/oder Vergabe entsprechender Werkverträge);
- in jedem Arbeitskraftsegment und jeder Qualifikationskategorie mindestens so viele Arbeitskräfte bereitgestellt werden, wie in Schulungs- und Leistungsprozessen eingesetzt werden;
- die zum Einsatz vorgesehenen freien Mitarbeiter aller relevanten Qualifikationskategorien durch die Vergabe von Werkverträgen bereitgestellt werden;
- die aktuelle Ausstattung mit „outgesourcten" freien Mitarbeitern auf Basis der Ausstattung der Vorperiode zuzüglich aktueller Zugänge durch Versetzungen und abzüglich aktueller Kündigungen erfolgt;
- die aktuelle Personalausstattung auf Basis der Ausstattung der Vorperiode zuzüglich aktueller Zugänge durch Versetzungen, Einstellungen sowie Schulungen und abzüglich aktueller Abgänge durch Versetzungen, Freisetzungen, Schulungen sowie Outsourcing erfolgt;
- die Anzahl einzustellender und freizusetzender Arbeitskräfte in den verschiedenen Arbeitskraftsegmenten nach oben beschränkt wird;

Tabelle D 2.3-3 Zulässiger Personaleinsatzplan mittels explizitem Abstimmungsverfahren

	$r=1$	$r=2$	$r=3$	$r=4$	$r=5$	$r=6$	$r=7$	PB_q
$q=1$	12	–	–	0	8	–	0	20
$q=2$	–	20	–	4	–	4	2	30
$q=3$	–	–	10	–	0	0	0	10
PA_r	12	20	10	4	8	4	2	

- die Möglichkeiten der Vergabe von Werkverträgen an externe und an „outgesourcte" freie Mitarbeiter beschränkt wird und
- die Nichtnegativitätsbedingungen für alle Variablen eingehalten werden.

Dienstplanung in der Logistik

Je nach Lesart zählt die sog. Dienstplanung zu den zentralen Problemen der reinen Personaleinsatz- oder der reinen Personalbereitstellungsplanung. Mit Dienstplanungsproblemen werden alle Betriebe konfrontiert, in denen die individuelle Arbeitszeit der Beschäftigten von der Betriebszeit des Unternehmens abweicht. Zu diesen Betrieben zählen z. B. Kranken- und Warenhäuser, Call Centers, Schichtbetriebe im produzierenden Gewerbe, Tankstellen sowie Bus- und Bahnunternehmen, Betriebe aus der Luftfahrtbranche und somit in besonderem Maße auch Logistikunternehmen [Sch04a]. Dienstplanungsprobleme lassen sich differenzieren in Probleme des sog. Days off-, des sog. Shift- und des sog. Tour-Scheduling. Während beim Days off-Scheduling Arbeitskräften Arbeitstage und freie Tage zugewiesen und beim Shift-Scheduling den Mitarbeitern an einzelnen Tagen Schichten zugeordnet werden, handelt es sich beim Tour-Scheduling um eine Kombination der beiden erstgenannten Problemstellungen [Sch02].

Um die betriebswirtschaftliche Effizienz des Dienstplans zu gewährleisten, ist zunächst auf das Maß an Personalbedarfsdeckung zu achten, d. h. der zu wählende Plan muss die geringst mögliche Abweichung (Bedarfsunter- oder Überdeckungen) des insgesamt eingesetzten Personals vom prognostizierten Personalbedarf aufweisen. Dabei ist der Differenzierungsgrad des Personalbedarfs situationsgerecht festzulegen: er kann periodenweise (also z. B. als Stunden-, Tages-, Wochen- oder Monatsbedarf) ausgewiesen aber auch nach Tätigkeiten, Jobs, Stellen, Teams, Abteilungen, Niederlassungen etc. differenziert werden. Neben der Bedarfsdeckung kommen weitere betriebswirtschaftliche Kriterien, wie z. B. die Personaleinsatzkosten, die Vermeidung von Vertragsstrafen, Deckungsbeiträge u. v. a. m. zum Einsatz. Ein Dienstplan, der zwar (auf dem Papier) betriebswirtschaftlich effizient ist, sich aber nicht realisieren lässt, weil er von den Mitarbeitern nicht akzeptiert wird, macht jedoch wenig Sinn. Deshalb ist als zweite wesentliche Bewertungssäule die Zufriedenheit der Mitarbeiter bzgl. der in Betracht kommenden Schichtmuster und Dienstarten zu verwenden. Dabei sind u. a. Fairnessregeln in Ansatz zu bringen, um zu verhindern, dass manchen Arbeitskräften immer „gute" und anderen immer „schlechte" Dienstpläne zugewiesen werden. Um den zu realisierenden Dienstplan auszuwählen, bedarf es sodann einer vom Dienstplaner zu bestimmenden übergeordneten Kompromissregel, um festzulegen, in welchem Maße die betriebswirtschaftlichen und die mitarbeiterbezogenen Kriterien zu gewichten sind.

Personaleinsatzprobleme werden sehr rasch äußerst komplex und kompliziert: Wenn z. B. Dienstpläne für 25 Mitarbeiter formuliert werden sollen, die lediglich einen Job auszuführen haben, von Montag bis Freitag arbeiten und jeweils zu 3 alternativen Beginnzeitpunkten (z. B. um 7 h, um 10 h und um 14 h) ihren Dienst aufnehmen können, ergeben sich 3^{25} und damit ca. 847 Milliarden alternative Pläne. Geht man nun davon aus, dass in der Praxis vielfach der Einsatz von weit mehr als 25 Mitarbeitern zu planen ist, Personaleinsätze abteilungsübergreifend stattfinden können, Arbeitskräfte unterschiedlich qualifiziert und komplizierte tarifvertragliche Regelungen zu beachten sind etc., dann steigt die Problemgröße quasi ins Unermessliche. Die rasche Bewältigung solcherlei Komplexität kann nur durch eine geschickte Kombination geeigneter Verfahren und Algorithmen ermöglicht werden, die sich im Wesentlichen auf drei Säulen stützten sollte, nämlich dem o. g. expliziten Abstimmungsverfahren, modernen Local Search-Verfahren und Prozeduren des Fuzzy Control (vgl. [Kie02; Sch06; Spe06; Sch04b]).

D 2.3.3 Beeinflussung des Verhaltens von Logistikpersonal

D 2.3.3.1 Überblick

Neben der Disponibilitäts- stellt die Funktionalitätsproblematik den zweiten zentralen Problemkreis der Personalwirtschaft dar. Den korrespondierenden Maßnahmenkomplex nennen wir Personalführung, dem in der Logistikpraxis künftig offenbar eine gesteigerte Aufmerksamkeit zu schenken ist [Pfo04b]. Wie bereits oben angedeutet, stehen dem Betrieb zum Zwecke der Beeinflussung des Personalverhaltens drei Maßnahmenkomplexe zur Verfügung, für die Reihenfolgebeziehungen sowie Interdependenzen bestehen und die durch Feedbackschleifen verbunden sind (vgl. hierzu Bild D 2.3-3).

In einer ersten Sequenz wird – z. B. durch die Vorgabe impliziter und expliziter Verhaltensnormen und durch Maßnahmen der Verhaltensermöglichung – das Personalverhalten gelenkt. Im Anschluss werden im Zuge der Verhaltensbeurteilung Verhaltens-Soll und -Ist gegenübergestellt und ggf. einer Abweichungsanalyse unterzogen. Abhängig vom Ergebnis der Verhaltensbeurteilung, werden im Rahmen der Verhaltensabgeltung Gratifikationen gewährt bzw. Sanktionen verhängt. Das (tatsächliche) Personalverhalten wird direkt davon bestimmt, inwieweit die

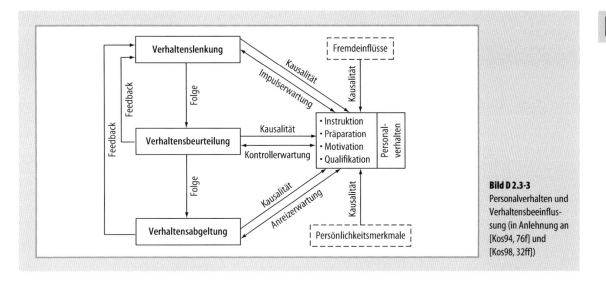

Bild D 2.3-3
Personalverhalten und Verhaltensbeeinflussung (in Anlehnung an [Kos94, 76f] und [Kos98, 32ff])

Mitarbeiter motiviert, qualifiziert, instruiert und präpariert (d. h. mit sachlicher bzw. personeller Unterstützung ausgestattet) sind. Die Ausprägungen dieser vier Primärdeterminanten des Personalverhaltens werden von weiteren (Sekundär-) Determinanten beeinflusst: Durch Maßnahmen der Verhaltenslenkung werden Verhaltensspielräume der Mitarbeiter definiert. Daneben wirken von den Mitarbeitern gehegte Erwartungen über bevorstehende Verhaltenslenkungs- (Impulserwartungen), Verhaltensbeurteilungs- (Kontrollerwartungen) und Verhaltensabgeltungsmaßnahmen (Anreizerwartungen) kausal auf deren Verhalten. Des Weiteren unterliegt das Mitarbeiterverhalten (Fremd-) Einflüssen aus dem sozialen Umfeld (z. B. durch sozio-kulturelle Normen) und Persönlichkeitsmerkmale stellen eine zusätzliche Determinantenkategorie dar.

D 2.3.3.2 Exemplarische Verdeutlichung: Anreizsysteme für Logistikpersonal

Im vorliegenden Beitrag kann nicht auf alle Maßnahmenkomplexe der Verhaltensbeeinflussung ausführlich eingegangen werden. Der Fokus wird daher auf den Bereich der Verhaltensabgeltung – insbesondere die Konzipierung von Anreizsystemen (Vergütungssystemen) für Logistikpersonal – gerichtet.

In systemtheoretischer Diktion ist unter einem System eine Menge von zueinander in Beziehung stehenden Elementen zu verstehen. Wird dieser Gedanke auf Anreizsysteme übertragen, dann lassen sich diese als Systeme auffassen, die sich aus zwei Teilmengen, der Anreizmenge und der Kriteriumsmenge, zusammensetzen und auf denen – vermittels sog. Anreiz-Kriteriums-Relationen – eine Struktur definiert ist. Unter Anreizen werden positive und negative Stimuli verstanden, die der Durchsetzung betrieblicher Verhaltensansprüche dienen (sollen). Kriterien stellen demgegenüber Bemessungsgrundlagen der Anreizgewährung dar und Kriteriums-Anreiz-Relationen besagen, welcher Anreiz bei welcher Kriteriumsausprägung gewährt wird.

Um dem Ziel ökonomischer Rationalität gerecht werden zu können, sind bei der Konstruktion betrieblicher Anreizsysteme eine Reihe systemimmanenter und systemtranszendenter Bedingungen [Kos94] zu beachten (zu Erweiterungen des Kossbielschen Effizienzmodells vgl. [Wis05]). Auf drei Bedingungen soll hier näher eingegangen werden:

(a) Ziel-Kriterien-Zusammenhang: Es ist darauf zu achten, dass zwischen den gewählten Vergütungskriterien und den betrieblichen Zielen ein funktionaler Zusammenhang besteht. Wenn beispielsweise Qualitätszielen bei der Erstellung der Logistikleistung ein hoher Stellenwert eingeräumt wird, ist es nicht sinnvoll die Mitarbeiter (ausschließlich) für Schnelligkeit bei der Aufgabenerledigung zu belohnen und die Vergütung z. B. an der Zahl verpackter Stücke, zurückgelegter Kilometer bei Gefahrguttransporten etc. festzumachen. Funktional hingegen ist es, wenn Mitarbeiter, die mit dem Umladen von Rinderhälften vom LKW in Container beschäftigt sind, nach der Umschlagleistung (z. B. gemessen in Kilogramm) entlohnt werden, da sie dann motiviert werden, möglichst schnell zu arbeiten. Eben-

so ist es – um ein abschließendes Beispiel anzuführen – sinnvoll, Mitarbeiter nach deren (betrieblicherseits nutzbaren) Fähigkeiten zu entlohnen (Polyvalenzlohn), wenn dem Betrieb an qualifikatorischer Flexibilität der Personalausstattung gelegen ist.

(b) *Anreiz-Bedürfnis-Zusammenhang*: Des Weiteren ist bei der Konstruktion von Anreizsystemen zu beachten, dass die in Aussicht gestellten Anreize hinsichtlich Art und Höhe geeignet sind, die Bedürfnisse der Mitarbeiter zu befriedigen. Da eine direkte Erhebung von Mitarbeiterinteressen i. d. R. auf erhebliche Schwierigkeiten stoßen dürfte, wird in diesem Zusammenhang auf gewisse Plausibilitätsvermutungen zurückgegriffen. Diese können sich u. a. an der Organisationshierarchie orientieren, so dass der Vorstandsvorsitzende einer Fluggesellschaft andere Bedürfnisse aufweist als ein Flugbegleiter, ein Disponent oder ein Lagerarbeiter im Frachtbereich.

(c) *Beeinflussbarkeit der Kriteriumsausprägung*: Eine weitere Bedingung – die hier angesprochen werden soll – bezieht sich auf die Ausprägungen der (der Anreizgewährung zugrundeliegenden) Kriterien von den Anreizempfängern, die hinreichend beeinflussbar sein müssen. Sofern dies nicht möglich ist, kann ein Mitarbeiter nichts dazu beitragen, mehr oder weniger stark in den Genuss von Anreizen zu kommen. Das Anreizsystem wird dann „ins Leere laufen". Wenn ein LKW beispielsweise lediglich maximal 80 km/h fahren darf und der Fahrer restriktive Vorschriften hinsichtlich der Mindestruhezeit zu beachten hat, dann gehen von einer an der Kürze der Fahrtzeiten orientierten Entlohnung ebenso keine nennenswerten Anreizwirkungen aus, wie bei einem Busfahrer im Linienverkehr; in solchen Fällen sind Zeitlöhne (möglicherweise gekoppelt mit Prämien für unfallfreies Fahren) besser geeignet.

Literatur

[Ale99] Alewell, D.: Die Erosion des Normalarbeitsverhältnisses – Ist das Arbeitsrecht noch zeitgemäß? In: Jenaer Vorträge, Bd. 9. Baden-Baden 1999

[Asm04] Asmus, K.-G.: Aktive Gestaltung der Altersstruktur in logistischen Dienstleistungsunternehmen als Instrument des Wissensmanagement. In: Pfohl, H.C. (Hrsg.): Personalführung in der Logistik. Hamburg: Deutscher Verkehrs-Verlag 2004, 357–371

[Bra91] Brandes, W.; Weise, P.: Arbeitsbeziehungen zwischen Markt und Hierarchie. In: Müller-Jentsch, W. u. a. (Hrsg.): Konfliktpartnerschaft. München: Hampp 1991, 11–30

[Flo84] Flohr, B.: Fungibilität und Elastizität von Personal. Göttingen: Vandenhoeck u. Ruprecht 1984

[Ise98] Isermann, H.: Grundlagen eines systemorientierten Logistikmanagements. In: Isermann, H. (Hrsg.): Logistik – Die Gestaltung von Logistiksystemen. 2. Aufl. Landsberg/Lech: Moderne Industrie 1998, 21–60

[Kie02] Kieper, F.; Spengler, T.: Das 3-Säulen-Personalmanagement und Fuzzy-Control. In: Der Controlling-Berater: Informationen, Instrumente, Praxisberichte. Freiburg: Der Controlling-Berater 3 (2002) 69–88

[Kli29] Klingel, W.: Das Personalproblem im Bankbetrieb. Diss. Darmstadt 1929

[Kos88] Kossbiel, H.: Personalbereitstellung und Personalführung. In: Jacob, H. (Hrsg.): Allg. Betriebswirtschaftslehre. 5. Aufl. Wiesbaden: Gabler 1988, 1045–1253

[Kos92a] Kossbiel, H.: Personalbereitstellungsplanung bei Arbeitszeitflexibilisierung. Zeitschrift für Betriebswirtschaft 62 (1992) 175–198

[Kos94] Kossbiel, H.: Effizienz betrieblicher Anreizsysteme. DBW 54 (1994) 1, 75–93

[Kos06] Kossbiel, H.: Personalwirtschaft. In: Bea, F. X.; Dichtl, E.; Schweitzer, M. (Hrsg.): Allg. Betriebswirtschaftslehre,. Bd. 3. Leistungsprozess. 9. Aufl. Stuttgart/Jena: Fischer (2006) 517–622

[Kos92b] Kossbiel, H.; Spengler, T.: Personalwirtschaft und Organisation: In: Frese, E. (Hrsg.): HWO. 3. neu gest. Aufl. Stuttgart: Schäffer-Poeschel 1992, 1949–1962

[Kos98] Kossbiel, H.; Spengler, T.: Legitimationsgrundlagen betrieblicher Personalentscheidungen. In: Berthel, J. u. a. (Hrsg.): Unternehmen im Wandel: Konsequenzen für und Unterstützung durch die Personalwirtschaft. München: Hampp 1998, 13–44

[Nie96] Nienhüser, W.: Die Entwicklung theoretischer Modelle als Beitrag zur Fundierung der Personalwirtschaftslehre. Überlegungen am Beispiel der Erklärung des Zustandekommens von Personalstrategien. In: Weber, W. (Hrsg.): Grundlagen der Personalwirtschaft. Wiesbaden: Gabler 1996, 39–88

[Pfo04a] Pfohl, H.C.; Gomm, M.; Frunzke, H.: Der Motivations-Mix des Personalmanagements. In: Pfohl, H.C. (Hrsg.): Personalführung in der Logistik. Hamburg: Deutscher Verkehrs-Verlag 2004, 19–112

[Pfo04b] Pfohl, H.C.; Gomm, M.; Frunzke, H.: Einflussmöglichkeiten von Führungskräften auf die Mitarbeitermotivation. In: Pfohl, H.C. (Hrsg.): Personalführung in der Logistik. Hamburg: Deutscher Verkehrs-Verlag 2004, 113–165

[Ple98] Plehwe, D.; Uske, H.; Völlings, H.; Dalbeck, A.: Die Logistikbranche im Umbruch. Forschungsbericht der Projektgruppe Logistik und Dienstleistung im Rhein-

Ruhr-Institut für Sozialforschung und Politikberatung (RISP) an der Gerhard-Mercator-Universität/Gesamthochschule Duisburg. Duisburg 1998

[Sch82] Schanz, G.: Organisationsgestaltung. München: Vahlen 1982

[Sch04a] Scherf, B.: Personaleinsatzplanung und Arbeitszeitmanagement in der Logistik. In: Pfohl, H.C. (Hrsg.): Personalführung in der Logistik. Hamburg: Deutscher Verkehrs-Verlag 2004, 216–244

[Sch06] Schroll, A.: Bedarfs- und mitarbeitergerechte Dienstplanung mit Fuzzy-Control. Diss. Magdeburg 2006

[Sch02] Schroll, A.; Spengler, T.: Fuzzy-Control in der Personaleinsatzplanung. In: Kossbiel, H.; Spengler, T. (Hrsg.): Modellgestützte Personalentscheidungen 6. München/Mering: Hampp 2002, 121–140

[Sch04b] Schroll, A.; Spengler, T.: Dienstplanbewertung mit unscharfen Regeln. In: Ahr, D.; Fahrion, R.; Oswald, M.; Reinelt, G. (Hrsg.): Operations research, OR 2003. International conference Heidelberg, 3.–5.9.2003, Berlin/Heidelberg/New York: Springer 2004, 427–434

[Spe99] Spengler, T.: Grundlagen und Ansätze der strategischen Personalplanung mit vagen Informationen. München/Mering: Hampp 1999

[Spe06] Spengler, T.: Modellgestützte Personalplanung. FEMM: Faculty of economics and management, working paper series. Magdeburg 3 (2006) 10

[Tür78] Türk, K.: Objektbereich und Problemfeld einer Personalwissenschaft. Zeitschrift für Arbeitswissenschaft 32 (1978) 4, 218–221

[Wäc81] Wächter, H.: Das Personalwesen: Herausbildung einer Disziplin. BFuP (1981) 5, 462–473

[Web96] Weber, W.: Fundierung der Personalwirtschaftslehre durch verhaltenswissenschaftliche Theorien. In: Weber, W. (Hrsg.): Grundlagen der Personalwirtschaft. Wiesbaden: Gabler 1996, 279–296

[Wis05] Wischer, T.: Ein Modell zur Beurteilung der Effizienz von Anreizsystemen. München/Mering: Hampp 2005

D 2.4 Performance Management in der Logistik

D 2.4.1 Strategieorientierte Steuerung der Logistik als Herausforderung

Sowohl auf Endverbrauchermärkten wie auch im industriellen Sektor nehmen logistische Sekundärleistungen oft die Merkmale von Primärleistungen ein: Flexible Lieferzeitfenster, individuell vereinbarte Liefermengen, -orte und -termine sowie logistische Mehrwertdienste werden häufig als kaufentscheidend erachtet und beeinflussen nachhaltig die Wettbewerbsfähigkeit und damit den Erfolg von Unternehmen. Die Logistik konnte sich auf diesem Wege von einem primär kostenfokussierten, operativen Aufgabenbereich zu einer strategisch relevanten Managementfunktion mit unternehmensweitem und -übergreifendem Anspruch entwickeln.

Als Folge davon lässt sich ein Anstieg der Anforderungen an die Steuerung von Logistikprozessen konstatieren, dem die herkömmlichen Methoden und Instrumente des Logistikcontrollings nur bedingt gerecht werden können. Insbesondere der fehlende Strategiebezug stellt in diesem Zusammenhang regelmäßig eine große Herausforderung für die Verantwortlichen dar, die in der Praxis oft mit Katalogen isolierter Logistikkennzahlen arbeiten und Entscheidungen intuitiv oder erfahrungsgeleitet treffen.

Auf Unternehmensebene finden sich mittlerweile eine Reihe neuer kennzahlenbasierter Steuerungskonzepte, die seit Ende der achtziger Jahre unter den Termini „Performance Measurement" bzw. „Performance Management" diskutiert werden [Gle01, 10–11].

D 2.4.2 Konzeptionelle Grundlagen des Performance Managements in der Logistik

Aufgrund zunehmender Kritik an den herkömmlichen, meist rechnungswesenorientierten Kennzahlensystemen kam es in den USA Mitte der achtziger Jahre zu einer Neuorientierung im Bereich des Management Accountings bzw. Controllings. In diesem Zusammenhang entstanden zahlreiche neue Konzepte, mit denen versucht wurde, den beschriebenen Defiziten zu begegnen, um die Leistungen eines Unternehmens umfassender zu messen und zu steuern [Ken02, 1223–1224]. Der wohl bekannteste dieser Ansätze ist die von Kaplan/Norton entwickelte Balanced Scorecard [Kap92, 71–79]. Darüber hinaus existiert eine Reihe weiterer Konzepte wie z. B. das Quantum Performance Measurement-Konzept oder die Performance Pyramids. Als Oberbegriff für diese Instrumente haben sich in der angelsächsischen Literatur die Termini „Performance Measurement" bzw. "Performance Management" etabliert, die mittlerweile von zahlreichen deutschsprachigen Autoren übernommen wurden.

Bevor das Konzept des Performance Measurements eine weitere Konkretisierung erfährt, scheint zunächst eine Klärung des Performancebegriffes notwendig. Aufgrund seiner inhaltlichen Nähe wird hierzu häufig der deutschsprachige Begriff „Leistung" herangezogen [Hof00, 8; Aue04, 75]. Hierfür existieren in der deutschsprachigen betriebswirtschaftlichen Literatur vornehmlich zwei Interpretationen: Zum einen wird abgeleitet aus der Produktionstheorie unter Leistung der physische Output eines betrieblichen Leistungserstellungsprozesses verstanden. Zum anderen wird im Sinne des internen Rechnungswesens Leistung auch als die betriebszweckbezogene, in Geldeinheiten bewertete Güterentstehung definiert. Dieses Verständnis von Leistung gilt jedoch zur Klärung des Performancebegriffes häufig als zu reduktionistisch, weshalb eine Gleichsetzung von Performance und Leistung nicht sinnvoll erscheint. Vielmehr wird die Auffassung vertreten, dass Performance zwar den betriebswirtschaftlichen Leistungsbegriff inkludiert, jedoch neben dessen ergebnisorientierten Leistungsverständnis auch die zur Leistungserstellung notwendigen Aktivitäten umfasst (tätigkeitsorientiertes Leistungsverständnis). In diesem Zusammenhang erfährt die Effektivität als Zielerreichungsgrad gegenüber der einseitigen Effizienzorientierung des herkömmlichen Leistungsdenkens verstärkte Beachtung [Rie00, 16–17; Sch01, 108]. Ferner wird darauf hingewiesen, dass der Performancebegriff durch die Berücksichtigung aktueller Fähigkeiten und potenzieller Ergebnisse auch einen expliziten Zukunftsbezug aufweist, während der betriebswirtschaftliche Leistungsbegriff ausschließlich gegenwarts- bzw. vergangenheitsorientiert ist [Hau02, 53–54].

Obwohl zahlreiche unterschiedliche Konzeptausprägungen existieren, lassen sich einige zentrale inhaltliche Merkmale von Performance Measurement identifizieren, die für alle Ausgestaltungsformen gelten. So besteht ein weit gehender Konsens, dass der Aufgabenschwerpunkt des Performance Measurements in der Messung und Beurteilung der Performance liegt. Hierzu werden zunächst adäquate Messgrößen definiert und in ein Kennzahlensystem („Performance Measurement-System") überführt. Anschließend gilt es, die laufende Erhebung und Auswertung dieser Indikatoren sicherzustellen.

Im Gegensatz zu „traditionellen" Kennzahlensystemen sind ferner folgende Neuerungen für das Performance Measurement besonders charakteristisch [Stö02, 65–66; Hau02, 94–99]:

Verbindung von Leistungs- und Führungssystem: Das Performance Measurement erhebt in den Leistungsprozessen Kennzahlen und stellt diese dem Führungssystem zur Verfügung. Auf diese Weise wird eine explizite Brücke zwischen Leistungs- und Führungssystem der Organisation hergestellt.

Mehrstufigkeit: Um ein umfassendes Bild der Performance zu erlangen, evaluiert das Performance Measurement die Zielerreichung auf unterschiedlichen Leistungsebenen eines Unternehmens (z. B. Unternehmensebene, Abteilungsebene, Mitarbeiterebene). Diese mehrstufige Messung ermöglicht darüber hinaus eine anspruchsgruppengerechte Bereitstellung steuerungsrelevanter Informationen sowie die Formulierung adressatenspezifischer Zielvorgaben.

Berücksichtigung von Interdependenzen: Performance Measurement bildet die Zusammenhänge zwischen den verschiedenen Zielen bzw. Kennzahlen ab. Derartige Interdependenzen können sowohl innerhalb einer Leistungsebene (horizontaler Zusammenhang) als auch leistungsebenenübergreifend auftreten (vertikaler Zusammenhang). Die Visualisierung solcher Abhängigkeiten erfolgt häufig in Form sog. Ursache-Wirkungs-Beziehungen.

Zukunftsorientierung: Im Rahmen des Performance Measurements werden neben vergangenheits- und gegenwartsorientierten Kennzahlen insbesondere auch Indikatoren zur Beurteilung zukünftiger Ergebnisse herangezogen. Durch diese Zukunftsorientierung erhält das Konzept eine Art Frühwarnfunktion, die es den Entscheidungsträgern ermöglicht, rechtzeitig entsprechende Steuerungsmaßnahmen einzuleiten.

Ausgewogenheit: Um die Performance eines Unternehmens umfassend beurteilen zu können und der oben konstatierten Mehrdimensionalität des Performancebegriffes gerecht zu werden, verwendet das Performance Measurement neben herkömmlichen finanzorientierten Messgrößen (wie z. B. ROI oder EVA) auch verstärkt nicht-monetäre Indikatoren (wie z. B. Mitarbeiterzufriedenheit oder Prozessqualität).

Strategieanbindung: Im Performance Measurement werden die Ziele und Kennzahlen aus der Unternehmensstrategie abgeleitet. Diese strategieorientierte Ausgestaltung des Kennzahlensystems unterstützt die leistungsebenenspezifische Kommunikation der strategischen Ziele und ermöglicht eine Überwachung der Strategieimplementierung.

Zur langfristigen Erfolgssicherung eines Unternehmens reicht die reine Performancemessung in der Regel nicht aus. Vielmehr ist diese in einen umfassenden Managementprozess zu integrieren, welcher neben der Kontrolle unter anderem auch die Planung und Steuerung der Performance beinhaltet. Das Performance Measurement wird damit zu einem Teilbereich eines weiterführenden Performance Managements [Hof00, 29–32; Kli00, 36–44; Rie00, 25–56; Hau02, 56–58; Aue04, 74].

Damit handelt es sich beim Performance Management um einen Ansatz, der für den Einsatz auf Unternehmensebene konzipiert wurde und daher die Performance des Gesamtunternehmens fokussiert. In der Logistik gilt es jedoch, die Performance eines einzelnen Aufgabenbereiches zu steuern. Da die Performance stets den Grad der Erreichung spezifischer Ziele widerspiegelt, müssen zunächst die logistikrelevanten Ziele in der Unternehmensstrategie identifiziert und eine eigenständige Logistikstrategie definiert werden. Für deren Operationalisierung sind spezifische Messgrößen zu identifizieren, die in das Performance Management Eingang finden.

D 2.4.3 Ausgewählte Konzepte des Performance Managements in Logistik und Supply Chain Management

Das Performance Management soll die Steuerung von Geschäftsprozessen auf Unternehmensebene unterstützen. Es existieren bereits Überlegungen, wie das Konzept des Performance Managements sowie ihm zuzuordnende Instrumente für den Einsatz im Bereich Logistik und Supply Chain Management konkret ausgestaltet werden können. Bei den nachfolgend vorgestellten Ansätzen handelt es sich zum einen um eine Modifikation des Balanced Scorecard-Konzepts (Abschn. D 2.4.3.1) sowie zum anderen um zwei umfassende Weiterentwicklungen des Performance Management-Konzeptverständnisses (Abschn. D 2.4.3.2 und D 2.4.3.3).

D 2.4.3.1 Supply Chain Balanced Scorecard

Das von Kaplan und Norton entwickelte Konzept der Balanced Scorecard (BSC) stellt zweifelsfrei einen der populärsten Ansätze des Performance Measurements dar. Seit seiner ersten Veröffentlichung im Jahre 1992 hat die BSC sowohl in der Unternehmenspraxis als auch in der wissenschaftlichen Diskussion große Beachtung und Verbreitung gefunden [Kap92, 71–79]. Um die Vorteile der BSC nicht nur auf Unternehmensebene, sondern auch für bestimmte betriebliche Funktionsbereiche (z. B. im Personalmanagement) bzw. Anwendungsfelder (z. B. zur Markenführung) zu erschließen, wurden im Laufe der Zeit zahlreiche Varianten des Grundmodells entwickelt. Neben diesen größtenteils unternehmensintern ausgerichteten Ansätzen zeigen Vorschläge aus den letzten Jahren, wie das Konzept an die Steuerungsanforderungen der Logistik bzw. des Supply Chain Managements angepasst werden kann [Bre00, 84–90; Stö01, 80–82; Jeh02, 21–24; Web02, 137–140; Zim02, 404–412; Erd03, 177–239]. Die konkrete Ausgestaltung einer solchen „Supply Chain Balanced Scorecard" unterscheidet sich dabei wesentlich: Brewer/Speh und Zimmermann übernehmen beispielsweise die von Kaplan/Norton eingeführte Scorecardstruktur und modifizieren sie ausschließlich über die Auswahl der Ziele bzw. Kennzahlen in Bezug auf die Erfordernisse des Supply Chain Managements (inhaltliche Anpassung) [Bre00, 84–90; Zim02, 406–407]. Kaplan/Norton weisen selbst darauf hin, dass die von ihnen vorgeschlagenen Perspektiven lediglich Vorschläge darstellen und stets mit den jeweiligen Gegebenheiten (z. B. Strategie, Branche, etc.) abzustimmen sind [Kap96, 34–35]. Deshalb gilt es, nicht nur die Ziele und Kennzahlen, sondern darüber hinaus auch die Perspektiven der Balanced Scorecard an die Anforderungen der Logistik und des Supply Chain Managements anzupassen (inhaltliche und strukturelle Anpassung) [Stö01, 80–82; Jeh02, 21–24; Erd03, 177–239].

Um die Aussagen zur möglichen Gestaltung einer Supply Chain-BSC weiter zu konkretisieren, werden nachfolgend die zentralen Eigenschaften dieses Konzepts mit Hilfe relevanter Merkmale herausgearbeitet [Zim03, 139–151].

Ausgewogenheit der Messgrößen

Prinzipiell gelten die Vorteile eines „ausbalancierten" Kennzahlensystems auch für den Einsatz im Rahmen der Logistik bzw. des Supply Chain Managements [Kap96, 24–29; LaL96, 9–10; Zim03, 149]. Wie im ursprünglichen Konzept von Kaplan/Norton wird daher ebenfalls bei der Gestaltung einer Supply Chain Balanced Scorecard eine ausgewogene Verwendung von Ergebnisgrößen (z. B. Beschwerdegrad) und Leistungstreibern (z. B. Fehlerquote in Teilprozess X), finanziellen und nicht-finanziellen sowie internen und externen Messgrößen angestrebt.

Wertschöpfungskettenspezifische Perspektivenwahl

In der Literatur herrscht im Hinblick auf die „Architektur" einer Supply Chain Balanced Scorecard ein eher heterogenes Meinungsbild vor. Während einige Autoren die von Kaplan/Norton vorgeschlagene Scorecardstruktur auch für den Einsatz in der Logistik bzw. im Supply Chain Management als geeignet befinden, vertreten andere die Meinung, dass diese Perspektiven die spezifischen Anforderungen dieses Kontexts nicht ausreichend berücksichtigen. So argumentiert beispielsweise Bacher, dass „eine Balanced Scorecard, die im Rahmen des Supply Chain Management angewandt werden kann, [...] die Perspektiven Finanzen, Prozesse, Kooperationsqualität und Kooperationsintensität beinhalten [sollte]" [Bac04, 249]. Vor dem Hintergrund der Heterogenität der in der Praxis existierenden Wertschöpfungsketten stellt sich jedoch die Frage, ob die Definition eines derart allgemein gültigen Referenzmodells für eine Supply Chain Balanced Scorecard überhaupt zweckmäßig ist. Vielmehr dürfte es, der Auffassung von Kaplan/Norton folgend, zielführender sein, die

Struktur der Scorecard jeweils an die spezifischen Anforderungen bzw. Schwerpunktsetzungen der betrachteten Supply Chain anzupassen.

Ableitung der Messgrößen aus der Supply Chain-Strategie

Performance Measurement-Systeme erlauben eine Ableitung der in ihnen enthaltenen Ziele und Kennzahlen aus einer übergeordneten Strategie. Dem entsprechend sollten auch bei der Erstellung einer Supply Chain Balanced Scorecard die Ziele und Messgrößen aus einer Supply Chain-Strategie „heruntergebrochen" werden. So könnte es beispielsweise sein, dass ein Unternehmen aus seiner Kostenführerschaftsstrategie das Ziel ableitet, seine Lagerhaltung effizienter zu gestalten und die Erreichung dieser Zielsetzung über die Kennzahlen „Durchschnittsbestand" und „Verschrottungsquote" misst. Aufgrund der dem Supply Chain Management inhärenten Prozessorientierung erscheint es zweckmäßig, neben dieser Top-down-Ableitung auch die Supply Chain-Prozesse explizit in den Erstellungsvorgang mit einzubeziehen. Stölzle et al. schlagen daher vor, die Steuerungsansprüche, die sich aus einer engpassorientierten Untersuchung der Wertschöpfungsprozesse ergeben, in entsprechende Kennzahlen zu übersetzen und auf diese Weise eine Bottom-up-Perspektive in die Diskussion einfließen zu lassen [Stö01, 82]. Um den Aufwand für die laufende Erhebung der Messgrößen zu begrenzen und eine Fokussierung auf die wesentlichen Faktoren sicherzustellen, ist ferner darauf zu achten, dass nur Kennzahlen mit Bezug zur Strategie in die BSC aufgenommen werden. Darüber hinaus sind gemäß dem „traditionellen" BSC-Vorgehen neben der Definition von Zielen und dazugehörigen Indikatoren auch Zielwerte und zur Zielerreichung notwendige Maßnahmen festzulegen.

Darstellung von Ursache-Wirkungs-Zusammenhängen

Analog zu der Vorgehensweise bei der Erstellung einer „traditionellen" BSC sind auch bei der Entwicklung einer Supply Chain Balanced Scorecard die Ziele und Messgrößen über die verschiedenen Perspektiven hinweg mit Ursache-Wirkungs-Beziehungen zu verknüpfen. Auf diese Weise kann den Akteuren aufgezeigt werden, warum ein spezifisches Ziel verfolgt wird und welche Effekte durch dessen Erreichung in Bezug auf andere Ziele auftreten.

Hierarchisierung

Ein weiteres charakteristisches Merkmal des BSC-Konzepts ist darin zu sehen, dass die in einer Unternehmensscorecard enthaltenen, meist hoch aggregierten Ziele für die hierarchisch nachgeordneten Organisationseinheiten weiter detailliert und mit deren Vergütungs- und Anreizsystemen verknüpft werden. Auf diese Weise lassen sich die Strategie im Unternehmen kommunizieren und eine einheitliche Zielausrichtung erreichen („strategic alignment"). Es wird daher vorgeschlagen, dieses Prinzip auch bei einer Supply Chain Balanced Scorecard anzuwenden und die Logistikziele für Teams und Mitarbeiter zu spezifizieren [Erd03, 178–182; Zim03, 145–147; ähnlich Lum99, 16]. So kann beispielsweise ein auf Unternehmensebene existierender Zielwert für eine Kommissionierfehlerquote kaskadierend für die verschiedenen Steuerungsebenen (z. B. Werk, Lagerort, Mitarbeiter) „heruntergebrochen" werden.

Den bisher vorliegenden Vorschlägen, die BSC für den Einsatz in der Logistik bzw. im Supply Chain Management zu modifizieren, haftet ein eher statischer Charakter an. Eine ablauforientierte Darstellung der Aktivitäten im Zusammenhang mit der Erstellung, Implementierung und operativen Anwendung einer Supply Chain Balanced Scorecard existiert bislang nur in Ansätzen. Impulse zur Gestaltung eines derartigen Supply Chain Performance Measurement-Prozesses liefern zwei in jüngerer Zeit publizierte Konzepte.

D 2.4.3.2 Integrales Modell zur partnerschaftlichen Leistungsbeurteilung nach Hieber

Das von Hieber entwickelte „Integrale Modell zur partnerschaftlichen Leistungsbeurteilung" lässt sich als Erweiterung des logistikspezifischen SCOR-Modells interpretieren.

Das Supply Chain Operations Reference (SCOR-)Modell repräsentiert ein branchenneutrales (Referenz-)Prozessmodell, das der Beschreibung, Messung und Evaluation von Supply Chain-Prozessen bzw. Prozessketten dient. Dieses 1996 vom Supply Chain Council (SCC) erstmalig veröffentlichte und ständig weiterentwickelte Modell nimmt für sich in Anspruch, die gesamte Supply Chain sowohl hinsichtlich der physischen Transaktionen (z. B. Planungs- oder Dispositionsprozesse) als auch der begleitenden administrativen Transaktionen (z. B. Bestell- oder Fakturierungsprozesse) abzubilden. Nicht berücksichtigt werden hingegen Entwicklungs- und Designprozesse sowie Aktivitäten im Bereich Marketing und Vertrieb („Demand Generation"). Die Darstellungsform im SCOR-Modell geht dabei zwar immer von der Perspektive eines einzelnen Unternehmens aus. Die systematische Verknüpfung des Lieferprozesses eines Lieferanten mit dem Beschaffungsprozess eines Abnehmers ermöglicht jedoch die Abbildung einer unternehmensübergreifenden Supply Chain. Das

Modell besteht aus vier hierarchisch angeordneten Ebenen. Auf der ersten, am höchsten aggregierten Ebene befinden sich die Management-Kernprozesse Planen (Plan), Beschaffen (Source), Herstellen (Make), Liefern (Deliver) und Rückführen (Return), welche die inhaltliche Basis des Modells darstellen. Auf der zweiten und dritten Ebene werden diese Prozesse durch die Verwendung vordefinierter Prozesskategorien bzw. Prozesselemente näher beschrieben. Die vierte Ebene, die auch als Implementierungsebene bezeichnet wird, enthält keine Referenzinhalte und dient daher der unternehmensspezifischen Detaillierung der Prozesselemente. Weiterhin sind den Prozessen auf den oberen drei Modellebenen jeweils entsprechende Messgrößen („Metrics") sowie vorbildliche Praktiken („Best Practices") zugeordnet. Die Kennzahlen werden dabei stets in fünf Leistungsdimensionen („Performance Attributes") abgebildet (vgl. Abbildung 1). Ähnlich wie die Prozesse sind auch die Messgrößen im SCOR-Modell hierarchisch strukturiert, so dass es neben hochverdichteten „Level 1 Metrics" auch „Level 2 Metrics" und „Diagnostic Metrics" gibt. Die Ebenen der Kennzahlen müssen dabei nicht zwangsläufig mit den Prozessebenen korrespondieren.

Das „Integrale Modell zur partnerschaftlichen Leistungsbeurteilung" erweitert das SCOR-Modell, indem die Akteure einer Supply Chain gemeinschaftlich die Performance ihrer Wertschöpfungskette ermitteln können. Hierzu schlägt Hieber ein zweistufiges Vorgehen vor (vgl. Bild D 2.4-2).

In der ersten Phase sollen die Akteure der Supply Chain zunächst einige generische Kennzahlen gemeinsam erheben und evaluieren. Diese von Hieber als „Enabler" bezeichneten Messgrößen adressieren vornehmlich Aspekte aus den Bereichen Kooperation, Koordination sowie Wandlungsfähigkeit und sollen eine Aussage über den Stand der Zusammenarbeit der Unternehmen in der Wertschöpfungskette erlauben. Die Ergebnisse dieser Erhebung werden in Form einer so genannten „Logistics Network SCORcard" dargestellt und ermöglichen den Ent-

Performance Attribute	Performance Attribute Definition	Level 1 Metric
Supply Chain Delivery Reliability	The performance of the supply chain in delivering: the correct product, to the correct place, at the correct time, in the correct condition and packaging, in the correct quantity, with the correct documentation, to the correct customer.	Delivery Performance
		Fill Rates
		Perfect Order Fulfillment
Supply Chain Responsiveness	The velocity at which a supply chain provides products to the customer.	Order Fulfillment Lead Times
Supply Chain Flexibility	The agility of a supply chain in responding to marketplace changes to gain or maintain competitive advantage.	Supply Chain Response Time
		Production Flexibility
Supply Chain Costs	The costs associated with operating the supply chain.	Cost of Goods Sold
		Total Supply Chain Management Costs
		Value-Added Productivity
		Warranty/Returns Processing Costs
Supply Chain Asset Management Efficiency	The effectiveness of an organization in managing assets to support demand satisfaction. This includes the management of all assets: fixed and working capital.	Cash-to-Cash Cycle Time
		Inventory Days of Supply
		Asset Turns

Bild D 2.4-1 Leistungsdimensionen und -kennzahlen des SCOR-Modells [SCC04]

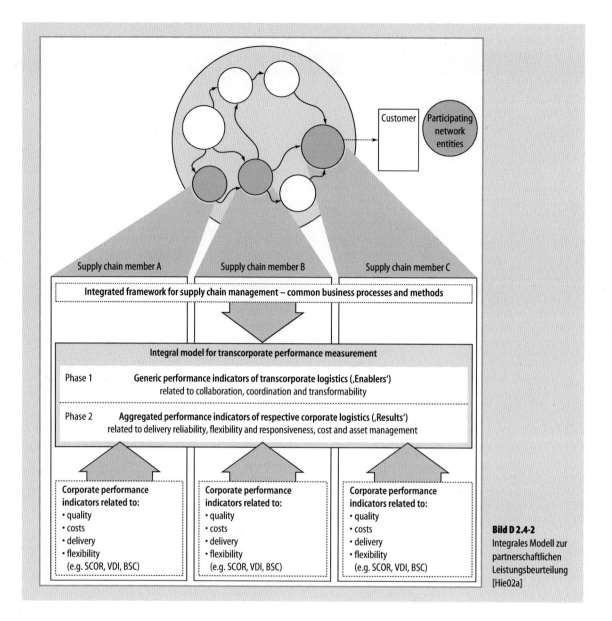

Bild D 2.4-2 Integrales Modell zur partnerschaftlichen Leistungsbeurteilung [Hie02a]

scheidungsträgern in der Supply Chain eine erste Statusbestimmung hinsichtlich der Qualität ihrer Zusammenarbeit. Zudem sollen durch diese gemeinsame Erhebung in der Geschäftsbeziehung Offenheit und Vertrauen zwischen den Netzwerkpartnern gefördert werden, um dann in der zweiten Phase das Modell schrittweise um weitere ergebnisorientierte Kennzahlen („Results") zu ergänzen. Hierzu dienen bereits existierende, unternehmensbezogene Messgrößen (z. B. SCOR Level 1 Metrics), die (ggf. nach einer Umwandlung) mit denen der anderen Akteure der Supply Chain zu „Netzwerkkennzahlen" aggregiert werden [Hie02a, 97–101]. Dieses Vorgehen bietet gegenüber anderen Ansätzen wie z. B. der Supply Chain Balanced Scorecard den Vorteil, dass auf bereits vorhandenes Datenmaterial zurückgegriffen werden kann und keine neuen Datenquellen erschlossen werden müssen. Wie Hieber/Niehaus in einer anderen Veröffentlichung jedoch selbst einräumen, erscheint bei vielen Kennzahlen eine rein additive bzw. multiplikative Verknüpfung nicht sinnvoll. Zudem erfährt das Problem der Mehrfachmitgliedschaft einzelner Unterneh-

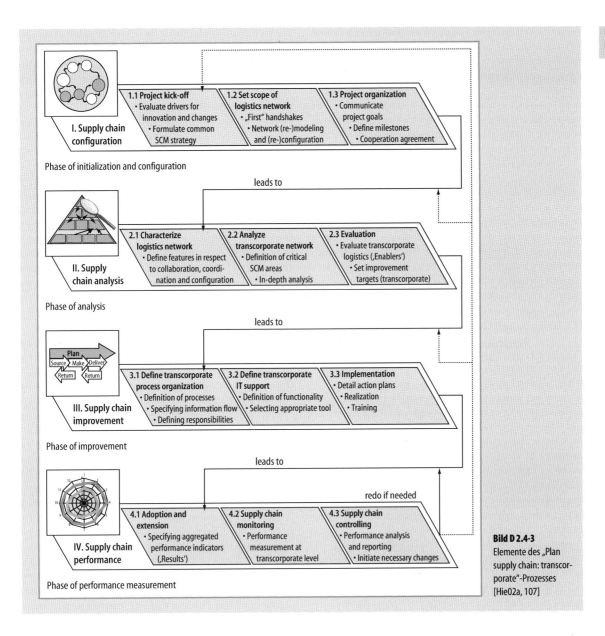

Bild D 2.4-3 Elemente des „Plan supply chain: transcorporate"-Prozesses [Hie02a, 107]

men in der Supply Chain keine ausreichende Beachtung [Hie02b, 32]. Ferner bietet das Modell – insbesondere aufgrund des fehlenden direkten Bezugs zur Strategie bzw. zu den Zielen der Supply Chain – kaum Hilfestellung bei der Auswahl der relevanten Indikatoren. Da der Ansatz auch keine Interdependenzen zwischen den Kennzahlen berücksichtigt, wird darüber hinaus das Verständnis bezüglich des „Zusammenspiels" der Messgrößen untereinander (vor allem zwischen den „Enablers" und den „Results") erschwert.

Wie oben skizziert, beschreibt das SCOR-Modell zunächst die interne „Supply Chain" eines einzelnen Akteurs des Wertschöpfungsnetzwerks, welche aufgrund der standardisierten Prozesse mit denen der „stromauf- und -abwärts" positionierten Unternehmen verbunden werden kann. Nach Ansicht von Hieber finden in dieser unternehmensübergreifenden Verflechtung von Prozessen bzw. Prozessketten jedoch weder grundlegende Aufgaben des Supply Chain Managements noch das unternehmensübergreifende Performance Measurement ausreichend Berücksichtigung. Er schlägt daher vor, auf der obersten Ebene des SCOR-Modells eine neue Prozesskategorie „P0: Plan supply chain: transcorporate" hinzuzufügen, welche im Sinne der hierarchischen SCOR-Logik in die Prozesselemente „P0.1: Supply chain initialization and configuration", „P0.2: Supply chain analysis", „P0.3: Supply chain improvement" sowie „P0.4: Supply chain performance measurement" zerlegt werden kann (siehe Bild D 2.4-3, [Hie02a, 105–111]).

Diese sequentielle, mit Rückkopplungsschleifen versehene Darstellung des Prozessablaufes stellt eine allgemeine Empfehlung dar, die es in Abhängigkeit von der spezifischen Situation der Supply Chain zu konkretisieren gilt (z. B. durch Auslassen oder Überspringen bestimmter Prozesselemente) (vgl. ebenda, S. 111). Dessen ungeachtet kann in der Einbettung des Modells in einen Managementprozess einer der größten Vorzüge dieses Konzepts (insbesondere im Vergleich zu den bislang eher statisch gestalteten Supply Chain Balanced Scorecards) gesehen werden.

D 2.4.3.3 Supply Chain Performance Management-Konzeption nach Karrer

Bei der von Karrer entwickelten, wertorientierten Supply Chain Performance Management-Konzeption handelt es sich um ein prozessualen Ansatz zur strategieorientierten Steuerung von Wertschöpfungsnetzwerken. Er besteht aus den Phasen Konfiguration der Supply Chain (Phase 1), Implementierung der Supply Chain-Strategie (Phase 2), operative Steuerung von Supply Chain-Prozessen (Phase 3) sowie Performancemessung (Phase 4) (vgl. Bild D 2.4-4). Das Supply Chain Performance Management verbindet damit die strategische Steuerungssphäre, welche sich primär mit der langfristigen Gestaltung der Supply Chain befasst, mit dem operativen Bereich, der die Steuerung von Austauschprozessen in der Supply Chain fokussiert. Der Übergang von der strategischen zur operativen Steuerung wird im Modell von Karrer als fließend dargestellt. Weiterhin findet sich im Modell eine Differenzierung einer Akteurs-, einer Beziehungs- sowie einer Netzwerkebene. Dabei wird angenommen, dass auf allen Ebenen grundsätzlich die gleichen Kategorien von Steuerungsaufgaben anfallen. Dies impliziert, dass sich der dargestellte Steuerungskreislauf auf jeder dieser Ebenen wiederholt, wobei maßgebliche Unterschiede hinsichtlich der konkreten inhaltlichen Ausgestaltung bestehen [Kar06, 215–233].

Den Ausgangspunkt des primären Performance Management-Kreislaufs bildet die institutionelle und strategieorientierte Konfiguration der Supply Chain. Die Aufgaben dieser Phase liegen zunächst in der Selektion geeigneter Partner und damit in der Bildung der Ressourcenbasis der Supply Chain. Im Rahmen der ebenfalls dieser Phase zugeordneten Integrationsaufgaben gilt es darauf aufbauend zu klären, wie stark welche Prozesse durch welche dieser Akteure integriert werden sollen.

Gegenstand der darauf folgenden Strategieimplementierung ist die Umsetzung der inhaltlichen Ergebnisse der Konfigurationsphase. Dies erfordert die Wahrnehmung von sach-, aber auch von verhaltensorientierten Implementierungsaufgaben, die auf die Erreichung einer größtmöglichen Zustimmung der beteiligten Unternehmen für die Supply Chain-Strategien abzielen.

Die operative Steuerung von Supply Chain-Prozessen inkludiert Tätigkeiten der kurzfristigen Planung und Kontrolle. Hierunter versteht Karrer die Zuordnung auftragsspezifischer Aufgaben und Kapazitäten zu bestimmten operativen (Teil)Prozessen unter Einsatz entsprechender IT-gestützter Planungsansätze (wie z. B. APS-Systeme). Den zweiten Bereich der operativen Steuerung stellt die Kontrolle der Material- und Warenflüsse dar, zu deren Unterstützung ebenfalls IT-Systeme (wie z.B. Tracking & Tracing-Systeme) eingesetzt werden können.

Innerhalb der Performance Measurement-Phase des primären Supply Chain Performance Management-Kreislaufs wird ein weiterer, sekundärer Kreislauf definiert. Dieser Subprozess besteht aus fünf Teilschritten, die nachfolgend näher beschrieben werden:

Supply Chain Visualisierung: Den Ausgangspunkt bildet die grafische Darstellung der Wertschöpfungskette. Dies soll unter anderem die Identifikation von Engpässen erleichtern und einen Beitrag zur Umsetzung der vielfach im Rahmen der Supply Chain Management-Konzeption geforderten Prozessorientierung leisten.

Strategieanbindung: Es gilt, einen strategischen Grundkonsens zwischen den Akteuren der Supply Chain zu finden. Darauf aufbauend sind die den einzelnen Supply Chain-Prozessen zuzuordnenden Sachziele zu erfassen und durch Ursache-Wirkungs-Beziehungen mit den individuellen Wertsteigerungszielen der verschiedenen Unternehmen zu verknüpfen. Auf diese Weise ist sicherzustellen, dass sich das Zielsystem an der Strategie ebenso wie an den Prozessen der Supply Chain ausrichtet.

Ableitung von Messgrößen: Nach der Festlegung und Visualisierung der Ziele folgt die Definition adäquater Kennzahlen zur Messung der Zielerreichung. Bei der Selektion der Messgrößen stehen als Auswahlkriterien deren strategische Relevanz sowie deren Geltungsbereich in der Supply Chain zur Verfügung.

Implementierung: Im Anschluss an die Entwicklung des Messsystems wird letzteres in der Supply Chain implementiert. Diesem Teilprozess werden neben sachbezogenen auch verhaltensbezogene Aspekte zugerechnet, welche

D 2.4 Performance Management in der Logistik

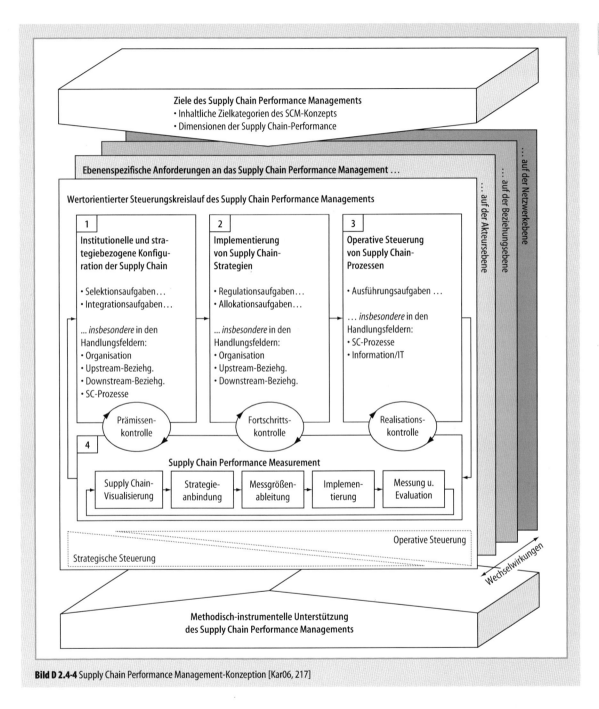

Bild D 2.4-4 Supply Chain Performance Management-Konzeption [Kar06, 217]

den Blick auf die Schaffung einer möglichst großen Akzeptanz in den betroffenen Organisationen richten.

Messung und Evaluation: In der letzten Stufe dieser Performance Measurement-Konzeption steht zum einen die Ausgestaltung des operativen Messprozesses an, wobei beispielsweise die Umsetzung in den IT-Systemen oder auch die Verankerung im Berichtswesen eine wichtige Rolle spielen. Zum anderen rückt im Rahmen der Evaluation im

Sinne einer Ergebniskontrolle der Implementierungsprozess des Performance Measurements in den Mittelpunkt.

Wie die vorangegangenen Ausführungen zeigen, hat der von Karrer entwickelte Ansatz – ähnlich wie die in Abschn. D 2.4.3.2 vorgestellte Konzeption von Hieber – einen prozessualen Charakter, der die Umsetzung des jeweiligen Konzepts erleichtert. Darüber hinaus finden sich im Ansatz von Karrer auch konstitutive Elemente eines zeitgemäßen Performance Management-Konzepts, wie z. B. die Verbindung von Leistungs- und Führungssystem, die Berücksichtigung von Ziel-Interdependenzen sowie die Anbindung an die Unternehmens- bzw. Logistikstrategie wieder. Kritisch ist anzumerken, dass in der Praxis derzeit nur vergleichsweise wenige Unternehmen bzw. Supply Chains den in dem Modell vorgeschlagenen Ablauf vollständig und streng sequentiell durchlaufen dürften.

D 2.4.4 Stand und Entwicklungstendenzen des Performance Managements in der Logistik

Der Erfolg von Steuerungssystemen in der Logistik wird künftig noch stärker davon abhängen, wie gut sie die Beziehung zwischen der Strategie eines Unternehmens und seinen logistischen Prozessen darstell- und steuerbar machen können. Diese Anforderung muss zunächst auf Unternehmensebene erfüllt werden. Anschließend gilt es im Sinne des Supply Chain Management-Gedankens, derartige Mess- und Steuerungskonzepte auch auf einer unternehmensübergreifenden Kooperations- oder Netzwerkebene einzuführen.

Die Ergebnisse empirischer Untersuchungen zeigen, dass trotz erster Umsetzungserfolge der Ausbau dieser Systeme auf allen Ebenen noch weiter vorangetrieben werden muss [Kar06, 265–331]. Für die Forschung ergibt sich daraus die Aufgabe, Vorschläge zu erarbeiten, wie Unternehmen bzw. ganze Supply Chains derartige Implementierungsprozesse erfolgreich planen und umsetzen können.

Literatur

[Aue04] Auer, Ch.: Performance Measurement für das Customer Relationship Management: Controlling des IKT-basierten Kundenbeziehungsmanagements. Wiesbaden 2004

[Bac04] Bacher, A.: Instrumente des Supply Chain Controlling: Theoretische Herleitung und Überprüfung der Anwendbarkeit in der Unternehmenspraxis. Wiesbaden 2004

[Bre00] Brewer, P.C.; Speh, T.W.: Using the Balanced Scorecard to Measure Supply Chain Performance. Journal of Business Logistics 21 (2000) 1, 75–93

[Gle01] Gleich, R.: Das System des Performance Measurement: Theoretisches Grundkonzept, Entwicklungs- und Anwendungsstand. München 2001

[Erd03] Erdmann, M.-K.: Supply Chain Performance Measurement: Operative und strategische Management- und Controllingansätze. Lohmar 2003

[Hau02] Hauber, R.: Performance Measurement in der Forschung und Entwicklung: Konzeption und Methodik. Wiesbaden 2002

[Hie02a] Hieber, R.: Supply Chain Management: A Collaborative Performance Measurement Approach. Zürich 2002

[Hie02b] Hieber, R.; Niehaus, J.: Supply Chain Controlling – Logistiksteuerung der Zukunft? Supply Chain Management 2 (2002) 4, 27–33

[Hof00] Hoffmann, O.: Performance Management: Systeme und Implementierungsansätze. 3. Aufl. Bern 2000

[Jeh02] Jehle, E.; Stüllenberg, F.; Schulze im Hove, A.: Netzwerk-Balanced Scorecard als Instrument des Supply Chain Controlling. Supply Chain Management 2 (2002) 4, 19–25

[Kap92] Kaplan, R.S.; Norton, D.P.: The Balanced Scorecard: Measures that Drive Performance Harvard Business Review 70 (1992) 1/2, 71–79

[Kap96] Kaplan, R.S.; Norton, D.P.: The Balanced Scorecard: Translating Strategy into Action. Boston 1996

[Kar06] Karrer, M.: Supply Chain Performance Management: Entwicklung und Ausgestaltung einer unternehmensübergreifenden Steuerungskonzeption. Wiesbaden 2006

[Ken02] Kennerley, M.; Neely, A.: A framework of the factors affecting the evolution of performance measurement systems. International Journal of Operations & Production Management 22 (2002) 11, 1222–1239

[Kli00] Klingebiel, N.: Integriertes Performance Measurement. Wiesbaden 2000

[LaL96] La Londe, B.J.; Pohlen, T.L.: Issues in Supply Chain Costing. The International Journal of Logistics Management 7 (1996) 1, 1–12

[Lum99] Lummus, R.R.; Vokurka, R.J.: Defining supply chain management: a historical perspective and practical guidelines. Industrial Management + Data 99 (1999) 1, 11–17

[Rie00] Riedl, J.B.: Unternehmungswertorientiertes Performance Measurement: Konzeption eines Performance Measurement-Systems zur Implementierung einer wertorientierten Unternehmungsführung. Wiesbaden 2000

[Sch01] Schomann, M.: Wissensorientiertes Performance Measurement. Wiesbaden 2001

[Stö01] Stölzle, W.; Heusler, K.F.; Karrer, M.: Die Integration der Balanced Scorecard in das Supply Chain Management-Konzept (BSCM). Logistik Management 3 (2001) 2/3, 73–85

[Stö02] Stölzle, W.; Karrer, M.: Performance Management in der Supply Chain: Potenziale durch die Balanced Scorecard. In: Bundesvereinigung Logistik (BVL) (Hrsg.): Wissenschaftssymposium der BVL. München 2002, 57–81

[SCC04] Supply Chain Council (Hrsg.): Supply Chain Operations Reference Model Version 6.1. Pittsburgh 2004. http://www.supply-chain.org/member/scormodeldownloads.asp

[Web02] Weber, J.; Bacher, A.; Groll, M.: Konzeption einer Balanced Scorecard für das Controlling von unternehmensübergreifenden Supply Chains. krp-Kostenrechnungspraxis: Zeitschrift für Controlling, Accounting & System-Anwendungen 46 (2002) 3, 133–141

[Zim02] Zimmermann, K.: Using the Balanced Scorecard for Interorganizational Performance Management of Supply Chains – A Case Study. In: Seuring, S.; Goldbach, M. (Hrsg.): Cost Management in Supply Chains. Heidelberg 2002

[Zim03] Zimmermann, K.: Supply Chain Balanced Scorecard: Unternehmensübergreifendes Management von Wertschöpfungsketten. Wiesbaden 2003

D 2.5 Prozessmanagement

D 2.5.1 Prozessorientierung der Logistik

In Wissenschaft und Praxis der Unternehmensorganisation ist seit einigen Jahren ein Perspektivenwandel festzustellen. Während traditionell der Aufbauorganisation deutlich mehr Beachtung geschenkt wurde als der Ablauforganisation, wird seit Anfang der achtziger Jahre die Dominanz des aufbau- über den ablauforganisatorischen Schwerpunkt zunehmend in Frage gestellt. Somit rücken Prozessabläufe mehr und mehr in den Mittelpunkt des Interesses [Der96, 591]. Einer der Wegbereiter dieser Entwicklung ist zweifellos Michael Porter mit seinem Wertkettenmodell gewesen, in welchem der Prozesscharakter der wertschöpfenden Aktivitäten und deren Interdependenzen eine zentrale Rolle spielt [Por00].

Seit Beginn der neunziger Jahre wurde – nicht zuletzt durch die Beratungspraxis vorangetrieben – eine Vielzahl von prozessorientierten Reorganisationskonzepten vorgestellt, die zunächst unter dem Schlagwort „Lean Organization" [Wom94; Del94], später unter dem Label „Business Process Reengineering" (BPR) [Ham94; The96] propagiert wurden. Vor allem BPR steht für eine grundlegende und kompromisslose Erneuerung der Unternehmensprozesse unter dem Primat der Kundenorientierung und Kostensenkung. Die Belohnung für ein derart radikales Vorgehen liegt nach Meinung vieler Autoren in den dabei zu erzielenden Verbesserungen, deren Umfang den Begriff ‚Quantensprünge' rechtfertige.

Obwohl der Gedanke der grundlegenden Neugestaltung von Prozessabläufen im BPR-Konzept dazu anleiten soll, vorgegebene organisatorische Grenzen funktionaler Art oder auch anderer unternehmensinterner Einheiten aus prozessorientierter Sicht grundsätzlich in Frage zu stellen, konzentrieren sich viele Anwendungsfälle traditionell doch eher auf Prozessverbesserungen abgegrenzter Bereiche, etwa im Bereich der Produktion, der Auftragsabwicklung oder der Administration. Insbesondere die Einbettung unternehmerischer Teilprozesse in unternehmensübergreifende Prozessketten bzw. -netzwerke ist lange Zeit kaum in Angriff genommen worden. Dabei hat lange vor der aktuellen ‚Hausse' des Prozessgedankens u. a. Michael Porter [Por00] die Notwendigkeit der Integration der eigenen Wertschöpfungsprozesse in übergreifende Wertschöpfungsketten oder -systeme in aller Deutlichkeit herausgearbeitet.

Den gleichen Gedanken einer unternehmensübergreifenden, „ganzheitlichen" Gestaltungsperspektive verfolgt auch die neuere betriebswirtschaftliche Logistik schon seit Jahren. Mit der Zielsetzung einer möglichst durchgängigen Planung, Gestaltung und Steuerung des Waren- und Informationsflusses über die gesamte Versorgungskette von deren Ursprung bis zum Endkunden („Supply Chain Management") [Hou85] richtet sie das analytische Augenmerk insbesondere auf die Schnittstellen der logistischen Teilprozesse und die mit ihrer Integration verbundenen Trade-off Effekte [Pfo04, 31ff.]. Dabei rücken in den letzten Jahren zunehmend unternehmensübergreifende Konzepte der Prozessintegration in den Mittelpunkt des Interesses. Die bekanntesten Beispiele hierfür finden sich im Rahmen der Neugestaltung industrieller Zulieferprozesse gemäß der Just-in-Time Philosophie [Wil88] vor allem in der Automobilindustrie [Ric97]. In vielen anderen Wertschöpfungsketten wird erst in jüngster Zeit verstärkt versucht, die Potenziale derartiger übergreifender Prozessintegrationen zu identifizieren und zu realisieren. Prominentes Beispiel hierfür ist das sog. Efficient Consumer Response-Konzept (ECR) [GEA94], in dessen Rahmen derzeit zahlreiche Projekte mit dem Ziel einer stärkeren Integration und Verzahnung der Waren- und Informationsflüsse zwischen Konsumgüterherstellern und -handel sowie Endkunden laufen [Tie95a; Tie95b; Töp95].

Tabelle D 2.5-1 Prozessdefinitionen im Vergleich

Autor(en) Literatur	Definition
Striening [Str88, 57]	… Serie von Handlungen, Tätigkeiten oder Verrichtungen zur Schaffung von Produkten oder Dienstleistungen …, die in einem direkten Beziehungszusammenhang miteinander stehen …, wobei Anfang und Ende eines Prozesses durch die Bezeichnung der Schnittstellen zu den angrenzenden Prozessen (oder Subprozesssen) definiert sind.
Morris/Brandon [Mor93, 38]	A process is most broadly defined as an activity carried out as a series of steps, which produces a specific result or a related group of specific results.
Harrington [Har91, 9]	Any activity or group of activities that takes an input, adds value to it, and provides an output to an internal or external customer. Processes use an organization's resources to provide definitive results.
Johansson et al. [Joh93, 57 u. 16]	A process is a set of linked activities that take an input and transform it to create an output. A core business process, as distinct from other processes, is a set of linked activities that both cross functional boundaries and, when carried out in concert, addresses the needs and expectations of the marketplace and drives the organization's capabilities.
Davenport [Dav93, 5]	A process is thus a specific ordering of work activities across time and place, with a beginning, an end, and clearly identified inputs and outputs: a structure for action.
Hammer/Champy [Ham94, 52]	Bündel von Aktivitäten, für das ein oder mehrere unterschiedliche Inputs benötigt werden und das für den Kunden ein Ergebnis von Wert erzeugt.
Krcmar/Schwarzer [Krc94]	Prozesse können eindeutig über Input und Output beschrieben werden und es können Anfangs- (Trigger) und Endzeitpunkte (Erreichen des angestrebten Endzustands) und damit auch die zeitliche Dauer einzelner Aktivitäten oder des gesamten Prozesses bestimmt werden.
Elgass/Krcmar [Elg93]	Ein Prozess ist eine Folge von Aktivitäten, die in einem logischen Zusammenhang zueinander stehen und inhaltlich abgeschlossen sind, so dass sie von vor-, neben- oder nachgeordneten Vorgängen isoliert betrachtet werden können.
Scheer [Sch94a]	Ein Geschäftsprozess beschreibt die mit der Bearbeitung eines bestimmten Objektes verbundenen Funktionen, beteiligten Organisationseinheiten, benötigten Daten und die Ablaufsteuerung der Ausführung.
Ferstl/Sinz [Fer93]	Unter Geschäftsprozess wird eine Transaktion oder eine Folge von Transaktionen zwischen betrieblichen Objekten verstanden. Gegenstand der Transaktion ist der Austausch von Leistungen oder Nachrichten zwischen den Objekten.

Grundlegende Voraussetzung, um Prozessmanagement und Prozessoptimierung durch schnittstellenübergreifende Integration von Teilprozessen im Allgemeinen bzw. von Waren- und Informationsflüssen in logistischen Netzwerken im Speziellen umzusetzen, bilden adäquate Informationssysteme. Dies gilt in zweierlei Hinsicht. Zum einen werden Werkzeuge benötigt, um Prozessabläufe modellhaft zu erfassen, transparent zu machen und alternative Prozessgestaltungen zu bewerten. Hierzu dienen prozessorientierte Modellierungs-, Analyse-, Simulations- und Optimierungssysteme (Prozessmodelle). Zum anderen geht es um Informationssysteme zur laufenden Unterstützung der Koordination von interdependenten Prozessen (in Prozessketten) [Vos96a; Vos96b]. Hier sind vor allem für den administrativen Bereich und für Managementprozesse Systeme entwickelt worden, die als ‚Groupware-Systeme' [Pet93], ‚Computer Supported Cooperative Work' (CSCW) [Teu95] bzw. mit ausgesprochener Ablauforientierung als ‚Workflow Management Systeme' (WFMS) [Whi94] bezeichnet werden. Für distributionslo-

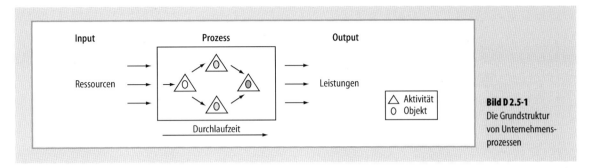

Bild D 2.5-1 Die Grundstruktur von Unternehmensprozessen

gistische Prozesse existieren im Prinzip schon seit längerem Konzepte für prozessorientierte Warenwirtschaftssysteme, innerhalb derer auf der Basis elektronischer ‚Point of Sales'-Informationen logistische Prozesse ausgelöst und gesteuert werden [Zen93]. Spezifische Bedeutung für ein bereichs- und insbesondere unternehmensübergreifendes Prozessmanagement kommt dabei der ungehinderten und möglichst durchgängigen Kommunikation zwischen den Akteuren der Prozessketten zu. Hierfür haben die Entwicklungen im Rahmen des ‚Electronic Data Interchange'-Ansatzes (EDI) [Neu94] in den letzten Jahren entscheidende Voraussetzungen geschaffen.

D 2.5.2 Der Prozessbegriff

Der Prozessbegriff hat eine starke intuitive Suggestionskraft, die zu einem unmittelbaren Einverständnis mit dem scheinbar Offensichtlichen führt. Gleichzeitig ist er aber so vage, dass nahezu alle Sachverhalte wirtschaftlichen Geschehens ohne größere Anstrengungen darunter subsumiert werden können. Die Vielzahl unterschiedlicher Prozessdefinitionen (vgl. Tabelle D 2.5-1) trägt zu dieser Beliebigkeit der Begriffsverwendung bei.

Insbesondere in der Definition von Hammer und Champy kommt mit der Bezugnahme auf die Wertschöpfung als Verhältnis von Input und Output die Zweckorientierung betrieblicher Prozesse zum Ausdruck (vgl. Bild 2.5-1).

Zentrales Anliegen des Konzeptes des Business Process Reengineering von Hammer und Champy ist die Ausrichtung der Prozesse auf die Kundenwünsche und die Ausrichtung der Strukturen (Informationssysteme, Aufbauorganisation) auf die Prozesse [Ham94]. Unternehmensprozesse werden damit zum zentralen Bezugspunkt des Managements generell. Allerdings hat das Konzept des BPR eher Projektcharakter und ist auf die einmalige Neugestaltung und Verbesserung einzelner (Kern-) Prozesse ausgerichtet. Es stellt damit lediglich ein Element innerhalb eines umfassenderen Konzeptes eines permanenten

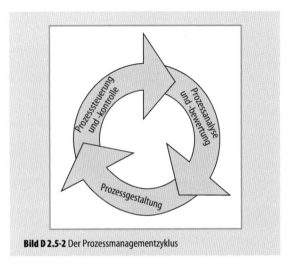

Bild D 2.5-2 Der Prozessmanagementzyklus

prozessorientierten Managementansatzes – dem Prozessmanagement – dar.

D 2.5.3 Der Prozessmanagementzyklus

Die Leitidee des als Prozessmanagement bezeichneten Konzeptes lässt sich wie folgt umreißen:

Prozessmanagement ist die strategieorientierte Analyse, Bewertung, Gestaltung (Verbesserung), Steuerung und Kontrolle von Wertschöpfungsprozessen in und zwischen Unternehmungen.

Die Definition lässt erkennen, dass das Prozessmanagement als sich permanent wiederholende Abfolge (Zyklus) unterschiedlicher prozessorientierter Managementaufgaben interpretiert werden kann. Diesen Prozessmanagementzyklus stellt Bild D 2.5-2 dar (vgl. auch Bild D 2.5-3). Er umfasst drei grundlegende interdependente Schritte oder Stufen: die Prozessanalyse einschließlich der Prozessbewertung, die Prozessgestaltung sowie die Prozesssteuerung und -kontrolle. Jede dieser Stufen bedingt

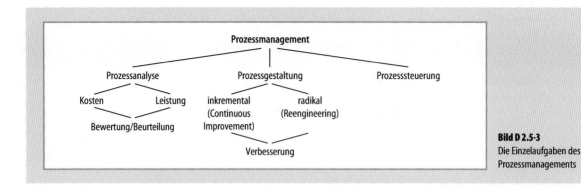

Bild D 2.5-3 Die Einzelaufgaben des Prozessmanagements

sich gegenseitig und ist insofern unabdingbarer Bestandteil eines fundierten Prozessmanagements [Der96].

Ohne die Transparenz und die differenzierte Kenntnis der Einzelaktivitäten, Teilprozesse und Wechselbeziehungen innerhalb und zwischen Prozessen und Prozessketten ist weder eine vergleichende Beurteilung gegenüber anderen Prozessen im Rahmen eines Benchmarking [Cam89] noch eine zielorientierte Bewertung möglich. Ohne eine differenzierte Bewertung fehlt die Grundlage für eine Prozessveränderung wie auch für die laufende Steuerung und Kontrolle der Prozesse. Laufende Steuerungs- und Kontrollinformationen bilden wiederum die Basis für die erneute Prozessanalyse.

Angesichts der großen Anzahl und Vielfalt betrieblicher und überbetrieblicher Prozessketten muss sich ein in dieser Weise umfassendes Prozessmanagement auf ausgewählte Unternehmensprozesse konzentrieren. Durch seine ausgeprägte Wertschöpfungsorientierung liegt es nahe, das Prozessmanagement vor allem auf jene gemeinhin als *Kernprozesse* [Kap91] bezeichneten Prozesse zu konzentrieren, die für den Abnehmerwert aus Kundensicht von zentraler Bedeutung sind. Diese Kundenorientierung gilt es mit der Prozessorientierung zu verbinden. Dies führt zur Interpretation von Prozessketten als Abfolge von Kunden-/Lieferantenbeziehungen und damit zur Metapher der *Kundenkette* [Sch90]. Damit wird jeder Akteur in einer Prozesskette zum Kunden und gleichzeitig zum Lieferanten für das nächste Glied der Kette. Da gerade derartige Kernprozessketten, die an ihrem Ende auf externe Kunden zielen, in aller Regel Bereichs- und Unternehmensgrenzen überschreiten, setzt das Prozessmanagement eine bereichs- und unternehmensübergreifende Perspektive voraus.

D 2.5.4 Die Prozessanalyse

Als wesentlicher Schritt im Prozessmanagementzyklus wurde die Prozessanalyse genannt. Ihr primäres Ziel ist die

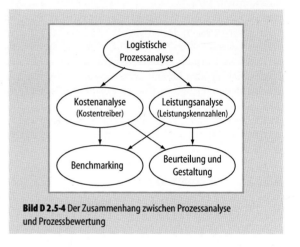

Bild D 2.5-4 Der Zusammenhang zwischen Prozessanalyse und Prozessbewertung

Schaffung von Prozesstransparenz. Diese bildet einerseits die Kommunikationsbasis für die kontinuierliche inkrementale wie für die fallweise grundlegende Prozessverbesserung sowie andererseits die fundierte Grundlage für die Anwendung spezifischer prozessorientierter Bewertungs-, Beurteilungs- und Steuerungsinstrumente. Gerade die Aussagefähigkeit vieldiskutierter Instrumente der Kosten- und Leistungsrechnung, wie der Prozesskostenrechnung [Män95] oder der prozessorientierten Budgetierung [Sch94b], hängt unmittelbar von der Differenziertheit der zugrunde liegenden Prozessanalyse ab. Als Bewertungsdimensionen werden üblicherweise auf der Inputseite die Prozesskosten und auf der Outputseite prozessbezogene Zeit-/Qualitäts- und (quantitative) Leistungsgrößen herangezogen (vgl. Bild D 2.5-4).

Je mehr sich der Wettbewerb bezüglich Preis und (funktionaler) Qualität von Produkten und Dienstleistungen intensiviert, desto mehr rücken Zeitaspekte in den Mittelpunkt der Leistungsbeurteilung. Zeitaspekte werden zu leistungsdifferenzierenden Wettbewerbsfaktoren und stellen mehr und mehr einen für den Kunden unmittelbar spürbaren Nutzenbeitrag dar. Damit wird die Analyse von zeitbezogenen Prozessmerkmalen zum zentralen Ansatzpunkt für Prozessveränderungen [Rip95]. Dies gilt ganz besonders für logistische Prozesse, die direkt dem räumlichen und zeitlichen Transfer von Gütern (und Informationen) dienen. Allerdings ist bei der Zeitanalyse von Prozessen stets die Wechselwirkung zu den anderen Zieldimensionen Prozessqualität und Prozesskosten zu beachten. Insbesondere sind hierbei auch bereichsübergreifende Zusammenhänge entlang der logistischen Kette zu eruieren. So kann etwa die Qualität eines Transportprozesses u. U. dadurch erhöht werden, dass die Qualität der vorgelagerten informatorischen Auftragsabwicklung verbessert wird. Diese Art von „Trade-off"-Beziehungen ist charakteristisch für Prozessinterdependenzen.

Die Bewertungsdimension der Prozessqualität bezieht sich vor allem auf drei Aspekte. Die Prozessqualität i. e. S. betrifft die Zuverlässigkeit der Einhaltung vorgegebener Prozessabläufe. Die Prozesssicherheit stellt auf die funktionale Leistungsqualität ab und die davon abhängigen Fehlerquoten, Nachbesserungsbedarfe und Reklamationshäufigkeiten. Schließlich betrifft die Prozesskomplexität den Aspekt der Eindeutigkeit, Strukturiertheit und Sicherheit der definierten Prozessabläufe. Alle diese Beurteilungsdimensionen sind interdependent, so dass die Beurteilung der Prozessqualität alle drei Dimensionen enthalten muss.

Die quantitative Leistungsdimension der Prozessbewertung misst vor allem den Mengendurchsatz insgesamt oder pro Zeiteinheit. Sie ist vor allem für die Beurteilung der Abstimmung der Teilprozesse von Prozessketten von zentraler Bedeutung und erlaubt, Engpässe und Überkapazitäten im Prozessablauf transparent zu machen.

Zwischen den Outputmerkmalen von Prozessen und den Prozesskosten besteht ein direkter Zusammenhang. Aussagen über die Angemessenheit von prozessabhängigen Kosten machen nur dann einen Sinn, wenn sie jeweils zu den Leistungsmerkmalen des betrachteten Prozesses in Beziehung gesetzt werden. Hierbei spielt wieder die bereichsübergreifende Prozessverbundenheit (Trade-off) eine wichtige Rolle. Die in den letzten Jahren vehement vorangetriebene Entwicklung prozessorientierter Kostenrechnungskonzepte (activity-based costing, Prozesskostenrechnung, prozessorientierte Kalkulation, Prozessorientierte Budgetierung, target costing, usw.) [Män95] bieten hierfür einen reichen Instrumentenkasten.

Die Durchführung der Prozessanalyse folgt einem im Prinzip sehr einfachen, in praxi aber häufig sehr aufwendigen Vorgehensmodell. Es geht darum, die wesentlichen Prozesselemente und ihre Zusammenhänge im Detail zu erfassen und zu dokumentieren. Hierbei stehen die folgenden Aufgaben im Mittelpunkt:
– Erhebung der Prozessobjekte;
– Erhebung der Aktivitäten und Teilprozesse hinsichtlich Inhalt, Zeit und Qualität;
– Erhebung der Prozessressourcen (Kapazitäten und Verbräuche);
– Erhebung der Prozessergebnisse;
– Erhebung der Verantwortlichkeiten.

Vielfältige Projekterfahrungen zeigen, dass diese Erhebungsaufgaben üblicherweise nicht (nur) durch die Analyse von Dokumenten und Berichts- und Rechensystemen zu erfüllen sind. Auch die Einschätzung des Managements hinsichtlich der aktuellen Prozessabläufe stimmt oft nicht mit der Realität überein. Deshalb ist eine detaillierte Prozessdokumentation vor Ort und die persönliche Befragung der unmittelbar Prozessbeteiligten das probate Mittel. Hierbei zeigt sich sehr deutlich, wie Prozesse tatsächlich ablaufen, welche Schwachstellen existieren und wo damit Ansatzpunkte für Prozessveränderungen gegeben sind.

Erhobene Prozessdaten sind zu dokumentieren und auszuwerten. Neben der Erhebung der einzelnen Prozessschritte und ihrer verschiedenen Merkmale erfordert die Prozessperspektive insbesondere eine Dokumentation der Reihenfolge der einzelnen Aktivitäten und ihrer ablaufbezogenen Kausalzusammenhänge. Je besser es gelingt, diese Prozessmerkmale differenziert zu erfassen, desto höher ist die Transparenz der Prozessabläufe und desto fundierter sind die Voraussetzungen für Prozessbewertung, Benchmarking und somit des Prozessmanagements.

Wird in der Phase der Prozessanalyse parallel zur Prozesserhebung die Modellierung durchgeführt, so kann bereits hier eine laufende Plausibilitäts- und Konsistenzprüfung durchgeführt werden, was zur unmittelbaren Steuerung der Prozesserhebung beiträgt. Für die Zwecke der unternehmensübergreifenden Prozessintegration eignet sich insbesondere die hierarchische Modellierung. Sie erlaubt, einzelne Prozesssegmente in unterschiedlichem Detailliertheitsgrad zu erfassen und stufenweise und selektiv verfeinert zu modellieren. Dies bedeutet, dass für die spezifischen Zwecke der segmentübergreifenden Prozessintegration (zunächst) ein relativ hoher Aggregationsgrad der Modellierung der einzelnen Segmente gewählt werden kann und der Fokus der Modellierung auf der Erfassung der Schnittstellen zwischen den Segmenten liegt.

Eine hierarchische Modellierung erlaubt auf einfache Weise, die Ablauflogik unterschiedlicher Formen der segmentübergreifenden Prozessintegration qualitativ zu untersuchen und damit eine Grundlage für differenziertere Untersuchungen zu schaffen. Der zentrale Nachteil liegt allerdings darin, dass derart konstruierte Modelle im Prinzip statisch sind. Sie vermögen zwar die logische Ablaufstruktur auch komplexer Prozessnetze darzustellen. Ein zentrales Anliegen der Prozessanalyse und Grundlage der Prozessgestaltung ist es aber, Erkenntnisse über das Systemverhalten im Zeitablauf zu gewinnen. Gerade die Kenntnis der Dynamik segmentübergreifender Prozessabläufe, d. h. die Zusammenhänge zwischen zeitlichen Prozessmerkmalen und dem Ressourcenverbrauch einerseits und den Leistungsprofilen der Prozesse andererseits bildet eine unabdingbare Voraussetzung für die Prozessbeurteilung und -gestaltung.

Hierzu kann auf prozess- und netzwerkorientierte Simulationssysteme zurückgegriffen werden. Sie erlauben nicht nur eine Modellierung einzelner logistischer Segmente in angemessenem Detailliertheitsgrad, sondern bieten darüber hinaus alle Voraussetzungen, komplexe Szenarien der segmentübergreifenden Prozessintegration insbesondere in ihrer Prozessdynamik zu simulieren, im Hinblick auf die relevanten Bewertungsdimensionen zu bewerten und auf diesem Wege die Vor- und Nachteile unterschiedlicher Integrationskonzepte transparent zu machen. Sie können damit als Entscheidungsunterstützungssystem fungieren und einen wesentlichen Beitrag zur übergreifenden Optimierung logistischer Netzwerke leisten.

D 2.5.5 Schnittstellenübergreifende Logistikprozesse

Die konsequente Umsetzung des Gedankens der Prozessorientierung erfordert immer mehr die Integration von Leistungsprozessen über Bereichs- und zunehmend auch über Unternehmensgrenzen hinweg. Dies gilt in ganz besonderem Maße für logistische Prozesse, ist doch seit Jahren die ganzheitliche Optimierung von unternehmensübergreifenden Versorgungsketten und von Güterflüssen in komplexen Netzwerken das erklärte Ziel einer modernen Logistik. Unternehmensübergreifende Konzepte zwischen Industrie, Handel und Logistik-Dienstleistern gewinnen dabei zunehmend an Bedeutung für die Realisierung bisher ungenutzter Kooperationsvorteile bei Kosten und Service [Del95]. Ein schnittstellenübergreifendes Prozessmanagement ist zugleich Voraussetzung und Ergebnis derartiger Kooperationsmodelle. Das Prozessmanagement bezieht sich auf physische und informatorische Prozesse gleichermaßen.

Schnittstellenübergreifendes Prozessmanagement zielt auf die Integration zuvor getrennt ablaufender und gesteuerter Prozessketten [Bec96]. Hierfür bieten sich unterschiedliche Ansatzpunkte. Durch eine Prozessintegration im Sinne einer *Vereinigung* werden bisher getrennt stattfindende Prozesse zusammengeführt. Dabei wird die Anzahl der Aktivitäten und Teilprozesse i. Allg. reduziert, bisherige Abläufe durch neue ersetzt. Weniger weit reichend ist die *Verbindung* bisher unverbundener bzw. ungenügend verbundener, aber logische Beziehungen aufweisender Teilprozesse. Mit derartigen Prozessintegrationen können unterschiedliche Zielsetzungen verfolgt werden. Im ersten Fall lassen sich durch die Integration Prozesselemente und Schnittstellen gänzlich *eliminieren* und damit Prozessketten verkürzen und von Prozessredundanzen bereinigen. Eine Realisierung von *Degressionseffekten* ergibt sich durch die Zusammenfassung vorher getrennt und parallel ablaufender Prozesselemente. Bisher existieren nur wenige Ansätze zur Integration bereichs- bzw. unternehmensübergreifenden Prozessmodelle [Gru96].

Als verständliche Kommunikations- und Diskussionsgrundlage für alle Stufen des Prozessmanagements können Prozessmodelle herangezogen werden. Um die Komplexität insbesondere schnittstellenübergreifender Prozesse beherrschen zu können, werden häufig verschiedene „Sichten" eingenommen. Diese Sichten entsprechen Teilmodellen, die jeweils spezifische Informationsteilmengen von Prozessen umfassen. Die Ablaufsicht betrifft die Abfolge von Aktivitäten, die zum Output eines Prozesses beitragen. Sie beschreibt den Input und Output der beteiligten Aktivitäten sowie den Daten- und Kontrollfluss des Prozesses. In der Datensicht werden die verwendeten Objekttypen definiert. Dies können materielle oder immaterielle Objekte sein, auf die sich die physischen oder administrativen Prozesse beziehen. Die Organisationssicht beschreibt die Prozessverantwortlichkeiten.

Literatur

[Bec96] Becker, J.; Rosemann, M.; Schütte, R.: Prozessintegration zwischen Industrie- und Handelsunternehmen – eine inhaltliche funktionale und methodische Analyse. Wirtschaftsinformatik 39 (1996) 3, 309–316

[Cam89] Camp, R.C.: Benchmarking. The Search for Industry Best Practices that Lead to Superior Performance. Milwaukee/Wisconsin: Quality Press, New York: White Plains 1989

[Dav93] Davenport, T.H.: Process Innovation. Reengineering Work through Information Technology. Harvard Business School. Boston/Mass.: Press Boston 1993

[Del94] Delfmann, W.: Lean Production: Mehr als ein Modewort für Kosteneinsparungen? In: Berndt, R. (Hrsg): Management-Qualität contra Rezession und Krise. Schriftenreihe der Graduate School of Business

Administration Adm., Bd. 1. Berlin/Zürich: Springer 1994, 179–201
[Del95] Delfmann, W.: Logistik. In: Corsten, H.; Reiß, M. (Hrsg): Handbuch Unternehmungsführung. Konzepte – Instrumente – Schnittstellen. Wiesbaden: Gabler 1995, 505–517
[Der96] Derszteler, G.: Workflow Management Cycle. Ein Ansatz zur Integration von Modellierung, Ausführung und Bewertung workflowgestützter Geschäftsprozesse. Wirtschaftsinformatik 38 (1996) 6, 591–600
[Elg93] Elgass, P.; Krcmar, H: Computergestützte Geschäftsprozessplanung. Information Management 8 (1993) 1, 42–49
[Fer93] Ferstl, O.K.; Sinz, E. J.: Geschäftsprozessmodellierung. Wirtschaftsinformatik 35 (1993) 6, 589–592
[GEA94] GEA Consulenti Associata di gestione azendiale: Supplier-Retailer Collaboration in Supply Chain Management. A Study Conducted for the Coca-Cola Retailing Research Group – Europe, Project V. 1994
[Gru96] Gruhn, V.; Kampmann, M.: Modellierung unternehmensübergreifender Geschäftsprozesse mit FUN-SOFT-Netzen. Wirtschaftsinformatik 38 (1996) 4, 383–390
[Ham94] Hammer, M.; Champy, J.: Business Reengineering. Die Radikalkur für das Unternehmen, 3. Aufl. Frankfurt/New York: Campus 1994
[Har91] Harrington, H.J.: Business Process Improvement. The Breakthrough Strategy for Total Quality, Productivity, and Competitiveness. New York: McGraw Hill 1991
[Hou85] Houlihan, J.B.: International Supply Chain Management. IJPD&MM 15 (1985) 1, 51–66
[Joh93] Johansson, H.J. u. a.: Business Process Reengineering. Breakpoint Strategies for Market Dominance. Wiley/Chichester 1993
[Kap91] Kaplan, R.B.; Murdock, L.: Core process redesign. The McKinsey Quartely 2 (1991) 27–43
[Krc94] Krcmar, H.; Schwarzer, B.: Prozessorientierte Unternehmensmodellierung – Gründe, Anforderungen an Werkzeuge und Folgen für die Organisation. In: Scheer, A.W. (Hrsg): Prozessorientierte Unternehmensmodellierung. Wiesbaden: Gabler 1994, 13–34
[Män95] Männel, W.: Prozesskostenrechnung. Bedeutung – Methoden – Branchenerfahrungen – Softwarelösungen. Wiesbaden: Gabler 1995
[Mor94] Morris, D.; Brandon, J.: Reengineering Your Business. Landsberg/Lech: Verlag Moderne Industrie 1994
[Neu94] Neuburger, R.: Electronic Data Interchange: Einsatzmöglichkeiten und ökonomische Auswirkungen. Wiesbaden: Deutscher Universitäts-Verlag 1994
[Pet93] Petrovic, O.: Workgroup Computing – Computergestützte Teamarbeit. Heidelberg: Physica 1993
[Pfo04] Pfohl, H.C. u. a.: Logistiksysteme. Betriebswirtschaftliche Grundlagen, 7. Aufl. Berlin/Heidelberg/New York: Springer 2004
[Por00] Porter, M.E.: Wettbewerbsvorteile (Competitive Advantage). Spitzenleistungen erreichen und behaupten. 6. Aufl. Frankfurt/Main: Campus 2000
[Ric97] Richter, F.-J.; Püchert, H.: Optimierung von Logistikketten am Beispiel der Automobilindustrie. ZFBF 49 (1997) 2, 160–172
[Rip95] Ripperger, A.; Zwirner, A.: Prozessoptimierung. Ein Weg zur Steigerung der Wettbewerbsfähigkeit. Controlling 7 (1995) 2, 72–80
[Sch94a] Scheer, A.-W.: Prozessorientierte Unternehmensmodellierung. Wiesbaden: Gabler 1994
[Sch94b] Schiffers, E.: Logistische Budgetierung. Ein Instrument prozessorientierter Unternehmungsführung. Wiesbaden: Deutscher Universitäts-Verlag 1994
[Sch90] Schonberger, R.J.: Building a Chain of Customers. New York: Free Press 1990
[Str88] Striening, H.-D. u. a.: Prozess-Management. Versuch eines integrierten Konzeptes situationsadäquater Gestaltung von Verwaltungsprozessen – dargestellt am Beispiel in einem multinationalen Unternehmen – IBM Deutschland GmbH. Frankfurt/Main 1988
[Teu95] Teufel, S.; Sauter, C.; Mühlherr, T.; Bauknecht, K. u. a.: Computerunterstützung für die Gruppenarbeit. Bonn: Addison-Wesley 1995
[The96] Theuvsen, L.: Business Reengineering. Möglichkeiten und Grenzen einer prozessorientierten Organisationsgestaltung. ZFBF 48 (1996) 1, 65–84
[Tie95a] Tietz, B.: Efficient Consumer Response. WiST 24 (1995) 10, 529–530
[Tie95b] Tietz, B.: Effiziente Kundenpolitik als Problem der Informationspolitik. In: Trommsdorff, V. (Hrsg): Handelsforschung 1995/1996. Wiesbaden: Gabler 1995, 175–186
[Töp95] Töpfer, A.: Efficient Consumer Response – Bessere Zusammenarbeit zwischen Handel und Herstellern. In: Trommsdorff, V. (Hrsg): Handelsforschung 1995/1996. Wiesbaden: Gabler 1995, 187–200
[Vos96a] Vossen, G.; Becker, J.: Geschäftsprozessmodellierung und Workflow-Management. Bonn: International Thomson Publ. 1996
[Vos96b] Vossen, G.; Becker, J.: Geschäftsprozessmodellierung und Workflow-Management: Eine Einführung. In: Vossen, G.; Becker, J. (Hrsg): Geschäftsprozessmodellierung und Workflow-Management. Bonn: International Thomson Publ. 1996, 17–26
[Whi94] White, T.E.; Fisher, L. (Hrsg): The workflow paradigm: New tools for new times. Future Strategies. Alameda 1994

[Wil88] Wildemann, H.: Das Just-In-Time Konzept. Produktion und Zulieferung auf Abruf. 3. Aufl. St Gallen: Gesellschaft für Management und Technologie 1988

[Wom94] Womack, J.P.; Jones, D.T.; Roos, D.: Die zweite Revolution in der Automobilindustrie. Frankfurt/Main/New York: Campus 1994

[Zen93] Zentes, J.; Anderer, M.: EDV-gestützte Warenwirtschaftssysteme im Handel. Management & Computer 1 (1993) 1, 25–31

D 2.6 Netzwerkmanagement

Ulrich definiert Management als die Gestaltung, Lenkung und Entwicklung sozialer Systeme [Ulr84, 114]. In diesem Sinne versteht sich die Logistik als das Management von Fließsystemen [Kla02, 26]. Logistiksysteme weisen i. d. R. netzwerkartige Strukturen auf und sind Gegenstand des Netzwerkmanagements in der Logistik.

D 2.6.1 Logistiknetzwerke

Allgemein besteht ein System aus einer endlichen Menge von Elementen (Systemelemente) und einer Menge von Beziehungen zwischen den Systemelementen [Fra74, 27]. Logistiksysteme im Besonderen sind reale, sozio-technische, offene, dynamische Systeme [Ise98], in denen logistische Wertschöpfungsprozesse (bzw. Wertschöpfungsprozessketten) realisiert werden. In Logistiksystemen agieren verschiedene Akteure (Verlader, Dienstleister, Empfänger), die über komplexe Kunden-Lieferanten-Beziehungen verbunden sind. Die Akteure verfügen über unterschiedliche Standorte (Produktionsstätten, Lager, Häfen, Hubs, Sammel- und Verteilpunkte). Die Standorte sind über verschiedenartige Beziehungen verbunden, die sich nach dem Fließobjekt (Güter-, Informations- und Finanzflüsse) sowie den eingesetzten Transportmitteln unterscheiden lassen. Zur Darstellung und Analyse von Logistiksystemen können diese als Netzwerke modelliert werden.

Die Graphentheorie definiert ein Netzwerk als einen gerichteten, pfeil- (und knoten-) bewerteten Graphen [Jun94, 89]. Ein gerichteter Graph $GR = (V, AR)$ besteht aus einer nichtleeren, endlichen Menge von Knoten V (von: vertex) und einer Pfeilmenge A (von: arc). Jedem Element der Pfeilmenge A ist genau ein geordnetes Elementpaar $v', v'' \in V$ (mit $v' \neq v''$) zugeordnet. Die Bewertung erfolgt, indem jedem Pfeil (und jedem Knoten) eine reellwertige Zahl zugeordnet wird.

Ein Logistiknetzwerk ist eine durch Abstraktion gewonnene, vereinfachte Abbildung eines realen Logistiksystems, wobei Knoten und Pfeile die relevanten Elemente des Realsystems und deren Beziehungen darstellen. Durch die Knoten- und Pfeilbewertung werden relevante Merkmale und Merkmalsausprägungen der Elemente und ihrer Relationen beschrieben. Aufgrund der genannten komplexen Beziehungen in Logistiksystemen empfiehlt es sich, das gesamte Logistiksystem in Form mehrerer separierbarer Partialnetzwerke zu modellieren, die sich nach den jeweils durchfließenden Objekten unterscheiden [Ott02, 246–248]. Die einzelnen Partialnetzwerke bilden die verschiedenen Ebenen des gesamten Logistiknetzwerks. Hierbei können die institutionelle Ebene, die Informationsebene sowie die Prozess- und Ressourcenebene des Logistiknetzwerks differenziert werden (Bild D 2.6-1).

D 2.6.1.1 Prozess- und Ressourcenebene des Logistiknetzwerks

Aus der Perspektive der logistischen Leistungserstellung wird die elementare Ebene des Logistiknetzwerks durch die Ressourcen zur logistischen Leistungserstellung und der damit realisierbaren logistischen Leistungsprozesse bestimmt. Zur Bewertung der Leistungsprozesse können der Kapazitätsbedarf der Prozesse, die Prozesskosten oder die Prozessdauer herangezogen werden. In realen Logistiksystemen werden die zur Durchführung der Leistungsprozesse notwendigen Ressourcen oft an mehreren, geographisch unterschiedlichen Standorten bereitgestellt. So stehen Produzenten häufig mehrere Produktionsstandorte mit den zur Realisierung von Produktionsprozessen notwendigen Ressourcen zur Verfügung. Logistikdienstleister betreiben mehrere Standorte mit den zur Durchführung von Lagerprozessen notwendigen Ressourcen. Handelsunternehmen verfügen über eine Vielzahl von Filialen, Regional- und Zentralläger. Die an unterschiedlichen Standorten zur Verfügung stehenden Prozessressourcen können sich bezüglich der Prozesskosten, der Prozessdauer, der Prozessqualität und der Prozesskapazität unterscheiden. Zur Darstellung des Logistiknetzwerks aus der Perspektive der logistischen Leistungserstellung wird daher eine kombinierte prozess- und ressourcenorientierte Perspektive gewählt. Die betrachtete Ebene des Logistiknetzwerks wird als Prozess- und Ressourcenebene (physische Ebene, Güterflussebene, Güternetzwerk) bezeichnet.

Auf der Prozess- und Ressourcenebene eines Logistiknetzwerks repräsentieren Knoten die Standorte (Systemelemente), an denen stationäre Logistikprozesse realisiert werden (Produktions-, Lager-, Umschlag- und Kommissionierprozesse). Die Knoten des Netzwerkmodells sind somit Produktionsstandorte, Zentral- und Regionalläger, Hubs, Cross-Docking-Punkte, Umladeknoten sowie Filia-

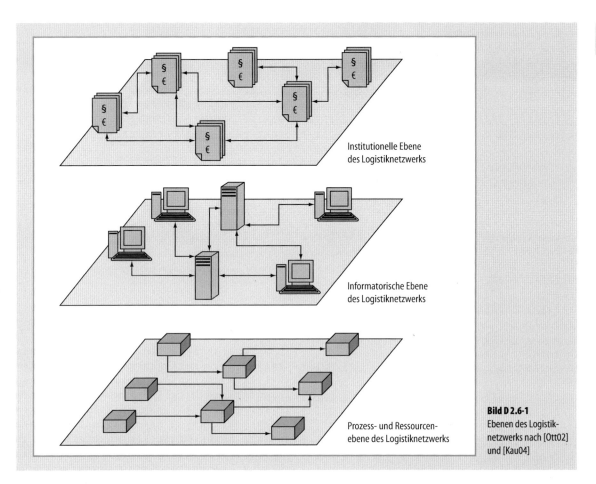

Bild D 2.6-1 Ebenen des Logistiknetzwerks nach [Ott02] und [Kau04]

len von Handelsunternehmen oder Kundenstandorte. Die Knotenbewertung stellt relevante Merkmale der Knoten und deren Ausprägungen dar, z. B. die Periodenkapazität oder die geographische Lage. Die Menge der Standorte, an denen – bezüglich der Prozessart und der Positionierung im logistischen Leistungsprozess – gleichartige, ortsgebundene Logistikprozesse realisiert werden, bilden dann eine logistische Wertschöpfungsstufe. Pfeile repräsentieren aktivierte, nutzbare Transportverbindungen innerhalb des Logistiknetzwerks (Beziehungen der Systemelemente), d. h. potenzielle raumüberbrückende Wertschöpfungsprozesse. Sie definieren somit die zulässigen Wege im Logistiknetzwerk [Fei04, 193]. Die Pfeilbewertung repräsentiert beispielsweise den Transportkostensatz, die Transportdauer, die Transportkapazität oder die Entfernung zweier Standorte.

Die Anzahl der Standorte (Knoten), die Anzahl der Verbindungen (Pfeile) sowie die Orientierung der Pfeile determinieren die Struktur des Logistiknetzwerks. In Abhängigkeit der Anzahl von Quellknoten und der Anzahl diesen zugeordneten Senkeknoten können baumartige und flächige Netzwerkstrukturen unterschieden werden [Kau04]. Bei klassischen Distributionsnetzwerken des Handels (one-to-many network) oder Beschaffungsnetzwerken der Industrie mit einem Produktionsstandort (many-to-one network) handelt es sich um baumartige Netzwerke, d. h. die Pfeile münden entweder konzentrisch in einer Senke oder starten vor ihrer Auffächerung in einer Quelle [Bre06]. Während one-to-many Netzwerke (Distributionsnetzwerke) mit einer Quelle, mehreren Umschlagknoten und mindestens zwei Senken eine divergierende Struktur aufweisen, sind many-to-one Netzwerke (Beschaffungsnetzwerke) mit mindestens zwei Quellen, mehreren Umschlagknoten und genau einer Senke durch eine konvergierende Struktur gekennzeichnet (Bild D 2.6-2). Neben Beschaffungs- und Distributionsnetzwerken können aus einer funktionsorientierten Perspektive noch Produktions- und Entsorgungsnetzwerke unterschieden wer-

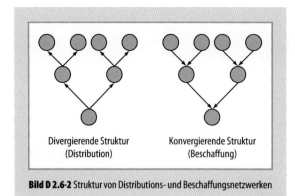

Bild D 2.6-2 Struktur von Distributions- und Beschaffungsnetzwerken

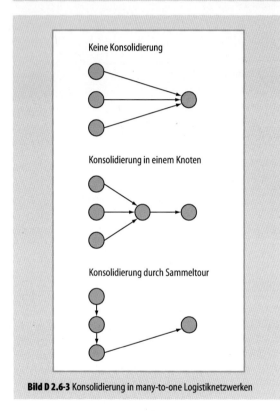

Bild D 2.6-3 Konsolidierung in many-to-one Logistiknetzwerken

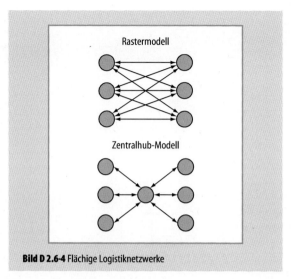

Bild D 2.6-4 Flächige Logistiknetzwerke

den [Bre98]. Diese funktionsbezogenen Netzwerke stellen i. d. R. Subnetzwerke des Logistiknetzwerks auf der Prozess- und Ressourcenebene dar.

Des Weiteren wird die Struktur baumartiger Logistiknetzwerke durch Art und Umfang der Konsolidierung beeinflusst. Zur Realisierung von Economies of Scale können z. B. in many-to-one Logistiknetzwerken die Sendungen mehrerer Quellen zu einem Umschlagknoten transportiert werden, um sie dort zielknotenspezifisch zu konsolidieren [Kau04]. Die Konsolidierung kann aber auch im Rahmen einer Sammeltour erfolgen (Bild D 2.6-3).

Flächige Netzwerkstrukturen sind einerseits durch mindestens zwei Quellen, Umschlagknoten und mindestens zwei Senken gekennzeichnet (many-to-many network). Andererseits sind flächige Logistiknetzwerke durch multidirektionale Güterflüsse geprägt, d. h. durch die Knoten fließen Güterströme in eingehender und ausgehender Richtung [Bre06]. Flächige Logistiknetzwerke, z. B. die Netzwerke von Stückgutspeditionen oder Paketdiensten, werden in Rastermodelle (Direktverkehrsnetzwerke) und Hub-Modelle unterschieden (Bild D 2.6-4). Hub-Modelle können weitergehend nach der Anzahl der Hub-Knoten und der Möglichkeit von Direktverkehren zwischen Nicht-Hub-Knoten in Zentralhub-, Mehrhub- und Mischmodelle differenziert werden. Raster- und Hub-Modelle unterscheiden sich hinsichtlich der Netzdichte, d. h. dem Quotient aus Anzahl aktivierter Verbindungen zur Anzahl aktivierbarer Verbindungen. Rastermodelle (Netzdichte = 1) verfügen über eine Vielzahl alternativer Verbindungen zwischen einer Quelle und einer Senke und sind damit Robust gegenüber Ausfällen einzelner Verbindungen. Demgegenüber können in Hub-Modellen Güterströme konsolidiert werden, um Größenvorteile abzuschöpfen [Kau04].

Schließlich können Logistiknetzwerke der Prozess- und Ressourcenebene noch dahingehend differenziert werden, ob für die im Netzwerk fließenden Objekte eine fixierte Quellknoten-Senkeknoten-Zuordnung besteht oder ob ein Senkeknoten das betreffende Objekt aus alternativen Quellknoten erhalten kann [Fei04, 197–198]. Während im ersten Fall lediglich alternative Wege von der Quelle zur Senke im Netzwerk bestehen können, ergeben sich im zweiten Fall zusätzlich alternative Quellknoten-Senkeknoten-Zuordnungen.

D 2.6.1.2 Informatorische Ebene des Logistiknetzwerks

Die zunehmenden Entkopplungsmöglichkeiten von Informations- und Güterflüssen sowie die Integration von interorganisationalen Informationssystemen führen dazu, dass die informationslogistische Infrastruktur von der Struktur der Prozess- und Ressourcenebene des Logistiknetzwerks abweicht [Kau04], z. B. Einsatz von zentralen Advanced Planning Systems zur netzwerkweiten Planung, Steuerung und Kontrolle der Wertschöpfungsprozesse oder zentrale Informationssysteme zur Fahrzeugdisposition in Logistiknetzwerken. Die informatorische Ebene bildet daher eine eigene Partialebene des Logistiknetzwerks. Knoten repräsentieren die Standorte von Informationsverarbeitungssystemen und Pfeile zeigen die Datenflüsse an (Bild D 2.6-1). Das netzweite Informationsmanagement (Abschn. B 8.4) unterstützt die Planung, Steuerung und Kontrolle der logistischen Leistungserstellung auf der Prozess- und Ressourcenebene. Auch können durch den Einsatz leistungsfähiger I & K-Technologien neuartige Logistikleistungen durch Logistikunternehmen erstellt werden, z. B. Übernahme von Bestandsführungs- und Bestellfunktionen. Schließlich bildet die netzweite Informationsverarbeitung und -weitergabe die Basis für die unternehmensübergreifende, koordinierte Leistungserstellung in Logistiknetzwerken. Die informationslogistische Vernetzung reicht dabei über rein EDV-technische Aspekte hinaus, da verteilte Informationsbestände gemeinsam genutzt werden (z. B. Kundeninformationen), unternehmensübergreifende Informationssysteme gemeinsam aufgebaut und betrieben werden (z. B. Reservierungssysteme) und Aufgaben sowohl verteilt als auch parallel bearbeitet werden können [Kau04].

D 2.6.1.3 Institutionelle Ebene des Logistiknetzwerks

Allgemeine Zielsetzung von Logistiknetzwerken ist es, durch eine unternehmensübergreifende, koordinierte Leistungserstellung Potenziale der Arbeitsteilung und der Auftragsbündelung zu nutzen, um Produktionskosten- bzw. Servicevorteile zu realisieren [Kau04]. Aus einer institutionellen Perspektive stellt sich ein Logistiknetzwerk als eine auf die Realisierung von Wettbewerbsvorteilen ausgerichtete Organisationsform rechtlich selbständiger, wirtschaftlich jedoch in gewissem Maße abhängiger Unternehmen dar. Diese Organisationsform zeichnet sich durch eher kooperative als kompetitive und relativ stabile Beziehungen zwischen den beteiligten Unternehmen aus [Syd92].

Die institutionelle Ebene des Logistiksystems lässt sich somit in ein Netzwerk-Modell abbilden, in dem Knoten die im Logistiksystem integrierten Institutionen darstellen und Pfeile anzeigen, dass zwischen diesen Institutionen bestimmte Beziehungen bestehen (Bild D 2.6-1). Jeder Knoten (Institution) auf der institutionellen Ebene ist dabei für Planung und/oder Betrieb mindestens eines Knotens oder einer Verbindung auf der Prozess- und Ressourcenebene und/oder der informatorischen Ebene verantwortlich. Bei den Institutionen kann es sich um erwerbswirtschaftlich orientierte Unternehmungen handeln: OEM's (Original Equipment Manufacturers), Lieferanten für Rohstoffe, Materialien, Bauteile, Module und Systeme, Logistikdienstleister (z. B. Speditionen, Transportunternehmen), 3PL's (Third-Party-Logistics-Provider) und 4PL's (Fourth-Party-Logistics-Provider) sowie Finanzdienstleister und Handelsunternehmen. Andererseits sind auch Non-profit-Einheiten, z. B. staatliche Krankenhäuser oder andere staatliche Institutionen, in Logistiksysteme integriert. Die Knotenbewertungen stellen die Ausprägungen der relevanten Merkmale der Institutionen dar, beispielsweise die Höhe des Eigenkapitals, die Mitarbeiterzahl, die Rechtsform, das Leistungsprogramm oder den Firmensitz. Zwischen den Knoten existieren vielfältige rechtliche, finanzielle und informatorische Beziehungen, z. B. Informationsrechte und Informationspflichten, vertragliche Vereinbarungen, Weisungsbefugnisse oder kapitalmäßige Beziehungen [Hah00; Ott02]. Die Pfeilbewertungen zeigen z. B. die Höhe der finanziellen Beteiligung, die Höhe von Zahlungen oder die Anzahl von Informationsübertragungen in einer Periode an.

D 2.6.1.4 Beziehungen zwischen den Ebenen des Logistiknetzwerks

In den entwickelten Partialnetzwerken des Logistiksystems erfolgt eine strikte Trennung der institutionellen, der informatorischen und der prozess- und ressourcenorientierten Perspektive des Logistiknetzwerks. Dadurch gelingt eine konsistente, je nach Analysegegenstand auf eine bestimmte Ebene beschränkte Darstellung des Logistiksystems. Zwischen den einzelnen Partialebenen bestehen jedoch weitreichende Interdependenzen. So bestehen bestimmte Verantwortlichkeiten der Knoten auf der institutionellen Ebene über die disponierbaren Ressourcen zur Durchführung der ortsgebundenen und nichtortsgebundenen Prozesse auf der informatorischen Ebene und der Prozess- und Ressourcenebene. Zur Planung und Steuerung der Prozesse auf der Güterflussebene wiederum werden I & K-Technologien auf der informatorischen Ebene eingesetzt. Die informatorische Ebene des Logistiknetzwerks ist Gegenstand der Informationslogistik, d. h. die ganzheitliche und abgestimmte Planung, Gestaltung und Nutzung von unternehmensinternen und externen und somit schnittstellenübergreifenden Informationssystemen [Bux00]. Die weiteren Ausführungen fokussieren daher primär die institutionelle und die physische Ebene des Logistiknetzwerks.

D 2.6.2 Management von Logistiknetzwerken

Auf der Basis der entwickelten Partialebenen des Logistiknetzwerks kann folgende Definition des Netzwerkmanagements zu Grunde gelegt werden. Das Management unternehmensübergreifender Logistiknetzwerke umfasst sowohl die zielgerichtete Gestaltung der einzelnen Ebenen des Logistiknetzwerks (institutionelle Ebene, informatorische Ebene, Prozess- und Ressourcenebene) als auch die zielgerichtete Koordination der Prozesse auf und zwischen den einzelnen Partialebenen.

Die Managementaufgaben in Logistiknetzwerken werden dadurch bestimmt, dass einerseits das Netzwerk selbst bzw. die einzelnen Partialnetzwerke Gegenstand des Managements sind. Andererseits ist die Koordination der einzelnen Prozesse im Logistiknetzwerk expliziter Bezugspunkt des Netzwerkmanagements [Del89; Syd98].

D 2.6.2.1 Ziele des Netzwerkmanagements

Allgemein sind Ziele Ausdruck angestrebter, zu erreichender bzw. zu erhaltender Zustände [Din82]. Die Zielsetzungen der Bildung von Logistiknetzwerken sind Markterweiterung, Serviceverbesserung und/oder Kostensenkung sowie die Nutzung von Spezialisierungs-, Größen-, Zeit- oder Risikovorteilen [Wil97]. So wird beispielsweise durch die Zusammenführung nicht (vollständig) überlappender Güterflussnetzwerke einzelner Unternehmen die Flächenausdehnung vergrößert und es entsteht ein erweitertes Logistiknetzwerk [Kau04]. Auch können Touren- und Sendungsverdichtungseffekte erschlossen werden. Durch die Zusammenlegung von sich bisher überlappender Tourengebiete mehrerer Unternehmen, verringern sich die Entfernungen zwischen den Empfängern und somit die Fahrtstrecken (Tourenverdichtung). Werden Sendungen, die für einen Empfänger bestimmt sind, gemeinsam ausgeliefert (abgeholt), so werden die Fahrzeuge besser ausgelastet und die Anzahl der Stopps je Tour nimmt ab (Sendungsverdichtung) [Kau98]. Aus institutioneller Perspektive sind Logistiknetzwerke Kooperationen, d. h. eine auf freiwilliger, vertraglicher Vereinbarung beruhende Zusammenarbeit mindestens zweier rechtlich selbständiger, wirtschaftlich jedoch in gewissem Maße abhängiger Unternehmen [Kau98]. Die o. g. Ziele der Bildung von Logistiknetzwerken spiegeln sich in den Motiven für das Eingehen solcher Kooperationen wider. Allgemein können als Begründung für das Eingehen von Kooperation der Transaktionskostenansatz (Institutionenökonomischer Ansatz) sowie der marktorientierte und der ressourcenorientierte Ansatz (Ansätze des strategischen Managements) herangezogen werden. Gemäß dem Transaktionskostenansatz gehen Unternehmen Kooperationen ein, wenn dadurch Transaktionskostenvorteile realisiert werden können (Abschn. D 4.1). Dies ist jedoch nur ein Grund für die Bildung von Kooperationen. Gemäß dem marktorientierten Ansatz sind Kooperationen eine Antwort auf veränderte Marktstrukturen, d. h. Kooperationen werden gebildet, da Unternehmen auf diesem Wege die strukturellen Anforderungen des Marktes besser bewältigen und somit bessere Ergebnisse im Wettbewerb erzielen können. Der ressourcenorientierte Ansatz begründet den Vorteil von Kooperationen darin, dass Unternehmen wertvolle und nur schwer substituierbare Ressourcen gemeinschaftlich nutzen können. Unternehmen, die solche Ressourcen nicht besitzen, erhalten in der Kooperation Zugriff zu ihnen. Unternehmen die über solche erfolgsrelevante Ressourcen verfügen, können diese durch die Kooperation auf einer breiteren Basis im Wettbewerb zum tragen bringen [Hun99]. Im Fokus der weiteren Ausführungen stehen bereits existierende Logistiknetzwerke.

Grundgedanke des Managements bestehender Logistiknetzwerke ist, dass nicht einzelne Unternehmen im Wettbewerb zueinander stehen, sondern Logistiknetzwerke miteinander konkurrieren [Lam98]. Kunden bewerten nicht die Leistungen einzelner in einem Logistiknetzwerk agierender Unternehmen, sondern diejenige Leistung, die sich als Resultat der im Logistiknetzwerk vollzogenen Logistikprozesse ergibt. Aus dieser ganzheitlichen Betrachtung ergibt sich, dass Wettbewerbsfähigkeit bzw. das Erreichen von Wettbewerbsvorteilen eine Koordination aller Prozesse im gesamten Logistiknetzwerk erfordert [Zäp00]. Die im Rahmen des Netzwerkmanagements verfolgten Ziele sind daher idealtypisch für das gesamte Logistiknetzwerk zu formulieren, d. h. es werden nicht individuelle Ziele einzelner Unternehmen betrachtet, sondern die gemeinsam zu formulierenden Ziele der im Logistiknetzwerk agierenden Akteure. Die bei der Gestaltung des Logistiknetzwerks und der Durchführung der Leistungsprozesse im Logistiknetzwerk verfolgten Ziele sind aus strategischer Sicht auf das Schaffen und Erhalten wettbewerbsfähiger Logistiknetzwerke auszurichten. Aus operativer Sicht sind die Ziele auf die Sicherstellung effizienter Leistungsprozesse im Logistiknetzwerk auszulegen [Zäp00]. Die Sachziele des Logistiknetzwerks spezifizieren das Handlungsprogramm, d. h. mit welchen Produkten und/oder Dienstleistungen will das Logistiknetzwerk welche aktuellen und zukünftigen Probleme ihrer Endkunden lösen. Formalziele liefern dann konkrete Handlungskriterien, wie die Aktivitäten im Logistiknetzwerk zu planen, zu steuern und zu realisieren sind.

Das Sachziel des Logistiknetzwerks wird durch das festgelegte Leistungsprogramm determiniert. Im Sinne der Schaffung und Erhaltung von dauerhaften Wettbewerbsvorteilen gegenüber konkurrierenden Logistiknetzwerken konkretisiert sich das Sachziel an der Festlegung eines bestimmten, Kundennutzen stiftenden Lieferservice bzw. eines bestimmten Serviceniveaus [Kal00]. Sowohl auf der Prozess- und Ressourcenebene als auch auf der informatorischen Ebene impliziert dies die Sicherung der bedarfsgerechten Verfügbarkeit der zur Durchführung der Leistungsprozesse benötigten Objekte (Güter und Informationen) in allen Knoten und Pfeilen des Logistiknetzwerks. Formalziele des Logistiknetzwerks sind Gewinn- und Kostenziele unter Beachtung der Sachziele.

D 2.6.2.2 Aufgaben des Netzwerkmanagements

Das Netzwerkmanagement hat die Aufgabe, für eine effiziente und effektive Planung, Steuerung und Kontrolle der Abläufe im Netzwerk zu sorgen, d. h. es widmet sich dem Aufbau, der Pflege, der Nutzung sowie der Auflösung von Netzwerken [Cor01]. Die Aufgaben des Netzwerkmanagements – Gestaltung des Logistiknetzwerks und Koordination der Prozesse innerhalb des Logistiknetzwerks – sind Planungsaufgaben (Abschn. A 1.1.5). Zur Systematisierung der Planungsaufgaben des Netzwerkmanagements lassen sich drei, bezüglich des Planungshorizonts und der Planungsobjekte vertikal (hierarchisch) interdependente Planungsebenen mit horizontal interdependenten Planungsaufgaben identifizieren (Bild D 2.6-5): Netzwerkgestaltung (network configuration), Netzwerkplanung (network planning) und Netzwerksteuerung (network execution) [Ebn97].

Netzwerkgestaltung

Aufgabe der Netzwerkgestaltung ist die Implementierung von Strategien. Auf dieser Planungsebene besteht die Aufgabe des Netzwerkmanagements in der Konfiguration des gesamten Logistiknetzwerks. Im Rahmen der Gestaltung von Logistiknetzwerken ist aus der Perspektive der logistischen Leistungserstellung insbesondere von Interesse, welche Struktur das Logistiknetzwerk aufweisen soll, welche stationären Leistungsprozesse an welchen Standorten durchzuführen sind und zwischen welchen Standorten

Planungsebenen		Planungsaufgaben	
Netzwerkgestaltung		Zielgerichtete Gestaltung des Logistiknetzwerks	• Produktprogrammplanung • Partnerwahl • Festlegung der Wertschöpfungstiefe • Kapazitätsplanung • Standortplanung …
Netzwerkplanung		Integrierte Leistungsprogrammplanung für das gesamte Logistiknetzwerk	• Absatzplanung • Personalplanung • Produktionsplanung • Distributionsplanung • Transportplanung …
Netzwerksteuerung		Anpassung und Realisierung der ermittelten Leistungsprogramme	• Kurzfristige Personaleinsatzplanung • Produktionsablaufplanung • Planung von Auslieferungstouren …

Bild D 2.6-5 Planungsaufgaben des Netzwerkmanagements

welche Güterflüsse durch welche Transportprozesse realisiert werden können (Abschn. A 1.1.5), d. h. es ist die Struktur, die Dichte und die Leistungsfähigkeit des Logistiknetzwerks festzulegen. Die Gestaltungsaufgabe des Netzwerkmanagements umfasst die Struktur- und Ressourcenkonfiguration der Güterflussebene.

- Strukturkonfiguration: Entscheidungen über Anzahl und Lokalisierung der Logistikstandorte sowie bezüglich potenzieller Verbindungen zwischen den Standorten.
- Ressourcenkonfiguration: Entscheidungen über vorzuhaltende Lager-, Umschlag-, Kommissionier- und Transportkapazitäten sowie über die einzusetzenden Prozesstechnologien.

Diese zielgerichtete Gestaltung des Logistiknetzwerks ist Aufgabe des strategischen Logistikmanagements (Abschn. A 1.1.5). Im Rahmen der Netzwerkgestaltung wird mit der zielgerichteten Struktur- und Ressourcenkonfiguration ein generelles logistisches Leistungspotenzial aufgebaut.

Aus institutioneller Perspektive besteht die Gestaltungsaufgabe in der Auswahl der in das Netzwerk zu integrierenden Partner und in der Festlegung ihrer logistischen Leistungen, d. h. der logistischen Wertschöpfungstiefe der beteiligten Unternehmen (Abschn. D 4.1). Damit werden auch die Verantwortungsbereiche über die im Logistiknetzwerk zu realisierenden Wertschöpfungsprozesse festgelegt.

Auf der informatorischen Ebene des Logistiknetzwerks ist u. a. zu entscheiden, welche I & K-Technologien eingesetzt werden, welche Informationsverarbeitungssysteme zum Einsatz kommen und welche Daten in welcher Form wem zur Verfügung gestellt werden.

Bei der Gestaltung von Logistiknetzwerken werden langfristig bindende Entscheidungen getroffen, die im Zeitverlauf nur begrenzt reversibel sind. Dies betrifft sowohl die Standorte und/oder Verbindungen auf der physischen Ebene des Netzwerks als auch die Entscheidungen aus institutioneller Perspektive. So werden z. B. im Rahmen der Kontraktlogistik leistungsspezifische, kundenindividuelle Ressourcen zur Leistungserstellung aufgebaut, deren Kapazitäten und Technologien im Zeitverlauf nur bedingt veränderbar sind.

Netzwerkplanung

Im Rahmen der Netzwerkgestaltung (strategisches Logistikmanagement) wird mit der zielgerichteten Struktur- und Ressourcenkonfiguration ein generelles logistisches Leistungspotenzial aufgebaut, über dessen Nutzung im Rahmen des taktischen Logistikmanagements zu disponieren ist. Auf der taktischen Planungsebene der Netzwerkplanung werden für das gesamte Logistiknetzwerk mittel- bis langfristige Leistungsprogramme generiert. Dies erfolgt auf der Basis prognostizierter, zeitlich und quantitativ spezifizierter Nachfragequantitäten sowie vorliegender Kundenaufträge. Aus diesen Nachfrageprognosen sind Bedarfsprognosen für alle Knoten und Pfeile des gesamten Logistiknetzwerks zu bestimmen. Auf der Grundlage dieser Bedarfe gilt es, Angebot und Nachfrage im Logistiknetzwerk abzustimmen, um einen effizienten Ressourceneinsatz zu gewährleisten. Auf der Basis der Bedarfsprognosen und bereits vorliegender Kundenaufträge sind somit mittelfristige Produktions-, Transport-, Lager- und Umschlagquantitäten zu bestimmen. Die Aufgabe dieser mittelfristigen Leistungsprogrammplanung ist die Bestimmung synchronisierter Produktions-, Lager- und Transportpläne unter Berücksichtigung kapazitäts- und terminbedingter Interdependenzen. Es sind Entscheidungen über die Nutzung des auf der Ebene der Netzwerkgestaltung generierten Leistungspotenzials des Logistiknetzwerks zu treffen.

Netzwerksteuerung

Aufgabe der Netzwerksteuerung ist die kurzfristige Anpassung und Realisierung der durch die Netzwerkplanung festgelegten Leistungsprogramme. Auf dieser operativen (ausführenden) Planungsebene sind für die Knoten und Pfeile des Logistiknetzwerks kurzfristige Beschaffungs-, Produktions- und Distributionspläne zu erstellen, sowohl auf der Basis der durch die Netzwerkplanung vorgegebenen Leistungsprogramme als auch unter Berücksichtigung von aktuellen Nachfrageentwicklungen, Lagerbeständen sowie Unsicherheiten, etwa in Form von Maschinenausfällen und Lieferverzögerungen. Diese kurzfristigen Planungsaufgaben umfassen beispielsweise die kurzfristige Personaleinsatzplanung, die Produktionsablaufplanung und die Planung von Auslieferungstouren (Abschn. A 1.1.5).

Interdependenzen der Aufgaben

Die Ausführungen zu den einzelnen Planungsebenen und -aufgaben zeigen, dass sowohl zwischen als auch auf den einzelnen Planungsebenen vielfältige Interdependenzen bestehen. Beispielsweise bestehen vertikale Interdependenzen zwischen der Ebene der Netzwerkgestaltung und der Ebene der Netzwerkplanung: Es können nur diejenigen Leistungsprozesse zielgerichtet geplant, gesteuert und kontrolliert werden, welche aufgrund der im Rahmen der Netzwerkgestaltung getroffenen Entscheidungen realisierbar sind. Die Verteilung der zu realisierenden Leistungsprogramme ist nur auf die im Rahmen der Netzwerkgestaltung aktivierten Standorte und Verbindungen möglich. Andererseits bedingt eine Bewertung und Auswahl von Gestaltungsalternativen für das Logistiknetzwerk die Kenntnis der Ausprägungen entscheidungsrelevanter Merkmale der durch sie induzierten Leistungsprozesse auf der Ebene der Netzwerkplanung: „...to evaluate a new or redesigned ... network, we must, at least approximately, optimize operations to be carried out under the design" [Sha01, 7]. Es sind ebenfalls horizontale Interdependenzen zwischen den Entscheidungen auf den einzelnen Planungsebenen zu berücksichtigen. Durch die Netzwerkgestaltung (Design) werden einerseits Leistungspotenziale generiert, über deren Nutzung im Rahmen der Netzwerkplanung zu disponieren ist. Andererseits stellen Gestaltungsentscheidungen i. d. R. langfristig bindende Entscheidungen dar, wodurch die im Zeitverlauf zu treffenden Folgeentscheidungen über ein Redesign des Logistiknetzwerks determiniert werden.

D 2.6.2.3 Koordination in Logistiknetzwerken

Die Darstellung der Planungsaufgaben des Netzwerkmanagements zeigt, dass vertikal (hierarchisch) und horizontal interdependente Planungsaufgaben vorliegen. Die zielgerichtete Gestaltung des Logistiknetzwerks und die zielgerichtete Planung, Steuerung und Kontrolle der Leistungsprozesse im Logistiknetzwerk erfordert eine unternehmensübergreifende Koordination sowohl bezüglich der Entscheidungen auf den einzelnen Planungsebenen (horizontale Koordination) als auch zwischen diesen Planungsebenen (vertikale Koordination). Im Folgenden wird zunächst die zielgerichtete, vertikale Koordination betrachtet. Darauf aufbauend wird die horizontale Koordination von Entscheidungen in Logistiknetzwerken analysiert.

Vertikale Koordination

Auf der Ebene der Netzwerkgestaltung werden mit der zielgerichteten Konfiguration des Logistiknetzwerks Leistungspotenziale für einen bestimmten Zeitraum aufgebaut, über deren Nutzung im Rahmen der Netzwerkplanung zu disponieren ist. Gemäß einer hierarchischen Koordination werden auf der übergeordneten Planungsebene der Netzwerkgestaltung Rahmenpläne entworfen, die der untergeordneten Planungsebene der Netzwerkplanung als Vorgaben dienen. Aufgabe der Netzwerksteuerung ist die kurzfristige Anpassung und Ausführung der durch die Netzwerkplanung festgelegten Leistungsprogramme. Bei der Ermittlung von Rahmenplänen auf hierarchisch übergeordneten Planungsebenen sind dabei relevante Informationen zu verarbeiten, welche auf untergeordneten Planungsebenen generiert werden (Bild D 2.6-6).

Zur zielgerichteten (vertikalen) Koordination der Entscheidungen auf den Planungsebenen des Netzwerkmanagements kann das Konzept der hierarchischen Planung herangezogen werden. Hierarchische Planung kann „... als eine Folge von Planungsmodellen angesehen werden, in der das jeweils übergeordnete Modell Zielsystem und Entscheidungsfeld des untergeordneten Modells mitbestimmt" [Sch92, 80–81]. Für zwei hierarchisch interdependente Planungsebenen wird die übergeordnete Planungsebene als Top-Ebene bezeichnet und die ihr untergeordnete Planungsebene als Basis-Ebene. Bezüglich der Planungsebenen Netzwerkgestaltung und Netzwerkplanung stellt die Netzwerkgestaltung die Top-Ebene dar, auf der die Leistungspotenziale generiert werden, über deren Nutzung auf der Basis-Ebene der Netzwerkplanung disponiert wird (Top-Down-Beziehung). Die Generierung

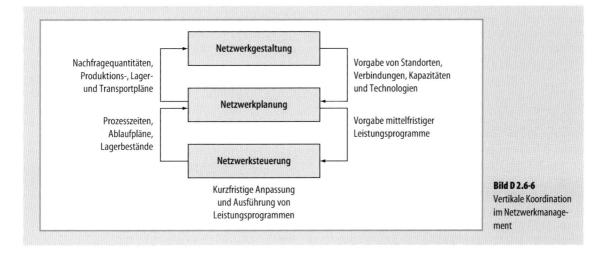

Bild D 2.6-6 Vertikale Koordination im Netzwerkmanagement

und Bewertung von Gestaltungsalternativen erfordert die Antizipation der Auswirkungen alternativer Gestaltungsentscheidungen auf der Basis-Ebene der Netzwerkplanung, d. h. es müssen die Ergebnisse der Nutzung des Logistiknetzwerks antizipiert werden (Bottom-Up-Beziehung). Dieses Vorgehen wird als reaktive Antizipation bezeichnet: „The reactive anticipation considers a possible reaction of the base level with respect to the top-level's instructions" [Sch99, 43]. Die endgültig ausgewählte Gestaltungsalternative bildet dann den Rahmen für die zielgerichtete Planung der im Logistiknetzwerk durchzuführenden Leistungsprozesse durch die Netzwerkplanung. Für die Entscheidungen auf der Ebene der Netzplanung bildet die Planungsebene der Netzwerksteuerung die Basis-Ebene, deren antizipierte Reaktion zur zielgerechten Planung der Leistungsprogramme im Logistiknetzwerk herangezogen werden muss. Auf der Planungsebene der Netzwerkplanung werden relevante Daten wie z. B. Prozesszeiten, Ablaufpläne und Lagerbestände benötigt, die im Rahmen der operativen Planung, z. B. der Planung von Auslieferungstouren auf der Ebene der Netzwerksteuerung ermittelt werden.

Horizontale Koordination

Eine zentrale Aufgabe des Netzwerkmanagements besteht in der zielgerichteten, unternehmensübergreifenden Planung, Steuerung und Kontrolle sämtlicher Leistungsprozesse im Logistiknetzwerk. Hierzu bedarf es der Koordination der am Logistiknetzwerk beteiligten Akteure (institutionelle Ebene). Dieser Koordinationsbedarf ist Folge der Arbeitsteilung in Logistiknetzwerken. Aufgrund der Dekomposition der Gesamtaufgabe in Teilaufgaben und ihrer Verteilung auf mehrere rechtlich selbständige Unternehmen, konkretisiert sich eine zentrale Aufgabe des Netzwerkmanagements in der Koordination des Zusammenwirkens der verteilten Leistungserstellung in Logistiknetzwerken. Koordination bedeutet in diesem Zusammenhang, die einzelnen Handlungen der Beteiligten so auszurichten, dass die Gesamtaufgabe zielgerichtet gelöst wird. Der Koordinationsbedarf in arbeitsteiligen Systemen entsteht, da die beteiligten Akteure nicht über alle notwendigen Informationen verfügen, um ihr eigenes Handeln auf die Aktivitäten der übrigen Akteure abzustimmen und einzelne Akteure eigene Ziele verfolgen, die zu den Netzwerkzielen in einer konfliktionären Beziehung stehen können [Wil97]. Der Informationsbedarf hebt die Wichtigkeit der Informationslogistik als Bindeglied zwischen den auf Technik beruhenden Informationsnetzwerken (informatorische Ebene) und den organisatorischen Beziehungen (institutionelle Ebene) hervor.

Aus einer zielorientierten Perspektive bedeutet Koordination insbesondere das Ausrichten von Einzelaktivitäten in einem arbeitsteiligen System auf ein übergeordnetes Gesamtziel [Fre98]. Das Ziel der Koordination besteht vor allem darin, Optimierungsverluste, die durch eine mangelnde Abstimmung der voneinander abhängigen Entscheidungen in Logistiknetzwerken entstehen, zu verhindern [Zäp00].

Die Koordination der in einem Logistiknetzwerk agierenden Unternehmen kann grundsätzlich nach dem hierarchischen oder dem heterarchischen Prinzip erfolgen, d. h. es ergibt sich eine zentrale oder eine dezentrale Koordination [Zäp00]. Bei einer zentralen Koordination wird das Logistiknetzwerk von einem hierarchisch übergeordneten Akteur zentral geführt und es erfolgt eine zentrale Abstimmung der interdependenten Entscheidungen. Eine dezentrale bzw. heterarchische Koordination hingegen ist dadurch gekennzeichnet, dass eine dezentrale Abstimmung interdependenter Entscheidungen erfolgt (Bild D 2.6-7). In Abhängigkeit davon, wer die Koordinationsaufgaben in Logistiknetzwerken wahrnimmt, lassen sich somit zwei idealtypische Ausprägungen von Logistiknetzwerken unterscheiden: monozentrische und polyzentrische Logistiknetzwerke.

Eine zentrale Koordination ist eng verbunden mit monozentrischen oder hierarchisch organisierten Logistiknetzwerken. In monozentrischen Logistiknetzwerken existiert ein dominantes Unternehmen und alle anderen Netzwerkakteure sind direkt oder indirekt von diesem Unternehmen abhängig [Hah00]. Dieses fokale Unternehmen, welches i. d. R. das Netzwerk auch initiiert, übernimmt eine Führungsrolle und bildet somit das Kernelement des Netzwerks (auf institutioneller Ebene). Das fokale Unternehmen entscheidet über die (Des-) Integration von Partnern und koordiniert die gemeinsamen Aktivitäten im Logistiknetzwerk [Wil97]. Die Instrumente der zentralen Koordination können z. B. Weisungen, Programme und Pläne sein (Bild D 2.6-7). Im Falle von Weisungen werden den hierarchisch untergeordneten Akteuren konkrete Aufgabenstellungen und Verfahrensanleitungen vorgegeben. Durch Programme werden hingegen verbindliche Handlungsvorschriften definiert, die festlegen, wie auf alternative Ausgangsereignisse zu reagieren ist. Das Koordinationsinstrument der Vorgabe von Plänen ist dadurch gekennzeichnet, dass die hierarchisch übergeordnete Institution für einen bestimmten Planungszeitraum Rahmenpläne entwirft, die den Akteuren in dem Logistiknetzwerk als Vorgaben bei der Planung der zu realisierenden Leistungsprozesse dienen. Als Beispiel lassen sich Zulieferernetzwerke anführen, wie sie in der Automobilindustrie vorzufinden sind [Wil97].

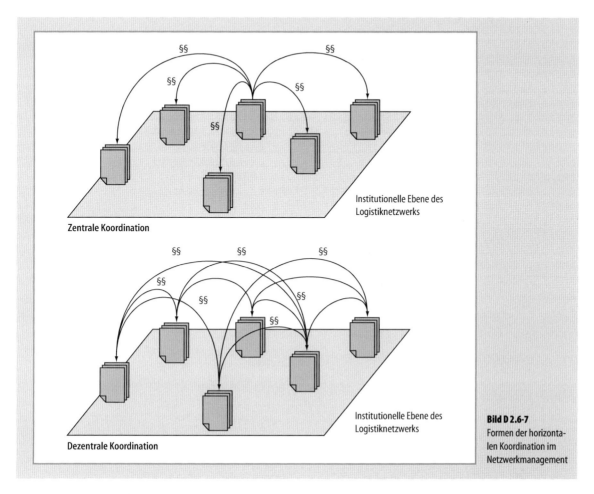

Bild D 2.6-7
Formen der horizontalen Koordination im Netzwerkmanagement

In polyzentrischen Logistiknetzwerken existieren relativ homogene, gegenseitige Abhängigkeiten zwischen weitgehend gleichberechtigten Unternehmen. Im Rahmen einer dezentralen (heterarchischen) Koordination erfolgt eine unmittelbare Interaktion der Entscheidungsträger, die ihre Entscheidungen durch gegenseitige Übereinkunft im Rahmen einer Selbstabstimmung treffen. Dabei kann es sich um Auktionen, Ausschreibungen oder bilaterale Verhandlungen handeln. Im Rahmen einer Koordination nach dem heterarchischen Prinzip wird somit das Weisungsprinzip der Hierarchie durch das Verhandlungsprinzip der Heterarchie ersetzt [Zäp00]. Dieses als marktliche Koordination bezeichnete Prinzip eröffnet bestimmte Potenziale zu opportunistischem Verhalten der Akteure im Logistiknetzwerk und ist daher durch Verhaltensunsicherheit geprägt [Jeh00]. Durch die Gestaltung entsprechender Anreizsysteme und Sanktionsmechanismen, ist daher eine Bindung an die formulierten Netzwerkziele und Verhaltensnormen zu gewährleisten [Wil97]. Aber auch in dezentralen (polyzentrischen, heterarchischen) Logistiknetzwerken, mit weitgehend gleichberechtigten Unternehmen, kann eine zentrale Koordination der Aktivitäten erfolgen [Rau02]. So können Speditionen als fokale Unternehmen agieren, wenn sie alle an der Leistungserstellung beteiligten Unternehmen zu einem Logistiknetzwerk verknüpfen sowie zumindest die gemeinsame logistische Leistungserstellung zentral planen, steuern und kontrollieren [Sta95].

Koordinationsformen in Logistiknetzwerken bewegen sich innerhalb des Spannungsfelds zwischen marktlicher (dezentraler) und hierarchischer (zentraler) Koordination (Abschn. D 4.3). Während auf Märkten ausschließlich Preise und Tauschraten das Angebots- und Nachfrageverhalten koordinieren, übernehmen in Hierarchien bestimmte Institutionen die Koordinationsaufgabe [Kau04]. Zwischenformen zeichnen sich dadurch aus, dass die Ko-

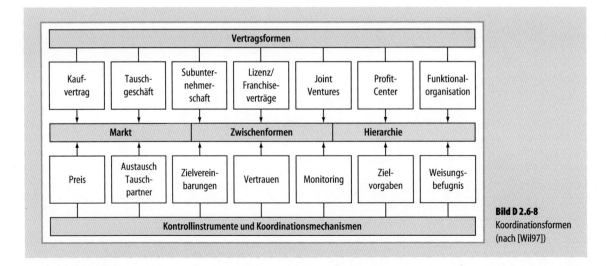

Bild D 2.6-8
Koordinationsformen (nach [Wil97])

ordination der ökonomischen Aktivitäten durch eine Kombination marktlicher und hierarchischer Prinzipien erfolgt, die sich auf diverse Kontrollinstrumente, Koordinationsmechanismen und Vertragsformen stützen (Bild D 2.6-8). Neben den direkten Koordinationsmechanismen der zentralen und dezentralen Koordination spielen dann indirekte Koordinationsmechanismen wie die Schaffung von Vertrauen, die Selbstverpflichtung der Akteure in dem Logistiknetzwerk sowie die Schaffung einer gemeinsamen Unternehmenskultur eine Rolle. Diese Koordinationsmechanismen sind jedoch eher als Ergänzung zu den direkten Koordinationsprinzipien zu sehen [Jeh00; Wil97].

Die primäre Koordinationsaufgabe des Netzwerkmanagements besteht in einer (als fair empfundenen) Allokation der Leistungsumfänge zu den beteiligten Netzwerkunternehmen. So ist auf der physischen Netzwerkebene zu bestimmen, wer welche Leistungsprozesse an welche Knoten bzw. auf welchen Verbindungen durchführt. Erfolgt keine rein marktliche oder hierarchische Koordination, so ist eine effiziente Allokation durch andere Koordinationsinstrumente zu gewährleisten. In Speditionskooperationen kann beispielsweise das Instrument des Benchmarking zum Vergleich der Performance einzelner Leistungsprozesse genutzt werden, um den jeweils am besten geeigneten Partner zu ermitteln [Wil97].

Mit der Allokation der Leistungsumfänge sind auch die einzelnen Leistungserstellungsprozesse zwischen den Netzwerkakteuren zielgerichtet zu koordinieren. Als Koordinationsinstrument können netzweite Standards als generelle Festlegung von Aktivitätsfolgen für wiederkehrende Leistungsprozesse festgelegt werden. Gemeinsame, netzweite Standards, Normen und Werte in Form von geschriebenen oder ungeschriebenen Regeln der Kooperation schaffen Vertrauen und ermöglichen eine schnelle auftragsspezifische Einbindung der Netzwerkakteure [Kau04].

Literatur

[Bre06] Bretzke, W.-R.: Dienstleisternetze: Grundprinzipien und Modelle einer Konfiguration offener Transportsysteme. In: Blecker, T.; Gemünden, H.G.: Wertschöpfungsnetzwerke. Berlin: Erich Schmidt Verlag 2006

[Bre98] Bretzke, W.-R.: Logistiknetzwerke. In: Bloech, J.; Ihde, G. (Hrsg.): Vahlens großes Logistiklexikon. München: Vahlen 1998, 626–627

[Bux00] Buxmann, P.; König, W.: Zwischenbetriebliche Kooperation auf Basis von SAP-Systemen. Perspektiven für die Logistik und das Servicemanagement. Berlin/Heidelberg/New York: Springer 2000

[Cor01] Corsten, H.; Gössinger, R.: Einführung in das Supply Chain Management. München: Oldenbourg 2001

[Del89] Delfmann, W.: Das Netzwerkprinzip als Grundgedanke integrierter Unternehmensführung. In: Delfmann, W. (Hrsg.): Der Integrationsgedanke in der Betriebswirtschaft. Wiesbaden: Gabler 1989, 87–113

[Din82] Dinkelbach, W.: Entscheidungsmodelle. Berlin: De Gruyter 1982

[Ebn97] Ebner, G.: Controlling komplexer Logistiknetzwerke – Konzeption am Beispiel der Transportlogistik eines Multi-Standort-/Multi-Produkt-Unternehmens. Nürnberg: GVB 1997

[Fei04] Feige, D.: Entscheidungsunterstützung in der Transportlogistik – Von der Transportoptimierung zur

Gestaltung von Netzwerken. In: Prockl, G.; Bauer, A.; Pflaum, A.; Müller-Steinfahrt, U. (Hrsg.): Entwicklungspfade und Meilensteine moderner Logistik – Skizzen einer Roadmap. Wiesbaden: Gabler 2004

[Fra74] Franken, R.; Fuchs, H.: Grundbegriffe zur Allgemeinen Systemtheorie. In: Grochla, E.; Fuchs, H.; Lehmann, H. (Hrsg.): Systemtheorie und Betrieb. zfbf Sonderheft (1974) 3, 23–50

[Fre98] Frese, E.: Grundlagen der Organisation: Konzept – Prinzipien – Strukturen. 7. Aufl. Wiesbaden: Gabler 1998

[Hah00] Hahn, D.: Problemfelder des Supply Chain Management. In: Wildemann, H. (Hrsg.): Supply Chain Management. München: TCW 2000, 9–19

[Hun99] Hungenberg, H.: Bildung und Entwicklung von strategischen Allianzen – theoretische Erklärungen, illustriert am Beispiel der Telekommunikationsbranche. In: Engelhard, J.; Sinz, E.J. (Hrsg.): Kooperation im Wettbewerb. Neue Formen und Gestaltungskonzepte im Zeichen von Globalisierung und Informationstechnologie. Wiesbaden: Gabler 1999

[Ise98] Isermann, H.: Grundlagen eines systemorientierten Logistikmanagements. In: Isermann, H. (Hrsg.): Logistik – Gestaltung von Logistiksystemen, 2. Aufl. Landsberg/Lech: Moderne Industrie 1998, 21–60

[Jeh00] Jehle, E.: Steuerung von großen Netzen in der Logistik unter besonderer Berücksichtigung von Supply Chains. In: Wildemann, H. (Hrsg.): Supply Chain Management. München: TCW 2000, 205–226

[Jun94] Jungnickel, D.: Graphen, Netzwerke und Algorithmen. 3. Aufl. Mannheim: BI-Wissenschaftsverlag 1994

[Kal00] Kaluza, B.; Blecker, Th.: Supply Chain Management und Unternehmung ohne Grenzen – Zur Verknüpfung zweier interorganisationaler Konzepte. In: Wildemann, H. (Hrsg.): Supply Chain Management. München: TCW 2000, 49–85

[Kau04] Kaupp, M.: Logistiknetzwerke. In: Arnold, D.; Isermann, H.; Kuhn, A.; Tempelmeier, H. (Hrsg.): Handbuch Logistik. 2. Aufl. Berlin/Heidelberg/New York: Springer 2004, D 3/34 – D 3/40

[Kau98] Kaupp, M.: City-Logistik als kooperatives Güterverkehrs-Management. Wiesbaden: Deutscher Universitäts-Verlag 1998

[Kla02] Klaus, P.: Die dritte Bedeutung der Logistik – Beiträge zur Evolution logistischen Denkens. Edition Logistik Bd. 1, Hamburg: Deutscher Verkehrs-Verlag 2002

[Lam98] Lambert, D.M.; Cooper, M.C.; Pagh, J.D.: Supply Chain Management: Implementation Issues and Research Opportunities. The International Journal of Logistics Management 9 (1998) 2, 1–19

[Ott02] Otto, A.: Management und Controlling von Supply Chains – Ein Modell auf der Basis der Netzwerktheorie. Wiesbaden: Deutscher Universitäts-Verlag 2002

[Rau02] Rautenstrauch, T.: SCM-Integration in heterarchischen Unternehmensnetzwerken. In: Busch, A.; Dangelmaier, W. (Hrsg.): Integriertes Supply Chain Management – Theorie und Praxis effektiver unternehmensübergreifender Geschäftsprozesse. Wiesbaden: Gabler 2002, 343–361

[Sch99] Schneeweiß, C.: Hierarchies in Distributed Decision Making. Berlin: Springer 1999

[Sch92] Schneeweiß, C.: Planung 2 – Konzepte der Prozess- und Modellgestaltung. Berlin: Springer 1992

[Sha01] Shapiro, J.F.: Modeling the Supply Chain. Pacific Grove: Duxbury 2001

[Sta95] Stahl, D.: Internationale Speditionsnetzwerke – eine theoretische und empirische Analyse im Lichte der Transaktionskostentheorie. Göttingen: Vandenhoeck u. Ruprecht 1995

[Syd98] Sydow, J.; Wienand, U.: Unternehmensvernetzung und -virtualisierung: Die Zukunft unternehmerischer Partnerschaften. In: Wienand, U.; Nathusius, K. (Hrsg.): Unternehmensnetzwerke und virtuelle Organisation. Stuttgart: Schäffer-Poeschel 1998, 11–31

[Syd92] Sydow, J.: Strategische Netzwerke. Evolution und Organisation. Wiesbaden: Gabler 1992

[Ulr84] Ulrich, H.: Management. Bern: Paul Haupt Verlag 1984

[Wil97] Wildemann, H.: Koordination von Unternehmensnetzwerken. Zeitschrift für Betriebswirtschaft 67 (1997) 4, 417–439

[Zäp00] Zäpfel, G.: Supply Chain Management. In: Baumgarten, H.; Wiendahl, H.-P.; Zentes, J. (Hrsg.): Logistik-Management. Berlin/Heidelberg/New York: Springer 2000, 1–32

Märkte für logistische Leistungen   D3

D 3.1 Erste Herausforderung: Eingrenzung der Logistikmärkte für die Zwecke der Messung und Trendverfolgung

In den amtlichen Statistiken der Bundesrepublik Deutschland, ihrer Bundesländer und auch der Europäischen Union ist die Logistik als Wirtschaftsbranche und als „Markt" nahezu nicht existent. Denn die einschlägigen Erfassungsstrukturen wurden zu einer Zeit definiert, als der Begriff der Logistik in der Wirtschaft noch keinen Eingang gefunden hatte. Deshalb sind bis heute „amtliche" Informationen zur Logistikwirtschaft und ihren Märkten verborgen, verstreut und unabgestimmt in den Transport-, Verkehrs-, Industrie-, Handels- und anderen Rubriken der veröffentlichten Statistiken zu finden – oder sie fehlen ganz.

Soweit seither Daten zu Marktgrößen, Marktsegmenten und Wachstumsentwicklungen der Logistik von Unternehmensberatungen, Verbänden und auch von Wissenschaftlern veröffentlicht wurden, gibt es zwischen diesen wenig Übereinstimmung [Bau02; Stra05; Bow03; Dav05; Kla06, 44f.]. Ein offensichtlicher Grund dafür liegt in sehr unterschiedlichen Definitionen der Logistik und den daraus folgenden unterschiedlichen Abgrenzungen der Märkte.

D 3.1.1 Praxisgerechter Logistikbegriff als Grundlage einer Marktvermessung: „TUL"-Logistik

Für die Zwecke dieses Beitrages soll ein enger Logistikbegriff gewählt werden, der sich aber als praxisgerecht erwiesen und für Zwecke der Logistik-Marktmessungen bewährt hat: Logistik als die Gesamtheit der Aktivitäten in der Güter produzierenden und distribuierenden Wirtschaft, die sich auf das Transportieren („Transfer von Objekten im Raum"), das Umordnen, Umschlagen, Kommissionieren, Portionieren, Verpacken („Veränderung der Ordnungen von Objekten") und das Lagern („Transfer von Objekten in der Zeit") beziehen [Ihd91, Kla02].

Der Markt für „TUL-Logistikleistungen" in Deutschland wird durch die aggregierte Nachfrage der nationalen Wirtschaft nach Aktivitäten des Transports, der Umordnung und der Lagerung von Gütern und Materialien beschrieben. Diese Leistungen vollziehen sich vor, nach und zwischen den Produktions- und Verkaufsaktivitäten der Wertkette bzw. vor, nach und zwischen den Produktions- und Verkaufsstätten der Wirtschaft. Gemessen in Geldwerten errechnet sich dieser Markt als

- Summe der *konsolidierten Umsätze der Logistik-Dienstleistungsunternehmen,* die diese für ihre TUL-Leistungen mit der „verladenden Wirtschaft" jährlich abrechnet, zuzüglich der
- Summe der *TUL-Leistungen, die die verladende Wirtschaft mit ihren eigenen Mitteln und Ressourcen (als Werkverkehr, Eigenläger) erbringt,* die also nicht – bzw. noch nicht – „outsourced" sind.

In dem bekannten Bild der Wertkette stellt sich diese Definition der Logistik als „TUL-Logistik" wie in Bild D 3.1-1 dar. Es werden nur die schattiert unterlegten „TUL-Leistungen" berücksichtigt, die eindeutig vor und nach den Produktionsaktivitäten in der Industrie bzw. vor den Aktivitäten in den Handelsoutlets anfallen, nicht aber die rein innerbetrieblichen produktionslogistischen oder verkäuferischen Aktivitäten.

Für die praxisgerechte Messung und Quantifizierung der Logistikmärkte sind zu den operativen TUL-Leistungen noch die unmittelbar damit verbundenen (administrativen) Auftragsabwicklungs- und Dispositionsaktivitäten, sowie die unternehmensübergreifenden Planungs-, Steuerungs- und Dispositionsaufgaben, die heute im Zusammenhang mit dem Bemühen um das integrierte Management ganzer Supply Chains zu erledigen sind, hinzu zu addieren. Schließlich werden noch die Kosten der Lagerbestände als Kapitalbindungskosten, Wertverluste während der Lagerzeit und sonstige Aufwendungen für die Beständehaltung in der Supply Chain hinzugezählt, deren Kontrolle und Reduzierung ein wesentliches Ziel modernen Logistikmanagements ist.

Die sich ergebende Eingrenzung des Logistikmarktes stimmt überein mit derjenigen in wichtigen internationa-

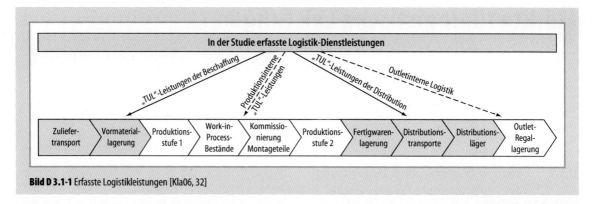

Bild D 3.1-1 Erfasste Logistikleistungen [Kla06, 32]

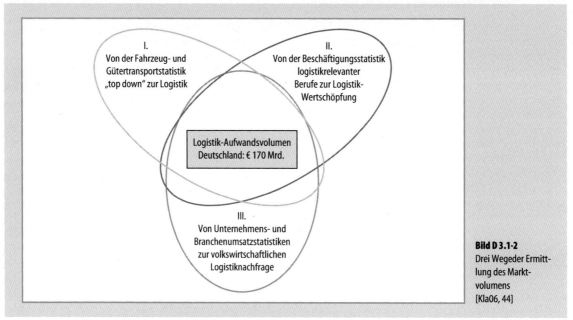

Bild D 3.1-2 Drei Wege der Ermittlung des Marktvolumens [Kla06, 44]

len Studien [Dav05, Bow03]. Sie hat sich auch in Deutschland weitgehend etabliert [Kla06].

D 3.1.2 Aktuelle Vermessung des Logistik-Marktvolumens

Für eine Abschätzung des aktuellen Gesamt-Marktvolumens für Logistik-Dienstleistungen in Deutschland auf der Basis des TUL-Logistikbegriffes sind alle Logistik-Dienstleistungen zu erfassen, die innerhalb deutscher Grenzen erbrachte und fakturierte Wertschöpfung darstellen. Damit kann ein eindeutiger Bezug zum Bruttoinlandsprodukt und – für weitere Analysen – erforderlichenfalls auch zu vielen anderen öffentlichen Statistiken hergestellt werden.

Eine solche Ermittlung wird seit 1996 regelmäßig von der Nürnberger Fraunhofer Arbeitsgruppe durchgeführt. Da vollständige und widerspruchsfreie Basisdaten nicht erhältlich sind, erfolgt die Ermittlung auf Grundlage der voneinander unabhängigen Schätzwege (vgl. für eine ausführliche Erläuterung [Kla06, 43ff.]). Diese Schätzungen konvergieren für das Jahr 2004 gegen den Umsatzwert von € 170 Mrd. aller logistischen Leistungen, die in Deutschland erbracht werden (vgl. Bild D 3.1-2).

Die Logistik in Deutschland würde damit – wenn sie in den amtlichen Wirtschaftsstatistiken als Wirtschaftsbranche zusammengefasst ausgewiesen wäre – nach den Märkten für den Fahrzeugbau (ca. € 285 Mrd.), für Leistungen des Gesundheitswesens (ca. € 250 Mrd.) und etwa gleichauf mit dem Maschinenbau – als dritt- oder viertgrößter Branchenmarkt rangieren.

Der vergleichbare Logistik-Umsatzwert der 17 westeuropäischen Länder (die „alten" 15 EU-Länder mit Schweiz und Norwegen) kann auf etwa € 730 Mrd., mehr als das Vierfache des deutschen Marktvolumens, geschätzt werden. Die vergleichbare aktuelle Schätzung der nationalen Logistikkosten in den USA beläuft sich auf ca. € 930 Mrd. [Wil06].

D 3.1.3 Optionen der Segmentierung des Logistikmarktes

Für eine Segmentierung dieses großen, aber heterogenen Gesamt-Logistikmarktvolumens bestehen vielfältige Möglichkeiten: In den eher volkswirtschaftlichen, verkehrswissenschaftlichen Betrachtungen der Logistikwirtschaft wird eine Segmentierung vorzugsweise nach den Transportarten gewählt, die einen Schwerpunkt der logistischen Leistung darstellen, bzw. nach den

- *Verkehrsmodi*, also Straßen-, Schienen-, Wasser- der Lufttransport.

Segmentierungen des Marktes erfolgen aber z. B. auch nach:
- *Güterarten* (z. B. Lebensmittel Transporte);
- *Auftraggeberbranchen-* bzw. Kundentypen (z. B. Verlagslogistik);
- *Auftrags- und Abwicklungstypen* (z. B. Expressfracht, KEP-Markt);
- *Transportgefäßtypen* (z. B. Tank- und Silotransporte);
- *Verkehrsnetzstrukturen* (z. B. Relationsspediteure);
- *Funktionszusammenhängen* (z. B. Distributionslogistik, Entsorgungslogistik);

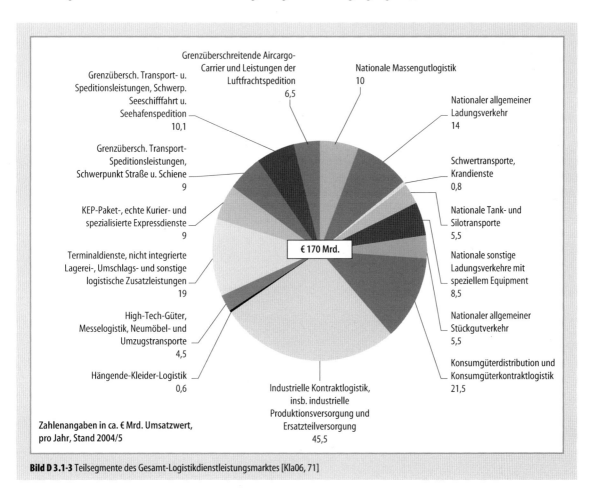

Bild D 3.1-3 Teilsegmente des Gesamt-Logistikdienstleistungsmarktes [Kla06, 71]

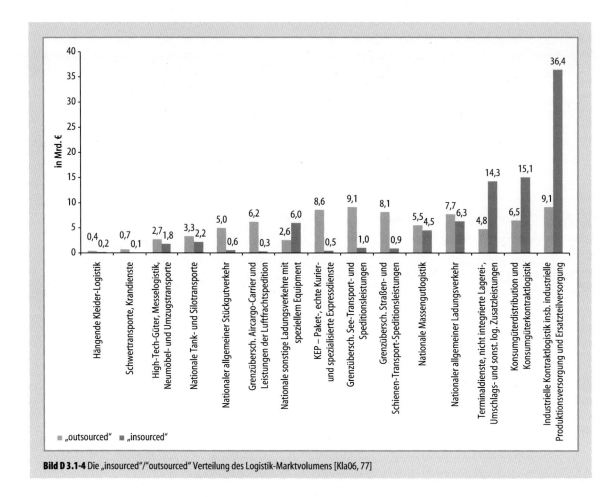

Bild D 3.1-4 Die „insourced"/"outsourced" Verteilung des Logistik-Marktvolumens [Kla06, 77]

oder nach der
- *Art der rechtlichen und organisatorischen Beziehungen* zwischen Auftraggebern und Logistikdienstleistern (z. B. Kontraktlogistik).

Die in der Praxis üblichen Marktsegmentierungen, wie sie sich z. B. durch die Mitgliederkreise von Verbandsorganisationen ausdrücken und durch das Verständnis der Unternehmen, wer ihre relevanten Wettbewerber und Branchenkollegen sind, vermischen nicht selten mehrere dieser Segmentierungsaspekte. Im Folgenden wird eine Segmentierung des Gesamt-Logistikdienstleistungsmarktes genutzt, die insgesamt 15 Marktfelder berücksichtigt. Diese sind nicht überschneidungsfrei, entsprechen aber bestmöglich den in der Praxis gebräuchlichen Kennzeichnungen. Bild D 3.1-3 zeigt die 15 Teilmärkte und deren aktuelle Größenordnungen.

Eine weitere wichtige Zerlegung des Logistik-Marktvolumens ergibt sich aus der Aufteilung in selbst erstellte und von Dritten bezogene Logistikleistungen. Die Ersteren werden von der „verladenden Wirtschaft" selbst – den Industrie-, Handel- und sonstigen Unternehmen, die die primären Auslöser logistischer Nachfrage sind – bzw. „insourced" mit eigenem Personal und eigenen Sachressourcen als Werksverkehre und selbst betriebene Läger und Logistikzentren produziert. Die Letzteren werden „outsourced" von gewerblich tätigen externen Dienstleistern – den Spediteuren, Transportunternehmen, Bahn-, Post-, „Third Party" und Sonstigen – produziert und vermarktet. Bild D 3.1-4 zeigt, wie sich das € 170 Mrd. Gesamtmarktvolumen und das Volumen der Teilsegmente derzeit auf ca. € 91 Mrd. „insourced" und ca. € 79 Mrd. „outsourced" Aktivitäten verteilt. Die „insourced" Logistikleistungen sind zugleich – jedenfalls theoretisch – zusätzlich er-

Tabelle D 3.2-1 Die Liste der acht „Megatrends", die die Entwicklungen der Logistikmärkte treiben [Kla06, 18]

	Vier, die Logistik-Nachfrage bestimmende „Megatrends":
1	**Globalisierung der Produktion und des Wirtschaftsverkehrs –** Dislozierung, wachsende Transportdistanzen, neue Kommunikations- und Integrationsbedarfe, gesteigerte Wettbewerbsintensität
2	**Übergang zur postindustriellen Gesellschaft –** Ende des Wachstums industrieller physischer Güterproduktion, Individualisierung und Expansion der Service-Ökonomie
3	**Beschleunigung der Taktraten wirtschaftlicher Aktivität in der „On Demand"-Welt –** Sofortreaktion auf Kundenwünsche, Verkürzung von Technologie- und Produktzyklen, zeitbasierter Wettbewerb, Logistik-Güterstruktureffekt
4	**Wachsende Umweltsensibilität –** Recycling, Verlängerung logistischer Ketten, die Vision von der Kreislaufwirtschaft und zunehmende Aversion gegen den Straßentransport
	Vier, die Logistik-Angebotsmöglichkeiten verändernde „Megatrends":
5	**(Wieder-)Entdeckung der Erfolgswirkungen optimierter Struktur- und Prozessorganisation –** „Pull"-orientiertes, ganzheitliches Management von Supply Chains mit JIT und CRP
6	**Deregulierung und Privatisierung ehemals öffentlicher Dienste der Kommunikation und des Verkehrs –** Neue Anbieter, neue Leistungsangebotspakete, neue Konkurrenz
7	**Konzentration auf Kernkompetenzen und Shareholder Value Denken –** Ein Fokus auf Komplexitätsreduzierung und Outsourcing
8	**Differenzierung der Branchenstruktur –** Polarisierung und Hierarchisierung: Wachstum der ganz Großen und der ganz Kleinen, neue Beziehungsstrukturen, mehrstufige Subunternehmerkaskaden

schließbares Marktpotenzial für die gewerblichen Logistikdienstleister. Die aktuellen Relationen der Verteilung von „insourced" zu „outsourced" Logistikleistungen sind in Bild D 3.1-4 dargestellt.

D 3.2 Zweite Herausforderung: Entwicklungsdynamik der Logistik-Dienstleistungsmärkte erfassen

Die aktuelle „Vermessung" der Logistikmärkte, wie in Abschn. D 3.1 dargestellt, zeigt eine Momentaufnahme der Markt-Größenordnungen zum Zeitpunkt 2004/2005. Sie spiegelt aber weder die hohe Dynamik der Entwicklungen der modernen Logistik noch die Vielfalt der Trends und Entwicklungen wieder, die die Zukunft der Logistikmärkte bestimmen. Diese Dynamik lässt sich zwar nicht präzise quantifizieren, aber in acht „Megatrends", wie in Tabelle D 3.2-1 zusammengefasst, verbal beschreiben.

Die ersten vier Megatrends verändern die Rahmenbedingungen des Handelns von Unternehmen im globalen Wettbewerb und erklären damit die Veränderungen der Nachfrage nach professioneller Logistik und modernen Logistik-Dienstleistungen. Die weiteren vier Megatrends verdeutlichen, wie die Unternehmen der Logistikwirtschaft auf die Herausforderungen ihres Umfeldes reagieren und wie sich damit die Wettbewerbsbedingungen und die Erfolgsfaktoren der Produzenten und Anbieter logistischer Leistungen verändern.

D 3.2.1 Was die Logistik-Nachfrage der Zukunft treibt: neue Rahmenbedingungen für die Weltwirtschaft

Erster Trend: Globalisierung der Produktion und des Wirtschaftsverkehrs – Dislozierung, wachsende Transportdistanzen, neue Kommunikations- und Integrationsbedarfe, gesteigerte Wettbewerbsintensität

Im Verlauf der letzten zwanzig Jahre haben sich die Möglichkeiten für weltweiten Handel und Wirtschaftsverkehr dramatisch erweitert: Das Phänomen der Globalisierung wurde ausgelöst durch

- den Fall *alter politischer, ideologischer und zolltechnischer Grenzen* zwischen den Ländern und Regionen;
- *Fortschritte der Informations- und Kommunikationstechnologie* („IuK-Technologien") seit den 1990er Jahren (insbesondere des Internet, EDIFACT, EAN-Codierung, RFID etc.);
- die Möglichkeit der *Verlagerung von Wertschöpfungsaktivitäten* (in der Logistikersprache die Dislozierung) jeweils an die Standorte in der Welt, an denen die niedrigsten Faktorkosten und besten sonstigen Standortbedingungen bestehen;
- den *Aufbau von globalen Produktions- und Wertschöpfungsverbünden* zwischen Unternehmen und
- dem dramatisch erleichtertem *Zugang zu Märkten und Kundengruppen in der ganzen Welt*, nicht nur für die Großunternehmen, die schon immer international tätig waren, sondern auch für unzählige mittlere und kleinere Unternehmen aus allen Teilen des Globus.

Globalisierung bringt aber auch den von den Unternehmen weniger geschätzten Effekt der *Verschärfung des (welt)wirtschaftlichen Wettbewerbs*.

Auf früher geschützten Heimatmärkten dringen beliebig ausländische Wettbewerber mit günstigeren Kostenstrukturen, unkonventionellen Produkt- und Vermarktungsideen und – mitunter – überlegenen Ressourcen ein. Dies gilt nicht zuletzt auch für die Märkte der Logistikleistungen.

Mit den Entwicklungen, die unter dem Schlagwort „Globalisierung" zusammengefasst werden, *steigt der Bedarf an weiträumigen Transportleistungen, der Integration von Lager-, Umschlags-, Kommunikations-, Planungs- und Steuerungsdienstleistungen in vielstufigen, komplexen Supply Chains und Netzwerken kontinuierlich an.* Zugleich verschärft sich der Druck auf die Unternehmen, die Qualität und die Kosten ihrer Leistungen zu optimieren. *Logistik wird zu einem der wichtigsten Stellhebel für das Überleben und den Erfolg* der Unternehmen im globalen Wettbewerb.

Zweiter Trend: Übergang zur post-industriellen Gesellschaft – Ende des Wachstums industrieller Güterproduktion, Individualisierung und Expansion der Service-Ökonomie

Die reifen, relativ reichen Länder der Welt in Nordamerika, Westeuropa, Teilen des fernöstlichen Asiens befinden sich im Übergang von der industriellen zur post-industriellen Gesellschaft. Diese ist gekennzeichnet durch Stagnation der Bevölkerungszahlen und die „neue Demografie" einer alternden, von kleineren, aber anspruchsvolleren Haushaltseinheiten bestimmten Struktur. Die Bedarfe nach mehr physischen Gütern des täglichen Konsums und der physischen Infrastruktur stagnieren oder gehen sogar zurück. Immer mehr Ressourcen werden für die nichtmateriellen Bedürfnisse der Gesundheit, Kommunikation, persönliche Mobilität, Unterhaltung und anderer Arten von Services ausgegeben. Dazu nehmen die relativen Gewichte und Volumina vieler physischer Güter durch technischen Fortschritt im Bereich neuer Werkstoffe und der Miniaturisierung ab.

Beispiele aus den Branchen der Automobilwirtschaft, der Computerindustrie, der Modeunternehmen, aber auch von Maschinenbauern und Unternehmen vieler anderer Branchen zeigen, dass unter den Rahmenbedingungen der post-industriellen Gesellschaft besonders diejenigen Unternehmen erfolgreich sind, denen es gelingt, ihren Kunden situations- und bedarfsgerechte, hoch individualisierte, servicebetonte Lösungen anzubieten und diese beständig anzupassen.

Dadurch werden drastische strukturelle Verschiebungen der Nachfrage nach logistischen Leistungen ausgelöst. Die *absoluten Tonnagen an Gütern, die zu transportieren, zu lagern und umzuschlagen sind, stagnieren.* Die *qualitativen Anforderungen an die Logistik durch steigende Individualisierungswünsche, die Verknüpfung von physischen Produkten mit Dienstleistungen steigen dramatisch.*

Dritter Trend: Beschleunigung der Taktraten in der „On-Demand"-Welt – Sofortreaktion auf Kundenwünsche, Verkürzung von Technologie- und Produktzyklen, zeitbasierter Wettbewerb, Logistik-Güterstruktureffekt

Der amerikanische Unternehmensberater Stalk von der Boston Consulting Group hat vor fünfzehn Jahren den Übergang vom kosten- und preisbasierten Wettbewerb zum zeitbasierten Wettbewerb verkündet [Sta88]. Dort wird deutlich, dass Unternehmenserfolg immer häufiger von der Fähigkeit abhängt, sofort auf Kundenwünsche reagieren zu können. Die Herausforderung des zeitbasierten Wettbewerbs ist als Folge der Individualisierungstendenzen in der post-industriellen Gesellschaft zu interpretieren, die bereits als zweiter „Megatrend" beschrieben wurden. Sie wird verstärkt durch die betriebswirtschaftliche Unmöglichkeit, die steigende Differenziertheit und Volatilität der Bedarfe weiterhin durch Produktion optimaler Fertigungslose auf Vorrat und damit endlos steigende Lagervorräte, zu bewältigen.

Die Antwort ist „On-Demand"-Produktion und Distribution, d. h. Produktion erst dann, wenn der Kundenwunsch als Auftrag spezifiziert ist. Die Nachfrage der Wirtschaftsunternehmen nach logistischen Leistungen wird immer mehr von folgenden Anforderungen bestimmt:

- Der Fähigkeit zum *Management von Just-in-Time-Reaktionen* der Versorgungsketten [Ohn88], bzw. der Beherrschung sich beschleunigender Fluss- und Taktraten der Prozesse („Clockspeed", [Fin99]).
- *Steigerung der Flexibilität und Adaptivität der Produktions- und Distributionssysteme* in Anpassung an sich beschleunigende Entwicklung neuer Technologien, damit Verkürzung deren Lebenszeit und der Zeitfenster für gewinnbringende Produktion.
- Daraus folgt ein *Logistik-Güterstruktureffekt*, d. h. der Tendenz der Umwandlung großer, sporadisch erteilter Abrufe in kontinuierliche, kleine, präzise terminierte Flüsse „feinkörniger" Lieferungen.
- *Reduzierung der relativen Bedeutung von Massen- und Ladungstransportsystemen* zugunsten schneller, auf *präzise getaktete, feinkörnige Logistikleistungen ausgerichtete, Systeme*.

Vierter Trend: Wachsende Umweltsensibilität – Recycling, Verlängerung logistischer Ketten, die Vision von der Kreislaufwirtschaft und zunehmende Aversion gegen den Straßentransport

Seitdem am Anfang der 1970er Jahre insbesondere durch den Club of Rome und die ersten weltweiten Öl-Energiekrisen die Grenzen des Wachstums moderner Wirtschaft in die Diskussion gerieten [Mea72], hat sich ein neues Bewusstsein der Öffentlichkeit und der Politik entwickelt. Die Notwendigkeit von nachhaltigem, die natürlichen Ressourcen der Erde schonendem Wirtschaften ist erkannt worden. Stoffstromanalysen in der industriellen Fertigung, die Konzepte des Recycling von Materialien, die Vermeidung von Verschwendung durch Verzicht von Produktion auf Halde und auf Vorrat, ebenso Ideen wie die Entlastung der Innenstädte durch „City-Logistik" oder die kooperative, räumlich konzentrierte Wahrnehmung von Aufgaben der Distribution, der Güterbündelung und Nutzung umweltfreundlicher Verkehrsträger mit Hilfe von Güterverkehrszentren (GVZ) und Kombinierten Verkehren wurden seit den 1990er Jahren populär.

Damit entstehen weitere *neue Aufgaben der Integration von Entsorgungs- und Recycling-Prozessen in sich verlängernde logistische Ketten*. Es ist die Konzeption von Systemen der Kreislaufwirtschaft, der intelligenten Kanalisierung, Bündelung und Optimierung von Güter- und Personenverkehren gefordert. Nicht zuletzt muss sich die Logistikwirtschaft mit kontinuierlich wachsender Aversion gegen vermeintlich und tatsächlich umweltbelastende Formen des Transports auseinandersetzen. Dies betrifft ganz besonders den weitaus größten und wichtigsten Träger des Güterverkehrs, den LKW-Straßentransport.

D 3.2.2 Wie die Logistikwirtschaft reagiert: Strategien und Aktivitäten der Anbieter logistischer Dienstleistungen und deren Wirkungen im Wettbewerb

Vier weitere „Megatrends", die in Tabelle D 3.2-1 benannt sind, zeigen auf, wie die Gestalter und Entscheidungsträger der Logistikwirtschaft auf die Herausforderungen ihres Umfeldes reagieren. Damit verändern sich die Wettbewerbsstrukturen in den Märkten. Es werden zusätzliche, angebotsseitige Impulse zur Veränderung der Logistikprozesse und -praktiken in der weltweiten Wirtschaft gesetzt. Diese Trends liefern Erklärungen dafür, warum erst jetzt – und gerade jetzt – die Logistikwirtschaft ein Motor verschärften Wettbewerbs und der wirtschaftlichen Innovation geworden ist, sich dabei selbst verändert und entfaltet:

Fünfter Trend: (Wieder-)Entdeckung der Erfolgswirkungen von Struktur- und Prozessorganisation – Pull-orientiertes, ganzheitliches Management von Supply Chains mit JIT und CRP

Viele Erfolgsrezepte und „beste Praktiken" der aktuellen Unternehmensführung, wie sie in den Konzepten der „Just-in-Time" (JIT)-Wirtschaft [Ohn88], des „Efficient Consumer Response (ECR) und „Continuous Replenishment (CRP)" [Cor00] für die Konsumgüterwirtschaft und auch für die industrielle Materialwirtschaft diskutiert werden, beruhen nunmehr auf folgender Einsicht: Die Art und Weise, wie die Aktivitäten der Wirtschaft, die der Befriedigung der Kundenbedürfnisse dienen, miteinander verknüpft werden, hat einen entscheidenden Einfluss auf Produktionskosten, Qualität, auf Reaktionsschnelligkeit der Unternehmen sowie auf die Anpassungsfähigkeit an sich wandelnde Umfeld- und Marktanforderungen.

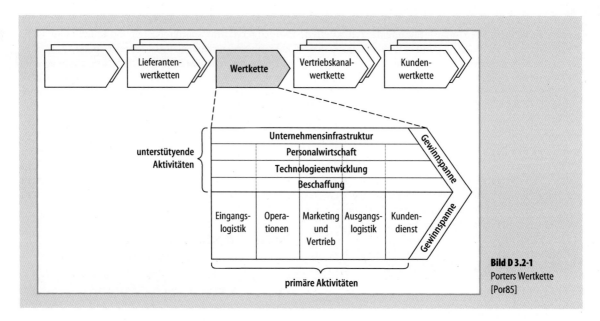

Bild D 3.2-1 Porters Wertkette [Por85]

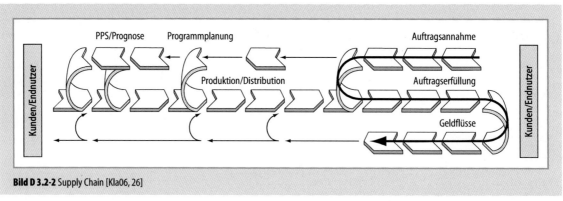

Bild D 3.2-2 Supply Chain [Kla06, 26]

Diese Entdeckung, die insbesondere durch die Veröffentlichungen des Harvard-Professors Michael Porter in den 1980er Jahren weltweite Aufmerksamkeit fand (vgl. Bild D 3.2-1), beeinflusst als Wertketten-Denken, Prozessorientierung, Supply Chain-Denken oder Fließsystem-Denken [Hou91; Chr98; Kla02] immer stärker die Sprache und das Handeln in den Unternehmen.

Zentraler Gegenstand und Symbol dieser Entdeckung ist der „Order-to-Payment"-Prozess, wie er sich in jedem Unternehmen alltäglich viele Male vollzieht (vgl. Bild D 3.2-2).

Die Verkettung mehrerer solcher „Order-to-Payment"-Prozesse führt zu dem Bild der unternehmensübergreifenden Supply Chain (vgl. Bild D 3.2-3).

Von den Kunden bzw. der Marktnachfrage ausgelöste, Pull-gesteuerte, schlanke, retrograd mobilisierte, ganzheitlich optimierte Prozesse und Versorgungsketten werden heute als Schlüssel erfolgreicher Unternehmensführung gesehen. *Logistik wird zu der Technologie, in der das Wissen und die Methoden optimaler Architekturen von Flüssen und Prozessen sowie deren markt- und kundengerechter Steuerung und Mobilisierung gesammelt und angewandt werden.* Die Rolle der Logistikwirtschaft erweitert sich damit von der des „Providers" von Transport-, Umschlags- und Lagerleistungen (TUL-Leistungen) zu der eines Architekten, Steuerers und „Enablers" wirtschaftsweiter Wertschöpfungsstrukturen. Die *erfolgreichen Logistikunternehmen der*

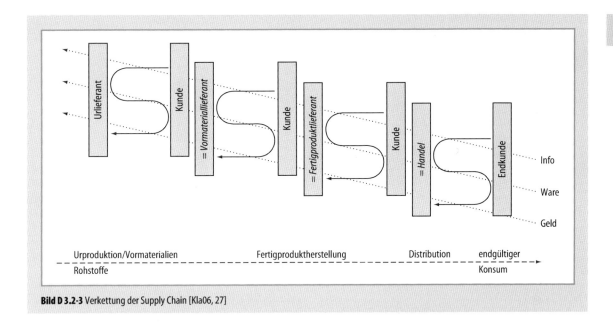

Bild D 3.2-3 Verkettung der Supply Chain [Kla06, 27]

Zukunft werden diejenigen sein, die diese Rolle am ehesten und konsequentesten ausfüllen.

Sechster Trend: Deregulierung und Privatisierung ehemals öffentlicher Dienste der Kommunikation und des Verkehrs – Neue Anbieter, neue Leistungsangebotspakete, neue Konkurrenz

Die letzten zwei Jahrzehnte in der Logistik-Dienstleistungswirtschaft waren gekennzeichnet von einem weltweiten Trend der Deregulierung ehemals öffentlicher Dienste, insbesondere auch der Kommunikations- und Verkehrsdienste. Die Einordnung von Kommunikations- und Verkehrsdiensten als Aufgaben der staatlichen Infrastruktur und Daseinsvorsorge rechtfertigte, dass der Staat Eigentümer und Monopolist, z. B. von Postdienst-, Eisenbahn- und Flugverkehrssystemen sein sollte oder zumindest die öffentliche Reglementierung von Tarifen, Zugangsrechten und Beförderungspflichten durch Konzessionen und Lizenzen beanspruchte.

Schon in den 1958 verabschiedeten Römischen Verträgen zur Schaffung der europäischen Gemeinschaft wurde festgelegt, dass solche Reglementierungen in der modernen Wirtschaft nicht erhalten bleiben sollten. Seit den 1980er Jahren haben dann die amerikanischen und englischen Regierungen unter Carter, Reagan und Thatcher energisch begonnen, Prozesse der Deregulierung und Liberalisierung einzuleiten. Mit einiger Verzögerung folgten viele andere Länder – nicht zuletzt auch Deutschland.

Die damit ausgelöste Abschaffung von öffentlich festgelegten Preisen und Zugangsrechten im Bereich der Transportwirtschaft, der Post- und Telekommunikationsdienste hat seither zu dramatischen Reduzierungen der Preise für Paket- und andere Gütertransportleistungen und zu hartem Rationalisierungsdruck in diesen Märkten geführt. Die traditionellen Anbieter der Dienste begannen sich in neuen Strukturen zu organisieren, neue Produkte in neuen Qualitäten zu kreieren und diese aggressiv zu vermarkten. Befreit vom Korsett vieler staatlicher Reglementierungen dringen neue Anbieter mit massiven, vor allem finanziellen, Ressourcen, die sie in ihrer Vergangenheit als Staats- und Monopolunternehmen aufbauen konnten, aber auch mit neuen unternehmerischen Ideen in die Logistikmärkte ein.

Eine parallele Entwicklung zeichnet sich dadurch ab, dass auch Konzernunternehmen aus nicht-öffentlichen Wirtschaftsbereichen mit starker Marktstellung, wie z. B. der Chemie, dem Verlagswesen, dem Einzelhandel, ihre internen Logistikaktivitäten verselbständigen und als neue Hybride zwischen Werkslogistik und Third Party Logistik in den Wettbewerb eingreifen.

Die Angebotswelt der Logistik verändert sich durch massive *Markteintritte deregulierter und privatisierter früherer Vertreter der öffentlichen Wirtschaft und anderer oligopolistischer Wirtschaftsbranchen aus dem Inland und Ausland.* Tendenzen zur *Anbieterkonzentration, Oligopolisierung und Industrialisierung der Logistik-Dienstleistungswirtschaft* nehmen kräftig zu.

Siebter Trend: Konzentration auf Kernkompetenzen und Shareholder Value Denken – Ein Fokus auf Komplexitätsreduzierung und Outsourcing

Der siebte weltwirtschaftsweite Trend basiert auf einer wichtigen Entdeckung des Managements und der wissenschaftlichen Betriebswirtschaftslehre der letzten Jahrzehnte: Es wird nicht mehr als Erfolg versprechend gesehen, den Herausforderungen der immer weiträumiger, stärker vernetzten globalen Wirtschaft, der Massen-Individualisierung, des zeitbasierten Wettbewerbs und der neuen ökologischen Anforderungen durch immer kompliziertere Systeme der Planung, Steuerung und Kontrolle in immer größeren Organisationseinheiten gerecht werden zu wollen. Solche Systeme verursachen rapide steigende Kosten der Komplexität, z. B. in der Form hoher Planungs- und Steuerungsaufwendungen, häufiger Systemausfälle und Folgekosten von Systemstörungen, die in vielen Fällen den gewollten Nutzen aufzehren und sogar übersteigen.

Als Konsequenz dieser Einsicht verstärkt sich seit den 1990er Jahren ein Trend in vielen Unternehmen der verladenden Wirtschaft zur „Konzentration auf Kernkompetenzen" [Pra90]. Es werden überschaubare, schlanke, auf eine oder wenige Aufgaben fokussierte, möglichst weitgehend selbststeuernde Organisationseinheiten gegenüber sehr großen, komplexen, multifunktionalen Einheiten bevorzugt. Nicht als Kernkompetenz erkannte Aktivitäten werden an Dritte ausgelagert. Durch Auslagerung und geschickte, einheitliche Baumuster folgende Restrukturierung der verbleibenden Organisationszellen [War97] entstehen neue Organisationen aus kleineren, einfach und ähnlich aufgebauten Modulen, die flexibel untereinander verbunden werden können. Solche Organisationen dienen wiederum als belastbare, beherrschbare Bausteine von vielgliedrigen Wertschöpfungsketten, Konzernstrukturen und Volkswirtschaften der Zukunft.

Mit der Rückkehr zu bausteinartigen, modularen, auf Kernkompetenzen konzentrierten, durch vielfältige Zulieferer- und Dienstleisterbeziehungen gekennzeichnete Organisationsstrukturen der Wirtschaft (in der Sprache der Organisationstheorie sog. „lose gekoppelte Systeme") erhöht sich aber die Zahl der Schnittstellen und die Bedeutung der Koordination der Module in den Wertschöpfungsketten – und somit auch die Bedeutung der Logistik.

Die *Logistikaktivitäten der Unternehmen der verladenden Wirtschaft sind in besonders starkem Maße zum Gegenstand von Outsourcing-Entscheidungen an Logistikdienstleister geworden. Es vollzieht sich seit Jahren – und zweifellos noch weiter in der Zukunft – ein beständiger Umschichtungsprozess logistischer Leistungen von den „insourced", durch Industrie und Handel selbst erstellten,* zu „outsourced", an Logistikdienstleister vergebenen, Leistungen.

Achter Trend: Differenzierung der Logistik-Branchenstrukturen – Polarisierung und Hierarchisierung: Wachstum der ganz Großen und der ganz Kleinen, neue Beziehungsstrukturen, mehrstufige Subunternehmerkaskaden

Es sind aber noch weitere Tendenzen der Umstrukturierung der Logistikwirtschaft aus Anbietersicht festzustellen. Während sich die dramatischen Entwicklungen der Konzentration und des Größenwachstums in einigen Segmenten der Marktes vollziehen, in denen Kapitalkraft, Economies of Scale und weltweite Flächendeckung der Angebote verbunden mit deren Standardisierung stattfinden, gibt es auch eine erfolgreiche Entwicklung neuer, nicht selten mittel- und kleinbetrieblicher Spezialisten und Sub-Unternehmen für spezifische logistische Aufgabenstellungen.

Diese Entwicklung basiert auf einem Trend zu immer engerer horizontaler Kollaboration und sogar Symbiose zwischen Verlader- und Dienstleistungsunternehmen in den Wertschöpfungsketten, an denen ein Outsourcing sehr spezifischer Logistikfunktionen, mit der Folge hoher wechselseitiger Abhängigkeit zwischen „Verlader" und „Dienstleister", stattgefunden hat. Als Folge ist eine rasch wachsende Bedeutung der Kontraktlogistik- bzw. 3PL-, und Solutions-Anbieter von individuell gestalteten, in die Prozesse der Industrie- und Handelsunternehmen integrierten Logistiklösungen zu erkennen.

Sie wird dabei unterstützt von der Tendenz zur Formierung mehrschichtiger vertikaler Strukturen der Zusammenarbeit zwischen den Logistikunternehmen, die unter Begriffen, wie 4PL und Lead Logistics Service Provider (LLP) oder Solutions-Provider subsumieren lassen und sich als „Supply Chain Architekten", Steuerer und „Navigatoren" logistischer Flüsse verstehen. Diese Unternehmen legen keinen Wert auf wesentliche eigene Ressourcen für die Produktion von Transport-, Lager- und anderen operativen Logistikleistungen, sondern bevorzugen stattdessen die Zusammenarbeit mit einem Unterbau von ausführenden Logistik-Fachunternehmen sowie deren Sub-Partner.

Daraus erklärt sich die Entstehung und das Wachstum neuer, innovativer, sehr oft klein- und mittelbetrieblicher Logistikeinheiten, die den Marktanforderungen nach Individualität der Leistungen, schneller Anpassung in sehr dynamischen Märkten und Alleinstellungserfordernissen im Wettbewerb durch spezifische, dedizierte, Single-User-Logistiksysteme besonders gut gerecht werden. Solche Unternehmen können auch in der zweiten Reihe, als Ressour-

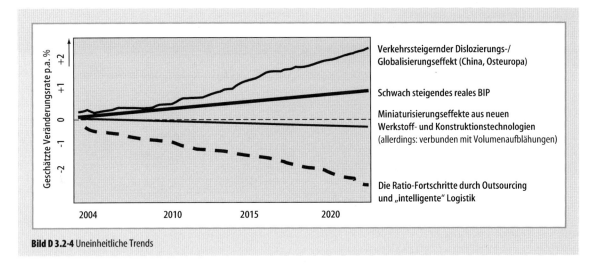

Bild D 3.2-4 Uneinheitliche Trends

cen-Provider für die ganz großen diversifizierten Logistikanbieter florieren.

Es vollzieht sich eine *Polarisierung der Angebotsstrukturen zwischen großen Netz- und Systemanbietern der Logistik einerseits, mittleren und kleineren Nischen- und 2nd Tier Anbietern in hierarchischen Anbieterstrukturen, andererseits.*

D 3.2.3 Logistik-Boom oder nicht? Die Frage nach den Wachstumsperspektiven vor dem Hintergrund uneinheitlicher Trendprognosen

Am Ende der Diskussion in Abschn. D 3.1 zur Momentaufnahme der Marktgrößenordnungen der Logistik und der qualitativen Diskussion der Marktdynamik stellt sich die Frage, ob Logistik – wie vielfach in der öffentlichen Diskussion unterstellt – tatsächlich ein Boommarkt ist, oder ob diese Einschätzung nicht überzogen ist.

Die Megatrends der Globalisierung, auch des Übergangs auf die On-Demand- und Kreislaufwirtschaft sprechen dafür. Der Übergang zur „post-industriellen Gesellschaft" und die Daten der absoluten Tonnageentwicklungen der letzen 15 Jahre (s. Bild D 3.2-4), verbunden mit wahrscheinlichen politischen Eingriffen zur Reduzierung des Verkehrszuwachses, die ebenfalls durch die Besorgnisse um die Umwelt motiviert sind, lassen auch Skepsis zu. Nicht zuletzt darf vergessen werden, dass die fortschreitende „Industrialisierung", „Professionalisierung", verstärkter Wettbewerb und Anbieterkonzentration in Deutschland und anderen „reifen" Wirtschaftsländern, wie sie sich aus den Megatrends fünf bis acht ergeben, dazu führen, dass von Jahr zu Jahr die selben Logistikleistungen mit weniger Aufwand und zu niedrigeren Kosten angeboten werden können: Die Logistikwirtschaft weist hohe Produktivitätsfortschritte auf, die den wertmäßigen Zuwachs bremsen.

Bild D 3.2-4 fasst diese uneinheitlichen Trends zusammen.

Als wahrscheinliches Ergebnis zeigt sich, dass die Logistikmärkte der nächsten Jahre in Kosten- und Umsatzwerten gemessen relativ zum realen Bruttoinlandsprodukt eher verhalten oder gar nicht wachsen werden. Diese Vermutung wird auch durch die Messergebnisse der Logistikmärkte der letzten Jahre gestützt.

Allerdings ist dabei für die Märkte der Logistikdienstleister zu beachten, dass diese aus der fortschreitenden Umschichtung von Logistikaktivitäten von der verladenden Wirtschaft via Outsourcing noch viele Jahre profitieren und wachsen können – jedoch zu Lasten eines schrumpfenden „insourced" Logistikanteils.

D 3.3 Mengengerüst und Kennzahlen des Logistikmarktes Deutschland im Detail

Eine detaillierte Beschreibung der Märkte für logistische Leistungen sollte sich nicht auf die Umsatzwerte allein beschränken, wie sie in Abschn. D 3.1 vorgestellt wurden. Deshalb werden in den folgenden Abschn. detaillierte Daten zum physischen Volumen der Logistikleistungen, zur Beschäftigung, die die Logistikmärkte generieren, und zur Verteilung der Logistiknachfrage auf die Branchen der verladenden Wirtschaft vorgestellt.

D 3.3.1 Die physischen Volumen der Transportmärkte: Tonnagen, Tonnenkilometer etc.

Zwischenbetriebliche Gütertransportleistungen sind die im Feld der Logistik am besten dokumentierten Aktivitäten. Auf der Basis der Zulassungs- und Bestandszahlen von Fahrzeugen sowie den Mengen-, Kosten- und Erlösinformationen über die Transportleistungen dieser Fahrzeuge lassen sich die Aufwendungen für Gütertransporte in der Wirtschaft relativ zuverlässig schätzen. Aus den Ermittlungen über bewegte Transporttonnagen sind dann Schätzungen über die statistisch kaum dokumentierten, dem Transport vor- und nachgelagerten logistischen Aktivitäten, wie insbesondere des Güterumschlags und der Kommissionierung und auch der Zahl logistischer Auftragsabwicklungsvorgänge (Transaktionen), ableitbar.

Die Ergebnisse der Ermittlung der in Deutschland im Jahr 2004 eingesetzten Fahrzeuge aller Verkehrsträger, der bewegten Transporttonnagen, der Tonnenkilometer-Leistungen und Umsatzwerte dieser Leistungen, sind in Tabelle D 3.3-1 dargestellt. Es ergibt sich, dass in dem betrachteten Jahr insgesamt 3,6 Mrd. Tonnen für die 82 Mio. Einwohner des Landes, also ca. 44 Tonnen Fracht pro Einwohner über eine mittlere Entfernung von 116 km zu bewegen waren. Davon entfielen 3,1 Mrd. Tonnen auf LKW-Transporte. Im Jahr 1994, also 10 Jahre früher, lag die beförderte Gesamttonnage mit 4 Mrd. Tonnen sogar höher als 2004 [Viz05, 248].

Der Umsatzwert dieser Leistungen wurde für 2004 auf € 73,6 Mrd. geschätzt, wovon € 61, 8 Mrd. auf LKW-Transporte entfallen.

D 3.3.2 Logistikbeschäftigung

Ein zweiter wichtiger Indikator für die Bedeutung und die Entwicklung der Logistik ist die Zahl der Beschäftigten, die mit der Bereitstellung von logistischen Leistungen befasst sind. Daten dazu, die mit einiger Zuverlässigkeit und in großem Detail im Bereich sozialversicherungspflichtiger Arbeitsverhältnisse bei der Nürnberger Bundesagentur für Arbeit vorliegen, wurden in Untersuchungen u. a. von [Dis05] und [Dis06] ausgewertet. Sie wurden auch als eine der Grundlagen der in Abschn. D 3.1 darstellten Logistik-Gesamtmarktschätzung benutzt.

Als wichtiges marktrelevantes Ergebnis wurde die aktuelle Zahl von 2,5 Mio. Logistikbeschäftigten in Deutschland ermittelt, wovon noch ein überproportional hoher Anteil von 1,6 Mio. in der verladenden Wirtschaft tätig ist. Aus dieser Feststellung leitet sich eine weitere Bestätigung der Annahme ab, dass sich in den kommenden Jahren das Outsourcing von logistischen Aktivitäten hin zu effizienten Logistikdienstleistern fortsetzen wird.

D 3.3.3 Logistiknachfrage in den Branchen

Eine weitere Differenzierung und marktrelevante Analyse von Logistikmärkten ist schließlich nach den Wirtschaftsbranchen möglich, die logistische Leistungen nachfragen. Je nach der Position dieser Branchen im volkswirtschaftlichen Netzwerk von Wertschöpfungsaktivitäten haben diese ganz unterschiedliche quantitative und qualitative logistische Anforderungen – etwa im Bereich der naturnahen Rohstoffproduktion, im Bereich der hochtechnologischen verarbeitenden Industrien oder der Konsumgüterversorgung der Haushalte.

Für die Zwecke der in Abschn. D 3.1 vorgestellten Marktschätzung und für Zwecke logistischer Marktanalysen wurden in den „Top 100" Studien der Nürnberger Fraunhofer ATL [Kla06] 72 statistisch erfasste Wirtschaftsbranchen ausgewertet, in und zwischen denen sich spezifische logistische Aktivitäten vollziehen. Die Umsatzsteuernachweisungen der Unternehmen, die im Statistischen Jahrbuch veröffentlicht werden, erlauben eine relativ zuverlässige wertmäßige Quantifizierung der Wirtschaftsaktivitäten dieser Branchen, von denen ausgehend, mit Hilfe von Benchmarking-Daten, die Nachfragevolumen geschätzt werden können.

Tabelle 3.3-2 zeigt in stark vergröberter Form, wie sich das Logistik-Nachfragevolumen etwa auf die großen Wirtschaftszweige Deutschlands verteilt.

D 3.4 Zu ausgewählten Teilmärkten und Segmenten der Logistikwirtschaft

In Abschn. D 3.1.3 wurden die prinzipiellen Optionen für eine Segmentierung der Logistikmärkte vorgestellt. In diesem Kapitel sind ausgewählte Merkmale und Trends der 15 Logistik-Teilmärkte ausgeführt, die aus Marktsicht von besonderem Interesse sein können.

D 3.4.1 Die Ladungstransporte und „Bulk"-Logistikmärkte

Unter dem Sammelbegriff der Ladungstransporte und Bulk-Logistikmärkte sind fünf Marktsegmente zusammengefasst. Deren gemeinsames logistisches Merkmal besteht darin, dass Transporte typischerweise nicht in netzwerkartigen Systemen, sondern in Punkt-zu-Punkt-Linienverkehren oder in gänzlich standortungebundenen

Tabelle D 3.3-1 Transportleistungen Deutschland 2004 – alle Verkehrsträger [Kla06, 48]

Transport-Leistungsart	Zahl Fahrzeuge (Tsd.)	Beförderte Tonnage in Mio. to (2002)	Beförderte Tonnage in Mio. to (2003)	Beförderte Tonnage in Mio. to (2004)	Transport-leistung in Mio. tokm (2003)	Transport-leistung in Mio. tokm (2004)	Durchschnittl. Entfernung (ca. km nur Land)	€-Wert pro Tonne	Wert absolut in Mio. € (Schätzbasis 2003)	Datenqualität
Gewerblicher Güterverkehr Straße, insbes. Nahverkehr mit leichteren LKW	109,2	1.032	1.076	1.099	40.800		38	5,36	5.765	***
Gewerblicher Güterverkehr Straße, insbes. Fernverkehr mit schweren LKW > 7,5 to Nutzlast	236,3	423	451	478	152.100		337	53,83	24.267	***
Sonstige gew. Fahrzeuge (nicht gen.pflichtig), insbes. < 3,5 to zulässiges Gesamtgewicht	85,1	21	21	35	1.446		69	141,83	2.979	**
Werkverkehr Straße, insbes. Nahverkehr mit leichteren LKW	168,8	1.132	1.092	1.066	32.800		30	5,28	5.761	***
Werkverkehr Straße, insbes. Fernverkehr mit schweren LKW > 7,5 to Nutzlast	18,7	119	110	112	30.300		275	73,53	8.095	***
Sonstige Werkverkehrs- und Dienstleistungsfahrzeuge (nichtgen. pflichtig)	1.175,0	147	147	147	5.875		40	65,80	9.664	**
Ausländische Fahrzeuge Versand (Versand und Empfang)	48,4 / 0,0	127 (255)	133 (265)	140 (279)	53.500 (107.000)	66.750 (113.500)	500 / 0	40,00 / 0,00	5.320 / 0	**
Zwischensumme Straßengüterverkehr	1.842	3.001	3.029	3.077	316.821	331.000	(gew. Mittel) 105	(gew. Mittel) 20,10	61.852	
Güterverkehr Bahn (binnen und internat. outbound) (gesamt binnen und grenzüberschr.)	169,3	236 (319)	241 (326,2)	249 (333)	36.219 (79.399)	39.932 (85.500)	200	14,19	3.532	***
Rohrleitungen	0,0	90	91	94	15.400	16.800	169	4,72	429	***
Binnenschifffahrt binnen. und intern. „outbound" (deutsche Schiffe)	2,3	105 (85)	100 (80)	103 (80)	26.500	31.850	265	7,60	760	**
Seeschifffahrt „outbound" (deutsche Schiffe)	0,4	92 (32)	96 (35)	100	n.a.		n.a.	54,16	5.200	*
Luftfracht „outbound"	n.a.	1,2	1,3	1,4	n.a.		n.a.	1.350,00	1.800	*
Summe alle Transport-Leistungsarten	2013,5	3.526	3.558	3.624	394.940	419.582	(Mittel o. S+L) 116	(gew. Mittel) 20,30	73.572	

Tramp-Verkehren direkt, d. h. ohne Bündelungs- und Zwischenumschlagsaktivitäten zwischen den Quellen und Senken abgewickelt werden. Vor- und nachgelagerte Lagerei- und Handlingsaktivitäten können typischerweise hoch mechanisiert abgewickelt werden. Wegen der – zumeist – relativ geringen Wertdichte der Materialien und Güter in diesem Marktbereich sind zeitliche Restriktionen und die Minimierung von Lagerbeständen und damit Terminierungs- und Planungsaufwände tendenziell weniger kritisch als in anderen Marktbereichen:

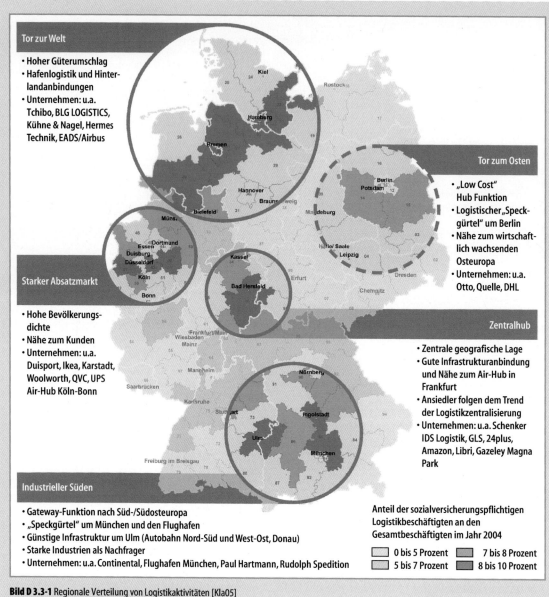

Bild D 3.3-1 Regionale Verteilung von Logistikaktivitäten [Kla05]

1. Nationale Massengutlogistik – Bulk
Dieser Logistikteilmarkt mit einem Volumen von € 10 Mrd. beinhaltet Transporte von Gütern der Grundstoffindustrien und Entsorgungswirtschaft in Mengen größer als eine LKW-/Waggonladung, insbesondere Kohle-, Mineralöl- und Chemieprodukte, landwirtschaftliche Produkte, Eisen und Stahl, Bau, Steine und Erden, die per Binnenschiff, in Pipelines, in Teil- und Ganzzügen, oder auch durch LKW-Flotten erfolgen.
Tendenziell ist dieser Markt stagnierend bzw. sogar leicht rückläufig, weil die Aktivitäten massenhafter Rohstoffproduktion und -verwendung, insbesondere im Energie-, dem Bausektor und der Landwirtschaft, im Rahmen der post-industriellen Wirtschaft insgesamt nicht wachsen. Führende Anbieter in diesem Teil-

Tabelle D 3.3-2 Verteilung der Logistiknachfrage auf die Wirtschaftsbranchen [Klau06, 73]

	Branchenumsätze in Mrd. €	Geschätzte Wertdichte €/to	Geschätzte Transport-Tonnage in Mio. To.	Log.kosten aus Tab. 7 (2003) in Mrd. €	Log.kosten pro Tonne in €/to	Nationale Massengutlogistik	Nationaler allgemeiner Ladungsverkehr	Schwertransporte, Krandienste	Nationale Tank- und Silotransporte	Nationale sonstige Ladungsverkehre mit speziellem Equipment	Nationaler allgemeiner Stückgutverkehr	Konsumgüterdistribution und Konsumgüterkontraktlogistik	Industrielle Kontraktlogistik, insb. industrielle Produktionsversorgung und Ersatzteilversorgung	Hängende Kleider-Logistik	High-Tech-Güter, Messe-und Eventlogistik, Neumöbel- und Umzugstransporte	Terminaldienste, nicht integrierte Lagerei-, Umschlags- und sonstige logistische Zusatzleistungen	KEP – Paket-, echte Kurier- und spezialisierte Expressdienste	Grenzübersch. Transport-Speditionsleistungen, Schwerpunkt Straße u. Schiene	Grenzübersch. Transport- u. Speditionsleistungen, Schwerp. Seeschifffahrt u. Seehafenspedition	Grenzübersch. Aircargo-Carrier und Leistungen der Luftfrachtspedition
Land/Forst	99,1	635	156,0	7,9	50,6	2,0	0,4	0,0	0,6	1,3	0,0	0,4	1,8	0,0	0,0	1,0	0,0	0,1	0,3	0,0
Bau	299,3	208	1.435,7	16,4	11,4	3,3	1,4	0,4	0,0	1,7	0,6	0,0	5,0	0,0	0,0	2,9	0,5	0,9	0,0	0,0
El./Kohle	196,9	1.975	99,7	1,7	17,1	1,0	0,3	0,0	0,0	0,0	0,0	0,0	0,0	0,0	0,0	0,6	0,0	0,0	0,0	0,0
Mineralöl	208,9	795	262,8	9,9	37,7	0,9	0,0	0,0	3,3	0,4	0,3	0,4	6,8	0,0	0,5	2,9	0,2	0,4	0,5	1,3
Eisen/St/Metall	429,8	1.868	230,1	22,3	96,9	0,8	2,1	0,2	0,0	1,6	1,1	1,1	2,3	0,0	0,0	2,9	0,0	1,8	2,5	0,3
Chem. Ind.	237,3	948	250,2	9,4	37,6	1,5	1,0	0,0	1,7	0,0	0,3	0,4	5,0	0,0	0,0	1,0	0,6	0,5	0,5	0,3
Holz, Glas	224,3	3.098	72,4	9,7	134,0	0,3	0,8	0,0	0,0	0,3	0,3	0,0	8,6	0,0	0,0	0,6	0,8	0,5	0,5	0,3
Auto	468,4	1.855	252,5	16,0	63,4	0,0	1,4	0,0	0,0	1,7	0,2	0,0	2,7	0,6	0,5	0,6	0,3	0,4	2,5	0,7
El.technik	284,5	2.889	98,5	5,6	56,9	0,0	0,6	0,0	0,0	0,0	0,3	0,4	0,0	0,0	1,1	0,0	0,2	0,2	0,3	0,7
Wohnen Leb	57,7	1.443	40,0	3,7	92,5	0,0	0,7	0,0	0,0	0,0	0,0	1,5	0,5	0,6	0,0	0,0	0,0	0,1	0,1	0,7
Bekleidung	88,6	2.953	30,0	3,9	130,0	0,0	0,6	0,0	0,0	0,0	0,0	1,5	4,6	0,0	0,0	2,5	0,6	0,1	0,1	1,4
Lebensm	699,8	1.657	422,4	30,1	71,3	0,0	2,7	0,0	0,0	0,7	1,2	13,5	3,2	0,0	0,0	1,0	0,2	1,8	1,5	0,7
So. Handel	132,1	1.468	90,0	8,3	92,2	0,2	0,7	0,0	0,0	0,0	0,2	1,1	1,4	0,0	0,9	0,2	2,3	0,5	0,7	0,3
DL-Wi.	999,1	16.652	60,0	5,6	93,3	0,0	1,4	0,2	0,0	0,9	0,3	0,0	3,6	0,0	0,5	0,2	0,2	0,2	0,0	0,0
öff. Sektor	750,0	15.000	50,0	7,5	150,0	0,0	0,0	0,0	0,0	0,0	0,3	0,0	0,0	0,0	1,1	3,0	3,2	1,4	0,6	0,5
Kleinbetriebe	1.000,0	5.433	184,1	10,0	54,3	0,0	0,0	0,0	0,0	0,0	0,3	0,0	0,0	0,6	1,1	19,0	9,0	1,4	0,6	6,5
Summe	6.175,8	1.653,8	3.734,4	168,0	45,0	10,0	14,0	0,8	5,5	8,5	5,5	21,5	45,5	0,6	4,5	19,0	9,0	9,0	10,1	6,5
Zw.summe			akt. → 2004 169,4			10,0	14,0	0,8	5,5	8,5	5,5	21,5	45,5	0,6	4,5	19,0	9,0	9,0	10,1	6,5

markt sind Eisenbahngesellschaften, Binnenschiffer und die LKW-Flotten der Bau- und Landwirtschaft.

2. Nationaler allgemeiner Ladungsverkehr
Mit € 14 Mrd. Marktgröße gehört dieser Teilmarkt zu den fünf größten in Deutschland. Er umfasst Rampe-zu-Rampe-Ladungstransporte von Trocken- und Stapelgütern mit LKW und Bahn im Gewichtsbereich bis zu ca. 25 t, die mit nicht spezialisierten Planen- und Kofferfahrzeugen befördert werden.
Als Folge erfolgreicher Frachten-Bündelungsbemühungen im Rahmen moderner Logistikkonzepte, z. B. der Automobilindustrie und des Konsumgüter-Einzelhandels, zeigt dieser Markt in jüngster Zeit deutliche Wachstumstendenzen, seit 2006 sogar ausgeprägte Angebotsknappheiten.
Führende Anbieter sind die Deutsche Bahn mit ihren Einzelwagenverkehren und eine Vielzahl von kleineren und mittleren LKW-Transportunternehmen – einschließlich eines wachsenden Anteils ausländischer Anbieter, die grenzüberschreitende Ladungstransporte von und nach Deutschland durchführen. Experten erwarten in diesem Markt in den kommenden Jahren eine kräftige Konzentrationswelle und ein Vordringen von Industrialisierungskonzepten durch Zusammenfassung großer Fahrzeugflotten.

3. Schwertransporte und Krandienste
Das Volumen des sehr kleinen Nischenmarktes beläuft sich auf € 0,8 Mrd. Er zeichnet sich durch mit speziellem Equipment durchgeführte Schwertransport-, Kran- und verwandte Dienstleistungen aus, die insbesondere von der Bauindustrie und der Anlagenbauwirtschaft beauftragt werden.

4. Nationale Tank- und Silotransporte
In diesem auf € 5,5 Mrd. Umsatzwert-Volumen geschätzten Marktsegment werden Ladungstransporte mit Tank- und Kessel-Equipment durchgeführt. Die Güter sind gasförmig, flüssig oder staubförmig, wie insbesondere Mineralöl- und Chemieprodukte, Zement, Getreide. Durch die transportierten Bahn-affinen Güter spielt die Deutsche Bahn auch hier eine führende Rolle. Es haben sich weiterhin große private Anbieter, wie die Unternehmen Hoyer, Rinnen oder Bertschi, etabliert.

5. Nationaler sonstiger Ladungsverkehr mit speziellem Equipment
Eine Anzahl weiterer spezialisierter Ladungsverkehrssegmente sind Automobiltransporte, Flachglastransporte, Tiertransporte, Kühltransporte und Volumentransporte mit Jumbofahrzeugen. In der Summe wird das Gesamtvolumen dieser Teilsegmente auf ca. € 8,5 Mrd. geschätzt.

D 3.4.2 Logistikmärkte für Stückgut und sonstige handlingsbedürftige Güter

Unter den Logistikmärkten für Stückgut und sonstige handlingsbedürftige Güter werden sieben Teilmärkte zusammengefasst:

1. „Nationaler allgemeiner Stückgutverkehr"
Ein wichtiges Element der logistischen Infrastruktur wirtschaftlich hoch entwickelter Länder ist der netzwerkartig organisierte Stückgutverkehr, dessen Umsatzvolumen auf € 5,5 Mrd. geschätzt wird. Es werden Transporte von individuell etikettierten Trocken- und Stapelgütern der Industrie- und Konsumgüterwirtschaft innerhalb Deutschlands in durchgängig organisierten Prozessen und Systemen durchgeführt. Der Sendungs-Gewichtsbereich reicht von ca. 31 kg bis zu ca. 2.500 kg. Die Erfolgsschlüssel in diesem Markt sind heute eine lückenlose Flächenabdeckung Deutschlands oder ganz Europas, definierte (zumeist 24-Stunden) Transportzeiten sowie die Fähigkeit zum elektronischen Tracking und Tracing der Aufträge. Das Angebot hat sich auf derzeit ca. 10 solcher Netzwerke weitgehend reduziert. Marktführer sind die Unternehmen Dachser, Schenker, DHL sowie die Kooperationsverbünde IDS, System Alliance und Cargoline.

2. Kontraktlogistik: Konsumgüterdistribution und -kontraktlogistik
Große Teile der Logistiknachfrage sind nicht in den standardisierten Systemen des Stückgut- und Ladungsverkehren abzuwickeln, weil sie hohen Kunden- und Branchenspezifischen Anforderungen genügen müssen und weil es notwendig ist, dass die logistischen Funktionen der Lagerung, des Umschlags, der Steuerung und evtl. zusätzlicher Leistungen in hoch integrierten Systemen erfolgen.
Solche Aufgaben werden deshalb zu hohen Anteilen noch „insourced" durch die verladende Wirtschaft erledigt, oder – mit wachsender Tendenz – in kunden- und branchenspezifischen Kontraktlogistik-Dienstleistungspaketen abgewickelt.
Im Marktsegment „Konsumgüterdistribution und -kontraktlogistik" sind solche Leistungspakete für die konsumnahe Wirtschaft – insbesondere die Konsumgüterhersteller- und Markenartikelindustrien, sowie den zugehörigen Groß- und Einzelhandel – zusammengefasst.
Das Umsatzwertvolumen dieses Segments wird auf € 21,5 Mrd. geschätzt. Neben den (überwiegend) eigenen Systemen der großen Handelsketten, wie Aldi, Rewe oder Edeka, sind in diesem Bereich ausgegliederte Konzernlogistik-Tochtergesellschaften, wie MGL

(Metro-Gruppe), arvato logistics services (Tochter der Bertelsmann AG) und Hermes (Otto) sowie unabhängige Dienstleister, wie Nagel und Dachser, führend.

3. Kontraktlogistik: „Industrielle Produktionsversorgung, -entsorgung, Ersatzteildistribution und sonstige Business-to-Business-Kontraktlogistik."
Ein noch größerer Teilmarkt mit € 45,5 Mrd. Volumen kann als „industrielle Kontraktlogistik" bezeichnet werden. Er schließt Logistiksysteme ein, die die Versorgung und Verkettung industrieller Produktion mit bereitzustellenden Materialien und Komponenten sichern, wo Materialbeschaffungs- und Dispositionsvorgänge gemanagt sowie Produktionsentsorgung und Ersatzteilversorgungen erledigt werden. Dies wird insbesondere in Materialwirtschafts- und Gebietsspeditionssystemen der Automobilwirtschaft, des Maschinenbaus, der Elektrotechnik und anderen Montageindustrien, aufgebaut oder in geschlossenen Ersatzteilversorgungssystemen organisiert. Wichtige Dienstleister in diesem Bereich sind Unternehmen, wie Fiege, Schenker, Rhenus, Wincanton, DHL-Exel. Wegen des fortschreitenden Outsourcing-Trends und der Globalisierung wird dieser Markt als ganz besonders wachstumsträchtig für Logistikdienstleister eingeschätzt.

4. „Hängende Kleider-Logistik"
Der relativ kleine, derzeit stagnierende Markt für spezialisierte Logistik für hängende Kleider auf Bügeln in den Versorgungsketten von Herstellern, Importeuren und dem Bekleidungs-Einzelhandel summiert sich auf insgesamt € 0,6 Mrd. Er wird von wenigen Unternehmen wie Meyer & Meyer, MGL und Thiel versorgt.

5. „High-Tech-Güter, Messe- und Eventlogistik, Neumöbel- und Umzugstransporte"
Der sehr heterogene Teilmarkt für den Transport empfindlicher und hochwertiger Komponenten und Objekte, die besonders hohe spezielle Anforderungen bei Be- und Entladung, Transport, Aufstellung und Bereitstellung weiterer Zusatzservices stellen, hat eine geschätzte Größe von € 4,5 Mrd. In diesem Teilmarkt dominieren neben der UPS-Beteiligung Unidata, Umzugs- und Möbeltransport-Kooperationen, wie UTS, Confern und DMS.

6. „Terminaldienste, nicht integrierte Lagerei-, Umschlags- und sonstige logistische Zusatzleistungen"
In diesem auf € 19 Mrd. geschätzten Segment sind sonstige Lagerhausleistungen, Kommissionierleistungen und weitere Value-Added-Dienstleistungen der Logistik zusammengefasst, soweit diese nicht Bestandteil von Kontraktlogistikpaketen oder zwingend mit den Transportsystemen verbunden sind. Darunter fallen auch die Lager- und Umschlagsterminals der Binnen- und Seehäfen, Flughäfen, Tankläger, Großläger für landwirtschaftliche Rohstoffe, Systeme für Umlauf-Verpackungsmittel (MTV-Systeme). Große Akteure in Deutschland sind die Hafenbetreiber HHLA in Hamburg und die BLG in Bremen.

7. „KEP – Paket-, echte Kurier- und spezialisierte Expressdienste"
Die Transporte innerhalb Deutschlands im Gewichtsbereich unterhalb von ca. 31 kg, sofern sie nicht dem nationalen allgemeinen Stückgutverkehr zugeordnet sind, werden diesem Teilmarkt mit einer Größe von € 9 Mrd. zugeordnet. Er ist durch einen hohen Konzentrationsgrad gekennzeichnet. Im nationalen Paketverkehr wird seit einiger Zeit eine deutliche Abflachung des Wachstums festgestellt. Die weltweite Expressfracht wächst stark in Folge der Globalisierungsentwicklungen. Führende Anbieter sind die internationalen Integrators DHL, DPD, UPS und Hermes.

D 3.4.3 Die Märkte der grenzüberschreitende Transporte

Schließlich sind die traditionelleren Märkte für internationale und weltweite Transporte zu betrachten:

1. „Grenzüberschreitende Transport- und Speditionsleistungen, Schwerpunkt Landtransporte über Straßen und Schienen"
Hierunter werden die grenzüberschreitenden Transporte, insbesondere auf dem Landweg und innerhalb Europas, gezählt. Das Volumen dieses Teilmarktes summiert sich auf € 9 Mrd. mit weiterhin wachsender Tendenz durch die Integration der europäischen Wirtschaft. Es sind in diesem Segment alle von Deutschland ausgehenden grenzüberschreitenden Transporte mit LKW, Bahn, Binnenschiff und damit verbundene Bündelungs- und Organisationsleistungen der internationalen Spedition erfasst. Eine weitere Trennung in Massengut-, Ladungs- und Stückgutverkehre, wie in den Marktbereichen der nationalen deutschen Logistik, ist in diesem Segment nicht erfolgt. Starke Positionen haben internationale Logistikkonzerne wie DHL, Schenker, Dachser und Kühne & Nagel.

2. „Grenzüberschreitende Transport- und Speditionsleistungen, Schwerpunkt Seeschifffahrt und Seehafenspedition"
Die weltweiten „outbound"-Transporte und Speditionsleistungen auf Wasserwegen, einschließlich der Container- und Bulkschifffahrt, sonstiger Reederei- und internationaler Seehafenspeditionsleistungen entsprechen einer Marktgröße von € 10,1 Mrd. Vor den Reedereien Hapag-Lloyd und Senator Lines führt das

Seefrachtspeditionsunternehmen Kühne & Nagel die Unternehmensrangliste an.

3. „Grenzüberschreitende Aircargo-Carrier- und Leistungen der Luftfrachtspedition"
Weitaus kleiner als die beiden anderen Märkte für grenzüberschreitende Transporte ist mit € 6,5 Mrd. ist der Markt der weltweiten „outbound" Transporte und Speditionsleistungen mit Schwerpunkt Luftverkehr, einschließlich der Aircargo-Carrier-, Luftfracht-Agenten- und Luftfrachtspeditionsleistungen. Ähnlich wie im Seefrachtmarkt setzen Speditionsunternehmen, wie Kühne & Nagel und Schenker mehr um als die eigentlichen Betreiber wie Lufthansa Cargo.

Besonders auf den internationalen Strecken ist ein Wachstum beim Umsatz aber auch bei der Tonnage zu identifizieren. Während die nationalen Verkehre durch die Kompensation der bisher eher fallenden Preise und die leicht steigenden Güterleistungen nach Tonnenkilometern die Umsatzentwicklung stagnieren ließ, kann auf den internationalen Relationen ein deutliches Wachstum erkannt werden.

D 3.5 Marktführer – Die Top-Logistikdienstleister in Deutschland, Europa und weltweit

Die aktuelle Verteilung des Logistik-Marktvolumens für Dienstleister (2004 etwa € 79 Mrd. wie oben in Abschn. D 3.1 gezeigt) auf die Anbieter logistischer Leistungen zeigt, dass die 100 größten Unternehmen mit rund € 43 Mrd. (in 2004) knapp 55% des Marktvolumens an gewerblichen Dienstleistungen und rund 25% am gesamten Marktvolumen inkl. Werkverkehrleistungen einnehmen. Umsatzstärkster Logistikdienstleister in Deutschland nach dem Stand von 2004/5 ist der Deutsche Bahn AG Konzern mit einem nationalen Umsatz in Höhe von € 5,6 Mrd., gefolgt von der Deutschen Post World Net mit rund € 4,6 Mrd. und Kühne & Nagel mit € 2,0 Mrd. Zu den nationalen Umsatzmilliardären zählen weitere vier Wettbewerber, nämlich Dachser, Volkswagen Transport, DPD und UPS.

Hinsichtlich der Bewertung einer derartigen Rangliste, wie in Tabelle D 3.5-1 gezeigt, ist zu beachten, dass die Umsätze allein kein gültiger Maßstab der Unternehmensgröße sind. In der Logistik-Dienstleistungsbranche sind Unternehmen mit extrem niedriger eigener Wertschöpfung zu finden, die über hohe Umsätze berichten, aber nur über relativ geringe Mitarbeiterzahlen und Sachressourcen verfügen (z. B. in der klassischen internationalen Spedition und in der auf Managementleistungen basierenden Kontraktlogistik).

Schließlich sorgt die hohe Dynamik der Logistikmärkte dafür, wie im Abschn. D 3.2 ausgeführt, dass sich Marktpositionen und Konzentrationsaktivitäten beständig verändern. So hat 2005 die Deutsche Post/DHL Gruppe den weltweit marktführenden Kontraktlogistikdienstleister Exel übernommen, um im Wettlauf um die weltweiten Marktführungspositionen zu den amerikanischen Unternehmen UPS und FEDEX aufzuschließen (vgl. für eine

Tabelle D 3.5-1 Die TOP 10 Logistikunternehmen in Deutschland 2004 [Kla06, 217]

Rangplatz	Unternehmen	Umsatz 2004 in Mio. €	Mitarbeiter (D)
1	Deutsche Bahn	5.567	55.000
2	Deutsche Post	4.600	34.486
	DHL Express (Deutsche Post)	3.875	n.a.
	Railion (Deutsche Bahn)	2.681	23.037
	Schenker (Deutsche Bahn)	2.311	9.786
3	Kühne + Nagel	1.977	4.900
4	Dachser	1.538	7.550
5	Volkswagen Transport	1.100	1.519
6	DPD	1.066	12.500
7	UPS	1.000	15.000
8	Rhenus	982	5.800
9	Panalpina	970	1.454
10	Fiege	900	11.100
	Zwischensumme TOP 10 (ohne Kooperationen/Teilkonzernumsätze)	**19.700**	**149.309**

Tabelle D 3.5-2 Die TOP 10 Logistikunternehmen weltweit 2004 [Kla06, 227]

Rangplatz	Unternehmen	Land	Logistikumsatz 2004 (in Mrd. €)	Konzernumsatz 2004 (in Mrd. €)
1	United Parcel Service (KEP, Kontraktlogistik)	USA	30,5	30,5
2	Deutsche Post World Net (diversifiziert)	Deutschland	24,6	43,2
3	FedEx (KEP, Kontraktlogistik)	USA	20,5	38,5
4	Maersk A/S (Seefracht)	Dänemark	18,0	22,3
5	Chinesische Eisenbahn	China	13,0	20,0
6	RZB (Eisenbahn)	Russland	12,4	14,7
7	Nippon Express (Spedition, diversifiziert)	Japan	12,0	12,0
8	Deutsche Bahn (inkl. Schenker) (Eisenbahn, Spedition, diversifiziert)	Deutschland	11,6	24,0
9	NYK Line (Seefracht)	Japan	11,2	11,6
10	Union Pacific (Eisenbahn)	USA	10,2	10,2
	Summe Top 10		163,9	226,9

weltweite Umsatzrangliste Tabelle D 3.5-2). Die Deutsche Bahn kaufte das amerikanische Unternehmen BAX. Kühne & Nagel hat große Akquisitionen in der internationalen Kontraktlogistik gemacht und begonnen, ein eigenes europäisches Landverkehrs-Transportnetz aufzubauen.

Nicht zuletzt vollziehen sich im Bereich der mittelständischen Unternehmen Fusionen sowie neue Markterschließungs- und Kooperationsaktivitäten.

D 3.6 Vom Markt zur Vermarktung logistischer Dienstleistungen

Die Märkte für logistische Dienstleistungen sind komplex und nicht leicht zu erfassen. Das haben die Ausführungen der vorangegangenen Kapitel gezeigt. Dabei darf die Analyse von Märkten kein Selbstzweck bleiben. Sie ist Voraussetzung für die Erfüllung einer der wichtigsten unternehmerischen Aufgaben, nämlich der erfolgreichen „Vermarktung" der angebotenen Leistungen: potenzielle Kunden und Kundenbedürfnisse identifizieren oder wecken, so dass Übereinstimmung zwischen diesen und dem Leistungsangebot möglich wird, seine Einzigartigkeit oder Überlegenheit zu Wettbewerbsangeboten kommunizieren, die Kunden zum Kauf oder Kontraktabschluss stimulieren und sie schließlich in einer dauerhaften Beziehung binden und diese pflegen.

Die Vermarktung logistischer Dienstleistungen stellt einige besondere, sich vom Marketing industrieller Güter unterscheidende Anforderungen. Diese werden im Folgenden kurz dargestellt.

D 3.6.1 Die Spezifika logistischer Dienstleistungen aus dienstleistungstheoretischer Sicht

Die Produkte der Logistik sind Dienstleistungen – sog. „Services". Sie teilen die Merkmale und Besonderheiten anderer Dienstleistungen, wie die:
- *Immaterialität* bzw. Intangibilität;
- *Nicht-Lagerbarkeit* bzw. Simultanität von Leistungserstellung und (Leistungs-) Inanspruchnahme;
- Notwendigkeit der engen Zusammenarbeit („*Koproduktion*") mit dem Kunden, um ein effiziente, erfolgreiche Leistung zu bewirken;

- *Nicht-Beherrschbarkeit des „Objektes"*, also der Güter und Frachten, die der Dienstleister zu „handeln" hat, weil diese im Eigentum des Auftraggebers bzw. Verladers, nicht des Dienstleisters, stehen;
- Notwendigkeit der *Vorhaltung von Leistungsbereitschaft* für Bedarfsfälle, die für den Dienstleister nicht vollständig planbar sind.

Aus diesen Merkmalen ergibt sich, welche besonderen, erhöhten Anforderungen an ein erfolgreiches Logistik-Dienstleistungsmarketing gestellt werden und wie sich dieses für die verschiedenen Arten logistischer Dienstleistungen unterscheiden muss, um die es in den in Abschn. D 3.4 vorgestellten Segmenten und Teilmärkten geht.

D 3.6.2 Ein weites Spektrum unterschiedlicher Vermarktungsbedingungen in der Logistikwirtschaft

Aus der Perspektive des Marketings stellen die besonders *hoch industrialisierbaren Teilmärkte* des Transports von standardisierten Gütern in teil-mechanisierten, kontinuierlich für eine sehr große Zahl von Verladern aus der Wirtschaft arbeitenden, *eng vernetzten Massen-Produktionssystemen,* wie im Stückgut- und insbesondere im KEP-Segment, einen Extremfall von besonderem Interesse dar. Für diese Geschäfte sind viele der bekannten „Best Practices" des professionellen industriellen Marketings, wie Markenbildung oder Marktkommunikation über Massenmedien anwendbar.

Ein anderer Extremfall ist der *freie Tramp-Ladungsverkehrsmarkt,* der in den bisher üblichen Angebotsformen *wenig industrialisiert und eher handwerklich* bedient wird. Das primäre Produktionsmittel Lkw (im Extremfall in der Form des nicht ortsgebundenen, vagabundierenden „Truckers") ist relativ wenig systemgebunden. Die klein- und mittelbetrieblichen Anbieter suchen Kunden von Auftrag zu Auftrag – heute häufiger über anonyme Ladungsbörsen – und erfüllen deren Auftragsanforderungen bestmöglich. Produktstandardisierung, Markenbildung und Economies of Scale sind nur in sehr begrenztem Maße möglich.

Ein dritter Extremfall ist der *Markt für dedizierte Kontraktlogistikdienstleistungen,* in dem eine logistische Verbundleistung für einen Kunden oder eine Kundengruppe individuell entwickelt wird, wobei der Transport nicht im Vordergrund steht.

D 3.6.3 Prinzipielle Aufgaben, Strategien und Stellhebel des Logistik-Dienstleistungsmarketings

„Domänenwahl" und „Domänennavigation"

Aus der Diskussion der Historie, der Umfeldbedingungen und der Beschreibung der Spezifika einiger ausgewählter Transportmarkt-Segmente ergibt sich das Bild einer „Landschaft" höchst unterschiedlicher Wachstums-, Wettbewerbs- und Ertragschancen. Bedingungen für Überleben und Erfolg sind, nach den fundamentalen Veränderungen, die durch die Deregulierung verursacht wurden, noch nicht stabil. In einigen Bereichen, wie dem Stückgutverkehr und tendenziell auch dem KEP-Geschäft, können selbst hervorragend geführte, schlank organisierte Unternehmen wegen der hohen Wettbewerbsintensität kaum Gewinne erwirtschaften.

In dieser Situation ist die strategische Marketingaufgabe der Domänenwahl – der Suche nach Marktfeldern und die Entwicklung von Kunden-Problemlösungen, die prinzipiell Ertrags- und Wachstumschancen überhaupt zulassen und der Beurteilung der Passigkeit der Ressourcen und Kompetenzen eines Unternehmens zu den spezifischen Anforderungen einer in Aussicht genommenen Domäne – von höchster Bedeutung.

Angesichts der Turbulenz der Umfeld- und Wettbewerbsbedingungen in der Transportwirtschaft muss die Domänenwahl-Frage kontinuierlich für alle bestehenden und in Aussicht genommenen Geschäfte überprüft werden.

Innerhalb einer gewählten Domäne ist dann der Kurs zu bestimmen, auf dem das Unternehmen den Wettbewerb konfrontieren – oder umschiffen – möchte: Domänennavigation bzw. die Entscheidung „How to compete": Mit welcher prinzipiellen Strategie möchte das Transportunternehmen sich eine gewisse Alleinstellung bei seinen Kunden sichern? Auf welche spezifischen Ressourcen und Kompetenzen will es sich stützen? Welche innerbetrieblichen Aufgaben der Ressourcen- und Kompetenzebeschaffung und -entwicklung ergeben sich daraus?

Die Disziplinen der Operational Excellence, Customer Intimacy und Innovation im Transport als Grundlagen von Alleinstellung und Überlegenheit

Für die prinzipielle Beantwortung dieser Fragen nach dem erfolgversprechenden Kurs in einem gegebenen Wettbewerbsumfeld haben Porter (1980) und Wiersema und Tracy (1995) generelle Antworten vorgezeichnet, die auch für die Transportwirtschaft Gültigkeit haben. In Wiersemas anschaulicher Formulierung sind die prinzipiell erfolgversprechenden Disziplinen, auf die das Management seine Anstrengungen fokussieren kann, Operational Excellence, Customer Intimacy und Product Leadership bzw. Innovation.

- Die Bemühung um *Operational Excellence*, wie sie erfolgreich die kosten- und qualitätsorientierten hoch industrialisierten Transport-Massenmarkt-Anbieter, wie die großen Paketdienste und Stückgutorganisationen demonstrieren, entspricht etwa der Strategie der Cost Leadership.
- *Customer Intimacy* ist die Strategie, die – ohne die Begriffe zu nutzen – viele mittelständische, lokal und regional verwurzelte Speditionsunternehmen schon in der Vergangenheit verfolgt haben: Mit dem Kunden leben, seine Anforderung in höchst spezifischer und personalisierter Weise erfüllen und dadurch ein Maß an Unentbehrlichkeit und Nicht-Austauschbarkeit herbeiführen, das vor dem Wettbewerb schützt. Customer Intimacy entspricht etwa Porters generischer Strategie der „Differentiation". Die neuen Geschäfte der Kontraktlogistik und der Entwicklung dedizierter Systeme des Transports für einzelne Kunden oder eng definierte Kundengruppen kann als eine moderne Variante der Customer Intimacy Strategy im Transport gesehen werden.
- *Innovation bzw. Product Leadership* ist eine Strategievariante, die sich eher in den industriellen Märkten der „High Tech"-Industrien anbietet. Immer häufiger gelingt es internationalen Transport- und Logistikdienstleistungsunternehmen, durch kontinuierliche Service-Produktinnovationen auf der Basis hoher Investitionen in die Produktentwicklung – heute oft unter Nutzung der Möglichkeiten neuer Informations- und Kommunikationstechnologien, und der Bündelung der Logistikleistungen z. B. mit Finanzdienstleistungen – Alleinstellungspositionen in ihren Märkten zu erreichen bzw. neue Märkte zu erschließen.

D 3.6.4 Die Politiken des operativen Logistikmarketings: Produkt, Preis, Kommunikation, Distribution

Im „Alltag" des operativen Logistikmarketing ist schließlich über die Politiken der Produktausgestaltung, der Preisbildung, der Kommunikation bzw. Promotion und der Wahl der Distributionskanäle zu entscheiden. In vielen Punkten sind diese Entscheidungen und die zur Vorbereitung nötigen Aktivitäten nicht spezifisch für die Transportwirtschaft. Einige wenige Besonderheiten sollen aber hervorgehoben werden.

Produktpolitik

Eine prinzipielle Unterscheidung, die eng mit der Wahl der Strategie – Operational Excellence oder Customer Intimacy – verknüpft ist, hat mit der Definition des Transportproduktes zu tun:

Wenn das Produkt ein quasi-industrielles, quasi-sachliches Produkt sein soll, wie es z. B. die Paket- und System-Stückgutdienste für ihre Standard-Serviceangebote versuchen, dann wird dieses durch prägnante Merkmale und Symbole (z. B. einen Produktnamen, eine Merkmalsbeschreibung, wie der Slogan „absolutely, positively overnight", ein standardisiertes Barcode-Label, standardisierte Maß- und Gewichtsanforderungen, einheitliche Formulare etc.) sichtbar und greifbar gemacht. Die Versachlichung und Quasi-Materialisierung des immateriellen Dienstleistungsproduktes kann schließlich durch konsequente Hervorhebung von Qualitätsmerkmalen, die z. B. auf den für die Kunden sichtbaren Fahrzeugen oder den Uniformen der Mitarbeiter angebracht sind, unterstützt werden.

Wenn das Produkt im Rahmen einer Customer Intimacy Strategy die „Fähigkeit und Bereitschaft zum Dienst", die „ständige Zugänglichkeit" des Dienstleisters für nicht generell definierte Aufgaben sein soll, dann wird die Person, die diesen Service repräsentiert, zum Produkt. Die Stellhebel der Produktausgestaltung sind dann die Ausbildung, die Verhaltensschulung, das Aussehen und die Ausstattung dieser Person mit Hilfsmitteln.

Preispolitik

In den systemorientierten Segmenten der Transportmärkte, wie insbesondere den vorgestellten KEP- und Stückgutmärkten, herrschen Kostenstrukturen, die durch hohe Fixkosten für das Depot- und Liniennetz und die vorzuhaltende Kommunikationstechnik, durch relativ geringe Grenzkosten für den zusätzlichen Auftrag bzw. den zusätzlichen Kunden gekennzeichnet sind. Im Standard-Paketgeschäft kann davon ausgegangen werden, dass 80% und mehr der Systemkosten fix sind. Daraus ergibt sich, dass der wirtschaftliche Erfolg solcher Unternehmen in extrem hohem Maße von der durchschnittlich erzielten Systemauslastung bestimmt wird. Für die Preispolitik in diesen Märkten bedeutet dies, dass eine ausgeprägte Dynamik der grenzkostenorientierten Preisentwicklung besteht:

Bemühungen um Gewinnung von Zusatzgeschäften werden fast immer durch defensive Preiszugeständnisse der „Besitzer" dieser Geschäfte konterkariert, da die Deckungsbeitragsverluste aus verlorenen Geschäften sehr hoch sind, selbst wenn die betreffenden Geschäfte nicht mehr Vollkosten deckend sind. Die Preispolitik der erfolgreichen Unternehmen ist deshalb sehr vorsichtig und muss die Spielzüge des Wettbewerbs antizipieren. Das preispolitische Instrumentarium des Yield-Managements kann einen prinzipiellen Beitrag zur Steigerung der Erlöse leisten. Bei unvorsichtigem Gebrauch kann es aber auch ruinöse Preisverfälle auslösen, wie sie periodisch z. B. in den Luftverkehrsmärkten, aber auch z. B. in den Ladungs- und Stückgutmärkten zu beobachten sind.

Kommunikations- und Distributionspolitik

Die Anwendungsmöglichkeiten der Kommunikations- und Distributionspolitik in den Transportmärkten sind wiederum stark davon geprägt, ob diese in einem flächigen Massenmarkt, wie KEP und Stückgut, oder in den von „One-to-One"-Beziehungen geprägten Märkten, wie Kontraktlogistik und Teilen des Ladungsverkehrs, einzusetzen sind. Auf die Massenmärkte der Transportwirtschaft sind die Erfahrungen aus den industriellen Massenmärkten (insbesondere der Markenartikelindustrie) für die Kommunikation weitgehend übertragbar. Markenbildung und Werbung durch breit streuende Medien, Nutzung mehrfacher Vertriebskanäle (insbesondere durch eigene Außendienstmitarbeiter, aber auch von „Mittlern" wie klassische Spediteure und Kontraktlogistikdienstleister für den Vertrieb elementaren Transportleistungen) sind in diesem Fall üblich. In den von „One-to-One" Beziehungen geprägten Märkten spielen hingegen die Beziehungen auf oberer Managementebene und die Weiterempfehlung durch glaubwürdige Dritte eine entscheidende Rolle, vergleichbar der Situation bei der Vermarktung von Dienstleistungen der Freiberufler, der Berater oder auch der Spezialisten der Investitionsgüter- und Engineering-Industrie.

Die Märkte für logistische Leistungen sind zu turbulenten Arenen des Wettbewerbs, zu dynamischen Feldern der Innovation und Investition geworden. Diese Entwicklungen werden sich noch Jahre fortsetzen und für die Beobachter und Analysten viele Überraschungen bergen!

Literatur

[Bau02] Baumgarten, H.; Thoms, J.: Trends und Strategien in der Logistik – Supply Chains im Wandel. Berlin: TU Berlin 2002

[Bow03] Bowersox, D.J.; Calantone, J.R.; Rodriguez, A.M.: Estimation of Global Logistics Expenditures using Neural Networks. Journal of Business Logistics 24 (2003) 2, 21–36

[Bun06] Bundesministerium für Verkehr, Bau- und Wohnungswesen (Hrsg.): Verkehr in Zahlen 2005/2006. Hamburg: Deutscher Verkehrs-Verlag 2006

[Chr98] Christopher, M.: Logistics and Supply Chain Management. Strategies for Reducing Cost and Improving. 2. Aufl. London: Prentice Hall 1998

[Cor00] Corsten, D.; Jones, D.: ECR in the Third Millenium. Academic Perspectives on the Future of the Consumer Good Industry. Brussels: ECR Europe 2000

[Dav05] Davis, H.W.: Aktuelle Fortschreibung der Davis Database, Präsentation anlässlich der Jahreskonferenz des Council of Supply Chain Management Professionals (CSCMP). San Diego 2005

[Dis05] Distel, S.: Vermessung der Logistik in Deutschland. Edition Logistik, Bd. 7. Hamburg: Deutscher Verkehrsverlag 2005

[Dis06] Distel, S.; Kille, C.; Nehm, A.; Pilz-Utech, K.: Stand und Entwicklung der Logistik in Deutschland mit Schwerpunkt auf die Logistikbeschäftigung ausgewählter Marktsegmente. Forschungsbericht im Auftrag des Bundesministeriums für Verkehr, Bau und Stadtentwicklung 2006

[Fin99] Fine, C.: Clockspeed. Winning Industry Control in the Age of Temporary Advantage. New York: Perseus Books 1999

[Hou91] Houlihan, J.B.: International Supply Chains: A New Approach. Intern. Journal of Physical Distribution and Materials Management 15 (1991) 1, 22–28

[Ihd91] Ihde, G.B.: Transport, Verkehr, Logistik. München: Vahlen 1991

[Kla02] Klaus, P.: Die dritte Bedeutung der Logistik. Hamburg: Deutscher Verkehrsverlag 2002

[Kla05] Klaus, P.; Schmidt, N.; Kille, C.; Hofmann, A.; Nehm, A.; Hoppe, F.: Logistikstandort Deutschland: Eine Studie zu Potenzialen aktiver Vermarktung des Logistikstandorts Deutschland im europäischen und globalen Standortwettbewerb. Studie für Invest-in-Germany 2005

[Kla06] Klaus, P.; Kille, C.: Die Top 100 der Logistik-Dienstleistung – Deutschland und Europa. Hamburg: Deutscher Verkehrsverlag 2006

[Mea72] Meadows, D.: The Limit to Growth. New York: Universe Books 1972

[Ohn88] Ohno, T.: Toyota Production System. Beyond Large-Scale Production. Cambridge/Mass.: Productivity Press 1988

[Pra90] Prahalad, C.K.; Hamel, G.: The Core Competence of the Corporation. Harvard Business Review 68 (1990) 3, 79–91

[Por80] Porter, M.E.: Competitive Strategy. New York: Free Press 1980

[Por85] Porter, M.E.: Competitive Advantage. New York: Free Press 1980

[Sta88] Stalk, G.: Time – The Next Source of Competitive Advantage. Harvard Business Review 66 (1988) 4, 41–51

[Str05] Straube, F.; Pfohl, H.C.; Günthner, W.A.; Dangelmaier, W.: Trends und Strategien in der Logistik. Bundesvereinigung Logistik (BVL) e.V. (Hrsg.), Bremen 2005

[War97] Warnecke, H.J.: Die fraktale Fabrik. Revolution der Unternehmenskultur. Hamburg 1997

[Wil06] Wilson, R.: 17th Annual State of Logistics Report. Council of Supply Chain Management Professionals. Washington DC 2006

[Wie95] Wiersema, M.; Tracy, F.: The Discipline of Market Leaders: Choose your Customers, Narrow your Focus, Dominate Your Market. New York: Perseus Books 1995

Koordination und Organisation der logistischen Leistungserstellung D4

D 4.1 Gestaltung der Logistiktiefe

D 4.1.1 Einleitung und Begriffsabgrenzung

Die *Logistiktiefe* eines Unternehmens zeigt an, in welchem Maße ein Unternehmen logistische Transformationen selbst durchführt oder von anderen Unternehmen (Lieferanten, Kunden, Logistikdienstleister) durchführen lässt [Ise98, 403].

Die Bestimmung einer Referenzgröße ermöglicht eine Messung der Logistiktiefe. Werden als Referenzgrößen alle Logistikleistungen definiert, die in sämtlichen Logistikketten eines Unternehmens erbracht werden, so geben Art und Quantität der logistischen Eigenleistungen Auskunft über die Logistiktiefe. Eine Logistikkette entsteht durch eine vertikale Verknüpfung elementarer logistischer Leistungsprozesse, mit dem Ziel, den logistischen Anfangszustand eines Logistikgutes in den intendierten logistischen Endzustand zu transformieren [Ise99, 73]. Horizontale Verkettungen zwischen Unternehmen werden in diesem Beitrag nicht analysiert (vgl. hierzu Abschn. D 4.5).

Eng verwandt mit dem Begriff der Logistiktiefe sind die Begriffe vertikale Integration, Outsourcing sowie Make-or-Buy [Geb06, 24–25]. Zustandsorientiert wird der *Grad der vertikalen Integration* logistischer Leistungen synonym zum Begriff *Logistiktiefe* eingesetzt. Vorgangsorientiert charakterisiert der Begriff vertikale Integration (vertikale Desintegration) darüber hinaus eine Erhöhung (Verringerung) der Logistiktiefe zwischen zwei Zeitpunkten. Im Rahmen einer Vorwärtsintegration werden nachgelagerte, bisher an andere Unternehmen übertragene logistische Transformationen selbst durchgeführt. Eine Rückwärtsintegration bezieht sich auf vorgelagerte logistische Transformationen [Ise98, 403; Mik98, 30]. Im Begriff *Out*sourcing werden die Begriffe *Out*side, *Res*ource und *Us*ing zusammengeführt. Logistik-Outsourcing charakterisiert – ebenso wie der Begriff der vertikalen logistischen Desintegration – die Übertragung bisher im Unternehmen erbrachter logistischer Leistungen auf andere Unternehmen [Mik98, 32; Rei99, 420–421].

Die Fremdvergabe logistischer Leistungen an Drittunternehmen, beispielsweise Lagerhalter, Frachtführer oder Spediteure, ist bereits im Handelsgesetzbuch vorgesehen, dessen Erstauflage im Jahr 1897 erschienen ist. Über Jahrzehnte hatten Make-or-Buy-Entscheidungen primär operativen Charakter. Auf Grund veränderter rechtlicher und technologischer Rahmenbedingungen auf Märkten für logistische Leistungen, insbesondere seit den 90er Jahren, sind zunehmend strategische Entscheidungen über die Eigenerstellung und den Fremdbezug logistischer Leistungen zu fällen: Unternehmen hinterfragen die aktuelle Ausprägung der Arbeitsteilung in Logistikketten. Der strategische Charakter der Make-or-Buy-Entscheidungen äußert sich in den Begriffen Logistiktiefe und Outsourcing.

Die Logistiktiefe ist ein Ergebnis der *strategischen Entscheidungen* (vgl. hierzu im Einzelnen Abschn. D 2.1) über das *Make-or-Buy* der elementaren logistischen Leistungsprozesse der Logistikkette(n) eines Unternehmens [Mik98, 24]. Die Beantwortung der Frage, ob zu der gegebenen Logistiktiefe eines Unternehmens alternative Logistiktiefen mit einer höheren Gesamtattraktivität existieren, setzt voraus, dass die zur Bewertung der Gesamtattraktivität herangezogenen Entscheidungskriterien bekannt sind.

D 4.1.2 Entscheidungskriterien

Aus der Vielzahl der Entscheidungskriterien, die ein Unternehmen zur Bewertung der Logistiktiefe zugrunde legen kann, werden in den Abschnitten D 4.1.2.1 bis D 4.1.2.4 einige wichtige vorgestellt (eine Übersicht über weitere Entscheidungskriterien liefert beispielsweise [Mik98, 36–48]). Welche Bedeutung den einzelnen Kriterien im Rahmen des Entscheidungsprozesses beigemessen wird, hängt u. a. von der strategischen Ausrichtung des Unternehmens ab. Verfolgt das Unternehmen beispielsweise die Strategie der Kostenführerschaft, so stehen kostenbezogene

Kriterien bei der Gestaltung der Logistiktiefe im Vordergrund. Demgegenüber erfordert eine Differenzierungsstrategie eine segmentspezifische Differenzierung des Logistikservice von dem der Wettbewerber [Ise98, 408].

D 4.1.2.1 Kostenbezogene Kriterien

Durch die Gestaltung der Logistiktiefe werden die Kosten der logistischen Leistungserstellung sowie ihre Aufteilung in *Produktionskosten* der eigenen logistischen Leistungserstellung und *Beschaffungskosten* der von Wertschöpfungspartnern bezogenen Logistikleistungen determiniert [Ise98, 407]. Im Rahmen einer Analyse der Kosten der logistischen Leistungserstellung in Abhängigkeit von der Logistiktiefe ist zu prüfen, ob und in welchem Umfang sich durch die Einbindung von Wertschöpfungspartnern in die Logistikkette langfristig Kosteneinsparungen erzielen lassen. Bei klassischen Make-or-Buy-Kostenvergleichen wird der strategische, kostenstrukturverändernde Charakter von Fremdbezugsentscheidungen i. d. R. nicht berücksichtigt [Rei99, 419]. „Too often companies look at outsourcing as just a means to lower short term direct costs. Through strategic outsourcing, however, companies can also lower their long-term capital commitments significantly" [Qui99, 49]. Einige wichtige Aspekte eines Kostenvergleichs werden im Folgenden dargestellt.

Im Mittelpunkt der klassischen Make-or-Buy-Entscheidungen stand die Frage, ob eine bestimmte Logistikleistung zum Ausgleich kurzfristiger Beschäftigungsschwankungen eigen erstellt oder fremd bezogen werden soll. „Als zentrales Entscheidungskriterium hierfür gilt seit langem die Preisobergrenze", die den Wert angibt, den ein Unternehmen maximal für den Fremdbezug der Logistikleistung zu zahlen bereit ist. Bestimmt wird sie durch die (zusätzlichen) Kosten der Eigenerstellung, die mit dem Preis des potenziellen Wertschöpfungspartners verglichen werden [Rei99, 424; Geb06, 79–82]. Die Kosten der Eigenerstellung der logistischen Leistungen werden durch die Beschäftigungssituation und die Möglichkeit, die Kapazitäten an wechselnde Beschäftigungssituationen anzupassen, beeinflusst (ausführliche Erläuterungen finden sich in [Rei99, 424–427]). Im Einzelnen ist bei einer kostenorientierten Gestaltung der Logistiktiefe zu prüfen, in welchem Umfang sich durch die Fremdvergabe der logistischen Leistungserstellung Kosteneinsparungen erzielen lassen, beispielsweise

– auf Grund von Branchenarbitrage (z. B. Lohnkostenunterschiede in den Branchen, vgl. hier zu ausführliche Erläuterungen in [Bre98, 398]),
– durch eine Verlagerung von Auslastungsrisiken auf den Wertschöpfungspartner [Bre98, 395–396] sowie
– durch eine Partizipation am Rationalisierungspotenzial des Wertschöpfungspartners in Form von Volumen-, Lern- und Spezialisierungseffekten [Bre98, 393–397; Mik98, S. 70–71].

Im Fall der Eigenerstellung wird in der Vorkombination die logistische Leistungsbereitschaft im Sinne einer sach- und formalzielgerechten Vorbereitung der zum Einsatz gelangenden internen Produktionsfaktoren aufgebaut. Interne Produktionsfaktoren sind Elementarfaktoren (Ge- und Verbrauchsfaktoren sowie objektbezogene menschliche Arbeitsleistung), Zusatzfaktoren, Informationen sowie der dispositive Faktor. „Der dispositive Faktor gestaltet sowohl die Kapazität als generelles logistisches Leistungspotenzial im Sinne eines generellen Leistungspotenzials als auch im Rahmen der Vorkombination die logistische Leistungsbereitschaft als situativ verfügbares Leistungspotenzial" [Ise99, 72].

Die quantitative und qualitative Dimensionierung des generellen und situativ verfügbaren Leistungspotenzials determiniert die Kosten der logistischen Leistungserstellung. Die Kosten des generellen Leistungspotenzials sind insbesondere bei der strategischen Entscheidung über die Gestaltung der Logistiktiefe ein zentrales Kriterium. Die Beurteilung alternativer Logistiktiefen wird durch die Einsparungspotenziale, die bei einem Abbau des eigenen generellen Leistungspotenzials realisiert werden können, beeinflusst. Aus diesem Grund sollte der Kostenvergleich zwischen den alternativen Logistiktiefen berücksichtigen, welche Kosten des generellen Leistungspotenzials im Planungszeitraum bei Fremdbezug tatsächlich beeinflussbar sind und in welchem Umfang Kosten des generellen Leistungspotenzials trotz Fremdbezugsentscheidung weiterhin anfallen [Rei99, 428].

Der Abbau des generellen Leistungspotenzials kann zumeist nicht kontinuierlich an die Beschäftigung angepasst werden, da unterschiedliche Bindungsfristen (z. B. Kündigungsfristen) zu berücksichtigen sind. Ein Abbau des generellen Leistungspotenzials wird damit erst mit zeitlicher Verzögerung wirksam. Darüber hinaus sind im Zusammenhang mit dem Abbau des generellen Leistungspotenzials Stilllegungskosten, beispielsweise bei der Schließung eines Lagerstandortes, als kostenbezogenes Entscheidungskriterium bei der Gestaltung der Logistiktiefe zu berücksichtigen [Rei99, 430–432]. Des Weiteren sind bei der Entscheidung über den Auf- bzw. Abbau des generellen logistischen Leistungspotenzials Opportunitätskosten – soweit diese antizipierbar sind – einzubeziehen [Bre98, 397–398]).

Bislang wurden hier ausschließlich die durch die Gestaltung der Logistiktiefe induzierten Produktions- und Beschaffungskosten analysiert. Darüber hinaus sind bei strategischen Make-or-Buy-Entscheidungen *Transaktionskosten* – die bei der Bestimmung, Übertragung und Durchsetzung von Eigentums- und Verfügungsrechten und -pflichten entstehenden Kosten [Com31, 657; Ric03, 53–57] – entscheidungsrelevant, soweit diese zum Zeitpunkt der Entscheidung antizipierbar sind und noch keine „sunk costs" darstellen.

Obwohl Williamson betont, dass der Transaktionskostenansatz als Erklärungs- und nicht als Gestaltungsansatz zu verstehen ist [Wil96, 136–140], beziehen Arbeiten zu strategischen Make-or-Buy-Entscheidungen zunehmend Transaktionskosten als Entscheidungskriterium ein [Ise98]. Eine Ermittlung der mit der Koordination in alternativen Logistiktiefen verbundenen Transaktionskosten setzt voraus, dass empirisches Datenmaterial vorhanden ist, aus dem die Transaktionskostenverläufe in Abhängigkeit von den Transaktionskostendeterminanten (insbesondere Spezifität, Unsicherheit und Häufigkeit) ermittelt werden können.

Eine ausführliche Analyse der Transaktionskosten bei hierarchischer Koordination (Eigenerstellung logistischer Leistungen) und marktlicher Koordination (Fremdbezug logistischer Leistungen) erfolgt in Abschn. D 4.3. Die Bedeutung der Logistiktiefe für die Koordination der logistischen Leistungserstellung wird in Abschn. D 4.1.3 nochmals aufgegriffen und analysiert. Im Folgenden werden weitere wichtige Entscheidungskriterien dargestellt, die bei der Gestaltung der Logistiktiefe zu berücksichtigen sind.

D 4.1.2.2 Servicebezogene Kriterien

Die servicebezogenen Kriterien spezifizieren Anforderungen an die Qualität der eigenerstellten bzw. fremdbezogenen Logistikleistung. Unter einer logistischen Qualitätsforderung wird die Angabe von Merkmalen und zulässigen Merkmalsausprägungen verstanden, die im Rahmen der logistischen Leistungserstellung zu realisieren sind [Hou01]. Zu den Merkmalen einer logistischen Qualitätsforderung gehören insbesondere [Ise98, 406–407; Mik98, 88–89; Hou01]

– zeitliche Merkmale (z. B. mit der Merkmalsausprägung „24-h-Service"),
– räumliche Merkmale (z. B. mit der Merkmalsausprägung „deutschland-, europa-, weltweite Anlieferung"),
– Flexibilitätsmerkmale im Sinne der Fähigkeit, auf veränderte Anforderungen an die Logistikleistung schnell zu reagieren (z. B. auf Mengen- und Zeitänderungen),
– Zuverlässigkeitsmerkmale hinsichtlich der Einhaltung vereinbarter Leistungsanforderungen (z. B. mit der Merkmalsausprägung „Einhaltung der Zeitvereinbarung mit einer Zuverlässigkeit von 99,5%") sowie
– Merkmale der physischen Verfügbarkeit (z. B. Anlieferung mit einem geeigneten Anlieferfahrzeug im Hinblick auf vorhandene Entladekapazitäten).

Bei der Bewertung alternativer Logistiktiefen ist die Frage zu beantworten, ob das Sachziel der logistischen Leistungserstellung – die Sicherung der logistischen Qualitätsforderung – erfüllt wird. Im Zentrum strategischer Entscheidungen über die Gestaltung der Logistiktiefe steht die Prozessfähigkeit, die Houtman als „die Eignung geplanter, alternativer Logistikketten bezüglich der Einhaltung logistischer Qualitätsforderungen der Kunden" definiert [Hou01]. Die generierten prozessfähigen Logistikketten sind unter Formalzielen, beispielsweise unter Kostenzielen, zu bewerten.

Ein enger Zusammenhang zwischen kosten- und servicebezogenen Kriterien lässt sich am Beispiel von Qualitätskosten darstellen. „Logistische Qualitätskosten sind sämtliche störungsbedingten Zusatzkosten, die durch präventive Maßnahmen in der Logistikkette zur Erreichung der logistischen Qualitätsforderung entstehen, und/oder Zusatzkosten der nachträglichen Erfüllung verfehlter Qualitätsmerkmale, die ursächlich auf den Prozess der durchgeführten logistischen Leistungserstellung zurückzuführen sind" ([Hou01] oder [Beu06]). In strategische Make-or-Buy-Entscheidungen sind insbesondere antizipierbare strategische Fehlerfolgekosten einzubeziehen. Strategische Fehlerfolgekosten sind das Resultat einer im Sinne der logistischen Qualitätsforderung inakzeptablen Leistungserstellung. Sie umfassen beispielsweise entgangene zukünftige Deckungsbeiträge als Folge einer unerfüllten logistischen Qualitätsforderung und dem damit verbundenen kundenseitigen Abbruch der Geschäftsbeziehung.

D 4.1.2.3 Integrationsbezogene Kriterien

In Abschn. D 4.1.2.1 und D 4.1.2.2 wurden kosten- und servicebezogene Kriterien strategischer Make-or-Buy-Entscheidungen insbesondere im Hinblick auf die einzelnen elementaren logistischen Leistungsprozesse einer Logistikkette analysiert. Die integrationsbezogenen Kriterien setzen an der vertikalen Verkettung der Prozesse einer Logistikkette an. Bei der Gestaltung der Logistiktiefe ist zu berücksichtigen, dass die Bindungsintensität zwischen zwei aufeinanderfolgenden logistischen Prozessen unterschiedlich ausgeprägt sein kann. Eine hohe Bindungsintensität zwischen den logistischen Leistungsprozessen erschwert eine Kombination zwischen Eigenerstellung und Fremdbezug der miteinander verketteten Prozesse oder schließt sie sogar aus [Ise98, 407]. So lässt sich die Entstehung der Fourth Party Logistics („the assembly, integration and operation of a comprehensive supply chain solution" [Moo99, 216]) mit einer auf Grund veränderter logistischer Qualitätsforderungen gestiegenen Bindungsintensität zwischen den Prozessen einer Logistikkette erklären. „We are moving from a supply chain measured by cost to one measured on speed" [Moo99, 215]. Zeitverluste bei einer unternehmensübergreifenden logistischen Leistungserstellung können zunehmend nicht mehr akzeptiert werden.

Die Bindungsintensität zwischen Prozessen einer Logistikkette wird u. a. durch den Grad der Standardisierung determiniert. Eine zunehmende Standardisierung kann sowohl auf informatorischer als auch auf physischer Ebene die Bindungsintensität zwischen logistischen Prozessen beeinflussen [Ise98, 408]. Der Einsatz von Informations- und Kommunikationsstandards wie EDI, XML und RFID-Standards führt ebenso wie eine Standardisierung von Behältern zu einer geringeren Bindungsintensität zwischen den logistischen Prozessen. In diesem Zusammenhang ist der Einsatz von Informations- und Kommunikationsstandards nicht mit dem Einsatz von Informations- und Kommunikationstechnologien zu verwechseln. Während eine Standardisierung tendenziell zu einer Verringerung der Bindungsintensität führt, kann durch den Einsatz neuer Informations- und Kommunikationstechnologien die Bindungsintensität sowohl reduziert als auch erhöht werden. Ausführliche Erläuterungen zum Einsatz von Informations- und Kommunikationsstandards lassen sich z. B. [Bux04, 1–58] entnehmen. Bei der Umsetzung eines E-Commerce vergeben Industrie- und Handelsunternehmen beispielsweise zunehmend die gesamte logistische Leistungserstellung an einen einzigen Logistikdienstleister, der über die geforderten Kompetenzen der informations- und kommunikationstechnischen Umsetzung des E-Commerce verfügt.

Die Bindungsintensität zwischen elementaren logistischen Leistungsprozessen determiniert im Fall einer Kombination aus Eigenerstellung und Fremdbezug sowohl Service als auch Kosten der logistischen Leistungserstellung: Bei einer unternehmensübergreifenden logistischen Leistungserstellung wird mit steigender Bindungsintensität das Serviceniveau durch Zeit-, Flexibilitäts- und/oder Zuverlässigkeitsverluste tendenziell abnehmen. Des Weiteren ist bei einem Anstieg der Bindungsintensität auf Grund des höheren Abstimmungsaufwandes tendenziell mit höheren Transaktionskosten zu rechnen. Die in den vorangegangenen Abschnitten analysierten Kosten- und Servicekriterien richten sich somit sowohl auf die einzelnen elementaren logistischen Leistungsprozesse als auch auf die Verknüpfung der Prozesse und damit auf die gesamte Logistikkette.

D 4.1.2.4 Marktorientierte Kriterien

Durch marktorientierte Kriterien wird die Wirkung alternativer Logistiktiefen auf die erschließbaren Marktpotenziale erfasst. Bezogen auf die Absatzmärkte, sind die durch eine Veränderung der Logistiktiefe induzierten Veränderungen der Deckungsbeiträge entscheidungsrelevant. Beispielsweise kann erst die Fremdvergabe einer bisher ausschließlich in Deutschland selbst erstellten Auslieferung der Fertigprodukte an einen europa- oder weltweit agierenden Logistikdienstleister dazu führen, dass ein zusätzliches Marktpotenzial in europäischen oder weltweiten Ländern geschaffen und erschlossen wird [Ise98, 408]. Darüber hinaus können sich durch eine Veränderung der Logistiktiefe genutzte Marktpotenziale auf den Beschaffungsmärkten in Form von Einsparungen bei den Beschaffungskosten verändern. Eine Veränderung der Logistiktiefe kann des Weiteren dazu führen, dass bestehende Marktpotenziale aufgegeben werden. Zu berücksichtigen sind in diesem Zusammenhang unter anderem die bereits dargestellten strategischen Fehlerfolgekosten als Resultat einer im Sinne der logistischen Qualitätsforderung inakzeptablen Leistungserstellung.

Eine Veränderung der Logistiktiefe sollte sich im Sinne der Marktorientierung an den Kernkompetenzen des Unternehmens sowie der potenziellen Wettbewerber und Wertschöpfungspartner orientieren: „A powerful strategic starting point is to build a selected set of core intellectual competencies – important to customers – in such depth that the company can stay on the leading edge of its fields, provide unique value to customers, and be flexible to meet the changing demands of the market and competition" [Qui99, 35; Mik98, 67].

Im Rahmen der Gestaltung der Logistiktiefe wird empfohlen, diejenigen logistischen Leistungsprozesse, die Kernkompetenzen des Unternehmens darstellen, eigen zu erstellen. Die Bestimmung der Kernkompetenzen sollte sich im Vergleich mit den Wettbewerbern am Erfüllungsgrad logistischer Qualitätsforderungen, an den Kosten der logistischen Leistungserstellung sowie am Marktpotenzial orientieren (eine ausführliche Charakterisierung von Kernkompetenzen erfolgt z. B. in [Hel97, 36–37; Qui99, 38–40]; eine kritische Würdigung der Orientierung an Kernkompetenzen findet sich in [Mik98, 68–70]).

In diesem Zusammenhang ist hervorzuheben, dass sich die Konzentration auf Kernkompetenzen nicht ausschließlich an den elementaren logistischen Leistungsprozessen orientieren darf. Vielmehr sollten integrationsbezogene

Kriterien einbezogen werden, um die Wettbewerbsfähigkeit ganzer Logistikketten sicherstellen zu können. „Wettbewerbsvorteile lassen sich ebenfalls durch die vertikale Verknüpfung der Wertketten eines Wertsystems aufbauen" [Hel97, 39].

D 4.1.3 Gestaltung der Koordination in Logistikketten

Es besteht ein enger Zusammenhang zwischen der Gestaltung der Logistiktiefe und der Gestaltung der Koordination der logistischen Leistungserstellung. Koordination umfasst die zielgerichtete Abstimmung mehrerer Aktionen oder Entscheidungen verschiedener Akteure [Mal94, 90]). Koordination erfolgt sowohl unternehmensintern (vgl. hierzu Abschn. D 4.2) als auch unternehmensübergreifend (vgl. hierzu insbesondere Abschn. D 4.3 bis D 4.5). Bei der Gestaltung der Logistiktiefe sind sowohl Kosten als auch Anreizwirkungen der unternehmensinternen und -übergreifenden Koordination zu berücksichtigen. Die Entscheidungsrelevanz von Transaktionskosten ist in Abschn. D 4.1.2.1 bereits dargestellt worden.

Eine weitere institutionenökonomische Theorie – die Principal-Agent-Theorie – eignet sich in besonderem Maße, um alternative Logistiktiefen zu bewerten und auf Basis dieser Bewertung Handlungsempfehlungen zu generieren. Mit alternativen Logistiktiefen sind unterschiedliche Koordinationsformen zwischen den an der logistischen Leistungserstellung beteiligten Akteuren verbunden. Die Principal-Agent-Theorie widmet sich der sach- und formalzielgerechten Gestaltung der Koordination zwischen den Akteuren einer Logistikkette. Es wird angenommen, dass diese Akteure

- bestrebt sind, ihren Nutzen (z. B. ihren Gewinn) zu maximieren,
- begrenzt rational handeln,
- opportunistisch handeln und
- auf Anreize reagieren [Com31, 654; Ric03, 3–6]).

In einer Logistikkette bestehen zwischen den unterschiedlichen Akteuren Kunden-Lieferanten-Beziehungen und/oder Auftraggeber-Auftragnehmer-Beziehungen, die als *Principal-Agent-Beziehungen* charakterisiert werden können: „We will say that an agency relationship has arisen between two or more parties, when one, designated as the agent, acts for, on behalf of, or as a representative for the other, designated the principal, in a particular domain of decision problems" [Ros73, 134]. Ein und derselbe Akteur kann im einen Fall Agent und im anderen Prinzipal sein: Ein Spediteur erstellt beispielsweise im Auftrag eines Industrie- oder Handelsunternehmens als Agent logistische Leistungen, während er als Prinzipal ein Fuhrunternehmen mit der Erstellung von Transportleistungen beauftragen kann. Ein Prinzipal wird Aufgaben dann an einen Agenten delegieren, wenn er davon ausgeht, dass der Agent über einen höheren Informationsstand verfügt, die relevanten Informationen kostengünstiger beschaffen kann und/oder eine bessere Qualifikation zur Erstellung logistischer Leistungen besitzt [Böl02, 167–186]). In Principal-Agent-Beziehungen hat ein Prinzipal die Möglichkeit, die Informationen bzw. Qualifikationen und damit Kernkompetenzen des Agenten zu nutzen, ohne sie selbst zu besitzen. Dies impliziert, dass das Verhalten und die Entscheidung des Agenten im Hinblick auf die logistische Leistungserstellung nicht nur das Nutzenniveau des Agenten, beispielsweise des Logistikdienstleisters, sondern auch das des Prinzipals, beispielsweise des Industrieunternehmens, beeinflusst.

Principal-Agent-Probleme in einer Logistikkette sind auf Informationsasymmetrie und opportunistisches Verhalten des Agenten bei unterschiedlichen Zielen der Akteure zurückzuführen [Ros73, 134–135]. Aus diesem Grund geht es bei der Gestaltung der Logistiktiefe nicht nur um die Entscheidung über Eigenerstellung und Fremdbezug logistischer Leistungen. Vielmehr werden auch durch die Gestaltung der Koordinationsbeziehungen zwischen den Akteuren sowohl Kosten und Qualität als auch das erschließbare Marktpotenzial beeinflusst.

Im Folgenden werden einige Maßnahmen erläutert, die Principal-Agent-Probleme in Logistikketten reduzieren können. Dabei wird zwischen den Principal-Agent-Problemen „Adverse Selection" sowie „Moral Hazard" unterschieden (auf das Problem des „Hold up" wird im Folgenden nicht eingegangen).

- Das Problem der *Adverse Selection* adressiert die Gefahr, auf Grund mangelnder Informationen (Hidden Information), ungeeignete Wertschöpfungspartner mit der logistischen Leistungserstellung zu beauftragen [Ric03, 239–263]. Dieses vorvertragliche Principal-Agent-Problem kann beispielsweise durch die Maßnahmen Signalling und Screening verringert werden:
  • Führt die Gefahr der Adverse Selection zu einer Situation, in der der potenzielle Agent befürchten muss, dass der Prinzipal die logistische Leistungsbeziehung nicht oder nur zu schlechten Konditionen eingehen wird, so wird der Agent durch *Signalling* tätig. Er sendet dem Prinzipal Informationen (beispielsweise über das ihm zur Verfügung stehende generelle und situative Leistungspotenzial), durch die die Informationsasymmetrie verringert wird. Der Agent erhofft sich, dass die Principal-Agent-Beziehung in der Folge vom Prinzipal eingegangen wird, und/oder dass der Prin-

zipal ihm auf Grund der verminderten Gefahr der Adverse Selection attraktivere Anreize bietet.
- Im Gegensatz zum Signalling geht die Initiative zum *Screening* nicht vom Agenten aus, sondern vom Prinzipal, der dadurch der Gefahr der Adverse Selection zu begegnen versucht. Bezüglich der potenziellen unternehmensinternen oder unternehmensexternen logistischen Akteure informiert sich der Prinzipal insbesondere über die Kosten der logistischen Leistungserstellung und über die Möglichkeiten des Agenten, logistische Qualitätsforderungen zu erfüllen sowie neue Marktpotenziale zu erschließen (zur Identifikation und Bewertung potenzieller logistischer Akteure vgl. z. B. [Hel97, 39–41]).
- Das Problem des *Moral Hazard* entsteht, nachdem ein Akteur mit der logistischen Leistungserstellung beauftragt wurde. Der Prinzipal kann die logistische Leistungserstellung nicht - bzw. nur zu unvertretbar hohen Kosten - vollständig beobachten. Die Logistiktiefe ist zu diesem Zeitpunkt zwar bereits gestaltet worden; es gilt aber bereits bei der strategischen Entscheidung über die Eigenerstellung bzw. den Fremdbezug logistischer Leistungen mögliche Probleme des Moral Hazard zu antizipieren und durch implizite und/oder explizite Leistungsvereinbarungen, beispielsweise bezüglich Erfolgs- und Risikobeteiligung sowie Kontrollen in Verbindung mit Sanktionen, zu reduzieren [Ric03, 224–239; Böl06, 257–261]:
  - Durch eine vertragliche *Erfolgsbeteiligung bzw. Risikobeteiligung* des Agenten kommt es zu einer Annäherung der Interessen des Agenten an die des Prinzipals, so dass die Gefahr des Moral Hazard trotz der unverändert bestehenden Informationsasymmetrie sinkt. Eine Erfolgs- bzw. Risikoteilung kann sich dabei an unterschiedlichen Beurteilungskriterien orientieren. Objektive Beurteilungskriterien sind beispielsweise Gewinn- und Umsatzgrößen, während eine subjektive Beurteilung eines Logistikdienstleisters beispielsweise durch Kundenbefragungen hinsichtlich der Erfüllung logistischer Qualitätsforderungen erfolgt.
  - Eine weitere Maßnahme des Prinzipals besteht darin, den Logistikdienstleister durch Stichproben zu *kontrollieren* und im Fall von vertragswidrigem Verhalten des Agenten Sanktionen vorzusehen.

Reputationsmechanismen werden sowohl zur Reduzierung des Problems „Adverse Selection" (im Rahmen des Signalling und/oder des Screening) als auch zur Verringerung des Moral-Hazard-Problems (im Rahmen der Selbstbindung) eingesetzt [Mil92, 261]). *Reputation* verschafft sich ein Anbieter logistischer Leistungen durch sein bisheriges Verhalten. Der Prinzipal hat die Möglichkeit, mittels der bestehenden Reputation zusammen mit seinen Erwartungen über das Erfolgspotenzial des Agenten die Glaubwürdigkeit des Agenten zu beurteilen.

Die genannten Maßnahmen führen bei Eigenerstellung und Fremdbezug logistischer Leistungen zu unterschiedlichen Kosten und Anreizen. So ist eine unternehmensinterne Kontrolle in Verbindung mit Sanktionen tendenziell mit geringeren Kosten verbunden als die Kontrolle eines externen Logistikdienstleisters: Während Vertragsverletzungen unternehmensintern i. d. R. durch Anordnungen beseitigt werden können, müssen Vertragsverletzungen externer Logistikdienstleister häufig vor Gericht entschieden werden. Reputationsmechanismen entfalten ihre Anreizwirkung insbesondere bei unternehmensübergreifender Zusammenarbeit. Die zukünftige Auftragslage des Logistikdienstleisters wird durch seine Reputation beeinflusst. Des Weiteren besitzen externe Logistikdienstleister im Gegensatz zu unternehmensinternen logistischen Akteuren das Eigentum an den materiellen und immateriellen Vermögensgegenständen, die sie zur Erstellung der logistischen Leistungen benötigen. Im Fall einer zukünftigen Geschäftsaufgabe steigt der Veräußerungswert eines Unternehmens tendenziell mit der Reputation.

Damit wurde dargestellt, dass sich Anreizmechanismen und Kosten der Koordination im Fall der Eigenerstellung und des Fremdbezugs logistischer Leistungen unterscheiden. Aus diesem Grund ist bereits bei der Beurteilung alternativer Logistiktiefen für jede Alternative die Koordination zwischen Akteuren einer Logistikkette im Hinblick auf die Sach- und Formalziele zu analysieren.

Literatur

[Beu06] Beuth Verlag: Dokumentensammlung zur DIN ISO 9000 ff zum Qualitätsmanagement. Berlin: Beuth 2006

[Böl02] Bölsche, D.; Becker, C.: Contracts and eContracting. In: Geihs, H.; König, W.; Westarp, F. (Hrsg.): Networks. Heidelberg: Physica 2002

[Böl06] Bölsche, D.: Gestaltung von Anreizsystemen in der Logistik. In: Pfohl, H.-C.; Wimmer, T. (Hrsg.): Wissenschaft und Praxis im Dialog. Hamburg: Deutscher Verkehrs-Verlag 2006

[Bre98] Bretzke, W.-R.: Make or buy von Logistikdienstleistungen: Erfolgskriterien für eine Fremdvergabe logistischer Dienstleistungen. In: Isermann, H. (Hrsg.): Logistik: Gestaltung von Logistiksystemen. 2. Aufl. Landsberg: Moderne Industrie 1998

[Bux04] Buxmann, P.; König, W.: Inter-organizational Cooperation with SAP Solutions. Berlin/Heidelberg/New York: Springer 2004

[Com31] Commons J.R.: Institutional economics. Amer. Econ. Rev. 21 (1931) 4, 648–657

[Geb06] Gebhardt, A.: Entscheidung zum Outsourcing von Logistikleistungen. Wiesbaden: DUV 2006

[Hel97] Helm, R.: Neue Wettbewerbsvorteile durch Outsourcing. IoManagement (1997) 9, 36–41

[Hou01] Houtman, J.: Regelungsbasiertes Qualitätsmanagement. Z. f. Betriebswirtsch. 71. Jg. (2001), 8, 915–929

[Ise98] Isermann, H.; Lieske D.: Gestaltung der Logistiktiefe unter Berücksichtigung transaktionskostentheoretischer Gesichtspunkte. In: Isermann, H. (Hrsg.): Logistik: Gestaltung von Logistiksystemen. 2. Aufl. Landsberg: Verlag Moderne Industrie 1998

[Ise99] Isermann, H.: Produktionstheoretische Fundierung logistischer Prozesse. Z. f. Betriebswirtsch. Ergänzungsheft 4 (1999) 67–87

[Mal94] Malone, T.W.; Crowston, K.: The interdisciplinary study of coordination. ACM Computing Surveys 26 (1994) 1, 87–119

[Mik98] Mikus, B.: Make-or-buy-Entscheidungen in der Produktion. Wiesbaden: Dt. Univ.-Verl. 1998

[Mil92] Milgrom, P.R.; Roberts, J.: Economics, organization, and management. Engelwood Cliffs, N.J. (USA): Prentice Hall 1992

[Moo99] Moore, J.W.: Fourth party logistics: A new supply chain model emerges. In: Council of Logistics Management (Hrsg.): Annual Conference Proc. Toronto (Canada), Oct. 1999

[Qui99] Quinn, J.B.: Core competency with outsourcing strategies in innovative companies. In: Hahn, D.; Kaufmann, L. (Hrsg.): Handbuch Industrielles Beschaffungsmanagement. Wiesbaden: Gabler 1999

[Rei99] Reichmann, T.; Palloks, M.: Make-or-buy-Kalkulationen im modernen Beschaffungsmanagement. In: Hahn, D.; Kaufmann, L. (Hrsg.): Handbuch Industrielles Beschaffungsmanagement. Wiesbaden: Gabler 1999

[Ric03] Richter, R.; Furubotn, E.G.: Neue Institutionenökonomik. 3. Aufl. Tübingen: Mohr 2003

[Ros73] Ross, S.A.: The economic theory of agency. Amer. Econ. Rev. 63 (1973) 134–139

[Wil96] Williamson, O.E.: Economics and organization. Calif. Management Rev. 38 (1996) 2, 131–146

D 4.2 Strategische Positionierung von Logistik-Dienstleistern

D 4.2.1 Strategische Herausforderungen an Logistik-Dienstleister

Veränderungen der politisch-legislativen Rahmenbedingungen sowie endogene wie exogene Entwicklungstendenzen bewirken tiefgreifende Umwälzungen im Markt für Logistikleistungen. Unternehmen aus Industrie und Handel zeigen schon seit Jahren eine zunehmende Bereitschaft zur umfassenden Auslagerung logistischer Aktivitäten an Logistikunternehmen. Dabei ist neben der rein quantitativen Entwicklung vor allem auch eine qualitative Veränderung der Leistungsinhalte erkennbar. So kommen neben der Verlagerung von elementaren physischen Logistikleistungen wie Transport oder Lagerung zunehmend auch informatorische Leistungen, administrative Steuerungsaufgaben, Beratungsleistungen oder umfassende logistische Leistungspakete mit diversen Zusatzleistungen für die Fremdvergabe in Betracht [Rüm02, 1ff.].

Zudem führen Globalisierungseffekte zu Marktausweitungen, Standortveränderungen und zunehmender internationaler Arbeitsteilung, was sich in internationalen Wertschöpfungsketten niederschlägt. Angesichts der hieraus resultierenden Komplexität logistischer Systeme kommt den Logistikunternehmen zunehmend die Rolle von Intermediären zu, die die Reduzierung der kundenseitigen Komplexität übernehmen, indem sie unterschiedliche logistische Leistungen und Wertschöpfungspartner koordinieren. In diesem Zusammenhang sind die Auswirkungen des Supply Chain Management Konzeptes, welches auf eine zunehmende Integration ganzer Wertschöpfungssysteme abzielt, von durchschlagender Bedeutung.

Beinhalten die Entwicklungstendenzen im Markt einerseits vielfältige Chancen für die Anbieter logistischer Leistungen, so bringen sie andererseits gravierende Herausforderungen mit sich. Aufgrund der Vielfalt und Komplexität der logistischen Leistungserwartungen seitens der Nachfrager ergibt sich für die Logistikunternehmen die Notwendigkeit das Spektrum ihres eigenen Leistungsangebotes zu definieren und insofern ihre strategische Positionierung festzulegen. Diese Herausforderung geht über den oft zitierten Wandel „vom Spediteur zum Logistikdienstleister" weit hinaus. Vielmehr müssen erhebliche quantitative und qualitative Umstrukturierungen bewältigt werden, so dass vor dem Hintergrund der Entwicklungstrends der Logistikmärkte (Nachfrager, Wettbewerber, politische, geographische, technologische Entwicklungen, ...) einerseits sowie der unternehmensinternen Gegebenheiten (Ressourcen, Kompetenzen, Finanzkraft, Mitarbeiter, ...) andererseits eine dauerhafte Wettbewerbsfähigkeit gewährleistet ist. Eine gezielte (Neu-) Orientierung des Leistungsspektrums und der strategischen Positionierung wie auch eine entsprechende (Neu-) Ausrichtung der internen Strukturen und Systeme sind hierfür unabdingbare Voraussetzung.

D 4.2.2 Dimensionen der strategischen Positionierung von Logistikunternehmen

Die Frage der strategischen Positionierung von Logistikunternehmen betrifft in erster Linie die Abgrenzung des den Kunden gegenüber anzubietenden logistischen Leistungsspektrums. Angesichts der Vielfalt und Komplexität der Kundennachfragen gilt es hierzu bewusste und begründete Entscheidungen zu treffen, die die marktbezogenen Unternehmens- und Wettbewerbsstrategien auf Dauer festlegen. Sie haben im Spannungsfeld zwischen den Chancen und Risiken der logistischen Marktentwicklungen auf der einen Seite und den unternehmensinternen Stärken und Schwächen auf der anderen Seite zu erfolgen. Konsequenterweise ergeben sich aus diesen markt- und leistungsbezogenen Entscheidungen auch unmittelbare Folgerungen für die unternehmensinternen Strukturen und Systeme, da diese untrennbar miteinander verbunden sind. Im Mittelpunkt der folgenden Überlegungen sollen allerdings Ansatzpunkte für die marktbezogene Positionierung von Logistikunternehmen stehen. Sie haben sich an der Mehrdimensionalität des Angebotes von Logistikleistungen als Primärleistungen zu orientieren.

Die strategische Positionierung von Logistikunternehmen betrifft vor allem das Spektrum des Leistungsangebotes im Markt. Es geht u. a. um die Festlegung der Breite und Tiefe des Leistungsspektrums, die Abdeckung von allgemeinen und spezifischen logistischen Leistungen, des Branchenbezuges und der geographischen Abdeckung, der „logistischen Wertschöpfungstiefe", d. h. der Eigenerstellung bzw. des Fremdbezuges dieser Leistungen, der Standardisierung bzw. Flexibilität des Leistungsangebotes, der Übernahme von Steuerungsfunktionen für die Logistikprozesse von Kunden, sowie um die Frage der Eigenständigkeit bzw. Einbindung in kooperative Arrangements.

Den Ausgangspunkt für diese Entscheidungen bilden die logistischen Kernleistungen. Neben Transport, Umschlag, Lagerung (TUL-Prozesse) werden hierzu üblicherweise auch die Prozesse des Kommissionierens, Palettierens, Verpackens sowie die hiermit unmittelbar zusammenhängenden Informationsprozesse (Auftragsabwicklung) gezählt. Neben diesen Kernleistungen bieten Logistikunternehmen häufig weitere, idealer Weise komplementäre Leistungen an, oftmals in Form komplexer, nicht selten auch kundenindividueller Leistungspakete, die sich von Vor- bzw. Endmontagen über diverse Verkaufsförderungsmaßnahmen bis hin zu Informations-, Finanz- oder auch Beratungsdienstleistungen erstrecken können. Da „reine" TUL-Leistungen zunehmend den Charakter leicht substituierbarer Standardleistungen (Commodities) aufweisen, die einem starken Margendruck unterworfen sind, ist ihre Einbindung in ein Bündel möglichst kundenindividueller und Wert steigernder Zusatzleistungen (value added services) für Kunden wie Anbieter gleichermaßen attraktiv.

Mit Blick auf die notwendige Abgrenzung des Leistungsspektrums als Grundlage der strategischen Positionierung eines Logistikunternehmens finden sich in der Literatur zahlreiche Systematisierungsversuche („Segmentierungsansätze"), die der Mehrdimensionalität dieser Fragestellung in unterschiedlicher Weise Rechnung zu tragen versuchen. Eine Auswertung dieser Arbeiten lässt etwa die folgenden Dimensionen erkennen [Eng99, 47; Rüm02, 56]:
– Leistungsumfang bzw. logistische Funktionsbereiche,
– Verkehrsträger,
– Geografische Aktionsräume,
– Kundengruppen,
– Güterarten,
– Standardisierungsgrad,
– Technologien,
– Nachfragestrukturierung, Markt- bzw. Kundensegmentierung,
– Kundenspezifische Widmung von Kapazitäten, Kundenbindung,
– Aktivitäts- bzw. Komplexitätsniveau,
– Organisationstyp, Diversifikationsgrad,
– Arbeitsteilung, logistische Fertigungstiefe.

D 4.2.3 Evolution vom Standardanbieter zum Wertketten-Integrator

Die Differenzierung des Leistungsangebotes in Bezug auf diese Einzeldimensionen bildet jedoch lediglich den Ausgangspunkt der strategischen Positionierung, denn sie sind nicht unabhängig voneinander. Insbesondere vor dem Hintergrund des eingangs angesprochenen Trends zum Angebot logistischer Leistungsbündel und logistischer Mehrwert-Dienste stehen Logistikunternehmen zunehmend vor der Frage, inwieweit eine Konzentration auf das Angebot u. U. spezialisierter Einzelleistungen sinnvoll und profitabel erscheinen mag, oder ob dem Trend zu komplexen, kundenindividuellen Leistungspaketen gefolgt werden soll. Eine Typisierung denkbarer Ausgestaltungsformen des logistischen Leistungsangebotes beinhaltet Bild D 4.2-1 [Ren92, 25; Eng99, 25f.].

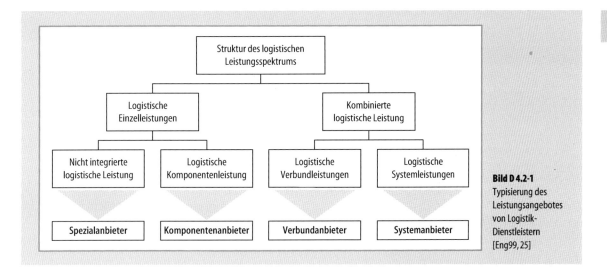

Bild D 4.2-1 Typisierung des Leistungsangebotes von Logistik-Dienstleistern [Eng99, 25]

Vor allem in diesem Zusammenhang stellt sich die Frage nach der Unterscheidung zwischen dem Leistungsangebot dem Kunden gegenüber und der eigenen „Logistiktiefe", d. h. dem Grad der Einbeziehung dritter Unternehmen, an die als Sub-Unternehmen mehr oder weniger große Teile des Leistungsbündels zur Erledigung vermittelt werden. Untrennbar verbunden hiermit ist die Frage der Verfügung über bzw. des Verzichts auf eigene physische Ressourcen bzw. Kapazitäten (Transportmittel, Lagerkapazitäten). Hiervon hängen die Art der Erbringung der logistischen Dienstleistung und damit der Charakter des Logistikunternehmens insgesamt zentral ab. Diese Frage wird insbesondere vor dem Hintergrund der Tatsache diskutiert, dass vor allem bei den führenden Logistikunternehmen eine Evolution hin zu qualitativ höherwertiger logistischer Problemlösungsfähigkeit und zur Planung, Gestaltung und zum Management komplexerer, vielstufiger sowie ggf. kundenindividueller Logistikkonzepte festzustellen ist. Im Rahmen solcher logistischer „Komplettlösungen", nicht selten auch als Kontraktlogistik bezeichnet, verschiebt sich der Charakter der logistischen Dienstleistung von der traditionell vorrangigen Übernahme der Durchführung der klassischen TUL-Leistungen auf die Organisation und das Management komplexer Logistiksysteme, das im Prinzip weitestgehend ohne physische logistische Ressourcen („asset free") erfolgen kann, bzw. nur in dem Maße physische Kapazitäten bei dem Logistik-Dienstleister erfordert, als diese nicht durch spezialisierte Sub-Unternehmen („Sub-Contracting") erbracht werden.

Das Bild D 4.2-2 [Her03] verdeutlicht das Spektrum denkbarer Positionierungen im Hinblick auf die Komplexität bzw. Kundenindividualität des Leistungsangebotes von Logistikunternehmen. Für die Übernahme zunehmend komplexer Teilbereiche der Logistiksysteme von Unternehmen aus Industrie und Handel durch Logistik-Dienstleister im Sinne der Kontraktlogistik hat sich in der Logistik-Praxis der Begriff der „Third Party Logistics" (3PL) eingebürgert. Analog zur Entwicklung der Systemlieferanten an der industriellen Zuliefer-Schnittstelle zielt die Entwicklung in der Logistik auf die Konsolidierung der logistischen Schnittstellen durch die Konzentration auf wenige 3PL-Dienstleister als zentrale Koordinatoren der logistischen (Sub-) Systeme. In Verbindung mit der Umsetzung der Idee einer möglichst weitreichenden Integrati-

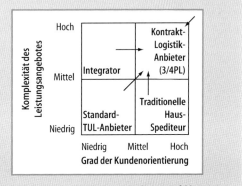

Bild D 4.2-2 Strategische Positionierung im Spannungsfeld von Leistungskomplexität und Kundenorientierung [Her03]

on gesamter Wertschöpfungsketten (Wertsysteme) im Sinne des Supply Chain Management (SCM) hat sich hieraus die Idee eines „4PL"-Dienstleisters entwickelt, der eben diese Funktion als logistischer Integrator der (mehr oder weniger) gesamten Wertschöpfungskette fungieren soll. Allerdings ist dieses Konzept derzeit Gegenstand höchst kritischer Diskussion im Hinblick auf seine betriebswirtschaftliche Fundierung wie auch seine realistischen Umsetzungschancen.

Auf jeden Fall steht aber jedes Logistikunternehmen vor der Notwendigkeit, über seine Positionierung in diesem Spektrum von Möglichkeiten möglichst rational zu entscheiden, und seine marktbezogenen Wettbewerbsstrategien, wie auch seine unternehmensinternen Ressourcen- und Kompetenzstrategien hierauf konsistent auszurichten.

D 4.2.4 Logistische Marktsegmente und strategische Konfigurationen

In der Praxis der logistischen Dienstleistungsmärkte werden die Leistungsanbieter üblicherweise Marktsegmenten zugeordnet, die jeweils durch spezielle Ausprägungen mehrerer der zuvor angesprochenen Marktdimensionen gekennzeichnet sind. Eine gängige Klassifizierung umfasst so etwa die folgenden 16 Segmente in vier Klassen der Logistik-Dienstleistungsmärkte [Kla05, 38]:

I. „Bulk" bzw. Punkt-zu-Punkt Ladungstransporte mit den Untersegmenten
   - Nationale Massengutlogistik,
   - Nationaler allgemeiner Ladungsverkehr mit nicht-spezialisiertem LKW- und Waggon Equipment,
   - Schwertransporte und Krandienste,
   - Nationale Tank- und Silotransporte,
   - Nationale sonstige Ladungsverkehre mit spezialisiertem Equipment.
II. Märkte für Stückguttransporte und sonstige handlingsbedürftige Güter mit den Untersegmenten
   - Nationaler allgemeiner Stückgutverkehr,
   - Konsumgüterdistribution und Konsumgüterkontraktlogistik,
   - Industrielle Kontraktlogistik, insbes. Industrielle Beschaffungslogistik, Produktionsversorgung und Ersatzteilversorgung,
   - Hängende Kleider Logistik,
   - High-Tech-Güter, Messe- und Eventlogistik, Neumöbel- und Umzugstransporte,
   - Terminaldienste, Hafen-, Lagerei- und sonstige logistische Zusatzdiente,
   - KEP-Paket-, echte Kurier- und spezialisierte Expressfrachtdienste.
III. Märkte für internationale Transporte
   - Grenzüberschreitende Transport- und Speditionsdienstleistungen, Schwerpunkt Straße und Schiene,
   - Grenzüberschreitende Transport- und Speditionsleistungen, Schwerpunkt Seeschifffahrt und Seehafenspedition,
   - Grenzüberschreitende Air Cargo-Carrier und Leistungen für Luftfracht-Spedition.
IV. Märkte für Postdienste
   - Mail – Postdienste der Drucksachen und Briefbeförderung.

Diese Klassifizierung bietet einen ersten Bezugsrahmen für eine Standortbestimmung im Spektrum logistischer Dienstleistungen. Allerdings reicht dieser für die Entwicklung einer strategischen Positionierung noch nicht aus. Hierzu gilt es vielmehr eine Konsistenz zwischen der Entwicklung der unternehmensinternen Kompetenzen und Fähigkeiten und der Positionierung des Leistungsangebotes im Markt herzustellen. Eine solche Konsistenz von markt- und ressourcenbezogener Positionierung manifestiert sich in typischen Erscheinungsformen logistischer Dienstleistungsanbieter im Markt. Sie spiegeln damit Konstrukte wider, die in der theoretischen Diskussion als „Konfigurationen" bezeichnet werden [Kla02]. Sie bieten damit eine Leitlinie für die strategische Positionierung im Einzelfall, die letztlich natürlich nur im Kontext des individuellen Wettbewerbsumfeldes erfolgen kann. Die Konfigurationen sind im zweidimensionalen Spannungsfeld zwischen Effizienz und Integration einerseits sowie zwischen Innovation und Exzeption andererseits angesiedelt und können exemplarisch durch die folgenden fünf Prototypen charakterisiert werden [Rüm02, 274–275]:
- Effizienzorientierter Standardkomponentenanbieter,
- Innovationsorientierter Versorgungskettenarchitekt,
- Hybrider Systemanbieter,
- Integrationsorientierter Komplexitätsreduzierer,
- Exzeptionsorientierter Funktionsspezialist.

Entscheidend für die Wettbewerbsfähigkeit des jeweiligen Konfigurationstyps ist die konsequente Ausrichtung der externen Marktstrategie, wie der internen Strukturen und Systeme auf die jeweils zu Grunde liegende generische Wettbewerbsphilosophie.

D 4.2.5 Logistik-Dienstleister im Spannungsfeld externer und interner Integration

Im Lichte der Notwendigkeit einer klaren strategischen Positionierung stellt sich den Logistikunternehmen die Frage der Organisation von Breite und Tiefe der logistischen Wertschöpfung „im eigenen Hause". Vor allem die in den letzten Jahren durch fulminante Übernahmen bzw. Fusionen entstandenen, weltweit führenden Logistikunternehmen stellen sich mittlerweile als breit diversifizierte Konzerne mit Aktivitäten in den verschiedensten Bereichen logistischer Dienstleistungen dar. Sie stehen damit im Spannungsfeld einer klaren strategischen Positionierung der einzelnen Geschäftsbereiche einerseits und der intendierten Zielsetzung der Synergieerzielung durch komplementäre Kombination ihrer diversifizierten Aktivitätsbereiche. Jüngste Marktentwicklungen zeigen einerseits eine bewusste Trennung von einzelnen Dienstleistungsbereichen bei einzelnen breit diversifizierten Logistikunternehmen mit dem Ziel einer stärkeren strategischen Fokussierung, während in anderen Fällen gleichzeitig das Bestreben nach weiterer Ausdehnung des Leistungsportfolios durch Übernahme umfassender Logistikkapazitäten erkennbar ist. Insofern ist weder für die Breite des logistischen Leistungsprogramms noch für die Frage der angemessenen Wertschöpfungstiefe eine einfache Antwort möglich. Allenfalls lässt sich tendenziell erkennen, dass kleinere und mittlere Logistikunternehmen aus nahe liegenden Gründen eher eine fokussierte Strategie verfolgen und ggf. ihre Größennachteile durch eine Beteiligung an kooperativen Arrangements auszugleichen versuchen.

Literatur

[Eng99] Engelsleben, T.: Marketing für Systemanbieter. Ansätze zu einem Relationship Marketing-Konzept für das logistische Kontraktgeschäft. Wiesbaden: DUV 1999
[Her03] Hertz, S.; Alfredsson, M.: Strategic development of third party logistics providers. Industrial Marketing Management 32 (2003), 139–149
[Kla02] Klaas, T.: Logistik-Organisation. Ein konfigurationstheoretischer Ansatz zur logistikorientierten Organisationsgestaltung. Wiesbaden: DUV 2002
[Kla05] Klaus, P.; Kille, C.: Die Top 100 der Logistik. Marktgrößen, Marktsegmente und Marktführer in der Logistikdienstleistungswirtschaft. 4. Aufl. Hamburg: Deutscher Verkehrs-Verlag 2006
[Ren92] Rendez, H.: Konzeption integrierter Logistik-Dienstleistungen. In: Baumgarten, H.: Bundesvereinigung Logistik (BVL), Bd. 28, München 1992
[Rüm02] Rümenapp, T.: Strategische Konfigurationen von Logistikunternehmen. Wiesbaden: Gabler 2002

D 4.3 Vertikale Kooperationen in der Logistik

D 4.3.1 Begriff, Konzept und Abgrenzung der vertikalen Logistikkooperation

Kapitel D 4 ist mit dem Begriff „Kooperation" überschrieben, welcher in den verschiedenen Abschnitten in unterschiedlicher Form auftaucht. Zu Beginn soll deshalb eine Begriffsdefinition stehen. Dabei geht es um die Abgrenzung und Präzisierung spezifischer Kooperationsformen in der Logistik. Eine umfassende, einheitliche Definition für „Kooperation" hat sich innerhalb der Betriebswirtschaftslehre noch nicht durchgesetzt [Pam93, 9]. Aus Sicht der Logistik ist dies besonders unbefriedigend, da zu ihrem Selbstverständnis die Überwindung von Schnittstellen durch kooperatives Wirken als zentrale Aufgabe gehört [Pfo04a, 308].

Der Begriff „Kooperation" entstammt der lateinischen Sprache und kann im weitesten Sinne mit „Zusammenarbeit" im Prinzip gleichberechtigter Partner übersetzt werden [Kau93, 24; Rot93, 6]. Eine solche Zusammenarbeit bedingt immer ein Spannungsfeld zwischen Autonomie und Interdependenz [Trö87, 23]. Die kooperierenden Subjekte bleiben rechtlich und wirtschaftlich selbständig. Sie sind in ihrer Entscheidung frei, Kooperationen beizutreten oder sie zu verlassen [Pic05, 173]. Andererseits bedeutet Kooperation die Aufgabe autonomer Entscheidungen im gewählten Feld der Zusammenarbeit, hier also im Bereich der Logistik. Das „Paradox der Kooperation" [Boe74, 42] resultiert aus der Beibehaltung unternehmerischer Autonomie und des damit verbundenen Gewinnstrebens bei gleichzeitiger Planabstimmung mit Kooperationspartnern. Dies ist nur möglich, in dem die Zusammenarbeit eine spezifische Kooperationsrente erwirtschaftet, die bei individuellem Vorgehen nicht möglich wäre [Ehr91, 528; Pic05, 173].

Grundlage dafür stellt eine (zumindest indirekte) Willenserklärung der Kooperationspartner dar. Je nach Position der Partner innerhalb des Logistikkanals wird zwischen *horizontaler* (selbe Stufe, z.B. Spediteur und Spediteur) und *vertikaler Zusammenarbeit* (z.B. Versender und Empfänger oder Logistikdienstleister und Verlader) unterschieden [Eßi99, 47f.; Pfo04a, 316–319].

Aus Sicht der Logistik ist die Frage nach der Art und Zahl der kooperierenden Partner besonders interessant. Die Bestimmung der Kooperationssubjekte ist ein zentrales Definitionsmerkmal für vertikale Logistikkooperationen und hilft, die folgenden Ausführungen zu gliedern. Wir unterscheiden vier Formen (vgl. auch Bild D 4.3-1):

- Als Kooperationssubjekte werden in der Betriebswirtschaftslehre überwiegend formale Organisationen (Unternehmen) betrachtet: „Kooperation ist ein weitdefinierter Begriff, der in der deutschsprachigen Betriebswirtschaftslehre in der Regel mit zwischenbetrieblicher Kooperation gleichgesetzt wird" [Sch93, 223]. Diese Sichtweise wird auch in der Diskussion um strategische Allianzen vorzugsweise eingenommen [zu einer Definitionsübersicht siehe Ham94, 21–31]. Zentrales Merkmal der strategischen Allianz ist die Realisierung von Wettbewerbsvorteilen für die Kooperationssubjekte [Bac90, 2; Wel95, 2398]. Dies können dann nur Unternehmen sein. Für die Logistikkooperation leiten wir daraus ab:

Unter einer *zwischenbetrieblichen vertikalen Logistikkooperation* verstehen wir die partielle Zusammenarbeit (mindestens) zweier selbständiger Unternehmen auf dem Gebiet der Logistik, wobei die beteiligten Unternehmen nicht auf derselben Stufe der Logistikkette stehen. Versorgungsseitig („Supply Side" [Eßi07]) ausgerichtete Logistikkooperationen sind demzufolge *vertikale Kooperationen in der Beschaffungslogistik* (vgl. Abschn. D 4.4). Sind sie absatzseitig („Demand Side") ausgerichtet, handelt es sich um *(vertikale) Kooperationen in der Distributionslogistik*. (vgl. Abschn. D 4.5).

- Bei überbetrieblichen Kooperationen stehen andere Kooperationssubjekte im Mittelpunkt. Dabei handelt es sich nicht mehr um Einzelwirtschaften, sondern um größere Verbundeinheiten [Ger71, 27; Gro59, 227ff.]. Beispielsweise arbeiten Arbeitgeber-, Industrie- und Interessenverbände zusammen, um wirtschaftspolitische Regelungen in ihrem Sinne zu beeinflussen. Überbetriebliche Kooperationen in der Logistik sind ihrem Wesen nach häufig nicht auf eine (logistische) Wertschöpfungsstufe beschränkt und daher meist per definitionem vertikal oder lateral. Aus Sicht des strategischen Managements sind derartige Kooperationen nicht auf den bekannten strategischen Anwendungsebenen, Functional Level, Divisional Level oder Corporate Level, angesiedelt, sondern auf einer „vierten Ebene", dem Industry Level, platziert [Wur94, 12]. Es lässt sich also festhalten: *Überbetriebliche Logistikkooperationen* beschränken sich nicht auf die (freiwillige) bilaterale Zusammenarbeit einzelner Unternehmen. Stattdessen setzen sie von Anfang an auf eine konzertierte Aktion ganzer Unternehmensgruppen oder Branchen, die eine gemeinsame logistische Optimierung anstreben [auch Verbandsaktivitäten zur Schaffung günstiger Rahmenbedingungen für die Logistik, vgl. ähnlich Pfo04a, 314–316].

- Eng mit der Unterscheidung zwischen überbetrieblicher und zwischenbetrieblicher Logistikkooperation hängt die Frage nach der *Anzahl der kooperierenden Unternehmen* zusammen. Per definitionem müssen mindestens zwei Unternehmen beteiligt sein, im Falle überbetrieblicher Logistikkooperationen sogar (weit) mehr. Im neueren Schrifttum wird deshalb häufig analytisch zwischen der einzelbetrieblichen Ebene, der bilateralen Kooperationsebene (Dyade) und der multilateralen Netzwerkebene differenziert [Stö04, 172f.]. Das bedeutet, dass von dyadischen Kooperationen nur dann die Rede sein kann, wenn genau zwei Unternehmen zusammenarbeiten. Ein *Netzwerk* liegt vor, wenn mindestens drei Unternehmen über komplexe, relativ stabile und kooperativ angelegte Beziehungsmuster zur Realisierung von Wettbewerbsvorteilen zusammenarbeiten [Syd92, 79]. Pfohl [Pfo04b, 4] argumentiert, dass es sich bei Netzwerken damit im Kern um eine Sonderform der Kooperation handelt. *Supply Chain Management* als umfassender Gestaltungsansatz für komplexe Logistikketten wäre in diesem Sinne eine netzwerkorientierte Kooperationsform, bei der mindestens drei Unternehmen eine zwischenbetriebliche Logistikkooperation eingehen [Cor01, 1ff.].

- Insbesondere in der älteren Kooperationsliteratur findet man einen vierten Kooperationstyp, der sich auf die innerbetriebliche Zusammenarbeit bezieht [z. B. Boe74, 21; End91, 13f.; Gro59, 25–28]. Darunter versteht man in erster Linie die Abstimmung von Abteilungen bzw. Individuen. *Innerbetriebliche Logistikkooperationen* sind Formen der Zusammenarbeit zwischen der Logistik und anderen Funktionsbereichen, wie Beschaffung oder Produktion, die primär auf individueller Ebene geregelt werden. Sie sollen hier nicht vertieft werden, da gemäß obiger Definition Interorganisationsbeziehungen im Mittelpunkt stehen [Pfo04b, 4]. Logistische Kooperationen von rechtlich selbständigen Konzerngesellschaften können, je nach dominantem Steuerungsprinzip, der innerbetrieblichen Kooperation (Abstimmung durch zentrale Vorgaben) oder der zwischenbetrieblichen Kooperation (Abstimmung durch Wettbewerb) zugeordnet werden.

Diese Einteilung findet sich in ähnlicher Form sowohl im systemorientierten Ansatz der Logistik [Pfo04a, 14–16], wie auch in der allgemeinen Organisationstheorie wieder [Sch02, 2]: Die organisationstheoretische Ausdifferenzierung unterscheidet Mikro- (Verhalten von Individuen in Organisationstheorien), Meso- (Verhalten ganzer Organisationseinheiten) und Makro-Ebene (Beziehungen zwischen Organisationen). Logistiksysteme werden in Makro- (gesamtwirtschaftliche Systeme z. B. Güterverkehrssystem), Mikro- (einzelwirtschaftliche Systeme, bspw. Fuhr-

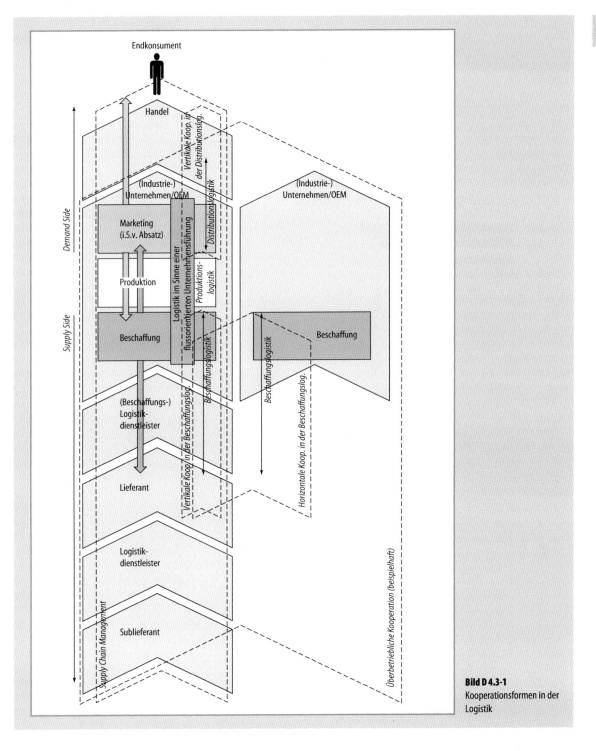

Bild D 4.3-1
Kooperationsformen in der Logistik

park) und Meta-Systeme (Betrachtungsebene zwischen Makro- und Mikro-Logistik, bspw. alle Logistikelemente einer spezifischen Supply Chain) differenziert. Logistikkooperationen sind daher Makro-Organisationen der Meta-Logistik. Eine Sonderform der Logistikkooperation, bei der Partner aus der Unternehmenslogistik und dem öffentlichen Sektor zusammenarbeiten, wird in Abschn. D 4.7 besprochen.

Der weitere Aufbau dieses Abschnitts entspricht der vorgenommenen Aufteilung von vertikalen Logistikkooperationen in „überbetrieblich" und „zwischenbetrieblich". Zuvor muss die Vorteilhaftigkeit von Logistikkooperationen einer ökonomischen Analyse unterzogen werden.

D 4.3.2 Transaktionkostentheoretischer Erklärungsansatz: Vertikale Logistikkooperationen als hybride Institutionen

Der hier vorgestellte Erklärungsansatz für vertikale Logistikkooperationen basiert auf transaktionskostentheoretischen Überlegungen. Daneben existieren noch ökonomische Kooperationstheorien aus der Neoklassik, der Property Rights-Theorie, der institutionellen und formalmathematischen Agency-Theorie und weitere, welche an dieser Stelle nicht weiter diskutiert werden [z. B. Pic05, 31–142]. Im Mittelpunkt steht der institutionelle Rahmen für die effiziente Abwicklung von Transaktionen. Die Transaktion stellt die Übertragung von Verfügungsrechten an Gütern und/oder Dienstleistungen dar [Com31, 652]. Bei dieser Übertragung entstehen (Transaktions-)Kosten [Coa37, 390], die, je nach dem für ihre Abwicklung gewählten institutionellen Arrangement, unterschiedlich hoch ausfallen. Williamson [Wil90, 1; Wil96, 12] vergleicht die Transaktionskosten mit mechanischen Reibungsverlusten, die bei Maschinen entstehen. Je besser die Zahnräder greifen, desto geringer die Reibungsverluste; je wirtschaftlicher der Organisationsrahmen (Institution), desto geringer die Transaktionskosten (vgl. Bild D 4.3-2).

Ausgangspunkt der Überlegungen zur optimalen Institutionengestaltung bilden die beiden grundsätzlichen Alternativen von Beherrschungs- und Überwachungssystemen: Markt und Hierarchie [Ebe02, 231ff.; Wil91, 20ff.; Wil96, 28ff.]. Märkte zeichnen sich insbesondere durch ihre hohe Anreizwirkung aus. Die Transaktionspartner erhalten eine unmittelbare Rückkopplung ihrer Leistungen über den Preismechanismus. Dies zwingt zu einer hohen Effizienz beim Einsatz eigener Ressourcen; weniger leistungsfähige Marktteilnehmer kommen als Transaktionspartner für Logistikleistungen nicht mehr in Betracht. Diese „Gnadenlosigkeit" von Märkten existiert bei hierarchischen Organisationsformen nicht. Im Gegenteil: Zurechnungsprobleme machen es bei unternehmensinterner Leistungserstellung oft unmöglich, den gewünschten direkten Zusammenhang zwischen Leistung und Gegenleistung herzustellen. Informationsasymmetrien zwischen den Organisationsmitgliedern führen stattdessen zur Entstehung von Agency-Problemen, die durch die Einführung von Profit Center-Konzepten und internen Verrechnungspreisen („Marktsimulation") nur teilweise gemildert werden können.

Hinsichtlich ihrer gemeinsamen Zielausrichtung weisen allerdings Hierarchien gegenüber Märkten Vorteile auf. Die administrativen Sanktions- und Kontrollmechanismen, welche darauf beruhen, dass Manager einer Organisation über deren Verfügungsrechte entscheiden, sind stark ausgeprägt. So wird die Anpassungsfähigkeit der gesamten Institution und ihrer Organisationsmitglieder auf veränderte Umweltanforderungen (z. B. veränderte Mengen- und Zeitstrukturen im logistischen Bereich) durch hierarchische Durchgriffsmöglichkeiten erhöht. Dies gilt insbesondere bei Leistungen höherer Spezifität. Im Gegensatz zum Markt, wo Transaktionspartner erst gefunden und über einen langwierigen Verhandlungsprozess gebunden werden müssen, ist die Hierarchie durch ihr Geflecht aus Vertragsbeziehungen (Arbeitsverträge, Lieferverträge etc.) bilateral anpassungsfähiger.

So lässt sich auch die unterschiedlich Steigung des (Transaktions-) Kostenverlaufs von Markt und Hierarchie erklären (vgl. Bild D 4.3-3): Bei Leistungen geringer Spezifität sind Märkte transaktionskostenminimal und daher vorzuziehen, während hochspezifische Leistungen durch Hierarchien günstiger erbracht werden können.

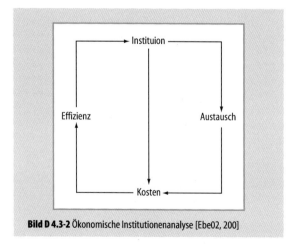

Bild D 4.3-2 Ökonomische Institutionenanalyse [Ebe02, 200]

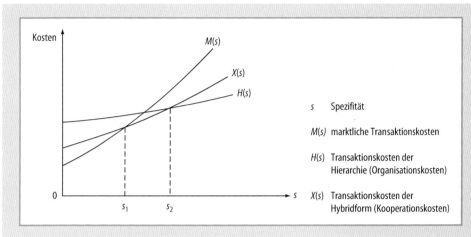

Bild D 4.3-3 Transaktionskosten institutioneller Arrangements im Vergleich [Wil91, 24]

Kooperationen stellen das dritte institutionelle Arrangement neben Markt und Hierarchie dar. An die Stelle bisher rein marktlich geprägter Austauschbeziehungen zwischen den Kooperationssubjekten tritt eine immer stärker durch hierarchische Koordinationsmechanismen, wie Planabstimmung, gekennzeichnete Institution. Darin spiegelt sich das bereits angesprochene Autonomie-Interdependenz-Spannungsfeld wieder. Die Transaktionsmodalitäten sind im gewählten Bereich der Zusammenarbeit insofern *hybrid*, als sie marktliche und hierarchische Abstimmung kombinieren [Göb02, 145–152]. Konsequenterweise liegt der Verlauf der Kostenkurve für hybride Arrangements auch genau zwischen Markt und Hierarchie (vgl. Bild D 4.3-3). Ziel ist eine Kombination der Vorteile von Markt und Hierarchie, also von marktlicher Anreizstärke und direkten hierarchischen Gestaltungsmöglichkeiten [Wil91, 23ff.].

Bild D 4.3-3 macht deutlich, dass Kooperationen bei Leistungen mittlerer Spezifität ökonomisch sinnvoll sind. Eine genauere Analyse der Logistikspezifität am Beispiel Transporte, macht Fälle mittlerer Spezifität deutlich, die sich für eine vertikale Logistikkooperation eignen:

– Der mit logistischen Leistungen verbundene Transportprozess ist i. d. R. hochspezifisch. Wenn ein Gut von A nach B transportiert werden muss, weil es zu einem bestimmten Zeitpunkt in B benötigt wird, so ist diese Leistung praktisch einmalig und daher höchstspezifisch. Man denke nur an 24-Stunden-Ersatzteillieferungen großer Maschinenfabriken oder von Versandhandelshäusern. Die Prozessspezifität dieser logistischen Leistungen ist somit also sehr hoch.

– Die zur Erstellung der Logistikleistung notwendigen Transportmittel sind hingegen meist ubiquitär verfügbar. Transportmittel, wie Lastkraftwagen, sind relativ einfach zu erwerben, ihre Leistung ist weitgehend standardisiert und ihre Verwendung häufig universal. Auch für das Bedienungspersonal sind standardisierte Zulassungsvoraussetzungen (Führerschein etc.) vorhanden. Die Transportmittelspezifität ist also prinzipiell gering – vorausgesetzt, das Transportgut stellt keine erhöhten Anforderungen (Sicherheit etc.).

Vereinfacht ergibt sich für derartige Logistikleistungen eine mittlere Gesamtspezifität. Für hochstandardisierte Logistikleistungen empfiehlt die Transaktionskostentheorie den Bezug vom Markt (Kauf/Spot-Transaktion); für höchstspezifische Leistungen, die Eigenerstellung. Im Zuge der Bestimmung der logistischen Leistungstiefe (vgl. Abschn. D 4.1) zeigt sich, dass, aus Sicht der Verlader, Logistikdienstleistungen häufig nicht zu ihren hochspezifischen Kernfähigkeiten gehören – sondern eben industrielle Erstellungs-, Entwicklungs- und Vermarktungsleistungen und/oder Warenpräsentation und Sortimentsgestaltung im Handel. Konsequenterweise wird der Logistikleistung allenfalls eine mittlere Spezifität und strategische Bedeutung zugeschrieben, was eine Auslagerung bzw. eine kooperative Abwicklung mit einem Logistikdienstleister nach sich zieht (vgl. Abschn. D 4.4.2). Die beschriebenen Logistikleistungen mittlerer Spezifität eignen sich aus transaktionskostentheoretischer Sicht ganz besonders für eine Abwicklung über Hybridinstitutionen. Dies gilt umso mehr, wenn Kooperationen dazu beitragen, Transaktionskosten noch weiter zu senken. Dies soll mit Hilfe der vorgenommenen Einteilung in über- und zwischenbetriebliche vertikale Logistikkooperationen im Folgenden konkretisiert werden.

D 4.3.3 Überbetriebliche Logistikkooperationen

Das Ziel überbetrieblicher Logistikkooperationen ist – wie bei jeder anderen Kooperation auch die Erwirtschaftung einer Kooperationsrente. Überbetriebliche Logistikkooperationen beziehen sich jedoch auf Unternehmensgesamtheiten, also bspw. ganze Branchen. Die Kooperationsrente besteht hier in der Realisierung von Normierungs- und Standardisierungsvorteilen, die allen Marktpartnern ökonomische Vorteile verschafft. Entsprechend dem in der Logistik vorherrschenden Flussprinzip [Göp05, 4 und 23ff.; Kla02, 26ff.] unterscheiden wir in güterflussorientierte, informationsflussorientierte und flussübergreifende Logistikkooperationen:

- Güterflussorientierte Logistikkooperationen existieren häufig in Form von Logistikdienstleistungsnetzwerken und Branchenverbänden. Typische Dienstleistungsnetzwerke („Logistikservice-Netzwerke", [Pfo04a, 315]) sind Zusammenschlüsse kleiner und mittelständischer Unternehmen, um flächendeckende Gütertransportleistungen anbieten zu können (bspw. Confern Möbeltransporte). Auf Branchenebene hat bspw. Verband der Automobilindustrie (VDA) einen so genannten Kleinladungsträger (KLT) entwickelt, der allen Mitgliedern einen reibungslosen Materialfluss ohne Transportgefäßewechsel ermöglichen soll.
- Informationsflussorientierte Logistikkooperationen entstehen durch die gemeinschaftliche Akzeptanz von Informationsnormen, die von den einzelnen Mitgliedern häufig gar nicht direkt explizit erarbeitet wurden. Dazu gehören bspw. Normen des DIN (Deutsches Institut für Normung), die helfen, Materialien und Güter sowie deren logistische Eigenschaften zu klassifizieren [Sti97, 749f.].

Ein typisches Beispiel für informationsflussorientierte, überbetriebliche Logistikkooperationen ist die GS1 Germany GmbH. Diese Gesellschaft wird von der deutschen Konsumgüterwirtschaft getragen und entwickelt sowohl technische Standards wie auch Prozessstandards: Die Regeln zum Weltstandard EAN, mit den Identifikationssystemen für Produkte, Dienstleistungen, Lokationen und Packstücke, sind wichtige Empfehlungen zur Optimierung der Geschäftsprozesse. Sie werden ergänzt durch WebEDI- und XML-Standards als Voraussetzung zur Rationalisierung des elektronischen Austausches von Geschäftsdaten. Daneben spielen Prozessstandards mit globalem Anspruch im Rahmen der ECR-Strategien (Efficient Consumer Response) eine entscheidende Rolle.

Weiterhin erarbeiten die Vereinten Nationen im Rahmen des UN/EDIFACT-Systems (United Nations Electronic Data Interchange For Administration, Commerce and Transport) eine Lösung zur automatisierten Kommunikation via Electronic Data Interchange (EDI) im Logistikkanal. Alle Ausprägungen helfen, Transaktionskosten zu senken.

- Flussübergreifende Logistikkooperationen sind nicht eindeutig zuzuordnen und stehen im Mittelpunkt der Interessenvertretung des Logistikgewerbes. Zu dieser Art von Kooperationen gehört bspw. die Bundesvereinigung Logistik e. V. (BVL). Sie selbst versteht sich als „Podium für den nationalen und internationalen Gedanken- und Erfahrungsaustausch zwischen Führungskräften" und ist mit über 3.000 Mitgliedern der größte deutsche Logistikverband.

D 4.3.4 Zwischenbetriebliche Logistikkooperationen

Im Gegensatz zu den überbetrieblichen Logistikkooperationen betreffen zwischenbetriebliche Logistikkooperationen Formen der logistischen Zusammenarbeit, die direkt zwischen zwei (oder mehreren) Unternehmen geschlossen werden. Analog zur Mikrostruktur der Unternehmenslogistik wird dabei zwischen Industrie-, Handels- und (Logistik-) Dienstleistungsunternehmen unterschieden [Pfo04a, 15].

D 4.3.4.1 Logistikkooperationen zwischen Industrieunternehmen

Vertikale Logistikkooperationen zwischen Industrieunternehmen versuchen, den Logistikkanal durch intensive Zusammenarbeit von Abnehmer und Zulieferer zu verbessern (vgl. Abschn. D 4.4.2). Gerade in der Automobilindustrie wird diese Kooperationsform häufig praktiziert – meist existieren sogar formalisierte Kooperationsprogramme. Tabelle D 4.3-1 lässt erkennen, dass die Verbesserung der logistischen Verbindungen ein wesentliches Element dieser vertikalen Kooperationsprogramme darstellt.

Allerdings zeigt die Tabelle auch, dass das Kostensenkungsziel diese vertikalen Kooperationen eindeutig dominiert. Typische Logistikserviceziele, wie die Reduzierung der Durchlaufzeit, werden nur bei wenigen Kooperationsprojekten erreicht. Die Optimierung der Logistikprozesse z. B. in Form von Just-in-Time steht lediglich bei den Programmen von Ford und BMW im Vordergrund.

Zu den zwischenbetrieblichen, vertikalen Logistikkooperationen gehört auch die Zusammenarbeit von Industrieunternehmen im Rahmen von Modular Sourcing und System Sourcing. Klassische, von Eicke/Femerling [Eic91]

Tabelle D 4.3-1 Beurteilung von Netzwerkprogrammen der Automobilindustrie [Bos95, 13]

Hersteller	Ford	VW	Opel	BMW	Mercedes-Benz
Programmname	DFL	KVP²	Picos	POZ	Tandem
Bedeutung	Drive For Leadership	Kontinuierlicher Verbesserungs-Prozess	Purchased Input Concept Optimization with Suppliers	Prozess-Optimierung Zulieferteile	
Reduzierung der Durchlaufzeit	○	○	◐	◐	○
Verbesserung der Produktqualität	○	○	○	○	○
Prozessoptimierung	●	○	◐	●	◐
Verbesserung der Zusammenarbeit	○	○	○	◐	●
Kostensenkung	●	●	●	●	●

Signifikante Erfolge bei   ○ weniger als 20 %   ◐ 20 % bis 35 %   ● mehr als 35 % der Lieferanten

als kaskadenförmig bezeichnete, Zulieferketten sind charakterisiert durch den Austausch von Gütern mit geringer Komplexität. Diese werden von einer Vielzahl von Lieferanten bezogen und erst am Ende der Wertschöpfungskette zu einer funktionsfähigen Gesamtheit verbaut. Dies bedingt differenzierte Logistikketten, die die Vielzahl an Einzelteilen bei den Lieferanten „sammeln" und dem Abnehmerunternehmen zuführen [Sch05, 289]. Zugleich ist die innerbetriebliche Materialwirtschaft sehr aufwendig und komplex.

Ziel moderner Sourcing-Konzepte ist es, die Anzahl der Beschaffungsobjekte deutlich zu verringern und möglichst komplette Module oder Systeme von Zulieferern zu beziehen [Vah05, 218]. Wichtig ist dabei, dass nicht die Gesamtzahl der Zulieferer in der Wertschöpfungskette, sondern nur die Zulieferspanne des Endproduktherstellers zwingend sinken muss [Kau93]. Die Verwendung der Begriffe Modul oder System, und damit die Unterscheidung zwischen Modular Sourcing und System Sourcing, ist in der Literatur uneinheitlich. Während bspw. Eicke/Femerling [Eic91] oder Wildemann [Wil92] dieses Begriffspaar synonym verwenden, weicht die Argumentation von Hirschbach [Hir92] und Eßig/Wagner [Eßi03] hiervon ab:

Module sind im Gegensatz zu Systemen durch eine eindeutige, physisch-logistische Abgrenzbarkeit gekennzeichnet. Demzufolge sind sie komplette, einbaufertige Baugruppen. Charakteristisch für Modular Sourcing ist die Tatsache, dass die Beschaffungsobjekte zwar einbaufertig und somit hochintegriert bezogen werden, der Modullieferant jedoch hauptsächlich eine fertigungslogistische Integrationsleistung erbringt. Die Übernahme der Entwicklungsverantwortung bedeutet einen weitergehenden Schritt, der vom Modul zum System führt. System Sourcing ist verbunden mit dem Bezug von funktionell abgestimmten Baugruppen, die nicht zwingend eine physische Einheit bilden. Dies ist bspw. bei einer kompletten Bremsanlage der Fall. Ein solches System (Bremsanlage) wird eher gedanklich als physisch abgegrenzt und kann Bestandteil verschiedener Module (Bremsbacken als Teil des Moduls Rad, Anti-Blockier-System als Teil des Moduls Bordelektronik und Bremspedal als Teil des Moduls Pedalerie) sein.

In jedem Fall ist eine abgestimmte Logistik der Kooperationspartner erforderlich, die zudem durch relativ hohe Spezifität gekennzeichnet ist. Die Investition in eine Anlage zur Fertigung kundenspezifischer Systeme setzt voraus, dass dem Lieferanten verbindliche Zusagen über die Dauer der Partnerschaft gemacht werden. Gleichzeitig werden bilateral abgestimmte Logistiksysteme zum Informations- und Güterfluss eingerichtet, deren Erfolg nur durch gemeinschaftliche Arbeit erreicht werden kann.

D 4.3.4.2 Logistikkooperationen zwischen Industrie und Handel

Logistikkooperationen zwischen Industrie- und Handelsunternehmen werden häufig unter dem Begriff „Efficient Consumer Response" (ECR) zusammengefasst [Del99; Tel03]. „Efficent Consumer Response (ECR) ist eine gesamtunternehmensbezogene Vision, Strategie und Bündelung ausgefeilter Techniken, die im Rahmen einer partnerschaftlichen und auf Vertrauen basierenden Kooperation zwischen Hersteller und Handel darauf abzielen, Ineffizienzen entlang der Wertschöpfungskette unter Berücksichtigung der Verbraucherbedürfnisse und der maximalen Kundenzufriedenheit zu beseitigen, um allen Beteiligten jeweils einen Nutzen zu stiften, der im Alleingang nicht zu erreichen gewesen wäre" [Hey98, 41]. ECR setzt also besonders stark auf eine informationstechnische Verknüpfung von Handels- und Industrieunternehmen, um die Distributionslogistik (Physical Distribution) zu optimieren (vgl. Abschn. D 4.5).

Ursprünglich wurden die Lösungen der Informations- und Kommunikationstechnik direkt zwischen den beteiligten Unternehmen vereinbart. Dies führte zu einer Vielzahl proprietärer Lösungen, die jeweils einen hohen Investitionsbedarf erforderten. Die individuelle Implementierung von ECR zwischen Industrie und Handelsunternehmen bleibt eine zwischenbetriebliche Logistikkooperation, während die Konzeption des ECR-Ansatzes den Charakter einer überbetrieblichen Logistikkooperation angenommen hat. In den Jahren 1994 und 1995 wurden das „Joint Industry Executive Committee on ECR" in den USA und das „ECR Europe Executive Board" in Europa gegründet. Diese haben das Ziel, eine branchenweite Lösung für ECR-Technologien durch die Zusammenarbeit von Industrie- und Handelsunternehmen durchzusetzen. Ihren neuen organisatorischen Rahmen finden sie in Deutschland unter dem Dach der in Abschn. D 4.3.3 bereits vorgestellten GS1 Germany GmbH.

D 4.3.4.3 Logistikkooperationen mit Dienstleistern

Logistikkooperationen sind nicht nur zwischen Industrieunternehmen bzw. Industrie- und Handelsunternehmen möglich, sondern auch in Form einer Zusammenarbeit mit spezialisierten Logistikdienstleistern [Kle91, 63ff.]. Dabei sind prinzipiell drei Formen denkbar [Fra97, 576]:

– Kooperationen mit Transportdienstleistern beziehen sich bspw. auf Single Sourcing-Verträge mit einem Spediteur oder Transporteur, der in enger Zusammenarbeit mit dem Industrieunternehmen die Warenströme mit bestimmten Zulieferern organisiert. Erstreckt sich deren Zuständigkeit darauf, die Lieferungen verschiedener Zulieferer aus einer bestimmten geographischen Region zu konsolidieren und zu optimalen Transportlosen zusammenzufassen, spricht man von einem Gebietsspeditionskonzept (vgl. Abschn. D 4.4.2). Die Kooperation erstreckt sich dabei auch auf die Einbindung der Lieferanten.
– Kooperationen mit Lagerdienstleistern sind häufig gleichbedeutend mit dem Outsourcing des Lagers. So betreiben heute Speditionen oft Konsignationslager auf eigene Verantwortung. DaimlerChrysler hat für die Fertigung des Smart-Kleinstwagens im französischen Hambach einen spezialisierten Dienstleister (Fa. Rhenus) eingebunden, der das Kleinteilelager komplett betreibt und verantwortet. Eine vergleichbare Aufgabe hat das zur Würth-Gruppe gehörende Unternehmen Hahn + Kolb (Stuttgart) für ein Zweigwerk der Robert Bosch GmbH in Murrhard übernommen.
– Kooperationen mit Dienstleistern der Informationsverarbeitung dienen der Optimierung von Frachtinformationssystemen und werden häufig von Transportdienstleistern mit angeboten. Dazu gehören bspw. elektronische Sendungsverfolgungssysteme im Internet.

Als relativ neue Form der Logistikdienstleistung hat sich zudem die *Kontraktlogistik* etabliert, die per Definition eine vertikale Logistikkooperation zwischen Verlader und Logistikdienstleister darstellt [Eis06, 396–399]. Von Kontraktlogistik spricht man, wenn Leistungspakete eines Systemanbieters, auf der Grundlage langfristiger Geschäftsbeziehungen mit dem verladenden Industrie- bzw. Handelsunternehmen, auf Basis eines durchaus relevanten Geschäftsvolumens zusammengefasst werden [Gie00; Kla04]. Da komplexe logistische Leistungspakete im Mittelpunkt stehen, ist eine längerfristige Zusammenarbeit – und damit eine vertikale Logistikkooperation – zwingend erforderlich [Eis06, 397].

Literatur

[Bac90] Backhaus, K.; Piltz, K.: Strategische Allianzen: Eine neue Form kooperativen Wettbewerbs? In: Backhaus, K.; Piltz, K. (Hrsg.): Strategische Allianzen. Düsseldorf: Handelsblatt 1990

[Boe74] Boettcher, E: Kooperation und Demokratie in der Wirtschaft. Tübingen: Mohr 1974

[Bos95] Bossard Consultants GmbH (Hrsg.): Effizienz und Effektivität von Lieferantenprogrammen innerhalb der deutschen Automobilindustrie: Ergebnisse einer Befragung der Automobilzulieferer zu den Lieferantenprogrammen der deutschen Automobilhersteller. München 1995

[Coa37] Coase, R.H.: The Nature of the Firm. Economica 4 (1937) 16, 386–405

[Com31] Commons, J.R.: Institutional Economics. American Economic Review 21 (1931) 4, 648–657

[Cor01] Corsten, H.; Gössinger, R.: Einführung in das Supply Chain Management. München: Oldenbourg 2001

[Del99] Delfmann, W.: ECR: Efficient Consumer Response. Die Betriebswirtschaft 59 (1999) 4, 565–568

[Ebe02] Ebers, M.; Gotsch, W.: Institutionenökonomische Theorien der Organisation. In: Kieser, A. (Hrsg.): Organisationstheorien. 5. Aufl. Stuttgart: Kohlhammer 2002, 199–251

[Ehr91] Ehrmann, T.: Unternehmerfunktionen und Transaktionskostenökonomie, oder? Erwiderung auf Dieter Schneider. Zeitschrift für Betriebswirtschaft 61 (1991) 4, 525–530

[Eic91] Eicke, H.v.; Femerling, C.: Modular Sourcing: Ein Konzept zur Neugestaltung der Beschaffungspolitik. München: Huss 1991

[Eis05] Eisenkopf, A.: Wachstumsmarkt Kontraktlogistik: Eine Analyse von Logistikkooperationen aus institutionenökonomischer Sicht. In: Lasch, R.; Janker, C.G. (Hrsg.): Logistik Management: Innovative Logistikkonzepte. Wiesbaden: Deutscher Universitäts-Verlag 2005, 395–406

[End91] Endress, R.: Strategie und Taktik der Kooperation: Grundlagen der zwischen- und innerbetrieblichen Zusammenarbeit. 2. Aufl. Berlin: Erich Schmidt 1991

[Eßi99] Eßig, M.: Cooperative Sourcing: Erklärung und Gestaltung horizontaler Beschaffungskooperationen in der Industrie. Frankfurt/Main: Lang 1999

[Eßi07] Eßig, M.: Multi-Channel Supply Chain Management: Integration von Distributions- und Beschaffungsperspektive in Mehrkanalsystemen. In: Wirtz, B.W. (Hrsg.): Handbuch Multi Channel Management. Wiesbaden: Gabler 2007

[Eßi03] Eßig, M.; Wagner, S.: Strategien in der Beschaffung. Zeitschrift für Planung und Unternehmenssteuerung (ZP), 14 (2003) 3, 279–296

[Fra97] Frank, W.: Einkauf von Logistikdienstleistung. In: Bloech, J.; Ihde, G.B. (Hrsg.): Vahlens großes Logistiklexikon. München: Vahlen 1997

[Ger71] Gerth, E.: Zwischenbetriebliche Kooperation. Stuttgart: Schäffer-Poeschel 1971

[Gie00] Giesa, F.; Kopfer, H.: Management logistischer Dienstleistungen der Kontraktlogistik. Logistik Management, 2 (2000) 1, 43–53

[Göb02] Göbel, E.: Neue Institutionenökonomik. Stuttgart: Lucius & Lucius 2002

[Göp05] Göpfert, I.: Logistik Führungskonzeption: Gegenstand, Aufgaben und Instrumente des Logistikmanagements und -controllings. 2. Aufl. München: Vahlen 2005

[Gro59] Grochla, E.: Betriebsverband und Verbundbetrieb: Wesen, Formen und Organisation der Verbände aus betriebswirtschaftlicher Sicht. Berlin: Duncker & Humblot 1959

[Ham94] Hammes, W.: Strategische Allianzen als Instrument der strategischen Unternehmensführung. Wiesbaden: Gabler 1994

[Hey98] Heydt, A.v.d.: Efficent Consumer Response (ECR): Basisstrategien und Grundtechniken, zentrale Erfolgsfaktoren sowie globaler Implementierungsplan. 3. Aufl. Frankfurt/Main: Lang 1998

[Hir92] Hirschbach, O.: Perspektiven der Zusammenarbeit zwischen Automobilherstellern und Automobilzulieferern auf dem Weg zum Systemlieferanten. Berlin: Roland Berger 1992

[Kau93] Kaufmann, L.: Planung von Abnehmer-Zulieferer-Kooperationen: Dargestellt als strategische Führungsaufgabe aus Sicht der abnehmenden Unternehmung. Gießen: Ferber 1993

[Kla02] Klaus, P.: Die dritte Bedeutung der Logistik: Beiträge zur Evolution logistischen Denkens. Hamburg: Deutscher Verkehrs-Verlag 2002

[Kla04] Klaus, P.; Kille, C.: Kontraktlogistik. In: Klaus, P.; Krieger, W. (Hrsg.): Gabler Lexikon Logistik: Management logistischer Netzwerke und Flüsse. 3. Aufl. Wiesbaden: Gabler 2004, 252–255

[Kle91] Kleer, M.: Gestaltung von Kooperationen zwischen Industrie- und Logistikunternehmen: Ergebnisse theoretischer und empirischer Untersuchungen. Diss. Berlin 1991

[Pam93] Pampel, J.: Kooperation mit Zulieferern: Theorie und Management. Wiesbaden: Gabler 1993

[Pfo04a] Pfohl, H.C.: Logistiksysteme: Betriebswirtschaftliche Grundlagen. 7. Aufl. Berlin/Heidelberg/New York: Springer 2004

[Pfo04b] Pfohl, H.C.: Grundlagen der Kooperation in logistischen Netzwerken. In: Pfohl, H.C. (Hrsg.): Erfolgsfaktor Kooperation in der Logistik: Outsourcing, Beziehungsmanagement, finanzielle Performance. Berlin: Erich Schmidt 2004, 1–36

[Pic05] Picot, A.; Dietl, H.; Franck, E.: Organisation: Eine ökonomische Perspektive. 4. Aufl. Stuttgart: Schäffer-Poeschel 2005

[Rot93] Rotering, J.: Zwischenbetriebliche Kooperation als alternative Organisationsform: Ein transaktionskostentheoretischer Erklärungsansatz. Stuttgart: Schäffer-Poeschel 1993

[Sch02] Scherer, A.G.: Kritik der Organisation oder Organisation der Kritik? Wissenschaftstheoretische Bemerkungen zum kritischen Umgang mit Organisationstheorien. In: Kieser, A. (Hrsg.): Organisationstheorien. 5. Aufl. Stuttgart: Kohlhammer 2002, 1–37

[Sch93] Schrader, S.: Kooperation. In: Hauschildt, J.; Grün, O. (Hrsg.): Ergebnisse empirischer betriebswirtschaftlicher Forschung: Zu einer Realtheorie der Unternehmung. Stuttgart: Schäffer-Poeschel 1993

[Sch05] Schulte, Ch.: Logistik – Wege zur Optimierung der Supply Chain. 4. Aufl. München: Vahlen 2005

[Sti97] Stieglitz, A.: Normung. In: Bloech, J.; Ihde, G.B. (Hrsg.): Vahlens großes Logistiklexikon. München: Vahlen 1997

[Stö04] Stölzle, W.; Karrer, M.: Finanzielle Performance von Logistikkooperationen: Anforderungen und Messkonzepte. In: Pfohl, H.C. (Hrsg.): Erfolgsfaktor Kooperation in der Logistik: Outsourcing, Beziehungsmanagement, finanzielle Performance. Berlin: Erich Schmidt 2004, 167–194

[Syd92] Sydow, J.: Strategische Netzwerke: Evolution und Organisation. Wiesbaden: Gabler 1992

[Tel03] Teller, C.; Kotzab, H.: Increasing Competitiveness in the Grocery Industry: Success Factors in Supply Chain Partnering. In: Seuring, S.; Müller, M.; Goldbach, M.; Schneidewind, U. (Hrsg.): Strategy and Organization in Supply Chains. Heidelberg: Physica 2003, 149–164

[Trö87] Tröndle, D.: Kooperationsmanagement: Steuerung interaktioneller Prozesse bei Unternehmungskooperationen. Bergisch Gladbach: Eul 1987

[Vah05] Vahrenkamp, R.: Logistik: Management und Strategien. 5. Aufl. München: Oldenbourg 2005

[Wel95] Welge, M. (1995): Strategische Allianzen. In: Tietz, B.; Köhler, R.; Zentes, J. (Hrsg.): Handwörterbuch des Marketing. 2. Aufl. Stuttgart: Schäffer-Poeschel 1995

[Wil92] Wildemann, H.: Das Just-in-Time-Konzept: Produktion und Zulieferung auf Abruf. 3. Aufl. St. Gallen: GFMT 1992

[Wil90] Williamson, O.E.: Die ökonomischen Institutionen des Kapitalismus: Unternehmen, Märkte, Kooperationen. Tübingen: Mohr 1990

[Wil91] Williamson, O.E.: Comparative Economic Organization: Vergleichende ökonomische Organisationstheorie: Die Analyse diskreter Strukturalternativen. In: Ordelheide, D., Rudolph, B., Büsselmann, E. (Hrsg.): Betriebswirtschaftslehre und ökonomische Theorie. Stuttgart: Schäffer-Poeschel 1991

[Wil96] Williamson, O.E.: Transaktionskostenökonomik. 2. Aufl. Hamburg 1996

[Wur94] Wurche, S.: Strategische Kooperation: Theoretische Grundlagen und praktische Erfahrungen am Beispiel mittelständischer Pharmaunternehmen. Wiesbaden: Gabler 1994

D 4.4 Kooperationen in der Beschaffungslogistik

D 4.4.1 Zentrale Wirkungsmechanismen von Kooperationen in der Beschaffungslogistik

Der Begriff der Kooperation wurde bereits in Abschn. D 4.3.1 ausführlich diskutiert. An dieser Stelle geht es darum, die Besonderheiten von Kooperationen in der Beschaffungslogistik herauszuarbeiten.

Die *Beschaffungslogistik* stellt die Verbindung eines Unternehmens zu seinen Versorgungsmärkten dar und verknüpft dabei die Distributionslogistik des Lieferanten mit der Produktionslogistik des eigenen Unternehmens [Pfo04a, 182]. Zentrale Aufgabe ist die Versorgung des Unternehmens bzw. der Betriebsstätten mit Gütern bzw. Leistungen, die nicht selbst erstellt werden, zum Zweck der Sicherstellung der Produktions- bzw. Leistungserstellungsprozesse [Vah05, 206]. Häufig wird dabei zwischen physischen Logistikprozessen und vertragsabschließenden Einkaufstätigkeiten unterschieden [Sch05, 263f.]. Beschaffungslogistik ist somit Teil des Versorgungssystems von Unternehmen, das zudem noch Einkauf und Beschaffung sowie Materialwirtschaft umfasst [Arn97, 9]. Beschaffungslogistik und Materialwirtschaft konzentrieren sich auf die physische Verfügbarkeit, während Einkauf und Beschaffung die rechtliche Verfügbarkeit (Eigentumserwerb) gewährleisten [Eßi04, 54f.].

Analog zur Kooperationsdefinition in Abschn. D 4.3.1 sind zwei Dimensionen für die Systematisierung von Kooperationen in der Beschaffungslogistik besonders relevant: Neben der Kooperationsrichtung handelt es sich dabei insbesondere um die beteiligten Partner, verladende Industrie und/oder Logistikdienstleister (vgl. Bild D 4.4-1):

– Horizontale Kooperationen betreffen Formen der Zusammenarbeit in der Beschaffungslogistik zwischen zwei Unternehmen derselben Stufe einer Logistikkette. Folgerichtig ist diese nur zwischen verladender Industrie- bzw. Handelsunternehmen oder Logistikdienstleistern identischer Wertschöpfungsstufen möglich.

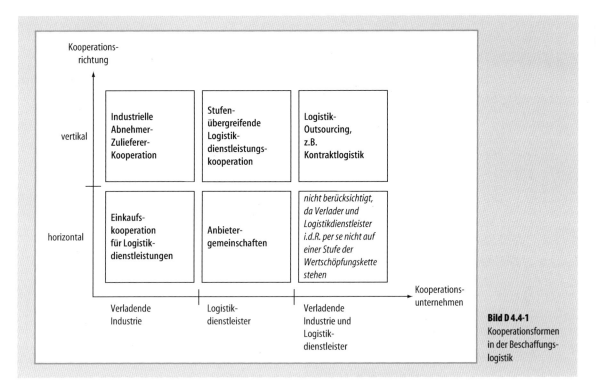

Bild D 4.4-1 Kooperationsformen in der Beschaffungslogistik

– Vertikale Kooperationen sind definitionsgemäß stufenübergreifend (vgl. Abschn. D 4.3.1) und finden aus Sicht des beschaffenden Unternehmens zu seinen Lieferanten und/oder zu seinen zwischengeschalteten (Beschaffungs-) Logistikdienstleistern statt (rückwärtsgerichtete Kooperation, [Pfo04b, 6], vgl. auch Bild D 4.3-1).

Kooperationen machen aus Sicht der beteiligten Unternehmen nur Sinn, wenn die Zusammenarbeit ökonomisch vorteilhafter als eine individuelle Vorgehensweise ist. Kooperationen in der Beschaffungslogistik müssen daher eine Kooperationsrente erwirtschaften. Die Kooperationsrente hängt wiederum von der gewählten Kooperationsform ab: *Vertikale Kooperationen in der Beschaffungslogistik* tragen dazu bei, Transaktionskosten zu senken (z. B. durch optimierte Informationsschnittstellen zwischen Lieferant, Logistikdienstleister und Abnehmer, [Sch04, 70f.], Abschn. D 4.3.2) bzw. die Transaktionsleistungen zu erhöhen (z. B. Realisierung kooperativer Kernkompetenzen durch gemeinsame Entwicklungsleistungen von Lieferant und Abnehmer). *Horizontale Kooperationen in der Beschaffungslogistik* dienen i. d. R. der Erschließung von Größenvorteilen [Eßi99, 80; Kau93, 17]:
  Größenvorteile lassen sich zum einen durch die *gemeinschaftliche Durchführung von Aktivitäten der Beschaffungslogistik* erzielen. Dazu gehört bspw. eine Kooperation in Form eines gemeinsamen Zulieferungslagers. Dies ist regelmäßig dann der Fall, wenn sich die individuelle Erstellung der Logistikleistung nicht effizient wäre. Durch Zusammenarbeit können die Kooperationspartner vorhandene Kapazitäten besser nutzen bzw. vorhandene Kapazitäten günstiger ausbauen. Die Kooperationspartner machen sich den Effekt der Logistics Economies of Scale zunutze. Die gemeinsame Nutzung von Transporteinrichtungen, Informations- und Kommunikationseinrichtungen sind weitere Beispiele.
  Größenvorteile sind zum zweiten durch den *gemeinsamen Einkauf von Logistikdienstleistungen* möglich. Logistische Dienstleistungen umfassen dabei alle Leistungen, die im Bereich der Logistik anfallen [Bre04, 337f.], wobei eine Dreiteilung sinnvoll erscheint [Fra97, 576]:
– Der Einkauf von Transportleistungen erfolgt i. d. R. bei Spediteuren der Straßen- und Schienengüterverkehrs-, Luftverkehrs- und Seeverkehrswirtschaft. Darunter fallen prinzipiell alle möglichen inner- und außerbetrieblichen Transporte, wozu auch Fahrbereitschaften und Kurierdienste gehören.
– Der Einkauf von Lagerleistungen umfasst neben der reinen (Zwischen-) Lagerung auch Kommissionierungs- und Konfektionierungsdienste. Diese Zusatzdienstleis-

tungen werden heute häufig unter dem Stichwort 3rd Party Logistics Services angeboten und beinhalten bspw. die Zuführung von landesspezifischen Betriebsanleitungen bei der Versendung der Ware [Lar01].
– Zum Einkauf von Leistungen der Informationsverarbeitung gehören alle Systeme, die für einen reibungslosen Informationsfluss erforderlich sind (z. B. Frachtverfolgungssysteme).

Der wichtigste ökonomische Effekt dieser horizontalen Kooperationsform bezieht sich auf die Realisierung von Mengenrabatten durch den Bezug größerer Volumina in einem oder in allen drei genannten Bereichen. Wir bezeichnen dies als Supply Economies of Scale [Eßi02, 278].

D 4.4.2 Vertikale Kooperationen in der Beschaffungslogistik

Gemäß der Systematisierung in Bild D 4.4-1 unterscheiden wir bei vertikalen Kooperationen in der Beschaffungslogistik zwischen industriellen Abnehmer-Zulieferer-Kooperationen, stufenübergreifenden Logistikdienstleistungskooperationen und dem Logistik-Outsourcing.

Industrielle Abnehmer-Zulieferer-Kooperationen sind vertikale Kooperationen der Beschaffungslogistik zwischen Industrieunternehmen und ihren Zulieferern. In Abschn. D 4.3.4.1 wurde bereits darauf eingegangen, dass derartige Kooperationen in Branchen wie der Automobilindustrie weite Verbreitung finden und dabei logistische Optimierungen eine wichtige Rolle spielen. Konkret lässt sich unter dem Oberbegriff der Abnehmer-Zulieferer-Kooperation eine Reihe von Teilkonzepten subsumieren:
– Supplier Relationship Management steht für eine Form des integrierten Lieferantenmanagement aus beschaffungswirtschaftlicher Perspektive (vgl. auch Abschn. D 4.6). Dabei wird eine langfristige Geschäftsbeziehung mit Lieferanten angestrebt und durch Instrumente, wie kooperative Entwicklungszusammenarbeit, Lieferantenentwicklung, wechselseitiger Vertrauensaufbau etc. umgesetzt. Unternehmen wie BMW binden so strategische Lieferanten langfristig zur Realisierung gemeinsamer Wettbewerbsvorteile [Sch02, 67ff.].
– Dies ist i. d. R. Ergebnis einer Modular Sourcing- bzw. System Sourcing-Strategie, bei der möglichst komplette Module oder Systeme von Zulieferanten bezogen werden, um so die Anzahl der Beschaffungsobjekte und damit die Komplexität der Steuerung deutlich zu verringern (vgl. Abschn. D 4.3.4.1). Gleichzeitig sinkt damit die Leistungstiefe des Abnehmers und Zulieferleistungen werden strategisch bedeutsamer.

– Just-in-Time (JiT) ist eine beschaffungslogistische Strategie, deren Ziel eine bestandsarme – im Idealfall bestandslose – Zulieferung beinhaltet. Da weder Abnehmer noch Zulieferer Bestände vorhalten, macht JiT eine Kooperation erforderlich, um bspw. über gemeinsame Planungs- und Auftragsabwicklungssysteme die geforderte Lieferflexibilität bei minimalen Beständen realisieren zu können. JiT geht mit partnerschaftlichen Geschäftsbeziehungen einher [Stö02, 410].
– Um die mit JiT verbundenen Versorgungsrisiken zu minimieren, die bspw. aus überlasteten Verkehrsinfrastrukturen zwischen Abnehmer- und Zulieferwerk resultieren, können Industrieparks eingerichtet werden. Ein Industriepark sieht die abnehmernahe, gemeinschaftliche Ansiedlung von mehreren Zulieferern und/oder Dienstleistern vor [Gar02]. Beispiel ist der Industriepark in Hambach/Frankreich zur Fertigung der Smart-Fahrzeuge. Hier arbeiten zentrale Modul- und Systemzulieferer, u. a. zur Rohkarosseriefertigung und -lackierung, zur Vormontage des Antriebsstrangs, zur Konfektionierung von Türen und Klappen, vor Ort zusammen und bestreiten somit sowohl einen großen Teil der Wertschöpfung als auch eine für den Abnehmer integrierte Beschaffungslogistik.

Stufenübergreifende Logistikdienstleistungskooperationen umfassen die Zusammenarbeit im Bereich der Beschaffungslogistik mehrerer Logistikdienstleistungsunternehmen auf verschiedenen Stufen der Wertschöpfungskette. Dies können längerfristige Bindungen bereits bestehender, traditioneller Geschäftsbeziehungen sein, bspw. zwischen Speditionen und Transportunternehmen [Pfo04a, 317]. Das Konzept des 4th Party Logistics Provider s (4PL), der die (im Falle der Beschaffungslogistik auf die Supply Side beschränkte) Steuerung der Supply Chain übernimmt, beruht im Kern auf einer Logistikdienstleistungskooperation [Pfo04b, 27]. Da der 4PL selbst keine Ressourcen wie Fuhrpark oder Lagerhäuser vorhält, ist er für die Durchführung der Beschaffungslogistik auf die Zusammenarbeit mit entsprechenden Dienstleistern angewiesen [Nis02]. Derartige Konzepte sind häufig im Rahmen der Kontraktlogistik (vgl. Abschn. D 4.3.4.3) als langfristige Geschäftsbeziehungen angelegt, mithin liegt institutionell eine Kooperation vor.

Beim *Logistik-Outsourcing* findet eine vertikale beschaffungslogistische Kooperation zwischen Industrie- und Logistikdienstleistungsunternehmen statt. Diese Kooperationsform umfasst verschiedene Intensitätsstufen: Eine niedrige Intensitätsstufe stellt bspw. das Gebietsspediteurkonzept dar [Stö02, 413–415]. Der Gebietsspediteur ist ein vom Abnehmer beauftragter Logistikdienstleister, der in einem abgegrenzten räumlichen Gebiet eine Sammlung und Bündelung von Sendungen der Zulieferer vornimmt [Stö02, 413–415]. Damit werden Verkehrsmittel besser ausgelastet, die Steuerung des Transportprozesses vereinfacht und die Warenannahme für den Abnehmer erleichtert. Kooperationspartner sind das abnehmende Unternehmen, ggf. die Zulieferer und in jedem Fall der Gebietsspediteur. Wird diesem alternativ das Management eines Beschaffungslagers übertragen, in dem Wareneingänge gebündelt und konsolidiert werden, spricht man von einem externen Beschaffungslager [Stö02, 410–412]. Die Grenzen zur horizontalen Kooperation sind fließend, da ein externes Beschaffungslager i. d. R. eine horizontale Zusammenarbeit der Zulieferer voraussetzt. Diese sorgen gemeinsam dafür, dass Größendegressionseffekte in Transport und Lagerung beim beauftragten Logistikdienstleister möglich sind und stimmen dazu ihre Logistikplanung und -durchführung entsprechend ab.

Als eine der intensivsten Stufen des Logistik-Outsourcing gilt die Kontraktlogistik, bei der komplexe logistische Leistungsbündel im Rahmen einer langfristigen Geschäftsbeziehung von einem logistischen Systemanbieter bezogen werden [Eis05; Gie00; sowie Abschn. D 4.3.4.3]. Als Beispiel gilt die Übernahme der KarstadtQuelle-Konzernlogistik durch die Deutsche Post/DHL. Dazu gehören zum einen die Warenhauslogistik für Karstadt mit dem Warenverteilzentrum Unna/Holzwickede, dem Schmucklager in Essen, den Branchenzentren in Essen-Vogelheim und Brieselang (Brandenburg) und den regionalen Logistikzentren in Hamburg, Berlin, Kirchheim b. München, Düsseldorf und Karlsruhe (ca. 700.000 m^2 Logistikfläche, ca. 2.650 Mitarbeiter). Zum anderen umfasst das Outsourcing den Bereich Groß-/Stückgut (z. B. Fernseher/Möbel) der Versender Quelle und Neckermann an 11 Standorten (ca. 470.000 m^2 Logistiknutzfläche, ca. 1.000 Mitarbeiter). Der Gesamtkontrakt umfasst bei einem jährlichen Umsatz von rund 500 Millionen Euro und einer Laufzeit von zehn Jahren ein Volumen von 5 Milliarden Euro.

D 4.4.3 Horizontale Kooperationen in der Beschaffungslogistik

Gemäß der Systematisierung in Bild D 4.4-1 unterscheiden wir (analog zu vertikalen Kooperationsformen) bei horizontalen Kooperationen in der Beschaffungslogistik zwischen Einkaufskooperationen für Logistikdienstleistungen und Anbietergemeinschaften in der Beschaffungslogistik.

Anbietergemeinschaften in der Beschaffungslogistik sind horizontale Kooperationen von Logistikdienstleistern. Diese arbeiten zusammen, um der verladenden Industrie ein umfassendes Leistungsangebot in der Beschaffungslogistik machen zu können. Beispiele sind Sammelladegemeinschaften, Korrespondenzbeziehungen im Sammelgutverkehr, Abfertigungsgemeinschaften und Begegnungsverkehre, Zusammenarbeit bei der Logistikberatung oder abwechselnde Disposition bei City-Logistik-Systemen [Pfo04a, 317]. Während bei der stufenübergreifenden Logistikdienstleistungskooperation Dienstleistungsunternehmen unterschiedlicher Kanalstufen zusammenarbeiten und häufig nur das „stufenhöchste" Unternehmen (bspw. 4PL) alle Dienstleister steuert sowie direkten Zugang zum Kunden (Verlader) hat, sind bei Anbietergemeinschaften die Partner prinzipiell gleichberechtigt.

Einkaufskooperationen für Logistikdienstleistungen („Consortium Logistic Purchasing") bedeutet eine Form der horizontalen Zusammenarbeit zum Zweck des gemeinsamen Einkaufs von Logistikdienstleistungen. Die Partner der verladenden Industrie sind in der Lage, ihren Bedarf zu bündeln und dadurch Größenvorteile bei Logistikdienstleistern zu erlösen (Supply Economies of Scale).

Horizontale Kooperationen in der Beschaffung bzw. Beschaffungslogistik sind ein von Industriebetrieben in Deutschland bislang noch wenig genutztes Instrument. Auch die Zahl der Publikationen zu diesem Thema ist äußerst gering [deutschsprachige Monographien sind z. B. Arn98; Arn97; BDI69; Eßi99; Voe98]. Mit dem Begriff „Consortium Logistic Purchasing" lehnen wir uns an die im US-amerikanischen Schrifttum verbreiteten Definitionen an, was im Folgenden noch genauer ausgeführt wird. Im englischsprachigen Raum sind horizontale Logistik- und Einkaufskooperationen durchaus weit verbreitet. In einer Studie in den USA gaben 21% der Unternehmen an, Mitglied einer solchen Logistikkooperation zu sein [Hen97, 16].

Die Vielzahl wissenschaftlicher Schriften und Praktikerpublikationen im angloamerikanischen Sprachraum hat zu einer enormen Begriffsvielfalt geführt, die nicht leicht zu entwirren ist. Der Versuch, die in USA geläufigen Begriffe zu systematisieren, muss an drei Punkten ansetzen [Eßi99, 119ff.]:

1. Erste Systematisierungsdimension ist das Tätigkeitsfeld der beteiligten Kooperationspartner. Neben dem öffentlichen sind dies der industrielle Sektor und der Bereich des Handels.
2. Zweite Systematisierungsdimension ist der Formalisierungsgrad der Kooperation. Er kann hoch oder niedrig sein. Bei einem hohen Formalisierungsgrad existiert i. d. R. eine Kooperation mit eigener Rechtspersönlichkeit, die zudem relativ hohe Beiträge der Kooperierenden erfordert. So ist es in den USA nicht unüblich, sowohl von den Kooperationspartnern als auch von den

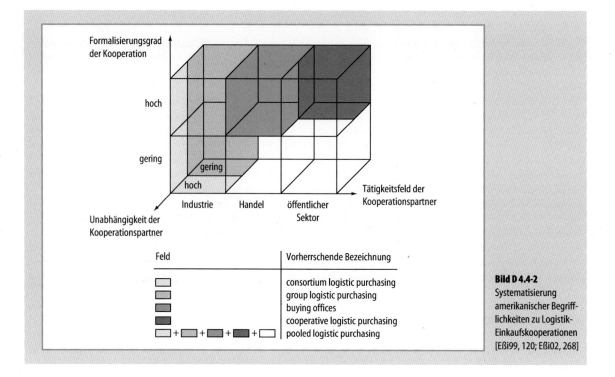

Bild D 4.4-2
Systematisierung amerikanischer Begrifflichkeiten zu Logistik-Einkaufskooperationen [Eßi99, 120; Eßi02, 268]

beteiligten Lieferanten bzw. Logistikdienstleistern eine Art „Mitgliedsgebühr" zu fordern.
3. Dritte Systematisierungsdimension ist die Unabhängigkeit der Kooperationspartner. Eine geringe Unabhängigkeit kann sowohl aus einem positiven als auch aus einem negativen Beziehungszusammenhang der Kooperationspartner resultieren. Von einem positiven Beziehungszusammenhang sprechen wir, wenn die Kooperierenden bspw. Bestandteil eines großen Konzerns sind. Ein negativer Beziehungszusammenhang resultiert bspw. aus einer Wettbewerbs- bzw. Konkurrenzbeziehung der Kooperierenden auf dem Absatzmarkt.

Diese drei Dimensionen machen es möglich, die amerikanischen Begrifflichkeiten wie folgt zu systematisieren (vgl. Bild D 4.4-2):
– *Cooperative Logistics Purchasing* bezeichnet horizontale Beschaffungs- und Logistikkooperationen im öffentlichen Sektor [Cav84, 395f.; Lee06, 411f.]. Damit handelt es sich sowohl bei den Kooperationspartnern als auch bei der Kooperation selbst i. d. R. um Genossenschaften, die nicht primär gewinnorientiert geführt werden. Der Formalisierungsgrad ist wegen der üblicherweise starken Bindungsintensität sehr hoch (z. B. eigene Rechtspersönlichkeit). Die Kooperierenden gehören häufig einer „Branche" (z. B. Hochschulen oder Krankenhäuser) an, sind also nicht unabhängig im oben dargestellten Sinne. In der Regel kaufen Cooperatives Leistungen der Beschaffungslogistik direkt mit den benötigten Gütern, bspw. durch Frei-Haus-Lieferungen ein. Eine der größten Cooperatives in den USA, die Educational & Institutional Cooperative Service (E&I) bietet ihren Mitgliedern bei Logistikleistungen, wie Express-Luftfracht, Kostenreduzierungen um bis zu 48% [E&I96, 132].
– Der zunehmende Trend industrieller Unternehmen zur Bildung horizontaler Beschaffungs- bzw. Logistikkooperationen wird, in Abgrenzung zu den in erster Linie als Genossenschaften ausgeprägten Cooperatives, häufig als *Consortium Logistics Purchasing* bezeichnet [Lee06, 49f.; Mac96, 20ff.]. Das Consortium wird von Industrieunternehmen gebildet, die sich auf eine Zusammenarbeit in der Beschaffungslogistik bzw. Beschaffung beschränken und ihre prinzipielle Unabhängigkeit nicht aufgeben. Dabei reichen die Kooperationsformen vom losen Informationsaustausch bis zur eigenständigen Einkaufs-GmbH. Wir orientieren uns in erster Linie an der Beschaffungslogistik von Industrieunternehmen und bevorzugen daher hier den Begriff „Consortium". In einer Studie in den USA zeigt Hendrick (1997), dass immer-

hin 46% aller Kooperationen gemeinsam Dienstleistungen beschaffen, wozu in erster Linie Bereiche der Beschaffungslogistik wie Luftfracht und Transportleistungen gehören.
- *Group Logistics Purchasing* bezeichnet Beschaffungskooperationen selbständiger Töchter eines Konzernunternehmens. Dadurch sollen die Vorteile dezentraler Steuerung mit den Vorteilen gebündelter Einkaufs- bzw. Logistikvolumina verbunden werden. Beispiel dafür ist der Metro-Konzern mit seinen gruppenweiten Servicegesellschaften MGBI Metro Group Buying International GmbH als zentrale Beschaffungsorganisation der Metro Group mit Bündelungs- und Verhandlungsauftrag sowie MGL Metro Group Logistics GmbH als logistisches Service- und Kompetenzcenter innerhalb der METRO Group, welches im Jahr ca. 12 Millionen Pakete, 12 Millionen Paletten bzw. ca. 22 Millionen hängende Textilien und 4.300 Lieferanten steuert.
- Horizontale Kooperationen der Beschaffungslogistik im Handel werden *Buying Offices* genannt [Cas95, 49–67]. Diese Buying Offices haben traditionell einen hohen Formalisierungsgrad. Der Name „Office" ist wörtlich zu nehmen. Es handelt sich dabei i. d. R. um eine Organisation, die mit eigener Rechtspersönlichkeit logistische Beschaffungsaktivitäten für mehrere Handelsunternehmen – gerade auf ausländischen Märkten – betreibt.
- *Pooled Logistics Purchasing* stellt schließlich den Oberbegriff für alle genannten Arten von horizontalen Kooperationen in der Beschaffungslogistik dar – obwohl er teilweise auch als „Pooling Structure" für konzerninterne Kooperationen verwendet wird [Wee94, 185f.].

Potenzielle Kooperationspartner sind auf ihre Kompatibilität zur Kooperation bzw. zu den anderen Partnern zu untersuchen. Für eine Überprüfung der Partnerkompatibilität wird das Konzept des Fit herangezogen. Der Fit-Ansatz entstammt der Diskussion um Strategien und Strategisches Management. Fit ist als „Strategische Stimmigkeit" [Sch88, 446] oder als Gleichgewicht („equilibrium") [Ven89, 441] definiert. Mit der Diskussion um Strategische Allianzen wurde der Begriff des Fit auch in die Kooperationstheorie eingeführt [Bro92, 36–40]. Grund dafür ist die Erkenntnis, dass Partnerwahlentscheidungen zentrale Bedeutung für den Erfolg von Kooperationen, Allianzen und Netzwerken haben. Die Auswahl von Mitgliedern für horizontale Logistikkooperationen erfolgt mit Hilfe von vier Ausprägungen des Fit (vgl. Bild D 4.4-3). Fundamentaler, strategischer und kultureller Fit beziehen sich insbesondere auf Aspekte wie Kooperationsbereitschaft, strategische Konvergenz und ähnliche Unternehmenskulturen. Der Logistik-Fit hebt auf drei Aspekte ab:

- Die Objektkompatibilität bezieht sich in erster Linie auf die logistischen Anforderungen an das zu transportierende bzw. zu lagernde Gut. Hier sollten Größe, Beschaffenheit und Verpackung so gestaltet sein, dass eine möglichst effiziente Beschaffungslogistik gewährleistet ist. Eine Optimierung ist bspw. durch die einheitliche Nutzung standardisierter Ladungsträger möglich.
- Bei der Transportmittelkompatibilität ist darauf zu achten, inwiefern die Partner in der Lage sind, kombinierte Verkehre für alle Partner zu realisieren. Ist z. B. daran gedacht, bei der Beschaffungslogistik neben der Straßengüterspedition auch die Bahn einzusetzen, so müssen alle Logistikpartner über Transportgefäße verfügen, die für beide Verkehrsarten geeignet sind (sofern keine Anschlussgleise vorhanden sind). Dies ist insbesondere bei internationalen Beschaffungsaktivitäten von Bedeutung.
- Die Informationsflusskompatibilität bezieht sich bei fortschrittlichen Kooperationen der Beschaffungslogistik in erster Linie auf die Abstimmungsmöglichkeiten mit modernen Informations- und Kommunikationstechnologien. Der automatisierte Informationsfluss in Logistikkooperationen erfolgt mit Hilfe von elektronischen Datenaustauschprotokollen. Die Kompatibilitätsüberprüfung wird durch Standardisierungsbemühungen z. B. im Rahmen des UN/EDIFACT-Systems oder durch GS1 Germany GmbH (vgl. Abschn. D 4.3.3) deutlich vereinfacht.

Im Rahmen eines Aktionsforschungprojektes „Einkaufskooperationen mittelständischer Unternehmen in Baden-Württemberg" konnten explorative Ergebnisse für die Vorteilhaftigkeit gemeinsamer Beschaffung von Logistikleistungen gewonnen werden. Insgesamt waren an dem Projekt dreizehn mittelständische Unternehmen der Automobilzuliefer- und metallverarbeitenden Industrie beteiligt [Arn98, 18]. Das gebündelte Volumen für Transportleistungen der dreizehn Kooperationspartner betrug zum Zeitpunkt des Kooperationsstarts ca. 23 Mio. €. Bezogen auf ein geschätztes Volumen des Gesamtmarktes für Transport-, Umschlags- und Lagerleistungen von ca. 150 Mrd. € in Deutschland [Kil04, 317] war dies kartellrechtlich unbedenklich.

Die Warengruppe „Transport" führte im Rahmen dieses Projekts mehrere Ausschreibungen durch. Die Wichtigste, umfasste inländische Transportleistungen. Insgesamt wurden 47 Speditionen/Transportdienstleister beteiligt.

Im Ergebnis konnten Supply Economies of Scale für Beschaffungslogistikleistungen in vollem Umfang genutzt werden. Das aggregierte mittlere Preisniveau der Kooperationspartner lag um 11% unter dem Niveau vor Koopera-

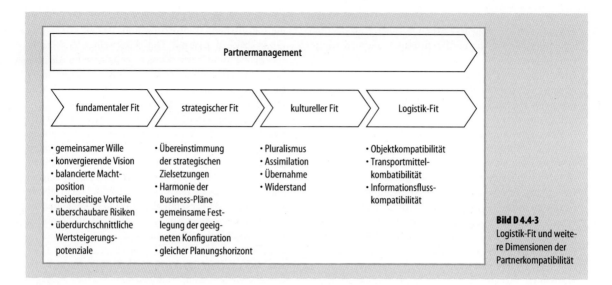

Bild D 4.4-3
Logistik-Fit und weitere Dimensionen der Partnerkompatibilität

tionsbeginn – ohne Berücksichtigung weiterer Informations-, Know-how- und Technologieaspekte.

Literatur

[Arn97] Arnold, U.: Beschaffungsmanagement. 2. Aufl. Stuttgart: Schäffer-Poeschel 1997

[Arn98] Arnold, U.: Erfolg durch Einkaufskooperationen: Chancen, Risiken, Lösungsansätze. Wiesbaden: Gabler 1998

[Arn97] Arnold, U.; Eßig, M.: Einkaufskooperationen in der Industrie. Stuttgart: Schäffer-Poeschel 1997

[BDI69] BDI/RKW (Hrsg.): Leitfaden für die Kooperation in der Beschaffung. Stuttgart: Forkel 1969

[Bro92] Bronder, C.; Pritzl, R.: Ein konzeptioneller Ansatz zur Gestaltung und Entwicklung Strategischer Allianzen. In: Bronder, C.; Pritzl, R. (Hrsg.): Wegweiser für Strategische Allianzen: Meilen- und Stolpersteine bei Kooperationen. Wiesbaden: Gabler 1992, 36–40

[Bre04] Bretzke, W.R.: Logistikdienstleistungen. In: Klaus, P.; Krieger, W. (Hrsg.): Gabler-Lexikon Logistik: Management logistischer Netzwerke und Flüsse. 3. Aufl. Wiesbaden: Gabler 2004, 337–343

[Cas95] Cash, R.P.; Wingate, J.W.; Friedlander, J.S. (Hrsg.): Management of Retail Buying. 3. Aufl. New York: Wiley 1995

[Cav84] Cavinato, J.L.: Purchasing and Materials Management: Integrative Strategies. St. Paul/Minn. 1984

[E&I96] E&I Cooperative Service (Hrsg.): E&I Cooperative Service Inc. 1996 Desktop Index: Your Buying Coop for Higher Education & Health Care. New York: Hauppauge 1996

[Eis05] Eisenkopf, A.: Wachstumsmarkt Kontraktlogistik: Eine Analyse von Logistikkooperationen aus institutionenökonomischer Sicht. In: Lasch, R.; Janker, C.G. (Hrsg.): Logistik Management: Innovative Logistikkonzepte. Wiesbaden: Deutscher Universitäts-Verlag 2005, 395–406

[Eßi99] Eßig, M.: Cooperative Sourcing: Erklärung und Gestaltung horizontaler Beschaffungskooperationen in der Industrie. Frankfurt/Main: Lang 1999

[Eßi02] Eßig, M.: Cooperative Sourcing. In: Hahn, D.; Kaufmann, L. (Hrsg.): Handbuch Industrielles Beschaffungsmanagement: Internationale Konzepte, innovative Instrumente, aktuelle Praxisbeispiele. 2. Aufl. Wiesbaden: Gabler 2002, 263–280

[Eßi04] Eßig, M.: Beschaffungslogistik. In: Klaus, P.; Krieger, W. (Hrsg.): Gabler-Lexikon Logistik: Management logistischer Netzwerke und Flüsse. 3. Aufl. Wiesbaden: Gabler 2000, 54–56

[Fra97] Frank, W.: Einkauf von Logistikdienstleistung. In: Bloech, J.; Ihde, G.B. (Hrsg.): Vahlens großes Logistiklexikon. München: Vahlen 1997

[Gar02] Gareis, K.: Das Konzept Industriepark aus dynamischer Sicht: Theoretische Fundierung, empirische Ergebnisse, Gestaltungsempfehlungen. Wiesbaden: Deutscher Universitäts-Verlag 2002

[Gie00] Giesa, F.; Kopfer, H.: Management logistischer Dienstleistungen der Kontraktlogistik. Logistik Management 2 (2000) 1, 43–53

[Hen97] Hendrick, T.E.: Purchasing Consortiums: Horizontal Alliances among Firms Buying Common Goods and Services. Tempe/Az.: CAPS 1997

[Kau93] Kaufmann, L.: Planung von Abnehmer-Zulieferer-Kooperationen: Dargestellt als strategische Führungsaufgabe aus Sicht der abnehmenden Unternehmung. Gießen: Ferber 1993

[Kil04] Kille, C.; Klaus, P.; Müller Steinfahrt, U.: Logistik in Deutschland. In: Klaus, P.; Krieger, W. (Hrsg.): Gabler-Lexikon Logistik: Management logistischer Netzwerke und Flüsse. 3. Aufl. Wiesbaden: Gabler 2004, 312–318

[Lar01] Large, R.; Kovács, Z.: Acquiring Third-Party Logistics Services: A Survey of German and Hungarian Practices. Supply Chain Forum, 2 (2001) 1, 44–51

[Lee06] Leenders, M.R.; Johnson, P.F.; Flynn, A.E.; Fearon, H.E.: Purchasing and Supply Management. 13. Aufl. Chicago: Irwin 2006

[Mac96] Macie, K.E.: What's the Difference? Though they have a Common Aim to Save Money, the Cooperative and the Consortium represent two Different Structures. Purchasing Today 7 (1996) 5, 20–23

[Nis02] Nissen, V.; Bothe, M.: Fourth Party Logistics. Ein Überblick. Logistik Management 4 (2002) 1, 16–26

[Pfo04a] Pfohl, H.C.: Logistiksysteme: Betriebswirtschaftliche Grundlagen. 7. Aufl. Berlin/Heidelberg/New York: Springer 2004

[Pfo04b] Pfohl, H.C.: Grundlagen der Kooperation in logistischen Netzwerken. In: Pfohl, H.C. (Hrsg.): Erfolgsfaktor Kooperation in der Logistik: Outsourcing, Beziehungsmanagement, finanzielle Performance. Berlin/Heidelberg/New York: Springer 2004, 1–36

[Sch88] Scholz, C.: Strategische Stimmigkeit: Probleme und Lösungsvorschläge. Wirtschaft.-wiss. Studium 17 (1988) 9, 445–450

[Sch04] Schönsleben, P.: Integrales Logistikmanagement: Planung und Steuerung der umfassenden Supply Chain. 4. Aufl. Berlin/Heidelberg/New York: Springer 2004

[Sch02] Schuff, G.: Entwicklungsperspektiven für die Beschaffung in der Weltautomobilindustrie. In: Hahn, D.; Kaufmann, L. (Hrsg.): Handbuch Industrielles Beschaffungsmanagement: Internationale Konzepte, innovative Instrumente, aktuelle Praxisbeispiele. 2. Aufl. Wiesbaden: Gabler 2002, 55–79

[Sch05] Schulte, C.: Logistik: Wege zur Optimierung der Supply Chain. München: Vahlen 2005

[Stö02] Stölzle, W.; Gareis, K.: Konzepte der Beschaffungslogistik: Anforderungen und Gestaltungsalternativen. In: Hahn, D.; Kaufmann, L. (Hrsg.): Handbuch Industrielles Beschaffungsmanagement: Internationale Konzepte, innovative Instrumente, aktuelle Praxisbeispiele. 2. Aufl. Wiesbaden: Gabler 2002, 401–423

[Vah05] Vahrenkamp, R.: Logistik: Management und Strategien. 5. Aufl. München: Oldenbourg 2005

[Ven89] Venkatraman, N.: The Concept of Fit in Strategy Research: Toward verbal and statistical Correspondence. Academy of Management Review 14 (1989) 3, 423–444

[Voe98] Voegele, A.R.; Schindele, S.: Einkaufskooperationen in der Praxis: Chancen, Risiken, Lösungen. Wiesbaden: Gabler 1998

[Wee94] Weele, A.J. v.: Purchasing Management: Analysis, Planning and Practice. London: Thomson Business Press 1994

D 4.5 Kooperationen in der Distributionslogistik

D 4.5.1 Tendenzen in der Entwicklung der Distributionslogistik

D 4.5.1.1 Supply-Chain-Management als vertikal-kooperativer Lösungsansatz

Die gegenwärtige strategische Orientierung der Logistik in der Konsumgüterwirtschaft, auf die sich der vorliegende Beitrag bezieht, ist durch ein Streben nach unternehmensübergreifender Optimierung der Supply Chain gekennzeichnet. Als Subdimension des ECR- (Efficient-Consumer-Response-) Konzeptes zielt das Supply-Chain-Management auf eine vertikale Kooperation innerhalb der Wertschöpfungskette ab, so zwischen Herstellern (Industrieunternehmen und Einzelhandelsunternehmen [Zen98a]). Als weitere „Kettenglieder" können Großhandelsunternehmen sowie Vorlieferanten (Zulieferer) der Industrieunternehmen in die Effizienzsteigerungsansätze integriert werden.

Diese vertikal-kooperative Orientierung der Zusammenarbeit im Rahmen logistischer Prozesse bzw. in der Wertschöpfungskette schließt die Analyse der ökonomischen und ökologischen Verbesserungspotenziale durch Einschaltung von Logistikdienstleistern ein.

Die auf die Supply-Side fokussierenden Ansätze des ECR-Konzeptes haben gerade in den letzten Jahren zu innovativen Lösungen in der Nachschubversorgung geführt [Sei02]. Die Zielsetzung der effizienten Nachschubversorgung („Efficient Replenishment") liegt darin, die Synchronisation der Produktion der Hersteller mit der Kundennachfrage zu erreichen, indem alle Beteiligten bzw. Prozessstufen der Supply Chain in einem integrierten (Informations-) System verbunden werden. Dadurch soll ein „Just-in-time"-artiges Pull-System realisiert werden, das durch die tatsächlichen Abverkäufe am Point-of-Sale gesteuert wird [Swo02].

Die vielfältigen Ansätze des sog. Continuous Replenishment schließen dabei Formen des Lagerbestandsmanagements ein, die dem Hersteller die Dispositions- und damit die Bestandsverantwortung übertragen (Vendor Managed Inventory, VMI). Informationstechnische Voraussetzung ist die kontinuierliche Bereitstellung der Bestands- und der Abverkaufsdaten der Handelsebene [Gle00; Zen04; Her05, 185ff.].

D 4.5.1.2 Rückwärtsintegration des Handels als wettbewerbsstrategische Orientierung

Zeitlich parallel zu dieser Sichtweise der logistischen Gesamtsystemoptimierung, bezogen auf den Bereich der Supply Chain, entwickelte sich eine weitere Tendenz („Megatrend") in der Konsumgüterwirtschaft: Der Handel strebt nach einem Ausbau seines Anteils an der Wertschöpfungskette. Bezogen auf die Logistik, drückt sich dies in einem Ausbau des logistischen Wertschöpfungsanteils des Handels aus (Bild D 4.5-1).

Konkrete Ausgestaltungs- bzw. Erscheinungsformen dieser strategischen Orientierung sind die Zentrallagerhaltung des Handels, in Form konventioneller Bestandsläger oder Transit-Terminals bzw. Cross-Docking-Systemen, die Belieferung der Filialen (Outlets) und neuerdings die Abholung der Waren „an der Rampe" der Lieferanten, die zugleich zu einer neuen Preisstellung der Hersteller führt: „Factory Gate Pricing".

Diese Insourcing-Tendenz geht in vielen praktischen Fällen einher mit einer gleichzeitigen Outsourcing-Tendenz: So übernimmt der Handel die Logistikführerschaft auf einer strategischen Ebene; auf der operativen Ebene wird die Abwicklung der logistischen Prozesse (Lagerhaltung, Kommissionierung, Transport u. a.) an Logistikdienstleister übertragen.

D 4.5.1.3 Horizontal-kooperative Lösungsansätze zur Ausschöpfung von Effizienzsteigerungspotenzialen

Einerseits als Reaktion auf die strategischen Orientierungen des Handels, andererseits als Konsequenz eines auf Gesamtsystemoptimierung ausgerichteten Supply Chain Managements zeichnet sich in der Distributionslogistik der Konsumgüterindustrie eine weitere Tendenz ab: horizontal-kooperative Ansätze.

Logistikkonzepte, die Effizienzsteigerungspotenziale, aber auch qualitative und/oder ökologische Verbesserungen durch horizontale Kooperationen anstreben, finden sich gleichermaßen auf der Ebene des Handels wie auch auf der Ebene der Logistikdienstleister.

Diese horizontal-kooperativen Lösungsansätze – sowohl auf der Ebene der Hersteller, des Handels als auch auf der Ebene der Dienstleister – stehen im Mittelpunkt der folgenden Überlegungen.

D 4.5.2 Formen horizontaler Kooperation in der Distributionslogistik

D 4.5.2.1 Kooperative Distributionslogistik der Hersteller

„Industrie bündelt Ware selbst", „Deutsche Ernährungsindustrie bündelt Warenströme" und ähnliche Schlagzeilen finden sich bereits in den neunziger Jahren des letzten Jahrhunderts in der allgemeinen Wirtschaftspresse [Sch98; OV98b]. Als kooperative Strategie verständigte sich eine Gruppe von Kosmetik- und Reinigungsmittelherstellern (Beiersdorf, Colgate Palmolive, Schwarzkopf Henkel, Wella, GlaxoSmithKline und Johnson Wax) auf die gebündelte Warenbelieferung des Handels [Kap04]. Damit soll der Kritik des Handels über zu viele Rampenkontakte und zu hohe Logistikkosten sowie einer durch Abholung des Handels eintretenden Verlagerung der Probleme an den Rampen des Handels auf die Hersteller entgegengetreten werden. Integriert wurde in dieses kooperative Netzwerk ein Logistikdienstleister (Teege Tietje & Sohn, TTS), der

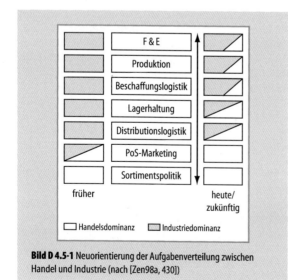

Bild D 4.5-1 Neuorientierung der Aufgabenverteilung zwischen Handel und Industrie (nach [Zen98a, 430])

die Transshipments übernahm; nach der Übernahme durch die FIEGE Gruppe wird TTS zum 01. Januar 2007 in FIEGE umbenannt [Lod06].

Der Grundgedanke kooperativer Distributionskonzepte in der Konsumgüterindustrie ist keineswegs neu. Erwähnenswert ist in diesem Kontext das bereits als klassisch zu bezeichnende HEMA-System [Zen91].

Kooperative Distributionslogistikkonzepte der Hersteller entstehen nicht nur als „Gegenstrategie", sondern auch als proaktive Effizienzsteigerungsstrategie. Zu erwähnen ist in diesem Zusammenhang die Kooperation zwischen den Tiefkühlwarenherstellern Roncadin, Coppenrath & Wiese sowie Apetito, die ihre Lieferungen an den Handel seit 2004 bündeln [Lod05].

D 4.5.2.2 Kooperative Distributionslogistik des Handels

Auf der Ebene des Handels lassen sich gleichermaßen unterschiedliche Ansatzpunkte für kooperative Distributionskonzepte (hier: Belieferung der Filialen bzw. Anschlusshäuser in Verbundgruppen) ausmachen, die primär auf die Ausschöpfung von Effizienzsteigerungspotenzialen ausgerichtet sind.

So schaffen Unternehmen des Einzelhandels, die z. T. selbst als Filialisten agieren, eine gemeinsame „logistische Plattform". Zu erwähnen ist in diesem Zusammenhang das Markant-Gemeinschaftsprojekt „Markant Logistik Initiative (M LOGIN)". „Grundgedanke der Initiative ist ein weitestgehend bestandsloses Beschaffungssystem für den Lebensmittelhandel. Ein Transitlager bildet die logistische Plattform. M LOGIN wird nach der Bestellung durch die Bezugspunkte eine Bestelloptimierung durchführen und eine Sammelbestellung bei den Lieferanten auslösen. Nach lieferantenseitiger Anlieferung wird die Ware entsprechend den Filial- und Zentrallagerbestellungen innerhalb von 24 h feinkommissioniert und unter Berücksichtigung eines Tourenplanes an die Bezugspunkte distribuiert. M LOGIN wird Rechnungsempfänger sein und anschließend an die einzelnen Bezugspunkte weiter fakturieren" [Bäh98].

Eine zweite Gruppe von kooperativen Distributionslogistikkonzepten findet sich innerhalb der Verbundgruppen. So legen z. B. bisher autonom agierende Einkaufsgemeinschaften ihre Lager- und Logistikaktivitäten zusammen. Mit dieser Bündelung geht i. d. R. auch eine Bündelung des Einkaufsvolumens einher, um so die Beschaffungskonditionen für die Mitglieder weiter zu verbessern. Die Kooperation auf der Zentrallagerebene und in der Distribution führt oftmals auch dazu, dass die bisherige logistische Plattform eines der Allianzpartner aufgegeben wird [Zen98b; Zen98e].

Eine weitere Variante kooperativer Distributionskonzepte kann unter „City-Logistik" subsumiert werden [Lie01]. Hier bündeln ein oder mehrere Spediteure die Sendungen für innerstädtische Handelsunternehmen, die sich i. d. R. zu „Interessengemeinschaften City-Logistik" zusammengeschlossen haben. Das Bündeln der Warenverkehre für innerstädtische Handelsunternehmen zielt neben der Ausschöpfung von Rationalisierungspotenzialen auch auf die verkehrsmäßige Entlastung der Innenstädte und damit auf die Steigerung der Attraktivität der Innenstädte als Einkaufszentren ab. Diese Zielsetzung drückt sich oftmals bereits in der Namensgebung der Projekte bzw. der eingesetzten Fahrzeuge aus (z. B. „City-Ent-Laster" [OV96]).

Kooperative Distributionslösungen des Handels, die auf die Belieferung der Endverbraucher abzielen, entstehen aus der zunehmenden Convenience-Orientierung der Verbraucher [Zen98d; Zen98c]. So organisieren Einzelhandelsunternehmen einen Lieferservice (Zustelldienst), um Einkäufe der Verbraucher (im stationären Handel) nach Hause transportieren zu lassen. Als klassisches Beispiel kann der gemeinsame Lieferservice des Bielefelder Einzelhandels „Sie kaufen, wir tragen" erwähnt werden, in dem der Paketdienst German Parcel Service den Transport durchführt [OV98a].

Im Zusammenhang mit den vielfältigen neuen Formen des Remote Ordering – neben schriftlichen, telefonischen und Fax-Bestellungen auch E-Mail- und Internet-Bestellungen – sind weitere Zustelldienste (Lieferung in die Wohnung und/oder ins Büro oder an sonstige Abholpunkte) entstanden. Diese Zustelldienste übernehmen nicht nur die Warendistribution für anbietende Handelsunternehmen, sondern auch für Hersteller, die z. B. über Internet den Direktvertrieb an Verbraucher forcieren [Zen98d; Zen98c; Zen07].

D 4.5.2.3 Kooperative Distributionslogistik der Dienstleister

Strategische Allianzen von Logistikdienstleistern werden aus unterschiedlichen Motivationsstrukturen heraus und für unterschiedliche Aufgabenstellungen gebildet, so auch zur effizienten und flächendeckenden – ggf. europaweiten oder gar weltweiten – Warendistribution von Herstellern zu Zentrallägern und/oder Verkaufsfilialen des Handels bzw. zur Warendistribution innerhalb des Handels, so von Logistik-Plattformen zu den Filialen (Outlets) oder in Verbundgruppen zu den Anschlusshäusern. Beschleunigt wird dieser Prozess durch die Tendenz, distributionslogistische Aufgaben der Verlader (Hersteller und Handel) an Logistikdienstleister auszulagern.

Als Beispiel kann in diesem Zusammenhang die Initiative Markenartikel-Logistik-Team (MLT) erwähnt werden. Ziel dieses Gemeinschaftsprojektes ist eine einheitliche Transport- und Distributionslogistik für Markenartikelhersteller im Food- und Non-Food-Bereich. „Zu den Gründungsmitgliedern – mit jeweils starker lokaler Marktpräsenz – gehören August Bauer & Sohn (Berlin Kremmen), Calberson Hermann Ludwig (Hamburg, Bremen, Duisburg, Lüdinghausen), Carl Speer & Co. (Witten, Sprockhövel, Erfurt), Wetlog (Frankfurt/Main, Mannheim), BSL GmbH (Nürnberg, Würzburg), Stuttgarter Lagerhaus GmbH (Ludwigsburg), Anzenberger Spedition Logistik GmbH (Oberschleißheim), Rigterink Spedition (Nordhorn, Hermsdorf). Bei dieser Mittelstandskooperation bleiben sämtliche Betriebe, die entweder durch Inhaber oder durch Geschäftsführer vertreten sind, rechtlich selbständig" [Spe98].

D 4.5.3 Einschaltung von Logistikdienstleistern als Ansatz zur Verknüpfung von Effizienz, Qualität und Ökologie

Kooperative Systeme der Distributionslogistik – vertikale wie horizontale –, die letztlich zu logistischen Prozessketten oder zu Logistiknetzwerken führen [Her05], tragen, wie empirische Untersuchungen bestätigen [Bau98], nicht nur dazu bei, die Effizienz entlang der Prozesskette zu steigern, sondern auch, die Qualität zu sichern bzw. zu verbessern sowie ökologische Verbesserungspotenziale auszuschöpfen. Dies gelingt in besonderer Weise, wenn kooperative Systeme der Distributionslogistik an ein gleichzeitiges Outsourcing an Logistikdienstleister gekoppelt sind. Die Ausschöpfung dieser Potenziale geschieht dabei nicht „von selbst", sie setzt – auch dies zeigen empirische Untersuchungen – ein integriertes Qualitäts- und Umweltmanagement voraus [Bau98, 271ff.].

Literatur

[Bäh98] Bähr, M.; Müller, R.: Eine Logistik-Initiative nach Maß. Lebensmittel Z. 6 (1998) 52
[Bau98] Baumgarten, H.; Stabenau, H.: Qualitäts- und Umweltmanagement logistischer Prozessketten. Bern: Haupt 1998
[Gle00] Gleißner, H.: Logistikkooperationen zwischen Industrie und Handel. Göttingen: Cuvillier 2000
[Her05] Hertel, J.; Zentes, J. u. a.: Supply-Chain-Management und Warenwirtschaftssysteme im Handel. Berlin/Heidelberg/New York: Springer 2005
[Kap04] Kapell, E.: Kosmetik-Hersteller profitieren von Bündelung. LZNet 2004, 4
[Lie01] Liebmann, H.-P.; Zentes, J.: Handelsmanagement. München: Vahlen 2001
[Lod05] Loderhose, B.: Eiskalte harmonische Kooperation. LZNet 2005, 5
[Lod06] Loderhose, B.: Fiege treibt Kontraktlogistik voran. LZNet 2006, 11
[OV96] Magdeburger Spediteure hoffen auf mehr Aufträge. Lebensmittel Z. 58 (1996) 10
[OV98a] Bielefelder Lieferservice bis zur Haustür. HL Report Nordrhein-Westfalen 103 (1998) 6
[OV98b] Industrie bündelt Ware selbst. Lebensmittel Z. 1 (1998) 10
[Sch98] Schulze, M.: Die Anzahl der Lieferungen halbieren. Lebensmittel Z. 54 (1998) 6
[Spe98] Speer, T.: Teamgeist schafft mehr Effizienz. Lebensmittel Z. 57 (1998) 6
[Sei02] Seifert, D.: Efficient Consumer Response als Ausgangspunkt von CPFR. In: Seifert, D. (Hrsg.): Collaborative Planning, Forecasting and Replenishment. Bonn: Galileo Business 2002, 27–53
[Swo02] Swoboda, B.; Janz, M.: Einordnung des Pay on Scan-Konzeptes in die modernen Ansätze zur unternehmensübergreifenden Wertkettenoptimierung in der Konsumgüterwirtschaft. In: Trommsdorff, V. (Hrsg.): Handelsforschung 2001/02. Köln: BBE 2002, 203–222
[Zen91] Zentes, J.: Computer Integrated Merchandising – Neuorientierung der Distributionskonzepte im Handel und in der Konsumgüterindustrie. In: Zentes, J. (Hrsg.): Moderne Distributionskonzepte in der Konsumgüterwirtschaft. Stuttgart: Schäffer-Poeschel 1991, 3–15
[Zen98a] Zentes, J.: Effizienzsteigerungspotenziale kooperativer Logistikketten in der Konsumgüterwirtschaft. In: Isermann, H. (Hrsg.): Logistik – Gestaltung von Logistik-Systemen. 2. Aufl. Landsberg/Lech: Moderne Industrie 1998, 429–440
[Zen98b] Zentes, J.: Global Sourcing – Strategische Allianzen – Supply Chain Management: Neuorientierung des Beschaffungsmanagements im Handel. In: Scholz, C.; Zentes, J. (Hrsg.): Strategisches Euro-Management Bd. 2. Stuttgart: Schäffer-Poeschel 1998, 133–146
[Zen98c] Zentes, J.; Morschett, D.: HandelsMonitor II/98 – Daten & Fakten. Frankfurt/Main: Deutscher Fachverlag 1998
[Zen98d] Zentes, J.; Swoboda, B.: HandelsMonitor I/98 – Trends & Visionen. Frankfurt/Main: Deutscher Fachverlag 1998
[Zen98e] Zentes, J.; Swoboda, B.: Die Verbundgruppen auf dem Wege zum Informationsverbund. In: Olesch, G. (Hrsg.): Kooperation im Wandel. Frankfurt/Main: Deutscher Fachverlag 1998, 221–243

[Zen04] Zentes, J.: Marketing-Effektivität vs. Logistik-Effizienz: Theoretische Überlegungen und empirische Befunde. In: Sprengler, T.; Voss, S.; Kopfer, H. (Hrsg.): Logistik Management. Berlin/Heidelberg/New York: Springer 2004, 255–270

[Zen07] Zentes, J.; Morschett, D.; Schramm-Klein, H.: Strategic Retail Management. Wiesbaden: Gabler 2007

D 4.6 Lieferantenmanagement

D 4.6.1 Abgrenzung des Lieferantenmanagements

Das gestiegene Interesse an der Beschaffung durch die Konzentration auf Kernkompetenzen sowie des zunehmenden Bedarfes an externen Innovationsleistungen seit Beginn der 1990er Jahre hat auch zu verstärkten Forschungsbemühungen auf dem Gebiet des Lieferantenmanagements geführt [Stö03, 1]. Ein exzellenter Lieferantenstamm und eine hervorragende Beziehungsgestaltung zu den Lieferanten ermöglichen dem beschaffenden Unternehmen Wettbewerbsvorteile bei den Faktoren Kosten, Qualität und Zeit sowie durch den Zugang zu neuen Technologien und den Erwerb innovativer Produkte. Das erfolgreiche Management der Lieferantenbeziehungen erfordert neben Fach-, Methoden- und Kommunikationswissen der Mitarbeiter in der Beschaffungsabteilung das Vorhandensein leistungsfähiger Informationssysteme.

Unter Lieferantenmanagement wird die marktorientierte Planung, Steuerung und Kontrolle von einzelnen Lieferanten-Abnehmer-Beziehungen sowie des gesamten Lieferantenstammes im Rahmen des strategisch marktorientierten Beschaffungsmanagements verstanden. Somit stellt das Lieferantenmanagement einerseits einen Teilbereich des Beschaffungsmanagements (siehe Abschn. B 2.3) dar, das wiederum in das allgemeine Management einer Unternehmung eingebettet ist. Andererseits kann der Ursprung des Lieferantenmanagements aus dem auf die Beschaffungsseite übertragenen Beziehungsmanagement abgeleitet werden [Wag01, 113].

Das Lieferantenmanagement umfasst neben der operativen auch die strategische Managementebene. Das operative Lieferantenmanagement kommt in konkreten Kaufsituationen zur Anwendung. Wichtige Steuerungsaktivitäten umfassen die Bestellabwicklung, die Überwachung der Liefertermine, das Mahnwesen, die Rechnungsprüfung sowie die Lösung von Konflikten in kritischen Situationen. Aufgabe des strategischen Lieferantenmanagements ist die Sicherung und der Erhalt der externen Erfolgspotenziale der Beschaffung durch das Management der Lieferanten-Abnehmer-Beziehungen [Lar00, 34ff.] und stimmt mit der strategischen Ausrichtung des Supplier Relationship Managements überein, das das Management der Interaktionen mit Lieferanten beschreibt [Cro01, 13ff.]. Das strategische Lieferantenmanagement ist somit ein Beziehungsmanagement zur langfristig zielgerichteten Selektion, Anbahnung, Steuerung und Kontrolle von Lieferanten-Abnehmer-Beziehungen.

Da das Lieferantenmanagement aus dem übergeordneten Beschaffungs- und Beziehungsmanagement abgeleitet werden kann, ergeben sich die Ziele des Lieferantenmanagements direkt aus den Zielen des Beschaffungs- und Beziehungsmanagements. Beschaffungswirtschaftliche Ziele können unterteilt werden in Kostensenkungsziele, Qualitätsziele, Sicherheitsziele und Flexibilitätsziele [Arn97, 10]. Die Messung des Beziehungserfolges ist ebenfalls Ziel eines erfolgreichen Lieferantenmanagements. Im Rahmen des Lieferantenmanagements muss somit darüber entschieden werden, mit welchen Lieferanten wo und wie zusammengearbeitet wird. Als Gestaltungsfelder des Lieferantenmanagements ergeben sich die Lieferantenvorauswahl (unterteilt in Lieferantenidentifikation und -eingrenzung), die Lieferantenanalyse, die Lieferantenbewertung zur Lieferantenauswahl oder zum -controlling sowie die strategische Lieferantensteuerung.

Bild D 4.6-1 verdeutlicht den Zusammenhang und die Abgrenzung der Aufgaben des Lieferantenmanagements vom gesamten Beschaffungsprozess. Demnach bilden die Prozessphasen der Situations-, Bedarfs- und Beschaffungsmarktanalyse die Grundlage des Lieferantenmanagements, das die einzelnen Schritte von der Identifikation potenzieller Partner bis hin zur Steuerung der Lieferantenbeziehung umfasst. Die Beschaffungsmarktauswahl beeinflusst beispielsweise den Schritt der Lieferantenidentifikation, in dem nach potenziellen Zulieferern gesucht wird. Lieferantenanalyse und -auswahl sind direkte, schwerpunktmäßige Aufgaben des Lieferantenmanagements. Als Folge der Lieferantenauswahl sind Lieferantenverhandlungen aufzunehmen. Durch die Kontrolle und Steuerung der Lieferantenbeziehung wird schließlich die Beschaffungsabwicklung mit deren Überwachungsfunktion tangiert.

D 4.6.2 Determinanten des Lieferantenmanagements

Die Gestaltung der einzelnen Elemente des Lieferantenmanagements ist grundsätzlich von der vorliegenden Beschaffungssituation abhängig. Als wichtige Einflussgrößen werden die Beschaffungsobjektmerkmale, die Beschaffungsstrategien, die Nachfrage- und Angebotsstruktur so-

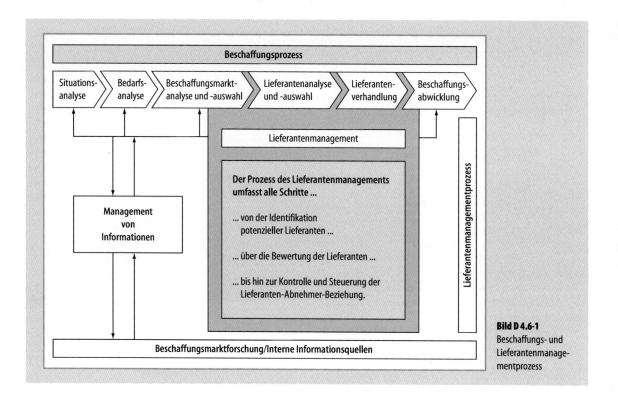

Bild D 4.6-1
Beschaffungs- und Lieferantenmanagementprozess

wie das Bewertungsmotiv und die Kaufsituation angesehen [Gla94, 103ff.].

a) Beschaffungsobjektmerkmale

Die Eigenschaften der vom Lieferanten gelieferten Materialien bzw. Leistungen werden durch die Beschaffungsobjektmerkmale beschrieben, die unterschiedliche Anforderungen an die Leistungsfähigkeit der Lieferanten stellen. Die Beschaffungsobjektmerkmale beeinflussen alle Gestaltungsfelder des Lieferantenmanagements, beispielsweise sind Umfang und Inhalt der Lieferantenanalyse bei *strategischen und komplexen* Materialien größer als bei *geringwertigen und standardisierten* Materialien [Arn01, 121]. Im Rahmen einer Beschaffungsobjektstrukturanalyse, die einzelne Beschaffungsobjekte in homogene Gruppen klassifiziert, werden z. B. verschiedene Objekte einem bestimmten Objekttyp zugeordnet, um dann die für den jeweiligen Objekttyp relevanten Merkmalskriterien hinsichtlich einer Lieferantenbewertung und -auswahl erheben zu können. Im Hinblick auf die Gestaltung der Lieferantenbewertung beeinflussen die Beschaffungsobjektmerkmale unter anderem die Bewertungshäufigkeit, die Definition der Bewertungskriterien und die Entwicklung der Maßnahmen zur Steuerung der Lieferantenbeziehung.

b) Beschaffungsstrategien

Aufgabe der Beschaffungsstrategien ist die Umsetzung der im Rahmen der Beschaffungspolitik (siehe Abschn. B 2.3) vorgegebenen Beschaffungsziele in langfristige Handlungsprogramme. Beschaffungsstrategien, die eine wichtige Grundlage des Lieferantenmanagements bilden, lassen sich nach den Faktoren *Anzahl der Bezugsquellen* (Single-, Dual-, Multiple-Sourcing), *Leistungsumfang* (Unit-, Modular-, System-Sourcing), *Geographischer Ort der Bezugsquellen* (Local-, Domestic-, Global-Sourcing), *Ort der Leistungserbringung* (External-, Internal-Sourcing) und *Bereitstellung der Materialien* (Stock-, Demand-Tailored-, Just-in-Time-Sourcing) unterscheiden [Kla00, 52f.].

c) Nachfrage- und Angebotsstruktur

Die Nachfrage- und Angebotsstruktur beschreibt die Marktmacht des Abnehmers bzw. des Lieferanten und beeinflusst vor allem die Maßnahmen zur Steuerung der Lieferantenbeziehung. Der Abnehmer besitzt eine hohe

Marktmacht, wenn er einen großen Anteil am Liefervolumen des Lieferanten verursacht; im Extremfall ist der Abnehmer der einzige Kunde des Lieferanten. Die Marktposition des Lieferanten wird von der Anzahl der Konkurrenten beeinflusst. Demzufolge ist die Lieferantenmacht am höchsten, wenn kein anderer Anbieter für die jeweiligen Materialien existiert. Bei einer wechselseitigen Marktmacht sind die Positionen von Lieferant und Abnehmer gleich stark [Arn01, 316ff.].

d) Bewertungsmotiv und Kaufsituation

Unter dem Aspekt des Bewertungsmotivs wird danach unterschieden, ob die Lieferantenbewertung eine Lieferantenauswahl oder eine Kontrolle bestehender Lieferanten (Lieferantencontrolling) zur Folge hat. Dadurch werden zum einen die Vorgehensweise bei der Lieferantenanalyse (beispielsweise die Wahl der Informationsquellen) und zum anderen die Gestaltung der Bewertungsstruktur (beispielsweise die Definition der Kriterien) beeinflusst.

Bei der Bewertung der Lieferanten mit dem Ziel der Lieferantenauswahl sind weiterhin die vorliegenden Kaufsituationen zu betrachten, die sich in Routinebeschaffung, Lieferantenwechsel, Sortimentswechsel und Neuprodukteinführung einteilen lassen – je nachdem, ob Lieferant und/oder Produkt bekannt oder unbekannt sind [Arn97, 176ff.].

Die vorliegende Kaufsituation beeinflusst die Vorgehensweise bei der Lieferantenanalyse und die Gestaltung der Lieferantenbewertung. Zusammenfassend kann festgehalten werden, dass zum Zweck der Lieferantenauswahl im Fall der Routinebeschaffung kein entscheidender Informationsbedarf besteht und dass mit zunehmender Neuigkeit der Entscheidungssituation der Informationsbedarf ansteigt. Der hohe Informationsbedarf in neuen Entscheidungssituationen mag ein Grund dafür sein, dass einige Einkäufer dazu neigen, die Situation der Routinebeschaffung anzustreben. Dabei besteht aber die Gefahr, neue potenzielle Lieferanten und/oder Produkte (Substitutionsprodukte oder Innovationen) bei der Auswahlentscheidung von vorneherein auszuschließen und somit auf Wettbewerbsvorteile zu verzichten.

D 4.6.3 Prozessschritte des Lieferantenmanagements

In der Literatur existieren nur in begrenztem Umfang Beiträge, die sich detailliert mit dem Thema des Lieferantenmanagements auseinandersetzen; oftmals wird der Begriff verwendet, ohne eine Definition dessen vorzunehmen. Die Analyse der unter dem Schlagwort Lieferantenmanagement beschriebenen Aktivitäten lässt jedoch Rückschlüsse auf die zugrunde liegende Definition erahnen; ein Überblick über Definitionsansätze findet sich in [Jan04, 32]. Zentrale Elemente wie die Bewertung oder Auswahl sind stets in den Definitionen enthalten; darauf aufbauend lässt sich Lieferantenmanagement wie in Bild D 4.6-2 gezeigt definieren. Die umfassende Definition (siehe auch Abschn. D 4.6.1) fasst Lieferantenmanagement als Prozess auf, der bei der Identifikation von Lieferanten beginnt und zur strategischen Lieferantensteuerung führt, die unter anderem Lieferantenintegration, -pflege und -entwicklung beinhaltet.

Dabei ist zu beachten, dass der in Bild D 4.6-2 dargestellte Ablauf als idealtypisch für eine Neuprodukteinführung (vgl. Abschn. D 4.6.2) anzusehen ist, bei dem alle genannten Prozessschritte von oben nach unten durchlaufen werden müssen. In Abweichung zum dargestellten Prozess wird eine Lieferantenbewertung zum Lieferantencontrolling ohne eine vorherige Lieferantenvorauswahl angewendet; daneben kann eine leistungsfähige Bewertung auch die Lieferantenvorauswahl unterstützen.

D 4.6.3.1 Lieferantenvorauswahl

Die Lieferantenvorauswahl beinhaltet die Schritte der Lieferantenidentifikation und der Lieferanteneingrenzung. Je nach Kaufsituation wird dabei auf vorhandene Lieferanten des Unternehmens zurückgegriffen oder es werden neue Lieferanten auf dem Beschaffungsmarkt gesucht, was Aufgabe der Beschaffungsmarktforschung ist. Abgesehen von Informationen über Lieferanten, Beschaffungsobjekte und Einstandspreise, sind auch Daten über die Angebots- und Nachfragestruktur sowie Dynamik und Entwicklungstendenzen der Beschaffungsmärkte von Interesse. Hieraus ergibt sich ein umfassender Überblick, der neben den eigenen auch die Beschaffungsmärkte der Lieferanten sowie Märkte für Substitutionsgüter einschließen und transparent darstellen sollte [Mel94, 29]. Aus Kostengründen sollte sich eine kontinuierliche Beschaffungsmarktforschung auf Lieferanten von A- und hochwertigen B-Teilen konzentrieren [Har97, 164].

Die benötigten Lieferantendaten können durch primäre oder sekundäre Quellen erhoben werden. *Primäre Quellen* (wie Lieferantenbefragungen, Selbstauskünfte oder Betriebsbesichtigungen) umfassen Daten, die direkt auf den Beschaffungsmärkten zum Zweck der Erkundung erhoben werden, während *sekundäre Quellen* (wie Internet, Referenzen oder Fachpublikationen) bereits vorhandene Daten beinhalten, die für einen anderen Zweck, zu einem früheren Zeitpunkt ermittelt wurden [Len95, 105ff.].

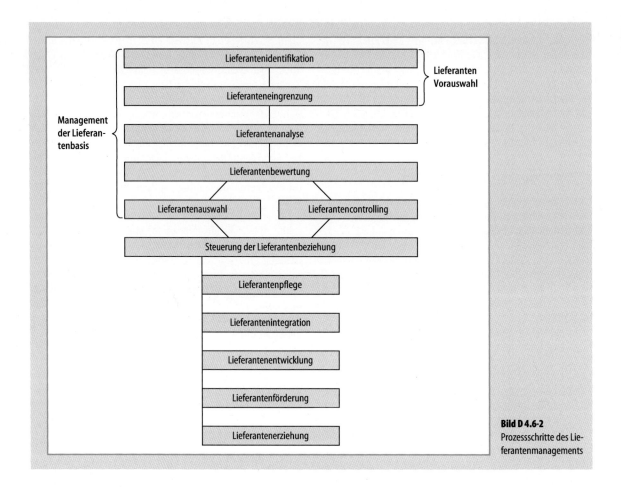

Bild D 4.6-2 Prozessschritte des Lieferantenmanagements

a) Lieferantenidentifikation

Im Rahmen der Lieferantenidentifikation gilt es, zunächst diejenigen Lieferanten zu identifizieren, die das benötigte Beschaffungsobjekt anbieten. Befinden sich im eigenen Lieferantenstamm ausreichend potenzielle Zulieferer für das benötigte Produkt und liegen genügend Informationen über diese vor, ist die Suche an dieser Stelle beendet und es können entsprechende Angebote eingeholt und ausgewertet werden. Andernfalls müssen neue, den Anforderungen des Abnehmers gerecht werdende Lieferanten gefunden werden. Dazu wird der in Frage kommende Beschaffungsmarkt abgesteckt und nach Lieferanten abgesucht, welche das gewünschte Beschaffungsobjekt herstellen bzw. in der Lage sind es herzustellen. Führt dieser erste Anlauf zu keinem verwertbaren Ergebnis, so ist eine Ausweitung der Suche auf angrenzende Branchen sinnvoll. Bei Spezialprodukten ist die Suche auf Anbieter von ähnlichen Produkten oder auf Anbieter mit spezifischen, auf das benötigte Objekt anwendbaren Verfahrensfähigkeiten auszudehnen [Kop00, 239].

b) Lieferanteneingrenzung

In der Lieferanteneingrenzung werden die identifizierten Lieferanten grob auf ihre Eignung als Zulieferer für das beschaffende Unternehmen überprüft. Ziel ist es, die näher zu betrachtende Lieferantenzahl einzuschränken, so dass nur noch wenige Lieferanten dem detaillierten Prozess der Lieferantenanalyse und Lieferantenbewertung unterzogen werden müssen. Im Schritt der Lieferantenidentifikation wird noch eine Vielzahl an Lieferanten betrachtet, die im Verlauf des Selektionsprozesses sukzessive reduziert wird. Für diese Reduktion der Lieferantenanzahl sind in der Lieferanteneingrenzung weitere Informationen über die Anbieter zu erheben. Hierzu zählen Daten, die vor der ersten

Kontaktaufnahme zusammengetragen werden, um eine dem Beschaffungsbedarf entsprechende, erste Sichtung der zu diesem Zeitpunkt zahlreich vorhandenen Alternativen vorzunehmen. Erst für die nach der Eingrenzung verbleibende geringe Anzahl an Lieferanten ist eine Lieferantenanalyse sinnvoll.

Als Möglichkeiten der Lieferanteneingrenzung bieten sich die Selbstauskunft des Lieferanten anhand eines Lieferantenfragebogens, Zertifikate (bspw. über das Vorhandensein von QM-Systemen) und K.O.-Kriterien (als mindestens zu erfüllende Kriterien wie bspw. Lieferbereitschaft) an.

D 4.6.3.2 Lieferantenanalyse und -bewertung

a) Lieferantenanalyse

In der Lieferantenanalyse werden die Ergebnisse aus Beschaffungsmarktforschung und Lieferantenvorauswahl zusammengetragen und als Grundstein für die endgültige Lieferantenbewertung bereitgestellt. Es erfolgt eine Querschnittsbetrachtung der wirtschaftlichen, ökologischen und technischen Leistungsfähigkeit potenzieller Lieferanten in Form einer Momentaufnahme [Hps97, 18]. Allerdings können auch während der Analyse noch Informationen zur Abrundung des Lieferantenbildes beschafft werden. Das klassische Verfahren zur Erhebung zusätzlicher Informationen ist die Auditierung durch den Abnehmer. Hierbei erfolgt eine systematische und umfassende Untersuchung der Leistungsfähigkeit potenzieller Lieferanten mit dem Ziel, Schwachstellen aufzudecken, Anregungen für Verbesserungen zu geben und eingeleitete Qualitätssicherungsmaßnahmen zu überwachen. Es werden je nach Untersuchungsobjekt mehrere Arten von Audits unterschieden wie System-, Verfahrens-, Produkt-, Dienstleistungs- und Umweltaudits. Aufgrund des hohen Aufwands sollten Audits nur bei jenen Lieferanten durchgeführt werden, deren Zulieferleistung für den Abnehmer von außerordentlich hoher Bedeutung ist.

b) Lieferantenbewertung

Basierend auf den Resultaten der Lieferantenanalyse wird in der Lieferantenbewertung die Leistungsfähigkeit der verbliebenen Anbieter systematisch bewertet. Hierfür sind die relevanten Bewertungskriterien, das Vorgehen sowie die anzuwendenden Verfahren zu bestimmen. Daneben muss festgelegt werden, welche Fachbereiche an der Lieferantenbewertung teilnehmen; für einen umfassenden Überblick über die Stärken und Schwächen des Anbieters sollte die Beurteilung durch interdisziplinäre Arbeits- bzw. Projektgruppen vorgenommen werden.

Hauptziel jeder Lieferantenbewertung ist es, durch Sammlung, Auswahl, Aufbereitung und Beurteilung von Informationen Transparenz über die vergangene, aktuelle und zukünftige Leistungsfähigkeit des Lieferanten und die tatsächlich erbrachte Lieferleistung zu schaffen. Die zentrale Bedeutung der Lieferantenbewertung lässt sich daran erkennen, dass die Ergebnisse der Lieferantenbewertung die Grundlage für die Lieferantenauswahl, das Lieferantencontrolling und für die Steuerung der Lieferantenbeziehung darstellen. Die Durchführung einer umfassenden Lieferantenbewertung hat aber nicht nur für den Abnehmer Vorteile. Auch der Lieferant profitiert von einer Bewertung, da er Informationen über seine eigene Leistungsfähigkeit erhält, auf deren Grundlage er festgestellte Schwachstellen verbessern und somit seine eigenen Kosten senken kann [Har94, 63].

Mit einer systematischen Lieferantenbewertung sind für das bewertende Unternehmen nicht nur Nutzen, sondern auch Kosten wie Fehlerverhütungskosten (Kosten für die Durchführung von Audits, Lieferantenbewertungen oder Qualitätsdokumentationen) und Prüfkosten (Wareneingangskontrollen) verbunden. Sie müssen den nicht anfallenden Fehlerkosten (Ausschuss, Verschrottungskosten) gegenüber gestellt werden. Die Kosten für die Lieferantenbewertung sind immer dann zu rechtfertigen, wenn sie niedriger als die vermiedenen Fehlerkosten sind. Neben diesem rein quantitativen Kosten-Nutzen-Vergleich sollten auch die strategischen, nur schwer quantifizierbaren Vorteile einer qualitativ hohen Leistungsfähigkeit bzw. Lieferleistung des Lieferanten betrachtet werden [Str98, 418].

Die Bewertung der Lieferanten erfolgt anhand mehrerer *Beurteilungskriterien*, die in Haupt- und Subkriterien unterschieden werden. Zu den Hauptkriterien zählen Mengenleistung, Qualitätsleistung, Logistikleistung, Entgeltleistung, Serviceleistung, Informations- und Kommunikationsleistung, Innovationsleistung und Umweltleistung (vgl. hierzu und zu möglichen Subkriterien [Gla94, 54ff.]). Die gewählte Darstellung liefert jedoch nur Ansätze für die Gestaltung unternehmensspezifischer Kriterienkataloge. Einerseits kommen selten alle Kriterien zur Anwendung, andererseits gibt es weitere Möglichkeiten, die Kriterien einzuteilen oder zu ergänzen.

Die bekanntesten *Verfahren* der Lieferantenbewertung lassen sich allgemein in quantitative, qualitative Verfahren und Fuzzy-Techniken einteilen. Quantitative Verfahren basieren auf metrisch skalierten Daten, die sich in Form eines Gleichungssystems miteinander verknüpfen lassen und somit eine optimale Lösung ermöglichen; hierzu zählen Preis- und die Kosten-Entscheidungsanalyse, die Bilanzanalyse, Optimierungsverfahren und Kennzahlenverfahren. Im Gegensatz dazu erfassen qualitative Verfahren

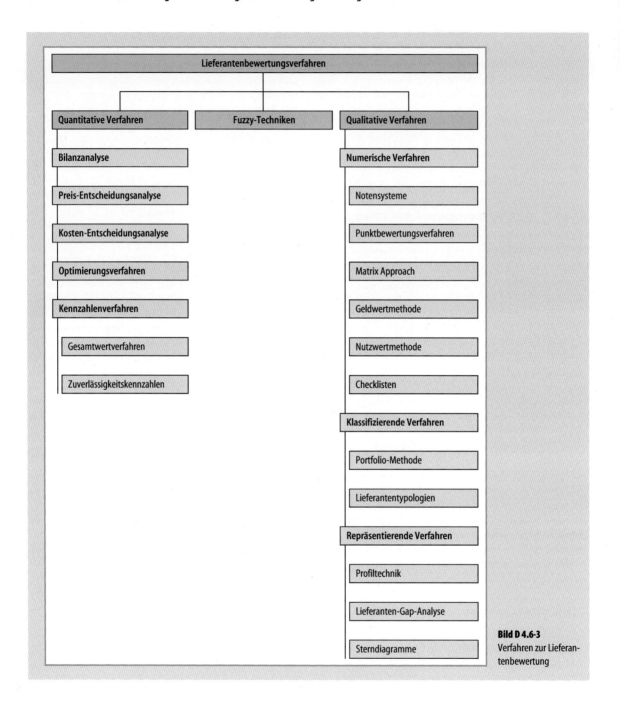

Bild D 4.6-3
Verfahren zur Lieferantenbewertung

entweder generelle Einflüsse auf die Ziele, ohne jedoch deren genaues Ausmaß bestimmen zu können, oder sie verarbeiten subjektive Einschätzungen und Meinungen [Ada96, 82]; die wichtigsten Vertreter dieser Gruppe sind numerische (Notensysteme), klassifizierende (Portfoliomethoden) und repräsentierende (Profiltechniken) Verfahren. Fuzzy-Techniken stellen eine Mischform dar, die quantitative und qualitative Aspekte miteinander kombinieren. Eine ausführliche Darstellung aller gebräuchlichen Verfahren der Lieferantenbewertung liefert z. B. [Jan04, 121ff.], eine Übersicht über gängige Bewertungsverfahren zeigt Bild D 4.6-3.

Einige Verfahren kombinieren sowohl quantitative als auch qualitative Aspekte, weshalb eine eindeutige Zuordnung zu einer der Gruppen nicht immer möglich ist.

Die Ergebnisse der Lieferantenbewertung werden entweder zur Lieferantenauswahl oder zum Lieferantencontrolling verwendet.

D 4.6.3.3 Lieferantenauswahl

Wurden die Bedarfsfeststellung mit der Spezifizierung des Beschaffungsobjekts, die Identifikation und Eingrenzung verschiedener Bezugsquellen sowie die Bewertung dieser Alternativen durchgeführt, stellt die Lieferantenauswahl schließlich den Endpunkt des Entscheidungsprozesses dar. Die Lieferantenauswahl trägt dabei sowohl strategischen als auch operativen Charakter. In der strategischen Auswahl stehen Erfolgspotenziale der Lieferanten im Mittelpunkt, während im Rahmen der operativen Auswahl konkrete Aufträge über bestimmte Beschaffungsobjekte vergeben werden. Der strategische Aspekt der Lieferantenauswahl schlägt sich vor allem in der Wahl der Kriterien nieder [Sar02, 20].

Je nach Verfahren darf die ermittelte – mehr oder weniger klare – Rangfolge nicht alleiniger Maßstab der Auswahl sein. Kann das Lieferantenbewertungsverfahren beispielsweise keine qualitativen Kriterien verarbeiten, sollten diese „weichen Faktoren" in die Entscheidungsfindung miteinbezogen werden. Bei nahezu gleichen Bewertungsergebnissen kann außerdem die Pflege der Beziehungen zu Stammlieferanten für den Abnehmer von größerer Bedeutung sein als die Verpflichtung eines neuen Lieferanten.

D 4.6.3.4 Lieferantencontrolling und Steuerung der Lieferantenbeziehung

a) Lieferantencontrolling

Mit dem Lieferantencontrolling erfolgt für die Dauer der Lieferanten-Abnehmer-Beziehung eine regelmäßige Überprüfung der Leistungsfähigkeit, um Defizite beim Zulieferer rechtzeitig aufzudecken und entsprechende Gegenmaßnahmen einleiten zu können. Das Lieferantencontrolling ist somit stets eng mit der Steuerung der Lieferantenbeziehung verbunden, indem es die Entscheidungsgrundlage für den Einsatz der Anreiz- und Sanktionsmechanismen bildet.

Die Vielzahl bestehender Lieferanten-Abnehmer-Beziehungen und der damit verbundene Controllingaufwand legen nahe, nicht alle Lieferanten mit der gleichen Intensität zu überwachen. Daher bietet sich zunächst eine *Lieferantenstrukturanalyse* an, die Aufschluss über den je Lieferant zu erbringenden Aufwand gibt. In einer Lieferantenstrukturanalyse wird eine Klassifizierung des Lieferantenstammes vorgenommen. Erfolgt diese Klassifizierung z. B. anhand der Leistungsfähigkeit der Lieferanten, ergibt sich eine Einteilung in Hochleistungs-, Problem- und Mangellieferanten sowie unbrauchbare Lieferanten. Problem- und Mangellieferanten sollten dabei verstärkten Kontrollen unterzogen werden, während Hochleistungslieferanten seltener überprüft werden müssen und darüber hinaus als Benchmark bei der Entwicklung und Förderung neuer Lieferanten dienen können.

Mit der Wareneingangsprüfung beginnt das eigentliche Aufgabenspektrum des Lieferantencontrollings. Das beschaffende Unternehmen erhält Kennzahlen, anhand derer sich vor allem die Zuverlässigkeit des Lieferanten messen lässt [Lar00, 201]. Durch einen Soll-Ist-Vergleich zwischen den geforderten sowie den tatsächlichen Qualitäts-, Termin- und Mengenleistungen lassen sich Leistungsdefizite aufdecken und Steuerungsmaßnahmen einleiten.

Zur Evaluierung von Entwicklungstendenzen werden alte und neue Momentaufnahmen der Leistungsfähigkeit des Lieferanten anhand von Kennzahlen miteinander verglichen, um so rechtzeitig Fehlentwicklungen erkennen zu können. Voraussetzung für diese Längsschnittbetrachtung ist, dass je Lieferant stets die gleichen Kennzahlen im Zeitablauf angewendet werden.

Schließlich dient das Lieferantencontrolling der Sammlung und Bereitstellung von lieferantenspezifischen Informationen, um damit künftige Auswahlentscheidungen zu unterstützen und ein *Lieferanteninformationssystem* aufzubauen. In diesem Lieferanteninformationssystem

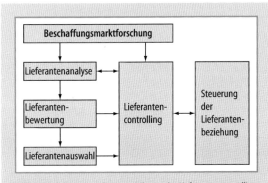

Bild D 4.6-4 Informationsflüsse im Rahmen des Lieferantencontrollings

werden Informationen aus der Beschaffungsmarktforschung sowie der Lieferantenanalyse, -bewertung und -auswahl gespeichert (vgl. Bild D 4.6-4).

Das Ergebnis ist ein Informationspool, der alle für das Lieferantenmanagement relevanten Informationen beinhaltet. Für jede weitere Lieferantenanalyse und -bewertung stehen somit umfangreiche Informationen schnell zur Verfügung.

b) Steuerung der Lieferantenbeziehung

Im Rahmen der Steuerung der Lieferantenbeziehung wird einerseits die Leistungsstruktur des Lieferantenstammes optimiert und den sich ändernden Bedingungen angepasst, andererseits die Zusammenarbeit mit den Lieferanten und deren Einbeziehung in das beschaffende Unternehmen verbessert, was als *Lieferantenintegration* bezeichnet wird [Wag01, 222ff.]. Diese Verbesserung der Kooperation ist nicht nur Selbstzweck, sondern eine wichtige Voraussetzung dafür, dass die Maßnahmen der Lieferantensteuerung zum gewünschten Erfolg führen, zumal die Zusammenarbeit der beschaffenden Unternehmen mit ihren Lieferanten oftmals nicht von Offenheit geprägt ist.

Zur Verbesserung des Verhältnisses von Lieferant und Abnehmer sowie dem Aufbau einer partnerschaftlichen Beziehung sollten die an die Lieferanten gestellten Anforderungen sowie die Qualitätsrichtlinien des Abnehmers in Form eines Lieferantenleitfadens festgehalten und offen gelegt werden. Der Lieferant erhält somit Ansatzpunkte über die ihm entgegengebrachte Erwartungshaltung sowie die Art der angestrebten Zusammenarbeit. Ferner sollten die Kriterien und Verfahren der Lieferantenbewertung allen Lieferanten bekannt sein. Als Anreiz zur Leistungsverbesserung kann jeder Lieferant zudem neben den eigenen auch die Bewertungsergebnisse der Zuliefererkonkurrenz erhalten, was einen Leistungsvergleich im Sinne eines Benchmarking erlaubt.

Zur Beeinflussung der Lieferanten-Abnehmer-Beziehung können folgende Instrumentarien eingesetzt werden [Arn01, 299ff.]:

Lieferantenpflege: Mit Hilfe der Lieferantenpflege soll in bestehenden Lieferantenbeziehungen ein partnerschaftliches Verhältnis aufgebaut werden, um dadurch das Leistungspotenzial zu erhalten bzw. zu erhöhen. Fairness im Umgang mit den Lieferanten, die Einhaltung von Verpflichtungen sowie Diskretion im Umgang mit vertraulichen Informationen leisten hierzu einen positiven Beitrag.

Lieferantenerziehung: Hierunter werden alle Maßnahmen (Anreize, Sanktionen) verstanden, die der Abnehmer ergreifen kann, um den Lieferanten für eine überdurchschnittliche Leistung zu motivieren. Maßnahmen, die für den Lieferanten eine Anerkennung seiner (guten) Leistungen bedeuten, zählen dazu ebenso wie Sanktionen, mit deren Hilfe gezielt Druck auf den Lieferanten ausgeübt werden kann, wenn die Lieferantenleistung nicht den Anforderungen entspricht. Als Anreize kommen Auszeichnungen, Prämien und eine Erhöhung der Lieferquote in Betracht, Sanktionen können Abmahnungen, verstärkte Kontrollen, Senkung der Lieferquote und Eliminierung aus dem Lieferantenstamm sein.

Lieferantenförderung und -entwicklung: Sowohl Lieferantenförderung als auch Lieferantenentwicklung haben das Ziel, das Leistungsniveau der Lieferanten zu steigern, beispielsweise durch die Vermittlung von Know-how oder die Schulung von Personal [Cor99, 678]. Während beim bestehenden Lieferantenstamm die Lieferantenförderung zum Einsatz kommt, bedeutet die Lieferantenentwicklung nach [Arn97, 180ff.] den Aufbau eines neuen Zulieferers, der bislang auf einem bestimmten Beschaffungsmarkt noch nicht vertreten ist. Angewandt wird die Lieferantenentwicklung dann, wenn kein Lieferant des Lieferantenstamms das gewünschte Beschaffungsobjekt mit den erforderlichen Eigenschaften anbieten kann, keiner der bestehenden Lieferanten an einer Ausweitung der Geschäftsbeziehungen interessiert ist, eine Eigenproduktion ausgeschlossen ist und kein Substitutionsgut existiert [Dob96, 218].

Die Art der eingesetzten Anreize bzw. Sanktionen muss letztendlich von der Einstufung der betreffenden Lieferanten abhängig gemacht werden. Handelt es sich um unkritische Teile, wird der Lieferant bei Schlechtleistung zur sofortigen Einleitung von Verbesserungsmaßnahmen aufgefordert. Erfolgt in einer festgelegten Frist keine Leistungssteigerung, wird der Lieferant aus dem Lieferantenstamm eliminiert. Bei strategischen Bezugsobjekten wird gemeinsam mit dem Lieferanten an einer Verbesserung der Leistung gearbeitet. Sollte dies dennoch misslingen, ist eine neue Versorgungsquelle zu erschließen.

Literatur

[Ada96] Adam, D.: Planung und Entscheidung. 4. Aufl. Wiesbaden: Gabler 1996

[Arn97] Arnold, U.: Beschaffungsmanagement. 2. Aufl. Stuttgart: Schäffer-Poeschel 1997

[Arn01] Arnolds, H.; Heege, F.; Tussing, W.: Materialwirtschaft und Einkauf. 10. Aufl. Wiesbaden: Gabler 2001

[Cor99] Corsten, H.: Beschaffung. In: Corsten, H.; Reiß, M. (Hrsg.): Betriebswirtschaftslehre. 3. Aufl. München: Oldenbourg 1999

[Cro01] Croxton, K.L.; García-Dastugue, S.J.; Lambert, D.M.; Rogers, D.S.: The supply chain management processes. Intern. Journal of Logistics Management 1 (2001) 2, 13–36

[Dob96] Dobler, D.W.; Burt, D.N.: Purchasing and Supply Management. 6. Aufl. New York: McGraw-Hill 1996

[Gla94] Glantschnig, E.: Merkmalsgestützte Lieferantenbewertung. Köln: Fördergesellschaft Produkt-Marketing 1994

[Har94] Harting, D.: Lieferanten-Wertanalyse – Ein Arbeitshandbuch mit Checklisten und Arbeitsblättern für Auswahl, Bewertung und Kontrolle von Zulieferern. 2. Aufl. Stuttgart: Schäffer-Poeschel 1994

[Har97] Hartmann, H.: Materialwirtschaft. 7. Aufl. Gernsbach: Deutscher Betriebswirte-Verlag 1997

[Hps97] Hartmann, H.; Pahl, H.-J.; Spohrer, H.: Lieferantenbewertung – aber wie? Lösungsansätze und erprobte Verfahren. 2. Aufl. Gernsbach: Deutscher Betriebswirte-Verlag 1997

[Jan04] Janker, C.G.: Multivariate Lieferantenbewertung – Empirisch gestützte Konzeption eines anforderungsgerechten Bewertungssystems. Wiesbaden: Gabler 2004

[Kla00] Klaus, P.; Krieger, W.: Gabler-Lexikon Logistik. 2. Aufl. Wiesbaden: Gabler 2000

[Kop00] Koppelmann, U.: Beschaffungsmarketing. 3. Aufl. Berlin: Springer 2000

[Lar00] Large, R.: Strategisches Beschaffungsmanagement – Eine praxisorientierte Einführung mit Fallstudien. 2. Aufl. Wiesbaden: Gabler 2000

[Len95] Lensing, M.; Sonnemann, K.: Materialwirtschaft und Einkauf. Wiesbaden: Gabler 1995

[Mel94] Melzer-Ridinger, R.: Materialwirtschaft und Einkauf. Bd. 1: Grundlagen und Methoden. 3. Aufl. München: Oldenbourg 1994

[Sar02] Sarkis, J.; Talluri, S.: A Model for Strategic Supplier Selection. The Journal of Supply Chain Management (2002) 18–28

[Stö03] Stölzle, W.; Korte, C.: Beziehungsmanagement mit Lieferanten. In: Arnold, U.; Kasulke, G. (Hrsg.): Praxishandbuch Einkauf. Innovatives Beschaffungsmanagement – Organisation, Konzepte, Controlling. Köln 2003

[Str98] Strub, M.: Das große Handbuch Einkaufs- und Beschaffungsmanagement. Landsberg/Lech: Moderne Industrie 1998

[Wag01] Wagner, S.M.: Strategisches Lieferantenmanagement in Industrieunternehmen: Eine empirische Untersuchung von Gestaltungskonzepten. Frankfurt/Main: Lang 2001

D 4.7 Public Private Partnerships

D 4.7.1 Zur Begründung von PPP aus Sicht des New Public Management

Public Private Partnerships (PPP) gelten gemeinhin als ein Ausfluss von Reform- und Modernisierungsbestrebungen des öffentlichen Sektors. Bevor detailliert darauf eingegangen wird, wie PPP in der Logistik wirken (können) (Abschn. D 4.7.3), soll dieser Entwicklungspfad aufgezeigt (Abschn. D 4.7.1) und PPP definiert werden (Abschn. D 4.7.2).

PPP ist – wie bereits angesprochen – ein Element der Reform des öffentlichen Sektors bzw. der öffentlichen Leistungserstellung, die derzeit unter dem Oberbegriff „New Public Management" diskutiert werden (vgl. Bild D 4.7-1). Ausgangspunkte aus ökonomischer Perspektive sind einerseits makro-, andererseits mikroökonomische Reformen. Erstgenannte betreffen in erster Linie Grundsatzfragen der Definition öffentlicher Aufgaben im Verhältnis zu Bürger und Privatwirtschaft, insbesondere die Frage nach den durch den öffentlichen Sektor zu erbringenden Leistungen. Wie auch in der Privatwirtschaft ist es erforderlich, dass sich Bund, Länder und Gemeinden auf ihre eigentlichen Kernaufgaben bzw. -fähigkeiten konzentrieren, um dauerhaft leistungsfähig zu bleiben. Sinnbild ist der „Gewährleistungsstaat", der die Erstellung öffentlicher Aufgaben nicht mehr (immer) selbst vornimmt, sondern die Erstellung durch Dritte (Privatwirtschaft, Non-Profit-Organisationen, Bürgervereinigungen, Kooperationseinrichtungen des privaten und öffentlichen Sektors etc.) überwacht bzw. koordiniert und somit die Leistungserbringung (lediglich) gewährleistet [Rei04, 48–50]. Die damit verbundene Steuerung der gesamten öffentlichen Wertschöpfungskette mit privaten, öffentlichen und gemischtwirtschaftlichen Leistungserbringern wird derzeit unter dem Begriff des *Public Supply Chain Management* diskutiert [Eßi05a; Eßi06].

Zweitgenannte mikroökonomische Reformen konzentrieren sich auf den direkten organisatorischen Umbau öffentlicher Einrichtungen und ihrer Steuerung. Sie stehen in engem Zusammenhang mit den makroökonomischen Leitbildern eines aktivierenden (Gewährleistungs-) Staates und konkretisieren sich in organisationsinternen und organisationsexternen Steuerungsmechanismen (Binnenmodernisierung des öffentlichen Sektors). Derzeit sind dies z. B. die neuen, leistungsorientierten Entlohnungsformen für Beamte [Sch04a] oder das „Neue Steuerungsmodell" der KGSt (Kommunale Gemeinschaftsstelle für Verwaltungsvereinfachung) [KGS93].

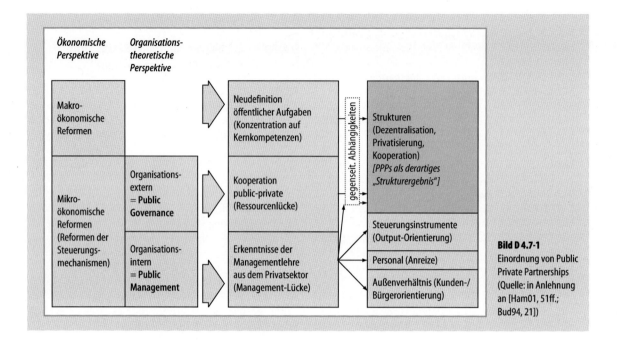

Bild D 4.7-1 Einordnung von Public Private Partnerships (Quelle: in Anlehnung an [Ham01, 51ff.; Bud94, 21])

PPP sind folgerichtig nur *ein* (mögliches) Ergebnis des New Public Management neben Mitarbeiter-Anreizstrukturen, Ansätzen der Verwaltungssteuerung und Bürgerorientierung im Sinne eines Kundenverhältnisses. Sie sind Ausfluss dreier betriebswirtschaftlicher Perspektiven (vgl. Bild D 4.7-1):

- Wir haben die *Kernkompetenz-Perspektive* bereits kurz angesprochen. Dabei ist die Frage, was Kernaufgaben staatlicher bzw. kommunaler Gemeinschaften sind, nicht nur in einem engen ökonomischen Sinne zu beantworten. Vereinfacht sind öffentliche Aufgaben aus öffentlichem Interesse abgeleitet. Konkret bedeutet das die Erstellung von Leistungen, die einem gesellschaftlich gewünschten Ziel dienen. Beispielhaft sei eine dem Gemeinwohl dienende hohe Lebenserwartung der Bevölkerung genannt [Eic01, 410]. Daraus sind Zielsetzungen der Bildungs-, Ernährungs- und Gesundheitspolitik abzuleiten, in entsprechenden Gesetzen bzw. Verordnungen als öffentliche Aufgaben zu formulieren und schließlich in Schulen, bei Gesundheitsämtern, in Sportzentren, durch Krankenhäuser mit privater oder öffentlicher Trägerschaft, in der pharmazeutischen Industrie sowie vielen anderen Institutionen administrativer wie privatwirtschaftlicher Art umzusetzen. Kernkompetenzen fragen nach der *Effektivität* staatlichen Handelns und sind somit primär politisch dominiert. Ein simpler Vergleich der daraus abgeleiteten öffentlichen Aufgaben bzw. Leistungen mit dem „Kauf" eines privatwirtschaftlich erstellten Produkts durch den Kunden ist somit viel zu vereinfachend.
- Die *Ressourcenperspektive* ist weitaus stärker ökonomisch – präziser: fiskalisch – dominiert. Sie wird in Bild D 4.7-1 nicht zufällig als „Ressourcenlücke" bezeichnet. Faktisch existiert im öffentlichen Sektor aufgrund der schwierigen Haushaltssituation ein enormer Investitionsstau. So wies bspw. der Fuhrpark der Bundeswehr vor Geschäftsübernahme durch ein PPP (BwFuhrparkService GmbH) ein Durchschnittsalter von 9,3 Jahren auf, das durch Gewinnung privater Investoren auf 1,5 Jahre gesenkt werden konnte [Hor04, 13]. Dies hat insbesondere für Infrastrukturmaßnahmen in Güterverkehrssystemen für die Logistik Bedeutung. Unterbleibende staatliche Investitionen erschweren die Leistungserstellung für Logistikdienstleister, z. B. erschweren überfüllte Autobahnen planbare Verkehrsrelationen. Die in der Folge vorgestellten Makro-Logistik-PPPs versuchen, dieses Problem durch die Nutzung privatwirtschaftlicher Finanzierungsmöglichkeiten zu lösen.
- Dritte und originär betriebswirtschaftliche Perspektive ist die *Managementperspektive*. Öffentliche Verwaltungen sind ihrem Wesen nach lange Jahre grundsätzlich anders geführt worden als privatwirtschaftliche Unternehmen. Das hoheitliche Handeln staatlicher Stellen

wird aber sowohl in der Wahrnehmung der Bürger, wie auch in der tatsächlichen Ausprägung, zunehmend durch ein Verständnis der öffentlichen Dienstleistung abgelöst. Bürger verstehen sich als „Kunden", öffentliche Leistungen werden von ihnen in anderer Form abgerufen. Konsequenterweise müssen sich auch öffentliche Institutionen den Managementprinzipien der Privatwirtschaft öffnen, um diesen Anforderungen adäquat begegnen zu können. Logistik- und Supply Chain Management können im Ansatz einer flussorientierten Führungslehre einen Beitrag leisten, die Managementprobleme im öffentlichen Sektor – und an der Schnittstelle zur Privatwirtschaft – zu lösen [Göp05; Kla02; Pfo04a].

D 4.7.2 Einordnung von PPP als Lösungsansatz

Die Zusammenführung aller drei genannten Perspektiven führt fast zwangsläufig zu „neuen" Formen der Zusammenarbeit zwischen Staat und Privatwirtschaft. „Neu" ist insofern ein wenig irreführend, als Formen der „klassischen" Kooperation zwischen Staat und Privatwirtschaft schon lange existieren. In Anlehnung an den PPP-Entwicklungspfad von Budäus [Bud04] folgen auf diese klassischen Kooperationsformen zwei PPP-Weiterentwicklungen:

Die erste Phase ist als „finanzkrisen- und effizienzinduzierte PPP" gekennzeichnet. Sie bezieht sich insbesondere auf o. g. Ressourcenperspektive und ist der fiskalischen Not entsprungen. Die Tatsache, dass die öffentliche Hand keine Ressourcen für Investitionen mehr hat, lässt sie gezwungenermaßen auf neue Finanzierungsformen bspw. im Straßenbau zurückgreifen.

Die zweite Phase der „Corporate Social Responsibility-induzierten PPPs" ist weit mehr vom Effektivitätsdenken des Gewährleistungsstaats beeinflusst. Die Erkenntnis, dass das bislang vorherrschende Staatsverständnis eines „generellen Problemlösers" für die Zukunft nicht mehr trägt bzw. den desolaten Zustand der öffentlichen Haushalte weiter verschlimmert, muss Anregungen für einen Problemlösungsbeitrag aller relevanten gesellschaftlichen Gruppen liefern. Unternehmen erkennen, dass sie als verantwortungsvoller Teil eines Gemeinwesens agieren und in Übereinstimmung mit ihrem Gewinnwirtschaftungsziel soziale Verantwortung haben. PPPs geben ihnen die Chance, einerseits zusätzliche Wertschöpfung und damit zusätzliche Unternehmenswerte zu schaffen, andererseits ihren Teil zu einer gemeinwohlorientierten öffentlichen Leistungserstellung beizutragen. Derartige Beispiele existieren derzeit vorwiegend in den USA, wo Unternehmen Teile der öffentlichen Infrastruktur (zumindest mit) bereitstellen.

PPPs sind eine mögliche Strukturalternative zur öffentlichen Aufgabenerfüllung (ähnlich [Bud98, 54; Bud03, 217f.; Rog99, 55–58]). Wie auch in der Privatwirtschaft hat die öffentliche Hand im Rahmen der Make-or-Buy-Entscheidung zu prüfen, welche Leistungen eigenerstellt und welche fremdvergeben werden [Eßi05b]. Üblicherweise lautet die Empfehlung, hochspezifische und strategisch bedeutsame Leistungen selbst zu erstellen, im anderen Extremfall extern zuzukaufen, sprich eine klassische Vergabeentscheidung auf Basis einer Ausschreibung zu fällen (vgl. Bild D 4.7-2). Dazwischen existieren eine Reihe von Misch- oder Kooperationsformen („Hybride", vgl. Abschn. D 4.3.2) aus eigener und privater Leistungserstellung. PPPs sind letztlich der Oberbegriff dafür. Wichtigste Formen sind die Contractual PPP, bei denen ein privates Unternehmen Auftragnehmer wird und dafür vertraglich von der öffentlichen Hand entsprechend verpflichtet wird (auch als „PPP in einem weiteren Sinn" [Bud03, 220f.] oder PPP „auf Vertragsbasis" [Kom04, 9] bezeichnet). Im Fall der institutionalisierten PPP gründen der öffentliche und der private Partner gemeinsam ein Tochterunternehmen mit eigener Rechtspersönlichkeit (auch als „PPP in einem engeren Sinn" [Bud03, 220f.] oder „institutionalisierte" PPP [Kom04, 9] bezeichnet). Die Auswahl des privaten Partners erfolgt in der Regel auf Basis des Vergaberechts, d. h. mittels Ausschreibungsverfahren („Competitive Tender", [Sch04b, 128f.], oder bei „besonders komplexen Aufträgen" im wettbewerblichen Dialog (Artikel 29 (1), Richtlinie 2004/18/EG).

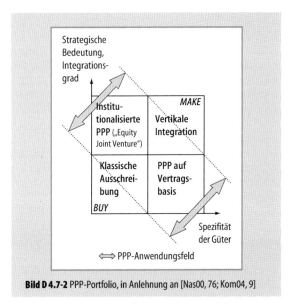

Bild D 4.7-2 PPP-Portfolio, in Anlehnung an [Nas00, 76; Kom04, 9]

D 4.7.3 PPP in der Logistik

Für die Systematisierung von Public-Private-Partnerships in der Logistik greifen wir auf die Betrachtungsebenen von Logistiksystemen zurück [Pfo04b, 14f.]: *Makro-Logistik-Public-Private-Partnerships* betreffen Systeme der Makro-Logistik, sind also gesamtwirtschaftlicher Art. Da die Betrachtung schwerpunktmäßig auf Güterverkehrssystemen liegt, dienen Makro-Logistik-PPPs in erster Linie dem Bau und/oder Betrieb von Verkehrsinfrastruktur. *Mikro-Logistik-Public-Private-Partnerships* sind dagegen Systeme einzelner öffentlich-privater Organisationen. Dabei stehen keine infrastrukturellen Aufgaben im Vordergrund, sondern logistische Dienstleistungen für einzelne oder mehrere Auftraggeber, die vom Mikro-Logistik-PPP übernommen werden.

D 4.7.3.1 Makro-Logistik-PPP: Aspekte der (Verkehrs-) Infrastruktur

Makro-Logistik-PPPs spiegeln den Kern des Public-Private-Partnership-Gedanken wider. Die Bereitstellung von Infrastruktur gehört zu den originär öffentlichen Aufgaben [Eic01]. Für die Bereitstellung derartiger öffentlicher Güter obliegt der öffentlichen Hand eine besondere Verantwortung [Sav00, 44ff.; Bor98, 28f.]. Die fiskalischen Probleme der öffentlichen Haushalte und die Komplexität großer Infrastrukturprojekte führen dazu, dass der Staat bzw. die Verwaltung sich bei besonders komplexen Infrastrukturprojekten darauf beschränken, gewünschte Outputs im Sinne des Gemeinwesens zu definieren. Das konkrete Konzept, die Umsetzung, Betrieb und evtl. Wartung liegen beim privaten Partner [Par03, 98]. Gemäß § 65 (1), Nr. 1 Bundeshaushaltsordnung soll sich „der Bund ... an der Gründung eines Unternehmens nur beteiligen, wenn ein wichtiges Interesse des Bundes vorliegt und sich der vom Bund angestrebte Zweck nicht besser und wirtschaftlicher auf andere Weise erreichen lässt". Der Anwendbarkeit von Makro-Logistik-PPPs sind damit klare Grenzen gesetzt; Verkehrsinfrastruktur gehört dabei eindeutig zu den typischen öffentlichen Aufgaben.

Neben möglichen Effizienzgewinnen durch die Nutzung von Marktmechanismen bei der öffentlichen Aufgabenerstellung liegen kurzfristige Vorteile von PPPs in der Verschiebung von (Investitions-) Ausgaben auf den privaten Bereich. Langfristig stellt dies nur eine zeitliche Verlagerung von Zahlungsströmen dar, indem für von Privaten finanzierte und betriebene Einrichtungen Gebühren vom Staat bezahlt werden müssen (sog. „future leasing costs", [Par03, 98] sowie [Bud03, 225]). Bei Verkehrsinfrastrukturen existieren häufig Modelle, bei denen anfallende Gebühren direkt beim Benutzer erhoben werden können (z. B. Maut bei privatisierten Autobahnen).

Tabelle D 4.7-1 zeigt die Objektkategorien von Makro-Logistik-PPPs im Hochbau in Westeuropa (vgl. auch die Übersicht bei [Gri04, 3–6]). Tatsächlich dominieren Modelle für die logistikrelevante Infrastruktur von Straßen- und Schienenverkehrssystemen inkl. Brücken und Tunneln. Als Vorreiter in Westeuropa gilt Großbritannien, wo zwischenzeitlich 20% des staatlichen Investitionsvolumens über PPP abgewickelt werden. Hauptprobleme der noch schleppenden Umsetzung in Deutschland sind insbeson-

Tabelle D 4.7-1 Objektkategorien von PPP in Westeuropa 2004 [Koc04, 297]

Staaten	Straßenbau	Tunnel-/Brückenbau	Schienennetz	Schulen	Krankenhäuser	Gefängnisse
Deutschland	X	X		(X)		0
GB	X	X	X	X	X	X
Frankreich	X	X	X	X	(X)	X
Niederlande	(X)	X	(X)	0		(X)
Spanien	X	X	X		(X)	
Portugal	X	X	X		0	0
Italien	X	X			(X)	

X = realisiert, (X) = sehr begrenzt realisiert, 0 = geplant

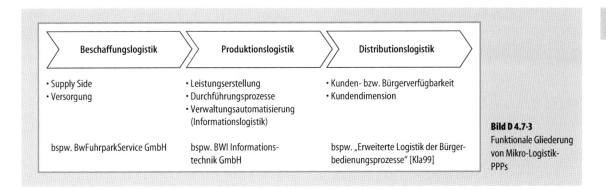

Bild D 4.7-3 Funktionale Gliederung von Mikro-Logistik-PPPs

dere vergaberechtliche Beschränkungen, Hemmungen durch Regelungen zur Mittelstandsförderung und Wettbewerbsverzerrungen durch steuerrechtliche Vorschriften [Koc04, 297f.].

D 4.7.3.2 Mikro-Logistik-PPP

Mikro-Logistik-PPP erfüllen keine infrastukturellen Logistikaufgaben, sondern sind auf der betrieblichen Ebene angesiedelt. Mithin erstellen und vermarkten sie Logistikdienstleistungen betriebswirtschaftlicher Art. Funktional ergeben sich somit PPPs in den Bereichen Beschaffungs-, Produktions- und Distributionslogistik (vgl. Bild D 4.7-3, [Vah05, 7]).

Beschaffungsseitige Mikro-Logistik-PPPs sind Formen der Zusammenarbeit zwischen öffentlichem Sektor und Privatwirtschaft, die eine verbesserte Versorgung öffentlicher Auftraggeber zum Ziel haben. Ein Beispiel ist die BwFuhrparkService GmbH (BwFPS), die das Flottenmanagement und die Mobilitätsbereitstellung für die Bundeswehr, für ausländische Streitkräfte sowie sonstiger Kunden betreibt. Ursprünglich „reiner" Generalunternehmer für die Bundeswehr, sind in der Zwischenzeit weitere öffentliche Auftraggeber hinzugekommen. Der Auftrag ist typisch versorgungsseitig und umfasst die Bereitstellung konkreter Mobilitätsleistungen. Durch die Fuhrparkbündelung von Bundeswehr und Bahn kann sich die PPP-Gesellschaft Konditionenvorteile erschließen. In 24 bundesweiten Mobilitätscentern wird die gesamte Produktpalette der BwFPS, u. a. Kurzzeitmiete, Langzeitmiete, Chauffeurservice, Hol-Bringservice, Taxiservice und zukünftig auch Carsharing angeboten.

Deutlich geringer ist der Verbreitungsgrad von *PPP-Modellen in der Produktionslogistik*. Bei der klassischen öffentliche Leistungserstellung handelt es sich typischerweise um Verwaltungsprozesse, mithin um Dienstleistungen. Logistische Optimierungsprozesse betreffen dabei insbesondere Verwaltungsvorgänge und damit die Informationslogistik. Denkbar sind hierbei PPP-Modelle zum gemeinsamen Betrieb von Systemen der Informationsvereinbarung. Beispiel ist die BWI Informationstechnik GmbH, bekannt unter dem Projektnamen „Herkules". Die Gesellschaft wurde aufgrund eines auf zehn Jahre angelegten PPP-Vertrages gegründet, in denen BWI die gesamte nichtmilitärische IT- und Telekommunikations-Infrastruktur der Bundeswehr modernisieren und betreiben soll. An BWI Informationstechnik GmbH hält das Bundesministerium der Verteidigung 49,9% der Gesellschaftsanteile, Siemens Business Services 50,05% und IBM Deutschland 0,05%.

PPP-Modelle in der Distributionslogistik finden bislang kaum Anwendung. Im Kern geht es dabei um die Versorgung des Bürgers als „Endkunden" der öffentlichen Leistung. Funktional ist damit der Versuch verbunden, typische Probleme des öffentlichen Sektors mit Hilfe logistischer Konzepte zu lösen. Konzeptionelle Vorarbeiten wurden im Ansatz einer „erweiterte Logistik der Bürgerbedienungsprozesse" [Kla99, 415] entwickelt. In diesem Verständnis ist Logistik die „Wissenschaft von den Schnittstellen zwischen Aktivitäten, Funktionsbereichen und Akteuren in wirtschaftlichen Prozessen mit der Zielsetzung, deren bestmögliche Koordination und Integration zu sichern" [Kla99, 411] und somit für öffentliche Wertschöpfungsprozesse als Steuerungsansatz geeignet. Denkbar wären hier gemeinsame Lösungen zwischen Behörden und Logistikdienstleistern, um z.B. die Kfz-Zulassung zu vereinfachen und Onlinezulassungen via Internet mit der physischen Kennzeichendistribution nach Hause zu verbinden.

Literatur

[Bor98] Borins, S.; Grüning, G.: New Public Management – Theoretische Grundlagen und problematische Aspekte der Kritik. In: Budäus, D.; Conrad, P.; Schreyögg, G. (Hrsg.): New Public Management. Wiesbaden: Gabler 1998, 11–53

[Bud94] Budäus, D.: Public Management: Konzepte und Verfahren zur Modernisierung öffentlicher Verwaltungen. Wiesbaden: Gabler 1994

[Bud98] Budäus, D.: Public Private Partnerships als innovative Organisationsform. In: Scheer, A.-W. (Hrsg.): Neue Märkte, neue Medien, neue Methoden: Roadmap zur agilen Organisation. Heidelberg: Physica 1998, 47–64

[Bud03] Budäus, D.: Neue Kooperationsformen zur Erfüllung öffentlicher Aufgaben: Charakterisierung, Funktionsweise und Systematisierung von Public Private Partnership. In: Harms, J.; Reichard, J. (Hrsg.),Die Ökonomisierung des öffentlichen Sektors: Instrumente und Trends. Baden Baden: Nomos 2003, 213–233

[Bud04] Budäus, D.: Die kritisch-konstruktive Rolle des Bundesverbandes für die Entwicklung von PPP in Deutschland, Unterlagen zum Vortrag auf der Jahresveranstaltung des Bundesverbandes Public Private Partnership e.V. Berlin 2004

[Eic01] Eichhorn, P.: Öffentliche Betriebswirtschaftslehre als eine Spezielle BWL. Wirtschaftswissenschaftliches Studium (WiSt), 30 (2001) 8, 409–416

[Eßi05a] Eßig, M.: Zur Anwendbarkeit der logistischen Führungskonzeption auf den öffentlichen Sektor. Vorüberlegungen für ein Public Supply Chain Management. In: Lasch, R.; Janker, C.G. (Hrsg.), Logistik Management: Innovative Logistikkonzepte. Wiesbaden: Deutscher Universitäts-Verlag 2005, 93–109

[Eßi05b] Eßig, M; Batran, A.: Public-Private Partnership: Development of Long-Term Relationships in Public Procurement in Germany. Journal of Purchasing and Supply Management, 11 (2005) 5/6, 221–231

[Eßi06] Eßig. M.; Batran, A.: Konzeptionelle Grundlagen eines Public Supply Chain Management. Zeitschrift für öffentliche und gemeinwirtschaftliche Unternehmen. Journal for Public and Nonprofit Services, 29 (2006) 2, 117–146

[Göp05] Göpfert , I.: Logistik Führungskonzeption: Gegenstand, Aufgaben und Instrumente des Logistikmanagements und -controllings. 2. Aufl. München: Vahlen 2005

[Gri04] Grimsey, D.; Lewis, M.K.: Public Private Partnerships: The Worldwide Revolution in Infrastructure Provision and Project Finance. Cheltenham 2004

[Ham01] Hammerschmid, G.: New Public Management zwischen Konvergenz und Divergenz: Eine institutionenökonomische Betrachtung. Wien: Facultas 2001

[Hor04] Horsmann, U.: Beitrag zur Reform der Bundeswehr: Erfahrungen, Methoden, Potenziale. Unterlagen zum Vortrag auf dem 39. BME-Symposium Einkauf und Logistik, Fachkonferenz Public Private Partnerships. Berlin 2004

[KGS93] KGSt: Das Neue Steuerungsmodell: Gründe, Konturen, Umsetzung. KGSt-Bericht 5/1993. Köln 1993

[Kla99] Klaus, P.: Bürgernähe als logistisches Problem. In: Brünig, D.; Greiling, D. (Hrsg.): Stand und Perspektiven der Öffentlichen Betriebswirtschaftslehre: Festschrift für Prof. Dr. Peter Eichhorn zur Vollendung des 60. Lebensjahres. Berlin 1999, 408–418

[Kla02] Klaus, P.: Die dritte Bedeutung der Logistik: Beiträge zur Evolution logistischen Denkens. Hamburg: Deutscher Verkehrs-Verlag 2002

[Koc04] Kochendörfer, B.; Kohnke, T.: PPP im öffentlichen Hochbau in Westeuropa und die Umsetzungsschwierigkeiten in Deutschland. In: VHW Forum Wohneigentum. Zeitschrift für Wohneigentum in der Stadtentwicklung und Immobilienwirtschaft. 5 (2004) 6, 296–299

[Kom04] Kommission der Europäischen Gemeinschaften: Grünbuch zu öffentlich-privaten Partnerschaften und den gemeinschaftlichen Rechtsvorschriften für öffentliche Aufträge und Konzessionen. Kom. 327, Brüssel 2004

[Nas00] Naschold, F.; Budäus, D.; Jann, W.; Mezger, E.; Oppen, M.; Picot, A.; Reichard, C.; Schanze, E.; Simon, N. (Hrsg.): Leistungstiefe im öffentlichen Sektor. 2. Aufl. Berlin/Heidelberg/New York: Springer 2000

[Par03] Parker, D.; Hartley, K.: Transaction Costs, Relational Contracting and Public Private Partnerships: A Case Study of UK Defence. In: Journal of Purchasing and Supply Management, 9 (2003) 3, 97–108

[Pfo04a] Pfohl, H.C.: Logistikmanagement: Konzeption und Funktionen. 2. Aufl. Berlin/Heidelberg/New York: Springer 2004

[Pfo04b] Pfohl, H.C.: Logistiksysteme: Betriebswirtschaftliche Grundlagen. 7. Aufl. Berlin/Heidelberg/New York: Springer 2004

[Rei04] Reichard, C.: Das Konzept des Gewährleistungsstaates. In: Göbel. E.; Gottschalk, W.; Lattmann, J.; Lenk, T.; Reichard, C.; Weber, M. (Hrsg.): Neue Institutionenökonomik, Public Private Partnership, Gewährleistungsstaat. Berlin 2004, 48–60

[Rog99] Roggenkamp, S.: Public Private Partnership. Frankfurt/Main: Lang 1999

[Sav00] Savas, E.S.: Privatization and Public-Private Partnership. New York: Chatham House Publishers 2000

[Sch04a] Schily, O.; Heesen, P.; Bsirske, F.: Neue Wege im öffentlichen Dienst: Eckpunkte für eine Reform des Beamtenrechts. Berlin 2004

[Sch04b] Schmidtmann, E.; Wendelberger, A.: Public Private Partnerships als Kooperationsform in der Logistik. In: Pfohl, H.C. (Hrsg.): Erfolgsfaktor Kooperation in der Logistik: Outsourcing, Beziehungsmanagement, finanzielle Performance. Berlin/Heidelberg/New York: Springer 2004, 119–136

[Vah05] Vahrenkamp, R.: Logistik: Management und Strategien. 5. Aufl. München: Oldenbourg 2005

Logistik und Umwelt

D 5.1 Logistik, Transport und Verkehr im Spannungsfeld von Ökologie und Ökonomie

Seit vielen Jahren ringen die europäische und die nationale Verkehrspolitik um Strategien für einen nachhaltigen bzw. umweltverträglichen Verkehr (Sustainable mobility). Insbesondere im Güterverkehr scheint das Ziel der Nachhaltigkeit gefährdet. Hier zeigen sich bereits heute Grenzen der Belastbarkeit von Infrastruktur und Umwelt. Verantwortlich hierfür ist vor allem die starke Zunahme der Transportleistungen des Straßengüterverkehrs in den letzten Jahren bzw. Jahrzehnten.

Hierfür wird auch die Umsetzung moderner, auf Lager weitgehend verzichtender logistischer Konzeptionen (Stichworte: produktionssynchrone Beschaffung, Just in Time) und der im Zuge der Globalisierung verstärkte Trend zur Reduzierung der Wertschöpfungstiefe in der produzierenden Wirtschaft (Outsourcing) verantwortlich gemacht. Aber auch der motorisierte Individualverkehr hat eine Größenordnung erreicht, die bei gegebenen Infrastrukturkapazitäten kaum zu bewältigen ist. Die einschlägigen Prognosen sagen für die nächsten Jahre zudem ein weiteres starkes Verkehrswachstum voraus, das insbesondere vom Güterverkehr getragen werden wird [Ifm05, 32, 60]. Ohne geeignete (Gegen-)Maßnahmen scheint damit der „Verkehrsinfarkt" auf den Straßen programmiert und die Belastungsgrenze der Umwelt überschritten.

Vor diesem Hintergrund ist die Forderung nach Konzepten für einen *ressourcen-schonenden* bzw. *umweltverträglichen Güterverkehr* verständlich. Die betriebliche Logistik muss sich die Frage stellen lassen, ob die von ihr durch (zusätzliche) Transportaktivitäten verursachten negativen Umweltwirkungen ausreichend in den Wirtschaftlichkeitsrechnungen berücksichtigt werden bzw. logistische Konzeptionen, die dadurch ausgelösten, verkehrlichen Umweltwirkungen hinreichend einbeziehen. Vereinfacht formuliert stellt sich die Frage, ob Güterverkehrsmobilität zu „billig" ist und daher von der produzierenden Wirtschaft im Zuge der Umsetzung bestimmter logistischer Konzeptionen zu stark nachgefragt wird. In diesem Fall würden einzelwirtschaftliche, ökonomische Vorteile zu Lasten ökologischer Schäden realisiert und damit für die Gesellschaft insgesamt ein Wohlfahrtsverlust hervorgerufen werden.

In diesem Spannungsfeld von Ökonomie und Ökologie wird in der Regel der Begriff der *Nachhaltigkeit* zur Beurteilung von wirtschaftlichen Aktivitätsmustern herangezogen. Unter Nachhaltigkeit werden allgemein Verhaltens- und Wirtschaftsweisen verstanden, welche den Bedürfnissen der heutigen Generation entsprechen, ohne die Möglichkeiten künftiger Generationen zu gefährden, ihre eigenen Bedürfnisse zu befriedigen. Der Begriff der Nachhaltigkeit ist allerdings aus ökonomischer Sicht zu wenig präzise. Er wird zudem häufig bewusst schwammig ge- oder – gar aus ideologischen Gründen – missbraucht. Unstreitig ist, dass Verkehr, wie jede andere Produktions- oder Konsumaktivität, natürliche und künstliche Ressourcen beansprucht. Dies wäre normalerweise kein Problem, da sich in marktwirtschaftlichen Systemen der Ressourcenverzehr von wirtschaftlichen Aktivitäten in den entsprechenden Preisen widerspiegelt. Verknappungen von Ressourcen bewirken steigende Faktor- und Produktpreise, und die Konsumenten sowie Produzenten passen sich dem an. Die Tatsache, dass logistische Optimierungsansätze über korrespondierende Verkehrsaktivitäten knappe Ressourcen in Anspruch nehmen, ist daher so lange auch kein Verstoß gegen das Nachhaltigkeitspostulat, wie die Preise für Transportdienstleistungen den Ressourcenverzehr korrekt widerspiegeln. Schwierigkeiten ergeben sich jedoch, wenn es sich um endliche, d. h. nicht reproduzierbare Ressourcen handelt oder mit einer wirtschaftlichen Aktivität externe Kosten verbunden sind, die nicht in die Wirtschaftsrechnungen der jeweiligen Akteure eingehen.

Beide Sachverhalte werden im Bereich des Verkehrs thematisiert. Transportaktivitäten benötigen Energie, insbesondere in Form von Mineralölprodukten, und beanspruchen damit *beschränkt verfügbare Ressourcen*. Der Anteil des Verkehrs am gesamten Energieverbrauch in Deutschland ist von 17% im Jahr 1970 auf heute fast 30%

gestiegen. Innerhalb des Verkehrssektors entfallen 83% des Energieverbrauchs auf den Straßenverkehr [BMV05b, 294f.]. Allerdings hat die Energieeffizienz gerade im Straßengüterverkehr erheblich zugenommen. Der durchschnittliche Kraftstoffverbrauch von schweren Lkw konnte in den letzten 30 Jahren von rund 50 Litern auf ca. 35 Liter je 100 km gesenkt werden. Nach Einschätzung der Experten ist das Potenzial für Energieeinsparungen sowohl für den Lkw als auch den Pkw damit noch längst nicht erschöpft.

Ein Problem sind weiterhin die *externen Kosten* des Verkehrs. Hierunter sind zusätzliche, nicht kalkulierte Lasten für die Allgemeinheit zu verstehen, wie etwa Umweltverschmutzung, Lärmbeeinträchtigungen, ungedeckte Unfallfolgekosten oder Folgen des anthropogenen Klimawandels. Nach einer im Auftrag des internationalen Eisenbahnverbandes UIC von INFRAS und dem IWW der Universität Karlsruhe erstellten Studie verursachte der Straßenverkehr in Europa im Jahr 2000 ca. 544 Mrd. Euro an externen Kosten, während die Eisenbahn nur auf gut 12 Mrd. Euro kommt. Diese Diskrepanz wird allerdings deutlich entschärft, wenn man die erstellten Verkehrsleistungen mit in die Betrachtung einbezieht. So fallen im Güterverkehr auf der Straße 88 Euro/1000 Tonnenkilometer (Tkm) an externen Kosten an, während die Schiene 18 Euro/1000 Tkm verursacht. Der motorisierte Individualverkehr zieht ca. 76 Euro/1000 Personenkilometer (Pkm) an externen Kosten nach sich, während die Schiene mit 22 Euro/1000 Pkm eine deutlich günstigere Position einnimmt. Problematisch stellt sich auch die Situation im Personenluftverkehr dar, der mit 52,5 Euro/1000 Pkm zwar eine mittlere spezifische Belastungsintensität aufweist, aber mit insgesamt 85 Mrd. Euro für ca. 16% der gesamten verkehrsbedingten Externalitäten steht [UIC04, 72ff.].

Die Verkehrspolitik ist also aufgefordert, Rahmenbedingungen für einen möglichst umweltverträglichen Verkehr und damit auch für eine ökologieverträgliche Logistik zu setzen. Dabei muss sie die Interdependenzen zwischen Umwelt, Verkehr, Wirtschaftswachstum und Nachhaltigkeit beachten, um nicht der Fiktion zu erliegen, dass Verkehrsvermeidung, Verkehrsverteuerung und Verkehrsverlagerung für sich genommen als sinnvolle Kategorien der Verkehrspolitik anzusehen sind [Wil02].

Verkehrspolitische Entscheidungen, die mit dem Ziel der Anlastung externer Kosten in die Funktionsfähigkeit des Verkehrssystems eingreifen, bedürfen einer besonders sorgfältigen Fundierung. Dies resultiert zum einen daraus, dass zwar Einigkeit darüber besteht, dass der Verkehr in erheblichem Umfang externe Effekte verursacht; äußerst umstritten sind jedoch das Ausmaß dieser Wirkungen und insbesondere deren Quantifizierung. Zum anderen ist bei einer Anlastung z. B. der externen Kosten auf die Interdependenzen im Verkehrssystem zu achten. Die dem Verkehr zugeschriebenen Produktivitäts- und Wachstumswirkungen bleiben bei einem solchen Eingriff nicht unbeeinflusst, so dass die möglicherweise entfallenden Nutzenstiftungen den vermiedenen Kosten gegenübergestellt werden müssten. Dieses Argument verweist auf die Diskussion um die bei einer Abwägung zu beachtenden *externen Nutzen* des Verkehrs. Eine marktwirtschaftlich ausgerichtete Verkehrspolitik sollte sich daher nicht auf dirigistische Maßnahmen oder ideologisch motivierte Regulierungen stützen, sondern innerhalb eines geeigneten ordnungspolitischen Rahmens konsequent *ökonomische Instrumente* zur Beeinflussung des Verkehrs einsetzen.

Bei der Diskussion der Zusammenhänge von Umwelt und Logistik im Rahmen dieses Beitrages stehen die verkehrlichen Wirkungen logistischer Konzeptionen im Vordergrund der Betrachtung. Umweltwirkungen der Logistik, die z. B. aus der effizienten Nutzung von Material und Energie in der Produktion infolge der Umsetzung kreislaufwirtschaftlicher Überlegungen resultieren, sind nicht Gegenstand dieses Beitrages. Daher werden auch der gesamte Bereich der Entsorgungslogistik und seine Umweltwirkungen aus den folgenden Überlegungen ausgeklammert. Um die Umweltwirkungen der Logistik aus verkehrlicher Sicht zu erfassen, bedarf es zunächst einer Beschäftigung mit den Externalitäten des Verkehrs. Im Folgenden ist daher zu diskutieren, wie mit ökonomischen Ansätzen die externen Kosten des Verkehrssystems bestimmt, bewertet und gegebenenfalls internalisiert werden können. Nach einer Einführung in die umweltökonomischen Grundlagen und die verschiedenen Internalisierungsansätze (Abschn. D 5.2 und D 5.3) werden die einzelnen verkehrsbedingten Externalitäten im Detail behandelt (Abschn. D 5.4). Als empirische Grundlage wird hierfür die von der UIC vorgelegte Abschätzung der externen Kosten des Verkehrs als derzeit aktuellste verfügbare Kostenschätzung herangezogen [UIC04]. Die zu betrachtenden Kostenarten betreffen im Wesentlichen die Schadstoff- und Lärmemissionen, ungedeckte Verkehrsunfallfolgekosten und Kosten des Klimawandels durch CO_2-Emissionen sowie verkehrssysteminterne Stauungskosten [Eis02, 144]. Hinzuweisen ist auch auf das Problem externer Kosten der Verkehrsinfrastruktur selbst (z. B. Bodenversiegelung, Trennungseffekte und Landverbrauch). Vor dem Hintergrund dieser Kostenabschätzungen werden abschließend in Abschn. D 5.5 die spezifischen, verkehrsbezogenen Umweltwirkungen logistischer Systeme und Prozesse untersucht.

D 5.2 Umweltökonomische Grundlagen

D 5.2.1 Marktgleichgewicht im ökonomischen Standardmodell

Dem Koordinationsmechanismus Markt kommt in der Ökonomie eine besonders wichtige Bedeutung zu. Unter einem *Markt* versteht man aus ökonomischer Sicht die Gesamtschau der Austauschprozesse, welche aus dem Zusammenwirken von Anbietern und Nachfragern erwachsen. Wichtig für die Beurteilung der Funktionsfähigkeit eines Marktes ist, inwiefern sich auf ihm Wettbewerbskräfte entfalten. Man spricht von einem Wettbewerbs- oder Konkurrenzmarkt, wenn der Markt durch eine große Zahl von Anbietern und Nachfragern geprägt ist, die jeder für sich allein den Marktpreis nicht beeinflussen können. Dagegen ist auf einem Monopolmarkt der Anbieter in der Lage, den Preis für sein Produkt autonom festzusetzen. Bei der Bestimmung des Preises wird der Monopolist das Verhalten der Nachfrager entsprechend der Marktnachfrage einbeziehen (Preis-Absatz-Kurve), um seinen Gewinn zu maximieren. Oligopolistische Märkte, die ebenfalls eine hohe Wettbewerbsdynamik aufweisen können, zeichnen sich durch die spezifische Reaktionsverbundenheit der Anbieter aus: Wenn sich nur wenige Anbieter auf einem Markt befinden, hat das einzelne Unternehmen zwar einen gewissen Einfluss auf das Marktgeschehen insgesamt, es steht aber gleichzeitig unter dem besonderen Einfluss seiner Konkurrenten, d. h. es muss auf preis- bzw. produktpolitische Vorstöße seiner Wettbewerber sofort reagieren.

Wettbewerbsmärkten werden in der Ökonomie bestimmte Wohlfahrtseigenschaften zugeschrieben. Kernstück der sog. *paretianischen Wohlfahrtsökonomik* ist die Ableitung von Bedingungen für ein gesellschaftliches Wohlfahrtsoptimum in einer Wettbewerbswirtschaft. In der Theorie wird auf einem Wettbewerbs- oder Konkurrenzmarkt ein Wohlfahrtsoptimum insbesondere dann erreicht, wenn ein System von Grenzkostenpreisen vorliegt, d. h. die Ressourcenbeanspruchung durch Produktions- und Konsumaktivitäten orientiert sich an den jeweiligen Grenz- oder Marginalkosten [Fri05, 22ff.].

Der Preis eines Produktes entspricht bei *Marginalkostenpreisbildung* den Kosten, die bei der Produktion einer zusätzlichen Einheit dieses Gutes entstehen. Hierdurch wird der Ressourcenverzehr adäquat abgebildet, und es werden letztlich in einer Volkswirtschaft nur solche Güter produziert, bei denen die Produktionskosten mindestens durch die Zahlungsbereitschaft der Konsumenten gedeckt werden [Bor99, 3].

Verwendet man den so genannten *sozialen Überschuss* (Summe aus Konsumenten- und Produzentenrente) als Maßstab für die gesellschaftliche Wohlfahrt, garantieren Grenzkostenpreise die Maximierung des sozialen Überschusses, d. h. das ökonomische Standardmodell des Marktes führt unter bestimmten Annahmen zu einem *gesamtgesellschaftlichen Wohlfahrtsmaximum* [Fri05, 43].

Allerdings ist darauf hinzuweisen, dass sich die Begrenztheit des Aussagensystems der paretianischen Wohlfahrtsökonomie und die nur eingeschränkte Realisierungsmöglichkeit eines universellen Systems von Grenzkostenpreisen gegenseitig bedingen. Das durch sogenannte Marginal- und Totalbedingungen beschriebene sozialökonomische Optimum bleibt eine Utopie, weil zum einen in der wirtschaftlichen Realität Konflikte zwischen einzelnen Bedingungen auftreten und zum anderen nicht auf allen Märkten Grenzkostenpreise gesetzt und damit die Marginalbedingungen verletzt werden [Gie61, 125ff.]. So zeichnet sich z. B. die wirtschaftliche Realität nicht durch Märkte aus, welche die Bedingungen einer vollständigen Konkurrenz erfüllen; sie sind vielmehr häufig als oligopolistische Märkte strukturiert. Auf diesen Märkten spielt zudem neben der statischen Allokationseffizienz die *dynamische Effizienz* im Sinne des technischen Fortschritts, der Produktdifferenzierung und der Anpassungsflexibilität an sich verändernde wirtschaftliche und gesellschaftliche Rahmendaten eine wichtige Rolle. Auch das Auftreten so genannter externer Effekte führt zu Abweichungen vom Allokationsoptimum, da beim Vorliegen von Externalitäten nicht mehr jedes Wirtschaftssubjekt für sämtliche von ihm verursachten Kosten aufkommt bzw. von allen durch ihn verursachten Nutzenstiftungen profitiert.

D 5.2.2 Definition und Arten externer Effekte

Auf einem im ökonomischen Sinne effizienten Markt wird jedes Wirtschaftssubjekt mit sämtlichen Kosten und Nutzenstiftungen seiner Aktivitäten konfrontiert. Dies ist allerdings dann nicht der Fall, wenn so genannte externe Effekte zu beobachten sind. Analytisch formuliert liegen *externe Effekte* vor, wenn in der Nutzen- bzw. Produktionsfunktion eines Wirtschaftssubjekts W (U_W) außer dessen eigenen Aktionsparametern ($X^1_W, X^2_W, ..., X^n_W$) mindestens ein Argument (Y) enthalten ist, das nicht (vollständig) von diesem, sondern von einem oder mehreren anderen Wirtschaftssubjekten bestimmt wird. Externe Effekte sind also die Folge unvollständiger Produktions- und Nutzenfunktionen der Wirtschaftssubjekte. Bei Vorliegen externer Effekte gilt z. B. für die Nutzenfunktion des Wirtschaftssubjekts W:

$$U_W = U_W\left(X^1_W, X^2_W, ..., X^n_W, Y\right).$$

Externe Effekte können sowohl aus Produktions- als auch aus Konsumaktivitäten resultieren und sich positiv oder negativ auf die Produktion und/oder den Konsum Dritter auswirken: Man spricht von *positiven externen Effekten* oder auch von einem externen (Zusatz-)Nutzen, wenn die Produktion oder der Konsum eines Wirtschaftssubjektes positive Nebenwirkungen auf andere Wirtschaftssubjekte hat, ohne dass der Verursacher für diese positiven Nebenwirkungen entlohnt wird. Umgekehrt liegen *negative externe Effekte* bzw. externe (Zusatz-)Kosten vor, wenn durch die Nebenwirkungen der produktiven oder konsumtiven Tätigkeit eines Wirtschaftssubjektes andere Wirtschaftssubjekte geschädigt werden und der Verursacher hierfür nicht haften bzw. zahlen muss [Fee98, 41ff]. Theoretisch lassen sich drei Formen externer Effekte unterscheiden [Fri05, 89f]:

- *Psychologische Externalitäten* liegen vor, wenn das Nutzenniveau eines Wirtschaftssubjektes durch das Nutzen- bzw. Konsumniveau mindestens eines anderen Wirtschaftssubjekts beeinflusst wird, ohne dass eine physische oder marktmäßige Wirkungsverbundenheit zwischen den Konsum- bzw. Produktionsaktivitäten besteht. Ein Beispiel für einen negativen psychologischen externen Effekt wäre etwa der Nutzenverlust, den ein Wirtschaftssubjekt durch seinen Neid auf den Luxus-Sportwagen seines reichen Nachbarn erleidet. Derartige Effekte können zwar verteilungspolitische Maßnahmen nahe legen; direkte staatliche Markteingriffe lassen sich mit psychologischen Externalitäten jedoch nicht rechtfertigen, weil kein (allokatives) Marktversagen vorliegt.
- *Pekuniäre Externalitäten* stellen eine Folge von Marktbeziehungen dar und sind damit indirekter Natur. Man versteht hierunter (im Falle externer Nutzeneffekte) die Kosteneinsparungen, die daraus resultieren, dass aufgrund größerer Nachfragemengen einer Branche insgesamt die Preise von Vorprodukten sinken (oder im Fall externer Kosteneffekte steigen). Da solche pekuniären Externalitäten über den Marktmechanismus erfasst werden und die Marktallokation an veränderte Knappheitsrelationen anpassen, führen sie zu gesamtwirtschaftlichen Effizienzsteigerungen. Sie sind daher wohlfahrtstheoretisch sogar wünschenswert. Pekuniäre externe Effekte rechtfertigen, da kein Marktversagen vorliegt, keine staatlichen Eingriffe in das Wirtschaftsgeschehen. Ein Beispiel für pekuniäre negative Externalitäten findet sich z. B. in Rohstoffpreissteigerungen (Stahl, Erze, Rohöl) durch den Markteintritt neuer Nachfrager aus Schwellenländern. Diese pekuniäre Externalität beinhaltet aber gerade kein Marktversagen, sondern zeigt die Funktionsfähigkeit der Märkte, die neue Knappheitsrelationen widerspiegeln.
- *Technologische Externalitäten* zeichnen sich dadurch aus, dass ein direkter, physischer Zusammenhang zwischen den Produktions- und/oder Nutzenfunktionen mehrerer Wirtschaftssubjekte besteht, der nicht durch den Marktmechanismus erfasst wird. So entstehen bei der Produktion von Güterverkehrsleistungen für die verladende Wirtschaft Nebenprodukte in Form von umweltbelastenden Schadstoff- oder Lärmemissionen, welche die Wohlfahrt anderer Wirtschaftssubjekte vermindern. Die hiermit verbundenen Kosten, z. B. die Behandlungskosten einer gestiegenen Zahl von Krebserkrankungen oder die erhöhten Kosten für den Lärmschutz, sind externer Natur, weil sie nicht von den verursachenden Unternehmen getragen werden und daher für diese nicht entscheidungsrelevant sind. Technologische Externalitäten bewirken, dass die privaten (die für den jeweiligen Akteur relevanten) von den sozialen (den gesamtwirtschaftlich relevanten) Kosten- bzw. Nutzenwirkungen einer Handlung abweichen. Dies führt dazu, dass eine einzelwirtschaftlich optimale Handlung nicht mehr der gesamtwirtschaftlich optimalen Handlung entspricht. Technologische externe Effekte haben Fehlallokationen des Marktes zur Folge, die im Folgenden zu diskutieren sind.

D 5.2.3 Technologische externe Effekte und Allokation

Während pekuniäre externe Effekte für das Funktionieren des Marktsystems unerlässlich sind, beeinträchtigen technologische externe Effekte die Allokationsfunktion des Marktes. Die Existenz technologischer Externalitäten verhindert die Erreichung des wirtschaftspolitischen Effizienzmaximums. Erhält z. B. der Verursacher positiver Externalitäten kein Entgelt für die Nutzenstiftungen, die anderen Wirtschaftssubjekten aufgrund seiner wirtschaftlichen Aktivitäten zufließen, so ist der private Nutzen des Verursachers geringer als die anfallenden gesamtwirtschaftlichen Nutzenstiftungen. Für das einzelne Wirtschaftssubjekt ist jedoch nur sein privater Nutzen entscheidungsrelevant. Deswegen wird ein Wirtschaftssubjekt seine wirtschaftlichen Aktivitäten nur so weit ausdehnen, bis seine (privaten) Grenzkosten (GK) seinem privaten Grenznutzen (PGN) entsprechen.

Für den gesamtwirtschaftlich optimalen Umfang einer Aktivität ist jedoch nicht der private, sondern der soziale Grenznutzen (SGN) relevant, also die Summe der Grenznutzen, die allen, d. h. auch den anderen Wirtschaftssubjekten durch die betreffende Aktivität zufallen.

Die Fehlallokation des Marktes infolge *positiver externer Effekte* zeigt sich darin, dass das einzelne Wirtschaftssubjekt anstelle der gesamtwirtschaftlichen Optimalbedingung

$$GK = PGN + \Sigma GN_i$$

lediglich die individuelle Optimalbedingung

$$GK = PGN$$

erfüllt. Der soziale Grenznutzen ist größer als der private Grenznutzen. Da bei der einzelwirtschaftlichen Entscheidung die Differenz zwischen sozialem Grenznutzen und privatem Grenznutzen nicht berücksichtigt wird, wird gesamtwirtschaftlich zu wenig von den Gütern und Dienstleistungen hergestellt (konsumiert), deren Produktion (Konsum) mit positiven externen Effekten verbunden ist [Fri05, 92ff.].

Im gegenteiligen Fall *negativer externer Effekte* wird zu viel von den Gütern und Dienstleistungen produziert (konsumiert), deren Produktion (Konsum) mit negativen externen Effekten verbunden ist, wenn der Verursacher nicht für die sozialen Zusatzkosten seiner Tätigkeit haften muss. Es kommt zu einer Fehlallokation der Ressourcen, weil das einzelne Wirtschaftssubjekt seinen Entscheidungen nur seine privaten Grenzkosten (PGK), nicht aber die höheren sozialen Grenzkosten zugrunde legt. Ein Beispiel aus dem Güterverkehrsbereich wäre die Entscheidung über ein neues produktionslogistisches Konzept, das mit zusätzlichen Transporten verbunden ist. Ein verladendes Unternehmen würde von den damit verbundenen Produktionskostensenkungen – saldiert mit entsprechenden zusätzlichen Transportkosten – profitieren. Außerdem anfallende externe Kosten der Transporte (z. B. gesellschaftliche Kosten von Schadstoffemissionen, CO_2-Emissionen, Stauungskosten etc.) würden allerdings im einzelwirtschaftlichen Kalkül nicht entscheidungswirksam, obwohl sie die gesamtwirtschaftliche Wohlfahrt mindern.

Die Fehlallokation des Marktes zeigt sich in der theoretischen Analyse darin, dass das einzelne Wirtschaftssubjekt an Stelle der gesamtwirtschaftlichen Optimalbedingung

$$GN = PGK + \Sigma GK_i$$

lediglich die individuelle Optimierungsbedingung

$$GN = PGK$$

verfolgt.

Die Allokationsverzerrungen infolge technologischer externer Effekte lassen sich auch graphisch verdeutlichen. In Bild D 5.2-1 ist der Fall externer Kosten dargestellt. Die Kurve A_P zeigt die Angebotskurve für das betreffende Gut, die sich aus der Zusammenfassung der privaten Grenzkostenkurven der Anbieter ergibt. Die Kurve A_S zeigt hingegen die höheren sozialen Grenzkosten bei alternativen Ausbringungsmengen. Der vertikale Abstand zwischen der privaten und der sozialen Grenzkostenkurve misst folglich die Höhe der sozialen Zusatzkosten (Strecke DC). Die gesamtwirtschaftlich optimale Menge ist dann erreicht, wenn der soziale Grenznutzen den sozialen Grenzkosten entspricht, also die Nachfragekurve und die Kurve der sozialen Grenzkosten, d. h. die A_S-Kurve, sich schneiden (Punkt B).

Im Falle externer Kosten sind die individuellen Grenzkosten geringer als die sozialen Grenzkosten. Deshalb liegt die Kurve der privaten Grenzkosten A_P unterhalb der Kurve der sozialen Grenzkosten. Ein Gewinn maximierender Anbieter weitet seine Produktion so weit aus, bis seine privaten Grenzkosten gleich dem Preis (hier p_0) sind (Punkt D). Als Folge individueller Gewinnmaximierung wird daher die im Vergleich zum gesamtwirtschaftlich optimalen Output x^*, zu hohe Menge x_0, hergestellt. Die sozialen Grenzkosten sind bei der Menge x_0 um den Betrag CD größer als der Preis p_0; d. h. der Wert, den die letzte produzierte Einheit aus Sicht der Nachfrager hat, ist kleiner als deren gesellschaftlich relevante Kosten.

Die gesamten zusätzlichen sozialen Kosten, die entstehen, wenn statt der Menge x^* die Menge x_0 produziert wird, entsprechen der Fläche unter der A_S-Kurve zwischen x^* und x_0. Zieht man hiervon den Wert der zusätzlichen Produktion ab (Fläche unterhalb der Nachfragekurve zwischen x^* und x_0), ergibt sich ein Wohlfahrtsverlust in Höhe des schraffierten Dreiecks BCD. Somit könnte die gesellschaftliche Wohlfahrt erhöht werden, indem statt der

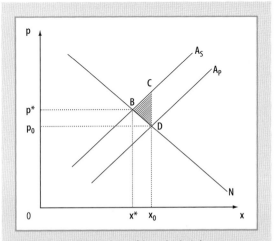

Bild D 5.2-1 Wohlfahrtsverluste infolge technologischer externer Kosten

aus Anbietersicht optimalen Menge x_0 die geringere *gesamtwirtschaftlich optimale Menge x^** produziert würde. Mit anderen Worten: Aufgrund des negativen technologischen Effektes, der mit der Produktion des Gutes X einhergeht, wird gesamtwirtschaftlich gesehen von Gut X zu viel produziert. Es entsteht ein gesellschaftlicher Wohlfahrtsverlust in Höhe von BCD. Damit kommt es zu einem Versagen des Marktes, das mit einer Fehlallokation der volkswirtschaftlichen Ressourcen einhergeht.

D 5.3 Möglichkeiten der Internalisierung externer Effekte

D 5.3.1 Überblick und Beurteilungskriterien

Die Fehlallokation der Ressourcen, im Falle technologischer externer Effekte, zieht Forderungen nach staatlichen Eingriffen in das Marktgeschehen nach sich, um eine gesamtwirtschaftlich effiziente Ressourcenallokation sicherzustellen. Man spricht auch davon, dass der Staat die externen Effekte *„internalisieren"* soll. Dabei steht hinter der Forderung nach einer Internalisierung externer Effekte folgender Grundgedanke: Bei externen Effekten fallen private und soziale Kosten bzw. Nutzen auseinander. Wenn es gelingt, die Verursacher externer Kosteneffekte (Nutzeneffekte) in der Höhe der von ihnen verursachten sozialen Zusatzkosten (des sozialen Zusatznutzens) zu belasten (entlasten), wird das Problem des Marktversagens gelöst. Die externen Ressourcenbeanspruchungen wären im Entscheidungskalkül der Verursacher (genauer: In deren Produktions- bzw. Konsumfunktion) enthalten und hätten damit „internen" Charakter. Das individuelle Gewinnmaximierungsverhalten führt dann zur Produktion der gesamtwirtschaftlich optimalen Menge, weil private und soziale Kosten- bzw. Nutzeneffekte wieder identisch sind.

Da es bei dem Internalisierungsproblem in der praktischen Wirtschaftspolitik in den meisten Fällen um *negative Externalitäten*, d. h. externe Kosten geht, werden im Folgenden insbesondere Ansatzpunkte zur Anlastung *externer Kosten* diskutiert. Im Wesentlichen stehen dem Staat folgende Instrumente für eine Internalisierung technologischer externer Effekte zur Verfügung:
- moralische Appelle,
- Auflagen, Ge- und Verbote,
- Umweltsteuern und
- Umweltzertifikate.

Darüber hinaus wird in der einschlägigen umweltökonomischen Literatur die Bedeutung von Verhandlungen für die Internalisierung diskutiert (Coase-Theorem). Auch die Ausgestaltung des Haftungsrechts für z. B. Umweltschäden hat Konsequenzen für die Erreichung des wirtschaftspolitischen Ziels einer Internalisierung externer Kosten.

Wie gezeigt wurde, führen Externalitäten zu gesellschaftlichen Fehlallokationen. Diese sollen durch staatliche Eingriffe beseitigt bzw. „internalisiert" werden. Wichtig für die Beurteilung bzw. Auswahl geeigneter wirtschaftspolitischer Instrumente ist die Frage der *Effizienz wirtschaftspolitischer Eingriffe*, denn die einzelnen vorgeschlagenen Maßnahmen weisen eine unterschiedliche Effizienz auf. So ist es unmittelbar einleuchtend, dass ein generelles Verbot bestimmter wirtschaftlicher Aktivitäten (z. B. ein Verbot, bestimmte Güter mit dem Lkw zu transportieren) zusätzliche ökonomische Ineffizienzen hervorruft. Das Marktversagen zieht dann mit dem Eingriff ein zusätzliches „*Staatsversagen*" nach sich, so dass im Ergebnis die gesellschaftliche Wohlfahrtsposition weiter absinkt. Daher sind die Kosten und Nutzen wirtschaftspolitischer Eingriffe bei externen Effekten im Detail abzuwägen und die Instrumente im Hinblick auf ihre Effizienz zu analysieren. Dies gilt insbesondere vor dem Hintergrund der ökonomischen Überlegung, dass eine völlige Beseitigung negativer externer Effekte nicht sinnvoll sein kann. Da die Vermeidung von Schäden ebenfalls mit Kosten verbunden ist, liegt der theoretisch optimale Umfang der Externalität dort, wo die Grenzkosten der Schadensvermeidung (zusätzliche Kosten der Reduktion der Schädigung um eine Einheit) dem Grenzschaden entsprechen.

Die Wirtschaftspolitik sollte daher mit möglichst effizienten Methoden das „richtige" Maß an Externalität herbeiführen. Zur Beurteilung der Instrumente hinsichtlich ihrer Effizienz werden in der Literatur drei Kriterien genannt [Fri05, 109f.]:
- *Statische Effizienz*: Dieser Effizienzterm stellt sicher, dass ein Internalisierungsansatz zu einem statischen Wohlfahrtsoptimum führt. Unter gegebenen Rahmenbedingungen (insbesondere gegebener Technik) wird ein Umweltziel mit den geringsten volkswirtschaftlichen Kosten erreicht.
- *Dynamische Effizienz*: Der dynamische Aspekt der Effizienz stellt darauf ab, ob aufgrund der Internalisierungsmaßnahme ex ante Anreize für die Vermeidung negativer Externalitäten bzw. die Weiterentwicklung von Technologien zur Minderung der externen Effekte bestehen.
- *Ökologische Treffsicherheit*: Internalisierungsinstrumente sind auch im Hinblick auf ihre Treffsicherheit zu beurteilen, d. h. es ist zu fragen, ob ein bestimmtes Ziel (z. B. das Ausmaß der Externalität) auch sicher erreicht wird.

Im Folgenden werden Instrumente zur Internalisierung negativer externer Effekte im Umwelt- und Verkehrsbereich vorgestellt und anhand der genannten Effizienzkriterien beurteilt. Diese Analyse bildet die Basis für die Diskussion wirtschaftspolitischer Instrumente, die zur Bewältigung des Spannungsverhältnisses zwischen Logistik, Gütertransport und Verkehr eingesetzt werden können. Die Diskussion konzentriert sich auf Instrumente zur Bekämpfung negativer Externalitäten, da diese im Transportsektor die größte Bedeutung haben und die Verursacher in der Regel nicht ohne staatliche Eingriffe zu einem gesamtwirtschaftlich erwünschten Verhalten übergehen. Die Diskussion der wirtschaftspolitischen Eingriffe erfolgt zudem primär unter allokativen, d.h. Effizienzaspekten. Mögliche *Verteilungswirkungen* der Instrumente werden lediglich ergänzend angesprochen, obwohl sie im Hinblick auf die politische Durchsetzbarkeit eine wichtige Rolle spielen.

D 5.3.2 Moralische Appelle

Bei moralischen Appellen werden Unternehmen bzw. Bürger dazu aufgerufen, sich umweltfreundlich oder zumindest umweltschonend zu verhalten [Fee98, 47f.]. Solche Appelle sind ein geeignetes Instrument, wenn es schwierig oder gar unmöglich ist, andere Maßnahmen durchzusetzen. Wenn ein umweltfreundliches Verhalten der Unternehmen nicht auf anderem Wege erreicht werden kann, bleibt letztlich nur die Möglichkeit, an das persönliche Gewissen der Manager zu appellieren.

Im Regelfall werden jedoch moralische Appelle allein nur sehr begrenzt wirksam sein. Der aus ökonomischer Sicht zentrale Grund hierfür liegt darin, dass die Kosten der Vermeidung bzw. Verminderung einer Externalität allein beim entsprechenden Wirtschaftssubjekt anfallen, während sich der Nutzen eines veränderten Verhaltens auf viele andere Betroffene verteilt. Moralische Appelle dürften am ehesten noch in kleinen Gruppen und bei persönlichen Beziehungen der Beteiligten wirksam sein (z.B. innerhalb einer Familie). Verstöße gegen den Moralkodex sind dort offensichtlich und relativ leicht sanktionierbar, während in größeren Gruppen die *Trittbrettfahrerproblematik* relevant wird.

Falls sich moralische Appelle an Unternehmen richten, kommt hinzu, dass sich durch die Orientierung an solchen Appellen möglicherweise eine Verschlechterung der Wettbewerbsposition ergibt. Das Unternehmen wird in diesem Fall der Aufforderung zu umweltschonendem Verhalten aus rationalen Gründen nicht folgen, da es ansonsten seine Wettbewerbsfähigkeit gefährdet. So dürfte ein Appell an die Unternehmen, aus Umweltgründen Transporte von der Straße auf die Schiene zu verlagern, nicht die gewünschte Wirkung zeigen, wenn sich durch eine solche Verlagerung die logistische Leistungsfähigkeit und die Kostensituation der Unternehmen verschlechtern. Falls eine solche Maßnahme umgekehrt Nettovorteile für die Unternehmen bringt, bedarf es keines Appells, da die Betroffenen die Umsetzung aus eigenem Antrieb vornehmen werden. Hinsichtlich der Effizienzwirkungen sind moralische Appelle demnach fragwürdig; weder wirken sie treffsicher, noch ist die statische oder dynamische Effizienz einer solchen Maßnahme gewährleistet [Fri05, 111f.].

D 5.3.3 Auflagen, Ge- und Verbote

Auflagen, Ge- und Verbote sind das wohl gängigste Instrument staatlicher Internalisierungspolitik v.a. im Umweltbereich. Man spricht auch von einer *Auflagenpolitik*. Im Verkehrsbereich verbreitet sind insbesondere Auflagen über die Menge an Schadstoffen, die maximal emittiert werden dürfen. Diese werden durch Emissionsnormen verbindlich vorgeschrieben. Aber auch die Bestimmungen der Straßenverkehrsordnung und Straßenverkehrszulassungsordnung wirken zusammen mit anderen regulierenden Rahmenbedingungen im Sinne einer Internalisierung externer Effekte.

Auflagen, Ge- und Verbote stellen vordergründig sehr einfache Lösungen zur Vermeidung bzw. Internalisierung von Externalitäten dar. Ein starker Anreiz zur Befolgung geht insbesondere von harten Strafen/Sanktionen bei Missachtung der Vorschriften aus. Da eine komplette Vermeidung eines externen Effektes in der Regel nicht wohlfahrtsoptimal sein dürfte, arbeitet die Auflagenpolitik in der Regel mit Standards. Diese können sein [Fee98, 59]:

- *Emissionsstandards*, die eine zusätzliche Schadstoffbelastung an der Quelle festlegen (z.B. spezifische Abgasgrenzwerte je KWh für Lkw);
- *Immissionsstandards* mit einer Begrenzung der maximalen Schadstoffkonzentration an einem bestimmten Ort (z.B. Grenzwerte für die Feinstaubbelastung in Innenstädten);
- *Produktstandards* zur Festlegung der zulässigen Schadstoffbelastungsgrenzen z.B. bei Lebensmitteln.

Der Vorteil von Auflagen und Verboten liegt darin, dass sie auch für ökonomische Laien unmittelbar verständlich sind. Im Vergleich zu anderen Internalisierungsstrategien sind sie zudem von größerer Praktikabilität. Darüber hinaus besteht Sicherheit über den Umweltstandard, der erreicht wird, sofern die zulässige Schädigung nicht emissions-, sondern immissionsbezogen definiert ist [Fee98,

Tabelle D 5.3-1 EU-Emissionsgrenzwerte für Dieselmotoren (Straße) in g/KWh

Aktuelle/geplante Regelung	EURO 0	EURO I	EURO II	EURO III	EURO IV	EURO V
Zeitpunkt der Umsetzung	1990	1993	1996	2001	2006	2009
CO	12,30	4,90	4,00	2,10	1,50	1,50
HC	2,6	1,23	1,10	0,66	0,46	0,46
NO_x	15,80	9,00	7,00	5,00	3,50	2,00
Rußpartikel	-	0,40	0,15	0,10	0,02	0,02

63f.]. Dies ist in der umweltpolitischen Praxis jedoch zumeist nicht der Fall. Vor allem bei solchen externen Effekten, die ein schnelles Eingreifen erforderlich machen, sind Auflagen und Verbote ein geeignetes Instrument (z. B. extreme Giftigkeit oder hohes Risiko von Substanzen).

Auflagen und Verbote sind jedoch aus ökonomischer Sicht mit schwerwiegenden Nachteilen verbunden. Die *statische Effizienz* einer solchen Lösung ist in der Regel unbefriedigend, da die Vermeidungskosten der jeweiligen Verursacher in der Regel unterschiedlich sind, aber für alle eine einheitliche Emissionsgrenze festgesetzt wird. Emissionsstandards erlauben nicht die Berücksichtigung der bei den verschiedenen Wirtschaftssubjekten unterschiedlichen (Grenz-)Kosten der Schadstoffreduktion [End00, 151f.]. Dies hängt damit zusammen, dass die Grenzkosten der Schadstoffreduktion in den einzelnen Unternehmen der zuständigen Behörde, welche die Auflagen erlässt, nicht bekannt sind. Hierüber hat nur das jeweilige Unternehmen die nötigen Informationen. Die Behörde könnte zwar die Unternehmen befragen. Die Unternehmen wissen aber, dass die Grenzwerte, die sie zu beachten haben, unmittelbar von den gelieferten Informationen abhängen und werden deshalb tendenziell kein Interesse daran haben, die Behörde korrekt zu informieren. Die Unternehmen werden stattdessen stets höhere als die wirklichen Kosten angeben, um nur mit geringeren Grenzwerten konfrontiert und damit auch nur mit geringen Kosten der Schadstoffvermeidung belastet zu werden. Dies gilt umso mehr, je stärker die Unternehmen in den internationalen Wettbewerb eingebunden sind, wo den Konkurrenten nicht dieselben Auflagen gemacht werden.

Entsprechend ist auch die *dynamische Effizienz* einer Auflagenpolitik nicht gegeben. Da negative Externalitäten, d.h. konkret die Schädigung der Allgemeinheit, im Rahmen der Auflagen kostenlos praktiziert werden können, besteht kein Anreiz zur Entwicklung geeigneter Vermeidungs- oder Beseitigungstechnologien [End00, 156]. Innovationsanreize dürften lediglich eine absehbare Verschärfung der Standards generieren, deren statische Effizienz allerdings wiederum im Einzelfall fragwürdig ist. Trotzdem stützt sich die Umweltpolitik im Verkehrssektor in hohem Maße auf Auflagen und Standards.

Beispielhaft seien *Abgasemissionsstandards* für Pkw und Lkw genannt: Entsprechend den einschlägigen Verordnungen der EU wurden in Deutschland Schadstoffgrenzwerte für Pkw je gefahrenen Kilometer festgelegt, die bezüglich der Emissionen von Kohlenmonoxid (CO), Kohlenwasserstoffen und Stickoxiden (HC und NO_x) und Partikelemissionen (Dieselfahrzeuge) seit Anfang der neunziger Jahre erhebliche spezifische Emissionsminderungen vorsehen. Bei den Lkw beziehen sich die korrespondierenden Euronormen auf die entsprechenden spezifischen Emissionen je KWh (vgl. Tabelle D 5.3-1). Sie sehen bei EURO IV und Euro V Reduzierungen der spezifischen Emissionen von über 80% gegenüber der Ausgangsnorm Euro 0 vor. Auch wenn die ökonomische Theorie eine Auflagenpolitik zur Internalisierung externer Effekte als ökonomisch ineffizient ablehnt, wird mit den Emissionsstandards die Bedeutung von externen Kosten infolge von Schadstoffemissionen bei neu zugelassenen Fahrzeugen heute faktisch massiv relativiert. Dies ist bei einer zukunftsbezogenen Würdigung der quantitativen Abschätzungen der externen Kosten zu berücksichtigen.

Wirksam im Sinne der Auflagenpolitik sind auch die Differenzierung der Kfz-Steuer nach der Schadstoffklasse und die geplante Einführung von emissionsabhängigen Durchfahrtsbeschränkungen bzw. Fahrverboten in Großstädten, die unter die Begrenzung der so genannten Feinstaub-Richtlinie der EU fallen (Richtlinie 1999/30/EG). Allerdings lässt sich die Effizienz dieser Maßnahmen kritisch hinterfragen, da die Differenzierung der Kfz-Steuer eigentlich ein preispolitisches Instrument darstellt, welches aber nicht in Zusammenhang zur der, die tatsächliche Emission verursachenden Fahrleistung, gebracht wird. Administrative Fahrverbote oder Durchfahrtsbeschränkungen sind wiederum mit erheblichen zusätzlichen volkswirtschaftlichen Kosten verbunden.

Auch in anderen Bereichen des Transportsektors gibt es staatliche Auflagen bzw. Ge- und Verbote, welche zu einer höheren Umweltverträglichkeit des Verkehrs beitragen. Im weitesten Sinne schaffen etwa die *Straßenverkehrsordnung* und die *Straßenverkehrszulassungsordnung* einen Regulierungsrahmen, der z.B. den Umfang der von der Gesellschaft zu tragenden ungedeckten Unfallfolgekosten beeinflusst. Wenn Konsens darüber besteht, dass Alkohol am Steuer bzw. überhöhte Geschwindigkeit als häufigste Ursache schwerer Verkehrsunfälle anzusehen sind, dann dürften ein umfassendes Alkoholverbot am Steuer sowie generelle und streckenspezifische Tempolimits mit geeigneter Sanktionsbewehrung geeignete Instrumente zur Reduzierung ungedeckter Unfallfolgekosten sein [SRU05]. Auch sicherheitsspezifische Zulassungsvorschriften im Hinblick auf Länge, Höhe und Gewicht der Fahrzeuge (z.B. Bauvorschriften wie der Unterfahrschutz bei Lkw's) sowie Vorschriften zu Arbeits- und Ruhezeiten von Lkw-Fahrern tragen zur Vermeidung von Unfällen und zur Reduzierung von Unfallfolgen bei und senken damit die externen Kosten des Straßenverkehrs. Geschwindigkeitsbeschränkungen in dicht bebauten Gebieten können die externen Kosten von Lärmemissionen begrenzen; Stauungskosten werden durch bestimmte Vorschriften der Straßenverkehrsordnung beeinflusst (z.B. Rechtsfahrgebot).

D 5.3.4 Umweltsteuern

Ein weiteres Instrument zur Internalisierung (negativer) externer Effekte stellt die Erhebung von Umweltsteuern dar; umgekehrt müssten externe Nutzen dann zu staatlichen Subventionen führen. Der Grundgedanke dieser auf den Nationalökonomen A.C. Pigou zurückgehenden Lösung besteht darin, den Verursacher einer negativen Externalität so zu besteuern, dass es zu einer Übereinstimmung von privaten und sozialen Grenzkosten im Optimum kommt. Man spricht in diesem Zusammenhang auch von einer Preisbildung nach *sozialen Marginalkosten* oder einer *Pigou-Steuer*. Mit der Anlastung sozialer Zusatzkosten in Form einer Pigou-Steuer würde die Abweichung von den Marginalbedingungen korrigiert und im Modell eine wohlfahrtstheoretisch fundierte Optimallösung realisiert [End00, 108ff.].

In Bild D 5.3-1 führt eine Berücksichtigung lediglich der privaten Grenzkosten GK_{priv} zu einer zu hohen Ausbringungsmenge x^* bei zu niedrigem Preis p^*. Gesamtwirtschaftlich effizient wäre dagegen die niedrigere Menge x^{**} beim höheren Preis p^{**}, die sich aus dem Schnittpunkt der sozialen Grenzkostenkurve GK_{soz} und der Nachfragekurve N ergibt. Dieses *gesellschaftliche Optimum* wird erreicht, indem eine auf die Ausbringungsmenge bezogene Steuer t erhoben wird, die gerade der Differenz zwischen sozialen und privaten Grenzkosten in der angestrebten Optimalsituation entspricht. Die Steuer verschiebt die private Grenzkostenkurve GK_{priv} um t nach Norden. Angewandt auf den Verkehrsbereich bedeutet dies, dass eine z.B. auf den Fahrzeugkilometer bezogene Anlastung externer Kosten des Straßenverkehrs helfen soll, das soziale Wohlfahrtsoptimum zu erreichen. Die Anlastung der Externalität lässt die Preise für Verkehrsleistungen steigen, während die produzierten Mengen rückläufig sind; zu beachten ist, dass für die Beurteilung der Optimalität einer Lösung die Verwendung des Mittelaufkommens aus der Abgabe irrelevant ist.

Das wesentliche Element der Pigou'schen Steuerlösung liegt darin, dass die Internalisierung auf die spezifische *Vermeidungskostensituation* der Unternehmen Rücksicht nimmt. Die Grenzkosten der Schadstoffreduktion werden in der Regel nicht in allen Unternehmen gleich groß sein. Deshalb fällt auch das Ausmaß der Schadstoffreduktionen in den einzelnen Unternehmen unterschiedlich aus. Un-

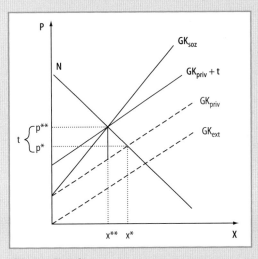

Bild D 5.3-1 Pigou-Steuer

ternehmen, bei denen die Grenzkosten der Schadstoffreduktion vergleichsweise gering sind, werden ihre Emissionen stärker reduzieren als solche Unternehmen, bei denen diese Grenzkosten höher ausfallen. Wenn alle Unternehmen die Optimierungsbedingung Grenzkosten der Schadstoffreduktion gleich Steuersatz erfüllen, sind bei einem für alle identischen Steuersatz t die Grenzkosten der Schadstoffvermeidung in allen Unternehmen gleich hoch [Fee98, 74].

Die Steuerlösung weist daher offensichtlich eine Reihe von Vorteilen auf [Fri05, 119ff.]:
- Der angestrebte Umweltstandard wird zu *gesamtwirtschaftlich minimalen Kosten* realisiert. Ein bestimmter gewünschter Umweltstandard könnte zwar auch durch Auflagen erreicht werden. Die Auflagen berücksichtigen jedoch nicht die in den einzelnen Unternehmen unterschiedlich hohen Grenzkosten der Schadstoffreduktion, so dass die Anpassung nicht zu minimalen Kosten herbeigeführt wird.
- Bei Auflagen haben die Unternehmen keinen Anreiz, sich stärker für den Umweltschutz zu engagieren als vorgeschrieben, weil sie für die nach Erfüllung der Auflagen noch emittierten Schadstoffmengen nichts zu zahlen brauchen. Umweltsteuern geben den Unternehmen hingegen einen finanziellen Anreiz, umweltfreundliche Produktionsverfahren zu entwickeln. Dieser Anreiz resultiert daraus, dass bei der Steuerlösung die Restemission weiterhin mit Kosten für die Unternehmen verbunden ist. Folglich können sie ihre Steuerlast durch den Einsatz umweltfreundlicher Produktionsverfahren reduzieren (dynamische Effizienz).
- Im Falle der Steuerlösung haben auch die Nachfrager einen Anreiz, umweltfreundliche Produkte zu kaufen, weil infolge der Umweltsteuer der Preis solcher Güter steigt, deren Herstellung besonders starke Umweltschäden verursacht.

Zu beachten ist, dass mit der Erhebung einer Pigou-Steuer die relevante Externalität nicht vollständig vermieden wird, d.h. externe Kosten bzw. Schädigungen werden nicht auf Null zurückgeführt. Dies ist aus ökonomischer Sicht auch nicht wünschenswert und spricht auch nicht gegen das Instrument der Steuer, da den marginalen externen Schäden einer Aktivität, wie bereits angesprochen, die Grenzvermeidungskosten gegenüberzustellen sind. Auch wenn dies der landläufigen Einschätzung widerspricht, sollten die Externalitäten nur soweit reduziert werden, bis es zu einem Ausgleich von Grenzschäden und Grenzvermeidungskosten kommt [Fri05, 122].

Dieser Sachverhalt wird in Bild D 5.3-2 illustriert. Wenn das Ausmaß der Schädigung in der Ausgangssituation OA

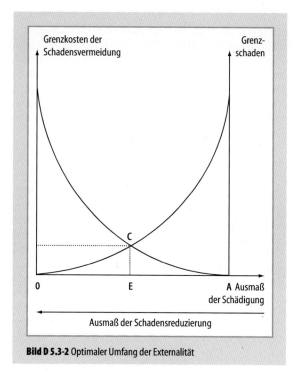

Bild D 5.3-2 Optimaler Umfang der Externalität

beträgt, fallen sehr hohe Grenzschäden (und Gesamtschäden an). Die Grenzkosten der Schadensvermeidung sind aber annahmegemäß gleich null. Mit einer schrittweisen Schadensreduzierung steigen letztere an, während die Grenzschäden abnehmen. Der optimale Umfang der Externalität liegt im Schnittpunkt C der Grenzschadenskurve und der Kurve der Grenzkosten der Schadensvermeidung. Eine vollständige Rückführung der Externalität ist ökonomisch ineffizient, da die Kosten der (weiteren) Schadensvermeidung größer sind als die anfallenden Kosten der Schädigung infolge der Externalität.

Allerdings wird bei der Forderung nach einer Preisbildung zu sozialen Marginalkosten häufig nicht an die gravierenden *Informationsprobleme* bei der Umsetzung gedacht, welche die Treffsicherheit des Instrumentes beeinträchtigen. Um Allokationsverzerrungen zu vermeiden, müsste streng genommen die Höhe der (marginalen) sozialen Zusatzkosten in der angestrebten Optimalsituation bekannt sein. Dies bedingt die Kenntnis der privaten und gesellschaftlichen Grenzkostenverläufe für jeden (repräsentativen) Schadensverursacher. Angesichts der vielfältigen Probleme der Erfassung und Bewertung externer Kosten scheint dies selbst für eine (statische) Referenzsituation unmöglich [End00, 172]. Die monetäre Bewertung der Schäden ist zudem häufig willkürlich. Schäden werden möglicherweise auch erst mit erheblicher zeitlicher Verzögerung bekannt. Hinzu kommt das Problem, bei unterschiedlichen, sich überlagernden Schädigungsquellen die externen Effekte eindeutig den jeweiligen Verursachern zuzurechnen. Vollends zum Scheitern verurteilt sein dürfte diese Vorgehensweise in einer dynamischen Welt mit sich ständig ändernden Angebots-/Nachfragekonstellationen. Eine Internalisierung externer Effekte mittels Anlastung sozialer Zusatzkosten in Form der Pigou-Steuer ist daher, auf dem theoretisch formulierten Anspruchsniveau, in der Regel nicht adäquat umsetzbar.

Als praxisnähere Variante zur Pigou-Steuer wurde in der Umweltökonomik der sog. *Standard-Preis-Ansatz* entwickelt [Fri05, 123ff.]. Hierbei verzichtet man bewusst darauf, eine Optimalsituation zu erreichen. Es wird vielmehr versucht, über eine Abgabe je Schadenseinheit, ein politisch definiertes Vermeidungsziel möglichst effizient zu erreichen. Die Verursacher externer Effekte stehen vor der Wahl, eine Externalität zu reduzieren bzw. zu vermeiden oder die Abgabe zu zahlen. Solange der festgelegte Steuersatz über den individuellen Grenzkosten der Schadensvermeidung liegt, werden die Verursacher externer Effekte versuchen, ihre Schadensintensität zu reduzieren, anstatt die Abgabe zu zahlen. Bei unterschiedlichen Grenzkosten der Schadensvermeidung der Betroffenen kann so – im Gegensatz zu Geboten oder Auflagen – eine effiziente Verringerung des Schadenniveaus im Rahmen der exogen definierten Vorgabe herbeigeführt werden. Ähnlich wie bei der Pigou-Steuer sind sowohl die statische wie auch die dynamische Effizienz der Lösung gewährleistet, da die individuellen Grenzvermeidungskosten der Schadensverursacher in das Rationalitätskalkül eingehen und auch Anreize für weitergehende schadensvermeidende Innovationen bestehen. Allerdings ist die umweltpolitische Treffsicherheit in Frage zu stellen. Sie wird jedoch auch explizit nicht angestrebt, da mit der Festlegung des Steuersatzes eine politische Festlegung verbunden ist.

Im Verkehrsbereich existieren Abgabenlösungen derzeit insbesondere in Form der zu zahlenden Mineralölsteuer. Sie wird zwar zunächst den zu deckenden *Infrastrukturkosten* zugerechnet, dürfte aber zumindest teilweise als Anlastung externer Kosten zu verstehen sein. So decken die schweren Lkw ihre Wegekosten auf Autobahnen bereits über die Autobahnbenutzungsgebühr (in Deutschland seit 01.01.2005). Die auf den Kraftstoffverbrauch gezahlte Mineralölsteuer ist daher auch ein Instrument zur Anlastung externer Kosten. Dies gilt tendenziell auch für den Pkw-Verkehr, dessen Mineralölsteuerzahlungen die verursachten Wegekosten deutlich überdecken. Dagegen existieren derzeit keine spezifischen Abgaben auf die tatsächlichen Emissionen von Verkehrsmitteln. Auch mit der Lkw-Maut werden noch keine externen Kosten verrechnet. Auf Ebene der EU ist allerdings geplant, Rahmenbedingungen für die Anlastung externer Kosten im Rahmen von Infrastrukturabgabensystemen zu entwickeln.

D 5.3.5 Zertifikate

Ein ökonomisch besonders interessantes Internalisierungsinstrument sind Umweltzertifikate oder Umweltlizenzen (handelbare Schädigungsrechte), welche die Vorteile der Auflagenlösung mit denen der Steuerlösung kombinieren. Die Europäische Union (EU) setzt die Zertifikatslösung im Rahmen des so genannten Emissionshandels für CO_2 ein.

Die Grundidee handelbarer Schädigungsrechte besteht darin, dass nur derjenige die Umwelt durch Schadstoffemissionen belasten darf, der über eine Erlaubnis in Form eines Umweltzertifikats verfügt. Je nachdem, wie viele Umweltzertifikate der Staat ausgibt, wird ein bestimmter Umweltstandard erreicht. Der Preis, der für ein Umweltzertifikat gezahlt werden muss, bildet sich am Markt durch das Zusammenspiel von Angebot und Nachfrage [End00, 127ff.].

Beim CO_2-Emissionshandel in der EU haben z. B. Kraftwerksbetreiber die für den Betrieb ihrer Anlagen notwendigen Zertifikate nachzuweisen. Falls Kapazitätserweiterungen geplant werden, müssen die erforderlichen Zertifikate am Markt zugekauft werden. Hierdurch erhöht sich die Knappheit und der Preis der Zertifikate steigt tendenziell.

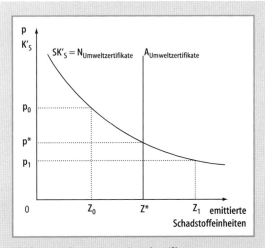

Bild D 5.3-3 Wirkungsweise von Umweltzertifikaten

Muss pro emittierter Schadstoffeinheit ein Umweltzertifikat erworben werden, so werden Unternehmen ein solches Zertifikat kaufen, wenn der Preis kleiner (bzw. nicht größer) ist als die (Grenz-)Kosten, die mit einer Reduktion der Schadstoffemissionen um eine Einheit verbunden sind. Ansonsten wäre es für sie günstiger, die emittierte Schadstoffmenge zu reduzieren und auf den Kauf eines Zertifikats zu verzichten. Man kann also in Bild D 5.3-3 die aggregierte Grenzkostenkurve der Schadstoffreduktion $\Sigma K'_S$ auch als Nachfragekurve nach Umweltzertifikaten bei alternativen Preisen interpretieren. Liegt der Preis eines Umweltzertifikats etwa bei p_1, reduzieren die Unternehmen ihren Schadstoffausstoß und fragen für ihre Restemissionen $0Z_1$ Umweltzertifikate nach. Beim Preis p_0 wird der Schadstoffausstoß auf die Menge $0Z_0$ reduziert, für welche die Unternehmen dann Umweltzertifikate erwerben. Die Unternehmen optimieren ihren Schadstoffausstoß also entsprechend der Bedingung Grenzkosten der Schadstoffreduktion gleich Grenzkosten der Schädigung, die für das Unternehmen nichts anderes sind als der Preis eines Umweltzertifikats [Fri05, 137ff.].

Der *Preis eines Umweltzertifikats* ergibt sich durch das Zusammenspiel von Angebot und Nachfrage nach Umweltzertifikaten. Während die Nachfrage aus der aggregierten Grenzkostenkurve der Schadstoffreduktion resultiert, wird das Angebot über die ausgegebene Menge an Zertifikaten staatlich fixiert. Da die angebotene Menge an Umweltzertifikaten unabhängig vom Preis eines Zertifikats (konstant) ist, verläuft die Angebotskurve vertikal.

Beträgt die Angebotsmenge etwa $0Z^*$ Zertifikate, so bildet sich ein Preis in Höhe von p^* je Zertifikat. Entsprechend werden die Unternehmen die Menge $0Z^*$ an Schadstoffen emittieren und an Zertifikaten nachfragen, um die Bedingung Grenzkosten der Schadensreduktion gleich Zertifikatspreis zu realisieren. Da der Zertifikatspreis für alle Unternehmen identisch ist, müssen auch die Grenzkosten in allen Unternehmen identisch sein. Mit anderen Worten: Der fixierte Umweltstandard in Höhe von $0Z^*$ wird zu minimalen Kosten realisiert.

Die Zertifikatslösung ist daher mit folgenden Vorteilen verbunden [Fee98, 128ff.]:
– Es besteht Sicherheit über den Umweltstandard, der erreicht wird.
– Der angestrebte Umweltstandard wird zu minimalen Kosten erreicht.
– Unternehmen haben einen Anreiz, umweltfreundliche Produktionsverfahren zu entwickeln, weil ihre Restemission auch bei Erreichung des angestrebten Umweltstandards weiterhin mit Kosten verbunden ist.

Aber auch die Zertifikatslösung weist einige Nachteile auf:

– Obgleich der angestrebte Umweltstandard zu minimalen Kosten erreicht wird, weiß die Umweltbehörde bei der Festsetzung des Umweltstandards nicht, wie hoch diese Kosten ausfallen werden.
– Die Menge der ausgegebenen Umweltzertifikate entspricht – wie bei der Steuerlösung – nur dann dem gesamtwirtschaftlich optimalen Umweltstandard, wenn der Umweltbehörde die tatsächlichen Verläufe der Grenzschadenskurve und der Grenzkostenkurve der Schadstoffreduktion bekannt ist. Diese Informationen liegen der Umweltbehörde aber regelmäßig nicht vor.
– Unternehmen könnten Umweltzertifikate einkaufen, auch ohne sie zur Schadstoffemission zu benötigen, mit dem Ziel, potenziellen Konkurrenten den Markteintritt zu erschweren bzw. aktuelle Wettbewerber aus dem Markt zu verdrängen.

Grundsätzlich sind aber sowohl statische und dynamische Effizienz bei Umweltzertifikaten gewährleistet. Probleme können sich bei der praktischen Anwendung ergeben, wie auch das Beispiel des CO_2-Handelsmechanismus in der EU zeigt. So wird kontrovers darüber diskutiert, ob eine Erstausstattung an Verschmutzungsrechten den Unternehmen kostenlos zugeteilt wird oder ob die Zertifikate ganz oder zum Teil versteigert werden. Außerdem sind die *Transaktionskosten* dieses wirtschaftspolitischen Instrumentes zu beachten. So dürfte die Einbeziehung des Verkehrsbereichs in den CO_2-Handelsmechanismus nicht ohne erhebliche Transaktionskosten realisierbar sein, wenn alle Pkw-Halter solche Rechte erwerben müssten. Dagegen erscheint die Einbeziehung des Luftverkehrs, der Bahn oder des gewerblichen Straßengüterverkehrs unter Transaktionskostengesichtspunkten durchaus vorstellbar.

D 5.3.6 Verhandlungen (Coase-Theorem)

Während den bisher besprochenen Internalisierungsansätzen explizit oder implizit das Verursacherprinzip zugrunde liegt, nach dem der physische Verursacher einer Externalität mit den Konsequenzen seines Tuns oder Unterlassens konfrontiert wird, setzt die Internalisierung durch Verhandlungen auf der Basis des *Coase-Theorems* an der Idee an, dass es im Grunde keine eindeutige Trennung zwischen Verursachern und Geschädigten gibt. Der Geschädigte hat vielmehr durch seine eigene Disposition dazu beigetragen, dass es zu der Externalität kommt; es handelt sich um ein reziprokes Phänomen [Coa60].

Nach dem Coase-Theorem ist es möglich, technologische externe Effekte auch ohne staatliche Eingriffe durch private Verhandlungen zu beseitigen. Die Aussicht auf Teilhabe an den internalisierungsbedingten Wohlfahrtsgewinnen motiviert die Beteiligten zu einer freiwilligen Einigung. Unter bestimmten, allerdings recht restriktiven Annahmen (wohl definierte Eigentumsrechte, Abwesenheit von Transaktionskosten), kommt es durch spontane Koordination zu einer Optimallösung. Eventuell verbleibende Externalitäten sind systemkonform, weil sie aus dem Abgleich der subjektiven Nutzenpositionen der involvierten Wirtschaftssubjekte resultieren (*Effizienzthese*). Dies geschieht unabhängig von der Verteilung der Property rights bzw. der Haftung in der Ausgangssituation (*Invarianzthese*).

Allerdings ist auch die praktische Umsetzung der Verhandlungslösung nicht unproblematisch. Im Hinblick auf die statische und dynamische Effizienz stellt ein solcher Ansatz zwar das beste Internalisierungsverfahren dar, wenn eine Schadenshaftung des Verursachers gegeben ist [Fri05, 147]; die Umsetzung scheitert jedoch häufig an prohibitiv hohen Transaktionskosten. Sie versagt insbesondere im Fall großzahliger externer Effekte, wenn Externalitäten von vielen Wirtschaftssubjekten verursacht werden und sich auf viele Wirtschaftssubjekte auswirken, wie es z. B. im Verkehrsbereich der Fall ist. Anreizinkompatibilitäten infolge strategischen Verhaltens (Trittbrettfahrerproblem) und prohibitiv hohe Transaktionskosten verhindern dann das Erreichen einer optimalen Verhandlungslösung [Luc00, 161f.] Im Sinne der Überlegungen von Coase ist darüber nachzudenken, ob die Beschränkung der Aktivitäten eines Verursachers negativer externer Effekte in jedem Fall eine Maximierung der gesellschaftlichen Wohlfahrt beinhaltet. Streng genommen wären die sozialen Kosten einer Aktivität den privaten Nutzen gegenüberzustellen; nur wenn letztere nicht zur Kompensation ausreichen, ergibt sich aus allokativer Sicht ein wohlfahrtsökonomisches Problem. Diese Überlegung läuft auf die Suche nach dem *Cheapest Cost Avoider* hinaus. Unter Verweis auf die Reziprozität des Externalitätenphänomens muss unter allokativen Gesichtspunkten derjenige bei der Nutzungskonkurrenz um eine knappe Ressource verzichten, welcher dabei die geringsten volkswirtschaftlichen Kosten trägt. Nur wenn die an anderer Stelle anfallenden Nutzenverluste bei der Beschränkung einer negativen Externalität kleiner sind als die vermiedenen Schäden, wäre daher eine solche wirtschaftspolitische Maßnahme sinnvoll [Säl89, 50].

D 5.3.7 Bedeutung des Haftungsrechts

Für die Internalisierung externer Effekte ist die Ausgestaltung des Haftungsrechtes von besonderer Bedeutung [Fee98, 145ff.]. Es geht hierbei um Regeln, die festlegen, wann und in welcher Höhe ein Geschädigter vom Verursacher einer Schädigung bei Externalitäten zu kompensieren ist (Durchsetzung des Verursacherprinzips). Umfassende und ohne Transaktionskosten durchsetzbare Haftungsregeln würden Allokationsverzerrungen durch externe Effekte per se ausschließen. Bei Sicherheit über die Folgen von Handlungen wäre so ein gesellschaftlich optimales Schädigungsniveau realisierbar. Externalitäten würden in dem Ausmaß realisiert, wie der Nutzen des Schädigers aus der Externalität größer ist als die Kosten der Kompensation des Geschädigten. Allerdings ergeben sich Haftungsprobleme in der Realität meist als Folge von *Risikoexternalitäten*, d. h. die Wahrscheinlichkeit eines Schadenseintritts hängt vom Sorgfaltsniveau des potenziellen Verursachers ab. Die hieraus resultierenden komplexeren Überlegungen sollen an dieser Stelle nicht weiter vertieft werden (vgl. hierzu [Fri05, 140ff.]).

D 5.3.8 Zusammenfassende Bewertung der wirtschaftspolitischen Eingriffsmöglichkeiten

Die von der Wirtschaftspolitik zur Internalisierung bereitgestellten Instrumente sind hinsichtlich ihrer Wirksamkeit und Effizienz differenziert zu bewerten. Generell sind aus ökonomischer Sicht Eingriffe zu bevorzugen, die bestimmte Handlungen nicht verbieten oder vorschreiben, sondern Anreize im Hinblick auf die erwünschten Handlungsweisen setzen. Daher sind insbesondere Zertifikatslösungen und tendenziell Steuern und Abgaben sinnvolle Instrumente zur Internalisierung negativer externer Effekte. Die aus theoretischer Sicht besonders interessante Variante der Verhandlungslösung ist dagegen aus Transaktionskostengründen in der Praxis kaum umsetzbar. Dagegen fällt die ökonomische Bewertung von Ge- und Verboten bzw. Auflagen schlecht aus, weil hier gravierende Informationsprobleme bestehen und die unterschiedlichen Grenzvermeidungskosten der Verursacher nicht berücksichtigt werden.

Trotzdem arbeitet die Wirtschaftspolitik insbesondere im Verkehrsbereich primär mit der Auflagenpolitik. Erwähnt wurden z. B. die Emissionsnormen für Fahrzeuge oder Zulassungsregeln für Fahrzeuge im Straßenverkehr. Ungeachtet der Frage der ökonomischen Effizienz ist die Wirksamkeit z. B. der Emissionsnormen im Hinblick auf die Reduzierung von Externalitäten zu konstatieren. Es ist daher die Frage zu stellen, ob zur Internalisierung verbleibender externer Effekte des Verkehrssektors zusätzliche oder andere Instrumente als bereits heute eingesetzt werden sollten. Hierzu ist allerdings eine empirische Beschäftigung mit den relevanten externen Kosten des Verkehrs erforderlich, die in Abschn. D 5.4 vorgenommen wird, denn die Höhe der empirisch relevanten externen Kosten des Transportsektors ist durchaus umstritten.

D 5.4 Externe Kosten des Verkehrs

D 5.4.1 Relevante Kostenarten

Bei der Beschäftigung mit den externen Kosten des Verkehrs stellt sich zunächst die Frage einer Zuordnung von Externalitäten zur Verkehrsinfrastruktur und zum Verkehrsbetrieb. Während eine solche Zuordnung bei den Nutzenstiftungen nicht trivial ist – Verkehrsinfrastruktur ist nur sehr begrenzt in der Lage ohne tatsächliche Ausübung von Verkehrsaktivitäten Nutzen zu entfalten – lassen sich hinsichtlich der Kosten relativ eindeutig Zuordnungen treffen. *Externe Kosten der Verkehrsinfrastruktur* bestehen in [Abe03, 582]:

- *Wirkungen der Bodenversiegelung*: Angesprochen sind insbesondere die Auswirkungen auf das Grundwasser und die Flora und Fauna, so z. B. Folgekosten durch Hochwasser;
- *Trennwirkungen*: Hiermit wird auf die Zerschneidung von Biotopen (Reduzierung der Artenvielfalt) und Siedlungen (Trennung sozialer Verflechtungen) sowie auf Zeitverluste und Zusatzaufwendungen bei der Überwindung von Verkehrseinrichtungen abgestellt;
- *Landverbrauchseffekte*: Diese spielen dann eine Rolle, wenn die Preise für den Grunderwerb, die in den Wegerechnungen zu berücksichtigen sind, unter den Opportunitätskosten der jeweiligen Flächen liegen.

Diese externen Effekte treten auch auf, ohne dass tatsächlich irgendwelche Verkehrsaktivitäten entfaltet werden. Zu den *externen Kosten des Verkehrsmittelbetriebs* zählen dagegen [Abe03, 582]:

- Verkehrsunfall- und -unfallfolgekosten (soweit nicht durch Versicherungen internalisiert);
- Kosten von Lärmemissionen;
- Kosten der Luftverschmutzung durch Schadstoffemissionen;
- Kosten des Klimawandels infolge von CO_2-Emissionen;
- Stauungskosten.

Daneben werden in der Literatur weitere externe Kosten diskutiert, die entweder von geringer Größenordnung sind oder deren Quantifizierung sehr problematisch ist. Es handelt sich z. B. um:

- Bodenbelastungen durch Streusalz, Reifenabrieb und Ölverluste;
- Kosten durch Wildverluste;
- externe Kosten bei der Herstellung und Entsorgung von Fahrzeugen (Up- und Downstream Effekte in der Industrie);
- Belastung von Grund- und Oberflächenwasser.

Diese weiteren externen Kosten sollen im Folgenden nicht vertieft betrachtet werden. Dagegen ist die Relevanz der zuerst genannten Kostenarten für das Verkehrssystem im Detail zu diskutieren. Dabei ist in Frage zu stellen, ob der Ansatz bestimmter Kostenpositionen gerechtfertigt ist oder eine Internalisierung – möglicherweise an anderer Stelle – bereits erfolgt ist. Im Anschluss daran sind die Ermittlung der Mengengerüste und die angewandten Bewertungsverfahren zu diskutieren. Von den externen Kosten scharf zu trennen ist das Problem der *Wegekosten* [Abe03, 581]. Zwar werden in einzelnen älteren Studien die *Infrastrukturkosten* in vollem Umfang als externe Kosten verrechnet [Huc96, 41]; andere Untersuchungen verzichten mit dem Argument auf einen Ansatz, dass eine Überdeckung durch entsprechende Wegeinnahmen vorliege. Hier wird dagegen die Auffassung vertreten, dass das Wegekostenproblem eine andere Analyseebene anspricht. Wegekosten- oder Wegeausgabenrechnungen argumentieren losgelöst von wohlfahrtsökonomischen Überlegungen. Sie sind dem Charakter nach ex-post-Rechnungen und stellen lediglich pagatorisch die für die Infrastruktur in einer Abrechnungsperiode angefallenen Einnahmen und Ausgaben gegenüber. Es erscheint daher auch wenig plausibel, nicht gedeckte Wegekosten als „externe Kosten der Infrastruktur" in eine Internalisierungsrechnung einzuführen [Bre98, 16].

D 5.4.1.1 Verkehrsunfall- und -unfallfolgekosten

Zu den Unfallkosten des Verkehrs werden in den einschlägigen Untersuchungen folgende Kostenarten gerechnet [Bau98, 60]:

- *Ressourcenausfallkosten*: angesprochen sind die Schädigung von Produktionsfaktoren (Menschen und Sachen) bei Unfällen und die hierdurch bedingten Produktions- bzw. Sozialproduktsausfälle;
- *Reproduktionskosten*: v. a. Kosten der medizinischen Behandlung und Rehabilitation, um den Zustand vor dem Unfall wiederherzustellen;
- *Unfallvermeidungskosten*: Ausgaben, die getätigt werden, um Unfälle zu vermeiden oder Unfallfolgekosten zu vermindern;
- *Humanitäre Kosten*: Beeinträchtigungen der Lebensqualität (Schmerz, Leid von Betroffenen oder Angehörigen) bei Unfällen mit Personenschäden.

Bei der Berechnung von externen Unfallkosten des Verkehrs ergeben sich erhebliche *methodische Probleme*. Sie betreffen hauptsächlich:

- den *Umfang* der *berücksichtigten Kostenkomponenten* bzw. die *Verfahren zu deren Berechnung*, so etwa der

Ansatz von sog. humanitären Kosten (Schmerzensgelder für physisches und psychisches Leid von Betroffenen und Angehörigen, verminderte Lebensqualität) oder die Berechnungsgrundlagen von Ressourcenausfallkosten. So wird der Wert menschlichen Lebens (bei Unfalltoten und Verletzten) teilweise auf der Basis von Zahlungsbereitschaftsanalysen ermittelt und zusätzlich zu Nettoproduktionsausfällen verrechnet [UIC04, 23ff.]; andere Studien beziehen bei den Produktionsausfällen nicht nur die Arbeitszeit, sondern die gesamte entgangene Freizeit ein [UPI91, 36].
- die *Zuordnung der Kostenkomponenten* zu externen oder internen Kosten: Diskussionswürdig ist hier vor allem die Abgrenzung der durch das Versicherungssystem gedeckten und damit internen Unfallkosten.
- Während Sachschäden im Regelfall als über die Haftpflichtversicherung internalisiert angesehen werden, wird dies bei den Reproduktionskosten für *Personenschäden* zum Teil bestritten; tatsächlich nimmt jedoch das Sozialversicherungssystem für seine Leistungen Regress bei der Haftpflichtversicherung der Unfallverursacher. Hierdurch kommt es zu einer fast vollständigen Internalisierung. Umstritten ist auch, ob ein Teil der Unfallkosten aufgrund einer entsprechenden Risikobewertung der Verkehrsteilnehmer als intern anzusehen ist [UIC04, 31].

Kritisch zu hinterfragen ist daher auch, ob Ressourcenausfallkosten, die bei Unfallverursachern anfallen, als externe Kosten anzusetzen sind; diese dürften im Regelfall als intern zu qualifizieren sein. Bei Unfallopfern, die das Schadensereignis nicht verursacht haben, sind die Produktionsausfälle zwar zunächst extern, werden aber über das Versicherungssystem weitgehend internalisiert. Externe Kosten verbleiben lediglich in Höhe einer eventuellen Differenz zwischen Entschädigungsleistungen der Versicherung und erwartetem Einkommen der Betroffenen [Bau98, 121f.].

D 5.4.1.2 Kosten der Lärmemissionen

Verkehrslärm kann psychische und physische Beeinträchtigungen der Gesundheit hervorrufen. Hierzu zählen vor allem Schlaf- und Konzentrationsstörungen, unter Umständen aber auch Gehörschädigungen oder andere Folgeerkrankungen bei Dauerlärm. Ob Lärm als Stressfaktor empfunden wird, ist jedoch im Einzelfall von der subjektiven Einschätzung der Betroffenen abhängig.

Die Probleme bei der Berechnung von Lärmkosten liegen in der Bestimmung der Mengengerüste (Festlegung der tolerierbaren Grenzwerte, Umfang der betroffenen Bevölkerung) und in der Sphäre der Monetarisierung. Umstritten ist vor allem die Verwendung des *Zahlungsbereitschaftsansatzes* (Willingness to Pay). Hierbei werden die externen Kosten des Verkehrslärms durch Befragung der Betroffenen im Hinblick auf Ihre Störung/Schädigung durch Verkehrslärm oder die Analyse von Wahlhandlungen (etwa Wohnungswechsel) ermittelt.

D 5.4.1.3 Kosten der Luftverschmutzung durch Schadstoffemissionen

Schadstoffemissionen des Verkehrs wirken sich in vielfältiger Weise negativ auf den Menschen und seine Umwelt aus. Es bestehen komplexe Wirkungszusammenhänge in der Umwelt und zwischen den Schadstoffen selbst (v. a. CO, NO_x, SO_2, HC, Partikel, Ruß). Nach heutigem Stand des Wissens sind bei der Evaluierung externer Kosten folgende Schadenskategorien zu berücksichtigen:
- *Gesundheitliche Schäden*, z. B. in Form von Erkrankungen der Atemwege, Allergien, Augenreizungen oder möglicherweise karzinogenen Effekten;
- *Schäden an Gebäuden* infolge von Schmutzablagerung, Korrosion und Verwitterung;
- *Schäden an der Vegetation*, insbesondere wenn sie zu Einnahmeausfällen in der Land- und Forstwirtschaft führen.

In den zahlreichen in der Vergangenheit zur Quantifizierung externer Kosten vorgelegten Studien bestehen Unterschiede sowohl hinsichtlich des Kreises der berücksichtigten Schaden verursachenden Emissionen wie auch bezüglich des Umfanges der berücksichtigten Schadenswirkungen. Die ausgewiesenen Ergebnisse hängen davon ab, welche Bewertungsverfahren zum Einsatz kommen. Spezielle Probleme resultieren bei den Schadstoffkosten aus den verwendeten Emissionsdaten (z. B. Emissionsfaktoren für Nutzfahrzeuge) und dem Verhältnis von Emissionen und Immissionen (Modellierung der Wirkungsketten).

Die den derzeitigen Stand der Forschung widerspiegelnde UIC-Studie [UIC04] berücksichtigt die folgenden Schadenskategorien: (menschliche) Gesundheitsschäden, Gebäudeschäden und Schäden in der landwirtschaftlichen Produktion. Sie verwendet einen Top-Down-Ansatz und bezieht die Gesundheitsschäden von Schadstoffemissionen auf die *Partikelemissionen PM10*. Über die Exposition zu PM10-Emissionen, die Abschätzung von gesundheitlichen Folgeschäden und deren Bewertung mit Zahlungsbereitschaftsansätzen werden Gesundheitsschäden infolge von Schadstoffemissionen abgeschätzt. Hier ist wiederum die Verwendung von Zahlungsbereitschaftsansätzen zur Schadensbewertung kritisch anzumerken.

Darüber hinaus wird in der Literatur auch die Externalität einzelner Kostenkomponenten grundsätzlich bestritten, so etwa hinsichtlich der Emissionen des motorisierten Individualverkehrs. Da Autofahrer gleichzeitig zur Gruppe der Schädiger und Geschädigten gehören, ist streng genommen ein Teil der verursachten Schäden bereits internalisiert; zu berücksichtigen wären lediglich Unterschiede in der Emissionsintensität und die verbleibenden Schäden der Gruppe der Nicht-Autofahrer [Bau98, 122].

D 5.4.1.4 Kosten des Klimawandels infolge von CO_2-Emissionen

Aufgrund der intensiven Diskussion im Hinblick auf Ursachen und Konsequenzen des weltweiten Klimawandels wird den CO_2-Emissionen des Verkehrssektors zunehmend Beachtung geschenkt. Kohlendioxidemissionen tragen zusammen mit anderen so genannten Treibhausgasen (insbesondere Methan, Ozon und FCKW) nach herrschender wissenschaftlicher Meinung maßgeblich zur Erderwärmung bei. Aufgrund der bereits zu beobachtenden und weiter absehbaren Erhöhung der Durchschnittstemperatur auf der Erde werden in Zukunft dramatische Klimaveränderungen befürchtet. Man nimmt an, dass Häufigkeit und Intensität extremer klimatischer Ereignisse wie Winde mit Geschwindigkeiten über 118 km/h (Windstärke 12), Orkane, Sturmfluten, sintflutartige Niederschläge und Dürrekatastrophen zunehmen werden. Hinzu kommen das befürchtete Abschmelzen der Polkappen und ein weiterer Anstieg des Meeresspiegels. Diese prognostizierten Klimaveränderungen dürften auch erhebliche wirtschaftliche Konsequenzen nach sich ziehen (Ernteverluste in der Landwirtschaft, Aufwendungen für Deichbau und Sicherung, Beseitigung von Sturmschäden. [Lan05].

Um der sich beschleunigenden Erderwärmung und ihren Konsequenzen entgegenzuwirken, haben sich die Unterzeichnerländer des Kyoto-Protokolls dazu verpflichtet, ihren CO_2-Ausstoß in den Jahren 2008 bis 2012 um durchschnittlich ca. 5% gegenüber dem Stand von 1990 zu senken. Allerdings weigern sich wesentliche Verursacherstaaten wie die USA, das Kyoto-Protokoll zu ratifizieren. In Europa wird eine Emissionsminderung von 8% gegenüber 1990 angestrebt, während für Deutschland ein anspruchsvolles Reduktionsziel von 21% verpflichtend ist (vgl. zum Kyoto-Mechanismus [Luc05]).

Obwohl in der öffentlichen Diskussion ein Zusammenhang zwischen anthropogenen CO_2-Emissionen und der Erwärmung der mittleren Erdtemperatur kaum mehr hinterfragt wird, steht ein letztgültiger wissenschaftlicher Beweis einer Kausalität dieser Phänomene jedoch noch aus. Insbesondere stellt sich die Frage, ob durch die angestrebte Reduktion von CO_2-Emissionen die Erderwärmung wirksam gestoppt oder gar zurückgeführt werden kann. Vor diesem Hintergrund scheint eine Bewertung der durch CO_2-Emissionen verursachten externen Kosten des Verkehrssektors extrem schwierig und problematisch. Bereits in den neunziger Jahren haben Studien zu den externen Kosten des Verkehrs solche Abschätzungen versucht [Bic95, 70f.; INF95, 178ff.; Huc96, 22ff.]. Die bereits angesprochene UIC-Studie arbeitet bei ihren Schätzungen mit einem *Vermeidungskostenansatz*, der ausgehend von einer Reduktion der CO_2-Emissionen bis zum Jahr 2030 um 50% einen Schattenpreis von 140 Euro je Tonne CO_2 zugrunde legt.

D 5.4.1.5 Stauungskosten

Zu den externen Kosten des Verkehrs werden häufig auch die Stauungskosten gerechnet. Sie bestehen zum überwiegenden Teil aus Zeitverlusten der Verkehrsteilnehmer infolge von Störungen des Verkehrsflusses im Straßen- und Schienennetz. Hinzu kommen stauungsbedingt erhöhte Betriebskosten der Verkehrsmittel und zusätzliche Schadstoffemissionen.

Die traditionelle ökonomische Analyse von Stauungsphänomenen im Verkehr (congestion theory) stellt ab auf die Unterscheidung zwischen sozialen Durchschnittskosten, die den vom Verkehrsteilnehmer in sein Kalkül einbezogenen privaten Grenzkosten entsprechen, und den als gesellschaftlich richtigen Kosten anzulastenden sozialen Grenzkosten. Letztere liegen über den privaten Grenzkosten, da durch ein zusätzliches Fahrzeug ab einer bestimmten Auslastung die Geschwindigkeit der schon auf der Straße Fahrenden (marginal) reduziert wird. Diese sozialen Zusatzkosten seiner Aktivität werden aber vom einzelnen Verkehrsteilnehmer jedoch nicht berücksichtigt. Er stellt beim Antritt einer Fahrt lediglich seine privaten Grenzkosten in Rechnung, beachtet aber nicht den Zuwachs an Kosten für die Gesamtheit der Nutzer. Damit kommt es zu externen Effekten in Form von Übernutzungen und bei Nachfragespitzen zu entsprechenden Stauungserscheinungen [Eis02, 176ff.].

Stauungskosten weisen aber grundsätzlich eine andere Qualität auf als die bisher diskutierten externen Kostenarten. Sie sind zwar für den einzelnen Verkehrsteilnehmer extern hinsichtlich der marginalen Zusatzkosten, für die Gruppe der Nutzer insgesamt jedoch weitgehend intern, da Zeitverluste und erhöhte Betriebskosten ausschließlich von diesen getragen werden. Ungeachtet der Tatsache, dass die Allokationseffizienz im Verkehrssystem bei hinreichend niedrigen Transaktionskosten mit der Anlastung von Stauungskosten gesteigert werden kann, fallen – mit

Ausnahme gewisser erhöhter Umweltkosten durch Staus – keine Belastungen für die Allgemeinheit an; insbesondere werden bereichsextern mit Ausnahme eventueller zusätzlicher Emissionen keine tatsächlichen Ressourcenbeanspruchungen relevant [Eis99, 68].

D 5.4.2 Mengengerüste

Die Quantifizierung externer Kosten des Verkehrs setzt voraus, dass Mengengerüste bezüglich der relevanten verkehrsbezogenen Emissionen und Immissionen bestimmt werden. Einschlägige Vorgehensweisen halten z. B. die Bewertungsverfahren im Rahmen der Bundesverkehrswegeplanung bereit [BMV05a]. Dabei werden entweder einfache *Durchschnittsbetrachtungen* vorgenommen (Gesamtemission dividiert durch verkehrliche Bezugsgröße) oder spezielle *verkehrstechnische Funktionen* eingesetzt, mit denen auf der Basis ingenieurmäßiger Gesetzmäßigkeiten das Ausmaß physischer Schäden bei verschiedenen Randbedingungen bestimmt werden kann. Insbesondere für den Straßenverkehr lassen sich die verursachten Kosten in Abhängigkeit von alternativen Verkehrszuständen mittlerweile recht gut modellieren.

Probleme resultieren generell daraus, dass die Entwicklung der Verkehrstechnik (z. B. die Verbreitung schadstoffärmerer Motoren) die Validität der zugrunde liegenden Funktionen beeinflusst. Daneben existiert eine Fülle von *kostenartenbezogenen Schwierigkeiten* bei der Ermittlung der Mengengerüste. Eine grundsätzliche Frage ist zum Beispiel, ob an den Emissionen oder den Immissionen angesetzt wird. Bei der Quantifizierung der Lärmkosten ist z. B. der Teil der Bevölkerung zu ermitteln, der tatsächlich Lärmimmissionen ausgesetzt ist. Wirkungen von Abgasbelastungen wurden im Rahmen der Bundesverkehrswegeplanung früher auf der Basis von Schadstoffemissionen bestimmt. Dabei wurde vereinfachend ein konstanter Zusammenhang zwischen der Emission und der für die tatsächlichen Schäden verantwortlichen Immissionskonzentration unterstellt. Im Bewertungsverfahren zur BVWP 2003 ist man nunmehr zu einer die Randbedingungen des Wirkungsortes erfassenden *Immissionsberechnung* übergegangen. Hierfür werden Simulationen mit mikroskaligen Strömungs- und Ausbreitungsmodellen unter Berücksichtigung mittlerer Windgeschwindigkeiten herangezogen [BMV05a, 86f.].

Allerdings bereitet der Übergang von der Emission zur Immission bei den entsprechenden Berechnungen nach wie vor Schwierigkeiten. Der Transport von Schadstoffen ist komplex strukturiert und zudem von der jeweiligen Schadstoffart abhängig. Hinzu kommt, dass die Schadenswirkungen (etwa gesundheitliche Schädigung oder Schädigung von Gebäudesubstanz) häufig nicht einer speziellen Schadstoffemission, sondern mehreren und oft unterschiedlichen Emissionsquellen zuzuordnen sind (Überlagerung von Emissionswirkungen), die sich unter Umständen auch noch gegenseitig verstärken.

Alle Immissionsschätzungen basieren auf entsprechenden *Emissionsgerüsten*, zu deren Bestimmung ebenfalls Schätzungen notwendig sind, deren Parameter die letztlich ermittelten externen Kosten entscheidend beeinflussen. Hinzu kommt die – wissenschaftlich letztlich nicht eindeutige – Konvention über noch und nicht mehr tolerierbare *Emissionsgrenzwerte*, wenn mit dem Vermeidungskostenansatz gearbeitet wird. Dies gilt etwa für beabsichtigte Emissionsminderungen, die der Abschätzung der externen Kosten der CO_2-Emissionen zugrunde liegen. Während die UIC-Studie zur Abschätzung der externen Kosten des Verkehrs ein Emissionsminderungsziel von 50% bis 2030 unterstellt, wird im Rahmen der Bewertungsverfahren der Bundesverkehrswegeplanung sogar von einer Verminderung der CO_2-Emissionen um 80% bis zum Jahre 2050 ausgegangen.

Ebenfalls kritisch zu hinterfragen sind die Annahmen der Schätzungen zu externen Kosten im Hinblick auf die folgenden für die Quantifizierung wichtigen Parameter [Abe03, 608]:
- die *Struktur der Fahrzeugflotte*: Normzüge des Personen- und Güterverkehrs, Traktion, Pkw- und Nutzfahrzeuggruppen und Schätzung der Fahrzeugkilometer bei den verschiedenen Fahrzeugkategorien;
- die *tatsächlichen Treibstoffverbräuche* der verschiedenen Fahrzeugkonfigurationen (für den Straßenverkehr) bzw. der *Energiemix* bei der Eisenbahn;
- die Bestimmung der *spezifischen Emissionsfaktoren* der Fahrzeuge, die im Straßenverkehr im Zeitablauf erheblichen Verschärfungen unterliegen und deren Verteilung in der Fahrzeugflotte.

D 5.4.3 Bewertungsverfahren

Mit der Bestimmung der emissions- bzw. immissionsbezogenen Mengengerüste bezüglich der relevanten Kostenarten ist die Basis für die Berechnung der externen Kosten des Verkehrs gelegt. Die ermittelten Ressourcenbeanspruchungen bedürfen jedoch einer *ökonomischen Bewertung* in Geldeinheiten (Monetarisierung). Außerdem gibt es externe Umwelteffekte, die sich keiner Mengenerfassung zugänglich erweisen (intangibles), wie etwa ästhetische Wirkungen von Verkehrsbauwerken („Landschaftsverschandelung") und ebenfalls einer Bewertung zu unterwerfen sind. Es wurden daher verschiedene Bewertungsverfahren entwickelt (Schadenskosten-, Vermeidungskosten- und Zahlungsbereitschaftsansatz, Analyse der Marktdatendivergenz), auf die im Folgenden einzugehen ist.

D 5.4.3.1 Schadenskostenansatz

Beim Schadenskostenansatz erfolgt eine Quantifizierung der Kosten, die für eine Beseitigung der Emissions-/Immissionseinwirkungen zu veranschlagen sind. Voraussetzung ist, dass die Schadenswirkungen den Emittenten eindeutig zugerechnet und die Schadensumfänge definiert werden können (direkte Schadensbewertung). Ein solches Verfahren ist bei vielen Schadstoffemissionen nur begrenzt möglich [Abe03, 609].

Der Schadenskostenansatz verwendet als Bewertungsmaßstab den *Ertragswert* (wenn Ressourcen dauerhaft geschädigt werden und ausfallen) oder den *Kostenwert* (wenn Ressourcen wiederhergestellt werden können/müssen und dafür Kosten anfallen). Der Ertragswert kann als Brutto- oder Nettowert bestimmt werden; im letzteren Fall wird dann z. B. vom Produktionsbeitrag eines Erwerbstätigen zum Bruttoinlandsprodukt dessen Konsum abgezogen. Der Schadenskostenansatz wird vor allem bei der Bewertung von Umwelt- und Unfallkosten eingesetzt. So können luftverschmutzungsbedingte Materialschäden über den Kostenwert monetarisiert werden; allerdings sind hierbei die oben diskutierten Probleme bei der Ermittlung des Mengengerüstes relevant. Auch die Bewertung externer Kosten von Unfallopfern anhand ihres (ausfallenden) zukünftigen Beitrags zum Bruttoinlandsprodukt kann gewisse (ethische) Probleme mit sich bringen. Generell wird beim Schadenskostenansatz jedoch kritisiert, dass nur Schäden bewertet werden, die sich in einer direkt ökonomisch messbaren Minderung des Bruttoinlandsprodukts niederschlagen. Außermarktliche und intangible Kostenkomponenten werden nicht berücksichtigt.

D 5.4.3.2 Vermeidungskostenansatz

Der Vermeidungs- oder Prohibitivkostenansatz setzt die Kosten an, die für eine Vermeidung bzw. Minderung der negativen Immissionswirkungen erforderlich sind. Beispiele sind der Einbau von Schallschutzfenstern und Lärmschutzwänden, der Einbau von Spezialfiltern an der Emissionsquelle oder Maßnahmen zur Reduzierung des Energieverbrauchs, um CO_2-Emissionen zu begrenzen. Der Vermeidungskostenansatz bietet den Vorteil, dass zur Bewertung negativer externer Effekte auf die Analyse komplexer Emissions-/Immissionswirkungsketten verzichtet werden kann wie auch auf die Beantwortung der schwierigen Frage, ab welchen Grenzwerten bei bestimmten Immissionen welche Schadenswirkungen auftreten. Vielmehr werden politische Standards für Emissions- und/oder Immissionsgrenzen vorgegeben, die aus wissenschaftlicher Sicht als Konventionen anzusehen sind [Abe03, 609].

In den meisten Fällen wird der Vermeidungskostenansatz als *Reduktionsansatz* angewendet, d. h. es werden diejenigen Kosten verrechnet, die anfallen, um Schäden durch Verkehr ganz zu umgehen oder auf die definierten Grenzwerte der Emission/Immission zu reduzieren. Es ist unmittelbar einsichtig, dass die Höhe der ermittelten Kosten vom zugrunde gelegten *Zielstandard* und von der verfügbaren *Vermeidungstechnologie* abhängen [Rot93, 106]. So hat das angestrebte Vermeidungsniveau erhebliche Auswirkungen auf die Höhe der errechneten bzw. entstehenden Kosten, insbesondere wenn man realistischerweise abnehmende Grenzerträge der zu treffenden Maßnahmen einbezieht. Je strenger der angestrebte Emissions-/Immissionsstandard ist, desto höhere Kosten fallen an, wobei ein exponentieller Anstieg der Vermeidungskosten durchaus vorstellbar ist.

Trotzdem wird mit dem Vermeidungskostenansatz in der Regel die Untergrenze der volkswirtschaftlichen Kosten von Verkehrsaktivitäten bestimmt, da von den Betroffenen natürlich nicht alle Schäden beseitigt werden; dies ist jedoch durchaus problemadäquat, da volkswirtschaftlich eine vollständige Beseitigung (externer) Schäden nicht anzustreben ist, wie bereits in Abschn. D 5.3 theoretisch abgeleitet wurde. Vielmehr ist der Schaden im paretianischen Wohlfahrtsoptimum nur so weit zu reduzieren, bis die Grenzschadens- den Grenzvermeidungskosten entsprechen.

D 5.4.3.3 Zahlungsbereitschaftsansatz

Bei diesem Bewertungsansatz zieht man die Zahlungsbereitschaft der Individuen für die Monetarisierung der externen Kosten heran. Es wird durch Befragungen versucht, die Präferenzen der Wirtschaftssubjekte für eine Vermeidung negativer Wirkungen des Verkehrs zu bestimmen. Hierbei können auch *intangible Kostenfaktoren* einbezogen werden. Der Zahlungsbereitschaftsansatz ist damit ein *subjektiver* Ansatz, der von den persönlichen Einschätzungen der jeweils Befragten determiniert wird. Es liegt auf der Hand, dass die Validität der Ergebnisse von der Qualität der Befragung und der Repräsentativität der Stichprobe abhängt [Bau98, 26f.].

Andererseits erfordert der Zahlungsbereitschaftsansatz keine systematischen Wirkungsanalysen der Emissionen und der Emissions-/Immissions-Wirkungsketten. Vielmehr werden bestimmte Standards definiert, für deren Erreichen die Zahlungswilligkeiten der Begünstigten (bzw.

Geschädigten) erfasst werden. Die entsprechenden Geldbeträge werden dann als bewertete negative externe Effekte betrachtet; somit liegt hier – wie beim Vermeidungskostenansatz – ein *indirektes* Verfahren zur Bestimmung der externen Kosten vor.

Die Zahlungsbereitschaftsmethode kann an der sog. *„willingness to pay"* oder an der *„willingness to accept"* ansetzen. Erstere stellt ab auf die Bereitschaft eines Geschädigten, für die Unterlassung einer Handlung zu zahlen; die willingness to accept ermittelt dagegen dessen Bereitschaft, eine Schädigung gegen eine entsprechende Transferzahlung hinzunehmen. Entsprechende Anweisungen können auch bezüglich des Verursachers formuliert werden. In der Regel liegt die Entschädigungsforderung (willingness to accept) höher als der Betrag, den das Wirtschaftssubjekt zur Vermeidung der Schädigung zu zahlen bereit wäre. Dies hängt auch mit der unterschiedlichen Verteilung der Eigentumsrechte zusammen; bei Anwendung der willingness to pay ist der Schädiger, bei der willingness to accept der Geschädigte im Besitz der Eigentumsrechte [Fri05, 160].

Das Kardinalproblem des Zahlungsbereitschaftsansatzes liegt jedoch darin, dass eine *hypothetische* Zahlungsbereitschaft abgefragt wird (stated preference), die eine tatsächliche Marktsituation nicht ersetzen kann. Da die tatsächliche Zahlungsbereitschaft nicht durch entsprechende Geldflüsse bekundet werden muss, kommt es im Falle externer Schäden regelmäßig zu einer *systematischen Überschätzung* der externen Kosten. Die Fehleinschätzung rührt daher, dass nicht gleichzeitig überprüft wird, zu welchem Preis das Angebot eine entsprechende Leistung bereitstellen würde. Die geäußerte Zahlungsbereitschaft enthält daher immer auch die *Konsumentenrente* [Bau98, 28]. Weiterhin wird kritisch gegen die Verwendung von Zahlungsbereitschaftsansätzen eingewandt [Abe03, 610f.]:

- es kommt unter Umständen zu *strategisch motivierten Fehleinschätzungen* oder die politische Umsetzungserwartung der Ergebnisse beeinflusst die genannten Beträge;
- es kommt zu Verzerrungen aufgrund von *Gewöhnungseffekten* der Befragten;
- unter Umständen ist der *Informationsstand* der Befragten sehr begrenzt, so dass die Methode nur eingeschränkt anwendbar ist;
- neben *Bildung* und *Alter* ist die *Realeinkommenssituation* der Befragten bedeutsam für die Einschätzung;
- Befragungen vernachlässigen die *Bedürfnisse künftiger Generationen*.

Obwohl der Zahlungsbereitschaftsansatz aus ökonomischer Sicht gravierende Schwächen aufweist, arbeiten zahlreiche Studien zu den externen Kosten des Verkehrs mit solchen Verfahren. Auf die hieraus resultierenden Probleme ist bei der kritischen Würdigung der empirischen Kostenschätzungen einzugehen.

D 5.4.3.4 Analyse der Marktdatendivergenz

Bei der Analyse der Marktdatendivergenz wird die monetäre Bewertung von Beeinträchtigungen der Umweltqualität über Preisunterschiede bei Gütern ermittelt, die in einem Zusammenhang mit dieser Umweltqualität stehen. So werden z. B. Preisunterschiede bei Immobilien an stark und schwach vom Verkehr belasteten Standorten herangezogen, um die Auswirkungen von Verkehrslärm oder Schadstoffemissionen zu bewerten. Preisdifferenzen können als externe Kosten interpretiert werden; man spricht hierbei auch von *hedonischer* Preissetzung [Cle96, 14f.].

Wesentliche Probleme hedonischer Preise liegen in der Voraussetzung funktionsfähiger Märkte mit vollkommener Information, welche die individuellen Präferenzen widerspiegeln, sowie in der Zurechenbarkeit (Isolierung) verschiedener und oft komplexer Preiseinflussgrößen [Fri05, 162f.]. Gerade der Immobilienmarkt zeichnet sich durch Unvollkommenheiten aufgrund relativ hoher Transaktionskosten und eine hohe Regulierungsdichte aus. Es ist daher sehr problematisch, die einzelnen sich überlagernden Einflussfaktoren auf das Mietpreisniveau zu separieren. Die Marktdatendivergenzanalyse ist daher zur Abschätzung externer Kosten des Verkehrs nur sehr eingeschränkt geeignet.

D 5.4.4 Kostenschätzungen: Empirische Ergebnisse und kritische Würdigung

In den neunziger Jahren wurden von verschiedenen Autoren Untersuchungen zur Abschätzung der externen Kosten des Verkehrs vorgelegt (exemplarisch Planco 1990, UPI 1991, Bickel/Friedrich 1995, INFRAS/IWW 1995, Huckestein/Verron 1996). Die in diesen Studien ausgewiesenen externen Kosten unterscheiden sich aufgrund des Umfangs der einbezogenen Effekte und der verwendeten Berechnungsmethoden sehr stark. So kommt *Planco* in der 1990 publizierten Studie für die alten Bundesländer auf externe Kosten von Schiene, Straße und Binnenschiff von 37,4 Mrd. DM. *Bickel* und *Friedrich* geben in ihrer mehrere Originalarbeiten referierenden Synopse einen Korridor von 22,1 bis 74,4 Mrd. DM an. In einer ähnlichen Größenordnung liegen die Ergebnisse einer Studie des *Umweltbundesamtes*, während *INFRAS/IWW* für Deutschland im Jahre 1991 externe Kosten von 136 Mrd. DM ausweisen. Diese Schätzung wird lediglich noch durch das *UPI Hei-*

Tabelle D 5.4-1 Gesamte externe Kosten des Personen- und Güterverkehrs in den EU-17-Ländern nach Verkehrsträgern (in Mio. EUR pro Jahr). Quelle: [UIC04, 72]

	Straßenverkehr						Schienenverkehr		Luftverkehr		Wasserstraßenverkehr
	Gesamt	Straßenpersonenverkehr	Davon: Pkw	Straßengüterverkehr	Davon: Leichte Nutzfahrzeuge	Davon: Schwere Nutzfahrzeuge	Schienenpersonenverkehr	Schienengüterverkehr	Passagierluftverkehr	Luftfrachtverkehr	Binnengüterschifffahrt
Unfälle	156.439	136.394	114.191	19.194	8.229	10.964	2620	0	590	0	0
Lärm	45.644	21.533	19.220	18.877	7.613	11.264	1.354	782	2.903	195	0
Luftverschmutzung	174.617	55.444	46.721	108.838	20.431	88.407	2.351	2.096	3.875	360	1.652
Klimawandel	195.714	69.472	64.812	42.911	13.493	29.418	2.094	800	74.493	5.438	506
Natur und Landschaft	20.014	11.105	10.596	7.254	2.562	4.692	202	64	1.2118	79	1
Up- and Downstreameffekte	47.376	21.240	19.319	22.243	5.276	16.967	1.140	608	1.592	170	383
Städtische Effekte	10.472	6.112	5.782	3.797	1.220	2.634	426	137	0	0	0
Gesamt	650.275	321.301	280.640	223.114	58.824	164.346	7.828	4.487	84.664	6.250	2.632

delberg übertroffen, welches für das Bezugsjahr 1989 in Westdeutschland ungedeckte externe Kosten von 213,6 Mrd. DM ermittelt.

Da die EU-Kommission bei der Entwicklung ihrer Preisbildungsprinzipien für die Verkehrsinfrastruktur seit Ende der neunziger Jahre das Prinzip der *sozialen Marginalkosten* verfolgt, hat sie über zahlreiche umfassende Forschungsvorhaben die Probleme der Erfassung und Bewertung der externen Kosten des Verkehrs untersuchen lassen. Die entsprechenden Ergebnisse sind jedoch wenig übersichtlich dokumentiert und der breiten Öffentlichkeit bisher kaum zugänglich. Daher werden im Folgenden ausschließlich Kostenschätzungen einer bereits zitierten Studie vorgestellt, die für den internationalen Eisenbahnverband UIC vom *IWW Karlsruhe* und *INFRAS Zürich* erstellt wurde. Es handelt sich um das im Oktober 2004 erschienene Update eines 2000 ebenfalls für die UIC erstellten Gutachtens dieser Autoren, welche wiederum in der Tradition der Arbeit von 1995 [INF95] steht. Die UIC-Studie gibt im Wesentlichen den derzeitigen Diskussionsstand um die externen Kosten des Verkehrs wieder und verarbeitet auch die zentralen Ergebnisse der in den verschiedenen EU-Programmen vorgelegten Forschungsarbeiten (z. B. UNITE). Alle Zahlenangaben im Folgenden beziehen sich auf diese Studie.

Die *UIC-Studie* weist für Europa (EU17) *externe Kosten des Verkehrs* in Höhe von 650 Mrd. Euro aus (Deutschland 149 Mrd. Euro). Hiervon entfallen 544 Mrd. Euro oder

Tabelle D 5.4-2 Durchschnittliche externe Kosten des Personen- und Güterverkehrs in den EU-17-Ländern nach Verkehrsträgern. Quelle: [UIC04, 74]

	Durchschnittliche externe Kosten im Personenverkehr					Durchschnittliche externe Kosten im Güterverkehr						
	Straßenpersonenverkehr	Pkw	Schienenpersonenverkehr	Passgierluftverkehr	Gesamt	Straßengüterverkehr	Leichte Nutzfahrzeuge	Schwere Nutzfahrzeuge	Schienengüterverkehr	Luftfrachtverkehr	Binnenschifffahrt	Gesamt
	[Euro/1000 Pkm]					[Euro/1000 Tkm]						
Unfälle	32,4	30,9	0,8	0,4	22,3	7,6	35,0	4,8	0,0	0,0	0,0	6,5
Lärm	5,1	5,2	3,9	1,8	4,2	7,4	32,4	4,9	3,2	8,9	0,0	7,1
Luftverschmutzung	13,2	12,7	6,9	2,4	10,0	42,8	86,9	38,3	8,3	15,6	14,1	38,5
Klimawandel	16,5	17,6	6,2	46,2	23,7	16,9	57,4	12,8	3,2	235,7	4,3	16,9
Natur und Landschaft	2,6	2,9	0,6	0,8	2,0	2,9	10,9	2,0	0,3	3,8	0,8	2,6
Up-and Downstreameffekte	5,0	5,2	3,4	1,0	3,9	8,8	22,4	7,4	2,4	7,4	3,3	8,0
Städtische Effekte	1,5	1,6	1,3	0,0	1,1	1,5	5,2	1,1	0,5	0,0	0,0	1,3
Gesamt	76,4	76,0	22,9	52,5	67,2	87,8	250,2	71,2	17,9	271,3	22,5	1,3

84% auf den Straßenverkehr (Deutschland 87%), aber nur ca. 12 Mrd. Euro auf die Eisenbahn. Wesentlichen Anteil an diesen Externalitäten in der EU17 haben die Kosten des Klimawandels mit 196 Mrd. Euro (30%), die Kosten der Luftverschmutzung infolge von Schadstoffemissionen (175 Mrd. Euro oder 27%) und die ungedeckten Verkehrsunfallkosten mit 156 Mrd. Euro (24%). Weitere Details zu den verkehrsträgerbezogenen gesamten externen Kosten finden sich in Tabelle D 5.4-1.

Im Hinblick auf eine *Bewertung der Umweltverträglichkeit der Verkehrsträger* führt allerdings eine Betrachtung der absoluten Kostensummen nicht weiter. Hier sollte auf die externen Durchschnittskosten je Tonnen- bzw. Personenkilometer abgestellt werden. Wie eingangs bereits erwähnt wurde, entfallen auf den Güterverkehr auf der Straße 88 Euro/1000 Tonnenkilometer (Tkm) an externen Kosten, während die Schiene lediglich 18 Euro/1000 Tkm verursacht. Der motorisierte Individualverkehr ist für ca. 76 Euro/1000 Personenkilometer (Pkm) externe Kosten verantwortlich, während die Schiene mit 22 Euro/1000 Pkm deutlich weniger Externalitäten hervorruft (zu weiteren Details siehe Tabelle D 5.4-2).

Angesichts der Höhe der laut dieser Studie vom Verkehr ausgehenden externen Kosten ist eine kritische Würdigung der vorgelegten Kostenschätzungen unabdingbar. Sie sollte an den kostenartenbezogenen Ergebnissen und den methodischen Grundlagen zu deren Ermittlung ansetzen und auch in Betracht ziehen, dass es sich um eine Auftragsforschung für den internationalen Eisenbahnverband UIC handelt. Folgt man der Reihenfolge der in Abschn. D 5.4.1 vorgestellten Kostenarten, geht es zunächst um externe Kosten der *Infrastrukturvorhaltung*. Hier werden auf europäischer Ebene 20 Mrd. Euro für Natur- und Landschaftsverbrauch und 10,5 Mrd. Euro für sog. „Urban Effects" verrechnet. Obwohl diese Externalitäten nur einen Anteil von 3 bzw. 2% an der gesamten Kostenschätzung aufweisen, ist die dahinter stehende Methodik sehr fragwürdig, da z. B. bei der Bewertung der Schäden durch Versiegelung, der Wiederherstellung von Biotopen und der Boden- bzw. Wasserverschmutzung Kostenwerte angesetzt werden, die aus ökonomischer Sicht weitgehend gegriffen erscheinen. Ähnliches gilt auch für die Bewertung der Zeitverluste von Fußgängern aufgrund von Trennungseffekten in Ballungsräumen und der aufgrund des motorisierten Verkehrs größeren Platzknappheit für Fahrräder. Bezüglich der letzteren Kostenkategorie stellt sich zudem die Frage der Anwendung des Verursacherprinzips im Sinne des Coase-Theorems.

Die *Unfall- bzw. Unfallfolgekosten* machen mit 156 Mrd. Euro einen wesentlichen Teil der verkehrsbedingten externen Kosten in Europa aus (Deutschland: 39,5 Mrd. Euro). Sie werden zu 99% dem Straßenverkehr zugeordnet und hier insbesondere dem Personenverkehr. Diese relativ hohen ausgewiesenen Werte sind im Vergleich zu den älteren Kostenschätzungen Anfang der neunziger Jahre und angesichts der rückläufigen absoluten Zahl der verkehrsbedingten Todesopfer sowie der Verbesserung der aktiven und passiven Sicherheit im Straßenverkehr in den letzten Jahren äußerst kritisch zu hinterfragen. Eine Erklärung für die hohen Kostensummen liefert die Methodik der Kostenberechnung. Neben den in externen Kostenberechnungen üblicherweise angesetzten Kosten der medizinischen Versorgung und den Ressourcenausfallkosten werden risikobezogene Wertansätze für Tote und Verletzte auf der Basis von Zahlungsbereitschaftsanalysen (pretium vivendi) angerechnet.

Die *externen Kosten des Verkehrslärms* in Europa belaufen sich auf einen Betrag von 45,6 Mrd. Euro. (Deutschland 10,6 Mrd. Euro). Diese Kostenwerte basieren nicht auf Vermeidungskostenansätzen, sondern wiederum auf zahlungsbereitschaftsbezogenen Werten und scheinen daher, ähnlich wie die externen Unfallkosten, zu hoch ausgewiesen.

Bei den *externen Kosten der Schadstoffemissionen* wurden, im Vergleich zu früheren Berechnungen, methodische Veränderungen vorgenommen. Die von INFRAS und IWW erstellte Studie verwendet einen Top-Down-Ansatz und bezieht die Gesundheitsschäden von Schadstoffemissionen auf die *Partikelemissionen PM10*. Über die Exposition zu PM10-Emissionen, die Abschätzung von gesundheitlichen Folgeschäden und deren Bewertung mit Zahlungsbereitschaftsansätzen werden Gesundheitsschäden infolge von Schadstoffemissionen abgeschätzt. Die entsprechenden Werte liegen bei 174,6 Mrd. Euro für die EU17-Staaten (Deutschland: 41,5 Mrd. Euro). Die externen Kosten von Schadstoffemissionen werden im Wesentlichen dem Straßenverkehr zugeschrieben (94%). Die Hauptkritik betrifft die zugrunde liegende Berechnungsmethodik, die sich im Kern wiederum auf Zahlungsbereitschaftsansätze stützt.

Seit geraumer Zeit finden die externen *Kosten von Klimaveränderungen* infolge verkehrsbedingter CO_2-Emissionen verstärkte Beachtung. Die hier referierte UIC-Studie weist alternative Werte für zwei Szenarien aus, die sich in den angestrebten Reduktionszielen für die CO_2-Emissionen unterscheiden: Während das Low-Szenario eine Orientierung an den derzeit geltenden Kyoto-Reduktionszielen unterstellt und mit Vermeidungskosten von 20 Euro je Tonne CO_2 rechnet, geht das High-Szenario von einer Rückführung der CO_2-Emissionen um 50% bis zum Jahre 2030 aus, was in einem Vermeidungskostensatz von 140 Euro je Tonne CO_2 resultiert. Für die Berechnung der totalen Kostensumme wird das High-Szenario herangezogen. Dies führt dazu, dass mit 195,7 Mrd. Euro 30% der externen Kosten in Europa auf die Kosten CO_2-bedingter Klimaschäden entfallen. Angesichts der zu konstatierenden Unsicherheiten bei der Bewertung der ökonomischen Konsequenzen von Klimaveränderungen scheint der verwendete Wertansatz deutlich überhöht und die errechnete Kostensumme damit ökonomisch nur von eingeschränkter Validität.

In der in Tabelle D 5.4-1 zusammengefassten Berechnung der totalen Kosten sind darüber hinaus mit 47,4 Mrd. Euro (7%) externe Kosten von *Up- und Downstreameffekten* für die Verkehrsleistungserstellung enthalten. Diese sind aus ökonomischer Sicht besonders umstritten, weil hier weitere Sektoren der Volkswirtschaft angesprochen werden und dadurch zusätzliche Unsicherheitsmomente enthalten sind. Die für die UIC erstellte Studie veranschlagt externe Kosten in den Bereichen Energieerzeugung, Fahrzeugproduktion und der Infrastrukturerstellung bzw. -erhaltung. Dabei werden insbesondere externe Kosten der mit verkehrsbedingten Vor- und Entsorgungsleistungen verknüpften Schadstoffemissionen und CO_2-Emissionen ermittelt. Entsprechend gelten daher die Anmerkungen zu den methodischen Problemen bei der Berechnung dieser Kostenkategorien.

Im Rahmen der UIC-Studie zu den externen Kosten des Verkehrs werden externe *Stauungskosten* zwar berechnet, aber nicht in der in Tabelle D 5.4-2 enthaltenen Zusammenfassung der Kosten ausgewiesen. Bei der Kalkulation werden unterschiedliche Methoden nebeneinander gestellt. So werden von den Autoren für die EU-17 *ökonomische Wohlfahrtsverluste* von 63 Mrd. Euro infolge von Verkehrsstaus auf den Straßen berechnet; ein anderer Ansatz veranschlagt die Erlöse aus einer *optimal ausgelegten Stauungsabgabe* auf 753 Mrd. Euro, während die *zusätzlichen Zeitverluste* der Nutzer auf 268 Mrd. Euro geschätzt werden. Aufgrund der Tatsache, dass Stauungskosten als eine für den Verkehrssektor interne Kategorie anzusehen sind, die für die Allgemeinheit keine zusätzlichen Belastungen bringt, sollen diese Berechnungen hier nicht weiter diskutiert werden.

Bei genauerer Analyse der in Abschn. D 5.4 vorgestellten Kostenschätzungen kommt man zu der Erkenntnis, dass es auch der von IWW und INFRAS für die UIC erstellten Untersuchung nicht gelingen kann, die „*wahren externen Kosten*" des Verkehrs zu ermitteln. Die kritische Würdigung der vorgelegten Kostenschätzungen setzt primär an den verwendeten Methoden an. Problematisch ist insbesondere der gewählte „*Methodenmix*". Ziel einer Abschätzung externer Kosten des Verkehrs ist die Bestimmung der nicht berücksichtigten bereichsexternen Ressourcenbeanspruchungen. Hierzu sollte primär ein *Schadenskostenansatz* benutzt werden. Da nicht in jedem Fall die Zusammenhänge von Verkehrsaktivität und Schadenswirkung wissenschaftlich ausreichend geklärt sind, erscheint es vertretbar, ergänzend den Vermeidungskostenansatz heranzuziehen (mit realistischen Vermeidungszielen). Aus ökonomischer Sicht nicht zulässig ist jedoch die umfassende Verwendung von *Zahlungsbereitschaftskonzepten*. Diese Vorgehensweise beinhaltet erhebliche Elemente der Willkür, so dass die Rechnungsergebnisse nicht den Anspruch erheben können, die externen Kosten des Verkehrs in ökonomischen Kategorien abzubilden; es handelt sich dann vielmehr um gesellschaftspolitische Vorteils-/Nachteilsbetrachtungen [Bau98, 31f.]. Insbesondere Zahlungsbereitschafts- und Vermeidungskostenansätze mit unrealistischen Vermeidungszielen spielen aber in der UIC-Studie eine bedeutende Rolle.

Methodisch lässt sich weiterhin beanstanden, dass die vorgestellten Kostenrechnungen allesamt *retrospektiv* ausgerichtet sind. Ein politischer Handlungsbedarf lässt sich jedoch nur aus einer *prospektiven* Schätzung der *zukünftigen externen Kosten* des Verkehrs begründen. In einer solchen Rechnung sind die erwarteten Veränderungen des Verkehrsangebots (Infrastruktur) und der Verkehrsnachfrage sowie insbesondere die Fortschritte bei den Vermeidungstechnologien und die daraus resultierenden spezifischen relativen Schadenskoeffizienten (bezogen auf Personenkilometer, Tonnenkilometer, Fahrzeugkilometer) zu berücksichtigen. Ohne an dieser Stelle auf die besonderen Probleme einer prospektiven Berechnung der externen Kosten einzugehen, lässt sich festhalten, dass einiges für einen tendenziellen Bedeutungsverlust, zumindest einzelner Gruppen von externen Kosten, spricht. Niedrigere Flottenverbräuche und fortschrittlichere Vermeidungstechnologien im Straßenverkehr – z. B. bei den Luftschadstoffen – sowie verschärfte gesetzliche Grenzwerte bewirken, dass der Umfang externer Schäden trotz nachfragebedingt zumindest im Güterverkehr steigender Fahrleistungen zurückgehen dürfte. Es stellt sich dann die Frage nach den Konsequenzen für die Verkehrspolitik.

D 5.4.5 Folgerungen für die Verkehrspolitik

Aus der kritischen Analyse der derzeit vorliegenden Berechnungen zu den externen Kosten des Verkehrs ergibt sich, dass diese als Grundlage für eine staatliche Internalisierungspolitik nur bedingt geeignet sind. Dies liegt zum einen an der Qualität der Ergebnisse, zum andern aber auch an grundsätzlichen *methodischen Überlegungen*. Eine Aussage zum Gesamtumfang der durch ein Verkehrsmittel verursachten externen Kosten reicht für die Internalisierung noch nicht aus, da es nicht darum gehen kann, die entstandenen externen Kosten – als eine Art Schadensersatz – auf die Verursacher umzulegen, sondern darum, für eine effiziente Umsetzung der gewünschten Beschränkung des Umfangs der Externalitäten zu sorgen. Je nach gewählter Internalisierungsstrategie sind daher wesentlich differenziertere Informationen erforderlich; zumindest sollten Indikationen bezüglich der marginalen externen Kosten von Verkehrsaktivitäten vorliegen, wenn eine preispolitische Anlastungsstrategie gewählt wird.

In der von IWW und INFRAS für die UIC erstellten Studie werden neben den absoluten und durchschnittlichen externen Kosten auch kostenartenspezifische Bandbreiten für die *marginalen externen Kosten* des Verkehrs vorgestellt [UIC04, 89ff.]. Die angegebenen Spannen beruhen auf den unterschiedlichen berücksichtigten Fahrzeugkategorien und alternativen Verkehrssituationen; allerdings werden die Berechnungsgrundlagen nur teilweise offen gelegt. Die Autoren der Studie betonen allerdings, dass die Größenordnungen der marginalen und der durchschnittlichen externen Kosten insgesamt vergleichbar sind.

Für eine *praktische Anlastungspolitik* im Sinne einer Pigou-Steuer sind aber auch die in der UIC-Studie verfügbaren Informationen zu den marginalen externen Kosten letztlich kaum hilfreich. Zum einen kann es in der Praxis nicht gelingen, eine ausreichend differenzierte fahrzeug- und verkehrssituationsbezogene Bepreisung durchzuführen. Die Information, dass die marginalen Lärmkosten des schweren Güterverkehrs von 0,25 Euro bis 32 Euro je 1000 Tkm variieren und die marginalen Kosten der Luftverschmutzung des Pkw zwischen 4,7 und 44,9 Euro je 1000 Tkm liegen [UIC04, 89], dürfte sich nicht in eine ökonomisch adäquate und zugleich praktisch anwendbare Bepreisungsstrategie umsetzen lassen. Zum anderen besteht ein grundsätzliches Problem darin, dass sich die für die Bandbreiten der Kostenschätzungen verantwortlichen Parameter (Fahrzeugkategorie, Verkehrssituation) hinsichtlich ihrer Wirkungen auf die einzelnen Kostenarten unterscheiden und damit eine Anlastung in einem einheitlichen Betrag konterkarieren.

Gegen eine Verkehrspolitik, die eine mehr oder weniger differenzierte, fahrzeugkilometerbezogene Anlastung von externen Kosten betreibt, lassen sich neben der Brauchbarkeit der Kostenschätzungen aber auch weitere Argumente aus politökonomischer Sicht anführen. Einen wesentlichen Teil der externen Kosten bilden z. B. mit 24% die *Unfallkosten* (156 Mrd. Euro in der EU17). Bei den Unfallkosten stellt sich aber – abgesehen von den methodischen Problemen der Ermittlung solcher Werte über Zahlungsbereitschaftsanalysen – die Frage, ob nicht der Staat mit einer systematischen Vernachlässigung der Infrastrukturinvestitionen bei steigenden Verkehrsleistungen erst zu der zu beobachtenden Unfallhäufigkeit beigetragen hat und daher nicht ein über zusätzliche Abgaben zu korrigierendes Marktversagen, sondern vielmehr ein *infrastrukturpolitisches Staatsversagen* vorliegt. Dies ist im Falle Deutschlands insbesondere vor dem Hintergrund fraglich, dass der Straßenverkehr mit seinen spezifischen Abgaben (Kfz-Steuer, Mineralölsteuer, Lkw-Maut) erhebliche Überschüsse über die Wegeausgaben erbringt, die für entsprechende Investitionen einsetzbar wären.

Ähnliches gilt bezüglich der *Stauungskosten*, die z. B. im Weißbuch „Faire und effiziente Preis des Verkehrs" der EU-Kommission von 1998 einen wichtigen Bestandteil der sozialen Marginalkosten im Infrastrukturkostenkonzept bildeten [EUK98, 10f.]. Die Kommission rechnete in diesem Strategiepapier damit, dass – angesichts der zu erwartenden Senkung der Umwelt- und Unfallkosten insbesondere des Straßengüterverkehrs – die Anlastung von Stauungskosten maßgeblich zur Deckung der Infrastrukturkosten beitragen würde. Auch diese Anlastung vermeintlicher externer Kosten dürfte am Problem vorbeigehen, denn bei richtiger Anwendung des Verursacherprinzips ist hier nicht ein Marktversagen, sondern ebenfalls ein infrastrukturpolitisches Staatsversagen zu konstatieren [Eis99, 68f.].

Auch die Erhebung von speziellen Abgaben für *CO_2-bedingte Klimaschäden* ist angesichts der erheblichen Unsicherheiten im Hinblick auf die Bewertung der Folgen von Klimaveränderungen und die zugrunde liegenden Wirkungsmechanismen verkehrspolitisch nicht opportun. Denkbar wäre dagegen – insbesondere im Güterverkehr – die Teilnahme der CO_2-Emittenden im Verkehr an einem allgemeinen CO_2-Zertifikatehandel. Dies würde auch dem Charakter der CO_2-Emission als universeller, branchenübergreifender Externalität eher entsprechen als zusätzliche fahrzeugkilometerbezogene CO_2-Abgaben.

Zuletzt sei auf die Frage der Existenz potenzieller *positiver Externalitäten* hingewiesen, die bei einer verkehrspolitischen Internalisierung ebenfalls zu beachten wären. Positive technologische externe Effekte der *Infrastruktur* sind in der Literatur weitgehend unbestritten; Infrastruktur wird auch aus diesem Grund traditionell vom Staat bereitgestellt und weist – solange keine Kapazitätsprobleme auftreten – erhebliche positive externe Effekte auf. Diese sind aber genau genommen ohne entsprechende Verkehrsleistungen nicht auszuschöpfen, was gedankliche Zuordnungsprobleme mit sich bringt.

Abstrahiert man von der Infrastruktur und betrachtet nur die externen Nutzen der Erbringung von *Verkehrsleistungen*, dann treten diese auf, wenn die Nutzenstiftungen des Verkehrs bei anderen Wirtschaftssubjekten als denen anfallen, welche die Verkehrsleistung nachfragen bzw. in Anspruch nehmen. Dies dürfte in einer Vielzahl von Fällen gegeben sein. Im Kontext der statischen Wohlfahrtsökonomie, in dem sich die Diskussion um Externalitäten bewegt, ist aber von Bedeutung, ob diese Nutzen *pekuniärer* oder *technologischer* Natur sind, d.h. ob sie marktvermittelt sind oder ohne Nutzung des Preismechanismus wirksam werden. Nur im letzten Fall wären sie nämlich – wie technologische externe Kosten – allokationsrelevant und es müsste die Erbringung von Verkehrsleistungen in Höhe der *sozialen Grenznutzen* subventioniert werden, um das sozialökonomische Optimum zu erreichen.

In den meisten wichtigen Fällen dürfte es sich bei dem externen Nutzen des Verkehrs allerdings um *pekuniäre* Phänomene handeln. Hierunter fallen Beispiele, wie die häufig zitierten Leistungsqualitäts-, Innovations- und Flexibilitätseffekte des Straßengüterverkehrs [Abe03, 603f.]. Wenn z. B. für die verladende Wirtschaft neue, kostengünstige Logistikkonzeptionen aufgrund der besonderen Leistungsfähigkeit des Verkehrssystems erst realisierbar werden, stellt dies einen pekuniären externen Effekt dar. Die Produzenten der Verkehrsleistung werden für diese Externalität nur teilweise kompensiert, denn ein Nettonutzen verbleibt als Konsumentenrente bei den Nachfragern der Verkehrsleistung bzw. bei den Konsumenten der von diesen erstellten Produkte; diese Effekte sind aber allein *marktvermittelt* und damit nicht mehr korrekturbedürftig.

Allerdings besteht in diesem Kontext weiterer Forschungsbedarf, insbesondere hinsichtlich der Frage, ob solche pekuniären Externalitäten nicht – bei einer dynamischen Analyse – in die Effizienzbetrachtung einzubeziehen sind und wo letztendlich die Trennlinie zwischen Externalitäten der Infrastruktur und der Infrastrukturnutzung gezogen werden sollte. Beim heutigen Wissensstand kann allein der Hinweis gegeben werden, dass geplante Eingriffe zur Anlastung externer Kosten in jedem Fall die Wirkungen auf das Verkehrssystem und seine (externen) Nutzenstiftungen zu beachten haben.

D 5.5 Umweltwirkungen logistischer Systeme und Prozesse

D 5.5.1 Auswahl relevanter Fragenkomplexe

Vor dem Hintergrund der durch Verkehrsaktivitäten verursachten externen Kosten stellt sich trotz der im Einzelnen kritisch zu bewertenden Kostenschätzungen die Frage nach den Einflussfaktoren des Verkehrswachstums im Güter- und Personenverkehr, um geeignete politische Rahmenbedingungen für den Verkehrs- und Logistiksektor zu setzen. Insbesondere im Güterverkehr scheint vielen Beobachtern das verkehrspolitische Ziel einer nachhaltigen Entwicklung gefährdet, wenn die Verkehrsleistungen – dies gilt insbesondere für den Output des Lkw-Verkehrs – in Zukunft in ähnlicher Größenordnung zunehmen wird, wie in der jüngeren Vergangenheit.

Als *Ziele der Verkehrspolitik* wirken die konkretisierten Vorstellungen über die im Verkehrssektor politisch erwünschten Zustände [Gra02, 19]. Daher ist Verkehrspolitik zunehmend versucht, zur Sicherung der gewünschten Nachhaltigkeit des Verkehrssystems über Vermeidungs-, Verlagerungs- und Verteuerungsstrategien in die Verkehrsmärkte einzugreifen (eine Sammlung von Vorschlägen findet sich in EUK01). Vor allem Politikansätze zur *Vermeidung* von Transporten und zur *Verlagerung* zwischen den Verkehrsträgern tangieren direkt die Rahmenbedingungen logistischer Optimierungsansätze, die hiermit in das Spannungsfeld zwischen Ökonomie und Ökologie geraten [Sou00, 155f.], da sie mit für das starke Wachstum des Verkehrs verantwortlich gemacht werden.

In der Verkehrspolitik hält sich hartnäckig die unterschwellige Vermutung, dass moderne Logistikkonzepte im Rahmen des Supply Chain Management (SCM) eine wichtige Ursache der aktuellen Verkehrsprobleme sind („Stau wegen rollender Läger"). Wenn Strategien für einen nachhaltigen Verkehr umgesetzt werden sollten, die bewusst die Realisierung von SCM behindern, ergeben sich daher nicht triviale Konfliktpotenziale. Umgekehrt ist es aber auch denkbar, dass die konsequente Verfolgung der Ideen des SCM den Umfang der Transporte bezogen auf eine Einheit des BIP reduziert bzw. deren Effizienz steigert und damit die politisch gewünschte Nachhaltigkeit fördert. So ergeben sich vielfältige Möglichkeiten von Konflikten und/oder Synergien zwischen dem Supply Chain Management und einer nachhaltigen Verkehrspolitik, die genauer zu analysieren sind.

Bei der Untersuchung der Zusammenhänge von Logistik und nachhaltiger Verkehrspolitik spielt die qualitative und quantitative Struktur von Transportaktivitäten im Rahmen des SCM eine zentrale Rolle. Hierdurch wird zwar nur einer der ökonomisch relevanten Aspekte des Themas SCM angesprochen, dieser steht aber im Hinblick auf die Fragestellung dieses Beitrages im Vordergrund. Zu analysieren sind insbesondere folgende Problemkreise:

– Werden mit der Umsetzung von SCM Verkehre substituiert oder umgekehrt intensiviert, z. B. wegen häufigerer Transporte kleinerer Losgrößen bei geringerem Umfang der Lagerhaltung?
– Ergeben sich durch SCM Konzepte Bündelungspotenziale bei den Transportprozessen, welche den Einsatz des bzw. die Verlagerung auf den (vergleichsweise umweltfreundlicheren) Schienenverkehr ermöglichen?
– Kommt es in Folge von (politisch gesetzten) Umwelt- und Verkehrsrestriktionen zu einer Begrenzung der logistischen Optimierungspotenziale durch das SCM?

Die Antworten auf diese Fragen geben Hinweise darauf, ob die Umsetzung von SCM zu einem höheren Maß an Komplementarität zwischen ökologischen und ökonomischen Zielen führt oder zusätzliche Zielkonflikte bewirkt. Eine allgemeingültige bzw. quantitativ formulierbare Antwort hierauf dürfte nach heutigem Stand der Forschung kaum möglich sein. Hilfreich zur Gewinnung weiterer Erkenntnisse erscheint jedoch, die Bestimmungsfaktoren für Transportaktivitäten im Rahmen von SCM zu analysieren; damit sind zumindest qualitative Aussagen zu diesem Problemkreis zu erarbeiten.

D 5.5.2 (Verkehrs-) Ökologische Aspekte von Logistikstrategien

Die Bewertung von Logistikkonzepten aus ökologischer Sicht erfolgt zunächst unter strategischen Aspekten, denn Logistik hat sich in den letzten Jahren mehr und mehr zu einer strategischen Aufgabe der Unternehmensführung entwickelt. Die Logistik leistet heute zumindest einen substantiellen Beitrag zur Unternehmensstrategie; in bestimmten Branchen basiert die strategische Ausrichtung von Unternehmen sogar wesentlich auf der Logistikkompetenz [Sch05b, 25ff.]. Auch im Rahmen des strategischen SCM, als netzwerkbezogene Logistikkonzeption, geht es um die Entwicklung und Ausschöpfung logistischer Erfolgspotenziale innerhalb des logistischen Netzwerks bzw. der Wertschöpfungskette [Göp04, 42f.].

Transportaktivitäten werden im Rahmen von Supply Chain Management in der Regel ausschließlich unter dem Aspekt der Realisierbarkeit gewünschter logistischer Strategien berücksichtigt. Deren ökologische Konsequenzen spielen im Rahmen der Formulierung einer Logistikstrategie zunächst nur eine eingeschränkte Rolle, da die mit den Transporten verbundenen Externalitäten den Unternehmen nicht direkt angelastet werden.

Im Rahmen von SCM werden arbeitsteilige Prozesse im Rahmen einer Wertschöpfungskette aufeinander abgestimmt. Die koordinierte Planung und Steuerung der jeweiligen Lieferungen stellt höhere Anforderungen an die Leistungsfähigkeit der Verkehrsträger. Sinkende Mengen je Transportauftrag, verkürzte Lieferzeiträume, der Zwang zu einer produktionssynchronen Beschaffung (Just in Time oder Just in Sequence) oder gar das Erfordernis zu einer Lieferung direkt ans Band legen die Nutzung des *Straßengüterverkehrs* nahe, der zudem in Europa ubiquitär und in wettbewerbsbedingt hervorragender Leistungsfähigkeit verfügbar ist. Ökologische Nachteile des Straßengüterverkehrs z. B. gegenüber dem Schienenverkehr werden dagegen in den Planungskalkülen der verladenden Unternehmen in der Regel nicht berücksichtigt.

Im Hinblick auf die güterverkehrsbezogenen und verkehrsökologischen Konsequenzen einer Logistik- bzw. SCM-Strategie scheinen auf der strategischen Ebene insbesondere zwei Aspekte relevant, die sich aus den Aufgabenfeldern des SCM ergeben [Bau04, 14f.], nämlich die strategische Produktprogrammplanung und die strategische Potenzialplanung (horizontale und vertikale Struktur des Produktions- und Logistiksystems). Sie bilden den Rahmen für die Planung der Transportnetzwerke in den Supply Chains sowie Umfang und Struktur des erforderlichen Transportaufwands. Daneben spielt auch die operative Steuerung der Supply Chain (Steuerungsprinzipien und Steuerungsautonomie) eine wesentliche Rolle für deren ökologische Systemeigenschaften.

Im Rahmen der *strategischen Produktprogrammplanung* einer Unternehmung (hierzu und zur Potenzialplanung [Hah01, 359ff.]) werden die Produktmerkmale (Gestaltung, Funktionen, Technologien) festgelegt, welche auch die späteren logistischen Anforderungen determinieren. Im Hinblick auf das SCM sind aber weniger konkrete Produktprogramme und kundenbezogene Produkteigenschaften zu diskutieren, als die im Rahmen der Produktprogrammplanung indirekt festgelegten Produktions- und Beschaffungsstrategien. In diesem Kontext spielen insbesondere Modularisierungs-, Plattform- oder Postponementstrategien eine wichtige Rolle.

Modular Sourcing bedeutet, dass nicht nur einzelne Teile und Komponenten, sondern komplette Baugruppen (Module) von Lieferanten bezogen werden, wobei diese umfassende Verantwortung für das Modul, einschließlich der Forschung und Entwicklung, übernehmen [Eßi04, 476]. Im Rahmen von *Plattformstrategien* werden differenzierte Produkte so gestaltet, dass sie auf gemeinsamen Komponenten und Prozessschritten basieren; Plattformstrategien weisen eine gewisse Nähe zu *Postponementstrategien* auf, die produktdifferenzierungsbedingte Aktivitäten in der Supply Chain so lange verzögern, bis sichere Kundenbestellungen vorliegen [Cor01, 99f.]. So werden differenzierungsneutrale Lagerbestände realisiert und Komplexitätskosten reduziert. Postponement- und Plattformstrategien ermöglichen die Produktion größerer Losgrößen auf vorgelagerten Produktionsstufen und hiermit die Konsolidierung bzw. Bündelung inner- und zwischenbetrieblicher Transporte auch bei kundenorientierter Produktion.

Eine Produktprogrammgestaltung, die sich an diesen Konzepten des SCM orientiert, hat daher Auswirkungen auf transportmarktrelevante Variablen. So verbessern beispielsweise die mit Plattform- und Postponementstrategien erzielbaren Bündelungsmöglichkeiten bei der Transportdurchführung die Fahrzeugauslastung und bewirken Rationalisierungseffekte in der Transportabwicklung. Hinsichtlich des Modal Split bestehen bessere Möglichkeiten für eine Nutzung des umweltfreundlicheren Schienenverkehrs, als bei einer stark fragmentierten, kundenauftragsbezogenen Produktion (Make to Order).

Auch die *strategische Potenzialplanung* (vertikale und horizontale Struktur der Produktions- und Logistiksysteme) weist wichtige, transportlogistische Implikationen auf. Die *vertikale* Struktur des logistischen Systems wird auf der Seite der Distribution durch die Zahl der Distributionsstufen und auf der Beschaffungsseite durch die Zulieferstruktur determiniert (Stufung der Beschaffungsebenen und Zahl der Lieferanten). Sowohl auf der Beschaffungs- wie auch auf der Lieferantenseite ist relevant, wer die Transporte organisiert und die Transportdienstleister auswählt.

Auf der Seite der Beschaffung wirken das Modular Sourcing und die bereits bei Just in Time zu beobachtende Pyramidisierung der Zulieferstruktur generell bündelnd und damit effizienzsteigernd auf die Transportketten (z. B. wegen der Reduzierung der Lieferantenzahl und der Zahl der Beschaffungsebenen). Just in Time ermöglicht jedoch zugleich einen höheren Grad an Outsourcing [Eis94, 160] und erhöht mit der Intensivierung der zwischenbetrieblichen Arbeitsteilung die Verkehrsintensität der Wertschöpfungsprozesse. Die Verkehrsintensität bezeichnet hierbei den volkswirtschaftlichen Transportaufwand (Verkehrsleistung in Tkm) je Güter- bzw. Wertschöpfungseinheit

[Abe03, 28]. Sie steigt zudem, weil im Zuge der zunehmenden Globalisierung Veredelungsverkehre an Bedeutung gewinnen; dies bedeutet, dass der Exportanteil bei den Endprodukten in Deutschland zunimmt, gleichzeitig aber ein immer größerer Teil des Endproduktwertes auf ebenfalls von den Weltmärkten bezogene Zulieferprodukte entfällt.

Damit ist zugleich die *räumliche Konzentration* bzw. *Dislozierung* der Fertigungsstätten, Zulieferer, Distributionsstandorte und Kunden angesprochen, welche die *horizontalen* Strukturmerkmale des Logistiksystems bestimmt. Hier sind unterschiedliche Konstellationen denkbar: Die Spannweite der Lösungen geht von der Produktion vor Ort, allein für den lokalen Markt (mit entsprechend geringem generellem Transportaufwand), bis zu einem globalisierten Produktions- und Distributionsnetzwerk mit merklich höheren qualitativen und quantitativen Anforderungen an die Transportlogistik.

Eine Sonderstellung für die industrielle Logistik bei räumlich verteilten Standorten weisen die sog. *Zwischenwerksverkehre* zwischen spezialisierten Produktionsstätten auf, die allein aufgrund der spezifischen Produktions- und Verbrauchsstrukturen erhebliche Bündelungspotenziale zeigen. Sie sind besonders in der Automobilindustrie verbreitet. Damit sind in der Regel bei höherer Transportintensität günstige Einsatzbedingungen für den Schienenverkehr gegeben [Eis94, 212].

Bei der strategischen Gestaltung der horizontalen Struktur von Produktions- bzw. Distributionsnetzwerken werden die anfallenden Transportkosten in den Kalkülen berücksichtigt. Unterschiede in der Höhe der Transportkosten werden abgewogen gegen Produktionskostenunterschiede, die sich aus dem internationalen Kostengefälle ergeben. In betriebswirtschaftliche Kostenkalküle in der Regel explizit nicht einbezogen werden dagegen *externe Kosten von Transportaktivitäten*. Allerdings bewirken logistische Konzepte, die eine Transportkostenminimierung vorantreiben, grundsätzlich auch eine Begrenzung der externen Kosten der Transporte, so lange diese weitgehend proportional zu den eigentlichen Transportkosten verlaufen. Die These ist allerdings, dass sinkende spezifische Transportkosten je Tkm eine Ausschöpfung von Kostenvorteilen aufgrund internationaler Produktionskostenunterschiede ermöglichen; es kommt sozusagen zu einer Substitution von Produktionskosten durch Transportkosten, wodurch auch das Ausmaß der externen Kosten tendenziell steigt.

Wichtig für logistische Entscheidungen sind allerdings auch die *qualitativen Anforderungen* an die Verkehre, wie Transportdauer, Zuverlässigkeit, Flexibilität und Planbarkeit von Sendungen bei Störungen in der Transportabwicklung; dies verwundert nicht angesichts des angestrebten Abbaus von Beständen in der Supply Chain. Die Leistungen des Straßen- und des Schienengüterverkehrs sind aber nicht nur hinsichtlich der externen Kosten unterschiedlich, wie in Abschn. D 5.4 gezeigt wurde, sondern auch im Hinblick auf die bei den Nachfragern wahrgenommene Qualität. Qualitätsunterschiede werden bei einer Forderung nach Substitution von Straßen- durch den Schienenverkehr zwecks Vermeidung oder Verringerung externer Kosten regelmäßig vernachlässigt. Diese sind aber für die transportrelevanten Entscheidungskalküle der produzierenden Wirtschaft hochgradig relevant.

Ein Beispiel für die strategische Gestaltung des Produktionsnetzwerkes unter dem qualitativen Aspekt der Zuverlässigkeit und Planbarkeit stellt die *abnehmernahe Ansiedlung* wichtiger Modullieferanten bei modernen Produktionskonzepten der Automobilindustrie dar, die aufgrund der geringeren Transportentfernungen und der in der Regel optimierten Auslastung die Transportintensität reduziert [Kau93, 170f.]. In einigen Fällen dürften die Produktionsstandorte und -netzwerke jedoch auch auf strategischer Ebene nur mit erheblichen Restriktionen überhaupt beeinflussbar sein, oder es spielen andere als logistische Kriterien für die Standortwahl eine dominierende Rolle (z. B. Subventionen der öffentlichen Hand). Unter Nachhaltigkeitsaspekten hervorstechende Lösungen, welche den Transportaufwand minimieren, wie die abnehmernahe Lieferantenansiedlung oder optimierte Zwischenwerksverkehre sind daher nicht repräsentativ für die produzierende Wirtschaft insgesamt.

D 5.5.3 Umweltwirkungen operativer Steuerungsprinzipien der Logistikkette

Bei auf strategischer Ebene gegebenem Produktprogramm und definierten Potenzial- bzw. Standortstrukturen werden Umfang und Modal Split von Transportaktivitäten maßgeblich davon beeinflusst, welche Prinzipien bei der *operativen Steuerung der Logistikkette* eingesetzt werden und welcher der Netzwerkpartner als fokales Unternehmen die Steuerungsautonomie der Supply Chain für sich beansprucht.

Als grundsätzlich realisierbare Steuerungsprinzipen sind zum einen die *bestandsgestützte* und zum anderen die weitgehend *bestandslose* bzw. *bestandsarme* Logistik zu diskutieren. Das oben vorgestellte Verständnis von Supply Chain Management hinterfragt die bestandsgestützte Beschaffung bzw. Distribution. Im Hinblick auf die angestrebte Verbesserung des Materialflusses und zur Optimierung der Wertschöpfungsstruktur sind Läger eher kontraproduktiv. Bestände sollen bei gegebenem oder sogar noch zu steigerndem Kundennutzen auf allen Ebenen der Logistikkette explizit abgebaut werden. Zielgröße ist demnach eine möglichst bestandsarme Logistik.

Bestandsarme bzw. bestandslose Logistik bedeutet im Bereich der Beschaffung die konsequente Umsetzung von *Just in Time* bzw. *Just in Sequence*; im Bereich der Distribution dreht sich die Diskussion um *Efficient Consumer Response* (ECR) oder *Collaborative Planning, Replenishment and Forecasting* (CPFR), aber auch um die Einsparung von Lagerebenen bei mehrstufigen Distributionskonzepten durch Cross-Docking oder Transshipment-Points [Cor01, 112f.; Stö04, 126ff.].

Logistik nach dem Just in Time-Prinzip steht für produktionssynchrone Beschaffung, wobei die Losgrößenbildung für die Beschaffung faktisch an den Anforderungen des fokalen Unternehmens ausgerichtet ist, welches als Treiber bei der Gestaltung des logistischen Netzwerkes agiert. In diesem Fall orientieren sich die gewählten Transportlosgrößen an den optimalen Beschaffungslosen des Abnehmers (Endprodukthersteller, z. B. Automobilhersteller) und berücksichtigen nicht die optimalen Produktionslosgrößen der Zulieferer [Bau04, 14]. Bei konsequenter Umsetzung der Ideen des SCM wäre jedoch eine *unternehmensübergreifende Optimierung* der Produktions-, Lagerungs- und Transportaktivitäten vorzunehmen, die im Interesse der Effizienz des Gesamtsystems Bündelungseffekte schafft und unnötige Transportaktivitäten eliminiert. Entsprechend wird in der Literatur eine *wertschöpfungsstufenübergreifende Distributionsplanung* zur Allokation der Transportkapazitäten gefordert [Bau04, 15]; deren Umsetzung steht jedoch, wie noch zu zeigen sein wird, verschiedene Hindernisse entgegen.

An dieser Stelle ist darauf hinzuweisen, dass in theoretischen wie praxisorientierten Konzepten des SCM stets das *kooperative Element* betont wird [Kuh02, 37ff.]. Hinzu kommt die Rolle der *informationstechnischen Unterstützung*, welche für mehr Transparenz in der logistischen Kette und damit auch für eine bessere Beherrschbarkeit der Transportlogistik sorgt. Die Integration der Informationssysteme bewirkt eine verbesserte Abstimmung durch frühzeitigen Datenaustausch und gestattet die frühzeitige Planung von Fahrzeugeinsätzen. Damit wird die Ausnutzung von Bündelungseffekten ermöglicht und die Transportfunktionen optimiert. Diese für Just in Time schon vor einigen Jahren abgeleiteten Aussagen [Eis94, 208ff.; Sou00, 163] gelten prinzipiell auch für die kooperativen SCM-Ansätze im Bereich der Distribution. Auch das Supply Chain Event Management bedarf der intensiven Kooperation der an der Supply Chain beteiligten Akteure.

D 5.5.4 Förderung der Nachhaltigkeit durch SCM?

Nachhaltigkeit, im Sinne ökologischer Zielvorstellungen, stellt auf die generelle Minderung der Transportintensität des Wirtschaftens und auf die Wahl ökologisch vorteilhafter Verkehrsmittel ab, um den mit Transportaktivitäten verbundenen Verbrauch endlicher Ressourcen und die durch Lärm- und Schadstoffemissionen, den Ausstoß von CO_2, sowie ungedeckte Unfallfolgekosten verursachten externen Kosten, zu begrenzen. Damit ist die qualitative und quantitative Struktur von Transportaktivitäten im Rahmen der Supply Chain angesprochen. Derartige Überlegungen zu diesem Problemkreis sind einzubetten in konzeptionelle Ansätze für eine generell ökologieorientierte Logistik [Weh97]. Als operationale Zielgrößen für die ökologische Nachhaltigkeit der Transportplanung werden in der Literatur genannt [Sou00, 155]:
- Senkung der *mittleren Transportweite*;
- Steigerung der *Transporteffizienz* (höhere Auslastung);
- *Verlagerung* des Transports auf umweltfreundlichere Transportmittel.

Basisgröße für die Beurteilung der Wirkungen der Logistik auf Verkehr und Nachhaltigkeit ist das Transport- bzw. *Verkehrsaufkommen* (gemessen in t). Bisher existieren allerdings keine quantitativen empirischen Studien zu der Fragestellung, inwieweit die Umsetzung von SCM eine Zu- oder Abnahme des Güterverkehrsaufkommens in der Volkswirtschaft nach sich zieht. Es wurden jedoch bereits wichtige qualitative Einflussfaktoren angesprochen, die dazu führen, dass zumindest das statistisch gezählte Transportaufkommen in der Volkswirtschaft mit der Verbreitung moderner logistischer Konzeptionen steigen dürfte. SCM und Outsourcing, d. h. die Reduzierung der Fertigungstiefen in der produzierenden Wirtschaft, sind als komplementäre Trends anzusehen und begünstigen sich gegenseitig, denn die Integration in einer Supply Chain fördert die zwischenbetriebliche Arbeitsteilung. So ist selbst bei insgesamt gleicher produzierter Endproduktmenge mit einem über alle Fertigungsstufen (statistisch) höheren Transportaufkommen zu rechnen, da mit der intensivierten zwischenbetrieblichen Arbeitsteilung bei jedem Übergang neue Transportereignisse gezählt werden.

Dies ist jedoch hinsichtlich des Ziels der Nachhaltigkeit weniger bedeutsam, da nicht das Transportaufkommen, sondern die erbrachten Transportleistungen und vor allem die verkehrsträgerspezifischen Fahrleistungen die ökologische Konsequenzen eines Logistiksystems bestimmen. Höheres Verkehrsaufkommen auf einzelnen Produktionsstufen kann sogar Bündelungseffekte hervorrufen, die eine

Verlagerung der Transporte vom Straßen- zum ökologisch vorteilhafteren Schienenverkehr begünstigen.

Wichtig für die verkehrlichen Wirkungen von SCM ist daher in einem zweiten Schritt die Betrachtung der Konsequenzen für die *Verkehrsleistung*. Letztere ist definiert als Produkt aus Verkehrsaufkommen und Transportentfernung (gemessen in Tonnenkilometer – Tkm). Steigendes Verkehrsaufkommen zieht nicht zwangsläufig eine höhere Verkehrsleistung nach sich, wenn es gelingt, die mittlere Transportweite der Transporte zu senken. Ob die Umsetzung von SCM die Transportweiten verlängert oder verkürzt, lässt sich mangels aussagekräftiger empirischer Studien ebenfalls nicht eindeutig ableiten. Unter der Vielzahl – häufig kaum zu trennender – Einflussfaktoren bildet die Veränderung der Transportweiten aufgrund der räumlichen Konzentration bzw. Dislozierung der Fertigungsstätten, Zulieferer, Distributionsstandorte und Kunden den wichtigsten Parameter ab. Empirisch beobachtbar ist, dass sich der generelle Trend zu räumlicher Streuung und insbesondere Internationalisierung verstärkt. Die treibende Kraft dieser Entwicklung bildet die Globalisierung, d. h. die fortschreitende weltweite wirtschaftliche Integration der Volkswirtschaften. SCM schafft hier allerdings nur den Rahmen dafür, dass komplexe Logistikketten im globalen Rahmen funktionieren und betreibt Komplexitätsmanagement [Mei04, 125ff.], stellt aber nicht den eigentlichen Auslöser dieses Trends dar.

Direkt verantwortlich für Energieverbrauch, Belastung der Verkehrsinfrastruktur und mögliche Umweltschäden sind letztlich nicht die statistisch gemessenen Verkehrsmengen und -leistungen, sondern die tatsächlich von den Fahrzeugen erbrachten *Fahrleistungen*. Dies gilt auch für den Schienenverkehr und die Binnenschifffahrt, wird aber unter ökologischen Aspekten vor allem hinsichtlich des Straßenverkehrs diskutiert.

Ein Nachhaltigkeitsziel der Transportorganisation ist die Steigerung der *Transporteffizienz* durch verbesserte Auslastung der Fahrzeuge, um eine Entkopplung von Verkehrs- und Fahrleistungen zu bewirken. Entkopplung von Verkehrs- und Fahrleistungen bedeutet, dass sich bei verbesserter Auslastung der Fahrzeuge die erbrachte tonnenkilometrische Leistung schneller steigern lässt als die Fahrleistungen; eine solche Entwicklung ist in Deutschland insbesondere für den Güterverkehr über einen längeren Zeitraum nachweisbar [Abe03, 13f.]. Hinzu kommt die gewünschte *Verlagerung* auf umweltfreundlichere Verkehrsträger, wie die Bahn. Hinsichtlich beider Ziele spielen *Bündelungseffekte* eine wichtige Rolle; so ist der Schienenverkehr insbesondere dann wettbewerbsfähig gegenüber der Straße, wenn große Gütermengen in Direktverkehren abgefahren werden können [Abe03, 19f.].

Wie in Abschn. D 5.5.2 gezeigt wurde, bestehen bei der Verwirklichung der Prinzipien des SCM durchaus Potenziale für Bündelungseffekte, z. B. infolge von Postponement- oder Plattformstrategien. Ob diese tatsächlich auch ausgeschöpft werden, hängt aber vor allem davon ab, ob Produktions-, Lager- und Transportprozesse in der Supply Chain in geeigneter Weise synchronisiert werden. Damit ist die operative Transportplanung, die traditionell den Transportdienstleistern als abgeleitete Planungsaufgabe verbleibt, überfordert. Die Optimierung der Ressourcennutzung allein auf der Ebene der einzelnen Transportdienstleister lässt Rationalisierungspotenziale im Gesamtsystem ungenutzt. Es gelingt dann insbesondere nicht, über die gesamte Supply Chain höhere Auslastungsgrade der Fahrzeuge zu realisieren bzw. Verlagerungsmöglichkeiten auf den Verkehrsträger Schiene oder den kombinierten Verkehr zu eröffnen. Eine dem Gedanken von SCM kommensurable, integrative Optimierung über mehrere Wertschöpfungsstufen findet bisher nicht statt [Bau04, 16].

Aus der Perspektive der Nachhaltigkeit resultiert daher die Forderung nach einer wertschöpfungsstufenübergreifenden, simultanen Planung der Transport-, Beschaffungs-, Produktions- und Distributionsprozesse, die den Transportfunktionen größere Bedeutung zuweist. Derartige Planungshierarchien sind in der Lage, die Voraussetzungen für Effizienzsteigerung durch Bündelungseffekte und Potenziale zur Verlagerung von Transporten auf den Schienenverkehr aufzuzeigen, ohne dass die geforderte logistische Qualität verloren geht. In diesem Kontext sind auch weitergehende Ansätze der Vernetzung der Verkehrsträger zu diskutieren (z. B. Einsatz des kombinierten Verkehrs), die aus Sicht nachhaltiger Verkehrspolitik als Problemlösungsansatz propagiert werden [Tro99].

Solche *integrativen Planungstools* sind aber derzeit noch nicht bzw. erst in Ansätzen vorhanden. Die Transportplanung bzw. -steuerung stellt – wie bereits angeführt – lediglich einen operativen Teilplanungsansatz im Rahmen des Supply Chain Planning und der Supply Chain Execution dar [Kuh02, 143ff.]. Zusätzlich wird im Rahmen des Supply Chain Event Management versucht, Störereignisse bei der Transportdurchführung beherrschbar zu machen [Pla04]. Falls es in der Zukunft gelingen wird, die integrative Transportplanung über die gesamte Logistikkette zu einer Kernfunktion des Supply Chain Planning aufzuwerten, bestehen aber durchaus Chancen, dass SCM zu einer Steigerung der Nachhaltigkeit von Transportprozessen beiträgt.

Eine solche Entwicklung ist jedoch aus verschiedenen Gründen nicht zwangsläufig. Selbst in Branchen, in denen wir bereits heute beobachten, wie einzelne, marktstarke

Unternehmen Supply Chains über mehrere Wertschöpfungsstufen gestalten (z. B. Automobilhersteller oder Einzelhandelsunternehmen), handelt es sich in der Regel um *Insellösungen*, deren Umsetzung dann sogar mit den jeweiligen Optimierungsansätzen der Transportdienstleistungsbranche in Konflikt stehen. Darüber hinaus lassen sich aus institutionenökonomischer Sicht zahlreiche Argumente dafür anführen, dass die viel beschworenen kollaborativen Lösungen der Planungs- und Steuerungsprobleme in der Supply Chain nicht zwangsläufig realisiert werden. Es besteht vielmehr Anlass zu der Vermutung, dass sich umfassende SCM-Lösungen (mit entsprechenden positiven Konsequenzen für die ökologische Vorteilhaftigkeit der Logistikkette) nur in Branchen realisieren lassen werden, wo starke, fokale Unternehmen in logistischen Netzwerken diese Lösungen vorantreiben.

D 5.5.5 Umweltrestriktionen als Bremse für die Ausschöpfung logistischer Optimierungspotenziale?

Die verkehrspolitische Idee eines nachhaltigen Güterverkehrs bleibt nicht ohne Konsequenzen für die Umsetzungsmöglichkeiten des SCM in einer arbeitsteiligen global vernetzen Volkswirtschaft. Die derzeit die verkehrspolitische Diskussion beherrschenden *Nachhaltigkeitsstrategien* bewerten den Verkehr und insbesondere den Straßenverkehr in erster Linie als gesellschaftliches Belastungsfeld. Der Anstieg der Fahrzeugbewegungen soll in tragbaren, umwelt- und sozialverträglichen Grenzen gehalten werden. Hierzu können sowohl Markteingriffe dienen, welche den Verkehr verteuern als auch die Veränderung ordnungspolitischer Rahmenbedingungen, welche die Vermeidung und Verlagerung von Transportaktivitäten bewirken sollen [Wil02, 53].

Transportaktivitäten werden in einer solchen Betrachtung nicht als grundsätzlich wertschöpfend bzw. als funktionale Elemente eines wertschöpfungsintensiven Produktions- und Logistiksystems gesehen, sondern als eine zwar notwendige, aber im Sinne der Nachhaltigkeit zu beschränkende Leistung. Es wird ausschließlich auf die festgestellten negativen Externalitäten und die Ressourcenbeanspruchungen durch das Verkehrssystem abgestellt, während die Rolle des Verkehrssystems als „Enabler" für die Umsetzung moderner logistischer Konzeptionen und die damit bewirkten Effizienzsteigerungen und gesellschaftlichen Wohlfahrtsgewinne kaum diskutiert werden. Die Bedeutung insbesondere des Straßenverkehrs als Basisressource für logistische Innovationen in Beschaffung und Distribution wird auch in der wissenschaftlichen Literatur bisher nur stiefmütterlich behandelt [Eis02, 217ff.].

Betrachtet man die Konsequenzen von Verkehrsvermeidungsstrategien für das SCM, so fällt bei unvoreingenommener Betrachtung auf, dass die beteiligten Akteure durchaus Anreize haben, „unnötige" Transporte zu eliminieren. Umfassende Optimierungs- und Rationalisierungsansätze für die Transportaktivitäten in einer Supply Chain sind allerdings, wie zuletzt abgeleitet wurde, derzeit noch nicht verfügbar.

Eine politische Vorgabe, Verkehr auf das „notwendige" Maß zu reduzieren, wird aber in jedem Fall kontraproduktiv wirken, da objektive Restriktionen (z. B. gewachsene Standortstrukturen) und die aus Optimierungsüberlegungen in den komplementären Funktionen Produktion und Logistik resultierenden Anforderungen, nicht beachtet werden. In diesem Kontext sollten auch die Konsequenzen der *Verkehrsinfrastrukturpolitik* beachtet werden. Nachlassende Investitionen in die Verkehrsinfrastruktur, insbesondere in den Straßenbau, wirken indirekt als Engpass, da der auch aus anderen Gründen wachsende Gesamtverkehr nur mit sich häufenden Staus und Friktionen abgewickelt werden kann, so dass die Umsetzung komplexer logistischer Konzepte in Frage gestellt wird und z. B. zusätzliche Stauungskosten erzeugt werden.

Auch das politische Programm einer (zwangsweisen) *Verkehrsverlagerung* ist – abgesehen von der ordnungspolitischen Problematik – ökonomisch kontraproduktiv und unsinnig [Wil02, 63ff.]. Angesichts der Überlastung der Straßen und freier Kapazitäten auf Schiene und Binnenwasserstraße lässt sich eine solche Forderung zwar populistisch vermarkten, verkennt aber die Problematik unterschiedlicher logistischer Leistungsqualitäten z. B. von Schiene und Straße im Hinblick auf die Anspruchsprofile der Nutzer und die durch die räumliche Dislozierung von Produzenten und Abnehmern bedingten Inkompatibilitäten. Außerdem bestehen erhebliche Zweifel daran, dass es in wesentlichen logistischen Teilmärkten, aufgrund der Qualitätsunterschiede der Verkehrsträger Schiene und Straße, überhaupt relevante Substitutionspotenziale z. B. zwischen Straßengüter- und Schienengüterverkehr gibt. Dies gilt in jedem Fall für den Stückgut- bzw. Speditionssammelgutverkehr, aber auch in Segmenten des Teilladungs- und Ladungsverkehrs. Hier helfen möglicherweise auch Bündelungseffekte nicht, die in den Augen der Verlader unzureichende logistische Leistungsfähigkeit der Schiene zu kompensieren. Auch der kombinierte Verkehr bildet aufgrund höherer Kosten und verringerter Flexibilität nur bedingt eine Verlagerungsoption für den Straßengüterverkehr [Sie06, 10f.].

Wird im Zuge der Umsetzung nachhaltiger Verkehrspolitik die Verkehrsvermeidung bzw. -verlagerung als Ziel an sich in den Vordergrund gestellt, verschlechtern sich demnach die Umsetzungschancen für SCM. Differenzierter zu betrachten ist demgegenüber eine Strategie der *Verteuerung des Verkehrs*, d. h. präziser, der Anlastung der ungedeckten externen Kosten bzw. der sozialen Grenzkosten des Verkehrs. In diesem Kontext hat die EU mit ihrem Weißbuch über „Faire Preise für die Infrastrukturbenutzung" [EUK98] die Konzeption der sozialen Marginalkosten als Zielgröße für die Anlastung externer Kosten im Verkehr postuliert. Die Anlastung sozialer Marginalkosten nach dem Verursacher- und Territorialitätsprinzip soll die Effizienz der Nutzung der Verkehrsinfrastruktur und einen fairen Wettbewerb der Verkehrsträger sicherstellen. Angesichts der in Abschn. D 5.4 angesprochenen Probleme der externen Kostenberechnung scheint eine Operationalisierung dieses Konzeptes für die Praxis allerdings derzeit kaum möglich und eine Anlastung von Externalitäten insbesondere im Straßengüterverkehr über „politische Preise" kontraproduktiv. Das aus ökonomischer Sicht zunächst attraktive Modell einer Anlastung von Externalitäten über geeignete Abgaben ist angesichts der aufgezeigten Unsicherheiten bezüglich der korrekten Bewertung der externen Kosten des Verkehrs zu problematisieren und kritisch zu hinterfragen.

Da sich die Umweltverträglichkeit bzw. Nachhaltigkeit des Straßengüterverkehrs trotz aller Fortschritte im Detail jedoch weniger eindeutig als im Personenverkehr präsentiert – insbesondere aufgrund der Wachstumsdynamik der Branche – sollten flankierende Maßnahmen zur Erhöhung der Umweltverträglichkeit ergriffen werden. So spricht einiges dafür, die bestehenden und faktisch äußerst wirksamen Emissionsstandards für Nutzfahrzeuge entsprechend den beschlossenen Vorgaben weiter zu verschärfen. Auch die Sicherheits- und Sozialvorschriften bzw. deren Einhaltung sind ein Thema im Hinblick auf ungedeckte Unfallfolgekosten. Eine zusätzliche Emissionsabgabe scheint dagegen aus ökonomischer Sicht entbehrlich, zumal es bei der Internalisierung externer Effekte nicht um eine Art Schadensersatz für die Betroffenen geht, der durch vollständige Anlastung der berechneten Schadenssumme herzustellen ist (wie bei den Infrastrukturkosten), sondern um die Steuerung der verkehrsbezogenen Aktivitäten hin zu einem „gesamtwirtschaftlich effizienten Schädigungsniveau". Hinsichtlich des Problems der CO_2-Emissionen bleibt die Einbeziehung des Güterverkehrs insgesamt (also auch des Schienenverkehrs und der Binnenschifffahrt) in den europäischen Emissionshandelsmechanismus eine aus ökonomischen Effizienzerwägungen durchaus plausible Alternative. Diese Maßnahmen dürften jedoch kaum restriktive Wirkungen im Hinblick auf die Realisierung moderner logistischer Konzeptionen des Supply Chain Management haben.

D 5.6 Fazit

In der Gesellschaft wächst die Skepsis gegenüber dem Verkehr und seinen Umweltwirkungen. Als Auslöser hierfür werden vielfach moderne logistische Beschaffungs-, Produktions- und Distributionskonzepte gesehen. Bei nüchterner ökonomischer Betrachtung stellt jedoch die Vermeidung oder Verlagerung von Verkehren keinen Eigenwert dar. Solange eine plausible und realistische Internalisierung externer Kosten erfolgt, sollte der Staat sich aus den Entscheidungen der Marktteilnehmer über die logistischen Konzepte, die Nutzung der Verkehrsträger und damit auch die Steuerung des Modal Split heraushalten.

Tragfähige Konzepte für einen ressourcenschonenden Güterverkehr müssen zudem den Einfluss der *generellen politischen Rahmenbedingungen* beachten. Ein Großteil des Verkehrszuwachses in den letzten zehn Jahren beruht auf der Vollendung des europäischen Binnenmarktes und der zunehmenden Integration der europäischen Volkswirtschaften. Auch das für die Zukunft prognostizierte Wachstum der Gütertransporte resultiert schwerpunktmäßig aus der Erweiterung der EU nach Osten [Aca06]. Wenn die wirtschaftliche Integration und Erweiterung der Europäischen Union – auch wegen der wohlfahrtssteigernden Effekte – politisch gewünscht wird, ist zusätzlicher Verkehr unausweichlich. Innovative logistische Konzepte können sogar helfen, die verkehrlichen Wirkungen dieser Entwicklung zu begrenzen.

Werden im internationalen Verkehr Alternativen zum Lkw gesucht, sollte der Schienenverkehr zweifelsohne eine wichtige Rolle spielen – vor allem wegen der langen Transportentfernungen in Europa, die den Einsatz der Eisenbahn oder des kombinierten Verkehrs Schiene/Straße (bzw. Binnenschiff/Straße) erst rentabel machen. Tatsächlich tun sich die Eisenbahnen im Wachstumssegment des internationalen Güterverkehrs immer noch sehr schwer. Viele technische und organisatorische Hindernisse machen den Schienenverkehr zum einzigen europäischen Markt mit nach wie vor wirksamen Binnengrenzen und erschweren die Integration der Bahn in internationale logistische Konzepte z. B. in der Beschaffungslogistik.

Die EU-Kommission hat diese Probleme erkannt und unternimmt seit geraumer Zeit erhebliche Anstrengungen im Hinblick auf entsprechende Reformen. Sie hat in ihrer Halbzeitbilanz zum Weißbuch Verkehrspolitik festgestellt, dass für die Zukunft der Eisenbahnen weitere Effizienzsteigerungen unverzichtbar sind. Nur so können diese in Zukunft den Anforderungen der Wirtschaft an logistische Leistungsqualitäten entsprechen. Gefordert wird eine konsequente Öffnung der Netze für mehr Wettbewerb und eine Modernisierung der Strukturen im Bahnsektor. Dies möchte die EU-Kommission durch verschiedene Maßnahmenpakete beschleunigen. Sie beinhalten insbesondere die Gewährung von Zugangsrechten zu den nationalen Schienengüterverkehrsmärkten für neue Anbieter und die Harmonisierung von technischen Standards und Sicherheitsvorschriften [Sch05a].

Wie gezeigt wurde, sind dagegen preispolitische Eingriffe in den Straßengüterverkehr angesichts der derzeit noch erheblichen Unsicherheiten hinsichtlich einer korrekten Anlastung externer Kosten vorsichtig zu bewerten. Beabsichtigte Eingriffe in die Preisbildung stützen sich häufig auf „politische Preise", welche in der politischen Agenda mit dem Schutz der Bahnen vor unfairen Wettbewerbsbedingungen und ihrer Ertüchtigung zur Lösung der Wachstumsprobleme der Verkehrsmärkte in Zusammenhang gebracht werden. So haben die deutsche und die französische Staatsbahn eine Untersuchung bei der Unternehmensberatung McKinsey in Auftrag gegeben, die sich mit den Verlagerungswirkungen einer auf das Schweizer Niveau erhöhten Lkw-Maut in Europa beschäftigt. McKinsey kommt zu dem Ergebnis, dass selbst eine Lkw-Maut in der Größenordnung von 49 Cent je Fahrzeugkilometer den Marktanteil der Bahnen in Europa von derzeit 14% nur um 2 bis 3 Prozentpunkte erhöhen könnte [McK05]. Die Gutachter gehen allerdings davon aus, dass bei einer Beibehaltung des Status quo in Europa die Modal Split-Anteile der Bahnen auf unter 10% abnehmen werden.

Eine im Gegenzug durch die International Road Transport Union (IRU) und den Bundesverband Güterkraftverkehr, Logistik und Entsorgung e.V. (BGL) in Auftrag gegebene Studie kommt zu dem Ergebnis, dass selbst bei einer Maut von 1 Euro je Fahrzeugkilometer nur ca. 1% des Straßengüterverkehrsvolumens auf die Schiene verlagert würden – und dies bei einer volkswirtschaftlichen Zusatzbelastung von 170 Mrd. Euro in Europa [Tra06]. Gebühren in dieser Größenordnung wären jedoch weitgehend willkürlich und durch seriöse wissenschaftliche Berechnungen nicht mehr zu begründen. Damit dürften Strategien für einen umweltverträglichen Güterverkehr, die allein auf einer Verteuerung des Lkw basieren, zum Scheitern verurteilt sein – zugleich aber auch erhebliche volkswirtschaftliche Kosten und Friktionen für die Logistik der produzierenden Wirtschaft hervorrufen.

Selbst wenn man das von den Bahnenvertretern propagierte Szenario für realistisch hält, zeigt sich eine erhebliche Diskrepanz zwischen den notwendigen willkürlichen Eingriffen in die Preisbildung und dem erzielbaren Verlagerungseffekt. Dieser Befund wird gestützt durch die Erfahrungen in der Schweiz, Frankreich und in Deutschland, wo durch die Einführung von Lkw-Mauten kein signifikanter Einfluss auf das Wachstum des Straßengüterverkehrs zu beobachten war.

Gefordert ist daher ein umfassender Ansatz, der die Stärken und Schwächen der jeweiligen Verkehrssysteme im Rahmen von Logistikkonzepten berücksichtigt. Straße und Schiene sollten nicht gegeneinander ausgespielt werden, sondern müssen sich ergänzen. Wenn die Schiene einen größeren Anteil am Verkehrswachstum übernehmen soll, muss ihre Wettbewerbsfähigkeit vor allem durch interne Umstrukturierungen und die Öffnung der Märkte gestärkt werden. Aber auch der weitere Ausbau der Infrastruktur, insbesondere des stark belasteten und logistikaffinen Straßensektors stärkt die Umweltverträglichkeit des Verkehrs, da hierdurch Staus und Unfälle reduziert werden.

Literatur

[Abe03] Aberle, G.: Transportwirtschaft. Einzelwirtschaftliche und gesamtwirtschaftliche Grundlagen. München/Wien: Oldenbourg 2003

[Aca06] Acatech: Mobilität 2020, Perspektiven für den Verkehr von morgen. Bundesministerium für Verkehr (Hrsg.): München/Berlin 2006

[Bau98] Baum, H.; Esser, K.; Höhnscheid, K. J.: Volkswirtschaftliche Kosten und Nutzen des Verkehrs. Forschungsgesellschaft für Straßen- und Verkehrswesen e.V. Köln (Hrsg.): Bonn 1998

[Bau04] Baumgarten H.; Kasiske, F.: Transportkostengerechte Gestaltung von Prozessen im Supply Chain Management. Internationales Verkehrswesen 56 (2004) 1/2, 11–16

[Bic95] Bickel, P.; Friedrich, R.: Was kostet uns die Mobilität? Externe Kosten des Verkehrs. Berlin/Heidelberg/New York: Springer 1995

[Bor99] Borrmann, J.; Finsinger, J.: Markt und Regulierung. München: Vahlen 1999

[BMV05a] BMVBW – Bundesministerium für Verkehr, Bau und Wohnungswesen: Bundesverkehrswegeplan 2003. Die gesamtwirtschaftliche Bewertungsmethodik. Berlin 2005

[BMV05b] BMVBW – Bundesministerium für Verkehr, Bau und Wohnungswesen: Verkehr in Zahlen 2005/2006. Hamburg 2005

[Bre98] Breuer, S.; Pennekamp, M.: Sind (ungedeckte) Infrastrukturkosten externe Kosten? Schienen der Welt 29 (1998) 11, 13–16

[Cle96] Clemens, C.: Verkehr und die externen Kosten. Institut der deutschen Wirtschaft Köln, Forschungsstelle Ökonomie/Ökologie (Hrsg.): Köln 1996

[Coa60] Coase, R.H.: The Problem of Social Cost. The Journal of Law and Economics (1960) 3, 1–44

[Cor01] Corsten, H.; Gössinger, R.: Einführung in das Supply Chain Management. München/Wien: Oldenbourg 2001

[Eis94] Eisenkopf, A.: Just-In-Time orientierte Fertigungs- und Logistikstrategien. Charakterisierung, transaktionskostentheoretische Analyse und wettbewerbspolitische Würdigung veränderter Zulieferer-Abnehmer-Beziehungen am Beispiel der Automobilindustrie. Hamburg 1994

[Eis99] Eisenkopf, A.: Faire Preise für die Infrastrukturbenutzung. Eine kritische Würdigung des Weißbuchs der EU-Kommission für ein Infrastrukturabgabensystem. Internationales Verkehrswesen (1999) 51, 66–70

[Eis02] Eisenkopf, A.: Effiziente Straßenbenutzungsabgaben. Theoretische Grundlagen und konzeptionelle Vorschläge für ein Infrastrukturabgabensystem. Hamburg 2002

[End00] Endres, A.: Umweltökonomie. 2. Aufl. Stuttgart: Kohlhammer u. a. 2000

[Eßi04] Eßig, M.: Sourcing-Konzepte. In: Klaus, P.; Krieger, W.: Management logistischer Netzwerke und Flüsse. Wiesbaden: Gabler 2004

[EUK98] EU-Kommission: Faire Preise für die Infrastrukturbenutzung: Ein abgestuftes Konzept für einen Gemeinschaftsrahmen für Verkehrs-Infrastrukturgebühren in der EU. Weißbuch KOM Brüssel 1998, 466

[EUK01] EU-Kommission: Die europäische Verkehrspolitik bis 2010. Weißbuch KOM Brüssel 2001, 370

[Fee98] Fees, E.: Umweltökonomie und Umweltpolitik. 2. Aufl. München 1998

[Fri05] Fritsch, M.; Wein, T.; Ewers, H.-J.: Marktversagen und Wirtschaftspolitik. 6. Aufl. München 2005

[Gie61] Giersch, H.: Allgemeine Wirtschaftspolitik. Bd. 1 Grundlagen. Wiesbaden: Gabler 1961

[Göp04] Göpfert, I.: Einführung, Abgrenzung und Weiterentwicklung des Supply Chain Managements. In: Busch, A.; Danglmaier, W. (Hrsg.): Integriertes Supply Chain Management. Theorie und Praxis effektiver unternehmensübergreifender Geschäftsprozesse. 2. Aufl. Wiesbaden: Gabler 2004, 24–45

[Gra02] Grandjot, H.-H.: Verkehrspolitik. Grundlagen, Funktionen und Perspektiven für Wissenschaft und Praxis. Hamburg 2002

[Hah01] Hahn, D.; Hungenberg, H.: Puk-Controllingkonzepte: Planung und Kontrolle, Planungs- und Kontrollsysteme, Planungs- und Kontrollrechnung. 6. Aufl. Wiesbaden: Gabler 2001

[Huc96] Huckestein, B.; Verron, H.: Externe Effekte des Verkehrs in Deutschland. In: Umweltbundesamt (Hrsg.): Mobilität um jeden Preis? Expertenworkshop zu den externen Kosten des Verkehrs und den Möglichkeiten, sie zu verringern. Texte des Umweltbundesamtes Berlin (1996) 66, 7–55

[Ifm05] Ifmo: Zukunft der Mobilität. Szenarien für das Jahr 2025. Erste Fortschreibung. Berlin 2005

[INF95] INFRAS/IWW: Externe Effekte des Verkehrs. Zürich/Karlsruhe 1995

[Kau93] Kaufmann, L.: Planung von Abnehmer-Zulieferer-Kooperationen dargestellt als strategische Führungsaufgabe aus der Sicht der abnehmenden Unternehmung. Gießen 1993

[Kuh02] Kuhn, A.; Hellingrath, B.: Supply Chain Management. Optimierte Zusammenarbeit in der Wertschöpfungskette. Berlin/Heidelberg/New York: Springer 2002

[Lan05] Lange, M.: Klimavariabilität. In: Lucht, M.; Spangardt, G.: Emissionshandel. Ökonomische Prinzipien, rechtliche Regelungen und technische Lösungen für den Klimaschutz. Berlin/Heidelberg/New York: Springer 2005, 29–50

[Luc05] Lucht, M.: Das Umfeld des Emissionshandels im Überblick. In: Lucht, M.; Spangardt, G.: Emissionshandel. Ökonomische Prinzipien, rechtliche Regelungen und technische Lösungen für den Klimaschutz. Berlin/Heidelberg/New York: Springer 2005, 29–50

[Luc00] Luckenbach, H.: Theoretische Grundlagen der Wirtschaftspolitik. 2. Aufl. München: Vahlen 2000

[McK05] McKinsey & Comp.: The Future of Rail Freight in Europe. A Perspective on the Sustainability of Rail Freight in Europe. Brüssel 2005

[Mei04] Meier, H.; Hanenkamp, N.: Komplexitätsmanagement in der Supply Chain. In: Busch, A.; Danglmaier, W. (Hrsg.): Integriertes Supply Chain Management. Theorie und Praxis effektiver unternehmensübergreifender Geschäftsprozesse. 2. Aufl. Wiesbaden: Gabler 2004, 111–130

[Pla04] Placzek, T.S.: Potenziale der Verkehrstelematik zur Abbildung von Transportprozessen im Supply Chain Management. Logistik Management, 6 (2004) 4, 34–46

[Pla90] Planco Consulting: Externe Kosten des Verkehrs. Schiene, Straße, Binnenschiffahrt. Gutachten im Auftrage der Deutschen Bundesbahn. Essen 1990

[Rot93] Rothengatter, W.: Externalities of Transport. In: Polak, J.; Heertje, A. (Hrsg.): European Transport Economics. Oxford/Cambridge (Mass.), 81–129

[SRU05] Sachverständigenrat für Umweltfragen (SRU): Umwelt und Straßenverkehr. Hohe Mobilität – Umweltverträglicher Verkehr, Sondergutachten. Berlin 2005

[Säl89] Sälter, P.M.: Externe Effekte: "Marktversagen" oder Systemmerkmal. Heidelberg: Physica 1989

[Sch05a] Scherp, J.: Railway (De)Regulation in EU Member States and the Future of European Rail. CES-ifo DICE-Report 4, 26–33

[Sch05b] Schulte, C.: Logistik. Wege zur Optimierung der Supply Chain. 4. Aufl. München: Vahlen 2005

[Sie06] Siegmann, J.; Heidmeier, S.: Verbesserte Marktchancen für den Schienengüterverkehr durch neue Zugkonzepte. Logistik Management 8 (2006) 4, 7–18

[Sou00] Souren, R.: Umweltorientierte Logistik. In: Dyckhoff, H. (Hrsg.): Umweltmanagement. Zehn Lektionen in umweltorientierter Unternehmensführung. Berlin/Heidelberg/New York: Springer 2000, 151–168

[Stö04] Stölzle, W.; Heusler, K.F.; Karrer, M.: Erfolgsfaktor Bestandsmanagement. Konzept, Anwendung, Perspektiven. Zürich 2004

[Tra06] Transcare AG: Einfluss der Lkw-Maut auf den Modal Split im Güterverkehr. Wiesbaden 2006

[Tro99] Trost, D.G.: Vernetzung im Güterverkehr. Ökonomische Analyse von Zielen, Ansatzpunkten und Maßnahmen zur Implementierung integrierter Verkehrssysteme unter Berücksichtigung logistischer Ansprüche verschiedener Marktsegmente. Hamburg 1999

[UIC04] UIC: External Costs of Transport, Update Study. Zürich/Karlsruhe 2004

[UPI91] UPI – Umwelt- und Prognose-Institut Heidelberg e.V.: Umweltwirkungen von Finanzinstrumenten im Verkehrsbereich. 2. Aufl. Heidelberg 1991, 21

[Weh97] Wehberg, G.: Ökologieorientiertes Logistikmanagement: Ein evolutionstheoretischer Ansatz. Wiesbaden: Deutscher Universitäts-Verlag 1997

[Wil02] Willeke, R.: Nachhaltigkeit durch Wachstum. Institut der deutschen Wirtschaft (Hrsg.): Kölner Texte & Thesen 2002, 66

Logistik-Controlling

D6

D 6.1 Stand und Entwicklungsperspektiven des Logistik-Controllings

D 6.1.1 Grundlagen

Logistik-Controlling stellt ein vergleichsweise junges betriebswirtschaftliches Aufgabenfeld dar. Weder seine Grundlagen noch seine Ausprägungen sind durchgängig und einheitlich, sondern durch eine erhebliche Kontextabhängigkeit gekennzeichnet. Am Anfang dieses Beitrags müssen deshalb strukturierende Aussagen stehen.

D 6.1.1.1 Begriff und Entwicklung der Logistik

Logistik gilt für viele als unklarer, schillernder Begriff. Wie auch Bild D 6.1-1 zeigt, ist dies auf eine kontinuierliche Weiterentwicklung des Schwerpunkts der logistischen Aufgabenstellung zurückzuführen, die zu unterschiedlichen, jedoch aufeinander aufbauenden Logistiksichten geführt hat. Sie spiegeln zugleich einen elementaren Lernprozess wider.

Die Ursprünge der Logistik als betriebswirtschaftliche Funktion liegen in den 1950er Jahren in den USA (vgl. zum Folgenden ausführlich [Web96]). In Deutschland nahm die Automobilindustrie 20 Jahre später eine Vorreiterfunktion wahr. Ursprünglich dominierte – mit starkem ingenieurwissenschaftlich-technischen Schwerpunkt – die Sicht der Logistik als integrierte Transport-, Lager- und Umschlagswirtschaft („TUL"). Kristallisationskerne der Logistik in der Unternehmenspraxis waren dann auch mit physischen Materialflussaufgaben betraute Bereiche und die dort zu hebenden Rationalisierungspotenziale. So verstanden bedeutet Logistik eine weitere Funktionenlehre. Sie wird in diesem Kontext häufig als „Querschnittsfunktion" bezeichnet. Hiermit soll ausgedrückt werden, dass Materialflussleistungen in allen Abschnitten der Wertschöpfungskette, also alle traditionellen Funktionsbereiche durchziehend, erbracht werden. Die Funktionenlehre Logistik weicht hierin von den Funktionenlehren Beschaffungs-, Produktions- und Absatzwirtschaft ab.

Die anfängliche Sichtweise erfuhr in der Folge Konkurrenz durch die Interpretation der Logistik als materialflussbezogene Koordinationsfunktion, die sich als Reaktion auf eine (zu) weitgehende funktionale Spezialisierung längs der Wertschöpfungskette etablierte und damit weitere Rationalisierungsmöglichkeiten eröffnete. Isolierte

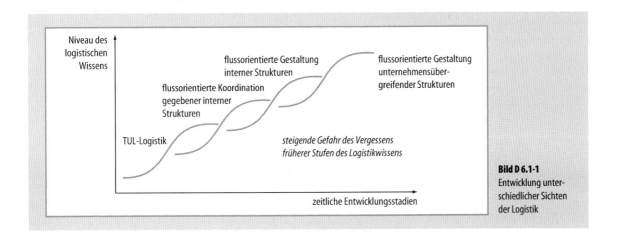

Bild D 6.1-1 Entwicklung unterschiedlicher Sichten der Logistik

Optimierungen innerhalb der Beschaffungs-, Produktions- und Absatzwirtschaft schufen Schnittstellenprobleme. Sie zugunsten einer ganzheitlichen Sicht des Material- und Warenflusses zu überwinden, reduzierte Spezialisierungsnachteile bzw. schaffte Koordinationsnutzen. Um eine derartige *Koordinationsaufgabe* erfüllen zu können, wurden der Logistik in den Unternehmen bereichsübergreifende Steuerungsaufgaben des Material- und Warenflusses übertragen. Im weitestgehenden Fall bedeutete dies die aufgaben- und kompetenzmäßige Zuordnung der Bestelldisposition, Produktionsplanung und -steuerung und Vertriebsdisposition zur Logistik. Die Herauslösung dieser Funktionen aus den drei traditionellen Unternehmensfunktionen führt zu einem machtvollen, allerdings auch komplexen Logistikbereich.

Diese hohe Komplexität und die damit verbundenen ökonomischen Nachteile ließen sich nur überwinden, indem die vorhandenen internen Strukturen einer deutlichen Veränderung unterzogen wurden. Eine dritte Sichtweise fokussierte folglich den Ansatz der Logistik allein und ausschließlich auf die Durchsetzung einer *Flussorientierung* des Unternehmens. Ähnlich wie das Marketing hatte die Logistik nun eine umfassende Gestaltung aller Teilbereiche der Führung zum Ziel, um damit im Ausführungssystem durchgängige, turbulenzarme Leistungsströme zu ermöglichen. Die Koordination von Bestehendem der vorangegangenen Entwicklungsstufen der Logistik wich damit oftmals einer Vermeidung von Koordinationsbedarfen durch eine flussorientierte Neugestaltung der Strukturen.

Die vierte und jüngste Sichtweise schließlich weitet den Blick über die Unternehmensgrenzen hinaus und bezieht die vor- und nachgelagerten Stufen der Wertschöpfungskette mit in die Gestaltungsfrage ein. Diese institutionelle Erweiterung schafft nochmals zusätzliche ökonomische Vorteile, die bei einem Stehenbleiben an den Unternehmensgrenzen ungenutzt bleiben. Eine solche, auf die gesamte Wertschöpfungskette gerichtete Sichtweise wird international nicht mehr unter dem Begriff der Logistik, sondern unter dem des *Supply Chain Management* diskutiert und umgesetzt.

Die Entwicklung der Logistik ist zusammengefasst als eine Bewegung von einem Rationalisierungsengpass zum nächsten zu verstehen. Eine Rationalisierungsaufgabe gelöst zu haben bedeutete, mit einer nächsten konfrontiert zu werden. Diejenigen Unternehmen haben diese Evolution am besten hinter sich gebracht, die auf dem Veränderungspfad das Rationalisierungswissen der jeweiligen Vorstufen nicht vergessen, sondern konserviert haben. Der Sprung von der TUL-Logistik zur Flussorientierung darf mit anderen Worten z. B. nicht dazu führen, über die in den Vordergrund rückenden Koordinationsaufgaben Transport-, Lager- und Handlings-Know-how zu verlieren und damit dort ineffizient zu werden – oder plakativ: Ein Supply Chain Management funktioniert nur bei funktionierenden Material- und Warenströmen!

D 6.1.1.2 Begriff und Entwicklung des Controllings

Begriff und Konzept des Controllings sind ebenso, wie die der Logistik, erheblichen Bandbreiten der Sichtweisen unterlegen. Eine entsprechend umfangreiche Diskussion in der einschlägigen Literatur legt hiervon ebenso Zeugnis ab, wie Positionierungs- und Rollenprobleme in der Praxis (z. B. der Controller als Buchhalter versus als interner Berater). Ähnlich wie für die Logistik lässt sich aber auch für das Controlling zeigen, dass die unterschiedlichen Sichten ohne große Mühen in eine zeitliche und logische Folge gebracht werden können. Die Rolle von Rationalisierungsengpässen übernehmen hier Rationalitätsengpässe.

Controlling gewinnt seine Daseinsberechtigung aus (natürlichen) Begrenzungen des Managements. Diese liegen auf der Ebene des Führungskönnens (kognitive Restriktionen, wie z. B. mangelndes Fakten- und Methodenwissen) ebenso wie auf der des Wollens (tatsächlicher oder poten-

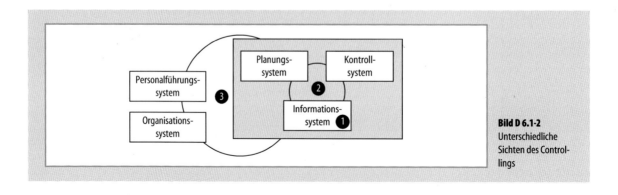

Bild D 6.1-2
Unterschiedliche Sichten des Controllings

zieller Opportunismus der Führungskräfte) (vgl. zu einer solchen Sichtweise [Web06, 40–49]). Begrenzungen dieser Art machen eine Spezialisierung auf die Eindämmung daraus resultierender Nachteile ökonomisch sinnvoll. Diese Funktion wird durch das Controlling geleistet. Controlling bedeutet *Rationalitätssicherung*.

Die Rationalität der Führung wird in den Unternehmen – wie Bild D 6.1-2 veranschaulicht – kontextabhängig an sehr unterschiedlichen Stellen eingeschränkt:

- Ein potenzieller, sehr grundlegender Rationalitätsengpass liegt im Mangel an für eine konkrete Führungsentscheidung benötigten Informationen. Ohne die Auswirkungen einer Handlungsalternative auf die Erfüllung der Unternehmensziele hinreichend zu kennen, kann nicht rational entschieden werden. Das Controlling hat in diesem Kontext die Aufgabe, dem Management die benötigten zielorientierten Informationen bereitzustellen. Es baut hierfür z. B. die Kosten-, Erlösund Ergebnisrechnung auf oder bereitet Zahlungsreihen für die Bewertung von Investitionsalternativen auf. Controller (als wesentliche Träger von Controllingfunktionen) besitzen dann einen rechnungswesennahen Aufgabenbereich.
- Liegen die benötigten Informationen vor, besteht der nächste Rationalitätsengpass in ihrer adäquaten Verwendung. Die besten Informationen nützen nichts, wenn sie im Entscheidungsprozess nicht richtig verstanden, nur am Rande berücksichtigt oder sogar gezielt als Begründung ganz anders getroffener Entscheidungen verwendet werden. Empirisch gesehen erfolgt die Beseitigung dieses Engpasses in zwei Stufen: Zum einen hat das Controlling dafür Sorge zu tragen, dass das unternehmerische Handeln in eine systematische, aufeinander abgestimmte Planung eingebunden wird. Aufbau und Unterstützung der operativen, wie auch der strategischen Planung sind zentrale Aufgabenfelder des Controllings in diesem Kontext. Zum anderen macht Planung keinen Sinn, wenn nicht ihre Einhaltung überprüft und Konsequenzen aus Abweichungen gezogen werden. Diese Kontrollfunktion ermöglicht Lernprozesse ebenso, wie sie das Commitment der Führung zu den vereinbarten Zielen stärkt. Informationsversorgung, Planung und Kontrolle wie skizziert zu verbinden, beschreibt Aufgabenschwerpunkte des Controllings in vielen Unternehmen gleichermaßen, wie die der Controller; für Letztere findet sich in diesem Kontext häufig das Bild des Steuermanns, der dem Manager als Kapitän auf dem Weg zur Erreichung des gesteckten Kurses (Ziels) navigierend Hilfestellung leistet.
- Sind diese Aufgaben hinreichend erfüllt, treten weitere Rationalitätsbegrenzungen auf, die im Dürfen und Wollen der Führungskräfte begründet sind. Das Dürfen betrifft den organisatorischen Kontext, in dem sich die Führung vollzieht. Die konsequenteste Ausrichtung an Zielen ist in ihrem Erfolg dann stark eingeschränkt, wenn die Kompetenzen der unterschiedlichen Führungskräfte inadäquat festgelegt sind – hier zeigen sich Parallelen zur dritten Phase der Logistikentwicklung. Während das Dürfen die Ausprägung des Organisationssystems anspricht, ist der Aspekt des Wollens schließlich auf das Personalführungssystem gerichtet: Es macht wenig Sinn, engagierte Ziele zu setzen, wenn die einzelnen Führungskräfte keine Motivation haben, sie zu erfüllen. Motiviert sind sie am ehesten dann, wenn sich mit der Zielerreichung eine Verbesserung der eigenen Nutzenposition verbindet, z. B. realisiert über eine entsprechende Bonusgestaltung. In der adäquaten Verbindung von Planung, Kontrolle und Informationsversorgung mit Organisation und Personalführung liegt somit ein dritter Aufgabenschwerpunkt des Controllings, der Controller zu Management Consultants mit einem sehr anspruchsvollen Arbeitsfeld macht.

Die in Theorie und Praxis vorfindbare Begriffs-, Konzept- und Aufgabenvielfalt des Controllings lässt sich somit auf einen gemeinsamen Nenner bringen: Unterschiedliche Kontexte erzeugen unterschiedliche Rationalitätsengpässe, die in einem inhaltlichen Zusammenhang zueinander stehen. Ebenso, wie ein Unternehmen nicht mit dem Supply Chain Management ohne das Wissen um Material- und Warenflüsse beginnen kann, ist es wenig sinnvoll, Controlling als übergreifende Managementunterstützung zu verstehen, ohne die Hausaufgaben der Informationsversorgung gemacht zu haben.

D 6.1.1.3 Konsequenzen für das Logistik-Controlling

Wenn sowohl die Logistik als auch das Controlling in ihrer Ausprägung stark kontextabhängig sind, ist für das Logistik-Controlling eine sehr große Varietät zu erwarten. Diese Vermutung wird in der Praxis bestätigt (vgl. z. B. [Blu06, 129–146]). Das Feld ist in vielen Unternehmen explizit gar nicht besetzt, unterschiedlichen Aufgabenträgern zugewiesen (Controllern, Kostenrechnern, Logistikern, Qualitätsverantwortlichen, etc.), unter unterschiedlichem Namen unterschiedlich weitreichend realisiert (Prozesskostenrechnung, Key Performance Indicators, Balanced Scorecard etc.) und mit unterschiedlicher Management Intensität versehen. Dennoch lässt sich eine gewisse Ordnung erkennen: Führung und Ausführung stehen in einer engen wechselseitigen Beziehung zueinander. Veränderungen der Ausführung, wie sie mit der Logistik verbunden sind, nehmen deshalb Einfluss auf die Führung und das Controlling als spezielle Form der Führungsunterstützung. Die unterschiedlichen Entwicklungsstufen der Logistik besitzen damit typische Controlling-Ausprägungen, die auch die Struktur der weiteren Ausführungen vorgeben.

D 6.1.2 Controlling für unterschiedliche Entwicklungsphasen der Logistik

D 6.1.2.1 Material- und warenflussbezogene Logistik

In der ersten Phase der Logistik-Entwicklung geht es darum, Rationalisierungspotenziale in vorher zu wenig und/ oder zu unzusammenhängend betrachteten betrieblichen Funktionen zu heben. Lager-, Transport- und Umschlagsvorgänge sind nur in Ausnahmefällen (z. B. in grundstoffnahen Industrien) Kernprozesse mit hoher Aufmerksamkeit des Managements. Technologische Entwicklungen (z. B. Lagerautomatisierung, stark verbesserte BDE-Systeme) schaffen weitere Chancen für Verbesserung. Spezifische Investitionen ermöglichen ebenso Effizienzsprünge, wie Skaleneffekte durch Bündelung und/oder gemeinsame Abstimmung. Im Vordergrund steht der Versuch, an die Logistik herangetragene Leistungsanforderungen (z. B. Warenverfügbarkeit, Liefergenauigkeit – in prägnanter, häufig zu findender Ausdrucksweise: „die richtigen Waren in der richtigen Menge zur richtigen Zeit am richtigen Ort") zu (deutlich) geringeren Kosten zu realisieren. Leistungssteigerungen werden gerne „mitgenommen", stehen aber nicht im Fokus.

Das Controlling hat in dieser ersten Phase der Logistik-Entwicklung primär informationsversorgende Aufgaben. Typisches Interesse des Top-Managements ist es, einen Überblick über die Gesamtkosten der Logistik zu bekommen: Hohe Werte signalisieren eine höhere Priorität für entsprechende Veränderungsprojekte als niedrige. Dies bedeutet inhaltlich, diverse Abgrenzungsfragen zu klären (vgl. ausführlich [Web02a, 109–166]). Ein Beispiel für dabei zu lösende Probleme zeigt Bild D 6.1-3. Es macht zugleich deutlich, wie groß der Spielraum für den Kostenrechner bzw. Controller ausfällt. Zinssätze in einer Bandbreite zwischen 4% und 20% können – jeweils – vergleichsweise leicht begründet werden (Mischzins zwischen „kostenlosem" Eigenkapital und Zinsen für Fremdkapital auf der einen Seite und z. B. risikoadjustierte Kapitalkosten nach dem CAPM-Modell auf der anderen Seite – (vgl. [Web02a, 146])). Die anderen im Bild genannten Abgrenzungsfragen generieren weitere Spielräume. Entsprechende Freiheitsgrade können durchaus auch bewusst genutzt werden, um Maßnahmen anzustoßen oder aber zu verhindern.

Signalisieren die fallweise erhobenen – und für andere Zwecke kaum verwendbaren – Zahlen einen Handlungsdruck (z. B. weil sie höher ausfallen als im Branchendurchschnitt), geht es in der nächsten Phase um zweierlei: Die monetäre Untermauerung entsprechender Investitionsvorhaben und den Aufbau eines Steuerungsinstrumentariums der, dann neu formierten bzw. unter höheren wirtschaftlichen Druck geratenen, Transport-, Lager- und Umschlagsstationen. Dies bedeutet für größere zentralisierte Bereiche (z. B. ein Distributionslager oder einen Wa-

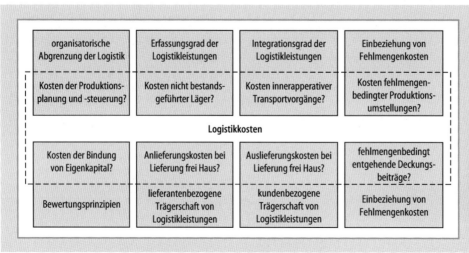

Bild D 6.1-3 Überblick über die Breite des Problems der Abgrenzung von Logistikkosten (entnommen aus [Web02b, 99])

reneingangsbereich) die gesonderte, differenzierte Berücksichtigung in der Kostenstellenrechnung. Dies lenkt die Aufmerksamkeit des Managements auf Beträge, die vorher in Sammel- oder Leitkostenstellen (z. B. Vertriebsleitung, Beschaffung insgesamt) „untergegangen" waren. Aus methodischer Sicht der Kostenrechnung ergeben sich dabei kaum signifikante und erst recht keine neuen Probleme. Eine Erhöhung der Kontierungsdifferenzierung reicht aus.

Etwas mehr Neuland gilt es zu betreten, wenn in den *Logistikkostenstellen* nicht nur Kosten erfasst, sondern auch geplant und kontrolliert werden sollen. Kostenrechnerische Schwierigkeiten resultieren dann aus dem Dienstleistungscharakter der Lager-, Transport- und Umschlagsleistungen. Ihre schwierigere Definier- und Messbarkeit (vgl. ausführlich [Web02b, 62–66]) führt zum einen zur Notwendigkeit komplexerer Beschäftigungsmaße. Dies zeigt Tabelle D 6.1-1 im oberen Teil. Zum anderen resultiert aus ihrer in der Regel geringeren Maschinengebundenheit ein loserer Zusammenhang zwischen Kostenverhalten und Beschäftigung. Der Produktionsfunktion als Basis der Kostenspaltung für die Sachgüterproduktion steht hier ein vergleichsweise vager, von den menschlichen Aufgabenträgern relativ stark zu beeinflussender Zusammenhang gegenüber. Noch weniger, als dies für Produktionskostenstellen gilt, verändern sich variable Logistikkosten unmittelbar und „funktional sauber" mit Änderungen der Beschäftigung; die Spaltung in variable und fixe Kosten gewinnt noch stärker Indikatorcharakter (vgl. ausführlich [Web02a, 195–218]).

Um die Rolle der Kostenrechnung im betrachteten Logistikkontext näher zu verstehen, hilft eine in der Kostenrechnungs-Literatur noch sehr neue Differenzierung weiter, die drei divergente Zwecksetzungen unterscheidet (vgl. allgemein [Men92], speziell [Hom98]):

- Die Informationen der Kostenrechnung können direkt zur Fundierung oder Kontrolle spezieller Entscheidungen genutzt werden. In diesem Fall lösen sie unmittelbar Handlungen der Manager aus. Diese entscheidungs- und handlungsnahe Art der Nutzung der Informationen der Kostenrechnung sei instrumentell genannt. Sie trifft – quasi in Reinform – für die angesprochene Ermittlung der Logistik-Gesamtkosten zu, zumindest dann, wenn der Controller eine objektive Sicht durchhält.
- Darüber hinaus fördern Kostenrechnungsinformationen das allgemeine Verständnis des Geschäfts und der Situation, in der sich der Manager befindet. Die Informationen führen hier allerdings nicht zu konkreten Entscheidungen. Wenn die Informationen die Denkprozesse und Haltungen der Manager beeinflussen, sei dies *konzeptionelle Nutzung der Kostenrechnungsinformatio-*

nen genannt. In diesem Feld ist die hauptsächliche Motivation für die kostenstellenbezogene Erfassung der Logistikkosten zu sehen. Ihr gleichberechtigter Ausweis richtet die Aufmerksamkeit des Managements neu aus; gleiches gilt für ihre gleichberechtigte Planung. Damit wird ein Zuwachs an Bedeutung signalisiert und erreicht, dass sich die Logistik von einem freien Gut zu einer knappen (und teuren) Ressource verändert.
- Die dritte Art der Nutzung löst sich explizit von der Annahme, dass die Informationen zuerst vom Manager verarbeitet werden, um unmittelbar oder zu einem späteren Zeitpunkt in Kenntnis der Informationen Entscheidungen zu treffen. Als symbolische Nutzung sei es bezeichnet, wenn die Kostenrechnungsinformationen erst dann benutzt werden, wenn die Entscheidung an sich schon getroffen ist, die Informationen aber zur Durchsetzung eigener Entscheidungen und Beeinflussung anderer Organisationsmitglieder angewandt werden. Hier wäre die anfangs angesprochene Situation einzuordnen, dass der Controller mit Absicht Abgrenzungen der *Logistikkosten* so vornimmt, dass hohe oder geringe Werte resultieren. Ein weiteres – empirisches – Beispiel ist der bewusst überhöhte Ansatz von *Kapitalbindungskosten*, um die Logistikverantwortlichen zu einer deutlichen Reduzierung der Lagerbestände zu bringen, die sich bei dem Ansatz „normaler" Zinskosten nicht rechnen würde.

Kostenrechnung ist – so zeigt die kurze Argumentation – in der ersten Phase der Logistikentwicklung überwiegend konzeptionell zu verstehen. Die instrumentelle Nutzung tritt wie die symbolische dahinter zurück. Instrumentell dominieren Investitionsrechnungen, die auf fallweisen Analysen, nicht oder nur in geringem Maße auf Zahlen der laufenden Kostenrechnung basieren.

Eine stärker instrumentelle Bedeutung erlangen die parallel zur Kostenrechnung aufgebauten Leistungsrechnungs- und Kennzahlensysteme (vgl. ausführlich [Web02b, 62–82]). Die dort ausgewiesenen Zahlen besitzen einen direkten Bezug zur logistischen Leistungserstellung und lassen sich folglich einfacher zur kurzfristigen Steuerung einsetzen. Ihre Ausrichtung ist dabei wiederum kostenstellenbezogen. Bild D 6.1-4 zeigt ein Beispiel für ein Lager.

D 6.1.2.2 Logistik als flussbezogene Koordination innerhalb gegebener unternehmensinterner Strukturen

Die nächste Phase der Logistikentwicklung zieht ihr Rationalisierungspotenzial aus der Beeinflussung des an die Logistik herangetragenen Bedarfs an material- und waren-

Tabelle D 6.1-1 Beispiel eines Kostenstellenberichts für eine Transportkostenstelle (entnommen aus [Web02b, 139])

Bezugsgröße:	Ladeeinheiten, differenziert in drei Typen		
	Behältertyp 1	Äquivalenzziffer: 0,90	
	Behältertyp 2	Äquivalenzziffer: 1,25	
	Paletten	Äquivalenzziffer: 1,00	
	Bezugsgrößenmengen		
	Behältertyp 1	Ist: 3.825	Plan: 4.000
	Behältertyp 2	Ist: 6.255	Plan: 6.000
	Paletten	Ist: 9.550	Plan: 9.500

Kostenarten \ Kostenkategorien	Variable Kosten			Fixe Kosten		
	Ist-Kosten	Plan-Kosten	Abweichung	Ist-Kosten	Plan-Kosten	Abweichung
Löhne	20.167	20.000	− 167	0	0	0
Lohnnebenkosten	16.455	16.000	− 455	0	0	0
Lohnkosten	36.622	36.000	− 622	0	0	0
Gehälter	0	0	0	4.873	4.875	2
Gehaltnebenkosten	0	0	0	1.252	1.250	− 2
Gehaltskosten	0	0	0	6.125	6.125	0
Personalkosten	36.622	36.000	− 622	6.125	6.125	0
Treibstoffkosten	3.523	3.500	− 23	0	0	0
Abschreibungen	0	0	0	8.500	8.500	0
Kapitalbindungskosten	0	0	0	1.200	1.200	0
Wartungskosten	2.055	1.500	− 555	0	0	0
Instandsetzungskosten	1.005	1.750	745	0	0	0
Sonstige Kosten	0	0	0	455	500	45
Staplerkosten	6.583	6.750	167	10.155	10.200	45
Treibstoffkosten	2.587	2.700	113	0	0	0
Abschreibungen Zugmaschinen	0	0	0	6.400	6.400	0
Abschreibungen Hänger	0	0	0	1.150	1.150	0
Kapitalbindungskosten	0	0	0	900	900	0
Wartungskosten	595	500	− 95	0	0	0
Instandsetzungskosten	0	1.000	1.000	0	0	0
Sonstige Kosten	0	0	0	376	300	− 76
Zugmaschinenkosten	3.182	4.200	1.018	8.826	8.750	− 76
Raumkosten	0	0	0	455	455	0
Transportschäden	235	1.000	765	0	0	0
Sonstige Kosten	0	0	0	788	1.000	212
Sonstige Kosten	235	1.000	765	1.243	1.455	212
Gesamtkosten	46.622	47.950	1.328	26.349	26.530	181
Umlage Leitung				3.609	3.880	270

flussbezogenen Dienstleistungen. Lohnt sich etwa eine bedarfssynchrone Bereitstellung von Material angesichts hoher Kosten der Beschaffungslogistik für sich alleine betrachtet nicht, gewinnt sie in Just-in-Time-Konzepten wirtschaftliche Vorteilhaftigkeit, wenn eine integrierte Sicht den Nutzen in der Produktions- und Distributionslogistik hinzunimmt. Ein Schwerpunkt des Logistik-Controlling liegt in diesem Kontext folglich auf der ökonomischen Untermauerung derartiger Integrationsprojekte und -ansätze.

Mit der gestiegenen Verknüpfung der einzelnen TUL-Funktionen über das Unternehmen hinweg steigt die unternehmensinterne Bedeutung der Logistik. Ihr folgt die zunehmende „Gleichberechtigung" der Logistik im Unternehmenscontrolling. Dies bedeutet zum einen die Einrichtung entsprechender dezentraler Controllerstellen. Zum anderen wird die Logistik mit den bislang nur für die Kernprozesse geltenden Anforderungen der operativen und strategischen Planung konfrontiert. Die Logistik hat ihre Budgets ebenso analytisch getrieben festzulegen und zu begründen, wie sie ihren Beitrag zur strategischen Entwicklung des Unternehmens leisten muss. Der Schwerpunkt der Controllingaufgaben wechselt in Folge von Informationsbereitstellung, wie er für die erste Phase der Logistikentwicklung typisch war, zur Verbindung von Information, Planung und Kontrolle als neuen potenziellen Rationalitätsengpass. Typische Instrumente hierfür sind Budgetierungs- und Zielsetzungstechniken (von Vergangenheitswerten bis hin zu Benchmarks), Planungshilfsmittel strategischen wie operativen Charakters und systematische Abweichungsanalysen.

Der grundsätzliche Fokus auf die Logistik ändert sich schließlich in dieser zweiten Phase der Logistik-Entwicklung nicht. Er liegt weiterhin auf Effizienz. Auch in strategischen Überlegungen nimmt die Logistik eine dienende Rolle ein; sie ermöglicht *Geschäftsfeldstrategien* (z. B. durch die Möglichkeit hoher Lieferflexibilität), nimmt aber keinen nennenswerten gestaltenden Einfluss auf diese.

D 6.1.2.3 Logistik als flussbezogene Gestaltung unternehmensinterner Strukturen

In der dritten Phase vollzieht die Logistik eine sehr grundlegende Entwicklung: Signifikante Verbesserungen sind nur noch dann zu erzielen, wenn strukturelle Veränderungen des Unternehmens realisiert werden. Dies führt über die TUL-Funktionen weit hinaus und bedeutet insbesondere die Notwendigkeit, die Logistik exponiert in der strategischen Planung zu verankern. Controlling hat hierfür die Grundlagen zu schaffen und den Weg zu bereiten. Gleichzeitig verändert sich der grundsätzliche Fokus: die Logistik kann in dieser Phase der Entwicklung nicht mehr als rein dienende Funktion gesehen werden; von ihr werden vielmehr aktive Beiträge zur Weiterentwicklung des Unternehmens verlangt. Die Effizienzsicht weitet sich zu einer Effektivitätsbetrachtung. Dies bedeutet, differenziert, detailliert und intensiv über mögliche Erlöswirkungen der Logistik nachzudenken. Bild D 6.1-5 liefert hierzu einen Denkrahmen. Sowohl für die Logistik als auch für das Controlling gilt es hier jedoch, in erheblichem Maße Neuland zu betreten. Das Feld einer derart marktorientierten Logistikplanung ist bislang in den Unternehmen – sowohl strategisch wie operativ – kaum besetzt, und auch in der Theorie gibt es noch erhebliche Lücken (vgl. ausführlich [Kam02]). Die Schließung dieses Rationalitätsengpasses

Leistungsbezogene Kennzahlen	Kapazitätsbezogene Kennzahlen
• Zahl gelagerter Artikel • Zahl eingelagerter Lagereinheiten • Zahl ausgelagerter Lagereinheiten • Zahl wieder eingelagerter Lagereinheiten • Zahl umgelagerter Lagereinheiten (davon optimierungsbedingt) • Ein-, Um- und Auslagerungsdauer (Minimum-, Durchschnitts- und Maximumwert, ggf. getrennt nach Teilgruppen) • (flächen-, volumen- oder standplatzbezogene) Belegung des Lagers (Minimum-, Durchschnitts- und Maximumwert) • Kapitalbindung der Lagergüter (Durchschnittswert) • Teilereichweiten (Minimum-, Durchschnitts- und Maximumwert, ggf. getrennt nach Teilgruppen) • Reichweitenabweichungen (Soll-Ist-Differenzen) (Minimum-, Durchschnitts- und Maximumwert, ggf. getrennt nach Teilgruppen) • Anzahl und Dauer von Fehlmengensituationen (ggf. getrennt nach Teilgruppen) • Lagerschadenswert	• geleistete Personalstunden • Anwesenheitsquote • Lagerbereitschaftsgrad falls relevant: • Zahl eingesetzter Stapler • geleistete Betriebsstundenzahl der Fahrzeuge • Zahl der Lagerspiele

Bild D 6.1-4
Beispiel eines Kennzahlensets für ein Lager (entnommen aus [Web02b, 77])

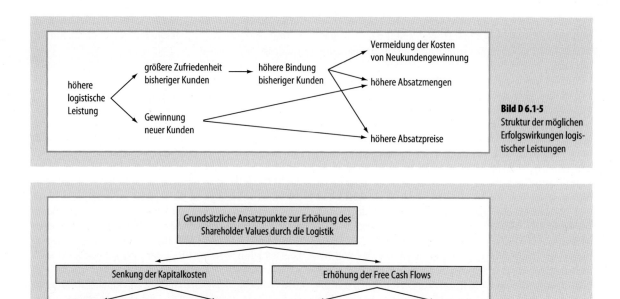

Bild D 6.1-5 Struktur der möglichen Erfolgswirkungen logistischer Leistungen

Bild D 6.1-6 Logistik und Shareholder Value

kann zu einer entsprechenden Ergänzung der Erlösrechnung (vgl. zu diesem Teil des Rechnungswesens [Män83]) führen, deren Nutzung sowohl die instrumentelle wie die konzeptionelle Rolle beinhaltet. Ihre Informationen dienen sowohl der operativen wie der strategischen Planung.

In der strategischen Planung kommt der Logistik die Rolle einer (potenziellen) strategischen Fähigkeit zu, für die eine *Funktionalstrategie* zu erstellen ist. Funktional- und Geschäftsfeldstrategien stehen dabei in einem produktiven Spannungsverhältnis zueinander: Strategische Fähigkeiten eröffnen neue Geschäftsfelder ebenso, wie umgekehrt bestehende Geschäftsfelder oder neu ins Auge gefasste Erfolgspotenziale zu ihrer Realisierung strategische Fähigkeiten verlangen. Letztlich dienen beide Strategieebenen dazu, den Wert des Unternehmens zu erhalten und weiterzuentwickeln. Methodisches Hilfsmittel, dieses zu messen, bietet das Konzept des Shareholder Value (vgl. z.B. [Web04]). Aufgabe des Controlling ist es, das Instrumentarium und die benötigten Informationen sicherzustellen, den Planungsprozess zu begleiten und die Umsetzung der gefundenen Strategien durch Prämissen- und Durchführungskontrollen (vgl. [Web06, 234]) zu unterstützen. Bezogen auf das Discounted Cash Flow-Verfahren zeigt Bild D 6.1-6 mögliche Ansatzpunkte von wertsteigernden Logistikstrategien. Die angesprochenen Erlöswirkungen der Logistik finden dabei Eingang in die Bestimmung der den Free Cash Flows zugrundeliegenden Einzahlungsreihen.

Grundsätzliche Kenntnisse der Erlöswirkungen der Logistik ermöglichen es weiterhin, solche Strukturüberlegungen anzustellen und zu entscheiden, die schematisch in Bild D 6.1-7 gezeigt werden. Die Logistik wird hier in der bestehenden Markteinbindung des Unternehmens optimiert. Innerhalb dieses Prozesses gilt es, diverse Struktursegmente zu verändern, wie die Produkt-, Distributions-, Produktions- und Beschaffungsstruktur (vgl. ausführlich [Web98, 190–239]). Das Controlling hat hier – mit instrumentellem Verwendungsfokus – fallweise Informationen zu liefern und Planungsunterstützung zu leisten. Insbesondere für die Bestimmung der Produktstruktur kommt dem Controlling dabei die Aufgabe zu, die „richtigen" Kosten der Produkte zu ermitteln, also diejenigen Beträge, die sich unter Einbeziehung der unterschiedlichen Inanspruchnahme logistischer Kapazitäten und Prozesse

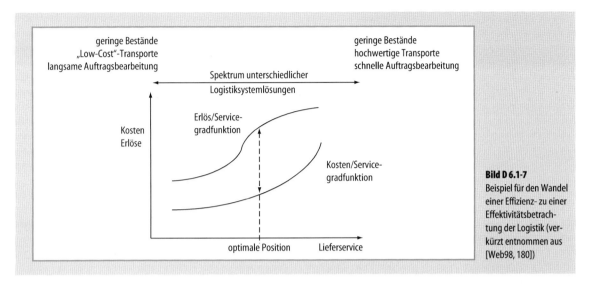

Bild D 6.1-7
Beispiel für den Wandel einer Effizienz- zu einer Effektivitätsbetrachtung der Logistik (verkürzt entnommen aus [Web98, 180])

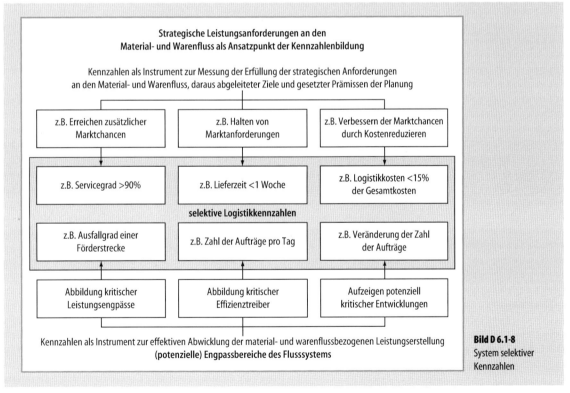

Bild D 6.1-8
System selektiver Kennzahlen

ergeben. Eine typische Erfahrung ist, dass die traditionelle Kostenrechnung Varianten zu gering und Standardprodukte zu hoch kalkuliert, da die Logistikkosten als Gemeinkosten falsch alloziert werden. Als instrumentelles Hilfsmittel zur Lösung des Kalkulationsproblems bietet sich die *Prozesskostenrechnung* an, die erhebliche Überschneidungen zu einer Logistikkostenrechnung aufweist (vgl. zur Beziehung [Web02a, 52–55]).

Ist die strategische Ausrichtung adäquat geleistet, kommt es darauf an, die Strukturänderungen in operatives Handeln umzusetzen. Hier liegt nicht nur für den Bereich der Logistik häufig ein erhebliches Verbesserungspotenzial in den Unternehmen vor. Als geeignete Instrumente, diesen Rationalitätsengpass zu schließen, werden Hoshin-Pläne, Werttreiberbäume oder Kennzahlen genannt (vgl. [Web06, 345–360]). Bild D 6.1-8 zeigt das Konzept selektiver Kennzahlen, das in einem Arbeitskreis am Lehrstuhl Controlling und Logistik der WHU Vallendar entwickelt wurde (vgl. [Web95]). Es baut auf der Idee strategischer Erfolgsfaktoren und operativer Engpässe auf und zwingt das Management zur Konzentration auf wenige, zentral bedeutsame Größen. Fokussierung kennzeichnet das Konzept, das sich hierin deutlich vom derzeit sehr aktuellen Ansatz der Balanced Scorecard unterscheidet. Die Verwendung der im Kennzahlentableau enthaltenen Informationen ist dabei primär instrumenteller Natur; der Struktur hingegen kommt konzeptionelle Bedeutung zu.

Insgesamt – so haben die Ausführungen deutlich gemacht – bedeutet der Eintritt der Logistik in die dritte Entwicklungsphase eine Vielzahl erheblicher Veränderungen. Diese strahlen auch auf das Logistik-Controlling aus. Sie sind derart umfangreich, dass in der Realisierung des Entwicklungsschritts parallel und/oder sukzessiv unterschiedliche Rationalitätsengpässe wirksam werden. Neue Informationsgrundlagen sind ebenso aufzubauen, wie Planungsinstrumente und -prozesse zu implementieren sowie mit entsprechenden Kontrollen zu verbinden. Die mit der Neugestaltung des Prozesssystems zwangsläufig verbundenen erheblichen Organisationsänderungen bilden schließlich ebenso Gegenstand eines potenziellen Rationalitätsengpasses, wie die in vielen Unternehmen vernachlässigte Verbindung der operativen und strategischen Steuerung mit der Anreizgestaltung (z. B. in Form entsprechender Leistungsanreize). Insgesamt ergibt sich damit für das Controlling eine umfassende, heterogene und ambitionierte Aufgabenstellung, die Controller in ihrer Breite häufig nicht alleine bewältigen können. Ein Teil der Controllingfunktion ist damit externen Beratern, Stäben oder Linienverantwortlichen zu übertragen.

D 6.1.2.4 Logistik als flussbezogene Gestaltung unternehmensübergreifender Strukturen

Die letzte Phase der Logistik-Entwicklung weitet den Blick über die Unternehmensgrenzen hinaus und bezieht Partner der Supply Chain ein. Die komplexe und ambitionierte Aufgabenstellung des Logistik-Controllings für die unternehmensinterne Flussorientierung wird nun ergänzt um Fragen einer Neupositionierung der Unternehmensgrenzen („make, cooperate or buy" und solche einer interorganisationalen Zusammenarbeit). Beide sind von herausragender strategischer Bedeutung und damit sehr grundsätzlicher Art. Die erste Frage wird in der Theorie seit langer Zeit diskutiert und findet eine aktuelle Verstärkung im Konzept der Kernkompetenzen, das auf dem ressourcenbasierten Ansatz fußt. Auch die Gestaltung und der Betrieb von Netzwerken stehen seit geraumer Zeit in der Theorie im Rampenlicht (vgl. z. B. [Syd92] und [Ste99]) und erfreuen sich in der Unternehmenspraxis zunehmender Beliebtheit (ein Beispiel ist die Star Alliance im Airline-Passagebereich).

Um beide Fragestellungen auf ihre Bedeutung für ein Unternehmen beurteilen zu können, ist es im ersten Schritt erforderlich, potenzielle Chancen und Risiken herauszuarbeiten. Bild D 6.1-9 veranschaulicht für eine einzelne Kunden-Lieferanten-Beziehung das Vorgehen für den gewinnbaren Nutzen schematisch und skizzenhaft. Das Controlling fungiert in dieser Phase wiederum als Informations- und Methodenlieferant. Derartige Analysen für die wichtigsten Wertschöpfungspartner zeigen das Potenzial einer gemeinsamen Abstimmung in der Kette auf. Dieses ist zwischen den Partnern gerecht zu verteilen. Hierzu bedarf es vergleichbarer Wettbewerbspositionen. Unterschiedliche Machtstärke der Partner ist ein Treibsatz jeder engen Zusammenarbeit. Ebenso muss Vergleichbarkeit hinsichtlich des Entwicklungspotenzials der Partner bestehen, da dem Netzwerk ansonsten die Gefahr innewohnte, dass die Zusammenarbeit schon nach kurzer Zeit instabil wird.

Sind die Vorüberlegungen abgeschlossen, geht es um die konkrete Ausgestaltung der Netzwerkbeziehungen. Vor dem Erfahrungshintergrund von Wertschöpfungspartnerschaften in der Automobilindustrie listet Bild D 6.1-10 wichtige Bedingungen für die Funktionsfähigkeit einer solchen engen Zusammenarbeit auf.

Die kurzen Ausführungen machen bereits deutlich, wie anspruchsvoll die Aufgabenstellungen sind, die sich der Logistik in der vierten Stufe ihrer Entwicklung stellen. Gleiches gilt für die rationalitätssichernde Funktion des Controllings (vgl. umfassend [Bac04]). Faktisch werden sich beide Funktionen in der Gestaltungsphase kaum trennen lassen: Rationalitätsgenerierung geht Hand in Hand mit Rationalitätssicherung, dies sowohl funktional wie aufgabenträgerbezogen: Controller arbeiten als interne Berater eng mit den Logistikmanagern zusammen. Erst in der Phase des Netzwerkbetriebs sind signifikante Spezialisierungen zu erwarten. Eine zentrale Aufgabe besteht dann für das Controlling darin, eine tragfähige Basis für den Vorteilsausgleich innerhalb der Kette zu schaffen. Für die Verrechnungspreisbestimmung und -kontrolle bietet sich

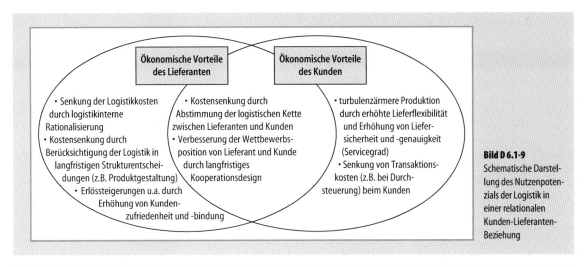

Bild D 6.1-9 Schematische Darstellung des Nutzenpotenzials der Logistik in einer relationalen Kunden-Lieferanten-Beziehung

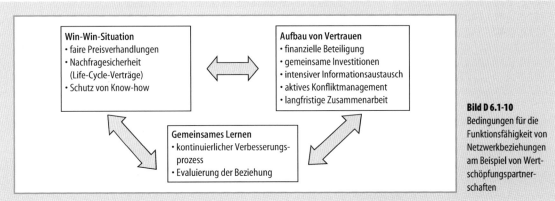

Bild D 6.1-10 Bedingungen für die Funktionsfähigkeit von Netzwerkbeziehungen am Beispiel von Wertschöpfungspartnerschaften

hierzu eine durchgängige Logistik- bzw. Prozesskostenrechnung an, die – einfach und transparent gestaltet – Dokumentationsaufgaben übernimmt.

D 6.1.3 Zusammenfassung

Logistik-Controlling zeigt sich in der Praxis sehr unterschiedlich ausgeprägt. Dies gilt für die inhaltliche Breite ebenso wie für die Realisierungsintensität. Der Grund hierfür liegt weniger in mangelnder Perzeption vorliegender Erkenntnisse, als vielmehr in der starken Kontextabhängigkeit sowohl der Logistik als auch des Controllings.

Unabhängig von dieser Heterogenität, die in Tabelle D 6.1-2 sichtbar wird, gibt es allerdings einige gemeinsame Schwerpunkte des Logistik-Controllings festzuhalten:
– Im Bereich der Kostenrechnung sind die konzeptionellen Vorarbeiten in Form einer Logistik- oder Prozesskostenrechnung weit vorangeschritten. Die zunehmend verbesserte BDE-Situation erleichtert die praktische Implementierung ebenso wie leistungsfähige Standardsoftware. Herausforderungen liegen derzeit in der Übertragung des Konzepts auf unternehmensübergreifende Beziehungen (Netzwerke).
– Auf der Leistungsseite der Logistik besteht der Engpass weniger in der Datenerhebung als in der durchgängig konsistenten und einheitlichen Datendefinition (z.B. eines Servicegrades). Kennzahlensysteme wandeln sich von Zahlengräbern zu strategisch fokussierten Steuerungsinstrumenten, wobei die Wegstrecke zur Erreichung dieses Ziels immer noch weit ist.
– Die Erlöswirkungen der Logistik zu bestimmen, ist ein sehr fruchtbares, bislang jedoch kaum bearbeitetes Problemfeld. Hier wird in allen Unternehmen, in denen die Logistik die reine Transport-, Lager- und Umschlag-

Tabelle D 6.1-2 Überblick über Ausprägungsformen des Logistik-Controllings

Logistiksichten	Ausprägung des Logistik-Controllings
TUL-Logistik	• Abbildung der Material- und Warenflüsse in der Kostenstellenrechnung • Aufbau eines Kennzahlensystems zur kostenstellenbezogenen Steuerung (inkl. Leistungserfassung) • Fokus: Effizienz (Minimierung der Logistikkosten bei gegebenem Output – Einhaltung der „vier r")
flussorientierte Koordination innerhalb bestehender interner Strukturen	• Erweiterung der Betrachtung auf kostenstellenübergreifende Fragestellungen (z.B. Just-in-Time-Versorgungskonzepte) in fallweisen Analysen • Einbindung der Material- und Warenflussprozesse in die operative Planung und monatliche Plan-Ist-Kontrolle • Fokus wie in der Vorphase
flussorientierte Gestaltung interner Strukturen	• starke Ausweitung der Untermauerung von organisatorischen Fragestellungen (z.B. Geschäftssegmentierungen, Business-Process-Reengineering-Projekte) • Einbindung der Logistik in die Kostenträgerrechnung („Prozesskostenkalkulationen") • verstärkte Einbeziehung von Marktanforderungen und deren Gestaltung (Servicegrade); Veränderung des Produktprogramms • Fokus zunehmend von Effizienz zu Effektivität wechselnd (Optimierung des Logistikleistungsniveaus, Ermöglichung von Differenzierung)
flussorientierte Gestaltung unternehmensübergreifender Strukturen	• Ausweitung der Untermauerung von organisatorischen Fragestellungen auf Supply Chains • Lieferung von Kosten- und Leistungswerten als Basis unternehmensübergreifender Netzwerkbeziehungen • Fortsetzung der strategischen Sichtweise der Logistik (z.B. im Rahmen der Repositionierung der Unternehmensgrenzen) • Fokus: Effektivität (Steigerung des Unternehmenswertes)

sicht überwunden hat, auf absehbare Dauer erheblicher Arbeitsbedarf bestehen.
- Integrationsnotwendigkeit im Bereich der Planung besteht insbesondere für die strategische Positionierung der Logistik. Hier ist der Hebel anzusetzen, um den Sprung von einer reinen Effizienzsicht (Erfüllung der vier „r") zu einer Effektivitätsbetrachtung zu schaffen. Der internationale Erfolg der Supply-Chain-Bewegung lässt hier einiges hoffen.
- Je stärker sich die Logistik entwickelt, desto breiter wird das zu lösende Gestaltungsproblem. Organisations- und Personalführungsfragen treten hinzu und bestimmen die Veränderungen der Strukturen und Prozesse wesentlich mit. Logistik wie Controlling müssen ihre Aufgabe als wesentlicher Bestandteil einer umfassenden Organisationsentwicklung verstehen.

Logistik-Controlling wird deshalb auch in Zukunft ein Feld sein, auf dem es sich lohnt zu arbeiten, und dies in der Praxis ebenso wie in der Theorie.

Literatur

[Bac04] Bacher, A.: Instrumente des Supply Chain Controlling. Theoretische Herleitung und Überprüfung der Anwendbarkeit in der Unternehmenspraxis. Wiesbaden: Deutscher Universitäts-Verlag 2004

[Blu06] Blum, H.St.: Logistik-Controlling. Kontext, Ausgestaltung und Erfolgswirkungen. Wiesbaden: Deutscher Universitäts-Verlag 2006

[Hom98] Homburg, C.; Weber, J.; Aust, R.; Karlshaus, J.T.: Interne Kundenorientierung der Kostenrechnung – Ergebnisse der Koblenzer Studie. Schriftenreihe Advanced Controlling, Bd. 7. Vallendar 1998

[Kam02] Kaminski, A.: Logistik-Controlling. Entwicklungsstand und Weiterentwicklung für marktorientierte Logistikbereiche. Wiesbaden: Deutscher Universitäts-Verlag 2002

[Män83] Männel, W.: Grundkonzeption einer entscheidungsorientierten Erlösrechnung. Zeitschrift für Controlling (Krp) 1983, 55–70

[Men92] Menon, A.; Varadarajan, R.: A Model of Marketing Knowledge Use Within Firms. Journal of Marketing (1992) 10, 53–71

[Ste99] Stengel, R.v.: Gestaltung von Wertschöpfungsnetzwerken. Theoretische Grundlagen, empirische Belege und Handlungsimplikationen. Wiesbaden: Gabler 1999

[Syd92] Sydow, J.: Strategische Netzwerke: Evolution und Organisation. Wiesbaden: Gabler 1992

[Web95] Weber, J. (Hrsg.): Kennzahlen für die Logistik. Stuttgart: Schäffer-Poeschel 1995

[Web96] Weber, J.: Logistik. In: HWProd. 2. Aufl. Stuttgart: Schäffer-Poeschel 1996, 1096–1109

[Web02a] Weber, J.: Logistikkostenrechnung. Kosten-, Leistungs- und Erlösinformationen zur erfolgsorientierten Steuerung der Logistik. 2. Aufl. Berlin/ Heidelberg/New York: Springer 2002

[Web02b] Weber, J.: Logistik-Controlling. 5. Aufl. Stuttgart: Schäffer-Poeschel 2002

[Web04] Weber, J.; Bramsemann, U.; Heineke, C.; Hirsch, B.: Wertorientierte Unternehmenssteuerung. Konzepte – Implementierung – Praxisstatements. Wiesbaden: Gabler 2004

[Web98] Weber, J.; Kummer, S.: Logistikmanagement. Führungsaufgaben zur Umsetzung des Flußprinzips im Unternehmen. 2. Aufl. Stuttgart: Schäffer-Poeschel 1998

[Web06] Weber, J.; Schäffer, U.: Einführung in das Controlling. 11. Aufl. Stuttgart: Schäffer-Poeschel 2006

D 6.2 Strategisches Logistik-Controlling

D 6.2.1 Bedeutung des strategischen Logistik-Controllings

Logistische Überlegungen haben schon immer eine wichtige Rolle bei der Formulierung von Unternehmensstrategien gespielt und kreative Unternehmer haben bemerkenswerte logistikorientierte Unternehmensstrategien entwickelt. Durch den Verzicht auf die Durchführung der Transporte und der Montage durch den Kunden hat IKEA die Möbelindustrie verändert. Rank Xerox hat sich nach dem Auslaufen der Patente durch einen hohen Service von den Wettbewerbern differenziert. Lange Zeit konnten die japanischen Automobilhersteller, allen voran Toyota, die europäischen und amerikanischen Automobilhersteller durch ihre überlegenen Logistikstrategien (z. B. Just-in-Time-Produktion) dominieren. Im Konsumgüterbereich bestimmen Efficient Consumer Response Konzepte die Strategien von Herstellern und Handelsunternehmen. Wesentlicher Bestandteil dieser Konzepte ist die gemeinsame unternehmensübergreifende Optimierung der Logistikprozesse. Vorreiter sind hier Coca-Cola, Procter und Gamble sowie Wal-Mart. Diese Beispiele zeigen, dass für viele Unternehmen die Logistik eine große strategische Bedeutung besitzt.

Theoretische Ansätze zur strategischen Planung greifen dies auf und berücksichtigen die Logistik entsprechend. So sind von den fünf primären Aktivitäten der Porterschen Wertschöpfungskette [Por89, 59ff] zwei Aktivitäten „Eingangslogistik" und „Ausgangslogistik" direkt der Logistik zuzuordnen [Ver95, 57f]. Zwei weitere Aktivitäten „Operationen" und „Kundendienst" greifen auf die Logistik zurück und die Aktivität „Marketing & Vertrieb" hat viele Schnittstellen zur Logistik. Die Bedeutung der Beschaffungslogistik für die unterstützende Aktivität „Beschaffung" ist offensichtlich und insbesondere im Bereich der Prozesstechnologien gibt es enge Bezüge zwischen der „Technologieentwicklung" und der Logistik.

Es gibt zwei Gründe, die dazu führen, dass die Bedeutung des strategischen Logistik-Controllings wächst. Zum einen steht heute, nach dem die Rationalisierungspotenziale einzelner Teilaufgaben der Logistik weitestgehend ausgeschöpft sind, die Erzielung von Wettbewerbsvorteilen im Vordergrund, zum anderen müssen im Rahmen des Supply Chain Managements strategische Entscheidungen über die Gestaltung von unternehmensübergreifenden Logistikstrukturen gefällt werden.

D 6.2.2 Aufgaben des strategischen Logistik-Controllings

Wie in Abschn. D 6.1 deutlich geworden ist, passt sich das Logistik-Controlling an den jeweiligen Entwicklungsstand der Logistik an. Controlling wurde als Sicherstellung der Rationalität der Führung definiert. Unter dem Begriff Strategie werden in der Praxis gemeinhin langfristige oder für die Unternehmensentwicklung besonders wichtige Planungen und oder Entscheidungen gefasst. Strategien versuchen, für das Unternehmen oder seine Teilbereiche Chancen zu nutzen und Gefahren abzuwehren. Insofern sind Sie von besonderer Wichtigkeit für das Unternehmen und haben meist einen langfristigen Zeithorizont. Typisch für Strategien ist jedoch auch, dass sie meist einen höheren Aggregationsgrad haben als operative Planungen, in denen eine möglichst große Detailgenauigkeit angestrebt wird. Auch wenn die Strategieformulierung die Fähigkeiten und Kompetenzen des Unternehmens berücksichtigen muss, so kann der Auf- bzw. der Abbau von Fähigkeiten, Kompetenzen und insbesondere Ressourcen Bestandteil von Strategien sein, während die operative Planung immer von

Bild D 6.2-1 Problemfelder des strategischen Logistik-Controlling

bestehenden Kompetenzen und Ressourcen ausgeht und versucht, diese optimal zu nutzen.

Das strategische Logistik-Controlling – im Sinne eines Bereichs-Controllings – stellt die Rationalität bei der Chancennutzung und Gefahrenabwehr im Bereich der Logistik sicher. Es stellt außerdem sicher, dass die Unternehmensführung die sich aus der Logistik ergebenden Chancen und Risiken wahrnehmen kann. Die Aufgaben des strategischen Logistik-Controlling können in vier Bereiche unterteilt werden:
- Einbindung der Logistik in die strategische Unternehmensplanung;
- Unterstützung der Formulierung von Logistikstrategien;
- Sicherstellung der Durchsetzung von Logistikstrategien;
- Supply Chain Controlling.

Das strategische Logistik-Controlling steht dabei, wie Bild D 6.2-1 zeigt, im Spannungsfeld zwischen den – aufgrund der veränderten Unternehmensumwelt – gestiegenen Anforderungen und den innerbetrieblichen Problemen der organisatorischen Gestaltung.

D 6.2.3 Einbindung der Logistik in die strategische Unternehmensplanung

D 6.2.3.1 Berücksichtigung der Logistik im Wertesystem

Das Wertesystem ist die geistige Basis der Geschäftspolitik. Es bildet die Grundlage des Führungshandelns eines Unternehmens. Es wirkt orientierungsgebend für alle Unternehmensteilbereiche und die dort agierenden Unternehmensmitglieder. Die Unternehmensphilosophie findet in vielen Unternehmen ihren Ausdruck in einem Unternehmensleitbild (mission statement). Dieses macht die für und in der Unternehmung relevanten grundsätzlichen Normen und Werte nach innen und außen sichtbar, zwingt zu Auswahlakten und Konkretisierungen und bildet die Grundlage für Sanktionsmaßnahmen bei expliziter Zuwiderhandlung gegen die formulierten Normen und Werte. Für logistische Dienstleistungsunternehmen ist die Berücksichtigung der Logistik in der Unternehmensphilosophie evident. Zum Beispiel entwickelte Fred Smith, der Gründer von Federal Express, eine Vision für die Verteilung von eiliger Luftfracht. Er hatte die Vision, dass die Verteilung eiliger Luftfracht gemeinsam mit Passagierflügen der falsche Transportweg sei und entwickelte ein zentrales Hub-System. Jede Nacht werden alle Sendungen aus den unterschiedlichsten Städten der USA zu einem zentralen Flughafen geflogen. Auf diesem Flughafen werden die Sendungen sortiert und in der selben Nacht zu ihren Empfangsflughäfen geflogen und von dort verteilt. Diese Vision war entscheidend für den Erfolg und das Wachstum von Federal Express.

Aber auch diejenigen Industrie- und Handelsunternehmen, für welche die Logistik wettbewerbsrelevant ist, kommen nicht umhin, der Logistik einen entsprechenden Stellenwert im Wertesystem einzuräumen. Das Unternehmensleitbild sollte die Sichtweise des Unternehmens als offenes System von Stoffströmen, das in entsprechende Marktsysteme eingebunden ist (Lieferanten- und Kundennetze), widerspiegeln und den Blick auf die zielgerichtete Lenkung vernetzter Systeme im Sinne eines Fliessgleichgewichtes fokussieren. Dabei sollte betont werden, dass im Vordergrund des Handelns nicht die Optimierungen einzelner Stationen des Material- und Warenflusses, sondern deren dynamisches Zusammenwirken steht.

D 6.2.3.2 Berücksichtigung der Logistik im Planungssystem

Ziel der *strategischen Planung* ist es, die Erfolgsposition eines Unternehmens und damit seine Überlebensfähigkeit in den Märkten auf Dauer zu sichern. Die strategische Planung erfolgt, wie Bild D 6.2-2 zeigt, auf drei Ebenen. Die Einbindung der Logistik in die Strategieebenen wird je nach Bedeutung der Logistik in unterschiedlichem Umfang und Formalisierungsgrad wahrgenommen. Trotz Abgrenzungsproblemen und Interdependenzen soll im Folgenden die Einbindung des strategischen Logistikmanagements in die Ebenen der strategischen Planung skizziert werden.

In der Unternehmensstrategie *(Corporate Strategy)* wird festgelegt, auf welchen Geschäftsfeldern sich das Unternehmen betätigen soll. Bei der Formulierung der Unternehmensstrategie für Logistikanbieter, z. B. Speditionsunternehmen, Reedereien, Fluggesellschaften, ist es offensichtlich, dass logistische Faktoren bei der strategischen Planung berücksichtigt werden müssen. Die Beschäftigung mit Logistikkonzeptionen fällt unmittelbar und unübersehbar in den Aufgabenbereich der Unternehmensführung. Aber auch für Logistiknachfrager kann sich die Berücksichtigung der Logistik bei der strategischen Unternehmensführung als unabdingbar erweisen. Als Instrument zur Beurteilung dieser Fragestellung kann z. B. die Portfolio-Analyse verwendet werden [Kum92, 65ff].

In der *Geschäftsfeldstrategie (Business Strategy)* wird festgelegt, wie das Unternehmen in bestimmten Strategischen Geschäftsfeldern (SGF) agieren soll. Es erfolgt die Festlegung der zu entwickelnden Produkte und Märkte. Bei der Untersuchung der Geschäftsfeldstrategie im Hinblick auf logistische Faktoren wird besonders deutlich, dass logistische Aspekte den gesamten Planungsprozess durchziehen. Wichtigste Aufgabe des strategischen Logistik-Controllings ist es hier, sicherzustellen, dass Logistikstrategien entwickelt werden, welche die Geschäftsfeldstrategien unterstützen. Ist die Strategie des Geschäftsfeldes auf die Erzielung von Wettbewerbsvorteilen durch Innovationen gerichtet, so müssen Logistikstrategien entwickelt werden, die in der Lage sind, häufige und in der Regel schnelle Markteinführungen zu unterstützen. Verfolgt der Geschäftsbereich eine Strategie der Kostenführerschaft, so wird die Logistikstrategie sich um Kostenreduktion, z. B. Transportkostenreduktionen durch Konsolidierung und/oder Kostenminimierung bei der Verkehrsträgerwahl, bemühen. Bild D 6.2-3 gibt einen Überblick über den Einfluss der Logistik auf die einzelnen Strategiebereiche von Geschäftsfeldstrategien.

Die Logistik als flussbezogene Koordinationsfunktion findet ihren Platz im Bereich der *Funktionalstrategien*. Die Beherrschung eines schnellen und durchgängigen Material- und Warenflusses über die gesamte Wertschöpfungskette hinweg lässt sich als eine strategische Kernfähigkeit des Unternehmens erkennen. Auf die Formulierung und Durchsetzung von Logistikstrategien sowie auf Besonderheiten des Supply Chain Controlling wird im Folgenden detaillierter eingegangen.

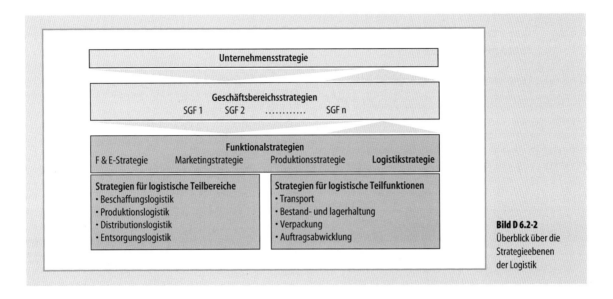

Bild D 6.2-2 Überblick über die Strategieebenen der Logistik

Analyseschritt	Analysemethode	Logistische Interdependenzen
Problemfelder von Endabnehmern	Konsumentenanalyse	z.B. Untersuchung der Verpackung des Lieferservices
Probleme von Abnehmern	Abnehmeranalyse	z.B. Bestimmung des Distributionssystems
Geschäftsfelder des Unternehmens	Marktsegmentierung	z.B. Berücksichtigung physischer Eigenschaften von Märkten, wie Entfernungen
strategische Wettbewerbsvorteile	Wettbewerbsanalyse	z.B. Berücksichtigung des logistischen Leistungspotenzials der Konkurrenten
notwendige Bedingungen für die Aufnahme der eigenen Fertigung	Gefährdungsanalyse	z.B. Ermittlung der notwendigen Bedingungen für das Logistiksystem und Analyse bezgl. des Gefährdungspotenzial
notwendige Bedingungen bei Lieferanten	Lieferantenanalyse	z.B. Ermittlung der logistischen Kompatibilität der Schnittstelle Lieferant/Logistiknachfrager
notwendige Ressourcen im eigenen Unternehmen	Ressourcenanalyse	z.B. Analyse der verfügbaren logistischen Ressourcen
Produkte	Produktanalyse	z.B. Analyse der Differenzierungspotenziale aufgrund logistischer Eigenschaften
Prozesse	Fertigungsanalyse	z.B. Analyse der produktionslogistischen Anforderungen
wirtschaftliche Beurteilung	Wirtschaftlichkeitsanalyse	z.B. Berücksichtigung der Logistikkosten
Know-how-Transfer in andere Geschäftsbereiche in zukünftigen Perioden	Synergieanalyse	z.B. Berücksichtigung logistischer Synergieeffekte

Bild D 6.2-3 Berücksichtigung der Logistik bei strategischen Analyseschritten der Geschäftsfeldplanung [Kum92, 46]

D 6.2.4 Unterstützung der Logistikstrategieformulierung

D 6.2.4.1 Formulierung eines Logistikleitbilds

Die Formulierung eines Unternehmensleitbildes für die Logistik hat sich als erfolgreich erwiesen. Ein von den Mitarbeitern akzeptiertes Leitbild kann helfen, die Zielausrichtung der Handlungen der Logistikmitarbeiter sicherzustellen. Aufgrund ihrer Querschnittsfunktion besitzt die Logistik eine Vielzahl von Schnittstellen und Reibungspunkten zu anderen Unternehmensbereichen. Hieraus resultieren Zielkonflikte, die nur schwer zu lösen sind. Das Formulieren und Kommunizieren eines Leitbildes für den Logistikbereich kann hier einen wirkungsvollen Lösungsansatz darstellen.

Ein Leitbild sollte kurz und prägnant sein, es sollte aber ausführlich genug sein, um die Position der Logistik Dritten gegenüber klar machen zu können und neuen Mitarbeitern eine schnelle Integration in den Logistikbereich zu ermöglichen. Als Anschauungsobjekt kann das von Weber entwickelte Beispiel dienen (siehe Bild D 6.2-4). Die Elemente eines Leitbildes sind die kurzgefassten Grundpositionen des Logistikbereiches.

D 6.2.4.2 Formulierung strategischer Logistikziele

Um eine abgestimmtes Verhalten zu erreichen, sollten sich alle Aufgaben der Logistik an den (formulierten) Logistikzielen orientieren. Auf einen bestimmten Zeitpunkt bezogen sind die Wirkungen einer Zielformulierung um so bedeutsamer, je geringer der rationale Durchdringungsgrad des entsprechenden Handlungsfeldes ist, je weniger Know-how und Erfahrungen vorliegen und je komplexer das Handlungsfeld ist. Alle drei Aspekte führen für die Logistik zu einer hohen Priorität zur Formulierung strate-

> **Mission**
> Wir übernehmen die Verantwortung dafür, dass unser Unternehmen durch die Bereichs- und Unternehmensgrenzen überschreitende, ganzheitliche Steuerung des Material- und Warenflusses
> • flexibel auf Marktänderungen reagieren kann,
> • die Effizienz des Betriebsablaufs deutlich steigern kann und
> • einen Vorsprung auf dem Gebiet der Logistik erreichen und halten kann.
> Wir verstehen uns als Servicefunktion mit aktiven Geschäftsaufgaben.
>
> Wege dorthin? ....
>
> Wie sind die Wege zu gehen? ....
>
> Welche Konsequenzen sind zu ziehen? ....

Bild D 6.2-4 Beispiel eines Logistik-Leitbildes [Web90, 42]

gischer Ziele (gleichermaßen gilt dies für die hier nicht zu diskutierenden operativen Ziele). Ausgehend von strategischen Analysen müssen für die einzelnen hierarchischen Ebenen Strategien gefunden werden, welche die jeweiligen Ziele unterstützen. Hierzu können die aus der Literatur zur strategischen Planung bekannten Instrumente eingesetzt werden.

Zielvorgaben für den Funktionsbereich Logistik können grundsätzlich für alle Logistikleistungen und Logistikkosten formuliert werden. Sie sind – wie die Zielvorgaben auf Unternehmens- und Geschäftsbereichsebene – sehr vielfältig. In der Literatur findet sich deswegen ein weites Spektrum von Strukturierungsansätzen. Als Oberziel kann die Logistikeffizienz als Verhältnis von Logistikleistungen und Logistikkosten formuliert werden. Sie lässt sich jedoch schwer messen. Zur Bildung eines Kennzahlensystems mit der obersten Zielgröße Logistikeffizienz und zur Verwendung von Nutzwerten zur Messung dieser Größe vgl. [Web97, 438ff.] In der Unternehmenspraxis werden deswegen in der Regel einzelne Kosten- und Leistungsziele formuliert.

Weit verbreitet, wenn auch aufgrund der unterschiedlichen Bemessungsbasis nicht unproblematisch, ist die Zielgröße Logistikkosten/Umsatz. Neben dem Zielwert für die gesamten Logistikkosten erfolgt dann außerdem eine Aufspaltung entsprechend der Aktivitäten der Wertschöpfungskette (Kosten der Beschaffungs-, Produktions-, Distributions- und Entsorgungslogistik). Sowohl innerhalb der einzelnen Teilbereiche als auch zwischen den Teilbereichen entstehen Zielkonflikte, bzw. Trade-offs. Typische Kosten-Trade-offs sind Bestandskosten und Transportkosten. Durch eine Erhöhung der Transportfrequenz und eine Erhöhung der Transportgeschwindigkeit können zwar Lagerbestandskosten gesenkt werden, die Transportkosten steigen jedoch.

Für die Formulierung von Zielen für die Logistikleistung sind die Messgrößen, die vom Kunden wahrgenommen werden (wirkungsbezogene Leistungsebene) von besonderer Bedeutung. Die Wahrnehmung des Lieferservices wird durch verschiedene Teilgrößen (z. B. Lieferzeit, Lieferzuverlässigkeit, Lieferfähigkeit, Lieferqualität, Lieferflexibilität oder Informationsfähigkeit) bestimmt.

Da die Logistik bei ökologischen Fragen eine große Rolle spielt, kann die Reduzierung der negativen Umweltbeeinflussung durch logistische Aktivitäten, z. B. durch Verringerung von Transporten und Verpackungen sowie Auswahl von umweltfreundlichen Verkehrsträgern und Verpackungsmaterialen, ein weiteres Ziel darstellen.

D 6.2.4.3 Strategieformulierung

Als Ansatzpunkte für die Formulierung einer Logistikstrategie sollen hier die Grundstrategien von [Porter88, 62] gewählt werden. Für *Differenzierungsstrategien* durch Logistik findet sich eine Vielzahl von Facetten in den unterschiedlichsten Branchen (wählt ein Unternehmen die Strategie Differenzierung, so versucht es, in einer oder mehreren für die Abnehmer besonders wichtigen Eigenschaft eine einzigartige Position zu erlangen). Häufig wird eine Differenzierung durch Logistik nur möglich sein, wenn eine Übernahme zusätzlicher Wertschöpfungsaktivitäten für den Kunden durch den Lieferanten erfolgt. So können Hersteller als System-Lieferanten für ihre Waren vielfältige Logistikaufgaben wie die Gestaltung der Verkaufsräume, die Optimierung des Sortimentes und Servicefunktionen (z. B. Regalpflege, Disposition, Wareneingangskontrollen, Inventur, Einräumen der Ware, Überprüfung der Preisauszeichnung, Unterstützung von Sonderaktionen) übernehmen.

Im Investitionsgüterbereich ist vor allem das Sicherstellen eines höheren Kundenservices und damit verbunden einer höheren Verfügbarkeit sowie eine Verkürzung der Ausfallzeiten bei Reparaturen besonders erfolgsversprechend. Eine serviceorientierte Differenzierungsstrategie erfordert die Optimierung der Serviceleistungen. Hierzu muss unternehmensspezifisch festgelegt werden, welche Zielwerte für die unterschiedlichen Servicebestandteile (Lieferzeit, Lieferfähigkeit, etc.) erreicht werden können und welche Systeme z. B. zur Realisierung und zur Kontrolle der entsprechenden Werte installiert werden müssen. Ein Beispiel für ein Unternehmen, das sich durch eine Veränderung des Lieferservices und des Logistiksystems gegenüber seinen Konkurrenten differenzieren konnte, ist Caterpillar. Durch die Gewährleistung eines weltweiten 24-Stunden-Ersatzteilservices und die logistischen Leistungen während des Vietnamkrieges konnte lange Zeit eine Abhebung gegenüber den Wettbewerbern und dadurch ein Wettbewerbsvorteil erzielt werden. Eine solche Strategie kann durch moderne Informations- und Kommunikationstechnologien unterstützt werden, wie das Beispiel von XEROX zeigt. Das Unternehmen bietet u. a. Kopierer an, die im Störungsfalle oder bei Ablauf der Wartungsintervalle automatisch auf elektronischem Wege den Kundenservice informieren. Ein schneller und kostengünstiger Service wird hierdurch gewährleistet.

Verfolgt ein Unternehmen die Strategie der *Kostenführerschaft*, ergibt sich für die Logistik konsequenterweise das Ziel der Minimierung der Gesamtkosten. In der Regel erfolgt dies allerdings unter der Nebenbedingung der Erreichung eines akzeptablen Mindestniveaus für den Servicegrad. Das logistische Gesamtkostendenken soll sicherstellen, dass alle durch die Logistikentscheidungen beeinflussten Kosten betrachtet werden. Zur Erlangung einer Kostenführerschaft könnten z. B. folgende Teilstrategien ergriffen werden:
– Konsolidierung von Warenströmen im Transportbereich zur Verringerung von Transportkosten bei eventuell größeren Lieferzeiten;
– Einsatz kostengünstiger Transportmittel;
– Geringere Lagerkosten durch eine Verringerung der Breite des Sortiments und der Anzahl der Lieferanten;
– Automatisierung von Lager und Umschlagsprozessen;
– Minimierung der Lagerkosten bei Festlegung eines akzeptablen Lieferservices sowie
– Einsparungen, die durch Mengenrabatte und durch die Einführung von Zentrallägern realisiert werden.

Die Minimierung der Logistikkosten kann insbesondere bei Unternehmen mit Produkten, die sich in einer späten Lebenszyklusphase befinden, einen entscheidenden Wettbewerbsfaktor darstellen.

Bei der Strategie *Fokussierung* konzentriert sich das Unternehmen auf Schwerpunkte. Zum Beispiel kann ein begrenztes Wettbewerbsfeld innerhalb einer Branche gewählt werden. Das Unternehmen konzentriert sich optimal auf ein Segment oder eine Gruppe von Segmenten und kann sich hierdurch einen Wettbewerbsvorteil verschaffen. Eine typische und für die Entwicklung von Logistikstrategien sehr wichtige Ausprägung der Fokussierungsstrategie ist die Erreichung von Wettbewerbsvorteilen durch Produktinnovationen. Bei dieser Strategie ist die Fähigkeit einer schnellen Marktentwicklung und Marktdurchdringung entscheidend für den Erfolg. Neben der Vorstellung des Produktes muss eine hohe Produktverfügbarkeit, insbesondere bei Konsumgütern, gewährleistet sein. Denn nur, wenn die Produkte für den Kunden verfügbar sind, können – nachdem die Kunden aufmerksam geworden sind – die entscheidenden Erstkäufe durchgeführt werden. Eine Produkteinführung mit dem Ziel einer möglichst hohen Verfügbarkeit innerhalb kürzester Zeit stellt erhebliche Flexibilitätsanforderungen an das Logistiksystem. So müssen bei der Markteinführung mancher IT-Produkte mit kurzen Produktlebenszyklen die Hälfte des normalen Monatsumsatzes innerhalb von 24 Stunden geliefert werden. Eine entsprechend flexible Distributionslogistik ist dann ein unbedingtes Erfordernis. Weitere fokussierungsorientierte Logistikstrategien sind z. B.:
– die Konzentration auf die speziellen logistischen Anforderungen von Klein- und Einzelserien (z. B. für das Ersatzteilgeschäft);
– Konzentration auf die logistischen Anforderungen von „Marktnischen", z. B. extrem hoher Kundenservice in Märkten für Luxusartikel.

Die Konzentration auf eine der drei Porter'schen Strategien birgt erhebliche Gefahren. In dem turbulenten Umfeld, in dem die Unternehmen agieren, ändern sich die Wettbewerbspositionen ständig und Logistikstrategien, die heute noch zum Wettbewerbsvorteil führen, sind vielleicht morgen schon Standard in der Branche. Aus diesem Grund sind die Unternehmen zunehmend auf der Suche nach *Hybridstrategien*, die sowohl einen Differenzierungsvorteil, z. B. durch kundenindividuelle Angebote, schaffen, als auch die Koordinations- und die Komplexitätskosten auf ein für den Wettbewerb tragfähiges Maß zu beschränken.

Bei der Entwicklung von Logistikstrategien hat sich insbesondere die Postponementstrategie bewährt. *Postponement* ist die späte Kundenspezifizierung durch produkt- oder materialflussbezogene Maßnahmen mit dem Ziel, Skaleneffekte in Produktion und Logistik zu nutzen (economies of scale) und gleichzeitig Produkte zu vermarkten, die individuellen Kundenanforderungen entsprechen (economies of scope) [Kum97, 145]. Wichtig ist die Lage des Punktes, an dem die Spezifizierung vorgenommen wird („Freezing-Point", „Order-Penetration-Point", „Decoupling-Point", „Point of Postponement", „Bestimmungspunkt" oder „Entkopplungspunkt"). Vor diesem Punkt erfolgt die Produktion eines generischen Produktes unter Ausnutzung von Skaleneffekten, anschließend wird das Produkt entsprechend des Auftrages spezifiziert. Je nach

Lage des Spezifizierungspunktes können unterschiedliche Arten des Postponement unterschieden werden:

Beim *Etikettierungspostponement* werden mit Hilfe von Etiketten kundenspezifische Informationen oder Werbebotschaften an die Produkte oder deren Verpackung angebracht. Es bietet sich für Unternehmen, die Produkte unter verschiedenen Markennamen oder Produkte mit unterschiedlichen Etiketten in verschiedenen Landessprachen verkaufen.

Beim *Verpackungspostponement* wird die individuelle (z. B. länderspezifische) Verpackung erst nach Auftragserteilung entsprechend der Vorgaben mit dem Produkt verbunden. Ein Beispiel ist die Verpackung von zentral produzierten Flüssigwaschmitteln für unterschiedliche Länder.

Bei dem *Montagepostponement* werden standardisierte Basisprodukte zentral unter Ausnutzung von Economies of Scale hergestellt und dann in einem kundenspezifischen Prozess durch standardisierte Komponenten oder auch durch Individualteile spezifiziert. Ein Beispiel für das Montagepostponement ist die entsprechend den Kundenwünschen gestaltete Ausrüstung mit Bildschirmen, Laufwerken und Arbeitsspeichern bei Computern durch den Händler.

Unter *Fertigungspostponement* wird im Extremfall die Verlagerung aller Produktionsschritte von der Fertigung über die Montage bis zur Verpackung und Etikettierung dezentral und kundenspezifisch verstanden.

Für die Formulierung von Logistikstrategien in der Praxis gibt eine Studie der National Association of Accountants und dem Council of Logistics Management interessante Anregungen. Die Befragung von 50 Logistikführungskräften, die nach Aussage der Verfasser dafür bekannt waren, dass sie die Unternehmensergebnisse durch Logistikentscheidungen verbessert haben, hat folgende zehn Faktoren für eine erfolgreiche Logistik ermittelt:

– Verbindung der Logistik mit der Unternehmensstrategie. Alle Logistikaktivitäten sollten mit dem strategischen Unternehmensplan des Unternehmens verkettet werden.
– Eine umfassende, einheitliche Organisation für die Logistik. Durch Logistik erfolgreiche Unternehmen fassen alle Logistikaktivitäten unter einer Organisationseinheit zusammen.
– Konsequente Nutzung von Informationen. Die erfolgreichen Logistikeinheiten nutzen die gesamten Vorteile des Informationsmanagements und der Informationstechnologien.
– Betonung des Humanpotenzials. Die mit Logistik erfolgreichen Unternehmen betonen die Mitarbeiter als ihre wichtigste Ressource.
– Bildung strategischer Allianzen. Strategische Allianzen entlang der logistischen Kette, die zu win-win-Situationen führen, haben für die erfolgreichen Unternehmen einen großen Stellenwert.
– Konzentration auf finanziellen Erfolg. Die logistische Leistung sollte mit Finanzkennzahlen, wie z. B. Return on Assets, Economic Value Added oder Kosten gemessen werden.
– Festlegung des (gewinn-)optimalen Serviceniveaus. Um ein optimales Serviceniveau festlegen zu können, müssen die Erlöse und die entsprechenden Kosten bezogen auf die unterschiedlichen Serviceniveaus gemessen werden. Viele der erfolgreichen Unternehmen legen für unterschiedliche Produkte/Materialien bzw. Produktgruppen/Materialgruppen jeweils unterschiedliche Serviceniveaus fest.
– Management der Details. Die besten Logistikeinheiten haben das Kerngeschäft unter Kontrolle und arbeiten ständig an kleinen Detailproblemen.
– Konsolidierung von Volumina flussbezogener Dienstleistungen. Erfolgreiche Logistikeinheiten nutzen die Konsolidierung sowohl im Transport- als auch im Lagerbereich, um durch das höhere Volumen Vorteile in der Leistungserstellung realisieren zu können.
– Leistungsmessung und Einleiten entsprechender Maßnahmen. Das einmal erreichte Leistungsvermögen der Logistik überwachen in der Logistik erfolgreiche Unternehmen mit Leistungsmessungen. Sie ergreifen Maßnahmen, wenn die Ergebnisse der Leistungsmessung Abweichungen anzeigen.

D 6.2.5 Umsetzung von Logistikstrategien

Der strategischen Planung wird häufig der Vorwurf gemacht, sie erzeuge lediglich „strategische Wolken", ohne konsequent die Strategieumsetzung zu betreiben. Diesem Vorwurf muss das strategische Logistik-Controlling insbesondere durch zwei Aufgabenbereiche begegnen: zum einen müssen zur Erreichung der strategischen Ziele strategische Maßnahmen und Projekte formuliert und durchgeführt werden, zum anderen muss die Zielerreichung durch den Aufbau einer strategischen Kontrolle überprüft werden.

D 6.2.5.1 Strategische Maßnahmen und Projekte

Neben strategischen Zielen als Messlatte und Bezugspunkt strategischen Handelns muss das strategische Logistik-Controlling eine strategische Maßnahmenplanung und ein strategisches Projektmanagement betreiben, das für die herauskristallisierten Maßnahmen und Projekte Ziele for-

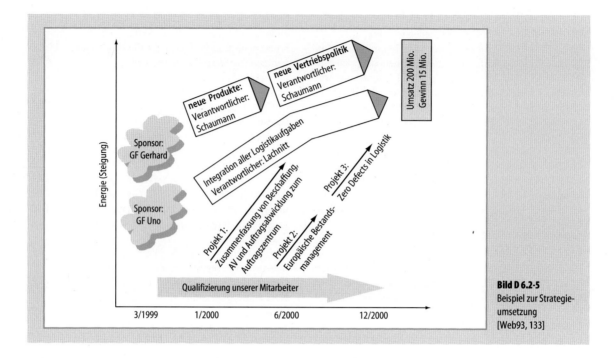

Bild D 6.2-5
Beispiel zur Strategieumsetzung [Web93, 133]

muliert, Ablaufpläne aufstellt, eine Meilensteinplanung betreibt und die Einhaltung der Meilensteine überwacht.

Die Umsetzung der Logistikstrategien sollte durch strategische Maßnahmen, die in der Regel eine Neuausrichtung des Logistiksystems erfordern, erfolgen. Eine Aufnahme dieser Projekte in den strategischen Unternehmensplan erscheint zweckmäßig. Um die strategischen Ziele zu erreichen, müssen für die strategischen Maßnahmen einzelne Projekte formuliert werden.

Es hat sich bewährt, für die strategischen Maßnahmen Machtpromotoren (möglichst aus der Unternehmensleitung – in Bild D 6.2-5 plakativ als Sponsoren bezeichnet) zu benennen. Für die strategischen Maßnahmen und die Logistikprojekte sollten außerdem Fachverantwortliche, Termine für die Fertigstellung einzelner Abschnitte und Ressourcen (aufgeschlüsselt nach Personal- und anderen Leistungen sowie deren Kosten) festgelegt werden. Bild D 6.2-5 zeigt ein Beispiel und macht gleichzeitig deutlich, wie die Formulierung eines Maßnahmenplanes und der dazugehörigen Projekte graphisch dargestellt werden kann. Die graphische Unterstützung sollte einprägsam und so allen Mitarbeitern verständlich sein. Die Steigung der Pfeile zeigt die Energie, die das Unternehmen für die einzelne Maßnahme aufwenden will.

Diese Übersicht muss weiter konkretisiert werden. Dies kann z. B. durch die Formulierung eines Aktivitätenplans erfolgen, in dem die Priorität, die Zielauswirkung, Kennzahlen, Verantwortliche und der Status der einzelnen Aktivitäten, die zur Realisierung eines Projektes geplant, konkretisiert werden. Ein Beispiel hierfür gibt Bild D 6.2-6.

D 6.2.5.2 Aufbau und Durchführung der strategischen Kontrolle

Ein strategisches Logistik-Controlling wäre unvollständig, würde keine Analyse der Abweichungen bei Maßnahmen und Projekten, keine Untersuchung von Abweichungsursachen und – im Sinne eines Rückkopplungsprozesses – kein Anstoßen von Anpassungsmaßnahmen erfolgen. Hierzu ist es erforderlich, eine strategische Kontrolle aufzubauen.

Diese beinhaltet zwei gleich bedeutsame Teilfelder: Im Rahmen der Prämissenkontrolle muss analysiert werden, ob die zum Zeitpunkt der Projektplanung getroffenen Annahmen weiterhin Gültigkeit besitzen, ob z. B. eine gewünschte Differenzierung über eine Verkürzung der Lieferzeit tatsächlich von den Kunden honoriert wird.

Die Durchführungskontrolle bezieht sich auf den Realisierungsprozess der strategischen Planung. Angesichts der hohen Unsicherheit der in die Strategiefestlegung einbezogenen Informationen werden Plan-Ist-Abweichungen – anders als im Bereich der operativen Planung – eher eine

Priorität	Aktivität	Lieferservice	DLZ	Bestände	Kennzahl	Verantwortlicher	Status Zwischenziele in zeitlicher Folge abfragen u. hier kennzeichnen				
							1	2	3	4	5
A	Verantwortung für Fertigwarenbestände auf europäisches Logistikzentrum übertragen			X	absolute Werte FF TDM Umschlagshäufigkeit für den Bestand des Mitarbeiters	Europäisches Logistikzentrum					
A	Sofortbereitstellung von Material	X	X		Liefertreue Mat-Dispo in % von allen Mat-Anforderungen richtig und vollzählig ausgeliefert	Leiter Materialdisposition					
A	Reduzierung Durchlaufzeit im Bürobereich	X	X	X	DLZ Auftragsbestätigung bis Abgabe Werksauftrag	Ver- Logis- AV trieb tik Leiter Ver- Logis- AV trieb tik					

Bild D 6.2-6 Beispiel für einen Aktivitätenplan

Veränderung von Planwerten (bis hin zur Neuausrichtung oder Aufgabe der strategischen Projekte) als eine Veränderung der Projektdurchführung bedingen. Eine derartige strategische Kontrolle ist beispielsweise zur Koordination der Einzelprojekte erforderlich. Sie beinhaltet auch den Aufbau eines strategischen Frühwarn- bzw. Früherkennungssystems für die Logistik.

D 6.2.6 Supply Chain Controlling

Bei marktlicher Koordination von Wertschöpfungsketten erfolgt eine Koordination der Beziehungen innerhalb logistischer Ketten im Wesentlichen über die Preise. Verstärkt sich innerhalb der Wertschöpfungskette die Zusammenarbeit, so bilden sich aufgrund einer vordergründigen Maximierung der eigenen Vorteile traditionelle machtorientierte Strukturen heraus. Die Unternehmen, welche die größte Machtposition besitzen, geben den Wettbewerbsdruck an die Lieferanten weiter. Beispiele lassen sich in Supply Chains von Lebensmitteln oder von Automobilen finden. Die Begleiteffekte, die damit verbunden sind, zeigen, dass dieses Vorgehen häufig nicht rational ist. So schaffen es die vermeintlich unterlegenen Partner, die ihnen aufgebürdeten Kosten in Verhandlungen wieder einzubringen, z. B. indem Lieferanten erzielte Rationalisierungsvorteile nicht oder nur verzögert an die Endprodukthersteller weitergeben. Allgemein fördert die Ausnutzung einer Machtposition opportunistisches Verhalten, wodurch in vielen Fällen eine optimale Gestaltung der Supply Chain verhindert wird.

Eines der Hauptprobleme des *Supply Chain Controlling* sind die nicht vorhandenen oder nicht vergleichbaren Informationen. Es fehlen darüber hinaus Vergleichsmaßstäbe, die unternehmensübergreifend, intersubjektiv nachvollziehbar und von den beteiligten Partnern akzeptiert sind. Wird die von Porter entwickelten Wertkettenanalyse erweitert, so kann das, hier als Wertschöpfungskettenanalyse bezeichnetes Instrument die Basis des Supply Chain Controlling bilden. Bild D 6.2-7 zeigt wichtige Instrumente, die diese ergänzen.

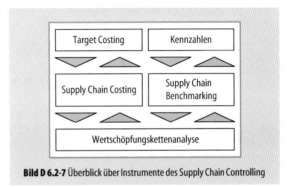

Bild D 6.2-7 Überblick über Instrumente des Supply Chain Controlling

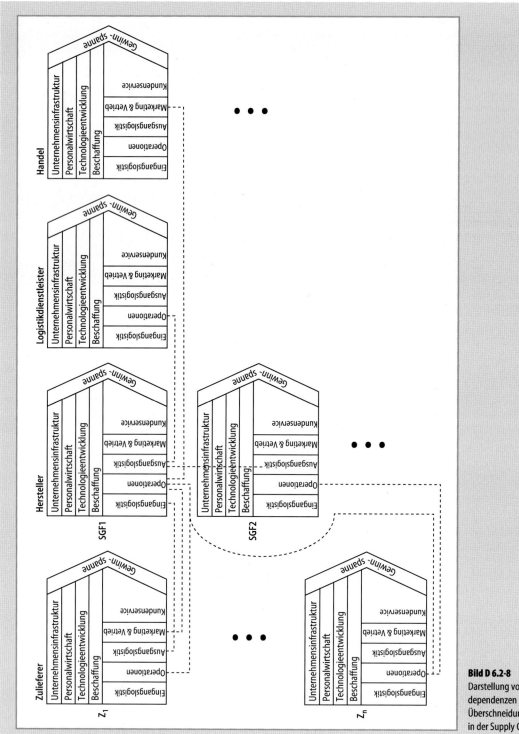

Bild D 6.2-8
Darstellung von Interdependenzen und Überschneidungen in der Supply Chain

D 6.2.6.1 Analyse der Wertschöpfungskette

Wertschöpfung wird definiert als Rohertrag einer Aktivität (=nach außen abgegebener Güter- und Leistungswert) abzüglich Vorleistungskosten einer Aktivität (von außerhalb des Unternehmens stammende Güter- und Leistungswerte). Bei der Entwicklung von Logistikstrategien eignen sich Wertschöpfungsanalysen vor allem für die Neuausrichtung der logistischen Aktivitäten innerhalb der logistischen Kette, indem sie die Effizienz- und Effektivitätsuntersuchung der unternehmensinternen und unternehmensexternen Logistikaktivitäten unterstützen [Kum06, 179]. Von Porter [Por89, 59ff.] wurde eine Systematik der wichtigsten primären und unterstützenden Aktivitäten der Wertschöpfung vorgenommen und es wurden bereits erste Ansätze zur Integration vor- und nachgelagerter Wertschöpfungsstufen entwickelt. Folgende Gründe sprechen für die Eignung der erweiterten *Wertkettenanalyse* als Basis für das Strategische Controlling von logistischen Supply Chain Aktivitäten:

– Die Wertschöpfungskette unterstützt die Suche und die Sicherung von Wettbewerbsvorteilen. Durch die explizite Erwähnung der Logistikaktivitäten wird eine Berücksichtigung der Logistik bei der Suche nach Wettbewerbsvorteilen sichergestellt.
– Die kohärente Ausrichtung der Wertschöpfungsaktivitäten, also auch der Logistikaktivitäten, auf die Unternehmensgesamtstrategie wird unterstützt.
– Die Komplexität und die Verkettung der Aktivitäten, insbesondere auch der Logistikaktivitäten, kann mit Hilfe der Wertschöpfungskette analysiert werden.
– Unternehmensübergreifende Aspekte werden explizit berücksichtigt.

Mit Hilfe von Wertschöpfungsketten werden in einem ersten Schritt die Logistikaktivitäten beschrieben. In einem zweiten Schritt müssen Interdependenzen, Überschneidungen und Doppelarbeiten herausgearbeitet, sowie mögliche Synergien unternehmensinterner und unternehmensexterner Logistikaktivitäten verdeutlicht werden. Bild D 6.2-8 verdeutlicht dieses Vorgehen.

Aus der Darstellung und aus der Analyse der Wertschöpfungskette ergibt sich die Frage, welche Wertschöpfungsaktivitäten von welchem Unternehmen der Supply Chain durchgeführt werden sollen und welche gegebenenfalls von einem logistischen Dienstleistungsunternehmen erbracht werden können. Dabei werden prinzipiell alle Aktivitäten in Frage gestellt. Einigkeit besteht im Wesentlichen darüber, dass innerhalb der Supply Chain nur diejenigen Aktivitäten vom Unternehmen ausgeführt werden sollen, welche die Kernaktivitäten des Unternehmens darstellen oder bei denen Spezialisierungsvorteile bestehen.

Neben der Identifizierung der Aktivitäten, für die bei einer Neuausrichtung eine andere Aufgabenerfüllung gefunden werden soll, spielt die Frage, in welcher Form die Neugestaltung und Neuausrichtung der Logistikaktivitäten erfolgen soll, eine wichtige Rolle. Insgesamt ist im Sinne des Management der logistischen Kette eine Abstimmung des gesamten Wertschöpfungssystems, insbesondere auch der Logistikstrategien der unterschiedlichen Unternehmen der Supply Chain, erstrebenswert, damit die Wertschöpfungsaktivitäten gemeinsam ausgerichtet und aufeinander abgestimmt werden können.

D 6.2.6.2 Vom Target Costing zum Supply Chain Costing

Eines der Grundanliegen des Supply Chain Managements ist die kundenorientierte Gestaltung der Wertschöpfungsketten. Das aus der Produktgestaltung stammende *Target Costing* kann, wenn es auf die Prozessgestaltung übertragen wird, einen Lösungsansatz für die unternehmensübergreifende Gestaltung von Logistikketten darstellen. Die Funktion des Target Costing geht dabei über die eines Instruments zur Kostenreduktion durch Festlegung der Zielkosten hinaus, indem es neben einer konsequenten Marktorientierung auch die strategische Kostenplanung über den gesamten Produktlebenszyklus sicherstellt. Mit einer Rückwärtsintegration durch den Einbezug von Lieferanten in den Prozess des Target Costing wurden bereits wichtige Schritte in Richtung integrierter, die ganze Wertschöpfungskette umfassende Ansätze getätigt [Sei94].

Den Ausgangspunkt des Target-Costing-Prozesses bildet die Festlegung der Zielkosten. Hierfür stehen verschiedene Methoden zur Verfügung [Alb06, 160f]. Im Bereich des Konsumgütermarketing ist die Ermittlung der Zahlungsbereitschaft der Kunden durch Conjoint-Measurements bekannt. Wie Bild D 6.2-9 zeigt, werden die Präferenzen der Kunden in einer Komponenten-Funktionen-Matrix in Prioritäten für einzelne Produktkomponenten transformiert. Die Zielkosten für das Gesamtprodukt werden dabei entsprechend der Bedeutung der einzelnen Komponenten aufgespalten.

Der Notwendigkeit einer stärkeren Kundenorientierung trägt das Target Costing dadurch Rechnung, dass die Kundenwünsche den Ausgangspunkt für den sukzessiven Kostengestaltungsprozess bilden. Die Integration des Marketings in das Kostenmanagement bewirkt eine Verdrängung funktionalen Denkens zugunsten schnittstellenübergreifender Lösungen im Unternehmen.

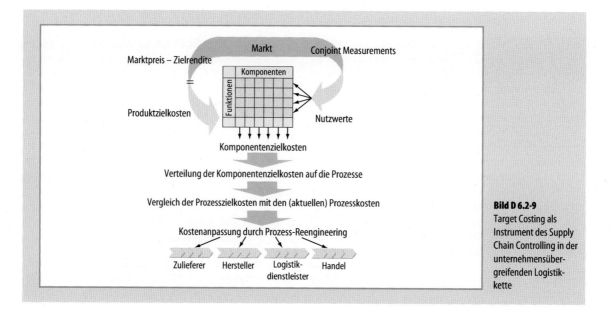

Bild D 6.2-9 Target Costing als Instrument des Supply Chain Controlling in der unternehmensübergreifenden Logistikkette

Mit Hilfe einer prozessorientierten *Logistikkostenrechnung* können die Vorgaben der Komponentenzielkosten auf die unterschiedlichen, unternehmensinternen und unternehmensübergreifenden Prozesse verteilt und somit konkrete Maßnahmen zur Prozessgestaltung bzw. ein Prozessreengineering unterstützt werden. Die Transformation der Komponentenzielkosten in Prozesskosten in der Logistikkette erfordert dabei eine vollständige Kostentransparenz über sämtliche Prozesse. Eine bereits durchgeführte Wertkettenanalyse für die gesamte Logistikkette kann dabei die Grundlage für die der Prozessbewertung vorausgehende Aktivitätenanalyse bilden.

Die Nutzung des Target Costing bereits in der Phase der Prozessdefinition ermöglicht eine gezielt, auf die Bedürfnisse des Kunden abgestellte, Strukturgestaltung in der Logistikkette. Hierbei verhindert die frühzeitige Integration des Marketings spätere, kostenintensive Anpassungsmaßnahmen. Indem die Prozessorientierung ihren Niederschlag auch im Target Costing findet, ist eine Optimierung der Schnittstellen durch Kostengestaltung möglich.

Aus der Beschreibung des Vorgehens wird bereits das Hauptproblem für ein prozessorientiertes Target Costing deutlich. Die Anforderungen an die Informationsbasis sind sehr hoch. So müssen z. B. alle Unternehmen der Supply Chain über *eine Prozesskostenrechnung* verfügen bzw. zumindest eine fallweise Prozesskostenerhebung durchführen. Auch die Durchführung von *Conjoint Measurements* verursachen hohe Kosten. Die umfangreichen Analysen werden nur dann wirtschaftlich sein, wenn ein hohes Einsparungspotenzial erreicht werden kann. Ein solches kann dann vermutet werden, wenn es sich um eine langfristig angelegte Supply Chain mit relativ hohen Prozesskosten handelt. Notwendig ist des Weiteren die Bereitschaft aller Unternehmen zu einer vollständigen Transparenz ihrer Prozesse in der Logistikkette und einer umfassenden Versorgung aller Supply-Chain-Partner mit den relevanten Informationen.

D 6.2.6.3 Kennzahlen und Supply Chain Benchmarking

Kennzahlen und Kennzahlensysteme nehmen in Führungsinformationssystem eine herausragende Stellung ein [Web04, 241; Sta69, 50]. Ein als Instrument des strategischen Logistik-Controllings eingesetztes Kennzahlensystem muss den untersuchten Sachverhalt als Ganzes strukturieren und bestehende Zusammenhänge aufdecken. Ziel des Einsatzes von Kennzahlen ist die Unterstützung des Entscheidungsträgers bei der Prognose der Wirkungen von Entscheidungsalternativen und dem Vergleich bestehender Alternativen im Hinblick auf Ausmaß und zeitlichen Bezug der Erreichung strategischer Ziele. Folgende Anforderungen sind daher an ein Kennzahlensystem zu stellen:

– das Kennzahlensystem muss alle Phasen des Strategischen-Logistik-Controllings, die Planung, die Durchführung und die Kontrolle unterstützen;

- das Kennzahlensystem muss den unvollständigen Informationsstand des Entscheidungsträgers verbessern und dadurch die Auswahl von strategischen Handlungsalternativen vereinfachen;
- im Kennzahlensystem sind Sach- und Wertziele zu integrieren [Sch96] und
- Ausmaß und zeitlicher Bezug der Erreichung strategischen Ziele müssen explizit berücksichtigt werden.

Weber u. a. [Web97, 9ff.] verbinden aus Unternehmensstrategie abgeleitete Kennzahlen mit solchen, welche die Komplexität und Dynamik der Material- und Warenflüsse beschreiben. Gegenüber einer reinen Betrachtung der Logistikeffizienz stellt der Einbezug einer strategischen Komponente eine effektivitätsorientiertere Betrachtungsweise dar. Das Top-down-Vorgehen ermöglicht eine stärkere Zielausrichtung des Kennzahlensystems.

Kennzahlen können die Transparenz einer strategischen Entscheidung erhöhen. Durch den Vergleich zwischen den geplanten out- und throughput-orientierten Kennzahlengrößen und den tatsächlichen Größen ist eine Aussage über die Effektivität und die Effizienz der Leistungserstellung, bezogen auf die Faktoren Zeit, Kosten, Qualität und Flexibilität möglich. Die Darstellung der Prozesseffektivität und -effizienz mittels Kennzahlen erfolgt nicht nur bezogen auf den Gesamtprozess. Durch die Bildung von Kennzahlen für einzelne Prozesse der Logistikkette können Schwachstellen identifiziert und Gestaltungshinweise für Teilprozesse abgeleitet werden. Dabei können die im Target Costing ermittelten Schwerpunkte als Orientierungshilfe für die Ermittlung „kritischer" Prozesse genutzt werden.

Mit Hilfe eines prozessorientierten *Benchmarking* kann versucht werden, eine optimale Form der Aufgabenerfüllung als Ergebnis eines Vergleichs von Kennzahlen zur Performance verschiedener Prozesse zu finden und diese für das eigene Unternehmen nutzbar zu machen. *Supply Chain Benchmarking* erweitert bekannte Terminologien dahingehend, dass nicht mehr das einzelne Unternehmen, sondern die Leistungsabwicklung innerhalb eines Unternehmensverbundes im Mittelpunkt steht. Für die Eignung des Benchmarking als Controllinginstrument innerhalb des SCM spricht in erster Linie die Tatsache, dass insbesondere in der Einführungsphase mit der Implementierung eines unternehmensübergreifenden SCM bei relativ geringen Kosten erhebliche Nutzengewinne realisiert werden. Als Hauptproblem bei Benchmarkingstudien zwischen Unternehmen einer Supply Chain und zwischen zwei unterschiedlichen Supply Chains muss dabei die Abgrenzung und Standardisierung der Logistikleistung gesehen werden.

Aufgrund der Komplexität der Logistikketten und des Fehlens geeigneter Koordinationsinstrumente für das Supply Chain Management sollte das Benchmarking über eine reine Prozessbetrachtung hinausgehen. Ausgangspunkt des Supply Chain Benchmarking bildet dabei die Strukturanalyse der Prozesse in der Supply Chain, die auf der Basis der Ergebnisse der Wertkettenanalyse erfolgen kann [Wil96]. Anschließend können kritische Prozesse, welche hinsichtlich ihrer Wirkung auf den Gesamtprozess als besonders bedeutsam einzuschätzen sind, identifiziert werden. Dabei wird der Vergleich unternehmensübergreifender Prozesse im Zentrum stehen. Generell lässt sich feststellen, dass der Vergleich sowohl für Effizienz- als auch für Effektivitätskennzahlen erfolgen muss, da Erstere zwar Aussagen darüber ermöglichen, inwieweit bestimmte Prozesse rationell abgewickelt werden können, einen Erklärungsbeitrag hinsichtlich der Marktadäquanz der Leistungsabwicklung liefert eine stärkere Orientierung an effektivitätsorientierten Kennzahlen. „Successful benchmarking programmes firstly, enable logistics strategies to be developed which are firmly based upon customer service requirements, and secondly ensure that the processes employed are truly leading edge" [Chr92, 103].

Literatur

[Alb06] Albright, T.; Lam, M.: Managerial accounting and Continuous Improvement Initiatives: A Retrospective and Framework. Journal of Managerial Issues 18 (2006) 2, 157–174

[Chr92] Christopher, M.: Logistics and Supply Chain Management. London: Pitman Publ. 1992

[Kum92] Kummer, S.: Logistik im Mittelstand – Stand und Kontextfaktoren der Logistik in mittelständischen Unternehmen. Stuttgart: Schäffer-Poeschel 1992

[Kum96] Kummer, S.: Logistik für den Mittelstand. 2. Aufl. München: Huss 1996

[Kum97] Kummer, S.: Optimierung von Geschäftsprozessen durch Postponementstrategien. In: Wildemann, H. (Hrsg.): Geschäftsprozessorganisation. München: TCW Transfer-Centrum 1997, 145–164

[Kum06] Kummer, S.: Logistikkostenrechnung und Controlling. In: Krampe, H.; Lucke, H.J. (Hrsg.): Grundlagen der Logistik. 3. Aufl. München: Huss 2006, 159–183

[Por88] Porter, M.: Wettbewerbsstrategie. Frankfurt/Main: Campus 1988

[Por89] Porter, M.: Wettbewerbsvorteile. Frankfurt/Main: Campus 1989

[Sch96] Schuderer, P. Prozessorientierte Analyse und Rekonstruktion logistischer Systeme. Wiesbaden: Deutscher Universitäts-Verlag 1996

[Sei94] Seidenschwanz, W.; Niemand, S.: Zuliefererintegration im marktorientierten Zielkostenmanagement. Controlling 6 (1994) 5
[Sta69] Staehle, W.H.: Kennzahlen und Kennzahlensysteme als Mittel der Organisation und Führung von Unternehmen. Wiesbaden: Gabler 1969
[Ver95] Vermast, T.: Einführung eines integrierten Logistik-Controlling. Bamberg: Difo-Druck 1995
[Web90] Weber, J.: Logistik-Controlling. Teil 3 – Ohne Leitbild nicht ernstzunehmen. Logistik heute 1990, 4–42
[Web93] Weber, J.; Weise, F.-J.; Kummer, S.: Einführen von Logistik im Unternehmen – Eine spannende Anleitung zum programmierten Erfolg. Stuttgart: Schäffer-Poeschel 1993
[Web97] Weber, J.; Großklaus, A.; Kummer, S.; Nippel, H.; Warnke, D.: Methodik zur Generierung von Logistik-Kennzahlen. Betriebswirtschaftliche Forschung und Praxis (1997) 4, 438–454
[Web04] Weber, J.: Einführung in das Controlling. 10. Aufl. Stuttgart: Schäffer-Poeschel 2004
[Wil96] Wildemann, H.: Prozess-Benchmarking. München: TCW Transfer-Centrum 1996

D 6.3   Erlösplanung in der Logistik

D 6.3.1   Die Bedeutung der Erlösplanung für das Logistik-Controlling

„Erlöse" stellen allgemein den Gegenwert für die in einem Planungszeitraum auf den Absatzmärkten abgesetzten Unternehmensleistungen dar [Eng77, 2]. Hammann und Plinke bezeichnen diese Definition als „enggefassten Erlösbegriff" [Ham89, 459; Pli93]. Als solche können Erlöse als monetär bewertetes Ergebnis der betrieblichen Tätigkeit und wichtiges Erfolgskriterium des Unternehmens angesehen werden [Ham89, 462].

Auf die Notwendigkeit der Erweiterung des betrieblichen Rechnungswesens durch eine aussagekräftige Erlösrechnung als Ergänzung der traditionellen Kostenrechnung wurde bereits in Veröffentlichungen aus den 1970er Jahren hingewiesen [Eng77, 10ff.; Män93, 563]. Dennoch fristet die Erlösrechnung in der Betriebswirtschaftslehre bisher ein Schattendasein [Män93, 563; Web04, 230].

Mit den sich verändernden Aufgaben innerhalb des Logistikbereichs stellen sich für das Logistik-Controlling immer neue theoretische und praktische Fragestellungen. In den 1980er und 1990er Jahren haben viele Unternehmen – aufbauend auf den Arbeiten von Weber [Web87; Web97; Web02] – kosten- und kennzahlenorientierte Logistik-Controlling-Systeme eingeführt. Die Unternehmen konzentrierten sich dabei vornehmlich auf:
– Kostensenkung und Effizenzverbesserungen sowie
– eine – im Vergleich zu den Wettbewerbern – überlegene Logistikleistung.

Diesen Zielstellungen entsprechend wurden die Logistikkosten- oder Prozesskostenrechnung sowie Logistikkennzahlensysteme entwickelt. Das Hauptinteresse galt somit in der Vergangenheit der Beherrschung der Kosten und der Steigerung der Erzeugnisqualität [Kam99a, 242].

Heute besteht das Problem zunehmend darin, dass für eine in die Zukunft gerichtete Erlösplanung bisher keine Ansätze vorliegen, die in der Lage sind, die Unsicherheit und die Dynamik, bezogen auf die zukünftigen Leistungen, ausreichend abzubilden. Angesichts des Wandels der Absatzmärkte von Käufer- zu Verkäufermärkten und der damit verbundenen Destabilisierung der betrieblichen Rahmenbedingungen steigt die Bedeutung einer aussagefähigen Erlösplanung und -kontrolle als Instrument zur Unterstützung betrieblicher Entscheidungen. Hammann weist dem Erlösplan eine Vorrangstellung innerhalb der Erfolgsplanung zu [Ham89, 466]. Die Fähigkeit, eine realistische Erlösplanung durchzuführen, nimmt dagegen aufgrund der zunehmenden Heterogenität der Leistungsarten ab.

Der vorliegende Beitrag versucht, diese Defizite zu mindern. Nach einer kurzen Darstellung der Aufgaben der Erlösplanung werden Instrumente zur Analyse von Marktwirkungen logistischer Leistungen vorgestellt und ein Ansatz zur kundenneutralen Mengenplanung erörtert.

D 6.3.2   Aufgaben der Erlösplanung in der Logistik

Die zentralen Aufgaben eines Erlösrechnungssystems als Instrument der Unternehmensführung [Eng77, 19] bestehen darin, einerseits die Erlösplanung, die Erlössteuerung und die Erlöskontrolle sowie andererseits die Erlösanalyse und die Erlösdokumentation zu unterstützen. Erlösplanung und Erlöskontrolle sind dabei stets im Zusammenhang des gesamten unternehmerischen Handelns zu sehen, dessen wesentliche Zielgröße der Gewinn ist [Kra77, 101; Män93, 562 und 578]. Die Erlösplanung prognostiziert die Erlöse für Erzeugnisse, Kunden, Vertriebswege, Absatzgebiete und andere Bezugsobjekte [Män93, 576] und die daraus abgeleiteten Erlöserwartungen bilden nachfolgend die Richtgrößen für die Lenkung des Unternehmens [Eng77, 19; Män93, 578]. Durch die Erlöskontrolle und -analyse sollen Abweichungen von den Planwerten aufgedeckt und interpretiert werden. Im Rahmen der hierzu notwendigen Operationalisierung des Erlösbegriffes sind die verschiedenen Dimensionen des Erlösbegriffes zu berücksichtigen: die Bewertung der Erlöse, die Erlösstruktur und die zeitliche Verteilung der Erlöse [Eng77, 12]. Für eine kunden- und logistikorientierte Erlösplanung sind somit zunächst die Leistungsarten als Erlösträger, die der Erlösplanung als Bezugsgrößen für die Ermittlung der wertmäßigen Planvorgaben und die Mengenplanung zugrunde liegen, zu definieren [Ham89, 461].

Die Erlöshöhe hängt von erzeugnis- und marktspezifischen Merkmalen ab. Für eine Erlösplanung nach logistischen Gesichtspunkten ist deswegen eine genaue Kenntnis der Marktwirkung logistischer Leistungen in Form von erwarteten Mehrerlösen aus gesteigertem Absatz oder einer erhöhten Zahlungsbereitschaft der Kunden zu ermitteln [Kam99a, 245]. Die Kenntnis des Einflusses der logistischen Serviceleistung auf das Kaufverhalten sowie der Marktwirkungen der Serviceleistung ist neben der Orientierung an den Selbstkosten und effektiven Marktpreisen abgerechneter Aufträge eine Einflussgröße für die Bestimmung des optimalen Preisniveaus der Erlösträger und die Planung des logistischen Leistungsniveaus [Thi77, 83].

In der Praxis besteht dabei die grundsätzliche Schwierigkeit in der Identifizierung der Erlöseinflussgrößen und ihrer gegenseitigen Abhängigkeiten. Neben der logistischen Serviceleistung müssen weitere Faktoren, die Branche, die Wettbewerbsentwicklung auf den Absätzmärkten oder die Technologieentwicklung in die Analyse und Bewertung der Leistungen einbezogen werden [Pli93, 2566; Thi77, 82].

Das Mengengerüst der Erlösplanung wird der Absatzplanung entnommen, es basiert demzufolge auf Annahmen über den Einsatz und die Wirkungen der Marketinginstrumente. Die Plangrößen der Bruttoerlöse werden aus den Absatzmengen je Erlösträgerart ermittelt, indem diese mit den Planpreisen je Erlösträgereinheit multipliziert werden. Die Erlösplanung erfordert somit zunächst eine detaillierte kurz- und mittelfristige Absatzplanung. Hammann spricht vom Erlösplan als wertmäßiges Korrelat des Absatzplanes [Ham89, 460]. Die Erlösplanung ist Teil und Ergebnis der Absatzplanung und die Fixierung des Erlösplanes enthält die Entscheidung über die Absatzstrategie und besitzt somit als Richtgröße eine lenkende Wirkung. Die Erlösplanung muss daher organisatorisch mit der Absatzplanung auf der Basis der verfügbaren Daten aus Vergangenheitswerten, dem aktuellen Auftragsbestand, der laufenden Angebote und Anfragen sowie der Auswertung weiterer Informationen, insbesondere des Vertriebspersonals, verbunden sein. Die Möglichkeiten der Planung der Absatzmengen sind dabei von Branche zu Branche unterschiedlich. Insbesondere im Maschinen- und Anlagenbau fehlen häufig aufgrund der kundenauftragsbezogenen Einzel- und Kleinserienfertigung Kenntnisse über die zu erwartenden zukünftigen Liefer- und Leistungsumfänge.

Obwohl es offensichtlich ist, dass zur Erzielung von Wettbewerbsvorteilen neben einer umfassenden Kostenrechnung und der Analyse der Logistikleistungen der Wettbewerber eine sorgfältige Analyse der Kundenbedürfnisse notwendig ist, setzt sich in der Praxis ein kunden- oder marktorientiertes Logistik-Controlling nur langsam durch [Kam99a, 242ff.; Ful93, 87ff.; Kum95, 108ff.]. Es besteht insbesondere in der Erlösrechnung ein erheblicher Weiterentwicklungsbedarf, um das Gestaltungspotenzial, welches in einer kundenorientierten Planung der logistischen Leistungen besteht, in Wettbewerbsvorteile des Unternehmens umzusetzen.

Dieses trifft insbesondere für die Branche des Maschinen- und Anlagenbaus zu. Insbesondere im mittel- und langfristigen Bereich sind die Erwartungen, bezogen auf den zukünftigen Lieferumfang, unsicher. Die Planung der zukünftigen Erlöse im Sinne einer perspektivischen Planung stellt daher besondere Anforderungen an die Planung des Mengengerüstes, insbesondere der Bevorratungsebene, und der groben Abstimmung des Produktionsprogramms mit den verfügbaren Kapazitäten. Am Beispiel von Unternehmen, die komplexe Erzeugnisse nach Kundenspezifikation in Einzel- oder Kleinserienfertigung fertigen, soll anschließend gezeigt werden, dass die Verwendung von aggregierten Daten in Verbindung mit einem diskreten Simulationsmodell, das in der Lage ist, die dynamischen Wirkungsbeziehungen in Logistiksystemen abzubilden, die mittel- bis langfristige Erlösplanung verbessern können. Die Kernthese der folgenden Ausführungen besagt, dass die Ergebnisse der Erlösplanung nur dann realistisch sind, wenn zwischen dem Produktionsprogramm, aus dem sie abgeleitet wurden, und den verfügbaren Kapazitäten ein Fliessgleichgewicht besteht. Dieses entspricht der Umsetzung des Flussprinzips in der Produktionslogistik. Zur Logistik als flussorientierte Koordinationsfunktion siehe [Web98; Kla98].

D 6.3.3 Marktwirkungen logistischer Leistungen

Zur Bestimmung eines optimalen Serviceniveaus in der Logistik muss eine marktliche Bewertung der logistischen Serviceleistungen vorgenommen werden. Erste Versuche hierzu wurden in den 1970er und 1980er Jahren durch Übertragung von Kundenbefragungen in wichtigkeitsorientierte Skalen unternommen [Ste89]. Davon ausgehend gab es zwar einzelne Operationalisierungsversuche, das Problem der marktlichen Bewertung von Logistikleistungen konnte jedoch erst durch die konsequente Übertra-

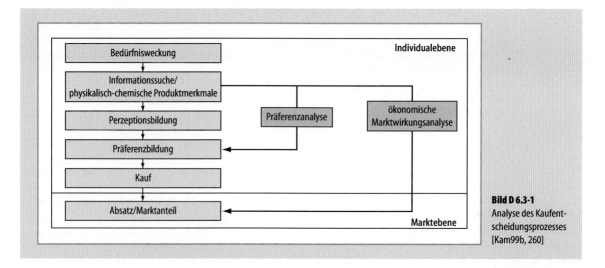

Bild D 6.3-1
Analyse des Kaufentscheidungsprozesses
[Kam99b, 260]

gung der Methoden der modernen Marktforschung auf die Logistik gelöst werden [Kam99, 258ff.]. Als Bezugsrahmen der Überlegungen dient dabei der in Bild D 6.3-1 dargestellte Kaufentscheidungsprozess. Die beiden wesentlichen Analyseansätze, die ökonometrische Marktanalyse und die Präferenzanalyse, sollen im Folgenden kurz vorgestellt werden.

D 6.3.3.1 Ökonometrische Marktanalysen

Die ökonometrische Marktanalyse versucht, einen Funktionszusammenhang zwischen dem Kaufverhalten als abhängiger Variable und dem logistischen Stimulus (z. B. Veränderung des Lieferserviceniveaus) als unabhängiger Variable herzustellen. Die Modellierung erfolgt in vier Phasen:
1. Spezifikation der Marktwirkungsfunktion. Der in der Marktwirkungsfunktion hergestellte Zusammenhang kann eine linear additive, multiplikative oder exponentielle Form haben.
2. Schätzung der Parameter. In Abhängigkeit der Funktionsform und der Eigenschaften der gewählten Parameter können die anwendbaren Schätzmethoden bestimmt werden.
3. Validation der Marktwirkungsfunktion. In dieser Phase werden die konkurrierenden Modelle gegenübergestellt und mit Hilfe statistischer Tests und deskriptiver Anpassungsmaße verglichen.
4. Einsatz der Marktwirkungsfunktion. Die gefundenen Funktionen werden zur Beurteilung der Marktwirkungen logistischer Leistungen eingesetzt.

In der allgemeinen Marktforschung werden als Datenbasis für die Marktwirkungsfunktion *historische Daten* verwendet. Marktdaten werden von Marktforschungsinstituten (z. B. Nielsen oder GfK) oder Verbänden permanent erhoben und sind deswegen in großem Umfang verfügbar. Der Handel verfügt aufgrund des Scannerkasseneinsatz über ein ausgesprochen umfangreiches Datenmaterial. In Bezug auf die Marktwirkung von Logistikleistungen nennt Kaminski [Kam99b, 262] jedoch die folgenden Probleme:
– Varianz der einbezogenen unabhängigen Variablen. Marktwirkungen können natürlich nur dann gemessen werden, wenn die unabhängige Variable im Zeitablauf verändert wurde. Dies ist bei logistischen Leistungen, wie z. B. der Lieferzeit und der Liefertreue, häufig nicht gegeben. Ein weiteres Problem ist, dass die Leistungsunterschiede gegenüber den Wettbewerbern häufig gering sind.
– Einheitliche Datenstruktur. Trotz der oben erwähnten Fortschritte im Logistik-Controlling steht die Erfassung logistischer Leistungen bei vielen Unternehmen immer noch am Anfang. So ist es zweifelhaft, ob die logistischen Leistungsdaten für den Untersuchungszeitraum systematisch erfasst wurden.
– Die Analysen können nur für bereits eingeführte Produkte durchgeführt werden und nicht für neue Produkte oder Serviceleistungen.
– Es wird eine stabile Präferenzstruktur unterstellt. Aufgrund der Turbulenzen in den Märkten ist diese Prämisse jedoch nicht immer zutreffend.

Eine weitere Möglichkeit zur Schaffung einer Datenbasis ist die *Durchführung von Experimenten*. Diese können auf

Testmärkten oder in Laboren durchgeführt werden. Auf dem Testmarkt oder im Labor wird das logistische Leistungsniveau variiert und dann das Kaufverhalten beobachtet. Bei der Durchführung auf Testmärkten besteht die Gefahr, dass die bestehenden Kunden durch die mehrmalige Veränderung des logistischen Leistungsniveaus verärgert werden. Laborexperimente sind zwar auch zur Ermittlung des Einflusses logistischer Fragestellungen denkbar, allerdings muss die Validität in Frage gestellt werden.

Eine pragmatische Möglichkeit der Datenerfassung ist die Expertenbefragung. Die befragten Experten sollten ein möglichst breites inhaltliches Spektrum abdecken und hinsichtlich ihrer Aufgabe und Position unterschiedlich sein. Da es zu großen Abweichungen in den geschätzten Marktwirkungen kommen kann, darf die Anzahl der Experten nicht zu klein sein (mindestens 5). Außerdem ist es vorteilhaft, wenn diese in einer gemeinsamen Sitzung über die Marktwirkungen diskutieren können. Die Ableitung von Marktwirkungsfunktionen unter Verwendung einer Expertenbefragung hat gegenüber den oben genannten Methoden entscheidende Vorteile. Sie kann für neue Produkte und Dienstleistungen durchgeführt werden. Außerdem ist sie schnell und kostengünstig.

D 6.3.3.2 Präferenzanalysen

Präferenzanalysen untersuchen die der Kaufentscheidung vorgeschalteten psychischen Prozesse des Käufers. Insbesondere die Analysen unter Verwendung des Conjoint-Measurements sind in den vergangenen Jahren erfolgreich auf praktische logistische Fragestellungen angewendet worden. Deswegen soll im Folgenden nur auf diese Präferenzanalysemethode eingegangen werden. Grundlage der Analysen sind multiattributive Präferenzmodelle. Diese gehen davon aus, dass Produkte von den Käufern als ein Bündel von Merkmalen wahrgenommen werden. Durch die Analyse unterschiedlicher Merkmalsbündel können dann Rückschlüsse auf die Zahlungsbereitschaft für die einzelnen Merkmale und für unterschiedliche Merkmalsbündel unternommen werden. Sie verwenden hierzu eine merkmalspezifische Bewertungsfunktion; diese ordnet jeder Merkmalsausprägung einen Nutzwert zu und eine Verknüpfungsfunktion, die die einzelnen Präferenzwerte zu einem Gesamtwert für das Merkmalsbündel/Produkt zusammenfasst [Bac00].

Das Besondere an dem Verfahren des Conjoint-Measurements ist, dass der Kunde – wie in einer realen Kaufsituation – nicht nur einzelne Merkmale beurteilen muss, sondern dabei seine Entscheidung zwischen Produkten mit unterschiedlichen Merkmalsausprägungen und Preisen fällt. Aus der Vielzahl von Urteilen über die unterschiedlichen Merkmalsbündel kann dann durch statistische Verfahren, z. B. multiple monotone Regressionsanalysen, auf den Beitrag einzelner Merkmale zur Entstehung der Gesamtpräferenz geschlossen werden.

Entscheidend für die Qualität der Ergebnisse ist die Auswahl der Merkmale und der Merkmalsausprägungen, die abgefragt werden. Zum einen müssen alle für die Kaufentscheidung relevanten Merkmale berücksichtigt werden, zum anderen sollten die Merkmalsausprägungen den für die Kaufentscheidung relevanten Bereich abdecken. Dabei ist jedoch zu berücksichtigen, dass aus erhebungstechnischen Gründen die Anzahl der Merkmale und der Merkmalsausprägungen nicht zu hoch sein darf.

Von der Marktforschung sind eine Reihe unterschiedlicher Forschungsdesigns entwickelt worden. Sie unterscheiden sich im Wesentlichen dadurch, ob und wie zusätzlich zu der Bewertung von Merkmalsbündeln eine einzelne oder paarweise Bewertung von Merkmalen vorgenommen wird. In der Regel erfolgt die Befragung computergestützt durch persönliche Interviews.

Das Ergebnis der Auswertung der Daten sind Teilnutzwerte der einzelnen Merkmale und ihrer Merkmalsausprägungen.

Die Präferenzanalyse endet, wie Bild D 6.3-1 zeigt, mit der Präferenzbildung. Für die Erlösplanung ist es aber notwendig, die konkreten Erlöswirkungen zu ermitteln. Durch Einführung von Kaufentscheidungsregeln, die die Verbindung zwischen der Präferenzbildung und dem Kauf herstellen, wird eine Verwendung der Ergebnisse in der Erlösplanung möglich. Neben der Beurteilung der Kaufentscheidung für Produkte mit bestimmten Merkmalsausprägungen können die erweiterten Conjoint-Measurements dazu verwendet werden, um die Zahlungsbereitschaften für bestimmte Merkmalsausprägungen zu ermitteln. Ein typisches Beispiel wäre die Beantwortung der Frage, wieviel die Kunden bereit sind, für ein Produkt mehr zu bezahlen, wenn die Lieferzeit von 48 auf 24 Stunden gesenkt wird.

D 6.3.4 Kundenneutrale Erlösplanung

D 6.3.4.1 Das Spannungsfeld zwischen Kundennähe, Komplexität und Effizienz

Der Wandel der Absatzmärkte von Verkäufer- zu Käufermärkten ist verbunden mit einer stärkeren Nachfragedifferenzierung durch den Kunden und damit wachsender Unsicherheit von Industrieunternehmen bezüglich der konkreten Konfiguration eines Erzeugnisses und des Produktionsprogramms als Ganzes. Wurden früher weitgehend fertig entwickelte Maschinen auf ungesättigten Märkten angeboten, so unterbreitet ein kundenorientiert

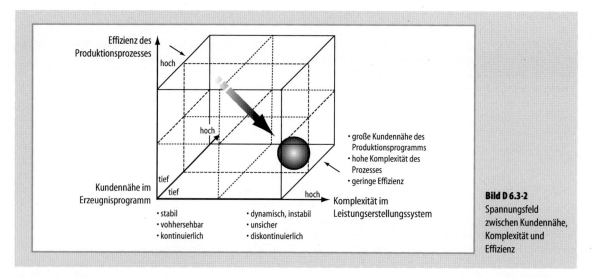

Bild D 6.3-2 Spannungsfeld zwischen Kundennähe, Komplexität und Effizienz

fertigendes Unternehmen dem Markt heute ein Faktorangebot. Ein Kundenauftrag erhält den Charakter eines abzuwickelnden Projektes [Mis98, 18], das mit seinem kurzfristigen Kapazitäts- und Materialbedarf auf das Fließgleichgewicht im Produktionssystem wie eine Störung wirkt. Die Veränderlichkeit der für die Erlösplanung relevanten Daten steigt.

Zeichneten sich Verkäufermärkte durch stabile Rahmenbedingungen und weitgehend homogene Kundenwünsche aus, so stellen Käufermärkte mit ihren dynamischen Rahmenbedingungen grundsätzlich andere Anforderungen an das Unternehmen bezogen auf Produktvielfalt, logistische Servicequalität und Kosten. Das Unternehmen befindet sich in einem Spannungsfeld zwischen der erforderlichen Kundennähe im Leistungsprogramm, der Komplexität des Produktionsprozesses und der Effizienz [Kös98].

War die Produktion in Verkäufermärkten in vielen Fällen durch Bestandslager vom Markt entkoppelt, so dass das Produktionssystem als weitgehend geschlossenes System angesehen werden konnte, so stellt sich das Produktionssystem heute als ein offenes, mit der zunehmenden Komplexität der Absatzmärkte konfrontiertes System dar. Verlässliche Prognosen über die Nachfrage nach einzelnen Erzeugnissen und über die Zusammensetzung des zukünftigen Absatzprogramms, die als Planungsgrundlage für eine mittelfristige Programmplanung und die Festlegung realistischer Liefertermine benötigt werden, liegen in diesen Unternehmen in den meisten Fällen nicht vor. Die Nachfrage nach einzelnen Erzeugnissen bzw. Varianten lässt sich für einen längeren Zeitraum nicht oder nur ungenau in Form von Unter- und Obergrenzen vorhersagen [Zäp96, 862].

Dieses hat direkte Auswirkungen auf die Fähigkeit, die zukünftigen Erlöse zu planen. Die Schwierigkeit der Erlösplanung bei einer kundenauftragsgesteuerten Produktion besteht in einer möglichst genauen Prognose der Auftragseingänge und, darauf aufbauend, in der Durchführung einer dynamischen Produktionsprogrammplanung als Basis für eine aussagekräftige Erlösplanung. Neben der Heterogenität der Erzeugnisse ist dabei insbesondere die notwendige Differenzierung in Abhängigkeit der vom Kunden wahrgenommenen Parameter der logistischen Serviceleistung [Kam99a, 249ff.] zu beachten. Ist für den Kunden eine hohe Liefertreue von Bedeutung, so kann diese durch Maßnahmen zur Erhöhung der internen Varietät verbessert werden, bestehen dagegen Präferenzen bezogen auf kurze Lieferzeiten, so müssen neben der Planung der Durchlaufzeiten im kundenspezifischen Fertigungsabschnitt, Entscheidungen zur Bevorratungsebene mit dem Ziel der Verkürzung der Durchlaufzeiten als Grundlage für eine realistische Erlösplanung getroffen werden.

Aufgrund Variantenvielfalt und der Unsicherheit über die zukünftigen Kundenaufträge kann die Erlösplanung nicht für jede Erzeugnisvariante durchgeführt werden, sondern es sind durch Aggregation homogene, zeitlich weitgehend invariante Leistungseinheiten zu bilden, die bei möglichst geringem Informationsverlust als Basis für die Erlösplanung dienen [Ham89, 460f.; Eng77, 13].

Das zentrale Problem der Erlösplanung besteht darin, wie zukünftig der bisher geringe Planungsgrad der Fertigung verbessert werden kann. Es lässt sich zurückführen auf die Notwendigkeit der Handhabung der Komplexität im Zusammenhang mit der mittelfristigen Produktionsprogrammplanung und der Erstellung von Kundenangeboten. Ein Lösungsansatz liegt in der Verwendung von Ersatzdaten, im Folgenden als kundenneutrale Aufträge bezeichnet. Diese Standardisierung der Plandaten verringert die Komplexität und verbessert in Verbindung mit der Simulation des Verhaltens des Produktionssystems die Fähigkeit zu einer aussagefähigen Erlösplanung.

D 6.3.4.2 Ziele und Vorgehensweise bei einer kundenneutralen Erlösplanung

Auch wenn die genaue Konfiguration der Maschine in Abhängigkeit der Anforderungen des Kunden festgelegt wird, sind aggregierte, auf Maschinentypen bezogene Prognosen durch den Vertrieb auf der Basis von Vergangenheitsdaten und Ergebnissen von Kundenbefragungen mit ausreichender Genauigkeit erstellbar. Zu untersuchen ist daher, wie diese Typen zu bilden sind, damit sie zur Planung eines Fliessgleichgewichtes im Produktionssystem – und daraus abgeleitet der Erlöse – verwendet werden können und die Störung dieses Fliessgleichgewichtes und damit die Abweichungen von den geplanten Erlösen durch die Kundenaufträge so gering wie möglich ausfallen.

Die Idee der kundenneutralen Aufträge besteht darin, dass eine Gestaltung der Erzeugnisse als ein Baukastensystem aus kundenneutralen Komponenten für die eigentlich auftragsspezifischen Abschnitte des Produktionsprozesses zu einer Verringerung der Vielfalt und der Dynamik der Plandaten führt, ohne dass dieses einen Einfluss auf das dem Kunden angebotene Leistungsprogramm hätte. Die kundenspezifische Fertigung und Montage verliert durch die Aggregation den Charakter einer Einzel- und Kleinserienfertigung und kann wie eine Serienfertigung geplant werden. Die Offenheit des Systems wird weitgehend reduziert, wodurch die Planbarkeit der Prozesse steigt.

Grundsätzlich besteht die Möglichkeit, aus Daten der Marktforschung sowie aus persönlichen Kontakten den zukünftigen Bedarf an Maschinen identifizieren und typische Maschinenkonfigurationen zu definieren [Kös98, 145f.]. Ein Maschinentyp repräsentiert eine Anzahl von Erzeugnisvarianten, die ähnliche Anforderungen an die Montage stellen. Aus den Erwartungen über die anteilsmäßige Verteilung der Variantentypen können nachfolgend kundenneutrale Auftragsnetzpläne erzeugt werden, die als Basis für die Generierung unterschiedlicher Mengengerüste für die Erlösplanung dienen.

Die Definition einer sinnvollen Anzahl kundenneutraler Komponenten- sowie Endmontagetypen bildet die Basis für die Simulation des kapazitiven Verhaltens des Produktionssystems, welches Aufschluss über die Machbarkeit des Mengengerüstes mit den verfügbaren Kapazitäten gibt.

Die Anzahl der gebildeten Typen stellt dabei jeweils einen Kompromiss zwischen der Genauigkeit der Abbildung und dem Ziel der Reduzierung der Komplexität, d. h. insbesondere der Vielfalt und der Dynamik, dar. Ist es einerseits sinnvoll, die Typenvielfalt zu begrenzen, um die Komplexität der Produktionsprogrammplanung und der Produktionslenkung zu reduzieren, so müssen sie andererseits die spätere Belastung eines Bereichs durch einen Kundenauftrag widerspiegeln.

Unter Berücksichtigung der Materialfluss- und der Planungskomplexität und der Tatsache, dass die relevanten Daten für die in der Zukunft liegenden Planungsperioden mit erheblichen Unsicherheiten behaftet sind, somit für eine detaillierte Planung ein großer Aufwand für die Modellierung und Datenerfassung erforderlich wäre, eignet sich für die Programmplanung ein einfach konzipiertes Planungsmodell, das als Basis für eine Planung des Fliessgleichgewichtes ausgehend von den gebildeten kundenneutralen Typen dient [Zim88, 232]. Die Black-Box-Methode ermöglicht eine Modellierung heterogener Materialflussabschnitte unabhängig von ihrer inneren Struktur.

Das Verhalten der einzelnen Materialflussabschnitte kann durch Systemübertragungsfunktionen durch eine diskrete Simulation abgebildet werden. Durch Rückwärtsterminierung der kundenneutralen Netzpläne werden hierzu die Startzeitpunkte der einzelnen Arbeitsfolgen ermittelt. Da diese Form der Planung statisch ist, die tatsächliche Kapazitätsbelastung aber von den dynamischen Wirkungsbeziehungen im Materialflusssystem abhängt, stellen die Ergebnisse der Rückwärtsterminierung nur eine Basis für die Analyse des dynamischen Verhaltens des Produktionssystems in der Zeit und für eine grobe Planung eines Fliessgleichgewichts zwischen dem aus dem kundenneutralen Produktionsprogramm resultierenden Komplexitätsbedarf und dem Komplexitätspotenzial des Produktionssystems dar. Dieses Fliessgleichgewicht ist eine notwendige Bedingung für die Durchsetzung des Flussprinzips in der Produktionslogistik.

Ausgehend vom aktuellen Zustand des Produktionssystems und den vorliegenden bzw. erwarteten Kundenaufträgen wird das erwartete kapazitive Verhalten des Produktionssystems simuliert. Die Simulationsergebnisse geben Auskunft über die Realisierbarkeit der vorliegenden Kundenaufträge und der Planaufträge mit den verfügbaren Kapazitäten und die bei der Umsetzung der Planalternative erwarteten Erlöse. Durch eine grobe Anpassung der Systemparameter, der als „Schwarze Kästen" modellierten Materialflussabschnitte, an den Komplexitätsbedarf des aggregierten Produktionsprogramms, entsprechend dem Gesetz der erforderlichen Varietät [Mal96], kann bereits zu einem frühen Zeitpunkt das Fliessgleichgewicht im

Hinblick auf einen bestimmten Zielerreichungsgrad der logistischen Serviceleistung beeinflusst werden.

Erst wenn auf der Basis der kundenneutralen Aufträge ein Gleichgewicht im gesamten System erreicht ist, können das Produktionsprogramm und die Kosten- sowie Erlösplanung als realistisch angesehen und die Ergebnisse als Basis für eine umfassende Unternehmensplanung verwendet werden. Die Wahrscheinlichkeit einer Destabilisierung des Produktionssystems und damit einer Verschlechterung des erlösoptimalen Serviceniveaus durch die, aufgrund des offenen Entscheidungsfeldes bezogen auf Zeitpunkt und Art ihres Eintreffens unbekannten, Kundenaufträge kann auf diese Weise verringert werden. Liegt zwischen den Kundenaufträgen und den im kundenneutralen Erlösplan berücksichtigten Planmaschinen nur eine geringe Termin-, Mengen-, Konfigurations- oder Ressourcendifferenz vor [Kös98, 192], dann werden Erlösschmälerungen, die sich aus unrealistischen Lieferterminzusagen ergeben, vermieden. Die im Rahmen der Simulation ermittelten Kostengrößen stellen die möglichen Preisuntergrenzen dar.

Keine Planung ohne Kontrolle. Die Erlösplanung ist untrennbar mit einer kontinuierlich durchgeführten Abweichungsanalyse in Form eines Soll-Ist-Vergleichs und der Fortschreibung der Erlösplanung verbunden. Die Erlöskontrolle kann sich dabei auf die Erlösträger, die Mengen und die Preise beziehen. Die Erlösplanung muss rollierend, ausgehend vom aktuellen Systemzustand entsprechend den vorliegenden Kundenaufträgen und den Erwartungen des Vertriebes aktualisiert fortgeschrieben werden. Zur Fortschreibung der Erlösplanung siehe [Eng77, 25; Thi77, 84f.] Durch diese Vorgehensweise kann die Erlösplanung aus logistischer Sicht optimiert werden.

D 6.3.4.3 Vorteile der Verwendung kundenneutraler Aufträge

Die grundlegende Frage, die mit der Organisation des Leistungserstellungsprozesses verbunden ist, ist die, wie zeitgleich eine hohe Kundennähe im Leistungsprogramm, eine hohe Effizienz der Prozesse und eine geringe Komplexität realisiert werden können. Die Verwendung kundenneutraler Typen als Basis für die Planung der kundenauftragsspezifischen Fertigungsabschnitte leistet gleich in mehrfacher Hinsicht einen Beitrag zur Steigerung der Kundennähe sowie zur Senkung und Handhabung der Komplexität als Voraussetzung für die Erlösplanung.

Durch die Verwendung von Ersatzdaten für die Produktionsprogrammplanung wird die Vielfalt der Erzeugnisse verringert und die Veränderlichkeit der Plandaten nimmt ab. Durch Standardisierung und Modularisierung erfolgt eine Strukturierung des Produktionsprogramms und die Komplexität, die Dynamik und die Unsicherheit der Planung des Produktionsprozesses werden verringert, ohne dass dieses einen Einfluss auf das, dem Kunden angebotene, Erzeugnisspektrum hat. Es lassen sich somit Elemente einer Kostenführerschafts- und einer Differenzierungsstrategie verbinden. Die Anzahl der Planänderungen, mit denen aufgrund der wachsenden Dynamik auf den Absatzmärkten gerechnet werden muss, wird verringert und die Planungssicherheit durch den Seriencharakter der Planung erhöht [Kös98, 172]. Durch die Aggregation der Daten ist diese Art der Planung im Vergleich zur traditionellen Produktionsprogrammplanung ferner mit einem wesentlich geringeren Datenbeschaffungs- und Rechenaufwand verbunden. Die Transparenz und die Planbarkeit der Prozesse im Produktionssystem wird verbessert.

Die Planung kann mit einem größeren zeitlichen Vorlauf erfolgen, da der Vertrieb eines Unternehmens die Nachfrage nach Maschinentypen zuverlässiger prognostizieren kann als die für einzelne Varianten. Der längere Planungshorizont und die höhere Planungsstabilität erlauben eine verbesserte Prognose zukünftiger Erlöse.

Die frühzeitige robuste Abschätzung zukünftiger Erlöse ist daher möglich, weil die Planung des Fliessgleichgewichtes zwischen den verfügbaren Kapazitäten und ihrer Inanspruchnahme durch den Vertrieb für einen längeren Zeitraum vorgenommen und im Rahmen einer rollierenden Planung angepasst werden kann. Durch eine Gewichtung der Typen mit dem Umsatz sinkt die Wahrscheinlichkeit späterer fertigungsbedingter Abweichungen der tatsächlichen von den geplanten Erlösen.

Die Planung eines kundenneutralen Produktionsprogramms für die eigentlich kundenauftragsspezifischen Fertigungsabschnitte erhöht die Kundennähe im Leistungsprogramm, da sie den internen Vorbereitungsgrad der Fertigung erhöht und damit eine flexible Reaktion auf die Marktnachfrage mit dem Ziel, dem Kunden ein auf seine Bedürfnisse zugeschnittenes Erzeugnis anzubieten, ermöglicht. Die Serviceleistung, insbesondere die gesteigerte Auskunftsfähigkeit gegenüber dem Kunden und die Termintreue, tragen zu einer höheren Umwandlungsrate der Angebote bei.

Zusammenfassend ergibt sich, dass durch die Verwendung kundenneutraler Aufträge die zukünftigen Erlöse in einem groben Detaillierungsgrad plan- und beeinflussbar werden, was einen großen Fortschritt gegenüber der heute fehlenden Erlösplanung bedeutet. Es besteht die Möglichkeit, verschiedene Planalternativen mit geringem zeitlichem Aufwand zu vergleichen und eine als Grundlage für die weitere Planung auszuwählen. Die Unsicherheit, bezogen auf den Zielerreichungsgrad der Sach- und Wertziele des Unternehmens, wird verringert. Das gleiche gilt in Bezug auf die Kosten für die Realisierbarkeit eines Kundenauftrages bis zu einem bestimmten Liefertermin, die schnell abgeschätzt, und bei der Entscheidung über die Annahme eines Auftrages berücksichtigt werden können. Das Produktionssystem kann von nicht machbaren Aufträgen abgeschirmt werden.

Bezogen auf die im Rahmen der Erlösplanung notwendige Berücksichtigung von Erlösschmälerungen, z. B. Skonti oder Rabatten, wird an dieser Stelle auf die Beiträge von Engelhardt, Männel und Hammann hingewiesen [Eng77, 14ff.; Män77, 86ff.; Ham89, 463f.].

Literatur

[Bac00] Backhaus, K. u. a.: Multivariate Analysemethoden. 4. Aufl. Berlin/Heidelberg/New York: Springer 2000

[Eng77] Engelhardt, W.H.: Erlösplanung und Erlöskontrolle als Instrument der Absatzpolitik. Schmalenbach-Gesellschaft e.V. (Hrsg.): Erlösplanung und Erlöskontrolle als Instrument der Absatzpolitik. ZfbF Sonderheft Opladen (1977) 6, 10–26

[Ful93] Fuller, J.B.; O´Conor, J.; Rawlingson, R.: Tailored Logistics: The Next Advantage. Harvard Business Review (1993) 5/6, 87–98

[Ham89] Hammann, P., Erlösplanung. In: Szyperski, N. u. a. (Hrsg.): HWPlan. Stuttgart: Schäffer-Poeschel 1989, 459–468

[Kam99a] Kaminski, A.: Marktorientierte Logistikplanung – Grundlagen. In: Weber, J.; Baumgarten, H. (Hrsg.): Handbuch Logistik. Stuttgart: Schäffer-Poeschel 1999, 241–253

[Kam99b] Kaminski, A.: Marktorientierte Logistikplanung – Planungsprozess und analytische Instrumente. Handbuch Logistik. Stuttgart: Schäffer-Poeschel 1999, 254–286

[Kla98] Klaus, P.: Jenseits der Funktionenlogistik: Der Prozessansatz. In: Isermann, H. (Hrsg.): Logistik. 2. Aufl. Landsberg/Lech: Verlag Moderne Industrie 1998, 61–78

[Kös98] Köster, O.: Strategische Disposition. Diss. St. Gallen 1998

[Kra77] Krackow, J.: Zusammenfassende Thesen zur Diskussion. Schmalenbach-Gesellschaft e.V. (Hrsg.): Erlösplanung und Erlöskontrolle als Instrument der Absatzpolitik. ZfbF, Sonderheft Opladen (1977) 6, 101–102

[Kum95] Kummer, S.: Logistik für den Mittelstand. 2. Aufl. München 1995

[Mal96] Malik, F.: Strategie des Managements komplexer Systeme. 5. Aufl. Bern: Paul Haupt 1996

[Män77] Männel, W.: Die Berücksichtigung von Erlösschmälerungen bei der Erlösplanung und Erlöskontrolle. Schmalenbach-Gesellschaft e.V. (Hrsg.): Erlösplanung und Erlöskontrolle als Instrument der Absatzpolitik. ZfbF, Sonderheft Opladen (1977) 6, 86–96

[Män93] Männel, W.: Erlösrechnung. In: Chmielewicz, K. u. a. (Hrsg.): HdRW. 3. Aufl. Stuttgart: Schäffer-Poeschel 1993, 562–580

[Mis98] Missbauer, H.: Bestandsregelung als Basis für eine Neugestaltung von PPS-Systemen. Heidelberg: Physica 1998

[Pli93] Plinke, W.: Leistungs- und Erlösrechnung. In: Wittmamm, W. u. a. (Hrsg.): HWB Bd. 2. 5. Aufl. Stuttgart: Schäffer-Poeschel 1993, 2563–2568

[Ste89] Sterling, J.U.; Lambert, D.M.: Customer service research: past, present and future. Bradford: MCB Univ. Press 1989

[Thi77] Thiele, W.: Produkt- und marktspezifisch bedingte Erlösplanung und -kontrolle im Großmaschinen und Anlagenbau. Schmalenbach-Gesellschaft e.V. (Hrsg.): Erlösplanung und Erlöskontrolle als Instrument der Absatzpolitik. ZfbF, Sonderheft Opladen (1977) 6, 79–85

[Web87] Weber, J.: Logistikkostenrechnung. Berlin: Springer 1987

[Web97] Weber, J.: Logistik-Controlling. 4. Aufl. Stuttgart: Schäffer-Poeschel 1997

[Web98] Weber, J.; Kummer, S.: Logistikmanagement. 2. Aufl. Stuttgart: Schäffer-Poeschel 1998

[Web02] Weber, J.: Logistikkostenrechnung. 2. Aufl. Berlin/Heidelberg/New York: Springer 2002

[Web04] Weber, J.: Einführung in das Controlling. 10. Aufl. Stuttgart: Schäffer-Poeschel 2004

[Zäp96] Zäpfel, G.: Auftragsgetriebene Produktion zur Bewältigung der Nachfrageungewißheit. Zeitschrift für Betriebswirtschaft 66 (1996) 7, 861–877

[Zim88] Zimmermann, G.: Produktionsplanung variantenreicher Erzeugnisse mit EDV. Berlin: Springer 1988

D 6.4 Kosten- und Leistungsrechnung in der Logistik

D 6.4.1 Vom Informations- zum Führungsinstrument

Für jede Entwicklungsphase der Logistik kann eine typische Ausprägung der Kosten- und Leistungsrechnung nachgewiesen werden (vgl. hierzu eine Darstellung der Entwicklungsphasen der Logistik in [Göp05, 3–30]). In der Anfangszeit der Kosten- und Leistungsrechnung war der

Blick auf die Transferbereiche Transport, Lagerung und Umschlag gerichtet. Um das Erfolgspotenzial der Logistik für das Unternehmen und das strategische Unternehmensnetzwerk voll zu entfalten und auszuschöpfen, muss heute weit darüber hinaus auf das ganzheitliche Wertschöpfungssystem geschaut werden. Damit einher geht ein qualitativer Wandel der Kosten- und Leistungsrechnung in der Logistik vom Informations- zum Führungsinstrument. Was die neue Qualität beinhaltet und welche Anforderungen sich an dieses Rechnungssystem daraus ableiten, steht im Mittelpunkt des ersten Gliederungspunktes. Dem schließt sich die detaillierte Vorstellung des neuen Kosten- und Leistungsrechnungssystems an.

D 6.4.1.1 Neue Qualität der Kosten- und Leistungsrechnung

Die neue Qualität der Kosten- und Leistungsrechnung in der Logistik leitet sich aus der Auffassung über die Logistik als Führungslehre ab. Danach bildet die Logistik eine moderne Führungskonzeption zur Entwicklung, Gestaltung, Lenkung und Realisation effektiver und effizienter Flüsse von Objekten (Güter-, Informations- und Finanzflüsse) in unternehmensweiten und unternehmensübergreifenden Wertschöpfungssystemen. Jüngste praktische Untersuchungsergebnisse bestätigen diese Auffassung über Logistik [Göp00]. Dieser Auffassung liegt eine neue Sichtweise des betrieblichen Leistungserstellungssystems zugrunde. Durch die „Logistikbrille" kann das Wertschöpfungssystem primär als ein System von Güter- und Informationsflüssen angesehen werden. Danach kann das Wertschöpfungssystem in Anlehnung an Heraklits berühmten Ausspruch „Panta rhei – alles fließt" als ein Fließsystem aufgefasst werden.

Das Wertschöpfungssystem aus der Perspektive der Objektflüsse heraus zu gestalten und zu lenken, eröffnet neue Erfolgspotenziale [Göp06]. Für eine solche logistische Führung des Unternehmens sind relevante Kosten- und Leistungsinformationen eine unabdingbare Voraussetzung. Da mit einem logistischen Rechnungssystem zugleich eine neue Führungsphilosophie verwirklicht wird, kann in der Tat von einem Wandel der Kosten- und Leistungsrechnung in der Logistik vom Informations- zum Führungsinstrument gesprochen werden.

Die neue Qualität der Kosten- und Leistungsrechnung in der Logistik drückt sich insbesondere in ihrem *veränderten Objektbereich* aus. Dieser wird durch zwei neue Inhalte geprägt. Zum einen betrifft das die durchgängige Erfassung und Bewertung der Objektflüsse über alle Phasen und Stufen des Wertschöpfungssystems hinweg. Im Unterschied hierzu haben die Rechnungssysteme der Logistik in der Vergangenheit lediglich einen Ausschnitt des Leistungserstellungssystems abgebildet. Der zweite inhaltliche Aspekt bezieht sich auf die Ausweitung in Richtung der interorganisatorischen Führungsebene. Es reicht also nicht länger aus, die logistischen Führungsinformationen des einzelnen Unternehmens zur Verfügung zu haben. Ein Management strategischer Netzwerke erfordert eine die einzelnen Netzwerkunternehmen übergreifende Erfassung und Bewertung der Objektflüsse.

Einen weiteren konkreten Ausdruck für die neue Qualität bilden die mit der Kosten- und Leistungsrechnung zu unterstützenden *anspruchsvollen Ziele* der Logistik. Diese lassen sich nach drei Klassen von Zielgrößen, die unterschiedliche Bereiche der Logistik betreffen, unterteilen. Eine Klasse von Zielgrößen bezieht sich auf die Senkung der Flusskosten, d. h., sie streben nach einer Verbesserung der Kostensituation bei den physischen Aktivitäten zur Raum- und Zeittransformation sowie bei den dispositiven und koordinierenden Aktivitäten des Fließsystemmanagements.

Die Objektwertsteigerung bezeichnet den Beitrag der Logistik zur Erhöhung des Marktwertes der Produkte (Sachgüter) und Dienstleistungen. Indem die Wettbewerbsintensität stetig wächst, kann davon ausgegangen werden, dass zunehmend v.a. die Logistikleistung den Kampf um Marktanteile entscheiden wird. Hier zeigt sich, dass die Qualitätsführerschaft neben der hohen Qualität der Produkte besonders die der Logistikleistungen einschließt. Die dritte Klasse von Zielgrößen betrifft die notwendige Anpassungs- und Entwicklungsfähigkeit von Fließsystemen. Unter dem Einfluss einer zunehmenden Umweltdynamik gewinnen diese Eigenschaften von logistischen Systemen eine existentielle Bedeutung für das Unternehmen.

Alle drei Klassen von Zielgrößen der Logistik sind stets integrativ zu betrachten. Dabei bildet die Anpassungs- und Entwicklungsfähigkeit einerseits die Grundbedingung für das Erreichen der Kosten- und Serviceziele in der Logistik. Zugleich setzt diese aber auch Grenzen in Bezug auf die Flusskostensenkung und Objektwertsteigerung. Die Kosten- und Leistungsrechnung sollte so im Unternehmen konzipiert sein, dass sie einen maximalen Beitrag zur Erfüllung der Logistikziele leisten kann.

Die Forderung nach einer Weiterentwicklung der Kosten- und Leistungsrechnung in der Logistik in die aufgezeigte Richtung nimmt jeweils für ein Unternehmen eine mehr oder weniger starke Ausprägung an. Diese Ausprägung hängt von der Attraktivität der Logistik in Gestalt eines Fließsystemmanagements für das jeweilige Unternehmen ab. Wird jedoch von der jeweils konkreten Situation abstrahiert, so stellt sich die Herausforderung grundsätzlich für alle Unternehmen, unabhängig von der Branche. Somit stehen Industrie- und Handelsunternehmen gleichermaßen wie Logistikunternehmen vor diesem Entwicklungssprung. Liegt der Schwerpunkt in dem Industrieunternehmen auf dem Management der Güterflüsse, so sind für Personenverkehrsunternehmen wie Luftverkehrs- oder Bahngesellschaften die zu befördernden Personen die Objekte der Fließsysteme. Aus der neuen Qualität als Führungsinstrument leiten sich die Anforderungen an die logistische Kosten- und Leistungsrechnung ab. Sie bilden den Ausgang für die inhaltliche und formale Ausgestaltung.

D 6.4.1.2 Anforderungen an die logistische Leistungs- und Kostenrechnung

Eine wichtige Voraussetzung für den angestrebten maximalen Beitrag zur Erfüllung logistischer Ziele bildet ein hoher *Informationsversorgungsservice*. Dieser ist dann erreicht, wenn die relevanten (richtigen) Kosten- und Leistungsinformationen zum richtigen Zeitpunkt, in der richtigen Qualität, am richtigen Ort zu den dafür minimalen (richtigen) Kosten zur Verfügung stehen (die fünf „r" der logistischen Leistungs- und Kostenrechnung). Hieraus leiten sich als konkrete Anforderungen ab:

- *Totale Bedarfsorientierung*. Die inhaltliche Konzipierung muss an den aktuellen *und* zukünftigen Informationsbedürfnissen der Entscheidungsträger ansetzen. Hieraus entsteht eine Kunden-Lieferanten-Beziehung. Innerhalb dieser Beziehung sind von der logistischen Kosten- und Leistungsrechnung auch zukünftige Informationsbedarfe frühzeitig aufzudecken. Diese aktive Innovationsfunktion unterstreicht den Wandel vom Informations- zum Führungsinstrument.
- *Umfassende Entscheidungsorientierung*. Operative *und* strategische Logistikentscheidungen sind mit den Kosten- und Leistungsinformationen zu unterstützen. Daraus folgt, dass das neue Kosten- und Leistungsrechnungssystem über den traditionellen operativen Inhalt hinaus als ein strategisches Rechnungssystem zu entwickeln ist. Typische operative Entscheidungsprozesse bilden die Aufstellung und Vorgabe von Logistikbudgets im Rahmen der Jahresplanung sowie die Durchführung von Abweichungsanalysen mit Ableitung von regulierenden Maßnahmen. Make-or-Buy-Entscheidungen in der Logistik können sowohl operativen als auch strategischen Charakter annehmen. Während die Fremdvergabe eines kurzfristigen Transportauftrages als eine operative Entscheidung einzustufen ist, nimmt die Vergabe der kompletten Distributionslogistik an einen Logistiksystemanbieter strategischen Inhalt an. Alle Strukturentscheidungen in der Logistik wie der Übergang zum Single und Modular Sourcing, die Einführung von Just-in-Time- (JIT-) Konzepten, Efficient Consumer Response (ECR) oder die Zentralisierung der Lagerhaltung sind strategischer Natur.
- *Konsequente Ausrichtung auf Prozesse, Prozessketten und -netze*. Der Logistikservicegrad des Wertschöpfungssystems bildet i. d. R. das Ergebnis zahlreicher und mannigfaltiger interdependenter Teilprozesse. Dem entsprechend fußt die Logistik auf dem Prozess- und Systemansatz. Für die Kosten- und Leistungsrechnung leitet sich daraus ab, dass die Einzelprozessanalyse stets um die Gesamtprozessanalyse, die sich auf durchgängige Prozessketten und -netze erstreckt, ergänzt werden muss (Total Cost/Total Service Approach).
- *Gestaltung als ein integriertes intra- und interorganisatorisches System*. Die Prozessketten und -netze gehen auch über die Unternehmensgrenzen hinaus und erstrecken sich dann auf das strategische Netzwerk langfristig kooperierender Unternehmen. So stellt beispielsweise der Logistikservice eines Sammelgutnetzwerkes das Ergebnis der Aktivitäten aller involvierten Versand- und Empfangsspeditionen dar. Insofern würde eine auf die Ebene des einzelnen Kooperationspartners begrenzte Erfassung, Analyse und Auswertung von Kosten- und Leistungsdaten nicht den Ansprüchen eines logistischen Netzwerkmanagements genügen. Für intra- und interorganisatorische Systeme sind Gemeinsamkeiten, aber auch Unterschiede festzustellen. Eine gemeinsame Eigenschaft bildet z. B. die Unterstützungsfunktion zur Erhöhung der Effektivität und Effizienz des Logistikmanagements. Die Unterschiede beruhen auf den spezifischen Merkmalen eines strategischen Netzwerks im Vergleich zu einem Unternehmen. So setzt der Aufbau einer interorganisatorischen Kosten- und Leistungsrechung das gegenseitige Vertrauen der Kooperationspartner voraus. Dieses kann selbst aber nur das Ergebnis eines mehr oder weniger lange dauernden Entwicklungsprozesses bilden. Unter anderem aus diesem Grund richtet sich die interorganisatorische Ausweitung der Kosten- und Leistungsrechnung von vornherein auf das strategische Unternehmensnetzwerk und den Konzern und nicht an ein operatives Netzwerk oder gar virtuelles Wertschöpfungsnetz. Bei letzteren werden bestenfalls Einzelinformationen ausgetauscht, so dass nicht von einem fest installierten Kosten- und Leistungsrechnungssystem für dieses interorganisatorische Beziehungsgefüge ausgegangen werden kann. Ausschlaggebend für die Einrichtung einer unternehmensübergreifenden Kosten- und Leistungsrechnung ist, dass die kooperierenden Partner langfristig zusammenarbeiten und ein gemeinsames strategisches Erfolgspotenzial besitzen. Dies zeichnet ein

strategisches Netzwerk aus. In diesem können die Systeme der Partner unter Auswahl der relevanten Daten zu einem Netzwerksystem verknüpft werden.
- *Effizienz der logistischen Kosten- und Leistungsrechnung.* Aus dem Wirtschaftlichkeitspostulat resultieren konkrete Restriktionen für die Ausgestaltung des Kosten- und Leistungsrechnungssystems. Danach sollte die laufende Kosten- und Leistungsrechnung auf die regelmäßigen, wiederkehrenden Informationsbedarfe begrenzt bleiben. Seltene Bedarfe können dann mittels fallweiser Sonderrechnungen erfüllt werden.

D 6.4.2 Definition der Grundbegriffe

D 6.4.2.1 Logistikleistungen

Die Definition der Kategorie „Logistikleistung" hängt maßgeblich von dem Verständnis über den Inhalt der Logistik ab. In einer frühen Entwicklungsphase wurde der logistische Leistungsbegriff ausschließlich auf die Prozesse des räumlichen Transfers der Güter (Transport von A nach B) und der Zeitüberbrückung (Lagerung der Güter) sowie der damit zusammenhängenden Aktivitäten wie Umschlagen und Kommissionieren angewandt. Die Prozesse des räumlichen Transfers und der Zeitüberbrückung sowie die unmittelbar damit zusammenhängenden Aktivitäten werden häufig unter dem Begriff „Transferprozesse" zusammengefasst. Das frühe Verständnis über Logistik als Funktionenlehre war ausschließlich auf diesen „Transferbereich" beschränkt.

Diese Sichtweise reicht jedoch für das gesamte Management von Fließsystemen nicht mehr aus. Der logistische Leistungsbegriff muss zum einen um klassische logistische Führungsaktivitäten (z. B. Tourenplanung und Materialbestandsführung) und zum anderen um die neuen logistischen Führungsaktivitäten wie die logistische Organisation des Leistungserstellungssystems ergänzt werden. In die Betrachtung ebenfalls mit einzubeziehen sind die übrigen Leistungsprozesse des Wertschöpfungssystems, soweit es ihren logistischen Zielbeitrag betrifft. *Physische Transferprozesse sowie klassische und neue Logistikmanagementaktivitäten* werden im Folgenden als *Logistikprozesse* zusammengefasst. Die Logistikprozesse werden in zwei Gruppen gegliedert:
- *physische Transferprozesse* (Aktivitäten zur Raum- und Zeittransformation) sowie
- *logistische Führungsaktivitäten*; diese werden wiederum unterteilt in klassische Logistikmanagementaktivitäten (dispositive Logistikaktivitäten) und neue Logistikmanagementaktivitäten (koordinierende Aktivitäten des Fließsystemmanagements).

Die unter *„übrige Leistungsprozesse"* bezeichnete Prozessgruppe leistet zwar einen Zielbeitrag für die Logistik, jedoch besteht der primäre Zweck dieser Prozesse nicht in der Logistik, also nicht im Objektfluss. Beispielsweise sind Produktionsprozesse primär auf die Herstellung von Produkten ausgerichtet. Ein weiteres Beispiel, das herangezogen werden kann, ist der Forschungs- und Entwicklungsprozess. Deren primärer Leistungszweck bildet die Generierung von Innovationen.

Die *Definition der Logistikleistung* sollte *unter unmittelbaren Bezug auf den Leistungserstellungsprozess* vorgenommen werden. Dieser nimmt den Charakter eines Dienstleistungsprozesses an. Die Logistikleistung kann als Dienstleistung erstellt werden. In der einschlägigen Literatur werden unterschiedliche *Ansätze zur Definition von Dienstleistungen* vorgeschlagen. Unterschieden werden *potenzial-, prozess- und ergebnisorientierter Ansatz.*

Der potenzialorientierte Ansatz definiert die Logistikleistung als menschliche und maschinelle Leistungsfähigkeit und -bereitschaft zur Prozessdurchführung (d. h. eine bedarfsgerechte Verfügbarkeit des Logistikobjektes sicherzustellen). Das eigentliche Prozessausführen wird mit der prozessorientierten Logistikleistungsdefinition erfasst: Logistikleistung als Prozess der Kombination von Leistungsbereitschaft und weiteren internen Produktionsfaktoren mit dem externen Faktor. Externer Faktor kann durch den Nachfrager oder das von ihm in den Prozess eingebrachte Logistikobjekt (z. B. das Transportgut) realisiert werden. Schließlich wird im Ergebnis der Prozessausführung die Logistikleistung als immaterielles Ergebnis eines logistischen Leistungsprozesses mit dem ergebnisorientierten Definitionsansatz erfasst [Ben93; Cor88].

Für die Definition der Logistikleistung und für den Aufbau und die Anwendung der Logistikleistungsrechnung sind alle Ansätze bedeutsam. Aus diesem Grund würde sich eine die drei Ansätze integrierende Definition der Logistikleistung anbieten. Andererseits besitzt die ergebnisorientierte Betrachtung eine gewisse Dominanz. Die Qualität der Leistungsbereitschaft und der Prozessdurchführung drücken sich im Prozessergebnis aus. Aus dieser Überlegung heraus wird hier die Logistikleistung als Ergebnis eines logistischen Leistungsprozesses definiert: *Die Logistikleistung bildet den mengen- und qualitätsbezogenen Output eines Logistikprozesses.*

Unter Logistikprozess wird sowohl der Einzelprozess (z. B. Qualitätsprüfung des Wareneingangs) als auch ein Hauptprozess (z. B. Materialbeschaffung oder Produktionsplanung- und -steuerung (PPS)) sowie der ganzheitliche Prozess (bestehend aus allen Teilprozessen) des Managements der Objektflüsse über alle Stufen und Phasen des Wertschöpfungssystems hinweg verstanden. In der Logistikleistungsrechnung sind die Interdependenzen zwischen Teilprozessen in Form von Prozessketten und -netzen zu berücksichtigen. Der in der Definition nicht explizit enthaltenen Erfassung und Bewertung der Logistikleistungen in den Prozessphasen „Input" und „Durchführung" wird innerhalb des Logistikleistungsrechnungssystems in Gestalt der *Leistungsschichten* bzw. *Leistungsmessebenen* Rechnung getragen (s. dazu Abschn. D 6.4.3.1).

Auf der aggregierten Ebene des ganzheitlichen Wertschöpfungssystems zeigt sich die qualitative Dimension der Logistikleistung v. a. in dem Servicegrad des Systems. Der Logistikservicegrad wird mit den Servicekomponenten Lieferzeit, Lieferzuverlässigkeit (Liefertreue, Termintreue), Lieferungsbeschaffenheit und Lieferflexibilität erfasst [Pfo04, 30–41].

D 6.4.2.2 Logistikkosten

Die Logistikkosten umfassen den wertmäßigen Gebrauch und Verbrauch der für die Logistikleistungserstellung eingesetzten Produktionsfaktoren. Angaben der Unternehmenspraxis über die Höhe der Logistikkosten weisen hohe Schwankungsbreiten auf (z. B. zwischen 3% und 35% als Anteil an den Gesamtkosten). Ein Hauptgrund dafür beruht auf der jeweils unternehmensindividuellen inhaltlichen Abgrenzung der Logistikkosten.

Dieser Definition liegt der kalkulatorische Kostenbegriff zugrunde, der auch für die einschlägigen Kostenrechnungssysteme Anwendung findet. Alternativ kann der pagatorische Kostenbegriff verwendet werden, auf dem die Einzelkosten- und Deckungsbeitragsrechnung nach Riebel aufbaut (vgl. dazu [Rie94]). Danach würden die Logistikkosten als an die Produktion von Logistikleistungen geknüpfte (zusätzliche) Ausgaben definiert.

Die pagatorischen Logistikkosten sind unmittelbar an Auszahlungen und Ausgaben gebunden. Die kalkulatorischen Logistikkosten unterscheiden sich von den pagatorischen durch eine andere Bewertung des Einsatzes der Produktionsfaktoren (z. B. Berechnung der Abschreibung eines Hochregallagers auf Basis des Wiederbeschaffungswertes) oder durch eine andere Periodisierung (z. B. eine Über-„Null"-Abschreibung) sowie durch zusätzliche Kosten, für die es kein Äquivalent in der Finanz- und Geschäftsbuchführung gibt.

Logistikleistungen und Logistikkosten besitzen ihren gemeinsamen dispositiven Ursprung in den Logistikentscheidungen. Daraus folgt für die Logistikkostenrechnung, dass nur die durch die jeweilige Entscheidung verursachten Kosten zu ermitteln sind. Logistikkosten werden im Weiteren Fortgang als *entscheidungsorientierte Kosten* aufgefasst. Dies bezieht sich sowohl auf die kalkulatorischen als auch auf die pagatorischen Logistikkosten.

Die Relevanz einer konsequenten Entscheidungsorientierung verdeutlicht beispielhaft die Make-or-Buy-Entscheidung über die Durchführung einer kurzfristigen Transportleistung. Zu entscheiden ist zwischen den beiden Alternativen, der Übernahme des kurzfristigen Transportauftrages von der betrieblichen Transportabteilung oder der externen Vergabe an Dritte. Die kostenbasierte Entscheidung umfasst den Vergleich zwischen dem Angebotspreis der Spedition und den mit der Entscheidung ausgelösten zusätzlichen Logistikkosten im Unternehmen. Wird hier eine Unterbeschäftigung der Transportabteilung unterstellt, dann würden lediglich die Kosten für Dieselkraftstoff und die variablen Abschreibungen des Transportmittels kalkuliert. In einer Situation der Überbeschäftigung wären die entscheidungsrelevanten Kosten höher auf Grund der zusätzlichen Einrechnung der Lohnkosten für Fahrer und Transporthilfsarbeiter.

D 6.4.2.3 Logistische Leistungs- und Kostenrechnung

Die *Erfassung*, *Speicherung* und *Verarbeitung* von logistischen Leistungs- und Kostendaten, deren *Aufbereitung* zu führungsrelevanten Logistikinformationen und die *bedarfsgerechte Bereitstellung* bilden den Inhalt der logistischen Leistungs- und Kostenrechnung.

Die *Logistikleistungsrechnung* erfasst die Kalkulationsobjekte für die Logistikkostenrechnung, so dass sie die Basisrechnung für die Logistikkostenrechnung, speziell für die Kalkulation interner Leistungen sowie von Absatzleistungen bildet.

Die Logistikkostenrechnung kann im engeren und weiteren Sinne aufgefasst werden. Die *Logistikkostenrechnung im engeren Sinne* beinhaltet die Erfassung, Speicherung, Verarbeitung, Aufbereitung und Bereitstellung relevanter Kosteninformationen für eine logistische Führung des Unternehmens bzw. des strategischen Netzwerkes. Die *Logistikkostenrechnung im Weiteren Sinne* umfasst darüber hinaus die *Logistikleistungsrechnung* (Mengen- und Qualitätskomponente des Prozess-Outputs; s. vorstehende Definition) sowie die Logistikerlösrechnung und die Logistikerfolgsrechnung.

Die *Logistikerlösrechnung* erfasst im Ergebnis einer externen Bewertung der Logistikleistungen durch den Markt die Wertkomponente des Prozess-Outputs. Durch die *Logistikerfolgsrechnung* wird in Form einer Brutto- oder Nettoergebnisrechnung die Differenz zwischen dem Markterlös (aus Verkauf von Logistikleistungen) und den Logistikkosten ermittelt. Für das Management interner Kunden-Lieferanten-Beziehungen in der Logistik ist die

Erlös- und Erfolgsrechnung von großer Bedeutung. Auch für die Operationalisierung des Erfolgspotenzials der Logistik im Unternehmen sind Erlöse und Gewinne durch die Logistik zu ermitteln. In einem Industrieunternehmen bezieht sich dies speziell auf die Bewertung des Erfolgsbeitrages der Logistik als Sekundärleistung. Die Einstufung als Sekundärleistung beruht auf der Annahme, dass die Primärleistungen des Industrieunternehmens die für den Absatz produzierten Sachgüter sind.

Für das Management in einem Logistikunternehmen sind alle vier Teilsysteme der Logistikkostenrechnung im weiteren Sinne notwendig. Unternehmen, deren originärer Betriebszweck nicht in den Logistikleistungen, sondern in Sachgütern oder anderen Dienstleistungen liegt, haben i. d. R. ihre Kostenrechnungssysteme in der Vergangenheit traditionell auf die Sachgüter ausgerichtet. Jedoch wird mit der Entwicklung der Logistikkostenrechnung zum Führungsinstrument der Weg auch in diesen Unternehmen zu der logistischen Erlös- und Erfolgsrechnung hinführen.

In der Gegenwart sollte der Blick in Unternehmen und strategischen Unternehmensnetzwerken auf dem Aufbau einer logistischen Leistungs- und Kostenrechnung liegen. Damit wird die Ausgangsbasis für zukünftige Innovationen gelegt, die dem Aufgabenbereich des Logistik-Controllings zuzuordnen sind.

D 6.4.3 Logistische Leistungsrechnung

D 6.4.3.1 Erfassung der Logistikleistungen

Die Erfassung der Logistikleistungen setzt an den logistischen Leistungsstellen des Unternehmens bzw. des strategischen Netzwerkes an. Als Voraussetzung dazu sind Logistikleistungsstellen zu bilden. Die Ziele der Logistik legen eine prozessorientierte Gliederung des Wertschöpfungssystems in Leistungsstellen nahe. Die so definierten *Leistungsstellen* bilden zugleich *Kostenstellen*. Der spezifische Inhalt der Leistungsrechnung lässt es zweckmäßig erscheinen, von der Leistungsstellenrechnung im Unterschied zu der Kostenstellenrechnung zu sprechen. Beide Systeme werden anschließend zusammengeführt, wenn es um die Kostenkalkulation der Logistikleistungen geht. Deutlich sollte aber werden, dass jedes System durchaus seine autonome Existenzberechtigung besitzt.

Eine wichtige Voraussetzung für die Leistungserfassung bildet die Definition und *Abgrenzung der Logistikleistungen* von den übrigen Leistungsarten des komplexen Wertschöpfungssystems. Die Logistikleistungen umfassen den Output von Logistikprozessen nach Menge und Qualität. Die Leistungserfassung muss sich weiterhin ausschließlich auf disponierbare und damit durch das Logistikmanagement beeinflussbare Prozesse und Leistungen beziehen. Transportbewegungen wie die Zuführung von Werkzeugen in einem Fertigungsautomaten sind nicht autonom disponierbar und deshalb in der Logistikleistungsrechnung nicht zu erfassen.

Das Verständnis der Logistik als Führungsphilosophie hat Konsequenzen für die Logistikleistungsrechnung. Damit ergibt sich ein neuer Inhalt der Logistikleistungsrechnung im Vergleich zu früheren Entwicklungsphasen der Logistik. Er leitet sich aus dem Beitrag der Logistikleistungsrechnung zur Erfüllung der Logistikziele ab. Die Leistungen des Fließsystemmanagements materialisieren sich zum einen im Ergebnis jedes einzelnen Managementprozesses und zum anderen in dem Beitrag der übrigen Prozesse des Wertschöpfungssystems zur Erfüllung der Logistikziele. Für die *Leistungserfassung* folgt daraus, dass diese *für drei Prozesstypen* vorzunehmen ist:
- *physische Transferprozesse* wie Transport, Lagerung und Güterumschlag (Bild D 6.4-1);

Leistungsstelle Transport:	Transportierte Gütermenge (in t)
	Gefahrene Kilometer
	Anzahl transportierter Ladeeinheiten (nach Typen differnziert)
	Transportzeit
	Transportschäden
Leistungsstelle Lagerung:	Anzahl eingelagerter Lagereinheiten (nach Typen differenziert)
	Anzahl ausgelagerter Lagereinheiten (nach Typen differenziert)
	Ein- und Auslagerungsdauer
Leistungsstelle physische Abfertigung (Entladen):	Anzahl abgefertigter Lkw
	Anzahl abgefertiger Waggons
	Anzahl entladener Ladeeinheiten (nach Tapen differnziert)
	Entladezeit

Bild D 6.4-1 Leistungskennzahlen für physische Transferprozesse (Beispiele)

Leistungsstelle Bestelldisposition:	Anzahl disponierter Teile (differenziert nach A-, B- u. C-Teilen)
	Anzahl betreuter Lieferanten
	Anzahl der Fehlmengen (erfasst nach Materialart, Zeitdauer und Häufigkeit)
Leistungsstelle Bestandsmanagement:	Anteil der Teile mit Überreichweite
	Durchschnittliche Kapitalbindung der Lagergüter
	Reichweite (differenziert nach Materialarten)
Leistungsstelle Logistische Budgetierung:	Verhältnis Output- zu Input-orientierten Budgets
	Akzeptanz des Budgets
	Zeitdauer des Budgetierungprozesses

Bild D 6.4-2 Leistungskennzahlen für klassische logistische Führungsaktivitäten (Beispiele)

Leistungsstelle Forschung und Entwicklung:	Verkürzung der Durchlaufzeit mit neuer Fertigungstechnologie
	Verkürzung der Durchlaufzeit durch Produktmodularisierung
	Verbessertes Handling bei neuen Produkten
Leistungsstelle Produktion:	Fertigungszeit
	Flexibilität der Fertigung in Bezug auf kurzfristige Auftragsänderungen
	Fertigungsprozessqualität

Bild D 6.4-3 Logistische Leistungskennzahlen für übrige Leistungsprozesse (Beispiele)

– *klassische logistische Führungsaktivitäten* wie Tourenplanung, Material- und Warenbestandsführung, Produktionsplanung und -steuerung sowie Vertriebsdisposition, aber auch neue logistische Führungsprozesse wie die logistische Organisation des Leistungserstellungssystems oder die Planung der internationalen Produktionsstandorte (Bild D 6.4-2);
– *übrige Leistungsprozesse* des Wertschöpfungssystems (=logistikaffine Prozesse) in Bezug auf deren Beitrag zur Erfüllung der Logistikziele – z. B. wäre für einen Fertigungsprozess die Einhaltung der Fertigungszeit als logistische Qualitätskomponente zu erfassen (Bild D 6.4-3).

Die Logistikziele des ganzheitlichen Wertschöpfungssystems sind auf die Haupt- und Teilprozesse herunterzubrechen. Das Ergebnis umfasst Transparenz über den Leistungsbeitrag der einzelnen Prozesse zur Erfüllung der Logistikziele des Gesamtsystems.

Wird beispielhaft die Lieferzeit herausgegriffen: Zu analysieren sind die relevanten Prozesse und Haupteinflussgrößen dieser Zielgröße. Die Einflussgrößen werden dann im Rahmen der prozessbezogenen Logistikleistungsrechnung erfasst und ausgewertet. Beeinflusst wird die Lieferzeit u. a. von der Fertigungszeit und der Fertigungsdurchlaufzeit.

Wird als weiteres Beispiel die Lieferzuverlässigkeit hinsichtlich Güterart, Gütermenge und Liefertermin (Termintreue) angenommen: In empirischen Studien geben die Praktiker dieser Leistungs- und Zielgröße permanent die höchste Priorität [Göp98]. Eine relativ große Anzahl von Prozessen nimmt mit ihrem Output Einfluss auf die Lieferzuverlässigkeit des Fließsystems. Darunter befinden sich besonders kritische Einflussgrößen, die in die Logistikleistungsrechnung einzubeziehen sind. Durch eine systematische Beobachtung können die wenigen kritischen Prozesse herausgefunden werden.

Die Durchführung der Logistikleistungsrechnung soll effektiv und effizient sein. Danach ist das Leistungsrechnungssystem weitgehendst zu dezentralisieren. Aus der zentralen Perspektive des ganzheitlichen Wertschöpfungssystems reichen Leistungskennzahlen der Hauptprozesse aus. Teilprozesse werden dann auf der dezentralen Ebene aus dem Blickwinkel der jeweiligen Hauptprozesse erfasst und ausgewertet. Dabei hat die Analyse und Auswertung unter besonderer Berücksichtigung der integrierten Prozessketten und -netze zu erfolgen. Bild D 6.4-4 zeigt die Organisation komplexer Leistungserstellungsprozesse nach Prozessketten und die Interdependenzen.

Die Effekte aus einer Logistikleistungsrechnung würden bei weitem nicht ausgeschöpft werden, wenn auf der Ebene des Prozess-Outputs stehengeblieben werden würde.

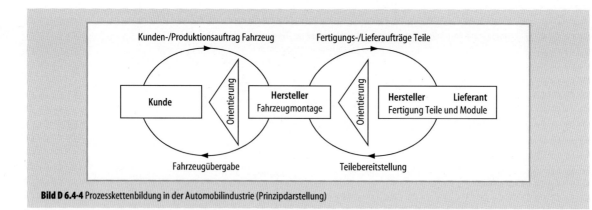

Bild D 6.4-4 Prozesskettenbildung in der Automobilindustrie (Prinzipdarstellung)

Leistungsmessebene	Maßgröße	Verwendung
ergebnisorientierte Ebene Logistikleistung als vollzogene Raum- und Zeitüberwindung, d.h. als Ergebnis der Prozessdurchführung	z.B. Lieferzeit Termintreue Tonnenkilometer	Ergebnisplanung (Vereinbarung von Zielgrößen) Prozessergebnisse zur Verbesserung von Kapazitäts- und Einsatzplanung (z.B. der Tourenplanung)
prozessorientierte Ebene Logistikleistung als Prozessausführung	z.B. transportierte Menge pro Gabelstapler Abfertigungsleistung pro Mitarbeiter	Einsatzplanung (z.B. des Personals und der Transportmittel)
potenzialorientierte Ebene Logistikleistung als Sicherstellung logistischer Leistungsfähigkeit und -bereitschaft	z.B. Transport- und Lagerkapazität	Kapazitätsplanung

Bild D 6.4-5 Ebenen der Logistikleistungsmessung (Schichtenmodell)

Deshalb sind weitere *Leistungsebenen* bzw. *Leistungsschichten* zu erfassen. Die *ergebnisorientierte Leistungsmessebene* erfasst die Logistikleistung als Prozess-Output. Sie bildet u. a. die Basis für die Produktkalkulation. Auf der *potenzialorientierten Ebene* werden Logistikleistungen als Leistungsfähigkeit und -bereitschaft interpretiert und mittels Kapazitätskenngrößen operationalisiert. Diese Ebene unterstützt die Planung der personalen und sachlichen Logistikkapazitäten. Die *prozessorientierte Ebene* interpretiert die Logistikleistung als eine prozessausführende Tätigkeit und dient insbesondere der operativen Einsatzplanung der logistischen Kapazitäten wie z. B. dem Einsatz des Lagerpersonals (Bild D 6.4-5).

Das *Schichtenmodell der Logistikleistung* liegt der Logistikleistungsrechnung zugrunde. Die Leistungsschichten bauen von der potenzialorientierten bis hin zur ergebnisorientierten Ebene aufeinander auf. Das begründet den hohen Stellenwert der ergebnisorientierten Leistungserfassung und -auswertung. Andererseits leisten die vorausgelagerten Ebenen ihren spezifischen Beitrag zur Unterstützung des Logistikmanagements. Der Beleg hierfür sind die Beispiele in Bild D 6.4-1 bis D 6.4-3. Darüber hinaus gibt es zahlreiche Praxisfälle, die ihrerseits die notwendige Anwendung des Schichtenmodells in der Logistikleistungsrechnung unterstreichen. Aus der Sicht eines Logistikunternehmens: Das Unternehmen versucht gezielt, Neukunden zu werben. Die potenziellen Kunden besitzen noch keine Erfahrungen in der Zusammenarbeit mit dem Unternehmen. Kaufakte gingen nicht voraus. Die Einstellung des Kunden wird in dieser Situation maßgeblich durch die Faktorqualität und die Prozessqualität des Logistikdienstleisters beeinflusst. Daraus folgt für den Dienstleister, dass er die potenzial- und prozessorientierten Leistungsgrößen für den Markt transparent machen muss. Die Grundlage dazu liefert die Logistikleistungsrechnung.

Umzusetzen ist das Schichtenmodell der Logistikleistung für die physischen Transferprozesse *und* die Führungsaktivitäten der Logistik. Davon ausgeklammert werden die übrigen Wertschöpfungsprozesse. Sie gehen mit dem logistischen Zielbeitrag in die Logistikleistungsrechnung ein. Ihre umfassende Leistungserfassung würde den Rahmen der Logistikleistungsrechnung sprengen.

Ein Blick auf die potenziellen Datenquellen für die Logistikleistungsrechnung zeigt, dass auf eine Reihe im Unternehmen bereits installierte Systeme zurückgegriffen werden kann. Das sind technische Steuerungssysteme wie Transportsteuerungssysteme und ökonomische Systeme (z. B. Lagerverwaltungssysteme oder Auftragsverwaltungssysteme).

Die ersten Schritte der Einführung der Logistikleistungsrechnung im Unternehmen oder im strategischen Netzwerk sollten sich auf die Ist-Leistungsrechnung konzentrieren. In einer fortgeschrittenen Phase kann dann auf diesen Erfahrungen aufbauend zu einer integrierten Plan- und Ist-Leistungsrechnung übergegangen werden. Zu beginnen ist weiterhin mit einfachen Systemlösungen, die dann erweitert werden können. Ein zu komplexes Leistungsrechnungssystem ist zum Scheitern verurteilt. Erreicht wird eine Komplexitätsreduktion u. a. durch die Dezentralisierung des Systems und durch die konsequente Trennung zwischen laufender Logistikleistungsrechnung und fallweiser Sonderrechnung. Ausdruck der Komplexitätsreduktion bildet ebenso die Auswahl repräsentativer Leistungsgrößen. Sie bildet zugleich eine wichtige Grundlage für die Kostenkalkulation der Logistikleistungen.

D 6.4.3.2 Auswahl repräsentativer Leistungsmessgrößen

Die Effizienz einer Leistungsstelle wird durch die Gegenüberstellung des Outputs zu dem Prozess-Input gemessen. In der Regel charakterisieren mehrere Leistungskennzahlen den Prozess-Output. Für die Analyse der Effizienz ist es zumeist ausreichend, wenn für jede Leistungsstelle ein bis zwei repräsentative Leistungsgrößen ausgewählt werden. Im Falle des Einsatzes nur einer Leistungskenngröße ist die Leistungsgröße auszuwählen, die das Prozessergebnis am besten abbildet. Die Auswahl repräsentativer Leistungsgrößen erfolgt auf der ergebnisorientierten Leistungsmessebene.

Demonstriert sei das für die physische Abfertigung im Wareneingang. Mögliche Leistungsmessgrößen bilden hier die „Anzahl abgefertigter Lkw", „abgefertigte Gütermengen (in t)", „abgefertigte Volumina", „Anzahl abgefertigter Ladeeinheiten", „Anzahl beschädigter Ladeeinheiten". Von diesen wäre die „Zahl abgefertigter Ladeeinheiten (nach Typen differenziert)" möglicherweise am ehesten als repräsentativ einzustufen.

Die repräsentative Leistungsgröße wird in der Prozesskostenrechnung als *Kostentreiber* (Cost Driver) interpretiert. Sie bildet die Bezugsgröße für die Berechnung des Prozesskostensatzes. Die Kostensätze der Logistikleistungsstellen geben Auskunft über die Prozesseffizienz. Zugleich ermöglichen sie die Kalkulation der Inanspruchnahme logistischer Leistungsstellen für Absatzleistungen sowie für weitere Kostenträger wie Kundenaufträge und Märkte.

Über die Eigenständigkeit der Logistikleistungsrechnung als Teilsystem der Logistikkostenrechnung im weitesten Sinne sollte an dieser Stelle kein Zweifel mehr bestehen. Auf der anderen Seite ist die Logistikleistungsrechnung mit der Logistikkostenrechnung im engeren Sinne zusammenzuführen.

D 6.4.4 Logistische Kostenrechnung

D 6.4.4.1 Erfassung der Logistikkosten

Die *Kostenartenrechnung* bildet den bewerteten Einsatz von Produktionsfaktoren für die Logistikleistungen nach Teilmengen wie Abschreibungen, Lohn- und Gehaltskosten, Kapitalbindungskosten und Zinskosten ab. Wo die Logistikkostenarten im Unternehmen entstehen, darüber gibt die *Kostenstellenrechnung* Auskunft. Über die Produktkalkulation münden die Logistikkosten dann in die *Kostenträgerrechnung* (dies entspricht dem klassischen Aufbau der Kostenrechnung).

In der Kostenartenrechnung werden neben den Kosten für interne Logistikleistungen auch die von Dritten bezogenen externen Logistikleistungen erfasst. Die Relation zwischen beiden Kostengruppen ist als Logistiktiefe des Unternehmens definiert. In Anlehnung an die Formeln der Fertigungstiefe und der Wertschöpfungstiefe existieren weitere alternative Berechnungsmodi für die Logistiktiefe des Unternehmens [Göp06, 232ff.]. Der Anteil der Fremdleistungen in der Logistik hat sich in den vergangenen Jahren überproportional erhöht. Aus dem anhaltenden Trend der Vertiefung der zwischenbetrieblichen Arbeitsteilung und der Konzentration auf Kernkompetenzen kann auch für die Zukunft eine noch weitere Erhöhung der Logistiktiefe angenommen werden. Das trifft für Industrie- und

Logistikunternehmen gleichermaßen zu. In der Logistikdienstleistungsbranche zeigt sich das in der Etablierung von Logistikservice-Netzwerken.

Die Kostenartenrechnung liefert führungsrelevante Informationen über die absolute und relative Höhe der Logistikkostenarten sowie über die Entwicklung der Logistikkostenstruktur. Das veränderte Verhältnis zwischen Kosten für Fremdlogistikleistungen und eigenen Logistikleistungen bildet ein Beispiel für die Entwicklung der Logistikkostenstruktur.

Voraussetzung für die Erfassung der Logistikkosten bildet ihre Abgrenzung von den übrigen Kostenarten. Diese wiederum beruht auf der Abgrenzung der Logistikleistungen (vgl. dazu Abschn. D 6.4.3.1 bzw. [Web87; Web02] für eine ausführliche Darstellung). Eine einmal vorgenommene und im Unternehmen akzeptierte Abgrenzung der Logistikleistungen und Logistikkosten sollte aus Gründen der Transparenz und Vergleichbarkeit möglichst über einen längeren Zeitraum beibehalten werden.

In der traditionellen Kostenrechnung stößt man auf Probleme bei der Behandlung von Logistikkosten. Das beginnt bei einer in der Vergangenheit oft zu globalen Erfassung der Logistikkostenarten. Damit hatte man keine konkreten Ansatzpunkte für ein Kostenmanagement in der Logistik. Es handelt sich um ein Anwendungsdefizit. Anders verhält es sich dagegen bezüglich der Kalkulation der Logistikkosten für Absatzleistungen. Hier bietet das klassische System der Vollkostenrechnung keine andere Alternative als die Verrechnung in Form einer Zuschlagskalkulation. Das bildet einen inhaltlichen Mangel des klassischen Systems. Die *Prozesskostenrechnung* gibt die Lösung. Sie beruht auf der Bildung von Verrechnungssätzen für jede logistische Leistungsstelle.

D 6.4.4.2 Ermittlung logistischer Prozesskostensätze

Logistische Prozesskostensätze werden im Rahmen der Kostenstellenrechnung berechnet. Voraussetzung für ihre Ermittlung bildet die Bestimmung der Kostentreiber der logistischen Leistungsstellen (s. Abschn. D 6.4.3.2). Damit werden zugleich die Grundlagen geschaffen für die Einführung einer *ergebnisorientierten Budgetierung in der Logistik* geschaffen. In der bisherigen Praxis dominieren einfache Fortschreibungsverfahren (ex-post-plus-Budgetierung); bezüglich der Vor- und Nachteile der Budgetierungsverfahren und ihres Anwendungskontextes vgl. [Göp05, 318–347].

Die logistischen Prozesskostensätze müssen das Erfordernis der umfassenden Entscheidungsorientierung erfüllen. Daraus folgt, dass für die Fundierung strategischer Logistikentscheidungen *vollkostenorientierte Prozesskostensätze* heranzuziehen sind und für kurzfristige Entscheidungen *variable Prozesskostensätze*.

Zu bedenken ist jedoch, dass die Kostenspaltung in variabel und fix auf den Zeitraum der periodischen Kostenplanung (Jahresplanung) abstellt. Das hat zur Folge, dass sich nicht alle als variabel eingestuften Kosten in den konkreten Entscheidungsfällen wie der Übernahme eines kurzfristigen Zusatzauftrages auch tatsächlich beschäftigungsabhängig verhalten. In dem Fall des kurzfristigen Zusatzauftrages würden in die kostenbasierte Entscheidungsfindung mehr Kosten einfließen als durch die Entscheidung ausgelöst werden. Deshalb bietet sich eine Verfeinerung der klassischen Kostenspaltung in *Leistungskosten, beschäftigungsabhängige, sprungfixe Bereitschaftskosten* und *beschäftigungsunabhängige Bereitschaftskosten* an [Web95, 106–110].

Aber bereits die Anwendung des vollkostenbasierten Prozesskostensatzes und des variablen Prozesskostensatzes in der Logistik bedeutet einen wesentlichen Fortschritt in Richtung der umfassenden Entscheidungsorientierung. Diese Prozesskostensätze ermöglichen eine verursachungsgerechte Kalkulation der Logistikkosten für Produkte im Rahmen der Vollkosten- und auch der Teilkostenrechnung.

D 6.4.4.3 Kalkulation der Logistikkosten für Absatzleistungen

Die klassische Vollkostenrechnung kalkuliert die Logistikkosten pauschal als integraler Bestandteil der allgemeinen Gemeinkostenzuschläge (des Material-, Fertigungs- und Vertriebsgemeinkostensatzes). In der Regel sind die Zuschlagsbasen (Materialeinzelkosten, Fertigungseinzelkosten, Herstellkosten) für die logistische Leistungsinanspruchnahme nicht repräsentativ. Ein direkter Zusammenhang zwischen der logistischen Leistungsinanspruchnahme des Produktes und der Zuschlagsbasis besteht nur in Ausnahmefällen (z. B. bei der Transportversicherung: die Versicherungsprämie wird durch den Material- bzw. Warenwert determiniert). Jedoch beansprucht ein sperriges Niedrigwertteil nicht „zwangsläufig" weniger Beschaffungslogistikleistung als ein teurer Mikrochip.

Die Teilkostenrechnungssysteme (Direct Costing, Stufenweise Fixkostendeckungsrechnung) weisen die Logistikkosten mit Ausnahme der wenigen Logistikeinzelkosten ebenfalls „en block" mit den Gemeinkosten aus, so dass diese Systeme auch nicht den Anforderungen an eine logistische Leistungs- und Kostenrechnung genügen.

Das prozessorientierte System der Kosten- und Leistungsrechnung hebt die Nachteile traditioneller Systeme auf. Die Einzelkosten- und Deckungsbeitragsrechnung von Riebel bildet ebenfalls ein geeignetes Konzept für das Anwendungsfeld der Logistik [Rie94]. Infolge der hohen Komplexität dieses Kostenrechnungssystems blieb dessen Wert bis heute in dem theoretisch-konzeptionellen Stadium. Als praktikabler erweist sich demgegenüber die konkrete Anwendung der Prozesskostenrechnung (Activity Accounting, Activity-Based Costing, Cost-Driver Accounting System) für die Zwecke der Logistik.

Bei der Kostenträgerzurechnung von *externen Logistikleistungen* (Fremdleistungen) können praktische Probleme infolge von zwischen den Produkten bestehenden Leistungs- und Kostenverbindungen auftreten (z. B. beim Sammelguttransport).

In Bezug auf die Kosten für *interne Logistikleistungen* bietet sich analog zu den Arbeitsgangplänen in der Fertigung an, die Inanspruchnahme logistischer Leistungsstellen mittels *logistischer Leistungspläne* abzubilden [Män89, 945]. Auf Grund der Komplexität eines solchen Vorgehens empfiehlt es sich, dieses auf die Neu- und Weiterentwicklung von Produkten sowie auf fallweise Rechnungen bei begründeten Vermutungen von Abweichungen des Istzustandes zu beschränken [Göp05, 314–317]. Das dort enthaltene Rechenbeispiel demonstriert die prozessorientierte Kalkulation der Beschaffungslogistikkosten für Produkte. Im Ergebnis werden die gravierenden Abbildungsmängel der traditionellen Kalkulation deutlich (vgl. dazu auch das Beispiel zur logistikgerechten Kalkulation bei [Web95, 172–179].

D 6.4.5 Zusammenfassung

Die Entwicklung der Logistik zu einer Führungsphilosophie schlägt sich auch in der Kosten- und Leistungsrechnung nieder. Es wurde gezeigt, was die neue Qualität der logistischen Leistungs- und Kostenrechnung auszeichnet. Zugleich sind die wichtigsten inhaltlichen Gesichtspunkte für die Einführung und Weiterentwicklung dieses auf die Logistik orientierten Leistungs- und Kostenrechnungssystems dargelegt worden. Die konkrete Ausgestaltung muss immer vor dem Hintergrund der konkreten Unternehmenssituation vorgenommen werden. Die Bedeutung, die ein solches Rechnungssystem in der Gegenwart und in der Zukunft besitzt, leitet sich aus der wachsenden Attraktivität der Logistik als entscheidender Wettbewerbsfaktor in Unternehmen und strategischen Netzwerken ab. Die Logistik heute bewegt sich bereits in dieser Phase, in der eine Verschiebung des Wettbewerbs von der intraorganisatorischen auf die interorganisatorische Ebene zu beobachten ist. Hieraus folgt für die Leistungs- und Kostenrechnung, dass diese als System auf die interorganisatorische Ebene auszulegen ist. Erste Ansätze in diese Richtung wurden diskutiert.

Literatur

[Ben93] Benkenstein, M.: Dienstleistungsqualität. Ansätze zur Messung und Implikationen für die Steuerung. ZfB 63 (1993) 11, 1095–1116

[Cor88] Corsten, H.: Dienstleistungen in produktionstheoretischer Interpretation. WISU 17 (1988) 2, 81–87

[Göp98] Göpfert, I.; Jung K.-P.: IDS-Security. Differenzierung durch qualitativ hochwertige Dienstleistungen. Ergebnisse einer empirischen Untersuchung. In: Projektber., Arb.-papier Nr. 14. Lehrstuhl f. allg. Betriebswirtschaftslehre u. Logistik. Philipps-Univ. Marburg 1998

[Göp00] Göpfert, I.; Jung, K.-P.; Neher, A.: Stand und Entwicklung der strategischen Logistikplanung – Ergebnisse einer empirischen Untersuchung. In: Göpfert, I. (Hrsg.): Logistik der Zukunft – Logistics for the Future. 2. Aufl. Wiesbaden: Gabler 2000, 269–288

[Göp01] Göpfert, I.: Logistik der Zukunft – Logistics for the Future. 3. Aufl. Wiesbaden: Gabler 2001

[Göp05] Göpfert, I.: Logistik. Führungskonzeption. 2. Aufl. München: Vahlen 2005

[Göp06] Göpfert, I.: Logistik der Zukunft – Logistics for the Future. 4. Aufl. Wiesbaden: Gabler 2006

[Män89] Männel, W.: Logistik-Controlling im System der Kosten- und Leistungsrechnung. In: Bundesvereinigung Logistik e. V. (Hrsg.): Deutscher Logistik-Kongreß '89. Logistik: Fundament der Zukunft. München 1989, 928–948

[Pfo04] Pfohl, H.-C.: Logistiksysteme. 7. Aufl. Berlin: Springer 2004

[Rie94] Riebel, P.: Einzelkosten- und Deckungsbeitragsrechnung. Grundfragen einer markt- und entscheidungsorientierten Unternehmensrechnung. 7. Aufl. Wiesbaden: Gabler 1994

[Web87] Weber, J.: Logistikkostenrechnung. Berlin: Springer 1987

[Web95] Weber, J.: Logistik-Controlling. 4. Aufl. Stuttgart: Schäffer-Poeschel 1995

[Web02] Weber, J.: Logistikkostenberchnung. Kosten-, Leistungs- und Erlösinformationen zur erfolgsorientierten Steuerung der Logistik. 2. Aufl. Berlin: Springer 2002

D 6.5 Logistik-Benchmarking

D 6.5.1 Die Idee des Benchmarking

In der Betriebswirtschaftslehre wird unter dem Begriff des Benchmarking ein Managementansatz diskutiert, der den Vergleich zweier oder mehrerer Unternehmen bzw. Unternehmensteile im Hinblick auf spezifische quantitative aber auch qualitative Erfolgsgrößen oder „Benchmarks", wie z. B. Zeit-, Kosten-, Leistungs- bzw. Servicekennzahlen, anstrebt [Böh99, Wel03, Luc03]. Grundidee und Zielsetzung ist hierbei die Identifikation spezifischer Erfolgstreiber und die Generierung von externalisierbaren, d. h. unternehmensübergreifend nutzbaren Wissens aus den spezifischen Strategien, Strukturen, Aktivitäten, Geschäftsprozessen, etc. des jeweils besten Unternehmens seiner Klasse. Diese Unternehmen werden in der Sprache des Benchmarking auch als „Best Practice-" oder „Best in Class Unternehmen" bezeichnet, welche als Referenzunternehmen mit Vorbildcharakter und somit als Erfolg versprechender Vergleichsmaßstab für das Verbesserungsstreben anderer Unternehmen herangezogen werden können. Aus der spezifischen Perspektive eines Unternehmens wird unter Benchmarking somit der Vergleich des eigenen Unternehmens mit einem gezielt ausgewählten Referenzunternehmen (Best Practice Unternehmen) verstanden. Leitmotiv hierbei ist, dass Unternehmen anhand eines Referenzvergleichs ihre eigenen Stärken und Schwächen besser zu erkennen vermögen. Ein Referenzunternehmen sollte im Sinne des Benchmarking idealerweise das im Hinblick auf die gewünschte Zielsetzung (z. B. Flexibilisierung von Durchlaufzeiten in der Produktion, Kostensenkung in der Distribution) vergleichsweise 'beste' Unternehmen sein, dessen spezifische Prozesse, Strukturen, Produkte etc. Hinweise auf potenzielle Verbesserungsmöglichkeiten im eigenen Unternehmen geben können [Wel03]. Auf diese Weise können Leistungslücken systematisch aufgedeckt und zugleich spezifische Maßnahmen zu ihrer Schließung abgeleitet werden. Dabei kann grundsätzlich jedes Unternehmen – gleichgültig ob in derselben Branche tätig oder nicht – als Benchmarking-Partner fungieren. Häufig gilt gerade der Blick auf branchenfremde Unternehmen als besonders wertvolle Lernquelle für neue Erfolg versprechende Vorgehensweisen in der eigenen Branchenpraxis (Überwindung von Betriebs- und Branchenblindheit) [Nob04].

Dem Einsatz von Konzepten des Benchmarking liegt somit generell die Idee zu Grunde, dem Management ein durch systematisches Vorgehen unterstütztes Lernen aus der individuellen Anwendungspraxis und dem Erfahrungsschatz erfolgreicher Unternehmen zu ermöglichen.

Als Vorteilhaft gilt hierbei insbesondere, dass durch ein gezieltes Benchmarking spezifische Kenntnisse und Verbesserungshinweise relativ kurzfristig generiert und in geeignete Maßnahmen umgesetzt werden können [Luc03]. Unternehmen werden in die Lage versetzt, im Laufe der Jahre festgefahrene, ineffiziente Strukturen vergleichsweise schnell zu identifizieren, systematisch aufzubrechen und gezielt zu verändern [Web99]. In Abhängigkeit des Umfangs und der Reichweite des Unternehmensvergleichs können die Ergebnisse eines Benchmarking-Projektes damit nicht zuletzt auch der Ausgangspunkt für weitergehende strategische Unternehmensentscheidungen sein [Fis03], die sich in grundlegenden Reorganisationen äußern können und damit unmittelbarer als Motivator für Veränderungsprozesse (Change Management) eines Unternehmens wirken.

D 6.5.1.1 Ursprung und Bedeutung des Benchmarking

Die konzeptionellen Ursprünge der Benchmarking-Idee lassen sich – wenngleich nicht unter dem expliziten Begriff des Benchmarking und auch nicht im Sinne eines systematischen Managementansatzes – bis in die Anfänge des letzten Jahrhunderts zurückverfolgen. So führte bereits das als Pionier der Fließfertigung geltende Unternehmen Ford zu Beginn des 20. Jahrhunderts einen Vergleich mit einem Referenzunternehmen aus der Fleischbranche durch, in der einige Unternehmen das Flussprinzip und damit die Fließfertigung bereits realisiert hatten. Auf der Basis des durch den Vergleich gewonnenen Erfahrungsschatzes und der vom Vergleichspartner bereits durchlaufenen Lernkurve konnte Ford im Jahre 1914 nach relativ kurzer Entwicklungs- und Anlaufzeit das Flussprinzip für seine Produktionsabläufe konzipieren und umsetzen und damit die bekanntermaßen erheblichen Kosteneinsparungen realisieren [Hof04].

Der Managementansatz Benchmarking ist schliesslich in den frühen 1980er Jahren auf Basis spezifischer Erfahrungen US-amerikanischer Unternehmen mit systematisch durchgeführten unternehmensinternen und -externen Vergleichen aus konkreten Problemstellungen der Praxis heraus erwachsen und wurde dabei erstmalig als eigenständiger Managementansatz in Theorie und Praxis thematisiert [Cam89].

Bis Mitte der 1980er Jahre wurden Benchmarking-Projekte zunächst von Großkonzernen im amerikanischen Raum durchgeführt. Erfolgsmeldungen führten schliesslich zu einem stetig wachsenden Benchmarking-Interesse einer Vielzahl von Unternehmen über die Grenzen Nordamerikas hinaus. Seit den frühen 1990er Jahren werden Benchmarking-Projekte von einer hohen Anzahl unterschiedlicher Unternehmen weltweit realisiert [Füs01]. Maßgeblich beteiligt an dieser Entwicklung war unter anderem das US-amerikanische Unternehmen Xerox, welches als erstes Unternehmen Benchmarking systematisch und gezielt u. a. auch in der Logistik einsetzte. Der ansteigende Wettbewerbsdruck in den 1970er Jahren, im Wesentlichen zurückzuführen auf das erfolgreiche Eindringen japanischer Unternehmen in den amerikanischen Markt, führte zu einer Halbierung des Marktanteiles von Xerox und zu einer dramatischen Verschlechterung der Ertragslage. Mit der Zielsetzung diesem Trend entgegenzuwirken, verglich das Unternehmen in einem ersten Schritt die technische Basis ihrer Kopierer mit denen der relevanten japanischen Wettbewerbsunternehmen [Wel03]. Darüber hinaus wurde ein kooperatives Benchmarking-Projekt in Zusammenarbeit mit dem Sportversand L.L. Bean durchgeführt, der insbesondere für sein effizientes Lager- und Versandsystem bekannt war und somit als Best Practice angesehen wurde. Auf diese Weise wurden ineffiziente Produktkonfigurationen und Prozessabläufe in den Unternehmensbereichen von Xerox identifiziert, deren Ursachen analysiert und Lösungsstrategien erarbeitet [Luc03]. Durch neue Möglichkeiten des IT-Einsatzes, wie z. B. die Einführung der damals innovativen Barcode-Technologie, die gezielte Anpassung von Anreizsystemen und eine neue nachfragesegmentierte Lagerhaltungsstrategie, konnte Xerox seine Kostenbasis schließlich erheblich reduzieren und zugleich seinen Marktanteil wieder ausbauen [Gil01].

In der betriebswirtschaftlichen Literatur wurde Benchmarking erstmalig 1989 durch Robert C. Camp in seiner Monographie „Benchmarking: The Search for Industry Best Practices that Lead to Superior Performance" aufgegriffen. Angeregt durch die praktischen Erfahrungen US-amerikanischer Unternehmen legte Camp eine erste Ausarbeitung vor, die Benchmarking als Managementansatz konzeptionell strukturiert, systematisch aufarbeitet und dokumentiert. Sukzessive haben sich seither eine Vielzahl von Autoren dieser Thematik, nicht zuletzt auch in der deutschsprachigen Literatur, angenommen. Neben einer Vielzahl eher pragmatisch ausgerichteten populärwissenschaftlichen Managementratgebern lässt sich ebenso eine große Vielfalt von wissenschaftlich orientierten Arbeiten in der Literatur finden [vgl. z. B. Cam94, Pus00, Nob04, Sie02, Mer04, Kai05]. Heute zählt Benchmarking nach wie vor zu einem der am meisten diskutierten Managementansätze, der nicht zuletzt auch zum Standardwissen im Bereich der Unternehmensführungslehre an den Hochschulen, wie auch zum üblichen Repertoire im Methodenkasten der Unternehmenspraxis gehört. Auch wenn der Managementansatz seine Blütezeit als „Mode" in den 1990er Jahren bereits hinter sich gelassen zu haben scheint, besitzt Benchmarking noch heute eine große Bedeutung in Theorie und Praxis.[1] Zahlreiche wissenschaftlich orientierte Einrichtungen wie auch Unternehmensberatungen haben Benchmarking als Forschungsfeld und/oder Produkt in ihr Aktivitätsportfolio aufgenommen und sich auf die Realisierung von Benchmarking-Projekten spezialisiert. Internetportale, wie z. B. die deutschsprachige Webpräsenz ‚www.benchmarking.de', bieten aktuelle Informationen zum Thema und leisten Hilfestellung bei der Suche eines geeigneten Benchmarking-Partners oder eines Benchmarking-Konsortiums. Auch von politischer Seite wird dem Thema Benchmarking eine hohe Bedeutung beigemessen. So berücksichtigt beispielsweise die Europäische Union regelmässig das Thema Benchmarking in ihrer Forschungsförderung wie z. B. im laufenden Projekt ‚Logistics Best Practice – BestLog' (www.bestlog.org) des 6. EU-Forschungsrahmenprogramms oder mit dem aktuellen Call „Benchmarking Logistics" im Kontext des 7. EU-Forschungsrahmenprogramms.

D 6.5.1.2 Benchmarking-Definitionen

In seiner ursprünglichen Bedeutung bezeichnet der aus dem angloamerikanischen Sprachgebrauch stammende Begriff des Benchmarking einen trigonometrischen Punkt, welcher einen 'Fest- bzw. Referenzpunkt' in der Landvermessung deklariert. Die Übertragung dieser Bedeutung auf den Vergleich von Unternehmen und die damit einhergehende Interpretation als betriebswirtschaftlicher Managementansatz wurde, wie zuvor bereits angedeutet, erstmals durch Camp (1989) formuliert. Benchmarking bedeutet dabei „the search for industry best practices that will lead to superior performance" [Cam89, 13]. Diese, die Grundidee des Benchmarking betonende, aber noch recht unspezifische Begriffsdefinition konkretisiert Camp später wie folgt: „Benchmarking ist der kontinuierliche Prozess, Produkte, Dienstleistungen und Praktiken zu messen gegen den stärksten Mitbewerber oder die Firmen, die als Industrieführer angesehen werden." [Cam94, 13] Wie diese erweiterte Begriffsdefinition von Camp ausweist, ist Benchmarking keine einmalige Angelegenheit, sondern ein auf Kontinuität ausgelegter Vergleich mit einem geeigneten Referenzunternehmen.

Aufsetzend auf diesen ersten Ansätzen von Camp, die sozusagen als Kristallisationskern einer Benchmarking-Definition angesehen werden können, ist eine unüber-

---

[1] Nach einer Suchanfrage im Februar 2007 zum Begriff „Benchmarking" zeigte die Suchmaschine Google 41.500.000 Einträge an. Trotz der begrenzten Aussagekraft hinsichtlich der Relevanz der Einzelergebnisse spiegelt dieses Gesamtergebnis durchaus die aktuelle Bedeutung des Themas wider.

sichtliche Vielzahl von weiteren Definitionsvorschlägen vorgelegt worden, die einzelne Aspekte hinzufügen bzw. stärker akzentuieren und somit das zeitgenössische Verständnis des Benchmarking als Managementansatz insgesamt abrunden. Ohne an dieser Stelle eine neue – zwangsläufig unvollständig bleibende – Definition hinzuzufügen, seien einige wichtige Ansätze im folgenden aufgeführt und im Hinblick auf ihren inhaltlichen Beitrag zum aktuellen Begriffsverständnis kurz kommentiert.

Kleinfeld (1994) beispielsweise ergänzt in seiner Definition den Begriff um den Zielaspekt der Leistungsverbesserung innerhalb des eigenen Unternehmens, die durch Benchmarking erzielt werden können. „Benchmarking bezeichnet den Prozess fortlaufenden Vergleiches und Messens der eigenen Organisation mit weltweit führenden anderen Organisationen mit dem Ziel, der eigenen Organisation bei der Verbesserung der Leistungsfähigkeit zu helfen" [Kle94, 19f.]. Gegenstand eines jeden Benchmarking-Projektes ist somit nicht nur der Vergleich bestimmter Leistungsdimension, sondern umfasst darüber hinaus die Adaption bereits vorhandenen Wissens zur zielgerichteten Leistungssteigerung im eigenen Unternehmen.

Ulrich (1998) definiert den Begriff des Benchmarking noch weiter. Seiner Auffassung nach ist Benchmarking „… ein systematischer und kooperativer Prozess, bei dem bestimmte Untersuchungsgegenstände einer Organisation mit anderen Organisationsbereichen oder fremden Organisationen verglichen werden. Durch diesen Vergleich sollen die Unterschiede zwischen den Vergleichspartnern auf Basis quantitativer Messgrößen (benchmarks) offen gelegt, die Ursachen für die identifizierten Unterschiede analysiert und die gewonnenen Erkenntnisse in Leistungsverbesserungen umgesetzt werden" [Ulr98, 25]. Ulrich geht in seiner Definition insbesondere auf die Vielschichtigkeit des Benchmarking als Managementansatz ein. Benchmarking-Projekte können dabei nicht nur mit externen Referenzunternehmen, sondern auch im eigenen Unternehmen durchgeführt werden. Besondere Bedeutung erlangt hierbei nicht nur der Vergleich mit einem Best Practice Unternehmen, sondern gerade die Ursachenanalyse im Hinblick auf die entdeckten Unterschiede und die Generierung und Umsetzung geeigneter Maßnahmen zu deren Beseitigung (Change Management).

Während Ulrich jedoch ausschließlich auf quantitative Messgrößen rekurriert, betont Krupp (2006) zusätzlich die Notwendigkeit des Einbezugs qualitativer Informationen: „… Benchmarking ist aber mehr als eine reine Messtechnik zum Vergleich von Unternehmen bzw. Unternehmensteilen oder Prozessabläufen. Zur Identifizierung von Ursache-Wirkungszusammenhängen müssen neben quantitativen Materien auch qualitative Informationen über die Ursachen der Leistungsunterschiede, also die Rahmenbedingungen und die eingesetzten Praktiken und Technologien erhoben werden" [Kru06, 50]. Mit dem speziellen Bezug zur Logistik sieht schließlich auch Hofmann (2004) im Benchmarking-Ansatz explizit eine quantitative und qualitative Komponente: „Während sich das quantitative Benchmarking auf den Vergleich konkreter Kennzahlen stützt, erfolgt der Vergleich beim qualitativen Benchmarking auf Basis der strukturierten Beschreibung von Einzelaspekten als Benchmarking Objekt. Bei der in der Logistik am weitesten verbreitenden Variante des Benchmarking, kommen meist beide Ansätze gemeinsam zum Einsatz" [Hof04, 42f.].

Logistik kann somit als ein spezielles Anwendungsfeld unter anderen denkbaren Anwendungsfeldern des Benchmarking verstanden werden. In diesem Sinne setzt Logistik-Benchmarking als konkrete Anwendung auf den Grundideen und Zielsetzungen des Benchmarking-Ansatzes auf und bezieht ihn, wie im weiteren Verlauf dieses Beitrags noch gezeigt wird, auf den konkreten Gegenstandsbereich logistischer Strukturen, Prozesse und Produkte.

D 6.5.2 Arten des Benchmarking

In der Unternehmenspraxis lassen sich unterschiedliche Arten bzw. Ausprägungsformen von Benchmarking-Projekten identifizieren. Neben allgemeinen Kennzeichen, wie z. B. der Länge der veranschlagten Projektdauer oder der Höhe des eingesetzten Budgets, lässt sich Benchmarking, wie in Bild D 6.5-1 dargestellt, insbesondere anhand spezifischer Charakteristika hinsichtlich angestrebter Erfolgsgrößen, fokussierter Vergleichsobjekte und einbezogener Vergleichspartner differenzieren [Luc03].

D 6.5.2.1 Erfolgsgrößen

Ausgangspunkt und Grundlage eines jeden Benchmarking-Projektes ist eine klar definierte Vorstellung darüber, welche Ziele oder Ergebnisse mittels eines Benchmarking erreicht werden sollen. Auf der Basis einer solchen Ziel- und Ergebnisdefinition, die sinnvollerweise unter Berücksichtigung einer übergeordneten Wettbewerbsstrategie vorgenommen wird, ist in der Folge festzulegen, welche zielrelevanten betriebswirtschaftlichen Erfolgsgrößen im Rahmen des Benchmarking angestrebt werden. Grundsätzlich kann dabei der betriebswirtschaftliche Erfolg in seine Unterkategorien 'Kosten' und 'Leistung' aufgespalten werden, anhand derer anschließend geeignete Messindikatoren für einen Unternehmensvergleich festzulegen sind. Entsprechend ist anhand des Charakters der schwer-

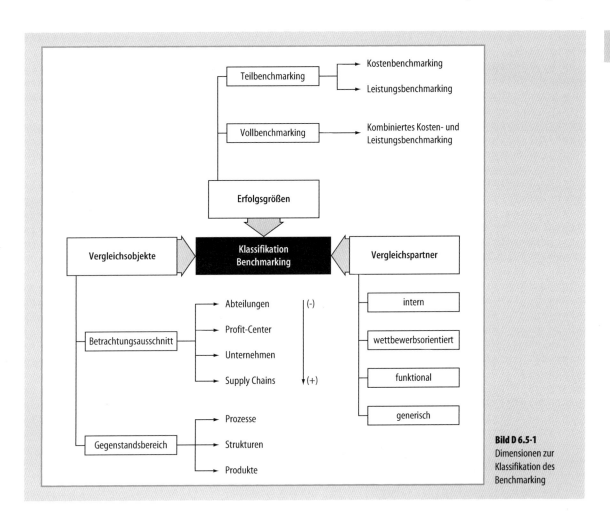

Bild D 6.5-1
Dimensionen zur Klassifikation des Benchmarking

punktmäßig herangezogenen Erfolgsgrößen grundsätzlich zwischen einem Kostenbenchmarking (Teilbenchmarking), einem Leistungsbenchmarking (Teilbenchmarking) und einem kombinierten Kosten- und Leistungsbenchmarking (Vollbenchmarking) zu unterscheiden.

Im Rahmen eines *Kostenbenchmarking* werden ausschließlich kostenorientierte (monetäre) Messgrößen als Vergleichsindikatoren herangezogen. Dies kann insbesondere dann sinnvoll sein, wenn mit hinreichender Sicherheit davon auszugehen ist, dass das fokussierte Vergleichsobjekt (Prozesse, Strukturen, Produkte) des Referenzunternehmens sich qualitativ auf dem gleichen oder zumindest einem ähnlichen Leistungsniveau befindet. Auf Basis des direkten Vergleichs der jeweils indizierten Kostenpositionen werden dann relevante Hinweise auf mögliche Kostensenkungspotenziale z. B. bei Rohstoff- oder Materialkosten, Infrastrukturkosten, Lagerhaltungskosten, Arbeitskosten, etc. ermittelt [Wag06].

Das *Leistungsbenchmarking* hingegen bezieht sich auf einen Vergleich von ausschließlich leistungsorientierten (monetären und nicht-monetären) Messgrößen. Notwendige Grundvoraussetzung für ein Leistungsbenchmarking ist, dass das fokussierte Vergleichsobjekt (Prozesse, Strukturen, Produkte) des Referenzunternehmens eine hohe Ähnlichkeit des jeweiligen Gesamtkostenniveaus aufweist. So wird sichergestellt, dass einer ggf. höheren Leistung nicht auch ein entsprechend höheres Kostenniveau gegenübersteht, welches letztlich ein höheres Leistungsniveau begründen würde. Durch den direkten Vergleich der Leistungsgrößen werden dann relevante Hinweise auf mögliche Leistungsverbesserungspotenziale, z. B. bei Entwicklungs-, Liefer- oder Durchlaufzeiten, Variantenvielfalt,

Fehlraten oder Prozessflexibilität, Lagerkapazitäten etc. ermittelt [Ses99].

Im kombinierten *Kosten- und Leistungsbenchmarking* werden sowohl die Kosten- als auch die Leistungsseite eines Vergleichsobjektes betrachtet. Durch den parallelen Vergleich und die Gegenüberstellung von kosten- und leistungsorientierten Messgrößen im Sinne eines erfolgsorientierten Vollbenchmarking wird es grundsätzlich möglich, neben gleichartigen auch branchenfremde Unternehmen miteinander zu vergleichen. So kann z. B. die Lagerumschlagsleistung in Relation zu den jeweils verursachten Lagerkosten über Unternehmen verschiedener Branchen hinweg gemessen und verglichen werden, um Hinweise auf Verbesserungspotenziale zu erhalten. Dies macht insbesondere bei solchen Produkten Sinn, die hinsichtlich ihrer Handhabung (Prozess) eine hohe Ähnlichkeit in den logistischen Anforderungen aufweisen.

Eine in der Praxis bei der Durchführung von Benchmarking-Projekten häufig angestrebte Zielsetzung ist die Verbesserung der Kundenzufriedenheit. Dieses Ziel lässt sich im Rahmen eines Benchmarking grundsätzlich sowohl anhand von Kostengrößen als auch anhand von Leistungsgrößen, wie z. B. Qualitäts- und Zeitgrößen, näher spezifizieren [Pie95]. Ob dabei allerdings ein kosten- oder leistungsorientiertes Teilbenchmarking oder etwa ein Vollbenchmarking die beste Vorgehensweise ist, lässt sich nicht pauschal beantworten, sondern hängt entscheidend von weiteren Faktoren ab, wie z. B. dem als relevant erachteten Vergleichsobjekt (Prozesse, Strukturen, Produkte) und auch der Ähnlichkeit des ausgewählten Vergleichspartners [Ses00].

D 6.5.2.2 Vergleichsobjekte

Ein weiteres, im Zuge der vorangehenden Ausführungen bereits angesprochenes Unterscheidungsmerkmal von Benchmarking stellt das sog. Vergleichsobjekt dar. Das Vergleichsobjekt spezifiziert den als relevant erachteten Betrachtungsausschnitt, wie auch den konkreten Gegenstandsbereich, der einem direkten Vergleich mit einem entsprechenden Vergleichspartner unterzogen werden soll. Die Größe des als relevant erachteten Betrachtungsausschnittes kann dabei von einem einzelnen, eng umrissenen Teilbereich eines Unternehmens, wie z. B. Abteilung, Funktion oder Profit-Center bis hin zum gesamten Unternehmen oder gar unternehmensübergreifenden Supply Chains reichen. Gegenstandsbereiche können z. B. bestimmte Prozesse, Strukturen oder Produkte sein [Wal01]. Je nach Größe des Betrachtungsausschnittes und des Umfangs der in das Benchmarking einbezogenen Gegenstandsbereiche kann dabei hinsichtlich des Kriteriums „Vergleichsobjekte"

grundsätzlich zwischen einem strategischen und operativen Benchmarking unterschieden werden.[2]

Das *strategische Benchmarking* verfolgt das Ziel, strategische Erfolgspotenziale eines Unternehmens (oder eines Unternehmensverbunds) aus einer langfristigen Perspektive heraus zu identifizieren und ggf. zu zukünftigen Wettbewerbsvorteilen auszubauen. Dabei setzt das strategische Benchmarking üblicherweise bei einem großen Betrachtungsausschnitt (Profit-Center bis hin zu gesamten Supply Chains), i. d. R. unter Einbeziehung mehrerer Gegenstandsbereiche (z. B. Prozesse, Strukturen und Produkte) an. Aufgrund der umfassenden, übergreifenden und langfristig orientierten Ausrichtung (Makro-Perspektive) erfordert das strategische Benchmarking vergleichsweise hoch aggregierte Messgrößen und bezieht sich i. d. R. sowohl auf die Kosten- als auch auf die Leistungsseite des Unternehmenserfolgs (Vollbenchmarking). Typische Fragestellungen des strategischen Benchmarking betreffen die langfristige Marktpositionierung sowie die unternehmerischen Innovations-, Wachstums- und Ertragspotenziale [Wat93].

Das *operative Benchmarking* richtet sich hingegen auf einen eher eng gefassten Betrachtungsausschnitt mit einem entsprechend näher konkretisierten Gegenstandsbereich aus (z. B. einen Prozessabschnitt in der Beschaffung, der Produktion oder der Distribution). Vor dem Hintergrund eines eng abgegrenzten und konkret definierten Vergleichsobjektes, ist es das vorrangige Ziel des operativen Benchmarking, auf der Basis detaillierter, d. h. dissaggregierter Messgrößen, kurzfristige Verbesserungspotenziale im operativen Bereich aufzudecken (Mikro-Perspektive). Auf dieser Grundlage können dann konkrete, schnell und direkt umsetzbare Verbesserungsmaßnahmen abgeleitet werden (Quick Wins). In Abhängigkeit von der Ähnlichkeit der ausgewählten Vergleichsobjekte, kann das operative Benchmarking dabei als Teilbenchmarking (Kosten- oder Leistungsbenchmarking) oder als Vollbenchmarking (kombiniertes Kosten- und Leistungsbenchmarking) ausgestaltet sein.

D 6.5.2.3 Vergleichspartner

Neben den zuvor dargestellten Merkmalen „angestrebte Erfolgsgrößen" und „fokussierte Vergleichsobjekte" lässt sich Benchmarking schließlich im Hinblick auf die im Rahmen des Benchmarking herangezogenen Vergleichs-

---

[2] In der Literatur wird in diesem Zusammenhang häufig noch das taktische Benchmarking abgegrenzt (siehe z. B. [Blu94]), worauf an dieser Stelle aufgrund des fehlenden zusätzlichen Erklärungsgehalts nicht weiter eingegangen wird.

Art	Internes Benchmarking	Wettbewerbsorientiertes Benchmarking	Funktionales Benchmarking	Generisches Benchmarking
Definition	Vergleich zwischen internen Organisationsbereichen/ -einheiten	Vergleich mit dem direkten Wettbewerb	Vergleich ähnlicher Funktionen mit branchenfremden Partnern	Vergleich über die Branchen- und Funktionsgrenze hinaus
Ziele	Steigerung der operativen Effektivität und Effizienz Bessere Kenntnisse der eigenen Abläufe sowie von Stärken und Schwächen	Überprüfung der Position am Markt Aufschließen zum Branchenführer mittels Anpassung der Best Practice Methoden	Optimierung eines für die Überlebenssicherung des Unternehmens bedeutenden Organisationsbereichs (Funktion)	Paradigmenwechsel, Neuausrichtung oder Neugestaltung eines Unternehmensbereiches oder des gesamten Unternehmens

Unterschiede bzgl.
- Vergleichbarkeit + ←——————————————————→ -
- Innovationspotential - ←——————————————————→ +
- Datenverfügbarkeit + ←——————————————————→ -

Bild D 6.5-2 Bechmarking-Arten in Abhängigkeit der einbezogenen Vergleichspartner, in Anlehnung an [Kru06, 57]

partner charakterisieren. Mögliche Vergleichspartner können sich dabei grundsätzlich aus dem internen sowie aus dem externen Umfeld des Unternehmens rekrutieren. Analog kann allgemein zwischen einem internen und einem externen Benchmarking unterschieden werden. Während das *interne Benchmarking* grundsätzlich Vergleichsobjekte möglicher Benchmarking-Partner innerhalb der eigenen Unternehmensgrenzen einbezieht, richtet das *externe Benchmarking* den Blick gezielt auf Vergleichsobjekte möglicher Benchmarking-Partner außerhalb der Unternehmensgrenzen. Beim externen Benchmarking kann, wie in Bild D 6.5-2 aufgeführt, weiter zwischen den Spielarten des wettbewerbsorientierten Benchmarking, des funktionalen Benchmarking und des generischen Benchmarking unterschieden werden [Böh99].

Das *Interne Benchmarking* wird zwischen Vergleichspartnern, d. h. Organisationsbereichen/-einheiten, innerhalb ein und desselben Unternehmens durchgeführt. In Abhängigkeit der jeweiligen Unternehmensgröße kann sich der interne Vergleich auf unterschiedlich weit gefasste und konkretisierte Vergleichsobjekte beziehen, wie z. B. verschiedene Konzerndivisionen, Niederlassungen, Produktionsstandorte, Abteilungen oder gar einzelne Arbeitsprozesse [Möl03]. Ein internes Benchmarking bietet sich insbesondere für solche Unternehmen an, in denen ähnliche Strukturen und Prozesse mehrfach „dupliziert" vorkommen, die i. d. R. jedoch von unterschiedlichen Akteuren z. B. in räumlich dislozierten Niederlassungen oder (Produktions-)Standorten verantwortet werden. Durch die verteilte Verantwortung bilden sich trotz gleichartiger Aufgabenstellungen häufig verschiedene Lösungsansätze und operative Praktiken heraus, die ein hohes Potenzial zur Verbesserung der operativen Effektivität und Effizienz auf der Basis eines Voll- oder Teilbenchmarking bieten. So weisen bspw. Logistikdienstleister üblicherweise räumlich verteilte Standortstrukturen und Verantwortungsbereiche auf, in denen grundsätzlich gleichartige Prozesse (Umschlagen, Lagern, Transportieren) durchgeführt werden. Ein regelmäßig durchgeführtes internes Benchmarking kann hier dabei helfen, das räumlich verstreute und auf verschiedene Köpfe verteilte Erfahrungswissen, die Unterschiede sowie Vor- und Nachteile der jeweils angewandten Praktiken zu erkennen, systematisch zu sammeln und zu dokumentieren. Mit Hilfe solcher internen „Standortbenchmarkings" können wertvolle Kenntnisse über geeignete Lösungsansätze generiert werden, die darauf ausgerichtet sind, auf der Basis des intern vorhandenen Wissens über die Stärken und Schwächen der eigenen Abläufe, die Leistungsfähigkeit des Unternehmens insgesamt zu verbessern [Web99]. Intern ausgerichtete Benchmarking-Projekte lassen sich vergleichsweise unkompliziert initiieren und durchführen, da sich die notwendigen Daten intern i. d. R. relativ einfach und kostengünstig verfügbar sind. Dieser Einfachheit steht allerdings gegenüber, dass das Innvovationspotenzial des internen Benchmarking angesichts der ausschließlich „selbstreflektierend" angelegten Perspektive zwangsläufig eingeschränkt ist.

Das *Wettbewerbsorientierte Benchmarking*, als eine spezifische Ausprägung des externen Benchmarking, zeichnet sich dadurch aus, dass externe Vergleichspartner aus dem unmittelbaren Wettbewerbsumfeld als Referenzunternehmen ausgewählt werden. Zielsetzung dabei ist die Überprüfung und Beurteilung der eigenen Wettbewerbsposition, das Aufdecken von wettbewerbsrelevanten strategischen und/oder operativen Schwächen sowie die Ableitung von geeigneten Maßnahmen, die ein schnelles Aufholen auf den identifizierten Branchenführer (Best Practice Unternehmen) ermöglichen. Aufgrund der Branchengleichheit bzw. -nähe und der damit einhergehend hohen Ähnlichkeit der Vergleichspartner, verspricht das wettbewerbsorientierte Benchmarking zwar grundsätzlich hohe Lerneffekte und Verbesserungspotenziale. Allerdings sind gerade Konkurrenzunternehmen im Allgemeinen kaum bereit, sensible Informationen über ihre Prozesse, Strukturen und Produkte – und damit die möglichen Kompetenzquellen ihrer Wettbewerbsvorteile – dem Wettbewerb mehr als im Alltagsgeschäft unvermeidbar nötig zu offenbaren. Angesichts dessen, besteht somit einerseits die Möglichkeit zur Durchführung eines *verdeckten* wettbewerbsorientierten Benchmarking auf der Basis sämtlicher extern frei verfügbarer Informationen über das/die Referenzunternehmen, z. B. auf der Basis von Best Practice Berichten oder durch ein „Reverse Engineering" der am Markt angebotenen Konkurrenzprodukte.[3] Andererseits kann ein wettbewerbsorientiertes Benchmarking auch *kooperativ* angelegt werden, bei dem im gegenseitigen Vertrauen alle teilnehmenden Wettbewerbsunternehmen zwangsläufig ihren spezifischen Nutzen erkennen müssen [Kle94]. In der Automobilbranche haben sich solche kooperativen Benchmarkings in Form von Konsortialprojekten zwischen den Wettbewerbern etablieren können, die das gegenseitige Vertrauen insbesondere über neutrale Instanzen wie Unternehmensberatungen oder universitätsnahe Einrichtungen herstellen.

Eine weitere Ausprägung des externen Benchmarking stellt das *Funktionale Benchmarking* dar. Hier erfolgt die Auswahl der externen Vergleichspartner gezielt aus fremden Branchen. Insbesondere wird der Fokus dabei auf solche Referenzunternehmen gelegt, die im Hinblick auf die Vergleichsobjekte hinreichende Ähnlichkeiten in den funktionalen Anforderungen aufweisen. Beim funktionalen Benchmarking werden somit ähnliche Funktionen (z. B. Beschaffung/Einkauf, Personal, Verkauf/Vertrieb, Logistik) aus Unternehmen unterschiedlicher Branchen einander gegenüber gestellt. Grundidee hierbei ist, dass gerade durch einen branchenübergreifenden Vergleich signifikante Unterschiede identifiziert und auf ihre spezifischen Ursachen hin analysiert werden können. Ziel des funktionalen Benchmarking ist es somit, durch das Aufdecken von Leistungslücken in der eigenen Praxis, Betriebs- und Branchenblindheiten zu überwinden, und auf der Basis externen Wissens – sozusagen „fremdreflektierend" – grundsätzlich neue Lösungsalternativen zu entwickeln [Luc03]. Da kein direktes Wettbewerbsverhältnis zwischen den Vergleichspartnern besteht, ist im funktionalen Benchmarking grundsätzlich mit einer höheren Bereitschaft der (branchenfremden) Unternehmen zu rechnen an einem Benchmarking teilzunehmen, und im Zuge dessen, wettbewerbsrelevante Informationen preiszugeben. Gleichwohl stellt eben diese Branchenfremdheit das Funktionale Benchmarking vor große Herausforderungen, was die Vergleichbarkeit auf Basis einer einheitlichen und harmonisierten Datenbasis betrifft. Da sich unterschiedliche Branchen angesichts spezifischer Rahmenbedingungen i. d. R. auch durch verschiedene Rechnungs- und Kennzahlensysteme wie auch differierende qualitative Denkweisen (Branchendenken) auszeichnen, ist ein vergleichsweise hoher Aufwand in die Entwicklung der quantitativen und qualitativen Vergleichsgrundlagen (Benchmarks) zu legen, die von allen Partnern gleichermaßen verstanden und akzeptiert werden [Kru06].

Das *Generische Benchmarking* stellt die umfangreichste Ausprägung des externen Benchmarking dar. Der Vergleich erfolgt hier „generisch", d. h. über die Branchen- und Funktionsgrenzen hinaus, wobei der Auswahl der externen Vergleichspartner und der relevanten Vergleichsobjekte grundsätzlich keinerlei Grenzen gesetzt sind. Ziel des Generischen Benchmarking ist der grundlegende Vergleich von Unternehmensprozessen und Strukturen im Hinblick auf die Neuausrichtung respektive Neugestaltung eines Unternehmensbereiches oder sogar eines ganzen Unternehmens. Ein plakatives Beispiel ist das Generische Benchmarking einer internationalen Airline, die die aktuellen Bodenzeiten ihres Fluggerätes mit den üblichen Zeiten für einen Boxenstop bei Autorennen verglich [Luc03]. Die Chance, bisher unberücksichtige Innovationspotenziale zu entdecken, ist aufgrund der grundsätzlichen Offen-

---

[3] Kritisch ist zum versteckten Benchmarking anzumerken, dass die Grenzen zur illegalen Wirtschaftsspionage fließend sind. Wir beziehen uns hier ausschließlich auf legale Methoden der Informationsgewinnung.

heit dieses Benchmarking-Ansatzes vergleichsweise groß. Gleichwohl erfordert gerade diese grundsätziche Offenheit in Bezug auf die Auswahl der relevanten Erfolgsgrößen, Vergleichsobjekte und Vergleichspartner viel Erfahrung, Kreativität und ein hohes Maß an Abstraktionsvermögen und Objektivität im Benchmarking-Prozess [Kru06]. Aufgrund dieser grundlegenden und großen Herausforderungen sind Benchmarking-Projekte im Sinne eines Generischen Benchmarking nur sehr selten in der Praxis zu finden.

D 6.5.3 Der Benchmarking-Prozess

Benchmarking, interpretiert als Managementkonzept, impliziert eine systematische Vorgehensweise bei der Umsetzung der Benchmarking-Idee in seinen verschiedenen Ausprägungsformen. In diesem Zusammenhang beschreibt der Benchmarking-Prozess in einer allgemein idealisierten Form die grundlegende Vorgehensweise zur Durchführung von Benchmarking-Projekten. Auf der Grundlage einer geeigneten Definition des Benchmarking-Prozesses kann Benchmarking als einmalige Maßnahme, wie auch als kontinuierlicher Verbesserungsprozess implementiert werden. In der Literatur wird eine Vielzahl verschiedener Systematisierungsansätze für den Benchmarking-Prozess vorgeschlagen [vgl. z. B. Cam94; Lei93, Mer04, Hof04]. Ohne an dieser Stelle eine weitere Prozesssystematisierung vorzuschlagen, wird im Folgenden beispielhaft ein 5-Phasen Benchmarking-Prozess zur Illustration einer typischen Vorgehensweise in einem kurzen Überblick erläutert (vgl. Bild D 6.5-3). Er gliedert sich in die Phasen (1) Vorbereitung, (2) Datensammlung, (3) Vergleich & Interpretation, (4) Umsetzung und (5) Kontrolle [Böh99]. Die Phasen werden dabei idealerweise sequenziell durchlaufen, allerdings sind aufgrund des dem Benchmarking immanenten Lernfortschritts Rückkopplungen zwischen den einzelnen Phasen möglich.

1. *Vorbereitung*: Im Rahmen der Vorbereitungsphase werden grundlegende Weichenstellungen vorgenommen, die zu einem wesentlichen Maße Einfluss auf den Erfolg oder Misserfolg eines Benchmarking-Projektes haben. Beginnend mit einer allgemeinen Definition zu Zielen, Art und Umfang des Benchmarking-Projektes und der damit einhergehenden Festlegung der gewünschten Art des Benchmarking (siehe Abschn. D 6.5.2.1 bis D 6.5.2.3: Erfolgsgrößen, Vergleichsobjekte, Vergleichspartner) müssen anschließend geeignete interne Organisationseinheiten und/oder externe Referenzunternehmen recherchiert, kontaktiert, ggf. überzeugt und abschließend ausgewählt werden. Steht das Projektkonsortium fest, sind konsortiale Grundsatzent-

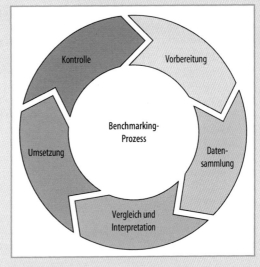

Bild D 6.5-3 Phasen des Benchmarking-Prozesses

scheidungen über die gemeinsame Zielsetzung, das/die fokussierte(n) Vergleichsobjekt(e) und die konkret angestrebten Erfolgsgrößen zu treffen. Schließlich sind hieraus die grundlegenden Informationsbedarfe, die relevanten Kennzahlen bzw. Messindikatoren zur vergleichenden Kosten- und/oder Leistungsbeurteilung sowie die damit einhergehenden Datenanforderungen abzuleiten, abzustimmen und auszuwählen [Möl03]. Ein bereits in der Vorbereitungsphase erstellter Projektplan mit Aufgabenbeschreibungen, Zeit- und Ressourcenangaben sowie klaren Aufgabenzuweisungen inkl. zugehörigen Ergebnissen (Deliverables) unterstützt dabei ein stringentes und zielkonformes Vorgehen.

2. *Datensammlung*: Die Phase der Datensammlung umfasst sämtliche Aufgaben, die zur Deckung der in der Vorbereitungsphase definierten Daten- und Informationsbedarfe notwendig sind. In Abhängigkeit der einbezogenen Vergleichspartner sind frei zugängliche Informationsquellen, wie z. B. Zeitschriften, Homepages, auch öffentliche Datenbanken (verdecktes Benchmarking) und/oder spezifische interne Informationsquellen in den Referenzunternehmen selbst (kooperatives Benchmarking) heranzuziehen. Die Datenerhebung in den teilnehmenden Referenzunternehmen kann unterschiedlich ausgestaltet sein, im Wesentlichen kommen hier z. B. Firmenbesichtigungen, Fachgespräche, Workshops, Interviews, gezielte Messungen und Datenbankauswertungen in Betracht. Eine wichtige Aufgabe im

Rahmen der Datensammlung ist eine kontinuierliche Plausibilitätsprüfung, mit deren Hilfe Daten- und Erhebungsfehler insbesondere im Hinblick auf eine spätere Vergleichbarkeit der Ergebnisse so weit wie möglich ausgeschlossen werden können. Das Ergebnis der Datensammlung sind einheitliche, strukturiert aufbereitete Leistungsprofile bzw. Benchmarking-Dossiers mit relevanten qualitativen Informationen und quantitativen Messindikatoren bzw. Kennzahlen zu jedem teilnehmenden Unternehmen.

3. *Vergleich & Interpretation:* Die im Rahmen der Datensammlung erstellten Dossiers mit ihren quantitativen und qualitativen Ergebnissen sind die notwendige Grundlage für die sich nun anschließende Vergleichs- und Interpretationsphase. Zunächst können die Kennzahlen für einen ersten quantitativen Direktvergleich z. B. in Form verschiedener fokussierter Kosten- und/oder Leistungsrankings aufgelistet werden. Auf diese Weise können erste Hinweise auf die Identifikation von Kosten- und/oder Leistungsdifferenzen gewonnen werden. Aufsetzend auf dieser quantitativen Erstanalyse erfolgt schließlich die Suche nach den Ursachen für die Entstehung sowie die Entwicklung spezifischer Interpretationsmuster für die Stichhaltigkeit der festgestellten Leistungsdifferenzen. Dies kann beispielsweise in Form von Workshops erfolgen, an denen kompetente Vertreter aller beteiligten Unternehmen bzw. Organisationseinheiten teilnehmen. Durch die kombinierte quantitative und qualitative Analyse der identifizierten Differenzen und der gemeinschaftlichen Interpretation der jeweiligen Ursachen werden als Ergebnis abschließend unternehmensspezifische Verbesserungsmaßnahmen formuliert und ggf. mit zeitlichen Umsetzungsprioritäten versehen [Cam89]. Die Ergebnisse des Benchmarking werden häufig in Form eines Projektberichts oder einer Studie verfasst und an die beteiligten Partner verteilt.

4. *Umsetzung:* Nachdem Verbesserungsmaßnahmen formuliert und priorisiert worden sind, sind zunächst die hoch priorisierten Maßnahmen im Rahmen der Umsetzungsphase zu implementieren. Dabei liegt es im eigenen Ermessen eines jeden Vergleichspartners, ob er spezifische Maßnahmen umsetzen wird. Eine durchgängige Projektplanung hilft dabei, die Umsetzung der priorisierten Maßnahmen sicherzustellen [Luc03]. Bei der Erstellung des Umsetzungsplanes sollten neben dem Kernteam auch die von der Veränderung betroffenen Mitarbeiter einbezogen werden, um die Akzeptanz für die zu treffenden Maßnahmen zu erhöhen. Dabei hängt es grundsätzlich vom Inhalt der jeweiligen Maßnahme ab, wie tief die Implementierung in bestehende Strukturen und Prozesse eingreift. Während die Implementierung kleinerer operativer Veränderungen meist unproblematisch verläuft, stellt die Implementierung von Maßnahmen mit strategischem Charakter zumeist hohe Ansprüche an das Umsetzungsmanagement. Ein kritischer Erfolgsfaktor insbesondere bei der Umsetzung von strategischen Maßnahmen stellen der Rückhalt (Commitment) durch das Top-Management sowie die Veränderungsbereitschaft der betroffenen Mitarbeiter dar, die durch die kontinuierliche Beteiligung des Einzelnen im gesamten Veränderungsprozess gefördert werden kann [Wel03].

5. *Kontrolle:* Prinzipiell endet ein Benchmarking-Projekt bereits mit der Erstellung der Benchmarking-Studie und des Umsetzungsvorschlags oder -plans. Dennoch stellt die Kontrolle einen wichtigen Bestandteil des Benchmarking-Prozesses dar. Aufgabe der Kontrollphase ist die Überwachung der laufenden Umsetzungsmaßnahmen und damit die Sicherstellung des Projekterfolges [Hof04]. Darüber hinaus können aus den Kontrollfeedbacks neue Impulse für weitere Benchmarking-Projekte aufgezeigt werden [Luc03].

D 6.5.4   Erfolgsfaktoren des Benchmarking

Die vorangehenden Ausführungen haben deutlich gemacht, dass es je nach angestrebten Erfolgsgrößen, fokussiertem Vergleichsobjekt und einbezogenen Vergleichspartnern vielfältige Ausprägungen und Ausgestaltungsformen des Benchmarking gibt. Entsprechend vielschichtig sind die Erfolgsfaktoren, die in der Literatur für das Gelingen eines Benchmarking-Projektes genannt werden. Ein notwendiger Erfolgsfaktor scheint dabei in dem systematischen Management des Benchmarking-Prozesses zu liegen (siehe Abschn. D 6.5.3). Jedoch kann ein systematisch und stringent geführter Benchmarking-Prozess allein nicht den gewünschten Erfolg garantieren. Vielmehr sind weitere grundlegende Erfolgsfaktoren, i. S. v. kritischen Voraussetzungen relevant, die einen erheblichen Einfluss auf das Gelingen eines Benchmarking-Projektes haben. Im Folgenden werden, ohne Anspruch auf Vollständigkeit, vier häufig diskutierte Erfolgsfaktoren des Benchmarking kurz umrissen.

Commitment: Die beteiligten Vergleichspartner und alle vom Benchmarking betroffenen Akteure müssen von der Sinnhaftigkeit des Benchmarking überzeugt sein und sich den Zielen des Benchmarking verpflichtet fühlen. Während die Mitarbeiter von Unternehmen in wirtschaftlichen Schwierigkeiten häufig schnell von Sinn und Zweck des Benchmarking überzeugt sind, kann insbesondere bei langjährig erfolgreichen Unternehmen ein solches Commitment insbesondere bei den Führungskräften nur schwach ausgeprägt sein. Um das nötige Commitment der relevanten Akteure zu erhalten, sind alle Betroffenen von Beginn an in den Benchmarking-Prozess einzubeziehen und kontinuierlich zu informieren [Lei93]. Hierzu gehört unabhängig von der strategischen Reichweite des Benchmarking immer auch das Commitment des (Top-)Managements.

Veränderungs- und Lernkultur: Benchmarking ist prinzipiell auf die Veränderung bestehender Prozesse, Strukturen oder Produkte ausgerichtet. Dies impliziert eine grundsätzliche Lern- und Veränderungsbereitschaft der Organisation und der in ihr verankerten Mitarbeiter. Daher gilt es, Benchmarking als einen wichtigen, von der Unternehmensleitung propagierten Bestandteil einer kontinuierlich gepflegten Veränderungs- und Lernkultur im Unternehmen zu begreifen. Hierzu gehört auch, die Ergebnisse des Benchmarking bewusst nicht als Repressionsinstrument zu missbrauchen. Um eine weit reichende Akzeptanz in der Organisation zu erreichen, sollte Benchmarking als positiv belegtes Lernvehikel, im Rahmen eines kontinuierlichen Verbesserungsprozesses eingesetzt werden.

Umsetzungskompetenz: Die Ergebnisse eines Benchmarking lösen i. d. R. Veränderungsprojekte in Unternehmen aus, die in ihrer Durchführung eine professionelle Umsetzungskompetenz erfordern (Change Management). Gerade eine professionelle, konsequente und nicht zuletzt erfolgreiche Umsetzung der aus dem Benchmarking abgeleiteten Verbesserungsmaßnahmen, hilft dabei, positive Ausstrahlungseffekte in der gesamten Organisation hinsichtlich der allgemeinen Akzeptanz des Benchmarking als Managementansatz, des Commitments in der Organisation sowie der Veränderungs- und Lernbereitschaft für die Zukunft zu realisieren.

Methodenkompetenz: Für die erfolgreiche Durchführung eines Benchmarking-Projektes selbst sind eine Reihe von betriebswirtschaftlichen Fachkompetenzen erforderlich. Hierzu gehören z. B. Methodenkenntnisse und Erfahrungen im Projektmanagement, im Controlling, wie auch ein grundlegendes Wissen über die Möglichkeiten und Grenzen des Benchmarking. Diese Kompetenzen gilt es in der Form einer Benchmarking-Toolbox aufzubauen, kontinuierlich fortzuentwickeln und mit klaren Verantwortlichkeiten in der Organisation zu verankern.

D 6.5.5 Anwendungsfeld Logistik

Wie zuvor bereits angedeutet, wird im vorliegenden Beitrag die Logistik als ein spezielles Anwendungsfeld des Benchmarking-Ansatzes verstanden. Logistik wird dabei von der wissenschaftlichen und professionellen Gemeinschaft aktuell als eine systemische Perspektive der Unternehmensführung verstanden, die die Planung, Organisation, Steuerung und Kontrolle von unternehmensbezogenen und -übergreifenden Güter- und Informationsflüssen auf der Basis der logistischen Prinzipien Systemorientierung, Fluss- bzw. Prozessorientierung, Service- bzw. Kundenorientierung und Effizienz- bzw. Totalkostendenken umfasst [BVL07, Del99, Kla93, Kla02, Web98]. In diesem Sinne setzt Logistik-Benchmarking auf den vorangehend dargestellten Grundideen, Zielsetzungen und Differenzierungsmerkmalen des Benchmarking-Ansatzes auf und konkretisiert diese für den Gegenstandsbereich logistischer, d. h. güterflussorientierter Strukturen, Prozesse und Produkte und die mit diesen in Zusammenhang stehenden Informationsflüsse. Das zentrale und damit identifikationsstiftende Merkmal des Logistik-Benchmarking besteht somit darin, dass die möglichen Vergleichsobjekte (vgl. Abschn. D 6.5.2.2) im Hinblick auf den Gegenstandsbereich näher spezifiziert (konkretisiert) werden.[4] Dieser 'konkrete' Gegenstandsbereich der Logistik wird in der Literatur allerdings nicht einheitlich abgegrenzt, sondern kann grundsätzlich aus unterschiedlichen Perspektiven beleuchtet werden. Hieraus lassen sich verschiedene Felder des Logistik-Benchmarking ableiten, die im nachfolgenden Abschnitt in einem Überblick dargestellt werden. In engem Zusammenhang mit dem Umfang des Gegenstandsbereiches ist auch die Größe des relevanten Betrachtungsausschnitts zu sehen (vgl. Abschn. D 6.5.2.2). So ist im aktuellen Begriffsverständnis der Logistik grundsätzlich die Wahl zwischen einer rein unternehmensbezogenen und einer weitergehenden unternehmensübergreifenden Supply-Chain-Perspektive angesprochen. Im Hinblick auf das Benchmarking-Unterscheidungsmerkmal „Vergleichsobjekt" bleibt somit festzustellen, dass Ansätze zum Logistik-Benchmarking dem Charakter nach sowohl operativ (Mikro-Perspektive) als auch strategisch (Makro-Perspektive) sein können. Um den nachfolgenden Überblick über die verschiedenen Felder des Logistik-Benchmarking weiter abzurunden wird im darauf folgenden Abschnitt ein konkretes Beispiel für die Durchführung eines Logistik-Benchmarking im Einzelhandel präsentiert, das das Zusammenspiel verschiedener Arten des Benchmarking in der Praxis illustriert.

---

[4] Die in den Abschn. D 6.5.2.1 und D 6.5.2.3 vorgestellten Merkmale „Erfolgsgrößen" und „Vergleichspartner" sind als allgemeine Kriterien zur Unterscheidung verschiedener Arten des Logistik-Benchmarking zwar ebenso relevant. So kann ein Logistik-Benchmarking grundsätzlich in Form eines Voll- oder Teilbenchmarking mit internen oder externen Vergleichspartnern durchgeführt werden. Diese Unterscheidungen sind allerdings allgemeingültig und geben keine weiteren identitätsstiftenden Impulse für das Logistik-Benchmarking selbst.

D 6.5.5.1 Felder des Logistik-Benchmarking

Um mögliche Felder des Logistik-Benchmarking in ihrem Kern genauer zu umschreiben und im Hinblick auf konkrete Projekte abzugrenzen, können die phasenspezifische Logistik-Abgrenzung, die verrichtungsspezifische Logistik-Abgrenzung und die logistik-organisatorische Abgrenzung herangezogen werden.

In der klassischen *phasenspezifischen Abgrenzung* wird der Gegenstandsbereich der Logistik, wie in Bild D 6.5-4 illustriert, nach dem Ablauf des Güterflussprozesses in die Felder der Beschaffungs-, Produktions-, Distributions-, Ersatzteil- und Entsorgungslogistik unterteilt [Pfo04].

Entsprechend leicht kann zwischen den Feldern des Logistik-Benchmarking in der Beschaffung, der Produktion, der Distribution sowie im Ersatzteil- und Entsorgungswesen unterschieden werden. Eine Unterscheidung dieser doch recht groben Gegenstandsbereiche für das Logistik-Benchmarking ist insofern angebracht und sinnvoll, als dass für jede dieser Logistikphasen i. d. R. ganz spezifische Rahmenbedingungen und logistische Anforderungen herrschen, die es im Rahmen eines aussagekräftigen Logistik-Benchmarking zu berücksichtigen gilt.

Die ebenso klassische *verrichtungsspezifische Abgrenzung* gliedert den Gegenstandsbereich der Logistik, wie in Bild D 6.5-5 dargestellt, nach kernlogistischen Aufgabenbereichen in Auftragsabwicklung, Lagerhaltung (inkl. Umschlag), Lagerhaus, Verpackung und Transport [Pfo04]. Mit dieser Abgrenzung werden die phasenorientierten Felder des Logistik-Benchmarking weiter nach Verrichtungen konkretisiert, da grundsätzlich alle Verrichtungen in sämtlichen Phasen der Logistik stattfinden können. So findet Lagerhaltung zumeist in sämtlichen Stufen von der Beschaffung, über die Produktion, bis zur Distribution, wie auch in der Ersatzteil- und in der Entsorgungslogistik statt.

Neben der Konkretisierung in detailliertere Felder des Logistik-Benchmarking erfasst die verrichtungsorientierte Abgrenzung zugleich aber auch, dass z. B. ein gesamtes Lagerhaltungs- oder Transportsystem über alle Stufen der internen Wertschöpfung hinweg der relevante Gegenstandsbereich eines Logistik-Benchmarkings sein kann.

Bei der *logistik-organisatorischen Abgrenzung* wird der Gegenstandsbereich der Logistik, wie in Bild D 6.5-6 dargestellt, anhand von logistischen Struktur- und Prozesseigenschaften in die Felder Logistik-Aufbauorganisation, Administrative Logistikprozesse, operative Logistikprozesse und physische Logistik-Infra- bzw. Wertschöpfungsstruktur unterschieden [Kla02].

Diese durch die Organisationsperspektive geprägte Sichtweise ergänzt und konkretisiert die vorangehenden Perspektiven um prozessuale, aufbauorganisatorische und infrastrukturelle Aspekte der Logistik [Kla02]. Diese haben einen erheblichen Einfluss auf die Kosten- und Leistungssituation eines Logistiksystems und stehen damit ebenso häufig im konkretisierten Fokus der Kosten- und Leistungsbewertung durch ein Logistik-Benchmarking, z. B. im Rahmen eines Prozess- oder Infrastrukturbenchmarkings. So zeichnen sich z. B. Transportsysteme in der Distribution durch ganz spezifische Infrastrukturgegebenheiten (Lagerstandorte, eingesetztes Rollmaterial etc.) aus, die wesentlich für die operative Leistungsfähigkeit eines distributionslogistischen Systems sind.

Zusammenfassend bleibt im Hinblick auf die Abgrenzung möglicher Felder des Logistik-Benchmarking festzustellen, dass jede der zuvor dargestellten Perspektiven spezifische Gegenstandsbereiche der Logistik umschreibt, die aufgrund ihres gemeinsamen Fokus auf „Logistik" jedoch nicht völlig unabhängig voneinander sind, sondern klare inhaltliche Überschneidungen aufweisen. Wie aus den vorangehenden Darstellungen deutlich wurde, helfen eben diese Überschneidungen letztlich dabei, die Vielfalt der

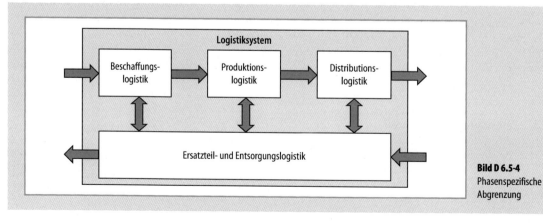

Bild D 6.5-4 Phasenspezifische Abgrenzung

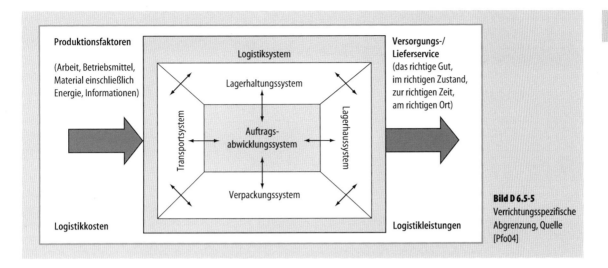

Bild D 6.5-5 Verrichtungsspezifische Abgrenzung, Quelle [Pfo04]

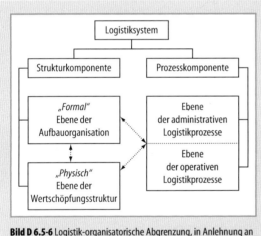

Bild D 6.5-6 Logistik-organisatorische Abgrenzung, in Anlehnung an [Kla02, 131]

möglichen Felder des Logistik-Benchmarking im Sinne einer „Landkarte des Logistik-Benchmarking" konzeptionell zu erfassen und graduell abgestuft zu strukturieren.

D 6.5.5.2 Fallbeispiel: Logistik-Benchmarking im Einzelhandel

Als sog. „Erlebnis-Disounter" hat sich die Deutsche Woolworth eine feste Position in der Deutschen und Österreichischen Einzelhandelslandschaft erarbeitet. Woolworth betreibt zurzeit etwa 340 Filialen in Deutschland und Österreich mit einer Verkaufsfläche zwischen 400 und 4.000 Quadratmetern. Im Geschäftsjahr 2005 erwirtschaftete das Unternehmen mit rund 14.800 Mitarbeitern einen Umsatz von etwa 1 Mrd. Euro. Im aktiven Sortiment befinden sich derzeit ca. 50.000 Produkte [Wol07]. Seit 2003 gehört Benchmarking als fester Bestandteil zum Managementrepertoire des Unternehmens und wurde als Aufgabe organisatorisch in den Unternehmensbereich Supply Chain Management integriert. Ein wesentlicher Motivationstreiber für diese Entscheidung war das Ziel des Managements, sich im Markt mit den Besten messen zu können.

Infolgedessen wurde zunächst ein internes Benchmarking-Projekt initiiert und durchgeführt, mit dem Ziel, Stärken und Schwächen hinsichtlich Kosten- und Leistungen (Vollbenchmarking/Kombiniertes Kosten- und Leistungsbenchmarking) im Bereich der Lagerlogistik an verschiedenen Standorten aufzudecken und dabei zugleich erste wertvolle Erfahrungen mit dem Benchmarking-Ansatz aufzubauen. In einem ersten Schritt wurden anhand eines eingehenden Prozessmappings und einer darauf aufsetzenden Prozesskostenanalyse die wichtigsten Logistikprozesse mit ihren Kostentreibern und Leistungsgrößen identifiziert und im Hinblick auf ihre Wirkung und Bedeutung für die logistische Leistungserstellung analysiert. Im Anschluss daran wurden spezifische Leistungsmessgrößen festgelegt, wie z. B. die Produktivität der Kommissionierung in Stück/Mitarbeiter/Stunde. Aufgrund des parallelen Vergleichs der ausgewählten Lagerstandorte konnten die Abläufe zunächst unabhängig voneinander aufgezeichnet werden, um somit Leistungsunterschiede mit ihren jeweiligen Kostenwirkungen im eigenen Unternehmen möglichst objektiv zu identifizieren. Als wesentliche Ursachen für die entdeckten Kosten- und Leistungsunterschiede konnten die Leistungsfähigkeit der

Infrastruktur sowie die Altersstruktur inkl. Krankheitsquote der Mitarbeiter identifiziert werden.

Nach den ersten positiven Erfahrungen mit dem internen Benchmarking und vor dem Hintergrund der nun vorliegenden Erkenntnisse über den eigenen Leistungsstand stellte sich nun die Frage nach einem Vergleich mit der Branche. In einem zweiten Schritt wurde daher ein externes Leistungsbenchmarking mit einem Vergleichspartner aus dem Einzelhandel durchgeführt.

Die Bereitschaft zur Teilnahme eines Wettbewerbers wurde angesichts der ausschließlichen Fokussierung auf die Leistungsseite (Teilbenchmarking), aber insbesondere aufgrund der besonderen Marktpositionierung von Woolworth als „Erlebnis-Discounter" erleichtert. Als Vergleichsobjekte für das Benchmarking wurden Sortimentsgruppen mit ähnlichen logistischen Anforderungen (z.B. Nachfragemuster, Wiederauffüllzeiten, Produkthandhabung, etc.) ausgewählt. Für diese wurden die logistischen Leistungserstellungsprozesse in beiden Unternehmen eingehend erfasst, untersucht, mit Leistungskennzahlen bewertet und schließlich miteinander verglichen (operatives Prozessbenchmarking). Im Ergebnis konnte Woolworth allerdings bei allen durchgeführten Vergleichen einen Vorsprung gegenüber dem Vergleichspartner vorweisen.

Um dennoch weitere Impulse für mögliche Verbesserungspotenziale zu erhalten, wurde in einem dritten Schritt zusätzlich ein funktionales Benchmarking mit einem externen Vergleichspartner durchgeführt, der nicht zum direkten Wettbewerbsumfeld zählt. In diesem dritten Benchmarking standen insbesondere die administrativen Prozesse zur Planung und Steuerung von Aktionsware sowohl in der Zentrale als auch in den Filialen im Mittelpunkt des Interesses (administratives Prozessbenchmarking). Dabei gestaltete die zunächst noch fehlende Vertrauensbasis zwischen Woolworth und möglichen Vergleichsunternehmen die Informationssammlung zusätzlich schwierig. Zunächst wurden daher vor allem externe, offen zugängliche Informationsquellen ausgewertet und die Lieferanten der in Frage kommenden Vergleichsunternehmen befragt. Auf dieser Grundlage konnten schließlich vielversprechende Vergleichspartner identifiziert werden. Im Rahmen dieses Benchmarking-Projektes wurde der komplette Prozessablauf einer Verkaufspromotion von der Planung über die Nachschubsteuerung bis zur Erfolgskontrolle untersucht und im Hinblick auf Verbesserungspotenziale mit externen Vergleichspartnern abgeglichen. Als wichtigste Ergebnisse konnten Verbesserungen bezüglich des Werberhythmus und der Artikelplatzierungen in der Filiale erreicht werden.

Insgesamt wurden mit Hilfe der verschiedenen internen und externen Benchmarking-Aktivitäten die Logistikkosten bei Woolworth um 30% gesenkt. Neben diesen direkt spürbaren Kosteneinsparungen sind weitere indirekte Effekte zu beobachten. So bieten die gewonnenen Erfahrungen im Benchmarking-Prozess, die vorliegenden Erkenntnisse über Prozessabläufe, Leistungs- und Kostengrößen sowie die grundsätzliche Bereitschaft im Unternehmen, offen über die Gründe für festgestellte Kosten- und/oder Leistungsunterschiede zu sprechen, eine sehr gute Ausgangsbasis für die Umsetzung des Benchmarking-Ansatzes im Sinne eines kontinuierlichen Verbesserungsprozesses.

Die Realisierung dieser positiven Nutzenpotenziale des Logistik-Benchmarking sind nicht zuletzt auch das Ergebnis eines konsequenten, von der Unternehmensleitung gestützten, Vorgehens, bei dem es vielfältige Herausforderungen zu bewältigen gab. Eine besondere Herausforderung war z.B. die anfänglich fehlende Erfahrung mit dem Benchmarking-Ansatz sowie die damit einhergehende unzureichende Methodenkenntnis. Im Rahmen des kontinuierlichen Lernprozesses und Erfahrungsaufbaus mit dem Benchmarking-Prozess mussten z.B. einige Messungen mehrfach wiederholt werden, da die Erfahrungen in der Auswahl, dem Einsatz und dem Umgang mit möglichen Methoden und Tools noch fehlten. Als besonders kritisch stellte sich immer wieder die exakte Abgrenzung der einzelnen Prozessschritte heraus [OV07].

D 6.5.6 Ausblick

Die Logistik bietet ein breit gefächertes Anwendungsfeld für den Einsatz des Benchmarking und zwar sowohl auf operativer und strategischer Ebene als auch unternehmensbezogen und -übergreifend. Dabei wird Benchmarking allgemein als wirkungsvoller Managementansatz betrachtet, der vergleichsweise schnell zu Lerneffekten und Verbesserungen nicht zuletzt auch in der Logistik führt. Entscheidend für die erfolgreiche Ausnutzung dieses Verbesserungspotentials bleibt allerdings, Benchmarking-Projekte nicht als einmalige Angelegenheit zu betrachten, sondern den Benchmarking-Ansatz im Kontext einer im Unternehmen verbreiteten kontinuierlichen Verbesserungs- und Lernkultur als wichtiges Lerninstrument zu begreifen, das sich auch des Commitments des Top-Management sicher sein kann. Während in vielen Unternehmen, insbesondere auf der operativen Ebene Logistik-Benchmarking schon seit längerer Zeit verbreitet ist, ist es gerade die zunehmend propagierte unternehmensübergreifende Perspektive der Supply Chain, die in Zukunft besondere Herausforderungen an die Entwicklung neuer Methoden und Instrumente des Logistik-Benchmarking stellen wird. Hierzu gehören bspw. Problemstellungen wie die Entwicklung einheitlicher Standards zur Prozessdefinition (Stichwort SCOR-Modell[5]), Etablierung von Mechanismen einer vertrauensbasierten Zusammenarbeit in der Supply Chain oder die Gründung von neutralen Benchmarking Plattformen für Branchen oder für branchenübergreifende Supply Chains. Angesichts immer strengerer Wettbewerbsanforderungen, die sich in der fortschreitenden Globalisierung, der zunehmenden Ausdifferenzierung der unternehmerischen Arbeitsteilung, der Individualisierung von Geschäftspraktiken und Produktsortimenten und damit letztlich in immer leistungsfähigeren Logistikkonzepten manifestieren, ist bereits heute absehbar, dass Benchmarking allgemein und insbesondere das Logistik-Benchmarking in Zukunft weiter an Bedeutung gewinnen werden.

Literatur

[Blu94] Blumberg, D.F.: Strategic benchmarking of service and logistic support operations. Journal of Business Logistics 15 (1994) 2, 89–119

[Böh99] Böhnert, A.A.: Benchmarking – Charakteristik eines aktuellen Managementinstruments. Hamburg: Verlag Dr. Kovac 1999

[BVL07] http://www.bvl.de/67_1, Abruf am 16. März 2007

[Cam89] Camp, R.C.: Benchmarking – the Search for Industry Best Practices that Lead to Superior Performance. Milwaukee: ASQ Quality Press 1989

[Cam94] Camp, R.C.: Benchmarking. München: Hanser 1994

[Del99] Delfmann, W.: Kernelemente der Logistik-Konzeption. In: Pfohl, H.-C. (Hrsg.): Logistikforschung. Entwicklungszüge und Gestaltungsansätze. Berlin: Erich Schmidt 1999, 37–59

[Fis03] Fischer, T.H. u. a.: Benchmarking. Die Betriebswirtschaft (2003) 63, 684–701

[Füs01] Füser, K.: Modernes Management: Lean Management, Business Reengineering, Benchmarking und viele andere Methoden. München: DTV 2001

[Gil01] Gillen, D.: Benchmarking and Performance Measurement: The role in quality management. In: Brewer, A.M. u. a. (Hrsg.): Handbook of Logistics and Supply Chain Management. Amsterdam: Pergamon 2001, 325–339

[Hof04] Hofmann, A.: Benchmarking. In: Klaus, P.; Krieger, W.: Gabler Lexikon Logistik. 3. Aufl. Wiesbaden: Gabler 2004, 41–46

[Kai05] Kairies, P.: So analysieren Sie Ihre Konkurrenz. Konkurrenzanalyse und Benchmarking in der Praxis. Renningen-Malmsheim: Expert 2005

[Kla02] Klaas, T.: Logistik-Organisation. Ein konfigurationstheoretischer Ansatz zur logistikorientierten Organisationsgestaltung. Wiesbaden: DUV 2002

[Kla93] Klaus, P.: Die dritte Bedeutung der Logistik. Nürnberger Logistik-Arbeitspapier Nr. 3. Nürnberg 1993

[Kle94] Kleinfeld, K. (1994): Benchmarking für Prozesse, Produkte und Kaufteile. Ein Weg zu permanenter Verbesserung im Unternehmen. Marktforschung und Management (1994) 38, 19–24

[Kru06] Krupp, T.: Benchmarking als Controlling-Instrument für die Kontraktlogistik. Lohmar-Köln 2006

[Lei93] Leibfried, K.; McNair, C.J.: Benchmarking. von der Konkurrenz lernen, die Konkurrenz überholen. Freiburg: Haufe 1993

[Luc03] Luczak, H.; Weber, J.; Wiendahl, H.P.: Logistik-Benchmarking. Praxisleitfaden mit LogiBEST. 2. Aufl. Berlin: Springer 2003

[Mer04] Mertens, K.: Benchmarking. Leitfaden für den Vergleich mit den Besten. Düsseldorf: Symposion Publishing 2004

[Möl03] Möller, K.: Benchmarking. In: Horvath, P.; Reichmann, T. (Hrsg.).: Vahlens Großes Controlling Lexikon. 2. Aufl. München: Vahlen 2003, 48–49

[Nob04] Nobel, T.: Entwicklung der Güterverkehrszentren in Deutschland: Eine am methodischen Instrument Benchmarking orientierte Untersuchung. Bremen: ISL, Inst. of Shipping Economics and Logistics 2004

[OV07] Ohne Verfasser: Zu den Besten gehören. Logistik-Heute (2007) 3, 50–51

[Pfo04] Pfohl, H.-C.: Logistiksysteme. Betriebswirtschaftliche Grundlagen. 7. Aufl. Berlin/Heidelberg/New York 2004

[Pie95] Pieske, R.: Benchmarking in der Praxis. Landsberg/Lech: Moderne Industrie 1997

[Pus00] Puschmann, N.O.: Benchmarking, Organisation, Prinzipien und Methoden. Unna 2000

[Ses00] Sesterhenn, J.: Benchmarking in der Beschaffungslogistik. FIR+IAW-Zeitschrift für Organisation und Arbeit in Produktion und Dienstleistung (2000) 1, 14–15

[Ses99] Sesterhenn, J.: Prozessmodell für die Beschaffungslogistik. Einheitliches Modell bietet Grundlagen für überbetriebliche Vergleiche. In: FIR+IAW-Zeitschrift für Organisation und Arbeit in Produktion und Dienstleistung (1999) 2, 5–6

[Sie02] Siebert, G.; Kempf, S.: Benchmarking. Leitfaden für die Praxis. München: Hanser 2002

---

[5] SCOR = Supply Chain Operations Reference, siehe www.supply-chain.org

[Ulr98] Urlich, P.: Organisationales Lernen durch Benchmarking. Wiesbaden: Deutscher Universitäts-Verlag 1998

[Wag06] Wagner, M.: Kostenbenchmarking. Konzeptionelle Weiterentwicklung und praktische Anwendung am Beispiel der Mobilfunkindustrie. Diss. TU Chemnitz 2006

[Wal01] Walgenbach, P.; Hegele, C.: What Can an Apple Learn from an Orange? Or: What Do Companies Use Benchmarking For? Organization. 8 (2006) 1, 121–144

[Wat93] Watson, G.H.: Strategic Benchmarking: How to rate your company's performance against the world's best. New York: Wiley & Sons 1993

[Web98] Weber, J.; Kummer, S.: Logistikmanagement. 2. Aufl. Stuttgart: Schäffer-Poeschel 1998

[Web99] Weber, J.; Wetz, B.: Benchmarking Excellence: Erfolgsfaktoren, Controlling-Konzepte, Trends. Vallendar 1999

[Wel03] Welge, M.K.; Al-Laham, A.: Strategisches Management. 4. Aufl. Wiesbaden: Gabler 2003

[Wol07] http://www.woolworth.de, Abruf am 14. März 2007

D 6.6 Logistik-Audits

D 6.6.1 Begriffsspektrum und Einordnung der Auditierung im Logistikbereich

Die Auditierung gilt als ein vergleichsweise junges Instrument, das zur Unterstützung von logistischen Entscheidungen dient. Die Popularität von Logistik-Audits in der Unternehmenspraxis ist insbesondere darauf zurückzuführen, dass im Zuge von Outsourcing-Entscheidungen immer mehr logistische Leistungsumfänge an Logistikunternehmen ausgegliedert werden und sich somit der direkten logistischen Kontrollspanne von Industrie- und Handelsunternehmen entziehen. Ein weiterer Grund für die Verbreitung von Logistik-Audits ist in dem Bestreben zu sehen, unternehmensübergreifende Logistikkonzepte zu etablieren, deren Implementierungserfolg maßgeblich in der logistischen Kompetenz von Lieferanten, Vorlieferanten, Dienstleistungsunternehmen sowie eingeschalteten Handelsunternehmen begründet liegt. Beispiele für solche umfassenden Logistikkonzepte sind Just-in-Time Beschaffung, Supply Chain Management oder Efficient Consumer Response (ECR). Schließlich geben Merger&Acquisitions in der Logistikbranche häufig Anlass, ein potenziell zu übernehmendes Unternehmen einem Logistik-Audit zu unterziehen.

Sowohl die angesprochenen Logistikkonzepte als auch viele Outsourcing-Entscheidungen basieren auf dem ganzheitlichen Denken in Prozessketten, bei dem funktionale und institutionale Aspekte zugunsten eines prozessualen Verständnisses der Logistik in den Hintergrund treten. In der Überprüfung der Effektivität und Effizienz logistischer Prozessketten liegt ein wesentliches Aufgabenfeld von Logistik-Audits [Fol95, 216]. Damit übernimmt die Auditierung eine Diagnosefunktion, die den Prinzipien der Objektivität und – im Gegensatz zur Mehrzahl der Controlling-Instrumente – der Prozessunabhängigkeit unterworfen ist. Die Objektivität kommt dabei durch die Forderung zum Ausdruck, die Diagnoseergebnisse losgelöst von den subjektiven Zielen der Auditoren oder der Auditierten nach Maßgabe übergeordneter Konzeptziele zu bewerten. Voraussetzung dafür ist eine systematische Auflistung der zu überprüfenden Auditobjekte sowie eine Offenlegung der Bewertungskriterien [Pfo99, 5]. Die Prozessunabhängigkeit impliziert eine Loslösung der Auditierung von einem bestimmten Status der logistischen Leistungserstellung oder von festen Zeitintervallen, so dass die Durchführung der Auditierung von Logistikprozessen nicht von übergeordneten Parametern abhängt.

Die terminologische Abstammung der Auditierung ist im anglo-amerikanischen Sprachraum zu suchen, wo sich neben der speziellen Ausprägungsform des Financial Auditing sogenannte Audit Committees durchgesetzt haben. Letzteren kommt als ständig eingerichteter Ausschuss des Board of Directors die Aufgabe zu, das Rechnungswesen zu überwachen sowie die Aufgaben der internen und externen Revision zu koordinieren [Coe97, 989]. In Anlehnung an dieses Begriffsverständnis wird im deutschen Sprachraum die *Auditierung* generell als *prozessunabhängige und konsekutive*, d. h. *nachlaufende Form der Überwachung* aufgefasst. Damit ist die Nähe zur internen Revision offenkundig.

Spezielle Anwendungsformen hat die Auditierung in jüngerer Zeit im Qualitäts- und im Umweltmanagement erfahren. Qualitätsaudits repräsentieren systematische und unabhängige Untersuchungen, mit denen ein Abgleich zwischen den qualitätsbezogenen Tätigkeiten sowie den damit zusammenhängenden Ergebnissen einerseits und den geplanten Anordnungen andererseits erfolgt. Die Anordnungen werden dabei im Hinblick auf ihre Eignung und ihre Umsetzung überprüft. In einer gewissen Analogie dazu dienen Umwelt-Audits zur Diagnose der umweltschutzbezogenen Maßnahmen eines Unternehmens. Im Vordergrund stehen auch hier die Zweckmäßigkeit und das Ausmaß der Umsetzung des Umweltmanagementsystems [Jan96, 225–226].

Auf dieser Basis lässt sich das Logistik-Audit als prozessunabhängige, ex-post ausgerichtete Form der Überwachung von Logistikobjekten definieren. Mit Hilfe von Logistik-Audits soll es gelingen, die Leistungsfähigkeit von Logistiksystemen oder -prozessen zu erkennen und etwaige Schwachstellen einschließlich ihrer Ursachen sowie Verbesserungspotenziale aufzudecken, um geeignete Maßnahmen ergreifen zu können. Damit geben Logistik-Audits auch eine Orientierung über die Logistik- bzw. Supply Chain-Performance [Stö04] und geben Impulse für eine gezielte Erhöhung des Wertbeitrags von Supply Chains [Möl02]. Im Gegensatz zur Auditierung im Qualitäts- und Umweltbereich haben Logistik-Audits bisher keine Standardisierung im Hinblick auf die Auditobjekte und die Vorgehensweise der Auditierung erfahren. Insofern sind zunächst die konzeptionellen Grundlagen der Auditierung zu klären und abzugrenzen.

D 6.6.2 Konzeptionelle Grundlagen der Auditierung

In Bezug auf die eingangs erwähnten Entwicklungshintergründe kann die Logistik-Auditierung insbesondere im Fall des Outsourcings als ein Vorgang identifiziert werden, der aus transaktionskostentheoretischer Sicht den Kontrollkosten zuzurechnen ist. Da eine Überprüfung der logistischen Leistungsfähigkeit des Vertragspartners nicht nur einmalig, sondern auf Dauer notwendig ist, fallen diese Kontrollkosten für das Unternehmen, das seine logistische Leistungstiefe abbaut, wiederkehrend an.

Neben der Transaktionskostentheorie kann die Agency-Theorie als weiteres institutionenökonomisches Erklärungsmuster zur Kennzeichnung der Auditierung herangezogen werden. Wiederum unter der Annahme, dass logistische Leistungsumfänge externalisiert werden, ist von einer asymmetrischen Informationsverteilung zwischen Principal (z. B. Industrieunternehmen) und Agent (z. B. Logistikunternehmen) auszugehen. Daraus erwachsen dem Agent gewisse Entscheidungs- und Verhaltensspielräume, die er zu seinen Gunsten und gegebenenfalls entgegen der Ziele des Principals ausnutzen kann. Die damit entstehenden Agency-Probleme lassen sich durch eine höhere Transparenz in der Beziehung zwischen Agent und Prinzipal teilweise oder vollständig lösen. Zu einer solchermaßen verbesserten Informationslage des Agents leistet die Auditierung einen wichtigen Beitrag. Allerdings stellt die Agency-Theorie keine detaillierten Aussagen über den Aufbau und den Ablauf einer Auditierung bereit.

Aus Sicht der Sozialforschung wird die *Auditierung als qualitative Methode* charakterisiert, welche die beiden Schritte *Exploration* und *Inspektion* umfasst. Während die Exploration das Ziel der Generierung von Informationen im Forschungsfeld – etwa im Logistikunternehmen, das mit der Erbringung logistischer Leistungen beauftragt wird – verfolgt, hat die Inspektion die Systematisierung, Klassifizierung und Bewertung dieser empirischen Daten zum Gegenstand. Methodisch gelangen im Rahmen einer Auditierung die Inhaltsanalyse, das Interview und die Beobachtung zum Einsatz. Obwohl in der Regel von einer wiederholten Durchführung eines Audits ausgegangen wird, ist die Prüfsituation im Audit angesichts der Prozessunabhängigkeit der Überwachungsmaßnahme tendenziell mit der Erstellung einer Einzelfallstudie vergleichbar.

Neben der theoretischen Verankerung sind für die konzeptionelle Kennzeichnung der Auditierung deren bereits etablierte Ausprägungsformen in Gestalt von Qualitäts- und Umwelt-Audits heranzuziehen. Die Auditierung im Qualitätsmanagement ist grundsätzlich als Systemaudit angelegt. Als Gegenstand der Auditierung fungiert demnach das System des Qualitätsmanagements mit seiner Organisationsstruktur, seinen Verfahren, Prozessen und Mitteln. Die Auditoren können dem Unternehmen selbst (internes Audit), den Kunden des Unternehmens oder deren Beauftragte (Kundenaudits) sowie einer Zertifizierungsgesellschaft (Zertifizierungsaudit) entstammen. Ergänzend stehen Prozessaudits, welche die Qualitätsfähigkeit von Produktentstehungs- und Produktionsprozessen sowie von Dienstleistungsentstehungs- und -erbringungsprozessen zum Inhalt haben, zur Disposition. Schließlich dienen Produktaudits zur Beurteilung der Qualitätsfähigkeit von Produkten und Dienstleistungen. Die Gemeinsamkeit dieser Auditierungsformen ist in ihrer starken Standardisierung etwa durch die ISO 9000er Normen oder die Normen von Branchenverbänden zu sehen.

Eine bestimmte Ähnlichkeit zum Qualitätsaudit weist das Umwelt- oder Ökoaudit auf. Auch hier sind die Ursprünge in den USA zu suchen, wo mit sogenannten Compliance Audits die Einhaltung von umweltrechtlichen Vorschriften überprüft wurde. In Anlehnung an die Entwicklungsschritte vom Financial über das Operational bis hin zum Management Audit wurde das Environmental Audit zunehmend zukunftsorientiert und auf organisatorische Aktivitäten mit dem Ziel der Systemverbesserung ausgerichtet. Mit der EU-Umwelt-Auditing-Verordnung hat die Umwelt-Auditierung in Gestalt der Umweltbetriebsprüfung einen standardisierten Rahmen erhalten.

In einer gewissen Konkurrenz dazu stehen die ISO-Normenreihen zum Umweltmanagement (ISO 14000 ff.), die eine Auditierung des Umweltmanagementsystems vorsehen und dabei starke Parallelen zu Qualitätsaudits gemäß der Normenreihe ISO 9000 ff. suchen [Wag97, 199–208]. Die wesentlichen Unterschiede der Umwelt-Auditierung nach EU-Verordnung einerseits und nach den ISO-Normen andererseits liegen nicht nur in der räumlichen Gültigkeit (EU-Gebiet versus weltweit), sondern auch im formalen Aufbau (schlecht strukturiert versus ablauforientiert angelegt), in den Auditobjekten (Betriebsstandort versus Unternehmen), in den Prüfkriterien (System, Daten, Performance, Einhaltung umweltrechtlicher Vorschriften versus System mit beliebigem Prüfungsumfang), im Auditzyklus (maximal 3 Jahre versus variabel), in der Veröffentlichung der Ergebnisse (Veröffentlichungspflicht der Umwelterklärung versus öffentlicher Zugang der Umweltpolitik) und in der Zertifizierung (Validierung durch Umweltgutachter versus unklares Zertifizierungsverfahren).

Sowohl bei beiden Ansätzen zur Umweltauditierung als auch bei den Qualitätsaudits nimmt die Zertifizierung einen großen Stellenwert ein. Dabei bildet die Auditierung regelmäßig die Voraussetzung für die Zertifizierung. Ein Zertifikat wird im Anschluss an eine Auditierung verliehen, wenn letztere zu dem Ergebnis gelangt, dass ein Auditobjekt die vorgegebenen Anforderungen erfüllt. Insofern gilt die Zertifizierung einerseits als Konformitätsnachweis [Kas94, 696–697], andererseits wird mit der Zertifizierung ein beträchtliches Akquisitionspotenzial für Kundenaufträge in Verbindung gebracht, wodurch der Aufwand im Zusammenhang mit der Auditierung gerechtfertigt wird. Allerdings ist die Effizienzwirksamkeit einer Zertifizierung in der Literatur stark umstritten [Wal98, 137–139]. Da für die Auditierung im Bereich der Logistik weder eine Normierung noch eine Zertifizierung existiert, können von der Auditierung im Qualitäts- und im Umweltbereich nur einzelne Anleihen im Hinblick auf den Ablauf einer Auditierung im Logistikbereich gewonnen werden. Die methodisch-instrumentelle Ausgestaltung von Logistik-Audits ist demnach im Hinblick auf die logistikspezifischen Anforderungen frei zu wählen.

D 6.6.3 Methodisch-instrumentelle Unterstützung der Auditierung in der Logistik

Die vorgesehenen Auditierungsschritte ähneln sich beim Qualitäts- und beim Umweltmanagement stark. Bild D 6.6-1 repräsentiert ein Flussdiagramm für den Ablauf eines Prozessaudits nach den Vorgaben des Verbandes der Automobilindustrie, während Bild D 6.6-2 Auskunft über die Schritte der Auditierung des Umweltmanagementsystems gemäß ISO 14010-1 gibt. Ein Abgleich beider Schemata zeigt eine weitgehende Übereinstimmung bei den Kernschritten der Prüfung. Weiterhin zählen jeweils der Maßnahmenplan und seine Umsetzung nicht mehr zu der eigentlichen Auditierung. Die Vorbereitungsschritte sind zwar beim Umwelt-Audit ausführlicher dokumentiert. Aus inhaltlicher Sicht besteht jedoch kein wesentlicher Unterschied zum Qualitätsaudit.

Bei der Auditierung im Logistikbereich ist zunächst nach der Form des Logistik-Audits zu fragen. Hier lässt sich ein breites Spektrum von Ausprägungen nach Maßgabe der

- Auditanlässe/-zwecke,
- Auditobjekte,
- Auditkriterien und
- Auditergebnisse/-konsequenzen

differenzieren (vgl. dazu Bild D 6.6-3).

Die Auditanlässe enthalten die eingangs erwähnten Beweggründe für Logistik-Audits in Gestalt des Outsourcings (Vertragsanbahnung/-erfüllung) und der Abstimmung unternehmensübergreifender Logistikkonzepte (selbstinitiiert). Bei den Auditobjekten kommen das Logistikmanagement, Logistiksysteme, logistische Prozesse mit ihren jeweiligen Schnittstellen oder logistische Potenziale in Betracht. Die Auditkriterien repräsentieren die Ziele, mit deren Hilfe die Bewertung erfolgt.

Die Auditergebnisse und -konsequenzen geben Auskunft über die Verwendung der Resultate der Auditierung. In jedem Fall dokumentiert eine Auditierung den Status quo des Auditobjekts. Darüber hinaus erlaubt sie dessen Bewertung einschließlich der Offenlegung etwaiger Schwachstellen. Im Anschluss an deren Identifikation liegt der Übergang zur Planung von Korrekturmaßnahmen nahe. Die Adressaten eines Logistik-Audits können in Abhängigkeit von dem jeweiligen Auditanlass Dritte (z. B. Kunden) sein oder aus der zu auditierenden Institution selbst stammen (z. B. Geschäftsleitung). Ebenso gibt es bei den Auditoren prinzipiell die Möglichkeit, sich eigener Mitarbeiter zu bedienen oder auf den (externen) Adressaten bzw. eine neutrale Institution zurückzugreifen. Da Logistik-Audits nicht im Zusammenhang mit einem generell anerkannten Zertifikat stehen, spielt der Einsatz neutraler Gutachter im Vergleich zu Qualitäts- und Umweltaudits eine nachgeordnete Rolle.

Die im Einzelfall gewählte Ausprägungsform findet in den inhaltlichen Schwerpunkten des Logistik-Audits ihren Niederschlag [Tra00]. Ohne auf die jeweiligen Ausgestaltungsalternativen separat eingehen zu können, soll nachfolgend eine generell anzuwendende Methodik der Logistik-Auditierung skizziert werden [Pfo99, 7–8]. Den Ausgangspunkt dafür bildet die Überlegung, dass eine auf eine Bewertung ausgelegte Auditierung im Kern einen Soll-Ist-Vergleich von Zuständen enthält. Die Erfassung des Istzustandes des Auditobjekts ist genereller Bestandteil einer Auditierung. Bei der Auditierung des Logistikmana-

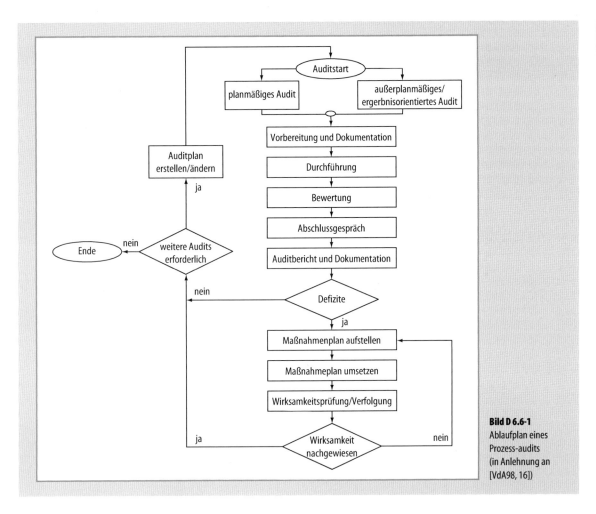

Bild D 6.6-1
Ablaufplan eines Prozess-audits (in Anlehnung an [VdA98, 16])

gements wird nicht nur darauf geachtet, ob bestimmte Abläufe, Zusammenhänge oder Zuständigkeiten (z. B. in einem Handbuch) festgelegt sind. Vielmehr steht auch die Frage im Raum, ob der gewählte Gegenstand in der Praxis nachzuweisen ist.

Anschließend gilt es, den Istzustand mit dem Sollzustand zu vergleichen. Der Sollzustand repräsentiert den Status, den die (Logistik-) Planung für das Auditobjekt vorsieht. Der Sollzustand muss angesichts der Beachtung von Restriktionen resultierend aus der Implementierung nicht mit dem als optimal erachteten Zustand konform gehen. Letzterer wird auch als Idealzustand bezeichnet, wobei bereits die unternehmensbezogenen Rahmenbedingungen Berücksichtigung finden. Die Wurzeln des Idealzustandes sind im Idealkonzept zu suchen, das die Auditziele und -kriterien reflektiert (siehe Bild D 6.6-4). Dabei gilt es zu beachten, dass mehrere Idealzustände aus dem Idealkonzept abgeleitet werden können und oft nur eine Kombination von Idealzuständen unterschiedlicher Auditobjekte einem Idealkonzept zu genügen vermag. Insofern ist der Schwerpunkt bei der Bewertung nicht unbedingt auf einen Soll-Ist-Vergleich, sondern eher auf eine Gegenüberstellung des Ist- sowie des Sollzustandes mit dem Idealzustand zu legen.

Die eigentliche Durchführung der Auditierung basiert in der Regel auf umfangreichen Checklisten oder Fragekatalogen, die in standardisierter Form ausgewertet werden können. Im Gegensatz zur Auditierung im Qualitäts- und Umweltbereich unterliegen die Inhalte der Checklisten bei Logistik-Audits keiner Standardisierung, sondern werden von den Auditoren nach Maßgabe der von den Adressaten vorgegebenen Auditanlässe und -kriterien aufgestellt.

Eine mit der Auditierung einhergehende Bewertung setzt eine Operationalisierung der Auditobjekte und -kri-

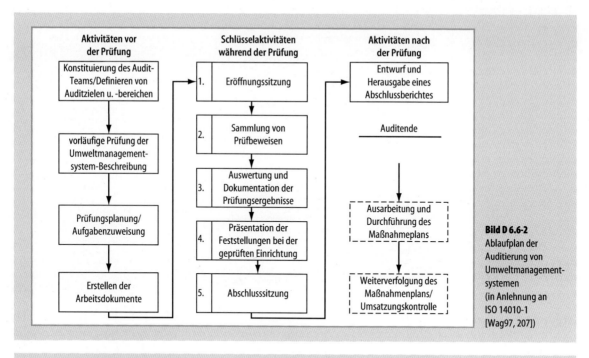

Bild D 6.6-2
Ablaufplan der Auditierung von Umweltmanagementsystemen (in Anlehnung an ISO 14010-1 [Wag97, 207])

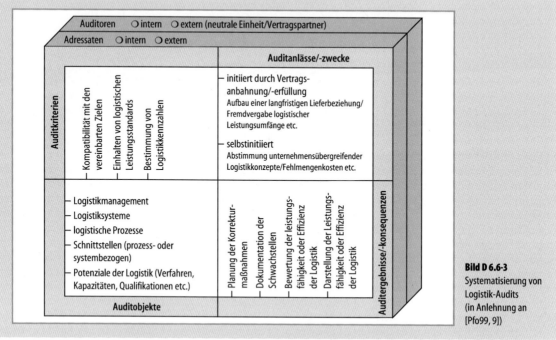

Bild D 6.6-3
Systematisierung von Logistik-Audits (in Anlehnung an [Pfo99, 9])

terien voraus [Pfo99, 10–11]. Bei den Auditobjekten bieten sich für den Fall der Auditierung von Logistiksystemen eine Zerlegung in Subsysteme an. Analog dazu lassen sich logistische Prozesse in Teilprozesse untergliedern. Bei den

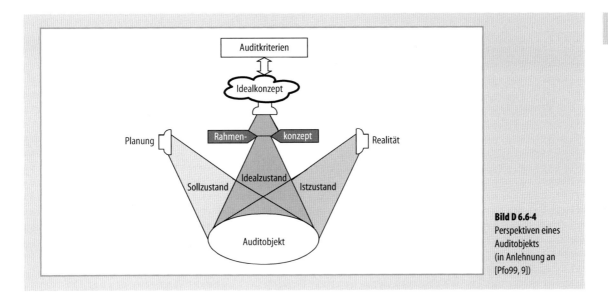

Bild D 6.6-4
Perspektiven eines Auditobjekts
(in Anlehnung an [Pfo99, 9])

Auditkriterien empfiehlt sich eine Differenzierung in Merkmale und Indikatoren. So können nach Maßgabe der Ziele der Auditierung zunächst Merkmalsgruppen etwa zu den Bereichen Technik, Personal, Organisation und Aufgabe gebildet werden, bevor jede Merkmalsgruppe eine Konkretisierung durch einzelne Merkmale und Merkmalsausprägungen erfährt. Die Indikatoren sollen jedem Merkmal eine Messbarkeit zuführen. Beispielsweise gehört zu der Merkmalsgruppe Personal das Merkmal Leistungsfähigkeit der Mitarbeiter, das durch die Indikatoren Ausbildungsstand oder Informationsversorgung unterlegt wird. Die Bewertung der Indikatorausprägungen erfolgt in der Regel über Punktverfahren, d. h. die Ausprägungen werden auf einer Ordinal- oder Intervallskala gemessen. Die Zusammenfassung der Einzelbewertungen zu einem Gesamturteil setzt eine Gewichtung der verschiedenen Merkmale und Merkmalsgruppen voraus. Mit der Vergabe einer Gesamtpunktzahl kann eine abschließende Beurteilung der Auditobjekte vorgenommen werden. Mit der Bewertung wird die Verbindung der Auditierung zum Logistik- und Supply Chain Controlling evident [Ott03; Web02].

D 6.6.4 Ausgewählte Einsatzbereiche von Logistik-Audits

Die Einsatzbereiche der Logistik-Auditierung werden stark von den Auditanlässen geprägt. Dabei determinieren die verschiedenen Auditzwecke auch die zu wählende Ausprägungsform eines Logistik-Audits.

Die selbstinitiierte Auditierung im Hinblick auf die Abstimmung eines gegebenenfalls unternehmensübergreifenden Logistikkonzepts wendet sich vornehmlich an interne Adressaten und kann mit Hilfe interner Auditoren durchgeführt werden. Die damit verfolgte Perspektive der Auditierung als Führungsinstrument [Wil94, 209–210] hat sich bisher in der Logistik jedoch (noch) nicht etabliert. Allerdings lässt die gegenwärtig intensiv geführte Diskussion im Zusammenhang mit dem hohen Koordinationsbedarf im Supply Chain Management sowie in Beschaffungs-, Produktions- und Logistiknetzwerken eine Verbreitung interner, in diesem Sinne auf eine Supply Chain oder ein Netzwerk bezogener Logistik-Audits erwarten.

Im Gegensatz dazu wird dem im Hinblick auf eine Vertragsanbahnung bzw. -erfüllung veranlassten Logistik-Audit eine vergleichsweise größere Aufmerksamkeit zuteil. Als externe Adressaten kommen hierbei derzeitige oder potenzielle Auftraggeber bzw. Kunden in Frage. Mit Blick auf eine möglichst unabhängige Bewertung werden in der Regel externe Auditoren eingesetzt, die der Organisation des Adressaten selbst oder einer neutralen Institution angehören. Der häufigste Anlass für ein solchermaßen ausgelegtes Logistik-Audit dürfte die Lieferantenauswahl und -entwicklung sein. Für die Lieferantenauswahl bietet sich die Durchführung eines Logistik-Audits an, wenn vom Lieferanten eine ausgeprägte logistische Leistungsfähigkeit – etwa in Gestalt einer Just-in-Time Anlieferung – verlangt wird. Eine Lieferantenentwicklung kann auf einem Logistik-Audit aufbauen, sofern beispielsweise ein

Zulieferer in der Vergangenheit Defizite hinsichtlich des vereinbarten Lieferservice erkennen ließ, aus übergeordneten Gründen jedoch als Lieferant weitergeführt werden soll und deshalb eine Verbesserung seines logistischen Leistungsniveaus dringend geboten erscheint [Wil94, 204–206].

Die Besonderheiten eines auf die Lieferantenauswahl und -entwicklung ausgerichteten Logistik-Audits liegen in der häufig fehlenden Dokumentation der Anforderungen an die Logistik eines Lieferanten und damit in der Notwendigkeit zur Präzisierung des Idealkonzepts begründet. Weiterhin zeichnet sich dieser Einsatzbereich durch eine hohe Komplexität aus, da als Auditobjekt meist das gesamte Logistiksystem eines Zulieferers gewählt wird. Ferner ist der Zweck dieser Auditierung zukunftsorientiert, so dass die Auditkriterien auch die potenzielle logistische Leistungsfähigkeit reflektieren sollen. Mit besonderem Blick auf die Lieferantenentwicklung sind schließlich nicht nur mögliche Schwachstellen, sondern auch deren Ursachen zu identifizieren, um auf dieser Basis Ansatzpunkte für Verbesserungsmaßnahmen erkennen zu können [Pfo99, 9–10].

Vor diesem Hintergrund bietet es sich an, das Logistik-Audit nicht ausschließlich isoliert einzusetzen, sondern es mit anderen Instrumenten zu verbinden. Hierfür kommt zum einen die Verknüpfung mit den Qualitätsaudits in Frage, die ebenfalls zur Lieferantenauswahl und -entwicklung herangezogen werden. Sofern dem Abnehmer als Adressat der schlichte lieferantenseitige Nachweis der Zertifizierung gemäß ISO 9000 ff. nicht ausreichend erscheint, vermittelt eine integrierte Auditierung nach Maßgabe der Auditkriterien des Auftraggebers insbesondere bei der Anwendungsform des Systemaudits eine interessante Entwicklungsperspektive. Zum anderen wird eine Einbindung der Logistik-Auditierung in eine umfassende Lieferantenbewertung vorgeschlagen, wobei auch hier eine auf den Auftraggeber ausgerichtete Ausgestaltung vorgenommen werden muss, um dessen Beschaffungskonzepte und -strategien im Kriterienkatalog angemessen berücksichtigen zu können.

Als weiterer Einsatzbereich von Logistik-Audits bietet sich die Auswahl von Logistikunternehmen an, das von einem Industrie- oder Handelsunternehmen beauftragt wird. Insbesondere der Bereich der Kontraktlogistik, wo umfangreiche Leistungsbündel komplett an einen Logistikdienstleister vergeben werden, verlangt eine umfassende Transparenz über dessen Leistungsfähigkeit. Hier liegt es im Interesse der Verlader, mittels eines spezifisch ausgelegten Logistik-Audits Chancen und Risiken einer solchen Beauftragung im Vorfeld einer Kontrahierung zu erkennen.

D 6.6.5 Problemfelder und Herausforderungen der Auditierung in der Logistik

Neben dem Entwicklungsbedarf bei den genannten Einsatzbereichen von Logistik-Audits lassen sich vier verschiedene Problemfelder identifizieren. Erstens zeichnet sich die Logistik als Auditobjekt durch eine vergleichsweise hohe Komplexität aus, die einen erheblichen Aufwand im Zuge der Durchführung der Auditierung bewirkt. Mit Blick auf eine Komplexitätsreduzierung bietet es sich an, entweder logistische Subsysteme auszuwählen oder das gesamte Logistiksystem nur für ein beschränktes Material- und Warenspektrum zu beleuchten. Zweitens lässt sich die Logistik als Auditobjekt schwer abgrenzen. Dies gilt beispielsweise für den Informationsfluss im Zusammenhang mit der Auftragsabwicklung, der verschiedene IT-Systeme berührt oder Datenredundanzen enthalten kann. Sind die Logistikkosten Gegenstand der Auditierung, gilt es zunächst, die Modalitäten ihrer Erfassung und Verrechnung zu klären, da konventionelle Kostenrechnungssysteme keinen standardisierten Ausweis von Logistikkosten vorsehen [Web02]. Ein drittes Problemfeld tritt auf, wenn die Logistik-Auditierung von der internen Revision wahrgenommen wird. Ursachen für mögliche Probleme können in der traditionell funktionalen Ausrichtung der internen Revision liegen, woraus sich ein Widerspruch zum Systemdenken und zur Prozessorientierung der Logistik ergibt. Zudem hat sich die für Logistiksysteme typische unternehmensübergreifende Perspektive bisher in der Revision nicht unbedingt etabliert [Fol95, 219–221]. Viertens zielt das Logistik-Audit im Gegensatz zur Auditierung im Qualitäts- und Umweltbereich nicht auf eine Zertifizierung ab. Damit geht einerseits zwar die Freiheit einher, das Audit speziell auf die Ziele des Adressaten ausrichten zu können. Andererseits vermag der Umstand aber aus Sicht der auditierten Institution Mehrfacharbeiten zu verursachen, sofern verschiedene Adressaten ihre jeweiligen Auditergebnisse nicht gegenseitig anerkennen [Wil94, 208].

Daran anknüpfend liegen die Perspektiven für die Logistik-Auditierung in der bereits angesprochenen Integration mit der Qualitätsauditierung und den damit einhergehenden Standardisierungsbestrebungen. Impulse für die Weiterentwicklung von Logistik-Audits in Richtung einer Beurteilung des Logistikmanagements gehen sowohl von der Qualitäts- als auch von der Umweltauditierung aus. Denn während Inhalt, Struktur und Abläufe des Logistikmanagements bisher häufig individuell festgelegt werden und deshalb bei der Auditierung keiner Standardisierung zugänglich sind, läuft die Auditierung des Qualitäts- und des Umweltmanagements nach einem in den jeweiligen

Richtlinien vorgegebenen Modus ab. Schließlich wäre mit besonderem Blick auf die selbstinitiierte Auditierung zu prüfen, inwiefern sie sich als Instrument des Logistik- und Supply Chain Controlling etablieren lässt [Ott03; Web02]. Der damit verbundene Bedarf einer Profilierung des Instruments Logistik-Audit sowie die Schnittstellen zur internen Revision und zum Controlling scheinen für die Zukunft ein fruchtbares Arbeitsfeld sowohl aus theoretischer als auch aus praktischer Sicht zu sein.

Literatur

[Coe97] Coenenberg, A.G.; Reinhart, A.; Schmitz, J.: Audit Committees – Ein Instrument zur Unternehmensüberwachung? Reformdiskussion im Spiegel einer Befragung der Vorstände deutscher Unternehmen. Der Betrieb 50 (1997) 20, 989–997

[Fol95] Folz, F.; Matzenbacher, H.J.: Logistik als Prüfungsfeld der Internen Revision. Erfahrungen aus der Praxis. Interne Revision 30 (1995) 4, 205–222

[Jan96] Janzen, H.: Ökologisches Controlling im Dienste von Umwelt- und Risikomanagement. Stuttgart 1996

[Kas94] Kassebohm, K.; Malorny, C.: Auditierung und Zertifizierung im Brennpunkt wirtschaftlicher und rechtlicher Interessen. Zeitschrift für Betriebswirtschaft 64 (1994) 6, 693–716

[Möl02] Möller, K.: Wertorientiertes Supply Chain Controlling. Gestaltung von Wertbeiträgen, Wertaufteilung und immateriellen Werten. In: Weber, J.; Hirsch, B. (Hrsg.): Controlling als akademische Disziplin. Wiesbaden 2002, 311–327

[Ott03] Otto, A.; Stölzle, W.: Thesen zum Stand des Supply Chain Controlling. In Stölzle, W.; Otto, A. (Hrsg.): Supply Chain Controlling. In: Theorie und Praxis. Aktuelle Konzepte und Unternehmensbeispiele. Wiesbaden 2003, 1–23

[Pfo99] Pfohl, H.-Ch.; Gareis, K.; Stölzle, W.: Logistikaudit. Einsatz für die Lieferantenauswahl und -entwicklung. Logistik Management 1 (1999) 1, 5–18

[Stö04] Stölzle, W.; Karrer, M.: Von der Unternehmens- zur Supply Chain Performance – ein konzeptioneller Beitrag für das Management von Supply Chains. In: Spengler, T.; Voss, S.; Kopfer, H. (Hrsg.): Logistik Management. Prozesse, Systeme, Ausbildung. Heidelberg 2004, 235–254

[Tra00] Tracht, T.: Logistikaudit – Bewertung eines Logistiksystems. In: Baumgarten, H.; Wiendahl, H.-P.; Zentes, J. (Hrsg.): Logistik Management. Strategie – Konzepte – Praxisbeispiele. Loseblattsammlung. Berlin 2000

[VdA98] Verband der Automobilindustrie: Prozessaudit. Produktentstehungsprozess, Serienproduktion, Dienstleistungsentstehungsprozess, Erbringung der Dienstleistung. Frankfurt/Main 1998

[Wag97] Wagner, G.R.: Betriebswirtschaftliche Umweltökonomie. Stuttgart 1997

[Wal98] Walgenbach, P.: Zwischen Showbusiness und Galeere. Zum Einsatz der DIN EN ISO 9000 er Normen in Unternehmen. Industrielle Beziehungen 5 (1998) 2, 135–164

[Web02] Weber, J.: Logistik- und Supply Chain Controlling. 5. Aufl. Stuttgart 2002

[Wil94] Wildemann, H.: Auditierung als Führungs- und Controllinginstrument. Controlling 6 (1994) 4, 204–215

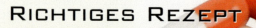

Sachverzeichnis

2
2004/108/EG 859
2006/42/EG 851
2006/96/EG 858
2-opt-Verfahren 149

3
3-opt-Verfahren 149
3rd Party Logistics Provider
   s. Third Party Logistics
   Provider

4
4-Block-Heuristik 172
4rd Party Logistics Provider
   s. Fourth Party Logistics
   Provider

5
5-Block-Heuristik 173

7
73/23/EWG 858

8
89/336/EWG 859
89/392/EWG 852

9
98/37/EG 851

A
Aachener PPS-Modell 325
ABC-Analyse 275, 278
Abfall 491
Abfallbehandlungsanlage 494
Abfallbereitstellung 500
Abfallumschlag ohne Verdichtung 508
Abfallverbrennung 511

Abfallwirtschaft 489
Abfertigung 766, 767, 769
Abgasemissionsstandards 1024
Abnutzung 534, 541
Abroll- und Absetzkipper 503
Abroll-Container-Transport-System (ACTS) 507, 754
Abstellplätze 780
Abstraktion 77
Abstraktionsebene 184
Abstreifelement 621
Abtreiben bei Sturm 641
Abweiser 622
   aktiv 622
   Gurt- 622
   passiv 622
Abzug
   Block- 624
   getaktet 624
Achslast 744, 747, 755
Achsschenkellenkung 636
adaptive Informationstechnik 812
   Artikelstamm 814
   Bestandsbewegungen 814
   Bestandsdisposition 160, 162, 814
   Bestandsverwaltung 814
   Inventurfunktionen 814
   modularer Aufbau 815
   Schnittstellen zu über- und unterlagerten Systemen 812
   Transportverwaltung 814
Adaptive Memory 150
ADSp 734
Advanced-Planning-(AP)-System 10
Agency-Theorie 1109
   Agency-Probleme 1109

Aggregate Production Planning (APP) 198
aggregierte Gesamtplanung 198
Ähnlichkeitsmaß 129
Aircargo 948, 964
Akkordentgelt 355
Akkordlohn 910
Aktor 186
Algorithmus
   genetischer 54, 130, 150
Allgemeine Deutsche Spediteurbedingungen 734
Allokationsfunktion 1020
Allradlenkung 636
Ameisenkolonie 150
Anbaugeräte 638
Andler'sche Losgrößenformel 443
Andon 304, 888
Anforderungslohn 910
Anforderungsprofil
   logistisches 903, 904
Angebot 267
Anhänger 146, 636, 637
Anhängevorrichtung 637
Ankunftsrate 58, 112
Anreizsystem 344, 547
   Vergütungssystem 915
Ansatz
   analytischer 134
Anschlagmittel 642
Anschlussbahn 748
Anschlussgleis 748
Anschlussweiche 748
Antrieb(s) 663
   elektrisch 633
   -formen 636
   frequenzgeregelt 636
   hydraulisch 633
   pneumatisch 633

-station 629
-trommeln 619
Anwendungssystem
  integriertes, verteiltes 191
Arbeits- und Ladehilfsmittel 508
Arbeitsbereicherung 348
Arbeitsbewertung 353
Arbeitserweiterung 348
Arbeitshöhe 635
Arbeitsorganisation 125, 133, 350, 351, 475
Arbeitsplan 341
Arbeitsplanoptimierung 113
Arbeitsraum 640
Arbeitsschutz-Richtlinien 849
Arbeitssystemanalyse 363
Arbeitsteilung 581, 604
Arbeitsunterweisung 347
Arbeitsverteilung 118
Arbeitszeitgesetz 356
Architekturmodell 182
Artikelstammdaten 341
Assistenzsystem 76, 433
  simulationsgestütztes 91
Asynchronmaschinen
  Frequenzumrichter 663
Auditierung 1108
  Produktaudit 1109
  Prozessaudit 1109
  Qualitätsaudit 1109
  Systemaudit 1109
  Überwachung 1108
  Umweltaudit 1109
Aufbauorganisation 222, 286, 377, 545, 899
  Außenstruktur 899, 900
  Division 899–901
  Funktion 899–901
  Innenstruktur 899, 901
  Linie 900
  logistische 899
  Matrix 899–901
  Projekt 900
  Sparte 899
  Stab 900
  Zentralbereich 899
Aufbereitungsverfahren 509
Auffahrsicherung 620
Auflagenpolitik 1023
Auftragsabwicklung 7
Auftragsdurchlaufanalyse 363

Auftragsdurchlaufzeit 383
Auftragserzeugung 333
Auftragsfreigabe 334
Auftragsunterlagen 341
Auftragszyklus
  logistischer 902
  operativer 902
Aufzugsverordnung 633
Ausgleichseffekt 657, 659
Auslagerseite 653
Auslagerung 581, 601, 603
Auslastung
  Kommissionieraus-
    lastung 662
  RBG- 662
Auslastungsgrad 58, 401, 615, 662
Ausleger 639
Ausschleusrate 621
Ausschreibung 595, 601
  Vergabepolitik 601
  Vergabestrategie 601
auswechselbare Ausrüstung 853
Automatiksteuerung 662
automatische Flurförder-
  zeuge 638
automatische Identifikation 816
Automatische Kleinteilelager
  (AKL) 619, 649, 660, 683, 791

B
B & B-Baum 52
Balanced Scorecard 399, 1060
Bandförderer 633
Barcode 341, 482, 787
  Lesegerät 682
Basisanordnung 169
Basislösung 44
Bauhöhe 647
Bearbeitungszeit
  effektive 115
Bearbeitungszentrum 131
Bedarfs- und Kapazitäts-
  planung 472
Bedarfsermittlung 327
Bedien
  -disziplin 58
  -rate 58, 112
  -system 58
  -theorie 57
  -zeit 58

Beförderung 550
  Vorbereitungs- und
    Abschlusshand-
    lung 550
  Zwischenlagerung 551
Begegnungsverkehr 141
Behälterentleerer 638
Behälterfördersystem
  aktiv 689, 690
  Codierung 689
  frei laufendes System 689
  Gepäckförderanlage 689
  passiv 689
Behälter-Regalbediengerät (RBG)
  Ein- oder Zweimast-
    ausführung 683
  Horizontal-Karussell 684
  integrierte Bauweise 684
  Shuttlesystem 684
Behältersystem 501
Beihilfe 743
Beladungsproblem 168
  heterogen 168
  homogen 168
Belastungsabgleich 332
Belastungsanpassung 332
belastungsorientierte
  Auftragsfreigabe 337
Belegung
  einfach tief 649
Benchmarking 228, 260, 1094
  Arten 1096, 1099
  Bedeutung 1094, 1095
  Definitionen 1095, 1096
  Erfolgsfaktoren 1102
  Erfolgsgrößen 1096, 1097
  extern 1099
  funktional 1099, 1100
  generisch 1099, 1100
  intern 1099
  Klassifikation 1097
  Kosten- 1097, 1105
  Leistungs- 1097, 1105
  Managementansatz 1094
  Managementkonzept 1101
  operativ 1098
  Projekt 1094, 1095, 1099
  -prozess 1101
    Datensammlung 1101
    Kontrolle 1102
    Umsetzung 1102

Vergleich und
  Interpretation 1102
 Vorbereitung 1101
 Standort 1099
 strategisch 1098
 Supply Chain 1075
 Teilbenchmarking 1097–1099, 1106
 Ursprung 1094
 Vergleichsobjekte 1097, 1098
 Vergleichspartner 1097, 1098
 Vollbenchmarking 1097–1099, 1105
 wettbewerbsorientiert 1099, 1100
Bereitschaftskosten 250
berührungslose Näherungsschalter 793
Beschaffung(s) 255
 fertigungssynchrone 271
 -logistik 5, 255, 405, 525, 990
 -management 256
 -objektmerkmale 1002
 -portfolio 259
 -prozess 263
 -strategie 262, 1002
Best Practice 228, 884, 1094
Bestand(s) 657
 im Transport 142
 Lager- 375
 Mindest- 374
 Sicherheits- 142, 154, 159, 160, 162, 163, 165, 374, 377
 -verteilung 657
Bestellung 268
 Bestellgrenze 157
 Bestellmenge 157, 281, 442, 646
 Bestellpunkt 156, 445
 Bestellpunktregel 157
 Bestellzeitpunkt 157
 Bestellzyklus 157
Betreibergesellschaft 779
Betriebsanleitung 855
Betriebsdaten-Erfassungssystem 343
Betriebshof 780
Betriebskosten 732
Betriebsstätten 636
Bildverarbeitung 830

Binnenschiff 740
Bin-Packing-Problem 50
Blockheuristik 172
Blockstreckensteuerung 631
Bodenlagerung 648
Bodenmagnete 682
Boom 957
Branch & Bound-Verfahren 50
Branchen 957, 958
Branching 51
Briefträgerproblem s. Chinese Postman Problem
Briefzentrum 785
Bringsystem 500
Brückenkran 641, 642
Bulk 958, 960
Bullwhip-Effekt 30, 162, 272, 590
Bündelungseffekt 291, 587, 604, 1045
Bündelungspotenzial 506, 525, 779
Business-to-Business (B2B) 594
Buyer-managed Inventory 468

C
CAD 342
Capacitated-Vehicle-Routing-Problem 49
Capacity Requirements Planning (CRP) 197
CAPM-Modell 1054
CAQ 342
CargoMover 755
CargoSprinter 755, 756
CAx-System 342
CE-Kennzeichnung 854
Chance-Constrained-Modell 39
Chassis 739
Chinese Postman Problem 144, 519
City-Logistik 17, 779
City-Terminal 18
Clearing Center 595
CLM 882, 885, 887
Clusteranalyse 129
CO_2-Emission 1032
Coase-Theorem 1022
Codearten s. Identifikationssysteme
Codierungssystem 127
Column-Building Approach 175

Co-managed Inventory 468
Container 167, 175, 729, 747, 765
 -beladung 167, 175
 ISO- 740
 ISO-Groß- 737, 738
Containerbauart
 Open-Side-Container 738
 Open-Top-Container 738
 Planenaufbau 738
 Plattformcontainer 738
 Schüttgutcontainer 739
 Spezialcontainer 738
 Tankcontainer 738
 Thermalcontainer 738
Continuous Replenishment (CRP) 468, 953
Controlling 917, 1052, 1053
 Conjoint Measurements 1074, 1079
Conwip-Steuerung 339
CPFR: Collaborative Planning, Forecasting and Replenishment 477, 530
CRM 303
CSCMP 882, 887, 889
Customer Intimacy 966, 967

D
Data Warehouse 485, 598, 842
 Architektur/Aufbau 843
 BIT 843
 Clusteranalyse 846
 Data Mining 843
 Entscheidungsbäume 847
 Integration 843
 Neuronale Netze 847
 OLAP 843
 Warenkorbanalyse 846
Datenaustausch 283, 471, 480, 598, 776
Datenerfassung 87
 betriebliche 7
Datenflussansatz 187
Datenintegration 189
Datenmodellierung 187
Datensicht 186
Dekomponierbarkeit 66
Demand Capacity Planning 472
Deponieklassen 513
Deponierung 513

Depot 16, 783, 785
　-container 503
　　durchlauforientiertes 785
　　umlauforientiertes 785
Deregulierung 955
Deterministic Annealing 150
dezentrale Installationen 796
Dichte 760
　-funktion 82, 657
　-sortierung 510
Dienstleister 581, 602
Dienstleistung
　wertschöpfende 779
Dienstleistungsunternehmen
　539, 588, 604, 779
　logistisches 4
Dienstleistungsvertrag 734
Dienstplanung 914
　Day-off-Scheduling 914
　Shift-Scheduling 914
　Tour-Scheduling 914
Differentiallenkung 639
Digitale Fabrik 92
Dijkstra-Algorithmus 45
Direct Part Marking 820
Direktbelieferung 15
Direktverkehrsnetz 783
Direktzug 751
Direktzugriff 661
Disponibilitätsproblem 908
Disposition(s) 377, 753, 776
　Lagerverwaltungssystem 377
　-parameter 157, 158, 163
　programmorientierte 161
　-regel 157, 158
　verbrauchsorientierte 162
　-zentrale 729
Distribution(s) 405
　Lagerhaltungsstrategie 442
　-logistik 5, 405, 883, 990
　mehrstufiges System 412
　modellgestützte Planung 453
　Nachliefermodus 442
　-netz 137, 441, 442
　Sortimentierung 442
　-struktur 413
　　vertikale 421
　-system 583
　Tourenplanung 454
Distribution(s) Requirements
　Planning (DRP) 162

Domänenwahl 966
Doppelspiel 659, 660
Doppelteleskop 667
Dreh- und Schwenktische 621
Drehscheibe 627, 632, 745
Drehschemel 636
　-lenkung 636
Drehstromantriebe
　polumschaltbare 639
Drehtisch 627
Drehverschiebetisch 627
Drehzapfen 739
Dreiradfahrzeug 636
Dringlichkeitsprüfung 337
Duales System 500
Durchfahrregal 650
Durchlaufdiagramm 235
Durchlaufelement 234
Durchlaufregal
　Behälter 653
Durchlaufterminierung 330
Durchlaufzeitsyndrom 197
Durchsatz 235, 363, 615, 648

E
EANCOM 472
Eckbeschlag 739
E-Commerce 531
　E-Packaging 532
　Pick-Up-Konzept 531
　Tower 24 532
Economic Value Added
　(EVA) 230
EDIFACT 283
Efficient Consumer Response
　374, 468, 477, 528, 886, 953,
　986, 988, 997
　Category Management 529
　Demand Side 528
　Efficient Assortment 529
　Efficient Product Introduction 529
　Efficient Promotion 529
　Efficient Replenishment 530
　Efficient Unit Load 530
　Supply Chain Management 530
　Supply Side 528
EG-Baumusterprüfung 856
EG-Richtlinien 850

Ein- oder Zweiträgerbauweise 641
Einfahrregal 650
Einfügung 148
Einlagerseite 653
Einmastbauweise 663
Einsatzzeit 636
Einschleusrate 621
Einstoff-, Einzelstoff-, Mehrstoff-
　und Mischstoffsammlung 500
Einzelwagenverkehr 744, 752
EIU 748
E-Katalog-System 265
Electronic Data Interchange
　(EDI) 471, 593, 729
elektrische Antriebe 789
　Antriebsumrichter 791
　asynchrone Motoren 792
　Dahlander-Schaltung 790
　Drehstromantrieb 791
　Drehstromasynchronmotor 789
　Drehzahlregelung 790
　EC-Motor 791
　Elektronikmotor 791
　Frequenzumrichter 791
　Gleichstrommotor 789
　Linearmotor 792
　Netzfrequenz 790
　Polpaarzahl 790
　Schlupf 790
　Servomotor 791
　Stator 789
　Statorwicklung 790
　synchrone Motoren
　　791, 792
elektrische Betriebsmittel 858
Elektro-Flurförderzeuge
　(FFZ) 682
Elektrohängebahn 630, 633
　Schwerlast- 779
Elektromotor
　batteriegespeist 636
Elektropalettenbahn 627
Elektrosortierung 510
Elektrotragbahn 619
Emergenz 599
Emissionsgrenzwerte 1033
Emissionsstandard 1023
Empfänger 757, 762

EMVG 859
Energiekette 628, 639
Energieübertragung
    induktive 631, 636
Engpass 365
engpassorientierte Logistik-
    analyse 362, 365
Engpassteil 259
Enterprise Resource Planning 7
Entscheidungsmodell 37
Entsorgung(s) 487
    -logistik 5, 487
Erlösplanung 1076
    Erlöseinflussgrößen 1077
    Erlösrechnung 1076
    Kontrolle 1082
    Kundennähe im Leistungs-
        programm 1082
    kundenneutrale 1079
Eröffnungsverfahren 53, 130
Ersatzteil 534, 539, 543
    Beschaffung 544
    Bestandsmanagement 540
    Bevorratung 544
    -distribution 963
    -lager 544, 647
    -versorgung 544, 963
Ersatzzielfunktion 39
Erzeugnisfamilie 125
Etagenförderer 633
ETCS 755
Euro-Palette 174
Eventlogistik 963
Evolutionsstrategie 150
Exponentialverteilung 59
Expressdienst 782
Externalität 1020

F
Fabrik 307
    Agilität 311
    -art 307
    Flexibilität 311
    -konzept 307
    -planung 308
    Rekonfigurierbarkeit 311
    Wandlungsfähigkeit 310
Fächer
    Anzahl 657
    repräsentative 660
Fachteilung 657

Fahrantriebe, stationäre 663
Fahrleistung 9, 1045
Fahrwerk 630, 636
Fahrzeit
    tageszeitabhängige 146
Fahrzeuge
    flächenbewegliche 639
    linearbewegliche 639
Faltungsoperator 658
Fat-Solution-Modell 39
Feederhub-Transportnetz 785
Fehlallokation 1022
Fehlervermeidung
    standardisierte 72
Feinplanung, segmentspezifisch
    199, 200
Feldbreiten 649
FEM-Regel 9.851 659
Fertigungs-
    -segmentierung 124
    -steuerung mit Leit-
        ständen 335
    -synchrone Beschaffung 271
    -system, flexibel 113, 131, 132
    -verbundsystem, flexibel 131
    -zelle, flexibel 131
FIFO-Prinzip 377
Flächenentsorgung 500
Flächenschranke 173
Flächenverkehr 731
FlexCargoRail 756
Fließbandabstimmung 118
Fließprinzip 301
Fließproduktion(s) 202
    -system 114, 123
Fließsystem 887, 888
Fließverfahren 750
Fließverhalten 647
Flotation 510
Flow Management 886, 887
Flughafen 758, 760, 761, 769
Flugzeug 757
    -ladung 771
    -position 769
Flurförderer 636
Flurfördermittel 636
Flurförderzeug 635, 636
    gleisgebunden 636
    gleislos 636
    manuell bedient 636
    schienengebunden 636

Flusserhaltung 6, 138
Flussgleichungen 64
Flüssigkeitenlager 647
Flussoptimierung 880
Fluss-See-Schiff 740
Flusssystem 182
Fördergut 613
Förderkette 630
Fördermittel 316, 508, 613
Fördern 6, 614
Förderstrecke 613
Fördertechnik 613
Fortschrittszahlenprinzip 338
Fourth Party Logistics Provider
    (4PL) 526, 584, 587, 590, 598,
    992, 993
Fracht 735, 757
    -börse 732, 779
    -brief 735
    -flugzeug 762
    -führer 727, 734
    -vertrag 734
    -zentrum 769, 778
Freigabeprüfung 337
Fremdvergabe 581, 591, 971
Frequenzfaktor 660
Frequenzumrichter 639
Frontlader 503
Frontstapler 638
Frühindikatoren 33
FTS-Kennlinie 452
Fuhrpark 49
    heterogener 145
    homogener 145
    -optimierung 146
Führungsschiene 630, 663
Füllgrad 659
Funktionalstrategie 1058
Funktionsintegration 189
Funktionsorientierung 300
Funktionssicht 186
Fuzzy Control 914

G
Galileo s. Ortung
Gangbreite 662
    einfachtiefe 666
    mehrfachtiefe 666
Gangfolgesortierung 787
ganzheitliches Produktions-
    system 303

Ganzzug 744, 752, 780
Gaslager 647
Gateway 750
Gebäudegrundfläche 770
Gebietsspediteur 14, 525
   -konzept 285
Gebrauchtmaschinen 857
Gefahrenanalyse 853, 858, 859, 861
Gefahrgut 548
   -klasse 548, 551
   Lagerung 556
   Logistik 548, 549, 560
   Orange Book 551
   -recht 548
      Chemikaliengesetz, ChemG 556
      Gefahrensätze (R-Sätze) 558
      Gefahrgutbeförderungsgesetz, GGBefG 549, 555
      Gefahrstoffverordnung, GefStoffV 549, 556
   Schutzziel 548, 555, 559
   Transport 554
   UN-Nummer 552, 558
   Verpackungsgruppe 552
Gefahrstoff s. Gefahrgut
Gefällstrecke 629
Gegengewichtsstapler 637
geglättete Produktion 327
Gehänge 629
   aktiv 631
Gelenkwagen 740
Geocodierung 151
Geräte- und Produktsicherheitsgesetz 852
Geschäftsfeldstrategien 1057
Gestaltungsfelder von Produktionslogistik 301
GI/G/c Warteschlangenmodell 112
Gleichstrommotoren 639, 789
Gleichteileverwendung 26
Gleisanlage 779
Gleisanschluss 744, 748, 752, 755
Gleitzeit 359
Global Positioning System (GPS) 415, 729
Global Sourcing 280

globale Bestandsdisposition 443
Globalisierung 270, 441, 952, 957
Goal Programming 39
GPSG 852
Greedy-Verfahren 53
Greif-/Klammertechnik einfachtief 667
Greifkante 737, 739
Grenzdurchsatz 615, 634
Grenzkosten 1020
Grenznutzen 1020
grenzüberschreitende Abfallverbringung 494
Groupage-Zentrum 780
Gruppentechnologie 126
GSM-R 755
Güter 757–759
   -beförderung 727
   -kraftverkehrsgesetz 730, 734
   -logistik 4
   -struktureffekt 953
Güterverkehrszentrum (GVZ) 17, 284–286, 595, 750, 778
   Aufbau 780
   -Betreibergesellschaft 780
   dezentrales 781
   Entwicklungsgesellschaft 780
   idealtypisches 780
   Organisation 779
   -Standorte 778
   virtuelles 781
Güterverteilzentrum 778
Güterwagen 746

H
Handförderzeuge 636
Handhängebahn 629
Hängeförderer 629, 632
Hängekran 640
Hängelaufkatze 642
Hängende-Kleider-Logistik 948, 963
harmonisierte Normen 862
Hauptlauf 16, 409, 730, 779, 783
Hauptproduktionsprogrammplanung 198, 205
Hebezeug 635
Hecklader 503
Heijunka 72
Herstellererklärung 854

Heuristik 48
hierarchische Planung
   Aggregation von Daten 195
   Antizipationsfunktion 195
   Disaggregation 195
   Master Production Scheduling (MPS) 196
   MRP II 196, 335, 342
   Rückkopplung 195
   Vorgabe 195
Hilfsmitteldisposition 446
   Mehrweg-System 446
Histogramm 657
Hochregallager (HRL) s. Regallager
Hochregalstapler 647
Höhennutzung 174
Holsystem 500
Horizontale Distributionsstruktur 422
Horizontalkommissionier-Fahrzeug 682
Horizontaltransport 636
Hub 17, 760
   -antrieb 663
   Drehscheibe 770
   Drehscheibenfunktion 760
   Frachthub 760
   -geschwindigkeit 633
   -höhe 638
   -mast 638
   -Nachlauf 784
   Nachtstern 761
   Neben- und Subhub 760
   Umschlagdrehkreuz 760
   Umschlagstern 761
   -Vorlauf 784
   -wagen 633
   -werk 631, 633, 642
Hub-, Abroll-, Abgleit- und Absetzkippersystem 501
Hub-and-Spoke-Netz 17, 99, 731, 783
Hub-Location-Problem 99, 100, 141
Hubtisch 635, 639
   Exzenter- 627
Hubzylinder
   elektromechanisch 635
   hydraulisch 635
   pneumatisch 635

I

Idealisierung 77
Identifikationssysteme 815, 816
    1D-Codes 817
    2D-Codes 819, 820, 834
    2D-Composite Codes 821
    ArrayTag 821
    ASC/MH10 816
    Barcode 817
    Barcodelesung 834
    CCD-Technologie 821
    CMOS-Technologie 821
    CODABLOCK 819
    Code 128 818
    Code 16K 819
    Code 2/5 Interleaved 818, 819
    Code 39 818
    Code 49 819
    Code One 821
    Codeerstellung 821
    Codiertechnik 816
    Codierung 127, 818
    Composite Codes 819
    Data Matrix ECC 200 821
    DIN 6763 815
    EAN 128 Code 816
    EAN/UCC 816
    EAN13 818
    EAN8 818
    elektronische Datenträger 825
    Halbleiterlaserdiode 823
    Informationsfluss 816
    ISO/IEC 15418 816
    JAN 818
    Kamerabasierte Ident-Technologien 836
    Klassifikation 816
    Lesegeräte 822
    Lesung von Klarschrift 835
    Matrixcode 819, 820
    Maxi Code 821
    MDE (Mobiles Datenerfassungsgerät) 838
    Mehrseitenlesung 833
    mit Bildverarbeitung (BV) 830
    mit Sprachverarbeitung 836
    Modulbreite 818
    Nutzzeichen 818
    optische Datenträger 816
    optische Identifikation 816
    PDF 417 820
    Pick by light 840
    Pick by voice 838
    Pick to voice 838
    Polygonrad 823
    Prüfzeichen 818
    QR-Code 821
    Ruhezone 818
    Sensorkopf 830
    Spracherkennung 837
    Stapelcodes 819
    Startzeichen 818
    Stoppzeichen 818
    Strichcode 817
    Tag 825
    Thick Client/Thin Client 840
    Toplesung 831
    Transponder 825
    UPCA 818
    UPCE 818
    VDI 4472 829
    Vericode 821
Identifizierung 509, 815
Immissionsstandard 1023
Industrial Logistics 883
industrielles Produktrecycling 488
Industrieökonomischer Ansatz 891
Industriepark 992
Informationssystem 3, 181, 341
    Architektur 181
Informationstechnik 789
Infrastruktur 779, 1040
    Gestaltung 901
    -kosten 1027
    logistische 899
    physische 899
    -unternehmen (EIU) 752
Inselproduktion 124
Inspektion 534
Installationen 796
    Client-Server 800
    Client-Server-Prinzip 800
    dezentrale Anlagen 798
    dezentrale Steuerungstechnik 800
    Fördertechnikanlagen 796
    induktive Energieübertragung 639, 798
    kontaktlose Energieübertragung 798
    mobile Komponenten 799
    Schaltschrank 796
    Schaltschranke 796
    Standardkomponenten 796
    stationäre Komponenten 798
Instandhaltung 534
    Auftragsabwicklung 536
    Betriebsmittel 538, 544
    Betriebsstätte 544
    Controlling 547
    Logistik 535
    Management 535
    Organisation 545
    Outsourcing 542
    Personal 538, 543
    Prozesse 536, 541
    Ressourcen 543
Instandsetzung 534
Integrales Modell zur partnerschaftlichen Leistungsbeurteilung 920
    Logistics Network SCORcard 921
Integration(s) 185, 973
    Bindungsintensität 974
    -konzept 188
    Standardisierung 974
Integrator 782
Interaktionssicht 186
interne Revision 1108
Internettechnologie 283
Interoperabilität 185, 477
Intralogistik 789
Intranet 592, 593
Inventory-Routing-Problem 142
Isochrone 660
Isolierverpackung
    aktives Kühlsystem 572
    Isolierleistung 573
    passives Kühlsystem 572, 573
    Prüfnormen 573
    Verfahrensablauf bei der Prüfung 574

J

Jackson-Theorem 112
Just in Sequence (JIS) 14, 225

Just-in-Time (JIT) 886, 888, 953
　Konzepte 1056
　Steuerung 10

K
Kammpusher 621
Kanban-Steuerung 338
Kapazität(s) 770
　-abstimmung 331
　-anpassung 332
　-steuerung 334
　-terminierung 331
Kaskadenregler 666
Kastenprofil 663
Kastenträger 641
Katze
　Elektrozug- 642
　untenlaufend 642
　Windwerks- 642
　Winkel- 642
Kennzahl 363, 397, 957
　Kapitalrendite 876
　Lieferzeit 155
　Logistik- 398, 917
　mathematisch-statistisch 397
Kennzahlensystem 398, 1074
　Anforderung 399
　Logistik- 399
　Zielkonsistenz 399
KEP 528, 571, 782, 948, 963, 966–968
Kernkompetenz 581, 592, 604, 956, 974
Kettenförderer 635, 639
Kettenlasche 619
Klassifizierungssystem 127
Kleinteilelager 660
　automatisch 660
　automatisiert 649
Klimawandel 1032
KLV-Terminal 779
Knapsack-Problem 50, 174
Knotenpunktsystem 751
Kollaborationsmanagement 461
kombinierter Horizontal-Vertikaltransport 636
kombinierter Ladungsverkehr (KLV) 779, 780
kombinierter Verkehr 506, 745, 747, 752, 754
　Huckepackverkehr 736, 737

Intermodaler Verkehr 736
　Ladungsverkehr 736
Kommissionierbereich 646
Kommissionier-Dreiseitenstapler 682
Kommissioniergerät 681, 682
　Horizontal- 676
　Lagen- 677
　Vertikal- 676
Kommissionier-Hängebahn 683
Kommissionierkosten 681
Kommissionierplatz 662
Kommissionier-Regalfahrzeug 682
Kommissioniersteuerung 678
　Kommissionierleitsystem 678
　Staplerleitsystem 678
Kommissioniersystem
　kombiniert 678
　parallel 678
Kommissioniertechnik 676
Kommissionierung(s) 381, 646, 668
　Abgabe 669, 676
　　dezentral 676
　　zentral 676
　Ablage 677
　Anzeige 678
　　akustische 678
　　optische 678
　-auftrag 670
　Auftragsserie 678
　-automat 677
　Batchauftrag 678
　beleglose 678, 838
　Bereitstellung 669, 676, 677
　　dynamisch 675
　　statisch 676
　Beschickungssystem 669
　Bestandsanforderungen 671
　Durchsatzanforderung 670
　　Anbruchverlust 671
　　Ladeeinheitendurchsatz 671
　　Mengendurchsatz 670
　　Volumendurchsatz 670
　Einpositionsauftrag 670
　einstufige 679
　Einzelauftragsbearbeitung 674

Entnahme 669, 676, 677
　-einheit 670
　manuell 676
　mechanisch 676
Fortbewegung 676
　eindimensional 677
　zweidimensional 677
Greifeinheit 670
Greifvorgang 669
inverse 675
Klassifizierung 676
Mann zur Ware 671
Mehrpositionsauftrag 670
Pick & Pack-Prinzip 677
Pick by Light 678
Pick to Belt 673
Pick to Pallet 673
Pickeinheit 670
Stollenkommissionierlager 679
Transportsystem 680
Vereinzelung 669
Ware zum Mann 674
zweistufige 678, 679, 809
Kommissionierverfahren 671
　Abzugsvorrichtung 671
　Auftragsablage 671
　Bereitstelleinheit 671
Kommissionierware 681
Kommissionierzone 646
Kommunikationsinfrastruktur 192
Kommunikationsprotokoll 193
Kommunikationssystem 3
Kommutator 789
Komplettladung 285, 730
Komplexität 589, 599
Komplexitätskosten 26
Komplexitätstheorie 48
Komponentenauswahl 133
Konfiguration(s)
　-ansatz 902
　Fertigungssteuerung 339
　-planung 109
　Supply Chain 924
　-typen 906
Konformitätserklärung 854
Konsignationslager 14, 286
Konsignationsprinzip 469
Konsolbauweise 633

Konsolidierung 783
Konsumgüterdistribution 948, 962
Kontingenzansatz 902
Kontraktlogistik 413, 585, 586, 603, 604, 948, 962, 963, 966, 968, 1114
Kooperation 225, 272, 459, 469, 528, 938, 981, 985, 994
　horizontale 991
　Kooperationspartner 981, 991, 995
　Kooperationsrente 981, 986, 991
　vertikale 991
Kooperationslebenszyklus 461
Koordinatennetze 146
Koordination(s) 226, 272, 285, 286, 288, 363, 423, 446, 459, 514, 587, 588, 941, 942, 973
　dezentrale 942
　-form 943
　horizontale 942
　-mechanismus 944
　nichthierarchische 184
　vertikale 941
　zentrale 942
Kopfantriebsstation 619
Kopfträger 641
Korbwagen 737, 740
Kosten 224, 230–232, 246, 248, 972
　Beschaffungs- 972
　-effizienz 878
　externe 562, 1018
　-kalkulation, ressourcenorientiert 250
　-kennlinie 241
　-kennzahl 400
　　Innenlogistikrate 401
　Koordinations- 880
　Kostenvergleich 569, 972
　Produktions- 972
　Transaktions- 880, 973
Kostendegression 741
　Economies of Scale 416, 879
　Economies of Scope 879
　Lernkurveneffekte 880
Kraftfahrzeug
　Lastkraftwagen 727, 728

Sattelanhänger 727
Sattelzug 728
Sattelzugmaschinen 727
Kragarm 652
Kran 635, 639
　-ausleger 638
　Automatik- 635
　-bahn 639, 641
　-brücke 639, 642
　-dienste 962
　Dreh- 642
　-geschirr 739
　　Spreader 739
　-haken 642
　Hänge- 642
　Konsol- 643
　-laufräder 641
　Portaldreh- 642
　Säulen- 642
　Schwenk- 642
　Turmdreh- 642
　Wandlauf- 643
　Wandschwenk- 642
　Wipp- 642
Kreisförderer 629, 633
Kreislauf 435, 630
　geschlossener 629
Kreislaufwirtschaft 953, 957
Kreislaufwirtschafts- und Abfallgesetz 487
Kreuzgelenkkette 629
Kreuzverteiler 622
Kruskal-Algorithmus 45
Kurbelmechanismus 621
Kurierdienst 782
Kürzeste-Wege-Problem 45, 146
KV-Terminal 749, 755
Kyoto-Protokoll 1032

L
Ladeeinheit 647, 702, 736, 764, 765, 768, 772
　Container 736, 737, 740
　Ladeeinheitenfunktionen 702
　Sattelanhänger 736
　technische Spezifikation 703
　Wechselbehälter 736–738, 740
Ladeeinheitenbildung 705
　Einzelpalettierung 705
　Lagenpalettierung 705

Ladeeinheitensicherung 706
　Schrumpfen 710
　Stretchen 708
　Umreifen 708
Ladefläche 637
Ladehilfsmittel (LHM) 504, 613, 619, 661, 773
　Stellplatzzahl 662
Ladehöhe 765
Lademittel 765
Laderaum 760, 763
Ladeschluss 750
Ladung(s) 711, 764, 773
　Beschaffenheitsprofil 713
　-bildung 711
　-gewicht 177
　-sicherung 712
　　Belastungsprofil 713
　　Eignungsprofil der Fahrzeuge 713
　　Lastverteilung der Ladung 714
　　Reibverhältnisse der Ladefläche 713
　-sicherungsverfahren 714
　　formschlüssig 714
　　kraftschlüssig 715
　-stabilität 178
　-träger 167, 703
　-verkehr 731, 948, 962, 966, 968
　　kombinierter 780
Lagenstapelung 168
　alternierende 174
Lager 373, 374, 772
　-bauart 646
　Behälter 647
　Beschaffungs- 646
　-bestand 374
　-bestandsmanagement 153
　Blockgut 647
　Bodenzeilen- 649
　Container 648
　Dimensionierung 657
　Distributions- 645, 646
　-durchlaufdiagramm 243
　-eindeckungsgrad 646
　-einheit 657
　Ersatzteil- 646
　Etagen 647
　Fass 648

Flach 647
-gestelle 649
-gut 374, 647
-haltung 153, 646
-haltungsmodell 158
-haltungssystem 154
Hängewaren 648
Hoch- 647
Hochflach- 647
Hochregal- 647
Kapazität 657
Kassetten 648
-kennlinie 451
Kleinteile 647, 791
Ladehilfsmittel 374
Langgut 647
-leistung 583
mittelhohes 647
Paletten 647
-planung(s) 381, 383, 385
    Fein- 383
    Grob- 383
    -programm 518
Produktions- 646
Sperrgut 647
-system 374
Tablar 647
Tafelgut 647
-technik 376, 648, 774
-typ 646
-umschlagshäufigkeit 274, 647
-verwaltung(s) 377, 379, 789
    -abwicklung, beleg-
        lose 380
    -system 804
-zeilen 649
Lagerei 948
-dienste 963
Lagerorganisation 376, 377
-ablauf 377, 378
-aufbau 377
Organigramm 378
Lagerplatzzuordnung
    feste 657
    freie 657
Lagerstrategie 526
    Crossdocking 527
    Direktbelieferung 528
    Regionallager 526

Transshipment 527
Zentrallager 526
Lagersystem 379, 381, 645, 774, 775
    Aufbaustruktur 381
    Auslagerung 379
    Einlagerung 379
    Identifikationspunkt 379
    Umlagerung 379
    Warenausgang 379
    Wareneingang 379
Lagerung(s) 509, 549, 645, 774
    Blocklager 648
    Bodenblocklager 649
    -prozess 374
    Regallagerung
        dynamisch 648
        statisch 648, 649
    ungestapelt 648
    Zusammen- 558, 559
    Zusammenlagerungs-
        gebot 559
Lagerverzugskennlinie 243
Lagrange-Relaxation 140
LAM 666
Land-, Wasser- sowie Luft-
    verkehr 504
Langgutkassetten 652
Langsamdreher 655
Lärm 748
Lastaufnahme 633
    automatisch 633
    passiv 633
Lastaufnahmemittel (LAM) 613, 629, 630, 635, 639, 666, 681, 683
    Einfach- 666
    Mehrfach- 666
Lastpendeln 640
Lastspiel 635
Laufkatze 642
Laufrolle 631
Laufschiene 629, 630
Laufwerk 629, 630
Layer Approach 175
Layout 317
    Gestaltung 310
    ideales Funktionsschema 318
    Ideallayout 317
    -planung 133
    -planungsprogramme 518

Reallayout 319
Simulation 321
Virtuelle Realität 321
Lead Logistics Provider (LLP) 585, 589
Lean Management 886
Lean Production 132, 304, 359
Lebenszyklus 215
-kosten 541
-Produktion 581
-technologie 215
Leerfahrt 594, 733
Leerkosten 250
Leerspiel 635
Leichtregalbediengeräte 663
Leistungsberechnung 659
Leistungsanalyse 110, 132
Leistungselektronik 636
Leistungskennlinie 237
Leistungskennzahl 401
    Auslastungsgrad 401
    durchschnittliche Reich-
        weite 401
    Fehllieferungs- und Ver-
        zugsquote 402
    Lieferbereitschaftsgrad 401
Leistungskosten 250
Leistungsmessebene 1087, 1090, 1091
Leistungsmessgröße 1091
Leitcode 788
Leitinformation 786
Leitsystem
    induktiv 638
    optisch 638
    virtuell 639
Leittextmethode 347
Leitvorrichtung 638
Lenk- und Ruhezeiten 735
Lenkungsebene 441
    administrative 441
    dispositive 442
    lokale Steuerungsebene 447
    Netzwerkebene 446
    normative 441
Lernarrangement 346
Lernmechanismus 150
Lernprozess 345
Leveling 888
Lieferanten
    -analyse 1005

-auswahl 443, 1007, 1113
    Lieferquote 443
-bewertung 263, 269, 403,
    1005, 1114
    Kriterien 1005
    Verfahren 1005
-controlling 1007
-eingrenzung 1004
-entwicklung 263, 992, 1008
-erziehung 1008
-förderung 1008
-identifikation 1004
-informationssystem 1007
-integration 1008
-management 1001
    Determinanten 1001
    Prozessschritte 1003
-pflege 1008
-steuerung 1008
-strukturanalyse 1007
-vorauswahl 1003
Lieferauftrag 49
Lieferbereitschaft 8, 154,
    271, 450
    Lieferbereitschaftsgrad 397,
        401, 450
Lieferflexibilität 8
Lieferqualität 8
Lieferservice 8, 147, 248, 256,
    290, 411, 450
Lieferzeit 8, 154, 582
Lieferzuverlässigkeit 8
Liegen, geplant 645
LIFO (Last-In, First-Out) 650
Lineareinheiten 621
Linearisierung, lokale 140
Linienverkehr 17, 731, 783
Linienzug 751
Lkw-Beladung, automatische 626
Local-Search-Verfahren 140, 150, 914
Logistik 181, 215, 789, 885,
    1017, 1051
    Definition 3, 4
    Flussorientierung 1052
    Konzeption 898, 1108
    Koordinationsfunktion 1051
    Organisation 298, 897, 899
    Philosophie 898
    Prinzipien 898

Transport-, Lager- und
    Umschlagswirtschaft
    („TUL") 1051
Vierstufenmodell 296
Logistik-Audit 1108
    Auditanlässe 1110
    Auditkriterien 1111
    Auditobjekt 1110
    Auditziele 1111
    Kontrollkosten 1109
    logistische Prozessketten 1108
Logistik-Benchmarking
    1094, 1103
    Einzelhandel 1105
    Fallbeispiel 1105
    Felder 1104
Logistik-Controlling 917,
    1053, 1088
    Ausprägungsformen 1062
    Erlöswirkungen 1058
    Informations- und Methodenlieferant 1060
    Instrumente 1060
    interne Berater 1060
    Kostenrechnung 1055
    Leistungsrechnungs- und
        Kennzahlensystem 1055
    Logistikkostenstellen 1055
    marktorientierte Logistikplanung 1057
    Planung und Kontrolle 1057
    Planungsunterstützung 1058
    Verrechnungspreisbestimmung und -kontrolle 1060
Logistikdienstleister 256, 284,
    286, 413, 535, 581, 731
    -konzept 583
Logistikeffizienz 247
Logistikkennlinie 237, 398
    Lagerkennlinie 398, 402
    Produktionskennlinie
        398, 402
    Transportkennlinie
        398, 402
Logistikkennzahlen 398, 917
Logistikkette 4, 160, 161,
    405, 973
    außerbetrieblich 727
    Dienstleistungszentrum 727
    gebrochener Verkehr 727

kombinierter Verkehr 727
Logistikkosten 727
Modalsplit 727
Transportkette 727
Logistikkonfiguration 902
    agil 904
    individuell 904, 905
    modular 904, 905
    straff 904
    Typen 902, 903
Logistikkosten 232, 247, 324,
    1087, 1091, 1092, 1114
    -anteil 228
    Prozesskostenrechnung 1059,
        1074, 1091
    -rechnung 1059, 1074,
        1087, 1088
Logistikleistung 8, 232, 247, 324,
    1084, 1086–1088, 1090–1093
    Lieferfähigkeit 361
    Liefertreue 361
Logistikleistungsrechnung
    1086–1091
Logistikmanagement 882–887,
    889, 1114
    Grundprinzipien 877
    Kundenorientierung 875
    Rentabilitätsorientierung 876
    Wettbewerbsorientierung 875
Logistikmarkt 603, 957, 958
Logistikorganisation 297,
    401, 897
    ganzheitlich 898, 903
    Gestaltungsvariablen 903
    Kontextvariablen 903
Logistikprofil 903
Logistikprozesse 901,
    1086, 1088
    administrative 902
    operative 902
Logistikstandort 758
Logistikstrategie 891, 894
    Formulierung 1065
    Machtpromotoren 1070
    strategische Maßnahmenplanung 1069
    strategisches Projektmanagement 1069
    Umsetzung 1069

Logistiksystem 3, 76, 229, 789, 805, 934
　Auftragsdurchlauf 216, 217, 222, 363, 807
　Avis 806
　Belege 810
　Bestandsführung 806
　Cross Docking 807
　eingangsseitige Funktion 806
　Einlagerung 806
　Einlastung 807
　Fehlerbearbeitung (Kommissionierung) 809
　Hauptfunktionsblöcke 806
　Identifikation 509, 806, 815
　intralogistische Prozesse 810
　Inventur 380, 812
　Konsolidierung 810
　Labels 810
　Ladelisten 810
　Lagerleitstand 811
　Leitstand 811
　Lieferschein 810
　Nachschub 809
　Order Picking 808
　Permanente Inventur 812
　Pick-and-Pack 809
　Produktivität 811
　Quittierung 807
　Rechnung 810
　Schnittstellen 806
　Sendungsverfolgung 810
　Statusbearbeitung 806
　temperaturgeführt 570
　　aktive Kühlkette 571
　　passive Kühlkette 571
　　Temperaturgrenze 571
　　temperatursensibles Produkt 571
　　Verpackungsanforderung 571
　Versandeinheit (VE) 808
　Warenausgang (WA) 806, 810
　Warenausgangsbelege 810
　Wareneingang (WE) 806
　Weiterreichsysteme 809
　Zuverlässigkeit (Komponenten intralogistischer Prozesse) 810
Logistiktiefe 971

Logistikzentrum 583
Logistikziel 232
Logistikzug 744, 745
logistische Funktion
　Sammeln 783
　Sortieren 783
　Transportieren 783
　Umschlagen 783
　Verteilen 783
logistische Marktsegmente 980
logistische Positionierung 241
logistische Systeme 881
logistisches Gestaltungsprinzip 301
Losgröße 109, 113, 156, 163, 164, 194, 329, 443
　Bestand 11
　Planung 109
　　mehrstufige 200, 201
Lösung 35
　optimale 38
　zulässige 37
Lösungsverfahren
　effizientes 40
　heuristisches 172
Luftfracht 757
　-gebäude 770
　-spedition 948, 964
　-umschlag 766
　-zentrum 766
Luftsicherheit 760
Luftverschmutzung 1030

M

M/M/c, Warteschlangenmodell 112
Magnetscheidung 510
Make-or-Buy 278, 971
Management by Exception 482
Manufacturing Execution System 343
Manufacturing Resource Planning (MRP II) 335
Marginalkostenpreisbildung 1019
Markov-Eigenschaft 60
Markt
　elektronischer 733
　-führer 964
　-größe 947
　-messung 947

　-orientierung 301
　-potenzial 974
　-segment 947
　-versagen 1022
Marktwirkungen logistischer Leistungen 1077
　ökonometrische Marktanalyse 1078
　Präferenzanalysen 1079
Maschinen
　gefährliche 856
　Gesamtheit von 852
Maschinen-Erzeugnis-Matrix 128
Maschinengruppierung 127
Maschinenrichtlinie 851
Massengut 748
Massengutlogistik 948, 960
Maßnahmenauswahl 366
Mast
　Dreistufen- 638
　Simplex- 638
　Vierstufen- 638
　Zweistufen- 638
Material Requirements Planning (MRP) 162, 196
Materialdisposition 442
Materialfluss 371, 373
　Lagerorganisation 373
　Lagerplanung 373
　nichtlinearer 115
　-organisation 373
　-planung 373
　-prozess 371
　-system 371
　verbrauchsfertige Anlieferung 374
Materialflussanalyse 366, 394
　Entfernungsmatrix 394
　Materialflussmatrix 394
　Materialflussoptimierung 394, 396
　Transportintensität 394
　Transportmatrix 394
Materialflusslogistik 883
Materialflussmatrix 395, 396
　Entfernungsmatrix 395, 396
　Transportmatrix 395, 396
Materialflusssteuerung 789
Materialflusssystem 114, 371, 805

Materialflussverwaltungssystem 804
Material-Lieferanten-Portfolio 259
Materialmanagement-Systeme 264
Maverick-Buying 265
Maximum Upper Bound-(MUB-) Regel 51
MegaHub 751
Megatrends 951, 953, 957
Mehrdepotproblem 144
Mehrfachlastaufnahme 663
Mehrgruppenzug 751, 752
Mehrkammer-Fahrzeug 503
Mehrwertdienst 583, 586
Mengenplanung 329
Messelogistik 948
Meta-Heuristiken 54
Metastrategie 130
Meta-Zielfunktion 39
Milk Runs 14
Mischvariante 119
Mitfahrband 626
Mittelpufferkupplung 746, 753, 755
Mittelstütze 652
MOBILER 754
Mobiler Kommissionierroboter
 RBG-Kommissionierroboter 685
 Verfahrwagen/FTS mit Kommissionierroboter 685
Modalohr 754
Modell 36, 73, 77, 434
 Abstraktion 881
 Beschreibungsmodell 881
 binäres 38
 der Fertigungssteuerung 333
 Erklärungsmodell 881
 homomorphes 36
 interoperables 92
 isomorphes 36
 Planungsmodell 881
 qualitatives 36
 quantitatives 36
Modellelemente 77
Modellierungsansatz
 geschäftsprozessorientierter 188
 objektorientierter 188

Modellierungskonzept 78, 80
 Automat 80
 Bausteinkonzept 81
 generisches Konzept 80
 Petri-Netz-Konzept 80
 Sprachkonzept 80
 Warteschlangennetz 80, 81
Modellierungsziel 184
Modellinstanz 43
Modellinteroperabilität 92
MODI-Methode 46, 47
Modular Sourcing 13, 1042
modulare Fabrik 124
Momentenverlauf 663
Montage 115
Montagefördersystem 619
MORA-C 751
Motorwagen 637
Mulden 501
Müllgroßbehälter (MGB) 501
Müllgroßcontainer 501
Müllpresscontainer 501
Multibarrierenkonzept 513
Multifunktionsbehälter 501
Multimodaler Verkehr 736
Multimodalität 440
Multiple Sourcing 280
Multiple-Container-Loading-Problem 178

N
Nabe-Speiche-Netz 17, 99, 783
Nabe-Speiche-System 731
Nacharbeitsschleife 115
Nachbarlösung 53
Nachhaltigkeit 1017
Nachlauf 16, 730, 783
Näherungsschalter 793, 794
Nahverkehrstour 137, 139
Navigationssystem 729
NC-Programm 131
Netz
 -dichte 936
 Lufttransport- 760
 Netz 21 750
 -plan 6
 -topologie 783
Netzwerk 3, 298, 934
 Bediensystem 64
 Beschaffungsnetzwerk 935
 Distributionsnetzwerk 935

 -flussproblem 138
 geschlossenes Bediensystem 65
 -gestaltung 939
 Logistiknetzwerk 393, 530, 934
 logistisches 160, 307
 -management 601, 934
 offenes Bediensystem 65
 Partial- 934
 -planung 940
 -steuerung 940
 -struktur 935
Newsboy-Modell 156
Newsvendor-Modell 22
Niederspannungsrichtlinie 858
Nivellierung 72
Nordwesteckenregel 46, 47
Normalarbeitszeit 356
Nummerungssystem 127
Nutzkosten 250

O
Oberbau 747, 748
Objektintegration 189
Ohnos 886
Omega-Fahrantrieb, mitfahrender 663
On Board Unit 730
On-Demand 952, 953, 957
Operational Excellence 966, 967
Operations Research 43, 519
Operator
 UIRR 742
Optimierung 113, 429
 lineare 43, 130
 nichtlineare 130
 von Distributionsprozessen 454
 Ladeschemata 454
Optimierungsmodell 36, 37, 135, 454
 ganzzahliges 38, 48
 lineares 37, 43
 stochastisches 39
Optimierungsproblem
 kombinatorisches 48
Optimized Production Technology (OPT) 335
Optimum, lokales 54
optische Leitlinie 638

Order-to-Payment 954
Organisationsform 123, 546
Organisationsmodell
    Carrier's Haulage 742
Organisationsprinzip 123
Organisationsproblem
    logistisches 899
Ortung 596, 752
    Galileo 597, 729
    Global Positioning System
        (GPS) 415, 521, 597,
        729, 752
    GLONASS 597
Outsourcing 113, 581, 587,
    604, 971
    Automobilindustrie 582,
        586, 604
    Entscheidungen 1108
    Handelsunternehmen
        602, 604
    Kostenverantwortung 586
    Produktionslogistik 582
    Vertrag 582, 594, 597, 602

P
Packfläche 167
Packflächenabmessung
    effiziente 169
Packmuster 169
    optionales 169
    orthogonales 169
Packproblem
    dreidimensionales 175
    homogenes, zwei-
        dimensionales 169
Packstück 167, 735
    -abmessungen 177
    -belastbarkeit 177
    -orientierung 177
    -vorrat
        schwach heteroger 168
        stark heterogener 168
Paket 16, 137
Paketdienst 782
Palette 167, 765
    Beladung 167, 169
    Regalbediengerät (RBG) 683
    Trolley 653
Palettierkatalog 174
Palettiermaschine 625
Paradigmenwechsel 599

Parallelweichen 627
Parametrierung 789
Partikelemission 1031
Paternosteraufzug 634, 656
PDCA-Zyklus 362
Peitscheneffekt 460
Pendelstütze 642
Performance Management
    917, 918
    ausgewählte Konzepte 919
    in der Logistik 917
    Performancebegriff 917
Performance Measurement 917
    Ausgewogenheit 918
    Mehrstufigkeit 918
    Merkmale 918
    Strategieanbindung 918
    Supply Chain 922
    System 918
    Ursache-Wirkungs-
        Beziehungen 918
    Zukunftsorientierung 918
Personal
    -ausstattung 908
    -bedarf 910
    -bereitstellungsplanung 910
    -einsatz 910
    -einsatzplanung 910
    -führung 914
    -planung, simultane 910
    -potenzialdisposition 907
    -verhaltensbeeinflussung 907
    -verwendungsplanung 910
Personenverkehrslogistik 4
Phantombestellungen 31
Pick-by-Light-Systeme 683
Pigou-Steuer 1025
Planung 35, 518
    hierarchische 37
    operative 35
    rollierende 165, 166
    strategische 9, 35
    taktische 9, 35
Planungs- und Steuerungs-
    system 133
Planungsmatrix 9
Planungsnervosität 166
Plattenbandförderer 626
Plattformstrategien 1042
Plattformtragwagen 740
Poka Yoke 72, 888

Polarisierung 956
Polyvalenzlohn 355, 909
Pop-up-Rollenleiste 622
Portalbauweise 633
Portalkran 642, 739, 749, 780
Portalstütze 642
Postdienstleistung 783
Postgesetz 783
post-industrielle Gesellschaft
    952, 957
Postponement 25, 888
Potenzialbeurteilung 366
Potenzialklasse 391
Power-and-Free 630
Prämienentgelt 355
Preispolitik 967
Principal-Agent-Theorie 975
    Adverse Selection 975
    Agent 975
    Anreiz 976
    Moral Hazard 976
    Principal-Agent-
        Beziehungen 975
    Prinzipal 975
Production Flow Analysis 128
Produktauswahl 133
Produktformlösung 65
Produktformnetzwerk 112
Produktion(s)
    -auftrag 194, 234, 249
    -controlling 303
    -faktor 295, 296
    -insel 124
    -kennlinie 368
    -logistik 5, 295
    -planung
        operative 194
        strategische 194
        taktische 194
    -planung und -steuerung
        (PPS) 194-200, 202, 204,
        210, 302, 323, 325, 342,
        363, 365
    -programm 323, 326
    -prozess 301
    -rate 114
    schlanke 124
    -steuerung 194, 196
    -system 200X 751
Produktions- und Siedlungs-
    abfall 499

Produktlebenszyklus 490
Produktmix 113
Produktpolitik 967
Produktstandard 1023
Produktstruktur 301
Produktverantwortung 488
Programmplanung 326
Prozess 384, 385
    administrativer 898, 902
    -analyse 264, 930
    Blind- 385
    Fehl- 385
    -kette 384, 385, 390
    -kettenplan 388
    logistischer 3, 901
    Nutz- 385
    operativer 898, 902
    -optimierung 520
    -organisation 953
    -struktur 390
    Stütz- 385
Prozessbenchmarking
    administrativ 1106
    operativ 1106
Prozesskettenanalyse 388, 391
    Daten- und Mengengerüst 388
    Informationsfluss 388
    Materialfluss 388
    Prozessablaufanalyse 388
    Prozesskettenmodulation 388
    Vorbereitungsphase 388
Prozesskettenmanagement 378, 381, 384
    Betriebsmittel (knappe) 391
    LogiChain 391
    Parameter 385, 388
    Potenzialklasse 385
    Prozesskettenablaufanalyse 390
    Prozesskettenmodulation 391
    Prozesskosten 385
    Referenzmodell 393
    Referenz-Prozesskettenmodell 390
    Schwachstellenanalyse 385
    Selbstähnlichkeit 390
Prozesskettenmethodik 462
Prozesskettensoftware 393
Prozesskosten
    nicht wertschöpfende 391

    -rechnung 1059, 1091–1093
    ressourcenorientierte 391, 392
    wertschöpfende 391
Prozessmanagement 929
    Kernprozesse 930
Public Private Partnership 1009, 1012
    Modelle 1013
Public Supply Chain Management 1009
Puffer 114, 509, 614, 645
Puffern 630
Pufferstrecke 633
Pufferverteilung 117
Pull-Prinzip 338
Punktentsorgung 500
Pusher und Puller 621

Q

Quadroweiche 627
Qualität(s) 973
    -kontrolle 115
    -kosten 973
Quelle 222, 394, 614
Quertransfer 621
Quertraversen 650

R

Rahmenvertrag 269
Railport 748
Ratingdienst 595
Raumverfügbarkeit 651
Recycling 488
Redistribution 514
Reduktion 77
Reengineering 384
Referenzmarke 639
Referenzmodell 81
Regal
    -bediengerät (RBG) 659, 662, 663, 683
    -förderzeug 635, 647, 651, 791
    -kanal 652
    -konstruktion 649
    -system 662
    Waben 648
Regallager
    Behälter 649
    Durchfahr- 649

    Durchlauf- 652
    dynamische 652
    einfach 649
    Einfahr- 649
    Einschub- 655
    Fachboden- 651
    Hoch- 647
    Karussell- 655
    Kompakt- 653
    Kragarm- 652
    mehrfach tief 650
    mehrgeschossig 651
    Paternoster- 655
    Satelliten- 650
    Schubladen- 652
    Umlauf- 655
    Verschiebe- 654
    Waben- 652
Regelung für Abfallerzeuger und Entsorger 492
Regionalhubstruktur 784
Reibradantrieb 663
Reichweitenkennlinie 239
Reihenfolgebildung 334
Reihenfolgeplanung 109
Reproduktionskosten 1030
Ressourceneinsatzplanung 199, 200, 389
Ressourcenportfolio 367
Reverse Logistic 5
RFID 380, 720
    Frequenzen 826
    Internet der Dinge 721
    Lesegerät 682
    Transponder 720
    Verpackungsmanagement 721
RFID-System 825
    Auswerteinheit 825
    Datenträger 825
    EPCGlobal 825
    High-Frequeny (HF) 826
    IATA 825
    Komponenten 825
    Low-Frequency (LF) 826
    Microwave (MW) 826
    Protokolle 828
    Read-Only Speicher (RO) 828
    Read-Write Speicher (RW) 828

Sende- und Empfangs-
  einheit 825
Ultra-High-Frequency
  (UHF) 826
VDI 4416 1998 825
Write-Once Read-Many
  Speicher (WORM) 828
RFID-tag 596, 598
  aktiv 598
  eingießen 598
  passiv 598
Richtungs-GVZ 781
Riemenförderer 635, 667
  doppeltiefes Regal 667
  teleskopierbarer 667
Ringmodell 139
Risikoanalyse 861
Risikobeurteilung 861
Risikobewertung 861
Rolle, konisch 618
Rollenbahn 639
  angetriebene 618
  nichtangetriebene 617
Rollende Landstraße 736,
  740, 745
Rollenförderer 617, 625, 629
Rollenklammer 638
Rollenleiste
  Pop-up 622
Roller 636
Roll-on/Roll-off-Verkehr 737
Rollpalette 653
RoRo 746
Rotary Rack 656
Rough Cut Capacity
  Planning 196
Routerlabel 788
Routing 785
Rückführlogistik (Redistribu-
  tion) 488
Rücknahmegarantievertrag 28
Ruhezeit 146
Rundreiseproblem 147
Rüstzeitreduzierung 72

S

Saisonbestand 11
Sammelfahrt 767
Sammelladung 731
Sammelproblem 145
Sammeltour 783

Sammelverfahren 500
Sammlung 499
  systematische 501, 503
  systemlose 500
Satellit 632, 639, 651
Satellitenregallager 650
Sattelanhänger 747
Saving 147
Savingswert 147
Schachtautomat 684
Schadenskostenansatz 1034
Schadstoffemission 1030
Schaltfrequenz 616
Schaltzeit 616
Scherenkonstruktion 635
Schichtplan 382
Schichtplangestaltung 358
Schieber und Zieher 621
Schienengüterverkehr
  744, 1043
  individualisierter 755
Schleifleitung 620, 628, 630,
  631, 639
Schlepper 637
Schleppkette 626, 639
Schleppkettenförderer
  Unterflur 626
Schleppkreisförderer (Power-
  and-Free) 656
Schleppzug 767
Schneeräumer 638
Schnellläuferbereich 660
Schrägrollenbahn 618
Schrägtransfer 621
Schraubenkupplung 746,
  753, 754
Schüttgut 613
  -lager 647
Schüttung 647
Schutzeinrichtung 662
Schutzklausel 851
Schwenkarmverteiler 622
Schwenkrollenbahn 622
Schwerlasttechnik 775
Schwertransporte 962
Schwingbeiwert 641
Seehafenspedition 948, 963
Seeschifffahrt 948, 963
Seitenlader 503
Seitenschieber 638
Sekundärrohstoff 488

Selbststeuerung 595, 599
  embedded systems 598
  intelligenter Container 596
  smart materials 598
Sendungsaufkommen 783, 785
Sendungssortierung 783
Sendungsstatus 787
Sendungsumschlag 783
Sendungsverfolgung 596,
  782, 787
  intelligenter Container 596
  Paketdienst 596
Senken 222, 416, 638
Senkgeschwindigkeit 633
Sensitivitätsanalyse 174
Sensoren 186, 793
  akustische Näherungs-
    schalter 794
  Einweglichtschranke 794
  Ferritkern 793
  Hysterese 793
  induktiv 631
  induktiver Näherungs-
    schalter 793
  Induktivität 793
  kapazitive Näherungs-
    schalter 794
  Korrekturfaktoren 793
  Lichtschranke 794
  optisch 631
  optische Näherungs-
    schalter 794
  Oszillator 793
  Reflexionslichtschranke 794
  Reflexionslichttaster 795
  Schaltabstand 794
  Schalthysterese 793
  -systeme 793
  Ultraschall-Näherungs-
    schalter 795
Separatlagerung 559
Service Network Design 141
Servicegrad 8, 158, 374, 383, 503
Servicegradkennlinie 243
Servicekennzahl 401
Set-Covering-Problem 140
Shareholder Value 956
Shuttle 639
Shuttlezug 751
Sicherheit
  statistische 657

Sicherheitsbauteil 853
Sicherheitsbestand 11, 142, 154, 157, 159, 160, 162, 163, 165
Sicherheitsbestandsfestlegung mehrstufige 165
Sicherheitsdatenblatt 557
Sichtung 510
Siedlungsabfalldeponie 513
Silobauweise 647
Simplex-Algorithmus 43
Simulated Annealing 54, 130, 140, 150
Simulation 73, 120, 132, 134, 397
   Aktivität 79
   Anwendungsbereich 74
   Fragestellung 75
   Nutzen 76
   Prozess 79
   Ziel 75
   zufällige Ereignisse 81
   Zufallsexperiment 81
Simulationsexperiment 74, 88, 454
   Experimentplanung 88
   Zufallsexperiment 81
Simulationslauf 74, 88
Simulationsmethode 78
   aktivitätsorientierte 79
   diskrete 78, 79
   ereignisorientierte 78
   kontinuierliche 78
   prozessorientierte 79
   transaktions-(fluss)-orientierte 80
   zeitgesteuerte 78
Simulationsmodell 74, 77, 130, 435, 454
   Validierung 88
   Verifikation 88
Simulationssprache 82
Simulationsstudie 85, 87
   Datenaufbereitung 87
   Datenerfassung 87
   Ergebnisaufbereitung 88
   Ergebnisinterpretation 88
   Modellbildung 87
   Validierung 88
   Verifikation 88
   Vorgehensweise 85
Simulationstechnik 73
Simulationsumgebung 83

Simulationswerkzeug 78, 82, 454
   Auswahlkriterien 85
   Datenexport 85
   Datenimport 84
   Modellwelt 84
Simulationswürdigkeit 74, 87
Simulationszeit 78
Simulator 82
Simulatorentwicklungsumgebung 82, 83
Simultanplanung 195
Single Sourcing 280
Singlehub-Transportnetz 784
Single-Source-Bedingung 139
Sintflutverfahren 140
software-gestützte Optimierung 520
software-gestützte Planung 520
Sorter 792
Sortierkapazität 786
Sortierprozess 695
   Ausschleusbereich 695
   Durchsatz 695
   Testendstelle 695
Sortierspeicher 649, 656
Sortiersystem 685, 775
   Abweiser 689
   Ausschleusstelle 685
   Belegungskriterien 694
   berührungslose Energieübertragung 687
   dezentral 685
   diskret 686
   dynamische Zuweisung 694
   Einschleusbänder 693
   Endstelle 686
   Helixorter 688
   horizontaler Umlauf 690
   Kammsorter 688
   Kippfreiheit 692
   Kippschalensorter 686, 792
   kontinuierlich 686
   Leistungserhöhung 691
   Linearmotor 687
   manuell 692
   Projektierung 690
   Quergurtsorter 687
   Referenzpunktverfahren 694
   Rotationspusher 689
   Schuhsorter 688
   statische Zuweisung 694

Systemdurchsatz 685, 690
   Taktbänder 693
   vertikaler Umlauf 690
   Zielstellendichte 686
   Zuförderer 693
   Zuführung 685
Sortierung 509, 510
Sortierzone 646
Sortimentsbreite 651
Sourcing 280
   Global Sourcing 280
   Multiple Sourcing 280
   Single Sourcing 280
Spaltenerzeugung 140
Spannstation 629
Spediteur 585, 604, 734, 762
   Empfangs- 731
   Versand- 731
Spedition(s) 727
   -betrieb 780
   -lager 14
   -netz 137
   Selbsteintritt 734
   -vertrag 734
Speicher 633, 645
Spezialsimulator 83
Spielzeit 615
Spitzenkennzahl 398
Spitzenlast 775
Spracherkennung 837
Spreader 642
Staatsversagen 1022
Stabmaterial 648
Stammdaten 341
Standardisierung 219, 270, 293, 304, 393, 765
Standardlohn 355
Standard-Preis-Ansatz 1027
Standardproblem 169, 175
Standardverlustfunktion 27
Ständerfuß 652
Standort-Einzugsbereich-Problem 105
Standortentscheidung 95
Standortoptimierung 440
Standortplanung 95, 429, 519
   betriebliche 50, 95
   in der Ebene 103
   innerbetriebliche 50, 95
Standorttheorie
   deskriptive 96

normative 96
präskritive 96
Standortverlagerung 414
Standverfahren 750
Standzeit 733
Statistik 758
Staudruck 623
Stauen 614, 630
Stauförderer 614
   angetriebene 624
   druckbehaftet 623
   Gurt- 624
   Riemen- 624
   Rollen- 624
   staudrucklos 624, 629
Staufördersystem 618
Staukettenförderer 656
Stauplan 167
Staurollenbahn 656
Stauungskosten 1030
Stechkarren 636
Steighilfe 631
Steigstrecke 629
Stellplatzkapazität 658
Stetigförderer 614
Steuerbirne 640
Steuerung(s) 9, 631, 776, 796, 917
   dezentrale 800
   dezentrale Anlagen 798
   Fördertechnikanlagen 796
   -konzepte 917
   -vorrichtung 638
Stoffkreislauf 488
Straßengüterverkehr 727, 1043
Straßenkarte 729
Straßennetz 146, 727
Strategieorientierte Steuerung der Logistik 917
Strategieparameter 412
strategische Konfigurationen 980
strategische Kontrolle 896
   Aufbau 1070
   Durchführungskontrolle 896, 1070
   Ergebniskontrolle 897
   Prämissenkontrolle 896
strategische Planung 1065
   Einbindung der Logistik in die Strategieebenen 1065

Funktionalstrategien 1065
Geschäftsfeldstrategie (Business Strategy) 1065
Unternehmensstrategie (Corporate Strategy) 1065
strategische Positionierung 978
strategische Unternehmensplanung 1064
   Differenzierungsstrategie 1067
   Fokussierung 1068
   Hybridstrategie 1068
   Kostenführerschaft 1068
   Logistikleitbild 1066
   Logistikziele 1066
   Postponementstrategie 1068, 1069
   Unternehmensleitbild 1064
   Wertschöpfungsanalysen 1073
strategisches Logistik-Controlling 1063, 1065
   Aufgaben 1063
   Bedeutung 1063
   Problemfelder 1064
   Strategieformulierung 1063
   Strategien 1063
strategisches Logistik-Management
   intangible Ressourcen 892
   ressourcenorientierte Ansatz 892
   tangible Ressourcen 892
   VRIO-Analyse 893
Stromzuführung 639
Struktur-Design 309
   Struktur 313
   Strukturierungsprinzip 313
Strukturplanung 127, 133
Stückgut 16, 137, 613, 748, 967, 968
   Förderer 613
      quasistetige 613
      stetige 613
      unstetige 635
   -lager 647
   -verkehr 731, 741, 745, 948, 962
Stückliste 341
Stützrollen 663
Subkontraktor 584, 587

Superpositionsprinzip 660
Supplier-managed Inventory 468
Supply Chain 374
   Balanced Scorecard 919
   -Contracting 28
   -Controlling 1071, 1113
      Instrumente 1071, 1074
   -Design 463
   -Engineering 31
   Event Management 480, 482
   -Execution 463
   Konfiguration 924
   -Management (SCM) 5, 21, 132, 160, 459, 583, 587, 593, 882, 886–889, 1041
      Aufgabenmodell 462
      Ausgleichsverfahren 589
      funktionsinternes 22
      IT-System 462
      unternehmensübergreifendes 22
      unternehmensweites 22
   -Monitoring 463, 473
   -Operations Reference (SCOR-)Modell 233, 462, 920
      Best Practices 921
      Ebenen 921
      Leistungsdimensionen 921
      Messgrößen 921
   -Performance 1109
   -Performance Management
      Ableitung von Messgrößen 924
      Implementierung 924
      -Konzeption 924
      Messung und Evaluation 925
      operative Steuerung 924
      Performance Measurement 917, 924
      Strategieanbindung 924
      Strategieimplementierung 924
      Visualisierung 924
   -Planning 463
Sweep 148
Synchronisation 589
   Knoten 589
   Kopplung 589

Netzwerkdynamik 590
Oszillation 589
Synchronmotor
   kommutiert, permanent 663
System 934
   Ablaufstruktur 76
   -analyse 77
      Bottom-up-Ansatz 77
      Top-down-Ansatz 77
   Aufbaustruktur 76
   dynamisches 76
   makrologistisches 4
   metalogistisches 4
   mikrologistisches 4
   Modellbildung 87
   Systemgrenze 76
System-Architektur für Intra-
   logistik-Lösungen (SAIL) 801
   Anlagensteuerung (AS) 802
   Fahrauftragsverwaltung
      (FA) 802
   Förderbereich 803
   Förderelement 803
   Fördergruppe 803
   Fördersegment 803
   Funktionen 802
   Funktionskomponenten 801
   Funktionsstandardisie-
      rung 801
   Konfigurationen 803
   Modellierung 802, 803
   Paradigmenwechsel 802
   Ressourcennutzung (RN) 803
   Richtungsentscheidung
      (RE) 802
   Standardisierungs-
      elemente 801
   Steuerungsebenen 801
   Transportkoordination
      (TK) 803
Systemgestaltung 883
Systemleistung 662
Systemlieferanten 13
Systemverkehr 732
Systemzustand 112

T
Tablar 661
Tabu Search 130, 140, 150
Taguchi 888
Tank- und Silotransporte 962

Target Costing 1073, 1074
   Kundenorientierung 1073
technische Dokumentation 855
Teilladung 16, 137
Teilmärkte 958
Teilmaschine 852, 853
Teilservice 503
Telematik 593, 753, 754
Teleskop
   doppeltief 667
   Dreifachteleskop 667
   Überfahrtechnik 667
Teleskopgabel 639
Teleskopierunterfahrtechnik 667
   einfachtief 667
Termin- und Kapazitäts-
   planung 329
Terminal 739
   intermodaler 734
Terminaldienste 948, 963
Termintreue 383, 582, 599
   Kennlinie 240
Third Party Logistics Provider
   (3PL) 584, 587, 992
Threshold Accepting 54
Tiefensuche 51
Tonnagen 958
Tonnenkilometer 958
Tourengebiete 137
Tourenplanung 49, 137, 519,
   595, 729
   kantenorientierte 144
   knotenorientierte 144
   mehrperiodische 147
   Standardproblem 144
Tracing 816
Tracking 816
Tracking und Tracing 482,
   730, 816
Tragdorn 638
Tragfähigkeit 638
Tragförderer 624
Tragkettenförderer 619, 625
Traglast 633
Tragwerk 633
Train-Coupling and -Sharing
   (TCS) 752, 754, 756
Trajektverkehr 737
Transaktion(s) 984
   -determinante 880
   -kosten 984–986

   -kostentheorie 1109
   -partner 984
Transponder 598
Transport 393, 504,
   727, 1017
   -anlagen 793
   -aufkommen 727
   außerbetrieblicher 6
   begleiteter 734, 782
   -dienstleister 782
   -einrichtung 779
   -fahrzeug,
      fahrerlos 638
   Haus-zu-Haus 782
   innerbetrieblicher 6, 394
   -kapazität 758
   -kette 16, 408, 504, 757
      multimodal 779
   -kosten 758
   -kosten-Funktionen
      nichtlineare (degres-
      sive) 139
   -leistung 583, 958, 959
   -losgröße 113
   -losgrößen-Bestand 142
   -mittel 407
      -disposition 444
         Dispatching 444
         Vorplanung 444
   -mittelvariante 505
   multimodal 778
   -netz 13, 783
   -planung 137
   -problem, klassisches 46
   Quelle 394
   Senke 394
   -system, fahrerlos 131, 452,
      488, 635, 636
   -systeme 396
   unbegleiteter 734
   -weg 504
   -zeit 757, 758
Transporteur 585
Travelling-Salesman-Problem
   49, 147, 519
Trendprognosen 957
Trichtermodell 366
Trittbrettfahrer-
   problematik 1023
Trocknungsverfahren 511
Turmstapelung 168

Twenty Foot Equivalent Unit
  (TEU) 740

U

Überbestandskosten 22
Übergabeförderer 627, 635
Überholgleis 750, 754
Überschlagsrechnung
  statische 134
Überseeverkehr
  Feeder 740
  Roll-on/Roll-off-Schiff 740
  Vollcontainerschiff 740, 741
Umladeproblem 46
Umlaufförderer 634
  -C-Förderer 634
  -S-Förderer 634
Umlaufregalzeilen 655
Umleerbehälter 501
Umsatzteilungsvertrag 29
Umschlag 508, 731, 769
  -aufkommen 758
  -bahnhof 744, 745, 749
  -einrichtung 779
  -häufigkeit 651
  -leistung 583
  -mittel
    Platzzugmaschine
      740, 741
    Portalhubwagen 739
    Portalkran 739
    Reach Stacker 739
    Rolltrailer 741
    Schwergabelstapler 739
    Schwerstapler 739
    Seitenlader 739
    Straddle Carrier 739
  -varianten 508
  -system 779
Umschlagen 761
Umsetzeinrichtung 630
Umweltsensibilität 953
Umweltsteuer 1022, 1025
Umweltzertifikat 1022, 1027
Unfallfolgekosten 1025
Unstetigförderer 614, 635
  nichtflurgebundene 639
Unterbestandskosten 22
Unternehmensnetzwerk 516
Unternehmensvergleich 1094
Untertagedeponie 513

V

Validierung 88
Value Added Services 583
Variable 35
Variantenbildung, späte 25
Varianz 82
Vektoroptimierungsmodell 38
Vendor Managed Inventory
  (VMI) 14, 30, 225, 271, 444,
  468, 473
Verbesserung(s) 534
  -verfahren 53, 130, 534
Verbrennungsmotoren
  dieselbetrieben 636
  gasbetrieben 636
Verbundstapelung 168
Verdichtung 510
Verdichtungsfahrzeug 508
Vereinzeln 614, 624
Verfahren
  analytisches 121
  chemisch-physikalisches 511
  der Fertigungssteuerung 334
  evolutionäres 54
  exaktes 48
  heuristisches 48, 130
Verfügbarkeit 534
Vergleichsdienst 594
Verhaltensbeurteilung 909
Verhaltenslenkung 908
Verhältnis
  kritsches 22
Verifikation 88
Verkehr 757, 1017
  gebrochen 731, 779, 784
  kombiniert 6, 504
  Roll-on/Roll-off 734
  ungebrochen 731
Verkehrsaufkommen 1044
Verkehrsleistung 727, 1045
Verkehrspolitik 1018
Verkehrsträger 408, 728, 733,
  736, 778
Verkehrsträger Schiene 505
Verkehrsunternehmen
  (EVU) 752
Verkettung
  elastische 114
  starre 114
Verladung 711
  Ladezone 712

Verladearten 712
Verladetechnik 712
Vermarktung 965, 966
Verortung 151
Verpackung(s) 696, 697
  -aufgabe 700
  Einwegverpackung 698
  -funktionen 701
  -kosten 723
  Mehrwegverpackung 698
  modulare 715, 716
  Optimierungssoftware 719
  Packgut 697
  Packhilfsmittel 697
  Packmittel 696
  Packstoff 696
  Packstück 697
  Packung 697
  -prozess 697
  -standardisierung 715
Verpackungsprüfung von Isolier-
  verpackungen 574
  Klimaprüfkammer 575
  Temperatur-Zeit Kurve 575
Verpackungssystem 698, 721
  Bewertung von Verpackungs-
    systemen 721
  Kennzahlensystem 722
Verschieberahmen 632
Verteil- und Zusammen-
  führungselemente 620
Verteilerwagen 627
Verteilproblem 145
Verteilsystem s. Sortiersystem
Verteiltouren 783
Verteilungsfunktion 81, 82
  Erwartungswert 82
  Standardabweichung 82
  Varianz 82
Vertikalförderer 633
Vertikalkommissionier-
  Fahrzeug 682
Vertikalschwenkband 623
Vertikalumschlag 739
Vertrauensarbeitszeit 359
Verwaltungsvorschriften 490
Verweilzeit 58
Verzweigen 630
Verzweigungselement
  620, 632
Vierradfahrzeug 636

Visualisierung
  2D-Animation 89
  3D-Animation 89, 90
  Monitoring 89
  statische 89
Vogelsche Approximationsmethode 46
Volumennutzungsgrad 648, 649, 655, 661
Vor- und Nachlauf 730, 779, 783
Vorranggraph 118
Vorratsbeschaffung 271

W

Wagenladungsverkehr 744, 780
Wahrscheinlichkeitsfunktion
  diskrete 81
Wahrscheinlichkeitsverteilung 82
  Binomialverteilung 82
  Exponentialverteilung 82
  Gleichverteilung
    diskrete 82
    stetige 82
  Gleichverteilung 82
  Normalverteilung 82
  Poisson-Verteilung 82
Walking-Floor-Fahrzeug 503
Wall-Building Approach 175
Wandparameter 660
Warehouse- und Hub-Location-Problem 97
Warehouse-Location-Problem (WLP) 50, 141
  mehrstufiges 98
  unkapazitiertes, einstufiges 97
Warenidentifikation 815
Warenverteilung 405
Warteschlangennetzwerk 111
  -modell 131, 134
Warteschlangensystem 134
  einstufiges 110
Warteschlangentheorie 57
Wartezeit 58, 733
Wartung 534
Wasserweg 506
Wechselaufbau 747
Wechselbehälter 501, 729, 737

Weiche
  parallel 632
  Quadro- 628
  Verschiebe- 632
Werkstattproduktion 109, 123
Werkstoffrecycling 488
Werkverkehr 730
Werkvertrag 734
Werkzeugmagazin 133
Wertorientierung 300
Wertschöpfungsprozess 295
Wertstromanalyse 312
Wettbewerbsstrategie 298
Wettbewerbsvorteil 876, 894
  Differenzierungsvorteil 895
  Kostenvorteil 894
Wind- und Schneelast 641
Wireless Local Area Network (WLAN) 599
Wissensmanagementsystem 591, 592
  Wettbewerbsfähigkeit 590
  Wissensaustausch 590
  Wissensmanager 591
Wohlfahrtsökonomie 1019, 1021
Work in Process 6, 11
Workflow-System 191

X

XYZ-Analyse 275, 278

Y

Yield-Management 968

Z

Zahlungsbereitschaftsansatz 1031
Zahnriemen 629
  -antrieb 663
Zebratonne 500
zeitbasierter Wettbewerb 952
Zeiteffizienz 878
Zeitentgelt 355
Zeitfenster 145
Zeitorientierung 301
zentrale Installationen 796

zentrales Informationssystem
  Wartung 779
Zentralisierung des Distributionssystems 413
Zentrallager 14
Zentrum 101
  p-Zentrum 101, 102
Zerkleinerung 509
Zertifizierung 1110
Zieharmpaar 667
Ziehbolzen 666
Ziehtechnik, einfachtief 666
Ziel
  Formal- 875
  -gewichtung 39
  -planung 308
  Sach- 875
  -system der Produktionslogistik 324
ZigBee 599
Zufallsexperiment 121
Zufallsgröße 81
Zufallszahlengenerator 84
Zugbildungsbahnhof 751
Zugeinlage 619
Zuglänge 747, 754, 755
Zuglast 746, 753, 755
Zugmittel 628
Zugriffszeiten 648
Zugverband 637
Zugvorrichtung 637
Zuliefernetz 137
Zuordnungsproblem
  quadratisches (QZOP) 50, 139
Zusammenbauzeichnung 340
Zusammenführen 614, 630
Zusammenführungselement 620
Zustandsregler 666
Zustandsübergangssystem 182
Zustellgarantie 782
Zweimastgeräte 663
Zweischienenförderer 630
Zwischenabgangszeit 112
Zwischenankunftszeit 58, 112, 615
Zwischenwerksverkehr 1043

Gratistest
– 2 Ausgaben kostenlos –

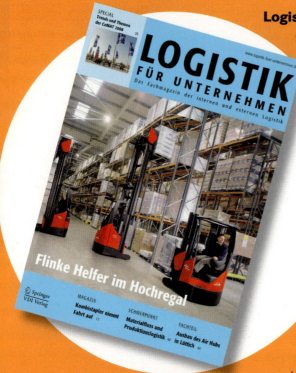

Logistik für Unternehmen

- Das Allround-Magazin der internen und externen Logistik sowohl aus technischer als auch aus betriebswirtschaftlicher Sicht
- Exklusivberichte, Interviews, Marktübersichten und fundierte Hintergrundinformationen

Die Themen:
Fördertechnik, Materialfluss, Lager- und Produktionslogistik, Informationslogistik und E-Logistics, Logistik-Dienstleistungen und Transportlogistik, Logistik-Management und Supply Chain Management, E-Business

Überzeugen Sie sich selbst: Fordern Sie noch heute 2 kostenlose Probehefte an!

Ich möchte „Logistik für Unternehmen" kennenlernen

Ja, bitte senden Sie mir die nächsten zwei Ausgaben kostenlos zu.

Wenn ich mich nach Erhalt der 2.Testausgabe nicht innerhalb von 14 Tagen bei Ihnen melde, möchte ich „Logistik für Unternehmen" weiter beziehen. Ich erhalte dann 8 Ausgaben jährlich zum Jahresbezugspreis von EUR 137,– zzgl. EUR 12,50 Versandkosten Inland bzw. EUR 31,– Ausland. Studenten und VDI-Mitglieder erhalten Vorzugspreise.

Name/Vorname
Firma (nur bei Firmenanschrift)
Straße
PLZ/Ort
E-Mail/Telefon
Unterschrift

SLOG0060

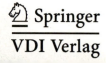

Springer-VDI-Verlag, Postfach 10 10 22, 40001 Düsseldorf, Tel: (02 11) 61 03-1 40, Fax: (02 11) 61 03-4 14
E-Mail: leserservice@technikwissen.de, www.logistik-fuer-unternehmen.de

Die zwei Profis der Logistikbranche
Testen Sie jetzt kostenlos!

VerkehrsRundschau, das einzige wöchentliche Magazin für Transport und Logistik mit den entscheidenden Fakten und Hintergrundinformationen. www.verkehrsrundschau.de

LOGISTIK inside, das Fach- und Wirtschaftsmagazin für Logistik, IT und Supply Chain Management. www.logistik-inside.de

Bestellen Sie noch heute eine der begehrten Zeitschriften und Sie erhalten eine attraktive Armbanduhr gratis dazu. Beim Test beider Zeitschriften erhalten Sie zusätzlich ein Überraschungsgeschenk.

❏ Ja, ich möchte 2 Ausgaben von *LOGISTIK* inside kostenlos lesen.*
❏ Ja, ich möchte 3 Ausgaben der VerkehrsRundschau kostenlos lesen.*

* Wenn ich von *LOGISTIK* inside und/oder VerkehrsRundschau überzeugt bin und nicht innerhalb von 14 Tagen nach Zustellung der zweiten Ausgabe schriftlich abbestelle, erhalte ich die von mir getestete/n Zeitschrift/en (*LOGISTIK* inside: 11 Ausgaben, Abopreis Inland: 145,00 €**; Ausland 155,20 €**; VerkehrsRundschau: 50 Ausgaben, Abopreis Inland: 162,90 €**; Ausland 196,90 €**) im Abonnement. Die Rechnungsstellung erfolgt jährlich. Das Abo kann ich nach Ablauf eines Jahres jeweils drei Monate vor Quartalsende kündigen. Die Prämie kann ich in jedem Fall behalten. Die Auslieferung der Prämie so lange der Vorrat reicht. Änderungen vorbehalten.
** Alle Abo-Preise inkl. Versandkosten und 7% MwSt.

Bitte ausfüllen und einsenden an:

Springer Transport Media GmbH
Verlag Heinrich Vogel
Leser-Service
Neumarkter Str. 18
81673 München

Oder kopieren und faxen an:
01 80/5 99 55 66 (0,14 €/Min.)

Sie möchten lieber anrufen?
01 80/5 00 92 91 (0,14 €/Min.)

www.verkehrsrundschau.de
www.logistik-inside.de

Firma	Branche
Vorname	Name
Position	Straße/Nr.
Postfach	PLZ/Ort
Telefon	Fax
E-Mail	Unterschrift

Printed by Printforce, the Netherlands